초스피드기억법 + 단원별 과년도 + 8개년 과년도 + 요점노트

단원별 과년도

# 소방설비기사

전기 ❷ 필기

cafe.daum.net/firepass
cafe.naver.com/fireleader

우석대학교 소방방재학과 교수 공하성

BM (주)도서출판 성안당

## 자문위원

김귀주 강동대학교
김만규 부산경상대학교
김현우 경민대학교
류창수 대구보건대학교
배익수 부산경상대학교
송용선 목원대학교
이장원 서정대학교
이종화 호남대학교
이해평 강원대학교
정기성 원광대학교
최영상 대구보건대학교
한석우 국제대학교
황상균 경북전문대학교

※가나다 순

더 좋은 책을 만들기 위한 노력이 지금도 계속되고 있습니다. 이 책에 대하여 자문위원으로 활동해 주실 훌륭한 교수님을 모십니다.

## 도서 A/S 안내

성안당에서 발행하는 모든 도서는 저자와 출판사, 그리고 독자가 함께 만들어 나갑니다.

좋은 책을 펴내기 위해 많은 노력을 기울이고 있습니다. 혹시라도 내용상의 오류나 오탈자 등이 발견되면 "좋은 책은 나라의 보배"로서 우리 모두가 함께 만들어 간다는 마음으로 연락주시기 바랍니다. 수정 보완하여 더 나은 책이 되도록 최선을 다하겠습니다.

성안당은 늘 독자 여러분들의 소중한 의견을 기다리고 있습니다. 좋은 의견을 보내주시는 분께는 성안당 쇼핑몰의 포인트(3,000포인트)를 적립해 드립니다.

잘못 만들어진 책이나 부록 등이 파손된 경우에는 교환해 드립니다.

저자 문의 : cafe.daum.net/firepass
cafe.naver.com/fireleader (공하성)

본서 기획자 e-mail : coh@cyber.co.kr(최옥현)

홈페이지 : http://www.cyber.co.kr 전화 : 031) 950-6300

# 한국전기설비규정(KEC) 주요내용

2018년 한국전기설비규정(KEC)이 제정되어 2021년부터 시행되었습니다. 이에 이 책은 화재안전기준 및 KEC 규정을 반영하여 개정하였음을 알려드리며, 다음과 같이 KEC 주요내용을 정리하여 안내하오니 참고하시기 바랍니다.

▶ 기존에 사용하던 전원측의 R, S, T, E 대신에 L1, L2, L3, PE 등으로 표시하여 사용
▶ 주회로에 사용하던 기존의 흑, 적, 청, 녹 대신에 L1(갈), L2(흑), L3(회), PE(녹－황)을 사용
▶ 부하측은 A, B, C 또는 U, V, W 등을 사용

## ❶ 저압범위 확대(KEC 111.1)

| 전압 구분 | 현행 기술기준 | KEC(변경된 기준) |
|---|---|---|
| 저압 | 교류 : 600V 이하<br>직류 : 750V 이하 | **교류 : 1000V 이하<br>직류 : 1500V 이하** |
| 고압 | 교류 및 직류 : 7kV 이하 | **(현행과 같음)** |
| 특고압 | 7kV 초과 | **(현행과 같음)** |

## ❷ 전선 식별법 국제표준화(KEC 121.2)－국내 규정별 상이한 식별색상의 일원화

| 상(문자) | 현행 기술기준 | KEC 식별색상 |
|---|---|---|
| L1 | － | **갈색** |
| L2 | － | **흑색** |
| L3 | － | **회색** |
| N | － | **청색** |
| 접지/보호도체(PE) | 녹색 또는 녹황 교차 | **녹색－노란색 교차** |

## ❸ 종별 접지설계방식 폐지(KEC 140)

| 접지대상 | 현행 접지방식 | KEC 접지방식 |
|---|---|---|
| (특)고압설비 | 1종 : 접지저항 10Ω 이하 | **• 계통접지 : TN, TT, IT 계통<br>• 보호접지 : 등전위본딩 등<br>• 피뢰시스템접지** |
| 400V 미만 | 3종 : 접지저항 100Ω 이하 | |
| 400V 이상 | 특3종 : 접지저항 10Ω 이하 | |
| 변압기 | 2종 : (계산요함) | **변압기 중성점 접지로 명칭 변경** |

- 계통접지 : 전력계통의 이상현상에 대비하여 대지와 계통을 접지
- 보호접지 : 감전보호를 목적으로 기기의 한 점 이상을 접지
- 피뢰시스템접지 : 뇌격전류를 안전하게 대지로 방류하기 위한 접지

# 머리말

*God loves you, and has a wonderful plan for you.*

안녕하십니까?

우석대학교 소방방재학과 교수 공하성입니다.

지난 27년간 보내주신 독자 여러분의 아낌없는 찬사에 진심으로 감사드립니다.

앞으로도 변함없는 성원을 부탁드리며, 여러분들의 성원에 힘입어 항상 더 좋은 책으로 거듭나겠습니다.

본 책의 특징은 학원 강의를 듣듯 정말 자세하게 설명해 놓았다는 것입니다.

시험의 기출문제를 분석해 보면 문제은행식으로 과년도 문제가 매년 거듭 출제되고 있음을 알 수 있습니다. 그러므로 과년도 문제만 충실히 풀어보아도 쉽게 합격할 수 있을 것입니다.

그런데, 2004년 5월 29일부터 소방관련 법령이 전면 개정됨으로써 "소방관계법규"는 2005년부터 신법에 맞게 새로운 문제들이 출제되고 있습니다.

본 서는 여기에 중점을 두어 국내 최다의 과년도 문제와 신법에 맞는 출제 가능한 문제들을 최대한 많이 수록하였습니다.

또한, 각 문제마다 아래와 같이 중요도를 표시하였습니다.

| | | | |
|---|---|---|---|
| 별표 없는 것 | 출제빈도 10% | ★ | 출제빈도 30% |
| ★★ | 출제빈도 70% | ★★★ | 출제빈도 90% |

그리고 해답의 근거를 다음과 같이 약자로 표기하여 신뢰성을 높였습니다.

- **기본법** : 소방기본법
- **기본령** : 소방기본법 시행령
- **기본규칙** : 소방기본법 시행규칙
- **소방시설법** : 화재예방, 소방시설 설치유지 및 안전관리에 관한 법률
- **소방시설법 시행령** : 화재예방, 소방시설 설치유지 및 안전관리에 관한 법률 시행령
- **소방시설법 시행규칙** : 화재예방, 소방시설 설치유지 및 안전관리에 관한 법률 시행규칙
- **공사업법** : 소방시설공사업법
- **공사업령** : 소방시설공사업법 시행령
- **공사업규칙** : 소방시설공사업법 시행규칙
- **위험물법** : 위험물안전관리법
- **위험물령** : 위험물안전관리법 시행령
- **위험물규칙** : 위험물안전관리법 시행규칙
- **건축령** : 건축법시행령
- **위험물기준** : 위험물안전관리에 관한 세부기준
- **피난·방화구조** : 건축물의 피난·방화구조 등의 기준에 관한 규칙

본 책에는 잘못된 부분이 있을 수 있으며, 잘못된 부분에 대해서는 발견 즉시 카페(cafe.daum.net/firepass, cafe.naver.com/fireleader)에 올리도록 하고, 새로운 책이 나올 때마다 늘 수정·보완하도록 하겠습니다.

이 책의 집필에 도움을 준 이종화·안재천 교수님, 임수란님에게 고마움을 표합니다.

끝으로 이 책에 대한 모든 영광을 그 분께 돌려 드립니다.

공하성 올림

# 출제경향분석

## 소방설비기사 필기(전기분야) 출제경향분석

### 제1과목 소방원론

| | |
|---|---|
| 1. 화재의 성격과 원인 및 피해 | 9.1% (2문제) |
| 2. 연소의 이론 | 16.8% (4문제) |
| 3. 건축물의 화재성상 | 10.8% (2문제) |
| 4. 불 및 연기의 이동과 특성 | 8.4% (1문제) |
| 5. 물질의 화재위험 | 12.8% (3문제) |
| 6. 건축물의 내화성상 | 11.4% (2문제) |
| 7. 건축물의 방화 및 안전계획 | 5.1% (1문제) |
| 8. 방화안전관리 | 6.4% (1문제) |
| 9. 소화이론 | 6.4% (1문제) |
| 10. 소화약제 | 12.8% (3문제) |

### 제2과목 소방전기일반

| | |
|---|---|
| 1. 직류회로 | 19.9% (4문제) |
| 2. 정전계 | 4.8% (1문제) |
| 3. 자기 | 13.4% (2문제) |
| 4. 교류회로 | 31.2% (6문제) |
| 5. 비정현파 교류 | 1.1% (1문제) |
| 6. 과도현상 | 1.1% (1문제) |
| 7. 자동제어 | 10.8% (2문제) |
| 8. 유도전동기 | 17.7% (3문제) |

### 제3과목 소방관계법규

| | |
|---|---|
| 1. 소방기본법령 | 20% (4문제) |
| 2. 화재예방, 소방시설 설치유지 및 안전관리에 관한 법령 | 35% (7문제) |
| 3. 소방시설공사업법령 | 30% (6문제) |
| 4. 위험물안전관리법령 | 15% (3문제) |

### 제4과목 소방전기시설의 구조 및 원리

| | |
|---|---|
| 1. 자동화재 탐지설비 | 22% (5문제) |
| 2. 자동화재 속보설비 | 6% (1문제) |
| 3. 비상경보설비 및 비상방송설비 | 15% (3문제) |
| 4. 누전경보기 | 8% (2문제) |
| 5. 가스누설경보기 | 3% (1문제) |
| 6. 유도등·유도표지 및 비상조명등 | 18% (4문제) |
| 7. 비상콘센트설비 | 6% (1문제) |
| 8. 무선통신 보조설비 | 10% (2문제) |
| 9. 피난기구 | 6% (1문제) |
| 10. 간선설비 · 예비전원설비 | 6% (1문제) |

# CONTENTS

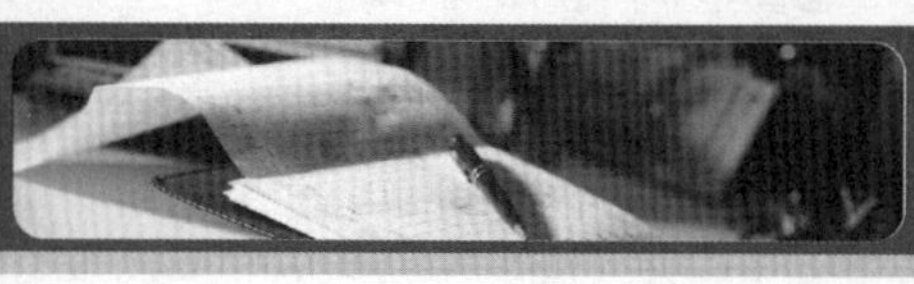

## 초스피드 기억법



## Part 1 소방원론



## Part 2 소방관계법규

## 차 례

CONTENTS

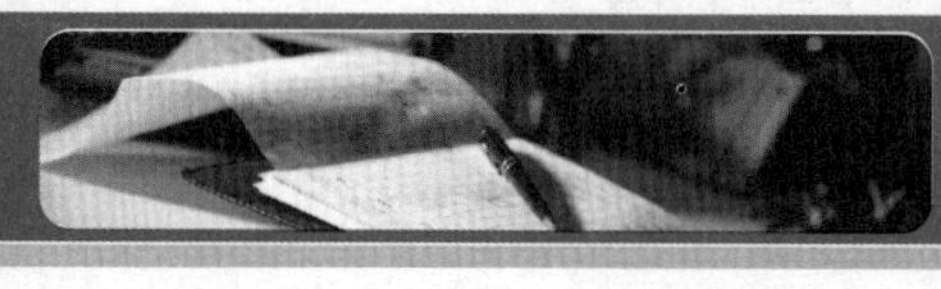



## 과년도기출문제

# 책선정시유의사항

**첫째** **저자의 지명도를 보고 선택할 것**
(저자가 책의 모든 내용을 집필하기 때문)

**둘째** **문제에 대한 100% 상세한 해설이 있는지 확인할 것**
(해설이 없을 경우 문제 이해에 어려움이 있음)

**셋째** **과년도문제가 많이 수록되어 있는 것을 선택할 것**
(국가기술자격시험은 대부분 과년도문제에서 출제되기 때문)

**넷째** **핵심내용을 정리한 요점 노트가 있는지 확인할 것**
(요점 노트가 있으면 중요사항을 쉽게 구분할 수 있기 때문)

# 이 책의 특징

## 1. 요점

**요점 8** 폭발의 종류

① **분해폭발** : 과산화물, 아세틸렌, 다이나마이트
② **분진폭발** : 밀가루, 담뱃가루, 석탄가루, 먼지, 전분, 금속
③ **중합폭발** : 염화비닐, 시안화수소

핵심내용을 별책 부록화하여 어디서든 휴대하기 간편한 요점 노트를 수록하였음.
*(으음 이런 깊은 뜻이!)*

## 2. 문제

각 문제마다 중요도를 표시하여 ★이 많은 것은 특별히 주의깊게 볼 수 있도록 하였음!

**08** **자기연소를 일으키는 가연물질로만 짝지어진 것은?**
① 니트로셀룰로오즈, 유황, 등유
② 질산에스테르, 셀룰로이드, 니트로화합물
③ 셀룰로이드, 발연황산, 목탄
④ 질산에스테르, 황린, 염소산칼륨

각 문제마다 100% 상세한 해설을 하고 꼭 알아야 될 사항은 고딕체로 구분하여 표시하였음.

**해설** 위험물 **제4류 제2석유류**(등유, 경유)의 특성
(1) 성질은 **인화성 액체**이다.
(2) 상온에서 안정하고, 약간의 자극으로는 쉽게 폭발하지 않는다.
(3) 용해하지 않고, **물보다 가볍다.**
(4) 소화방법은 **포말소화**가 좋다. **답** ①

용어에 대한 설명을 첨부하여 문제를 쉽게 이해하여 답안작성이 용이하도록 하였음.

**소방력** : 소방기관이 소방업무를 수행하는 데 필요한 인력과 장비

## 3. 초스피드 기억법

표시방식
(1) 차량용 운반용기 : **흑색** 바탕에 **황색** 반사도료
(2) 옥외탱크저장소 : **백색** 바탕에 **흑색** 문자
(3) 주유취급소 : **황색** 바탕에 **흑색** 문자
(4) 물기엄금 : **청색** 바탕에 **백색** 문자
(5) 화기엄금·화기주의 : **적색** 바탕에 **백색** 문자

특히, 중요한 내용은 별도로 정리하여 쉽게 암기할 수 있도록 하였음.

**9 점화원이 될 수 없는 것**

① 흡착열
② 기화열
③ 용해열

● **초스피드 기억법** 

**흡기 용점없**(호흡기의 용점은 없다.)

시험에 자주 출제되는 내용들은 초스피드 기억법을 적용하여 한번에 기억할 수 있도록 하였음.

# 이 책의 공부방법

소방설비기사 필기(전기분야)의 가장 효율적인 공부방법을 소개합니다. 이 책으로 이대로만 공부하면 반드시 한 번에 합격할 수 있습니다.

첫째, 요점 노트를 읽고 숙지한다.
(요점 노트에서 평균 60% 이상이 출제되기 때문에 항상 휴대하고 다니며 틈날 때마다 눈에 익힌다.)

둘째, 초스피드 기억법을 읽고 숙지한다.
(특히 혼동되면서 중요한 내용들은 기억법을 적용하여 쉽게 암기할 수 있도록 하였으므로 꼭 기억한다.)

셋째, 본 책의 출제문제 수를 파악하고, 시험 때까지 3번 정도 반복하여 공부할 수 있도록 1일 공부 분량을 정한다.
(이때 너무 무리하지 않도록 1주일에 하루 정도는 쉬는 것으로 하여 계획을 짜는 것이 좋겠다.)

넷째, 중요 문제에 특히 관심을 가지며 부담없이 한 번 정도 읽은 후, 처음부터 차근차근 문제를 풀어 나간다.
(해설을 보며 암기할 사항이 요점 노트에 있으면 그것을 다시 한번 보고 혹시 요점 노트에 없으면 요점 노트의 여백에 기록한다.)

다섯째, 시험 전날에는 책 전체를 한 번 쭉 훑어보며 문제와 답만 체크(check)하며 보도록 한다.
(가능한 한 시험 전날에는 책 전체 내용을 밤을 세우더라도 꼭 점검하기 바란다. 시험 전날 본 문제가 의외로 많이 출제된다.)

여섯째, 시험장에 갈 때에도 책과 요점 노트는 반드시 지참한다.
(가능한 한 대중교통을 이용하여 시험장으로 향하는 동안에도 요점 노트를 계속 본다.)

일곱째, 시험장에 도착해서는 책을 다시 한번 훑어본다.
(마지막 5분까지 최선을 다하면 반드시 한 번에 합격할 수 있습니다.)

# 시험안내

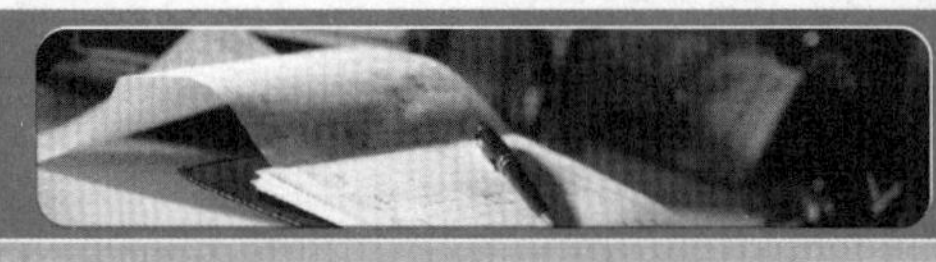

## 소방설비기사 필기(전기분야) 시험내용

### 1. 필기시험

| 구 분 | 내 용 |
|---|---|
| 시험 과목 | 1. 소방원론<br>2. 소방전기일반<br>3. 소방관계법규<br>4. 소방전기시설의 구조 및 원리 |
| 출제 문제 | 과목당 20문제(전체 80문제) |
| 합격 기준 | 과목당 40점 이상 평균 60점 이상 |
| 시험 시간 | 2시간 |
| 문제 유형 | 객관식(4지선택형) |

### 2. 실기시험

| 구 분 | 내 용 |
|---|---|
| 시험 과목 | 소방전기시설 설계 및 시공실무 |
| 출제 문제 | 9~18 문제 |
| 합격 기준 | 60점 이상 |
| 시험 시간 | 3시간 |
| 문제 유형 | 필답형 |

# 단위환산표

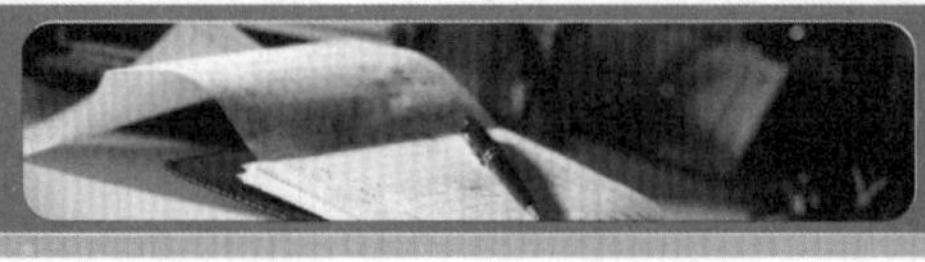

## 단위환산표(전기분야)

| 명 칭 | 기 호 | 크 기 | 명 칭 | 기 호 | 크 기 |
|---|---|---|---|---|---|
| 테라(tera) | T | $10^{12}$ | 피코(pico) | p | $10^{-12}$ |
| 기가(giga) | G | $10^{9}$ | 나노(nano) | n | $10^{-9}$ |
| 메가(mega) | M | $10^{6}$ | 마이크로(micro) | $\mu$ | $10^{-6}$ |
| 킬로(kilo) | k | $10^{3}$ | 밀리(milli) | m | $10^{-3}$ |
| 헥토(hecto) | h | $10^{2}$ | 센티(centi) | c | $10^{-2}$ |
| 데카(deka) | D | $10^{1}$ | 데시(deci) | d | $10^{-1}$ |

〈보기〉

- $1km=10^{3}m$
- $1mm=10^{-3}m$
- $1pF=10^{-12}F$
- $1\mu m=10^{-6}m$

# 단위읽기표

## 단위읽기표(전기분야)

여러분들이 고민하는 것 중 하나가 단위를 어떻게 읽느냐 하는 것일 듯 합니다. 그 방법을 속시원하게 공개해 드립니다.

(알파벳 순)

| 단위 | 단위 읽는법 | 단위의 의미(물리량) |
|---|---|---|
| [Ah] | 암페어 아워(Ampere hour) | 축전지의 용량 |
| [AT/m] | 암페어 턴 퍼 미터(Ampere Turn per meter) | 자계의 세기 |
| [AT/Wb] | 암페어 턴 퍼 웨버(Ampere Turn per Weber) | 자기저항 |
| [atm] | 에이 티 엠(atmosphere) | 기압, 압력 |
| [AT] | 암페어 턴(Ampere Turn) | 기자력 |
| [A] | 암페어(Ampere) | 전류 |
| [BTU] | 비티유(British Thermal Unit) | 열량 |
| [$C/m^2$] | 쿨롱 퍼 제곱 미터(Coulomb per meter square) | 전속밀도 |
| [cal/g] | 칼로리 퍼 그램(calorie per gram) | 융해열, 기화열 |
| [cal/g℃] | 칼로리 퍼 그램 도 씨(calorie per gram degree Celsius) | 비열 |
| [cal] | 칼로리(calorie) | 에너지, 일 |
| [C] | 쿨롱(Coulomb) | 전하(전기량) |
| [dB/m] | 데시벨 퍼 미터(deciBel per meter) | 감쇠정수 |
| [dyn], [dyne] | 다인(dyne) | 힘 |
| [erg] | 에르그(erg) | 에너지, 일 |
| [F/m] | 패럿 퍼 미터(Farad per meter) | 유전율 |
| [F] | 패럿(Farad) | 정전용량(커패시턴스) |
| [gauss] | 가우스(gauss) | 자화의 세기 |
| [g] | 그램(gram) | 질량 |
| [H/m] | 헨리 퍼 미터(Henry per meter) | 투자율 |
| [HP] | 마력(Horse Power) | 일률 |
| [Hz] | 헤르츠(Hertz) | 주파수 |
| [H] | 헨리(Henry) | 인덕턴스 |
| [h] | 아워(hour) | 시간 |
| [$J/m^3$] | 줄 퍼 세제곱 미터(Joule per meter cubic) | 에너지 밀도 |
| [J] | 줄(Joule) | 에너지, 일 |
| [$kg/m^2$] | 킬로그램 퍼 제곱 미터(kilogram per meter square) | 화재하중 |
| [K] | 케이(Kelvin temperature) | 켈빈온도 |
| [lb] | 파운드(pound) | 중량 |
| [$m^{-1}$] | 미터 마이너스 일제곱(meter−) | 감광계수 |
| [m/min] | 미터 퍼 미뉴트(meter per minute) | 속도 |
| [m/s], [m/sec] | 미터 퍼 세컨드(meter per second) | 속도 |
| [$m^2$] | 제곱 미터(meter square) | 면적 |

## 단위읽기표

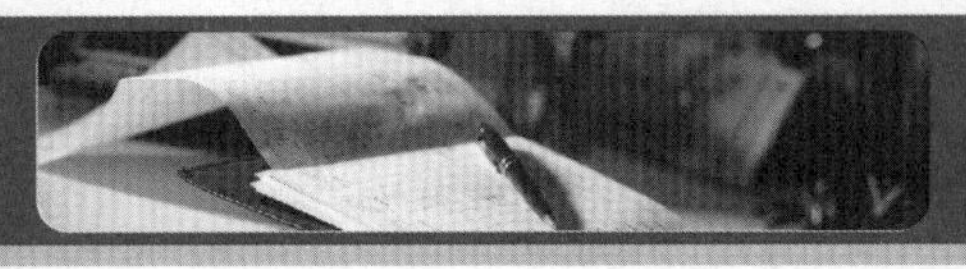

| 단위 | 단위 읽는법 | 단위의 의미(물리량) |
|---|---|---|
| 〔maxwell/$m^2$〕 | 맥스웰 퍼 제곱 미터(maxwell per meter square) | 자화의 세기 |
| 〔mol〕, 〔mole〕 | 몰(mole) | 물질의 양 |
| 〔m〕 | 미터(meter) | 길이 |
| 〔N/C〕 | 뉴턴 퍼 쿨롱(Newton per Coulomb) | 전계의 세기 |
| 〔N〕 | 뉴턴(Newton) | 힘 |
| 〔N · m〕 | 뉴턴 미터(Newton meter) | 회전력 |
| 〔PS〕 | 미터마력(PferdeStarke) | 일률 |
| 〔rad/m〕 | 라디안 퍼 미터(radian per meter) | 위상정수 |
| 〔rad/s〕, 〔rad/sec〕 | 라디안 퍼 세컨드(radian per second) | 각주파수, 각속도 |
| 〔rad〕 | 라디안(radian) | 각도 |
| 〔rpm〕 | 알피엠(revolution per minute) | 동기속도, 회전속도 |
| 〔S〕 | 지멘스(Siemens) | 컨덕턴스 |
| 〔s〕, 〔sec〕 | 세컨드(second) | 시간 |
| 〔V/cell〕 | 볼트 퍼 셀(Volt per cell) | 축전지 1개의 최저 허용전압 |
| 〔V/m〕 | 볼트 퍼 미터(Volt per meter) | 전계의 세기 |
| 〔Var〕 | 바르(Var) | 무효전력 |
| 〔VA〕 | 볼트 암페어(Volt Ampere) | 피상전력 |
| 〔vol%〕 | 볼륨 퍼센트(volume percent) | 농도 |
| 〔V〕 | 볼트(Volt) | 전압 |
| 〔W/$m^2$〕 | 와트 퍼 제곱 미터(watt per meter square) | 대류열 |
| 〔W/$m^2$ · $K^3$〕 | 와트 퍼 제곱 미터 케이 세제곱(Watt per meter square kelvin cubic) | 스테판 볼츠만 상수 |
| 〔W/$m^2$ · ℃〕 | 와트 퍼 제곱 미터 도 씨(Watt per meter square degree Celsius) | 열전달률 |
| 〔W/$m^3$〕 | 와트 퍼 세제곱 미터(Watt per meter cubic) | 와전류손 |
| 〔W/m · K〕 | 와트 퍼 미터 케이(Watt per meter Kelvin) | 열전도율 |
| 〔W/sec〕, 〔W/s〕 | 와트 퍼 세컨드(Watt per second) | 전도열 |
| 〔Wb/$m^2$〕 | 웨버 퍼 제곱 미터(Weber per meter square) | 자화의 세기 |
| 〔Wb〕 | 웨버(Weber) | 자극의 세기, 자속, 자화 |
| 〔Wb · m〕 | 웨버 미터(Weber meter) | 자기모멘트 |
| 〔W〕 | 와트(Watt) | 전력, 유효전력(소비전력) |
| 〔°F〕 | 도 에프(degree Fahrenheit) | 화씨온도 |
| 〔°R〕 | 도 알(degree Rankine temperature) | 랭킨온도 |
| 〔$\Omega^{-1}$〕 | 옴 마이너스 일제곱(ohm−) | 컨덕턴스 |
| 〔Ω〕 | 옴(ohm) | 저항 |
| 〔℧〕 | 모(mho) | 컨덕턴스 |
| 〔℃〕 | 도 씨(degree Celsius) | 섭씨온도 |

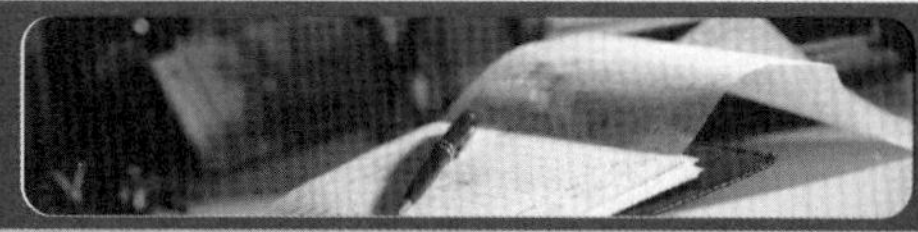

# 시험안내 연락처

| 기관명 | 주 소 | 검정안내 전화번호 | | | |
|---|---|---|---|---|---|
| | | DDD | 기술자격 | 전문자격 | 자격증발급 |
| 서울지역본부 | 02512 서울특별시 동대문구 장안벚꽃로 279 | 02 | 2137－0502~5<br>2137－0521~4<br>2137－0512 | 2137－0552~9 | 2137－0509<br>2137－0516 |
| 서울서부지사 | 03302 서울시 은평구 진관3로 36 | 02 | (정기) 2024－1702<br>2024－1704~12<br>(상시) 2024－1718<br>2024－1723, 1725 | 2024－1721 | 2024－1728 |
| 서울남부지사 | 07225 서울특별시 영등포구 버드나루로 110 | 02 | 6907－7152~6, 6907－7133~9 | | 6907－7135 |
| 강원지사 | 24408 강원도 춘천시 동내면 원창고개길 135 | 033 | 248－8511~2 | | 248－8516 |
| 강원동부지사 | 25440 강원도 강릉시 사천면 방동길 60 | 033 | 650－5700 | | 650－5700 |
| 부산지역본부 | 46519 부산광역시 북구 금곡대로 441번길 26 | 051 | 330－1910 | | 330－1910 |
| 부산남부지사 | 48518 부산광역시 남구 신선로 454-18 | 051 | 620－1910 | | 620－1910 |
| 울산지사 | 44538 울산광역시 중구 종가로 347 | 052 | 220－3211~8, 220－3281~2 | | 220－3223 |
| 경남지사 | 51519 경남 창원시 성산구 두대로 239 | 055 | 212－7200 | | 212－7200 |
| 대구지역본부 | 42704 대구광역시 달서구 성서공단로 213 | 053 | (정기) 580－2357~61<br>(상시) 580－2371, 3, 7 | 580－2372,<br>2380, 2382~5 | 580－2362 |
| 경북지사 | 36616 경북 안동시 서후면 학가산온천길 42 | 054 | 840－3032~3, 3035~9 | | 840－3033 |
| 경북동부지사 | 37580 경북 포항시 북구 법원로 140번길 9 | 054 | 230－3251~9, 230－3261~2, 230－3291 | | 230－3259 |
| 경북서부지사 | 39371 경북 구미시 산호대로 253(구미첨단의료기술타워 2층) | 054 | 713－3022~3027 | | 713－3025 |
| 인천지역본부 | 21634 인천시 남동구 남동서로 209 | 032 | 820－8600 | | 820－8600 |
| 경기지사 | 16626 경기도 수원시 권선구 호매실로 46-68 | 031 | 249－1212~9,<br>1221, 1226, 1273 | 249－1222~3,<br>1260, 1, 2, 5, 8 | 249－1228 |
| 경기북부지사 | 11780 경기도 의정부시 추동로 140 | 031 | 850－9100 | | 850－9127 |
| 경기동부지사 | 13313 경기도 성남시 수정구 성남대로 1217 | 031 | 750－6215~7, 6221~5, 6227~9 | | 750－6226 |
| 경기남부지사 | 17561 경기도 안성시 공도읍 공도로 51-23 더스페이스1 2~3층 | 031 | 615－9001~7 | | 615－9001 |
| 광주지역본부 | 61008 광주광역시 북구 첨단벤처로 82 | 062 | 970－1761~7, 1769, 1799<br>(상시) 1776~9 | 970－1771~5,<br>1794~5 | 970－1769 |
| 전북지사 | 54852 전북 전주시 덕진구 유상로 69 | 063 | (정기) 210－9221~9229<br>(상시) 210－9281~9286 | 210－9281~6 | 210－9223 |
| 전남지사 | 57948 전남 순천시 순광로 35-2 | 061 | 720－8530~5, 8539, 720－8560~2 | | 720－8533 |
| 전남서부지사 | 58604 전남 목포시 영산로 820 | 061 | 288－3323 | | 288－3325 |
| 제주지사 | 63220 제주 제주시 복지로 19 | 064 | 729－0701~2 | | 729－0701~2 |
| 대전지역본부 | 35000 대전시 중구 서문로 25번길 1 | 042 | 580－9131~9<br>(상시) 9142~4 | 580－9152~5 | 580－9147 |
| 충북지사 | 28456 충북 청주시 흥덕구 1순환로 394번길 81 | 043 | 279－9041~7 | | 279－9044 |
| 충남지사 | 31081 충남 천안시 서북구 천일고1길 27 | 041 | 620－7632~8<br>(상시) 7690~2 | 620－7644 | 620－7639 |
| 세종지사 | 30128 세종특별자치시 한누리대로 296 밀레니엄 빌딩 5층 | 044 | 410－8021~3 | | 440－8023 |

※ 청사이전 및 조직변동 시 주소와 전화번호가 변경, 추가될 수 있음

# 응시자격

**기사** : 다음 각 호의 어느 하나에 해당하는 사람

1. **산업기사** 등급 이상의 자격을 취득한 후 응시하려는 종목이 속하는 동일 및 유사 직무분야에서 **1년 이상** 실무에 종사한 사람
2. **기능사** 자격을 취득한 후 응시하려는 종목이 속하는 동일 및 유사 직무분야에서 **3년 이상** 실무에 종사한 사람
3. 응시하려는 종목이 속하는 동일 및 유사 직무분야의 다른 종목의 기사 등급 이상의 자격을 취득한 사람
4. 관련학과의 대학졸업자 등 또는 그 졸업예정자
5. **3년제 전문대학** 관련학과 졸업자 등으로서 졸업 후 응시하려는 종목이 속하는 동일 및 유사 직무분야에서 **1년 이상** 실무에 종사한 사람
6. **2년제 전문대학** 관련학과 졸업자 등으로서 졸업 후 응시하려는 종목이 속하는 동일 및 유사 직무분야에서 **2년 이상** 실무에 종사한 사람
7. 동일 및 유사 직무분야의 **기사** 수준 기술훈련과정 이수자 또는 그 이수예정자
8. 동일 및 유사 직무분야의 **산업기사** 수준 기술훈련과정 이수자로서 이수 후 응시하려는 종목이 속하는 동일 및 유사 직무분야에서 **2년 이상** 실무에 종사한 사람
9. 응시하려는 종목이 속하는 동일 및 유사 직무분야에서 **4년 이상** 실무에 종사한 사람
10. 외국에서 동일한 종목에 해당하는 자격을 취득한 사람

**산업기사** : 다음 각 호의 어느 하나에 해당하는 사람

1. **기능사** 등급 이상의 자격을 취득한 후 응시하려는 종목이 속하는 동일 및 유사 직무분야에 **1년 이상** 실무에 종사한 사람
2. 응시하려는 종목이 속하는 동일 및 유사 직무분야의 다른 종목의 산업기사 등급 이상의 자격을 취득한 사람
3. 관련학과의 **2년제** 또는 **3년제 전문대학**졸업자 등 또는 그 졸업예정자
4. 관련학과의 대학졸업자 등 또는 그 졸업예정자
5. 동일 및 유사 직무분야의 산업기사 수준 기술훈련과정 이수자 또는 그 이수예정자
6. 응시하려는 종목이 속하는 동일 및 유사 직무분야에서 **2년 이상** 실무에 종사한 사람
7. 고용노동부령으로 정하는 기능경기대회 입상자
8. 외국에서 동일한 종목에 해당하는 자격을 취득한 사람

※ 세부사항은 한국산업인력공단 **1644-8000**으로 문의바람

# 초스피드 기억법

# 상대성 원리

아인슈타인이 '상대성 원리'를 발견하고 강연회를 다니기 시작했다. 많은 단체 또는 사람들이 그를 불렀다.

30번 이상의 강연을 한 어느날이었다. 전속 운전기사가 아인슈타인에게 장난스럽게 이런말을 했다.

"박사님! 전 상대성 원리에 대한 강연을 30번이나 들었기 때문에 이제 모두 암송할 수 있게 되었습니다. 박사님은 연일 강연하시느라 피곤하실텐데 다음번에는 제가 한번 강연하면 어떨까요?"

그 말을 들은 아인슈타인은 아주 재미있어 하면서 순순히 그 말에 응하였다.

그래서 다음 대학을 향해 가면서 아인슈타인과 운전기사는 옷을 바꿔입었다.

운전기사는 아인슈타인과 나이도 비슷했고 외모도 많이 닮았다.

이때부터 아인슈타인은 운전을 했고 뒷자석에는 운전기사가 앉아 있게 되었다.

학교에 도착하여 강연이 시작되었다.

가짜 아인슈타인 박사의 강의는 정말 훌륭했다. 말 한마디, 얼굴표정, 몸의 움직임까지도 진짜 박사와 흡사했다.

성공적으로 강연을 마친 가짜 박사는 많은 박수를 받으며 강단에서 내려오려고 했다. 그 때 문제가 발생했다. 그 대학의 교수가 질문을 한 것이다.

가슴이 '쿵'하고 내려앉은 것은 가짜박사보다 진짜 박사쪽이었다.

운전기사 복장을 하고 있으니 나서서 질문에 답할 수도 없는 상황이었다.

그런데 단상에 있던 가짜 박사는 조금도 당황하지 않고 오히려 빙그레 웃으며 이렇게 말했다.

"아주 간단한 질문이오. 그 정도는 제 운전기사도 답할 수 있습니다."

그러더니 진짜 아인슈타인 박사를 향해 소리쳤다.

"여보게나? 이 분의 질문에 대해 어서 설명해 드리게나!"

그말에 진짜 박사는 안도의 숨을 내쉬며 그 질문에 대해 차근차근 설명해 나갔다.

인생을 살면서 아무리 어려운 일이 닥치더라도 결코 당황하지 말고 침착하고 지혜롭게 대처하는 여러분들이 되시길 바랍니다.

# 제1편 소방원론

## 제1장 화재론

### 1 화재의 발생현황(눈을 크게 뜨고 보라!)

① 발화요인별 : 부주의>전기적 요인>기계적 요인>화학적 요인>교통사고>방화의심>방화>자연적 요인>가스누출

② 장소별 : 근린생활시설>공동주택>공장 및 창고>복합건축물>업무시설>숙박시설>교육연구시설

③ 계절별 : 겨울>봄>가을>여름

※ 화재
자연 또는 인위적인 원인에 의하여 불이 물체를 연소시키고, 인명과 재산의 손해를 주는 현상

### 2 화재의 종류

| 구 분 \ 등 급 | A급 | B급 | C급 | D급 | K급 |
|---|---|---|---|---|---|
| 화재종류 | 일반화재 | 유류화재 | 전기화재 | 금속화재 | 주방화재 |
| 표시색 | 백색 | 황색 | 청색 | 무색 | – |

● 초스피드 기억법

백황청무(백색 황새가 청나라 무서워한다.)

※ 요즘은 표시색의 의무규정은 없음

※ 일반화재
연소 후 재를 남기는 가연물

※ 유류화재
연소 후 재를 남기지 않는 가연물

### 3 연소의 색과 온도

| 색 | 온도(℃) |
|---|---|
| 암적색(진홍색) | 700~750 |
| 적색 | 850 |
| 휘적색(주황색) | 925~950 |
| 황적색 | 1100 |
| 백적색(백색) | 1200~1300 |
| 휘백색 | 1500 |

● 초스피드 기억법

진7 (진출), 적8 (저팔개), 주9 (주먹구구)

### 4 전기화재의 발생원인

① **단락**(합선)에 의한 발화

② **과부하**(과전류)에 의한 발화

③ **절연저항 감소**(누전)로 인한 발화

※ 전기화재가 아닌 것
① 승압
② 고압전류

**Key Point**

**※ 단락**
두 전선의 피복이 녹아서 전선과 전선이 서로 접촉되는 것

**※ 누전**
전류가 전선 이외의 다른 곳으로 흐르는 것

**※ 폭발한계와 같은 의미**
① 폭발범위
② 연소한계
③ 가연한계
④ 가연범위

**※ 분진폭발을 일으키지 않는 물질**
① 시멘트
② 석회석
③ 탄산칼슘($CaCO_3$)
④ 생석회(CaO)

**※ 폭굉**
화염의 전파속도가 음속보다 빠르다.

④ 전열기기 과열에 의한 발화
⑤ 전기불꽃에 의한 발화
⑥ 용접불꽃에 의한 발화
⑦ 낙뢰에 의한 발화

## 5 공기중의 폭발한계 (익사천리로 나와야 한다.)

| 가 스 | 하한계(vol%) | 상한계(vol%) |
|---|---|---|
| 아세틸렌($C_2H_2$) | 2.5 | 81 |
| 수소($H_2$) | 4 | 75 |
| 일산화탄소(CO) | 12.5 | 74 |
| 암모니아($NH_3$) | 15 | 28 |
| 메탄($CH_4$) | 5 | 15 |
| 에탄($C_2H_6$) | 3 | 12.4 |
| 프로판($C_3H_8$) | 2.1 | 9.5 |
| 부탄($C_4H_{10}$) | 1.8 | 8.4 |

● 초스피드 기억법

수475 (수사후 치료하세요.)
부18 (부자의 일반적인 팔자)

## 6 폭발의 종류(물 흐르듯 나와야 한다.)

① **분해폭발** : 아세틸렌, 과산화물, 다이너마이트
② **분진폭발** : 밀가루, 담뱃가루, 석탄가루, 먼지, 전분, 금속분
③ **중합폭발** : 염화비닐, 시안화수소
④ **분해 · 중합폭발** : 산화에틸렌
⑤ **산화폭발** : 압축가스, 액화가스

● 초스피드 기억법

아과다해(아세틸렌이 과다해)

## 7 폭굉의 연소속도

1000~3500m/s

Key Point

## 8 가연물이 될 수 없는 물질

| 구 분 | 설 명 |
|---|---|
| 주기율표의 0족 원소 | 헬륨(He), 네온(Ne), 아르곤(Ar), 크립톤(Kr), 크세논(Xe), 라돈(Rn) |
| 산소와 더이상 반응하지 않는 물질 | 물($H_2O$), 이산화탄소($CO_2$), 산화알루미늄($Al_2O_3$), 오산화인($P_2O_5$) |
| 흡열반응 물질 | 질소($N_2$) |

● 초스피드 기억법 

질흡(진흙탕)

※ 질소
복사열을 흡수하지 않는다.

## 9 점화원이 될 수 없는 것

① 흡착열
② 기화열
③ 융해열

● 초스피드 기억법 

흡기 융점없(호흡기의 융점은 없다.)

※ 점화원과 같은 의미
① 발화원
② 착화원

## 10 연소의 형태(다 외웠는가? 훌륭하다!)

| 연소 형태 | 종 류 |
|---|---|
| **표면연소** | 숯, 코크스, 목탄, 금속분 |
| **분해연소** | 아스팔트, 플라스틱, 중유, 고무, 종이, 목재, 석탄 |
| **증발연소** | 황, 왁스, 파라핀, 나프탈렌, 가솔린, 등유, 경유, 알코올, 아세톤 |
| **자기연소** | 니트로글리세린, 니트로셀룰로오스(질화면), TNT, 피크린산 |
| **액적연소** | 벙커C유 |
| **확산연소** | 메탄($CH_4$), 암모니아($NH_3$), 아세틸렌($C_2H_2$), 일산화탄소(CO), 수소($H_2$) |

● 초스피드 기억법 

아플 중고종목 분석(아플땐 중고종목을 분석해)
자니T피(쟈니윤이 티피코시를 입었다.)

## 11 연소와 관계되는 용어

| 연소 용어 | 설 명 |
|---|---|
| **발화점** | 가연성 물질에 불꽃을 접하지 아니하였을 때 연소가 가능한 **최저온도** |
| **인화점** | 휘발성 물질에 불꽃을 접하여 연소가 가능한 **최저온도** |
| **연소점** | 어떤 인화성 액체가 공기중에서 열을 받아 점화원의 존재하에 **지속**적인 연소를 일으킬 수 있는 온도 |

※ 물질의 발화점
① 황린 : 30~50℃
② 황화린 · 이황화탄소 : 100℃
③ 니트로셀룰로오스 : 180℃

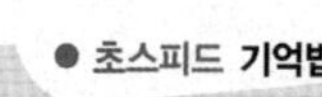

● 초스피드 기억법

연지(연지 곤지)

## 12 물의 잠열

※ 융해잠열
고체에서 액체로 변할 때의 잠열

※ 기화잠열
액체에서 기체로 변할 때의 잠열

| 구 분 | 열 량 |
|---|---|
| 융해잠열 | 80cal/g |
| 기화(증발)잠열 | 539cal/g |
| 0℃의 **물** 1g이 100℃의 수증기로 되는 데 필요한 열량 | 639cal |
| 0℃의 **얼음** 1g이 100℃의 수증기로 되는 데 필요한 열량 | 719cal |

● 초스피드 기억법

융8(왕파리), 5기(오기가 생겨서)

## 13 증기비중

※ 증기밀도

$$\text{증기밀도} = \frac{\text{분자량}}{22.4}$$

여기서,
22.4 : 기체 1몰의 부피[$l$]

$$\text{증기비중} = \frac{\text{분자량}}{29}$$

여기서, 29 : 공기의 평균 분자량

## 14 증기-공기밀도

$$\text{증기-공기밀도} = \frac{P_2\,d}{P_1} + \frac{P_1 - P_2}{P_1}$$

여기서, $P_1$ : 대기압
$P_2$ : 주변온도에서의 증기압
$d$ : 증기밀도

## 15 일산화탄소의 영향

※ 일산화탄소
화재시 인명피해를 주는 유독성 가스

| 농 도 | 영 향 |
|---|---|
| 0.2% | 1시간 호흡시 생명에 위험을 준다. |
| 0.4% | 1시간 내에 사망한다. |
| 1% | 2~3분 내에 실신한다. |

## 16 스테판-볼츠만의 법칙

$$Q = aAF({T_1}^4 - {T_2}^4)$$

여기서, $Q$ : 복사열[W]
$a$ : 스테판-볼츠만 상수[$W/m^2 \cdot K^4$]

$F$ : 기하학적 factor
$A$ : 단면적[$m^2$]
$T_1$ : 고온[K]
$T_2$ : 저온[K]

**스테판-볼츠만의 법칙** : 복사체에서 발산되는 복사열은 복사체의 절대온도의 **4제곱**에 비례한다.

● 초스피드 기억법 

스4(수사하라.)

## 17 보일 오버(boil over)

① 중질유의 탱크에서 장시간 조용히 연소하다 탱크 내의 잔존기름이 갑자기 분출하는 현상
② 유류탱크에서 탱크바닥에 물과 기름의 **에멀전**이 섞여 있을 때 이로 인하여 화재가 발생하는 현상
③ 연소유면으로부터 100℃ 이상의 열파가 탱크 저부에 고여 있는 물을 비등하게 하면서 연소유를 탱크 밖으로 비산시키며 연소하는 현상

## 18 열전달의 종류

① 전도
② 복사 : 전자파의 형태로 열이 옮겨지며, 가장 크게 작용한다.
③ 대류

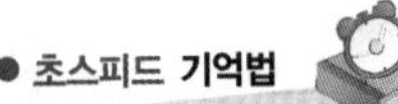 

전복열대 (전복은 열대어다.)

## 19 열에너지원의 종류(이 내용은 자다가도 말할 수 있어야 한다.)

### (1) 전기열

① 유도열 : 도체주위의 자장에 의해 발생
② 유전열 : **누설전류**(절연감소)에 의해 발생
③ 저항열 : 백열전구의 발열
④ 아크열
⑤ 정전기열
⑥ 낙뢰에 의한 열

### (2) 화학열

① 연소열 : 물질이 완전히 산화되는 과정에서 발생

Key Point

※ **에멀전**
물의 미립자가 기름과 섞여서 기름의 증발능력을 떨어뜨려 연소를 억제하는 것

※ **자연발화의 형태**
1. 분해열
 ① 셀룰로이드
 ② 니트로셀룰로오스
2. 산화열
 ① 건성유(정어리유, 아마인유, 해바라기유)
 ② 석탄
 ③ 원면
 ④ 고무분말
3. 발효열
 ① 먼지
 ② 곡물
 ③ 퇴비
4. 흡착열
 ① 목탄
 ② 활성탄

기억법
**자면곡발퇴**(자네 먼곳에서 오느라 발이 붙어텄나)

② 분해열
③ 용해열 : 농황산
④ 자연발열(자연발화) : 어떤 물질이 외부로부터 열의 공급을 받지 아니하고 온도가 상승하는 현상
⑤ 생성열

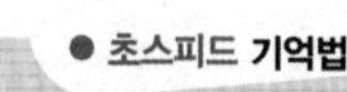

● 초스피드 기억법

연분용 자생화(연분홍 자생화)

## 20 자연발화의 방지법

① 습도가 높은 곳을 피할 것(건조하게 유지할 것)
② 저장실의 **온도**를 **낮출 것**
③ 통풍이 잘 되게 할 것
④ 퇴적 및 수납시 열이 쌓이지 않게 할 것

## 21 보일-샤를의 법칙

기체가 차지하는 부피는 **압력**에 **반비례**하며, **절대온도**에 **비례**한다.

$$\frac{P_1 V_1}{T_1} = \frac{P_2 V_2}{T_2}$$

여기서, $P_1, P_2$ : 기압〔atm〕
$V_1, V_2$ : 부피〔$m^3$〕
$T_1, T_2$ : 절대온도〔K〕

**※ 샤를의 법칙**
압력이 일정할 때 기체의 부피는 절대온도에 비례한다.

## 22 목재 건축물의 화재진행과정

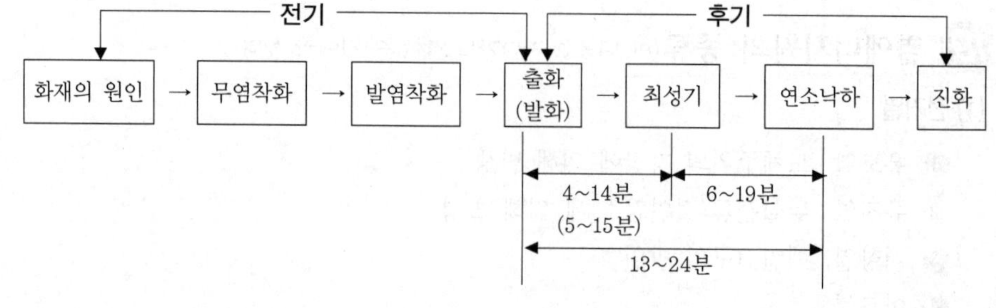


**※ 무염착화**
가연물이 재로 덮힌 숯불 모양으로 불꽃 없이 착화하는 현상

**※ 발염착화**
가연물이 불꽃이 발생되면서 착화하는 현상

Key Point

## 23 건축물의 화재성상(다 중요! 참 중요!)

(1) 목재 건축물

① 화재성상 : 고온 단기형

② 최고온도 : 1300℃

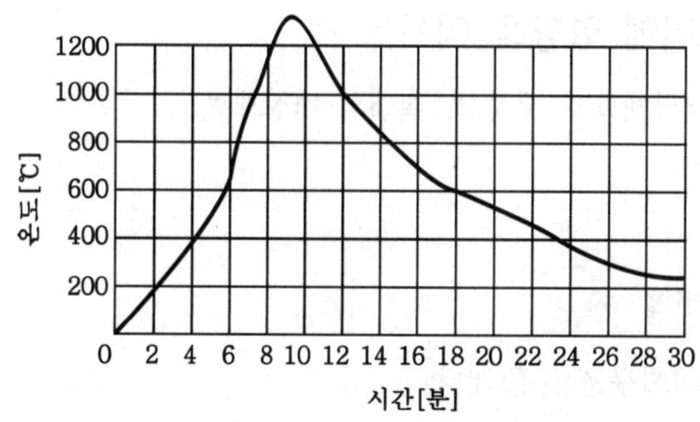

● 초스피드 기억법

고단목(고단할 땐 목캔디가 최고야!)

(2) 내화 건축물

① 화재성상 : 저온 장기형

② 최고온도 : 900~1000℃

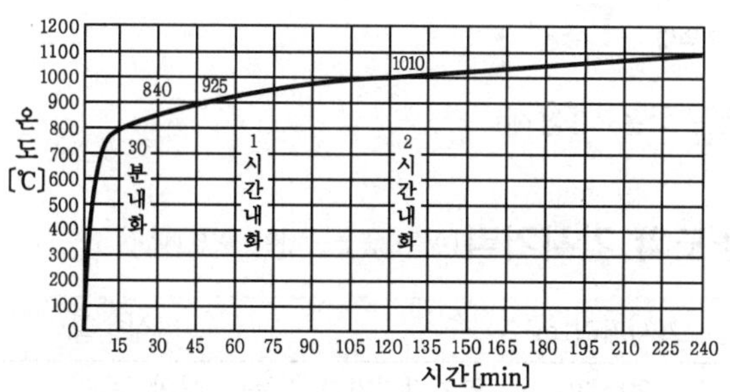


※ 내화건축물의 표준 온도
① 30분 후 : 840℃
② 1시간 후 : 925~950℃
③ 2시간 후 : 1010℃

## 24 플래시 오버(flash over)

(1) 정의

① 폭발적인 착화현상

② 순발적인 연소확대현상

③ 화재로 인하여 실내의 온도가 급격히 상승하여 화재가 순간적으로 실내전체에 확산되어 연소되는 현상

(2) 발생시점

**성장기~최성기**(성장기에서 최성기로 넘어가는 분기점)

(3) 실내온도 : 약 800~900℃

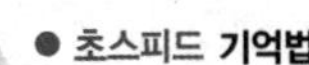

● 초스피드 기억법

내플89 (내풀팔고 네플쓰자)

※ 플래시 오버와 같은 의미
① 순발연소
② 순간연소

## 25 플래시 오버에 영향을 미치는 것

1. 내장재료(내장재료의 제성상, 실내의 내장재료)
2. 화원의 크기
3. 개구율

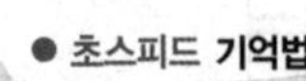

● 초스피드 기억법

내화플개 (내화구조를 풀게나)

※ 연기의 형태
1. 고체 미립자계 : 일반적인 연기
2. 액체 미립자계
① 담배연기
② 훈소연기

## 26 연기의 이동속도

| 구 분 | 이동속도 |
|---|---|
| 수평방향 | 0.5~1m/s |
| 수직방향 | 2~3m/s |
| 계단실 내의 수직 이동속도 | 3~5m/s |

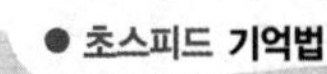

● 초스피드 기억법

연직23 (연구직은 이상해)

## 27 연기의 농도와 가시거리(아주 중요! 정말 중요!)

| 감광계수[$m^{-1}$] | 가시거리[m] | 상 황 |
|---|---|---|
| 0.1 | 20~30 | 연기감지기가 작동할 때의 농도 |
| 0.3 | 5 | 건물내부에 익숙한 사람이 피난에 지장을 느낄 정도의 농도 |
| 0.5 | 3 | 어두운 것을 느낄 정도의 농도 |
| 1 | 1~2 | 거의 앞이 보이지 않을 정도의 농도 |
| 10 | 0.2~0.5 | 화재 최성기 때의 농도 |
| 30 | − | 출화실에서 연기가 분출할 때의 농도 |

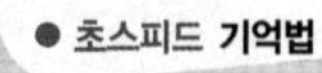

● 초스피드 기억법

연1 2030 (연일 20~30℃까지 올라간다.)

Key Point

## 28 위험물의 일반 사항(술술 나오도록 외우자!)

| 위험물 | 성 질 | 소화방법 |
|---|---|---|
| 제1류 | **강산화성 물질**(산화성 고체) | 물에 의한 **냉각소화**<br>(단, **무기과산화물**은 **마른모래** 등에 의한 질식소화) |
| 제2류 | **환원성 물질**(가연성 고체) | 물에 의한 **냉각소화**<br>(단, **금속분**은 **마른모래** 등에 의한 **질식소화**) |
| 제3류 | **금수성 물질** 및 **자연발화성 물질** | **마른모래** 등에 의한 질식소화<br>(단, **칼륨 · 나트륨**은 연소확대 방지) |
| 제4류 | **인화성 물질**(인화성 액체) | 포 · 분말 · $CO_2$ · 할론소화약제에 의한 **질식소화** |
| 제5류 | **폭발성 물질**(자기 반응성 물질) | 화재 초기에만 대량의 물에 의한 **냉각소화**(단, 화재가 진행되면 자연진화 되도록 기다릴 것) |
| 제6류 | **산화성 물질**(산화성 액체) | 마른모래 등에 의한 **질식소화**<br>(단, **과산화수소**는 다량의 **물**로 **희석소화**) |

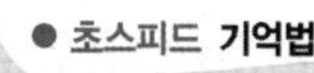

● 초스피드 기억법

1강산(일류, 강산)
4인(싸인해)
5폭자(오폭으로 자멸하다.)

※ **금수성 물질**
① 생석회
② 금속칼슘
③ 탄화칼슘

※ **마른모래**
예전에는 '건조사'라고 불리어졌다.

## 29 물질에 따른 저장장소

| 물 질 | 저장장소 |
|---|---|
| 황린, 이황화탄소($CS_2$) | 물속 |
| 니트로셀룰로오스 | 알코올 속 |
| 칼륨(K), 나트륨(Na), 리튬(Li) | 석유류(등유) 속 |
| 아세틸렌($C_2H_2$) | 디메틸프로마미드(DMF), 아세톤에 용해 |

● 초스피드 기억법

황물이(황토색 물이 나온다.)

## 30 주수소화시 위험한 물질

| 구 분 | 주수소화시 현상 |
|---|---|
| 무기 과산화물 | 산소발생 |
| 금속분 · 마그네슘 · 알루미늄 · 칼륨 · 나트륨 | 수소발생 |
| 가연성 액체의 유류화재 | 연소면(화재면) 확대 |

● 초스피드 기억법

무산(무산 됐다.)

※ **주수소화**
물을 뿌려 소화하는 것

Key Point

※ 최소 정전기 점화 에너지
국부적으로 온도를 높이는 전기불꽃과 같은 점화원에 의해 점화될 때의 에너지 최소값

## 31 최소 정전기 점화에너지

① 수소($H_2$) : 0.02mJ
② 메탄($CH_4$)
③ 에탄($C_2H_6$)
④ 프로판($C_3H_8$)
⑤ 부탄($C_4H_{10}$)
②~⑤ — 0.3mJ

● 초스피드 기억법

002점수(국제전화 002의 점수)

# 제2장 방화론

## 32 공간적 대응

① 도피성
② 대항성 : 내화성능 · 방연성능 · 초기소화 대응 등의 화재사상의 저항능력
③ 회피성

※ 회피성
불연화 · 난연화 · 내장제한 · 구획의 세분화 · 방화훈련(소방훈련) · 불조심 등 출화유발 · 확대 등을 저감시키는 예방조치 강구사항을 말한다.

● 초스피드 기억법

도대회공(도에서 대회를 개최하는 것은 공무수행이다.)

## 33 연소확대방지를 위한 방화계획

① 수평구획(면적단위)
② 수직구획(층단위)
③ 용도구획(용도단위)

● 초스피드 기억법

연수용(연수용 건물)

Key Point

※ 내화구조
공동주택의 각 세대간의 경계벽의 구조

## 34 내화구조 · 불연재료(진짜 중요!)

| 내화구조 | 불연재료 |
|---|---|
| ① 철근 콘크리트조<br>② 석조<br>③ 연와조 | ① 콘크리트 · 석재<br>② 벽돌 · 기와<br>③ 석면판 · 철강<br>④ 알루미늄 · 유리<br>⑤ 모르타르 · 회 |

● 초스피드 기억법

철석연내(철석 소리가 나더니 연내 무너졌다.)

## 35 내화구조의 기준

| 내화구분 | 기 준 |
|---|---|
| 벽 · 바닥 | 철골 · 철근 콘크리트조로서 두께가 10cm 이상인 것 |
| 기둥 | 철골을 두께 5cm 이상의 콘크리트로 덮은 것 |
| 보 | 두께 5cm 이상의 콘크리트로 덮은 것 |

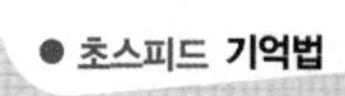

● 초스피드 기억법

벽바내1(벽을 바라보면 내일이 보인다.)

## 36 방화구조의 기준

※ 방화구조
화재시 건축물의 인접 부분에로의 연소를 차단할 수 있는 구조

| 구조내용 | 기 준 |
|---|---|
| • 철망모르타르 바르기 | 두께 2cm 이상 |
| • 석고판 위에 시멘트모르타르를 바른 것<br>• 석고판 위에 회반죽을 바른 것<br>• 시멘트모르타르 위에 타일을 붙인 것 | 두께 2.5cm 이상 |
| • 심벽에 흙으로 맞벽치기 한 것 | 모두 해당 |

## 37 방화문의 구분

※ 방화문
① 직접 손으로 열 수 있을 것
② 자동으로 닫히는 구조(자동폐쇄 장치)일 것

| 60분+방화문 | 60분 방화문 | 30분 방화문 |
|---|---|---|
| 연기 및 불꽃을 차단할 수 있는 시간이 60분 이상이고, 열을 차단할 수 있는 시간이 30분 이상인 방화문 | 연기 및 불꽃을 차단할 수 있는 시간이 60분 이상인 방화문 | 연기 및 불꽃을 차단할 수 있는 시간이 30분 이상 60분 미만인 방화문 |

Key Point

**※ 주요 구조부**
건물의 주요 골격을 이루는 부분

## 38 주요 구조부(정말 중요!)

❶ 주계단(옥외계단 제외)
❷ 기둥(사잇기둥 제외)
❸ 바닥(최하층 바닥 제외)
❹ 지붕틀(차양 제외)
❺ 벽(내력벽)
❻ 보(작은보 제외)

● 초스피드 기억법 

**주기바지벽보**(주기적으로 바지가 그려져 있는 벽보를 보라.)

## 39 피난행동의 성격

❶ 계단 보행속도
❷ 군집 보행속도 ─┬ 자유보행 : 0.5~2m/s
　　　　　　　　　└ 군집보행 : 1m/s
❸ 군집 유동계수

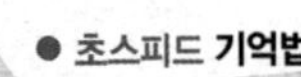 

**계단 군보유**(그 계단은 군이 보유하고 있다.)

**※ 피난동선**
'피난경로'라고도 부른다.

## 40 피난동선의 특성

❶ 가급적 **단순형태**가 좋다.
❷ **수평동선**과 **수직동선**으로 구분한다.
❸ 가급적 상호 반대방향으로 다수의 출구와 연결되는 것이 좋다.
❹ 어느 곳에서도 2개 이상의 방향으로 피난할 수 있으며, 그 말단은 화재로부터 안전한 장소이어야 한다.

**※ 제연방법**
① 희석
② 배기
③ 차단

**※ 모니터**
창살이나 넓은 유리창이 달린 지붕 위의 구조물

## 41 제연방식

❶ 자연 제연방식 : **개구부** 이용
❷ 스모크타워 제연방식 : **루프 모니터** 이용
❸ 기계 제연방식 ─┬ 제1종 기계 제연방식 : **송풍기+배연기**
　　　　　　　　 ├ 제2종 기계 제연방식 : **송풍기**
　　　　　　　　 └ 제3종 기계 제연방식 : **배연기**

Key Point

● 초스피드 기억법

송2(송이 버섯), 배3(배삼룡)

## 42 제연구획

| 구 분 | 설 명 |
|---|---|
| 제연경계의 폭 | 0.6m 이상 |
| 제연경계의 수직거리 | 2m 이내 |
| 예상제연구역~배출구의 수평거리 | 10m 이내 |

## 43 건축물의 안전계획

### (1) 피난시설의 안전구획

| 안전구획 | 설 명 |
|---|---|
| 1차 안전구획 | 복도 |
| 2차 안전구획 | 부실(계단전실) |
| 3차 안전구획 | 계단 |

● 초스피드 기억법

복부계(복부인 계하나 더세요.)

### (2) 패닉(Panic)현상을 일으키는 피난형태

① H형
② CO형

* 패닉현상
인간이 극도로 긴장되어 돌출행동을 하는 것

● 초스피드 기억법

패H(피해), Panic C(Panic C)

## 44 적응 화재

| 화재의 종류 | 적응 소화기구 |
|---|---|
| A급 | • 물<br>• 산알칼리 |
| AB급 | • 포 |
| BC급 | • 이산화탄소<br>• 할론<br>• 1, 2, 4종 분말 |
| ABC급 | • 3종 분말<br>• 강화액 |

# 45 주된 소화작용(참 중요!)

| 소화제 | 주된 소화작용 |
|---|---|
| • 물 | • 냉각효과 |
| • 포<br>• 분말<br>• 이산화탄소 | • 질식효과 |
| • 할론 | • 부촉매효과(연쇄반응억제) |

● 초스피드 기억법

물냉(물냉면)
할부억(할아버지 억지부리지 마세요.)

# 46 분말 소화약제

| 종 별 | 소화약제 | 약제의 착색 | 적응 화재 | 비 고 |
|---|---|---|---|---|
| 제1종 | 중탄산나트륨 ($NaHCO_3$) | 백색 | BC급 | 식용유 및 지방질유의 화재에 적합 |
| 제2종 | 중탄산칼륨 ($KHCO_3$) | 담자색 (담회색) | BC급 | – |
| 제3종 | 제1인산암모늄 ($NH_4H_2PO_4$) | 담홍색 | ABC급 | 차고 · 주차장에 적합 |
| 제4종 | 중탄산칼륨＋요소 ($KHCO_3+(NH_2)_2CO$) | 회(백)색 | BC급 | – |

● 초스피드 기억법

1식분(일식 분식)
3분 차주(삼보컴퓨터 차주)

**※ 질식효과**
공기중의 산소농도를 16%(10~15%) 이하로 희박하게 하는 방법

**※ 할론 1301**
① 할론 약제 중 소화효과가 가장 좋다.
② 할론 약제 중 독성이 가장 약하다.
③ 할론 약제 중 오존파괴지수가 가장 높다.

**※ 중탄산나트륨**
"탄산수소나트륨"이라고도 부른다.

**※ 중탄산칼륨**
"탄산수소칼륨"이라고도 부른다.

# 제2편 소방관계법규

## 1 기 간(30분만 눈에 불을 켜고 보라!)

### (1) 1일

제조소 등의 변경신고(위험물법 6조)

### (2) 2일

① 소방시설공사 착공 · 변경신고처리(공사업규칙 12조)

② 소방공사감리자 지정 · 변경신고처리(공사업규칙 15조)

### (3) 3일

① 하자보수기간(공사업법 15조)

② 소방시설업 등록증 분실 등의 재발급(공사업규칙 4조)

● 초스피드 기억법

**3하분재**(상하이에서 분재를 가져왔다.)

### (4) 4일

건축허가 등의 **동의** 요구서류 보완(소방시설법 시행규칙 4조)

### (5) 5일

① 일반적인 **건축허가** 등의 **동의**여부 회신(소방시설법 시행규칙 4조)

② 소방시설업 등록증 변경신고 등의 **재발급**(공사업규칙 6조)

● 초스피드 기억법

**5변재**(오이로 변제해)

### (6) 7일

① 위험물이나 물건의 **보관**기간(기본령 3조)

② 건축허가 등의 취소통보(소방시설법 시행규칙 4조)

③ 소방공사 감리원의 배치통보일(공사업규칙 17조)

④ 소방공사 감리결과 통보 · 보고일(공사업규칙 19조)

⑤ 종합정밀점검 · 작동기능점검 결과보고서 제출일(소방시설법 시행규칙 19조)

Key Point

**※ 제조소**
위험물을 제조할 목적으로 지정수량 이상의 위험물을 취급하기 위하여 허가를 받은 장소

**※ 소방시설업**
① 소방시설설계업
② 소방시설공사업
③ 소방공사감리업
④ 방염처리업

**※ 건축허가 등의 동의 요구**
① 소방본부장
② 소방서장

Key Point

**※ 화재경계지구**
화재가 발생할 우려가 높거나 화재가 발생하면 피해가 클 것으로 예상되는 구역으로서 대통령령으로 정하는 지역

**※ 위험물안전관리자와 소방안전관리자**
(1) 위험물안전관리자
제조소 등에서 위험물의 안전관리에 관한 직무를 수행하는 자
(2) 소방안전관리자
특정소방대상물에서 화재가 발생하지 않도록 관리하는 사람

(7) 10일

1. 화재경계지구 안의 소방훈련 · 교육 통보일(기본령 4조)
2. **30층** 이상(지하층 포함) 또는 **120m** 이상의 건축허가 등의 동의 여부 회신(소방시설법 시행규칙 4조)
3. 연면적 **20만$m^2$** 이상의 건축허가 등의 동의 여부 회신(소방시설법 시행규칙 4조)
4. 소방안전교육 통보일(소방시설법 시행규칙 16조)
5. 소방기술자의 **실무교육** 통지일(공사업규칙 26조)
6. **실무교육** 교육계획의 변경보고일(공사업규칙 35조)
7. 소방기술자 **실무교육기관** 지정사항 변경보고일(공사업규칙 33조)
8. 소방시설업의 등록신청서류 보완일(공사업규칙 2조 2)
9. 제조소 등의 재발급 완공검사합격확인증 제출일(위험물령 10조)

(8) 14일

1. 방치된 위험물 공고기간(기본법 12조)
2. 소방기술자 실무교육기관 휴폐업신고일(공사업규칙 34조)
3. 제조소 등의 용도폐지 신고일(위험물법 11조)
4. 위험물안전관리자의 선임신고일(위험물법 15조)
5. 소방안전관리자의 선임신고일(소방시설법 20조)

● 초스피드 기억법

**14제폐선**(**일사**천리로 **제패**하여 **성**공하라.)

(9) 15일

1. 소방기술자 실무교육기관 신청서류 보완일(공사업규칙 31조)
2. 소방시설업 등록증 발급(공사업규칙 3조)

● 초스피드 기억법

**실 15보**(**실**제 **일**과는 **오**전에 **보**라!)

(10) 20일

소방안전관리자의 강습실시공고일(소방시설법 시행규칙 29조)

● 초스피드 기억법

**강2**(**강의**)

(11) 30일

1. 소방시설업 등록사항 변경신고(공사업규칙 6조)
2. 위험물안전관리자의 **재선임**(위험물법 15조)
3. 소방안전관리자의 **재선임**(소방시설법 시행규칙 14조)
4. 소방안전관리자의 **실무교육** 통보일(소방시설법 시행규칙 36조)
5. 소방시설업 등록증 지위승계시의 재발급(공사업규칙 7조)

Key Point

⑥ **도급계약** 해지(공사업법 23조)
⑦ 소방시설공사 중요사항 변경시의 신고일(공사업규칙 12조)
⑧ 소방기술자 실무교육기관 지정서 발급(공사업규칙 32조)
⑨ 소방공사감리자 변경서류제출(공사업규칙 15조)
⑩ **승계**(위험물법 10조)
⑪ 위험물안전관리자의 직무대행(위험물법 15조)
⑫ 탱크시험자의 변경신고일(위험물법 16조)

### (12) 90일

① 소방시설업 **등**록신청 자산평가액 · 기업진단보고서 **유**효기간(공사업규칙 2조)
② 위험물 임시저장기간(위험물법 5조)
③ 소방시설관리사 시험공고일(소방시설법 시행령 32조)

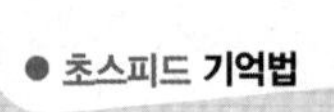
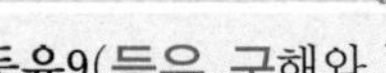
● 초스피드 기억법

등유9(등유 구해와.)

## 2 횟수

### (1) 월 1회 이상 : 소방용수시설 및 **지**리조사(기본규칙 7조)

● 초스피드 기억법

월1지(월요일이 지났다.)

*** 소방용수시설**
① 소화전
② 급수탑
③ 저수조

### (2) 연 1회 이상

① 화재경계지구 안의 소방특별조사 · 훈련 · 교육(기본령 4조)
② 특정소방대상물의 소방훈련 · 교육(소방시설법 시행규칙 15조)
③ 제조소 등의 **정**기점검(위험물규칙 64조)
④ **종**합정밀점검(특급 소방안전관리대상물은 반기별 1회 이상)(소방시설법 시행규칙 [별표 1])
⑤ 작동기능점검(소방시설법 시행규칙 [별표 1])

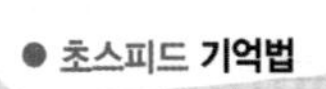

● 초스피드 기억법

연1정종(연일 정종술을 마셨다.)

*** 종합정밀점검자의 자격**
① 소방안전관리자(소방시설관리사 · 소방기술사)
② 소방시설관리업자

### (3) 2년마다 1회 이상

① 소방대원의 소방교육 · 훈련(기본규칙 9조)
② **실**무교육(소방시설법 시행규칙 36조)

● 초스피드 기억법

실2(실리)

## 3 담당자(모두 시험에 썩! 잘 나온다.)

### (1) 한국소방안전원장

① 소방안전관리자의 실무교육(소방시설법 시행규칙 36조)
② 소방안전관리자의 강습(소방시설법 시행규칙 29조)

● 초스피드 기억법 

**실강원**(실강이 벌이지 말고 원망해라.)

### (2) 소방대장

소방활동구역의 설정(기본법 23조)

● 초스피드 기억법 

**대구활**(대구의 활동)

**※ 소방활동구역**
화재, 재난 · 재해 그 밖의 위급한 상황이 발생한 현장에 정하는 구역

**※ 소방본부장과 소방대장**
(1) 소방본부장
시 · 도에서 화재의 예방 · 경계 · 진압 · 조사 · 구조 · 구급 등의 업무를 담당하는 부서의 장
(2) 소방대장
소방본부장 또는 소방서장 등 화재, 재난 · 재해 그 밖의 위급한 상황이 발생한 현장에서 소방대를 지휘하는 자

### (3) 소방본부장 · 소방서장 · 소방대장

① 소방활동 종사명령(기본법 24조)
② 강제처분(기본법 25조)
③ 피난명령(기본법 26조)

● 초스피드 기억법 

**소대종강피**(소방대의 종강파티)

### (4) 소방본부장 · 소방서장

① 화재의 예방조치(기본법 12조)
② 방치된 위험물보관(기본법 12조)
③ 화재경계지구의 소방특별조사(기본법 13조)
④ 화재위험경보발령(기본법 14조)
⑤ 소방용수시설 및 지리조사(기본규칙 7조)
⑥ 화재경계지구 안의 소방특별조사 · 소방훈련 · 교육(기본령 4조)
⑦ 건축허가 등의 동의(소방시설법 7조)
⑧ 소방안전관리자 · 소방안전관리보조자의 선임신고(소방시설법 20조)
⑨ 소방훈련의 지도 · 감독(소방시설법 22조)
⑩ 소방시설의 자체점검 결과 보고(소방시설법 25조)
⑪ 소방계획의 작성 · 실시에 관한 지도 · 감독(소방시설법 시행령 24조)
⑫ 소방안전교육실시(소방시설법 시행규칙 16조)
⑬ 소방시설공사의 착공신고 · 완공검사(공사업법 13 · 14조)
⑭ 소방공사 감리결과 보고서 제출(공사업법 20조)
⑮ 소방공사 감리원의 배치통보(공사업규칙 17조)

(5) 시 · 도지사 · 소방본부장 · 소방서장

1. 소방시설업의 감독(공사업법 31조)
2. 탱크시험자에 대한 명령(위험물법 23조)
3. 무허가장소의 위험물 조치명령(위험물법 24조)
4. 소방기본법령상 과태료부과(기본법 56조)
5. 제조소 등의 수리 · 개조 · 이전명령(위험물법 14조)

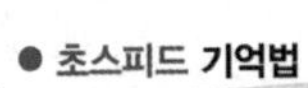

● 초스피드 기억법

**감무시소과**(**감**나**무** 아래에 있는 **시소**에서 **과**일 먹기)

(6) 시 · 도지사

1. 제조소 등의 설치허가(위험물법 6조)
2. 소방업무의 지휘 · 감독(기본법 3조)
3. 소방체험관의 설립 · 운영(기본법 5조)
4. 소방업무에 관한 세부적인 종합계획수립 및 소방업무 수행(기본법 6조)
5. 소방시설업자의 지위승계(공사업법 7조)
6. 제조소 등의 승계(위험물법 10조)
7. 소방력의 기준에 따른 계획 수립(기본법 8조)
8. 화재경계지구의 지정(기본법 13조)
9. 소방시설관리업의 **등록**(소방시설법 29조)
10. 탱크시험자의 **등록**(위험물법 16조)
11. 소방시설관리업의 과징금 부과(소방시설법 35조)
12. 탱크안전성능검사(위험물법 8조)
13. 제조소 등의 **완공검사**(위험물법 9조)
14. 제조소 등의 용도 폐지(위험물법 11조)
15. 예방규정의 제출(위험물법 17조)

● 초스피드 기억법

**허시승화예**(농구선수 **허**재가 **차 시승**장에서 나와 **화**해했다.)

(7) 소방청장 · 소방본부장 · 소방서장

1. 119 종합상황실의 설치 · 운영(기본법 4조)
2. 소방활동(기본법 16조)
3. 소방대원의 소방교육 · 훈련 실시(기본법 17조)
4. 특정소방대상물의 소방특별조사(소방시설법 4조)
5. 소방특별조사 결과에 따른 조치명령(소방시설법 5조)
6. 화재조사 전담부서의 위탁교육(기본규칙 12조)

Key Point

**❋ 시 · 도지사**
제조소 등의 완공검사

**❋ 소방본부장 · 소방서장**
소방시설공사의 착공신고 · 완공검사

**❋ 위험물**
인화성 또는 발화성 등의 성질을 가지는 것으로서 대통령령으로 정하는 물질

**❋ 소방체험관**
화재현장에서의 피난 등을 체험할 수 있는 체험관

**❋ 소방력 기준**
행정안전부령

**❋ 119 종합상황실**
화재 · 재난 · 재해 · 구조 · 구급 등이 필요한 때에 신속한 소방활동을 위한 정보를 수집 · 분석과 판단 · 전파, 상황관리, 현장 지휘 및 조정 · 통제 등의 업무수행

● 초스피드 기억법 

종청소(종로구 청소)

(8) 소방청장

1. 소방업무에 관한 종합계획의 수립 · 시행(기본법 6조)
2. 방염성능 검사(소방시설법 13조)
3. 소방박물관의 설립 · 운영(기본법 5조)
4. 한국소방안전원의 정관 변경(기본법 43조)
5. 한국소방안전원의 **감독**(기본법 48조)
6. 소방대원의 소방교육 · 훈련 정하는 것(기본규칙 9조)
7. 소방박물관의 설립 · 운영(기본규칙 4조)
8. 소방용품의 형식승인(소방시설법 36조)
9. 우수품질제품 인증(소방시설법 40조)
10. 소방특별조사의 계획수립(소방시설법 시행령 9조)
11. 시공능력평가의 공시(공사업법 26조)
12. 실무교육기관의 지정(공사업법 29조)
13. 소방기술자의 실무교육 필요사항 제정(공사업규칙 26조)

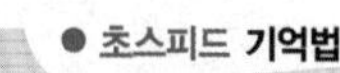 

검방청(검사는 방청객)

(9) 소방청장 · 시 · 도지사 · 소방본부장 · 소방서장

1. 화재예방, 소방시설 설치 · 유지 및 안전관리에 관한 법령상 과태료 부과권자(소방시설법 53조)
2. 제조소 등의 출입 · 검사권자(위험물법 22조)

## 4 관련법령

(1) 대통령령

1. 소방장비 등에 대한 국고보조 기준(기본법 9조)
2. 불을 사용하는 설비의 관리사항 정하는 기준(기본법 15조)
3. 특수가연물 저장 · 취급(기본법 15조)
4. 방염성능 기준(소방시설법 12조)
5. 건축허가 등의 동의대상물의 범위(소방시설법 7조)
6. 소방시설관리업의 등록기준(소방시설법 29조)
7. 소방시설업의 업종별 영업범위(공사업법 4조)
8. 소방공사감리의 종류 및 대상에 따른 감리원 배치, 감리의 방법(공사업법 16조)
9. 위험물의 정의(위험물법 2조)
10. 탱크안전성능검사의 내용(위험물법 8조)
11. 제조소 등의 안전관리자의 자격(위험물법 15조)

**＊ 한국소방안전원**
소방기술과 안전관리 기술의 향상 및 홍보 그 밖의 교육훈련 등 행정기관이 위탁하는 업무를 수행하는 기관

**＊ 우수품질인증**
소방용품 가운데 품질이 우수하다고 인정되는 제품에 대하여 품질인증 마크를 붙여주는 것

**＊ 특수가연물**
화재가 발생하면 불길이 빠르게 번지는 물품

**＊ 방염성능**
화재의 발생 초기단계에서 화재 확대의 매개체를 단절시키는 성질

Key Point

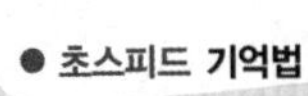

● 초스피드 기억법

대국장 특방(대구 시장에서 특수 방한복 지급)

(2) 행정안전부령

1. 119 종합상황실의 설치 · 운영에 관하여 필요한 사항(기본법 4조)
2. 소방박물관(기본법 5조)
3. 소방력 기준(기본법 8조)
4. 소방용수시설의 기준(기본법 10조)
5. 소방대원의 소방교육 · 훈련 실시규정(기본법 17조)
6. 소방신호의 종류와 방법(기본법 18조)
7. 소방활동장비 및 설비의 종류와 규격(기본령 2조)
8. 소방용품의 형식승인의 방법(소방시설법 36조)
9. 우수품질제품 인증에 관한 사항(소방시설법 40조)
10. 소방공사감리원의 세부적인 배치기준(공사업법 18조)
11. 시공능력평가 및 공시방법(공사업법 26조)
12. 실무교육기관 지정방법 · 절차 · 기준(공사업법 29조)
13. 탱크안전성능검사의 실시 등에 관한 사항(위험물법 8조)

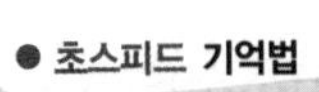

● 초스피드 기억법

용력행박(용역할 사람이 행실이 반듯한 박씨)

(3) 시 · 도의 조례

1. 소방체험관(기본법 5조)
2. 지정수량 미만의 위험물 취급(위험물법 4조)

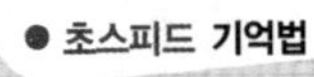

● 초스피드 기억법

시체미(시체미 육체미)

## 5 인가 · 승인 등(꼭! 외워야 합지니다.)

(1) 인가

한국소방안전원의 정관변경(기본법 43조)

● 초스피드 기억법

인정(인정사정)

(2) 승인

한국소방안전원의 사업계획 및 예산(기본령 10조)

※ 소방신호의 목적
① 화재예방
② 소방활동
③ 소방훈련

※ 시공능력의 평가 기준
① 소방시설공사 실적
② 자본금

※ 조례
지방자치단체가 고유사무와 위임사무 등을 지방의회의 결정에 의하여 제정하는 것

※ 지정수량
제조소 등의 설치허가 등에 있어서 최저의 기준이 되는 수량

● 초스피드 기억법

승사(성사)

### (3) 등록

1. 소방시설관리업(소방시설법 29조)
2. 소방시설업(공사업법 4조)
3. 탱크안전성능시험자(위험물법 16조)

### (4) 신고

1. 위험물안전관리자의 선임(위험물법 15조)
2. 소방안전관리자 · 소방안전관리보조자의 선임(소방시설법 20조)
3. 제조소 등의 승계(위험물법 10조)
4. 제조소 등의 용도폐지(위험물법 11조)

신선승(신선이 승천했다.)

### (5) 허가

제조소 등의 설치(위험물법 6조)

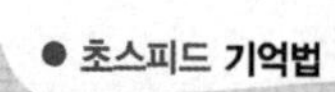

허제(농구선수 허재)

## 6 용어의 뜻

**(1) 소방대상물** : 건축물 · 차량 · 선박(매어둔 것) · 선박건조구조물 · 산림 · 인공구조물 · 물건(기본법 2조)

**비교**

**위험물의 저장 · 운반 · 취급에 대한 적용 제외**(위험물법 3조)
① 항공기 ② 선박 ③ 철도 ④ 궤도

**(2) 소방시설**(소방시설법 2조)

1. 소화설비
2. 경보설비
3. 소화용수설비
4. 소화활동설비
5. 피난구조설비

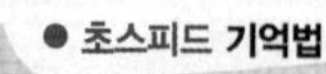

소경소피(소경이 소피본다.)

---

**※ 승계**
직계가족으로부터 물려받음

**※ 인공구조물**
전기설비, 기계설비 등의 각종 설비를 말한다.

**※ 소화설비**
물, 그 밖의 소화약제를 사용하여 소화하는 기계 · 기구 또는 설비

**※ 소화용수설비**
화재를 진압하는 데 필요한 물을 공급하거나 저장하는 설비

**※ 소화활동설비**
화재를 진압하거나 인명구조활동을 위하여 사용하는 설비

Key Point

**(3) 소방용품**(소방시설법 2조)

소방시설 등을 구성하거나 소방용으로 사용되는 제품 또는 기기로서 **대통령령**으로 정하는 것

**(4) 관계지역**(기본법 2조)

**소방대상물**이 있는 **장소** 및 그 **이웃지역**으로서 화재의 예방 · 경계 · 진압, 구조 · 구급 등의 활동에 필요한 지역

**(5) 무창층**(소방시설법 시행령 2조)

지상층 중 개구부의 면적의 합계가 그 층의 바닥 면적의 $\frac{1}{30}$ 이하가 되는 층

**(6) 개구부**(소방시설법 시행령 2조)

① 개구부의 크기가 지름 50cm 이상의 원이 내접할 수 있을 것
② 해당 층의 바닥면으로부터 개구부 밑부분까지의 높이가 1.2m 이내일 것
③ 개구부는 **도로** 또는 **차량**이 진입할 수 있는 **빈터**를 향할 것
④ 화재시 건축물로부터 쉽게 피난할 수 있도록 개구부에 창살, 그 밖의 장애물이 설치되지 아니할 것
⑤ 내부 또는 외부에서 **쉽게 파괴** 또는 **개방**할 수 있을 것

**(7) 피난층**(소방시설법 시행령 2조)

곧바로 지상으로 갈 수 있는 출입구가 있는 층

## 7 특정소방대상물의 소방훈련의 종류(소방시설법 22조)

① 소화훈련　② 피난훈련　③ 통보훈련

● 초스피드 기억법

소피통훈(소의 피는 통 훈기가 없다.)

## 8 특정소방대상물의 관계인과 소방안전관리대상물의 소방안전관리자의 업무(소방시설법 20조)

| 특정소방대상물(관계인) | 소방안전관리대상물(소방안전관리자) |
|---|---|
| ① 피난시설 · 방화구획 및 방화시설의 유지 · 관리<br>② 소방시설, 그 밖의 소방관련시설의 유지 · 관리<br>③ **화기취급**의 감독<br>④ 소방안전관리에 필요한 업무 | ① 피난시설 · 방화구획 및 방화시설의 유지 · 관리<br>② 소방시설, 그 밖의 소방관련시설의 유지 · 관리<br>③ **화기취급**의 감독<br>④ 소방안전관리에 필요한 업무<br>⑤ **소방계획서**의 작성 및 시행(대통령령으로 정하는 사항 포함)<br>⑥ **자위소방대** 및 **초기대응체계**의 구성 · 운영 · 교육<br>⑦ 소방훈련 및 교육 |

**※ 개구부**
화재시 쉽게 피난할 수 있는 출입문, 창문 등을 말한다.

**※ 자위소방대 vs 자체소방대**
(1) 자위소방대
빌딩 · 공장 등에 설치한 사설소방대
(2) 자체소방대
다량의 위험물을 저장 · 취급하는 제조소에 설치하는 소방대

**Key-Point**

**※ 주택(주거)**
해뜨기 전 또는 해진 후에는 소방특별조사를 할 수 없다.

## 9 제조소 등의 설치허가 제외장소(위험물법 6조)

① 주택의 난방시설(공동주택의 **중앙난방시설**은 제외)을 위한 **저장소** 또는 **취급소**
② 지정수량 **20배** 이하의 **농**예용 · **축**산용 · **수**산용 난방시설 또는 건조시설의 **저장소**

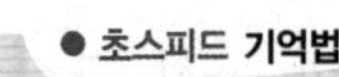

● 초스피드 기억법

농축수2

## 10 제조소 등 설치허가의 취소와 사용정지(위험물법 12조)

① **변경허가**를 받지 아니하고 제조소 등의 위치 · 구조 또는 설비를 변경한 경우
② **완공검사**를 받지 아니하고 제조소 등을 사용한 경우
③ **안전조치 이행명령**을 따르지 아니할 때
④ **수리 · 개조** 또는 **이전**의 **명령**에 **위반**한 경우
⑤ **위험물안전관리자**를 선임하지 아니한 경우
⑥ 안전관리자의 직무를 대행하는 **대리자**를 지정하지 아니한 경우
⑦ **정기점검**을 하지 아니한 경우
⑧ **정기검사**를 받지 아니한 경우
⑨ **저장 · 취급기준 준수명령**에 위반한 경우

**※ 소방시설업의 종류**
(1) 소방시설설계업
소방시설공사에 기본이 되는 공사계획 · 설계도면 · 설계설명서 · 기술계산서 등을 작성하는 영업
(2) 소방시설공사업
설계도서에 따라 소방 시설을 신설 · 증설 · 개설 · 이전 · 정비하는 영업
(3) 소방공사감리업
소방시설공사가 설계도서 및 관계법령에 따라 적법하게 시공되는지 여부의 확인과 기술지도를 수행하는 영업
(4) 방염처리업
방염대상물품에 대하여 방염처리하는 영업

## 11 소방시설업의 등록기준(공사업법 4조)

① **기**술인력
② **자**본금

● 초스피드 기억법

기자등(기자가 등장했다.)

## 12 소방시설업의 등록취소(공사업법 9조)

① **거짓**, 그 밖의 **부정한 방법**으로 등록을 한 경우
② **등록결격사유**에 해당된 경우
③ 영업정지 기간 중에 소방시설공사 등을 한 경우

## 13 하도급범위(공사업법 22조)

(1) 도급받은 소방시설공사의 일부를 다른 공사업자에게 하도급할 수 있다. 하도급인은 제3자에게 다시 하도급 불가

Key Point

(2) **소방시설공사의 시공을 하도급할 수 있는 경우**(공사업령 12조 ①항)

① 주택건설사업
② 건설업
③ 전기공사업
④ 정보통신공사업

## 14 소방기술자의 의무(공사업법 27조)

2 이상의 업체에 취업금지(1개 업체에 취업)

## 15 소방대(기본법 2조)

① 소방공무원
② 의무소방원
③ 의용소방대원

## 16 의용소방대의 설치(기본법 37조, 의용소방대법 2조)

① 특별시
② 광역시, 특별자치시, 특별자치도, 도
③ 시
④ 읍
⑤ 면

## 17 무기 또는 5년 이상의 징역(위험물법 33조)

위험물을 유출하여 사람을 **사망**에 이르게 한 자

## 18 무기 또는 3년 이상의 징역(위험물법 33조)

위험물을 유출하여 사람을 **상해**에 이르게 한 자

## 19 1년 이상 10년 이하의 징역(위험물법 33조)

위험물을 유출하여 사람에게 **위험**을 발생시킨 자

## 20 5년 이하의 징역 또는 1억원 이하의 벌금(위험물법 34조 2)

제조소 등의 설치허가를 받지 아니하고 제조소 등을 설치한 자

## 21 5년 이하의 징역 또는 5000만원 이하의 벌금

① 소방시설 등에 폐쇄 · 차단 등의 행위를 한 자(소방시설법 48조)
② 소방자동차의 출동 방해(기본법 50조)
③ 사람구출 방해(기본법 50조)
④ 소방용수시설 또는 비상소화장치의 효용 방해(기본법 50조)

**※ 소방기술자**
① 소방시설관리사
② 소방기술사
③ 소방설비기사
④ 소방설비산업기사
⑤ 위험물기능장
⑥ 위험물산업기사
⑦ 위험물기능사

**※ 의용소방대의 설치권자**
① 시 · 도지사
② 소방서장

**※ 벌금**
범죄의 대가로서 부과하는 돈

**※ 소방용수시설**
화재진압에 사용하기 위한 물을 공급하는 시설

## 22 벌칙(소방시설법 48조)

| 5년 이하의 징역 또는 5천만원 이하의 벌금 | 7년 이하의 징역 또는 7천만원 이하의 벌금 | 10년 이하의 징역 또는 1억원 이하의 벌금 |
|---|---|---|
| **소방시설 폐쇄·차단** 등의 행위를 한 자 | **소방시설 폐쇄·차단** 등의 행위를 하여 사람을 **상해**에 이르게 한 자 | **소방시설 폐쇄·차단** 등의 행위를 하여 사람을 **사망**에 이르게 한 자 |

## 23 3년 이하의 징역 또는 3000만원 이하의 벌금

1. 소방특별조사 결과에 따른 조치명령(소방시설법 48조 2)
2. **소방시설관리업** 무등록자(소방시설법 48조 2)
3. **형식승인**을 받지 않은 소방용품 제조·수입자(소방시설법 48조 2)
4. **제품검사**를 받지 않은 사람(소방시설법 48조 2)
5. **부정한 방법**으로 전문기관의 지정을 받은 사람(소방시설법 48조 2)
6. 소방대상물 및 토지의 강제처분을 방해한 자(기본법 51조)
7. 소방시설업 무등록자(공사업법 35조)
8. 제조소 등이 아닌 장소에서 위험물을 저장·취급한 자(위험물법 34조 3)

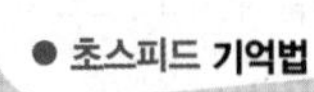

33관(삼삼하게 관리하기!)

## 24 1년 이하의 징역 또는 1000만원 이하의 벌금

1. 소방시설의 **자체점검** 미실시자(소방시설법 49조)
2. **소방시설관리사증** 대여(소방시설법 49조)
3. **소방시설관리업**의 등록증 또는 등록수첩 대여(소방시설법 49조)
4. 소방특별조사시 관계인의 정당업무방해 또는 **비밀누설**(소방시설법 49조)
5. **제품검사** 합격표시 위조(소방시설법 49조)
6. **성능인증** 합격표시 위조(소방시설법 49조)
7. **우수품질 인증표시** 위조(소방시설법 49조)
8. 제조소 등의 정기점검 기록 허위 작성(위험물법 35조)
9. **자체소방대**를 두지 않고 제조소 등의 허가를 받은 자(위험물법 35조)
10. **위험물 운반용기**의 검사를 받지 않고 유통시킨 자(위험물법 35조)
11. 제조소 등의 긴급 사용정지 위반자(위험물법 35조)
12. 영업정지처분 위반자(공사업법 36조)
13. 거짓 감리자(공사업법 36조)
14. 공사감리자 미지정자(공사업법 36조)
15. 소방시설 설계·시공·감리 하도급자(공사업법 36조)
16. 소방시설공사 재하도급자(공사업법 36조)
17. 소방시설업자가 아닌 자에게 **소방시설공사** 등을 도급한 관계인(공사업법 36조)
18. 공사업법의 명령에 따르지 않은 소방기술자(공사업법 36조)

**※ 소방시설관리업**
소방안전관리업무의 대행 또는 소방시설 등의 점검 및 유지·관리업

**※ 우수품질인증**
소방용품 가운데 품질이 우수하다고 인정되는 제품에 대하여 품질인증마크를 붙여주는 것

**※ 감리**
소방시설공사가 설계도서 및 관계법령에 적법하게 시공되는지 여부의 확인과 품질·시공관리에 대한 기술지도를 수행하는 것

Key Point

## 25 1500만원 이하의 벌금(위험물법 36조)

① **위험물의 저장·취급**에 관한 중요기준 위반
② 제조소 등의 무단 변경
③ **제조소** 등의 **사용정지** 명령 위반
④ **안전관리자**를 **미선임**한 관계인
⑤ 대리자를 미지정한 관계인
⑥ 탱크시험자의 업무정지 명령 위반
⑦ **무허가장소**의 위험물 조치 명령 위반

## 26 1000만원 이하의 벌금

① **위험물 취급**에 관한 안전관리와 감독하지 않은 자(위험물법 37조)
② **위험물 운반**에 관한 중요기준 위반(위험물법 37조)
③ 위험물운반자 요건을 갖추지 아니한 위험물운반자(위험물법 37조)
④ 위험물안전관리자 또는 그 대리자가 참여하지 아니한 상태에서 위험물을 취급한 자(위험물법 37조)
⑤ 변경한 예방규정을 제출하지 아니한 관계인으로서 제조소 등의 설치허가를 받은 자(위험물법 37조)
⑥ 위험물 저장·취급장소의 출입·검사시 관계인의 정당업무 방해 또는 **비밀누설**(위험물법 37조)
⑦ 위험물 운송규정을 위반한 위험물 운송자(위험물법 37조)

## 27 300만원 이하의 벌금

① 관계인의 **소방특별조사**를 정당한 사유없이 거부·방해·기피(소방시설법 50조)
② 방염성능검사 합격표시 위조 및 거짓시료제출(소방시설법 50조)
③ 소방안전관리자 또는 소방안전관리보조자 미선임(소방시설법 50조)
④ 소방기술과 관련된 법인 또는 단체 위탁시 위탁받은 업무종사자의 **비밀누설**(소방시설법 50조)
⑤ 다른 자에게 자기의 생명이나 상호를 사용하여 소방시설공사 등을 수급 또는 시공하게 하거나 소방시설업의 등록증·등록수첩을 빌려준 자(공사업법 37조)
⑥ 감리원 미배치자(공사업법 37조)
⑦ 소방기술인정 자격수첩을 빌려준 자(공사업법 37조)
⑧ **2 이상**의 업체에 취업한 자(공사업법 37조)
⑨ 소방시설업자나 관계인 감독시 관계인의 업무를 방해하거나 **비밀누설**(공사업법 37조)

* **관계인**
① 소유자
② 관리자
③ 점유자

## 28 <u>2</u>00만원 이하의 벌금(기본법 53조)

화재의 <u>예</u>방조치명령 위반

● **초스피드 기억법**

예2(예의)

Key Point

**※ 시 · 도지사**
화재경계구역의 지정

**※ 소방대장**
소방활동구역의 설정

**※ 피난시설**
인명을 화재발생장소에서 안전한 장소로 신속하게 대피할 수 있도록 하기 위한 시설

**※ 방화시설**
① 방화문
② 비상구

## 29 100만원 이하의 벌금

① 화재경계지구 안의 소방특별조사 거부 · 방해 · 기피(기본법 54조)
② **피난 명령** 위반(기본법 54조)
③ 위험시설 등에 대한 긴급조치 방해(기본법 54조)
④ 소방활동을 하지 않은 **관계인**(기본법 54조)
⑤ 정당한 사유없이 **물**의 **사용**이나 **수도**의 **개폐장치**의 사용 또는 조작을 하지 못하게 하거나 **방해**한 자(기본법 54조)
⑥ 거짓보고 또는 자료 미제출자(공사업법 38조)
⑦ 관계공무원의 출입 · 조사 · 검사방해(공사업법 38조)
⑧ 소방대의 생활안전활동을 방해한 자(기본법 54조)

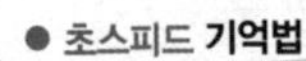

피1(차일피일)

비교

**비밀누설**

| 1년 이하의 징역 또는 1000만원 이하의 벌금 | 1000만원 이하의 벌금 | 300만원 이하의 벌금 |
|---|---|---|
| • 소방특별조사시 관계인의 정당업무방해 또는 **비밀누설** | • 위험물 저장 · 취급장소의 출입 · 검사시 관계인의 정당업무방해 또는 **비밀누설** | ① 소방기술과 관련된 법인 또는 단체 위탁시 위탁받은 업무종사자의 **비밀누설**<br>② 소방시설업자나 관계인 감독시 관계인의 업무를 방해하거나 **비밀누설** |

## 30 500만원 이하의 과태료

① **화재** 또는 **구조** · **구급**이 필요한 상황을 **거짓**으로 알린 사람(기본법 56조)
② 위험물의 임시저장 미승인(위험물법 39조)
③ 위험물의 저장 또는 취급에 관한 세부기준 위반(위험물법 39조)
④ 제조소 등의 지위 승계 거짓신고(위험물법 39조)
⑤ **제조소** 등의 **점검결과**를 기록 · 보존하지 아니한 자(위험물법 39조)
⑥ **위험물**의 **운송기준** 미준수자(위험물법 39조)
⑦ 제조소 등의 폐지 허위신고(위험물법 39조)

## 31 300만원 이하의 과태료

① 화재안전기준을 위반하여 **소방시설**을 설치 또는 유지 · 관리한 자(소방시설법 53조)
② **피난시설** · **방화구획** 또는 **방화시설**의 **폐쇄** · **훼손** · **변경** 등의 행위를 한 자(소방시설법 53조)
③ 임시소방시설을 설치 · 유지 · 관리하지 아니한 자(소방시설법 53조)

Key Point

## 32 200만원 이하의 과태료

① 소방용수시설 · 소화기구 및 설비 등의 설치명령 위반(기본법 56조)
② 특수가연물의 저장 · 취급 기준 위반(기본법 56조)
③ 한국119청소년단 또는 이와 유사한 명칭을 사용한 자(기본법 56조)
④ 소방활동구역 출입(기본법 56조)
⑤ 소방자동차의 출동에 지장을 준 자(기본법 56조)
⑥ 관계인의 소방안전관리 업무 미수행(소방시설법 53조)
⑦ 관계인의 거짓 자료제출(소방시설법 53조)
⑧ **소방훈련** 및 **교육** 미실시자(소방시설법 53조)
⑨ 소방시설의 점검결과 미보고(소방시설법 53조)
⑩ 공무원의 출입 · 조사 · 검사를 거부 · 방해 · 기피한 자(소방시설법 53조)
⑪ 관계서류 미보관자(공사업법 40조)
⑫ 소방기술자 미배치자(공사업법 40조)
⑬ 하도급 미통지자(공사업법 40조)
⑭ 완공검사를 받지 아니한 자(공사업법 40조)
⑮ 방염성능기준 미만으로 방염한 자(공사업법 40조)
⑯ 관계인에게 지위승계 · 행정처분 · 휴업 · 폐업 사실을 거짓으로 알린 자(공사업법 40조)

## 33 100만원 이하의 과태료

전용구역에 차를 주차하거나 전용구역의 진입을 가로막는 등의 방해행위를 한 자(기본법 56조)

## 34 20만원 이하의 과태료

화재로 오인할 만한 불을 피우거나 연막 소독을 하려는 자가 신고를 하지 아니하여 소방자동차를 출동하게 한 자(기본법 57조)

## 35 건축허가 등의 동의대상물(소방시설법 시행령 12조)

① 연면적 400m$^2$(학교시설 : 100m$^2$, 수련시설 · 노유자시설 : 200m$^2$, 정신의료기관 · 장애인의료재활시설 : 300m$^2$) 이상
② 6층 이상인 건축물
③ 차고 · 주차장으로서 바닥면적 200m$^2$ 이상(자동차 20대 이상)
④ **항공기격납고, 관망탑, 항공관제탑, 방송용 송수신탑**
⑤ 지하층 또는 무창층의 바닥면적 150m$^2$(공연장은 100m$^2$) 이상
⑥ **위험물저장 및 처리시설**
⑦ **결핵환자**나 **한센인**이 24시간 생활하는 **노유자시설**
⑧ **지하구**
⑨ 요양병원(정신병원, 의료재활시설 제외)
⑩ 노인주거복지시설 · 노인의료복지시설 및 재가노인복지시설, 학대피해노인 전용쉼터, 아동복지시설, 장애인거주시설

**＊항공기격납고**
항공기를 안전하게 보관하는 장소

## 36 공동소방안전관리자를 선임하여야 할 특정소방대상물(소방시설법 시행령 25조)

① 고층 건축물(지하층을 제외한 11층 이상)
② 지하가
③ **복**합건축물로서 연면적 5000m² 이상
④ **복**합건축물로서 **5층** 이상
⑤ **도매시장, 소매시장**
⑥ **소방본부장 · 소방서장**이 지정하는 것

● 초스피드 기억법 

5복(오복)

※ 복합건축물
하나의 건축물 안에 둘 이상의 특정소방대상물로서 용도가 복합되어 있는 것

## 37 소방안전관리자의 선임(소방시설법 시행령 23조)

### (1) 특급 소방안전관리대상물의 소방안전관리자 선임조건

| 자 격 | 경 력 | 비 고 |
|---|---|---|
| •1급 소방안전관리자 경력(**소방설비기사**) | 2년 | 특급 소방안전관리자시험 합격자 |
| •1급 소방안전관리자 경력(**소방설비산업기사**) | 3년 | |
| •1급 소방안전관리자 경력 | 5년 | |
| •소방공무원 | 20년 | 시험 필요없음 |
| •소방기술사<br>•소방시설관리사 | 경력 필요 없음 | |
| •특급 소방안전관리 강습교육 수료 | | 특급 소방안전관리자시험 합격자 |
| •총괄재난관리자 | 1년 | 시험 필요없음 |

※ 특급소방안전관리대상물(동식물원, 불연성 물품 저장 · 취급창고, 지하구, 위험물제조소 등 제외)
① 50층 이상(지하층 제외) 또는 지상 200m 이상 아파트
② 30층 이상(지하층 포함) 또는 지상 120m 이상(아파트 제외)
③ 연면적 20만m² 이상(아파트 제외)

### (2) 1급 소방안전관리대상물의 소방안전관리자 선임조건

| 자 격 | 경 력 | 비 고 |
|---|---|---|
| •산업안전기사(산업기사) | 2년 | 2 · 3급 소방안전관리업무 경력자 |
| •대학 이상(소방안전관리학과) | 2년 | 1급 소방안전관리자시험 합격자 |
| •대학 이상(소방안전관련학과) | 3년 | |
| •2급 소방안전관리 업무 | 5년 | |
| •소방공무원 | 7년 | 시험 필요없음 |
| •1급 강습교육수료자 | 경력 필요 없음 | 1급 소방안전관리자시험 합격자 |
| •위험물기능장 · 위험물산업기사 · 위험물기능사 | 경력 필요 없음 | 위험물안전관리자 선임자 |
| •소방시설관리사<br>•소방설비기사(산업기사) | | 시험 필요없음 |
| •특급 소방안전관리자 | | |
| •전기안전관리자 | | |

### (3) 2급 소방안전관리대상물의 소방안전관리자 선임조건

| 자 격 | 경 력 | 비 고 |
|---|---|---|
| • 군부대 · 의무소방대원 | 1년 | 2급 소방안전관리자시험 합격자 |
| • 화재진압 · 보조업무 | 1년 | |
| • 경호공무원 · 별정직공무원 | 2년 | |
| • 경찰공무원 | 3년 | |
| • 의용소방대원 · 자체소방대원 | 3년 | |
| • 2년제 대학 이상(소방안전관리학과 · 소방안전 관련학과) | 경력 필요 없음 | |
| • 2급 강습교육수료자 | | |
| • 소방공무원 | 3년 | 시험 필요없음 |
| • 위험물기능장 · 위험물산업기사 · 위험물기능사 | 경력 필요 없음 | |
| • 특급 · 1급 소방안전관리자 | | |
| • 광산보안(산업)기사 : 광산보안관리직원으로 선임된 사람 | | |
| • 전기기사 · 전기공사기사 · 전기기능장 | | |
| • 산업안전기사 | | |
| • 건축기사 | | |
| • 소방안전관리보조자로 선임될 수 있는 자격이 있는 사람으로서 특급 소방안전관리대상물, 1급 소방안전관리대상물, 2급 소방안전관리대상물 또는 3급 소방안전관리대상물의 소방안전관리보조자로 **3년** 이상 근무한 실무경력이 있는 사람 | | |
| • 3급 소방안전관리대상물의 소방안전관리자로 **2년** 이상 근무한 실무경력이 있는 사람 | | |

### (4) 3급 소방안전관리대상물의 소방안전관리자 선임조건

| 자 격 | 경 력 | 비 고 |
|---|---|---|
| • 소방공무원 | 1년 | 시험 필요없음 |
| • 자체소방대원 | 1년 | 3급 소방안전관리자시험 합격자 |
| • 경호공무원 · 별정직공무원 | 1년 | |
| • 의용소방대원 | 2년 | |
| • 경찰공무원 | 2년 | |

## 38 특정소방대상물의 방염

### (1) 방염성능 기준 이상 적용 특정소방대상물(소방시설법 시행령 19조)

1. 의원, 체력단련장, 공연장 및 종교집회장
2. 문화 및 집회시설
3. 종교시설
4. 운동시설(수영장 제외)
5. 의료시설(종합병원, 정신의료기관)
6. 교육연구시설 중 합숙소

**※ 2급 소방안전관리대상물**

① 지하구
② 가스제조설비를 갖추고 도시가스사업 허가를 받아야 하는 시설 또는 가연성 가스를 100~1000t 미만 저장 · 취급하는 시설
③ 스프링클러설비 · 간이스프링클러설비 또는 물분무등소화설비 설치대상물(호스릴 제외)
④ 옥내소화전설비 설치대상물
⑤ 공동주택
⑥ 목조건축물(국보 · 보물)

**※ 방염**

연소하기 쉬운 건축물의 실내장식물 등 또는 그 재료에 어떤 방법을 가하여 연소하기 어렵게 만든 것

⑦ 노유자시설
⑧ 숙박이 가능한 수련시설
⑨ 숙박시설
⑩ 방송통신시설 중 방송국 및 촬영소
⑪ 다중이용업소
⑫ 층수가 11층 이상인 것(아파트 제외)

(2) **방염대상물품**(소방시설법 시행령 20조 ①항)

① **제조** 또는 **가공** 공정에서 방염처리를 한 물품
㉠ 창문에 설치하는 **커튼류**(블라인드 포함)
㉡ 카펫
㉢ 두께 2mm **미만**인 **벽지류**(**종이벽지 제외**)
㉣ **전시용 합판 · 섬유판**
㉤ **무대용 합판 · 섬유판**
㉥ **암막 · 무대막**(영화상영관 · 가상체험 체육시설업의 **스크린** 포함)
㉦ 섬유류 또는 합성수지류 등을 원료로 하여 제작된 소파 · 의자(단란주점영업, 유흥주점영업 및 노래연습장업의 영업장에 설치하는 것만 해당)

② 건축물 내부의 **천장 · 벽**에 부착 · 설치하는 것
㉠ 종이류(두께 2mm **이상**), **합성수지류** 또는 **섬유류**를 주원료로 한 물품
㉡ **합판**이나 **목재**
㉢ 공간을 구획하기 위하여 설치하는 **간이칸막이**
㉣ 흡음 · 방음을 위하여 설치하는 **흡음재**(흡음용 커튼 포함) 또는 **방음재**(방음용 커튼 포함)

**가구류**(옷장, 찬장, 식탁, 식탁용 의자, 사무용 책상, 사무용 의자 및 계산대)와 너비 10cm 이하인 **반자돌림대**, **내부마감재료** 제외

**※ 잔염시간**
버너의 불꽃을 제거한 때부터 불꽃을 올리며 연소하는 상태가 그칠 때까지의 시간

**※ 잔진시간(잔신시간)**
버너의 불꽃을 제거한 때부터 불꽃을 올리지 아니하고 연소하는 상태가 그칠 때까지의 시간

(3) **방염성능 기준**(소방시설법 시행령 20조 ②항)

① 버너의 불꽃을 올리며 연소하는 상태가 그칠 때까지의 시간 20**초** 이내
② 버너의 불꽃을 올리지 아니하고 연소하는 상태가 그칠 때까지의 시간 **30초** 이내
③ 탄화한 면적 $50cm^2$ 이내(길이 20cm 이내)
④ 불꽃의 접촉횟수는 **3회** 이상
⑤ 최대 연기밀도 400 이하

● **초스피드 기억법**

올2(올리다.)

## 39 자체소방대의 설치제외 대상인 일반취급소(위험물규칙 73조)

① **보일러 · 버너** 등에 의한 일반취급소
② **이동저장탱크**에 위험물을 주입하는 일반취급소

③ **용기**에 위험물을 옮겨 담는 일반취급소
④ **유압장치 · 윤활유순환장치**로 위험물을 취급하는 일반취급소
⑤ **광산안전법의 적용을 받는** 제조소 · 일반취급소

## 40 소화활동설비(소방시설법 시행령 [별표 1])

① 연결송수관설비
② 연결살수설비
③ 연소방지설비
④ 무선통신보조설비
⑤ 제연설비
⑥ 비상콘센트설비

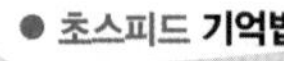

**● 초스피드 기억법**

3연 무제비(3년에 한 번은 제비가 오지 않는다.)

## 41 소화설비(소방시설법 시행령 [별표 5])

### (1) 소화설비의 설치대상

| 종 류 | 설치대상 | |
|---|---|---|
| 소화기구 | ① 연면적 33m² 이상<br>③ 가스시설<br>⑤ 지하구 | ② 지정문화재<br>④ 터널 |
| 주거용 주방자동소화장치 | ① 아파트 등 | ② 30층 이상 오피스텔(전층) |

**● 초스피드 기억법**

아자(아자!)

### (2) 옥내소화전설비의 설치대상

| 설치대상 | 조 건 |
|---|---|
| ① 차고 · 주차장 | • 200m² 이상 |
| ② 근린생활시설<br>③ 업무시설(금융업소 · 사무소) | • 연면적 1500m² 이상 |
| ④ 특수가연물 저장 · 취급 | • 지정수량 750배 이상 |
| ⑤ 지하가 중 터널길이 | • 1000m 이상 |

### (3) 옥외소화전설비의 설치대상

| 설치대상 | 조 건 |
|---|---|
| ① 목조건축물 | • 국보 · 보물 |
| ② 지상 1 · 2층 | • 바닥면적 합계 9000m² 이상 |
| ③ 특수가연물 저장 · 취급 | • 지정수량 750배 이상 |

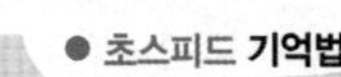

**● 초스피드 기억법**

지9외(지구의)

**Key Point**

**※ 광산안전법**
광산의 안전을 유지하기 위해 제정해 놓은 법

**※ 연소방지설비**
지하구에 헤드를 설치하여 지하구의 화재시 소방차에 의해 물을 공급받아 헤드를 통해 방사하는 설비

**※ 제연설비**
화재시 발생하는 연기를 감지하여 화재의 확대 및 연기의 확산을 막기 위한 설비

**※ 주거용 주방자동소화장치**
가스레인지 후드에 고정설치하여 화재시 100℃의 열에 의해 자동으로 소화약제를 방출하며 가스자동차단, 화재경보 및 가스누출 경보 기능을 함

**※ 근린생활시설**
사람이 생활을 하는 데 필요한 여러 가지 시설

### (4) 스프링클러설비의 설치대상

| 설치대상 | 조 건 |
|---|---|
| ① 문화 및 집회시설, 운동시설<br>② 종교시설 | • 수용인원 – 100명 이상<br>• 영화상영관 – 지하층 · 무창층 $500m^2$(기타 $1000m^2$) 이상<br>• 무대부<br>① 지하층 · 무창층 · 4층 이상 $300m^2$ 이상<br>② 1~3층 $500m^2$ 이상 |
| ③ 판매시설<br>④ 운수시설<br>⑤ 물류터미널 | • 수용인원–500명 이상<br>• 바닥면적 합계 $5000m^2$ 이상 |
| ⑥ 노유자시설<br>⑦ 정신의료기관<br>⑧ 수련시설(숙박 가능한 것)<br>⑨ 요양병원 | • 바닥면적 합계 $600m^2$ 이상 |
| ⑩ 지하층 · 무창층 · 4층 이상 | • 바닥면적 $1000m^2$ 이상 |
| ⑪ 지하가(터널 제외) | • 연면적 $1000m^2$ 이상 |
| ⑫ 10m 넘는 랙크식 창고 | • 연면적 $1500m^2$ 이상 |
| ⑬ 복합건축물<br>⑭ 기숙사 | • 연면적 $5000m^2$ 이상–전층 |
| ⑮ 6층 이상 | • 전층 |
| ⑯ 보일러실 · 연결통로 | • 전부 |
| ⑰ 특수가연물 저장 · 취급 | • 지정수량 1000배 이상 |

**※ 노유자시설**
① 아동관련시설
② 노인관련시설
③ 장애인관련시설

**※ 랙크식 창고**
선반 또는 이와 비슷한 것을 설치하고 승강기에 의하여 수납을 운반하는 장치를 갖춘 것

### (5) 물분무등소화설비의 설치대상

| 설치대상 | 조 건 |
|---|---|
| ① 차고 · 주차장 | • 바닥면적 합계 $200m^2$ 이상 |
| ② 전기실 · 발전실 · 변전실<br>③ 축전지실 · 통신기기실 · 전산실 | • 바닥면적 $300m^2$ 이상 |
| ④ 주차용 건축물 | • 연면적 $800m^2$ 이상 |
| ⑤ 기계식 주차장치 | • 20대 이상 |
| ⑥ 항공기격납고 | • 전부 |

**※ 물분무등소화설비**
① 물분무소화설비
② 미분무소화설비
③ 포소화설비
④ 이산화탄소 소화설비
⑤ 할론소화설비
⑥ 분말소화설비
⑦ 할로겐화합물 및 불활성기체 소화설비
⑧ 강화액 소화설비

## 42 비상경보설비의 설치대상(소방시설법 시행령 [별표 5])

| 설치대상 | 조 건 |
|---|---|
| ① 지하층 · 무창층 | • 바닥면적 $150m^2$(공연장 $100m^2$) 이상 |
| ② 전부 | • 연면적 $400m^2$ 이상 |
| ③ 지하가 중 터널 | • 길이 500m 이상 |
| ④ 옥내작업장 | • 50인 이상 작업 |

**※ 인명구조기구와 피난기구**
(1) **인**명구조기구
① **방**열복
② 방화복(안전모, 보호장갑, 안전화 포함)
③ **공**기호흡기
④ **인**공소생기

기억법
방공인(방공인)

## 43 인명구조기구의 설치장소(소방시설법 시행령 [별표 5])

❶ 지하층을 포함한 **7층** 이상의 **관광호텔**[방열복, 방화복(안전모, 보호장갑, 안전화 포함), 인공소생기, 공기호흡기]

❷ 지하층을 포함한 **5층** 이상의 **병원**[방열복, 방화복(안전모, 보호장갑, 안전화 포함), 공기호흡기]

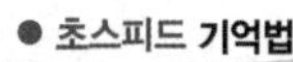

● **초스피드 기억법**

**5병**(**오병**이어의 기적)

## 44 제연설비의 설치대상(소방시설법 시행령 [별표 5])

| 설치대상 | 조 건 |
|---|---|
| ① 문화 및 집회시설, 운동시설<br>② 종교시설 | • 바닥면적 200m$^2$ 이상 |
| ③ 기타 | • 1000m$^2$ 이상 |
| ④ 영화상영관 | • 수용인원 **100인** 이상 |
| ⑤ 지하가 중 터널 | • 예상 교통량, 경사도 등 터널의 특성을 고려하여 **행정안전부령**으로 정하는 것 |
| ⑥ 특별피난계단<br>⑦ 비상용 승강기의 승강장 | • 전부 |

## 45 소방용품 제외 대상(소방시설법 시행령 6조)

❶ 주거용 주방자동소화장치용 소화약제
❷ 가스자동소화장치용 소화약제
❸ 분말자동소화장치용 소화약제
❹ 고체에어로졸자동소화장치용 소화약제
❺ 소화약제 외의 것을 이용한 간이소화용구
❻ 휴대용 비상조명등
❼ 유도표지
❽ 벨용 푸시버튼스위치
❾ 피난밧줄
❿ 옥내소화전함
⓫ 방수구
⓬ 안전매트
⓭ 방수복

## 46 화재경계지구의 지정지역(기본법 13조)

❶ **시장**지역
❷ **공장 · 창고** 등이 밀집한 지역
❸ **목조건물**이 밀집한 지역
❹ **위험물의 저장** 및 **처리시설**이 **밀집**한 지역

Key Point

(2) 피난기구
① 피난사다리
② 구조대
③ 완강기
④ 소방청장이 정하여 고시하는 화재안전기준으로 정하는 것(미끄럼대, 피난교, 공기안전매트, 피난용 트랩, 다수인 피난장비, 승강식 피난기, 간이완강기, 하향식 피난구용 내림식 사다리)

**※ 제연설비**
화재시 발생하는 연기를 감지하여 방연 및 제연함은 물론 화재의 확대, 연기의 확산을 막아 연기로 인한 탈출로 차단 및 질식으로 인한 인명피해를 줄이는 등 피난 및 소화활동상 필요한 안전설비

**※ 화재경계지구**
화재가 발생할 우려가 높거나 화재가 발생하면 피해가 클 것으로 예상되는 구역으로서 대통령령이 정하는 지역

⑤ **석유화학제품**을 생산하는 공장이 있는 지역
⑥ **소방시설 · 소방용수시설** 또는 **소방출동로**가 **없는** 지역
⑦ 「**산업입지 및 개발에 관한 법률**」에 따른 산업단지
⑧ **소방청장, 소방본부장** 또는 **소방서장**이 화재경계지구로 지정할 필요가 있다고 인정하는 지역

※ **의원과 병원**
① 의원 : 근린생활시설
② 병원 : 의료시설

※ **결핵 및 한센병 요양시설과 요양병원**
① 결핵 및 한센병 요양시설 : 노유자시설
② 요양병원 : 의료시설

※ **공동주택**
① 아파트 등 : 5층 이상인 주택
② 기숙사

## 47 근린생활시설(소방시설법 시행령 [별표 2])

| 면 적 | 적용장소 | |
|---|---|---|
| $150m^2$ 미만 | • 단란주점 | • 기원 |
| <u>300</u>$m^2$ 미만 | • <u>**종**</u>교시설<br>• 비디오물 감상실업 | • 공연장<br>• 비디오물 소극장업 |
| $500m^2$ 미만 | • 탁구장<br>• 테니스장<br>• 체육도장<br>• 사무소<br>• 학원<br>• 당구장 | • 서점<br>• 볼링장<br>• 금융업소<br>• 부동산 중개사무소<br>• 골프연습장 |
| $1000m^2$ 미만 | • 자동차영업소<br>• 일용품<br>• 의약품 판매소 | • 슈퍼마켓<br>• 의료기기 판매소 |
| 전부 | • 이용원 · 미용원 · 목욕장 및 세탁소<br>• 휴게음식점 · 일반음식점<br>• 안마원(안마시술소 포함)<br>• 의원, 치과의원, 한의원, 침술원, 접골원 | • 독서실<br>• 조산원(산후조리원 포함) |

● **초스피드 기억법**

종3(중세시대)

※ **업무시설**
오피스텔

## 48 업무시설(소방시설법 시행령 [별표 2])

| 면적 | 적용장소 | |
|---|---|---|
| 전부 | • 주민자치센터(동사무소)<br>• 소방서<br>• 보건소<br>• 국민건강보험공단<br>• 금융업소 · **오피스텔** · 신문사 | • 경찰서<br>• 우체국<br>• 공공도서관 |

## 49 위험물(위험물령 [별표 1])

① <u>과</u>산화수소 : 농도 <u>36</u>wt% 이상
② 유황 : 순도 60wt% 이상
③ <u>질</u>산 : 비중 1.<u>49</u> 이상

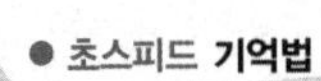

3과(삼가 인사올립니다.)
질49(제일 싸구려)

## 50 소방시설공사업(공사업령 [별표 1])

| 종 류 | 자본금 | 영업범위 |
|---|---|---|
| 전문 | • 법인 : **1억원** 이상<br>• 개인 : **1억원** 이상 | • 특정소방대상물 |
| 일반 | • 법인 : **1억원** 이상<br>• 개인 : **1억원** 이상 | • 연면적 10000$m^2$ 미만<br>• **위험물제조소** 등 |

※ **소방시설공사업의 보조기술인력**
① 전문공사업 : 2명 이상
② 일반공사업 : 1명 이상

## 51 소방용수시설의 설치기준(기본규칙 [별표 3])

| 거리기준 | 지 역 |
|---|---|
| 100m 이하 | • 주거지역<br>• 공업지역<br>• 상업지역 |
| 140m 이하 | • 기타지역 |

※ **소방용수시설**
화재진압에 사용하기 위한 물을 공급하는 시설

● 초스피드 **기억법**

주공 100상(**주공**아파트에 **백상**어가 그려져 있다.)

## 52 소방용수시설의 저수조의 설치기준(기본규칙 [별표 3])

① 낙차 : 4.5m 이하
② 수심 : 0.5m 이상
③ 투입구의 길이 또는 지름 : 60cm 이상
④ 소방 펌프 자동차가 **쉽게 접근**할 수 있도록 할 것
⑤ 흡수에 지장이 없도록 **토사** 및 **쓰레기** 등을 제거할 수 있는 설비를 갖출 것
⑥ 저수조에 물을 공급하는 방법은 **상수도**에 연결하여 **자동**으로 **급수**되는 구조일 것

## 53 소방신호표(기본규칙 [별표 4])

| 종 별 \ 신호방법 | 타종신호 | 사이렌신호 |
|---|---|---|
| 경계신호 | **1타**와 **연 2타**를 반복 | **5초** 간격을 두고 **30초**씩 **3회** |
| 발화신호 | **난타** | **5초** 간격을 두고 **5초**씩 **3회** |
| 해제신호 | 상당한 간격을 두고 **1타**씩 반복 | **1분**간 **1회** |
| 훈련신호 | **연 3타** 반복 | **10초** 간격을 두고 **1분**씩 **3회** |

※ **경계신호**
화재예방상 필요하다고 인정되거나 화재위험경보시 발령

※ **발화신호**
화재가 발생한 때 발령

※ **해제신호**
소화활동이 필요 없다고 인정되는 때 발령

※ **훈련신호**
훈련상 필요하다고 인정되는 때 발령

# 제1장 직류회로

**※ 전력**
전기장치가 행한 일

## 1 전력

$$P = VI = I^2R = \frac{V^2}{R}\ \text{[W]}$$

여기서, $P$ : 전력[W], $V$ : 전압[V], $I$ : 전류[A], $R$ : 저항[Ω]

**※ 줄의 법칙**
전류의 열작용

**※ 옴의 법칙**

$$I = \frac{V}{R}\ \text{[A]}$$

여기서, $I$ : 전류[A]
$V$ : 전압[V]
$R$ : 저항[Ω]

**※ 전압**

$$V = \frac{W}{Q}\ \text{[V]}$$

여기서, $V$ : 전압[V]
$W$ : 일[J]
$Q$ : 전기량[C]

## 2 줄의 법칙(Joule's law)

$$H = 0.24Pt = 0.24VIt = 0.24I^2Rt = 0.24\frac{V^2}{R}t\ \text{[cal]}$$

여기서, $H$ : 발열량[cal], $P$ : 전력[W], $t$ : 시간[s],
$V$ : 전압[V], $I$ : 전류[A], $R$ : 저항[Ω]

## 3 전열기의 용량

$$860P\eta t = M(T_2 - T_1)$$

여기서, $P$ : 용량[kW], $\eta$ : 효율,
$t$ : 소요시간[h], $M$ : 질량[$l$],
$T_2$ : 상승후 온도[℃], $T_1$ : 상승전 온도[℃]

## 4 단위환산

① 1W = 1J/s
② 1J = 1N · m
③ 1kg = 9.8N
④ 1Wh = 860cal
⑤ 1BTU = 252cal

## 5 물질의 종류

**※ 실리콘**
'규소'라고도 부른다.

| 물 질 | 종 류 |
|---|---|
| 도체 | 구리(Cu), 알루미늄(Al), 백금(Pt), 은(Ag) |
| 반도체 | 실리콘(Si), 게르마늄(Ge), 탄소(C), 아산화동 |
| 절연체 | 유리, 플라스틱, 고무, 페놀수지 |

● 초스피드 기억법

반실게탄아(반듯하고 실하게 탄생한 아기)

## 6 여러 가지 법칙

1. 플레밍의 오른손 법칙 : 도체운동에 의한 유기기전력의 방향 결정
2. 플레밍의 왼손 법칙 : 전자력의 방향 결정
3. 렌츠의 법칙 : 전자유도현상에서 코일에 생기는 유도기전력의 방향 결정
4. 패러데이의 법칙 : 유기기전력의 크기 결정
5. 앙페르의 법칙 : 전류에 의한 자계의 방향을 결정하는 법칙

● 초스피드 기억법

방유도오(방에 우유를 도로 갔다 놓게!)
왼전 (왠 전쟁이냐?)
렌유방 (오렌지가 유일한 방법이다.)
패유크 (폐유를 버리면 큰일난다.)
앙전자(양전자)

## 7 전지의 작용

| 전지의 작용 | 현 상 |
|---|---|
| 국부작용 | ① 전극의 불순물로 인하여 기전력이 감소하는 현상<br>② 전지를 쓰지 않고 오래두면 못쓰게 되는 현상 |
| 분극작용<br>(성극작용) | ① 일정한 전압을 가진 전지에 부하를 걸면 단자전압이 저하하는 현상<br>② 전지에 부하를 걸면 양극 표면에 수소가스가 생겨 전류의 흐름을 방해하는 현상 |

● 초스피드 기억법

불못국(불못에 들어가면 국물도 없다.)
성분단수(성분이 나빠서 단수시켰다.)

# 제2장 정전계

## 8 정전용량

$$C = \frac{\varepsilon A}{d} \text{[F]}$$

여기서, $A$ : 극판의 면적[$m^2$]
$d$ : 극판 간의 간격[m]
$\varepsilon$ : 유전율[F/m]($\varepsilon = \varepsilon_o \cdot \varepsilon_s$)

Key Point

※ 플레밍의 오른손 법칙
발전기에 적용

기억법
오발(오발탄)

※ 플레밍의 왼손 법칙
전동기에 적용

※ 앙페르의 법칙
'암페어의 오른나사 법칙'이라고도 한다.

※ 전류의 3대 작용
① 발열작용(열작용)
② 자기작용
③ 화학작용

기억법
발전자화
(발전체가 자화됐다.)

※ 정전용량
'커패시턴스(capacitance)'라고도 부른다.

**※ 정전력**
전하 사이에 작용하는 힘

**※ 자기력**
자석이 금속을 끌어당기는 힘

**※ 전속밀도**
단면을 통과하는 전속의 수

**※ 자속밀도**
자속으로서 자기장의 크기 및 철의 내부의 자기적인 상태를 표시하기 위하여 사용한다.

## 9 정전계와 자기

| 정전계 | 자 기 |
|---|---|
| **(1) 정전력**<br>$F=\frac{Q_1 Q_2}{4\pi\varepsilon r^2}=QE$ [N]<br>여기서, $F$ : 정전력[N]<br>$Q_1, Q_2$ : 전하[C]<br>$\varepsilon$ : 유전율[F/m] ($\varepsilon=\varepsilon_o \cdot \varepsilon_s$)<br>$r$ : 거리[m]<br>$E$ : 전계의 세기[V/m]<br>※ **진공의 유전율** :<br>$\varepsilon_o=8.855\times10^{-12}$ [F/m] | **(1) 자기력**<br>$F=\frac{m_1 m_2}{4\pi\mu r^2}=mH$ [N]<br>여기서, $F$ : 자기력[N]<br>$m_1, m_2$ : 자하[Wb]<br>$\mu$ : 투자율[H/m] ($\mu=\mu_o \cdot \mu_s$)<br>$r$ : 거리[m]<br>$H$ : 자계의 세기[A/m]<br>※ **진공의 투자율** :<br>$\mu_o=4\pi\times10^{-7}$ [H/m] |
| **(2) 전계의 세기**<br>$E=\frac{Q}{4\pi\varepsilon r^2}$ [V/m]<br>여기서, $E$ : 전계의 세기[V/m]<br>$Q$ : 전하[C]<br>$\varepsilon$ : 유전율[F/m] ($\varepsilon=\varepsilon_o \cdot \varepsilon_s$)<br>$r$ : 거리[m] | **(2) 자계의 세기**<br>$H=\frac{m}{4\pi\mu r^2}$ [AT/m]<br>여기서, $H$ : 자계의 세기[AT/m]<br>$m$ : 자하[Wb]<br>$\mu$ : 투자율[H/m] ($\mu=\mu_o \cdot \mu_s$)<br>$r$ : 거리[m] |
| **(3) P점에서의 전위**<br>$V_P=\frac{Q}{4\pi\varepsilon r}$ [V]<br>여기서, $V_P$ : P점에서의 전위[V]<br>$Q$ : 전하[C]<br>$\varepsilon$ : 유전율[F/m] ($\varepsilon=\varepsilon_o \cdot \varepsilon_s$)<br>$r$ : 거리[m] | **(3) P점에서의 자위**<br>$U_m=\frac{m}{4\pi\mu r}$ [AT]<br>여기서, $U_m$ : P점에서의 자위[AT]<br>$m$ : 자극의 세기[Wb]<br>$\mu$ : 투자율[H/m] ($\mu=\mu_o \cdot \mu_s$)<br>$r$ : 거리[m] |
| **(4) 전속밀도**<br>$D=\varepsilon_o\varepsilon_s E$ [C/m²]<br>여기서, $D$ : 전속밀도[C/m²]<br>$\varepsilon_o$ : 진공의 유전율[F/m]<br>$\varepsilon_s$ : 비유전율(단위없음)<br>$E$ : 전계의 세기[V/m] | **(4) 자속밀도**<br>$B=\mu_o\mu_s H$ [Wb/m²]<br>여기서, $B$ : 자속밀도[Wb/m²]<br>$\mu_o$ : 진공의 투자율[H/m]<br>$\mu_s$ : 비투자율(단위없음)<br>$H$ : 자계의 세기[AT/m] |

| 정전계 | 자 기 |
|---|---|
| **(5) 정전에너지** $$W=\frac{1}{2}QV=\frac{1}{2}CV^2=\frac{Q^2}{2C}\text{[J]}$$ 여기서, $W$ : 정전에너지[J]<br>$Q$ : 전하[C]<br>$V$ : 전압[V]<br>$C$ : 정전용량[F] | **(5) 코일에 축적되는 에너지** $$W=\frac{1}{2}LI^2=\frac{1}{2}IN\phi\text{[J]}$$ 여기서, $W$ : 코일의 축적에너지[J]<br>$L$ : 자기 인덕턴스[H]<br>$I$ : 전류[A]<br>$N$ : 코일권수<br>$\phi$ : 자속[Wb] |
| **(6) 에너지밀도** $$W_o=\frac{1}{2}ED=\frac{1}{2}\varepsilon E^2=\frac{D^2}{2\varepsilon}\text{[J/m}^3\text{]}$$ 여기서, $W_o$ : 에너지밀도[J/m³]<br>$E$ : 전계의 세기[V/m]<br>$D$ : 전속밀도[C/m²]<br>$\varepsilon$ : 유전율[F/m]($\varepsilon=\varepsilon_o\cdot\varepsilon_s$) | **(6) 단위체적당 축적되는 에너지** $$W_m=\frac{1}{2}BH=\frac{1}{2}\mu H^2=\frac{B^2}{2\mu}\text{[J/m}^3\text{]}$$ 여기서, $W_m$ : 단위체적당 축적에너지[J/m³]<br>$B$ : 자속밀도[Wb/m²]<br>$H$ : 자계의 세기[AT/m]<br>$\mu$ : 투자율[H/m]($\mu=\mu_o\cdot\mu_s$) |

# 제3장 자 기

## 10 자석이 받는 회전력

$$T=MH\sin\theta=mHl\sin\theta\text{[N·m]}$$

여기서, $T$ : 회전력[N · m]
$M$ : 자기 모멘트[Wb · m]
$H$ : 자계의 세기[AT/m]
$\theta$ : 이루는 각[rad]
$m$ : 자극의 세기[Wb]
$l$ : 자석의 길이[m]

## 11 기자력

$$F=NI=Hl=R_m\phi\text{[AT]}$$

여기서, $F$ : 기자력[AT]
$N$ : 코일 권수
$I$ : 전류[A]
$H$ : 자계의 세기[AT/m]
$l$ : 자로의 길이[m]
$R_m$ : 자기저항[AT/Wb]
$\phi$ : 자속[Wb]

**Key Point**

**※ 정전에너지**
콘덴서를 충전할 때 발생하는 에너지, 다시 말하면 콘덴서를 충전할 때 짧은 시간이지만 콘덴서에 나타나는 역전압과 반대로 전류를 흘리는 것이므로 에너지가 주입되는데 이 에너지를 말한다.

**※ 자기**
자기력이 생기는 원인이 되는 것 즉, 자석이 금속을 끌어당기는 성질을 말한다.

**※ 자기력**
자속을 발생시키는 원동력 즉, 철심에 코일을 감고 전류를 흘릴 때 이 코일권수와 전류의 곱을 말한다.

## 12 자계

### (1) 무한장 직선전류의 자계

$$H=\frac{I}{2\pi r}\,[\text{AT/m}]$$

여기서, $H$ : 자계의 세기[AT/m], $I$ : 전류[A], $r$ : 거리[m]

**※ 원형코일**
코일내부의 자장의 세기는 모두 같다.

### (2) 원형코일 중심의 자계

$$H=\frac{NI}{2a}\,[\text{AT/m}]$$

여기서, $H$ : 자계의 세기[AT/m], $N$ : 코일권수, $I$ : 전류[A], $a$ : 반지름[m]

**※ 솔레노이드**
도체에 코일을 일정하게 감아놓은 것

### (3) 무한장 솔레노이드에 의한 자계

① 내부 자계 : $H_i=nI\,[\text{AT/m}]$

② 외부 자계 : $H_e=0$

여기서, $n$ : 1m당 권수, $I$ : 전류[A]

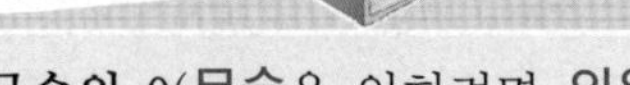

● 초스피드 기억법

무솔외 0(무술을 익히려면 외워라!)

### (4) 환상 솔레노이드에 의한 자계

① 내부 자계 : $H_i=\frac{NI}{2\pi a}\,[\text{AT/m}]$

② 외부 자계 : $H_e=0$

여기서, $N$ : 코일권수, $I$ : 전류[A], $a$ : 반지름[m]

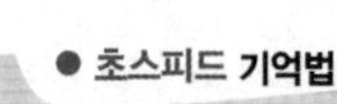

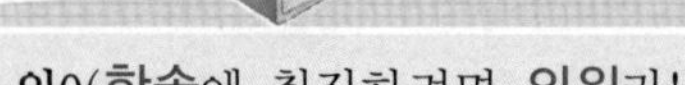

● 초스피드 기억법

환솔 외0(한솔에 취직하려면 외워라!)

**※ 유도기전력**
전자유도에 의해 발생된 기전력으로서 '유기기전력'이라고도 부른다.

## 13 유도기전력

$$e=-N\frac{d\phi}{dt}=-L\frac{di}{dt}=Bl\,v\sin\theta\ [\text{V}]$$

여기서, $e$ : 유기기전력[V]
$N$ : 코일권수[s]
$d\phi$ : 자속의 변화량[Wb]
$dt$ : 시간의 변화량[s]
$L$ : 자기 인덕턴스[H]

**※ 자속**
자극에서 나오는 전체의 자기력선의 수

Key Point

$di$ : 전류의 변화량〔A〕
$B$ : 자속밀도〔$Wb/m^2$〕
$l$ : 도체의 길이〔m〕
$v$ : 도체의 이동속도〔m/s〕
$\theta$ : 이루는 각〔rad〕

## 14 상호 인덕턴스

$$M = K\sqrt{L_1 L_2} \text{ 〔H〕}$$

여기서, $M$ : 상호 인덕턴스〔H〕
$K$ : 결합계수
$L_1, L_2$ : 자기 인덕턴스〔H〕

- 이상결합 · 완전결합시 : $K = 1$
- 두 코일 직교시 : $K = 0$

● 초스피드 기억법 

1이완상(일반적인 이완상태)
0직상(영문도 없이 직상층에서 발화했다.)

※ **상호 인덕턴스**
1차 전류의 시간변화량과 2차 유도전압의 비례상수

※ **결합계수**
누설자속에 의한 상호 인덕턴스의 감소비율

# 제4장 교류회로

## 15 순시값 · 평균값 · 실효값

| 순시값 | 평균값 | 실효값 |
|---|---|---|
| $v = V_m \sin\omega t$<br>$= \sqrt{2}\, V\sin\omega t$ 〔V〕 | $V_{av} = \frac{2}{\pi} V_m = 0.637\, V_m$ 〔V〕 | $V = \frac{V_m}{\sqrt{2}} = 0.707\, V_m$ 〔V〕 |
| 여기서,<br>$v$ : 전압의 순시값〔V〕<br>$V_m$ : 전압의 최대값〔V〕<br>$\omega$ : 각주파수〔rad/s〕<br>$t$ : 주기〔s〕<br>$V$ : 실효값〔V〕 | 여기서,<br>$V_{av}$ : 전압의 평균값〔V〕<br>$V_m$ : 전압의 최대값〔V〕 | 여기서,<br>$V$ : 전압의 실효값〔V〕<br>$V_m$ : 전압의 최대값〔V〕 |

● 초스피드 기억법 

평637(평소에 육상선수는 칠칠맞다.)
실707(실제로 칠공주는 칠면조를 좋아한다.)

※ **순시값**
교류의 임의의 시간에 있어서 전압 또는 전류의 값

※ **평균값**
순시값의 반주기에 대하여 평균을 취한 값

※ **실효값**
교류의 크기를 교류와 동일한 일을 하는 직류의 크기로 바꿔 나타냈을 때의 값. 일반적으로 사용되는 값이다.

## 16 $RLC$의 접속

| 회로의 종류 | | 위상차 | 전 류 | 역률 및 무효율 |
|---|---|---|---|---|
| 직렬회로 | $R-L$ | $\theta=\tan^{-1}\frac{\omega L}{R}$ | $I=\frac{V}{Z}=\frac{V}{\sqrt{R^2+X_L^2}}$ | $\cos\theta=\frac{R}{\sqrt{R^2+X_L^2}}$<br>$\sin\theta=\frac{X_L}{\sqrt{R^2+X_L^2}}$ |
| | $R-C$ | $\theta=\tan^{-1}\frac{1}{\omega CR}$ | $I=\frac{V}{Z}=\frac{V}{\sqrt{R^2+X_C^2}}$ | $\cos\theta=\frac{R}{\sqrt{R^2+X_C^2}}$<br>$\sin\theta=\frac{X_c}{\sqrt{R^2+X_C^2}}$ |
| | $R-L-C$ | $\theta=\tan^{-1}\frac{X_L-X_C}{R}$ | $I=\frac{V}{Z}=\frac{V}{\sqrt{R^2+(X_L-X_C)^2}}$ | $\cos\theta=\frac{R}{Z}$<br>$\sin\theta=\frac{X_L-X_C}{Z}$ |
| 병렬회로 | $R-L$ | $\theta=\tan^{-1}\frac{R}{\omega L}$ | $I=YV=\sqrt{\left(\frac{1}{R}\right)^2+\left(\frac{1}{X_L}\right)^2}\cdot V$ | $\cos\theta=\frac{X_L}{\sqrt{R^2+X_L^2}}$<br>$\sin\theta=\frac{R}{\sqrt{R^2+X_L^2}}$ |
| | $R-C$ | $\theta=\tan^{-1}\omega CR$ | $I=YV=\sqrt{\left(\frac{1}{R}\right)^2+\left(\frac{1}{X_C}\right)^2}\cdot V$ | $\cos\theta=\frac{X_C}{\sqrt{R^2+X_C^2}}$<br>$\sin\theta=\frac{R}{\sqrt{R^2+X_C^2}}$ |
| | $R-L-C$ | $\theta=\tan^{-1}R\left(\frac{1}{X_C}-\frac{1}{X_L}\right)$ | $I=YV=\sqrt{\left(\frac{1}{R}\right)^2+\left(\frac{1}{X_C}-\frac{1}{X_L}\right)^2}\cdot V$ | $\cos\theta=\frac{\frac{1}{R}}{Y}$<br>$\sin\theta=\frac{\frac{1}{X_C}-\frac{1}{X_L}}{Y}$ |

※ **저항($R$)**
동상

※ **인덕턴스($L$)**
전압이 전류보다 90° 앞선다.

※ **커패시턴스($C$)**
전압이 전류보다 90° 뒤진다.

## 17 전력

| 구 분 | 단 상 | 3 상 |
|---|---|---|
| 유효전력 | $P=VI\cos\theta=I^2R$〔W〕<br>여기서, $P$ : 유효전력〔W〕<br>$V$ : 전압〔V〕<br>$I$ : 전류〔A〕<br>$\theta$ : 이루는 각〔rad〕<br>$R$ : 저항〔Ω〕 | $P=3V_PI_P\cos\theta=\sqrt{3}\,V_lI_l\cos\theta$<br>$=3I_P^2R$〔W〕<br>여기서, $P$ : 유효전력〔W〕<br>$V_P, I_P$ : 상전압〔V〕 · 상전류〔A〕<br>$V_l, I_l$ : 선간전압〔V〕 · 선전류〔A〕<br>$R$ : 저항〔Ω〕 |

※ **유효전력**
전원에서 부하로 실제 소비되는 전력

| 구 분 | 단 상 | 3 상 |
|---|---|---|
| 무효전력 | $P_r = VI\sin\theta = I^2 X$ [Var]<br>여기서, $P_r$ : 무효전력[Var]<br>$V$ : 전압[V]<br>$I$ : 전류[A]<br>$\theta$ : 이루는 각[rad]<br>$X$ : 리액턴스[Ω] | $P_r = 3V_P I_P \sin\theta = \sqrt{3}\, V_l I_l \sin\theta = 3{I_P}^2 X$ [Var]<br>여기서, $P_r$ : 무효전력[Var]<br>$V_P, I_P$ : 상전압[V]·상전류[A]<br>$V_l, I_l$ : 선간전압[V]·선전류[A]<br>$X$ : 리액턴스[Ω] |
| 피상전력 | $P_a = VI = \sqrt{P^2 + {P_r}^2} = I^2 Z$ [VA]<br>여기서, $P_a$ : 피상전력[VA]<br>$V$ : 전압[V]<br>$I$ : 전류[A]<br>$P$ : 유효전력[W]<br>$P_r$ : 무효전력[Var]<br>$Z$ : 임피던스[Ω] | $P_a = 3V_P I_P = \sqrt{3}\, V_l I_l = \sqrt{P^2 + {P_r}^2} = 3{I_P}^2 Z$ [VA]<br>여기서, $P_a$ : 피상전력[VA]<br>$V_P, I_P$ : 상전압[V]·상전류[A]<br>$V_l, I_l$ : 선간전압[V]·선전류[A]<br>$Z$ : 임피던스[Ω] |

## 18 Y결선·△결선

| 구 분 | 선간전압 | 선전류 |
|---|---|---|
| Y결선 | $V_l = \sqrt{3}\, V_P$<br>여기서, $V_l$ : 선간전압[V]<br>$V_P$ : 상전압[V] | $I_l = I_P$<br>여기서, $I_l$ : 선전류[A]<br>$I_P$ : 상전류[A] |
| △결선 | $V_l = V_P$<br>여기서, $V_l$ : 선간전압[V]<br>$V_P$ : 상전압[V] | $I_l = \sqrt{3}\, I_P$<br>여기서, $I_l$ : 선전류[A]<br>$I_P$ : 상전류[A] |

## 19 분류기·배율기

| 분류기 | 배율기 |
|---|---|
| $I_o = I\left(1 + \dfrac{R_A}{R_S}\right)$ [A]<br>여기서, $I_o$ : 측정하고자 하는 전류[A]<br>$I$ : 전류계의 최대눈금[A]<br>$R_A$ : 전류계 내부저항[Ω]<br>$R_S$ : 분류기 저항[Ω] | $V_o = V\left(1 + \dfrac{R_m}{R_v}\right)$ [V]<br>여기서, $V_o$ : 측정하고자 하는 전압[V]<br>$V$ : 전압계의 최대눈금[V]<br>$R_v$ : 전압계 내부저항[Ω]<br>$R_m$ : 배율기 저항[Ω] |

**Key Point**

**＊무효전력**
실제로는 아무런 일을 하지 않아 부하에서는 전력으로 이용될 수 없는 전력

**＊피상전력**
교류의 부하 또는 전원의 용량을 표시하는 전력

**＊선간전압**
부하에 전력을 공급하는 선들 사이의 전압

**＊선전류**
3상 교류회로에서 단자로부터 유입 또는 유출되는 전류를 말한다.

**＊분류기**
전류계의 측정범위를 확대하기 위해 전**류**계와 **병**렬로 접속하는 저항

기억법
**분류병**
(분류하여 병에 담아)

**＊배율기**
전압계의 측정범위를 확대하기 위해 전**압**계와 **직**렬로 접속하는 저항

기억법
**배압직**
(배에 압정이 직접 꽂혔다.)

## 제5장 자동제어

### 20 제어량에 의한 분류

① 프로세스제어(process control) : 온도, 압력, 유량, 액면
② 서보기구(servo mechanism) : 위치, 방위, 자세
③ 자동조정(automatic regulation) : 전압, 전류, 주파수, 회전속도, 장력

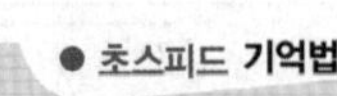

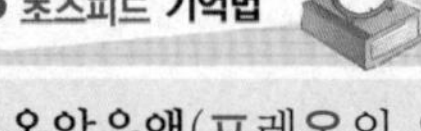

**프온압유액**(프레온의 압력으로 우유액이 쏟아졌다.)
**서위방자**(스위스는 방자하다.)

**※ 불대수**
임의의 회로에서 일련의 기능을 수행하기 위한 가장 최적의 방법을 결정하기 위하여 이를 수식적으로 표현하는 방법

### 21 불대수의 정리

| 논리합 | 논리곱 | 비 고 |
|---|---|---|
| $X+0=X$ | $X\cdot 0=0$ | − |
| $X+1=1$ | $X\cdot 1=X$ | − |
| $X+X=X$ | $X\cdot X=X$ | − |
| $X+\overline{X}=1$ | $X\cdot \overline{X}=0$ | − |
| $X+Y=Y+X$ | $X\cdot Y=Y\cdot X$ | 교환법칙 |
| $X+(Y+Z)=(X+Y)+Z$ | $X(YZ)=(XY)Z$ | 결합법칙 |
| $X(Y+Z)=XY+XZ$ | $(X+Y)(Z+W)$ <br> $=XZ+XW+YZ+YW$ | 분배법칙 |
| $X+XY=X$ | $X+\overline{X}Y=X+Y$ | 흡수법칙 |
| $(\overline{X+Y})=\overline{X}\cdot\overline{Y}$ | $(\overline{X\cdot Y})=\overline{X}+\overline{Y}$ | 드모르간의 정리 |

**※ 논리회로**
집적회로를 논리기호를 사용하여 알기 쉽도록 표현해 놓은 회로

**※ 진리표**
논리대수에 있어서 ON, OFF 또는 동작, 부동작의 상태를 1과 0으로 나타낸 표

### 22 시퀀스회로와 논리회로

| 명 칭 | 시퀀스회로 | 논리회로 | 진리표 |
|---|---|---|---|
| AND 회로 | A, B, $X_{-a}$ | $X=A\cdot B$ <br> 입력신호 A, B가 동시에 1일 때만 출력신호 X가 1이 된다. | A B X <br> 0 0 0 <br> 0 1 0 <br> 1 0 0 <br> 1 1 1 |

Key Point

| 명 칭 | 시퀀스회로 | 논리회로 | 진리표 |
|---|---|---|---|
| OR 회로 | | $X=A+B$<br>입력신호 A, B 중 어느 하나라도 1이면 출력신호 X가 1이 된다. | A B X<br>0 0 0<br>0 1 1<br>1 0 1<br>1 1 1 |
| NOT 회로 | | $X=\overline{A}$<br>입력신호 A가 0일 때만 출력신호 X가 1이 된다. | A X<br>0 1<br>1 0 |
| NAND 회로 | | $X=\overline{A\cdot B}$<br>입력신호 A, B가 동시에 1일 때만 출력신호 X가 0이 된다.<br>(AND 회로의 부정) | A B X<br>0 0 1<br>0 1 1<br>1 0 1<br>1 1 0 |
| NOR 회로 | | $X=\overline{A+B}$<br>입력신호 A, B가 동시에 0일 때만 출력신호 X가 1이 된다. (OR회로의 부정) | A B X<br>0 0 1<br>0 1 0<br>1 0 0<br>1 1 0 |
| EXCLUSIVE OR 회로 | | $X=A\oplus B=\overline{A}B+A\overline{B}$<br>입력신호 A, B 중 어느 한쪽만이 1이면 출력신호 X가 1이 된다. | A B X<br>0 0 0<br>0 1 1<br>1 0 1<br>1 1 0 |
| EXCLUSIVE NOR 회로 | | $X=\overline{A\oplus B}=AB+\overline{A}\,\overline{B}$<br>입력신호 A, B가 동시에 0이거나 1일 때만 출력신호 X가 1이 된다. | A B X<br>0 0 1<br>0 1 0<br>1 0 0<br>1 1 1 |

※ **NAND 회로**
AND 회로의 부정

※ **NOR 회로**
OR 회로의 부정

# 제4편 소방전기시설의 구조 및 원리

## 제1장 경보설비의 구조 및 원리

※ 자동화재탐지설비
① 감지기
② 수신기
③ 발신기
④ 중계기
⑤ 음향장치
⑥ 표시등
⑦ 전원
⑧ 배선

### 1 경보설비의 종류

경보설비
- 자동화재 탐지설비 · 시각경보기
- 자동화재 속보설비
- 가스누설경보기
- 비상방송설비
- 비상경보설비(비상벨설비, 자동식 사이렌설비)
- 누전경보기
- 단독경보형 감지기
- 통합감시시설

● 초스피드 기억법 

경자가비누단(경자가 비누를 단독으로 쓴다.)

※ 공기관식의 구성요소
① 공기관
② 다이어프램
③ 리크구멍
④ 접점
⑤ 시험장치

※ 공기관
① 두께 : 0.3mm 이상
② 바깥지름 : 1.9mm 이상

### 2 고정방법

| 구 분 | 공기관식 감지기 | 정온식 감지선형 감지기 |
|---|---|---|
| 직선부분 | 35cm 이내 | 50cm 이내 |
| 굴곡부분 | 5cm 이내 | 10cm 이내 |
| 단자 · 접속부분 | 5cm 이내 | 10cm 이내 |
| 굴곡반경 | 5mm 이상 | 5cm 이상 |

● 초스피드 기억법 

35공(삼삼오오 짝을 지어 공부한다.)
정감5(정감있고 오붓하게)

### 3 감지기의 부착높이

| 부착높이 | 감지기의 종류 |
|---|---|
| 8~15m 미만 | • 차동식 분포형<br>• 이온화식 1종 또는 2종<br>• 광전식(스포트형 · 분리형 · 공기흡입형) 1종 또는 2종<br>• 연기복합형<br>• 불꽃감지기 |

| 부착높이 | 감지기의 종류 |
|---|---|
| 15~20m 미만 | • 이온화식 1종<br>• 광전식(스포트형 · 분리형 · 공기흡입형) 1종<br>• 연기복합형<br>• 불꽃감지기 |

● 초스피드 기억법 

차분815(**차분**히 815 광복절을 맞이하자!)

## 4 반복시험 횟수

| 횟 수 | 기 기 |
|---|---|
| 1000회 | 감지기 · 속보기 |
| 2000회 | 중계기 |
| 5000회 | 전원스위치 · 발신기 |
| 10000회 | 비상조명등, 스위치접점, 기타의 설비 및 기기 |

● 초스피드 기억법 

감속1(**감속**하면 **한참** 먼저 간다.)
중2(**중이**염)
5발전(5개 **발**에 **전**을 부치자.)

## 5 대상에 따른 음압

| 음 압 | 대 상 |
|---|---|
| 40dB 이하 | ① 유도등 · 비상조명등의 소음 |
| 60dB 이상 | ① 고장표시장치용<br>② 전화용 부저 |
| 70dB 이상 | ① 가스누설경보기(단독형 · 영업용)<br>② 누전경보기 |
| 90dB 이상 | ① 가스누설경보기(공업용)<br>② 자동화재탐지설비의 음향장치 |

● 초스피드 기억법 

유비음4(**유비**는 **음**식 중 **사**발면을 좋아한다.)
고전음6(**고전음**악을 **유**창하게 해.)
영7누단(**영칠**이 **누**나는 **단**무지 좋아해.)

Key Point

**＊ 연기복합형 감지기**
이온화식+광전식을 겸용한 것으로 두 가지 기능이 동시에 작동되면 신호를 발함

**＊ 반복시험 횟수**
유도등 : 2500회

**＊ 속보기**
감지기 또는 P형발신기로부터 발신하는 신호나 중계기를 통하여 송신된 신호를 수신하여 관계인에게 화재발생을 경보함과 동시에 소방관서에 자동적으로 전화를 통한 해당 특정소방대상물의 위치 및 화재발생을 음성으로 통보하여 주는 것

**＊ 유도등**
평상시에 상용전원에 의해 점등되어 있다가 비상시에 비상전원에 의해 점등된다.

**＊ 비상조명등**
평상시에 소등되어 있다가 비상시에 점등된다.

Key Point

**※ 수평거리**
최단거리 · 직선거리 또는 반경을 의미한다.

**※ 보행거리**
걸어서 가는 거리

**※ 비상전원**
상용전원 정전시에 사용하기 위한 전원

**※ 예비전원**
상용전원 고장시 또는 용량부족시 최소한의 기능을 유지하기 위한 전원

## 6 수평거리 · 보행거리 · 수직거리

### (1) 수평거리

| 수평거리 | 기 기 |
|---|---|
| 25m 이하 | • 발신기<br>• 음향장치(확성기)<br>• 비상콘센트(지하상가 · 지하층 바닥면적 합계 3000m² 이상) |
| 50m 이하 | • 비상콘센트(기타) |

● 초스피드 기억법

발음2비지(발음이 비슷하지)

### (2) 보행거리

| 보행거리 | 기 기 |
|---|---|
| 15m 이하 | • 유도표지 |
| 20m 이하 | • 복도통로유도등<br>• 거실통로유도등<br>• 3종 연기감지기 |
| 30m 이하 | • 1 · 2종 연기감지기 |

● 초스피드 기억법

보통2(보통이 아니네요!)

### (3) 수직거리

| 수직거리 | 기 기 |
|---|---|
| 15m 이하 | • 1 · 2종 연기감지기 |
| 10m 이하 | • 3종 연기감지기 |

## 7 비상전원 용량

| 설비의 종류 | 비상전원 용량 |
|---|---|
| • 자동화재탐지설비<br>• 비상경보설비<br>• 자동화재속보설비 | 10분 이상 |
| • 유도등<br>• 비상콘센트설비<br>• 제연설비<br>• 물분무소화설비<br>• 옥내소화전설비(30층 미만)<br>• 특별피난계단의 계단실 및 부속실 제연설비(30층 미만) | 20분 이상 |
| • 무선통신보조설비의 증폭기 | 30분 이상 |

| 설비의 종류 | 비상전원 용량 |
|---|---|
| • 옥내소화전설비(30~49층 이하)<br>• 특별피난계단의 계단실 및 부속실 제연설비(30~49층 이하)<br>• 연결송수관설비(30~49층 이하)<br>• 스프링클러설비(30~49층 이하) | **40분** 이상 |
| • 유도등 · 비상조명등(지하상가 및 11층 이상)<br>• 옥내소화전설비(50층 이상)<br>• 특별피난계단의 계단실 및 부속실 제연설비(50층 이상)<br>• 연결송수관설비(50층 이상)<br>• 스프링클러설비(50층 이상) | **60분** 이상 |

**● 초스피드 기억법**

**경자비**1(**경자**라는 이름은 **비일**비재하게 많다).
3중(3중고)

## 8 주위온도 시험

| 주위온도 | 기 기 |
|---|---|
| -35~70℃ | 경종(옥외형), 발신기(옥외형) |
| -20~50℃ | 변류기(옥외형) |
| -10~50℃ | 기타(옥내형 등) |
| 0~40℃ | 가스누설경보기(분리형) |

**● 초스피드 기억법**

분04(분양소)

## 9 스포트형 감지기의 바닥면적

(단위 : [m²])

| 부착높이 및 소방대상물의 구분 | | 감지기의 종류 | | | | |
|---|---|---|---|---|---|---|
| | | 차동식 · 보상식 스포트형 | | 정온식 스포트형 | | |
| | | 1종 | 2종 | 특종 | 1종 | 2종 |
| 4m 미만 | 내화구조 | 90 | 70 | 70 | 60 | 20 |
| | 기타구조 | 50 | 40 | 40 | 30 | 15 |
| 4m 이상 8m 미만 | 내화구조 | 45 | 35 | 35 | 30 | – |
| | 기타구조 | 30 | 25 | 25 | 15 | – |

## 10 연기감지기의 바닥면적

(단위 : [m²])

| 부착높이 | 감지기의 종류 | |
|---|---|---|
| | 1종 및 2종 | 3종 |
| 4m 미만 | 150 | 50 |
| 4~20m 미만 | 75 | 설치할 수 없다. |

Key Point

**※ 변류기**
누설전류를 검출하는 데 사용하는 기기

**※ 정온식 스포트형 감지기**
일국소의 주위 온도가 일정한 온도 이상이 되는 경우에 작동하는 것으로서 외관이 전선으로 되어 있지 않은 것

**※ 연기감지기**
화재시 발생하는 연기를 이용하여 작동하는 것으로서 주로 계단, 경사로, 복도, 통로, 엘리베이터, 전산실, 통신기기실에 쓰인다.

**※ 경계구역**
자동화재탐지설비의 1회선이 화재발생을 유효하게 탐지할 수 있는 구역

**※ 정온식 감지선형 감지기**
일국소의 주위 온도가 일정한 온도 이상이 되는 경우에 작동하는 것으로서 외관이 전선으로 되어 있는 것

## 11 절연저항시험(절대! 절대! 중요!)

| 절연저항계 | 절연저항 | 대 상 |
|---|---|---|
| 직류 250V | 0.1MΩ 이상 | • 1경계구역의 절연저항 |
| 직류 500V | 5MΩ 이상 | • 누전경보기<br>• 가스누설경보기<br>• 수신기<br>• 자동화재속보설비<br>• 비상경보설비<br>• 유도등(교류입력측과 외함간 포함)<br>• 비상조명등(교류입력측과 외함간 포함) |
| | 20MΩ 이상 | • 경종<br>• 발신기<br>• 중계기<br>• 비상콘센트<br>• 기기의 절연된 선로간<br>• 기기의 충전부와 비충전부간<br>• 기기의 교류입력측과 외함간(유도등 · 비상조명등 제외) |
| | 50MΩ 이상 | • 감지기(정온식 감지선형 감지기 제외)<br>• 가스누설경보기(10회로 이상)<br>• 수신기(10회로 이상) |
| | 1000MΩ 이상 | • 정온식 감지선형 감지기 |

## 12 소요시간

| 기 기 | 시 간 |
|---|---|
| P형 · P형 복합식 · R형 · R형 복합식 · GP형 · GP형 복합식 · GR형 · GR형 복합식 | 5초 이내(축적형 60초 이내) |
| 중계기 | 5초 이내 |
| 비상방송설비 | 10초 이하 |
| 가스누설경보기 | 60초 이내 |

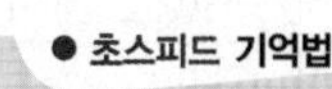

시중5 (시중을 드시오!), 6가(육체미가 아름답다.)

## 13 수신기의 적합기준

| 조 건 | 수신기의 종류 |
|---|---|
| 4층 이상 | 발신기와 전화통화가 가능한 수신기 |

## 14 설치높이

| 기 기 | 설치높이 |
| --- | --- |
| 기타기기 | 0.8~1.5m 이하 |
| 시각경보장치 | 2~2.5m 이하(단, 천장의 높이가 **2m 이하**인 경우에는 천장으로부터 **0.15m 이내**의 장소에 설치) |

## 15 누전경보기의 설치방법

| 정격전류 | 경보기 종류 |
| --- | --- |
| 60A 초과 | 1급 |
| 60A 이하 | 1급 또는 2급 |

1. 변류기는 옥외인입선의 **제1지점**의 **부하측** 또는 **제2종**의 **접지선측**에 설치할 것
2. 옥외전로에 설치하는 변류기는 **옥외형**을 사용할 것

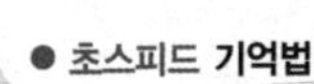

● 초스피드 기억법

1부접2누(일부는 **접이**식 의자에 **누**워있다.)

## 16 누전경보기

1. 공칭작동전류치 : 200mA 이하
2. 감도조정장치의 조정범위 : 1A 이하(1000mA)

● 초스피드 기억법

누공2(누구나 **공**짜**이**면 좋아해.)
누감1(누가 **감**히 **일**부러 그럴까?)

**참고**

**검출누설전류 설정치 범위**
① 경계전로 : 100~400mA
② 제2종 접지선 : 400~700mA

# 제2장 피난구조설비 및 소화활동설비

## 17 설치높이

| 유도등 · 유도표지 | 설치높이 |
| --- | --- |
| • 복도통로유도등<br>• 계단통로유도등<br>• 통로유도표지 | 1m 이하 |
| • 피난구유도등<br>• 거실통로유도등 | 1.5m 이상 |

**Key Point**

**＊ 변류기의 설치**
① 옥외인입선의 제1지점의 부하측
② 제2종의 접지선측

**＊ 공칭작동 전류치**
누전경보기를 작동시키기 위하여 필요한 누설전류의 값으로서 제조자에 의하여 표시된 값

**＊ 조도**
① 객석유도등 : 0.2 lx 이상
② 통로유도등 : 1 lx 이상
③ 비상조명등 : 1 lx 이상

Key Point

**※ 통로유도등**
백색바탕에 녹색문자

**※ 피난구유도등**
녹색바탕에 백색문자

## 18 설치개수

(1) 복도 · 거실 통로유도등

$$\text{개수} \geq \frac{\text{보행거리}}{20} - 1$$

(2) 유도표지

$$\text{개수} \geq \frac{\text{보행거리}}{15} - 1$$

(3) 객석유도등

$$\text{개수} \geq \frac{\text{직선부분 길이}}{4} - 1$$

## 19 비상콘센트 전원회로의 설치기준

| 구 분 | 전 압 | 용 량 | 플러그접속기 |
|---|---|---|---|
| 단상 교류 | 220V | 1.5kVA 이상 | 접지형 2극 |

① 1 전용회로에 설치하는 비상콘센트는 10개 이하로 할 것
② 풀박스는 1.6mm 이상의 철판을 사용할 것

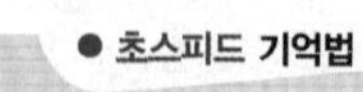

● 초스피드 기억법

10콘(시큰둥!)

**※ 풀박스**
배관이 긴 곳 또는 굴곡부분이 많은 곳에서 시공을 용이하게 하기 위하여 배선도중에 사용하여 전선을 끌어들이기 위한 박스

# 제3장 소방전기시설

## 20 감지기의 적응장소

| 정온식 스포트형 감지기 | 연기감지기 |
|---|---|
| ① 영사실<br>② 주방 · 주조실<br>③ 용접작업장<br>④ 건조실<br>⑤ 조리실<br>⑥ 스튜디오<br>⑦ 보일러실<br>⑧ 살균실 | ① 계단 · 경사로<br>② 복도 · 통로<br>③ 엘리베이트 권상기실<br>④ 린넨슈트<br>⑤ 파이프덕트<br>⑥ 전산실<br>⑦ 통신기기실 |

**※ 린넨슈트**
병원, 호텔 등에서 세탁물을 구분하여 실로 유도하는 통로

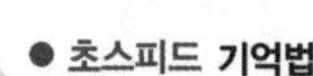

● 초스피드 기억법

**영주용건 정조스 보살**(**영주**의 **용건**이 **정**말 **죠스**와 **보살**을 만나는 것이냐?)

## 21 전원의 종류

① 상용전원
② 비상전원 : 상용전원 정전 때를 대비하기 위한 전원
③ 예비전원 : 상용전원 고장시 또는 용량부족시 최소한의 기능을 유지하기 위한 전원

## 22 부동충전방식의 2차 전류

$$2차전류 = \frac{축전지의 정격용량}{축전지의 공칭용량} + \frac{상시부하}{표준전압} \text{[A]}$$

## 23 부동충전방식의 축전지의 용량

$$C = \frac{1}{L}KI \text{[Ah]}$$

여기서, $C$ : 축전지용량
$L$ : 용량저하율(보수율)
$K$ : 용량환산시간[h]
$I$ : 방전전류[A]

## 24 옥내소화전설비, 자동화재탐지설비의 공사방법

① 가요전선관공사
② 합성수지관공사
③ 금속관공사
④ 금속덕트공사
⑤ 케이블공사

● 초스피드 기억법

**옥자가 합금케**(**옥자**가 **합금**을 **캐**냈다.)

## 25 경계구역

(1) 경계구역의 설정기준

① 1경계구역이 2개 이상의 **건축물**에 미치지 않을 것
② 1경계구역이 2개 이상의 **층**에 미치지 않을 것
③ 1경계구역의 면적은 $600m^2$ 이하로 하고, 1변의 길이는 50m 이하로 할 것

(2) 1경계구역 높이 : 45m 이하

Key-Point

**※ 부동충전방식**
축전지와 부하를 충전기에 병렬로 접속하여 충전과 방전을 동시에 행하는 방식

**※ 용량저하율(보수율)**
축전지의 용량저하를 고려하여 축전지의 용량산정시 여유를 주는 계수로서, 보통 0.8을 적용한다.

**※ 지하구**
지하의 케이블 통로

**※ 경계구역**
화재신호를 발신하고 그 신호를 수신 및 유효하게 제어할 수 있는 구역

## 26 대상에 따른 전압

| 전 압 | 대 상 |
|---|---|
| 0.5V 이하 | 누전경보기 경계전로의 전압강하 |
| 0.6V 이하 | 완전방전 |
| 60V 초과 | 접지단자 설치 |
| 300V 이하 | • 전원변압기의 1차전압<br>• 유도등 · 비상조명등의 사용전압 |
| 600V 이하 | 누전경보기의 경계전로 전압 |

● 초스피드 기억법 

변3(변상해), 누6(누룩)

## 27 전선 단면적의 계산

**※ 예비전원**
상용전원 고장시 또는 용량부족시 최소한의 기능을 유지하기 위한 전원

| 전기방식 | 전선 단면적 |
|---|---|
| 단상 2선식 | $A=\dfrac{35.6LI}{1000e}$ |
| 3상 3선식 | $A=\dfrac{30.8LI}{1000e}$ |

여기서, $A$ : 전선의 단면적〔$mm^2$〕
$L$ : 선로길이〔m〕
$I$ : 전부하전류〔A〕
$e$ : 각 선간의 전압강하〔V〕

※ 소방펌프 : 3상 3선식, 기타 : 단상 2선식

● 초스피드 기억법 

33펌(삼삼하게 펌프질한다.)

## 28 축전지의 비교표

**※ 기전력**
전류를 연속해서 흘리기 위해 전압을 연속적으로 만들어 주는 힘

| 구 분 | 연축전지 | 알칼리축전지 |
|---|---|---|
| 기전력 | 2.05~2.08V | 1.32V |
| 공칭전압 | 2.0V | 1.2V |
| 공칭용량 | 10Ah | 5Ah |
| 충전시간 | 길다 | 짧다 |
| 수 명 | 5~15년 | 15~20년 |
| 종 류 | 클래드식, 페이스트식 | 소결식, 포케트식 |

● 초스피드 기억법 

연2 10(연이어 열차가 온다.)

# Part 1

# 소방원론

# 출제경향분석

CHAPTER
01

## 화재론

②연소의 이론
16.8% (4문제)
③건축물의 화재성상
10.8% (2문제)
①화재의 성격과 원인 및 피해
9.1% (2문제)
12문제
④불 및 연기의 이동과 특성
8.4% (1문제)
⑤물질의 화재위험
12.8% (3문제)

# 1. 화재의 성격과 원인 및 피해

출제확률 

(2문제)

★★★

**01** 화재의 정의라고 할 수 없는 것은?

① 사람의 의도에 반(反)하여 출화(出火) 또는 방화에 의하여 불이 발생하고 확대하는 현상
② 불이 그 사용목적을 넘어 다른 곳으로 연소하여 사람들에게 예기치 않은 경제상의 손해를 발생시키는 현상
③ 자연 또는 인위적인 원인에 의하여 불이 물체를 연소시키고 인명과 재산에 손해를 주는 현상
④ 사람 또는 자연에 의하여 불이 물건, 가옥 등을 연소시키는 현상

해설 **화재의 정의**

(1) 자연 또는 인위적인 원인에 의하여 불이 물체를 연소시키고, **인**명과 **재**산에 손해를 주는 현상
(2) 불이 그 사용목적을 넘어 다른 곳으로 연소하여 사람들에게 예기치 않은 경제상의 손해를 발생시키는 현상
(3) 사람의 의도에 **반**(反)하여 출화 또는 방화에 의하여 불이 발생하고 확대하는 현상
(4) 불을 사용하는 사람의 부주의와 불안정한 상태에서 발생되는 것
(5) 실화, 방화로 발생하는 연소현상을 말하며 사람에게 유익하지 못한 **해로운 불**
(6) 사람의 의사에 반한, 즉 대부분의 사람이 원치 않는 상태의 불
(7) 소화의 필요성이 있는 불
(8) 소화에 효과가 있는 어떤물건(소화시설)을 사용할 필요가 있다고 판단되는 불

기억법 **화인 재반행**

답 ④

**02** 화재에 대한 설명으로 옳지 않은 것은?

① 인간이 이를 제어하여 인류의 문화, 문명의 발달을 가져오게 한 근본적인 존재를 말한다.
② 불을 사용하는 사람의 부주의와 불안정한 상태에서 발생되는 것을 말한다.
③ 불로 인하여 사람의 신체, 생명 및 재산상의 손실을 가져다 주는 재앙을 말한다.
④ 실화, 방화로 발생하는 연소현상을 말하며 사람에게 유익하지 못한 해로운 불을 말한다.

해설 **문제 1 참조**

답 ①

★★★

**03** 우리나라 화재 발화요인 중 가장 많은 발화요인으로 나타나고 있는 것은?

① 부주의 ② 전기
③ 가스누출 ④ 교통사고

해설 **화재의 발생현황**

(1) **발화요인별** : **부**주의>**전**기적 요인>**기**계적 요인>**화**학적 요인>**교**통사고>**방**화의심>**방**화>**자**연적 요인>**가**스누출
(2) **장소별** : **근**린생활시설>**공**동주택>**공**장 및 창고>**복**합건축물>**업**무시설>**숙**박시설>**교**육연구시설
(3) **계**절별 : **겨**울>**봄**>**가**을>**여**름

기억법 **요부전기화교방자가**
**장근공복업숙교**
**계겨봄가여**

답 ①

**04** 화재발생요인이 아닌 것은?

① 관계법 제정의 미비
② 취급에 관한 지식결여
③ 기기나 기구 등의 정격미달
④ 사전교육 및 관리부족

해설 **화재발생요인**

(1) 취급에 관한 지식결여
(2) 기기나 기구 등의 정격미달
(3) 사전교육 및 관리부족

답 ①

★★

**05** 경제발전과 화재피해의 상관관계를 설명한 것 중 옳은 것은?

① 경제가 발전하고, 생활수준이 높아질수록 화재요인은 감소한다.
② 경제의 발전과 화재피해와는 별반 상관관계가 없다.
③ 경제의 발전과 더불어 소방과학의 발달로 화재피해액은 오히려 줄어드는 경향이 있다.
④ 국민의 총생산에서 화재피해가 차지하는 몫이 경제발전 속도보다 빠른 속도로 상승하는 경향이 있다.

해설 경제발전속도<화재피해속도

답 ④

**06** 화재로 인한 피해를 감소시키기 위해 고려하여야 할 직접적인 측면과 거리가 가장먼 것은 다음 중 어느 것인가?

① 화재의 효과적인 예방(prevention)
② 화재의 효과적인 발견(detection)
③ 화재의 효과적인 진압(extinguishment)
④ 화재의 효과적인 연구(research)

해설 **화재피해의 감소**를 위한 직접적인 측면
(1) 화재의 효과적인 **예**방
(2) 화재의 효과적인 **경계**(**발**견)
(3) 화재의 효과적인 **진압**

기억법 **감예발진**

답 ④

**07** 기상요건 중 화재진행에 직접적인 영향을 미치는 것은?

① 습도 ② 온도
③ 풍상 ④ 불쾌지수

해설 기상요건 중 화재진행에 직접적인 영향을 미치는 것은 바람, 즉 **풍상**이다.

비교

**비화연소현상**
열부력에 의해 풍향의 풍상(風上), 즉 위로 향한다.(모닥불을 피웠을 때 불씨가 위로 올라가는 것을 보면 쉽게 알 수 있다.)

답 ③

**08** 화재의 일반적 특성이 아닌 것은?

① 확대성 ② 불안정성
③ 우발성 ④ 정형성

해설 **화재**의 **특성**
(1) **우**발성 : 화재가 **돌**발적으로 발생
(2) **확**대성
(3) **불**안정성

기억법 **화우돌확불**

답 ④

**09** 화재는 돌발적으로 발생한다. 이것은 화재의 특성 중 어느 것인가?

① 성장성 ② 확대성
③ 우발성 ④ 불안정성

해설 **문제 8 참조**

답 ③

★★★
**10** 전기화재의 주요 원인이라고 볼 수 없는 것은?

① 과전류 ② 절연열화
③ 정전기 ④ 고압전류

해설 **전기화재**의 **발생원인**
(1) 단락(합선)에 의한 발화
(2) 과부하(과전류)에 의한 발화
(3) 절연저항 감소(누전)에 인한 발화
(4) 전열기기의 과열에 의한 발화
(5) 전기불꽃에 의한 발화
(6) 용접불꽃에 의한 발화
(7) 낙뢰에 의한 발화

④ **승압 · 고압전류** : **전**기화재의 주요원인이라 볼 수 없다.

기억법 **전승고**

답 ④

**11** 화재의 전기적 발화요인으로 관계가 없는 것은?

① 누전 ② 전기저항
③ 역률(力率) ④ 단락

해설 역률은 화재의 전기적 발화요인과 무관하다.

**역률**(power factor) : 전원에서 공급된 전력이 부하에서 유효하게 이용되는 비율

답 ③

**12** 누전화재 전징이 아닌 것은?

① 전기 사용기계의 오동작
② 감전현상
③ 전등의 밝기 변화
④ 빈번한 휴즈 단선

해설 ①은 누전화재의 전징과 관련이 적다.

※ **전징** : 어떤 현상이 발생하기 전에 나타나는 징조

답 ①

★★★
**13** D급 화재란 다음 중 어느 것을 의미하는가?

① A, B급 화재 또는 A, C급 화재 등의 복합화재
② 모든 화재 중 인명손실이 있는 화재
③ 선박회사 또는 임야화재 등의 특수화재
④ 가연성 금속화재

해설

| 화재종류 | 표시색 | 적응물질 |
|---|---|---|
| 일반화재(A급) | **백**색 | • 일반가연물(목재) |
| 유류화재(B급) | **황**색 | • 가연성 액체(유류)<br>• 가연성 가스(가스) |
| 전기화재(C급) | **청**색 | • 전기설비(전기) |
| 금속화재(D급) | **무**색 | • 가연성 금속 |
| 주방화재(K급) | – | • 식용유화재 |

기억법 **백황청무**

※ 요즘은 표시색의 의무규정은 없음

답 ④

★★
**14** **화재의 분류 중 틀린 것은?**

① A급 화재는 타서 재가 남는 일반화재를 말한다.
② B급 화재는 석유류화재를 말한다.
③ C급 화재는 가스화재를 말한다.
④ D급 화재는 금속분말화재를 말한다.

해설 **문제 13 참조**

③ C급 화재는 **전기화재**이다.

답 ③

**15** **연소가스에 대한 설명으로 가장 알맞는 것은?**

① 연소가스는 물체의 열분해 혹은 연소할 때 생긴다.
② 연소가스는 주로 시각장애를 일으킨다.
③ 연소가스의 흡입은 호흡의 비율과 관련이 없다.
④ 연소가스는 유독성이 비교적 적다.

해설 연소가스는 물체의 **열분해** 혹은 **연소**할 때 생기며, 대부분 **유독성**이다. 답 ①

★★
**16** **다음 물질의 증기가 공기와 혼합기체를 형성하였을 때 연소범위가 가장 넓은 혼합비를 형성하는 물질은?**

① 수소($H_2$)
② 이황화탄소($CS_2$)
③ 아세틸렌($C_2H_2$)
④ 에테르($(C_2H_5)_2O$)

해설 **연소범위**가 넓은 순서

$C_2H_2 > H_2 > (C_2H_5)_2O > CS_2$

**공기 중의 폭발한계**(상온, 1atm)

| 가 스 | 하한계[vol%] | 상한계[vol%] |
|---|---|---|
| **아**세틸렌($C_2H_2$) | 2.5 | 81 |
| **수**소($H_2$) | 4 | 75 |
| **일**산화탄소(CO) | 12.5 | 74 |
| **에테**르($(C_2H_5)_2O$) | 1.9 | 48 |
| **이**황화탄소($CS_2$) | 1.2 | 44 |
| **암**모니아($NH_3$) | 15 | 28 |
| **메**탄($CH_4$) | 5 | 15 |
| **에**탄($C_2H_6$) | 3 | 12.4 |
| **프**로판($C_3H_8$) | 2.1 | 9.5 |
| **부**탄($C_4H_{10}$) | 1.8 | 8.4 |
| **휘**발유($C_5H_{12}$~$C_9H_{20}$) | 1.4 | 7.6 |

기억법 **아수일에테, 이암메에프부휘**
2581
475
12574
515
3124
2195
1884
1476

답 ③

**17** **프로판 50%, 부탄 40%, 프로필렌 10%로 된 혼합가스가 공기와 혼합된 경우 폭발하한계는 약 몇 %인가? (단, 공기중 단일가스 폭발하한계는 $C_3H_8$ 2.2%, $C_4H_{10}$ 1.9%, $C_3H_9$ 2.4%이다.)**

① 1.8
② 2.1
③ 2.5
④ 3.4

해설 **혼합가스**의 **폭발하한계**

$$\frac{100}{L}=\frac{V_1}{L_1}+\frac{V_2}{L_2}+\frac{V_3}{L_3}$$

여기서, $L$ : 혼합가스의 폭발하한계[vol%]
$L_1 \sim L_3$ : 가연성 가스의 폭발하한계[vol%]
$V_1 \sim V_3$ : 가연성 가스의 용량[vol%]

$$\frac{100}{L}=\frac{V_1}{L_1}+\frac{V_2}{L_2}+\frac{V_3}{L_3}$$

$$\frac{100}{L}=\frac{50}{2.2}+\frac{40}{1.9}+\frac{10}{2.4}$$

$$\frac{100}{\frac{50}{2.2}+\frac{40}{1.9}+\frac{10}{2.4}}=L$$

$$L=\frac{100}{\frac{50}{2.2}+\frac{40}{1.9}+\frac{10}{2.4}}=2.08 \fallingdotseq 2.1\%$$

답 ②

★
**18** **연소범위의 온도와 압력에 따른 변화를 설명한 것으로 옳은 것은?**

① 온도가 낮아지면 넓어진다.
② 압력이 상승하면 좁아진다.
③ 불활성 기체를 첨가하면 좁아진다.
④ 일산화탄소는 압력이 상승하면 넓어진다.

해설 **연소범위**의 **온도**와 **압력**에 따른 변화

(1) 온도가 낮아지면 좁아진다.
(2) 압력이 상승하면 넓어진다.
(3) 불활성 기체를 첨가하면 좁아진다.
(4) **일산화탄소**(CO), **수소**($H_2$)는 압력이 상승하면 **좁**아진다.

기억법 **연범일수좁**

답 ③

**19** 연소한계에 관한 설명들이다. 옳지 않은 것은?

① 가연성 혼합기체라도 적당한 혼합비율의 범위내에 연료와 산소가 혼합되지 않으면 점화원의 존재하에도 발화하지 않는다.
② 연소한계에는 하한계(lower limit)와 상한계(upper limit)가 있다.
③ 연소한계를 일명 폭발한계라고도 해석할 수 있다.
④ 가연성 기체라면 점화원의 존재하에 그 농도와 관계없이 발화한다.

해설 가연성 기체라도 점화원의 존재하에 그 농도범위내에 있을 때 발화한다.

답 ④

**20** 화재의 연소한계에 관한 설명 중 옳지 않은 것은?

① 가연성 가스와 공기의 혼합가스에는 연소에 도달할 수 있는 농도의 범위가 있다.
② 농도가 낮은 편을 연소하한계라 하고, 농도가 높은 편을 연소상한계라고 한다.
③ 휘발유의 연소상한계는 10.5%이고, 연소하한계는 2.7%이다.
④ 혼합가스가 농도의 범위를 벗어날 때에는 연소하지 않는다.

해설 휘발유(가솔린)의 연소상한계는 **7.6%**이고, 연소하한계는 **1.4%**이다.

연소한계 = 연소범위 = 가연한계 = 가연범위 = 폭발한계 = 폭발범위

답 ③

**21** 다음 중 분진폭발의 위험이 없는 것은?

① 알루미늄분 ② 황
③ 생석회 ④ 적인

해설 **분진폭발**을 일으키지 않는 물질

(1) **시**멘트
(2) **석**회석
(3) **탄**산**칼**슘($CaCO_3$)
(4) **생**석회($CaO$) = 산화칼슘

분진폭발을 일으키지 않는 물질 = 물과 반응하여 가연성 기체를 발생하지 않는 것

기억법 **분시석탄 칼생**

답 ③

**22** 분진폭발을 일으킬 수 없는 것은 어느 것인가?

① 담뱃가루 ② 알루미늄분말
③ 아연분말 ④ 석회석분말

해설 문제 21 참조

답 ④

★★★
**23** 저장시 분해 또는 중합되어 폭발을 일으킬 수 있는 위험물은?

① 아세틸렌 ② 시안화수소
③ 산화에틸렌 ④ 염소산칼륨

해설 **폭발**의 **종류**

| 폭발종류 | 물 질 |
|---|---|
| **분해**폭발 | • **과**산화물 · **아**세틸렌<br>• **다**이나마이트 |
| 분진폭발 | • 밀가루 · 담뱃가루<br>• 석탄가루 · 먼지<br>• 전분 · 금속분 |
| **중**합폭발 | • **염**화비닐<br>• **시**안화수소 |
| **분**해 · **중**합폭발 | • **산**화에틸렌 |
| **산**화폭발 | • **압**축가스, **액**화가스 |

기억법 **분해과아다**
**중염시**
**분중산**
**산압액**

답 ③

★★
**24** 폭발발생 원인 중 물리적 또는 기계적 원인인 것은?

① 증기운(vapor cloud) 폭발
② 압력방출에 의한 폭발
③ 분해폭발
④ 석탄분진의 폭발

해설 **폭발발생 원인**

| **물**리적 · **기**계적 원인 | 화학적 원인 |
|---|---|
| ① **압**력방출에 의한 폭발 | ① 증기운(vapor cloud) 폭발<br>② 분해폭발<br>③ 석탄분진의 폭발 |

기억법 **물기압**

용어

**증기운(Vapor Cloud) 폭발**
증기가 대기중에 확산하여 구름모양을 형성한 후 폭발하는 현상

답 ②

**25** 폭연(deflagration)에 대한 설명으로 옳은 것은?

① 발열반응으로 연소의 전파속도가 음속보다 느린 현상
② 중요한 가열기구는 충격파에 의한 충격압력
③ 혼합비가 연소범위 상한보다 약간 높은 곳에서 발생

④ 발열반응으로 연소의 전파속도가 음속보다 빠른 현상

해설 폭발(explosion)의 종류
(1) **폭연**(deflagration) : 화염전파속도<음속
(2) **폭굉**(detonation) : 화염전파속도>음속

②, ④ 폭굉에 관한 설명이다.

답 ①

★★
**26 디토네이션(Detonation)에 대한 설명이다. 틀린 것은?**

① 발열반응으로서 연소의 전파속도가 그 물질 내에서의 음속보다 느린 것을 말한다.
② 물질내 충격파가 발생하여 반응을 일으키고 또한 그 반응을 유지하는 현상이다.
③ 충격파에 의해 유지되는 화학반응현상이다.
④ 반응의 전파속도가 그 물질내에서의 음속보다 빠른 것을 말한다.

해설 **폭굉**(Detonation)
(1) **정의** : 폭발 중에서도 격렬한 폭발로서 화염의 전파속도가 **음속보다 빠른 경우**로 파면선단에 충격파(압력파)가 진행되는 현상
(2) **연소속도** : 1000~3500m/s

기억법 굉 135

답 ①

**27 화상의 부위가 분홍색으로 되고 분비액이 많이 분비되는 화상의 정도는?**

① 1도 화상 ② 2도 화상
③ 3도 화상 ④ 4도 화상

해설 **열**과 **화상**

| 화상분류 | 설명 |
|---|---|
| 1도 화상 | 화상의 부위가 분홍색으로 되고, 가벼운 부음과 통증을 수반하는 현상 |
| 2도 화상 | 화상의 부위가 분홍색으로 되고, 분비액이 많이 **분비**되는 현상 |
| 3도 화상 | 화상의 부위가 벗겨지고, 검게 되는 현상 |
| 4도 화상 | 전기화재에서 입은 화상으로서 피부가 탄화되고, 뼈까지 도달되는 화상 |

기억법 2분비

답 ②

# 2. 연소의 이론

출제확률 16.8% (4문제)

★★
**01** 연소와 관계 깊은 화학반응은?
① 산화반응 ② 환원반응
③ 치환반응 ④ 중화반응

해설 **연소**(combustion) : 가연물이 공기 중에 있는 산소와 반응하여 **열**과 **빛**을 동반하며 급격히 **산화반응**하는 현상

※ **산화속도**는 가연물이 산소와 반응하는 속도이므로 **연소속도**와 직접 관계있다.

용어
**산화반응**
어떤 물질이 산소와 화합하는 반응

기억법 **연열빛산**

답 ①

**02** 연소속도와 직접 관계되는 것은?
① 착화속도 ② 환원속도
③ 산화속도 ④ 열의 발생속도

해설 **문제 1 참조**

※ **연소**(combustion) : 가연물이 공기 중에 있는 산소와 반응하여 **열**과 **빛**을 동반하며 급격히 **산화반응**하는 현상

답 ③

★★★
**03** 보통 화재에서 암적색 불꽃의 온도는 섭씨 몇 도 정도인가?
① 525도 ② 750도
③ 925도 ④ 1075도

해설 **연소**의 **색**과 **온도**

| 색 | 온도(℃) |
|---|---|
| 암적색(**진**홍색) | 700~750 |
| **적**색 | 850 |
| 휘적색(**주**황색) | 925~950 |
| **황**적색 | 1100 |
| **백적**색(백색) | 1200~1300 |
| **휘**백색 | 1500 |

기억법 **진7(진출), 적8(저팔개), 주9(주먹구구) 황11, 백적123, 휘15**

답 ②

**04** 보통 화재에서 진홍색의 불꽃온도는 섭씨 몇 도 정도인가?
① 525도 ② 750도
③ 925도 ④ 1075도

해설 **문제 3 참조**

답 ②

**05** 보통 화재에서 백색의 불꽃온도는 섭씨 몇 도 정도인가?
① 750도 ② 925도
③ 1075도 ④ 1200도

해설 **문제 3 참조**

답 ④

**06** 가연성 물질의 연소불꽃은 온도에 따라 색상이 변한다. 불꽃온도가 1500℃이었을 때의 색상은?
① 백적색 ② 휘백색
③ 휘적색 ④ 황적색

해설 **문제 3 참조**

답 ②

**07** 화재와 관련성을 갖고 있는 각종 불에 관한 온도로 적합하지 아니한 것은?
① 전기용접 불꽃 : 3000~4000℃
② 목재화재 : 1500~1800℃
③ 아세틸렌의 불꽃 : 3300℃
④ 촛불 : 1400℃

해설 연소물질의 온도

| 상 태 | 온도(℃) |
|---|---|
| **목**재화재 | 1200~1300 |
| 연강 용해, 촛불 | 1400 |
| 전기용접 불꽃 | 3000~4000 |
| 아세틸렌 불꽃 | 3300 |

② 목재화재 : 1200~1300℃

기억법 **목 123**

답 ②

★★★
**08** 연소의 3요소가 아닌 것은?
① 가연물 ② 소화약제
③ 산소공급원 ④ 점화원

**해설** **연소**의 **3요소**와 **4요소**

| 연소의 3요소 | 연소의 4요소 |
|---|---|
| ① 가연물<br>② 산소공급원<br>③ 점화원 | ① **가**연물<br>② **산**소공급원<br>③ **점**화원<br>④ **순**조로운 **연**쇄반응 |

**기억법** **가산점연**

※ **연소** : 가연물이 공기중에 있는 산소와 반응하여 **열**과 **빛**을 동반하며 급격히 산화반응하는 현상

**답** ②

## 09 불꽃연소의 기본 4요소라 할 수 없는 것은?

① 가연물질　② 인화점
③ 산소　④ 연쇄반응

**해설** **연소**의 **4요소**(4면체적 요소)
(1) 가연물(연료)
(2) 산소공급원(산소, 산화제, 공기, 바람)
(3) 점화원(온도)
(4) 순조로운 연쇄반응

불꽃연소 = 발염연소

**용어**

**불꽃연소**
연료의 표면에서 불꽃을 발생하여 연소하는 형태

**답** ②

## 10 그림에 표현된 불꽃연소의 기본 요소 중 ( )에 해당되는 것은?

① 열분해 증발고체
② 기체
③ 순조로운 연쇄반응
④ 풍속

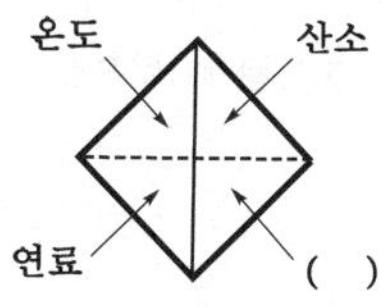


**해설** **문제 9 참조**

**답** ③

## 11 연소에서 연쇄반응은 어느 것에 해당하는가?

① 연소의 3요소
② 연소의 4면체적 요소
③ 연소의 시기 및 최소 착화에너지
④ 연소의 최성기

**해설** **문제 9 참조**

**답** ②

## 12 연쇄반응과 관계가 없는 것은?

① 불꽃연소　② 작열연소
③ 분해연소　④ 증발연소

**해설** **연쇄반응**과 관계있는 것은 **불꽃연소**이다.

**중요**

**불꽃연소와 작열연소**

| 불꽃연소 | 작열연소 |
|---|---|
| ① 증발연소<br>② 분해연소<br>③ 확산연소<br>④ 예혼합연소(예혼합기연소) | ① **표**면연소 |

**기억법** **연불, 작표**

**답** ②

## 13 불꽃연소와 관계가 없는 것은?

① 가연성 성분이 기체상태에서 연소하고 있다.
② 연쇄반응이 일어난다.
③ 다이아몬드를 연소시킨다.
④ 연소시 발열량이 매우 크다.

**해설** **불꽃연소**의 **특징**
(1) 가연성 성분의 기체상태 연소
(2) **연쇄반응**이 일어난다.
(3) 연소시 **발열량**이 매우 **크다**.

③ 작열연소

**답** ③

## 14 가연물에 대한 개념이 옳게 설명된 것은?

① 산화반응이지만 발열반응이 아닌 것은 가연물이 될 수 없다.
② 구성원소가 산소로 되어 있는 유기물은 가연물이 될 수 없다.
③ 활성화에너지가 클수록 가연물이 되기 쉽다.
④ 산소와의 친화력이 작을수록 가연물이 되기 쉽다.

**해설** **가연물**
(1) 산화반응이지만 발열반응이 아닌 것은 가연물이 될 수 없다.
(2) 구성원소가 산소로 되어 있는 유기물은 가연물이 될 수 있다.
(3) 활성화에너지가 작을수록 가연물이 되기 쉽다.
(4) 산소와의 친화력이 클수록 가연물이 되기 쉽다.

※ **활성화에너지** : 가연물이 처음 연소하는데 필요한 열

**답** ①

## 15 다음 설명 중 옳지 않은 것은?

① 바닥면적이 적고 밀폐된 장소에 설치할 수 있는 적절한 소화기로는 불활성기체소화약제가 있다.
② 자연발화란 외부로부터 열의 공급없이 온도가 상승하여 발화하는 현상이다.

③ 화재강도는 화재하중과 밀접한 관계가 있다.
④ 산소와 화학반응을 일으키는 것은 모두 가연물이 될 수가 있다.

해설 산소와 화학반응을 일으키는 것이 모두 가연물이 되지는 않는다. 산화반응을 일으키면서 발열반응을 하여야 가연물이 될 수 있다.

답 ④

★★
**16** **작열연소에 관련된 설명으로 옳지 않은 것은?**
① 솜뭉치가 서서히 타는 것은 작열연소에 속한다.
② 작열연소에는 연쇄반응이 존재하지 않는다.
③ 순수한 숯이 타는 것은 작열연소이다.
④ 작열연소는 불꽃연소에 비하여 발열량이 크지 않다.

해설 솜뭉치가 서서히 타는 것은 **불꽃연소**에 속한다.

중요

**작열연소**
① **연쇄반응**이 존재하지 않음
② 순수한 **숯**이 타는 것
③ 불꽃연소에 비하여 **발열량**이 **크지 않다**.

답 ①

**17** **다음 기체 중에서 불연성가스에 해당되는 것은?**
① 프레온 ② 산소
③ 일산화탄소 ④ 암모니아

해설 **불연성가스**
(1) 수증기($H_2O$)
(2) 질소($N_2$)
(3) 아르곤(Ar)
(4) 이산화탄소($CO_2$)
(5) 프레온

답 ①

**18** **복사열이 통과할 때 복사열이 흡수되지 않고 아무런 손실없이 통과되는 것은?**
① 질소 ② 탄산가스
③ 아황산가스 ④ 수증기

해설 **불연성 물질**

| 특징 | 불연성 물질 |
|---|---|
| 주기율표의 0족 원소 | • **헬**륨(He)<br>• **네**온(Ne)<br>• **아**르곤(Ar)<br>• **크**립톤(Kr)<br>• **크**세논(Xe)<br>• **라**돈(Rn) |
| 산소와 더 이상 반응하지 않는 물질 | • 물($H_2O$)<br>• **이**산화탄소($CO_2$)<br>• **산**화알루미늄($Al_2O_3$)<br>• **오**산화인($P_2O_5$) |
| **흡**열반응 물질 | • **질**소($N_2$) |

① **질소($N_2$)** : 복사열을 흡수하지 않으며, **흡열반응**을 한다.

기억법 **불헬네아크라**
**불이산오, 불흡질**

답 ①

★
**19** **정전기의 발생이 가장 적은 것은?**
① 자동차가 장시간 주행하는 경우
② 위험물 옥외탱크에 석유류를 주입하는 경우
③ 접지를 하는 경우
④ 부도체를 마찰시키는 경우

해설 **정전기의 방지대책**
(1) **접지**를 한다.
(2) 공기를 **이온화**한다.
(3) 공기중의 상대습도를 **70%** 이상으로 한다.
(4) **도체물질**을 사용한다.

기억법 **정접이 7도**

답 ③

★★
**20** **정전기의 발생과 관련이 없는 사항은?**
① 자동차의 장시간 주행
② 위험물 옥외탱크에 석유류 주입
③ 공기 중 습도가 높은 경우
④ 전기부도체의 마찰

해설 **문제 19 참조**

③ 공기 중 습도가 높으면 정전기가 발생되지 않는다.

답 ③

★★★
**21** **분해연소를 하는 물질은?**
① 가솔린 ② 알코올
③ 종이 ④ 도시가스

해설

| 연소형태 | 종류 |
|---|---|
| **표**면연소 | • **숯** · **코**크스<br>• **목탄** · **금**속분 |
| **분**해연소 | • **석**탄 · **종**이<br>• **플**라스틱 · **목**재<br>• **고**무 · **중**유 · **아**스팔트 |
| 증발연소 | • 황(유황) · 왁스<br>• 파라핀 · 나프탈렌<br>• 가솔린 · 등유<br>• 경유 · 알코올 · 아세톤 |

| 자기연소 | • 니트로글리세린 · 니트로셀룰로오스(질화면)<br>• TNT · 니트로화합물(피크린산) · 질산에스테르류(셀룰로이드) |
|---|---|
| 액적연소 | • 벙커 C유 |
| 확산연소 | • 메탄($CH_4$) · 암모니아($NH_3$)<br>• 아세틸렌($C_2H_2$) · 일산화탄소(CO) · 수소($H_2$) |

기억법 표숯 코목탄금
분석종플 목고무중아팔
자니T피질셀
액벙
확메암 아틸일수

답 ③

★★★
**22** 유황의 연소형태는?

① 확산연소 ② 증발연소
③ 분해연소 ④ 자기연소

해설 **문제 21 참조**

유황 = 황

답 ②

**23** 수소 등의 가연성 가스가 공기 중에서 산소와 혼합하면서 발염연소하는 연소형태를 무엇이라고 하는가?

① 분해연소 ② 확산연소
③ 자기연소 ④ 증발연소

해설 **문제 21 참조**

답 ②

★★
**24** 화염의 안정범위가 넓고 조작이 용이하며 역화의 위험이 없는 연소는?

① 분무연소
② 확산연소
③ 분해연소
④ 예혼합연소

해설 **연소의 종류**

| 연소종류 | 설 명 |
|---|---|
| **분무연소** | • 물질의 입자를 분산시켜 공기의 접촉면적을 넓게 하여 연소하는 현상 |
| **확산연소** | • 화염의 안정범위가 넓고 조작이 용이하며 역화의 위험이 없는 연소 |
| **분해연소** | • 연소시 열분해에 의하여 발생된 가스와 산소가 혼합하여 연소하는 현상 |
| **예혼합연소** | • 가연성 기체에 공기중의 산소를 미리 혼합한 상태에서 연소하는 현상 |

기억법 확역

답 ②

**25** 불꽃연소와 작열연소에 관한 설명으로서 옳은 것은?

① 불꽃연소는 작열연소에 비해 대개 발열량이 크다.
② 작열연소에는 연쇄반응이 동반된다.
③ 분해연소는 작열연소의 한 형태이다.
④ 작열연소는 불완전연소시에, 불꽃연소는 완전연소시에 나타난다.

해설 (1) 불꽃연소에는 연쇄반응이 동반된다.
(2) **불**꽃연소는 작열연소에 비해 대개 **발**열량이 **크**다.

기억법 불발큼

답 ①

**26** 기체의 임계온도에 관한 설명으로 옳지 못한 것은?

① 임계온도 이상에서는 아무리 큰 압력을 가해도 기체는 액화하지 않는다.
② 임계온도는 압력조건에 따라 그 값이 달라진다.
③ 임계온도는 분자간의 인력 및 반발력과 상관관계가 있다.
④ 용접용 산소 봄베 속의 산소가 액화산소가 아닌 것은 임계온도와 관계가 있다.

해설 **임계온도**는 압력조건에 관계없이 그 값이 **일정**하다.

| 임계온도 | 임계압력 |
|---|---|
| 아무리 큰 압력을 가해도 액화하지 않는 최저온도 | 임계온도에서 액화하는데 필요한 압력 |

답 ②

★
**27** 가연성액체의 위험도는 보통 무엇을 기준으로 하여 결정하는가?

① 착화점 ② 인화점
③ 연소범위 ④ 비등점

해설 **인화점**(Flash point)
(1) 휘발성 물질에 **불꽃**을 접하여 연소가 가능한 최저온도
(2) 가연성 증기발생시 연소범위의 **하한계**에 이르는 **최저온도**
(3) 가연성 증기를 발생하는 액체가 공기와 혼합하여 기상부에 다른 불꽃이 닿았을 때 연소가 일어나는 **최저온도**
(4) **위험성 기준**의 척도
(5) 가연성 액체의 발화와 깊은 관계가 있다.
(6) 연료의 조성, 점도, 비중에 따라 달라진다.

기억법 인불하저위

답 ②

## 28 어떤 인화성 액체가 공기 중에서 열을 받아 점화원의 존재하에 지속적인 연소를 일으킬 수 있는 온도를 무엇이라고 하는가?

① 발화점(ignition point)
② 인화점(flash point)
③ 연소점(fire point)
④ 산화점(oxidation point)

해설 **연소점**(fire point)
(1) 인화점보다 **10℃** 높으며 연소를 **5초** 이상 지속할 수 있는 온도
(2) 어떤 인화성액체가 공기 중에서 열을 받아 점화원의 존재하에 **지**속적인 연소를 일으킬 수 있는 온도
(3) 가연성 액체에 점화원이 가져가서 인화된 후에 점화원을 제거하여도 가연물이 **계속** 연소되는 **최저온도**

기억법 **연105초지계**

※ **발화점**(Ignition point) : 가연성 물질에 불꽃을 접하지 아니하였을 때 연소가 가능한 최저온도

답 ③

## 29 다음 설명 중 가장 적합한 것은?

① 연소는 응고상태 또는 기체상태의 연료가 관계된 자발적인 발열반응 과정이다.
② 폭발은 연소과정이 개방상태에서 진행됨으로써 압력이 상승하는 현상이다.
③ 발화점은 물질이 공기 중에서 산소를 공급받아 산화를 일으키는 현상이다.
④ 연소점은 가연성 액체가 개방된 용기에서 증기를 계속 발생하며 연소가 지속될 수 있는 최고온도를 말한다.

해설

| 구분 | 설명 |
|---|---|
| **연소** | 응고상태 또는 기체상태의 연료가 관계된 자발적인 발열반응 과정 |
| **폭발** | 연소과정이 밀폐상태에서 진행됨으로써 압력이 상승하는 현상 |
| **발화점** | 가연성물질에 불꽃을 접하지 아니하였을 때 연소가 가능한 최저온도 |
| **연소점** | 가연성액체가 개방된 용기에서 증기를 계속 발생하며 연소가 지속될 수 있는 최저온도 |

답 ①

## 30 다음의 고체 물질 중 발화온도가 가장 높은 것은 어느 것인가?

① 목탄(흑탄) ② 목탄(백탄)
③ 적린 ④ 인견

해설 **인**견 : 고체물질 중 **발**화온도가 **높**다.

※ **인견** : 화학적으로 합성하여 만든 비단으로 인조견이라고도 부른다.

기억법 **인발높**

답 ④

## 31 1g의 물체를 1℃만큼 온도 상승시키는데 필요한 열량을 나타내는 것은?

① 잠열 ② 복사열
③ 비열 ④ 열용량

해설 **비열**(Specific Heat)

| 단위 | 정의 |
|---|---|
| 1cal | 1g의 물을 1℃만큼 온도를 상승시키는 데 필요한 열량 |
| 1BTU | 1lb의 물을 1℉만큼 온도를 상승시키는 데 필요한 열량 |
| 1chu | 1lb의 물을 1℃만큼 온도를 상승시키는 데 필요한 열량 |

답 ③

## 32 온도단위에 대한 설명으로 틀린 것은?

① 섭씨는 1기압에서 물의 빙점을 0℃, 비점을 100℃로 한 것이다.
② 화씨는 대기압에서 물의 빙점을 32°F, 비점을 212°F로 한 것이다.
③ Kelvin온도는 1기압에서 물의 빙점을 0K, 비점을 273.1K로 한 것이다.
④ Rankin온도는 온도차를 말할 때는 화씨와 같으나 0°F가 459.71°R로 된다.

해설 온도

| 온도단위 | 설명 |
|---|---|
| 섭씨[℃] | 1기압에서 물의 빙점을 0℃, 비점을 100℃로 한 것 |
| 화씨[℉] | 대기압에서 물의 빙점을 32℉, 비점을 212℉로 한 것 |
| 캘빈(kelvin) 온도[K] | 1기압에서 물의 빙점을 **273.18K**, 비점을 **373.18K**로 한 것 |
| 랭킨(Rankin) 온도[°R] | 온도차를 말할 때는 화씨와 같으나 0℉가 459.71°R로 한 것 |

답 ③

## 33 위험물질의 위험성을 나타내는 성질에 대한 설명으로 틀리는 것은?

① 비등점이 낮아지면 인화의 위험성이 높다.
② 융점이 낮아질수록 위험성은 높다.

③ 점성이 낮아질수록 위험성은 높다.

④ 비중의 값이 클수록 위험성은 높다.

해설 **위험물질**의 **위험성**

(1) 비등점(비점)이 낮아질수록 위험하다.
(2) 융점이 낮아질수록 위험하다.
(3) 점성이 낮아질수록 위험하다.
(4) **비**중이 **낮**아질수록 **위**험하다.

용어

| 용어 | 설명 |
|---|---|
| 비등점 | • 액체가 끓어오르는 온도. '**비점**'이라고도 한다. |
| 융점 | • 녹는 온도. '**융해점**'이라고도 한다. |
| 점성 | • 끈끈한 성질 |
| 비중 | • 어떤 물질과 표준 물질과의 질량비 |

기억법 **비낮위**

답 ④

**34** **액체의 성질에 대한 설명 중 틀린 것은?**

① 액체의 증기압은 온도에 따라 변화한다.

② 비점이 낮은 액체일수록 증기압도 낮다.

③ 증기압이 클수록 증발속도는 빠르다.

④ 비점은 증기압이 대기압과 같아지는 온도이다.

해설 **비점**이 **낮**은 액체일수록 **증기압**이 **높**다. 증기압이 높은 경우 적은 열을 가해도 쉽게 증기가 발생한다.

※ **증기압** : 어떤 물질이 일정한 온도에서 열평형 상태가 되는 증기의 압력

기억법 **비낮증높**

중요

**증기압(Vapor Pressure)**

(1) 기압계에 수은을 이용하는 것이 적합한 이유는 증기압이 **낮기** 때문
(2) 쉽게 증발하는 휘발성 액체는 증기압이 **높다.**
(3) **증기압**은 밀폐된 용기 내의 액체 표면을 탈출하는 증기의 양이 액체 속으로 재침투하는 증기의 양과 같은 때의 압력
(4) 유동하는 액체 내부에서 압력이 증기압보다 낮아지면 액체가 기화하는 **공동현상**(cavitation)발생
(5) 증기분자의 **질량**이 **작을수록** 큰 증기압이 나타난다.
(6) 분자의 **운동**이 **커지면** 증기압이 증가한다.
(7) 액체의 **온도**가 **상승**하면 증기압이 증가한다.
(8) 증발과 응축이 평형상태일 때의 압력을 **포화증기압**이라 한다.

**※ 증기압의 단위**

(1) atm
(2) mmHg
(3) $kg_f/cm^2$
(4) $mH_2O(mAq)$
(5) $PSI(lb_f/in^2)$
(6) kPa
(7) $N/cm^2$
(8) mbar

답 ②

**35** **증기비중(vapor specific gravity)을 올바르게 나타낸 것은?**

① 분자량/27　② 분자량/28

③ 분자량/29　④ 분자량/30

$$\text{증기비중} = \frac{\text{분자량}}{29}$$

여기서, 29 : 공기의 평균분자량

기억법 **증29**

비교

**증기 - 공기밀도**

$$\text{증기-공기밀도} = \frac{P_2 d}{P_1} + \frac{P_1 - P_2}{P_1}$$

여기서, $P_1$ : 대기압
$P_2$ : 주변온도에서의 증기압
$d$ : 증기밀도

답 ③

**36** **기체비중이 가장 무거운 가스는?**

① $CO_2$　② HALON 1301

③ HALON 2402　④ HALON 1211

해설 **기체비중**이 **무거운 순서**

HALON 2402 > HALON 1211 > HALON 1301 > $CO_2$

답 ③

**37** **증기-공기밀도는 어떤 온도에서 액체와 평형상태에 있는 공기와 증기 혼합물의 증기밀도를 말하며 이는 $\frac{P'd}{P} + \frac{P-P'}{P}$ 로 계산될 수 있다. 여기서, $P$는 다음 중 어느 것인가?**

① 대기압

② 주변온도에서의 증기압

③ 증기밀도

④ 온도

$$\text{증기-공기밀도} = \frac{P'd}{P} + \frac{P-P'}{P}$$

여기서, $P'$ : 주변온도에서의 증기압
$P$ : 대기압, $d$ : 증기밀도

답 ①

**38** 22℃에서 증기압이 60mmHg이고, 증기밀도가 2.0인 인화성액체의 22℃에서의 증기-공기밀도는 약 얼마인가? (단, 대기압은 760mmHg로 한다.)

① 0.54 ② 1.08
③ 1.84 ④ 2.17

$$증기-공기밀도 = \frac{P_2 d}{P_1} + \frac{P_1 - P_2}{P_1}$$

여기서, $P_2$ : 주변온도에서의 증기압
$P_1$ : 대기압, $d$ : 증기밀도

$$증기-공기밀도 = \frac{P_2 d}{P_1} + \frac{P_1 - P_2}{P_1} = \frac{60 \times 2}{760} + \frac{760 - 60}{760} = 1.08$$

답 ②

★★★
**39** 25℃에서 증기압이 76mmHg이고, 증기밀도가 2인 인화성 액체가 있다. 25℃에서의 증기-공기밀도는 얼마인가? (단, 대기압은 760mmHg이다.)

① 0.9 ② 1.0
③ 1.1 ④ 1.2

해설 **문제 38 참조**

$$증기-공기밀도 = \frac{P_2 d}{P_1} + \frac{P_1 - P_2}{P_1} = \frac{76 \times 2}{760} + \frac{760 - 76}{760} = 1.1$$

답 ③

**40** 가스압력이 높은 상태에서 가스가 나오거나, 버너가 오래 되어 환구가 막혀 환구의 유효면적이 적어지므로, 버너 내압이 높아져서 분출속도가 빠른 현상을 가져오게 된다. 이것을 무엇이라 하는가?

① 라이팅 백(lighting back)
② 리프트(lift)
③ 열로 팀
④ 점화불량

해설 **연소상의 문제점**

(1) **백-파이어**(Back-fire) : 역화
가스가 노즐에서 나가는 속도가 연소속도보다 느리게 되어 버너 내부에서 연소하게 되는 현상

혼합가스의 유출속도<연소속도

(2) **리프트**(lift)
버너내압이 높아져서 분출속도가 빨라지는 현상

혼합가스의 유출속도>연소속도

(3) **블로-오프**(Blow-off)
리프트 상태에서 불이 꺼지는 현상

답 ②

**41** 다음 기체 중 인체의 폐에 가장 큰 자극을 주는 것은?

① $CO_2$ ② $H_2$
③ CO ④ $N_2$

해설 **연소가스**

| 연소가스 | 설 명 |
|---|---|
| **일**산화탄소 (CO) | ① 화재시 흡입된 일산화탄소(CO)의 화학적 작용에 의해 **헤모글로빈**(Hb)이 혈액의 산소운반작용을 저해하여 사람을 질식·사망하게 한다.<br>② 목재류의 화재시 인명피해를 가장 많이 주며, 연기로 인한 의식불명 또는 질식을 가져온다.<br>③ 인체의 **폐**에 큰 자극을 줌<br>④ **산**소와의 **결**합력이 극히 강하여 질식 작용에 의한 독성을 나타냄 |
| **이**산화탄소 ($CO_2$) | 연소가스 중 **가장 많은 양**을 차지하고 있으며 가스 그 자체의 독성은 거의 없으나 다량이 존재할 경우 호흡속도를 증가시키고, 이로 인하여 화재가스에 혼합된 유해가스의 혼입을 증가시켜 위험을 가중시키는 가스이다. |
| **암**모니아 ($NH_3$) | ① 나무, **페**놀수지, **멜**라민수지 등의 **질소함유물**이 연소할 때 발생하며, 냉동시설의 **냉**매로 쓰인다.<br>② **눈·코·폐** 등에 매우 **자극성**이 큰 가연성 가스이다. |
| **포**스겐 ($COCl_2$) | 매우 독성이 강한 가스로서 **소**화제인 **사염화탄소**($CCl_4$)를 화재시에 사용할 때도 발생한다. |
| **황**화수소 ($H_2S$) | ① **달걀 썩는 냄새**가 나는 특성이 있다.<br>② **유**황분이 포함되어 있는 물질의 불완전 연소에 의하여 발생하는 가스<br>③ **자**극성이 있다. |
| **아**크롤레인 ($CH_2=CHCHO$) | 독성이 매우 높은 가스로서 **석유제품, 유지** 등이 연소할 때 생성되는 가스이다. |

기억법 **일헤폐산결**
**이많**
**암페멜냉자**
**포소사**
**황달유자**
**아석유**

답 ③

**42** 화재시 발생하는 연소가스에 포함되어 인체에서 혈액의 산소운반을 저해하고 두통, 근육조절의 장애를 일으키는 것은?

① $CO_2$ ② CO
③ HCN ④ $H_2S$

해설 문제 41 참조 답 ②

**43** 목재류의 연소가 주종이 되는 화재시 발생되는 유독성가스 중 인명피해를 가장 많이 주는 것은?

① 이산화탄소($CO_2$)
② 일산화탄소(CO)
③ 시안화수소(HCN)
④ 포스겐($COCl_2$)

해설 문제 41 참조 답 ②

**44** 건물 내부에 화재가 발생하여 연기로 인한 의식불명 또는 질식을 가져오는 유해성분은 어느 것인가?

① CO ② $CO_2$
③ $H_2$ ④ $H_2O$

해설 문제 41 참조 답 ①

★
**45** 일산화탄소(CO)를 1시간 정도 호흡시 생명에 위험을 주는 위험농도는?

① 0.1% ② 0.2%
③ 0.3% ④ 0.4%

해설 **일산화탄소**의 **영향**

| 농 도 | 영 향 |
|---|---|
| **0.2**% | 1시간 **호**흡시 **생**명에 위험을 준다. |
| 0.4% | 1시간내에 사망한다. |
| 1% | 2~3분내에 실신한다. |

기억법 **일02호생**

답 ②

**46** 화재가 발생하였을 때 가스가 발생하는 상태에 관한 다음 설명 중 적합하지 아니한 것은?

① 가연물이 연소하게 되면 공기 중의 산소는 감소되고 탄산가스나 일산화탄소가 발생한다.
② 산소의 양이 15% 이하가 되면 화재는 소멸되지만 산소가 있는 한 불은 잘 꺼지지 않는다.
③ 보통 화재현상에서는 일산화탄소가 3.0~5.0%, 탄산가스는 5.0~15.0% 전후가 된다.
④ 1.5%의 일산화탄소를 7분간 계속하여 마시게 되면 보통사람은 사망(치사량)하게 된다.

해설 문제 44 참조 답 ④

★★
**47** 화재시 탄산가스의 농도로 인한 중독작용의 설명으로 적합하지 않은 것은?

① 농도가 1%인 경우 : 공중위생상의 상한선이다.
② 농도가 3%인 경우 : 호흡수가 증가되기 시작한다.
③ 농도가 4%인 경우 : 두부에 압박감이 느껴진다.
④ 농도가 6%인 경우 : 의식불명 또는 생명을 잃게 된다.

해설 **이산화탄소**의 **영향**

| 농 도 | 영 향 |
|---|---|
| 1% | 공중위생상의 상한선이다. |
| 2% | 수 시간의 흡입으로는 증상이 없다. |
| 3% | 호흡수가 증가되기 시작한다. |
| 4% | 두부에 압박감이 느껴진다. |
| **6**% | **호**흡수가 **현**저하게 증가한다. |
| 8% | 호흡이 곤란해진다. |
| 10% | 2~3분 동안에 의식을 상실한다. |
| 20% | 사망한다. |

이산화탄소＝탄산가스

기억법 **이6호현**

답 ④

**48** 일반 고체 가연성 물질이 연소시 발생하는 가스 중 가장 거리가 먼 것은 어느 것인가?

① $NH_3$ ② HCN
③ HCl ④ $H_2SO_3$

해설 **고체가연물** 연소시 **생성물질**
(1) CO (2) $CO_2$
(3) $SO_2$ (4) $NH_3$
(5) HCN (6) HCl

답 ④

**49** 연소생성물 중 시안화수소를 발생하는 물질은?

① Poly ethylene ② Poly urethane
③ PVC ④ Poly styrene

해설 연소시 **시안화수소**(HCN) 발생물질
(1) 요소
(2) 멜라민

(3) 아닐린
(4) poly urethane(**폴**리**우**레탄)

**기억법** 시폴우

답 ②

**50** 가연물질이 열분해되어 생성된 가스 중 독성이 가장 큰 것은?

① 일산화탄소 ② 염화수소
③ 이산화탄소 ④ 포스겐가스

**해설** **문제 41 참조**
**포스겐**($COCl_2$) : 매우 독성이 강한 가스로서 **소**화제인 **사염화탄소**($CCl_4$)를 화재시 사용할 때도 발생한다.

**기억법** 포소사

답 ④

**51** 가연성가스이면서도 독성가스인 것으로만 된 것은?

① 메탄, 에틸렌 ② 불소, 벤젠
③ 이황화탄소, 염소 ④ 황화수소, 암모니아

**해설** **가연성가스+독성가스**
(1) **황**화수소($H_2S$)
(2) **암**모니아($NH_3$)

**기억법** 가독황암

답 ④

**52** 약 700℃에서 폴리염화비닐(PVC)의 연소시에 생성되는 가스 중 그 영향이 가장 적은 것은?

① HCl ② $CO_2$
③ CO ④ $NH_3$

**해설** **PVC 연소시 생성가스**
(1) HCl(염화수소) : 부식성 가스
(2) $CO_2$(이산화탄소)
(3) CO(일산화탄소)

**기억법** PHCC

답 ④

**53** 다음 위험물 중 연소시 아황산가스를 발생시키는 것은?

① 적린 ② 황
③ 황화린 ④ 황린

**해설** $S + O_2 \rightarrow SO_2$
↑ ↑ ↑
황 산소 아황산가스

답 ②

**54** 화재시 발생하는 연소가스 중에서 유황분이 포함되어 있는 물질의 불완전연소에 의하여 발생하는 가스는?

① $H_2SO_4$ ② $H_2S$
③ $SO_2$ ④ $PbSO_4$

**해설** **문제 41 참조**
**유**황분이 포함되어 있는 물질이 불완전연소하면 $H_2S$(황화수소)가 발생한다.

※ **황화수소($H_2S$)** : **달**걀 썩는 냄새

**기억법** 황달유

답 ②

**55** 연소시 생성물로서 인체에 유해한 영향을 미치는 것으로 옳게 설명된 것은?

① 암모니아는 냉매로 쓰이고 있으므로, 누출시 동해의 위험은 있으나 자극성은 없다.
② 황화수소가스는 무자극성이나, 조금만 호흡해도 감지능력을 상실케 한다.
③ 일산화탄소는 산소와의 결합력이 극히 강하여 질식작용에 의한 독성을 나타낸다.
④ 아크롤레인은 독성은 약하나 화학제품의 연소시 다량 발생하므로 쉽게 치사농도에 이르게 한다.

**해설** **문제 41 참조**
**인체**에 **영향**을 미치는 **연소생성물**
(1) **암모니아**($NH_3$) : 자극성이 있다.
(2) **황화수소**($H_2S$) : 자극성이 있다.
(3) **일산화탄소**(CO) : **산**소와의 **결**합력이 극히 강하여 질식작용에 의한 독성을 나타낸다.
(4) **아크롤레인**($CH_2=CHCHO$) : 독성이 매우 높다.

※ **동해** : 추위로 얼어서 생기는 피해

**기억법** 일산결

답 ③

**56** 페놀수지, 멜라민수지 등이 연소될 때 발생되며 눈, 코, 인후 및 폐에 매우 자극성이 큰 유독성 가스는?

① $CO_2$ ② $SO_2$
③ HBr ④ $NH_3$

**해설** **문제 41 참조**

답 ④

★★★
**57** 보일 오버(Boil Over)현상에 대한 설명으로 옳은 것은?

① 고열의 열유층을 유면 밑쪽으로 향하여 시간당 40~120cm 정도로 전도하는 열유층을 형성하는 현상

② 물이 연소유의 표면에 들어갈 때 수분의 급격한 증발로 인하여 기름이 탱크밖으로 방출하는 현상
③ 탱크저부의 물이 급격히 증발하여 탱크밖으로 화재를 동반하며 방출하는 현상
④ 물이 점성의 뜨거운 표면 아래서 끓을 때 화재를 수반하지 않는 오버플로잉현상

해설
② 슬롭오버(Slop over)
③ 보일오버(Boil over)
④ 프로스오버(Froth over)

중요

**유류탱크, 가스탱크에서 발생하는 현상**

| 여러 가지 현상 | 정 의 |
|---|---|
| **블**래비 (BLEVE) | 과열상태의 탱크에서 내부의 **액화가스**가 분출하여 기화되어 폭발하는 현상 |
| **보일오버** (Boil over) | ① **중**질유의 석유탱크에서 장시간 조용히 연소하다 탱크 내의 잔존기름이 갑자기 분출하는 현상<br>② 유류탱크에서 탱크 바닥에 물과 기름의 **에멀전**이 섞여 있을 때 이로 인하여 화재가 발생하는 현상<br>③ 연소 유면으로부터 100℃ 이상의 열파가 탱크 저부에 고여 있는 물을 비등하게 하면서 연소유를 탱크 밖으로 비산시키며 연소하는 현상<br>④ 유류탱크의 화재시 탱크 저부의 물이 뜨거운 열류층에 의하여 수증기로 변하면서 급작스런 부피팽창을 일으켜 유류가 탱크 외부로 분출하는 현상<br>⑤ **탱크저부**의 물이 급격히 증발하여 탱크밖으로 화재를 동반하며 방출하는 현상 |
| **오일오버** (Oil over) | 저장탱크에 저장된 유류저장량이 내용적의 **50%** 이하로 충전되어 있을 때 화재로 인하여 탱크가 폭발하는 현상 |
| **프로스오버** (Froth over) | **물**이 점성의 뜨거운 **기름표면 아래서 끓을 때** 화재를 수반하지 않고 용기가 넘치는 현상 |
| **슬롭오버** (Slop over) | ① **물**이 연소유의 **뜨거운 표면**에 **들어갈 때** 기름표면에서 화재가 발생하는 현상<br>② 유화제로 **소**화하기 위한 물이 수분의 급격한 증발에 의하여 액면이 거품을 일으키면서 열유층 밑의 냉유가 급히 열팽창하여 기름의 일부가 불이 붙은 채 탱크벽을 넘어서 일출하는 현상 |

기억법 **블액**
**보중에탱저오5, 프기아, 슬물소**

답 ③

**58** **유류저장탱크의 화재 중 열류층을 형성하는 화재의 진행과 더불어 열류층이 점차 탱크 바닥으로 도달해 탱크 저부에 물 또는 물-기름 에멀전이 수증기로 변해 부피팽창에 의해 유류의 갑작스런 탱크 외부로의 분출을 발생시키면서 화재를 확대시키는 현상은?**

① 보일오버(Boil over)
② 슬롭오버(Slop over)
③ 프로스오버(Froth over)
④ 플래시오버(Flash over)

해설 **문제 57 참조**

※ **에멀전** : 물의 미립자가 기름과 섞여서 기름의 증발능력을 떨어뜨려 연소를 억제하는 것

답 ①

**59** **액화가연가스의 용기가 과열로 파손되어 가스가 분출된 후 불이 붙었다. 이러한 현상을 무엇이라고 하는가?**

① 블리브현상 ② 보일오버현상
③ 슬롭오버현상 ④ 파이어볼현상

해설 **문제 57 참조**
① **블리브(BLEVE)현상** : **액화가연가스**의 용기가 과열로 파손되어 가스가 분출된 후 불이 붙는 현상
② **보일오버(Boil over)현상** : 연소유면으로부터 100℃ 이상의 열파가 탱크 저부에 고여있는 물을 비등하게 하면서 연소유를 탱크밖으로 비산시키며 연소하는 현상
③ **슬롭오버(Slop over)현상** : 연소유면의 온도가 100℃를 넘었을 때 연소유면에 주수되는 물이 비등하면서 연소유를 비산시켜 탱크 밖까지 확대시키는 현상
④ **파이어볼(Fire ball)현상** : 대량으로 증발한 가연성액체가 갑자기 연소할 때에 만들어지는 공모양의 불꽃이 생기는 현상

답 ①

**60** **다음은 중질유 저장탱크 화재시 나타나는 보일오버현상을 설명한 것으로 가장 적당한 것은?**

① 연소유면의 온도가 100℃를 넘을 때 연소유면에 주수되는 물이 비등하면서 연소유를 비산시켜 탱크 밖까지 확대시키는 현상
② 탱크내에 저장된 유류가 열축적으로 인한 비등현상을 일으켜 탱크 밖까지 연소를 확대시키는 현상
③ 연소유면으로부터 100℃ 이상의 열파가 탱크 저부에 고여 있는 물을 비등하게 하면서 연소유를 탱크 밖으로 비산시키며 연소하는 현상

④ 탱크 밖으로 유출된 고온의 중질유가 수분과 접촉되어 수분을 비등하게 하고 이 수분의 폭발적인 팽창력에 의해 연소유 자신이 비등하는 것처럼 보이는 현상

해설 **문제 57 참조**

답 ③

**61** **유화제로 소화하기 위한 물이 수분의 급격한 증발에 의하여 액면이 거품을 일으키면서 열유층 밑의 냉유가 급히 열팽창하여 기름의 일부가 불이 붙은 채 탱크벽을 넘어서 일출하는 것을 무엇이라 하는가?**

① 슬롭오버현상(Slop over)
② 보일오버현상(Boil over)
③ 폭발현상
④ 폭기현상

해설 **문제 57 참조**
**슬롭오버**(Slop over)
(1) **물**이 연소유의 뜨거운 표면에 들어갈 때 기름표면에서 화재가 발생하는 현상
(2) 유화재로 **소**화하기 위한 물이 수분의 급격한 증발에 의하여 액면이 거품을 일으키면서 열유층 밑의 냉유가 급히 열팽창하여 기름의 일부가 불이 붙은 채 탱크벽을 넘어서 일출하는 현상

기억법 **슬물소**

답 ①

**62** **유류를 저장한 상부개방 탱크의 화재에서 일어날 수 있는 특수한 현상들에 속하지 않는 것은?**

① 플래시오버(Flash over)
② 보일오버(Boil over)
③ 슬롭오버(Slop over)
④ 프로스오버(Froth over)

해설 **유류탱크**에서 **발생**하는 **현상**
(1) 보일오버(Boil over)
(2) 오일오버(Oil over)
(3) 프로스오버(Froth over)
(4) 슬롭오버(Slop over)

※ **플래시오버**(Flash over) : 화재로 인하여 실내의 온도가 급격히 상승하여 화재가 순간적으로 실내전체에 확산되어 연소되는 현상

답 ①

**63** **유류탱크화재시의 슬롭오버현상이 아닌 것은?**

① 연소유면의 온도가 100℃ 이상일 때 발생
② 폭발로 인한 유류탱크파괴 후 유출된 연소유에서 발생
③ 연소유면의 폭발적 연소로 탱크 외부까지 화재가 확산
④ 소화시 외부에서 뿌려지는 물에 의하여 발생

해설 **슬롭오버**(Slop over)**현상**
(1) 연소유면의 온도가 100℃ 이상일 때 발생
(2) 연소유면의 폭발적 연소로 탱크 외부까지 화재가 확산
(3) 소화시 외부에서 뿌려지는 물에 의하여 발생

답 ②

★★★
**64** **열전달을 설명하는 것이 아닌 것은?**

① 전도 ② 복사
③ 대류 ④ 연쇄반응

해설 **열전달**의 **종류**
(1) **전**도(Conduction)
(2) **대**류(Convection)
(3) **복**사(Radiation) : 열에너지가 전자파의 형태로 옮겨지는 현상으로, 가장 크게 작용한다.

기억법 **열전대복**

답 ④

**65** **열전도와 관계가 먼 것은?**

① 열전도율 ② 밀도
③ 비열 ④ 잠열

해설 **열전도**와 관계있는 것
(1) **열**전도율〔kcal/m · h · ℃〕〔W/m · deg〕
(2) **비**열〔cal/g · ℃〕
(3) **밀**도〔$kg/m^3$〕
(4) **온**도〔℃〕

기억법 **열전비밀온**

답 ④

**66** **열에너지가 물질을 매개로 하지 않고 전자파의 형태로 옮겨지는 현상은?**

① 복사 ② 대류
③ 전열 ④ 전도

해설 **문제 64 참조**

답 ①

**67** **열의 전달에 관한 설명 중 옳지 않은 것은?**

① 열이 전달되는 것은 전도, 대류, 복사 중 한 가지이다.
② 어떤 물체를 통해서 전달되는 것은 전도이다.
③ 공기 등 기체의 흐름으로 인해서 전달되는 것은 대류이다.
④ 전자파의 형태로 에너지를 전달하는 것은 복사이다.

해설 열이 전달되는 것은 **전도, 대류, 복사**가 모두 관여된다.

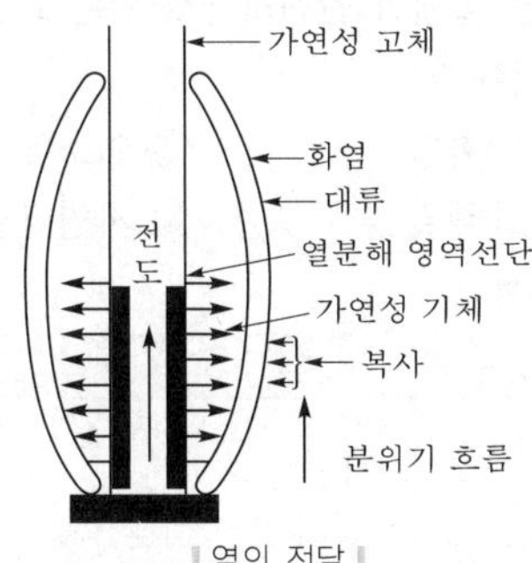

▌열의 전달▐

답 ①

## 68 열복사에 관한 스테판-볼츠만의 법칙을 올바르게 설명하고 있는 것은?

① 열복사량은 복사체의 절대온도에 정비례한다.
② 열복사량은 복사체의 절대온도의 제곱에 비례한다.
③ 열복사량은 복사체의 절대온도의 3승에 비례한다.
④ 열복사량은 복사체의 절대온도의 4승에 비례한다.

해설 **스테판-볼츠만**의 **법칙**

$$Q = aAF(T_1^4 - T_2^4)$$

여기서, $Q$ : 복사열[W]
$a$ : 스테판-볼츠만 상수[W/m$^2$ · K$^4$]
$A$ : 단면적[m$^2$]
$T_1$ : 고온[K]
$T_2$ : 저온[K]

※ **스테판-볼츠만의 법칙** : 복사체에서 발산되는 복사열은 복사체의 절대온도의 **4제곱**에 비례한다.

답 ④

## 69 표면온도가 300℃에서 안전하게 작동하도록 설계된 히터의 표면온도가 360℃로 상승하면 얼마나 더 많은 열을 방출할 수 있는가?

① 1.1배　　② 1.5배
③ 2배　　④ 2.5배

해설 **스테판-볼츠만**의 **법칙**

$$\frac{Q_2}{Q_1} = \frac{(273+t_2)^4}{(273+t_1)^4}$$

$$\frac{Q_2}{Q_1} = \frac{(273+360)^4}{(273+300)^4} \fallingdotseq 1.5\text{배}$$

답 ②

## 70 과열된 난로는 화재의 위험성이 크다. 표면온도가 250℃에서 650℃(적열상태)로 상승되면 복사열은 몇 배 정도로 상승하는가?

① 약 2.6배　　② 약 5배
③ 약 7배　　④ 약 10배

해설 **스테판-볼츠만**의 **법칙**

$$\frac{Q_2}{Q_1} = \frac{(273+t_2)^4}{(273+t_1)^4}$$

$$\frac{Q_2}{Q_1} = \frac{(273+650)^4}{(273+250)^4} \fallingdotseq 10\text{배}$$

답 ④

## 71 화약류에 포함되지 않는 것은?

① 무연화약　　② 도화선
③ 초안폭약　　④ 셀룰로이드류

해설 **화약류**
(1) **무**연화약
(2) **도**화선
(3) **초**안폭약

기억법 **화무도초**

답 ④

## 72 다음 중 열에너지원(Heat Energy Sources)이 아닌 것은?

① 화학열　　② 화염열
③ 전기열　　④ 기계열

해설 **열에너지원**의 **종류**

| 기계열 | 전기열 | 화학열 |
|---|---|---|
| • **압**축열<br>• **마**찰열<br>• **마**찰스파크 | • 유도열<br>• 유전열<br>• 저항열<br>• 아크열<br>• 정전기열<br>• 낙뢰에 의한 열 | • **연**소열<br>• **용**해열<br>• **분**해열<br>• **생**성열<br>• **자**연발화열 |

기억법 **기압마**
**화연용분생자**

답 ②

## 73 기계열에 해당되는 것은?

① 분해열　　② 압축열
③ 연소열　　④ 자연발화열

해설 **문제 72 참조**

답 ②

## 74 연소의 3요소 중 점화원(발화원)의 분류로서 기계적 착화원으로만 되어 있는 것은?

① 충격, 마찰, 기화열
② 고온표면, 열방사선

③ 단열압축, 충격, 마찰
④ 나화, 자연발열, 단열압축

해설 문제 72 참조

**기계적 착화원**
(1) 단열압축
(2) 충격
(3) 마찰

답 ③

**75** 열에너지원 중 전기에너지에는 여러 가지의 발생원인이 있다. 다음 중 전기에너지원의 발생원인에 속하지 아니하는 것은 어느 것인가?

① 저항가열 ② 마찰스파크
③ 유도가열 ④ 유전가열

해설 문제 72 참조

기계열 = 기계에너지원

답 ②

**76** 도체 주위에 변화하는 자장이 존재하거나 도체가 자장 사이를 통과하여 전위차가 발생하고 이 전위차에 전류의 흐름이 일어나 도체의 저항에 의하여 열이 발생하는 것은 다음 중 어떤 가열인가?

① 저항가열 ② 유전가열
③ 유도가열 ④ 누설전류가열

해설 **전기열**

| 종류 | 설명 |
|---|---|
| **유도**열 | 도체 주위에 **자장**이 존재할 때 전류가 흘러 발생하는 열 |
| **유전**열 | 전기**절**연불량에 의한 발열 |
| **저**항열 | 도체에 전류가 흘렀을 때 전기저항 때문에 발생하는 열(예 백열전구) |

기억법 **유도자**
**유전절, 저백**

답 ③

**77** 전기절연불량에 의한 발열은 무엇 때문인가?

① 저항열 ② 아크열
③ 유전열 ④ 유도열

해설 문제 76 참조 답 ③

**78** 백열전구에서 발열하는 것은 무엇 때문인가?

① 아크열 ② 정전기열
③ 저항열 ④ 유도열

해설 문제 76 참조 답 ③

★
**79** 어떤 물질이 완전히 산화되는 과정에서 발생하는 열은?

① 승화열 ② 연소열
③ 용해열 ④ 자연발열

해설 **화학열**

| 종류 | 설명 |
|---|---|
| **연소열** | 어떤 물질이 완전히 **산**화되는 과정에서 발생하는 열 |
| **용해열** | 어떤 물질이 액체에 용해될 때 발생하는 열(농**황**산, 묽은 황산) |
| **분해열** | 화합물이 분해할 때 발생하는 열 |
| **생성열** | 발열반응에 의한 화합물이 생성할 때의 열 |
| **자연발열** (자연발화) | 어떤 물질이 **외**부로부터 열의 공급을 받지 아니하고 온도가 상승하는 현상 |

기억법 **연산, 용황, 자외**

답 ②

**80** 농황산의 화재위험성은?

① 연소열 ② 분해열
③ 용해열 ④ 자연발열

해설 문제 79 참조 답 ③

★★
**81** 묽은 황산에 물을 부으면 발열하는 현상은?

① 자연발열 ② 분해열
③ 용해열 ④ 연소열

해설 문제 79 참조 답 ③

**82** 분해열(分解熱)에 대한 설명이다. 맞는 것은?

① 화합물이 분해될 때 발생하는 열을 말한다.
② 고체가 승화할 때 발생하는 열을 말한다.
③ 액체가 기화될 때 발생하는 열을 말한다.
④ 어떤 물질이 물에 용해될 때 흡수되는 열을 말한다.

해설 문제 79 참조 답 ①

**83** 다음 용어 설명 중 적합하지 않은 것은?

① 자연발열이란 어떤 물질이 외부로부터 열의 공급을 받지 아니하고 온도가 상승하는 현상이다.
② 분해열이란 화합물이 분해할 때 발생하는 열을 말한다.
③ 용해열이란 어떤 물질이 분해될 때 발생하는 열을 말한다.

④ 연소열은 어떤 물질이 완전히 산화되는 과정에서 발생하는 열을 말한다.

해설 **문제 79 참조**

③ **용해열** : 어떤 물질이 액체에 용해될 때 발생하는 열

답 ③

★★★
## 84 자연발화를 방지하는 방법으로 옳지 않은 것은?

① 물질의 퇴적시 통풍이 잘 되게 한다.
② 물질을 건조하게 유지한다.
③ 물질의 표면적을 넓게 한다.
④ 저장실의 온도를 낮춘다.

해설 **자연발화**의 **방지법**

(1) **습도**가 **높은 곳**을 **피할 것**(**건**조하게 유지할 것)
(2) 저장실의 온도를 낮출 것(주위 온도를 낮게 유지)
(3) 통풍이 잘 되게 할 것
(4) 퇴적 및 수납시 열이 쌓이지 않게 할 것(열의 축적 방지)
(5) 발열반응에 **정촉매**작용을 하는 물질을 **피할 것**

**자연발화 조건**
(1) 열전도율이 작을 것
(2) 발열량이 클 것
(3) 주위의 온도가 높을 것
(4) 표면적이 넓을 것

기억법 **자습건**

답 ③

## 85 자연발화가 일어나기 쉬운 것은?

① 장뇌유　② 송근유
③ 아마인유　④ 올리브유

해설 **건성유**

(1) 동유
(2) 아마인유
(3) 들기름

※ **건성유** : 자연발화가 일어나기 쉽다.

답 ③

## 86 다음 물질 중 자연발화성이 가장 큰 것은 어느 것인가?

① 황린　② 석회석
③ 셀룰로이드　④ 유지(油紙)

해설 **물질**의 **발화점**

| 물질의 종류 | 발화점 |
|---|---|
| • **황**린 | 30~50℃ |
| • **황화**린 · **이**황화탄소 | 100℃ |
| • **니**트로셀룰로오스 | 180℃ |

※ **황린** : 자연발화성이 가장 크다.

기억법 **황35, 황화이100, 니18**

답 ①

## 87 실내에서 화재가 발생하였을 경우, 처음 실내의 온도가 21℃에서 화재시 실내의 온도가 650℃가 되었다면 이로 인하여 팽창된 공기의 부피는 처음의 약 몇 배가 되는가? (단, 대기압은 공기가 유통하여 화재 전이나 후가 거의 같다고 가정한다.)

① 3　② 6
③ 9　④ 12

해설 **샤를**의 **법칙**

$$\frac{V_1}{T_1}=\frac{V_2}{T_2}$$

여기서, $V_1$, $V_2$ : 부피[$m^3$]
$T_1$, $T_2$ : 절대온도[K]

팽창된 공기의 부피 $V_2$는

$$V_2=\frac{V_1}{T_1}\times T_2=\frac{T_2}{T_1}\times V_1$$
$$=\frac{(273+650)}{(273+21)}\times V_1 \fallingdotseq 3V_1$$

답 ①

★★★
## 88 표준상태 11.2 $l$의 기체질량이 22g이었다면 이 기체의 분자량은 얼마인가?

① 22　② 35
③ 44　④ 56

해설 이상기체상태 방정식

$$PV=nRT$$

여기서, $P$ : 기압[atm]
$V$ : 부피[$m^3$]
$n$ : 몰수$\left(n=\dfrac{m(\text{질량[kg]})}{M(\text{분자량[kg/kmol]})}\right)$
$R$ : 기체상수 (0.082atm · $m^3$/kmol · K)
$T$ : 절대온도[K]

$PV=\dfrac{m}{M}RT$에서

$$M=\frac{mRT}{PV}$$
$$=\frac{22\text{g}\times 0.082\text{atm}\cdot \text{m}^3/\text{kmol}\cdot \text{K}\times 273\text{K}}{1\text{atm}\times 11.2l}$$
$$=\frac{22\text{g}\times 0.082\text{atm}\cdot l/\text{mol}\cdot \text{K}\times 273\text{K}}{1\text{atm}\times 11.2l}$$
$$\fallingdotseq 44$$

• 1kg = 1000g
• $1m^3$ = 1000$l$

답 ③

# 3. 건축물의 화재성상

출제확률  10.8% (2문제)

## 01 콘크리트에 대한 기술 중 옳지 않은 것은?

① 콘크리트의 고온성상에 가장 큰 영향을 주는 것은 구성재료간 팽창계수의 차이이다.
② 화재시 콘크리트의 강도저하는 가열과정에서만 일어난다.
③ 콘크리트는 인장력에 대하여 아주 약하다.
④ 콘크리트는 고온시 탄성계수가 저하된다.

해설 화재시 콘크리트의 강도저하는 **가열과정** 및 **냉각과정**에서 일어난다.

답 ②

## 02 철근콘크리트에서 철근의 허용응력을 위태롭게 하는 최저온도는 어느 정도인가?

① 약 500℃ ② 약 600℃
③ 약 800℃ ④ 약 900℃

해설 철근콘크리트의 허용응력 및 탄성의 최저온도

| 500℃ | 600℃ |
|---|---|
| 콘크리트의 탄성 | 철근의 허용응력 |

기억법 철허6

답 ②

## 03 목재의 연소에 영향을 주지 않는 것은?

① 목재의 비표면적
② 공급상태
③ 농도
④ 온도

해설 **목재**의 **연소**에 영향을 주는 인자
(1) **비**중 (2) **비**열
(3) 열전도율 (4) 수분함량
(5) **온**도 (6) **공**급상태
(7) 목재의 **비**표면적

기억법 연비공온

답 ③

## 04 목재 건물의 화재성상은 내화 건물에 비하여 어떠한가?

① 저온 장기형이다.
② 저온 단기형이다.
③ 고온 장기형이다.
④ 고온 단기형이다.

해설 (1) **목조건물**의 화재온도 표준곡선
(1) 화재성상 : **고**온 **단**기형
(2) 최고온도(최성기 온도) : **13**00℃

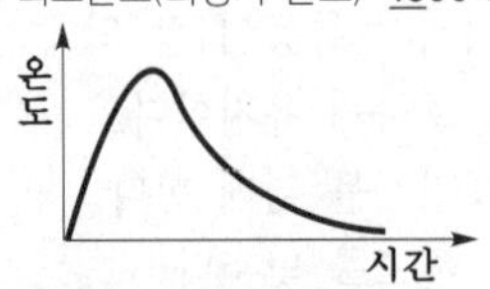


(2) **내화건물**의 화재온도 표준곡선
(1) 화재성상 : 저온 장기형
(2) 최고온도(최성기 온도) : **900~1000℃**

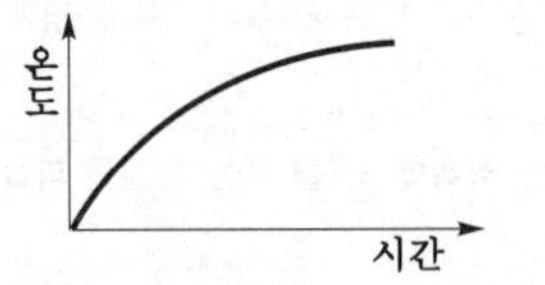


목조건물 = 목재건물

기억법 목고단 13

답 ④

## 05 목조 건물의 화재성상에 비하여 내화구조 건물의 화재성상으로 옳은 것은?

① 고온 장기형이다.
② 고온 단기형이다.
③ 저온 단기형이다.
④ 저온 장기형이다.

해설 **문제 4 참조**

답 ④

## 06 목조 건축물과 내화 건축물의 화재성상에 대한 설명 중 틀린 것은?

① 내화구조 건축물의 화재 진행상황은 초기-성장기-종기의 순으로 진행된다.
② 목조 건축물은 공기의 유통이 좋아 순식간에 플래시오버에 도달하고 온도는 약 1000℃이상에 달한다.
③ 내화구조 건축물은 견고하여 공기의 유통조건이 거의 일정하고 최고온도는 목조의 경우보다 낮다.
④ 목조 건축물은 최성기를 지나면 급속히 타버리고 그 온도는 공기의 유통이 좋으므로 장

시간 고온을 유지한다.

해설 문제 4 참조

④ 목조건축물은 **단시간 고온**을 유지한다.

답 ④

★★

## 07 목재가 연소할 때 발화시기의 온도는 몇 ℃ 정도 되는가?

① 220~250　② 270~320

③ 420~480　④ 650~750

해설 **목**재가 연소할 때 **발**화시기의 온도는 **420~470(480)**℃ 정도이다.

참고

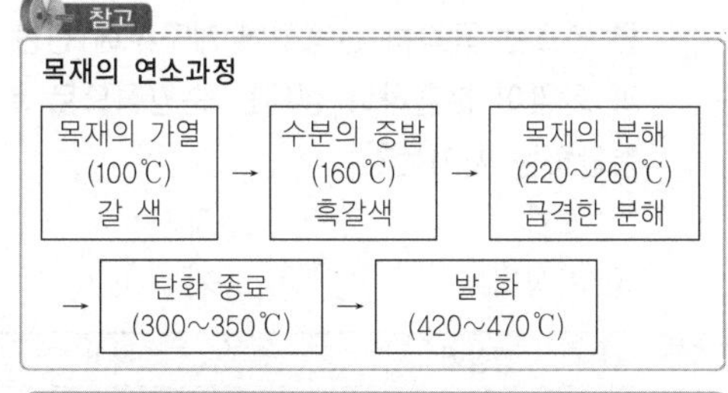
목재의 연소과정

목재의 가열 (100℃) 갈 색 → 수분의 증발 (160℃) 흑갈색 → 목재의 분해 (220~260℃) 급격한 분해 → 탄화 종료 (300~350℃) → 발 화 (420~470℃)

기억법 목발 47

답 ③

★★

## 08 목재의 착화온도는 일반적으로 몇 ℃ 정도인가?

① 100　② 280

③ 460　④ 700

해설 문제 7 참조

발화 = 착화

답 ③

## 09 목재와 목재연소의 과정에 대한 다음 설명 중 적합하지 아니한 것은?

① 목재는 자연건조한 상태에서도 보통 10~20%의 수분을 함유하고 있다.

② 목재를 가열하면 함유되어 있는 수분은 증발 기화되고 220℃ 정도에서 분해하기 시작한다.

③ 분해를 시작한 목재는 300~350℃ 정도에서 탄화를 종료한다.

④ 탄화가 종료된 목재는 800~1000℃ 정도에서 발화한다.

해설 문제 7 참조

④ 탄화가 종료된 목재는 **420~470**℃ 정도에서 발화한다.

답 ④

## 10 가연물질이 재로 덮인 숯불모양으로 불꽃없이 착화하는 것을 나타내고 있는 것은?

① 무염착화　② 발염착화

③ 맹화　④ 진화

해설

| 구성 | 설명 |
|---|---|
| 무염착화 | 가연물이 **재**로 덮힌 숯불모양으로 불꽃없이 착화하는 현상 |
| 발염착화 | 가연물이 불꽃이 발생되면서 착화되는 현상 |
| 맹화 | 화재의 최성기를 말한다. |

기억법 무재

답 ①

★★★

## 11 목조건축물의 화재진행상황에 관한 설명으로 알맞는 것은?

① 화원 - 무염착화 - 출화 - 소화

② 화원 - 발화착화 - 출화 - 소화

③ 화원 - 무염착화 - 발염착화 - 출화 - 성기 - 소화

④ 화원 - 무염착화 - 출화 - 성기 - 소화

해설 **목조건축물**의 **화재진행상황**

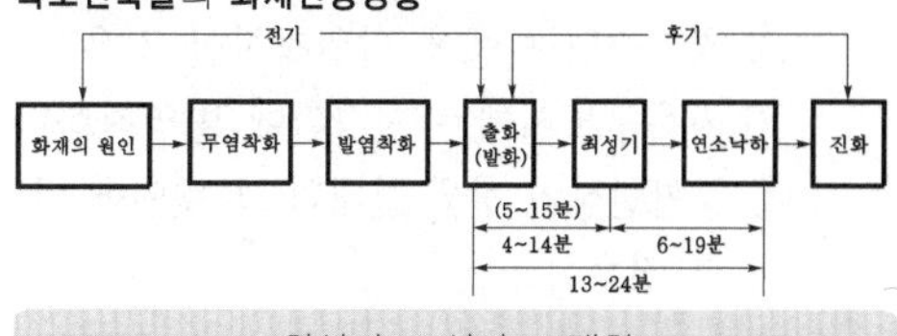


최성기 = 성기 = 맹화

답 ③

★★★

## 12 일반 목조 건물의 지붕 속, 천장, 벽 등에 불이 착화한 후 화재의 최성기까지의 소요시간으로 가장 적합한 것은?

① 1~5분　② 5~15분

③ 20~30분　④ 35~40분

해설 문제 11 참조

소요시간

| 소요시간 | 과정 |
|---|---|
| 4~14분 (**5**~**15**분) | 출화(**발**화)~**최**성기 |
| 6~19분 | 최성기~연소낙하 |
| 13~24분 | 출화(발화)~연소낙하 |

기억법 515 발최

답 ②

**13** 목조 건축물의 화재가 발생하여 최성기에 도달할 때 연소온도는 대략 몇 ℃인가?

① 300 ② 800
③ 1300 ④ 1800

해설 **문제 4 참조**

※ 목재 건축물=목조 건축물

답 ③

**14** 목재와 같은 일반가연물이 탈 때 생기는 연소가스의 종류가 아닌 것은?

① 포스겐 ② 수증기
③ $CO_2$ ④ CO

해설 **일반가연물**의 **연소생성물**
(1) 수증기
(2) 이산화탄소($CO_2$)
(3) 일산화탄소(CO)

답 ①

**15** 출화란 화재를 뜻하는 말로서 옥내출화, 옥외출화로 구분한다. 이 중 옥외출화 시기를 나타낸 것은?

① 천장 속, 벽 속 등에서 발염착화한 경우
② 창, 출입구 등에 발염착화한 경우
③ 가옥구조시에는 천장판에 발염착화한 경우
④ 불연천장인 경우 실내의 그 뒷면에 발염착화한 경우

해설

| 옥외출화 | 옥내출화 |
|---|---|
| ① **창·출입구** 등에 **발염착화**한 경우<br>② 목재사용 가옥에서는 **벽·추녀밑**의 판자나 목재에 **발염착화**한 경우 | ① **천장 속·벽 속** 등에서 **발염착화**한 경우<br>② 가옥 구조시에는 천장판에 **발염착화**한 경우<br>③ 불연 벽체나 칸막이의 불연천장인 경우 실내에서는 그 뒤판에 **발염착화**한 경우 |

기억법 **외창출**

답 ②

**16** 출화부 추정의 원칙 중 탄화심도에 대한 설명으로 옳은 것은?

① 탄화심도는 발화부와 상관 관계가 없다.
② 탄화심도는 발화부에서 멀리 있을수록 깊어지는 경향이 있다.
③ 탄화심도는 황린을 발화부에 근접시켜 측정한다.
④ 탄화심도는 발화부에 가까울수록 깊어지는 경향이 있다.

해설

| 도괴방향법 | 탄화심도비교법 |
|---|---|
| 출화가옥의 기둥 등은 발화부를 향하여 도괴되는 경향이 있으므로 이곳을 출화부로 추정하는 원칙 | 탄화심도는 발화부에 가까울수록 깊어지는 경향이 있으므로 이곳을 출화부로 추정하는 원칙 |

※ **탄화심도**: 탄소화합물이 분해되어 탄소가 되는 깊이, 다시 말하면 나무 등이 불에 탄 깊이를 말한다.

답 ④

★★
**17** 내화 건축물의 화재에서 공기의 유통이 원활하면 연소는 급격히 진행되어 개구부에 진한 매연과 화염이 분출하고 실내는 순간적으로 화염이 충만하는 시기는?

① 초기 ② 성장기
③ 최성기 ④ 종기

해설

| 성장기 | 최성기 |
|---|---|
| 공기의 유통구가 생기면 연소속도는 **급격히 진행**되어 실내는 순간적으로 화염이 가득하게 되는 시기 | 실내의 온도가 **800~1000℃**의 고온상태를 계속할 때의 상태 |

답 ②

**18** 내화 건물화재의 표준시간 온도곡선에 있어서 화재발생 후 1시간이 경과할 경우 내부 온도는 대략 어느 정도인가?

① 950℃ ② 1200℃
③ 800℃ ④ 600℃

해설 **시간경과시**의 **온도**

| 경과시간 | 온도 |
|---|---|
| 30분 후 | 840℃ |
| **1시**간 후 | 925~**95**0℃ |
| 2시간 후 | 1010℃ |

기억법 **1시 95**

답 ①

**19** 그림에서 내화 건물의 화재온도 표준곡선은 어느 것인가?

① a
② b
③ c
④ d

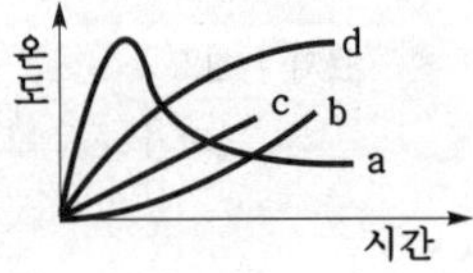


해설 (1) 목조 건물의 화재온도 표준곡선 : **a**

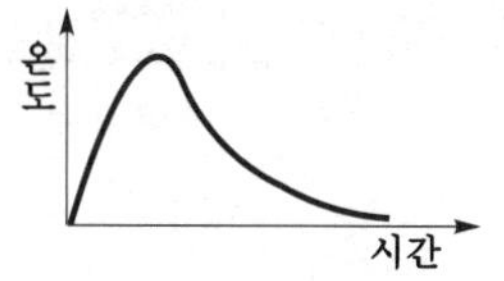


(2) 내화 건물의 화재온도 표준곡선 : d

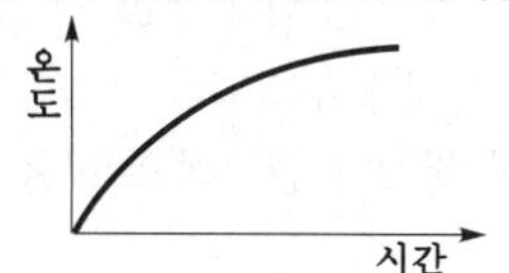


답 ④

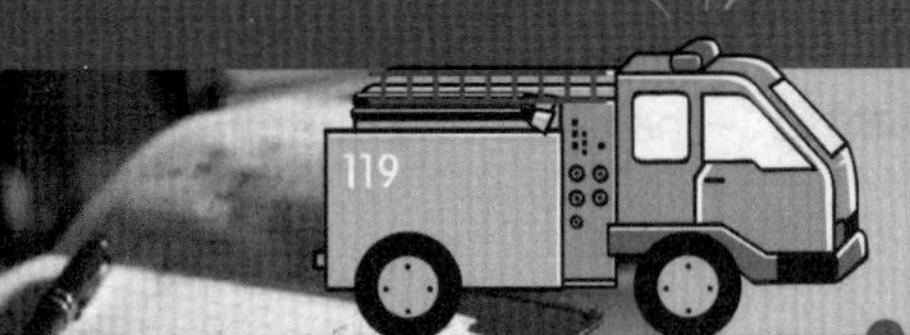

# 4. 불 및 연기의 이동과 특성

★★★
**01** 플래시오버를 바르게 나타낸 것은?

① 에너지가 느리게 집적되는 현상
② 가연성가스가 방출되는 현상
③ 가연성가스가 분해되는 현상
④ 폭발적인 착화현상

해설 **플래시오버**(Flash over) : 순발연소
(1) 폭발적인 착화현상
(2) 폭발적인 **화재확대현상**
(3) 건물화재에서 발생한 가연성가스가 일시에 인화하여 화염이 **충**만하는 단계
(4) 실내의 가연물이 연소됨에 따라 생성되는 가연성가스가 실내에 누적되어 **폭**발적으로 연소하여 실 전체가 순간적으로 불길에 싸이는 현상
(5) **옥내화재**가 서서히 진행하여 열이 축적되었다가 일시에 화염이 크게 발생하는 상태
(6) 다량의 가연성가스가 동시에 연소되면서 **급**격한 온도상승을 유발하는 현상

기억법 **플확충 폭급**

답 ④

**02** 다음 중 플래시오버를 바르게 표현한 것은?

① 폭굉현상
② 가연성가스의 폭발적 방출현상
③ 폭발적인 화재확대현상
④ 폭발 및 건물의 붕괴현상

해설 **문제 1 참조**

답 ③

**03** 플래시오버(Flash over)란?

① 건물화재에서 가연물이 착화하여 연소하기 시작하는 단계이다.
② 건물화재에서 발생한 가연가스가 일시에 인화하여 화염이 충만해지는 단계이다.
③ 건물화재에서 화재가 쇠퇴기에 이른 단계이다.
④ 건물화재에서 가연물의 연소가 끝난 단계이다.

해설 **문제 1 참조**

답 ②

**04** 건물의 화재성상 중 플래시오버에 대한 설명으로 옳은 것은?

① 열원이 가연물에 인화되는 현상
② 실내의 가연물이 연소됨에 따라 생성되는 가연성가스가 실내에 누적되어 폭발적으로 연소하므로 실 전체가 순간적으로 불길에 싸이는 현상
③ 불길이 상층으로 확대되는 과정
④ 건물화재가 커지는 과정

해설 **문제 1 참조**

답 ②

★
**05** 실내화재에서 화재의 전성기에 돌입하기 전에 다량의 가연성 가스가 동시에 연소되면서 급격한 온도상승을 유발하는 현상은?

① 패닉(Panic)현상
② 스택(Stack)현상
③ 화이어볼(Fire ball)현상
④ 플래시오버(Flash over)현상

해설

| 플래시오버(Flash over)현상 | 화이어볼(Fire ball)현상 |
|---|---|
| 실내화재에서 화재의 **전성기**에 **돌입**하기 **전**에 다량의 가연성 가스가 동시에 연소되면서 급격한 온도상승을 유발하는 현상 | 다량으로 증발한 가연성 액체가 갑자기 연소할 때에 **화염**이 **공**과 **같은 모양**을 이루는 현상 |

답 ④

**06** 화재의 진행상황을 시간에 대한 온도의 변화로 나타내고 있는 바 플래시오버는 다음 중 어느 시기에서 발생하는가?

① 성장기에서 최성기로 넘어가는 분기점
② 제1성장기에서 제2성장기로 넘어가는 분기점
③ 최성기에서 감쇄기로 넘어가는 분기점
④ 최성기의 어느 시점이라도 조건만 형성되면 발생

해설 **플래시오버**(Flash over)

| 구분 | 설명 |
|---|---|
| 발생시간 | 화재발생 후 **5~6분경** |
| 발생시점 | **성장기~최성기**(성장기에서 최성기로 넘어가는 분기점) |
| 실내온도 | 약 **800~900**℃ |

답 ①

**07** **플래시오버시간(Flash Over Time : FOT)에 대한 설명 중 옳은 것은?**

① 열의 발생속도가 빠르면 FOT는 짧아진다.
② 개구율이 적으면 FOT는 짧아진다.
③ 개구율이 너무 크게 되면 FOT는 대폭 짧아진다.
④ 실내부의 FOT가 짧은 순서는 천장, 바닥, 벽의 순이다.

해설 **플래시오버시간**(FOT)
(1) 열의 **발생속도**가 빠르면 FOT는 짧아진다.
(2) 개구율이 크면 FOT는 짧아진다.
(3) 개구율이 너무 크게 되면 FOT는 길어진다.
(4) 실내부의 FOT가 짧은 순서는 **천장, 벽, 바닥**의 순이다.
(5) 열전도율이 작은 내장재가 발생시각을 빠르게 한다.

답 ①

**08** **내화 건축물의 실내화재 온도상황으로 보아 어느 시점을 기준으로 하여 최성기로 보는가?**

① 플래시 포인트 ② 화이어 포인트
③ 이그니션 포인트 ④ 플래시오버 포인트

해설 내화 건축물에서는 **플래시오버 포인트**(flash over point)를 기준으로 하여 최성기로 본다. 답 ④

**09** **플래시오버(Flash over)현상과 관계가 없는 것은?**

① 복사열 ② 분해연소
③ 화재의 성장기 ④ 방화문

해설 **플래시오버**(Flash over)**현상**과 관계 있는 것
(1) 복사열
(2) 분해연소
(3) 화재성장기

※ **플래시오버** : 순발적인 연소확대현상

답 ④

★★
**10** **화재시 건물내 화재성장기까지의 경과시간에 대한 길고 짧음과 플래시오버의 온도에 영향을 주지 않는 것은?**

① 실내의 내장재료
② 실의 내표면적
③ 창문 등의 개구부 크기
④ 내장재료의 경도

해설 **플래시오버**에 영향을 미치는 것
(1) **개**구율
(2) **내장**재료(내장재료의 제성상, 실내의 내장재료)
(3) **화**원의 크기
(4) **실**의 내표면적(실의 넓이 · 모양)

④는 영향을 주지 않는다.

기억법 **플개 내장화실**

답 ④

**11** **플래시오버의 발생시각에 대한 설명으로 틀린 것은?**

① 건물의 개구부가 적으면 발생시각이 늦다.
② 화원이 크면 발생시각이 빠르다.
③ 가연 내장재료 중 벽재료보다 천장재가 발생시각에 큰 영향을 미친다.
④ 열전도율이 작은 내장재가 발생시각을 늦게 한다.

해설 **문제 7 참조**

④ 열전도율이 작은 내장재가 발생시각을 빠르게 한다.

답 ④

**12** **화재시 발생하는 연기에 관한 설명으로 옳은 것은?**

① 연소생성물이 눈에 보이는 것을 연기라고 한다.
② 수직으로 연기가 이동하는 속도는 수평으로 이동하는 속도와 거의 같다.
③ 모든 연기는 유독성기체이다.
④ 연기는 복사에 의하여 전파된다.

해설 **연기**(smoke)
(1) 연소생성물이 눈에 보이는 것을 **연기**라고 한다.
(2) 수직으로 연기가 이동하는 속도는 수평으로 이동하는 속도보다 빠르다.
(3) 연기 중 **액체미립자계**만 유독성이다.
(4) 연기는 **대류**에 의하여 전파된다. 답 ①

**13** **화재시 연기가 인체에 영향을 미치는 요인 중 가장 중요한 요인은?**

① 연기 중의 미립자
② 일산화탄소의 증가와 산소의 감소
③ 탄산가스의 증가로 인한 산소의 희석
④ 연기 속에 포함된 수분의 양

해설 ② 일산화탄소의 증가와 산소의 감소로 인간을 질식사시킴으로써 인체에 가장 큰 영향을 미친다.

답 ②

**14** **다음 설명 중 옳은 것은?**

① 화재시 연기는 발화층의 직상층부터 차례로 윗층으로 퍼져 나간다.

② 연기농도를 나타내는 감광계수는 재료의 단위중량당의 발연량이다.

③ 연기의 발생속도는 연소속도×감광계수로 나타낸다.

④ 건물내 연기의 수평방향 유동속도는 0.8~1m/s 정도이다.

해설 (1) 화재시 연기는 발화층부터 차례로 윗층으로 퍼져 나간다.
(2) 연기농도를 나타내는 **발연계수**는 재료의 단위중량당의 발연량이다.
(3) 연기의 발생속도는 **연소속도×발연계수**로 나타낸다.
(4) 건물내 연기의 수평방향 유동속도는 **0.8~1m/s**(0.5~1m/s) 정도이다.

답 ④

★★★
## 15 건물내에서 연기의 수직방향 이동속도는 몇 m/s 정도 되는가?

① 0.2~0.3　　② 0.5~1

③ 2~3　　④ 5~10

해설 **연기**의 **이동속도**

| 구분 | 설명 |
|---|---|
| 수평방향 | 0.5~1.0m/s |
| 수직방향 | 2~3m/s |
| 계단실 내의 수직 이동속도 | 3~5m/s |

기억법 **직 23,, 계 35**

답 ③

## 16 화재시 건물내 연기의 유동에 관한 설명으로 틀린 것은?

① 연기의 유동은 건물 내외의 온도차에 영향을 받는다.

② 연기는 공기보다 고온이기 때문에 기류를 동반하지 않는다면 천장의 하면을 따라 이동한다.

③ 수평방향 이동의 경우 진행방향 하부에 역방향으로 흐르는 신선한 공기의 2종류를 형성한다.

④ 수직공간에서 확산속도가 빠르고 그 흐름에 따라 화재 직상층부터 차례로 충만해 간다.

해설 **연기**의 **전달현상**
(1) 연기의 유동확산은 **벽** 및 **천장**을 따라서 진행한다.
(2) 연기의 농도는 상층으로부터 점차적으로 하층으로 미친다.
(3) 연기의 유동은 건물 내외의 **온도차**에 영향을 받는다.
(4) 연기는 공기보다 고온이므로 **천장**의 **하면**을 따라 이동한다.
(5) 수직공간에서 확산속도가 빠르고 그 흐름에 따라 화재 **최상층**부터 차례로 충만해 간다.

답 ④

★★
## 17 연기의 이동과 관계가 먼 것은?

① 굴뚝효과　　② 비중차

③ 공조설비　　④ 적설량

해설 **연기**를 **이동**시키는 **요인**
(1) **연돌**(굴뚝) **효과**
(2) 외부에서의 **풍력**의 영향
(3) 온도상승에 의한 증기 **팽창**(온도상승에 따른 기체의 팽창)
(4) 건물 내에서의 강제적인 공기이동(공조설비)
(5) 건물 내외의 **온도차**(기후조건)
(6) 비중차
(7) **부력**

※ **굴뚝효과** : 건물내의 연기가 압력차에 의하여 순식간에 이동하여 상층부로 상승하거나 외부로 배출되는 현상

답 ④

## 18 굴뚝효과(Stack Effect)에서 나타나는 중성대에 관계되는 설명으로 틀린 것은?

① 건물내의 기류는 항상 중성대의 하부에서 상부로 이동한다.

② 중성대는 상하의 기압이 일치하는 위치에 있다.

③ 중성대의 위치는 건물 내외부의 온도차에 따라 변할 수 있다.

④ 중성대의 위치는 건물내의 공조상태에 따라 달라질 수 있다.

해설 건물내의 기류는 중성대의 **하부**에서 **상부** 또는 **상부**에서 **하부**로 이동한다.

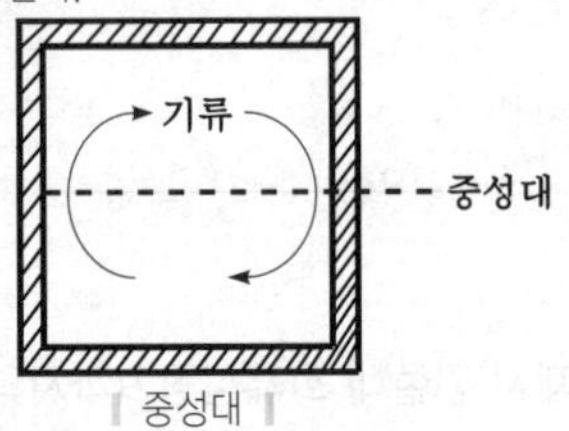

| 중성대 |

답 ①

## 19 화재발생시 짙은 연기가 생성되는 원인으로서 적합한 것은?

① 공기의 양이 부족할 경우

② 공기의 양이 많을 경우

③ 수분의 양이 부족할 경우

④ 수분의 양이 많을 경우

해설 ① **공기**의 **양**이 **부족**할 경우 짙은 연기가 많이 발생한다.

답 ①

**20** **화재시 발생하는 연기의 색이 검은 것은 무엇인가?**

① 휘발성 알코올류
② 수분이 많은 물질
③ 건조된 가연물이나 종이류
④ 탄소를 많이 함유한 석유류

해설 ④ **탄소**를 많이 함유한 물질일수록 검은 연기가 생성된다.

답 ④

**21** **밀폐된 내화 건물의 실내에 화재가 발생하였을 때 그 실내의 환경변화를 설명한 것 중 옳지 않은 것은?**

① 기압이 강하한다.
② 산소가 감소된다.
③ 일산화탄소가 증가한다.
④ 탄산가스가 증가한다.

해설 밀폐된 내화건물의 실내에 화재가 발생하면 **기압**이 **상승**한다.

답 ①

**22** **야간화재시의 불빛현상에 대한 설명으로 틀린 것은?**

① 갑자기 화염이 상승한다.
② 화재지점이 갑자기 어두워진다.
③ 불티가 흩어져서 상승한다.
④ 화재불빛은 화염 및 불티가 방사한 연기의 광채 등이다.

해설 야간화재시 화재지점은 갑자기 밝아진다.

답 ②

★★★
**23** **연기에 의한 감광계수가 0.1, 가시거리가 20~30m일 때 상황을 바르게 설명한 것은?**

① 건물 내부에 익숙한 사람이 피난에 지장을 느낄 정도
② 연기감지기가 작동할 정도
③ 어둠침침한 것을 느낄 정도
④ 거의 앞이 보이지 않을 정도

해설 **연기**의 **농도**와 **가시거리**

| 감광계수 $[m^{-1}]$ | 가시거리 [m] | 상 황 |
|---|---|---|
| 0.1 | <u>2</u>0~<u>3</u>0 | <u>연</u>기감지기가 작동할 때의 농도 |
| 0.3 | <u>5</u> | 건물 내부에 <u>익</u>숙한 사람이 피난에 지장을 느낄 정도의 농도 |
| 0.5 | <u>3</u> | <u>어</u>두운 것을 느낄 정도의 농도 |
| 1 | 1~2 | 거의 앞이 보이지 않을 정도의 농도 |
| 10 | 0.2~0.5 | 화재 최성기 때의 농도 |
| 30 | - | 출화실에서 연기가 분출할 때의 농도 |

기억법 **23연, 5익, 3어**

답 ②

**24** **동일 조건의 실내화재에서는 화원의 위치에 따라 불꽃높이의 차가 생긴다. 화원이 벽에 인접한 경우 불꽃은 실내중앙에서의 불꽃의 길이와 어떠한 차이가 있는가?**

① 중앙의 경우보다 불꽃이 짧아진다.
② 중앙의 경우보다 불꽃이 길어진다.
③ 실이 높을수록 길어지고, 실이 낮을수록 짧아진다.
④ 실이 높을수록 짧아지고, 실이 낮을수록 길어진다.

해설 화원이 벽에 인접한 경우 실내중앙보다 산소량이 부족하므로 연소에 필요한 산소량을 만족하기 위해 **불꽃**이 **길어**진다.

※ **화원**(source of fire) : 불이 난 근원

답 ②

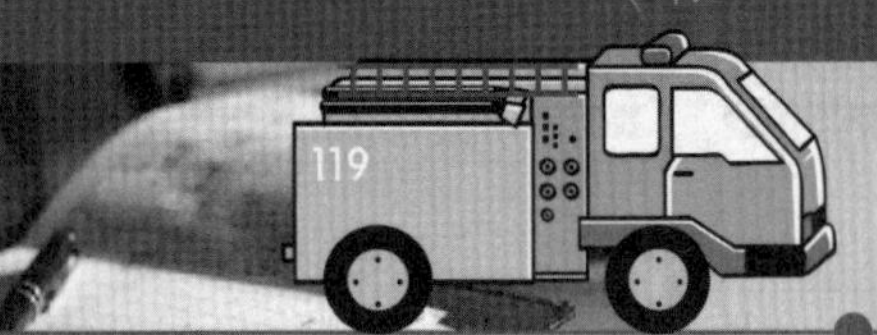

# 5. 물질의 화재위험

출제확률  12.8% (3문제)

★★
**01** 제1류 위험물로서 그 성질이 산화성고체인 것은?

① 아염소산염류　② 과염소산
③ 금속분　④ 셀룰로이드류

해설 ① 제1류 위험물　② 제6류 위험물
③ 제2류 위험물　④ 제5류 위험물

참고

위험물

| 종 류 | 성 질 |
|---|---|
| 제**1**류 | 강산화성 물질(**산**화성 **고**체) |
| 제2류 | 환원성 물질(가연성 고체) |
| 제3류 | 금수성 물질 및 자연발화성 물질 |
| 제4류 | 인화성 물질(인화성 액체) |
| 제5류 | 폭발성 물질(자기반응성 물질) |
| 제**6**류 | 산화성 물질(**산**화성 **액**체) |

기억법 **1산고, 6산액**

답 ①

★★
**02** 다음 위험물 중 주수소화하면 더욱 위험한 것은?

① 알코올　② 알루미늄 분말
③ 황린　④ 황

해설 **알루미늄 분말(Al)**은 주수소화하면, **수소**($H_2$)가 발생하므로 위험하다.

참고

1. 무기과산화물
$2K_2O_2 + 2H_2O \rightarrow 4KOH + O_2 \uparrow$
$2Na_2O_2 + 2H_2O \rightarrow 4NaOH + O_2 \uparrow$
2. 금속분
$Al + 2H_2O \rightarrow Al(OH)_2 + H_2 \uparrow$
3. 기타물질
$2K + 2H_2O \rightarrow 2KOH + H_2 \uparrow$
$2Na + 2H_2O \rightarrow 2NaOH + H_2 \uparrow$
$2Li + 2H_2O \rightarrow 2LiOH + H_2 \uparrow$
$Mg + 2H_2O \rightarrow Mg(OH)_2 + H_2 \uparrow$

답 ②

**03** 다음은 금속화재의 특성을 설명한 것이다. 옳지 않은 것은?

① 세슘, 칼륨, 나트륨, 리튬 등의 알칼리금속은 산소와 친화력이 강하므로 공기 중에서 완벽하게 가열하더라도 발화한다.
② 알칼리 금속화재시 주수하게 되면 수소($H_2$)를 발생하게 되므로 주의하여야 한다.
③ 알루미늄, 아연 등은 괴상에서 연소하기 어렵지만 열전도에 의한 방법이 느린 상태인 분말로 하였을 때에는 연소하기 쉬우며 자연발화하는 위험성도 있다.
④ 금속나트륨, 금속칼륨 등은 연소하기 쉬워도 우라늄, 프라토늄은 연소하지 않는다.

해설 **우라늄, 프라토늄**도 연소하기 쉽다.

답 ④

**04** 물과 반응하여 발화하는 물질이 아닌 것은 다음 중 어느 것인가?

① 칼륨　② 과산화수소
③ 나트륨　④ 수소화마그네슘

해설 **물**과 **반응**하여 발화하는 물질

| 위험물 | 종류 |
|---|---|
| 제2류 위험물 | • **금**속분(**수소화마그네슘**) |
| 제3류 위험물 | • **칼륨**<br>• **나트륨**<br>• **알킬알루미늄** |

기억법 **물금마 칼나알**

② 제6류 위험물

답 ②

★★
**05** 공기나 물과 반응하여 발화할 수 있는 물질은?

① 벤젠
② 이황화탄소
③ 알킬알미늄
④ 비닐 크로라이드모노머

해설 **문제 4 참조**

알킬알미늄 = 알킬알루미늄

답 ③

**06** 알킬알루미늄 소화에 적합한 소화제는?

① 건조된 모래　② 분무상의 물
③ 포말　④ 이산화탄소

해설 알킬알루미늄은 제3류 위험물로서 **건조된 모래**(마른모래), **팽창질석, 팽창진주암**으로 소화하여야 한다.

참고

위험물의 소화방법

| 종 류 | 소화방법 |
|---|---|
| 제1류 | 물에 의한 **냉각소화**(단, **무기과산화물**은 **마른모래** 등에 의한 질식소화) |
| 제2류 | 물에 의한 **냉각소화**(단, **금속분**은 **마른모래** 등에 의한 질식 소화) |
| 제3류 | 마른모래, 팽창질석, 팽창진주암에 의한 소화(마른모래보다 **팽창질석** 또는 **팽창진주암**이 더 효과적) |
| 제4류 | 포 · 분말 · $CO_2$ · 할론소화약제에 의한 **질식소화** |
| 제5류 | 화재 초기에만 대량의 물에 의한 **냉각소화**(단, 화재가 진행되면 자연진화되도록 기다릴 것) |
| 제6류 | 마른모래 등에 의한 **질식소화** |

답 ①

**07** 알킬알루미늄 화재시 사용할 수 있는 소화제로서 가장 적당한 것은?

① 마른모래　② 팽창진주암
③ 이산화탄소　④ 분말 소화약제

해설 **문제 6 참조**

② 마른모래도 적당하지만 가장 적당한 것은 **팽창질석 · 팽창진주암**이다.

답 ②

**08** 알킬알루미늄 화재시 취하여야 할 방법은 다음 중 어느 것인가?

① 화점에 대량의 물을 주수(注水)하여 냉각 소화한다.
② 화점 주위에 이산화탄소를 방사하여 질식 소화한다.
③ 주변의 연소(延燒)를 방지하고 자연 진화되도록 내버려 둔다.
④ 화점에 포말을 방사하여 질식 및 냉각소화한다.

해설 알킬알루미늄 화재시에는 소화제로 **마른모래, 팽창질석, 팽창진주암**이 적합하나, 이것이 없을 경우에는 주변의 연소를 방지하고 자연진화되도록 하는 것이 바람직하다.

답 ③

**09** 가연성액체로 인한 화재에 해당되는 것은?

① 유류화재　② 금속화재
③ 일반화재　④ 전기화재

해설 **유류화재** : **가**연성**액**체로 인한 화재

기억법 유가액

답 ①

**10** 가연성 물질로 분류할 수 없는 것은?

① 황린　② 셀룰로이드
③ 미세한 철분　④ 실리콘유

해설

| 가연성 물질 | 난연성 물질 |
|---|---|
| ① 황린<br>② 셀룰로이드<br>③ 철분 | ① **실**리콘유 |

기억법 난실

※ **실리콘유** : 규소에 탄소 · 수소 등을 결합시켜 기름형태로 만든 유기규소화합물로서, **내열성 · 내수성 · 전기절연성**이 크다.

답 ④

**11** 위험물화재의 특성과 성격이 다른 것은?

① 연소의 범위가 넓을수록 위험하다.
② 연기가 다량 발생하는 대형화재의 양상을 띤다.
③ 액체가 가열하면 가연성증기의 발생량이 증대하므로 화재부근에 이상기류를 발생한다.
④ 알코올류는 무연상태로 연소하며, 주간에는 불꽃을 발견하기 쉽다.

④ **알코올류**는 무연상태로 연소하며, 주간에는 불꽃을 발견하기가 어렵다.

답 ④

**12** 위험물 제4류 제2석유류(등유, 경유)에 대한 특성을 바르게 설명한 것은?

① 성질은 인화성 액체이다.
② 상온에서는 안정하나, 약간의 자극으로 폭발하기 쉽다.
③ 용해하지 않고 물보다 무거우므로 수조에 저장하여야 한다.
④ 소화방법은 포말소화에 의한 것보다 주수소화가 좋다.

해설 위험물 **제4류 제2석유류**(등유, 경유)의 특성

(1) 성질은 **인화성 액체**이다.
(2) 상온에서 안정하고, 약간의 자극으로는 쉽게 폭발하지 않는다.
(3) 용해하지 않고, **물보다 가볍다**.
(4) 소화방법은 **포말소화**가 좋다.

답 ①

**13** **제5류 위험물인 자기반응물질의 성질 및 소화에 관한 사항으로 틀린 것은?**

① 산소를 함유하고 있어 자기연소 또는 내부연소를 일으키기 쉽다.
② 연소속도가 빨라 폭발적이다.
③ 질식소화가 효과적이며, 냉각소화로는 불가능하다.
④ 유기질화물이므로 가열, 충격, 마찰 또는 다른 약품과의 접촉에 의해 폭발하는 것이 많다.

해설 **문제 6 참조**
대량의 물에 의한 **냉각소화**가 효과적이다.

※ **제5류 위험물** : 자기반응성물질(자기연소성물질)

답 ③

**14** **자체에서 산소를 함유하고 있어 공기중의 산소를 필요로 하지 않고 자기연소하는 것은 어느 것인가?**

① 카바이트 ② 생석회
③ 초산에스테르류 ④ 셀룰로이드

해설 **제5류 위험물** : **자**기연소성물질
(1) 유기과산화물 · 니트로화합물 · 니트로소화합물
(2) 질산에스테르류(**셀**룰로이드) · 히드라진유도체
(3) 아조화합물 · 디아조화합물

기억법 **5자셀**

답 ④

**15** **소방관련법령상 위험물에 해당되는 것은?**

① 질산 ② 압축산소
③ 프로판가스 ④ 포스겐

해설 ① 질산 : 제6류 위험물

중요

**제6류 위험물**

| 구 분 | 내 용 |
|---|---|
| 성질 | **산화성 물질**(산화성 액체) |
| 종류 | ① 질산<br>② 과염소산 · 과산화수소 |

답 ①

**16** **다음 물질 중 화재의 위험물이 아닌 것은?**

① 윤활유 ② 청산가리
③ 질산나트륨 ④ 유황

해설 ① **윤활유** : 제4류 위험물(제4석유류)
③ **질산나트륨** : 제1류 위험물
④ **유황** : 제2류 위험물

② 청산가리 : 독극물

답 ②

**17** **물질의 연소시 산소공급원이 될 수 없는 것은?**

① 산화칼슘 ② 과산화수소
③ 질산나트륨 ④ 압축공기

해설 **산소공급원**
(1) 제1류 위험물(질산나트륨)
(2) 제5류 위험물
(3) 제6류 위험물(과산화수소)
(4) 압축공기

① 산화칼슘(생석회)은 산소공급원이 될 수 없다.

답 ①

**18** **다음 중 위험물의 특성이 잘못 연결된 것은?**

① 1류 – 강산화성이며 가열, 충격으로 쉽게 분해한다.
② 2류 – 금수성이며, 반응 속도가 대단히 빠르다.
③ 3류– 금수성, 환원성 물질이다.
④ 5류 – 자연발화하거나 폭발하기 쉽다.

해설 **2류 : 가연성**이다.

② **2류** 중 **금속분**의 경우는 금수성이지만, 금수성이라는 특성이 2류위험물의 공통특성은 아니다. 주의 하라!

답 ②

**19** **과산화물질을 취급할 경우의 주의사항으로 적당하지 못한 것은?**

① 가열, 충격, 마찰을 피한다.
② 가연물질과의 접촉을 피한다.
③ 용기에 옮길 때에는 개방용기를 사용한다.
④ 환기가 잘 되는 찬 장소에 보관한다.

해설 용기에 옮길 때에는 **밀폐용기**를 사용한다. 답 ③

**20** **아세틸렌($C_2H_2$)에 대한 설명으로 틀린 것은?**

① 인화되기 쉬운 기체이다.
② 아세톤에 용해하기 쉽다.
③ 할로겐 원소와 화합하여 폭발성이 강한 물질이 된다.
④ 압력을 가하면 불안정하여 분해하기 쉽다.

해설 할로겐 원소와 화합하여 **유기용매**가 된다. 답 ③

**21** **황린, 적린이 서로 동소체라는 것을 증명하는데 가장 효과적인 것은?**

① 비중을 비교한다.
② 착화점을 비교한다.
③ 유기용제에 대한 용해도를 비교한다.
④ 연소생성물을 확인한다.

해설 동소체는 연소생성물을 확인해보면 알 수 있다.

※ **동소체** : 같은 원소로 구성되어 있으면서 모양과 성질이 다른 단체

답 ④

**22** **특수가연물에 해당되지 않는 것은?**

① 인화성 고체류 ② 대팻밥
③ 가연성 액체류 ④ 넝마

해설 **특수가연물**(기본령 [별표 2])
(1) 면화류
(2) 나무껍질 및 대팻밥
(3) 넝마 및 종이부스러기
(4) 사류(絲類)
(5) 볏짚류
(6) **가연성 고체류**
(7) 석탄 · 목탄류
(8) **가연성 액체류**
(9) 목재가공품 및 나무부스러기
(10) 합성수지류

① 인화성 고체 : 제2류 위험물

기억법 **특가고액**

답 ①

**23** **다음 재료의 화재성상에 관한 설명 중 옳지 아니한 것은?**

① 나일론은 지속적인 연소가 어렵고 용융하여 망울이 되며 용융점은 160~260℃이다.
② 폴리에스텔은 쉽게 연소되고 256~292℃에서 연화(軟化)하여 망울이 된다.
③ 모(毛)는 연소시키기 쉽고, 연소속도가 빨라 면에 비해 소화하기 어렵다.
④ 아세테이트는 불꽃을 일으키기 전에 연소하여 용융한다.

해설 **모**
(1) 연소시키기 어렵다.
(2) 연소속도가 느리나 한번 불이 붙으면 면에 비해 소화하기 어렵다.

답 ③

**24** **화재위험성이 가장 낮은 것은?**

① 식물성 섬유 ② 동물성 섬유
③ 합성섬유 ④ 레이온

해설 **동물성 섬유** : 섬유 중 화재위험성이 가장 낮다.

답 ②

**25** **플라스틱 재료와 그 특성에 관한 대비로 옳은 것은?**

① PVC 수지－열가소성
② 페놀수지－열가소성
③ 폴리에틸렌수지－열경화성
④ 멜라민수지－열가소성

해설 **합성수지**의 **화재성상**

| 열가소성 수지 | 열경화성 수지 |
|---|---|
| ① PVC 수지<br>② 폴리에틸렌수지<br>③ 폴리스틸렌수지 | ① 페놀수지<br>② 요소수지<br>③ 멜라민수지 |

용어

| 열가소성 수지 | 열경화성 수지 |
|---|---|
| 열에 의해 변형되는 수지 | 열에 의하여 변형되지 않는 수지 |

기억법 **열가P폴**

답 ①

**26** **버너의 불꽃을 제거한 때부터 불꽃을 올리지 아니하고 연소하는 상태가 그칠 때까지의 경과시간은?**

① 방진시간
② 방염시간
③ 잔진시간(잔신시간)
④ 잔염시간

해설

| 잔진시간(잔신시간) | 잔염시간 |
|---|---|
| 버너의 **불꽃**을 제거한 때부터 **불꽃을 올리지 아니하고** 연소하는 상태가 그칠 때까지의 경과시간 | 버너의 **불꽃**을 제거한 때부터 **불꽃을 올리며** 연소하는 상태가 그칠 때까지의 경과시간 |

기억법 **잔진아**

답 ③

**27** **섬유용 방염제(防炎劑)의 조건으로 적당하지 않은 것은?**

① 1회 세탁으로도 방염제가 완전히 씻겨져야 한다.
② 방염효과가 빨리 변하지 않아야 한다.
③ 비교적 용이하게 방염가공될 수 있어야 한다.

④ 방염처리한 물품이 경화, 변질, 퇴색되지 않아야 한다.

해설 세탁하여도 방염제는 쉽게 씻겨지지 않아야 한다.

※ **방염제** : 연소하기 쉬운 재료를 연소하기 어렵게 만드는데 사용되는 약제

답 ①

★
**28** 다음의 고분자물질 중 산소지수(LOI)가 가장 큰 것은 어느 것인가?

① 폴리에틸렌 ② 폴리프로필렌
③ 폴리스틸렌 ④ 폴리염화비닐

해설 **고분자물질의 산소지수**

| 고분자물질 | 산소지수 |
|---|---|
| 폴리에틸렌 | 17.4% |
| 폴리스틸렌 | 18.1% |
| 폴리프로필렌 | 19% |
| 폴리**염**화비닐 | 45% |

기억법 **고산염**

※ **산소지수**(LOI) : 가연물을 수직으로 하여 가장 윗부분에 착화하여 연소를 계속 유지시킬 수 있는 최소산소농도

답 ④

★★
**29** 연료로 사용하는 가스에 관한 설명 중 옳지 않은 것은?

① 도시가스 · LNG · LPG는 모두 공기보다 무겁다.
② $1m^3$의 도시가스를 완전연소시키는데 실제 필요한 공기량은 $4\sim5m^3$ 정도이다.
③ 메탄의 폭발범위는 공기 중에서의 농도가 5~15% 정도이다.
④ 부탄의 폭발범위는 공기 중에서의 농도가 1.8~8.4% 정도이다.

해설 도시가스, LNG(액화천연가스)는 공기보다 가볍다.

참고

| 종류 | 주성분 | 증기비중 |
|---|---|---|
| **도**시가스<br>액화천연가스(LNG) | • **메**탄($CH_4$) | 0.55 |
| 액화석유가스(L**P**G) | • **프**로판($C_3H_8$) | 1.51 |
| | • **부**탄($C_4H_{10}$) | 2 |

증기비중이 1보다 작으면 공기보다 가볍다.

기억법 **도메, P프부**

답 ①

**30** 순수한 프로판가스의 화학적 성질로 틀린 것은?

① 휘발유 등 유기용매에 잘 녹는다.
② 액화하면 물보다 가볍다.
③ 독성이 없는 가스이다.
④ 무색으로 독특한 냄새가 있다.

해설 **액화석유가스(LPG)의 화재성상**

(1) 주성분은 **프로판**($C_3H_8$)과 **부탄**($C_4H_{10}$)이다.
(2) 무색, 무취하다.
(3) 독성이 없는 가스이다.
(4) 액화하면 물보다 가볍고, 기화하면 **공기보다 무겁다**.
(5) 휘발유 등 **유기용매**에 잘 녹는다.
(6) 천연고무를 잘 녹인다.
(7) 공기중에서 쉽게 연소, 폭발한다.

답 ④

**31** 액화석유가스(LPG)에 대한 성질을 설명한 것으로 틀린 것은?

① 무색, 무취이다.
② 물에는 녹지 않으나 유기용매에 용해된다.
③ 공기 중에서 쉽게 연소 · 폭발하지 않는다.
④ 천연고무를 잘 녹인다.

해설 문제 30 참조

③ 공기중에서 쉽게 연소, 폭발한다.

답 ③

★★
**32** 프로판가스의 최소정전기 점화에너지는 일반적으로 몇 mJ 정도 되는가?

① 0.3 ② 30 ③ 50 ④ 100

해설 최소발화에너지

| 가연성 가스 | 최소발화에너지 |
|---|---|
| 2유화염소 | $1.5\times10^{-5}$J (0.015mJ) |
| 수소 | $2.0\times10^{-5}$J (0.02mJ) |
| 아세틸렌 | $3\times10^{-5}$J (0.03mJ) |
| 에틸렌 | $9.6\times10^{-5}$J (0.096mJ) |
| 메탄올 | $21\times10^{-5}$J (0.21mJ) |
| **프**로판 | $30\times10^{-5}$J (**0.3**mJ) |
| 메탄 | $33\times10^{-5}$J (0.33mJ) |
| 에탄 | $42\times10^{-5}$J (0.42mJ) |
| 벤젠 | $76\times10^{-5}$J (0.76mJ) |
| 헥산 | $95\times10^{-5}$J (0.95mJ) |

최소발화에너지 = 최소정전기 점화에너지

기억법 **프03**

※ **최소정전기 점화에너지** : 국부적으로 온도를 높이는 전기불꽃과 같은 점화원에 의해 점화될 때의 에너지 최소값

답 ①

**33** 다음 중 나프타 분해방식에 의한 도시 가스의 주성분은?

① L. N. G　　② L. P. G
③ 메탄　　④ 가솔린

해설 **문제 29 참조**

답 ③

**34** 다음 중 옳지 않은 것은?

① 나프타를 분해하여 제조한 도시가스는 공기보다 무거우므로 가스경보기는 가스기구의 직하부에 설치한다.
② 저유탱크 주변의 둑은 화재시에 재난의 확대를 방지하기 위한 것이다.
③ 어떤 금속의 분진은 공기중에 부유하고 있을 때 농도에 따라서 폭발하는 것도 있다.
④ 금속분의 화재시에 주수에 의한 소화방법은 오히려 위험할 수 있다.

해설 **문제 29 참조**
① 나프타를 분해하여 제조한 도시가스는 **공기보다 가벼우므로** 가스경보기는 가스기구의 **직상부**에 설치한다.

※ **나프타**(Naphtha) : 원유증류시 생산되는 비점 **200℃** 이하의 유분

답 ①

# 출제경향분석

CHAPTER
02

# 방화론

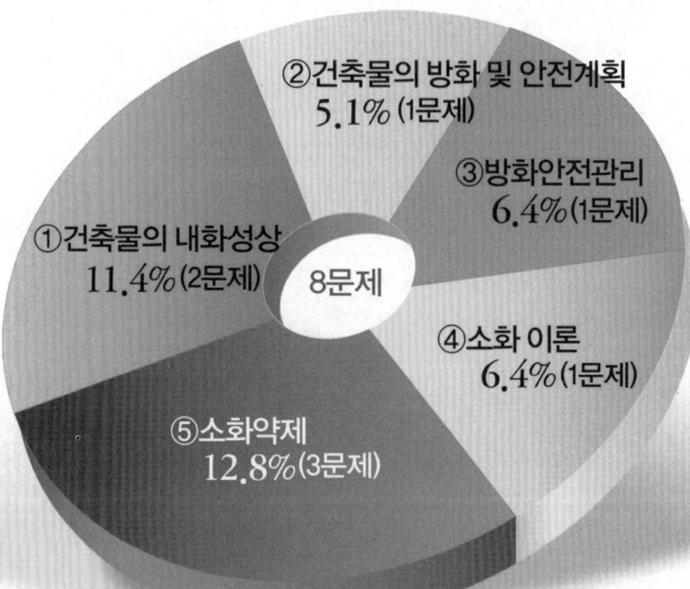
②건축물의 방화 및 안전계획
5.1% (1문제)
③방화안전관리
6.4%(1문제)
①건축물의 내화성상
11.4%(2문제)
8문제
④소화 이론
6.4%(1문제)
⑤소화약제
12.8%(3문제)

# 1. 건축물의 내화성상

출제확률 11.4% (2문제)

★

**01** 건축물에 화재가 발생할 때 연소확대를 방지하기 위한 계획에 해당되지 않는 것은?

① 수직계획 ② 입면계획
③ 수평계획 ④ 용도계획

해설 **연소확대방지**를 위한 **방화계획**
(1) **수평**구획(면적단위)
(2) 수**직**구획(층단위)
(3) **용**도구획(용도단위)

참고

**건축물의 방재기능 설정요소**
① 부지선정, 배치계획
② 평면계획
③ 단면계획
④ 입면계획
⑤ 재료계획

기억법 **연수평직용**

답 ②

**02** 다음 사항 중 건물 내부에서 연소확대 방지수단이 아닌 것은?

① 방화구획
② 날개벽설치
③ 방화문설치
④ 건축설비(duct)에의 연소방지조치

해설 **건물내부**의 **연소확대 방지수단**
(1) 방화구획
(2) 방화문설치
(3) 건축설비(duct)에의 연소방지

답 ②

**03** 내화구조에 대한 설명으로 옳지 않은 것은?

① 철근콘크리트조, 연와조, 기타 이와 유사한 구조
② 화재시 쉽게 연소가 되지 않는 구조를 말한다.
③ 화재에 대하여 상당한 시간동안 구조상 내력이 감소되지 않아야 한다.
④ 보통 방화구획 밖에서 진화되어 인접부분에 화기의 전달이 되어야 한다.

해설 ④ 방화구조에 대한 설명이다.

**내화구조**

| | |
|---|---|
| 정의 | ① 수리하여 재사용할 수 있는 구조<br>② 화재시 쉽게 연소되지 않는 구조<br>③ 화재에 대하여 상당한 시간동안 구조상 내력이 감소되지 않는 구조 |
| 종류 | ① **철**근콘크리트조<br>② **연**와조<br>③ **석**조 |

기억법 **내철연석**

답 ④

★★★

**04** 다음 중 내화구조로 옳은 것은?

① 두께 1.2cm 이상의 석고판 위에 석면시멘트판을 붙인 것
② 철근콘크리트조의 벽으로서 두께가 10cm 이상인 것
③ 철망모르타르 바르기로서 두께가 2cm 이상인 것
④ 심벽에 흙으로 맞벽치기 한 것

해설 **내화구조**
(1) 철근콘크리트조로서 두께 **10cm** 이상의 벽
(2) 철골, 철근콘크리트조로서 두께 **10cm** 이상인 바닥
(3) 두께 **5cm** 이상의 콘크리트로 덮은 보
(4) 철골을 두께 **5cm** 이상의 콘크리트로 덮은 기둥

① 해당사항 없음
③④ 방화구조의 기준

답 ②

**05** 철근콘크리트조로서 내화성능을 갖는 벽의 기준은 두께 몇 cm 이상인가?

① 10 ② 15
③ 20 ④ 25

해설 **문제 4 참조**

① **철근콘크리트조** : 두께 **10cm** 이상의 **벽**

답 ①

**06** 내화구조의 철근콘크리트조 기둥은 그 작은 지름을 최소 몇 cm 이상으로 하는가?

① 10 ② 15
③ 20 ④ 25

해설 **피난 · 방화구조 3조**
**내화구조(기둥)의 기준** : 소경 **25cm** 이상
(1) 철골을 두께 **5cm** 이상의 **콘크리트**로 덮은 것
(2) 철골을 두께 **6cm** 이상의 **철망모르타르**로 덮은 것
(3) 철골을 두께 **7cm** 이상의 **콘크리트 블록 · 벽돌** 또는 **석재**로 덮은 것

소경 : **"작은 지름"**을 의미한다.

답 ④

**07** 건축물의 내화구조라고 할 수 없는 것은?
① 철골재의 계단
② 철재로 보강된 벽돌조의 지붕
③ 철근콘크리트조로서 두께 10cm 이상의 벽
④ 철골 · 철근콘크리트조로서 두께 5cm 이상의 바닥

해설 **문제 4 참조**

④ **철골 · 철근콘크리트조**로서 두께 **10cm** 이상의 **바닥**

답 ④

**08** 다음 중 내화구조 벽의 기준으로 틀린 것은?
① 철근콘크리트조 또는 철골콘크리트조로서 두께가 5cm 이상인 것
② 골구를 철골조로 하고 그 양면을 두께 4cm 이상의 철망모르타르로 덮은 것
③ 골구를 철골조로 하고 그 양면을 두께 5cm 이상의 콘크리트블록, 벽돌 또는 석재로 덮은 것
④ 철재로 보강된 콘크리트 블록조, 벽돌조 또는 석조로서 철재에 덮은 두께가 5cm 이상인 것

해설 **문제 4 참조**

① 철근콘크리트조 또는 철골콘크리트조로서 두께가 **10cm** 이상인 것

답 ①

**09** 화재에 대한 내력이 없더라도 화재시 건축물의 인접부분에 연소를 차단할 수 있는 정도의 구조는?
① 내화구조
② 방화구조
③ 절연구조
④ 피난구조

해설

| 구분 | 내화구조 | 방화구조 |
|---|---|---|
| 정의 | 수리하여 재사용할 수 있는 구조 | 화재시 건축물의 인접부분에로의 연소를 차단할 수 있는 구조 |
| 종류 · 구조 | • 철근콘크리트조<br>• 연와조<br>• 석조 | • 철망모르타르 바르기<br>• 회반죽 바르기 |

답 ②

**10** 방화구조를 바르게 나타낸 것은?
① 철망모르타르 바르기로서 두께가 2cm 이상인 것
② 석고판 위에 시멘트모르타르를 바른 것으로서 두께가 2cm 이상인 것
③ 두께 1cm 이상의 석고판 위에 석면시멘트판을 붙인 것
④ 두께 2cm 이상의 암면보온판을 붙인 것

해설 **방화구조**의 **기준**
(1) **철**망모르타르 바르기로서 두께가 **2cm** 이상인 것
(2) **석**고판 위에 **시**멘트모르타르를 바른 것으로서 두께가 **2.5cm** 이상인 것

기억법 **방출2**
**방석시25**

답 ①

**11** 철망모르타르로서 그 바름두께가 최소 몇 cm 이상이면 방화구조로 보는가?
① 1 ② 2
③ 3 ④ 4

해설 **문제 10 참조**

② 철망모르타르 바르기로서 두께 **2cm** 이상인 것

답 ②

**12** 방화구조에 대한 기준으로 틀린 것은?
① 철망모르타르로서 그 바름두께가 2cm 이상인 것
② 두께 2.5cm 이상의 시멘트 모르타르 위에 타일을 붙인 것
③ 두께 2cm 이상의 암면보온판 위에 석면시멘트판을 붙인 것
④ 심벽에 흙으로 맞벽치기 한 것

해설 **문제 10 참조**

③ 해당 없음

답 ③

**13** 주요구조부가 내화구조로 된 건축물에서 거실 각 부분으로부터 하나의 직통계단에 이르는 보행거리는 피난자의 안전상 몇 m 이내이어야 하는가?

① 50 ② 60
③ 70 ④ 80

해설 **건축령 34조**
**직**통계단의 설치거리

| 구분 | 보행거리 |
|---|---|
| 일반건축물 | **30m** 이하 |
| 16층 이상인 공동주택 | **40m** 이하 |
| **내**화구조 또는 불연재료로 된 건축물 | **5**0m 이하 |

기억법 **직내5**

답 ①

**14** 불연재료로 분류되지 않는 것은?

① 벽돌 ② 기와
③ 유리 ④ 철근콘크리트

해설

| 구분 | 불연재료 | 준불연재료 | 난연재료 |
|---|---|---|---|
| 정의 | 불에 타지 않는 재료 | 불연재료에 준하는 방화성능을 가진 재료 | 불에 잘 타지 아니하는 성능을 가진 재료 |
| 종류 | ① 콘크리트<br>② 석재<br>③ 벽돌<br>④ 기와<br>⑤ 유리 (그라스울)<br>⑥ 철강<br>⑦ 알루미늄<br>⑧ 모르타르<br>⑨ 회 | ① 석고보드<br>② 목모시멘트판 | ① 난연 합판<br>② 난연 플라스틱판 |

④ 내화구조

답 ④

**15** 다음 건축재료 중에서 불연재료가 아닌 것은?

① 석면슬레이트
② 석고보드
③ 그라스울
④ 모르타르

해설 **문제 14 참조**

② 석고보드 : 준불연재료

답 ②

**16** 건물 내부의 내장재를 불연재료 등으로 하지 않아도 되는 건물은?

① 숙박시설 ② 집회시설
③ 의료시설 ④ 창고시설

④ 사람이 자주 출입하는 장소에는 **내화구조** 및 내장재를 **불연재료**로 하여야 한다. **주차장**, **창고시설** 등은 사람이 자주 출입하는 장소는 아니다.

기억법 **내주창**

답 ④

**17** 특수건축물 중에서 용도 또는 규모에 따라 주요구조부를 내화구조로 설계, 시공하여야 할 건축물이 아닌 것은?

① 백화점 ② 병원
③ 호텔 ④ 주차장

해설 **문제 16 참조**

답 ④

**18** 목조건축물에 설치하는 방화벽의 구조로서 적당치 않은 것은?

① 방화구조이어야 한다.
② 자립할 수 있는 구조이어야 한다.
③ 방화벽의 상단은 지붕면으로부터 0.5m 이상 튀어나오게 한다.
④ 방화벽을 관통하는 틈은 불연재료로 메워야 한다.

해설 **방화벽의 구조**

(1) **내화구조**로서 홀로 설 수 있는 구조일 것
(2) 방화벽의 양쪽 끝과 위쪽 끝을 건축물의 외벽면 및 지붕면으로부터 **0.5m** 이상 **튀**어 나오게 할 것
(3) 방화벽에 설치하는 **출**입문의 너비 및 높이는 각각 **2.5m** 이하로 하고, 해당 출입문에는 60분+방화문 또는 60분 방화문을 설치할 것
(4) 방화벽을 관통하는 틈은 **불연재료**로 메워야 한다.

① 내화구조이어야 한다.

기억법 **방5튀, 방출25**

답 ①

**19** 화재시 상당한 시간 동안 연소를 차단할 수 있도록 하기 위하여 방화구획선상 또는 방화벽의 개구부 부분에 설치하는 것은?

① 덕트 ② 경계벽
③ 셔터 ④ 방화문

해설 **방화문** : 화재시 상당한 시간 동안 연소를 차단할 수 있도

록 하기 위하여 방화구획선상 또는 방화벽의 개구부 부분에 설치하는 것

답 ④

★
**20** 방화문에 관한 설명 중 옳지 않은 것은 어느 것인가?

① 방화문은 직접 손으로 열 수 있어야 한다.
② 60분 방화문은 연기 및 불꽃을 차단할 수 있는 시간이 60분 이상인 방화문을 말한다.
③ 30분 방화문은 연기 및 불꽃을 차단할 수 있는 시간이 30분 이상 60분 미만인 방화문을 말한다.
④ 피난계단에 설치하는 방화문에 한해 자동폐쇄장치가 된다.

해설 **방화문**
① 직접 손으로 열 수 있을 것
② 자동으로 닫히는 구조(자동폐쇄장치)일 것

참고

**방화문**의 **구분**(건축령 64조)

| 60분+방화문 | 60분 방화문 | 30분 방화문 |
|---|---|---|
| 연기 및 불꽃을 차단할 수 있는 시간이 60분 이상이고, 열을 차단할 수 있는 시간이 30분 이상인 방화문 | 연기 및 불꽃을 차단할 수 있는 시간이 60분 이상인 방화문 | 연기 및 불꽃을 차단할 수 있는 시간이 30분 이상 60분 미만인 방화문 |

답 ④

**21** 주요구조부가 내화구조 또는 불연재료로 된 건축물로서 연면적이 1000m²를 넘는 것은 내화구조로 된 바닥, 벽 및 60분+방화문 또는 60분 방화문으로 구획하여야 한다. 다음 중 용도상 불가피하여도 내화구조로 된 바닥, 벽 및 60분+방화문 또는 60분 방화문으로 반드시 구획하여야 하는 것은?

① 강당 ② 단독주택
③ 승강기의 승강로 ④ 건축물의 최하층

해설 **건축물의 최하층** : 반드시 내화구조로 된 바닥, 벽 및 60분+방화문 또는 60분 방화문으로 구획하여야 한다.(건축령 46조)

답 ④

**22** 연면적이 몇 m² 이상인 목조의 건축물은 그 구조를 방화구조로 하거나 불연재료로 하여야 하는가?

① 300m² ② 500m²
③ 1000m² ④ 1500m²

해설 **건축령 57조 ③항**
연면적이 **1000m²** 이상인 **목**조의 건축물은 국토교통부령이 정하는 바에 따라 그 구조를 **방화구조**로 하거나 **불연재료**로 하여야 한다.

기억법 **1목방불**

답 ③

★★★
**23** 건축물의 주요구조부가 아닌 것은 어느 것인가?

① 바닥 ② 보
③ 주계단 ④ 사잇기둥

해설 **주요구조부**
(1) **내력벽**
(2) **보**(작은 보 제외)
(3) **지붕틀**(차양 제외)
(4) **바닥**(최하층 바닥 제외)
(5) **주계단**(옥외계단 제외)
(6) **기둥**(사잇기둥 제외)

※ **주요구조부** : 건물의 구조 내력상 주요한 부분

기억법 **벽보지 바주기**

답 ④

**24** 건축물의 주요구조부가 아닌 것은?

① 간벽 ② 보
③ 기둥 ④ 바닥

해설 **+문제 23 참조**

답 ①

**25** 건축물의 구조는 화재예방상 중요하다. 다음 중 건축물의 주요구조부에 해당되지 않는 것은?

① 기둥 ② 작은 보
③ 지붕틀 ④ 주계단

해설 **문제 23 참조**

답 ②

**26** 건물의 구조내력상 주요한 부분이 아닌 것은?

① 기초 ② 지붕틀
③ 주계단 ④ 내력벽

해설 **문제 23 참조**

답 ①

**27** 내력벽, 기둥, 바닥, 보, 지붕틀 및 주계단은?

① 내화구조부 ② 건축설비부
③ 보조구조부 ④ 주요구조부

해설 **문제 23 참조**

답 ④

★
**28** 방화상 유효한 구획 중 일정규모 이상이면 건축물에 적용되는 방화구획을 하여야 한다. 다음 중에서 구획 종류가 아닌 것은?

① 면적단위 ② 층단위
③ 용도단위 ④ 수용인원단위

해설 **방화구획**의 **종류**
(1) **층**단위(수직구획) (2) **용**도단위(용도구획)

(3) **면**적단위(수평구획)

**기억법** 방층용면

답 ④

★★

**29** 방화지구내에 있는 건축물의 외벽의 개구부로서 연소의 우려가 있는 부분의 방화설비가 아닌 것은?

① 60분+방화문 또는 60분 방화문
② 환기구멍에 설치하는 불연재료로 된 방화커버
③ 드렌처설비
④ 스프링클러설비

해설 **개구부**에 설치하는 **방화설비**
(1) 60분+방화문 또는 60분 방화문
(2) 창문 등에 설치하는 **드렌처**(drencher)
(3) 환기구멍에 설치하는 불연재료로 된 방화커버 또는 그물눈 **2mm** 이하인 금속망
(4) 해당 창문 등과 연소할 우려가 있는 다른 건축물의 부분을 차단하는 내화구조나 불연재료로 된 벽·담장 기타 이와 유사한 방화설비

④ 소화설비

답 ④

**30** 건축물의 방화계획시 피난계획과 직접적인 관계가 없는 것은?

① 건물의 층고
② 공조설비
③ 옥내소화전의 위치
④ 연결송수관 방수구의 위치

해설 건축물의 **방화계획시 피난계획**
(1) 공조설비
(2) 건물의 층고
(3) 옥내소화전의 위치
(4) 화재탐지와 통보

답 ④

**31** 건축물의 방화계획과 직접적인 관계가 없는 것은?

① 건물의 층고
② 건물과 소방대와의 거리
③ 계단의 폭
④ 통신시설

해설 **건축물**의 **방화계획**과 직접적인 관계가 있는 것
(1) 건물의 층고
(2) 건물과 소방대와의 거리
(3) 계단의 폭

답 ④

**32** 고층건물의 방화계획시 고려해야 할 사항으로 현실성이 가장 먼 것은?

① 발화요인을 줄인다.
② 화재확대방지를 위해 구획한다.
③ 자동소화장치를 설치한다.
④ 피난을 위해 거실을 분산한다.

해설 피난을 위해 **2방향**의 **통로**를 확보한다.

답 ④

**33** 화재발생시 인명피해방지를 위한 건축물로서 적합한 것은?

① 피난구조설비가 없는 건축물
② 특별피난계단의 구조로 된 건축물
③ 피난기구가 관리되고 있지 않은 건축물
④ 피난구의 폐쇄 및 피난구 유도등이 미비되어 있는 건축물

해설 화재발생시 인명피해방지를 위해서는 **특별피난계단**의 구조로 된 건축물이 적합하다.

답 ②

★★★

**34** 일반건축물에서 가연성의 건축구조재와 가연성 수용물의 양으로서 건물화재시 발열량 및 화재위험성을 나타내는 용어는?

① 연소하중
② 대형화재위험도
③ 화재하중
④ 발화하중

해설 **화재하중**($kg/m^2$)
(1) 가연물 등의 연소시 건축물의 붕괴 등을 고려하여 설계하는 하중
(2) 화재실 또는 화재구획의 단위면적당 가연물의 양
(3) 일반건축물에서 가연성의 건축구조재와 가연성수용물의 양으로서 건물화재시 **발열량** 및 **화재위험성**을 나타내는 용어
(4) 건물화재에서 가열온도의 정도를 의미한다.
(5) 건물의 내화설계시 고려되어야 할 사항이다.
(6) 단위 면적당 건물의 가연성 구조를 포함한 양으로 정한다.

답 ③

**35** 건축물의 방재계획에서 건축구조에 내화 및 방화성능을 부여해야 하는 이유로 가장 적당한 것은?

① 화재시 구조 자체가 붕괴되면 그 건축물이 내장하고 있는 모든 방재적 기능이 소멸하기 때문이다.
② 화재를 진화한 후에 건축물을 다시 보수하여 화재하중을 적게 하기 위해서이다.
③ 건축물에 사용되어지는 가연물의 양을 제한하여 화재하중을 적게 하기 위해서이다.
④ 건축물의 구조를 견고히 하여 외부연소를 방지하고 방화를 예방하기 위해서이다.

해설 건축구조에 내화 및 방화성능을 부여하는 이유는 건축물에 사용되어지는 가연물의 양을 제한하여 **화재하중**을 적게 하기 위해서이다.

답 ③

**36** **화재하중에 대한 설명으로 옳지 않은 것은?**

① 건물화재에서 가열온도의 정도를 의미한다.
② 단위면적당 건물의 가연성 구조를 제외한 양으로 정한다.
③ 건물의 내화설계시 고려되어야 할 사항이다.
④ 건물의 연소속도와는 관계가 없다.

해설 **문제 34 참조**

② 단위면적당 건물의 가연성 구조를 포함한 양으로 정한다. 건물의 **연소속도**는 화재하중과 관계가 있는 것이 아니고 건물의 **환기인자**와 관계가 있다. 거듭 주의하라!

답 ②

**37** **화재실 혹은 화재공간의 단위바닥면적에 대한 등가가연물량의 값을 화재하중이라 하며 식으로 $Q=\Sigma(G_t \cdot H_t)/H \cdot A$와 같이 표현할 수 있다. 여기서 $H$는 무엇을 나타내는가?**

① 목재의 단위발열량
② 가연물의 단위발열량
③ 화재실 내 가연물의 전체발열량
④ 목재의 단위발열량과 가연물의 단위발열량을 합한 것

해설 **화재하중**

$$q=\frac{\Sigma G_t H_t}{HA}=\frac{\Sigma Q}{4500A}$$

여기서,
$q$ : 화재하중[kg/m$^2$]
$G_t$ : 가연물의 양[kg]
$H_t$ : 가연물의 단위중량당 발열량[kcal/kg]
$H$ : 목재의 단위중량당 발열량[kcal/kg]
$A$ : 바닥면적[m$^2$]
$\Sigma Q$ : 가연물의 전체발열량[kcal]

① 목재의 단위발열량=목재의 단위중량당 발열량

답 ①

**38** **화재강도(Fire intensity)와 관계가 없는 것은?**

① 가연물의 비표면적
② 점화원 또는 발화원의 온도
③ 화재실의 구조
④ 가연물의 배열상태

해설 **화재강도**(Fire intensity)에 영향을 미치는 인자
(1) 가연물의 비표면적
(2) 화재실의 구조
(3) 가연물의 배열상태

용어

**화재강도**
열의 집중 및 방출량을 상대적으로 나타낸 것 즉, 화재의 온도가 높으면 화재강도는 커진다.

답 ②

# 2. 건축물의 방화 및 안전계획

출제확률 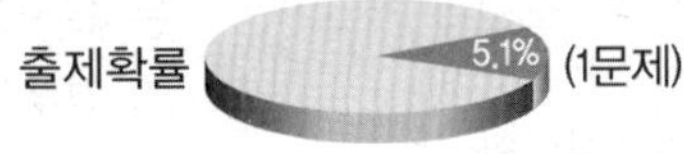 (1문제)


**01** 건물화재시 패닉(Panic)의 발생원인과 직접적인 관계가 없는 것은?

① 연기에 의한 시계제한
② 유독가스에 의한 호흡장해
③ 외부와 단절되어 고립
④ 건물의 가연 내장재

해설 **패닉**(Panic)의 **발생원인**
(1) 연기에 의한 시계제한
(2) 유독가스에 의한 호흡장해
(3) 외부와 단절되어 고립

용어

**패닉**
인간이 극도로 긴장되어 돌출행동을 하는 것

답 ④

★★★
**02** 건물 내부에서 화재가 발생하였을 때 피난시의 군집보행속도는 약 몇 m/s로 보는가?

① 0.5 ② 1.0 ③ 1.5 ④ 15.0

해설

| 자유보행속도 | 군집보행 |
|---|---|
| 0.5~2m/s | 1.0m/s |

기억법 자52

답 ②

★★
**03** 피난대책의 일반적인 원칙으로 옳지 않은 것은?

① 피난경로는 간단 명료하게 한다.
② 피난구조설비는 고정식 설비보다 이동식 설비를 위주로 설치한다.
③ 피난수단은 원시적 방법에 의한 것을 원칙으로 한다.
④ 2방향의 피난통로를 확보한다.

해설 **피난대책**의 일반적인 원칙
(1) 피난경로는 **간단 명료**하게 한다.
(2) 피난구조설비는 **고정식 설비**를 위주로 설치한다.
(3) 피난수단은 **원시적 방법**에 의한 것을 원칙으로 한다.
(4) **2방향**의 **피난**통로를 확보한다.
(5) 피난통로를 **완전불연화**한다.
(6) **화재층**의 **피난**을 **최우선**으로 고려한다.
(7) 피난시설 중 피난로는 **복도** 및 **거실**을 가리킨다.
(8) 인간의 **본능적 행동**을 무시하지 않도록 고려한다.
(9) 계단은 **직통계단**으로 할 것

답 ②

★
**04** 피난계획에 관한 다음 기술 중 적합치 않은 것은?

① 계단의 배치는 집중화를 피하고 분산한다.
② 피난동선에는 상용의 통로, 계단을 이용하도록 한다.
③ 방화구획은 단순 명확하게 하고, 가능한 한 세분화한다.
④ 계단은 화재시 연도로 되기 쉽기 때문에 직통계단으로 하지 않는 것이 좋다.

해설 **문제 3 참조**
화재시에는 엘리베이터를 이용할 수 없으므로 **계단**을 **직통계단**으로 하여 안전하게 피난할 수 있도록 조치하여야 한다.

※ **피난동선** : 복도 · 통로 · 계단과 같은 피난전용의 통행구조로서 '**피난경로**'라고도 부른다.

답 ④

★★
**05** 다음 중 건물내 피난동선의 조건으로 적합한 것은?

① 피난동선은 그 말단이 길수록 좋다.
② 피난동선의 한쪽은 막다른 통로와 연결되어 화재시 연소(燃燒)가 되지 않도록 하여야 한다.
③ 어느 곳에서도 2개 이상의 방향으로 피난할 수 있으며 그 말단은 화재로부터 안전한 장소이어야 한다.
④ 모든 피난동선은 건물중심부 한 곳으로 향하고 중심부에서 지면 등 안전한 장소로 피난할 수 있도록 하여야 한다.

해설 **피난동선**의 **특성**
(1) 가급적 **단순형태**가 좋다.
(2) **수평동선**과 **수직동선**으로 구분한다.
(3) 가급적 상호 반대방향으로 다수의 출구와 연결되는 것이 좋다.
(4) 어느 곳에서도 2개 이상의 방향으로 피난할 수 있으며, 그 말단은 화재로부터 안전한 장소이어야 한다.

답 ③

**06** 건물의 피난동선에 대한 설명으로 옳지 않은 것은?

① 피난동선은 가급적 단순형태가 좋다.
② 피난동선은 가급적 상호 반대방향으로 다수

의 출구와 연결되는 것이 좋다.
③ 피난동선은 수평동선과 수직동선으로 구분된다.
④ 피난동선이란 복도·계단·엘리베이터와 같은 피난전용의 통행구조를 말한다.

해설 **문제 4, 5 참조**

> ④ 피난동선 : 복도·통로·계단과 같은 피난전용의 통행구조

답 ④

☆
**07** **불의 화재발생시 인간의 피난특성으로 틀린 것은?**

① 무의식중에 평상시 사용하는 출입구나 통로를 사용한다.
② 화재의 공포감으로 인하여 빛을 피해 어두운 곳으로 몸을 숨긴다.
③ 화염, 연기에 대한 공포감으로 발화의 반대방향으로 이동한다.
④ 화재시 최초로 행동을 개시한 사람을 따라 전체가 움직이는 경향이 있다.

해설

> ② 지광본능 : 화재의 공포감으로 인해서 빛을 따라 외부로 달아나려고 한다.

 중요

**화재발생시 인간의 피난특성**

| 피난특성 | 설명 |
|---|---|
| 귀소본능 | ① **친숙한 피난경로**를 선택하려는 행동<br>② 무의식중에 평상시 사용하는 출입구나 통로를 사용하려는 행동 |
| 지광본능 | ① **밝은쪽**을 지향하는 행동<br>② 화재의 공포감으로 인하여 **빛**을 따라 외부로 달아나려고 하는 행동 |
| **퇴**피본능 | ① 화염, 연기에 대한 공포감으로 **발화**의 **반대방향**으로 이동하려는 행동 |
| 추종본능 | ① 많은 사람이 달아나는 방향으로 쫓아가려는 행동<br>② 화재시 최초로 행동을 개시한 사람을 따라 전체가 움직이려는 행동 |
| 좌회본능 | ① **좌측통행**을 하고 **시계반대방향**으로 회전하려는 행동 |

기억법 **퇴반**

답 ②

**08** **화재시 안전하게 대피하기 위한 피난로의 온도는 49~66℃를 넘지 않도록 설계시에 고려한다. 이 경우의 온도는 어느 곳을 기준으로 하는가?**

① 사람 머리위 허공높이
② 사람의 어깨높이
③ 건물바닥
④ 건물천장

해설 화재시 안전하게 대피하기 위한 피난로 온도는 **사람**의 **어깨높이**를 기준으로 **49~66**℃를 넘지 않도록 설계하여야 한다.

답 ②

**09** **방화진단의 중요성이 아닌 것은?**

① 화재발생 위험의 배제
② 도난사고 위험의 배제
③ 화재확대 위험의 배제
④ 피난통로의 확보

해설 **방화진단**의 **중요성**
(1) 화재발생 위험의 배제
(2) 화재확대 위험의 배제
(3) 피난통로의 확보

답 ②

☆☆
**10** **제연방식의 종류가 아닌 것은?**

① 자연 제연방식
② 흡입 제연방식
③ 기계 제연방식
④ 스모크타워 제연방식

해설 **제연방식**의 **종류**
(1) 자연 제연방식 : 건물에 설치된 창
(2) 스모크타워 제연방식
(3) 기계 제연방식
- 제1종 : **송풍기+배연기**
- 제2종 : **송풍기**
- 제3종 : **배연기**

> 기계제연방식=강제제연방식=기계식 제연방식

답 ②

**11** **연기를 옥외로 배출시키는 제연방식으로 옳지 않은 것은?**

① 자연 제연방식
② 스모크-타워 제연방식
③ 기계식 제연방식
④ 냉동설비를 이용한 제연방식

해설 **문제 10 참조**

답 ④

★★
**12** **제연에서 모니터(Monitor)라고 하는 것은?**

① 제연용 덕트(Duct)
② 톱니모양의 지붕창
③ 창살이나 옆은 유리창이 달린 지붕 위의 구조물
④ 외벽창

해설 **모니터**(Monitor) : 창살이나 옆은 유리창이 달린 지붕 위의 구조물

답 ③

**13** **다음 스모크타워(Smoke Tower)에 관한 설명 중 옳지 않은 것은?**

① Smoke Tower는 급기와 제연의 균형이 이루어져야 한다.
② 제연통의 제연구는 바닥부분에 설치하고, 급기통의 급기구는 천장부분에 설치한다.
③ 배기와 급기는 자연 급배기식과 기계식이 있다.
④ 제연통과 급기통은 피난계단 전실에서 연기와 와류하지 아니하고 유효하게 제연될 수 있도록 배치되어야 한다.

해설 ② 제연통의 제연구는 바닥에서 **윗쪽**에 설치하고, 급기통의 급기구는 **바닥부분**에 설치한다.

답 ②

**14** **호텔, 백화점 등의 고층건물 외부에 접해 있는 개구부에 설치하는 제연설비에 대한 설명으로 옳은 것은?**

① 20층 이상의 건축물에만 적용된다.
② 방화구획된 부분마다 1개소 이상의 제연구를 설치하여야 한다.
③ 제연설비는 강제급배기방식으로 하여야 한다.
④ 예비전원으로는 제연구가 가동되지 않아야 한다.

해설 ① 지하층 또는 무창층의 바닥면적이 **1000m²** 이상인 건축물에 적용된다.
② 피난통로의 구역마다 **제연구**를 설치하여야 한다.
③ 제연설비는 **강제급배기방식**으로 하여야 한다.
④ **예비전원**으로 제연구가 가동되어야 한다.

답 ③

**15** **고층건축물에서 연기의 제어 및 차단은 중요한 문제이다. 다음 중에서 연기제어의 기본방법이 아닌 것은?**

① 희석(dilution) ② 차단(confinement)
③ 배기(exhaust) ④ 공급(provision)

해설 **제연방법**

| 제연방법 | 설명 |
|---|---|
| **희석**(Dilution) | 외부로부터 신선한 공기를 대량 불어넣어 연기의 양을 일정농도 이하로 낮추는 것 |
| **배기**(Exhaust) | 건물내의 압력차에 의하여 연기를 외부로 배출시키는 것 |
| **차단**(Confinement) | 연기가 일정한 장소내로 들어오지 못하도록 하는 것 |

기억법 **제희배차**

답 ④

★★★
**16** **피난시설의 안전구획을 설정하는 데 해당되지 않는 것은?**

① 거실 ② 복도
③ 계단부속실(전실) ④ 계단

해설 **피난시설**의 **안전구획**

| 안전구획 | 설정장소 |
|---|---|
| 1차 안전구획 | **복도** |
| 2차 안전구획 | **부실**(계단전실) |
| 3차 안전구획 | **계단** |

※ **부실**(계단전실) : 계단으로 들어가는 입구부분

기억법 **복부계**

답 ①

**17** **건물의 화재시 피난자들의 집중으로 패닉(panic) 현상이 일어날 수 있는 피난방향은?**

해설 **피난형태**

| 형태 | 피난방향 | 상 황 |
|---|---|---|
| X형 | | **확실한 피난통로**가 보장되어 신속한 피난이 가능하다. |
| Y형 | | |

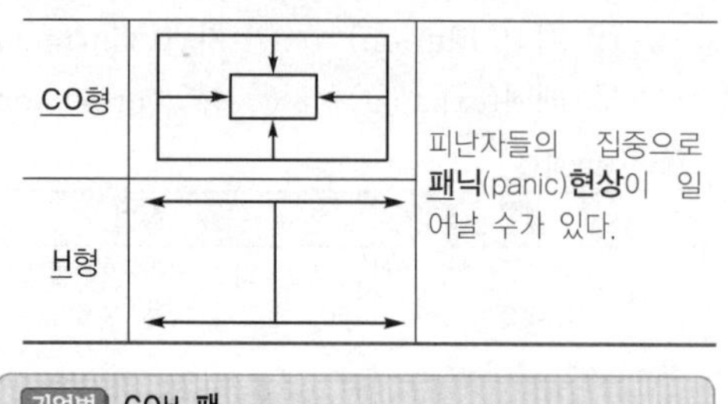

| CO형 | | 피난자들의 집중으로 **패닉**(panic)**현상**이 일어날 수가 있다. |
|---|---|---|
| H형 | | |

기억법 COH 패

답 ④

## 18 제연계획에서 부적당한 것은?

① 연소중에 있는 실의 개구부를 닫는다.
② 각 실에 배연구를 설치한다.
③ 제연을 위해 승강기용 승강로를 이용한다.
④ 공조 덕트계를 복도 가압으로 바꾼다.

③ 제연을 위해 승강기용 승강로를 이용하면 전층에 연기가 확산되므로 위험하다.

답 ③

★★
## 19 피뢰설비의 구조와 관련이 없는 것은?

① 접지전극 ② 도선
③ 정전기 제거봉 ④ 돌침부

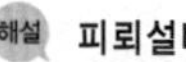

**피뢰설비**의 **구조**
(1) 돌출부(돌침부)
(2) 피뢰도선(인하도선)
(3) 접지전극

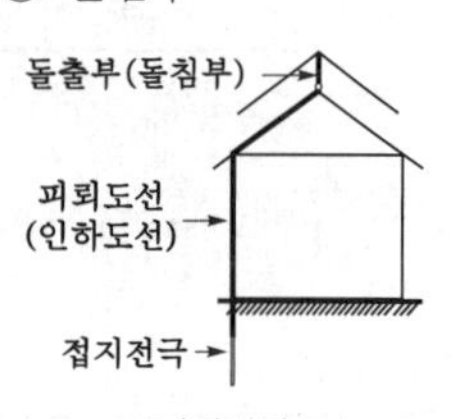

‖피뢰설비‖

답 ③

★
## 20 인화점이 40℃ 이하인 위험물을 저장, 취급하는 장소에 설치하는 전기설비는 방폭구조로 설치하는데, 용기의 내부에 기체를 압입하여 압력을 유지하도록 함으로써 폭발성가스가 침입하는 것을 방지한 구조는?

① 내압 방폭구조 ② 유입 방폭구조
③ 안전증 방폭구조 ④ 본질안전 방폭구조

해설 **방폭구조**의 **종류**

(1) **내압**(內壓) **방폭구조** : $P$
용기 **내**부에 질소 등의 보호용 가스를 충전하여 외부에서 폭발성 가스가 침입하지 못하도록 한 구조

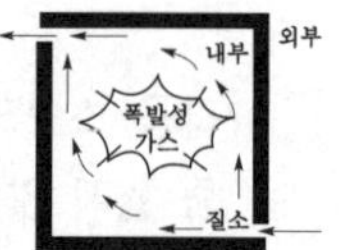


기억법 내내

(2) **유입 방폭구조** : $o$
전기불꽃, 아크 또는 고온이 발생하는 부분을 기름 속에 넣어 폭발성 가스에 의해 인화가 되지 않도록 한 구조

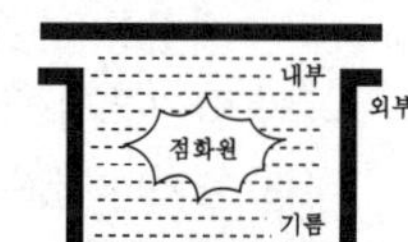


(3) **안전증 방폭구조** : $e$
기기의 정상운전중에 폭발성 가스에 의해 점화원이 될 수 있는 전기불꽃 또는 고온이 되어서는 안될 부분에 기계적, 전기적으로 특히 안전도를 증가시킨 구조

(4) **본질안전 방폭구조** : $i$
폭발성 가스가 단선, 단락, 지락 등에 의해 발생하는 전기불꽃, 아크 또는 고온에 의하여 점화되지 않는 것이 확인된 구조

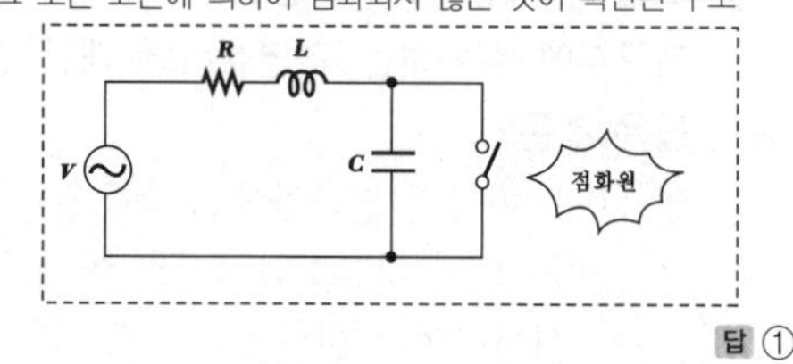


답 ①

# 3. 방화안전관리

**01** 건물화재의 초기소화를 위한 설비계획으로서 합당치 못한 것은?

① 옥내소화전 설비 ② 스프링클러 설비
③ 연결송수관 설비 ④ 소화기류

해설

| 초기 소화설비 | 본격 소화설비 |
|---|---|
| ① 소화기류<br>② 물분무 소화설비<br>③ 옥내소화전 설비<br>④ 스프링클러 설비<br>⑤ $CO_2$ 소화설비<br>⑥ 할론소화설비<br>⑦ 분말 소화설비<br>⑧ 포소화설비 | ① 소화용수설비<br>② 연결송수관설비<br>③ 연결살수설비<br>④ 비상용 엘리베이터<br>⑤ 비상콘센트 설비<br>⑥ 무선통신 보조설비 |

③ 본격소화설비

기억법 **본소용 연비무**

답 ③

**02** 화재가 발생했을 때 초기진화나 확대방지를 위한 대책이 아닌 것은?

① 스프링클러 설비
② 연결송수관 설비
③ 자동화재탐지설비
④ 60분+방화문 또는 60분 방화문 설비

해설 **문제 1 참조**

② 본격소화설비

답 ②

**03** 소위 화재예방 활동의 "3E"라고 부르는 3대 요소에 속하지 않는 것은 어느 것인가?

① 교육, 홍보 ② 법규의 시행
③ 기술 ④ 발화억제

해설 **화재예방활동**의 3E

| 설명 | 영문 |
|---|---|
| • 교육<br>• 홍보 | Education |
| • 법규의 시행<br>• 관리<br>• 단속 | Enforcement |
| • 기술<br>• 안전시설 | Engineering |

답 ④

**04** 소방안전관리를 위한 측면에서 볼 때 몇 m를 초과하는 건축물을 고층건물이라 하는가?

① 31 ② 27
③ 23 ④ 19

해설 **고층건축물** : **11층** 이상 또는 높이 **31m** 초과

답 ①

**05** 소방안전관리자의 업무가 아닌 것은?

① 소방계획의 작성 ② 화기취급 감독
③ 위험물취급 감독 ④ 소방시설의 유지관리

해설 **특정소방대상물의 관계인과 소방안전관리대상물의 소방안전관리자의 업무**(소방시설법 20)

| 특정소방대상물 (관계인) | 소방안전관리대상물 (소방안전관리자) |
|---|---|
| ① 피난시설 · 방화구획 및 방화시설의 유지 · 관리<br>② 소방시설, 그 밖의 소방 관련시설의 유지 · 관리<br>③ **화기취급**의 감독<br>④ 소방안전관리에 필요한 업무 | ① 피난시설 · 방화구획 및 방화시설의 유지 · 관리<br>② 소방시설, 그 밖의 소방 관련시설의 유지 · 관리<br>③ **화기취급**의 감독<br>④ 소방안전관리에 필요한 업무<br>⑤ **소방계획서**의 작성 및 시행(대통령령으로 정하는 사항 포함)<br>⑥ **자위소방대** 및 **초기대응체계**의 구성 · 운영 · 교육<br>⑦ 소방훈련 및 교육 |

③ 위험물 안전관리자의 업무

답 ③

**06** 화재시 소방기관에 대한 통보내용 중 중요 사항이 아닌 것은?

① 부상자 요(要)구조자의 유무와 위험물 고압가스의 유무
② 연소상황과 연소물질
③ 발화건물 등의 소재지와 명칭
④ 화재발생 시간

해설 화재발생시간은 ①~③항 보다는 그리 중요하지 않다.

답 ④

**07** 건물내의 방재센터내에 설치하는 설비, 기기 등과 관계없는 것은?

① C.R.T 표시장치
② 무선통신 보조설비의 누설 동축케이블
③ 소화펌프의 원격기동장치
④ 비상전원장치

해설 **방재센터**내의 설비, 기기
(1) C.R.T 표시장치
(2) 소화펌프의 원격기동장치
(3) 비상전원장치

※ **C.R.T 표시장치** : 화재의 발생을 감시하는 모니터

답 ②

**08** 안전관리와 관련하여 색광으로 상황을 나타내는 방법으로 타당하지 않은 것은?

① 녹색 – 안전, 구급 ② 백색 – 보안
③ 황색 – 주의 ④ 적색 – 위험, 방화

해설 ② 백색 : 안내

중요

안전관리 상황

| 표시색 | 안전관리 상황 |
|---|---|
| 녹색 | • 안전 · 구급 |
| **백**색 | • **안**내 |
| 황색 | • 주의 |
| 적색 | • 위험방화 |

기억법 **백안**

답 ②

**09** 거주, 집무, 작업, 집회, 오락, 기타 이와 유사한 목적을 위하여 사용하는 것은?

① 내실 ② 응접실
③ 거실 ④ 집무실

해설 **거실** : **거**주, 집무, 작업, 집회, 오락, 기타 이와 유사한 목적을 위하여 사용하는 곳

기억법 **거거**

답 ③

**10** 피난을 위한 시설물이라고 볼 수 없는 것은?

① 객석유도등 ② 내화구조
③ 방연커텐 ④ 특별피난계단 전실

해설 피난을 위한 시설물
(1) 객석유도등
(2) 방연커텐
(3) 특별피난계단 전실

답 ②

**11** 피난교의 폭은?

① 60cm 이상 ② 70cm 이상
③ 80cm 이상 ④ 100cm 이상

해설 피난교의 폭 : **60cm 이상**

참고

제연구획에서 제연경계의 폭은 **0.6m** 이상이고, 수직거리는 **2m** 이내이어야 한다.

답 ①

**12** 화재발생시 피난기구로서 직접 활용할 수 없는 것은?

① 완강기 ② 화재속보기
③ 수직강하식 구조대 ④ 구조대

해설 **피난기구**
(1) 피난사다리
(2) 구조대(경사강하식 구조대, 수직강하식 구조대)
(3) 완강기
(4) 소방청장이 정하여 고시하는 화재안전기준으로 정하는 것(미끄럼대, 피난교, 공기안전매트, 피난용 트랩, 다수인 피난장비, 승강식 피난기, 간이완강기, 하향식 피난구용 내림식 사다리)

답 ②

**13** 비상조명장치에 대한 설명이다. 틀린 것은?

① 5층 이상으로 연면적 3000m$^2$ 이상인 건축물은 설치대상이다.
② 바닥의 조도는 10럭스 이상이어야 한다.
③ 예비전원에 의한 조명이 가능한 구조이어야 한다.
④ 아파트, 기숙사 용도의 건축물에는 거실에 설치하지 아니할 수 있다.

해설 바닥의 조도는 **1럭스** 이상이어야 한다.

비상조명장치＝비상조명등

용어

**조도**
빛이 조명된 면에 닿는 정도를 말한다.

답 ②

**14** 소방용 배관에 사용되지 않는 것은?

① 배관용 탄소강관
② 흄관
③ 압력배관용 탄소강관
④ 이음매 없는 동 및 동합금관

**해설** **소방용 배관**
(1) 배관용 탄소강관
(2) 압력배관용 탄소강관
(3) 이음매 없는 동 및 동합금관
(4) 배관용 스테인리스강관 또는 일반배관용 스테인리스강관
(5) 덕타일 주철관
답 ②

**15** **화재부위의 온도를 측정하는데 적당한 것은?**

① 가이거 카운터(방사능계)
② 휘스톤브리지
③ 열전대
④ 수은온도계

**해설** **화재부위**의 **온도**를 **측정**하는 것
(1) 열전대
(2) 열반도체
답 ③

★★
**16** **가연성가스가 누출되었거나 아직 인화되지 않은 경우의 방호대책으로 틀린 것은 어느 것인가?**

① 밸브의 폐쇄 등으로 가스의 흐름을 차단시킨다.
② 누출지역에 물을 분사시켜 누출가스를 분사시킨다.
③ 배기팬을 작동시켜 누출가스를 방출시킨다.
④ 충분한 냉각수를 뿌려 탱크와 배관을 냉각시킴으로써 폭발위험을 제거시킨다.

**해설** 배기팬을 작동시키면 **전기불꽃**이 발생하여 이 불꽃에 의하여 **폭발**할 **위험**이 있으므로 매우 위험하다.
답 ③

**17** **문틈으로 연기가 새어 들어오는 화재를 발견할 때 안전대책으로 잘못된 것은?**

① 빨리 문을 열고 복도로 대피한다.
② 바닥에 엎드려 숨을 짧게 쉬면서 대피대책을 세운다.
③ 문을 열지 않고 수건이나 시트로 문틈을 완전히 밀폐한다.
④ 창문으로 가서 외부에 자신의 구원을 요청한다.

**해설** 급히 문을 열 경우 질식의 우려가 크므로 문틈을 완전히 밀폐하고 대피대책을 세운다.
답 ①

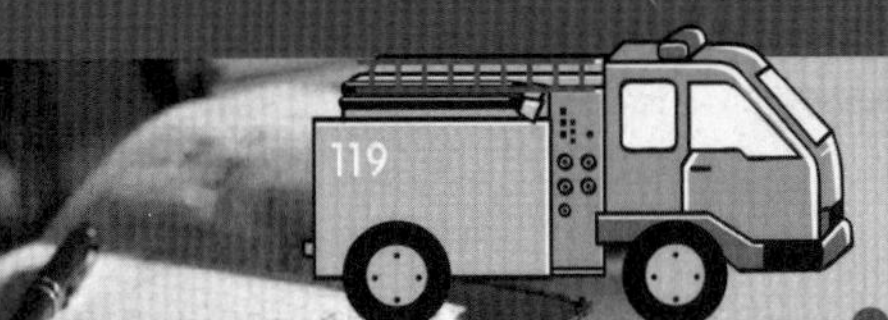

## 4. 소화이론

출제확률  9.1% (2문제)

★★★
**01** 연소의 3요소와 관계없는 것은?

① 점화원 ② 산소공급원
③ 가연물질 ④ 질소공급원

해설 **연소의 3요소**
① **가**연물질(연료)
② **산**소공급원(산소)
③ **점**화원(온도)

※ **연소** : 가연물이 공기 중의 산소와 반응하여 열과 빛을 동반하며 산화하는 현상

기억법 **가산점**

답 ④

**02** 다음 중 표면연소의 3대 요소라고 볼 수 없는 것은 어느 것인가?

① 온도 ② 산소
③ 연료 ④ 습도

해설 **문제 1 참조**

※ **표면연소** : 열분해에 의해 물질 그 자체가 연소하는 현상

답 ④

★★★
**03** 다음 기체 중 불연성가스에 해당되지 않는 것은?

① 수증기 ② 질소
③ 일산화탄소 ④ 아르곤

해설 **불연성가스**
(1) 수증기($H_2O$)
(2) 질소($N_2$)
(3) 아르곤(Ar) : 큰 소화효과는 기대할 수 없다.
(4) 이산화탄소($CO_2$)

③ 일산화탄소(CO) : 가연성가스

답 ③

**04** 다음 가스 중 불연성가스가 아닌 것은?

① $N_2$ ② $CO_2$
③ Ar ④ CO

해설 **문제 3 참조**

④ 가연성가스

답 ④

**05** 불연성가스에 의한 소화약제의 설명 중 타당하지 못한 것은?

① 질소는 수증기가 포함되지 않은 경우에 소화효과가 있다.
② 수증기는 그 자체만으로 소화효과가 있다.
③ 탄산가스는 질소보다 소화효과가 있다.
④ 아르곤도 소화효과를 볼 수 있다.

해설 **아르곤**(Ar)은 불연성가스이지만 큰 **소화효과**는 기대할 수 **없다**.

답 ④

**06** 다음의 가스 소화약제 중 소화효과가 가장 떨어지는 것은?

① 수증기 ② 이산화탄소
③ 질소 ④ 아르곤

해설 **문제 5 참조**

답 ④

★★
**07** 가연물질이 완전연소하면 어떤 물질이 발생하는가?

① 산소
② 물, 일산화탄소
③ 일산화탄소, 이산화탄소
④ 이산화탄소, 물

해설 **완**전연소시 발생물질
(1) **물**($H_2O$)
(2) **이산화탄소**($CO_2$)

가연물 = 가연물질

기억법 **완물이**

비교

**불완전연소시 발생물질**
(1) 물($H_2O$)
(2) 일산화탄소(CO)

답 ④

**08** 방출수단에 대한 설명으로 가장 적당한 것은?

① 액체화학반응을 이용하여 발생되는 열로 방출한다.
② 기체의 압력으로 폭발, 기화작용 등을 이용하여 방출한다.

③ 외기의 온도, 습도, 기염 등을 이용하여 방출한다.
④ 가스압력, 동력, 사람의 손 등에 의하여 방출한다.

해설 **소화약제**의 **방출수단**
(1) 가스압력($CO_2$, $N_2$ 등)
(2) 동력(전동기 등)
(3) 사람의 손

답 ④

**09** 소화의 원리에 해당하지 않는 것은?
① 산화제의 농도를 낮추어 연소가 지속될 수 없도록 한다.
② 가연성물질을 발화점 이하로 냉각시킨다.
③ 가열원을 계속 공급한다.
④ 화학적인 방법으로 화재를 억제시킨다.

해설 **소화**의 **형태**

| 소화형태 | 설명 |
|---|---|
| 냉각소화 | • **점화원**을 냉각시켜 소화하는 방법<br>• **증**발잠열을 이용하여 열을 빼앗아 가연물의 온도를 떨어뜨려 화재를 진압하는 소화<br>• 다량의 물을 뿌려 소화하는 방법<br>• 가연성물질을 **발화점 이하**로 **냉각** |
| 질식소화 | • 공기 중의 **산소농도**를 **16%**(10~15%) 이하로 희박하게 하여 소화<br>• 산화제의 농도를 낮추어 연소가 지속될 수 없도록 함<br>• 산소공급을 차단하는 소화방법 |
| 제거소화 | • **가연물**을 **제거**하여 소화하는 방법 |
| 부촉매소화<br>(=화학소화) | • **연쇄반응**을 **차단**하여 소화하는 방법<br>• 화학적인 방법으로 화재억제 |
| 희석소화 | • 기체·고체·액체에서 나오는 분해가스나 증기의 농도를 낮춰 소화하는 방법 |

③ 연소의 원리

기억법 **냉점증발, 질산**

답 ③

**10** 포말로 연소물을 감싸거나 불연성기체, 고체 등으로 연소물을 감싸 산소공급을 차단하는 소화방법은?
① 질식소화 ② 냉각소화
③ 피난소화 ④ 희석소화

해설 **문제 9 참조**

① 질식소화 : 산소공급 차단

답 ①

**11** 화재초기에 연소가 활발하지 않고 연기가 많이 발생할 단계에서 연소에 참여하는 공기중의 산소농도는 용적으로 몇 % 정도인가?
① 16~19% ② 20~30%
③ 8~10% ④ 5~7%

해설 **공기 중 산소농도**

| 구분 | 산소농도 |
|---|---|
| 체적비<br>(부피백분율) | 약 21% |
| 중량비<br>(중량백분율) | 약 23% |

② 그러므로 20~30%가 답이 된다.

답 ②

**12** 공기 중 산소농도를 몇 % 정도까지 감소시키면 연소상태의 중지 및 질식소화가 가능하겠는가?
① 10~15 ② 15~20
③ 20~25 ④ 25~30

해설 **문제 9 참조**

① 공기중 산소농도를 **10~15%(12~15%)** 정도까지 감소시키면 연소상태의 중지 및 질식소화가 가능하다.

중요

**산소농도**
(1) 공기중의 산소농도 : **21V%**
(2) 소화에 필요한 공기 중의 산소농도 : **10~15V%** (16V% 이하)

답 ①

**13** 다음 중 경유화재 발생시 연소를 정지시킬 수 있는 산소농도는 몇 % 이하일 때인가?
① 4% ② 10%
③ 15% ④ 18%

해설 **문제 9 참조**

답 ③

**14** 냉각소화시 소화약제로 물을 사용하는 것은 물의 어떤 성질을 이용한 것인가?
① 증발잠열 ② 용해열
③ 응고열 ④ 응축열

해설 **문제 9 참조**
냉각소화시 소화약제로 물을 사용하는 것은 물의 **증발잠열**(기화잠열)이 **539cal/g**으로 크기 때문이다.

답 ①

**15** **제거소화법과 전혀 관계가 없는 것은?**

① 산불의 확산방지를 위하여 산림의 일부를 벌채한다.
② 화학반응기의 화재시 원료공급관의 밸브를 잠근다.
③ 유류화재시 가연물을 포로 덮는다.
④ 유류탱크 화재시 옥외소화전을 사용하여 탱크외벽에 주수(注水)한다.

해설 **제거 소화방법**
① 산불의 확산방지를 위하여 **산림**의 **일부**를 **벌채**한다.
② 화학반응기의 화재시 원료공급관의 **밸브**를 **잠근다**.
③ 유류탱크 화재시 **옥외소화전**을 사용하여 **탱크외벽**에 **주수**(注水)한다.
④ 금속화재시 불활성물질로 가연물을 덮어 **미연소부분**과 **분리**한다.
⑤ 전기화재시 신속히 **전원**을 **차단**한다.
⑥ 목재를 **방염**처리하여 가연성기체의 생성을 억제·차단한다.

③ 질식소화

답 ③

**16** **희석소화방법에 속하지 아니한 것은?**

① 아세톤에 물을 다량으로 섞는다.
② 폭약 등의 폭풍을 이용한다.
③ 불연성기체를 화염 속에 투입하여 산소의 농도를 감소시킨다.
④ 팽창진주암으로 피복시킨다.

해설 **희석소화방법**
① **아세톤**에 **물**을 다량으로 섞는다.
② 폭약 등의 **폭풍**을 이용한다.
③ **불연성 기체**를 화염 속에 투입하여 **산소**의 **농도**를 **감소**시킨다.

④ 질식소화

답 ④

★★★

**17** **목재화재시 다량의 물을 뿌려 소화하고자 한다. 이때 가장 기대되는 소화효과는 어느 것인가?**

① 질식 소화효과 ② 냉각 소화효과
③ 부촉매 소화효과 ④ 희석 소화효과

해설 **물의 주수형태**

| 구분 | 봉상주수 | 무상주수 |
|---|---|---|
| 정의 | 대량의 물을 뿌려 소화하는 것 | 안개처럼 분무상으로 방사하여 소화하는 것 |
| 주된 효과 | **냉각소화**(냉각작용) | **질식효과**(질식작용) |

※ **무상주수** : 물의 소화효과를 가장 크게 하기 위한 방법

기억법 **봉냉무질**

답 ②

★

**18** **소화약제의 소화작용은 방사형태에 따라 조금씩 달라지는데 물을 무상으로 방사할 때는 주로 어떤 소화작용에 의하여 소화되는가?**

① 냉각작용 ② 질식작용
③ 억제작용 ④ 부촉매작용

해설 **문제 17 참조**

답 ②

**19** **물의 소화효과를 크게 하기 위한 방법으로 가장 타당한 것은?**

① 강한 압력으로 방사한다.
② 대량의 물을 단시간에 방사한다.
③ 안개처럼 분무상으로 방사한다.
④ 분무상과 봉상을 교대로 방사한다.

해설 **문제 17 참조**

③ 무상주수 : 안개처럼 분무상으로 방사

답 ③

**20** **물의 유화(에멀젼)효과를 이용한 설비의 방호대상 장소는?**

① 기름탱크 ② 방직공장
③ 종이창고 ④ 귀금속상점

해설 **기름탱크** : 물의 유화(에멀젼)효과를 이용하여 소화할 수 있다.

※ **유화효과** : 물의 미립자가 기름과 섞여서 기름의 증발능력을 떨어뜨려 연소를 억제하는 것

답 ①

**21** **다음 중 포소화설비의 화재적응성이 가장 낮은 것은?**

① 건축물 기타 인공구조물
② 가연성고체
③ 가연성기체
④ 가연성액체

해설 **포소화설비**의 **소화작용**
(1) 일반화재(A급)
(2) 유류화재(B급)

③ 가연성기체에 화재적응성이 가장 낮다.

답 ③

**22** 포소화약제가 가연성 액체소화에 적합한 이유 중 옳지 않은 것은?

① 냉각소화 효과가 있기 때문이다.
② 질식소화 효과가 있기 때문이다.
③ 재연(再燃)의 위험성이 적기 때문이다.
④ 연쇄반응의 억제효과가 있기 때문이다.

해설 ④ 포는 **부촉매효과**(연쇄반응의 억제효과)는 없다.

중요

**부촉매효과 소화약제**
(1) **물**소화약제
(2) **강**화액 소화약제
(3) **분**말소화약제
(4) **할**론소화약제

기억법 **부물 강분할**

답 ④

★★
**23** 분말소화약제의 주요 소화작용은?

① 냉각작용 ② 질식작용
③ 화염 억제작용 ④ 가연물 제거작용

해설 **분말소화약제의 소화작용**
(1) 질식효과 : 주요 소화작용
(2) 부촉매효과

답 ②

**24** 다음 중 유기화합물의 성질로서 타당하지 않은 것은?

① 이온결합으로 구성되어 대개 비전해질이다.
② 연소되어 물과 탄산가스를 생성한다.
③ 물에 녹는 것보다 유기용매에 녹는 것이 많다.
④ 유기화합물 상호간의 반응속도는 비교적 느리다.

해설 **유기화합물**의 **성질**
(1) **공유결합**으로 구성되어 있다.
(2) 연소되어 **물**과 **탄산가스**를 생성한다.
(3) 물에 녹는 것보다 **유기용매**에 녹는 것이 많다.
(4) 유기화합물 상호간의 **반응속도**는 비교적 **느리다**.

※ **공유결합** : 전자를 서로 한 개씩 갖는 것

답 ①

# 5. 소화약제

출제확률  12.8% (3문제)

## 1. 물 소화약제

★★★
**01** 물의 기화잠열은 얼마인가?

① 80cal/g ② 100cal/g
③ 539cal/g ④ 639cal/g

해설 물($H_2O$)

| 기화잠열(증발잠열) | 융해열 |
|---|---|
| 539cal/g | 80cal/g |

참고

기화열과 증발열

| 기화열(증발열) | 융해열 |
|---|---|
| 100℃의 물 1g이 수증기로 변화하는데 필요한 열량 | 0℃의 얼음 1g이 물로 변화하는데 필요한 열량 |

기억법 기53, 융8

답 ③

**02** 물의 기화열이 539cal란 어떤 의미인가?

① 0℃의 물 1g이 얼음으로 변화하는데 539cal의 열량이 필요하다.
② 0℃의 얼음 1g이 물로 변화하는데 539cal의 열량이 필요하다.
③ 0℃의 물 1g이 100℃의 물로 변화하는데 539cal의 열량이 필요하다.
④ 100℃의 물 1g이 수증기로 변화하는데 539cal의 열량이 필요하다.

해설 **문제 1 참조**

답 ④

**03** 다음 중 소화용수로 사용되는 물의 동결방지제로 부적합한 것은?

① 글리세린 ② 염화나트륨
③ 에틸렌글리콜 ④ 프로필렌글리콜

해설 물의 **동결방지제**
① **에**틸렌글리콜 : 가장 많이 사용한다.
② **프**로필렌글리콜
③ **글**리세린

② 염화나트륨 : **부식**의 **우려**가 있으므로 물의 동결방지제로 부적합하다.

기억법 동에프글

답 ②

★
**04** Wet Water에 대한 설명이다. 옳지 않은 것은?

① 물의 표면장력을 저하하여 침투력을 좋게 한다.
② 연소열의 흡수를 향상시킨다.
③ 다공질 표면 또는 심부화재에 적합하다.
④ 재연소방지에는 부적합하다.

해설 **Wet Water** : 물의 침투성을 높여 주기 위해 Wetting agent가 첨가된 물로서 이의 특징은 다음과 같다.
(1) 물의 표면장력을 저하하여 **침투력**을 좋게 한다.
(2) **연소열**의 **흡수**를 향상시킨다.
(3) **다공질 표면** 또는 **심부화재**에 적합하다.
(4) **재연소방지**에도 적합하다.

※ Wetting agent : 주수소화시 물의 표면장력에 의해 연소물의 침투속도를 향상시키기 위해 첨가하는 침투제

답 ④

**05** 주수소화시 물의 표면장력에 의해 연소물의 침투속도를 향상시키기 위해 첨가제를 사용한다. 적합한 것은?

① Ethylene oxide
② Sodium carboxy methyl cellulose
③ Wetting agents
④ Viscosity agents

해설 **문제 4 참조**

답 ③

★★
**06** 물분무 소화설비를 소화목적으로 채택하는 경우 가장 적합하지 않은 곳은?

① 변압기 ② 윤활유 배관
③ 엔진실 ④ 마그네슘 저장실

해설 **물**과 **반응**하여 발화하는 물질

| 위험물 | 종류 |
|---|---|
| 제2류 위험물 | • 금속분(**수소화마그네슘**) |
| 제3류 위험물 | • **칼**륨<br>• **나**트륨<br>• **알**킬알루미늄 |

기억법 물마칼나알

답 ④

**07** 소화약제의 공통적인 성질로 옳지 않은 것은?

① 현저한 독성이 없어야 한다.
② 현저한 부식성이 없어야 한다.
③ 분말 상태의 소화약제는 굳거나 덩어리 지지 않아야 한다.
④ 수용액의 소화약제는 검정의 석출, 용액의 분리 등이 생겨야 한다.

해설 ④ 수용액의 소화약제는 검정의 석출, 용액의 분리 등이 생기지 않아야 한다.

답 ④

## 2. 포 소화약제

**08** 공기포 소화약제가 화학포 소화약제보다 우수한 점으로 옳지 않은 것은?

① 혼합기구가 복잡하지 않다.
② 유동성이 크다.
③ 고체 표면에 접착성이 우수하다.
④ 넓은 면적의 유류화재에 적합하다.

해설 **공기포 소화약제**의 **특징**

(1) **유동성**이 크다.
(2) 고체표면에 **접착성**이 **우수**하다.
(3) 넓은 면적의 **유류화재**에 적합하다.
(4) **혼합기구**가 **복잡**하다.
(5) 약제탱크의 용량이 작아질 수 있다.

답 ①

**09** 포말소화약제로 사용되지 않는 것은?

① 화학포 ② 알코올포
③ 단백포 ④ 강화액

해설 **포말소화약제**

(1) 화학포
(2) 공기포(기계포) ┬ 단백포
├ 수성막포
├ 내알코올형포(알코올포)
├ 불화단백포
└ 합성계면활성제포

답 ④

**10** 공기포 소화약제에 해당되지 않는 것은?

① 내알코올포 소화약제
② 합성계면활성제포 소화약제
③ 수성막포 소화약제
④ 화학포 소화약제

해설 **문제 9 참조**

답 ④

**11** 공기포에 관한 설명 중 옳지 못한 것은 어느 것인가?

① 공기포는 어느 가연성액체보다 밀도가 작다.
② 공기포는 가연물과 공기와의 접촉차단에 의한 질식소화기능을 가지고 있다.
③ 공기포는 수용성의 인화성액체를 제외한 모든 가연성액체의 화재에 탁월한 소화효과가 있다.
④ 공기포는 화원으로부터 방사되는 복사열을 차단하기 때문에 불의 확산을 예방하는 데도 유용하다.

해설 ③ **공기포**는 수용성의 인화성액체 및 모든 가연성 액체의 화재에 탁월한 소화효과가 있다.

답 ③

**12** 화학포 소화약제의 주성분으로서 다음 중 옳은 것은?

① 황산알루미늄과 탄산수소나트륨
② 황산암모늄과 중탄산소다
③ 황산나트륨과 탄산소다
④ 황산알루미늄과 탄산나트륨

해설

| 외약제(A제) | 내약제(B제) |
|---|---|
| **탄산수소나트륨**($NaHCO_3$) | **황산알루미늄**($Al_2(SO_4)_3$) |

탄산수소나트륨＝중탄산나트륨＝중탄산소다

기억법 A탄수, B황알

답 ①

**13** 화학포 소화제에 관한 설명 중 옳지 않은 것은 어느 것인가?

① A제에는 탄산수소나트륨을 사용한다.
② B제에는 황산알루미늄을 사용한다.
③ 포안정제를 사용하여 포를 안정시킨다.
④ 화학반응된 물질은 침투성이 좋은 장점이 있다.

해설 **포** 소화약제의 **단점**

| 공기포 | 화학포 |
|---|---|
| 혼합기구가 복잡하다. | 침투성이 좋지 않다. |

답 ④

**14** 화학포의 습식 혼합방식에서 물과 분말의 혼합비는 다음 중 어느 것인가?

① 물 1*l*에 분말 100g
② 물 1*l*에 분말 120g
③ 물 1*l*에 분말 140g
④ 물 1*l*에 분말 160g

해설

② 물 1*l*에 대해 A약제와 B약제를 각각 **120g**씩 혼합한다.

답 ②

**15** 단백포 소화약제의 설명 중 틀린 것은?

① 약제의 사용형태는 주로 저발포형 약제로 사용된다.
② 한랭지역 등에서는 유동성이 감소한다.
③ 침전물을 발생시킨다.
④ 다른 포약제에 비해 부식성이 적다.

해설 단백포 소화약제
(1) **흑갈색**이다.
(2) **냄새**가 **지독**하다.
(3) 포안정제로서 **제1철염**을 첨가한다.
(4) 다른 포약제에 비해 **부식성**이 **크다**.

참고

단백포의 장 · 단점

| 장점 | 단점 |
|---|---|
| ① **내열성**이 우수하다.<br>② **유면봉쇄성**이 우수하다. | ① 소화시간이 길다.<br>② 유동성이 좋지 않다.<br>③ 변질에 의한 저장성 불량<br>④ 유류오염 |

기억법 단부크

답 ④

**16** 유류화재 진압용으로 가장 뛰어난 소화력을 가진 포는?

① 단백포 ② 수성막포
③ 고팽창포 ④ 웨트워터(wet water)

해설 **수성막포**(AFFF) : **유류화재 진압용**으로 가장 뛰어나며 일명 **light water**라고 부른다. 표면장력이 작기 때문에 가연성 기름의 표면에서 쉽게 피막을 형성한다.

※ **표면장력** : 액체표면에서 접선방향으로 끌어당기는 힘

기억법 수유

접선방향 접선방향

▌표면장력 예시▐

답 ②

**17** 다음 포 소화약제 중 유류화재의 소화시 가장 성능이 우수한 것은?

① 단백포
② 수성막포
③ 합성계면활성제포
④ 내알코올포

해설 **문제 16 참조**

② 수성막포 : 유류화재 진압용

답 ②

**18** 공기포 계면활성제가 첨가된 약제로서 일명 light water라고 불리우는 약제는?

① 단백포 소화약제
② 수성막포 소화약제
③ 합성계면활성제포 소화약제
④ 수용성 액체용 포 소화약제

해설 **문제 16 참조** 답 ②

**19** 발명된 기름화재용 포원액 중 가장 뛰어난 소화액을 가진 소화액으로서 원액이든 수용액이든 장기보존성이 좋고 무독하여 $CO_2$ 가스 등과 병용이 가능한 소화액은?

① 불화단백포 ② 수성막포
③ 단백포 ④ 알코올형포

해설 **문제 16 참조**

참고

수성막포의 장 · 단점

| 장점 | 단점 |
|---|---|
| ① 석유류표면에 신속히 **피막**을 **형성**하여 유류증발을 억제한다.<br>② **안전성**이 좋아 장기보존이 가능하다.<br>③ **내약품성**이 좋아 타약제와 겸용사용도 가능하다.<br>④ **내유염성**이 우수하다. | ① 가격이 비싸다.<br>② 내열성이 좋지 않다.<br>③ 부식방지용 저장설비가 요구된다. |

※ **내유염성** : 포가 기름에 의해 오염되기 어려운 성질

답 ②

**20** 다음은 수성막포(AFFF)의 장점을 설명한 것이다. 옳지 않은 것은?

① 석유류 표면장력을 현저히 증가시킨다.
② 석유류 표면에 신속히 피막을 형성하여 유류증발을 억제한다.
③ 안전성이 좋아 장기보관이 가능하다.
④ 내약품성이 좋아 타약제와 겸용사용도 가능하다.

해설 **문제 19 참조**

① 석유류 표면장력을 증가시키는 것이 아니라 석유표면에 신속히 피막을 형성한다.

답 ①

**21** 산이나 알코올과 같은 수용성의 위험물에 유효한 화학포 소화약제 또는 공기포 원액은?

① 화학포 소화약제의 1약식의 것
② 공기포 원액의 3%형
③ 화학포 소화약제의 2약식의 것
④ 공기포 원액 중 내알코올형

해설 **내알코올형포**(알코올포)
(1) 알코올류 위험물(**메탄올**)의 소화에 사용
(2) 수용성 유류화재(**아세트알데히드, 에스테르류**)에 사용
(3) **가연성 액체**에 사용

메탄올 = 메틸알코올

기억법 **내알 메아에가**

답 ④

**22** 알코올형 포소화약제의 적응대상에 관한 설명으로 옳지 않은 것은?

① 가연성액체 저장탱크 소화에 적응한다.
② 수용성 알코올류 액체 저장탱크 소화에 적응한다.
③ 액화가스의 방호용으로 적합하다.
④ 에스테르류 액체 저장탱크 방호용으로 적합하다.

해설 **문제 21 참조**

③ 액화가스의 방호용으로는 적합하지 않다.

답 ③

**23** 다음의 포 소화약제 중 표면하 주입방식(sub-surface injection method)에 사용할 수 있는 것은?

① 단백포 ② 불화단백포
③ 합성계면활성제포 ④ 알코올포

해설 **표면하 주입방식**(SSI)
(1) **불**화단백포
(2) **수**성막포

※ **표면하 주입방식** : 포를 직접 기름 속으로 주입하여 포가 기름 속을 부상하여 유면 위로 퍼지게 하는 방식

기억법 **표불수**

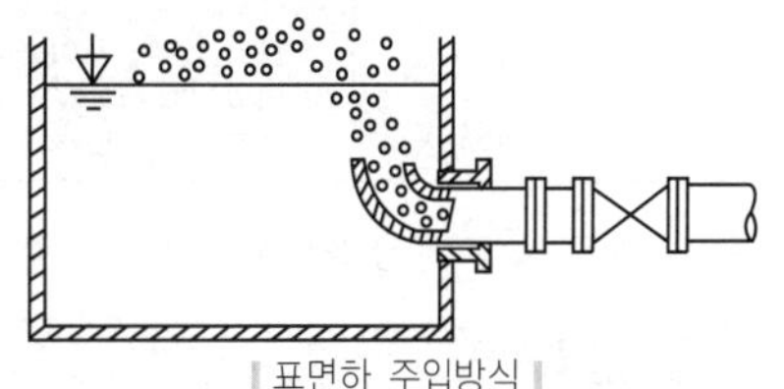

▮표면하 주입방식▮

답 ②

★★★
**24** 성분상으로 분류할 때 고팽창포 원액(High Expansion Foam Concentrates)은?

① 단백포
② 불화단백포
③ 내알코올형포
④ 합성계면활성제포

해설

| 구분 | 저발포용 | 고발포용 |
|---|---|---|
| 혼합비 | • 3%형<br>• 6%형 | • 1%형<br>• 1.5%형<br>• 2%형 |
| 포소화약제 | • 단백포<br>• 수성막포<br>• 내알코올형포<br>• 불화단백포<br>• 합성계면화성제포 | • **합**성계면활성제포 |

기억법 **고합**

답 ④

**25** 합성계면활성제포의 고발포형으로 사용할 수 없는 합성계면활성제포 소화약제는?

① 1%형 ② 1.5%형
③ 2%형 ④ 2.5%형

해설 **문제 24 참조** 답 ④

**26** 다음의 합성계면활성제포의 단점 중 옳지 않은 것은?

① 적열된 기름탱크 주위에는 효과가 적다.

② 가연물에 양 이온이 있을 경우, 발포성능이 저하된다.
③ 타 약제와 겸용시 소화효과가 좋지 않을 경우가 있다.
④ 유동성이 좋지 않다.

해설 **합성계면활성제포**의 장 · 단점

| 장점 | 단점 |
|---|---|
| ① **유동성**이 **우**수하다.<br>② **저장성**이 우수하다. | ① 적열된 기름탱크 주위에는 효과가 적다.<br>② 가연물에 양이온이 있을 경우 발포성능이 저하된다.<br>③ 타약제와 겸용시 소화효과가 좋지 않을 수가 있다. |

※ **적열** : 열에 의해 빨갛게 달구어진 상태

기억법 **합유우**

답 ④

★★★
## 27 소화약제 중 저발포란 다음 중 어느 것을 말하는가?

① 팽창비가 20 이하의 포
② 팽창비가 120 이하의 포
③ 팽창비가 250 이하의 포
④ 팽창비가 500 이하의 포

해설 **팽창비**

| **저**발포 | 고발포 |
|---|---|
| • **2**0배 이하 | • 제1종 기계포 : **80~250배** 미만<br>• 제2종 기계포 : **250~500배** 미만<br>• 제3종 기계포 : **500~1000배** 미만 |

※ **고발포** : **8**0~**1**000배 미만

기억법 **저2, 고81**

답 ①

## 28 소화약제로 사용되는 계면활성제포 소화약제의 성분에 관한 설명이다. 다음의 계면활성제포 소화약제의 팽창에 관한 설명 중 가장 적합한 것은?

① 발포기구에 따라 30~800배로 팽창한다.
② 발포기구에 따라 60~900배로 팽창한다.
③ 발포기구에 따라 80~1000배로 팽창한다.
④ 발포기구에 따라 100~1500배로 팽창한다.

해설 **문제 27 참조**

합성계면활성제포 : 고발포용 소화약제(80~1000배 미만)

답 ③

★★★
## 29 내용적 2000m$l$의 비커에 포를 가득 채웠더니 중량이 850g이었다. 그런데 비커 용기의 중량은 450g이었다. 이때 비커 속에 들어 있는 포의 팽창비는 얼마나 되겠는가? (단, 포수용액의 밀도는 1.15g/cm$^3$이다.)

① 5배 ② 6배
③ 7배 ④ 8배

해설

$$\textbf{발포배율} = \frac{\text{내용적(용량)}}{\text{전체중량} - \text{빈 시료용기의 중량}}$$

$$= \frac{2000\text{m}l}{850\text{g} - 450\text{g}} = 5\text{배}$$

단서조건의 밀도를 적용하면
5배×1.15=5.75≒6배

참고

**동일한 식**

$$\text{발포배율(팽창비)} = \frac{\text{방출된 포의 체적}[l]}{\text{방출 전 포수용액의 체적}[l]}$$

답 ②

## 30 공기포 소화약제의 혼합방법 중 비례혼합방식의 경우 그 유량의 허용범위는?

① 100~150% ② 50~200%
③ 50~100% ④ 100~200%

해설 공기포 소화약제의 비례혼합방식의 유량허용범위 : **50~200%**

답 ②

★★★
## 31 펌프와 발포기의 중간에 설치된 벤투리관의 벤투리 작용에 의하여 포 소화약제를 흡입 · 혼합하는 방식은?

① 펌프 프로포셔너 방식
② 라인 프로포셔너 방식
③ 프레져 프로포셔너 방식
④ 프레져 사이드 프로포셔너 방식

해설 **라인 프로포셔너 방식**(관로혼합방식)

(1) 펌프와 발포기의 중간에 설치된 벤투리관의 **벤투리작용**에 의하여 포 소화약제를 흡입 · 혼합하는 방식
(2) 급수관의 배관 도중에 포 소화약제 **흡입기**를 설치하여 그 흡입관에서 소화약제를 흡입 · 혼합하는 방식

기억법 **라벤흡**

답 ②

**32** 펌프와 발포기의 배관 도중에 벤투리관을 설치하여 벤투리 작용에 의하여 포 소화약제를 혼합하는 방식은?

① 펌프 프로포셔너(pump proportioner)방식
② 프레져 프로포셔너(pressure proportioner) 방식
③ 라인 프로포셔너(line proportioner)방식
④ 프레져 사이드 프로포셔너(pressure side proportioner)방식

해설 문제 31 참조

답 ③

**33** 다음은 포 소화설비의 혼합방식에 관한 것이다. 소화원액 가압펌프를 별도로 사용하는 방식은?

① 흡입혼합(suction proportioner) 방식
② 펌프혼합(pump proportioner) 방식
③ 압입혼합(pressure side proportioner) 방식
④ 차압혼합(pressure proportioner) 방식

해설 **프레져 사이드 프로포셔너 방식**(압입혼합방식)

(1) **소화원액 가압펌프**(압입용 펌프)를 별도로 사용하는 방식
(2) 펌프 토출관에 **압입기**를 설치하여 포 소화약제 **압입용 펌프**로 포소화약제를 압입시켜 혼합하는 방식

기억법 프사가압

답 ③

**34** 포 소화약제의 혼합방식으로 압입기가 있으며 대규모 유류저장소 및 제조소 등에 쓰이는 방식은 어느 것인가?

① 펌프 프로포셔너 방식
② 프레져 프로포셔너 방식
③ 라인 프로포셔너 방식
④ 프레져 사이드 프로포셔너 방식

해설 문제 33 참조

답 ④

**35** 공기포 시스템의 혼합장치 중 펌프의 토출관에 압입기를 설치하여 포 소화약제 압입용 펌프로 공기포 소화원액을 압입시켜 혼합하는 방식은?

① pump proportioner
② pressure proportioner
③ line proportioner
④ pressure side proportioner

해설 문제 33 참조

① 펌프 프로포셔너(pump proportioner)
② 프레져 프로포셔너(pressure proportioner)
③ 라인 프로포셔너(line proportioner)
④ 프레져 사이드 프로포셔너(pressure side proportioner)

답 ④

## 3. 이산화탄소 소화약제

**36** 이산화탄소의 질식 및 냉각효과에 대한 설명 중 부적합한 것은?

① 이산화탄소의 비중은 산소보다 무거우므로 가연물과 산소의 접촉을 방해한다.
② 액체 이산화탄소가 기화되어 기체상태인 탄산가스로 변화하는 과정에서 많은 열을 흡수한다.
③ 이산화탄소는 불연성의 가스로서 가연물의 연소를 방해 또는 억제한다(산소의 농도를 16% 이하로 제어한다).
④ 이산화탄소는 산소와 반응하며 이때 가연물의 연소열을 흡수하므로 이산화탄소는 냉각효과를 나타낸다.

해설 ④ **이산화탄소**($CO_2$)는 산소와 더 이상 반응하지 않는다.

답 ④

★★★
**37** 비점이 -78.5℃인 소화약제는?

① 이산화탄소 ② 할론
③ 질소 ④ 산알칼리

해설 **이산화탄소**의 **물성**

| 구 분 | 물 성 |
|---|---|
| 임계압력 | 72.75atm |
| 임계온도 | 31℃ |
| **3**중점 | -**56**.3℃(약 -56℃) |
| 승화점(**비**점) | -**78**.5℃ |
| 허용농도 | 0.5% |
| 수분 | 0.05% 이하(함량 99.5% 이상) |

기억법 이356, 비이78

답 ①

**38** 이산화탄소($CO_2$)의 3중점은?

① 31℃ ② 60℃
③ -56℃ ④ 0℃

해설 문제 37 참조

※ 3중점 : 고체, 액체, 기체가 공존하는 온도

답 ③

★★★
## 39 액체에 대한 기체의 용해도 설명으로 적합한 것은?

① 압력상승에 따라 용해도는 증가한다.
② 압력상승에 따라 용해도는 감소한다.
③ 온도의 증가에 따라 용해도는 증가한다.
④ 용해도는 압력 및 온도와 무관하다.

해설 **기체**의 **용해도**
(1) 온도가 일정할 때 압력이 증가하면 **용해도**는 **증가**한다.
(2) 온도가 낮고 압력이 높을수록(**저온 · 고압**) 용해되기 쉽다.

기체의 용해도는 압력상승에 따라 증가한다.

기억법 기저온고

답 ①

## 40 기체의 용해도의 설명으로 적합한 것은?

① 압력상승에 따라 증가한다.
② 압력상승에 따라 감소한다.
③ 용해도는 온도와 압력에 무관하다.
④ 온도상승에 따라 증가한다.

해설 문제 39 참조

답 ①

## 41 다음 중 이산화탄소의 물에 대한 용해도는?

① 온도가 높고 압력이 낮을수록 용해되기 쉽다.
② 온도가 낮고 압력이 높을수록 용해되기 쉽다.
③ 온도, 압력이 높을수록 용해되기 쉽다.
④ 온도, 압력이 낮을수록 용해되기 쉽다.

해설 문제 39 참조

답 ②

## 42 다음 중 기체가 가장 액화하기 쉬운 것은 어떤 상태일 때인가?

① 고온, 고압의 상태
② 고온, 저압의 상태
③ 저온, 고압의 상태
④ 저온, 저압의 상태

해설 문제 39 참조

답 ③

★★★
## 43 고압식 이산화탄소 소화설비의 저장용기 충전시 충전비로 적합한 것은?

① 1.5　② 1.4
③ 1.3　④ 1.0

해설 $CO_2$ 충전비

| 구 분 | 저장용기 |
|---|---|
| 저압식 | 1.1~1.4 이하 |
| 고압식 | 1.5~1.9 이하 |

기억법 C저14

답 ①

## 44 이산화탄소 소화약제의 저장용기 충전비로서 적합하게 짝지어져 있는 것은?

① 저압식은 1.1 이상 고압식은 1.5 이상
② 저압식은 1.4 이상 고압식은 2.0 이상
③ 저압식은 1.9 이상 고압식은 2.5 이상
④ 저압식은 2.3 이상 고압식은 3.0 이상

해설 문제 43 참조

답 ①

## 45 탄산가스 소화설비의 약제 저장 및 배관내 이송상태에 대한 설명 중 옳은 것은? (단, 고압식의 경우이다.)

① 용기 내의 $CO_2$가 방출을 개시할 때는 대부분이 액체로, 배관이송 과정에서는 기체의 비율이 증가하면서 흐른다.
② 용기 내의 $CO_2$는 전량 액체로 방출되어 배관내에서 기체와 액체상태로 분리되어 흐른다.
③ 용기 내의 $CO_2$는 전량 기체로 방출되어 배관 내를 흐른다.
④ 용기 내부에서 방출될 때 상당한 부분이 미세한 드라이아이스가 되어 배관내부로 흐른다.

해설 $CO_2$ **소화약제**
(1) 상온에서 용기에 **액체상태**로 저장한 후 방출시에는 **기체화**된다.
(2) 방출시 용기 내의 온도는 급강하하나, 압력은 변하지 않는다.
(3) 용기 내의 $CO_2$가 방출을 개시할 때는 대부분이 **액체**로, 배관이송 과정에서는 **기체**의 비율이 증가하면서 흐른다.

답 ①

## 46 탄산가스를 용기 내에 저장하는 경우 가스가 일부 방출되고 나면?

① 압력이 떨어진다.
② 압력이 올라간다.
③ 압력은 변하지 않는다.
④ 압력의 변화를 알 수 없다.

해설 **문제 45 참조**

③ 탄산가스 일부 방출시 용기내의 압력은 변하지 않는다.

답 ③

**47** 이산화탄소 소화약제의 저장 용기설치 방법 중 옳지 않은 것은?

① 저장용기는 반드시 방호구역 내의 장소에 설치한다.
② 온도가 40℃ 이하이고 온도의 변화가 적은 곳에 설치한다.
③ 방화문이 구획된 곳에 설치한다.
④ 용기간의 간격은 점검에 지장이 없도록 3cm 이상의 간격을 유지할 것

해설 **이산화탄소 소화약제 저장용기**의 **설치기준**(NFSC 106)
(1) **방호구역 외**의 장소에 설치(단, 방호구역 내에 설치할 경우에는 피난 및 조작이 용이하도록 **피난구 부근**에 설치)
(2) 온도가 **40℃ 이하**이고, 온도변화가 적은 곳에 설치
(3) **직사광선** 및 **빗물**이 침투할 우려가 없는 곳에 설치
(4) **방화문**으로 구획된 실에 설치
(5) 용기의 설치장소에는 해당 용기가 설치된 곳임을 표시하는 표지를 할 것
(6) 용기간의 간격은 점검에 지장이 없도록 **3cm 이상**의 간격 유지
(7) 저장용기와 집합관을 연결하는 연결배관에는 **체크밸브** 설치(단, 저장용기가 하나의 방호구역만을 담당하는 경우 제외)

할론소화약제의 저장용기 기준과 같다.

답 ①

## 4. 할론소화약제

**48** 난연성능이 가장 좋은 것은?

① Na ② Mg
③ Ca ④ 할론가스

해설 **할론가스**는 소화약제로서 난연성능이 우수하다.

※ **난연성능** : 불에 잘 타지 않는 성질

답 ④

★★★
**49** 컴퓨터실의 소화설비로 적합한 설비는?

① 준비작동식 스프링클러설비
② 건식 스프링클러설비
③ 물분무설비
④ Halon 1301 설비

해설 **Halon 1301 설비**
(1) B급(유류화재)
(2) C급(전기화재)

중요

**적응화재**

| 화재의 종류 | 적응 소화기구 |
|---|---|
| A급 | • 물<br>• 산알칼리 |
| AB급 | • 포 |
| BC급 | • 이산화탄소<br>• 할론(Halon 1301 등)<br>• 1, 2, 4종 분말 |
| ABC급 | • 3종 분말<br>• 강화액 |

답 ④

★
**50** 증발성 액체 소화약제의 화학적 공통 특징사항이 아닌 것은?

① 화학적 부촉매효과에 의한 연소억제작용이 커서 소화능력이 크다.
② 금속에 대한 부식성이 적다.
③ 전기의 불량도체이다.
④ 인체에 대한 독성이 심하다.

해설 **할론소화약제**(증발성 액체 소화약제)
(1) **부촉매 효과**가 우수하다.
(2) 금속에 대한 **부식성**이 **적다.**
(3) **전기절연성**이 우수하다.
(4) 인체에 대한 **독성**이 심한 것도 있고 적은 것도 있다.
(5) 가연성액체 화재에 대해 **소화속도**가 **빠르다.**

답 ④

**51** 할론소화약제의 특성을 바르게 기술한 것은?

① 가연성액체 화재에 대하여 소화속도가 매우 크다.
② 설비 전체로서의 중량 또는 용적이 매우 크다.
③ 전기절연성이 적다.
④ 일반 금속에 대하여 부식성이 크다.

해설 **문제 50 참조**

답 ①

★★
**52** 다음 원소 중 할로겐 원소가 아닌 것은?

① 염소 ② 브롬
③ 네온 ④ 요오드

해설 **할로겐 원소**
(1) 불소 : F
(2) 염소 : Cl
(3) 브롬(취소) : Br
(4) 요오드(옥소) : I

기억법 FClBrI

답 ③

**53** 다음의 소화약제 중 증발잠열(kJ/kg)이 가장 큰 것은 어느 것인가?

① 질소 ② 할론 1301
③ 이산화탄소 ④ 아르곤

해설 **증발잠열**

| 약제 | 증발잠열 |
|---|---|
| 할론 1301 | **119kJ/kg** |
| 아르곤 | **156kJ/kg** |
| 질소 | **199kJ/kg** |
| 이산화탄소 | **574kJ/kg** |

시중의 다른 책들은 대부분 틀린 답을 제시하고 있다. 주의하라!!

참고

**할론소화약제의 물성**

| 구분 \ 종류 | 할론 1301 | 할론 2402 |
|---|---|---|
| 임계압력 | 39.1atm (3.96MPa) | 33.9atm (3.44MPa) |
| 임계온도 | 67℃ | 214.5℃ |
| 임계밀도 | 750kg/$m^3$ | 790kg/$m^3$ |
| 증발잠열 | 119kJ/kg | 105kJ/kg |
| 분 자 량 | 148.95 | 259.9 |

답 ③

★★
**54** 다음 소화약제 중 상온 · 상압하에서 액체인 것은?

① 탄산가스 ② HALON 1301
③ HALON 2402 ④ HALON 1211

해설 **상온**에서의 **상태**

| 기체상태 | 액체상태 |
|---|---|
| ① 할론 1301<br>② 할론 1211<br>③ 탄산가스($CO_2$) | ① 할론 1011<br>② 할론 104<br>③ 할론 2402 |

기억법 132탄기

답 ③

★★★
**55** 할론 소화약제를 구성하는 할로겐족 원소의 화재에 대한 소화효과를 큰 것부터 나열한 것 중 옳은 것은?

① F > Cl > Br > I
② F > Br > Cl > I
③ I > Br > Cl > F
④ Cl > Br > I > F

해설 **할론소화약제**

| 부촉매효과(**소화능력**) 크기 | 전기음성도(**친화력**) 크기 |
|---|---|
| I > Br > Cl > F | F > Cl > Br > I |

요오드(옥소) : I 브롬(취소) : Br
염소 : Cl 불소 : F

기억법 부소IBCF

참고

**전기음성도**
원자가 화합결합을 할 때 전자를 끌어당기는 능력

답 ③

**56** 소화능력이 가장 큰 할로겐 원소는 어느 것인가?

① F ② Cl
③ Br ④ I

해설 문제 55 참조

답 ④

**57** 연쇄반응의 억제작용이 제일 약한 할로겐 원소는?

① 취소(Br) ② 염소(Cl)
③ 불소(F) ④ 옥소(I)

해설 문제 55 참조

연쇄반응의 억제작용 = 부촉매효과

답 ③

**58** 할로겐 원소들 중 화학적 반응력(친화력)이 큰 순서들 중 옳은 것은?

① F > Cl > Br > I
② F > Br > Cl > I
③ I > Br > Cl > F
④ I > Cl > Br > F

해설 문제 55 참조

답 ①

**59** 다음 기호 중 Halon 1211을 화학기호로 옳게 표시한 것은?

① $CBrF_3$ ② $CBrClF_2$
③ $CBrF_2 \cdot CBrF_2$ ④ CBr

해설

| 종 류 | 약 칭 | 분자식 |
|---|---|---|
| Halon 1011 | CB | $CH_2ClBr$ |
| Halon 104 | CTC | $CCl_4$ |
| Halon 1211 | BCF | $CF_2ClBr$ ($CBrClF_2$) |
| Halon 1301 | BTM | $CF_3Br$ |
| Halon 2402 | FB | $C_2F_4Br_2$ |

중요

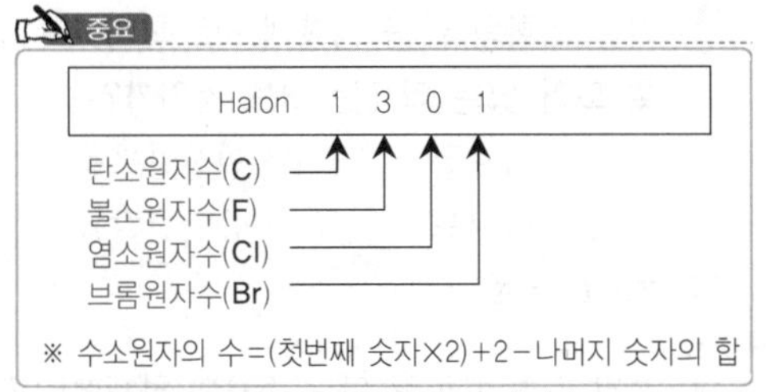

Halon 1 3 0 1
탄소원자수(C)
불소원자수(F)
염소원자수(Cl)
브롬원자수(Br)
※ 수소원자의 수=(첫번째 숫자×2)+2−나머지 숫자의 합


답 ②

**60** 다음 증발성액체 소화약제 중 할론 2402의 분자식은?

① $CH_2ClBr$　② $CBr_2F_2$
③ $CBrF_3$　④ $C_2Br_2F_4$

해설 문제 59 참조

답 ④

**61** 액체상태의 할론 1211 소화약제에 대하여 부식성이 가장 큰 금속은?

① 구리　② 청동
③ 니켈　④ 알루미늄

해설 **액체 할론 1211**의 부식성이 큰 순서
알루미늄 > 청동 > 니켈 > 구리

답 ④

**62** 할론 1211의 성질에 관한 다음의 설명 중 옳지 못한 것은?

① 약간 달콤한 냄새가 있다.
② 전기의 전도성이 없다.
③ 공기보다 무겁다.
④ 증기압이 크지 않아서 소화기용으로는 사용치 않는다.

해설 **할론 1211**의 **성질**
(1) 약간 달콤한 냄새가 있다.
(2) 전기의 전도성이 없다.
(3) 공기보다 무겁다.
(4) 증기압이 크지 않아서 **휴대용 소화기**로 사용한다.

답 ④

**63** 다음 할론소화약제 중 독성이 가장 약한 것은?

① 할론 1211　② 할론 1301
③ 할론 1011　④ 할론 2402

해설 **할론 1301**의 **성질**
(1) 소화성능이 가장 좋다.
(2) **독성**이 가장 **약하다**.
(3) 오존층 파괴지수가 가장 높다.
(4) 비중은 약 **5.1배**이다.
(5) 무색, 무취의 **비전도성**이며 상온에서 **기체**이다.

기억법 13독약

답 ②

**64** 기체상태의 할론 1301은 공기보다 몇 배 무거운가? (단, 할론 1301의 분자량은 149이고, 공기는 79%의 질소, 21%의 산소로만 구성되어 있다고 한다.)

① 약 5.05배
② 약 5.10배
③ 약 5.17배
④ 약 5.25배

해설 할론 1301의 비중은 원칙적으로 약 5.1배인데, 조건에 의해 계산하면

$$\text{증기비중} = \frac{\text{기체의 분자량}}{\text{공기의 평균분자량}}$$

$$= \frac{149}{28.84} \fallingdotseq 5.17\text{배}$$

공기 : $O_2(32) \times 0.21 = 6.72$
질소 : $N_2(28) \times 0.79 = 22.12$
→ 28.84

답 ③

**65** 다음은 질소가스가 함께 충전되어 있는 할론 1301 저장용기 속의 열역학적 상태에 관한 설명이다. 옳지 못한 것은?

① 용기 속의 총압력은 할론 1301의 분압과 질소분압의 합과 거의 같다.
② 충전된 질소의 일부가 할론 1301에 용해됨으로써 액체 할론 1301의 용액은 약간 증가한다.
③ 약제 방출시는 할론 1301 속에 용해된 질소가스의 급격한 증발로 인하여 액체의 온도가 강하한다.
④ 약제가 전량 용기 밖으로 빠져 나올 순간까지는 질소와 약제의 증발로 인해 내부의 증기압은 변하지 않는다.

해설 ② 충전된 질소의 일부가 할론 1301에 용해되어도 액체 할론 1301의 용액은 증가하지 않는다.

답 ②

## 5. 분말 소화약제

**66** 분말 소화설비에서 분말약제의 가압용가스로서 적당한 것은?

① 질소
② 산소
③ 아르곤
④ 프레온

해설 **충전가스(압력원)**

| | |
|---|---|
| **질소**($N_2$) | • **분**말 소화설비(축압식)<br>• **할**론소화설비 |
| **이산화탄소**($CO_2$) | • 기타설비 |

기억법 **질충분할**(질소가 **충분할** 것)

답 ①

★★★
**67** 차고 · 주차장에 설치하여야 하는 분말 소화약제로 적당한 것은?

① 제1종　② 제2종
③ 제3종　④ 제4종

해설 분말 소화약제

| 제1종 분말 | 제3종 분말 |
|---|---|
| 식용유 및 지방질유의 화재에 적합 | 차고 · 주차장에 적합 |

기억법 **1분식지**

답 ③

★★★
**68** 제3종 분말 소화약제의 색상은?

① 백색　② 담자색
③ 담홍색　④ 회색

해설 분말소화약제

| 종별 | 주 성 분 | 착 색 |
|---|---|---|
| 제1종 | 중탄산나트륨 ($NaHCO_3$) | **백**색 |
| 제2종 | 중탄산칼륨 ($KHCO_3$) | **담자**색(담회색) |
| 제3종 | 제1인산암모늄 ($NH_4H_2PO_4$) | 담**홍**색 |
| 제4종 | 중탄산칼륨+요소 ($KHCO_3+(NH_2)_2CO$) | **회**(백)색 |

제1인산암모늄=인산암모늄

기억법 **백담자 홍회**

답 ③

**69** 다음 소화약제 중 담홍색으로 착색하여 사용토록 되어 있는 약제는 어느 것인가?

① 탄산나트륨　② 인산암모늄
③ 중탄산나트륨　④ 중탄산칼륨

해설 문제 68 참조

답 ②

★★★
**70** 분말 소화약제 중 어느 종류의 화재에도 적응성이 가장 뛰어난 소화약제는?

① 제1종 분말약제　② 제2종 분말약제
③ 제3종 분말약제　④ 제4종 분말약제

해설

| 종 별 | 적응화재 |
|---|---|
| 제1종($NaHCO_3$) | BC급 |
| 제2종($KHCO_3$) | BC급 |
| 제3종($NH_4H_2PO_4$) | ABC급 |
| 제4종($KHCO_3+(NH_2)_2CO$) | BC급 |

답 ③

**71** 다음 분말 소화약제 중 어느 종류의 화재에도 적응성이 있는 약제는 어느 것인가?

① $NaHCO_3$　② $KHCO_3$
③ $NH_4H_2PO_4$　④ $Na_2CO_3$

해설 문제 70 참조

제3종 분말의 주성분 : **제1인산암모늄**($NH_4H_2PO_4$)은 ABC급 어느 종류의 화재에도 적응성이 있다.

답 ③

★★
**72** 주성분이 인산염류인 제3종 분말 소화약제는 일반화재에 적합하다. 이유로서 적합한 것은?

① 열분해생성물인 $CO_2$가 열을 흡수하므로 냉각에 의하여 소화된다.
② 열분해생성물인 수증기가 산소를 차단하여 탈수작용을 한다.
③ 열분해생성물인 메타인산($HPO_3$)이 산소의 방진역할을 하므로 소화를 한다.
④ 열분해생성물인 암모니아가 부촉매작용을 하므로 소화가 된다.

해설 **제3종 분말**의 소화작용
(1) 열분해에 의한 **냉각작용**
(2) 발생한 불연성가스에 의한 **질식작용**
(3) **메**타인산($HPO_3$)에 의한 **방진작용** : A급 화재에 적응
(4) 유리된 $NH_4^+$의 **부촉매작용**
(5) 분말 운무에 의한 열방사의 **차단효과**

※ **방진작용** : 가연물의 표면에 부착되어 차단효과를 나타내는 것

기억법 3분메

답 ③

**73** **인산암모늄을 기제로 한 분말 소화약제의 소화 작용과 직접 관련되지 않는 것은?**

① 유리된 $NH_4^+$의 부촉매작용
② 열분해에 의한 냉각작용
③ 발생된 불연성가스에 의한 질식작용
④ 수산기에 작용하여 연소의 계속에 필요한 연쇄반응 차단효과

해설 **문제 72 참조**

※ **기제** : 분말 소화약제에 넣는 성분

답 ④

**74** **인산 제1암모늄계 분말약제가 A급 화재에도 좋은 소화효과를 보여주는 이유는 무엇인가?**

① 인산암모늄계 분말약제가 열에 의해 분해되면서 생성되는 물질이 특수한 냉각효과를 보여주기 때문이다.
② 인산암모늄계 분말약제가 열에 의해 분해되면서 생성되는 다량의 불연성가스가 질식효과를 보여주기 때문이다.
③ 인산 분말암모늄계가 열에 의해 분해되면서 생성되는 불연성의 용융물질이 가연물의 표면에 부착되어 차단효과를 보여주기 때문이다.
④ 인산 제1암모늄계 분말약제가 열에 의해 분해되어 생성되는 물질이 강력한 연쇄반응 차단효과를 보여주기 때문이다.

해설 **문제 72 참조**

답 ③

**75** **다음은 제2종 분말약제의 소화약제상 성상을 나타낸 것이다. 틀린 것은?**

① 비중 : 2.14
② 함유수분 : 1% 이하
③ 소화효능 : 전기화재, 기름화재
④ 조성 : $KHCO_3$ 97%, 방습가공제 3%

해설 **제2종 분말 소화약제**의 성상

| 구분 | 설명 |
|---|---|
| 비중 | 2.14 |
| 함유수분 | **0.2%** 이하 |
| 소화효능 | **전기화재, 기름화재** |
| 조성 | • $KHCO_3$ **97%**<br>• 방습가공제 **3%** |

답 ②

★★★

**76** **분말 소화약제로서 소화효과가 가장 큰 것은?**

① 입자크기 10~15미크론
② 입자크기 15~20미크론
③ 입자크기 20~25미크론
④ 입자크기 25~40미크론

해설 **미세도**(입도=입자크기)

(1) **20~25$\mu$m**의 입자로 미세도의 분포가 골고루 되어 있어야 한다.
(2) 입도가 너무 미세하거나 너무 커도 소화성능이 저하된다.

※ **$\mu$m** : '미크론' 또는 '마이크로 미터'라고 읽는다.

답 ③

**77** **최적의 소화효과를 낼 수 있는 분말 소화약제의 입도는 몇 미크론인가?**

① 5~10
② 10~20
③ 20~25
④ 30~40

해설 **문제 76 참조**

※ **입도** : 입자크기

답 ③

★

**78** **분말 소화약제의 분말입도와 소화성능에 대하여 옳은 것은?**

① 미세할수록 소화성능이 우수하다.
② 입도가 클수록 소화성능이 우수하다.
③ 입도와 소화성능과는 관련이 없다.
④ 입도가 너무 미세하거나 너무 커도 소화성능이 저하된다.

해설 **문제 76 참조**

답 ④

**79** **분말 소화약제에서 미세도와 소화성능과의 관계를 옳게 설명한 것은?**

① 분말의 미세도가 작아야 한다.
② 분말의 미세도가 커야 한다.
③ 25~35mesh가 가장 좋다.
④ 미세도의 분포가 골고루 되어 있어야 한다.

해설 **문제 76 참조**

※ **mesh** : 가로 · 세로 1인치(25.4mm) 안에 얽혀져 있는 구멍의 수

답 ④

# 면면이 이어져 오는 개성상인 5대 경영철학

1. 남의 돈으로 사업하지 않는다.
2. 한 가지 업종을 선택해 그 분야 최고 기업으로 키운다.
3. 장사꾼은 목에 칼이 들어와도 신용을 지킨다.
4. 자식이라도 능력이 모자라면 회사를 물려주지 않는다.
5. 기업은 국가경제발전에 기여해야 한다.

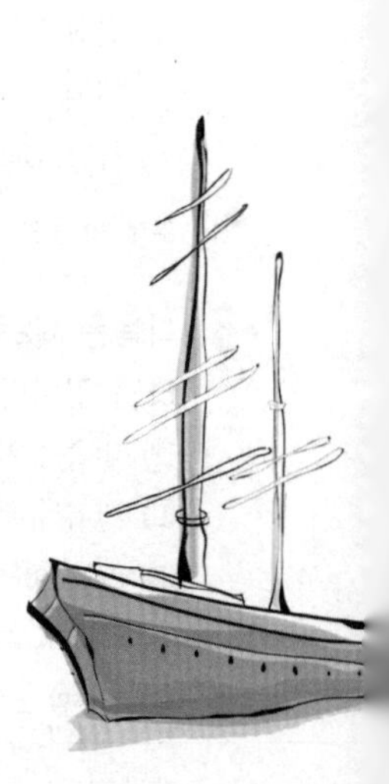

# Part 2

# 소방관계법규

## 출제경향분석

# 소방기본법령

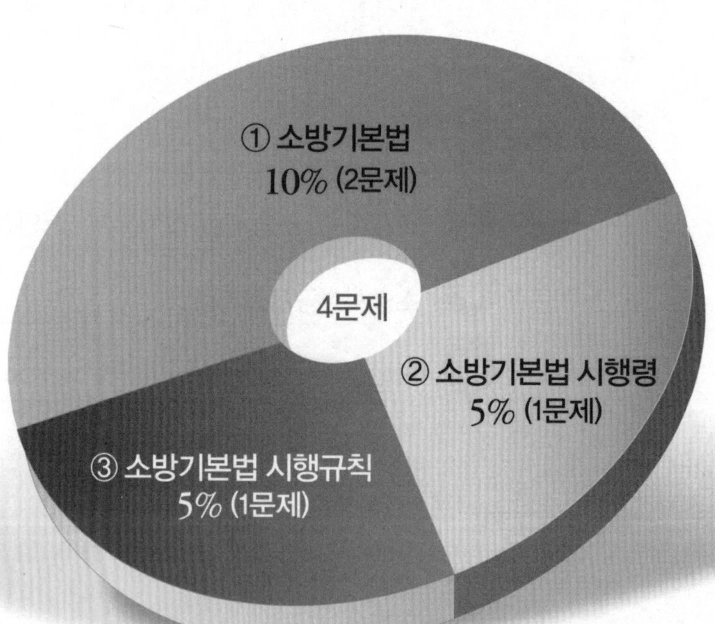

# 1. 소방기본법

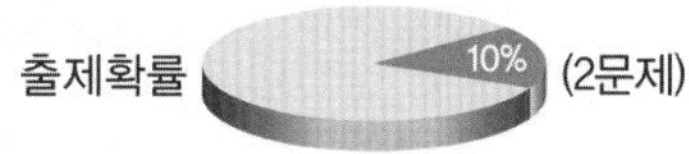


출제확률 (2문제)

**01** 소방기본법의 목적이 아닌 것은?

① 소방기술의 진흥
② 화재의 예방 · 경계 · 진압
③ 국민의 생명 · 신체 및 재산보호
④ 공공의 안녕질서 유지와 복리증진

해설 **기본법 1조**
**소방기본법의 목적**
(1) 화재의 **예방** · **경계** · **진압**
(2) 국민의 **생명** · **신체** 및 **재산보호**
(3) 공공의 안녕질서 유지와 **복리증진**
(4) **구조** · **구급** 활동

① 소방시설공사업법의 목적

답 ①

★★
**02** 다음 중 소방기본법의 목적과 거리가 가장 먼 것은?

① 화재를 예방 · 경계하고 진압하는 것
② 건축물의 안전한 사용을 통하여 안락한 국민생활을 보장해 주는 것
③ 화재, 재난 · 재해로부터 구조 · 구급하는 것
④ 공공의 안녕질서 유지와 복리증진에 기여하는 것

해설 **문제 1 참조**

답 ②

★★★
**03** 소방대상물에 해당되지 않는 것은?

① 건축물
② 차량
③ 선박건조구조물
④ 철도

해설 **기본법 2조 1호**
**소방대상물**
(1) 건축물
(2) 차량
(3) 선박(매어둔 것)
(4) 선박건조구조물
(5) 인공구조물
(6) 물건
(7) 산림

답 ④

**04** 소방대상물이 있는 장소 및 그 이웃지역으로서 화재의 예방 · 경계 · 진압, 구조 · 구급 등의 활동에 필요한 지역을 무엇이라 하는가?

① 관계지역 ② 소방지역
③ 방화지역 ④ 화재지역

해설 **기본법 2조 2호**
**관계지역**
**소방대상물**이 있는 **장소** 및 그 **이웃지역**으로서 화재의 예방 · 경계 · 진압, 구조 · 구급 등의 활동에 필요한 지역

답 ①

**05** 삭제

★★★
**06** 소방대상물의 관계인이 아닌 것은?

① 소유자 ② 공사업자
③ 관리자 ④ 점유자

해설 **기본법 2조 3호**
**관계인**
(1) **소유자**
소유권을 가진 사람으로서 그 건물의 '**주인**'을 말한다.
(2) **관리자**
남의 건물을 관리하는 사람으로서 그 건물의 '**경비**' 등을 말한다.
(3) **점유자**
남의 건물을 점유하고 있는 사람으로서 그 건물의 '**세입자**' 등을 말한다.

답 ②

**07** 시 · 도에서 화재의 예방 · 경계 · 진압 · 조사 및 구조 · 구급 등의 업무를 담당하는 부서의 장을 무엇이라 하는가?

① 시 · 도지사
② 소방본부장
③ 소방청장
④ 소방서장

해설 **기본법 2조 4호**
**소방본부장**
시 · 도에서 화재의 **예방** · **경계** · **진압** · **조사** 및 **구조** · **구급** 등의 업무를 담당하는 부서의 장

중요

**시 · 도**
(1) 특별시
(2) 광역시
(3) 도
(4) 특별자치시
(5) 특별자치도

답 ②

☆☆☆
**08** 다음 중 소방대에 해당되지 않는 사람은?

① 소방공무원 ② 의무소방원
③ 의용소방대원 ④ 자체소방대원

해설 **기본법 2조 5호**
**소방대**
(1) 소방공무원
(2) 의무소방원
(3) 의용소방대원

용어

**소방대**
화재를 진압하고 화재, 재난 · 재해 그 밖의 위급한 상황에서의 구조 · 구급활동 등을 하기 위하여 **소방공무원 · 의무소방원 · 의용소방대원**으로 구성된 조직체

답 ④

**09** 다음 중 소방대에 속하지 않는 조직체는?

① 소방공무원 ② 소방안전관리종사원
③ 의무소방원 ④ 의용소방대원

해설 **문제 8 참조** 답 ②

**10** 소방본부장 또는 소방서장 등 화재, 재난 · 재해 그 밖의 위급한 상황이 발생한 현장에서 소방대를 지휘하는 자를 무엇이라 하는가?

① 소방청장 ② 시 · 도지사
③ 소방대장 ④ 의용소방대장

해설 **기본법 2조 6호**
**소방대장**
소방본부장 또는 소방서장 등 화재, 재난 · 재해 그 밖의 위급한 상황이 발생한 현장에서 **소방대**를 **지휘**하는 자 답 ③

**11** 시 · 도의 소방업무를 수행하는 소방기관의 설치에 관하여 필요한 사항은 무엇으로 정하는가?

① 대통령령
② 행정안전부령
③ 국토교통부령
④ 시 · 도의 조례

해설 **기본법 3조 ①항**
**시 · 도**의 소방업무를 수행하는 소방기관의 설치에 필요한 사항은 **대통령령**으로 정한다.

용어

**소방업무**
화재 **예방 · 경계 · 진압** 및 조사, 소방안전교육 · 홍보와 화재, 재난 · 재해 그 밖의 위급한 상황에서의 **구조 · 구급** 등의 업무

답 ①

☆☆☆
**12** 소방본부장과 소방서장은 누구의 지휘, 감독을 받는가?

① 국무총리
② 소방청장
③ 소재지 관할 시 · 도지사
④ 소재지 관할 경찰청장

해설 **기본법 3조 ②항**
소방업무 ┬ 수행 : **소방본부장 · 소방서장**
└ 지휘 · 감독 : 소재지 관할 **시 · 도지사**

중요

**시 · 도지사**
(1) 특별시장
(2) 광역시장
(3) 도지사
(4) 특별자치시장
(5) 특별자치도지사

답 ③

**13** 화재, 재난 · 재해 그 밖에 구조 · 구급이 필요한 상황이 발생한 때에 신속한 소방활동을 위한 정보를 수집 · 전파하기 위하여 119 종합상황실을 설치 · 운영하여야 한다. 이에 관계되지 않는 사람은?

① 소방청장 ② 시 · 도지사
③ 소방본부장 ④ 소방서장

해설 **기본법 4조 ①항**
**119 종합상황실의 설치 · 운영**
(1) 소방청장
(2) 소방본부장
(3) 소방서장

※ **119 종합상황실** : 화재 · 재난 · 재해 · 구조 · 구급 등이 필요한 때에 신속한 소방활동을 위한 정보를 수집 · 분석과 판단 · 전파, 상황관리, 현장 지휘 및 조정 · 통제 등의 업무수행

답 ②

**14** 119 종합상황실의 설치 · 운영에 관하여 필요한 사항은 무엇으로 정하는가?

① 대통령령 ② 행정안전부령
③ 국토교통부령 ④ 시 · 도의 조례

해설 **기본법 4조 ②항**
119 종합상황실의 설치 · 운영에 관하여 필요한 사항 : **행정안전부령**

답 ②

**15** 소방박물관과 소방체험관의 설립 · 운영자는?

① 소방박물관 : 소방청장, 소방체험관 : 소방청장
② 소방박물관 : 소방청장, 소방체험관 : 시 · 도지사
③ 소방박물관 : 시 · 도지사, 소방체험관 : 소방청장
④ 소방박물관 : 시 · 도지사, 소방체험관 : 시 · 도지사

해설 **기본법 5조 ①항**
**설립과 운영**

| 소방박물관 | 소방체험관 |
|---|---|
| 소방청장 | 시 · 도지사 |

답 ②

**16** 소방박물관의 설립과 운영에 관하여 필요한 사항은 무엇으로 정하는가?

① 대통령령 ② 행정안전부령
③ 국토교통부령 ④ 시 · 도의 조례

해설 **기본법 5조 ②항**

| 소방박물관 | 소방체험관 |
|---|---|
| 행정안전부령 | 시 · 도의 조례 |

답 ②

**17** 소방체험관의 설립과 운영에 관하여 필요한 사항은 무엇으로 정하는가?

① 대통령령 ② 행정안전부령
③ 국토교통부령 ④ 시 · 도의 조례

해설 **문제 16 참조**

**소방체험관** : 화재현장에서의 피난 등을 체험할 수 있는 체험관

답 ④

★★★
**18** 소방업무에 관한 종합계획의 수립 · 시행은 누가 하는가?

① 소방청장 ② 시 · 도지사
③ 소방본부장 ④ 국가

해설 **기본법 6조**
소방업무에 관한 종합계획의 수립 · 시행 : **소방청장**

답 ①

★
**19** 소방력의 기준은 무엇으로 정하는가?

① 대통령령 ② 행정안전부령
③ 국토교통부령 ④ 시 · 도의 조례

해설 **기본법 8 · 9조**
(1) 소방력의 기준 : **행정안전부령**
(2) 소방장비 등에 대한 국고보조 기준 : **대통령령**

**소방력** : 소방기관이 소방업무를 수행하는 데 필요한 인력과 장비

답 ②

**20** 소방기관이 소방업무를 수행하는 데 필요한 인력과 장비 등에 관한 기준은 어느 것으로 정하는가?

① 대통령령 ② 행정안전부령
③ 시 · 도의 조례 ④ 소방청 고시

해설 **문제 19 참조**

② 소방력의 기준 : **행정안전부령**

답 ②

**21** 소방력의 기준에 따라 관할구역안의 소방력을 확충하기 위하여 필요한 계획을 수립하여 시행하여야 하는 사람은?

① 소방청장 ② 시 · 도지사
③ 소방본부장 ④ 소방서장

해설 **기본법 8조 ②항**
**시 · 도지사**는 소방력의 기준에 따라 관할구역안의 소방력을 확충하기 위하여 필요한 계획을 수립하여 시행하여야 한다.

답 ②

**22** 소방자동차 등 소방장비의 분류 · 표준화와 그 관리 등에 관하여 필요한 사항은 무엇으로 정하는가?

① 법률
② 대통령령
③ 행정안전부령
④ 시 · 도의 조례

해설 **기본법 8조 ③항**
소방자동차 등 소방장비의 분류 · 표준화와 그 관리 등에 관하여 필요한 사항은 **법률**로 정한다.

답 ①

**23** 다음 중 적용기준이 다른 하나는?

① 소방박물관의 설립과 운영에 관하여 필요한 사항
② 소방력의 기준
③ 119 종합상황실의 설치 · 운영에 관하여 필요한 사항
④ 소방장비 등의 국고보조의 대상 및 기준

해설 **기본법 4 · 5 · 8 · 9조**

①~③ 행정안전부령 ④ 대통령령

답 ④

★★★
**24** **소방용수시설의 설치 · 유지 · 관리는 누가 하는가? (단, 수도법에 의한 소화전은 제외한다.)**

① 소방청장
② 소방본부장 또는 소방서장
③ 시 · 도지사
④ 관리자 또는 점유자

해설 **기본법 10조 ①항**
**소방용수시설**
(1) 종류 : **소화전 · 급수탑 · 저수조**
(2) 기준 : **행정안전부령**
(3) 설치 · 유지 · 관리 : **시 · 도**(단, 수도법에 의한 소화전은 일반수도사업자가 관할소방서장과 협의하여 설치)

답 ③

**25** **다음 중 소방용수시설이 아닌 것은?**

① 소화전 ② 급수탑
③ 저수조 ④ 소화기

해설 **문제 24 참조**

답 ④

**26** **소방용수시설의 설치기준은 무엇으로 정하는가?**

① 대통령령 ② 행정안전부령
③ 국토교통부령 ④ 시 · 도의 조례

해설 **문제 24 참조**

답 ②

**27** **소방활동에 필요한 소화전 · 급수탑 · 저수조를 설치하고 유지 · 관리하여야 하는 자로 알맞은 것은? (단, 수도법에 따라 설치되는 소화전은 제외한다.)**

① 119 안전센터장 ② 소방서장
③ 소방본부장 ④ 시 · 도지사

해설 **문제 24 참조**

답 ④

**28** **소방업무의 응원에 관한 사항이다. 틀린 것은?**

① 소방본부장 또는 소방서장은 소방활동에 있어서 긴급한 때에는 이웃한 소방본부장 또는 소방서장에게 소방업무의 응원을 요청할 수 있다.
② 소방업무의 응원요청을 받은 소방본부장 또는 소방서장은 정당한 사유없이 이를 거절하여서는 아니된다.
③ 소방업무의 응원을 위하여 파견된 소방대원은 응원을 요청한 소방본부장 또는 소방서장의 지휘에 따라야 한다.
④ 소방청장은 소방업무의 응원을 요청하는 경우를 대비하여 출동의 대상지역 및 규모와 필요한 경비의 부담 등에 관하여 필요한 사항을 행정안전부령이 정하는 바에 따라 이웃하는 시 · 도지사와 협의하여 미리 규약으로 정하여야 한다.

해설 **기본법 11조 ④항**
**시 · 도지사**는 소방업무의 응원을 요청하는 경우를 대비하여 **출동**의 **대상지역** 및 **규모**와 **필요한 경비**의 **부담** 등에 관하여 필요한 사항을 행정안전부령이 정하는 바에 따라 이웃하는 시 · 도지사와 협의하여 미리 규약(規約)으로 정하여야 한다.

답 ④

**29** **소방기본법상 화재의 예방조치권자는?**

① 의용소방대장
② 소방청장
③ 시 · 도지사
④ 소방본부장 또는 소방서장

해설 **기본법 12조 ①항**
화재의 예방조치권자 : **소방본부장, 소방서장**

답 ④

**30** **소방본부장 또는 소방서장이 화재예방이나 소화활동 등을 위하여 명령할 수 있는 사항이 아닌 것은?**

① 불장난, 흡연의 금지 또는 제한
② 화재의 처리에 관한 일
③ 방치되어 있는 위험물의 이동
④ 연소의 우려가 있는 소유자 불명의 물질에 대한 폐기

해설 **기본법 12조 ①항**
**화재의 예방조치사항**
(1) **불장난 · 모닥불 · 흡연** 및 **화기취급, 풍등 등 소형 열기구 날리기**의 **금지** 또는 **제한**
(2) 타고 남은 **불** 또는 **화기**가 있을 우려가 있는 **재의 처리**
(3) 함부로 버려 두거나 그냥 둔 **위험물** 그 밖의 불에 탈 수 있는 물건을 옮기거나 치우게 하는 등의 조치

연소의 우려가 있는 소유자 불명의 물질은 안전한 곳으로 옮겨 **소방본부장** 또는 **소방서장**에 의해 보관되어야 한다.

답 ④

**31** **화재의 예방상 위험하다고 인정되는 행위를 하는 사람 또는 소방활동에 지장이 있다고 인정되는 물건의 소유자 또는 점유자에 대한 명령사항이 아닌 것은?**

① 모닥불의 금지 또는 제한
② 소방시설의 사용금지
③ 타고 남은 재의 처리

④ 방치된 위험물의 이동

해설 문제 30 참조 답 ②

**32** 화재의 예방상 위험하다고 인정될 때 취할 수 있는 행위는?

① 불에 탈 수 있는 물건을 옮기게 하는 조치
② 난방용 전기기기 사용
③ 밀폐된 장소에서 LPG 사용
④ 위험물취급주임 미선임

해설 문제 30 참조 답 ①

**33** 소방본부장은 화재의 예방상 위험하다고 인정되는 행위를 하는 자에 대해서 명령을 할 수 있는데 그 명령으로 옳지 않은 것은?

① 불장난, 모닥불의 금지 또는 제한
② 타고 남은 불 또는 화기가 있을 우려가 있는 재의 처리
③ 방치되어 있는 위험물의 이동 또는 조치
④ 목욕탕 보일러 굴뚝의 매연의 제한

해설 문제 30 참조 답 ④

**34** 소방기본법에서 정하고 있는 화재의 예방조치 명령과 관계가 없는 것은?

① 불장난 · 모닥불 · 흡연 및 화기취급, 풍등 등 소형 열기구 날리기의 금지 또는 제한
② 타고 남은 불 또는 화기가 있을 우려가 있는 재의 처리
③ 함부로 버려두거나 그냥 둔 위험물 그 밖에 탈 수 있는 물건을 옮기거나 치우게 하는 등의 조치
④ 불이 번지는 것을 막기 위하여 불이 번질 우려가 있는 소방대상물의 사용 제한

해설 문제 30 참조 답 ④

☆
**35** 화재의 예방조치상 보관한 위험물은 며칠 동안 소방본부 또는 소방서의 게시판에 공고하여야 하는가?

① 7일 ② 14일
③ 30일 ④ 180일

해설 기본법 12조 ④항
방치된 위험물
(1) 보관자 : **소방본부장 · 소방서장**
(2) 공고기간 : **14일**

답 ②

**36** 소방본부장이 보관하는 위험물의 보관기간은 무엇으로 정하는가?

① 대통령령 ② 행정안전부령
③ 국토교통부령 ④ 시 · 도의 조례

해설 기본법 12조 ⑤항
**소방본부장** 또는 **소방서장**이 보관하는 위험물 또는 물건의 보관기간 및 보관기간 경과후 처리 등에 대해서는 **대통령령**으로 정한다.

답 ①

**37** 화재가 발생할 우려가 높거나 화재가 발생하는 경우 그로 인하여 피해가 클 것으로 예상되는 구역에 대하여 취할 수 있는 조치는?

① 화재경계지구로 지정
② 소방활동구역의 설정
③ 소화활동지역으로 지정
④ 소방훈련지역의 설정

해설 기본법 13조
화재경계지구
(1) 지정 : **시 · 도지사**
(2) 소방특별조사 : **소방본부장** 또는 **소방서장**

**화재경계지구** : 화재가 발생할 우려가 높거나 화재가 발생하면 피해가 클 것으로 예상되는 구역으로서 대통령령이 정하는 지역

답 ①

**38** 화재경계지구의 지정은 누가 하는가?

① 시 · 도지사
② 소방안전기술위원회
③ 의용소방대장
④ 한국소방안전원

해설 문제 37 참조

① 화재경계지구 지정 : **시 · 도지사**

답 ①

**39** 화재 발생 우려가 높거나 화재가 발생하면 그로 인하여 피해가 클 것으로 예상되는 구역을 화재경계지구로 지정할 수 있는 자는?

① 소방본부장
② 한국소방안전원장
③ 소방시설관리사
④ 시 · 도지사

해설 문제 37 참조 답 ④

★★★
**40** **화재경계지구는 누가 지정하는가?**

① 소방청장　② 소방본부장
③ 소방서장　④ 도지사

해설 **문제 37 참조**

중요

**시 · 도지사**
(1) 특별시장
(2) 광역시장
(3) 도지사
(4) 특별자치시장
(5) 특별자치도지사

답 ④

**41** **화재경계지구 안의 소방대상물에 대하여 소방서장 또는 소방본부장이 하여야 할 일에 해당되는 것은?**

① 소방특별조사　② 예방관리 및 보수
③ 방재설비　④ 소방용수설비

해설 **문제 37 참조**　답 ①

**42** **화재의 경계에 관한 다음 사항 중 틀린 것은?**

① 화재의 경계를 위하여 화재경계지구를 지정할 수 있다.
② 화재위험경보의 경보발령권자는 기상청장이다.
③ 이상기상의 예보 또는 특보가 있는 때에는 화재에 관한 경보를 발하여야 한다.
④ 화재가 발생하는 경우 특수가연물의 저장 및 취급의 기준은 대통령령으로 정한다.

해설 **기본법 14 조**
화재위험경보 발령권자 : **소방본부장, 소방서장**　답 ②

**43** **소방본부장 또는 소방서장의 직무로 옳은 것은?**

① 이상기상의 예보 또는 특보가 있을지라도 화재위험경보를 발할 수 없다.
② 화재를 예방하기 위하여 필요한 때에는 기간을 정하여 일정한 구역 안에 있어서의 모닥불, 흡연 등 화기취급, 풍등 등 소형 열기구 날리기를 금지하거나 제한할 수 있다.
③ 화재의 위험경보가 해제될 때까지 관계인은 해당 구역 안에 상주하여야 한다.
④ 화재의 현장에 소방활동구역을 설정할 수 있으나 그 구역으로부터 퇴거를 명하거나 출입을 금지 또는 제한할 수는 없다.

해설 **기본법 12조 ①항**
**화재의 예방조치**
**소방본부장** 또는 **소방서장**은 화재를 예방하기 위하여 필요한 때에는 기간을 정하여 일정한 구역 안에 있어서의 모닥불, 흡연 등 화기취급, 풍등 등 소형 열기구 날리기를 금지하거나 제한할 수 있다.

답 ②

★★★
**44** **다음 중 불을 사용하는 설비의 관리에서 제외되는 것은?**

① 보일러　② 난로
③ 전기시설　④ 주방시설

해설 **기본법 15 조**
**불을 사용하는 설비의 관리사항**
(1) 정하는 기준 : **대통령령**
(2) 대상 ┬ **보일러**
├ **난로**
├ **가스시설**
├ **건조설비**
└ **전기시설**

답 ④

**45** **보일러, 난로, 가스시설, 건조설비, 전기시설 그 밖에 화재발생의 우려가 있는 설비 기구 등의 위치 · 구조 및 관리와 화재예방을 위하여 불의 사용에 있어서 지켜야 하는 사항은 어디에서 정하는가?**

① 대통령령　② 행정안전부령
③ 시 · 도의 조례　④ 소방청 훈령

해설 **문제 44 참조**

① 불을 사용하는 설비의 관리사항 정하는 기준 : **대통령령**

답 ①

**46** **불을 사용하는 설비 등의 관리에 있어서 화재예방상 지켜야 할 사항은?**

① 한국소방안전원의 안전관리규정으로 정한다.
② 소방안전관리자가 정한다.
③ 행정안전부령이 정하여 고시한다.
④ 대통령령으로 정한다.

해설 **문제 44 참조**　답 ④

**47** **화재가 발생하는 경우 특수가연물의 저장 · 취급에 관한 사항은 다음 중 어느 것으로 정하는가?**

① 대통령령　② 행정안전부령
③ 국토교통부령　④ 시 · 도의 조례

해설 **기본법 15조 ②항**
특수가연물 저장 · 취급 : **대통령령**

> **특수가연물**: 불길이 빠르게 번지는 **고무류·면화류·석탄·목탄** 등의 물품

답 ①

**48** 다음 중 특수가연물이 아닌 것은?

① 황린　② 고무류
③ 석탄　④ 목탄

해설 **문제 47 참조**

> ① 제3류 위험물

답 ①

**49** 화재시 소방대를 현장에 신속하게 출동시켜 화재진압과 인명구조·구급 등 소방에 필요한 활동을 하게 할 권한이 없는 사람은?

① 소방청장　② 시·도지사
③ 소방본부장　④ 소방서장

해설 **기본법 16조**
**소방활동**
(1) 뜻: **화재, 재난·재해** 그 밖의 위급한 상황이 발생한 때에는 소방대를 현장에 신속하게 출동시켜 **화재진압**과 **인명구조·구급** 등 소방에 필요한 활동을 하는 것
(2) 권한자 ┬ **소방청장**
├ **소방본부장**
└ **소방서장**

답 ②

**50** 소방대원에게는 필요한 교육·훈련을 실시하여야 하는데 이와 관련이 없는 사람은?

① 소방청장　② 시·도지사
③ 소방본부장　④ 소방서장

해설 **기본법 17조**
소방교육·훈련
(1) 실시자 ┬ **소방청장**
├ **소방본부장**
└ **소방서장**
(2) 실시규정: **행정안전부령**

답 ②

★★★
**51** 화재의 경계를 위한 소방신호의 목적이 아닌 것은?

① 화재예방　② 소방활동
③ 시설보수　④ 소방훈련

해설 **기본법 18조**
(1) 소방신호의 목적
① **화재예방**
② **소방활동**
③ **소방훈련**
(2) 소방신호의 종류와 방법: **행정안전부령**

답 ③

**52** 화재예방, 소방활동, 소방훈련을 위하여 사용되는 신호를 무엇이라 하는가?

① 경계신호　② 소방신호
③ 방화신호　④ 훈련신호

해설 **문제 51 참조**

답 ②

**53** 화재 등의 통지대상이 아닌 것은?

① 소방본부　② 소방서
③ 관계행정기관　④ 관계인

해설 **기본법 19조**
**화재 등의 통지**
화재현장 또는 구조·구급이 필요한 사고현장을 발견한 사람은 그 현장의 상황을 **소방본부·소방서** 또는 **관계행정기관**에 지체없이 알려야 한다.

답 ④

**54** 화재가 발생하여 소방대가 화재현장에 도착할 때까지 그 소방대상물의 관계인이 조치하여야 할 사항으로 적당하지 못한 것은?

① 소화작업　② 교통정리작업
③ 연소방지작업　④ 인명구조작업

해설 **기본법 20조**
**화재현장에서 관계인의 조치사항**
(1) **소화작업**: 불을 끈다.
(2) **연소방지작업**: 불이 번지지 않도록 조치한다.
(3) **인명구조작업**: 사람을 구출한다.

> 중요
> **소방대**
> (1) 소방공무원
> (2) 의무소방원
> (3) 의용소방대원

답 ②

**55** 소방활동에 관한 사항으로 옳지 않은 것은?

① 화재현장을 발견한 사람은 소방서에 지체없이 알려야 한다.
② 화재가 발생한 때에는 그 소방대상물의 관계인은 급히 대피하여 화재의 연소상태를 살펴야 한다.
③ 소방대는 화재현장에 출동하기 위하여 긴급한 때에는 일반교통에 사용되지 않는 도로나 빈터 또는 물 위를 통행할 수 있다.
④ 소방자동차가 화재진압을 위하여 출동할 때에는 모든 차와 사람은 이를 방해하여서는 아니된다.

해설 **기본법 20조**
**관계인의 소방활동**
**관계인**은 소방대상물에 화재, 재난·재해 그 밖의 위급한 상황이 발생한 경우에는 소방대가 현장에 도착할 때까지 **경보**를 울리거나 **대피**를 **유도**하는 등의 방법으로 **사람**을 **구출**하는 조치 또는 **불**을 **끄거나** 불이 번지지 아니하도록 필요한 조치를 하여야 한다. 답 ②

**56** **소방활동에 관련된 설명으로 틀린 것은?**

① 구조·구급이 필요한 사고현장을 발견한 사람은 소방본부에 지체없이 알려야 한다.
② 소방자동차가 소방용수를 확보하기 위하여 주행할 때라도 이를 방해하여서는 아니된다.
③ 소방자동차의 우선 통행에 관하여는 도로교통법에 정하는 바에 따른다.
④ 소방자동차가 소방훈련을 위하여 필요한 때에는 사이렌을 사용할 수 있다.

해설 **기본법 21조 ①항**
모든 차와 사람은 소방자동차가 **화재진압** 및 **구조·구급활동**을 위하여 출동을 하는 때에는 이를 방해하여서는 아니된다.

② 소방용수를 확보하기 위하여 주행할 때에는 반드시 양보할 의무는 없다.

답 ②

**57** **화재 현장에 소방활동구역을 설정하여 그 구역의 출입을 제한시킬 수 있는 자는?**

① 구역 내에 있는 소방대상물의 관계인
② 구역 내에 있는 소방대상물의 근무자
③ 소방안전관리자
④ 소방대장

해설 **기본법 23조**
**소방활동구역의 설정**
(1) 설정권자 : **소방대장**
(2) 설정구역 ┬ **화재현장**
└ **재난·재해** 등의 **위급한 상황**이 발생한 현장

비교
**기본법 13조**
화재경계지구의 지정 : **시·도지사**

답 ④

**58** **재해현장의 소방활동구역의 설정은 누가 하는가?**

① 소방대상물의 관계인
② 소방대장
③ 시·도지사
④ 소방청장

해설 **문제 57 참조**

② 소방활동구역의 설정권자 : **소방대장**

답 ②

**59** **소화활동 및 화재조사를 원활히 수행하기 위해 화재현장에 출입을 통제하기 위하여 설정하는 것은?**

① 화재경계지구 지정
② 소방활동구역 설정
③ 방화제한구역 설정
④ 화재통제구역 설정

해설 **기본법 23조**
**소방활동구역**
(1) 화재, 재난, 재해 그 밖의 위급한 상황이 발생한 현장에 정하는 구역
(2) **소화활동** 및 **화재조사**를 원활히 수행하기 위해 **화재현장**에 **통제**하기 위하여 설정하는 구역 답 ②

**60** **소방활동을 위하여 필요할 때 소방본부장·소방서장 또는 소방대장이 할 수 있는 명령에 해당되는 것은?**

① 화재현장에 이웃한 소방서에 소방응원을 하는 명령
② 그 관할구역 안에 사는 사람 또는 화재현장에 있는 사람으로 하여금 소화에 종사하도록 하는 명령
③ 관계보험회사로 하여금 화재의 피해조사에 협력하도록 하는 명령
④ 소방대상물의 관계인에게 화재에 따른 손실을 보상하게 하는 명령

해설 **기본법 24조 ①항**
**소방본부장·소방서장** 또는 **소방대장**은 소방활동을 위하여 필요한 때에는 그 관할구역 안에 사는 사람 또는 화재현장에 있는 사람으로 하여금 소방활동에 종사하도록 명령할 수 있다.

**소방활동 종사명령** : 사람을 구출하거나 또는 불을 끄거나 불이 번지지 않도록 하는 일을 하게 하는 것

답 ②

**61** **다음 중 소방활동의 비용을 지급받을 수 있는 경우는?**

① 소방대상물에 화재, 재난·재해 그 밖의 위급한 상황이 발생한 경우 그 관계인
② 고의 또는 과실로 인하여 화재 또는 구조·구급활동이 필요한 상황을 발생시킨 자
③ 화재 또는 구조·구급현장에서 물건을 가져간 자
④ 화재현장에 있으면서 사람을 구출한 자

해설 기본법 24조 ③항
소방활동의 비용을 지급받을 수 없는 경우
(1) 소방대상물에 화재, 재난 · 재해 그 밖의 위급한 상황이 발생한 경우 그 **관계인**
(2) 고의 또는 과실로 인하여 **화재** 또는 **구조 · 구급활동**이 필요한 **상황**을 **발생시킨 자**
(3) 화재 또는 구조 · 구급 현장에서 **물건**을 **가져간 자**

답 ④

**62** **사람을 구출하거나 불이 번지는 것을 막기 위하여 필요한 때에 화재가 발생하거나 불이 번질 우려가 있는 소방대상물 및 토지를 일시적으로 사용할 권한이 없는 사람은?**

① 시 · 도지사 ② 소방본부장
③ 소방서장 ④ 소방대장

해설 기본법 25조
강제처분
**소방본부장 · 소방서장** 또는 **소방대장**은 사람을 구출하거나 불이 번지는 것을 막기 위하여 필요한 때에는 화재가 발생하거나 불이 번질 우려가 있는 소방대상물 및 토지를 일시적으로 사용하거나 그 사용의 제한 또는 소방활동에 필요한 처분을 할 수 있다.

답 ①

**63** **다음 중 화재로 인하여 위험이 발생할 시 피난명령을 할 수 있는 자가 아닌 것은?**

① 시 · 도지사 ② 소방본부장
③ 소방서장 ④ 소방대장

해설 기본법 26조
피난명령권자
(1) 소방본부장
(2) 소방서장
(3) 소방대장

답 ①

★
**64** **화재진압 등 소방활동을 위하여 필요할 때에 소방용수 외에 댐 · 저수지 또는 수영장 등의 물을 사용하거나 수도의 개폐장치 등을 조작할 수 없는 사람은?**

① 소방청장 ② 소방본부장
③ 소방서장 ④ 소방대장

해설 기본법 27조
위험시설 등에 대한 긴급조치 : 소방본부장 · 소방서장 · 소방대장
(1) 화재진압 등 소방활동을 위하여 필요할 때 소방용수 외에 댐 · 저수지 또는 수영장 등의 **물**을 **사용**하거나 **수도**의 **개폐장치** 등 조작
(2) 화재발생을 막거나 폭발 등으로 화재가 확대되는 것을 막기 위하여 가스 · 전기 또는 유류 등의 시설에 대하여 **위험물질**의 공급을 **차단**하는 등의 조치

답 ①

★
**65** **화재발생을 막거나 폭발 등으로 화재가 확대되는 것을 막기 위하여 가스 · 전기 또는 유류 등의 시설에 대하여 위험물질의 공급을 차단하는 등 필요한 조치를 할 수 없는 사람은?**

① 소방청장 ② 소방본부장
③ 소방서장 ④ 소방대장

해설 문제 64 참조

답 ①

★
**66** **생활안전활동을 방해하는 행위를 하는 사람에게 필요한 경고를 하고, 그 행위로 인하여 사람의 생명 · 신체에 위해를 끼치거나 재산에 중대한 손해를 끼칠 우려가 있는 긴급한 경우에 그 행위를 제지할 수 있는 사람은?**

① 소방본부장 ② 소방서장
③ 소방대장 ④ 소방대원

해설 기본법 27조 2
방해행위의 제지 등
**소방대원**은 **소방활동** 또는 **생활안전활동**을 **방해**하는 행위를 하는 사람에게 필요한 **경고**를 하고, 그 행위로 인하여 사람의 생명 · 신체에 위해를 끼치거나 재산에 중대한 손해를 끼칠 우려가 있는 긴급한 경우에는 그 행위를 **제지**할 수 있다.

답 ④

★
**67** **다음 중 관계인이 할 수 있는 행위는?**

① 정당한 사유 없이 소방용수시설 또는 비상소화장치를 사용하는 행위
② 정당한 사유 없이 손상 · 파괴, 철거 또는 그 밖의 방법으로 소방용수시설 또는 비상소화장치의 효용을 해치는 행위
③ 소방용수시설 또는 비상소화장치의 정당한 사용을 방해하는 행위
④ 위급한 상황 발생시 소방대가 현장에 도착할 때까지 경보를 울리는 행위

해설 기본법 28조
소방용수시설 또는 비상소화장치의 사용금지 등
(1) 정당한 사유 없이 **소방용수시설** 또는 **비상소화장치**를 사용하는 행위
(2) 정당한 사유 없이 손상 · 파괴, 철거 또는 그 밖의 방법으로 **소방용수시설** 또는 **비상소화장치**의 효용을 해치는 행위
(3) **소방용수시설** 또는 **비상소화장치**의 정당한 사용을 방해하는 행위

비교

**관계인의 소방활동**(기본법 20조)
**관계인**은 소방대상물에 화재, 재난 · 재해, 그 밖의 위급한 상황이 발생한 경우에는 소방대가 현장에 도착할 때까지 **경보**를 울리거나 **대피**를 유도하는 등의 방법으로 **사람**을 **구출**하는 조치 또는 불을 끄거나 불이 번지지 아니하도록 필요한 조치를 하여야 한다.

답 ④

**68** ( ㉠ ) 또는 ( ㉡ )은 소방업무를 보조하기 위하여 특별시·광역시와 시·읍·면에 의용소방대를 둔다. ㉠, ㉡에 각각 들어갈 말은?

① ㉠ 대통령, ㉡ 소방청장
② ㉠ 소방청장, ㉡ 시·도지사
③ ㉠ 시·도지사, ㉡ 소방서장
④ ㉠ 소방본부장, ㉡ 소방서장

해설 **기본법 37조, 의용소방대법 2~14조**
**의용소방대의 설치**
(1) **설치권자** : 시·도지사, 소방서장
(2) **설치장소** : 특별시·광역시, 특별자치시·도, 특별자치도·시·읍·면
(3) **의용소방대**의 **임명** : 그 지역의 주민 중 희망하는 사람
(4) **의용소방대원**의 **직무** : 소방업무보조

답 ③

**69** 의용소방대의 설치지역에 해당되지 않는 것은?

① 시 ② 읍
③ 면 ④ 리

해설 **문제 68 참조**

답 ④

**70** 의용소방대의 경비는 누가 부담하는가?

① 해당 시·도지사 ② 관계인
③ 임면권자 ④ 정부

해설 **기본법 37조, 의용소방대법 14조**
의용소방대의 경비는 시·도지사가 부담한다.

답 ①

**71** 의용소방대원의 직무수행에 관한 설명으로 틀린 것은?

① 비상근으로 근무한다.
② 소방상 필요에 의하여 소집되어 출동한다.
③ 소방본부장 또는 소방서장의 소방업무를 보조한다.
④ 화재다발기에는 매일 정상으로 출근하여 근무한다.

해설 **기본법 37조, 의용소방대법 9조**
**의용소방대원**은 필요한 때에만 소집된다.

답 ④

**72** 의용소방대의 설치에 대한 사항으로 옳은 것은?

① 서울특별시, 광역시를 제외한 시·군·읍·면에 설치한다.
② 의용소방대원은 소방업무를 관장한다.
③ 의용소방대의 경비는 시·도지사가 부담한다.
④ 의용소방대의 설치에 관한 사항은 소방청장이 정한다.

해설 **기본법 37조, 의용소방대법 2~14조**
(1) **특별시·광역시, 특별자치시·도, 특별자치도·시·읍·면**에 의용소방대를 둔다.
(2) 의용소방대원은 **소방업무**를 **보조**한다.
(3) 의용소방대의 경비는 시·도지사가 부담한다.
(4) 의용소방대의 설치에 관한 사항은 행정안전부령으로 정한다.

답 ③

**73** 의용소방대에 관한 다음 설명 중 옳지 않은 것은?

① 의용소방대원은 비상근이다.
② 시, 읍, 면의 소방업무를 관할한다.
③ 소방본부장 또는 소방서장의 소방업무를 보조한다.
④ 그 지역의 주민 중 희망하는 자로서 구성한다.

해설 **기본법 37조, 의용소방대법 2~9조**
(1) **시·도지사** 또는 **소방서장**은 소방업무를 보조하게 하기 위하여 **특별시·광역시**, 특별자치시·도, 특별자치도·**시·읍·면**에 의용소방대를 둔다.
(2) 의용소방대는 **그 지역**의 **주민** 중 희망하는 사람으로 구성하되, 해임, 조직, 임무, 복장, 신분증, 경력증명서 등에 관한 사항은 **행정안전부령**으로 정한다.
(3) 의용소방대원은 **비상근**으로서 필요한 때에 소집되어 소방본부장 또는 소방서장의 **소방업무**를 **보조**한다.

답 ②

**74** 의용소방대원이 임무수행 또는 교육훈련으로 인한 재해를 받았을 때 보상금을 지급할 수 있다. 재해의 종류에 속하지 않는 것은?

① 질병 ② 부상
③ 사망 ④ 손괴

해설 **기본법 37조, 의용소방대법 17조**
의용소방대원이 임무의 수행 또는 소방 관련 교육·훈련으로 인하여 **질병·부상·사망**한 때에는 시·도 조례에 따라 **보상금**을 지급한다.

답 ④

**75** 의용소방대원에 대한 내용으로 옳은 것은?

① 소방공무원이 부족할 때 임시직으로 임용한다.
② 임무를 수행한 때에도 수당은 지급하지 않는다.
③ 임무수행으로 인하여 부상을 입었을 때는 수당을 지급한다.
④ 소방본부장 또는 소방서장의 소방업무를 보조한다.

해설 **기본법 37조, 의용소방대법 3~17조**
**의용소방대원**
(1) 의용소방대는 **그 지역의 주민** 중 희망하는 사람으로 임명한다.
(2) 임무를 수행한 때에는 수당을 지급한다.
(3) 임무수행 또는 교육훈련으로 인하여 부상을 입었을 때는 **보상금**을 지급한다.
(4) 소방본부장 또는 소방서장의 **소방업무**를 **보조**한다.

답 ④

**76** 한국소방안전원의 업무가 아닌 것은?

① 소방기술과 안전관리에 관한 조사·연구 및 교육
② 소방시설의 조사·연구
③ 소방기술에 관한 각종 간행물의 발간
④ 안전관리에 관한 각종 간행물의 발간

해설 **기본법 41조**
**한국소방안전원의 업무**
(1) 소방기술과 안전관리에 관한 **조사·연구** 및 **교육**
(2) 소방기술과 안전관리에 관한 각종 **간행물**의 **발간**
(3) 화재예방과 안전관리의식의 고취를 위한 **대국민 홍보**
(4) 소방업무에 관하여 **행정기관**이 **위탁하는 사업**
(5) 소방안전에 관한 **국제협력**
(6) **회원**에 대한 **기술지원** 등 정관이 정하는 사항

② 한국소방산업기술원의 업무이다.

답 ②

**77** 다음 중 한국소방안전원의 업무에 해당하지 않는 것은?

① 소방기술과 안전관리에 관한 교육, 조사, 연구 및 각종 간행물 발간
② 화재예방과 안전관리 의식의 고취를 위한 대국민 홍보
③ 소방업무에 관하여 행정기관이 위탁하는 업무
④ 소방시설에 관한 연구 및 기술 지원

해설 **문제 76 참조**

④ **한국소방산업기술원**의 업무

답 ④

**78** 한국소방안전원의 소관업무가 아닌 것은?

① 소방기술에 관한 교육
② 화재예방을 위한 대국민 홍보
③ 소방용품에 대한 검사기술연구
④ 소방업무에 관하여 행정기관이 위탁하는 사업

해설 **문제 76 참조**

③ 한국소방산업기술원의 업무

답 ③

**79** 한국소방안전원의 정관의 변경은 누구의 인가를 얻어야 하는가?

① 소방청장 ② 기획재정부 장관
③ 소방본부장 ④ 국무총리

해설 **기본법 43조**
**한국소방안전원의 정관**
정관 변경: **소방청장**의 **인가**

답 ①

**80** 소방자동차의 출동을 방해한 자의 벌칙은?

① 200만원 이하의 과태료
② 200만원 이하의 벌금
③ 3년 이하의 징역
④ 5년 이하의 징역

해설 **기본법 50조**
**5년 이하의 징역 또는 5000만원 이하의 벌금**
(1) 소방자동차의 출동 방해
(2) 사람구출 방해
(3) **소방용수시설** 또는 **비상소화장치**의 효용 방해

용어

**벌금과 과태료**
(1) **벌금**
범죄의 대가로서 부과하는 돈
(2) **과태료**
지정된 기한 내에 어떤 의무를 이행하지 않았을 때 부과하는 돈

답 ④

**81** 소방자동차가 화재진압 및 구조·구급활동을 위하여 출동하는 때 소방자동차의 출동을 방해한 자의 벌칙으로 알맞은 것은?

① 10년 이하의 징역 또는 5천만원 이하의 벌금에 처함
② 5년 이하의 징역 또는 5천만원 이하의 벌금에 처함
③ 3년 이하의 징역 또는 2천만원 이하의 벌금에 처함
④ 2년 이하의 징역 또는 1천5백만원 이하의 벌금에 처함

해설 **문제 80 참조**

답 ②

**82** 위급한 때에 소방서장의 토지의 강제처분을 방해한 자는 어떤 벌칙을 받게 되는가?

① 2년 이하의 징역 또는 1500만원 이하의 벌금
② 2년 이하의 징역 또는 3000만원 이하의 벌금
③ 3년 이하의 징역 또는 1500만원 이하의 벌금
④ 3년 이하의 징역 또는 3000만원 이하의 벌금

해설 **기본법 51조**
**3년 이하의 징역 또는 3000만원 이하의 벌금**
소방대상물 및 토지의 강제처분을 방해한 자

답 ④

**83** 화재조사를 수행하면서 알게 된 비밀을 누설하였을 때의 벌칙에 해당하는 것은?

① 200만원 이하의 과태료
② 100만원 이하의 벌금
③ 200만원 이하의 벌금
④ 300만원 이하의 벌금

해설 **기본법 52조**
**300만원 이하의 벌금**
화재조사에 대한 비밀 누설

답 ④

**84** **화재의 예방조치 명령을 위반하여 보고 또는 자료제출을 하지 아니한 자는 얼마 이하의 벌금에 처하도록 되어 있는가?**

① 100만원 ② 200만원
③ 300만원 ④ 500만원

해설 **기본법 53조**
**200만원 이하의 벌금**
화재의 예방조치명령 위반

답 ②

**85** **다음 중 100만원 이하의 벌금에 해당되지 않는 것은?**

① 화재경계지구 안의 소방대상물에 대한 소방특별조사를 거부한 자
② 피난명령을 위반한 자
③ 위험시설 등에 대한 긴급조치를 방해한 자
④ 소방용수시설 또는 비상소화장치의 효용을 방해한 자

해설 **기본법 54조**
**100만원 이하의 벌금**
(1) 화재경계지구 안의 소방특별조사 거부·방해·기피
(2) 피난 명령 위반
(3) 위험시설 등에 대한 긴급조치 방해
(4) 소방활동을 하지 않은 관계인
(5) 위험시설 등에 정당한 사유없이 **물**의 **사용**이나 **수도**의 **개폐장치**의 사용 또는 조작을 하지 못하게 하거나 **방해**한 자
(6) 소방대의 생활안전활동을 방해한 자

④ **5년 이하**의 **징역** 또는 **5000만원 이하**의 벌금

답 ④

**86** **소방활동구역의 무단출입자의 벌칙은?**

① 100만원 이하의 벌금
② 200만원 이하의 벌금
③ 200만원 이하의 과태료
④ 300만원 이하의 벌금

해설 **기본법 56조**
**200만원 이하의 과태료**
(1) 소방용수시설·소화기구 및 설비 등의 설치명령 위반
(2) 특수가연물의 저장·취급 기준 위반
(3) 한국119청소년단 또는 이와 유사한 명칭을 사용한 자
(4) 소방활동구역 출입
(5) 소방자동차의 **출동**에 **지장**을 준 자

비교

(1) **300만원 이하**의 **과태료**(소방시설법 53조)
① 화재안전기준을 위반하여 **소방시설**을 설치 또는 유지·관리한 자
② **피난시설·방화구획** 또는 **방화시설**의 **폐쇄·훼손·변경** 등의 행위를 한 자
(2) **500만원 이하**의 **과태료**(기본법 56조)
화재·구조·구급 허위신고

답 ③

**87** **화재 또는 구조·구급이 필요한 상황을 거짓으로 알린 자에 대한 조치로 옳은 것은?**

① 100만원 이하의 벌금
② 100만원 이하의 과태료
③ 200만원 이하의 벌금
④ 500만원 이하의 과태료

해설 **문제 86 참조**

답 ④

# 2. 소방기본법 시행령

출제확률 

(1문제)

**01** 국가가 시·도의 소방업무에 필요한 경비의 일부를 보조하는 국고보조의 대상이 아닌 것은?

① 일반통신설비와 겸용하는 소방통신설비
② 소방전용통신설비
③ 소방 펌프 자동차
④ 소방 헬리콥터

해설 **기본령 2조**
(1) **국고보조의 대상**
① 소방활동장비와 설비의 구입 및 설치
㉠ 소방자동차
㉡ 소방 헬리콥터·소방정
㉢ 소방전용통신설비·전산설비
㉣ 방화복
② 소방관서용 청사
(2) **소방활동장비 및 설비의 종류와 규격** : 행정안전부령
(3) **대상사업의 기준보조율** : 「보조금관리에 관한 법률 시행령」에 따름

답 ①

**02** 소방활동장비와 설비의 구입 및 설치의 종류 및 규격과 그에 관한 국고보조산정을 위한 기준가격은?

① 시·도의 조례로 정한다.
② 행정안전부령으로 정한다.
③ 국토교통부령으로 정한다.
④ 대통령령으로 정한다.

해설 **문제 1 참조**

② 소방활동장비 및 설비의 종류와 규격 : **행정안전부령**

답 ②

**03** 화재의 예방조치에 의한 위험물 또는 물건의 보관기간은 소방본부 또는 소방서의 게시판에 공고하는 기간의 종료일 다음날부터 며칠 하는가?

① 3일 ② 7일
③ 14일 ④ 30일

해설 **기본령 3조**
**위험물 또는 물건의 보관기간**

| 보관자 | 보관기간 |
|---|---|
| 소방본부장·소방서장 | 게시판에 공고하는 기간의 종료일 다음날부터 **7일** |

답 ②

**04** 다음 중 화재경계지구의 지정권자는?

① 시장·군수·구청장
② 시·도지사
③ 소방본부장 또는 소방서장
④ 시장·군수

해설 **기본법 13조**
**화재경계지구의 지정**
(1) **지정권자** : 시·도지사
(2) **지정지역**
① **시장**지역
② **공장·창고**가 밀집한 지역
③ **목조건물**이 밀집한 지역
④ **위험물**의 **저장** 및 **처리시설**이 **밀집**한 지역
⑤ **석유화학제품**을 생산하는 공장이 있는 지역
⑥ 「산업입지 및 개발에 관한 법률」에 따른 **산업단지**
⑦ **소방시설·소방용수시설** 또는 **소방출동로**가 **없는** 지역
⑧ **소방청장, 소방본부장** 또는 **소방서장**이 화재경계지구로 지정할 필요가 있다고 인정하는 지역

**화재경계지구** : 화재가 발생할 우려가 높거나 화재가 발생하면 피해가 클 것으로 예상되는 구역으로서 대통령령이 정하는 지역

답 ②

★★
**05** 화재경계지구로 지정하지 않아도 되는 지역은?

① 공장이 밀집한 지역
② 위험물의 저장이 밀집한 지역
③ 고층건물의 밀집지역
④ 소방시설이 없는 지역

해설 **문제 4 참조**

답 ③

**06** 화재경계지구로 지정할 수 있는 대상이 아닌 것은?

① 시장지역
② 공장, 창고가 밀집한 지역
③ 콘크리트 건물이 밀집한 지역
④ 목조건물이 밀집한 지역

해설 **문제 4 참조**

답 ③

★★★
**07** 화재경계지구의 지정대상지역이 아닌 것은?

① 공장이 밀집한 지역
② 창고가 밀집한 지역
③ 목조건물이 미흡한 지역
④ 소방출동로가 없는 지역

해설 **문제 4 참조**

③ **목조건물**이 **밀집**한 지역

답 ③

★★★
**08** **화재경계지구로 지정하지 않아도 되는 것은?**

① 목조건물이 밀집한 지역
② 위험물 저장시설이 밀집한 지역
③ 위험물 처리시설이 밀집한 지역
④ 소방출동로가 있는 지역

해설 **문제 4 참조**

④ 소방출동로가 **없는** 지역

답 ④

**09** **화재경계지구 안의 소방대상물의 위치·구조 및 설비 등에 대한 소방특별조사는 어떻게 하는가?**

① 연 1회 이상 실시한다.
② 2년에 1회 이상 실시한다.
③ 연 4회 이상 실시한다.
④ 3년에 1회 이상 실시한다.

해설 **기본령 4조 ②~④항**
**화재경계지구 안의 소방특별조사·소방훈련 및 교육**
(1) 실시자 : **소방본부장·소방서장**
(2) 횟수 : **연 1회** 이상
(3) 훈련·교육 : **10일 전** 통보

답 ①

**10** **화재 경계지구 안의 관계인에 대하여 소방상 필요한 훈련 및 교육을 실시하고자 하는 때에는 화재경계지구 안의 관계인에게 훈련 및 교육 며칠 전까지 그 사실을 통보하여야 하는가?**

① 7일 ② 10일
③ 14일 ④ 30일

해설 **문제 9 참조**

답 ②

**11** **특수가연물의 저장 및 취급기준으로 옳지 않은 것은? (단, 석탄·목탄류는 발전용으로 저장하지 않는 경우임.)**

① 품명별로 구분하여 쌓는다.
② 쌓는 부분의 바닥면적 사이는 1.5m 이상이 되도록 한다.
③ 석탄 쌓는 부분의 바닥면적은 $200m^2$ 이하로 한다.
④ 쌓는 높이는 10m 이하로 한다.

해설 **기본령 7조**

**특수가연물의 저장 및 취급기준**
(1) 품명별로 구분하여 쌓을 것
(2) 쌓는 부분의 바닥면적 사이는 **1m** 이상이 되도록 할 것
(3) 쌓는 부분의 바닥면적은 **$50m^2$**(석탄·목탄류는 **$200m^2$**) 이하가 되도록 할 것
(4) 쌓는 높이는 **10m** 이하일 것

답 ②

★★
**12** **화재가 발생한 현장에 설정된 소방활동구역에 출입할 수 없는 자는?**

① 전기·가스·수도 등의 업무에 종사하는 자로서 원활한 소방활동을 위하여 필요한 자
② 의사·간호사 그 밖의 구조·구급업무에 종사하는 자
③ 보도업무 종사자
④ 경찰서장이 출입을 허가한 자

해설 **기본령 8조**
**소방활동구역 출입자**
① **소유자·관리자** 또는 **점유자**
② **전기·가스·수도·통신·교통**의 업무에 종사하는 자로서 원활한 **소방활동**을 위하여 필요한 자
③ **의사·간호사** 그 밖의 구조·구급업무에 종사하는 자
④ **취재인력** 등 보도업무에 종사하는 자
⑤ **수사업무**에 종사하는 자
⑥ **소방대장**이 소방활동을 위하여 **출입**을 **허가**한 **자**

**소방활동구역** : 화재, 재난·재해 그 밖의 위급한 상황이 발생한 현장에 정하는 구역

답 ④

**13** **화재현장에는 소방활동구역을 정하여 출입을 제한시킬 수 있다. 다음 중 출입이 제한되는 사람은?**

① 구역 내에 있는 소방대상물의 관계인
② 의사 및 간호사
③ 관계보험회사의 직원
④ 보도업무에 종사하는 사람

해설 **문제 12 참조**

답 ③

**14** **소방대장의 화재현장에 대한 출입의 제한조치가 없을 경우에도 출입허가를 받아야만 화재현장에 설정된 소방활동구역의 출입이 가능한 자는?**

① 구급·구조업무에 종사하는 의사·간호사
② 구역 안에 있는 소방대상물의 관리자
③ 보도업무에 종사하는 자
④ 소방대상물의 공사업자

해설 **문제 12 참조**

답 ④

**15** **화재가 발생한 현장에 설정된 소방활동구역에 출입할 수 없는 자는?**

① 기계, 전기, 수도 업무종사자로서 원활한 소방활동을 위하여 필요한 자
② 의사, 간호사 그 밖의 구조·구급업무에 종사하는 자
③ 보도업무 종사자
④ 소방대장이 출입을 허가한 자

해설 **문제 12 참조**

답 ①

**16** **한국소방안전원의 사업계획 및 예산에 관한 사항은?**

① 시·도지사의 허가를 받아야 한다.
② 시·도지사의 승인을 얻어야 한다.
③ 소방청장의 허가를 받아야 한다.
④ 소방청장의 승인을 얻어야 한다.

해설 **기본령 10조**
**승인**
**한국소방안전원**의 **사업계획** 및 **예산**

답 ④

**17** **보일러 등의 위치·구조 및 관리와 화재 예방을 위하여 불의 사용에 있어서 지켜야 하는 사항과 관련하여 보일러의 사용에 관한 설명 중 바르지 못한 것은?**

① 보일러와 벽·천장 사이는 0.5m 이상 되도록 할 것
② 보일러를 실내에 설치할 경우에는 콘크리트 바닥 또는 금속 외의 불연재료로 된 바닥위에 설치할 것
③ 기체연료를 사용하는 경우 화재 등 긴급시 연료를 차단할 수 있는 개폐밸브를 연료용기 등으로부터 0.5m 이내에 설치할 것
④ 경유·등유 등 액체연료를 사용하는 경우 연료탱크는 보일러 본체로부터 수평거리 1m 이상의 간격을 두어 설치할 것

해설 **기본령 〔별표 1〕**
**벽·천장 사이의 거리**

| 종 류 | 벽·천장 사이의 거리 |
|---|---|
| 건조설비 | 0.5m 이상 |
| 보일러 | 0.6m 이상 |
| 보일러(경유·등유) | 수평거리 1m 이상 |

① 보일러와 벽·천장 사이는 **0.6m** 이상 되도록 할 것

답 ①

**18** **특수가연물에 해당하는 것은?**

① 사류
② 알코올류
③ 황산
④ 동식물유류

해설 **기본령 〔별표 2〕**
**특수가연물**
(1) 면화류
(2) 나무껍질 및 대팻밥
(3) 넝마 및 종이 부스러기
(4) 사류
(5) 볏짚류
(6) 가연성 고체류
(7) 석탄·목탄류
(8) 가연성 액체류
(9) 목재가공품 및 나무 부스러기
(10) 합성수지류

**특수가연물**: 화재가 발생하면 그 확대가 빠른 물품

답 ①

**19** **소방관련법령상 '특수가연물'이 아닌 것은?**

① 나무껍질 및 대팻밥
② 볏짚류
③ 석탄 및 목탄
④ 유지류

해설 **문제 19 참조**

답 ④

★★
**20** **특수가연물이 아닌 것은?**

① 합성수지류
② 석탄
③ 이황화탄소
④ 목탄류

해설 **문제 19 참조**

③ 제4류 위험물(특수인화물)

답 ③

**21** **소방용수시설 · 소화기구 및 설비 등의 설치명령을 위반한 자에 대한 과태료 처분 기준으로 틀린 것은?**

① 1회 위반시 : 30만원
② 2회 위반시 : 100만원
③ 3회 위반시 : 150만원
④ 4회 위반시 : 200만원

해설 **기본령 〔별표 3〕**
소방설비 설치명령 위반시의 과태료

| 위반사항 | 과태료 |
|---|---|
| 1회 | 50만원 |
| 2회 | 100만원 |
| 3회 | 150만원 |
| 4회 이상 | 200만원 |

답 ①

# 3. 소방기본법 시행규칙

출제확률 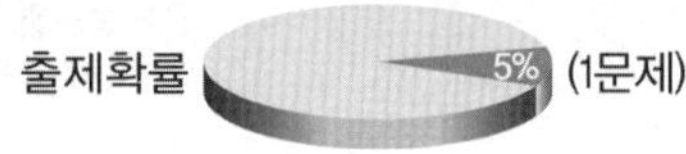

(1문제)

**01** 화재, 재난 · 재해 그 밖에 구조 · 구급이 필요한 상황을 무엇이라 하는가?

① 화재상황 ② 재난상황
③ 재해상황 ④ 구조 · 구급 상황

해설 **기본규칙 3조 ①항**
**재난상황**
화재, 재난 · 재해 그 밖에 구조 · 구급이 필요한 상황

답 ②

★★★
**02** 119 종합상황실 실장이 상급 기관에 보고하지 않아도 되는 화재는?

① 사상자가 5명 이상 발생한 화재
② 이재민이 100명 이상 발생한 화재
③ 재산피해액이 50억원 이상 발생한 화재
④ 가스 및 화약류의 폭발에 의한 화재

해설 **기본규칙 3조 ②항**
**119 종합상황실 실장의 보고화재**
(1) 사망자 **5명** 이상 화재
(2) 사상자 **10명** 이상 화재
(3) 이재민 **100명** 이상 화재
(4) 재산피해액 **50억원** 이상 화재
(5) **관광호텔**, 층수가 **11층** 이상인 건축물, **지하상가**, **시장**, **백화점**
(6) **5층** 이상 또는 객실 **30실** 이상인 **숙박시설**
(7) **5층** 이상 또는 병상 **30개** 이상인 **종합병원 · 정신병원 · 한방병원 · 요양소**
(8) **1000t** 이상인 선박(항구에 매어둔 것), **철도차량**, **항공기**, **발전소** 또는 **변전소**
(9) 지정수량 **3000배** 이상의 위험물 제조소 · 저장소 · 취급소
(10) 연면적 **15000m²** 이상인 **공장** 또는 **화재경계지구**에서 발생한 화재
(11) **가스** 및 **화약류**의 폭발에 의한 화재
(12) **관공서 · 학교 · 정부미도정공장 · 문화재 · 지하철** 또는 지하구의 **화재**

※ **119 종합상황실**: 화재 · 재난 · 재해 · 구조 · 구급 등이 필요한 때에 신속한 소방활동을 위한 정보를 수집 · 분석과 판단 · 전파, 상황관리, 현장 지휘 및 조정 · 통제 등의 업무수행

답 ①

★★★
**03** 소방박물관의 운영위원회의 위원은 몇 명 이내로 구성하여야 하는가?

① 3인 ② 7인
③ 10인 ④ 14인

해설 **기본규칙 4조**
**소방박물관**
(1) 설립 · 운영: **소방청장**
(2) 운영위원: **7명** 이내

**소방박물관**: 소방의 역사와 안전문화를 발전시키고 국민의 안전의식을 높이기 위하여 소방청장이 설립, 운영하는 박물관

답 ②

**04** 다음 중 소방활동장비와 설비의 구입 및 설치의 종류 · 규격과 국고보조 산정을 위한 기준가격을 정하는 것은?

① 소방기본법
② 소방기본법 시행규칙
③ 소방청 예규
④ 시 · 도 조례

해설 **소방기본법 시행규칙 5조**
**국고보조산정의 기준가격**
(1) 국내 조달품: **정부고시가격**
(2) 수입물품: **해외시장의 시가**
(3) 기타: 2 이상의 **물가조사기관**에서 조사한 가격의 **평균치**

답 ②

**05** 소방활동장비와 설비의 구입 및 설치의 종류 및 규격별 국고보조산정을 위한 기준가격 중 국내 조달품의 가격기준은?

① 공신력 있는 물가조사기관의 가격
② 해외시장의 시가
③ 조달청 가격
④ 정부고시가격

해설 **문제 4 참조**

답 ④

★★★
**06** 소방본부장 또는 소방서장은 원활한 소방활동을 위하여 필요한 조사를 하여야 한다. 원활한 소방활동을 위한 조사가 아닌 것은?

① 소방용수시설의 조사
② 화재현장의 조사
③ 토지의 고저 및 건축물의 개황조사
④ 교통의 상황조사

해설 **기본규칙 7조**
**소방용수시설 및 지리조사**
(1) 조사자: **소방본부장 · 소방서장**
(2) 조사일시: **월 1회** 이상
(3) 조사내용
① 소방용수시설

② 도로의 **폭 · 교통상황**
③ 도로주변의 **토지 고저**
④ 건축물의 **개황**
(4) 조사결과 : **2년**간 보관

답 ②

**07** 소방용수시설 및 지리조사를 실시하는 자는?

① 경찰청장
② 소방본부장 또는 소방서장
③ 시 · 도지사
④ 소방청장

해설 문제 6 참조

답 ②

★
**08** 원활한 소방활동을 위한 소방용수시설 및 지리조사의 실시횟수 기준으로 옳은 것은?

① 월 1회 이상
② 3개월에 1회 이상
③ 6개월에 1회 이상
④ 연 1회 이상

해설 문제 6 참조

답 ①

★★
**09** 소방용수시설 및 지리조사의 실시 횟수는 어느 정도가 적당한가?

① 주 1회 이상 ② 주 2회 이상
③ 월 1회 이상 ④ 분기별 1회 이상

해설 문제 6 참조

답 ③

**10** 소방본부장 또는 소방서장은 소방용수시설 및 지리조사를 한달에 몇 회 이상 실시하여야 하는가?

① 1 ② 2
③ 3 ④ 4

해설 문제 6 참조

답 ①

★★
**11** 시 · 도간의 소방업무 상호응원협정을 체결하고자 할 때 필요사항이 아닌 것은?

① 소방신호방법의 통일
② 응원출동 대상지역 및 규모
③ 필요한 경비의 부담
④ 응원출동의 요청방법

해설 **기본규칙 8조**
**소방업무의 상호응원협정**
(1) 다음 각목의 **소방활동**에 관한 사항
① 화재의 경계 · 진압활동
② 구조 · 구급업무의 지원
③ 화재조사활동
(2) **응원출동대상지역** 및 **규모**
(3) **필요한 경비**의 **부담**에 관한 사항
① 출동대원의 수당 · 식사 및 의복의 수선
② 소방장비 및 기구의 정비와 연료의 보급
(4) **응원출동**의 **요청방법**
(5) **응원출동훈련** 및 **평가**

답 ①

**12** 시 · 도간의 상호응원협정의 체결내용으로 적합하지 않은 것은?

① 응원출동훈련 및 평가
② 지휘권의 범위
③ 필요한 경비의 부담
④ 응원출동 대상지역 및 규모

해설 문제 11 참조

답 ②

**13** 소방업무를 전문적이고 효과적으로 수행하기 위하여 소방대원에게 필요한 소방교육 · 훈련의 종류가 아닌 것은?

① 화재진압훈련 ② 인명구급훈련
③ 응급처치훈련 ④ 현장지휘훈련

해설 **기본규칙 9조**
**소방대원의 소방교육 · 훈련**

| 실시 | **2년**마다 **1회** 이상 실시 |
|---|---|
| 기간 | **2주** 이상 |
| 정하는 자 | 소방청장 |
| 종류 | ① 화재진압훈련<br>② 인명구조훈련<br>③ 응급처치훈련<br>④ 인명대피훈련<br>⑤ 현장지휘훈련 |

답 ②

★★★
**14** 소방대원에게 실시하는 소방교육 · 훈련의 실시 횟수와 기간으로 옳은 것은?

① 2년마다 1회 이상 실시, 기간은 1주 이상
② 1년마다 2회 이상 실시, 기간은 1주 이상
③ 2년마다 1회 이상 실시, 기간은 2주 이상
④ 1년마다 2회 이상 실시, 기간은 2주 이상

해설 문제 13 참조

답 ③

★★★
**15** 다음 중 소방신호로 볼 수 없는 것은?

① 경계신호 ② 발화신호
③ 경방신호 ④ 훈련신호

해설 **기본규칙 10조**
**소방신호의 종류**

| 신호종류 | 설 명 |
|---|---|
| **경계신호** | 화재예방상 필요하다고 인정되거나 화재위험 경보시 발령 |

| 신호종류 | 설 명 |
|---|---|
| **발화신호** | 화재가 발생한 때 발령 |
| **해제신호** | 소화활동이 필요없다고 인정되는 때 발령 |
| **훈련신호** | 훈련상 필요하다고 인정되는 때 발령 |

답 ③

**16** **소방신호의 종류가 아닌 것은?**

① 경계신호 ② 훈련신호
③ 소화신호 ④ 발화신호

해설 **문제 15 참조**

답 ③

**17** **소방신호의 종류가 아닌 것은?**

① 경계신호 ② 출동신호
③ 훈련신호 ④ 해제신호

해설 **문제 15 참조**

답 ②

**18** **소방신호의 종류가 아닌 것은?**

① 경계신호 ② 해제신호
③ 훈련신호 ④ 구급신호

해설 **문제 15 참조**

답 ④

**19** **화재예방, 소방활동, 소방훈련을 위하여 사용되는 소방신호로서 경계신호에 대한 설명으로 옳은 것은?**

① 화재예방상 필요하다고 인정할 때 발한다.
② 초기 화재시에 발하여 인명의 대피를 유도한다.
③ 사이렌 신호만 있고, 타종신호는 없다.
④ 타종신호만 있고, 사이렌 신호는 없다.

해설 **문제 15 참조**

답 ①

**20** **소방신호를 발하는 요건으로 틀린 것은?**

① 경계신호는 화재발생지역에 출동할 경우
② 발화신호는 화재가 발생한 경우
③ 해제신호는 소화활동이 필요없다고 인정되는 경우
④ 훈련신호는 훈련상 필요하다고 인정할 경우

해설 **문제 15 참조**

① **경계신호**는 화재예방상 필요하다고 인정되거나 **화재위험 경보시 발령**

답 ①

★★★
**21** **화재가 발생할 경우 화재조사의 시기는?**

① 소화활동 전에 실시한다.
② 화재사실을 인지하는 즉시 실시한다.
③ 소화활동 후 즉시 실시한다.
④ 소화활동과 무관하게 적절한 경우에 실시한다.

해설 **기본규칙 11 · 13조**
**화재조사**
(1) 실시 : **화재사실**을 **인지**하는 **즉시**
(2) 전문교육 : **2년**마다 실시
(3) 교육기간 : **8주** 이상

**화재조사** : 화재의 원인 및 피해 등에 대한 조사

답 ②

**22** **화재조사 전담부서의 설치 · 운영 등에 관련된 사항으로 바르지 못한 것은?**

① 화재조사 전담부서에는 발굴용구, 기록용기기, 감식용 기기, 조명기기, 그 밖의 장비를 갖추어야 한다.
② 화재조사에 관한 시험에 합격한 자에게 1년마다 전문보수교육을 실시하여야 한다.
③ 화재의 원인과 피해 조사를 위하여 소방청, 시 · 도의 소방본부와 소방서에 화재조사를 전담하는 부서를 설치 · 운영한다.
④ 화재조사는 화재사실을 인지하는 즉시 실시되어야 한다.

해설 **문제 21 참조**

② **화재조사 전문보수교육** : **2년**마다 실시

답 ②

**23** **다음은 화재조사전담부서 설치 · 운영 중 화재조사자의 자격에 관한 설명이다. 바르지 못한 것은?**

① 소방청장이 실시하는 화재조사에 관한 시험에 합격한 자
② 위험물, 소방분야 자격증을 취득한 자
③ 중앙소방학교에서 5주 이상의 화재조사에 관한 전문교육을 이수한 자
④ 소방공무원으로 화재조사분야에서 1년 이상 근무한 자

해설 **기본규칙 11~13조**
**화재조사**
(1) 실시 : **화재사실**을 **인지**하는 **즉시**
(2) 전문교육 : **2년**마다 실시
(3) 전문교육이수(교육기간) : **8주** 이상

**화재조사** : 화재의 원인 및 피해 등에 대한 조사

답 ③

**24** 급수탑 및 지상에 설치하는 소화전·저수조의 소방용수표지에 관한 설명이다. ( ) 안에 알맞은 색은?

> 안쪽 문자는 ( ㉠ ), 안쪽 바탕은 ( ㉡ ), 바깥쪽 바탕은 ( ㉢ )으로 하고 반사재료를 사용할 것

① ㉠ 흰색, ㉡ 붉은색, ㉢ 파란색
② ㉠ 붉은색, ㉡ 흰색, ㉢ 파란색
③ ㉠ 파란색, ㉡ 흰색, ㉢ 붉은색
④ ㉠ 파란색, ㉡ 붉은색, ㉢ 흰색

해설 **기본규칙 〔별표 2〕**
**소방용수표지**
(1) **지하**에 설치하는 소화전·저수조의 소방용수표지
  ① 맨홀 뚜껑은 지름 **648mm** 이상의 것으로 할 것
  ② 맨홀 뚜껑에는 "**소화전·주정차금지**" 또는 "**저수조·주정차금지**"의 표시를 할 것
  ③ 맨홀 뚜껑 부근에는 **노란색 반사도료**로 **폭 15cm**의 선을 그 둘레를 따라 칠할 것
(2) **지상**에 설치하는 소화전·저수조 및 급수탑의 소방용수표지

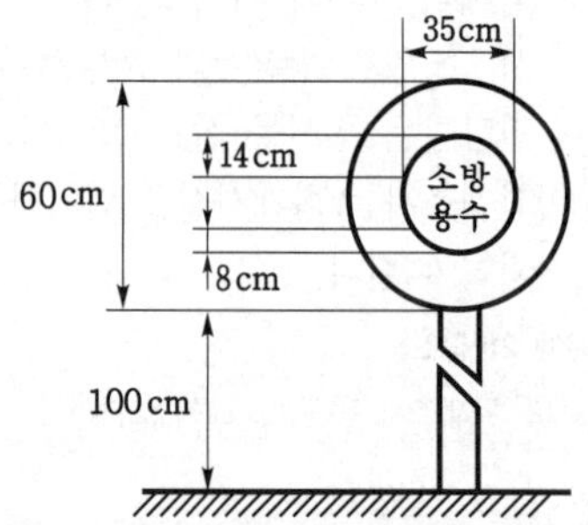


> 안쪽 문자는 흰색, 바깥쪽 문자는 노란색으로, 안쪽 바탕은 붉은색, 바깥쪽 바탕은 파란색으로 하고, 반사재료를 사용해야 한다.

답 ①

**25** 소방용수시설은 국토의 계획 및 이용에 관한 법률에 의한 공업지역은 소방대상물과의 수평거리를 몇 m 이하가 되도록 설치하여야 하는가?

① 80 ② 100
③ 120 ④ 140

해설 **기본규칙 〔별표 3〕**
소방용수시설의 설치기준

| 거리기준 | 지역 |
|---|---|
| 100m 이하 | • 공업지역<br>• 상업지역<br>• 주거지역 |
| 140m 이하 | • 기타지역 |

답 ②

**26** 시가지 또는 밀집지 외의 지역에 있어서의 소방용수시설은 소방대상물과의 수평거리를 몇 m 이하가 되도록 설치하여야 하는가?

① 140 ② 160
③ 180 ④ 200

해설 **문제 25 참조**

> 시가지 또는 밀집지 외의 지역은 **기타 지역**에 해당된다.

답 ①

★★
**27** 소방용수시설의 저수조는 지면으로부터의 낙차가 몇 m 이하여야 하는가?

① 4.5 ② 5
③ 5.5 ④ 6

해설 **기본규칙 〔별표 3〕**
소방용수시설의 저수조의 설치기준
(1) 낙차 : **4.5m** 이하
(2) 수심 : **0.5m** 이상
(3) 투입구의 길이 또는 지름 : **60cm** 이상
(4) 소방 펌프 자동차가 **쉽게 접근**할 수 있도록 할 것
(5) 흡수에 지장이 없도록 **토사** 및 **쓰레기** 등을 제거할 수 있는 설비를 갖출 것
(6) 저수조에 물을 공급하는 방법은 **상수도**에 연결하여 **자동**으로 **급수**되는 구조일 것

답 ①

**28** 소방용수시설의 저수조의 설치기준으로 옳지 않은 것은?

① 지면으로부터 낙차가 6m 이하일 것
② 흡수부분의 수심이 0.5m 이상일 것
③ 소방 펌프 자동차가 쉽게 접근할 수 있을 것
④ 흡수관의 투입구가 원형인 경우 지름이 60cm 이상일 것

해설 **문제 27 참조**

> ① 낙차 : **4.5m** 이하

답 ①

**29** 소방용수시설의 저수조는 지면으로부터의 낙차가 몇 m 이하이어야 하는가?

① 3 ② 4.5
③ 6 ④ 7.5

해설 **문제 27 참조**

답 ②

**30** 소방용수시설의 저수조의 설치기준 중 지면으로부터의 낙차는?

① 0.5m 이하 ② 0.5m 이상

③ 4.5m 이하　　④ 4.5m 이상

해설 문제 27 참조

답 ③

**31** 소방용수시설의 저수조 기준으로 옳지 않은 것은?

① 흡수관의 투입구가 원형인 경우에는 지름이 60cm 이상일 것
② 흡수관의 투입구가 사각형인 경우에는 한 변의 길이가 60cm 이상일 것
③ 흡수부분의 수심이 1m 이상일 것
④ 지면으로부터의 낙차가 4.5m 이하일 것

해설 문제 27 참조

③ 흡수관의 수심이 **0.5m 이상**일 것

답 ③

**32** 소방신호의 방법으로 옳지 않은 것은?

① 사이렌에 의한 경계신호는 5초 간격을 30초씩 3회 취명
② 사이렌에 의한 발화신호는 3초 간격을 두고 3회 취명
③ 타종에 의한 해제신호는 상당한 기간을 두고 1타씩 반복
④ 타종에 의한 훈련신호는 연 3타 반복

해설 **기본규칙 〔별표 4〕**
**소방신호표**

| 신호방법 / 종별 | 타종신호 | 사이렌 신호 |
|---|---|---|
| 경계신호 | **1타**와 연 **2타**를 반복 | **5초** 간격을 두고 **30초**씩 **3회** |
| 발화신호 | **난타** | **5초** 간격을 두고 **5초**씩 **3회** |
| 해제신호 | 상당한 간격을 두고 **1타**씩 반복 | **1분** 간 **1회** |
| 훈련신호 | 연 **3타** 반복 | **10초** 간격을 두고 **1분**씩 **3회** |

답 ②

**33** 다음 중 화재원인조사의 종류에 해당하지 않는 것은?

① 발화원인 조사
② 발견·통보 및 초기 소화상황 조사
③ 교육 및 훈련상황 조사
④ 피난상황 조사

해설 **기본규칙 〔별표 5〕**

| 화재원인 조사 | 화재피해 조사 |
|---|---|
| • 발화원인 조사<br>• 발견·통보 및 초기 소화상황 조사<br>• 연소상황 조사<br>• 피난상황 조사<br>• 소방시설 등 조사 | • 인명피해 조사<br>• 재산피해 조사 |

답 ③

# 출제경향분석

# 화재예방, 소방시설 설치유지 및 안전관리에 관한 법령

★★★★★★★★★★★

① 화재예방, 소방시설 설치유지 및 안전관리에 관한 법률 10% (2문제)

7문제

② 화재예방, 소방시설 설치유지 및 안전관리에 관한 법률 시행령 20%(4문제)

③ 화재예방, 소방시설 설치유지 및 안전관리에 관한 법률 시행규칙 5% (1문제)

# 1. 화재예방, 소방시설 설치유지 및 안전관리에 관한 법률

출제확률 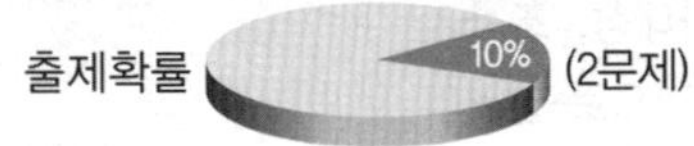

(2문제)

**01** 화재예방, 소방시설 설치유지 및 안전관리에 관한 법률의 목적이 아닌 것은?

① 국민 경제에 이바지
② 국민의 생명 · 신체 및 재산보호
③ 공공의 안전확보
④ 복리증진

해설 **소방시설법 1조**
**화재예방, 소방시설 설치유지 및 안전관리에 관한 법률**
(1) 국민의 생명 · 신체 및 재산보호
(2) 공공의 안전확보
(3) 복리증진

① **소방시설 공사업법**의 목적

답 ①

**02** 소방시설이 아닌 것은?

① 소화설비
② 경보설비
③ 소화활동설비
④ 방화벽설비

해설 **소방시설법 2조 ①항**
**소방시설**
(1) 소화설비
(2) 경보설비
(3) 피난구조설비
(4) 소화용수설비
(5) 소화활동설비

답 ④

**03** 삭제 〈2011.8.4〉

★★★
**04** 소방대상물의 소방특별조사자는?

① 소방본부장 또는 소방서장
② 시 · 도지사
③ 경찰청장
④ 대통령

해설 **소방시설법 4조, 4조 3**
**소방특별조사**
(1) 실시자 : **소방청장 · 소방본부장 · 소방서장**
(2) 관계인의 승낙이 필요한 곳 : **주거**(주택)
(3) 소방특별조사 서면통지 : **7일 전**

용어
**소방특별조사**
소방대상물에 대한 화재예방을 위하여 관계인에게 필요한 자료제출을 명하거나 **위치 · 구조 · 설비** 또는 **관리**의 **상황**을 조사하는 것

답 ①

**05** 소방대상물에 대한 화재예방을 위하여 관계인에게 필요한 자료제출을 명할 수 있는 사람은?

① 소방대상물의 소유자
② 안전관리담당자
③ 소방본부장 또는 소방서장
④ 소방안전관리자

해설 **문제 4 참조**

답 ③

★★★
**06** 관계인의 승낙이 있어야 소방특별조사를 할 수 있는 장소는?

① 여인숙 ② 연립주택
③ 기숙사 ④ 호텔

해설 **문제 4 참조**

답 ②

★★★
**07** 소방서장이 관계인의 승낙 없이 일출 전 또는 일몰 후에도 검사할 수 있는 특정소방대상물이 아닌 것은?

① 공장 ② 유치원
③ 교회 ④ 주택

해설 **문제 4 참조**

답 ④

**08** 소방대상물 관계인의 승낙 없이 수시로 소방특별조사를 할 수 없는 대상물은?

① 여인숙 ② 기숙사
③ 연립주택 ④ 유기장

해설 **문제 4 참조**

답 ③

**09** 소방청장, 소방본부장 또는 소방서장은 소방특별조사를 하려면 관계인에게 조사대상, 조사기간 및 조사사유 등을 며칠 전에 서면으로 알려야 하는가?

① 3일 전
② 7일 전
③ 10일 전
④ 14일 전

해설 **문제 4 참조** 답 ②

**10** 소방청장, 소방본부장 또는 소방서장이 실시하는 소방특별조사의 서면통지일로 옳은 것은?

① 24시간 전
② 24시간 후
③ 7일 전
④ 7일 후

해설 **문제 4 참조** 답 ③

**11** 소방대상물의 소방특별조사에 관한 설명 중 옳지 않은 것은?

① 관계인에게 필요한 보고 또는 자료의 제출을 명할 수 있다.
② 관계공무원으로 하여금 관계지역에 출입하여 소방대상물의 위치, 구조, 설비 또는 관리의 상황을 특별조사하게 할 수 있다.
③ 개인의 주거에 있어서는 어떠한 경우에도 특별조사하여서는 아니되며, 개인 주거의 관리자에게 정기적인 특별조사를 하도록 통보만 하여야 한다.
④ 소방특별조사를 하고자 하는 때에는 일반적인 경우 7일 전에 관계인에게 이를 알려야 한다.

해설 **문제 4 참조** 답 ③

**12** 화재의 예방 또는 진압대책을 위하여 시행하는 소방대상물에 대한 특별조사에 관한 사항으로 틀린 것은?

① 원칙적으로는 해뜨기 전이나 해진 뒤에 하여서는 아니된다.
② 특별조사계획에 대하여 소방대상물의 관계인이 미리 알지 못하도록 조치하여야 한다.
③ 특별조사자는 특별조사업무를 수행하면서 알게 된 관계인의 비밀을 다른 사람에게 누설하여서는 아니된다.
④ 소방특별조사에 관하여 필요한 사항은 대통령령으로 정한다.

해설 **문제 4 참조**
**소방본부장** 또는 **소방서장**은 소방특별조사를 하고자 하는 때에는 **7일 전**에 이를 **관계인**에게 알려야 한다. 답 ②

**13** 소방서장이 하는 특정 소방대상물에 대한 특별조사의 방법과 절차를 말한 것이다. 틀린 것은?

① 소방대상물 중 개인의 주거에 대해서는 원칙적으로 관계인의 승낙이 있어야 특별조사할 수 있다.
② 특별조사의 시간은 원칙적으로 주간에만 실시한다.
③ 특별조사를 하고자 할 때에는 원칙적으로 7일 전에 소방대상물 관계인에게 알려야 한다.
④ 원칙적으로 화재발생의 우려가 현저하여 긴급을 요할 때의 특별조사는 소방공무원 권한을 증명하는 증표를 내보이지 않고 실시할 수도 있다.

해설 **소방시설법 4조 4**
어떠한 경우라도 **증표**는 반드시 **내보여야** 한다. 답 ④

★★★
**14** 소방관련법령상 소방특별조사 결과에 따른 조치명령에 대한 명령권자는?

① 시 · 도지사
② 소방본부장 또는 소방서장
③ 행정안전부장관
④ 국토교통부장관

해설 **소방시설법 5조**
**소방특별조사 결과에 따른 조치명령**
(1) 명령권자 : **소방청장 · 소방본부장 · 소방서장**
(2) 명령사항
① 소방특별조사 조치명령
② **개수**명령
③ **이전**명령
④ **제거**명령
⑤ **사용**의 **금지** 또는 제한명령, 사용폐쇄
⑥ **공사**의 **정지** 또는 중지명령 답 ②

★★★
**15** **소방대상물의 위치 · 구조 · 설비 또는 관리의 상황에 관하여 화재나 재난 · 재해예방을 위하여 필요한 경우 개수 · 이전 등의 조치명령을 할 수 있는 사람은?**

① 행정안전부장관
② 보건복지부장관
③ 시 · 도지사
④ 소방본부장 또는 소방서장

해설 **문제 14 참조**

답 ④

**16** **소방특별조사 결과 소방대상물의 위치, 구조, 설비 또는 관리의 상황에 관하여 화재발생시 인명 또는 재산의 피해가 클 것으로 예상되는 때에 필요한 조치를 명할 수 있는 사람은?**

① 소방청장
② 국토교통부장관
③ 시 · 도지사
④ 대통령

해설 **문제 14 참조**

답 ①

**17** **소방특별조사 결과 소방대상물의 위치 · 구조 · 설비 또는 관리의 상황이 화재나 재난 · 재해 예방을 위하여 보완될 필요가 있거나 화재가 발생하면 인명 또는 재산의 피해가 클 것으로 예상되는 때라도 해당 소방대상물의 관계인에게 소방본부장 또는 소방서장이 조치할 수 있는 명령사항이 될 수 없는 것은?**

① 개수명령
② 이전명령
③ 제거명령
④ 양도명령

해설 **문제 14 참조**

④ 양도명령은 해당되지 않는다.

답 ④

**18** **소방특별조사 결과에 따른 조치명령에 대한 사항으로 틀린 것은?**

① 명령권자는 시 · 도지사이다.
② 소방대상물의 위치, 구조 등에 관하여 화재예방상 필요한 경우이다.
③ 소방대상물의 개수, 이전, 제거, 사용의 금지 등을 명할 수 있다.
④ 명령으로 인하여 손실을 입은 자가 있는 경우에는 대통령령으로 정하는 바에 따라 보상하여야 한다.

해설 **문제 14 참조**

① 명령권자는 **소방청장 · 소방본부장 · 소방서장**이다.

답 ①

**19** **소방서장은 소방대상물에 대한 위치 · 구조 · 설비 등에 관하여 화재가 발생하는 경우 인명피해가 클 것으로 예상되는 때에는 소방대상물의 개수 · 사용의 금지 등의 필요한 조치를 명할 수 있는데 이때 그 손실에 따른 보상을 하여야 하는 바, 해당되지 않는 사람은?**

① 특별시장
② 도지사
③ 소방본부장
④ 광역시장

해설 **소방시설법 6조**

소방특별조사 결과에 따른 조치명령 손실보상 : 소방청장, **시 · 도지사**

중요

**시 · 도지사**
① 특별시장
② 광역시장
③ 도지사
④ 특별자치도지사
⑤ 특별자치시장

기억법 **손지청특**(연예인 손지창은 특별해)

답 ③

★
**20** **건축허가 등의 동의에 있어서 해당 건축물의 공사시공지 또는 소재지를 관할하는 누구의 동의를 받아야만 허가 또는 사용승인을 할 수 있는가?**

① 시 · 도지사
② 시장 또는 군수
③ 소방본부장 또는 소방서장
④ 소방청장

해설 **소방시설법 7조**

건축허가 등의 동의
(1) 건축허가 등의 동의권자 : **소방본부장 · 소방서장**
(2) 건축허가 등의 동의대상물의 범위 : **대통령령**

답 ③

**21** **건축허가 등의 동의에서 적합하지 않은 말은?**

① 모든 건축물의 신축·증축·용도변경의 인·허가는 시·도지사의 고유권한이다.

② 건축허가 동의대상물의 범위는 대통령령이 정한다.

③ 소방서장이나 소방본부장이 동의요구를 받게 된다.

④ 관청건물과 위험물저장창고 등도 동의대상에서 제외되지 않는다.

해설 **문제 20 참조**

모든 건축물의 인·허가가 시·도지사의 고유권한은 아니다.

답 ①

**22** **건축허가 등에 있어서 소방본부장 또는 소방서장의 동의를 받아야 하는 건축물 등의 범위는?**

① 헌법으로 정한다.

② 시·도의 조례로 정한다.

③ 대통령령으로 정한다.

④ 행정안전부령으로 정한다.

해설 **문제 20 참조**

답 ③

**23** **방화시설에 대한 관계인의 잘못된 행위가 아닌 것은?**

① 방화시설을 폐쇄하는 행위

② 방화시설을 훼손하는 행위

③ 방화시설 주위에 장애물을 치우는 행위

④ 방화시설을 변경하는 행위

해설 **소방시설법 10조**
**피난·방화시설·방화구획의 금지행위**

(1) **피난시설·방화구획** 및 **방화시설**을 **폐쇄**하거나 **훼손**하는 등의 행위
(2) 피난시설·방화구획 및 방화시설의 주위에 물건을 쌓아두거나 **장애물**을 **설치**하는 행위
(3) 피난시설·방화구획 및 방화시설의 용도에 장애를 주거나 소방활동에 지장을 주는 행위
(4) **피난시설·방화구획** 및 **방화시설**을 **변경**하는 행위

답 ③

★★★
**24** **대통령령 또는 화재안전기준의 변경으로 강화된 기준을 적용하는 설비는?**

① 자동화재 속보설비 ② 제연설비

③ 비상콘센트 설비 ④ 무선통신 보조설비

해설 **소방시설법 11조, 소방시설법 시행령 15조 6**
**변경강화기준 적용 설비**

(1) 소화기구
(2) 비상경보설비
(3) 자동화재 속보설비
(4) 피난구조설비
(5) 소방시설(**지하공동구** 설치용, 전력 또는 통신사업용 지하구)
(6) 노유자시설, 의료시설에 설치하여야 하는 소방시설(대통령령으로 정하는 것)

| **노유자시설**에 설치하여야 하는 소방시설 | **의료시설**에 설치하여야 하는 소방시설 |
|---|---|
| ① 간이스프링클러설비<br>② 자동화재탐지설비<br>③ 단독경보형 감지기 | ① 스프링클러설비<br>② 간이스프링클러설비<br>③ 자동화재탐지설비<br>④ 자동화재속보설비 |

**자동화재속보설비** : 화재의 발생을 자동으로 **소방관서**에 통보하여 주는 설비

답 ①

**25** **다음 중 대통령령이 정하는 특정소방대상물에 소방시설을 설치하여야 할 곳은?**

① 화재위험도가 낮은 특정소방대상물

② 화재안전기준을 적용하기가 어려운 특정소방대상물

③ 화재안전기준을 달리 적용하여야 하는 특수한 용도를 가진 특정소방대상물

④ 자위소방대가 설치된 특정소방대상물

해설 **소방시설법 11조 ④항**
**대통령령이 정하는 소방시설의 설치제외 장소**

(1) **화재위험도**가 **낮은 특정소방대상물**
(2) **화재안전기준**을 **적용**하기가 **어려운 특정소방대상물**
(3) 화재안전기준을 달리 적용하여야 하는 **특수**한 **용도** 또는 **구조**를 가진 **특정소방대상물**
(4) **자체소방대**가 **설치된 특정소방대상물**

용어

| 자체소방대 | 자위소방대 |
|---|---|
| 다량의 위험물을 저장·취급하는 제조소에 설치하는 소방대 | 빌딩·공장 등에 설치하는 사설소방대 |

답 ④

**26** **특정소방대상물의 방염성능의 기준은 어느 영으로 정하여지는가?**

① 대통령령 ② 행정안전부령

③ 시·도의 조례 ④ 국토교통부령

해설 **소방시설법 12·13조**

| 방염성능 기준 | 방염성능 검사 |
|---|---|
| 대통령령 | 소방청장 |

**방염성능** : 화재의 발생초기단계에서 화재 확대의 매개체를 **단절**시키는 성질

답 ①

**27~35** 삭제 〈2014.12.30〉

★
**36** 특정소방대상물에서 소방안전관리업무를 대행할 수 있는 사람은?

① 소방시설관리업을 등록한 사람
② 소방공사감리업을 등록한 사람
③ 소방시설설계업을 등록한 사람
④ 소방시설공사업을 등록한 사람

해설 **소방시설법 20조 ③항**
**소방안전관리업무 대행자**
소방시설관리업을 등록한 사람(소방시설관리업자)

답 ①

★★★
**37** 소방안전관리대상물에 대한 소방안전관리자를 선임한 때에는 며칠 이내에 신고하여야 하는가?

① 7일 ② 14일
③ 30일 ④ 60일

해설 **소방시설법 20조 ④항**
**소방안전관리자의 선임**
(1) 선임신고 : **14일** 이내
(2) 신고대상 : **소방본부장 · 소방서장**

답 ②

★★★
**38** 소방안전관리자가 하지 않아도 되는 일은?

① 자위소방대 및 초기대응체계의 구성 · 운영 · 교육
② 소방계획서의 작성 및 시행
③ 민방위 조직관리
④ 소방시설의 유지관리

해설 **소방시설법 20조 ⑥항**
**관계인 및 소방안전관리자의 업무**

| 특정소방대상물 (관계인) | 소방안전관리대상물 (소방안전관리자) |
|---|---|
| ① 피난시설 · 방화구획 및 방화시설의 유지 · 관리<br>② 소방시설, 그 밖의 소방관련시설의 유지 · 관리<br>③ **화기취급**의 감독<br>④ 소방안전관리에 필요한 업무 | ① 피난시설 · 방화구획 및 방화시설의 유지 · 관리<br>② 소방시설, 그 밖의 소방관련시설의 유지 · 관리<br>③ **화기취급**의 감독<br>④ 소방안전관리에 필요한 업무<br>⑤ **소방계획서**의 작성 및 시행(대통령령으로 정하는 사항 포함)<br>⑥ **자위소방대** 및 **초기대응체계**의 구성 · 운영 · 교육<br>⑦ 소방훈련 및 교육 |

용어

| 특정소방대상물 | 소방안전관리대상물 |
|---|---|
| 소방시설을 설치하여야 하는 소방대상물로서 대통령령으로 정하는 것 | 대통령령으로 정하는 특정소방대상물 |

답 ③

★
**39** 특정소방대상물의 관계인이 실시하여야 할 업무가 아닌 것은?

① 화기취급의 감독
② 소방시설의 유지관리
③ 소방시설 관리교육
④ 소방안전관리에 필요한 업무

해설 **문제 38 참조**

답 ③

★
**40** 다음 중 소방안전관리자의 업무와 관계가 없는 것은?

① 건축물 냉 · 난방설비의 운영
② 소방계획서의 작성 및 시행
③ 자위소방대 및 초기대응체계의 구성 · 운영 · 교육
④ 화기취급의 감독

해설 **문제 38 참조**

답 ①

★
**41** 특정소방대상물의 관계인이 실시하여야 할 사항이 아닌 것은?

① 소방시설, 기타 설비의 설치 및 정비
② 피난시설의 유지 · 관리
③ 소방안전관리에 필요한 업무
④ 화기취급에 대한 감독

해설 **문제 38 참조**
① 소방시설의 유지관리

답 ①

★
**42** 특정소방대상물의 관계인이 실시하는 사항이 아닌 것은?

① 방화시설의 유지 · 관리
② 소방안전관리에 필요한 업무
③ 화기취급자 선임
④ 소방시설, 기타 관련시설의 유지관리

해설 **문제 38 참조**
③ **화기취급**의 감독

답 ③

**43** 특정소방대상물의 관계인이 실시해야 할 업무는?

① 자체 소방신호의 제정
② 소방대의 구성
③ 소방관련시설의 유지관리
④ 화기취급의 전담

해설 **문제 38 참조** 답 ③

**44** 관리권원이 분리되어 있는 특정소방대상물로서 공동소방안전관리자를 의무적으로 하여야 하는 소방대상물은?

① 높이 21m를 초과하는 고층건축물
② 지하가
③ 위험물을 저장하는 건축물
④ 아파트로서 7층을 초과하는 건축물

해설 **소방시설법 21조**
**공동소방안전관리자를 선임하여야 할 특정소방대상물**
(1) 고층건축물(지하층을 제외한 **11층** 이상)
(2) 지하가
(3) **대통령령**으로 정하는 특정소방대상물 답 ②

**45** 공동소방안전관리를 하여야 할 특정소방대상물로서 고층건축물은 지하층을 제외한 층수가 몇 층 이상인 것을 말하는가?

① 11 ② 15
③ 19 ④ 23

해설 **문제 44 참조** 답 ①

**46** 다음 중 특정소방대상물의 관계인이 실시하는 소방훈련이 아닌 것은?

① 소화훈련 ② 통보훈련
③ 피난훈련 ④ 진압훈련

해설 **소방시설법 22조**
(1) 소방훈련의 종류
① **소화**훈련
② **통보**훈련
③ **피난**훈련
(2) 소방훈련의 지도 · 감독 : **소방본부장 · 소방서장** 답 ④

**47** 특정소방대상물의 관계인이 실시하는 소방훈련을 지도 · 감독할 수 있는 사람은?

① 소방청장
② 시 · 도지사
③ 소방본부장 또는 소방서장
④ 한국소방안전원장

해설 **문제 46 참조**
③ 소방훈련의 지도감독 : **소방본부장** 또는 **소방서장**
답 ③

**48** 특정소방대상물의 소방시설은 정기적으로 점검을 받아야 하며, 그 결과를 누구에게 보고하여야 하는가?

① 시 · 도지사
② 소방청장
③ 한국소방안전원장
④ 소방본부장 또는 소방서장

해설 **소방시설법 25조**
소방시설의 자체점검결과 보고 : **소방본부장 · 소방서장**
답 ④

**49** 소방시설관리사 시험은 누가 실시하는가?

① 소방청장
② 국토교통부 장관
③ 시 · 도지사
④ 소방본부장 또는 소방서장

해설 **소방시설법 26조**
**소방시설관리사**
(1) 시험 : **소방청장**이 실시
(2) 응시자격 등의 사항 : **대통령령** 답 ①

**50** 소방시설관리사 시험의 응시자격 · 시험과목 등에 관하여 필요한 사항은 무엇으로 정하는가?

① 대통령령 ② 행정안전부령
③ 국토교통부령 ④ 시 · 도의 조례

해설 **문제 49 참조** 답 ①

**51** 다음 중 소방시설관리사 자격의 결격사유에 해당되지 않는 것은?

① 피성년후견인
② 파산선고를 받은 사람으로서 복권된 사람
③ 금고 이상의 형의 선고를 받고 그 집행이 끝나거나 집행을 받지 아니하기로 확정된 날부터 2년이 지나지 아니한 사람
④ 금고 이상의 형의 집행유예의 선고를 받고 그 집행유예기간 중에 있는 사람

해설 **소방시설법 27조**
**소방시설관리사의 결격사유**
(1) 피성년후견인
(2) 금고이상의 선고를 받고 끝난 후 **2년**이 지나지 아니한 사람
(3) **집행유예기간** 중에 있는 사람
(4) 자격취소 후 **2년**이 지나지 아니한 사람
답 ②

★
**52** **소방시설관리사 자격의 결격사유가 아닌 것은?**

① 피성년후견인
② 자격취소 후 2년이 지나지 아니한 자
③ 파산선고를 받은 자로 복권된 사람
④ 형의 집행유예를 받고 그 기간 중에 있는 사람

해설 **문제 51 참조**

③ 파산선고를 받은 사람은 결격사유에 해당되지 않는다.

답 ③

★
**53** **소방시설관리사의 행정안전부령에 따른 자격정지기간은?**

① 1개월 이내
② 3개월 이내
③ 6개월 이내
④ 2년 이내

해설 **소방시설법 28조**
소방시설관리사의 자격정지기간 : **2년** 이내

답 ④

★
**54** **소방시설관리업을 하고자 하는 사람은?**

① 시 · 도지사에게 등록하여야 한다.
② 시 · 도지사에게 신고하여야 한다.
③ 소방청장에게 등록하여야 한다.
④ 소방청장에게 신고하여야 한다.

해설 **소방시설법 29조**
**소방시설관리업**
(1) 업무 ┬ 소방시설 등의 **점검**
├ 소방시설 등의 **유지**
└ 소방시설 등의 **관리**
(2) 등록권자 : **시 · 도지사**
(3) 등록기준 : **대통령령**

답 ①

★
**55** **다음 중 소방시설관리업의 업무가 아닌 것은?**

① 소방시설 등의 점검
② 소방시설 등의 설치
③ 소방시설 등의 유지
④ 소방시설 등의 관리

해설 **문제 54 참조**

답 ②

★
**56** **소방시설관리업의 영업정지처분에 갈음하여 부과하는 과징금은?**

① 1000만원 이하 ② 3000만원 이하
③ 5000만원 이하 ④ 2억원 이하

해설 **소방시설법 35조**
**소방시설관리업의 과징금**
(1) 부과권자 : **시 · 도지사**
(2) 부과금액 : **3000만원 이하**

답 ②

★
**57** **소방용품을 제조하고자 하는 사람은 어떻게 하여야 하는가?**

① 형식승인을 얻어야 하며 제품검사를 받아야 한다.
② 샘플검사를 의뢰하여 합격을 받아야 한다.
③ 성능인증을 하여 그 성능을 명시하여 판매하면 된다.
④ 제조업허가에 의하여 제품을 생산, 판매하면 된다.

해설 **소방시설법 36조**
**소방용품의 형식승인**
(1) 형식승인권자 : **소방청장**
(2) 형식승인의 방법 · 절차 : **행정안전부령**

① 소방용품을 제조하거나 수입하고자 하는 사람은 **소방청장**의 **형식승인**을 얻어야 하며, **제품검사**를 받아야 한다.

답 ①

★★
**58** **소방시설공사에 사용할 수 있는 소방용품은?**

① 형식승인을 받지 아니한 것
② 형상 등을 임의로 변경한 것
③ 제품 검사를 받지 아니한 것
④ 불합격 표시를 하지 아니한 것

해설 **소방시설법 36조 ⑥항**
**사용 · 판매금지 소방용품**
(1) **형식승인**을 받지 아니한 것
(2) **형상** 등을 임의로 변경한 것
(3) **제품검사**를 받지 아니하거나 합격표시를 하지 아니한 것

답 ④

★
**59** **다음 소방용품 중 판매하거나 또는 판매의 목적으로 진열하거나 소방시설공사에 사용할 수 없는 경우에 해당하지 않는 것은?**

① 형식승인을 받지 아니한 것
② 성능확인시험을 받지 아니한 것
③ 형상 등을 임의로 변경한 것
④ 합격표시를 하지 아니한 것

해설 **소방시설법 36 · 37조**
**소방용품**
(1) 형식승인권자
(2) 형식승인변경권자 — **소방청장**
(3) 형식승인의 방법 · 절차 : **행정안전부령**
(4) 사용 · 판매금지 소방용품
① **형식승인**을 받지 아니한 것
② **형상** 등을 임의로 변경한 것
③ **제품검사**를 받지 아니하거나 합격표시를 하지 아니한 것

답 ②

☆
**60** **소방용품의 형식승인의 내용 또는 행정안전부령이 정하는 사항을 변경하고자 하는 경우에는 누구에게 무엇을 얻어야 하는가?**

① 소방청장, 승인
② 소방청장, 허가
③ 시 · 도지사, 승인
④ 시 · 도지사, 허가

해설 **소방시설법 37조**
소방용품의 형식승인 변경 : 소방청장의 **변경승인**

답 ①

☆
**61** **소방용품의 형식승인을 얻은 사람에게 6개월 이내의 기간을 정하여 제품검사의 중지를 명할 수 있는 것은?**

① 허가받은 사항을 변경하고자 할 경우
② 그 영업의 휴지, 재개 또는 폐지신고를 태만히 할 경우
③ 시험시설 등이 시설기준에 미달한 경우
④ 허가를 받지 않고 그 영업을 개시할 경우

해설 **소방시설법 38조**
(1) **제품검사**의 **중지사항**
① 시험시설이 시설기준에 미달한 경우
② 제품검사의 기술기준에 미달한 경우
(2) **형식승인 취소**사항
① 부정한 방법으로 형식승인 받은 경우
② 부정한 방법으로 제품검사를 받은 경우
③ 변경승인을 받지 아니하거나 부정한 방법으로 변경승인을 받은 경우

답 ③

☆☆☆
**62** **다음 중 우수품질제품에 대한 인증을 할 수 있는 사람은?**

① 소방청장
② 시 · 도지사
③ 소방본부장 또는 소방서장
④ 한국소방안전원장

해설 **소방시설법 40조**
**우수품질제품의 인증**
(1) 실시자 : **소방청장**
(2) 인증에 관한 사항 : **행정안전부령**

※ **우수품질인증** : 소방용품 가운데 품질이 우수하다고 인정되는 제품에 대하여 품질인증 마크를 붙여주는 것

답 ①

☆
**63** **소방청장이 실시하는 강습을 받지 않아도 되는 사람은?**

① 소방안전관리자
② 소방안전관리업무를 대행하는 사람
③ 소방안전관리자의 자격을 인정받고자 하는 자로서 대통령령으로 정하는 자
④ 관계인

해설 **소방시설법 41조**
**강습 · 실무교육 대상자**
(1) 소방안전관리자
(2) 소방안전관리보조자
(3) 소방안전관리업무 대행자
(4) 소방안전관리자의 자격인정을 받고자 하는 자로서 대통령령으로 정하는 자
(5) 소방안전관리업무를 대행하는 자를 감독하는 자

답 ④

☆
**64** **다음 중 청문을 실시하지 않아도 되는 경우는 어느 것인가?**

① 소방기술사 자격취소
② 소방용품의 형식승인취소
③ 소방용품의 제품검사 전문기관의 지정취소
④ 소방시설관리업의 등록취소

해설 **소방시설법 44조**
**청문실시 대상**
(1) 소방시설**관리사 자격취소** 및 정지
(2) 소방시설**관리업 등록취소** 및 영업정지
(3) **소방용품**의 **형식승인취소** 및 제품검사 중지
(4) 소방용품의 제품검사 전문**기관의 지정취소** 및 업무정지
(5) 우수품질인증의 취소
(6) 소방용품의 성능인증 취소

답 ①

☆☆☆
**65** **소방안전관리자 등에 대한 교육업무를 행하는 기관은?**

① 소방본부
② 한국소방산업기술원
③ 한국소방안전원
④ 한국화재보험협회

해설 **소방시설법 45조**
**권한의 위탁**
(1) **한국소방산업기술원**
① 방염성능검사업무(대통령령이 정하는 검사)
② 소방용품의 형식승인
③ 소방용품 형식승인의 변경승인
④ 소방용품의 성능인증 및 취소
⑤ 소방용품의 우수품질인증 및 취소
⑥ 소방용품의 성능인증 변경인증
(2) **한국소방안전원**
소방안전관리에 대한 교육업무

답 ③

★
**66** **소방시설관리업을 등록하지 아니하고 영업을 한 사람의 벌칙은?**

① 1년 이하의 징역
② 2년 이하의 징역
③ 3년 이하의 징역
④ 5년 이하의 징역

해설 **소방시설법 48조**
**3년 이하의 징역 또는 3000만원 이하의 벌금**
(1) **소방특별조사** 결과에 따른 조치명령 위반
(2) **소방시설관리업** 무등록자
(3) **형식승인**을 받지 않은 소방용품 제조·수입자
(4) **제품검사**를 받지 않은 사람
(5) **부정한 방법**으로 전문기관의 지정을 받은 사람

답 ③

★★★
**67** **소방시설관리업의 등록증을 다른 자에게 빌려준 자는 어떤 벌칙을 받게 되는가?**

① 1년 이하의 징역 또는 1000만원 이하의 벌금
② 2년 이하의 징역
③ 2000만원 이하의 벌금
④ 3년 이하의 징역 또는 1500만원 이하의 벌금

해설 **소방시설법 49조**
**1년 이하의 징역 또는 1000만원 이하의 벌금**
(1) 소방시설의 **자체점검** 미실시자
(2) **소방시설관리사증** 대여
(3) **소방시설관리업**의 등록증 대여

답 ①

★
**68** **다음 중 300만원 이하의 벌금에 해당되지 않는 것은?**

① 소방특별조사를 정당한 사유없이 거부·방해 또는 기피한 자
② 특정소방대상물에 소방안전관리자 미선임자
③ 방염성능검사합격표시 위조 및 거짓시료제출
④ 소방시설관리업의 등록수첩을 다른 사람에게 빌려준 사람

해설 **소방시설법 50조**
**300만원 이하의 벌금**
(1) 소방특별조사를 정당한 사유없이 거부·방해·기피
(2) 방염성능검사합격표시 위조 및 거짓시료제출
(3) 소방안전관리자·소방안전관리보조자 미선임
(4) 소방기술과 관련된 법인 또는 단체위탁시 위탁받은 업무종사자의 비밀누설

④ **1년 이하**의 **징역** 또는 **1000만원** 이하의 **벌금**

답 ④

★
**69** **정당한 사유없이 관계공무원의 소방특별조사를 거부·방해 또는 기피한 사람의 벌칙은?**

① 100만원 이하의 벌금
② 200만원 이하의 벌금
③ 200만원 이하의 과태료
④ 300만원 이하의 벌금

해설 **문제 68 참조**

답 ④

★★★
**70** **소방안전관리업무를 하지 아니한 특정소방대상물의 관계인의 벌칙사항은?**

① 100만원 이하의 벌금
② 200만원 이하의 벌금
③ 200만원 이하의 과태료
④ 300만원 이하의 벌금

해설 **소방시설법 53조**
**200만원 이하의 과태료**
(1) **관**계인의 **소**방안전관리**업**무 미수행
(2) **소방훈련** 및 **교육** 미실시자
(3) 소방시설의 점검결과 미보고
(4) 관계인의 거짓자료제출
(5) 정당한 사유없이 공무원의 출입·조사·검사를 거부·방해·기피한 자

기억법 **2관소업**

답 ③

★
**71** **특정소방대상물에서 소방훈련을 실시하지 않은 관계인에 대한 벌칙은?**

① 100만원 이하의 벌금
② 200만원 이하의 벌금
③ 200만원 이하의 과태료
④ 300만원 이하의 벌금

해설 **문제 70 참조**

답 ③

**72** 다음 중 화재예방, 소방시설 설치 · 유지 및 안전관리에 관한 법령상 과태료의 부과 · 징수 권한이 없는 사람은?

① 행정안전부장관
② 시 · 도지사
③ 소방본부장
④ 소방서장

해설 **소방시설법 53조 ④항**
**과태료**
(1) 정하는 기준 : **대통령령**
(2) 부과 · 징수권자 ┬ **소방청장**
├ **시 · 도지사**
├ **소방본부장**
└ **소방서장**

답 ①

# 2. 화재예방, 소방시설 설치유지 및 안전관리에 관한 법률 시행령

**01** 무창층이란 지상층 중 개구부 면적의 합이 층의 바닥면적의 얼마 이하가 되는 층을 말하는가?

① 20분의 1
② 30분의 1
③ 40분의 1
④ 50분의 1

해설 **소방시설법 시행령 2조**
**"무창층"**이란 지상층 중 다음에 해당하는 개구부의 면적의 합계가 그 층의 바닥면적의 $\frac{1}{30}$ 이하가 되는 층을 말한다.
(1) 개구부의 크기가 지름 **50cm** 이상의 원이 내접할 수 있을 것
(2) 해당 층의 바닥면으로부터 개구부 밑부분까지의 높이가 **1.2m** 이내일 것
(3) 개구부는 **도로** 또는 **차량**이 진입할 수 있는 **빈터**를 향할 것
(4) 화재시 건축물로부터 **쉽게 피난**할 수 있도록 개구부에 창살 그 밖의 장애물이 설치되지 아니할 것
(5) 내부 또는 외부에서 **쉽게 파괴** 또는 **개방**할 수 있을 것

답 ②

**02** 무창층은 지상층 중 피난 또는 소화활동상 유효한 개구부의 면적이 그 층의 바닥 면적의 얼마 이하가 되는 층을 말하는가?

① $\frac{1}{30}$ ② $\frac{1}{20}$
③ $\frac{1}{10}$ ④ $\frac{1}{5}$

해설 **문제 1 참조**

답 ①

**03** 무창층이란 다음 중 어느 것을 말하는가?

① 창이 전혀 없는 층을 말한다.
② 창문은 있으되 열 수 없는 창을 말한다.
③ 지상층 중 개구부의 면적의 합계가 그 층 바닥면적의 $\frac{1}{20}$ 이하가 되는 층을 말한다.
④ 지상층 중 개구부의 면적의 합계가 그 층 바닥면적의 $\frac{1}{30}$ 이하가 되는 층을 말한다.

해설 **문제 1 참조**

답 ④

**04** 무창층의 요건으로서 거리가 먼 것은?

① 개구부의 크기가 지름 50cm 이상의 원이 내접할 수 있을 것
② 해당 층의 바닥면으로부터 개구부 밑부분까지의 높이가 1.2m 이상일 것
③ 개구부는 도로 또는 차량이 진입할 수 있는 빈터를 향할 것
④ 내부 또는 외부에서 쉽게 파괴 또는 개방할 수 있을 것

해설 **문제 1 참조**

② 해당 층의 바닥면으로부터 개구부 밑부분까지의 높이가 **1.2m 이내**일 것

답 ②

**05** "피난층"은?

① 옥상층
② 지하 전 층
③ 비상계단과 연결되는 층
④ 곧바로 지상으로 갈 수 있는 출입구가 있는 층

해설 **소방시설법 시행령 2조 2호**
**피난층**
곧바로 지상으로 갈 수 있는 출입구가 있는 층

답 ④

**06** "피난층"이란?

① 지상 1층
② 2층 이상으로 피난에 용이한 층
③ 곧바로 지상으로 갈 수 있는 출입구가 있는 층
④ 지상에 통하는 직통 계단에 있는 층

해설 **문제 5 참조**

답 ③

**07** 피난층에 대한 뜻이 옳은 것은?

① 곧바로 지상으로 갈 수 있는 출입구가 있는 층
② 건축물 중 지상 1층
③ 직접 지상으로 통하는 계단과 연결된 지상 2층 이상의 층
④ 옥상의 지하층으로서 옥상으로 직접 피난할 수 있는 층

해설 문제 5 참조 답 ①

★★★
## 08 소방용품에 해당되는 것은?

① 가스자동소화장치용 소화약제
② 분말자동소화장치용 소화약제
③ 유도표지
④ 비상조명등

해설 **소방시설법 시행령 6조**
**소방용품 제외 대상**
(1) 주거용 주방자동소화장치용 소화약제
(2) 가스자동소화장치용 소화약제
(3) 분말자동소화장치용 소화약제
(4) 고체에어로졸자동소화장치용 소화약제
(5) 소화약제 외의 것을 이용한 간이소화용구
(6) 휴대용 비상조명등
(7) 유도표지
(8) 벨용 푸시버튼스위치
(9) 피난밧줄
(10) 옥내소화전함
(11) 방수구
(12) 안전매트
(13) 방수복

답 ④

## 09 소방용품에 속하지 않는 것은?

① 휴대용 비상조명등
② 소방 호스
③ 가스 누설 경보기
④ 흡수관용 연결금속구

해설 문제 8 참조 답 ①

## 10 소방용품이 아닌 것은?

① 주거용 주방자동소화장치
② 동력소방 펌프
③ 소화약제 외의 것을 이용한 간이소화용구
④ 공기호흡기

해설 문제 8 참조 답 ③

## 11 소방용품에 해당되는 것은?

① 가스자동소화장치용 소화약제
② 옥내소화전함
③ 방수구
④ 관창

해설 문제 8 참조 답 ④

## 12 소방용품이 아닌 것은?

① 가스누설경보기 ② 방수복
③ 송수구 ④ 방염도료

해설 문제 8 참조 답 ②

## 13 소방용품이 아닌 것은?

① 축광유도표지
② 소화기 및 주거용 주방자동소화장치
③ 캐비닛형 자동소화기기
④ 소방 펌프 자동차

해설 문제 8 참조 답 ①

## 14 다음 중 소방용품이 아닌 것은?

① 방염액 ② 동력소방 펌프
③ 가스관 선택 밸브 ④ 휴대용 비상조명등

해설 문제 8 참조 답 ④

## 15 물분무등소화설비는?

① 옥내소화전 설비
② 옥외소화전 설비
③ 스프링클러 설비
④ 할로겐화합물 및 불활성기체 소화설비

해설 **소방시설법 시행령 〔별표 1〕**
**물분무등소화설비**
(1) 물분무 소화설비
(2) 미분무 소화설비
(3) 포소화설비
(4) 이산화탄소 소화설비
(5) 할론소화설비
(6) 할로겐화합물 및 불활성기체 소화설비
(7) 분말소화설비
(8) 강화액 소화설비
(9) 고체에어로졸 소화설비

답 ④

★★★
## 16 물분무등소화설비가 아닌 것은?

① 포소화설비
② 스프링클러 설비
③ 할론소화설비
④ 분말소화설비

해설 문제 15 참조 답 ②

## 17 소방특별조사계획의 수립 등 소방특별조사에 관하여 필요한 세부사항은 누가 정하는가?

① 관계인
② 소방본부장 또는 소방서장
③ 시 · 도지사
④ 소방청장

해설 **소방시설법 시행령 9조**
**소방특별조사**
(1) 조사자 : **소방청장 · 소방본부장 · 소방서장**
(2) 조사의 계획수립 : **소방청장**

답 ④

**18** **소방특별조사 결과에 따른 조치명령의 미이행사실 등을 공개하려면 공개내용과 공개방법 등을 공개대상 소방대상물의 관계인에게 미리 알려야 하는데 다음 중 그 권한이 없는 사람은?**

① 시 · 도지사 ② 소방청장
③ 소방본부장 ④ 소방서장

해설 **소방시설법 시행령 10조**
**조치명령 미이행사실 등의 공개권한**
(1) 소방청장
(2) 소방본부장
(3) 소방서장

답 ①

**19** **건축허가 등의 동의대상물의 범위에 속하지 않는 것은?**

① 관망탑 ② 방송용 송수신탑
③ 항공기 격납고 ④ 철탑

해설 **소방시설법 시행령 12조**
**건축허가 등의 동의대상물**
(1) 연면적 **400m²**(학교시설 : **100m²**, 수련시설 · 노유자시설 : **200m²**, 정신의료기관 · 장애인의료재활시설 : **300m²**) 이상
(2) **6층** 이상인 건축물
(3) 차고 · 주차장으로서 바닥면적 **200m²** 이상(자동차 **20대** 이상)
(4) **항공기 격납고, 관망탑, 항공관제탑, 방송용 송수신탑**
(5) 지하층 또는 무창층의 바닥면적 **150m²**(공연장은 **100m²**) 이상
(6) **위험물저장 및 처리시설**
(7) **결핵환자**나 **한센인**이 24시간 생활하는 **노유자시설**
(8) **지하구**
(9) 요양병원(정신병원, 의료재활시설 제외)
(10) 노인주거복지시설 · 노인의료복지시설 및 재가노인복지시설 · 학대피해노인 전용쉼터 · 아동복지시설 · 장애인거주시설

답 ④

★★★
**20** **건축허가 등의 동의대상물로서 옳지 않은 것은?**

① 기계장치에 의한 주차시설로서 10대 이상 주차할 수 있는 것
② 연면적 400m² 이상인 것
③ 항공기격납고
④ 지하구

해설 **문제 19 참조**

① 기계장치에 의한 주차시설로 **20대 이상** 주차할 수 있는 것

답 ①

**21** **승강기 등 기계장치에 의한 주차시설로서 몇 대 이상 주차할 수 있는 시설을 할 경우 소방본부장 또는 소방서장의 건축허가 등의 동의대상이 되는가?**

① 10 ② 20
③ 30 ④ 40

해설 **문제 19 참조**

답 ②

**22** **관할 소방본부장 또는 소방서장의 건축허가 등의 동의를 요하는 건축물은?**

① 연면적 300m²인 것
② 승강기 등 기계장치에 의한 주차시설로서 10대 이상 주차
③ 차고 · 주차장으로 사용하는 층 중 바닥면적이 150m²인 것
④ 특정소방대상물로서 지하구

해설 **문제 19 참조**

답 ④

**23** **건축허가 등의 동의대상물이 아닌 것은?**

① 연면적 600m²인 대중음식점
② 연면적 1800m²인 교회
③ 항공기 격납고
④ 연면적 300m²인 목조주택

해설 **문제 19 참조**

목조주택은 연면적 **400m²** 이상 되어야 건축허가 등의 동의대상물이다.

답 ④

**24** **건축허가 등의 동의대상물에 속하지 않는 것은?**

① 연면적 400m² 이상인 건축물
② 수련시설 및 노유자시설로서 연면적 150m² 이상인 건축물
③ 차고 · 주차장으로 사용되는 층 중 바닥면적이 200m² 이상인 층이 있는 시설
④ 지하층이 있는 건축물로서 바닥면적이 150m² 이상인 층이 있는 것

해설 **문제 19 참조**

② **수련시설** 및 **노유자시설**로서 연면적 **200m²** 이상인 건축물

답 ②

**25** **건축허가 등의 동의에 관한 사항으로 틀린 것은?**

① 건축허가행정기관은 소방서장의 동의대상물이라 하더라도 동의 없이 허가할 수 있는 예외가 있다.
② 연면적 400m² 이상인 것은 동의대상물이다.
③ 건축허가를 받아야 할 항공기격납고는 모두 동의대상물이다.
④ 건축허가를 받아야 하는 위험물제조소 등은 면적의 크기와 관계 없이 동의대상물이다.

해설 **문제 19 참조**

①은 해당되지 않는다.

답 ①

**26** **건축물의 공사시공자 또는 소재지를 관할하는 소방본부장 또는 소방서장의 동의를 받지 않고는 허가 또는 사용승인을 할 수 없는 건축허가 등의 동의대상물은?**

① 지하가로서 연면적 300m$^2$인 것
② 공장으로서 연면적 200m$^2$인 것
③ 주차장으로서 바닥면적이 100m$^2$인 것
④ 항공기격납고

해설 **문제 19 참조**

답 ④

**27** **다음 중 소방서장으로부터 건축허가동의를 받지 않아도 되는 것은?**

① 위험물제조소
② 항공기격납고
③ 20대 이상 주차할 수 있는 주차시설
④ 차고 · 주차장으로서 바닥면적이 100m$^2$ 인 것

해설 **문제 19 참조**

답 ④

**28** **인명구조기구가 아닌 것은?**

① 방열복　　② 피난밧줄
③ 공기호흡기　　④ 인공소생기

해설 **소방시설법 시행령 〔별표 1〕**
**인명구조기구**

| 종 류 | 정 의 |
|---|---|
| **방열복** | 고온의 복사열에 가까이 접근할 수 있는 내열 피복으로서 **방열상의 · 방열하의 · 방열장갑 · 방열두건** 및 **속복형 방열복**으로 분류한다. |
| **방화복** | 안전모, 보호장갑, 안전화를 포함한다. |
| **공기 호흡기** | 소화활동시에 화재로 인하여 발생하는 각종 유독 가스 중에서 일정시간 사용할 수 있도록 제조된 **압축공기식 개인호흡장비** |
| **인공 소생기** | 호흡이 곤란한 상태의 환자에게 인공호흡을 시켜서 환자의 호흡을 돕거나 제어하기 위하여 **산소**나 **공기를 공급**하는 장비를 말한다. |

답 ②

**29** **커튼을 설치하고자 할 때 방염성능이 있는 것으로만 설치해야 하는 건축물은?**

① 아파트　　② 공장
③ 치과병원　　④ 집회장

해설 **소방시설법 시행령 19조**
**방염성능 기준 이상 적용 특정소방대상물**

(1) **11층** 이상의 층(**아파트** 제외) : 고층건축물
(2) 체력단련장
(3) 문화 및 집회시설(집회장, 극장)
(4) 운동시설(**수영장** 제외)
(5) 숙박시설 · 노유자시설
(6) 의료시설(종합병원, 정신의료기관)
(7) 수련시설(숙박시설이 있는 것)
(8) 방송통신시설 중 방송국 · 촬영소
(9) 종교시설
(10) 의원
(11) 공연장 및 종교집회장
(12) 교육연구시설 중 합숙소
(13) 휴게음식점영업 · 일반음식점영업 · 제과점영업 : **100m$^2$** 이상(지하층은 **66m$^2$** 이상)
(14) 단란주점영업 · 유흥주점영업
(15) 영화상영관 · 비디오물 감상실업 · 비디오물 소극장업 및 복합영상물제공업
(16) 학원 수용인원 **300명** 이상
(17) 학원 수용인원 **100~300명** 미만
　① **기숙사**가 있는 학원
　② **2 이상** 학원 수용인원 **300명** 이상
　③ **다중이용업**과 **학원**이 함께 있는 것
(18) **목욕장업**
(19) 게임제공업 · 인터넷컴퓨터 게임시설 제공업 · 복합유통게임 제공업
(20) 노래연습장업
(21) 산후조리업
(22) **고시원업**
(23) 안마시술소
(24) 권총사격장(옥내사격장)
(25) 가상체험 체육시설업(실내에 **1개** 이상의 별도의 구획된 실을 만들어 골프종목의 운동이 가능한 시설을 경영하는 영업에 한함)

((13)~(25): 다중이용업소)

답 ④

**30** **카펫을 설치하고자 할 때 방염성능 기준 이상의 것만으로 설치해야 하는 건축물은?**

① 안마시술소
② 바닥면적 합계 60m$^2$인 일반음식점영업
③ 옥외사격장
④ 수영장

해설 **문제 29 참조**

② **100m$^2$** 이상인 일반음식점영업
③ 옥외사격장 → 옥내사격장
④ 운동시설(**수영장** 제외)

답 ①

**31** **특정소방대상물에서 사용하는 실내장식물 등을 방염성능기준 이상의 것으로 하여야 하는 건축물이 아닌 것은?**

① 극장　　② 숙박시설
③ 수영장　　④ 종합병원

해설 **문제 29 참조**

① 극장은 **문화 및 집회시설**이다.
③ **수영장**은 방염성능기준 이상의 것으로 하지 않아도 된다.

답 ③

**32** 방염성능기준 이상의 실내장식물 등을 설치하여야 하는 특정소방대상물이 아닌 것은?

① 안마시술소 ② 학교의 사무실
③ 방송국 ④ 종합병원

해설 문제 29 참조

답 ②

**33** 방염성능기준 이상의 실내장식물을 설치하여야 할 특정소방대상물로 옳지 않은 것은?

① 종합병원 ② 숙박시설
③ 노유자시설 ④ 5층 이상의 공동주택

해설 문제 29 참조

답 ④

**34** 방염성능기준 이상의 실내장식물을 설치하여야 할 특정소방대상물이 아닌 것은?

① 건축물의 옥내에 있는 문화 및 집회시설
② 숙박시설
③ 안마시술소
④ 기숙사

해설 문제 29 참조

답 ④

**35** 방염성능기준 이상의 실내장식물 등을 설치하여야 할 특정소방대상물로 옳지 않은 것은?

① 의료시설 중 정신의료기관
② 건축물의 옥내에 있는 운동시설로서 수영장
③ 노유자시설
④ 방송통신시설 중 방송국 및 촬영소

해설 문제 29 참조

② 수영장은 제외한다.

답 ②

**36** 아파트를 제외한 건축물로서 층수가 몇 층 이상인 것은 방염성능기준 이상의 특정소방대상물로 하여야 하는가?

① 9 ② 11
③ 13 ④ 15

해설 문제 29 참조

답 ②

**37** 방염성능기준 이상의 실내장식물 등을 설치하여야 하는 특정소방대상물이 아닌 것은?

① 고층건축물 ② 방송국 및 촬영소
③ 공동주택 ④ 안마시술소

해설 문제 29 참조

**11층** 이상 : '**고층건축물**'에 해당된다.

답 ③

★ **38** 카펫을 설치하고자 할 때 방염성능기준 이상으로 설치해야 되는 특정소방대상물은?

① 층수가 2층인 안마시술소
② 층수가 3층인 금융업소
③ 층수가 3층인 의료원
④ 층수가 11층인 아파트

해설 문제 29 참조

① **안마시술소**는 층수에 관계없이 해당된다.
③ **의료원**은 종합병원이 아니므로 해당되지 않는다.

답 ①

**39** 방염대상물품에 해당되지 않는 것은? (단, 제조 또는 가공 공정에서 방염처리한 물품이다.)

① 무대막
② 전시용 합판
③ 병원에서 사용하는 침구류
④ 카펫

해설 **소방시설법 시행령 20조 ①항**
**방염대상물품**

(1) **제조** 또는 **가공** 공정에서 방염처리를 한 물품
  ① 창문에 설치하는 **커튼류**(블라인드 포함)
  ② 카펫
  ③ 두께 2mm 미만인 **벽지류(종이벽지 제외)**
  ④ **전시용 합판 · 섬유판**
  ⑤ **무대용 합판 · 섬유판**
  ⑥ **암막 · 무대막**(영화상영관 · 가상체험 체육시설업의 **스크린** 포함)
  ⑦ 섬유류 또는 합성수지류 등을 원료로 하여 제작된 **소파 · 의자**(단란주점영업, 유흥주점영업 및 노래연습장업의 영업장에 설치하는 것만 해당)

(2) 건축물 내부의 **천장 · 벽**에 부착 · 설치하는 것
  ① 종이류(두께 **2mm 이상**), **합성수지류** 또는 **섬유류**를 주원료로 한 물품
  ② **합판**이나 **목재**
  ③ 공간을 구획하기 위하여 설치하는 **간이칸막이**
  ④ 흡음 · 방음을 위하여 설치하는 **흡음재**(흡음용 커튼 포함) 또는 **방음재**(방음용 커튼 포함)

※ **가구류**(옷장, 찬장, 식탁, 식탁용 의자, 사무용 책상, 사무용 의자 및 계산대)와 너비 **10cm 이하**인 **반자돌림대**, **내부마감재료** 제외

답 ③

**40** 특정소방대상물에서 사용하는 물품으로 방염대상물품에 해당되는 것은? (단, 제조 또는 가공 공정에서 방염처리한 물품이다.)

① 카펫 ② 침대용 매트리스
③ 객실용 가구 ④ 종이벽지

해설 문제 39 참조

답 ①

**41** 특정소방대상물에서 사용하는 물품으로 방염대상물품에 해당되지 않는 것은? (단, 제조 또는 가공 공정에서 방염처리한 물품이다.)

① 전시용 합판　　② 커튼 · 카펫
③ 암막　　④ 침대용 매트리스

해설 문제 39 참조

답 ④

**42** 방염대상물품에 해당되지 않는 것은? (단, 제조 또는 가공 공정에서 방염처리한 물품이다.)

① 영화상영관의 스크린
② 카펫
③ 책상
④ 전시용 합판

해설 문제 39 참조

답 ③

**43** 방염대상물품이 아닌 것은? (단, 제조 또는 가공 공정에서 방염처리한 물품이다.)

① 전시용 합판
② 두께 2mm 이상인 벽지류
③ 무대용 합판 또는 섬유판
④ 창문에 설치하는 커튼류

해설 문제 39 참조

답 ②

**44** 특정소방대상물에서 사용하는 물품 중 방염대상물품이 아닌 것은? (단, 제조 또는 가공 공정에서 방염처리한 물품이다.)

① 전시용 섬유판　　② 비닐 제품
③ 무대용 합판　　④ 무대용 섬유판

해설 문제 39 참조

답 ②

**45** 방염대상물품이 아닌 것은? (단, 제조 또는 가공 공정에서 방염처리한 물품이다.)

① 전시용 합판　　② 암막
③ 실내장식물　　④ 유리

해설 문제 39 참조

답 ④

**46** 다음 중 방염대상물품에 해당되지 않는 것은? (단, 제조 또는 가공 공정에서 방염처리한 물품이다.)

① 암막 · 무대막
② 창문에 설치하는 블라인드
③ 두께가 2mm 미만인 종이벽지
④ 전시용 합판

해설 문제 39 참조

답 ③

**47** 특정소방대상물에서 방염대상물품이 아닌 것은? (단, 제조 또는 가공 공정에서 방염처리한 물품이다.)

① 가연성의 고성식십기 및 비품
② 커텐, 카펫
③ 무대용 합판
④ 전시용 합판 또는 섬유판

해설 문제 39 참조

답 ①

**48** 극장에서 사용하는 물건 중 방염대상물품이 아닌 것은? (단, 제조 또는 가공 공정에서 방염처리한 물품이다.)

① 객석용 의자 커버
② 무대막
③ 전시용 합판
④ 암막

해설 문제 39 참조

답 ①

**49** 호텔에서 사용하고 있는 다른 물품 중 방염성능 물품이 아니어도 되는 것은? (단, 제조 또는 가공 공정에서 방염처리한 물품이다.)

① 커튼류　　② 카펫
③ 무대용 합판　　④ 종이벽지

해설 문제 39 참조

답 ④

**50** 다음 중 특정소방대상물에서 사용하는 물품 중 방염성능이 없어도 되는 것은? (단, 제조 또는 가공 공정에서 방염처리한 물품이다.)

① 전시용 섬유판　　② 암막, 무대막
③ 무대용 합판　　④ 비닐제품

해설 문제 39 참조

답 ④

★★★
**51** 다음 중 소방관련법령에서 정한 방염성능 기준으로 틀린 것은?

① 불꽃을 제거한 때부터 불꽃을 올리며 연소하는 상태가 그칠 때까지의 시간이 20초 이내
② 불꽃을 제거한 때부터 불꽃을 올리지 아니하고 연소하는 상태가 그칠 때까지의 시간이 30초 이내
③ 탄화한 면적은 $60cm^2$ 이내, 탄화한 길이는 30cm 이내
④ 불꽃의 접촉횟수는 3회 이상

해설 **소방시설법 시행령 20조 ②항**
**방염성능 기준**
(1) 잔염시간 : **20초** 이내 (2) 잔진시간 : **30초** 이내
(3) 탄화길이 : **20cm** 이내 (4) 탄화면적 : **$50cm^2$** 이내
(5) 불꽃 접촉 횟수 : **3회** 이상 (6) 최대 연기밀도 : **400** 이하

용어

| 잔염시간 | 잔진시간(잔신시간) |
| --- | --- |
| 버너의 불꽃을 제거한 때부터 불꽃을 올리며 연소하는 상태가 그칠 때까지의 시간 | 버너의 불꽃을 제거한 때부터 불꽃을 올리지 아니하고 연소하는 상태가 그칠 때까지의 시간 |

답 ③

**52** 방염성능의 기준으로 탄화한 면적의 최대치는?

① $10cm^2$ ② $20m^2$
③ $50cm^2$ ④ $60m^2$

해설 **문제 51 참조** 답 ③

**53** 방염대상물품에 대한 방염성능의 기준을 정하여 고시할 때 버너의 불꽃을 제거한 때부터 불꽃을 올리며 연소하는 상태가 그칠 때까지의 시간은 몇 초 이내로 정하여 고시하는가?

① 20 ② 30
③ 50 ④ 60

해설 **문제 51 참조**
① 잔염시간 : **20초** 이내

답 ①

**54** 특정소방대상물에 사용하는 커튼, 실내장식품 등 방염성능이 있어야 할 물품의 방염성능기준 "착염 후 버너 불꽃을 제거한 때부터 불꽃을 올리지 아니하고 연소하는 상태가 그칠 때까지의 시간"은 몇 초 이내에서 물품의 종류에 따라 정하는가?

① 20 ② 30
③ 40 ④ 50

해설 **문제 51 참조**
② 잔진시간(잔신시간) : **30초** 이내

답 ②

★★★
**55** 가연성 가스를 몇 톤 이상 저장 · 취급하는 시설을 1급 소방안전관리대상물로 구분하는가?

① 300 ② 500
③ 700 ④ 1000

해설 **소방시설법 시행령 22조**
**소방안전관리자 및 소방안전관리보조자를 선임하는 특정소방대상물**

| 소방안전관리대상물 | 특정소방대상물 |
| --- | --- |
| 특급 소방안전관리대상물 (**동식물원, 불연성 물품 저장 · 취급창고, 지하구, 위험물제조소 등** 제외) | • **50층** 이상(지하층 제외) 또는 지상 **200m** 이상 아파트<br>• **30층** 이상(지하층 포함) 또는 지상 **120m** 이상(아파트 제외)<br>• 연면적 **20만$m^2$** 이상(아파트 제외) |
| 1급 소방안전관리대상물 (**동식물원, 불연성 물품 저장 · 취급창고, 지하구, 위험물제조소 등** 제외) | • **30층** 이상(지하층 제외) 또는 지상 **120m** 이상 **아파트**<br>• 연면적 **15000$m^2$** 이상인 것(아파트 제외)<br>• **11층** 이상(아파트 제외)<br>• 가연성 가스를 **1000t** 이상 저장 · 취급하는 시설 |
| 2급 소방안전관리대상물 | • 지하구<br>• 가스제조설비를 갖추고 도시가스사업 허가를 받아야 하는 시설 또는 가연성 가스를 **100~1000t** 미만 저장 · 취급하는 시설<br>• **스프링클러설비** · 간이스프링클러설비 또는 **물분무등소화설비** 설치대상물(호스릴 제외)<br>• **옥내소화전설비** 설치대상물<br>• 공동주택<br>• 목조건축물(국보 · 보물) |
| 3급 소방안전관리대상물 | • **자동화재탐지설비** 설치대상물 |

답 ④

**56** 1급 소방안전관리대상물은 연면적 기준으로 몇 $m^2$ 이상인 것인가?

① 3000 ② 5000
③ 7000 ④ 15000

해설 **문제 55 참조**
④ 1급 소방안전관리대상물 : 연면적 **15000$m^2$** 이상

답 ④

**57** 소방안전관리자를 두어야 할 특정소방대상물로서 1급 소방안전관리대상물에 해당하는 것은?

① 연면적 15000$m^2$인 업무시설
② 가연성 가스 500톤을 저장, 취급하는 시설
③ 연면적 20000$m^2$인 동 · 식물원
④ 철강 등 불연성 물질을 저장, 취급하는 창고

해설 **문제 55 참조** 답 ①

★★★
## 58 다음에서 1급 소방안전관리 대상물이 아닌 것은?

① 지하구
② 연면적 1만5천제곱미터 이상인 것
③ 특정소방대상물로서 층수가 11층 이상인 복합건축물
④ 가연성가스를 1천톤 이상 저장·취급하는 시설

해설 **문제 55 참조**

① 2급 소방안전관리 대상물

답 ①

★★
## 59 1급 소방안전관리대상물에 두어야 할 소방안전관리자로 선임될 수 없는 자는?

① 소방설비기사 자격을 가진 사람
② 소방공무원으로 7년 근무한 경력이 있는 사람
③ 산업안전기사 자격을 가진 자로서 소방안전관리 실무경력이 2년인 사람
④ 위험물기능사 자격을 가진 사람

해설 **소방시설법 시행령 23조**

**(1) 특급 소방안전관리대상물의 소방안전관리자 선임조건**

| 자 격 | 경 력 | 비 고 |
|---|---|---|
| •1급 소방안전관리자 경력(**소방설비기사**) | 2년 | 특급 소방안전관리자 시험 합격자 |
| •1급 소방안전관리자 경력(**소방설비산업기사**) | 3년 | |
| •1급 소방안전관리자 경력 | 5년 | |
| •소방공무원 | 20년 | 시험 필요없음 |
| •소방기술사<br>•소방시설관리사 | 경력 필요 없음 | |
| •특급 소방안전관리 강습교육 수료 | | 특급 소방안전관리자 시험 합격자 |
| •총괄재난관리자 | 1년 | 시험 필요없음 |

**(2) 1급 소방안전관리대상물의 소방안전관리자 선임조건**

| 자 격 | 경 력 | 비 고 |
|---|---|---|
| •산업안전기사(산업기사) | 2년 | 2·3급 소방안전관리 업무 경력자 |
| •대학 이상(소방안전관리학과) | 2년 | 1급 소방안전관리자 시험 합격자 |
| •대학 이상(소방안전관련학과) | 3년 | |
| •2급 소방안전관리 업무 | 5년 | |
| •소방공무원 | 7년 | 시험 필요없음 |
| •1급 강습교육수료자 | 경력 필요 없음 | 1급 소방안전관리자 시험 합격자 |
| •위험물기능장·위험물산업기사·위험물기능사 | | 위험물안전관리자 선임자 |
| •소방시설관리사<br>•소방설비기사(산업기사) | | 시험 필요없음 |
| •특급 소방안전관리자 | | |
| •전기안전관리자 | | |

**(3) 2급 소방안전관리대상물의 소방안전관리자 선임조건**

| 자 격 | 경 력 | 비 고 |
|---|---|---|
| •군부대·의무소방대원 | 1년 | 2급 소방안전관리자 시험 합격자 |
| •화재진압·보조업무 | 1년 | |
| •경호공무원·별정직공무원 | 2년 | |
| •경찰공무원 | 3년 | |
| •의용소방대원·자체소방대원 | 3년 | |
| •2년제 대학 이상(소방안전관리학과·소방안전관련학과) | 경력 필요 없음 | |
| •2급 강습교육수료자 | | |
| •소방공무원 | 3년 | 시험 필요없음 |
| •위험물기능장·위험물산업기사·위험물기능사 | 경력 필요 없음 | |
| •특급·1급 소방안전관리자 | | |
| •광산보안(산업)기사 : 광산보안관리직원으로 선임된 사람 | | |
| •전기기사·전기공사기사·전기기능장 | | |
| •산업안전기사 | | |
| •건축기사 | | |
| •특급·1급 소방안전관리자 자격이 있는 사람 | | |

**(4) 3급 소방안전관리대상물의 소방안전관리자 선임조건**

| 자 격 | 경 력 | 비 고 |
|---|---|---|
| •소방공무원 | 1년 | 시험 필요없음 |
| •자체소방대원 | 1년 | 3급 소방안전관리자 시험합격자 |
| •경호공무원·별정직공무원 | 1년 | |
| •의용소방대원 | 2년 | |
| •경찰공무원 | 2년 | |

위험물기능사 자격을 가진 자는 **위험물안전관리자로 선임**되어야만 1급 소방안전관리자로 선임될 수 있다.

답 ④

## 60 소방안전관리자를 선임하여야 할 특정소방대상물로서 1급 소방안전관리대상물에 두어야 할 소방안전관리자로 선임될 수 없는 자는?

① 소방시설관리사
② 소방설비기사 자격을 가진 사람으로 소방안전관리에 관한 실무경력이 6개월인 사람
③ 소방공무원으로 7년 이상 근무한 경력이 있는 사람
④ 산업안전기사 자격을 가진 사람으로 소방안전관리에 관한 실무경력이 1년인 사람

해설 문제 59 참조

④ 산업안전기사 - 2년 이상의 실무경력

답 ④

**61** **다음 중 1급 소방안전관리대상물의 소방안전관리자로 적합하지 않은 사람은?**

① 소방시설관리사 ② 소방설비산업기사
③ 소방설비기사 ④ 건축기사

해설 문제 59 참조

④ 2급 소방안전관리대상물의 소방안전관리자

답 ④

**62** **1급 소방안전관리대상물에 선임해야 할 소방안전관리자의 자격요건으로 완전하지 못한 사람은?**

① 소방시설관리사 또는 소방설비기사 자격을 가진 사람
② 산업안전기사 자격을 가진 사람으로서 2년 이상 2급 소방안전관리에 관한 실무경력이 있는 사람
③ 위험물산업기사 자격이 있는 사람
④ 소방공무원으로 7년 이상 근무한 경력이 있는 사람

해설 문제 59 참조

③의 경우 위험물안전관리자로 선임되어야만 1급 소방안전관리대상물에 선임될 수 있다.

답 ③

**63** **다음 중 1급 소방안전관리대상 특정소방대상물의 소방안전관리자의 자격요건으로 틀린 것은?**

① 소방시설관리사 또는 소방설비기사 자격을 가진 사람
② 산업안전기사 자격을 가진 사람으로서 2년 이상 2급 소방안전관리 실무경력이 있는 사람
③ 위험물산업기사 또는 위험물기능사 자격을 가진 사람
④ 소방공무원으로 7년 이상 근무한 경력이 있는 사람

해설 문제 59 참조

③ 위험물산업기사 또는 위험물기능사 자격을 가진 사람으로서 위험물안전관리자로 선임된 사람이어야만 1급 소방안전관리자 선임자격이 된다.

답 ③

**64** **2급 소방안전관리대상물에 두어야 할 소방안전관리자로 선임될 수 없는 사람은?**

① 위험물기능사 자격증을 가진 사람
② 광산보안기사 자격을 가진 자로서 광산안전감독자로 선임된 사람
③ 건축설비기사 자격증을 가진 사람
④ 소방공무원으로서 3년 이상 근무한 경험이 있는 사람

해설 문제 59 참조

답 ③

**65** **특정소방대상물에 선임하여야 할 2급 소방안전관리자의 자격요건이 아닌 것은?**

① 전기기사의 자격을 가진 사람
② 산업안전기사의 자격을 가진 사람
③ 가스기사의 자격을 가진 사람
④ 광산보안기사 자격을 가진 사람으로서 광산안전감독자로 선임된 사람

해설 문제 59 참조

답 ③

**66** **2급 소방안전관리대상물에 선임될 수 없는 사람은?**

① 소방안전관리에 관한 2급 강습을 수료하고 2급 소방안전관리대상물의 소방안전관리에 관한 시험에 합격한 자
② 청원소방원으로 3년 이상 근무한 경력이 있는 자
③ 건축기사 자격을 가진 사람
④ 광산보안기사 자격을 가진 자로서 광산안전감독자로 선임된 사람

해설 문제 59 참조

답 ②

**67** **2급 소방안전관리대상물에 대한 소방안전관리자의 자격이 없는 사람은?**

① 소방설비기사 자격을 가진 사람
② 소방공무원으로 신규 임용된 사람
③ 광산보안기사로서 광산안전감독자로 선임된 사람
④ 위험물기능사 자격을 가진 사람

해설 문제 59 참조

②는 소방안전관리자의 자격이 없다.

답 ②

**68** **소방안전관리자의 자격요건에 전혀 해당되지 않는 사람은?**

① 전기기사자격증 소지자
② 소방설비기사자격증 소지자
③ 경찰공무원으로 1년 이상 간부직에 근무한 자
④ 광산보안기사로서 광산안전감독자로 선임된 자

해설 문제 59 참조

**소방안전관리자의 자격요건**

(1) 전기기사 → 2급
(2) 소방설비기사 → 1급

(3) 광산보안기사로서 광산안전감독자로 선임된 자 → 2급

**경찰공무원, 자체소방대원, 의용소방대원**으로 **3년** 이상 경력자로 2급 소방안전관리자 시험 합격자는 **2급 소방안전관리대상물**에 선임될 수 있다.

답 ③

★★
**69** 특정소방대상물의 소방안전관리자 자격을 가지고 있는 사람은?

① 소방공무원으로 6개월 이상 근무한 경력이 있는 사람
② 청원소방원으로 3년 이상 근무한 사람
③ 의용소방대원으로 1년 이상 근무한 사람
④ 소방설비기사 자격을 가진 사람

해설 **문제 59 참조**
**소방안전관리자 자격을 가지고 있는 사람**
(1) 소방공무원으로 **1년** 이상 근무한 사람
(2) 의용소방대원으로 **2년** 이상 근무한 사람
(3) 소방설비기사 자격을 가진 사람

답 ④

★★★
**70** 소방안전관리자의 소방계획에 포함되지 않는 것은?

① 화재예방을 위한 자체점검계획
② 화재예방을 위한 민방위업무
③ 소방시설의 점검·정비계획
④ 소방안전관리대상물의 수용인원현황

해설 **소방시설법 시행령 24조**
**소방계획에 포함되어야 할 사항**
(1) 소방안전관리대상물의 **위치·구조·연면적·용도·수용인원** 등 **일반현황**
(2) **소방시설·방화시설, 전기시설·가스시설·위험물시설**의 현황
(3) 화재예방을 위한 **자체점검계획** 및 **진압대책**
(4) **소방시설·피난시설·방화시설**의 점검·정비계획
(5) **피난 계획**
(6) 방화구획·제연구획·건축물의 내부마감재료 및 방염물품의 사용 그 밖의 **방화구조** 및 **설비의 유지·관리계획**
(7) **소방교육** 및 **훈련**에 관한 계획
(8) **자위소방대 조직**과 대원의 임무에 관한 사항
(9) 화기취급작업에 대한 사전 안전조치 및 감독 등 공사 중 **소방안전관리**에 관한 **사항**
(10) **공동** 및 **분임소방안전관리**에 관한 사항
(11) **소화** 및 **연소방지**에 관한 사항
(12) **위험물**의 **저장·취급**에 관한 사항
(13) **소방본부장** 또는 **소방서장**이 요청하는 사항

답 ②

**71** 특정소방대상물에 대한 소방계획의 작성내용이 아닌 것은?

① 소방안전관리대상물의 위치
② 화재예방을 위한 자체점검계획
③ 소방신호의 구성 및 건물 내 인원배치계획
④ 소방시설점검 및 정비계획

해설 **문제 70 참조**

답 ③

**72** 소방계획서에 포함되지 않아도 되는 내용은?

① 소화 및 연소방지에 관한 사항
② 소방시설점검 및 정비계획
③ 민방위 조직계획
④ 화재예방을 위한 자체점검계획

해설 **문제 70 참조**

답 ③

**73** 특정소방대상물에 대한 소방계획의 작성내용이 아닌 것은?

① 공동 및 분임 소방안전관리에 관한 사항
② 화재예방을 위한 자체점검계획
③ 소방신호의 구성 및 건물 내 인원배치계획
④ 소방시설점검 및 정비계획

해설 **문제 70 참조**

답 ③

**74** 소방계획에 포함되지 않아도 되는 것은?

① 화재예방을 위한 자체점검계획
② 관할 경찰서장이 요청하는 사항
③ 소방시설, 피난구조설비의 점검 및 정비 계획
④ 방화대상물에 설치한 위험물시설의 현황

해설 **문제 70 참조**

② **소방본부장** 또는 **소방서장**이 요청하는 사항

답 ②

**75** 소방안전관리자의 소방계획에 포함되지 않는 것은?

① 화재예방을 위한 자체점검에 관한 사항
② 소방안전관리 대상물의 연면적
③ 자위 소방대의 조직과 대원의 임무에 관한 사항
④ 민방위 훈련의 교육에 관한 사항

해설 **문제 70 참조**

답 ④

**76** 특정소방대상물의 관계인 및 소방안전관리자가 작성하는 소방계획에 포함되지 않아도 되는 것은?

① 소방시설점검 및 정비계획
② 소방안전관리대상물의 구조
③ 화재예방을 위한 자체점검계획
④ 위험물관리의 지도 및 감독에 관한 사항의 계획

해설 **문제 70 참조**

④ **위험물**의 **저장·취급**에 관한 사항

답 ④

★
**77** **특정소방대상물의 소방계획의 작성 및 실시에 관하여 지도·감독하는 자는?**

① 소방본부장 또는 소방서장
② 소방청장
③ 시·도지사
④ 행정안전부장관

해설 **소방시설법 시행령 24조 ②항**
소방계획의 작성·실시에 관한 지도·감독 : **소방본부장, 소방서장**

답 ①

**78** **특정소방대상물로서 공동소방안전관리를 하여야 할 소방대상물은?**

① 아파트를 제외한 층수가 11층 이상인 고층 건축물
② 지하구
③ 복합건축물로서 5층 건물
④ 높이 18m인 건물

해설 **소방시설법 시행령 25조**
**공동소방안전관리자를 선임하여야 할 특정소방대상물**
(1) 고층 건축물(지하층을 제외한 11층 이상)
(2) 지하가
(3) 복합건축물로서 연면적 $5000m^2$ 이상
(4) 복합건축물로서 5층 이상
(5) **도매시장, 소매시장**
(6) **소방본부장·소방서장**이 지정하는 것

답 ③

**79** **복합건축물로서 공동소방안전관리를 하여야 할 소방대상물의 기준층수는 몇 층 이상인가?**

① 5　② 7
③ 9　④ 11

해설 **문제 78 참조**

답 ①

**80** **특정소방대상물로서 공동소방안전관리를 하여야 할 소방대상물은?**

① 전시시설로서 연면적 $3,000m^2$인 것
② 숙박시설로서 4층 건물
③ 복합건축물로서 5층 건물
④ 높이 18m인 건물

해설 **문제 78 참조**

답 ③

**81** **복합건축물로서 공동소방안전관리를 하여야 할 특정소방대상물은?**

① 층수가 3층 이상인 것
② 층수가 4층 이상인 것
③ 연면적 $2,000m^2$ 이상
④ 연면적 $5,000m^2$ 이상

해설 **문제 78 참조**

답 ④

**82** **관리권원이 분리되어 있는 특정소방대상물로서 공동소방안전관리를 의무적으로 하여야 하는 소방대상물은?**

① 높이 21m를 초과하는 고층건축물
② 지하층을 제외한 층수가 5층 이상인 복합건축물
③ 위험물을 저장하는 건축물
④ 아파트로서 7층을 초과하는 건축물

해설 **문제 78 참조**

① 높이 **31m**를 초과하는 고층건축물
② 지하층을 제외한 층수가 **5층** 이상인 복합건축물

답 ②

**83** **특정소방대상물에 근무하는 근무자에게 소방교육·훈련을 실시하여야 하는 특정소방대상물의 인원 기준은?**

① 상시근무인원 3명 이상
② 상시근무인원 5명 이상
③ 상시근무인원 7명 이상
④ 상시근무인원 11명 이상

해설 **소방시설법 시행령 26조**
근무자 및 거주자에게 소방교육·훈련을 실시하여야 하는 특정소방대상물 : **상시근무인원 11명** 이상

답 ④

**84** **다음 중 소방시설관리사의 응시자격이 없는 사람은?**

① 소방기술사
② 소방설비기사 자격취득자로 3년 이상 실무경력이 있는 사람
③ 소방설비산업기사 자격취득자로 5년 이상 실무경력이 있는 사람
④ 소방공무원으로 3년 이상 근무한 경력이 있는 사람

해설 **소방시설법 시행령 27조**
**소방시설관리사의 응시자격**
(1) **2년** 이상 ┬ 소방설비기사
　　　　　　　└ 소방안전공학(소방방재공학, 안전공학 포함)
(2) **3년** 이상 ┬ 소방설비산업기사
　　　　　　　├ 산업안전기사
　　　　　　　├ 위험물산업기사
　　　　　　　├ 위험물기능사
　　　　　　　└ 대학(소방안전관련학과)
(3) **5년** 이상 — 소방공무원
(4) **10년** 이상 — 소방실무경력
(5) 소방기술사·건축기계설비기술사·건축전기설비기술사·공조냉동기계기술사
(6) 위험물기능장·건축사

답 ④

**85** 소방시설관리사의 제1차 시험과목에 해당되지 않는 것은?

① 소방안전관리론
② 소방시설의 구조원리
③ 소방시설의 점검실무행정
④ 소방수리학

해설 **소방시설법 시행령 29조**
**소방시설관리사의 시험과목**

| 1·2차 시험 | 과 목 |
|---|---|
| 제1차 시험 | • 소방안전관리론 및 화재역학<br>• 소방수리학·약제화학 및 소방전기<br>• 소방관련법령<br>• 위험물의 성질·상태 및 시설기준<br>• 소방시설의 구조원리 |
| 제2차 시험 | • 소방시설의 점검실무행정<br>• 소방시설의 설계 및 시공 |

답 ③

**86** 소방시설관리사 시험의 시험위원이 될 수 없는 사람은?

① 소방관련분야의 석사학위를 가진 사람
② 소방관련학과 조교수 이상으로 2년 이상 재직한 사람
③ 소방시설관리사
④ 소방기술사

해설 **소방시설법 시행령 30조**
**소방시설관리사의 시험위원**
(1) 소방관련분야의 **박사학위**를 가진 사람
(2) 소방안전관련학과 조교수 이상으로 **2년** 이상 재직한 사람
(3) **소방위** 이상의 소방공무원
(4) **소방시설관리사**
(5) **소방기술사**

답 ①

**87** 소방시설관리사 시험의 공고는 시험시행일 며칠 전에 하여야 하는가?

① 10일 ② 15일
③ 20일 ④ 90일

해설 **소방시설법 시행령 32조**
**소방시설관리사 시험**
(1) 시행 : **1년**마다 **1회**
(2) 시험공고 : 시행일 **90일** 전

답 ④

**88** 소방안전관리자에 대한 교육업무를 행하는 기관은?

① 소방본부
② 한국소방산업기술원
③ 한국소방안전원
④ 한국화재보험협회

해설 **소방시설법 39조**
**권한의 위탁**

| 한국소방산업기술원 | 한국소방안전원 |
|---|---|
| ① 방염성능검사업무(대통령령이 정하는 검사)<br>② 소방용품의 형식승인<br>③ 소방용품 형식승인의 변경승인<br>④ 소방용품의 성능인증 및 취소<br>⑤ 소방용품의 우수품질인증 및 취소<br>⑥ 소방용품의 성능인증 변경인증 | 소방안전관리에 대한 교육업무 |

답 ③

**89** 다음 소방시설 중 소화설비에 속하지 않는 것은?

① 옥내소화전설비
② 스프링클러설비
③ 소화약제에 의한 간이소화용구
④ 연결살수설비

해설 **소방시설법 시행령 [별표 1]**
**소화설비**
(1) 소화기구
(2) 옥내소화전설비
(3) 스프링클러설비·간이 스프링클러설비·화재조기진압용 스프링클러설비
(4) 물분무소화설비·강화액소화설비

④ 소화활동설비

답 ④

**90** 화재발생을 통보하는 기계·기구 또는 설비를 무엇이라 하는가?

① 소화설비 ② 경보설비
③ 피난구조설비 ④ 소화용수설비

해설 **소방시설법 시행령 [별표 1]**
**경보설비**
(1) 비상경보설비 ┬ 비상벨설비
└ 자동식사이렌설비
(2) 단독경보형 감지기
(3) 비상방송설비
(4) 누전경보기
(5) 자동화재탐지설비 및 시각경보기
(6) 자동화재속보설비
(7) 가스 누설 경보기
(8) 통합감시시설

**경보설비** : 화재발생 사실을 통보하는 기계·기구 또는 설비

답 ②

**91** 소방시설 중 경보설비가 아닌 것은?

① 자동화재탐지설비 ② 무선통신보조설비
③ 자동화재속보설비 ④ 단독경보형 감지기

해설 문제 90 참조

② 소화활동설비

답 ②

**92** 경보설비에 해당하지 않는 것은?

① 비상벨설비 ② 자동식사이렌설비
③ 누전경보기 ④ 제연설비

해설 문제 90 참조

④는 소화활동설비이다.

답 ④

**93** 다음에 열거한 소방시설 중 경보설비에 해당되지 아니한 설비는?

① 자동화재속보설비
② 자동식사이렌설비
③ 비상조명등에 부착된 설비
④ 비상방송설비

해설 문제 90 참조

답 ③

**94** 다음 중 피난구조설비는?

① 유도등 ② 비상방송설비
③ 제연설비 ④ 자동화재속보설비

해설 **소방시설법 시행령 〔별표 1〕**
**피난구조설비**

(1) 피난기구 ─ 피난사다리
 ─ 구조대
 ─ 완강기
 ─ 소방청장이 정하여 고시하는 화재안전기준으로 정하는 것(미끄럼대, 피난교, 공기안전매트, 피난용 트랩, 다수인 피난장비, 승강식 피난기, 간이완강기, 하향식 피난구용 내림식 사다리)

(2) **인**명구조기구 ─ **방열**복
 ─ 방**화**복(안전모, 보호장갑, 안전화 포함)
 ─ **공**기호흡기
 ─ **인**공소생기

기억법 **방화열공인**

(3) 유도등 ─ 피난유도선
 ─ 피난구유도등
 ─ 통로유도등
 ─ 객석유도등
 ─ 유도표지

(4) 비상조명등 · 휴대용 비상조명등

②, ④ 경보설비, ③ 소화활동설비

답 ①

**95** 피난구조설비에 해당되는 것은?

① 비상방송설비 ② 단독경보형 감지기
③ 비상조명등 ④ 무선통신보조설비

해설 문제 94 참조

①, ② 경보설비, ④ 소화활동설비

답 ③

★★★
**96** 소화활동설비에 해당되지 않는 것은?

① 연소방지설비 ② 무선통신보조설비
③ 자동화재속보설비 ④ 연결송수관설비

해설 **소방시설법 시행령 〔별표 1〕**
**소화활동설비**

(1) **연결송수관**설비
(2) **연결살수**설비
(3) **연소방지**설비
(4) **무선통신보조**설비
(5) **제연**설비
(6) **비상 콘센트** 설비

③ 경보설비

용어

**소화활동설비**
화재를 진압하거나 인명구조활동을 위하여 사용하는 설비

답 ③

**97** 소방시설의 종류 중 소화활동설비가 아닌 것은?

① 제연설비 ② 소화용수설비
③ 연결살수설비 ④ 비상 콘센트 설비

해설 문제 96 참조

답 ②

**98** 소화활동설비가 아닌 것은?

① 제연설비 ② 무선통신보조설비
③ 비상경보설비 ④ 비상 콘센트 설비

해설 문제 96 참조

③은 경보설비이다.

답 ③

**99** 소방시설의 종류 중 소화활동설비가 아닌 것은?

① 비상 콘센트 설비 ② 연결송수관설비
③ 물분무등소화설비 ④ 연결살수설비

해설 문제 96 참조

③은 소화설비

답 ③

**100** 소방시설 중 "소화활동설비"가 아닌 것은?

① 연결살수설비 ② 제연설비
③ 연결송수관설비 ④ 비상경보설비

해설 문제 96 참조

④는 경보설비이다.

답 ④

**101** 소화활동설비에 해당되는 것은?

① 자동화재속보설비 ② 비상방송설비
③ 제연설비 ④ 상수도소화용수설비

해설 **문제 96 참조**

①, ② 경보설비, ④ 소화용수설비

답 ③

**102** 소화활동설비에 해당되는 것은?

① 상수도 소화용수설비
② 비상 콘센트 설비
③ 옥내소화전설비
④ 비상방송설비

해설 **문제 96 참조**

① 소화용수설비 ② 소화활동설비
③ 소화설비 ④ 경보설비

답 ②

**103** 소화활동설비에 속하는 것은?

① 옥내소화전설비
② 비상벨설비
③ 상수도소화용수설비
④ 연결살수설비

해설 **문제 96 참조**

① 소화설비 ② 경보설비
③ 소화용수설비 ④ 소화활동설비

답 ④

**104** 소방시설의 종류에 대한 설명으로 옳은 것은?

① 소화기구, 옥내소화전설비는 소화설비에 해당된다.
② 유도등, 비상조명등설비는 경보설비에 해당된다.
③ 상수도 소화용수설비는 소화활동설비에 해당된다.
④ 연결살수설비는 소화용수설비에 해당된다.

해설 **소방시설법 시행령 〔별표 1〕**
① 소화기구, 옥내소화전설비 – **소화설비**
② 유도등, 비상조명등설비 – **피난구조설비**
③ 상수도 소화용수설비 – **소화용수설비**
④ 연결살수설비 – **소화활동설비**

답 ①

★★★
**105** 다음의 특정소방대상물 중 근린생활시설에 해당되는 것은?

① 의원 ② 체육관
③ 기숙사 ④ 백화점

해설 **소방시설법 시행령 〔별표 2〕**
근린생활시설

| 면 적 | 적용장소 |
|---|---|
| $150m^2$ 미만 | • 단란주점 • 기원 |
| $300m^2$ 미만 | • 종교시설<br>• 공연장<br>• 비디오물 감상실업<br>• 비디오물 소극장업 |
| $500m^2$ 미만 | • 탁구장 • 서점<br>• 테니스장 • 볼링장<br>• 체육도장 • 금융업소<br>• 사무소 • 부동산 중개사무소<br>• 학원 • 골프연습장<br>• 당구장 |
| $1000m^2$ 미만 | • 자동차영업소 • 슈퍼마켓<br>• 일용품 • 의료기기 판매소<br>• 의약품 판매소 |
| 전부 | • 이용원 · 미용원 · 목욕장 및 세탁소<br>• 휴게음식점 · 일반음식점<br>• 독서실<br>• 안마원(안마시술소 포함)<br>• 조산원(산후조리원 포함)<br>• **의원**, 치과의원, 한의원, 침술원, 접골원 |

② 운동시설
③ 공동주택
④ 판매시설

답 ①

**106** 근린생활시설이 아닌 것은?

① 컴퓨터 학원 ② 세차장
③ 슈퍼마켓 ④ 안마시술소

해설 **문제 105 참조**

② 항공기 및 자동차 관련시설

답 ②

**107** 특정소방대상물로서 근린생활시설에 해당되는 것은?

① 백화점 ② 방송국
③ 독서실 ④ 오피스텔

해설 **문제 105 참조**

① 판매시설
② 방송통신시설 ④ 업무시설

답 ③

**108** 특정소방대상물로서 근린생활시설에 해당되는 것은?

① 극장
② 금융업소(바닥면적 합계 $500m^2$ 미만)
③ 백화점
④ 공공도서관

해설 **문제 105 참조**

① 문화 및 집회시설
② 근린생활시설
③ 판매시설
④ 업무시설

답 ②

**109** 특정소방대상물 중 "근린생활시설"에 해당되는 것은?

① 이용원 ② 체육관
③ 기숙사 ④ 백화점

해설 **문제 105 참조**

① 근린생활시설
② 운동시설
③ 공동주택
④ 판매시설

답 ①

**110** 특정소방대상물로서 체육도장은 동일 건축물 안에서 그 용도에 사용하는 바닥면적의 합계가 몇 $m^2$ 미만인 것을 근린생활시설로 간주하는가?

① 200 ② 300
③ 400 ④ 500

해설 **문제 105 참조** 답 ④

**111** 특정소방대상물로서 근린생활시설인 종교시설의 바닥면적은 몇 $m^2$ 미만이어야 하는가?

① 200 ② 300
③ 500 ④ 1000

해설 **문제 105 참조** 답 ②

**112** 특정소방대상물 중 위락시설로 분류되지 않는 것은?

① 공연장 ② 무도장
③ 유흥주점 ④ 무도학원

해설 **소방시설법 시행령 〔별표 2〕**
위락시설

(1) 단란주점 (2) 유흥주점
(3) 유원시설업의 시설 (4) 무도장 · 무도학원
(5) 카지노영업소

① 문화 및 집회시설

답 ①

**113** 특정소방대상물로서 노유자시설에 해당되는 것은?

① 장애인관련시설 ② 가족 호텔
③ 정신의료기관 ④ 어린이회관

해설 **소방시설법 시행령 〔별표 2〕**
노유자시설

| 구 분 | 종 류 |
|---|---|
| 노인관련시설 | • 노인주거복지시설<br>• 노인의료복지시설<br>• 노인여가복지시설<br>• 재가노인복지시설<br>• 노인보호전문기관<br>• 노인일자리지원기관<br>• 학대피해노인 전용쉼터 |
| 아동관련시설 | • 아동복지시설<br>• 어린이집<br>• 유치원 |
| 장애인관련시설 | • 장애인거주시설<br>• 장애인지역사회재활시설(장애인 심부름센터, 수화통역센터, 점자도서 및 녹음서 출판시설 제외)<br>• 장애인 직업재활시설 |
| 정신질환자관련시설 | • 정신재활시설<br>• 정신요양시설 |
| 노숙인관련시설 | • 노숙인복지시설<br>• 노숙인종합지원센터 |

② 숙박시설 ③ 의료시설
④ 관광휴게시설

답 ①

**114** 다음 특정소방대상물 중 노유자(老幼者) 시설에 속하지 않는 것은?

① 유치원
② 정신의료기관
③ 장애인 재활시설
④ 결핵 및 한센병 요양시설

해설 **문제 113 참조**

② 의료시설

답 ②

**115** 특정소방대상물로서 의료시설에 해당되는 것은?

① 치과의원 ② 한의원
③ 접골원 ④ 마약진료소

해설 **소방시설법 시행령 〔별표 2〕**
의료시설

| 구 분 | 종 류 | |
|---|---|---|
| 병원 | • 종합병원<br>• 치과병원<br>• 요양병원 | • 병원<br>• 한방병원 |
| 격리병원 | • 전염병원 | • 마약진료소 |
| 정신의료기관 | – | |
| 장애인 의료재활시설 | – | |

①~③ 근린생활시설

답 ④

**116** 특정소방대상물의 의료시설 중 일반적인 병원이 아닌 것은?

① 한방병원 ② 정신의료기관
③ 전염병원 ④ 요양병원

해설 **문제 115 참조**

답 ③

☆☆
**117** 특정소방대상물로서 업무시설에 해당되는 것은?

① 부동산중개사무소 ② 도서관
③ 소방서 ④ 교회

해설 **소방시설법 시행령 〔별표 2〕**
**업무시설**
(1) 주민자치센터(동사무소) (2) 경찰서
(3) 소방서 (4) 우체국
(5) 보건소 (6) 공공도서관
(7) 국민건강보험공단 (8) 금융업소 · 오피스텔 · 신문사
(9) 변전소 · 양수장 · 정수장 · 대피소 · 공중화장실

① 근린생활시설 ② 교육연구시설
④ 문화 및 집회시설

답 ③

**118** 특정소방대상물 중 업무시설에 해당하지 않는 것은?

① 장례시설 ② 변전소
③ 소방서 ④ 국민건강보험공단

해설 **소방시설법 시행령 〔별표 2〕**
**업무시설**
(1) 주민자치센터(동사무소)
(2) 경찰서
(3) 소방서
(4) 우체국
(5) 보건소
(6) 공공도서관
(7) 국민건강보험공단
(8) 금융업소 · 오피스텔 · 신문사
(9) 변전소 · 양수장 · 정수장 · 대피소 · 공중화장실

① 장례시설 : 장례시설 그 자체로서 업무시설에 해당되지 않음

답 ①

**119** 특정소방대상물 중 발전소는 다음의 어디에 해당되는가?

① 업무시설 ② 방송통신시설
③ 교육연구시설 ④ 전시시설

해설 **문제 117 참조**

답 ①

**120** 관광휴게시설에 해당되는 것은?

① 어린이회관 ② 박물관
③ 미술관 ④ 박람회장

해설 **소방시설법 시행령 〔별표 2〕**
**관광휴게시설**
(1) 야외음악당
(2) 야외극장
(3) 어린이회관
(4) 관망탑
(5) 휴게소
(6) 공원 · 유원지

②~④ 문화 및 집회시설

답 ①

**121** 특정소방대상물로 위락시설에 해당되지 않는 것은?

① 무도학원 ② 카지노영업소
③ 무도장 ④ 공연장

해설 **소방시설법 시행령 〔별표 2〕**
**위락시설**
(1) 단란주점
(2) 유흥주점
(3) 유원지시설업의 시설
(4) 무도장 · 무도학원
(5) 카지노영업소

② 문화 및 집회시설

답 ④

**122** 지하구의 규격은?

① 폭 1.5m 이상, 높이 2.5m 이상
② 폭 2.8m 이상, 높이 5m 이상
③ 폭 2.5m 이상, 높이 4m 이상
④ 폭 1.8m 이상, 높이 2m 이상

해설 **소방시설법 시행령 〔별표 2〕**
**지하구의 규격**
(1) 폭 : **1.8m** 이상
(2) 높이 : **2m** 이상
(3) 길이 : **50m** 이상

답 ④

**123** 복합건축물에 대한 설명으로 옳은 것은?

① 둘 이상의 소방대상물이 붙어 있는 것을 복합건축물이라 한다.
② 하나의 건축물 안에 둘 이상의 특정소방대상물로서의 용도가 복합되어 있는 것을 말한다.
③ 복합건축물의 소방시설은 각각 별개로 시설하여야 한다.
④ 위험물저장소는 복합건축물로 간주한다.

해설 **소방시설법 시행령 〔별표 2〕**

※ **복합건축물** : 하나의 건축물 안에 둘 이상의 특정소방대상물로서의 용도가 복합되어 있는 것

답 ②

**124** 강의실의 수용인원 산출방법으로서 적합한 것은?

① 바닥면적의 합계를 $1.9m^2$로 나누어 얻은 수
② 바닥면적의 합계를 $3m^2$로 나누어 얻은 수
③ 바닥면적의 합계를 $4.6m^2$로 나누어 얻은 수
④ 강의실의 의자수

해설 **소방시설법 시행령 〔별표 4〕**
수용인원의 산정방법

| 특정소방대상물 | | 산정방법 |
|---|---|---|
| • 숙박 시설 | 침대가 있는 경우 | 종사자수+침대수 |
| | 침대가 없는 경우 | 종사자수+ $\frac{\text{바닥면적 합계}}{3m^2}$ |
| • 강의실 • 교무실 • 상담실 • 실습실 • 휴게실 | | $\frac{\text{바닥면적 합계}}{1.9m^2}$ |
| • 기타 | | $\frac{\text{바닥면적 합계}}{3m^2}$ |
| • 강당 • 문화 및 집회시설, 운동시설 • 종교시설 | | $\frac{\text{바닥면적의 합계}}{4.6m^2}$ |

답 ①

**125** 소화기구를 설치하여야 할 특정소방대상물의 연면적은?

① $15m^2$ 이상 ② $20m^2$ 이상
③ $30m^2$ 이상 ④ $33m^2$ 이상

해설 **소방시설법 시행령 〔별표 5〕**
소화설비의 설치대상

| 종 류 | 설치대상 |
|---|---|
| 소화기구 | ① 연면적 $33m^2$ 이상<br>② 지정문화재<br>③ 가스시설, 전기저장시설<br>④ 터널<br>⑤ 지하구 |
| 주거용 주방자동소화장치 | ① 아파트 등<br>② 30층 이상 오피스텔(전층) |

답 ④

**126** 연면적 몇 $m^2$ 이상인 특정소방대상물에는 소화기구를 설치하여야 하는가?

① 30 ② 33
③ 35 ④ 38

해설 **문제 125 참조**

② 소화기구 : 연면적 $33m^2$ 이상

답 ②

**127** 고층 아파트의 층수가 몇 층에는 주거용 주방자동소화장치를 설치하여야 하는가?

① 9
② 11
③ 13
④ 층수에 관계없이 모두 설치

해설 **문제 125 참조**

답 ④

**128** 아파트 등의 층수가 25층인 경우에 주거용 주방자동소화장치의 설치는?

① 6층 이상의 전 층 ② 16층 이상의 전 층
③ 홀수층의 전 층 ④ 전층

해설 **문제 125 참조**

답 ④

★★
**129** 문화 및 집회시설로서 옥내소화전설비를 전 층에 설치하여야 할 소방대상물은 연면적으로 기준할 때 연면적 몇 $m^2$ 이상인 소방대상물인가?

① 1000 ② 2000
③ 3000 ④ 5000

해설 **소방시설법 시행령 〔별표 5〕**
옥내소화전설비의 설치대상

| 설치대상 | 조 건 |
|---|---|
| ① 차고·주차장 | • $200m^2$ 이상 |
| ② 근린생활시설<br>③ 업무시설(금융업소·사무소) | • 연면적 $1500m^2$ 이상 |
| ④ 문화 및 집회시설, 운동시설<br>⑤ 종교시설 | • 연면적 $3000m^2$ 이상 |
| ⑥ 특수가연물 저장·취급 | • 지정수량 750배 이상 |
| ⑦ 지하가 중 터널길이 | • 1000m 이상 |

답 ③

**130** 금융업소, 사무소 등과 같은 일반업무시설에 대한 옥내소화전 설치기준은 연면적 몇 $m^2$ 이상인가?

① 1000 ② 1500
③ 2000 ④ 2500

해설 **문제 129 참조**

답 ②

★
**131** 옥내소화전설비를 설치하여야 하는 소방대상물은?

① 공연장으로 연면적이 $1000m^2$인 것
② 일반음식점으로 연면적이 $1000m^2$인 것
③ 지하층에 있는 전시장으로서 연면적이 $500m^2$인 것
④ 여관으로서 연면적이 $1500m^2$인 것

해설 **소방시설법 시행령 〔별표 5〕**
옥내소화전설비의 설치대상

(1) **공연장**(문화집회시설) : 연면적 **3000m²** 이상
(2) **일반음식점**(근린생활시설) : 연면적 **1500m²** 이상
(3) **지하층**의 **전시장** : 바닥면적 **600m²** 이상
(4) **여관**(숙박시설) : 연면적 **1500m²** 이상

답 ④

**132** 다음의 특정소방대상물 중 전층에 스프링클러 설비를 설치해야 하는 대상은?

① 전층이 여관 용도인 4층 건축물
② 전층이 호텔 용도인 7층 건축물
③ 전층이 아파트 용도인 3층 건축물
④ 전층이 일반 업무시설 용도인 5층 건축물

해설 **소방시설법 시행령 〔별표 5〕**
**스프링클러 설비의 설치대상**

| 설치대상 | 조 건 |
|---|---|
| ① 문화 및 집회시설, 운동시설<br>② 종교시설 | • 수용인원 - **100명** 이상<br>• 영화상영관 - 지하층 · 무창층 **500m²**(기타 **1000m²**) 이상<br>• 무대부<br>① 지하층 · 무창층 · **4층** 이상 **300m²** 이상<br>② 1~3층 **500m²** 이상 |
| ③ 판매시설<br>④ 운수시설<br>⑤ 물류터미널 | • 수용인원 - **500명** 이상<br>• 바닥면적합계 **5000m²** 이상 |
| ⑥ 노유자시설<br>⑦ 정신의료기관<br>⑧ 수련시설(숙박가능한 것)<br>⑨ 종합병원, 병원, 치과병원, 한방병원 및 요양병원(정신병원 제외) | • 바닥면적합계 **600m²** 이상 |
| ⑩ 지하가(터널 제외) | • 연면적 **1000m²** 이상 |
| ⑪ 지하층 · 무창층 · 4층 이상 | • 바닥면적 **1000m²** 이상 |
| ⑫ 10m 넘는 랙크식 창고 | • 연면적 **1500m²** 이상 |
| ⑬ 복합건축물<br>⑭ 기숙사 | • 연면적 **5000m²** 이상 - 전층 |
| ⑮ **6층** 이상 | • 전층 |
| ⑯ 보일러실 · 연결통로 | • 전부 |
| ⑰ 특수가연물 저장 · 취급 | • 지정수량 **1000배** 이상 |

② **6층** 이상은 **전층**에 스프링클러설비를 설치한다.

답 ②

**133** 터널을 제외한 지하가로서 연면적 몇 m² 이상이면 스프링클러설비를 설치하여야 하는가?

① 1000 ② 2000
③ 3000 ④ 5000

해설 **문제 132 참조**

답 ①

**134** 아파트로서 층수가 20층인 소방대상물에는 몇 층 이상의 층에 스프링클러설비를 하여야 하는가?

① 9 ② 11
③ 14 ④ 전층

해설 **문제 132 참조**

④ **6층** 이상은 **전층**에 스프링클러설비를 설치한다.

답 ④

**135** 층수가 25층인 아파트에는 몇 층 이상인 층에 스프링클러설비를 설치하여야 하는가?

① 7 ② 11
③ 16 ④ 전층

해설 **문제 132 참조**

④ **6층** 이상은 **전층**에 스프링클러설비를 설치한다.

답 ④

**136** 아파트로서 층수가 몇 층 이상인 것은 전층에 스프링클러설비를 설치하여야 하는가?

① 6 ② 13
③ 16 ④ 20

해설 **문제 132 참조**

① **6층** 이상은 **전층**에 스프링클러설비를 설치한다.

답 ①

**137** 지하가의 경우 스프링클러설비를 설치하여야 할 기준 면적은?

① 연면적 1,000m² 이상
② 연면적 2,100m² 이상
③ 연면적 600m² 이상
④ 연면적 6,000m² 이상

해설 **문제 132 참조**

① **지하가** 연면적 **1000m²** 이상이면 스프링클러설비를 설치하여야 한다.

답 ①

**138** 층수가 몇 층 이상인 건축물로서 여관 또는 호텔의 용도로 사용되는 층이 있는 것은 전층에 스프링클러설비를 하여야 하는가?

① 5 ② 6
③ 7 ④ 9

해설 **문제 132 참조**

② **6층** 이상은 **전층**에 스프링클러설비를 설치한다.

답 ②

**139** 구조 및 면적에 관계없이 반드시 물분무등소화설비를 설치하여야 할 소방대상물은?

① 항공기격납고 ② 주차장
③ 자동차검사장 ④ 창고

해설 **소방시설법 시행령 〔별표 5〕**
물분무등소화설비의 설치대상

| 설치대상 | 조 건 |
|---|---|
| ① 차고 · 주차장 | • 바닥면적 합계 **200m²** 이상 |
| ② 전기실 · 발전실 · 변전실<br>③ 축전지실 · 통신기기실 · 전산실 | • 바닥면적 **300m²** 이상 |
| ④ 주차용 건축물 | • 연면적 **800m²** 이상 |
| ⑤ 기계식 주차장치 | • **20대** 이상 |
| ⑥ 항공기격납고 | • 전부 |

답 ①

**140** 특정소방대상물에 설치된 전기실로 그 바닥면적이 얼마 이상인 경우 물분무등소화설비를 설치하는가?

① $100m^2$ ② $200m^2$
③ $300m^2$ ④ $400m^2$

해설 **문제 139 참조**

답 ③

★★
**141** 국보 또는 보물로 지정된 목조건축물은 연면적 몇 $m^2$ 이상에 옥외소화전설비를 설치하여야 하는가?

① 1000
② 1500
③ 2000
④ 면적에 관계없이 전부

해설 **소방시설법 시행령 〔별표 5〕**
옥외소화전설비의 설치대상

| 설치대상 | 조 건 |
|---|---|
| ① 목조건축물 | • 국보 · 보물 |
| ② 지상 1 · 2층 | • 바닥면적 합계 **9000m²** 이상 |
| ③ 특수가연물 저장 · 취급 | • 지정수량 **750배** 이상 |

답 ④

**142** 공장 또는 창고로서 지정수량 몇 배 이상의 특수가연물을 저장 · 취급하는 옥외소화전설비를 설치하여야 하는가?

① 500 ② 750
③ 1000 ④ 2000

해설 **문제 141 참조**

답 ②

**143** 옥외소화전설비를 설치하여야 할 특정소방대상물은 지상 1층 및 2층의 바닥면적 합계가 몇 $m^2$ 이상인 것인가?

① 3000 ② 6000
③ 9000 ④ 12000

해설 **문제 141 참조**

답 ③

**144** 옥외소화전설비의 설치대상기준으로 옳은 것은?

① 연면적이 $15000m^2$ 이상인 것
② 지상 1, 2층의 바닥면적의 합계가 $9000m^2$ 이상인 것
③ 지상 1, 2, 3층의 바닥면적의 합계가 $9000m^2$ 이상인 것
④ 지하층, 지상 1, 2층의 바닥면적의 합계가 $9000m^2$ 이상인 것

해설 **문제 141 참조**

답 ②

**145** 비상경보설비를 설치하여야 할 특정소방대상물의 기준으로 옳지 않은 것은?

① 연면적 $400m^2$ 이상인 것
② 지하층의 바닥면적이 $200m^2$ 이상인 것
③ 무창층의 바닥면적이 $150m^2$ 이상인 것
④ 무창층으로서 공연장인 경우 바닥면적이 $100m^2$ 이상인 것

해설 **소방시설법 시행령 〔별표 5〕**
비상경보설비의 설치대상

| 설치대상 | 조 건 |
|---|---|
| ① 지하층 · 무창층 | • 바닥면적 **150m²**(공연장 **100m²**) 이상 |
| ② 전부 | • 연면적 **400m²** 이상 |
| ③ 지하가 중 터널 | • 길이 **500m** 이상 |
| ④ 옥내작업장 | • **50명** 이상 작업 |

답 ②

★★
**146** 연면적이 $1000m^2$ 이상인 지하가에 설치하지 않아도 되는 소방시설은?

① 제연설비 ② 비상방송설비
③ 자동화재탐지설비 ④ 스프링클러설비

해설 **소방시설법 시행령 〔별표 5〕**
비상방송설비의 설치대상
(1) 연면적 **3500m²** 이상
(2) **11층** 이상(지하층 제외)
(3) **지하 3층** 이상

중요

| 조 건 | 특정소방대상물 |
|---|---|
| ① 지하가 연면적 1000$m^2$ 이상 | • 자동화재탐지설비<br>• 스프링클러설비<br>• 무선통신보조설비<br>• 제연설비 |
| ② 목조건축물(국보 · 보물) | • 옥외소화전설비<br>• 자동화재속보설비 |

답 ②

**147** 터널을 제외한 지하가로서 연면적이 1500$m^2$인 경우 설치하지 않아도 되는 소방시설은?

① 비상방송설비 ② 스프링클러설비
③ 무선통신보조설비 ④ 제연설비

해설 **문제 146 참조**

답 ①

**148** 근린생활시설, 위락시설, 숙박시설 등은 연면적 몇 $m^2$ 이상인 경우에 자동화재탐지설비를 설치하여야 하는가?

① 400 ② 600
③ 800 ④ 1000

해설 **소방시설법 시행령 〔별표 5〕**
**자동화재탐지설비의 설치대상**

| 설치대상 | 조 건 |
|---|---|
| ① 노유자시설 | • 연면적 400$m^2$ 이상 |
| ② **근**린생활시설 · **위**락시설<br>③ **숙**박시설 · **의**료시설<br>④ **복**합건축물 · 장례시설 | • 연면적 **6**00$m^2$ 이상 |
| ⑤ 목욕장 · 문화 및 집회시설, 운동시설<br>⑥ 종교시설<br>⑦ 방송통신시설 · 관광휴게시설<br>⑧ 업무시설 · 판매시설<br>⑨ 항공기 및 자동차 관련시설 · 공장 · 창고시설<br>⑩ 지하가 · 공동주택 · 운수시설 · 발전시설 · 위험물 저장 및 처리시설<br>⑪ 교정 및 군사시설 중 국방 · 군사시설 | • 연면적 1000$m^2$ 이상 |
| ⑫ **교**육연구시설 · **동**식물관련시설<br>⑬ **분**뇨 및 쓰레기 처리시설 · **교**정 및 군사시설(국방 · 군사시설 제외)<br>⑭ **수**련시설(숙박시설이 있는 것 제외)<br>⑮ 묘지관련시설 | • 연면적 **2**000$m^2$ 이상 |
| ⑯ 터널 | • 길이 1000m 이상 |
| ⑰ 지하구<br>⑱ 노유자생활시설 | • 전부 |
| ⑲ 특수가연물 저장 · 취급 | • 지정수량 500배 이상 |
| ⑳ 수련시설(숙박시설이 있는 것) | • 수용인원 100명 이상 |
| ㉑ 전통시장 | • 전부 |

기억법 **근위숙의복 6, 교동분교수 2**

답 ②

**149** 교정 및 군사시설로서 연면적 몇 $m^2$ 이상의 것은 자동화재탐지설비를 설치하여야 하는가?

① 1000 ② 2000
③ 3000 ④ 5000

해설 **문제 148 참조**

답 ②

**150** 바닥면적이 기준면적 이상인 경우라도 자동화재속보설비를 설치하지 않아도 되는 시설은?

① 수련시설(숙박시설이 있는 것)
② 창고시설
③ 의료시설
④ 공장

해설 **소방시설법 시행령 〔별표 5〕**
**자동화재 속보설비의 설치대상**

| 설치대상 | 조 건 |
|---|---|
| ① 수련시설(숙박시설이 있는 것)<br>② 노유자시설<br>③ 요양병원 | • 바닥면적 500$m^2$ 이상 |
| ④ 공장 및 창고시설<br>⑤ 업무시설<br>⑥ 국방 · 군사시설<br>⑦ 발전시설(무인경비 시스템) | • 바닥면적 1500$m^2$ 이상 |
| ⑧ 목조건축물 | • 국보 · 보물 |
| ⑨ 노유자생활시설<br>⑩ 30층 이상 | • 전부 |
| ⑪ 전통시장 | • 전부 |

답 ③

☆
**151** 다음 중 피난기구를 설치하여야 할 곳은?

① 피난층 ② 2층
③ 5층 ④ 11층

해설 **소방시설법 시행령 〔별표 5〕**
**피난기구의 설치제외대상**
(1) 피난층
(2) 지상 1 · 2층
(3) 11층 이상
(4) 가스 시설
(5) 지하구
(6) 지하가 중 **터널**

**피난기구의 설치대상 : 3~10층**

답 ③

**152** 피난기구는 특정소방대상물의 피난층, 지상1 · 2층 및 층수가 몇 층 이상인 층을 제외한 모든 층에 설치하여야 하는가?

① 5 ② 7
③ 9 ④ 11

해설 **문제 151 참조**

답 ④

**153** 인명구조기구를 설치하여야 할 특정소방대상물의 기준으로 옳은 것은?

① 층수가 7층 이상인 관광호텔
② 층수가 3층 이상인 병원
③ 층수가 5층 이상인 유흥음식점
④ 층수가 4층 이상인 방송국

해설 **소방시설법 시행령 〔별표 5〕**
**인명구조기구의 설치장소**
(1) 지하층을 포함한 **7층** 이상의 **관광 호텔**[방열복, 방화복(안전모, 보호장갑, 안전화 포함), 인공소생기, 공기호흡기]
(2) 지하층을 포함한 **5층** 이상의 **병원**[방열복, 방화복(안전모, 보호장갑, 안전화 포함), 공기호흡기]

답 ①

**154** 인명구조기구를 설치하여야 할 특정소방대상물의 기준으로 옳은 것은?

① 층수가 6층 이상인 관광호텔
② 층수가 6층 이상인 병원
③ 층수가 5층 이상인 관광호텔
④ 층수가 5층 이상인 병원

해설 **문제 153 참조**

답 ④

**155** 층수가 몇 층 이상인 관광호텔에는 반드시 인명구조기구를 설치하여야 하는가?

① 5 ② 7
③ 9 ④ 11

해설 **문제 153 참조**

답 ②

**156** 인명구조기구를 설치하여야 할 소방대상물은?

① 7층 이상인 관광호텔 및 5층 이상인 병원
② 11층 이상인 아파트 및 5층 이상인 백화점
③ 5층 이상인 오피스텔 및 관광휴게시설
④ 7층 이상인 무도학원 및 3층 이상인 영화관

해설 **문제 153 참조**

답 ①

**157** 피난구유도등을 설치하지 않아도 되는 곳은?

① 공연장 ② 백화점
③ 지하구 ④ 호텔

해설 **소방시설법 시행령 〔별표 5〕**
**피난구유도등·통로유도등 · 유도표지의 설치제외 장소**
(1) 지하구
(2) 지하가 중 터널

답 ③

**158** 객석유도등을 설치하여야 할 특정소방대상물은?

① 의료시설 ② 판매시설
③ 업무시설 ④ 문화 및 집회시설

해설 **소방시설법 시행령 〔별표 5〕**
**객석유도등의 설치장소**
(1) 유흥주점영업시설(카바레, 나이트클럽 등만 해당)
(2) 문화집회시설(집회장)
(3) 운동시설
(4) 종교시설

답 ④

**159** 객석유도등을 설치하여야 할 특정소방대상물은?

① 백화점 ② 모텔
③ 유흥주점영업 ④ 호텔

해설 **문제 158 참조**

답 ③

**160** 특정소방대상물로서 객석유도등을 반드시 설치하여야 할 소방대상물은 어느 것인가?

① 종합병원 ② 호텔
③ 집회장 ④ 노인관련시설

해설 **문제 158 참조**

답 ③

★★
**161** 비상조명등을 설치하여야 할 특정소방대상물은?

① 층수가 5층 이상, 연면적 $3000m^2$ 이상
② 층수가 5층 이상, 연면적 $5000m^2$ 이상
③ 층수가 7층 이상, 연면적 $3000m^2$ 이상
④ 층수가 7층 이상, 연면적 $5000m^2$ 이상

해설 **소방시설법 시행령 〔별표 5〕**
**비상조명등의 설치대상물**
(1) **5층** 이상으로서 연면적 **$3000m^2$** 이상
(2) 지하층 · 무창층의 바닥면적 **$450m^2$** 이상
(3) 지하가 중 터널 길이 **500m** 이상

답 ①

**162** 층수가 5층 이상인 건축물로서 연면적 몇 $m^2$ 이상인 특정소방대상물에는 비상조명 등을 설치하여야 하는가?

① 1500 ② 3000
③ 5000 ④ 10000

해설 **문제 161 참조**

답 ②

**163** 지하층을 포함하는 층수가 5층 이상인 건축물로서 연면적 몇 $m^2$ 이상일 때, 비상조명등을 설치하여야 하는가?

① 1000 ② 2000
③ 3000 ④ 4000

해설 **문제 161 참조**

답 ③

**164** 상수도소화용수설비를 설치하여야 할 소방대상물은 일반적인 경우 연면적 몇 $m^2$ 이상의 소방대상물인가?

① 1000　② 2000
③ 3000　④ 5000

해설 **소방시설법 시행령 〔별표 5〕**
**상수도소화용수설비의 설치대상**
(1) 연면적 **5000m²** 이상
(2) 가스 시설로서 저장용량 **100t** 이상

답 ④

**165** 소화용수설비로 상수도 소화용수설비를 설치하여야 할 소방대상물은 연면적 기준으로 몇 $m^2$ 이상인 것인가?

① 3000　② 5000
③ 7000　④ 10000

해설 **문제 164 참조**

답 ②

**166** 연면적 5000m²인 건축물에 설치하여야 할 소화용수설비로 옳은 것은? (단, 대지경계선으로부터 180m 이내에 구경 75mm 이상인 상수도용 배수관이 설치되어 있다.)

① 소화수조　② 저수지
③ 비상급수시설　④ 상수도 소화용수설비

해설 **문제 164 참조**

답 ④

**167** 문화 및 집회시설로서 무대부의 바닥면적이 몇 $m^2$ 이상이면 제연설비를 설치하여야 하는가?

① 120　② 150
③ 180　④ 200

해설 **소방시설법 시행령 〔별표 5〕**
**제연설비의 설치대상**

| 설치대상 | 조 건 |
|---|---|
| ① 문화 및 집회시설, 운동시설<br>② 종교시설 | • 바닥면적 **200m²** 이상 |
| ③ 기타 | • **1000m²** 이상 |
| ④ 영화상영관 | • 수용인원 **100명** 이상 |
| ⑤ 지하가 중 터널 | • 예상 교통량, 경사도 등 터널의 특성을 고려하여 **행정안전부령**으로 정하는 것 |
| ⑥ 전부 | • 특별피난계단<br>• 비상용 승강기의 승강장 |

답 ④

**168** 지하가로서 연면적 몇 $m^2$ 이상이면 제연설비를 설치하여야 하는가?

① 1000　② 2000
③ 3000　④ 5000

해설 **문제 167 참조**

**지하가** : '지하상가'를 의미한다.

답 ①

**169** 제연설비를 설치하여야 할 장소로서 옳은 것은?

① 영화 및 텔레비전 촬영소의 무대부
② 유흥주점영업으로서 바닥면적 100m² 이상
③ 공연장 무대부로서 바닥면적 200m² 이상
④ 아케이드로서 바닥면적 100m² 이상

해설 **문제 167 참조**

③ 공연장 : 문화집회시설

답 ③

**170** 제연설비를 설치하여야 할 특정소방대상물의 기준으로 틀린 것은?

① 문화 및 집회시설, 운동시설로서 무대부의 바닥면적의 200m² 이상인 것
② 근린생활 및 위락시설로서 지하층 또는 무창층의 바닥면적이 500m² 이상인 것
③ 터널을 제외한 지하가로서 연면적 1000m² 이상인 것
④ 특정소방대상물에 부설된 특별피난계단 및 비상용승강기의 승강장

해설 **문제 167 참조**

② 근린생활 및 위락시설 : **1000m²** 이상

답 ②

**171** 소화활동설비 중 제연설비를 설치해야 할 특정소방대상물의 기준으로서 틀린 것은?

① 지하가로서 연면적 1,000m² 이상인 것
② 문화집회시설로서 무대부의 면적이 200m² 이상인 것
③ 특정소방대상물에 부설된 특별피난계단 및 비상용승강기의 승강장
④ 층수가 5층 이상으로서 연면적 6000m² 이상인 것

해설 **문제 167 참조**

④ 연결송수관설비의 설치대상

답 ④

**172** 연결송수관설비를 설치하여야 할 소방대상물의 기준으로 옳은 것은?

① 층수가 4층 이상으로서 연면적 3000$m^2$ 이상인 것
② 층수가 4층 이상으로서 연면적 6000$m^2$ 이상인 것
③ 층수가 5층 이상으로서 연면적 3000$m^2$ 이상인 것
④ 층수가 5층 이상으로서 연면적 6000$m^2$ 이상인 것

해설 **소방시설법 시행령 [별표 5]**
**연결송수관설비의 설치대상**
(1) **5층** 이상으로서 연면적 **6000$m^2$** 이상
(2) **7층** 이상
(3) **지하 3층** 이상이고 바닥면적 **1000$m^2$** 이상
(4) 지하가 중 터널길이 **1000m** 이상

답 ④

★
**173** 지하층으로서 연결살수설비를 설치하여야 할 바닥면적은 몇 $m^2$ 이상인가?

① 33$m^2$ ② 150$m^2$
③ 600$m^2$ ④ 700$m^2$

해설 **소방시설법 시행령 [별표 5]**
**연결살수설비의 설치대상**

| 설치대상 | 조 건 |
|---|---|
| ① 지하층 | • 바닥면적 합계 **150$m^2$**(학교 **700$m^2$**) 이상 |
| ② 판매시설<br>③ 운수시설<br>④ 물류터미널 | • 바닥면적 합계 **1000$m^2$** 이상 |
| ⑤ 가스 시설 | • **30t** 이상 탱크 시설 |
| ⑥ 전부 | • 연결통로 |

답 ②

**174** 지하가로서 연면적 몇 $m^2$ 이상인 소방대상물에는 무선통신보조설비를 설치하여야 하는가?

① 400 ② 600
③ 800 ④ 1000

해설 **소방시설법 시행령 [별표 5]**
**무선통신보조설비의 설치대상**

| 설치대상 | 조 건 |
|---|---|
| ① 지하가 | • 연면적 **1000$m^2$** 이상 |
| ② 지하층 | • 바닥면적 합계 **3000$m^2$** 이상 |
| ③ 전층 | • 지하 **3층** 이상이고 지하층 바닥면적의 합계 **1000$m^2$** 이상 |
| ④ 지하가 중 터널 | • 길이 **500m** 이상 |
| ⑤ 전부 | • 공동구 |
| ⑥ 16층 이상의 전층 | • 30층 이상 |

답 ④

★★
**175** 스프링클러설비를 면제받을 수 없는 경우는?

① 옥내소화전설비를 하였을 경우
② 포소화설비를 하였을 경우
③ 물분무소화설비를 하였을 경우
④ 할론소화설비를 하였을 경우

해설 **소방시설법 시행령 [별표 6]**
**소방시설 면제기준**

| 면제대상 | 대체설비 |
|---|---|
| 스프링클러 설비 | • **물분무등소화설비** |
| 물분무등소화설비 | • **스프링클러 설비** |
| 간이 스프링클러 설비 | • 스프링클러 설비<br>• 물분무소화설비 · 미분무소화설비 |
| 비상경보설비 또는 단독경보형감지기 | • **자동화재탐지설비** |
| 비상경보설비 | • **2개** 이상 **단독경보형 감지기** 연동 |
| 비상방송설비 | • 자동화재탐지설비<br>• 비상경보설비 |
| 연결살수설비 | • 스프링클러 설비<br>• 간이 스프링클러 설비<br>• 물분무소화설비 · 미분무소화설비 |
| 제연설비 | • **공기조화설비** |
| 연소방지설비 | • 스프링클러 설비<br>• 물분무소화설비 · 미분무소화설비 |
| 연결송수관설비 | • 옥내소화전설비<br>• 스프링클러 설비<br>• 간이 스프링클러 설비<br>• 연결살수설비 |
| 자동화재탐지설비 | • 자동화재 탐지설비의 기능을 가진 스프링클러설비<br>• 물분무등소화설비 |
| 옥내소화전설비 | • 옥외소화전설비<br>• 미분무소화설비(호스릴방식) |

중요

**물분무등소화설비**
(1) 물분무소화설비
(2) 분말소화설비
(3) 포소화설비
(4) 할론소화설비
(5) 이산화탄소소화설비
(6) 할로겐화합물 및 불활성기체 소화설비
(7) 강화액소화설비
(8) 미분무소화설비
(9) 고체에어로졸 소화설비

답 ①

**176** 제연설비를 면제할 수 있는 대체 가능한 설비는?

① 공기조화설비 ② 연결살수설비
③ 스프링클러 설비 ④ 비상경보설비

해설 **문제 175 참조**

답 ①

**177** **차고, 주차장에 설치하여야 할 물분무등소화설비는 어떤 소방시설을 설치하였을 때 면제할 수 있는가?**

① 옥내소화전설비
② 옥외소화전설비
③ 스프링클러 설비
④ 자동화재탐지설비

해설 **문제 175 참조**

답 ③

**178** **스프링클러 설비를 면제할 수 있는 때는 어떤 설비가 기준에 적합하게 설치된 때인가?**

① 옥외소화전설비
② 옥내소화전설비
③ 제연설비
④ 물분무소화설비

해설 **문제 175 참조**

답 ④

**179** **다음의 소방시설의 면제사항 중 부적합한 것은?**

① 물분무소화설비를 한 경우에는 스프링클러 설비를 설치하지 아니할 수 있다.
② 간이스프링클러설비의 설치장소에 물분무소화설비를 한 경우 간이스프링클러설비를 면제할 수 있다.
③ 비상방송설비의 설치장소에 자동화재탐지설비를 한 경우 비상방송설비를 면제할 수 있다.
④ 연결살수설비의 설치장소에 옥외소화전설비가 설치된 경우는 연결살수설비의 설치를 면제할 수 있다.

해설 **문제 175 참조**

④ 연결살수설비 대체설비 : **스프링클러설비, 간이 스프링 클러설비** 또는 **물분무 소화설비**

답 ④

**180** **특정소방대상물에 설치하여야 하는 소방시설 가운데 기능과 성능이 유사한 소방시설을 설치한 경우 그 설비의 유효범위 내에서의 설치가 면제되는 소방시설에 포함되지 않는 것은?**

① 간이 스프링클러설비
② 비상경보설비
③ 포소화설비
④ 비상방송설비

해설 **문제 175 참조**

답 ③

**181** **소방시설관리업의 등록기준 내용으로 옳지 않은 것은?**

① 소방시설관리사 1명 이상
② 소방설비기사 2명 이상
③ 소방설비산업기사 2명 이상
④ 바닥면적 $30m^2$ 이상인 전용사무실

해설 **소방시설법 시행령 〔별표 9〕**
**소방시설관리업의 등록기준**

| 기술인력 | 기 준 |
|---|---|
| 주된 기술인력 | • 소방시설관리사 **1명** 이상 |
| 보조 기술인력 | • 소방설비기사 또는 소방설비산업기사<br>• 소방공무원 **3년** 이상 경력자<br>• 소방관련학과 **학사학위** 취득자<br>• **행정안전부령**으로 정하는 소방 기술과 관련된 자격·경력 및 학력이 있는 사람<br>— **2명** 이상 |

답 ④

**182** **소방시설관리업의 기술인력 중 보조기술인력에 해당되지 않는 사람은?**

① 소방설비산업기사
② 기계기사
③ 소방공무원으로 3년 이상 경력자
④ 소방관련학과 학사학위 취득자

해설 **문제 182 참조**

답 ②

# 3. 화재예방, 소방시설 설치유지 및 안전관리에 관한 법률 시행규칙

출제확률  5% (1문제)

**01** 건축허가 등의 동의에 있어서 해당 건축물의 공사시공지 또는 소재지를 관할하는 누구의 동의를 받아야만 허가 또는 사용승인을 할 수 있는가?

① 시 · 도지사
② 시장 또는 군수
③ 소방본부장 또는 소방서장
④ 소방청장

해설 **소방시설법 시행규칙 4조**
건축허가 등의 동의권자 : **소방본부장 · 소방서장**

답 ③

**02** 건축허가청이 소방서장에게 건축허가 등의 동의를 요청할 때 첨부하여야 할 서류가 아닌 것은?

① 건축허가신청서 사본
② 건축허가서 사본
③ 준공예정증명서
④ 건축 · 대수선 · 용도변경신고서 사본

해설 **소방시설법 시행규칙 4조**
**건축허가 등의시 첨부서류**
(1) 건축허가 신청서 및 건축허가서 사본
(2) 설계도서 및 소방시설 설치계획표
(3) 소방시설설계업 등록증
(4) 건축 · 대수선 · 용도변경신고서 사본
(5) 건축물의 단면도 및 주단면 상세도
(6) 소방시설의 층별 단면도 및 층별 계통도
(7) 창호도

답 ③

**03** 건축허가청이 소방서장에게 건축허가 등의 동의를 요청할 때 첨부하여야 할 서류는?

① 시공시 안전관리담당자의 자격증 사본
② 소방시설관리를 담당할 소방시설관리사의 자격증 사본
③ 시공을 담당한 소방설비기사의 자격증 사본
④ 건축허가신청서 사본

해설 **문제 2 참조**

답 ④

**04** 소방본부장 또는 소방서장은 건축허가 등의 동의요구서류를 접수한 날부터 며칠 이내에 건축허가 등의 동의여부를 회신하여야 하는가? (단, 허가신청한 건축물 등의 연면적은 20000m$^2$이다.)

① 3일 ② 5일
③ 10일 ④ 30일

해설 **소방시설법 시행규칙 4조**
**건축허가 등의 동의**

| 내 용 | 날 짜 |
|---|---|
| 동의요구 서류보완 | • **4일** 이내 |
| 건축허가 등의 취소통보 | • **7일** 이내 |
| 동의여부 회신 | • **5일** 이내 : 기타<br>• **10일** 이내<br>① **50층** 이상(지하층 제외) 또는 지상으로부터 높이 **200m** 이상인 아파트<br>② **30층** 이상(지하층 포함) 또는 높이 **120m** 이상(아파트 제외)<br>③ 연면적 **20만m$^2$** 이상(아파트 제외) |

• 연면적 2만m$^2$로서 20만m$^2$ 미만이므로 5일 이내가 정답

답 ②

**05** 다음 중 연면적 3만m$^2$ 미만의 건축물의 건축허가 및 사용승인 동의여부 회신기간으로 올바른 것은? (단, 보완기간은 필요하지 않는 경우이다.)

① 3일 이내
② 5일 이내
③ 10일 이내
④ 14일 이내

해설 **문제 4 참조**

답 ②

★★★
**06** 건축허가 등의 동의요구를 받은 소방본부장 또는 소방서장은 건축허가 등의 동의요구서류를 접수한 날부터 며칠 이내에 동의여부를 회신하여야 하는가? (단, 허가신청한 건축물 등의 연면적은 30만m$^2$이다.)

① 3일 ② 7일
③ 10일 ④ 30일

해설 **문제 4 참조**

답 ③

**07** 건축허가 등의 동의를 요구한 건축허가청 등이 그 건축허가 등을 취소한 때에는 취소한 날부터 며칠 이내에 그 사실을 소방본부장 또는 소방서장에게 통보하여야 하는가?

① 7일 ② 10일
③ 14일 ④ 30일

해설 **문제 4 참조** 답 ①

★★★
**08** 연소우려가 있는 건축물의 구조란 건축물대장의 건축물 현황도에 표시된 대지경계선 안에 2 이상의 건축물이 있는 경우로서 각각의 건축물이 다른 건축물의 외벽으로부터 수평거리가 1층에 있어서는 몇 m 이하이고 개구부가 다른 건축물을 향하여 설치된 구조를 말하는가?

① 3m ② 6m
③ 10m ④ 12m

해설 **소방시설법 시행규칙 7조**
연소우려가 있는 건축물의 구조
(1) **1층**: 타 건축물 외벽으로부터 **6m** 이하
(2) **2층**: 타 건축물 외벽으로부터 **10m** 이하
(3) 대지경계선 안에 2 이상의 건축물이 있는 경우
(4) 개구부가 다른 건축물을 향하여 설치된 구조 답 ②

**09** 대지경계선 안에 2 이상의 건축물이 있는 경우 연소 우려가 있는 구조로 볼 수 있는 것은?

① 1층 외벽으로부터 수평거리 6m 이상이고 개구부가 설치되지 않은 구조
② 2층 외벽으로부터 수평거리 10m 이상이고 개구부가 설치되지 않은 구조
③ 2층 외벽으로부터 수평거리 6m이고 개구부가 다른 건축물을 향하여 설치된 구조
④ 1층 외벽으로부터 수평거리 10m이고 개구부가 다른 건축물을 향하여 설치된 구조

해설 **문제 8 참조** 답 ③

**10~12** 삭제 〈2015.7.16〉

**13** 소방안전관리자를 해임한 때에는 해임한 날부터 며칠 이내에 소방안전관리자를 선임하여야 하는가?

① 7 ② 15
③ 20 ④ 30

해설 **소방시설법 시행규칙 14조**
소방안전관리자의 재선임
**30일** 이내 답 ④

★★★
**14** 특정소방대상물의 근무자 및 거주자에 대한 소방훈련과 교육은 연 몇 회 이상 실시하여야 하는가?

① 1 ② 2
③ 3 ④ 4

해설 **소방시설법 시행규칙 15조**
특정소방대상물의 소방훈련 · 교육
(1) 실시횟수: **연 1회** 이상
(2) 실시결과 기록부 보관: **2년** 답 ①

★
**15** 특정소방대상물의 관계인에 대한 소방안전교육을 실시하고자 할 때 교육일 며칠 전까지 대상자에게 통보하여야 하는가?

① 7 ② 10
③ 20 ④ 30

해설 **소방시설법 시행규칙 16조**
소방안전교육
(1) 실시자: **소방본부장 · 소방서장**
(2) 교육통보: 교육일 **10일** 전까지 답 ②

**16** 소방시설 등의 작동기능점검을 실시한 자는 그 점검 결과를 몇 년간 자체 보관하여야 하는가?

① 1 ② 2
③ 3 ④ 4

해설 **소방시설법 시행규칙 19조**
소방시설 등의 자체점검
(1) 작동기능점검 또는 종합정밀점검 결과 보관: **2년**
(2) 작동기능점검 또는 종합정밀점검 결과 기재: **7일** 이내
답 ②

**17** 소방안전관리자에 대한 강습교육을 실시하고자 하는 때에는 강습교육 며칠 전까지 교육실시에 관하여 필요한 사항을 공고하여야 하는가?

① 7일
② 10일
③ 20일
④ 30일

해설 **소방시설법 시행규칙 29조**
소방안전관리자의 강습
(1) 실시자: **한국소방안전원장**
(2) 실시공고: **20일** 전
답 ③

**18** 삭제 〈2017.2.10〉

**19** 소방안전관리자에 대한 실무교육의 실시는?

① 1년마다 1회 이상 실시
② 2년마다 1회 이상 실시
③ 1년마다 2회 이상 실시
④ 2년마다 2회 이상 실시

해설 **소방시설법 시행규칙 36조**
소방안전관리자의 실무교육
(1) 실시자 : **한국소방안전원장**
(2) 실시 : **2년**마다 **1회** 이상
(3) 교육통보 : **30일** 전

비교

**실무교육**

| 10일 | 30일 |
|---|---|
| 소방기술자의 실무교육 통보일(공사업규칙 26조) | 소방안전관리자의 실무교육 통보일 |

답 ②

**20** 스프링클러설비 및 물분무등소화설비가 설치된 연면적 $5000m^2$ 이상인 특정소방대상물(위험물제조소 등을 제외한다)에 대한 종합정밀점검을 할 수 있는 자격자로서 옳지 않은 것은?

① 소방시설관리업자로 선임된 소방기술사
② 소방안전관리자로 선임된 소방기술사
③ 소방안전관리자로 선임된 소방시설관리사
④ 소방안전관리자로 선임된 기계·전기분야를 함께 취득한 소방설비기사

해설 **소방시설법 시행규칙 〔별표 1〕**
종합정밀점검자
(1) 소방시설관리업자
(2) 소방안전관리자로 선임된 **소방기술사**
(3) 소방안전관리자로 선임된 **소방시설관리사**

답 ④

**21** 특정소방대상물에 대한 소방시설의 자체 점검시 작동기능점검은 어떻게 실시하여야 하는가?

① 3개월에 2회 이상 ② 6개월에 2회 이상
③ 연 1회 이상 ④ 2년에 3회 이상

해설 **소방시설법 시행규칙 〔별표 1〕**
소방시설 등의 자체 점검

| 구 분 | 작동기능점검 | 종합정밀점검 |
|---|---|---|
| 정의 | 소방시설 등을 인위적으로 조작하여 정상작동 여부를 점검하는 것 | 소방시설 등의 작동기능점검을 포함하여 설비별 주요구성 부품의 구조기준이 화재안전 기준에 적합한지 여부를 점검하는 것 |
| 대상 | • 특정소방대상물<br>〈제외대상〉<br>① **위험물제조소** 등<br>② **소화기구**만을 설치하는 특정소방대상물<br>③ **특급** 소방안전관리대상물 | • 스프링클러설비가 설치된 특정소방대상물<br>• 물분무등소화설비(호스릴 방식의 물분무등소화설비만을 설치한 경우 제외)가 설치된 연면적 **$5000m^2$** 이상인 특정소방대상물(위험물제조소 등 제외)<br>• 제연설비가 설치된 터널<br>• 공공기관 중 연면적이 **$1000m^2$** 이상인 것으로 **옥내소화전설비** 또는 **자동화재탐지설비**가 설치된 것(단, 소방대가 근무하는 공공기관 제외)<br>• 다중이용업의 영업장이 설치된 특정소방대상물로서 연면적이 **$2000m^2$** 이상인 것 |
| 점검자 자격 | • 관계인<br>• 소방안전관리자<br>• 소방시설관리업자 | • 소방안전관리자(소방**시**설관리사 · 소방**기**술사)<br>• 소방시설관리**업**자(소방시설관리사 · 소방기술사)<br>기억법 **시기업** |
| 점검 횟수 | **연 1회** 이상 | **연 1회**(특급 소방안전관리대상물은 **반기별**로 **1회**) 이상 |

소방본부장 또는 소방서장은 소방청장이 소방안전관리가 우수하다고 인정한 특정소방대상물에 대해서는 3년의 범위에서 소방청장이 고시하거나 정한 기간 동안 종합정밀점검을 면제할 수 있다(단, 면제기간 중 화재가 발생한 경우는 제외).

답 ③

**22** 특정소방대상물에 대한 소방시설의 자체 점검시 종합정밀 점검은 어떻게 실시하여야 하는가? (단, 특급소방안전관리 대상물은 제외한다.)

① 상반기 1회 이상 ② 연 1회 이상
③ 연 2회 이상 ④ 연 3회 이상

해설 **문제 21 참조**

답 ②

**23** 소방시설관리업에 대한 영업정지를 명하는 경우로서 영업정지처분에 갈음하여 과징금을 부과할 수 있는 바, 다음 중 과징금처분과 관련된 내용으로 옳지 않은 것은?

① 5000만원 이하의 과징금을 부과할 수 있다.
② 과징금의 처분권자는 시·도지사이다.
③ 시·도지사는 과징금을 납부하여야 하는 자가 납부기한까지 이를 납부하지 아니한 때에는 지방세체납처분의 예에 따라 이를 징수한다.
④ 과징금을 부과하는 위반행위의 종별·정도 등에 따른 과징금의 금액, 그 밖의 필요한 사항은 행정안전부령으로 정한다.

해설 **소방시설법 시행규칙 〔별표 4〕**
과징금의 부과기준
**3000만원** 이하의 과징금을 부과할 수 있다. 답 ①

**24** **소방안전관리업무에 관한 강습의 과목이 아닌 것은?**

① 소방학개론
② 소방훈련
③ 화기취급감독(위험물 · 전기 · 가스 안전관리 등)
④ 응급처치 이론 · 실습 · 평가

해설 **소방시설법 시행규칙 〔별표 5〕**
**소방안전관리업무의 강습교육과목 및 교육시간**

| 구 분 | 교육과목 | 교육시간 |
|---|---|---|
| 특급 | • 직업윤리 및 리더십<br>• 소방관계법령<br>• 건축 · 전기 · 가스 관계법령 및 안전관리<br>• 재난관리 일반 및 관련법령<br>• 초고층특별법<br>• 소방기초이론<br>• 연소 · 방화 · 방폭공학<br>• 고층건축물 소방시설 적용기준<br>• 소방시설(소화설비, 경보설비, 피난구조설비, 소화용수설비, 소화활동설비)의 구조 · 점검 · 실습 · 평가<br>• 공사장 안전관리계획 및 화기취급감독<br>• 종합방재실 운용<br>• 고층건축물 화재 등 재난사례 및 대응방법<br>• 화재원인 조사실무<br>• 위험성 평가기법 및 성능위주설계<br>• 소방계획수립 이론 · 실습 · 평가<br>• 방재계획수립 이론 · 실습 · 평가<br>• 작동기능점검표 작성 실습 · 평가<br>• 구조 및 응급처치 이론 · 실습 · 평가<br>• 소방안전 교육 및 훈련 이론 · 실습 · 평가<br>• 화재대응 및 피난 실습 · 평가<br>• 화재피해 복구<br>• 초고층건축물 안전관리 우수사례 토의<br>• 소방신기술 동향<br>• 시청각 교육 | 80시간 |
| 1급 | • 소방관계법령<br>• 건축관계법령<br>• 소방학개론<br>• 화기취급감독(위험물 · 전기 · 가스 안전관리 등)<br>• 종합방재실 운영<br>• 소방시설(소화설비, 경보설비, 피난구조설비, 소화용수설비, 소화활동설비)의 구조 · 점검 · 실습 · 평가<br>• 소방계획수립 이론 · 실습 · 평가<br>• 작동기능점검표 작성 실습 · 평가<br>• 구조 및 응급처치 이론 · 실습 · 평가<br>• 소방안전 교육 및 훈련 이론 · 실습 · 평가<br>• 화재대응 및 피난 실습 · 평가<br>• 형성평가(시험) | 40시간 |
| 2급 | • 소방관계법령(건축관계법령 포함)<br>• 소방학개론<br>• 화기취급감독(위험물 · 전기 · 가스 안전관리 등)<br>• 소방시설(소화설비, 경보설비, 피난구조설비)의 구조 · 점검 · 실습 · 평가<br>• 소방계획수립 이론 · 실습 · 평가<br>• 작동기능점검방법 및 점검표 작성 방법 실습 · 평가<br>• 응급처치 이론 · 실습 · 평가<br>• 소방안전 교육 및 훈련 이론 · 실습 · 평가<br>• 화재대응 및 피난 실습 · 평가<br>• 형성평가(시험) | 32시간 |
| 3급 | • 화재예방, 소방시설 설치 · 유지 및 안전관리에 관한 법령<br>• 화재일반<br>• 화기취급감독(위험물 · 전기 · 가스 안전관리 등)<br>• 소방시설(소화기, 경보설비, 피난구조설비)의 구조 · 점검 · 실습 · 평가<br>• 소방계획 수립 이론 · 실습 · 평가<br>• 작동기능점검표 작성 실습 · 평가<br>• 응급처치 이론 · 실습 · 평가<br>• 소방안전 교육 및 훈련 이론 · 실습 · 평가<br>• 화재대응 및 피난 실습 · 평가<br>• 형성평가(시험) | 24시간 |
| 공공기관 | • 소방관계법령<br>• 건축관계법령<br>• 공공기관 소방안전규정의 이해<br>• 소방학개론<br>• 소방시설(소화설비, 경보설비, 피난구조설비, 소화용수설비, 소화활동설비)의 구조 · 점검 · 실습 · 평가<br>• 종합방재실 운영<br>• 소방안전관리 업무대행 감독<br>• 공사장 안전관리 계획 및 감독<br>• 화기취급감독(위험물 · 전기 · 가스 안전관리 등)<br>• 소방계획 수립 이론 · 실습 · 평가<br>• 외관점검표 작성 실습 · 평가<br>• 응급처치 이론 · 실습 · 평가<br>• 소방안전 교육 및 훈련 이론 · 실습 · 평가<br>• 화재대응 및 피난 실습 · 평가<br>• 공공기관 소방안전관리 우수사례 토의 | 40시간 |

답 ②

**25** **한국소방안전원이 갖추어야 하는 시설기준 중 사무실의 바닥면적은?**

① $30m^2$ 이상 ② $60m^2$ 이상
③ $100m^2$ 이상 ④ $130m^2$ 이상

해설 **소방시설법 시행규칙 〔별표 6〕**
한국소방안전원의 시설기준
(1) 사무실 : **60m²** 이상
(2) 강의실 : **100m²** 이상
(3) 실습 · 실험실 : **100m²** 이상

답 ②

**26** 소방시설관리사가 다른 사람에게 자격증을 빌려 주었을 때 제1차 행정처분기준은?

① 자격정지 3월　　② 자격정지 6월
③ 자격정지 2년　　④ 자격취소

해설 **소방시설법 시행규칙 〔별표 8〕**
소방시설관리사의 행정처분기준

| 행정처분 | 위반사항 |
|---|---|
| 1차 경고(시정명령) | ① 소방시설점검 태만<br>② 소방안전관리업무 태만 |
| 1차 자격취소 | ① **부정한 방법**으로 시험합격<br>② 소방시설관리증 **대여**<br>③ 관리사 **결격사유**에 해당한 경우<br>④ **2 이상**의 **업체**에 취업한 경우 |
| 2차 자격정지 6개월 | ① 소방안전관리업무 태만<br>② 점검을 하지 않거나 거짓으로 한 경우<br>③ 자체점검업무 미수행 |

답 ④

**27** 소방시설관리사가 사업장에 대하여 소방안전관리업무를 하지 않거나 거짓으로 한 경우 2차 행정처분기준은?

① 경고　　② 자격정지 6개월
③ 자격정지 2년　　④ 자격취소

해설 **문제 26 참조**

답 ②

**28** 소방시설 관리업자가 다른 사람에게 등록증을 빌려준 때의 1차 행정처분기준은?

① 경고　　② 영업정지 3개월
③ 영업정지 6개월　　④ 등록 취소

해설 **소방시설법 시행규칙 〔별표 8〕**
소방시설관리업의 행정처분기준

| 행정처분 | 위반사항 |
|---|---|
| 1차 등록취소 | ① **부정한 방법**으로 등록한 경우<br>② **등록 결격사유**에 해당한 경우<br>③ **등록증** 또는 **등록수첩 대여** |

답 ④

**29** 거짓 그 밖의 부정한 방법으로 소방시설관리업의 등록을 한 때 1차 행정처분기준은?

① 경고　　② 영업정지 3개월
③ 영업정지 6개월　　④ 등록 취소

해설 **문제 28 참조**

답 ④

**30** 소방시설관리업자가 점검을 하지 않는 경우 1차 행정처분기준은?

① 등록취소　　② 영업정지 3개월
③ 시정명령　　④ 영업정지 6개월

해설 **소방시설법 시행규칙 〔별표 8〕**
소방시설관리업 1차 행정처분(경고) ; 시정명령
(1) 미점검
(2) 등록기준 미달(단, 기술인력이 퇴직하거나 해임되어 30일 이내에 재선임하여 신고하는 경우 제외)
(3) 점검결과 거짓보고

답 ③

# 출제경향분석

# 소방시설공사업법령

# 1. 소방시설공사업법

출제확률 (3문제)

★★★

**01** 소방시설공사업법의 목적이 아닌 것은?

① 국민의 생명·신체 및 재산보호
② 소방기술의 진흥
③ 공공의 안전확보
④ 국민경제에 이바지

해설 **공사업법 1조**
**소방시설공사업법의 목적**
(1) 소방시설업의 건전한 발전
(2) 소방기술의 진흥
(3) 공공의 안전확보
(4) 국민경제에 이바지

① 소방기본법의 목적

답 ①

★★★

**02** 다음 중 소방시설업의 종류가 아닌 것은?

① 소방시설설계업 ② 소방시설공사업
③ 소방공사감리업 ④ 소방시설관리업

해설 **공사업법 2조 ①항**
**소방시설업**

| 소방시설 설계업 | 소방시설 공사업 | 소방공사 감리업 | 방염처리업 |
|---|---|---|---|
| 소방시설공사에 기본이 되는 공사계획·설계도면·설계설명서·기술계산서 등을 작성하는 영업 | 설계도서에 따라 소방시설을 신설·증설·개설·이전·정비하는 영업 | 소방시설공사가 설계도서 및 관계법령에 따라 적법하게 시공되는지 여부의 확인과 기술지도를 수행하는 영업 | 방염대상물품에 대하여 방염처리하는 영업 |

답 ④

**03** 소방시설공사가 설계도서 및 관계법령에 따라 적법하게 시공되는지 여부의 확인과 기술지도를 수행하는 영업을 무엇이라 하는가?

① 소방시설 설계업 ② 소방시설 공사업
③ 소방공사 감리업 ④ 소방시설관리업

해설 문제 2 참조

답 ③

**04** 소방시설공사에 기본이 되는 공사계획·설계도면·설계설명서·기술계산서 등을 작성하는 영업은?

① 소방시설 설계업 ② 소방시설 공사업
③ 소방시설 감리업 ④ 소방시설 유지업

해설 문제 2 참조

답 ①

**05** 소방기술자가 될 수 없는 자는?

① 소방기술사
② 건축기계설비 기술사
③ 소방시설관리사
④ 위험물기능사

해설 **공사업법 2조 ①항**
**소방기술자**
(1) 소방시설관리사
(2) 소방기술사
(3) 소방설비기사
(4) 소방설비산업기사
(5) 위험물기능장
(6) 위험물산업기사
(7) 위험물기능사

답 ②

**06** 소방시설업의 등록은 누구에게 하여야 하는가?

① 시·도지사 ② 소방서장
③ 국토교통부 장관 ④ 소방청장

해설 **공사업법 4조**
**소방시설업**
(1) 등록권자 : **시·도지사**
(2) 등록기준 ─ **자본금(개인은 자산평가액)**
　　　　　　└ **기술인력**
(3) 종류 ─ **소방시설 설계업**
　　　　├ **소방시설 공사업**
　　　　├ **소방공사 감리업**
　　　　└ **방염처리업**
(4) 업종별 영업범위 : **대통령령**

답 ①

**07** 소방시설업을 경영하고자 한다. 그 절차로서 옳은 것은?

① 시·도지사에게 등록하여야 한다.
② 소방청장에게 신고하여야 한다.
③ 시·도지사에게 신고하여야 한다.
④ 소방청장에게 등록하여야 한다.

해설 문제 6 참조

답 ①

**08** 소방시설업의 업종별 영업범위는 어떠한 법령으로 정하여 지는가?

① 대통령령 ② 행정안전부령
③ 국토교통부령 ④ 시·도의 조례

해설 문제 6 참조

답 ①

**09** 소방시설업의 등록신청인에 대한 실태조사사항이 될 수 없는 것은?

① 자본금 ② 기술인력
③ 자산평가액(개인) ④ 시설

해설 **문제 6 참조**

답 ④

**10** 금고 이상의 실형의 선고를 받고 그 집행이 끝나거나 집행이 면제된 날부터 몇 년이 지나지 아니한 사람은 소방시설업의 등록결격사유에 해당되는가?

① 1년 ② 2년
③ 3년 ④ 4년

해설 **공사업법 5조**
**소방시설업의 등록결격사유**
(1) 피성년후견인
(2) 금고이상의 선고를 받고 끝난 후 **2년**이 지나지 아니한 사람
(3) **집행유예기간** 중에 있는 사람
(4) 등록취소후 **2년**이 지나지 아니한 자

답 ②

★★★
**11** 소방시설업 등록의 결격사유자가 아닌 자는?

① 피성년후견인
② 등록취소후 2년이 지나지 아니한 자
③ 미성년자
④ 집행유예기간 중에 있는 사람

해설 **문제 10 참조**

답 ③

**12** 소방시설업의 등록을 할 수 있는 사람은?

① 피성년후견인
② 파산선고를 받은 자로서 복권된 자
③ 금고 이상의 형의 집행유예를 받고 그 기간 중에 있는 사람
④ 소방시설업의 등록이 취소된 날로부터 6개월이 지난 사람

해설 **문제 10 참조**

답 ②

**13** 소방시설업자는 그 등록사항 중 행정안전부령이 정하는 중요사항의 변경이 있는 때에는 어떻게 하여야 하는가?

① 변경사항을 신고하여야 한다.
② 변경사항에 대하여 허가를 받아야 한다.
③ 변경사항에 대하여 인가를 받아야 한다.
④ 등록사항을 취소하고 다시 등록하여야 한다.

해설 **공사업법 6조**
소방시설업의 등록 사항 변경 : **시 · 도지사**에게 **신고**

답 ①

★★★
**14** 소방시설업자의 지위를 승계하고자 한다. 그 절차는?

① 시 · 도지사에게 등록하여야 한다.
② 시 · 도지사에게 신고하여야 한다.
③ 소방청장에게 등록하여야 한다.
④ 소방청장에게 신고하여야 한다.

해설 **공사업법 7조**
소방시설업자의 지위승계 : **시 · 도지사**에게 **신고**

**승계** : 직계가족으로부터 물려 받음

답 ②

**15** 소방시설업자가 특정소방대상물의 관계인에게 통지하지 않아도 되는 사항은?

① 소방시설업자의 지위 양도
② 소방시설업의 등록취소 처분을 받은 경우
③ 휴업한 경우
④ 폐업한 경우

해설 **공사업법 8조**
**소방시설업자의 통지사항**
(1) 지위 승계
(2) 등록취소 처분
(3) 영업정지 처분
(4) 휴업
(5) 폐업

답 ①

**16** 소방시설업자의 관계인에 대한 통보 의무사항이 아닌 것은?

① 지위를 승계한 경우
② 등록취소 또는 영업정지 처분을 받은 경우
③ 휴업 또는 폐업한 경우
④ 주소지가 변경된 경우

해설 **문제 15 참조**

답 ④

**17** 소방시설업자가 다음의 경우에 해당할 경우 반드시 그 등록이 취소되는 경우는?

① 등록을 한 후 정당한 사유 없이 1년이 경과될 때까지 영업을 개시하지 않을 경우
② 등록을 한 후 정당한 사유 없이 계속하여 1년 이상 휴업한 경우
③ 동일인이 공사 · 감리를 한 경우
④ 거짓 또는 부정한 방법으로 등록을 한 경우

해설 **공사업법 9조**

소방시설업의 등록취소

(1) **거짓** 그 밖의 **부정한 방법**으로 등록을 한 경우
(2) **등록결격사유**에 해당된 경우
(3) 영업정지 기간 중에 소방시설공사 등을 한 경우

답 ④

**18** 소방시설업의 영업정지처분에 갈음하여 부과하는 과징금은?

① 1000만원 이하 ② 3000만원 이하
③ 5000만원 이하 ④ 2억원 이하

해설 **공사업법 10조**

소방시설업의 과징금

(1) 부과권자 : **시 · 도지사**
(2) 부과금액 : **2억원 이하**

답 ④

**19** 소방시설공사업자가 소방시설공사를 하고자 할 때에는?

① 소방시설 착공신고를 하여야 한다.
② 건축허가만 받으면 된다.
③ 시공 후 완공검사만 받으면 된다.
④ 소방서장의 인가를 받아야 한다.

해설 **공사업법 13조**

착공신고

공사업자가 대통령령이 정하는 소방시설공사를 하고자 하는 때에는 행정안전부령이 정하는 바에 따라 그 공사의 내용, 시공장소 그 밖의 필요한 사항을 **소방본부장** 또는 **소방서장**에게 **신고**하여야 한다.

답 ①

**20** 소방시설공사업자가 소방시설공사의 착공신고를 할 때에는 누구에게 하는가?

① 국토교통부 장관
② 소방청장
③ 시 · 도지사
④ 소방본부장 또는 소방서장

해설 **공사업법 13 · 14 · 15조**

소방시설공사의 착공신고 · 완공검사 : **소방본부장 · 소방서장**

답 ④

★★★
**21** 공사업자가 소방시설공사를 마친 때에는?

① 소방본부장에게 완공검사를 받아야 한다.
② 시 · 도지사에게 완공검사를 받아야 한다.
③ 소방본부장에게 시공신고를 하여야 한다.
④ 시 · 도지사에게 시공신고를 하여야 한다.

해설 **공사업법 14조**

공사업자가 소방시설공사를 마친 때에는 **소방본부장** 또는 **소방서장**의 **완공검사**를 받아야 한다.

답 ①

★★★
**22** 소방시설의 하자가 발생한 경우 통보를 받은 날로부터 며칠 이내에 이를 보수하여야 하는가?

① 3일 ② 7일
③ 14일 ④ 30일

해설 **공사업법 15조**

소방시설의 하자보수 기간 : **3일** 이내

답 ①

**23** 소방공사감리업의 업무사항이 아닌 것은?

① 완공된 소방시설 등의 성능시험
② 소방시설 시공능력 평가
③ 피난시설의 적법성 검토
④ 방화시설의 적법성 검토

해설 **공사업법 16조**

소방공사감리업의 업무수행

(1) 소방시설 등의 **설치계획표**의 **적법성** 검토
(2) 소방시설 등 **설계도서**의 **적합성** 검토
(3) 소방시설 등 **설계변경 사항**의 **적합성** 검토
(4) 소방용품 등의 위치 · 규격 및 사용자재에 대한 적합성 검토
(5) 공사업자의 소방시설 등의 시공이 설계도서 및 화재안전기준에 적합한지에 대한 지도 · 감독
(6) 완공된 소방시설 등의 성능시험
(7) 공사업자가 작성한 **시공상세도면**의 **적합성** 검토
(8) **피난 · 방화시설**의 **적법성** 검토
(9) **실내장식물**의 **불연화** 및 **방염물품**의 **적법성** 검토

② **소방청장**의 업무

답 ②

**24** 소방공사감리의 종류 · 방법 및 대상은 어떠한 법령으로 정하는가?

① 대통령령 ② 행정안전부령
③ 국토교통부령 ④ 시 · 도의 조례

해설 **공사업법 16조 ③항**

소방공사감리의 종류 · 방법 및 대상 : **대통령령**

답 ①

**25** 소방시설공사에 따른 감리원의 세부적인 배치기준은 무엇으로 정하는가?

① 대통령령 ② 행정안전부령
③ 국토교통부령 ④ 시 · 도의 조례

해설 **공사업법 18조**

감리원의 세부적인 배치기준 : **행정안전부령**

답 ②

★★★
**26** 소방공사의 감리를 완료한 때 서면으로 알리지 않아도 되는 사람은?

① 시 · 도지사 ② 건축사
③ 도급인 ④ 관계인

해설 **공사업법 20조**
**공사감리결과**
(1) 서면통지 ─ **관계인** / **도급인** / **건축사**
(2) 결과보고서 제출 : **소방본부장 · 소방서장**

답 ①

★★
**27** **소방시설공사업자는 수급한 소방시설공사의 일부를 다른 소방시설공사업자에게 하도급할 수 있다. 이때, 하수급인은 하도급받은 소방시설공사를 제3자에게 몇 번까지 하도급할 수 있는가?**

① 한 번 ② 두 번
③ 세 번 ④ 다시 하도급할 수 없다.

해설 **공사업법 21 · 22조**
**소방시설공사의 하도급**
(1) 도급받은 소방시설공사의 일부를 다른 공사업자에게 하도급할 수 있다. 하수급인은 제3자에게 다시 하도급 불가
(2) 소방시설공사의 시공을 하도급할 수 있는 경우(공사업령 12조 ①항)
① 주택건설사업
② 건설업
③ 전기공사업
④ 정보통신공사업

답 ④

★★
**28** **소방시설공사의 시공을 할 경우 대통령령이 정하는 경우에는 도급받은 소방시설공사의 일부를 하수급인이 제3자에게 하도급할 수 있는가?**

① 네 번 ② 두 번
③ 세 번 ④ 하도급할 수 없다.

해설 **문제 27 참조**

답 ④

**29** **소방시설공사의 하도급에 관한 사항으로 옳은 것은?**

① 공사의 일부를 다른 소방시설공사업자에게 하도급할 수 있다.
② 하도급 내용을 소방서장에게 신고
③ 도급인은 하수급인과 재계약
④ 하도급은 안전관리상 절대불가

해설 **문제 27 참조**

답 ①

★★★
**30** 삭제 〈2014.12.23〉

**31** **정당한 사유없이 며칠 이상 소방시설공사를 계속하지 아니한 때에는 도급계약을 해지할 수 있는가?**

① 10일 ② 20일
③ 30일 ④ 60일

해설 **공사업법 23조**
**도급계약의 해지**
(1) 소방시설업이 **등록취소**되거나 **영업정지**된 경우
(2) 소방시설업을 **휴업** 또는 **폐업**한 경우
(3) 정당한 사유없이 **30일** 이상 소방시설공사를 계속하지 아니하는 경우
(4) **하수급인**의 **변경요구**에 응하지 아니한 경우

답 ③

**32** **발주자가 도급계약을 해지할 수 없는 경우는?**

① 소방시설업의 등록취소
② 소방시설업의 휴업
③ 소방시설업의 폐업
④ 하도급의 통지를 받은 경우

해설 **문제 31 참조**

답 ④

**33** **소방시설공사의 발주자가 적절한 공사업자를 선정할 수 있도록 하기 위한 방법은?**

① 소방시설공사업자의 시공능력을 평가하여 공시한다.
② 소방시설공사업자는 자신의 시공능력을 발주자에게 공개한다.
③ 소방시설공사업자는 자신의 시공경력을 발주자에게 제출한다.
④ 소방시설공사업자의 도급순위를 정하여 준다.

해설 **공사업법 26조**
**소방청장**은 관계인 또는 발주자가 적절한 공사업자를 선정할 수 있도록 하기 위하여 공사업자의 신청이 있는 경우 해당 공사업자의 소방시설 **공사실적, 자본금** 등에 따라 **시공능력**을 **평가**하여 **공시**할 수 있다.

답 ①

★★★
**34** **소방시설공사업자의 시공능력 평가공시는 누가 하는가?**

① 소방청장 ② 시 · 도지사
③ 소방본부장 ④ 발주자

해설 **문제 33 참조**

답 ①

**35** **소방시설 공사업자의 시공능력평가 및 공시방법 등에 대하여 필요한 사항을 무엇으로 정하는가?**

① 대통령령 ② 행정안전부령
③ 국토교통부령 ④ 시 · 도의 조례

해설 **공사업법 26조 ②항**
시공능력 평가 및 공시방법 : **행정안전부령**

답 ②

**36** 소방기술자는 동시에 최소 몇 개 이상의 업체에 취업하여서는 아니되는가?

① 1 ② 2
③ 3 ④ 5

해설 **공사업법 27조 ③항**
소방기술자는 동시에 **2** 이상의 업체에 **취업**하여서는 **아니된다(1개** 업체에 취업).

답 ②

**37** 소방기술자의 취업업체 수로 옳은 것은?

① 1 ② 2
③ 3 ④ 4

해설 **문제 36 참조**

답 ①

**38** 소방기술인정 자격수첩의 자격정지 또는 취소사유가 아닌 것은?

① 부정한 방법으로 자격수첩을 발급받은 경우
② 자격수첩을 다른 자에게 빌려준 경우
③ 교대로 둘 이상의 업체에 취업한 경우
④ 소방시설 공사업에 따른 명령을 위반한 경우

해설 **공사업법 28조 ④항**
**소방기술인정 자격수첩 취소 · 정지사항**
(1) **거짓** 그 밖의 **부정한 방법**으로 자격수첩을 발급받은 경우
(2) **자격수첩**을 다른 자에게 **빌려준 경우**
(3) 동시에 **둘 이상**의 **업체**에 **취업한 경우**
(4) 소방시설 공사업법에 따른 **명령**을 **위반**한 경우

답 ③

**39** 소방기술자에 대한 실무 교육을 효율적으로 수행하기 위하여 실무교육기관을 지정할 수 있는 자는?

① 소방청장 ② 시 · 도지사
③ 소방본부장 ④ 한국소방안전원장

해설 **공사업법 29조**
**실무교육기관**
(1) 지정권자 : **소방청장**
(2) 지정방법 · 절차 · 기준 : **행정안전부령**

답 ①

**40~41** 삭제 〈2014.12.30〉

**42** 소방시설업의 감독권한이 없는 사람은?

① 소방청장 ② 시 · 도지사
③ 소방본부장 ④ 소방서장

해설 **공사업법 31조**
**소방시설업의 감독**
(1) 시 · 도지사
(2) 소방본부장
(3) 소방서장

답 ①

**43** 소방기술자의 실무교육에 관한 업무는 어디에 위탁할 수 있는가?

① 소방청 ② 소방기술심의위원회
③ 한국소방안전원 ④ 한국소방산업기술원

해설 **공사업법 33조**

| 업 무 | 위 탁 | 권 한 |
|---|---|---|
| • 실무교육 | • 한국소방안전원<br>• 실무교육기관 | • 소방청장 |
| • 소방기술과 관련된 자격 · 학력 · 경력의 인정<br>• 소방기술자 양성 · 인정 교육훈련업무 | • 소방시설업자협회<br>• 소방기술과 관련된 법인 또는 단체 | • 소방청장 |
| • 시공능력평가 | • 소방시설업자협회 | • 소방청장<br>• 시 · 도지사 |

답 ③

**44** 소방시설업을 등록하지 아니하고 영업한 사람의 벌칙은?

① 1년 이하의 징역 ② 2년 이하의 징역
③ 3년 이하의 징역 ④ 5년 이하의 징역

해설 **공사업법 35조**
**3년 이하**의 **징역** 또는 **3000만원 이하**의 **벌금** : 소방시설업 미등록자

답 ③

**45** 소방시설업자가 아닌 사람에게 소방시설공사를 도급한 사람은 어떤 벌칙을 받게 되는가?

① 1년 이하의 징역
② 3년 이하의 징역
③ 1500만원 이하의 벌금
④ 3000만원 이하의 벌금

해설 **공사업법 36조**
**1년 이하의 징역 또는 1000만원 이하의 벌금**
(1) 영업정지처분 위반자
(2) 거짓감리자
(3) 공사감리자 미지정자
(4) 소방시설 설계 · 시공 · 감리 하도급자
(5) 소방시설공사 재하도급자
(6) 소방시설업자가 아닌 사람에게 소방시설공사 등을 도급한 관계인

답 ①

**46** 소방기술자가 동시에 둘 이상의 업체에 취업하였을 때의 벌칙에 해당하는 것은?

① 200만원 이하의 과태료
② 100만원 이하의 벌금
③ 200만원 이하의 벌금
④ 300만원 이하의 벌금

해설 **공사업법 37조**

**300만원 이하의 벌금**

(1) 등록증 · 등록수첩 빌려준 사람
(2) 다른 자에게 자기의 성명이나 상호를 사용하여 소방시설 공사 등을 수급 또는 시공하게 한 사람
(3) 감리원 미배치자
(4) 소방기술인정 자격수첩 빌려준 사람
(5) 2 이상의 업체 취업한 사람
(6) 소방시설업자나 관계인 감독시 관계인의 업무를 방해하거나 비밀누설

답 ④

## 47 소방시설의 감독을 위한 자료제출을 하지 아니한 사람은 얼마 이하의 벌금에 처하도록 되어 있는가?

① 100만원 ② 200만원
③ 300만원 ④ 500만원

해설 **공사업법 38조**

**100만원 이하의 벌금**

(1) 거짓보고 또는 자료 미제출자
(2) 관계공무원의 출입 · 조사 · 검사방해

답 ①

## 48 다음 중 200만원 이하의 과태료에 해당되지 않는 것은?

① 관계인에게 소방시설공사업의 지위승계사실을 거짓으로 알린 자
② 소방시설업의 관계서류를 하자보수보증기간 동안 보관하지 아니한 사람
③ 소방기술자를 공사현장에 배치하지 아니한 사람
④ 소방기술인정 자격수첩을 빌려준 사람

해설 **공사업법 40조**

**200만원 이하의 과태료**

(1) 등록사항의 변경, 휴업 · 폐업 등, 소방시설업자의 지위승계, 착공신고, 공사감시자의 지정을 위반하여 신고를 하지 아니하거나 거짓으로 신고한 자
(2) 관계인에게 지위승계, 행정처분 또는 휴업 · 폐업의 사실을 거짓으로 알린 자
(3) 관계서류를 보관하지 아니한 자
(4) 소방기술자를 공사현장에 배치하지 아니한 자
(5) 완공검사를 받지 아니한 자
(6) 3일 이내에 하자를 보수하지 아니하거나 하자보수계획을 관계인에게 거짓으로 알린 자
(7) 감리관계서류를 인수 · 인계하지 아니한 자
(8) 배치통보 및 변경통보를 하지 아니하거나 거짓으로 통보한 자
(9) 방염성능기준 미만으로 방염을 한 자
(10) 방염처리능력평가에 관한 서류를 거짓으로 제출한 자
(11) 도급계약 체결시 의무를 이행하지 아니한 자(하도급 계약의 경우에는 하도급받은 소방시설업자는 제외)
(12) 하도급 등의 통지를 하지 아니한 자
(13) 공사대금의 지급보증, 담보의 제공 또는 보험료 등의 지급을 정당한 사유없이 이행하지 아니한 자
(14) 시공능력평가에 관한 서류를 거짓으로 제출한 자
(15) 사업수행능력평가에 관한 서류를 위조하거나 변조하는 등 거짓이나 그 밖의 부정한 방법으로 입찰에 참여한 자
(16) 보고 또는 자료제출을 하지 아니하거나 거짓으로 보고 또는 자료제출을 한 자

**④ 300만원 이하의 벌금**

용어

| 벌 금 | 과태료 |
|---|---|
| 범죄의 대가로서 부과하는 돈 | 지정된 기한 내에 어떤 의무를 이행하지 않았을 때 부과하는 돈 |

답 ④

# 2. 소방시설공사업법 시행령

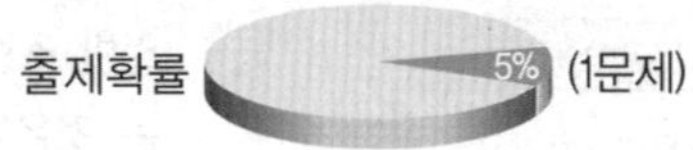


★★★
**01** 다음 중 소방시설공사의 하자보수보증기간이 가장 긴 것은?

① 유도등 ② 비상방송설비
③ 자동화재탐지설비 ④ 무선통신보조설비

해설 **공사업령 6조**
소방시설공사의 하자보수보증기간

| 보증기간 | 소방시설 |
|---|---|
| 2년 | ① 유도등 · 유도표지 · 피난기구<br>② 비상조명등 · 비상경보설비 · 비상방송설비<br>③ 무선통신보조설비 |
| 3년 | ① 자동소화장치<br>② 옥내 · 외소화전설비<br>③ 스프링클러 설비 · 간이스프링클러 설비<br>④ 물분무등소화설비 · 상수도소화용수설비<br>⑤ 자동화재탐지설비 · 소화활동설비 |

답 ③

**02** 다음 중 하자보수의 보증기간이 다른 소방시설은?

① 주거용 주방자동소화장치
② 비상경보설비
③ 무선통신보조설비
④ 유도등 및 유도표지

해설 **문제 1 참조**

답 ①

★★★
**03** 하자보수를 하여야 하는 소방시설 중 하자보수 보증기간이 3년이 아닌 것은?

① 주거용 주방자동소화장치
② 비상방송설비
③ 상수도소화용수설비
④ 스프링클러설비

해설 **문제 1 참조**

답 ②

★★★
**04** 소방시설의 하자보수보증기간이 3년인 것은?

① 피난기구 ② 옥내소화전설비
③ 무선통신보조설비 ④ 비상방송설비

해설 **문제 1 참조**

답 ②

**05** 소방공사 감리자 지정대상 특정소방대상물의 범위에 해당되지 않는 것은?

① 옥내소화전설비를 신설할 때
② 옥내소화전설비를 증설할 때
③ 스프링클러설비(캐비닛형 간이스프링클러설비 제외)의 방호구역을 증설할 때
④ 스프링클러설비(캐비닛형 간이스프링클러설비 포함)의 방호구역을 증설할 때

해설 **공사업령 10조**
소방공사감리자 지정대상 특정소방대상물의 범위

(1) **옥내소화전설비**를 신설 · 개설 또는 **증설**할 때
(2) **스프링클러설비 등**(캐비닛형 간이스프링클러설비 제외)을 신설 · 개설하거나 방호 · 방수 구역을 **증설**할 때
(3) **물분무등소화설비**(호스릴 방식의 소화설비 제외)를 신설 · 개설하거나 방호 · 방수 구역을 **증설**할 때
(4) **옥외소화전설비**를 신설 · 개설 또는 **증설**할 때
(5) **자동화재탐지설비**를 신설 · 개설할 때
(6) 비상방송설비를 신설 또는 개설할 때
(7) 통합감시시설을 신설 또는 개설할 때
(8) 비상조명등을 신설 또는 개설할 때
(9) 소화용수설비를 신설 또는 개설할 때
(10) 다음의 소화활동설비에 대하여 시공을 할 때
① 제연설비를 신설 · 개설하거나 제연구역을 증설할 때
② 연결송수관설비를 신설 또는 개설할 때
③ 연결살수설비를 신설 · 개설하거나 송수구역을 증설할 때
④ 비상콘센트설비를 신설 · 개설하거나 전용회로를 증설할 때
⑤ 무선통신보조설비를 신설 또는 개설할 때
⑥ 연소방지설비를 신설 · 개설하거나 살수구역을 증설할 때

답 ④

**06** 삭제 〈2015.6.22〉

★★★
**07** 전문 소방시설설계업의 등록기준 중 기술인력은 주된 기술인력으로는 소방기술사 1명 이상이 필요하다. 그러면 보조기술인력은 몇 명 이상이 필요한가?

① 1 ② 3
③ 4 ④ 5

해설 **공사업령 [별표 1]**
소방시설 설계업

| 종류 | 기술인력 | 영업범위 |
|---|---|---|
| 전문 | • 주된기술인력 : **1명** 이상<br>• 보조기술인력 : **1명** 이상 | • 모든 특정소방대상물 |
| 일반 | • 주된기술인력 : **1명** 이상<br>• 보조기술인력 : **1명** 이상 | • **아파트**(기계분야 제연설비 제외)<br>• 연면적 **30000m²**(공장 **10000m²**) 미만(기계분야 제연설비 제외)<br>• **위험물 제조소** 등 |

답 ①

**08** 전문 소방시설설계업의 기술인력 · 등록기준에서 주된 기술인력과 보조기술인력의 최소 인원수로 옳은 것은?

① 주된 기술인력 : 1명, 보조기술인력 : 1명
② 주된 기술인력 : 2명, 보조기술인력 : 2명
③ 주된 기술인력 : 1명, 보조기술인력 : 3명
④ 주된 기술인력 : 2명, 보조기술인력 : 3명

해설 **문제 7 참조**

답 ①

**09** 전문 소방시설설계업의 보조기술인력의 인원수는?

① 1명 이상　② 2명 이상
③ 3명 이상　④ 4명 이상

해설 **문제 7 참조**

답 ①

★★★
**10** 일반 소방시설설계업의 등록기준 중 기술인력은 주된 기술인력으로 소방기술사 1명 이상과 보조기술인력 몇 명 이상이 필요한가?

① 1　② 3
③ 4　④ 5

해설 **문제 7 참조**

답 ①

**11** 일반 소방시설설계업의 보조기술인력의 인원수는?

① 1명 이상　② 2명 이상
③ 3명 이상　④ 4명 이상

해설 **문제 7 참조**

답 ①

**12** 일반 소방시설설계업의 영업범위는 연면적 몇 m² 미만의 특정소방대상물(기계분야 제연설비 제외)에 설치되는 소방시설의 설계인가? (단, 공장 제외)

① 5000　② 10000
③ 20000　④ 30000

해설 **문제 7 참조**

답 ④

**13** 일반 소방시설설계업의 영업범위에 해당되지 않는 것은?

① 연면적 10000m² 미만에 설치되는 공장(기계분야 제연설비 제외)의 소방시설의 설계
② 아파트(기계분야 제연설비 제외)에 설치되는 소방시설의 설계
③ 위험물 제조소 등에 설치되는 소방시설의 설계
④ 소방시설 설계대상이 되는 모든 특정소방대상물의 소방시설의 설계

해설 **문제 7 참조**

답 ④

**14** 삭제 〈2015.6.22〉

★★★
**15** 전문소방시설공사업의 법인의 자본금은 얼마인가?

① 5천만원 이상
② 1억원 이상
③ 2억원 이상
④ 5억원 이상

해설 **공사업령 [별표 1]**
소방시설공사업

| 종류 | 기술인력 | 자본금 | 영업범위 |
|---|---|---|---|
| 전문 | • 주된기술인력 : **1명** 이상<br>• 보조기술인력 : **2명** 이상 | • 법인 : **1억원** 이상<br>• 개인 : **1억원** 이상 | • 특정소방대상물 |
| 일반 | • 주된기술인력 : **1명** 이상<br>• 보조기술인력 : **1명** 이상 | • 법인 : **1억원** 이상<br>• 개인 : **1억원** 이상 | • 연면적 10000m² 미만<br>• **위험물제조소** 등 |

답 ②

**16** 전문소방시설공사업의 주된 기술인력에 대한 기준으로 기계분야와 전기분야의 소방설비기사 자격자는 최소 몇 명 이상을 필요로 하는가?

① 기계분야 : 1명, 전기분야 : 1명
② 기계분야 : 1명, 전기분야 : 2명
③ 기계분야 : 2명, 전기분야 : 1명
④ 기계분야 : 2명, 전기분야 : 2명

해설 **문제 15 참조**

답 ①

**17** **전문소방시설공사업에서 주된 기술인력으로 기사를 채용할 때 소방설비기사 자격자는 기계분야와 전기분야로 구분하여 각 몇 명 이상이어야 하는가?**

① 기계분야 : 1명 이상, 전기분야 : 1명 이상
② 기계분야 : 2명 이상, 전기분야 : 1명 이상
③ 기계분야 : 2명 이상, 전기분야 : 2명 이상
④ 기계분야 : 3명 이상, 전기분야 : 3명 이상

해설 **문제 15 참조**

답 ①

**18** **전문소방시설공사업의 등록기준 및 영업범위가 잘못된 것은?**

① 주된 기술인력 : 소방기술사 또는 기계분야와 전기분야의 소방설비기사 자격자 각 1명 이상
② 자본금 : 법인의 경우에는 1억원 이상
③ 자본금 : 개인인 경우에는 자산평가액 1억원 이상
④ 영업범위 : 연면적 10000m$^2$ 미만에 설치되는 공사

해설 **문제 15 참조**

④ 일반 소방시설공사업의 등록기준 및 영업범위

답 ④

**19** **일반소방시설공사업의 등록기준 및 영업범위가 옳은 것은?**

① 주된 기술인력－소방기술사 및 소방설비기사 자격자 각 1명 이상
② 자본금－법인, 5천만원 이상
③ 자본금－개인, 자산평가액 2억원 이상
④ 영업범위－위험물 제조소 등에 설치되는 공사

해설 **문제 15 참조**

(1) 주된 기술인력 : 소방기술사 **또는** 소방설비기사 자격자 1명 이상
(2) 자본금－법인, **1억원** 이상
(3) 자본금－개인, 자산평가액 **1억원** 이상
(4) 영업범위－**위험물 제조소** 등에 설치되는 공사

답 ④

**20** **전문소방 공사감리업의 기계분야 및 전기분야의 초급감리원은 각 몇 명 이상 필요한가?**

① 1　　② 2
③ 3　　④ 필요 없다.

해설 **공사업령 〔별표 1〕**
**소방공사감리업**

| 종류 | 기술인력 | 영업범위 |
|---|---|---|
| 전문 | • 소방기술사 **1명** 이상<br>• **특급**감리원 **1명** 이상<br>• **고급**감리원 **1명** 이상<br>• **중급**감리원 **1명** 이상<br>• **초급**감리원 **1명** 이상 | • 모든 특정소방대상물 |
| 일반 | • **특급**감리원 1명 이상<br>• **고급** 또는 **중급**감리원 **1명** 이상<br>• **초급**감리원 **1명** 이상 | • **아파트**(기계분야 제연설비 제외)<br>• 연면적 **30000m$^2$**(공장 **10000m$^2$**) 미만(기계분야 제연설비 제외)<br>• **위험물 제조소** 등 |

답 ①

**21** **소방기술자의 소방시설 공사현장의 배치기준으로 옳은 것은?**

① 기계분야의 소방설비기사는 기계분야 소방시설의 부대시설에 대한 공사에 배치할 수 없다.
② 비상콘센트설비 및 비상방송설비의 공사는 전기분야의 소방설비기사가 담당한다.
③ 전기분야의 소방설비기사는 기계분야 소방시설에 부설되는 자동화재탐지설비의 공사에 배치하여서는 아니 된다.
④ 무선통신보조설비의 공사는 기계분야의 소방설비기사도 배치할 수 있다.

해설 **공사업령 〔별표 2〕**
**소방기술자의 배치기준**

| 자격구분 | 소방시설공사의 종류 |
|---|---|
| 전기분야 소방시설공사 | • 자동화재탐지설비 · 비상경보설비, 시각경보기<br>• 비상방송설비, 자동화재속보설비 또는 통합감시시설<br>• 비상콘센트설비 · 무선통신보조설비<br>• 기계분야 소방시설에 부설되는 전기시설 중 비상전원 · 동력회로 · 제어회로 |

답 ②

**22** **삭제** 〈2015.6.22〉

**23** **전기분야 소방설비기사 자격을 가진 자가 배치될 수 있는 공사현장이 아닌 것은?**

① 할론소화설비에 부설되는 자동화재탐지설비
② 비상방송설비
③ 무선통신보조설비
④ 제연설비 및 연소방지설비

해설 **문제 21 참조**

④ **기계분야 소방설비기사**를 배치하여야 한다.

답 ④

★
**24** 방염업의 종류가 아닌 것은?

① 섬유류 방염업
② 합성수지류 방염업
③ 실내장식물 방염업
④ 합판 · 목재류 방염업

해설 **공사업령 〔별표 1〕**
방염업

| 종류 | 설명 |
|---|---|
| **섬유류 방염업** | 커튼 · 카펫 등 섬유류를 주된 원료로 하는 방염대상물품을 제조 또는 가공공정에서 방염처리 |
| **합성수지류 방염업** | 합성수지류를 주된 원료로 하는 방염대상물품을 제조 또는 가공공정에서 방염처리 |
| **합판 · 목재류 방염업** | 합판 또는 목재를 제조 · 가공공정 또는 설치현장에서 방염처리 |

답 ③

★★
**25** 상주공사감리를 하여야 할 대상으로서 옳은 것은?

① 16층 이상으로서, 300세대 이상인 아파트에 대한 소방시설의 공사
② 16층 이상으로서, 500세대 이상인 아파트에 대한 소방시설의 공사
③ 지하층을 포함한 16층 이상으로서, 300세대 이상인 아파트에 대한 소방시설의 공사
④ 지하층을 포함한 16층 이상으로서, 500세대 이상인 아파트에 대한 소방시설의 공사

해설 **공사업령 〔별표 3〕**
소방공사감리 대상

| 종류 | 대상 |
|---|---|
| 상주공사감리 | • 연면적 **30000m$^2$** 이상(아파트 제외)<br>• **16층** 이상(지하층 포함)이고 **500세대** 이상 **아파트** |
| 일반공사감리 | • 기타 |

답 ④

# 3. 소방시설공사업법 시행규칙

**01** 소방시설공사업 등록시 첨부하는 자산평가액 또는 기업진단 보고서는 신청일 전 최근 며칠 이내에 작성한 것이어야 하는가?

① 10 ② 40
③ 60 ④ 90

해설 **공사업규칙 2조**
소방시설업 등록신청 자산평가액 · 기업진단보고서
신청일 **90일** 이내에 작성한 것

답 ④

★★
**02** 시 · 도지사는 등록신청을 받은 소방시설업의 업종별 자본금 · 기술인력이 소방시설업의 업종별 등록기준에 적합하다고 인정되는 경우에는 등록신청을 받은 날부터 며칠 이내에 소방시설업 등록증 및 소방시설업 등록수첩을 발급하여야 하는가?

① 3 ② 5
③ 10 ④ 15

해설 **공사업규칙 2조 2 · 3 · 4 · 6 · 7조**
소방시설업

| 내용 | | 날짜 |
|---|---|---|
| • 등록증 재발급 | 지위승계 · 분실 등 | **3일** 이내 |
| | 변경 신고 등 | **5일** 이내 |
| • 등록서류보완 | | **10일** 이내 |
| • 등록증 발급 | | **15일** 이내 |
| • 등록사항 변경신고<br>• 지위승계 | | **30일** 이내 |

답 ④

**03** 소방시설업자가 등록사항의 변경이 있는 때에는 변경일로부터 며칠 이내에 소방시설업 등록사항 변경신고서에 필요한 서류를 첨부하여 시 · 도지사에게 제출하여야 하는가?

① 5
② 7
③ 10
④ 30

해설 **문제 2 참조**

답 ④

**04** 소방시설업의 지위를 승계한 자는 그 지위를 승계한 날부터 며칠 이내에 필요한 서류를 첨부하여 시 · 도지사에게 제출하여야 하는가?

① 5일 ② 10일
③ 30일 ④ 90일

해설 **문제 2 참조**

답 ③

**05** 소방시설공사 사업자가 착공신고서에 첨부하여야 할 서류가 아닌 것은?

① 설계도서
② 건축허가서
③ 기술관리를 하는 기술인력의 기술등급을 증명하는 서류 사본
④ 소방시설공사업 등록증 사본 1부

해설 **공사업규칙 12조**
소방시설공사 착공신고 서류
(1) **설계도서**
(2) 기술관리를 하는 기술인력의 **기술등급을 증명하는 서류 사본**
(3) 소방시설공사업 **등록증 사본** 1부
(4) 소방시설공사업 **등록수첩** 사본 1부
(5) 소방시설공사 하도급 통지서 사본

비교
**소방시설법 시행규칙 4조 ②항**
**건축허가 등의 동의 요청시 첨부서류(설계도서 종류)**
(1) 소방시설의 층별 평면도, 계통도(시설별 계산서 포함)
(2) 창호도
(3) 건축물의 단면도 및 주단면 상세도(내장재료 명시한 것)

답 ②

★★
**06** 소방시설공사업자는 시공자 등이 변경이 있는 경우 변경일로부터 며칠 이내에 소방본부장 또는 소방서장에게 신고하여야 하는가?

① 3일 ② 10일
③ 14일 ④ 30일

해설 **공사업규칙 12조**
소방시설공사

| 내용 | 날짜 |
|---|---|
| • 착공 · 변경신고처리 | **2일** 이내 |
| • 중요사항 변경시의 신고 | **30일** 이내 |

답 ④

**07** 특정소방대상물의 관계인은 소방공사감리자의 변경이 있는 때에는 변경일로부터 며칠 이내에 관련서류를 소방본부장 또는 소방서장에게 제출하여야 하는가?

① 3　② 7
③ 10　④ 30

해설 **공사업규칙 15조**
소방공사감리자

| 내용 | 날짜 |
|---|---|
| • 지정 · 변경신고처리 | **2일** 이내 |
| • 변경서류 제출 | **30일** 이내 |

답 ④

**08** 소방공사감리자의 변경신고는 그 변경일로부터 며칠 이내에 하여야 하는가?

① 7일　② 10일
③ 20일　④ 30일

해설 **문제 7 참조**

답 ④

**09** 일반공사감리대상인 특정소방대상물의 책임감리원이 소방공사 감리현장을 방문하는 횟수는?

① 주 1회 이상　② 주 2회 이상
③ 월 1회 이상　④ 월 2회 이상

해설 **공사업규칙 16조**
소방공사감리원의 세부배치기준

| 감리대상 | 책임감리원 |
|---|---|
| 일반공사감리대상 | • **주1회** 이상 방문감리<br>• 담당감리현장 **5개** 이하로서 연면적 총합계 **100000m²** 이하 |

답 ①

★★★
**10** 소방공사감리원 배치시 배치일로부터 며칠 이내에 소방본부장 또는 소방서장에게 통보하여야 하는가?

① 5일　② 7일
③ 30일　④ 90일

해설 **공사업규칙 17조**
소방공사 감리원의 배치 통보
(1) 통보대상 : **소방본부장 · 소방서장**
(2) 통보일 : 배치일로부터 **7일** 이내

답 ②

★★★
**11** 소방공사 감리원 배치시 통보대상으로 옳은 것은?

① 소방본부장 또는 소방서장
② 소방청장
③ 시 · 도지사
④ 한국소방산업기술원장

해설 **문제 10 참조**

답 ①

**12** 소방공사감리업자가 감리원을 소방공사감리현장에 배치하는 경우 감리원 배치일부터 며칠 이내에 누구에게 통보하여야 하는가?

① 7일 이내, 소방본부장 또는 소방서장
② 14일 이내, 소방본부장 또는 소방서장
③ 7일 이내, 시 · 도지사
④ 14일 이내, 시 · 도지사

해설 **문제 10 참조**

답 ①

**13** 소방공사 감리를 완료한 때에 통보대상자가 아닌 것은?

① 특정소방대상물의 관계인
② 특정소방대상물의 발주자
③ 소방시설공사의 도급인
④ 특정소방대상물의 공사를 감리한 건축사

해설 **공사업규칙 19조**
소방공사감리결과 통보 · 보고
(1) 통보대상 ┬ 관계인
　　　　　 ├ 도급인
　　　　　 └ 건축사
(2) 보고대상 : **소방본부장 · 소방서장**
(3) 통보 · 보고일 : **7일** 이내

답 ②

★
**14** 소방시설공사의 시공능력의 평가를 받고자 하는 공사업자는 소방기술자 보유현황을 시공능력 평가자에게 매년 언제까지 제출하여야 하는가?

① 2월 15일　② 3월 15일
③ 4월 15일　④ 6월 10일

해설 **공사업규칙 22 · 23조**
소방시설공사 시공능력 평가의 신청 · 평가

| 제출일 | 내용 |
|---|---|
| ① 매년 **2월 15일** | • 공사실적증명서류<br>• 공사업 등록수첩 사본<br>• 소방기술자 보유현황<br>• 신인도 평가신고서 |
| ② 매년 **4월 15일**(법인)<br>③ 매년 **6월 10일**(개인) | • 법인세법 · 소득세법 신고서<br>• 재무제표<br>• 회계서류<br>• 출자, 예치 · 담보 금액확인서 |
| ④ 매년 **7월 31일** | • 시공능력평가의 공시 |

비교

실무교육기관

| 보고일 | 내용 |
|---|---|
| 매년 **1월말** | • 교육실적보고 |
| 다음연도 **1월말** | • 실무교육대상자 관리 및 교육 실적 보고 |
| 매년 **11월 30일** | • 다음 연도 교육계획 보고 |

답 ①

**15** 시공능력평가의 공시는 매년 몇 월 며칠까지 하여야 하는가?

① 2월 15일 ② 4월 15일
③ 6월 10일 ④ 7월 31일

해설 **문제 14 참조** 답 ④

**16** 소방기술자의 실무 교육은?

① 1년마다 1회 이상 받아야 한다.
② 2년마다 1회 이상 받아야 한다.
③ 1년마다 2회 이상 받아야 한다.
④ 2년마다 2회 이상 받아야 한다.

해설 **공사업규칙 26조**
소방기술자의 실무교육
(1) 실무교육실시 : **2년**마다 **1회** 이상
(2) 실무교육 통지 : **10일** 전
(3) 실무교육 필요사항 : **소방청장**

답 ②

★★★
**17** 소방기술자 실무교육기관의 신청시 첨부서류가 미비할 때 보완하게 할 수 있는 기간은?

① 3일 이내 ② 7일 이내
③ 15일 이내 ④ 30일 이내

해설 **공사업규칙 31~35조**
소방기술자 실무교육기관

| 내용 | 날짜 |
|---|---|
| •교육계획의 변경보고<br>•지정사항 변경보고 | **10일** 이내 |
| •휴 · 폐업 신고 | **14일**전까지 |
| •신청서류 보완 | **15일** 이내 |
| •지정서 발급 | **30일** 이내 |

답 ③

**18** 소방기술자 실무교육기관으로 지정된 기관이 지정사항을 변경하고자 할 때 변경일로부터 며칠 이내에 소방청장에게 보고하여야 하는가?

① 10 ② 14
③ 15 ④ 30

해설 **문제 17 참조** 답 ①

**19** 실무교육기관은 매년 언제까지 전년도 교육횟수 · 인원 및 대상자 등 교육실적을 소방청장에게 보고하여야 하는가?

① 1월말 ② 2월 15일
③ 7월 31일 ④ 11월 30일

해설 **문제 14 참조** 답 ①

**20** 거짓 그 밖의 부정한 방법으로 소방시설업을 등록하였을 때 1차 행정처분기준은?

① 영업정지 1월 ② 영업정지 3월
③ 영업정지 6월 ④ 등록 취소

해설 **공사업규칙 〔별표 1〕**
소방시설업의 행정처분기준

| 행정처분 | 위반사항 |
|---|---|
| 1차 영업정지 1월 | ① 화재안전기준 등에 적합하게 설계 · 시공을 하지 않거나 부적합하게 감리<br>② 공사감리자의 **인수** · **인계**를 기피 · 거부 · 방해<br>③ **감리원**의 공사현장 미배치 또는 거짓배치<br>④ 하수급인에게 대금 미지급 |
| 1차 영업정지 6월 | ① 다른 사람에게 **등록증** 또는 등록수첩을 빌려준 경우<br>② 소방시설공사 등에 업무수행 등을 **고의** 또는 **과실**로 **위반**하여 다른 자에게 **상해**를 입히거나 **재산피해**를 입힌 경우 |
| 1차 등록취소 | ① **부정한 방법**으로 등록한 경우<br>② **등록결격사유**에 해당한 경우<br>③ **영업정지기간** 중에 설계 · 시공 · 감리한 경우 |

답 ④

**21** 감리원을 공사현장에 배치하지 아니하였을 때 1차 행정처분기준은?

① 영업정지 1월
② 영업정지 3월
③ 영업정지 6월
④ 등록취소

해설 **문제 20 참조** 답 ①

**22** 피난기구의 경우 일반공사감리기간은?

① 고정금속구를 설치하기 전의 기간
② 고정금속구를 설치하는 기간
③ 고정금속구를 설치한 후의 기간
④ 소방기술자가 판단하여 가장 적합한 경우

해설 **공사업규칙 〔별표 3〕**
일반공사감리기간

| 소방시설 | 감리기간 |
|---|---|
| 피난기구 | • 고정금속구를 설치하는 기간 |
| 비상전원이 설치되는 소방시설 | • 비상전원의 설치 및 소방시설과의 접속을 하는 기간 |

답 ②

## 23 소방시설공사업자의 시공능력 평가방법에 있어서 경력평가액 산출공식은?

① 실적평가액×공사업 경영기간 평점×$\frac{20}{100}$

② 실적평가액×공사업 경영기간 평점×$\frac{30}{100}$

③ 실적평가액×공사업 경영기간 평점×$\frac{50}{100}$

④ 실적평가액×공사업 경영기간 평점×$\frac{60}{100}$

해설 **공사업규칙 〔별표 4〕**
시공능력평가의 산정식

| 경력평가액 | 자본금평가액 |
|---|---|
| 실적평가액×공사업 경영기간 평점×$\frac{20}{100}$ | (실질자본금×실질자본금의 평점+소방청장이 지정한 금융회사 또는 소방산업공제조합에 출자·예치·담보한 금액)×$\frac{70}{100}$ |

답 ①

## 24 소방시설 공사업자의 시공능력평가 산정식으로 틀린 것은?

① 시공능력평가액=실적평가액+자본금평가액+기술력평가액+경력평가액±신인도평가액

② 실적평가액=연평균공사실적액

③ 자본금평가액=실질자본금×실질자본금의 평점×30/100

④ 경력평가액=실적평가액×공사업경영기간 평점×20/100

해설 **공사업규칙 〔별표 4〕**
시공능력평가의 산정식

(1) **시공능력평가액**=실적평가액+자본금평가액+기술력평가액+경력평가액±신인도평가액
(2) **실적평가액**=연평균공사실적액
(3) **자본금평가액**=(실질자본금×실질자본금의 평점+소방청장이 지정한 금융회사 또는 소방산업공제 조합에 출자·예치·담보한 금액)×$\frac{70}{100}$
(4) **기술력평가액**=전년도 공사업계의 기술자 1인당 평균생산액×보유기술인력가중치합계×$\frac{30}{100}$+전년도 기술개발투자액
(5) **경력평가액**=실적평가액×공사업경영기간 평점×$\frac{20}{100}$
(6) **신인도평가액**=(실적평가액+자본금평가액+기술력평가액+경력평가액)×신인도 반영비율 합계

답 ③

## 25 삭제 〈2015.8.4〉

## ☆ 26 소방기술자 실무교육기관의 사무실 바닥 면적은?

① $30m^2$ 이상

② $33m^2$ 이상

③ $60m^2$ 이상

④ $100m^2$ 이상

해설 **공사업규칙 〔별표 6〕**
실무교육기관의 시설·장비

| 실의 종류 | 바닥면적 |
|---|---|
| • 사무실 | $60m^2$ 이상 |
| • 강의실<br>• 실습실·실험실·제도실 | $100m^2$ 이상 |

답 ③

# 입냄새 예방수칙

- **식사 후에는 반드시 이를 닦는다.**
  식후 입 안에 낀 음식찌꺼기는 20분이 지나면 부패하기 시작.
- **음식은 잘 씹어 먹는다.**
  침의 분비가 활발해져 입안이 깨끗해지고 소화 작용을 도와 위장에서 가스가 발산하는 것을 막을 수 있다.
- **혀에 낀 설태를 닦아 낸다.**
  설태는 썩은 달걀과 같은 냄새를 풍긴다. 1일 1회 이상 타월이나 가제 등으로 닦아 낼 것.
- **대화를 많이 한다.**
  혀 운동이 되면서 침 분비량이 늘어 구강내 자정작용이 활발해진다.
- **스트레스를 다스려라.**
  긴장과 피로가 누적되면 침의 분비가 줄어들어 입냄새의 원인이 된다.
- **과음, 과식을 피하고 규칙적인 식습관을 갖는다.**

# 출제경향분석

# 위험물안전관리법령

① 위험물안전관리법
6% (1문제)

3문제

② 위험물안전관리법 시행령
5% (1문제)

③ 위험물안전관리법 시행규칙
4% (1문제)

# 1. 위험물안전관리법

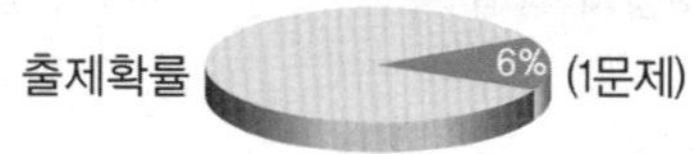

출제확률 (1문제)

**01** 다음 중 틀린 것은?

① 위험물이란 인화성 또는 발화성 등의 성질을 가지는 것으로서 행정안전부령이 정하는 물품을 말한다.
② 지정수량은 제조소 등의 설치허가 등에 있어서 최저의 기준이 되는 수량을 말한다.
③ 제조소는 위험물을 제조할 목적으로 허가를 받은 장소이다.
④ 저장소는 지정수량 이상의 위험물을 저장하기 위해 허가를 받은 장소이다.

해설 **위험물법 2조 ①항**
위험물
**인화성** 또는 **발화성** 등의 성질을 가지는 것으로서 **대통령령**이 정하는 물품

답 ①

★
**02** 위험물의 저장, 운반 및 취급에 대하여 위험물안전관리법의 적용을 받는 것은?

① 기차 ② 항공기
③ 유조차 ④ 선박

해설 **위험물법 3조**
위험물의 저장 · 운반 · 취급에 대한 적용 제외
(1) 항공기
(2) 선박
(3) 철도(기차)
(4) 궤도

중요

**기본법(2조 1호)**
소방대상물
(1) 건축물
(2) 선박(매어둔 것)
(3) 인공구조물
(4) 차량
(5) 선박건조구조물
(6) 물건
(7) 산림

답 ③

★★★
**03** 위험물의 저장, 운반, 취급에 대하여 위험물 안전관리법의 적용을 받아야 하는 것은?

① 차량
② 선박
③ 항공기
④ 철도

해설 **문제 2 참조**

답 ①

★
**04** 위험물의 운반 및 취급에 위험물관련의 법규정에 적용되는 것은?

① 위험물운반 트럭
② 위험물을 적재한 항공기
③ 위험물이송 선박
④ 위험물운반 철도차량

해설 **문제 2 참조**

②, ③, ④ : 위험물의 저장 · 운반 · 취급에 대한 적용제외

답 ①

**05** 지정수량 미만인 위험물의 취급기준 및 시설기준은?

① 시, 도의 조례로 정한다.
② 방화안전관리규정에 포함시킨다.
③ 소방청장이 고시한다.
④ 위험물제조소 등의 내규로 정한다.

해설 **위험물법 4조**
지정수량 미만인 위험물의 저장 · 취급 : **시 · 도의 조례**

**지정수량** : 위험물의 종류별로 위험성을 고려하여 대통령령이 정하는 수량으로서 제조소 등의 설치허가 등에 있어서 **최저**의 기준이 되는 **수량**

답 ①

★★
**06** 다음 중 위험물 임시저장 기간으로 맞는 것은?

① 90일 이내
② 80일 이내
③ 70일 이내
④ 60일 이내

해설 **위험물법 4 · 5조**
위험물
(1) 지정수량 미만인 위험물의 저장 · 취급 : **시 · 도의 조례**
(2) 위험물의 임시저장기간 : **90일 이내**

중요

**공사업규칙 2조**
**90일** : 소방시설업 **등**록신청 자산평가액 · 기업진단보고서 **유**효기간

기억법 등유9(등유 구해와.)

답 ①

★★
**07** 지정수량 이상의 위험물을 저장 취급시 임시 저장기간은?

① 20일 이내 ② 30일 이내
③ 45일 이내 ④ 90일 이내

해설 **위험물법 5조 ②항**
위험물의 임시저장기간 : **90일** 이내

답 ④

**08** 위험물 제조소 등을 설치하고자 할 때 누구의 허가를 받아야 하는가?

① 공업진흥청장 ② 소방청장
③ 관할 시·도지사 ④ 관할 시장 및 군수

해설 **위험물법 6조**
**제조소 등의 설치허가**
(1) 설치허가자 : **시·도지사**
(2) 설치허가 제외장소
① **주택**의 난방시설(**공동주택**의 **중앙난방시설**은 **제외**)을 위한 **저장소** 또는 **취급소**
② 지정수량 **20배** 이하의 **농예용·축산용·수산용** 난방시설 또는 건조시설의 **저장소**
(3) 제조소 등의 변경신고 : 변경하고자 하는 날의 **1일** 전까지

답 ③

**09** 제조소 등에서 저장하거나 취급하는 위험물의 품명·수량 또는 지정수량의 배수를 변경하고자 하는 자는 변경하고자 하는 날의 며칠 전까지 행정안전부령이 정하는 바에 따라 시·도지사에게 신고하여야 하는가?

① 1일 전 ② 5일 전
③ 7일 전 ④ 14일 전

해설 **문제 8 참조**

답 ①

★
**10** 다음 중 농예용·축산용 또는 수산용으로 필요한 난방시설을 위해 사용하는 위험물의 경우 시·도지사의 허가를 받지 아니할 수 있는 지정수량은 몇 배인가?

① 20배 이하 ② 30배 이상
③ 40배 이상 ④ 100배 이하

해설 **문제 8 참조**

답 ①

**11** 행정안전부령으로 정하는 제조소 등의 시설기준에 포함되지 않는 것은?

① 제조소 등의 위치 ② 제조소 등의 구조
③ 제조소 등의 설비 ④ 제조소 등의 용도

해설 **위험물법 6조 ①항**
**제조소 등의 시설기준**
(1) 제조소 등의 **위치**
(2) 제조소 등의 **구조**
(3) 제조소 등의 **설비**

답 ④

**12** 위험물 탱크는 누가 실시하는 탱크안전 성능 검사를 받아야 하는가?

① 소방청장
② 시·도지사
③ 소방서장
④ 한국소방안전원장

해설 **위험물법 8조**
**탱크안전성능검사**
(1) 실시자 : **시·도지사**
(2) 탱크안전성능검사의 내용 : **대통령령**
(3) 탱크안전성능검사의 실시 등에 관한 사항 : **행정안전부령**

답 ②

★★
**13** 제조소 등의 완공검사는 누구에게 받아야 하는가?

① 소방청장
② 시·도지사
③ 소방본부장 또는 소방서장
④ 자체소방대장

해설 **위험물법 9조**
**완공검사**

| 제조소 등 | 소방시설공사 |
|---|---|
| 시·도지사 | 소방본부장·소방서장 |

답 ②

★★
**14** 제조소 등에 대한 승계는 누구에게 하여야 하는가?

① 한국소방산업기술원장
② 소방본부장 또는 소방서장
③ 시·도지사
④ 소방청장

해설 **위험물법 10조**
**제조소 등의 승계**
(1) **신고처** : 시·도지사
(2) **신고기간** : 30일

비교
**공사업법 7조**
소방시설업자의 지위 승계 : **시·도지사**에게 **신고**

답 ③

**15** 위험물저장소를 승계한 사람은 며칠 이내에 승계사항을 신고하여야 하는가?

① 7 ② 15 ③ 30 ④ 60

**해설** **문제 14 참조**

**용어**

**제조소 등**
(1) 위험물 제조소
(2) 위험물 저장소
(3) 위험물 취급소

**답** ③

**16** **제조소 등의 설치허가를 받은 자가 그 제조소 등의 용도를 폐지한 때에는 며칠 이내에 허가청에 신고하여야 하는가?**

① 5　② 7
③ 10　④ 14

**해설** **위험물법 11조**
**제조소 등의 용도 폐지**
(1) 신고처 : **시 · 도지사**
(2) 신고일 : **14일** 이내

**답** ④

**17** **다음 중 14일 이내에 허가청에 신고하여야 하는 사항은?**

① 제조소 등의 용도폐지
② 위험물의 일시저장
③ 공동소방안전관리규정
④ 소방시설공사 시공

**해설** **문제 16 참조**

② 위험물의 일시저장 : **90일** 이내

**답** ①

**18** **다음 중 제조소 등의 전부 또는 일부의 사용정지를 명할 수 없는 경우는?**

① 변경허가를 받지 아니하고 제조소 등의 위치 · 구조 또는 설비를 변경한 경우
② 완공검사를 받지 아니하고 제조소 등을 사용한 경우
③ 제조소 등의 정기점검을 하지 아니한 경우
④ 제조소 등에 위험물시설 안전원을 선임하지 아니한 경우

**해설** **위험물법 12조**
**제조소 등 설치허가의 취소와 사용정지**
(1) **변경허가**를 받지 아니하고 제조소등의 위치 · 구조 또는 설비를 변경한 경우
(2) **완공검사**를 받지 아니하고 제조소 등을 사용한 경우
(3) **안전조치 이행명령**을 따르지 아니한 경우
(4) **수리 · 개조** 또는 **이전**의 **명령**에 **위반**한 경우
(5) **위험물안전관리자**를 선임하지 아니한 경우
(6) 안전관리자의 직무를 대행하는 **대리자**를 지정하지 아니한 경우
(7) **정기점검**을 하지 아니한 경우
(8) **정기검사**를 받지 아니한 경우
(9) **저장 · 취급기준 준수명령**에 위반한 경우

**답** ④

**19** **제조소 등의 사용정지처분에 갈음하여 부과하는 과징금은?**

① 1000만원 이하　② 3000만원 이하
③ 5000만원 이하　④ 2억원 이하

**해설** **소방시설법 35조, 위험물법 13조**
**과징금**

| 3000만원 이하 | 2억원 이하 |
|---|---|
| ① **소방시설업**(설계업 · 감리업 · 공사업 · 방염업) 영업정지 처분 갈음 | ① **제조소** 사용정지 처분 갈음 |

**답** ④

**20** **방염업자가 소방관계법령을 위반하여 방염업의 등록증을 다른 자에게 빌려 주었을 때 부과할 수 있는 과징금의 최고 금액으로 맞는 것은?**

① 1천만원　② 2천만원
③ 3천만원　④ 5천만원

**해설** **문제 19 참조**

**답** ③

**21** **제조소 등의 위치 · 구조 · 설비가 기술기준에 적합하도록 유지 · 관리하여야 하는 자는?**

① 관계인　② 시 · 도지사
③ 소방서장　④ 한국소방산업기술원장

**해설** **위험물법 14조**
(1) 제조소 등의 유지 · 관리 ┐
(2) 위험물시설의 유지 · 관리 ┘ **관계인**

**답** ①

**22** **유지 · 관리의 상황이 기술기준에 적합하도록 제조소 등의 위치 · 구조 및 설비의 수리 · 개조 또는 이전을 명할 수 없는 사람은?**

① 시 · 도지사　② 소방본부장
③ 소방서장　④ 관계인

**해설** **위험물법 14조 ②항**
**제조소 등의 수리 · 개조 · 이전 명령**
(1) 시 · 도지사
(2) 소방본부장
(3) 소방서장

**답** ④

**23** **안전관리자를 선임한 제조소 등의 관계인은 그 안전관리자를 해임하거나 안전관리자 퇴직한 때에는 해임하거나 퇴직한 날부터 며칠 이내에 다시 안전관리자를 선임하여야 하는가?**

① 7일 이내　② 14일 이내

③ 30일 이내 ④ 90일 이내

해설 **위험물법 15조**

| 날짜 | 내용 |
|---|---|
| **14일** 이내 | • 위험물 안전관리자의 선임신고 |
| **30일** 이내 | • 위험물 안전관리자의 재선임<br>• 위험물 안전관리자의 직무대행 |

답 ③

**24** 위험물안전관리자의 선임신고는 며칠 이내에 하여야 하는가?

① 7일 이내 ② 14일 이내
③ 30일 이내 ④ 90일 이내

해설 **위험물법 15조**
선임신고
(1) 소방안전관리자
(2) 위험물 안전관리자 — **14일** 이내에 **소방본부장·소방서장**에게 신고

답 ②

**25** 제조소 등의 관계인은 위험물 안전관리자가 일시적으로 직무를 수행할 수 없을 때 대리자를 지정하여 그 직무를 대행하게 하여야 하는데 직무를 대행하는 기간은 며칠을 초과할 수 없는가?

① 7일 이내 ② 14일 이내
③ 30일 이내 ④ 90일 이내

해설 **문제 23 참조**

③ 위험물안전관리의 직무대행 : **30일 이내**

답 ③

**26** 제조소 등의 종류 및 규모에 따라 선임하여야 하는 안전관리자의 자격은 무엇으로 정하는가?

① 대통령령 ② 행정안전부령
③ 국토교통부령 ④ 시·도의 조례

해설 **위험물법 15조 ⑨항**
제조소 등의 안전관리자의 자격 : **대통령령**

답 ①

**27** 탱크안전성능시험자가 되고자 하는 자는?

① 시·도지사에게 등록하여야 한다.
② 소방본부장에게 등록하여야 한다.
③ 시·도지사에게 신고하여야 한다.
④ 소방본부장에게 신고하여야 한다.

해설 **위험물법 16조**
탱크시험자
(1) 등록권자 : **시·도지사**
(2) 변경신고 : **30일** 이내, **시·도지사**

답 ①

**28** 탱크시험자의 등록사항 중 중요사항을 변경한 경우 그날부터 며칠 이내에 시·도지사에게 변경신고를 하여야 하는가?

① 7일 ② 14일
③ 30일 ④ 60일

해설 **문제 27 참조**

③ 탱크시험자 변경신고 : **30일 이내**

답 ③

**29** 다음 중 탱크시험자의 등록을 반드시 취소할 수 없는 경우는?

① 허위 그 밖의 부정한 방법으로 등록을 한 경우
② 등록의 결격사유에 해당하게 된 경우
③ 등록증을 다른 자에게 빌려준 경우
④ 등록기준에 미달하게 된 경우

해설 **위험물법 16조**
(1) **탱크시험자의 등록취소, 6개월 이내의 업무정지**
① **허위** 그 밖의 **부정한 방법**으로 등록을 한 경우
② 등록의 **결격사유**에 해당하게 된 경우
③ **등록증**을 다른 자에게 **빌려준 경우**
④ **등록기준**에 **미달**하게 된 경우
⑤ **탱크안전성능시험** 또는 **점검**을 **허위**로 한 경우
(2) **탱크시험자의 등록취소**
① **부정한 방법**으로 등록한 경우
② 등록**결격사유**에 해당한 경우
③ **등록증**을 다른 자에게 **빌려준 경우**

답 ④

**30** 제조소 등의 관계인은 예방규정을 정하고 허가청에 제출하여야 한다. 여기서 허가청에 해당되는 것은?

① 소방청장 ② 시·도지사
③ 소방서장 ④ 한국소방안전원장

해설 **위험물법 17조**
예방규정의 제출자 : **시·도지사**

**예방규정** : 제조소 등의 화재예방과 화재 등 재해 발생시의 비상조치를 위한 규정

답 ②

**31** 예방규정을 정하여야 하는 제조소 등의 관계인은 예방규정을 정하여 언제까지 시·도지사에게 제출하여야 하는가?

① 제조소 등의 착공 신고 전
② 제조소 등의 완공 신고 전
③ 제조소 등의 사용 시작 전
④ 제조소 등의 탱크안전성능시험 전

해설 **위험물법 17조**
예방규정
(1) 제출자 : **시·도지사**
(2) 제출시기 : 제조소 등의 **사용 시작 전**

답 ③

**32** 다량의 위험물을 저장·취급하는 제조소 등에 설치하여야 하는 것은?

① 자체소방대 ② 자위소방대
③ 의용소방대 ④ 의무소방원

해설 **위험물법 19조**

| 자체소방대 | 자위소방대 |
|---|---|
| 다량의 위험물을 저장·취급하는 제조소에 설치하는 소방대 | 빌딩, 공장 등에 설치한 사설소방대 |

답 ①

**33** 위험물을 운반할 때는 행정안전부령으로 정하는 사항에 따라야 하는 데 그 사항이 아닌 것은?

① 용기 ② 저장량
③ 적재방법 ④ 운반방법

해설 **위험물법 20조**
위험물운반의 기준
(1) 용기
(2) 적재방법
(3) 운반방법

답 ②

**34** 제조소 등의 검사권한이 없는 자는?

① 소방대장 ② 시·도지사
③ 소방본부장 ④ 소방서장

해설 **위험물법 22조**
제조소 등의 출입 · 검사
(1) 검사권자 ─ **소방청장**
 ─ **시·도지사**
 ─ **소방본부장**
 ─ **소방서장**
(2) 주거(주택): **관계인**의 **승낙** 필요

답 ①

**35** 관계인의 승낙 없이 수시로 소방특별조사를 할 수 없는 위험물 저장·취급소는?

① 여인숙 ② 기숙사
③ 연립주택 ④ 유기장

해설 **문제 34 참조**

② 주거(주택) 또는 연립주택 : **관계인**의 승낙필요

답 ③

**36** 소방본부장 또는 소방서장이 화재의 예방 또는 진압대책을 위하여 제조소 등의 검사를 행하려고 한다. 관계인의 승낙이 필요한 곳은?

① 음식점 ② 기숙사
③ 의료원 ④ 개인주택

해설 **문제 34 참조**

답 ④

**37** 다음 중 탱크시험자에 대한 감독상 필요한 명령 권한이 없는 사람은?

① 소방청장 ② 시·도지사
③ 소방본부장 ④ 소방서장

해설 **위험물법 23조**
탱크시험자에 대한 명령
(1) 시·도지사
(2) 소방본부장
(3) 소방서장

답 ①

**38** 무허가 장소의 위험물에 대한 조치명령 권한이 있는 사람은?

① 한국소방산업기술원장
② 한국소방안전원장
③ 위험물안전관리센터장
④ 소방서장

해설 **위험물법 24조**
무허가장소의 위험물 조치명령
(1) 시·도지사
(2) 소방본부장
(3) 소방서장

답 ④

**39** 위험물의 안전관리와 관련된 업무를 수행하는 자가 아닌 것은?

① 위험물안전관리자
② 탱크안전성능시험자
③ 위험물운송자
④ 구조대장

해설 **위험물법 28조**
위험물의 안전관리와 관련된 업무를 수행하는 자
(1) 위험물안전관리자
(2) 탱크시험자(위험물 탱크안전성능시험자)
(3) 위험물운반자
(4) 위험물운송자

답 ④

**40** 위험물제조소 등에 대한 설명으로 틀린 것은?

① 제조소 등을 설치하고자 하는 자는 대통령령이 정하는 바에 따라 그 설치 장소를 관할하는 시·도지사의 허가를 받아야 한다.
② 지정수량의 배수를 변경하고자 하는 자는 변경하고자 하는 날의 1일 전까지 행정안전부령이 정하는 바에 따라 시·도지사에게 신고하여야 한다.
③ 군사용 위험물시설을 설치하고자 하는 군부대의 장이 관할 시·도지사와 협의한 경우에는 규정에 따른 허가를 받은 것으로 본다.

④ 위험물 탱크안전성능시험은 위험물 탱크안전성능시험자만이 할 수 있다.

해설 문제 39 참조

④ 위험물 탱크안전성능시험은 위험물안전관리자, 위험물 탱크안전성능시험자, 위험물운반자, 위험물운송자가 할 수 있다.

답 ④

**41** 제조소 등에서 위험물을 유출·방출 또는 확산시켜 사람의 생명·신체 또는 재산에 대하여 위험을 발생시킨 자의 벌칙은?

① 1년 이상 10년 이하의 징역
② 무기 또는 3년 이상의 징역
③ 무기 또는 5년 이상의 징역
④ 7년 이하의 금고

해설 **위험물법 33조 ①항**

**1년 이상 10년 이하의 징역**

위험물을 유출하여 사람에게 위험을 발생시킨 자

답 ①

**42** 제조소 등에서 위험물을 유출하여 사람을 상해에 이르게 한자는 어떤 벌칙을 받게 되는가?

① 1년 이상 10년 이하의 징역
② 무기 또는 3년 이상의 징역
③ 무기 또는 5년 이상의 징역
④ 7년 이하의 금고

해설 **위험물법 33조 ②항**

| 무기 또는 3년 이상의 징역 | 무기 또는 5년 이상의 징역 |
|---|---|
| 위험물을 유출하여 사람을 상해에 이르게 한 자 | 위험물을 유출하여 사람을 사망에 이르게 한 자 |

답 ②

★★
**43** 제조소 등이 아닌 장소에서 지정수량 이상의 위험물을 저장 또는 취급한 자의 벌칙에 해당되는 것은?

① 1년 이하의 징역 또는 1000만원 이하의 벌금
② 1년 이상의 징역 또는 1000만원 이하의 벌금
③ 3년 이하의 징역 또는 1500만원 이하의 벌금
④ 3년 이하의 징역 또는 3000만원 이하의 벌금

해설 **위험물법 34조 3**

**3년 이하의 징역 또는 3000만원 이하의 벌금**

제조소 등이 아닌 장소에서 지정수량 이상의 위험물을 저장 또는 취급한 자

답 ④

**44** 변경허가 없이 제조소 등을 변경한 자는 얼마 이하의 벌금에 처하도록 되어 있는가?

① 100만원 ② 200만원
③ 300만원 ④ 1500만원

해설 **위험물법 36조**

**1500만원 이하의 벌금**

(1) **위험물**의 **저장·취급**에 관한 중요기준 위반
(2) 제조소 등의 무단 변경
(3) **제조소** 등의 **사용정지** 명령 위반
(4) **안전관리자**를 **미선임**한 관계인
(5) 대리인을 미지정한 관계인
(6) 탱크시험자의 업무정지 명령 위반
(7) **무허가장소**의 위험물 조치 명령 위반

답 ④

**45** 다음 중 1500만원 이하의 벌금에 해당되지 않는 것은?

① 제조소 등의 사용정지명령을 위반한 자
② 제조소 등에 위험물 안전관리자를 선임하지 아니한 관계인
③ 탱크 안전 성능시험자의 업무정지명령을 위반한 자
④ 자체소방대를 두지 않고 제조소 등의 허가를 받은 자

해설 문제 44 참조

④ **1년 이하**의 **징역** 또는 **1000만원** 이하의 **벌금**

답 ④

★
**46** 제조소 등에서 위험물의 취급에 관한 안전관리와 감독을 하지 아니한 자의 벌칙은?

① 100만원 이하의 벌금
② 200만원 이하의 벌금
③ 300만원 이하의 벌금
④ 1000만원 이하의 벌금

해설 **위험물법 37조**

**1000만원 이하의 벌금**

(1) **위험물 취급**에 관한 안전관리와 감독하지 않은 자
(2) **위험물 운반**에 관한 중요기준 위반
(3) 요건을 갖추지 아니한 위험물운전자
(4) 위험물안전관리자 또는 그 대리자가 참여하지 아니한 상태에서 위험물을 취급한 자
(5) 변경한 예방규정을 제출하지 아니한 관계인으로서 제조소 등의 설치 허가를 받은 자
(6) 관계인의 정당업무방해 또는 출입·검사 등의 비밀누설
(7) 운송규정을 위반한 위험물운송자

답 ④

**47** 다음 중 1000만원 이하의 벌금에 해당되지 않는 것은?

① 제조소 등에서 관계인의 정당한 업무를 방해하거나 출입·검사 등을 수행하면서 알게 된 비밀을 누설한 자

② 위험물의 운반에 관한 중요기준에 따르지 아니한 자
③ 위험물 운송규정을 위반한 위험물 운송자
④ 위험물의 저장·취급에 관한 중요기준을 위반한 자

해설 **문제 46 참조**

④ **1500만원** 이하의 **벌금**

답 ④

**48** **위험물의 임시저장에 따른 승인을 받지 아니한 자의 벌칙은?**

① 100만원 이하의 벌금
② 200만원 이하의 벌금
③ 200만원 이하의 과태료
④ 500만원 이하의 과태료

해설 **위험물법 39조**
**500만원 이하의 과태료**
(1) **위험물**의 **임시저장** 미승인
(2) 위험물의 저장·취급에 관한 세부기준 위반
(3) 제조소 등의 지위 승계 거짓 신고
(4) **제조소 등**의 **점검결과** 기록보존 아니한 자
(5) **위험물**의 **운송기준** 미준수자
(6) 제조소 등의 폐지 허위 신고

답 ④

**49** **다음 중 위험물안전관리법령상 과태료의 부과권한이 없는 자는?**

① 소방청장
② 시·도지사
③ 소방본부장
④ 소방서장

해설 **위험물법 39조 ②항**
**과태료**
부과권자 ┬ **시·도지사**
├ **소방본부장**
└ **소방서장**

답 ①

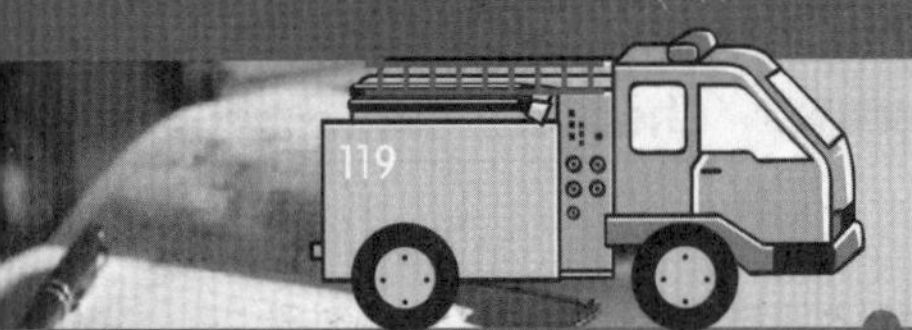

# 2. 위험물안전관리법 시행령

**01** 위험물 제조소 등의 완공검사합격확인증을 잃어버려 재발급을 받은 자는 잃어버린 완공검사합격확인증을 발견하는 경우에는 이를 며칠 이내에 완공검사합격확인증을 재발급한 시·도지사에게 제출하여야 하는가?

① 7 ② 10
③ 14 ④ 30

해설 **위험물령 10조**
제조소 등의 재발급 완공검사합격확인증 제출
(1) 제출일 : **10일** 이내
(2) 제출대상 : **시·도지사**

답 ②

★★★
**02** 지정수량의 몇 배 이상의 위험물을 취급하는 제조소에는 화재예방을 위한 예방규정을 정하여야 하는가?

① 10 ② 20
③ 30 ④ 40

해설 **위험물령 15조**
예방규정을 정하여야 할 제조소 등
(1) **10배** 이상의 **제조소·일반취급소**
(2) **100배** 이상의 **옥외저장소**
(3) **150배** 이상의 **옥내저장소**
(4) **200배** 이상의 **옥외탱크저장소**
(5) **이송취급소**
(6) **암반탱크저장소**

**예방규정** : 제조소 등의 화재예방과 화재 등 재해발생시의 비상조치를 위한 규정

답 ①

**03** 지정수량의 몇 배 이상의 위험물을 취급하는 옥외저장소에는 화재예방을 위한 예방규정을 정하여야 하는가?

① 10 ② 20
③ 30 ④ 100

해설 문제 2 참조

답 ④

**04** 예방규정을 정하여야 할 제조소 등으로 틀린 것은?

① 지정수량 10배 이상의 제조소
② 지정수량 200배 이상의 옥외 탱크 저장소
③ 지정수량 150배 이상의 옥외저장소
④ 지정수량 10배 이상의 일반취급소

해설 **문제 2 참고**

③ 지정수량 **100배** 이상의 옥외저장소

답 ③

**05** 위험물 운송책임자의 감독·지원을 받아 운송하여야 하는 위험물은?

① 알킬알루미늄 ② 아세트알데히드
③ 산화프로필렌 ④ 히드록실아민

해설 **위험물령 19조**
운송책임자의 감독·지원을 받는 위험물
(1) 알킬알루미늄
(2) 알킬리튬
(3) 알킬알루미늄 또는 알킬리튬 함유 위험물

답 ①

**06** 다음 중 운송책임자의 감독 또는 지원을 받아 운송하여야 하는 위험물은?

① 과염소산, 질산
② 알킬알루미늄, 알킬리튬
③ 아염소산염류, 과염소산염류
④ 마그네슘, 질산염류

해설 **문제 5 참조**

답 ②

**07** 한국소방산업기술원에 위탁하는 탱크 안전성능검사가 아닌 것은?

① 용량이 100만$l$ 이상인 액체위험물을 저장하는 탱크
② 암반탱크
③ 지하탱크저장소의 위험물탱크 중 행정안전부령이 정하는 액체위험물탱크
④ 옥외저장 탱크

해설 **위험물령 17·22조**

| 정기검사의 대상인 제조소 등 | 한국소방산업기술원에 위탁하는 탱크안전성능검사 |
|---|---|
| 액체위험물을 저장 또는 취급하는 **50만$l$** 이상의 **옥외탱크저장소** | ① **100만$l$** 이상인 액체위험물을 저장하는 탱크<br>② 암반탱크<br>③ 지하탱크저장소의 액체위험물탱크 |

답 ④

**08** 위험물은 그 성질에 따라 유별로 분류하고 있다. 몇 가지 유별로 정하고 있는가?

① 4 ② 5
③ 6 ④ 7

해설 **위험물령 〔별표 1〕**
**위험물**

| 유 별 | 성 질 | 품 명 |
|---|---|---|
| 제1류 | 산화성 고체 | • 아염소산염류<br>• 염소산염류<br>• 과염소산염류<br>• 질산염류<br>• 무기과산화물 |
| 제2류 | 가연성 고체 | • 황화린<br>• 적린<br>• 유황<br>• 마그네슘 |
| 제3류 | 자연발화성 물질 및 금수성 물질 | • 황린<br>• 칼륨<br>• 나트륨 |
| 제4류 | 인화성 액체 | • 특수인화물<br>• 석유류<br>• 알코올류<br>• 동식물유류 |
| 제5류 | 자기반응성 물질 | • 셀룰로이드<br>• 유기과산화물<br>• 니트로화합물<br>• 니트로소화합물<br>• 아조화합물 |
| 제6류 | 산화성 액체 | • 과염소산<br>• 산화수소<br>• 질산 |

답 ③

**09** 산화성 고체인 제1류 위험물에 해당하는 것은?

① 질산염류 ② 특수인화물
③ 과염소산 ④ 유기과산화물

해설 **문제 8 참조**

① 제1류 ② 제4류 ③ 제6류 ④ 제5류

답 ①

**10** 산화성 고체이며 제1류 위험물에 해당하는 것은?

① 황화린 ② 칼륨
③ 유기과산화물 ④ 염소산염류

해설 **문제 8 참조**

① 제2류 ② 제3류 ③ 제5류 ④ 제1류

답 ④

**11** 다음 중 가연성 고체인 것은?

① 과염소산 ② 아세트알데히드
③ 질산 ④ 마그네슘

해설 **문제 8 참조**

① 산화성 액체 ② 인화성 액체
③ 산화성 액체 ④ 가연성 고체

답 ④

★★★
**12** 다음 중 가연성 고체가 아닌 것은?

① 황린 ② 황화린
③ 적린 ④ 유황

해설 **문제 8 참조**

① 자연발화성물질 및 금수성물질

답 ①

**13** 인화성 액체인 것은?

① 과염소산 ② 동식물유류
③ 과산화수소 ④ 질산

해설 **문제 8 참조**

①, ③, ④ 제6류 위험물(산화성 액체)

답 ②

**14** 위험물 중 인화성 액체에 해당하는 것은?

① 유기과산화물 ② 알킬알루미늄
③ 과산화수소 ④ 알코올류

해설 **문제 8 참조**

① 제5류 위험물(**자기반응성**물질)
② 제3류 위험물(**자연발화성**물질 및 **금수성** 물질)
③ 제6류 위험물(**산화성 액체**)

답 ④

**15** 위험물 제4류에 해당되는 것은?

① 특수인화물, 염류, 황산
② 알코올, 황린, 니트로화합물류
③ 제1석유류, 알코올류, 특수인화물
④ 동식물유류, 질산, 과산화물

해설 **문제 8 참조** 답 ③

★
**16** 위험물로서 제5류 자기반응성 물질에 해당되는 것은?

① 니트로소화합물 ② 과염소산염류
③ 금속분 ④ 알코올류

해설 **문제 8 참조**

② 제1류 위험물
③ 제2류 위험물
④ 제4류 위험물

답 ①

**17** 위험물 중 "자기반응성 물질"인 것은?

① 황린 ② 아염소산염류
③ 특수인화물 ④ 셀룰로이드

해설 **문제 8 참조**

① 제3류 위험물(**자연발화성**물질 및 **금수성**물질)
② 제1류 위험물(**산화성 고체**)
③ 제4류 위험물(**인화성 액체**)
④ 제5류 위험물(**자기반응성**물질)

답 ④

★★★
**18** 다음 중 자기반응성물질이 아닌 것은?

① 히드록실아민 ② 아조화합물
③ 무기과산화물 ④ 히드라진 유도체

해설 **문제 8 참조**

③ 제1류 위험물(산화성 고체)

답 ③

**19** 형상은 다르지만 모두 "산화성"인 것은?

① 제2류 위험물과 제4류 위험물
② 제3류 위험물과 제5류 위험물
③ 제1류 위험물과 제6류 위험물
④ 제2류 위험물과 제5류 위험물

해설 **문제 8 참조**

**산화성** : **제1류** 위험물과 **제6류** 위험물

답 ③

**20** 제4류 위험물의 품명별 지정수량의 표기가 잘못된 것은?

① 특수인화물－50리터
② 제1석유류(비수용성 액체)－200리터
③ 알코올류－100리터
④ 동식물유류－10000리터

해설 **위험물령 〔별표 1〕**
**제4류 위험물**

| 성질 | 품명 | | 지정수량 |
|---|---|---|---|
| 인화성액체 | 특수인화물 | | $50l$ |
| | 제1석유류 | 비수용성 | $200l$ |
| | | 수용성 | $400l$ |
| | 알코올류 | | $400l$ |
| | 제2석유류 | 비수용성 | $1000l$ |
| | | 수용성 | $2000l$ |
| | 제3석유류 | 비수용성 | $2000l$ |
| | | 수용성 | $4000l$ |
| | 제4석유류 | | $6000l$ |
| | 동식물유류 | | $10000l$ |

답 ③

**21** 제4류 위험물로서 제3석유류(비수용성액체)의 지정수량은 몇 리터인가?

① 500 ② 1000
③ 1500 ④ 2000

해설 **문제 20 참조**

답 ④

**22** 위험물과 그 지정수량의 조합으로 옳은 것은?

① 황린 20kg ② 염소산염류 30kg
③ 과염소산 200kg ④ 질산 200kg

해설 **위험물령 〔별표 1〕**
**위험물**

| 품명 | 지정수량 |
|---|---|
| 황린 | 20kg |
| 염소산염류 | 50kg |
| 과염소산 | 300kg |
| 질산 | |

답 ①

**23** 소방관련법령에 의한 위험물의 각 품명에 대한 설명 중 틀린 것은?

① 제1석유류란 아세톤 및 휘발유 그밖의 액체로서 인화점이 섭씨 21도 미만인 것을 말한다.
② 철분이란 철의 분말로서 53$\mu$m의 표준체를 통과하는 것이 50중량% 미만인 것은 제외한다.
③ 질산이란 비중이 1.82 이상인 것을 말한다.
④ 알코올류란 1분자를 구성하는 탄소원자의 수가 1개부터 3개까지인 포화1가 알코올을 말한다.

해설 **위험물령 〔별표 1〕**
**위험물**

(1) **과산화수소** : 농도 **36wt%** 이상
(2) **유황** : 순도 **60wt%** 이상
(3) **질산** : 비중 **1.49** 이상

답 ③

**24** 위험물로서 "특수인화물"에 속하지 않는 것은?

① 이황화탄소 ② 휘발유
③ 디에틸에테르 ④ 산화프로필렌

해설 **위험물령 〔별표 1〕 비고**
**제4류 위험물**

| 품명 | 대표물질 |
|---|---|
| 특수인화물 | • 디에틸에테르 • 산화프로필렌<br>• 이황화탄소 • 아세트알데히드 |
| 제1석유류 | • 아세톤<br>• 휘발유<br>• 콜로디온 |
| 제2석유류 | • 등유<br>• 경유 |
| 제3석유류 | • 중유<br>• 크레오소트유 |
| 제4석유류 | • 기어유<br>• 실린더유 |

답 ②

**25** 위험물 제4류 인화성 액체로서 특수인화물에 속하는 것은?

① 이황화탄소 ② 아세톤
③ 도료류 ④ 퓨젤유

해설 **문제 24 참조**

① 제4류(특수 인화물)
② 제4류(제1석유류)
③ 위험물이 아님
④ 제4류(알코올류)

답 ①

**26** 점포에서 위험물을 용기에 담아 판매하기 위하여 지정수량의 40배 이하의 위험물을 취급하는 장소는?

① 일반취급소 ② 주유취급소
③ 판매취급소 ④ 이송취급소

해설 **위험물령 〔별표 3〕**
**위험물 취급소의 구분**

| 구 분 | 설 명 |
|---|---|
| 주유 취급소 | 고정된 주유설비에 의하여 **자동차**·**항공기** 또는 **선박** 등의 연료탱크에 직접 주유하기 위하여 위험물을 취급하는 장소 |
| 판매 취급소 | **점포**에서 위험물을 용기에 담아 판매하기 위하여 지정수량의 **40배** 이하의 위험물을 취급하는 장소 |
| 이송 취급소 | 배관 및 이에 부속된 설비에 의하여 위험물을 **이송**하는 장소 |
| 일반 취급소 | 주유취급소·판매취급소·이송취급소 이외의 장소 |

답 ③

**27** 판매취급소란 점포에서 위험물을 용기에 담아 판매하기 위하여 지정수량의 몇 배 이하의 위험물을 취급하는 장소를 말하는가?

① 10 ② 20
③ 30 ④ 40

해설 **위험물령 〔별표 3〕**

**판매취급소**: **점포**에서 위험물을 용기에 담아 판매하기 위하여 지정수량의 **40배** 이하의 위험물을 취급하는 장소

답 ④

**28** 위험물 탱크 안전성능시험자의 기술능력에 해당되는 것은?

① 위험물기능사 2명 이상
② 위험물기능사 1명 및 비파괴시험의 종목별 시험기사 각각 1명 이상
③ 위험물기능사 혹은 비파괴시험기사 2명 이상
④ 고압 가스 기능사 및 비파괴시험기사 각각 1명 이상

해설 **위험물령 〔별표 7〕**
**위험물 탱크 안전성능시험자의 기술능력·시설·장비**

| 기술능력(필수인력) | 시설 | 장비(필수장비) |
|---|---|---|
| • 위험물기능장·산업기사·기능사 **1명** 이상<br>• 비파괴검사기술사 **1명** 이상·초음파비파괴검사·자기비파괴검사·침투비파괴검사별로 기사 또는 산업기사 각 **1명** 이상 | 전용 사무실 | • 영상초음파탐상시험기<br>• 방사선투과시험기 및 초음파탐상시험기 (택 1)<br>• 자기탐상시험기<br>• 초음파두께측정기 |

답 ②

# 3. 위험물안전관리법 시행규칙

출제확률  (1문제)



**01** 도로에 해당되지 않는 것은?

① 도로법에 의한 도로
② 항만법에 의한 항만시설 중 임항교통시설에 해당하는 도로
③ 사도법에 의한 사도
④ 일반교통에 이용되는 너비 1m 이상의 도로로서 자동차의 통행이 가능한 것

해설 **위험물규칙 2조**
**도로**
(1) 도로법에 의한 도로
(2) 임항교통시설의 도로
(3) 사도
(4) 일반교통에 이용되는 너비 **2m** 이상의 도로(자동차의 통행이 가능한 것)

답 ④

**02** 염소화규소화합물은 몇 류 위험물에 해당되는가?

① 제1류 위험물
② 제3류 위험물
③ 제5류 위험물
④ 제6류 위험물

해설 **위험물규칙 3조**
**위험물 품명의 지정**

| 품명 | 지정물질 |
|---|---|
| 제1류 위험물 | ① 과요오드산염류<br>② 과요오드산<br>③ 크롬, 납 또는 요오드의 산화물<br>④ 아질산염류<br>⑤ 차아염소산염류<br>⑥ 염소화이소시아눌산<br>⑦ 퍼옥소이황산염류<br>⑧ 퍼옥소붕산염류 |
| 제3류 위험물 | ① 염소화규소화합물 |
| 제5류 위험물 | ① 금속의 아지화합물<br>② 질산구아니딘 |
| 제6류 위험물 | ① 할로겐간화합물 |

답 ②

**03** 위험물을 저장 또는 취급하는 탱크의 용량산정 방법은?

① 탱크의 용량=탱크의 내용적+탱크의 공간용적
② 탱크의 용량=탱크의 내용적－탱크의 공간용적
③ 탱크의 용량=탱크의 내용적×탱크의 공간용적
④ 탱크의 용량=탱크의 내용적÷탱크의 공간용적

해설 **위험물 규칙 5조 ①항**
위험물을 저장 또는 취급하는 탱크의 용량은 해당 탱크의 내용적에서 공간용적을 뺀 용적으로 한다.

탱크의 용량=탱크의 내용적-탱크의 공간용적

답 ②

**04** 위험물 저장 탱크의 내용적을 산출하기 위한 식 중 다음 그림에 해당되는 것은 어느 것인가?

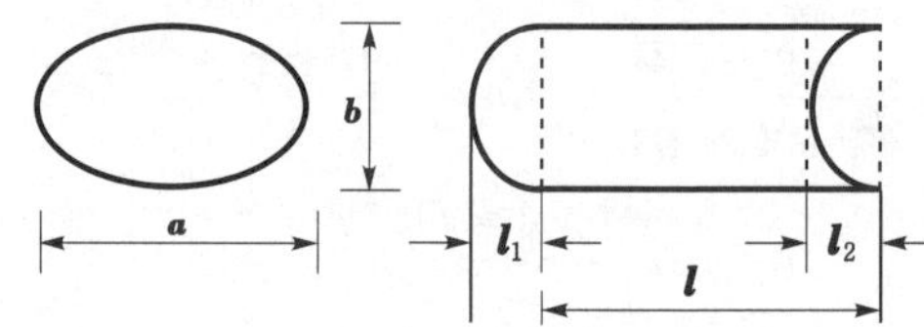



① $\frac{\pi ab}{4}\left(l+\frac{l_1+l_2}{3}\right)$
② $\frac{\pi ab}{4}\left(l+\frac{l_1-l_2}{3}\right)$
③ $\pi r^2\left(l+\frac{l_1+l_2}{3}\right)$
④ $\pi r^2 l$

해설 **위험물 고시 〔별표 1〕**
**탱크의 내용적**
(1) 타원형 탱크의 내용적
① 양쪽이 볼록한 것

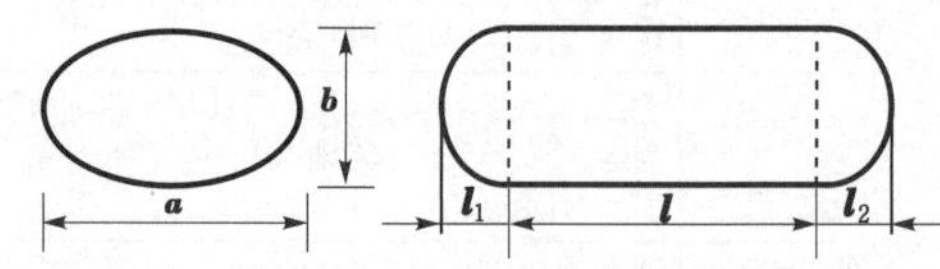



$$내용적=\frac{\pi ab}{4}\left(l+\frac{l_1+l_2}{3}\right)$$

② 한쪽은 볼록하고 다른 한쪽은 오목한 것

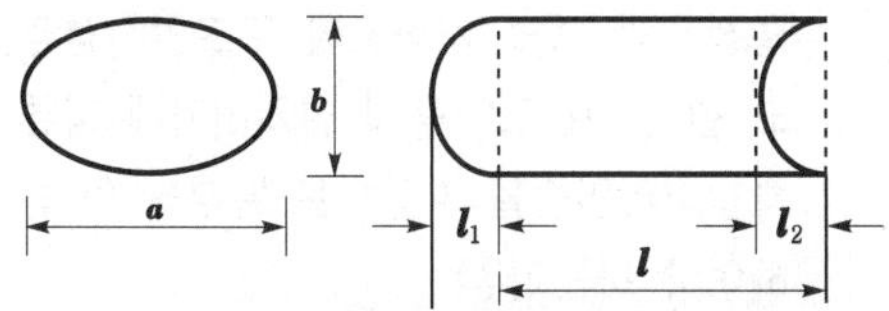


$$\text{내용적} = \frac{\pi ab}{4}\left(l + \frac{l_1 - l_2}{3}\right)$$

(2) 원형 탱크의 내용적

① 횡으로 설치한 것

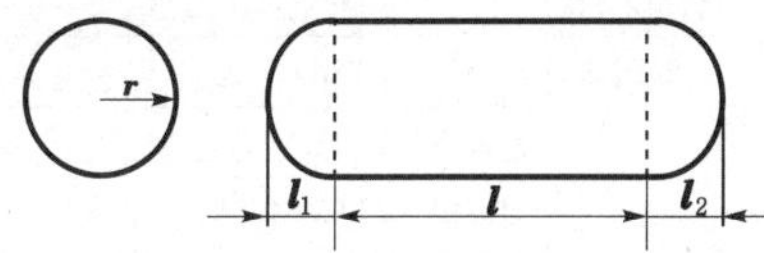


$$\text{내용적} = \pi r^2\left(l + \frac{l_1 + l_2}{3}\right)$$

② 종으로 설치한 것

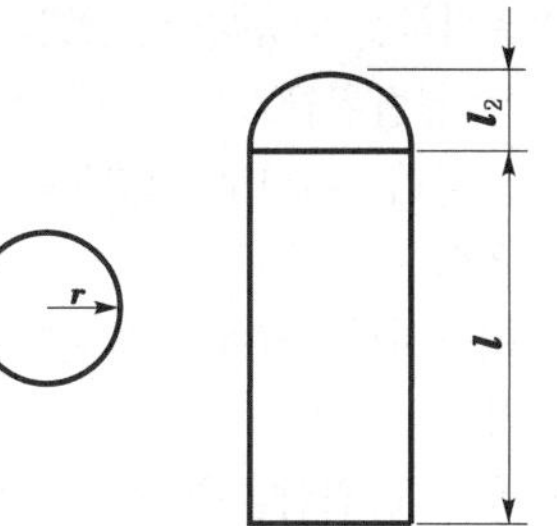


$$\text{내용적} = \pi r^2 l$$

답 ②

## 05 그림과 같은 위험물 저장 탱크의 내용적($m^3$)은?

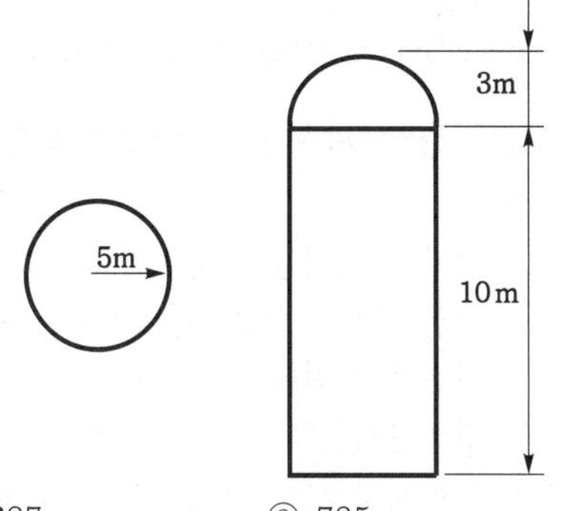


① 687　　② 785

③ 814　　④ 954

해설 **문제 4 참조**

내용적$= \pi r^2 l$

$= \pi \times (5\text{m})^2 \times 10\text{m} \fallingdotseq 785\text{m}^3$

답 ②

## 06 그림과 같은 콘 루프 탱크(cone roof tank)의 내용적($m^3$)은?

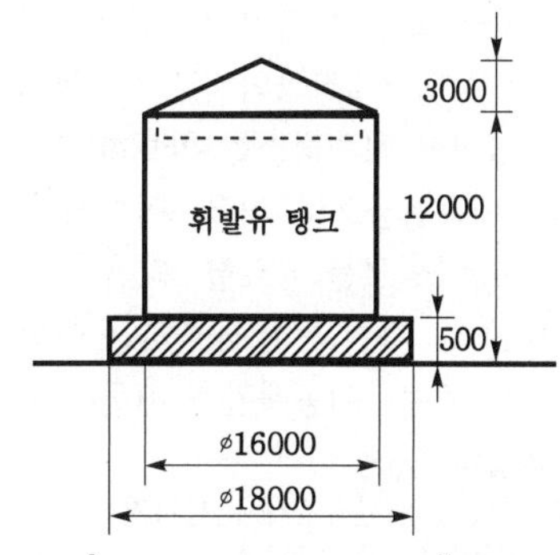


① $2312\text{m}^3$　　② $2413\text{m}^3$

③ $2926\text{m}^3$　　④ $3016\text{m}^3$

해설 **문제 4 참조**

내용적$= \pi r^2 l$

$= \pi \times (8000\text{mm})^2 \times (12000 - 500)\text{mm}$

$= \pi \times (8\text{m})^2 \times (12 - 0.5)\text{m}$

$\fallingdotseq 2312\text{m}^3$

답 ①

## 07 그림과 같은 위험물을 적재한 tank lorry의 내용적($m^3$)은?

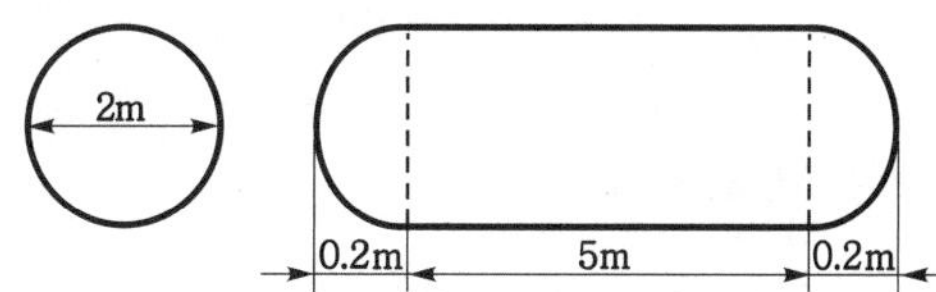


① $8.13\text{m}^3$　　② $12.13\text{m}^3$

③ $16.13\text{m}^3$　　④ $20.13\text{m}^3$

해설 **문제 4 참조**

내용적$= \pi r^2\left(l + \frac{l_1 + l_2}{3}\right)$

$= \pi \times (1\text{m})^2 \times \left(5 + \frac{0.2 + 0.2}{3}\right)\text{m}$

$\fallingdotseq 16.13\text{m}^3$

답 ③

## 08 제조소 등의 변경허가의 신청서류가 아닌 것은?

① 제조소 등의 완공검사합격확인증

② 제조소 등의 위치 · 구조 및 설비에 관한 도면

③ 소화기구를 설치하는 제조소 등의 설계도서

④ 화재예방에 관한 조치사항을 기재한 서류

해설 **위험물규칙 7조**

**제조소 등의 변경허가 신청서류**

(1) 제조소 등의 **완공검사합격확인증**

(2) 제조소 등의 **위치 · 구조** 및 설비에 관한 **도면**

(3) 소화설비(**소화기구 제외**)를 설치하는 제조소 등의 설계도서

(4) **화재예방**에 관한 조치사항을 기재한 **서류**

답 ③

**09** 제조소 등의 완공검사 신청시기가 틀린 것은?

① 지하탱크가 있는 제조소등의 경우 : 해당 지하 탱크를 매설한 후
② 이동탱크저장소의 경우 : 이동저장탱크를 완공하고 상치장소를 확보한 후
③ 이송취급소의 경우 : 이송배관공사의 전체 또는 일부를 완료한 후
④ 지하 · 하천 등에 매설하는 이송배관의 공사의 경우 : 이송배관을 매설하기 전

해설 **위험물규칙 20조**
**제조소 등의 완공검사 신청시기**
(1) **지하탱크**가 있는 **제조소**
해당 지하 탱크를 매설하기 전
(2) **이동탱크저장소**
이동저장 탱크를 완공하고 상치장소를 확보한 후
(3) **이송취급소**
이송배관공사의 전체 또는 일부를 완료한 후(지하 · 하천 등에 매설하는 것은 이송배관을 매설하기 전)

답 ①

**10** 위험물 운송책임자는 해당 위험물의 취급에 관한 국가기술자격을 취득하고 관련 업무에 몇 년 이상 종사한 경력이 있는 자이어야 하는가?

① 1 ② 2
③ 3 ④ 4

해설 **위험물규칙 52조**
**위험물의 운송책임자**
(1) 기술자격을 취득하고 **1년** 이상 경력이 있는 자
(2) 안전교육을 수료하고 **2년** 이상 경력이 있는 자

답 ①

**11** 제조소 등의 정기점검 횟수는?

① 연 1회 이상 ② 연 2회 이상
③ 연 3회 이상 ④ 연 4회 이상

해설 **위험물규칙 64조**
**제조소 등의 정기점검 횟수**
**연 1회** 이상

답 ①

**12** 특정 · 준특정 옥외탱크저장소란 옥외탱크저장소 중 저장 또는 취급하는 액체위험물의 최대수량이 몇 리터 이상인 것을 말하는가?

① 1만 리터 ② 10만 리터
③ 50만 리터 ④ 1000만 리터

해설 **위험물규칙 65조**
**특정 · 준특정 옥외탱크저장소**
옥외탱크저장소 중 저장 또는 취급하는 액체 위험물의 최대수량이 50만$l$ 이상인 것

답 ③

**13** 특정옥외 탱크 저장소에 구조안전점검을 하려고 한다. 제조소 등의 설치허가에 따른 완공검사합격확인증을 발급받은 날부터 몇 년 이내에 하여야 하는가?

① 1년 ② 11년
③ 12년 ④ 13년

해설 **위험물규칙 65조**
**특정옥외 탱크 저장소의 구조안전점검기간**

| 점검기간 | 조건 |
|---|---|
| 11년 이내 | 최근의 정밀정기검사를 받은 날부터 |
| 12년 이내 | 완공검사합격확인증을 발급받은 날부터 |
| 13년 이내 | 최근의 정밀정기검사를 받은 날부터(연장신청을 한 경우) |

답 ③

**14** 자체소방대의 설치대상인 일반취급소는?

① 위험물을 이용하여 제품을 생산 또는 가공하는 일반취급소
② 보일러, 버너로 위험물을 소비하는 일반취급소
③ 이동저장탱크에 위험물을 주입하는 일반취급소
④ 용기에 위험물을 옮겨담는 일반취급소

해설 **위험물규칙 73조**
**자체소방대의 설치제외 대상인 일반취급소**
(1) **보일러 · 버너** 등에 의한 일반취급소
(2) **이동저장탱크**에 위험물을 주입하는 일반취급소
(3) **용기**에 위험물을 옮겨 담는 일반취급소
(4) **유압장치 · 윤활유순환장치**로 위험물을 취급하는 일반취급소
(5) **광산안전법**의 **적용을 받는** 일반취급소

답 ①

**15** 다음 중 자체소방대의 설치대상인 일반취급소는?

① 용기에 위험물을 옮겨 담는 일반취급소
② 유압장치, 윤활유순환장치로 위험물을 취급하는 일반취급소
③ 광산안전법의 적용을 받지 않는 일반취급소
④ 이동저장탱크에 위험물을 주입하는 일반취급소

해설 **문제 14 참조**
③ 광산안전법의 적용을 받는 일반취급소

답 ③

★★★
**16** 위험물제조소의 안전거리로서 옳지 않은 것은?

① 3m 이상－7~35kV 이하의 특고압가공전선
② 5m 이상－35kV를 초과하는 특고압가공전선
③ 20m 이상－주거용으로 사용하는 것
④ 50m 이상－유형 문화재

해설 **위험물 규칙 〔별표 4〕**
**위험물제조소의 안전거리**

| 안전거리 | 대 상 |
|---|---|
| 3m 이상 | • **7~35kV** 이하의 특고압가공전선 |
| 5m 이상 | • **35kV**를 초과하는 특고압가공전선 |
| 10m 이상 | • **주거용**으로 사용되는 것 |
| 20m 이상 | • 고압가스 **제조**시설(용기에 충전하는 것 포함)<br>• 고압가스 **사용**시설(1일 30m$^3$ 이상 용적 취급)<br>• 고압가스 **저장**시설<br>• 액화산소 **소비**시설 |
| 20m 이상 | • 액화석유가스 제조 · 저장시설<br>• 도시가스 공급시설 |
| 30m 이상 | • 학교<br>• 병원급 의료기관<br>• 공연장<br>• 영화상영관 ─ **300명** 이상 수용시설<br>• 아동복지시설<br>• 노인복지시설<br>• 장애인복지시설<br>• 한부모가족복지시설<br>• 어린이집<br>• 성매매피해자 등을 위한 지원시설<br>• 정신건강증진시설<br>• 가정폭력 피해자 보호시설 ─ **20명** 이상 수용시설 |
| 50m 이상 | • 유형 문화재<br>• 지정 문화재 |

답 ③

**17** 사용전압 35000V를 초과하는 특고압가공전선에 대한 위험물제조소의 안전거리는?

① 3m 이상 ② 5m 이상
③ 10m 이상 ④ 20m 이상

해설 **문제 16 참조**

답 ②

**18** 위험물제조소의 안전거리를 30m 이상으로 하여야 하는 경우에 해당되지 않는 것은 어느 것인가?

① 학교로서 수용인원이 200명 이상인 것
② 치과병원으로서 수용인원이 200명 이상인 것
③ 요양병원으로서 수용인원이 200명 이상인 것
④ 공연장으로서 수용인원이 200명 이상인 것

해설 **문제 16 참조**

④ 공연장으로서 수용인원이 **300명 이상**인 것

답 ④

**19** 지정수량 10배 이하의 위험물제조소의 보유공지 너비는?

① 3m 이상 ② 5m 이상
③ 7m 이상 ④ 9m 이상

해설 **위험물 규칙 〔별표 4〕**
**위험물제조소의 보유공지**

| 취급하는 위험물의 최대수량 | 공지의 너비 |
|---|---|
| 지정수량의 10배 이하 | **3m** 이상 |
| 지정수량의 10배 초과 | **5m** 이상 |

답 ①

**20** 취급하는 위험물의 최대수량이 지정수량의 10배 이상일 경우 보유공지의 너비는?

① 3m 이상 ② 5m 이상
③ 7m 이상 ④ 9m 이상

해설 **문제 19 참조**

답 ②

**21** 위험물을 취급하는 건축물의 방화벽을 불연재료로 하였다. 주위에 보유공지를 두지 않고 취급할 수 있는 위험물의 종류는?

① 제1류 위험물 ② 제3류 위험물
③ 제5류 위험물 ④ 제6류 위험물

해설 **위험물 규칙 〔별표 4〕**
**보유공지를 제외할 수 있는 방화상 유효한 격벽의 설치기준**

(1) 방화벽은 **내화구조**로 할 것(단, 취급하는 위험물이 **제6류 위험물**인 경우에는 **불연재료**로 할 수 있다.)
(2) 방화벽에 설치하는 출입구 및 창 등의 개구부는 가능한 한 **최소**로 하고, 출입구 및 창에는 자동폐쇄식의 **갑종방화문**을 설치할 것
(3) 방화벽의 양단 및 상단이 외벽 또는 지붕으로부터 **50cm** 이상 돌출하도록 할 것

답 ④

★★
**22** 위험물제조소 표지의 바탕색은?

① 청색 ② 적색
③ 백색 ④ 흑색

해설 **위험물 규칙 〔별표 4〕**
**위험물제조소의 표지**

(1) 한 변의 길이가 **0.3m** 이상, 다른 한 변의 길이가 **0.6m** 이상인 직사각형일 것
(2) 바탕은 **백색**으로, 문자는 **흑색**일 것

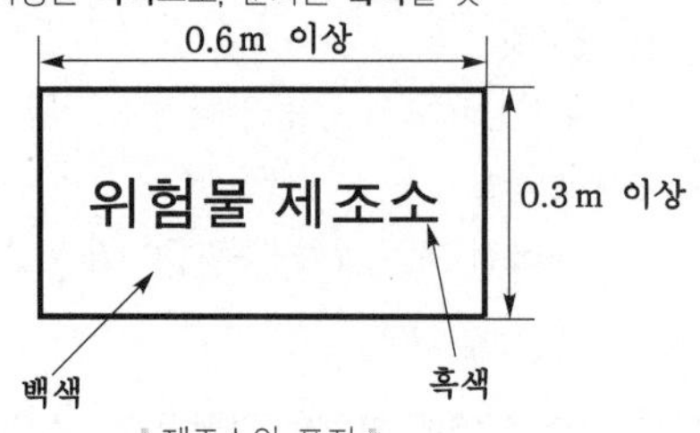


‖ 제조소의 표지 ‖

답 ③

## 23 위험물제조소 등에 설치하는 표지 및 게시판에 관한 규격으로서 적합하지 않은 것은?

① 표지의 규격은 한 변의 길이가 0.3m, 다른 한 변의 길이가 0.6m 이상의 것일 것
② 표지의 바탕은 백색으로 하고, 문자는 적색으로 할 것
③ 표지에는 반드시 위험물제조소라는 뜻을 표시할 것
④ 게시판의 바탕은 백색, 문자는 흑색으로 할 것

해설 **문제 22 참조**

② 표지의 바탕은 **백색**으로 하고, 문자는 **흑색**으로 할 것

답 ②

## 24 제4류 위험물을 저장하는 위험물제조소의 주의사항을 표시한 게시판의 내용으로 적합한 것은?

① 물기주의 ② 물기엄금
③ 화기주의 ④ 화기엄금

해설 **위험물 규칙 〔별표 4〕**
**위험물제조소의 게시판 설치기준**

| 위험물 | 주의사항 | 비 고 |
|---|---|---|
| • 제1류 위험물(알칼리금속의 과산화물)<br>• 제3류 위험물(금수성 물질) | 물기엄금 | **청색**바탕에 **백색**문자 |
| • 제2류 위험물(인화성 고체 제외) | 화기주의 | **적색**바탕에 **백색**문자 |
| • 제2류 위험물(인화성 고체)<br>• 제3류 위험물(자연발화성 물질)<br>• 제4류 위험물<br>• 제5류 위험물 | 화기엄금 | |
| • 제6류 위험물 | 별도의 표시를 하지 않는다. | |

④ 제4류 위험물 : 화기엄금

답 ④

## 25 제3류 위험물 중 자연발화성 물질을 저장하는 위험물제조소의 게시판의 적합한 표시사항은?

① 화기주의 ② 물기엄금
③ 화기엄금 ④ 물기주의

해설 **문제 24 참조**

답 ③

## 26 제2류 위험물 중 인화성 고체를 저장하는 위험물제조소의 게시판 색은?

① 청색 바탕에 백색 문자
② 적색 바탕에 백색 문자
③ 백색 바탕에 흑색 문자
④ 흑색 바탕에 황색 반사도료

해설 **문제 24 참조**

답 ②

## 27 위험물을 취급하는 건축물의 조명설비의 적합기준이 아닌 것은?

① 연소의 우려가 없는 장소에 설치할 것
② 가연성 가스 등이 체류할 우려가 있는 장소의 조명등은 방폭등으로 할 것
③ 전선은 내화 · 내열전선으로 할 것
④ 점멸스위치는 출입구 바깥부분에 설치할 것

해설 **위험물 규칙 〔별표 4〕**
**제조소의 조명설비의 적합기준**

(1) 가연성 가스 등이 체류할 우려가 있는 장소의 조명등은 **방폭등**으로 할 것
(2) 전선은 **내화 · 내열전선**으로 할 것
(3) 점멸 스위치는 **출입구 바깥 부분**에 설치할 것(단, 스위치의 스파크로 인한 화재 · 폭발의 우려가 없는 경우는 제외)

답 ①

## 28 위험물제조소의 환기설비 중 급기구의 크기는? (단, 급기구가 설치된 실의 바닥면적은 150m$^2$ 이상이다.)

① 150cm$^2$ 이상 ② 300cm$^2$ 이상
③ 450cm$^2$ 이상 ④ 800cm$^2$ 이상

해설 **위험물 규칙 〔별표 4〕**
**위험물제조소의 환기설비**

(1) 환기는 **자연배기방식**으로 할 것
(2) 급기구는 바닥면적 **150m$^2$** 마다 1개 이상으로 하되, 그 크기는 **800cm$^2$** 이상일 것

| 바닥면적 | 급기구의 면적 |
|---|---|
| 60m$^2$ 미만 | 150cm$^2$ 이상 |
| 60~90m$^2$ 미만 | 300cm$^2$ 이상 |
| 90~120m$^2$ 미만 | 450cm$^2$ 이상 |
| 120~150m$^2$ 미만 | 600cm$^2$ 이상 |

(3) 급기구는 **낮은 곳**에 설치하고, **인화방지망**을 설치할 것
(4) 환기구는 지상 **2m** 이상의 높이에 **회전식 고정 벤티레이터** 또는 **루프 팬 방식**으로 설치할 것

답 ④

**29** 위험물제조소의 환기구는 지붕 위 또는 지상 몇 m 이상의 높이에 회전식 고정 벤티레이터 또는 루프 팬 방식으로 설치하여야 하는가?

① 1 ② 2
③ 3 ④ 4

해설 **문제 28 참조**

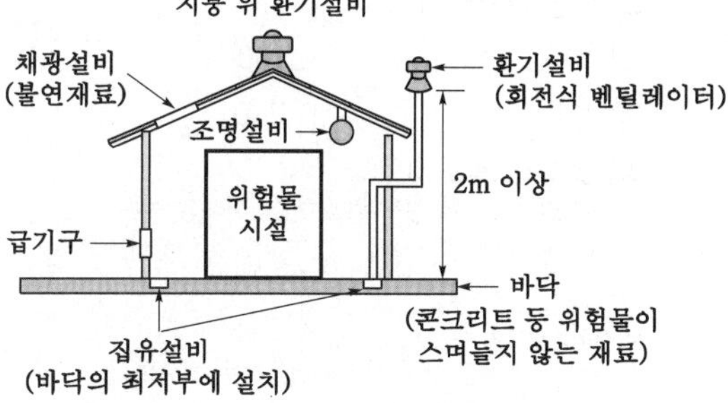

| 위험물제조소의 환기구 |

답 ②

**30** 환기설비를 설치하지 않아도 되는 경우는?

① 조명설비를 유효하게 설치한 경우
② 배출설비를 유효하게 설치한 경우
③ 채광설비를 유효하게 설치한 경우
④ 공기조화설비를 유효하게 설치한 경우

해설 **위험물 규칙 〔별표 4〕**

| 채광설비의 설치제외 | 환기설비의 설치제외 |
|---|---|
| **조명설비**가 설치되어 유효하게 조도가 확보되는 건축물 | **배출설비**가 설치되어 유효하게 환기가 되는 건축물 |

답 ②

**31** 위험물제조소의 배출설비의 배출능력은 1시간당 배출장소용적의 몇 배 이상인 것으로 하여야 하는가?

① 10 ② 20
③ 30 ④ 40

해설 **위험물 규칙 〔별표 4〕**
위험물제조소의 배출설비의 배출능력은 1시간당 배출장소용적의 **20배** 이상인 것으로 할 것(단, 전역방식의 경우 **$18m^3/m^2$** 이상으로 할 수 있다.)

답 ②

**32** 옥외에서 액체위험물을 취급하는 바닥의 기준으로 틀린 것은?

① 바닥의 둘레에 높이 0.3m 이상의 턱을 설치할 것
② 바닥은 콘크리트 등 위험물이 스며들지 아니하는 재료로 할 것
③ 바닥은 턱이 있는 쪽이 낮게 경사지게 할 것
④ 바닥의 최저부에 집유설비를 할 것

해설 **위험물 규칙 〔별표 4〕**
**옥외에서 액체위험물을 취급하는 바닥기준**
(1) 바닥의 둘레에 높이 **0.15m** 이상의 턱을 설치하는 등 위험물이 외부로 흘러나가지 아니하도록 할 것

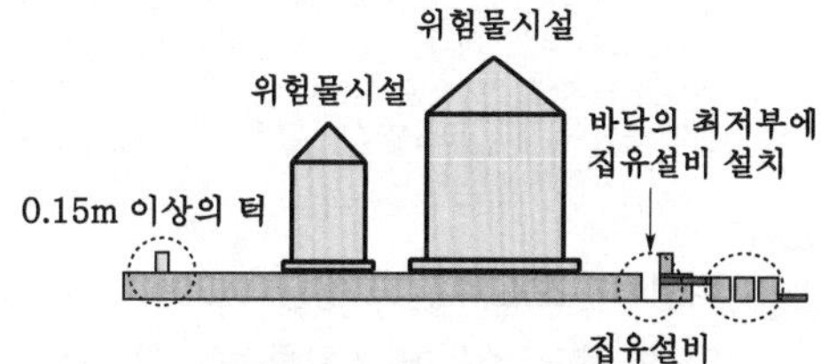

| 액체위험물을 취급하는 옥외설비의 바닥 |

(2) 바닥은 **콘크리트** 등 위험물이 스며들지 아니하는 재료로 하고, 턱이 있는 쪽이 낮게 경사지게 할 것
(3) 바닥의 **최저부**에 **집유설비**를 할 것
(4) 위험물을 취급하는 설비에 있어서는 해당 위험물이 직접 배수구에 흘러들어가지 아니하도록 집유설비에 **유분리장치**를 설치할 것

답 ①

**33** 다음은 위험물제조소에 설치하는 안전장치이다. 이 중에서 위험물의 성질에 따라 안전 밸브의 작동이 곤란한 가압설비에 한하여 설치하는 것은?

① 자동적으로 압력의 상승을 정지시키는 장치
② 감압측에 안전밸브를 부착한 감압 밸브
③ 안전 밸브를 병용하는 경보장치
④ 파괴판

해설 **위험물 규칙 〔별표 4〕**
**안전장치의 설치기준**
(1) 자동적으로 압력의 상승을 정지시키는 장치
(2) 감압측에 안전 밸브를 부착한 감압 밸브
(3) 안전 밸브를 병용하는 경보장치
(4) **파괴판** : 안전 밸브의 작동이 곤란한 경우에 사용

답 ④

**34** 지정수량의 몇 배 이상의 위험물을 취급하는 제조소에는 피뢰침을 설치하여야 하는가?

① 5배 ② 10배
③ 30배 ④ 35배

해설 **위험물 규칙 〔별표 4〕**
지정수량의 **10배** 이상의 위험물을 취급하는 제조소(제6류 위험물을 취급하는 위험물제조소 제외)에는 피뢰침을 설치하여야 한다. (단, 제조소 주위의 상황에 따라 안전상 지장이 없는 경우에는 피뢰침을 설치하지 아니할 수 있다.)

답 ②

**35** 위험물제조소의 하나의 취급 탱크 주위에 설치하는 방유제의 용량은 해당 탱크 용량의 몇 % 이상으로 하여야 하는가?

① 10　② 30
③ 50　④ 70

해설 **위험물 규칙 〔별표 4〕**
**위험물제조소**의 하나의 취급탱크 주위에 설치하는 방유제의 용량은 해당 탱크용량의 **50%** 이상으로 하고, 2 이상의 취급탱크 주위에 하나의 방유제를 설치하는 경우 그 방유제의 용량은 해당 탱크 중 용량이 최대인 것의 50%에 나머지 탱크 용량 합계의 **10%**를 가산한 양 이상이 되게 할 것

답 ③

★★★
**36** 위험물제조소의 탱크 용량이 $50m^3$ 및 $150m^3$인 2개의 탱크 주위에 설치하여야 할 방유제의 최소용량은?

① $30m^3$　② $50m^3$
③ $70m^3$　④ $80m^3$

해설 **문제 35 참조**
**위험물제조소 방유제 용량**
= 최대용량×0.5+기타용량의 합×0.1
$= 150 \times 0.5 + 50 \times 0.1 = 80m^3$

답 ④

**37** 위험물제조소의 탱크용량이 $100m^3$ 및 $180m^3$인 2개의 탱크 주위에 하나의 방유제를 설치하고자 하는 경우 방유제의 용량은 몇 $m^3$ 이상이어야 하는가?

① $100m^3$　② $140m^3$
③ $180m^3$　④ $280m^3$

해설 **위험물 규칙 〔별표 4〕**
**위험물제조소 방유제의 용량**
2개 이상 탱크이므로
**방유제 용량**
= 최대 탱크용량×0.5 + 기타 탱크용량의 합×0.1
$= 180m^3 \times 0.5 + 100m^3 \times 0.1$
$= 100m^3$

중요

**위험물제조소 방유제의 용량**

| 1개의 탱크 | 2개 이상의 탱크 |
|---|---|
| 방유제 용량 = 탱크 용량×0.5 | 방유제 용량 = 최대 탱크용량×0.5 + 기타 탱크용량의 합×0.1 |

답 ①

**38** 아세트알데히드 또는 산화프로필렌을 취급하는 설비에 사용할 수 있는 금속은?

① 수은　② 동
③ 마그네슘　④ 알루미늄

해설 **위험물 규칙 〔별표 4〕**
**아세트알데히드 등을 취급하는 제조소의 특례**
(1) **은·수은·동·마그네슘** 또는 이들을 성분으로 하는 합금으로 만들지 아니할 것
(2) 연소성 혼합기체의 생성에 의한 폭발을 방지하기 위한 **불활성 기체** 또는 **수증기**를 봉입하는 장치를 갖출 것
(3) 탱크에는 **냉각장치** 또는 **보냉장치** 및 연소성 혼합기체의 생성에 의한 폭발을 방지하기 위한 **불활성 기체**를 **봉입**하는 **장치**를 갖출 것

답 ④

**39** 지정수량 10배의 히드록실아민을 취급하는 제조소의 안전거리(m)는?

① 10　② 100
③ 111　④ 240

해설 **위험물 규칙 〔별표 4〕**
히드록실아민 등을 취급하는 제조소의 안전거리

$$D = 51.1\sqrt[3]{N}$$

여기서, $D$ : 거리〔m〕
$N$ : 해당 제조소에서 취급하는 히드록실아민 등의 지정수량의 배수

**안전거리** $D$는
$D = 51.1\sqrt[3]{N} = 51.1\sqrt[3]{10} \fallingdotseq 111m$

답 ③

**40** 다음 중 옥내저장소의 안전거리를 두지 아니할 수 있는 장소로서 적합하지 않은 것은 어느 것인가?

① 제2석유류·제3석유류·제4석유류 또는 동식물유류의 위험물을 저장 또는 취급하는 옥내저장소로서 그 최대수량이 지정수량의 20배 미만인 것
② 제6류 위험물을 저장 또는 취급하는 옥내저장소
③ 지정수량 20배 이하인 저장창고의 벽 등이 내화구조인 것
④ 하나의 저장창고의 바닥면적이 $150m^2$ 이하인 경우에는 지정수량의 50배 이하로서 저장창고의 출입구에 자동폐쇄식의 갑종방화문이 설치되어 있는 것

해설 **위험물 규칙 〔별표 5〕**
**옥내저장소의 안전거리 적용제외**
(1) **제4석유류** 또는 **동식물유류** 저장·취급 장소(최대수량이 지정수량의 20배 미만)
(2) **제6류 위험물** 저장·취급장소
(3) 다음 기준에 적합한 지정수량 **20배**(하나의 저장창고의 바닥면적이 $150m^2$ 이하인 경우 **50배**) 이하의 장소
① 저장창고의 **벽·기둥·바닥·보** 및 **지붕**이 **내화구조**일 것

② 저장창고의 출입구에 수시로 열 수 있는 **자동폐쇄방식**의 **갑종방화문**이 설치되어 있을 것
③ 저장창고에 **창**을 설치하지 아니할 것 답 ①

**41** 다음 중 옥내저장소의 안전거리를 두어야 할 대상은?

① 저장창고에 창을 설치하지 아니한 지정수량의 20배 미만의 위험물을 저장 또는 취급하는 옥내저장소
② 제6류 위험물을 저장 또는 취급하는 옥내저장소
③ 제4석유류를 지정수량의 20배 미만을 저장 또는 취급하는 옥내저장소
④ 동식물유류를 지정수량의 35배 미만을 저장 또는 취급하는 옥내저장소

해설 **문제 40 참조** 답 ④

**42** 저장 또는 취급하는 위험물의 최대수량이 지정수량의 30배일 때 옥내저장소의 공지의 너비는? (단, 벽·기둥 및 바닥이 내화구조로 된 건축물이다.)

① 1.5m 이상
② 2m 이상
③ 3m 이상
④ 5m 이상

해설 **위험물 규칙 〔별표 5〕**
옥내저장소의 보유공지

| 위험물의 최대수량 | 공지너비 | |
|---|---|---|
| | 내화구조 | 기타구조 |
| 지정수량의 5배 이하 | – | 0.5m 이상 |
| 지정수량의 5배 초과 10배 이하 | 1m 이상 | 1.5m 이상 |
| 지정수량의 10배 초과 20배 이하 | 2m 이상 | 3m 이상 |
| 지정수량의 20배 초과 50배 이하 | 3m 이상 | 5m 이상 |
| 지정수량의 50배 초과 200배 이하 | 5m 이상 | 10m 이상 |
| 지정수량의 200배 초과 | 10m 이상 | 15m 이상 |

비교

1. **옥외저장소**의 **보유공지**(위험물 규칙 〔별표 11〕)

| 위험물의 최대수량 | 공지의 너비 |
|---|---|
| 지정수량의 10배 이하 | 3m 이상 |
| 지정수량의 11~20배 이하 | 5m 이상 |
| 지정수량의 21~50배 이하 | 9m 이상 |
| 지정수량의 51~200배 이하 | 12m 이상 |
| 지정수량의 200배 초과 | 15m 이상 |

2. **옥외탱크저장소**의 **보유공지**(위험물 규칙〔별표 6〕)

| 위험물의 최대수량 | 공지의 너비 |
|---|---|
| 지정수량의 500배 이하 | 3m 이상 |
| 지정수량의 501~1,000배 이하 | 5m 이상 |
| 지정수량의 1,001~2,000배 이하 | 9m 이상 |
| 지정수량의 2,001~3,000배 이하 | 12m 이상 |
| 지정수량의 3,001~4,000배 이하 | 15m 이상 |

3. **지정과산화물**의 **옥내저장소**의 **보유공지**(위험물 규칙〔별표 5〕)

| 저장 또는 취급하는 위험물의 최대수량 | 공지의 너비 | |
|---|---|---|
| | 저장창고의 주위에 담 또는 토제를 설치하는 경우 | 기타의 경우 |
| 5배 이하 | 3.0m 이상 | 10m 이상 |
| 6~10배 이하 | 5.0m 이상 | 15m 이상 |
| 11~20배 이하 | 6.5m 이상 | 20m 이상 |
| 21~40배 이하 | 8.0m 이상 | 25m 이상 |
| 41~60배 이하 | 10.0m 이상 | 30m 이상 |
| 61~90배 이하 | 11.5m 이상 | 35m 이상 |
| 91~150배 이하 | 13.0m 이상 | 40m 이상 |
| 151~300배 이하 | 15.0m 이상 | 45m 이상 |
| 300배 초과 | 16.5m 이상 | 50m 이상 |

답 ③

**43** 옥내저장소의 저장창고는 처마 높이가 몇 m 미만인 단층건물로 하여야 하는가?

① 4 ② 5
③ 6 ④ 8

해설 **위험물 규칙 〔별표 5〕**
옥내저장소의 저장창고
(1) 위험물의 저장을 전용으로 하는 **독립**된 **건축물**로 할 것
(2) 처마높이가 **6m** 미만인 **단층건물**로 하고 그 바닥을 지반면보다 **높게** 할 것

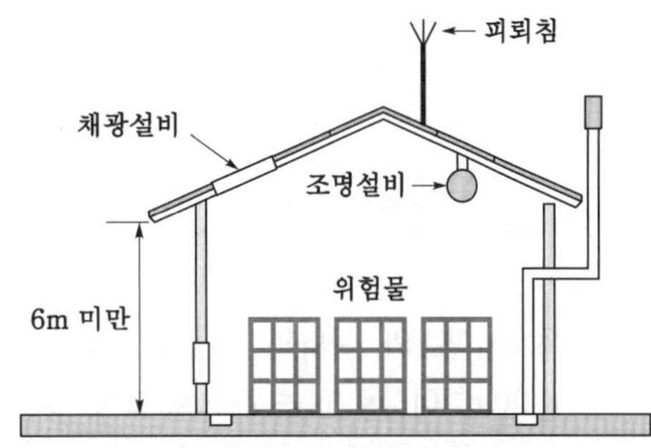

옥내저장소의 저장창고

(3) **벽·기둥** 및 **바닥**은 **내화구조**로 하고, **보**와 **서까래**는 **불연재료**로 할 것
(4) 지붕을 폭발력이 위로 방출될 정도의 가벼운 **불연재료**로 하고, 천장을 만들지 아니할 것

(5) 출입구에는 **갑종방화문** 또는 **을종방화문**을 설치하되, 연소의 우려가 있는 외벽에 있는 출입구에는 수시로 열 수 있는 **자동폐쇄식**의 **갑종방화문**을 설치할 것
(6) 창 또는 출입구에 유리를 이용하는 경우에는 **망입유리**로 할 것

답 ③

## 44 옥내저장소의 저장창고의 설치기준으로 옳지 않은 것은?

① 위험물의 저장을 전용으로 하는 독립된 건축물로 할 것
② 처마 높이가 6m 미만인 단층건물일 것
③ 벽 · 기둥 · 바닥은 불연재료로 하고, 보와 서까래는 내화구조로 할 것
④ 창 또는 출입구에 유리를 이용하는 경우에는 망입유리로 할 것

해설 **문제 43 참조**

③ 벽 · 기둥 및 바닥은 **내화구조**로 하고 보와 서까래는 **불연구조**로 할 것

답 ③

## 45 옥내저장소의 저장창고의 바닥은 물이 스며나오거나 스며들지 아니하는 구조로 하여야 한다. 이의 적용을 받지 않는 위험물은?

① 제1류 위험물 중 알칼리금속의 과산화물
② 제2류 위험물 중 철분 · 금속분 · 마그네슘
③ 제3류 위험물 중 금수성물질
④ 제5류 위험물

해설 **위험물 규칙 〔별표 5〕**
**옥내저장소의 바닥 방수구조 적용 위험물**

| 유 별 | 품 명 |
|---|---|
| 제1류 위험물 | • 알칼리금속의 과산화물 |
| 제2류 위험물 | • 철분<br>• 금속분<br>• 마그네슘 |
| 제3류 위험물 | • 금수성물질 |
| 제4류 위험물 | • 전부 |

답 ④

## 46 옥내저장소의 하나의 저장창고의 바닥면적을 1000m² 이하로 하는 것으로 틀린 것은?

① 제1류 위험물 중 아염소산염류, 염소산염류, 과염소산염류, 무기과산화물, 그 밖에 지정수량이 50kg인 위험물
② 제3류 위험물 중 칼륨, 나트륨, 알킬알루미늄, 알킬리튬, 그 밖에 지정수량이 10kg인 위험물 및 황린
③ 제4류 위험물 중 특수인화물, 제2석유류 및 알코올류
④ 제6류 위험물

해설 **위험물 규칙 〔별표 5〕**
**옥내저장소의 하나의 저장창고 바닥면적 1000m² 이하**

| 유 별 | 품 명 |
|---|---|
| 제1류 위험물 | • 아염소산염류<br>• 염소산염류<br>• 과염소산염류<br>• 무기과산화물<br>• 지정수량 50kg인 위험물 |
| 제3류 위험물 | • 칼륨<br>• 나트륨<br>• 알킬알루미늄<br>• 알킬리튬<br>• 황린<br>• 지정수량 10kg 또는 20kg인 위험물 |
| 제4류 위험물 | • 특수인화물<br>• 제1석유류<br>• 알코올류 |
| 제6류 위험물 | • 전부 |

답 ③

## 47 옥내저장소의 저장창고에 선반 등의 수납장을 설치하는 경우의 적합기준으로 틀린 것은?

① 수납장은 불연재료로 할 것
② 수납장은 저장하는 위험물의 중량 등의 하중에 의하여 생기는 응력에 대하여 안전한 것일 것
③ 수납장에는 위험물을 수납한 용기가 쉽게 떨어지지 않도록 할 것
④ 수납장의 높이는 위험물을 적재한 상태에서 6m 미만일 것

해설 **위험물 규칙 〔별표 5〕**
**옥내저장소 저장창고에 선반 등의 수납장을 설치하는 경우의 적합기준**

(1) 수납장은 **불연재료**로 만들어 견고한 기초 위에 고정할 것
(2) 수납장은 해당 **수납장** 및 그 **부속설비**의 **자중**, 저장하는 **위험물**의 **중량** 등의 하중에 의하여 생기는 응력에 대하여 안전한 것으로 할 것
(3) 수납장에는 위험물을 수납한 용기가 쉽게 떨어지지 아니하게 하는 조치를 할 것

답 ④

**48** 다층건물의 옥내저장소의 기술기준으로 틀린 것은?

① 저장 창고는 각 층의 바닥을 지면보다 높게 할 것
② 하나의 저장창고의 바닥면적의 합계는 1000m$^2$ 이하일 것
③ 저장창고의 벽 · 기둥 · 바닥 및 보는 내화구조로 할 것
④ 2층 이상의 층의 바닥에는 개구부를 둘 것

해설 **위험물 규칙 〔별표 5〕**
**다층건물의 옥내저장소의 기준**
(1) 저장창고는 각 층의 바닥을 지면보다 **높게** 하고, 층고를 **6m** 미만으로 할 것

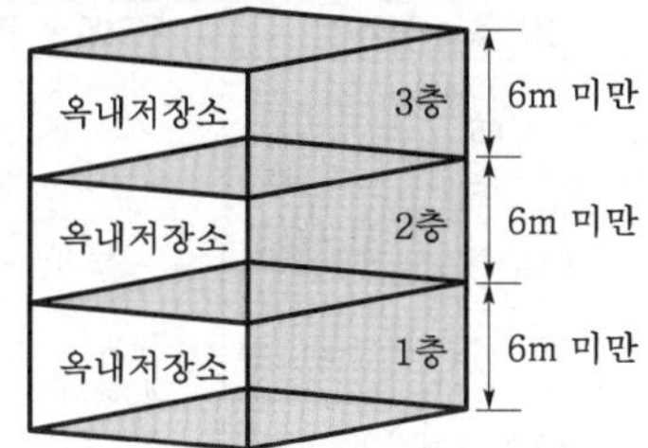


| 다층건물의 옥내저장소 |

(2) 하나의 저장창고의 바닥면적 합계는 **1000m$^2$** 이하로 할 것
(3) 저장창고의 벽 · 기둥 · 바닥 및 **보**를 **내화구조**로 하고, **계단**을 **불연재료**로 하며, 연소의 우려가 있는 외벽은 출입구 외의 개구부를 갖지 아니하는 벽으로 할 것
(4) **2층 이상**의 층의 바닥에는 개구부를 두지 아니할 것(단, **내화구조**의 **벽**과 **갑종방화문** 또는 **을종방화문**으로 구획된 **계단실**은 제외)

답 ④

**49** 복합용도 건축물의 옥내저장소의 기준으로 틀린 것은?

① 옥내저장소는 벽 · 기둥 · 바닥 및 보가 내화구조인 건축물의 1층 또는 2층의 어느 하나의 층에 설치할 것
② 옥내저장소의 층고는 6m 미만으로 할 것
③ 옥내저장소의 용도에 사용되는 부분의 바닥면적은 70m$^2$ 이하로 할 것
④ 옥내저장소의 용도에 사용되는 부분은 벽 · 기둥 등을 내화구조로 할 것

해설 **위험물 규칙 〔별표 5〕**
**복합용도 건축물의 옥내저장소의 기준**
(1) 옥내저장소는 **벽 · 기둥 · 바닥** 및 **보**가 **내화구조**인 건축물의 **1층** 또는 **2층**의 어느 하나의 층에 설치할 것
(2) 옥내저장소의 용도에 사용되는 부분의 바닥은 지면보다 높게 설치하고 그 층고를 **6m** 미만으로 할 것
(3) 옥내저장소의 용도에 사용되는 부분의 바닥면적은 **75m$^2$** 이하로 할 것
(4) 옥내저장소의 용도에 사용되는 부분은 **벽 · 기둥 · 바닥 · 보** 및 **지붕**을 **내화구조**로 하고, 출입구 외의 개구부가 없는 두께 **70mm** 이상의 **철근 콘크리트조** 또는 이와 동등 이상의 강도가 있는 구조의 바닥 또는 벽으로 해당 건축물의 다른 부분과 구획되도록 할 것

답 ③

**50** 지정과산화물을 저장 또는 취급하는 옥내저장소의 저장창고의 지붕의 기준으로 틀린 것은?

① 중도리 또는 서까래의 간격은 45cm 이하로 할 것
② 두께 5cm 이상, 너비 30cm 이상의 목재로 만든 받침대를 설치할 것
③ 지붕의 아래쪽 면에는 한 변의 길이가 45cm 이하의 환강 등으로 된 강제의 격자를 설치할 것
④ 지붕의 아래쪽 면에 철망을 쳐서 불연재료의 도리 · 보 또는 서까래에 단단히 결합할 것

해설 **위험물 규칙 〔별표 5〕**
**지정과산화물 저장 · 취급 옥내저장소의 지붕 조건**
(1) 중도리 또는 서까래의 간격은 **30cm** 이하로 할 것
(2) 지붕의 아래쪽 면에는 한 변의 길이가 **45cm** 이하의 **환강 · 경량형강** 등으로 된 강제의 격자를 설치할 것
(3) 지붕의 아래쪽 면에 철망을 쳐서 불연재료의 **도리 · 보** 또는 **서까래**에 단단히 결합할 것
(4) 두께 **5cm** 이상, 너비 **30cm** 이상의 목재로 만든 받침대를 설치할 것

답 ①

★★
**51** 지정유기과산화물의 옥내저장소 외벽의 기준으로 옳지 않은 것은?

① 두께 20cm 이상의 철근 콘크리트조
② 두께 20cm 이상의 철골 철근 콘크리트조
③ 두께 30cm 이상의 보강 콘크리트 블록조
④ 두께 50cm 이상의 콘크리트 블록조

해설 **위험물 규칙 〔별표 5〕**
**지정유기과산화물의 저장창고 두께**
(1) 외벽 ─ **20 cm** 이상 : 철근 콘크리트조 · 철골 철근 콘크리트조
└ **30 cm** 이상 : 보강 콘크리트 블록조
(2) 격벽 ─ **30 cm** 이상 : 철근 콘크리트조 · 철골 철근 콘크리트조
└ **40 cm** 이상 : 보강 콘크리트 블록조

> **150m$^2$** 이내마다 격벽으로 완전 구획하고, 격벽의 양측은 외벽으로부터 **1m** 이상, 상부는 지붕으로부터 **50cm** 이상일 것.

답 ④

**52** 지정유기과산화물 옥내저장창고의 지붕은 중도리 또는 서까래의 간격을 몇 cm 이하로 하여야 하는가?

① 15 ② 20
③ 30 ④ 45

해설 **문제 50 참조**

③ 중도리 또는 서까래의 간격 : **30cm 이하**

답 ③

**53** 지정유기과산화물을 저장하는 옥내저장소의 저장창고의 창은 바닥으로부터 몇 m 이상의 높이에 설치하여야 하는가?

① 1 ② 2
③ 3 ④ 4

해설 **위험물 규칙 〔별표 5〕**
**지정과산화물을 저장 · 취급하는 옥내저장소의 강화기준**
(1) 저장창고의 출입구에는 **갑종방화문**을 설치할 것
(2) 저장창고의 창은 바닥면으로부터 **2m** 이상의 높이에 두되, 하나의 벽면에 두는 창의 면적의 합계를 해당 벽면의 면적의 $\frac{1}{80}$ 이내로 하고, 하나의 창의 면적을 **$0.4m^2$** 이내로 할 것

답 ②

**54** 지정유기과산화물을 저장하는 옥내저장소의 저장창고의 하나의 창의 면적은?

① $0.1m^2$ 이내 ② $0.2m^2$ 이내
③ $0.3m^2$ 이내 ④ $0.4m^2$ 이내

해설 **문제 53 참조**

답 ④

**55** 일반적인 옥외 탱크 저장소의 옥외저장 탱크는 두께 몇 mm 이상의 강철판을 틈이 없도록 제작하여야 하는가?

① 1.2 ② 1.6
③ 2.0 ④ 3.2

해설 **위험물 규칙 〔별표 6〕**
옥외저장 탱크는 **특정옥외저장 탱크** 및 **준특정옥외저장 탱크** 외에는 두께 **3.2mm** 이상의 **강철판** 또는 이와 동등 이상의 기계적 성질 및 용접성이 있는 재료로 틈이 없도록 제작하여야 한다.

답 ④

**56** 옥외 탱크 저장소의 탱크 중 압력 탱크의 수압시험방법으로 옳은 것은?

① $0.7kg/cm^2$의 압력으로 10분간 실시
② $1.5kg/cm^2$의 압력으로 10분간 실시
③ 최대 상용압력의 0.7배의 압력으로 10분간 실시
④ 최대 상용압력의 1.5배의 압력으로 10분간 실시

해설 **위험물 규칙 〔별표 6〕**
**옥외저장 탱크의 외부구조 및 설비**
(1) 압력 탱크 : **수압시험**(최대 상용압력의 **1.5배**의 압력으로 **10분**간 실시)
(2) 압력 탱크 외의 탱크 : **충수시험**

답 ④

**57** 저장 또는 취급하는 위험물의 최대수량이 지정수량의 1000배일 때 옥외 탱크 저장소의 공지너비는?

① 3m 이상 ② 5m 이상
③ 9m 이상 ④ 12m 이상

해설 **문제 42 참조**

답 ②

**58** 옥외 탱크 저장소로서 제4류 위험물의 탱크에 설치하는 밸브 없는 통기관의 지름은?

① 30mm 이하 ② 30mm 이상
③ 45mm 이하 ④ 45mm 이상

해설 **위험물 규칙 〔별표 6〕**
**옥외저장탱크의 통기장치**

| 밸브없는 통기관 | 대기밸브 부착 통기관 |
|---|---|
| ① 직경 : **30mm** 이상<br>② 선단 : **45°** 이상<br>③ 인화방지장치 : 인화점이 **38℃ 미만**인 위험물만을 저장 또는 취급하는 탱크에 설치하는 통기관에는 화염방지장치를 설치하고, 그 외의 탱크에 설치하는 통기관에는 **40메시**(mesh) 이상의 구리망 또는 동등 이상의 성능을 가진 인화방지장치를 설치할 것. (단, 인화점이 **70℃ 이상**인 위험물만을 해당 위험물의 인화점 미만의 온도로 저장 또는 취급하는 탱크에 설치하는 통기관에는 인화방지장치를 설치 제외 가능) | ① 작동압력 차이 : **5kPa** 이하<br>② 인화방지장치 : 인화점이 **38℃** 미만인 위험물만을 저장 또는 취급하는 탱크에 설치하는 통기관에는 화염방지장치를 설치하고, 그 외의 탱크에 설치하는 통기관에는 **40메시**(mesh) 이상의 구리망 또는 동등 이상의 성능을 가진 인화방지장치를 설치할 것. (단, 인화점이 **70℃ 이상**인 위험물만을 해당 위험물의 인화점 미만의 온도로 저장 또는 취급하는 탱크에 설치하는 통기관에는 인화방지장치를 설치 제외 가능) |

참고

**밸브없는 통기관**

| 간이탱크저장소 (위험물 규칙 〔별표 9〕) | 옥내탱크저장소 (위험물 규칙 〔별표 7〕) |
|---|---|
| ① 직경 : **25mm** 이상<br>② 통기관의 선단<br>㉠ 각도 : **45°** 이상<br>㉡ 높이 : 지상 **1.5m** 이상<br>③ 통기관의 설치 : **옥외**<br>④ 인화방지장치 : 가는 눈의 구리망 사용(단, 인화점 **70℃ 이상**의 위험물만을 해당 위험물의 인화점 미만의 온도로 저장 또는 취급하는 탱크에 설치하는 통기관은 제외) | ① 직경 : **30mm** 이상<br>② 통기관의 선단 : **45°** 이상<br>③ 인화방지장치 : 인화점이 **38℃ 미만**인 위험물만을 저장 또는 취급하는 탱크에 설치하는 통기관에는 화염방지장치를 설치하고, 그 외의 탱크에 설치하는 통기관에는 40메시(mesh) 이상의 구리망 또는 동등 이상의 성능을 가진 인화방지장치를 설치할 것 (단, 인화점이 **70℃ 이상**인 위험물만을 해당 위험물의 인화점 미만의 온도로 저장 또는 취급하는 탱크에 설치하는 통기관에는 인화방지장치를 설치 제외 가능)<br>④ 통기관은 가스 등이 체류할 우려가 있는 굴곡이 없도록 할 것 |

답 ②

**59** 지반면으로부터 높이 5m에 있는 원통형 옥외저장 탱크의 지진동에 의한 풍하중(kN/m²)은?

① 0.92　② 1.31
③ 2.05　④ 2.94

해설 **위험물기준 59조**
옥외저장 탱크의 풍하중

$$q = 0.588k\sqrt{h}$$

여기서, $q$ : 풍하중〔kN/m²〕
$k$ : 풍력계수(원통형 탱크의 경우는 0.7, 그 외의 탱크는 1.0)
$h$ : 지반면으로부터의 높이〔m〕

**풍하중** $q$는
$q = 0.588k\sqrt{h}$
$= 0.588 \times 0.7 \times \sqrt{5\text{m}} = 0.92\text{kN/m}^2$

비교

**옥외저장 탱크의 풍하중 예외규정**
(1) **해안, 하안, 산지** 등 강풍을 받을 우려가 있는 장소에 설치하는 탱크의 풍하중 : **2.05kN/m²**
(2) **원통형 탱크**로서 지반면으로부터의 높이가 **25m** 이상인 것의 풍하중 : **2.05kN/m²**
(3) **원통형 탱크** 외의 탱크로서 지반면으로부터의 높이가 **25m** 이상인 것의 풍하중 : **2.94kN/m²**

답 ①

**60** 옥외 탱크 저장소로서 제4류 위험물의 탱크에 설치하는 밸브 없는 통기관의 선단은 수평면보다 몇 도 이상 구부려야 하는가?

① 5°　② 30°
③ 45°　④ 60°

해설 **문제 58 참조** 답 ③

**61** 옥외저장 탱크의 주입구 설치기준에 적합하지 않은 것은?

① 화재예방상 지장이 없는 장소에 설치할 것
② 주입 호스 또는 주입관과 결합할 수 있고, 결합하였을 때 위험물이 새지 아니할 것
③ 주입구에는 밸브를 설치하고, 뚜껑은 설치하지 아니할 것
④ 인화점이 21℃ 미만인 위험물의 옥외저장 탱크의 주입구에는 보기 쉬운 곳에 게시판을 설치할 것

해설 **위험물 규칙 〔별표 6〕**
옥외저장 탱크의 주입구 기준
(1) **화재예방상** 지장이 없는 장소에 설치할 것
(2) 주입호스 또는 주입관과 결합할 수 있고, 결합하였을 때 위험물이 새지 아니할 것
(3) 주입구에는 **밸브** 또는 **뚜껑**을 설치할 것
(4) **휘발유, 벤젠**, 그 밖에 정전기에 의한 재해가 발생할 우려가 있는 액체위험물의 옥외저장 탱크의 주입구 부근에는 정전기를 유효하게 제거하기 위한 **접지전극**을 설치할 것
(5) **인화점**이 21℃ 미만인 위험물의 옥외저장 탱크의 주입구에는 보기 쉬운 곳에 **게시판**을 설치할 것 답 ③

**62** 옥외 탱크 저장소의 펌프 설비의 주위에는 몇 m 이상의 공지를 보유하여야 하는가?

① 1m　② 2m　③ 3m　④ 4m

해설 **위험물 규칙 〔별표 6〕**
옥외저장 탱크의 펌프 설비
(1) 펌프 설비의 주위에는 너비 **3m** 이상의 공지를 보유할 것(단, 방화상 유효한 격벽을 설치하는 경우와 제6류 위험물 또는 지정수량의 **10배** 이하 위험물의 옥외저장 탱크의 펌프 설비에 있어서는 제외)
(2) 펌프 설비로부터 옥외저장 탱크까지의 사이에는 해당 옥외저장 탱크의 보유공지 너비의 $\frac{1}{3}$ 이상의 거리를 유지할 것
(3) 펌프 및 펌프실의 벽 · 기둥 · 바닥 및 보는 **불연재료**로 할 것
(4) 펌프실의 지붕을 폭발력이 위로 방출될 정도의 가벼운 **불연재료로** 할 것
(5) 펌프실의 창 및 출입구에는 **갑종방화**문 또는 **을종방화문**을 설치할 것
(6) 펌프실의 바닥의 주위에는 높이 **0.2m** 이상의 턱을 만들고 바닥은 콘크리트 등 위험물이 스며들지 아니하는 재료로 적당히 경사지게 하여 그 최저부에는 **집유설비**를 설치 할 것
(7) 펌프실에는 위험물을 취급하는데 필요한 **채광, 조명** 및 **환기**의 설비를 설치할 것
(8) 가연성 증기가 체류할 우려가 있는 펌프실에는 그 증기를 옥외의 높은 곳으로 배출하는 설비를 설치할 것
(9) 이황화탄소의 옥외저장 탱크는 벽 및 바닥의 두께가 **0.2m** 이상이고 누수가 되지 아니하는 철근 콘크리트의 수조에 넣어 보관하여야 한다. 이 경우 **보유공지 · 통기관** 및 **자동계량장치**는 생략할 수 있다. 답 ③

**63** 옥외 탱크 저장소의 펌프 설비와 탱크와의 사이에는 해당 옥외 탱크 저장소의 보유공지 너비의 얼마 이상의 거리를 두어야 하는가?

① $\frac{1}{2}$　② $\frac{1}{3}$
③ $\frac{1}{4}$　④ $\frac{1}{5}$

해설 **문제 62 참조** 답 ②

**64** 옥외 탱크 저장소의 펌프실에 설치하지 아니하여도 되는 설비는?

① 제연설비　② 채광설비
③ 조명설비　④ 환기설비

해설 문제 62 참조 답 ①

**65** 옥외 탱크 저장소의 지붕과 벽이 몇 mm 이상의 금속재로 되어 있고, 탱크에 접지시설을 설치한 경우에는 피뢰설비를 하지 않아도 되는가?

① 1.5　② 2.5
③ 3.2　④ 4

해설 **위험물 규칙 〔별표 6〕**

지정수량의 **10배** 이상의 위험물을 저장 또는 취급하는 옥외 탱크 저장소에는 **피뢰침**을 설치하여야 한다.(단, 탱크에 저항이 5Ω 이하인 접지시설을 설치하거나 인근피뢰설비의 보호범위 내에 들어가는 등 주위의 상황에 따라 안전상 지장이 없는 경우는 제외) 답 ③

**66** 옥외 탱크 저장소의 방유제의 높이는?

① 0.8~1.5m 이하 ② 1~1.5m 이하
③ 0.3~2m 이하 ④ 0.5~3.0m 이하

해설 **위험물 규칙 〔별표 6〕**

**옥외 탱크 저장소의 방유제**

(1) 높이 : **0.5~3m** 이하
(2) 탱크 : **10기**(모든 탱크 용량이 **20만** $l$ 이하, 인화점이 **70~200**℃ 미만은 **20기**) 이하
(3) 면적 : **80000m²** 이하
(4) 용량 ┌ 1기 이상 : **탱크 용량**의 **110%** 이상
　　　　└ 2기 이상 : **최대용량**의 **110%** 이상

답 ④

**67** 옥외 탱크 저장소의 방유제의 면적은?

① 50000m² 이하 ② 70000m² 이하
③ 80000m² 이하 ④ 90000m² 이하

해설 **문제 66 참조** 답 ③

**68** 인화성 액체위험물(이황화탄소는 제외)의 옥외 저장탱크 주위에는 기준에 따라 방유제를 설치해야 하는데 다음 중 잘못 설명된 것은?

① 방유제의 높이는 1m 이상 4m 이하로 할 것
② 방유제 내의 면적은 8만제곱미터 이하로 할 것
③ 방유제의 용량은 방유제 안에 설치된 탱크가 하나인 경우에는 그 탱크 용량의 110% 이상으로 할 것
④ 방유제의 용량은 방유제 안에 설치된 탱크가 2기 이상인 경우 그 탱크 중 용량이 최대인 것의 용량의 110% 이상으로 할 것

해설 **위험물 규칙 〔별표 6〕**

**옥외탱크저장소의 방유제**

(1) 높이 : **0.5~3m** 이하
(2) 탱크 : 10기(모든 탱크용량이 **20만** $l$ 이하, 인화점이 70~200℃ 미만은 **20기**) 이하
(3) 면적 : **80000m²** 이하
(4) 용량 ┌ 1기 이상 : **탱크용량**의 110% 이상
　　　　└ 2기 이상 : **최대용량**의 110% 이상

① 방유제의 높이는 **0.5m** 이상 **3m** 이하로 할 것

답 ①

★★★
**69** 옥외 탱크 저장소의 방유제는 탱크의 지름이 15m 이상인 경우 그 탱크의 측면으로부터 탱크 높이의 얼마 이상인 거리를 확보하여야 하는가? (단, 인화점이 200℃ 미만인 위험물을 저장 · 취급하는 경우이다.)

① $\frac{1}{2}$ ② $\frac{1}{3}$
③ $\frac{1}{4}$ ④ $\frac{1}{5}$

해설 **위험물 규칙 〔별표 6〕**

옥외 탱크 저장소의 방유제와 탱크 측면의 이격거리

| 탱크지름 | 이격거리 |
|---|---|
| 15m 미만 | 탱크높이의 $\frac{1}{3}$ 이상 |
| 15m 이상 | 탱크높이의 $\frac{1}{2}$ 이상 |

답 ①

**70** 이황화탄소의 옥외 탱크 저장소의 탱크는 벽 및 바닥의 두께가 몇 m 이상이어야 하는가?

① 0.1 ② 0.2
③ 0.3 ④ 0.4

해설 **문제 62 참조**

참고

수치 *(아주 중요!)*

| 수치 | 설명 |
|---|---|
| **0.15m 이상** | **레버**의 길이(위험물 규칙 〔별표 10〕) |
| 0.2m 이상 | $CS_2$ 옥외 탱크 저장소의 두께(위험물 규칙 〔별표 6〕) |
| 0.3m 이상 | 지하 탱크 저장소의 철근 콘크리트조 **뚜껑** 두께(위험물 규칙 〔별표 8〕) |
| 0.5m 이상 | ① **옥내 탱크 저장소**의 탱크 등의 **간격**(위험물 규칙 〔별표 7〕)<br>② 지정수량 **100배** 이하의 지하 탱크 저장소의 상호간격(위험물 규칙 〔별표 8〕) |
| 0.6m 이상 | 지하 탱크 저장소의 철근 콘크리트 뚜껑 크기(위험물 규칙 〔별표 8〕) |
| 1m 이내 | 이동 탱크 저장소 측면틀 탱크 상부 **네 모퉁**이에서의 위치(위험물 규칙 〔별표 10〕) |
| 1.5m 이하 | 유황 옥외저장소의 **경계표시** 높이(위험물 규칙 〔별표 11〕) |
| 2m 이상 | 주유취급소의 **담** 또는 **벽**의 높이(위험물 규칙 〔별표 13〕 |
| 4m 이상 | 주유취급소의 **고정주입설비**와 **고정급유설비** 사이의 **이격거리**(위험물 규칙 〔별표 13〕) |

| 수치 | 설명 |
|---|---|
| 5m 이내 | 주유취급소의 주유관의 길이(위험물 규칙[별표 13]) |
| 6m 이하 | 옥외저장소의 **선반** 높이(위험물 규칙[별표 11]) |
| 50m 이내 | 이동 탱크 저장소의 **주유관**의 길이(위험물 규칙 [별표 10]) |

답 ②

**71** 옥내탱크저장소의 탱크와 탱크 전용실의 벽 및 탱크 상호간의 간격은?

① 0.2m 이상 ② 0.3m 이상
③ 0.4m 이상 ④ 0.5m 이상

해설 **위험물 규칙 [별표 7]**
옥내탱크저장소의 기준
(1) 옥내 저장 탱크는 **단층건축물**에 설치된 **탱크 전용실**에 설치할 것
(2) 옥내 저장 탱크와 탱크 전용실의 벽과의 사이 및 옥내 저장탱크의 상호간에는 **0.5m** 이상의 간격을 유지할 것(단, 탱크의 점검 및 보수에 지장이 없는 경우에는 제외)

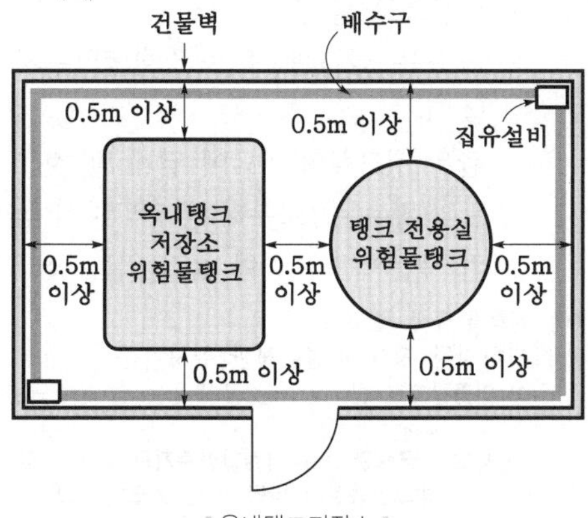

옥내탱크저장소

(3) 탱크 전용실은 **벽·기둥** 및 **바닥**을 **내화구조**로 하고, **보**를 **불연재료**로 하며, 연소의 우려가 있는 외벽은 출입구 외에는 **개구부**가 없도록 할 것(단, 인화점이 70℃ 이상인 **제4류 위험물**만의 옥내 저장 탱크를 설치하는 탱크 전용실에 있어서는 연소의 우려가 없는 외벽·기둥 및 바닥을 **불연재료**로 할 수 있다.)

답 ④

**72** ( ) 안에 알맞은 수치는?

> 옥내 탱크 저장소의 탱크 중 통기관의 선단은 건축물의 창 또는 출입구 등의 개구부로부터 (㉠)m 이상 떨어진 곳의 옥외에 설치하되 지면으로부터 (㉡)m 이상의 높이로 할 것

① ㉠ 1, ㉡ 2 ② ㉠ 2, ㉡ 1
③ ㉠ 1, ㉡ 4 ④ ㉠ 4, ㉡ 1

해설 **위험물 규칙 [별표 7]**
옥내 탱크 저장소의 통기관의 선단은 건축물의 창·출입구 등의 개구부로부터 **1m** 이상 떨어진 옥외의 장소에 지면으로부터 **4m** 이상의 높이로 설치하되, 인화점이 **40℃** 미만인 위험물의 탱크에 설치하는 통기관에 있어서는 부지경계선으로부터 **1.5m** 이상 이격할 것

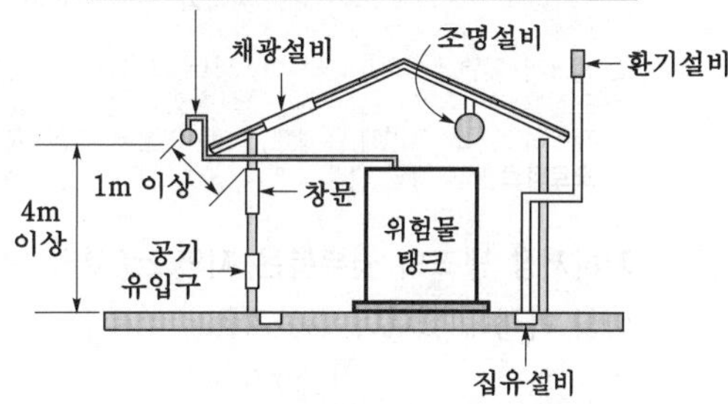

밸브 없는 통기관

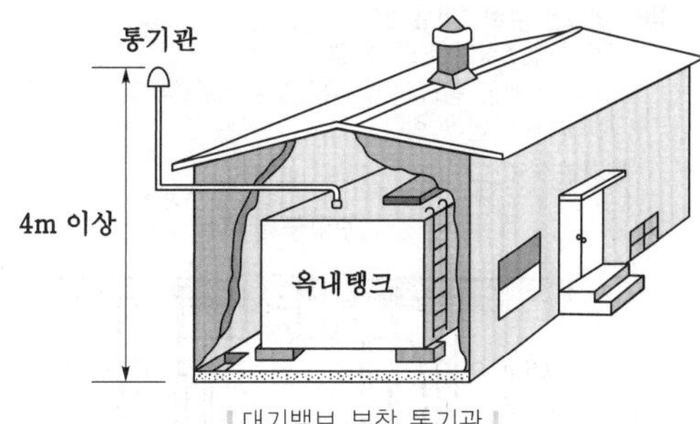

대기밸브 부착 통기관

답 ③

**73** 옥내 탱크 저장소 중 탱크 전용실을 단층건물 외의 건축물에 설치하는 것으로서 건축물의 1층 또는 지하층에 설치하지 않아도 되는 위험물은?

① 황화린
② 적린
③ 질산
④ 과염소산

해설 **위험물 규칙 [별표 7]**
옥내 탱크 저장소 단층건물 외의 건축물 설치위험물(1층·지하층 설치)

| 유 별 | 품 명 |
|---|---|
| 제2류 위험물 | • 황화린<br>• 적린<br>• 덩어리 상태의 유황 |
| 제3류 위험물 | • 황린 |
| 제6류 위험물 | • 질산 |

답 ④

**74** 지하 탱크 저장소의 탱크의 보호조치로서 탱크의 외면에 두께 몇 cm 이상이 되도록 아스팔트 루핑에 의한 피복을 하여야 하는가?

① 1cm ② 2cm
③ 3cm ④ 4cm

해설 **위험물 규칙 〔별표 8〕**
**지하 탱크 저장소의 탱크의 보호조치**
(1) 탱크의 외면에 방청도장을 실시하고, 그 표면에 아스팔트 및 아스팔트루핑에 의한 피복을 두께 **1cm**에 이를 때까지 교대로 실시할 것
(2) 탱크의 외면에 방청제 및 아스팔트 프라이머의 순으로 도장을 한 후 아스팔트루핑 및 철망의 수으로 탱크를 피복하고, 그 표면에 두께가 **2cm** 이상에 이를 때까지 **모르타르**를 도장할 것

답 ①

**75** 지하저장 탱크의 윗부분은 지면으로부터 몇 m 이상 아래에 있어야 하는가?

① 0.3m ② 0.5m
③ 0.6m ④ 0.75m

해설 **위험물 규칙 〔별표 8〕**
**지하탱크저장소의 기준**
(1) 지하저장 탱크의 윗부분은 지면으로부터 **0.6m** 이상 아래에 있어야 한다.

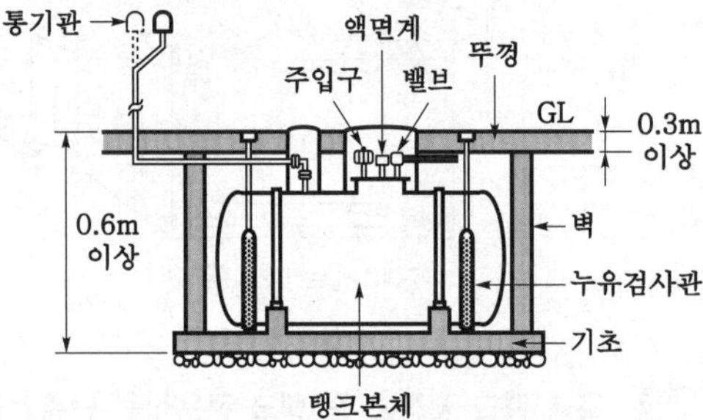


▌지하탱크저장소▐

(2) 지하저장 탱크를 2 이상 인접해 설치하는 경우에는 그 상호간에 **1m**(해당 2 이상의 지하저장 탱크의 용량의 합계가 지정수량의 100배 이하인 때에는 **0.5m**) 이상의 간격을 유지하여야 한다.

답 ③

**76** 지하 탱크 저장소의 압력 탱크 외의 탱크에 있어서 수압시험 방법으로 옳은 것은?

① 70kPa의 압력으로 10분간 실시
② 1.5kg/cm$^2$의 압력으로 10분간 실시
③ 최대 상용압력의 0.7배의 압력으로 10분간 실시
④ 최대 상용압력의 1.5배의 압력으로 10분간 실시

해설 **위험물 규칙 〔별표 8〕**
**지하 탱크 저장소의 수압시험**
(1) 압력 탱크 : 최대 상용압력의 **1.5배** 압력 ┐ 10분간
(2) 압력 탱크 외 : **70kPa의** 압력 ┘ 실시

※ **문제 56**과 비교하여 혼동하지 않도록 할 것

답 ①

**77** 지하 탱크 저장소의 배관은 탱크의 윗부분에 설치하여야 하는데 탱크의 직근에 유효한 제어 밸브를 설치하여도 반드시 윗부분에만 설치하여야 하는 것은 어떤 위험물인가?

① 제1석유류 ② 제3석유류
③ 제4석유류 ④ 동식물유류

해설 **위험물 규칙 〔별표 8〕**
**배관에 제어밸브 설치시 탱크의 윗부분에 설치하지 않아도 되는 경우**
(1) 제2석유류 : 인화점 **40℃** 이상
(2) 제3석유류
(3) 제4석유류
(4) 동식물유류

답 ①

**78** 지하저장 탱크의 액체위험물의 누설을 검사하기 위한 관의 기준으로 적합하지 아니한 것은?

① 단관으로 할 것
② 재료는 금속관 또는 경질합성수지관으로 할 것
③ 관은 탱크실의 바닥에 닿게 할 것
④ 관의 밑부분으로부터 탱크의 중심 높이까지의 부분에는 소공이 뚫려 있을 것

해설 **위험물 규칙 〔별표 8〕**
**지하저장 탱크 누설검사관 설치기준**
(1) **이중관**으로 할 것(단, 소공이 없는 상부는 단관으로 할 수 있다.)
(2) 재료는 **금속관** 또는 **경질합성수지관**으로 할 것
(3) 관은 **탱크전용실**의 **바닥** 또는 **탱크**의 **기초** 위에 닿게 할 것
(4) 관의 밑부분으로부터 탱크의 중심 높이까지의 부분에는 **소공**이 뚫려 있을 것(단, 지하수위가 높은 장소에 있어서는 지하수위 높이까지의 부분에 소공이 뚫려 있어야 한다.)
(5) 상부는 물이 침투하지 아니하는 구조로 하고, 뚜껑은 검사시에 쉽게 열 수 있도록 할 것

답 ①

**79** 지하 탱크 저장소의 맨홀 설치기준으로서 옳지 않은 것은?

① 맨홀은 지면까지 올라오도록 하고 가급적 높게 할 것
② 보호틀을 탱크에 용접할 것
③ 보호틀의 뚜껑에 걸리는 하중이 직접 보호틀에 걸리지 아니하도록 설치할 것
④ 배관이 보호틀을 통과하는 부분은 용접을 하는 등 침수를 방지하도록 할 것

**해설** **위험물 규칙 〔별표 8〕**

**지하 탱크 저장소의 맨홀 설치기준**

(1) 맨홀은 지면까지 올라오지 아니하도록 하되, 가급적 **낮게** 할 것
(2) 보호틀을 다음 기준에 따라 설치할 것
 ① 보호틀을 탱크에 완전히 **용접**하는 등 보호틀과 탱크를 기밀하게 접합할 것
 ② 보호틀의 뚜껑에 걸리는 하중이 직접 보호틀에 미치지 아니하도록 설치하고, 빗물 등이 침투하지 아니하도록 할 것
(3) 배관이 보호틀을 관통하는 경우에는 해당 부분을 용접하는 등 **침수**를 **방지**하는 조치를 할 것

답 ①

## 80 지하 탱크 저장소에서 액중 펌프 설비와 지하저장 탱크의 접속방법은?

① 나사접합　② 용접접합
③ 압축접합　④ 플랜지 접합

**해설** **위험물 규칙 〔별표 8〕**

**지하 탱크 저장소 액중 펌프 설비의 설치기준**

① 액중 펌프 설비는 지하저장 탱크와 **플랜지접합**으로 할 것
② 액중 펌프 설비 중 지하저장 탱크 내에 설치되는 부분은 **보호관 내**에 설치할 것(단, 해당 부분이 충분한 강도가 있는 외장에 의하여 보호되어 있는 경우에는 제외)
③ 액중 펌프 설비 중 지하저장 탱크의 상부에 설치되는 부분은 위험물의 누설을 점검할 수 있는 조치가 강구된 안전상 필요한 강도가 있는 피트 내에 설치할 것

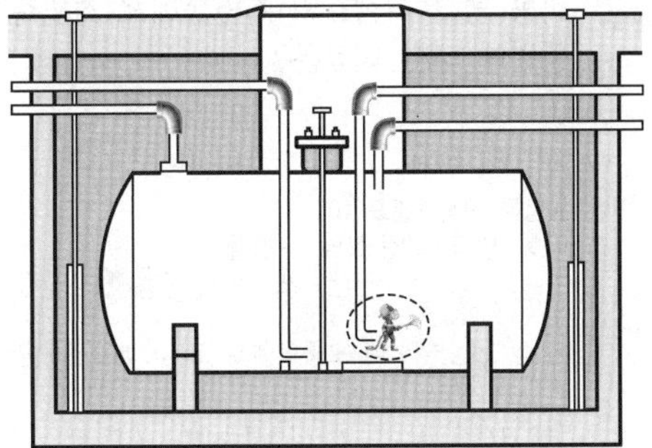

‖ 액중펌프(펌프를 위험물 속에 설치) ‖

답 ④

## 81 하나의 간이 탱크 저장소에 설치하는 탱크의 수는?

① 2개 이하　② 3개 이하
③ 4개 이하　④ 5개 이하

**해설** **위험물 규칙 〔별표 9〕**

**간이 탱크 저장소의 기준**

(1) 하나의 간이 탱크 저장소에 설치하는 간이저장 탱크는 그 수를 **3** 이하로 하고, 동일한 품질의 위험물의 간이저장 탱크를 **2** 이상 설치하지 아니하여야 한다.
(2) 간이저장 탱크의 용량은 **600$l$** 이하이어야 한다.
(3) 간이저장 탱크는 두께 **3.2mm** 이상의 강판으로 흠이 없도록 제작하여야 하며, **70kPa**의 압력으로 **10분간**의 **수압시험**을 실시하여 새거나 변형되지 아니하여야 한다.
(4) 간이저장 탱크는 움직이거나 넘어지지 아니하도록 지면 또는 가설대에 고정시키되, 옥외에 설치하는 경우에는 그 탱크의 주위에 너비 **1m** 이상의 공지를 두고, 전용실 안에 설치하는 경우에는 탱크와 전용실의 벽과의 사이에 **0.5m** 이상의 간격을 유지하여야 한다.

답 ②

## 82 간이저장 탱크의 용량은?

① 200$l$ 이하　② 400$l$ 이하
③ 600$l$ 이하　④ 800$l$ 이하

**해설** **문제 81 참조**

③ 간이저장탱크의 용량 : **600$l$ 이하**

**참고**

**수치** 절대 중요!

| 수치 | 설명 |
|---|---|
| 100$l$ 이하 | ① 셀프용 고정주입설비 **휘발유 주유량**의 상한(위험물 규칙 〔별표 13〕)<br>② 셀프용 고정주입설비 **급유량**의 상한(위험물 규칙 〔별표 13〕) |
| 200$l$ 이하 | 셀프용 고정주입설비 **경유** 주유량의 상한(위험물 규칙 〔별표 13〕) |
| 400$l$ 이상 | 이송취급소 **기자재창고 포소화약제** 저장량(위험물 규칙 〔별표 15〕) |
| 600$l$ 이하 | 간이 탱크 저장소의 탱크 용량(위험물 규칙〔별표 9〕) |
| 1900$l$ 미만 | **알킬알루미늄** 등을 저장 · 취급하는 이동저장 탱크의 용량(위험물 규칙 〔별표 10〕) |
| 2000$l$ 미만 | 이동저장 탱크의 **방파판** 설치제외(위험물 규칙 〔별표 10〕) |
| 2000$l$ 이하 | 주유취급소의 **폐유 탱크** 용량(위험물 규칙〔별표 13〕) |
| 4000$l$ 이하 | 이동저장 탱크의 칸막이 설치(위험물 규칙〔별표 10〕) |
| 40000$l$ 이하 | 일반취급소의 지하전용 탱크의 용량(위험물 규칙 〔별표 16〕) |
| 60000$l$ 이하 | **고속국도** 주유취급소의 특례(위험물 규칙〔별표 13〕) |
| 50만~100만$l$ 미만 | **준특정 옥외 탱크 저장소**의 용량(위험물 규칙 〔별표 6〕) |
| 100만 $l$ 이상 | ① **특정 옥외 탱크 저장소**의 용량(위험물 규칙 〔별표 6〕)<br>② 옥외저장 탱크의 **개폐상황 확인장치** 설치(위험물 규칙 〔별표 6〕) |
| 1000만 $l$ 이상 | 옥외저장탱크의 **간막이 둑** 설치용량(위험물 규칙 〔별표 6〕) |

답 ③

## 83 간이 탱크 저장소의 탱크를 전용실 안에 설치하는 경우 탱크와 전용실의 벽 사이의 간격은?

① 0.5m 이상　② 1m 이상
③ 1.5m 이상　④ 3.2m 이상

**해설** **문제 81 참조**

답 ①

★★★
**84** 간이 탱크 저장소의 탱크에 설치하는 밸브 없는 통기관의 기준으로 적합하지 않은 것은?

① 통기관의 지름은 25 mm 이상으로 할 것
② 통기관은 옥내에 설치하되, 그 선단의 높이는 지상 1.5 m 이상으로 할 것
③ 통기관의 선단은 수평면에 대하여 아래로 45° 이상 구부려 빗물 등이 들어가지 아니하도록 할 것
④ 가는 눈의 구리망 등으로 인화방지장치를 할 것

해설 **위험물 규칙 〔별표 9〕**
**간이저장 탱크의 밸브 없는 통기관 설치기준**
(1) 통기관의 지름은 **25mm** 이상으로 할 것
(2) 통기관은 **옥외**에 설치하되, 그 선단의 높이는 지상 **1.5m** 이상으로 할 것
(3) 통기관의 선단은 수평면에 대하여 아래로 **45°** 이상 구부려 빗물 등이 침투하지 아니하도록 할 것
(4) 가는 눈의 구리망 등으로 **인화방지장치**를 할 것(단, 인화점이 70℃ 이상인 위험물만을 해당 위험물의 인화점 미만의 온도로 저장 또는 취급하는 탱크에 설치하는 통기관은 제외)

문제 58과 비교

답 ②

**85** 간이 탱크 저장소의 밸브 없는 통기관의 지름은?

① 20mm 이상 ② 25mm 이상
③ 30mm 이상 ④ 35mm 이상

해설 **문제 84 참조**

② 간이 탱크 저장소의 밸브없는 통기관의 지름은 25mm 이상으로 할것

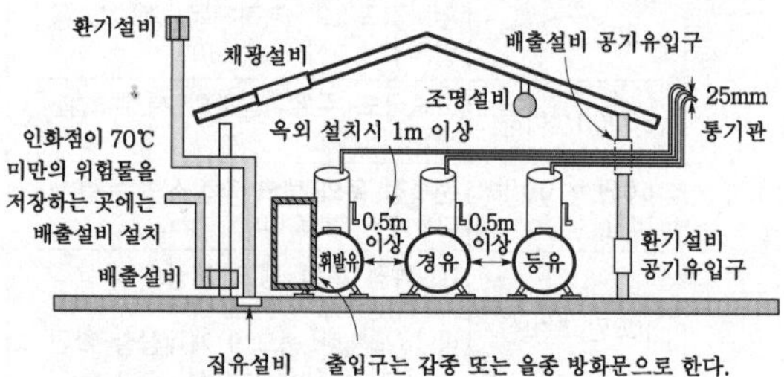


| 간이 탱크 저장소 |

답 ②

**86** 이동 탱크 저장소의 탱크는 두께 몇 mm 이상의 강철판을 사용하여 제작하여야 하는가?

① 1.6mm 이상 ② 2.3mm 이상
③ 3.2mm 이상 ④ 50mm 이상

해설 **위험물 규칙 〔별표 10〕**
**이동탱크저장소**의 탱크(맨홀 및 주입관 뚜껑 포함)는 두께 **3.2mm** 이상의 강철판을 사용할 것

중요

**이동탱크저장소의 두께**(위험물 규칙 〔별표 10〕)
(1) 방파판 : **1.6mm** 이상
(2) 방호틀 : **2.3mm** 이상(정상부분은 **50mm** 이상 높게 할 것)
(3) 탱크 본체
(4) 주입관의 뚜껑 ├ 3.2mm 이상
(5) 맨홀

**방파판**의 **면적** : 수직단면적의 **50%** (원형 · 타원형은 **40%**) 이상

답 ③

**87** 이동 탱크 저장소의 상용압력이 20kPa을 초과할 경우 안전장치의 작동압력은?

① 상용압력의 1.1배 이하
② 상용압력의 1.5배 이하
③ 20kPa 이상, 24kPa 이하
④ 40kPa 이상, 48kPa 이하

해설 **위험물 규칙 〔별표 10〕**
**이동 탱크 저장소의 안전장치**

| 상용압력 | 안전장치 작동압력 |
|---|---|
| 20kPa 이하 | 20~24 kPa 이하 |
| 20kPa 초과 | 상용압력의 1.1배 이하 |

답 ①

**88** 이동 탱크 저장소의 측면틀에서 최외측선의 수평면에 대한 내각은?

① 35° 이상 ② 50° 이상
③ 60° 이상 ④ 75° 이상

해설 **위험물 규칙 〔별표 10〕**
**이동 탱크 저장소의 측면틀**
(1) 최외측선의 내각은 **75°**(탱크 중량의 중심점과는 **35°**) 이상일 것
(2) 탱크 상부의 **네 모퉁이**에서 **1m** 이내에 설치할 것
(3) 외부로부터의 하중에 견딜 것
(4) 측면틀의 부착부분에 **받침판**을 설치할 것

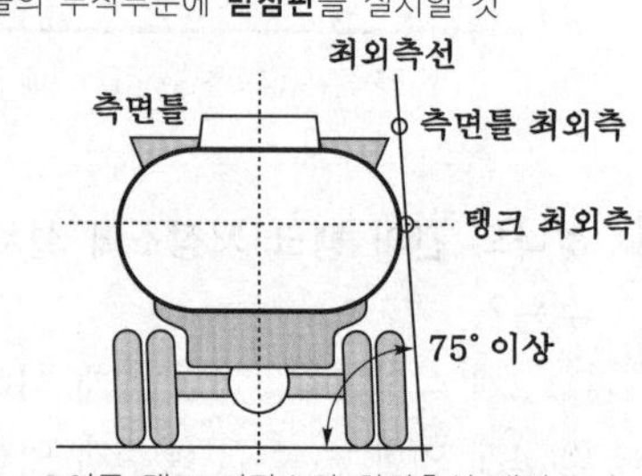


| 이동 탱크 저장소의 최외측선 내각 |

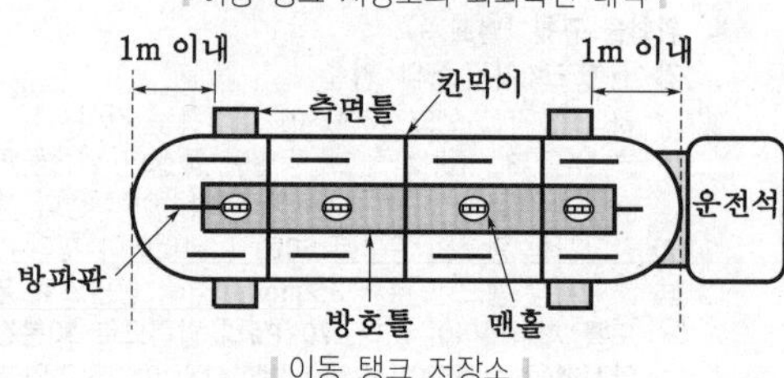


| 이동 탱크 저장소 |

답 ④

**89** 이동 탱크 저장소의 배출 밸브를 수동으로 할 때에는 수동식 폐쇄장치를 작동시킬 수 있는 길이 몇 cm 이상의 레버를 설치하여야 하는가?

① 5cm 이상 ② 10cm 이상
③ 15cm 이상 ④ 20cm 이상

해설 **위험물 규칙 〔별표 10〕**

**이동저장 탱크 배출 밸브 수동식 폐쇄장치 적합기준**

(1) 손으로 잡아당겨 **수동폐쇄장치**를 작동시킬 수 있도록 할 것
(2) 길이는 **15cm** 이상으로 할 것

문제 70 참조

답 ③

**90** 이동 탱크 저장소에 주입설비를 설치하는 경우 주입설비의 길이는?

① 10m 이내 ② 30m 이내
③ 50m 이내 ④ 200m 이내

해설 **위험물 규칙 〔별표 10〕**

**이동 탱크 저장소의 주입설비 설치기준**

(1) 위험물이 샐 우려가 없고 화재예방상 안전한 구조로 할 것
(2) 주입설비의 길이는 **50m** 이내로 하고, 그 선단에 축적되는 정전기를 유효하게 제거할 수 있는 장치를 할 것
(3) 토출량은 **200*l* /min** 이하로 할 것

문제 70 참조

답 ③

**91** 옥외저장소 중 덩어리 상태의 유황만을 지반면에 설치한 경계표시의 안쪽에서 저장 · 취급하는 것의 경계표시의 높이는?

① 1.5m 이하 ② 2m 이하
③ 2.5m 이하 ④ 3m 이하

해설 **위험물 규칙 〔별표 11〕**

**옥외저장소의 덩어리 유황을 지반면에 설치한 경계표시 저장 · 취급 기준**

(1) 하나의 경계표시의 내부의 면적은 **100m²** 이하일 것

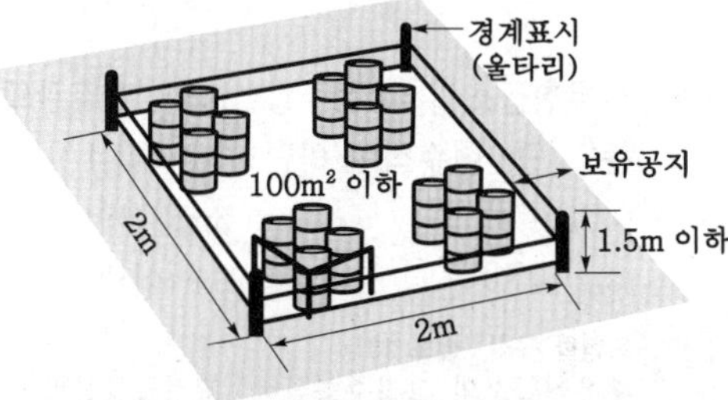


▌옥외저장소의 덩어리 유황을 지반면에 설치한 경계표시▐

(2) 2 이상의 경계표시를 설치하는 경우에 있어서는 각각의 경계표시 내부의 면적을 합산한 면적은 **1000m²** 이하로 할 것
(3) 경계표시는 **불연재료**로 만드는 동시에 유황등이 새지 아니하는 구조로 할 것
(4) 경계표시의 높이는 **1.5m** 이하로 할 것
(5) 경계표시에는 유황이 넘치거나 비산하는 것을 방지하기 위한 천막 등을 고정하는 장치를 설치하되, 천막 등을 고정하는 장치는 경계표시의 길이 **2m**마다 한 개 이상 설치할 것
(6) 유황을 저장 또는 취급하는 장소의 주위에는 **배수구**와 분리장치를 설치할 것

답 ①

**92** 옥외저장소에 선반을 설치하는 경우 선반의 높이는?

① 1m 이하
② 1.5m 이하
③ 2m 이하
④ 6m 이하

해설 **위험물 규칙 〔별표 11〕**

**옥외저장소의 선반설치 기준**

(1) 선반은 **불연재료**로 만들고 견고한 지반면에 고정할 것
(2) 선반은 해당 선반 및 그 부속설비의 자중 · 저장하는 위험물의 **중량 · 풍하중 · 지진**의 영향 등에 의하여 생기는 응력에 대하여 안전할 것
(3) 선반의 높이는 **6m**를 초과하지 아니할 것

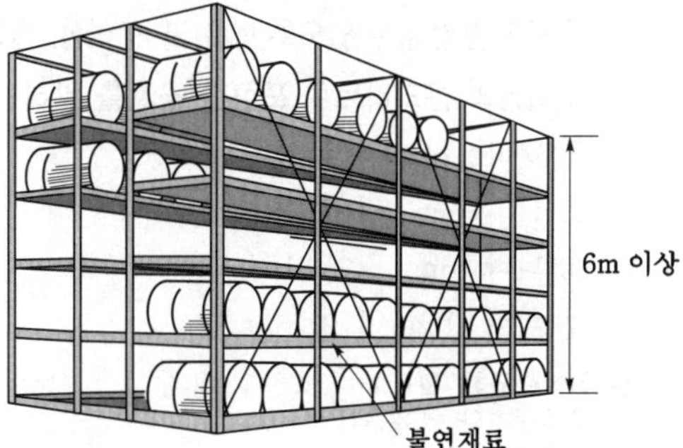


(4) 선반에는 위험물을 수납한 용기가 쉽게 낙하하지 아니하는 조치를 강구할 것

답 ④

**93** 암반 탱크 저장소의 암반 탱크는 암반투수계수가 몇 m/s 이하인 천연암반 내에 설치하여야 하는가?

① $10^{-5}$ ② $10^{-6}$
③ $10^{-7}$ ④ $10^{-8}$

해설 **위험물 규칙 〔별표 12〕**

**암반 탱크 저장소의 암반 탱크 설치기준**

(1) 암반 탱크는 암반투수계수가 **$10^{-5}$m/s** 이하인 천연암반 내에 설치할 것
(2) 암반 탱크는 저장할 위험물의 증기압을 억제할 수 있는 **지하수면하**에 설치할 것
(3) 암반 탱크의 내벽은 암반균열에 의한 낙반을 방지할 수 있도록 **볼트 · 콘크리트** 등으로 보강할 것

답 ①

★★
**94** 주유취급소에 설치하는 "주유중 엔진정지"라고 표시한 게시판의 색깔은?

① 흑색 바탕에 황색 문자
② 황색 바탕에 흑색 문자
③ 백색 바탕에 적색 문자
④ 적색 바탕에 백색 문자

해설 **위험물 규칙 〔별표 13〕**
**주유취급소의 게시판**
주유중 엔진 정지 : **황색** 바탕에 **흑색** 문자

중요

**표시방식**

| 구분 | 표시방식 |
|---|---|
| 옥외탱크저장소 · 컨테이너식 이동탱크저장소 | **백색** 바탕에 **흑색** 문자 |
| 주유취급소 | **황색** 바탕에 **흑색** 문자 |
| 물기엄금 | **청색** 바탕에 **백색** 문자 |
| 화기엄금 · 화기주의 | **적색** 바탕에 **백색** 문자 |

답 ②

**95** 주유취급소의 주유공지란 주유를 받으려는 자동차 등이 출입할 수 있도록 너비 몇 m 이상, 길이 몇 m 이상의 콘크리트로 포장한 공지를 말하는가?

① 너비 : 3m, 길이 : 6m
② 너비 : 6m, 길이 : 3m
③ 너비 : 6m, 길이 : 15m
④ 너비 : 15m, 길이 : 6m

해설 **위험물 규칙 〔별표 13〕**
**주유공지와 급유공지**
(1) **주유공지**
주유를 받으려는 자동차 등이 출입할 수 있도록 너비 **15m** 이상, 길이 **6m** 이상의 콘크리트 등으로 포장한 공지
(2) **급유공지**
고정급유설비의 호스 기기의 주위에 필요한 공지

참고

**고정주입설비와 고정급유설비**(위험물 규칙 〔별표 13〕)
(1) **고정주입설비**
펌프기기 및 호스 기기로 되어 위험물을 자동차 등에 직접 주유하기 위한 설비로서 현수식 포함
(2) **고정급유설비**
펌프기기 및 호스 기기로 되어 위험물을 용기에 옮겨 담거나 이동저장 탱크에 주입하기 위한 설비로서 현수식 포함

답 ④

**96** 주유취급소에 설치하는 "화기엄금"이라고 표시한 게시판의 색깔은?

① 황색 바탕에 흑색 문자
② 황색 바탕에 백색 문자
③ 적색 바탕에 백색 문자
④ 적색 바탕에 흑색 문자

해설 **문제 94 참조**

답 ③

**97** 주유취급소에서 자동차 등에 주유하기 위한 고정주입설비에 직접 접속하는 전용탱크인 경우 하나의 탱크의 용량은?

① 600$l$ 이하　　② 10000$l$ 이하
③ 20000$l$ 이하　　④ 50000$l$ 이하

해설 **위험물 규칙 〔별표 13〕**
**주유취급소의 탱크용량**
(1) **3기** 이하
고정주입설비 또는 고정급유설비에 직접 접속하는 간이탱크
(2) **2000$l$** 이하
폐유저장을 위한 위험물 탱크
(3) **10000$l$** 이하
보일러 등에 직접 접속하는 전용 탱크
(4) **50000$l$** 이하
① **고정급유설비**에 직접 접속하는 전용 탱크
② **자동차** 등에 주유하기 위한 **고정주입설비**에 직접 접속하는 전용 탱크

답 ④

**98** 등유의 경우 주유취급소의 고정주입설비의 펌프 기기는 주유관 선단에서의 최대 토출량이 몇 $l$/min 이하인 것으로 하여야 하는가?

① 40　　② 50
③ 80　　④ 180

해설 **위험물 규칙 〔별표 13〕**
**주유취급소의 고정주입설비 · 고정급유설비 토출량**

| 위험물 | 토출량 |
|---|---|
| 제1석유류 | 50$l$/min 이하 |
| 등유 | 80$l$/min 이하 |
| 경유 | 180$l$/min 이하 |

답 ③

**99** 주유취급소의 고정주입설비의 주유관의 길이는? (단, 현수식이 아닌 경우이다.)

① 3m 이내　　② 5m 이내
③ 7m 이내　　④ 9m 이내

해설 **위험물 규칙 〔별표 13〕**
**주유취급소의 고정주입설비 · 고정급유설비**
주유관의 길이는 **5m**(현수식은 지면 위 **0.5m**의 수평면에 수직으로 내려 만나는 점을 중심으로 반경 **3m**) 이내로 할 것

이동 탱크 저장소의 주유관의 길이 : **50m** 이내

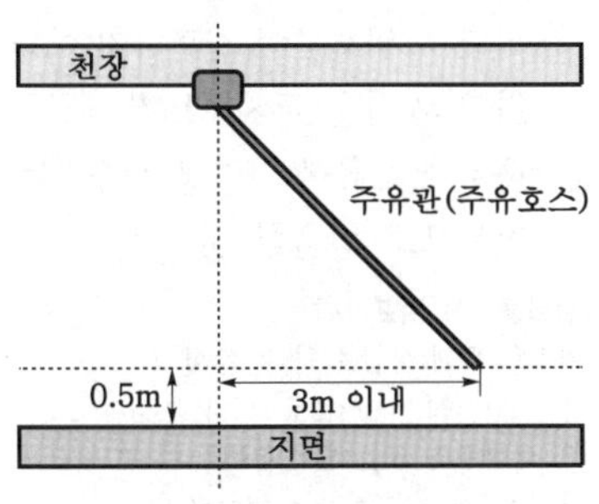


현수식 고정주입설비 · 고정급유설비

답 ②

**100** 주유취급소의 고정주입설비와 고정급유설비 사이의 이격거리는?

① 1m 이상
② 2m 이상
③ 3m 이상
④ 4m 이상

해설 **위험물 규칙 〔별표 13〕**
**주유취급소의 고정주입설비 · 고정급유설비**
(1) 고정주입설비의 중심선을 기점으로 하여 도로경계선까지 **4m** 이상, 대지경계선 · 담 및 건축물의 벽까지 **2m**(개구부가 없는 벽으로부터는 **1m**) 이상의 거리를 유지할 것
(2) 고정주입설비와 고정급유설비의 사이에는 **4m** 이상의 거리를 유지할 것

| 구분 | 고정주유설비의 중심선과 거리 | 고정급유설비의 중심선과 거리 |
|---|---|---|
| 도로경계선 | 4m 이상 | 4m 이상 |
| 부지경계선 | 2m 이상 | 1m 이상 |
| 담 | 2m 이상 | 1m 이상 |
| 건축물의 벽 | 2m 이상 | 2m 이상 |
| 건축물의 벽(개구부가 없는 벽까지) | 1m 이상 | 1m 이상 |
| 고정급유설비 | 4m 이상 | – |

답 ④

**101** 건축물 안에 설치하는 옥내주유취급소의 용도에 사용하는 부분의 몇 개 이상의 방면은 자동차 등이 출입하는 측 또는 통풍 및 피난상 필요한 공지에 접하도록 하고 벽을 설치하지 않아야 하는가?

① 1개 이상
② 2개 이상
③ 3개 이상
④ 4개 이상

해설 **위험물 규칙 〔별표 13〕**
옥내주유취급소의 **2** 이상의 방면은 벽을 설치하지 아니할 것

답 ②

**102** 주유취급소의 설치대상 건축물 또는 시설이 아닌 것은?

① 주유 또는 등유 · 경유를 옮겨 담기 위한 작업장
② 주유취급소의 업무를 행하기 위한 사무소
③ 자동차 등의 점검 및 세부정비를 위한 작업장
④ 주유취급소의 관계자가 거주하는 주거시설

해설 **위험물 규칙 〔별표 13〕**
**주유취급소의 설치대상 건축물 또는 시설**
(1) 주유 또는 등유 · 경유를 옮겨 담기 위한 **작업장**
(2) 주유취급소의 **업무**를 행하기 위한 **사무소**
(3) 자동차 등의 **점검** 및 **간이정비**를 위한 **작업장**
(4) 자동차 등의 **세정**을 위한 **작업장**
(5) 주유취급소에 출입하는 사람을 대상으로 한 **점포 · 휴게음식점** 또는 **전시장**
(6) 주유취급소의 관계자가 거주하는 **주거시설**

답 ③

**103** 주유취급소에서 주유원 간이대기실의 적합기준으로 틀린 것은?

① 불연재료로 할 것
② 바퀴가 부착된 고정식일 것
③ 차량의 출입 및 주유작업에 장애를 주지 아니하는 위치에 설치할 것
④ 바닥면적이 $2.5m^2$ 이하일 것

해설 **위험물 규칙 〔별표 13〕**
**주유원 간이대기실의 적합기준**
(1) **불연재료**로 할 것
(2) 바퀴가 부착되지 아니한 **고정식**일 것
(3) 차량의 출입 및 주유작업에 장애를 주지 아니하는 위치에 설치할 것
(4) 바닥면적이 **$2.5m^2$** 이하일 것(단, 주유공지 및 급유공지 외의 장소에 설치하는 것은 제외)

답 ②

**104** 주유취급소의 주위에는 자동차 등이 출입하는 쪽 외의 부분에 높이 몇 m 이상의 내화구조 또는 불연재료의 담 또는 벽을 설치하여야 하는가?

① 1　　② 2
③ 3　　④ 5

해설 **위험물 규칙 〔별표 13〕**
**주유취급소의 담 또는 벽**
주유취급소의 주위에는 자동차 등이 출입하는 쪽 외의 부분에 높이 **2m** 이상의 **내화구조** 또는 **불연재료**의 담 또는 벽을 설치할 것

답 ②

**105** 주유취급소에 캐노피를 설치하는 경우의 기준으로 틀린 것은?

① 캐노피의 면적은 주유취급소 공지면적의 $\frac{1}{2}$ 이하로 할 것
② 배관이 캐노피 내부를 통과할 경우에는 1개 이상의 점검구를 설치할 것
③ 캐노피 외부의 점검이 곤란한 장소에 배관을 설치하는 경우에는 용접이음으로 할 것
④ 캐노피 외부의 배관이 일광열의 영향을 받을 우려가 있는 경우에는 단열재로 피복할 것

해설 **위험물 규칙 〔별표 13〕**
**주유취급소의 캐노피 설치기준**
(1) 배관이 캐노피 내부를 통과할 경우에는 **1개** 이상의 점검구를 설치할 것
(2) 캐노피 외부의 점검이 곤란한 장소에 배관을 설치하는 경우에는 **용접이음**으로 할 것
(3) 캐노피 외부의 배관이 일광열의 영향을 받을 우려가 있는 경우에는 **단열재**로 피복할 것

답 ①

★★★
**106** 다음 중 주유취급소의 특례 기준에서 제외되는 것은?

① 영업용 주유취급소
② 항공기 주유취급소
③ 철도 주유취급소
④ 고속국도 주유취급소

해설 **위험물 규칙 〔별표 13〕**
**주유취급소의 특례기준**
(1) 항공기
(2) 철도
(3) 고속국도
(4) 선박
(5) 자가용

답 ①

**107** 고속국도의 도로변에 설치된 주유취급소의 탱크의 용량은 몇 $l$ 까지 할 수 있는가?

① 10000　② 30000
③ 50000　④ 60000

해설 **위험물 규칙 〔별표 13〕**
**고속국도 주유취급소의 특례**
**고속국도**의 도로변에 설치된 주유취급소에 있어서는 탱크의 용량을 **60000** $l$ 까지 할 수 있다.

답 ④

**108** 제1종 판매취급소의 위험물을 배합하는 실의 기준으로 맞는 것은?

① 바닥면적은 $5m^2$ 이상 $10m^2$ 이하일 것
② 출입구 문턱의 높이는 바닥면으로부터 0.1m 이상으로 할 것
③ 바닥은 위험물이 침투하지 아니하는 구조로 하고 경사를 두지 말 것
④ 내부에 체류한 가연성의 증기는 벽면에 있는 창문으로 방출할 것

해설 **위험물규칙〔별표 14〕**
**제1종 판매취급소의 배합실**
(1) 바닥면적은 **6~15m²** 이하일 것
(2) **내화구조** 또는 **불연재료**로 된 벽으로 구획할 것
(3) 바닥은 위험물이 침투하지 아니하는 구조로 하여 적당한 경사를 두고 **집유설비**를 할 것
(4) 출입구에는 수시로 열 수 있는 **자동폐쇄식**의 **갑종방화문**을 설치할 것
(5) 출입구 문턱의 높이는 바닥면으로부터 **0.1m** 이상으로 할 것
(6) 내부에 체류한 가연성의 증기 또는 가연성의 미분을 지붕 위로 방출하는 설비를 할 것

답 ②

**109** 위험물을 배합하는 제1종 판매취급소의 실의 기준에 적합하지 않은 것은?

① 바닥면적을 $6\sim15\,m^2$ 이하로 할 것
② 내화구조 또는 불연재료로 된 벽으로 구획할 것
③ 바닥에는 적당한 경사를 두고, 집유설비를 할 것
④ 출입구에는 갑종방화문 또는 을종방화문을 설치할 것

해설 **위험물 규칙 〔별표 14〕**
**위험물을 배합하는 제1종 판매취급소의 실의 기준**
(1) 바닥면적은 **6~15m²** 이하일 것
(2) **내화구조** 또는 **불연재료**로 된 벽으로 구획할 것
(3) 바닥은 위험물이 침투하지 아니하는 구조로 하여 적당한 경사를 두고 **집유설비**를 할 것
(4) 출입구에는 수시로 열 수 있는 자동폐쇄식의 **갑종방화문**을 설치할 것
(5) 출입구 문턱의 높이는 바닥면으로부터 **0.1m** 이상으로 할 것
(6) 내부에 체류한 가연성의 증기 또는 가연성의 미분을 지붕 위로 **방출**하는 **설비**를 할 것

답 ④

**110** 다음 중 이송취급소를 설치할 수 있는 곳은?

① 철도 및 도로의 터널 안
② 고속국도 및 자동차전용도로의 차도 · 길어깨 및 중앙분리대
③ 지형상황 등 부득이한 사유가 있고 안전에 필요한 조치를 한 곳
④ 호수 · 저수지 등으로서 수리의 수원이 되는 곳

해설 위험물 규칙 〔별표 15〕
이송취급소의 설치제외장소
(1) **철도** 및 **도로**의 **터널 안**
(2) **고속국도** 및 **자동차전용도로**의 차도 · 길어깨 및 중앙분리대
(3) **호수 · 저수지** 등으로서 수리의 수원이 되 는 곳
(4) **급경사지역**으로서 붕괴의 위험이 있는 지역

답 ③

**111** 이송취급소 배관의 재료로 적합하지 않은 것은?

① 고압배관용 탄소강관
② 압력배관용 탄소강관
③ 고온배관용 탄소강관
④ 일반배관용 탄소강관

해설 위험물 규칙 〔별표 15〕
이송취급소 배관 등의 재료

| 배관 등 | 재 료 |
|---|---|
| 배관 | • 고압배관용 탄소강관<br>• 압력배관용 탄소강관<br>• 고온배관용 탄소강관<br>• 배관용 스테인리스강관 |
| 관 이음쇠 | • 배관용 강제 맞대기용접식 관이음쇠<br>• 철강재 관플랜지 압력단계<br>• 관플랜지의 치수허용자<br>• 강제 용접식 관플랜지<br>• 철강재 관플랜지의 기본치수<br>• 관플랜지의 개스킷 자리치수 |
| 밸브 | • 주강 플랜지형 밸브 |

답 ④

**112** 이송취급소에서 배관을 지하에 매설하는 경우 배관은 그 외면으로부터 지하가까지 몇 m 이상의 안전거리를 두어야 하는가?

① 0.3 ② 1.5
③ 10 ④ 300

해설 위험물 규칙 〔별표 15〕
이송취급소의 지하매설배관의 안전거리

| 대 상 | 안전거리 |
|---|---|
| • 건축물 | 1.5m 이상 |
| • 지하가<br>• 터널 | 10m 이상 |
| • 수도시설 | 300m 이상 |

답 ③

**113** 이송취급소에서 배관을 도로밑에 매설하는 경우 배관은 그 외면으로부터 도로의 경계에 대하여 몇 m 이상의 안전거리를 두어야 하는가?

① 1 ② 1.5
③ 10 ④ 300

해설 위험물 규칙 〔별표 15〕
이송취급소의 도로밑 매설배관의 안전거리

| 대 상 | 안전거리 |
|---|---|
| • 도로밑 | 1m 이상 |

답 ①

**114** 이송취급소에서 배관을 철도부지에 인접하여 매설하는 경우 배관은 그 외면으로부터 철도 중심선에 대하여 몇 m 이상 거리를 유지하여야 하는가?

① 1.2 ② 1.5
③ 4 ④ 10

해설 위험물 규칙 〔별표 15〕
이송취급소의 철도부지밑 매설배관의 안전거리

| 대 상 | 안전거리 |
|---|---|
| • 철도부지의 용지경계 | 1m 이상 |
| • 철도중심선 | 4m 이상 |
| • 철도 · 도로의 경계선<br>• 주택 | 25m 이상 |
| • 공공공지<br>• 도시공원<br>• 판매 · 위락 · 숙박시설(연면적 1,000m$^2$ 이상)<br>• 기차역 · 버스 터미널(1일 20,000명 이상 이용) | 45m 이상 |
| • 수도시설 | 300m 이상 |

답 ③

**115** 이송취급소에서 배관을 해저에 설치하는 경우 배관은 원칙적으로 이미 설치된 배관에 대하여 몇 m 이상의 안전거리를 두어야 하는가?

① 4 ② 10
③ 30 ④ 45

해설 위험물 규칙 〔별표 15〕
이송취급소의 해저설치 배관의 안전거리

| 대 상 | 안전거리 |
|---|---|
| • 타 배관 | 30m 이상 |

답 ③

**116** 이송취급소에서 하천밑에 배관을 매설하는 경우 배관의 외면과 계획하상과의 거리는 몇 m 이상으로 하여야 하는가?(단, 하천을 횡단하는 경우이다.)

① 1.2 ② 2.5
③ 4.0 ④ 10

해설 위험물 규칙 〔별표 15〕
이송취급소의 하천 등 횡단설치배관의 안전거리

| 대 상 | 안전거리 |
|---|---|
| • 좁은수로 횡단 | 1.2m 이상 |
| • 하수도 · 운하 횡단 | 2.5m 이상 |
| • 하천 횡단 | 4.0m 이상 |

답 ③

**117** 이송취급소에서 이송기지 내의 지상에 설치된 배관 등은 전체 용접부의 몇 % 이상을 발췌하여 비파괴시험을 실시하는가?

① 10 ② 20
③ 30 ④ 40

해설 **위험물 규칙 [별표 15]**
이송취급소의 비파괴시험 · 내압시험

| 비파괴시험 | 내압시험 |
|---|---|
| 배관 등의 용접부는 비파괴시험을 실시하여 합격할 것. 이 경우 이송기지 내의 지상에 설치된 배관 등은 전체 용접부의 **20%** 이상을 발췌하여 시험할 수 있다. | 배관 등은 최대 상용압력의 **1.25배** 이상의 압력으로 **4시간** 이상 수압을 가하여 누설, 그 밖의 이상이 없을 것 |

답 ②

**118** 이송취급소의 내압시험에서 배관 등은 최대 상용압력의 몇 배 이상의 압력으로 4시간 이상 수압을 가하여 누설 등의 이상이 없어야 하는가?

① 1.1 ② 1.25
③ 2 ④ 2.5

해설 **문제 117 참조**

답 ②

**119** 이송취급소의 배관에는 긴급차단 밸브를 설치하여야 한다. 시가지에 설치하는 경우에는 약 몇 km의 간격으로 설치하여야 하는가?

① 2 ② 4
③ 10 ④ 25

해설 **위험물 규칙 [별표 15]**
이송취급소 배관의 긴급차단 밸브 설치기준

| 대 상 | 간 격 |
|---|---|
| • 시가지 | 약 4km |
| • 산림지역 | 약 10km |

**감진장치 · 강진계 : 25km** 거리마다 설치

답 ②

**120** 이송취급소 기자재창고의 포소화약제 비치량은?

① 100$l$ 이상 ② 200$l$ 이상
③ 300$l$ 이상 ④ 400$l$ 이상

해설 **위험물 규칙 [별표 15]**
이송취급소의 기자재 창고
(1) 이송기지 · 배관경로의 **5km** 이내마다 설치
(2) 비치할 기자재
① **3%**로 희석하여 사용하는 포소화약제 **400**$l$ 이상
② 방화복 또는 방열복 **5벌** 이상
③ 삽 · 곡괭이 각 **5개** 이상
④ 위험물처리 기자재
⑤ 응급조치 기자재

답 ④

**121** 이송취급소에서 펌프 등의 최대 상용압력이 2MPa일 때 보유할 공지의 너비는?

① 3m 이상 ② 5m 이상
③ 9m 이상 ④ 15m 이상

해설 **위험물 규칙 [별표 15]**
이송취급소 펌프 등의 보유공지

| 펌프 등의 최대 상용압력 | 공지의 너비 |
|---|---|
| 1MPa 미만 | 3m 이상 |
| 1~3MPa 미만 | 5m 이상 |
| 3MPa 이상 | 15m 이상 |

**이송취급소**의 **피그장치** : 너비 **3m** 이상의 공지 보유

답 ②

**122** 이송취급소에서 이송기지의 배관의 최대 상용압력이 0.5MPa일 때 거리는?

① 3m 이상 ② 5m 이상
③ 9m 이상 ④ 15m 이상

해설 **위험물 규칙 [별표 15]**
이송취급소 이송기지의 안전조치

| 펌프 등의 최대 상용압력 | 거 리 |
|---|---|
| 0.3MPa 미만 | 5m 이상 |
| 0.3~1MPa 미만 | 9m 이상 |
| 1MPa 이상 | 15m 이상 |

답 ③

**123** 이송취급소에서 펌프를 설치하는 펌프실의 바닥은 위험물이 침투하지 아니하는 구조로 하고 그 주변에 높이 몇 cm 이상의 턱을 설치하여야 하는가?

① 10 ② 15
③ 20 ④ 25

해설 **위험물 규칙 [별표 15]**
이송취급소의 펌프를 설치하는 펌프실의 적합기준
(1) **불연재료**의 구조로 할 것. 이 경우 지붕은 폭발력이 위로 방출될 정도의 **가벼운 불연재료**이어야 한다.
(2) 창 또는 출입구를 설치하는 경우에는 **갑종방화문** 또는 **을종방화문**으로 할 것
(3) 창 또는 출입구에 유리를 이용하는 경우에는 **망입유리**로 할 것

(4) 바닥은 위험물이 침투하지 아니하는 구조로 하고 그 주변에 높이 **20cm** 이상의 턱을 설치할 것
(5) 누설한 위험물이 외부로 유출되지 아니하도록 바닥은 적당한 경사를 두고 그 **최저부**에 **집유설비**를 할 것
(6) 가연성 증기가 체류할 우려가 있는 펌프실에는 **배출설비**를 할 것
(7) 펌프실에는 위험물을 취급하는데 필요한 **채광 · 조명** 및 **환기설비**를 할 것

비교

**이송취급소의 펌프 등을 옥외에 설치하는 경우의 기준**
(1) 펌프 등을 설치하는 부분의 지반은 위험물이 침투하지 아니하는 구조로 하고 그 주위에는 높이 **15cm** 이상의 턱을 설치할 것
(2) 누설한 위험물이 외부로 유출되지 아니하도록 **배수구** 및 **집유설비**를 설치할 것

답 ③

★★★
**124** 일반취급소에서 열처리작업 또는 방전가공을 위한 위험물을 취급하는 곳으로서 지정수량 30배 미만에는 특례기준이 적용되는데 이때 방전가공을 위한 위험물은 인화점이 몇 ℃ 이상인 제4류 위험물에 한하는가?

① 21℃　② 30℃
③ 50℃　④ 70℃

해설 **위험물 규칙 〔별표 16〕**
열처리 작업 등의 특례기준
방전가공을 위한 위험물로서 인화점이 **70**℃ 이상인 **제4류 위험물**

중요

온도 *(아주 중요!)*

| 온도 | 설명 |
|---|---|
| 15℃ 이하 | **압력 탱크 외**의 **아세트알데히드**의 온도(위험물 규칙 〔별표 18〕) |
| 21℃ 미만 | ① 옥외저장 탱크의 **주입구 게시판** 설치(위험물 규칙 〔별표 6〕)<br>② 옥외저장 탱크의 **펌프 설비 게시판** 설치(위험물 규칙 〔별표 6〕) |
| 30℃ 이하 | **압력 탱크 외**의 **디에틸에테르 · 산화프로필렌**의 온도(위험물 규칙 〔별표 18〕) |
| 38℃ 이상 | **보일러** 등으로 위험물을 소비하는 일반취급소(위험물 규칙 〔별표 16〕) |
| 40℃ 미만 | 이동 탱크저장소의 **원동기** 정지(위험물 규칙 〔별표 18〕) |
| 40℃ 이하 | ① **압력 탱크**의 **디에틸에테르 · 아세트알데히드**의 온도(위험물 규칙 〔별표 18〕)<br>② **보냉장치**가 **없는 디에틸에테르 · 아세트알데히드**의 온도(위험물 규칙 〔별표 18〕) |
| 40℃ 이상 | ① 지하 탱크 저장소의 배관 **윗부분** 설치 제외(위험물 규칙 〔별표 8〕)<br>② **세정작업**의 일반취급소(위험물 규칙 〔별표 16〕)<br>③ 이동저장 탱크의 **주입구 주입호스** 결합 제외(위험물 규칙 〔별표 18〕) |
| 55℃ 이하 | 옥내저장소의 **용기수납** 저장온도(위험물 규칙 〔별표 18〕) |
| 70℃ 미만 | **옥내저장소** 저장창고의 **배출설비** 구비(위험물 규칙 〔별표 5〕) |
| 70℃ 이상 | ① 옥내저장 탱크의 **외벽 · 기둥 · 바닥**을 **불연재료**로 할 수 있는 경우(위험물 규칙 〔별표 7〕)<br>② **열처리작업** 등의 일반취급소(위험물 규칙 〔별표 16〕) |
| 100℃ 이상 | **고인화점** 위험물(위험물 규칙 〔별표 4〕) |
| 200℃ 이상 | 옥외저장 탱크의 **방유제** 거리확보 제외(위험물 규칙 〔별표 6〕) |

답 ④

**125** 세정작업의 일반취급소의 특례기준에서 위험물을 취급하는 설비는 바닥에 고정하고 해당 설비의 주위에 너비 몇 m 이상의 공지를 보유하여야 하는가?

① 1　② 2
③ 3　④ 4

해설 **위험물 규칙 〔별표 16〕**
특례기준
위험물을 취급하는 설비는 바닥에 고정하고, 해당 설비의 주위에 너비 **3m** 이상의 공지를 보유할 것

답 ③

**126** 옮겨담는 일반취급소에서 지하전용 탱크란 고정급유설비에 접속하는 용량 몇 $l$ 이하의 탱크를 말하는가?

① 10000　② 20000
③ 30000　④ 40000

해설 **위험물 규칙 〔별표 16〕**
일반취급소의 지하전용 탱크
고정급유설비에 접속하는 용량 **40000**$l$ 이하의 지하의 전용 탱크

답 ④

**127** 제조소 및 일반취급소는 연면적 몇 $m^2$ 이상일 때 소화난이도 등급 Ⅰ에 해당되는가?

① 600　② 1000
③ 2000　④ 3000

해설 **위험물 규칙 〔별표 17〕**
소화난이도 등급 Ⅰ에 해당하는 제조소 등

| 구 분 | 적용대상 |
|---|---|
| 제조소<br>일반<br>취급소 | 연면적 **1000**$m^2$ 이상 |
| | 지정수량 **100배** 이상(고인화점 위험물만을 100℃ 미만의 온도에서 취급하는 것 및 화약류 위험물을 취급하는 것 제외) |
| | 지반면에서 **6m** 이상의 높이에 위험물 취급설비가 있는 것(고인화점 위험물만을 100℃ 미만의 온도에서 취급하는 것) |
| | 일반취급소 이외의 건축물에 설치된 것 |

| 구 분 | 적용대상 |
|---|---|
| 옥내 저장소 | 지정수량 **150배** 이상 |
| | 연면적 **150m²**를 초과하는 것(150m² 이내마다 불연재료로 개구부 없이 구획된 것 및 인화성고체 외의 제2류 위험물 또는 인화점 70℃ 이상의 제4류 위험물만을 저장하는 것은 제외) |
| | 처마 높이 6m 이상인 단층건물 |
| | 옥내저장소 이외의 건축물에 설치된 것 |
| 옥외 탱크 저장소 | 액표면적 **40m²** 이상 |
| | 지반면에서 탱크 옆판의 상단까지 높이가 **6m** 이상 |
| | 지중탱크 · 해상탱크로서 지정수량 **100배** 이상 |
| | 시성수량 **100배** 이상(고제위험물 저상) |
| 옥내 탱크 저장소 | 액표면적 **40m²** 이상 |
| | 바닥면에서 탱크 옆판의 상단까지 높이가 **6m** 이상 |
| | 탱크 전용실이 단층건물 외의 건축물에 있는 것 |
| 옥외 저장소 | 덩어리 상태의 유황을 저장하는 것으로서 경계표시 내부의 면적 **100m²** 이상인 것 |
| | 지정수량 **100배** 이상 |
| 암반 탱크 저장소 | 액표면적 **40m²** 이상 |
| | 지정수량 **100배** 이상(고체위험물 저장) |
| 이송 취급소 | 모든 대상 |

답 ②

**128** 옥내저장소는 연면적 몇 m²를 초과할 때 소화난이도 등급 Ⅱ에 해당되는가?

① 150 ② 600
③ 1000 ④ 2000

해설 **위험물 규칙 〔별표 17〕**
소화난이도 등급 Ⅱ에 해당하는 제조소 등

| 구 분 | 적용대상 |
|---|---|
| 제조소 일반취급소 | 연면적 **600m²** 이상 |
| | 지정수량 **10배** 이상(고인화점 위험물만을 100℃ 미만의 온도에서 취급하는 것 및 화약류 위험물을 취급하는 것 제외) |
| 옥내저장소 | 단층건물 이외의 것 |
| | 지정수량 **10배** 이상 |
| | 연면적 **150m²** 초과 및 화학류 위험물을 취급하는 것 제외 |
| 옥외저장소 | 덩어리 상태의 유황을 저장하는 것으로서 경계표시 내부의 면적이 **5~100m²** 미만 |
| | 인화성고체, 제1석유류, 알코올류는 지정수량 **10~100배** 미만 |
| | 지정수량 **100배** 이상 |
| 주유취급소 | **옥내주유취급소** |
| 판매취급소 | **제2종 판매취급소** |

답 ①

**129** 소화난이도 등급 Ⅲ인 지하 탱크 저장소의 소화설비기준은?

① 능력단위 2단위 이상의 소화기 2개 이상 설치
② 능력단위 2단위 이상의 소화기 3개 이상 설치
③ 능력단위 3단위 이상의 소화기 2개 이상 설치
④ 능력단위 3단위 이상의 소화기 3개 이상 설치

해설 **위험물 규칙 〔별표 17〕**
**소화난이도 등급 Ⅲ의 제조소 등에 설치하는 소화설비**

| 제조소 등의 구분 | 소화 설비 | 설치기준 | |
|---|---|---|---|
| 지하 탱크 저장소 | 소형 수동식 소화기 등 | 능력단위의 수치가 **3** 이상 | **2개** 이상 |
| 이동 탱크 저장소 | 자동차용 소화기 | 무상의 강화액 **8*l*** 이상 | **2개** 이상 |
| | | 이산화탄소 **3.2kg** 이상 | |
| | | 할론 1211($CF_2ClBr$) **2*l*** 이상 | |
| | | 할론 1301($CF_3Br$) **2*l*** 이상 | |
| | | 할론 2402($C_2F_4Br_2$) **1*l*** 이상 | |
| | | 소화분말 **3.3kg** 이상 | |
| | 마른 모래 팽창질석 팽창진주암 | 마른 모래 **150*l*** 이상 | |
| | | 팽창질석 · 팽창진주암 **640*l*** 이상 | |

답 ③

**130** 소화난이도등급Ⅲ의 알킬알루미늄을 저장하는 이동탱크저장소에 자동차용소화기 2개 이상을 설치한 후 추가로 설치하여야 할 마른모래는 몇 *l* 이상인가?

① 50*l* 이상 ② 100*l* 이상
③ 150*l* 이상 ④ 200*l* 이상

해설 **위험물규칙 〔별표 17〕**
**소화난이도등급Ⅲ의 알킬알루미늄을 저장하는 이동탱크저장소**
자동차용소화기 2개 이상 설치한 후의 추가설치 대상
(1) 마른 모래 : **150*l*** 이상
(2) 팽창질석 · 팽창진주암 : **640*l*** 이상

답 ③

**131** 제1류 위험물 중 알칼리금속 과산화물의 적응소화설비가 아닌 것은?

① 이산화탄소 소화설비
② 분말소화설비(탄산수소염류)
③ 마른 모래
④ 팽창질석

**해설** **위험물 규칙 〔별표 17〕**
소화설비의 적응성

| 대상물 | 소화설비 |
|---|---|
| • 제1류 위험물(알칼리금속 과산화물)<br>• 제2류 위험물(철분 · 금속분 · 마그네슘)<br>• 제3류 위험물(금수성물질) | • 분말소화설비 (탄산수소염류)<br>• 마른 모래<br>• 팽창질석 · 팽창진주암 |
| • 제5류 위험물 | • 옥내 · 외 소화전설비<br>• 스프링클러 설비<br>• 물분무소화설비<br>• 포소화설비<br>• 물통 · 수조<br>• 마른 모래<br>• 팽창질석 · 팽창진주암 |
| • 제6류 위험물 | • 옥내 · 외 소화전설비<br>• 스프링클러 설비<br>• 물분무소화설비<br>• 포소화설비<br>• 분말소화설비 (인산염류)<br>• 물통 · 수조<br>• 마른 모래<br>• 팽창질석 · 팽창진주암 |

답 ①

**132** 제5류 위험물의 적응소화설비가 아닌 것은?
① 옥내소화전설비 ② 스프링클러설비
③ 포소화설비 ④ 할론소화설비

**해설** **문제 131 참조** 답 ④

**133** 면적 500m²인 제조소 등에 전기설비가 설치된 경우 소형 수동식 소화기의 설치개수는?
① 1개 이상 ② 3개 이상
③ 5개 이상 ④ 7개 이상

**해설** **위험물 규칙 〔별표 17〕**
제조소 등에 전기설비가 설치된 경우에는 해당 장소의 면적 **100m²**마다 소형 수동식 소화기를 1개 이상 설치할 것
$\frac{500\text{m}^2}{100\text{m}^2} = 5$개 이상 답 ③

**134** 제조소 등에 물분무소화설비를 설치하고자 한다. 물분무소화설비의 방사구역은 몇 m² 이상으로 하여야 하는가?
① 100 ② 150
③ 200 ④ 350

**해설** **위험물 규칙 〔별표 17〕**
물분무소화설비의 방사구역은 **150m²** 이상(방호대상물의 표면적이 150m² 미만인 경우에는 해당 표면적)으로 할 것
답 ②

★★★
**135** 위험물 제조소 등에 옥외소화전을 설치하려고 한다. 옥외소화전을 5개 설치시 필요한 수원의 양은 얼마인가?
① 14m³ 이상 ② 35m³ 이상
③ 36m³ 이상 ④ 54m³ 이상

**해설** **위험물 규칙〔별표 17〕**
위험물 제조소의 옥외소화전 수원

$Q = 13.5N$

여기서, $Q$ : 옥외소화전 수원〔m³〕
$N$ : 소화전 개수(**최대 4개**)

**위험물 제조소**의 **옥외소화전 수원** $Q$는
$Q = 13.5N = 13.5 \times 4 = 54\text{m}^3$ 이상

**중요**

**위험물규칙 〔별표 17〕**
수원

| 설비 | | 수원 |
|---|---|---|
| 옥내 소화전 설비 | 일반 건축물 | $Q = 2.6N$<br>여기서, $Q$ : 수원〔m³〕<br>$N$ : 가장 많은 층의 소화전개수(**최대 2개**) |
| | 위험물 제조소 | $Q = 7.8N$<br>여기서, $Q$ : 수원〔m³〕<br>$N$ : 가장 많은 층의 소화전개수(**최대 5개**) |
| 옥외 소화전 설비 | 일반 건축물 | $Q = 7N$<br>여기서, $Q$ : 수원〔m³〕<br>$N$ : 소화전개수(**최대 2개**) |
| | 위험물 제조소 | $Q = 13.5N$<br>여기서, $Q$ : 수원〔m³〕<br>$N$ : 소화전개수(**최대 4개**) |

답 ④

**136** 옥내저장소에서 제3석유류를 수납하는 용기만을 겹쳐 쌓는 경우에 높이 몇 m를 초과할 수 없는가?
① 1 ② 3
③ 4 ④ 6

**해설** **위험물 규칙 〔별표 18〕**
옥내저장소의 위험물 적재높이기준

| 대 상 | 높이기준 |
|---|---|
| • 기타 | 3m |
| • 제3석유류<br>• 제4석유류<br>• 동식물유류 | 4m |
| • 기계에 의한 하역구조 | 6m |

옥외저장소에서 위험물을 수납한 용기를 선반에 저장하는 경우에는 **6m**를 초과하여 저장하지 아니하여야 한다.

답 ③

**137** 이동저장 탱크에 알킬알루미늄 등을 저장하는 경우 불활성 기체의 봉입압력으로 옳은 것은?

① 10kPa 이하 ② 10kPa 이상
③ 20kPa 이하 ④ 20kPa 이상

해설 **위험물 규칙 〔별표 18〕**
이동저장 탱크에 **알킬알루미늄** 등을 저장하는 경우에는 **20kPa** 이하의 압력으로 불활성의 기체를 봉입하여 둘 것

답 ③

**138** 옥내저장 탱크의 압력 탱크 외의 탱크에 저장하는 아세트알데히드의 유지온도는?

① 15℃ 이하 ② 30℃ 이하
③ 40℃ 이하 ④ 40℃ 이상

해설 **위험물 규칙 〔별표 18〕**
옥외저장 탱크·옥내저장 탱크 또는 지하저장탱크 중 **압력탱크** 외의 탱크에 저장하는 디에틸에테르 등 또는 아세트알데히드 등의 온도는 **산화프로필렌**과 이를 함유한 것 또는 **디에틸에테르** 등에 있어서는 30℃ 이하로, **아세트알데히드** 또는 이를 함유한 것에 있어서는 **15**℃ 이하로 각각 유지할 것

문제 124 참조

답 ①

★★
**139** 옥내저장 탱크의 압력 탱크에 저장하는 아세트알데히드의 유지온도는?

① 15℃ 이하 ② 30℃ 이하
③ 40℃ 이하 ④ 55℃ 이하

해설 **위험물 규칙 〔별표 18〕**
옥외저장 탱크·옥내저장 탱크 또는 지하저장탱크 중 **압력탱크**에 저장하는 **아세트알데히드** 등 또는 **디에틸에테르** 등의 온도는 40℃ 이하로 유지할 것

답 ③

**140** 보냉장치가 없는 이동저장 탱크에 저장하는 아세트알데히드의 유지온도는?

① 30℃ 이하 ② 30℃ 이상
③ 40℃ 이하 ④ 40℃ 이상

해설 **위험물 규칙 〔별표 18〕**
**보냉장치**가 **없는** 이동저장 탱크에 저장하는 **아세트알데히드** 등 또는 **디에틸에테르** 등의 온도는 40℃ 이하로 유지할 것

보냉장치가 있는 것 : **비점** 이하로 유지

답 ③

**141** 위험물의 취급 중 소비에 관한 기준으로 틀린 것은?

① 추출공정에 있어서는 추출관의 내부압력이 이상 상승하지 아니하도록 하여야 한다.
② 분사도장작업은 방화상 유효한 격벽 등으로 구획된 안전한 장소에서 하여야 한다.
③ 열처리작업은 위험물이 위험한 온도에 달하지 아니하도록 하여야 한다.
④ 버너를 사용하는 경우에는 버너의 역화를 방지하고 위험물이 넘치지 아니하도록 하여야 한다.

해설 **위험물 규칙 〔별표 18〕**
**위험물의 취급 중 소비에 관한 기준**

(1) **분사도장작업**은 방화상 유효한 격벽 등으로 구획된 안전한 장소에서 실시할 것
(2) **담금질** 또는 **열처리작업**은 위험물이 위험한 온도에 이르지 아니하도록 하여 실시할 것
(3) 버너를 사용하는 경우에는 **버너**의 **역화**를 방지하고 위험물이 넘치지 아니하도록 할 것

① 위험물 취급 중 **제조**에 관한 기준

답 ①

**142** 알킬알루미늄 등의 이동 탱크 저장소에 있어서 이동저장 탱크로부터 알킬알루미늄 등을 꺼낼 때에는 동시에 몇 kPa 이하의 압력으로 불활성의 기체를 봉입하여야 하는가?

① 100 ② 200
③ 300 ④ 400

해설 **위험물 규칙 〔별표 18〕**
**위험물을 꺼낼 때 불활성기체 봉입압력**

| 위험물 | 봉입압력 |
|---|---|
| • 아세트알데히드 등 | 100kPa 이하 |
| • 알킬알루미늄 등 | 200kPa 이하 |

답 ②

**143** 휘발유를 저장하던 이동저장 탱크에 등유나 경유를 주입할 때 이동저장 탱크의 상부로부터 위험물을 주입할 때에는 위험물의 액표면이 주입관의 선단을 넘는 높이가 될 때까지 그 주입관 내의 유속을 몇 m/s 이하로 하여야 하는가?

① 1 ② 2
③ 3 ④ 4

해설 **위험물 규칙 〔별표 18〕**
**이동저장 탱크**

(1) 휘발유 저장 → 등유·경유 주입 ┐
(2) 등유·경유 저장 → 휘발유 주입 ┘ **1m/s** 이하

답 ①

**144** 고체위험물 운반용기 내용적의 몇 % 이하의 수납률로 수납하여야 하는가?

① 36 ② 60
③ 95 ④ 98

해설 **위험물 규칙 〔별표 19〕**
**운반용기의 수납률**

| 위험물 | 수납률 |
|---|---|
| • 알킬알루미늄 등 | **90%** 이하(**50**℃에서 **5%** 이상 공간용적 유지) |
| • 고체위험물 | **95%** 이하 |
| • 액체위험물 | **98%** 이하(**55**℃에서 누설되지 않을 것) |

답 ③

**145** 액체위험물을 운반용기 내용적의 몇 % 이하의 수납률로 수납하여야 하는가?

① 36 ② 60
③ 95 ④ 98

해설 **문제 144 참조**

답 ④

★★★
**146** 제6류 위험물을 운반하는 운반용기의 표시사항으로 옳은 것은?

① 화기주의
② 충격주의
③ 화기엄금
④ 가연물 접촉주의

해설 **위험물 규칙 〔별표 19〕**
**위험물 운반용기의 주의사항**

| 위험물 | | 주의사항 |
|---|---|---|
| 제1류 위험물 | 알칼리금속의 과산화물 | • 화기·충격주의<br>• 물기엄금<br>• 가연물 접촉주의 |
| | 기타 | • 화기·충격주의<br>• 가연물 접촉주의 |
| 제2류 위험물 | 철분·금속분·마그네슘 | • 화기주의<br>• 물기엄금 |
| | 인화성 고체 | • 화기엄금 |
| | 기타 | • 화기주의 |
| 제3류 위험물 | 자연발화성물질 | • 화기엄금<br>• 공기접촉엄금 |
| | 금수성물질 | • 물기엄금 |
| 제4류 위험물 | | • 화기엄금 |
| 제5류 위험물 | | • 화기엄금<br>• 충격주의 |
| 제6류 위험물 | | • 가연물 접촉주의 |

비교

제조소의 게시판 주의사항(위험물 규칙 〔별표 4〕)

| 위험물 | | 주의사항 |
|---|---|---|
| 제1류 위험물 | 알칼리금속의 과산화물 | • 물기엄금 |
| | 기타 | • 별도의 표시를 하지 않는다. |
| 제2류 위험물 | 인화성 고체 | • 화기엄금 |
| | 기타 | • 화기주의 |
| 제3류 위험물 | 자연발화성물질 | • 화기엄금 |
| | 금수성물질 | • 물기엄금 |
| 제4류 위험물 | | • 화기엄금 |
| 제5류 위험물 | | • 화기엄금 |
| 제6류 위험물 | | • 별도의 표시를 하지 않는다. |

답 ④

**147** 위험등급 Ⅰ의 위험물이 아닌 것은?

① 아염소산염류 ② 염소산염류
③ 브롬산염류 ④ 유기과산화물

해설 **위험물 규칙 〔별표 19〕**
(1) 위험등급 Ⅰ의 위험물

| 위험물 | 품 명 |
|---|---|
| 제1류 위험물 | • 아염소산염류<br>• 염소산염류<br>• 과염소산염류<br>• 무기과산화물<br>• 지정수량 **50kg**인 위험물 |
| 제3류 위험물 | • 칼륨<br>• 나트륨<br>• 알킬알루미늄<br>• 알킬리튬<br>• 황린<br>• 지정수량 **10kg** 또는 **20kg** 위험물 |
| 제4류 위험물 | • 특수인화물 |
| 제5류 위험물 | • 유기과산화물<br>• 질산에스테르류(셀룰로이드)<br>• 지정수량 **10kg**인 위험물 |
| 제6류 위험물 | • 전부 |

(2) 위험등급 Ⅱ의 위험물

| 위험물 | 품 명 |
|---|---|
| 제1류 위험물 | • 브롬산염류<br>• 질산염류<br>• 요오드산염류<br>• 지정수량 **300kg**인 위험물 |
| 제2류 위험물 | • 황화린<br>• 적인<br>• 유황<br>• 지정수량 **100kg**인 위험물 |
| 제3류 위험물 | • 알칼리금속(칼륨·나트륨 제외)<br>• 알칼리토금속<br>• 유기금속화합물(알킬알루미늄·알킬리튬 제외)<br>• 지정수량 **50kg**인 위험물 |
| 제4류 위험물 | • 제1석유류<br>• 알코올류 |
| 제5류 위험물 | • 위험등급 Ⅰ의 위험물 외 |

답 ③

★★★
**148** 위험물 운반시 제2류 위험물과 혼재할 수 있는 위험물은?

① 제1류　　② 제2류
③ 제3류　　④ 제4류

해설 **위험물 규칙 〔별표 19〕**
유별을 달리하는 위험물의 혼재기준

| 위험물의 구분 | 제1류 | 제2류 | 제3류 | 제4류 | 제5류 | 제6류 |
|---|---|---|---|---|---|---|
| 제1류 | | × | × | × | × | ○ |
| 제2류 | × | | × | ○ | ○ | × |
| 제3류 | × | × | | ○ | × | × |
| 제4류 | × | ○ | ○ | | ○ | × |
| 제5류 | × | ○ | × | ○ | | × |
| 제6류 | ○ | × | × | × | × | |

답 ④

# Part 3

# 소방전기일반

# 출제경향분석

CHAPTER
01~04

## 전기회로

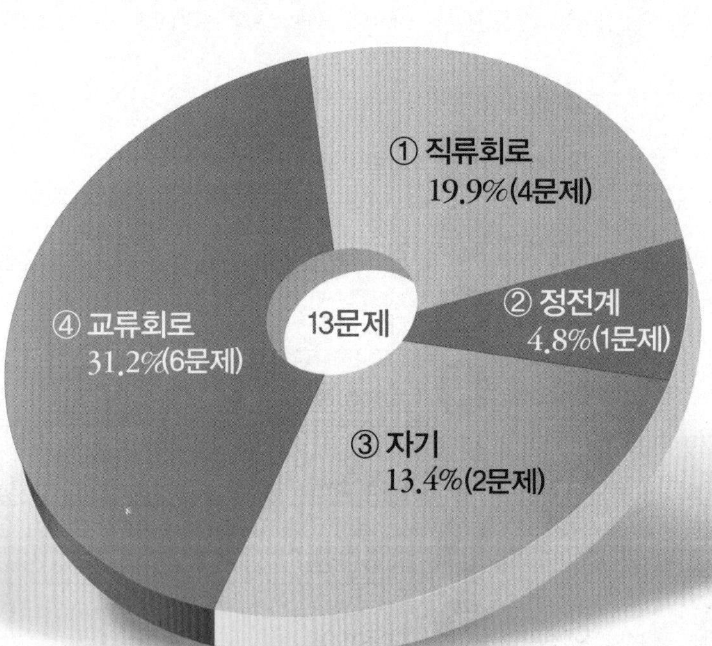
① 직류회로
19.9%(4문제)
② 정전계
4.8%(1문제)
③ 자기
13.4%(2문제)
④ 교류회로
31.2%(6문제)
13문제

CHAPTER
# 01. 직류회로

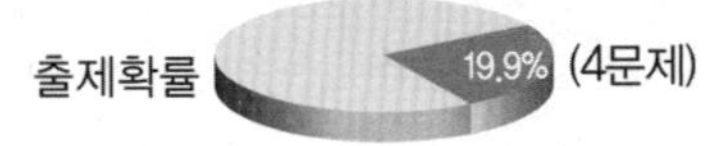


## 01 전자의 전기량(C)은?

① 약 $9.109\times10^{-31}$
② 약 $1.672\times10^{-27}$
③ 약 $1.602\times10^{-19}$
④ 약 $6.24\times10^{18}$

| 구분 | 설명 |
|---|---|
| • **전자**와 **양자**의 **전기량** | $e=1.602\times10^{-19}$C |
| • **전자**의 **질량** | $m_e=9.109\times10^{-31}$kg |
| • **양자**의 **질량**<br>• **중성자**의 **질량** | $m_p=1.672\times10^{-27}$kg<br>(전자의 1840배) |

답 ③

## 02 10A의 전류가 5분간 도선에 흘렀을 때 도선 단면을 지나는 전기량은 몇 C인가?

① 3000C ② 50C
③ 2C ④ 0.033C

해설 **전류**

$$I=\frac{Q}{t}\,\text{[A]}$$

여기서, $I$ : 전류[A]
$Q$ : 전기량[C]
$t$ : 시간[s]

**전기량** $Q$는
$Q=It=10\times(5\times60)=3000\text{C}$

1분=60s

답 ①

## 03 기전력 1V의 정의는?

① 1C의 전기량이 이동할 때 1J의 일을 하는 두 점간의 전위차
② 1A의 전류가 이동할 때 1J의 일을 하는 두 점간의 전위차
③ 2C의 전기량이 이동할 때 1J의 일을 하는 두 점간의 전위차
④ 2A의 전류가 이동할 때 1J의 일을 하는 두 점간의 전위차

$$V=\frac{W}{Q}\,\text{[A]}$$

여기서, $V$ : 전압[V]
$W$ : 일[J]
$Q$ : 전기량[C]

또는

$$E=\frac{W}{Q}\,\text{[V]}$$

여기서, $E$ : 기전력[V]
$W$ : 일[J]
$Q$ : 전기량[C]

$$E=\frac{W\text{[J]}}{Q\text{[C]}}\,\text{[V]}$$ 에서

※ **1V** : 1C의 전기량이 이동할 때 1J의 일을 하는 두 점간의 전위차

답 ①

## 04 금속도체의 전기저항은 일반적으로 어떤 관계가 있는가?

① 온도의 상승에 따라 증가한다.
② 온도의 상승에 따라 감소한다.
③ 온도에 관계없이 일정하다.
④ 저온에서는 온도의 상승에 따라 증가하고, 고온에서는 온도의 상승에 따라 감소한다.

해설 **금속도체**의 전기저항은 **온도상승**에 따라 **증가**한다.

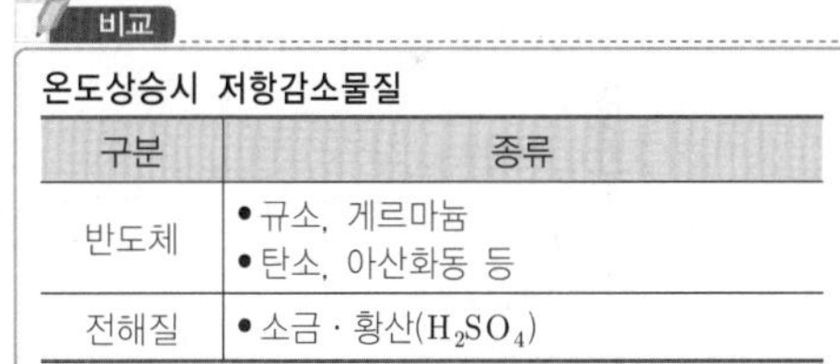

비교

**온도상승시 저항감소물질**

| 구분 | 종류 |
|---|---|
| 반도체 | • 규소, 게르마늄<br>• 탄소, 아산화동 등 |
| 전해질 | • 소금 · 황산($H_2SO_4$) |

답 ①

## 05 2Ω의 저항 10개를 직렬로 연결했을 때는 병렬로 했을 때의 몇 배인가?

① 10 ② 50
③ 100 ④ 200

해설 (1) 저항 $n$개의 **직렬접속**

$$R_0=nR$$

여기서, $R_0$ : 합성저항[Ω]
$n$ : 저항의 개수
$R$ : 1개의 저항[Ω]

**직렬연결** $R_0=nR$
$=10\times2=20\,\Omega$

(2) 저항 $n$개의 **병렬접속**

$$R_0 = \frac{R}{n}$$

여기서, $R_0$ : 합성저항〔Ω〕
$n$ : 저항의 개수
$R$ : 1개의 저항〔Ω〕

**병렬연결** $R_0 = \frac{R}{n}$

$= \frac{2}{10} = 0.2\,\Omega$

(3) $\frac{\text{직렬연결}}{\text{병렬연결}} = \frac{20}{0.2}$

$= 100$배

※ 문제의 지문 중에서 **먼저 나온 말을 분자**, **나중에 나온 말을 분모**로 하여 계산하면 된다. 쉬운가?

답 ③

## 06 일정 전압의 직류전원에 저항을 접속하여 전류를 흘릴 때 저항값을 10% 감소시키면 흐르는 전류는 본래 저항에 흐르는 전류에 비해 어떤 관계를 가지는가?

① 10% 감소　② 10% 증가
③ 11% 감소　④ 11% 증가

해설 (1) **저항**값을 **10% 감소**시키므로
$R_2 = (1-0.1)\,R_1 = 0.9\,R_1$이 되어

$$I = \frac{V}{R}\,[\text{A}]$$

여기서, $I$ : 전류〔A〕
$V$ : 전압〔V〕
$R$ : 저항〔Ω〕

(2) $I_2 = \frac{V}{0.9R_1}$

$= \frac{1}{0.9}I_1$

$= 1.11I_1$

$= (1+0.11)I_1$

∴ **11%** 증가한다.

답 ④

## 07 일정 전압의 직류전원에 저항을 접속하고 전류를 흘릴 때 이 전류값을 20% 증가시키기 위해서는 저항값을 몇 배로 하여야 하는가?

① 1.25배　② 1.20배
③ 0.83배　④ 0.80배

해설 (1) **전류값**을 **20% 증가**시키므로
$I_2 = (1+0.2)I_1 = 1.2I_1$이 되어

$$R_1 = \frac{V}{I_1}\,[\Omega]$$

여기서, $R_1$ : 저항〔Ω〕
$V$ : 전압〔V〕
$I_1$ : 전류〔A〕

(2) $R_2 = \frac{V}{1.2I_1}$

$= \frac{R_1}{1.2}$

$\fallingdotseq 0.83R_1$

∴ 저항값을 **0.83배**로 하면 전류값은 **20% 증가**한다.

답 ③

## 08 지멘스(siemens)는 무엇의 단위인가?

① 자기저항　② 리액턴스
③ 콘덕턴스　④ 도전율

해설 **콘덕턴스**의 **단위**
(1) ℧(모우 ; mho)
(2) S(지멘스 ; Siemens)
(3) $\Omega^{-1}$

답 ③

## 09 그림과 같은 회로에서 $R$의 값은?

① 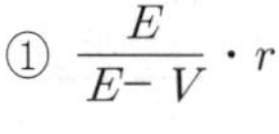
$\frac{E}{E-V}\cdot r$

② 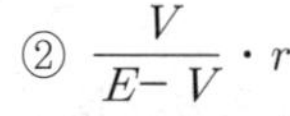
$\frac{V}{E-V}\cdot r$

③ 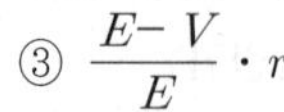
$\frac{E-V}{E}\cdot r$

④ 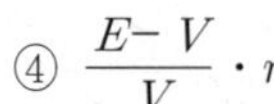
$\frac{E-V}{V}\cdot r$

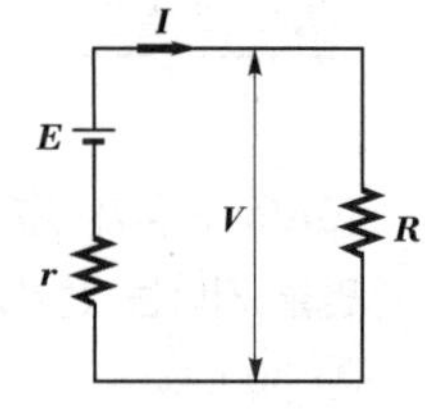


해설 문제의 **그림**을 보기 쉽게 **변형**하면

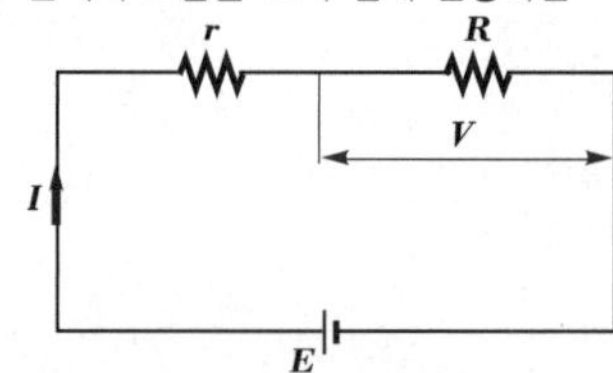


$$V = \frac{R}{r+R}E$$

여기서, $V$ : 전압〔V〕
$R$ : 저항〔Ω〕
$r$ : 내부저항〔Ω〕
$E$ : 기전력〔V〕

$V = \frac{R}{r+R}E$에서

$\frac{V(r+R)}{R} = E$

$\frac{V}{E}(r+R) = R$

$\frac{V}{E}r + \frac{V}{E}R = R$

$\frac{V}{E}r = R - \frac{V}{E}R$

$\frac{V}{E}r = \frac{E}{E}R - \frac{V}{E}R$

$\frac{V}{E}r = R\left(\frac{E-V}{E}\right)$　　$\frac{E}{E-V}\cdot\frac{V}{E}r = R$

$\therefore R = \frac{V}{E-V}\cdot r\,[\Omega]$

답 ②

**10** 그림과 같은 회로에서 $G_2$ 양단의 전압 강하 $E_2$는?

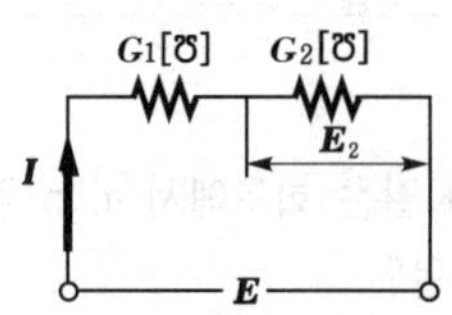


① $\dfrac{G_2}{G_1+G_2}\cdot E$ ② $\dfrac{G_1}{G_1+G_2}\cdot E$

③ $\dfrac{G_1G_2}{G_1+G_2}\cdot E$ ④ $\dfrac{G_1+G_2}{G_1G_2}\cdot E$

해설

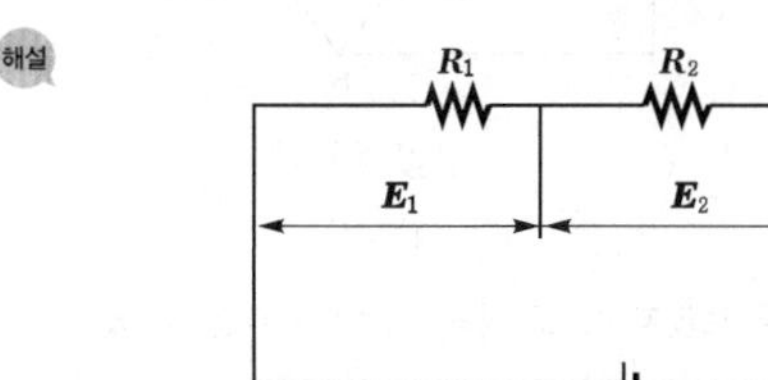


$E_1=\dfrac{R_1}{R_1+R_2}E$〔V〕

$E_2=\dfrac{R_2}{R_1+R_2}E$〔V〕에서

$G_1$, $G_2$는 **저항**의 **역수**인 **콘덕턴스**이므로

$E_1=\dfrac{G_2}{G_1+G_2}E$〔V〕  $E_2=\dfrac{G_1}{G_1+G_2}E$〔V〕

답 ②

**11** 그림에서 a, b단자에 200V를 가할 때 저항 2Ω에 흐르는 전류 $I_1$〔A〕는?

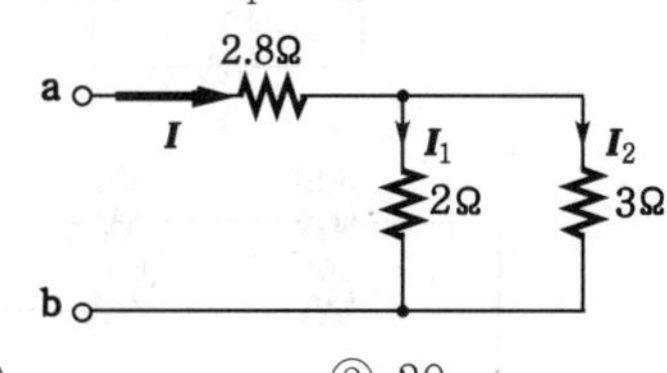


① 40 ② 30

③ 20 ④ 10

해설

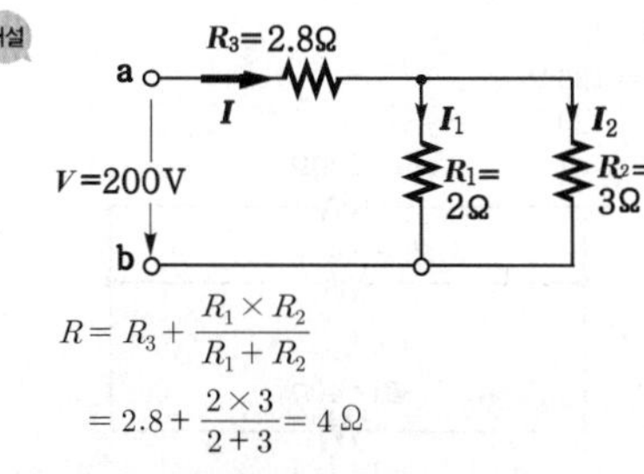


$R=R_3+\dfrac{R_1\times R_2}{R_1+R_2}$

$=2.8+\dfrac{2\times 3}{2+3}=4\,\Omega$

$I=\dfrac{V}{R}$

여기서, $I$ : 전류〔A〕
$V$ : 전압〔V〕
$R$ : 저항〔Ω〕

**전류** $I$는

$I=\dfrac{V}{R}=\dfrac{200}{4}=50\,\text{A}$

$I_1=\dfrac{R_2}{R_1+R_2}I=\dfrac{3}{2+3}\times 50=30\,\text{A}$

$I_2=\dfrac{R_1}{R_1+R_2}I=\dfrac{2}{2+3}\times 50=20\,\text{A}$

답 ②

★ **12** 2A의 전류가 흐를 때 단자전압이 1.4V, 또 3A의 전류가 흐를 때 단자 전압이 1.1V라고 한다. 이 전지의 기전력(V) 및 내부저항(Ω)은?

① 2, 0.3 ② 3, 0.8

③ 4, 1.3 ④ 6, 2.8

해설 **단자전압**

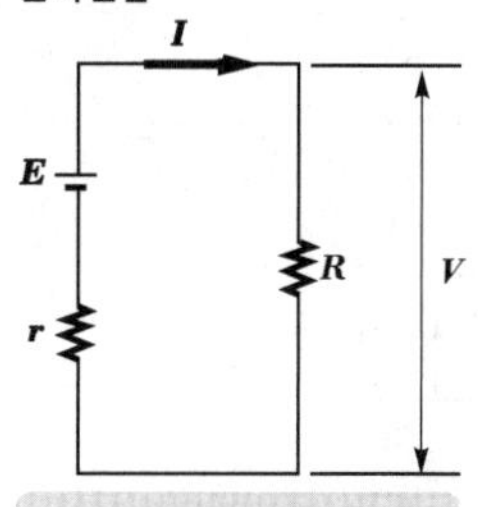


$E=IR+I_r$

$E=V+Ir$

$E-Ir=V$

$V=E-Ir$

여기서, $V$ : 단자전압〔V〕
$E$ : 기전력〔V〕
$I$ : 전류〔A〕
$r$ : 내부저항〔Ω〕
$R$ : 외부저항〔Ω〕

$V=E-Ir$

$1.4=E-2r$ ······ ㉠

$-\ 1.1=E-3r$ ······ ㉡

$0.3=r$  $\therefore r=0.3\,\Omega$

$r$의 값을 식 ㉠에 적용하면

$1.4=E-2r$

$1.4=E-2\times 0.3$  $\therefore E=2\text{V}$

답 ①

**13** 어떤 전지의 외부회로저항은 5Ω이고 전류는 8A가 흐른다. 외부회로에 5Ω 대신 15Ω의 저항을 접속하면 전류는 4A로 떨어진다. 이때 전지의 기전력은 몇 V인가?

① 80 ② 50

③ 15 ④ 20

해설 **문제 12 참조**

$E=IR+Ir=I(R+r)$에서

$E=8(5+r)=40+8r$ ······ ㉠

$E=4(15+r)=60+4r$ ······ ㉡

$$\begin{array}{l} E=40+8r \\ -\ E=60+4r \\ \hline 0=-20+4r \end{array}$$

$20=4r$

$4r=20$

$r=\frac{20}{4}=5 \qquad \therefore r=5\,\Omega$

$r$의 값을 식 ㉠에 적용하면

$E=8(5+r)$

$=8(5+5)=80\text{V}$

답 ①

**14** 두 개의 저항 $R_1$, $R_2$를 직렬연결하면 10Ω, 병렬연결하면 2.4Ω이 된다. 두 저항 값은 각각 몇 Ω인가?

① 2와 8 ② 3과 7
③ 4와 6 ④ 5와 5

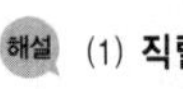
해설 (1) **직렬연결**

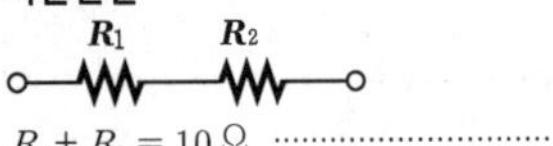


$R_1+R_2=10\,\Omega$ ........ ㉠

(2) **병렬연결**

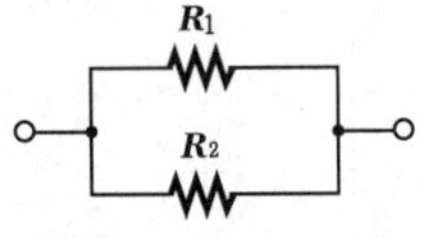


$\frac{R_1R_2}{R_1+R_2}=2.4\,\Omega$ ㉡

식 ㉡에서

$R_1R_2=2.4(R_1+R_2)=2.4\times10=24\,\Omega$

$R_2=\frac{24}{R_1}$ ㉢

식 ㉢을 식 ㉠에 적용하면

$R_1+R_2=10$

$R_1+\frac{24}{R_1}=10$

$R_1^2+\frac{24R_1}{R_1}=10R_1$

$R_1^2-10R_1+\frac{24R_1}{R_1}=0$

$R_1{}^2-10R_1+24=0$

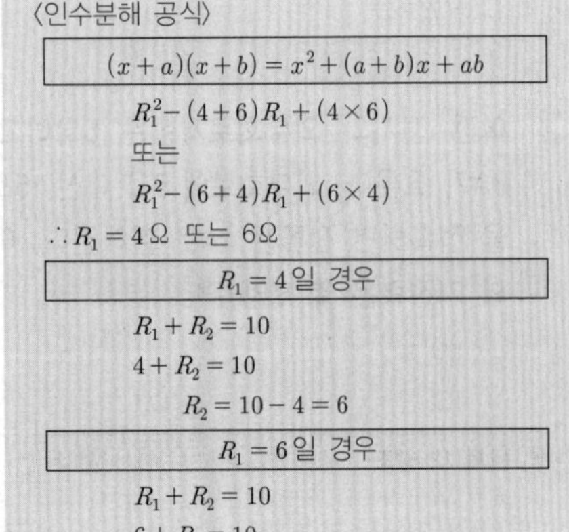
〈인수분해 공식〉

$(x+a)(x+b)=x^2+(a+b)x+ab$

$R_1^2-(4+6)R_1+(4\times6)$

또는

$R_1^2-(6+4)R_1+(6\times4)$

$\therefore R_1=4\,\Omega$ 또는 6Ω

$R_1=4$일 경우

$R_1+R_2=10$

$4+R_2=10$

$R_2=10-4=6$

$R_1=6$일 경우

$R_1+R_2=10$

$6+R_2=10$

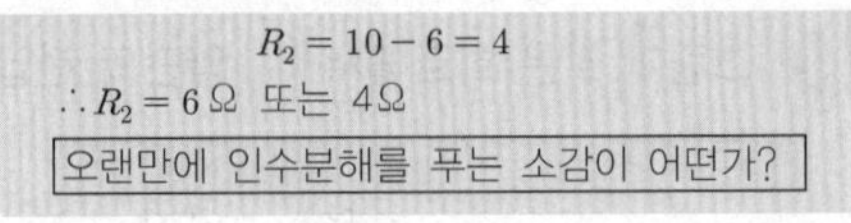
$R_2=10-6=4$

$\therefore R_2=6\,\Omega$ 또는 4Ω

오랜만에 인수분해를 푸는 소감이 어떤가?

답 ③

★★
**15** 그림과 같은 회로에서 a, b 양단간의 합성 저항 값(Ω)은?

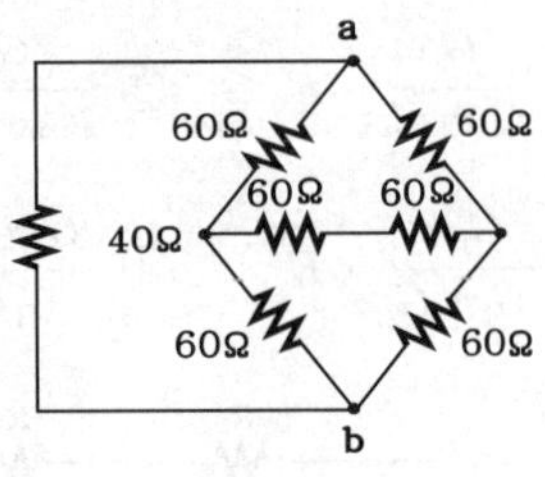


① 10 ② 24
③ 30 ④ 40

해설 **휘트스톤 브리지**이므로 다음과 같이 변형할 수 있다.

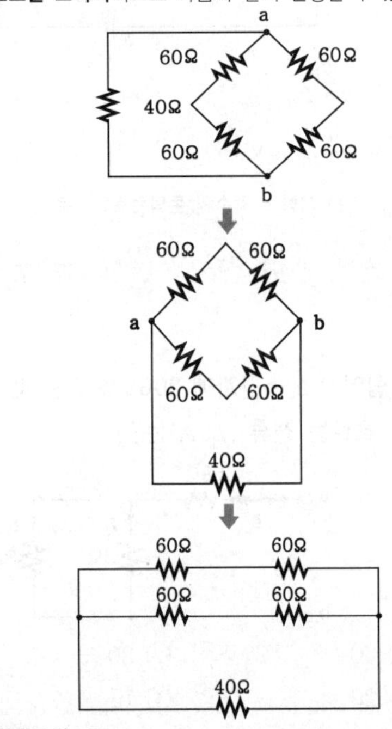


**평형회로**이므로

$60+60=120\,\Omega$

$60+60=120\,\Omega$

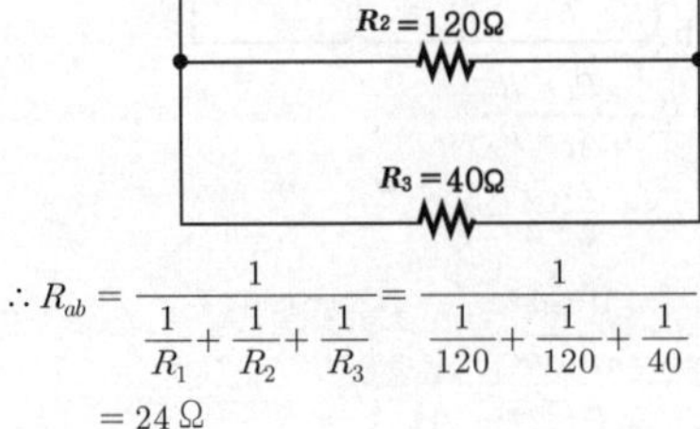


$\therefore R_{ab}=\frac{1}{\frac{1}{R_1}+\frac{1}{R_2}+\frac{1}{R_3}}=\frac{1}{\frac{1}{120}+\frac{1}{120}+\frac{1}{40}}$

$=24\,\Omega$

답 ②

**16** 그림에서 ab회로의 저항은 cd회로의 저항의 몇 배인가?

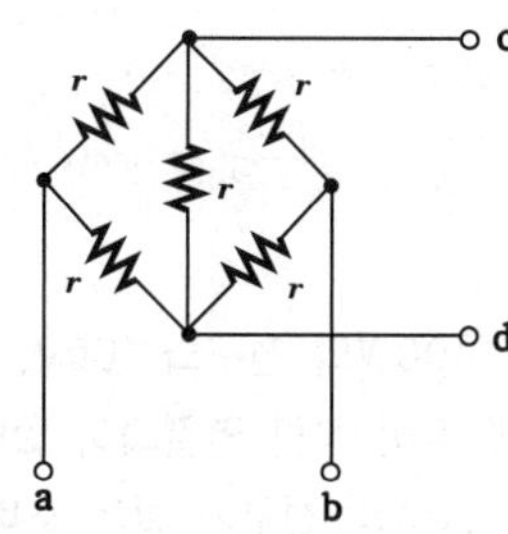


① 1배 ② 2배
③ 3배 ④ 4배

해설 (1) **휘트스톤 브리지**이므로
**단자 ab**에서 본 회로의 **합성저항** $R_{ab}$는

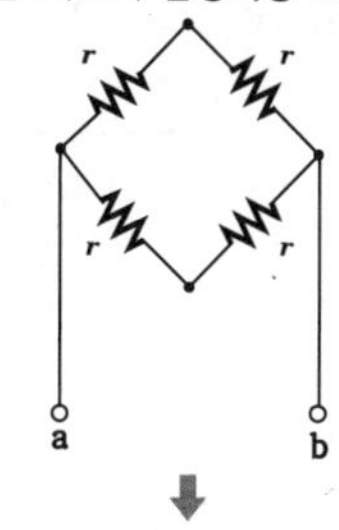


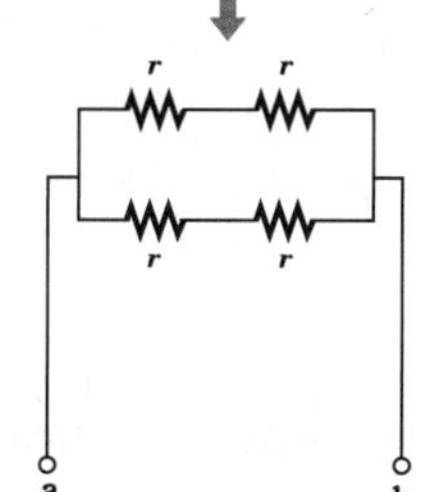


$$R_{ab}=\frac{2r\times 2r}{2r+2r}=\frac{4r^2}{4r}=r\,[\Omega]$$

(2) **단자 cd**에서 본 회로의 **합성저항** $R_{cd}$는

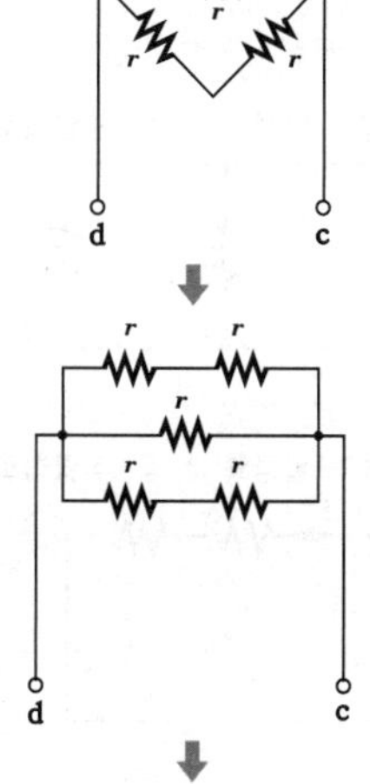


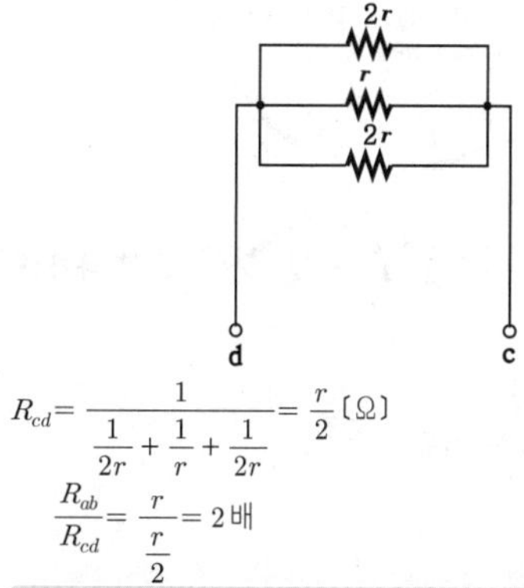


$$R_{cd}=\frac{1}{\frac{1}{2r}+\frac{1}{r}+\frac{1}{2r}}=\frac{r}{2}\,[\Omega]$$

$$\frac{R_{ab}}{R_{cd}}=\frac{r}{\frac{r}{2}}=2\text{배}$$

문제의 지문중에서 **먼저 나온 말**을 분자, **나중**에 **나온 말**을 **분모**로 하여 계산하면 된다. 쉬운가?

답 ②

**17** 키르히호프의 전압법칙의 적용에 대한 서술 중 옳지 않은 것은?

① 이 법칙은 집중 정수회로에 적용된다.
② 이 법칙은 회로소자의 선형, 비선형에는 관계를 받지 않고 적용된다.
③ 이 법칙은 회로소자의 시변, 시불변성에 구애를 받지 않는다.
④ 이 법칙은 선형소자로만 이루어진 회로에 적용된다.

해설 **키르히호프**의 **전압법칙** 적용
(1) **집중정수회로**에 적용
(2) 회로소자의 **선형, 비선형**에 관계없이 **적용**
(3) 회로소자의 **시변, 시불변성**에 **적용**을 **받지 않음**

④ **중첩**의 **원리**에 대한 설명

답 ④

**18** 그림과 같은 회로망에서 전류를 계산하는데 옳게 표시된 식은?

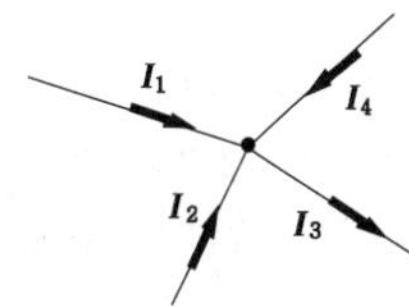


① $I_1+I_2+I_3+I_4=0$
② $I_1+I_2-I_3+I_4=0$
③ $I_1+I_4=I_2+I_3$
④ $I_1+I_2-I_4=I_3$

해설 **키르히호프**의 **제1법칙**(전류평형의 법칙)

$I_1+I_2+I_3...+I_n=0$
또는 $\sum I=0$

회로망 중의 한점에서 흘러 들어오는 전류의 대수합과 나가는 전류의 대수합은 같다.

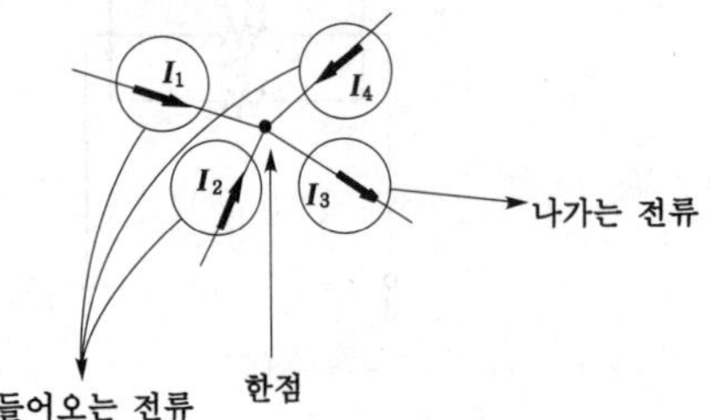


$I_1 + I_2 + I_4 = I_3$

$\therefore\ I_1 + I_2 - I_3 + I_4 = 0$

답 ②

## 19 저항값이 일정한 저항에 가해지고 있는 전압을 3배로 하면 소비전력은 몇 배가 되는가?

① $\frac{1}{3}$배　　② 9배

③ 6배　　④ 3배

**해설** **전력**

$$P = VI = I^2R = \frac{V^2}{R}\text{〔W〕}$$

여기서 $P$ : 전력〔W〕
$V$ : 전압〔V〕
$I$ : 전류〔A〕
$R$ : 저항〔Ω〕

$P = \frac{V^2}{R}$ 에서

**전력**은 **전압**의 **제곱**에 **비례**하므로

$P' = \frac{(3V)^2}{R} = 9\frac{V^2}{R} \propto 9$ 배

답 ②

## ★★★ 20 정격전압에서 1kW의 전력을 소비하는 저항에 정격의 70%의 전압을 가할 때의 전력(W)은?

① 490　　② 580

③ 640　　④ 860

**해설** **문제 19 참조**

$P = \frac{V^2}{R}$ 에서

$R = \frac{V^2}{P} = \frac{V^2}{1 \times 10^3}$〔Ω〕

정격의 **70%**의 전압을 인가하면

$P' = \frac{(0.7V)^2}{R} = \frac{(0.7V)^2}{\frac{V^2}{1000}} = 1000 \times 0.7^2 = 490\text{W}$

답 ①

## ★★★ 21 정격전압에서 500W 전력을 소비하는 저항에 정격전압의 90% 전압을 가할 때의 전력은 몇 W인가?

① 350　　② 385

③ 405　　④ 450

**해설** $P = VI = I^2R = \frac{V^2}{R}$ 이므로

$R = \frac{V^2}{P} = \frac{V^2}{500}$〔Ω〕

정격의 **90%**의 전압을 인가하면

$P' = \frac{(0.9V)^2}{R} = \frac{(0.9V)^2}{\frac{V^2}{500}} = 500 \times 0.9^2 = 405\text{W}$

답 ③

## 22 100V, 100W의 전구와 100V, 200W의 전구가 그림과 같이 직렬 연결되어 있다면 100W의 전구와 200W의 전구가 실제 소비하는 전력의 비는 얼마인가?

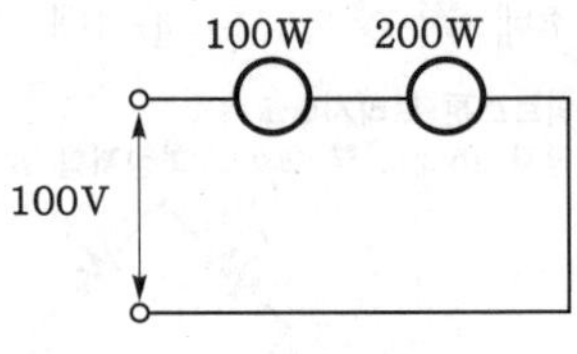


① 4 : 1　　② 1 : 2

③ 2 : 1　　④ 1 : 1

**해설** **문제 19 참조**

$P = \frac{V^2}{R}$ 에서

전력을 저항으로 환산하면 다음 그림이 된다.

(1) **100W**

$R_{100} = \frac{V^2}{P} = \frac{100^2}{100} = 100\,\Omega$

(2) **200W**

$R_{200} = \frac{V^2}{P} = \frac{100^2}{200} = 50\,\Omega$

100Ω　50Ω

100V

**전류**가 **일정**하므로

$P = I^2R \propto R$　　∴ **2 : 1**

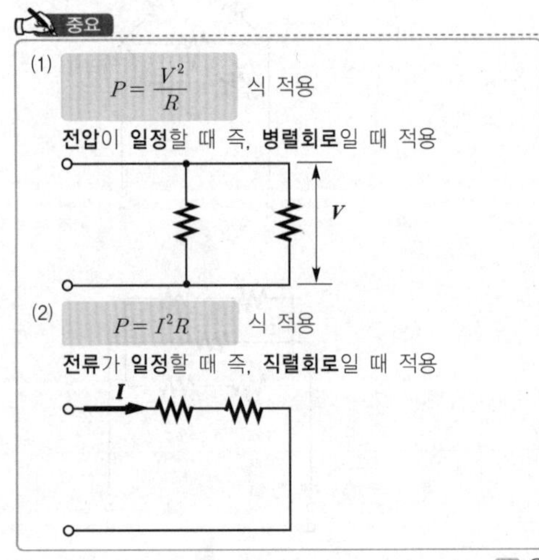


답 ③

**23** 정격 120V, 30W와 120V, 60W인 백열전구 2개를 직렬로 연결하여 210V의 전압을 가하면 전구의 밝기는 어떻게 되는가?(단, 전구의 밝기는 소비 전력에 비례하는 것으로 한다.)

① 60W 전구가 30W 전구보다 밝아진다.
② 30W 전구가 60W 전구보다 밝아진다.
③ 둘 다 밝기가 변함이 없다.
④ 둘 다 같이 어두워진다.

해설 **문제 22 참조**

$P=\frac{V^2}{R}$에서

전력을 저항으로 환산하면 다음 그림과 같다.

(1) **30W**

$$R_{30}=\frac{V^2}{P}=\frac{120^2}{30}=480\,\Omega$$

(2) **60W**

$$R_{60}=\frac{V^2}{P}=\frac{120^2}{60}=240\,\Omega$$

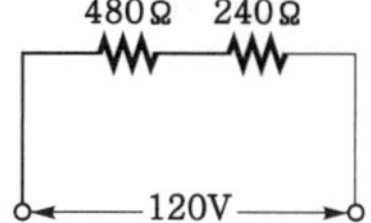


전력을 저항으로 환산한 등가회로에서 **전류**가 **일정**하므로 $P=I^2R\propto R$이 된다.

그러므로 **30W 전구**가 60W 전구보다 **밝아진다**. 답 ②

**24** 5A의 전류를 흘렸을 때 전력이 10kW인 저항에 10A의 전류를 흘렸다면 전력은 몇 kW로 되겠는가?

① 20 ② 40
③ 1/20 ④ 1/40

해설

$$P=I^2R$$

여기서, $P$ : 전력[W]
$I$ : 전류[A]
$R$ : 저항[Ω]

$P=I^2R\propto I^2$

**비례식**으로 풀면

$10:5^2=P:10^2$

$5^2P=10\times10^2$

$$P=\frac{10\times10^2}{5^2}=40\,\text{kW}$$

답 ②

**25** 그림과 같은 회로에서 $I$=10A, $G=4$℧, $G_L$=6℧일 때 $G_L$에서 소비전력은 몇 W인가?

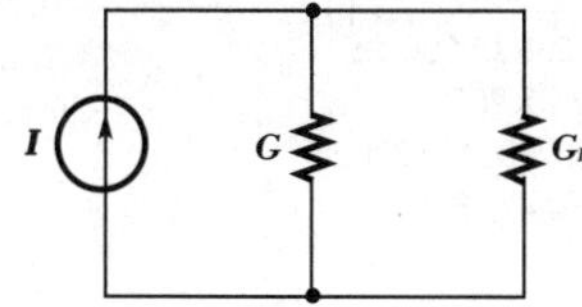


① 100 ② 10
③ 4 ④ 6

해설 (1) **저항**

$$R=\frac{1}{G}$$

여기서, $R$ : 저항[Ω]
$G$ : 콘덕턴스[℧]

$R_1=\frac{1}{G}=\frac{1}{4}=0.25\,\Omega$

$R_2=\frac{1}{G_L}=\frac{1}{6}≒0.1667\,\Omega$

(2) **전류분배법칙**에서

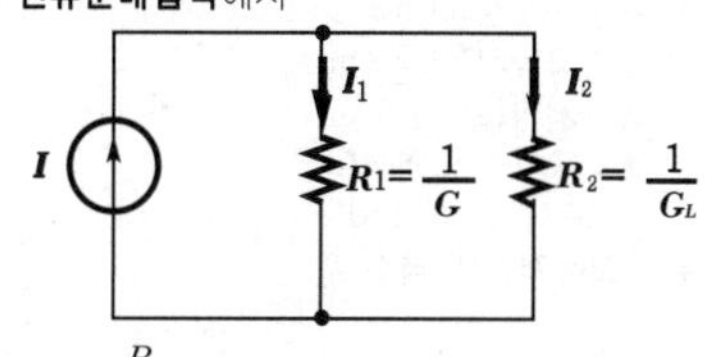


$I_1=\frac{R_2}{R_1+R_2}I$ [A]

$$I_2=\frac{R_1}{R_1+R_2}I\,[\text{A}]$$ 에서

$I_2=\frac{R_1}{R_1+R_2}I$

$=\frac{0.25}{0.25+0.1667}\times10≒6\text{A}$

(3) **전력**

$$P=I^2R=\frac{V^2}{R}$$

여기서, $P$ : 전력(소비전력)[W]
$I$ : 전류[A]
$R$ : 저항[Ω]

$G_L$에서의 **소비전력** $P_2$는

$P_2=I_2^{\,2}R_2=6^2\times0.1667≒6\text{W}$

답 ④

**26** 어떤 저항에 100V의 전압을 가하니 2A의 전류가 흐르고 300cal의 열량이 발생하였다. 전류가 흐른 시간(s)은?

① 12.5 ② 6.25
③ 1.5 ④ 3

해설 **열량**

$$H=0.24Pt=0.24I^2Rt=0.24VIt\ [\text{cal}]$$

여기서, $H$ : 발열량[cal]
$I$ : 전류[A]
$R$ : 저항[Ω]
$V$ : 전압[V]
$P$ : 전력[W]
$t$ : 시간[s]

**시간** $t$는

$t=\frac{H}{0.24VI}$

$=\frac{300}{0.24\times100\times2}$

$=6.25\text{s}$

답 ②

## 27 도전율의 단위는?

① $\left[\frac{m}{℧}\right]$ ② $\left[\frac{\Omega}{m^2}\right]$

③ $\left[\frac{1}{J \cdot m}\right]$ ④ $\left[\frac{℧}{m}\right]$

해설 **도전율**

$$\sigma = \frac{1}{\rho} = \frac{1}{\frac{RA}{l}} = \frac{l}{RA} \text{〔℧/m〕}$$

여기서, $\sigma$ : 도전율〔℧/m〕
$\rho$ : 고유저항〔Ω · m〕
$R$ : 저항〔Ω〕
$A$ : 도체의 단면적〔$m^2$〕
$l$ : 도체의 길이〔m〕

**도전율**은 **고유저항**의 **역수**로

$\sigma = \frac{1}{\rho}$에서

**도전율**의 단위는

$\left[\frac{℧}{m}\right] = \left[\frac{1}{\Omega \cdot m}\right] = \left[\frac{\Omega^{-1}}{m}\right]$이다.

답 ④

## 28 1Ω · m는 몇 Ω · cm인가?

① $10^{-1}$ ② $10^{-2}$

③ 10 ④ $10^2$

해설 1Ω · m$=10^2$Ω · cm
$=10^6$Ω · $mm^2$/m

- 1m=100cm=$10^2$cm
- 1m=1000mm=$10^3$mm

답 ④

## 29 열회로의 열량은 전기회로의 무엇에 상당하는가?

① 전류 ② 전압
③ 전기량 ④ 열저항

해설 열회로의 열량은 전기회로의 **전기량**에 해당된다. 답 ③

★★
## 30 1BTU는 몇 cal인가?

① 250 ② 252
③ 242 ④ 232

해설

1W=1J/s
1N=$10^5$dyne
1J=1N · m
1kg=9.8N
1J=0.24cal=$10^7$erg
1kWh=3.6×$10^6$J=860kcal
1BTU=0.252kcal=252cal

답 ②

## 31 전력량 1kWh를 열량으로 환산하면 몇 kcal인가?

① 4186kcal ② 3600kcal
③ 1163kcal ④ 860kcal

해설 **문제 30 참조**
**주울의 법칙**

$$H = 0.24Pt \text{〔cal〕}$$

여기서, $H$ : 발열량〔kcal〕
$P$ : 전력〔kW〕
$t$ : 시간〔s〕

$H = 0.24Pt$
$= 0.24 \times 1 \times 3600 ≒ 860$kcal

- 1h=3600s

답 ④

★★
## 32 1kWh의 전력량은 몇 J인가?

① 1 ② 60
③ 1000 ④ 3.6×$10^6$

해설 **문제 30 참조**
1kWh$= 1 \times 10^3$Wh
$= 3600 \times 10^3$Ws
$= 3.6 \times 10^6$Ws
$= 3.6 \times 10^6$J

답 ④

## 33 $10^6$cal의 열량은 어느 정도의 전력량에 상당하는가?

① 0.06kWh ② 1.16kWh
③ 0.27kWh ④ 4.17kWh

해설 **1kWh = 860kcal**이므로
비례식으로 풀면
1 : 860×$10^3$ = $W$ : $10^6$
860×$10^3$ $W$=1×$10^6$

$\therefore W = \frac{1 \times 10^6}{860 \times 10^3} = 1.16$kWh

답 ②

## 34 200W는 몇 cal/s인가?

① 약 0.2389 ② 약 0.8621
③ 약 47.78 ④ 약 71.67

해설

1W=1J/s
1J=0.2389cal=0.24cal
1W=1J/s=0.2389cal/s

비례식으로 풀면

1 : 0.2389 = 200 : $x$
0.2389×200=$x$
$\therefore x$ = 200×0.2389
= 47.78cal/s

※ 1J은 일반적으로 0.24cal이지만 좀더 정확히 말하면 **0.2389cal**이다.

답 ③

## 35 500g의 중량에 작용하는 힘은?

① 9.8N ② 4.9N
③ $9.8\times10^4$dyne ④ $4.9\times10^4$dyne

해설 1kg=9.8N 이므로

비례식으로 풀면

1 : 9.8 = 0.5 : F

9.8×0.5=F

$\therefore\ F=9.8\times0.5=4.9$N

답 ②

## 36 1kg · m/s는 몇 W인가?(여기서, kg은 중량이다.)

① 1 ② 0.98
③ 9.8 ④ 98

해설 **문제 30 참조**

1kg=9.8N

1J=1N · m

1kg · m=9.8N · m=9.8J

∴ 1kg · m/s=9.8J/s=9.8W

답 ③

## 37 도체의 고유저항과 관계 없는 것은?

① 온도 ② 길이
③ 단면적 ④ 단면적의 모양

해설 (1) **고유저항**

$$R=\rho\frac{l}{A}=\rho\frac{l}{\pi r^2}\,[\Omega]$$

여기서, $R$ : 저항[Ω]
$\rho$ : 고유저항[Ω · m]
$A$ : 도체의 단면적[m²]
$l$ : 길이[m]
$r$ : 반지름[m]

(2) **저항**의 **온도계수**

$$R_2=R_1[1+\alpha_{t_1}(t_2-t_1)]\,[\Omega]$$

여기서, $t_1$ : 상승전의 온도[℃]
$t_2$ : 상승후의 온도[℃]
$\alpha_{t_1}$ : $t_1$[℃]에서의 온도계수
$R_1$ : $t_1$[℃]에 있어서의 도체의 저항[Ω]
$R_2$ : $t_2$[℃]에 있어서의 도체의 저항[Ω]

(3) 고유저항 $\rho$는 **온도, 길이, 단면적, 저항**에 관계된다.

④ 단면적의 모양과는 무관

답 ④

## 38 전선을 균일하게 3배의 길이로 당겨 늘였을 때 전선의 체적이 불변이라면 저항은 몇 배가 되겠는가?

① 3배 ② 6배
③ 9배 ④ 12배

해설 $R=\rho\frac{l}{A}$에서 체적이 불변하므로

길이를 3배로 늘리면 단면적은 $\frac{1}{3}$배가 되어

$R'=\rho\frac{3l}{\frac{A}{3}}=\rho\frac{l}{A}\times9=9R$

답 ③

## 39 지름이 3.2mm, 길이가 500m인 경동선의 상온에서의 저항(Ω)은 대략 얼마인가? (단, 상온에서의 고유저항은 1/55Ω · mm²/m이다.)

① 1.13 ② 2.26
③ 3.3 ④ 3.8

해설 **저항**

$$R=\rho\frac{l}{A}\,[\Omega]$$

여기서, $R$ : 저항[Ω]
$\rho$ : 고유저항[Ω · m]
$A$ : 도체의 단면적[mm²]
$L$ : 도체의 길이[m]
$r$ : 반지름[mm]

**저항** $R$는

$R=\rho\frac{l}{A}=\rho\frac{l}{\pi r^2}=\frac{1}{55}\times\frac{500}{\pi\times1.6^2}\fallingdotseq1.13\,\Omega$

답 ①

## 40 어떤 전기 기기의 권선저항이 사용전에 1.06Ω이었으나 운전 직후 1.17Ω으로 되었다면, 이 경우 운전중 권선의 온도(℃)는 얼마인가? (단, 주위온도는 20℃, 권선의 온도계수는 0.0041[1/℃]이다.)

① 25.3 ② 35.3
③ 45.3 ④ 55.3

해설

$$R_2=R_1[1+\alpha_{t_1}(t_2-t_1)]\,[\Omega]$$

여기서, $t_1$ : 상승전의 온도[℃]
$t_2$ : 상승후의 온도[℃]
$\alpha_{t_1}$ : $t_1$[℃]에서의 온도계수
$R_1$ : $t_1$[℃]에 있어서의 도체의 저항[Ω]
$R_2$ : $t_2$[℃]에 있어서의 도체의 저항[Ω]

**상승후**의 **온도** $t_2$는

$t_2=\frac{R_2-R_1}{\alpha_{t1}R_1}+t_1$

$=\frac{1.17-1.06}{0.0041\times1.06}+20\fallingdotseq45.3$℃

답 ③

**41** '회로망의 임의의 접속점에 유입하는 여러 전류의 총합은 0이다.'라는 것은?

① 쿨롱의 법칙
② 옴의 법칙
③ 패러데이의 법칙
④ 키르히호프의 법칙

해설 **키르히호프**의 **제1법칙**

(1) 회로망 중의 한 점에서 흘러 들어오는 전류의 대수합과 나가는 전류의 대수합은 같다.
(2) 회로망의 임의의 접속점에 유입되는 여러 전류의 총합은 **0**이다.

$$I_1+I_2+I_3+I_4+\cdots+I_n=0 \text{ 또는 } \Sigma I=0$$

비교

**키르히호프의 제2법칙**
회로망 중의 임의의 폐회로의 기전력의 대수합과 전압강하의 대수합은 같다.

$$E_1+E_2+E_3+\cdots+E_n=IR_1+IR_2+IR_3+\cdots IR_n$$

또는

$$\Sigma E=\Sigma IR$$

답 ④

**42** 공간도체 중의 정상전류밀도 $I$, 공간전하밀도 $\rho$일 때 키르히호프의 전류법칙을 나타내는 관계식은?

① $\text{div}I=-\dfrac{\partial\rho}{\partial A}$　② $\text{div}I=0$
③ $\text{div}I=\dfrac{\partial\rho}{\partial A}$　④ $I=0$

해설 **키르히호프**의 **법칙**

(1) **전류법칙** : $\text{div}I=0$ 또는 $\Sigma I=0$
(2) **전압법칙** : $\Sigma E=\Sigma IR$

답 ②

★★
**43** 전류의 열작용과 관계가 있는 것은 어느 것인가?

① 키르히호프의 법칙
② 주울의 법칙
③ 플레밍의 법칙
④ 전류의 옴의 법칙

해설 **주울**의 **법칙**

$$H=0.24I^2Rt \text{ [cal]}$$

여기서, $H$ : 발열량[cal]
$I$ : 전류[A]
$R$ : 저항[Ω]
$t$ : 시간[s]

중요

**전류의 3대 작용**
① 발열작용(열작용)
② 자기작용
③ 화학작용

답 ②

**44** 다음 중 열전효과를 이용한 것이 아닌 것은?

① 열전대전류계　② 열전온도계
③ 열선전류계　④ 열전발전

해설 **열전효과**를 **이용**한 것

(1) 열전대전류계
(2) 열전온도계
(3) 열전발전

③ 열선전류계는 열전효과와 무관

답 ③

**45** 다른 종류의 금속선으로 된 폐회로의 두 접합점의 온도를 달리하였을 때 전기가 발생하는 효과는?

① 톰슨 효과　② 핀치 효과
③ 펠티에 효과　④ 제에벡 효과

해설 **열전효과**(Thermoelectric effect)

| 효과 | 설명 |
|---|---|
| 제에벡 효과 (Seebeck effect) : 제백효과 | 다른 종류의 금속선으로 된 폐회로의 두접합점의 온도를 달리하였을 때 **전기(열기전력)**가 발생하는 효과 |
| 펠티에 효과 (Peltier effect) | **두 종류**의 **금속**으로 된 회로에 **전류**를 통하면 각 접속점에서 열의 흡수 또는 발생이 일어나는 현상 |
| 톰슨효과 (Thomson effect) | 균질의 철사에 **온도구배**가 있을 때 여기에 전류가 흐르면 열의 흡수 또는 발생이 일어나는 현상 |

답 ④

**46** 두 종류의 금속으로 된 회로에 전류를 통하면 각 접속점에서 열의 흡수 또는 발생이 일어나는 현상은?

① 톰슨 효과　② 제에벡 효과
③ 볼타 효과　④ 펠티에 효과

해설 **문제 45 참조**

답 ④

**47** 균질의 철사에 온도구배가 있을 때 여기에 전류가 흐르면 열의 흡수 또는 발생을 수반하는데, 이 현상은?

① 톰슨 효과　② 핀치 효과
③ 펠티에 효과　④ 제에벡 효과

해설 **문제 45 참조**

답 ①

**48** 열기전력에 관한 법칙이 아닌 것은?

① 파센의 법칙
② 제에벡의 효과
③ 중간온도의 법칙
④ 중간금속의 법칙

해설 **열기전력**에 관한 **법칙**
① 제에벡효과
② 중간온도의 법칙
③ 중간금속의 법칙

참고
**파센**의 **법칙**(Paschen's law) : 가스방전시에 가스압력과 전극사이의 간격 및 방전개시전압에 대한 실험법칙

답 ①

**49** 전류가 흐르고 있는 도체에 자계를 가하면 도체 측면에는 정부의 전하가 나타나 두 면 간에 전위차가 발생하는 현상은?

① 핀치 효과　② 톰슨 효과
③ 홀 효과　④ 제에벡 효과

해설 **홀 효과**(Hall effect)
(1) 전류가 흐르고 있는 도체에 **자계**를 가하면 도체 측면에는 정부의 전하가 나타나 두면 간에 **전위차**가 발생하는 현상
(2) 반드시 **외부**에서 **자계**를 가할 때만 일어나는 효과

답 ③

**50** 다음 현상 가운데서 반드시 외부에서 자계를 가할 때만 일어나는 효과는?

① Seebeck 효과
② Pinch 효과
③ Hall 효과
④ Petier 효과

해설 문제 49 참조　답 ③

**51** DC전압을 가하면 전류는 도선 중심쪽으로 흐르려고 한다. 이런 현상을 무엇이라고 하는가?

① skin 효과　② pinch 효과
③ 압전기 효과　④ Peltier 효과

해설

| **핀치 효과**<br>(pinch effect) | **압전기 효과**<br>(piezoelectric effect) |
|---|---|
| **전류**가 **도선 중심**으로 흐르려고 하는 현상 | 수정, 전기석, 로셀염 등의 결정에 전압을 가하면 일그러짐이 생기고, 반대로 압력을 가하여 일그러지게 하면 전압을 발생하는 현상 |

답 ②

☆☆
**52** 전지를 쓰지 않고 오래 두면 못쓰게 되는 까닭은?

① 성극작용　② 분극작용
③ 국부작용　④ 전해작용

해설

| 국부작용 | 분극(성극)작용 |
|---|---|
| ① 전지의 전극에 사용하고 있는 아연판이 **불순물**에 의한 전지작용으로 인해 자기방전하는 현상<br>② 전지를 쓰지 않고 오래 두면 못쓰게 되는 현상 | ① 전지에 부하를 걸면 양극 표면에 수소가스가 생겨 전류의 흐름을 방해하는 현상<br>② 일정한 전압을 가진 전지에 부하를 걸면 단자전압이 저하되는 현상 |

답 ③

**53** 일정한 전압을 가진 전지에 부하를 걸면 단자 전압이 저하한다. 그 원인은?

① 이온화 경향　② 분극작용
③ 전해액의 변색　④ 주위온도

해설 문제 52 참조　답 ㉯

**54** 전지에서 자체 방전현상이 일어나는 것은 다음 중 어느 것과 가장 관련이 있는가?

① 전해액 농도　② 전해액 온도
③ 이온화 경향　④ 불순물

해설 문제 52 참조

④ 전지에서 자체방전현상이 일어나는 것은 전지내의 **불순물** 때문이다.

답 ④

**55** 전지의 국부작용을 방지하는 방법은?

① 감극제　② 완전밀폐
③ 니켈도금　④ 수은도금

해설

| 수은도금 | 전기도금 |
|---|---|
| 전지의 **국부작용**을 방지하기 위해 **아연판**에 **도금**하는 것 | ① 금속 표면에 다른 종류의 금속을 부착시켜 내마멸성을 갖게 하는 방법<br>② 황산용액에 **양극**으로 **구리막대**, **음극**으로 **은막대**를 두고 전기를 통하면 은막대가 구리색이 나는 것 |

답 ④

**56** 황산용액에 양극으로 구리막대, 음극으로 은막대를 두고 전기를 통하면 은막대는 구리색이 난다. 이를 무엇이라 하는가?

① 전기도금　② 이온화 현상
③ 전기분해　④ 분극작용

해설 문제 55 참조　답 ①

★
## 57 망간건전지의 전해액은?

① $NH_4Cl$　② NaOH
③ $MnO_2$　④ $CuSO_4$

**해설** **망간**(르클랑세)**건전지**
① **양극** : 탄소(C)
② **음극** : 아연(Zn)
③ **전해액** : 염화암모늄용액($NH_4Cl+H_2O$)
④ **감극제** : 이산화망간($MnO_2$)

답 ①

## 58 르클랑세전지의 전해액은?

① $H_2SO_4$　② $CuSO_4$
③ $NH_4Cl$　④ KOH

**해설** **문제 57 참조**

답 ③

## 59 망간건전지의 감극제로 사용되는 것은?

① 수은　② 수소
③ 아연　④ 이산화망간

**해설** **문제 57 참조**

답 ④

## 60 전지에서 분극작용에 의한 전압강하를 방지하기 위하여 사용되는 감극제는?

① $H_2O$　② $H_2SO_4$
③ $CdSO_4$　④ $MnO_2$

**해설** **감극제**(depolarizer) : 분극작용을 막기 위한 물질로 **$MnO_2$, $O_2$** 등이 있다.

답 ④

## 61 다음 중 설명이 잘못된 것은?

① 납축전지의 전해액의 비중은 1.2 정도이다.
② 납축전지의 격리판은 양극과 음극의 단락 보호용이다.
③ 전지의 내부저항은 클수록 좋다.
④ 전지의 용량은 〔Ah〕로 표시하며 10시간 방전율을 많이 쓴다.

**해설** ③ 전지의 **내부저항**은 **작을수록 좋다.**

답 ③

★★
## 62 다음 식은 납축전지의 기본 화학반응식이다. 방전후 생성되는 부산물을 □안에 채우면?

$$PbO_2 + 2H_2SO_4 + Pb \rightleftharpoons 2PbSO_4 + \square$$
(+)　(전해액)　(−)

① $2H_2O$　② HO
③ $2H_2O_2$　④ $2HO_2$

**해설** **납축전지**의 **화학반응식**

$$PbO_2 + 2H_2SO_4 + Pb \underset{충전}{\overset{방전}{\rightleftharpoons}} PbSO_4 + 2H_2O + PbSO_4$$
(+)　(전해액)　(−)　(+)　(물)　(−)

↓

$$PbO_2 + 2H_2SO_4 + Pb \underset{충전}{\overset{방전}{\rightleftharpoons}} 2PbSO_4 + 2H_2O$$
(+)　(전해액)　(−)

답 ①

★★★
## 63 연축전지가 방전하면 양극물질($P$) 및 음극물질($N$)는 어떻게 변하는가?

① $P$ : 과산화연, $N$ : 연
② $P$ : 과산화연, $N$ : 황산연
③ $P$ : 황산연, $N$ : 연
④ $P$ : 황산연, $N$ : 황산연

**해설**

| 구분 | 충전시 | 방전시 |
|---|---|---|
| 양극물질 | 과산화연($PbO_2$) | 황산연($PbSO_4$) |
| 음극물질 | 연(Pb) | |

연축전지 = 납축전지

답 ④

## 64 납축전지의 양극재료는?

① $Pb(OH)_2$　② Pb
③ $PbSO_4$　④ $PbO_2$

**해설** **문제 63 참조**

문제에서 충전시 또는 방전시라는 말이 없으면 **충전시**로 답하면 된다.

답 ④

## 65 납축전지의 방전이 끝나면 그 양극(+극)은 어느 물질로 되는지 다음에서 적당한 것을 고르면?

① Pb　② PbO
③ $PbO_2$　④ $PbSO_4$

**해설** **문제 63 참조**

답 ④

## 66 납축전지의 충전후의 비중은?

① 1.18 이하　② 1.2~1.3
③ 1.4~1.5　④ 1.5 이상

**해설** **연**(납) **축전지**
(1) **양극** : 이산화납($PbO_2$)
(2) **음극** : 납(Pb)
(3) **전해액** : 묽은 황산($2H_2SO_4 = H_2SO_4 + H_2O$)
(4) **비중** : 1.2~1.3

답 ②

★★
## 67 충분히 방전했을 때의 양극판의 빛깔은 무슨 색인가?

① 황색　② 청색
③ 적갈색　④ 회백색

해설

| 구분 | 충전시 | 방전시 |
|---|---|---|
| 양극판 | 적갈색 | 회백색 |
| 음극판 | 회백색 | 회백색 |

답 ④

**68** 전해액에서 도전율은 다음 중 어느 것에 의하여 증가하는가?

① 전해액의 고유저항
② 전해액의 유효단면적
③ 전해액의 농도
④ 전해액의 빛깔

$$\sigma = \frac{1}{\rho}$$

여기서, $\sigma$ : 도전율$[\frac{℧}{\text{m}}]$

$\rho$ : 고유저항[$\Omega \cdot$ m]

도전율은 **전해액의 농도에 비례**하고 **고유저항에 반비례**한다.

※ **전해액** : 전류를 잘 흐르게 하는 용액

답 ③

**69** 재 알칼리축전지의 공칭용량은 얼마인가?

① 2Ah　　② 4Ah
③ 5Ah　　④ 10Ah

 **공칭용량**

| 연축전지 | 알칼리축전지 |
|---|---|
| 10Ah | 5Ah |

답 ③

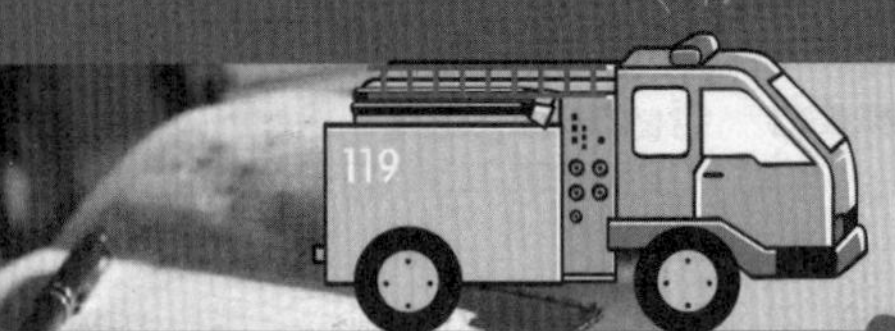

CHAPTER
# 02. 정전계

**01** 정전계의 설명으로 가장 적합한 것은?

① 전계에너지가 최대로 되는 전하분포의 전계이다.
② 전계에너지와 무관한 전하분포의 전계이다.
③ 전계에너지가 최소로 되는 전하분포의 전계이다.
④ 전계에너지가 일정하게 유지되는 전하분포의 전계이다.

해설 **톰슨**의 **정리**(Thompson's theorem)
정전계는 전계에너지가 최소로 되는 전하분포의 전계이다.

답 ③

**02** 다음 설명 중 잘못된 것은?

① 정전유도에 의하여 작용하는 힘은 반발력이다.
② 정전용량이란 콘덴서가 전하를 축적하는 능력을 말한다.
③ 콘덴서에 전압을 가하는 순간은 콘덴서는 단락상태가 된다.
④ 같은 부호의 전하끼리는 반발력이 생긴다.

해설 정전유도에 의하여 작용하는 힘 : **흡인력**

용어
**정전유도(electrostatic induction)**
대전체에 대전되지 않은 도체를 가까이 하면 대전체에 가까운 쪽에는 대전체와 다른 종류의 전하가, 먼쪽에는 같은 종류의 전하가 나타나는 현상.

답 ①

**03** Condenser에 대한 설명 중 옳지 않은 것은?

① 콘덴서는 두 도체간 정전용량에 의하여 전하를 축적시키는 장치이다.
② 가능한 한 많은 전하를 축적하기 위하여 도체간의 간격을 작게 한다.
③ 두 도체간의 절연물은 절연을 유지할 뿐이다.
④ 두 도체간의 절연물은 도체간 절연은 물론 정전용량의 값을 증가시키기 위함이다.

해설 **콘덴서**(condenser) : 두 도체간의 절연물을 넣어서 정전용량을 가지게 한 소자, **커패시터**라고도 한다.

③ 두 도체간의 **절연물**은 절연을 유지할 뿐만 아니라 **정전용량**을 가지게 한다.

답 ③

**04** 모든 전기장치에 접지시키는 근본적인 이유는?

① 지구의 용량이 커서 전위가 거의 일정하기 때문이다.
② 편의상 지면을 영전위로 보기 때문이다.
③ 영상전하를 이용하기 때문이다.
④ 지구는 전류를 잘 통하기 때문이다.

해설

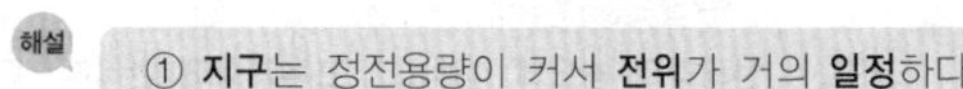

① **지구**는 정전용량이 커서 **전위**가 거의 **일정**하다.

답 ①

**05** 30F 콘덴서 3개를 직렬로 연결하면 합성정전용량(F)은?

① 10 ② 30
③ 40 ④ 90

해설 **콘덴서**의 **직렬접속**

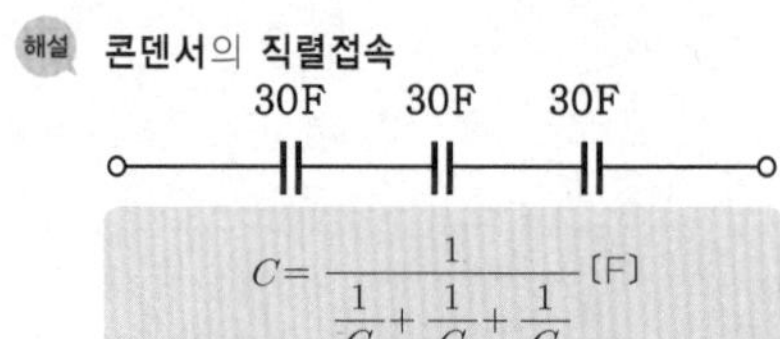


$$C=\frac{1}{\frac{1}{C_1}+\frac{1}{C_2}+\frac{1}{C_3}}\text{[F]}$$

여기서, $C$ : 합성정전용량[F]
$C_1, C_2, C_3$ : 각각의 정전용량[F]

**합성정전용량** $C$는

$$C=\frac{1}{\frac{1}{C_1}+\frac{1}{C_2}+\frac{1}{C_3}}=\frac{1}{\frac{1}{30}+\frac{1}{30}+\frac{1}{30}}=\frac{30}{3}=10\text{F}$$

답 ①

**06** 그림에서 콘덴서의 합성정전용량은 얼마인가?

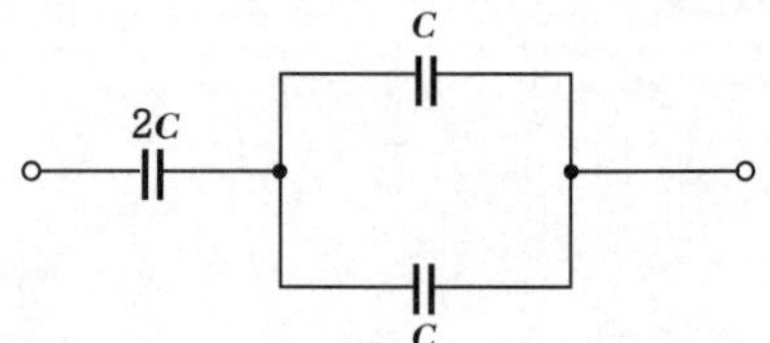


① $C$
② $2C$
③ $3C$
④ $4C$

해설 (1) **콘덴서**의 **직렬접속**

$$C=\frac{1}{\frac{1}{C_1}+\frac{1}{C_2}}=\frac{C_1C_2}{C_1+C_2}$$

여기서, $C$ : 합성정전용량[F]
$C_1, C_2$ : 각각의 정전용량[F]

(2) **콘덴서**의 **병렬접속**

$$C=C_1+C_2\text{[F]}$$

여기서, $C$ : 합성정전용량[F]
$C_1, C_2$ : 각각의 정전용량[F]

(3) **합성정전용량** $C$는

$$C=\frac{2C\times(C+C)}{2C+(C+C)}=\frac{4C^2}{4C}=C\text{[F]}$$

답 ①

★★
## 07 콘덴서를 그림과 같이 접속했을 때 $C_x$의 정전용량($\mu$F)은? (단, $C_1=3\mu$F, $C_2=3\mu$F, $C_3=3\mu$F이고 ab사이의 합성 정전용량 $C_0=5\mu$F이다.)

① $\frac{1}{2}$
② 1
③ 2
④ 4

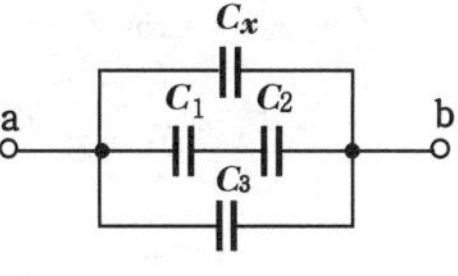


해설 (1) **콘덴서**의 **직렬접속**

$$C=\frac{1}{\frac{1}{C_1}+\frac{1}{C_2}}=\frac{C_1C_2}{C_1+C_2}$$

여기서, $C$ : 합성정전용량[F]
$C_1, C_2$ : 각각의 정전용량[F]

(2) **콘덴서**의 **병렬접속**

$$C=C_1+C_2+C_3$$

여기서, $C$ : 합성정전용량[F]
$C_1, C_2, C_3$ : 각각의 정전용량[F]

(3) **합성정전용량** $C_0$는

$$C_o=C_x+C_3+\frac{C_1C_2}{C_1+c_2}\text{에서}$$

$$\therefore C_x=C_o-C_3-\frac{C_1C_2}{C_1+C_2}=5-3-\frac{3\times3}{3+3}=0.5\mu\text{F}$$

답 ①

## 08 정전용량의 단위 farad와 같은 것은? (단, $V$는 전위, $C$는 전기량, $N$은 힘, $m$은 길이이다.)

① $\frac{N}{C}$
② $\frac{V}{m}$
③ $\frac{V}{C}$
④ $\frac{C}{V}$

해설 (1) **정전용량**

$$Q=CV$$

여기서, $Q$ : 전하(전기량)[C]
$C$ : 정전용량[F]
$V$ : 전압[V]

(2)

$$C\text{[F]}=\frac{Q\text{[C]}}{V\text{[V]}}\text{ 에서}$$

$$\therefore \text{[F]}=\frac{\text{[C]}}{\text{[V]}}$$

중요

**기호와 단위**

| 구분 | 기호 | 단위 |
|---|---|---|
| $C$ | 정전용량 | 전기량(전하) |
| $F$ | 힘 | 정전용량 |

답 ④

## 09 엘라스턴스(elastance)란?

① $\frac{1}{전위차\times전기량}$
② 전위차×전기량
③ $\frac{전위차}{전기량}$
④ $\frac{전기량}{전위차}$

해설 (1) **정전용량**

$$Q=CV$$

여기서, $Q$ : 전하(전기량)[C]
$C$ : 정전용량[F]
$V$ : 전압[V]

(2) **엘라스턴스**는 **정전용량**의 **역수**이므로

$$\therefore I(\text{엘라스턴스})=\frac{1}{C}=\frac{V}{Q}\left(\frac{\text{전위차}}{\text{전기량}}\right)$$

중요

**역수관계**

| 구분 | 역수 |
|---|---|
| 저항 | 콘덕턴스 |
| 리액턴스 | 서셉턴스 |
| 임피던스 | 어드미턴스 |
| 정전용량 | 엘라스턴스 |

답 ③

## 10 5$\mu$F의 콘덴서에 100V의 직류전압을 가하면 축적되는 전하(C)는?

① $5\times10^{-3}$
② $5\times10^{-4}$
③ $5\times10^{-5}$
④ $5\times10^{-6}$

해설 **문제 9 참조**
**전하** $Q$는

$$Q=CV$$
$$=(5\times10^{-6})\times100$$
$$=5\times10^{-4}\text{C}$$

$$1\mu\text{F}=1\times10^{-6}\text{F}$$

답 ②

**11** 그림에서 2$\mu$F에 100$\mu$C의 전하가 충전되어 있었다면 3$\mu$F의 양단의 전위차(V)는?

① 50
② 100
③ 200
④ 260

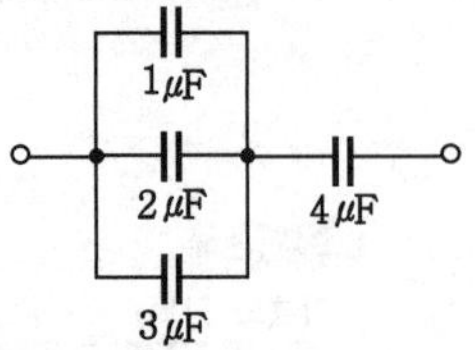


해설 (1) **전압**(전위차)

$$V=\frac{Q}{C}[V]$$

여기서, $V$ : 전압[V]
$Q$ : 전하(전기량)[C]
$C$ : 정전용량[F]

(2) **병렬콘덴서**에 걸리는 **전압**은

$V=\frac{Q_1}{C_1}=\frac{Q_2}{C_2}=\frac{Q_3}{C_3}$ 이므로

$V=\frac{Q_2}{C_2}$[V]

$=\frac{(100\times10^{-6})}{(2\times10^{-6})}$

$=50$V

- $1\mu F=1\times10^{-6}F$
- $1\mu C=1\times10^{-6}C$

답 ①

**12** 전하 $Q$로 대전된 용량 $C$의 콘덴서에 용량 $C_0$를 병렬 연결한 경우 $C_0$가 분배받는 전기량은?

① $\frac{C+C_o}{C_o}Q$　　② $\frac{C+C_o}{C}Q$

③ $\frac{C}{C+C_o}Q$　　④ $\frac{C_o}{C+C_o}Q$

해설
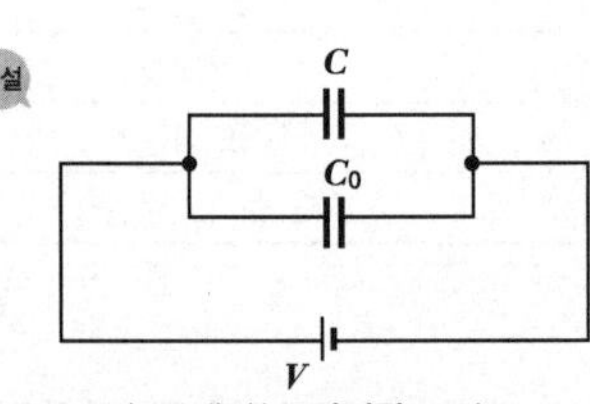


$C_o$가 분배받는 **전기량** $Q_o$는

$$Q_o=\frac{C_o}{C+C_o}Q[C]$$

중요

각각의 전기량

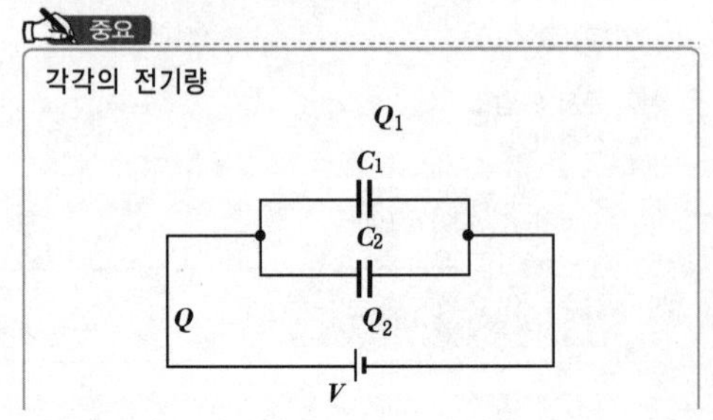


$$Q_1=\frac{C_1}{C_1+C_2}Q \qquad Q_2=\frac{C_2}{C_1+C_2}Q$$

여기서, $Q_1$ : $C_1$의 전기량[C]
$Q_2$ : $C_2$의 전기량[C]
$C_1, C_2$ : 각각의 정전용량[F]
$Q$ : 전체 전기량[C]

답 ④

**13** 1$\mu$F과 2$\mu$F인 두 개의 콘덴서가 직렬로 연결된 양단에 150V의 전압이 가해졌을 때 1$\mu$F의 콘덴서에 걸리는 전압(V)은?

① 30　　② 50
③ 100　　④ 120

해설
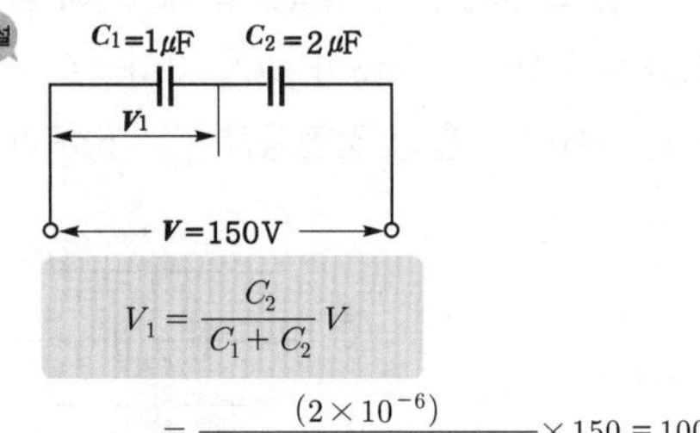


$$V_1=\frac{C_2}{C_1+C_2}V$$

$=\frac{(2\times10^{-6})}{(1\times10^{-6})+(2\times10^{-6})}\times150=100$V

중요

각각의 전압

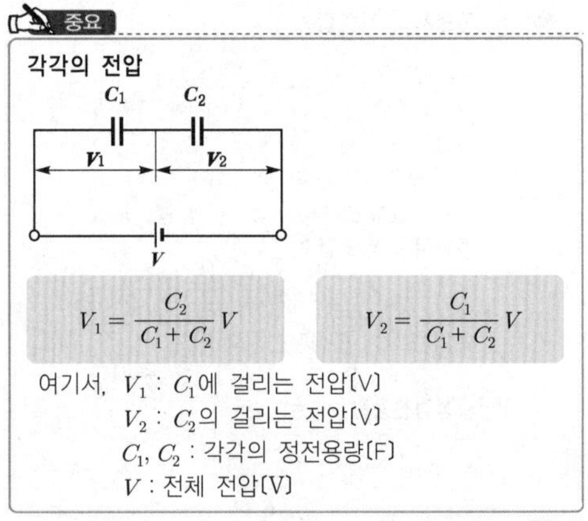


$$V_1=\frac{C_2}{C_1+C_2}V \qquad V_2=\frac{C_1}{C_1+C_2}V$$

여기서, $V_1$ : $C_1$에 걸리는 전압[V]
$V_2$ : $C_2$의 걸리는 전압[V]
$C_1, C_2$ : 각각의 정전용량[F]
$V$ : 전체 전압[V]

답 ③

**14** $C_1=1\mu$F, $C_2=2\mu$F, $C_3=3\mu$F인 3개의 콘덴서를 직렬연결하여 600V의 전압을 가할 때, $C_1$ 양변 사이에 걸리는 전압(V)은?

① 약 55　　② 약 327
③ 약 164　　④ 약 382

해설 (1) **콘덴서**의 **직렬접속**

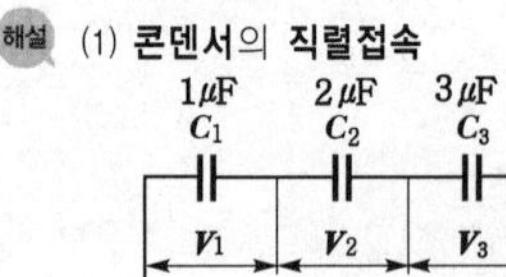


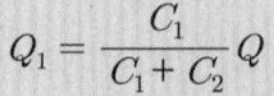

$$C = \frac{1}{\frac{1}{C_1} + \frac{1}{C_2} + \frac{1}{C_3}} \text{[F]}$$

여기서, $C$ : 합성정전용량[F]

$C_1, C_2, C_3$ : 각각의 정전용량[F]

(2) **합성정전용량**을 $C$라 하면

$$C = \frac{1}{\frac{1}{C_1} + \frac{1}{C_2} + \frac{1}{C_3}}$$

$$= \frac{1}{1 + \frac{1}{2} + \frac{1}{3}}$$

$= 0.545\,\mu$F

(3) $C_1$ 양변사이에 걸리는 전압[V]는

$$V_1 = \frac{Q}{C_1} = \frac{CV}{C_1}$$

$$= \frac{0.545 \times 600}{1} = 327\text{V}$$

답 ②

**15** 그림과 같이 용량 회로에서 $C_1 = 0.015\mu$F, $C_2 = 0.33\mu$F이고, 전압 $V_0 = 1000$V일 때 $C_1$의 전위차를 $V_1 = 990$V로 하기 위한 $C$의 값은 몇 $\mu$F인가?

① 0.155
② 1.155
③ 2.155
④ 3.155

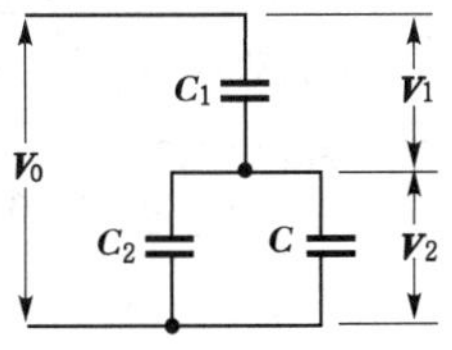


해설 **문제 13 참조**

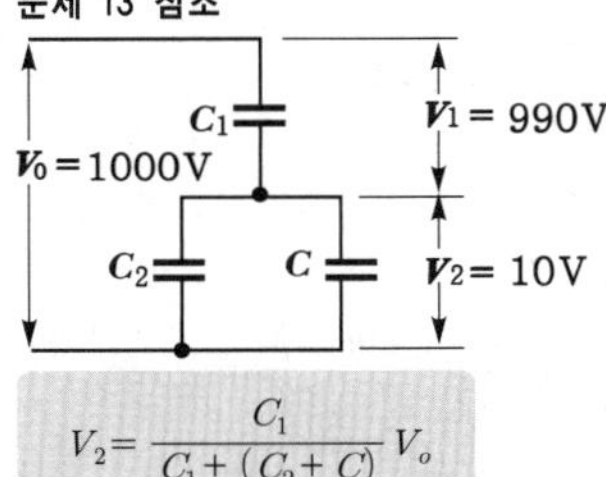


$$V_2 = \frac{C_1}{C_1 + (C_2 + C)} V_o$$

$V_2 = 1000 - 990 = 10$V이므로

$$10 = \frac{0.015}{0.015 + (0.33 + C)} \times 1000$$

$$0.015 + (0.33 + C) = \frac{0.015}{10} \times 1000$$

$$0.345 + C = \frac{0.015}{10} \times 1000$$

$$C = \frac{0.015}{10} \times 1000 - 0.345$$

$\therefore\ C = 1.155\,\mu$F

답 ②

**16** $Q_1$으로 대전된 용량 $C_1$의 콘덴서에 용량 $C_2$를 병렬연결한 경우 $C_2$가 분배받는 전기량은?(단, $V_1$은 콘덴서 $C_1$에 $Q_1$으로 충전되었을 때의 $C_1$ 양단전압이다.)

① $Q_2 = \frac{C_1 + C_2}{C_2} V_1$

② $Q_2 = \frac{C_2}{C_1 + C_2} V_1$

③ $Q_2 = \frac{C_1}{C_1 + C_2} V_1$

④ $Q_2 = \frac{C_1 C_2}{C_1 + C_2} V_1$

해설 **문제 12 참조**

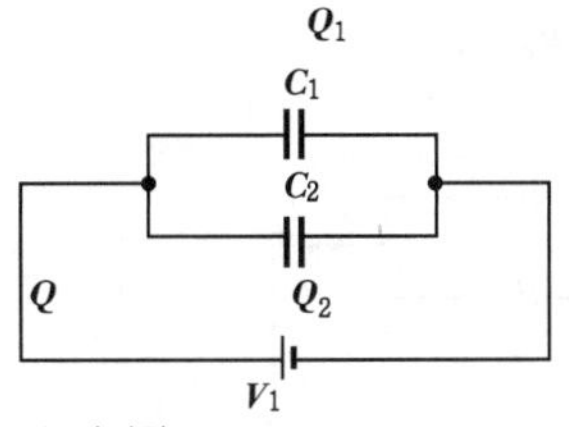


(1) 전기량

$$Q = CV$$

여기서, $Q$ : 전기량[V]

$C$ : 정전용량[F]

$V$ : 전압[V]

(2) $C_2$가 분배받는 **전기량** $Q_2$는

$$Q_2 = \frac{C_2}{C_1 + C_2} Q_1 = \frac{C_1 C_2}{C_1 + C_2} V_1 \text{[C]}$$

여기서, $Q_1 = C_1 V_1$

답 ④

**17** 3F의 용량을 가진 콘덴서가 전압 10V로 충전되어 있다. 여기서 6F의 용량을 가진 콘덴서를 병렬로 접속했을 때 6F의 용량을 가진 콘덴서에 옮겨진 전하는 몇 C인가?

① 20
② $\frac{10}{3}$
③ $\frac{20}{3}$
④ 10

해설 **문제 16 참조**

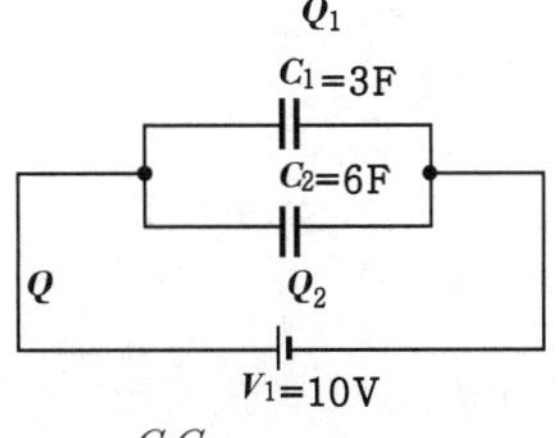


$$Q_2 = \frac{C_1 C_2}{C_1 + C_2} V_1$$

$$= \frac{3 \times 6}{3 + 6} \times 10 = 20\text{C}$$

답 ①

**18** 전압 $V$로 충전된 용량 $C$의 콘덴서에 동일 용량 $C$의 콘덴서를 병렬연결한 후의 양단간의 전위차는?

① $V$

② $2V$

③ $\frac{V}{2}$

④ $\frac{V}{4}$

해설 **전압**(전위차)

$$V = \frac{Q}{C} \text{[V]}$$

여기서, $V$ : 전압(전위차)[V]
$Q$ : 전기량[C]
$C$ : 정전용량[F]

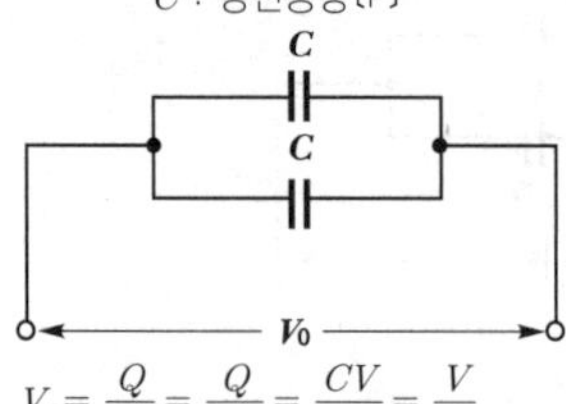

$$V_o = \frac{Q}{C_o} = \frac{Q}{2C} = \frac{CV}{2C} = \frac{V}{2}$$

여기서, $C_0 = C + C = 2C$
$Q = CV$

답 ③

**19** 내전압이 각각 같은 1$\mu$F, 2$\mu$F 및 3$\mu$F 콘덴서를 직렬로 연결하고, 양단전압을 상승시키면?

① 1$\mu$F이 제일 먼저 파괴된다.

② 2$\mu$F이 제일 먼저 파괴된다.

③ 3$\mu$F이 제일 먼저 파괴된다.

④ 동시에 파괴된다.

해설

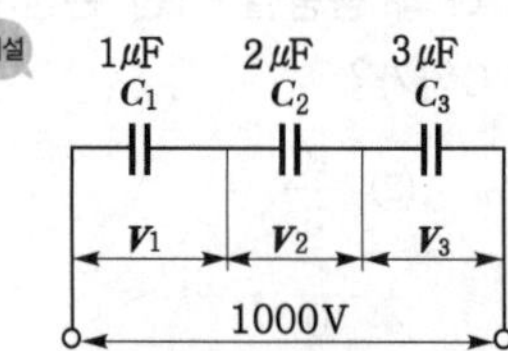

(1) **콘덴서**의 **직렬접속**

$$C = \frac{1}{\frac{1}{C_1} + \frac{1}{C_2} + \frac{1}{C_3}} \text{[F]}$$

여기서, $C$ : 합성정전용량[F]
$C_1, C_2, C_3$ : 각각의 정전용량[F]

(2) **합성정전용량**을 $C$라 하면

$$C = \frac{1}{\frac{1}{C_1} + \frac{1}{C_2} + \frac{1}{C_3}} = \frac{1}{1 + \frac{1}{2} + \frac{1}{3}} = 0.545\,\mu\text{F}$$

(3) 양단에 가한 전압을 1000V라 가정하면
각각의 전압 $V_1, V_2, V_3$는

$$V_1 = \frac{Q}{C_1} = \frac{CV}{C_1}$$

$$= \frac{0.545 \times 1000}{1} = 545\text{V}$$

$$V_2 = \frac{Q}{C_2} = \frac{CV}{C_2}$$

$$= \frac{0.545 \times 1000}{2} \fallingdotseq 273\text{V}$$

$$V_3 = \frac{Q}{C_3} = \frac{CV}{C_3}$$

$$= \frac{0.545 \times 1000}{3} \fallingdotseq 182\text{V}$$

※ $V_1$에 가장 높은 전압이 걸리므로 용량이 제일 작은 1$\mu$F이 제일 먼저 파괴된다.

답 ①

**20** 0.1$\mu$F, 0.2$\mu$F, 0.3$\mu$F의 콘덴서 3개를 직렬로 접속하고, 그 양단에 가한 전압을 서서히 상승시키면 콘덴서는 어떻게 되는가? (단, 유전체의 재질 및 두께는 같다.)

① 0.1$\mu$F이 제일 먼저 파괴된다.

② 0.2$\mu$F이 제일 먼저 파괴된다.

③ 0.3$\mu$F이 제일 먼저 파괴된다.

④ 모든 콘덴서가 동시에 파괴된다.

해설 **문제 19 참조**

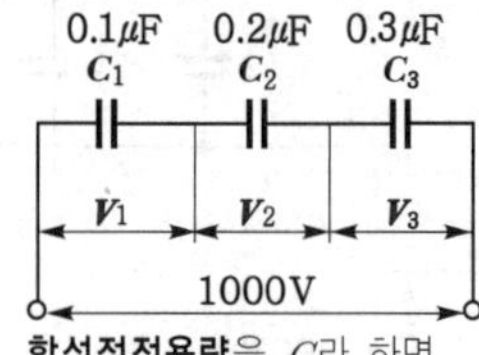

**합성정전용량**을 $C$라 하면

$$C = \frac{1}{\frac{1}{C_1} + \frac{1}{C_2} + \frac{1}{C_3}}$$

$$= \frac{1}{\frac{1}{0.1} + \frac{1}{0.2} + \frac{1}{0.3}} = 0.0545\,\mu\text{F}$$

양단에 가한 전압을 1000V라 가정하면
각각의 전압 $V_1, V_2, V_3$는

$$V_1 = \frac{Q}{C_1} = \frac{CV}{C_1}$$

$$= \frac{0.0545 \times 1000}{0.1} = 545\text{V}$$

$$V_2 = \frac{Q}{C_2} = \frac{CV}{C_2}$$

$$= \frac{0.0545 \times 1000}{0.2} \fallingdotseq 273\text{V}$$

$$V_3 = \frac{Q}{C_3} = \frac{CV}{C_3}$$

$$= \frac{0.0545 \times 1000}{0.3} \fallingdotseq 182\text{V}$$

※ $V_1$에 가장 높은 전압이 걸리므로 용량이 제일 작은 0.1$\mu$F이 제일 먼저 파괴된다.

답 ①

## 21 면적 $S$[m²], 극간 거리 $d$[m]인 평행한 콘덴서에 비유전율 $\varepsilon_s$의 유전체를 채운 경우의 정전용량은? (단, 진공의 유전율은 $\varepsilon_0$이다.)

① $\dfrac{\varepsilon_s S}{4\pi\varepsilon_o d}$ ② $\dfrac{4\pi\varepsilon_o\varepsilon_s}{Sd}$

③ $\dfrac{\varepsilon_s S}{\varepsilon_o d}$ ④ $\dfrac{\varepsilon_o\varepsilon_s S}{d}$

해설 **정전용량**

$$C=\frac{\varepsilon S}{d}=\frac{\varepsilon_0\varepsilon_s S}{d}\text{[F]}$$

여기서, $C$ : 정전용량[F]
$S$ : 극판의 면적[m²]
$\varepsilon$ : 유전율[F/m]($\varepsilon=\varepsilon_0\cdot\varepsilon_s$)
$\varepsilon_0$ : 진공의 유전율[F/m]
$\varepsilon_s$ : 비유전율[단위없음]

답 ④

## 22 1변이 50cm인 정사각형 전극을 가진 평행판 콘덴서가 있다. 이 극판 간격을 5mm로 할 때 정전용량은 얼마인가? (단, $\varepsilon_0$=8.855×10⁻¹²F/m이고 단말 효과는 무시한다.)

① 443pF ② 380μF
③ 410μF ④ 0.5pF

해설 **문제 21 참조**

※ 진공의 유전율
$\varepsilon_0=8.855\times10^{-12}$F/m

**정전용량** $C$는

$$C=\frac{\varepsilon S}{d}=\frac{\varepsilon_0\varepsilon_s S}{d}=\frac{(8.855\times10^{-12})\times(50\times10^{-2})^2}{(5\times10^{-3})}$$

$$\fallingdotseq 443\times10^{-12}\text{F}$$
$$\fallingdotseq 443\text{pF}$$

- 비유전율($\varepsilon_s$) : 주어지지 않았으므로 무시
- 1pF$=1\times10^{-12}$F

답 ①

## 23 간격 $d$[m]인 무한히 넓은 평행판의 단위 면적당 정전용량(F/m²)은? (단, 매질은 공기라 한다.)

① $\dfrac{1}{4\pi\varepsilon_o d}$ ② $\dfrac{4\pi\varepsilon_o}{d}$

③ $\dfrac{\varepsilon_o}{d}$ ④ $\dfrac{\varepsilon_o}{d^2}$

해설 **문제 21 참조**
**정전용량** $C$는

$$C=\frac{\varepsilon_0\varepsilon_s S}{d}=\frac{\varepsilon_0\times1\times S}{d}=\frac{\varepsilon_o S}{d}\text{[F]}$$
$$=\frac{\varepsilon_o}{d}\text{[F/m}^2\text{]}$$

- 공기중 또는 진공중 $\varepsilon_s=1$
- 단위 면적당 정전용량을 구하라고 하였으므로 $\dfrac{\varepsilon_0}{d}$가 된다.

답 ③

## 24 극판의 면적이 10cm², 극판간의 간격이 1mm, 극판간에 채워진 유전체의 비유전율이 2.5인 평행판 콘덴서에 100V의 전압을 가할 때 극판의 전하(C)는?

① $1.2\times10^{-9}$ ② $1.25\times10^{-12}$
③ $2.21\times10^{-9}$ ④ $4.25\times10^{-10}$

해설 **문제 21 참조**
**(1) 전하**

$$Q=CV\text{[C]}$$

여기서, $Q$ : 전하[C]
$C$ : 정전용량[F]
$V$ : 전압[V]

(2) $Q=CV=\dfrac{\varepsilon_0\varepsilon_s S}{d}V$

$$=\frac{(8.855\times10^{-12})\times2.5\times(10\times10^{-4})}{(1\times10^{-3})}\times100$$

$$\fallingdotseq 2.21\times10^{-9}\text{C}$$

- $C=\dfrac{\varepsilon_0\varepsilon_s S}{d}$
- $\varepsilon_0=8.855\times10^{-12}$F/m
- $S=10\text{cm}^2=10\times10^{-4}\text{m}^2$
- $d=1\text{mm}=1\times10^{-3}\text{m}$

답 ③

## 25 콘덴서에서 극판의 면적을 3배로 증가시키면 정전용량은?

① $\dfrac{1}{3}$로 감소한다. ② $\dfrac{1}{9}$로 감소한다.

③ 3배로 증가한다. ④ 9배로 증가한다.

해설 **문제 21 참조**
**정전용량**

$$C=\frac{\varepsilon S}{d}$$

정전용량 $C=\dfrac{\varepsilon S(\text{비례})}{d(\text{반비례})}\propto S$

③ 정전용량은 극판의 면적에 비례하므로 **극판의 면적**을 **3배**로 증가시키면 **정전용량**도 **3배**로 증가한다.

답 ③

**26** 평행판 콘덴서의 양극판 면적을 3배로 하고 간격을 1/2배로 하면 정전용량은 처음의 몇 배가 되는가?

① $\frac{3}{2}$ ② $\frac{2}{3}$

③ $\frac{1}{6}$ ④ 6

해설 **문제 21 참조**
**정전용량**

$$C=\frac{\varepsilon S}{d}\text{[F]}$$

**정전용량** $C$는

$C=\frac{\varepsilon S}{d}$에서

$\therefore C_o=\frac{\varepsilon\times 3S_o}{\frac{1}{2}d_o}=6\frac{\varepsilon S_o}{d_o}=6C$

답 ④

**27** 평행판 콘덴서에 100V의 전압이 걸려 있다. 이 전원을 제거한 후 평행판 간격을 처음의 2배로 증가시키면?

① 용량은 $\frac{1}{2}$배로, 저장되는 에너지는 2배로 된다.
② 용량은 2배로, 저장되는 에너지는 $\frac{1}{2}$배로 된다.
③ 용량은 $\frac{1}{4}$배로, 저장되는 에너지는 4배로 된다.
④ 용량은 4배로, 저장되는 에너지는 $\frac{1}{4}$배로 된다.

해설 **문제 21 참조**
(1) **정전용량**

$$C=\frac{\varepsilon S}{d}\text{[F]}$$

**정전용량** $C$는

$$C=\frac{\varepsilon S(\text{비례})}{d(\text{반비례})}\propto\frac{1}{d}$$ 에서

∴ 정전용량은 간격에 반비례하므로 **간격**을 **2배**로 하면 **용량**은 $\frac{1}{2}$**배**가 된다.

(2) **저장되는 에너지**(정전에너지)

$$W=\frac{Q^2}{2C}$$

여기서, $W$ : 정전에너지[J]
$Q$ : 전하[C]
$C$ : 정전용량[F]

**정전에너지** $W$는

$W=\frac{Q^2}{2C}=\frac{Q^2}{2\frac{\varepsilon S}{d}}\propto d$

∴ 저장되는 에너지는 간격에 비례하므로 **간격**을 **2배**로 하면 **저장**되는 **에너지**는 **2배**가 된다.

답 ①

**28** 정전용량이 10$\mu$F인 콘덴서의 양단에 100V의 일정 전압을 가하고 있다. 지금 이 콘덴서의 극판 간의 거리를 1/10로 변화시키면 콘덴서에 충전되는 전하량은 어떻게 변화되는가?

① $\frac{1}{10}$배로 감소 ② $\frac{1}{100}$배로 감소
③ 10배로 증가 ④ 100배로 증가

해설 **문제 21 참조**
**전하량**

$$Q=CV$$

여기서, $Q$ : 전하량[C]
$C$ : 정전용량[F]
$V$ : 전압[V]

**전하량** $Q$는

$Q=CV=\frac{\varepsilon S}{d}V\propto\frac{1}{d}$

- $C=\frac{\varepsilon S}{d}$
- 전하량($Q$)은 극판간의 거리($d$)에 반비례하므로 **극판**간의 **거리**를 $\frac{1}{10}$로 하면 **전기량**은 **10배**로 증가한다.

답 ③

**29** 쿨롱의 법칙에 관한 설명으로 잘못 기술된 것은?

① 힘의 크기는 두 전하량의 곱에 비례한다.
② 작용하는 힘의 방향은 두 전하를 연결하는 직선과 일치한다.
③ 힘의 크기는 두 전하 사이의 거리에 반비례한다.
④ 작용하는 힘은 두 전하가 존재하는 매질에 따라 다르다.

해설 **쿨롱**의 **법칙**(Coulom's law)

$$F=\frac{Q_1Q_2}{4\pi\varepsilon r^2}=QE\text{[N]}$$

여기서, $F$ : 정전력[N]
$Q_1Q_2$ : 전하[C]
$\varepsilon$ : 유전율[F/m] ($\varepsilon=\varepsilon_0\cdot\varepsilon_s$)
$r$ : 거리[m]
$E$ : 전계의 세기[V/m]

③ 힘의 크기는 두 전하 사이의 **거리**의 **제곱**에 **반비례**한다.

답 ③

**30** 일정한 전하를 가진 평행판 전극 사이의 유전체를 유전율이 2배인 매질로 바꾸어 넣었을 때 옳은 것은?

① 흡인력은 $\frac{1}{2}$배로 된다.

② 극판간의 전압은 2배로 된다.

③ 정전용량은 $\frac{1}{2}$배로 된다.

④ 축적되는 에너지는 4배로 된다.

해설 **문제 29 참조**

$F=\frac{Q_1Q_2}{4\pi\varepsilon r^2}\propto\frac{1}{\varepsilon}$

**정전력**(흡인력) $F$는
유전율($\varepsilon$)에 반비례하므로 **유전율**을 **2배**로 하면 **흡인력**은 $\frac{1}{2}$**배**로 된다.

답 ①

**31** 비유전율 9인 유전체 중에 1cm의 거리를 두고 1$\mu$C과 2$\mu$C의 두 점전하가 있을 때 서로 작용하는 힘(N)은?

① 18 ② 180
③ 20 ④ 200

해설 **문제 29 참조**
**두 전하 사이**에 **작용**하는 **힘** $F$는

$$F=\frac{Q_1Q_2}{4\pi\varepsilon r^2}$$

$$=\frac{Q_1Q_2}{4\pi\varepsilon_0\varepsilon_s r^2}$$

$$=\frac{(1\times10^{-6})\times(2\times10^{-6})}{4\pi(8.855\times10^{-12})\times9\times(1\times10^{-2})^2}$$

$\fallingdotseq 20$N

답 ③

**32** 두 개의 같은 점전하가 진공 중에서 1m 떨어져 있을 때 작용하는 힘이 $9\times10^9$N이면 이 점전하의 전기량(C)은?

① 1 ② $3\times10^4$
③ $9\times10^{-3}$ ④ $9\times10^9$

해설 **문제 29 참조**

$F=\frac{Q_1Q_2}{4\pi\varepsilon r^2}$에서

문제에서 두 개의 점전하가 같으므로

$$F=\frac{Q^2}{4\pi\varepsilon r^2}$$

$$F(4\pi\varepsilon r^2)=Q^2$$
$$Q^2=F(4\pi\varepsilon r^2)$$
$$Q=\sqrt{F(4\pi\varepsilon r^2)}$$
$$=\sqrt{(9\times10^9)\times(4\pi\times8.855\times10^{-12}\times1^2)}$$

$\fallingdotseq$ 1C

- 공기중 또는 진공중 $\varepsilon_s=1$
- 진공의 유전율 $\varepsilon_0=8.855\times10^{-12}$F/m

답 ①

**33** 비유전율 $\varepsilon_s$=3인 유전체 중에 $Q_1=Q_2=2\times10^{-6}$C의 두 점전하 간에 힘 $F=3\times10^{-3}$N이 되도록 하려면 상호 얼마만큼 떨어져야 하는가?

① 1m ② 2m
③ 3m ④ 4m

해설 **문제 29 참조**

$$F=\frac{Q_1Q_2}{4\pi\varepsilon r^2}$$

문제에서 $Q_1=Q_2$이므로

$$F=\frac{Q^2}{4\pi\varepsilon r^2}$$

$$r^2=\frac{Q^2}{4\pi\varepsilon F}$$

$$r=\sqrt{\frac{Q^2}{4\pi\varepsilon F}}$$

$$=\sqrt{\frac{Q^2}{4\pi\varepsilon_0\varepsilon_s F}}$$

$$=\sqrt{\frac{(2\times10^{-6})^2}{4\pi\times(8.855\times10^{-12})\times3\times(3\times10^{-3})}}$$

$\fallingdotseq$ 2m

답 ②

**34** 공기 중 두 점전하 사이에 작용하는 힘이 10N이었다. 두 전하 간에 유전체를 넣었더니 힘이 2N으로 되었다면 이 유전체의 비유전율은 얼마인가?

① 10 ② 5
③ 2.5 ④ 2

해설 **문제 29 참조**

(1) **공기** 중 두 점전하 사이에 작용하는 힘

$$F_1=\frac{Q_1Q_2}{4\pi\varepsilon_o r^2}=10\text{N}$$

※ 공기중 또는 진공중 $\varepsilon_s=1$

(2) **유전체**를 두 전하 사이에 넣었을 때의 힘

$$F_2=\frac{Q_1Q_2}{4\pi\varepsilon_o\varepsilon_s r^2}=2\text{N}$$

$$\frac{F_1}{F_2}=\frac{\frac{Q_1Q_2}{4\pi\varepsilon_0 r^2}}{\frac{Q_1Q_2}{4\pi\varepsilon_0\varepsilon_s r^2}}=\varepsilon_s$$

$$\therefore\ \varepsilon_s=\frac{F_1}{F_2}=\frac{10}{2}=5$$

답 ②

**35** 진공 중에 있는 두 대전체 사이에 작용하는 힘이 $1.8\times10^{-5}$N이었다. 대전체 사이에 유전체를 넣었더니 힘이 $0.0225\times10^{-5}$N이 되었다면, 이 유전체의 비유전율은?

① 110　　② 100
③ 90　　④ 80

해설 **문제 34 참조**

$\therefore \epsilon_s = \dfrac{F_1}{F_2}$

$= \dfrac{1.8\times10^{-5}}{0.0225\times10^{-5}} = 80$

답 ④

**36** 전기력선의 기본 성질에 관한 설명으로 옳지 않은 것은?

① 전기력선의 방향은 그 점의 전계의 방향과 일치한다.
② 전기력선은 전위가 높은 점에서 낮은 점으로 향한다.
③ 전기력선은 그 자신만으로 폐곡선이 된다.
④ 전계가 0이 아닌 곳에서 전기력선은 도체 표면에 수직으로 만난다.

해설 **전기력선**의 **기본 성질**

① **정(+)전하**에서 시작하여 **부(−)전하**에서 끝난다.
② 전기력선의 접선방향은 그 접점에서의 **전계**의 **방향**과 **일치**한다.
③ 전위가 **높은 점**에서 **낮은 점**으로 향한다.
④ 그 자신만으로 **폐곡선**이 **안 된다**.
⑤ 전기력선은 서로 **교차**하지 **않는다**.
⑥ 단위 전하에서는 $1/\epsilon_o$개의 전기력선이 출입한다.
⑦ 전기력선은 도체표면(등전위면)에서 **수직**으로 **출입**한다.
⑧ 전하가 없는 곳에서는 전기력선의 발생, 소멸이 없고 연속적이다.
⑨ **도체 내부**에는 **전기력선**이 **없다**.

③ 전기력선은 그 자신만으로 폐곡선이 **안 된다**.

답 ③

★★
**37** $Q$[C]의 전하에서 나오는 전기력선의 총수는? (단, $\varepsilon$, $E$는 전기유전율 및 전계의 세기를 나타낸다.)

① $EQ$　　② $\dfrac{Q}{\varepsilon}$
③ $\dfrac{\varepsilon}{Q}$　　④ $Q$

해설 (1)

전기력선의 총수$=\dfrac{Q}{\varepsilon}$

(여기서, $\varepsilon$ : 유전율,
$Q$ : 전하[C])

(2)

자기력선의 총수$=\dfrac{m}{\mu}$

(여기서, $\mu$ : 투자율,
$m$ : 자극의 세기[Wb])

답 ②

**38** 전계 중에 단위전하를 놓았을 때 그것에 작용하는 힘을 그 점에 있어서의 무엇이라 하는가?

① 전계의 세기　　② 전위
③ 전위차　　④ 변화전류

해설 **전계**의 **세기**

(1) 전계 중에 +1C의 전하를 놓을 때 여기에 작용하는 정전력, $E$[V/m]로 표현한다.
(2) 전계 중에 단위 전하를 놓았을 때 그것에 작용하는 힘

답 ①

**39** 전계의 단위가 아닌 것은?

① [N/C]　　② [V/m]
③ $[\mathrm{C/J}\cdot\dfrac{1}{\mathrm{m}}]$　　④ $[\mathrm{A}\cdot\Omega/\mathrm{m}]$

해설 **힘** $F$는

$F = QE$[N]

여기서, $F$ : 힘[N]
$Q$ : 전하[C]
$E$ : 전계의 세기[V/m]

$F=QE$에서
**전계**의 **세기** $E$는

$E = \dfrac{F[\mathrm{N}]}{Q[\mathrm{C}]}$

**전계**의 **세기**의 **단위**

$$\left[\frac{\mathrm{N}}{\mathrm{C}}\right] = \left[\frac{\mathrm{N\cdot m}}{\mathrm{C\cdot m}}\right] = \left[\frac{\mathrm{J}}{\mathrm{C\cdot m}}\right] = \left[\frac{\mathrm{V}}{\mathrm{m}}\right] = \left[\frac{\mathrm{A\cdot\Omega}}{\mathrm{m}}\right]$$

- 1J=1N · m
- $V = \dfrac{W[\mathrm{J}]}{Q[\mathrm{C}]}$[V]
  여기서, $V$ : 전압[V], $W$ : 일[J], $Q$ : 전기량[C]
- $V = IR$[V]
  여기서, $V$ : 전압[V], $I$ : 전류[A], $R$ : 저항[Ω]

답 ③

**40** 진공 중에 놓인 1$\mu$C의 점전하에서 3m되는 점의 전계(V/m)는?

① $10^{-3}$　　② $10^{-1}$
③ $10^{2}$　　④ $10^{3}$

해설 **전계**의 **세기**

$E = \dfrac{Q}{4\pi\varepsilon r^2}$[V/m]

여기서, $E$ : 전계의 세기[V/m]
$\varepsilon$ : 유전율[F/m] ($\varepsilon=\varepsilon_0\cdot\varepsilon_s$)

$\varepsilon_0$ : 진공의 유전율[F/m]
$\varepsilon_s$ : 비유전율
$Q$ : 전하[C]
$r$ : 거리[m]

**전계**의 **세기** $E$는

$$E = \frac{Q}{4\pi\varepsilon r^2} = \frac{Q}{4\pi\varepsilon_0\varepsilon_s r^2} = \frac{Q}{4\pi\varepsilon_0 r^2} = \frac{(1\times10^{-6})}{4\pi\times(8.855\times10^{-12})\times3^2} \fallingdotseq 1000 = 10^3\text{V/m}$$

※ 공기중 또는 진공중 $\varepsilon_s = 1$

답 ④

**41** 가우스(Gauss)의 정리를 이용하여 구하는 것은?

① 자계의 세기
② 전하 간의 힘
③ 전계의 세기
④ 전위

해설 ③ **가우스**의 **정리**를 이용하면 **전계**의 **세기**를 구할 수 있다.

답 ③

★★
**42** 두께 $d$[m]인 판상 유전체의 양면 사이에 150V의 전압을 가했을 때 내부에서의 전위경도가 $3\times10^4$V/m이었다. 이 판상 유전체의 두께(mm)는?

① 2　　② 5
③ 10　　④ 20

해설 **전계**의 **세기**(전위경도)

$$E = \frac{V}{d}$$

여기서, $E$ : 전계의 세기[V/m]
$V$ : 전압[V]
$d$ : 두께[m]

**두께** $d$는

$$d = \frac{V}{E} = \frac{150}{(3\times10^4)} = 5\times10^{-3}\text{m=5mm}$$

1m=1000mm=$10^3$mm

답 ②

**43** 동일 규격 콘덴서의 극판간에 유전체를 넣으면?

① 용량이 증가하고 극판간 전계는 감소한다.
② 용량이 증가하고 극판간 전계는 불변이다.
③ 용량이 감소하고 극판간 전계는 불변이다.
④ 용량이 불변이고 극판간 전계는 증가한다.

해설 (1) **정전용량**

$$C = \frac{\varepsilon_0\varepsilon_s S}{d} \propto \varepsilon_s$$

여기서, $C$ : 정전용량[F]
$\varepsilon_0$ : 진공의 유전율[F/m]
$\varepsilon_s$ : 비유전율
$S$ : 극판의 면적[$m^2$]
$d$ : 극판의 간격[m]

(2) **전계**의 **세기**

$$E = \frac{Q}{4\pi\varepsilon_0\varepsilon_s r^2} \propto \frac{1}{\varepsilon_s}$$

여기서, $E$ : 전계의 세기[V/m]
$r$ : 거리[m]
$\varepsilon_0$ : 진공의 유전율[F/m]
$\varepsilon_s$ : 비유전율

(3) **정전용량** $C \propto \varepsilon_s$, **전계** $E \propto \frac{1}{\varepsilon_s}$ 이므로
유전체를 넣으면 **용량**은 **증가**하고 **전계**는 **감소**한다.

답 ①

★★
**44** 일정 전하로 충전된 콘덴서(진공) 판간에 비유전율 $\varepsilon_s$ 의 유전체를 채우면?

| | 용량 | 전위차 | 전계의 세기 |
|---|---|---|---|
| ① | $\varepsilon_s$배 | $\varepsilon_s$배 | $\varepsilon_s$배 |
| ② | $\varepsilon_s$배 | $\frac{1}{\varepsilon_s}$배 | $\frac{1}{\varepsilon_s}$배 |
| ③ | $\frac{1}{\varepsilon_s}$배 | $\frac{1}{\varepsilon_s}$배 | $\frac{1}{\varepsilon_s}$배 |
| ④ | $\frac{1}{\varepsilon_s}$배 | $\varepsilon_s$ 배 | $\varepsilon_s$ 배 |

해설 **문제 43 참조**
**전위차**

$$V = \frac{Q}{4\pi\varepsilon r} = \frac{Q}{4\pi\varepsilon_0\varepsilon_s r}$$

여기서, $V$ : 전위차[V]
$Q$ : 전하[C]
$\varepsilon$ : 유전율[F/m] $(\varepsilon = \varepsilon_0 \cdot \varepsilon_s)$
$\varepsilon_0$ : 진공의 유전율[F/m]
$\varepsilon_s$ : 비유전율
$r$ : 거리[m]

$$V = \frac{Q}{4\pi\varepsilon_o\varepsilon_s r} \propto \frac{1}{\varepsilon_s}$$

답 ②

**45** 전계 $E$[V/m]내의 한 점에 $q$[C]의 점전하를 놓을 때 이 전하에 작용하는 힘은 몇 N인가?

① $\frac{E}{q}$　　② $\frac{q}{4\pi\varepsilon_o E}$
③ $qE$　　④ $qE^2$

해설 **전하**에 **작용**하는 **힘**

$$F = QE = qE\text{[N]}$$

여기서, $F$ : 힘[N]

$Q$ 또는 $q$ : 전하[C]
$E$ : 전계의 세기[V/m]

답 ③

## 46 합성수지의 절연체에 $5\times10^3$V/m의 전계를 가했을 때 이때의 전속밀도를 C/m²를 구하면? (단, 이 절연체의 비유전율은 10으로 한다.)

① $40.257\times10^{-6}$ ② $41.275\times10^{-8}$
③ $43.527\times10^{-4}$ ④ $44.275\times10^{-8}$

해설 **전속밀도**

$$D=\varepsilon E=\varepsilon_0\varepsilon_s E\,[\text{C/m}^2]$$

여기서, $D$ : 전속밀도[C/m²]
$\varepsilon_0$ : 진공의 유전율[F/m]
$\varepsilon_s$ : 비유전율
$E$ : 전계의 세기[V/m]

**전속밀도** $D$는

$D=\varepsilon_o\varepsilon_s E$
$=(8.855\times10^{-12})\times10\times(5\times10^3)$
$=44.275\times10^{-8}\text{C/m}^2$

답 ④

## 47 비유전율 10인 유전체로 둘러싸인 도체 표면의 전계세기가 $10^4$V/m이었다. 이때, 표면전하밀도(C/m²)는?

① $0.8855\times10^{-7}$ ② $0.8855\times10^{-8}$
③ $0.8855\times10^{-9}$ ④ $0.8855\times10^{-6}$

해설 **전속밀도**(표면전하밀도)

$$D=\varepsilon_0\varepsilon_s E\,[\text{C/m}^2]$$

여기서, $D$ : 전속밀도[C/m²]
$\varepsilon_0$ : 진공의 유전율[F/m]
$\varepsilon_s$ : 비유전율
$E$ : 전계의 세기[V/m]

**표면전하밀도[C/m²]와 전속밀도[C/m²]는 같은 공식을 적용한다.**
단위를 보면 같은 식을 적용한다는 것을 쉽게 알 수 있다.

**표면전하밀도** $D$는

$D=\varepsilon_o\varepsilon_s E$
$=(8.855\times10^{-12})\times10\times10^4$
$=0.8855\times10^{-6}\text{C/m}^2$

답 ④

## 48 100000V로 충전하여 1J의 에너지를 갖는 콘덴서의 정전용량(pF)은?

① 100 ② 200
③ 300 ④ 400

해설 **정전에너지**

$$W=\frac{1}{2}QV=\frac{1}{2}CV^2=\frac{Q^2}{2C}\,[\text{J}]$$

여기서, $W$ : 정전에너지[J]
$Q$ : 전하[C]
$V$ : 전압[V]
$C$ : 정전용량[F]

$W=\frac{1}{2}CV^2$에서

**정전용량** $C$는

$C=\frac{2W}{V^2}=\frac{2\times1}{100000^2}=2\times10^{-10}\text{F}$
$=200\times10^{-12}\text{F}$
$=200\text{pF}$

$1\text{pF}=1\times10^{-12}\text{F}$

답 ②

## 49 그림에서 2μF의 콘덴서에 축적되는 에너지 J는?

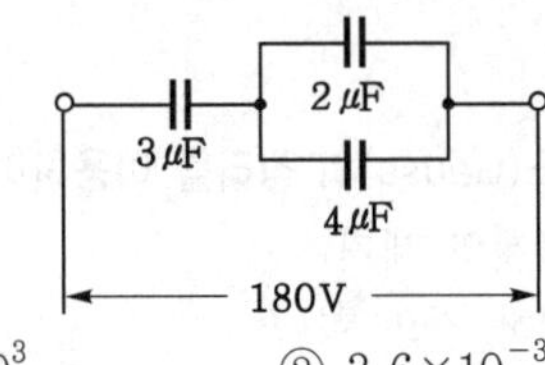


① $1\times10^3$ ② $3.6\times10^{-3}$
③ $4.2\times10^{-3}$ ④ $2.8\times10^{-3}$

해설 (1) **콘덴서의 병렬접속**

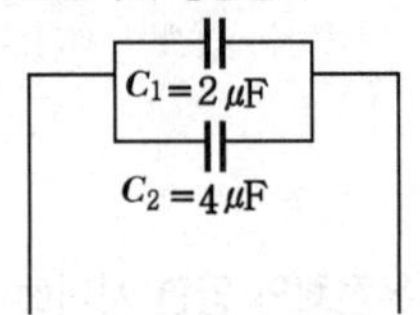


$C=C_1+C_2=2+4=6\,\mu\text{F}$
$C_1=3\,\mu\text{F}\quad C_2=6\,\mu\text{F}$

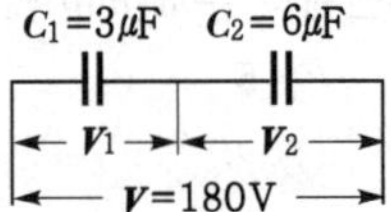


(2) **전압**

$V_2=\frac{C_1}{C_1+C_2}V$ 에서

2μF에 걸리는 전압은

$V_2=\frac{3}{3+6}\times180=60\text{V}$

(3) **정전에너지**

$$W=\frac{1}{2}CV^2\,[\text{J}]$$

여기서, $W$ : 정전에너지[J]
$C$ : 정전용량[F]
$V$ : 전압[V]

**정전에너지** $W$는

$W=\frac{1}{2}CV^2$
$=\frac{1}{2}\times(2\times10^{-6})\times60^2=3.6\times10^{-3}\text{J}$

답 ②

**50** 10$\mu$F의 콘덴서를 100V로 충전한 것을 단락시켜 0.1ms에 방전시켰다고 하면 평균전력(W)은?

① 450 ② 500
③ 550 ④ 600

해설 (1) **전력량**

$$W = Pt\,[\text{J}]$$

여기서, $W$ : 전력량[J]
$P$ : 전력[W]
$t$ : 시간[s]

(2) **정전에너지**

$$W = \frac{1}{2}CV^2\,[\text{J}]$$

여기서, $W$ : 정전에너지[J]
$C$ : 정전용량[F]
$V$ : 전압[V]

**평균전력**(전력) $P$는

$$P = \frac{W}{t} = \frac{\frac{1}{2}CV^2}{t}$$

$$= \frac{\frac{1}{2}\times(10\times10^{-6})\times100^2}{0.1\times10^{-3}} = 500\,\text{W}$$

답 ②

**51** 100kV로 충전된 8×10$^3$pF의 콘덴서가 축적할 수 있는 에너지는 몇 W의 전구가 2s 동안 한 일에 해당되는가?

① 10 ② 20
③ 30 ④ 40

해설 **문제 50 참조**
**전력** $P$는

$$P = \frac{W}{t} = \frac{\frac{1}{2}CV^2}{t}$$

$$= \frac{\frac{1}{2}\times(8\times10^3\times10^{-12})\times(100\times10^3)^2}{2} = 20\,\text{W}$$

- 1pF$=1\times10^{-12}$F
- 1kV$=1\times10^{3}$V

답 ②

**52** 공기콘덴서를 어떤 전압으로 충전한 다음 전극간에 유전체를 넣어 정전용량을 2배로 하면 축적된 에너지는 몇 배가 되는가?

① 2배 ② $\frac{1}{2}$배
③ $\sqrt{2}$배 ④ 4배

해설 **정전에너지**

$$W = \frac{1}{2}CV^2\,[\text{J}]$$

여기서, $W$ : 정전에너지[J]
$C$ : 정전용량[F]
$V$ : 전압[V]

∴ 축적된 에너지(정전에너지)는 정전용량에 비례하므로 **정전용량**을 **2배**로 하면 **축적**된 **에너지**는 **2배**가 된다.

$$W = \frac{1}{2}CV^2 \propto C$$

답 ①

**53** 공기콘덴서를 100V로 충전한 다음 전극 사이에 유전체를 넣어 용량을 10배로 했다. 정전에너지는 몇 배로 되는가?

① $\frac{1}{10}$배 ② 10배
③ $\frac{1}{1000}$배 ④ 1000배

해설 **문제 52 참조**

정전에너지는 정전용량에 비례하므로 **용량**을 **10배**로 하면 **정전에너지**는 **10배**가 된다.

$$W = \frac{1}{2}CV^2 \propto C$$

답 ②

**54** 콘덴서의 전위차와 축적되는 에너지와의 관계를 그림으로 나타내면 다음의 어느 것인가?

① 쌍곡선 ② 타원
③ 포물선 ④ 직선

해설 **문제 52 참조**

정전에너지는 전압(전위차)의 **제곱**에 **비례**하므로 그래프는 **포물선**이다.

$$W = \frac{1}{2}CV^2 \propto V^2$$

W
V

| 포물선 |

중요

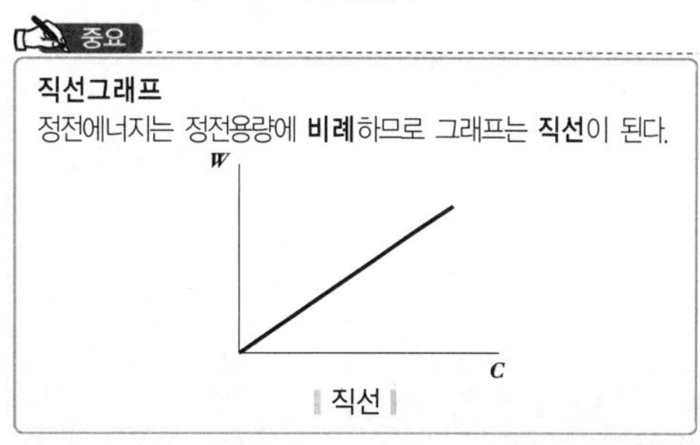
**직선그래프**
정전에너지는 정전용량에 **비례**하므로 그래프는 **직선**이 된다.
W
C
| 직선 |

답 ③

**55** 전계 $E$[V/m], 전속밀도 $D$[C/m$^2$], 유전율 $\varepsilon$[F/m]인 유전체내에 저장되는 에너지밀도(J/m$^3$)는?

① $ED$　　② $\frac{1}{2}ED$

③ $\frac{1}{2\varepsilon}E^2$　　④ $\frac{1}{2}\varepsilon D^2$

**해설** **에너지 밀도**

$$W_0 = \frac{1}{2}ED = \frac{1}{2}\varepsilon E^2 = \frac{D^2}{2\varepsilon}\text{〔J/m}^3\text{〕}$$

여기서, $W$ : 에너지밀도〔J/m³〕
$E$ : 전계의 세기〔V/m〕
$D$ : 전속밀도〔C/m²〕
$\varepsilon$ : 유전율〔F/m〕 ($\varepsilon = \varepsilon_0 \cdot \varepsilon_s$)

답 ②

## 56 유전율 $\varepsilon$, 전계의 세기 $E$일 때 유전체의 단위체적에 축적되는 에너지는?

① $\frac{E}{2\varepsilon}$　　② $\frac{\varepsilon E}{2}$

③ $\frac{\varepsilon E^2}{2}$　　④ $\frac{\varepsilon\sqrt{E}}{2}$

**해설** **문제 55 참조**

③ $W_0 = \frac{1}{2}\varepsilon E^2 = \frac{\varepsilon E^2}{2}$

답 ③

## 57 유전체(유전율=9)내의 전계의 세기가 100V/m일 때 유전체내의 저장되는 에너지밀도(J/m³)는?

① $5.55\times10^4$　　② $4.5\times10^4$

③ $9\times10^9$　　④ $4.05\times10^5$

**해설** **문제 55 참조**
**에너지 밀도** $W_0$는

$$W_o = \frac{1}{2}\varepsilon E^2$$
$$= \frac{1}{2}\times 9\times 100^2 = 4.5\times 10^4\text{J/m}^3$$

여기서는 **진공**의 **유전율**은 **적용**하지 **않는것**에 주의할 것. 왜냐하면 본 문제는 문제에서 주어진 유전율 9에 진공의 유전율이 이미 포함되어 있기 때문이다.

답 ②

# CHAPTER 03. 자 기

출제확률 

(2문제)

**01** 공기 중에서 가상 접지극 $m_1$[Wb]과 $m_2$[Wb]를 $r$[m] 떼어 놓았을 때 두 자극 간의 작용력이 $F$[N]이었다면 이 때의 거리 $r$[m]은?

① $\sqrt{\dfrac{m_1 m_2}{F}}$

② $\dfrac{6.33\times 10^4 m_1 m_2}{F}$

③ $\sqrt{\dfrac{6.33\times 10^4 \times m_1 m_2}{F}}$

④ $\sqrt{\dfrac{9\times 10^9 \times m_1 m_2}{F}}$

해설 **쿨롱**의 **법칙**

$$F=\frac{1}{4\pi\mu}\cdot\frac{m_1 m_2}{r^2}=6.33\times 10^4\times\frac{m_1 m_2}{\mu_s r^2}\text{[N]}$$

여기서, $F$ : 두 자극 사이에 작용하는 힘[N]
$\mu$ : 투자율[H/m] $\mu=\mu_o\cdot\mu_S$
$\mu_o$ : 진공의 투자율($4\pi\times10^{-7}$H/m)
$\mu_S$ : 비투자율
$m_1$, $m_2$ : 자극의 세기4

**두 자극간**에 **작용**하는 **힘** $F$는

$F=6.33\times 10^4\times\dfrac{m_1 m_2}{r^2}$ 에서

$r^2=\dfrac{6.33\times 10^4\times m_1 m_2}{F}$

$\therefore r=\sqrt{\dfrac{6.33\times 10^4\times m_1 m_2}{F}}$ [m]

답 ③

**02** 두 자극간의 거리를 2배로 하면 자극 사이에 작용하는 힘은 몇 배인가?

① 2 ② 4

③ $\dfrac{1}{2}$ ④ $\dfrac{1}{4}$

해설 **문제 1 참조**

두 자극간에 작용하는 힘 $F$는

$F=\dfrac{m_1 m_2}{4\pi\mu r^2}\propto\dfrac{1}{r^2}=\dfrac{1}{2^2}=\dfrac{1}{4}$

$\therefore\dfrac{1}{4}$배가 된다.

답 ④

☆☆
**03** 합리화 MKS 단위계로 자계의 세기 단위는?

① [AT/m] ② [Wb/m$^2$]

③ [Wb/m] ④ [AT/m$^2$]

해설 **힘** $F$는

$$F=mH\text{[N]}$$

여기서, $F$ : 힘[N]
$m$ : 자극의 세기[Wb]
$H$ : 자계의 세기[N/Wb]

**자계**의 **세기** $H$는

$H=\dfrac{F}{m}\text{[N]}=\dfrac{\text{[N]}}{\text{[Wb]}}$

**자계**의 **세기 단위**

$\left[\dfrac{\text{N}}{\text{Wb}}\right]=\left[\dfrac{\text{N}\cdot\text{m}}{\text{Wb}\cdot\text{m}}\right]=\left[\dfrac{\text{J/Wb}}{\text{m}}\right]$
$=\left[\dfrac{\text{A}}{\text{m}}\right]=\left[\dfrac{\text{Wb}}{\text{H}\cdot\text{m}}\right]=\left[\dfrac{\text{A}\cdot\text{T}}{\text{m}}\right]$

1[J]=1[N·m]

$$I=\frac{W}{\phi}\text{[A]}$$

여기서, $I$ : 전류
$W$ : 일[J]
$\phi$ : 자속[Wb]

$$I=\frac{N\phi}{L}$$

여기서, $I$ : 전류
$N$ : 권수[T]
$\phi$ : 자속[Wb]
$L$ : 인덕턴스[H]

답 ①

**04** 자계의 세기를 표시하는 단위와 관계 없는 것은? (단, A : 전류, N : 힘, Wb : 자속, H : 인덕턴스, m : 길이의 단위이다.)

① [A/m] ② [N/Wb]

③ [Wb/h] ④ [Wb/H·m]

해설 **문제 3 참조**

답 ③

**05** 자속밀도의 단위가 아닌 것은?

① [Wb/m$^2$] ② [maxwell/m$^2$]

③ [gauss] ④ [gauss/m$^2$]

해설 1Wb/m$^2$ = $10^8$maxwell/m$^2$ = $10^4$gauss

답 ④

**06** CGS 전자단위인 $4\pi\times10^4$gauss를 MKS 단위계로 환산한다면?

① 4Wb/m$^2$ ② $4\pi$[Wb/m$^2$]

③ 4Wb ④ $4\pi$[Wb/m]

해설 **문제 5 참조**

$1Wb/m^2 = 10^4 gauss$이므로
비례식으로 풀면
$1 : 10^4 = \square : 4\pi \times 10^4$
$10^4 \square = 1 \times 4\pi \times 10^4$
$\square = \frac{1 \times 4\pi \times 10^4}{10^4}$
$\therefore \square = 4\pi$ [$Wb/m^2$]

답 ②

## 07 자극의 크기 $m$=4Wb의 점 자극으로부터 $r$=4m 떨어진 점의 자계의 세기(A/m)를 구하면?

① $7.9 \times 10^3$ ② $6.3 \times 10^4$
③ $1.6 \times 10^4$ ④ $1.3 \times 10^3$

해설 자계의 세기

$$H = \frac{m}{4\pi\mu r^2} \text{[AT/m]}$$

여기서, $H$ : 자장의 세기[AT/m]
$m$ : 전하[Wb]
$\mu$ : 투자율[H/m]($\mu = \mu_o \mu_s$)
$r$ : 거리[m]

**자장의 세기** $H$는

$$H = \frac{m}{4\pi\mu r^2} = \frac{m}{4\pi\mu_0\mu_s r^2} = \frac{m}{4\pi\mu_0 r^2}$$

$$= \frac{4}{4\pi \times (4\pi \times 10^{-7}) \times 4^2} \fallingdotseq 16000 = 1.6 \times 10^4 \text{A/m}$$

※ $\mu_s$(비투자율) : 주어지지 않았으므로 무시

답 ③

## 08 자위의 단위(J/Wb)와 같은 것은?

① [A] ② [A/m]
③ [A · m] ④ [Wb]

해설 $P$점에서의 **자위**

$$U_m = \frac{m}{4\pi\mu r} \text{[AT]}$$

여기서, $U_m$ : P점에서의 자위[AT]
$\mu$ : 투자율[H/m]($\mu = \mu_o \cdot \mu_s$)
$r$ : 거리[m]
$m$ : 자극의 세기[Wb]

- 자위의 단위[AT] = [A] = [J/Wb]
- $$I = \frac{W}{\phi} \text{[A]}$$

여기서, $I$ : 전류[A], $W$ : 일[J], $\phi$ : 자속[Wb]

답 ①

## 09 진공 중의 자계 10AT/m인 점은 $5 \times 10^{-3}$Wb의 자극을 놓으면 그 자극에 작용하는 힘(N)은?

① $5 \times 10^{-2}$ ② $5 \times 10^{-3}$
③ $2.5 \times 10^{-2}$ ④ $2.5 \times 10^{-3}$

해설 **문제 3 참조**

**힘** $F$는

$F = mH = (5 \times 10^{-3}) \times 10 = 5 \times 10^{-2}$N

답 ①

## 10 비투자율 $\mu_s$, 자속밀도 $B$인 자계 중에 있는 $m$[Wb]의 자극이 받는 힘은?

① $\frac{Bm}{\mu_o \mu_s}$ ② $\frac{Bm}{\mu_o}$
③ $\frac{\mu_o \mu_s}{Bm}$ ④ $\frac{Bm}{\mu_s}$

해설 **문제 3 참조**

**자속밀도**

$$B = \mu_o \mu_s H \text{[Wb/m}^2\text{]}$$

여기서, $B$ : 자속밀도[$Wb/m^2$]
$\mu_o$ : 진공의 투자율[H/m]
$\mu_s$ : 비투자율
$H$ : 자계의 세기[AT/m]

자속밀도 B는 $B = \mu_o \mu_s H$ 에서

$$H = \frac{B}{\mu_o \mu_s} \text{[A/m]}$$

$$F = mH \text{[N]}$$ 이므로

$$F = m\frac{B}{\mu_o\mu_s} = \frac{Bm}{\mu_o \mu_s} \text{[N]}$$

답 ①

## 11 $B = \mu_o H + J$인 관계를 사용할 때 자기 모멘트의 단위는? (단, $J$는 자화의 세기이다.)

① [Wb · m] ② [Wb · A]
③ [A · T/Wb] ④ [$Wb/m^2$]

해설 **자기 모멘트**

$$M = ml \text{[Wb · m]}$$

여기서, $M$ : 자기모멘트[Wb · m]
$m$ : 자극의 세기[Wb]
$l$ : 자석의 길이[m]

※ 자기모멘트(magnetic moment) : 자극의 세기와 자석의 길이와의 곱

답 ①

## 12 그림과 같이 균일한 자계의 세기 $H$[AT/m]내에 자극의 세기가 $\pm m$[Wb], 길이 $L$[m]인 막대자석을 그 중심 주위에 회전할 수 있도록 놓는다. 이 때 자석과 자계의 방향이 이룬 각을 $\theta$라 하면 자석이 받는 회전력(N · m)은?

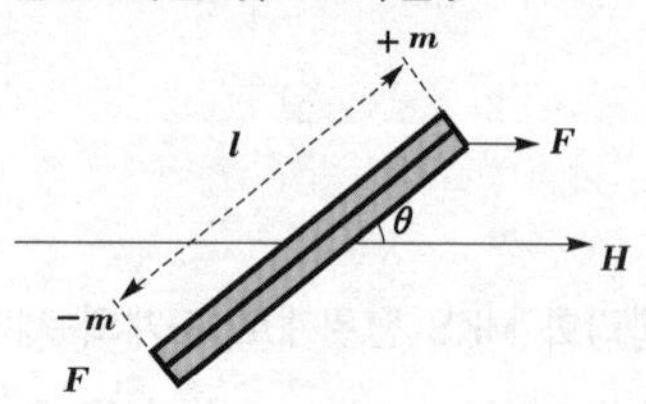

① $mHl\cos\theta$ ② $mHl\sin\theta$
③ $2mHl\sin\theta$ ④ $2mHl\tan\theta$

해설 **자석이 받는 회전력**

$T = MH\sin\theta = mHl\sin\theta$ [N · m]

여기서, $T$ : 회전력[N · m]
$M$ : 자기모멘트[Wb · m]
$H$ : 자계의 세기[AT/m]
$m$ : 자극의 세기[Wb]
$l$ : 자석의 길이[m]
$\theta$ : 이루는 각[rad]

답 ②

**13** 자극의 세기가 $8\times10^{-6}$Wb, 길이가 50cm인 막대자석을 150AT/m의 평등자계내에 자계와 30°의 각도로 놓았다면 자석이 받는 회전력(N · m)은?

① $1.2\times10^{-2}$ ② $3\times10^{-4}$
③ $5.2\times10^{-6}$ ④ $2\times10^{-7}$

해설 **문제 12 참조**
**자석이 받는 회전력** $T$는
$T = mHl\sin\theta$
$= (8\times10^{-6})\times150\times0.5\times\sin30° = 3\times10^{-4}$N · m

100cm=1m이므로 50cm=0.5m

답 ②

★★
**14** 다음 자성체 중 반자성체가 아닌 것은?

① 창연 ② 구리
③ 금 ④ 알루미늄

해설

| 자성체 | 종류 |
|---|---|
| 상자성체 | • 알루미늄(Al), 백금(Pt) |
| 반자성체 | • 금(Au), 은(Ag),<br>• 구리(Cu), 아연(Zn), 탄소(C) |
| 강자성체 | • 니켈(Ni), 코발트(Co), 망간(Mn), 철(Fe) |

답 ④

**15** 비투자율 800의 환상철심 중의 자계가 150AT/m일 때 철심의 자속밀도(Wb/m²)는?

① $12\times10^{-2}$ ② $12\times10^{2}$
③ $15\times10^{2}$ ④ $15\times10^{-2}$

해설 **자속밀도**

$B = \mu H = \mu_o\mu_s H$ [Wb/m²]

여기서, $B$ : 자속밀도[Wb/m²]
$\mu$ : 투자율[H/m]
$\mu_o$ : 진공의 투자율[H/m]
$\mu_s$ : 비투자율
$H$ : 자계의 세기[AT/m]

**자속밀도** $B$는
$B = \mu_o\mu_s H$
$= (4\pi\times10^{-7})\times800\times150 \fallingdotseq 15\times10^{-2}$Wb/m²

※ 진공의 투자율 $\mu_0 = 4\pi\times10^{-7}$H/m

답 ④

**16** 자화의 세기로 정의할 수 있는 것은?

① 단위체적당 자기 모멘트
② 단위면적당 자위 밀도
③ 자화선 밀도
④ 자력선 밀도

해설 **자화의 세기**

$J = \dfrac{M}{V} = \mu_o(\mu_s - 1)H$ [Wb/m²]

여기서, $J$ : 자화의 세기[Wb/m²]
$V$ : 체적[m³]
$M$ : 자기모멘트[Wb · m]
$H$ : 자계의 세기[AT/m]

**자화의 세기** $J$는
$J = \dfrac{M}{V} = \mu_o(\mu_s - 1)H$에서

※ 자화의 세기=단위체적당 자기모멘트

답 ①

**17** 비투자율 $\mu_s$=400인 환상철심내의 평균 자계의 세기가 $H$=3000AT/m이다. 철심 중의 자화의 세기 $J$[Wb/m²]는?

① 0.15 ② 1.5
③ 0.75 ④ 7.5

해설 **자화의 세기**

$J = \mu_o(\mu_s - 1)H$ [Wb/m²]

여기서, $J$ : 자화의 세기[Wb/m²]
$H$ : 자계의 세기[AT/m]
$\mu_o$ : 진공의 투자율($\mu_0 = 4\pi\times10^{-7}$H/m)
$\mu_s$ : 비투자율[단위없음]

**문제 16 참조**
**자화의 세기** $J$는
$J = \mu_o(\mu_s - 1)H$
$= (4\pi\times10^{-7})\times(400-1)\times3000 \fallingdotseq 1.5$Wb/m²

답 ②

★★★
**18** 직선 전류에 의해서 그 주위에 생기는 환상의 자계방향은?

① 전류의 방향
② 전류와 반대 방향
③ 오른나사의 진행 방향
④ 오른나사의 회전 방향

해설 **암페어**의 **오른나사법칙** : 전류에 의한 자계의 방향을 결정하는 법칙

| 전류의 방향 | 자계의 방향 |
|---|---|
| 오른나사의 **진행** 방향 | 오른나사의 **회전** 방향 |

답 ④

## 19 전류에 의한 자계의 방향을 결정하는 법칙은?

① 렌츠의 법칙
② 플레밍의 오른손법칙
③ 플레밍의 왼손법칙
④ 암페어의 오른나사법칙

해설 **문제 18 참조**

답 ④

## 20 암페어의 주회적분의 법칙은 직접적으로 다음의 어느 관계를 표시하는가?

① 전하와 전계　② 전류와 인덕턴스
③ 전류와 자계　④ 전하와 전위

해설 암페어의 주회적분 법칙은 **전류**와 **자계**에 관계된다.

용어

**암페어**의 **주회적분 법칙**
'자계의 세기와 전류주위를 일주하는 거리의 곱의 합은 **전류**와 **코일권수**를 **곱**한 것과 같다'는 법칙

답 ③

★★★
## 21 자장과 전류 사이에 작용하는 전자력의 방향을 결정하는 법칙은?

① 플레밍의 오른손법칙
② 플레밍의 왼손법칙
③ 렌츠의 법칙
④ 패러데이의 전자유도법칙

해설 **여러 가지 법칙**

| 법칙 | 설명 |
|---|---|
| **플레밍**의 **오른손법칙** | **도체운동**에 의한 **유기기전력**의 **방향**결정 |
| **플레밍**의 **왼손법칙** | **전자력**의 방향결정 |
| **렌츠**의 **법칙** | **자속변화**에 의한 **유기기전력**의 **방향**결정 |
| **패러데이**의 **전자유도법칙** | **자속변화**에 의한 **유기기전력**의 **크기**를 결정하는 법칙 |
| **암페어**의 **오른나사법칙** | **전류**에 의한 자계의 방향을 결정하는 법칙 |

답 ②

★
## 22 플레밍의 오른손법칙에서 중지손가락의 방향은?

① 운동방향
② 자속밀도의 방향
③ 유기기전력의 방향
④ 자력선의 방향

해설 **플레밍**의 **오른손법칙**

| 손가락 | 표시 |
|---|---|
| 중지 | 유기기전력의 방향 |
| 검지 | 자속의 방향 |
| 엄지 | 운동의 방향 |

답 ③

## 23 전류 $I$〔A〕에 대한 점 P의 자계 $H$〔A/m〕의 방향이 옳게 표시된 것은?(단, ⊙ 및 ⊗ 는 자계의 방향 표시이다.)

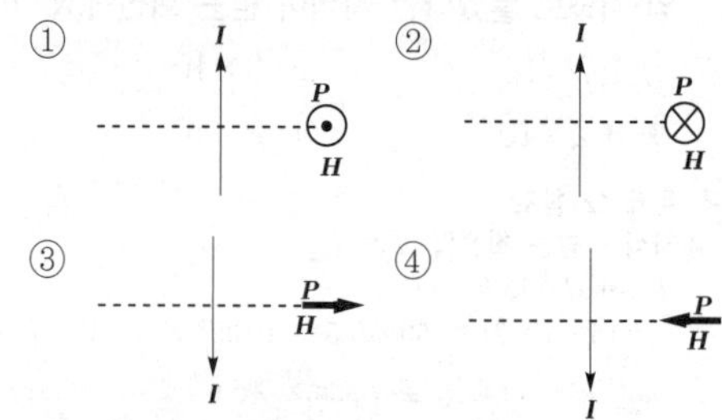


해설 • ⊗ : 들어가는 방향
• ⊙ : 나오는 방향

답 ②

## 24 전기 회로에서 도전율〔℧/m〕에 대응하는 것은 자기회로에서 무엇인가?

① 자속　② 기자력
③ 투자율　④ 자기 저항

해설 **자기회로**와 **전기회로**의 대응

| 자기회로 | | 전기회로 |
|---|---|---|
| 자　속 | ⟷ | 전　류 |
| 자　계 | ⟷ | 전　계 |
| 자속밀도 | ⟷ | 전속밀도 |
| 투 자 율 | ⟷ | 도 전 율 |
| 자기저항 | ⟷ | 전기저항 |
| 퍼미언스 | ⟷ | 콘덕턴스 |

답 ③

## 25 자기회로의 퍼미언스(permeance)에 대응하는 전기회로의 요소는?

① 도전율
② 콘덕턴스(conductance)
③ 정전용량
④ 엘라스턴스(elastance)

**해설** **문제 24 참조**

※ **퍼미언스** : **자기저항**의 **역수**

**참고**

**자기저항**
기자력과 자속의 비

$$R_m = \frac{l}{\mu A} = \frac{F}{\phi}$$

여기서, $R_m$ : 자기저항〔AT/Wb〕
$l$ : 자로의 길이〔m〕
$\mu$ : 투자율〔H/m〕
$A$ : 단면적〔m$^2$〕
$F$ : 기자력〔AT〕
$\phi$ : 자속〔Wb〕

**답** ②

## 26 평균자로의 길이 80cm의 환상철심에 500회의 코일을 감고 여기에 4A의 전류를 흘렸을 때 기자력(AT)과 자화력(AT/m)(자계의 세기)은?

① 2000, 2500 ② 3000, 2500
③ 2000, 3500 ④ 3000, 3500

**해설** **기자력**

$$F = NI = Hl = R_m\phi \text{〔AT〕}$$

여기서, $F$ : 기자력〔AT〕
$N$ : 코일의 권수
$I$ : 전류〔A〕
$H$ : 자계의 세기〔AT/m〕
$l$ : 자로의 길이〔m〕
$R_m$ : 자기저항〔AT/Wb〕
$\phi$ : 자속〔Wb〕

$F = NI = Hl$에서
**기자력** $F$는
$F = NI = 500 \times 4 = 2000$AT
**자화력** $H$는
$H = \frac{F}{l} = \frac{2000}{0.8} = 2500$AT/m

100cm=1m이므로 80cm=0.8m

**답** ①

## 27 자기회로의 단면적 $S$〔m$^2$〕, 길이 $L$〔m〕, 비투자율 $\mu_s$, 진공의 투자율 $\mu_0$〔H/m〕일 때의 자기저항은?

① $\frac{l}{\mu_s \mu_o S}$ ② $\frac{\mu_s \mu_o l}{S}$

③ $\frac{S}{\mu_s \mu_o l}$ ④ $\frac{\mu_s \mu_o S}{l}$

**해설** **자기저항**

$$R_m = \frac{l}{\mu S} = \frac{F}{\phi} \text{〔AT/Wb〕}$$

여기서, $R_m$ : 자기저항〔AT/Wb〕
$l$ : 자로의 길이〔m〕
$\mu$ : 투자율〔H/m〕($\mu = \mu_o \mu_s$)
$S$ : 단면적〔m$^2$〕
$F$ : 기자력〔AT〕
$\phi$ : 자속〔Wb〕
$\mu_o$ : 진공의 투자율($4\pi \times 10^{-7}$H/m)
$\mu_s$ : 비투자율

**자기저항** $R_m$은

$R_m = \frac{l}{\mu S} = \frac{l}{\mu_o \mu_s S}$〔AT/Wb〕

**답** ①

## 28 자기회로의 자기저항은?

① 자기회로의 단면적에 비례
② 투자율에 반비례
③ 자기회로의 길이에 반비례
④ 단면적에 반비례하고 길이의 제곱에 비례

**해설** **문제 27 참조**
**자기저항** $R_m$은

$R_m = \frac{l}{\mu S} \propto \frac{1}{\mu}$

• 분자 : **비례**, 분모 : **반비례**

**답** ②

## ★★ 29 어떤 막대꼴 철심이 있다. 단면적이 0.5m$^2$, 길이가 0.8m, 비투자율이 20이다. 이 철심의 자기저항(AT/Wb)은?

① $6.37 \times 10^4$ ② $4.45 \times 10^4$
③ $3.6 \times 10^4$ ④ $9.7 \times 10^5$

**해설** **문제 27 참조**
**자기저항** $R_m$은

$$R_m = \frac{l}{\mu_o \mu_s S} = \frac{0.8}{(4\pi \times 10^{-7}) \times 20 \times 0.5}$$
$$\fallingdotseq 6.37 \times 10^4 \text{AT/Wb}$$

※ 진공의 투자율 $\mu_o = 4\pi \times 10^{-7}$H/m

**답** ①

## 30 자기회로에서 단면적, 길이, 투자율을 모두 1/2배로 하면 자기저항은 몇 배가 되는가?

① 0.5 ② 2
③ 1 ④ 8

**해설** **문제 27 참조**
**자기저항** $R_m$은

$R_m = \frac{l}{\mu S}$에서

$$R_{mo} = \frac{\left(\frac{1}{2}l\right)}{\left(\frac{1}{2}\mu\right)\left(\frac{1}{2}S\right)} = 2\frac{l}{\mu S} = 2R_m$$

**답** ②

**31** 철심에 도선을 250회 감고 1.2A의 전류를 흘렸더니 $1.5\times10^{-3}$Wb의 자속이 생겼다. 이때 자기저항(AT/Wb)은?

① $2\times10^5$　　② $3\times10^5$
③ $4\times10^5$　　④ $5\times10^5$

해설 **문제 27 참조**
**자기저항** $R_m$은

$$R_m=\frac{F}{\phi}=\frac{NI}{\phi}=\frac{250\times1.2}{(1.5\times10^{-3})}=2\times10^5\text{AT/Wb}$$

참고

**기자력**

$$F=NI\text{[AT]}$$

여기서, $F$ : 기자력[AT]
$N$ : 코일 권수
$I$ : 전류[A]

답 ①

**32** 단면적 $S$[m²], 길이 $L$[m], 투자율 $\mu$[H/m]의 자기회로에 $N$회 코일을 감고 $I$[A]의 전류를 통할 때의 옴의 법칙은?

① $B=\frac{\mu SNI}{l}$　　② $\phi=\frac{\mu SI}{lN}$
③ $\phi=\frac{\mu SNI}{l}$　　④ $\phi=\frac{l}{\mu SNI}$

해설 **문제 27 참조**
**자기저항** $R_m$은

$R_m=\frac{F}{\phi}=\frac{NI}{\phi}$ 에서

$$\phi=\frac{F}{R_m}=\frac{NI}{R_m}=\frac{NI}{\frac{l}{\mu S}}=\frac{\mu SNI}{l}\text{[Wb]}$$

답 ③

**33** 그림과 같이 $l_1$[m]에서 $l_2$[m]까지 전류 $i$[A]가 흐르고 있는 직선도체에서 수직거리 $a$[m] 떨어진 점 P의 자계(AT/m)를 구하면?

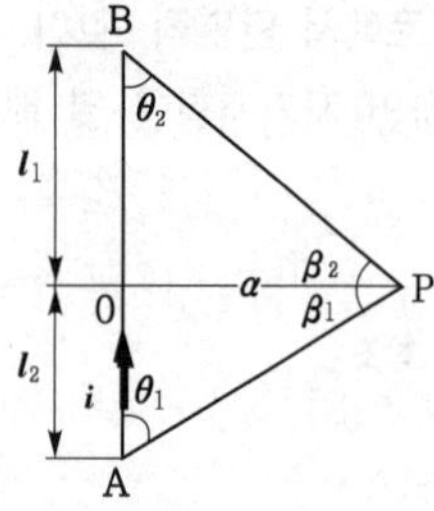


① $\frac{i}{4\pi a}(\sin\theta_1+\sin\theta_2)$

② $\frac{i}{4\pi a}(\cos\theta_1+\cos\theta_2)$

③ $\frac{i}{2\pi a}(\sin\theta_1+\sin\theta_2)$

④ $\frac{i}{2\pi a}(\cos\theta_1+\cos\theta_2)$

해설 **유한장 직선전류의 자계**

$$H=\frac{I}{4\pi a}(\sin\beta_1+\sin\beta_2)$$
$$=\frac{I}{4\pi a}(\cos\theta_1+\cos\theta_2)\text{ [AT/m]}$$

여기서, $H$ : 자계의 세기[AT/m]
$I$ : 전류[A]
$a$ : 도체의 수직거리[m]
$\beta_1\beta_2$, $\theta_1\theta_2$ : 각도

답 ②

**34** 그림과 같은 유한장 직선도체 $AB$에 전류 $I$가 흐를 때 임의의 점 P의 자계 세기는?(단, $a$는 P와 AB 사이의 거리, $\theta_1$, $\theta_2$: P에서 도체 AB에 내린 수직선과 AP, BP가 이루는 각이다.)

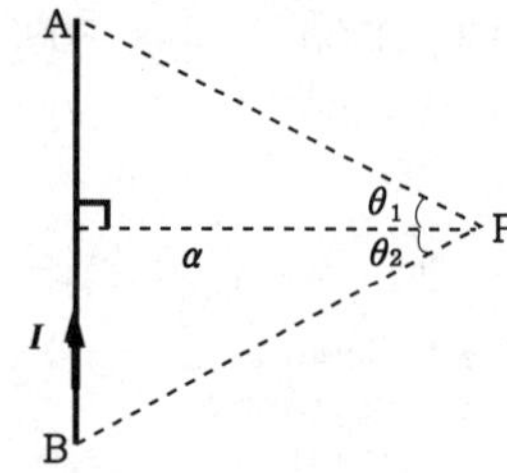


① $\frac{I}{4\pi a}(\sin\theta_1+\sin\theta_2)$

② $\frac{I}{4\pi a}(\cos\theta_1-\cos\theta_2)$

③ $\frac{I}{4\pi a}(\sin\theta_1-\sin\theta_2)$

④ $\frac{I}{4\pi a}(\cos\theta_1+\cos\theta_2)$

해설 **문제 33 참조**

답 ①

**35** 무한장 직선도체에 10A의 전류가 흐르고 있다. 이 도체로부터 20cm 떨어진 지점의 자계의 세기는 몇 AT/m인가?

① $5\pi$　　② $\frac{25}{\pi}$
③ $25\pi$　　④ $\frac{5}{\pi}$

해설 **무한장 직선전류의 자계**

$$H=\frac{I}{2\pi r}\text{[AT/m]}$$

여기서, $H$ : 자계의 세기[AT/m]
$I$ : 전류[A]
$r$ : 거리[m]

**무한장 직선도체**의 자계의 세기 $H$ 는

$H=\dfrac{I}{2\pi r}=\dfrac{10}{2\pi\times(20\times10^{-2})}=\dfrac{25}{\pi}$ [AT/m]

• 100cm=$10^2$cm=1m 이므로 20cm=$20\times10^{-2}$m

답 ②

**36** 전류가 흐르는 무한장 도선으로부터 1m되는 점의 자계의 세기는 2m되는 점의 자계세기의 몇 배가 되는가?

① 2배 ② $\dfrac{1}{2}$배

③ 4배 ④ $\dfrac{1}{4}$배

해설 **문제 35 참조**

**무한장 직선전류**의 **자계**의 **세기** $H$는

$H=\dfrac{I}{2\pi r}$ 에서

$H_1=\dfrac{I}{2\pi\times1}=\dfrac{I}{2\pi}$ [AT/m]

$H_2=\dfrac{I}{2\pi\times2}=\dfrac{I}{4\pi}$ [AT/m]

$\therefore \dfrac{H_1}{H_2}=2$ 배

※ 먼저 나온 말은 분자, 나중에 나온말을 분모로 놓고 계산하면 된다.

답 ①

**37** 반지름 $a$[m]인 원형코일에 전류 $I$[A]가 흘렀을 때 코일 중심의 자계의 세기(AT/m)는?

① $\dfrac{I}{2a}$ ② $\dfrac{I}{4a}$

③ $\dfrac{I}{2\pi a}$ ④ $\dfrac{I}{4\pi a}$

해설 **원형코일 중심**의 **자계**

$H=\dfrac{NI}{2a}$ [AT/m]

여기서, $H$ : 자계의 세기[AT/m]
$N$ : 코일의 권수
$a$ : 반지름[m]

답 ①

**38** 반지름이 $a$[m]인 원형코일에 $I$[A]의 전류가 흐를 때 코일의 중심자계의 세기는?

① $a$에 비례한다. ② $a^2$에 비례한다.

③ $a$에 반비례한다. ④ $a^2$에 반비례한다.

해설 **문제 37 참조**

**원형코일 중심**의 자계 $H$는

$H=\dfrac{NI}{2a}\propto\dfrac{1}{a}$

답 ③

**39** 반지름 1m의 원형코일에 1A의 전류가 흐를 때 중심점의 자계의 세기(AT/m)는?

① $\dfrac{1}{4}$ ② $\dfrac{1}{2}$

③ 1 ④ 2

해설 **문제 37 참조**

**원형코일 중심**의 자계 $H$는

$H=\dfrac{NI}{2a}=\dfrac{1}{2\times1}=\dfrac{1}{2}$ AT/m

답 ②

**40** 지름 10cm인 원형코일에 1A의 전류를 흘릴 때 코일 중심의 자계를 1000AT/m로 하려면 코일을 몇 회 감으면 되는가?

① 200 ② 150

③ 100 ④ 50

해설 **문제 37 참조**

**원형코일 중심**의 자계 $H$는

$H=\dfrac{NI}{2a}$ 이므로

**코일권수** $N$은

$N=\dfrac{2aH}{I}=\dfrac{2\times(5\times10^{-2})\times1000}{1}=100$ 회

지름이 10cm이므로 반지름은 5cm=$5\times10^{-2}$m

답 ③

**41** 1cm마다 권수가 100인 무한장 솔레노이드에 20mA의 전류를 유통시킬 때 솔레노이드 내부의 자계의 세기(AT/m)는?

① 10 ② 20

③ 100 ④ 200

해설 **무한장 솔레노이드**에 의한 **자계**

① 내부자계 : $Hi=nI$[AT/m]

② 외부자계 : $He=0$

여기서, $n$ : 1m당 권수
$I$ : 전류[A]

1cm당 권수 100이므로
1m=100cm당 권수는
1 : 100=100 : □
100×100=□
□=100×100

**무한장솔레노이드 내부**의 **자계**

$H_i=nI=(100\times100)\times(20\times10^{-3})=200$ AT/m

1mA=$1\times10^{-3}$A이므로 20mA=$20\times10^{-3}$A

답 ④

**42** 반지름 $a$〔m〕, 단위길이당 권회수 $n$〔회/m〕, 전류 $I$〔A〕인 무한장 솔레노이드의 내부자계의 세기(AT/m)는?

① $\frac{nI}{2\pi a}$ ② $\frac{nI}{2a}$

③ $nI$ ④ $\frac{nI}{2\pi}$

해설 **문제 41 참조**

③ $H_i = nI$〔AT/m〕

답 ③

**43** 1cm마다 권선수 50인 무한 길이 솔레노이드에 10mA의 전류가 흐르고 있을 때 솔레노이드 외부자계의 세기(AT/m)를 구하면?

① 0 ② 5

③ 10 ④ 50

해설 **문제 41 참조**

① 외부자계이므로 **0**이 답이 된다.

답 ①

**44** 무한장 솔레노이드에 전류가 흐를 때 발생되는 자장에 관한 설명 중 옳은 것은?

① 내부자장은 평등자장이다.
② 외부와 내부자장의 세기는 같다.
③ 외부자장은 평등자장이다.
④ 내부자장의 세기는 0이다.

해설 ① 무한장 솔레노이드의 내부자장은 **평등자장**이다. 즉, 균일한 자장이다.

답 ①

**45** 그림과 같이 권수 $N$〔회〕 평균 반지름 $r$〔m〕인 환상 솔레노이드에 $I$〔A〕의 전류가 흐를 때 도체 내부의 자계의 세기(AT/m)는?

① 0
② $NI$
③ $\frac{NI}{2\pi r}$
④ $\frac{NI}{2\pi r^2}$

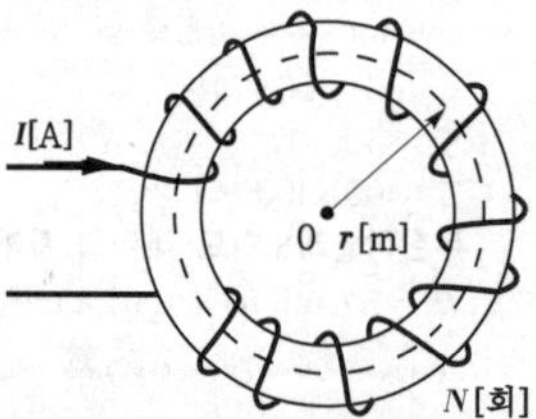


해설 **환상 솔레노이드**에 의한 **자계**

① 내부자계 : $H_i = \frac{NI}{2\pi r}$ 〔AT/m〕 또는 $H_i = \frac{NI}{2\pi a}$ 〔AT/m〕

② 외부자계 : $H_e = 0$

여기서, $N$ : 코일의 권수
$I$ : 전류〔A〕
$r$ 또는 $a$ : 반지름〔m〕

답 ③

**46** 평균 반지름 10cm의 환상 솔레노이드에 5A의 전류가 흐를 때, 내부자계가 1600AT/m이다. 권수는 약 얼마인가?

① 180회 ② 190회

③ 200회 ④ 210회

해설 **문제 45 참조**

**환상솔레노이드**에 의한 자계 $H_i$는

$H_i = \frac{NI}{2\pi a}$ 에서

**코일권수** $N$은

$N = \frac{2\pi a H_i}{I} = \frac{2\pi \times 0.1 \times 1600}{5} \fallingdotseq 200$ 회

답 ③

**47** 코일의 권수가 1250회인 공심 환상솔레노이드의 평균길이가 50cm이며, 단면적이 20cm$^2$이고, 코일에 흐르는 전류가 1A일 때 솔레노이드의 내부자속은 몇 Wb인가?

① $2\pi \times 10^{-6}$ ② $2\pi \times 10^{-8}$

③ $\pi \times 10^{5}$ ④ $\pi \times 10^{-8}$

해설 **문제 45 참조**

(1) **환상솔레노이드**의 **내부자계** $H$는

$H = \frac{NI}{2\pi a} = \frac{1250 \times 1}{50 \times 10^{-2}} = 2500$AT/m

평균길이 $2\pi a = 50 \times 10^{-2}$m이다.

(2) **내부자속**

$\phi = BA$

여기서, $\phi$ : 내부자속〔Wb〕
$B$ : 자속밀도〔Wb/m$^2$〕
$A$ : 단면적〔m$^2$〕

(3) **자속밀도**

$B = \mu H = \mu_o \mu_s H$

여기서, $B$ : 자속밀도〔Wb/m$^2$〕
$\mu$ : 투자율〔H/m〕($\mu = \mu_o \mu_s$)
$H$ : 자계의 세기〔AT/m〕
$\mu_o$ : 진공의 투자율($4\pi \times 10^{-7}$H/m)
$\mu_s$ : 비투자율

**내부자속** $\phi$는

$\phi = BA = \mu HA = (4\pi \times 10^{-7}) \times 2500 \times (20 \times 10^{-4})$
$= 2\pi \times 10^{-6}$Wb

20cm$^2$ = $20 \times 10^{-4}$m$^2$

답 ①

**48** 환상 솔레노이드의 단위길이당 권수를 $n$〔회/m〕, 전류를 $I$〔A〕, 반지름을 $a$〔m〕라 할 때 솔레노이드 외부의 자계의 세기는 몇 AT/m인가? (단, 주위 매질은 공기이다.)

① 0 ② $nI$

③ $\frac{I}{4\pi\epsilon_o a}$ ④ $\frac{nI}{2a}$

해설 문제.45 참조

① 외부자계 : $He = 0$

답 ①

**49** 어느 강철의 자화곡선을 응용하여 종축을 자속밀도 $B$ 및 투자율 $\mu$, 횡축을 자화의 세기 $J$라면 다음 중에 투자율 곡선을 가장 잘 나타내고 있는 것은?

① 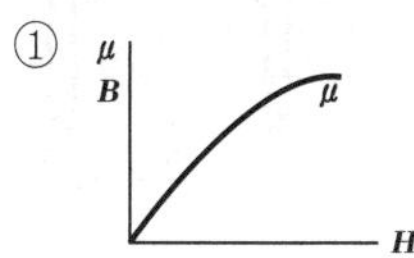


② 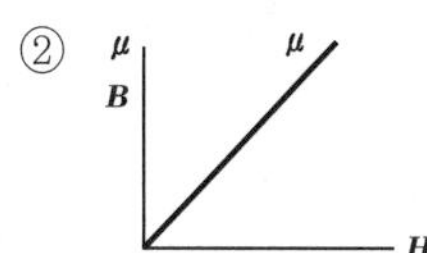


③ 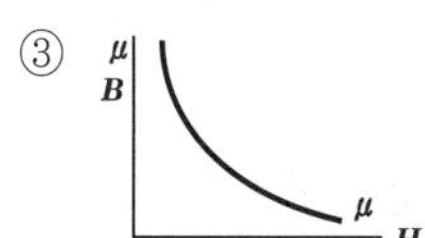


④ 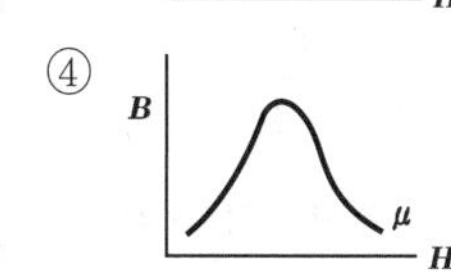


해설 강자성체는 **포화현상**이 있으므로 ④와 같은 곡선이 된다.

중요

**투자율곡선**과 **자속밀도 곡선**

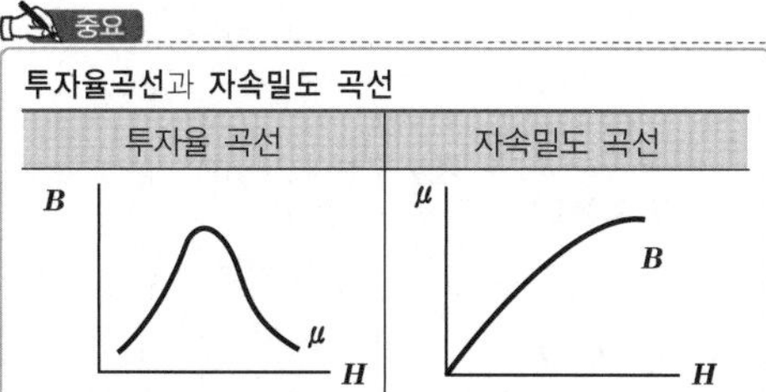

| 투자율 곡선 | 자속밀도 곡선 |
|---|---|
| B, μ, H | μ, B, H |

답 ④

**50** 히스테리시스 곡선에서 횡축과 종축은 각각 무엇을 나타내는가?

① 자속밀도(횡축), 자계(종축)
② 기자력(횡축), 자속밀도(종축)
③ 자계(횡축), 자속밀도(종축)
④ 자속밀도(횡축), 기자력(종축)

해설 **히스테리시스 곡선**

| 횡축 | 종축 |
|---|---|
| 자계 | 자속밀도 |

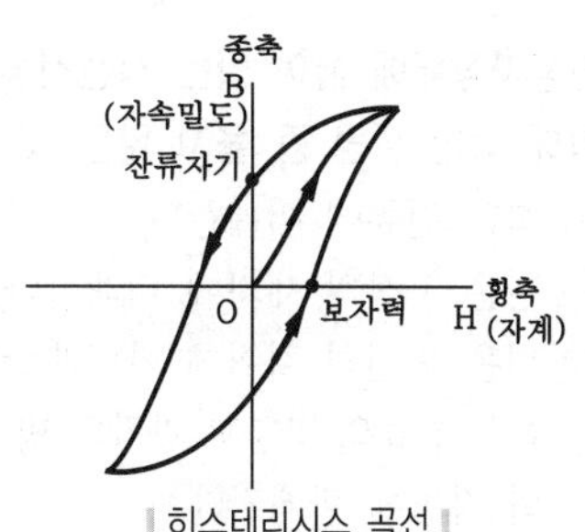


‖히스테리시스 곡선‖

답 ③

**51** 히스테리시스 곡선에서 횡축과 만나는 것은 다음 중 어느 것인가?

① 투자율 ② 잔류자기
③ 자력선 ④ 보자력

해설 문제 50 참조

| 횡축과 만나는 점 | 종축과 만나는 점 |
|---|---|
| 보자력 | 잔류자기 |

답 ④

**52** 와전류손은?

① 도전율이 클수록 작다.
② 주파수에 비례한다.
③ 최대자속밀도의 1.6승에 비례한다.
④ 주파수의 제곱에 비례한다.

해설 **와전류손**

$P_e = A\sigma f^2 B_m{}^2$〔W/m³〕

여기서, $P_e$ : 와류손〔W/m³〕
$A$ : 상수
$\sigma$ : 도전율〔℧/m〕
$f$ : 주파수〔Hz〕
$B_m$ : 최대자속밀도〔Wb/m²〕

즉, **주파수**의 **제곱**과 **최대자속밀도의 제곱에 비례**한다.

와전류손 = 와전류손실 = 맴돌이 전류손

답 ④

**53** 다음 가운데서 주파수의 증가에 대하여 가장 급속히 증가하는 것은?

① 표피 두께의 역수
② 히스테리시스 손실
③ 교번자속에 의한 기전력
④ 와전류 손실(eddy current loss)

해설 문제 52 참조

④ 와전류손은 주파수의 제곱에 비례하므로 주파수의 증가에 가장 민감하다.

답 ④

**54** 평등자장내에 놓여 있는 직선전류 도선이 받는 힘에 대한 설명 중 옳지 않은 것은?

① 힘은 전류에 비례한다.
② 힘은 자장의 세기에 비례한다.
③ 힘은 도선의 길이에 반비례한다.
④ 힘은 전류의 방향과 자장의 방향과의 사이각의 정면에 관계된다.

해설 **직선전류**에 작용하는 **힘**

$$F = BIl\sin\theta = \mu HIl\sin\theta$$

여기서, $F$ : 직선전류의 힘[N]
$B$ : 자속밀도[Wb/m$^2$]
$I$ : 전류[A]
$l$ : 도선의 길이[m]
$H$ : 자계의 세기[AT/m]
$\theta$ : 각도

즉, 힘은 도선의 길이에 비례한다.

답 ③

**55** 자속밀도 0.8Wb/m$^2$인 평등자계내에 자계의 방향과 30°의 방향으로 놓여진 길이 10cm의 도선에 5A의 전류가 통할 때 도체가 받는 힘(N)은?

① 0.2 ② 0.4
③ 2 ④ 4

해설 **문제 54 참조**
**직선전류**에 **작용**하는 **힘** $F$는
$F = BIl\sin\theta = 0.8\times5\times0.1\times\sin30° = 0.2$N

100cm=1m이므로 10cm=0.1m

답 ①

**56** 1Wb/m$^2$의 자속밀도에 수직으로 놓인 10cm의 도선에 10A의 전류가 흐를 때 도선이 받는 힘은?

① 10N ② 1N
③ 0.1N ④ 0.5N

해설 **문제 54 참조**
**직선전류**에 **작용**하는 **힘** $F$는
$F = BIl\sin\theta = 1\times10\times0.1\times\sin90° = 1$N
여기서 **수직**은 **90°**를 의미함.

답 ②

**57** 자계내에서 도선에 전류를 흘려 보낼 때 도선을 자계에 대해 60°의 각으로 놓았을 때 작용하는 힘은 30°각으로 놓았을 때 작용하는 힘의 몇 배인가?

① 1.2 ② 1.7
③ 3.1 ④ 3.6

해설 **문제 54 참조**
**직선전류**에 **작용**하는 **힘** $F$는
$F = BIl\sin\theta$이므로
$F_1 = BIl\sin60°$[N]
$F_2 = BIl\sin30°$[N]
$\therefore F = \dfrac{F_1}{F_2} = \dfrac{\sin60°}{\sin30°} = \sqrt{3} = 1.732$배

**먼저 나온 말**이 **분자**, **나중**에 **나온 말**을 **분모**로 놓고 계산하면 된다.

답 ②

★★
**58** 그림과 같이 $d$[m] 떨어진 두 평행도선에 $I$[A]의 전류가 흐를 때 도선 단위길이당 작용하는 힘 $F$[N]은?

① $\dfrac{\mu_o I}{2\pi d}$

② $\dfrac{\mu_o I^2}{2\pi d^2}$

③ $\dfrac{\mu_o I^2}{2\pi d}$

④ $\dfrac{\mu_o I^2}{2d}$

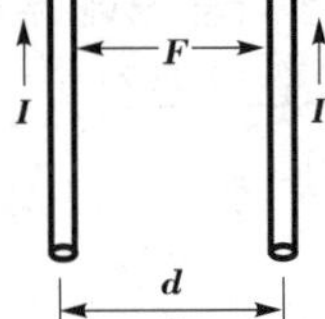


해설 **두 평행도선**에 **작용**하는 **힘**

$$F = \frac{\mu_o I_1 I_2}{2\pi d} = \frac{2I_1 I_2}{d}\times10^{-7}\text{N/m}$$

여기서, $F$ : 평행 도체의 힘[N/m]
$\mu_o$ : 진공의 투자율($4\pi\times10^{-7}$H/m)
$I_1 \cdot I_2$ : 전류[A]
$d$ : 두 평행 도선의 거리[m]

**두 평행도선**에 **작용**하는 **힘** $F$는
$F = \dfrac{\mu_o I_1 I_2}{2\pi d} = \dfrac{2I_1 I_2}{d}\times10^{-7}$이므로
$I_1 = I_2 = I$
$\therefore F = \dfrac{\mu_o I^2}{2\pi d}$[N/m]

답 ③

★
**59** 서로 같은 방향으로 전류가 흐르고 있는 나란한 두 도선 사이에는 어떤 힘이 작용하는가?

① 서로 미는 힘
② 서로 당기는 힘
③ 하나는 밀고, 하나는 당기는 힘
④ 회전하는 힘

해설 **힘의 방향**

| 전류가 같은 방향 | 전류가 다른 방향 |
|---|---|
| 흡인력(당기는 힘) | 반발력(미는 힘) |

답 ②

**60** 전류 $I_1$〔A〕, $I_2$〔A〕가 각각 같은 방향으로 흐르는 평행도선이 $r$〔m〕 간격으로 공기 중에 놓여 있을 때 도선 간에 작용하는 힘은?

① $\frac{2I_1I_2}{r}\times10^{-7}$N/m, 인력

② $\frac{2I_1I_2}{r}\times10^{-7}$N/m, 반발력

③ $\frac{2I_1I_2}{r^2}\times10^{-3}$N/m, 인력

④ $\frac{2I_1I_2}{r^2}\times10^{-7}$N/m, 반발력

해설 **문제 58 참조**

**두평행도선**에 **작용**하는 **힘** $F$는

$F=\frac{\mu_o I_1 I_2}{2\pi r}=\frac{2I_1I_2}{r}\times10^{-7}$N/m

(같은 방향 : **흡인력**)

답 ①

**61** 평행한 두 도선 간의 전자력은? (단, 두 도선 간의 거리는 $r$〔m〕라 한다.)

① $r^2$에 반비례 ② $r^2$에 비례

③ $r$에 반비례 ④ $r$에 비례

해설 **문제 58 참조**

두 도선 간의 **전자력** $F$는

$F=\frac{\mu_o I_1 I_2}{2\pi r}\propto\frac{1}{r}$

**분자** : 비례, **분모** : 반비례

답 ③

**62** 진공 중에서 2m 떨어진 2개의 무한 평행도선에 단위길이당 $10^{-7}$N의 반발력이 작용할 때 그 도선들에 흐르는 전류는?

① 각 도선에 2A가 반대 방향으로 흐른다.

② 각 도선에 2A가 같은 방향으로 흐른다.

③ 각 도선에 1A가 반대 방향으로 흐른다.

④ 각 도선에 1A가 같은 방향으로 흐른다.

해설 **문제 58 참조**

**두 평행도선**에 **작용**하는 **힘** $F$는

$F=\frac{\mu_o I_1 I_2}{2\pi r}$ 이므로

**전류** $I$는

$I^2=\frac{2\pi rF}{\mu_o}=\frac{2\pi\times2\times10^{-7}}{4\pi\times10^{-7}}=1$

$\therefore\ I^2=I=1$A

**반발력**이므로 **전류**는 **반대 방향**으로 흐른다.

답 ③

**63** 단면적 $S=100\times10^{-4}$m$^2$인 전자석에 자속밀도 $B=2$Wb/m$^2$인 자속이 발생할 때, 철편을 흡입하는 힘(N)은?

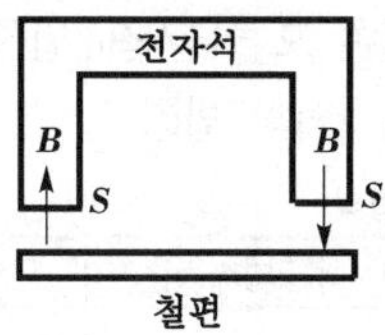


① $\frac{\pi}{2}\times10^5$ ② $\frac{1}{2\pi}\times10^5$

③ $\frac{1}{\pi}\times10^5$ ④ $\frac{2}{\pi}\times10^5$

해설 **전자석**의 **흡인력**

$F=\frac{B^2S}{2\mu_o}$〔N〕

여기서, $F$ : 흡인력〔N〕

$\mu_o$ : 진공의 투자율($4\pi\times10^{-7}$H/m)

$B$ : 자속밀도〔Wb/m$^2$〕

$S$ : 단면적〔m$^2$〕

(1) **전자석**의 **흡인력** $F$는

$F=\frac{B^2S}{2\mu_o}=\frac{2^2\times(100\times10^{-4})}{2\times(4\pi\times10^{-7})}$

$=\frac{1}{2\pi}\times10^5$N

(2) **흡인력**이 **두 곳**에서 작용하므로

$F'=\frac{2}{2\pi}\times10^5=\frac{1}{\pi}\times10^5$N

답 ③

★★★

**64** 그림과 같이 진공 중에 자극면적이 2cm$^2$, 간격이 0.1cm인 자성체내에서 포화 자속밀도가 2Wb/m$^2$일 때 두 자극면 사이에 작용하는 힘의 크기(N)는?

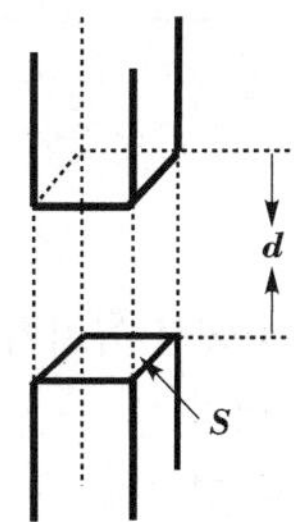


① 0.318 ② 3.18

③ 31.8 ④ 318

해설 **문제 63 참조**

**흡인력** $F$는

$F=\frac{B^2S}{2\mu_o}=\frac{2^2\times(2\times10^{-4})}{2\times(4\pi\times10^{-7})}\fallingdotseq318$N

답 ④

★★★
**65** **다음에서 전자유도법칙과 관계가 먼 것은?**

① 노이만의 법칙
② 렌츠의 법칙
③ 암페어 오른나사의 법칙
④ 패러데이의 법칙

해설 **전자유도법칙**

| 전자유도법칙 | 설명 |
|---|---|
| **패러데이**의 **법칙** | 전자유도에 관한 **유기기전력**의 **크기** 결정 |
| **노이만**의 **법칙** | 전자유도 법칙의 수식화 |
| **렌츠**의 **법칙** | **유기기전력**의 **방향** 결정 |

※ 암페어의 오른 나사법칙 : 전류에 의한 자계의 방향을 결정하는 법칙

답 ③

★★★
**66** **전자유도현상에 의하여 생기는 유도기전력의 크기를 정의하는 법칙은?**

① 렌츠의 법칙
② 패러데이의 법칙
③ 암페르의 법칙
④ 플레밍의 오른손법칙

해설

| 법칙 | 설명 |
|---|---|
| **플레밍**의 **오른손법칙** | 도체운동에 의한 **유기기전력**의 **방향** 결정 |
| **플레밍**의 **왼손법칙** | 전자력의 방향 결정 |
| **렌츠**의 **법칙** | 전자유도현상에서 코일에 생기는 **유기기전력**의 **방향** 결정 |
| **패러데이**의 **법칙** | **유기기전력**의 **크기** 결정 |
| **앙페르**의 **법칙** | **전류**에 의한 **자계**의 **방향**을 결정하는 법칙 |

- 앙페르의 법칙=암페어의 오른나사 법칙
- 유도기전력=유기기전력

답 ②

**67** **전자유도현상에서 유기기전력에 관한 법칙은?**

① 렌츠의 법칙　② 패러데이의 법칙
③ 암페어의 법칙　④ 쿨롱의 법칙

해설 **문제 66 참조**
유기기전력의 크기는 코일을 지나는 자속의 매초 변화량과 코일의 권수에 비례한다. 이것을 전자유도에 관한 **패러데이의 법칙**이라 한다.

답 ②

**68** **패러데이의 법칙에 대한 설명으로 가장 적합한 것은?**

① 전자유도에 의해 회로에 발생되는 기전력은 자속 쇄교수의 시간에 대한 증가율에 비례한다.
② 전자유도에 의해 회로에 발생되는 기전력은 자속의 변화를 방해하는 반대방향으로 기전력이 유도된다.
③ 정전유도에 의해 회로에 발생하는 기자력은 자속의 변화 방향으로 유도된다.
④ 전자유도에 의해 회로에 발생하는 기전력은 자속 쇄교수의 시간에 대한 감쇠율에 비례한다.

해설 **패러데이**의 **전자유도법칙**

$$e=-N\frac{d\phi}{dt}\text{[V]}$$

여기서, $e$ : 유기기전력[V]
$N$ : 코일권수
$d\phi$ : 자속의 변화량[Wb]
$dt$ : 시간의 변화량[s]

④ 전자유도에 의해 회로에 발생하는 기전력은 자속 쇄교수의 시간에 대한 감쇠율에 비례한다.

답 ④

**69** **henry[H]와 같은 단위는?**

① [F]　② [V/m]
③ [A/m]　④ [Ω·s]

해설 [H]=[Ω·s]=[Wb/A]

참고

**단위유도과정**

(1)
$$e=-L\frac{di}{dt}$$

여기서, $e$ : 유기기전력[V]
$L$ : 자기인덕턴스[H]
$d_i$ : 전류의 변화량[A]
$dt$ : 시간의 변화량[s]

$L=\frac{e\cdot dt}{di}$ 이고 $R=\frac{e}{di}$ 이므로

$L=R\cdot dt$ [Ω·s]

(2)
$$L=\frac{N\phi}{I}$$

여기서, $L$ : 자기인덕턴스[H]
$N$ : 코일권수
$\phi$ : 자속[Wb]
$I$ : 전류[A]

$L=\frac{N\phi}{I}$ 에서 코일권수가 1회라면

$L=\frac{\phi}{I}$ [Wb/A]

답 ④

**70** 인덕턴스의 단위[H]와 관계 깊은 단위는?

① [F] ② [V/m]
③ [A/m] ④ [Wb/A]

해설 문제 69 참조

답 ④

**71** 다음 그래프에서 기울기는 무엇을 나타내는가?

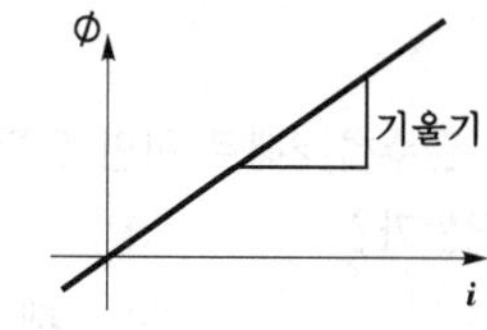


① 저항 $R$ ② 인덕턴스 $L$
③ 커패시턴스 $C$ ④ 콘덕턴스 $G$

해설 **인덕턴스**

$$L=\frac{N\phi}{I}\,[H]$$

여기서, $L$ : 자기인덕턴스[H]
$N$ : 코일권수
$I$ : 전류[A]

$L=\frac{N\phi}{I}$에서 **기울기**는 **인덕턴스**($L$)를 나타낸다.

답 ②

**72** 권수 1회의 코일에 5Wb의 자속이 쇄교하고 있을 때 $10^{-1}$s 사이에 이 자속이 0으로 변하였다면 이때 코일에 유도되는 기전력(V)은?

① 500 ② 100
③ 50 ④ 10

해설 **유기기전력**

$$e=-N\frac{d\phi}{dt}=-L\frac{di}{dt}=Blv\sin\theta\,[V]$$

여기서, $e$ : 유기기전력[V]
$N$ : 코일권수
$d\phi$ : 자속의 변화량[Wb]
$dt$ : 시간의 변화량[S]
$L$ : 자기인덕턴스[H]
$d_i$ : 전류의 변화량[A]
$B$ : 자속밀도[Wb/m²]
$l$ : 도체의 길이[m]
$v$ : 이동속도[m/s]
$\theta$ : 이루는 각[rad]

**유도**되는 **기전력** $e$는

$$e=-N\frac{d\phi}{dt}=-1\times\frac{-5}{10^{-1}}=\mathbf{50}V$$

자속이 쇄교하였으므로 $\phi=5$가 아닌 $-5$가 된다.

답 ③

**73** 자기인덕턴스 0.05H의 회로에 흐르는 전류가 매초 530A의 비율로 증가할 때 자기 유도 기전력(V)을 구하면?

① −25.5 ② −26.5
③ 25.5 ④ 26.5

해설 문제 72 참조

**유도기전력** $e$는

$$e=-L\frac{di}{dt}=-0.05\times\left(\frac{530}{1}\right)=-\mathbf{26.5}V$$

("−" 부호는 **유도기전력**이 **전류**와 **반대 방향**으로 유도된다는 뜻)

매초라고 하였으므로 시간의 변화량 $d_t$=1초가 된다.

답 ②

**74** 두 코일이 있다. 한 코일의 전류가 매초 120A의 비율로 변화할 때 다른 코일에는 15V의 기전력이 발생하였다면 두 코일의 상호인덕턴스(H)는?

① 0.125 ② 0.255
③ 0.515 ④ 0.615

해설 **유도기전력**

$$e=M\frac{di}{dt}\,[V]$$

여기서, $e$ : 유도기전력[V]
$M$ : 상호인덕턴스[H]
$d_i$ : 전류의 변화량[A]
$dt$ : 시간의 변화량[s]

**상호인덕턴스** $M$은

$$M=e\frac{dt}{di}=15\times\frac{1}{120}=\mathbf{0.125}H$$

답 ①

**75** 자속밀도 1Wb/m²인 평등자계 중에서 길이 50cm의 직선도체가 자계에 수직방향으로 속도 1m/s로 운동할 때의 최대 유기기전력(V)은?

① 0.1 ② 0.5
③ 1 ④ 10

해설 문제 72 참조

**유기기전력** $e$는

$e=Bl\,v\sin\theta=1\times0.5\times1\times\sin90°=0.5$V

여기서, 수직 : 90°
수평(평행) : 0°

- 100cm=1m이므로 50cm=0.5m
- 유도기전력=유기기전력

답 ②

**76** $l_1 = \infty$〔m〕, $l_2$ =1m의 두 직선 도선을 $d$= 50cm의 간격으로 평행하게 놓고 $l_1$을 중심축으로 하여 $l_2$를 속도 100m/s로 회전시키면 $l_2$에 유기되는 전압(V)은? (단, $l_1$에 흘려주는 전류 $l_1 = 50$mA이다.)

① 0 ② 5
③ $2\times10^{-6}$ ④ $3\times10^{-6}$

해설 **문제 72 · 75 참조**
**유기기전력** $e$는

$e = Blv\sin\theta$
$\quad = Blv\sin 0° = 0$

평행=0°

답 ①

★★
**77** 그림과 같이 환상의 철심에 일정한 권선이 감겨진 권수 $N$회, 단면적 $S$〔m²〕, 평균 자로의 길이 $l$〔m〕인 환상 솔레이드에 전류 $i$〔A〕를 흘렸을 때 이 환상 솔레노이드의 자기인덕턴스를 옳게 표현한 식은?

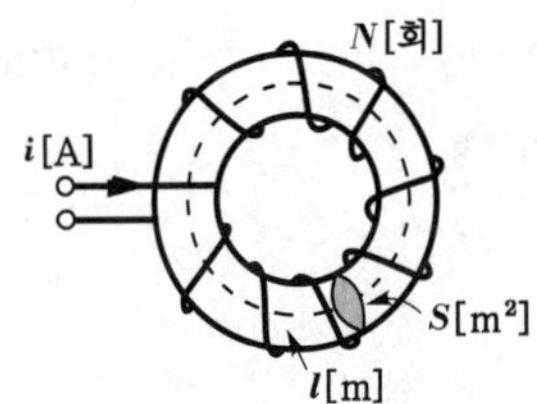


① $\dfrac{\mu^2 SN}{l}$ ② $\dfrac{\mu S^2 N}{l}$
③ $\dfrac{\mu SN}{l}$ ④ $\dfrac{\mu SN^2}{l}$

해설 **자기인덕턴스**

$$L=\frac{N\phi}{I}=\frac{N\dfrac{F}{R_m}}{I}=\frac{NF}{R_m I}$$

$$=\frac{N^2 I}{\dfrac{l}{\mu S}I}=\frac{\mu SN^2}{l}\text{〔H〕}$$

여기서, $L$ : 인덕턴스〔H〕
$\mu$ : 투자율〔H/m〕
$S$ : 단면적〔m²〕
$N$ : 코일의 권수
$l$ : 평균자로의 길이〔m〕

답 ④

**78** 권수 200회이고, 자기인덕턴스 20mH의 코일에 2A의 전류를 흘리면, 쇄교 자속수(Wb)는?

① 0.04 ② 0.01
③ $4\times10^{-4}$ ④ $2\times10^{-4}$

해설 **문제 77 참조**
**자기인덕턴스** $L$은

$L=\dfrac{N\phi}{I}$〔H〕에서

$\phi=\dfrac{LI}{N}=\dfrac{(20\times10^{-3})\times2}{200}=2\times10^{-4}$Wb

1mH=$1\times10^{-3}$H이므로
200mH=$20\times10^{-3}$H

답 ④

★★★
**79** 코일의 권수를 2배로 하면 인덕턴스의 값은 몇 배가 되는가?

① $\frac{1}{2}$배 ② $\frac{1}{4}$배
③ 2배 ④ 4배

해설 **문제 77 참조**
**자기인덕턴스** $L$은

$L=\dfrac{\mu SN^2}{l}\propto N^2=2^2=4$

답 ④

★
**80** 권수 3000회인 공심 코일의 자기인덕턴스는 0.06mH이다. 지금 자기인덕턴스를 0.135mH로 하자면 권수는 몇 회로 하면 되는가?

① 3500회 ② 4500회
③ 5500회 ④ 6750회

해설 **문제 77 참조**

$L=\dfrac{\mu SN^2}{l}\propto N^2$

**자기인덕턴스** $L$은 **코일권수**의 **제곱**에 **비례**하므로 비례식으로 풀면

$0.06 : 0.135 = 3000^2 : {N_2}^2$
$0.135\times3000^2=0.06{N_2}^2$
$0.06{N_2}^2=0.135\times3000^2$
${N_2}^2=\dfrac{0.135\times3000^2}{0.06}$
$\therefore N_2=\sqrt{\dfrac{0.135\times3000^2}{0.06}}=4500$회

답 ②

**81** 코일의 자기인덕턴스는 다음 어떤 매체 상수에 따라 변하는가?

① 도전율
② 투자율
③ 유전율
④ 절연저항

해설 **문제 77 참조**
**자기인덕턴스** $L$은

$L=\dfrac{\mu SN^2}{l}\propto\mu$

답 ②

**82** 1000회의 코일을 감은 환상 철심 솔레노이드의 단면적이 3cm$^2$, 평균길이 $4\pi$〔cm〕이고, 철심의 비투자율이 500일 때, 자기인덕턴스(H)는?

① 1.5　② 15

③ $\frac{15}{4\pi}\times 10^6$　④ $\frac{15}{4\pi}\times 10^{-5}$

해설 **문제 77 참조**

**자기인덕턴스** $L$은

$$L=\frac{\mu SN^2}{l}=\frac{\mu_o \mu_s SN^2}{l}$$

$$=\frac{(4\pi\times 10^{-7})\times 500\times(3\times 10^{-4})\times 1000^2}{(4\pi\times 10^{-2})}=1.5\text{H}$$

- $S=3\text{cm}^2=3\times 10^{-4}\text{m}^2$
- $l=4\pi$〔cm〕$=4\pi\times 10^{-2}$m

답 ①

**83** 자기인덕턴스 $L_1, L_2$와 상호인덕턴스 $M$과의 결합계수는 어떻게 표시되는가?

① $\sqrt{L_1 L_2}/M$　② $M/\sqrt{L_1 L_2}$

③ $M/L_1 L_2$　④ $L_1 L_2/M$

해설 **자기인덕턴스**와 **상호인덕턴스**와의 관계

$$M=K\sqrt{L_1 L_2}\,\text{〔H〕}$$

여기서, $M$ : 상호인덕턴스〔H〕
$K$ : 결합계수(이상결합, 완전결합시 $K=1$)
$L_1$, $L_2$ : 자기인덕턴스〔H〕

**상호인덕턴스** $M$은

$M=K\sqrt{L_1 L_2}$ 에서

**결합계수** $K$는

$$K=\frac{M}{\sqrt{L_1 L_2}}$$

답 ②

**84** 인덕턴스 $L_1$, $L_2$ 가 각각 3mH, 6mH인 두 코일 간의 상호인덕턴스 $M$이 4mH라고 하면 결합계수 $k$는?

① 약 0.94　② 약 0.44

③ 약 0.89　④ 약 1.12

해설 **문제 83 참조**

**결합계수** $K$는

$$K=\frac{M}{\sqrt{L_1 L_2}}=\frac{4}{\sqrt{3\times 6}}\fallingdotseq 0.94$$

답 ①

**85** 인덕턴스가 각각 5H, 3H인 두 코일을 직렬로 연결하고 인덕턴스를 측정하였더니 15H였다. 두 코일 간의 상호인덕턴스(H)는?

① 1　② 3

③ 3.5　④ 7

해설 **합성인덕턴스**

$$L=L_1+L_2\pm 2M\,\text{〔H〕}$$

여기서, $L$ : 합성인덕턴스〔H〕
$L_1$, $L_2$ : 자기인덕턴스〔H〕
$M$ : 상호인덕턴스〔H〕

**합성인덕턴스** $L$은

$L=L_1+L_2+2M$ 이므로

$L-L_1-L_2=2M$

$2M=L-L_1-L_2$

$$\therefore M=\frac{L-L_1-L_2}{2}=\frac{15-5-3}{2}=3.5\text{H}$$

| 같은방향(직렬연결) | 반대방향 |
|---|---|
| $L=L_1+L_2+2M$ | $L=L_1+L_2-2M$ |

답 ③

★★★
**86** 그림에서 (a)의 등가 인덕턴스를 (b)라 할 때 $L$의 값은 얼마인가?(단, 모든 인덕턴스의 단위는 H이다.)

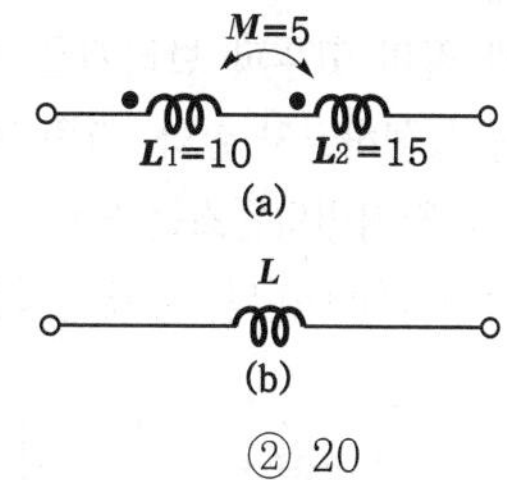


① 15　② 20

③ 30　④ 35

해설 **문제 85 참조**

**2개**의 **코일**이 **같은 방향**이므로

합성인덕턴스 $L$은

$L=L_1+L_2+2M=10+15+2\times 5=35\text{H}$

중요

코일의 방향

| 같은 방향 | 반대방향 |
|---|---|

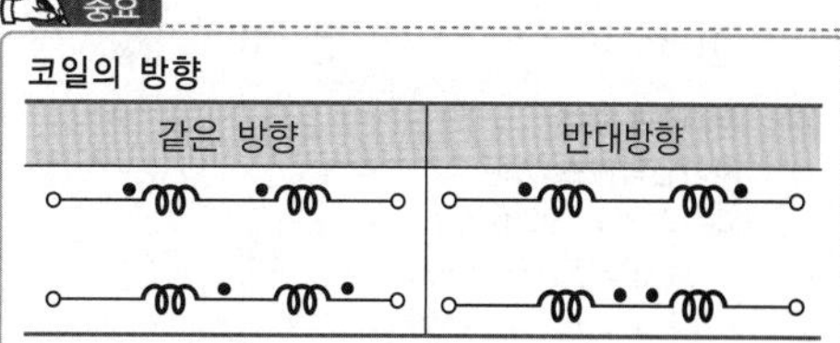

답 ④

**87** 같은 철심 위에 인덕턴스 $L$이 같은 두코일을 같은 방향으로 감고 직렬로 연결하였을 때 합성인덕턴스는? (단, 두 코일이 완전결합일 때)

① 0　② $2L$

③ $3L$　④ $4L$

해설 **문제 83, 85 참조**

(1) 두 코일이 **완전결합**일 때 $K=1$이므로

$M=K\sqrt{L_1 L_2}=1\sqrt{L\times L}=L$

(2) 두 코일이 **같은 방향**이므로

$L = L_1 + L_2 + 2M = L + L + 2L = 4L$[H]

답 ④

★★
## 88 두 자기인덕턴스를 직렬로 하여 합성인덕턴스를 측정하였더니 75mH가 되었다. 이때 한쪽 인덕턴스를 반대로 접속하여 측정하니 25mH가 되었다면 두 코일의 상호인덕턴스(mH)는 얼마인가?

① 12.5 ② 20.5
③ 25 ④ 30

해설 **문제 85 참조**

**자기인덕턴스** $L$은

$L = L_1 + L_2 \pm 2M$에서

$75 = L_1 + L_2 + 2M$

$-\ 25 = L_1 + L_2 - 2M$

$50 = 4M$

$4M = 50$

$M = \frac{50}{4} = 12.5$mH

답 ①

## 89 그림과 같이 고주파 브리지를 가지고 상호인덕턴스를 측정하고자 한다. 그림 (a)와 같이 접속하면 합성 자기인덕턴스는 30mH이고, (b)와 같이 접속하면 14mH이다. 상호인덕턴스(mH)는?

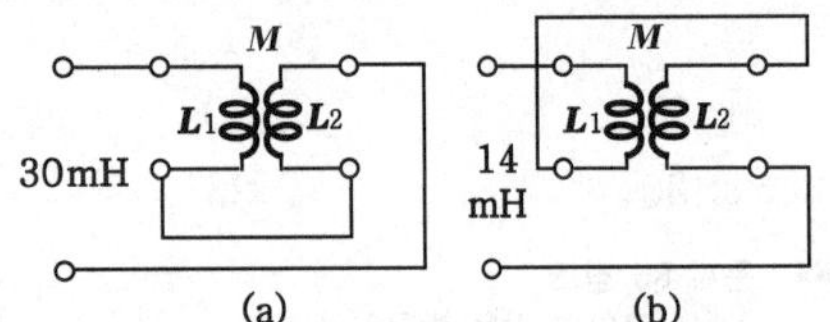


① 2 ② 4
③ 3 ④ 16

해설 **문제 85 참조**

**자기인덕턴스** $L$은

$L = L_1 + L_2 \pm 2M$에서

$30 = L_1 + L_2 + 2M$

$-\ 14 = L_1 + L_2 - 2M$

$16 = 4M$

$4M = 16$

$M = \frac{16}{4} = 4$mH

합성인덕턴스가 **큰 쪽**이 **같은 방향**이므로
$30 = L_1 + L_2 + 2M$이 된다.

답 ②

## 90 회로에서 a, b간의 합성인덕턴스 $L_o$의 값은?

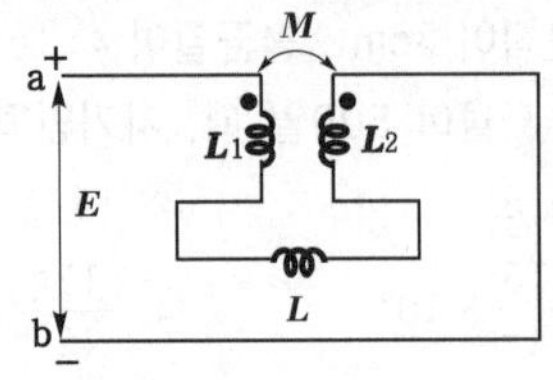


① $L_1 + L_2 + L$
② $L_1 + L_2 - 2M + L$
③ $L_1 + L_2 + 2M + L$
④ $L_2 + L_2 - M + L$

해설 문제 86 참조

등가회로로 나타내면 다음과 같다.

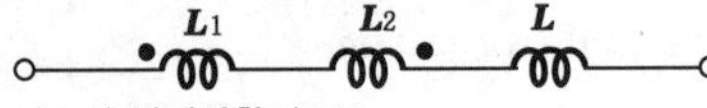


자속이 **반대방향**이므로

**합성인덕턴스** $L_o$는

$L_o = L_1 + L_2 - 2M + L$

답 ②

## 91 인덕턴스 $L$[H]인 코일에 $I$[A]의 전류가 흐른다면 이 코일에 축적되는 에너지(J)는?

① $LI^2$ ② $2LI^2$
③ $\frac{1}{2}LI^2$ ④ $\frac{1}{4}LI^2$

해설 **코일**에 **축적**되는 **에너지**

$$W = \frac{1}{2}LI^2 = \frac{1}{2}IN\phi \text{ [J]}$$

여기서, $W$ : 코일의 축적에너지[J]
$L$ : 자기인덕턴스[H]
$N$ : 코일권수
$\phi$ : 자속[Wb]
$I$ : 전류[A]

답 ③

## 92 자기인덕턴스 5mH의 코일에 4A의 전류를 흘렸을 때 여기에 축적되는 에너지는 얼마인가?

① 0.04W
② 0.04J
③ 0.08W
④ 0.08J

해설 **문제 91 참조**

**축적 에너지** $W$는

$W = \frac{1}{2}LI^2 = \frac{1}{2} \times (5 \times 10^{-3}) \times 4^2 = 0.04$J

5mH = $5 \times 10^{-3}$H

답 ②

★★
**93** $I=4$A인 전류가 흐르는 코일과의 쇄교 자속수가 $\phi=4$Wb일 때 이 회로에 축적되어 있는 자기에너지(J)는?

① 4　　② 2
③ 8　　④ 6

해설 **문제 91 참조**
**축적 에너지** $W$는

$W=\frac{1}{2}IN\phi=\frac{1}{2}\times4\times4=8$J

※ $N$ : 코일권수는 주어지지 않았으므로 무시

답 ③

**94** 자계의 세기 $H$〔AT/m〕, 자속밀도 $B$〔Wb/m$^2$〕, 투자율 $\mu$〔H/m〕인 곳의 자계의 에너지 밀도(J/m$^3$)는?

① $BH$　　② $\frac{1}{2\mu}H^2$
③ $\frac{1}{2}\mu H$　　④ $\frac{1}{2}BH$

해설 **단위체적당 축적**되는 **에너지**

$$W_m=\frac{1}{2}BH=\frac{1}{2}\mu H^2=\frac{B^2}{2\mu}\text{〔J/m}^3\text{〕}$$

여기서, $W_m$ : 단위체적당 축적에너지〔J/m$^3$〕
$B$ : 자속밀도〔Wb/m$^2$〕
$H$ : 자계의 세기〔AT/m〕
$\mu$ : 투자율〔H/m〕

답 ④

★
**95** 비투자율이 1000인 철심의 자속밀도가 1Wb/m$^2$일 때, 이 철심에 저축되는 에너지의 밀도(J/m$^3$)는 얼마인가?

① 300　　② 400
③ 500　　④ 600

해설 **문제 94 참조**
**단위체적당 축적에너지** $W_m$은

$W_m=\frac{B^2}{2\mu}=\frac{B^2}{2\mu_o\mu_s}$

$=\frac{1^2}{2\times(4\pi\times10^{-7})\times1000}\fallingdotseq400$J/m$^3$

※ 진공의 투자율 $\mu_o=4\pi\times10^{-7}$H/m

답 ②

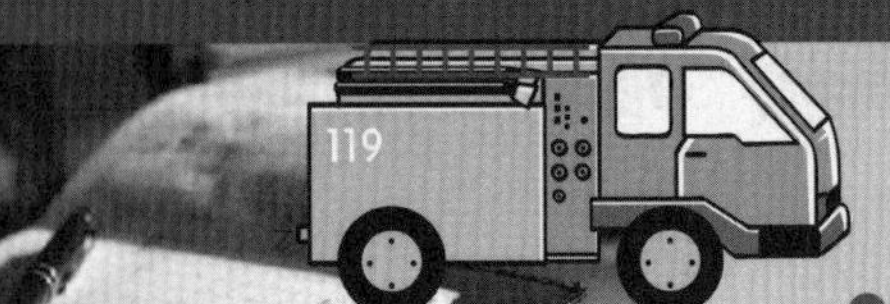

CHAPTER
# 04. 교류회로

출제확률  31.2% (6문제)

**01** $v=141\sin\left(377t-\frac{\pi}{6}\right)$ 인 파형의 주파수(Hz)는?

① 377 ② 100
③ 60 ④ 50

해설 **각주파수**

$$\omega=\frac{2\pi}{T}=2\pi f\,[\text{rad/s}]$$

여기서, $\omega$ : 각주파수[rad/s]
$T$ : 주기[s]
$f$ : 주파수[Hz]

$v=V_m\sin\left(\omega t-\frac{\pi}{6}\right)$에서

$V=141\sin\left(377t-\frac{\pi}{6}\right)$

$\omega=2\pi f=377$

**주파수** $f$는

$\therefore f=\frac{377}{2\pi}=60\,\text{Hz}$

답 ③

**02** 다음 그림과 같은 정현파에서 $v=V_m\sin(\omega t+\theta)$의 주기 $T$를 바르게 표시한 것은?

① $2\pi\omega$
② $2\pi f$
③ $\frac{\omega}{2\pi}$
④ $\frac{2\pi}{\omega}$

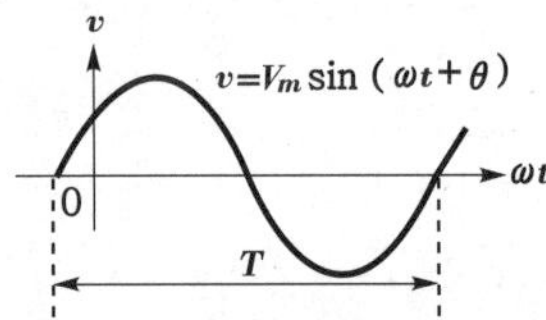


해설 **문제 1 참조**

$\omega=\frac{2\pi}{T}=2\pi f$에서

**주기** $T$는

$\therefore T=\frac{2\pi}{\omega}\,[\text{s}]$

답 ④

★★
**03** $i=I_m\sin(\omega t-15°)$[A]인 정현파에 있어서 $\omega t$가 다음 중 어느 값일 때 순시값이 실효값과 같은가?

① 30° ② 45°
③ 60° ④ 90°

해설 **순시값**

$$v=V_m\sin\omega t=\sqrt{2}\,V\sin\omega t\,[\text{V}]\quad(V_m=\sqrt{2}\,V)$$
$$i=I_m\sin\omega t=\sqrt{2}\,I\sin\omega t\,[\text{A}]\quad(I_m=\sqrt{2}\,I)$$

여기서, $v$ : 전압의 순시값[V]
$V_m$ : 전압의 최대값[V]
$\omega$ : 각주파수[rad/s]
$t$ : 주기[s]
$V$ : 실효값[V]
$I$ : 전류의 순시값[A]
$I_m$ : 전류의 최대값[A]

**순시값**과 **실효값**은 $\frac{1}{\sqrt{2}}$의 차이가 있으므로

$\sin(\omega t-15°)=\frac{1}{\sqrt{2}}$

$\sin(60°-15°)=\frac{1}{\sqrt{2}}\quad\therefore \omega t=60°$

답 ③

★★★
**04** 정현파 전압의 평균값과 최대값과의 관계식 중 옳은 것은?

① $V_{av}=0.707\,V_m$ ② $V_{av}=0.840\,V_m$
③ $V_{av}=0.637\,V_m$ ④ $V_{av}=0.956\,V_m$

해설 **평균값**

$$V_{av}=\frac{2}{\pi}V_m=0.637\,V_m\,[\text{V}]$$

여기서, $V_{av}$ : 평균값[V]
$V_m$ : 최대값[V]

답 ③

**05** 정현파 교류의 실효값은 최대값과 어떠한 관계가 있는가?

① $\pi$배 ② $\frac{2}{\pi}$배
③ $\frac{1}{\sqrt{2}}$배 ④ $\sqrt{2}$배

해설 **정현파 교류**의 **실효값**

$$V=\sqrt{\frac{V_m^2}{2}}=\frac{V_m}{\sqrt{2}}=0.707\,V_m\,[\text{V}]$$

여기서, $V$ : 실효값[V]
$V_m$ : 최대값[V]

**실효값** $V$는

$V=\frac{V_m}{\sqrt{2}}$

답 ③

**06** 실효값 100V의 교류전압을 최대값으로 나타내면 몇 V인가?

① 110 ② 120
③ 141.4 ④ 173.2

해설 **문제 5 참조**

실효값 $V=0.707\,V_m$에서

최대값 $V_m = \frac{V}{0.707} = \frac{100}{0.707} ≒ 141.4\text{V}$ 답 ③

**07** 정현파 교류의 서술 중 전류의 실효값으로 나타낸 것은? (단, $T$는 주기파의 주기, $i$는 주기전류의 순시값이다.)

① $\frac{2}{T}\int_0^{\frac{T}{2}} idt$

② $\sqrt{i^2\text{의 1주기간의 평균값}}$

③ $\frac{2\sqrt{2}}{\pi}\sqrt{\frac{1}{T}\int_0^T i^2 dt}$

④ $\frac{2\pi}{T}\int_0^{\frac{T}{2}} idt$

해설 **전류**의 **실효값**

$$I = \sqrt{i^2\text{의 1주기간의 평균값}}$$

여기서, $I$ : 전류의 실효값[A]
$i$ : 전류의 순시값[A]

용어

**실효값과 순시값**

| 실효값 | 순시값 |
| --- | --- |
| 일반적으로 사용되는 값으로 교류의 각 순시값의 제곱에 대한 1주기의 평균의 제곱근을 **실효값**(effective value)이라 한다. | 교류의 임의 시간에 있어서 전압 또는 전류의 값을 **순시값**(instantaneous value)이라 한다. |

답 ②

★★
**08** 정현파 교류의 평균값에 어떠한 수를 곱하면 실효값을 얻을 수 있는가?

① $\frac{2\sqrt{2}}{\pi}$ ② $\frac{\sqrt{3}}{2}$

③ $\frac{2}{\sqrt{3}}$ ④ $\frac{\pi}{2\sqrt{2}}$

해설 **문제 4·5 참조**

**실효값** $V$는

$$V = \frac{V_m}{\sqrt{2}}$$

**평균값** $V_{av}$

$$V_{av} = \frac{2}{\pi}V_m$$

$\frac{\pi}{2}V_{av} = V_m$

$V_m = \frac{\pi}{2}V_{av}$

**실효값** $V$는

$\therefore V = \frac{V_m}{\sqrt{2}} = \frac{1}{\sqrt{2}} \times V_m = \frac{1}{\sqrt{2}} \times \frac{\pi}{2}V_{av}$

$= \frac{\pi}{2\sqrt{2}}V_{av}$[V] 답 ④

**09** 어떤 교류전압의 실효값이 314V일 때 평균값(V)은?

① 약 142 ② 약 283

③ 약 365 ④ 약 382

해설 **문제 8 참조**

**실효값** $V$는

$V = \frac{\pi}{2\sqrt{2}}V_{av}$에서

$\frac{2\sqrt{2}}{\pi}V = V_{av}$

$V_{av} = \frac{2\sqrt{2}}{\pi}V = \frac{2\sqrt{2}}{\pi} \times 314 ≒ 283\text{V}$ 답 ②

**10** 최대값이 $E_m$[V]인 반파정류 정현파의 실효값은 몇 V인가?

① $2E_m/\pi$ ② $\sqrt{2}E_m$

③ $E_m/\sqrt{2}$ ④ $E_m/2$

해설 **반파정류 정현파**의 **실효값**

$$E = \frac{E_m}{2}\text{[V] 또는 } V = \frac{V_m}{2}$$

여기서, $E$, $V$ : 실효값[V]
$E_m$, $V_m$ : 최대값[V] 답 ④

**11** 그림과 같은 파형을 가진 맥류전류의 평균값이 10A라면 전류의 실효값(A)은?

① 10

② 14

③ 20

④ 28

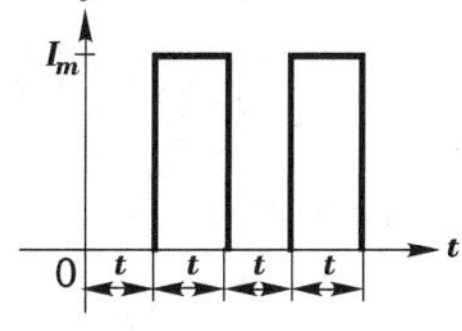


해설 (1) 그림과 같은 **파형**의 **평균값**

$$I_{av} = \frac{I_m}{2}$$

여기서, $I_{av}$ : 전류의 평균값[A]
$I_m$ : 전류의 최대값[A]

**최대값** $I_m$은

$I_m = 2I_{av} = 2 \times 10 = 20\text{A}$

(2) **실효값**

$$I = \sqrt{\frac{I_m^2}{2}} = \frac{I_m}{\sqrt{2}} = 0.707I_m\text{[A]}$$

**실효값** $I = \frac{I_m}{\sqrt{2}}$에서

$I = \frac{I_m}{\sqrt{2}} = \frac{20}{\sqrt{2}} ≒ 14\text{A}$ 답 ②

**12** 그림과 같은 파형의 맥동전류를 열선형 계기로 측정한 결과 10A이었다. 이를 가동코일형 계기로 측정할 때 전류의 값은 몇 A인가?

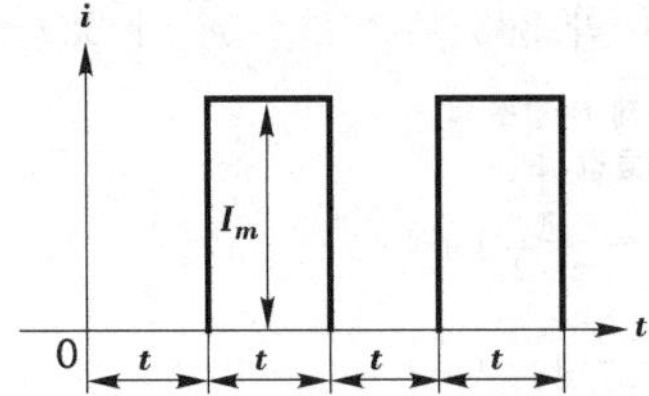


① 7.07 ② 10
③ 14.14 ④ 17.32

해설 **열선형 계기**는 실효값, **가동코일형 계기**는 평균값을 나타내므로

$I_m = \sqrt{2}\,I$ 에서

$I_{av} = \frac{I_m}{2} = \frac{\sqrt{2}\,I}{2} = \frac{\sqrt{2}\times 10}{2} = 7.07\,\text{A}$

답 ①

★★★
**13** 0.1H인 코일의 리액턴스가 377Ω일 때 주파수(Hz)는?

① 60 ② 120
③ 360 ④ 600

해설 **유도 리액턴스**

$X_L = \omega L = 2\pi f L\,[\Omega]$

여기서, $X_L$ : 유도 리액턴스[Ω]
$\omega$ : 각주파수[rad/s]
$f$ : 주파수[Hz]
$L$ : 인덕턴스[H]

유도리액턴스 $X_L = 2\pi f L$에서
**주파수** $f$는

$\therefore f = \frac{X_L}{2\pi L} = \frac{377}{2\pi\times 0.1} = 600\,\text{Hz}$

답 ④

**14** 용량 리액턴스와 반비례하는 것은?

① 전압 ② 저항
③ 임피던스 ④ 주파수

해설 **용량 리액턴스**

$X_c = \frac{1}{\omega C} = \frac{1}{2\pi f C}\,[\Omega]$

여기서, $X_c$ : 용량 리액턴스[Ω]
$\omega$ : 각주파수[rad/s]
$f$ : 주파수[Hz]
$C$ : 정전용량(커패시턴스)[F]

**용량리액턴스** $X_c$는

$X_c = \frac{1}{2\pi f C} \propto \frac{1}{f}$

분자 : **비례**, 분모 : **반비례**

답 ④

**15** $1\mu$F인 콘덴서가 60Hz인 전원에 대한 용량 리액턴스의 값(Ω)은?

① 2753 ② 2653
③ 2600 ④ 2500

해설 **문제 14 참조**
**용량 리액턴스** $X_c$는

$X_c = \frac{1}{2\pi f C} = \frac{1}{2\pi\times 60\times(1\times 10^{-6})} \fallingdotseq 2653\,\Omega$

$1\mu\text{F} = 1\times 10^{-6}\text{F}$

답 ②

★★★
**16** 60Hz, 100V의 교류전압을 어떤 콘덴서에 가할 때 1A의 전류가 흐른다면, 이 콘덴서의 정전용량($\mu$F)은?

① 377 ② 265
③ 26.5 ④ 2.65

해설 **문제 14 참조**
**용량 리액턴스**

$X_c = \frac{V}{I}$

여기서, $X_c$ : 용량 리액턴스[Ω]
$V$ : 전압[V]
$I$ : 전류[A]

$X_c = \frac{V}{I} = \frac{100}{1} = 100\,\Omega$

**용량 리액턴스** $X_c$는

$X_c = \frac{1}{2\pi f C}$ 이므로

**정전용량** $C$는

$C = \frac{1}{2\pi f X_C} = \frac{1}{2\pi\times 60\times 100}$
$\fallingdotseq 26.5\times 10^{-6}\text{F} = 26.5\,\mu\text{F}$

답 ③

**17** $L$=2H인 인덕턴스에 $i(t) = 20\varepsilon^{-2t}$[A]의 전류가 흐를 때 $L$의 단자전압(V)은?

① $40\varepsilon^{-2t}$ ② $-40\varepsilon^{-2t}$
③ $80\varepsilon^{-2t}$ ④ $-80\varepsilon^{-2t}$

해설 **$L$의 단자전압**

$V_L = L\frac{di(t)}{dt}$

여기서, $V_L$ : $L$의 단자전압[V]
$L$ : 인덕턴스[H]
$d_i$ : 전류의 변화량[A]
$dt$ : 시간의 변화량[s]

**$L$의 단자전압** $V_L$은

$V_L = L\frac{di(t)}{dt} = 2\times\frac{d}{dt}(20\varepsilon^{-2t}) = -80\varepsilon^{-2t}\,[\text{V}]$

승수 $-2t$가 변하지 않는 것에 주의할 것

답 ④

**18** 콘덴서와 코일에서 실제적으로 급격히 변화할 수 없는 것이 있다. 그것은 다음 중 어느 것인가?

① 코일에서 전압, 콘덴서에서 전류
② 코일에서 전류, 콘덴서에서 전압
③ 코일, 콘덴서 모두 전압
④ 코일, 콘덴서 모두 전류

해설

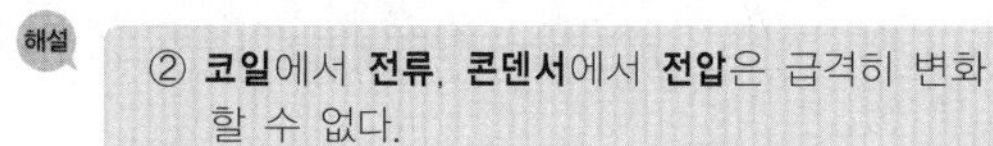
② **코일**에서 **전류**, **콘덴서**에서 **전압**은 급격히 변화할 수 없다.

답 ②

**19** 커패시턴스 $C$에서 급격히 변할 수 없는 것은?

① 전류 ② 전압
③ 전류와 전압 ④ 정답이 없다.

해설 **문제 18 참조**

답 ②

★★
**20** 저항 3Ω과 유도리액턴스 4Ω이 직렬로 접속된 회로의 역률은?

① 0.6 ② 0.8
③ 0.9 ④ 1

해설 ***RL*직렬회로**의 **역률**

$$\cos\theta = \frac{R}{Z} = \frac{R}{\sqrt{R^2 + X_L^2}}$$

여기서, $\cos\theta$ : 역률
$R$ : 저항〔Ω〕
$Z$ : 임피던스〔Ω〕
$X_L$ : 유도리액턴스〔Ω〕

**역률** $\cos\theta$는

$$\cos\theta = \frac{R}{\sqrt{R^2 + X_L^2}} = \frac{3}{\sqrt{3^2 + 4^2}} = 0.6$$

답 ①

**21** 100μF인 콘덴서의 양단에 전압을 30V/ms의 비율로 변화시킬 때 콘덴서에 흐르는 전류의 크기(A)는?

① 0.03 ② 0.3
③ 3 ④ 30

해설 $C$만의 회로에서의 **전류**

$$i = C\frac{dv}{dt}$$

여기서, $i$ : 전류〔A〕
$C$ : 정전용량〔F〕
$d_v$ : 전압의 변화량〔V〕
$dt$ : 시간의 변화량〔s〕

**전류** $i$는

$$i = C\frac{dv}{dt} = (100 \times 10^{-6}) \times \frac{30}{1 \times 10^{-3}} = 3\text{A}$$

- $100\mu\text{F} = 100 \times 10^{-6}\text{F}$
- $1\text{ms} = 1 \times 10^{-3}\text{s}$

답 ③

**22** 그림과 같이 $V$=96+$j$28〔V〕, $Z$=4−$j$3〔Ω〕이다. 전류 $I$〔A〕의 값은? (단, $\alpha = \tan^{-1}\frac{4}{3}$, $\beta = \tan^{-1}\frac{3}{4}$ 이다.)

① $20\varepsilon^{j\alpha}$
② $10\varepsilon^{j\alpha}$
③ $20\varepsilon^{j\beta}$
④ $10\varepsilon^{j\beta}$

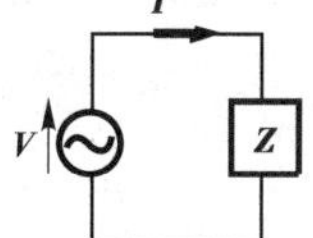


해설 **전류** $I$는

$$I = \frac{V}{Z} = \frac{V}{\sqrt{R^2 + X_L^2}} \text{〔A〕}$$

여기서, $I$ : 전류〔A〕
$V$ : 전압〔V〕
$Z$ : 임피던스〔Ω〕
$R$ : 저항〔Ω〕
$X_L$ : 유도리액턴스〔Ω〕

**전류** $I$는

$$I = \frac{V}{Z} = \frac{96 + j28}{4 - j3}$$
$$= \frac{(96 + j28)(4 + j3)}{(4 - j3)(4 + j3)} = \frac{384 + j288 + j112 - 84}{16 + j12 - j12 + 9}$$
$$= \frac{300 + j400}{25} = 12 + j16 = 20\angle 53^\circ = 20\tan^{-1}\frac{4}{3}$$
$$= 20\varepsilon^{j\alpha}$$

답 ①

**23** 그림에서 $e$=100 sin($\omega t$+30°)〔V〕일 때 전류 $I$의 최대값은 몇 A인가?

① 1
② 2
③ 3
④ 5

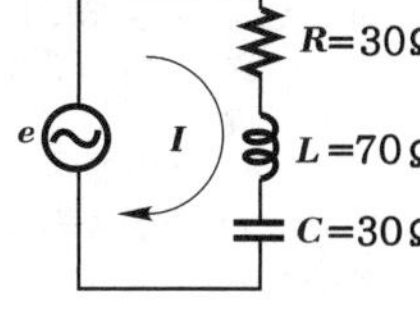


해설 ***RLC* 직렬회로**

$$I_m = \frac{V_m}{\sqrt{R^2 + (X_L - X_C)^2}}$$

여기서, $I_m$ : 전류〔A〕
$V_m$ : 전압〔V〕
$R$ : 저항〔Ω〕
$X_L$ : 유도리액턴스〔Ω〕
$X_c$ : 용량 리액턴스〔Ω〕

**전류** $I_m$은

$$I_m = \frac{V_m}{\sqrt{R^2 + (X_L - X_C)^2}} = \frac{100}{\sqrt{30^2 + (70 - 30)^2}} = 2\text{A}$$

$$e = V_m \sin(\omega t + 30°) = 100 \sin(\omega t + 30°)$$
$$\therefore V_m = 100\text{V}$$

답 ②

★★
**24** 저항 10Ω, 유도 리액턴스 $10\sqrt{3}$ Ω인 직렬회로에 교류전압을 가할 때 전압과 이 회로에 흐르는 전류와의 위상차는 몇 도인가?

① 60°　② 45°
③ 30°　④ 15°

해설 ***RL* 직렬회로**의 **위상차**

$$\theta = \tan^{-1}\frac{X_L}{R} = \tan^{-1}\frac{\omega L}{R}$$

여기서, $\theta$ : 위상차[rad]
$X_L$ : 유도리액턴스[Ω]
$R$ : 저항[Ω]
$\omega$ : 각주파수[rad/s]
$L$ : 인덕턴스[H]

**위상차** $\theta$는

$$\theta = \tan^{-1}\frac{X_L}{R} = \tan^{-1}\frac{10\sqrt{3}}{10} = 60°$$

답 ①

**25** $R-C$ 직렬회로에 흐르는 전류가 $v = V_m\sin(\omega t - \theta)$일 때 $i = I_m\sin(\omega t - \theta + \phi)$ 이다. 이때 $\phi$ 의 값은?

① $\tan^{-1}\dfrac{\frac{1}{\omega C}}{R}$　② $\tan^{-1}\dfrac{R}{\omega C}$
③ $\tan^{-1}\omega CR$　④ $\tan^{-1}\dfrac{C}{R}$

해설 ***RC* 직렬회로**의 **위상차**

$$\phi = \tan^{-1}\frac{X_C}{R} = \tan^{-1}\frac{1}{\omega CR} \text{[rad]}$$

여기서, $\phi$ : 위상차[rad]
$X_c$ : 용량 리액턴스[Ω]
$R$ : 저항[Ω]
$\omega$ : 각주파수[rad/s]
$C$ : 정전용량[F]

**위상차** $\phi$는

$$\phi = \tan^{-1}\frac{X_C}{R} = \tan^{-1}\frac{1}{\omega CR} = \tan^{-1}\frac{\frac{1}{\omega C}}{R} \text{[rad]}$$

답 ①

**26** 그림과 같은 회로의 역률은 얼마인가?

① 약 0.76
② 약 0.86
③ 약 0.97
④ 약 1.00

해설 ***RC* 직렬회로**의 **역률**

$$\cos\theta = \frac{R}{Z} = \frac{R}{\sqrt{R^2 + X_C^2}}$$

여기서, $\cos\theta$ : 역률
$R$ : 저항[Ω]
$Z$ : 임피던스[Ω]
$X_c$ : 용량 리액턴스[Ω]

**역률** $\cos\theta$는

$$\cos\theta = \frac{R}{Z} = \frac{R}{\sqrt{R^2 + X_C^2}} = \frac{9}{\sqrt{9^2 + 2^2}} \fallingdotseq 0.97$$

답 ③

**27** $RC$회로에서 $R_L$값을 작게 하려면?

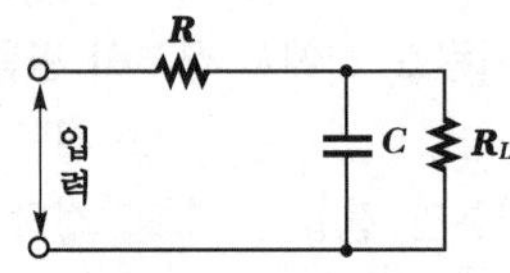


① $C$를 크게 한다.
② $R$을 크게 한다.
③ $C$와 $R$을 크게 한다.
④ $C$와 $R$을 작게 한다.

해설

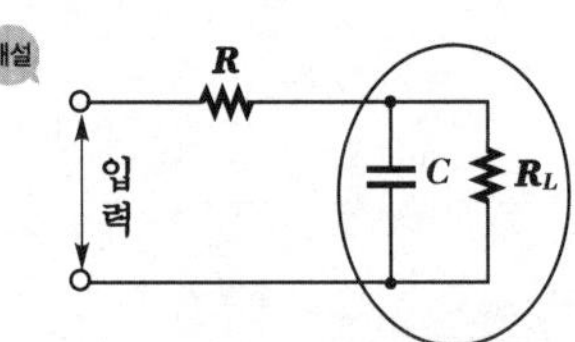


점선부분의 병렬합성저항

$$R_T = \frac{R_L \cdot \frac{1}{\omega C}}{R_L + \frac{1}{\omega C}}$$에서

$R_L$값을 작게 할 때 $C$를 크게 하면 병렬합성저항 $R_T$는 변하지 않는다.

답 ①

**28** $R-L-C$ 직렬회로에서 $R$=4Ω, $X_L$=7Ω, $X_C$=4Ω일 때 합성 임피던스의 크기(Ω)는?

① 11　② 9
③ 7　④ 5

해설 ***RLC* 직렬회로**의 **임피던스**

$$Z = \sqrt{R^2 + (X_L - X_C)^2}$$

여기서, $Z$ : 임피던스[Ω]
$R$ : 저항[Ω]
$X_L$ : 유도리액턴스[Ω]
$X_c$ : 용량 리액턴스[Ω]

**임피던스** $Z$는

$$\therefore Z = \sqrt{R^2 + (X_L - X_C)^2} = \sqrt{4^2 + (7-4)^2} = 5\,\Omega$$

답 ④

**29** 그림과 같은 직렬회로에서 각 소자의 전압이 그림과 같다면 a, b 양단에 가한 교류전압(V)은?

① 2.5
② 7.5
③ 5
④ 10

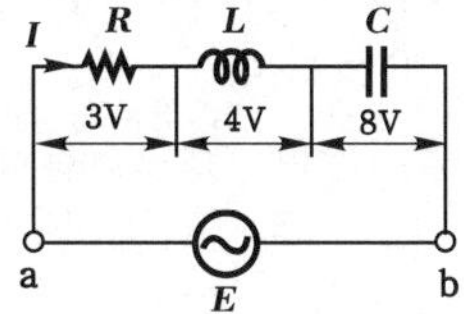


해설 **문제 28 참조**
**전압** $E$는

$$E=\sqrt{V_R^2+(V_L-V_C)^2}=\sqrt{3^2+(4-8)^2}=5\text{V}$$

임피던스(Z)와 같은 개념으로 공식을 적용하면 된다.

답 ③

**30** 그림과 같은 회로에서 $R=8\Omega$, $X_L=10\Omega$, $X_C=16\Omega$, $E$=100V일 때 이 회로에서 흐르는 전류의 크기(A)는?

① 2
② 3
③ 10
④ 20

해설 **문제 23 참조**
**전류** $I$는

$$I=\frac{E}{Z}=\frac{E}{\sqrt{R^2+(X_L-X_C)^2}}=\frac{100}{\sqrt{8^2+(10-16)^2}}=10\text{A}$$

답 ③

★★
**31** $L-C$ 직렬회로의 공진조건은?

① $\frac{1}{\omega L}=\omega C+R$
② 직류전원을 가할 때
③ $\omega L=\omega C$
④ $\omega L=\frac{1}{\omega C}$

해설 **공진조건**

$$X_L=X_c \text{ 또는 } \omega L=\frac{1}{\omega C}$$

여기서, $X_L$ : 유도리액턴스[Ω]
$X_c$ : 용량 리액턴스[Ω]
$\omega$ : 각주파수[rad/s]
$L$ : 인덕턴스[H]
$C$ : 정전용량[F]

답 ④

**32** $R-L-C$ 직렬회로에서 전압과 전류가 동상이 되기 위해서는? (단, $\omega=2\pi f$ 이고 $f$ 는 주파수이다.)

① $\omega L^2C^2=1$　　② $\omega^2LC=1$
③ $\omega LC=1$　　④ $\omega=LC$

해설 **문제 31 참조**
$\omega L=\frac{1}{\omega C}$에서 $\omega^2LC=1$

답 ②

**33** 공진회로 $Q$가 갖는 물리적 의미와 관계 없는 것은?

① 공진회로의 저항에 대한 리액턴스의 비
② 공진곡선의 첨예도
③ 공진시의 전압 확대비
④ 공진회로에서 에너지 소비능률

해설 **선택도**(selectivity)
(1) 공진곡선의 첨예도
(2) 공진시의 전압확대비
(3) 공진회로의 저항에 대한 리액턴스 비

중요

**선택도**

$$Q=\frac{V_L}{V}=\frac{V_C}{V}=\frac{\omega L}{R}=\frac{1}{\omega CR}=\frac{1}{R}\sqrt{\frac{L}{C}}$$

여기서, $V$ : 전원전압[V]
$V_L$ : $L$에 걸리는 전압[V]
$V_C$ : $C$에 걸리는 전압[V]
$\omega$ : 각주파수[rad/s]
$V$ : 전압[V]
$L$ : 인덕턴스[H]
$R$ : 저항[Ω]
$C$ : 정전용량[F]

답 ④

**34** $R-L-C$ 직렬회로의 선택도 $Q$는?

① $\sqrt{\frac{L}{C}}$　　② $\frac{1}{R}\sqrt{\frac{L}{C}}$
③ $\sqrt{\frac{C}{L}}$　　④ $R\sqrt{\frac{C}{L}}$

해설 **문제 33 참조**

답 ②

**35** $R=2\Omega$, $L=10$mH, $C=4\mu$F의 직렬공진회로의 $Q$는?

① 25　　② 45
③ 65　　④ 85

해설 **문제 33 참조**
**선택도** $Q$는

$$Q=\frac{1}{R}\sqrt{\frac{L}{C}}=\frac{1}{2}\sqrt{\frac{10\times10^{-3}}{4\times10^{-6}}}=25$$

- $10\text{mH}=10\times10^{-3}\text{H}$
- $4\mu\text{F}=4\times10^{-6}\text{F}$

답 ①

## 36 어드미턴스 $Y_1$과 $Y_2$가 직렬로 접속된 회로의 합성 어드미턴스는?

① $Y_1+Y_2$ ② $\dfrac{Y_1Y_2}{Y_1+Y_2}$

③ $\dfrac{1}{Y_1}+\dfrac{1}{Y_2}$ ④ $\dfrac{1}{Y_1+Y_2}$

해설

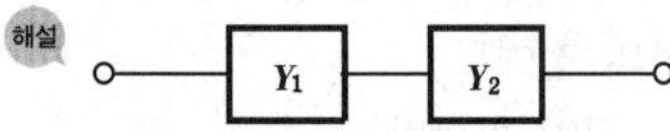


**어드미턴스**는 **임피던스**의 **역수**로

$$Y=\frac{1}{\frac{1}{Y_1}+\frac{1}{Y_2}}=\frac{Y_1Y_2}{Y_1+Y_2}\,[℧]$$

중요

**역수관계**

| 구분 | 역수 |
|---|---|
| 저항 | 콘덕턴스 |
| 리액턴스 | 서셉턴스 |
| 임피던스 | 어드미턴스 |
| 정전용량 | 엘라스턴스 |

답 ②

## 37 그림과 같은 회로에서 벡터 어드미턴스 $Y$[℧]를 구하면?

① $3-j4$

② $4+j3$

③ $3+j4$

④ $5-j4$

$R=\frac{1}{3}\Omega$ $X_L=\frac{1}{4}\Omega$

해설 **어드미턴스**

$$Y=\frac{1}{R}+\frac{1}{jX_L}$$

여기서, $Y$ : 어드미턴스[℧]

$R$ : 저항[Ω]

$X_L$ : 유도리액턴스[Ω]

**어드미턴스** $Y$는

$$Y=\frac{1}{R}+\frac{1}{jX_L}=\frac{1}{\frac{1}{3}}+\frac{1}{j\frac{1}{4}}=3-j4\,[℧]$$

답 ①

## 38 저항 $R$과 유도 리액턴스 $X_L$이 병렬로 접속된 회로의 역률은?

① $\dfrac{\sqrt{R^2+X_L^2}}{R}$ ② $\sqrt{\dfrac{R^2+X_L^2}{X_L}}$

③ $\dfrac{R}{\sqrt{R^2+X_L^2}}$ ④ $\dfrac{X_L}{\sqrt{R^2+X_L^2}}$

해설 **$R-L$병렬회로**의 **역률**

$$\cos\theta=\frac{X_L}{Z}=\frac{X_L}{\sqrt{R^2+X_L^2}}$$

여기서, $\cos\theta$ : 역률

$X_L$ : 유도리액턴스[Ω]

$Z$ : 임피던스[Ω]

$R$ : 저항[Ω]

답 ④

## 39 그림과 같은 회로에서 전류 $I$[A]는?

① 0.2

② 0.4

③ 0.5

④ 1

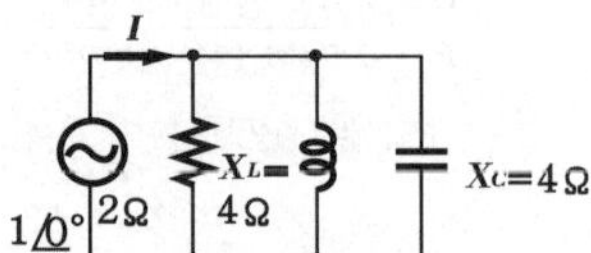


해설 **$RLC$ 병렬회로**의 **전류**

$$I=YV=\sqrt{\left(\frac{1}{R}\right)^2+\left(\frac{1}{X_c}-\frac{1}{X_L}\right)^2}\cdot V$$

여기서, $I$ : 전류[A]

$Y$ : 어드미턴스[℧]

$R$ : 저항[Ω]

$X_c$ : 용량리액턴스[Ω]

$X_L$ : 유도리액턴스[Ω]

$V$ : 전압[V]

**전류** $I$는

$$I=\sqrt{\left(\frac{1}{R}\right)^2+\left(\frac{1}{X_c}-\frac{1}{X_L}\right)^2}\cdot V$$

$$=\sqrt{\left(\frac{1}{2}\right)^2+\left(\frac{1}{4}-\frac{1}{4}\right)^2}\times 1=0.5\text{A}$$

답 ③

## 40 $R=15\Omega$, $X_L=12\Omega$, $X_C=30\Omega$이 병렬로 된 회로에 120V의 교류 전압을 가하면 전원에 흐르는 전류(A)와 역률(%)은?

① 22, 85 ② 22, 80

③ 22, 60 ④ 10, 80

해설 **문제 39 참조**

**전류** $I$는

$$I=\sqrt{\left(\frac{1}{R}\right)^2+\left(\frac{1}{X_c}-\frac{1}{X_L}\right)^2}\cdot V$$

$$=\sqrt{\left(\frac{1}{15}\right)^2+\left(\frac{1}{30}-\frac{1}{12}\right)^2}\times 120=10\text{A}$$

**역률** $$\cos\theta=\frac{\frac{1}{R}}{Y}=\frac{\frac{1}{R}}{\sqrt{\left(\frac{1}{R}\right)^2+\left(\frac{1}{X_C}-\frac{1}{X_L}\right)^2}}$$

$$=\frac{\frac{1}{15}}{\sqrt{\left(\frac{1}{15}\right)^2+\left(\frac{1}{30}-\frac{1}{12}\right)^2}}=0.8=80\%$$

답 ④

**41** 공급전압이 100V이고, 회로를 흐르는 전류가 50A일 때 이 회로의 유효전력(kW)은? (단, $\theta$는 60°)

① 2.5 ② 2.8

③ 3 ④ 25

해설 **유효전력**(평균전력, 소비전력)

$$P = VI\cos\theta = I^2 R = \left(\frac{V}{\sqrt{R^2+X^2}}\right)^2 R$$

여기서, $P$ : 유효전력(W)

$V$ : 전압(V)

$I$ : 전류(A)

$\theta$ : 각도

$R$ : 저항(Ω)

$X$ : 리액턴스(Ω)

**유효전력** $P$는

$P = VI\cos\theta = 100\times 50\times\cos 60° = 2500$W

$= 2.5$kW

답 ①

**42** 저항 $R$, 리액턴스 $X$와의 직렬회로에 전압 $V$가 가해졌을 때 소비전력은?

① $\dfrac{R}{\sqrt{R^2+X^2}}V^2$ ② $\dfrac{X}{\sqrt{R^2+X^2}}V^2$

③ $\dfrac{R}{R^2+X^2}V^2$ ④ $\dfrac{X}{R^2+X^2}V^2$

해설 **문제 41 참조**

**소비전력** $P$는

$P = I^2R = \left(\dfrac{V}{\sqrt{R^2+X^2}}\right)^2 R$

$= \dfrac{V^2}{R^2+X^2}R = \dfrac{R}{R^2+X^2}V^2$(W)

답 ③

**43** 교류 3상 3선식 배전선로에서 전압을 200V에서 400V로 승압하였다면 전력손실은? (단, 부하용량은 같다.)

① 2배로 된다.

② 4배로 된다.

③ $\dfrac{1}{2}$로 된다.

④ $\dfrac{1}{4}$로 된다.

해설 **문제 41 참조**

전력 $P = VI\cos\theta$에서

전류 $I = \dfrac{P}{V\cos\theta}$

**전력손실**

$P_l = I^2R = \left(\dfrac{P}{V\cos\theta}\right)^2 R = \dfrac{P^2R}{V^2\cos\theta^2} \propto \dfrac{1}{V^2}$

$\therefore P_l \propto \dfrac{1}{V^2} = \dfrac{1}{\left(\dfrac{400}{200}\right)^2} = \dfrac{1}{4}$

답 ④

★★★

**44** 22kVA의 부하가 역률 0.8이라면 무효 전력(kVar)은?

① 16.6 ② 17.6

③ 15.2 ④ 13.2

해설 (1) **무효율**

$$\sin\theta = \sqrt{1-\cos\theta^2}$$

여기서, $\sin\theta$ : 무효율

$\cos\theta$ : 역률

**무효율** $\sin\theta$는

$\sin\theta = \sqrt{1-\cos\theta^2} = \sqrt{1-0.8^2} = 0.6$

(2) **무효전력**

$$P_r = VI\sin\theta = P_a\sin\theta \text{(Var)}$$

여기서, $P_r$ : 무효전력(Var)

$P_a$ : 피상전력(VA)

$\sin\theta$ : 무효율

**무효전력** $P_r$은

$\therefore P_r = P_a\sin\theta = 22\times 0.6 = 13.2$kVar

답 ④

**45** 전압 200V, 전류 50A로 6kW의 전력을 소비하는 회로의 리액턴스(Ω)는?

① 3.2 ② 2.4

③ 6.2 ④ 4.4

해설 (1) **단상 피상전력**

$$P_a = VI = \sqrt{P^2+Pr^2} = I^2Z \text{(VA)}$$

여기서, $P_a$ : 피상전력(VA)

$V$ : 전압(V)

$I$ : 전류(A)

$P$ : 유효전력(W)

$P_r$ : 무효전력(Var)

$Z$ : 임피던스(Ω)

**피상전력** $P_a$는

$P_a = VI = I^2Z$에서

$200\times 50 = 50^2 Z$

$\therefore Z = 4\,\Omega$

(2) **역률**

$$\cos\theta = \frac{P}{P_a} = \frac{P}{VI} = \frac{P}{Z}$$

여기서, $\cos\theta$ : 역률

$P$ : 유효전력(W)

$P_a$ : 피상전력(VA)

$V$ : 전압(V)

$I$ : 전류(A)

$Z$ : 임피던스(Ω)

$\cos\theta = \dfrac{P}{VI} = \dfrac{(6\times 10^3)}{(200\times 50)} = 0.6$

(3) **무효율**

$$\sin\theta = \frac{P_r}{P_a} = \frac{P_r}{VI} = \frac{X}{Z} = \sqrt{1-\cos\theta^2}$$

여기서, $\sin\theta$ : 무효율

$P_r$ : 무효전력〔Var〕
$P_a$ : 피상전력〔VA〕
$V$ : 전압〔V〕
$I$ : 전류〔A〕
$X$ : 리액턴스〔Ω〕
$Z$ : 임피던스〔Ω〕

$\sin\theta = \sqrt{1-\cos\theta^2} = \sqrt{1-0.6^2} = 0.8$

**리액턴스** $X$는

$X = Z\sin\theta = 4\times 0.8 = 3.2\,\Omega$

답 ①

## 46 전압 100V, 전류 10A로서 800W의 전력을 소비하는 회로의 리액턴스는 몇 Ω인가?

① 6 ② 8
③ 10 ④ 12

해설 **문제 45 참조**

(1) **피상전력** $P_a$는

$P_a = VI = 100\times 10 = 1000\,\text{VA}$

$P_a = \sqrt{P^2 + P_r^{\,2}}$

$P_a^2 = (\sqrt{P^2 + P_r^2})^2$

$P_a^2 = P^2 + P_r^2$

$P^2 + P_r^2 = P_a^2$

$P_r^2 = P_a^2 - P^2$

$P_r = \sqrt{P_a^2 - P^2}$

(2) **무효전력** $P_r$는

$P_r = \sqrt{P_a^2 - P^2}$

$= \sqrt{1000^2 - 800^2} = 600\,\text{Var}$

(3) **무효전력**

$$P_r = VI\sin\theta = I^2X\,\text{〔Var〕}$$

여기서, $P_r$ : 무효전력〔Var〕
$V$ : 전압〔V〕
$I$ : 전류〔A〕
$X$ : 리액턴스〔Ω〕
$\theta$ : 이루는각〔rad〕

$P_r = I^2X$〔Var〕에서

**리액턴스** $X$는

$X = \frac{P_r}{I^2} = \frac{600}{10^2} = 6\,\Omega$

답 ①

## 47 $R$=4Ω과 $X_L$=3Ω이 직렬로 접속된 회로에 10A의 전류를 통할 때의 교류 전력은 몇 VA인가?

① $400+j\,300$ ② $400-j\,300$
③ $420+j\,360$ ④ $360+j\,420$

해설 **유효전력 · 무효전력 · 피상전력**

$$P = I^2R$$

$$P_r = I^2X$$

$$P_a = P \pm jP_r$$

여기서, $P$ : 유효전력〔W〕
$P_r$ : 무효전력〔Var〕
$P_a$ : 피상전력〔VA〕
$I$ : 전류〔A〕
$R$ : 저항〔Ω〕
$X$ : 리액턴스〔Ω〕

(1) **유효전력**

$P = I^2R = 10^2\times 4 = 400\,\text{W}$

(2) **무효전력**

$P_r = I^2X = 10^2\times 3 = 300\,\text{W}$

(3) **피상전력**

$P_a = P + jP_r = 400 + j\,300$〔VA〕

중요

**피상전력**

| 유도성 회로 (유도리액턴스) 회로인 경우 = $X_L$ | 용량성 회로 (용량리액턴스) 회로인 경우 = $X_c$ |
|---|---|
| $P_a = P + jP_r$ | $P_a = P - jP_r$ |

답 ①

## 48 피상전력이 10kVA, 유효전력이 7.07kW이면 역률은 얼마인가?

① 1.414 ② 1
③ 0.707 ④ 0.3535

해설 **역률**

$$\cos\theta = \frac{P}{P_a}$$

여기서, $\cos\theta$ : 역률
$P$ : 유효전력〔W〕
$P_a$ : 피상전력〔VA〕

**역률** $\cos\theta$ 는

$\cos\theta = \frac{P}{P_a} = \frac{7.07}{10} = 0.707$

답 ③

## ★★ 49 어떤 회로의 유효전력이 80W, 무효전력이 60Var이면 역률은 몇 %인가?

① 50 ② 70
③ 80 ④ 90

해설 **문제 45 참조**

**피상전력** $P_a$는

$P_a = \sqrt{P^2 + P_r^2} = \sqrt{80^2 + 60^2} = 100\,\text{VA}$

**역률** $\cos\theta$ 는

$\cos\theta = \frac{P}{P_a} = \frac{80}{100} = 0.8 = 80\%$

답 ③

## 50 어떤 회로에 $V$=100+$j$ 20〔V〕인 전압을 가했을 때 $I$=8+$j$ 6〔A〕인 전류가 흘렀다. 이 회로의 소비전력(W)은?

① 800 ② 920
③ 1200 ④ 1400

해설 **문제 47, 49 참조**

**복소전력**

$V = V_1 + jV_2$〔V〕, $I = I_1 + jI_2$〔A〕라 하면

$P_a = V\overline{I} = (V_1 + jV_2)(I_1 - jI_2)$

$= (V_1I_1 + V_2I_2) + j(V_2I_1 - V_1I_2) = P + jP_r$〔VA〕

$P_a = V\overline{I} = (100 + j20)(8 - j6)$

$= 800 - j600 + j160 + 120$

$= 920 - j440$

$= P - jP_r$

∴ 유효전력 $P = 920$W

무효전력 $P_r = 440$Var

유효전력=소비전력

참고

**피상전력**

$P_a = \sqrt{P^2 + P_r^2} = \sqrt{920^2 + 440^2} ≒ 1020$VA

답 ②

★★★

**51** 어떤 회로의 전압 $V$, 전류 $I$일 때 $P_a = \overline{V}I = P + jP_r$에서 $P_r > 0$ 이다. 이 회로는 어떤 부하인가?

① 유도성 ② 무유도성

③ 용량성 ④ 정저항

해설

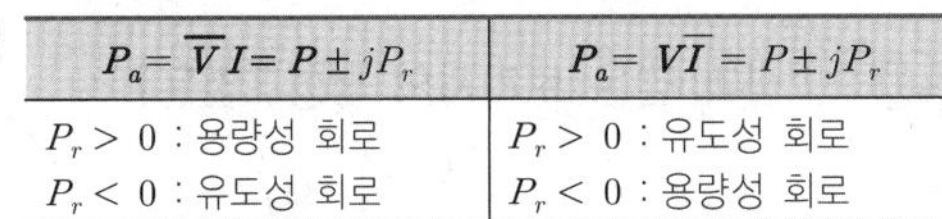

| $P_a = \overline{V}I = P \pm jP_r$ | $P_a = V\overline{I} = P \pm jP_r$ |
|---|---|
| $P_r > 0$ : 용량성 회로<br>$P_r < 0$ : 유도성 회로 | $P_r > 0$ : 유도성 회로<br>$P_r < 0$ : 용량성 회로 |

답 ③

**52** 내부저항 $r$〔Ω〕인 전원이 있다. 부하 $R$에 최대전력을 공급하기 위한 조건은?

① $r = 2R$ ② $R = r$

③ $R = 2\sqrt{r}$ ④ $R = r^2$

해설 **최대전력**

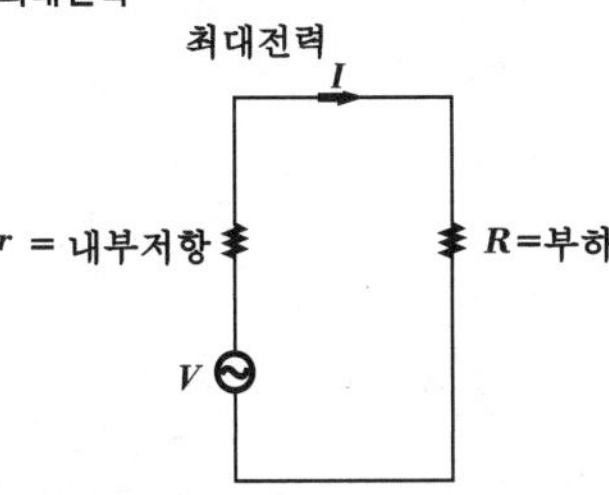


최대전력 전달조건 : $R = r$

중요

**최대전력**

$$P_{max} = \frac{V_g^2}{4R_g}$$

여기서, $P_{max}$ : 최대 전력〔W〕

$V_g$ : 전압〔V〕

$R_g$ : 저항〔Ω〕

답 ②

**53** 같은 전지 $n$ 개를 직렬로 연결했을 때 최대전력을 끌어낼 수 있는 것은 부하저항이 전지 1개 내부저항의 몇 배일 때인가?

① $n^2$ ② 1

③ $n$ ④ $\frac{1}{n}$

해설 **문제 52 참조**

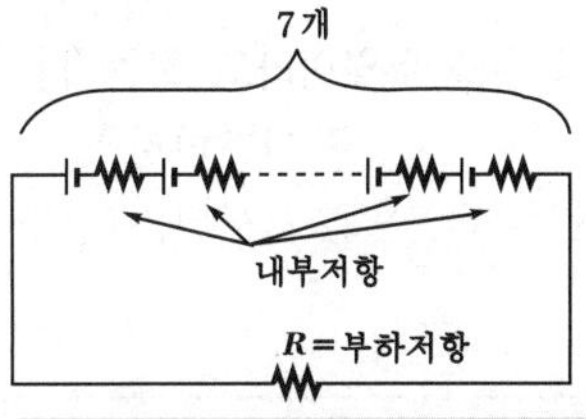


최대전력 전달조건 $R = nr$

답 ③

**54** 그림에서 $V$=220V, $C$=15$\mu$F, $f$=50Hz이면 저항에서 소비되는 전력이 최대가 되는 $R$의 값은 몇 Ω인가?

① 10.6

② 106

③ 21.2

④ 212

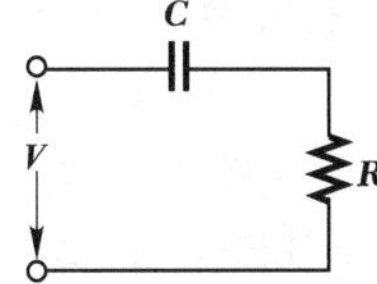


해설 최대전력 전달조건 : $R = X_C$

**문제 14참조**

**용량리액턴스** $X_C$는

$X_C = \frac{1}{\omega C} = \frac{1}{2\pi fC}$

$= \frac{1}{2\pi \times 50 \times (15 \times 10^{-6})} ≒ 212\,\Omega$

$15\mu F = 15 \times 10^{-6}$F

답 ④

★

**55** 역률 90%, 450kW의 유도전동기를 95%의 역률로 개선하기 위하여 필요한 콘덴서의 용량(kVA)은?

① 약 25 ② 약 48

③ 약 70 ④ 약 95

해설 **콘덴서의 용량**

$Q_C = P(\tan\theta_1 - \tan\theta_2) = P\left(\frac{\sin\theta_1}{\cos\theta_1} - \frac{\sin\theta_2}{\cos\theta_2}\right)$〔kVA〕

여기서, $Q_c$ : 콘덴서의 용량〔kVA〕
$P$ : 유효전력〔kW〕
$\cos\theta_1$ : 개선전 역률
$\cos\theta_2$ : 개선후 역률
$\sin\theta_1$ : 개선전 무효율($\sin\theta_1 = \sqrt{1-\sin{\theta_1}^2}$)
$\sin\theta_2$ : 개선후 무효율($\sin\theta_2 = \sqrt{1-\sin{\theta_2}^2}$)

**콘덴서**의 **용량** $Q_c$는

$$\therefore Q_c = P\left(\frac{\sin\theta_1}{\cos\theta_1} - \frac{\sin\theta_2}{\cos\theta_2}\right)$$

$$= P\left(\frac{\sqrt{1-\cos{\theta_1}^2}}{\cos\theta_1} - \frac{\sqrt{1-\cos{\theta_2}^2}}{\cos\theta_2}\right)$$

$$= 450\left(\frac{\sqrt{1-0.9^2}}{0.9} - \frac{\sqrt{1-0.95^2}}{0.95}\right) \fallingdotseq 70\text{kVA}$$

답 ③

★★
## 56 리액턴스의 역수를 무엇이라고 하는가?

① 콘덕턴스 ② 어드미턴스
③ 임피던스 ④ 서셉턴스

해설 **문제 36 참조**
**역수관계**

| 구분 | 역수 |
|---|---|
| 저항 | 콘덕턴스 |
| 리액턴스 | 서셉턴스 |
| 임피던스 | 어드미턴스 |
| 정전용량 | 엘라스턴스 |

답 ④

★★★
## 57 어드미턴스 $Y = a + jb$에서 $b$는?

① 저항이다.
② 콘덕턴스이다.
③ 리액턴스이다.
④ 서셉턴스(susceptance)이다.

해설

| 임피던스 | 어드미턴스 |
|---|---|
| $Z = R + jX$<br>여기서, $Z$ : 임피던스〔Ω〕<br>$R$ : 저항〔Ω〕<br>$X$ : 리액턴스〔Ω〕 | $Y = G + jB$<br>여기서, $Y$ : 어드미턴스〔℧〕<br>$G$ : 콘덕턴스〔℧〕<br>$B$ : 서셉턴스〔℧〕 |

$$Y = a + jb$$

여기서, $Y$ : 어드미턴스〔℧〕
$a$ : 콘덕턴스〔℧〕
$b$ : 서셉턴스〔℧〕

답 ④

## 58 저항 $R$과 유도 리액턴스 $X$가 직렬로 연결된 회로의 서셉턴스는?

① $\dfrac{X}{R^2+X^2}$ ② $\dfrac{R}{R^2+X^2}$
③ $\dfrac{R}{\sqrt{R^2+X^2}}$ ④ $\dfrac{X}{\sqrt{R^2+X^2}}$

해설 **어드미턴스**

$$Y = \frac{R}{R^2+X^2} + j\frac{-X}{R^2+X^2} = G + jB$$

여기서, $Y$ : 어드미턴스〔℧〕
$R$ : 저항〔Ω〕
$X$ : 리액턴스〔Ω〕
$G$ : 콘덕턴스〔℧〕
$B$ : 서셉턴스〔℧〕

**콘덕턴스** : $\dfrac{R}{R^2+X^2}$

**서셉턴스** : $\dfrac{X}{R^2+X^2}$

답 ①

★
## 59 어떤 $R-L-C$ 병렬회로가 병렬공진되었을 때 합성전류는?

① 최소가 된다.
② 최대가 된다.
③ 전류는 흐르지 않는다.
④ 전류는 무한대가 된다.

해설

| 직렬공진 | 병렬공진 |
|---|---|
| ① 전류 : **최대**<br>② 임피던스 : **최소** | ① 전류 : **최소**<br>② 임피던스 : **최대** |

답 ①

## 60 그림과 같은 브리지의 평형조건은?

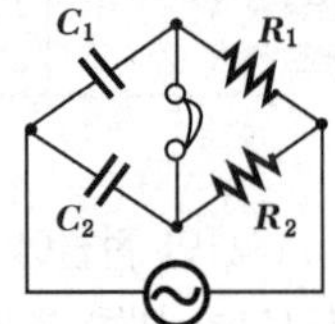


① $\dfrac{1}{C_1C_2} = R_1R_2$
② $C_1C_2 = R_1R_2$
③ $C_1R_2 = C_2R_1$
④ $C_1R_1 = C_2R_2$

해설 **평형조건**은

$$R_1 \times Xc_2 = R_2 \times Xc_1$$

$$R_1 \cdot \frac{1}{j\omega C_2} = R_2 \cdot \frac{1}{j\omega C_1}$$

$$R_1 \cdot j\omega C_1 = R_2 \cdot j\omega C_2$$

$$R_1 \cdot C_1 = R_2 \cdot \frac{jw}{j\omega} C_2$$

$$R_1 \cdot C_1 = R_2 \cdot C_2$$

$$\therefore C_1R_1 = C_2R_2$$

마주보는 변의 곱이 같을 것

답 ④

## 61 그림과 같은 브리지의 평형조건은?

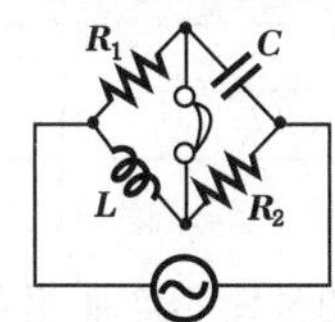


① $\dfrac{R_2}{R_1}=\dfrac{L}{C}$ ② $R_1L=\dfrac{R_2}{C}$

③ $R_1C=\dfrac{L}{R_2}$ ④ $R_1R_2=\dfrac{C}{L}$

해설 **평형조건**

$R_1R_2=X_LX_C$

$R_1R_2=j\omega L\cdot\dfrac{1}{j\omega C}$

$R_1R_2=\dfrac{L}{C}\quad\therefore R_1C=\dfrac{L}{R_2}$

답 ③

## 62 그림과 같은 교류브리지의 평형조건으로 옳은 것은?

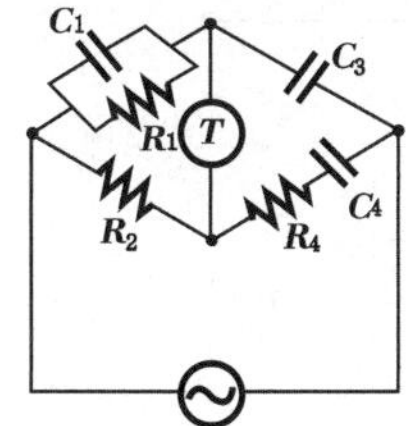


① $R_2C_4=R_1C_3,\ R_2C_1=R_4C_3$

② $R_1C_1=R_4C_4,\ R_2C_3=R_1C_1$

③ $R_2C_4=R_4C_3,\ R_1C_3=R_2C_1$

④ $R_1C_1=R_4C_4,\ R_2C_3=R_1C_4$

해설 **교류브리지 평형조건**은

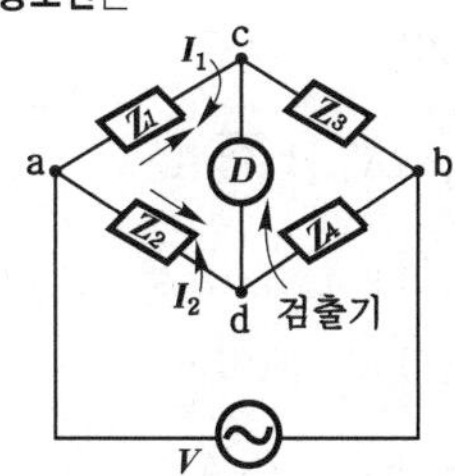


$I_1Z_1=I_2Z_2$

$I_1Z_3=I_2Z_4$

$\therefore Z_1Z_4=Z_2Z_3$

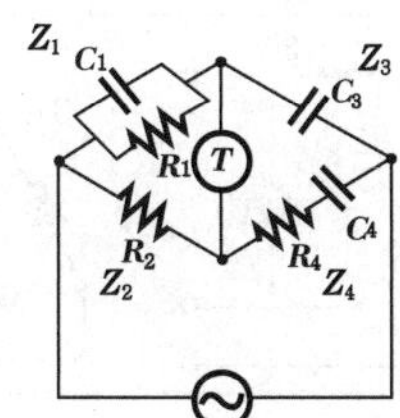


$$Z_1=\frac{1}{\frac{1}{R_1}+\frac{1}{\frac{1}{j\omega C_1}}}=\frac{1}{\frac{1}{R_1}+j\omega C_1}=\frac{R_1}{R_1\left(\frac{1}{R_1}+j\omega C_1\right)}$$

$$=\frac{R_1}{\frac{R_1}{R_1}+j\omega C_1R_1}=\frac{R_1}{1+j\omega C_1R_1}$$

$$Z_2=R_2$$

$$Z_3=\frac{1}{j\omega C_3}$$

$$Z_4=R_4+\frac{1}{j\omega C_4}=\frac{j\omega C_4R_4}{j\omega C_4}+\frac{1}{j\omega C_4}=\frac{1+j\omega C_4R_4}{j\omega C_4}$$

$Z_1Z_4=Z_2Z_3$이므로

$$\frac{R_1}{1+j\omega C_1R_1}\times\frac{1+j\omega C_4R_4}{j\omega C_4}=R_2\times\frac{1}{j\omega C_3}$$

$$\frac{j\omega C_3R_1}{1+j\omega C_1R_1}=\frac{j\omega C_4R_2}{1+j\omega C_4R_4}$$

$$C_3R_1=C_4R_2,\ C_1R_1=C_4R_4$$

⬇

$$\boxed{R_2C_4=R_1C_3}$$

$$R_1=\frac{C_4R_2}{C_3}\qquad C_1\left(\frac{C_4R_2}{C_3}\right)=C_4R_4$$

$$C_1\not{C_4}R_2=\not{C_4}C_3R_4$$

$$C_1R_2=C_3R_4$$

$$\therefore\ \boxed{R_2C_1=R_4C_3}$$

답 ①

## 63 대칭좌표계에 관한 설명 중 옳지 않은 것은?

① 불평형 3상 비접지식 회로에서는 영상분이 존재한다.

② 대칭 3상 전압에서 영상분은 0이 된다.

③ 대칭 3상 전압은 정상분만 존재한다.

④ 불평형 3상 회로의 접지식 회로에서는 영상분이 존재한다.

해설 ① 불평형 3상 비접지식 회로에서는 영상분이 0이 된다.

답 ①

## 64 $Z=8+j6$[Ω]인 평형 Y부하에 선간전압 200V인 대칭 3상전압을 인가할 때 선전류(A)는?

① 11.5

② 10.5

③ 7.5

④ 5.5

**해설**

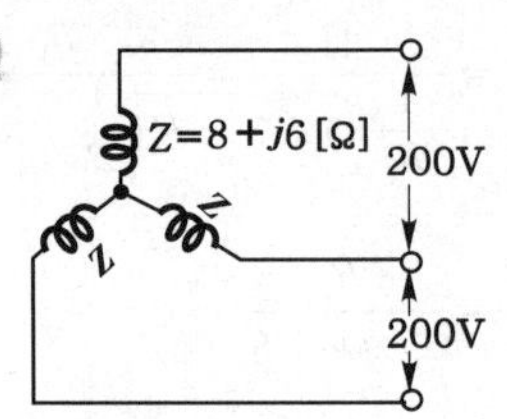


**Y결선 임피던스** $Z=\sqrt{8^2+6^2}=10\,\Omega$

Y결선 선전류

$$I_Y=\frac{V_l}{\sqrt{3}\,Z}$$

여기서, $I_Y$ : 선전류[A]

$V_l$ : 선간전압[V]

$Z$ : 임피던스[Ω]

$\therefore$ 선전류 $I_Y=\frac{V_l}{\sqrt{3}\,Z}=\frac{200}{\sqrt{3}\times 10}=11.54$A

답 ①

## 65

★★★

$Z=3+j\,4$[Ω]이 △로 접속된 회로에 100V의 대칭 3상전압을 가했을 때 선전류(A)는?

① 20 ② 14.14
③ 40 ④ 34.6

**해설** **△ 결선**

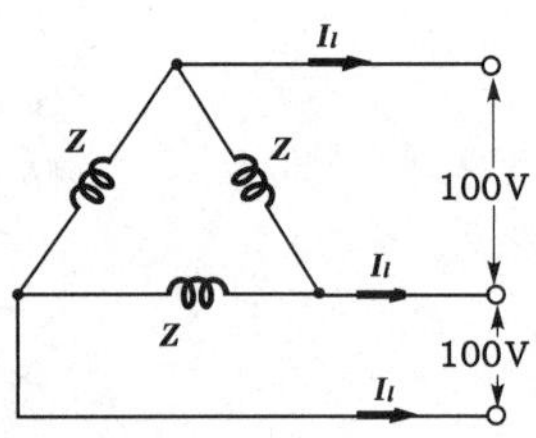


임피던스 $Z=\sqrt{3^2+4^2}=5\,\Omega$

**△ 결선 선전류**

$$I_\triangle=\frac{\sqrt{3}\,V_l}{Z}$$

여기서, $I_\triangle$ : 선전류[A]

$V_l$ : 선간전압[V]

$Z$ : 임피던스[Ω]

$\therefore$ 선전류 $I_\triangle=\frac{\sqrt{3}\,V_l}{Z}=\frac{\sqrt{3}\times 100}{5}=34.64$A

답 ④

## 66

★★★

$R$[Ω]의 3개의 저항을 전압 $V$[V]의 3상교류선간에 그림과 같이 접속할 때 선전류는 얼마인가?

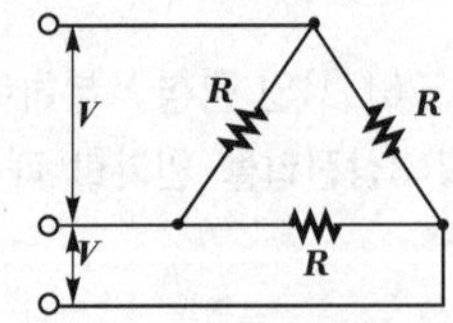


① $\frac{V}{\sqrt{3}\,R}$ ② $\frac{\sqrt{3}\,V}{R}$
③ $\frac{V}{3R}$ ④ $\frac{3\,V}{R}$

**해설** **문제 64, 65 참조**

| Y결선 선전류 | △ 결선 선전류 |
|---|---|
| $I_Y=\frac{V}{\sqrt{3}\,R}$[A] | $I_\triangle=\frac{\sqrt{3}\,V}{R}$[A] |

답 ②

## 67

★★

교류 3상 3선식 전로에 접속하는 성형결선의 평형저항부하가 있다. 이 부하를 3각결선으로 하여 같은 전원에 접속한 경우 선전류는 성형결선 경우의 몇 배가 되는가?

① 1/3 ② $1/\sqrt{3}$
③ $\sqrt{3}$ ④ 3

**해설** **문제 66 참조**

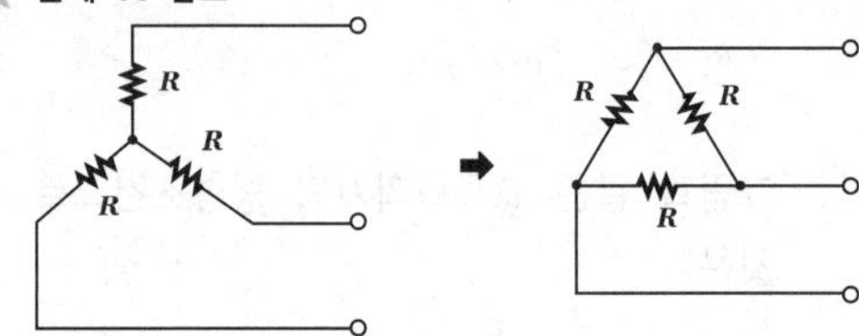


**선전류**

$I_Y=\frac{V}{\sqrt{3}\,R}$, $I_\triangle=\frac{\sqrt{3}\,V}{R}$에서

$$\frac{I_\triangle}{I_Y}=\frac{\frac{\sqrt{3}\,V}{R}}{\frac{V}{\sqrt{3}\,R}}=3\text{배}$$

- 성형결선=Y결선
- 3각결선=△ 결선

답 ④

## 68

10kV, 3A의 3상교류 발전기는 Y결선이다. 이것을 △결선으로 변경하면 그 정격전압 및 전류는 얼마인가?

① $\frac{10}{\sqrt{3}}$kV, $3\sqrt{3}$A

② $10\sqrt{3}$kV, $3\sqrt{3}$A

③ $10\sqrt{3}$kV, $\sqrt{3}$A

④ $\frac{10}{\sqrt{3}}$kV, $\sqrt{3}$A

**해설**

| Y결선 | △결선 |
|---|---|

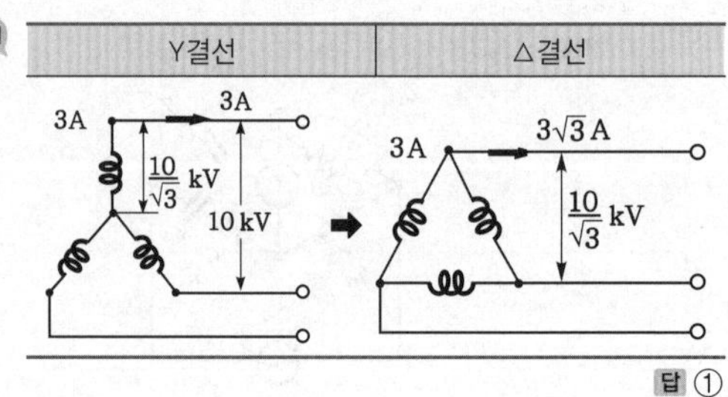


답 ①

**69** 그림과 같이 접속된 콘덴서의 용량을 상호 등가 용량으로 변환하고자 할 때, $C_a$의 값은? (단, $\triangle = C_1C_2 + C_2C_3 + C_1C_3$, $\nabla = C_a + C_b + C_c$ 이다.)

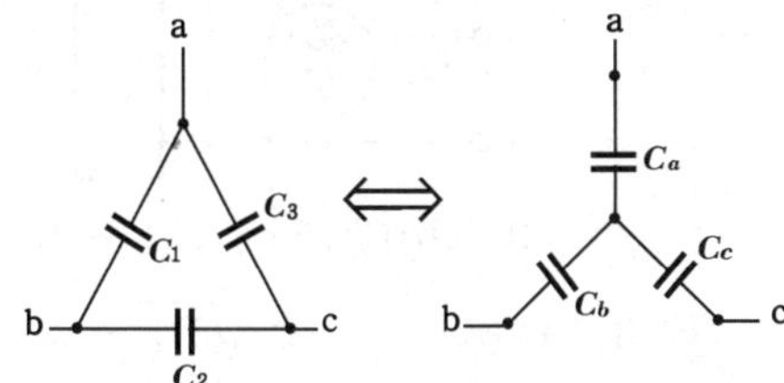


① $\dfrac{\triangle}{C_1 + C_3}$　② $\dfrac{C_1 + C_3}{\triangle}$

③ $\dfrac{\triangle}{C_2}$　④ $\dfrac{C_2}{\triangle}$

해설 $Y-\triangle$ **변환**

$$C_a = \frac{C_1C_2 + C_2C_3 + C_1C_3}{C_2} = \frac{\triangle}{C_2}$$

$$C_b = \frac{C_1C_2 + C_2C_3 + C_1C_3}{C_3} = \frac{\triangle}{C_3}$$

$$C_c = \frac{C_1C_2 + C_2C_3 + C_1C_3}{C_1} = \frac{\triangle}{C_1}$$

답 ③

**70** 그림에서 (a)의 3상 △부하와 등가인 (b)의 3상 Y 부하 사이에 $Z_Y$와 $Z_\triangle$의 관계는 어느 것이 옳은가?

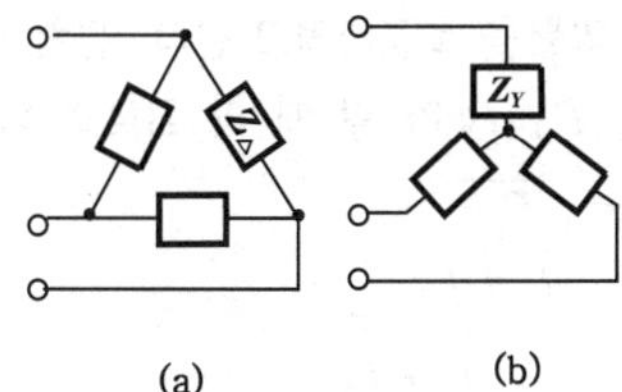


① $Z_\triangle = Z_Y$　② $Z_\triangle = 3Z_Y$

③ $Z_Y = 3Z_\triangle$　④ $Z_Y = 6Z_\triangle$

해설 평형부하인 경우 $Z_\triangle = 3Z_Y$

답 ②

★

**71** 한 상의 임피던스가 $8 + j6$〔Ω〕인 △부하에 200V를 인가할 때 3상전력(kW)은?

① 3.2　② 4.3

③ 9.6　④ 10.5

해설 (1) **상전류**

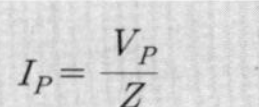

$$I_P = \frac{V_P}{Z}$$

여기서, $I_P$ : 상전류〔A〕

$V_p$ : 상전압〔V〕

$Z$ : 임피던스〔Ω〕

**상전류** $I_P$는

$$I_P = \frac{V_P}{Z} = \frac{200}{\sqrt{8^2 + 6^2}} = 20\text{A}$$

(2) **임피던스**

$$Z = R + jX$$

여기서, $Z$ : 임피던스〔Ω〕

$R$ : 저항〔Ω〕

$X$ : 리액턴스〔Ω〕

$Z = R + jX = 8 + j6$〔Ω〕에서

저항 $R = 8\,\Omega$

(3) **유효전력**

$$P = 3V_PI_P\cos\theta = \sqrt{3}\,V_lI_l\cos\theta = 3I_P^2R\,[\text{W}]$$

여기서, $P$ : 유효전력〔W〕

$V_P$ : 상전압〔V〕

$I_P$ : 상전류〔A〕

$V_l$ : 선간전압〔V〕

$I_l$ : 선간전류〔A〕

$R$ : 저항〔Ω〕

**3상전력** $P$는

$\therefore P = 3I_P^2R = 3 \times 20^2 \times 8 = 9600\text{W} = 9.6\text{kW}$

답 ③

**72** 한 상의 임피던스가 $Z = 20 + j10$〔Ω〕인 Y결선 부하에 대칭3상 선간전압 200V를 가할 때 유효전력(W)은?

① 1600　② 1700

③ 1800　④ 1900

해설 문제 71 참조

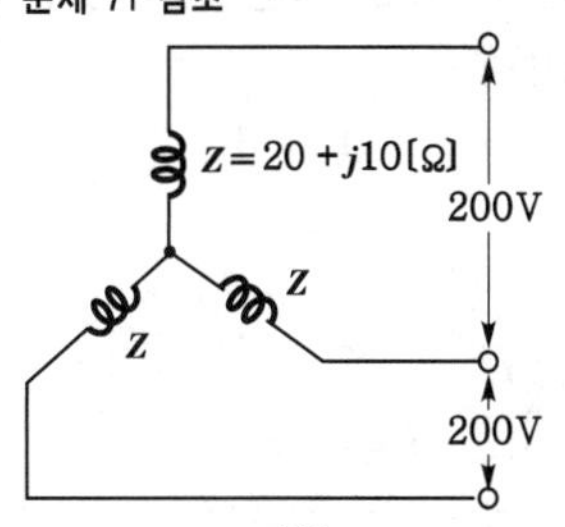


$$I_P = \frac{V_P}{Z} = \frac{\frac{200}{\sqrt{3}}}{\sqrt{20^2 + 10^2}} \fallingdotseq 5.164\text{A}$$

$\therefore\ P = 3I_P^2R = 3 \times 5.164^2 \times 20 = 1600\text{W}$

답 ①

★★★

**73** △결선된 부하를 Y 결선으로 바꾸면 소비전력은 어떻게 되겠는가?

① 3배　② 9배

③ $\dfrac{1}{9}$배　④ $\dfrac{1}{3}$배

해설 문제 71 참조

$P = \sqrt{3}\, V_l I_l \cos\theta \propto I_l$에서

$I_Y = \frac{V}{\sqrt{3}R}$, $I_\triangle = \frac{\sqrt{3}V}{R}$에서

$\frac{P_Y}{P_\triangle} = \frac{I_Y}{I_\triangle} = \frac{\frac{V}{\sqrt{3}R}}{\frac{\sqrt{3}V}{R}} = \frac{1}{3}$배

답 ④

**74** V결선의 출력은 $P = \sqrt{3}\, VI\cos\theta$로 표시된다. 여기서 $V$, $I$는?

① 선간전압, 상전류 ② 상전압, 선간전류
③ 선간전압, 선전류 ④ 상전압, 상전류

해설 **V결선 출력**

$$P = \sqrt{3}\, V_P I_P \cos\theta \,[\mathrm{W}]$$

여기서, $P$ : V결선 출력[W]
$V_p$ : 상전압[V], $I_p$ : 상전류[A]

답 ④

**75** 단상 변압기 3개를 △결선하여 부하에 전력을 공급하고 있다. 변압기 1개의 고장으로 V결선으로 한 경우 공급할 수 있는 전력과 고장 전 전력과의 비율(%)은?

① 57.7 ② 66.7
③ 75.0 ④ 86.6

해설 **V결선 출력비**

$\frac{P_V}{P_\triangle} = \frac{\sqrt{3}\, V_P I_P \cos\theta}{3 V_P I_P \cos\theta} = \frac{\sqrt{3}}{3} = 0.577 = 57.7\%$

답 ①

**76** 10kVA의 변압기 2대로 공급할 수 있는 최대 3상전력(kVA)은?

① 20 ② 17.3
③ 14.1 ④ 10

해설 **V결선 출력**

$$P_V = \sqrt{3}P$$

여기서, $P_V$ : V 결선시의 출력[kVA]
$P$ : 단상변압기 1대의 용량[kVA]

$P_V = \sqrt{3}P = \sqrt{3} \times 10 = 17.32$kVA

변압기 **2대**로 **3상전력**을 공급하려면 **V결선**하여야 한다.

답 ②

**77** 단상 변압기 3대(50kVA×3)를 △결선으로 운전중 한 대가 고장이 생겨 V결선으로 한 경우 출력은 몇 kVA인가?

① $30\sqrt{3}$ ② $50\sqrt{3}$
③ $100\sqrt{3}$ ④ $200\sqrt{3}$

해설 **문제 76 참조**

$P_V = \sqrt{3}P = \sqrt{3} \times 50 = 50\sqrt{3}$ kVA

답 ②

**78** 2개의 전력계에 의한 3상전력 측정시 전 3상전력(W)은?

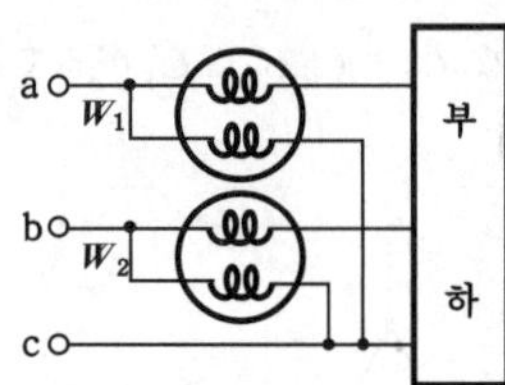


① $\sqrt{3}(|W_1|+|W_2|)$ ② $3(|W_1|+|W_2|)$
③ $|W_1|+|W_2|$ ④ $\sqrt{{W_1}^2+{W_2}^2}$

해설 **2전력계법**

$$\text{유효전력 } P = P_1 + P_2 \,[\mathrm{W}]$$

여기서, $P$ : 유효전력[W]
$P_1 P_2$ : 전력계의 지시값[W]

**유효전력** $W$는

$W = W_1 + W_2$[W]

답 ③

**79** 2전력계법을 써서 3상전력을 측정하였더니 각 전력계가 +500W, +300W를 지시하였다. 전 전력(W)은?

① 800 ② 200
③ 500 ④ 300

해설 **문제 78 참조**

유효전력 $P = P_1 + P_2 = 500 + 300 = 800$W

답 ①

**80** 두 대의 전력계를 사용하여 평형부하의 3상회로의 역률을 측정하려고 한다. 전력계의 지시가 각각 $P_1$, $P_2$라 할 때 이 회로의 역률은?

① $\frac{\sqrt{P_1+P_2}}{P_1+P_2}$

② $\frac{P_1+P_2}{{P_1}^2+{P_2}^2-2P_1P_2}$

③ $\frac{P_1+P_2}{2\sqrt{{P_1}^2+{P_2}^2-P_1P_2}}$

④ $\frac{2P_1P_2}{\sqrt{{P_1}^2+{P_2}^2-P_1P_2}}$

해설 **2전력계법**의 **역률**

$$\cos\theta = \frac{P_1+P_2}{2\sqrt{{P_1}^2+{P_2}^2-P_1P_2}}$$

여기서, $\cos\theta$ : 역률
$P_1 P_2$ : 전력계의 지시값[W]

답 ③

**81** 단상전력계 2개로 3상전력을 측정하고자 한다. 전력계의 지시가 각각 200W, 100W를 가리켰다고 한다. 부하의 역률은 약 몇 %인가?

① 94.8 ② 86.6
③ 50.0 ④ 31.6

해설 **문제 80 참조**

$$\cos\theta = \frac{P_1+P_2}{2\sqrt{{P_1}^2+{P_2}^2-P_1P_2}} = \frac{200+100}{2\sqrt{200^2+100^2-200\times 100}} = 0.866 = 86.6\%$$

답 ②

**82** 배전반 계기의 백분율 오차는 지시값(측정값)이 $M$이고 그 참 값이 $T$일 때 어떻게 표시되는가?

① $\frac{M-T}{T}\times 100$ ② $\frac{T-M}{M}\times 100$
③ $\frac{M-T}{M}\times 100$ ④ $\frac{T-M}{T}\times 100$

해설 **전기계기의 오차**

백분율 오차 : $\frac{M-T}{T}\times 100\%$
백분율 보정 : $\frac{T-M}{M}\times 100\%$

여기서, $T$ : 참값, $M$ : 측정값

- 백분율 오차 = 오차율
- 백분율 보정 = 보정률

답 ①

**83** 어떤 측정계기의 지시값을 $M$, 참값을 $T$라 할 때 보정률은 몇 %인가?

① $\frac{T-M}{M}\times 100$ ② $\frac{M}{M-T}\times 100$
③ $\frac{T-M}{T}\times 100$ ④ $\frac{T}{M-T}\times 100$

해설 오차율 $= \frac{M-T}{T}\times 100\%$

보정률 $= \frac{T-M}{M}\times 100\%$

답 ①

**84** 전류계의 측정범위를 확대시키기 위하여 전류계와 병렬로 접속하는 것은?

① 분류기 ② 배율기
③ 검류기 ④ 전위차계

해설

| 구분 | 분류기 | 배율기 |
|---|---|---|
| 목적 | **전류계**의 측정범위 확대 | **전압계**의 측정범위 확대 |
| 접속방법 | 전류계의 **병렬**접속 | 전압계에 **직렬**접속 |

답 ①

**85** 최대 눈금 50mA, 내부저항 100Ω의 전류계로 5A의 전류를 측정하기 위한 분류기 저항(Ω)은?

① $\frac{99}{100}$ ② $\frac{1}{100}$
③ $\frac{100}{99}$ ④ $\frac{1}{99}$

해설 **분류기**

$$I_o = I\left(1+\frac{R_A}{R_S}\right)\text{[A]}$$

여기서, $I_o$ : 측정하고자 하는 전류[A]
$I$ : 전류계의 최대눈금[A]
$R_A$ : 전류계 내부저항[Ω]
$R_S$ : 분류기 저항[Ω]

**분류기** : 전류계와 **병렬**접속

$I_o = I\left(1+\frac{R_A}{R_S}\right)$에서

$$\frac{I_o}{I} = 1+\frac{R_A}{R_S}$$

$$\frac{I_o}{I} - 1 = \frac{R_A}{R_S}$$

$$\therefore R_S = \frac{R_A}{\frac{I_o}{I}-1} = \frac{100}{\frac{5}{(50\times 10^{-3})}-1} = \frac{100}{99}\ \Omega$$

50mA $= 50\times 10^{-3}$A

답 ③

**86** 그림과 같은 회로에서 분류기의 배율은? (단, 전류계 $A$의 내부저항은 $R_A$이며 $R_S$는 분류기저항이다.)

① $\frac{R_A}{R_A+R_S}$
② $\frac{R_S}{R_A+R_S}$
③ $\frac{R_A+R_S}{R_S}$
④ $\frac{R_A+R_S}{R_A}$

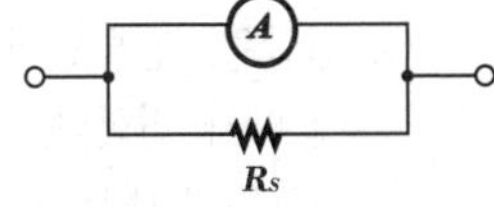


해설 **분류기 배율**

$$M = \frac{I_o}{I} = 1+\frac{R_A}{R_s}$$

여기서, $M$ : 분류기 배율
$I_o$ : 측정하고자 하는 전류[A]
$I$ : 전류계의 최대눈금[A]
$R_A$ : 전류계 내부저항[Ω]
$R_S$ : 분류기 저항[Ω]

**분류기 배율** $M$은

$$M = \frac{I_o}{I} = 1+\frac{R_A}{R_S} = \frac{R_S}{R_S}+\frac{R_A}{R_S} = \frac{R_A+R_S}{R_S}$$

답 ③

**87** 최대 눈금이 50V인 직류 전압계가 있다. 이 전압계를 사용하여 150V의 전압을 측정하려면 배율기의 저항은 몇 Ω을 사용하여야 하는가? (단, 전압계의 내부 저항은 5000Ω이다.)

① 1000 ② 2500
③ 5000 ④ 10000

해설 **배율기**

$$V_o = V\left(1+\frac{R_m}{R_v}\right)\,[\mathrm{V}]$$

여기서, $V_o$ : 측정하고자 하는 전압[V]
$V$ : 전압계의 최대눈금[V]
$R_v$ : 전압계 내부저항[Ω]
$R_m$ : 배율기 저항[Ω]

※ **배율기** : 전압계와 **직렬**접속

$V_o = V(1+\frac{R_m}{R_v})$ 에서

$$\frac{V_o}{V} = 1+\frac{R_m}{R_v}$$

$$\frac{V_o}{V}-1 = \frac{R_m}{R_v}$$

$$R_v\left(\frac{V_o}{V}-1\right) = R_m$$

$$\therefore R_m = R_v\left(\frac{V_o}{V}-1\right) = 5000\left(\frac{150}{50}-1\right) = 10000\,\Omega$$

답 ④

**88** 이상적인 전압 전류원에 관하여 옳은 것은?

① 전압원의 내부저항은 ∞이고 전류원의 내부저항은 0이다.
② 전압원의 내부저항은 0이고 전류원의 내부저항은 ∞이다.
③ 전압원, 전류원의 내부저항은 흐르는 전류에 따라 변한다.
④ 전압원의 내부저항은 일정하고 전류원의 내부저항은 일정하지 않다.

해설 **이상적인 전압전류원**

| 정전압원의 내부저항 | 정전류원의 내부저항 |
|---|---|
| 0 | ∞ |

답 ②

**89** 이상적인 전류원의 전압-전류 특성곡선은?

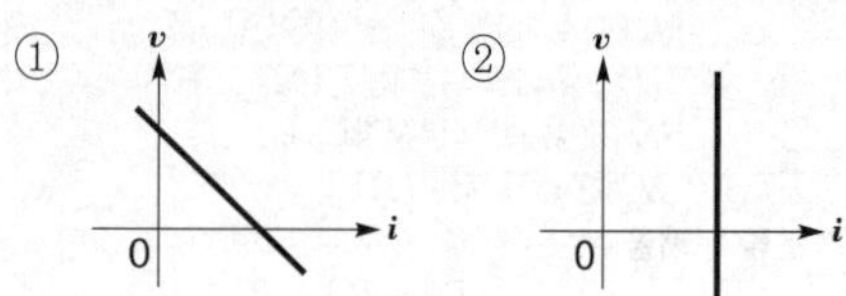


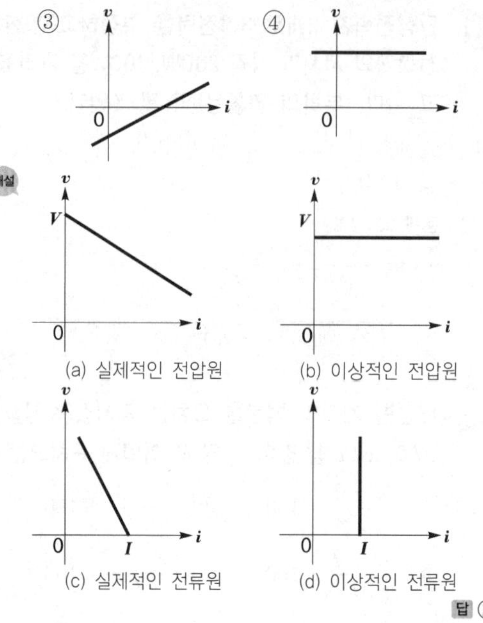


답 ②

**90** 여러 개의 기전력을 포함하는 선형회로망내의 전류분포는 각 기전력이 단독으로 그 위치에 있을 때 흐르는 전류분포의 합과 같다는 것은?

① 키르히호프(Kirchhoff) 법칙이다.
② 중첩의 원리이다.
③ 테브낭(Thevnin)의 정리이다.
④ 노오튼(Norton)의 정리이다.

해설 **중첩**의 **원리**

(1) 2개 이상의 기전력을 포함한 회로망 중의 어떤 점의 전위 또는 전류는 각 기전력이 각각 단독으로 존재한다고 할 때 그 점의 전위 또는 전류의 합과 같다는 원리
(2) 여러개의 기전력을 포함하는 선형회로망내의 전류분포는 각 기전력이 단독으로 그 위치에 있을 때 흐르는 전류분포의 합과 같다는 원리

답 ②

**91** 선형회로망 소자가 아닌 것은?

① 철심이 있는 코일
② 철심이 없는 코일
③ 저항기
④ 콘덴서

해설 **선형소자** : 전압과 전류 특성이 직선적으로 비례하는 소자

(1) $R$ : 저항기
(2) $L$ : 철심이 없는 코일
(3) $C$ : 콘덴서

※ 철심이 있는 코일은 **변압기**를 의미함.

답 ①

★★★
**92** 그림과 같은 회로에서 선형저항 3Ω 양단의 전압(V)은?

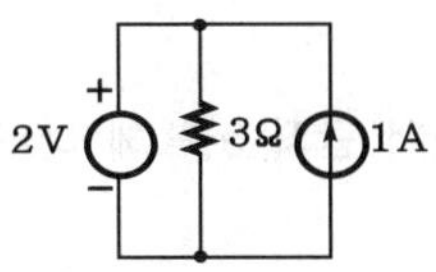


① 2　② 2.5
③ 3　④ 4.5

해설 **중첩**의 **원리**에 의해
(1) 전압원 단락시 : 0V

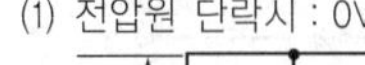

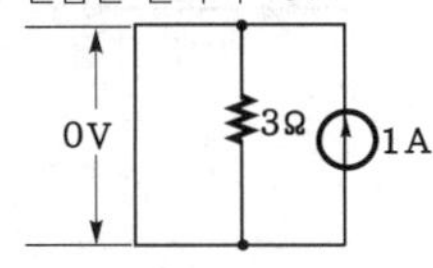


(2) 전류원 개방시 : 2V

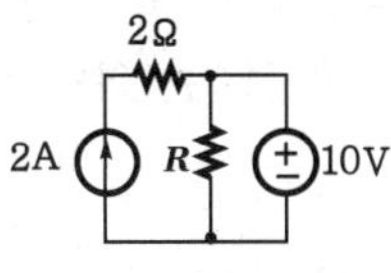


∴ 2+0=2V

답 ①

**93** 그림에서 $R=5\Omega$을 흐르는 전류의 크기(A)는?

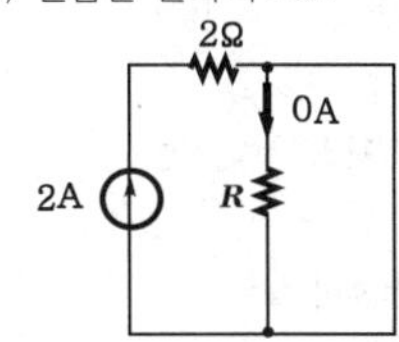


① 1　② 2
③ 3　④ 4

해설 **중첩**의 **원리**에 의해
(1) 전압원 단락시 : 0A

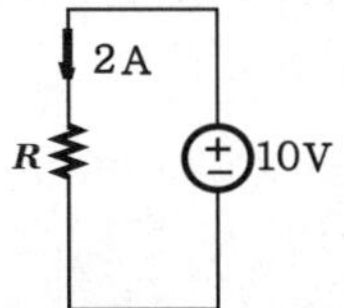


(2) 전류원 개방시 : $I=\frac{V}{R}=\frac{10}{5}=2\text{A}$

2A
R
10V

∴ 2+0=2A

답 ②

**94** 그림의 회로에서 저항 20Ω에 흐르는 전류(A)는?

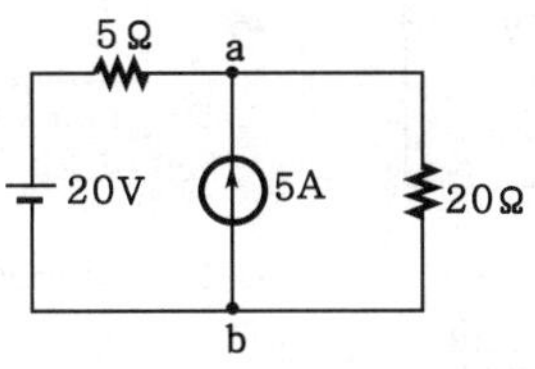


① 0.4　② 1.8
③ 3　④ 3.4

해설 (1) **전압원 단락시** :

$$I_2=\frac{R_1}{R_1+R_2}I=\frac{5}{5+20}\times5=1\text{A}$$

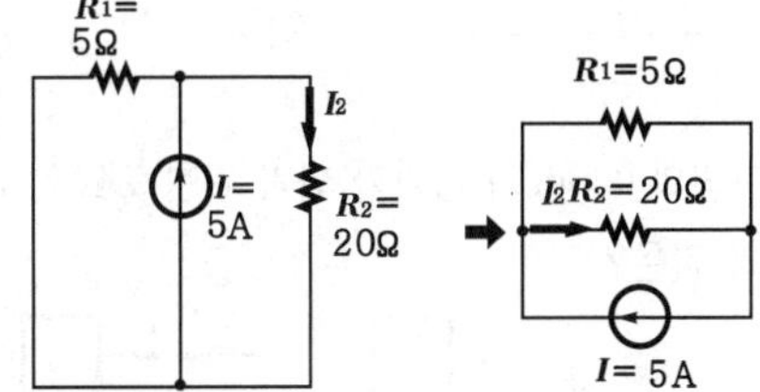


(2) **전류원 개방시** :

$$I=\frac{V}{R}=\frac{20}{20+5}=0.8\text{A}$$

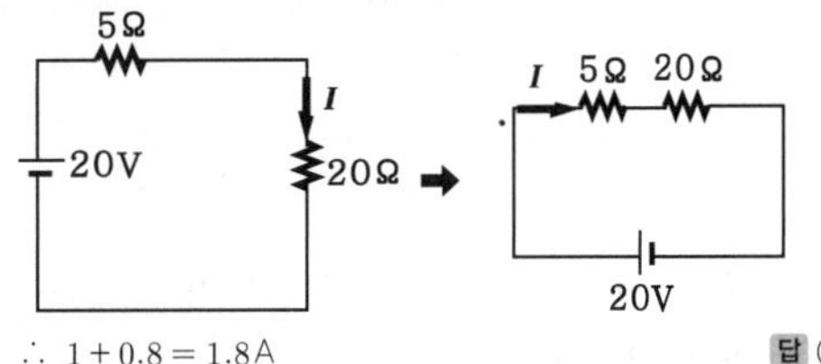


∴ 1+0.8=1.8A

답 ②

**95** 테브낭의 정리를 써서 그림 (a)의 회로를 그림 (b)와 같은 등가회로로 만들고자 한다. $E$[V]와 $R$[Ω]을 구하면?

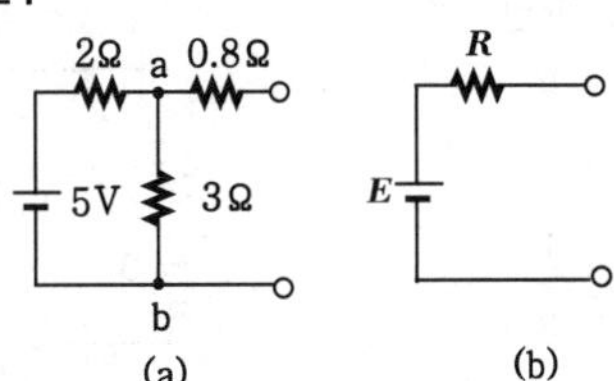


① 3, 2
② 5, 2
③ 5, 5
④ 3, 1.2

해설 **테브낭**의 **정리**에 의해

$$E_{ab}=\frac{R_2}{R_1+R_2}E=\frac{3}{2+3}\times5=3\text{V}$$

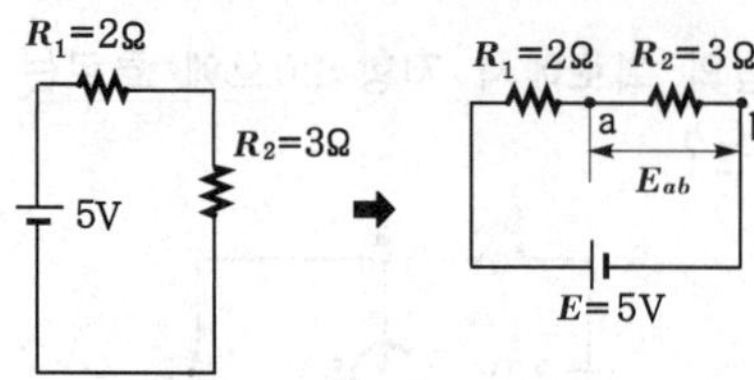


전압원을 단락하고 회로망에서 본 저항 $R$ 은

$R = \dfrac{2\times 3}{2+3} + 0.8 = 2\,\Omega$

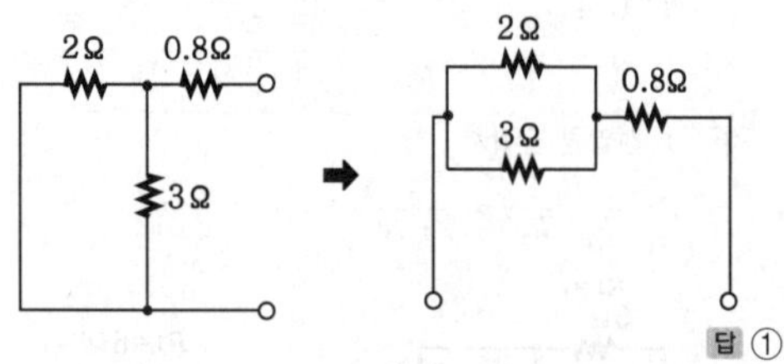


답 ①

## 96 그림의 (a), (b)가 등가가 되기 위한 $I_g$[A], $R$[Ω]의 값은?

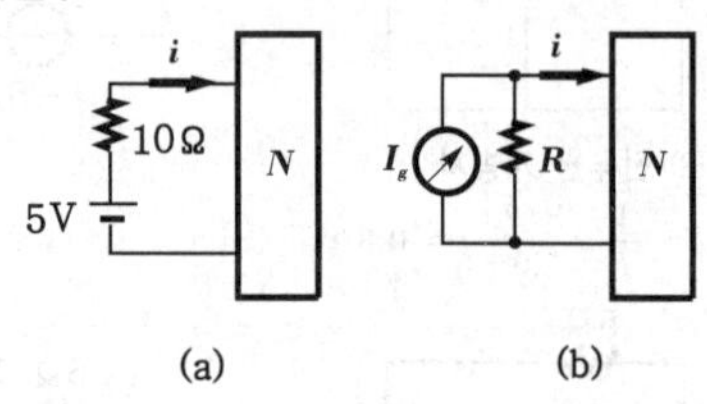


① 0.5, 10 ② 0.5, $\dfrac{1}{10}$

③ 5, 10 ④ 10, 10

해설 **노튼**의 **정리**에 의해

$I_g = \dfrac{E}{R} = \dfrac{5}{10} = 0.5 \quad R = 10\,\Omega$

답 ①

★★

## 97 다음 회로의 단자 a, b에 나타나는 전압(V)은 얼마인가?

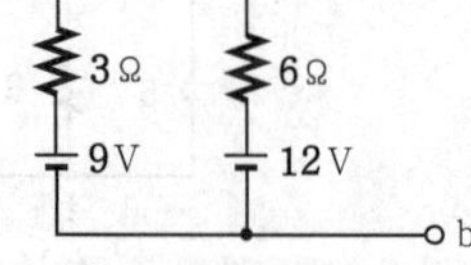


① 9

② 10

③ 12

④ 3

해설 **밀만의 정리**

$$V_{ab} = \frac{\dfrac{E_1}{R_1} + \dfrac{E_2}{R_2}}{\dfrac{1}{R_1} + \dfrac{1}{R_2}} \text{ [V]}$$

여기서, $V_{ab}$ : 단자전압[V]

$E_1 \cdot E_2$ : 각각의 전압[V]

$R_1 \cdot R_2$ : 각각의 저항[Ω]

**밀만**의 **정리**에 의해

$$E_{ab} = \frac{\dfrac{E_1}{R_1} + \dfrac{E_2}{R_2}}{\dfrac{1}{R_1} + \dfrac{1}{R_2}} = \frac{\dfrac{9}{3} + \dfrac{12}{6}}{\dfrac{1}{3} + \dfrac{1}{6}} = 10\text{V}$$

답 ②

## 98 그림에서 단자 a, b에 나타나는 $V_{ab}$는 몇 V인가?

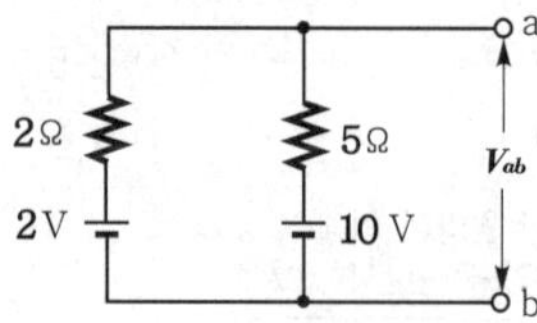


① 3.3

② 4.3

③ 5.3

④ 6

해설 **문제 97 참조**

**밀만**의 **정리**에 의해

$$V_{ab} = \frac{\dfrac{E_1}{R_1} + \dfrac{E_2}{R_2}}{\dfrac{1}{R_1} + \dfrac{1}{R_2}} = \frac{\dfrac{2}{2} + \dfrac{10}{5}}{\dfrac{1}{2} + \dfrac{1}{5}} = 4.28\text{V}$$

답 ②

## 99 4단자 정수 $A, B, C, D$ 중에서 어드미턴스의 차원을 가진 정수는 어느 것인가?

① $A$ ② $B$

③ $C$ ④ $D$

해설 **4단자 정수**

$A = \left.\dfrac{V_1}{V_2}\right|_{I_2=0}$ : **입·출력 전압비**(출력 개방)

$B = \left.\dfrac{V_1}{I_2}\right|_{V_2=0}$ : **전달 임피던스**(출력 단락)

$C = \left.\dfrac{I_1}{V_2}\right|_{I_2=0}$ : **전달 어드미턴스**(출력 개방)

$D = \left.\dfrac{I_1}{I_2}\right|_{V_2=0}$ : **입·출력 전류비**(출력 단락)

답 ③

## 100 $ABCD$ 4단자 정수를 올바르게 쓴 것은?

① $AB - CD = 1$

② $AD - BC = 1$

③ $AB + CD = 1$

④ $AD + BC = 1$

해설 $AD - BC = 1$이 되어야 한다.

답 ②

**101** 그림과 같은 단일 임피던스 회로의 4단자 정수는?

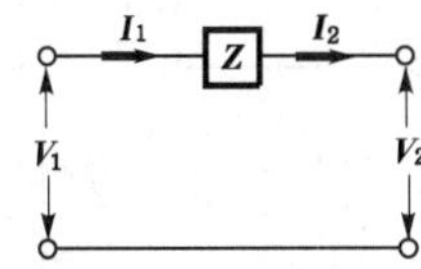


① $A=Z,\ B=0, C=1,\ D=0$

② $A=0, B=1, C=Z, D=1$

③ $A=1,\ B=Z, C=0,\ D=1$

④ $A=1,\ B=0, C=1,\ D=Z$

해설 $\begin{bmatrix} A & B \\ C & D \end{bmatrix} = \begin{bmatrix} 1 & Z \\ 0 & 1 \end{bmatrix}$

답 ③

**102** 그림과 같은 4단자망에서 4단자 정수 행렬은?

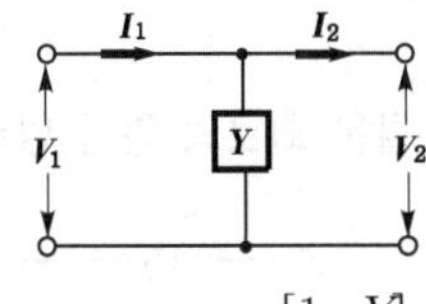


① $\begin{bmatrix} 1 & 0 \\ Y & 1 \end{bmatrix}$　② $\begin{bmatrix} 1 & Y \\ 0 & 1 \end{bmatrix}$

③ $\begin{bmatrix} Y & 1 \\ 1 & 0 \end{bmatrix}$　④ $\begin{bmatrix} 1 & 0 \\ \frac{1}{Y} & 1 \end{bmatrix}$

해설 $\begin{bmatrix} A & B \\ C & D \end{bmatrix} = \begin{bmatrix} 1 & 0 \\ \frac{1}{Z} & 1 \end{bmatrix} = \begin{bmatrix} 1 & 0 \\ Y & 1 \end{bmatrix}$

답 ①

**103** 그림과 같은 L형 회로의 4단자 정수는 어떻게 되는가?

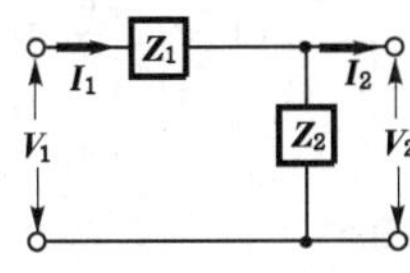


① $A=Z_1, B=1+\frac{Z_1}{Z_2},\ C=\frac{1}{Z_2}, D=1$

② $A=1,\ B=\frac{1}{Z_2},\ C=1+\frac{1}{Z_2},\ D=Z_1$

③ $A=1+\frac{Z_1}{Z_2},\ B=Z_1,\ C=\frac{1}{Z_2},\ D=1$

④ $A=\frac{1}{Z_2},\ B=1,\ C=Z_1,\ D=1+\frac{Z_1}{Z_2}$

해설 $\begin{bmatrix} A & B \\ C & D \end{bmatrix} = \begin{bmatrix} 1 & Z_1 \\ 0 & 1 \end{bmatrix}\begin{bmatrix} 1 & 0 \\ \frac{1}{Z_2} & 1 \end{bmatrix}$

$= \begin{bmatrix} 1\times 1+Z_1\times\frac{1}{Z_2} & 1\times 0+Z_1\times 1 \\ 0\times 1+1\times\frac{1}{Z_2} & 0\times 0+1\times 1 \end{bmatrix}$

$= \begin{bmatrix} 1+\frac{Z_1}{Z_2} & Z_1 \\ \frac{1}{Z_2} & 1 \end{bmatrix}$

답 ③

**104** 그림과 같은 T형 회로에서 4단자 정수 중 $D$의 값은?

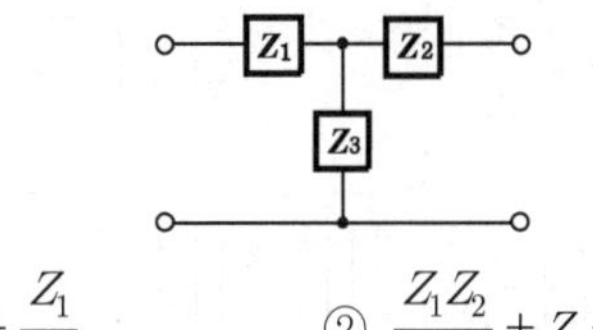


① $1+\frac{Z_1}{Z_3}$　② $\frac{Z_1Z_2}{Z_3}+Z_2+Z_1$

③ $\frac{1}{Z_3}$　④ $1+\frac{Z_2}{Z_3}$

해설 $\begin{bmatrix} A & B \\ C & D \end{bmatrix} = \begin{bmatrix} 1 & Z_1 \\ 0 & 1 \end{bmatrix}\begin{bmatrix} 1 & 0 \\ \frac{1}{Z_3} & 1 \end{bmatrix}\begin{bmatrix} 1 & Z_2 \\ 0 & 1 \end{bmatrix}$

$= \begin{bmatrix} 1+\frac{Z_1}{Z_3} & \frac{Z_1Z_2}{Z_3}+Z_2+Z_1 \\ \frac{1}{Z_3} & 1+\frac{Z_2}{Z_3} \end{bmatrix}$

답 ④

**105** 그림과 같은 T형 회로의 $ABCD$ 파라미터 중 $C$의 값을 구하면?

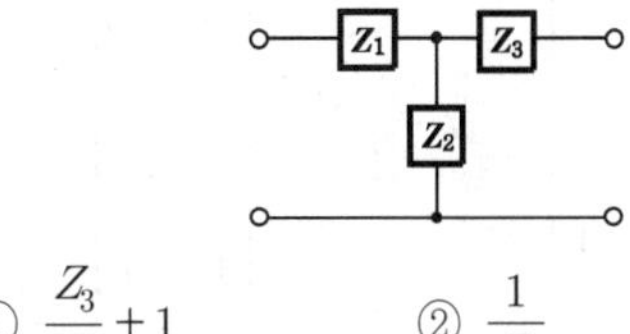


① $\frac{Z_3}{Z_2}+1$　② $\frac{1}{Z_2}$

③ $1+\frac{Z_1}{Z_2}$　④ $Z_2$

해설 $\begin{bmatrix} A & B \\ C & D \end{bmatrix} = \begin{bmatrix} 1 & Z_1 \\ 0 & 1 \end{bmatrix}\begin{bmatrix} 1 & 0 \\ \frac{1}{Z_2} & 1 \end{bmatrix}\begin{bmatrix} 1 & Z_3 \\ 0 & 1 \end{bmatrix}$

$= \begin{bmatrix} 1+\frac{Z_1}{Z_2} & \frac{Z_1Z_3}{Z_2}+Z_3+Z_1 \\ \frac{1}{Z_2} & 1+\frac{Z_3}{Z_2} \end{bmatrix}$

답 ②

**106** 그림에서 4단자 회로정수 $A, B, C, D$ 중 출력 단자 3, 4가 개방되었을 때의 $\frac{V_1}{V_2}$인 $A$의 값은?

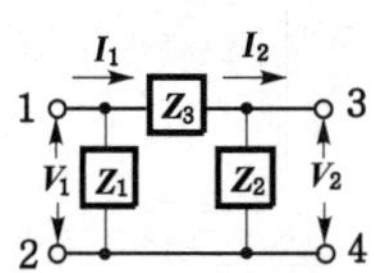


① $1+\frac{Z_2}{Z_1}$　② $\frac{Z_1+Z_2+Z_3}{Z_1Z_3}$

③ $1+\frac{Z_2}{Z_3}$　④ $1+\frac{Z_3}{Z_2}$

해설

$$\begin{bmatrix} A & B \\ C & D \end{bmatrix} = \begin{bmatrix} 1 & 0 \\ \frac{1}{Z_1} & 1 \end{bmatrix} \begin{bmatrix} 1 & Z_3 \\ 0 & 1 \end{bmatrix} \begin{bmatrix} 1 & 0 \\ \frac{1}{Z_2} & 1 \end{bmatrix} =$$

$$\begin{bmatrix} 1+\frac{Z_3}{Z_2} & Z_3 \\ \frac{Z_1+Z_2+Z_3}{Z_1Z_2} & 1+\frac{Z_3}{Z_1} \end{bmatrix}$$

답 ④

**107** 다음 결합회로의 4단자 정수 $A$, $B$, $C$, $D$ 파라미터 행렬은?

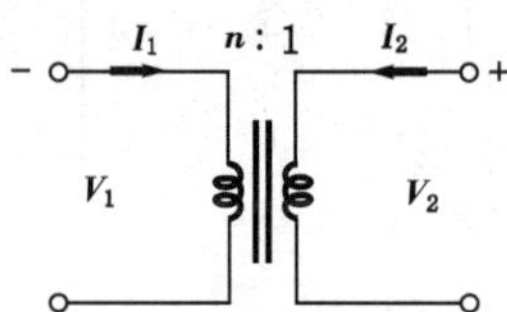


① $\begin{bmatrix} n & 0 \\ 0 & \frac{1}{n} \end{bmatrix}$　② $\begin{bmatrix} 1 & n \\ \frac{1}{n} & 0 \end{bmatrix}$

③ $\begin{bmatrix} 0 & n \\ \frac{1}{n} & 1 \end{bmatrix}$　④ $\begin{bmatrix} \frac{1}{n} & 0 \\ 0 & n \end{bmatrix}$

해설

$$\begin{bmatrix} A & B \\ C & D \end{bmatrix} = \begin{bmatrix} n & 0 \\ 0 & \frac{1}{n} \end{bmatrix}$$

비교

1 : $n$인 경우

$$\begin{bmatrix} A & B \\ C & D \end{bmatrix} = \begin{bmatrix} \frac{1}{n} & 0 \\ 0 & n \end{bmatrix}$$

답 ①

**108** 다음 그림은 이상적인 gyrator로서 4단자 정수 $A$, $B$, $C$, $D$ 파라미터 행렬은?

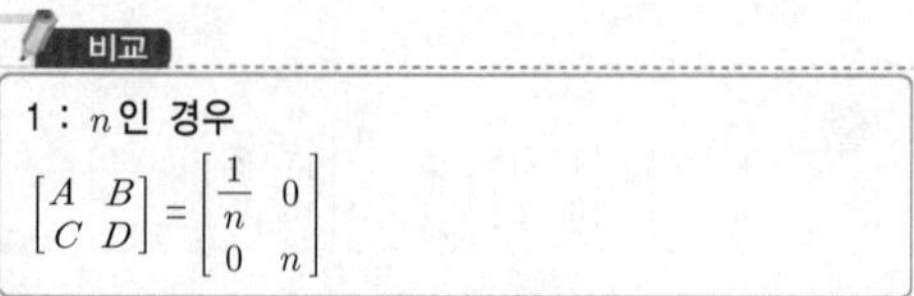

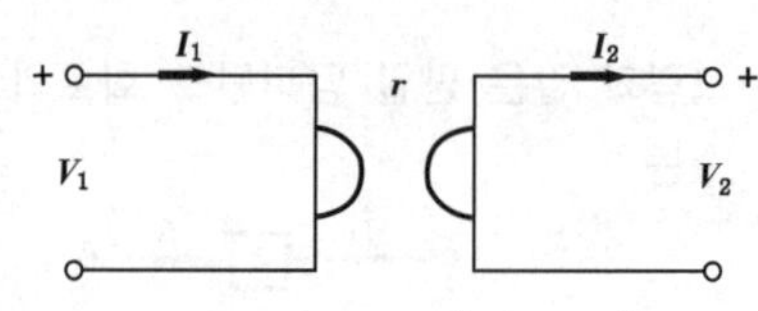


① $\begin{bmatrix} 0 & r \\ -r & 1 \end{bmatrix}$　② $\begin{bmatrix} 0 & r \\ -\frac{1}{r} & 0 \end{bmatrix}$

③ $\begin{bmatrix} 0 & r \\ \frac{1}{r} & 0 \end{bmatrix}$　④ $\begin{bmatrix} 1 & r \\ -r & 0 \end{bmatrix}$

해설

$$\begin{bmatrix} A & B \\ C & D \end{bmatrix} = \begin{bmatrix} 0 & r \\ \frac{1}{r} & 0 \end{bmatrix}$$

※ **자이레이터**(gyrator) : 고주파를 발생시키는 회로의 일종

답 ③

**109** 그림과 같은 회로의 영상 임피던스 $Z_{01}$, $Z_{02}$는?

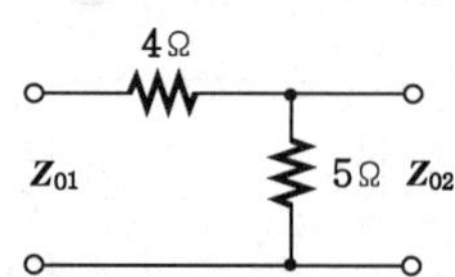


① $Z_{01}=9\,\Omega$, $Z_{02}=5\,\Omega$

② $Z_{01}=4\,\Omega$, $Z_{02}=5\,\Omega$

③ $Z_{01}=4\,\Omega$, $Z_{02}=\frac{20}{9}\,\Omega$

④ $Z_{01}=6\,\Omega$, $Z_{02}=\frac{10}{3}\,\Omega$

해설

$$\begin{bmatrix} A & B \\ C & D \end{bmatrix} = \begin{bmatrix} 1 & 4 \\ 0 & 1 \end{bmatrix} \begin{bmatrix} 1 & 0 \\ \frac{1}{5} & 1 \end{bmatrix} = \begin{bmatrix} \frac{9}{5} & 4 \\ \frac{1}{5} & 1 \end{bmatrix}$$

**영상 임피던스**

$$Z_{01}=\sqrt{\frac{AB}{CD}}\,[\Omega],\quad Z_{02}=\sqrt{\frac{BD}{AC}}\,[\Omega]$$

$$\therefore Z_{01}=\sqrt{\frac{AB}{CD}}=\sqrt{\frac{\frac{9}{5}\times 4}{\frac{1}{5}\times 1}}=6\,\Omega$$

$$\therefore Z_{02}=\sqrt{\frac{BD}{AC}}=\sqrt{\frac{4\times 1}{\frac{9}{5}\times\frac{1}{5}}}=\frac{10}{3}\,\Omega$$

답 ④

**110** 그림과 같은 회로의 영상임피던스 $Z_{01}$과 $Z_{02}$의 값은 몇 Ω인가?

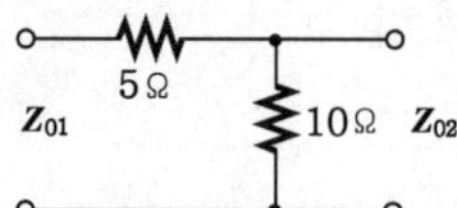

① $Z_{01}: 5\sqrt{3}$, $Z_{02}: \dfrac{1}{10\sqrt{3}}$

② $Z_{01}: \dfrac{10}{\sqrt{3}}$, $Z_{02}: 5\sqrt{3}$

③ $Z_{01}: 5\sqrt{3}$, $Z_{02}: \dfrac{10}{\sqrt{3}}$

④ $Z_{01}: \dfrac{1}{10\sqrt{3}}$, $Z_{02}: 5\sqrt{3}$

해설 **문제 109 참조**

$$\begin{bmatrix} A & B \\ C & D \end{bmatrix} = \begin{bmatrix} 1 & 5 \\ 0 & 1 \end{bmatrix} \begin{bmatrix} 1 & 0 \\ \frac{1}{10} & 1 \end{bmatrix} = \begin{bmatrix} \frac{15}{10} & 5 \\ \frac{1}{10} & 1 \end{bmatrix}$$

$$\therefore Z_{01} = \sqrt{\frac{AB}{CD}} = \sqrt{\frac{\frac{15}{10}\times 5}{\frac{1}{10}\times 1}} = 5\sqrt{3}$$

$$\therefore Z_{02} = \sqrt{\frac{BD}{AC}} = \sqrt{\frac{5\times 1}{\frac{15}{10}\times\frac{1}{10}}} = \frac{10}{\sqrt{3}}$$

답 ③

**111** 영상 임피던스 전달정수 $Z_{01}$, $Z_{02}$, $\theta$와 4단자 회로망의 정수 $A$, $B$, $C$, $D$와의 관계식 중 옳지 않은 것은?

① $A = \sqrt{\dfrac{Z_{01}}{Z_{02}}}\cosh\theta$

② $B = \sqrt{Z_{01}Z_{02}}\sinh\theta$

③ $C = \dfrac{1}{\sqrt{Z_{01}Z_{02}}}\cosh\theta$

④ $D = \sqrt{\dfrac{Z_{02}}{Z_{01}}}\cosh\theta$

해설

③ $C = \dfrac{1}{\sqrt{Z_{01}Z_{02}}}\sinh\theta$

답 ③

**112** 단위길이당 임피던스 및 어드미턴스가 각각 $Z$ 및 $Y$인 전송선로의 특성 임피던스는?

① $\sqrt{ZY}$　　② $\sqrt{\dfrac{Z}{Y}}$

③ $\sqrt{\dfrac{Y}{Z}}$　　④ $\dfrac{Y}{Z}$

해설 **특성 임피던스**

$$Z_o = \sqrt{\frac{Z}{Y}} = \sqrt{\frac{R+j\omega L}{G+j\omega C}} = \sqrt{\frac{L}{C}}\,[\Omega]$$

여기서, $Z_o$ : 특성임피던스[Ω]
$Z$ : 임피던스[Ω]
$Y$ : 어드미턴스[℧]
$R$ : 저항[Ω]
$L$ : 인덕턴스[H]
$G$ : 콘덕턴스[℧]
$C$ : 정전용량[F]

답 ②

**113** 단위길이당 인덕턴스 및 커패시턴스가 각각 $L$ 및 $C$일 때 고주파 전송 선로의 특성 임피던스는?

① $\dfrac{L}{C}$　　② $\dfrac{C}{L}$

③ $\sqrt{\dfrac{C}{L}}$　　④ $\sqrt{\dfrac{L}{C}}$

해설 **문제 112 참조**

답 ④

**114** 전송선로에서 무손실일 때, $L$=96mH, $C$=0.6μF이면 특성 임피던스(Ω)는?

① 500　　② 400

③ 300　　④ 200

해설 **문제 112 참조**
**특성임피던스 $Z_o$는**

$$Z_o = \sqrt{\frac{L}{C}} = \sqrt{\frac{96\times10^{-3}}{0.6\times10^{-6}}} = 400\,\Omega$$

- 96mH = $96\times10^{-3}$H
- 0.6μF = $0.6\times10^{-6}$F

답 ②

**115** 단위길이당 임피던스 및 어드미턴스가 각각 $Z$ 및 $Y$인 전송선로의 전파정수 $\gamma$는?

① $\sqrt{\dfrac{Z}{Y}}$　　② $\sqrt{\dfrac{Y}{Z}}$

③ $\sqrt{YZ}$　　④ YZ

해설 **전파정수**

$$\gamma = \alpha + j\beta = \sqrt{ZY} = \sqrt{(R+j\omega L)(G+j\omega C)}$$

여기서, $\gamma$ : 전파정수
$\alpha$ : 감쇠정수[dB/m]
$\beta$ : 위상정수[rad/m]
$Z$ : 임피던스[Ω]
$Y$ : 어드미턴스[℧]
$R$ : 저항[Ω]
$L$ : 인덕턴스[H]
$G$ : 콘덕턴스[℧]
$C$ : 정전용량[F]

답 ③

**116** 무손실 선로에서 옳지 않은 것은?

① $G=0$　　② $\alpha=0$

③ $Z = \sqrt{\dfrac{L}{C}}$　　④ $\beta = \sqrt{LC}$

**해설** **무손실선로**

④ $\beta = \omega\sqrt{LC}$

**답** ④

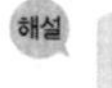

## 117 무손실 선로가 되기 위한 조건 중 옳지 않은 것은?

① $Z_o = \sqrt{\dfrac{L}{C}}$ ② $\gamma = \sqrt{ZY}$

③ $\alpha = \omega\sqrt{LC}$ ④ $v = \sqrt{\dfrac{1}{LC}}$

**해설**

③ $\alpha = 0$

**답** ③

## 118 분포정수회로에서 위상정수가 $\beta$라 할 때 파장 $\lambda$는?

① $2\pi\beta$ ② $\dfrac{2\pi}{\beta}$

③ $4\pi\beta$ ④ $\dfrac{4\pi}{\beta}$

**해설** **파장**

$$\lambda = \frac{2\pi}{\beta} = \frac{2\pi}{\omega\sqrt{LC}} = \frac{1}{f\sqrt{LC}} \text{ [m]}$$

여기서, $\lambda$ : 파장[m]

$\beta$ : 위상정수[rad/m]

$\omega$ : 각주파수[rad/s]

$L$ : 인덕턴스[H]

$C$ : 정전용량[F]

$f$ : 주파수[Hz]

**답** ②

## 119 파장 300m인 전파의 주파수는 몇 kHz인가?

① 100kHz ② 1000kHz

③ 10000kHz ④ $10^6$kHz

**해설** **문제 118 참조**

$\lambda = \dfrac{1}{f\sqrt{LC}} = \dfrac{3\times10^8}{f}$ 에서

**주파수** $f$는

$$\therefore f = \frac{3\times10^8}{\lambda} = \frac{3\times10^8}{300} = 10^6\text{Hz}$$

$= 1000\times10^3$Hz

$= 1000$kHz

$\dfrac{1}{\sqrt{LC}} = 3\times10^8$m/s

**답** ②

## 120 위상정수가 $\dfrac{\pi}{4}$[rad/m]인 전송선로에서 10MHz에 대한 파장(m)은?

① 10 ② 8

③ 6 ④ 4

**해설** **문제 118 참조**

파장 $\lambda = \dfrac{2\pi}{\beta} = \dfrac{2\pi}{\frac{\pi}{4}} = 8$m

**답** ②

## 121 분포정수회로에서 무왜형 조건이 성립하면 어떻게 되는가?

① 감쇠량이 최소로 된다.

② 감쇠량은 주파수에 비례한다.

③ 전파속도가 최대로 된다.

④ 위상정수는 주파수에 무관하여 일정하다.

**해설**

① 무왜형 조건이 성립하면 **감쇠량**이 **최소**가 된다.

무왜형 조건＝무왜조건

**답** ①

## 122 전송선로의 특성 임피던스가 50Ω이고 부하저항이 150Ω이면 부하에서의 반사계수는?

① 0 ② 0.5

③ 0.7 ④ 1

**해설** **반사계수**

$$\rho = \frac{Z_L - Z_O}{Z_L + Z_O}$$

여기서, $\rho$ : 반사계수

$Z_L$ : 부하저항[Ω]

$Z_o$ : 특성임피던스[Ω]

**반사계수** $\rho$는

$$\rho = \frac{Z_L - Z_O}{Z_L + Z_O} = \frac{150-50}{150+50} = 0.5$$

**답** ②

## 123 다음 중 적산전력계의 시험방법이 아닌 것은?

① 오차시험

② 잠동(creeping)시험

③ 무부하시험

④ 시동전류시험

**해설** **적산전력계**의 **시험**

① 잠동(creeping)시험

② 오차시험

③ 시동전류시험

④ 계량장치시험

**답** ③

## 허물을 덮어주세요

어느 화가가 알렉산드로스 대왕의 초상화를 그리기로 한 후 고민에 빠졌습니다. 왜냐하면 대왕의 이마에는 추하기 짝이 없는 상처가 있었기 때문입니다.

화가는 대왕의 상처를 그대로 화폭에 담고 싶지는 않았습니다.

대왕의 위엄에 손상을 입히고 싶지 않았기 때문이죠.

그러나 상처를 그리지 않는다면 그 초상화는 진실한 것이 되지 못하므로 화가 자신의 신망은 여지없이 땅에 떨어지고 말 것입니다.

화가는 고민 끝에 한 가지 방법을 생각해냈습니다.

대왕이 이마에 손을 짚고 쉬고 있는 모습을 그려야겠다고 생각한 것입니다.

다른 사람의 상처를 보셨다면 그의 허물을 가려줄 방법을 생각해 봐야 하지 않을까요? 사랑은 허다한 허물을 덮는다고 합니다.

• 「지하철 사랑의 편지」 중에서 •

# 출제경향분석

CHAPTER 05~08

# 제어회로 및 전기기기

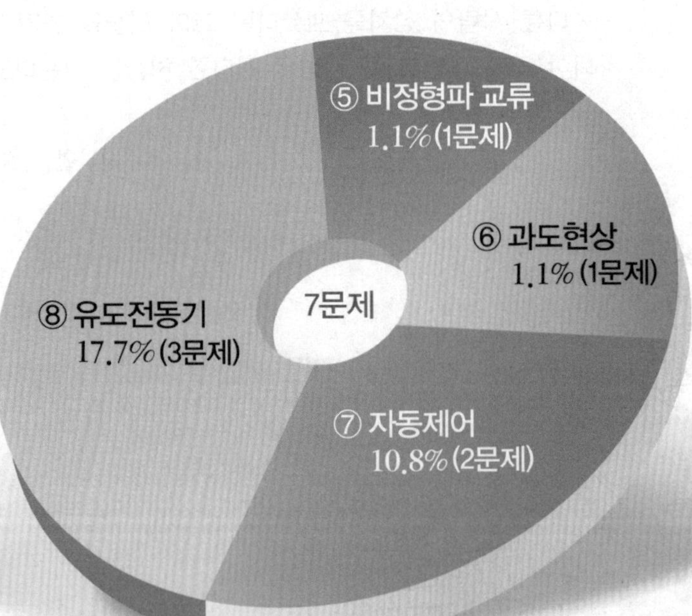

CHAPTER
# 05. 비정현파 교류

출제확률  (1문제)

**01** 비정현파 교류를 나타내는 식은?

① 기본파 + 고조파 + 직류분
② 기본파 + 직류분 − 고조파
③ 직류분 + 고조파 − 기본파
④ 교류분 + 기본파 + 고조파

해설 비정현파 = (직류분) + (기본파) + (고조파)

※ **비정현파 교류** : 파형이 일그러져 정현파가 되지 않는 교류

답 ①

**02** 비정현파를 여러 개의 정현파의 합으로 표시하는 방법은?

① 키르히호프의 법칙
② 노튼의 정리
③ 푸리에 분석
④ 테일러의 분석

해설 **푸리에 급수**
(1) 주기적인 비정현파를 해석하기 위한 급수
(2) 비정현파를 여러 개의 정현파의 합으로 표시하는 방법

푸리에 급수 = 푸리에 분석

답 ③

**03** 비정현파의 푸리에 급수에 의한 전개에서 옳게 전개한 $f(t)$는?

① $\sum_{n=1}^{\infty} a_n \sin n\omega t + \sum_{n=1}^{\infty} b_n \sin n\omega t$

② $\sum_{n=1}^{\infty} a_n \sin n\omega t + \sum_{n=1}^{\infty} b_n \cos n\omega t$

③ $a_o + \sum_{n=1}^{\infty} a_n \cos n\omega t + \sum_{n=1}^{\infty} b_n \sin n\omega t$

④ $\sum_{n=1}^{\infty} a_n \cos n\omega t + \sum_{n=1}^{\infty} b_n \cos n\omega t$

해설 **문제 1 참조**
푸리에 급수에 의한 전개식은 $a_o$인 직류분을 포함한다.

답 ③

**04** 주기적인 구형파의 신호는 그 주파수 성분이 어떻게 되는가?

① 무수히 많은 주파수의 성분을 가진다.
② 주파수 성분을 갖지 않는다.
③ 직류분만으로 구성된다.
④ 교류합성을 갖지 않는다.

해설 ① 주기적인 비정현파는 무수히 많은 주파수 성분을 가진다.

답 ①

**05** 그림과 같은 톱니파형의 실효값은?

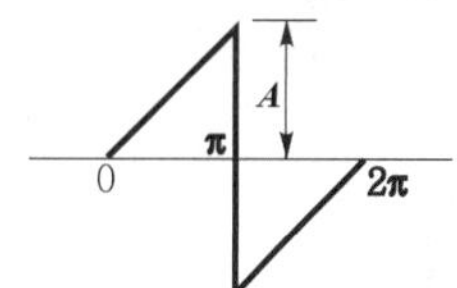


① $\frac{A}{\sqrt{3}}$　② $\frac{A}{\sqrt{2}}$
③ $\frac{A}{3}$　④ $\frac{A}{2}$

해설 톱니파는 삼각파와 실효값이 같으며, $\frac{A}{\sqrt{3}}$ 이다.

 중요

**최대값 · 실효값 · 평균값**

| 파형 | 최대값 | 실효값 | 평균값 |
|---|---|---|---|
| • 정현파<br>• 전파정류파 | $V_m$ | $\frac{V_m}{\sqrt{2}}$ | $\frac{2V_m}{\pi}$ |
| • 반구형파 | $V_m$ | $\frac{V_m}{\sqrt{2}}$ | $\frac{V_m}{2}$ |
| • 삼각파(3각파)<br>• 톱니파 | $V_m$ | $\frac{V_m}{\sqrt{3}}$ | $\frac{V_m}{2}$ |
| • 구형파 | $V_m$ | $V_m$ | $V_m$ |
| • 반파정류파 | $V_m$ | $\frac{V_m}{2}$ | $\frac{V_m}{\pi}$ |

여기서, $V_m$ : 최대값[V]

답 ①

**06** 그림과 같이 시간축에 대하여 대칭인 3각파 교류전압의 평균값(V)은?

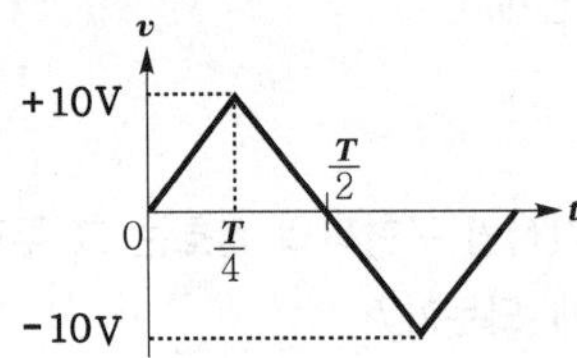


① 5.77 ② 5
③ 10 ④ 6

해설 **문제 5 참조**
3각파의 평균값은 $V_{av}$는
$\therefore V_{av} = \frac{V_m}{2} = \frac{10}{2} = 5\text{V}$

답 ②

**07** 3각파의 최대값이 1이라면 실효값, 평균값은 각각 얼마인가?

① $\frac{1}{\sqrt{2}}$, $\frac{1}{\sqrt{3}}$
② $\frac{1}{\sqrt{3}}$, $\frac{1}{2}$
③ $\frac{1}{\sqrt{2}}$, $\frac{1}{2}$
④ $\frac{1}{\sqrt{2}}$, $\frac{1}{3}$

해설 **문제 5 참조**
(1) **실효값** $V$는
$V = \frac{V_m}{\sqrt{3}} = \frac{1}{\sqrt{3}}$
(2) **평균값** $V_{av}$는
$V_{av} = \frac{V_m}{2} = \frac{1}{2}$

답 ②

**08** 그림과 같은 구형파 전압의 평균값은?

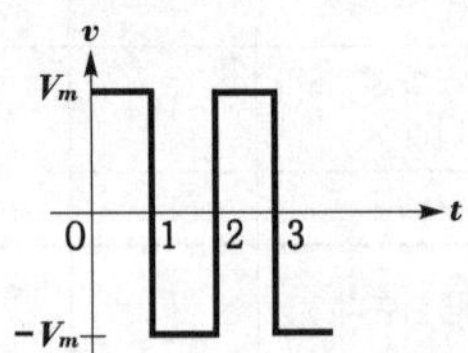


① $\frac{V_m}{2}$ ② $\frac{V_m}{\sqrt{2}}$
③ $\frac{V_m}{\sqrt{3}}$ ④ $V_m$

해설 **문제 5 참조**
구형파의 평균값은 $V_{av}$는
$\therefore V_{av} = V_m$
여기서, $V_m$ : 최대값[V]

답 ④

★★★
**09** 반파정류정현파의 최대치가 1일 때, 실효치와 평균치는?

① $\frac{1}{\sqrt{2}}$, $\frac{2}{\pi}$ ② $\frac{1}{2}$, $\frac{\pi}{2}$
③ $\frac{1}{\sqrt{2}}$, $\frac{\pi}{2\sqrt{2}}$ ④ $\frac{1}{2}$, $\frac{1}{\pi}$

해설 **문제 5 참조**
(1) **실효값** $V$는
$V = \frac{V_m}{2} = \frac{1}{2}$
(2) **평균값** $V_{av}$는
$V_{av} = \frac{V_m}{\pi} = \frac{1}{\pi}$

반파정류정현파 = 반파정류파

답 ④

**10** 전파 정류파의 파형률은?

① 1 ② 1.11
③ 1.155 ④ 1.414

해설 **문제 5 참조**
(1) **전파정류파** 실효값 · 평균값
$V = \frac{V_m}{\sqrt{2}}$, $V_{av} = \frac{2V_m}{\pi}$
(2) **전파정류파**의 파형률은

$$\text{파형률} = \frac{\text{실효값}}{\text{평균값}} = \frac{\frac{V_m}{\sqrt{2}}}{\frac{2V_m}{\pi}} = \frac{\pi}{2\sqrt{2}} = 1.11$$

중요

$$\text{파형률} = \frac{\text{실효값}}{\text{평균값}}$$
$$\text{파고율} = \frac{\text{최대값}}{\text{실효값}}$$

답 ②

**11** 정현파 교류의 실효값을 구하는 식이 잘못된 것은?

① $\sqrt{\frac{1}{T}\int_0^T i^2 dt}$ ② 파고율×평균값
③ $\frac{\text{최대값}}{\sqrt{2}}$ ④ $\frac{\pi}{2\sqrt{2}}$×평균값

해설 **문제 10 참조**
$\text{파형률} = \frac{\text{실효값}}{\text{평균값}}$ 이므로 실효값=파형률×평균값

답 ②

**12** 그림 중 파형률이 1.15가 되는 파형은?

①
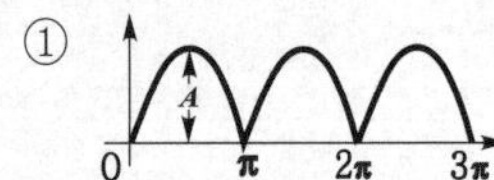

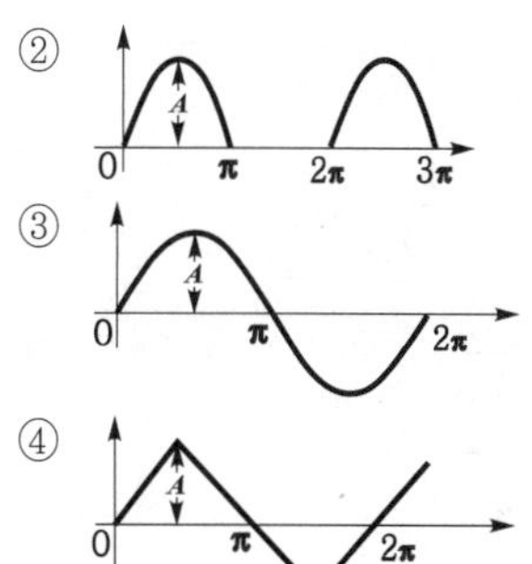


**해설** **문제 5.10 참조**
삼각파의 파형률은

$$\text{파형률} = \frac{\text{실효값}}{\text{평균값}} = \frac{\frac{V_m}{\sqrt{3}}}{\frac{V_m}{2}} = 1.1547 \fallingdotseq 1.15$$

**중요**

**파형률 · 파고율**

| 파형 | 파형률 | 파고율 |
|---|---|---|
| • 정현파<br>• 전파정류파 | 1.11 | 1.414 |
| • 삼각파(3각파)<br>• 톱니파 | 1.155 | 1.732 |
| • 구형파 | 1 | 1 |
| • 반파정류파 | 1.57 | 2 |

답 ④

**13** 다음의 비정현 주기파 중 고조파의 감소율이 가장 적은 것은? (단, 정류파는 정현파의 정류파를 뜻한다.)

① 구형파
② 삼각파
③ 반파정류파
④ 전파정류파

**해설** **구형파**는 고조파의 **감소율**이 가장 **적다**. 그러므로 이 구형파는 우리가 일반적으로 말하는 **디지털신호**로서 **데이터전송**시에 주로 사용된다.

답 ①

**14** 정현파의 파고율은?

① 1 ② 1.11
③ 1.55 ④ 1.414

**해설** **문제 5.10 참조**
정현파의 파고율은

$$\text{파고율} = \frac{\text{최대값}}{\text{실효값}} = \frac{V_m}{\frac{V_m}{\sqrt{2}}} = \sqrt{2} = 1.414$$

답 ④

**15** 그림과 같은 파형의 파고율은 얼마인가?

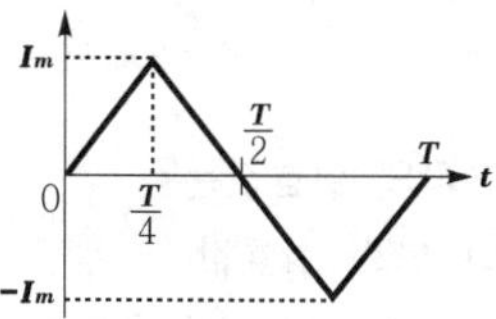


① $1/\sqrt{3}$ ② $2/\sqrt{3}$
③ $\sqrt{3}$ ④ $\sqrt{6}$

**해설** **문제 5.10 참조**

**삼각파**의 $\text{파고율} = \frac{\text{최대값}}{\text{실효값}} = \frac{I_m}{\frac{I_m}{\sqrt{3}}} = \sqrt{3}$

답 ③

**16** 그림과 같은 파형의 파고율은?

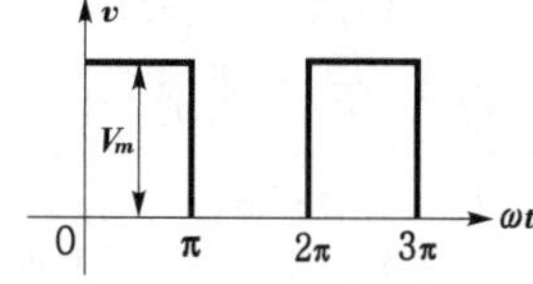


① $\sqrt{2}$ ② $\sqrt{3}$
③ 2 ④ 3

**해설** **문제 5.10 참조**
**반구형파**

$$\text{파고율} = \frac{\text{최대값}}{\text{실효값}} = \frac{V_m}{\frac{V_m}{\sqrt{2}}} = \sqrt{2}$$

답 ①

**17** 그림과 같은 파형의 파고율은 얼마인가?

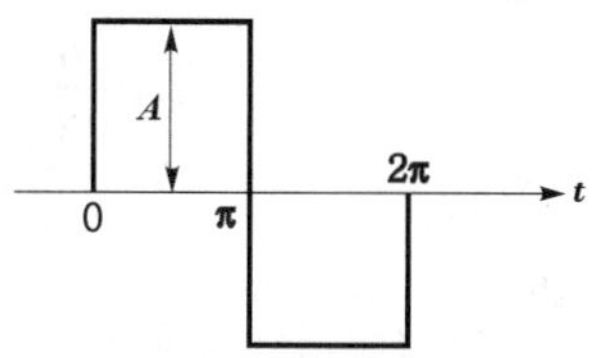


① 2.828 ② 1.732
③ 1.414 ④ 1

**해설** **문제 5.10 참조**
위 그림은 **구형파**이므로 $\text{파고율} = \frac{\text{최대값}}{\text{실효값}} = \frac{V_m}{V_m} = 1$

답 ④

**18** 3각파에서 평균값이 100V, 파형률이 1.155, 파고율이 1.732일 때 이 3각파의 최대값(V)은?

① 173.2 ② 200.0
③ 186.5 ④ 220.6

**해설** **문제 5 참조**
**삼각파**에서 **평균값** $V_{av}$는

$V_{av} = \frac{V_m}{2}$

$\therefore V_m = 2V_{av} = 2 \times 100 = 200$V

답 ②

**19** 비정현파의 실효값은?

① 최대파의 실효값
② 각 고조파의 실효값의 합
③ 각 고조파 실효값의 합의 제곱근
④ 각 파의 실효값의 제곱의 합의 제곱근

해설 **비정현파**의 **실효값**

$$V = \sqrt{V_0^2 + \left(\frac{V_{m1}}{\sqrt{2}}\right)^2 + \left(\frac{V_{m2}}{\sqrt{2}}\right)^2 + \cdots + \left(\frac{V_{mn}}{\sqrt{2}}\right)^2}$$

$$= \sqrt{V_0^2 + V_1^2 + V_2^2 + \cdots + V_n^2} \text{ [V]}$$

$$I = \sqrt{I_0^2 + \left(\frac{I_{m1}}{\sqrt{2}}\right)^2 + \left(\frac{I_{m2}}{\sqrt{2}}\right)^2 + \cdots + \left(\frac{I_{mn}}{\sqrt{2}}\right)^2}$$

$$= \sqrt{I_0^2 + I_1^2 + I_2^2 + \cdots + I_n^2} \text{ [A]}$$

여기서, $V_0$ : 직류분전압[V]
$V_{m1}$, $V_{m2}$, $V_{mn}$ : 각 고조파의 전압의 최대값[V]
$I$ : 직류분전류[A]
$I_{m1}$, $I_{m2}$, $I_{mn}$ : 각 고조파의 전류의 최대값[A]

**실효값** $V$는

$V = \sqrt{{V_0}^2 + {V_1}^2 + {V_2}^2 + \cdots\cdots + {V_n}^2}$ [V]

즉, 각파의 실효값의 제곱의 합의 제곱근이다.

답 ④

**20** 정현파 교류의 전압과 전류가 파고값으로 $V$[V], $I$[A]라 할 때 피상전력(VA)은 실효값으로 어떻게 되는가?

① $\frac{VI}{2}$　② $\frac{VI}{\sqrt{2}}$
③ $\sqrt{2}\,VI$　④ 2VI

해설 **피상전력**

$$P_a = V \cdot I = \sqrt{\left(\frac{V_m}{\sqrt{2}}\right)^2} \cdot \sqrt{\left(\frac{I_m}{\sqrt{2}}\right)^2}$$

여기서, $P_a$ : 피상전력[VA]
$V$ : 전압의 실효값[V]
$I$ : 전류의 실효값[A]
$V_m$ : 전압의 최대값[V]
$I_m$ : 전류의 최대값[A]

최대값 = 파고값

**피상전력** $P_a$는

$P_a = V \cdot I = \sqrt{\left(\frac{V}{\sqrt{2}}\right)^2} \cdot \sqrt{\left(\frac{I}{\sqrt{2}}\right)^2} = \frac{VI}{2}$ [VA]

답 ①

**21** $v = V_{m1}\sin\omega t + V_{m2}\sin 2\omega t$[V]로 표시되는 기전력의 실효값(V)은?

① $\frac{1}{\sqrt{2}}({V_{m1}}^2 + {V_{m2}}^2)$
② $\frac{1}{\sqrt{2}}\sqrt{{V_{m1}}^2 + {V_{m2}}^2}$
③ $\sqrt{{V_{m1}}^2 + {V_{m2}}^2}$
④ $\sqrt{2}\sqrt{{V_{m1}}^2 + {V_{m2}}^2}$

해설 **문제 19 참조**
**실효값** $V$는

$V = \sqrt{\left(\frac{V_{m1}}{\sqrt{2}}\right)^2 + \left(\frac{V_{m2}}{\sqrt{2}}\right)^2} = \frac{1}{\sqrt{2}}\sqrt{{V_{m1}}^2 + {V_{m2}}^2}$ [V]

답 ②

**22** 비정현파의 전압 $v = \sqrt{2}\cdot 100\sin\omega t + \sqrt{2}\cdot 50\sin 2\omega t + \sqrt{2}\cdot 30\sin 3\omega t$[V]일 때 실효전압(V)은?

① $100 + 50 + 30 = 80$
② $\sqrt{100 + 50 + 30} = 13.4$
③ $\sqrt{100^2 + 50^2 + 30^2} = 115.8$
④ $\frac{\sqrt{100^2 + 50^2 + 30^2}}{3} = 38.6$

해설 **문제 19 참조**
**실효전압** $V$는

$$V = \sqrt{\left(\frac{V_{m1}}{\sqrt{2}}\right)^2 + \left(\frac{V_{m2}}{\sqrt{2}}\right)^2 + \left(\frac{V_{m3}}{\sqrt{2}}\right)^2}$$

$$= \sqrt{\left(\frac{\sqrt{2}\cdot 100}{\sqrt{2}}\right)^2 + \left(\frac{\sqrt{2}\cdot 50}{\sqrt{2}}\right)^2 + \left(\frac{\sqrt{2}\cdot 30}{\sqrt{2}}\right)^2}$$

$$= \sqrt{100^2 + 50^2 + 30^2} = 115.76\text{V}$$

답 ③

**23** $v(t) = 50 + 30\sin\omega t$[V]의 실효값 $V$는 몇 V인가?

① 약 50.3　② 약 62.3
③ 약 54.3　④ 약 58.3

해설 **문제 19 참조**
$V(t) = V_0 + V_m\sin\omega t$에서

**실효값** $V$는

$V = \sqrt{V_0^2 + \left(\frac{V_m}{\sqrt{2}}\right)^2} = \sqrt{50^2 + \left(\frac{30}{\sqrt{2}}\right)^2} = 54.31$V

답 ③

**24** ★★ 전압 $v = 10 + 10\sqrt{2}\sin\omega t + 10\sqrt{2}\sin 3\omega t + 10\sqrt{2}\sin 5\omega t$[V]일 때 실효값(V)은?

① 10　② 14.14
③ 17.32　④ 20

해설 **문제 19 참조**

$V = V_0 + V_{m1}\sin\omega t + V_{m2}\sin 3\omega t + V_{m3}\sin 5\omega t$

**실효값** $V$는

$$V = \sqrt{V_0^2 + \left(\frac{V_{m1}}{\sqrt{2}}\right)^2 + \left(\frac{V_{m2}}{\sqrt{2}}\right)^2 + \left(\frac{V_{m3}}{\sqrt{2}}\right)^2}$$

$$= \sqrt{10^2 + \left(\frac{10\sqrt{2}}{\sqrt{2}}\right)^2 + \left(\frac{10\sqrt{2}}{\sqrt{2}}\right)^2 + \left(\frac{10\sqrt{2}}{\sqrt{2}}\right)^2}$$

$$= \sqrt{10^2 + 10^2 + 10^2 + 10^2} = 20\text{V}$$

답 ④

**25** 그림과 같은 회로에서 $E_d = 14$V, $E_m = 48\sqrt{2}$ V, $R = 20\,\Omega$인 전류의 실효값(A)은?

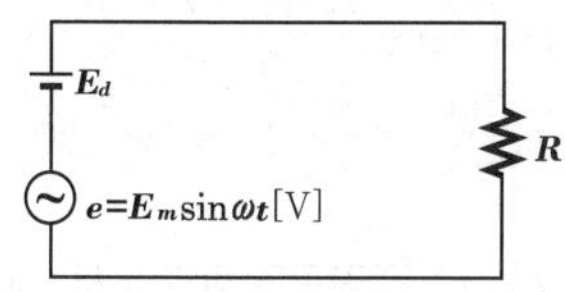


① 약 2.5 ② 약 2.2
③ 약 2.0 ④ 약 1.5

해설 **문제 19 참조**

$$I = \frac{V}{R} = \frac{\sqrt{V_0^2 + \left(\frac{V_m}{\sqrt{2}}\right)^2}}{R}$$

**전류**의 **실효값** $I$는

$$I = \frac{V}{R} = \frac{\sqrt{14^2 + \left(\frac{48\sqrt{2}}{\sqrt{2}}\right)^2}}{20} = 2.5\text{A}$$

답 ①

**26** 왜형률이란 무엇인가?

① $\dfrac{\text{전 고조파의 실효값}}{\text{기본파의 실효값}}$

② $\dfrac{\text{전 고조파의 평균값}}{\text{기본파의 평균값}}$

③ $\dfrac{\text{제3고조파의 실효값}}{\text{기본파의 실효값}}$

④ $\dfrac{\text{우수 고조파의 실효값}}{\text{기수 고조파의 실효값}}$

해설 **왜형률** $= \dfrac{\text{전 고조파의 실효값}}{\text{기본파의 실효값}}$

$$= \frac{\sqrt{I_2^2 + I_3^2 + \cdots\cdots + I_n^2}}{I_1}$$

또는 **왜형률** $= \dfrac{\text{전 고조파의 실효값}}{\text{기본파의 실효값}}$

$$= \frac{\sqrt{V_2^2 + V_3^2 + \cdots\cdots + V_n^2}}{V_1}$$

※ **왜형률** : 전고조파의 실효값을 기본파의 실효값으로 나눈 값으로 파형의 일그러짐 정도를 나타낸다.

답 ①

**27** 왜형파 전압 $v = 100\sqrt{2}\sin\omega t + 50\sqrt{2}\sin 2\omega t + 30\sqrt{2}\sin 3\omega t$의 왜형률을 구하면?

① 1.0 ② 0.8
③ 0.5 ④ 0.3

해설 **문제 26 참조**

**왜형률** $D$는

$$D = \frac{\sqrt{\left(\frac{V_{m2}}{\sqrt{2}}\right)^2 + \left(\frac{V_{m3}}{\sqrt{2}}\right)^2}}{\frac{V_{m1}}{\sqrt{2}}}$$

$$= \frac{\sqrt{V_2^2 + V_3^2}}{V_1} = \frac{\sqrt{50^2 + 30^2}}{100} = 0.58$$

답 ③

**28** 기본파의 40%인 제3고조파와 30%인 제5고조파를 포함하는 전압파의 왜형률은?

① 0.3 ② 0.5
③ 0.7 ④ 0.9

해설 **문제 26 참조**

$$D = \frac{\sqrt{V_3^2 + V_5^2}}{V_1} = \frac{\sqrt{40^2 + 30^2}}{100} = 0.5$$

답 ②

**29** 기본파의 30%인 제3고조파와 20%인 제5고조파를 포함하는 전압파의 왜형률은?

① 0.23 ② 0.46
③ 0.33 ④ 0.36

해설 **문제 26 참조**

$$D = \frac{\sqrt{V_3^2 + V_5^2}}{V_1} = \frac{\sqrt{30^2 + 20^2}}{100} = 0.36$$

답 ④

**30** 어떤 회로에 전압 $v(t) = V_m\cos(\omega t + \theta)$를 가했더니 전류 $i(t) = I_m\cos(\omega t + \theta + \phi)$가 흘렀다. 이때에 회로에 유입하는 평균전력은?

① $\dfrac{1}{4}V_m I_m\cos\phi$ ② $\dfrac{1}{2}V_m I_m\cos\phi$

③ $\dfrac{V_m I_m}{\sqrt{2}}$ ④ $V_m I_m\sin\phi$

해설 **평균전력**

$$P = \frac{V_m}{\sqrt{2}} \cdot \frac{I_m}{\sqrt{2}}\cos\phi$$

여기서, $P$ : 평균전력[W]
$V_m$ : 전압의 최대값[V]
$I_m$ : 전류의 최대값[A]
$\phi$ : 위상차[rad]

**평균전력** $P$는

$$P = \frac{V_m}{\sqrt{2}} \cdot \frac{I_m}{\sqrt{2}}\cos\phi = \frac{1}{2}V_m I_m\cos\phi$$

답 ②

**31** 어떤 회로에 전압 $v$ 와 전류 $i$ 가 각각 $v = 100\sqrt{2}\sin\left(377t+\frac{\pi}{3}\right)$ [V], $i=\sqrt{8}\sin\left(377t+\frac{\pi}{6}\right)$ [A] 일 때 소비전력(W)은?

① 100 ② $200\sqrt{3}$
③ 300 ④ $100\sqrt{3}$

**해설** **문제 30 참조**
**소비전력** $P$는

$$P=\frac{V_m}{\sqrt{2}}\cdot\frac{I_m}{\sqrt{2}}\cos\theta$$
$$=\frac{100\sqrt{2}}{\sqrt{2}}\times\frac{\sqrt{8}}{\sqrt{2}}\times\cos(60°-30°)=100\sqrt{3}\text{ W}$$

소비전력 ＝평균전력=유효전력

$\pi=180°$

(1) $\pi : 180° = \frac{\pi}{3} : \square$

$\square\pi=\frac{\pi}{3}\times180°$

$\square=\frac{\pi}{3\pi}\times180°=60°$

(2) $\pi : 180° = \frac{\pi}{6} : \square$

$\square\pi=\frac{\pi}{6}\times180°$

$\square=\frac{\pi}{6\pi}\times180°=30°$

답 ④

**32** $v=10\sin 10t+20\sin 20t$ [V], $i=20\sin 10t+10\sin 20t$ [A]일 경우 소비전력(W)은?

① 400 ② 200
③ 40 ④ 20

**해설** **문제 30 참조**
**소비전력** $P$는

$$P=\frac{V_{m1}}{\sqrt{2}}\cdot\frac{I_{m1}}{\sqrt{2}}+\frac{V_{m2}}{\sqrt{2}}\cdot\frac{I_{m2}}{\sqrt{2}}$$
$$=\frac{10}{\sqrt{2}}\cdot\frac{20}{\sqrt{2}}+\frac{20}{\sqrt{2}}\cdot\frac{10}{\sqrt{2}}=200\text{W}$$

답 ②

**33** $V=141.4\sin\left(314t+\frac{\pi}{6}\right)$ [V], $i=4.24\cos\left(314t-\frac{\pi}{6}\right)$ [A]에서 소비전력은 몇 W인가?

① 240 ② 260
③ 280 ④ 300

**해설** **문제 30 참조**

(1) **전압** $V$는

$v=141.4\sin(314t+\frac{\pi}{6})$
$=141.4\sin(314t+30°)$

(2) **전류** $i$는

$i=4.24\cos(314t-\frac{\pi}{6})$
$=4.24\cos(314t-30°)$
$=4.24\sin(314t-30°+90°)$
$=4.24\sin(314t+60°)$

전압과 전류의 위상차 $\theta=60°-30°=30°$

(3) **소비전력** $P$는

$$P=VI\cos\theta=\frac{V_m}{\sqrt{2}}\cdot\frac{I_m}{\sqrt{2}}\cos\theta$$
$$=\frac{141.4}{\sqrt{2}}\times\frac{4.24}{\sqrt{2}}\times\cos30°\fallingdotseq 260\text{W}$$

답 ②

**34** $R-L-C$ 직렬공진회로에서 제 $n$고조파의 공진 주파수 $f_n$[Hz]은?

① $\frac{1}{2\pi\sqrt{LC}}$ ② $\frac{1}{2\pi\sqrt{nLC}}$
③ $\frac{1}{2\pi n\sqrt{LC}}$ ④ $\frac{1}{2\pi n^2\sqrt{LC}}$

**해설** **제 $n$ 고조파의 공진주파수** $f_n$은

$$f_n=\frac{1}{2\pi n\sqrt{LC}}\text{ [Hz]}$$

중요

**일반적인 공진 주파수**

$$f_0=\frac{1}{2\pi\sqrt{LC}}\text{ [Hz]}$$

여기서, $f_0$ : 공진 주파수[Hz]
$L$ : 인덕턴스[H]
$C$ : 정전용량[F]

답 ③

★
**35** 변압기 결선에 있어서 제3고조파가 발생하는 것은?

① Y － △ ② △ － Y
③ Y － Y ④ △ － △

**해설** 제3고조파는 1, 2차 결선 중 **△결선이 없는 경우**에만 발생한다.

답 ③

CHAPTER

# 06. 과도현상

**01** 그림에서 스위치 S를 닫을 때의 전류 $i(t)$[A]는 얼마인가?

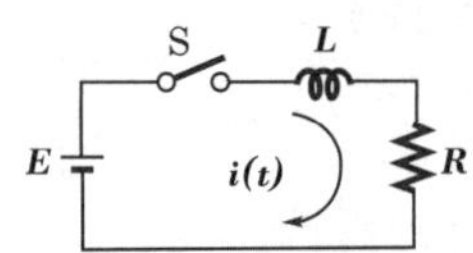


① $\frac{E}{R}e^{-\frac{R}{L}t}$　② $\frac{E}{R}\left(1-e^{-\frac{R}{L}t}\right)$

③ $\frac{E}{R}e^{-\frac{L}{R}t}$　④ $\frac{E}{R}\left(1-e^{-\frac{L}{R}t}\right)$

해설 **$R-L$ 직렬회로**에서 **스위치** S를 **닫을 때**

$$i(t)=\frac{E}{R}\left(1-e^{-\frac{R}{L}t}\right)\text{[A]}$$

여기서, $i(t)$ : 전류[A]
$E$ : 전압[V]
$R$ : 저항[Ω]
$e$ : 자연대수(2.718281)
$L$ : 인덕턴스[H]

답 ②

**02** $R-L$ 직렬회로에 계단응답 $i(t)$의 $\frac{L}{R}$[s]에서의 값은?

① $\frac{1}{R}$　② $\frac{0.368}{R}$

③ $\frac{0.5}{R}$　④ $\frac{0.632}{R}$

해설 **문제 1 참조**

$R-L$ 직렬회로에 계단응답 $i(t)$는

$$i(t)=\frac{E}{R}\left(1-e^{-\frac{R}{L}t}\right)\text{[A]}$$

$$=\frac{E}{R}\left(1-e^{-\frac{R}{L}\frac{L}{R}}\right)=\frac{0.632}{R}E\text{ [A]}$$

답 ④

**03** $R-L$ 직렬회로에서 스위치 S를 닫아 직류전압 $E$[V]를 회로 양단에 급히 가한 후 $\frac{L}{R}$[s] 후의 전류 $I$[A]값은?

① $0.632\frac{E}{R}$　② $0.5\frac{E}{R}$

③ $0.368\frac{E}{R}$　④ $\frac{E}{R}$

해설 **문제 2 참조**

답 ①

**04** $R-L$ 직렬회로에 직류전압 10V를 가했을 때 0.01s 후의 전류는 몇 A인가? (단, $R=10\Omega$, $L=0.1$H이다.)

① 0.632　② 0.368

③ 0.0632　④ 0.0368

해설 **문제 2 참조**

스위치 S를 닫을 때

$$i(t)=\frac{E}{R}\left(1-e^{-\frac{R}{L}t}\right)=\frac{10}{10}\left(1-e^{-\frac{10}{0.1}\times 0.01}\right)=0.632\text{A}$$

답 ①

**05** $R-L$ 직렬회로에서 그의 양단에 직류전압 $E$를 연결 후 스위치 S를 개방하면 $\frac{L}{R}$[s] 후의 전류 값(A)은?

① $\frac{E}{R}$　② $0.5\frac{E}{R}$

③ $0.368\frac{E}{R}$　④ $0.632\frac{E}{R}$

해설 **$R-L$직렬회로**에서 **스위치** S를 **열 때**

$$\text{전류 : } i=\frac{E}{R}e^{-\frac{R}{L}t}\text{[A]}$$

여기서, $E$ : 전압[V]
$R$ : 저항[Ω]
$e$ : 자연대수
$L$ : 인덕턴스[H]

**스위치** S를 **열 때**

$$i(t)=\frac{E}{R}e^{-\frac{R}{L}t}=\frac{E}{R}e^{-\frac{R}{L}\frac{L}{R}}=0.368\frac{E}{R}\text{[A]}$$

※ **자연대수** : $e=2.718281$을 밑으로 하는 대수

답 ③

**06** $Ri(t)+L\frac{di(t)}{dt}=E$의 계통 방정식에서 정상전류는?

① 0　② $\frac{E}{RL}$

③ $\frac{E}{R}$　④ E

해설 **정상상태**에서는 $L$ 성분은 없어지고 $R$ **성분**만 남는다.

정상상태에서는 $C$성분도 없어진다.

답 ③

## 07 $i=I_o+t_e^{-at}$의 정상값은?

① 부정　　② ∞

③ $I_o$　　④ $t_e^{-at}$

**해설** $i=I_o+t_e^{-at}$의 정상값은 $i=I_o$

답 ③

## 08 그림과 같은 회로에서 정상전류값 $i_s$[A]는? (단, $t=0$에서 스위치 S를 닫았다.)

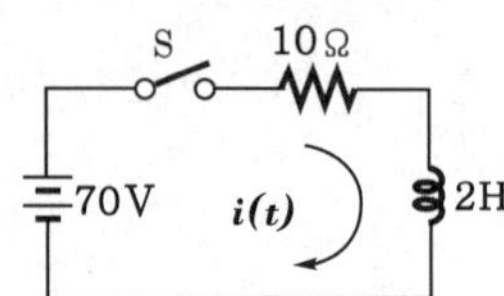


① 0　　② 7

③ 35　　④ −35

**해설** **문제 6 참조**

정상전류

$$i_s=\frac{E}{R}$$

여기서, $i_s$ : 정상전류[A]

$E$ : 전압[V]

$R$ : 저항[Ω]

**정상전류** $i_s$는

$i_s=\frac{E}{R}=\frac{70}{10}=7$A

답 ②

## 09 그림에서 스위치 S를 열 때 흐르는 전류 $i(t)$[A]는 얼마인가?

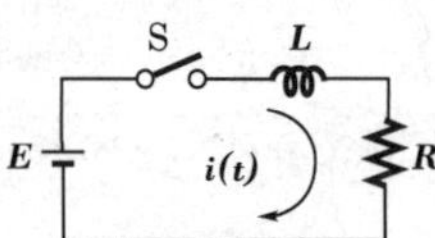


① $\frac{E}{R}e^{-\frac{R}{L}t}$　　② $\frac{E}{R}e^{\frac{R}{L}t}$

③ $\frac{E}{R}\left(1-e^{\frac{R}{L}t}\right)$　　④ $\frac{E}{R}\left(1-e^{-\frac{R}{L}t}\right)$

**해설** **문제 5 참조**

스위치 S를 열 때

$i(t)=\frac{E}{R}e^{-\frac{R}{L}t}$[A]

답 ①

## 10 저항 $R$과 인덕턴스 $L$의 직렬회로에서 시정수는?

① $RL$　　② $\frac{L}{R}$

③ $\frac{R}{L}$　　④ $\frac{L}{Z}$

**해설** **$R-L$ 직렬회로**

$$\tau=\frac{L}{R}\text{[s]}$$

여기서, $\tau$ : 시정수[s]

$L$ : 인덕턴스[H]

$R$ : 저항[Ω]

답 ②

## 11 $R-C$ 직렬회로의 시정수 $\tau$[s]는?

① $RC$　　② $\frac{1}{RC}$

③ $\frac{C}{R}$　　④ $\frac{R}{C}$

**해설** **$R-C$ 직렬회로**

$$\tau=RC\text{[s]}$$

여기서, $\tau$ : 시정수[s]

$R$ : 저항[Ω]

$C$ : 정전용량[F]

답 ①

## 12 직류 $R-L$ 병렬회로의 시정수 $\tau$[s]는?

① $\frac{R}{L}$　　② $\frac{L}{R+r}$

③ $\frac{L}{R}$　　④ $RC$

**해설** **$R-L$ 병렬회로**

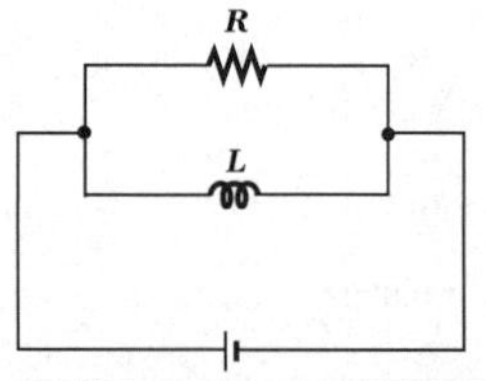


$$\tau=\frac{L}{R+r}\text{[s]}$$

여기서, $\tau$ : 시정수[s]

$L$ : 인덕턴스[H]

$R$ : 저항[Ω]

$r$ : 인덕턴스의 저항성분[Ω]

답 ②

## 13 $R_1, R_2$ 저항 및 인덕턴스 $L$의 직렬회로가 있다. 이 회로의 시정수는?

① $-\frac{(R_1+R_2)}{L}$　　② $\frac{(R_1+R_2)}{L}$

③ $\dfrac{-L}{(R_1+R_2)}$　　④ $\dfrac{L}{R_1+R_2}$

해설 **문제 10 참조**

$RL$ 직렬회로

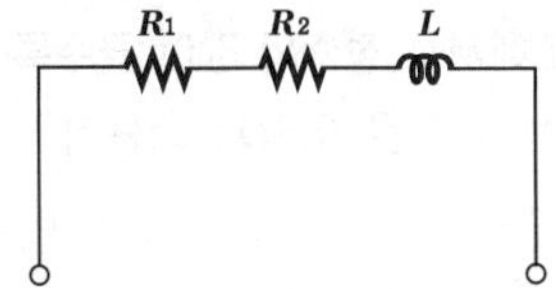


**시정수** $\tau=\dfrac{L}{R}=\dfrac{L}{R_1+R_2}$ [s]

답 ④

**14** 다음 중 초[s]의 차원을 갖지 않는 것은 어느 것인가? (단, $R$은 저항, $L$은 인덕턴스, $C$는 커패시턴스이다.)

① $RC$

② $RL$

③ $\dfrac{L}{R}$

④ $\sqrt{LC}$

해설 [s]차원을 갖는 것은 **시정수**이다.

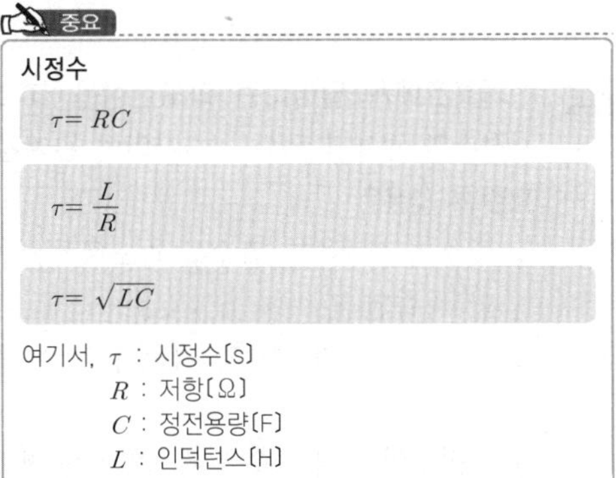

중요

**시정수**

$\tau=RC$

$\tau=\dfrac{L}{R}$

$\tau=\sqrt{LC}$

여기서, $\tau$ : 시정수[s]
$R$ : 저항[Ω]
$C$ : 정전용량[F]
$L$ : 인덕턴스[H]

답 ②

**15** 그림과 같은 회로에 대한 서술에서 잘못된 것은?

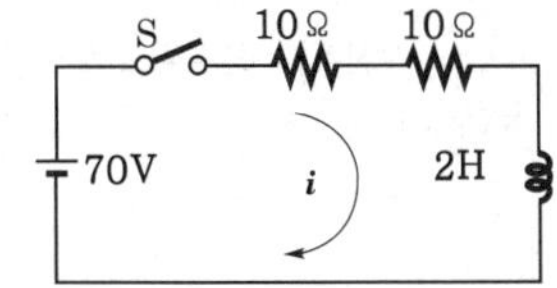


① 이 회로에서 시정수는 0.1s이다.

② 이 회로의 특성근은 −10 이다.

③ 이 회로의 특성근은 +10 이다.

④ 정상 전류값은 3.5A이다.

해설

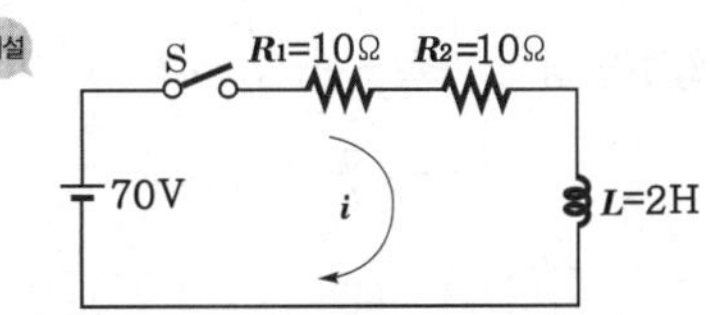


**시정수**

$\tau=-\dfrac{1}{\alpha}$

여기서, $\tau$ : 시정수[s]
$\alpha$ : 특성근[$\frac{1}{s}$]

**특성근** $\alpha$는

$\alpha=-\dfrac{1}{\tau}=-\dfrac{1}{\frac{L}{R}}=-\dfrac{R}{L}$

**특성근** $\alpha=-\dfrac{R}{L}=-\dfrac{R_1+R_2}{L}=-\dfrac{10+10}{2}=-10$

답 ③

**16** 그림과 같은 회로에서 특성근 및 시정수(s)값은?

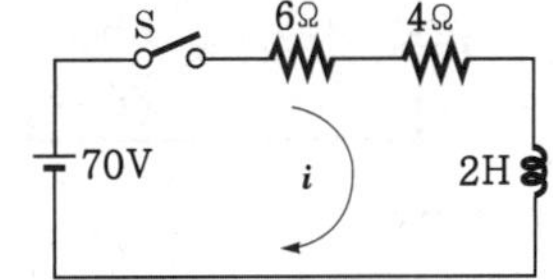


① ㉠ −5 ㉡ 0.2

② ㉠ −10 ㉡ 0.3

③ ㉠ +5 ㉡ −0.2

④ ㉠ +10 ㉡ −0.3

해설 **문제 10 · 15 참조**

(1) **특성근** $\alpha$는

$\alpha=-\dfrac{R}{L}=-\dfrac{6+4}{2}=-5$

(2) **시정수** $\tau$는

$\tau=\dfrac{L}{R}=\dfrac{2}{6+4}=0.2\text{s}$

답 ①

**17** 그림과 같은 회로에 전압 $v=\sqrt{2}\,V\sin\omega t$ [V]를 인가하였다. 다음 중 옳은 것은?

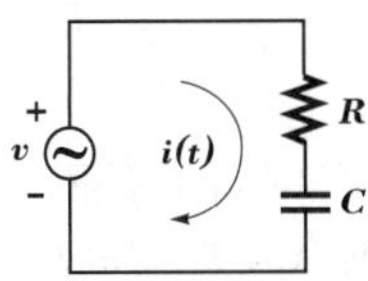


① 역률 : $\cos\theta=\dfrac{R}{\sqrt{R^2+\omega C^2}}$

② $i$의 실효치 : $I=\dfrac{V}{\sqrt{R^2+\omega C^2}}$

③ 전압과 전류의 위상차 : $\theta=\tan^{-1}\dfrac{R}{\omega C}$

④ 전압평형방정식 : $Ri+\frac{1}{C}\int idt$

$= \sqrt{2}\ V\sin\omega t$

해설 ① $\cos\theta = \frac{R}{\sqrt{R^2+\left(\frac{1}{\omega C}\right)^2}}$

② $I = \frac{V}{\sqrt{R^2+\left(\frac{1}{\omega C}\right)^2}}$ [A]

③ $\theta = \tan^{-1}\frac{1}{\omega CR}$ [rad]

④ $Ri+\frac{1}{C}\int idt = \sqrt{2}\ V\sin\omega t$

답 ④

**18** 그림과 같이 저항 $R_1$, $R_2$ 및 인덕턴스 $L$의 직렬회로가 있다. 이 회로에 대한 서술에서 올바른 것은?

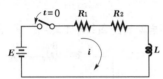

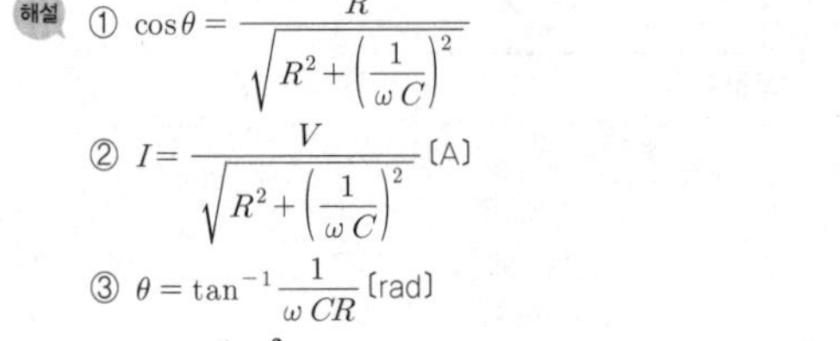


① 이 회로의 시정수는 $\frac{L}{R_1+R_2}$ [s]이다.

② 이 회로의 특성근은 $\frac{R_1+R_2}{L}$ 이다.

③ 정상 전류값은 $\frac{E}{R_2}$ 이다.

④ 이 회로의 전류값은
$i(t) = \frac{E}{R_1+R_2}\left(1-e^{-\frac{L}{R_1+R_2}t}\right)$ 이다.

해설 ① 시정수 $\tau = \frac{L}{R_1+R_2}$ [s]

② 특성근 $\alpha = -\frac{R_1+R_2}{L}$

③ 정상전류 $i = \frac{E}{R_1+R_2}$ [A]

④ $i(t) = \frac{E}{R_1+R_2}\left(1-e^{-\frac{R_1+R_2}{L}t}\right)$

답 ①

**19** 회로 방정식에서 특성근과 회로의 시정수에 대하여 옳게 서술된 것은?

① 특성근과 시정수는 같다.
② 특성근의 역과 회로의 시정수는 같다.
③ 특성근의 절대값의 역과 회로의 시정수는 같다.
④ 특성근과 회로의 시정수는 서로 상관되지 않는다.

해설 **시정수**

$\tau = -\frac{1}{\alpha} = \left|\frac{1}{\alpha}\right|$

여기서, $\tau$ : 시정수[s], $\alpha$ : 특성근

답 ③

**20** $R-L$ 직렬회로에서 시정수의 값이 클수록 과도현상의 소멸되는 시간은 어떻게 되는가?

① 짧아진다.
② 길어진다.
③ 과도기가 없어진다.
④ 관계없다.

해설 $R-L$ 직렬회로에서 **시정수**의 **값이 클수록 과도상태**는 **길어진다.**

답 ②

**21** $R-L-C$ 직렬회로에서 시정수의 값이 작을수록 과도현상이 소멸되는 시간은 어떻게 되는가?

① 짧아진다. ② 관계없다.
③ 길어진다. ④ 과도상태가 없다.

해설 **문제 20 참조**

시정수의 값이 작을수록 **과도상태**는 짧아진다.

답 ①

**22** 전기회로에서 일어나는 과도현상은 그 회로의 시정수와 관계가 있다. 이 사이의 관계를 옳게 표현한 것은?

① 회로의 시정수가 클수록 과도현상은 오랫동안 지속된다.
② 시정수는 과도현상의 지속시간에는 상관되지 않는다.
③ 시정수의 역이 클수록 과도현상은 천천히 사라진다.
④ 시정수가 클수록 과도현상은 빨리 사라진다.

해설 **문제 20 참조**

① 회로의 **시정수**가 **클수록 과도현상**은 **오랫동안 지속**된다.

답 ①

**23** $R-C$ 직렬회로의 과도현상에 대하여 옳게 설명된 것은?

① $R-C$ 값이 클수록 과도전류값은 천천히 사라진다.
② $R-C$ 값이 클수록 과도전류값은 빨리 사라진다.

③ 과도전류는 $R-C$값에 관계가 없다.

④ $\frac{1}{RC}$의 값이 클수록 과도전류값은 천천히 사라진다.

해설 **문제 20 참조**

$R-C$ 직렬회로에서 시정수의 값이 클수록 과도상태는 길어진다.

답 ①

**24** **다음은 과도현상에 관한 기술이다. 틀린 것은?**

① $R-L$ 직렬회로의 시정수는 $\frac{L}{R}$이다.

② $R-C$ 직렬회로에서 $E_0$로 충전된 콘덴서를 방전시킬 경우, $t=RC$에서 콘덴서의 단자전압은 $0.632E_0$이다.

③ 정현파 교류회로에서는 전원을 넣을 때의 위상을 조절함으로써 과도현상의 영향을 제거할 수 있다.

④ 전원이 직류 기전력인 때에도 회로의 전류가 정현파로 될 수도 있다.

해설 ② $R-C$ 직렬회로에서 콘덴서의 단자전압은 $0.368E_0$이다.

답 ②

**25** **$C_1$=1μF, $C_2$=1μF, $R$=2MΩ일 때 $C_1$의 초기충전전압은 10V이다. SW를 닫으면 방전을 하게 되는데 이 SW를 닫은 후 시간이 충분히 경과하면 $C_2$ 양단에 걸리는 전압은 몇 V인가?**

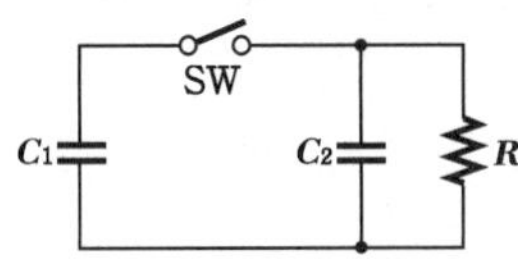


① 0　　② 2

③ 5　　④ 10

해설 $C_1=C_2=1\,\mu$F으로 값이 같으므로 SW를 닫은 후 시간이 충분히 경과하면 $C_2$ 양단에 걸리는 전압은 **0V**가 된다.

답 ①

**26** **그림의 회로에서 스위치 S를 닫을 때 콘덴서의 초기 전하를 무시하고 회로에 흐르는 전류를 구하면?**

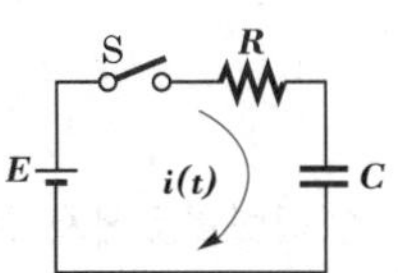


① $\frac{E}{R}e^{\frac{C}{R}t}$　　② $\frac{E}{R}e^{\frac{R}{C}t}$

③ $\frac{E}{R}e^{-\frac{1}{CR}t}$　　④ $\frac{E}{R}e^{\frac{1}{CR}t}$

해설 **$R-C$ 직렬회로에서 스위치 S를 닫을 때**

$$i(t)=\frac{E}{R}e^{-\frac{1}{RC}t}\text{[A]}$$

여기서, $E$ : 전압[V]

$R$ : 저항[Ω]

$e$ : 자연대수

$C$ : 정전용량[F]

답 ③

**27** **다음 $R-L-C$ 직렬회로에 $t=0$에서 교류전압 $v(t)=V_m\sin(\omega t+\theta)$를 가할 때 $R^2-4\frac{L}{C}>0$이면 이 회로는?**

① 비진동적이다.

② 임계적이다.

③ 진동적이다.

④ 비감쇠 진동이다.

해설 **$RLC$ 직렬회로(스위치 S를 닫을 때)**

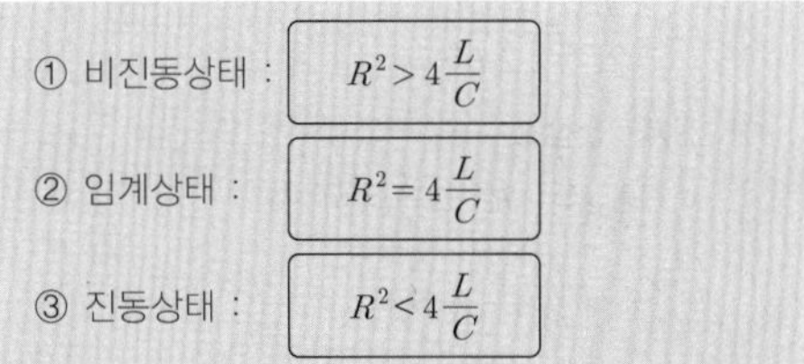

| | |
|---|---|
| ① 비진동상태 : | $R^2>4\frac{L}{C}$ |
| ② 임계상태 : | $R^2=4\frac{L}{C}$ |
| ③ 진동상태 : | $R^2<4\frac{L}{C}$ |

여기서, $R$ : 저항[Ω], $L$ : 인덕턴스[H], $C$ : 정전용량[F]

**비진동상태** : $R^2>4\frac{L}{C}$이므로

$R^2-4\frac{L}{C}>0$

답 ①

**28** **$R-L-C$ 직렬회로에서 진동조건은 어느 것인가?**

① $R<2\sqrt{\frac{C}{L}}$　　② $R<2\sqrt{\frac{L}{C}}$

③ $R<2\sqrt{LC}$　　④ $R<\frac{1}{2\sqrt{LC}}$

해설 **문제 27 참조**

진동상태 : $R^2<4\frac{L}{C}$이므로

$R < \sqrt{4\frac{L}{C}} = 2\sqrt{\frac{L}{C}} \quad \therefore R < 2\sqrt{\frac{L}{C}}$ 답 ②

**29** $R-L-C$ 직렬회로에서 회로저항값이 다음의 어느 값이어야 이 회로가 임계적으로 제동되는가?

① $\sqrt{\frac{L}{C}}$ ② $2\sqrt{\frac{L}{C}}$

③ $\frac{1}{\sqrt{CL}}$ ④ $2\sqrt{\frac{C}{L}}$

해설 **문제 27 참조**

임계상태 : $R^2 = 4\frac{L}{C}$에서 $R = 2\sqrt{\frac{L}{C}}$ 답 ②

**30** 그림과 같이 $R-L-C$ 직렬회로에서 발생되는 과도현상이 진동이 되지 않는 조건은 어느 것인가?

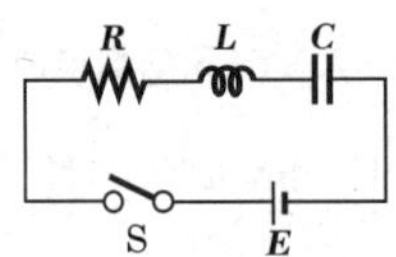


① $\left(\frac{R}{2L}\right)^2 - \frac{1}{LC} < 0$

② $\left(\frac{R}{2L}\right)^2 - \frac{1}{LC} > 0$

③ $\left(\frac{R}{2L}\right)^2 = \frac{1}{LC}$

④ $\frac{R}{2L} = \frac{1}{LC}$

해설 **문제 27 참조**

비진동상태 : $R^2 - 4\frac{L}{C} > 0$에서

$\frac{R^2}{4L^2} - 4\frac{L}{C} \times \frac{1}{4L^2} > 0$

$\therefore \left(\frac{R}{2L}\right)^2 - \frac{1}{LC} > 0$ 답 ②

**31** ★ $R-L-C$ 직렬회로에서 $R$=100Ω, $L$=0.1×$10^{-3}$H, $C$=0.1×$10^{-6}$F일 때 이 회로는?

① 진동적이다.

② 비진동이다.

③ 정현파 진동이다.

④ 진동일 수도 있고 비진동일 수도 있다.

해설 **문제 27 참조**

$R^2 - 4\frac{L}{C} = 100^2 - \frac{4 \times 0.1 \times 10^{-3}}{0.1 \times 10^{-6}} = 6000 > 0$

∴ **비진동상태**이다. 답 ②

CHAPTER
# 07. 자동제어

출제확률 10.8% (2문제)

**01** 시퀀스 제어에 있어서 기억과 판단 기구 및 검출기를 가진 제어방식은?

① 시한 제어
② 순서 프로그램 제어
③ 조건 제어
④ 피드백 제어

해설 **피드백 제어** : 기억과 판단기구 및 검출기를 가진 제어방식

답 ④

**02** 피드백 제어에서 반드시 필요한 장치는 어느 것인가?

① 구동장치
② 응답 속도를 빠르게 하는 장치
③ 안정도를 좋게 하는 장치
④ 입력과 출력을 비교하는 장치

해설 **피드백 제어**(feedback system)
출력신호를 입력신호로 되돌려서 입력과 출력을 비교함으로써 **정확한 제어**가 가능하도록 한 제어

답 ④

★★
**03** 다음 요소 중 피드백 제어계의 제어장치에 속하지 않는 것은?

① 설정부 ② 조절부
③ 검출부 ④ 제어대상

해설 **제어장치**(control system)
① 조절부
② 설정부
③ 검출부

답 ④

**04** 피드백 제어계에서 제어요소에 대한 설명 중 옳은 것은?

① 목표값에 비례하는 신호를 발생하는 요소이다.
② 조작부와 검출부로 구성되어 있다.
③ 조절부와 검출부로 구성되어 있다.
④ 동작 신호를 조작량으로 변화시키는 요소이다.

해설 **제어요소** : 동작신호를 조작량으로 변환하는 요소로, **조절부**와 **조작부**로 이루어진다.

답 ④

**05** 제어요소는 무엇으로 구성되는가?

① 검출부
② 검출부와 조절부
③ 검출부와 조작부
④ 조작부와 조절부

해설 **문제 4 참조**

답 ④

**06** 제어요소가 제어대상에 주는 양은?

① 기준입력 ② 동작신호
③ 제어량 ④ 조작량

해설 **조작량**(manipulated value) : 제어요소가 제어대상에 주는 양

답 ④

**07** 다음 용어 설명 중 옳지 않은 것은?

① 목표값을 제어할 수 있는 신호로 변환하는 장치를 기준입력장치
② 목표값을 제어할 수 있는 신호로 변환하는 장치를 조작부
③ 제어량을 설정값과 비교하여 오차를 계산하는 장치를 오차검출기
④ 제어량을 측정하는 장치를 검출단

해설 ② 목표값을 제어할 수 있는 신호로 변환하는 장치를 **기준입력장치**라 한다.

답 ②

★★★
**08** 자동제어 분류에서 제어량에 의한 분류가 아닌 것은?

① 서보기구 ② 프로세스제어
③ 자동조정 ④ 정치제어

해설 **제어량**에 의한 **분류**

| 제어량 분류 | 종류 |
|---|---|
| **프로세스 제어** (process control) | 온도, 압력, 유량, 액면 |
| **서보 기구** (servo mechanism) | 위치, 방위, 자세 |
| **자동조정** (automatic regulation) | 전압, 전류, 주파수, 회전속도, 장력 |

답 ④

비교

목표값에 의한 분류

| 목표값 분류 | 종류 |
|---|---|
| 정치제어 (fixed value control) | • 프로세스제어<br>• 자동조정 |
| 추종제어 (follow-up control) | • 서보기구(예 : 대공포의 포신) |
| 비율제어 (ratio control) | – |
| 프로그램제어 (program control) | – |

답 ④

**09** 프로세스제어에 속하는 것은?

① 전압　② 압력
③ 주파수　④ 장력

해설 **문제 8 참조**

② 프로세스 제어
①③④ 자동조정

답 ②

**10** 서보 기구에 있어서의 제어량은?

① 유량　② 위치
③ 주파수　④ 전압

해설 **문제 8 참조**

① 프로세서 제어 ② 서보기구 ③④ 자동조정

답 ②

☆☆
**11** 다음의 제어량에서 추종제어에 속하지 않는 것은?

① 유량　② 위치
③ 방위　④ 자세

해설 **문제 8 참조**

① 프로세서 제어(정치제어)
②~④ 서보기구(추종제어)

답 ①

**12** 목표치가 일정하고 제어량을 그것과 같게 유지하기 위한 제어는?

① 정치제어　② 추종제어
③ 프로그래밍제어　④ 비율제어

해설 **정치제어**
(1) 일정한 목표값을 유지하기 위한 제어(예 : **연속식 압연기**)
(2) 목표치가 일정하고 제어량을 그것과 같게 유지하기 위한 제어

답 ①

**13** 연속식 압연기의 자동제어는 다음 중 어느 것인가?

① 정치제어　② 추종제어
③ 프로그래밍제어　④ 비례제어

해설 **문제 12 참조**

답 ①

**14** 목표값이 미리 정해진 시간적 변화를 하는 경우 제어량을 그것에 추종시키기 위한 제어는?

① 프로그래밍제어　② 정치제어
③ 추종제어　④ 비율제어

해설 **프로그램제어** : 목표값이 **미리 정해진 시간**적 변화를 하는 경우 제어량을 그것에 추종시키기 위한 제어
① **열차**의 **무인운전**
② **산업로보트**의 **무인운전**
③ **무조종사**의 **엘리베이터**

프로그램제어＝프로그래밍제어

답 ①

**15** 산업 로보트의 무인 운전을 하기 위한 제어는?

① 추종제어　② 비율제어
③ 프로그램제어　④ 정치제어

해설 **문제 14 참조**

답 ③

**16** 열차의 무인 운전을 위한 제어는 어느 것에 속하는가?

① 정치제어　② 추종제어
③ 비율제어　④ 프로그램제어

해설 **문제 14 참조**

답 ④

**17** 무조종사의 엘리베이터의 자동제어는?

① 정치제어　② 추종제어
③ 프로그래밍제어　④ 비율제어

해설 **문제 14 참조**

답 ③

**18** 무인 커피판매기는 무슨 제어인가?

① 프로세스제어　② 서보제어
③ 자동조정　④ 시퀀스제어

해설 **시퀀스제어** : 미리 정해진 순서에 따라 각 단계가 순차적으로 진행되는 제어(예 : **무인 커피판매기**)

답 ④

**19** 전기다리미는 다음 중 어느 것에 속하는가?

① 미분제어　② 피드백제어
③ 적분제어　④ 시퀀스제어

해설 전기다리미는 **제어량과 설정값을 비교**하여 자동적으로 on

−off되어 설정한 온도를 유지하므로 **피드백제어**에 속한다.

답 ②

## 20 잔류편차가 있는 제어계는?

① 비례제어계(P제어계)
② 적분제어계(I제어계)
③ 비례적분제어계(PI제어계)
④ 비례적분미분제어계(PID제어계)

해설

| 구분 | 설명 |
|---|---|
| 비례제어(**P동작**) | **잔류편차**가 있는 제어 |
| 적분제어(**I동작**) | **잔류편차**를 **제거**하기 위한 제어 |
| 비례적분제어(**PI동작**) | **간헐현상**이 있는 제어 |
| 비례적분미분제어(**PID동작**) | **간헐현상**을 **제거**하기 위한 제어 |

답 ①

## 21 비례적분(PI)제어 동작의 특징에 해당하는 것은?

① 간헐현상이 있다.
② 응답의 안전성이 작다.
③ 잔류편차가 생긴다.
④ 응답의 진동시간이 길다.

해설 **문제 20 참조**

답 ①

## 22 제어요소의 동작 중 연속동작이 아닌 것은?

① D 동작 ② ON−OFF 동작
③ P+D 동작 ④ P+I 동작

해설 **불연속제어**
① 2위치제어(on−off control)=ON−OFF동작
② 샘플값제어(sampled date control)

답 ②

## 23 다음 중 불연속제어에 속하는 것은?

① ON−OFF제어 ② 비례제어
③ 미분제어 ④ 적분제어

해설 **문제 22 참조**

답 ①

## 24 전달함수의 정의는?

① 모든 초기값을 0으로 한다.
② 입력신호와 출력신호의 곱이다.
③ 모든 초기값을 고려한다.
④ 모든 초기값을 ∞로 한다.

해설 전달함수는 모든 초기값을 0으로 한다.

※ **전달함수** : 모든 초기값을 0으로 하였을 때 출력신호의 라플라스 변환과 입력신호의 라플라스 변환의 비

답 ①

## 25 그림과 같은 피드백제어계의 폐−루프 전달함수는?

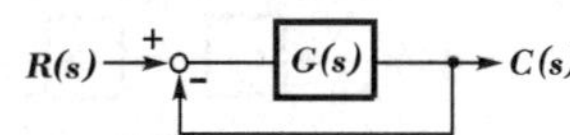


① $\dfrac{R(s)\,C(s)}{1+G(s)}$ ② $\dfrac{G(s)}{1+R(s)}$

③ $\dfrac{C(s)}{1+R(s)}$ ④ $\dfrac{G(s)}{1+G(s)}$

해설

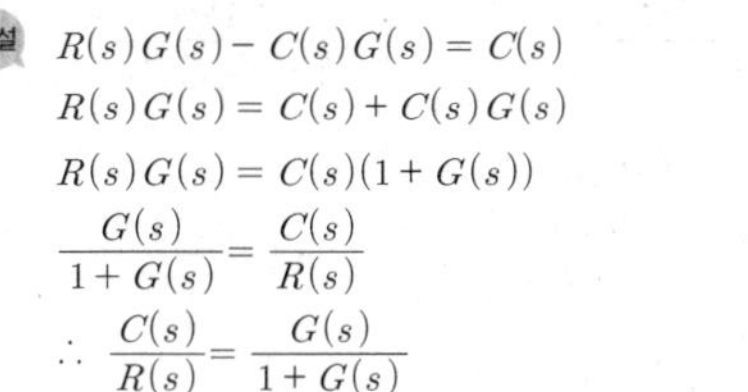

$$R(s)G(s)-C(s)G(s)=C(s)$$
$$R(s)G(s)=C(s)+C(s)G(s)$$
$$R(s)G(s)=C(s)(1+G(s))$$
$$\frac{G(s)}{1+G(s)}=\frac{C(s)}{R(s)}$$
$$\therefore\ \frac{C(s)}{R(s)}=\frac{G(s)}{1+G(s)}$$

답 ④

## 26 다음 블록선도의 입출력비는?

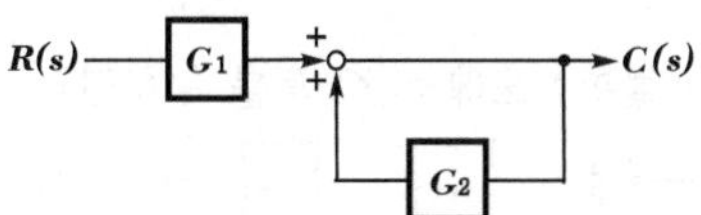


① $\dfrac{1}{1+G_1G_2}$ ② $\dfrac{G_1G_2}{1-G_1}$

③ $\dfrac{G_1}{1-G_2}$ ④ $\dfrac{G_1}{1+G_2}$

해설

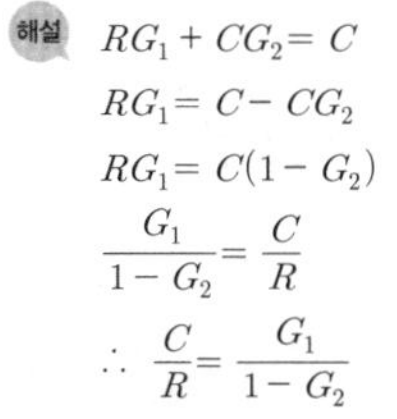

$$RG_1+CG_2=C$$
$$RG_1=C-CG_2$$
$$RG_1=C(1-G_2)$$
$$\frac{G_1}{1-G_2}=\frac{C}{R}$$
$$\therefore\ \frac{C}{R}=\frac{G_1}{1-G_2}$$

답 ③

## 27 그림과 같은 피드백회로의 종합전달함수는?

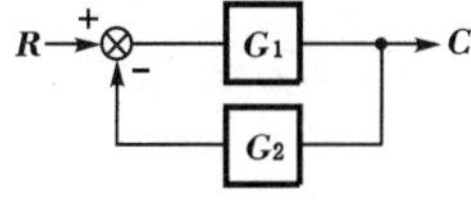


① $\dfrac{1}{G_1}+\dfrac{1}{G_2}$ ② $\dfrac{G_1}{1-G_1G_2}$

③ $\dfrac{G_1}{1+G_1G_2}$ ④ $\dfrac{G_1G_2}{1+G_1G_2}$

해설

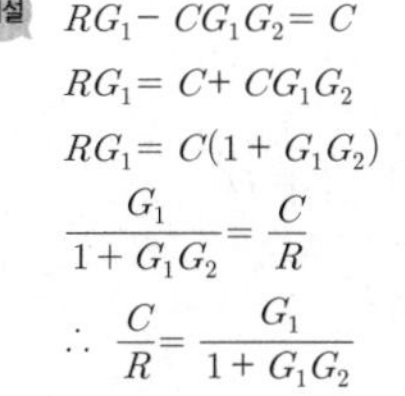

$$RG_1-CG_1G_2=C$$
$$RG_1=C+CG_1G_2$$
$$RG_1=C(1+G_1G_2)$$
$$\frac{G_1}{1+G_1G_2}=\frac{C}{R}$$
$$\therefore\ \frac{C}{R}=\frac{G_1}{1+G_1G_2}$$

답 ③

## 28 그림과 같은 피드백제어의 종합전달함수는?

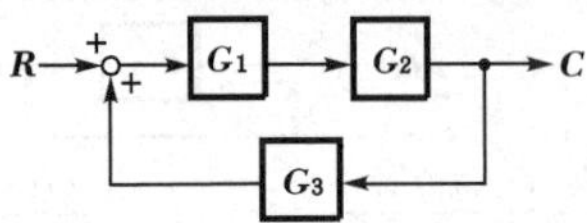


① $\dfrac{G_1}{1+G_1G_2G_3}$ ② $\dfrac{G_1G_2}{1+G_1G_2G_3}$

③ $\dfrac{G_1}{1-G_1G_2G_3}$ ④ $\dfrac{G_1G_2}{1-G_1G_2G_3}$

해설
$RG_1G_2+CG_1G_2G_3=C$
$RG_1G_2=C-CG_1G_2G_3$
$RG_1G_2=C(1-G_1G_2G_3)$
$\dfrac{G_1G_2}{1+G_1G_2G_3}=\dfrac{C}{R}$
$\therefore \dfrac{C}{R}=\dfrac{G_1G_2}{1-G_1G_2G_3}$

답 ④

## 29 그림의 블록선도에서 $C/R$를 구하면?

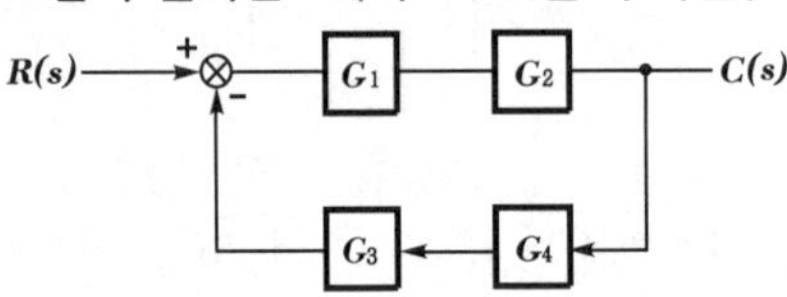


① $\dfrac{G_1+G_2}{1+G_1G_2+G_3G_4}$ ② $\dfrac{G_1G_2}{1+G_1G_2G_3G_4}$

③ $\dfrac{G_3G_4}{1+G_1G_2G_3G_4}$ ④ $\dfrac{G_1G_2}{1+G_1G_2+G_3G_4}$

해설
$RG_1G_2-CG_1G_2G_3G_4=C$
$RG_1G_2=C+CG_1G_2G_3G_4$
$RG_1G_2=C(1+G_1G_2G_3G_4)$
$\dfrac{G_1G_2}{1+G_1G_2G_3G_4}=\dfrac{C}{R}$
$\therefore \dfrac{C}{R}=\dfrac{G_1G_2}{1+G_1G_2G_3G_4}$

답 ②

## 30 다음과 같은 블록선도의 등가합성 전달함수는?

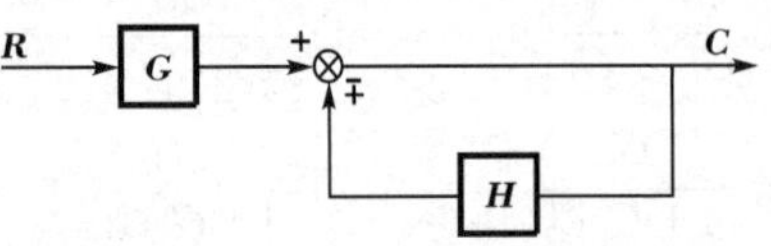


① $\dfrac{1}{1\pm GH}$ ② $\dfrac{G}{1\pm GH}$

③ $\dfrac{G}{1\pm H}$ ④ $\dfrac{1}{1\pm H}$

해설
$RG\mp CH=C$
$RG=C\pm CH$
$RG=C(1\pm H)$
$\dfrac{G}{1\pm H}=\dfrac{C}{R}$
$\therefore \dfrac{C}{R}=\dfrac{G}{1\pm H}$

답 ③

## 31 그림과 같은 계통의 전달함수는?

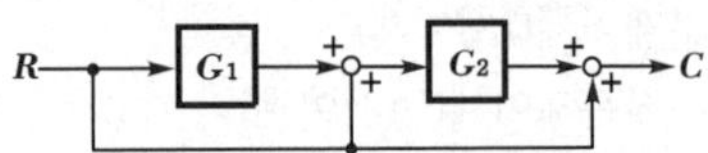


① $1+G_1G_2$ ② $1+G_2+G_1G_2$

③ $\dfrac{G_1G_2}{1-G_1G_2}$ ④ $\dfrac{G_1G_2}{1-G_1-G_2}$

해설
$RG_1G_2+RG_2+R=C$
$R(G_1G_2+G_2+1)=C$
$G_1G_2+G_2+1=\dfrac{C}{R}$
$\therefore \dfrac{C}{R}=1+G_2+G_1G_2$

답 ②

## 32 다음 중 계전기의 전자코일 심벌이 아닌 것은?

①

②

③

④

해설
②는 전자접촉기 접점

답 ②

## 33 다음 논리식 중 옳지 않은 것은?

① $A+A=A$ ② $A\cdot A=A$

③ $A+\overline{A}=1$ ④ $A\cdot\overline{A}=A$

해설

| 논리합 | 논리곱 | 비 고 |
|---|---|---|
| $X+0=X$ | $X\cdot 0=0$ | - |
| $X+1=1$ | $X\cdot 1=X$ | - |
| $X+X=X$ | $X\cdot X=X$ | - |
| $X+\overline{X}=1$ | $X\cdot\overline{X}=0$ | - |
| $X+Y=Y+X$ | $X\cdot Y=Y\cdot X$ | 교환법칙 |
| $X+(Y+Z)$<br>$=(X+Y)+Z$ | $X(YZ)=(XY)Z$ | 결합법칙 |
| $X(Y+Z)$<br>$=XY+XZ$ | $(X+Y)(Z+W)$<br>$=XZ+XW+YZ+YW$ | 분배법칙 |
| $X+XY=X$ | $\overline{X}+XY=\overline{X}+Y$<br>$X+\overline{X}Y=X+Y$<br>$X+\overline{X}\,\overline{Y}=X+\overline{Y}$ | 흡수법칙 |

| 논리합 | 논리곱 | 비 고 |
|---|---|---|
| $(\overline{X+Y})=\overline{X}\cdot\overline{Y}$ | $(\overline{X\cdot Y})=\overline{X}+\overline{Y}$ | 드모르간의 정리 |

$A\cdot\overline{A}=0$

답 ④

**34** 논리식 $A\cdot(A+B)$를 간단히 하면?

① $A$　② $B$
③ $A\cdot B$　④ $A+B$

해설 **문제 33 참조**
$A\cdot(A+B)=AA+AB$(분배법칙)
$=A+AB$(분배법칙)
$=A(1+B)$(흡수법칙)
$=A$
불대수의 정리 중 **흡수법칙**에 해당된다.

답 ①

**35** 다음의 불대수 계산에서 옳지 않은 것은?

① $\overline{A\cdot B}=\overline{A}+\overline{B}$
② $\overline{A+B}=\overline{A}\cdot\overline{B}$
③ $A+A=A$
④ $A+A\overline{B}=1$

해설 **문제 33 참조**
$A+A\overline{B}=A(1+\overline{B})=A$

답 ④

**36** 다음 중 드모르간의 정리를 나타낸 식은?

① $A\cdot(B\cdot C)=(A\cdot B)\cdot C$
② $(\overline{A+B})=\overline{A}\cdot\overline{B}$
③ $A+B=B+A$
④ $(\overline{A\cdot B})=\overline{A}\cdot\overline{B}$

해설 **문제 33 참조**
① 결합법칙
② 드모르간의 정리
③ 교환법칙
④ $(\overline{A\cdot B})=\overline{A}+\overline{B}$

답 ②

**37** 다음 그림과 같은 논리회로는?

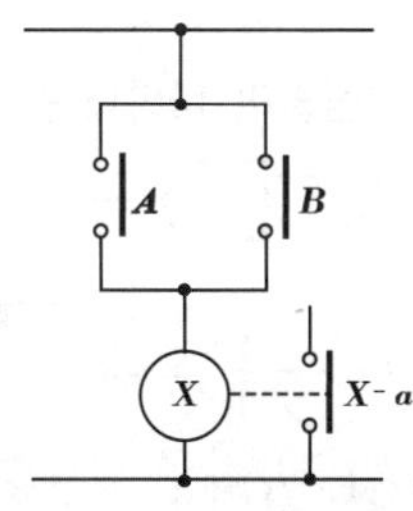


① AND회로　② NOT회로
③ OR회로　④ NAND회로

해설 A, B중 어느 하나라도 ON되면 X가 ON되므로 **OR회로**이다.

중요

| 명칭 | 시퀀스회로 | 명칭 | 시퀀스회로 |
|---|---|---|---|
| AND 회로 | A, B, $X_{-a}$ | NOR 회로 | A, B, $X_{-b}$ |
| OR 회로 | A, B, $X_{-a}$ | EXCLUSIVE OR 회로 | $\overline{A}$, A, B, $\overline{B}$, $X_{-a}$ |
| NOT 회로 | A, $X_{-b}$ | EXCLUSIVE NOR 회로 | A, $\overline{A}$, B, $\overline{B}$, $X_{-a}$ |
| NAND 회로 | A, B, $X_{-b}$ | | |

답 ③

**38** 그림과 같은 결선도는 전자개폐기의 기본회로도이다. 그림 중에서 OFF 스위치와 보조접점 b를 나타낸 것은?

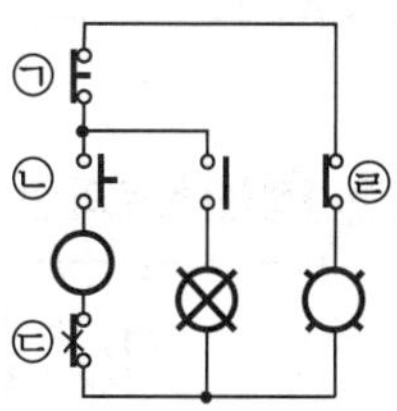


① OFF 스위치 ㉠, 보조 접점 b ㉣
② OFF 스위치 ㉡, 보조 접점 b ㉢
③ OFF 스위치 ㉢, 보조 접점 b ㉡
④ OFF 스위치 ㉣, 보조 접점 b ㉠

해설
㉠ OFF 스위치　㉡ ON 스위치
㉢ 열동계전기접점　㉣ 보조접점

답 ①

**39** 그림과 같은 계전기접점 회로의 논리식은?

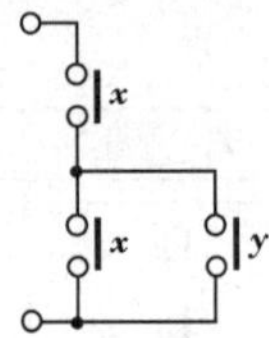


① $x \cdot (x-y)$　　② $x+(x \cdot y)$
③ $x+(x+y)$　　④ $x \cdot (x+y)$

해설 $x$ 와 $y$ 의 직렬 : $x \cdot y$
$x$ 와 $y$ 의 병렬 : $x+y$
∴ 논리식$= x \cdot (x+y)$

중요

| 회로 | 시퀀스 회로 | 논리식 | 논리회로 |
|---|---|---|---|
| 직렬 회로 | | $Z=A \cdot B$<br>$Z=AB$ | |
| 병렬 회로 | | $Z=A+B$ | |
| a접점 | | $Z=A$ | |
| b접점 | | $Z=\overline{A}$ | |

답 ④

**40** 다음 계전기접점 회로의 논리식은?

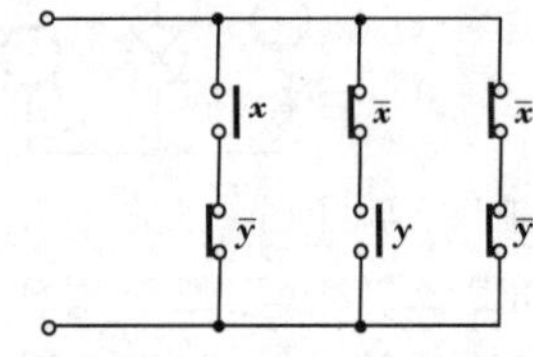


① $(x \cdot \overline{y})+(\overline{x} \cdot y)+(\overline{x} \cdot \overline{y})$
② $(x \cdot \overline{y})+(\overline{x} \cdot y)+(\overline{x \cdot y})$
③ $(x+\overline{y}) \cdot (\overline{x}+y) \cdot (\overline{x}+\overline{y})$
④ $(x+\overline{y}) \cdot (\overline{x}+y) \cdot (\overline{x+y})$

해설 **문제 39 참조**
논리식$= (x \cdot \overline{y})+(\overline{x} \cdot y)+(\overline{x} \cdot \overline{y})$

답 ①

**41** 다음 진리표의 gate는?

| 입 력 | | 출 력 |
|---|---|---|
| $A$ | $B$ | $X$ |
| 0 | 0 | 1 |
| 0 | 1 | 0 |
| 1 | 0 | 0 |
| 1 | 1 | 0 |

① AND　　② OR
③ NOR　　④ NAND

해설

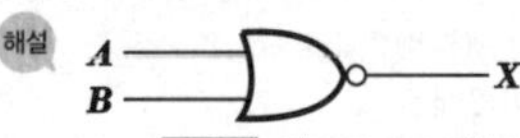


$X=\overline{A+B}$ 이므로 NOR회로이다.

답 ③

**42** 그림의 논리회로에서 두 입력 $X$, $Y$와 출력 $Z$ 사이의 관계를 나타낸 진리표에서 $A$, $B$, $C$, $D$의 값으로 옳은 것은?

① $A, B, C, D=0, 1, 1, 1$
② $A, B, C, D=0, 0, 1, 1$
③ $A, B, C, D=1, 0, 1, 0$
④ $A, B, C, D=0, 1, 0, 1$

해설 그림은 **NAND회로**이며

| 기 호 | $X$ | $Y$ | $Z$ |
|---|---|---|---|
| $A$ | 1 | 1 | 0 |
| $B$ | 1 | 0 | 1 |
| $C$ | 0 | 1 | 1 |
| $D$ | 0 | 0 | 1 |

또는

| 기 호 | $X$ | $Y$ | $Z$ |
|---|---|---|---|
| $A$ | 0 | 0 | 1 |
| $B$ | 0 | 1 | 1 |
| $C$ | 1 | 0 | 1 |
| $D$ | 1 | 1 | 0 |

$A, B, C, D=1, 1, 1, 0$도 답이 된다.

답 ①

**43** 다음 논리심벌이 나타내는 식은?

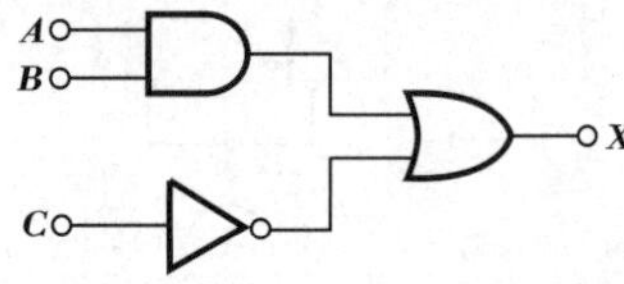


① $X=(A \cdot B)+\overline{C}$
② $X=(A+B) \cdot \overline{C}$
③ $X=(\overline{A \cdot B})+C$
④ $X=(\overline{A+B}) \cdot C$

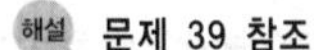

해설 문제 39 참조

$X = (A \cdot B) + \overline{C}$

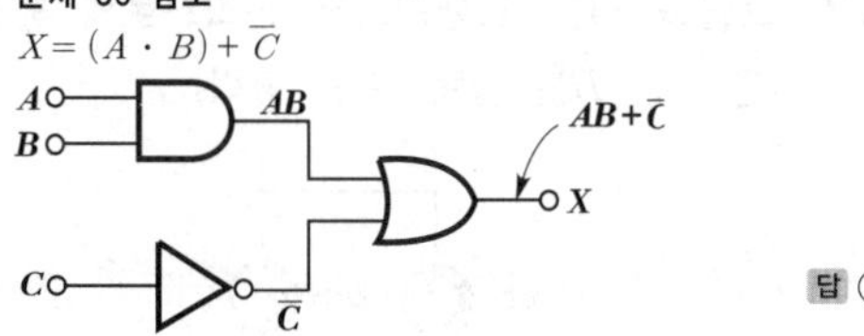


답 ①

## 44 다음 논리회로의 출력 $X_0$는?

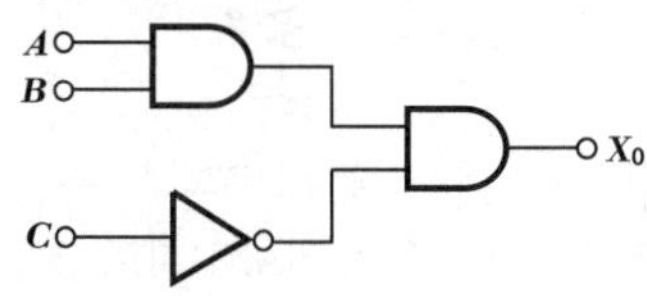


① $A \cdot B + \overline{C}$　② $(A+B)\overline{C}$

③ $A + B + \overline{C}$　④ $AB\overline{C}$

해설 문제 39 참조

$X_o = AB\overline{C}$

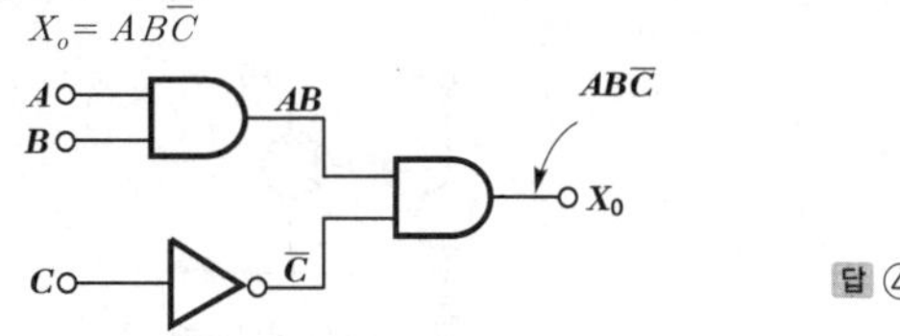


답 ④

## 45 그림의 논리기호를 표시한 것으로 옳은 식은?

① $(A \cdot B \cdot C) \cdot D$　② $(A \cdot B \cdot C) + D$

③ $(A+B+C) \cdot D$　④ $A+B+C+D$

해설 문제 39 참조

$X = (A+B+C) \cdot D$

(A+B+C)D

A+B+C

답 ③

## 46 그림과 같은 논리회로의 출력은?

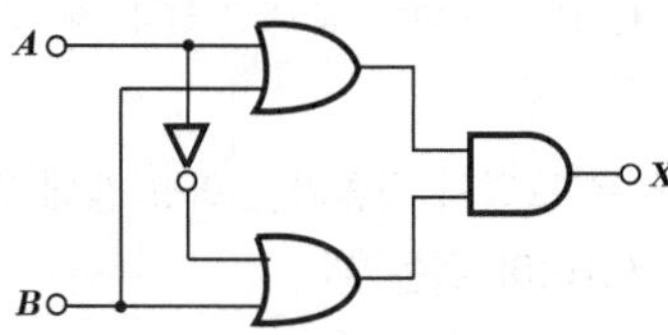


① $AB$　② $A+B$

③ $A$　④ $B$

해설

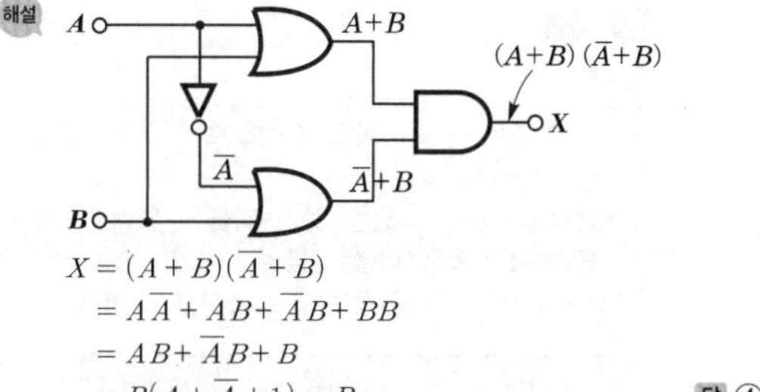


$$X = (A+B)(\overline{A}+B)$$
$$= A\overline{A} + AB + \overline{A}B + BB$$
$$= AB + \overline{A}B + B$$
$$= B(A + \overline{A} + 1) = B$$

답 ④

## 47 그림과 같은 논리회로의 출력은?

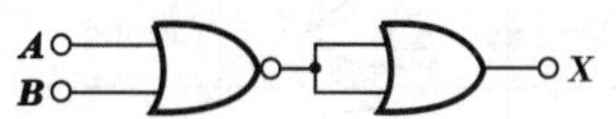


① $\overline{A} \cdot \overline{B}$　② $A \cdot B$

③ $A+B$　④ $\overline{A}+\overline{B}$

해설

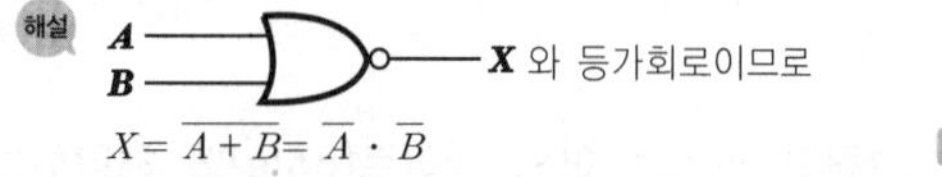


$X = \overline{A+B} = \overline{A} \cdot \overline{B}$

답 ①

## 48 그림의 게이트 회로명은?

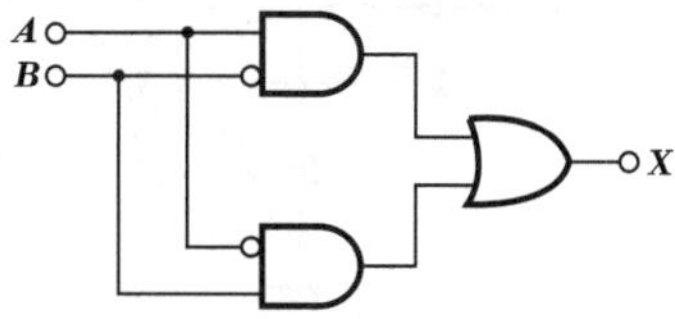


① EXCLUSIVE OR　② AND

③ NOR　④ NAND

해설 $X = A\overline{B} + \overline{A}B = \overline{A}B + A\overline{B} = A \oplus B$

(EXCLUSIVE OR회로)

답 ①

## 49 그림과 등가인 게이트는?

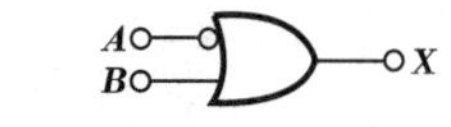


①

②

③

④

해설

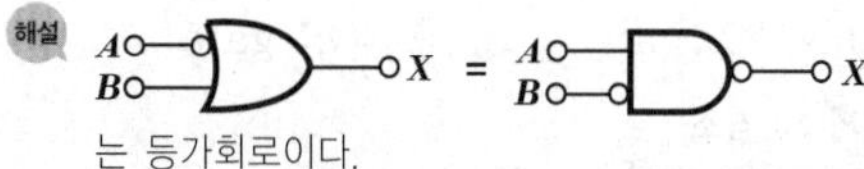


는 등가회로이다.

중요

**치환법**

- **AND 회로 → OR 회로, OR 회로 → AND 회로**로 바꾼다.
- **버블**(Bubble)이 **있는 것**은 **버블을 없애고, 버블이 없는 것**은 **버블을 붙인다.**

(버블(Bubble)이란 작은 동그라미를 말한다.)

| 논리회로 | 치환 | 명칭 |
|---|---|---|
| 버블 | | NOR 회로 |
| | | OR 회로 |
| | | NAND 회로 |
| | | AND 회로 |

답 ③

**50** 그림의 회로는 어느 게이트(gate)에 해당되는가?

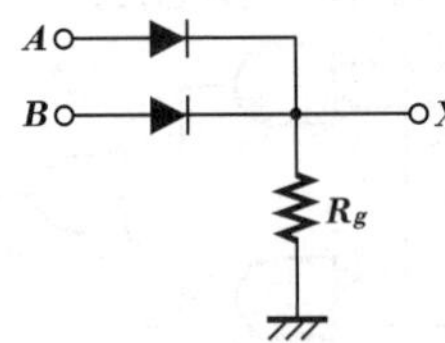


① OR ② AND
③ NOT ④ NOR

해설 입력 신호 중 $A$, $B$중 어느 하나라도 1이면 출력신호 $X$가 1이 되는 **OR gate**이다.

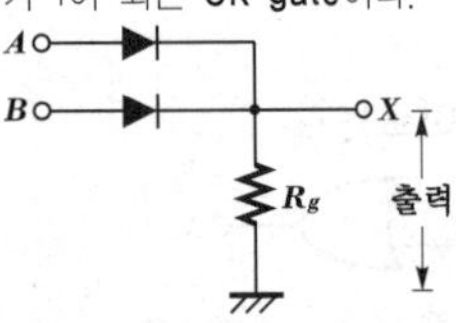


답 ①

**51** 그림의 게이트 명칭은?

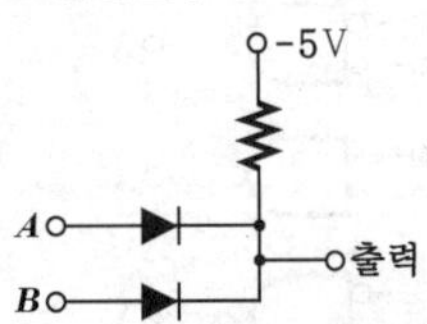


① AND gate ② OR gate
③ NAND gate ④ NOR gate

해설 **문제 50 참조**

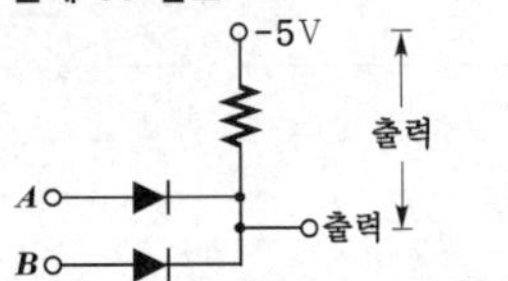


답 ②

**52** 그림과 같은 트랜지스터 논리회로의 명칭은? (단, $A \cdot B$는 입력, $F$는 출력)

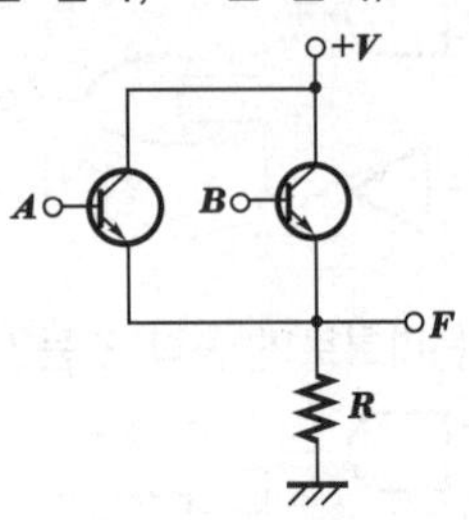


① NOT회로 ② AND회로
③ OR회로 ④ NAND회로

해설 입력신호 $A \cdot B$ 중 어느 하나라도 1이면 출력신호 $F$가 1이 되는 **OR회로**이다.

**NOR회로** : 입력신호 $A \cdot B$가 동시에 0일 때만 출력신호가 1이 되는 것

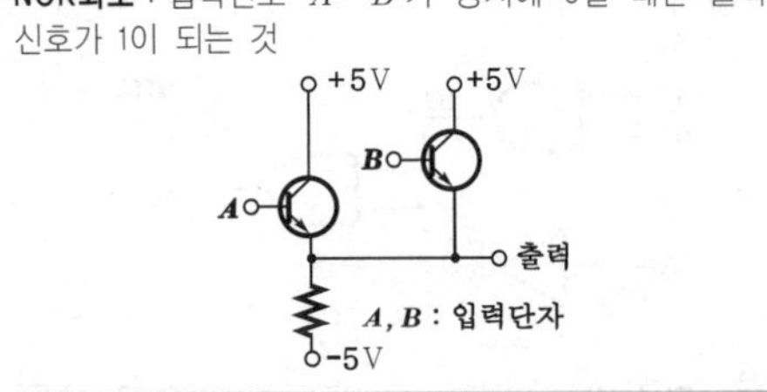


답 ③

**53** 그림의 게이트는?

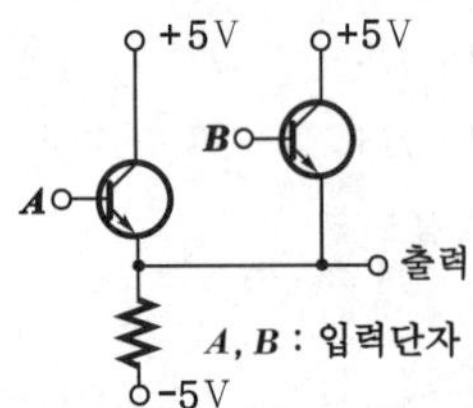


① AND gate ② OR gate
③ NAND gate ④ NOR gate

해설 **문제 52 참조**
입력신호 $A$, $B$가 동시에 0일 때만 출력신호 $X$가 1이 되는 **NOR gate**이다.

답 ④

★★
**54** 그림과 같은 브리지 정류기는 어느 점에 교류입력을 연결하여야 하는가?

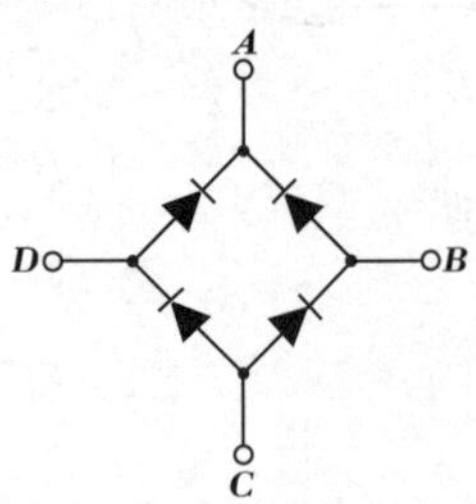

① $A-B$ 점　　② $A-C$ 점
③ $B-C$ 점　　④ $B-D$ 점

해설 $A-C$ 점 : **직류출력**($A$ 점 : +, $C$ 점 : −)
$B-D$ 점 : **교류입력**

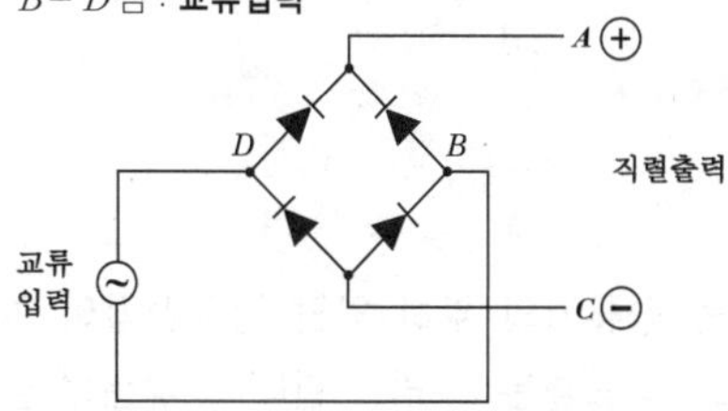


답 ④

**55** 그림과 같은 정류회로는 다음 중 어느 것에 해당되는가?

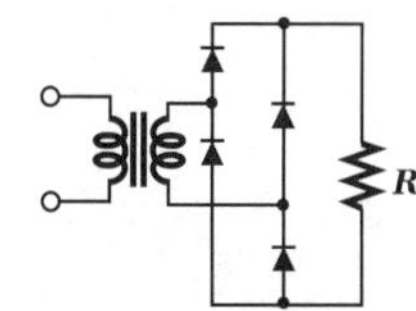


① 삼상 전파회로　　② 단상 전파회로
③ 삼상 반파회로　　④ 단상 반파회로

해설 그림은 **단상 전파회로**이다.

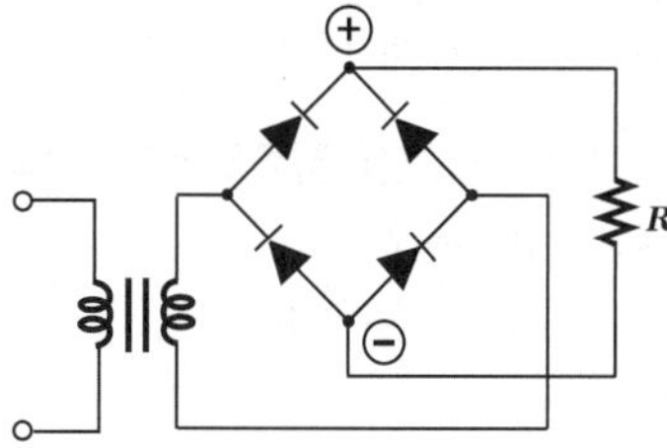


답 ②

**56** 다음은 무슨 회로인가?

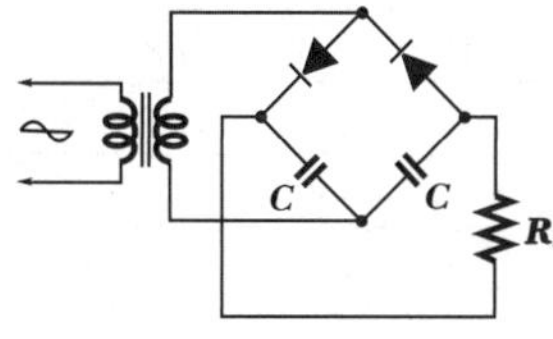


① 배전압 정류회로
② 다이오드 특성 측정회로
③ 전파 정류회로
④ 반파 정류회로

해설 첨두역전압(PIV)이 $2V_m$인 **반파 배전압 정류회로**이다.

> ※ **첨두역전압** (PIV : peak inverse voltage)
> 정류회로에서 다이오드가 동작하지 않을 때, 역방향 전압을 견딜 수 있는 최대 전압

답 ①

**57** 전원회로에서 전부하시 410V, 무부하시 465V 이었다면 전압변동률(%)은?

① 6.8%　　② 8.8%
③ 11.8%　　④ 13.4%

해설

$$\delta = \frac{V_{R_0} - V_R}{V_R} \times 100\,[\%]$$

여기서, $\delta$ : 전압변동률[%]
$V_{R_0}$ : 무부하시 출력 전압[V]
$V_R$ : 부하시 출력 전압[V]

**전압변동률** $\delta = \frac{V_{R_0} - V_R}{V_R} \times 100 = \frac{465-410}{410} \times 100$

$= 13.4\%$

답 ④

**58** 전압변동률 15%인 정류회로에서 무부하전압이 6V일 때 부하시의 전압은?

① 3.2V　　② 5.2V
③ 5.7V　　④ 7.2V

해설 **문제 57 참조**
**전압변동률** $\delta$는

$\delta = \frac{V_{R_0} - V_R}{V_R} \times 100$에서

$\frac{\delta}{100} = \frac{V_{R_0} - V_R}{V_R}$

$\frac{\delta}{100} = \frac{V_{R_0}}{V_R} - \frac{V_R}{V_R}$

$\frac{\delta}{100} = \frac{V_{R_0}}{V_R} - 1$

$0.01\delta = \frac{V_{R_0}}{V_R} - 1$

$0.01\delta + 1 = \frac{V_{R_0}}{V_R}$

$V_R = \frac{V_{R_0}}{0.01\delta + 1}$

**부하시 전압** $V_R$은

$\therefore V_R = \frac{V_{R_0}}{0.01\delta + 1} = \frac{6}{(0.01 \times 15) + 1} = 5.21\text{V}$

답 ②

★
**59** 정류회로에서의 정류효율은?

① $\frac{\text{직류 출력전력}}{\text{교류 입력전력}}$　② $\frac{\text{직류 입력전력}}{\text{교류 출력전력}}$

③ $\frac{\text{직류 출력전력}}{\text{교류 출력전력}}$　④ $\frac{\text{교류 입력전력}}{\text{교류 출력전력}}$

해설 **정류효율**

$$\eta = \frac{P_{DC}}{P_{AC}} \times 100$$

여기서, $\eta$ : 정류효율
$P_{DC}$ : 직류 출력전력[W]
$P_{AC}$ : 교류 입력전력[W]

답 ①

★★
## 60 전원형 콘버터(converter)의 주요 용도는?

① 교류 전원전압의 변화
② 직류 전원전압의 변화
③ 교류 전원전압의 주파수 변화
④ 교류 전원전압의 직류전압으로의 변화

해설

| 콘버터(converter) | 인버터(inverter) |
|---|---|
| AC → DC 변환회로 | DC → AC 변환회로 |

답 ④

## 61 정류회로의 설명 중 틀린 것은?

① 단상전파 정류회로의 이론적 최대 정류효율은 81.2%이다.
② 단상반파 정류회로의 이론적 최대 정류효율은 40.6%이다.
③ 단상전파 정류의 맥동률은 1.482이다.
④ 단상반파 정류의 맥동률은 1.21이다.

해설

| 구분 | 단상반파 | 단상전파 |
|---|---|---|
| 정류효율 | 40.6% | 81.2% |
| 맥동율 | 1.21(121%) | 0.482(48.2%) |

③ 단상전파 정류의 맥동률은 **0.482**이다.

답 ③

## 62 반파 정류회로에 있어서의 리플 백분율은?

① 40.6%　② 81.2%
③ 121%　④ 48.2%

해설 **문제 61 참조**

리플 백분율＝맥동률

답 ③

## 63 다음 그림의 맥동률은 얼마인가?

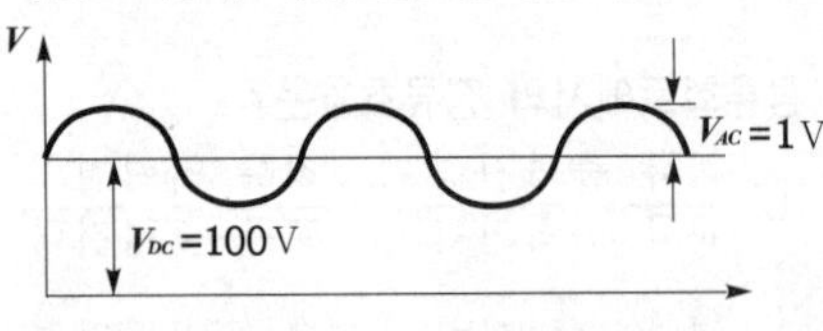


① 1%　② 2%
③ 5%　④ 10%

해설 **맥동률**

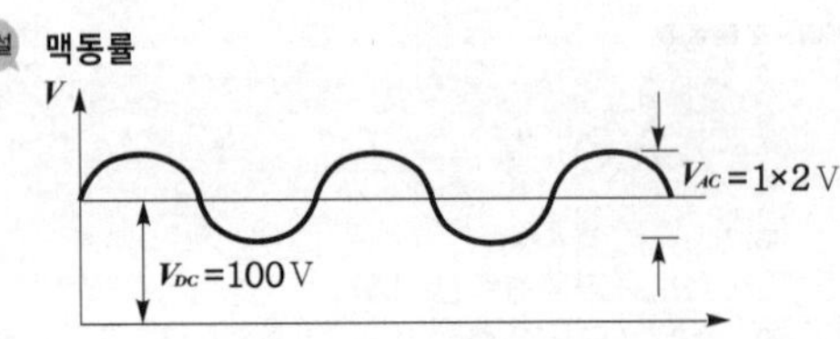


$$\gamma=\frac{V_{AC}}{V_{DC}}\times 100\,[\%]$$

여기서 $\gamma$ : 맥동률[%]
$V_{AC}$ : 직류 출력전압의 교류분[V]
$V_{DC}$ : 직류 출력전압[V]

**맥동률** $\gamma$는

$$r=\frac{V_{AC}}{V_{DC}}\times 100=\frac{1\times 2}{100}\times 100=2\%$$

답 ②

## 64 어떤 정류기의 부하 양단 평균전압이 2000V이고, 맥동률은 2%라고 한다. 교류분은 얼마 포함되어 있는가?

① 10V
② 20V
③ 30V
④ 40V

해설 **문제 63 참조**

**맥동률** $\gamma$는

정류기의 부하양단 평균전압＝직류출력전압($V_{DC}$)

$\gamma=\frac{V_{AC}}{V_{DC}}$에서

**직류출력전압**의 **교류분** $V_{AC}$는

$V_{AC}=V_{DC}\times\gamma=2000\times 0.02=40\text{V}$

답 ④

## 65 60Hz의 3상전압을 전파정류하였다. 이때 리플(맥동) 주파수(Hz)는?

① 60　② 180
③ 240　④ 360

해설 **맥동주파수(60Hz**일 때)

| 정류회로 | 맥동주파수 |
|---|---|
| 단상 반파정류 | 60Hz ($f_0$) |
| 단상 전파정류 | 120Hz ($2f_0$) |
| 3상 반파정류 | 180Hz ($3f_0$) |
| 3상 전파정류 | 360Hz ($6f_0$) |

답 ④

## 66 다음 중 맥동률이 가장 작은 정류방식은?

① 단상반파
② 단상전파
③ 3상반파
④ 3상전파

해설 **문제 65 참조**

맥동주파수가 높을수록 맥동률이 작아진다.

④ **3상전파정류**는 **맥동률**이 **가장 작다.**

답 ④

**67** ★ 다음 중 SCR의 심벌은?

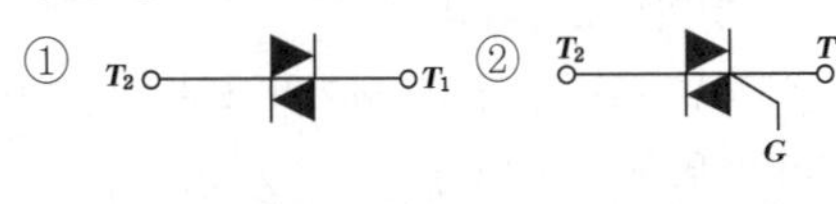

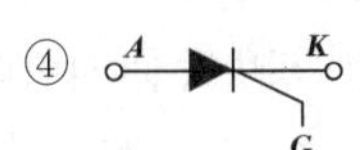

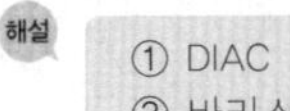

해설
① DIAC ② TRIAC
③ 바리스터 ④ SCR

답 ④

**68** 다음 중 PUT의 심벌은?

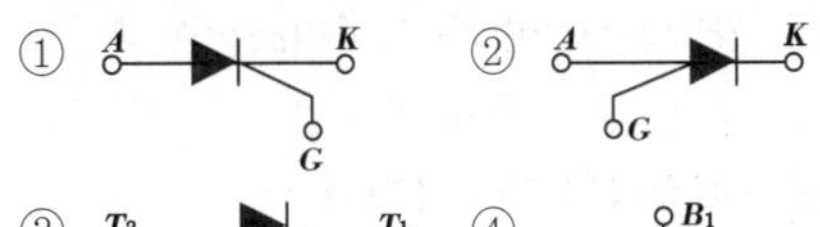

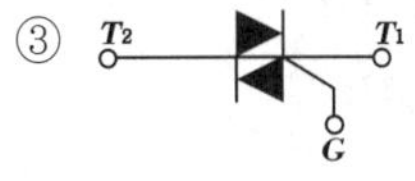

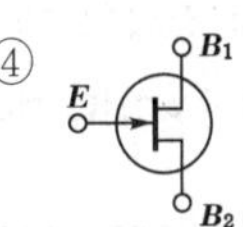

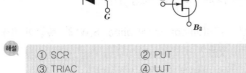

해설
① SCR ② PUT
③ TRIAC ④ UJT

답 ②

**69** 다음 중 TRIAC의 심벌은?

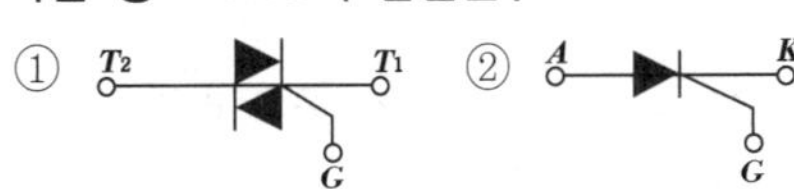

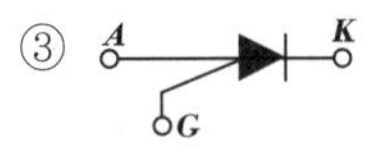

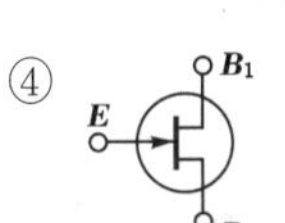

해설
① TRIAC ② SCR
③ PUT ④ UJT

답 ①

**70** ★★ 다음 중 UJT의 심벌은?

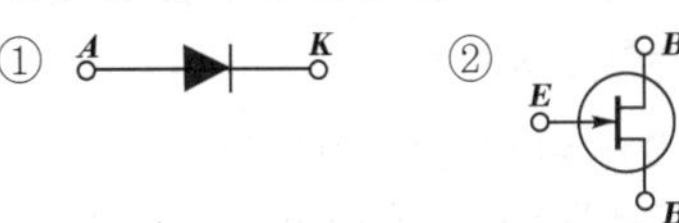

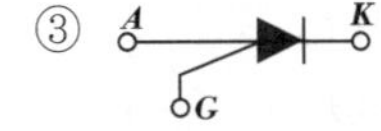

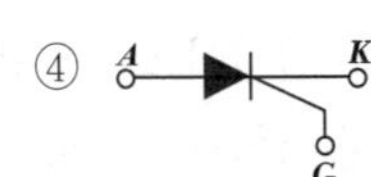

해설
① 다이오드(정류용다이오드)
② UJT
③ PUT
④ SCR

답 ②

**71** 실리콘 제어 정류소자(SCR)의 $V-I$ 특성을 나타낸 것은?

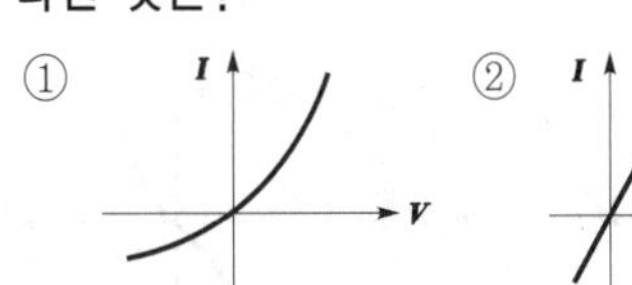

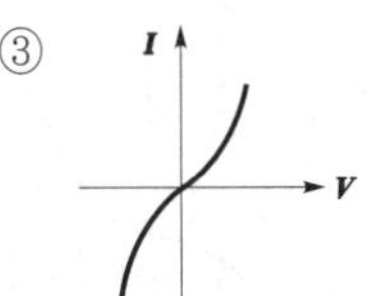

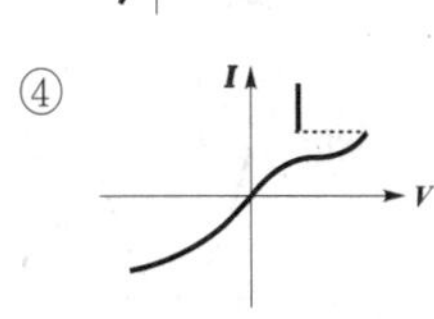

해설 ④ SCR의 $V-I$ 특성

답 ④

**72** 다음 중 TRIAC의 $V-I$ 특성곡선은?

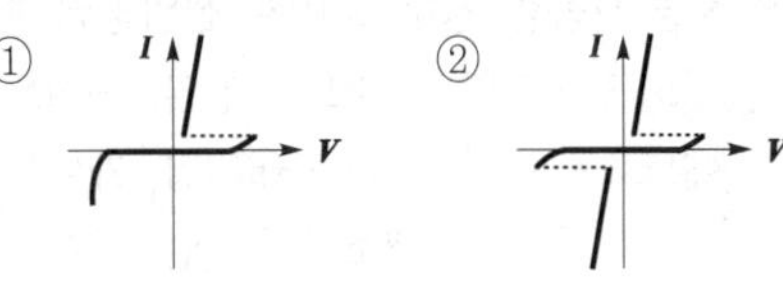

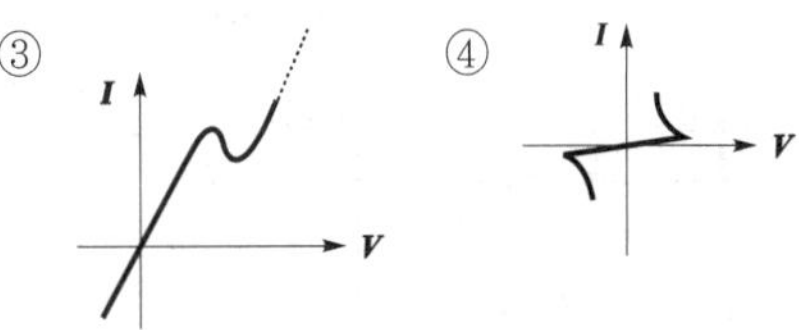

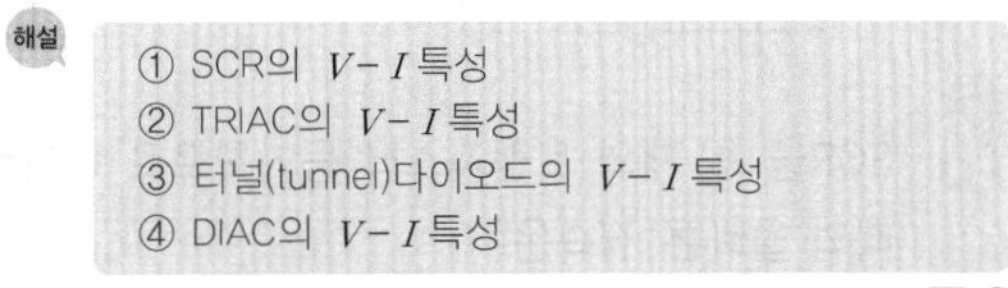

해설
① SCR의 $V-I$ 특성
② TRIAC의 $V-I$ 특성
③ 터널(tunnel)다이오드의 $V-I$ 특성
④ DIAC의 $V-I$ 특성

답 ②

**73** 다음 중 DIAC(diode AC conductor switch)의 $V-I$ 특성곡선은 어느 것인가?

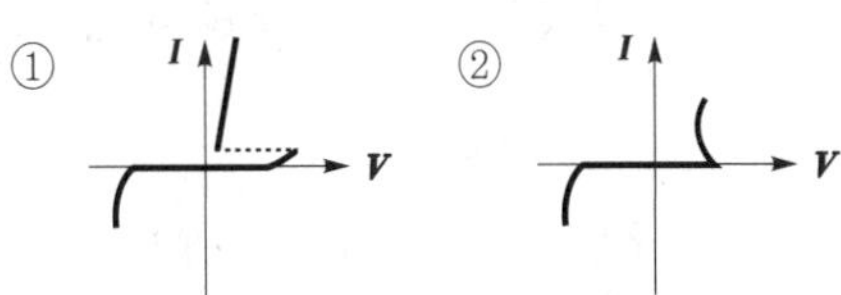

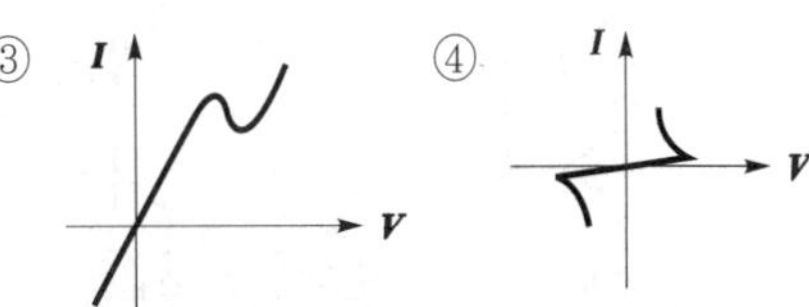

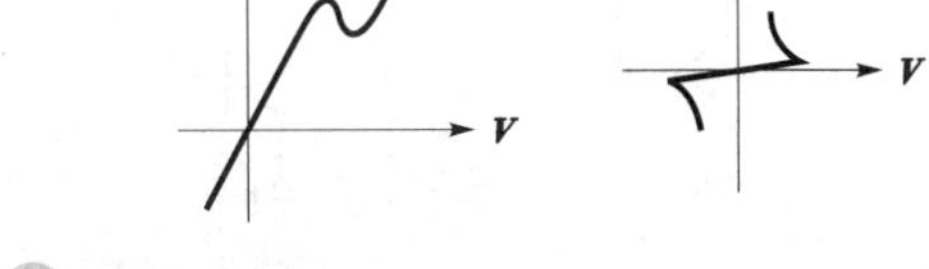

해설 문제 72 참조

답 ④

**74** 다음 중 바리스터의 전압, 전류 특성이 아닌 것은?

①　②

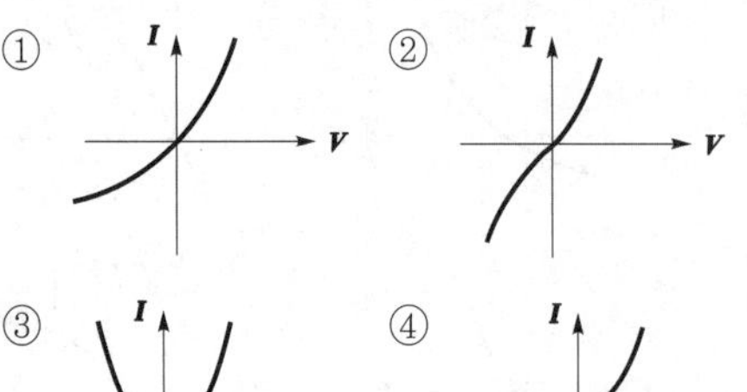

③　④

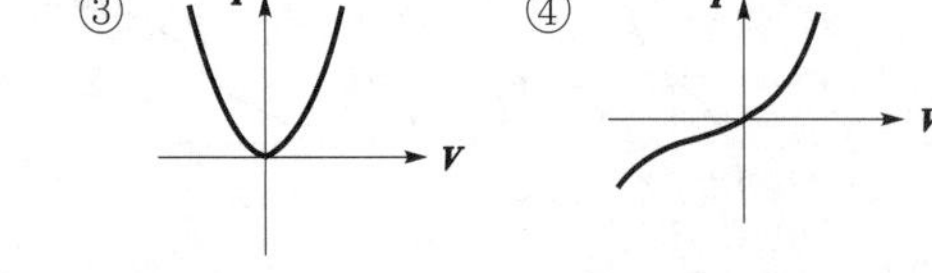

해설 ③은 바리스터의 $V-I$ 특성이 아니다.

답 ③

**75** SCR을 사용할 경우 올바른 전압공급 방법은?

① 애노드 ⊖전압, 캐소드 ⊕전압, 게이트 ⊕전압
② 애노드 ⊖전압, 캐소드 ⊕전압, 게이트 ⊖전압
③ 애노드 ⊕전압, 캐소드 ⊖전압, 게이트 ⊕전압
④ 애노드 ⊕전압, 캐소드 ⊖전압, 게이트 ⊖전압

해설

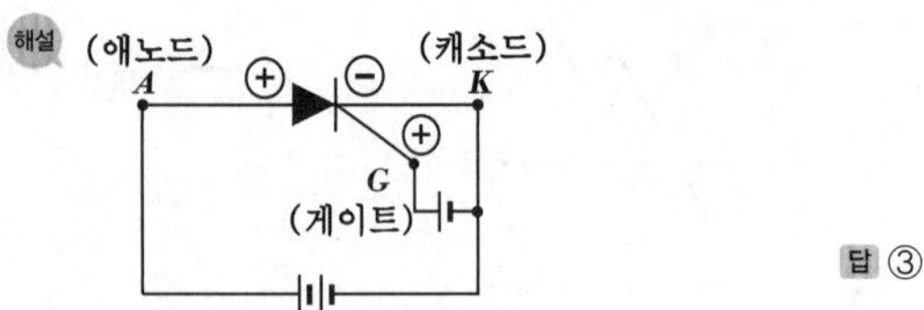


답 ③

★★
**76** SCR을 두 개의 트랜지스터 등가회로로 나타낼 때의 올바른 접속은?

①　②

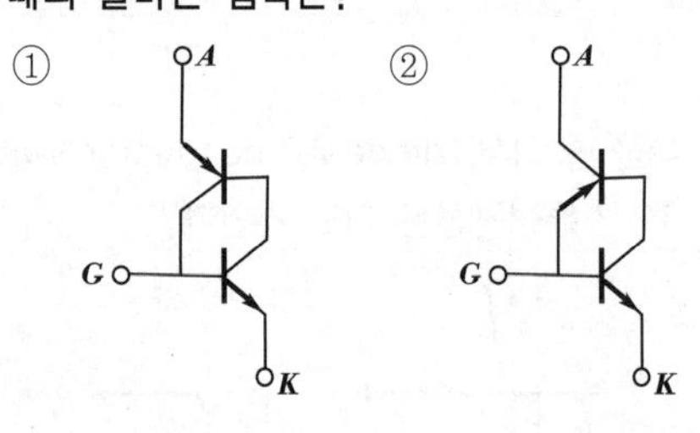

③　④

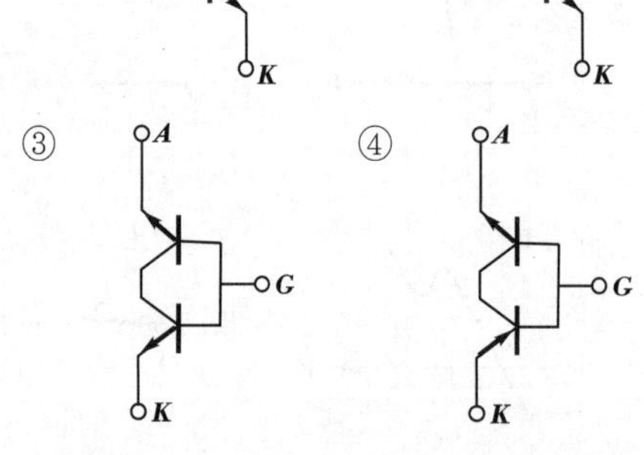

해설 ① SCR의 등가회로

답 ①

**77** SCR에 관한 설명으로 적당하지 않은 것은?

① PNPN 소자이다.
② 직류, 교류, 전력 제어용으로 사용된다.
③ 스위칭 소자이다.
④ 쌍방향성 사이리스터이다.

해설 ④ 쌍방향성 사이리스터는 TRIAC에 관한 설명

답 ④

**78** TRIAC에 대하여 옳지 않은 것은?

① 역병렬의 2개의 보통 SCR과 유사하다.
② 쌍방향성 3단자 사이리스터이다.
③ AC전력의 제어용이다.
④ DC전력의 제어용이다.

해설 TRIAC은 **AC전력 제어용 소자**이다.

답 ④

**79** SCS(silicon controlled S.W)의 특징이 아닌 것은?

① 게이트 전극이 2개이다.
② 직류 제어소자이다.
③ 쌍방향으로 대칭적인 부성저항 영역을 갖는다.
④ AC의 ⊕⊖전파 기간 중 트리거용 펄스를 얻을 수 있다.

해설 **SCS**(silicon controlled S.W)

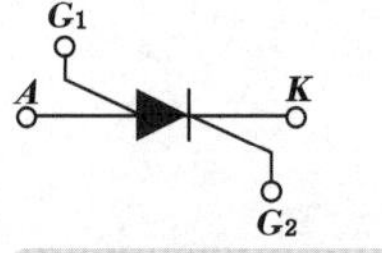


③ 단방향

답 ③

**80** 실리콘 제어정류기(SCR)의 전압 대 전류 특성과 비슷한 소자는?

① 사이라트론(thyratron)
② 마그네트론(magnetron)
③ 클라이스트론(klystron)
④ 다이나트론(dynatron)

해설 ① SCR과 $V-I$ 특성이 비슷한 소자 : **사이라트론**(thyratron)

답 ①

**81** SCR의 설명 중 옳지 않은 것은?
① 전류 제어장치이다.
② 이온이 소멸되는 시간이 길다.
③ 통과시키는 데 게이트가 큰 역할을 한다.
④ 사이라트론과 기능이 닮았다.

해설 이온이 소멸되는 시간이 **짧다**.

답 ②

**82** SCR의 게이트의 작용은?
① 온-오프 작용
② 통과 전류의 제어 작용
③ 브레이크 다운 작용
④ 브레이크 오버 작용

해설 **문제 81 참조**

※ **게이트** : 통과전류의 제어작용

답 ②

**83** 다음 중 사이리스터 소자가 아닌 것은?
① SCR ② TRIAC
③ Diode ④ SSS

해설 **사이리스터**(Thyrister)
① SCR ② TRIAC
③ SSS ④ SCS

답 ③

★ **84** 다음에서 전력소모가 제일 적은 게이트 회로는?
① DTL ② TTL
③ ECL ④ CMOS

해설 CMOS : 전력소모가 가장 적은 게이트 회로

답 ④

**85** 사이리스터를 사용하지 않은 것은?
① 온도제어회로
② 타이머회로
③ 링 카운터(ring counter)
④ A-D변환기(A-D invertor)

해설 ① 온도제어 회로는 **서미스터**를 사용한다.

답 ①

**86** 사이리스터의 게이트의 트리거 회로로 적합하지 않은 것은?
① UJT 발진회로
② 다이액에 의한 트리거회로
③ PUT 발진회로
④ SCR 발진회로

해설 **트리거회로**
(1) **UJT**
(2) **DIAC**(다이액)
(3) **PUT**

답 ④

**87** 다이오드를 여러 개 병렬로 접속하면?
① 과전압으로부터 보호할 수 있다.
② 과전류로부터 보호할 수 있다.
③ 정류기의 역방향 전류가 감소한다.
④ 부하출력에서의 맥동률을 감소시킬 수 있다.

해설 **다이오드 접속**
(1) **직렬접속** : **과전압**으로부터 보호

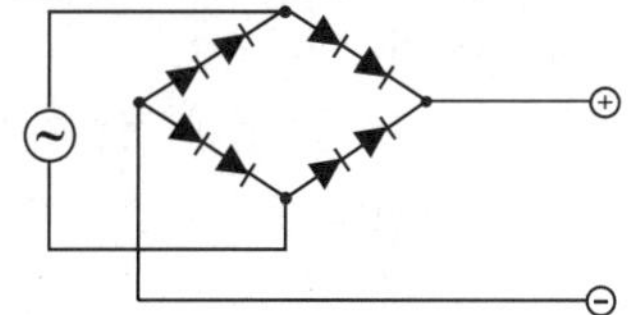

(2) **병렬접속** : **과전류**로부터 보호

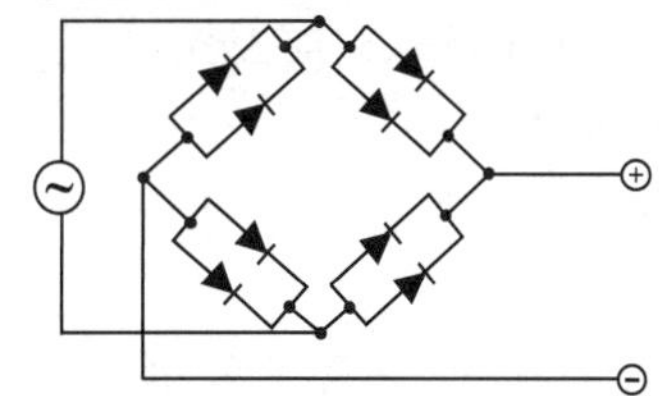

기억법 직압(지갑)

답 ②

**88** 전원전압을 안정하게 유지하기 위해서 사용되는 다이오드는?
① 보드형 다이오드 ② 터널 다이오드
③ 제너 다이오드 ④ 바랙터 다이오드

해설 **제너 다이오드** : **전원전압**을 일정하게 **유지**하기 위해 사용

답 ③

**89** 전력용 정류장치로 우수한 정류기는?
① 아산화동 정류기 ② 셀렌 정류기
③ Ge 정류기 ④ Si 정류기

해설 전력용에서 실리콘(Silicon) 정류기가 주로 사용된다.

실리콘정류기=Si 정류기

답 ④

**90** 다음 반도체 중 동작 최고온도가 가장 큰 것은?
① 셀렌 ② 게르마늄
③ 아산화동 ④ 실리콘

해설 **동작최고온도**

| 게르마늄 정류기 | 실리콘 정류기 |
|---|---|
| 80℃ | 약 140~200℃ |

※ 실리콘 정류기 : **고전압 대전류용**

답 ④

**91** 실리콘 정류기는?

① 저전압 대전류 ② 저전압 소전류
③ 고전압 대전류 ④ 고전압 소전류

해설 **문제 90 참조** 답 ③

**92** 소형이면서 대전력용 정류기로 사용하는 것은?

① 게르마늄 정류기 ② SCR
③ 수은 정류기 ④ 셀렌 정류기

해설 **대전력용** 정류기로는 **SCR**이 적당하다. 답 ②

**93** 바리스터의 주된 용도는?

① 서지전압에 대한 회로 보호용
② 온도 보상
③ 출력전류 조절
④ 전압증폭

해설 **바리스터**(varistor) : 주로 서지전압에 대한 회로보호용으로 사용된다. 계전기 접점의 불꽃을 제거하는 목적으로도 쓰인다. 답 ①

**94** 계전기 접점의 불꽃을 소거할 목적으로 사용하는 반도체 소자는?

① 바리스터 ② 서미스터
③ 바랙터 다이오드 ④ 터널 다이오드

해설 **문제 93 참조** 답 ①

**95** 다음 소자 중 온도 보상용으로 쓰일 수 있는 것은?

① 서미스터 ② 바리스터
③ 바랙터 다이오드 ④ 제너 다이오드

해설 서미스터는 온도가 증가할 때 저항이 감소되는 **부성저항 특성**을 가지며 주로 온도보상용으로 쓰인다.

참고

**서미스터**의 **저항 - 온도특성**

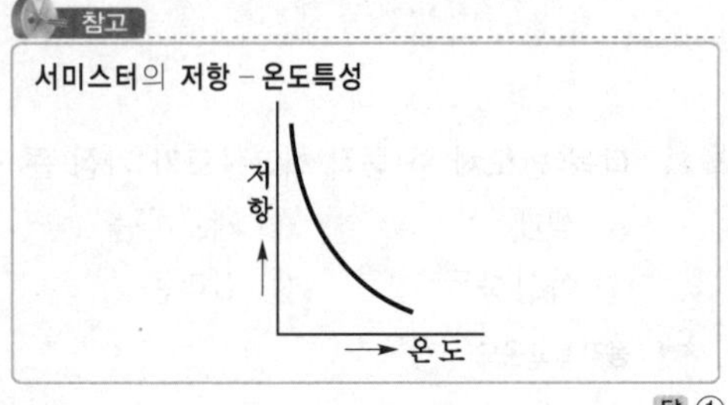


답 ①

**96** 서미스터는 온도가 증가할 때 저항은?

① 감소한다.
② 증가한다.
③ 임의로 변화한다.
④ 변화가 없다.

해설 **문제 95 참조** 답 ①

**97** 입력 100V의 단상교류를 SCR 4개를 사용하여 브리지 제어 정류하려 한다. 이때 사용할 1개 SCR의 최대 역전압(내압)은 약 몇 V 이상이어야 하는가?

① 25 ② 100
③ 142 ④ 200

해설 **첨두역전압**

$$PIV = \sqrt{2}\,V$$

여기서, PIV : 첨두역전압[V]
$V$ : 교류전압[V]

**첨두역전압** PIV는

$\therefore PIV = \sqrt{2}\,V = \sqrt{2} \times 100 = 141.4\text{V}$ 답 ③

**98** 그림과 같은 단상전파 정류회로에서 순저항 부하에 직류전압 100V를 얻고자 할 때 변압기 2차 1상의 전압(V)은?

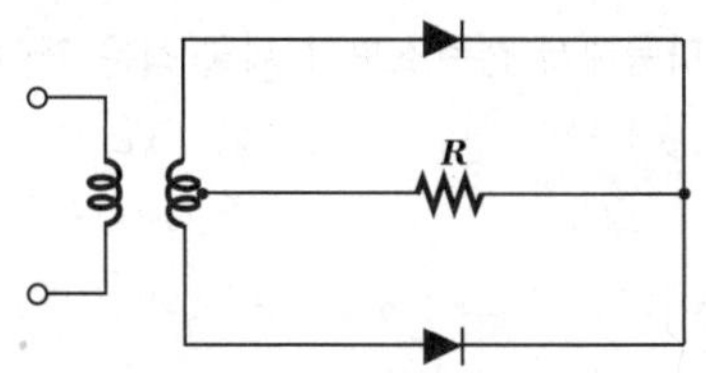


① 약 220 ② 약 111
③ 약 105 ④ 약 100

해설 (1) **직류**는 **평균값**이므로

평균값

$$V_{av} = \frac{2}{\pi} V_m$$

여기서, $V_{av}$ : 평균값[V], $V_m$ : 최대값[V]

최대값 $V_m = \frac{\pi}{2} \times V_{av} = \frac{\pi}{2} V_{av}$

(2) **교류**는 **실효값**이므로

$$V = \frac{V_m}{\sqrt{2}}$$

여기서, $V$ : 실효값[V]
$V_m$ : 최대값[V]

실효값 $V = \frac{V_m}{\sqrt{2}} = \frac{\frac{\pi}{2} V_{av}}{\sqrt{2}} = \frac{\pi}{2\sqrt{2}} \times V_{av} = \frac{\pi}{2\sqrt{2}} \times 100$
$\fallingdotseq 111\text{V}$

답 ②

**99** 다음 dB 표시로 잘못된 것은?

① $G=20\log\frac{V_o}{V_i}$

② $G=20\log\frac{I_o}{I_i}$

③ $G=10\log\frac{P_o}{P_i}$

④ $G=\frac{1}{2}\log\frac{R_o}{R_i}$

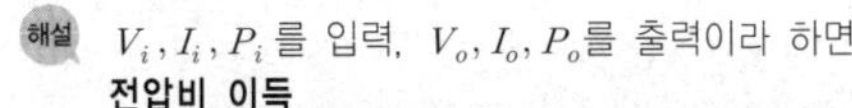

해설 $V_i, I_i, P_i$ 를 입력, $V_o, I_o, P_o$를 출력이라 하면

**전압비 이득**

$G_v=20\log_{10}\frac{V_o}{V_i}$ [dB]

**전류비 이득**

$G_I=20\log_{10}\frac{I_o}{I_i}$ [dB]

**전력비 이득**

$G_P=10\log_{10}\frac{P_o}{P_i}$ [dB]

답 ④

**100** 1mV의 입력을 가했을 때 100mV의 출력이 나오는 4단자 회로의 이득(dB)은?

① 10　② 20

③ 30　④ 40

해설 **문제 99 참조**

전압비 이득

$G_v=20\log_{10}\frac{V_o}{V_i}=20\log_{10}\frac{100}{1}=40$dB

답 ④

CHAPTER
# 08. 유도전동기

출제확률 (3문제)

**01** 다음 단상 유도전동기에서 기동 토크가 가장 큰 것은?

① 분상 기동전동기 ② 콘덴서 기동전동기
③ 콘덴서전동기 ④ 반발 기동전동기

해설 **기동토크**가 **큰 순서**(단상 유도전동기)
반발기동형 > 반발유도형 > 콘덴서기동형 > 분상기동형 > 세이딩 코일형

답 ④

**02** 단상 유도전동기의 기동 방법 중 가장 기동토크가 작은 것은 어느 것인가?

① 반발기동형 ② 반발유도형
③ 콘덴서분상형 ④ 분상기동형

해설 **문제 1 참조**

답 ④

**03** 기동토크가 큰 특성을 가지는 전동기는?

① 직류 분권전동기
② 직류 직권전동기
③ 3상 농형 유도전동기
④ 3상 동기전동기

해설 직류 직권전동기는 $T \propto I_a^2$이므로 기동토크가 큰 특성을 가진다.

답 ②

**04** 직류전동기의 속도제어에 쓰이지 않는 것은?

① 전류제어 ② 전압제어
③ 저항제어 ④ 계자제어

해설 **직류전동기**의 **속도제어**
① 저항제어
② 전압제어 : 정토크제어
③ 계자제어 : 정출력제어

답 ①

**05** 직류전동기의 회전수는 자속이 감소하면 어떻게 되는가?

① 속도가 저하한다.
② 불변이다.
③ 전동기가 정지한다.
④ 속도가 상승한다.

해설 직류전동기의 회전수는 **자속**이 **감소**하면 **속도**가 **상승**하고, **자속**이 **증가**하면 **속도**가 **감소**한다.

답 ④

**06** 출력 6kW, 회전수 1500rpm의 전동기토크는 몇 kg · m인가?

① 3 ② 3.9
③ 4.6 ④ 5.4

해설 **출력**

$$P = 9.8\omega\tau = 9.8 \times 2\pi\frac{N}{60} \times \tau \,[\text{W}]$$

여기서, $P$ : 출력[W]
$\omega$ : 각속도[rad/s]
$N$ : 회전수[rpm]
$\tau$ : 토크[kg · m]

**토크** $\tau$는

$$\tau = \frac{60P}{9.8 \times 2\pi N} = \frac{60 \times (6 \times 10^3)}{9.8 \times 2\pi \times 1500} \fallingdotseq 3.9\,\text{kg} \cdot \text{m}$$

답 ②

**07** 전동기의 토크의 단위는?

① [kg] ② [kg·m$^2$]
③ [kg·m] ④ [kg·m/s]

해설 **문제 6 참조**
토크의 단위 : [kg · m] 또는 [N · m]

답 ③

**08** 유도전동기의 기동법이 아닌 것은?

① Y－△기동법 ② 기동보상기법
③ 기동권선법 ④ 저항기동법

해설 **유도전동기**의 **기동법**
① 전전압 기동법 : 전동기 용량이 **5.5kW 미만**에 적용
② Y－△기동법 : 전동기 용량이 **5.5~15kW 미만**에 적용
③ 기동 보상기법 : 전동기 용량이 **15kW 이상**에 적용
④ 기동저항기법
⑤ 콘도르퍼 기동법
⑥ 게르게스법

15[KW] 이상에 Y－△기동법을 사용하기도 한다.

답 ③

☆ **09** 3상 유도전동기의 기동법이 아닌 것은?

① Y－△기동법
② 기동보상기법
③ 전전압기동법
④ 1차저항기동법

해설 **3상 유도전동기의 기동법**

| 농형 | 권선형 |
|---|---|
| ① 전전압기동법(직입기동법)<br>② Y-△ 기동법<br>③ 리액터법<br>④ 기동보상기법<br>⑤ 콘도르퍼 기동법 | ① 2차 저항법<br>② 게르게스법 |

답 ④

## 10 다음 중 3상 유도전동기에 속하는 것은?

① 권선형 유도전동기
② 세이딩코일형 전동기
③ 분상기동형 전동기
④ 콘덴서기동형 전동기

해설

| 3상 유도전동기 | 단상 유도전동기 |
|---|---|
| • **농형** 유도전동기<br>• **권선형** 유도전동기 | • 세이딩코일형 전동기<br>• 분상기동형 전동기<br>• 콘덴서기동형 전동기<br>• 반발기동형 전동기<br>• 반발유도형 전동기 |

답 ①

## ★ 11 전동기에서 두 단자를 바꾸면 회전이 역전하는 전동기는?

① 3상 유도전동기
② 단상 유도전동기
③ 직류 분권전동기
④ 단상 교류 유도전동기

해설

| 전동기 종류 | 역회전 방법 |
|---|---|
| 3상 유도전동기 | 3상 중 2상을 바꿈 |
| 단상 유도전동기 | 주권선이나 보조권선 중 한 권선을 바꿈 |
| 직류전동기 | 전기자권선이나 계자권선 중 한 권선을 바꿈 |

답 ①

## 12 AC서보전동기에 대한 설명으로 틀린 것은?

① 큰 회전력이 요구되지 않는 계에 사용되는 전동기이다.
② 고정자의 기준 권선에는 정전압을 인가하며, 제어권선에는 제어용 전압을 인가한다.
③ 속도 회전력 특성을 선형화하고 제어전압을 입력으로 회전자의 회전각을 출력으로 보았을 때 이 전동기의 전달함수는 미분요소와 2차요소의 직렬결합으로 볼 수 있다.
④ 기준권선과 제어권선의 두 고정자 권선이 있으며, 90도의 위상차가 있는 2상 전압을 인가하여 회전자계를 만든다.

해설 **AC 서보전동기**

(1) 큰 회전력이 요구되지 않는 계에 사용되는 전동기이다.
(2) 고정자의 **기준 권선**에는 **정전압**을 인가하며, **제어권선**에는 **제어용 전압**을 인가한다.
(3) 기준권선과 제어권선의 두 고정자 권선이 있으며, **90도**의 **위상차**가 있는 **2상 전압**을 인가하여 **회전자계**를 만든다.

※ **서보전동기**(servo motor) : 서보기구의 최종단에 설치되는 조작기기로서, **직선운동** 또는 **회전운동**을 하며 정확한 제어가 가능하다.

중요

서보전동기의 특징
(1) **직류전동기**와 **교류전동기**가 있다.
(2) **정 · 역회전**이 가능하다.
(3) **급가속**, **급감속**이 가능하다.
(4) **저속운전**이 용이하다.

답 ③

## ★ 13 B종 절연의 최고 허용온도(℃)는 얼마인가?

① 105　② 120
③ 130　④ 155

해설 **절연물**의 **허용온도**

| 절연의 종류 | Y | A | E | B | F | H | C |
|---|---|---|---|---|---|---|---|
| 최고 허용 온도[℃] | 90 | 105 | 120 | 130 | 155 | 180 | 180℃ 초과 |

답 ③

## 장수를 위한 10가지 비결

1. 고기는 적게 먹고 야채를 많이 먹으라.
2. 술은 적게 마시고 과일을 많이 먹으라.
3. 차는 적게 타고 걸음을 많이 걸으라.
4. 욕심은 적게 선행을 많이 베풀라.
5. 옷은 얇게 입고 목욕을 자주 하라.
6. 번민은 적게 하고 잠은 충분히 자라.
7. 말은 적게 하고 실행은 많이 하라.
8. 싱겁게 먹고 식초는 많이 먹으라.
9. 적게 먹고 많이 씹으라.
10. 분한 것을 참고 많이 웃으라.

•김형모의 「마음의 고통을 돕기 위한 10가지 충고 1」 중에서•

# Part 4

# 소방전기시설의 구조 및 원리

# 출제경향분석

## 경보설비의 구조 및 원리

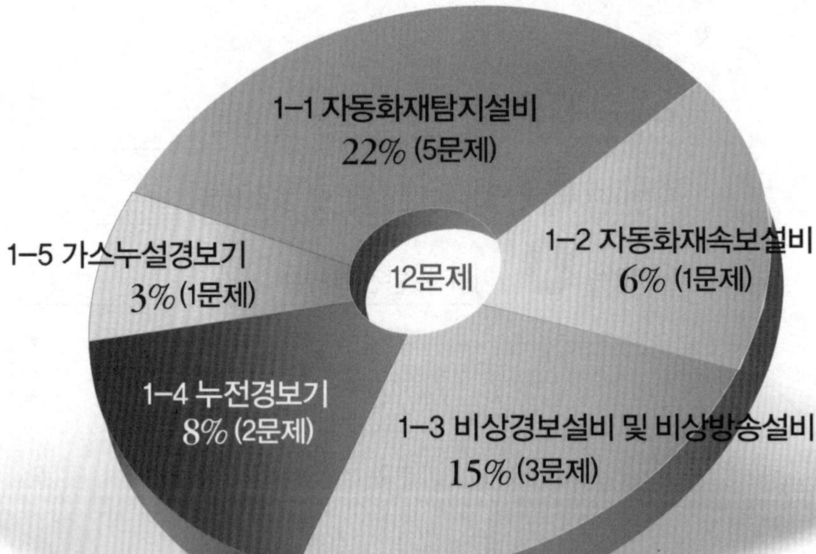

# 1-1. 자동화재탐지설비(경보설비 및 감지기)

출제확률 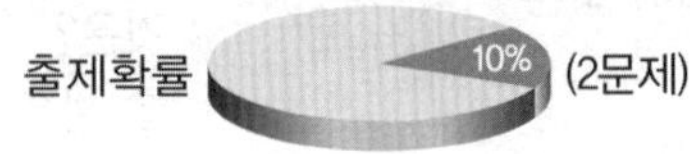 (2문제)

**01** 다음 중 경보설비에 해당되지 않는 것은?

① 비상콘센트설비 ② 누전경보기

③ 비상경보설비 ④ 자동화재탐지설비

해설 **경보설비**

(1) **자**동화재탐지설비 · 시각경보기
(2) **자**동화재속보설비
(3) **누**전경보기
(4) **비**상방송설비
(5) **비**상경보설비
(6) **가**스누설경보기
(7) **단**독경보형 감지기
(8) **통**합감시시설

① 소화활동설비

기억법 **경자누비 가단통**

답 ①

**02** 스프링클러설비의 경보장치설치에 대한 설명으로 틀린 것은?

① 경보장치는 유수검지장치가 담당하는 구역마다 설치한다.

② 경보장치는 일제개방밸브가 담당하는 구역마다 설치한다.

③ 경보장치는 그 구역의 각 부분에 유효한 경보가 될 수 있도록 설치한다.

④ 경보장치는 그 음색이 다른 용도의 경보와 동일하도록 설치한다.

해설 ④ 경보장치는 주위의 소음 및 다른 용도의 경보와 **구별**이 **가능한 음색**으로 하여야 한다. (NFSC 103⑨)

답 ④

**03** 지하가에 자동화재탐지설비를 할 경우 소방대상물의 연면적이 얼마 이상이면 설치하여야 하는가?

① 연면적 $1000m^2$ 이상

② 연면적 $600m^2$ 이상

③ 연면적 $500m^2$ 이상

④ 연면적 $300m^2$ 이상

해설 **소방시설법 시행령 〔별표 5〕**
**자동화재탐지설비의 설치대상**

| 설치대상 | 조 건 |
|---|---|
| ① 노유자시설 | • 연면적 $400m^2$ 이상 |
| ② **근**린생활시설 · **위**락시설<br>③ **숙**박시설 · **의**료시설<br>④ **복**합건축물 · 장례시설 | • 연면적 $600m^2$ 이상 |
| ⑤ 목욕장 · 문화 및 집회시설, 운동시설<br>⑥ 종교시설<br>⑦ 방송통신시설 · 관광휴게시설<br>⑧ 업무시설 · 판매시설<br>⑨ 항공기 및 자동차 관련시설 · 공장 · 창고시설<br>⑩ 지하가 · 공동주택 · 운수시설 · 발전시설 · 위험물 저장 및 처리시설<br>⑪ 교정 및 군사시설 중 국방 · 군사시설 | • 연면적 $1000m^2$ 이상 |
| ⑫ **교**육연구시설 · **동**식물관련시설<br>⑬ **분**뇨 및 쓰레기 처리시설 · **교**정 및 군사시설(국방 · 군사시설 제외)<br>⑭ **수**련시설(숙박시설이 있는 것 제외)<br>⑮ 묘지관련시설 | • 연면적 $2000m^2$ 이상 |
| ⑯ 터널 | • 길이 1000m 이상 |
| ⑰ 지하구<br>⑱ 노유자생활시설 | • 전부 |
| ⑲ 특수가연물 저장 · 취급 | • 지정수량 500배 이상 |
| ⑳ 수련시설(숙박시설이 있는 것) | • 수용인원 100명 이상 |
| ㉑ 전통시장 | • 전부 |

기억법 **근위숙의복 6, 교동분교수 2**

답 ①

**04** 방재센터에 대한 위치, 구조 등이 적절하지 못한 것은?

① 소방대의 출입이 쉬운 장소일 것

② 건축물 주변의 교통사정, 혼잡상황 등을 파악하기 쉬운 장소일 것

③ 직접 지상으로 통하는 출입구가 1개소 이상 있을 것

④ 다른 방(실)과는 독립된 방화구획의 구조일 것

해설 **방재센터**에 대한 위치, 구조

(1) 소방대의 출입이 쉬운 장소일 것
(2) 직접 지상으로 통하는 출입구가 1개소 이상 있을 것
(3) 다른 방(실)과는 독립된 방화구획의 구조일 것

용어

**방재센터**
화재를 사전에 예방하고 초기에 진압하기 위해 모든 소방시설을 제어하고 비상방송 등을 통해 인명을 대피시키는 총체적 지휘본부

답 ②

★

**05** 차동식 분포형 감지기의 동작원리에 따른 방식이 아닌 것은?

① 공기관식 ② 열전대식
③ 열반도체식 ④ 광전식

해설 **차동식 감지기**

기억법 **분열공**

답 ④

**06** 정온식 스포트형 감지기에서 감도에 따른 종류가 아닌 것은?

① 제1종 ② 제2종
③ 제3종 ④ 특종

해설 **정온식 감지기**

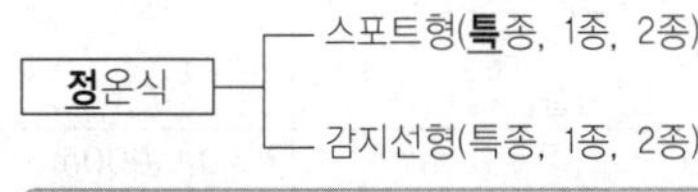


기억법 **특정**

답 ③

★

**07** 일국소의 주위온도가 일정한 온도 이상이 되는 경우에 작동하는 것으로서 외관이 전선으로 되어 있는 감지기는?

① 정온식 감지선형 감지기
② 정온식 스포트형 감지기
③ 차동식 스포트형 감지기
④ 차동식 분포형 감지기

해설 (1) **정온식 감지선형 감지기**
일국소의 주위온도가 일정한 온도 이상이 되는 경우에 작동하는 것으로서 **외관이 전선으로 되어 있는 것**
(2) **정온식 스포트형 감지기**
일국소의 주위온도가 일정한 온도 이상이 되는 경우에 작동하는 것으로서 **외관이 전선으로 되어 있지 않는 것**
(3) **차동식 스포트형 감지기**
주위온도가 일정상승률 이상이 되는 경우에 작동하는 것으로서 **일국소**에서의 **열효과**에 의하여 작동하는 것
(4) **차동식 분포형 감지기**
주위온도가 일정상승률 이상이 되는 경우에 작동하는 것으로서 **넓은 범위**에서의 **열효과**에 의하여 작동하는 것

※ **공기관식 감지기**: **전구역** 열효과에 의한 동관내의 **공기팽창**으로 동작하는 감지기

기억법 **정감전**

답 ①

**08** 정온식 감지선형 감지기에 대한 설명으로 옳은 것은?

① 광범위한 열효과의 누적에 의하여 동작되므로 일종의 분포형 구조다.
② 일국소의 주위온도가 일정한 온도 이상이 되는 경우에 작동하는 것이다.
③ 감열부의 재질은 일종의 카몬저항을 이용한 것이다.
④ 감도는 다른 정온식 감지기에 비하여 보상식 구조이므로 예민하다.

해설 **문제 7 참조**

답 ②

**09** 전구역 열효과 누적에 따라 전구역에 설치된 동관내의 공기가 팽창하여 팽창된 공기의 압력으로 접점을 접촉시켜 동작하는 감지기는 다음 중 어느 것인가?

① 차동식 스포트형 감지기
② 차동식 분포형 공기관식 감지기
③ 차동식 분포형 열전대식 감지기
④ 차동식 분포형 열반도체식 감지기

해설 **문제 7 참조**

답 ②

**10** 차동식 감지기에 리크구멍을 이용하는 목적 중 가장 적합한 것은?

① 비화재보를 방지하기 위해서
② 완만한 온도상승을 감지하기 위해서
③ 감지기의 감도를 예민하게 하기 위해
④ 급격한 온도상승을 감지하기 위해

해설 **리크구멍**(Leak hole) : 감지기의 **오동작**(**비**화재보)방지

리크구멍 = 리크공 = 리크홀 = 리크밸브

기억법 **리오비**

답 ①

**11** 감지기에서 리크밸브의 기능이 아닌 것은?

① 비화재보를 방지한다.
② 작동속도를 조정한다.
③ 감지기의 성능을 시험한다.
④ 공기유통에 대해 저항을 가진다.

해설 **리크밸브**(Leak Valve)의 **기능**
(1) 비화재보(오동작)방지
(2) 작동속도조정
(3) 공기유통에 대한 저항을 가짐

리크밸브 = 리크구멍

답 ③

## 12 차동식 스포트형 감지기에서 리크구멍이 막혔을 때 어떤 현상이 일어나는가?

① 작동을 안함
② 계속 작동상태
③ 감지기의 작동과는 관련이 없음
④ 온도가 올라가면 작동, 내려가면 복구

해설 차동식 스포트형 감지기에서 **리크구멍**(Leak hole)이 막히면 난방 등의 완만한 온도상승에 의해서도 작동하여 작동상태를 계속 유지한다.

리크구멍이 막히지 않았을 때에는 온도가 올라가면 감지기가 작동하고, 내려가면 복구된다.
리크구멍이 막혔을 때에도 온도가 올라가면 작동하고, 내려가면 장시간 작동상태를 지속한 후 복구되지만 본 문제에서는 리크구멍이 막히지 않았을 때와 비교하는 내용이므로 **계속 작동상태**를 유지한다고 답하는 것이 옳다.

답 ②

## 13 공기관식 차동식 분포형 감지기의 다이어프램이 외부의 영향으로 부식되어 표면에 작은 구멍이 생겼다. 이것으로 인해 일어날 수 있는 결과로 볼 수 있는 것은?

① 접점간격이 좁아질 수 있으므로 동작이 빨라진다.
② 작은 구멍이므로 별다른 이상이 생기지 않는다.
③ 접점간격이 커짐으로 동작이 늦게 된다.
④ 공기의 유통으로 인해 동작이 늦어진다.

해설 **공기관식 차동식 분포형 감지기**의 다이어프램(Diaphragm)에 작은 구멍이 생기면 감열실에서 열을 유효하게 감지하지 못하므로 감지기의 동작이 늦어지거나 **동작하지 않는 현상**이 발생한다.

답 ④

## ★ 14 공기관식 차동식 분포형 감지기의 공기관을 지지하는 금속기구로 사용하는 것은?

① 로크너트 ② 부싱
③ 스테플 ④ 와이어콘넥터

해설 **공기관**의 **지지금속기구**
(1) 스테플 (2) 스티커

답 ③

## 15 차동식 분포형 감지기의 공기관의 규격은?

① 두께 0.2mm 이상, 외경 1.6mm 이상
② 두께 0.2mm 이상, 외경 1.9mm 이상
③ 두께 0.3mm 이상, 외경 1.6mm 이상
④ 두께 0.3mm 이상, 외경 1.9mm 이상

해설 **공기관**의 **규격**
(1) 두께 : **0.3mm** 이상
(2) 외경 : **1.9mm** 이상

기억법 두3 외9

답 ④

## ★ 16 공기관식 감지기 설치시 공기관 상호간의 간격은 주요구조부가 내화구조일 경우 몇 m 이하이어야 하는가?

① 7 ② 8
③ 9 ④ 10

해설 **공기관 상호간**의 거리(NFSC 203⑦)
(1) 기타구조 : **6m** 이하
(2) 내화구조 : **9m** 이하

답 ③

## 17 열전대식 감지기를 구성하고 있는 주된 부분이 아닌 것은?

① 미터릴레이
② 열전대
③ 접속전선
④ 전류계

해설 **열전대식 감지기**의 **구성요소**
(1) 열전대
(2) 미터릴레이(가동선륜, 스프링, 접점)
(3) 접속전선

답 ④

## 18 다음 중 정온식 스포트형 감지기의 종류가 아닌 것은?

① 액체의 팽창 이용
② 금속의 팽창계수 이용
③ 금속의 기전력 이용
④ 바이메탈의 팽창 이용

해설 **정온식 스포트형 감지기의 종류**
(1) **바이메탈**의 활곡을 이용한 것
(2) 바이메탈의 반전을 이용한 것
(3) 금속의 팽창계수차를 이용한 것
(4) **액체(기체)**팽창을 이용한 것
(5) 가용절연물을 이용한 것
(6) 감열반도체 소자를 이용한 것

③ **차동식 스포트형 감지기**의 종류

비교

**차동식 스포트형 감지기의 종류**
(1) 공기의 팽창을 이용한 것
(2) 열기전력을 이용한 것
(3) 반도체를 이용한 것

답 ③

**19** 정온식 스포트형 감지기의 용융 작동원리가 아닌 것은?

① 바이메탈의 활곡을 이용한 것이다.
② 원판형 바이메탈의 반전운동을 이용한 것이다.
③ 수열소자 양단에 발생되는 열기전력을 응용한 것이다.
④ 금속의 팽창계수의 차를 이용한 것이다.

해설 문제 18 참조

③ **차동식 스포트형 감지기**의 내용

답 ③

★★
**20** 열전대식 차동식 분포형 감지기에서 하나의 검출부에 접속하는 열전대부는 몇 개 이하로 하여야 하는가?

① 10 ② 20
③ 30 ④ 40

해설 열전대식 차동식 분포형 감지기에서 하나의 검출부에 접속하는 열전대부는 **20개** 이하로 할 것

참고

(1) 열전대식 : 4~20개 이하
(2) 열반도체식 : 2~15개 이하

기억법 전42

답 ②

★★
**21** 정온식 감지기의 공칭작동온도의 범위로 옳은 것은?

① 60~150℃ ② 70~160℃
③ 80~170℃ ④ 90~180℃

정온식 감지기의 공칭작동온도범위 : **60~150**℃
(1) 60~80℃ → **5**℃ 눈금
(2) 80~150℃ → **10**℃ 눈금

기억법 공615

답 ①

★
**22** 정온식 감지기는 공칭작동온도가 최고주위온도보다 섭씨 몇 도 이상 높은 것으로 설치하여야 하는가?

① 10도 ② 20도
③ 30도 ④ 40도

② **정온식 · 보상식 스포트형 감지기**는 공칭작동온도가 최고주위온도보다 **20**℃ 이상 높은 것으로 설치하여야 한다.

답 ②

**23** 보상식 스포트형 감지기는 정온점이 감지기 주위의 평상시 최고온도보다 섭씨 몇 도 이상 높은 것으로 설치하여야 하는가?

① 5 ② 10
③ 15 ④ 20

해설 문제 22 참조

답 ④

**24** 보상식 스포트형 감지기는 정온점이 감지기 주위의 평상시 최고온도보다 섭씨 몇 도 이상 높은 것으로 설치하여야 하는가?

① 10 ② 20
③ 30 ④ 40

해설 문제 22 참조

답 ②

**25** 스포트형 감지기에는 주배선은 2선, 송배선하여 접속하는 것은 ( ㉠ ), 검출기의 주배선에는 ( ㉡ ), 발신기로서 응답램프 및 전화가 있는 주배선에는 ( ㉢ ), 송배선한 것에는 ( ㉣ )이 필요하다. ( ) 안에 알맞은 것은?

① ㉠ 4선, ㉡ 3선, ㉢ 4선, ㉣ 6선
② ㉠ 4선, ㉡ 4선, ㉢ 4선, ㉣ 6선
③ ㉠ 2선, ㉡ 3선, ㉢ 3선, ㉣ 4선
④ ㉠ 4선, ㉡ 3선, ㉢ 5선, ㉣ 5선

해설

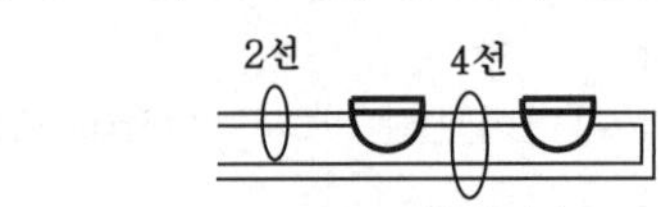

| 스포트형 감지기 |

| 차동식 분포형 감지기 |

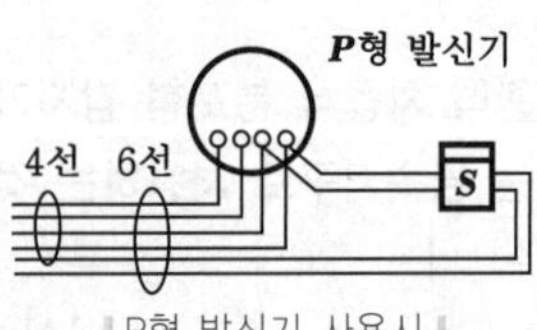

| P형 발신기 사용시 |

답 ②

★★
**26** 이온화식 연기감지기 중 내부이온실에 흐르는 전류는 어떤 전류인가?

① ⊕ 극전류
② ⊕, ⊖ 극전류

③ ⊖ 극전류

④ 접속상태에 따라 전류가 변한다.

해설 **이온화식 연기감지기**

(1) **내부이온실** : ⊕극 전류, **밀폐**

(2) **외부이온실** : ⊖극 전류, **개방**

**이온화식 연기감지기**의 외부이온실에 냉음극관이 있다.

답 ①

**27** **감지기의 내부구조에 냉음극관이 있는 것은?**

① 차동식 분포형 공기관식 감지기

② 정온식 감지선형 감지기

③ 광전식 연기감지기

④ 이온화식 연기감지기

해설 **문제 26 참조**

④ **이온화식 연기감지기**의 내부구조는 내부이온실과 외부이온실로 나누어져 있다. 그 중 **외부이온실**에 **냉음극관**이 있다.

답 ④

**28** **다음은 연기감지기의 이온화전류와 인가전압과의 관계 그림을 나타낸 것이다. 가장 적당한 것은? (단, $E$는 인가전압, $I_K$는 이온화전류, $I_S$는 포화전류를 표시함)**

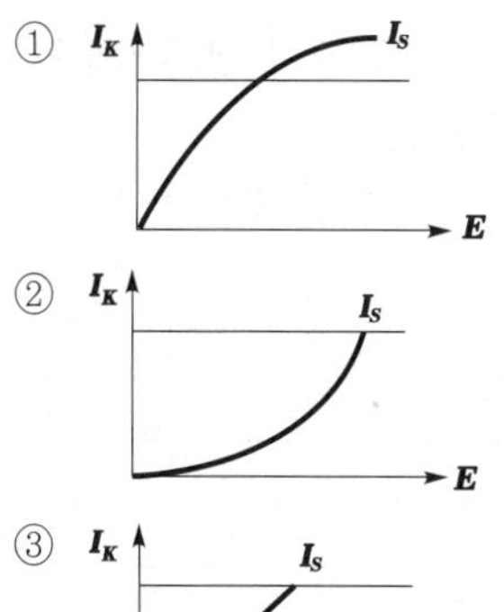


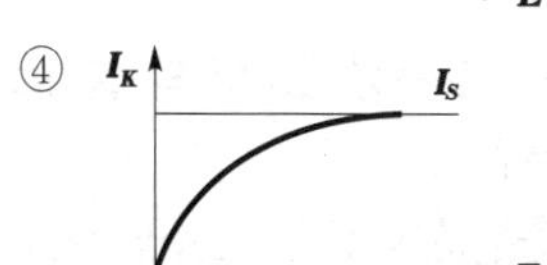


해설 **포화전류**($I_S$)는 이온화전류($I_K$)보다 커야 하므로 ①의 그림이 적합하다.

답 ①

**29** **다음은 어떤 감지기를 설명하고 있는가?**

- 화재의 조기발견
- 연기의 색에 영향을 받지 않음
- 외광(外光)에 의해서는 동작하지 않음
- 접점과 같은 가동부분이 없어 재조정 불필요

① 광전식 감지기

② 차동식 감지기

③ 정온식 감지기

④ 이온화식 감지기

해설 **이온화식 감지기**의 **특징**

(1) 화재의 조기발견

(2) 연기의 색에 영향을 받지 않음

(3) 외광(外光)에 의해서는 동작하지 않음

(4) 접점과 같은 가동부분이 없어 재조정 불필요

답 ④

★★★

**30** **8m 이상 15m 미만의 높이에는 부착할 수 없는 감지기는?**

① 이온화식 2종 ② 광전식 1종

③ 차동식 분포형 ④ 보상식 스포트형

해설 **감지기**의 **부착높이**

| 부착높이 | 감지기의 종류 |
|---|---|
| 8~15m 미만 | • 차동식 분포형<br>• 이온화식 1종 또는 2종<br>• 광전식(스포트형 · 분리형 · 공기흡입형) 1종 또는 2종<br>• 연기복합형<br>• 불꽃감지기 |
| 15~20m 미만 | • 이온화식 1종<br>• 광전식(스포트형 · 분리형 · 공기흡입형) 1종<br>• 연기복합형<br>• 불꽃감지기 |

④ 4~8m 미만에 설치가 가능하다.

답 ④

★

**31** **감지기를 설치할 때 부착면의 높이가 15m 이상, 20m 미만의 건축물에는 어떤 감지기를 부착하여야 하는가?**

① 차동식 분포형 ② 광전식 1종

③ 보상식 스포트형 ④ 정온식 특종

해설 **문제 30 참조**

① 8~15m 미만 ② 15~20m 미만

③, ④ 4~8m 미만

답 ②

★★
**32** 주요구조부를 내화구조로 한 특정소방대상물에 감지기의 부착높이를 4m 미만에 부착한 차동식 스포트형 1종 감지기 1개의 감지면적은 몇 $m^2$를 기준하는가?

① 90 ② 70
③ 60 ④ 20

해설 **감지기**의 **바닥면적** (단위 : $m^2$)

| 부착높이 및 소방대상물의 구분 | | 감지기의 종류 | | | | |
|---|---|---|---|---|---|---|
| | | 차동식·보상식 스포트형 | | 정온식 스포트형 | | |
| | | 1종 | 2종 | 특종 | 1종 | 2종 |
| 4m 미만 | 내화구조 | 90 | 70 | 70 | 60 | 20 |
| | 기타구조 | 50 | 40 | 40 | 30 | 15 |
| 4~8m 미만 | 내화구조 | 45 | 35 | 35 | 30 | – |
| | 기타구조 | 30 | 25 | 25 | 15 | – |

답 ①

**33** 차동식 스포트형 감지기를 부착하고자 한다. 부착높이 4m 미만에 1종 감지기를 설치할 경우 바닥면적 몇 $m^2$마다 1개 이상을 설치하여야 하는가?

① 내화구조 : $80m^2$, 기타구조 : $30m^2$
② 내화구조 : $80m^2$, 기타구조 : $70m^2$
③ 내화구조 : $90m^2$, 기타구조 : $30m^2$
④ 내화구조 : $90m^2$, 기타구조 : $50m^2$

해설 **감지기**의 **바닥면적** (단위 : $m^2$)

| 부착높이 및 소방대상물의 구분 | | 감지기의 종류 | | | | |
|---|---|---|---|---|---|---|
| | | 차동식·보상식 스포트형 | | 정온식 스포트형 | | |
| | | 1종 | 2종 | 특종 | 1종 | 2종 |
| 4m 미만 | 내화구조 | 90 | 70 | 70 | 60 | 20 |
| | 기타구조 | 50 | 40 | 40 | 30 | 15 |
| 4m 이상 8m 미만 | 내화구조 | 45 | 35 | 35 | 30 | – |
| | 기타구조 | 30 | 25 | 25 | 15 | – |

답 ④

**34** 주요구조부를 내화구조로 한 소방대상물에 차동식 스포트형 감지기 1종을 설치하려고 한다. 몇 개 이상 설치하여야 하는가? (단, 부착높이는 3.8m이고, 소방대상물의 바닥면적은 $700m^2$라 한다.)

① 8 ② 12
③ 16 ④ 20

해설 **문제 33 참조**
부착높이 **3.8m**, 내화구조로서 차동식 스포트형 감지기 **1종**이 담당하는 바닥면적은 **$90m^2$**이므로

$\frac{700}{90} = 7.777 ≒ 8$개

감지기의 설치개수 산정시 **소수**가 발생하면 반드시 **절상**한다.

답 ①

★★
**35** 공기관식 차동식 분포형 감지기에서 공기관의 노출부분은 감지구역마다 몇 m 이상이 되도록 하여야 하는가?

① 5 ② 10
③ 20 ④ 30

해설 **공기관식 감지기**의 **설치기준**
(1) 노출부분은 감지구역마다 **20m** 이상이 되도록 할 것
(2) 각 변과의 **수평거리**는 **1.5m 이하**가 되도록 하고, 공기관 상호간의 거리는 **6m**(**내화구조는 9m**) 이하가 되도록 할 것
(3) 공기관은 도중에서 **분기**하지 아니하도록 할 것
(4) 하나의 검출부분에 접속하는 공기관의 길이는 **100m** 이하로 할 것
(5) 검출부는 **5°** 이상 경사되지 아니하도록 부착할 것
(6) 검출부는 바닥으로부터 **0.8~1.5m** 이하의 위치에 설치할 것

답 ③

★★★
**36** 스포트형 감지기는 몇 도 이상 경사되지 않도록 부착하여야 하는가?

① 15 ② 25
③ 35 ④ 45

해설 **경사제한각도**

| 구분 | 경사제한각도 |
|---|---|
| 차동식 분포형 감지기의 검출부 | 5° 이상 |
| 스포트형 감지기 | 45° 이상 |

기억법 5분

답 ④

**37** 공기관식 차동식 분포형 감지기의 설치로 적당하지 않은 것은?

① 하나의 검출부분에 접속하는 공기관의 길이는 100m 이하이다.
② 검출부는 15도 이상 경사되지 아니하도록 부착한다.
③ 공기관과 감지구역의 각 변과의 수평거리는 1.5m 이하가 되도록 한다.

④ 공기관 상호간의 거리는 주요구조부가 내화구조일 경우 9m 이하가 되도록 한다.

해설 **문제 36 참조**

② 검출부는 5° 이상 경사되지 아니하도록 부착하여야 한다.

답 ②

★★
**38** **공기관식 차동식 분포형 감지기의 검출부는 바닥으로부터 몇 m 이상 몇 m 이하의 위치에 설치하는가?**

① 0.3~1.0 ② 0.6~1.0
③ 0.8~1.5 ④ 1.0~1.5

해설 **설치위치**

| 기타기기 | 시각경보장치 |
|---|---|
| 0.8~1.5m 이하 | 2~2.5m 이하(단, 천장의 높이가 2m 이하인 경우에는 천장으로부터 0.15m 이내의 장소에 설치) |

기억법 시25

답 ③

★★★
**39** **내화구조가 아닌 소방대상물로서 자동화재탐지설비의 감지기와 감지구역의 각 부분과의 수평거리가 3m 이하가 되도록 설치하는 감지기는?**

① 차동식 스포트형 감지기
② 정온식 감지선형 1종 감지기
③ 차동식 분포형 감지기
④ 정온식 감지선형 2종 감지기

해설 감지기와 감지구역의 각 부분과의 **수평거리**

| 정온식 감지선형 감지기 | | 공기관식 차동식 분포형 감지기 |
|---|---|---|
| 1종 | 3m(내화구조는 4.5m) 이하 | 1.5m 이하 |
| 2종 | 1m(내화구조는 3m) 이하 | |

답 ②

**40** **연기감지기의 설치기준으로 옳은 것은?**

① 천장 또는 반자가 낮은 실내에 있어서는 출입구와 멀리 떨어진 곳
② 천장 또는 반자부근에 배기구가 있는 경우에는 그 부근
③ 감지기는 벽 또는 보로부터 0.3m 이내의 곳
④ 좁은 실내인 경우에는 출입구와 멀리 떨어진 곳

해설 **연기감지기**의 **설치기준**

(1) 천장 또는 반자가 낮은 실내에 있어서는 **출입구**에 가까운 부근
(2) 천장 또는 반자부근에 배기구가 있는 경우에는 그 부근
(3) 감지기는 벽 또는 보로부터 **0.6m** 이상의 곳
(4) 좁은 실내인 경우에는 출입구에 가까운 부분

기억법 연6

답 ②

★★
**41** **연기감지기의 부착개수의 기준으로 옳은 것은?**

① 복도 및 통로에 설치하는 1종의 감지기는 보행거리 25m마다 1개 이상
② 복도 및 통로에 설치하는 2종의 감지기는 보행거리 35m마다 1개 이상
③ 복도 및 통로에 설치하는 3종의 감지기는 보행거리 20m마다 1개 이상
④ 계단 및 경사로에 설치하는 3종의 감지기는 보행거리 15m마다 1개 이상

해설 **연기감지기**의 **설치거리**

(1) 복도 · 통로 ┬ 1 · 2종 : 보행거리 **30m**
　　　　　　　└ 3종 : 보행거리 **20m**
(2) 계단 · 경사로 ┬ 1 · 2종 : 수직거리 **15m**
　　　　　　　　└ 3종 : 수직거리 **10m**

중요

**수평거리와 보행거리**

(1) **수평거리**

| 수평거리 | 적용대상 |
|---|---|
| 수평거리 **25m** 이하 | • 발신기<br>• 음향장치(확성기)<br>• 비상콘센트(지하상가 또는 지하층 바닥면적 합계 **3000m²** 이상) |
| 수평거리 **50m** 이하 | • 비상콘센트(기타) |

(2) 보행거리

| 보행거리 | 적용대상 |
|---|---|
| 보행거리 **15m** 이하 | • 유도표지 |
| 보행거리 **20m** 이하 | • 복도통로유도등<br>• 거실통로유도등<br>• 3종 연기감지기 |
| 보행거리 **30m** 이하 | • 1 · 2종 연기감지기 |

답 ③

**42** **부착면의 높이 4m 미만의 장소에 연기감지기 1종을 설치할 때, 감지기 1개의 감지면적은 최대 몇 $m^2$이어야 하는가?**

① 40 ② 50
③ 75 ④ 150

| 부착높이 | 연기감지기의 종류 | |
|---|---|---|
| | 1종 및 2종 | 3종 |
| 4m 미만 | $150m^2$ | $50m^2$ |
| 4~20m 미만 | $75m^2$ | 설치할 수 없다. |

답 ④

★
## 43 감지기를 설치하여야 할 장소는?

① 파이프덕트로 수평단면적이 $0.8m^2$인 장소
② 화재발생의 위험이 적은 장소로서 감지기의 유지관리가 어려운 장소
③ 계단 및 경사로
④ 천장 및 반자높이가 20m인 장소

해설 **감지기**의 **설치제외 장소**
(1) 천장 또는 반자의 높이가 **20m** 이상인 장소
(2) **부식성** 가스가 체류하고 있는 장소
(3) **목욕실**·욕조나 샤워시설이 있는 **화장실**, 기타 이와 유사한 장소
(4) 삭제 〈2015.1.23〉
(5) 파이프덕트 등 **2개층**마다 방화구획된 것이나 수평단면적이 $5m^2$ 이하인 것
(6) 먼지·가루 또는 **수증기**가 다량으로 체류하는 장소
(7) 화재발생의 위험이 적은 장소로서 감지기의 유지관리가 어려운 장소

답 ③

★★
## 44 소화설비 중 담당구역내에 설치된 감지기를 소화설비기동용으로 했을 때 화재감지기회로의 교차회로방식을 취하지 않아도 되는 것은?

① 스포트형 정온식 감지기를 설치한 할론소화설비
② 스포트형 차동식 감지기를 설치한 $CO_2$ 소화설비
③ 이온화식 연기감지기를 설치하고 폐쇄형 상향식 헤드를 설치한 준비작동식 스프링클러설비
④ 이온화식 연기감지기를 설치한 분말소화설비

해설 **교차회로방식**을 적용하지 않아도 되는 설비
(1) 제연설비
(2) 자동화재탐지설비
(3) 포소화설비
(4) 준비작동식 스프링클러설비(이온화식 연기감지기를 설치하고 폐쇄형 상향식 헤드 부착시)

답 ③

★★★
## 45 감지기회로의 배선을 교차회로방식으로 하지 않아도 되는 것은?

① 할론소화설비
② 이산화탄소 소화설비
③ 폐쇄상향식 헤드를 설치한 준비작동식 스프링클러설비
④ 분말소화설비

해설 **교차회로방식** 적용설비
(1) 할론소화설비
(2) 이산화탄소 소화설비
(3) 분말소화설비
(4) 준비작동식 스프링클러설비(폐쇄상향식 헤드를 설치하지 않은 것)
(5) 일제살수식 스프링클러설비

③은 교차회로방식으로 하지 않아도 된다.

답 ③

## 46 공기관식 차동식 분포형 감지기의 기능시험과 관계가 없는 것은?

① 화재표시시험　② 화재작동시험
③ 유통시험　④ 접점수고시험

해설 **공기관식 감지기**의 **기능시험**
(1) **화재작동시험**
　① 펌프시험
　② 작동계속시험
　③ 유통시험 : 공기관의 **누설**확인
　④ 접점수고시험 : 감지기의 **접점간격** 확인
(2) **연소시험**

① 화재표시작동시험(화재표시시험)은 수신기의 기능시험이다.

비교
**기능시험**
(1) 감지기 : 화재작동시험
(2) 수신기 : 화재표시작동시험

답 ①

## 47 공기관식 차동식 분포형 감지기의 유통시험시 필요하지 않는 기구는?

① 가열시험기　② 공기주입기
③ 고무관　④ 마노미터

해설 **유통시험**시 **사용기구**
(1) 공기주입기
(2) 고무관
(3) 유리관
(4) 마노미터

① **스포트형 감지기**의 가열시험에 사용한다.

답 ①

## 48 공기관에 공기의 누설이 있을 경우 사용하는 측정기는 어느 것인가?

① 비중계　② 회로시험기
③ 마노미터　④ 메가

해설 **측정기기**
(1) **마노미터**(mano meter)
　① 정의 : 공기관의 누설을 측정하기 위한 기구

② 적응시험 : **유통시험, 접점수고시험, 연소시험**
(2) **테스트펌프**(test pump)
① 정의 : 공기관에 공기를 주입하기 위한 기구
② 적응시험 : **유통시험, 접점수고시험**
(3) **초시계**(stop watch)
① 정의 : 공기관의 유통시간을 측정하기 위한 기구
② 적응시험 : **유통시험**

기억법 마누(마누라)

답 ③

## 49 공기관식 차동식 분포형 감지기의 검출기 접점 수고시험은 무엇을 시험하는 것인가?

① 다이어프램의 용량
② 접점간격
③ 리크밸브의 이상 유무
④ 다이어프램의 동작상태

해설 문제 46 참조

② 접점 수고시험 : **감지기간**의 **접점간격 확인**

기억법 **접접**

답 ②

## 50 차동식 분포형 감지기를 공기관식에서 공기관과 검출기의 단자를 접속하는 방법으로 적당한 것은?

① 긴 테이프로 잘 감는다.
② 잘 결합하여 납땜한다.
③ 고무관으로 접속한다.
④ 비닐테이프로 접속한다.

해설 공기관 검출기의 접속은 **공기관접속단자**에 공기관을 삽입하고, 납땜하여 공기가 새지 않도록 한다.

답 ②

## 51 차동식 분포형(공기관식) 감지기를 현장에서 가열시험한 결과 동작하지 않았다. 그 원인으로 볼 수 없는 것은?

① 접점간격이 규정치 이상이었다.
② 수신기에 이르는 배선이 단선되었다.
③ 공기관이 막혀 있었다.
④ 다이어프램이 부식되어 있었다.

해설 **가열시험**시 작동하지 않는 경우의 원인
(1) 접점간격이 너무 넓다.
(2) 공기관이 막혔다.
(3) 다이어프램(Diaphragm)이 부식되었다.
(4) 공기관이 부식되었다.

가열시험은 수신기에 이르는 배선과는 무관하다.

답 ②

## 52 테스트펌프를 사용하여 공기관식 감지기 기능시험 결과 그림과 같았다. 평상시 공기압에서 $P_2$까지 압을 가했더니 $P_1$에서 전기접점이 구성되었다면 감지기 동작지속시간은? (단, $t_1$, $t_2$, $t_3$는 압력 $P_1$, $P_2$, $P_1$일 때의 각각 시간을 나타낸다.)

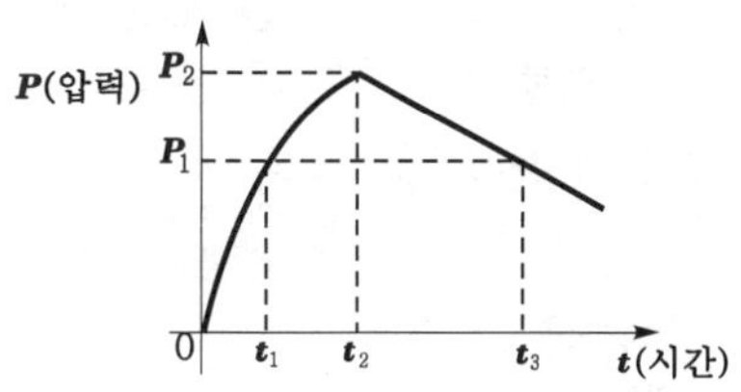


① $t_2 - t_1$
② $t_3 - t_2$
③ $t_3 - t_1$
④ $t_2 + t_1$

해설 전기접점이 구성되는 $P_1$의 교차점($t_3 - t_1$)에서 감지기의 동작이 지속된다.

답 ③

## 53 정온식 감지기에서 공칭작동온도보다 섭씨 10도 낮은 온도이고 풍속이 매초 1m인 수직기류에 투입하는 경우 10분 이내에 작동하지 아니하여야 하는 시험은?

① 노화시험
② 진동시험
③ 충격시험
④ 부작동시험

해설 **정온식 감지기**
(1) **노화시험**(감지기 형식 25)
공칭작동온도 또는 공칭작동온도보다 20±2℃ 낮은 온도의 공기중에서 통전상태로 **30일**간 방치하는 경우 그 구조나 기능에 이상이 생기지 아니하여야 한다.
(2) **부작동시험**(감지기 형식 16)
공칭작동온도보다 10℃ 낮은 풍속 1m/s의 기류에 투입한 경우 10분 이내로 작동하지 않을 것

답 ④

## 54 차동식 분포형 감지기로서 공기관식의 구조 및 기능으로 옳은 것은?

① 공기관은 하나의 길이가 10m 정도이다.
② 공기관의 두께는 최소 8mm 이상이어야 한다.
③ 발광소자를 사용하여 공기관의 누설 여부를 시험한다.
④ 리크저항 및 접점수고를 쉽게 시험할 수 있다.

**해설** **공기관식 감지기**의 **구조** 및 **기능**

(1) 공기관은 하나의 길이가 **20m** 이상이어야 한다.
(2) 공기관의 두께는 **0.3mm** 이상이어야 한다.
(3) 마노미터를 사용하여 공기관의 누설여부를 시험한다.
(4) **리크저항** 및 **접점수고**를 쉽게 시험할 수 있다.

답 ④

## 55 감지기의 감지대상이 아닌 것은?

① 연기 ② 불꽃
③ 가연물 ④ 열

**해설** **감지기**의 **감지대상**(NFSC 203③)

(1) 열 (2) 연기
(3) 불꽃 (4) 연소생성물

용어

**감지기**
화재시 발생하는 **열**, **연기**, **불꽃** 또는 **연소생성물**을 자동적으로 감지하여 수신기에 발신하는 장치

답 ③

## 56 제연설비의 기동장치는 수동식과 자동식이 있다. 자동기동장치가 화재로 인하여 작동하였다면 이것은 어느 요소에 의하여 작동하는 것인가?

① 온도 ② 습도
③ 압력 ④ 수분

**해설** **제**연설비는 인명의 대피로 인하여 연기가 확산되는 것을 방지하기 위한 설비로 **연기** 또는 **온도**에 의한 감지기의 작동으로 설비가 기동되도록 되어 있다.

기억법 **제연온**

답 ①

## 57 자동화재탐지설비의 경계구역 설정 기준으로 옳은 것은?

① 하나의 경계구역이 3개 이상의 건축물에 미치지 아니하도록 하여야 한다.
② 하나의 경계구역의 면적은 $500m^2$ 이하로 하고 한 변의 길이는 60m 이하로 하여야 한다.
③ $500m^2$ 이하는 2개 층을 하나의 경계구역으로 할 수 있다.
④ 특정소방대상물의 주된 출입구에서 그 내부 전체가 보이는 것에 있어서는 한 변의 길이가 100m의 범위 내에서 $1500m^2$ 이하로 할 수 있다.

**해설** **경계구역**

(1) **정의** : 소방대상물 중 **화재신호**를 **발신**하고 그 **신호**를 **수신** 및 유효하게 **제어**할 수 있는 구역
(2) **경계구역의 설정기준**
㉠ 1경계구역이 2개 이상의 **건축물**에 미치지 않을 것
㉡ 1경계구역이 2개 이상의 **층**에 미치지 않을 것(단, $500m^2$ 이하는 2개 층을 하나의 경계구역으로 가능)
㉢ 1경계구역의 면적은 **$600m^2$** 이하로 하고, 1변의 길이는 **50m** 이하로 할 것(내부 전체가 보이면 **50m** 범위 내에서 **$1000m^2$** 이하)
(3) **1경계구역의 높이** : **45m** 이하

① 3개 이상 → 2개 이상
② $500m^2$ 이하 → $600m^2$ 이하, 60m 이하 → 50m 이하
④ 100m → 50m, $1500m^2$ 이하 → $1000m^2$ 이하

답 ③

## 58 주요구조부를 내화구조로 한 소방대상물에 부착높이 7m, 바닥면적 $60m^2$이고 여기에 열반도체식 차동식 분포형 감지기(1종)을 설치할 때 감지부의 최소설치개수는?

① 1 ② 2
③ 3 ④ 4

**해설** **열반도체식 감지기**의 **설치기준**(NFSC 203⑦)

① 하나의 검출기에 접속하는 감지부는 **2~15개** 이하가 되도록 할 것
② 기준면적 (단위 : $m^2$)

| 부착높이 및 소방대상물의 구분 | | 감지기의 종류 | |
|---|---|---|---|
| | | 1종 | 2종 |
| 8m 미만 | 내화구조 | 65 | 36 |
| | 기타구조 | 40 | 23 |
| 8~15m 미만 | 내화구조 | 50 | 36 |
| | 기타구조 | 30 | 23 |

※ 부착높이가 **8m** 미만이고, 바닥면적이 **기준면적 이하**인 경우에는 감지부의 최소설치개수를 **1개**로 할 수 있다. 거듭 주의하라!

답 ①

## 59 지하층 · 무창층 등으로서 환기가 잘되지 아니하거나 실내면적이 $40m^2$ 미만인 장소로서 일시적으로 발생한 열 · 연기 또는 먼지 등으로 인하여 화재신호를 발신할 우려가 있는 장소의 적응감지기는?

① 분포형 감지기
② 정온식 스포트형 감지기
③ 광전식 공기흡입형 감지기
④ 이온화식 감지기

**해설** **지하층 · 무창층** 등으로서 환기가 잘되지 아니하거나 실내면적이 **$40m^2$ 미만**인 장소, 감지기의 부착면과 실내바닥과의 거리가 **2.3m 이하**인 곳으로서 일시적으로 발생한 열 · 연기 또는 먼지 등으로 인하여 화재신호를 발신할 우려가 있는 장소의 적응감지기

(1) 불꽃감지기
(2) 정온식 감지선형 감지기
(3) 분포형 감지기
(4) 복합형 감지기

(5) 광전식 분리형 감지기
(6) 아날로그 방식의 감지기
(7) 다신호 방식의 감지기
(8) 축적 방식의 감지기

답 ①

**60** **감지기의 부착면과 실내바닥과의 거리가 2.3m 이하인 곳으로서 일시적으로 발생한 열·연기 또는 먼지 등으로 인하여 화재신호를 발신할 우려가 있는 장소의 적응감지기는?**

① 광전식 스포트형 감지기
② 보상식 스포트형 감지기
③ 정온식 감지선형 감지기
④ 이온화식 감지기

해설 **문제 59 참조**

답 ③

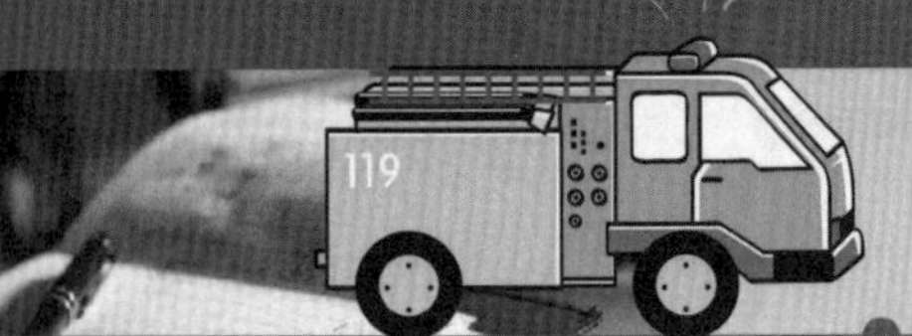



# 1-1. 자동화재탐지설비(수신기)

출제확률 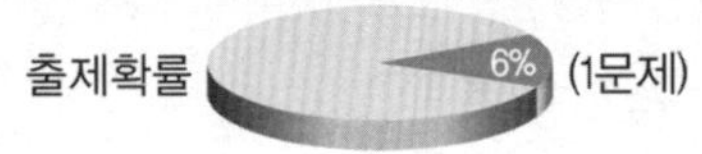

(1문제)

★
**01** 자동화재탐지설비의 수신기 종류가 아닌 것은?

① P형 수신기　　② R형 수신기
③ A형 수신기　　④ GP형 수신기

해설
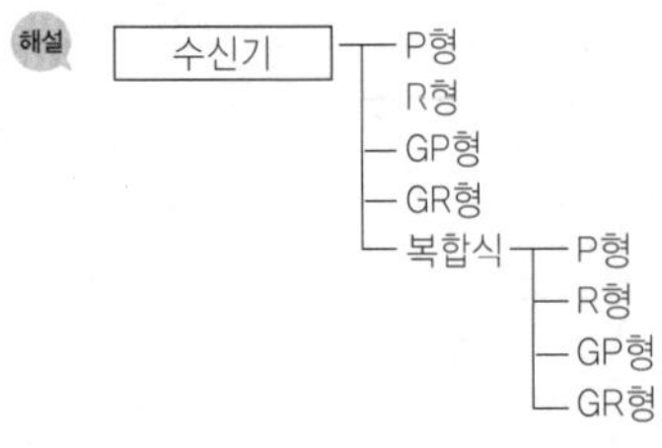


답 ③

★
**02** 자동화재탐지설비의 수신기 종류 중 옳지 않은 것은?

① P형 수신기
② R형 수신기
③ A형 수신기
④ P형 복합식

해설 **문제 1 참조**

③ **A형 수신기**라는 것은 없다.

답 ③

★
**03** 수신기의 심벌은?

①　　②
③　　④

해설 **옥내배선기호**

| 명 칭 | 그림기호 | 적 요 |
|---|---|---|
| 수신기 | | • 가스누설경보설비와 일체인 것<br>• 가스누설경보설비 및 방배연 연동과 일체인 것 |
| 부수신기(표시기) | | – |
| 중계기 | | – |
| 배전반, 분전반 및 제어반 | | • 배전반 :<br>• 분전반 :<br>• 제어반 : |

답 ③

★★
**04** 감지기 또는 P형 발신기로부터 발하여지는 신호를 직접 또는 중계기를 통하여 공통신호로서 수신하여 화재의 발생을 해당 특정소방대상물의 관계자에게 경보하여 주고 자동 또는 수동으로 옥내소화전설비, 스프링클러설비, 물분무소화설비, 포소화설비, 이산화탄소소화설비, 할론소화설비, 분말소화설비, 배연설비 등의 가압송수장치 또는 기동장치 등을 제어하는 수신기는?

① P형 복합식　　② R형
③ GP형　　④ P형

해설 **P형 복합식 수신기**

감지기 또는 P형 발신기로부터 발하여지는 신호를 직접 또는 중계기를 통하여 공통신호로서 수신하여 화재의 발생을 해당 특정소방대상물의 관계자에게 경보하여 주고 자동 또는 수동으로 옥내소화전설비, 스프링클러설비, 물분무소화설비, 포소화설비, 이산화탄소소화설비, 할론소화설비, 분말소화설비, 배연설비 등의 가압송수장치 또는 기동장치 등을 제어하는 수신기이다.

답 ①

★
**05** 다음은 P형 수신기의 기능장치이다. 사용하지 않는 장치는?

① 화재표시작동시험장치
② 중계기 연결작동시험장치
③ 예비전원시험장치
④ 전화연락장치

해설 **문제 4 참조**

답 ②

★
**06** P형 수신기가 정상으로 동작했을 때의 사항으로 적당하지 않은 것은?

① 화재가 발생한 지구램프가 점등한다.
② 화재경보벨이 울린다.
③ 화재경보램프가 점등한다.
④ 화재가 발생한 지구벨만 울린다.

해설 P형 수신기가 정상적으로 동작했을 때는 화재가 발생한 **지구벨·지구램프** 및 **화재램프**가 점등한다.

답 ④

★
**07** P형 수신기의 기능과 가스누설경보기의 수신부 기능을 겸한 수신기는?

① P형 복합형 수신기 ② R형 수신기
③ GP형 수신기　　④ GR형 수신기

해설

| 구 분 | 설 명 |
|---|---|
| R형 수신기 | 감지기 또는 발신기로부터 발하여진 신호를 직접 또는 중계기를 통하여 **고유신호**로써 수신하여 관계인에게 경보하여 주는 것으로 각종 계기에 이르는 **외부신호선**의 **단선** 및 **단락시험**을 할 수 있는 장치가 있다. |
| GP형 수신기 | **P형** 수신기의 기능과 **가스누설경보기**의 수신부 기능을 겸한 것 |
| GR형 수신기 | **R형** 수신기의 기능과 **가스누설경보기**의 수신부 기능을 겸한 것 |

기억법 **R신**

답 ③

## 08 각종 계기에 이르는 외부 신호선의 단선 및 단락시험을 할 수 있는 장치가 있어야 하는 수신기는?

① P형 ② GP형
③ R형 ④ GP형 복합식

해설 **문제 7 참조**

답 ③

## 09~11 삭제 〈2016.1.11〉

## 12 자동화재탐지설비의 수신기에 대한 설치기준으로 옳은 것은?

① 하나의 표시등에는 두 개 이상의 경계구역이 표시될 것
② 수신기의 조작스위치는 바닥으로부터의 높이가 최소 0.5m 이상일 것
③ 수신기의 조작스위치는 바닥으로부터의 높이가 최대 1.8m 이하일 것
④ 수신기는 감지기, 중계기 또는 발신기가 작동하는 경계구역을 표시할 수 있는 것으로 할 것

해설 **수신기**의 **설치기준**(NFSC 203⑤)
(1) 1경계구역은 하나의 **표시등** 또는 하나의 **문자**로 표시되도록 할 것
(2) 조작스위치는 바닥으로부터 **0.8~1.5m** 이하의 높이에 설치할 것
(3) **감지기·중계기·발신기**가 작동하는 경계구역을 표시할 수 있을 것

답 ④

## 13 수신기의 기능이 아닌 것은?

① 감지기에서 발하는 화재신호를 직접 수신한다.
② 발신기에서 발하는 화재신호를 직접 수신한다.
③ 화재신호를 수동으로 한다.
④ 화재의 발생을 표시한다.

해설 **수신기**의 **기능**
(1) 화재신호 **직접 수신**
(2) 화재발생 **표시**
(3) 화재발생 **경보**

답 ③

## 14 자동화재탐지설비의 수신기를 설치할 때 옳은 것은?

① 수신기 설치장소는 햇볕이 들고 온도가 높더라도 조작상 방해가 되는 장애물이 없는 곳이면 좋다.
② 수신기는 벽면에 설치하는 경우도 있으므로 탈락되지 않도록 견고히 취부하여야 한다.
③ 자립형 수신기를 설치하는 경우 경사가 지지 않도록 벽면에 붙여서 설치하여야 한다.
④ 수신기는 바닥 위에 견고하게 볼트로 꼭 죄어 설치하며 진동부는 충격이 있는 장소에 설치하여도 좋다.

해설 **수신기**의 **설치**
(1) 수신기의 설치장소는 햇볕이 들지 않는 곳에 설치하여야 한다.
(2) 수신기는 벽면에 설치하는 경우도 있으므로 탈락되지 않도록 견고히 취부하여야 한다.
(3) 자립형 수신기는 벽면으로부터 **0.6m** 이상 떨어져서 설치하여야 한다.
(4) 수신기의 진동부는 충격이 없는 장소에 설치하여야 한다.

답 ②

## 15 감지기회로에서 종단저항을 제거한 상태에서 화재가 발생되었다면 수신기의 작동상태는 어떠한가?

① 수신기에는 아무런 표시도 되지 않는다.
② 배선의 단선이 표시된다.
③ 감지기가 작동할 경우와 마찬가지로 표시된다.
④ 화재경보용 벨만 동작한다.

해설 **종단저항**(Terminal Resistance)은 감지기회로의 **도통시험**을 위해서 필요한 것으로 종단저항을 제거한 상태에서 화재가 발생하여도 수신기의 작동상태는 감지기가 작동할 경우와 마찬가지로 표시된다.

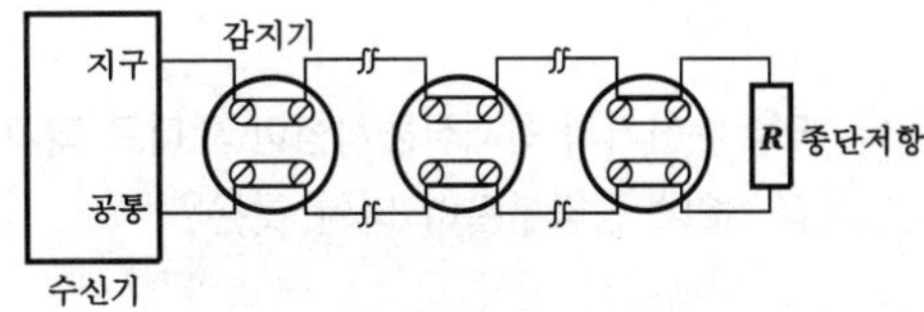


‖ 종단저항의 설치 ‖

답 ③

**16** 수신기의 기능검사와 관계없는 것은?
① 저전압시험
② 화재표시작동시험
③ 공기관유통시험
④ 동시작동시험

해설 **수신기의 기능검사**
(1) 화재표시작동시험
(2) 회로도통시험
(3) 공통선시험
(4) 예비전원시험
(5) 동시작동시험
(6) 저전압시험
(7) 회로저항시험
(8) 지구음향장치의 작동시험
(9) 비상전원시험

③ 감지기의 기능시험(기능검사)

답 ③

**17** 수신기의 기능검사와 관계없는 것은?
① 도통시험
② 화재표시작동시험
③ 공기관의 유통시험
④ 동시작동시험

해설 **문제 16 참조**

③은 감지기의 기능검사이다.

답 ③

**18** 자동화재탐지설비의 수신기에서 회로고장시 전압계가 0을 가리키지 않는 시험은 어느 것인가?
① 도통시험
② 자동복구시험
③ 주경종정지시험
④ 복구시험

해설 수신기 이상시 **전압계**가 **0**을 가리키는 **시험**
(1) 자동복구시험
(2) 복구시험
(3) 도통시험
(4) 예비전원시험
(5) 공통선시험

답 ③

**19** P형 수신기의 화재작동시험이 제대로 되지 않았다. 해당 점검부분이 아닌 것은?
① 릴레이의 작동 ② 램프의 단선
③ 회로의 단선 ④ 주전원의 차단

해설 **화재작동시험**(화재표시작동시험) **불량**시의 점검부분
(1) 릴레이의 작동
(2) 램프의 단선
(3) 회로의 단선
(4) 회로선택스위치

답 ④

**20** 도통시험을 한 결과 단선이 된 회선이 있었을 때 그 원인으로 적당하지 않다고 생각되는 것은 어느 것인가?
① 말단에 종단저항이 없었다.
② 회로선로가 단선되었다.
③ 도동시험릴레이의 접점불량이다.
④ 시험스위치의 불량이다.

해설

**도통시험**에는 릴레이가 작동되지 않으므로 릴레이의 접점불량과는 관계가 없다. 릴레이는 **화재표시작동시험**시 작동한다.

답 ③

**21** P형 수신기의 예비전원의 전압을 시험용 스위치로 시험한 결과 0이었다. 다음 설명 중에서 관계가 없는 것은?
① 감지기 연결배선에 절연불량이 있었다.
② 접속배선이 단선되어 있었다.
③ 부식되어 절연용량이 없었다.
④ 예비전원단자가 벗겨져 있었다.

해설 예비전원시험은 **감지기회로**(감지기연결배선)와는 무관하다. 감지기회로는 **도통시험**과 관계가 있다.

※ **예비전원시험** : 상용전원과 비상전원이 자동절환되는지의 여부확인

답 ①

**22** P형 수신기의 시험 중 수동발신기와 수신기 사이에 시험자 2인이 행하여야 하는 시험은?
① 화재시험 ② 도통시험
③ 예비전원시험 ④ 전화시험

| 수신기시험 | 설 명 |
|---|---|
| 화재시험<br>(화재표시작동시험) | **1회로**마다 화재시의 작동시험을 행하는 것 |
| 도통시험 | 감지기회로의 **단선**의 **유무**와 기기등의 접속상황을 확인하기 위한 것 |
| 예비전원시험 | 상용전원, 예비전원이 **자동**적으로 **전환**되는지를 확인하는 것 |
| 전화시험 | **수동발신기**와 **수신기** 사이에 상호 전화연락을 하기 위한 장치 |

답 ④

**23** 수신기의 구조 및 일반기능에 대한 설명 중 옳은 것은?

① 정격전압이 60V를 넘는 기구의 금속제 외함에는 접지단자를 설치하여야 한다.
② 예비전원회로에는 단락사고 등으로부터 보호하기 위한 개폐기를 설치한다.
③ 극성이 있는 경우에는 오접속방지장치를 하지 않아도 된다.
④ 내부에는 주전원의 양극을 별도로 개폐할 수 있는 전원스위치를 설치하여야 한다.

해설 **수신기**의 **구조** 및 **일반기능**(수신기형식 3)
(1) 정격전압이 **60V**를 넘는 기구의 금속제 외함에는 **접지단자**를 설치하여야 한다.
(2) 예비전원회로에는 단락사고 등으로부터 보호하기 위한 **퓨즈**를 설치하여야 한다.
(3) 극성이 있는 경우에는 오접속방지장치를 하여야 한다.
(4) 내부에는 주전원의 양극을 **동시**에 **개폐**할 수 있는 **전원스위치**를 설치하여야 한다.
(5) 공통신호용 단자는 **7개 회로**마다 1개씩 설치해야 한다.

답 ①

**24** 정격전압이 몇 V를 넘는 제어반의 금속제 외함에는 접지단자를 설치하여야 하는가?

① 40　② 50
③ 60　④ 70

해설 **문제 23 참조**

③ 정격전압이 60V를 넘는 기구의 금속제 외함에는 **접지단자**를 설치하여야 한다.

기억법 **6접**

답 ③

**25** 수신기의 구조로서 옳지 않은 것은?

① 내부에 주전원의 양극을 동시에 개폐할 수 있는 전원스위치를 설치하였다.
② 전면에는 예비전원의 상태를 감시할 수 있는 감시장치를 하였다.
③ 전면에는 주전원을 감시하는 장치를 설치하였다.
④ 외부배선 연결용 단자에서 공통신호선용 단자는 9개 회로마다 1개씩 설치하였다.

해설 **문제 23 참조**

④ 외부배선 연결용 단자에서 공통신호선용 단자는 **7개 회로**마다 **1개씩 설치**

답 ④

**26** 자동화재탐지설비에 사용해도 좋은 회로방식은?

① 접지전극에 항상 직류를 통하는 회로방식
② 외부배선의 공통선을 지구음향장치 등의 배선과 공용하는 방식
③ 상시개로방식
④ 접지회로의 배선과 공용하는 회로방식

해설 **상시개로방식**은 자동화재탐지설비에 사용해도 좋은 회로방식이다.

답 ③

**27** 스프링클러설비의 수신부 기능으로 옳지 않은 것은?

① 각 펌프의 작동여부를 확인할 수 있는 표시기능이 있을 것
② 상용전원 및 비상전원의 입력여부를 확인할 수 있는 표시기능이 있을 것
③ 수원 및 물올림탱크의 고수위 감시표시기능이 있을 것
④ 각 회로마다 도통시험 및 예비전원시험을 할 수 있을 것

해설 수원 및 물올림탱크의 **저수위** 감시표시기능이 있을 것 (NFSC 103⑬)

물올림탱크=호수조=프라이밍탱크

답 ③

**28** 수신기에 사용하는 전자계전기에 관한 설명 중 옳지 않은 것은?

① 접점은 G·S 합금 또는 이와 동등 이상이어야 한다.
② 자체하중에 의하여 영향을 받지 않도록 부착한다.
③ 접점밀봉형 이외의 것은 접점이나 가동부에 먼지가 들어가지 않도록 적당한 방진커버를 설치한다.
④ 동일 접점에서 동시에 내부부하와 외부부하에 직접 전력을 공급하도록 하여야 한다.

해설 동일 접점에서 동시에 **내부부하**와 **외부부하**에 직접 전력을 공급하지 아니하도록 하여야 한다.(수신기형식 4)

답 ④

★★★
**29** 제어반에 사용되는 전자계전기의 접점은?

① 텅스텐　　② 아연
③ Ni합금　　④ G.S합금

| 전자계전기의 접점 | 감지기의 접점 |
|---|---|
| GS합금 | PGS합금 |

※ **전자계전기** : 전자식 코일에 전류가 흐르면 전자력에 의하여 접점을 개폐하는 장치

답 ④

# 1-1. 자동화재탐지설비(발신기 · 중계기 · 시각경보장치 등)

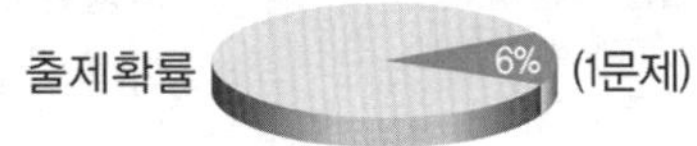

출제확률 6% (1문제)

## 1. 발신기

☆
**01** 발신기 외부의 노출부분의 색은 무슨 색깔로 하여야 하는가?

① 청색 ② 백색
③ 적색 ④ 황색

해설 발신기 외부의 노출부분의 색은 **적색**이다.

중요

표시등의 색

| 화재표시등 | 가스누설표시등 |
|---|---|
| 적색 | 황색 |

기억법 가황

답 ③

☆☆☆
**02** 자동화재탐지설비의 발신기는 특정소방대상물의 몇 개 층마다 설치하며, 해당 특정소방대상물의 각 부분으로부터 하나의 발신기까지의 수평거리가 몇 m 이하가 되도록 하는가?

① 격층, 25
② 격층, 30
③ 각층, 25
④ 각층, 30

해설 자동화재탐지설비의 발신기는 특정소방대상물의 **각 층**마다 설치하며, 해당 특정소방대상물의 각 부분으로부터 하나의 발신기까지의 수평거리가 **25m** 이하가 되도록 하여야 한다.

중요

**(1) 수평거리**
① 수평거리 25m 이하 ─ 발신기
　　　　　　　　　　├ 음향장치(확성기)
　　　　　　　　　　└ 비상콘센트(**지하상가** 또는 지하층 바닥면적 합계 $3000m^2$ 이상)
② 수평거리 50m 이하 : 비상콘센트(기타)

**(2) 보행거리**
① 보행거리 15m 이하 : 유도표지
② 보행거리 20m 이하 ─ 복도통로유도등
　　　　　　　　　　├ 거실통로유도등
　　　　　　　　　　└ 3종 연기감지기
③ 보행거리 30m 이하 : 1 · 2종 연기감지기

답 ③

☆
**03** 발신기의 푸시버튼을 눌렀으나 수신기에는 화재표시작동이 되지 않았다. 그 원인은? (단, 배선과 수신기는 정상이다.)

① 발신기접점의 접촉불량
② 발신기 내에 부착한 종단저항이 없음
③ 발신기 내에 응답램프가 없음
④ 발신기 내의 전화선단자가 빠져 있음

해설 발신기접점의 접촉불량일 경우 **푸시버튼**(스위치)을 눌러도 수신기에는 화재표시작동이 되지 않는다.

답 ①

**04~07** 삭제 〈2016.4.1〉

☆☆☆
**08** 발신기는 정격전압에서 정격전류를 흘려 몇 회의 작동반복시험을 하는 경우 그 구조 또는 기능에 이상이 생기지 아니하여야 하는가?

① 300 ② 500
③ 700 ④ 5000

해설 **반복시험 횟수**

| 횟 수 | 대 상 |
|---|---|
| 1000회 | 감지기, 속보기 |
| 2000회 | 중계기 |
| 2500회 | 유도등 |
| 5000회 | 전원스위치, 발신기 |
| 10000회 | 비상조명등, 스위치접점, 기타의 설비 및 기기 |

답 ④

## 2. 중계기

☆
**09** 중계기의 설치에 대한 설명 중 맞지 않는 것은?

① 중계기는 점검이 용이한 곳에 설치한다.
② 중계기는 항상 사람이 있는 곳에 설치한다.
③ 중계기에는 상용전원의 시험을 할 수 있는 장치를 설치한다.
④ 중계기는 화재 및 침수 등의 재해로 인한 피해를 받을 우려가 없는 장소에 설치한다.

해설 **중계기**의 **설치기준**

(1) 수신기에서 직접 감지기회로의 **도통시험**을 행하지 아니하는 것에 있어서는 **수신기**와 **감지기** 사이에 설치할 것
(2) **조작** 및 **점검**에 편리하고 화재 및 침수 등의 재해로 인한 피해를 받을 우려가 없는 장소에 설치할 것
(3) 수신기에 따라 감시되지 아니하는 배선을 통하여 전력을 공급받는 것에 있어서는 **전원입력측**의 배선에 **과전류차단기**를 설치하고 해당 전원의 정전이 즉시 수신기에 표시되는 것으로 하며, **상용전원** 및 **예비전원**의 시험을 할 수 있도록 할 것

② 수신기 : 항상 사람이 있는 곳에 설치한다.

답 ②

★
**10** 수신기에서 직접 감지기회로의 도통시험을 행하지 아니하는 자동화재탐지설비의 중계기는 어디에 설치하여야 하는가?

① 수신기에 직접 설치
② 종단저항에 설치
③ 수신기와 발신기 사이에 설치
④ 수신기와 감지기 사이에 설치

해설 수신기에서 직접 감지기회로의 도통시험을 행하지 아니하는 자동화재탐지설비의 중계기는 **수신기**와 **감지기** 사이에 설치한다.

| 중계기 설치 |

답 ④

★
**11** 자동화재탐지설비의 중계기를 설치할 때 수신기에서 직접 감지기회로의 도통시험을 행하지 아니하는 것은 어느 곳에 설치하여야 하는가?

① 감지기회로가 3 이상이 있는 곳에 설치
② 분포형 감지기가 설치되어 있는 곳에 설치
③ 수신기와 감지기 사이에 설치
④ 자동화재속보설비와 연동되는 곳에 설치

해설 문제 9 참조

답 ③

★
**12** 자동화재탐지설비의 중계기를 설치하여야 할 곳은?

① 감지회로가 3 이상이 있는 곳
② 분포형 감지기가 설치되어 있는 곳
③ 수신기에서 직접 감지기회로의 도통시험이 불가능한 곳
④ 자동화재속보설비와 연동하는 곳

해설 문제 9 참조

답 ③

★★
**13** 자동화재탐지설비의 중계기에 반드시 설치하여야 할 시험장치는?

① 회로도통시험 및 과누전시험
② 예비전원시험 및 전로개폐시험
③ 절연저항시험 및 절연내력시험
④ 상용전원시험 및 예비전원시험

해설 문제 9 참조

답 ④

★★
**14** 중계기의 반복시험으로 정격사용전압 및 정격사용전류의 상태로 몇 회 반복시험을 가하였을 때 구조나 기능에 이상이 없어야 하는가?

① 1000 ② 2000
③ 3000 ④ 4000

해설 문제 8 참조

② 중계기 : **2000회**

답 ②

★★
**15** 자동화재탐지설비의 음향장치에서 지구경종은 특정소방대상물의 층마다 설치하되, 해당 특정소방대상물의 각 부분으로부터 하나의 음향장치까지의 거리는 얼마 이하로 하여야 하는가?

① 수평거리 20m ② 보행거리 25m
③ 수평거리 25m ④ 보행거리 30m

해설 문제 2 참조

용어

수평거리와 보행거리
(1) **수평거리** : 직선거리로서 반경을 의미하기도 한다.

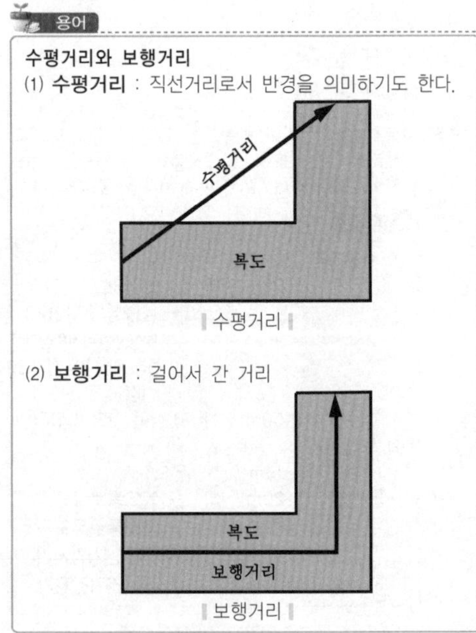


| 수평거리 |

(2) **보행거리** : 걸어서 간 거리

| 보행거리 |

답 ③

**16** **자동화재탐지설비의 음향장치설치기준 중 지상 5층, 연면적 4000m²인 소방대상물에서 화재가 발생한 경우의 경보장치 시설기준으로 틀린 것은?**

① 3층에서 발화한 경우 경보는 발화층과 그 직상층에 한한다.
② 2층에서 발화한 경우 경보는 발화층, 그 지하층 및 그 직상층에 한한다.
③ 1층에서 발화한 경우 경보는 발화층, 그 직상층 및 지하층에 한한다.
④ 지하층에서 발화한 경우 경보는 그 직상층, 발화층 및 기타의 지하층에 한한다.

해설 **우선경보방식**
(1) **1층** : 발화층, 직상층, 지하층
(2) **2층 이상** : 발화층, 직상층
(3) **지하층** : 발화층, 직상층, 기타의 지하층

5층
4층
3층 ┌경보
2층 발화 └경보
1층
지하1층
지하2층
지하3층

| 우선경보방식(2층) |

② 2층에서 발화한 경우 경보는 **발화층**과 그 **직상층**에 한한다.

답 ②

**17** **지상5층 이상이고 연면적 3000m²의 소방대상물에 비상경보용 음향장치를 설치하였다. 2층에 발화하였을 경우의 경보는?**

① 발화층에서만 발하여야 한다.
② 발화층 및 지하층에서 발하여야 한다.
③ 발화층 및 전 층에 발하여야 한다.
④ 발화층 및 직상층에 발하여야 한다.

해설 5층 이상으로서 연면적 3000m²를 초과하지 아니하였으므로 **일제경보방식**을 채택하여야 한다. 그러므로 층수와 무관하게 **발화층** 및 **전 층**에 경보를 발하여야 한다.

중요

**우선경보방식 소방대상물**
**5층** 이상으로서 연면적 **3000m²**를 초과하는 소방대상물

답 ③

**18** **자동화재탐지설비의 음향장치 설치기준에 적합하지 못한 것은?**

① 특정소방대상물의 각 층 각 부분에서 음향장치까지의 수평거리는 25m 이하로 한다.
② 방송설비를 감지기와 연동하여 작동하도록 하고 주경종과 지구경종을 생략한다.
③ 음향장치는 정격전압 80%의 전압에서 음향을 발하도록 한다.
④ 음량은 부착된 음향장치 중심에서 1m 떨어진 위치에서 90dB 이상되도록 한다.

해설 **음향장치**의 **구조** 및 **성능기준**
(1) 정격전압의 **80%** 전압에서 음향을 발할 것(단, 건전지를 주전원으로 사용하는 음향장치는 제외)
(2) 음량은 **1m** 떨어진 곳에서 **90dB** 이상일 것
(3) **감지기 · 발신기**의 작동과 **연동**하여 작동할 것

답 ②

**19** **자동화재탐지설비에서 경계구역의 음향장치 설치기준으로 틀린 것은?**

① 음향장치 중심에서 1m 떨어진 위치에서 음량은 60dB 이상으로 한다.
② 5층 이상 연면적 3000m²를 초과하는 특정소방대상물의 2층 이상의 층에서 발화한 때에는 발화층 및 그 직상층에 우선 경보할 수 있도록 설치한다.
③ 각 층마다 설치하되 그 층 각 부분으로부터 음향장치까지의 수평거리는 25m 이하가 되도록 설치한다.
④ 450/750V 저독성 난연 가교 폴리올레핀 절연전선 또는 동등 이상의 내열성이 있는 전선을 사용한다.

해설 **문제 18 참조**

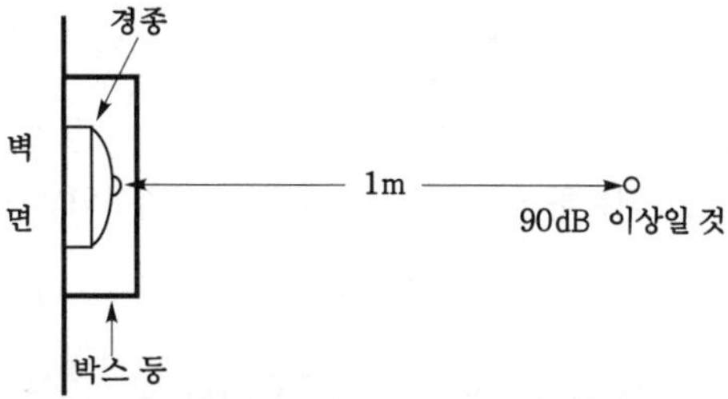


| 음향장치의 음량측정 |

① 음향장치 중심에서 **1m** 떨어진 위치에서 음량은 **90dB** 이상으로 한다.

답 ①

## 20 자동화재탐지설비의 음향장치는 정격전압의 최소 몇 % 전압에서도 음을 발할 수 있는 것으로 하여야 하는가?

① 90　　② 80
③ 70　　④ 60

해설 **문제 18 참조**

② 정격전압의 **80% 전압**에서 음향을 발할 것(단, **건전지**를 **주전원**으로 사용하는 음향장치는 제외)

답 ②

## 21 경보기구에 사용되는 반도체의 구비조건으로 옳지 않은 것은?

① 부식을 방지할 수 있는 조치가 강구된 것
② 방습처리가 강구된 것
③ 최대사용전압의 1.5배에서 견딜 수 있는 것
④ 용량은 최대부하전류에 연속해서 견딜 수 있는 것

해설 반도체는 **최대사용전압** 및 **최대사용전류**에 충분히 견딜 수 있는 것이어야 한다.

답 ③

## 22 자동화재탐지설비에서 비화재보가 빈번할 때의 조치로서 적당하지 않은 것은?

① 감지기 설치장소에 급격한 온도상승을 가져오는 감열체가 있는지를 확인
② 전원회로의 전압계 지시치가 0인가를 확인
③ 수신기 내부의 계전기접점 확인
④ 감지기 회로배선 및 절연상태 확인

해설 **비화재보**가 빈번할 때의 조치사항

(1) 감지기 설치장소에 급격한 온도상승을 가져오는 **감열체**가 있는지를 확인
(2) 수신기 내부의 **계전기접점** 확인
(3) 감지기**회로 배선** 및 **절연상태** 확인
(4) **표시회로**의 절연상태 확인

② **비화재보**(오동작)는 전압계의 지시와는 무관하다.

답 ②

## 23 자동화재탐지설비의 하나의 경계구역의 면적은 몇 $m^2$ 이하로 하는가?

① 400　　② 500
③ 600　　④ 700

해설 **경계구역**의 **설정기준**

(1) 1경계구역이 2개 이상의 **건축물**에 미치지 않을 것
(2) 1경계구역이 2개 이상의 **층**에 미치지 않을 것(단, **500**$m^2$ 이하는 2개층을 1경계구역으로 할 수 있다.)
(3) 1경계구역의 면적은 **600**$m^2$(내부가 보이면 **1000**$m^2$) 이하로 하고, 1변의 길이는 **50m** 이하로 할 것

답 ③

## 24 자동화재탐지설비의 경계구역을 설정할 때 2개 층을 하나의 경계구역으로 할 수 있는 면적의 기준은 몇 $m^2$ 이하인가?

① 300　　② 500
③ 1000　　④ 1500

해설 **문제 23 참조**

② **500**$m^2$ **이하**는 **2개층**은 **1경계구역**으로 할 수 있다.

답 ②

## 25 자동화재탐지설비의 경계구역에 관한 설명으로 틀린 것은?

① 2개 경계구역이 면할 때 500$m^2$ 이하까지 하나의 경계구역으로 할 수 있다.
② 물분무소화설비의 감지장치로 자동화재탐지설비를 할 경우 경계구역은 물분무소화설비의 방사구역과 틀리게 하여야 한다.
③ 주출입구에서 내부투시가 가능한 장소는 1000$m^2$ 이하로 할 수 있다.
④ 한 변의 길이는 50m 이하로 한다.

해설 물분무 등 소화설비의 감지장치로 자동화재탐지설비를 설치한 경우의 경계구역은 해당 물분무소화설비의 방사구역과 **동일**하게 **설정**할 수 있다.(NFSC 203④)

※ **경계구역**: 소방대상물 중 화재신호를 발신하고 그 신호를 수신 및 유효하게 제어할 수 있는 구역

답 ②

## 26 다음 그림은 어떤 소방대상물의 하나의 평면도이다. 경계구역을 설정하였을 때 몇 경계구역으로 나누어야 하는가?

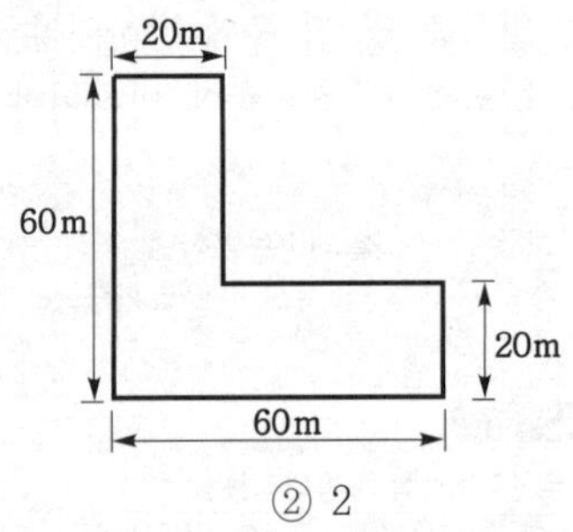


① 1　　② 2
③ 3　　④ 4

**해설** 하나의 경계구역의 면적을 **600m$^2$** 이하로 하고, 한변의 길이는 **50m** 이하로 하여 경계구역을 설정하면 다음과 같다.

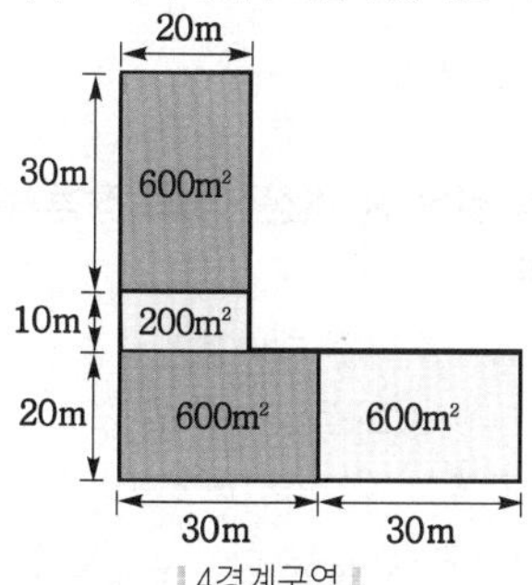

4경계구역

**답** ④

### 27

**지상1층 1100m$^2$, 지상2층 1000m$^2$, 지상3층 1000m$^2$인 학교건물에 자동화재탐지설비를 설치하고자 한다. 최소 경계구역수는? (단, 주된 출입구에서 그 내부 전체가 보이지 않는다고 한다.)**

① 2 ② 4
③ 6 ④ 8

**해설** 하나의 경계구역 면적은 **600m$^2$** 이하로 하고, 한 변의 길이는 **50m** 이하로 하여 경계구역을 산정하면 다음과 같다.

| | |
|---|---|
| 500m² | 500m² |
| 500m² | 500m² |
| 550m² | 550m² |

6개 경계구역

**답** ③

### 28

**하나의 경계구역 면적을 1000m$^2$로 할 수 없는 장소는?**

① 체육관 ② 공장
③ 극장 ④ 학교의 강당

**해설** 하나의 경계구역을 **1000m$^2$**로 할 수 없는 장소
(1) 사무실
(2) 창고
(3) 공장

**답** ②

### 29

**자동화재탐지설비의 경계구역 중 외기에 면하여 상시개방된 부분이 있고 차고, 주차장, 창고 등에 있어서 외기에 면하는 각 부분으로부터 몇 m 미만의 범위 안에 있는 부분은 경계구역의 면적에 산입하지 아니하는가?**

① 3 ② 5
③ 8 ④ 10

**해설** 외기에 면하여 상시개방된 부분이 있고 **차고**, **주차장**, **창고** 등에 있어서는 외기에 면하는 각 부분으로부터 **5m** 미만의 범위 안에 있는 부분은 경계구역의 면적에 산입하지 아니한다. (NFSC 203④)

**답** ②

### 30

**주요 구조부가 불연성 구조로 만들어져 있는 소방대상물의 소화설비와 연동하는 경우에 설치하는 자동화재탐지설비의 감지기로 적당하지 않은 것은?**

① 2종의 차동식 스포트형 감지기
② 1종의 정온식 스포트형 감지기
③ 3종의 차동식 분포형 감지기
④ 2종의 보상식 스포트형 감지기

**해설** 주요 구조부가 불연성 구조로 만들어져 있는 소방대상물의 소화설비와 연동하는 경우에 설치하는 감지기는 **스포트형**이 적당하다.

**답** ③

### 31

**지하상가에 설치된 제연설비기동용으로 가장 적합한 감지기를 선택하면?**

① 이온화식 연기감지기
② 차동식 분포형 감지기
③ 차동식 스포트형 감지기
④ 정온식 스포트형 감지기

**해설** **제**연설비에 사용되는 감지기는 **연기감지기**(광전식 · 이온화식)가 적당하다.

**기억법** **제연**

※ **제연설비** : 화재시 발생하는 연기를 감지하여 방연 및 제연하기 위한 안전설비

**중요**

**감지기 적응장소**

(1) 정온식 스포트형 감지기
① 주방
② 조리실
③ 용접작업장
④ 건조실
⑤ 살균실
⑥ 보일러실
⑦ 주조실
⑧ 영사실
⑨ 스튜디오

(2) 차동식 스포트형 감지기
① 사무실
② 주차장

(3) 연기감지기
① 계단 · 경사로
② 복도 · 통로
③ 엘리베이터 승강로(권상기실이 있는 것은 권상기실)
④ 린넨슈트
⑤ 파이프덕트
⑥ 전산실
⑦ 통신기기실

**답** ①

★
**32** **제연설비의 댐퍼기동신호를 보내는 감지기는?**

① 차동식 스포트형 감지기
② 보상식 스포트형 감지기
③ 정온식 감지기
④ 연기감지기

해설 **문제 31 참조**

답 ④

★★
**33** **제연설비에서 수동기동장치를 설치할 때 바닥으로부터의 설치높이로 가장 적당한 것은?**

① 0.5~1.2m ② 0.8~1.5m
③ 0.3~0.8m ④ 1~1.8m

해설 **설치높이**

| 기타기기 | 시각경보장치 |
|---|---|
| 0.8~1.5m 이하 | 2~2.5m 이하(단, 천장의 높이가 **2m 이하**인 경우에는 천장으로부터 **0.15m 이내**의 장소에 설치) |

답 ②

★
**34** **자동화재탐지설비의 비상전원을 축전지설비로 할 경우 용량은 해당 설비를 유효하게 몇 분 이상 작동시킬 수 있어야 하는가?**

① 5 ② 10
③ 20 ④ 30

해설

| 설비의 종류 | 비상전원용량 |
|---|---|
| 자동화재탐지설비, 비상경보설비, 자동화재속보설비 | **10분** 이상 |
| 유도등, 비상콘센트설비, 옥내소화전설비(30층 미만), 제연설비, 물분무소화설비, 특별피난계단의 계단실 및 부속실 제연설비(30층 미만) | **20분** 이상 |
| 무선통신보조설비의 증폭기 | **30분** 이상 |
| 옥내소화전설비(30~49층 이하), 특별피난계단의 계단실 및 부속실 제연설비(30~49층 이하), 연결송수관설비(30~49층 이하), 스프링클러설비(30~49층 이하) | **40분** 이상 |
| 유도등 · 비상조명등(지하상가 및 11층 이상), 옥내소화전설비(50층 이상), 특별피난계단의 계단실 및 부속실 제연설비(50층 이상), 연결송수관설비(50층 이상), 스프링클러설비(50층 이상) | **60분** 이상 |

답 ②

★
**35** **각종 소방설비에 사용하는 비상전원 및 사용용량으로 옳은 것은?**

① 자동화재탐지설비 : 축전지 및 전용전원으로 10분 이상
② 비상용 경보설비 : 축전지 및 발전기로 30분 이상
③ 제연설비 : 발전기, 축전지 및 전용전원으로 10분 이상
④ 비상콘센트설비 : 발전기 및 축전지와 전용전원으로 30분 이상

해설 **문제 34 참조**

답 ①

★★
**36** **다음 설비 중 비상전원의 작동시간 기준이 틀린 것은?**

① 옥내소화전 : 20분
② $CO_2$ 소화설비 : 20분
③ 자동화재탐지설비 : 20분
④ 피난구유도등(단, 지하상가 및 11층 이상은 제외) : 20분

해설 **문제 34 참조**

③ 자동화재탐지설비 : **10분 이상**

답 ③

★
**37** **자동화재탐지설비의 전원으로 축전지설비는 감시상태를 일정시간 지속한 후 몇 분 이상 경보할 수 있는 용량이어야 하는가?**

① 10 ② 20
③ 30 ④ 50

해설 **자동화재탐지설비**의 **축전지설비**

| 감시시간 | 경보시간 |
|---|---|
| **60분** | **10분**(30층 이상은 30분) 이상 |

기억법 **6감**

답 ①

★
**38** **자동화재탐지설비의 비상전원으로서 적당하지 않은 것은 어느 것인가?**

① 자가발전설비
② 원통밀폐형 니켈카드뮴 축전지 또는 무보수 밀폐형 축전지
③ 연축전지
④ 포케트식 알칼리축전지

해설 **자동화재탐지설비**의 **비상전원**
축전지

답 ①

★
**39** **옥내소화전설비의 제어반은 어떤 종류의 제어반으로 구분 설치하여야 하는가?**

① 주전원제어반과 예비전원제어반
② 상시제어반과 임시제어반
③ 감시제어반과 동력제어반
④ 옥내제어반과 옥외제어반

해설

제어반 ─┬ 감시제어반
　　　　└ 동력제어반

참고

감시제어반과 동력제어반을 구분하여 설치하지 아니할 수 있는 경우
① **비상전원**을 설치하지 아니하는 소방대상물에 설치되는 옥내소화전설비
② **내연기관**에 의한 가압송수장치를 사용하는 옥내소화전설비
③ **고가수조**에 의한 가압송수장치를 사용하는 옥내소화전설비
④ **가압수조**에 따른 가압송수장치를 사용하는 옥내소화전설비

답 ③

★★★
**40** 알칼리축전지설비에 사용되는 알칼리축전지 1개당의 공칭전압은 몇 V이며, 이것의 기계적 강도는 연축전지에 비하여 어떠한가?

① 1.2, 약하다
② 1.2, 강하다
③ 1.5, 약하다
④ 1.5, 강하다

해설 **축전지**의 **비교**

| 구 분 | 연축전지 | 알칼리축전지 |
|---|---|---|
| 기전력 | 2.05~2.08V | 1.32V |
| 공칭전압 | 2.0V | 1.2V |
| 공칭용량 | 10Ah | 5Ah |
| 충전시간 | 길다 | 짧다 |
| 수명 | 5~15년 | 15~20년 |
| 종류 | 클래드식, 페이스트식 | 소결식, 포케트식 |
| 기계적 강도 | 약하다 | 강하다 |

답 ②

★
**41** 정전류부하인 경우 알칼리축전지의 용량산출식은? (단, $I$ : 방전전류, $L$ : 보수율, $K$ : 방전시간, $C$ : 25℃에 있어서의 정격방전율 용량)

① $C=\frac{1}{K}LI$　② $C=\frac{1}{L}K^2I$
③ $C=\frac{1}{L}KI$　④ $C=\frac{1}{K}L^2I$

해설 **축전지**의 **용량**

$$C=\frac{1}{L}KI\,[\text{Ah}]$$

여기서, $C$ : 25℃에서의 정격방전율 환산용량〔Ah〕
$L$ : 용량저하율(보수율)
$K$ : 용량환산시간(방전시간)〔h〕
$I$ : 방전전류〔A〕

답 ③

★★
**42** 연축전지의 경우 충전장치의 충전전류는 일반적으로 축전지 정격용량의 1/10~1/15에 해당하는 전류값이다. 200Ah의 연축전지로 상시부하가 10A가 있을 때 부동충전인 경우의 충전장치 충전전류는 몇 A 정도 되는가?

① 30~23　② 20~13
③ 40~33　④ 10~3

해설 **2차 충전전류**

$$=\frac{\text{축전지의 정격용량〔Ah〕}}{\text{축전지의 공칭용량〔Ah〕}}+\frac{\text{상시부하〔W〕}}{\text{표준전압〔V〕}}$$

$$=\frac{200}{10}+10$$

$$=30\text{A}$$

※ 원칙적으로 위의 식에 의해 상시부하를 표준전압으로 나누어야 하지만 본 문제에서는 상시부하가 **'암페어〔A〕**로 주어졌으므로 **표준전압**은 적용하지 않아도 된다.

참고

**공칭용량**

| 축전지의 종류 | 공칭용량 |
|---|---|
| 연축전지 | 10Ah |
| 알칼리축전지 | 5Ah |

답 ①

★
**43** 예비전원으로 사용되는 일정전압을 가진 전지에 부하를 걸면 단자전압이 떨어지게 된다. 이의 일반적인 원인은?

① 이온화작용　② 분극작용
③ 주위온도의 영향　④ 전해액 순도감소

해설 **분극작용**(Prization effect)
전지에 부하를 걸면 양극표면에 **수소가스**가 생겨 전류의 흐름을 방해하므로 **단자전압**이 **저하**되는 현상

분극작용=성극작용

답 ②

★
**44** 전지를 사용하지 않고 오래두면 못쓰게 되는 까닭은?

① 분극작용　② 성극작용
③ 국부작용　④ 전해작용

해설 **국부작용**(Local action)
(1) 전지를 사용하지 않고 오래두면 전지의 전극에 사용하고 있는 아연판이 **불순물**에 의한 전지작용으로 인해 장기방전하는 현상
(2) 전지를 사용하지 않고 오래두면 못쓰게 되는 현상

답 ③

**45** 75kW, $3\phi$, 220V인 스프링클러설비용 주펌프 농형전동기의 기동방식으로 옳은 것은?

① 직입기동 ② Y－△기동
③ 분상기동 ④ 반발기동

**해설** **유도전동기의 기동법**
(1) 전전압기동법(직입기동) : 전동기용량이 **5.5kW** 미만에 적용 (소형 전동기용)
(2) Y－△기동법 : 전동기용량이 **5.5~15kW** 미만에 적용
(3) 기동보상기법 : 전동기용량이 **15kW** 이상에 적용
(4) 기동저항기법

② 15kW 이상에 Y-△기동법을 쓰기도 한다.

답 ②

**46** 비상전원용 디젤발전기가 기동하지 못하는 원인으로 볼 수 없는 것은?

① 축전지의 충전불량
② 점화계통의 불량
③ 냉각장치의 고장
④ 부하설비의 누전

**해설** 비상전원용 **디젤발전기**가 기동하지 못하는 원인
(1) **점화계통**의 불량
(2) **냉각장치**의 고장
(3) **연료공급장치**의 고장
(4) **축전지**의 충전불량

④ 부하설비의 누전은 관계가 적다.

답 ④

**47** 유량 2400$l$pm, 양정 100m인 스프링클러설비 펌프를 구동시킬 전동기의 용량은 몇 HP인가? (단, 이때 펌프의 효율은 0.6, 전달계수는 1.1이라 한다.)

① 75 ② 100
③ 125 ④ 200

**해설**

$$P\eta t = 9.8KHQ$$

여기서, $P$ : 전동기의 용량[kW]
$\eta$ : 효율
$t$ : 시간[s]
$k$ : 여유계수
$H$ : 전양정[m]
$Q$ : 양수량(유량)[m³]

$$1l\text{pm} = 10^{-3}\text{m}^3/\text{min}$$

이므로

$$P = \frac{9.8KHQ}{\eta t} = \frac{9.8 \times 1.1 \times 100 \times 2,400 \times 10^{-3}}{0.6 \times 60} = 71.86 ≒ 72\text{kW}$$

$$1\text{HP} = 0.746\text{kW}$$

이므로

$$P = \frac{72}{0.746} = 96.5 ≒ 100\text{HP}$$

답 ②

**48** 발전기용량이 1000kW이며, 효율이 95%인 것을 운전하려면 엔진의 출력은 몇 PS인가?

① 100 ② 500
③ 1000 ④ 1500

**해설**

$$\text{엔진의 출력} \geq \frac{P}{0.736\eta}\text{[PS]}$$

여기서, $P$ : 발전기용량[kW]
$\eta$ : 발전기효율

$$\text{엔진의 출력} \geq \frac{1000}{0.736 \times 0.95} \geq 1430\text{PS}$$

∴ 엔진의 출력은 1500PS를 선정한다.

답 ④

**49** 자동화재탐지설비의 배선공사방법으로 적당하지 않은 것은?

① 가요전선공사 ② 금속덕트공사
③ 케이블공사 ④ 애자사용공사

**해설** **자동화재탐지설비**의 **배선공사**
(1) 가요전선공사(가요전선관 공사)
(2) 합성수지관공사
(3) 금속관공사
(4) 금속덕트공사
(5) 케이블공사

답 ④

**50** 자동화재탐지설비의 배선공사방법이 아닌 것은?

① 금속관공사
② 가요전선관공사
③ 합성수지관공사
④ 금속몰드공사

**해설** **문제 49 참조**

답 ④

**51** 수신기로부터 음향장치까지의 배선과 관계가 없는 것은?

① 450/750V 저독성 난연 가교 폴리올레핀 절연전선
② 합성수지몰드공사
③ 가요전선관공사
④ 금속덕트공사

**해설** **문제 49 참조**
수신기로부터 음향장치까지의 배선은 **내열배선**으로 하여야 하므로 합성수지몰드공사는 해당되지 않는다.

※ **HFIX 전선**
(1) **명칭** : 450/750V 저독성 난연 가교 폴리올레핀 절연전선
(2) **허용온도** : 90℃

답 ②

**52** **자동화재탐지설비의 상시개로식 배선에서 도통시험을 용이하게 하기 위하여 회로의 말단에 설치하는 것이 아닌 것은?**

① 발신기
② 종단저항
③ 푸시버튼
④ 퓨즈

해설 감지기회로의 상시개로식의 배선은 용이하게 **회로도통시험**을 할 수 있도록 그 **말단**에 **발신기, 누름버튼스위치**(푸시버튼스위치) 또는 **종단저항** 등을 설치할 것

답 ④

**53** **자동화재탐지설비의 상시개로식의 회로 말단에 발신기 등을 설치하여야 할 수 있는 시험은?**

① 도통시험
② 절연내력시험
③ 절연저항시험
④ 접지저항측정시험

해설 **문제 52 참조**

답 ①

**54** **자동화재탐지설비의 상시개로식 회로의 말단에 발신기, 누름버튼스위치 등을 설치하여 시행하는 시험은?**

① 펌프기동시험
② 화재작동시험
③ 전화응답시험
④ 회로도통시험

해설 **문제 52 참조**

답 ④

**55** **자동화재탐지설비 중 상시개로식의 배선일 경우 종단저항은 어디에 설치하는가?**

① 회로의 시작점
② 회로의 중간점
③ 회로의 말단
④ 배선상의 분기점

해설 **문제 52 참조**

답 ③

**56** **감지기의 배선방식에서 종단저항을 마지막 감지기에 설치하지 않고, 수신기 또는 발신기 속에 설치하는 것이 일반적이다. 그 주된 이유는?**

① 도통시험을 용이하게 하기 위함.
② 절연저항시험을 용이하게 하기 위함.
③ 시공을 용이하게 하기 위함.
④ 배선의 길이를 절약하기 위함.

해설 **종단저항** : 감지기회로의 **도통시험**을 용이하게 하기 위하여 사용한다.

기억법 종도

답 ①

**57** **자동화재탐지설비의 전원회로의 전로와 대지사이 및 배선상호간의 절연저항은 1경계구역마다 DC 250V의 절연저항측정기를 사용하여 측정한 절연저항이 몇 MΩ 이상이 되도록 하는가?**

① 0.1　　② 0.2
③ 0.3　　④ 0.5

해설 **절연저항시험**

| 절연저항계 | 절연저항 | 대 상 |
|---|---|---|
| 직류 250V | 0.1MΩ 이상 | • 1경계구역의 절연저항 |
| 직류 500V | 5MΩ 이상 | • 누전경보기<br>• 가스누설경보기<br>• 수신기<br>• 자동화재속보설비<br>• 비상경보설비<br>• 유도등(교류입력측과 외함간 포함)<br>• 비상조명등(교류입력측과 외함간 포함) |
| | 20MΩ 이상 | • 경종<br>• 발신기<br>• 중계기<br>• 비상콘센트<br>• 기기의 절연된 선로간<br>• 기기의 충전부와 비충전부간<br>• 기기의 교류입력측과 외함간 (유도등 · 비상조명등 제외) |
| | 50MΩ 이상 | • 감지기(정온식 감지선형 감지기 제외)<br>• 가스누설경보기(10회로 이상)<br>• 수신기(10회로 이상) |
| | 1000MΩ 이상 | • 정온식 감지선형 감지기 |

기억법 01경

답 ①

**58** P형 수신기 감지기회로의 전로저항은 몇 Ω 이하이어야 하는가?

① 30　② 40
③ 50　④ 60

해설 **자동화재탐지설비**의 **감지기회로**

| 전로저항 | 절연저항 |
|---|---|
| 50Ω 이하 | 0.1MΩ 이상 |

기억법 5전

답 ③

**59** 자동화재탐지설비의 배선상태 중 잘못된 것은 어느 것인가?

① 스포트형 감지기 사이의 회로배선은 송배전식으로 하였다.
② 도통시험용 종단저항은 감지기회로 끝부분(발신기함, 수신기함)에 설치하고 배선은 합성수지관공사로 하였다.
③ GP형 수신기의 감지기회로의 배선에 있어서의 하나의 공통선에 접속한 경계구역은 6개로 하였다.
④ P형 수신기의 감지회로의 전로저항을 100Ω으로 하였다.

해설 **문제 58 참조**

④ 감지회로의 전기저항은 **50Ω 이하**로 하여야 한다.

답 ④

**60** P형 수신기의 감지기회로의 배선을 공통선으로 사용한 때에는 하나의 공통선에 대하여 몇 경계구역(회로) 이하로 하여야 하는가?

① 5　② 7
③ 10　④ 12

해설 P형 수신기 및 GP형 수신기의 감지기회로의 배선에 있어서 하나의 공통선에 접속할 수 있는 경계구역은 **7개** 이하로 하여야 한다.

답 ②

**61** 자동화재탐지설비의 배선방법 중 옳지 않은 것은?

① 상기 개로식 배선에는 도통시험할 수 있도록 회로말단에 발신기 스위치와 종단저항 설치
② P형 수신기 감지기회로의 배선을 공통선으로 사용할 때는 하나의 공통선에 7경계구역 이하
③ 차동식, 보상식, 정온식 스포트형 감지기회로의 배선은 송배선식 방법
④ 배선 상호간의 절연저항은 직류 250V 절연측정기 사용, 측정수치가 전로의 대지전압이 150V 이하인 때 0.1MΩ 이상, 150V 이상인 때는 0.5MΩ 이상

해설

| 150V 이하 | 150V 이상 |
|---|---|
| 0.1MΩ 이상 | 0.2MΩ 이상 |

답 ④

**62** 자동화재탐지설비의 배선상태가 잘못된 것은?

① 스포트형 감지기의 감지기 사이의 회로배선을 송배전식으로 하였다.
② 도통시험용 종단저항을 감지기회로 끝부분에 설치하고, 배선은 합성수지관공사로 하였다.
③ P형 수신기의 감지기회로의 전로저항을 100Ω으로 하였다.
④ GP형 수신기의 감지기회로배선에 있어서 하나의 공통선에 접속한 경계구역은 6개로 하였다.

해설 **자동화재탐지설비**의 **배선상태**

(1) 스포트형 감지기의 감지기 사이의 배선은 **송배전식**으로 하여야 한다.
(2) 도통시험용 종단저항을 감지기회로 끝부분에 설치시, 배선은 **금속관 · 합성수지관** 등으로 하여야 한다.
(3) P · R형 수신기의 감지기회로의 전로저항은 **50**Ω 이하로 하여야 한다.
(4) 수신기의 감지기회로 배선에 있어서의 하나의 공통선에 접속하는 경계구역은 **7개** 이하로 하여야 한다.

③ 감지기회로의 전로저항은 **50Ω 이하**로 하여야 하므로 100Ω은 적당하지 않다.

답 ③

**63** 자동화재탐지설비의 배선에 관한 기준으로 적합하지 않은 것은?

① 전원회로의 전로와 대지 사이 및 배선상호간의 절연저항은 전기설비기술기준에 의한다.
② 전원회로의 전로와 대지 사이 및 배선 상호간의 절연저항은 1경계구역마다 직류 250V의 절연저항측정기로 측정할 때 0.1MΩ 이상으로 한다.
③ 감지기 사이의 회로의 배선은 송배전식으로 한다.
④ 감지기회로의 도통시험을 위한 종단저항은 수신기함의 외부에 설치하여야 한다.

해설 감지기회로의 도통시험을 위한 종단저항은 **수신기함** 또는 **발신기함**의 **내부**에 설치하여야 한다.

※ **도통시험** : 감지기회로의 단선유무 및 기기 등의 접속상황 확인

답 ④

## 64 그림의 접속박스 내의 결선방법에서 잘못된 것은?

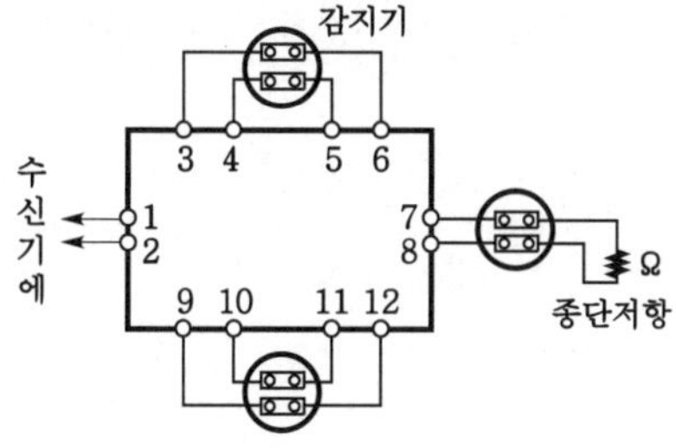


① 1-3, 2-4, 5-10, 6-9, 7-12, 8-11
② 1-4, 2-3, 5-10, 6-9, 7-11, 8-12
③ 1-10, 2-9, 3-7, 4-8, 5-11, 6-12
④ 1-3, 2-10, 4-9, 5-12, 6-7, 8-11

해설 감지기 사이의 회로의 배선은 **송배전식**으로 하여야 한다. (NFSC 203⑪)

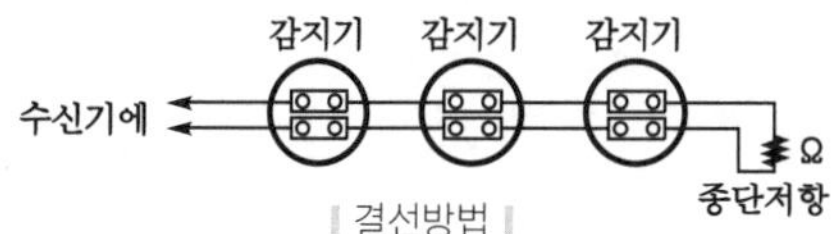


| 결선방법 |

용어

**송배전식**
**도통시험**을 용이하게 하기 위하여 배선의 도중에서 분기하지 않는 방식

답 ④

## 65 내열배선에 사용할 수 없는 전선은?

① 내화전선
② 내열전선
③ 600V 비닐절연전선
④ 버스덕트

해설 **내열배선**

| 사용전선의 종류 | 공사방법 |
|---|---|
| ① 450/750V 저독성 난연 가교 폴리올레핀 절연전선<br>② 0.6/1kV 가교 폴리에틸렌 절연 저독성 난연 폴리올레핀 시스 전력 케이블<br>③ 6/10kV 가교 폴리에틸렌 절연 저독성 난연 폴리올레핀 시스 전력용 케이블<br>④ 가교 폴리에틸렌 절연 비닐시스 트레이용 난연 전력 케이블<br>⑤ 0.6/1kV EP 고무절연 클로로프랜 시스 케이블<br>⑥ 300/500V 내열성 실리콘 고무 절연전선(180℃)<br>⑦ 내열성 에틸렌-비닐 아세테이트 고무 절연 케이블<br>⑧ 버스덕트(Bus Duct) | • 금속관공사<br>• 금속제 가요전선관공사<br>• 금속덕트공사<br>• 케이블공사 |
| ① 내화전선<br>② 내열전선 | • 케이블공사 |

비교

**내화배선**

| 사용전선의 종류 | 공사방법 |
|---|---|
| ① 450/750V 저독성 난연 가교 폴리올레핀 절연전선<br>② 0.6/1kV 가교 폴리에틸렌 절연 저독성 난연 폴리올레핀 시스 전력 케이블<br>③ 6/10kV 가교 폴리에틸렌 절연 저독성 난연 폴리올레핀 시스 전력용 케이블<br>④ 가교 폴리에틸렌 절연 비닐시스 트레이용 난연 전력 케이블<br>⑤ 0.6/1kV EP 고무절연 클로로프랜 시스 케이블<br>⑥ 300/500V 내열성 실리콘 고무 절연전선(180℃)<br>⑦ 내열성 에틸렌-비닐 아세테이트 고무 절연 케이블<br>⑧ 버스덕트(Bus Duct) | • 금속관공사<br>• 2종 금속제 가요전선관 공사<br>• 합성수지관공사<br>내화구조로 된 벽 또는 바닥 등에 벽 또는 바닥의 표면으로부터 25mm 이상의 깊이로 매설할 것 |
| • 내화전선 | • 케이블공사 |

③ **사용불가**

답 ③

## 66 외장이 되는 동관 속에 경동선과 분말의 산화마그네슘, 기타 절연성의 무기물을 충전하고 압연하여 만든 것으로 불연성이며 내열성이 우수한 케이블은?

① CV 케이블
② EV 케이블
③ MI 케이블
④ RN 케이블

해설 **MI 케이블**(Mineral Insulation cable)
외장이 되는 **동관** 속에 경동선과 분말의 **산화마그네슘**, 기타 절연성의 무기물을 충전하고 압연하여 만든 것으로 불연성이며 내열성이 우수한 케이블

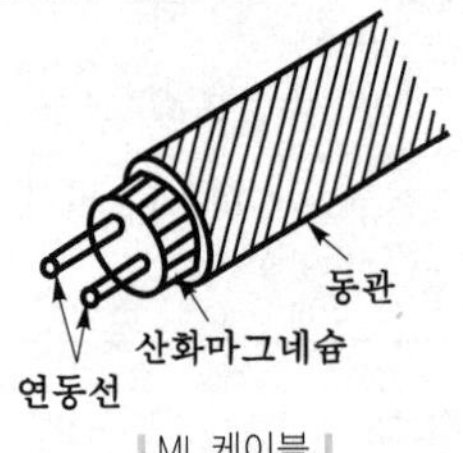


‖ MI 케이블 ‖

답 ③

# 1-2. 자동화재속보설비

**01** 자동화재속보설비의 설치기준 중 맞지 않는 것은?

① 자동화재탐지설비와 연동으로 작동하여 소방관서에 전달되는 것으로 한다.
② 스위치는 보기좋은 곳에 스위치임을 표시한 표식을 하고 높이는 임의로 한다.
③ 종합방재센터가 설치되어 있고 상시근무하는 자가 있는 경우에는 자동화재속보설비를 설치하지 아니할 수 있다.
④ 조작스위치는 바닥으로부터 0.8m 이상, 1.5m 이하의 높이에 설치한다.

해설 조작스위치는 바닥으로부터 **0.8~1.5m** 이하의 높이에 설치하고, 그 보기 쉬운 곳에 스위치임을 표시한 표지를 할 것(NFSC 204④)

답 ②

★★★
**02** 자동화재속보설비의 스위치는 바닥으로부터 몇 m 이상 몇 m 이하의 높이에 설치하여야 하는가?

① 0.6~1.2　② 0.6~1.5
③ 0.8~1.2　④ 0.8~1.5

해설 **설치높이**

| 기타기기 | 시각경보장치 |
|---|---|
| **0.8~1.5m** 이하 | **2~2.5m** 이하(단, 천장의 높이가 **2m 이하**인 경우에는 천장으로부터 **0.15m 이내**의 장소에 설치) |

답 ④

**03** 자동화재속보설비에 대한 설명으로 틀린 것은?

① 속보설비는 자동화재탐지설비와 연동하여 작동되어야 한다.
② 비상전원을 부설하여야 한다.
③ 스위치는 바닥으로부터 0.8m 이상, 1.5m 이하의 높이에 설치한다.
④ 종합방재센터가 설치되어 있으면 시설하지 않아도 된다.

해설 종합방재센터가 설치되어 있더라도 **감시인**이 **상주**하지 않으면 자동화재속보설비를 설치하여야 한다.

답 ④

**04** 바닥면적이 기준면적 이상인 경우라도 자동화재속보설비를 설치하지 않아도 되는 시설은?

① 수련시설(숙박시설이 있는 것)
② 창고시설
③ 의료시설
④ 공장

해설 **소방시설법 시행령 〔별표 5〕**
**자동화재속보설비의 설치대상**

| 설치대상 | 조 건 |
|---|---|
| ① **수**련시설(숙박시설이 있는 것)<br>② **노**유자시설<br>③ **정**신병원 및 의료**재**활시설<br>기억법 **5수노정재속** | • 바닥면적 **5**00m² 이상 |
| ④ 공장 및 창고시설<br>⑤ 업무시설<br>⑥ 국방 · 군사시설<br>⑦ 발전시설(무인경비시스템) | • 바닥면적 1500m² 이상 |
| ⑧ 목조건축물 | • 국보 · 보물 |
| ⑨ 노유자생활시설<br>⑩ 30층 이상 | • 전부 |
| ⑪ 전통시장 | • 전부 |

답 ③

**05** 자동화재속보설비의 배선에 보안기를 설치할 경우 어떤 곳에 설치하여야 하는가?

① 공통선과 표시선에 설치한다.
② 표시선에만 설치한다.
③ 벨선에 설치한다.
④ 가공선과 옥내선의 접속점에 설치한다.

해설 자동화재속보설비의 배선에 보안기를 설치할 경우 보안기는 **옥외선**(가공선)과 **옥내선**의 **접속점**에 설치한다.

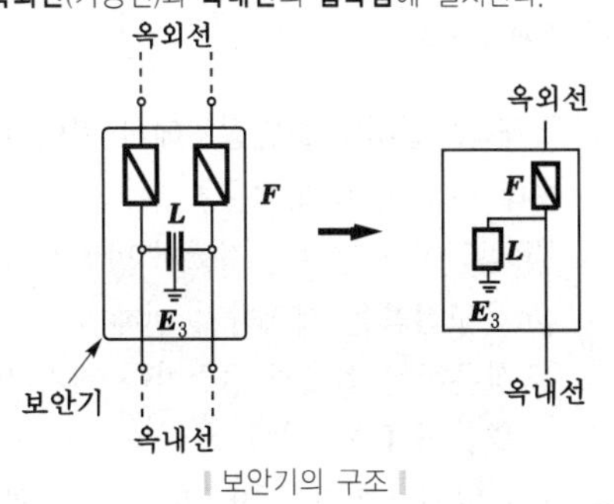


‖ 보안기의 구조 ‖

답 ④

**06** 그림은 자동화재속보설비의 보안장치에 대한 단선결선도(Single line Diagram)이다. 여기에서 A와 B에 해당되는 것은?

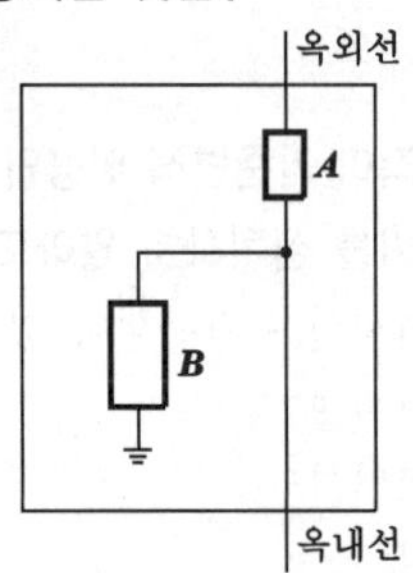


① A＝전압조정기, B＝가변저항기
② A＝차단기, B＝가변저항기
③ A＝전압조정기, B＝피뢰기
④ A＝차단기, B＝피뢰기

해설 문제 5 참조

답 ④

**07** 자동화재속보설비의 보안장치에 대한 단선결선도가 옳은 것은? (단, $F$ : 차단기, $L$ : 피뢰기이다.)

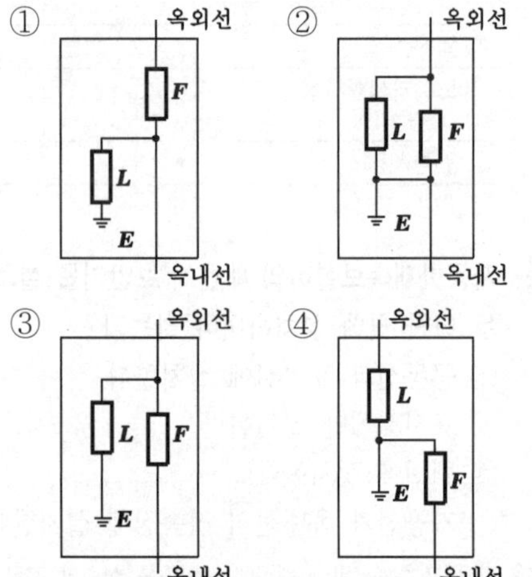


해설 문제 5 참조

답 ①

**08** 화재속보설비의 보안장치에서 피뢰기를 접지하는데 이의 주된 목적은?

① 침입한 과전압을 적절히 방전시키기 위해서
② 유도잡음을 제거하기 위해서
③ 상존하는 선로의 정전기를 제거하여 통보를 원활히 하기 위해
④ 차단기가 제대로 차단하지 못한 과전류를 방전시키기 위해서

해설 **피뢰기(Lightning Arrester)**
화재속보설비에 침입한 **과전압**을 적절히 **방전**시키기 위해서 사용한다.

기억법 피과방

답 ①

**09** 자동화재속보설비의 속보기에 대한 기준으로 틀린 것은?

① 자동통화용 송수화기를 설치하여야 한다.
② 속보기는 정격사용전압에서 1천회의 작동반복시험을 하였을 때, 구조나 기능에 이상이 없어야 한다.
③ 주위온도가 －10℃에서 50℃까지에도 기능에 이상이 생기지 말아야 한다.
④ 주전원 정지시 예비전원으로 자동절환되며 주전원복구시 예비전원에서 주전원으로 자동절환되어야 한다.

해설 **속보기**의 **기준**
(1) **수동통화**용 송수화기를 설치하여야 한다.
(2) **20초** 이내에 **3회** 이상 소방관서에 자동속보할 것
(3) 예비전원은 감시상태를 **60분**간 지속한 후 **10분** 이상 동작이 지속될 수 있는 용량이어야 한다.

답 ①

**10** 자동화재속보기의 구조에 대한 기준으로 옳지 않은 것은?

① 전면에는 주전원을 표시하는 장치를 할 것
② 작동중에는 작동을 표시하는 작동표시장치가 부착되어 있을 것
③ 수동통화용 송수화기를 비치할 것
④ 30초 이내에 2회 이상 소방관서에 속보할 것

해설 문제 9 참조

④ **20초 이내**에 **3회 이상** 소방관서에 자동속보할 것

답 ④

**11** 자동화재속보설비의 속보기에 대한 기능으로 옳지 않은 것은?

① 화재표시작동시험을 할 수 있는 장치부착
② 화재탐지설비로부터 발하여진 신호를 수신하여 20초 이내에 소방관서에 자동적으로 통보
③ 상용전원을 교류전원으로 사용할 경우 정전시 자동적으로 예비전원으로의 전환
④ 예비전원의 자동충전기능

해설 **속보기**의 **기능**
(1) **20초** 이내에 **3회** 이상 속보
(2) 예비전원 자동전환기능
(3) 예비전원 자동충전기능
(4) 예비전원 자동 과충전 방지 장치
(5) 주전원 및 예비전원의 상태표시장치
(6) 작동여부 표시장치

① 자동화재탐지설비의 수신기에 대한 설명

답 ①

**12** **자동화재속보설비의 속보기에 대한 기능으로 옳지 않은 것은?**

① 자동통화용 송수화기를 설치하여야 한다.
② 화재탐지설비로부터 발하여진 신호를 수신하여 20초 이내에 소방관서에 자동적으로 통보
③ 상용전원을 교류전원으로 사용할 경우 정전시 자동적으로 예비전원으로의 전환
④ 예비전원의 양부를 시험할 수 있는 것으로서 자동충전기능

해설 ① **수동통화용** 송수화기를 설치하여야 한다.

답 ①

★★
**13** **자동화재속보설비의 속보기에 대한 설명으로 옳지 않은 것은?**

① 음향장치의 울림을 정지시키는 스위치 설치
② 주전원 및 예비전원의 상태표시장치 설치
③ 예비전원회로에 퓨즈, 차단기 등의 보호장치 설치
④ 자동통화용 송수화기를 설치

해설 **문제 9 참조**

④ **수동통화용 송수화기**를 설치

답 ④

★★
**14** **자동화재속보설비의 속보기에 대한 설명으로 옳지 않은 것은?**

① 음향장치의 울림을 정지시키는 스위치 설치
② 내부에는 예비전원을 설치 할 것
③ 예비전원회로에는 퓨즈, 차단기 등과 같은 보호장치를 할 것
④ 자동통화용 송수화기를 설치하여야 한다.

해설 ④ **수동통화용** 송수화기를 설치하여야 한다.

답 ④

**15** **자동화재탐지설비의 속보기의 구조설명 중 틀린 것은?**

① 자동통화용 송수화기 설치
② 예비전원은 자동적으로 충전될 것
③ 전면에는 예비전원의 상태를 표시할 수 있는 장치가 있어야 한다.
④ 작동시간과 동작횟수를 표시하는 장치를 하여야 한다.

해설 **문제 9 참조**

답 ①

**16** **자동화재속보설비의 속보기에 대한 설명으로 옳은 것은?**

① 화재발생을 20초 이내에 소방관서에 통보하는 설비이다.
② R형 발신기, R형 수신기 또는 화재속보기로 구성된다.
③ M형 발신기, R형 수신기 또는 화재속보기로 구성된다.
④ 화재발생을 3회 이상 관계인에 통보할 것

해설 **문제 9 참조**

답 ①

**17** **자동화재속보설비의 속보기가 갖추어야 할 기능으로 옳지 않은 것은?**

① 예비전원회로에는 단선사고 등을 방지하기 위한 퓨즈, 차단기 등의 보호장치를 설치한다.
② 속보기가 작동중에는 작동상태를 표시하는 장치를 설치한다.
③ 전면에 예비전원의 상태를 표시할 수 있는 장치를 설치한다.
④ 작동시간과 횟수를 표시할 수 있는 장치를 설치한다.

해설 ① 예비전원회로에는 **단락사고** 등을 방지하기 위한 **퓨즈, 차단기** 등의 보호장치를 설치한다.

답 ①

★★
**18** **자동화재속보설비는 화재탐지설비로부터 발하여진 신호를 수신하여 몇 초 이내까지 소방관서에 계속 속보될 수 있어야 하는가?**

① 20초 이내 ② 15초 이내
③ 10초 이내 ④ 5초 이내

해설 **문제 9 참조**

① **20초** 이내에 **3회** 이상 소방관서에 자동 속보할 것

답 ①

**19** 자동화재속보기의 구조 및 기능에 관한 설명으로 틀린 것은?

① 예비전원은 자동적으로 충전되어야 한다.
② 표시등에 전구를 사용하는 경우에는 2개를 직렬로 설치하여야 한다.
③ 예비전원을 병렬로 접속하는 경우 역충전 방지 등의 조치를 할 것
④ 수동통화용 송수화기를 설치하여야 한다.

해설 표시등에 전구를 사용하는 경우에는 **2개**를 **병렬**로 설치하여야 한다.

답 ②

**20** 자동화재속보설비의 속보기의 주위온도에 대한 기능 중 가장 옳은 것은?

① 주위온도가 섭씨 0도 및 섭씨 30도에서 각각 기능시험을 실시하는 경우 이상이 없을 것
② 주위온도가 섭씨 영하 10도 및 섭씨 50도에서 각각 기능시험을 실시하는 경우 이상이 없을 것
③ 주위온도가 섭씨 0도 및 섭씨 40도에서 각각 기능시험을 실시하는 경우 이상이 없을 것
④ 주위온도가 섭씨 영하 0도 및 섭씨 60도에서 각각 기능시험을 실시하는 경우 이상이 없을 것

해설 **자동화재속보설비**의 **속보기** : −10℃ 및 50℃

답 ②

★★
**21** 자동화재속보설비의 속보기의 교류입력측과 외측간의 500V의 절연저항계로 측정한 값이 몇 MΩ 이상이어야 하는가?

① 10 ② 20
③ 30 ④ 40

해설 **자동화재속보설비**
(1) 절연된 충전부와 외함간 : **5M**Ω 이상
(2) 교류입력측과 외함간 ┐
(3) 절연된 선로간 ┘ **20M**Ω 이상

중요

**절연저항시험**

| 절연저항계 | 절연저항 | 대 상 |
|---|---|---|
| 직류 250V | 0.1MΩ 이상 | • 1경계구역의 절연저항 |
| 직류 500V | 5MΩ 이상 | • 누전경보기<br>• 가스누설경보기<br>• 수신기<br>• 자동화재속보설비<br>• 비상경보설비<br>• 유도등(교류입력측과 외함간 포함)<br>• 비상조명등(교류입력측과 외함간 포함) |
| | 20MΩ 이상 | • 경종<br>• 발신기<br>• 중계기<br>• 비상콘센트<br>• 기기의 절연된 선로간<br>• 기기의 충전부와 비충전부간<br>• 기기의 교류입력측과 외함간 (유도등 · 비상조명등 제외) |
| | 50MΩ 이상 | • 감지기(정온식 감지선형 감지기 제외)<br>• 가스누설경보기(10회로 이상)<br>• 수신기(10회로 이상) |
| | 1000MΩ 이상 | • 정온식 감지선형 감지기 |

답 ②

# 1-3. 비상경보설비 및 비상방송설비

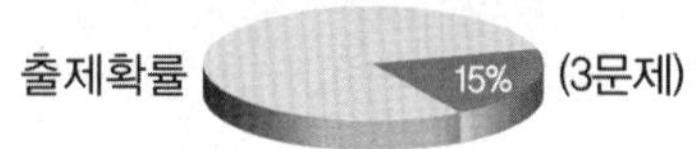


출제확률 (3문제)

**01** 비상방송설비에 대한 설명으로 틀린 것은?

① 확성기 음성입력은 3W(실내 1W) 이상일 것
② 음량조정기를 부착하여 2선식 배선을 할 것
③ 2층 이상에서 발화한 때에는 그 발화층 및 그 직상층에 우선 경보를 할 것
④ 증폭기는 상시 사람이 근무하는 장소로서 점검이 편리하고 방화상 유효한 곳에 설치할 것

해설 음량조정기를 설치하는 경우 배선은 **3선식**으로 할 것

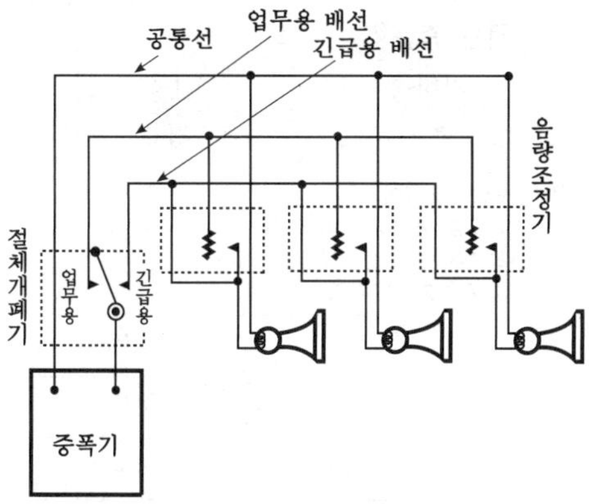


| 3선식 배선 |

답 ②

**02** 비상방송설비의 특징에 대한 설명으로 옳지 않은 것은?

① 업무용 방송설비와는 겸용하여서는 아니된다.
② 화재의 양상에 따라 필요한 층을 임의로 선택하여 화재를 알릴 수 있다.
③ 확성기의 음성입력은 실외에 설치할 경우 3W 이상이어야 한다.
④ 음량조정기의 배선은 3선식으로 한다.

해설 **문제 1 참조**

① 업무용 방송설비와 **겸용**할 수 있다. 이 경우에는 음량조정기를 설치하여 **3선식 배선**으로 하여야 한다.

답 ①

**03** 방송에 의한 비상방송설비의 설치방법이 잘못된 것은?

① 음량조정기를 설치하고 그 배선은 4선식으로 하였다.
② 확성기의 음성입력은 5W로 하였다.
③ 조작부의 조작스위치 높이는 0.9m로 하였다.
④ 기동장치에 의한 화재신호수신 후 필요한 음량으로 방송이 개시될 때까지의 소요시간은 5초로 하였다.

해설 **비상방송설비**의 **설치기준**

(1) 확성기의 음성입력은 실내 **1W 이상**, 실외 **3W** 이상일 것
(2) 확성기는 **각 층**마다 설치하되, 각 부분으로부터의 수평거리는 **25m** 이하일 것
(3) 음량조정기는 **3선식** 배선일 것
(4) 조작스위치는 바닥으로부터 **0.8~1.5m** 이하의 높이에 설치할 것
(5) 다른 전기회로에 의하여 **유도장애**가 생기지 않을 것
(6) 비상방송 개시시간은 **10초** 이하일 것

② 확성기의 음성입력은 실내 **1W** 이상, 실외 **3W** 이상이므로 **5W**는 **적합**
③ 조작스위치 높이는 **0.8~1.5m** 이하이므로 0.9m는 **적합**
④ 비상방송 개시시간은 **10초 이하**이므로 5초는 **적합**

답 ①

**04** ★★ 방송에 의한 비상경보설비로 실내에 설치하는 확성기의 음성입력은 몇 W 이상이어야 하는가?

① 1 ② 2
③ 3 ④ 4

해설 **문제 3 참조**

① 확성기의 음성입력은 **실내 1W 이상**, **실외 3W 이상**일것

답 ①

**05** ★ 실외에 설치되는 비상방송설비의 확성기의 음성입력은 몇 W 이상이어야 하는가?

① 1 ② 2
③ 3 ④ 5

해설 **문제 3 참조**

답 ③

## 06 비상방송설비에서 확성기의 음성입력은 일반적으로 몇 W 이상이어야 하는가?

① 3　② 5
③ 8　④ 10

해설 **문제 3 참조**

확성기의 음성입력은 실내 **1W** 이상, 실외 **3W** 이상으로서 여기서는 실내 또는 실외의 구분이 없으므로 1W 또는 3W 모두 답이 될 수 있으나, 보기에서는 3W만 주어졌으므로 ①이 답이 된다.

답 ①

## 07 방송에 의한 비상경보설비 설치기준이 틀린 것은?

① 확성기 음성입력은 3W(실내설치시는 1W) 이상일 것
② 음량조정기를 설치하는 경우 배선은 3선식으로 할 것
③ 기동장치에 의한 화재신고를 수신한 후 필요한 음량으로 방송이 개시될 때까지의 소요시간은 15초 이내로 할 것
④ 조작부는 기동장치의 작동과 연동하여 해당 기동장치가 작동한 층 또는 구역을 표시할 수 있는 것으로 할 것

해설 **문제 3 참조**

답 ③

## ★ 08 비상방송설비에 사용되는 확성기 1개의 유효반지름은 몇 m 이하이어야 하는가?

① 15　② 25
③ 30　④ 45

해설 **수평거리와 보행거리**

(1) 수평거리

| 수평거리 | 적용대상 |
|---|---|
| 수평거리 **25m** 이하 | • 발신기<br>• 음향장치(확성기)<br>• 비상콘센트(**지하상가** 또는 **지하층** 바닥면적 합계 **3000m²** 이상) |
| 수평거리 **50m** 이하 | • 비상콘센트(기타) |

(2) 보행거리

| 보행거리 | 적용대상 |
|---|---|
| 보행거리 **15m** 이하 | • 유도표지 |
| 보행거리 **20m** 이하 | • 복도통로유도등<br>• 거실통로유도등<br>• 3종 연기감지기 |
| 보행거리 **30m** 이하 | • 1·2종 연기감지기 |

(3) 수직거리

| 수직거리 | 적용대상 |
|---|---|
| 10m 이하 | • 3종 연기감지기 |
| 15m 이하 | • 1·2종 연기 감지기 |

답 ②

## ★★ 09 비상방송설비에 음량조정기를 설치하는 경우 음량조정기의 배선방식은?

① 2선식　② 3선식
③ 4선식　④ 5선식

해설 **문제 3 참조**

② 음량조정기를 설치한 경우 배선은 **3선식**으로 할 것

답 ②

## ★★ 10 어느 건축물의 1층에서 화재가 발생하였을 때 비상방송설비가 우선적으로 경보를 하지 않아도 되는 층은?

① 지하층　② 1층
③ 2층　④ 3층

해설 **우선경보방식**

(1) **2층 이상** : 발화층, 직상층
(2) **1층** : 발화층, 직상층, 지하층
(3) **지하층** : 발화층, 지하층, 기타의 지하층

|  | |  |
|---|---|---|
| 2층 | | 경보 |
| 1층 | 발화 | 경보 |
| 지하1층 | | 경보 |
| 지하2층 | | 경보 |
| 지하3층 | | 경보 |

▌1층 화재시의 경보층▐

답 ④

## ★★★ 11 비상방송설비는 기동장치에 의한 화재신고를 수신한 후 필요한 음량으로 방송이 개시될 때까지의 소요시간은 몇 초 이하로 하여야 하는가?

① 10　② 20
③ 30　④ 60

해설 **소요시간**

| 기 기 | 시 간 |
|---|---|
| P형·P형 복합식·R형·R형 복합식·GP형·GP형 복합식·GR형·GR형 복합식 | 5초 이내<br>(축적형 60초 이내) |
| **중**계기 | **5**초 이내 |
| 비상방송설비 | 10초 이하 |
| **가**스누설경보기 | **6**0초 이내 |

기억법 시중5 (시중을 드시오!)
6가 (육체미가 뛰어나다.)

답 ①

**12** 비상경보설비 배선을 직류 250V 절연저항측정기를 사용하여 절연저항을 측정할 때 대지전압이 150V 이하인 경우에는 몇 MΩ 이상이어야 하는가?

① 0.2　② 0.1
③ 2　④ 1

해설 **절연저항값**

| 대지전압 | 절연저항 |
|---|---|
| 150V 이하 | 0.1MΩ 이상 |
| 150V 초과 | 0.2MΩ 이상 |

답 ②

★★
**13** 비상방송설비의 배선을 직류 250V 절연저항측정기를 사용하여 절연저항을 측정할 때 대지전압이 150V 이하인 경우에는 몇 MΩ 이상이어야 하는가?

① 0.1　② 0.2
③ 1　④ 2

해설 **비상방송설비**의 **절연저항**

(1) 150V 이하 : **0.1**MΩ 이상
(2) 150V 초과 : **0.2**MΩ 이상
} DC 250V메가 사용

답 ①

# 1-4. 누전경보기

출제확률 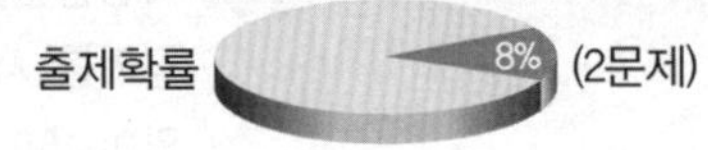 (2문제)



**01** 누전경보기에서 옥외형과 옥내형의 차이는?

① 변류기의 절연저항
② 방수구조
③ 증폭기의 설치장소
④ 정전압회로

해설 누전경보기를 구조에 의하여 분류하면 **방수** 유무에 따라 **옥내형**과 **옥외형**으로 구분한다.

답 ②

**02** 누전경보기의 검출시험방법을 설명한 것이다. 가장 적합한 시험방법은?

① 시험용 조작스위치를 돌려서 실시한다.
② 부하전류를 변류기에 흘려서 실시한다.
③ 누설전류를 변류기에 흘려서 실시한다.
④ 공칭값의 전류를 음향장치에 흘려서 실시한다.

해설 **검출시험** : **누설전류**를 변류기에 흘려서 실시한다.

누설전류 = 누전전류 = 영상전류

답 ③

**03** 누전경보기의 변류기설치가 옳은 것은?

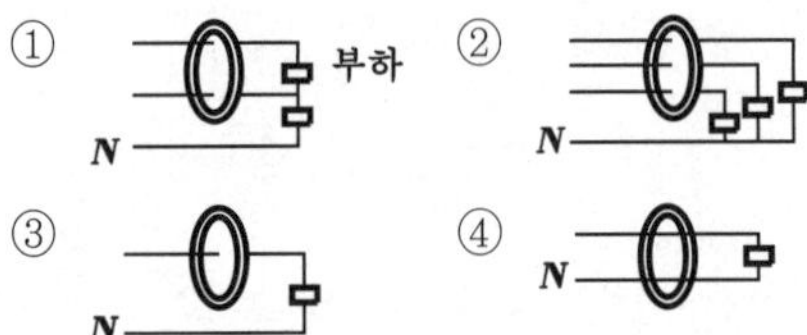



해설 누전경보기의 **변류기**는 단상 2선식, 단상 3선식, 3상 3선식, 3상 4선식의 경우 **2선**, **3선** 및 **4선** 모두를 변류기에 관통시켜 설치하여야 한다.

참고

올바른 누전경보기의 변류기설치

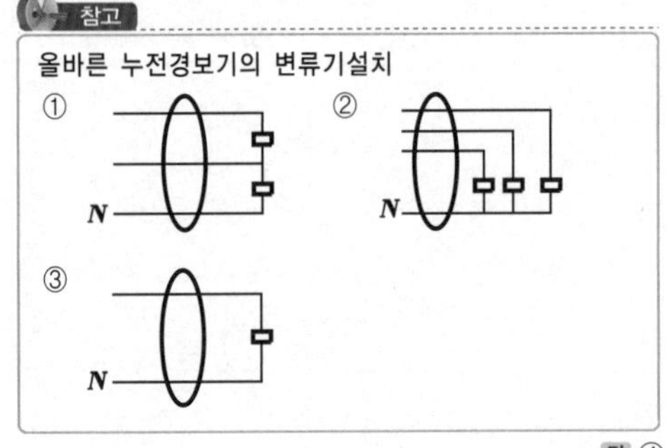



답 ④

**04** 다음 그림에서 누전경보기의 신호입력회로에 많이 사용되는 바리스터 VS의 사용목적은?

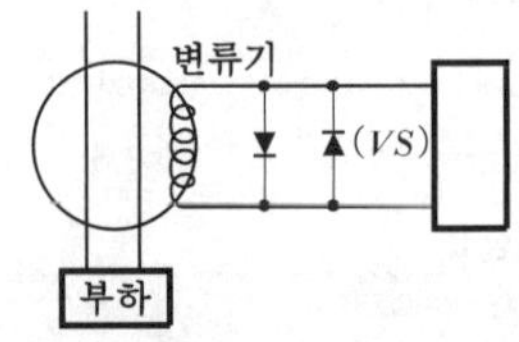



① 교류전압을 정류해서 증폭하기 위해
② 교류입력전압을 조정하기 위해
③ 교류입력전압의 동조용
④ 과대교류 입력전압을 억제하기 위해

해설 **바리스터**(varistor)
다이오드 2개를 역방향으로 연결해 놓은 것으로서, **과대교류 입력전압**을 억제하기 위하여 설치한다.

기억법 바과입

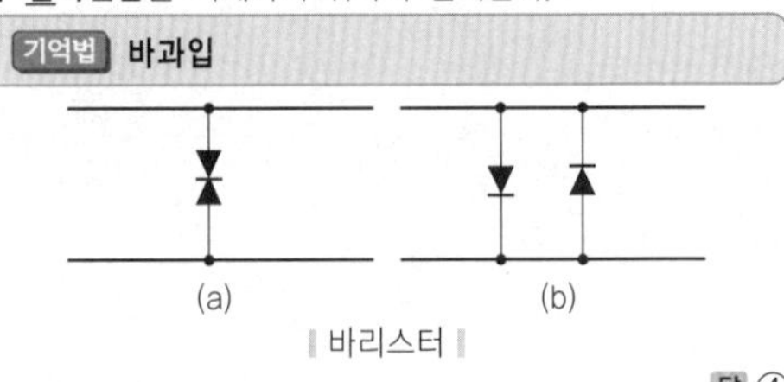



‖ 바리스터 ‖

답 ④

**05** 누전경보기의 설치방법이 잘못된 것은?

① 경계전로의 정격전류가 60A를 초과하는 전로에는 2급 누전경보기를 설치한다.
② 경계전로의 정격전류가 60A 이하의 전로에는 1급 또는 2급 누전경보기를 설치한다.
③ 변류기를 옥외의 전로에 설치하는 경우에는 옥외형의 것을 설치한다.
④ 변류기는 소방대상물의 형태, 인입선의 시설방법 등에 따라 옥외인입선의 제1지점의 부하측 또는 제2종 접지선측의 점검이 쉬운 위치에 설치한다.

해설 **누전경보기**의 **설치방법**

| 정격전류 | 종 별 |
|---|---|
| 60A 초과 | 1급 |
| 60A 이하 | 1급 또는 2급 |

(1) 변류기는 옥외인입선의 **제1지점**의 **부하측** 또는 **제2종**의 **접지선측**에 설치할 것
(2) 옥외전로에 설치하는 변류기는 **옥외형**을 사용할 것

답 ①

**06** 누전경보기의 설치방법으로 옳지 않은 것은?

① 경계전로의 정격전류가 60A를 초과하는 전로에 있어서는 1급 누전경보기를 설치한다.
② 경계전로의 정격전류가 60A 이하의 전로에 있어서는 1급 또는 2급 누전경보기를 설치한다.
③ 정격전류가 60A를 초과하는 경계전로가 분기되어 각 분기회로의 정격전류가 60A 이하로 되는 경우에 각 분기회로마다 1급 누전경보기를 설치한다.
④ 변류기는 소방대상물의 형태, 인입선의 시설방법 등에 옥외 인입선의 제1지점의 부하측 또는 제2종 접지선 점검이 쉬운 위치에 설치한다.

해설 정격전류가 60A를 초과하는 경계전로가 분기되어 각 분기회로의 정격전류가 60A 이하로 되는 경우 해당 분기회로마다 **2급** 누전경보기를 설치한 때에는 해당 경계전로에 1급 누전경보기를 설치한 것으로 본다.

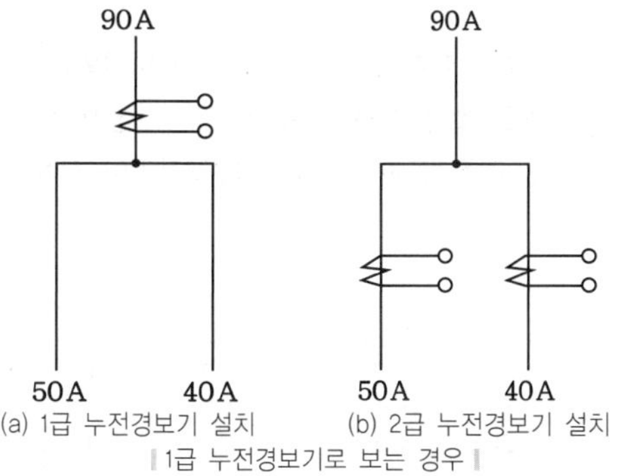


(a) 1급 누전경보기 설치 (b) 2급 누전경보기 설치

| 1급 누전경보기로 보는 경우 |

답 ③

**07** 누전경보기의 설치방법으로 옳지 않은 것은?

① 경계전로의 정격전류가 60A를 초과하는 전로에 있어서는 1급을 설치한다.
② 경계전로의 정격전류가 60A 이하의 전로에 있어서는 1급 또는 2급을 설치한다.
③ 정격전류가 60A를 초과하는 경계전로에서 분기되어 각 분기회로의 정격전류가 60A 이하로 되는 경우에는 각 분기회로마다 2급을 설치해도 해당 경계전로에 1급을 설치한 것으로 본다.
④ 변류기는 소방대상물의 형태, 인입선의 시설방법 등에 따라 옥외인입선의 제1지점의 부하측 또는 제1종 접지측에 설치한다.

해설 **변류기**의 **설치위치**

(1) 옥외인입선의 **제1지점**의 **부하측**

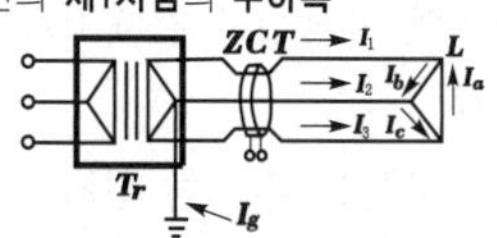


(2) **제2종 접지선측**

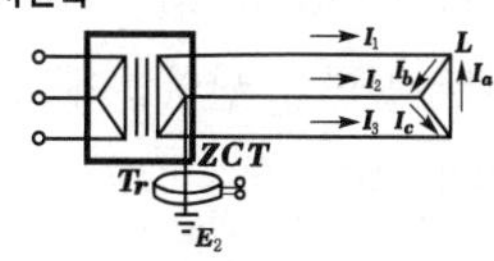


답 ④

**08** 누전경보기의 설치방법으로 틀린 것은?

① 경계전로의 정격전류가 60A를 초과하는 것은 1급을 사용하였다.
② 경계전로의 정격전류가 60A 이하의 전로에 있어서는 1급 또는 2급을 사용하였다.
③ 변류기는 옥외인입선의 제1지점의 부하측에 설치하였다.
④ 소방대상물의 구조가 부득이하여 변류기를 인입구에서 멀리 떨어진 옥내에 설치하였다.

해설 소방대상물의 구조상 부득이한 경우에 있어서는 **인입구**에 **근접**한 옥내에 설치할 수 있다.

답 ④

★★
**09** 경계전류의 정격전류에 의한 1급 누전경보기만을 사용하는 정격전류는 몇 A를 초과하는 전류인가?

① 30 ② 50
③ 60 ④ 90

해설 **문제 5 참조**

답 ③

★★
**10** 누전경보기는 무엇으로 구성되어 있는가?

① 수신부와 발신부
② 수신부와 비상전원
③ 변류기와 수신부
④ 축전지와 변류기

해설 **누전경보기**

| 개괄적인 구성요소 | 세부적인 구성요소 |
|---|---|
| ① 변류기(영상변류기)<br>② 수신부(수신기) | ① 변류기(영상변류기)<br>② 수신부(수신기) : **차단기구** 포함<br>③ 음향장치(경보기) |

답 ③

**11** 누전경보기의 일반구조로 옳지 않은 것은?

① 현저한 잡음이나 장해전파를 발하지 않아야 한다.

② 단자부분은 견고한 상자 속에 넣어야 한다.

③ 먼지, 습기, 곤충 등에 의하여 기능에 영향을 받지 않아야 한다.

④ 외함은 불연성, 난연성 재질로 만들어야 한다.

해설 **누전경보기**의 **일반구조**(누전경보기 형식 3)
(1) 현저한 잡음, 방해전파를 발하지 않을 것
(2) 먼지, 습기, 곤충 등에 의하여 영향을 받지 않아야 한다.
(3) 외함은 불연성, 난연성 재질을 사용하여야 한다.
(4) **60V**를 넘는 금속제 외함에는 **접지단자**를 설치하여야 한다.

② **단자 외의** 부분은 견고한 상자에 넣어야 한다.

답 ②

**12** 누전경보기에 사용되는 변압기의 정격 1차 전압은 몇 V 이하로 하여야 하는가?

① 100 ② 150
③ 200 ④ 300

해설 **누전경보기** 수신기에 설치하는 **변압기**(누전경보기 형식 4)
(1) 정격 1차 전압은 **300V** 이하로 한다.
(2) 외함에는 **접지단자**를 설치하여야 한다.
(3) 용량은 **최대사용전류**에 연속하여 견딜 수 있는 크기 이상일 것

답 ④

★★★
**13** 누전경보기의 공칭작동 전류값은 몇 mA 이하이어야 하는가?

① 150 ② 200
③ 250 ④ 300

해설

| 공칭작동전류치 | 감도조정장치의 최대치 |
|---|---|
| 200mA 이하 | 1A(1000mA) |

기억법 공200

답 ②

★★★
**14** 감도조정장치를 갖는 누전경보기에서 감도조정장치의 조정범위는 최대 몇 A이어야 하는가?

① 0.3 ② 0.5
③ 0.8 ④ 1

해설 **문제 13 참조**

④ 감도조정장치의 최대치 : **1A(1000mA)**

답 ④

**15** 누전경보기의 경계전로에서 전압강하의 최대치는 몇 V 이하이어야 하는가?

① 0.1 ② 0.3
③ 0.5 ④ 1.0

해설 누전경보기의 전압강하 최대치 : **0.5V**(누전경보기 형식 22)

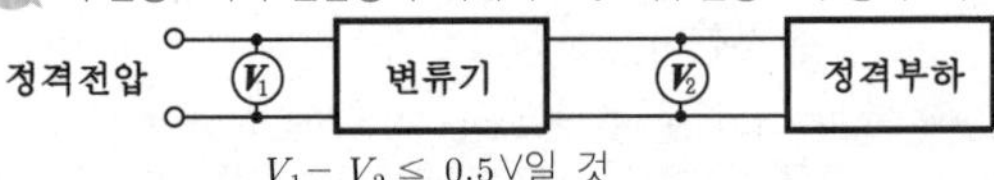


$V_1 - V_2 \leq 0.5$V일 것

‖ 전압강하 방지시험 ‖

답 ③

★
**16** 누전경보기의 변류기는 직류 500V의 절연저항계로 절연된 1차 권선과 2차 권선간의 절연저항을 측정할 때 몇 MΩ 이상이어야 하는가?

① 1 ② 2
③ 4 ④ 5

해설 변류기의 절연저항시험 : 직류 **500V**, 절연저항계 **5M**Ω 이상
(1) 절연된 1차 권선과 2차 권선간의 절연저항
(2) 절연된 1차 권선과 외부금속부간의 절연저항
(3) 절연된 2차 권선과 외부금속부간의 절연저항

답 ④

# 1-5. 가스누설경보기

출제확률  (1문제)


**01** 가스누설경보기의 설치목적이 아닌 것은?

① 화재를 예방하기 위하여
② 안전사고를 방지하기 위하여
③ 가스누설을 사전에 막기 위하여
④ 폭발사고를 방지하기 위하여

해설 **가스누설경보기** : 가스누설시 자동으로 경보를 알려 가스로 인한 사고를 미연에 방지하여 주는 경보장치이다.

답 ③

★★
**02** 가스누설경보기의 종류에 해당하는 것은?

① 제1종과 제2종
② 단독형과 분리형
③ 공업용과 일반용
④ A형과 B형

해설 가스누설경보기의 종류는 **단독형**과 **분리형**(공업용, 영업용)으로 구분한다.

중요

종류

| 가스누설경보기 | 누전경보기 |
|---|---|
| ① 단독형<br>② 분리형 | ① 1급<br>② 2급 |

답 ②

**03** 가스누설경보기의 검사방식에 해당되지 않는 것은?

① 반도체식　② 접촉연소식
③ 기체열전도식　④ 열전기식

해설 **가스누설경보기**의 **검사방식**

가스누설경보기 ─ 반도체식 / 접촉연소식 / 기체열전도식

답 ④

★
**04** 가스누설경보기의 설치시 주의사항으로 옳지 않은 것은?

① 직사광선이 잘 드는 곳에 설치
② 수분이 접촉할 우려가 없는 곳에 설치
③ 가스가 체류하기 쉬운 곳에 설치
④ 분리형 경보기는 사람이 상주하는 곳에 설치

해설 **가스누설경보기**의 설치시 주의사항
(1) 수분·증기와 접촉할 우려가 없는 곳에 설치
(2) 가스가 체류하기 쉬운 장소에 설치
(3) 분리형 경보기는 사람이 상주하는 곳에 설치
(4) 주위온도가 **40**℃ 이상 될 우려가 없는 곳에 설치
(5) 공기보다 무거운 연소기가 설치되어 있는 곳은 연소기로부터 **4m** 이내에 설치하고 바닥으로부터 **30cm** 정도 떨어져 설치하여야 한다.(청소시 **수분접촉** 우려)

답 ①

**05** 가스누설경보기의 감지소자 주성분으로 사용되는 것은?

① 산화철　② 산화마그네슘
③ 산화주석　④ 산화칼슘

해설 감지소자는 **산화주석**이 주성분으로 가스를 감지하면 이온화반응이 일어나 저항값이 경보를 발한다.

답 ③

★
**06** 가스누설경보기의 누설등 및 지구등의 점등색으로 옳은 것은 다음 중 어느 것인가?

① 누설등 : 황색, 지구등 : 적색
② 누설등 : 황색, 지구등 : 황색
③ 누설등 : 적색, 지구등 : 황색
④ 누설등 : 적색, 지구등 : 적색

해설 가스누설경보기의 누설등 및 지구등은 등이 켜질 때 **황색**으로 표시되어야 한다.

중요

표시등의 색

| 가스누설경보기 | 기타 기기 |
|---|---|
| 황색 | 적색 |

기억법 **가황**

답 ②

**07** 가스누설경보기의 금속제 외함에 접지단자를 설치해야 하는 것은 정격전압이 몇 V를 초과하는 경우인가?

① 30　② 40
③ 50　④ 60

해설 가스누설경보기의 금속제 외함에 **접**지단자를 설치해야 하는 것은 정격전압이 **6**0V를 초과하는 경우이다.

※ **정격전압** : 전기기계·기구 등의 사용에 적합한 전압

기억법 6접

답 ④

**08** **가스누설경보기의 부분품인 표시등에 관한 사항으로 옳지 않은 것은?**

① 전구는 사용전압의 120%, 교류전압을 20시간 계속하여 가하는 경우 단선 또는 흑화 등이 발생하지 아니하여야 한다.

② 소켓은 접촉이 확실하여야 하며, 쉽게 전구를 교체할 수 있도록 부착하여야 한다.

③ 전구는 2개 이상을 병렬로 접속하여야 한다. 다만, 방전등 또는 발광다이오드의 경우에는 그러하지 아니하다.

④ 전구에는 적당한 보호카바를 설치하여야 한다. 다만, 발광다이오드의 경우에는 그러하지 아니하다.

해설 전구는 사용전압의 **130%**인 교류전압을 **20시간** 연속하여 가하는 경우 **단선** 또는 **흑화** 등이 발생하지 아니하여야 한다.

중요

**표시등의 전구시험**

| 옥내소화전설비 | 기타설비 |
|---|---|
| 사용전압이 **130%** 교류전압을 **24시간** 가함 | 사용전압이 **130%** 교류전압을 **20시간** 가함 |

답 ①

## 노화방지 쌀

황산화 물질인 토코페롤, 안토시아닌 성분 등을 강화한 쌀이다. 보통 흑색(흑진주벼), 녹색(녹원찰벼), 자색(자광벼) 등 색깔이 있다. 이외에도 투명(새상주벼), 흰색(상주찰벼) 등의 개량 품종이 해당된다. 황산화 성분의 작용으로 신체의 노화속도를 늦춰준다.

경상북도 보건환경연구원의 성분 분석 결과에 따르면 노화방지 유색 쌀은 비타민 $B_1$, $B_2$, $B_6$, 칼슘, 마그네슘 등 무기질과 단백질 함량이 풍부한 것으로 나타났다. 한편 일반 쌀도 쌀눈에 황산화 물질이 들어 있다. 최근 쌀눈의 크기를 3~5배 정도 크게 만든 쌀도 등장했다. 일본에서는 강력한 노화방지 효과가 있는 '코엔자임Q10'이 강화된 쌀이 개발되기도 했다.

출처 : 조선일보

# 출제경향분석

# 피난구조설비 및 소화활동설비

①② 유도등 · 유도표지 · 비상조명등
18% (4문제)

③비상콘센트설비
6% (1문제)

④ 무선통신보조설비
10% (2문제)

⑤ 피난기구
6% (1문제)

8문제

# 1. 유도등 · 유도표지 / 2. 비상조명등

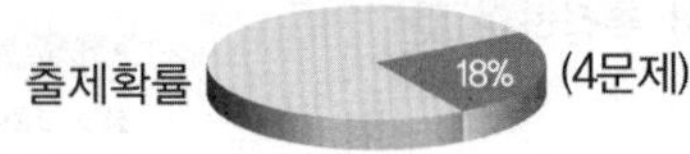


출제확률 18% (4문제)

**01** **피난구유도등의 설치기준으로 옳지 않은 것은?**

① 옥내로부터 직접 지상으로 통하는 출입구에 설치
② 피난구의 바닥으로부터 1.5m 이상의 높이에 설치
③ 상용전원으로 등을 켜는 경우 25m 위치에서 문자 및 색채를 식별할 수 있도록 설치
④ 직통계단 또는 직통계단의 계단실 및 그 부속실의 출입구에 설치

해설 피난구유도등은 상용전원으로 등을 켜는 경우 **30m**의 위치에서 문자 및 색채를 식별할 수 있는 것으로 하여야 한다.

답 ③

★★★
**02** **피난구유도등은 피난구의 바닥으로부터 높이 몇 m 이상의 곳에 설치하여야 하는가?**

① 0.8 ② 1.0
③ 1.5 ④ 1.8

해설 **설치높이**

| 유도등 · 유도표지 | 설치높이 |
|---|---|
| • 복도통로유도등<br>• 계단통로유도등<br>• 통로유도표지 | 1m 이하 |
| • **피**난구유도등<br>• 거실통로유도등 | 1.5m 이상 |

기억법 **피15**

답 ③

**03** **다음 설명 중 올바르지 않은 것은?**

① 통로유도등의 조명도는 유도등 바로 밑으로부터 0.5m 떨어진 바닥에서 측정하여 1룩스 이상이어야 한다.
② 객석유도등의 조명도는 통로바닥의 중심선 0.5m 높이에서 측정하여 0.2룩스 이상이어야 한다.
③ 바닥에 매설한 통로유도등의 조명도는 유도등의 직상부 1m 높이에서 측정하여 1룩스 이상이어야 한다.
④ 피난구유도등의 조명도는 유도등 직상부에서 1m 떨어진 곳에서 측정하여 1룩스 이상이어야 한다.

해설 ④ **통로유도등**의 조명도는 유도등 직상부에서 **1m** 떨어진 곳에서 측정하여 **1룩스** 이상이어야 한다.

답 ④

**04** **유도등에 관한 설명으로 틀린 것은?**

① 피난구유도등의 조명도는 피난구로부터 30m의 거리에서 문자 및 색채를 쉽게 식별할 수 있는 것으로 하여야 한다.
② 통로유도등의 바탕색은 녹색, 문자색은 백색이다.
③ 복도통로유도등은 바닥으로부터 높이가 1m 이하의 위치에 설치하여야 한다.
④ 피난구유도등의 종류에는 소형, 중형, 대형이 있다.

해설 **유도등**의 **표시색**

| 통로유도등 | 피난구유도등 |
|---|---|
| **백색바탕**에 **녹색문자** | **녹색바탕**에 **백색문자** |

기억법 **피녹바**

답 ②

★★★
**05** **복도에 설치하는 통로유도등의 조명도는 통로유도등의 바로 밑의 바닥으로부터 수평으로 0.5m 떨어진 지점에서 측정하여 몇 lx 이상이어야 하는가?**

① 0.5 ② 1.0
③ 2.0 ④ 2.5

해설 **조명도**(조도)

| 기기 | 조명도 |
|---|---|
| • 객석유도등 | 0.2 lx 이상 |
| • 비상조명등<br>• 복도통로유도등 | 1 lx 이상 |

답 ②

**06** 통로유도등의 조명도는 유도등의 바로 밑의 바닥으로부터 몇 m 떨어진 지점에서 측정하여 몇 lx 이상이어야 하는가?

① 0.5m, 1lx　　② 1m, 1lx
③ 2m, 2lx　　④ 0.5m, 0.5lx

해설 **통로유도등**의 **조명도**

| 지상노출시 | 바닥매설시 |
|---|---|
| 바닥에서 **0.5m** 떨어진 지점에서 **1lx** 이상 | 직상부 **1m** 높이에서 **1lx** 이상 |

답 ①

★★★
**07** 바닥에 매설한 통로유도등의 조명도로 옳은 것은?

① 통로유도등의 직상부 0.5m의 높이에서 0.2룩스 이상
② 통로유도등의 직상부 0.5m의 높이에서 1룩스 이상
③ 통로유도등의 직상부 1m의 높이에서 0.2룩스 이상
④ 통로유도등의 직상부 1m의 높이에서 1룩스 이상

해설 **문제 6 참조**

④ 통로유도등 바닥매설시 : 직상부 **1m** 높이에서 **1lx** 이상

답 ④

★★★
**08** 통로유도등의 표시색으로 적합한 것은?

① 녹색바탕에 백색문자
② 녹색바탕에 적색문자
③ 백색바탕에 적색문자
④ 백색바탕에 녹색문자

해설 **문제 4 참조**

④ 통로유도등 : **백색바탕**에 **녹색문자**

답 ④

**09** 객석통로의 직선부분의 길이가 15m인 경우 객석유도등은 최대 몇 개 이상 설치하여야 하는가?

① 1　　② 2
③ 3　　④ 4

해설 **설치개수**

$= \dfrac{\text{객석의 통로의 직선부분의 길이(m)}}{4} - 1$

$= \dfrac{15}{4} - 1 = 2.75 ≒ 3$개

중요

**최소설치개수 산정식**

(1) **객석유도등**
설치개수
$= \dfrac{\text{객석의 통로의 직선부분의 길이(m)}}{4} - 1$

(2) **유도표지**
설치개수
$= \dfrac{\text{구부러진 곳이 없는 부분의 보행거리(m)}}{15} - 1$

(3) **복도통로유도등, 거실통로유도등**
설치개수
$= \dfrac{\text{구부러진 곳이 없는 부분의 보행거리(m)}}{20} - 1$

※ 계산과정에서 **소수점**이 발생하면 반드시 **절상**한다.

답 ③

★★
**10** 객석의 통로 직선부분의 길이는 25m이다. 필요한 객석유도등의 최소수는?

① 3개　　② 5개
③ 6개　　④ 7개

해설 **설치개수**

$= \dfrac{\text{객석의 통로의 직선부분의 길이(m)}}{4} - 1$

$= \dfrac{25}{4} - 1 = 5.25$

유도등의 개수산정은 절상이므로 **6개**를 선정한다.

답 ③

★★★
**11** 통로의 길이가 40m인 극장통로바닥에는 객석유도등을 최소 몇 개 이상 설치하여야 하는가?

① 7　　② 8
③ 9　　④ 10

해설 **설치개수**

$= \dfrac{\text{객석통로의 직선부분의 길이(m)}}{4} - 1$

$= \dfrac{40}{4} - 1 = 9$개

답 ③

★★★
**12** 객석통로의 직선부분의 길이가 42m일 경우 객석유도등의 설치개수는 몇 개인가?

① 8　　② 9
③ 10　　④ 11

해설 **설치개수**

$= \dfrac{\text{객석의 통로의 직선부분의 길이(m)}}{4} - 1$

$= \dfrac{42}{4} - 1 = 9.5 ≒ 10$개

답 ③

**13** 객석통로의 직선부분의 길이 45m인 부분에 설치하여야 할 객석유도등의 최소설치개수는?

① 9 ② 10
③ 11 ④ 12

해설 **설치개수**

$= \frac{\text{객석의 통로의 직선부분의 길이[m]}}{4} - 1$

$= \frac{45}{4} - 1 = 10.25 ≒ 11$개

∴ 객석유도등의 개수산정은 절상이므로 **11개**를 설치한다.

답 ③

★★★
**14** 복도 등의 굴절이 없는 부분의 보행거리는 90m일 때 유도표지의 표지 개수는 최소 몇 개인가?

① 1 ② 3
③ 5 ④ 7

해설 **유도표지**의 **개수**

$= \frac{\text{구부러진 곳이 없는 부분의 보행거리}}{15} - 1$

$= \frac{90}{15} - 1 = 5$

답 ③

★★
**15** 유도등을 점등할 수 있는 비상전원은 해당 유도등을 몇 분 이상 작동시킬 수 있는 것으로 하여야 하는가?

① 10 ② 20
③ 30 ④ 40

해설 **비상전원 용량**

| 설비의 종류 | 비상전원 용량 |
|---|---|
| • **자**동화재탐지설비<br>• 비상**경**보설비<br>• **자**동화재속보설비 | **10분** 이상 |
| • 유도등<br>• 비상콘센트설비<br>• 제연설비<br>• 물분무소화설비<br>• 옥내소화전설비(30층 미만)<br>• 특별피난계단의 계단실 및 부속실 제연설비(30층 미만) | **20분** 이상 |
| • 무선통신보조설비의 **증**폭기 | **30분** 이상 |
| • 옥내소화전설비(30~49층 이하)<br>• 특별피난계단의 계단실 및 부속실 제연설비(30~49층 이하)<br>• 연결송수관설비(30~49층 이하)<br>• 스프링클러설비(30~49층 이하) | **40분** 이상 |
| • 유도등 · 비상조명등(지하상가 및 11층 이상)<br>• 옥내소화전설비(50층 이상)<br>• 특별피난계단의 계단실 및 부속실 제연설비(50층 이상)<br>• 연결송수관설비(50층 이상)<br>• 스프링클러설비(50층 이상) | **60분** 이상 |

기억법 경자비1(**경자**라는 이름은 **비일**비재하게 많다). 3증(3중고)

답 ②

**16** 예비전원 내장형 등기구의 표준광속비를산출하는 식으로 적당한 것은? (단, $E_o$는 정격전압, $E_{37}$은 점등 후 37분 후의 전압임)

① $\left(\frac{E_0}{E_{37}}\right)^2 \times 100\%$ ② $\left(\frac{E_{37}}{E_0}\right)^2 \times 100\%$

③ $\frac{E_{37}}{E_0} \times 100\%$ ④ $\frac{E_0}{E_{37}} \times 100\%$

해설

**표준광속비**$= \frac{E_{37}}{E_0} \times 100\%$

여기서, $E_0$ : 정격전압[V]

$E_{37}$ : 점등 후 37분 후의 전압[V]

답 ③

**17** 비상조명에 관한 설명이다. 옳은 것은 어느 것인가?

① 조도는 1룩스이고 예비전원의 축전지용량은 10분 이상 비상조명을 작동시킬 수 있어야 한다.

② 비상조명에는 점검스위치를 설치하면 안 된다.

③ 예비전원을 내장하는 비상조명에는 축전지와 예비전원충전장치를 내장한다.

④ 예비전원을 내장하지 않는 비상조명기구는 사용할 수 없다.

해설 **비상조명**(비상조명등)

(1) 예비전원의 축전지 용량 : **20분** 이상
(2) 비상조명에는 **점검스위치**를 설치할 것
(3) 예비전원 내장 비상조명 : **축전지**, **예비전원 충전장치** 내장
(4) 예비전원을 내장하지 않는 비상조명에는 **비상전원**을 설치하면 사용할 수 있다.

※ **비상조명등**의 **조도** : 1 lx 이상

답 ③

**18** 지하층 또는 무창층의 도매시장에 사용하는 비상조명등용 비상전원의 유효한 작동용량은 몇 분 이상인가?

① 10 ② 20
③ 30 ④ 60

해설 **문제 15 참조**

④ 유도등 · 비상조명등(지하상가 및 11층 이상, 도매시장) : **60분 이상**

답 ④

## 19 예비전원을 내장하지 아니하는 비상조명등의 비상전원 설치기준으로 옳은 것은?

① 해당 조명등을 유효하게 20분 이상 작동시킬 것
② 평상시 점등여부를 확인할 수 있는 점검스위치를 설치할 것
③ 축전지와 예비전원 충전상치를 내상할 것
④ 자가발전설비, 축전지설비 또는 전기저장장치를 설치할 것

해설 예비전원을 내장하지 아니하는 비상조명등의 비상전원은 **자가발전설비**, **축전지설비** 또는 **전기저장장치**를 설치할 것(NFSC 304④)

답 ④

## 20 비상조명등의 설치기준으로 지하층, 무창층 외의 거실로서 거실 각 부분으로부터 하나의 출입구에 이르는 보행거리가 몇 m 이내일 경우 비상조명등설비를 하지 않아도 되는가?

① 5 ② 10
③ 15 ④ 20

해설 **설치제외**

| 기기 | 설치제외 |
|---|---|
| 비상조명등 | 보행거리 **15m** 이내 |
| 객석유도등 | 보행거리 **20m** 이하 |
| 통로유도등 | 보행거리 **20m** 미만 |

답 ③

## 21 1개층에 계단참이 3개가 있다. 설치하여야 할 계단통로유도등의 최소설치개수는?

① 1 ② 2
③ 3 ④ 4

해설 **2개**의 **계단참**마다 설치하여야 하므로

$\frac{3개}{2개} = 1.5 = 2개$ (절상한다)

중요

**계단통로유도등의 설치기준**
(1) 각 층의 **경사로참** 또는 **계단참**마다(1개층에 경사로참 또는 계단참이 2 이상 있는 경우에는 **2개**의 **계단참**마다) 설치할 것
(2) 바닥으로부터 높이 **1m 이하**의 위치에 설치할 것

답 ②

## 22 거실의 통로가 벽체 등으로 구획되어 있다. 설치하여야 할 적당한 통로유도등의 종류는?

① 복도통로유도등
② 거실통로유도등
③ 계단통로유도등
④ 계단통로유도등과 거실통로유도등

해설 **거실 통로유도등**의 **설치기준**
(1) 거실의 **통로**에 설치할 것(단, 거실의 통로가 벽체 등으로 구획된 경우에는 **복도통로유도등**을 설치할 것)
(2) 구부러진 모퉁이 및 **보행거리 20m**마다 설치할 것
(3) 바닥으로부터 높이 **1.5m 이상**의 위치에 설치할 것

답 ①

## 23 비상조명등의 설치제외 장소가 아닌 것은?

① 경기장 ② 공동주택
③ 의료시설 ④ 문화재

해설 **비상조명등**의 **설치제외 장소**(NFSC 304⑤)
(1) 거실의 각 부분으로부터 하나의 출입구에 이르는 **보행거리**가 **15m** 이내인 부분
(2) **의원 · 경기장 · 공동주택 · 의료시설 · 학교**의 **거실**

답 ④

## 24 지하상가의 보행거리가 50m이다. 설치하여야 할 휴대용 비상조명등의 최소설치 개수는?

① 1 ② 2
③ 5 ④ 6

해설 지하상가는 **보행거리 25m** 이내마다 **3개 이상** 설치하여야 하므로 **50m**에는 **6개** 이상 설치할 것

중요

**휴대용 비상조명등의 적합기준(NFSC 303④)**

| 설치개수 | 설치장소 |
|---|---|
| 1개 이상 | • **숙박시설** 또는 **다중이용업소**에는 객실 또는 영업장 안의 구획된 실마다 잘 보이는 곳(외부에 설치시 출입문 손잡이로부터 **1m 이내** 부분) |
| 3개 이상 | • **지하상가** 및 **지하역사**의 **보행거리 25m** 이내마다<br>• **대규모점포(백화점 · 대형점 · 쇼핑센터)** 및 **영화상영관**의 **보행거리 50m** 이내마다 |

(1) 바닥으로부터 **0.8~1.5m 이하**의 높이에 설치할 것
(2) 어둠속에서 위치를 확인할 수 있도록 할 것
(3) 사용시 **자동**으로 **점등**되는 구조일 것
(4) 외함은 **난연성능**이 있을 것
(5) 건전지를 사용하는 경우에는 **방전방지조치**를 하여야 하고, **충전식 배터리**의 경우에는 **상시 충전**되도록 할 것
(6) 건전지 및 충전식 배터리의 용량은 **20분 이상** 유효하게 사용할 수 있는 것으로 할 것

답 ④

# 3. 비상콘센트설비

출제확률 

(1문제)

★★
**01** 비상콘센트설비의 전원회로는 단상 교류 220V인 경우 그 공급용량은 몇 kVA 이상이어야 하는가?

① 1 ② 1.5
③ 2 ④ 3

해설 **비상콘센트설비**

| 구 분 | 전 압 | 용 량 | 플러그접속기 |
|---|---|---|---|
| 단상 교류 | 220V | 1.5kVA 이상 | 접지형 2극 |

(1) 하나의 전용 회로에 설치하는 비상콘센트는 **10개** 이하로 할 것(전선의 용량은 최대 **3개**)

| 설치하는 비상콘센트 수량 | 전선의 용량산정시 적용하는 비상콘센트 수량 | 단상 전선의 용량 |
|---|---|---|
| 1개 | 1개 이상 | 1.5kVA 이상 |
| 2개 | 2개 이상 | 3.0kVA 이상 |
| 3~10개 | 3개 이상 | 4.5kVA 이상 |

(2) 전원회로는 각 층에 있어서 **2 이상**이 되도록 설치할 것(단, 설치하여야 할 층의 콘센트가 **1개**인 때에는 하나의 회로로 할 수 있다.)
(3) 플러그접속기의 칼받이 접지극에는 **접지공사**를 하여야 한다.
(4) 풀박스는 **1.6mm** 이상의 철판을 사용할 것
(5) 절연저항은 **전원부**와 **외함** 사이를 **직류 500V 절연저항계**로 측정하여 **20MΩ** 이상일 것
(6) 전원으로부터 각 층의 비상콘센트에 분기되는 경우에는 **분기배선용 차단기**를 보호함 안에 설치할 것
(7) 바닥으로부터 **0.8~1.5m** 이하의 높이에 설치할 것
(8) 전원회로는 주배전반에서 **전용 회로**로 하며, 배선의 종류는 **내화배선**이어야 한다.

답 ②

★★
**02** 비상콘센트설비의 전원회로에 대한 공급 용량으로 옳은 것은?

① 220V 회로 : 1.5kVA 이상
② 100V 회로 : 1kVA 이상
③ 100V 회로 : 1.5kVA 이상
④ 200V 회로 : 1kVA 이상

해설 **문제 1 참조**

답 ①

★★
**03** 비상콘센트설비의 전원회로의 공급용량 기준으로 옳은 것은?

① 단상교류 : 100V, 1kVA
② 단상교류 : 100V, 1.5kVA
③ 단상교류 : 200V, 1kVA
④ 단상교류 : 220V, 1.5kVA

해설 **문제 1 참조**

답 ④

★★
**04** 비상콘센트의 플러그접속기는 단상 교류용으로 어떤 것을 사용하는가?

① 한류형 3극 플러그접속기
② 한류형 4극 플러그접속기
③ 접지형 2극 플러그접속기
④ 접지형 4극 플러그접속기

해설 **문제 1 참조**

답 ③

**05** 비상콘센트 회로의 전원회로로 사용되는 비상콘센트 등의 풀박스 등의 재질로 옳은 것은?

① 두께 1.6mm 이상의 철판
② 두께 2.6mm 이상의 철판
③ 두께 1.6mm 이상의 합성수지재
④ 두께 2.6mm 이상의 합성수지재

해설 **문제 1 참조**

답 ①

**06** 비상콘센트에 관한 설명 중 틀린 것은?

① 전원에서 비상콘센트까지의 배선은 도중에 타배선을 분기하여서는 안 된다.
② 비상콘센트의 접지선용 보호도체의 색상은 녹색으로 하여야 한다.
③ 비상콘센트의 플러그접속기의 칼받이의 접지극에는 접지공사를 하여야 한다.
④ 비상콘센트를 설치한 층의 비상콘센트의 수가 1개인 경우는 1개의 간선으로 하고, 2개 이상인 경우는 2 이상의 간선수로 한다.

해설 **전선식별**(KEC 121.2)

| 상(문자) | 색 상 |
|---|---|
| $L_1$ | 갈색 |
| $L_2$ | 흑색 |
| $L_3$ | 회색 |
| N | 청색 |
| 보호도체 | 녹색-노란색 |

② 녹색 → 녹색-노란색

답 ②

**07** 비상콘센트설비의 전원회로는 각 층에 있어서 몇 개 이상이 되도록 설치하여야 하는가?

① 1 ② 2
③ 3 ④ 5

해설 **문제 1 참조**

② 전원회로는 **각층**에 있어서 **2 이상**이 되도록 설치할 것

답 ②

**08** 비상콘센트설비에서 하나의 전용회로에 설치할 수 있는 비상콘센트의 수는 몇 개 이하로 하는가?

① 6 ② 8
③ 10 ④ 12

해설 **문제 1 참조**

③ 하나의 전용회로에 설치하는 비상콘센트는 **10개 이하**로 할 것

답 ③

**09** 비상콘센트설비에서 하나의 전용회로에 설치하는 비상콘센트는 몇 개까지 연결가능한가?

① 3 ② 5
③ 7 ④ 10

해설 **문제 1 참조** 답 ④

**10** 비상콘센트설비의 설명 중 틀린 것은?

① 전용회로에 설치하는 비상콘센트의 수는 5개 이하로 한다.
② 콘센트마다 배선용 차단기를 설치하여야 하며, 충전부가 노출되지 않도록 한다.
③ 전선은 내열성의 절연재료로 피복하여야 한다.
④ 플러그접속기의 칼받이의 접지극에는 접지공사를 하여야 한다.

해설 **문제 1 참조**

① 비상콘센트 하나의 전용회로에 설치하는 비상콘센트의 수는 **10개** 이하로 한다.

답 ①

**11** 비상콘센트설비의 전원회로의 설치기준으로 옳지 않은 것은?

① 하나의 전용회로에 설치하는 비상콘센트는 10개 이하로 하여야 한다.
② 콘센트마다 배선용 차단기를 설치하여야 한다.
③ 비상콘센트용의 풀박스 등은 방청도장을 한 것으로서 두께 1.2mm 이상의 철판으로 하여야 한다.
④ 단상 교류 1.5kVA 이상 220V를 사용한다.

해설 **문제 1 참조**

③ 비상콘센트용의 **풀박스** 등은 두께 **1.6mm** 이상의 철판으로 하여야 한다.

답 ③

**12** 비상콘센트설비에 사용되는 비상전원 중 자기발전설비는 몇 분 이상 작동이 가능하여야 하는가?

① 10 ② 15
③ 20 ④ 25

해설 **여러가지 설비의 비상전원용량**

| 설비의 종류 | 비상전원 용량 |
|---|---|
| • **자**동화재탐지설비<br>• 비상**경**보설비<br>• **자**동화재속보설비 | **10분** 이상 |
| • 유도등<br>• 비상콘센트설비<br>• 제연설비<br>• 물분무소화설비<br>• 옥내소화전설비(30층 미만)<br>• 특별피난계단의 계단실 및 부속실 제연설비(30층 미만) | **20분** 이상 |
| • 무선통신보조설비의 **증**폭기 | **30분** 이상 |
| • 옥내소화전설비(30~49층 이하)<br>• 특별피난계단의 계단실 및 부속실 제연설비(30~49층 이하)<br>• 연결송수관설비(30~49층 이하)<br>• 스프링클러설비(30~49층 이하) | **40분** 이상 |
| • 유도등 · 비상조명등(지하상가 및 11층 이상)<br>• 옥내소화전설비(50층 이상)<br>• 특별피난계단의 계단실 및 부속실 제연설비(50층 이상)<br>• 연결송수관설비(50층 이상)<br>• 스프링클러설비(50층 이상) | **60분** 이상 |

기억법 경자비1(**경자**라는 이름은 **비일**비재하게 많다). 3증(**3중**고)

답 ③

**13** 교류에서 저압이란 몇 V 이하를 말하는가?

① 60 ② 75
③ 600 ④ 1000

해설 **비상콘센트설비**의 **화재안전기준**(NFSC 504③)

| 구 분 | | 전 압 |
|---|---|---|
| 저압 | 교류 | $V \leq 600$ |
| | 직류 | $V \leq 750$ |
| 고압 | 교류 | $7000 \geq V > 600$ |
| | 직류 | $7000 \geq V > 750$ |
| 특고압 | | $7000 < V$ |

비교

전압(KEC 111.1)

| 구 분 | | 전 압 |
|---|---|---|
| 저압 | 교류 | $V \leq 1000$ |
| | 직류 | $V \leq 1500$ |
| 고압 | 교류 | $7000 \geq V > 1000$ |
| | 직류 | $7000 \geq V > 1500$ |
| 특고압 | | $7000 < V$ |

답 ③

**14** 비상콘센트설비의 정격전압이 220V이다. 절연내력 실효전압은?

① 150V ② 500V
③ 1000V ④ 1440V

해설 **절연내력 실효전압**

$2V + 1000 = 2 \times 220 + 1000 = 1440V$

중요

절연내력 실효전압

| 정격전압 | 실효전압 |
|---|---|
| 150V 이하 | 1000V |
| 150V 이상 | $2V$+1000V |

답 ④

**15** 비상콘센트 보호함에 대한 사항으로 옳지 않은 것은?

① 비상콘센트 보호함은 외부를 적색으로 도장하여야 한다.
② 보호함에는 쉽게 개폐할 수 있는 문을 설치한다.
③ 보호함 표면에 비상콘센트라고 표시한 표지를 한다.
④ 보호함 상부에 적색의 표시등을 설치한다.

해설 **비상콘센트 보호함**의 **설치기준**

(1) 보호함에는 쉽게 개폐할 수 있는 문을 설치하여야 한다.
(2) 비상콘센트의 보호함 **표면**에 **"비상콘센트"**라고 표시한 표지를 하여야 한다.
(3) 비상콘센트의 보호함 상부에 **적색**의 **표시등**을 설치하여야 한다. 다만, 비상콘센트의 보호함을 옥내소화전함등과 접속하여 설치하는 경우에는 옥내소화전함등의 표시등과 겸용할 수 있다.

답 ①

**16** 비상콘센트설비의 전원부와 외함 사이의 절연저항은 몇 MΩ 이상이어야 하는가? (단, 500V 절연저항계로 측정한 경우임)

① 5 ② 10
③ 15 ④ 20

해설 **절연저항시험**

| 절연 저항계 | 절연저항 | 대 상 |
|---|---|---|
| 직류 250V | 0.1MΩ 이상 | • 1경계구역의 절연저항 |
| 직류 500V | 5MΩ 이상 | • 누전경보기<br>• 가스누설경보기<br>• 수신기<br>• 자동화재속보설비<br>• 비상경보설비<br>• 유도등(교류입력측과 외함간 포함)<br>• 비상조명등(교류입력측과 외함간 포함) |
| | 20MΩ 이상 | • 경종<br>• 발신기<br>• 중계기<br>• 비상콘센트<br>• 기기의 절연된 선로간<br>• 기기의 충전부와 비충전부간<br>• 기기의 교류입력측과 외함간(유도등 · 비상조명등 제외) |
| | 50MΩ 이상 | • 감지기(정온식 감지선형 감지기 제외)<br>• 가스누설경보기(10회로 이상)<br>• 수신기(10회로 이상) |
| | 1000MΩ 이상 | • 정온식 감지선형 감지기 |

답 ④

★★★

**17** 비상콘센트설비의 화재안전기준(NFSC 504)에 따라 아파트 또는 바닥면적이 1000m$^2$ 미만인 층은 비상콘센트를 계단의 출입구로부터 몇 m 이내에 설치해야 하는가? (단, 계단의 부속실을 포함하며 계단이 2 이상 있는 경우에는 그 중 1개의 계단을 말한다.)

① 10 ② 8
③ 5 ④ 3

해설 **비상콘센트 설치기준**

(1) **11층** 이상의 각 층마다 설치
(2) 바닥으로부터 **0.8m** 이상 **1.5m** 이하의 위치에 설치
(3) **수평거리 기준**

| 수평거리 25m 이하 | 수평거리 50m 이하 |
|---|---|
| **지하상가** 또는 **지하층**의 바닥면적의 합계가 **3000m$^2$** 이상 | 기타 |

(4) **바닥면적 기준**

| 바닥면적 1000m$^2$ 미만 | 바닥면적 1000m$^2$ 이상 |
|---|---|
| **계단**의 출입구로부터 **5m** 이내 설치 | **계단부속실**의 출입구로부터 **5m** 이내 설치 |

답 ③

**18** 프리액션밸브와 소화설비반이 200m 떨어진 곳에 각각 설치되어 있다. 소화설비반에서 전원을 공급하여 프리액션밸브를 기동시킬 경우 선로에서의 전압강하는 몇 V인가? (단, 프리액션밸브 구동솔레노이드밸브의 정격전류는 1.5A, 선로의 전선은 $4mm^2$이다.)

① 0.94 ② 1.49

③ 1.94 ④ 2.67

해설 **단상 2선식**에서 전압강하 $e$는

$$e=\frac{35.6LI}{1000A}=\frac{35.6\times200\times1.5}{1000\times4}=2.67\text{V}$$

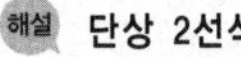

참고

**전선의 단면적 계산**

| 전기방식 | 전선단면적 |
|---|---|
| 단상 2선식 | $A=\frac{35.6LI}{1000e}$ |
| 3상 3선식 | $A=\frac{30.8LI}{1000e}$ |

$A$ : 전선의 단면적($mm^2$)
$L$ : 선로길이(m)
$I$ : 전부하전류(A)
$e$ : 각 선간의 전압강하(V)

※ 3상펌프 : 3상 3선식 기타 : 단상 2선식

답 ④

# 4. 무선통신보조설비

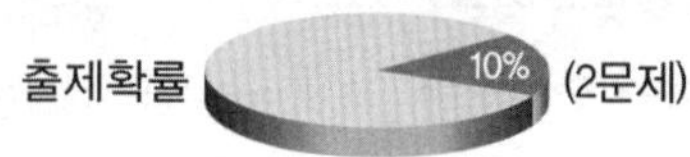

출제확률 (2문제)

**01** 무선통신보조설비의 구성요소가 아닌 것은?

① 옥외안테나　② 분배기
③ 변류기　④ 누설동축케이블

해설 **무선통신보조설비**의 **구성요소**

(1) **누**설동축케이블, 동축케이블
(2) **분**배기
(3) 증폭기
(4) 옥외안테나
(5) 혼합기
(6) 분파기

③ 누전경보기의 구성요소

기억법 **무누분**

답 ③

**02** 무선통신보조설비에 사용되는 안테나는 고압의 전로로부터 최소 몇 m 이상 격리시켜야 하는가?

① 0.5　② 1.0
③ 1.5　④ 3.0

해설 **무선통신보조설비**의 **설치기준**

(1) 누설동축케이블 및 동축케이블은 화재에 따라 해당 케이블의 피복이 소실된 경우에 케이블 본체가 떨어지지 아니하도록 4m 이내마다 금속제 또는 자기제 등의 지지금구로 벽·천장·기둥 등에 견고하게 고정시킬 것(단, 불연재료로 구획된 반자 안에 설치하는 경우 제외)
(2) 누설동축케이블의 끝부분에는 **무반사종단저항**을 견고하게 설치할 것
(3) 누설동축케이블·동축케이블·분배기 등의 임피던스는 **50**Ω으로 할 것
(4) 누설동축케이블 및 안테나는 고압의 전로로부터 **1.5m** 이상 떨어진 위치에 설치할 것

용어

**무반사종단저항**
전송로로 전송되는 전자파가 전송로의 종단에서 반사되어 교신을 방해하는 것을 막기 위한 저항

답 ③

**03** 무선통신보조설비의 누설동축케이블 및 안테나는 고압의 전로로부터 몇 m 이상 떨어진 위치에 설치하는가?

① 1　② 1.5
③ 2　④ 2.5

해설 **문제 2 참조**

② 누설동축케이블 및 안테나는 **고압**의 **전로**로부터 **1.5m 이상** 떨어진 위치에 설치할 것

답 ②

**04** 무선통신보조설비의 누설동축케이블은 화재에 의하여 해당 케이블의 피복이 소실된 경우에 케이블 본체가 떨어지지 아니하도록 금속제 또는 자기제 등의 지지금구로 벽·천장·기둥 등에 견고하게 고정하는 데 몇 m 이내마다 고정하는가?

① 2
② 3
③ 4
④ 5

해설 **문제 2 참조**

③ 누설동축케이블 및 동축케이블은 화재에 따라 해당 케이블의 피복이 소실된 경우에 케이블 본체가 떨어지지 아니하도록 4m 이내마다 금속제 또는 자기제 등의 지지금구로 벽·천장·기둥 등에 견고하게 고정시킬 것(단, 불연재료로 구획된 반자 안에 설치하는 경우 제외)

답 ③

**05** 무선통신보조설비의 누설동측케이블 등의 설치기준으로 옳은 것은?

① 누설동축케이블과 이에 접속하는 안테나에 의한 것으로 할 것
② 습기에 의하여 전기특성이 저하되지 않는 것으로서 노출배선을 하지 않도록 할 것
③ 6m 이내마다 금속제로 견고하게 고정시킬 것
④ 끝부분에 아무것도 설치하지 말고 그대로 단락시킬 것

해설 **누설동축케이블**

(1) 누설동축케이블과 이에 접속하는 안테나에 의한 것으로 할 것
(2) 피난 및 통행에 장해가 없다면 노출배선으로 할 수 있다.
(3) 누설동축케이블 및 동축케이블은 화재에 따라 해당 케이블의 피복이 소실된 경우에 케이블 본체가 떨어지지 아니하도록 4m 이내마다 금속제 또는 자기제 등의 지지금구로 벽·천장·기둥 등에 견고하게 고정시킬 것(단, 불연재료로 구획된 반자 안에 설치하는 경우 제외)
(4) 끝부분에는 **무반사종단저항**을 설치할 것

답 ①

**06** **무선통신보조설비에 대한 설명으로 잘못된 것은?**

① 지하가의 화재시 소방대 상호간의 무선연락을 하기 위한 설비이다.
② 누설동축케이블의 끝부분에는 무반사종단저항을 견고하게 설치하여야 한다.
③ 소방전용의 주파수대에서 전파의 전송 또는 복사에 적합한 것으로서 반드시 소방전용의 것이어야 한다.
④ 누설동축케이블과 이에 접속하는 안테나 또는 동축케이블과 이에 접속하는 안테나에 의한 것으로 하여야 한다.

해설 소방전용 주파수대에 **전파의 전송** 또는 **복사**에 적합한 것으로서 소방전용의 것으로 할 것. 다만, 소방대 상호간의 **무선연락**에 지장이 없는 경우에는 다른 용도와 겸용할 수 있다.

답 ③

**07** **무선통신보조설비로서 누설동축케이블의 공칭 임피던스는 몇 Ω인가?**

① 10
② 20
③ 30
④ 50

해설 **문제 2 참조**

④ 누설동축케이블 · 동축케이블 · 분배기 등의 **임피던스**는 **50**Ω으로 할 것

답 ④

**08** **무선통신보조설비의 누설동축케이블의 임피던스와 분배기의 임피던스는 각각 몇 Ω이어야 하는가?**

① 50, 50
② 50, 20
③ 20, 50
④ 20, 20

해설 **문제 2 참조**

답 ①

**09** **무선통신보조설비의 설치기준으로 틀린 것은?**

① 안테나는 천장, 기둥, 벽 등에 견고히 설치한다.
② 누설동축케이블의 중간부분에는 무반사 종단저항을 견고하게 설치할 것
③ 누설동축케이블의 임피던스는 100Ω으로 한다.
④ 누설동축케이블의 끝부분에는 무반사종단저항을 설치한다.

해설 **문제 2 참조**

③ 누설동축케이블의 임피던스는 **50**Ω으로 하여야 한다.

답 ③

**10** **지하가에 무선통신보조설비의 누설동축 케이블을 다음과 같이 설치하였다. 잘못된 것은?**

① 3m마다 자기제의 지지금구로 천장에 견고하게 고정하였다.
② 케이블의 끝부분에 무반사종단저항을 설치하였다.
③ 케이블의 임피던스는 0.2mΩ으로 하였다.
④ 누설동축케이블과 고압전로와는 2m의 간격을 유지하였다.

해설 **누설동축케이블**(NFSC 505⑤)

① 누설동축케이블 및 동축케이블은 화재에 따라 해당 케이블의 피복이 소실된 경우에 케이블 본체가 떨어지지 아니하도록 4m 이내마다 금속제 또는 자기제 등의 지지금구로 벽 · 천장 · 기둥 등에 견고하게 고정시킬 것 (단, 불연재료로 구획된 반자 안에 설치하는 경우 제외)
② 누설동축케이블의 끝부분에는 **무반사종단저항**을 견고하게 설치할 것
③ 누설동축케이블 또는 동축케이블의 임피던스는 **50**Ω으로 할 것
④ 누설동축케이블 및 안테나는 고압의 전로로부터 **1.5m** 이상 떨어진 위치에 설치하여야 하므로 적합하다.

답 ③

**11** **무선통신보조설비의 동축케이블에 대한 설명 중 옳지 않은 것은?**

① 공칭 임피던스는 50Ω의 것을 사용한다.
② 정합손실이 큰 것을 사용한다.
③ 전압정재파비(VSWR)는 1.5 이하의 것을 사용한다.
④ 접속부에는 방수상 적절한 조치를 강구한다.

해설

| 동축케이블 | 누설동축케이블 |
|---|---|
| 정합손실이 **작은 것**을 사용한다. | 정합손실이 **큰 것**을 사용한다. |

※ **정재파비** : 전송선로에서 전진파와 반사파가 중첩되어 생기는 비율

답 ②

**12~13** **삭제** 〈2021.3.25〉

**14** **무선통신보조설비의 증폭기의 설치기준으로 옳지 않은 것은?**

① 전원은 전기가 정상적으로 공급되는 축전지, 전기저장장치 또는 교류전압 옥내간선으로 한다.

② 전원까지의 배선은 전용으로 한다.

③ 증폭기의 전면에는 주회로의 전원이 정상인지의 여부를 표시할 수 있는 표시등 및 전압계를 설치한다.

④ 증폭기에는 비상전원이 부착된 것으로 하고, 해당 전원의 용량은 무선통신보조설비를 유효하게 20분 이상 작동시킬 수 있는 것으로 한다.

해설 증폭기에는 비상전원이 부착된 것으로 하고, 해당 비상전원용량은 무선통신보조설비를 유효하게 **30분** 이상 작동시킬 수 있는 것으로 할 것(NFSC 505⑧)

중요

**비상전원 용량**

| 설비의 종류 | 비상전원 용량 |
|---|---|
| • **자**동화재탐지설비<br>• 비상**경**보설비<br>• **자**동화재속보설비 | **10분** 이상 |
| • 유도등<br>• 비상콘센트설비<br>• 제연설비<br>• 물분무소화설비<br>• 옥내소화전설비(30층 미만)<br>• 특별피난계단의 계단실 및 부속실 제연설비(30층 미만) | **20분** 이상 |
| • 무선통신보조설비의 **증**폭기 | **30분** 이상 |
| • 옥내소화전설비(30~49층 이하)<br>• 특별피난계단의 계단실 및 부속실 제연설비(30~49층 이하)<br>• 연결송수관설비(30~49층 이하)<br>• 스프링클러설비(30~49층 이하) | **40분** 이상 |
| • 유도등·비상조명등(지하상가 및 11층 이상)<br>• 옥내소화전설비(50층 이상)<br>• 특별피난계단의 계단실 및 부속실 제연설비(50층 이상)<br>• 연결송수관설비(50층 이상)<br>• 스프링클러설비(50층 이상) | **60분** 이상 |

기억법 **경자비1**(**경자**라는 이름은 **비일**비재하게 많다). **3증**(**3중**고)

답 ④

★★
**15** **누설동축케이블의 결합손실을 구하는 식은 다음 중 어느 것인가? (단, $V_R$ : 수신전압[V], $V_r$ : 송신전압[V])**

① $LC=-20\log\frac{V_R}{V_r}$ [dB]

② $LC=-10\log\frac{V_R}{V_r}$ [dB]

③ $LC=20\log\frac{V_r}{V_R}$ [dB]

④ $LC=10\log\frac{V_r}{V_R}$ [dB]

해설 **누설동축케이블**의 **결합손실**

(1) $LC=-20\log\frac{V_R}{V_r}$ [dB]

(2) $LC=-20\log\frac{I_R}{I_r}$ [dB]

(3) $LC=-10\log\frac{P_R}{P_r}$ [dB]

여기서, $V_R$ : 수신전압[V]
$V_r$ : 송신전압[V]
$I_R$ : 수신전류[A]
$I_r$ : 송신전류[A]
$P_R$ : 수신전력[W]
$P_r$ : 송신전력[W]

※ 수식에서 "−"는 **손실**을 의미한다.

답 ①

★★★
**16** **제연설비의 비상전원으로 자가발전설비를 사용했을 경우 그것의 용량은 제연설비를 몇 분 이상 가동시킬 수 있어야 하는가?**

① 10분

② 20분

③ 30분

④ 60분

해설 **문제 14 참조**

② 제연설비 : **20분** 이상

답 ②

**17** 무선통신보조설비의 구성 중 서로 다른 주파수의 합성된 신호를 분리하기 위해서 사용하는 장치는?

① 분배기 ② 분파기
③ 혼합기 ④ 변류기

해설 **용어**

| 분배기 | 분파기 | 혼합기 |
|---|---|---|
| 신호의 전송로가 분기되는 장소에 설치하는 것으로 **임피던스 매칭**(Matching)과 **신호 균등분배**를 위해 사용하는 장치 | 서로 다른 주파수의 합성된 **신호**를 **분리**하기 위해서 사용하는 장치 | **두 개 이상**의 입력신호를 원하는 비율로 **조합**한 **출력**이 발생하도록 하는 장치 |

답 ②

**18** 지하층으로서 지표면으로부터 깊이가 몇 m 이하인 경우의 해당층에는 무선통신보조설비의 설치를 제외할 수 있는가?

① 1 ② 2
③ 3 ④ 4

해설 **무선통신보조설비**의 **설치제외**(NFSC 504④)

(1) **지하층**으로서 특정소방대상물의 바닥부분 **2면 이상**이 지표면과 동일한 경우의 해당층
(2) **지하층**으로서 지표면으로부터의 깊이가 **1m** 이하인 경우의 해당층

답 ①

**19** 두 개 이상의 입력신호를 원하는 비율로 조합한 출력이 발생하도록 하는 장치는?

① 분배기 ② 분파기
③ 혼합기 ④ 증폭기

해설 문제 17 참조

③ **혼합기** : **두 개 이상의 입력신호**를 원하는 비율로 조합한 **출력**이 발생하도록 하는 장치

답 ③

**20** 신호의 전송로가 분기되는 장소에 설치하는 것으로 임피던스 매칭(Matching)과 신호 균등분배를 위해 사용하는 장치는?

① 분배기 ② 분파기
③ 혼합기 ④ 수신기

해설 문제 17 참조

① **분배기** : 신호의 전송로가 분기되는 장소에 설치하는 것으로 **임피던스매칭**과 **신호균등분배**를 위해 사용하는 장치

답 ①

# 5. 피난기구

**01** 피난기구 중 사용자의 몸무게에 따라 자동적으로 내려올 수 있는 기구 중 사용자가 연속적으로 사용할 수 없는 것은?

① 완강기 ② 간이완강기
③ 공기안전매트 ④ 구조대

해설 **피난기구**(NFSC 301②)

| 피난기구 | 설 명 |
|---|---|
| 피난사다리 | 화재시 긴급대피를 위해 사용하는 사다리 |
| 완강기 | 사용자의 몸무게에 따라 자동적으로 내려올 수 있는 기구 중 사용자가 교대하여 **연속적**으로 **사용할 수 있는 것** |
| 간이완강기 | 사용자의 몸무게에 따라 자동적으로 내려올 수 있는 기구 중 사용자가 **연속적**으로 **사용할 수 없는 것** |
| 구조대 | **포지** 등을 사용하여 **자루형태**로 만든 것으로서 화재시 사용자가 그 내부에 들어가서 내려옴으로써 대피할 수 있는 것 |
| 공기안전매트 | 화재발생시 사람이 건축물내에서 외부로 긴급히 뛰어내릴 때 **충격**을 **흡수**하여 안전하게 지상에 도달할 수 있도록 포지에 **공기** 등을 **주입**하는 구조로 되어 있는 것 |

답 ②

**02** 피난기구 중 사용자의 몸무게에 따라 자동적으로 내려올 수 있는 기구 중 사용자가 교대하여 연속적으로 사용할 수 있는 것은?

① 완강기 ② 간이완강기
③ 공기안전매트 ④ 구조대

해설 **문제 1 참조**

① **완강기** : 사용자의 몸무게에 따라 자동으로 내려올 수 있는 기구중 사용자가 교대하여 **연속적**으로 **사용**할 수 있는 것

답 ①

**03** 피난기구 중 포지 등을 사용하여 자루형태로 만든 것으로서 화재시 사용자가 그 내부에 들어가서 내려옴으로써 대피할 수 있는 것은?

① 완강기 ② 간이완강기
③ 구조대 ④ 피난사다리

해설 **문제 1 참조**

③ **구조대 : 포지** 등을 사용하여 **자루형태**로 만든 것으로서 화재시 사용자가 그 내부에 들어가서 내려옴으로써 대피할 수 있는 것

답 ③

**04** 화재발생시 사람이 건축물내에서 외부로 긴급히 뛰어내릴 때 충격을 흡수하여 안전하게 지상에 도달할 수 있도록 포지에 공기 등을 주입하는 구조로 되어 있는 피난기구는?

① 완강기 ② 간이완강기
③ 구조대 ④ 공기안전매트

해설 **문제 1 참조**

④ **공기안전매트** : 화재발생시 사람이 건축물내에서 외부로 긴급히 뛰어내릴 때 **충격**을 **흡수**하여 안전하게 지상에 도달할 수 있도록 포지에 **공기** 등을 **주입**하는 구조로 되어 있는 것

답 ④

**05** 의료시설의 지상 5층에 설치하여야 할 피난기구의 종류로 부적절한 것은? (단, 장례시설은 제외한다.)

① 미끄럼대 ② 구조대
③ 피난교 ④ 피난용 트랩

해설 **피난기구**의 **적응성**(NFSC 301 〔별표 1〕)

| 층별 / 설치장소별 구분 | 지하층 | 1층 | 2층 | 3층 | 4층 이상 10층 이하 |
|---|---|---|---|---|---|
| 노유자시설 | • 피난용 트랩 | • 미끄럼대<br>• 구조대<br>• 피난교<br>• 다수인 피난장비<br>• 승강식 피난기 | • 미끄럼대<br>• 구조대<br>• 피난교<br>• 다수인 피난장비<br>• 승강식 피난기 | • 미끄럼대<br>• 구조대<br>• 피난교<br>• 다수인 피난장비<br>• 승강식 피난기 | • 피난교<br>• 다수인 피난장비<br>• 승강식 피난기 |
| 의료시설 · 입원실이 있는 의원 · 접골원 · 조산원 | • 피난용 트랩 | | | • 미끄럼대<br>• 구조대<br>• 피난교<br>• 피난용 트랩<br>• 다수인 피난장비<br>• 승강식 피난기 | • 구조대<br>• 피난교<br>• 피난용 트랩<br>• 다수인 피난장비<br>• 승강식 피난기 |
| 영업장의 위치가 **4층** 이하인 다중 이용업소 | | | • 미끄럼대<br>• 피난사다리<br>• 구조대<br>• 완강기<br>• 다수인 피난장비<br>• 승강식 피난기 | • 미끄럼대<br>• 피난사다리<br>• 구조대<br>• 완강기<br>• 다수인 피난장비<br>• 승강식 피난기 | • 미끄럼대<br>• 피난사다리<br>• 구조대<br>• 완강기<br>• 다수인 피난장비<br>• 승강식 피난기 |
| 그 밖의 것 | • 피난사다리<br>• 피난용 트랩 | | | • 미끄럼대<br>• 피난사다리<br>• 구조대<br>• 완강기<br>• 피난교<br>• 피난용 트랩<br>• 간이완강기<br>• 공기안전매트<br>• 다수인 피난장비<br>• 승강식 피난기 | • 피난사다리<br>• 구조대<br>• 완강기<br>• 피난교<br>• 간이완강기<br>• 공기안전매트<br>• 다수인 피난장비<br>• 승강식 피난기 |

㈜ **간이완강기**의 적응성은 **숙박시설**의 **3층 이상**에 있는 **객실**에, **공기안전매트**의 적응성은 **공동주택**에 한한다.

답 ①

**06** 장례시설을 제외한 의료시설의 지하 3층에 설치하여야 할 피난기구는?

① 미끄럼대 ② 구조대
③ 피난교 ④ 피난용트랩

해설 **문제 5 참조** 답 ④

**07** 노유자시설의 지하 1층에 설치하여야 할 피난기구는?

① 미끄럼대 ② 구조대
③ 피난교 ④ 피난용트랩

해설 **문제 5 참조** 답 ④

**08** 숙박시설의 바닥면적이 $1000m^2$일 때 피난기구의 최소설치개수는?

① 1 ② 2
③ 3 ④ 4

해설 **피난기구**의 **설치개수**(NFSC 301④)

| 시 설 | 설치기준 |
|---|---|
| ① 숙박시설 · 노유자시설 · 의료시설 | 바닥면적 $500m^2$마다 |
| ② 위락시설 · 문화 및 집회시설, 운동시설<br>③ 판매시설 · 복합용도의 층 | 바닥면적 $800m^2$마다 |
| ④ 기 타 | 바닥면적 $1000m^2$마다 |
| ⑤ 계단실형 아파트 | 각 **세대**마다 |

위 표에서 **숙박시설**은 바닥면적 **$500m^2$**마다 **1개** 이상 설치하여야 하므로

$$\frac{1000m^2}{500m^2} = 2\text{개}$$

답 ②

**09** 위락시설에 피난기구를 설치하고자 한다. 바닥면적 몇 $m^2$마다 1개 이상 설치하여야 하는가?

① 500 ② 800
③ 1000 ④ 1500

해설 **문제 8 참조**

② 위락시설 · 문화 및 집회시설, 운동시설 : **바닥면적 $800m^2$**마다

답 ②

**10** 계단실형 아파트에는 어떤 기준으로 피난기구를 설치하여야 하는가?

① 바닥면적 $500m^2$마다
② 바닥면적 $800m^2$마다
③ 바닥면적 $1000m^2$마다
④ 각 세대마다

해설 **문제 8 참조**

④ 계단실형 아파트 : **각 세대마다**

답 ④

**11** 안전한 강하속도를 유지하도록 하고 전락방지를 위한 안전조치를 하여야 하는 피난기구는?

① 미끄럼대
② 완강기
③ 미끄럼봉
④ 구조대

해설 **미끄럼대**
안전한 **강하속도**를 **유지**하도록 하고, **전락방지**를 위한 안전조치를 할 것(NFSC 301④) 답 ①

**12** 축광식 표지의 표지면의 휘도는 주위 조도 0 lx에서 60분간 발광 후 몇 $mcd/m^2$ 이상으로 하여야 하는가?

① 3 ② 5
③ 7 ④ 24

해설 **축광식 표지**의 **적합기준**(NFSC 301④)
(1) 위치표지는 주위 조도 **0 lx**에서 **60분**간 발광후 직선거리가 축광유도표지는 **20m**, 축광위치표지는 **10m** 떨어진 위치에서 보통시력으로 표지면의 문자 또는 화살표 등을 쉽게 식별할 수 있는 것으로 할 것
(2) 위치표지의 표지면의 휘도는 주위 조도 **0 lx**에서 **60분**간 발광 후 **$7mcd/m^2$** 이상으로 할 것 답 ③

**13** 축광식 표지의 위치표지는 주위 조도 0 lx에서 60분간 발광 후 직선거리 몇 m 떨어진 위치에서 식별할 수 있어야 하는가?

① 5 ② 10
③ 15 ④ 20

해설 **문제 12 참조** 답 ②

**14** 피난기구를 설치하여야 할 소방대상물 중 주요구조부가 내화구조로 되어 있을 때에는 피난기구의 얼마를 감소할 수 있는가?

① $\frac{1}{2}$ ② $\frac{1}{3}$
③ $\frac{1}{4}$ ④ $\frac{1}{5}$

해설 **피난기구**의 $\frac{1}{2}$ 감소
(1) 주요구조부가 **내화구조**로 되어 있을 것
(2) 직통계단인 피난계단 또는 특별피난계단이 **2 이상** 설치되어 있을 것
답 ①

# 에디슨의 한마디

어느 날, 연구에 몰입해 있는 에디슨에게 한 방문객이 아들을 데리고 찾아와서 말했습니다.

“선생님, 이 아이에게 평생의 좌우명이 될 만한 말씀 한마디만 해 주십시오.”

그러나 연구에 몰두해 있던 에디슨은 입을 열 줄 몰랐고, 초조해진 방문객은 자꾸 시계를 들여다보았습니다.

유학을 떠나는 아들의 비행기 탑승시간이 가까웠기 때문입니다.

그때, 에디슨이 말했습니다.

“시계를 보지 말라.”

시계를 보지 않는다는 데는 많은 의미가 있습니다. 자신의 일에 즐겨 몰두해 있는 사람이라면 결코 시계를 보지 않을 것입니다.

허리를 펴며 “벌써 시간이 이렇게 됐나?”라고, 아무렇지 않은 듯 말하지 않을까요?

•「지하철 사랑의 편지」 중에서•

# 출제경향분석

# 기타 소방전기시설

# 03. 기타 소방전기시설

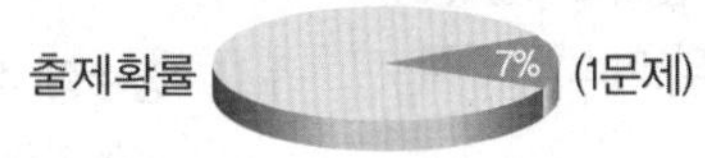


★★★

**01** 전선 굵기를 선정할 때 고려하지 않아도 되는 것은?

① 전압강하 ② 전력손실
③ 허용전류 ④ 지지물의 강도

해설 **전선굵기**의 **선정조건**
① 허용전류
② 전압강하
③ 기계적 강도
④ 전력손실

답 ④

**02** 방재반에서 200m 떨어진 곳에 데류지 밸브(deluge valve)가 설치되어 있다. 대류지 밸브에 부착되어 있는 솔레노이드 밸브에 전류를 흘리어 밸브를 작동시킬 때 선로의 전압강하는 몇 V가 되겠는가?(단, 선로의 굵기는 6mm², 솔레노이드 작동전류는 1A이다.)

① 1.19V ② 2.29V
③ 3.29V ④ 4.29V

해설 **전선 단면적**의 **계산**

| 전기방식 | 전선 단면적 |
|---|---|
| 단상 2선식 | $A=\dfrac{35.6LI}{1000e}$ |
| 3상 3선식 | $A=\dfrac{30.8LI}{1000e}$ |
| 단상 3선식<br>3상 4선식 | $A=\dfrac{17.8LI}{1000e'}$ |

여기서, $L$ : 선로길이[m]
$I$ : 전부하전류[A]
$e$ : 각 선간의 전압강하[V]
$e'$ : 각 선간의 1선과 중성선 사이의 전압강하[V]

**전선단면적** $A$는

$A=\dfrac{35.6LI}{1000e}$에서

**선로**의 **전압강하** $e$는

$e=\dfrac{35.6LI}{1000A}=\dfrac{35.6\times200\times1}{1000\times6}=1.19\text{V}$

답 ①

★★★

**03** 특고압·고압 설비에서 접지도체로 연동선을 사용할 때 공칭단면적은 몇 mm² 이상 사용하여야 하는가?

① 2.5 ② 6
③ 10 ④ 16

해설 (1) **접지시스템**(KEC 140)

| 접지 대상 | 접지시스템 구분 | 접지시스템 시설 종류 | 접지도체의 단면적 및 종류 |
|---|---|---|---|
| 특고압·고압 설비 | • 계통접지 : 전력계통의 이상현상에 대비하여 대지와 계통을 접지하는 것<br>• 보호접지 : 감전보호를 목적으로 기기의 한 점 이상을 접지하는 것<br>• 피뢰시스템 접지 : 뇌격전류를 안전하게 대지로 방류하기 위해 접지하는 것 | • 단독접지<br>• 공통접지<br>• 통합접지<br>• **변압기 중성점 접지** | 6mm² 이상 연동선 |
| 일반적인 경우 | | | 구리 6mm²<br>(철제 50mm²) 이상 |
| 변압기 | | | 16mm² 이상 연동선 |

(2) **접지도체에 피뢰시스템이 접속되는 경우 접지도체의 단면적**(KEC 142.3.1)

| 구 리 | 철 제 |
|---|---|
| 16mm² 이상 | 50mm² 이상 |

(3) **큰 고장전류가 접지도체를 통하여 흐르지 않을 경우 접지도체의 최소 단면적**(KEC 142.3.1)

| 구 리 | 철 제 |
|---|---|
| 6mm² 이상 | 50mm² 이상 |

답 ②

★

**04** 접지도체에 피뢰시스템이 접속되는 경우 접지도체로 동선을 사용할 때 공칭단면적은 몇 mm² 이상 사용하여야 하는가?

① 4 ② 6
③ 10 ④ 16

해설 **문제 3 참조**

답 ④

★

**05** 구리선을 사용할 때 큰 고장전류가 접지도체를 통하여 흐르지 않을 경우, 접지도체의 최소 단면적은 몇 mm² 이상이어야 하는가?

① 6 ② 16
③ 50 ④ 100

해설 **문제 3 참조**

답 ①

**06** 철제를 사용할 때 큰 고장전류가 접지도체를 통하여 흐르지 않을 경우 접지도체의 최소 단면적은 몇 $mm^2$ 이상이어야 하는가?

① 6　② 16
③ 50　④ 100

**해설** 문제 3 참조

답 ③

**07** 접지도체를 접지극이나 접지의 다른 수단과 연결하는 것은 견고하게 접속하고 매입되는 지점에는 "안전전기연결" 라벨이 영구적으로 고정되도록 시설하여야 한다. 다음 중 매입되는 지점으로 틀린 것은?

① 접지극의 모든 접지도체 연결지점
② 외부 도전성 부분의 모든 본딩도체 연결지점
③ 주개폐기에서 분리된 주접지단자
④ 주개폐기에서 분리된 보조접지단자

**해설** **접지도체**를 **접지극**이나 **접지**의 **다른 수단**과 **연결**하는 **경우 매입**되는 **지점**
(1) 접지극의 모든 접지도체 연결지점
(2) 외부 도전성 부분의 모든 본딩도체 연결지점
(3) 주개폐기에서 분리된 주접지단자

답 ④

**08** 접지도체와 접지극의 접속방법으로 틀린 것은?

① 발열성 용접　② 압착접속
③ 클램프 접속　④ 직접 접속

**해설** **접지도체**와 **접지극**의 **접속방법**
(1) 발열성 용접
(2) 압착접속
(3) 클램프 접속

답 ④

**09** 양수량 $Q$[m³/min], 총양정 $H$[m], 펌프효율 $\eta$의 양수 소방펌프용 전동기의 출력은 몇 kW인가? (단, $K$는 비례상수임)

① $K\dfrac{QH^2}{\eta}$　② $K\dfrac{QH}{\eta}$
③ $K\dfrac{Q^2H}{\eta}$　④ $K\dfrac{QH^3}{\eta}$

$$P\eta t = 9.8KHQ$$

여기서, $P$ : 전동기출력[kW], $\eta$ : 효율
$t$ : 시간[s], $K$ : 여유계수
$H$ : 전양정[m], $Q$ : 양수량[m³]

**전동기출력** $P = \dfrac{9.8KHQ}{\eta t} = \dfrac{K'H'Q}{\eta}$ [kW]

답 ②

**10** 양수량 40m³/min, 총양정 13m의 양수 펌프용 전동기의 소요출력(kW)은 약 얼마인가? (단, 펌프의 효율은 0.75이다.)

① 50　② 180
③ 113　④ 125

**해설** **문제 9 참조**
전동기 용량산정
$P\eta t = 9.8KHQ$ 에서

$$P = \frac{9.8KHQ}{\eta t} = \frac{9.8 \times \left(\frac{40}{60}\right) \times 13}{0.75} = 113.2\text{ kW}$$

1min=60s

답 ③

**11** 60Hz, 6극인 교류발전기의 회전수(rpm)는?

① 3600rpm　② 1800rpm
③ 1500rpm　④ 1200rpm

**해설** **동기속도**

$$N_S = \frac{120f}{P}\text{ [rpm]}$$

**회전속도**

$$N = \frac{120f}{P}(1-S)\text{ [rpm]}$$

여기서, $f$ : 주파수[Hz]
$P$ : 극수
$S$ : 슬립

**동기속도** $N_s$는

$$\therefore N_S = \frac{120f}{P} = \frac{120 \times 60}{6} = 1200\text{ rpm}$$

문제에서 회전수는 슬립이 주어지지 않았으므로 '**동기속도**'를 의미한다. 만약 문제에서 슬립이 주어졌다면 '**회전속도**'를 의미한다고 볼 수 있다.

답 ④

**12** 기동용량이 1000kVA인 유도전동기를 발전기에 연결하고자 한다. 기동시 순간 허용전압강하 20%, 발전기의 과도 리액턴스(Reactance)가 25%라고 할 때 발전기의 용량은 몇 kVA 이상이어야 하는가?

① 500　② 1000
③ 1500　④ 2000

**해설** **발전기**의 **정격용량**

$$P_n > \left(\frac{1}{e} - 1\right) X_L P\text{ [kVA]}$$

여기서, $P_n$ : 발전기 정격 용량〔kVA〕, $e$ : 허용전압강하
$X_L$ : 과도 리액턴스
$P$ : 기동용량〔kVA〕($p=\sqrt{3}$ ×정격전압×기동전류)

**발전기 용량**의 **산정**

$P_n > \left(\frac{1}{e}-1\right) X_L P$ 〔kVA〕에서

$P_n > \left(\frac{1}{0.2}-1\right)\times 0.25\times 1000 = 1000\text{kVA}$

답 ②

## 13 70kVA의 자가발전기용 차단기의 차단용량은 몇 kVA인가? (단, 발전기 과도 리액턴스는 0.25이다.)

① 250kVA ② 280kVA
③ 350kVA ④ 380kVA

해설 **발전기용 차단기**의 **용량**

$$P_S > \frac{1.25P_n}{X_L} \text{〔kVA〕}$$

**발전기용 차단기**의 **용량** $P_s$**는**

$P_S = \frac{1.25}{X_L}P_n = \frac{1.25\times 70}{0.25} = 350\text{kVA}$

답 ③

## ★★ 14 축전지의 자기방전을 보충하는 동시에 사용부하에 대한 전력공급은 충전기가 부담하도록 하며, 충전기가 부담하기 어려운 일시적 대전류부하는 축전지로 부담하게 하는 충전방식을 무엇이라 하는가?

① 급속충전방식
② 부동충전방식
③ 균등충전방식
④ 세류충전방식

해설 **부동충전방식** : 전지의 자기방전을 보충함과 동시에 상용부하에 대한 전력공급은 충전기가 부담하되 부담하기 어려운 일시적인 대전류부하는 축전지가 부담하도록 하는 방식으로 **가장 많이 사용**된다.

답 ②

## 15 자기 방전량만을 항상 충전하는 충전방식은?

① 급속충전방식 ② 부동충전방식
③ 균등충전방식 ④ 세류충전방식

해설 **세류충전(트리클충전)방식** : 자기 방전량만을 항상 충전하는 방식

답 ④

## 16 연축전지의 정격용량 50Ah, 상시부하 5kW, 표준전압 100V인 부동충전방식의 충전기의 2차 전류는?

① 50A ② 55A
③ 60A ④ 65A

해설 **2차 충전전류**

$$= \frac{\text{축전지의 정격용량}}{\text{축전지의 공칭용량}} + \frac{\text{상시부하}}{\text{표준전압}}$$

$$= \frac{50}{10} + \frac{5\times 10^3}{100} = 55\text{A}$$

중요

**공칭용량**

| 알칼리 축전지 | 연축전지 |
|---|---|
| 5Ah | 10Ah |

답 ②

## 17 연축전지의 정격용량 100Ah, 상시부하 5kW, 표준전압 100V이다. 부동충전방식으로 할 때 충전기 2차측의 출력(kVA)은?

① 4kVA ② 5kVA
③ 6kVA ④ 7kVA

해설 **문제 16 참조**

2차 충전전류

$$= \frac{\text{축전지의 정격용량}}{\text{축전지의 공칭용량}} + \frac{\text{상시부하}}{\text{표준전압}}$$

$$= \frac{100}{10} + \frac{5\times 10^3}{100} = 60\text{A}$$

※ 충전기 2차출력 = 표준전압×2차 충전전류
= 100×60 = 6000VA = 6kVA

답 ③

## ★★ 18 축전지 용량(Ah)계산에 고려되지 않는 사항은?

① 축전율 ② 방전전류
③ 보수율 ④ 용량환산시간

해설 **축전지**의 **용량** 산출식(일반식)

$$C = \frac{1}{L}KI \text{〔Ah〕}$$

여기서
$C$ : 25℃에서의 정격방전율 환산용량〔Ah〕
$L$ : 용량저하율(보수율)
$K$ : 용량환산시간〔h〕
$I$ : 방전전류〔A〕

답 ①

## 홍삼 잘 먹는 법

① 86도 이하로 달여야 건강성분인 사포닌이 잘 흡수된다.
② 두달 이상 장복해야 가시적인 효과가 나타난다.
③ 식사 여부와 관계없이 어느 때나 섭취할 수 있다.
④ 공복에 먹으면 흡수가 빠르다.
⑤ 공복에 먹은 뒤 위에 부담이 느껴지면 식후에 섭취한다.
⑥ 복용 초기 명현 반응(약을 이기지 못해 생기는 반응)이나 알레르기가 나타날 수 있으나 곧바로 회복되므로 크게 걱정하지 않아도 된다.
⑦ 복용 후 2주 이상 명현 반응이나 이상 증세가 지속되면 전문가와 상의한다.

자료=경희의료원 한방병원 동서협진과·영동세브란스병원비뇨기과

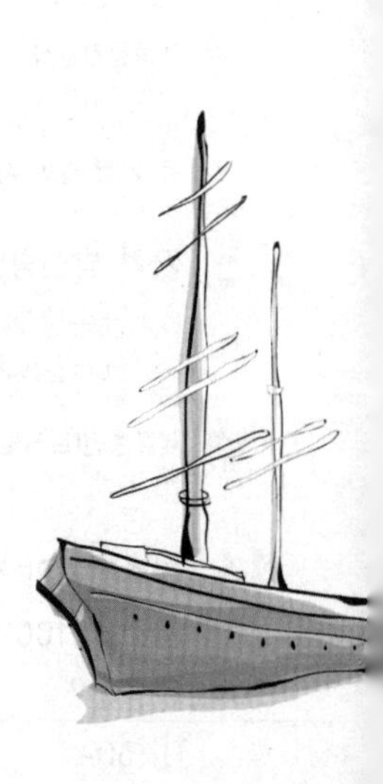

과년도기출문제

# 2021년

## 소방설비기사 필기(전기분야)

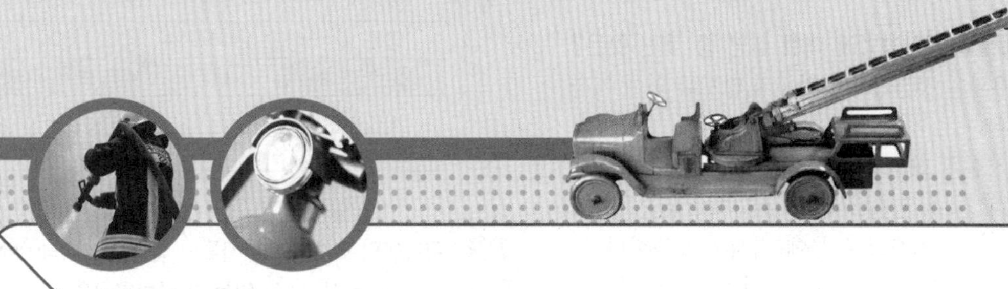



**** 수험자 유의사항 ****

1. 문제지를 받는 즉시 **본인**이 **응시한 종목**이 맞는지 확인하시기 바랍니다.
2. 문제지 표지에 본인의 **수험번호**와 **성명**을 기재하여야 합니다.
3. 문제지의 **총면수**, **문제번호 일련순서**, **인쇄상태**, **중복 및 누락 페이지 유무**를 확인하시기 바랍니다.
4. 답안은 각 문제마다 요구하는 가장 적합하거나 가까운 답 1개만을 선택하여야 합니다.
5. 답안카드는 뒷면의 「수험자 유의사항」에 따라 작성하시고, 답안카드 작성 시 형별누락, 마킹착오로 인한 불이익은 전적으로 수험자에게 책임이 있음을 알려드립니다.
6. 문제지는 시험 종료 후 본인이 가져갈 수 있습니다.

**** 안내사항 ****

- 가답안/최종정답은 큐넷(www.q-net.or.kr)에서 확인하실 수 있습니다. 가답안에 대한 의견은 큐넷의 [가답안 의견 제시]를 통해 제시할 수 있으며, 확정된 답안은 최종정답으로 갈음합니다.
- 공단에서 제공하는 자격검정서비스에 대해 개선할 점이 있으시면 고객참여(http://hrdkorea.or.kr/7/1/1)를 통해 건의하여 주시기 바랍니다.

# 2021. 3. 7 시행

**▌2021년 기사 제1회 필기시험 ▌**

| | | 수험번호 | 성명 |
|---|---|---|---|
| 자격종목<br>**소방설비기사(전기분야)** | 종목코드 | 시험시간<br>**2시간** | 형별 |

※ 답안카드 작성시 시험문제지 형별누락, 마킹착오로 인한 불이익은 전적으로 수험자의 귀책사유임을 알려드립니다.
※ 각 문항은 4지택일형으로 질문에 가장 적합한 보기 항을 선택하여 마킹하여야 합니다.

## 제 1 과목 소방원론

**01** 위험물별 저장방법에 대한 설명 중 틀린 것은?

16.03.문20
07.09.문05

① 유황은 정전기가 축적되지 않도록 하여 저장한다.
② 적린은 화기로부터 격리하여 저장한다.
③ 마그네슘은 건조하면 부유하여 분진폭발의 위험이 있으므로 물에 적시어 보관한다.
④ 황화린은 산화제와 격리하여 저장한다.

유사문제부터 풀어보세요. 실력이 팍!팍! 올라갑니다.

해설
① 유황 : **정전기**가 축적되지 않도록 하여 저장
② 적린 : **화기**로부터 격리하여 저장
③ 마그네슘 : **물**에 적시어 보관하면 **수소**($H_2$) 발생
④ 황화린 : **산화제**와 격리하여 저장

중요

**주수소화**(물소화)시 **위험**한 **물질**

| 구 분 | 현 상 |
|---|---|
| • 무기과산화물 | **산소**($O_2$) 발생 |
| • **금**속분<br>• **마**그네슘<br>• 알루미늄<br>• 칼륨<br>• 나트륨<br>• 수소화리튬 | **수소**($H_2$) 발생 |
| • 가연성 액체의 유류화재 | **연소면**(화재면) 확대 |

기억법 **금마수**

※ **주수소화** : 물을 뿌려 소화하는 방법

답 ③

**02** 분자식이 $CF_2BrCl$인 할로겐화합물 소화약제는?

19.09.문07
17.03.문05
16.10.문08
15.03.문04
14.09.문04
14.03.문02

① Halon 1301
② Halon 1211
③ Halon 2402
④ Halon 2021

해설 **할론소화약제**의 **약칭** 및 **분자식**

| 종 류 | 약 칭 | 분자식 |
|---|---|---|
| 할론 1011 | CB | $CH_2ClBr$ |
| 할론 104 | CTC | $CCl_4$ |
| 할론 1211 | BCF | $CF_2ClBr(CClF_2Br)$ |
| 할론 1301 | BTM | $CF_3Br$ |
| 할론 2402 | FB | $C_2F_4Br_2$ |

답 ②

**03** 건축물의 화재시 피난자들의 집중으로 패닉(Panic) 현상이 일어날 수 있는 피난방향은?

17.03.문09
12.03.문06
08.05.문20

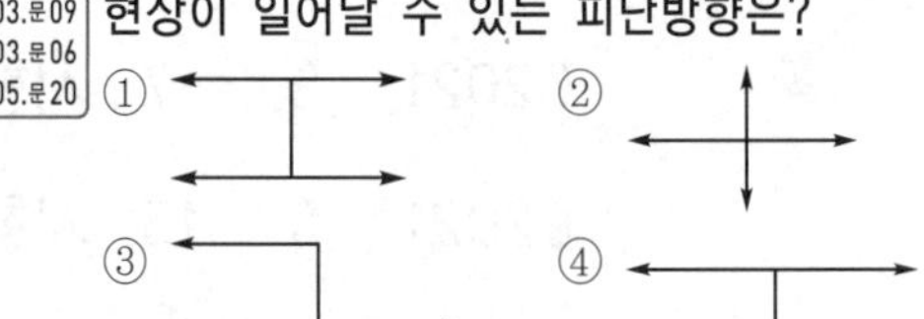

해설 **피난형태**

| 형 태 | 피난방향 | 상 황 |
|---|---|---|
| X형 | | **확실한 피난통로**가 보장되어 신속한 피난이 가능하다. |
| Y형 | | |
| CO형 | | 피난자들의 집중으로 **패닉**(Panic)**현상**이 일어날 수 있다. |
| H형 | | |

중요

**패닉**(Panic)의 **발생원인**
(1) 연기에 의한 시계제한
(2) 유독가스에 의한 호흡장애
(3) 외부와 단절되어 고립

답 ①

★★★
## 04 할로겐화합물 소화약제에 관한 설명으로 옳지 않은 것은?

20.06.문09 19.09.문13 18.09.문19 17.05.문06 16.03.문08 15.03.문17 14.03.문19 11.10.문19 03.08.문11

① 연쇄반응을 차단하여 소화한다.
② 할로겐족 원소가 사용된다.
③ 전기에 도체이므로 전기화재에 효과가 있다.
④ 소화약제의 변질분해 위험성이 낮다.

해설 **할론소화설비**(할로겐화합물 소화약제)의 **특징**

(1) **연쇄반응**을 **차단**하여 소화한다.
(2) **할로겐족** 원소가 사용된다.
(3) 전기에 **부도체**이므로 전기화재에 효과가 있다.
(4) 소화약제의 **변질분해** 위험성이 **낮다**.
(5) **오존층**을 **파괴**한다.
(6) 연소 **억제작용**이 크다(가연물과 산소의 화학반응을 억제한다).
(7) **소화능력**이 **크다**(소화속도가 빠르다).
(8) **금속**에 대한 **부식성**이 **작다**.

③ 도체 → 부도체(불량도체)

답 ③

★★
## 05 스테판-볼츠만의 법칙에 의해 복사열과 절대온도와의 관계를 옳게 설명한 것은?

16.05.문06 14.03.문20

① 복사열은 절대온도의 제곱에 비례한다.
② 복사열은 절대온도의 4제곱에 비례한다.
③ 복사열은 절대온도의 제곱에 반비례한다.
④ 복사열은 절대온도의 4제곱에 반비례한다.

해설 **스테판-볼츠만**의 **법칙**(Stefan-Boltzman's law)

$$Q = aAF(T_1^{\,4} - T_2^{\,4}) \propto T^4$$

여기서, $Q$ : 복사열[W]
$a$ : 스테판-볼츠만 상수[W/m$^2$·K$^4$]
$A$ : 단면적[m$^2$]
$F$ : 기하학적 Factor
$T_1$ : 고온[K]
$T_2$ : 저온[K]

② 복사열(열복사량)은 **복**사체의 **절대온도**의 **4제곱**에 **비례**하고, **단면적**에 **비례**한다.

기억법 **복스(복수)**

• 스테판-볼츠만의 법칙=스테판-볼쯔만의 법칙

답 ②

★★★
## 06 일반적으로 공기 중 산소농도를 몇 vol% 이하로 감소시키면 연소속도의 감소 및 질식소화가 가능한가?

19.09.문13 18.09.문19 17.05.문06 16.03.문08 15.03.문17 14.03.문19 11.10.문19 03.08.문11

① 15 ② 21
③ 25 ④ 31

해설 **소화**의 **방법**

| 구 분 | 설 명 |
|---|---|
| 냉각소화 | 다량의 물 등을 이용하여 **점화원**을 **냉각**시켜 소화하는 방법 |
| **질식소화** | 공기 중의 **산소농도**를 **16%** 또는 **15%**(10~15%) 이하로 희박하게 하여 소화하는 방법 |
| 제거소화 | 가연물을 제거하여 소화하는 방법 |
| 화학소화<br>(부촉매효과) | 연쇄반응을 차단하여 소화하는 방법, **억제작용**이라고도 함 |
| 희석소화 | 고체·기체·액체에서 나오는 **분해가스**나 **증기**의 **농도**를 낮추어 연소를 중지시키는 방법 |
| 유화소화 | 물을 무상으로 방사하여 유류표면에 **유화층**의 막을 형성시켜 공기의 접촉을 막아 소화하는 방법 |
| 피복소화 | 비중이 공기의 **1.5배** 정도로 무거운 소화약제를 방사하여 가연물의 구석구석까지 침투·피복하여 소화하는 방법 |

용어

| % | vol% |
|---|---|
| 수를 100의 비로 나타낸 것 | 어떤 공간에 차지하는 부피를 백분율로 나타낸 것 |
| 50%<br>50% | 공기 50vol%<br>50vol%<br>50vol% |

답 ①

★★★
## 07 이산화탄소의 물성으로 옳은 것은?

19.03.문11 16.03.문15 14.05.문08 13.06.문20 11.03.문06

① 임계온도 : 31.35℃, 증기비중 : 0.529
② 임계온도 : 31.35℃, 증기비중 : 1.529
③ 임계온도 : 0.35℃, 증기비중 : 1.529
④ 임계온도 : 0.35℃, 증기비중 : 0.529

해설 **이산화탄소의 물성**

| 구 분 | 물 성 |
|---|---|
| 임계압력 | 72.75atm |
| 임계온도 ⟶ | 31.35℃ |
| **3**중점 | −**56**.3℃(약 −57℃) |
| 승화점(**비**점) | −**78**.5℃ |
| 허용농도 | 0.5% |
| **증**기비중 ⟶ | **1.5**29 |
| 수분 | 0.05% 이하(함량 99.5% 이상) |

기억법 이356, 이비78, 이증15

용어

**임계온도와 임계압력**

| 임계온도 | 임계압력 |
|---|---|
| 아무리 큰 압력을 가해도 액화하지 않는 최저온도 | 임계온도에서 액화하는 데 필요한 압력 |

답 ②

★★★
## 08 조연성 가스에 해당하는 것은?

20.09.문20 17.03.문07 16.10.문03 16.03.문04 14.05.문10 12.09.문08 11.10.문02

① 일산화탄소
② 산소
③ 수소
④ 부탄

해설 **가연성 가스와 지연성 가스**

| **가**연성 가스 | 지연성 가스(**조**연성 가스) |
|---|---|
| • **수**소<br>• **메**탄<br>• **일**산화탄소<br>• **천**연가스<br>• **부**탄<br>• **에**탄<br>• **암**모니아<br>• **프**로판<br>기억법 가수일천 암부 메에프 | • **산**소 보기 ②<br>• **공**기<br>• **염**소<br>• **오**존<br>• **불**소<br>기억법 조산공 염오불 |

② 산소 : 가연성 가스

용어

**가연성 가스와 지연성 가스**

| 가연성 가스 | 지연성 가스(조연성 가스) |
|---|---|
| 물질 자체가 연소하는 것 | 자기 자신은 연소하지 않지만 연소를 도와주는 가스 |

답 ②

★★★
## 09 가연물질의 구비조건으로 옳지 않은 것은?

19.09.문08 18.03.문10 17.05.문18 16.10.문05 16.03.문14 15.05.문19 15.03.문09 14.09.문09 14.09.문17 12.03.문09

① 화학적 활성이 클 것
② 열의 축적이 용이할 것
③ 활성화에너지가 작을 것
④ 산소와 결합할 때 발열량이 작을 것

해설 **가연물**이 **연소**하기 쉬운 **조건**(**가연물질**의 **구비조건**)

(1) 산소와 **친화력**이 클 것(좋을 것)
(2) **발열량**이 클 것 보기 ④
(3) **표면적**이 넓을 것
(4) **열**전도율이 **작**을 것
(5) **활**성화에너지가 **작**을 것 보기 ③
(6) **연쇄반응**을 일으킬 수 있을 것
(7) 산소가 포함된 **유기물**일 것
(8) 연소시 **발열반응**을 할 것
(9) 화학적 활성이 클 것 보기 ①
(10) 열의 축적이 용이할 것 보기 ②

기억법 가열작 활작(가열작품)

용어

**활성화에너지**
가연물이 처음 연소하는 데 필요한 열

비교

| 자연발화의 방지법 | 자연발화 조건 |
|---|---|
| ① 습도가 높은 곳을 피할 것(건조하게 유지할 것)<br>② 저장실의 온도를 낮출 것<br>③ 통풍이 잘 되게 할 것<br>④ 퇴적 및 수납시 열이 쌓이지 않게 할 것 (**열축적 방지**)<br>⑤ 산소와의 접촉을 차단할 것<br>⑥ **열전도성**을 좋게 할 것 | ① 열전도율이 작을 것<br>② 발열량이 클 것<br>③ 주위의 온도가 높을 것<br>④ 표면적이 넓을 것 |

④ 작을 것 → 클 것

답 ④

★★★
## 10 가연성 가스이면서도 독성 가스인 것은?

19.04.문10 11.03.문10 09.08.문11 04.09.문14

① 질소 ② 수소
③ 염소 ④ 황화수소

해설 **가**연성 가스 + **독**성 가스

(1) **황**화수소($H_2S$) 보기 ④
(2) **암**모니아($NH_3$)

기억법 가독황암

용어

| 가연성 가스 | 독성 가스 |
|---|---|
| 물질 자체가 연소하는 것 | 독한 성질을 가진 가스 |

중요

**연소가스**

| 구 분 | 특 징 |
|---|---|
| **일산화탄소** (CO) | 화재시 흡입된 일산화탄소(CO)의 화학적 작용에 의해 **헤모글로빈**(Hb)이 혈액의 산소운반작용을 저해하여 사람을 질식·사망하게 한다. |
| **이산화탄소** ($CO_2$) | 연소가스 중 **가장 많은 양**을 차지하고 있으며 가스 그 자체의 독성은 거의 없으나 다량이 존재할 경우 호흡속도를 증가시키고, 이로 인하여 화재가스에 혼합된 유해가스의 혼입을 증가시켜 위험을 가중시키는 가스이다. |
| **암모니아** ($NH_3$) | 나무, 페놀수지, 멜라민수지 등의 **질소 함유물**이 연소할 때 발생하며, 냉동시설의 **냉매**로 쓰인다. |
| **포스겐** ($COCl_2$) | 매우 독성이 강한 가스로서 소화제인 **사염화탄소**($CCl_4$)를 화재시에 사용할 때도 발생한다. |
| **황화수소** ($H_2S$) | **달걀**(계란) **썩는 냄새**가 나는 특성이 있다. 기억법 황달 |
| **아크롤레인** ($CH_2=CHCHO$) | 독성이 매우 높은 가스로서 **석유제품, 유지** 등이 연소할 때 생성되는 가스이다. |

답 ④

★★★
**11** 다음 물질 중 연소범위를 통해 산출한 위험도 값이 가장 높은 것은?

20.06.문19
19.03.문03
18.03.문18

① 수소
② 에틸렌
③ 메탄
④ 이황화탄소

해설 **위험도**

$$H=\frac{U-L}{L}$$

여기서, $H$ : 위험도
$U$ : 연소상한계
$L$ : 연소하한계

① **수소** $=\frac{75-4}{4}=17.75$

② **에틸렌** $=\frac{36-2.7}{2.7}=12.33$

③ **메탄** $=\frac{15-5}{5}=2$

④ **이황화탄소** $=\frac{44-1.2}{1.2}=35.7$ 보기 ④

중요

**공기 중의 폭발한계**(상온, 1atm)

| 가 스 | 하한계 [vol%] | 상한계 [vol%] |
|---|---|---|
| 아세틸렌($C_2H_2$) | 2.5 | 81 |
| 수소($H_2$) 보기 ① | 4 | 75 |
| 일산화탄소(CO) | 12.5 | 74 |
| 에테르($(C_2H_5)_2O$) | 1.9 | 48 |
| 이황화탄소($CS_2$) 보기 ④ | 1.2 | 44 |
| 에틸렌($C_2H_4$) 보기 ② | 2.7 | 36 |
| 암모니아($NH_3$) | 15 | 28 |
| 메탄($CH_4$) 보기 ③ | 5 | 15 |
| 에탄($C_2H_6$) | 3 | 12.4 |
| 프로판($C_3H_8$) | 2.1 | 9.5 |
| 부탄($C_4H_{10}$) | 1.8 | 8.4 |

• 연소한계=연소범위=가연한계=가연범위=폭발한계=폭발범위

답 ④

★★★
**12** 다음 각 물질과 물이 반응하였을 때 발생하는 가스의 연결이 틀린 것은?

18.04.문18
11.10.문05
10.09.문12

① 탄화칼슘 – 아세틸렌
② 탄화알루미늄 – 이산화황
③ 인화칼슘 – 포스핀
④ 수소화리튬 – 수소

해설 ① **탄화칼슘**과 물의 **반응식**

$CaC_2 + 2H_2O \rightarrow Ca(OH)_2 + C_2H_2\uparrow$
탄화칼슘 물 수산화칼슘 **아세틸렌**

② **탄화알루미늄**과 물의 **반응식** 보기 ②

$Al_4C_3 + 12H_2O \rightarrow 4Al(OH)_3 + 3CH_4\uparrow$
탄화알루미늄 물 수산화알루미늄 **메탄**

③ **인화칼슘**과 물의 **반응식**

$Ca_3P_2 + 6H_2O \rightarrow 3Ca(OH)_2 + 2PH_3\uparrow$
인화칼슘 물 수산화칼슘 **포스핀**

④ **수소화리튬**과 물의 **반응식**

$LiH + H_2O \rightarrow LiOH + H_2$
수소화리튬 물 수산화리튬 **수소**

② 이산화황 → 메탄

비교

**주수소화**(물소화)시 **위험**한 **물질**

| 구 분 | 현 상 |
|---|---|
| • 무기과산화물 | **산소**($O_2$) 발생 |
| • **금**속분<br>• **마**그네슘<br>• 알루미늄<br>• 칼륨<br>• 나트륨<br>• 수소화리튬 | **수소**($H_2$) 발생 |
| • 가연성 액체의 유류화재 | **연소면**(화재면) 확대 |

기억법 **금마수**

※ **주수소화** : 물을 뿌려 소화하는 방법

답 ②

★★★
## 13 블레비(BLEVE)현상과 관계가 없는 것은?

19.09.문15 18.09.문08 17.03.문17 16.10.문15 16.05.문02 15.05.문18 15.03.문01 14.09.문12 14.03.문01 09.05.문10

① 핵분열
② 가연성 액체
③ 화구(Fire ball)의 형성
④ 복사열의 대량 방출

해설 **블레비(BLEVE)현상**

(1) 가연성 액체 보기 ②
(2) 화구(Fire ball)의 형성 보기 ③
(3) 복사열의 대량 방출 보기 ④

용어

**블레비=블레이브(BLEVE)**
과열상태의 탱크에서 내부의 액화가스가 분출하여 기화되어 폭발하는 현상

답 ①

★★★
## 14 인화점이 낮은 것부터 높은 순서로 옳게 나열된 것은?

18.04.문05 15.09.문02 14.05.문05 14.03.문10 12.03.문01 11.06.문09 11.03.문12 10.05.문11

① 에틸알코올< 이황화탄소< 아세톤
② 이황화탄소< 에틸알코올< 아세톤
③ 에틸알코올< 아세톤< 이황화탄소
④ 이황화탄소< 아세톤< 에틸알코올

해설

| 물 질 | 인화점 | 착화점 |
|---|---|---|
| • 프로필렌 | -107℃ | 497℃ |
| • 에틸에테르<br>• 디에틸에테르 | -45℃ | 180℃ |
| • 가솔린(휘발유) | -43℃ | 300℃ |
| • **이황화탄소** | -30℃ | **100℃** |
| • 아세틸렌 | -18℃ | 335℃ |
| • **아세톤** | -18℃ | **538℃** |
| • 벤젠 | -11℃ | 562℃ |
| • 톨루엔 | 4.4℃ | 480℃ |
| • **에틸알코올** | 13℃ | **423℃** |
| • 아세트산 | 40℃ | - |
| • 등유 | 43~72℃ | 210℃ |
| • 경유 | 50~70℃ | 200℃ |
| • 적린 | - | 260℃ |

답 ④

★★★
## 15 물에 저장하는 것이 안전한 물질은?

17.03.문11 16.05.문19 16.03.문07 10.03.문09 09.03.문16

① 나트륨
② 수소화칼슘
③ 이황화탄소
④ 탄화칼슘

해설 **물질**에 따른 **저장장소**

| 물 질 | 저장장소 |
|---|---|
| **황**린, **이**황화탄소($CS_2$) 보기 ③ | **물**속 |
| 니트로셀룰로오스 | 알코올 속 |
| 칼륨(K), 나트륨(Na), 리튬(Li) | 석유류(등유) 속 |
| 알킬알루미늄 | 벤젠액 속 |
| 아세틸렌($C_2H_2$) | 디메틸포름아미드(DMF), 아세톤에 용해 |
| 수소화칼슘 | **환기**가 잘 되는 내화성 **냉암소**에 보관 |
| 탄화칼슘(칼슘카바이드) | 습기가 없는 **밀폐용기**에 저장하는 곳 |

기억법 **황물이(황토색 물이 나온다.)**

중요

**산화프로필렌, 아세트알데히드**
**구**리, **마**그네슘, **은**, **수**은 및 그 합금과 저장 금지

기억법 **구마은수**

답 ③

★★★
## 16 대두유가 침적된 기름걸레를 쓰레기통에 장시간 방치한 결과 자연발화에 의하여 화재가 발생한 경우 그 이유로 옳은 것은?

19.09.문08 18.03.문10 16.10.문05 16.03.문14 15.05.문19 15.03.문09 14.09.문09 14.09.문17 12.03.문09 09.05.문08 03.03.문13 02.09.문01

① 융해열 축적
② 산화열 축적
③ 증발열 축적
④ 발효열 축적

해설 **자연발화**

| 구 분 | 설 명 |
|---|---|
| 정의 | 가연물이 공기 중에서 산화되어 **산화열**의 **축적**으로 발화 |
| 일어나는 경우 | 기름걸레를 쓰레기통에 장기간 방치하면 **산화열**이 **축적**되어 자연발화가 일어남 보기 ② |
| 일어나지 않는 경우 | 기름걸레를 빨랫줄에 걸어 놓으면 **산화열**이 **축적**되지 않아 **자**연발화는 일어나지 않음<br>기억법 **자산축** |

용어

**산화열**
물질이 산소와 화합하여 반응하는 과정에서 생기는 열

답 ②

★★★
**17** 건축법령상 내력벽, 기둥, 바닥, 보, 지붕틀 및 주계단을 무엇이라 하는가?

17.09.문19 17.07.문14 15.03.문18 13.09.문18

① 내진구조부 ② 건축설비부
③ 보조구조부 ④ 주요구조부

해설 **주요구조부**

(1) 내력**벽**
(2) **보**(작은 보 제외)
(3) **지**붕틀(차양 제외)
(4) **바**닥(최하층 바닥 제외)
(5) **주**계단(옥외계단 제외)
(6) **기**둥(사잇기둥 제외)

기억법 **벽보지 바주기**

용어

**주요구조부**
건물의 구조 내력상 주요한 부분

답 ④

★
**18** 전기화재의 원인으로 거리가 먼 것은?

08.03.문07

① 단락 ② 과전류
③ 누전 ④ 절연 과다

해설 **전기화재**의 **발생원인**

(1) **단락**(합선)에 의한 발화 보기 ①
(2) **과부하**(과전류)에 의한 발화 보기 ②
(3) **절연저항 감소**(누전)로 인한 발화 보기 ③
(4) 전열기기 과열에 의한 발화
(5) 전기불꽃에 의한 발화
(6) 용접불꽃에 의한 발화
(7) **낙뢰**에 의한 발화

④ 절연 과다 → 절연저항 감소

답 ④

★★★
**19** 소화약제로 사용하는 물의 증발잠열로 기대할 수 있는 소화효과는?

19.09.문13 18.09.문19 17.05.문06 16.03.문08 15.03.문17 14.03.문19 11.10.문19 03.08.문11

① 냉각소화
② 질식소화
③ 제거소화
④ 촉매소화

해설 **소화**의 **형태**

| 구 분 | 설 명 |
|---|---|
| **냉**각소화 | ① **점화원**을 냉각하여 소화하는 방법<br>② **증**발잠열을 이용하여 열을 빼앗아 가연물의 온도를 떨어뜨려 화재를 진압하는 소화방법 보기 ①<br>③ **다량**의 **물**을 뿌려 소화하는 방법<br>④ 가연성 물질을 **발화점 이하**로 **냉각**하여 소화하는 방법<br>⑤ **식용유화재**에 신선한 **야채**를 넣어 소화하는 방법<br>⑥ 용융잠열에 의한 **냉각효과**를 이용하여 소화하는 방법<br>기억법 **냉점증발** |
| **질**식소화 | ① 공기 중의 **산소농도**를 **16%(10~15%)** 이하로 희박하게 하여 소화하는 방법<br>② 산화제의 농도를 낮추어 연소가 지속될 수 없도록 소화하는 방법<br>③ 산소 공급을 차단하여 소화하는 방법<br>④ 산소의 농도를 낮추어 소화하는 방법<br>⑤ 화학반응으로 발생한 **탄산가스**에 의한 소화방법<br>기억법 **질산** |
| 제거소화 | **가연물**을 **제거**하여 소화하는 방법 |
| **부**촉매 소화 (억제소화, 화학소화) | ① **연쇄반응**을 **차단**하여 소화하는 방법<br>② 화학적인 방법으로 화재를 억제하여 소화하는 방법<br>③ **활성기**(Free radical, 자유라디칼)의 **생성**을 **억**제하여 소화하는 방법<br>④ 할론계 소화약제<br>기억법 **부억(부엌)** |
| 희석소화 | ① 기체·고체·액체에서 나오는 분해가스나 증기의 농도를 낮춰 소화하는 방법<br>② 불연성 가스의 **공기** 중 **농도**를 높여 소화하는 방법<br>③ 불활성기체를 방출하여 연소범위 이하로 낮추어 소화하는 방법 |

중요

**화재**의 **소화원리**에 따른 **소화방법**

| 소화원리 | 소화설비 |
|---|---|
| 냉각소화 | ① 스프링클러설비<br>② 옥내 · 외소화전설비 |
| 질식소화 | ① 이산화탄소 소화설비<br>② 포소화설비<br>③ 분말소화설비<br>④ 불활성기체 소화약제 |
| 억제소화<br>(부촉매효과) | ① 할론소화약제<br>② 할로겐화합물 소화약제 |

답 ①

★★★
**20** **1기압 상태에서 100℃ 물 1g이 모두 기체로 변할 때 필요한 열량은 몇 cal인가?**

18.03.문06
17.03.문08
14.09.문20
13.09.문09
13.06.문18
10.09.문20

① 429
② 499
③ 539
④ 639

해설 물($H_2O$)

| 기화잠열(증발잠열) | 융해잠열 |
|---|---|
| 539cal/g 보기 ③ | 80cal/g |
| 100℃의 **물** 1g이 **수증기**로 변화하는 데 필요한 열량 | 0℃의 **얼음** 1g이 **물**로 변화하는 데 필요한 열량 |

기억법 기53, 융8

③ 물의 기화잠열 539cal : 1기압 100℃의 물 1g이 모두 기체로 변화하는 데 539cal의 열량이 필요

답 ③

## 제 2 과목 소방전기일반

★★★
**21** **논리식 $(X+Y)(X+\overline{Y})$을 간단히 하면?**

20.09.문28
19.03.문24
18.04.문38
17.09.문33
17.03.문23
16.05.문36
16.03.문39
15.09.문23
13.09.문30
13.06.문35

① 1
② $XY$
③ $X$
④ $Y$

해설

$$\begin{aligned}(X+Y)(X+\overline{Y}) &= \underbrace{XX}_{X\cdot X=X}+X\overline{Y}+XY+\underbrace{Y\overline{Y}}_{X\cdot\overline{X}=0}\\ &= X+X\overline{Y}+XY\\ &= X\underbrace{(1+\overline{Y}+Y)}_{X+1=1}\\ &= \underbrace{X\cdot 1}_{X\cdot 1=X}\\ &= X\end{aligned}$$

중요

**불대수**의 **정리**

| 논리합 | 논리곱 | 비 고 |
|---|---|---|
| $X+0=X$ | $X\cdot 0=0$ | - |
| $X+1=1$ | $X\cdot 1=X$ | - |
| $X+X=X$ | $X\cdot X=X$ | - |
| $X+\overline{X}=1$ | $X\cdot\overline{X}=0$ | - |
| $X+Y=Y+X$ | $X\cdot Y=Y\cdot X$ | 교환법칙 |
| $X+(Y+Z)$<br>$=(X+Y)+Z$ | $X(YZ)=(XY)Z$ | 결합법칙 |
| $X(Y+Z)$<br>$=XY+XZ$ | $(X+Y)(Z+W)$<br>$=XZ+XW+YZ+YW$ | 분배법칙 |
| $X+XY=X$ | $\overline{X}+XY=\overline{X}+Y$<br>$X+\overline{X}Y=X+Y$<br>$X+\overline{X}\,\overline{Y}=X+\overline{Y}$ | 흡수법칙 |
| $(\overline{X+Y})$<br>$=\overline{X}\cdot\overline{Y}$ | $(\overline{X\cdot Y})=\overline{X}+\overline{Y}$ | 드모르간의 정리 |

답 ③

★★★
**22** **분류기를 사용하여 내부저항이 $R_A$인 전류계의 배율을 9로 하기 위한 분류기의 저항 $R_S$[Ω]은?**

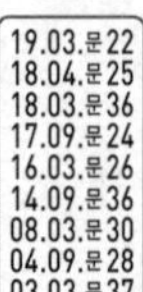
19.03.문22
18.04.문25
18.03.문36
17.09.문24
16.03.문26
14.09.문36
08.03.문30
04.09.문28
03.03.문37

① $R_S=\dfrac{1}{8}R_A$
② $R_S=\dfrac{1}{9}R_A$
③ $R_S=8R_A$
④ $R_S=9R_A$

해설 (1) **기호**

- $M$ : 9
- $R_S$ : ?

(2) **분류기 배율**

$$M=\frac{I_0}{I}=1+\frac{R_A}{R_S}$$

여기서, $M$ : 분류기 배율
$I_0$ : 측정하고자 하는 전류[A]
$I$ : 전류계 최대눈금[A]
$R_A$ : 전류계 내부저항[Ω]
$R_S$ : 분류기 저항[Ω]

$$M=1+\frac{R_A}{R_S}$$

$$M-1=\frac{R_A}{R_S}$$

$$R_S=\frac{R_A}{M-1}=\frac{R_A}{9-1}=\frac{R_A}{8}=\frac{1}{8}R_A$$

비교

**배율기 배율**

$$M=\frac{V_0}{V}=1+\frac{R_m}{R_v}$$

여기서, $M$ : 배율기 배율
$V_0$ : 측정하고자 하는 전압[V]
$V$ : 전압계의 최대눈금[A]
$R_m$ : 배율기 저항[Ω]
$R_v$ : 전압계 내부저항[Ω]

답 ①

**23** 저항 $R_1$[Ω], 저항 $R_2$[Ω], 인덕턴스 $L$[H]의 직렬회로가 있다. 이 회로의 시정수[s]는?

16.03.문33 12.09.문31

① $-\frac{R_1+R_2}{L}$　② $\frac{R_1+R_2}{L}$

③ $-\frac{L}{R_1+R_2}$　④ $\frac{L}{R_1+R_2}$

해설 **시정수**

(1) R—L : $\tau=\frac{L}{R}$[s]

(2) $R_1$—$R_2$—L : $\tau=\frac{L}{R_1+R_2}$[s] 보기 ④

비교

$RC$ 직렬회로

$$\tau=RC$$

여기서, $\tau$ : 시정수[s]
$R$ : 저항[Ω]
$C$ : 정전용량[F]

용어

**시정수**(Time constant)
과도상태에 대한 변화의 속도를 나타내는 척도가 되는 상수

답 ④

**24** 자기인덕턴스 $L_1$, $L_2$가 각각 4mH, 9mH인 두 코일이 이상적인 결합이 되었다면 상호인덕턴스는 몇 mH인가? (단, 결합계수는 1이다.)

16.10.문25 14.05.문36 13.03.문40

① 6　② 12

③ 24　④ 36

해설 **상호인덕턴스**(Mutual inductance)

$$M=K\sqrt{L_1L_2}$$

여기서, $M$ : 상호인덕턴스[H]
$K$ : 결합계수
$L_1$, $L_2$ : 자기인덕턴스[H]

**상호인덕턴스 $M$은**

$M=K\sqrt{L_1L_2}=1\sqrt{4\times9}=6\text{mH}$

중요

**결합계수**

| $K=0$ | $K=1$ |
|---|---|
| 두 코일 직교시 | 이상결합 · 완전결합시 |

답 ①

**25** 테브난의 정리를 이용하여 그림 (a)의 회로를 그림 (b)와 같은 등가회로로 만들고자 할 때 $V_{th}$[V]와 $R_{th}$[Ω]은?

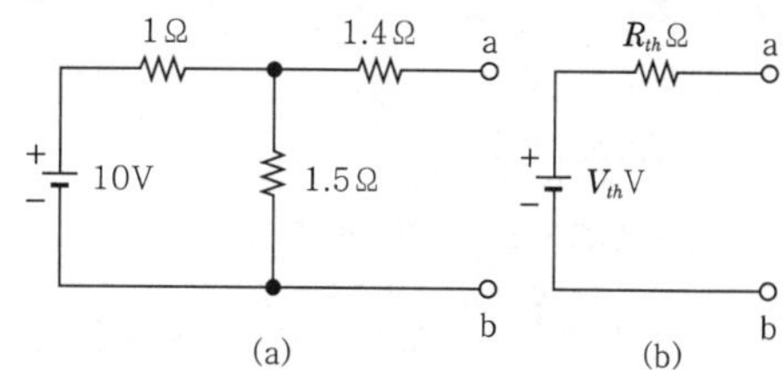


① 5V, 2Ω　② 5V, 3Ω

③ 6V, 2Ω　④ 6V, 3Ω

해설 **테브난의 정리**에 의해 0.8Ω에는 전압이 가해지지 않으므로

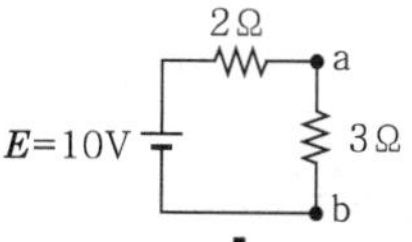


⬇ 이해하기 쉽게 회로를 변형하면

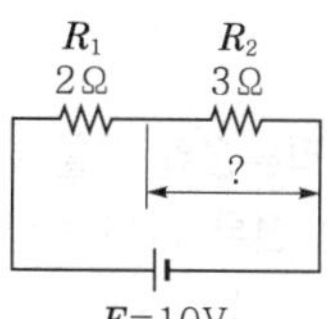


$$E_{ab}=\frac{R_2}{R_1+R_2}E=\frac{3}{2+3}\times10=6\text{V}$$

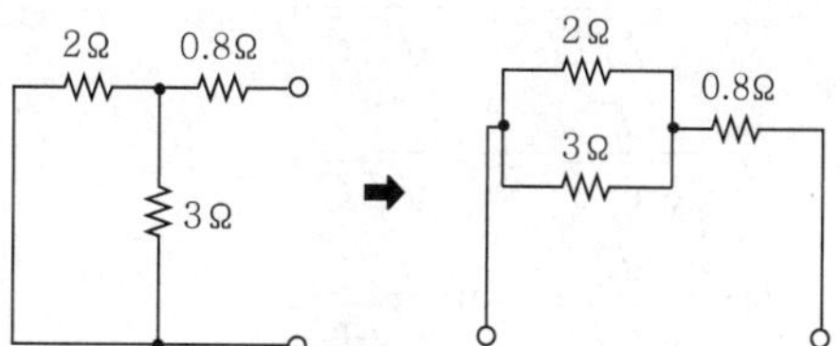

**전압원**을 **단락**하고 회로망에서 본 저항 $R$은

$$R=\frac{2\times3}{2+3}+0.8=2\Omega$$

용어

**테브난**의 **정리**(테브낭의 정리)
2개의 독립된 회로망을 접속하였을 때의 전압 · 전류 및 임피던스의 관계를 나타내는 정리

답 ③

**26** 평행한 두 도선 사이의 거리가 $r$이고, 각 도선에 흐르는 전류에 의해 두 도선 간의 작용력이 $F_1$일 때, 두 도선 사이의 거리를 $2r$로 하면 두 도선 간의 작용력 $F_2$는?

20.06.문33
97.10.문27

① $F_2=\frac{1}{4}F_1$　② $F_2=\frac{1}{2}F_1$
③ $F_2=2F_1$　④ $F_2=4F_1$

해설 (1) 기호

- $r_1$ : $r$
- $F_1$ : $F_1$
- $r_2$ : $2r$
- $F_2$ : ?

(2) 두 **평행도선**에 작용하는 **힘** $F$는

$$F=\frac{\mu_0 I_1 I_2}{2\pi r}=\frac{2I_1 I_2}{r}\times10^{-7}\propto\frac{1}{r}$$

여기서, $F$ : 평행전류의 힘〔N/m〕
$\mu_0$ : 진공의 투자율〔H/m〕
$r$ : 두 평행도선의 거리〔m〕

$$\frac{F_2}{F_1}=\frac{\frac{1}{2r}}{\frac{1}{r}}=\frac{1}{2}$$

$$\frac{F_2}{F_1}=\frac{1}{2}$$

$$F_2=\frac{1}{2}F_1$$

답 ②

**27** $LC$ 직렬회로에 직류전압 $E$를 $t=0(s)$에 인가했을 때 흐르는 전류 $i(t)$는?

18.04.문34

① $\frac{E}{\sqrt{L/C}}\cos\frac{1}{\sqrt{LC}}t$

② $\frac{E}{\sqrt{L/C}}\sin\frac{1}{\sqrt{LC}}t$

③ $\frac{E}{\sqrt{C/L}}\cos\frac{1}{\sqrt{LC}}t$

④ $\frac{E}{\sqrt{C/L}}\sin\frac{1}{\sqrt{LC}}t$

해설 $L-C$ **직렬회로 과도현상**

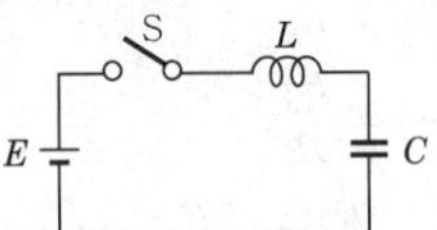


**스위치**(S)를 **ON**하고 $t$**초 후**에 **전류**는

$$i(t)=\frac{E}{\sqrt{\frac{L}{C}}}\sin\frac{1}{\sqrt{LC}}t\text{〔A〕} : \text{불변진동 전류}$$

여기서, $i(t)$ : 과도전류〔A〕
$E$ : 직류전압〔V〕
$L$ : 인덕턴스〔H〕
$C$ : 커패시턴스〔F〕

답 ②

**28** 정전용량이 0.02$\mu$F인 커패시터 2개와 정전용량이 0.01$\mu$F인 커패시터 1개를 모두 병렬로 접속하여 24V의 전압을 가하였다. 이 병렬회로의 합성정전용량〔$\mu$F〕과 0.01$\mu$F의 커패시터에 축적되는 전하량〔C〕은?

18.03.문34
15.03.문33

① 0.05, $0.12\times10^{-6}$
② 0.05, $0.24\times10^{-6}$
③ 0.03, $0.12\times10^{-6}$
④ 0.03, $0.24\times10^{-6}$

해설 (1) 기호

- $C_1=C_2$ : 0.02$\mu$F
- $C_3$ : $0.01\mu\text{F}=0.01\times10^{-6}\text{F}$
  $(1\mu\text{F}=1\times10^{-6}\text{F})$
- $V$ : 24V
- $Q$ : ?

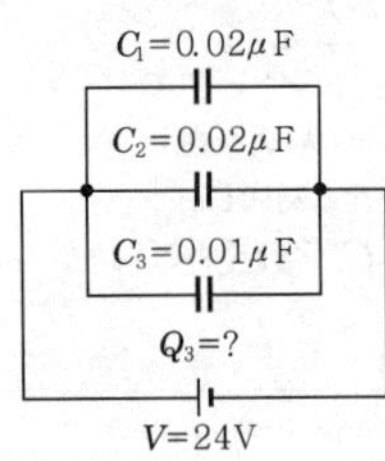


(2) **콘덴서**의 **병렬접속**

$C=C_1+C_2+C_3=0.02+0.02+0.01=$**0.05$\mu$F**

(2) **전하량**

$$Q=CV$$

여기서, $Q$ : 전하량〔C〕
$C$ : 정전용량〔F〕
$V$ : 전압〔V〕

$C_3$의 **전하량** $Q_3$는

$Q_3=C_3V=(0.01\times10^{-6})\times24$
$=2.4\times10^{-7}=$**$0.24\times10^{-6}$C**

중요

**콘덴서**

| 직렬접속 | 병렬접속 |
|---|---|
| $C=\dfrac{1}{\dfrac{1}{C_1}+\dfrac{1}{C_2}+\dfrac{1}{C_3}}$<br>여기서,<br>$C$ : 합성정전용량[F]<br>$C_1$, $C_2$, $C_3$ : 각각의 정전용량[F] | $C=C_1+C_2+C_3$<br>여기서,<br>$C$ : 합성정전용량[F]<br>$C_1$, $C_2$, $C_3$ : 각각의 정전용량[F] |

답 ②

★★
**29** 3상 유도전동기의 특성에서 토크, 2차 입력, 동기속도의 관계로 옳은 것은?

15.05.문21
14.03.문37

① 토크는 2차 입력과 동기속도에 비례한다.
② 토크는 2차 입력에 비례하고, 동기속도에 반비례한다.
③ 토크는 2차 입력에 반비례하고, 동기속도에 비례한다.
④ 토크는 2차 입력의 제곱에 비례하고, 동기속도의 제곱에 반비례한다.

해설 **출력**

$$P=9.8\omega\tau=9.8\times 2\pi\frac{N}{60}\times\tau\text{[W]}\propto\tau$$

여기서, $P$ : 출력[W]
$\omega$ : 각속도[rad/s]
$N$ : 회전수 또는 동기속도[rpm]
$\tau$ : 토크[kg·m]

- $P\propto\tau$이므로 **토크**는 **출력**에 **비례**하므로 2차 입력에도 비례(출력은 입력에 당연히 비례. 이건 상식!)

$$P=9.8\times 2\pi\frac{N}{60}\times\tau$$

$$\frac{60P}{9.8\times 2\pi N}=\tau$$

$$\tau=\frac{60P}{9.8\times 2\pi N}\propto\frac{1}{N}\text{(반비례)}$$

- $\tau\propto\dfrac{1}{N}$이므로 **토크**는 **동기속도**에 **반비례**
- $\tau$ : 타우(Tau)라고 읽는다.

비교

**토크**

$$\tau=K_0\frac{sE_2^{\ 2}r_2}{r_2+(sx_2)^2}$$

여기서, $\tau$ : 토크(회전력)[N·m]
$K_0$ : 비례상수
$s$ : 슬립
$E_2$ : 단자전압(2차 유기기전력)[V]
$r_2$ : 2차 1상의 저항[Ω]
$x_2$ : 2차 1상의 리액턴스[Ω]

- 유도전동기의 회전력은 단자전압의 **제곱**(2승)에 **비례**한다.

답 ②

★★
**30** 2차 제어시스템에서 무제동으로 무한 진동이 일어나는 감쇠율(Damping ratio) $\delta$는?

17.05.문25
14.03.문25

① $\delta=0$　② $\delta>1$
③ $\delta=1$　④ $0<\delta<1$

해설 **2차계**에서의 **감쇠율**

| 감쇠율 | 특 성 |
|---|---|
| $\delta=0$ | 무제동 |
| $\delta>1$ | 과제동 |
| $\delta=1$ | 임계제동 |
| $0<\delta<1$ | 감쇠제동 |

- $\delta$ : 델타(Delta)라고 읽는다.

답 ①

★
**31** 그림의 논리회로와 등가인 논리게이트는?

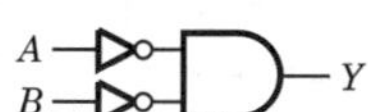


① NOR　② NAND
③ NOT　④ OR

해설 **치환법**

| 논리회로 | 치 환 | 명 칭 |
|---|---|---|
| 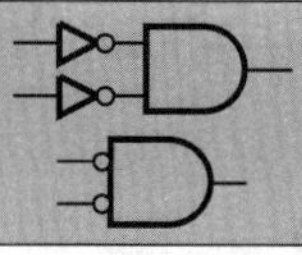 | 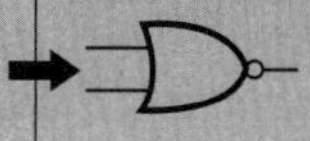 | NOR회로 |
| 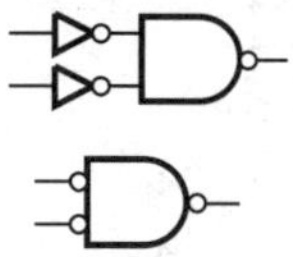 | 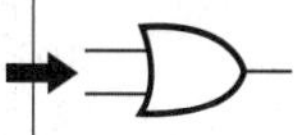 | OR회로 |
| 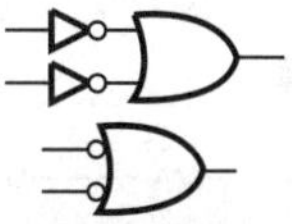 | 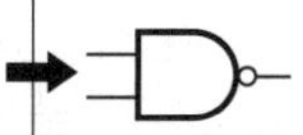 | NAND회로 |
| 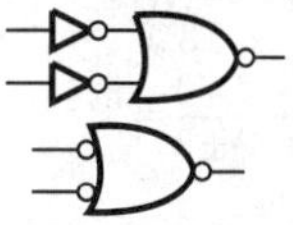 | 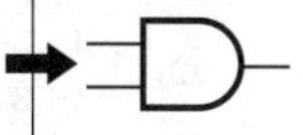 | AND회로 |

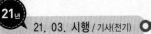

- AND회로 → OR회로, OR회로 → AND회로로 바꾼다.
- 버블(Bubble)이 있는 것은 버블을 없애고, 버블이 없는 것은 버블을 붙인다[버블(Bubble)이란 작은 동그라미를 말함].

답 ①

**32** 회로에서 a, b간의 합성저항[Ω]은? (단, $R_1 = 3Ω$, $R_2 = 9Ω$이다.)

15.09.문35

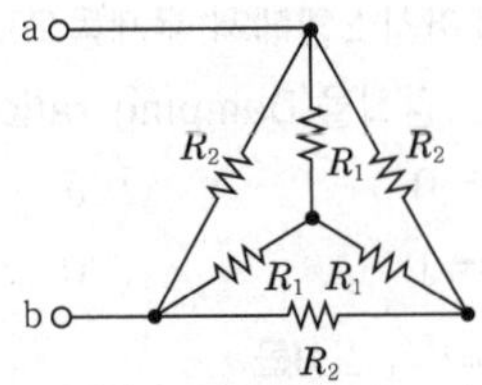


① 3　　② 4
③ 5　　④ 6

해설 (1) **기호**

- $R_1$ : 3Ω
- $R_2$ : 9Ω
- $R_{ab}$ : ?

(2) **Y · △ 결선**

- △결선 → Y결선 : 저항 $\frac{1}{3}$**배**로 됨
- Y결선 → △결선 : 저항 **3배**로 됨

△결선 → Y결선으로 변환하면 다음과 같다.

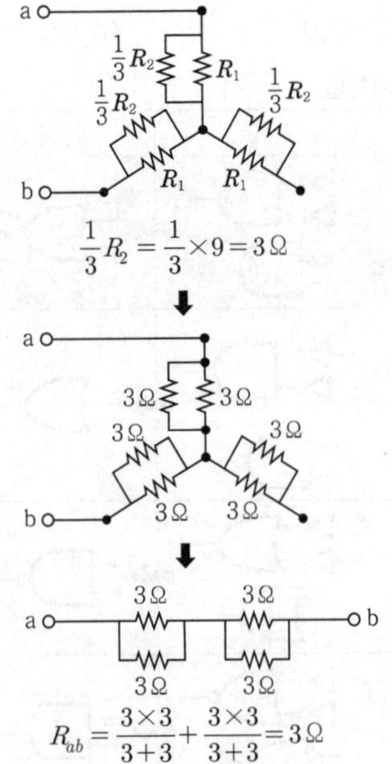

$$\frac{1}{3}R_2 = \frac{1}{3} \times 9 = 3Ω$$

$$R_{ab} = \frac{3 \times 3}{3+3} + \frac{3 \times 3}{3+3} = 3Ω$$

**별해**

Y결선 → △결선으로 변환하면 다음과 같다.

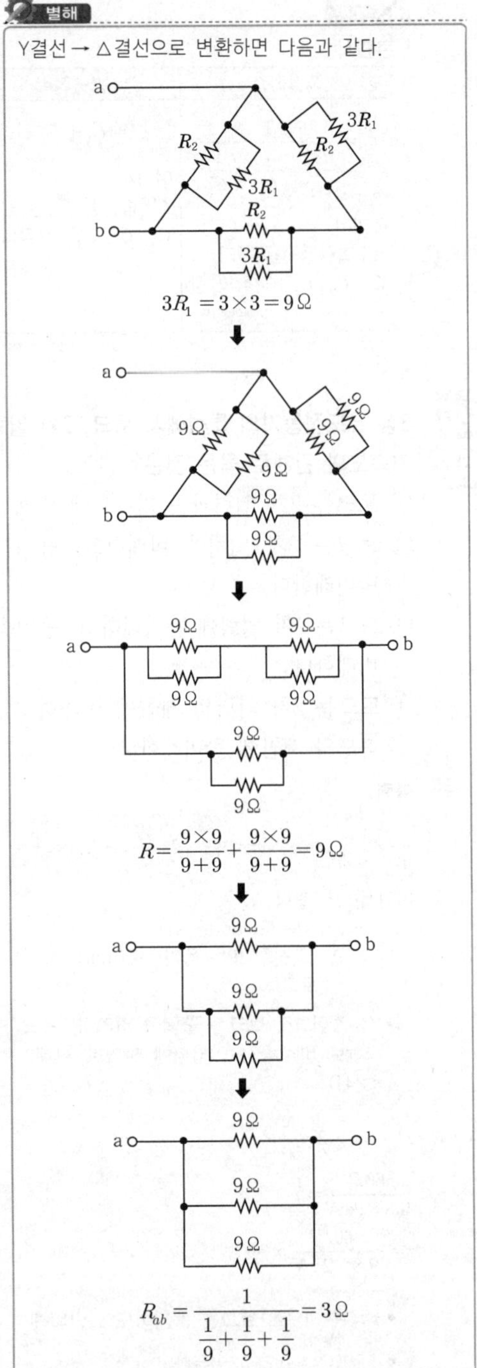

$$3R_1 = 3 \times 3 = 9Ω$$

$$R = \frac{9 \times 9}{9+9} + \frac{9 \times 9}{9+9} = 9Ω$$

$$R_{ab} = \frac{1}{\frac{1}{9} + \frac{1}{9} + \frac{1}{9}} = 3Ω$$

답 ①

★
**33** 그림과 같이 반지름 $r$[m]인 원의 원주상 임의의 2점 a, b 사이에 전류 $I$[A]가 흐른다. 원의 중심에서의 자계의 세기는 몇 A/m인가?

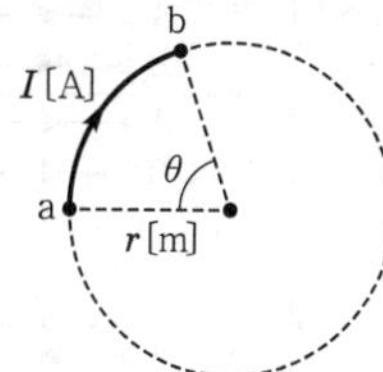


① $\dfrac{I\theta}{4\pi r}$　② $\dfrac{I\theta}{4\pi r^2}$

③ $\dfrac{I\theta}{2\pi r}$　④ $\dfrac{I\theta}{2\pi r^2}$

해설 **유한장 직선전류**의 **자계**

$$H = \frac{I}{4\pi a}(\sin\beta_1 + \sin\beta_2)$$
$$= \frac{I}{4\pi a}(\cos\theta_1 + \cos\theta_2)\text{[AT/Wb]}$$

여기서, $H$ : 자계의 세기[AT/m]
$I$ : 전류[A]
$a$ : 도체의 수직거리[m]

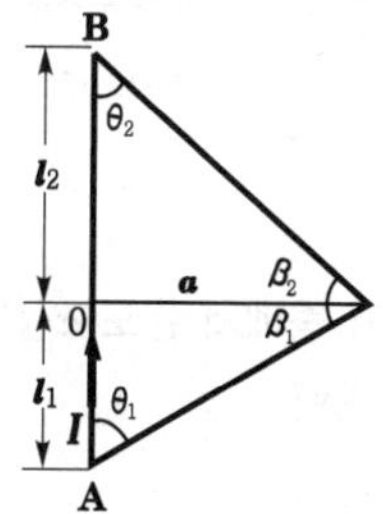


**변형식**

$$H = \frac{I\theta}{4\pi r}$$

여기서, $H$ : 자계의 세기[AT/m]
$I$ : 전류[A]
$\theta$ : 각도
$r$ : 도체의 반지름[m]

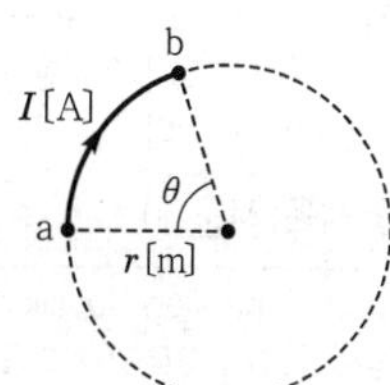


답 ①

★★
**34** 어떤 회로에 $v(t) = 150\sin\omega t$[V]의 전압을 가하니 $i(t) = 12\sin(\omega t - 30°)$[A]의 전류가 흘렀다. 이 회로의 소비전력(유효전력)은 약 몇 W인가?

19.09.문34
12.03.문31

① 390　② 450
③ 780　④ 900

해설 $v(t) = V_m\sin\omega t = 150\sin\omega t = 150\cos(\omega t + 90°)$[V]
$i(t) = I_m\sin\omega t = 12\sin(\omega t - 30°)$
$= 12\cos(\omega t - 30° + 90°) = 12\cos(\omega t + 60°)$[A]

(1) **전압**의 **최대값**

$$V_m = \sqrt{2}\,V$$

여기서, $V_m$ : 전압의 최대값[V]
$V$ : 전압의 실효값[V]

**전압**의 **실효값** $V$는

$$V = \frac{V_m}{\sqrt{2}} = \frac{150}{\sqrt{2}}\text{V}$$

(2) **전류**의 **최대값**

$$I_m = \sqrt{2}\,I$$

여기서, $I_m$ : 전류의 최대값[A]
$I$ : 전류의 실효값[A]

**전류**의 **실효값** $I$는

$$I = \frac{I_m}{\sqrt{2}} = \frac{12}{\sqrt{2}}\text{A}$$

(3) **소비전력**

$$P = VI\cos\theta$$

여기서, $P$ : 소비전력[W]
$V$ : 전압의 실효값[V]
$I$ : 전류의 실효값[A]
$\theta$ : 위상차[rad]

**소비전력** $P$는

$$P = VI\cos\theta$$
$$= \frac{150}{\sqrt{2}} \times \frac{12}{\sqrt{2}} \times \cos(90 - 60)°$$
$$\fallingdotseq 780\text{W}$$

답 ③

★★★
**35** 변위를 압력으로 변환하는 장치로 옳은 것은?

18.09.문40
13.06.문21
12.09.문24
03.08.문22

① 다이어프램
② 가변저항기
③ 벨로우즈
④ 노즐 플래퍼

해설 **변환요소**

| 구 분 | 변 환 |
|---|---|
| • 측온저항<br>• 정온식 감지선형 감지기 | 온도 → 임피던스 |
| • 광전다이오드<br>• 열전대식 감지기<br>• 열반도체식 감지기 | 온도 → 전압 |
| • 광전지 | 빛 → 전압 |
| • 전자 | 전압(전류) → 변위 |
| • 유압분사관<br>• 노즐 플래퍼 보기 ④ | 변위 → 압력 |
| • 포텐셔미터<br>• 차동변압기<br>• 전위차계 | 변위 → 전압 |
| • 가변저항기 | 변위 → 임피던스 |

답 ④

★★★
**36** 그림과 같은 다이오드 회로에서 출력전압 $V_o$는? (단, 다이오드의 전압강하는 무시한다.)

20.06.문32
18.09.문27
11.06.문22
09.08.문34
08.03.문24

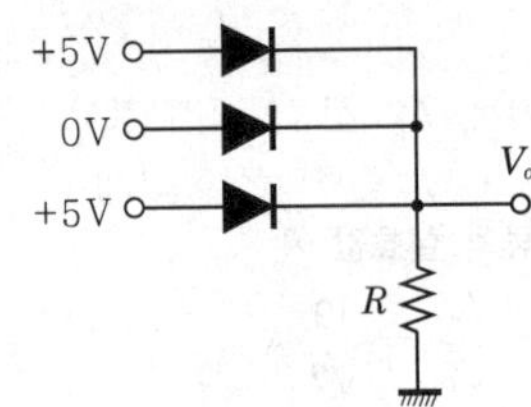


① 10V ② 5V
③ 1V ④ 0V

해설 OR 게이트이므로 입력신호 중 5V, 0V, 5V 중 **어느 하나**라도 1이면 출력신호 $X$가 **5**가 된다.

| 게이트 | 다이오드 회로 |
|---|---|
| OR 게이트 | 5V, 0V, 5V 입력 — 출력, 5V, 전압 0 |
| AND 게이트 | 5V 전원, 5V, 0V, 5V 입력 — 출력, 0V |

**중요**

**논리회로**

| 게이트 | 다이오드 회로 |
|---|---|
| AND 게이트 | +5V, A, B, 출력 / A, B, 출력 |
| OR 게이트 | A, B, 출력 / +5V, A, B, 출력 |
| NOR 게이트 | $+V_{CC}$, A, B, 출력, $T_r$ |
| NAND 게이트 | $+V_{CC}$, A, B, 출력, $T_r$ |

답 ②

★★★
**37** 다음 소자 중에서 온도보상용으로 쓰이는 것은?

19.03.문35
18.09.문31
16.10.문30
15.05.문38
14.09.문40
14.05.문24
14.03.문27
12.03.문34
11.06.문37
00.10.문25

① 서미스터
② 바리스터
③ 제너다이오드
④ 터널다이오드

해설 **반도체소자**

| 명 칭 | 심 벌 |
|---|---|
| **제너다이오드**(Zener diode) : 주로 정전압 전원회로에 사용된다. | (제너다이오드 심벌) |
| **서미스터**(Thermistor) : 부온도특성을 가진 저항기의 일종으로서 주로 **온**도보정용(온도보상용)으로 쓰인다.<br>기억법 서온(서운해) | Th |
| **SCR**(Silicon Controlled Rectifier) : 단방향 대전류 스위칭소자로서 제어를 할 수 있는 정류소자이다. | A, K, G |

| | |
|---|---|
| **바리스터**(varistor)<br>• 주로 **서**지전압에 대한 회로보호용(과도전압에 대한 회로보호)<br>• **계**전기접점의 불꽃제거<br>기억법 **바리서계** | 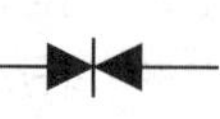 |
| UJT(UniJunction Transistor, **단일접합 트랜지스터**) : 증폭기로는 사용이 불가능하며 톱니파나 펄스발생기로 작용하며 SCR의 트리거소자로 쓰인다. | 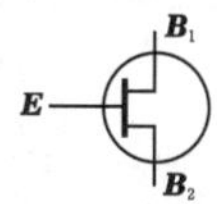 |
| **버랙터**(Varactor) : 제너현상을 이용한 다이오드이다. | – |

답 ①

★
**38** 14.05.문35 **200V의 교류전압에서 30A의 전류가 흐르는 부하가 4.8kW의 유효전력을 소비하고 있을 때 이 부하의 리액턴스〔Ω〕는?**

① 6.6
② 5.3
③ 4.0
④ 3.3

해설 (1) **기호**

- $V$ : 200V
- $I$ : 30A
- $P$ : 4.8kW=4.8×10³W(1kW=1×10³W)
- $X$ : ?

(2) **피상전력**

$$P_a = VI = \sqrt{P^2 + P_r^{\,2}} = I^2 Z \text{〔VA〕}$$

여기서, $P_a$ : 피상전력〔VA〕
$V$ : 전압〔V〕
$I$ : 전류〔A〕
$P$ : 유효전력〔W〕
$P_r$ : 무효전력〔Var〕
$Z$ : 임피던스〔Ω〕

피상전력 $P_a = VI = 200 \times 30 = 6000\text{VA}$

$P_a = \sqrt{P^2 + P_r^{\,2}}$

$P_a^{\,2} = (\sqrt{P^2 + P_r^{\,2}})^2$

$P_a^{\,2} = P^2 + P_r^{\,2}$

$P_a^{\,2} - P^2 = P_r^{\,2}$

$P_r^{\,2} = P_a^{\,2} - P^2$ ← 좌우항 위치 바꿈

$\sqrt{P_r^{\,2}} = \sqrt{P_a^{\,2} - P^2}$

$P_r = \sqrt{P_a^{\,2} - P^2}$

$= \sqrt{6000^2 - (4.8 \times 10^3)^2} = 3600\text{Var}$

(3) **무효전력**

$$P_r = VI\sin\theta = I^2 X \text{〔Var〕}$$

여기서, $P_r$ : 무효전력〔Var〕
$V$ : 전압〔V〕
$I$ : 전류〔A〕
$\sin\theta$ : 무효율
$X$ : 리액턴스〔Ω〕

$P_r = I^2 X$

$\frac{P_r}{I^2} = X$

$X = \frac{P_r}{I^2} = \frac{3600}{30^2} = 4\,\Omega$

답 ③

★★★
**39** 20.09.문23 19.09.문22 17.09.문27 16.03.문25 09.05.문32 08.03.문39 **블록선도의 전달함수 $\frac{C(s)}{R(s)}$ 는?**

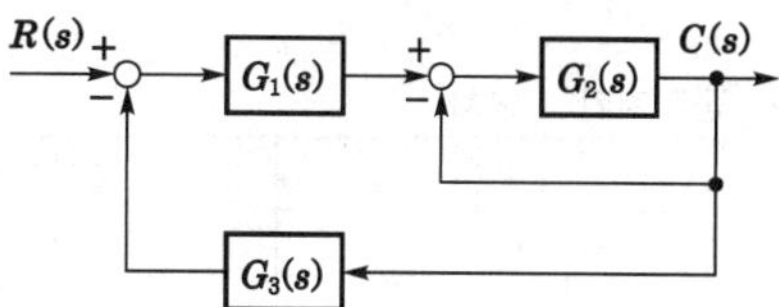


① $\frac{G_1(s)G_2(s)}{1+G_1(s)G_2(s)G_3(s)}$

② $\frac{G_1(s)G_2(s)}{1+G_1(s)+G_1(s)G_2(s)G_3(s)}$

③ $\frac{G_1(s)G_2(s)}{1+G_2(s)+G_1(s)G_2(s)G_3(s)}$

④ $\frac{G_1(s)G_2(s)}{1+G_3(s)+G_1(s)G_2(s)G_3(s)}$

해설 $C = R(s)G_1(s)G_2(s) - CG_1(s)G_2(s)G_4(s)$
$- CG_2(s)G_3(s)$

계산 편의를 위해 잠시 $(s)$를 생략하고 계산하면

$C = RG_1G_2 - CG_1G_2G_4 - CG_2G_3$

$C + CG_1G_2G_4 + CG_2G_3 = RG_1G_2$

$C(1 + G_1G_2G_4 + G_2G_3) = RG_1G_2$

$\frac{C}{R} = \frac{G_1G_2}{1 + G_1G_2G_4 + G_2G_3}$

$G = \frac{C}{R} = \frac{G_1G_2}{1 + G_2G_3 + G_1G_2G_4}$

$G(s) = \frac{C(s)}{R(s)} = \frac{G_1(s)G_2(s)}{1 + G_2(s)G_3(s) + G_1(s)G_2(s)G_4(s)}$

용어

**전달함수**
모든 초기값을 **0**으로 하였을 때 출력신호의 라플라스 변환과 입력신호의 라플라스 변환의 **비**

답 ③

★★★
**40** 어떤 측정계기의 지시값을 $M$, 참값을 $T$라 할 때 보정률〔%〕은?

16.10.문29 16.03.문31 15.09.문36 14.09.문24 13.06.문38 11.06.문21 07.03.문36

① $\dfrac{T-M}{M}\times 100\%$

② $\dfrac{M}{M-T}\times 100\%$

③ $\dfrac{T-M}{T}\times 100\%$

④ $\dfrac{T}{M-T}\times 100\%$

해설 **전기계기의 오차**

| 오차율 | 보정률 |
|---|---|
| $\dfrac{M-T}{T}\times 100\%$ | $\dfrac{T-M}{M}\times 100\%$ |
| 여기서, $T$ : 참값<br>$M$ : 측정값(지시값) | |

• 오차율 = 백분율 오차
• 보정률 = 백분율 보정

답 ①

## 제 3 과목 소방관계법규

★★★
**41** 소방기본법에서 정의하는 소방대의 조직구성원이 아닌 것은?

19.09.문52 19.04.문46 13.03.문42 10.03.문45 05.09.문44 05.03.문57

① 의무소방원
② 소방공무원
③ 의용소방대원
④ 공항소방대원

해설 **기본법 2조**
**소방대**
(1) 소방**공**무원
(2) **의**무소방원
(3) **의**용소방대원

기억법 **소공의**

답 ④

★★★
**42** 위험물안전관리법령상 인화성 액체 위험물(이황화탄소를 제외)의 옥외탱크저장소의 탱크 주위에 설치하여야 하는 방유제의 기준 중 틀린 것은?

18.09.문47 18.03.문54 15.03.문07 14.05.문45 08.09.문58

① 방유제의 용량은 방유제 안에 설치된 탱크가 하나인 때에는 그 탱크용량의 110% 이상으로 할 것
② 방유제의 용량은 방유제 안에 설치된 탱크가 2기 이상인 때에는 그 탱크 중 용량이 최대인 것의 용량의 110% 이상으로 할 것
③ 방유제는 높이 1m 이상 2m 이하, 두께 0.2m 이상, 지하매설깊이 0.5m 이상으로 할 것
④ 방유제 내의 면적은 $80000m^2$ 이하로 할 것

해설 **위험물규칙 〔별표 6〕**
(1) **옥외탱크저장소의 방유제**

| 구 분 | 설 명 |
|---|---|
| 높이 | **0.5~3m** 이하(두께 **0.2m** 이상, 지하매설깊이 **1m** 이상) 보기 ③ |
| 탱크 | **10기**(모든 탱크용량이 **20만**L 이하, 인화점이 70~200℃ 미만은 **20**기) 이하 |
| 면적 | **$80000m^2$** 이하 보기 ④ |
| 용량 | ① 1기 이상 : **탱크용량**의 110% 이상 보기 ①<br>② 2기 이상 : **최대탱크용량**의 110% 이상 보기 ② |

(2) 높이가 **1m**를 넘는 방유제 및 간막이 둑의 안팎에는 방유제 내에 출입하기 위한 계단 또는 경사로를 약 **50m**마다 설치할 것

③ 1m 이상 2m 이하 → 0.5m 이상 3m 이하, 0.5m → 1m

답 ③

★★★
**43** 소방시설공사업법령상 공사감리자 지정대상 특정소방대상물의 범위가 아닌 것은?

20.08.문52 18.04.문51 14.09.문50

① 물분무등소화설비(호스릴방식의 소화설비는 제외)를 신설·개설하거나 방호·방수구역을 증설할 때
② 제연설비를 신설·개설하거나 제연구역을 증설할 때
③ 연소방지설비를 신설·개설하거나 살수구역을 증설할 때
④ 캐비닛형 간이스프링클러설비를 신설·개설하거나 방호·방수구역을 증설할 때

해설 **공사업령 10조**

**소방공사감리자 지정대상 특정소방대상물의 범위**

(1) **옥내소화전설비**를 신설 · 개설 또는 **증설**할 때
(2) **스프링클러설비** 등(캐비닛형 간이스프링클러설비 제외)을 신설 · 개설하거나 방호 · **방수구역**을 **증설**할 때 보기 ④
(3) **물분무등소화설비**(호스릴방식의 소화설비 제외)를 신설 · 개설하거나 방호 · 방수구역을 **증설**할 때 보기 ①
(4) **옥외소화전설비**를 신설 · 개설 또는 **증설**할 때
(5) **자동화재탐지설비**를 신설 · 개설할 때
(6) 비상방송설비를 신설 또는 개설할 때
(7) **통합감시시설**을 신설 또는 **개설**할 때
(8) 비상조명등을 신설 또는 개설할 때
(9) **소화용수설비**를 신설 또는 **개설**할 때
(10) 다음의 **소화활동설비**에 대하여 시공할 때
   ㉠ **제연설비**를 신설 · 개설하거나 제연구역을 증설할 때 보기 ②
   ㉡ 연결송수관설비를 신설 또는 개설할 때
   ㉢ 연결살수설비를 신설 · 개설하거나 송수구역을 증설할 때
   ㉣ 비상콘센트설비를 신설 · 개설하거나 전용회로를 증설할 때
   ㉤ 무선통신보조설비를 신설 또는 개설할 때
   ㉥ **연소방지설비**를 신설 · 개설하거나 살수구역을 증설할 때 보기 ③

④ 캐비닛형 간이스프링클러설비를 → 스프링클러설비(캐비닛형 간이스프링클러설비 제외)를

답 ④

★
## 44 소방기본법령상 소방신호의 방법으로 틀린 것은?

12.03.문48

① 타종에 의한 훈련신호는 연 3타 반복
② 사이렌에 의한 발화신호는 5초 간격을 두고 10초씩 3회
③ 타종에 의한 해제신호는 상당한 간격을 두고 1타씩 반복
④ 사이렌에 의한 경계신호는 5초 간격을 두고 30초씩 3회

해설 **기본규칙 [별표 4]**

**소방신호표**

| 종별 \ 신호방법 | **타**종 신호 | **사**이렌 신호 |
|---|---|---|
| **경**계신호 | **1타**와 연 **2타**를 반복 | **5초** 간격을 두고 **30초**씩 **3회** 보기 ④ |
| **발**화신호 | **난타** | **5초** 간격을 두고 **5초**씩 **3회** 보기 ② |
| **해**제신호 | 상당한 간격을 두고 **1타**씩 반복 보기 ③ | **1분**간 **1회** |
| **훈**련신호 | **연 3타** 반복 보기 ① | **10초** 간격을 두고 **1분**씩 **3회** |

| 기억법 | 타 | 사 |
|---|---|---|
| 경 | 1+2 | 5+30=3 |
| 발 | 난 | 5+5=3 |
| 해 | 1 | 1=1 |
| 훈 | 3 | 10+1=3 |

② 10초 → 5초

답 ②

★
## 45 화재예방, 소방시설 설치 · 유지 및 안전관리에 관한 법령상 대통령령 또는 화재안전기준이 변경되어 그 기준이 강화되는 경우 기존 특정소방대상물의 소방시설 중 강화된 기준을 적용하여야 하는 소방시설은?

17.03.문48

① 비상경보설비
② 비상방송설비
③ 비상콘센트설비
④ 옥내소화전설비

해설 **소방시설법 11조**

**변경강화기준 적용설비**

(1) 소화기구
(2) **비**상**경**보설비
(3) **자**동화재**속**보설비
(4) **피**난구조설비
(5) 소방시설(지하공동구 설치용, 전력 또는 통신사업용 지하구)
(6) **노**유자시설에 설치하여야 하는 소방시설(대통령령으로 정하는 것)
(7) 의료시설에 설치하여야 하는 소방시설(대통령령으로 정하는 것)

기억법 **강비경 자속피노**

중요

**소방시설법 시행령 15조 6**

**변경강화기준 적용설비**

| **노유자시설**에 설치하여야 하는 소방시설 | **의료시설**에 설치하여야 하는 소방시설 |
|---|---|
| • 간이스프링클러설비<br>• 자동화재탐지설비<br>• 단독경보형 감지기 | • 간이스프링클러설비<br>• 스프링클러설비<br>• 자동화재탐지설비<br>• 자동화재속보설비 |

답 ①

★★★
## 46 화재예방, 소방시설 설치 · 유지 및 안전관리에 관한 법령상 지하가는 연면적이 최소 몇 $m^2$ 이상이어야 스프링클러설비를 설치하여야 하는 특정소방대상물에 해당하는가? (단, 터널은 제외한다.)

18.04.문47
15.05.문53
15.03.문56
14.03.문55
13.06.문43
12.05.문51

① 100
② 200
③ 1000
④ 2000

해설 **소방시설법 시행령 〔별표 5〕**
**스프링클러설비의 설치대상**

| 설치대상 | 조 건 |
|---|---|
| ① 문화 및 집회시설, 운동시설<br>② 종교시설 | • 수용인원 : **100명** 이상<br>• 영화상영관 : 지하층 · 무창층 **500m²**(기타 **1000m²**) 이상<br>• 무대부<br>– 지하층 · 무창층 · **4층** 이상 **300m²** 이상<br>– 1~3층 **500m²** 이상 |
| ③ 판매시설<br>④ 운수시설<br>⑤ 물류터미널 | • 수용인원 : **500명** 이상<br>• 바닥면적 합계 **5000m²** 이상 |
| ⑥ 창고시설(물류터미널 제외) | • 바닥면적 합계 **5000m²** 이상 |
| ⑦ 노유자시설<br>⑧ 정신의료기관<br>⑨ 수련시설(숙박 가능한 것)<br>⑩ 종합병원, 병원, 치과병원, 한방병원 및 요양병원(정신병원 제외) | • 바닥면적 합계 **600m²** 이상 |
| ⑪ 지하층 · 무창층 · 4층 이상 | • 바닥면적 **1000m²** 이상 |
| ⑫ 지하가(터널 제외) → | • 연면적 **1000m²** 이상 보기 ③ |
| ⑬ 10m 넘는 랙크식 창고 | • 연면적 **1500m²** 이상 |
| ⑭ 복합건축물<br>⑮ 기숙사 | • 연면적 **5000m²** 이상 : 전층 |
| ⑯ 6층 이상 | • 전층 |
| ⑰ 보일러실 · 연결통로 | • 전부 |
| ⑱ 특수가연물 저장 · 취급 | • 지정수량 **1000배** 이상 |

답 ③

★★★
## 47 화재예방, 소방시설 설치 · 유지 및 안전관리에 관한 법령상 특정소방대상물의 관계인이 수행하여야 하는 소방안전관리 업무가 아닌 것은?

19.09.문01
18.04.문45
14.09.문52
14.09.문53
13.06.문48

① 소방훈련의 지도 · 감독
② 화기(火氣)취급의 감독
③ 피난시설, 방화구획 및 방화시설의 유지 · 관리
④ 소방시설이나 그 밖의 소방 관련 시설의 유지 · 관리

해설 **소방시설법 20조 ⑥항**
**관계인 및 소방안전관리자의 업무**

| 특정소방대상물 (관계인) | 소방안전관리대상물 (소방안전관리자) |
|---|---|
| ① **피난시설 · 방화구획** 및 방화시설의 유지 · 관리 보기 ③<br>② **소방시설**, 그 밖의 소방 관련 시설의 유지 · 관리 보기 ④<br>③ **화기취급**의 감독 보기 ②<br>④ 소방안전관리에 필요한 업무 | ① **피난시설 · 방화구획** 및 방화시설의 유지 · 관리<br>② 소방시설, 그 밖의 소방 관련 시설의 유지 · 관리<br>③ **화기취급**의 감독<br>④ 소방안전관리에 필요한 업무<br>⑤ **소방계획서**의 작성 및 시행(대통령령으로 정하는 사항 포함)<br>⑥ **자위소방대** 및 **초기대응체계**의 구성 · 운영 · 교육<br>⑦ 소방훈련 및 교육 |

① 소방훈련의 지도 · 감독 : 소방본부장 · 소방서장(소방시설법 22조)

용어

| 특정소방대상물 | 소방안전관리대상물 |
|---|---|
| 소방시설을 설치하여야 하는 소방대상물로서 **대통령령**으로 정하는 것 | **대통령령**으로 정하는 특정소방대상물 |

답 ①

★★★
## 48 소방기본법령상 저수조의 설치기준으로 틀린 것은?

16.10.문52
16.05.문44
16.03.문41
13.03.문49

① 지면으로부터의 낙차가 4.5m 이상일 것
② 흡수부분의 수심이 0.5m 이상일 것
③ 흡수에 지장이 없도록 토사 및 쓰레기 등을 제거할 수 있는 설비를 갖출 것
④ 흡수관의 투입구가 사각형의 경우에는 한 변의 길이가 60cm 이상, 원형의 경우에는 지름이 60cm 이상일 것

해설 **기본규칙 〔별표 3〕**
**소방용수시설의 저수조에 대한 설치기준**

(1) 낙차 : **4.5m** 이하
(2) 수심 : **0.5m** 이상
(3) 투입구의 길이 또는 지름 : **60cm** 이상
(4) 소방펌프자동차가 **쉽게 접근**할 수 있도록 할 것
(5) 흡수에 지장이 없도록 **토사** 및 **쓰레기** 등을 제거할 수 있는 설비를 갖출 것
(6) 저수조에 물을 공급하는 방법은 **상수도**에 연결하여 **자동**으로 **급수**되는 구조일 것

기억법 수5(수호천사)

① 4.5m 이상 → 4.5m 이하

60cm 이상
지면
소방차
흡수관 투입구
흡수관
소화수조
낙차 4.5m 이하
수심 0.5m 이상

▌저수조의 깊이▐

답 ①

★★★
**49** 위험물안전관리법상 시 · 도지사의 허가를 받지 아니하고 당해 제조소 등을 설치할 수 있는 기준 중 다음 ( ) 안에 알맞은 것은?

18.03.문43
17.05.문46
14.05.문44
13.09.문60
06.03.문58

> 농예용 · 축산용 또는 수산용으로 필요한 난방시설 또는 건조시설을 위한 지정수량 ( )배 이하의 저장소

① 20　② 30
③ 40　④ 50

해설 **위험물법 6조**
**제조소 등의 설치허가**
(1) **설치허가자** : **시** · **도지사**
(2) **설치허가 제외장소**
　㉠ 주택의 난방시설(공동주택의 중앙난방시설은 제외)을 위한 **저장소** 또는 **취급소**
　㉡ 지정수량 **20배** 이하의 **농**예용 · **축**산용 · **수**산용 난방시설 또는 건조시설의 **저장소** 보기 ①
(3) **제조소 등의 변경신고** : 변경하고자 하는 날의 **1일** 전까지

기억법 농축수2

참고

**시 · 도지사**
(1) 특별시장
(2) 광역시장
(3) 특별자치시장
(4) 도지사
(5) 특별자치도지사

답 ①

★★★
**50** 소방기본법령상 화재조사의 종류 중 화재원인조사에 해당하지 않는 것은?

19.09.문59
14.05.문57
11.03.문55
07.05.문56

① 발화원인조사
② 인명피해조사
③ 연소상황조사
④ 소방시설 등 조사

해설 **기본규칙 〔별표 5〕**
**화재원인조사**

| 종 류 | 조사범위 |
|---|---|
| 발화**원인**조사 보기 ① | 화재가 발생한 과정, 화재가 **발생**한 **지점** 및 불이 붙기 시작한 물질<br>기억법 지원 |
| **발견 · 통보** 및 초기 소화상황조사 | 화재의 **발견 · 통보** 및 **초기 소화** 등 일련의 과정 |
| **연소**상황조사 보기 ③ | 화재의 **연소경로** 및 **확대원인** 등의 상황 |
| **피난**상황조사 | **피난경로**, 피난상의 장애요인 등의 상황 |
| **소방시설** 등 조사 보기 ④ | **소방시설**의 **사용** 또는 작동 등의 상황 |

② 화재피해조사

비교

**기본규칙 〔별표 5〕**
**화재피해조사**

| 종 류 | 조사범위 |
|---|---|
| 인명**피**해조사 | • 소방활동 중 발생한 **사망자** 및 **부상자**<br>• 그 밖에 화재로 인한 사망자 및 부상자 |
| 재산**피**해조사 | • 열에 의한 **탄화**, **용융**, **파손** 등의 피해<br>• 소화활동 중 사용된 물로 인한 피해<br>• 그 밖에 연기, **물품반출**, 화재로 인한 폭발 등에 의한 피해 |

기억법 피피피

답 ②

★★★
**51** 화재예방, 소방시설 설치 · 유지 및 안전관리에 관한 법령상 특정소방대상물의 소방시설 설치의 면제기준 중 다음 ( ) 안에 알맞은 것은?

18.03.문80
17.09.문48
14.09.문78
14.03.문53

> 물분무등소화설비를 설치하여야 하는 차고 · 주차장에 ( )를 화재안전기준에 적합하게 설치한 경우에는 그 설비의 유효범위에서 설치가 면제된다.

① 옥내소화전설비
② 스프링클러설비
③ 간이스프링클러설비
④ 청정소화약제소화설비

해설 **소방시설법 시행령 〔별표 6〕**
**소방시설 면제기준**

| 면제대상(설치대상) | 대체설비 |
|---|---|
| 스프링클러설비 | • **물분무등소화설비** |
| 물분무등소화설비 → | • **스프링클러설비** |
| 간이스프링클러설비 | • 스프링클러설비<br>• **물분무소화설비**<br>• **미분무소화설비** |
| 비상**경**보설비 또는 **단**독경보형 감지기 | • **자동화재탐지설비**<br>기억법 **탐경단** |
| 비상**경**보설비 | • **2개 이상 단독경보형 감지기 연동**<br>기억법 **경단2** |
| 비상방송설비 | • 자동화재탐지설비<br>• 비상경보설비 |
| 연결살수설비 | • 스프링클러설비<br>• 간이스프링클러설비<br>• 물분무소화설비<br>• 미분무소화설비 |
| 제연설비 | • **공기조화설비** |
| 연소방지설비 | • 스프링클러설비<br>• 물분무소화설비<br>• 미분무소화설비 |
| 연결송수관설비 | • 옥내소화전설비<br>• 스프링클러설비<br>• 간이스프링클러설비<br>• 연결살수설비 |
| 자동화재탐지설비 | • 자동화재탐지설비의 기능을 가진 스프링클러설비<br>• 물분무등소화설비 |
| 옥내소화전설비 | • 옥외소화전설비<br>• 미분무소화설비(호스릴방식) |

답 ②

★
**52** 13.09.문57 **화재예방, 소방시설 설치 · 유지 및 안전관리에 관한 법령상 소방안전관리대상물의 소방계획서에 포함되어야 하는 사항이 아닌 것은?**

① 소방시설 · 피난시설 및 방화시설의 점검 · 정비계획
② 위험물안전관리법에 따라 예방규정을 정하는 제조소 등의 위험물 저장 · 취급에 관한 사항
③ 특정소방대상물의 근무자 및 거주자의 자위소방대 조직과 대원의 임무에 관한 사항
④ 방화구획, 제연구획, 건축물의 내부 마감재료(불연재료 · 준불연재료 또는 난연재료로 사용된 것) 및 방염물품의 사용현황과 그 밖의 방화구조 및 설비의 유지 · 관리계획

해설 **소방시설법 시행령 24조**
**소방안전관리대상물의 소방계획서 작성**

(1) 소방안전관리대상물의 위치 · 구조 · 연면적 · 용도 및 수용인원 등의 **일반현황**
(2) 화재예방을 위한 **자체점검계획** 및 **진압대책**
(3) 특정소방대상물의 **근무자** 및 거주자의 **자위소방대** 조직과 대원의 임무에 관한 사항 보기 ③
(4) **소방시설 · 피난시설** 및 **방화시설**의 점검 · 정비계획 보기 ①
(5) **방화구획**, **제연구획**, 건축물의 **내부 마감재료**(불연재료 · 준불연재료 또는 난연재료로 사용된 것) 및 방염물품의 사용현황과 그 밖의 방화구조 및 설비의 유지 · 관리계획 보기 ④

② 위험물 관련은 해당 없음

답 ②

★★★
**53** 18.04.문53 18.03.문57 17.05.문41 **위험물안전관리법상 업무상 과실로 제조소 등에서 위험물을 유출 · 방출 또는 확산시켜 사람의 생명 · 신체 또는 재산에 대하여 위험을 발생시킨 자에 대한 벌칙기준은?**

① 5년 이하의 금고 또는 2000만원 이하의 벌금
② 5년 이하의 금고 또는 7000만원 이하의 벌금
③ 7년 이하의 금고 또는 2000만원 이하의 벌금
④ 7년 이하의 금고 또는 7000만원 이하의 벌금

해설 **위험물법 34조**

| 벌 칙 | 행 위 |
|---|---|
| **7년** 이하의 금고 또는 **7천만원** 이하의 벌금 보기 ④ | 업무상 과실로 제조소 등에서 **위험물**을 유출 · 방출 또는 확산시켜 사람의 생명 · 신체 또는 재산에 대하여 **위험**을 발생시킨 자<br>기억법 **77천위(위험한 칠천량 해전)** |
| **10년** 이하의 징역 또는 금고나 **1억원** 이하의 벌금 | 업무상 과실로 제조소 등에서 위험물을 유출 · 방출 또는 확산시켜 사람을 **사상**에 이르게 한 자 |

비교

**소방시설법 48조**

| 벌 칙 | 행 위 |
|---|---|
| **5년 이하**의 징역 또는 **5천만원 이하**의 벌금 | 소방시설에 폐쇄 · 차단 등의 **행위**를 한 자 |
| **7년 이하**의 징역 또는 **7천만원** 이하의 벌금 | 소방시설에 폐쇄 · 차단 등의 행위를 하여 사람을 **상해**에 이르게 한 때 |
| **10년 이하**의 징역 또는 **1억원 이하**의 벌금 | 소방시설에 폐쇄 · 차단 등의 행위를 하여 사람을 **사망**에 이르게 한 때 |

답 ④

★★★
**54** 소방시설공사업법령상 소방시설업 등록을 하지 아니하고 영업을 한 자에 대한 벌칙은?

20.06.문47 19.09.문47 14.09.문58 07.09.문58

① 500만원 이하의 벌금
② 1년 이하의 징역 또는 1000만원 이하의 벌금
③ 3년 이하의 징역 또는 3000만원 이하의 벌금
④ 5년 이하의 징역

해설 **소방시설법 48조 2, 공사업법 35조**
**3년 이하의 징역 또는 3000만원 이하의 벌금**
(1) **소방특별조사** 결과에 따른 조치명령 위반
(2) **소방시설관리업** 무등록자
(3) **소방시설업** 무등록자
(4) 형식승인을 받지 않은 **소방용품** 제조·수입자
(5) **제품검사**를 받지 않은 자
(6) **부정한 방법**으로 **전문기관**의 지정을 받은 자

중요

| 3년 이하의 징역 또는 3000만원 이하의 벌금 | 5년 이하의 징역 또는 1억원 이하의 벌금 |
|---|---|
| ① 소방시설업 무등록<br>② 소방시설관리업 무등록 | 제조소 무허가(위험물법 34조 2) |

답 ③

★
**55** 위험물안전관리법령상 위험물의 유별 저장·취급의 공통기준 중 다음 ( ) 안에 알맞은 것은?

( ) 위험물은 산화제와의 접촉·혼합이나 불티·불꽃·고온체와의 접근 또는 과열을 피하는 한편, 철분·금속분·마그네슘 및 이를 함유한 것에 있어서는 물이나 산과의 접촉을 피하고 인화성 고체에 있어서는 함부로 증기를 발생시키지 아니하여야 한다.

① 제1류
② 제2류
③ 제3류
④ 제4류

해설 **위험물규칙 〔별표 18〕 Ⅱ**
**위험물의 유별 저장·취급의 공통기준(중요 기준)**

| 위험물 | 공통기준 |
|---|---|
| 제1류 위험물 | **가연물**과의 접촉·혼합이나 분해를 촉진하는 물품과의 접근 또는 과열·충격·마찰 등을 피하는 한편, 알칼리금속의 과산화물 및 이를 함유한 것에 있어서는 물과의 접촉을 피할 것 |
| 제2류 위험물 | **산화제**와의 접촉·혼합이나 불티·불꽃·고온체와의 접근 또는 과열을 피하는 한편, 철분·금속분·마그네슘 및 이를 함유한 것에 있어서는 물이나 산과의 접촉을 피하고 인화성 고체에 있어서는 함부로 증기를 발생시키지 않을 것 |
| 제3류 위험물 | **자연발화성** 물질에 있어서는 불티·불꽃 또는 고온체와의 접근·과열 또는 공기와의 접촉을 피하고, 금수성 물질에 있어서는 물과의 접촉을 피할 것 |
| 제4류 위험물 | **불티·불꽃·고온체**와의 접근 또는 과열을 피하고, 함부로 **증기**를 발생시키지 않을 것 |
| 제5류 위험물 | **불티·불꽃·고온체**와의 접근이나 과열·충격 또는 **마찰**을 피할 것 |

답 ②

★★
**56** 소방기본법령상 소방용수시설의 설치기준 중 급수탑의 급수배관의 구경은 최소 몇 mm 이상이어야 하는가?

20.06.문45 19.03.문58

① 100 ② 150
③ 200 ④ 250

해설 **기본규칙 〔별표 3〕**
**소방용수시설별 설치기준**

| 소화전 | 급수탑 |
|---|---|
| • **65mm** : 연결금속구의 구경 | • **100mm** : 급수배관의 구경 보기 ①<br>• **1.5~1.7m** 이하 : 개폐밸브 높이<br>기억법 57탑(57층 탑) |

답 ①

★★★
**57** 화재예방, 소방시설 설치·유지 및 안전관리에 관한 법령상 자동화재탐지설비를 설치하여야 하는 특정소방대상물에 대한 기준 중 ( )에 알맞은 것은?

16.05.문43 16.03.문57 14.03.문79 12.03.문74

근린생활시설(목욕장 제외), 의료시설(정신의료기관 또는 요양병원 제외), 숙박시설, 위락시설, 장례시설 및 복합건축물로서 연면적 ( )$m^2$ 이상인 것

① 400 ② 600
③ 1000 ④ 3500

해설 **소방시설법 시행령 〔별표 5〕**
**자동화재탐지설비의 설치대상**

| 설치대상 | 조 건 |
|---|---|
| ① 노유자시설 | • 연면적 400m² 이상 |
| ② 근린생활시설 · 위락시설<br>③ 숙박시설 · 의료시설<br>④ 복합건축물 · 장례시설<br>기억법 근위숙의복 6 | • 연면적 600m² 이상<br>보기 ② |
| ⑤ 목욕장 · 문화 및 집회시설, 운동시설<br>⑥ 종교시설<br>⑦ 방송통신시설 · 관광휴게시설<br>⑧ 업무시설 · 판매시설<br>⑨ 항공기 및 자동차관련시설 · 공장 · 창고시설<br>⑩ 지하가 · 공동주택 · 운수시설 · 발전시설 · 위험물 저장 및 처리시설<br>⑪ 교정 및 군사시설 중 국방 · 군사시설 | • 연면적 1000m² 이상 |
| ⑫ 교육연구시설 · 동식물관련시설<br>⑬ 분뇨 및 쓰레기 처리시설 · 교정 및 군사시설(국방 · 군사시설 제외)<br>⑭ 수련시설(숙박시설이 있는 것 제외)<br>⑮ 묘지관련시설<br>기억법 교동분교수 2 | • 연면적 2000m² 이상 |
| ⑯ 지하가 중 터널 | • 길이 1000m 이상 |
| ⑰ 지하구<br>⑱ 노유자생활시설 | • 전부 |
| ⑲ 특수가연물 저장 · 취급 | • 지정수량 500배 이상 |
| ⑳ 수련시설(숙박시설이 있는 것) | • 수용인원 100명 이상 |
| ㉑ 전통시장 | • 전부 |

답 ②

★★
**58** 소방기본법에서 정의하는 소방대상물에 해당되지 않는 것은?

15.05.문54
12.05.문48

① 산림 ② 차량
③ 건축물 ④ 항해 중인 선박

해설 **기본법 2조 1호**
**소방대상물**
(1) 건축물
(2) 차량
(3) 선박(매어둔 것)
(4) 선박건조구조물
(5) 산림
(6) 인공구조물
(7) 물건

기억법 건차선 산인물

비교
**위험물법 3조**
**위험물의 저장·운반·취급에 대한 적용 제외**
(1) 항공기
(2) 선박
(3) 철도
(4) 궤도

답 ④

★★★
**59** 화재예방, 소방시설 설치 · 유지 및 안전관리에 관한 법령상 건축허가 등의 동의대상물의 범위 기준 중 틀린 것은?

20.06.문59
17.09.문53
12.09.문48

① 건축 등을 하려는 학교시설 : 연면적 200m² 이상
② 노유자시설 : 연면적 200m² 이상
③ 정신의료기관(입원실이 없는 정신건강의학과 의원은 제외) : 연면적 300m² 이상
④ 장애인 의료재활시설 : 연면적 300m² 이상

해설 **소방시설법 시행령 12조**
**건축허가 등의 동의대상물**
(1) 연면적 **400m²**(학교시설 : **100m²**, 수련시설 · 노유자시설 : **200m²**, 정신의료기관 · 장애인 의료재활시설 : **300m²**) 이상
(2) **6층** 이상인 건축물
(3) 차고 · 주차장으로서 바닥면적 **200m²** 이상(**자**동차 **20대** 이상) 보기 ①~④
(4) **항공기격납고, 관망탑, 항공관제탑, 방송용 송수신탑**
(5) 지하층 또는 무창층의 바닥면적 **150m²**(공연장은 **100m²**) 이상
(6) **위험물저장** 및 **처리시설**
(7) **결핵환자**나 **한센인**이 24시간 생활하는 **노유자시설**
(8) **지하구**
(9) 요양병원(정신병원, 의료재활시설 제외)
(10) 노인주거복지시설 · 노인의료복지시설 및 재가노인복지시설 · 학대피해노인 전용쉼터 · 아동복지시설 · 장애인 거주시설

기억법 2자(이자)

① 200m² 이상 → 100m² 이상

답 ①

★★★
**60** 화재예방, 소방시설 설치 · 유지 및 안전관리에 관한 법령상 형식승인을 받지 아니한 소방용품을 판매하거나 판매 목적으로 진열하거나 소방시설공사에 사용한 자에 대한 벌칙기준은?

19.09.문47
14.09.문58
07.09.문58

① 3년 이하의 징역 또는 3000만원 이하의 벌금
② 2년 이하의 징역 또는 1500만원 이하의 벌금
③ 1년 이하의 징역 또는 1000만원 이하의 벌금
④ 1년 이하의 징역 또는 500만원 이하의 벌금

해설 **소방시설법 48조 2**

**3년 이하의 징역 또는 3000만원 이하의 벌금**

(1) 소방시설관리업 무등록자
(2) 형식승인을 받지 않은 **소방용품 제조 · 수입자**
(3) 제품검사를 받지 않은 자
(4) **제품검사**를 받지 아니하거나 **합격표시**를 하지 아니한 소방용품을 판매 · 진열하거나 소방시설공사에 사용한 자
(5) 부정한 방법으로 전문기관의 지정을 받은 자

답 ①

## 제 4 과목 소방전기시설의 구조 및 원리

★★★

**61** 자동화재탐지설비 및 시각경보장치의 화재안전기준(NFSC 203)에 따라 특정소방대상물 중 화재신호를 발신하고 그 신호를 수신 및 유효하게 제어할 수 있는 구역을 무엇이라 하는가?

19.03.문68
14.09.문68
12.05.문71
12.03.문68
09.08.문69
07.09.문64

① 방호구역
② 방수구역
③ 경계구역
④ 화재구역

해설 **경계구역**

(1) **정의**

소방대상물 중 **화재신호**를 **발신**하고 그 **신호**를 **수신** 및 유효하게 **제어**할 수 있는 구역 보기 ③

(2) **경계구역의 설정기준**

㉠ 1경계구역이 2개 이상의 **건축물**에 미치지 않을 것
㉡ 1경계구역이 2개 이상의 **층**에 미치지 않을 것
㉢ 1경계구역의 면적은 **600m²** 이하로 하고, 1변의 길이는 **50m** 이하로 할 것(내부 전체가 보이면 **1000m²** 이하)

(3) **1경계구역의 높이** : **45m** 이하

답 ③

★

**62** 유도등의 형식승인 및 제품검사의 기술기준에 따라 영상표시소자(LED, LCD 및 PDP 등)를 이용하여 피난유도표시 형상을 영상으로 구현하는 방식은?

① 투광식
② 패널식
③ 방폭형
④ 방수형

해설 **유도등**의 **형식승인** 및 제품검사의 기술기준 2조

| 용 어 | 설 명 |
|---|---|
| 투광식 | 광원의 빛이 통과하는 **투과면**에 피난유도표시 형상을 인쇄하는 방식 |
| 패널식 | **영상표시소자**(LED, LCD 및 PDP 등)를 이용하여 피난유도표시 형상을 영상으로 구현하는 방식 |
| 방폭형 | **폭발성 가스**가 용기 내부에서 폭발하였을 때 용기가 그 압력에 견디거나 또는 외부의 폭발성 가스에 인화될 우려가 없도록 만들어진 형태의 제품 |
| 방수형 | 그 구조가 **방수구조**로 되어 있는 것 |

답 ②

★

**63** 감지기의 형식승인 및 제품검사의 기술기준에 따라 단독경보형 감지기의 일반기능에 대한 내용이다. 다음 (　　)에 들어갈 내용으로 옳은 것은?

20.09.문76

> 주기적으로 섬광하는 전원표시등에 의하여 전원의 정상 여부를 감시할 수 있는 기능이 있어야 하며, 전원의 정상상태를 표시하는 전원표시등의 섬광주기는 ( ㉠ )초 이내의 점등과 ( ㉡ )초에서 ( ㉢ )초 이내의 소등으로 이루어져야 한다.

① ㉠ 1, ㉡ 15, ㉢ 60
② ㉠ 1, ㉡ 30, ㉢ 60
③ ㉠ 2, ㉡ 15, ㉢ 60
④ ㉠ 2, ㉡ 30, ㉢ 60

해설 **감지기**의 **형식승인** 및 **제품검사**의 **기술기준 5조 2**

**단독경보형의 감지기(주전원이 교류전원 또는 건전지인 것 포함)의 적합 기준**

(1) **자동복귀형 스위치**(자동적으로 정위치에 복귀될 수 있는 스위치)에 의하여 **수동**으로 작동시험을 할 수 있는 기능이 있을 것
(2) 작동되는 경우 **작동표시등**에 의하여 화재의 발생을 표시하고, 내장된 **음향장치**의 명동에 의하여 **화재경보음**을 발할 수 있는 기능이 있을 것
(3) 주기적으로 **섬광**하는 **전원표시등**에 의하여 전원의 **정상 여부**를 **감시**할 수 있는 기능이 있어야 하며, 전원의 정상상태를 표시하는 전원표시등의 섬광주기는 **1초 이내**의 점등과 **30초**에서 **60초** 이내의 소등으로 이루어질 것 보기 ②

답 ②

★
**64** **자동화재탐지설비 및 시각경보장치의 화재안전기준(NFSC 203)에 따라 자동화재탐지설비의 주음향장치의 설치장소로 옳은 것은?**

① 발신기의 내부
② 수신기의 내부
③ 누전경보기의 내부
④ 자동화재속보설비의 내부

해설 **자동화재탐지설비**의 **음향장치**(NFSC 203 8조)

| 주음향장치 | 지구음향장치 |
|---|---|
| **수신기의 내부** 또는 그 **직근**에 설치 보기 ② | 특정소방대상물의 **층**마다 설치 |

답 ②

★★
**65** **무선통신보조설비의 화재안전기준(NFSC 505)에 따라 무선통신보조설비의 주요구성요소가 아닌 것은?**

15.03.문78
12.09.문68

① 증폭기
② 분배기
③ 음향장치
④ 누설동축케이블

해설 **무선통신보조설비**의 **구성요소**

(1) 누설동축케이블, 동축케이블
(2) 분배기
(3) 증폭기
(4) 옥외안테나
(5) 혼합기
(6) 분파기
(7) 무선중계기

③ 음향장치 : **자동화재탐지설비** 등의 주요구성요소

답 ③

★★★
**66** **무선통신보조설비의 화재안전기준(NFSC 505)에 따라 지표면으로부터의 깊이가 몇 m 이하인 경우에는 해당 층에 한하여 무선통신보조설비를 설치하지 아니할 수 있는가?**

20.09.문71
19.09.문80
18.03.문70
17.03.문68
16.03.문80
14.09.문64
08.03.문62
06.05.문79

① 0.5 ② 1
③ 1.5 ④ 2

해설 **무선통신보조설비**의 **설치 제외**(NFSC 505 4조)

(1) **지하층**으로서 특정소방대상물의 바닥부분 **2면 이상**이 지표면과 동일한 경우의 해당 층
(2) 지하층으로서 지표면으로부터의 깊이가 **1m 이하**인 경우의 해당 층 보기 ②

기억법 **2면무지(이면** 계약의 **무지)**

답 ②

★★★
**67** **누전경보기의 화재안전기준(NFSC 205)에 따라 누전경보기의 수신부를 설치할 수 있는 장소는? (단, 해당 누전경보기에 대하여 방폭·방식·방습·방온·방진 및 정전기 차폐 등의 방호조치를 하지 않은 경우이다.)**

16.05.문66
16.03.문76
14.09.문61
12.09.문63

① 습도가 낮은 장소
② 온도의 변화가 급격한 장소
③ 화약류를 제조하거나 저장 또는 취급하는 장소
④ 부식성의 증기·가스 등이 다량으로 체류하는 장소

해설 **누전경보기**의 **수신기 설치 제외 장소**

(1) **온**도변화가 급격한 장소 보기 ②
(2) **습**도가 높은 장소 보기 ①
(3) **가**연성의 증기, 가스 등 또는 **부식성**의 증기, 가스 등의 다량 체류장소 보기 ④
(4) **대전류회로, 고주파 발생회로** 등의 영향을 받을 우려가 있는 장소
(5) **화**약류 제조, 저장, 취급 장소 보기 ③

기억법 **온습누가대화(온**도·**습**도가 높으면 **누가 대화**하냐?)

비교

**누전경보기 수신부**의 **설치장소**
**옥내**의 점검이 편리한 **건조**한 장소

답 ①

★
**68** **유도등의 형식승인 및 제품검사의 기술기준에 따라 객석유도등은 바닥면 또는 디딤바닥면에서 높이 0.5m의 위치에 설치하고 그 유도등의 바로 밑에서 0.3m 떨어진 위치에서의 수평조도가 몇 lx 이상이어야 하는가?**

① 0.1
② 0.2
③ 0.5
④ 1

해설 **조도시험**

| 유도등의 종류 | 시험방법 |
|---|---|
| **계**단통로 유도등 | 바닥면에서 2.5m 높이에 유도등을 설치하고 수평거리 10m 위치에서 법선조도 0.5lx 이상<br>기억법 계2505 |
| 복도통로 유도등 | 바닥면에서 1m 높이에 유도등을 설치하고 중앙으로부터 0.5m 위치에서 조도 1lx 이상<br>15°, 표시면, 30°, 30°, 벽면, 15°, 0.5m, ● : 조도 측정위치<br>▌복도통로유도등 ▌ |
| 거실통로 유도등 | 바닥면에서 2m 높이에 유도등을 설치하고 중앙으로부터 0.5m 위치에서 조도 1lx 이상<br>천장면, 유도등, 2m, ● : 바닥면 조도 측정위치, 0.5m 0.5m, 바닥면, 15°, <단면형>, 30°, <양면형>, 45°, 0.5m<br>▌거실통로유도등 ▌ |
| **객**석 유도등 | 바닥면에서 0.5m 높이에 유도등을 설치하고 바로 밑에서 0.3m 위치에서 수평조도 0.2lx 이상 보기 ②<br>기억법 객532 |

비교

**식별도시험**

| 유도등의 종류 | 상용전원 | 비상전원 |
|---|---|---|
| 피난구유도등, 거실통로유도등 | 10~30lx의 주위조도로 30m에서 식별 | 0~1lx의 주위조도로 20m에서 식별 |
| 복도통로유도등 | 직선거리 20m에서 식별 | 직선거리 15m에서 식별 |

답 ②

★★★
**69** 19.04.문68 18.09.문77 18.03.문73 16.10.문69 16.10.문73 16.05.문67 16.03.문68 15.05.문76 15.03.문62 14.05.문63 14.05.문75 14.03.문61 13.09.문70 13.06.문62 13.06.문80

**비상방송설비의 화재안전기준에 따른 비상방송설비의 음향장치에 대한 내용이다. 다음 ( )에 들어갈 내용으로 옳은 것은?**

> 확성기는 각 층마다 설치하되, 그 층의 각 부분으로부터 하나의 확성기까지의 수평거리가 ( )m 이하가 되도록 하고, 해당 층의 각 부분에 유효하게 경보를 발할 수 있도록 설치할 것

① 10　② 15
③ 20　④ 25

해설 **비상방송설비의 설치기준**

(1) 확성기의 음성입력은 3W(실내 1W) 이상일 것
(2) 확성기는 **각 층**마다 설치하되, 각 부분으로부터의 수평거리는 **25m** 이하일 것 보기 ④
(3) **음**량조정기는 **3선식** 배선일 것
(4) 조작스위치는 바닥으로부터 **0.8~1.5m** 이하의 높이에 설치할 것
(5) 다른 전기회로에 의하여 **유도장애**가 생기지 아니하도록 할 것
(6) 비상방송 **개**시시간은 **10초** 이하일 것
(7) 다른 방송설비와 공용할 경우 화재시 비상경보 외의 방송을 차단할 수 있을 것
(8) 음향장치 : **자동화재탐지설비**의 작동과 연동
(9) 음향장치의 정격전압 : **80%**

기억법 **방3실1, 3음방(삼엄한 방송실), 개10방**

중요

**수평거리**와 **보행거리**

(1) **수평거리**

| 수평거리 | 적용대상 |
|---|---|
| 수평거리 **25m** 이하 | • 발신기<br>• 음향장치(**확성기**)<br>• 비상콘센트(지하상가 · 바닥면적 **3000m²** 이상) |
| 수평거리 **50m** 이하 | • 비상콘센트(기타) |

(2) **보행거리**

| 보행거리 | 적용대상 |
|---|---|
| 보행거리 **15m** 이하 | • **유도표지** |
| 보행거리 **20m** 이하 | • 복도통로유도등<br>• 거실통로유도등<br>• 3종 연기감지기 |
| 보행거리 **30m** 이하 | • 1 · 2종 연기감지기 |
| 보행거리 **40m** 이상 | • 복도 또는 별도로 구획된 실 |

(3) **수직거리**

| 수직거리 | 적용대상 |
|---|---|
| **10m** 이하 | • 3종 연기감지기 |
| **15m** 이하 | • 1 · 2종 연기감지기 |

답 ④

**70** 경종의 형식승인 및 제품검사의 기술기준에 따라 경종은 전원전압이 정격전압의 ± 몇 % 범위에서 변동하는 경우 기능에 이상이 생기지 아니하여야 하는가?

① 5　② 10
③ 20　④ 30

해설 **경종의 형식승인 및 제품검사의 기술기준 4조**
**전원전압변동시의 기능**
**경종**은 전원전압이 정격전압의 **±20%** 범위에서 변동하는 경우 기능에 이상이 생기지 아니하여야 한다.

답 ③

**71** 누전경보기의 형식승인 및 제품검사의 기술기준에 따라 누전경보기에 사용되는 표시등의 구조 및 기능에 대한 설명으로 틀린 것은?

20.09.문69
18.03.문71
17.03.문66

① 누전등이 설치된 수신부의 지구등은 적색 외의 색으로도 표시할 수 있다.
② 방전등 또는 발광다이오드의 경우 전구는 2개 이상을 병렬로 접속하여야 한다.
③ 소켓은 접촉이 확실하여야 하며 쉽게 전구를 교체할 수 있도록 부착하여야 한다.
④ 누전등 및 지구등과 쉽게 구별할 수 있도록 부착된 기타의 표시등은 적색으로도 표시할 수 있다.

해설 **누전경보기**의 **형식승인** 및 **제품검사**의 **기술기준 4조**
**부품의 구조 및 기능**
(1) 전구는 사용전압의 **130%**인 교류전압을 **20시간** 연속하여 가하는 경우 단선, 현저한 광속변화, 흑화, 전류의 저하 등이 발생하지 아니할 것
(2) 전구는 **2개** 이상을 **병렬**로 접속하여야 한다(단, **방전등** 또는 **발광다이오드**는 제외). 보기 ②
(3) 전구에는 적당한 **보호커버**를 설치하여야 한다(단, **발광다이오드**는 제외).
(4) 주위의 밝기가 **300 lx** 이상인 장소에서 측정하여 앞면으로부터 **3m** 떨어진 곳에서 켜진 등이 확실히 식별될 것
(5) **소켓**은 접촉이 확실하여야 하며 쉽게 전구를 교체할 수 있도록 부착 보기 ③
(6) 누전화재의 발생을 표시하는 표시등(누전등)이 설치된 것은 등이 켜질 때 **적색**으로 표시되어야 하며, 누전화재가 발생한 경계전로의 위치를 표시하는 표시등(지구등)과 기타의 표시등은 다음과 같아야 한다.

| • 누전등<br>• 누전등 및 지구등과 쉽게 구별할 수 있도록 부착된 기타의 표시등 | • 누전등이 설치된 수신부의 지구등<br>• 기타의 표시등 |
|---|---|
| 적색 보기 ④ | 적색 외의 색 보기 ① |

② **방전등** 또는 **발광다이오드** 제외

답 ②

**72** 소방시설용 비상전원수전설비의 화재안전기준(NFSC 602)에 따라 일반전기사업자로부터 특고압 또는 고압으로 수전하는 비상전원수전설비로 큐비클형을 사용하는 경우의 시설기준으로 틀린 것은? (단, 옥내에 설치하는 경우이다.)

20.09.문73
11.03.문79

① 외함은 내화성능이 있는 것으로 제작할 것
② 전용큐비클 또는 공용큐비클식으로 설치할 것
③ 개구부에는 갑종방화문 또는 병종방화문을 설치할 것
④ 외함은 두께 2.3mm 이상의 강판과 이와 동등 이상의 강도를 가질 것

해설 **큐비클형**의 **설치기준**(NFSC 602 5조)
(1) **전용큐비클** 또는 **공용큐비클식**으로 설치 보기 ②
(2) 외함은 두께 **2.3mm** 이상의 **강판**과 이와 동등 이상의 강도와 내화성능이 있는 것으로 제작 보기 ①④
(3) 개구부에는 **갑종방화문** 또는 **을종방화문** 설치 보기 ③
(4) 외함은 **건축물**의 **바닥** 등에 견고하게 고정할 것
(5) **환**기장치는 다음에 적합하게 설치할 것
㉠ 내부의 **온**도가 상승하지 않도록 **환기장치**를 할 것
㉡ 자연환기구의 **개**구부 면적의 합계는 외함의 한 면에 대하여 해당 면적의 $\frac{1}{3}$ 이하로 할 것. 이 경우 하나의 통기구의 크기는 직경 **10mm** 이상의 **둥근 막대**가 들어가서는 아니 된다.
㉢ 자연환기구에 따라 충분히 환기할 수 없는 경우에는 **환기설비**를 설치할 것
㉣ 환기구에는 **금속망**, **방화댐퍼** 등으로 방화조치를 하고, 옥외에 설치하는 것은 **빗물** 등이 들어가지 않도록 할 것

기억법 **큐환 온개설 망댐빗**

(6) 공용큐비클식의 소방회로와 일반회로에 사용되는 배선 및 배선용 기기는 **불연재료**로 구획할 것

③ 병종방화문 → 을종방화문

답 ③

**73** 공기관식 차동식 분포형 감지기의 기능시험을 하였더니 검출기의 접점수고치가 규정 이상으로 되어 있었다. 이때 발생되는 장애로 볼 수 있는 것은?

① 작동이 늦어진다.
② 장애는 발생되지 않는다.
③ 동작이 전혀 되지 않는다.
④ 화재도 아닌데 작동하는 일이 있다.

**해설** **접점수고시험**

감지기의 접점수고치가 적정치를 보유하고 있는지를 확인하기 위한 시험

| 수고치 |

| 정상적인 경우 | 비정상적인 경우 | 낮은 경우 (규정치 이하) | 높은 경우 (규정치 이상) |
|---|---|---|---|
| 장애는 발생되지 않는다. 보기 ② | 감지기가 작동되지 않는다. 보기 ③ | ① 감지기가 예민하게 되어 **비화재보**의 원인이 된다. ② 화재도 아닌데 작동하는 일이 있다. 보기 ④ | ① 감지기의 감도가 저하되어 지연동작의 원인이 된다. ② 작동이 늦어짐 보기 ① |

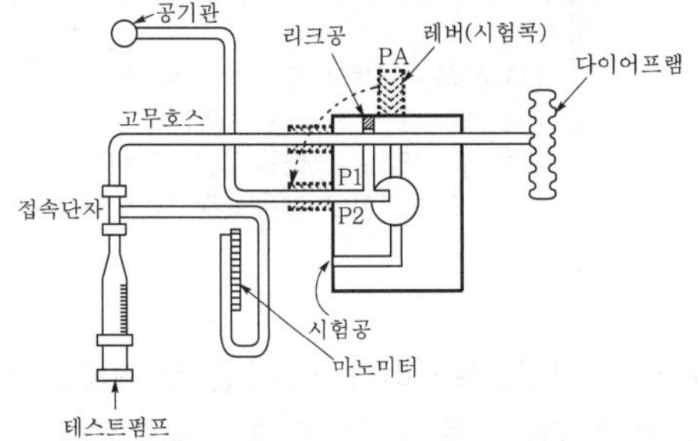


| 접점수고시험 |

중요

**3정수시험**

차동식 분포형 공기관식 감지기는 감도기준 설정이 가열시험으로는 어렵기 때문에 온도시험에 의하지 않고 이론시험으로 대신하는 것으로 **리크저항시험**, **등가용량시험**, **접점수고시험**이 있다.

| 3정수시험 |

| 리크저항시험 | 등가용량시험 | 접점수고시험 |
|---|---|---|
| 리크저항 측정 | 다이어프램의 기능 측정 | 접점의 간격 측정 |

답 ①

★★★ **74** 비상콘센트설비의 화재안전기준(NFSC 504)에 따라 하나의 전용회로에 단상 교류 비상콘센트 6개를 연결하는 경우, 전선의 용량은 몇 kVA 이상이어야 하는가?

19.04.문63 18.04.문61 17.03.문72 16.10.문61 16.05.문76 15.09.문80 14.03.문64 11.10.문67

① 1.5　② 3
③ 4.5　④ 9

**해설** **비상콘센트설비**

(1) 하나의 전용회로에 설치하는 비상콘센트는 **10개** 이하로 할 것(전선의 용량은 최대 **3개**)

| 설치하는 비상콘센트 수량 | 전선의 용량산정 시 적용하는 비상콘센트 수량 | 단상전선의 용량 |
|---|---|---|
| 1 | 1개 이상 | 1.5kVA 이상 |
| 2 | 2개 이상 | 3.0kVA 이상 |
| 3~10 | 3개 이상 | **4.5kVA** 이상 |

(2) 전원회로는 각 층에 있어서 **2 이상**이 되도록 설치할 것(단, 설치하여야 할 층의 콘센트가 **1개**인 때에는 하나의 회로로 할 수 있다)
(3) 플러그접속기의 칼받이 접지극에는 **접지공사**를 하여야 한다.
(4) 풀박스는 **1.6mm** 이상의 철판을 사용할 것
(5) 절연저항은 **전원부**와 **외함** 사이를 **직류 500V 절연저항계**로 측정하여 **20MΩ** 이상일 것
(6) 전원으로부터 각 층의 비상콘센트에 분기되는 경우에는 **분기배선용 차단기**를 보호함 안에 설치할 것
(7) 바닥으로부터 **0.8~1.5m** 이하의 높이에 설치할 것
(8) 전원회로는 주배전반에서 **전용회로**로 하며, 배선의 종류는 **내화배선**이어야 한다.

답 ③

★ **75** 일반적인 비상방송설비의 계통도이다. 다음의 (　　)에 들어갈 내용으로 옳은 것은?

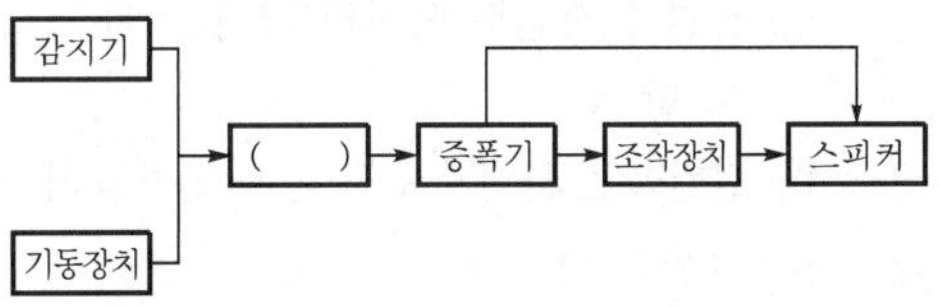


① 변류기　② 발신기
③ 수신기　④ 음향장치

**해설** **비상방송설비**의 **계통도**

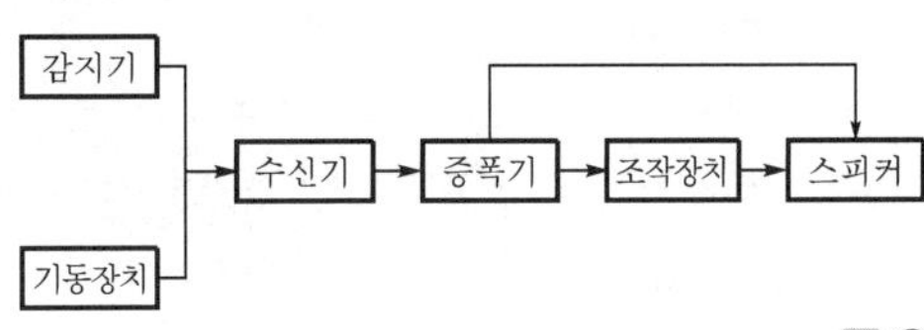


답 ③

★★ **76** 발신기의 형식승인 및 제품검사의 기술기준에 따른 발신기의 작동기능에 대한 내용이다. 다음 (　　)에 들어갈 내용으로 옳은 것은?

17.05.문73 10.09.문72

> 발신기의 조작부는 작동스위치의 동작방향으로 가하는 힘이 ( ㉠ )kg을 초과하고 ( ㉡ )kg 이하인 범위에서 확실하게 동작되어야 하며, ( ㉠ )kg의 힘을 가하는 경우 동작되지 아니하여야 한다. 이 경우 누름판이 있는 구조로서 손끝으로 눌러 작동하는 작동스위치는 누름판을 포함한다.

① ㉠ 2, ㉡ 8
② ㉠ 3, ㉡ 7
③ ㉠ 2, ㉡ 7
④ ㉠ 3, ㉡ 8

해설 **발신기의 형식승인 및 제품검사의 기술기준 4조 2**
**발신기의 작동기능**

> ① 작동스위치의 동작방향으로 가하는 힘이 2kg을 초과하고 8kg 이하인 범위에서 확실하게 동작(단, 2kg의 힘을 가하는 경우 동작하지 않을 것)

답 ①

★
**77** **비상조명등의 형식승인 및 제품검사의 기술기준에 따라 비상조명등의 일반구조로 광원과 전원부를 별도로 수납하는 구조에 대한 설명으로 틀린 것은?**

① 전원함은 방폭구조로 할 것
② 배선은 충분히 견고한 것을 사용할 것
③ 광원과 전원부 사이의 배선길이는 1m 이하로 할 것
④ 전원함은 불연재료 또는 난연재료의 재질을 사용할 것

해설 **비상조명등의 형식승인 및 제품검사의 기술기준 3조**
**광원과 전원부를 별도로 수납하는 구조의 기준**

(1) 전원함은 **불연재료** 또는 **난연재료**의 재질을 사용할 것 보기 ④
(2) 광원과 전원부 사이의 배선길이는 **1m 이하**로 할 것 보기 ③
(3) 배선은 충분히 견고한 것을 사용할 것 보기 ②

> ① 방폭구조로 → 불연재료 또는 난연재료의 재질을 사용

답 ①

★★★
**78** **자동화재속보설비의 속보기의 성능인증 및 제품검사의 기술기준에 따른 속보기의 구조에 대한 설명으로 틀린 것은?**

20.06.문80
17.03.문67
16.10.문77
14.05.문68
11.03.문77

① 수동통화용 송수화장치를 설치하여야 한다.
② 접지전극에 직류전류를 통하는 회로방식을 사용하여야 한다.
③ 작동시 그 작동시간과 작동횟수를 표시할 수 있는 장치를 하여야 한다.
④ 예비전원회로에는 단락사고 등을 방지하기 위한 퓨즈, 차단기 등과 같은 보호장치를 하여야 한다.

해설 **속보기의 기준**

(1) **수동통화**용 송수화기를 설치 보기 ①
(2) **20초** 이내에 **3회** 이상 **소방관서**에 자동속보
(3) 예비전원은 감시상태를 **60분**간 지속한 후 **10분** 이상 동작이 지속될 수 있는 용량일 것
(4) 다이얼링 : **10회** 이상
(5) 작동시 그 **작동시간**과 **작동횟수**를 표시할 수 있는 장치를 하여야 한다. 보기 ③
(6) **예비전원회로**에는 **단락사고** 등을 방지하기 위한 **퓨즈**, **차단기** 등과 같은 **보호장치**를 하여야 한다. 보기 ④

기억법 속203

비교

**속보기 인증기준 3조**
**자동화재속보설비의 속보기에 적용할 수 없는 회로방식**

(1) **접지전극**에 **직류전류**를 통하는 회로방식 보기 ②
(2) 수신기에 접속되는 외부배선과 다른 설비(화재신호의 전달에 영향을 미치지 아니하는 것 제외)의 외부배선을 **공용**으로 하는 회로방식

답 ②

★
**79** **비상콘센트설비의 성능인증 및 제품검사의 기술기준에 따른 표시등의 구조 및 기능에 대한 내용이다. 다음 (　)에 들어갈 내용으로 옳은 것은?**

20.08.문80

> 적색으로 표시되어야 하며 주위의 밝기가 ( ㉠ )lx 이상인 장소에서 측정하여 앞면으로부터 ( ㉡ )m 떨어진 곳에서 켜진 등이 확실히 식별되어야 한다.

① ㉠ 100, ㉡ 1　　② ㉠ 300, ㉡ 3
③ ㉠ 500, ㉡ 5　　④ ㉠ 1000, ㉡ 10

해설 **비상콘센트설비 부품의 구조 및 기능**

(1) 배선용 차단기는 KS C 8321(**배선용 차단기**)에 적합할 것
(2) 접속기는 KS C 8305(**배선용 꽂음 접속기**)에 적합할 것
(3) **표시등**의 **구조** 및 **기능**
　㉠ 전구는 사용전압의 **130%**인 교류전압을 **20시간** 연속하여 가하는 경우 **단선**, **현저한 광속변화**, **흑화**, **전류**의 **저하** 등이 발생하지 아니할 것
　㉡ 소켓은 접속이 확실하여야 하며 쉽게 전구를 교체할 수 있도록 부착할 것
　㉢ 전구에는 적당한 **보호커버**를 설치할 것(단, **발광다이오드** 제외)
　㉣ 적색으로 표시되어야 하며 주위의 밝기가 300 lx 이상인 장소에서 측정하여 앞면으로부터 3m 떨어진 곳에서 켜진 등이 확실히 식별될 것 보기 ②
(4) 단자는 충분한 **전류용량**을 갖는 것으로 하여야 하며 단자의 접속이 정확하고 확실할 것

답 ②

★
**80** 소방시설용 비상전원수전설비의 화재안전기준(NFSC 602) 용어의 정의에 따라 수용장소의 조영물(토지에 정착한 시설물 중 지붕 및 기둥 또는 벽이 있는 시설물을 말한다)의 옆면 등에 시설하는 전선으로서 그 수용장소의 인입구에 이르는 부분의 전선은 무엇인가?

① 인입선 ② 내화배선
③ 열화배선 ④ 인입구배선

해설 **소방시설용 비상전원수전설비**의 **화재안전기준**(NFSC 602 3조, 전기설비기술기준 3조)

| 정 의 | 설 명 |
|---|---|
| 인입선 | 수용장소의 **조영물**(토지에 정착한 시설물 중 지붕 및 기둥 또는 벽이 있는 시설물을 말함)의 옆면 등에 시설하는 전선으로서 그 수용장소의 **인입구**에 이르는 부분의 전선 보기 ① |
| 인입구배선 | **인입선** 연결점으로부터 특정소방대상물 내에 시설하는 **인입개폐기**에 이르는 배선 |
| 연접 인입선 | **한 수용장소**의 인입선에서 분기하여 **지지물**을 거치지 아니하고 다른수용 장소의 인입구에 이르는 부분의 전선 |

답 ①

21년

# 2021. 5. 15 시행

▌2021년 기사 제2회 필기시험▌

| 자격종목 | 종목코드 | 시험시간 | 형별 | 수험번호 | 성명 |
|---|---|---|---|---|---|
| 소방설비기사(전기분야) | | 2시간 | | | |

※ 답안카드 작성시 시험문제지 형별누락, 마킹착오로 인한 불이익은 전적으로 수험자의 귀책사유임을 알려드립니다.
※ 각 문항은 4지택일형으로 질문에 가장 적합한 보기 항을 선택하여 마킹하여야 합니다.

## 제 1 과목 소방원론

★★★
**01** 내화건축물과 비교한 목조건축물 화재의 일반적인 특징을 옳게 나타낸 것은?

19.09.문11 18.03.문05 16.10.문04 14.05.문01 10.09.문08

① 고온, 단시간형
② 저온, 단시간형
③ 고온, 장시간형
④ 저온, 장시간형

해설 (1) **목조건물**의 화재온도 표준곡선
㉠ 화재성상 : **고**온 **단**기형
㉡ 최고온도(최성기 온도) : 1300℃

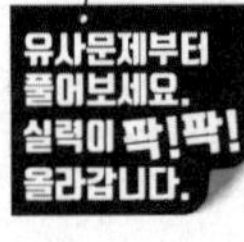

유사문제부터 풀어보세요.
실력이 팍!팍! 올라갑니다.

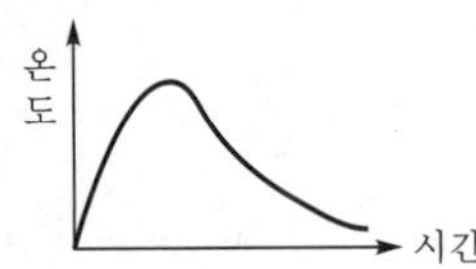

온도
시간

(2) **내화건물**의 화재온도 표준곡선
㉠ 화재성상 : 저온 장기형
㉡ 최고온도(최성기 온도) : **900~1000℃**

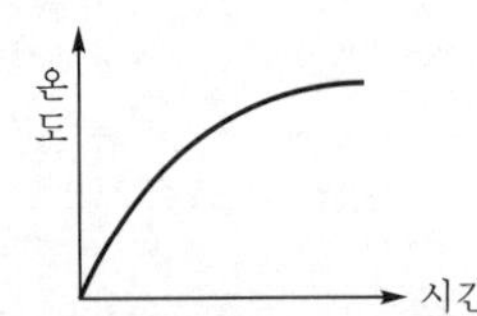

온도
시간

• 목조건물=목재건물

기억법 목고단 13

답 ①

★★★
**02** 다음 중 증기비중이 가장 큰 것은?

16.10.문20 11.06.문06

① Halon 1301 ② Halon 2402
③ Halon 1211 ④ Halon 104

해설 **증기비중**이 큰 순서
Halon 2402 > Halon 1211 > Halon 104 > Halon 1301

중요

**증기비중**

$$증기비중 = \frac{분자량}{29}$$

여기서, 29 : 공기의 평균분자량

답 ②

★
**03** 화재발생시 피난기구로 직접 활용할 수 없는 것은?

11.03.문18

① 완강기
② 무선통신보조설비
③ 피난사다리
④ 구조대

해설 **피난기구**
(1) **완강기**
(2) **피난사다리**
(3) **구조대**(수직구조대 포함)
(4) 소방청장이 정하여 고시하는 화재안전기준으로 정하는 것(미끄럼대, 피난교, 공기안전매트, 피난용 트랩, 다수인 피난장비, 승강식 피난기, 간이완강기, 하향식 피난구용 내림식 사다리)

② 무선통신보조설비 : **소화활동설비**

답 ②

★★
**04** 정전기에 의한 발화과정으로 옳은 것은?

16.10.문11

① 방전 → 전하의 축적 → 전하의 발생 → 발화
② 전하의 발생 → 전하의 축적 → 방전 → 발화
③ 전하의 발생 → 방전 → 전하의 축적 → 발화
④ 전하의 축적 → 방전 → 전하의 발생 → 발화

해설 **정전기**의 **발화과정**

전하의 발생 → 전하의 축적 → 방전 → 발화

답 ②

★★★
## 05 물리적 소화방법이 아닌 것은?

15.09.문05
14.05.문13
13.03.문12
11.03.문16

① 산소공급원 차단
② 연쇄반응 차단
③ 온도냉각
④ 가연물 제거

해설

| 물리적 소화방법 | 화학적 소화방법 |
|---|---|
| • 질식소화(산소공급원 차단)<br>• 냉각소화(온도냉각)<br>• 제거소화(가연물 제거) | • 억제소화(연쇄반응의 억제)<br>기억법 억화(억화감정) |

② 화학적 소화방법

중요

**소화의 방법**

| 소화방법 | 설 명 |
|---|---|
| **냉각소화** | • 다량의 물 등을 이용하여 **점화원**을 **냉각**시켜 소화하는 방법<br>• 다량의 물을 뿌려 소화하는 방법 |
| **질식소화** | • 공기 중의 **산소농도**를 16%(10~15%) 이하로 희박하게 하여 소화하는 방법 |
| **제거소화** | • 가연물을 제거하여 소화하는 방법 |
| **억제소화**<br>**(부촉매효과)** | • 연쇄반응을 차단하여 소화하는 방법으로 '**화학소화**'라고도 함 |

답 ②

★★★
## 06 탄화칼슘이 물과 반응할 때 발생되는 기체는?

19.03.문17
18.04.문18
17.05.문09
11.10.문05
10.09.문12

① 일산화탄소
② 아세틸렌
③ 황화수소
④ 수소

해설 (1) **탄화칼슘**과 **물**의 **반응식**

$$CaC_2 + 2H_2O \rightarrow Ca(OH)_2 + C_2H_2 \uparrow$$
탄화칼슘 / 물 / 수산화칼슘 / **아세틸렌**

(2) **탄화알루미늄**과 **물**의 **반응식**

$$Al_4C_3 + 12H_2O \rightarrow 4Al(OH)_3 + 3CH_4 \uparrow$$
탄화알루미늄 / 물 / 수산화알루미늄 / 메탄

(3) **인화칼슘**과 **물**의 **반응식**

$$Ca_3P_2 + 6H_2O \rightarrow 3Ca(OH)_2 + 2PH_3 \uparrow$$
인화칼슘 / 물 / 수산화칼슘 / 포스핀

(4) **수소화리튬**과 **물**의 **반응식**

$$LiH + H_2O \rightarrow LiOH + H_2$$
수소화리튬 / 물 / 수산화리튬 / 수소

답 ②

★★★
## 07 분말소화약제 중 A급, B급, C급 화재에 모두 사용할 수 있는 것은?

12.03.문16

① 제1종 분말　② 제2종 분말
③ 제3종 분말　④ 제4종 분말

해설 **분말소화약제**

| 종 별 | 분자식 | 착 색 | 적응 화재 | 비 고 |
|---|---|---|---|---|
| 제1종 | 중탄산나트륨 ($NaHCO_3$) | 백색 | BC급 | **식용유** 및 **지방질유**의 화재에 적합 |
| 제2종 | 중탄산칼륨 ($KHCO_3$) | 담자색 (담회색) | BC급 | - |
| 제3종 | 제1인산암모늄 ($NH_4H_2PO_4$) | 담홍색 | ABC급 | **차고 · 주차장**에 적합 |
| 제4종 | 중탄산칼륨 + 요소 ($KHCO_3 + (NH_2)_2CO$) | 회(백)색 | BC급 | - |

기억법 **1식분(일식 분식)**
**3분 차주(삼보컴퓨터 차주)**

답 ③

★★★
## 08 조연성 가스에 해당하는 것은?

16.10.문03
14.05.문10
12.09.문08

① 수소　② 일산화탄소
③ 산소　④ 에탄

해설 **가연성 가스**와 **지연성 가스**

| 가연성 가스 | 지연성 가스(조연성 가스) |
|---|---|
| • 수소<br>• 메탄<br>• 일산화탄소<br>• 천연가스<br>• 부탄<br>• 에탄 | • **산**소 보기 ③<br>• **공**기<br>• **염**소<br>• **오**존<br>• **불**소 |

기억법 조산공 염오불

용어

**가연성 가스**와 **지연성 가스**

| 가연성 가스 | 지연성 가스(조연성 가스) |
|---|---|
| 물질 자체가 연소하는 것 | 자기 자신은 연소하지 않지만 연소를 도와주는 가스 |

답 ③

★★★
**09** 분자 내부에 니트로기를 갖고 있는 TNT, 니트로셀룰로오스 등과 같은 제5류 위험물의 연소형태는?

15.03.문19
14.03.문13

① 분해연소　　② 자기연소
③ 증발연소　　④ 표면연소

해설 **연소의 형태**

| 연소 형태 | 종 류 |
|---|---|
| **표면연소** | • **숯**, **코**크스<br>• **목탄**, **금**속분 |
| **분해연소** | • 석탄, 종이<br>• 플라스틱, 목재<br>• 고무, 중유, 아스팔트 |
| **증발연소** | • 황, 왁스<br>• 파라핀, 나프탈렌<br>• 가솔린, 등유<br>• 경유, 알코올, 아세톤 |
| **자기연소** (제5류 위험물) | • 니트로글리세린, 니트로셀룰로오스(질화면)<br>• TNT, 피크린산(TNP) |
| **액적연소** | • 벙커C유 |
| **확산연소** | • 메탄($CH_4$), 암모니아($NH_3$)<br>• 아세틸렌($C_2H_2$), 일산화탄소(CO)<br>• 수소($H_2$) |

기억법 **표숯코목탄금**

중요

| 연소 형태 | 설 명 |
|---|---|
| **증발연소** | • 가열하면 **고체**에서 **액체**로, **액체**에서 **기체**로 상태가 변하여 그 기체가 연소하는 현상 |
| **자기연소** (제5류 위험물) | • 열분해에 의해 **산소**를 발생하면서 연소하는 현상<br>• 분자 자체 내에 포함하고 있는 **산소**를 이용하여 연소하는 형태 |
| **분해연소** | • 연소시 **열분해**에 의하여 발생된 가스와 산소가 혼합하여 연소하는 현상 |
| **표면연소** | • 열분해에 의하여 가연성 가스를 발생하지 않고 그 **물질 자체**가 **연소**하는 현상 |

기억법 **자산**

답 ②

★★★
**10** 가연물질의 종류에 따라 화재를 분류하였을 때 섬유류 화재가 속하는 것은?

13.03.문05

① A급 화재　　② B급 화재
③ C급 화재　　④ D급 화재

해설

| 화재의 종류 | 표시색 | 적응물질 |
|---|---|---|
| 일반화재(A급) | 백색 | • 일반가연물<br>• 종이류 화재<br>• 목재, **섬유화재**(섬유류 화재) 보기 ① |
| 유류화재(B급) | 황색 | • 가연성 액체<br>• 가연성 가스<br>• 액화가스화재<br>• 석유화재 |
| 전기화재(C급) | 청색 | • 전기설비 |
| 금속화재(D급) | 무색 | • 가연성 금속 |
| 주방화재(K급) | – | • 식용유화재 |

• 요즘은 표시색의 의무규정은 없음

답 ①

★★
**11** 위험물안전관리법령상 제6류 위험물을 수납하는 운반용기의 외부에 주의사항을 표시하여야 할 경우, 어떤 내용을 표시하여야 하는가?

19.04.문58
16.10.문53
15.03.문44
11.10.문45

① 물기엄금
② 화기엄금
③ 화기주의 · 충격주의
④ 가연물접촉주의

해설 **위험물규칙 [별표 19]**
**위험물 운반용기의 주의사항**

| 위험물 | | 주의사항 |
|---|---|---|
| 제1류 위험물 | 알칼리금속의 과산화물 | • 화기 · 충격주의<br>• 물기엄금<br>• 가연물접촉주의 |
| | 기타 | • 화기 · 충격주의<br>• 가연물접촉주의 |
| 제2류 위험물 | 철분 · 금속분 · 마그네슘 | • 화기주의<br>• 물기엄금 |
| | 인화성 고체 | • 화기엄금 |
| | 기타 | • 화기주의 |
| 제3류 위험물 | 자연발화성 물질 | • 화기엄금<br>• 공기접촉엄금 |
| | 금수성 물질 | • 물기엄금 |
| 제4류 위험물 | | • 화기엄금 |
| 제5류 위험물 | | • 화기엄금<br>• 충격주의 |
| 제6류 위험물 → | | • 가연물접촉주의 |

비교

**위험물규칙 〔별표 4〕**
**위험물제조소의 게시판 설치기준**

| 위험물 | 주의사항 | 비 고 |
|---|---|---|
| • 제1류 위험물(알칼리금속의 과산화물)<br>• 제3류 위험물(금수성 물질) | 물기엄금 | **청색**바탕에 **백색**문자 |
| • 제2류 위험물(인화성 고체 제외) | 화기주의 | **적색**바탕에 **백색**문자 |
| • 제2류 위험물(인화성 고체)<br>• 제3류 위험물(자연발화성 물질)<br>• 제4류 위험물<br>• 제5류 위험물 | 화기엄금 | |
| • 제6류 위험물 | 별도의 표시를 하지 않는다. | |

답 ④

★★★
## 12 다음 연소생성물 중 인체에 독성이 가장 높은 것은?

19.04.문10
11.03.문10
04.09.문14

① 이산화탄소
② 일산화탄소
③ 수증기
④ 포스겐

해설 **연소가스**

| 연소가스 | 설 명 |
|---|---|
| 일산화탄소(CO) | 화재시 흡입된 일산화탄소(CO)의 화학적 작용에 의해 **헤모글로빈**(Hb)이 혈액의 산소운반작용을 저해하여 사람을 질식·사망하게 한다. |
| 이산화탄소($CO_2$) | 연소가스 중 **가장 많은 양**을 차지하고 있으며 가스 그 자체의 독성은 거의 없으나 다량이 존재할 경우 호흡속도를 증가시키고, 이로 인하여 화재가스에 혼합된 유해가스의 혼입을 증가시켜 위험을 가중시키는 가스이다. |
| 암모니아($NH_3$) | 나무, 페놀수지, 멜라민수지 등의 **질소함유물**이 연소할 때 발생하며, 냉동시설의 **냉매**로 쓰인다. |
| 포스겐($COCl_2$) → | **매우 독성이 강한 가스**로서 소화제인 **사염화탄소**($CCl_4$)를 화재시에 사용할 때도 발생한다. |
| 황화수소($H_2S$) | **달걀 썩는 냄새**가 나는 특성이 있다. |
| 아크롤레인 ($CH_2$=CHCHO) | 독성이 매우 높은 가스로서 **석유제품, 유지** 등이 연소할 때 생성되는 가스이다. |

답 ④

★★★
## 13 알킬알루미늄 화재에 적합한 소화약제는?

16.05.문20
07.09.문03

① 물 ② 이산화탄소
③ 팽창질석 ④ 할로겐화합물

해설 **알킬알루미늄 소화약제**

| 위험물 | 소화약제 |
|---|---|
| • 알킬알루미늄 | • 마른모래<br>• 팽창질석 보기 ③<br>• 팽창진주암 |

답 ③

★
## 14 열전도도(Thermal conductivity)를 표시하는 단위에 해당하는 것은?

18.03.문13
15.05.문23
06.05.문34

① $J/m^2 \cdot h$
② $kcal/h \cdot ℃^2$
③ $W/m \cdot K$
④ $J \cdot K/m^3$

해설 **전도**

$$\mathring{q}'' = \frac{K(T_2 - T_1)}{l}$$

여기서, $\mathring{q}''$ : 단위면적당 열량(열손실)〔$W/m^2$〕
$K$ : **열전도율(열전도도)〔W/m·K〕**
$T_2 - T_1$ : 온도차〔℃〕 또는 〔K〕
$l$ : 두께〔m〕

답 ③

★★
## 15 위험물안전관리법령상 위험물에 대한 설명으로 옳은 것은?

20.08.문20
19.03.문06
16.05.문01
15.03.문51
09.05.문57

① 과염소산은 위험물이 아니다.
② 황린은 제2류 위험물이다.
③ 황화린의 지정수량은 100kg이다.
④ 산화성 고체는 제6류 위험물의 성질이다.

해설 **위험물**의 **지정수량**

| 위험물 | 지정수량 |
|---|---|
| • 질산에스테르류 | 10kg |
| • 황린 | 20kg |
| • 무기과산화물<br>• 과산화나트륨 | 50kg |
| • 황화린<br>• 적린 → | 100kg |
| • 트리니트로톨루엔 | 200kg |
| • 탄화알루미늄 | 300kg |

① 위험물이 아니다. → 위험물이다.
② 제2류 → 제3류
④ 제6류 → 제1류

중요

**위험물령 [별표 1]**
**위험물**

| 유 별 | 성 질 | 품 명 |
|---|---|---|
| 제1류 | **산**화성 **고**체 | • 아염소산염류<br>• 염소산염류(**염소산나트륨**)<br>• 과염소산염류<br>• 질산염류<br>• 무기과산화물<br>기억법 **1산고염나** |
| 제2류 | 가연성 고체 | • **황화**린<br>• **적**린<br>• **유**황<br>• **마**그네슘<br>기억법 **황화적유마** |
| 제3류 | 자연발화성 물질 및 금수성 물질 | • **황**린<br>• **칼**륨<br>• **나**트륨<br>• **알**칼리토금속<br>• **트**리에틸알루미늄<br>기억법 **황칼나알트** |
| 제4류 | 인화성 액체 | • 특수인화물<br>• 석유류(벤젠)<br>• 알코올류<br>• 동식물유류 |
| 제5류 | 자기반응성 물질 | • 유기과산화물<br>• 니트로화합물<br>• 니트로소화합물<br>• 아조화합물<br>• 질산에스테르류(셀룰로이드) |
| 제6류 | 산화성 액체 | • **과염소산**<br>• 과산화수소<br>• 질산 |

답 ③

★★★
**16** 제3종 분말소화약제의 주성분은?

17.09.문10 16.10.문06 16.10.문10 16.05.문15 16.05.문17 16.03.문09 16.03.문11 15.09.문01

① 인산암모늄
② 탄산수소칼륨
③ 탄산수소나트륨
④ 탄산수소칼륨과 요소

해설 (1) **분말소화약제**

| 종 별 | 주성분 | 착 색 | 적응 화재 | 비 고 |
|---|---|---|---|---|
| 제**1**종 | 중탄산나트륨 ($NaHCO_3$) | 백색 | BC급 | **식용유** 및 **지방질유**의 화재에 적합 |
| 제2종 | 중탄산칼륨 ($KHCO_3$) | 담자색 (담회색) | BC급 | - |
| 제**3**종 | 제1인산암모늄 ($NH_4H_2PO_4$) | 담홍색 (황색) | ABC급 | **차고**·**주차장**에 적합 |
| 제4종 | 중탄산칼륨+요소 ($KHCO_3+(NH_2)_2CO$) | 회(백)색 | BC급 | - |

기억법 **1식분(일식 분식)**
**3분 차주(삼보컴퓨터 차주)**

• 제1인산암모늄=인산암모늄=인산염

(2) **이산화탄소 소화약제**

| 주성분 | 적응화재 |
|---|---|
| 이산화탄소($CO_2$) | BC급 |

답 ①

★★★
**17** 이산화탄소 소화기의 일반적인 성질에서 단점이 아닌 것은?

14.09.문03 03.03.문08

① 밀폐된 공간에서 사용시 질식의 위험성이 있다.
② 인체에 직접 방출시 동상의 위험성이 있다.
③ 소화약제의 방사시 소음이 크다.
④ 전기가 잘 통하기 때문에 전기설비에 사용할 수 없다.

해설 **이산화탄소 소화설비**

| 구 분 | 설 명 |
|---|---|
| 장점 | • 화재진화 후 깨끗하다.<br>• **심부화재**에 적합하다.<br>• **증거보존**이 **양호**하여 화재원인조사가 쉽다.<br>• 전기의 **부도체**로서 전기절연성이 높다(**전기설비**에 사용 가능). |
| 단점 | • 인체의 **질식**이 **우려**된다. 보기 ①<br>• 소화약제의 방출시 인체에 닿으면 **동상**이 **우려**된다. 보기 ②<br>• 소화약제의 방사시 **소리**가 **요란**하다. 보기 ③ |

④ 잘 통하기 때문에 → 통하지 않기 때문에,
없다. → 있다.

답 ④

★

**18** IG-541이 15℃에서 내용적 50리터 압력용기에 155kgf/cm²으로 충전되어 있다. 온도가 30℃가 되었다면 IG-541 압력은 약 몇 kgf/cm²가 되겠는가? (단, 용기의 팽창은 없다고 가정한다.)

① 78
② 155
③ 163
④ 310

해설 (1) **기호**

- $T_1$ : 15℃=(273+15)K=288K
- $V_1 = V_2$ : 50L(용기의 팽창이 없으므로)
- $P_1$ : 155kgf/cm²
- $T_2$ : 30℃=(273+30)K=303K
- $P_2$ : ?

(2) **보일-샤를**의 **법칙**

$$\frac{P_1 V_1}{T_1} = \frac{P_2 V_2}{T_2}$$

여기서, $P_1$, $P_2$ : 기압〔atm〕
$V_1$, $V_2$ : 부피〔m³〕
$T_1$, $T_2$ : 절대온도〔K〕(273+℃)

$V_1 = V_2$이므로

$$\frac{P_1 \cancel{V_1}}{T_1} = \frac{P_2 \cancel{V_2}}{T_2}$$

$$\frac{P_1}{T_1} = \frac{P_2}{T_2}$$

$$\frac{155\text{kgf/cm}^2}{288\text{K}} = \frac{x\text{〔kgf/cm}^2\text{〕}}{303\text{K}}$$

$$x\text{〔kgf/cm}^2\text{〕} = \frac{155\text{kgf/cm}^2}{288\text{K}} \times 303\text{K}$$

$$\fallingdotseq 163\text{kgf/cm}^2$$

용어

**보일-샤를**의 **법칙**(Boyle-Charl's law)
기체가 차지하는 **부피**는 **압력**에 **반비례**하며, **절대온도**에 **비례**한다.

답 ③

★★

**19** 소화약제 중 HFC-125의 화학식으로 옳은 것은?

17.09.문06
16.10.문12
15.03.문20
14.03.문15

① $CHF_2CF_3$
② $CHF_3$
③ $CF_3CHFCF_3$
④ $CF_3I$

해설 **할로겐화합물 및 불활성기체 소화약제**

| 구 분 | 소화약제 | 화학식 |
|---|---|---|
| 할로겐화합물 소화약제 | FC-3-1-10<br>기억법 FC31(FC 서울의 3.1절) | $C_4F_{10}$ |
| | HCFC BLEND A | HCFC-123($CHCl_2CF_3$) : 4.75%<br>HCFC-22($CHClF_2$) : 82%<br>HCFC-124($CHClFCF_3$) : 9.5%<br>$C_{10}H_{16}$ : 3.75%<br>기억법 475 82 95 375(사시오 빨리 그래서 구어 삼키시오!) |
| | HCFC-124 | $CHClFCF_3$ |
| | HFC-125 →<br>기억법 125(이리온) | $CHF_2CF_3$ 보기 ① |
| | HFC-227ea<br>기억법 227e(둘둘치킨이 맛있다) | $CF_3CHFCF_3$ |
| | HFC-23 | $CHF_3$ |
| | HFC-236fa | $CF_3CH_2CF_3$ |
| | FIC-13I1 | $CF_3I$ |
| 불활성기체 소화약제 | IG-01 | Ar |
| | IG-100 | $N_2$ |
| | IG-541 | • $N_2$(질소) : 52%<br>• Ar(아르곤) : 40%<br>• $CO_2$(이산화탄소) : 8%<br>기억법 NACO(내코) 52408 |
| | IG-55 | $N_2$ : 50%, Ar : 50% |
| | FK-5-1-12 | $CF_3CF_2C(O)CF(CF_3)_2$ |

답 ①

★★

**20** 프로판 50vol%, 부탄 40vol%, 프로필렌 10vol%로 된 혼합가스의 폭발하한계는 약 몇 vol%인가? (단, 각 가스의 폭발하한계는 프로판은 2.2vol%, 부탄은 1.9vol%, 프로필렌은 2.4vol%이다.)

17.05.문03

① 0.83
② 2.09
③ 5.05
④ 9.44

해설 **혼합가스**의 **폭발하한계**

$$\frac{100}{L}=\frac{V_1}{L_1}+\frac{V_2}{L_2}+\frac{V_3}{L_3}$$

여기서, $L$ : 혼합가스의 폭발하한계[vol%]
$L_1$, $L_2$, $L_3$ : 가연성 가스의 폭발하한계[vol%]
$V_1$, $V_2$, $V_3$ : 가연성 가스의 용량[vol%]

$$\frac{100}{L}=\frac{V_1}{L_1}+\frac{V_2}{L_2}+\frac{V_3}{L_3}$$

$$\frac{100}{L}=\frac{50}{2.2}+\frac{40}{1.9}+\frac{10}{2.4}$$

$$\frac{100}{\frac{50}{2.2}+\frac{40}{1.9}+\frac{10}{2.4}}=L$$

$$L=\frac{100}{\frac{50}{2.2}+\frac{40}{1.9}+\frac{10}{2.4}}\fallingdotseq 2.09\%$$

• 단위가 원래는 [vol%] 또는 [v%], [vol.%]인데 줄여서 [%]로 쓰기도 한다.

답 ②

## 제 2 과목 소방전기일반

★★★
**21** 빛이 닿으면 전류가 흐르는 다이오드로서 들어온 빛에 대해 직선적으로 전류가 증가하는 다이오드는?

17.05.문24 15.05.문39 14.05.문29 11.06.문32 00.07.문33

① 제너다이오드　② 터널다이오드
③ 발광다이오드　④ 포토다이오드

해설 **다이오드**의 **종류**

(1) **제너다이오드**(Zener diode) : **정전압 회로용**으로 사용되는 소자로서, **"정전압다이오드"**라고도 한다.

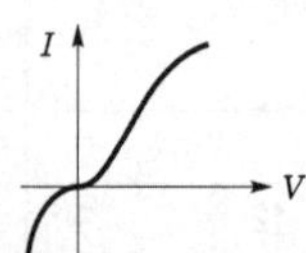


| 제너다이오드의 특성 |

기억법 **정제**

(2) **터널다이오드**(Tunnel diode) : **부성저항 특성**을 나타내며, **증폭 · 발진 · 개폐작용**에 응용한다.

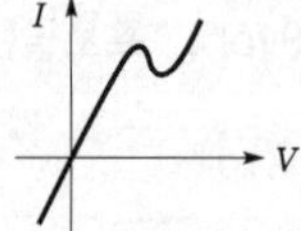


| 터널다이오드의 특성 |

기억법 **터부**

(3) **발광다이오드**(LED ; Light Emitting Diode) : **전류**가 통과하면 **빛**을 **발산**하는 다이오드이다.

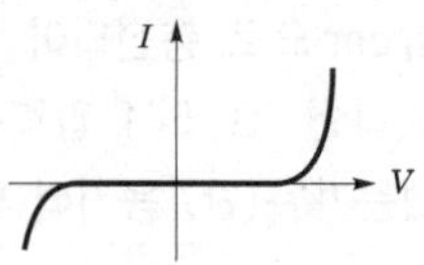


| 발광다이오드의 특성 |

기억법 **발전빛**

• 포토 다이오드와 발광 다이오드는 서로 반대 개념

(4) **포토다이오드**(Photo diode) : **빛**이 닿으면 **전류**가 흐르는 다이오드로서 광량의 변화를 전류값으로 대치하므로 광센서에 주로 사용하는 다이오드이다.

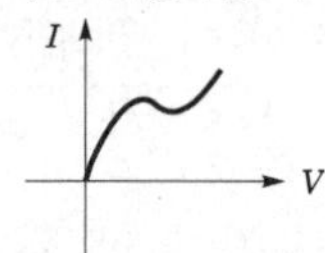


| 포토다이오드의 특성 |

기억법 **포빛전**

답 ④

★
**22** 입력이 $r(t)$이고, 출력이 $c(t)$인 제어시스템이 다음의 식과 같이 표현될 때 이 제어시스템의 전달함수$\left(G(s)=\frac{C(s)}{R(s)}\right)$는? (단, 초기값은 0이다.)

18.04.문36 17.09.문22 (산업)

$$2\frac{d^2c(t)}{dt^2}+3\frac{dc(t)}{dt}+c(t)=3\frac{dr(t)}{dt}+r(t)$$

① $\dfrac{3s+1}{2s^2+3s+1}$　② $\dfrac{2s^2+3s+1}{s+3}$
③ $\dfrac{3s+1}{s^2+3s+2}$　④ $\dfrac{s+3}{s^2+3s+2}$

해설 **미분방정식**

$$2\frac{d^2c(t)}{dt^2}+3\frac{dc(t)}{dt}+c(t)=3\frac{dr(t)}{dt}+r(t)$$

**라플라스 변환**하면

$(2s^2+3s+1)C(s)=(3s+1)R(s)$

전달함수 $G(s)$는

$$G(s)=\frac{C(s)}{R(s)}=\frac{3s+1}{2s^2+3s+1}$$

용어

**전달함수**
모든 초기값을 **0**으로 하였을 때 출력신호의 라플라스 변환과 입력신호의 라플라스 변환의 비

답 ①

★★
**23** 그림 (a)와 그림 (b)의 각 블록선도가 등가인 경우 전달함수 $G(s)$는?

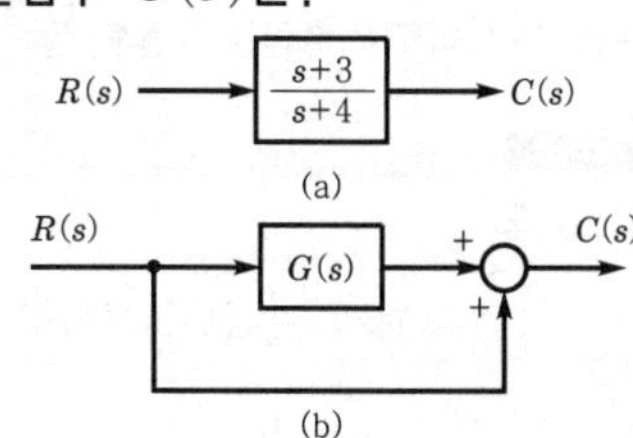


① $\dfrac{1}{s+4}$　　② $\dfrac{2}{s+4}$

③ $\dfrac{-1}{s+4}$　　④ $\dfrac{-2}{s+4}$

해설

$R(s) \cdot \dfrac{s+3}{s+4} = C(s)$

$\dfrac{s+3}{s+4} = \dfrac{C(s)}{R(s)}$ ······························ ㉠

R(s) ㉠ C(s) G(s) + + ㉡

$R(s) \cdot G(s) + R(s) = C(s)$

$R(s)(G(s)+1) = C(s)$

$G(s)+1 = \dfrac{C(s)}{R(s)}$ ······························ ㉡

㉡식에 ㉠식을 대입하면

$G(s)+1 = \dfrac{s+3}{s+4}$

$$G(s) = \frac{s+3}{s+4} - 1 = \frac{s+3}{s+4} - \frac{s+4}{s+4} = \frac{\cancel{s}+3-\cancel{s}-4}{s+4} = \frac{-1}{s+4}$$

답 ③

★
**24** 내압이 1.0kV이고 정전용량이 각각 0.01$\mu$F, 0.02$\mu$F, 0.04$\mu$F인 3개의 커패시터를 직렬로 연결했을 때 전체 내압은 몇 V인가?

① 1500　　② 1750

③ 2000　　④ 2200

해설 (1) **기호**

- $V_1 = V_2 = V_3$ : 1kV=1000V
- $C_1$ : 0.01$\mu$F=0.01×10$^{-6}$F(1$\mu$F=10$^{-6}$F)
- $C_2$ : 0.02$\mu$F=0.02×10$^{-6}$F(1$\mu$F=10$^{-6}$F)
- $C_3$ : 0.04$\mu$F=0.04×10$^{-6}$F(1$\mu$F=10$^{-6}$F)
- $V$ : ?

(2) **전기량**

$$Q = CV$$

여기서, $Q$ : 전기량(전하)[C]
$C$ : 정전용량[F]
$V$ : 전압[V]

$Q_1 = C_1 V_1 = (0.01\times10^{-6})\times1000 = 1\times10^{-5}\text{C}$

$Q_2 = C_2 V_2 = (0.02\times10^{-6})\times1000 = 2\times10^{-5}\text{C}$

$Q_3 = C_3 V_3 = (0.04\times10^{-6})\times1000 = 4\times10^{-5}\text{C}$

$Q_1$이 제일 작으므로 $C_1$ 콘덴서가 제일 먼저 파괴된다. 전압이 **1000V**이므로 이때의 전체 내압을 구하면 된다.

0.01$\mu$F 0.02$\mu$F 0.04$\mu$F
$C_1$ $C_2$ $C_3$
$V_1$ 1000V $V_2$ 1000V $V_3$ 1000V
$V$?

- $V_1 = \dfrac{\dfrac{1}{C_1}}{\dfrac{1}{C_1}+\dfrac{1}{C_2}+\dfrac{1}{C_3}} \times V$
- $V_2 = \dfrac{\dfrac{1}{C_2}}{\dfrac{1}{C_1}+\dfrac{1}{C_2}+\dfrac{1}{C_3}} \times V$
- $V_3 = \dfrac{\dfrac{1}{C_3}}{\dfrac{1}{C_1}+\dfrac{1}{C_2}+\dfrac{1}{C_3}} \times V$

$$V_1 = \frac{\dfrac{1}{C_1}}{\dfrac{1}{C_1}+\dfrac{1}{C_2}+\dfrac{1}{C_3}} \times V_T$$

$$1000 = \frac{\dfrac{1}{1}}{\dfrac{1}{1}+\dfrac{1}{2}+\dfrac{1}{4}} \times V$$

$$V = \frac{1000}{\dfrac{\dfrac{1}{1}}{\dfrac{1}{1}+\dfrac{1}{2}+\dfrac{1}{4}}} = \frac{1000\times\left(\dfrac{1}{1}+\dfrac{1}{2}+\dfrac{1}{4}\right)}{\dfrac{1}{1}} = 1750\text{V}$$

- 정전용량의 단위가 모두 $\mu$F이므로 $\mu=10^{-6}$은 모두 생략되어 따로 적용할 필요는 없다.

답 ②

★★★
## 25 그림의 논리회로와 등가인 논리게이트는?

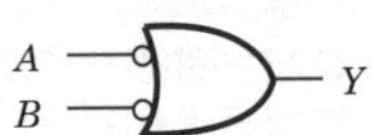


① NOR ② NAND
③ NOT ④ OR

**해설** **치환법**

| 논리회로 | 치 환 | 명 칭 |
| --- | --- | --- |
| | | NOR회로 |
| | | OR회로 |
| | | NAND회로 |
| | | AND회로 |

- **AND회로 → OR회로, OR회로 → AND회로**로 바꾼다.
- **버블**(Bubble)**이 있는 것**은 **버블**을 **없애고, 버블**이 **없는 것**은 **버블**을 **붙인다**[버블(Bubble)이란 작은 동그라미를 말한다].

답 ②

★★★
## 26 60Hz, 4극의 3상 유도전동기가 정격출력일 때 슬립이 2%이다. 이 전동기의 동기속도[rpm]는?

18.03.문29

① 1200 ② 1764
③ 1800 ④ 1836

**해설** (1) **기호**

- $f$ : 60Hz
- $P$ : 4
- $s$ : 2%=0.02
- $N_s$ : ?

(2) **동기속도**

$$N_s = \frac{120f}{P}$$

여기서, $N_s$ : 동기속도[rpm]
$f$ : 주파수[Hz]
$P$ : 극수

동기속도 $N_s$는

$$N_s = \frac{120f}{P} = \frac{120 \times 60}{4} = 1800\text{rpm}$$

- 동기속도이므로 슬립은 적용할 필요 없음

**비교**

**회전속도**

$$N = \frac{120f}{P}(1-s)\text{[rpm]}$$

여기서, $N$ : 회전속도[rpm]
$P$ : 극수
$f$ : 주파수[Hz]
$s$ : 슬립

**용어**

**슬립(Slip)**

유도전동기의 **회전자속도**에 대한 **고정자**가 만든 **회전자계**의 **늦음**의 **정도**를 말하며, 평상운전에서 슬립은 **4~8%** 정도 되며, 슬립이 클수록 회전속도는 느려진다.

답 ③

★★
## 27 최대눈금이 150V이고, 내부저항이 30kΩ인 전압계가 있다. 이 전압계로 750V까지 측정하기 위해 필요한 배율기의 저항[kΩ]은?

17.03.문21

① 120 ② 150
③ 300 ④ 800

**해설** (1) **기호**

- $V$ : 150V
- $R_v$ : 30kΩ=30×10$^3$Ω=30000Ω
- $V_0$ : 750V
- $R_m$ : ?

(2) **배율기**

$$V_0 = V\left(1+\frac{R_m}{R_v}\right)\text{[V]}$$

여기서, $V_0$ : 측정하고자 하는 전압[V]
$V$ : 전압계의 최대눈금[V]
$R_v$ : 전압계의 내부저항[Ω]
$R_m$ : 배율기 저항[Ω]

$$V_0 = V\left(1+\frac{R_m}{R_v}\right)$$

$$\frac{V_0}{V} = 1+\frac{R_m}{R_v}$$

$$\frac{V_0}{V} - 1 = \frac{R_m}{R_v}$$

$$\left(\frac{V_0}{V}-1\right)R_v = R_m$$

배율기의 저항 $R_m$은

$$R_m = \left(\frac{V_0}{V} - 1\right) R_v$$

$$= \left(\frac{750}{150} - 1\right) \times 30000 = 120000\,\Omega = 120\text{k}\Omega$$

• $1000\,\Omega = 1\text{k}\Omega$

비교

**분류기**

$$I_0 = I\left(1 + \frac{R_A}{R_S}\right)$$

여기서, $I_0$ : 측정하고자 하는 전류[A]
$I$ : 전류계 최대눈금[A]
$R_A$ : 전류계 내부저항[Ω]
$R_S$ : 분류기 저항[Ω]

답 ①

★★★
**28** 제어요소는 동작신호를 무엇으로 변환하는 요소인가?

16.05.문25
16.03.문38
15.09.문24
12.03.문38

① 제어량
② 비교량
③ 검출량
④ 조작량

해설 **피드백제어**의 **용어**

| 용 어 | 설 명 |
|---|---|
| **제어요소** (Control element) | **동작신호**를 **조작량**으로 변환하는 요소이고, **조절부**와 **조작부**로 이루어진다. |
| **제어량** (Controlled value) | 제어대상에 속하는 양으로, 제어대상을 제어하는 것을 목적으로 하는 물리적인 양이다. |
| **조작량** (Manipulated value) | • **제어장치**의 **출력**인 동시에 **제어대상**의 **입력**으로 제어장치가 제어대상에 가해지는 제어신호이다.<br>• **제어요소**에서 **제어대상**에 인가되는 양이다.<br>기억법 **조제대상** |
| **제어장치** (Control device) | 제어하기 위해 제어대상에 부착되는 장치이고, **조절부, 설정부, 검출부** 등이 이에 해당된다. |
| **오차검출기** | 제어량을 설정값과 비교하여 오차를 계산하는 장치이다. |

답 ④

★★★
**29** 회로의 전압과 전류를 측정하기 위한 계측기의 연결방법으로 옳은 것은?

19.09.문24
19.03.문22
18.03.문36
17.09.문24
16.03.문26
14.09.문36
08.03.문30
04.09.문98
03.03.문37

① 전압계 : 부하와 직렬, 전류계 : 부하와 직렬
② 전압계 : 부하와 직렬, 전류계 : 부하와 병렬
③ 전압계 : 부하와 병렬, 전류계 : 부하와 직렬
④ 전압계 : 부하와 병렬, 전류계 : 부하와 병렬

해설 **전압계**와 **전류계**의 **연결**

| 전압계 | 전류계 |
|---|---|
| 부하와 **병렬**연결 | 부하와 **직렬**연결 |

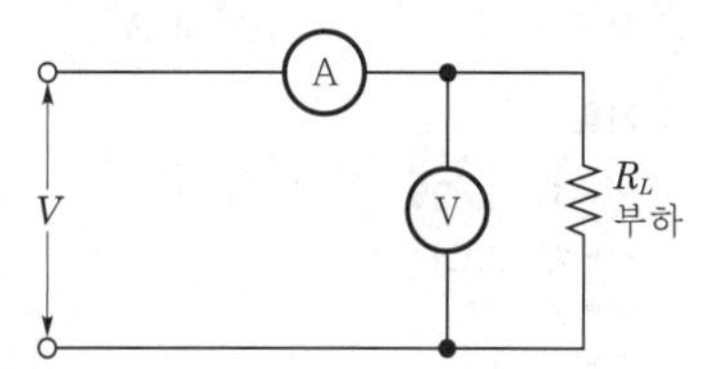


비교

**배율기**와 **분류기**

| | |
|---|---|
| 배율기 | **전압계**와 **직렬**연결<br>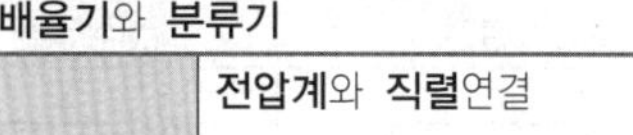<br>여기서, $V_0$ : 측정하고자 하는 전압[V]<br>$V$ : 전압계의 최대눈금[A]<br>$R_v$ : 전압계 내부저항[Ω]<br>$R_m$ : 배율기[Ω] |
| 분류기 | **전류계**와 **병렬**연결<br>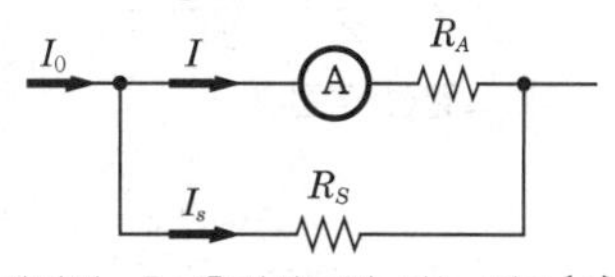<br>여기서, $I_0$ : 측정하고자 하는 전류[A]<br>$I$ : 전류계의 최대눈금[A]<br>$I_s$ : 분류기에 흐르는 전류[A]<br>$R_A$ : 전류계 내부저항[Ω]<br>$R_S$ : 분류기[Ω] |

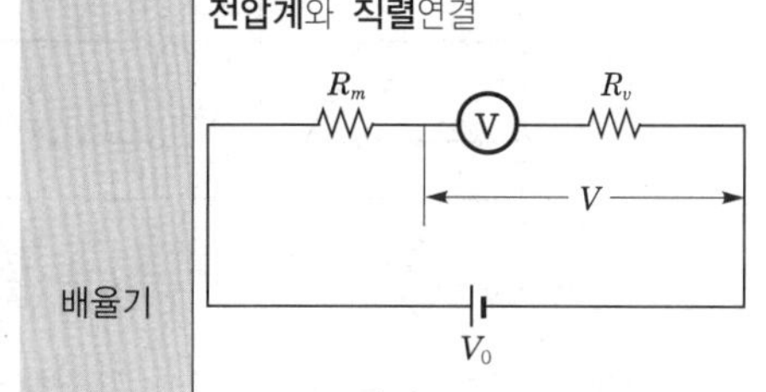

답 ③

★★★
**30** 그림과 같은 회로에 평형 3상 전압 200V를 인가한 경우 소비된 유효전력〔kW〕은? (단, $R=20\Omega$, $X=10\Omega$)

18.09.문32 16.10.문21 12.05.문21 07.09.문27 03.05.문34

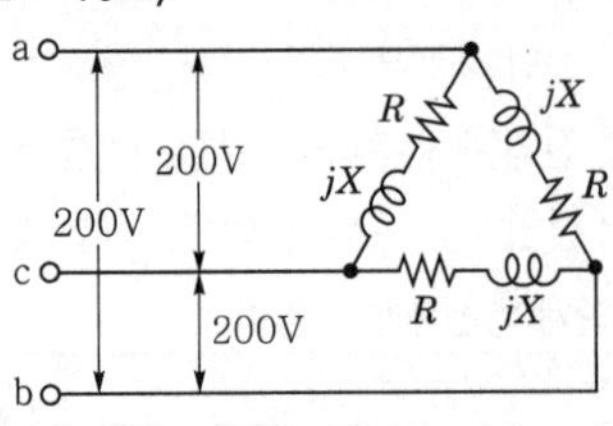


① 1.6 ② 2.4
③ 2.8 ④ 4.8

해설 (1) **기호**

- $V_l$ : 200V
- $R$ : 20Ω
- $X$ : 10Ω
- $R$ : ?

(2) **△결선 선전류**

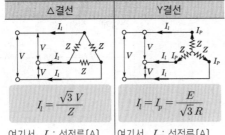

| △결선 | Y결선 |
|---|---|
| $I_l=\dfrac{\sqrt{3}\,V}{Z}$ | $I_l=I_p=\dfrac{E}{\sqrt{3}\,R}$ |
| 여기서, $I_l$ : 선전류〔A〕<br>$V$ : 선간전압〔V〕<br>$Z$ : 임피던스〔Ω〕 | 여기서, $I_l$ : 선전류〔A〕<br>$I_p$ : 상전류〔A〕<br>$V$ : 선간전압〔V〕<br>$Z$ : 임피던스〔Ω〕 |

△결선 선전류 $I_l$는

$$I_l=\frac{\sqrt{3}\,V}{Z}=\frac{\sqrt{3}\times200}{20+j10}=\frac{\sqrt{3}\times200}{\sqrt{20^2+10^2}}=15.491\text{A}$$

(3) **△결선 상전류**

$$I_P=\frac{I_l}{\sqrt{3}},\ I_l=\sqrt{3}\,I_p$$

여기서, $I_P$ : 상전류〔A〕
$I_l$ : 선전류〔A〕

△결선 상전류 $I_P$는

$$I_P=\frac{I_l}{\sqrt{3}}=\frac{15.491}{\sqrt{3}}=8.943\text{A}$$

(4) **3상 유효전력**

$$P=3V_PI_P\cos\theta=\sqrt{3}\,V_lI_l\cos\theta=3I_P^{\,2}R\ \text{〔W〕}$$

여기서, $P$ : 3상 유효전력〔W〕
$V_P$, $I_P$ : 상전압〔V〕, 상전류〔A〕
$V_l$, $I_l$ : 선간전압〔V〕, 선전류〔A〕
$R$ : 저항〔Ω〕

3상 유효전력 $P$는

$$P=3I_P^{\,2}R$$
$$=3\times8.943^2\times20=4798 \fallingdotseq 4800\text{W}=4.8\text{kW}$$

- 1000W=1kW

답 ④

★★★
**31** 논리식 $A\cdot(A+B)$를 간단히 표현하면?

19.09.문21 19.09.문40 18.03.문31 17.09.문33 17.03.문23 16.05.문36 16.03.문39 15.09.문23 15.03.문39

① $A$
② $B$
③ $A\cdot B$
④ $A+B$

해설 $A\cdot(A+B)=\underset{X\cdot X=X}{\underline{AA}}+AB$(분배법칙)
$=A+AB$(흡수법칙)
$=A\underset{X+1=1}{\underline{(1+B)}}$
$=\underset{X\cdot1=X}{\underline{A\cdot1}}$
$=A$

중요

**불대수**

| 논리합 | 논리곱 | 비 고 |
|---|---|---|
| $X+0=X$ | $X\cdot0=0$ | – |
| $X+1=1$ | $X\cdot1=X$ | – |
| $X+X=X$ | $X\cdot X=X$ | – |
| $X+\overline{X}=1$ | $X\cdot\overline{X}=0$ | – |
| $X+Y=Y+X$ | $X\cdot Y=Y\cdot X$ | 교환법칙 |
| $X+(Y+Z)$<br>$=(X+Y)+Z$ | $X(YZ)=(XY)Z$ | 결합법칙 |
| $X(Y+Z)$<br>$=XY+XZ$ | $(X+Y)(Z+W)$<br>$=XZ+XW+YZ+YW$ | 분배법칙 |
| $X+XY=X$ | $\overline{X}+XY=\overline{X}+Y$<br>$X+\overline{X}Y=X+Y$<br>$X+\overline{X}\,\overline{Y}=X+\overline{Y}$ | 흡수법칙 |
| $(\overline{X+Y})$<br>$=\overline{X}\cdot\overline{Y}$ | $(\overline{X\cdot Y})=\overline{X}+\overline{Y}$ | 드모르간의 정리 |

답 ①

★★★
**32** 정현파 교류전압의 최대값이 $V_m$〔V〕이고, 평균값이 $V_{av}$〔V〕일 때 이 전압의 실효값 $V_{rms}$〔V〕는?

19.09.문37 15.05.문28 10.09.문39 98.10.문38

① $V_{rms}=\dfrac{\pi}{\sqrt{2}}V_m$

② $V_{rms}=\dfrac{\pi}{2\sqrt{2}}V_{av}$

③ $V_{rms}=\dfrac{\pi}{2\sqrt{2}}V_m$

④ $V_{rms}=\dfrac{1}{\pi}V_m$

해설 (1) **최대값 · 실효값 · 평균값**

| 파 형 | 최대값 | 실효값 | 평균값 |
|---|---|---|---|
| ① **정현파**<br>② 전파정류파 | $V_m$ | $\frac{1}{\sqrt{2}}V_m$ | $\frac{2}{\pi}V_m$ |
| ③ 반구형파 | $V_m$ | $\frac{1}{\sqrt{2}}V_m$ | $\frac{1}{2}V_m$ |
| ④ 삼각파(3각파)<br>⑤ 톱니파 | $V_m$ | $\frac{1}{\sqrt{3}}V_m$ | $\frac{1}{2}V_m$ |
| ⑥ 구형파 | $V_m$ | $V_m$ | $V_m$ |
| ⑦ 반파정류파 | $V_m$ | $\frac{1}{2}V_m$ | $\frac{1}{\pi}V_m$ |

(2) **평균값**

$$V_{av}=\frac{2}{\pi}V_m$$

여기서, $V_{av}$ : 전압의 평균값[V]
$V_m$ : 전압의 최대값[V]

전압의 최대값 $V_m$은

$V_m=\frac{\pi}{2}V_{av}$ ········· ㉠

(3) **실효값**

$$V_{rms}=\frac{1}{\sqrt{2}}V_m$$

여기서, $V_{rms}$ : 전압의 실효값[V]
$V_m$ : 전압의 최대값[V]

실효값 $V_{rms}$는

$V_{rms}=\frac{1}{\sqrt{2}}V_m$ ········· ㉡

$=\frac{1}{\sqrt{2}}\times\frac{\pi}{2}V_{av}$ ← ㉠식을 ㉡식에 대입

$=\frac{\pi}{2\sqrt{2}}V_{av}$

답 ②

★
**33** 자기용량이 10kVA인 단권변압기를 그림과 같이 접속하였을 때 역률 80%의 부하에 몇 kW의 전력을 공급할 수 있는가?

18.09.문28

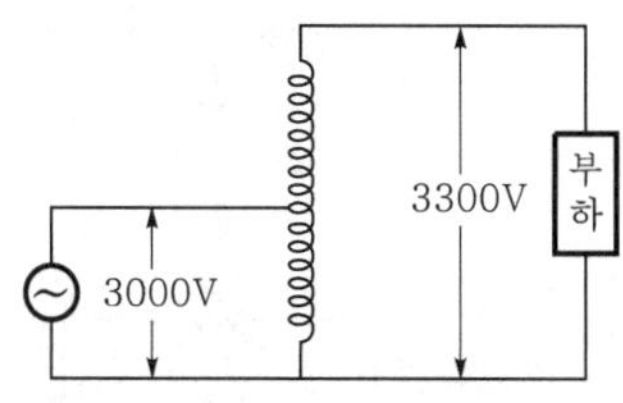


① 8　　② 54
③ 80　　④ 88

해설 (1) **기호**

- $V_1$ : 3000V
- $V_2$ : 3300V
- $P$ : 10kVA=10000VA
- $\cos\theta$ : 80%=0.8
- $P_L$ : ?

(2) **부하전류**

$$I_2=\frac{P}{V_2-V_1}$$

여기서, $I_2$ : 부하전류[A]
$P$ : 자기용량[VA]
$V_2$ : 부하전압[V]
$V_1$ : 입력전압[V]

**부하전류 $I_2$는**

$I_2=\frac{P}{V_2-V_1}=\frac{10000}{(3300-3000)}≒33.33\text{A}$

(3) **부하측 소비전력**(공급전력)

$$P_L=V_2I_2\cos\theta$$

여기서, $P_L$ : 부하측 소비전력[VA]
$V_2$ : 부하전압[V]
$I_2$ : 부하전류[A]
$\cos\theta$ : 역률

부하측 소비전력 $P_L$는

$P_L=V_2I_2\cos\theta$
$=3300\times33.33\times0.8$
$≒87991\text{W}≒88000\text{W}=88\text{kW}$

답 ④

★★
**34** 0℃에서 저항이 10Ω이고, 저항의 온도계수가 0.0043인 전선이 있다. 30℃에서 이 전선의 저항은 약 몇 Ω인가?

17.05.문39
08.09.문26

① 0.013　　② 0.68
③ 1.4　　④ 11.3

해설 (1) **기호**

- $t_1$ : 0℃
- $R_1$ : 10Ω
- $\alpha_{t_1}$ : 0.0043
- $t_2$ : 30℃
- $R_2$ : ?

(2) **저항**의 **온도계수**

$$R_2=R_1\{1+\alpha_{t_1}(t_2-t_1)\}[\Omega]$$

여기서, $R_2$ : $t_2$의 저항[Ω]
$R_1$ : $t_1$의 저항[Ω]
$\alpha_{t_1}$ : $t_1$의 온도계수
$t_2$ : 상승 후의 온도[℃]
$t_1$ : 상승 전의 온도[℃]

$t_2$의 저항 $R_2$는

$R_2 = R_1\{1+\alpha_{t_1}(t_2 - t_1)\}$
$= 10\{1+0.0043(30-0)\}$
$= 11.29$
$\fallingdotseq 11.3\,\Omega$

답 ④

★★★
**35** **단방향 대전류의 전력용 스위칭 소자로서 교류의 위상 제어용으로 사용되는 정류소자는?**

19.04.문25 19.03.문35 17.05.문35 16.10.문30 15.05.문38 14.09.문40 14.05.문24 14.03.문27 12.03.문34 11.06.문37 00.10.문25

① 서미스터
② SCR
③ 제너 다이오드
④ UJT

해설 **반도체소자**

| 명 칭 | 심 벌 |
|---|---|
| • **제너다이오드**(Zener diode) : 주로 정전압 전원회로에 사용된다. | |
| • **서미스터**(Thermistor) : 부온도특성을 가진 저항기의 일종으로서 주로 **온**도보정용으로 쓰인다. | Th |
| • **SCR**(Silicon Controlled Rectifier) : **단방향 대전류** 스위칭 소자로서 제어를 할 수 있는 정류소자이다. 보기 ② | A K G |
| • **바리스터**(Varistor)<br>– 주로 **서**지전압에 대한 회로보호용(과도전압에 대한 회로보호)<br>– **계**전기 접점의 불꽃 제거 | |
| • **UJT**(UniJunction Transistor)= **단일접합 트랜지스터** : 증폭기로는 사용이 불가능하며 톱니파나 펄스발생기로 작용하며 SCR의 트리거 소자로 쓰인다. | E $B_1$ $B_2$ |
| • **바랙터**(Varactor) : 제너현상을 이용한 다이오드이다. | – |

기억법 **서온(서운해), 바리서계**

답 ②

★★
**36** **직류전원이 연결된 코일에 10A의 전류가 흐르고 있다. 이 코일에 연결된 전원을 제거하는 즉시 저항을 연결하여 폐회로를 구성하였을 때 저항에서 소비된 열량이 24cal이었다. 이 코일의 인덕턴스는 약 몇 H인가?**

14.03.문28

① 0.1 ② 0.5
③ 2.0 ④ 24

해설 (1) **기호**

- $I$ : 10A
- $W$ : 24cal$=\dfrac{24\text{cal}}{0.24}$=100J(1J=0.24cal)
- $L$ : ?

(2) **코일**에 **축적**되는 **에너지**

$$W=\frac{1}{2}LI^2=\frac{1}{2}IN\phi\,[\text{J}]$$

여기서, $W$ : 코일의 축적에너지[J]
$L$ : 자기인덕턴스[H]
$N$ : 코일권수
$\phi$ : 자속[Wb]
$I$ : 전류[A]

자기인덕턴스 $L$은

$L=\dfrac{2W}{I^2}=\dfrac{2\times100}{10^2}=2\text{H}$

답 ③

★★★
**37** **그림과 같이 접속된 회로에서 a, b 사이의 합성저항은 몇 Ω인가?**

14.09.문31 11.06.문27

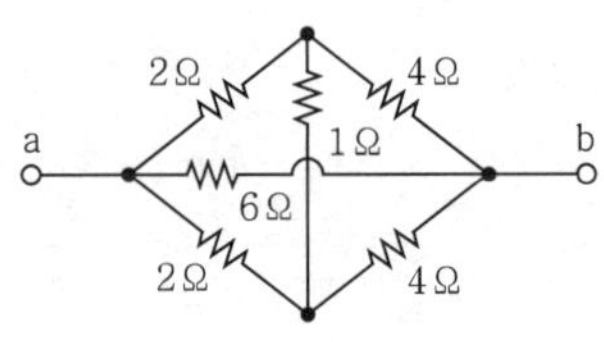


① 1 ② 2
③ 3 ④ 4

해설 **휘트스톤브리지**이고 1Ω에는 전류가 흐르지 아니하므로 a, b 사이의 합성저항 $R_{ab}$는

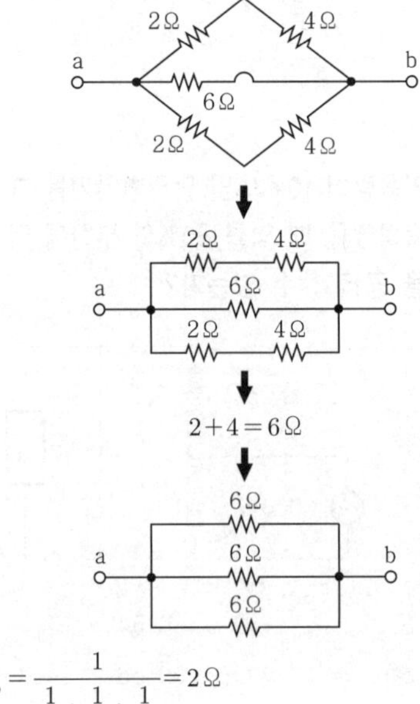


$R_{ab}=\dfrac{1}{\dfrac{1}{6}+\dfrac{1}{6}+\dfrac{1}{6}}=2\,\Omega$

중요

**휘트스톤브리지**(Wheatstone bridge)
**검류계 G의 지시치**가 0이면 브리지가 평형되었다고 하며 c, d점 사이의 전위차가 0이다.
∴ $PR = QX$ (마주보는 변의 곱은 서로 같다)

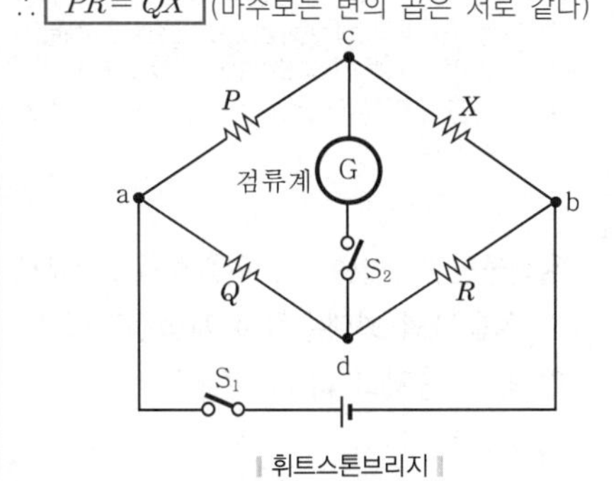

| 휘트스톤브리지 |

답 ②

**38** 회로에서 a와 b 사이에 나타나는 전압 $V_{ab}$[V]는?

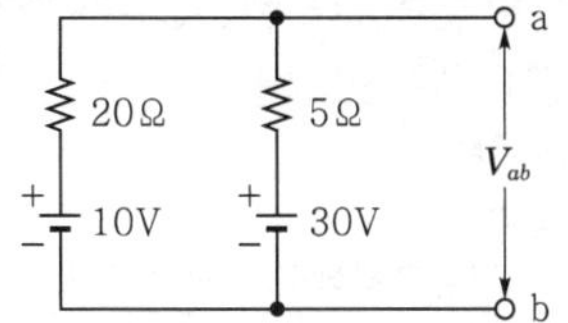


① 20 ② 23
③ 26 ④ 28

해설

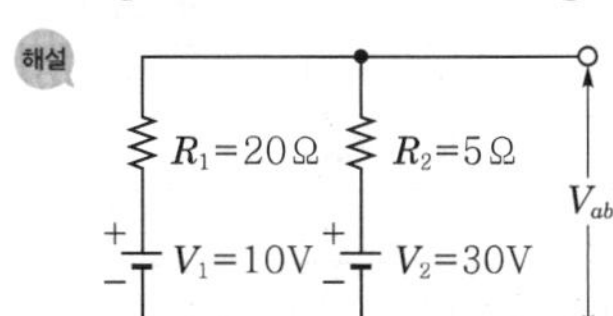


(1) **기호**

- $R_1$ : 20Ω
- $V_1$ : 10V
- $R_2$ : 5Ω
- $V_2$ : 30V
- $V_{ab}$ : ?

(2) **밀만**의 **정리**

$$V_{ab} = \frac{\frac{V_1}{R_1}+\frac{V_2}{R_2}}{\frac{1}{R_1}+\frac{1}{R_2}} \text{[V]}$$

여기서, $V_{ab}$ : 단자전압[V]
$V_1$, $V_2$ : 각각의 전압[V]
$R_1$, $R_2$ : 각각의 저항[Ω]

**밀만**의 **정리**에 의해

$$V_{ab} = \frac{\frac{V_1}{R_1}+\frac{V_2}{R_2}}{\frac{1}{R_1}+\frac{1}{R_2}} = \frac{\frac{10}{20}+\frac{30}{5}}{\frac{1}{20}+\frac{1}{5}} = 26\text{V}$$

답 ③

**39** 18.04.문40 16.03.문22

길이 1cm마다 감은 권선수가 50회인 무한장 솔레노이드에 500mA의 전류를 흘릴 때 솔레노이드 내부에서의 자계의 세기는 몇 AT/m인가?

① 1250
② 2500
③ 12500
④ 25000

해설 (1) **기호**

- $n$ : 1cm당 50회
  1cm당 권수 50회이므로
  1m=100cm당 권수는
  1cm : 100cm=50회 : □
  100×50=□
  □=100×50
- $I$ : 500mA=0.5A(1000mA=1A)
- $H_i$ : ?

(2) **무한장 솔레노이드**

㉠ **내부자계**

$$H_i = nI \text{[AT/m]}$$

여기서, $H_i$ : 내부자계의 세기[AT/m]
$n$ : 단위길이당 권수(1m당 권수)
$I$ : 전류[A]

㉡ **외부자계**

$$H_e = 0$$

여기서, $H_e$ : 외부자계의 세기[AT/m]

내부자계이므로
**무한장 솔레노이드 내부**의 **자계**
$H_i = nI = (100\times 50)\times 0.5 = 2500\text{AT/m}$

답 ②

**40** 14.09.문39

회로에서 저항 5Ω의 양단 전압 $V_R$[V]은?

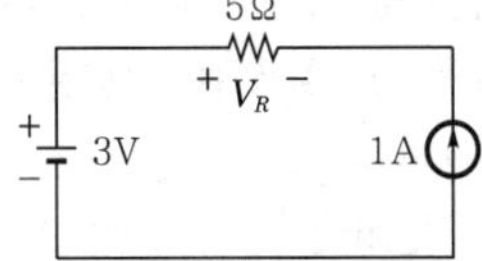


① −5 ② −2
③ 3 ④ 8

해설 **중첩의 원리**

(1) **전압원 단락시**

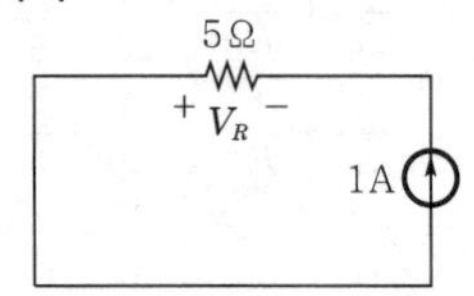


$V = IR = 1 \times 5 = 5$V(전류와 전압 $V_R$의 방향의 반대이므로 **−5V**)

(2) **전류원 개방시**

5Ω
+ $V_R$ −
3V

회로가 **개방**되어 있으므로 **5Ω**에는 전압이 인가되지 않음

∴ 5Ω 양단 전압은 **−5V**

- 중첩의 원리=전압원 단락시 값+전류원 개방시 값

답 ①

## 제 3 과목 소방관계법규

★★★

**41** 소방기본법의 정의상 소방대상물의 관계인이 아닌 자는?

14.05.문48
10.03.문60

① 감리자
② 관리자
③ 점유자
④ 소유자

해설 **기본법 2조**

**관계인**

(1) **소**유자
(2) **관**리자
(3) **점**유자

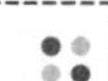 기억법 **소관점**

답 ①

★★★

**42** 소방기본법령상 화재의 예방상 위험하다고 인정되는 행위를 하는 사람에게 행위의 금지 또는 제한명령을 할 수 있는 사람은?

17.09.문45

① 소방본부장
② 시·도지사
③ 의용소방대원
④ 소방대상물의 관리자

해설 **소방본부장 · 소방서장**

(1) **화재의 예방조치**(기본법 12조) 보기 ①
(2) 방치된 위험물보관(기본법 12조)
(3) 화재경계지구의 소방특별조사(기본법 13조)
(4) 화재위험경보발령(기본법 14조)
(5) 의용소방대의 설치(기본법 37조, 의용소방대법)
(6) 소방용수시설 및 지리조사(기본규칙 7조)
(7) 화재경계지구 안의 소방특별조사 · 소방훈련 · 교육(기본령 4조)

답 ①

★★

**43** 위험물안전관리법령상 위험물제조소에서 취급하는 위험물의 최대수량이 지정수량의 10배 이하인 경우 공지의 너비기준은?

18.03.문53
08.09.문51

① 2m 이하　② 2m 이상
③ 3m 이하　④ 3m 이상

해설 **위험물규칙 〔별표 4〕**

**위험물제조소의 보유공지**

| 지정수량의 10배 이하 | 지정수량의 10배 초과 |
|---|---|
| **3m** 이상 | **5m** 이상 |

비교

**보유공지**

(1) **옥외탱크저장소**의 **보유공지**(위험물규칙 〔별표 6〕)

| 위험물의 최대수량 | 공지의 너비 |
|---|---|
| 지정수량의 500배 이하 | 3m 이상 |
| 지정수량의 501~1000배 이하 | 5m 이상 |
| 지정수량의 1001~2000배 이하 | 9m 이상 |
| 지정수량의 2001~3000배 이하 | 12m 이상 |
| 지정수량의 3001~4000배 이하 | 15m 이상 |

(2) **옥내저장소**의 **보유공지**(위험물규칙 〔별표 5〕)

| 위험물의 최대수량 | 공지의 너비 | |
|---|---|---|
| | 내화구조 | 기타구조 |
| 지정수량의 5배 이하 | − | 0.5m 이상 |
| 지정수량의 5배 초과 10배 이하 | 1m 이상 | 1.5m 이상 |
| 지정수량의 10배 초과 20배 이하 | 2m 이상 | 3m 이상 |
| 지정수량의 20배 초과 50배 이하 | 3m 이상 | 5m 이상 |
| 지정수량의 50배 초과 200배 이하 | 5m 이상 | 10m 이상 |
| 지정수량의 200배 초과 | 10m 이상 | 15m 이상 |

(3) **옥외저장소**의 **보유공지**(위험물규칙 〔별표 11〕)

| 위험물의 최대수량 | 공지의 너비 |
|---|---|
| 지정수량의 10배 이하 | 3m 이상 |
| 지정수량의 11~20배 이하 | 5m 이상 |
| 지정수량의 21~50배 이하 | 9m 이상 |
| 지정수량의 51~200배 이하 | 12m 이상 |
| 지정수량의 200배 초과 | 15m 이상 |

답 ④

★★★

## 44 위험물안전관리법령상 제조소 또는 일반취급소에서 취급하는 제4류 위험물의 최대수량의 합이 지정수량의 48만배 이상인 사업소의 자체소방대에 두는 화학소방자동차 및 인원기준으로 다음 (   ) 안에 알맞은 것은?

17.05.문52
11.10.문56

| 화학소방자동차 | 자체소방대원의 수 |
|---|---|
| ( ㉠ ) | ( ㉡ ) |

① ㉠ 1대, ㉡ 5인 ② ㉠ 2대, ㉡ 10인
③ ㉠ 3대, ㉡ 15인 ④ ㉠ 4대, ㉡ 20인

해설 **위험물령 〔별표 8〕**
**자체소방대에 두는 화학소방자동차 및 인원**

| 구 분 | 화학소방자동차 | 자체소방대원의 수 |
|---|---|---|
| 지정수량 **3천~12만배** 미만 | 1대 | 5인 |
| 지정수량 **12~24만배** 미만 | 2대 | 10인 |
| 지정수량 **24~48만배** 미만 | 3대 | 15인 |
| 지정수량 **48만배** 이상 → | 4대 | 20인 |
| 옥외탱크저장소에 저장하는 제4류 위험물의 최대수량이 지정수량의 **50만배** 이상 | 2대 | 10인 |

답 ④

★★

## 45 소방기본법령상 특수가연물의 저장 및 취급기준이 아닌 것은? (단, 석탄 · 목탄류를 발전용으로 저장하는 경우는 제외)

19.03.문55
18.03.문60
14.05.문46
14.03.문46
13.03.문60

① 품명별로 구분하여 쌓는다.
② 쌓는 높이는 20m 이하가 되도록 한다.
③ 쌓는 부분의 바닥면적 사이는 1m 이상이 되도록 한다.
④ 특수가연물을 저장 또는 취급하는 장소에는 품명 · 최대수량 및 화기취급의 금지표지를 설치해야 한다.

해설 **기본령 7조**
**특수가연물의 저장 · 취급기준**

(1) **품명별**로 구분하여 쌓을 것 보기 ①
(2) 쌓는 높이는 **10m** 이하가 되도록 할 것 보기 ②
(3) 쌓는 부분의 바닥면적은 **50m²**(석탄 · 목탄류는 **200m²**) 이하가 되도록 할 것(단, 살수설비를 설치하거나 대형 수동식 소화기를 설치하는 경우에는 높이 **15m** 이하, 바닥면적 **200m²**(석탄 · 목탄류는 **300m²**) 이하)
(4) 쌓는 부분의 바닥면적 사이는 **1m** 이상이 되도록 할 것 보기 ③
(5) 취급장소에는 **품명** · **최대수량** 및 **화기취급**의 **금지표지** 설치 보기 ④

② 20m 이하 → 10m 이하

답 ②

★

## 46 화재예방, 소방시설 설치 · 유지 및 안전관리에 관한 법령상 소화설비를 구성하는 제품 또는 기기에 해당하지 않는 것은?

15.03.문49
14.09.문42

① 가스누설경보기 ② 소방호스
③ 스프링클러헤드 ④ 분말자동소화장치

해설 **소방시설법 시행령 〔별표 3〕**
**소방용품**

| 구 분 | 설 명 |
|---|---|
| **소화설비**를 구성하는 제품 또는 기기 | • 소화기구(분말자동소화장치 등) 보기 ④<br>• 소화전<br>• 송수구<br>• 관창(菅槍)<br>• 소방호스 보기 ②<br>• 스프링클러헤드 보기 ③<br>• 기동용 수압개폐장치<br>• 유수제어밸브<br>• 가스관선택밸브 |
| **피난구조설비**를 구성하는 제품 또는 기기 | • 피난사다리<br>• 구조대<br>• 완강기<br>• 공기호흡기<br>• 유도등<br>• 예비전원이 내장된 비상조명등 |
| **소화용**으로 사용하는 제품 또는 기기 | • 소화약제<br>• 방염제 |

① 가스누설경보기는 소화설비가 아니고 **경보설비**

답 ①

★★★

## 47 소방기본법령상 출동한 소방대원에게 폭행 또는 협박을 행사하여 화재진압 · 인명구조 또는 구급활동을 방해한 사람에 대한 벌칙기준은?

18.09.문42
17.03.문49
16.05.문57
15.09.문43
15.05.문58
11.10.문51
10.09.문54

① 500만원 이하의 과태료
② 1년 이하의 징역 또는 1000만원 이하의 벌금
③ 3년 이하의 징역 또는 3000만원 이하의 벌금
④ 5년 이하의 징역 또는 5000만원 이하의 벌금

해설 **기본법 50조**
**5년 이하의 징역 또는 5000만원 이하의 벌금**

(1) 소방자동차의 **출동 방해**
(2) **사람구출** 방해
(3) **소방용수시설** 또는 **비상소화장치**의 효용 방해

(4) 출동한 소방대의 화재진압 · 인명구조 또는 구급활동 **방해**
(5) 소방대의 현장출동 **방해**
(6) 출동한 소방대원에게 **폭행 · 협박** 행사 보기 ④

답 ④

**48** 화재예방, 소방시설 설치 · 유지 및 안전관리에 관한 법령상 건축허가 등의 동의대상물의 범위로 틀린 것은?

14.05.문51
13.09.문53

① 항공기 격납고
② 방송용 송 · 수신탑
③ 연면적이 400제곱미터 이상인 건축물
④ 지하층 또는 무창층이 있는 건축물로서 바닥면적이 50제곱미터 이상인 층이 있는 것

해설 **소방시설법 시행령 12조**
**건축허가 등의 동의대상물**
(1) 연면적 **400m²**(학교시설 : **100m²**, 수련시설 · 노유자시설 : **200m²**, 정신의료기관 · 장애인의료재활시설 : **300m²**) 이상 보기 ③
(2) **6층** 이상인 건축물
(3) 차고 · 주차장으로서 바닥면적 **200m²** 이상(**자**동차 **20대** 이상)
(4) **항공기 격납고, 관망탑, 항공관제탑, 방송용 송수신탑** 보기 ①②
(5) 지하층 또는 무창층의 바닥면적 **150m²**(공연장은 **100m²**) 이상 보기 ④
(6) **위험물저장** 및 **처리시설**
(7) **결핵환자**나 **한센인**이 24시간 생활하는 **노유자시설**
(8) **지하구**
(9) 요양병원(정신병원, 의료재활시설 제외)
(10) 노인주거복지시설 · 노인의료복지시설 및 재가노인복지시설 · 학대피해노인 전용쉼터 · 아동복지시설 · 장애인거주시설

기억법 **2자(이자)**

④ 50제곱미터 → 150제곱미터

답 ④

**49** 소방시설공사업법령에 따른 완공검사를 위한 현장확인 대상 특정소방대상물의 범위기준으로 틀린 것은?

18.03.문51
17.03.문43
15.03.문59
14.05.문54

① 연면적 1만제곱미터 이상이거나 11층 이상인 특정소방대상물(아파트는 제외)
② 가연성 가스를 제조 · 저장 또는 취급하는 시설 중 지상에 노출된 가연성 가스탱크의 저장용량 합계가 1천톤 이상인 시설
③ 호스릴방식의 소화설비가 설치되는 특정소방대상물
④ 문화 및 집회시설, 종교시설, 판매시설, 노유자시설, 수련시설, 운동시설, 숙박시설, 창고시설, 지하상가

해설 **공사업령 5조**
**완공검사를 위한 현장확인 대상 특정소방대상물의 범위**
(1) **문**화 및 집회시설, **종**교시설, **판**매시설, **노**유자시설, **수**련시설, **운**동시설, **숙**박시설, **창**고시설, 지하**상**가 및 다중이용업소 보기 ④
(2) 다음의 어느 하나에 해당하는 설비가 설치되는 특정소방대상물
㉠ 스프링클러설비 등
㉡ 물분무등소화설비(호스릴방식의 소화설비 제외) 보기 ③
(3) 연면적 **10000m²** 이상이거나 **11층** 이상인 특정소방대상물(아파트 제외) 보기 ①
(4) 가연성 가스를 제조 · 저장 또는 취급하는 시설 중 지상에 노출된 가연성 가스탱크의 저장용량 합계가 **1000t** 이상인 시설 보기 ②

기억법 **문종판 노수운 숙창상현**

③ 호스릴방식 제외

답 ③

**50** 화재예방, 소방시설 설치 · 유지 및 안전관리에 관한 법령상 스프링클러설비를 설치하여야 할 특정소방대상물에 다음 중 어떤 소방시설을 화재안전기준에 적합하게 설치할 때 면제받을 수 없는 소화설비는?

17.09.문48
14.09.문78
14.03.문53

① 포소화설비
② 물분무소화설비
③ 간이스프링클러설비
④ 이산화탄소 소화설비

해설 **소방시설법 시행령 〔별표 6〕**
**소방시설 면제기준**

| 면제대상 | 대체설비 |
|---|---|
| 스프링클러설비 | • **물분무등소화설비** |
| 물분무등소화설비 | • **스프링클러설비** |
| 간이스프링클러설비 | • 스프링클러설비<br>• **물분무소화설비**<br>• **미분무소화설비** |
| 비상**경**보설비 또는 **단**독경보형 감지기 | • **자동화재탐지설비**<br>기억법 **탐경단** |
| 비상**경**보설비 | • **2개 이상 단독경보형 감지기 연동**<br>기억법 **경단2** |
| 비상방송설비 | • 자동화재탐지설비<br>• 비상경보설비 |
| 연결살수설비 | • 스프링클러설비<br>• 간이스프링클러설비<br>• 물분무소화설비<br>• 미분무소화설비 |

| 제연설비 | • 공기조화설비 |
|---|---|
| 연소방지설비 | • 스프링클러설비<br>• 물분무소화설비<br>• 미분무소화설비 |
| 연결송수관설비 | • 옥내소화전설비<br>• 스프링클러설비<br>• 간이스프링클러설비<br>• 연결살수설비 |
| 자동화재탐지설비 | • 자동화재탐지설비의 기능을 가진 스프링클러설비<br>• 물분무등소화설비 |
| 옥내소화전설비 | • 옥외소화전설비<br>• 미분무소화설비(호스릴방식) |

중요

**물분무등소화설비**

(1) **분**말소화설비
(2) **포**소화설비 보기 ①
(3) **할**론소화설비
(4) **이**산화탄소 소화설비 보기 ④
(5) **할**로겐화합물 및 불활성기체 소화설비
(6) **강**화액소화설비
(7) **미**분무소화설비
(8) 물분무소화설비 보기 ②
(9) **고**체에어로졸 소화설비

기억법 **분포할이 할강미고**

답 ③

★★★

**51** 17.03.문48 14.09.문41 12.03.문53

**화재예방, 소방시설 설치·유지 및 안전관리에 관한 법령상 대통령령 또는 화재안전기준이 변경되어 그 기준이 강화되는 경우 기존 특정소방대상물의 소방시설 중 강화된 기준을 설치장소와 관계없이 항상 적용하여야 하는 것은? (단, 건축물의 신축·개축·재축·이전 및 대수선 중인 특정소방대상물을 포함한다.)**

① 제연설비
② 비상경보설비
③ 옥내소화전설비
④ 화재조기진압용 스프링클러설비

해설 **소방시설법 11조**
**변경강화기준 적용설비**

(1) 소화기구
(2) **비**상**경**보설비 보기 ②
(3) **자**동화재**속**보설비
(4) **피**난구조설비
(5) 소방시설(지하공동구 설치용, 전력 또는 통신사업용 지하구)
(6) **노**유자시설에 설치하여야 할 소방시설(대통령령으로 정하는 것)
(7) **의료시설**에 설치하여야 하는 소방시설(대통령령으로 정하는 것)

기억법 **강비경 자속피노**

중요

**소방시설법 시행령 15조 6**
**변경강화기준 적용설비**

| **노유자시설**에 설치하여야 하는 소방시설 | **의료시설**에 설치하여야 하는 소방시설 |
|---|---|
| • 간이스프링클러설비<br>• 자동화재탐지설비<br>• 단독경보형 감지기 | • 간이스프링클러설비<br>• 스프링클러설비<br>• 자동화재탐지설비<br>• 자동화재속보설비 |

답 ②

★★★

**52** 17.09.문52 17.05.문57

**화재예방, 소방시설 설치·유지 및 안전관리에 관한 법령상 시·도지사가 소방시설 등의 자체점검을 하지 아니한 관리업자에게 영업정지를 명할 수 있으나, 이로 인해 국민에게 심한 불편을 줄 때에는 영업정지 처분을 갈음하여 과징금 처분을 한다. 과징금의 기준은?**

① 1000만원 이하　② 2000만원 이하
③ 3000만원 이하　④ 5000만원 이하

해설 **소방시설법 35조, 위험물법 13조**
과징금

| 3000만원 이하 | 2억원 이하 |
|---|---|
| • **소방시설업** 영업정지처분 갈음<br>• **소방시설관리업** 영업정지처분 갈음 | • **제조소** 사용정지처분 갈음 |

중요

**소방시설업**

(1) 소방시설설계업
(2) 소방시설공사업
(3) 소방공사감리업
(4) 방염처리업

답 ③

★★★

**53** 17.09.문02 16.05.문46 16.05.문52 15.09.문03 15.05.문10 15.03.문51 14.09.문18 11.06.문54

**위험물안전관리법령상 위험물별 성질로서 틀린 것은?**

① 제1류 : 산화성 고체
② 제2류 : 가연성 고체
③ 제4류 : 인화성 액체
④ 제6류 : 인화성 고체

해설 **위험물령 〔별표 1〕**
위험물

| 유 별 | 성 질 | 품 명 |
|---|---|---|
| 제**1**류 | **산**화성 **고**체 | • 아염소산염류<br>• 염소산염류(**염소산나트륨**)<br>• 과염소산염류<br>• 질산염류<br>• 무기과산화물<br>기억법 **1산고염나** |
| 제2류 | 가연성 고체 | • **황화**린<br>• **적**린<br>• **유**황<br>• **마**그네슘<br>기억법 **황화적유마** |
| 제3류 | 자연발화성 물질 및 금수성 물질 | • **황**린<br>• **칼**륨<br>• **나**트륨<br>• **알**칼리토금속<br>• **트**리에틸알루미늄<br>기억법 **황칼나알트** |
| 제4류 | 인화성 액체 | • 특수인화물<br>• 석유류(벤젠)<br>• 알코올류<br>• 동식물유류 |
| 제5류 | 자기반응성 물질 | • 유기과산화물<br>• 니트로화합물<br>• 니트로소화합물<br>• 아조화합물<br>• 질산에스테르류(셀룰로이드) |
| 제6류 → | 산화성 액체 | • **과염소산**<br>• 과산화수소<br>• 질산 |

④ 인화성 고체 → 산화성 액체

답 ④

★★★
**54** 17.09.문57 16.05.문55 12.05.문45 **화재예방, 소방시설 설치·유지 및 안전관리에 관한 법령상 소방시설 등의 종합정밀점검 대상 기준에 맞게 ( )에 들어갈 내용으로 옳은 것은?**

물분무등소화설비(호스릴방식의 물분무등소화설비만을 설치한 경우는 제외)가 설치된 연면적 ( )$m^2$ 이상인 특정소방대상물(위험물 제조소 등은 제외)

① 2000 ② 3000
③ 4000 ④ 5000

해설 **소방시설법 시행규칙 〔별표 1〕**
소방시설 등의 자체점검

| 구 분 | 작동기능점검 | 종합정밀점검 |
|---|---|---|
| 정의 | 소방시설 등을 인위적으로 조작하여 정상작동 여부를 점검하는 것 | 소방시설 등의 작동기능점검을 포함하여 설비별 주요구성부품의 구조기준이 화재안전기준에 적합한지 여부를 점검하는 것 |
| 대상 | • 특정소방대상물<br>〈제외대상〉<br>① **위험물제조소** 등<br>② **소화기구**만을 설치하는 특정소방대상물<br>③ **특급** 소방안전관리대상물 | • 스프링클러설비가 설치된 특정소방대상물<br>• **물분무등소화설비**(호스릴 방식의 물분무등소화설비만을 설치한 경우 제외)가 설치된 연면적 **5000**$m^2$ 이상인 특정소방대상물(위험물제조소 등 제외) 보기 ④<br>• 제연설비가 설치된 터널<br>• 공공기관 중 연면적이 **1000**$m^2$ 이상인 것으로 **옥내소화전설비** 또는 **자동화재탐지설비**가 설치된 것(단, 소방대가 근무하는 공공기관 제외)<br>• 다중이용업의 영업장이 설치된 특정소방대상물로서 연면적이 **2000**$m^2$ 이상인 것 |
| 점검자 자격 | • 관계인<br>• 소방안전관리자<br>• 소방시설관리업자 | • 소방안전관리자(소방**시**설관리사 · 소방**기**술사)<br>• 소방시설관리**업**자(소방시설관리사 · 소방기술사)<br>기억법 **시기업** |
| 점검 횟수 | **연 1회** 이상 | **연 1회**(특급 소방안전관리대상물은 **반기별**로 **1회**) 이상 |

**소방본부장** 또는 **소방서장**은 **소방청장**이 소방안전관리가 우수하다고 인정한 특정소방대상물에 대해서는 **3년**의 범위에서 소방청장이 고시하거나 정한 기간 동안 종합정밀점검을 면제할 수 있다(단, 면제기간 중 화재가 발생한 경우는 제외).

답 ④

★★
**55** 18.03.문50 17.03.문53 16.03.문43 **화재예방, 소방시설 설치·유지 및 안전관리에 관한 법령상 펄프공장의 작업장, 음료수 공장의 충전을 하는 작업장 등과 같이 화재안전기준을 적용하기 어려운 특정소방대상물에 설치하지 아니할 수 있는 소방시설의 종류가 아닌 것은?**

① 상수도소화용수설비
② 스프링클러설비
③ 연결송수관설비
④ 연결살수설비

해설 **소방시설법 시행령 〔별표 7〕**
**소방시설을 설치하지 아니할 수 있는 특정소방대상물 및 소방시설의 범위**

| 구 분 | 특정소방대상물 | 소방시설 |
|---|---|---|
| 화재위험도가 낮은 특정소방대상물 | **석재, 불연성 금속, 불연성 건축재료** 등의 가공공장·기계조립공장·주물공장 또는 불연성 물품을 저장하는 창고 | ① **옥외소화전설비**<br>② **연결살수설비**<br>기억법 **석불금외** |
| | 소방대가 조직되어 24시간 근무하고 있는 청사 및 차고 | ① 옥내소화전설비<br>② 스프링클러설비<br>③ 물분무등소화설비<br>④ 비상방송설비<br>⑤ 피난기구<br>⑥ 소화용수설비<br>⑦ 연결송수관설비<br>⑧ 연결살수설비 |
| 화재안전기준을 적용하기 어려운 특정소방대상물 | 펄프공장의 **작업장, 음료수 공장**의 세정 또는 충전을 하는 작업장, 그 밖에 이와 비슷한 용도로 사용하는 것 | ① **스프링클러설비**<br>② **상수도소화용수설비**<br>③ **연결살수설비** |
| | **정수장, 수영장, 목욕장**, 농예·축산·어류양식용 시설, 그 밖에 이와 비슷한 용도로 사용되는 것 | ① **자동화재탐지설비**<br>② **상수도소화용수설비**<br>③ **연결살수설비** |
| 화재안전기준을 달리 적용하여야 하는 특수한 용도 또는 구조를 가진 특정소방대상물 | 원자력발전소, 핵폐기물처리시설 | ① 연결송수관설비<br>② 연결살수설비 |
| 자체소방대가 설치된 특정소방대상물 | 자체소방대가 설치된 위험물제조소 등에 부속된 사무실 | ① 옥내소화전설비<br>② 소화용수설비<br>③ 연결살수설비<br>④ 연결송수관설비 |

중요

**소방시설법 시행령 〔별표 7〕**
**소방시설을 설치하지 아니할 수 있는 소방시설의 범위**
(1) **화재위험도**가 낮은 특정소방대상물
(2) 화재안전기준을 적용하기가 어려운 특정소방대상물
(3) 화재안전기준을 달리 적용하여야 하는 특수한 **용도·구조**를 가진 특정소방대상물
(4) **자체소방대**가 설치된 특정소방대상물

답 ③

★★★
**56** 15.09.문47 15.05.문49 14.03.문52 12.05.문60

**소방기본법령에 따른 특수가연물의 기준 중 다음 ( ) 안에 알맞은 것은?**

| 품 명 | 수 량 |
|---|---|
| 나무껍질 및 대팻밥 | ( ㉠ )kg 이상 |
| 면화류 | ( ㉡ )kg 이상 |

① ㉠ 200, ㉡ 400
② ㉠ 200, ㉡ 1000
③ ㉠ 400, ㉡ 200
④ ㉠ 400, ㉡ 1000

해설 **기본령 〔별표 2〕**
**특수가연물**

| 품 명 | | 수 량 |
|---|---|---|
| 가연성 액체류 | | 2$m^3$ 이상 |
| 목재가공품 및 나무부스러기 | | 10$m^3$ 이상 |
| 면화류 ⟶ | | 200kg 이상 |
| 나무껍질 및 대팻밥 ⟶ | | 400kg 이상 |
| 넝마 및 종이부스러기 | | 1000kg 이상 |
| 사류(絲類) | | 1000kg 이상 |
| 볏짚류 | | 1000kg 이상 |
| 가연성 고체류 | | 3000kg 이상 |
| 합성수지류 | 발포시킨 것 | 20$m^3$ 이상 |
| | 그 밖의 것 | 3000kg 이상 |
| 석탄·목탄류 | | 10000kg 이상 |

용어

**특수가연물**
화재가 발생하면 그 확대가 빠른 물품

기억법 가액목면나 넝사볏가고 합석
2 124 1 3 31

답 ③

★
**57** 19.03.문43 16.10.문60

**화재예방, 소방시설 설치·유지 및 안전관리에 관한 법령상 소방특별조사위원회의 위원에 해당하지 아니하는 사람은?**

① 소방기술사
② 소방시설관리사
③ 소방 관련 분야의 석사학위 이상을 취득한 사람
④ 소방 관련 법인 또는 단체에서 소방 관련 업무에 3년 이상 종사한 사람

해설 **소방시설법 시행령 7조 2**
**소방특별조사위원회의 구성**
(1) **과장급** 직위 이상의 소방공무원
(2) 소방기술사 보기 ①
(3) 소방시설관리사 보기 ②
(4) 소방 관련 분야의 **석사**학위 이상을 취득한 사람 보기 ③
(5) 소방 관련 법인 또는 단체에서 소방 관련 업무에 **5년** 이상 종사한 사람 보기 ④
(6) 소방공무원 교육기관, 학교 또는 연구소에서 소방과 관련한 교육 또는 연구에 **5년** 이상 종사한 사람

④ 3년 → 5년

답 ④

★★
**58** 위험물안전관리법령상 소화난이도 등급 I의 옥내 탱크저장소에서 유황만을 저장·취급할 경우 설치하여야 하는 소화설비로 옳은 것은?

18.09.문60
16.10.문44

① 물분무소화설비 ② 스프링클러설비
③ 포소화설비 ④ 옥내소화전설비

해설 **위험물규칙 〔별표 17〕**
**유황만을 저장·취급하는 옥내·외탱크저장소·암반탱크저장소에 설치해야 하는 소화설비**
**물분무소화설비**

기억법 유물

답 ①

★★★
**59** 소방시설공사업법령상 하자보수를 하여야 하는 소방시설 중 하자보수 보증기간이 3년이 아닌 것은?

17.05.문51
16.10.문56
15.05.문59
15.03.문52
12.05.문59

① 자동소화장치 ② 비상방송설비
③ 스프링클러설비 ④ 상수도소화용수설비

해설 **공사업령 6조**
**소방시설공사의 하자보수 보증기간**

| 보증기간 | 소방시설 |
|---|---|
| 2년 | ① **유**도등·유도표지·**피**난기구<br>② **비**상**조**명등·비상**경**보설비·비상**방**송설비 보기 ②<br>③ **무**선통신보조설비<br>기억법 유비 조경방무피2 |
| 3년 | ① 자동소화장치<br>② 옥내·외소화전설비<br>③ 스프링클러설비·간이스프링클러설비<br>④ 물분무등소화설비·상수도소화용수설비<br>⑤ 자동화재탐지설비·소화활동설비 |

② 2년

답 ②

★★★
**60** 소방기본법령상 소방대장은 화재, 재난·재해 그 밖의 위급한 상황이 발생한 현장에 소방활동구역을 정하여 소방활동에 필요한 자로서 대통령령으로 정하는 사람 외에는 그 구역에의 출입을 제한할 수 있다. 다음 중 소방활동구역에 출입할 수 없는 사람은?

19.04.문42
15.03.문43
11.06.문48
06.03.문44

① 소방활동구역 안에 있는 소방대상물의 소유자·관리자 또는 점유자
② 전기·가스·수도·통신·교통의 업무에 종사하는 사람으로서 원활한 소방활동을 위하여 필요한 사람
③ 시·도지사가 소방활동을 위하여 출입을 허가한 사람
④ 의사·간호사 그 밖에 구조·구급업무에 종사하는 사람

해설 **기본령 8조**
**소방활동구역 출입자**
(1) **소방활동구역 안**에 있는 **소유자·관리자** 또는 **점유자** 보기 ①
(2) **전기·가스·수도·통신·교통**의 업무에 종사하는 자로서 원활한 **소방활동**을 위하여 필요한 자 보기 ②
(3) **의사·간호사**, 그 밖에 구조·구급업무에 종사하는 자 보기 ④
(4) **취재인력** 등 보도업무에 종사하는 자
(5) **수사업무**에 종사하는 자
(6) **소방대장**이 소방활동을 위하여 **출입**을 **허가**한 **자** 보기 ③

용어
**소방활동구역**
화재, 재난·재해 그 밖의 위급한 상황이 발생한 현장에 정하는 구역

③ 시·도지사가 → 소방대장이

답 ③

## 제 4 과목 소방전기시설의 구조 및 원리

★
**61** 비상조명등의 화재안전기준(NFSC 304)에 따라 비상조명등의 조도는 비상조명등이 설치된 장소의 각 부분의 바닥에서 몇 lx 이상이 되도록 하여야 하는가?

20.06.문62
13.09.문76

① 1 ② 3
③ 5 ④ 10

해설 **비상조명등**의 **설치기준**

(1) 소방대상물의 각 거실과 지상에 이르는 복도·계단·통로에 설치할 것
(2) 조도는 각 부분의 바닥에서 **1 lx** 이상일 것 보기 ①
(3) **점검스위치**를 설치하고 **20분** 이상 작동시킬 수 있는 용량의 **축전지**와 **예비전원 충전장치**를 내장할 것

중요

**조명도**(조도)

| 기 기 | 조 명 |
|---|---|
| 통로유도등 | **1 lx** 이상 |
| 비상조명등 | **1 lx** 이상 |
| 객석유도등 | **0.2 lx** 이상 |

답 ①

★★★
**62** **화재안전기준(NFSC)에 따른 비상전원 및 건전지의 유효 사용시간에 대한 최소기준이 가장 긴 것은?**

20.06.문65 19.04.문61 17.03.문77 13.06.문72 07.09.문80

① 휴대용 비상조명등의 건전지 용량
② 무선통신보조설비 증폭기의 비상전원
③ 지하층을 제외한 층수가 11층 미만의 층인 특정소방대상물에 설치되는 유도등의 비상전원
④ 지하층을 제외한 층수가 11층 미만의 층인 특정소방대상물에 설치되는 비상조명등의 비상전원

해설 **비상전원 용량**

| 설비의 종류 | 비상전원 용량 |
|---|---|
| • **자**동화재탐지설비<br>• 비상**경**보설비<br>• **자**동화재속보설비 | **10분** 이상 |
| • 유도등 보기 ③<br>• 비상조명등 보기 ④<br>• 휴대용 비상조명등 보기 ①<br>• 비상콘센트설비<br>• 제연설비<br>• 물분무소화설비<br>• 옥내소화전설비(**30층** 미만)<br>• 특별피난계단의 계단실 및 부속실 제연설비(**30층** 미만) | **20분** 이상 |
| • 무선통신보조설비의 **증**폭기 보기 ② → | **30분** 이상 |
| • 옥내소화전설비(30~**49층** 이하)<br>• 특별피난계단의 계단실 및 부속실 제연설비(30~**49층** 이하)<br>• 연결송수관설비(30~**49층** 이하)<br>• 스프링클러설비(30~**49층** 이하) | **40분** 이상 |
| • 유도등·비상조명등(지하상가 및 **11층** 이상)<br>• 옥내소화전설비(**50층** 이상)<br>• 특별피난계단의 계단실 및 부속실 제연설비(**50층** 이상)<br>• 연결송수관설비(**50층** 이상)<br>• 스프링클러설비(**50층** 이상) | **60분** 이상 |

기억법 경자비1(**경자**라는 이름은 **비일**비재하게 많다.)
3증(**3중**고)

답 ②

★★★
**63** **소방시설용 비상전원수전설비의 화재안전기준(NFSC 602)에 따라 일반전기사업자로부터 특고압 또는 고압으로 수전하는 비상전원수전설비의 종류에 해당하지 않는 것은?**

17.03.문64 15.05.문78 10.09.문73

① 큐비클형　　② 축전지형
③ 방화구획형　　④ 옥외개방형

해설 **비상전원수전설비**(NFSC 602 6조)

| 저압수전 | 특고압수전 |
|---|---|
| ① 전용배전반(1·2종)<br>② 전용분전반(1·2종)<br>③ 공용분전반(1·2종) | ① 방화구획형 보기 ③<br>② 옥외개방형 보기 ④<br>③ 큐비클형 보기 ① |

• 특별고압=특고압

답 ②

★★
**64** **자동화재탐지설비 및 시각경보장치의 화재안전기준(NFSC 203)에 따른 배선의 시설기준으로 틀린 것은?**

20.08.문76 18.03.문65 17.09.문71 16.10.문74

① 감지기 사이의 회로의 배선은 송배전식으로 할 것
② 감지기 회로의 도통시험을 위한 종단저항은 감지기 회로의 끝부분에 설치할 것
③ 피(P)형 수신기의 감지기 회로의 배선에 있어서 하나의 공통선에 접속할 수 있는 경계구역은 5개 이하로 할 것
④ 수신기의 각 회로별 종단에 설치되는 감지기에 접속되는 배선의 전압은 감지기 정격전압의 80% 이상이어야 할 것

해설 **자동화재탐지설비 배선**의 **설치기준**

(1) 감지기 사이의 회로배선 : **송배전식** 보기 ①
(2) P형 수신기 및 GP형 수신기의 감지기 회로의 배선에 있어서 하나의 공통선에 접속할 수 있는 경계구역은 **7개** 이하 보기 ③
(3) ㉠ 감지기 회로의 전로저항 : **50Ω 이하**
㉡ 감지기에 접속하는 배선전압 : 정격전압의 **80% 이상**
(4) 자동화재탐지설비의 배선은 다른 전선과 **별도**의 관·덕트·몰드 또는 풀박스 등에 설치할 것(단, **60V** 미만의 약전류회로에 사용하는 전선으로서 각각의 전압이 같을 때는 제외)
(5) 감지기 회로의 도통시험을 위한 종단저항은 감지기 회로의 끝부분에 설치할 것 보기 ②

③ 5개 → 7개

답 ③

**65** 자동화재탐지설비 및 시각경보장치의 화재안전기준(NFSC 203)에 따른 발신기의 시설기준에 대한 내용이다. 다음 (  )에 들어갈 내용으로 옳은 것은?

20.09.문74

> 발신기의 위치를 표시하는 표시등은 함의 상부에 설치하되, 그 불빛은 부착면으로부터 ( ㉠ )° 이상의 범위 안에서 부착지점으로부터 ( ㉡ )m 이내의 어느 곳에서도 쉽게 식별할 수 있는 적색등으로 하여야 한다.

① ㉠ 10, ㉡ 10
② ㉠ 15, ㉡ 10
③ ㉠ 25, ㉡ 15
④ ㉠ 25, ㉡ 20

해설 **자동화재탐지설비**의 **발신기 설치기준**(NFSC 203 9조)

(1) 조작이 **쉬운 장소**에 설치하고, 조작스위치는 바닥으로부터 **0.8~1.5m** 이하의 높이에 설치할 것
(2) 특정소방대상물의 **층**마다 설치하되, 해당 특정소방대상물의 각 부분으로부터 하나의 발신기까지의 **수평거리**가 **25m** 이하가 되도록 할 것. 다만, 복도 또는 별도로 구획된 실로서 **보행거리**가 **40m** 이상일 경우에는 추가로 설치할 것
(3) 발신기의 **위치표시등**은 **함**의 **상부**에 설치하되, 그 불빛은 부착면으로부터 **15°** 이상의 범위 안에서 부착지점으로부터 **10m** 이내의 어느 곳에서도 쉽게 식별할 수 있는 **적색등**으로 할 것

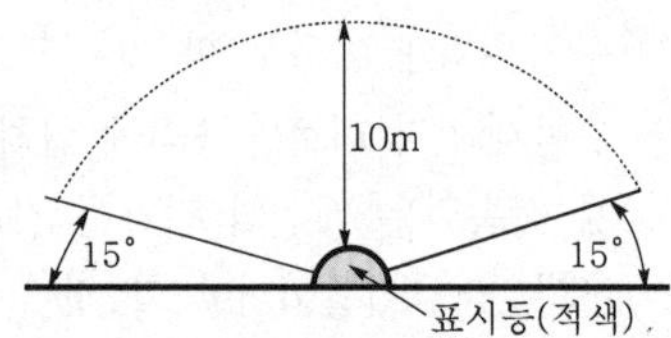


‖ 위치표시등의 식별 ‖

답 ②

**66** 비상방송설비의 화재안전기준(NFSC 202)에 따라 비상방송설비가 기동장치에 따른 화재신고를 수신한 후 필요한 음량으로 화재발생 상황 및 피난에 유효한 방송이 자동으로 개시될 때까지의 소요시간은 몇 초 이하로 하여야 하는가?

17.09.문68
17.05.문61

① 5 ② 10
③ 20 ④ 30

해설 **소요시간**

| 기 기 | 시 간 |
|---|---|
| P형 · P형 복합식 · R형 · R형 복합식 · GP형 · GP형 복합식 · GR형 · GR형 복합식 | 5초 이내 (축적형 60초 이내) |
| **중**계기 | **5**초 이내 |
| 비상**방**송설비 ⟶ | **10초** 이하 |
| **가**스누설경보기 | **6**0초 이내 |

기억법 **시중5(시중을 드시오!)**
**1방(일본을 방문하다.)**
**6가(육체미가 아름답다.)**

중요

**비상방송설비**의 **설치기준**
(1) 음량조정기를 설치하는 경우 배선은 **3선식**으로 할 것
(2) 확성기의 음성입력은 **실외 3W**, **실내 1W** 이상일 것
(3) 조작부의 조작스위치는 **0.8~1.5m** 이하의 높이에 설치할 것
(4) 기동장치에 의한 화재신고를 수신한 후 필요한 음량으로 방송이 개시될 때까지의 소요시간은 **10초** 이하로 할 것

답 ②

**67** 무선통신보조설비의 화재안전기준(NFSC 505)에 따른 용어의 정의로 옳은 것은?

19.04.문72
16.05.문61
16.03.문65
15.09.문62
11.03.문80

① "혼합기"는 신호의 전송로가 분기되는 장소에 설치하는 장치를 말한다.
② "분배기"는 서로 다른 주파수의 합성된 신호를 분리하기 위해서 사용하는 장치를 말한다.
③ "증폭기"는 두 개 이상의 입력신호를 원하는 비율로 조합한 출력이 발생되도록 하는 장치를 말한다.
④ "누설동축케이블"은 동축케이블의 외부도체에 가느다란 홈을 만들어서 전파가 외부로 새어나갈 수 있도록 한 케이블을 말한다.

해설 **무선통신보조설비**

| 용 어 | 설 명 |
|---|---|
| 누설동축케이블 | 동축케이블의 외부도체에 가느다란 홈을 만들어서 **전파**가 **외부**로 **새어나갈 수 있도록** 한 케이블 |
| 분**배**기 | 신호의 전송로가 분기되는 장소에 설치하는 것으로 **임피던스 매칭**(Matching)과 **신호 균등분배**를 위해 사용하는 장치<br>기억법 **배임(배임죄)** |
| 분**파**기 | 서로 다른 **주**파수의 합성된 **신호**를 **분리**하기 위해서 사용하는 장치<br>기억법 **파주** |

| 혼합기 | **두 개 이상**의 **입력신호**를 원하는 비율로 **조합**한 **출력**이 발생하도록 하는 장치 |
|---|---|
| 증폭기 | 신호전송시 신호가 약해져 수신이 불가능해지는 것을 방지하기 위해서 **증폭**하는 장치 |
| 무선중계기 | 안테나를 통하여 수신된 무전기 신호를 증폭한 후 음영지역에 재방사하여 무전기 상호간 송수신이 가능하도록 하는 장치 |
| 옥외안테나 | 감시제어반 등에 설치된 무선중계기의 입력과 출력포트에 연결되어 송수신 신호를 원활하게 방사·수신하기 위해 옥외에 설치하는 장치 |

① 혼합기 → 분배기
② 분배기 → 분파기
③ 증폭기 → 혼합기

답 ④

★★
**68** **비상경보설비 및 단독경보형 감지기의 화재안전기준(NFSC 201)에 따른 비상벨설비에 대한 설명으로 옳은 것은?**

20.09.문74
18.03.문77
18.03.문78
17.05.문77
16.05.문63
14.03.문71
12.03.문77
10.03.문68

① 비상벨설비는 화재발생 상황을 사이렌으로 경보하는 설비를 말한다.
② 비상벨설비는 부식성 가스 또는 습기 등으로 인하여 부식의 우려가 없는 장소에 설치하여야 한다.
③ 음향장치의 음량은 부착된 음향장치의 중심으로부터 1m 떨어진 위치에서 60dB 이상이 되는 것으로 하여야 한다.
④ 특정소방대상물의 층마다 설치하되, 해당 특정소방대상물의 각 부분으로부터 하나의 발신기까지의 수평거리가 30m 이하가 되도록 하여야 한다.

해설 **비상경보설비**의 **발신기 설치기준**(NFSC 201 4조)
(1) 전원 : **축전지**, **전기저장장치**, **교류전압**의 **옥내간선**으로 하고 배선은 **전용**
(2) 감시상태 : **60분**, 경보시간 : **10분**
(3) 조작이 **쉬운 장소**에 설치하고, 조작스위치는 바닥으로부터 **0.8~1.5m** 이하의 높이에 설치할 것
(4) 소방대상물의 **층**마다 설치하되, 해당 소방대상물의 각 부분으로부터 하나의 발신기까지의 **수평거리**가 **25m** 이하가 되도록 할 것(단, 복도 또는 별도로 구획된 실로서 **보행거리**가 **40m** 이상일 경우에는 추가로 설치할 것) 보기 ④
(5) 발신기의 **위치표시등**은 **함**의 **상부**에 설치하되, 그 불빛은 부착면으로부터 **15°** 이상의 범위 안에서 부착지점으로부터 **10m** 이내의 어느 곳에서도 쉽게 식별할 수 있는 **적색등**으로 할 것

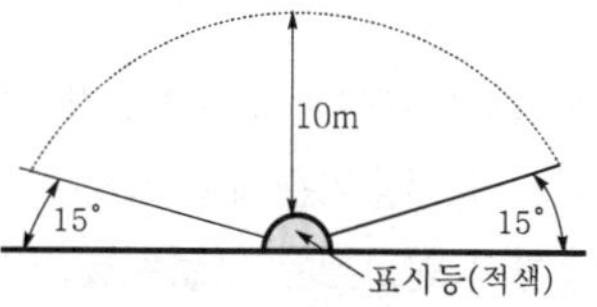

위치표시등의 식별

(6) 음향장치의 음량은 부착된 음향장치의 중심으로부터 **1m** 떨어진 위치에서 **90dB** 이상이 되는 것으로 할 것 보기 ③

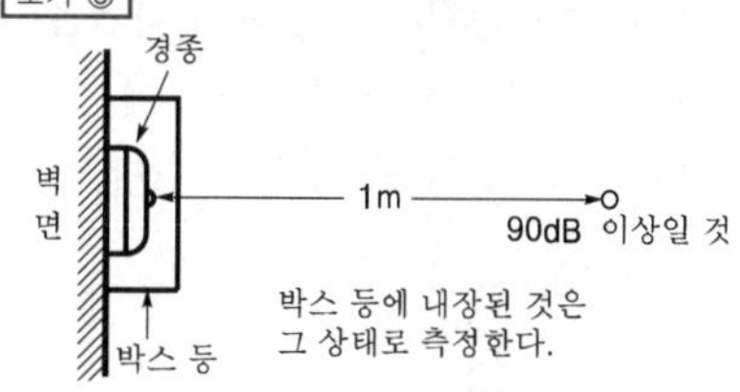

음향장치의 음량측정

(7) 비상벨설비는 **부식성 가스** 또는 **습기** 등으로 인하여 **부식**의 우려가 없는 장소에 설치 보기 ②

① 사이렌 → 경종
③ 60dB 이상 → 90dB 이상
④ 30m 이하 → 25m 이하

용어

(1) **전기저장장치**
외부 전기에너지를 저장해 두었다가 필요한 때 전기를 공급하는 장치
(2) **비상벨설비 vs 자동식 사이렌설비**

| 비상벨설비 | 자동식 사이렌설비 |
|---|---|
| 화재발생 상황을 **경종**으로 경보하는 설비 보기 ① | 화재발생 상황을 **사이렌**으로 경보하는 설비 |

답 ②

★★
**69** **유도등 및 유도표지의 화재안전기준(NFSC 303)에 따른 객석유도등의 설치기준이다. 다음 ( )에 들어갈 내용으로 옳은 것은?**

20.09.문79

객석유도등은 객석의 ( ㉠ ), ( ㉡ ) 또는 ( ㉢ )에 설치하여야 한다.

① ㉠ 통로, ㉡ 바닥, ㉢ 벽
② ㉠ 바닥, ㉡ 천장, ㉢ 벽
③ ㉠ 통로, ㉡ 바닥, ㉢ 천장
④ ㉠ 바닥, ㉡ 통로, ㉢ 출입구

해설 **객석유도등**의 **설치위치**(NFSC 303 7조)
(1) 객석의 **통로**
(2) 객석의 **바닥**
(3) 객석의 **벽**

기억법 **통바벽**

답 ①

## 70 자동화재속보설비의 속보기의 성능인증 및 제품검사의 기술기준에서 정하는 데이터 및 코드 전송방식 신고부분 프로토콜 정의서에 대한 내용이다. 다음의 ( )에 들어갈 내용으로 옳은 것은?

> 119서버로부터 처리결과 메시지를 ( ㉠ )초 이내 수신받지 못할 경우에는 ( ㉡ )회 이상 재전송할 수 있어야 한다.

① ㉠ 10, ㉡ 5
② ㉠ 10, ㉡ 10
③ ㉠ 20, ㉡ 10
④ ㉠ 20, ㉡ 20

해설 **자동화재속보설비의 속보기의 성능인증 및 제품검사의 기술기준 〔별표 1〕**

**속보기 재전송 규약**

119서버로부터 처리결과 메시지를 **20초 이내** 수신받지 못할 경우에는 **10회 이상** 재전송할 수 있어야 한다.

중요

**자동화재속보설비의 속보기**

(1) **자동화재속보설비의 기능**

| 구 분 | 설 명 |
|---|---|
| 연동설비 | **자동화재탐지설비** |
| 속보대상 | **소방관서** |
| 속보방법 | **20초** 이내에 **3회** 이상 |
| 다이얼링 | **10회** 이상, **30초** 이상 지속 |

(2) 예비전원을 **병렬**로 접속하는 경우에는 **역충전 방지** 등의 조치

(3) 속보기의 송수화장치가 정상위치가 아닌 경우에도 **연동** 또는 **수동**으로 속보가 가능할 것

(4) 예비전원은 자동적으로 충전되어야 하며 **자동 과충전방지장치**가 있어야 한다.

답 ③

## 71 비상방송설비의 화재안전기준(NFSC 202)에 따라 부속회로의 전로와 대지 사이 및 배선 상호간의 절연저항은 1경계구역마다 직류 250V의 절연저항측정기를 사용하여 측정한 절연저항이 몇 MΩ 이상이 되도록 하여야 하는가?

11.10.문61

① 0.1 ② 0.2
③ 10 ④ 20

해설 **절연저항시험**

| 절연저항계 | 절연저항 | 대 상 |
|---|---|---|
| 직류 250V | **0.1MΩ 이상** | • 1경계구역의 절연저항 |
| 직류 500V | 5MΩ 이상 | • 누전경보기<br>• 가스누설경보기<br>• 수신기<br>• 자동화재속보설비<br>• 비상경보설비<br>• 유도등(교류입력측과 외함 간 포함)<br>• 비상조명등(교류입력측과 외함 간 포함) |
| | 20MΩ 이상 | • 경송<br>• 발신기<br>• 중계기<br>• 비상콘센트<br>• 기기의 절연된 선로 간<br>• 기기의 충전부와 비충전부 간<br>• 기기의 교류입력측과 외함 간(유도등 · 비상조명등 제외) |
| | 50MΩ 이상 | • 감지기(정온식 감지선형 감지기 제외)<br>• 가스누설경보기(10회로 이상)<br>• 수신기(10회로 이상) |
| | 1000MΩ 이상 | • 정온식 감지선형 감지기 |

답 ①

## 72 비상콘센트설비의 성능인증 및 제품검사의 기술기준에 따른 비상콘센트설비 표시등의 구조 및 기능에 대한 설명으로 틀린 것은?

① 발광다이오드에는 적당한 보호커버를 설치하여야 한다.
② 소켓은 접속이 확실하여야 하며 쉽게 전구를 교체할 수 있도록 부착하여야 한다.
③ 적색으로 표시되어야 하며 주위의 밝기가 300lx 이상인 장소에서 측정하여 앞면으로부터 3m 떨어진 곳에서 켜진 등이 확실히 식별되어야 한다.
④ 전구는 사용전압의 130%인 교류전압을 20시간 연속하여 가하는 경우 단선, 현저한 광속변화, 흑화, 전류의 저하 등이 발생하지 아니하여야 한다.

해설 **비상콘센트설비의 성능인증 및 제품검사의 기술기준 4조**

**표시등의 구조 및 기능**

(1) 전구는 사용전압의 **130%**인 교류전압을 **20시간** 연속하여 가하는 경우 **단선**, **현저**한 **광속변화**, **흑화**, **전류**의 **저하** 등이 발생하지 아니하여야 한다. 보기 ④

(2) 소켓은 접속이 확실하여야 하며 쉽게 전구를 교체할 수 있도록 부착하여야 한다. 보기 ②

(3) **전구**에는 적당한 **보호커버**를 설치하여야 한다(단, 발광다이오드 제외). 보기 ①

(4) **적색**으로 표시되어야 하며 주위의 밝기가 **300lx 이상**인 장소에서 측정하여 앞면으로부터 **3m** 떨어진 곳에서 켜진 등이 확실히 식별되어야 한다. 보기 ③

① 발광다이오드는 제외

답 ①

★★★
**73** 18.03.문64 11.06.문73

**비상콘센트설비의 화재안전기준(NFSC 504)에 따라 비상콘센트설비의 전원부와 외함 사이의 절연저항은 전원부와 외함 사이를 500V 절연저항계로 측정할 때 몇 MΩ 이상이어야 하는가?**

① 10 ② 20
③ 30 ④ 50

해설 **절연저항시험**

| 절연 저항계 | 절연저항 | 대 상 |
|---|---|---|
| 직류 250V | 0.1MΩ 이상 | • 1경계구역의 절연저항 |
| 직류 500V | 5MΩ 이상 | • 누전경보기<br>• 가스누설경보기<br>• 수신기<br>• 자동화재속보설비<br>• 비상경보설비<br>• 유도등(교류입력측과 외함 간 포함)<br>• 비상조명등(교류입력측과 외함 간 포함) |
| | 20MΩ 이상 | • 경종<br>• 발신기<br>• 중계기<br>• 비상**콘**센트 보기 ②<br>• 기기의 절연된 선로 간<br>• 기기의 충전부와 비충전부 간<br>• 기기의 교류입력측과 외함 간(유도등·비상조명등 제외)<br>기억법 2콘(이크) |
| | 50MΩ 이상 | • 감지기(정온식 감지선형 감지기 제외)<br>• 가스누설경보기(10회로 이상)<br>• 수신기(10회로 이상) |
| | 1000MΩ 이상 | • 정온식 감지선형 감지기 |

답 ②

★
**74**

**누전경보기의 형식승인 및 제품검사의 기술기준에 따라 외함은 불연성 또는 난연성 재질로 만들어져야 하며, 누전경보기 외함의 두께는 몇 mm 이상이어야 하는가? (단, 직접 벽면에 접하여 벽 속에 매립되는 외함의 부분은 제외한다.)**

① 1 ② 1.2
③ 2.5 ④ 3

해설 **누전경보기의 형식승인 및 제품검사의 기술기준 3조**

**누전경보기의 외함두께**

| 일반적인 경우 | 직접 벽면에 접하여 벽 속에 매립되는 외함부분 |
|---|---|
| 1mm 이상 보기 ① | 1.6mm 이상 |

답 ①

★★★
**75** 17.09.문64 03.08.문62

**비상경보설비 및 단독경보형 감지기의 화재안전기준(NFSC 201)에 따른 단독경보형 감지기의 시설기준에 대한 내용이다. 다음 (  )에 들어갈 내용으로 옳은 것은?**

> 단독경보형 감지기는 바닥면적이 ( ㉠ )$m^2$를 초과하는 경우에는 ( ㉡ )$m^2$마다 1개 이상을 설치하여야 한다.

① ㉠ 100, ㉡ 100 ② ㉠ 100, ㉡ 150
③ ㉠ 150, ㉡ 150 ④ ㉠ 150, ㉡ 200

해설 **단독경보형 감지기**의 **설치기준**(NFSC 201 5조)

(1) 각 실(이웃하는 실내의 바닥면적이 각각 **30$m^2$ 미만**이고 벽체의 상부의 전부 또는 일부가 개방되어 이웃하는 실내와 공기가 상호 유통되는 경우에는 이를 1개의 실로 본다)마다 설치하되, 바닥면적이 **150$m^2$**를 초과하는 경우에는 **150$m^2$**마다 1개 이상 설치할 것 보기 ③

(2) 최상층의 계단실의 **천장**(외기가 상통하는 계단실의 경우 제외)에 설치할 것

(3) 건전지를 주전원으로 사용하는 단독경보형 감지기는 정상적인 작동상태를 유지할 수 있도록 건전지를 교환할 것

(4) 상용전원을 주전원으로 사용하는 단독경보형 감지기의 **2차 전지**는 제품검사에 합격한 것을 사용할 것

용어

**단독경보형 감지기**
화재발생 상황을 단독으로 감지하여 자체에 내장된 음향장치로 경보하는 감지기

답 ③

★★★
**76** 자동화재탐지설비 및 시각경보장치의 화재안전기준(NFSC 203)에 따라 자동화재탐지설비의 감지기 설치에 있어서 부착높이가 20m 이상일 때 적합한 감지기 종류는?

20.09.문67 19.04.문79 16.05.문69 15.09.문69 14.05.문66 14.03.문78 12.09.문61

① 불꽃감지기 ② 연기복합형
③ 차동식 분포형 ④ 이온화식 1종

해설 **감지기**의 **부착높이**(NFSC 203 7조)

| 부착높이 | 감지기의 종류 |
|---|---|
| **4**m **미**만 | • 차동식(스포트형, 분포형)<br>• 보상식 스포트형<br>• 정온식(스포트형, 감지선형) ─ **열**감지기<br>• 이온화식 또는 광전식(스포트형, 분리형, 공기흡입형) : **연**기감지기<br>• 열복합형<br>• 연기복합형<br>• 열연기복합형 ─ **복**합형 감지기<br>• **불**꽃감지기<br>기억법 **열연불복 4미** |
| 4~**8**m **미**만 | • 차동식(스포트형, 분포형)<br>• 보상식 스포트형<br>• **정**온식(스포트형, 감지선형) **특**종 또는 **1**종 ─ **열**감지기<br>• **이**온화식 **1**종 또는 **2**종<br>• **광**전식(스포트형, 분리형, 공기흡입형) 1종 또는 2종 ─ 연기감지기<br>• 열복합형<br>• 연기복합형<br>• 열연기복합형 ─ **복**합형 감지기<br>• **불**꽃감지기<br>기억법 **8미열 정특1 이광12 복불** |
| 8~**15**m 미만 | • 차동식 **분**포형<br>• **이**온화식 **1**종 또는 **2**종<br>• **광**전식(스포트형, 분리형, 공기흡입형) 1종 또는 2종<br>• **연**기**복**합형<br>• **불**꽃감지기<br>기억법 **15분 이광12 연복불** |
| 15~**20**m 미만 | • **이**온화식 1종<br>• **광**전식(스포트형, 분리형, 공기흡입형) 1종<br>• **연**기**복**합형<br>• **불**꽃감지기<br>기억법 **이광불연복2** |
| 20m 이상 | • **불**꽃감지기 보기 ①<br>• **광**전식(분리형, 공기흡입형) 중 **아**날로그방식<br>기억법 **불광아** |

답 ①

★★
**77** 자동화재탐지설비 및 시각경보장치의 화재안전기준(NFSC 203)에 따라 환경상태가 현저하게 고온으로 되어 연기감지기를 설치할 수 없는 건조실 또는 살균실 등에 적응성 있는 열감지기가 아닌 것은?

16.03.문64 08.05.문74

① 정온식 1종 ② 정온식 특종
③ 열아날로그식 ④ 보상식 스포트형 1종

해설 **감지기 설치장소**

| 구 분 | | 정온식 | | 열아날로그식 | 불꽃감지기 |
|---|---|---|---|---|---|
| 환경상태 | 적응장소 | 특종 | 1종 | | |
| 주방, 기타 평상시에 연기가 체류하는 장소 | • 주방<br>• 조리실<br>• 용접작업장 | ○ | ○ | ○ | ○ |
| 현저하게 고온으로 되는 장소 | • 건조실<br>• 살균실<br>• 보일러실<br>• 주조실<br>• 영사실<br>• 스튜디오 | ○ | ○ | ○ | × |

• **주방, 조리실** 등 습도가 많은 장소에는 **방수형** 감지기를 설치할 것
• **불꽃감지기**는 UV/IR형을 설치할 것

답 ④

★★★
**78** 누전경보기의 형식승인 및 제품검사의 기술기준에 따라 감도조정장치를 갖는 누전경보기에 있어서 감도조정장치의 조정범위는 최대치가 몇 A 이어야 하는가?

16.03.문77 15.05.문79 10.03.문76

① 0.2 ② 1.0
③ 1.5 ④ 2.0

해설 **누전경보기**

| 공칭작동전류치 | 감도조정장치의 조정범위 |
|---|---|
| **2**00mA 이하 | **1A**(1000mA) 이하 보기 ② |

기억법 **공2**

참고

**검출누설전류 설정치** 범위

| 경계전로 | 제2종 접지선 (중성점 접지선) |
|---|---|
| 100~400mA | 400~700mA |

답 ②

★★
**79** 무선통신보조설비의 화재안전기준(NFSC 505)에 따라 무선통신보조설비의 누설동축케이블 및 안테나는 고압의 전로로부터 1.5m 이상 떨어진 위치에 설치해야 하나 그렇게 하지 않아도 되는 경우는?

16.05.문72

① 끝부분에 무반사 종단저항을 설치한 경우
② 불연재료로 구획된 반자 안에 설치한 경우
③ 해당 전로에 정전기 차폐장치를 유효하게 설치한 경우
④ 금속제 등의 지지금구로 일정한 간격으로 고정한 경우

해설 **무선통신보조설비**의 **설치기준**(NFSC 505 5~8조)

(1) 소방전용 주파수대에서 전파의 **전송** 또는 **복사**에 적합한 것으로서 소방전용의 것일 것
(2) 누설동축케이블과 이에 접속하는 안테나 또는 동축케이블과 이에 접속하는 안테나일 것
(3) 누설동축케이블 및 동축케이블은 **4m** 이내마다 금속제 또는 자기제 등의 지지금구로 벽·천장·기둥 등에 견고하게 고정시킬 것(**불연재료**로 구획된 반자 안에 설치하는 경우는 제외)
(4) **누**설동축케이블 및 안테나는 **고**압전로로부터 **1.5m** 이상 떨어진 위치에 설치할 것(해당 전로에 **정전기 차폐장치**를 유효하게 설치한 경우에는 제외) 보기 ③

기억법 누고15

(5) 누설동축케이블의 끝부분에는 **무반사 종단저항**을 설치할 것
(6) 임피던스 : **50**Ω

용어

**무반사 종단저항**
전송로로 전송되는 전자파가 전송로의 종단에서 반사되어 교신을 방해하는 것을 막기 위한 저항

답 ③

★★★
**80** 유도등 및 유도표지의 화재안전기준(NFSC 303)에 따라 유도표지는 각 층마다 복도 및 통로의 각 부분으로부터 하나의 유도표지까지의 보행거리가 몇 m 이하가 되는 곳과 구부러진 모퉁이의 벽에 설치하여야 하는가? (단, 계단에 설치하는 것은 제외한다.)

15.05.문67
10.05.문64

① 5 ② 10
③ 15 ④ 25

해설 **유도표지**의 **설치기준**(NFSC 303 8조)

(1) 각 층 복도의 각 부분에서 유도표지까지의 보행거리 **15m** 이하(계단에 설치하는 것 제외) 보기 ③
(2) 구부러진 모퉁이의 벽에 설치
(3) 통로유도표지는 높이 **1m** 이하에 설치
(4) 주위에 광고물, 게시물 등을 설치하지 아니할 것

중요

**설치높이**

| 통로유도표지 | 피난구유도표지 |
|---|---|
| 1m 이하 | 출입구 상단에 설치 |

답 ③

21년

2021. 9. 12 시행

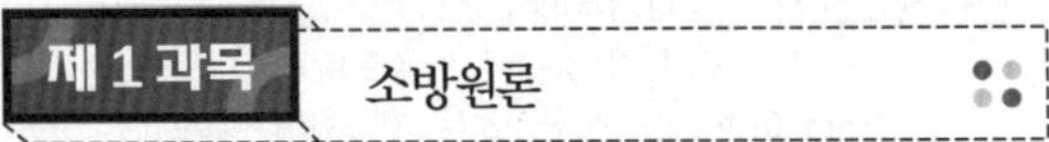
2021년 기사 제4회 필기시험

| 자격종목 | 종목코드 | 시험시간 | 형별 | 수험번호 | 성명 |
|---|---|---|---|---|---|
| 소방설비기사(전기분야) | | 2시간 | | | |

※ 답안카드 작성시 시험문제지 형별누락, 마킹착오로 인한 불이익은 전적으로 수험자의 귀책사유임을 알려드립니다.
※ 각 문항은 4지택일형으로 질문에 가장 적합한 보기 항을 선택하여 마킹하여야 합니다.

## 제 1 과목 소방원론

★★
**01** 다음 중 피난자의 집중으로 패닉현상이 일어날 우려가 가장 큰 형태는?

17.03.문09 / 12.03.문06 / 08.05.문20

① T형 ② X형
③ Z형 ④ H형

유사문제부터
풀어보세요.
실력이 팍!팍!
올라갑니다.

해설 **피난형태**

| 형 태 | 피난방향 | 상 황 |
|---|---|---|
| X형 | | **확실한 피난통로**가 보장되어 신속한 피난이 가능하다. |
| Y형 | | |
| CO형 | | 피난자들의 집중으로 **패닉(Panic)현상**이 일어날 수가 있다. |
| H형 | | |

답 ④

★★★
**02** 연기감지기가 작동할 정도이고 가시거리가 20~30m에 해당하는 감광계수는 얼마인가?

17.03.문10 / 16.10.문16 / 16.03.문03 / 14.05.문06 / 13.09.문11

① $0.1m^{-1}$
② $1.0m^{-1}$
③ $2.0m^{-1}$
④ $10m^{-1}$

해설 **감광계수와 가시거리**

| 감광계수 $[m^{-1}]$ | 가시거리 [m] | 상 황 |
|---|---|---|
| 0.1 | 20~30 | 연기**감**지기가 작동할 때의 농도(연기감지기가 작동하기 직전의 농도) |
| 0.3 | 5 | 건물 내부에 **익**숙한 사람이 피난에 지장을 느낄 정도의 농도 |
| 0.5 | 3 | **어**두운 것을 느낄 정도의 농도 |
| 1 | 1~2 | 앞이 거의 **보**이지 않을 정도의 농도 |
| 10 | 0.2~0.5 | 화재 **최**성기 때의 농도 |
| 30 | – | 출화실에서 연기가 **분**출할 때의 농도 |

기억법
0123 감
035 익
053 어
112 보
100205 최
30 분

답 ①

★
**03** 소화에 필요한 $CO_2$의 이론소화농도가 공기 중에서 37vol%일 때 한계산소농도는 약 몇 vol%인가?

19.04.문13 / 17.03.문14 / 15.03.문14 / 14.05.문07 / 12.05.문14

① 13.2 ② 14.5
③ 15.5 ④ 16.5

해설 **$CO_2$의 농도**(이론소화농도)

$$CO_2 = \frac{21 - O_2}{21} \times 100$$

여기서, $CO_2$ : $CO_2$의 이론소화농도[vol%]
$O_2$ : 한계산소농도[vol%]

$$CO_2 = \frac{21 - O_2}{21} \times 100$$

$$37 = \frac{21-O_2}{21} \times 100, \quad \frac{37}{100} = \frac{21-O_2}{21}$$

$$0.37 = \frac{21-O_2}{21}, \quad 0.37 \times 21 = 21 - O_2$$

$$O_2 + (0.37 \times 21) = 21$$

$$O_2 = 21 - (0.37 \times 21) \fallingdotseq 13.2\text{vol\%}$$

용어

**vol%**
어떤 공간에 차지하는 부피를 백분율로 나타낸 것

답 ①

★★
## 04 건물화재시 패닉(Panic)의 발생원인과 직접적인 관계가 없는 것은?

16.03.문16
11.03.문19

① 연기에 의한 시계제한
② 유독가스에 의한 호흡장애
③ 외부와 단절되어 고립
④ 불연내장재의 사용

해설 **패닉**(Panic)의 **발생원인**
(1) 연기에 의한 시계제한
(2) 유독가스에 의한 호흡장애
(3) 외부와 단절되어 고립

용어

**패닉**(Panic)
인간이 극도로 긴장되어 돌출행동을 하는 것

답 ④

★★★
## 05 소화기구 및 자동소화장치의 화재안전기준에 따르면 소화기구(자동확산소화기는 제외)는 거주자 등이 손쉽게 사용할 수 있는 장소에 바닥으로부터 높이 몇 m 이하의 곳에 비치하여야 하는가?

16.05.문12
11.03.문01

① 0.5 ② 1.0
③ 1.5 ④ 2.0

해설 **설치높이**

| 0.5~1m 이하 | 0.8~1.5m 이하 | 1.5m 이하 |
|---|---|---|
| ① **연**결송수관설비의 송수구<br>② **연**결살수설비의 송수구<br>③ **물분무소화설비의 송수구**<br>④ **소**화**용**수설비의 채수구<br>기억법<br>연소용51(**연소용** **오일**은 잘 탄다.) | ① **수**동식 **기**동장치 조작부<br>② **제**어밸브(수동식 개방밸브)<br>③ **유**수검지장치<br>④ **일**제개방밸브<br>기억법<br>수기8(**수기** 팔아요.)<br>제유일 85(**제**가 **유일**하게 **팔**았어**요**.) | ① **옥내**소화전설비의 방수구<br>② **호**스릴함<br>③ **소**화기(투척용 소화기) 보기 ③<br>기억법<br>옥내호소5(**옥내**에서 **호소**하시**오**.) |

답 ③

★★
## 06 물리적 폭발에 해당하는 것은?

18.04.문11
17.09.문04

① 분해폭발
② 분진폭발
③ 중합폭발
④ 수증기폭발

해설 **폭발**의 **종류**

| 화학적 폭발 | 물리적 폭발 |
|---|---|
| • 가스폭발<br>• 유증기폭발<br>• 분진폭발<br>• 화약류의 폭발<br>• 산화폭발<br>• 분해폭발<br>• 중합폭발<br>• 증기운폭발 | • 증기폭발(수증기폭발) 보기 ④<br>• 전선폭발<br>• 상전이폭발<br>• 압력방출에 의한 폭발 |

답 ④

★★★
## 07 소화약제로 사용되는 이산화탄소에 대한 설명으로 옳은 것은?

19.03.문05
14.03.문16
10.09.문14

① 산소와 반응시 흡열반응을 일으킨다.
② 산소와 반응하여 불연성 물질을 발생시킨다.
③ 산화하지 않으나 산소와는 반응한다.
④ 산소와 반응하지 않는다.

해설 **가연물**이 **될 수 없는 물질**(불연성 물질)

| 특 징 | 불연성 물질 |
|---|---|
| 주기율표의 0족 원소 | • 헬륨(He)<br>• 네온(Ne)<br>• 아르곤(Ar)<br>• 크립톤(Kr)<br>• 크세논(Xe)<br>• 라돈(Rn) |
| **산소와 더 이상 반응하지 않는 물질** 보기 ④ | • 물($H_2O$)<br>• **이산화탄소($CO_2$)**<br>• 산화알루미늄($Al_2O_3$)<br>• 오산화인($P_2O_5$) |
| 흡열반응 물질 | 질소($N_2$) |

• 탄산가스=이산화탄소($CO_2$)

답 ④

★★★
## 08 Halon 1211의 화학식에 해당하는 것은?

13.09.문14
12.05.문04

① $CH_2BrCl$
② $CF_2ClBr$
③ $CH_2BrF$
④ $CF_2HBr$

해설 **할론소화약제**의 **약칭** 및 **분자식**

| 종 류 | 약 칭 | 분자식 |
|---|---|---|
| 할론 1011 | CB | $CH_2ClBr$ |
| 할론 104 | CTC | $CCl_4$ |
| 할론 1211 | BCF | $CF_2ClBr$ 보기 ② |
| 할론 1301 | BTM | $CF_3Br$ |
| 할론 2402 | FB | $C_2F_4Br_2$ |

답 ②

### 09 건축물 화재에서 플래시오버(Flash over) 현상이 일어나는 시기는?

15.09.문07
11.06.문11

① 초기에서 성장기로 넘어가는 시기
② 성장기에서 최성기로 넘어가는 시기
③ 최성기에서 감쇠기로 넘어가는 시기
④ 감쇠기에서 종기로 넘어가는 시기

해설 **플래시오버**(Flash over)

| 구 분 | 설 명 |
|---|---|
| 발생시간 | 화재발생 후 **5~6분경** |
| 발생시점 | **성장기~최성기**(성장기에서 최성기로 넘어가는 분기점) 보기 ② 기억법 **플성최** |
| 실내온도 | 약 **800~900℃** |

답 ②

### 10 인화칼슘과 물이 반응할 때 생성되는 가스는?

20.06.문12
18.04.문18
14.09.문08
11.10.문05
10.09.문12
04.03.문02

① 아세틸렌
② 황화수소
③ 황산
④ 포스핀

해설 (1) **탄화칼슘**과 **물**의 **반응식**

$$CaC_2 + 2H_2O \rightarrow Ca(OH)_2 + C_2H_2\uparrow$$

탄화칼슘 물 수산화칼슘 아세틸렌

(2) **탄화알루미늄**과 **물**의 **반응식**

$$Al_4C_3 + 12H_2O \rightarrow 4Al(OH)_3 + 3CH_4\uparrow$$

탄화알루미늄 물 수산화알루미늄 메탄

(3) **인화칼슘**과 **물**의 **반응식** 보기 ④

$$Ca_3P_2 + 6H_2O \rightarrow 3Ca(OH)_2 + 2PH_3\uparrow$$

인화칼슘 물 수산화칼슘 포스핀

(4) **수소화리튬**과 **물**의 **반응식**

$$LiH + H_2O \rightarrow LiOH + H_2$$

수소화리튬 물 수산화리튬 수소

답 ④

### 11 위험물안전관리법령상 자기반응성 물질의 품명에 해당하지 않는 것은?

19.04.문44
16.05.문46
15.09.문03
15.09.문18
15.05.문10
15.05.문42
15.03.문51
14.09.문18
14.03.문18
11.06.문54

① 니트로화합물
② 할로겐간화합물
③ 질산에스테르류
④ 히드록실아민염류

해설 **위험물규칙 3조, 위험물령 [별표 1]**
위험물

| 유 별 | 성 질 | 품 명 |
|---|---|---|
| 제1류 | **산**화성 **고**체 | • 아염소산**염류**<br>• 염소산**염류**<br>• 과염소산**염류**<br>• 질산**염류**<br>• **무기과산화물**<br>• 과요오드산염류<br>• 과요오드산<br>• 크롬, 납 또는 요오드의 산화물<br>• 아질산염류<br>• 차아염소산염류<br>• 염소화이소시아눌산<br>• 퍼옥소이황산염류<br>• 퍼옥소붕산염류<br>기억법 **1산고(일산GO), ~염류, 무기과산화물** |
| 제2류 | 가연성 고체 | • **황화**린<br>• **적**린<br>• **유**황<br>• **마**그네슘<br>• 금속분<br>기억법 **2황화적유마** |
| 제3류 | 자연발화성 물질 및 금수성 물질 | • **황**린<br>• **칼**륨<br>• **나**트륨<br>• **트**리에틸**알**루미늄<br>• 금속의 수소화물<br>• 염소화규소화합물<br>기억법 **황칼나트알** |
| 제4류 | 인화성 액체 | • 특수인화물<br>• 석유류(벤젠)<br>• 알코올류<br>• 동식물유류 |
| 제5류 | 자기반응성 물질 | • 유기과산화물<br>• 니트로화합물 보기 ①<br>• 니트로소화합물<br>• 아조화합물<br>• 질산에스테르류(셀룰로이드) 보기 ③<br>• 히드록실아민염류 보기 ④<br>• 금속의 아지화합물<br>• 질산구아니딘 |

| 제6류 | 산화성 액체 | • 과염소산<br>• 과산화수소<br>• 질산<br>• 할로겐간화합물 보기 ② |
|---|---|---|

② 산화성 액체

답 ②

★★★
## 12 마그네슘의 화재에 주수하였을 때 물과 마그네슘의 반응으로 인하여 생성되는 가스는?

19.03.문04 15.09.문06 15.09.문13 14.03.문06 12.09.문16 12.05.문05

① 산소
② 수소
③ 일산화탄소
④ 이산화탄소

해설 **주수소화**(물소화)시 위험한 물질

| 위험물 | 발생물질 |
|---|---|
| • **무**기과산화물 | **산소**($O_2$) 발생<br>기억법 무산(무산되다.) |
| • 금속분<br>• **마**그네슘 →<br>• 알루미늄<br>• 칼륨 문제 14<br>• 나트륨<br>• 수소화리튬 | **수소**($H_2$) 발생<br>기억법 마수 |
| • 가연성 액체의 유류화재(경유) | **연소면**(화재면) 확대 |

답 ②

★★★
## 13 제2종 분말소화약제의 주성분으로 옳은 것은?

20.08.문15 19.03.문01 18.04.문06 17.09.문10 16.10.문06 16.05.문15 16.03.문09 15.09.문01

① $NaH_2PO_4$
② $KH_2PO_4$
③ $NaHCO_3$
④ $KHCO_3$

해설 (1) **분말소화약제**

| 종 별 | 주성분 | 착 색 | 적응 화재 | 비 고 |
|---|---|---|---|---|
| 제1종 | 중탄산나트륨 ($NaHCO_3$) | 백색 | BC급 | **식용유** 및 **지방질유**의 화재에 적합 |
| 제2종 | 중탄산칼륨 ($KHCO_3$) | 담자색 (담회색) | BC급 | - |
| 제3종 | 제1인산암모늄 ($NH_4H_2PO_4$) | 담홍색 | ABC급 | **차고** · **주차장**에 적합 |
| 제4종 | 중탄산칼륨 +요소 ($KHCO_3$+ $(NH_2)_2CO$) | 회(백)색 | BC급 | - |

기억법 **1식분(일식 분식)**
**3분 차주(삼보컴퓨터 차주)**

(2) **이산화탄소 소화약제**

| 주성분 | 적응화재 |
|---|---|
| 이산화탄소($CO_2$) | BC급 |

답 ④

★★★
## 14 물과 반응하였을 때 가연성 가스를 발생하여 화재의 위험성이 증가하는 것은?

15.03.문09 13.06.문15 10.05.문07

① 과산화칼슘
② 메탄올
③ 칼륨
④ 과산화수소

해설 **문제 12 참조**

중요

**경유화재**시 **주수소화**가 **부적당**한 **이유**
물보다 비중이 가벼워 물 위에 떠서 **화재확대**의 우려가 있기 때문이다.

답 ③

★★★
## 15 물리적 소화방법이 아닌 것은?

16.03.문17 15.09.문05 14.05.문13 11.03.문16

① 연쇄반응의 억제에 의한 방법
② 냉각에 의한 방법
③ 공기와의 접촉 차단에 의한 방법
④ 가연물 제거에 의한 방법

해설

| 구 분 | 물리적 소화방법 | **화**학적 소화방법 |
|---|---|---|
| 소화 형태 | • 질식소화(공기와의 접속 차단)<br>• 냉각소화(냉각)<br>• 제거소화(가연물 제거) | • **억**제소화(연쇄반응의 억제) 보기 ①<br>기억법 억화(억화감정) |
| 소화 약제 | • 물소화약제<br>• 이산화탄소소화약제<br>• 포소화약제<br>• 불활성기체소화약제<br>• 마른모래 | • 할론소화약제<br>• 할로겐화합물소화약제 |

① 화학적 소화방법

중요

**소화의 방법**

| 소화방법 | 설 명 |
|---|---|
| **냉각소화** | • 다량의 물 등을 이용하여 **점화원**을 **냉각**시켜 소화하는 방법<br>• 다량의 물을 뿌려 소화하는 방법 |
| **질식소화** | • 공기 중의 **산소농도**를 16%(10~15%) 이하로 희박하게 하여 소화하는 방법 |
| **제거소화** | • 가연물을 제거하여 소화하는 방법 |
| **억제소화 (부촉매효과)** | • 연쇄반응을 차단하여 소화하는 방법으로 **'화학소화'**라고도 함 |

답 ①

★★★
**16** 다음 중 착화온도가 가장 낮은 것은?

19.09.문02 17.03.문14 15.09.문02 14.05.문05 12.09.문04

① 아세톤
② 휘발유
③ 이황화탄소
④ 벤젠

해설

| 물 질 | 인화점 | 착화점 |
|---|---|---|
| • 프로필렌 | -107℃ | 497℃ |
| • 에틸에테르<br>• 디에틸에테르 | -45℃ | 180℃ |
| **• 가솔린(휘발유)** 보기 ② | -43℃ | **300℃** |
| **• 이황화탄소** 보기 ③ | -30℃ | **100℃** |
| • 아세틸렌 | -18℃ | 335℃ |
| **• 아세톤** 보기 ① | -18℃ | **538℃** |
| **• 벤젠** 보기 ④ | -11℃ | **562℃** |
| • 톨루엔 | 4.4℃ | 480℃ |
| • 에틸알코올 | 13℃ | 423℃ |
| • 아세트산 | 40℃ | - |
| • 등유 | 43~72℃ | 210℃ |
| • 경유 | 50~70℃ | 200℃ |
| • 적린 | - | 260℃ |

• 착화점=발화점=착화온도=발화온도

답 ③

★★★
**17** 화재의 분류방법 중 유류화재를 나타낸 것은?

19.03.문08 17.09.문07 16.05.문09 15.09.문19 13.09.문07

① A급 화재
② B급 화재
③ C급 화재
④ D급 화재

해설 **화재의 종류**

| 구 분 | 표시색 | 적응물질 |
|---|---|---|
| 일반화재(A급) | 백색 | • 일반가연물<br>• 종이류 화재<br>• 목재 · 섬유화재 |
| **유류화재(B급)** 보기 ② | 황색 | • 가연성 액체<br>• 가연성 가스<br>• 액화가스화재<br>• 석유화재 |
| 전기화재(C급) | 청색 | • 전기설비 |
| 금속화재(D급) | 무색 | • 가연성 금속 |
| 주방화재(K급) | - | • 식용유화재 |

※ 요즘은 표시색의 의무규정은 없음

답 ②

★★
**18** **소화약제로 사용되는 물에 관한 소화성능 및 물성에 대한 설명으로 틀린 것은?**

19.04.문06 18.03.문19 15.05.문04 99.08.문06

① 비열과 증발잠열이 커서 냉각소화 효과가 우수하다.
② 물(15℃)의 비열은 약 1cal/g · ℃이다.
③ 물(100℃)의 증발잠열은 439.6cal/g이다.
④ 물의 기화에 의한 팽창된 수증기는 질식소화 작용을 할 수 있다.

해설 **물의 소화능력**

(1) **비열**이 크다.
(2) **증발잠열**(기화잠열)이 크다.
(3) 밀폐된 장소에서 증발가열하면 수증기에 의해서 **산소희석작용**을 한다.
(4) **무상**으로 주수하면 **중질유 화재**에도 사용할 수 있다.

| 융해잠열 | 증발잠열(기화잠열) |
|---|---|
| 80cal/g | 539cal/g 보기 ③ |

③ 439.6cal/g → 539cal/g

참고

**물이 소화약제로 많이 쓰이는 이유**

| 장 점 | 단 점 |
|---|---|
| ① 쉽게 구할 수 있다.<br>② 증발잠열(기화잠열)이 크다.<br>③ 취급이 간편하다. | ① 가스계 소화약제에 비해 사용 후 **오염**이 **크다.**<br>② 일반적으로 **전기화재**에는 **사용**이 **불가**하다. |

답 ③

★★★
**19** 다음 중 공기에서의 연소범위를 기준으로 했을 때 위험도($H$) 값이 가장 큰 것은?

20.06.문19
19.03.문03
15.09.문08
10.03.문14

① 디에틸에테르 ② 수소
③ 에틸렌 ④ 부탄

해설 **위험도**

$$H = \frac{U - L}{L}$$

여기서, $H$ : 위험도
$U$ : 연소상한계
$L$ : 연소하한계

① **디에틸에테르** $= \frac{48-1.9}{1.9} = 24.26$

② **수소** $= \frac{75-4}{4} = 17.75$

③ **에틸렌** $= \frac{36-2.7}{2.7} = 12.33$

④ **부탄** $= \frac{8.4-1.8}{1.8} = 3.67$

중요

**공기 중의 폭발한계**(상온, 1atm)

| 가 스 | 하한계 [vol%] | 상한계 [vol%] |
|---|---|---|
| 보기 ① 디에틸에테르($(C_2H_5)_2O$) | 1.9 | 48 |
| 보기 ② 수소($H_2$) | 4 | 75 |
| 보기 ③ 에틸렌($C_2H_4$) | 2.7 | 36 |
| 보기 ④ 부탄($C_4H_{10}$) | 1.8 | 8.4 |
| 아세틸렌($C_2H_2$) | 2.5 | 81 |
| 일산화탄소(CO) | 12.5 | 74 |
| 이황화탄소($CS_2$) | 1.2 | 44 |
| 암모니아($NH_3$) | 15 | 28 |
| 메탄($CH_4$) | 5 | 15 |
| 에탄($C_2H_6$) | 3 | 12.4 |
| 프로판($C_3H_8$) | 2.1 | 9.5 |

- 연소한계=연소범위=가연한계=가연범위=폭발한계=폭발범위
- 디에틸에테르=에테르

답 ①

★★★
**20** 조연성 가스로만 나열되어 있는 것은?

18.04.문07
17.03.문07
16.10.문03
16.03.문04
14.05.문10
12.09.문08
10.05.문18

① 질소, 불소, 수증기
② 산소, 불소, 염소
③ 산소, 이산화탄소, 오존
④ 질소, 이산화탄소, 염소

해설 **가연성 가스**와 **지연성 가스**(조연성 가스)

| 가연성 가스 | 지연성 가스(조연성 가스) |
|---|---|
| • **수**소<br>• **메**탄<br>• **일**산화탄소<br>• **천**연가스<br>• **부**탄<br>• **에**탄<br>• **암**모니아<br>• **프**로판<br>기억법 가수일천 암부 메에프 | • **산**소 보기 ②<br>• **공**기<br>• **염**소 보기 ②<br>• **오**존<br>• **불**소 보기 ②<br>기억법 조산공 염오불 |

용어

**가연성 가스**와 **지연성 가스**

| 가연성 가스 | 지연성 가스(조연성 가스) |
|---|---|
| 물질 자체가 연소하는 것 | 자기 자신은 연소하지 않지만 연소를 도와주는 가스 |

답 ②

## 제 2 과목 소방전기일반

★★
**21** 단상 반파정류회로를 통해 평균 26V의 직류전압을 출력하는 경우, 정류 다이오드에 인가되는 역방향 최대전압은 약 몇 V인가? (단, 직류측에 평활회로(필터)가 없는 정류회로이고, 다이오드의 순방향 전압은 무시한다.)

20.06.문25
19.04.문31
16.05.문27
16.05.문31
13.06.문33
12.03.문35
07.05.문34

① 26 ② 37
③ 58 ④ 82

해설 (1) **기호**

- $V_{av}$ : 26V
- $PIV$ : ?

(2) **직류 평균전압**

| 단상 반파정류회로 | 단상 전파정류회로 |
|---|---|
| $V_{av} = 0.45\,V$ | $V_{av} = 0.9\,V$ |
| 여기서,<br>$V_{av}$ : 직류 평균전압[V]<br>$V$ : 교류 실효값(교류전압)[V] | 여기서,<br>$V_{av}$ : 직류 평균전압[V]<br>$V$ : 교류 실효값(교류전압)[V] |

교류전압 $V$는

$$V = \frac{V_{av}}{0.45} = \frac{26}{0.45} \fallingdotseq 57.7\text{V}$$

(3) **첨두역전압**(역방향 최대전압)

$$PIV = \sqrt{2}\,V$$

여기서, $PIV$ : 첨두역전압〔V〕
$V$ : 교류전압〔V〕

첨두역전압 $PIV$는

$PIV = \sqrt{2}\,V = \sqrt{2} \times 57.7 \fallingdotseq$ 82V

용어

**첨두역전압**(PIV ; Peak Inverse Voltage)
정류회로에서 다이오드가 동작하지 않을 때, 역방향 전압을 견딜 수 있는 최대전압

답 ④

★★★
## 22 시퀀스회로를 논리식으로 표현하면?

16.03.문30

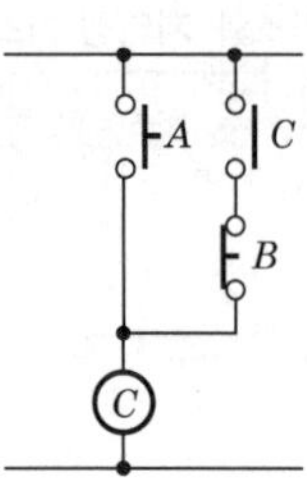


① $C = A + \overline{B} \cdot C$
② $C = A \cdot \overline{B} + C$
③ $C = A \cdot C + \overline{B}$
④ $C = A \cdot C + \overline{B} \cdot C$

해설 **논리식 · 시퀀스회로**

| 시퀀스 | 논리식 | 시퀀스회로(스위칭회로) |
|---|---|---|
| 직렬회로 | $Z = A \cdot B$<br>$Z = AB$ | |
| 병렬회로 | $Z = A + B$ | |
| a접점 | $Z = A$ | |
| b접점 | $Z = \overline{A}$ | 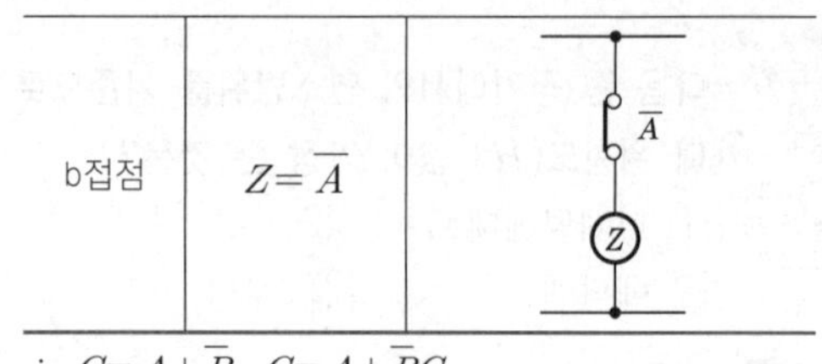 |

$\therefore\ C = A + \overline{B} \cdot C = A + \overline{B}C$

답 ①

★★★
## 23 제어량에 따른 제어방식의 분류 중 온도, 유량, 압력 등의 공업 프로세스의 상태량을 제어량으로 하는 제어계로서 외란의 억제를 주목적으로 하는 제어방식은?

19.03.문32
17.09.문22
17.09.문39
16.10.문35
16.05.문22
16.03.문32
15.05.문23
14.09.문23
13.09.문27

① 서보기구　　② 자동조정
③ 추종제어　　④ 프로세스제어

해설 **제어량**에 의한 **분류**

| 분 류 | 종 류 |
|---|---|
| **프**로세스제어<br>(공정제어)<br>보기 ④ | • **온**도　• **압**력<br>• **유**량　• **액**면<br>기억법 **프온압유액** |
| **서**보기구<br>(서보제어, 추종제어) | • **위**치　• **방**위<br>• **자**세<br>기억법 **서위방자** |
| **자**동조정 | • 전압<br>• 전류<br>• 주파수<br>• 회전속도(**발**전기의 **조**속기)<br>• 장력<br>기억법 **자발조** |

※ **프로세스제어** : 공업공정의 상태량을 제어량으로 하는 제어

중요

**제어의 종류**

| 종 류 | 설 명 |
|---|---|
| **정치제어**<br>(Fixed value control) | • 일정한 목표값을 유지하는 것으로 **프로세스제어, 자동조정**이 이에 해당된다.<br>예 **연속식 압연기**<br>• **목표값**이 시간에 관계없이 항상 일정한 값을 가지는 제어 |
| **추종제어**<br>(Follow-up control) | 미지의 시간적 변화를 하는 목표값에 제어량을 추종시키기 위한 제어로 **서보기구**가 이에 해당된다.<br>예 **대공포의 포신** |
| **비율제어**<br>(Ratio control) | 둘 이상의 제어량을 소정의 비율로 제어하는 것 |
| **프로그램제어**<br>(Program control) | 목표값이 **미리 정해진 시간적 변화**를 하는 경우 제어량을 그것에 추종시키기 위한 제어<br>예 **열차 · 산업로봇의 무인운전** |

답 ④

★★★
**24** **반도체를 이용한 화재감지기 중 서미스터(Thermistor)는 무엇을 측정하기 위한 반도체소자인가?**

① 온도
② 연기농도
③ 가스농도
④ 불꽃의 스펙트럼 강도

해설 **반도체소자**

| 명 칭 | 심 벌 |
|---|---|
| ① **제너다이오드**(Zener diode) : 주로 **정**전압 전원회로에 사용된다. 기억법 제정(재정이 풍부) | |
| ② **서미스터**(Thermistor) : 부온도특성을 가진 저항기의 일종으로서 주로 **온**도보정용으로 쓰인다. 보기 ① 기억법 서온(서운해) | Th |
| ③ **SCR**(Silicon Controlled Rectifier) : 단방향 대전류 스위칭소자로서 제어를 할 수 있는 정류소자이다. | A K G |
| ④ **바리스터**(Varistor) • 주로 **서**지전압에 대한 회로보호용(과도전압에 대한 회로보호) • **계**전기 접점의 불꽃제거 기억법 바리서계 | |
| ⑤ **UJT**(UniJunction Transistor) = **단일접합 트랜지스터** : 증폭기로는 사용이 불가능하고 톱니파나 펄스발생기로 작용하며 SCR의 트리거소자로 쓰인다. | E $B_1$ $B_2$ |
| ⑥ **바랙터**(Varactor) : 제너현상을 이용한 다이오드 | – |

답 ①

★★★
**25** **회로에서 a와 b 사이의 합성저항[Ω]은?**
11.06.문27

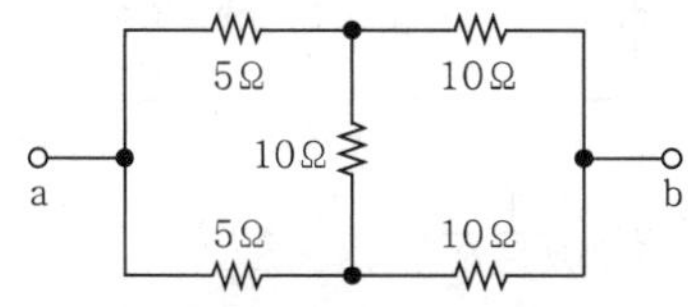


① 5　　② 7.5
③ 15　　④ 30

해설 **휘트스톤브리지**이므로 회로를 변형하면 다음과 같다.

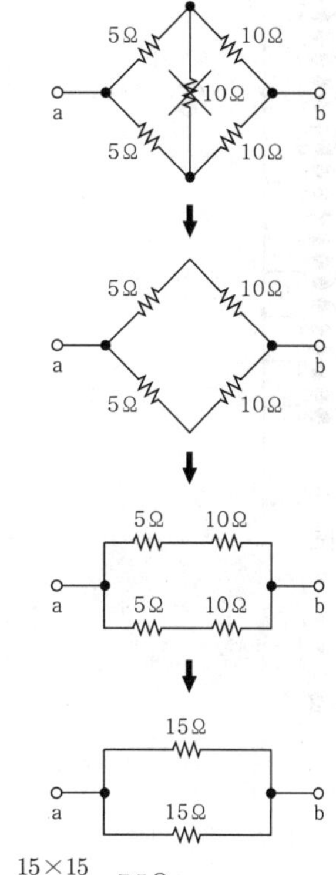


$$\therefore R_{ab} = \frac{15 \times 15}{15 + 15} = 7.5\,\Omega$$

중요

**휘트스톤브리지**(Wheatstone bridge)
$PR = QX$이면 검류계 G에는 전류가 흐르지 않으므로 생략 가능

| 휘트스톤브리지 |

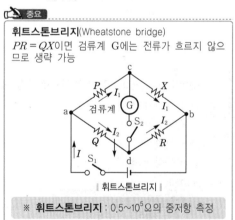

※ **휘트스톤브리지** : 0.5~$10^5$Ω의 중저항 측정

답 ②

★★
**26** **1개의 용량이 25W인 객석유도등 10개가 설치되어 있다. 이 회로에 흐르는 전류는 약 몇 A인가? (단, 전원전압은 220V이고, 기타 선로손실 등은 무시한다.)**
14.03.문33

① 0.88　　② 1.14
③ 1.25　　④ 1.36

해설

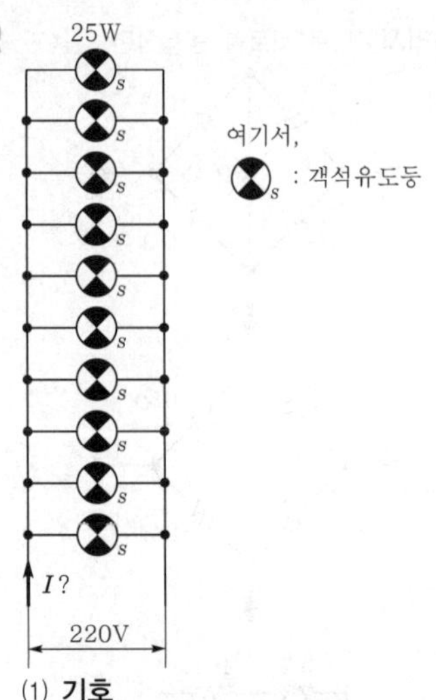


(1) **기호**

- $P$ : 25W×10개
- $I$ : ?
- $V$ : 220V

(2) **전력**

$$P = VI = I^2R = \frac{V^2}{R}$$

여기서, $P$ : 전력[W]
$V$ : 전압[V]
$I$ : 전류[A]
$R$ : 저항[Ω]

전류 $I = \frac{P}{V} = \frac{25\text{W}\times 10개}{220\text{V}} ≒ 1.14\text{A}$

답 ②

★★
## 27 PD(비례미분)제어동작의 특징으로 옳은 것은?

17.03.문37
16.10.문40
14.09.문25
08.09.문22

① 잔류편차 제거
② 간헐현상 제거
③ 불연속제어
④ 속응성 개선

해설 **연속제어**

| 제어 종류 | 설 명 |
|---|---|
| 비례제어(**P동작**) | **잔류편차**(off-set)가 있는 제어 |
| 미분제어(**D동작**) | 오차가 커지는 것을 **미연에 방지**하고 **진동**을 **억제**하는 제어(=**Rate동작**) |
| 적분제어(**I동작**) | **잔류편차**를 **제거**하기 위한 제어 |
| **비**례**적**분제어 (**PI동작**) | **간헐현상**이 있는 제어, 잔류편차가 없는 제어<br>기억법 **간비적** |
| 비례미분제어 (**PD동작**) | **응답 속응성**을 개선하는 제어 보기 ④<br>기억법 PD응(PD 좋아? 응!) |
| 비례적분미분제어 (**PID동작**) | 적분제어로 **잔류편차**를 **제거**하고, 미분제어로 **응답**을 **빠르게** 하는 제어 |

용어

| 용 어 | 설 명 |
|---|---|
| **간헐현상** | 제어계에서 동작신호가 연속적으로 변하여도 조작량이 **일정**한 **시간**을 두고 **간헐**적으로 변하는 현상 |
| **잔류편차** | 비례제어에서 급격한 목표값의 변화 또는 외란이 있는 경우 제어계가 정상상태로 된 후에도 **제어량**이 **목표값**과 **차이**가 난 채로 있는 것 |

답 ④

★★★
## 28 회로에서 저항 20Ω에 흐르는 전류[A]는?

14.09.문39
08.03.문21

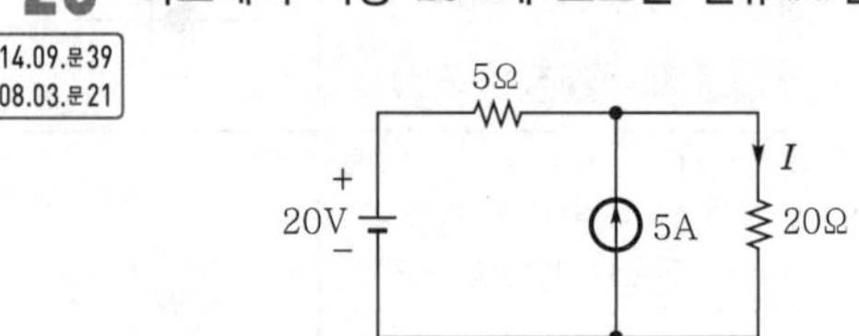


① 0.8　　② 1.0
③ 1.8　　④ 2.8

해설 **중첩**의 **원리**

(1) **전압원 단락시**

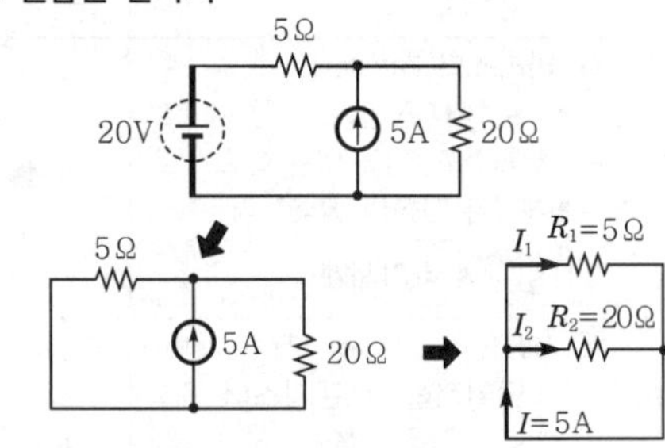


$$I_2 = \frac{R_1}{R_1+R_2}I = \frac{5}{5+20}\times 5 = 1\text{A}$$

(2) **전류원 개방시**

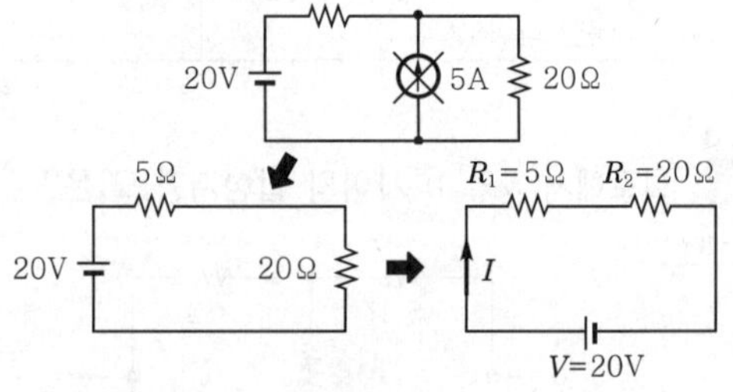


$$I = \frac{V}{R_1+R_2} = \frac{20}{5+20} = 0.8\text{A}$$

∴ 20Ω에 흐르는 전류$=I_2+I=1+0.8=1.8\text{A}$

- 중첩의 원리=전압원 단락시 값+전류원 개방시 값

답 ③

**29** 1cm의 간격을 둔 평행 왕복전선에 25A의 전류가 흐른다면 전선 사이에 작용하는 단위길이당 힘[N/m]은?

20.06.문33 18.09.문34 14.09.문37

① $2.5\times10^{-2}$N/m(반발력)
② $1.25\times10^{-2}$N/m(반발력)
③ $2.5\times10^{-2}$N/m(흡인력)
④ $1.25\times10^{-2}$N/m(흡인력)

해설 (1) **기호**

- $r$ : 0.1cm=0.01m(100cm=1m)
- $I_1$, $I_2$ : 25A
- $F$ : ?

(2) **평행도체 사이**에 **작용**하는 **힘**

$$F=\frac{\mu_0 I_1 I_2}{2\pi r}\ \text{[N/m]}$$

여기서, $F$ : 평행전류의 힘[N/m]
$\mu_0$ : 진공의 투자율($4\pi\times10^{-7}$)[H/m]
$I_1$, $I_2$ : 전류[A]
$r$ : 거리[m]

평행도체 사이에 작용하는 힘 $F$는

$$F=\frac{\mu_0 I_1 I_2}{2\pi r}=\frac{(4\pi\times10^{-7})\times25\times25}{2\pi\times0.01}=0.0125$$

$=1.25\times10^{-2}$**N/m**

힘의 방향은 전류가 **같은 방향**이면 **흡인력**, **다른 방향**이면 **반발력**이 작용한다.

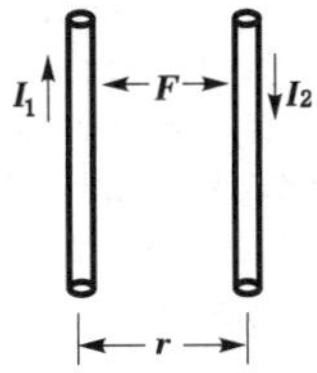

$I_1$
$F$
$I_2$
$r$


| 평행전류의 힘 |

**평행 왕복전선**은 전류가 갔다가 다시 돌아오므로 두 전선의 전류방향이 다른 방향이 되어 **반발력**이 작용한다.

답 ②

**30** 0.5kVA의 수신기용 변압기가 있다. 이 변압기의 철손은 7.5W이고, 전부하동손은 16W이다. 화재가 발생하여 처음 2시간은 전부하로 운전되고, 다음 2시간은 $\frac{1}{2}$의 부하로 운전되었다고 한다. 4시간에 걸친 이 변압기의 전손실전력량은 몇 Wh인가?

17.09.문30 11.03.문29

① 62 ② 70
③ 78 ④ 94

해설 (1) **기호**

- $P_i$ : 7.5W
- $P_c$ : 16W
- $t$ : 2h
- $\frac{1}{2}$ 부하가 걸렸으므로 $\frac{1}{n}=\frac{1}{2}$
- $W$ : ?

(2) **전손실전력량**

$$W=[P_i+P_c]t+\left[P_i+\left(\frac{1}{n}\right)^2P_c\right]t$$

여기서, $W$ : 전손실전력량[Wh]
$P_i$ : 철손[W]
$P_c$ : 동손[W]
$t$ : 시간[h]
$n$ : 부하가 걸리는 비율

$$W=[7.5+16]\times2+\left[7.5+\left(\frac{1}{2}\right)^2\times16\right]\times2=\mathbf{70Wh}$$

답 ②

**31** 테브난의 정리를 이용하여 그림 (a)의 회로를 그림 (b)와 같은 등가회로로 만들고자 할 때 $V_{ab}$[V]와 $R_{ab}$[Ω]은?

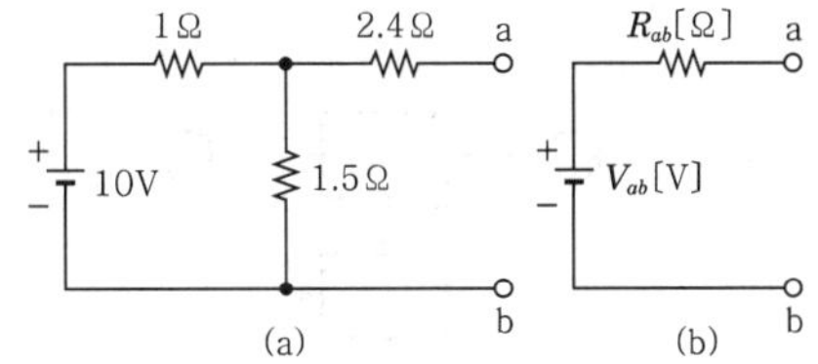

1Ω
2.4Ω
a
10V
1.5Ω
b
(a)
$R_{ab}$[Ω]
a
$V_{ab}$[V]
b
(b)


① 5V, 2Ω ② 5V, 3Ω
③ 6V, 2Ω ④ 6V, 3Ω

해설 **테브난**의 **정리**에 의해
2.4Ω에는 전압이 가해지지 않으므로

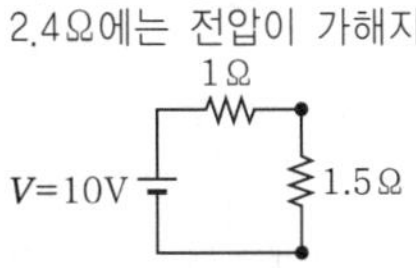

1Ω
V=10V
1.5Ω


↓ 이해하기 쉽게 회로를 변형하면

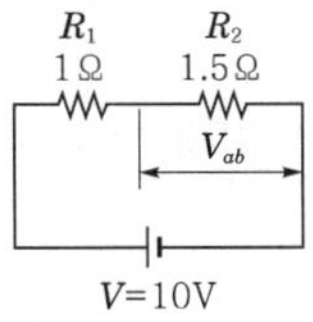

$R_1$
1Ω
$R_2$
1.5Ω
$V_{ab}$
V=10V


$$V_{ab}=\frac{R_2}{R_1+R_2}V=\frac{1.5}{1+1.5}\times10=\mathbf{6V}$$

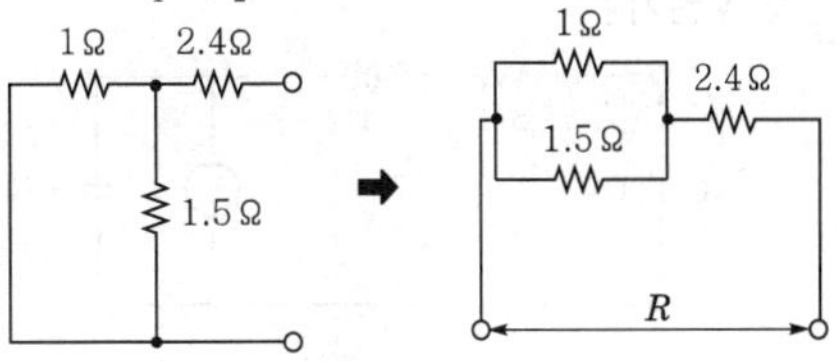

1Ω
2.4Ω
1.5Ω
1Ω
2.4Ω
1.5Ω
R

**전압원**을 **단락**하고 회로망에서 본 저항 $R$은

$R=\frac{1\times1.5}{1+1.5}+2.4=3\Omega$

용어

**테브난**의 **정리**(테브낭의 정리)
2개의 독립된 회로망을 접속하였을 때의 전압·전류 및 임피던스의 관계를 나타내는 정리

답 ④

★★★
**32** 블록선도에서 외란 $D(s)$의 압력에 대한 출력 $C(s)$의 전달함수$\left(\frac{C(s)}{D(s)}\right)$는?

20.06.문23
14.09.문34
10.03.문28

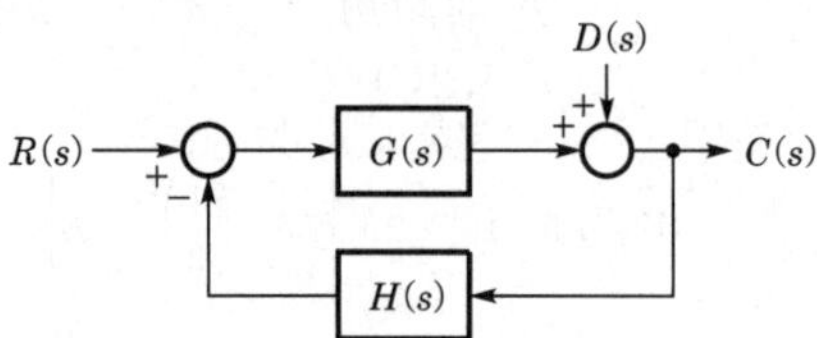


① $\frac{G(s)}{H(s)}$ ② $\frac{1}{1+G(s)H(s)}$

③ $\frac{H(s)}{G(s)}$ ④ $\frac{G(s)}{1+G(s)H(s)}$

해설

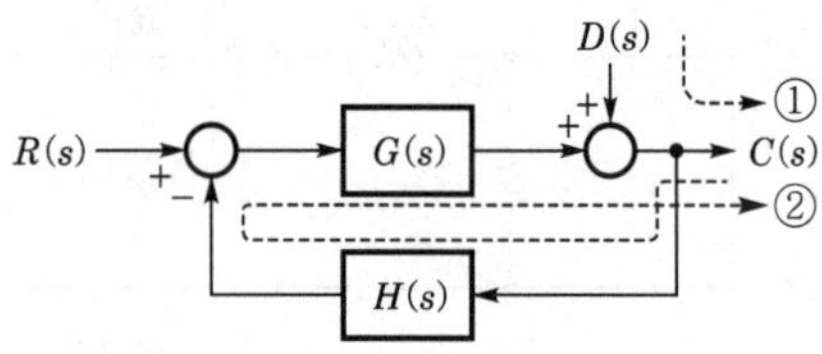


계산편의를 위해 $(s)$를 삭제하고 계산하면

$D-CGH=C$

$D=C+CGH$

$D=C(1+GH)$

$\frac{1}{1+GH}=\frac{C}{D}$

$\frac{C}{D}=\frac{1}{1+GH}$ ← 좌우 위치 바꿈

$\frac{C(s)}{D(s)}=\frac{1}{1+G(s)H(s)}$ ← 삭제한 $(s)$를 다시 붙임

용어

**블록선도**(Block diagram)
제어계에서 신호가 전달되는 모양을 표시하는 선도

답 ②

★★
**33** 회로에서 전압계 ⓥ가 지시하는 전압의 크기는 몇 V인가?

20.08.문27
12.03.문37

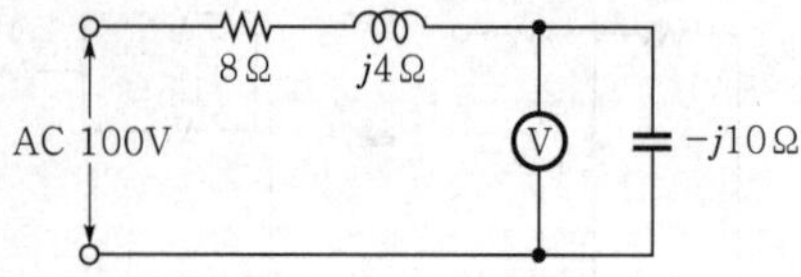


① 10 ② 50
③ 80 ④ 100

해설 (1) **기호**

- $V$ : 100V
- $R$ : 8Ω
- $X_L$ : 4Ω
- $X_C$ : −10Ω
- Ⓥ 전압 : ?

(2) **임피던스**

$$Z=R+jX_L-jX_C$$

여기서, $Z$ : 임피던스〔Ω〕
$X_L$ : 유도리액턴스〔Ω〕
$X_C$ : 용량리액턴스〔Ω〕

**임피던스** $Z$는

$Z=R+jX_L-jX_C$
$=8+j4-j10=8-j6=\sqrt{8^2+(-6)^2}=10\Omega$

(3) **전류**

$$I=\frac{V}{Z}$$

여기서, $I$ : 전류〔A〕
$V$ : 전압〔V〕
$Z$ : 임피던스〔Ω〕

**전류** $I$는

$I=\frac{V}{Z}=\frac{100}{10}=10\text{A}$

(4) **전압**

$$V_C=IX_C$$

여기서, $V_C$ : 콘덴서에 걸리는 전압〔V〕
$I$ : 전류〔A〕
$X_C$ : 용량리액턴스〔Ω〕

전압계 Ⓥ의 지시값은 콘덴서에 걸리는 전압과 동일하므로 콘덴서에 걸리는 전압 $V_C$는

$V_C=IX_C=10\times10=100\text{V}$

답 ④

★★★
**34** 지시계기에 대한 동작원리가 아닌 것은?

16.10.문39
14.03.문31
11.03.문40

① 열전형 계기 : 대전된 도체 사이에 작용하는 정전력을 이용
② 가동철편형 계기 : 전류에 의한 자기장에서 고정철편과 가동철편 사이에 작용하는 힘을 이용
③ 전류력계형 계기 : 고정코일에 흐르는 전류에 의한 자기장과 가동코일에 흐르는 전류 사이에 작용하는 힘을 이용
④ 유도형 계기 : 회전자기장 또는 이동자기장과 이것에 의한 유도전류와의 상호작용을 이용

해설 **지시계기의 동작원리**

| 계기명 | 동작원리 |
|---|---|
| 열**전**대형 계기(열전형 계기) 보기 ① → | **금**속선의 팽창 |
| 유도형 계기 보기 ④ | 회전자기장 및 이동자기장 |
| 전류력계형 계기 보기 ③ | 코일의 자기장(전류 상호간에 작용하는 힘) |
| 열선형 계기 | 열선의 팽창 |
| 가동철편형 계기 보기 ② | 연철편의 작용(고정철편과 가동철편 사이에 작용하는 힘) |
| 정전형 계기 | 정전력 이용 |

기억법 **금전**

중요

**지시전기계기의 종류**

| 계기의 종류 | 기 호 | 사용회로 |
|---|---|---|
| 가동코일형 | | 직류 |
| 가동철편형 | | 교류 |
| 정류형 | | 교류 |
| 유도형 | | 교류 |
| 전류력계형 | | 교직양용 |
| 열선형 | | 교직양용 |
| 정전형 | | 교직양용 |

- 정류기형 계기=정류형 계기

답 ①

**35** 선간전압의 크기가 $100\sqrt{3}$ V인 대칭 3상 전원에 각 상의 임피던스가 $Z=30+j40\Omega$인 Y 결선의 부하가 연결되었을 때 이 부하로 흐르는 선전류[A]의 크기는?

12.05.문21

① 2　　② $2\sqrt{3}$

③ 5　　④ $5\sqrt{3}$

해설 (1) **기호**

- $V_L$ : $100\sqrt{3}$V
- $Z$ : $30+j40\,\Omega$
- $I_L$ : ?

(2) **그림**

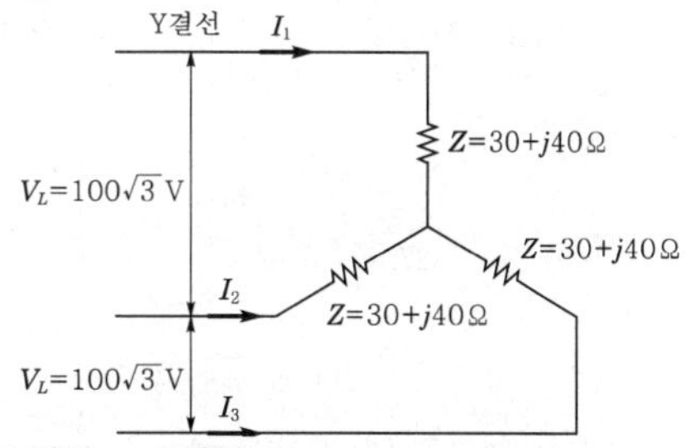


(3) **△결선 vs Y결선**

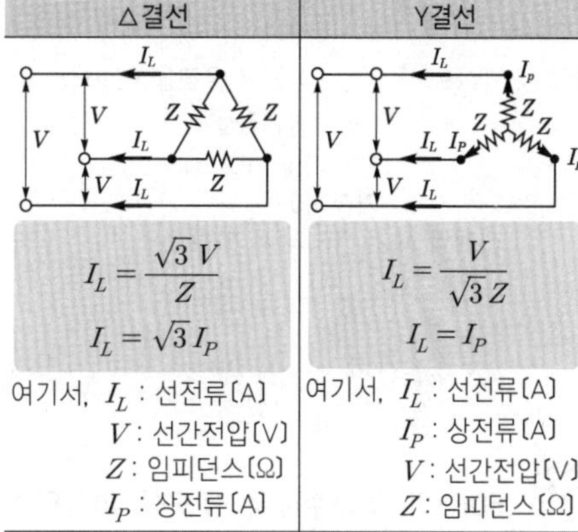

| △결선 | Y결선 |
|---|---|
| $I_L=\dfrac{\sqrt{3}\,V}{Z}$<br>$I_L=\sqrt{3}\,I_P$ | $I_L=\dfrac{V}{\sqrt{3}\,Z}$<br>$I_L=I_P$ |
| 여기서, $I_L$ : 선전류[A]<br>$V$ : 선간전압[V]<br>$Z$ : 임피던스[Ω]<br>$I_P$ : 상전류[A] | 여기서, $I_L$ : 선전류[A]<br>$I_P$ : 상전류[A]<br>$V$ : 선간전압[V]<br>$Z$ : 임피던스[Ω] |

(4) **임피던스**

$$Z=R+jX=\sqrt{R^2+X^2}$$

여기서, $Z$ : 임피던스[Ω]
$R$ : 저항[Ω]
$X$ : 리액턴스[Ω]

(5) **선전류 Y결선**

선전류 $I_L$는

$$I_L=\frac{V_L}{\sqrt{3}\,Z}=\frac{V_L}{\sqrt{3}\,(\sqrt{R^2+X^2})}$$
$$=\frac{100\sqrt{3}}{\sqrt{3}\,(\sqrt{30^2+40^2})}=2\text{A}$$

답 ①

**36** 자유공간에서 무한히 넓은 평면에 면전하밀도 $\sigma$[C/m²]가 균일하게 분포되어 있는 경우 전계의 세기($E$)는 몇 V/m인가? (단, $\varepsilon_0$는 진공의 유전율이다.)

20.09.문39

① $E=\dfrac{\sigma}{\varepsilon_0}$　　② $E=\dfrac{\sigma}{2\varepsilon_0}$

③ $E=\dfrac{\sigma}{2\pi\varepsilon_0}$　　④ $E=\dfrac{\sigma}{4\pi\varepsilon_0}$

해설 **가우스의 법칙**

**무한**히 **넓은 평면**에서 대전된 물체에 대한 **전계**의 **세기**(Intensity of electric field)를 구할 때 사용한다. 무한히 넓은 평면에서 대전된 물체는 원천 전하로부터 전기장이 발생해 이 전기장이 다른 전하에 힘을 주게 되어 **대칭**의 **자기장**이 존재하게 된다. 즉 **자기장**이 **2개**가 존재하므로 다음과 같이 구할 수 있다.

기본식 $E=\dfrac{Q}{4\pi\varepsilon r^2}=\dfrac{\sigma}{\varepsilon}$ 에서

$$2E=\frac{Q}{4\pi\varepsilon r^2}=\frac{\sigma}{\varepsilon}$$

$$E=\frac{Q}{2(4\pi\varepsilon r^2)}=\frac{\sigma}{2\varepsilon}$$

여기서, $E$ : 전계의 세기[V/m]
$Q$ : 전하[C]
$\varepsilon$ : 유전율[F/m]($\varepsilon=\varepsilon_0\cdot\varepsilon_s$)
($\varepsilon_0$ : 진공의 유전율[F/m], $\varepsilon_s$ : 비유전율)
$\sigma$ : 면전하밀도[C/m$^2$]
$r$ : 거리[m]

**전계의 세기**(전장의 세기) $E$는

$$E=\frac{\sigma}{2\varepsilon}=\frac{\sigma}{2(\varepsilon_0\varepsilon_s)}=\frac{\sigma}{2\varepsilon_0}$$

• 자유공간에서 $\varepsilon_s \fallingdotseq 1$이므로 $\varepsilon=\varepsilon_0\varepsilon_s=\varepsilon_0$

답 ②

★★
**37** 50Hz의 주파수에서 유도성 리액턴스가 4Ω인 인덕터와 용량성 리액턴스가 1Ω인 커패시터와 4Ω의 저항이 모두 직렬로 연결되어 있다. 이 회로에 100V, 50Hz의 교류전압을 인가했을 때 무효전력[Var]은?

① 1000 ② 1200
③ 1400 ④ 1600

해설 (1) **기호**
• $f$ : 50Hz
• $X_L$ : 4Ω
• $X_C$ : 1Ω
• $R$ : 4Ω
• $V$ : 100V
• $P_r$ : ?

(2) **그림**

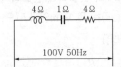

4Ω 1Ω 4Ω
100V 50Hz

(3) **리액턴스**

$$X=\sqrt{(X_L-X_C)^2}$$

여기서, $X$ : 리액턴스[Ω]
$X_L$ : 유도리액턴스[Ω]
$X_C$ : 용량리액턴스[Ω]

리액턴스 $X$는

$X=\sqrt{(X_L-X_C)^2}=\sqrt{(4-1)^2}=3\Omega$

(4) **전류**

$$I=\frac{V}{Z}=\frac{V}{\sqrt{R^2+X^2}}$$

여기서, $I$ : 전류[A]
$V$ : 전압[V]
$Z$ : 임피던스[Ω]
$R$ : 저항[Ω]
$X$ : 리액턴스[Ω]

전류 $I$는

$I=\dfrac{V}{\sqrt{R^2+X^2}}=\dfrac{100}{\sqrt{4^2+3^2}}=20\text{A}$

(5) **무효전력**

$$P_r=VI\sin\theta=I^2X\text{[Var]}$$

여기서, $P_r$ : 무효전력[Var]
$V$ : 전압[V]
$I$ : 전류[A]
$\sin\theta$ : 무효율
$X$ : 리액턴스[Ω]

• **무효전력** : **교류전압**($V$)과 **전류**($I$) 그리고 **무효율**($\sin\theta$)의 곱 형태

무효전력 $P_r$는

$P_r=I^2X=20^2\times3=1200\text{Var}$

답 ②

★★
**38** 다음의 단상 유도전동기 중 기동토크가 가장 큰 것은?

18.09.문35
14.05.문26
05.03.문25
03.08.문33

① 셰이딩 코일형 ② 콘덴서 기동형
③ 분상 기동형 ④ 반발 기동형

해설 **기동토크**가 **큰 순서**

**반발 기동형** > 반발 유도형 > 콘덴서 기동형 > 분상 기동형 > **셰이딩 코일형**

기억법 **반기큰**

• 셰이딩 코일형=세이딩 코일형

답 ④

★★
**39** 무한장 솔레노이드에서 자계의 세기에 대한 설명으로 틀린 것은?

16.03.문22

① 솔레노이드 내부에서의 자계의 세기는 전류의 세기에 비례한다.
② 솔레노이드 내부에서의 자계의 세기는 코일의 권수에 비례한다.
③ 솔레노이드 내부에서의 자계의 세기는 위치에 관계없이 일정한 평등자계이다.
④ 자계의 방향과 암페어 적분 경로가 서로 수직인 경우 자계의 세기가 최대이다.

**해설** 무한장 솔레노이드

(1) **내부자계**

$$H_i = nI$$ 보기 ①~③

여기서, $H_i$ : 내부자계의 세기[AT/m]
$n$ : 단위길이당 권수(1m당 권수)
$I$ : 전류[A]

(2) **외부자계**

$$H_e = 0$$

여기서, $H_e$ : 외부자계의 세기[AT/m]

④ 자계의 방향과는 무관

답 ④

## 40 다음의 논리식을 간소화하면?

18.09.문39 17.09.문33 17.03.문23 16.05.문36 16.03.문39 15.09.문23 13.09.문30 13.06.문35

$$Y = \overline{(\overline{A}+B)\cdot \overline{B}}$$

① $Y = A + B$　② $Y = \overline{A} + B$
③ $Y = A + \overline{B}$　④ $Y = \overline{A} + \overline{B}$

**해설** 불대수의 정리

| 논리합 | 논리곱 | 비 고 |
|---|---|---|
| $X+0=X$ | $X\cdot 0=0$ | - |
| $X+1=1$ | $X\cdot 1=X$ | - |
| $X+X=X$ | $X\cdot X=X$ | - |
| $X+\overline{X}=1$ | $X\cdot \overline{X}=0$ | - |
| $X+Y=Y+X$ | $X\cdot Y=Y\cdot X$ | 교환법칙 |
| $X+(Y+Z)=(X+Y)+Z$ | $X(YZ)=(XY)Z$ | 결합법칙 |
| $X(Y+Z)=XY+XZ$ | $(X+Y)(Z+W)=XZ+XW+YZ+YW$ | 분배법칙 |
| $X+XY=X$ | $\overline{X}+XY=\overline{X}+Y$<br>$X+\overline{X}Y=X+Y$<br>$X+\overline{X}\,\overline{Y}=X+\overline{Y}$ | 흡수법칙 |
| $(\overline{X+Y})=\overline{X}\cdot\overline{Y}$ | $(\overline{X\cdot Y})=\overline{X}+\overline{Y}$ | 드모르간의 정리 |

$$Y = \overline{(\overline{A}+B)\cdot \overline{B}}$$
$$= (\overline{\overline{A}}\cdot \overline{B}) + \overline{\overline{B}}$$
$$= \underline{(A\cdot \overline{B}) + B}$$ ← 바(Bar)의 개수가 짝수는 생략
$X+\overline{X}Y=X+Y$
$$= A+B$$

답 ①

# 제 3 과목 소방관계법규

## 41 다음 위험물안전관리법령의 자체소방대 기준에 대한 설명으로 틀린 것은?

16.03.문50 08.03.문54

다량의 위험물을 저장·취급하는 제조소 등으로서 대통령령이 정하는 제조소 등이 있는 동일한 사업소에서 대통령령이 정하는 수량 이상의 위험물을 저장 또는 취급하는 경우 당해 사업소의 관계인은 대통령령이 정하는 바에 따라 당해 사업소에 자체소방대를 설치하여야 한다.

① "대통령령이 정하는 제조소 등"은 제4류 위험물을 취급하는 제조소를 포함한다.
② "대통령령이 정하는 제조소 등"은 제4류 위험물을 취급하는 일반취급소를 포함한다.
③ "대통령령이 정하는 수량 이상의 위험물"은 제4류 위험물의 최대수량의 합이 지정수량의 3천배 이상인 것을 포함한다.
④ "대통령령이 정하는 제조소 등"은 보일러로 위험물을 소비하는 일반취급소를 포함한다.

**해설** 위험물령 18조
**자체소방대를 설치하여야 하는 사업소** : 대통령령

(1) **제4류** 위험물을 취급하는 **제조소** 또는 **일반취급소** (대통령령이 정하는 제조소 등) 보기 ①②
**제조소** 또는 **일반취급소**에서 취급하는 제4류 위험물의 최대수량의 합이 지정수량의 **3천배** 이상 보기 ③

(2) **제4류 위험물**을 저장하는 **옥외탱크저장소**
옥외탱크저장소에 저장하는 제4류 위험물의 최대수량이 지정수량의 **50만배** 이상

답 ④

## 42 위험물안전관리법령상 제조소등에 설치하여야 할 자동화재탐지설비의 설치기준 중 ( ) 안에 알맞은 내용은? (단, 광전식 분리형 감지기 설치는 제외한다.)

13.06.문59

하나의 경계구역의 면적은 ( ㉠ )$m^2$ 이하로 하고 그 한 변의 길이는 ( ㉡ )m 이하로 할 것. 다만, 당해 건축물 그 밖의 공작물의 주요한 출입구에서 그 내부의 전체를 볼 수 있는 경우에 있어서는 그 면적을 1000$m^2$ 이하로 할 수 있다.

① ㉠ 300, ㉡ 20　② ㉠ 400, ㉡ 30
③ ㉠ 500, ㉡ 40　④ ㉠ 600, ㉡ 50

**해설** 위험물규칙 [별표 17]
**제조소 등의 자동화재탐지설비 설치기준**

(1) 하나의 경계구역의 면적은 **600m²** 이하로 하고 그 한 변의 길이는 **50m** 이하로 한다. 보기 ④
(2) 경계구역은 건축물 그 밖의 공작물의 **2** 이상의 층에 걸치지 아니하도록 한다.
(3) 건축물의 그 밖의 공작물의 주요한 출입구에서 그 내부의 전체를 볼 수 있는 경우에 경계구역의 면적을 **1000m²** 이하로 할 수 있다.

답 ④

★★★
**43** 소방시설공사업법령상 전문 소방시설공사업의 등록기준 및 영업범위의 기준에 대한 설명으로 틀린 것은?

13.09.문43

① 법인인 경우 자본금은 최소 1억원 이상이다.
② 개인인 경우 자산평가액은 최소 1억원 이상이다.
③ 주된 기술인력 최소 1명 이상, 보조기술인력 최소 3명 이상을 둔다.
④ 영업범위는 특정소방대상물에 설치되는 기계분야 및 전기분야 소방시설의 공사·개설·이전 및 정비이다.

해설 **공사업령 [별표 1]**
**소방시설공사업**

| 종 류 | 기술인력 | 자본금 | 영업범위 |
|---|---|---|---|
| 전문 | • 주된 기술인력 : **1명** 이상<br>• 보조기술인력 : **2명** 이상 보기 ③ | • 법인 : **1억원** 이상<br>• 개인 : **1억원** 이상 | • 특정소방대상물 |
| 일반 | • 주된 기술인력 : **1명** 이상<br>• 보조기술인력 : **1명** 이상 | • 법인 : **1억원** 이상<br>• 개인 : **1억원** 이상 | • 연면적 10000$m^2$ 미만<br>• **위험물제조소** 등 |

③ 3명 이상 → 2명 이상

답 ③

★★
**44** 화재예방, 소방시설 설치·유지 및 안전관리에 관한 법령상 특정소방대상물의 관계인의 특정소방대상물의 규모·용도 및 수용인원 등을 고려하여 갖추어야 하는 소방시설의 종류에 대한 기준 중 다음 (   ) 안에 알맞은 것은?

> 화재안전기준에 따라 소화기구를 설치하여야 하는 특정소방대상물은 연면적 ( ㉠ )$m^2$ 이상인 것. 다만, 노유자시설의 경우에는 투척용 소화용구 등을 화재안전기준에 따라 산정된 소화기 수량의 ( ㉡ ) 이상으로 설치할 수 있다.

① ㉠ 33, ㉡ $\frac{1}{2}$　② ㉠ 33, ㉡ $\frac{1}{5}$
③ ㉠ 50, ㉡ $\frac{1}{2}$　④ ㉠ 50, ㉡ $\frac{1}{5}$

해설 **소방시설법 시행령 [별표 5]**
소화설비의 설치대상

| 종 류 | 설치대상 |
|---|---|
| 소화기구 | ① 연면적 **33**$m^2$ 이상(단, **노유자 시설**은 **투척용 소화용구** 등을 산정된 소화기 수량의 $\frac{1}{2}$ 이상으로 설치 가능) 보기 ①<br>② 지정문화재<br>③ 가스시설, 전기저장시설<br>④ 터널<br>⑤ 지하구 |
| 주거용 주방자동소화장치 | ① 아파트 등<br>② **30층** 이상 **오피스텔**(전층) |

답 ①

★★★
**45** 화재예방, 소방시설 설치·유지 및 안전관리에 관한 법령상 천재지변 및 그 밖에 대통령령으로 정하는 사유로 소방특별조사를 받기 곤란하여 소방특별조사의 연기를 신청하려는 자는 소방특별조사 시작 최대 며칠 전까지 연기신청서 및 증명서류를 제출해야 하는가?

17.03.문45

① 3　② 5
③ 7　④ 10

해설 **소방시설법 4조·4조 3, 소방시설법 시행규칙 1조 2**
**소방특별조사**
(1) 실시자 : **소방청장·소방본부장·소방서장**
(2) 관계인의 승낙이 필요한 곳 : **주거**(주택)
(3) 소방특별조사 서면통지 : **7일 전**
(4) 소방특별조사 연기신청 : **3일 전** 보기 ①

용어
**소방특별조사**
소방대상물에 대한 화재예방을 위하여 관계인에게 필요한 자료제출을 명하거나 **위치·구조·설비** 또는 **관리**의 **상황**을 조사하는 것

답 ①

★★★
**46** 위험물안전관리법령상 정기점검의 대상인 제조소 등의 기준으로 틀린 것은?

20.09.문48
17.09.문51
16.10.문45

① 지하탱크저장소
② 이동탱크저장소
③ 지정수량의 10배 이상의 위험물을 취급하는 제조소
④ 지정수량의 20배 이상의 위험물을 저장하는 옥외탱크저장소

해설 **위험물령 15·16조**
**정기점검의 대상인 제조소 등**
(1) **제조소** 등(**이**송취급소·**암**반탱크저장소)

(2) **지하탱크**저장소 보기 ①
(3) **이동탱크**저장소 보기 ②
(4) 위험물을 취급하는 탱크로서 지하에 매설된 탱크가 있는 **제조소 · 주유취급소** 또는 **일반취급소**

기억법 정이암 지이

(5) **예방규정**을 **정하여야 할 제조소 등**

| 배 수 | 제조소 등 |
|---|---|
| **1**0배 이상 | • **제**조소 보기 ③<br>• **일**반취급소 |
| 1**0**0배 이상 | • 옥**외**저장소 |
| 1**5**0배 이상 | • 옥**내**저장소 |
| **2**00배 이상 | ← • 옥외**탱**크저장소 보기 ④ |
| 모두 해당 | • 이송취급소<br>• 암반탱크저장소 |

기억법
1 제일
0 외
5 내
2 탱

④ 20배 이상 → 200배 이상

※ **예방규정** : 제조소 등의 화재예방과 화재 등 재해발생시의 비상조치를 위한 규정

답 ④

### 47 위험물안전관리법령상 제4류 위험물 중 경유의 지정수량은 몇 리터인가?

20.09.문46
17.09.문42
15.05.문41
13.09.문54

① 500　② 1000
③ 1500　④ 2000

해설 **위험물령 [별표 1]**
**제4류 위험물**

| 성 질 | 품 명 | | 지정수량 | 대표물질 |
|---|---|---|---|---|
| 인화성 액체 | 특수인화물 | | 50L | • 디에틸에테르<br>• 이황화탄소 |
| | 제1석유류 | 비수용성 | 200L | • 휘발유<br>• 콜로디온 |
| | | **수**용성 | **4**00L | • 아세톤<br>기억법 수4 |
| | 알코올류 | | 400L | • 변성알코올 |
| | 제2석유류 | 비수용성 | 1000L | • 등유<br>← • **경유** 보기 ② |
| | | 수용성 | 2000L | • 아세트산 |
| | 제3석유류 | 비수용성 | 2000L | • 중유<br>• 클레오소트유 |
| | | 수용성 | 4000L | • 글리세린 |
| | 제4석유류 | | 6000L | • 기어유<br>• 실린더유 |
| | 동식물유류 | | 10000L | • 아마인유 |

답 ②

### 48 화재예방, 소방시설 설치 · 유지 및 안전관리에 관한 법령상 1급 소방안전관리대상물의 소방안전관리자 선임대상기준 중 (　) 안에 알맞은 내용은?

> 산업안전기사 또는 산업안전산업기사의 자격을 취득한 후 (　) 2급 소방안전관리대상물 또는 3급 소방안전관리대상물의 소방안전관리자로 근무한 실무경력이 있는 사람

① 1년 이상　② 2년 이상
③ 3년 이상　④ 5년 이상

해설 **소방시설법 시행령 23조**
(1) **특급 소방안전관리대상물**의 **소방안전관리자 선임조건**

| 자 격 | 경 력 | 비 고 |
|---|---|---|
| • 1급 소방안전관리자 경력 (**소방설비기사**) | 2년 | 특급 소방안전관리자 시험 합격자 |
| • 1급 소방안전관리자 경력 (**소방설비산업기사**) | 3년 | |
| • 1급 소방안전관리자 경력 | 5년 | |
| • 소방공무원 | 20년 | 시험 필요없음 |
| • 소방기술사<br>• 소방시설관리사 | 경력 필요 없음 | |
| • 특급 소방안전관리 강습교육 수료 | | 특급 소방안전관리자 시험 합격자 |
| • 총괄재난관리자 | 1년 | 시험 필요없음 |

(2) **1급 소방안전관리대상물**의 **소방안전관리자 선임조건**

| 자 격 | 경 력 | 비 고 |
|---|---|---|
| • 산업안전기사(산업기사) 보기 ② → | 2년 | 2 · 3급 소방안전관리업무 경력자 |
| • 대학 이상(소방안전관리학과) | 2년 | 1급 소방안전관리자 시험 합격자 |
| • 대학 이상(소방안전관련학과) | 3년 | |
| • 2급 소방안전관리 업무 | 5년 | |
| • 소방공무원 | 7년 | 시험 필요없음 |
| • 1급 강습교육수료자 | 경력 필요 없음 | 1급 소방안전관리자 시험 합격자 |
| • 위험물기능장 · 위험물산업기사 · 위험물기능사 | | 위험물안전관리자 선임자 |
| • 소방시설관리사<br>• 소방설비기사(산업기사) | | 시험 필요없음 |
| • 특급 소방안전관리자 | | |
| • 전기안전관리자 | | |

(3) **2급 소방안전관리대상물**의 **소방안전관리자 선임 조건**

| 자 격 | 경 력 | 비 고 |
|---|---|---|
| • 군부대 · 의무소방대원 | 1년 | 2급 소방안전관리 자시험 합격자 |
| • 화재진압 · 보조업무 | 1년 | |
| • 경호공무원 · 별정직공무원 | 2년 | |
| • 경찰공무원 | 3년 | |
| • 의용소방대원 · 자체소방대원 | 3년 | |
| • 2년제 대학 이상(소방안전관리학과 · 소방안전관련학과) | 경력 필요 없음 | |
| • 2급 강습교육수료자 | | |
| • 소방공무원 | 3년 | 시험 필요없음 |
| • 위험물기능장 · 위험물산업기사 · 위험물기능사 | 경력 필요 없음 | |
| • 특급 · 1급 소방안전관리자 | | |
| • 광산보안(산업)기사 : 광산보안관리직원으로 선임된 사람 | | |
| • 전기기사 · 전기공사기사 · 전기기능장 | | |
| • 산업안전기사 | | |
| • 건축기사 | | |
| • 소방안전관리보조자로 선임될 수 있는 자격이 있는 사람으로서 특급 소방안전관리대상물, 1급 소방안전관리대상물, 2급 소방안전관리대상물 또는 3급 소방안전관리대상물의 소방안전관리보조자로 **3년** 이상 근무한 실무경력이 있는 사람 | | |
| • 3급 소방안전관리대상물의 소방안전관리자로 **2년** 이상 근무한 실무경력이 있는 사람 | | |

(4) **3급 소방안전관리대상물**의 **소방안전관리자 선임 조건**

| 자 격 | 경 력 | 비 고 |
|---|---|---|
| • 소방공무원 | 1년 | 시험 필요없음 |
| • 자체소방대원 | 1년 | 3급 소방안전관리자 시험 합격자 |
| • 경호공무원 · 별정직공무원 | 1년 | |
| • 의용소방대원 | 2년 | |
| • 경찰공무원 | 2년 | |

답 ②

★
**49** 화재예방, 소방시설 설치 · 유지 및 안전관리에 관한 법령상 용어의 정의 중 (   ) 안에 알맞은 것은?

18.03.문55

> 특정소방대상물이란 소방시설을 설치하여야 하는 소방대상물로서 (   )으로 정하는 것을 말한다.

① 대통령령 ② 국토교통부령
③ 행정안전부령 ④ 고용노동부령

해설 **소방시설법 2조**
정의

| 용 어 | 뜻 |
|---|---|
| 소방시설 | **소화설비, 경보설비, 피난구조설비, 소화용수설비**, 그 밖에 **소화활동설비**로서 **대통령령**으로 정하는 것 |
| 소방시설 등 | **소방시설**과 **비상구**, 그 밖에 소방관련시설로서 **대통령령**으로 정하는 것 |
| 특정소방대상물 | **소방시설**을 **설치**하여야 하는 소방대상물로서 **대통령령**으로 정하는 것 보기 ① |
| 소방용품 | 소방시설 등을 구성하거나 소방용으로 사용되는 **제품** 또는 **기기**로서 **대통령령**으로 정하는 것 |

답 ①

★★★
**50** 소방기본법 제1장 총칙에서 정하는 목적의 내용으로 거리가 먼 것은?

15.05.문50
13.06.문60

① 구조, 구급 활동 등을 통하여 공공의 안녕 및 질서유지
② 풍수해의 예방, 경계, 진압에 관한 계획, 예산지원 활동
③ 구조, 구급 활동 등을 통하여 국민의 생명, 신체, 재산 보호
④ 화재, 재난, 재해 그 밖의 위급한 상황에서의 구조, 구급 활동

해설 **기본법 1조**
소방기본법의 목적
(1) 화재의 **예방** · **경계** · **진압**
(2) 국민의 **생명** · **신체** 및 **재산보호** 보기 ③
(3) 공공의 안녕질서유지와 **복리증진** 보기 ①
(4) **구조** · **구급**활동 보기 ④

기억법 **예경진(경진이한테 예를 갖춰라!)**

답 ②

★★★
**51** 소방기본법령상 소방본부 종합상황실의 실장이 서면·팩스 또는 컴퓨터 통신 등으로 소방청 종합상황실에 보고하여야 하는 화재의 기준이 아닌 것은?

18.04.문41 17.05.문53 16.03.문46 05.09.문55

① 이재민이 100인 이상 발생한 화재
② 재산피해액이 50억원 이상 발생한 화재
③ 사망자가 3인 이상 발생하거나 사상자가 5인 이상 발생한 화재
④ 층수가 5층 이상이거나 병상이 30개 이상인 종합병원에서 발생한 화재

해설 **기본규칙 3조**
**종합상황실 실장의 보고화재**
(1) 사망자 **5인** 이상 화재 [보기 ③]
(2) 사상자 **10인** 이상 화재 [보기 ③]
(3) 이재민 **100인** 이상 화재 [보기 ①]
(4) 재산피해액 **50억원** 이상 화재 [보기 ②]
(5) 관광호텔, 층수가 11층 이상인 건축물, 지하상가, 시장, 백화점
(6) **5층** 이상 또는 객실 **30실** 이상인 **숙박시설**
(7) **5층** 이상 또는 병상 **30개** 이상인 **종합병원·정신병원·한방병원·요양소** [보기 ④]
(8) **1000t** 이상인 선박(항구에 매어둔 것), 철도차량, 항공기, 발전소 또는 변전소
(9) 지정수량 **3000배** 이상의 위험물 제조소·저장소·취급소
(10) 연면적 **15000m²** 이상인 **공장** 또는 **화재경계지구**에서 발생한 화재
(11) **가스** 및 **화약류**의 폭발에 의한 화재
(12) **관공서·학교·정부미도정공장·문화재·지하철** 또는 지하구의 **화재**

③ 3인 이상 → 5인 이상, 5인 이상 → 10인 이상

용어

**종합상황실**
화재·재난·재해·구조·구급 등이 필요한 때에 신속한 소방활동을 위한 정보를 수집·전파하는 소방서 또는 소방본부의 지령관제실

답 ③

★★★
**52** 화재예방, 소방시설 설치·유지 및 안전관리에 관한 법령상 관리업자가 소방시설 등의 점검을 마친 후 점검기록표에 기록하고 이를 해당 특정소방대상물에 부착하여야 하나 이를 위반하고 점검기록표를 거짓으로 작성하거나 해당 특정소방대상물에 부착하지 아니하였을 경우 벌칙기준은?

19.04.문49 15.09.문57 10.03.문57

① 100만원 이하의 벌금
② 200만원 이하의 벌금
③ 300만원 이하의 벌금
④ 500만원 이하의 벌금

해설 **300만원 이하의 벌금**
(1) 소방특별조사를 정당한 사유없이 거부·방해·기피(소방시설법 50조)
(2) 소방기술과 관련된 법인 또는 단체 위탁시 위탁받은 업무종사자의 **비밀누설**(소방시설법 50조)
(3) 방염성능검사 합격표시 위조(소방시설법 50조)
(4) **소방안전관리자** 또는 **소방안전관리보조자 미선임**(소방시설법 50조)
(5) **점검기록표**를 **거짓**으로 **작성**하거나 해당 특정소방대상물에 **부착**하지 아니한 자(소방시설법 50조) [보기 ③]
(6) 다른 자에게 자기의 성명이나 상호를 사용하여 소방시설공사 등을 수급 또는 시공하게 하거나 소방시설업의 등록증·**등록수첩을 빌려준 자**(공사업법 37조)
(7) **감리원 미배치자**(공사업법 37조)
(8) 소방기술인정 자격수첩을 빌려준 자(공사업법 37조)
(9) **2 이상의 업체에 취업**한 자(공사업법 37조)
(10) 소방시설업자나 관계인 감독시 관계인의 업무를 방해하거나 비밀누설(공사업법 37조)

기억법 비3(비상)

답 ③

★
**53** 화재예방, 소방시설 설치·유지 및 안전관리에 관한 법령상 분말형태의 소화약제를 사용하는 소화기의 내용연수로 옳은 것은? (단, 소방용품의 성능을 확인받아 그 사용기한을 연장하는 경우는 제외한다.)

① 3년
② 5년
③ 7년
④ 10년

해설 **소방시설법 시행령 15조 4**
**분말**형태의 **소화약제**를 사용하는 소화기 : 내용연수 **10년**

답 ④

★★★
**54** 소방시설공사업법령상 소방시설공사업자가 소속 소방기술자를 소방시설공사 현장에 배치하지 않았을 경우에 과태료 기준은?

17.09.문43

① 100만원 이하
② 200만원 이하
③ 300만원 이하
④ 400만원 이하

해설 **200만원 이하의 과태료**

(1) 소방용수시설 · 소화기구 및 설비 등의 설치명령 위반(기본법 56조)
(2) 특수가연물의 저장 · 취급 기준 위반(기본법 56조)
(3) 소방활동구역 출입(기본법 56조)
(4) 소방자동차의 출동에 지장을 준 자(기본법 56조)
(5) 관계인의 **소방안전관리 업무 미수행**(소방시설법 53조)
(6) **소방훈련** 및 **교육** 미실시자(소방시설법 53조)
(7) 소방시설의 **점검결과 미보고**(소방시설법 53조)
(8) 관계서류 미보관자(공사업법 40조)
(9) **소방기술자 미배치자**(공사업법 40조) 보기 ②
(10) 완공검사를 받지 아니한 자(공사업법 40조)
(11) 방염성능기준 미만으로 방염한 자(공사업법 40조)
(12) 하도급 미통지자(공사업법 40조)
(13) 관계인에게 지위승계 · 행정처분 · 휴업 · 폐업 사실을 거짓으로 알린 자(공사업법 40조)

답 ②

★★★
**55** 소방기본법령상 위험물 또는 물건의 보관기간은 소방본부 또는 소방서의 게시판에 공고하는 기간의 종료일 다음 날부터 며칠로 하는가?

19.04.문48 19.04.문56 18.04.문56 16.05.문49 14.03.문58 11.06.문49

① 3 ② 4
③ 5 ④ 7

해설 7일

(1) 위험물이나 물건의 보관기간(기본령 3조) 보기 ④
(2) 건축허가 등의 취소통보(소방시설법 시행규칙 4조)
(3) **소방공사 감리원**의 **배치통보일**(공사업규칙 17조)
(4) 소방공사 감리결과 통보 · 보고일(공사업규칙 19조)
(5) 소방**특**별조사 조사대상 · **기**간 · 사유 **서**면 통지일(소방시설법 4조 3)
(6) 종합정밀점검 · 작동기능점검 결과보고서 제출일(소방시설법 시행규칙 19조)

기억법 감배7(감 배치), 특기서7(서치하다.)

답 ④

★★★
**56** 소방기본법령상 소방활동장비와 설비의 구입 및 설치시 국고보조의 대상이 아닌 것은?

19.09.문54 14.09.문46 14.05.문52 14.03.문59 06.05.문60

① 소방자동차
② 사무용 집기
③ 소방헬리콥터 및 소방정
④ 소방전용통신설비 및 전산설비

해설 기본령 2조

(1) **국고보조**의 **대상**
㉠ 소방활동장비와 설비의 구입 및 설치
- 소방**자**동차 보기 ①
- 소방**헬**리콥터 · 소방**정** 보기 ③
- 소방**전**용통신설비 · 전산설비 보기 ④
- 방**화**복

㉡ 소방관서용 **청**사

(2) **소방활동장비** 및 **설비**의 **종류**와 **규격** : **행정안전부령**
(3) **대상사업**의 **기준보조율** : 「보조금관리에 관한 법률 시행령」에 따름

기억법 자헬 정전화 청국

답 ②

★
**57** 화재예방, 소방시설 설치 · 유지 및 안전관리에 관한 법령상 특정소방대상물의 관계인은 소방안전관리자를 기준일로부터 30일 이내에 선임하여야 한다. 다음 중 기준일로 틀린 것은?

① 소방안전관리자를 해임한 경우 : 소방안전관리자를 해임한 날
② 특정소방대상물을 양수하여 관계인의 권리를 취득한 경우 : 해당 권리를 취득한 날
③ 신축으로 해당 특정소방대상물의 소방안전관리자를 신규로 선임하여야 하는 경우 : 해당 특정소방대상물의 완공일
④ 증축으로 인하여 특정소방대상물이 소방안전관리대상물로 된 경우 : 증축공사의 개시일

해설 **소방시설법 시행규칙 14조**
소방안전관리자 30일 이내 선임조건

| 구 분 | 설 명 |
|---|---|
| 소방안전관리자를 해임한 경우 | 소방안전관리자를 해임한 날 |
| 특정소방대상물을 양수하여 관계인의 권리를 취득한 경우 | 해당 권리를 취득한 날 |
| 신축으로 해당 특정소방대상물의 소방안전관리자를 신규로 선임하여야 하는 경우 | 해당 특정소방대상물의 완공일 |
| 증축으로 인하여 특정소방대상물이 소방안전관리대상물로 된 경우 | 증축공사의 완공일 |

④ 개시일 → 완공일

답 ④

★★
**58** 위험물안전관리법령상 위험물을 취급함에 있어서 정전기가 발생할 우려가 있는 설비에 설치할 수 있는 정전기 제거설비 방법이 아닌 것은?

13.06.문44 12.09.문53

① 접지에 의한 방법
② 공기를 이온화하는 방법
③ 자동적으로 압력의 상승을 정지시키는 방법
④ 공기 중의 상대습도를 70% 이상으로 하는 방법

해설 **위험물규칙 [별표 4]**
정전기 제거방법
(1) **접지**에 의한 방법 보기 ①
(2) 공기 중의 상대습도를 **70%** 이상으로 하는 방법 보기 ④
(3) **공기**를 **이온화**하는 방법 보기 ②

비교

**위험물규칙 [별표 4]**
위험물을 가압하는 설비 또는 그 취급하는 위험물의 압력이 상승할 우려가 있는 설비에 설치하는 안전장치
(1) 자동적으로 **압력**의 **상승**을 **정지**시키는 장치 보기 ③
(2) 감압측에 **안전밸브**를 부착한 **감압밸브**
(3) **안전밸브**를 겸하는 **경보장치**
(4) **파괴판**

답 ③

★★★
## 59
20.08.문55
15.09.문47
15.05.문49
14.03.문52
12.05.문60

소방기본법령상 특수가연물의 수량 기준으로 옳은 것은?

① 면화류 : 200kg 이상
② 가연성 고체류 : 500kg 이상
③ 나무껍질 및 대팻밥 : 300kg 이상
④ 넝마 및 종이부스러기 : 400kg 이상

해설 **기본령 [별표 2]**
특수가연물

| 품 명 | | 수 량 |
|---|---|---|
| 가연성 액체류 | | $2m^3$ 이상 |
| 목재가공품 및 나무부스러기 | | $10m^3$ 이상 |
| 면화류 → | | 200kg 이상 보기 ① |
| 나무껍질 및 대팻밥 → | | 400kg 이상 보기 ③ |
| 넝마 및 종이부스러기 → | | 1000kg 이상 보기 ④ |
| 사류(絲類) | | |
| 볏짚류 | | |
| 가연성 고체류 → | | 3000kg 이상 보기 ② |
| 합성수지류 | 발포시킨 것 | $20m^3$ 이상 |
| | 그 밖의 것 | 3000kg 이상 |
| 석탄 · 목탄류 | | 10000kg 이상 |

② 500kg → 3000kg
③ 300kg → 400kg
④ 400kg → 1000kg

※ **특수가연물** : 화재가 발생하면 그 확대가 빠른 물품

기억법 **가액목면나 넝사볏가고 합석**
2 1 2 4 1 3 3 1

답 ①

★★★
## 60
19.04.문48
19.04.문56
18.04.문56
16.05.문49
14.03.문58
11.06.문49

화재예방, 소방시설 설치 · 유지 및 안전관리에 관한 법령상 소방청장, 소방본부장 또는 소방서장이 소방특별조사를 하려면 관계인에게 조사대상, 조사기간 및 조사사유 등을 최대 며칠 전에 서면으로 알려야 하는가? (단, 긴급하게 조사할 필요가 있는 경우와 사전에 통지하면 조사목적을 달성할 수 없다고 인정되는 경우는 제외한다.)

① 7
② 10
③ 12
④ 14

해설 7일
(1) 위험물이나 물건의 보관기간(기본령 3조)
(2) 건축허가 등의 취소통보(소방시설법 시행규칙 4조)
(3) **소방공사 감리원**의 **배치**통보일(공사업규칙 17조)
(4) 소방공사 감리결과 통보 · 보고일(공사업규칙 19조)
(5) 소방**특**별조사 조사대상 · **기**간 · 사유 **서**면 통지일(소방시설법 4조 3) 보기 ①
(6) 종합정밀점검 · 작동기능점검 결과보고서 제출일(소방시설법 시행규칙 19조)

기억법 감배7(감 배치), 특기서7(서치하다.)

답 ①

## 제 4 과목 소방전기시설의 구조 및 원리

★
## 61

감지기의 형식승인 및 제품검사의 기술기준에 따라 단독경보형 감지기를 스위치 조작에 의하여 화재경보를 정지시킬 경우 화재경보 정지 후 몇 분 이내에 화재경보정지기능이 자동적으로 해제되어 정상상태로 복귀되어야 하는가?

① 3
② 5
③ 10
④ 15

해설 **감지기의 형식승인 및 제품검사의 기술기준 5조 2**
**단독경보형 감지기의 일반기능**
(1) 화재경보 정지 후 **15분** 이내에 화재경보 정지기능이 자동적으로 해제되어 단독경보형 감지기가 정상상태로 복귀될 것 보기 ④
(2) 화재경보 정지표시등에 의하여 **화재경보**가 **정지상태**임을 **경고**할 수 있어야 하며, 화재경보 정지기능이 해제된 경우에는 표시등의 경고도 함께 해제될 것
(3) **표시등**을 **작동표시등**과 겸용하고자 하는 경우에는 작동표시와 화재경보음 정지표시가 표시등 색상에 의하여 구분될 수 있도록 하고 표시등 부근에 작동표시와 화재경보음 정지표시를 구분할 수 있는 안내표시를 할 것
(4) **화재경보 정지스위치**는 **전용**으로 하거나 **작동시험 스위치**와 **겸용**하여 사용할 수 있다. 이 경우 **스위치 부근**에 스위치의 용도를 표시할 것

답 ④

**62** 비상콘센트설비의 화재안전기준(NFSC 504)에 따라 하나의 전용회로에 설치하는 비상콘센트는 몇 개 이하로 하여야 하는가?

19.04.문63 18.04.문61 17.03.문72 16.10.문61 16.05.문76 15.09.문80 14.03.문64 11.10.문67

① 2 ② 3
③ 10 ④ 20

해설 **비상콘센트설비 전원회로**의 **설치기준**

| 구 분 | 전 압 | 용 량 | 플러그 접속기 |
|---|---|---|---|
| 단상 교류 | 220V | 1.5kVA 이상 | 접지형 2극 |

(1) 1전용회로에 설치하는 비상콘센트는 **10**개 이하로 할 것 보기 ③
(2) 풀박스는 **1.6mm** 이상의 **철**판을 사용할 것

기억법 단2(단위), 10콘(시큰둥!), 16철콘, 접2(접이식)

(3) 전기회로는 주배전반에서 **전용**회로로 할 것
(4) 전원으로부터 각 층의 비상콘센트에 분기되는 경우 **분기배선용 차단기**를 보호함 안에 설치할 것
(5) 콘센트마다 **배선용 차단기**(KS C 8321)를 설치하여야 하며, 충전부는 노출되지 아니할 것

답 ③

**63** 자동화재속보설비의 속보기의 성능인증 및 제품검사의 기술기준에 따라 속보기는 작동신호를 수신하거나 수동으로 동작시키는 경우 20초 이내에 소방관서에 자동적으로 신호를 발하여 통보하되, 몇 회 이상 속보할 수 있어야 하는가?

17.05.문66 16.05.문62

① 1 ② 2
③ 3 ④ 4

해설 **자동화재속보설비**의 **속보기**

(1) **자동화재속보설비**의 **기능**

| 구 분 | 설 명 |
|---|---|
| 연동설비 | **자동화재탐지설비** |
| 속보대상 | **소방관서** |
| 속보방법 | **20초** 이내에 **3회** 이상 보기 ③ |
| 다이얼링 | **10회** 이상, **30초** 이상 지속 |

(2) 예비전원을 **병렬**로 접속하는 경우에는 **역충전 방지** 등의 조치
(3) 속보기의 송수화장치가 정상위치가 아닌 경우에도 **연동** 또는 **수동**으로 속보가 가능할 것
(4) 예비전원은 자동적으로 충전되어야 하며 **자동과충전방지장치**가 있어야 한다.
(5) 화재신호를 수신하거나 속보기를 **수동**으로 동작시키는 경우 자동적으로 **적색 화재표시등**이 점등되고 음향장치로 화재를 경보하여야 하며 화재표시 및 경보는 **수동**으로 **복구** 및 **정지**시키지 않는 한 **지속**되어야 한다.
(6) **연동** 또는 **수동**으로 **소방관서**에 화재발생 음성정보를 속보 중인 경우에도 **송수화장치**를 이용한 **통화**가 **우선**적으로 **가능**하여야 한다.

답 ③

**64** 자동화재탐지설비 및 시각경보장치의 화재안전기준(NFSC 203)에 따른 감지기의 설치 제외 장소가 아닌 것은?

13.09.문75

① 실내의 용적이 $20m^3$ 이하인 장소
② 부식성 가스가 체류하고 있는 장소
③ 목욕실·욕조나 샤워시설이 있는 화장실·기타 이와 유사한 장소
④ 고온도 및 저온도로서 감지기의 기능이 정지되기 쉽거나 감지기의 유지관리가 어려운 장소

해설 **감지기**의 **설치 제외 장소**

(1) 천장 또는 반자의 높이가 **20m 이상**인 장소
(2) **부식성** 가스가 체류하고 있는 장소 보기 ②
(3) **목욕실**·욕조나 샤워시설이 있는 **화장실**, 기타 이와 유사한 장소 보기 ③
(4) 파이프덕트 등 **2개층**마다 방화구획된 것이나 수평단면적이 $5m^2$ 이하인 것
(5) 먼지·가루 또는 **수증기**가 다량으로 체류하는 장소
(6) **고온도** 및 **저온도**로서 감지기의 기능이 정지되기 쉽거나 감지기의 유지관리가 어려운 장소 보기 ④

답 ①

**65** 비상콘센트의 배치와 설치에 대한 현장 사항이 비상콘센트설비의 화재안전기준(NFSC 504)에 적합하지 않은 것은?

19.04.문63 18.04.문61 17.03.문72 16.10.문61 16.05.문76 15.09.문80 14.03.문64 11.10.문67

① 전원회로의 배선은 내화배선으로 되어 있다.
② 보호함에는 쉽게 개폐할 수 있는 문을 설치하였다.
③ 보호함 표면에 "비상콘센트"라고 표시한 표지를 붙였다.
④ 3상 교류 200볼트 전원회로에 대한 비접지형 3극 플러그접속기를 사용하였다.

해설 **비상콘센트설비**

| 구 분 | 전 압 | 용 량 | 플러그접속기 |
|---|---|---|---|
| 단상 교류 | 220V | 1.5kVA 이상 | 접지형 2극 보기 ④ |

(1) 하나의 전용회로에 설치하는 비상콘센트는 **10개** 이하로 할 것(전선의 용량은 최대 **3개**)

| 설치하는 비상콘센트 수량 | 전선의 용량산정시 적용하는 비상콘센트 수량 | 단상전선의 용량 |
|---|---|---|
| 1개 | 1개 이상 | 1.5kVA 이상 |
| 2개 | 2개 이상 | 3.0kVA 이상 |
| 3~10개 | 3개 이상 | 4.5kVA 이상 |

(2) 전원회로는 각 층에 있어서 **2 이상**이 되도록 설치할 것(단, 설치하여야 할 층의 콘센트가 **1개**인 때에는 하나의 회로로 할 수 있다)
(3) 플러그접속기의 칼받이 접지극에는 **접지공사**를 하여야 한다.
(4) 풀박스는 **1.6mm** 이상의 철판을 사용할 것
(5) 절연저항은 **전원부**와 **외함** 사이를 **직류 500V 절연저항계**로 측정하여 **20MΩ** 이상일 것
(6) 전원으로부터 각 층의 비상콘센트에 분기되는 경우에는 **분기배선용 차단기**를 보호함 안에 설치할 것
(7) 바닥으로부터 **0.8~1.5m** 이하의 높이에 설치할 것
(8) 전원회로는 주배전반에서 **전용회로**로 하며, 배선의 종류는 **내화배선**이어야 한다. 보기 ①
(9) 보호함에는 쉽게 개폐할 수 있는 문을 설치한다. 보기 ②
(10) 보호함 표면에 **"비상콘센트"**라고 표시한 표지를 부착한다. 보기 ③

④ 3상 교류 200볼트 → 단상 교류 220볼트,
비접지형 3극 → 접지형 2극

답 ④

## 66 자동화재탐지설비 및 시각경보장치의 화재안전기준(NFSC 203)에 따라 제2종 연기감지기를 부착높이가 4m 미만인 장소에 설치시 기준 바닥면적은?

18.09.문78 16.10.문62 13.03.문79 00.10.문79

① $30m^2$ ② $50m^2$
③ $75m^2$ ④ $150m^2$

해설 **연기감지기**의 **설치기준**
(1) 연기감지기 1개의 유효바닥면적

(단위 : $m^2$)

| 부착높이 | 감지기의 종류 | |
|---|---|---|
| | 1종 및 2종 | 3종 |
| 4m 미만 → | 150 | 50 |
| 4~20m 미만 | 75 | 설치할 수 없다. |

(2) 복도 및 통로는 보행거리 **30m**(3종은 **20m**)마다 1개 이상으로 할 것
(3) 계단 및 경사로는 수직거리 **15m**(3종은 **10m**)마다 1개 이상으로 할 것
(4) 천장 또는 반자가 **낮은 실내** 또는 **좁은 실내**는 **출입구**의 가까운 부분에 설치할 것
(5) 천장 또는 반자 부근에 **배기구**가 있는 경우에는 그 부근에 설치할 것
(6) 감지기는 벽 또는 보로부터 **0.6m** 이상 떨어진 곳에 설치할 것

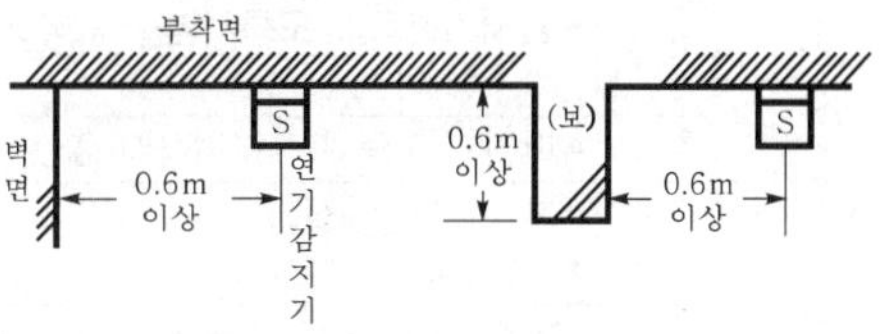


답 ④

## 67 아래 그림은 자동화재탐지설비의 배선도이다. 추가로 구획된 공간이 생겨 ㉮, ㉯, ㉰, ㉱ 감지기를 증설했을 경우, 자동화재탐지설비 및 시각경보장치의 화재안전기준(NFSC 203)에 적합하게 설치한 것은?

18.03.문65

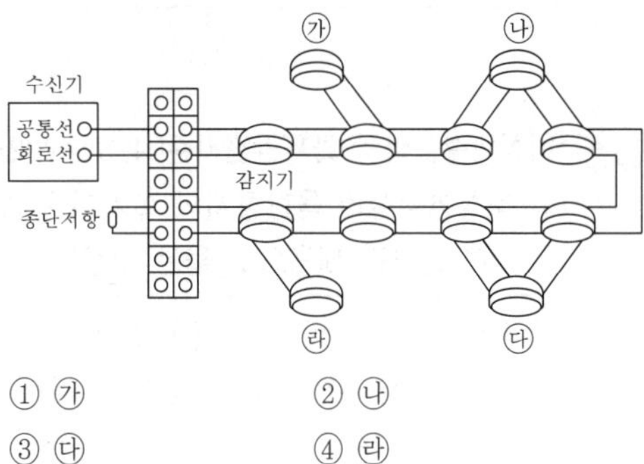


① ㉮ ② ㉯
③ ㉰ ④ ㉱

해설 **자동화재탐지설비 배선**의 **설치기준**

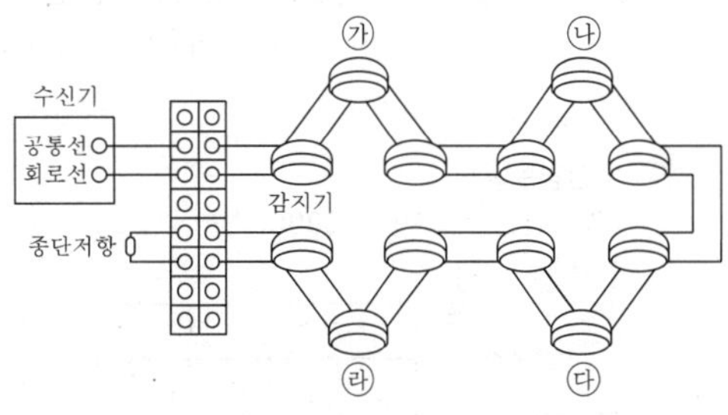


▌올바른 배선▐

(1) 감지기 사이의 회로배선 : **송배전식**
(2) P형 수신기 및 GP형 수신기의 감지기 회로의 배선에 있어서 하나의 공통선에 접속할 수 있는 경계구역은 **7개** 이하
(3) 감지기 회로의 전로저항 : **50Ω 이하**
감지기에 접속하는 배선전압 : 정격전압의 **80% 이상**
(4) 자동화재탐지설비의 배선은 다른 전선과 **별도**의 관·덕트·몰드 또는 풀박스 등에 설치할 것(단, **60V** 미만의 약전류회로에 사용하는 전선으로서 각각의 전압이 같을 때는 제외)

중요

**송배전식**

| 구 분 | 송배전식 |
|---|---|
| 목적 | • **감지기회로**의 **도통시험**을 용이하게 하기 위하여 |
| 원리 | • 배선의 도중에서 분기하지 않는 방식 |
| 적용 설비 | • 자동화재탐지설비<br>• 제연설비 |
| 가닥수 산정 | • 종단저항을 수동발신기함 내에 설치하는 경우 **루프(loop)**된 곳은 **2가닥**, **기타 4가닥**이 된다.<br>수동 발신기함 / 루프(loop)<br>▌송배전식▐ |

답 ②

★★★
**68** 비상방송설비의 화재안전기준(NFSC 202)에 따라 비상방송설비 음향장치의 설치기준 중 다음 (   )에 들어갈 내용으로 옳은 것은?

17.03.문80
15.03.문61
14.03.문73
13.03.문72

> 층수가 ( ㉠ )층 이상으로서 연면적이 ( ㉡ )$m^2$를 초과하는 특정소방대상물의 1층에서 발화한 때에는 발화층·그 직상층 및 지하층에 경보를 발할 수 있도록 하여야 한다.

① ㉠ 2, ㉡ 3500  ② ㉠ 3, ㉡ 5000
③ ㉠ 5, ㉡ 3000  ④ ㉠ 6, ㉡ 1500

해설 **우선경보방식**
**5층** 이상으로 연면적 **3000$m^2$**를 초과하는 특정소방대상물 보기 ③

| 발화층 | 경보층 | |
|---|---|---|
| | 30층 미만 | 30층 이상 |
| **2층** 이상 발화 | • 발화층<br>• 직상층 | • 발화층<br>• 직상 4개층 |
| **1층** 발화 | • 발화층<br>• 직상층<br>• 지하층 | • 발화층<br>• 직상 4개층<br>• 지하층 |
| **지하층** 발화 | • 발화층<br>• 직상층<br>• 기타의 지하층 | • 발화층<br>• 직상층<br>• 기타의 지하층 |

기억법 5우 3000(오우! 삼천포로 빠졌네!)

• 특별한 조건이 없으면 30층 미만 적용

답 ③

★
**69** 유도등의 형식승인 및 제품검사의 기술기준에 따른 용어의 정의에서 "유도등에 있어서 표시면 외 조명에 사용되는 면"을 말하는 것은?

① 조사면  ② 피난면
③ 조도면  ④ 광속면

해설 **유도등**의 **형식승인** 및 **제품검사**의 **기술기준 2조**

| 구 분 | 설 명 |
|---|---|
| 표시면 | 유도등에 있어서 **피난구**나 **피난방향**을 안내하기 위한 **문자** 또는 **부호등**이 표시된 면 |
| 조사면 | 유도등에 있어서 **표시면** 외 **조명**에 사용되는 면 보기 ① |
| 투광식 | 광원의 빛이 통과하는 **투과면**에 피난유도표시 형상을 인쇄하는 방식 |
| 패널식 | **영상표시소자**(LED, LCD 및 PDP 등)를 이용하여 피난유도표시 형상을 **영상**으로 구현하는 방식 |

답 ①

★★★
**70** 자동화재탐지설비 및 시각경보장치의 화재안전기준(NFSC 203)에 따라 부착높이 20m 이상에 설치되는 광전식 중 아날로그방식의 감지기는 공칭감지농도 하한값이 감광률 몇 %/m 미만인 것으로 하는가?

16.10.문66
15.05.문74
08.03.문75

① 3  ② 5
③ 7  ④ 10

해설 **감지기**의 **부착높이**(NFSC 203 7조)

| 부착높이 | 감지기의 종류 |
|---|---|
| 8~15m 미만 | • 차동식 분포형<br>• 이온화식 1종 또는 2종<br>• 광전식(스포트형, 분리형, 공기흡입형) 1종 또는 2종<br>• 연기복합형<br>• 불꽃감지기 |
| 15~20m 미만 | • 이온화식 1종<br>• 광전식(스포트형, 분리형, 공기흡입형) 1종<br>• 연기복합형<br>• 불꽃감지기 |
| 20m 이상 | • 불꽃감지기<br>• 광전식(분리형, 공기흡입형) 중 아날로그방식 |

• 부착높이 **20m** 이상에 설치되는 광전식 중 아날로그방식의 감지기는 공칭감지농도 하한값이 감광률 **5%/m** 미만인 것으로 한다. 보기 ②

답 ②

★
## 71 비상조명등의 우수품질인증 기술기준에 따라 인출선인 경우 전선의 굵기는 몇 $mm^2$ 이상이어야 하는가?

20.09.문78
13.09.문67

① 0.5　　② 0.75
③ 1.5　　④ 2.5

해설 **유도등**의 **일반구조**

(1) 전선의 굵기

| 인출선 | 인출선 외 |
|---|---|
| 0.75mm² 이상 보기 ② | 0.5mm² 이상 |

(2) 인출선의 길이 : **150mm 이상**

기억법 **인75(인(사람) 치료)**

답 ②

★
## 72 누전경보기의 형식승인 및 제품검사의 기술기준에 따른 과누전시험에 대한 내용이다. 다음 ( )에 들어갈 내용으로 옳은 것은?

> 변류기는 1개의 전선을 변류기에 부착시킨 회로를 설치하고 출력단자에 부하저항을 접속한 상태로 당해 1개의 전선에 변류기의 정격전압의 ( ㉠ )%에 해당하는 수치의 전류를 ( ㉡ )분간 흘리는 경우 그 구조 또는 기능에 이상이 생기지 아니하여야 한다.

① ㉠ 20, ㉡ 5
② ㉠ 30, ㉡ 10
③ ㉠ 50, ㉡ 15
④ ㉠ 80, ㉡ 20

해설 **누전경보기의 형식승인 및 제품검사의 기술기준 13·14조**

| 과누전시험 | 단락전류강도시험 |
|---|---|
| 변류기는 **1개**의 전선을 변류기에 부착시킨 회로를 설치하고 출력단자에 부하저항을 접속한 상태로 당해 1개의 전선에 변류기의 정격전압의 20%에 해당하는 수치의 전류를 5분간 흘리는 경우 그 구조 또는 기능에 이상이 생기지 아니할 것 보기 ① | 변류기는 출력단자에 부하저항을 접속한 다음 경계전로의 전원측에 과전류차단기를 설치하여, 경계전로에 당해 변류기의 정격전압에서 단락역률이 **0.3**에서 **0.4**까지인 **2500A**의 전류를 2분 간격으로 약 **0.02초**간 **2회** 흘리는 경우 그 구조 및 기능에 이상이 생기지 아니할 것 |

답 ①

★★★
## 73 비상방송설비의 화재안전기준(NFSC 202)에 따른 비상방송설비의 음향장치에 대한 설치기준으로 틀린 것은?

19.04.문68
18.09.문77
18.03.문73
16.10.문69
16.10.문73
16.05.문67
16.03.문68
15.05.문76
15.03.문62
14.05.문63
14.05.문75
14.03.문61
13.09.문70
13.06.문62
13.06.문80

① 다른 전기회로에 따라 유도장애가 생기지 아니하도록 할 것
② 음향장치는 자동화재속보설비의 작동과 연동하여 작동할 수 있는 것으로 할 것
③ 다른 방송설비와 공용하는 것에 있어서는 화재시 비상경보 외의 방송을 차단할 수 있는 구조로 할 것
④ 증폭기 및 조작부는 수위실 등 상시 사람이 근무하는 장소로서 점검이 편리하고 방화상 유효한 곳에 설치할 것

해설 **비상방송설비**의 **설치기준**

(1) 확성기의 음성입력은 **3**W(**실**내 **1**W) 이상일 것
(2) 확성기는 **각 층**마다 설치하되, 각 부분으로부터의 수평거리는 **25m** 이하일 것
(3) **음**량조정기는 **3선식** 배선일 것
(4) 조작스위치는 바닥으로부터 **0.8~1.5m** 이하의 높이에 설치할 것
(5) 다른 전기회로에 의하여 **유도장애**가 생기지 아니하도록 할 것 보기 ①
(6) 비상방송 **개**시시간은 **10초** 이하일 것
(7) 다른 방송설비와 공용할 경우 화재시 비상경보 외의 방송을 차단할 수 있을 것 보기 ③
(8) 음향장치 : **자동화재탐지설비**의 작동과 연동 보기 ②
(9) 음향장치의 정격전압 : **80%**
(10) **증폭기** 및 **조작부**는 수위실 등 상시 사람이 근무하는 장소로서 점검이 편리하고 방화상 유효한 곳에 설치할 것 보기 ④

기억법 **방3실1, 3음방(삼엄한 방송실), 개10방**

② 자동화재속보설비 → 자동화재탐지설비

답 ②

★
## 74 무선통신보조설비의 화재안전기준(NFSC 505)에 따른 용어의 정의 중 감시제어반 등에 설치된 무선중계기의 입력과 출력포트에 연결되어 송수신 신호를 원활하게 방사·수신하기 위해 옥외에 설치하는 장치를 말하는 것은?

① 혼합기　　② 분파기
③ 증폭기　　④ 옥외안테나

해설 **무선통신보조설비 용어**(NFSC 505 3조)

| 용 어 | 정 의 |
|---|---|
| 누설동축케이블 | 동축케이블의 외부도체에 가느다란 홈을 만들어서 전파가 **외부**로 **새어나갈 수 있도록** 한 케이블 |
| 분배기 | 신호의 전송로가 분기되는 장소에 설치하는 것으로 **임피던스 매칭**(Matching)과 **신호균등분배**를 위해 사용하는 장치 |
| 분파기 | 서로 다른 주파수의 합성된 **신호**를 **분리**하기 위해서 사용하는 장치 보기 ② |
| 혼합기 | **두 개 이상**의 **입력신호**를 원하는 비율로 조합한 출력이 발생하도록 하는 장치 보기 ① |
| 증폭기 | 신호전송시 신호가 약해져 **수신**이 **불가능**해지는 것을 **방지**하기 위해서 증폭하는 장치 보기 ③ |
| 무선중계기 | 안테나를 통하여 수신된 무전기 신호를 증폭한 후 음영지역에 재방사하여 무전기 상호간 **송수신**이 가능하도록 하는 장치 |
| 옥외안테나 | **감시제어반** 등에 설치된 **무선중계기**의 입력과 출력포트에 연결되어 **송수신 신호**를 원활하게 **방사·수신**하기 위해 **옥외**에 설치하는 장치 보기 ④ |

답 ④

**75** 무선통신보조설비의 화재안전기준(NFSC 505)에 따라 무선통신보조설비의 누설동축케이블 또는 동축케이블의 임피던스는 몇 Ω으로 하여야 하는가?

16.03.문61
11.10.문74

① 5　② 10
③ 50　④ 100

해설 **누설동축케이블·동축케이블**의 **임피던스**: 50Ω 보기 ③

참고

**무선통신보조설비**의 **분배기·분파기·혼합기 설치기준**
(1) 먼지·습기·부식 등에 이상이 없을 것
(2) 임피던스 **50Ω**의 것
(3) 점검이 편리하고 화재 등의 피해 우려가 없는 장소

답 ③

**76** 비상경보설비 및 단독경보형 감지기의 화재안전기준(NFSC 201)에 따른 단독경보형 감지기에 대한 내용이다. 다음 (　)에 들어갈 내용으로 옳은 것은?

17.09.문64
03.08.문62

> 이웃하는 실내의 바닥면적이 각각 (　)$m^2$ 미만이고 벽체의 상부의 전부 또는 일부가 개방되어 이웃하는 실내와 공기가 상호 유통되는 경우에는 이를 1개의 실로 본다.

① 30
② 50
③ 100
④ 150

해설 **단독경보형 감지기**의 **각 실**을 **1개**로 **보는 경우**
이웃하는 실내의 바닥면적이 각각 **30**$m^2$ 미만이고 **벽**체의 상부의 전부 또는 일부가 개방되어 이웃하는 실내와 공기가 상호 유통되는 경우 보기 ①

기억법 **단3벽(단상의 벽)**

※ **단독경보형 감지기**: 화재발생상황을 단독으로 감지하여 자체에 내장된 음향장치로 경보하는 감지기

중요

**단독경보형 감지기**의 **설치기준**(NFSC 201 5조)
(1) 단독경보형 감지기는 소방대상물의 각 실마다 설치하되, 바닥면적이 150$m^2$를 초과하는 경우에는 **150**$m^2$마다 1개 이상 설치할 것
(2) 최상층의 계단실의 **천장**에 설치할 것
(3) 건전지를 주전원으로 사용하는 단독경보형 감지기는 정상적인 작동상태를 유지할 수 있도록 **건전지**를 **교환**할 것

답 ①

**77** 소방시설용 비상전원수전설비의 화재안전기준(NFSC 602)에 따른 용어의 정의에서 소방부하에 전원을 공급하는 전기회로를 말하는 것은?

19.04.문67
15.09.문61
15.03.문70
12.09.문78
09.05.문69
08.03.문72

① 수전설비
② 일반회로
③ 소방회로
④ 변전설비

해설 **소방시설용 비상전원수전설비**(NFSC 602 3조)

| 용 어 | 설 명 |
|---|---|
| 소방회로 | ←**소방부하**에 전원을 공급하는 전기회로 |
| 일반회로 | 소방회로 이외의 전기회로 |
| 수전설비 | 전력수급용 **계기용 변성기·주차단장치** 및 그 **부속기기** |
| 변전설비 | **전력용 변압기** 및 그 **부속장치** |
| **전**용 **큐**비클식 | **소방회로용**의 것으로 **수**전설비, **변**전설비 그 밖의 기기 및 배선을 금속제 외함에 수납한 것 기억법 **전큐회수변** |
| 공용 큐비클식 | **소방회로** 및 **일반회로 겸용**의 것으로서 수전설비, 변전설비 그 밖의 기기 및 배선을 금속제 외함에 수납한 것 |
| **전**용**배**전반 | **소방회로 전용**의 것으로서 **개**폐기, 과전류차단기, 계기 그 밖의 배선용 기기 및 배선을 금속제 외함에 수납한 것 기억법 **전배전개** |
| 공용배전반 | **소방회로** 및 **일반회로 겸용**의 것으로서 개폐기, 과전류차단기, 계기 그 밖의 배선용 기기 및 배선을 금속제 외함에 수납한 것 |
| 전용분전반 | **소방회로 전용**의 것으로서 분기개폐기, 분기과전류차단기 그 밖의 배선용 기기 및 배선을 금속제 외함에 수납한 것 |
| 공용분전반 | **소방회로** 및 **일반회로 겸용**의 것으로서 분기개폐기, 분기과전류차단기 그 밖의 배선용 기기 및 배선을 금속제 외함에 수납한 것 |

답 ③

★★★
**78** 13.06.문71 **누전경보기의 형식승인 및 제품검사의 기술기준에 따라 누전경보기의 변류기는 직류 500V의 절연저항계로 절연된 1차 권선과 2차 권선 간의 절연저항시험을 할 때 몇 MΩ 이상이어야 하는가?**

① 0.1　　② 5
③ 10　　④ 20

해설 누전경보기의 절연저항시험 : 직류 **500V** 절연저항계, **5MΩ** 이상

중요

**절연저항시험**

| 절연 저항계 | 절연저항 | 대 상 |
|---|---|---|
| 직류 250V | 0.1MΩ 이상 | • 1경계구역의 절연저항 |
| 직류 500V | 5MΩ 이상 | • 누전경보기 보기 ② • 가스누설경보기 • 수신기 • 자동화재속보설비 • 비상경보설비 • 유도등(교류입력측과 외함 간 포함) • 비상조명등(교류입력측과 외함 간 포함) |
| | **2**0MΩ 이상 | • 경종 • 발신기 • 중계기 • 비상**콘**센트 • 기기의 절연된 선로 간 • 기기의 충전부와 비충전부 간 • 기기의 교류입력측과 외함 간 (유도등 · 비상조명등 제외) 기억법 **2콘(이크)** |
| | 50MΩ 이상 | • 감지기(정온식 감지선형 감지기 제외) • 가스누설경보기(10회로 이상) • 수신기(10회로 이상) |
| | 1000MΩ 이상 | • 정온식 감지선형 감지기 |

답 ②

★
**79** **소방시설용 비상전원수전설비의 화재안전기준(NFSC 602)에 따라 소방시설용 비상전원수전설비의 인입구 배선은 「옥내소화전설비의 화재안전기준(NFSC 102)」〔별표 1〕에 따른 어떤 배선으로 하여야 하는가?**

① 나전선　　② 내열배선
③ 내화배선　　④ 차폐배선

해설 **인입선** 및 **인입구 배선**의 **시설**(NFSC 602 4조)

(1) **인**입선은 특정소방대상물에 **화**재가 발생할 경우에도 화재로 인한 손상을 받지 않도록 설치
(2) 인입구 배선은 「**옥내**소화전설비의 화재안전기준(NFSC 102)」〔별표 1〕에 따른 **내화배선**으로 할 것 보기 ③

기억법 **인화 옥내**

중요

**옥내소화전설비**의 **화재안전기준**(NFSC 102 [별표 1])

‖ 내화배선 ‖

| 사용전선의 종류 | 공사방법 |
|---|---|
| ① 450/750V 저독성 난연 가교 폴리올레핀 절연전선<br>② 0.6/1kV 가교 폴리에틸렌 절연 저독성 난연 폴리올레핀 시스 전력 케이블<br>③ 6/10kV 가교 폴리에틸렌 절연 저독성 난연 폴리올레핀 시스 전력용 케이블<br>④ 가교 폴리에틸렌 절연 비닐시스 트레이용 난연 전력 케이블<br>⑤ 0.6/1kV EP 고무절연 클로로프렌 시스 케이블<br>⑥ 300/500V 내열성 실리콘 고무절연전선(180℃)<br>⑦ 내열성 에틸렌-비닐 아세테이트 고무절연 케이블<br>⑧ 버스덕트(Bus duct)<br>⑨ 기타 「전기용품안전관리법」 및 「전기설비기술기준」에 따라 동등 이상의 내화성능이 있다고 주무부장관이 인정하는 것 | **금속관**·**2종 금속제 가요전선관** 또는 **합성수지관**에 수납하여 내화구조로 된 벽 또는 바닥 등에 벽 또는 바닥의 표면으로부터 **25mm** 이상의 깊이로 매설하여야 한다.<br>기억법 **금2가합25**<br>단, 다음의 기준에 적합하게 설치하는 경우에는 그러하지 아니하다.<br>① 배선을 **내**화성능을 갖는 배선**전**용실 또는 배선용 **샤**프트·**피**트·**덕**트 등에 설치하는 경우<br>② 배선전용실 또는 배선용 샤프트·피트·덕트 등에 **다**른 설비의 배선이 있는 경우에는 이로부터 **15cm** 이상 떨어지게 하거나 소화설비의 배선과 이웃하는 다른 설비의 배선 사이에 배선지름(배선의 지름이 다른 경우에는 가장 큰 것을 기준으로 한다)의 **1.5배** 이상의 높이의 **불연성 격벽**을 설치하는 경우<br>기억법 **내전샤피덕, 다15** |
| 내화전선 | 케이블 공사 |

답 ③

**80** 15.05.문67 10.05.문64

**유도등 및 유도표지의 화재안전기준(NFSC 303)에 따라 설치하는 유도표지는 계단에 설치하는 것을 제외하고는 각 층마다 복도 및 통로의 각 부분으로부터 하나의 유도표지까지의 보행거리가 몇 m 이하가 되는 곳과 구부러진 모퉁이의 벽에 설치하여야 하는가?**

① 10 ② 15
③ 20 ④ 25

해설 **유도표지**의 **설치기준**(NFSC 303 8조)

(1) 각 층 복도의 각 부분에서 유도표지까지의 보행거리 **15m** 이하(계단에 설치하는 것 제외) 보기 ②
(2) 구부러진 모퉁이의 벽에 설치
(3) 통로유도표지는 높이 **1m** 이하에 설치
(4) 주위에 광고물, 게시물 등을 설치하지 아니할 것

중요

(1) **수평거리**와 **보행거리**

① **수평거리**

| 수평거리 | 적용대상 |
|---|---|
| 수평거리 **25m** 이하 | • 발신기<br>• 음향장치(확성기)<br>• 비상콘센트(지하상가·바닥면적 **3000m²** 이상) |
| 수평거리 **50m** 이하 | • 비상콘센트(기타) |

② **보행거리**

| 보행거리 | 적용대상 |
|---|---|
| 보행거리 **15m** 이하 | • 유도표지 |
| 보행거리 **20m** 이하 | • 복도통로유도등<br>• 거실통로유도등<br>• 3종 연기감지기 |
| 보행거리 **30m** 이하 | • 1·2종 연기감지기 |

③ **수직거리**

| 수직거리 | 적용대상 |
|---|---|
| 수직거리 **10m** 이하 | • 3종 연기감지기 |
| 수직거리 **15m** 이하 | • 1·2종 연기감지기 |

(2) **설치높이**

| 통로유도표지 | 피난구유도표지 |
|---|---|
| 1m 이하 | 출입구 상단에 설치 |

답 ②

과년도기출문제

# 2020년

## 소방설비기사 필기(전기분야)

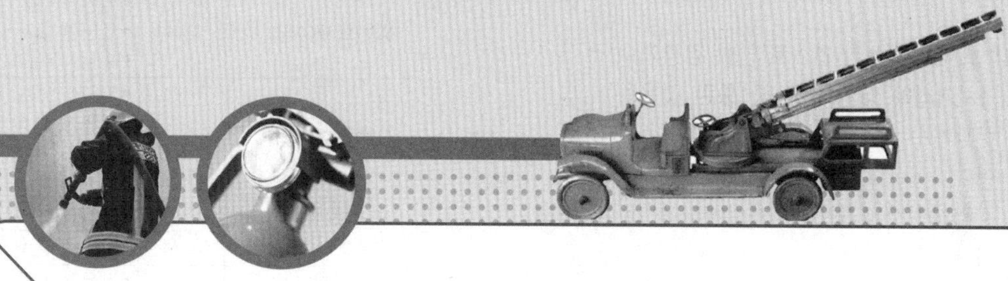



### ** 수험자 유의사항 **

1. 문제지를 받는 즉시 **본인**이 **응시한 종목**이 맞는지 확인하시기 바랍니다.
2. 문제지 표지에 본인의 **수험번호**와 **성명**을 기재하여야 합니다.
3. 문제지의 **총면수**, **문제번호 일련순서**, **인쇄상태**, **중복 및 누락 페이지 유무**를 확인하시기 바랍니다.
4. 답안은 각 문제마다 요구하는 가장 적합하거나 가까운 답 1개만을 선택하여야 합니다.
5. 답안카드는 뒷면의 「수험자 유의사항」에 따라 작성하시고, 답안카드 작성 시 형별누락, 마킹착오로 인한 불이익은 전적으로 수험자에게 책임이 있음을 알려드립니다.
6. 문제지는 시험 종료 후 본인이 가져갈 수 있습니다.

### ** 안내사항 **

- 가답안/최종정답은 큐넷(www.q-net.or.kr)에서 확인하실 수 있습니다. 가답안에 대한 의견은 큐넷의 [가답안 의견 제시]를 통해 제시할 수 있으며, 확정된 답안은 최종정답으로 갈음합니다.
- 공단에서 제공하는 자격검정서비스에 대해 개선할 점이 있으시면 고객참여(http://hrdkorea.or.kr/7/1/1)를 통해 건의하여 주시기 바랍니다.

# 20년 2020. 6. 6 시행

**▮2020년 기사 제1·2회 통합 필기시험▮**

| 자격종목 | 종목코드 | 시험시간 | 형별 | 수험번호 | 성명 |
|---|---|---|---|---|---|
| 소방설비기사(전기분야) | | 2시간 | | | |

※ 답안카드 작성시 시험문제지 형별누락, 마킹착오로 인한 불이익은 전적으로 수험자의 귀책사유임을 알려드립니다.
※ 각 문항은 4지택일형으로 질문에 가장 적합한 보기 항을 선택하여 마킹하여야 합니다.

## 제 1 과목 소방원론

★★★

**01** 실내 화재시 발생한 연기로 인한 감광계수[$m^{-1}$]와 가시거리에 대한 설명 중 틀린 것은?

17.03.문10
16.10.문16
14.05.문06
13.09.문11

유사문제부터 풀어보세요. 실력이 팍!팍! 올라갑니다.

① 감광계수가 0.1일 때 가시거리는 20~30m이다.
② 감광계수가 0.3일 때 가시거리는 15~20m이다.
③ 감광계수가 1.0일 때 가시거리는 1~2m이다.
④ 감광계수가 10일 때 가시거리는 0.2~0.5m이다.

해설 **감광계수**와 **가시거리**

| 감광계수 [$m^{-1}$] | 가시거리 [m] | 상 황 |
|---|---|---|
| 0.1 | 20~30 | 연기**감**지기가 작동할 때의 농도(연기감지기가 작동하기 직전의 농도) |
| 0.3 | 5 | 건물 내부에 **익**숙한 사람이 피난에 지장을 느낄 정도의 농도 |
| 0.5 | 3 | **어**두운 것을 느낄 정도의 농도 |
| 1 | 1~2 | 앞이 거의 **보**이지 않을 정도의 농도 |
| 10 | 0.2~0.5 | 화재 **최**성기 때의 농도 |
| 30 | – | 출화실에서 연기가 **분**출할 때의 농도 |

기억법
0123 감
035 익
053 어
112 보
100205 최
30 분

② 15~20m → 5m

답 ②

★★★

**02** 종이, 나무, 섬유류 등에 의한 화재에 해당하는 것은?

19.03.문08
17.09.문07
16.05.문09
15.09.문19
13.09.문07

① A급 화재　② B급 화재
③ C급 화재　④ D급 화재

해설 **화재**의 **종류**

| 구 분 | 표시색 | 적응물질 |
|---|---|---|
| **일반화재(A급)** | 백색 | • 일반가연물<br>• 종이류 화재<br>• 목재·섬유화재 |
| **유류화재(B급)** | 황색 | • 가연성 액체<br>• 가연성 가스<br>• 액화가스화재<br>• 석유화재 |
| 전기화재(C급) | 청색 | • 전기설비 |
| 금속화재(D급) | 무색 | • 가연성 금속 |
| 주방화재(K급) | – | • 식용유화재 |

※ 요즘은 표시색의 의무규정은 없음

답 ①

★★

**03** 다음 중 소화에 필요한 이산화탄소 소화약제의 최소설계농도값이 가장 높은 물질은?

15.03.문11

① 메탄　② 에틸렌
③ 천연가스　④ 아세틸렌

해설 **설계농도**

| 방호대상물 | 설계농도[vol%] |
|---|---|
| ① 부탄 | 34 |
| ② **메탄** | |
| ③ 프로판 | 36 |
| ④ 이소부탄 | |
| ⑤ 사이크로 프로판 | 37 |
| ⑥ 석탄가스, 천연가스 | |
| ⑦ 에탄 | 40 |
| ⑧ 에틸렌 | 49 |
| ⑨ 산화에틸렌 | 53 |
| ⑩ 일산화탄소 | 64 |
| ⑪ **아**세틸렌 | **66** |
| ⑫ 수소 | 75 |

기억법 아66

※ **설계농도** : 소화농도에 20%의 여유분을 더한 값

답 ④

### 04 가연물이 연소가 잘 되기 위한 구비조건으로 틀린 것은?

17.05.문18
08.03.문11

① 열전도율이 클 것
② 산소와 화학적으로 친화력이 클 것
③ 표면적이 클 것
④ 활성화에너지가 작을 것

해설 **가연물**이 **연소**하기 쉬운 **조건**
(1) 산소와 **친화력**이 클 것
(2) **발열량**이 클 것
(3) **표면적**이 넓을 것
(4) **열전도율**이 **작을 것**
(5) **활성화에너지**가 **작을 것**
(6) **연쇄반응**을 일으킬 수 있을 것
(7) 산소가 포함된 **유기물**일 것

① 클 것 → 작을 것

※ **활성화에너지** : 가연물이 처음 연소하는 데 필요한 열

답 ①

### 05 다음 중 상온 · 상압에서 액체인 것은?

18.03.문04
13.09.문04
12.03.문17

① 탄산가스 ② 할론 1301
③ 할론 2402 ④ 할론 1211

해설

| 상온 · 상압에서 **기체상태** | 상온 · 상압에서 **액체상태** |
|---|---|
| • 할론 1301<br>• 할론 1211<br>• 이산화탄소($CO_2$) | • 할론 1011<br>• 할론 104<br>• **할론 2402** |

※ **상온 · 상압** : 평상시의 온도 · 평상시의 압력

답 ③

### 06 $NH_4H_2PO_4$를 주성분으로 한 분말소화약제는 제 몇 종 분말소화약제인가?

19.03.문01
18.04.문06
17.09.문10
16.10.문06
16.05.문15
16.03.문09
15.09.문01
15.05.문08
14.09.문10
14.03.문03
14.03.문14
12.03.문13

① 제1종
② 제2종
③ 제3종
④ 제4종

해설 (1) **분말소화약제**

| 종 별 | 주성분 | 착 색 | 적응화재 | 비 고 |
|---|---|---|---|---|
| 제**1**종 | 중탄산나트륨($NaHCO_3$) | 백색 | BC급 | **식용유** 및 **지방질유**의 화재에 적합 |
| 제2종 | 중탄산칼륨($KHCO_3$) | 담자색(담회색) | BC급 | – |
| 제**3**종 | 제1인산암모늄($NH_4H_2PO_4$) | 담홍색 | AB C급 | **차고** · **주차장**에 적합 |
| 제4종 | 중탄산칼륨+요소($KHCO_3$+$(NH_2)_2CO$) | 회(백)색 | BC급 | – |

기억법 1식분(일식 분식)
3분 차주(삼보컴퓨터 차주)

(2) **이산화탄소 소화약제**

| 주성분 | 적응화재 |
|---|---|
| 이산화탄소($CO_2$) | BC급 |

답 ③

### 07 제거소화의 예에 해당하지 않는 것은?

19.04.문18
16.10.문07
16.03.문12
14.05.문11
13.03.문01
11.03.문04
08.09.문17

① 밀폐 공간에서의 화재시 공기를 제거한다.
② 가연성 가스화재시 가스의 밸브를 닫는다.
③ 산림화재시 확산을 막기 위하여 산림의 일부를 벌목한다.
④ 유류탱크 화재시 연소되지 않은 기름을 다른 탱크로 이동시킨다.

해설 **제거소화**의 **예**
(1) **가연성 기체** 화재시 **주밸브**를 **차단**한다(화학반응기의 화재시 원료공급관의 **밸브**를 **잠금**). ← 보기 ②
(2) **가연성 액체** 화재시 펌프를 이용하여 **연료**를 제거한다.
(3) **연료탱크**를 **냉각**하여 가연성 가스의 발생속도를 작게 하여 연소를 억제한다.
(4) 금속화재시 **불활성 물질**로 가연물을 덮는다.
(5) **목재**를 **방염처리**한다.
(6) 전기화재시 **전원**을 **차단**한다.
(7) 산불이 발생하면 화재의 진행방향을 앞질러 **벌목**한다(산불의 확산방지를 위하여 **산림**의 **일부**를 **벌채**). ← 보기 ③
(8) 가스화재시 **밸브**를 **잠궈** 가스흐름을 차단한다(가스화재시 중간밸브를 잠금).
(9) 불타고 있는 장작더미 속에서 아직 타지 않은 것을 안전한 곳으로 **운반**한다.
(10) 유류탱크 화재시 주변에 있는 유류탱크의 **유류**를 **다른 곳**으로 **이동**시킨다. ← 보기 ④
(11) 촛불을 입김으로 불어서 끈다.

① **질식소화**

용어

**제거효과**
가연물을 반응계에서 제거하든지 또는 반응계로의 공급을 정지시켜 소화하는 효과

답 ①

★★

**08** 위험물안전관리법령상 제2석유류에 해당하는 것으로만 나열된 것은?

19.03.문45
14.09.문06
07.05.문09

① 아세톤, 벤젠
② 중유, 아닐린
③ 에테르, 이황화탄소
④ 아세트산, 아크릴산

해설 **제4류 위험물**

| 품 명 | 대표물질 |
|---|---|
| 특수인화물 | 이황화탄소 · 디에틸에테르 · 아세트알데히드 · 산화프로필렌 · 이소프렌 · 펜탄 · 디비닐에테르 · 트리클로로실란 |
| 제1석유류 | • **아세톤** · 휘발유 · **벤젠**<br>• 톨루엔 · 크실렌 · 시클로헥산<br>• 아크롤레인 · 초산에스테르류<br>• 의산에스테르류<br>• 메틸에틸케톤 · 에틸벤젠 · 피리딘 |
| 제2석유류 | • 등유 · 경유 · 의산<br>• 초산 · 테레빈유 · 장뇌유<br>• **아세트산 · 아크릴산**<br>• 송근유 · 스티렌 · 메틸셀로솔브<br>• 에틸셀로솔브 · **클로로벤젠** · 알릴알코올<br>기억법 2클(이크!) |
| 제3석유류 | • **중유** · 클레오소트유 · 에틸렌글리콜<br>• 글리세린 · 니트로벤젠 · **아닐린**<br>• 담금질유 |
| 제4석유류 | • 기어유 · 실린더유 |

답 ④

★★★

**09** 산소의 농도를 낮추어 소화하는 방법은?

19.09.문13
18.09.문19
17.05.문06
16.03.문08
15.03.문17
14.03.문19
11.10.문19
03.08.문11

① 냉각소화
② 질식소화
③ 제거소화
④ 억제소화

해설 **소화의 형태**

| 구 분 | 설 명 |
|---|---|
| **냉**각소화 | ① **점화원**을 냉각하여 소화하는 방법<br>② **증**발잠열을 이용하여 열을 빼앗아 가연물의 온도를 떨어뜨려 화재를 진압하는 소화방법<br>③ **다량**의 **물**을 뿌려 소화하는 방법<br>④ 가연성 물질을 **발화점 이하**로 **냉각**하여 소화하는 방법<br>⑤ **식용유화재**에 신선한 **야채**를 넣어 소화하는 방법<br>⑥ 용융잠열에 의한 **냉각효과**를 이용하여 소화하는 방법<br>기억법 냉점증발 |
| **질**식소화 | ① 공기 중의 **산소농도**를 **16%**(10~15%) 이하로 희박하게 하여 소화하는 방법<br>② 산화제의 농도를 낮추어 연소가 지속될 수 없도록 소화하는 방법<br>③ 산소공급을 차단하여 소화하는 방법<br>④ **산소**의 **농도**를 **낮추어** 소화하는 방법<br>⑤ 화학반응으로 발생한 **탄산가스**에 의한 소화방법<br>기억법 질산 |
| 제거소화 | **가연물**을 **제거**하여 소화하는 방법 |
| **부**촉매소화 (억제소화, 화학소화) | ① **연쇄반응**을 **차단**하여 소화하는 방법<br>② 화학적인 방법으로 화재를 억제하여 소화하는 방법<br>③ **활성기**(free radical, 자유라디칼)의 **생성**을 **억제**하여 소화하는 방법<br>④ 할론계 소화약제<br>기억법 부억(부엌) |
| 희석소화 | ① 기체 · 고체 · 액체에서 나오는 분해가스나 증기의 농도를 낮춰 소화하는 방법<br>② 불연성 가스의 **공기** 중 **농도**를 높여 소화하는 방법<br>③ 불활성기체를 방출하여 연소범위 이하로 낮추어 소화하는 방법 |

중요

**화재**의 **소화원리**에 따른 **소화방법**

| 소화원리 | 소화설비 |
|---|---|
| 냉각소화 | ① 스프링클러설비<br>② 옥내 · 외소화전설비 |
| 질식소화 | ① 이산화탄소 소화설비<br>② 포소화설비<br>③ 분말소화설비<br>④ 불활성기체 소화약제 |
| 억제소화 (부촉매효과) | ① 할론소화약제<br>② 할로겐화합물 소화약제 |

답 ②

★★★

**10** 유류탱크 화재시 기름 표면에 물을 살수하면 기름이 탱크 밖으로 비산하여 화재가 확대되는 현상은?

17.05.문04

① 슬롭오버(Slop over)
② 플래시오버(Flash over)
③ 프로스오버(Froth over)
④ 블레비(BLEVE)

해설 **유류탱크, 가스탱크**에서 **발생**하는 **현상**

| 구 분 | 설 명 |
|---|---|
| **블래비**=블레비 (BLEVE) | • 과열상태의 탱크에서 내부의 액화가스가 분출하여 기화되어 폭발하는 현상 |

| | |
|---|---|
| **보일오버** (Boil over) | • 중질유의 석유탱크에서 장시간 조용히 연소하다 탱크 내의 잔존기름이 갑자기 분출하는 현상<br>• 유류탱크에서 **탱크바닥**에 **물**과 기름의 **에멀션**이 섞여 있을 때 이로 인하여 화재가 발생하는 현상<br>• 연소유면으로부터 100℃ 이상의 열파가 탱크 저부에 고여 있는 물을 비등하게 하면서 연소유를 탱크 밖으로 비산시키며 연소하는 현상 |
| **오일오버** (Oil over) | • 저장탱크에 저장된 유류저장량이 내용적의 **50%** 이하로 충전되어 있을 때 화재로 인하여 탱크가 폭발하는 현상 |
| **프로스오버** (Froth over) | • 물이 점성의 뜨거운 기름표면 아래에서 끓을 때 화재를 수반하지 않고 용기가 넘치는 현상 |
| **슬롭오버** (Slop over) | • **유류탱크 화재시** 기름 표면에 물을 살수하면 **기름**이 **탱크** 밖으로 **비산**하여 화재가 확대되는 현상(연소유가 비산되어 탱크 외부까지 화재가 확산)<br>• 물이 연소유의 뜨거운 표면에 들어갈 때 기름 표면에서 화재가 발생하는 현상<br>• 유화제로 소화하기 위한 물이 수분의 급격한 증발에 의하여 액면이 거품을 일으키면서 열유층 밑의 냉유가 급히 열팽창하여 기름의 일부가 불이 붙은 채 탱크벽을 넘어서 일출하는 현상<br>• 연소면의 온도가 100℃ 이상일 때 물을 주수하면 발생<br>• 소화시 외부에서 방사하는 포에 의해 발생 |

답 ①

★★
## 11 물질의 화재 위험성에 대한 설명으로 틀린 것은?

14.05.문03
13.03.문14

① 인화점 및 착화점이 낮을수록 위험
② 착화에너지가 작을수록 위험
③ 비점 및 융점이 높을수록 위험
④ 연소범위가 넓을수록 위험

해설 **화재 위험성**

(1) **비**점 및 **융**점이 **낮을수록** 위험하다.
(2) **발**화점 및 **인**화점이 **낮**을수록 **위**험하다.
(3) 연소하한계가 낮을수록 위험하다.
(4) 연소범위가 넓을수록 위험하다.
(5) 증기압이 클수록 위험하다.

기억법 **비융발인 낮위**

③ 높을수록 → 낮을수록

• 연소한계＝연소범위＝폭발한계＝폭발범위＝가연한계＝가연범위

답 ③

★
## 12 인화알루미늄의 화재시 주수소화하면 발생하는 물질은?

18.04.문18

① 수소　　② 메탄
③ 포스핀　　④ 아세틸렌

해설 **인화알루미늄**과 **물**과의 반응식

$AlP + 3H_2O \rightarrow Al(OH)_3 + PH_3$
인화알루미늄　물　　수산화알루미늄　포스핀＝인화수소

비교

(1) 인화칼슘과 물의 반응식
$Ca_3P_2 + 6H_2O \rightarrow 3Ca(OH)_2 + 2PH_3 \uparrow$
인화칼슘　물　　수산화칼슘　포스핀
(2) 탄화알루미늄과 물의 반응식
$Al_4C_3 + 12H_2O \rightarrow 4Al(OH)_3 + 3CH_4 \uparrow$
탄화알루미늄　물　　수산화알루미늄　메탄

답 ③

★★★
## 13 이산화탄소의 증기비중은 약 얼마인가? (단, 공기의 분자량은 29이다.)

19.03.문18
16.03.문01
15.03.문05
14.09.문15
12.09.문18
07.05.문17

① 0.81　　② 1.52
③ 2.02　　④ 2.51

해설 (1) **증기비중**

$$증기비중 = \frac{분자량}{29}$$

여기서, 29 : 공기의 평균 분자량

(2) **분자량**

| 원 소 | 원자량 |
|---|---|
| H | 1 |
| C | 12 |
| N | 14 |
| O | 16 |

이산화탄소($CO_2$) 분자량$=12+16\times2=44$

증기비중$=\frac{44}{29} \fallingdotseq 1.52$

• 증기비중＝가스비중

중요

**이산화탄소의 물성**

| 구 분 | 물 성 |
|---|---|
| 임계압력 | 72.75atm |
| 임계온도 | 31.35℃(약 31.1℃) |
| **3**중점 | －**56**.3℃(약 －56℃) |
| 승화점(**비**점) | －**78**.5℃ |
| 허용농도 | 0.5% |
| **증**기비중 | **1**.**5**29 |
| 수분 | 0.05% 이하(함량 99.5% 이상) |

기억법 이356, 이비78, 이증15

답 ②

★★★
**14** 다음 물질의 저장창고에서 화재가 발생하였을 때 주수소화를 할 수 없는 물질은?

16.10.문19
13.06.문19

① 부틸리튬
② 질산에틸
③ 니트로셀룰로오스
④ 적린

해설 **주수소화**(물소화)시 **위험**한 **물질**

| 구 분 | 현 상 |
|---|---|
| • 무기과산화물 | **산소** 발생 |
| • **금**속분<br>• **마**그네슘<br>• 알루미늄<br>• 칼륨<br>• 나트륨<br>• 수소화리튬<br>• **부틸리튬** | **수소** 발생 |
| • 가연성 액체의 유류화재 | **연소면**(화재면) 확대 |

기억법 **금마수**

※ **주수소화** : 물을 뿌려 소화하는 방법

답 ①

★★
**15** 이산화탄소에 대한 설명으로 틀린 것은?

19.03.문11
16.03.문15
14.05.문08
13.06.문20
11.03.문06

① 임계온도는 97.5℃이다.
② 고체의 형태로 존재할 수 있다.
③ 불연성 가스로 공기보다 무겁다.
④ 드라이아이스와 분자식이 동일하다.

해설 **이**산화탄소의 **물성**

| 구 분 | 물 성 |
|---|---|
| 임계압력 | 72.75atm |
| 임계온도 | 31.35℃(약 31.1℃) |
| **3**중점 | −**56**.3℃(약 −56℃) |
| 승화점(**비**점) | −**78**.5℃ |
| 허용농도 | 0.5% |
| **증**기비중 | **1.5**29 |
| 수분 | 0.05% 이하(함량 99.5% 이상) |
| 형상 | **고체**의 형태로 존재할 수 있음 |
| 가스 종류 | **불연성 가스**로 공기보다 무거움 |
| 분자식 | **드라이아이스**와 분자식이 동일 |

기억법 이356, 이비78, 이증15

① 97.5℃ → 31.35℃

답 ①

★
**16** 다음 물질 중 연소하였을 때 시안화수소를 가장 많이 발생시키는 물질은?

① Polyethylene
② Polyurethane
③ Polyvinyl chloride
④ Polystyrene

해설 연소시 **시안화수소**(HCN) 발생물질
(1) 요소
(2) 멜라닌
(3) 아닐린
(4) Polyurethane(**폴**리**우**레탄)

기억법 **시폴우**

답 ②

★★★
**17** 0℃, 1기압에서 44.8$m^3$의 용적을 가진 이산화탄소를 액화하여 얻을 수 있는 액화탄산가스의 무게는 약 몇 kg인가?

18.09.문11
14.09.문07
12.03.문19
06.09.문13
97.03.문03

① 88 ② 44
③ 22 ④ 11

해설 (1) **기호**
- $T$ : 0℃=(273+0℃)K
- $P$ : 1기압=1atm
- $V$ : 44.8$m^3$
- $m$ : ?

(2) **이상기체상태 방정식**

$$PV = nRT$$

여기서, $P$ : 기압〔atm〕
$V$ : 부피〔$m^3$〕
$n$ : 몰수$\left(n = \dfrac{m(\text{질량})[\text{kg}]}{M(\text{분자량})[\text{kg/kmol}]}\right)$
$R$ : 기체상수(0.082atm · $m^3$/kmol · K)
$T$ : 절대온도(273+℃)〔K〕

$PV = \dfrac{m}{M}RT$에서

$$m = \frac{PVM}{RT}$$

$$= \frac{1\text{atm} \times 44.8\text{m}^3 \times 44\text{kg/kmol}}{0.082\text{atm} \cdot \text{m}^3/\text{kmol} \cdot \text{K} \times (273+0℃)\text{K}}$$

$\fallingdotseq 88\text{kg}$

• 이산화탄소 분자량($M$)=44kg/kmol

답 ①

★
**18** 밀폐된 내화건물의 실내에 화재가 발생했을 때 그 실내의 환경변화에 대한 설명 중 틀린 것은?

16.10.문17
01.03.문03

① 기압이 급강하한다.
② 산소가 감소된다.
③ 일산화탄소가 증가한다.
④ 이산화탄소가 증가한다.

해설 **밀폐된 내화건물**
실내에 화재가 발생하면 **기압**이 **상승**한다.

① 급강하 → 상승

답 ①

★★★
**19** 다음 중 연소범위를 근거로 계산한 위험도값이 가장 큰 물질은?

19.03.문03
15.09.문08
10.03.문14

① 이황화탄소 ② 메탄
③ 수소 ④ 일산화탄소

해설 **위험도**

$$H=\frac{U-L}{L}$$

여기서, $H$ : 위험도
$U$ : 연소상한계
$L$ : 연소하한계

① **이황화탄소** $=\frac{44-1.2}{1.2}=35.66$

② **메탄** $=\frac{15-5}{5}=2$

③ **수소** $=\frac{75-4}{4}=17.75$

④ **일산화탄소** $=\frac{74-12.5}{12.5}=4.92$

중요

**공기 중**의 **폭발한계**(상온, 1atm)

| 가 스 | 하한계 〔vol%〕 | 상한계 〔vol%〕 |
|---|---|---|
| 에테르($(C_2H_5)_2O$) | 1.9 | 48 |
| 보기 ③ → 수소($H_2$) | 4 | 75 |
| 에틸렌($C_2H_4$) | 2.7 | 36 |
| 부탄($C_4H_{10}$) | 1.8 | 8.4 |
| 아세틸렌($C_2H_2$) | 2.5 | 81 |
| 보기 ④ → 일산화탄소(CO) | 12.5 | 74 |
| 보기 ① → 이황화탄소($CS_2$) | 1.2 | 44 |
| 암모니아($NH_3$) | 15 | 28 |
| 보기 ② → 메탄($CH_4$) | 5 | 15 |
| 에탄($C_2H_6$) | 3 | 12.4 |
| 프로판($C_3H_8$) | 2.1 | 9.5 |

• 연소한계=연소범위=가연한계=가연범위=폭발한계=폭발범위

답 ①

★★★
**20** 화재시 나타나는 인간의 피난특성으로 볼 수 없는 것은?

18.04.문03
16.05.문03
12.05.문15
11.10.문09
10.09.문11

① 어두운 곳으로 대피한다.
② 최초로 행동한 사람을 따른다.
③ 발화지점의 반대방향으로 이동한다.
④ 평소에 사용하던 문, 통로를 사용한다.

해설 **화재발생**시 **인간**의 **피난특성**

| 구 분 | 설 명 |
|---|---|
| 귀소본능 | • **친숙한 피난경로**를 선택하려는 행동<br>• 무의식 중에 평상시 사용하는 출입구나 통로를 사용하려는 행동 |
| 지광본능 | • **밝은 쪽**을 지향하는 행동<br>• 화재의 공포감으로 인하여 **빛**을 따라 외부로 달아나려고 하는 행동 |
| 퇴피본능 | • 화염, 연기에 대한 공포감으로 **발화**의 **반대방향**으로 이동하려는 행동 |
| 추종본능 | • 많은 사람이 달아나는 방향으로 쫓아가려는 행동<br>• 화재시 최초로 행동을 개시한 사람을 따라 전체가 움직이려는 행동 |
| 좌회본능 | • **좌측통행**을 하고 **시계반대방향**으로 회전하려는 행동 |
| 폐쇄공간 지향본능 | 가능한 **넓은 공간**을 찾아 **이동**하다가 위험성이 높아지면 의외의 좁은 공간을 찾는 본능 |
| 초능력본능 | 비상시 **상상**도 **못할 힘**을 내는 본능 |
| 공격본능 | **이상심리현상**으로서 구조용 헬리콥터를 부수려고 한다든지 무차별적으로 주변사람과 구조인력 등에게 공격을 가하는 본능 |
| 패닉 (panic) 현상 | 인간의 비이성적인 또는 부적합한 **공포반응행동**으로서 무모하게 높은 곳에서 뛰어내리는 행위라든지, 몸이 굳어서 움직이지 못하는 행동 |

① 어두운 곳 → 밝은 곳

답 ①

## 제 2 과목 소방전기일반

★
**21** 인덕턴스가 0.5H인 코일의 리액턴스가 753.6Ω일 때 주파수는 약 몇 Hz인가?

① 120 ② 240
③ 360 ④ 480

해설 (1) **기호**

- $L$ : 0.5H
- $X_L$ : 753.6Ω
- $f$ : ?

(2) **유도리액턴스**

$$X_L = 2\pi f L$$

여기서, $X_L$ : 유도리액턴스〔Ω〕
$f$ : 주파수〔Hz〕
$L$ : 인덕턴스〔H〕

주파수 $f$는

$$f = \frac{X_L}{2\pi L} = \frac{753.6}{2\pi \times 0.5} \fallingdotseq 240\text{Hz}$$

답 ②

★★★
## 22 최고 눈금 50mV, 내부저항이 100Ω인 직류 전압계에 1.2MΩ의 배율기를 접속하면 측정할 수 있는 최대전압은 약 몇 V인가?

19.09.문30 17.03.문21 13.09.문31 11.06.문34

① 3　② 60
③ 600　④ 1200

해설 (1) **기호**

- $V$ : 50mV=50×10$^{-3}$V(1mV=10$^{-3}$V)
- $R_v$ : 100Ω
- $R_m$ : 1.2MΩ=1.2×10$^6$Ω(1MΩ=10$^6$Ω)
- $V_0$ : ?

(2) **배율기**

$$V_0 = V\left(1+\frac{R_m}{R_v}\right)\text{〔V〕}$$

여기서, $V_0$ : 측정하고자 하는 전압〔V〕
$V$ : 전압계의 최대눈금〔V〕
$R_v$ : 전압계의 내부저항〔Ω〕
$R_m$ : 배율기저항〔Ω〕

$$V_0 = V\left(1+\frac{R_m}{R_v}\right)$$
$$= (50\times10^{-3})\times\left(1+\frac{1.2\times10^6}{100}\right) \fallingdotseq 600\text{V}$$

비교

**분류기**

$$I_0 = I\left(1+\frac{R_A}{R_S}\right)\text{〔A〕}$$

여기서, $I_0$ : 측정하고자 하는 전류〔A〕
$I$ : 전류계의 최대눈금〔A〕
$R_A$ : 전류계 내부저항〔Ω〕
$R_S$ : 분류기저항〔Ω〕

답 ③

★★
## 23 그림과 같은 블록선도에서 출력 $C(s)$는?

14.09.문34 10.03.문28

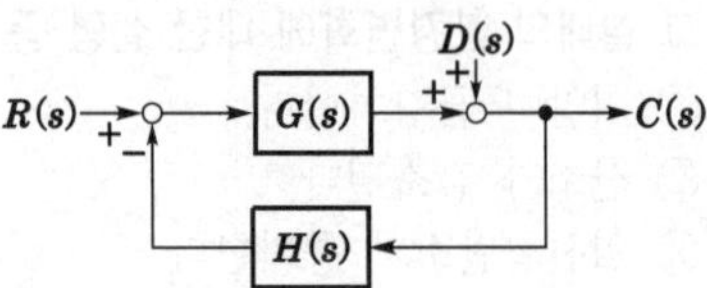


① $\dfrac{G(s)}{1+G(s)H(s)}R(s)+\dfrac{G(s)}{1+G(s)H(s)}D(s)$

② $\dfrac{1}{1+G(s)H(s)}R(s)+\dfrac{1}{1+G(s)H(s)}D(s)$

③ $\dfrac{G(s)}{1+G(s)H(s)}R(s)+\dfrac{1}{1+G(s)H(s)}D(s)$

④ $\dfrac{1}{1+G(s)H(s)}R(s)+\dfrac{G(s)}{1+G(s)H(s)}D(s)$

해설 계산편의를 위해 $(s)$를 삭제하고 계산하면

$$RG+D-CHG=C$$
$$RG+D=C+CHG$$
$$C+CHG=RG+D$$
$$C(1+HG)=RG+D$$
$$C=\frac{RG+D}{1+HG}$$
$$=\frac{RG}{1+HG}+\frac{D}{1+HG}$$
$$=\frac{G}{1+HG}R+\frac{1}{1+HG}D$$
$$=\frac{G}{1+GH}R+\frac{1}{1+GH}D$$
$$=\frac{G(s)}{1+G(s)H(s)}R(s)+\frac{1}{1+G(s)H(s)}D(s)$$

└ 삭제한 $(s)$를 다시 붙임

용어

**블록선도(block diagram)**
제어계에서 신호가 전달되는 모양을 표시하는 선도

답 ③

★★★
## 24 변위를 전압으로 변환시키는 장치가 아닌 것은?

18.09.문40 13.06.문21 12.09.문24 03.08.문22

① 포텐셔미터　② 차동변압기
③ 전위차계　④ 측온저항체

해설 **변환요소**

| 구 분 | 변 환 |
|---|---|
| • 측온저항(측온저항체)<br>• 정온식 감지선형 감지기 | **온도 → 임피던스** |
| • 광전다이오드<br>• 열전대식 감지기<br>• 열반도체식 감지기 | **온도 → 전압** |
| • 광전지 | **빛 → 전압** |

| • 전자 | **전압**(전류) → **변위** |
|---|---|
| • 유압분사관<br>• 노즐 플래퍼 | **변위 → 압력** |
| **• 포텐셔미터**<br>**• 차동변압기**<br>**• 전위차계** | **변위 → 전압** |
| • 가변저항기 | **변위 → 임피던스** |

④ 측온저항체 : **온도**를 **임피던스**로 변환시키는 장치

답 ④

★★
## 25
18.03.문35
07.09.문26

**단상 변압기의 권수비가 $a=8$이고, 1차 교류전압의 실효치는 110V이다. 변압기 2차 전압을 단상 반파정류회로를 이용하여 정류했을 때 발생하는 직류 전압의 평균치는 약 몇 V인가?**

① 6.19　② 6.29
③ 6.39　④ 6.88

해설 (1) **기호**

- $a$ : 8
- $V_1$ : 110V
- $E_{av}$ : ?

(2) **권수비**

$$a=\frac{N_1}{N_2}=\frac{V_1}{V_2}=\frac{I_2}{I_1}$$

여기서, $a$ : 권수비
$N_1$ : 1차 코일권수
$N_2$ : 2차 코일권수
$V_1$ : 정격 1차 전압〔V〕
$V_2$ : 정격 2차 전압〔V〕
$I_1$ : 정격 1차 전류〔A〕
$I_2$ : 정격 2차 전류〔A〕

**2차 전압 $V_2$ 는**

$$V_2=\frac{V_1}{a}=\frac{110}{8}=13.75\text{V}$$

(3) **직류 평균전압**

| 단상 반파정류회로 | 단상 전파정류회로 |
|---|---|
| $E_{av}=0.45E$ | $E_{av}=0.9E$ |
| 여기서,<br>$E_{av}$ : 직류 평균전압〔V〕<br>$E$ : 교류 실효값〔V〕 | 여기서,<br>$E_{av}$ : 직류 평균전압〔V〕<br>$E$ : 교류 실효값〔V〕 |

$E_{av}=0.45E=0.45\times 13.75 ≒ 6.19\text{V}$

답 ①

★★★
## 26
19.03.문26
13.09.문32

**그림과 같은 유접점회로의 논리식은?**

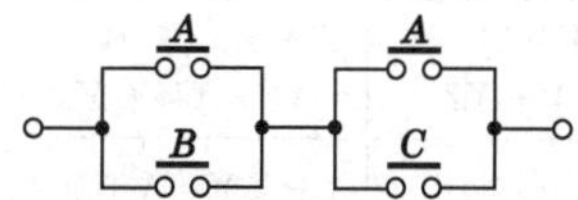


① $A+B\cdot C$
② $A\cdot B+C$
③ $B+A\cdot C$
④ $A\cdot B+B\cdot C$

해설

| 회 로 | 시퀀스 회로 | 논리식 | 논리회로 |
|---|---|---|---|
| 직렬 회로 | A, B, Z | $Z=A\cdot B$<br>$Z=AB$ | A, B, Z |
| 병렬 회로 | A, B, Z | $Z=A+B$ | A, B, Z |
| a 접점 | A, Z | $Z=A$ | A, Z<br>A, Z |
| b 접점 | A, Z | $Z=\overline{A}$ | A, Z<br>A, Z<br>A, Z |

$$(A+B)(A+C)=\underbrace{AA}_{X\cdot X=X}+AC+AB+BC$$
$$=A+AC+AB+BC$$
$$=\underbrace{A(1+C+B)}_{X\cdot 1=X}+BC$$
$$=A+BC$$

중요

**불대수**의 **정리**

| 논리합 | 논리곱 | 비 고 |
|---|---|---|
| $X+0=X$ | $X\cdot 0=0$ | - |
| $X+1=1$ | $X\cdot 1=X$ | - |
| $X+X=X$ | $X\cdot X=X$ | - |
| $X+\overline{X}=1$ | $X\cdot\overline{X}=0$ | - |
| $X+Y=Y+X$ | $X\cdot Y=Y\cdot X$ | 교환법칙 |

| | | |
|---|---|---|
| $X+(Y+Z) = (X+Y)+Z$ | $X(YZ)=(XY)Z$ | 결합 법칙 |
| $X(Y+Z) = XY+XZ$ | $(X+Y)(Z+W) = XZ+XW+YZ+YW$ | 분배 법칙 |
| $X+XY=X$ | $\overline{X}+XY=\overline{X}+Y$<br>$\overline{X}+X\overline{Y}=\overline{X}+\overline{Y}$<br>$X+\overline{X}Y=X+Y$<br>$X+\overline{X}\,\overline{Y}=X+\overline{Y}$ | 흡수 법칙 |
| $(\overline{X+Y}) = \overline{X}\cdot\overline{Y}$ | $(\overline{X\cdot Y})=\overline{X}+\overline{Y}$ | 드모르간의 정리 |

답 ①

★★★

**27** 평형 3상 부하의 선간전압이 200V, 전류가 10A, 역률이 70.7%일 때 무효전력은 약 몇 Var인가?

18.09.문32 16.10.문21 12.05.문21 07.09.문27 03.05.문34

① 2880 ② 2450
③ 2000 ④ 1410

해설 (1) **기호**

- $V_l$ : 200V
- $I_l$ : 10A
- $\cos\theta$ : 70.7%=0.707
- $P_{\text{Var}}$ : ?

(2) **무효율**

$$\cos\theta^2+\sin\theta^2=1$$

여기서, $\cos\theta$ : 역률
$\sin\theta$ : 무효율

$\sin\theta^2=1-\cos\theta^2$

$\sqrt{\sin\theta^2}=\sqrt{1-\cos\theta^2}$

$\sin\theta=\sqrt{1-\cos\theta^2}$

$=\sqrt{1-0.707^2}\fallingdotseq 0.707$

(3) **3상 무효전력**

$$P_{\text{Var}}=3V_PI_P\sin\theta=\sqrt{3}\,V_lI_l\sin\theta=3I_P^{\,2}X\text{〔Var〕}$$

여기서, $P_{\text{Var}}$ : 3상 무효전력〔W〕
$V_P$, $I_P$ : 상전압〔V〕, 상전류〔A〕
$V_l$, $I_l$ : 선간전압〔V〕, 선전류〔A〕
$R$ : 저항〔Ω〕

**3상 무효전력** $P_{\text{Var}}$는

$P_{\text{Var}}=\sqrt{3}\,V_lI_l\sin\theta$

$=\sqrt{3}\times200\times10\times0.707\fallingdotseq 2450\text{Var}$

답 ②

★★

**28** 제어대상에서 제어량을 측정하고 검출하여 주궤환 신호를 만드는 것은?

16.03.문38

① 조작부 ② 출력부
③ 검출부 ④ 제어부

해설 **피드백제어**의 **용어**

| 용 어 | 설 명 |
|---|---|
| **검출부** | • 제어대상에서 **제어량**을 **측정**하고 **검출**하여 **주궤환 신호**를 만드는 것 |
| **제어량** (controlled value) | • 제어대상에 속하는 양으로, 제어대상을 제어하는 것을 목적으로 하는 물리적인 양이다. |
| **조작량** (manipulated value) | • **제어장치**의 **출력**인 동시에 **제어대상**의 **입력**으로 제어장치가 제어대상에 가해지는 제어신호이다.<br>• **제어요소**에서 **제어대상**에 인가되는 양이다.<br>기억법 **조제대상** |
| **제어요소** (control element) | • 동작신호를 조작량으로 변환하는 요소이고, **조절부**와 **조작부**로 이루어진다. |
| **제어장치** (control device) | • 제어하기 위해 제어대상에 부착되는 장치이고, **조절부**, **설정부**, **검출부** 등이 이에 해당된다. |
| **오차검출기** | • 제어량을 설정값과 비교하여 오차를 계산하는 장치이다. |

답 ③

★

**29** 복소수로 표시된 전압 10$-j$〔V〕를 어떤 회로에 가하는 경우 5$+j$〔A〕의 전류가 흘렀다면 이 회로의 저항은 약 몇 Ω인가?

① 1.88 ② 3.6
③ 4.5 ④ 5.46

해설 (1) **기호**

- $V$ : $10-j$〔V〕
- $I$ : $5+j$〔A〕
- $R$ : ?

(2) **저항**

$$R=\frac{V}{I}$$

여기서, $R$ : 저항〔Ω〕
$V$ : 전압〔V〕
$I$ : 전류〔A〕

(3) 저항 $R$은

$$R=\frac{V}{I}=\frac{10-j}{5+j}=\frac{(10-j)(5-j)}{(5+j)(5-j)}=\frac{50-10j-5j-1}{25-5j+5j+1}=\frac{49-15j}{26}$$

← 분모의 허수를 없애고자 분모의 $5+j$에서 허수의 반대부호인 $5-j$를 분자·분모에 곱해 줌

← $j\times j=-1$, $j\times(-j)=1$, $(-j)\times(-j)=-1$

$$=\frac{\sqrt{49^2+(-15)^2}}{26}$$

$≒1.97$(∴ 근사값인 1.88Ω 정답)

답 ①

★★
**30** 다음 중 직류전동기의 제동법이 아닌 것은?

15.09.문31
11.10.문25

① 회생제동　　② 정상제동
③ 발전제동　　④ 역전제동

해설 **직류전동기**의 **제동법**

| 제동법 | 설 명 |
|---|---|
| **발전제동** | 직류전동기를 **발전기**로 하고 운동에너지를 저항기 속에서 **열**로 바꾸어 제동하는 방법 |
| **역전제동** | 운전 중에 전동기의 **전기자**를 **반대**로 전환하여 **역방향**의 **토크**를 발생시켜 급속히 제동하는 방법 |
| **회생제동** | 전동기를 **발전기**로 하고 그 발생전력을 **전원**으로 **회수**하여 효율 좋게 제어하는 방법 |

기억법 **역발회**

답 ②

★★
**31** 자동화재탐지설비의 감지기회로의 길이가 500m이고, 종단에 8kΩ의 저항이 연결되어 있는 회로에 24V의 전압이 가해졌을 경우 도통시험시 전류는 약 몇 mA인가? (단, 동선의 저항률은 $1.69\times10^{-8}$Ω·m이며, 동선의 단면적은 $2.5mm^2$이고, 접촉저항 등은 없다고 본다.)

17.05.문30
97.07.문39

① 2.4　　② 3.0
③ 4.8　　④ 6.0

해설 (1) **기호**

- $l$ : 500m
- $R_2$ : 8kΩ$=8\times10^3$Ω(1kΩ$=10^3$Ω)
- $V$ : 24V
- $I$ : ?
- $\rho$ : $1.69\times10^{-8}$Ω·m
- $A$ : $2.5mm^2=2.5\times10^{-6}m^2$

- $1m=1000mm=10^3mm$이고
  $1mm=10^{-3}m$
  $2.5mm^2=2.5\times(10^{-3}m)^2=2.5\times10^{-6}m^2$

(2) **저항**

$$R=\rho\frac{l}{A}$$

여기서, $R$ : 저항[Ω]
$\rho$ : 고유저항[Ω·m]
$A$ : 전선의 단면적[$m^2$]
$l$ : 전선의 길이[m]

**배선**의 **저항** $R_1$은

$$R_1=\rho\frac{l}{A}=1.69\times10^{-8}\times\frac{500}{2.5\times10^{-6}}=3.38\Omega$$

(3) **도통시험전류** $I$는

$$I=\frac{V}{R_1+R_2}=\frac{24}{3.38+(8\times10^3)}$$
$$≒3\times10^{-3}A=3mA$$

- $1\times10^{-3}A=1mA$이므로 $3\times10^{-3}A=3mA$

※ **도통시험** : 감지기회로의 단선 유무확인

답 ②

★★★
**32** 다음 회로에서 출력전압은 몇 V인가? (단, $A=$5V, $B=$0V인 경우이다.)

18.09.문27
11.06.문22
09.08.문34
08.03.문24

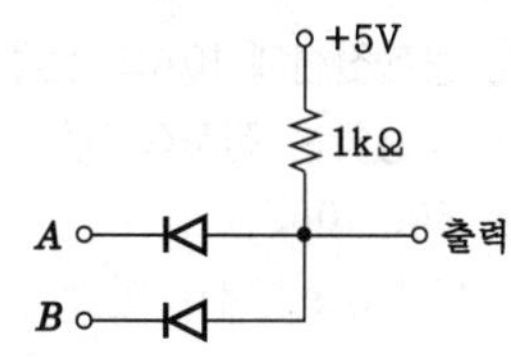


① 0　　② 5
③ 10　　④ 15

해설 AND 게이트이므로 입력신호에서 $A=$ 5V, $B=$0V 중 **모두 5**일 때만 출력신호 $X$가 **5**가 된다. 그러므로 0V가 정답

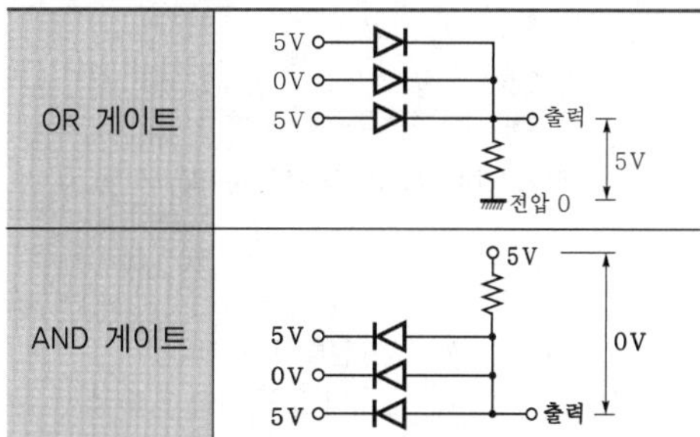

**논리회로**

| 명 칭 | 회 로 |
|---|---|
| AND 게이트 | +5V, A, B, 출력 (다이오드 역방향, 풀업저항) |
| | A, B, 출력 (접지저항) |
| OR 게이트 | A, B, 출력 (접지저항) |
| | +5V, A, B, 출력 |

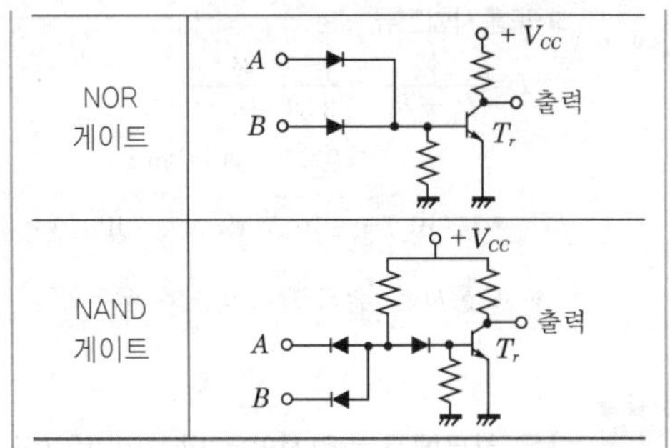


답 ①

★★
## 33 평행한 왕복전선에 10A의 전류가 흐를 때 전선 사이에 작용하는 전자력〔N/m〕은? (단, 전선의 간격은 40cm이다.)

18.09.문34
14.09.문37

① $5\times10^{-5}$N/m, 서로 반발하는 힘
② $5\times10^{-5}$N/m, 서로 흡인하는 힘
③ $7\times10^{-5}$N/m, 서로 반발하는 힘
④ $7\times10^{-5}$N/m, 서로 흡인하는 힘

해설 (1) **기호**

- $I_1=I_2$ : 10A
- $F$ : ?
- $r$ : 40cm=0.4m(100cm=1m)

(2) **평행도체 사이에 작용하는 힘**

$$F=\frac{\mu_0 I_1 I_2}{2\pi r}\text{〔N/m〕}$$

여기서, $F$ : 평행전류의 힘〔N/m〕
$\mu_0$ : 진공의 투자율($4\pi\times10^{-7}$)〔H/m〕
$I_1$, $I_2$ : 전류〔A〕
$r$ : 거리〔m〕

평행도체 사이에 작용하는 힘 $F$는

$$F=\frac{\mu_0 I_1 I_2}{2\pi r}=\frac{(4\pi\times10^{-7})\times10\times10}{2\pi\times0.4}=5\times10^{-5}\text{N/m}$$

- $\mu_0$ : $4\pi\times10^{-7}$〔H/m〕

힘의 방향은 전류가 **같은 방향**이면 **흡인력**, **다른 방향**이면 **반발력**이 작용한다.

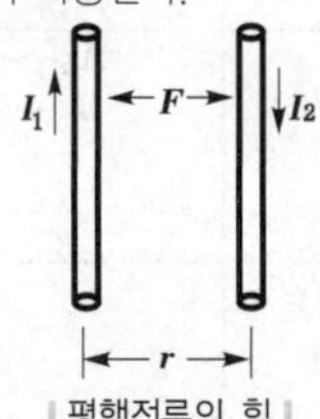

| 평행전류의 힘 |

**평행 왕복전선**은 두 전선의 전류방향이 다른 방향이므로 **반발력**

 용어

**반발력**
서로 반발하는 힘

답 ①

★★★
## 34 수정, 전기석 등의 결정에 압력을 가하여 변형을 주면 변형에 비례하여 전압이 발생하는 현상을 무엇이라 하는가?

18.09.문26
12.05.문32
11.06.문36

① 국부작용 ② 전기분해
③ 압전현상 ④ 성극작용

해설 **여러 가지 효과**

| 효 과 | 설 명 |
|---|---|
| **핀치효과** (Pinch effect) | 전류가 **도선 중심**으로 흐르려고 하는 현상 |
| **톰슨효과** (Thomson effect) | 균질의 철사에 **온도구배**가 있을 때 여기에 전류가 흐르면 열의 흡수 또는 발생이 일어나는 현상 |
| **홀효과** (Hall effect) | 도체에 **자계**를 가하면 전위차가 발생하는 현상 |
| **제벡효과** (Seebeck effect) | 다른 종류의 금속선으로 된 폐회로의 두 접합점의 온도를 달리하였을 때 열기전력이 발생하는 효과. **열전대식·열반도체식** 감지기는 이 원리를 이용하여 만들어졌다. |
| **펠티어효과** (Peltier effect) | 두 종류의 금속으로 폐회로를 만들어 **전류**를 흘리면 양 접속점에서 한쪽은 **온도**가 올라가고, 다른 쪽은 온도가 내려가는 현상 |
| **압전효과** (piezoelectric effect) | ① **수정, 전기석, 로셸염** 등의 결정에 전압을 가하면 일그러짐이 생기고, 반대로 압력을 가하여 일그러지게 하면 전압을 발생하는 현상<br>② **수정, 전기석** 등의 결정에 압력을 가하여 변형을 주면 변형에 비례하여 전압이 발생하는 현상 |
| **광전효과** | 반도체에 빛을 쬐이면 전자가 방출되는 현상 |

기억법 **온펠**

- 압전현상 = 압전효과 = 압전기효과

비교

| 국부작용 | 분극(성극)작용 |
|---|---|
| ① 전지의 전극에 사용하고 있는 아연판이 **불순물**에 의한 전지작용으로 인해 자기방전하는 현상<br>② 전지를 쓰지 않고 오래 두면 못 쓰게 되는 현상 | ① 전지에 부하를 걸면 양극표면에 수소가스가 생겨 전류의 흐름을 방해하는 현상<br>② 일정한 전압을 가진 전지에 부하를 걸면 단자전압이 저하되는 현상 |

답 ③

☆
## 35 그림과 같이 전류계 $A_1$, $A_2$를 접속할 경우 $A_1$은 25A, $A_2$는 5A를 지시하였다. 전류계 $A_2$의 내부저항은 몇 Ω인가?

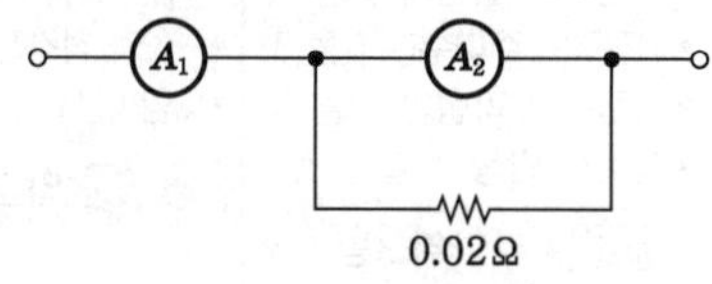


① 0.05 ② 0.08
③ 0.12 ④ 0.15

**해설**

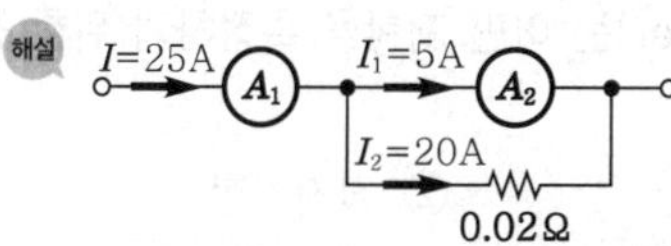


(1) **기호**

- $I$ : 25A
- $I_1$ : 5A
- $R$ : 0.02Ω

(2) **전류**

$A_2$와 0.02Ω이 병렬회로이므로

$I=I_1+I_2$ 에서

$I_2=I-I_1$
$=25-5=20\text{A}$

(3) **전압**

$$V=IR$$

여기서, $V$ : 전압(V)
$I$ : 전류(A)
$R$ : 저항(Ω)

0.02Ω에 가해지는 전압 $V$는

$V=I_2R$
$=20\times0.02=0.4\text{V}$

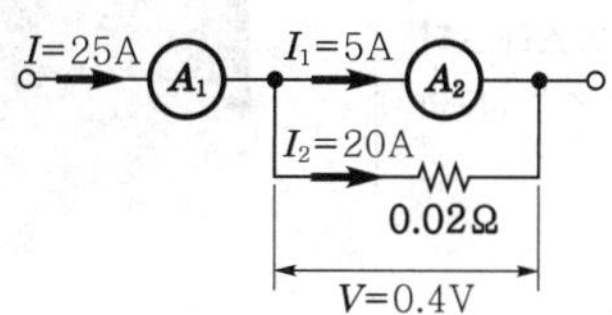


$A_2$의 내부저항 $R$은

$$R=\frac{V}{I_1}=\frac{0.4}{5}=0.08\Omega$$

답 ②

☆☆
## 36 반지름 20cm, 권수 50회인 원형 코일에 2A의 전류를 흘려주었을 때 코일 중심에서 자계(자기장)의 세기(AT/m)는?

15.09.문26
09.03.문27

① 70 ② 100
③ 125 ④ 250

**해설** (1) **기호**

- $a$ : 20cm=0.2m(100cm=1m)
- $N$ : 50
- $I$ : 2A
- $H$ : ?

(2) **원형 코일 중심**의 **자계**

$$H=\frac{NI}{2a}\text{(AT/m)}$$

여기서, $H$ : 자계의 세기(AT/m)
$N$ : 코일권수
$I$ : 전류(A)
$a$ : 반지름(m)

자계의 세기 $H$는

$$H=\frac{NI}{2a}=\frac{50\times2}{2\times0.2}=250\text{AT/m}$$

답 ④

☆☆
## 37 그림과 같은 무접점회로의 논리식(Y)은?

19.03.문26
13.09.문32

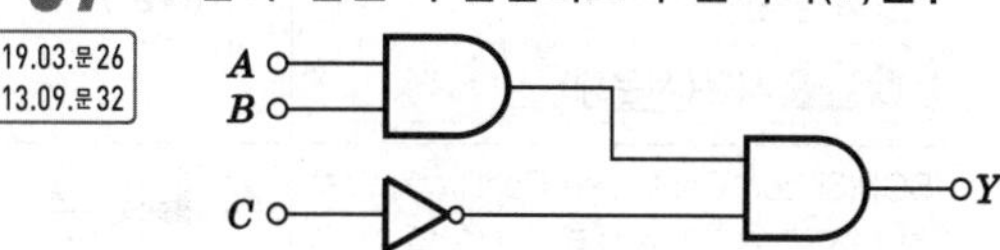


① $A\cdot B+\overline{C}$ ② $A+B+\overline{C}$
③ $(A+B)\cdot\overline{C}$ ④ $A\cdot B\cdot\overline{C}$

**해설** **무접점회로**의 **논리식**

$Y=A\cdot B\cdot\overline{C}$

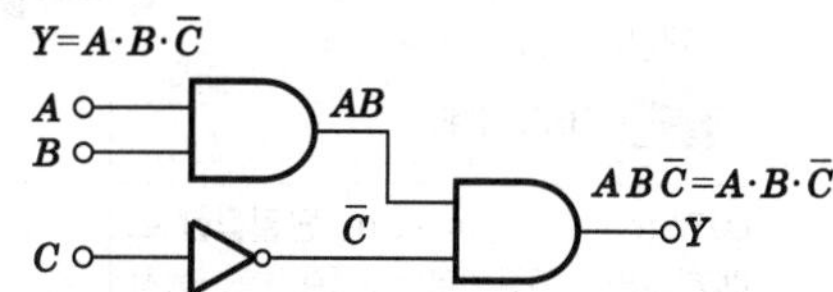


**중요**

| 회 로 | 시퀀스 회로 | 논리식 | 논리회로 |
|---|---|---|---|
| 직렬 회로 | A, B, Z | $Z=A\cdot B$<br>$Z=AB$ | A, B, Z |
| 병렬 회로 | A, B, Z | $Z=A+B$ | A, B, Z |
| a 접점 | A, Z | $Z=A$ | A, Z<br>A, Z |
| b 접점 | A, Z | $Z=\overline{A}$ | A, Z<br>A, Z<br>A, Z |

답 ④

★★★
**38** 전원전압을 일정하게 유지하기 위하여 사용하는 다이오드는?

19.03.문35 18.09.문31 16.10.문30 15.05.문38 14.09.문40 14.05.문24 14.03.문27 12.03.문34 11.06.문37 00.10.문25

① 쇼트키다이오드
② 터널다이오드
③ 제너다이오드
④ 버랙터다이오드

해설 **반도체소자**

| 명 칭 | 심 벌 |
|---|---|
| **제너다이오드**(zener diode)<br>① 주로 정전압 전원회로에 사용된다.<br>② 전원전압을 일정하게 유지한다. | |
| **서미스터**(thermistor) : 부온도특성을 가진 저항기의 일종으로서 주로 **온**도보정용(온도보상용)으로 쓰인다.<br>기억법 서온(서운해) | Th |
| **SCR**(Silicon Controlled Rectifier) : 단방향 대전류 스위칭소자로서 제어를 할 수 있는 정류소자이다. | A K G |
| **바리스터**(varistor)<br>① 주로 **서**지전압에 대한 회로보호용(과도전압에 대한 회로보호)<br>② **계**전기접점의 불꽃제거<br>기억법 바리서계 | |
| UJT(Unijunction Transistor, **단일접합 트랜지스터**) : 증폭기로는 사용이 불가능하며 톱니파나 펄스발생기로 작용하며 SCR의 트리거소자로 쓰인다. | E $B_1$ $B_2$ |
| **가변용량 다이오드**(버랙터 다이오드)<br>① **가변용량** 특성을 FM 변조 AFC 동조에 이용<br>② 제너현상을 이용한 다이오드 | |
| **터널 다이오드** : 음저항 특성을 **마이크로파 발진**에 이용 | |
| **쇼트키 다이오드** : N형 반도체와 금속을 접합하여 금속부분이 반도체와 같은 기능을 하도록 만들어진 다이오드 | |

답 ③

**39** 동기발전기의 병렬운전조건으로 틀린 것은?

17.03.문40 13.09.문33

① 기전력의 크기가 같을 것
② 기전력의 위상이 같을 것
③ 기전력의 주파수가 같을 것
④ 극수가 같을 것

해설 **병렬운전조건**

| 동기발전기의 병렬운전조건 | 변압기의 병렬운전조건 |
|---|---|
| • 기전력의 **크기**가 같을 것<br>• 기전력의 **위상**이 같을 것<br>• 기전력의 **주파수**가 같을 것<br>• 기전력의 **파형**이 같을 것<br>• 상회전 **방향**이 같을 것<br>기억법 주파위크방 | • **권**수비가 같을 것<br>• **극**성이 같을 것<br>• 1·2차 정격전**압**이 같을 것<br>• %**임**피던스 강하가 같을 것<br>기억법 압임권극 |

답 ④

★★★
**40** 메거(megger)는 어떤 저항을 측정하기 위한 장치인가?

19.09.문35 12.05.문34 05.05.문35

① 절연저항 ② 접지저항
③ 전지의 내부저항 ④ 궤조저항

해설 **계측기**

| 구 분 | 용 도 |
|---|---|
| **메거**<br>(megger)<br>=**절연저항계** | **절연저항** 측정<br>▌메거▐ |
| **어스테스터**<br>(earth tester) | 접지저항 측정<br>▌어스테스터▐ |
| **코올라우시 브리지**<br>(Kohlrausch bridge) | 전지(축전지)의 내부저항 측정<br>▌코올라우시 브리지▐ |

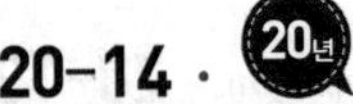

| C.R.O (Cathode Ray Oscilloscope) | 음극선을 사용한 오실로스코프 |
|---|---|
| 휘트스톤 브리지 (Wheatstone bridge) | 0.5~$10^5$Ω의 중저항 측정 |

비교

**코올라우시 브리지**
(1) 축전지의 내부저항 측정
(2) 전해액의 저항 측정
(3) 접지저항 측정

답 ①

## 제 3 과목 소방관계법규

★★★
**41** 17.09.문41 15.09.문42 11.10.문60
**화재예방, 소방시설 설치 · 유지 및 안전관리에 관한 법률상 방염성능기준 이상의 실내 장식물 등을 설치해야 하는 특정소방대상물이 아닌 것은?**

① 숙박이 가능한 수련시설
② 층수가 11층 이상인 아파트
③ 건축물 옥내에 있는 종교시설
④ 방송통신시설 중 방송국 및 촬영소

해설 **소방시설법 시행령 19조**
**방염성능기준 이상 적용 특정소방대상물**
(1) 의원, 체력단련장, 공연장 및 종교집회장
(2) 문화 및 집회시설
(3) 종교시설
(4) 운동시설(수영장은 제외)
(5) 의료시설(종합병원, 정신의료기관)
(6) 교육연구시설 중 합숙소
(7) 노유자시설
(8) 숙박이 가능한 수련시설
(9) 숙박시설
(10) 방송통신시설 중 방송국 및 촬영소
(11) 다중이용업소
(12) 층수가 11층 이상인 것(아파트는 제외)

② 아파트 → 아파트 제외

• 11층 이상 : **'고층건축물'**에 해당된다.

답 ②

★★
**42** 18.09.문41 17.05.문42
**소방기본법령상 불꽃을 사용하는 용접 · 용단 기구의 용접 또는 용단 작업장에서 지켜야 하는 사항 중 다음 ( ) 안에 알맞은 것은?**

> • 용접 또는 용단 작업자로부터 반경 ( ㉠ )m 이내에 소화기를 갖추어 둘 것
> • 용접 또는 용단 작업장 주변 반경 ( ㉡ )m 이내에는 가연물을 쌓아두거나 놓아두지 말 것. 다만, 가연물의 제거가 곤란하여 방지포 등으로 방호조치를 한 경우는 제외한다.

① ㉠ 3, ㉡ 5　　② ㉠ 5, ㉡ 3
③ ㉠ 5, ㉡ 10　　④ ㉠ 10, ㉡ 5

해설 **기본령 〔별표 1〕**
**보일러 등의 위치 · 구조 및 관리와 화재예방을 위하여 불의 사용에 있어서 지켜야 할 사항**

| 구 분 | 기 준 |
|---|---|
| 불꽃을 사용하는 용접 · 용단 기구 | ① 용접 또는 용단 작업자로부터 반경 **5m** 이내에 **소화기**를 갖추어 둘 것<br>② 용접 또는 용단 작업장 주변 반경 **10m** 이내에는 **가연물**을 쌓아두거나 놓아두지 말 것(단, 가연물의 제거가 곤란하여 방지포 등으로 방호조치를 한 경우는 제외)<br>기억법 5소(오소서) |

답 ③

★
**43** 17.05.문43
**화재예방, 소방시설 설치 · 유지 및 안전관리에 관한 법률상 화재위험도가 낮은 특정소방대상물 중 소방대가 조직되어 24시간 근무하고 있는 청사 및 차고에 설치하지 아니할 수 있는 소방시설이 아닌 것은?**

① 피난기구　　② 비상방송설비
③ 연결송수관설비　　④ 자동화재탐지설비

해설 **소방시설법 시행령 〔별표 7〕**
**소방시설을 설치하지 아니할 수 있는 특정소방대상물 및 소방시설의 범위**

| 구 분 | 특정소방대상물 | 소방시설 |
|---|---|---|
| 화재 위험도가 낮은 특정소방 대상물 | **석**재, **불**연성 **금**속, **불**연성 건축재료 등의 가공공장 · 기계조립공장 · 주물공장 또는 불연성 물품을 저장하는 창고 | ① 옥**외**소화전설비<br>② 연결살수설비<br>기억법 석불금외 |
| | 「소방기본법」에 따른 소방대가 조직되어 **24시간** 근무하고 있는 청사 및 차고 | ① 옥**내**소화전설비<br>② **스**프링클러설비<br>③ **물**분무등소화설비<br>④ 비상**방**송설비<br>⑤ **피**난기구<br>⑥ 소화용**수**설비<br>⑦ 연결**송**수관설비<br>⑧ 연결**살**수설비<br>기억법 내스물 방 피 수송살 |

④ 해당 없음

중요

**소방시설법 시행령 〔별표 7〕**
**소방시설을 설치하지 아니할 수 있는 소방시설의 범위**
(1) **화재위험도**가 낮은 특정소방대상물
(2) 화재안전기준을 적용하기가 어려운 특정소방대상물
(3) 화재안전기준을 달리 적용하여야 하는 특수한 **용도·구조**를 가진 특정소방대상물
(4) **자체소방대**가 설치된 특정소방대상물

답 ④

★★★
**44** 소방기본법령에 따른 소방용수시설 급수탑 개폐밸브의 설치기준으로 맞는 것은?

19.03.문58 17.03.문54 16.10.문55 09.08.문43

① 지상에서 1.0m 이상 1.5m 이하
② 지상에서 1.2m 이상 1.8m 이하
③ 지상에서 1.5m 이상 1.7m 이하
④ 지상에서 1.5m 이상 2.0m 이하

해설 **기본규칙 〔별표 3〕**
**소방용수시설별 설치기준**

| 소화전 | 급수탑 |
|---|---|
| • **65mm** : 연결금속구의 구경 | • **100mm** : 급수배관의 구경<br>• **1.5~1.7m** 이하 : 개폐밸브 높이<br>기억법 57탑(57층 탑) |

답 ③

★★★
**45** 소방기본법령상 소방업무 상호응원협정 체결시 포함되어야 하는 사항이 아닌 것은?

19.04.문47 15.05.문55 11.03.문54

① 응원출동의 요청방법
② 응원출동 훈련 및 평가
③ 응원출동 대상지역 및 규모
④ 응원출동시 현장지휘에 관한 사항

해설 **기본규칙 8조**
**소방업무의 상호응원협정**
(1) 다음의 **소방활동**에 관한 사항
　㉠ 화재의 경계·진압활동
　㉡ 구조·구급업무의 지원
　㉢ 화재조사활동
(2) **응원출동 대상지역** 및 **규모**
(3) **필요한 경비**의 **부담**에 관한 사항
　㉠ 출동대원의 수당·식사 및 의복의 수선
　㉡ 소방장비 및 기구의 정비와 연료의 보급
(4) **응원출동**의 **요청방법**
(5) **응원출동 훈련** 및 **평가**

④ 현장지휘는 해당 없음

답 ④

★★
**46** 소방기본법령에 따라 주거지역·상업지역 및 공업지역에 소방용수시설을 설치하는 경우 소방대상물과의 수평거리를 몇 m 이하가 되도록 해야 하는가?

17.09.문56 10.05.문41

① 50　　② 100
③ 150　　④ 200

해설 **기본규칙 〔별표 3〕**
**소방용수시설의 설치기준**

| 거리기준 | 지 역 |
|---|---|
| 수평거리 **100m** 이하 | • **공**업지역<br>• **상**업지역<br>• **주**거지역<br>기억법 주상공100(주상공 백지에 사인을 하시오.) |
| 수평거리 **140m** 이하 | • 기타지역 |

답 ②

★★★
**47** 화재예방, 소방시설 설치·유지 및 안전관리에 관한 법률상 소방용품의 형식승인을 받지 아니하고 소방용품을 제조하거나 수입한 자에 대한 벌칙 기준은?

19.09.문47 14.09.문58 07.09.문58

① 100만원 이하의 벌금
② 300만원 이하의 벌금
③ 1년 이하의 징역 또는 1천만원 이하의 벌금
④ 3년 이하의 징역 또는 3천만원 이하의 벌금

해설 **소방시설법 48조 2**
**3년 이하의 징역 또는 3000만원 이하의 벌금**
(1) 소방특별조사 결과에 따른 조치명령 위반
(2) 소방시설관리업 무등록자
(3) 형식승인을 받지 않은 소방용품 제조·수입자
(4) 제품검사를 받지 않은 자
(5) 부정한 방법으로 전문기관의 지정을 받은 자

답 ④

★★★
**48** 위험물안전관리법령에 따라 위험물안전관리자를 해임하거나 퇴직한 때에는 해임하거나 퇴직한 날부터 며칠 이내에 다시 안전관리자를 선임하여야 하는가?

19.03.문59 18.03.문56 16.10.문54 16.03.문55 11.03.문56

① 30일　　② 35일
③ 40일　　④ 55일

해설 **30일**
(1) 소방시설업 등록사항 변경신고(공사업규칙 6조)
(2) **위험물안전관리자의 재선임**(위험물안전관리법 15조)
(3) 소방안전관리자의 재선임(소방시설법 시행규칙 14조)

(4) **도급계약 해지**(공사업법 23조)
(5) 소방시설공사 중요사항 변경시의 신고일(공사업규칙 12조)
(6) 소방기술자 실무교육기관 지정서 발급(공사업규칙 32조)
(7) 소방공사감리자 변경서류 제출(공사업규칙 15조)
(8) **승계**(위험물법 10조)
(9) 위험물안전관리자의 직무대행(위험물법 15조)
(10) 탱크시험자의 변경신고일(위험물법 16조)

답 ①

**49** 12.05.문54

**위험물안전관리법령상 정밀정기검사를 받아야 하는 특정·준특정옥외탱크저장소의 관계인은 특정·준특정옥외탱크저장소의 설치허가에 따른 완공검사합격확인증을 발급받은 날부터 몇 년 이내에 정밀정기검사를 받아야 하는가?**

① 9　② 10
③ 11　④ 12

해설 **위험물규칙 65조**
특정옥외탱크저장소의 구조안전점검기간

| 점검기간 | 조 건 |
|---|---|
| • 11년 이내 | 최근의 정밀정기검사를 받은 날부터 |
| • 12년 이내 | 완공검사합격확인증을 발급받은 날부터 |
| • 13년 이내 | 최근의 정밀정기검사를 받은 날부터(연장신청을 한 경우) |

비교

위험물규칙 68조 ②항
정기점검기록

| 특정옥외탱크저장소의 구조안전점검 | 기 타 |
|---|---|
| 25년 | 3년 |

답 ④

**50** 12.03.문47

**다음 소방시설 중 경보설비가 아닌 것은?**

① 통합감시시설　② 가스누설경보기
③ 비상콘센트설비　④ 자동화재속보설비

해설 **소방시설법 시행령 〔별표 1〕**
경보설비
(1) 비상경보설비 ┬ 비상벨설비
　　　　　　　　└ 자동식 사이렌설비
(2) 단독경보형 감지기
(3) 비상방송설비
(4) 누전경보기
(5) 자동화재탐지설비 및 시각경보기
(6) 자동화재속보설비
(7) 가스누설경보기
(8) 통합감시시설

※ **경보설비**：화재발생 사실을 통보하는 기계·기구 또는 설비

③ 비상콘센트설비：소화활동설비

비교

**소방시설법 시행령 〔별표 1〕**
**소화활동설비**
화재를 진압하거나 인명구조활동을 위하여 사용하는 설비
(1) **연**결송수관설비
(2) **연**결살수설비
(3) **연**소방지설비
(4) **무**선통신보조설비
(5) **제**연설비
(6) **비**상**콘**센트설비

기억법 3연무제비콘

답 ③

**51** 16.03.문49 08.03.문56

**소방시설공사업법령에 따른 소방시설업의 등록권자는?**

① 국무총리　② 소방서장
③ 시·도지사　④ 한국소방안전원장

해설 **시·도지사 등록**
(1) 소방시설관리업(소방시설법 29조)
(2) 소방시설업(공사업법 4조)
(3) 탱크안전성능시험자(위험물법 16조)

답 ③

**52**

**소방기본법령상 정당한 사유 없이 화재의 예방조치에 관한 명령에 따르지 아니한 경우에 대한 벌칙은?**

① 100만원 이하의 벌금
② 200만원 이하의 벌금
③ 300만원 이하의 벌금
④ 500만원 이하의 벌금

해설 **200만원 이하의 벌금**(기본법 53조)
화재의 **예**방조치명령 위반

기억법 예2(예의)

답 ②

**53** 17.09.문43

**위험물안전관리법령상 다음의 규정을 위반하여 위험물의 운송에 관한 기준을 따르지 아니한 자에 대한 과태료 기준은?**

> 위험물운송자는 이동탱크저장소에 의하여 위험물을 운송하는 때에는 행정안전부령으로 정하는 기준을 준수하는 등 당해 위험물의 안전확보를 위하여 세심한 주의를 기울여야 한다.

① 50만원 이하　② 100만원 이하
③ 200만원 이하　④ 500만원 이하

해설 **500만원 이하**의 **과태료**

(1) **화재** 또는 **구조·구급**이 필요한 상황을 **거짓**으로 알린 사람(기본법 56조)
(2) 위험물의 임시저장 미승인(위험물법 39조)
(3) 위험물의 저장 또는 취급에 관한 세부기준 위반(위험물법 39조)
(4) 제조소 등의 지위 승계 거짓신고(위험물법 39조)
(5) **제조소** 등의 **점검결과**를 기록·보존하지 아니한 자(위험물법 39조)
(6) **위험물**의 **운송기준** 미준수자(위험물법 39조)
(7) 제조소 등의 폐지 허위신고(위험물법 39조)

답 ④

★
**54** **소방시설공사업법령상 소방공사감리를 실시함에 있어 용도와 구조에서 특별히 안전성과 보안성이 요구되는 소방대상물로서 소방시설물에 대한 감리를 감리업자가 아닌 자가 감리할 수 있는 장소는?**

① 정보기관의 청사
② 교도소 등 교정관련시설
③ 국방 관계시설 설치장소
④ 원자력안전법상 관계시설이 설치되는 장소

해설 (1) **공사업법 시행령 8조**
감리업자가 아닌 자가 감리할 수 있는 보안성 등이 요구되는 소방대상물의 시공장소 「원자력안전법」 제2조 제10호에 따른 관계시설이 설치되는 장소
(2) **원자력안전법 2조 10호**
**"관계시설"**이란 **원자로**의 **안전**에 **관계**되는 **시설**로서 **대통령령**으로 정하는 것을 말한다.

답 ④

★
**55** **화재예방, 소방시설 설치·유지 및 안전관리에 관한 법률상 소방시설 등에 대한 자체점검 중 종합정밀점검 대상인 것은?**
18.03.문41

① 제연설비가 설치되지 않은 터널
② 스프링클러설비가 설치된 연면적이 $5000m^2$이고, 12층인 아파트
③ 물분무등소화설비가 설치된 연면적이 $5000m^2$인 위험물제조소
④ 호스릴방식의 물분무등소화설비만을 설치한 연면적 $3000m^2$인 특정소방대상물

해설 **소방시설법 시행규칙 [별표 1]**
**소방시설 등의 자체점검**

| 구 분 | 작동기능점검 | 종합정밀점검 |
|---|---|---|
| 정의 | 소방시설 등을 인위적으로 조작하여 정상작동 여부를 점검하는 것 | 소방시설 등의 작동기능점검을 포함하여 설비별 주요 구성부품의 구조기준이 화재안전기준에 적합한지 여부를 점검하는 것 |
| 대상 | • 특정소방대상물<br>〈제외대상〉<br>① **위험물제조소** 등<br>② **소화기구**만을 설치하는 특정소방대상물<br>③ **특급** 소방안전관리대상물 | • 스프링클러설비가 설치된 특정소방대상물<br>• 물분무등소화설비(호스릴방식의 물분무등소화설비만을 설치한 경우 제외)가 설치된 연면적 $5000m^2$ 이상인 특정소방대상물(위험물제조소 등 제외)<br>• 제연설비가 설치된 터널<br>• 공공기관 중 연면적이 $1000m^2$ 이상인 것으로 **옥내소화전설비** 또는 **자동화재탐지설비**가 설치된 것(단, 소방대가 근무하는 공공기관 제외)<br>• 다중이용업의 영업장이 설치된 특정소방대상물로서 연면적이 $2000m^2$ 이상인 것 |
| 점검자 자격 | • 관계인<br>• 소방안전관리자<br>• 소방시설관리업자 | • 소방안전관리자(소방**시**설관리사·소방**기**술사)<br>• 소방시설관리**업**자(소방시설관리사·소방기술사)<br>기억법 **시기업** |
| 점검 횟수 | **연 1회** 이상 | **연 1회**(특급 소방안전관리대상물은 **반기별**로 **1회**) 이상 |

소방본부장 또는 소방서장은 소방청장이 소방안전관리가 우수하다고 인정한 특정소방대상물에 대해서는 3년의 범위에서 소방청장이 고시하거나 정한 기간 동안 종합정밀점검을 면제할 수 있다(단, 면제기간 중 화재가 발생한 경우는 제외).

답 ②

★★★
**56** **소방기본법에 따라 화재 등 그 밖의 위급한 상황이 발생한 현장에서 소방활동을 위하여 필요한 때에는 그 관할구역에 사는 사람 또는 그 현장에 있는 사람으로 하여금 사람을 구출하는 일 또는 불을 끄는 등의 일을 하도록 명령할 수 있는 권한이 없는 사람은?**
19.03.문56
18.04.문43
17.05.문48

① 소방서장
② 소방대장
③ 시·도지사
④ 소방본부장

해설 **소방본부장·소방서장·소방대장**

(1) 소방활동 **종**사명령(기본법 24조) ← 질문
(2) **강**제처분·제거(기본법 25조)
(3) **피**난명령(기본법 26조)

(4) 댐 · 저수지 사용 등 위험시설 등에 대한 긴급조치(기본법 27조)

**기억법** 소대종강피(소방대의 종강파티)

**용어**

**소방활동 종사명령**
화재, 재난 · 재해, 그 밖의 위급한 상황이 발생한 현장에서 소방활동을 위하여 필요할 때에는 그 관할구역에 사는 사람 또는 그 현장에 있는 사람으로 하여금 사람을 구출하는 일 또는 불을 끄거나 불이 번지지 아니하도록 하는 일을 하게 할 수 있는 것

답 ③

★★★
## 57 소방시설공사업법령에 따른 소방시설업 등록이 가능한 사람은?

15.03.문41
12.09.문44
11.03.문53

① 피성년후견인
② 위험물안전관리법에 따른 금고 이상의 형의 집행유예를 선고받고 그 유예기간 중에 있는 사람
③ 등록하려는 소방시설업 등록이 취소된 날부터 3년이 지난 사람
④ 소방기본법에 따른 금고 이상의 실형을 선고받고 그 집행이 면제된 날부터 1년이 지난 사람

**공사업법 5조**
**소방시설업의 등록결격사유**
(1) 피성년후견인
(2) 금고 이상의 실형을 선고받고 그 집행이 끝나거나 집행이 면제된 날부터 **2년**이 지나지 아니한 사람
(3) 금고 이상의 형의 집행유예를 선고받고 그 유예기간 중에 있는 사람
(4) 시설업의 등록이 취소된 날부터 **2년**이 지나지 아니한 자

③ 2년이 지났으므로 등록 가능

**비교**

**소방시설법 30조**
**소방시설관리업의 등록결격사유**
(1) 피성년후견인
(2) 금고 이상의 실형을 선고받고 그 집행이 끝나거나 집행이 면제된 날부터 **2년**이 지나지 아니한 사람
(3) 금고 이상의 형의 집행유예를 선고받고 그 유예기간 중에 있는 사람
(4) 관리업의 등록이 취소된 날부터 **2년**이 지나지 아니한 자

답 ③

★★★
## 58 위험물안전관리법령상 제조소 등의 경보설비 설치기준에 대한 설명으로 틀린 것은?

16.03.문53
15.05.문44
13.06.문47

① 제조소 및 일반취급소의 연면적이 500m$^2$ 이상인 것에는 자동화재탐지설비를 설치한다.
② 자동신호장치를 갖춘 스프링클러설비 또는 물분무등소화설비를 설치한 제조소 등에 있어서는 자동화재탐지설비를 설치한 것으로 본다.
③ 경보설비는 자동화재탐지설비 · 자동화재속보설비 · 비상경보설비(비상벨장치 또는 경종 포함) · 확성장치(휴대용 확성기 포함) 및 비상방송설비로 구분한다.
④ 지정수량의 10배 이상의 위험물을 저장 또는 취급하는 제조소 등(이동탱크저장소를 포함한다)에는 화재발생시 이를 알릴 수 있는 경보설비를 설치하여야 한다.

**해설** (1) **위험물규칙 〔별표 17〕**

‖ 제조소 등별로 설치하여야 하는 경보설비의 종류 ‖

| 구 분 | 경보설비 |
|---|---|
| ① 연면적 **500m$^2$** 이상인 것 ← 보기 ①<br>② 옥내에서 지정수량의 **100배** 이상을 취급하는 것 | • **자동화재탐지설비** |
| ③ 지정수량의 **10배** 이상을 저장 또는 취급하는 것 | • **자동화재탐지설비**<br>• **비상경보설비**<br>• **확성장치**<br>• **비상방송설비**<br>1종 이상 |

(2) **위험물규칙 42조**
㉠ 자동신호장치를 갖춘 **스프링클러설비** 또는 **물분무등소화설비**를 설치한 제조소 등에 있어서는 자동화재탐지설비를 설치한 것으로 본다. ← 보기 ②
㉡ 경보설비는 **자동화재탐지설비** · **자동화재속보설비** · **비상경보설비**(비상벨장치 또는 경종 포함) · **확성장치**(휴대용 확성기 포함) 및 **비상방송설비**로 구분한다. ← 보기 ③
㉢ 지정수량의 **10배** 이상의 위험물을 저장 또는 취급하는 제조소 등(이동탱크저장소 제외)에는 화재발생시 이를 알릴 수 있는 경보설비를 설치하여야 한다. ← 보기 ④

④ (이동탱크저장소를 포함한다) → (이동탱크저장소를 제외한다)

답 ④

★

**59** 화재예방, 소방시설 설치 · 유지 및 안전관리에 관한 법률상 건축허가 등의 동의대상물이 아닌 것은?

17.09.문53

① 항공기격납고
② 연면적이 $300m^2$인 공연장
③ 바닥면적이 $300m^2$인 차고
④ 연면적이 $300m^2$인 노유자시설

해설 **소방시설법 시행령 12조**
**건축허가 등의 동의대상물**

(1) 연면적 **$400m^2$**(학교시설 : **$100m^2$**, 수련시설 · 노유자시설 : **$200m^2$**, 정신의료기관 · 장애인 의료재활시설 : **$300m^2$**) 이상
(2) **6층** 이상인 건축물
(3) 차고 · 주차장으로서 바닥면적 **$200m^2$** 이상(**자**동차 **20대** 이상)
(4) **항공기격납고, 관망탑, 항공관제탑, 방송용 송수신탑**
(5) 지하층 또는 무창층의 바닥면적 **$150m^2$**(공연장은 **$100m^2$**) 이상
(6) **위험물저장** 및 **처리시설**
(7) **결핵환자**나 **한센인**이 24시간 생활하는 **노유자시설**
(8) **지하구**
(9) 요양병원(정신병원, 의료재활시설 제외)
(10) 노인주거복지시설 · 노인의료복지시설 및 재가노인복지시설 · 학대피해노인 전용쉼터 · 아동복지시설 · 장애인 거주시설

기억법 **2자(이자)**

② $300m^2$ → $400m^2$
연면적 $300m^2$인 공연장은 지하층 및 무창층이 아니므로 연면적 $400m^2$ 이상이어야 건축허가 동의대상물이 된다.

답 ②

★★★

**60** 화재예방, 소방시설 설치 · 유지 및 안전관리에 관한 법률상 소방안전관리대상물의 소방안전관리자의 업무가 아닌 것은?

19.03.문51
15.03.문12
14.09.문52
14.09.문53
13.06.문48
08.05.문53

① 소방시설 공사
② 소방훈련 및 교육
③ 소방계획서의 작성 및 시행
④ 자위소방대의 구성 · 운영 · 교육

해설 **소방시설법 20조 ⑥항**
**관계인 및 소방안전관리자의 업무**

| 특정소방대상물(관계인) | 소방안전관리대상물(소방안전관리자) |
|---|---|
| • 피난시설 · 방화구획 및 방화시설의 유지 · 관리<br>• 소방시설, 그 밖의 소방관련 시설의 유지 · 관리<br>• **화기취급**의 감독<br>• 소방안전관리에 필요한 업무 | • 피난시설 · 방화구획 및 방화시설의 유지 · 관리<br>• 소방시설, 그 밖의 소방관련 시설의 유지 · 관리<br>• **화기취급**의 감독<br>• 소방안전관리에 필요한 업무<br>• **소방계획서**의 작성 및 시행(대통령령으로 정하는 사항 포함)<br>• **자위소방대** 및 **초기대응체계**의 구성 · 운영 · 교육<br>• 소방훈련 및 교육 |

① 소방시설공사업자의 업무

용어

| 특정소방대상물 | 소방안전관리대상물 |
|---|---|
| 소방시설을 설치하여야 하는 소방대상물로서 대통령령으로 정하는 것 | 대통령령으로 정하는 특정소방대상물 |

답 ①

## 제 4 과목 소방전기시설의 구조 및 원리

★★★

**61** 소방시설용 비상전원수전설비의 화재안전기준(NFSC 602)에 따라 소방시설용 비상전원수전설비에서 소방회로 및 일반회로 겸용의 것으로서 수전설비, 변전설비, 그 밖의 기기 및 배선을 금속제 외함에 수납한 것은?

19.04.문67
15.09.문61
09.05.문69
08.03.문72

① 공용분전반
② 전용배전반
③ 공용큐비클식
④ 전용큐비클식

해설 **소방시설용 비상전원수전설비**(NFSC 602 3조)

| 용 어 | 설 명 |
|---|---|
| 소방회로 | 소방부하에 전원을 공급하는 전기회로 |
| 일반회로 | 소방회로 이외의 전기회로 |
| 수전설비 | 전력수급용 **계기용 변성기** · **주차단장치** 및 그 **부속기기** |
| 변전설비 | **전력용 변압기** 및 그 **부속장치** |
| 전용 큐비클식 | **소방회로용**의 것으로 **수전설비**, **변전설비**, 그 밖의 기기 및 배선을 **금속제 외함**에 수납한 것<br>기억법 **큐수변** |
| 공용 큐비클식 | **소방회로** 및 **일반회로 겸용**의 것으로서 **수**전설비, **변**전설비, 그 밖의 기기 및 배선을 금속제 외함에 수납한 것<br>기억법 **공큐겸수변** |

| | |
|---|---|
| 전용 배전반 | **소방회로 전용**의 것으로서 개폐기, 과전류차단기, 계기, 그 밖의 배선용 기기 및 배선을 금속제 외함에 수납한 것 |
| 공용 배전반 | **소방회로** 및 **일반회로 겸용**의 것으로서 개폐기, 과전류차단기, 계기, 그 밖의 배선용 기기 및 배선을 금속제 외함에 수납한 것 |
| 전용 분전반 | **소방회로 전용**의 것으로서 분기개폐기, 분기과전류차단기, 그 밖의 배선용 기기 및 배선을 금속제 외함에 수납한 것 |
| 공용 분전반 | **소방회로** 및 **일반회로 겸용**의 것으로서 분기개폐기, 분기과전류차단기, 그 밖의 배선용 기기 및 배선을 금속제 외함에 수납한 것 |

답 ③

★

**62** 비상조명등의 화재안전기준(NFSC 304)에 따른 비상조명등의 시설기준에 적합하지 않은 것은?

13.09.문76

① 조도는 비상조명등이 설치된 장소의 각 부분의 바닥에서 0.5 lx가 되도록 하였다.

② 특정소방대상물의 각 거실과 그로부터 지상에 이르는 복도·계단 및 그 밖의 통로에 설치하였다.

③ 예비전원을 내장하는 비상조명등에 평상시 점등여부를 확인할 수 있는 점검스위치를 설치하였다.

④ 예비전원을 내장하는 비상조명등에 해당 조명등을 유효하게 작동시킬 수 있는 용량의 축전지와 예비전원 충전장치를 내장하도록 하였다.

해설 **비상조명등**의 **설치기준**

(1) 소방대상물의 각 거실과 지상에 이르는 복도·계단·통로에 설치할 것

(2) 조도는 각 부분의 바닥에서 **1 lx** 이상일 것

(3) **점검스위치**를 설치하고 **20분** 이상 작동시킬 수 있는 용량의 **축전지**와 **예비전원 충전장치**를 내장할 것

① 0.5 lx → 1 lx 이상

중요

**조명도**(조도)

| 기 기 | 조 명 |
|---|---|
| 통로유도등 | **1** lx 이상 |
| 비상조명등 | **1** lx 이상 |
| 객석유도등 | **0.2** lx 이상 |

답 ①

★★★

**63** 자동화재탐지설비 및 시각경보장치의 화재안전기준(NFSC 203)에 따른 공기관식 차동식 분포형 감지기의 설치기준으로 틀린 것은?

19.03.문72
17.03.문61
15.05.문69
12.05.문66
11.03.문78
01.03.문63
98.07.문75
97.03.문68

① 검출부는 3° 이상 경사되지 아니하도록 부착할 것

② 공기관의 노출부분은 감지구역마다 20m 이상이 되도록 할 것

③ 하나의 검출부분에 접속하는 공기관의 길이는 100m 이하로 할 것

④ 공기관과 감지구역의 각 변과의 수평거리는 1.5m 이하가 되도록 할 것

해설 **감지기 설치기준**(NFSC 203 7조)

(1) 공기관의 노출부분은 감지구역마다 20m 이상이 되도록 할 것

(2) 하나의 검출부분에 접속하는 공기관의 길이는 100m 이하로 할 것

(3) 공기관과 감지구역의 각 변과의 수평거리는 1.5m 이하가 되도록 할 것

(4) 감지기(**차동식 분포형** 및 **특수한 것** 제외)는 실내로의 공기유입구로부터 **1.5m** 이상 떨어진 위치에 설치

(5) 감지기는 천장 또는 반자의 옥내의 면하는 부분에 설치

(6) **보상식 스포트형 감지기**는 정온점이 감지기 주위의 평상시 최고온도보다 **20℃** 이상 높은 것으로 설치

(7) **정온식 감지기는 주방·보일러실** 등으로 다량의 화기를 단속적으로 취급하는 장소에 설치하되, 공칭작동온도가 최고주위온도보다 **20℃** 이상 높은 것으로 설치

(8) 스포트형 감지기는 **45°** 이상 경사지지 않도록 부착

(9) **공기관식** 차동식 분포형 감지기 설치시 공기관은 **도중**에서 **분기**하지 않도록 부착

(10) **공기관식** 차동식 분포형 감지기의 검출부는 **5°** 이상 경사되지 않도록 설치

① 3° 이상 → 5° 이상

중요

**경사제한각도**

| 공기관식 감지기의 검출부 | 스포트형 감지기 |
|---|---|
| **5°** 이상 | **45°** 이상 |

답 ①

★★★

**64** 무선통신보조설비의 화재안전기준(NFSC 505)에 따라 무선통신보조설비의 주회로 전원이 정상인지 여부를 확인하기 위해 증폭기의 전면에 설치하는 것은?

18.04.문79
17.05.문69
16.10.문63
14.03.문70
13.06.문72
13.03.문80
11.03.문75
07.05.문79

① 상순계

② 전류계

③ 전압계 및 전류계

④ 표시등 및 전압계

해설 **증폭기** 및 **무선중계기**의 **설치기준**(NFSC 505 8조)

(1) 전원은 **축전지**, **전기저장장치** 또는 **교류전압 옥내간선**으로 하고, 전원까지의 배선은 전용으로 할 것
(2) 증폭기의 전면에는 전원확인 **표시등** 및 **전압계**를 설치할 것
(3) **증**폭기의 비상전원 용량은 **30분** 이상일 것
(4) **증폭기** 및 **무선중계기**를 설치하는 경우 「전파법」 규정에 따른 적합성 평가를 받은 제품으로 설치할 것
(5) 디지털방식의 무전기를 사용하는 데 지장이 없도록 설치할 것

기억법 **증표압증3**

용어

**전기저장장치**
외부 전기에너지를 저장해 두었다가 필요한 때 전기를 공급하는 장치

답 ④

★★★
**65** 19.04.문61 17.03.문77 13.06.문72 07.09.문80

**유도등 및 유도표지의 화재안전기준(NFSC 303)에 따라 지하층을 제외한 층수가 11층 이상인 특정소방대상물의 유도등의 비상전원을 축전지로 설치한다면 피난층에 이르는 부분의 유도등을 몇 분 이상 유효하게 작동시킬 수 있는 용량으로 하여야 하는가?**

① 10 ② 20
③ 50 ④ 60

해설 **비상전원 용량**

| 설비의 종류 | 비상전원 용량 |
|---|---|
| • **자**동화재탐지설비<br>• 비상**경**보설비<br>• **자**동화재속보설비 | **10분** 이상 |
| • 유도등<br>• 비상콘센트설비<br>• 제연설비<br>• 물분무소화설비<br>• 옥내소화전설비(**30층** 미만)<br>• 특별피난계단의 계단실 및 부속실 제연설비(**30층** 미만) | **20분** 이상 |
| • 무선통신보조설비의 **증**폭기 | **30분** 이상 |
| • 옥내소화전설비(30~**49층** 이하)<br>• 특별피난계단의 계단실 및 부속실 제연설비(30~**49층** 이하)<br>• 연결송수관설비(30~**49층** 이하)<br>• 스프링클러설비(30~**49층** 이하) | **40분** 이상 |
| • 유도등 · 비상조명등(지하상가 및 **11층** 이상)<br>• 옥내소화전설비(**50층** 이상)<br>• 특별피난계단의 계단실 및 부속실 제연설비(**50층** 이상)<br>• 연결송수관설비(**50층** 이상)<br>• 스프링클러설비(**50층** 이상) | → **60분** 이상 |

기억법 **경자비1(경자라는 이름은 비일비재하게 많다.)**
**3증(3중고)**

중요

**비상전원의 종류**

| 소방시설 | 비상전원 |
|---|---|
| 유도등 | 축전지 |
| 비상콘센트설비 | ① 자가발전설비<br>② 비상전원수전설비<br>③ 전기저장장치 |
| 옥내소화전설비, 물분무소화설비 | ① 자가발전설비<br>② 축전지설비<br>③ 전기저장장치 |

답 ④

★★★
**66** 19.03.문75 18.03.문49 17.09.문60 10.03.문55 06.09.문61

**비상경보설비 및 단독경보형 감지기의 화재안전기준(NFSC 201)에 따라 바닥면적이 $450\text{m}^2$일 경우 단독경보형 감지기의 최소 설치개수는?**

① 1개 ② 2개
③ 3개 ④ 4개

해설 **단독경보형 감지기**의 **설치기준**(NFSC 201 5조)

(1) 단독경보형 감지기는 소방대상물의 각 실마다 설치하되, 바닥면적이 $150\text{m}^2$를 초과하는 경우에는 $\mathbf{150m^2}$마다 1개 이상 설치할 것
(2) 최상층의 계단실의 **천장**에 설치할 것
(3) 건전지를 주전원으로 사용하는 단독경보형 감지기는 정상적인 작동상태를 유지할 수 있도록 **건전지**를 **교환**할 것

$$\text{단독경보형 감지기수} = \frac{\text{바닥면적}}{150\text{m}^2}$$

$$= \frac{450\text{m}^2}{150\text{m}^2} = 3\text{개}$$

(소수점이 발생하면 절상)

※ **단독경보형 감지기**: 화재발생상황을 단독으로 감지하여 자체에 내장된 음향장치로 경보하는 감지기

비교

**소방시설법 시행령 〔별표 5〕**
**단독경보형 감지기의 설치대상**

| 연면적 | 설치대상 |
|---|---|
| $400\text{m}^2$ 미만 | • 유치원 |
| $600\text{m}^2$ 미만 | • 숙박시설 |
| $1000\text{m}^2$ 미만 | • 아파트 등<br>• 기숙사 |
| $2000\text{m}^2$ 미만 | • 교육연구시설 · 수련시설 내에 있는 **합숙소** 또는 **기숙사** |
| 모두 적용 | • 100명 미만 수련시설(숙박시설이 있는 것) |

답 ③

★
**67** 비상방송설비의 배선공사 종류 중 합성수지관공사에 대한 설명으로 틀린 것은?

① 금속관공사에 비해 중량이 가벼워 시공이 용이하다.
② 절연성이 있고 절단이 용이하다.
③ 열에 약하며, 기계적 충격 및 중량물에 의한 압력 등 외력에 약하다.
④ 내식성이 있어 부식성 가스가 체류하는 화학공장 등에 적합하며, 금속관과 비교하여 가격이 비싸다.

해설 **합성수지관공사**
(1) 금속관공사에 비해 중량이 가벼워 **시공**이 **용이**하다.
(2) **절연성**이 있고 **절단**이 **용이**하다.
(3) **열**에 **약하며**, 기계적 충격 및 중량물에 의한 압력 등 **외력**에 **약하다**.
(4) **내식성**이 있어 부식성 가스가 체류하는 화학공장 등에 적합하며, 금속관과 비교하여 **가격**이 **싸다**.

④ 비싸다 → 싸다

중요

**합성수지관공사의 장단점**

| 장 점 | 단 점 |
|---|---|
| ① **가**볍고 **시**공이 용이하다.<br>② **내부식성**이다.<br>③ **금속관**에 비해 **가격**이 **저렴**하다.<br>④ **절단**이 용이하다.<br>⑤ **접지**가 **불필요**하다.<br>기억법 가시내금접절 | ① **열**에 약하다.<br>② **충격**에 약하다. |

답 ④

★★★
**68** 자동화재탐지설비 및 시각경보장치의 화재안전기준(NFSC 203)에 따라 자동화재탐지설비에서 4층 이상의 특정소방대상물에는 어떤 기기와 전화통화가 가능한 수신기를 설치하여야 하는가?

19.09.문75 17.09.문78 16.03.문72 13.06.문65 13.06.문70 11.03.문71

① 발신기
② 감지기
③ 중계기
④ 시각경보장치

해설 **수신기**의 **적합기준**

| 조 건 | 수신기의 종류 |
|---|---|
| **4층** 이상 | **발신기**와 전화통화가 가능한 수신기 |

답 ①

★★★
**69** 비상경보설비 및 단독경보형 감지기의 화재안전기준(NFSC 201)에 따라 비상경보설비의 발신기 설치시 복도 또는 별도로 구획된 실로서 보행거리가 몇 m 이상일 경우에는 추가로 설치하여야 하는가?

18.03.문77 17.05.문63 16.05.문63 14.03.문71 12.03.문73 10.03.문68

① 25 ② 30
③ 40 ④ 50

해설 **비상경보설비**의 **발신기 설치기준**(NFSC 201 4조)
(1) 전원 : **축전지**, **전기저장장치**, **교류전압**의 **옥내 간선**으로 하고 배선은 **전용**
(2) 감시상태 : **60분**, 경보시간 : **10분**
(3) 조작이 **쉬운 장소**에 설치하고, 조작스위치는 바닥으로부터 **0.8~1.5m** 이하의 높이에 설치할 것
(4) 소방대상물의 **층**마다 설치하되, 해당 소방대상물의 각 부분으로부터 하나의 발신기까지의 **수평거리**가 **25m** 이하가 되도록 할 것(단, 복도 또는 별도로 구획된 실로서 **보행거리**가 **40m** 이상일 경우에는 추가로 설치할 것)
(5) 발신기의 **위치표시등**은 **함**의 **상부**에 설치하되, 그 불빛은 부착면으로부터 **15°** 이상의 범위 안에서 부착지점으로부터 **10m** 이내의 어느 곳에서도 쉽게 식별할 수 있는 **적색등**으로 할 것
(6) 발신기 설치제외 : **지하구**

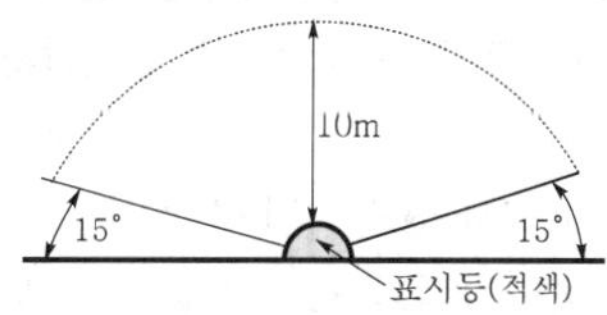

| 위치표시등의 식별 |

용어

**전기저장장치**
외부 전기에너지를 저장해 두었다가 필요한 때 전기를 공급하는 장치

답 ③

★★★
**70** 비상방송설비의 화재안전기준(NFSC 202)에 따라 비상방송설비에서 기동장치에 따른 화재신고를 수신한 후 필요한 음량으로 화재발생상황 및 피난에 유효한 방송이 자동으로 개시될 때까지의 소요시간은 몇 초 이하로 하여야 하는가?

19.09.문76 19.04.문68 18.07.문77 18.03.문73 16.10.문69 16.10.문73 16.05.문67 16.03.문68 15.05.문73 15.05.문76 15.03.문62 14.05.문63 14.05.문75 14.03.문61 13.09.문70 13.06.문62 13.06.문80

① 5
② 10
③ 15
④ 20

해설 소요시간

| 기 기 | 시 간 |
|---|---|
| P형·P형 복합식·R형·R형 복합식·GP형·GP형 복합식·GR형·GR형 복합식 | 5초 이내 (축적형 60초 이내) |
| 중계기 | 5초 이내 |
| 비상방송설비 | 10초 이하 |
| 가스누설경보기 | 60초 이내 |

기억법 시중5(시중을 드시오!)
6가(육체미가 아름답다.)

중요

**비상방송설비**의 **설치기준**

(1) 확성기의 음성입력은 실외 **3W(실내 1W)** 이상일 것
(2) 확성기는 **각 층**마다 설치하되, 각 부분으로부터의 수평거리는 **25m** 이하일 것
(3) 음량조정기는 **3선식** 배선일 것
(4) 조작스위치는 바닥으로부터 **0.8~1.5m** 이하의 높이에 설치할 것
(5) 다른 전기회로에 의하여 **유도장애**가 생기지 아니하도록 할 것
(6) 비상방송 개시시간은 **10초** 이하일 것
(7) 다른 방송설비와 공용할 경우 화재시 비상경보 외의 방송을 차단할 수 있을 것

답 ②

## 71

**비상콘센트설비의 화재안전기준(NFSC 504)에 따른 비상콘센트의 시설기준에 적합하지 않은 것은?**

① 바닥으로부터 높이 1.45m에 움직이지 않게 고정시켜 설치된 경우
② 바닥면적이 $800m^2$인 층의 계단의 출입구로부터 4m에 설치된 경우
③ 바닥면적의 합계가 $12000m^2$인 지하상가의 수평거리 30m마다 추가로 설치한 경우
④ 바닥면적의 합계가 $2500m^2$인 지하층의 수평거리 40m마다 추가로 설치한 경우

해설 **비상콘센트**의 **설치기준**

(1) 바닥으로부터 높이 **0.8~1.5m** 이하의 위치에 설치할 것
(2) 비상콘센트의 배치는 아파트 또는 바닥면적이 **$1000m^2$ 미만**인 층은 계단의 출입구(계단의 부속실을 포함하며 계단이 2 이상 있는 경우에는 그 중 1개의 계단을 말한다)로부터 **5m** 이내에, 바닥면적 **$1000m^2$ 이상**인 층(아파트를 제외한다)은 각 계단의 출입구 또는 계단부속실의 출입구(계단의 부속실을 포함하며 계단이 3 이상 있는 층의 경우에는 그 중 2개의 계단을 말한다)로부터 **5m** 이내에 설치하되, 그 비상콘센트로부터 그 층의 각 부분까지의 거리가 다음의 기준을 초과하는 경우에는 그 기준 이하가 되도록 비상콘센트를 추가하여 설치할 것
㉠ **지하상가** 또는 **지하층**의 **바닥면적**의 **합계**가 **$3000m^2$** 이상인 것은 **수평거리 25m**
㉡ ㉠에 해당하지 아니하는 것은 **수평거리 50m**

① 0.8~1.5m 이하이므로 1.45m는 **적합**
② $1000m^2$ 미만은 계단 출입구로부터 5m 이내에 설치하므로 $800m^2$에 4m 설치는 **적합**
③ $3000m^2$ 이상의 지하상가는 수평거리 25m 이하에 설치하므로 30m는 **부적합**
④ $3000m^2$ 미만의 지하상가는 수평거리 50m 이하에 설치하므로 40m는 **적합**

답 ③

## 72

15.09.문73
10.05.문63

**누전경보기의 형식승인 및 제품검사의 기술기준에 따라 누전경보기의 수신부는 그 정격전압에서 몇 회의 누전작동시험을 실시하는가?**

① 1000회 ② 5000회
③ 10000회 ④ 20000회

해설 반복시험 횟수

| 횟 수 | 기 기 |
|---|---|
| 1000회 | 감지기·속보기<br>기억법 감속1(감속하면 한참 먼저 간다.) |
| 2000회 | 중계기<br>기억법 중2(중이염) |
| 2500회 | 유도등 |
| 5000회 | 전원스위치·발신기<br>기억법 5발전(5개 발에 전을 부치자.) |
| 10000회 | 비상조명등, 스위치접점, 기타의 설비 및 기기 (누전경보기) |

답 ③

## 73

19.04.문72
16.05.문61
16.03.문65
15.09.문62
11.03.문80

**무선통신보조설비의 화재안전기준(NFSC 505)에 따라 서로 다른 주파수의 합성된 신호를 분리하기 위하여 사용하는 장치는?**

① 분배기 ② 혼합기
③ 증폭기 ④ 분파기

해설 무선통신보조설비

| 용 어 | 설 명 |
|---|---|
| 누설동축케이블 | 동축케이블의 외부도체에 가느다란 홈을 만들어서 **전파**가 **외부**로 **새어나갈 수 있도록** 한 케이블 |
| 분배기 | 신호의 전송로가 분기되는 장소에 설치하는 것으로 **임피던스 매칭**(matching)과 **신호균등분배**를 위해 사용하는 장치<br>기억법 배임(배임죄) |
| 분파기 | 서로 다른 **주**파수의 합성된 **신호**를 **분리**하기 위해서 사용하는 장치<br>기억법 파주 |

| | |
|---|---|
| 혼합기 | **두 개 이상**의 **입력신호**를 원하는 비율로 **조합**한 **출력**이 발생하도록 하는 장치 |
| 증폭기 | 신호전송시 신호가 약해져 수신이 불가능해지는 것을 방지하기 위해서 **증폭**하는 장치 |
| 무선중계기 | 안테나를 통하여 수신된 무전기 신호를 증폭한 후 음영지역에 재방사하여 무전기 상호간 송수신이 가능하도록 하는 장치 |
| 옥외안테나 | 감시제어반 등에 설치된 무선중계기의 입력과 출력포트에 연결되어 송수신 신호를 원활하게 방사·수신하기 위해 옥외에 설치하는 장치 |

답 ④

★★★
**74** 19.04.문62 18.09.문72 16.05.문71 12.05.문80

**비상콘센트설비의 화재안전기준(NFSC 504)에 따라 비상콘센트설비의 전원부와 외함 사이의 절연저항은 전원부와 외함 사이를 500V 절연저항계로 측정할 때 몇 MΩ 이상이어야 하는가?**

① 20 ② 30
③ 40 ④ 50

해설 **절연저항시험**

| 절연저항계 | 절연저항 | 대 상 |
|---|---|---|
| 직류 250V | 0.1MΩ 이상 | 1경계구역의 절연저항 |
| 직류 500V | <u>5</u>MΩ 이상 | ① **누전경보기**<br>② 가스누설경보기<br>③ 수신기<br>④ 자동화재속보설비<br>⑤ 비상경보설비<br>⑥ 유도등(교류입력측과 외함 간 포함)<br>⑦ 비상조명등(교류입력측과 외함 간 포함) |
| | 20MΩ 이상 | ① 경종<br>② 발신기<br>③ 중계기<br>④ **비상콘센트**<br>⑤ 기기의 절연된 선로 간<br>⑥ 기기의 충전부와 비충전부 간<br>⑦ 기기의 교류입력측과 외함 간(유도등·비상조명등 제외) |
| | 50MΩ 이상 | ① 감지기(정온식 감지선형 감지기 제외)<br>② 가스누설경보기(10회로 이상)<br>③ 수신기(10회로 이상) |
| | 1000MΩ 이상 | 정온식 감지선형 감지기 |

기억법 5누(<u>오누</u>이)

답 ①

★
**75**

**비상경보설비의 구성요소로 옳은 것은?**

① 기동장치, 경종, 화재표시등, 전원, 감지기
② 전원, 경종, 기동장치, 위치표시등
③ 위치표시등, 경종, 화재표시등, 전원, 감지기
④ 경종, 기동장치, 화재표시등, 위치표시등, 감지기

해설 **비상경보설비의 구성요소**
(1) 전원
(2) 경종 또는 사이렌
(3) 기동장치
(4) 화재표시등
(5) 위치표시등(표시등)
(6) 배선

①, ③, ④ 감지기는 해당 없음

답 ②

★
**76** 15.05.문75

**수신기를 나타내는 소방시설 도시기호로 옳은 것은?**

①  ② 
③ 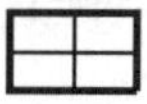 ④ 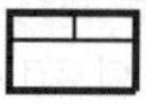

해설 **도시기호**

| 명 칭 | 그림기호 | 적 요 |
|---|---|---|
| 수신기 | 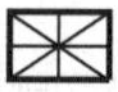 | • 가스누설경보설비와 일체인 것 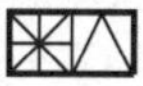<br>• 가스누설경보설비 및 방배연 연동과 일체인 것 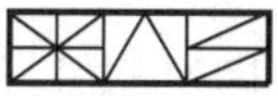 |
| 부수신기(표시기) | 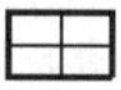 | |
| 중계기 |  | |
| 제어반 |  | |
| 표시반 |  | • 창이 3개인 표시반 :  |

① 소방시설 도시기호가 아님

답 ②

★★★
**77** 19.03.문64 16.03.문66 15.09.문67 13.06.문63 10.05.문69

**비상경보설비 및 단독경보형 감지기의 화재안전기준(NFSC 201)에 따른 비상벨설비 또는 자동식 사이렌설비에 대한 설명이다. 다음 ( )의 ㉠, ㉡에 들어갈 내용으로 옳은 것은?**

> 비상벨설비 또는 자동식 사이렌설비에는 그 설비에 대한 감시상태를 ( ㉠ )분간 지속한 후 유효하게 ( ㉡ )분 이상 경보할 수 있는 축전지설비(수신기에 내장하는 경우를 포함한다) 또는 전기저장장치(외부 전기에너지를 저장해 두었다가 필요한 때 전기를 공급하는 장치)를 설치하여야 한다.

① ㉠ 30, ㉡ 10 ② ㉠ 60, ㉡ 10
③ ㉠ 30, ㉡ 20 ④ ㉠ 60, ㉡ 20

해설 **축전지설비 · 자동식 사이렌설비 · 자동화재탐지설비 · 비상방송설비 · 비상벨설비**

| 감시시간 | 경보시간 |
|---|---|
| 60분(1시간) 이상 | **10분** 이상(30층 이상 : **30분**) |

기억법 6감(육감)

답 ②

## 78 비상경보설비 및 단독경보형 감지기의 화재안전기준(NFSC 201)에 따라 비상벨설비 또는 자동식 사이렌설비의 전원회로 배선 중 내열배선에 사용하는 전선의 종류가 아닌 것은?

① 버스덕트(bus duct)
② 600V 1종 비닐절연전선
③ 0.6/1kV EP 고무절연 클로로프렌 시스 케이블
④ 450/750V 저독성 난연 가교 폴리올레핀 절연전선

해설 (1) **비상벨설비** 또는 **자동식 사이렌설비**의 **배선**(NFSC 201) 14조 ⑧항

**전원회로**의 배선은 「옥내소화전설비의 화재안전기준(NFSC 102)」〔별표 1〕에 따른 내화배선에 의하고 그 밖의 배선은 「옥내소화전설비의 화재안전기준(NFSC 102)」〔별표 1〕에 따른 **내화배선** 또는 **내열배선**에 따를 것

(2) **옥내소화전설비**의 **화재안전기준**(NFSC 102) 〔별표 1〕

㉠ **내화배선**

| 사용전선의 종류 | 공사방법 |
|---|---|
| ① 450/750V 저독성 난연 가교 폴리올레핀 절연전선<br>② 0.6/1kV 가교 폴리에틸렌 절연 저독성 난연 폴리올레핀 시스 전력 케이블<br>③ 6/10kV 가교 폴리에틸렌 절연 저독성 난연 폴리올레핀 시스 전력용 케이블<br>④ 가교 폴리에틸렌 절연 비닐시스 트레이용 난연 전력 케이블<br>⑤ 0.6/1kV EP 고무절연 클로로프렌 시스 케이블<br>⑥ 300/500V 내열성 실리콘 고무절연전선(180℃)<br>⑦ 내열성 에틸렌-비닐 아세테이트 고무절연 케이블<br>⑧ 버스덕트(bus duct)<br>⑨ 기타 「전기용품안전관리법」 및 「전기설비기술기준」에 따라 동등 이상의 내화성능이 있다고 주무부장관이 인정하는 것 | **금속관** · **2종 금속제 가요전선관** 또는 **합성수지관**에 수납하여 내화구조로 된 벽 또는 바닥 등에 벽 또는 바닥의 표면으로부터 **25mm** 이상의 깊이로 매설하여야 한다.<br>기억법 **금2가합25**<br>단, 다음의 기준에 적합하게 설치하는 경우에는 그러하지 아니하다.<br>① 배선을 내화성능을 갖는 배선전용실 또는 배선용 샤프트 · 피트 · 덕트 등에 설치하는 경우<br>② 배선전용실 또는 배선용 샤프트 · 피트 · 덕트 등에 다른 설비의 배선이 있는 경우에는 이로부터 **15cm** 이상 떨어지게 하거나 소화설비의 배선과 이웃하는 다른 설비의 배선 사이에 배선지름(배선의 지름이 다른 경우에는 가장 큰 것을 기준으로 한다)의 **1.5배** 이상의 높이의 **불연성 격벽**을 설치하는 경우<br>기억법 **내전샤피덕 다15** |
| 내화전선 | **케이블공사** |

㉡ **내열배선**

| 사용전선의 종류 | 공사방법 |
|---|---|
| ① 450/750V 저독성 난연 가교 폴리올레핀 절연전선<br>② 0.6/1kV 가교 폴리에틸렌 절연 저독성 난연 폴리올레핀 시스 전력 케이블<br>③ 6/10kV 가교 폴리에틸렌 절연 저독성 난연 폴리올레핀 시스 전력용 케이블<br>④ 가교 폴리에틸렌 절연 비닐시스 트레이용 난연 전력 케이블<br>⑤ 0.6/1kV EP 고무절연 클로로프렌 시스 케이블<br>⑥ 300/500V 내열성 실리콘 고무절연전선(180℃)<br>⑦ 내열성 에틸렌-비닐 아세테이트 고무절연 케이블<br>⑧ 버스덕트(bus duct)<br>⑨ 기타 「전기용품안전관리법」 및 「전기설비기술기준」에 따라 동등 이상의 내열성능이 있다고 주무부장관이 인정하는 것 | **금속관 · 금속제 가요전선관 · 금속덕트** 또는 **케이블**(불연성 덕트에 설치하는 경우에 한한다) **공사**방법에 따라야 한다. 단, 다음의 기준에 적합하게 설치하는 경우에는 그러하지 아니하다.<br>① 배선을 내화성능을 갖는 배선전용실 또는 배선용 샤프트 · 피트 · 덕트 등에 설치하는 경우<br>② 배선전용실 또는 배선용 샤프트 · 피트 · 덕트 등에 다른 설비의 배선이 있는 경우에는 이로부터 **15cm** 이상 떨어지게 하거나 소화설비의 배선과 이웃하는 다른 설비의 배선 사이에 배선지름(배선의 지름이 다른 경우에는 지름이 가장 큰 것을 기준으로 한다)의 **1.5배** 이상의 높이의 **불연성 격벽**을 설치하는 경우 |
| 내화전선 · 내열전선 | **케이블공사** |

② 해당 없음

답 ②

## 79 자동화재탐지설비 및 시각경보장치의 화재안전기준(NFSC 203)에 따라 감지기회로의 도통시험을 위한 종단저항의 설치기준으로 틀린 것은?

13.03.문78

① 동일층 발신기함 외부에 설치할 것
② 점검 및 관리가 쉬운 장소에 설치할 것
③ 전용함을 설치하는 경우 그 설치높이는 바닥으로부터 1.5m 이내로 할 것
④ 종단감지기에 설치할 경우에는 구별이 쉽도록 해당 감지기의 기판 등에 별도의 표시를 할 것

해설 **감지기회로**의 **도통시험**을 위한 **종단저항**의 **기준**

(1) 점검 및 관리가 쉬운 장소에 설치할 것
(2) 전용함 설치시 **바닥**에서 **1.5m** 이내의 높이에 설치할 것
(3) 감지기회로의 **끝부분**에 설치하며, 종단감지기에 설치할 경우 구별이 쉽도록 해당 감지기의 기판 및 감지기외부 등에 별도의 표시를 할 것

※ **도통시험**: 감지기회로의 단선유무 확인

① 동일층 발신기함 **외부** → 일반적으로 동일층 발신기함 **내부**

답 ①

★★★
**80** 17.03.문67 14.05.문68 11.03.문77

**자동화재속보설비의 속보기의 성능인증 및 제품검사의 기술기준에 따른 자동화재속보설비의 속보기에 대한 설명이다. 다음 ( )의 ㉠, ㉡에 들어갈 내용으로 옳은 것은?**

> 작동신호를 수신하거나 수동으로 동작시키는 경우 ( ㉠ )초 이내에 소방관서에 자동적으로 신호를 발하여 통보하되, ( ㉡ )회 이상 속보할 수 있어야 한다.

① ㉠ 20, ㉡ 3　　② ㉠ 20, ㉡ 4
③ ㉠ 30, ㉡ 3　　④ ㉠ 30, ㉡ 4

해설 속보기의 **기준**

(1) **수동통화**용 송수화기를 설치
(2) **20초** 이내에 **3회** 이상 **소방관서**에 자동속보
(3) 예비전원은 감시상태를 **60분**간 지속한 후 **10분** 이상 동작이 지속될 수 있는 용량일 것
(4) 다이얼링 : **10회** 이상

기억법 속203

답 ①

**▌2020년 기사 제3회 필기시험▌**

| 자격종목 | 종목코드 | 시험시간 | 형별 | 수험번호 | 성명 |
|---|---|---|---|---|---|
| 소방설비기사(전기분야) | | 2시간 | | | |

※ 답안카드 작성시 시험문제지 형별누락, 마킹착오로 인한 불이익은 전적으로 수험자의 귀책사유임을 알려드립니다.
※ 각 문항은 4지택일형으로 질문에 가장 적합한 보기 항을 선택하여 마킹하여야 합니다.

## 제 1 과목 소방원론

★★★
**01** 밀폐된 공간에 이산화탄소를 방사하여 산소의 체적농도를 12%가 되게 하려면 상대적으로 방사된 이산화탄소의 농도는 얼마가 되어야 하는가?

19.09.문10
15.05.문13
14.05.문07
13.09.문16
12.05.문14

유사문제부터 풀어보세요. 실력이 팍!팍! 올라갑니다.

① 25.40%
② 28.70%
③ 38.35%
④ 42.86%

해설 **이산화탄소의 농도**

$$CO_2 = \frac{21 - O_2}{21} \times 100$$

여기서, $CO_2$ : $CO_2$의 농도[%]
$O_2$ : $O_2$의 농도[%]

$$CO_2 = \frac{21 - O_2}{21} \times 100 = \frac{21 - 12}{21} \times 100 \fallingdotseq 42.86\%$$

중요

**이산화탄소 소화설비와 관련된 식**

$$CO_2 = \frac{\text{방출가스량}}{\text{방호구역체적} + \text{방출가스량}} \times 100 = \frac{21 - O_2}{21} \times 100$$

여기서, $CO_2$ : $CO_2$의 농도[%]
$O_2$ : $O_2$의 농도[%]

$$\text{방출가스량} = \frac{21 - O_2}{O_2} \times \text{방호구역체적}$$

여기서, $O_2$ : $O_2$의 농도[%]

답 ④

★★★
**02** Halon 1301의 분자식은?

19.09.문07
17.03.문05
16.10.문08
15.03.문04
14.09.문04
14.03.문02

① $CH_3Cl$
② $CH_3Br$
③ $CF_3Cl$
④ $CF_3Br$

해설 **할론소화약제의 약칭 및 분자식**

| 종 류 | 약 칭 | 분자식 |
|---|---|---|
| 할론 1011 | CB | $CH_2ClBr$ |
| 할론 104 | CTC | $CCl_4$ |
| 할론 1211 | BCF | $CF_2ClBr(CClF_2Br)$ |
| 할론 1301 | BTM | **$CF_3Br$** |
| 할론 2402 | FB | $C_2F_4Br_2$ |

답 ④

★★★
**03** 화재의 종류에 따른 분류가 틀린 것은?

19.03.문08
17.09.문07
16.05.문09
15.09.문19
13.09.문07

① A급 : 일반화재
② B급 : 유류화재
③ C급 : 가스화재
④ D급 : 금속화재

해설 **화재의 종류**

| 구 분 | 표시색 | 적응물질 |
|---|---|---|
| 일반화재(A급) | 백색 | • 일반가연물<br>• 종이류 화재<br>• 목재 · 섬유화재 |
| **유류화재(B급)** | 황색 | • 가연성 액체<br>• 가연성 가스<br>• 액화가스화재<br>• 석유화재 |
| 전기화재(C급) | 청색 | • 전기설비 |
| 금속화재(D급) | 무색 | • 가연성 금속 |
| 주방화재(K급) | - | • 식용유화재 |

※ 요즘은 표시색의 의무규정은 없음

③ 가스화재 → 전기화재

답 ③

★★★
**04** 건축물의 내화구조에서 바닥의 경우에는 철근콘크리트의 두께가 몇 cm 이상이어야 하는가?

16.05.문05
14.05.문12

① 7
② 10
③ 12
④ 15

해설 **내화구조의 기준**

| 구 분 | 기 준 |
|---|---|
| **벽 · 바닥** | 철골 · 철근콘크리트조로서 두께가 **10cm** 이상인 것 |
| 기둥 | 철골을 두께 **5cm** 이상의 콘크리트로 덮은 것 |
| 보 | 두께 **5cm** 이상의 콘크리트로 덮은 것 |

기억법 **벽바내1(벽을 바라보면 내일이 보인다.)**

비교

**방화구조의 기준**

| 구조 내용 | 기 준 |
|---|---|
| • **철망모르타르** 바르기 | 두께 **2cm** 이상 |
| • 석고판 위에 시멘트모르타르를 바른 것<br>• 석고판 위에 회반죽을 바른 것<br>• 시멘트모르타르 위에 타일을 붙인 것 | 두께 **2.5cm** 이상 |
| • 심벽에 흙으로 맞벽치기 한 것 | 모두 해당 |

답 ②

## 05 소화약제인 IG－541의 성분이 아닌 것은?

19.09.문06

① 질소
② 아르곤
③ 헬륨
④ 이산화탄소

해설 **불활성기체 소화약제**

| 구 분 | 화학식 |
|---|---|
| IG－01 | • Ar(아르곤) |
| IG－100 | • $N_2$(질소) |
| IG－541 | • $N_2$(질소) : **52**%<br>• Ar(아르곤) : **40**%<br>• $CO_2$(이산화탄소) : 8%<br>기억법 NACO(내코) 5240 |
| IG－55 | • $N_2$(질소) : 50%<br>• Ar(아르곤) : 50% |

③ 해당 없음

답 ③

## 06 다음 중 발화점이 가장 낮은 물질은?

19.09.문02
18.03.문07
15.09.문02
14.05.문05
12.09.문04
12.03.문01

① 휘발유
② 이황화탄소
③ 적린
④ 황린

해설 **물질의 발화점**

| 물질의 종류 | 발화점 |
|---|---|
| • 황린 | 30~50℃ |
| • 황화린<br>• 이황화탄소 | 100℃ |
| • 니트로셀룰로오스 | 180℃ |
| • 적린 | 260℃ |
| • 휘발유(가솔린) | 300℃ |

답 ④

## 07 화재시 발생하는 연소가스 중 인체에서 헤모글로빈과 결합하여 혈액의 산소운반을 저해하고 두통, 근육조절의 장애를 일으키는 것은?

19.09.문17
14.03.문05
00.03.문04

① $CO_2$　② CO
③ HCN　④ $H_2S$

해설 **연소가스**

| 구 분 | 설 명 |
|---|---|
| **일산화탄소 (CO)** | 화재시 흡입된 일산화탄소(CO)의 화학적 작용에 의해 **헤모글로빈**(Hb)이 혈액의 산소운반작용을 저해하여 사람을 질식 · 사망하게 한다. |
| **이산화탄소 ($CO_2$)** | 연소가스 중 **가장 많은 양**을 차지하고 있으며 가스 그 자체의 독성은 거의 없으나 다량이 존재할 경우 호흡속도를 증가시키고, 이로 인하여 화재가스에 혼합된 유해가스의 혼입을 증가시켜 위험을 가중시키는 가스이다. |
| **암모니아 ($NH_3$)** | 나무, 페놀수지, 멜라민수지 등의 **질소 함유물**이 연소할 때 발생하며, 냉동시설의 **냉매**로 쓰인다. |
| **포스겐 ($COCl_2$)** | 매우 독성이 강한 가스로서 소화제인 **사염화탄소**($CCl_4$)를 화재시에 사용할 때도 발생한다. |
| **황화수소 ($H_2S$)** | **달**걀 썩는 냄새가 나는 특성이 있다.<br>기억법 **황달** |
| **아크롤레인 ($CH_2$＝CHCHO)** | 독성이 매우 높은 가스로서 **석유제품, 유지** 등이 연소할 때 생성되는 가스이다.<br>기억법 **유아석** |

용어

**유지**(油脂)
들기름 및 지방을 통틀어 일컫는 말

답 ②

★★★
**08** **다음 중 연소와 가장 관련 있는 화학반응은?**

13.03.문02

① 중화반응 ② 치환반응
③ 환원반응 ④ 산화반응

해설 **연소**(combustion) : 가연물이 공기 중에 있는 산소와 반응하여 **열**과 **빛**을 동반하여 급격히 **산화반응**하는 현상

- **산화속도**는 가연물이 산소와 반응하는 속도이므로 **연소속도**와 직접 관계된다.

답 ④

★
**09** **다음 중 고체 가연물이 덩어리보다 가루일 때 연소되기 쉬운 이유로 가장 적합한 것은?**

① 발열량이 작아지기 때문이다.
② 공기와 접촉면이 커지기 때문이다.
③ 열전도율이 커지기 때문이다.
④ 활성에너지가 커지기 때문이다.

해설 **가루**가 **연소**되기 **쉬운 이유**
고체가연물이 가루가 되면 **공기**와 **접촉면**이 커져서(넓어져서) 연소가 더 잘 된다.

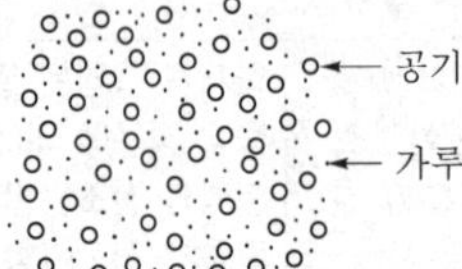

| 가루와 공기의 접촉 |

답 ②

★★★
**10** **이산화탄소 소화약제 저장용기의 설치장소에 대한 설명 중 옳지 않은 것은?**

19.04.문70
15.03.문74
12.09.문69
02.09.문63

① 반드시 방호구역 내의 장소에 설치한다.
② 온도의 변화가 적은 곳에 설치한다.
③ 방화문으로 구획된 실에 설치한다.
④ 해당 용기가 설치된 곳임을 표시하는 표지를 한다.

해설 **이산화탄소 소화약제 저장용기 설치기준**
(1) 온도가 **40℃** 이하인 장소
(2) **방호구역 외**의 장소에 설치할 것
(3) 직사광선 및 빗물이 침투할 우려가 없는 곳
(4) 온도의 변화가 적은 곳에 설치
(5) **방화문**으로 구획된 실에 설치할 것
(6) **방호구역 내에 설치할 경우에는 피난 및 조작이 용이하도록 피난구 부근에 설치**
(7) 용기의 설치장소에는 해당 용기가 설치된 곳임을 표시하는 표지할 것
(8) 용기 간의 간격은 점검에 지장이 없도록 **3cm 이상**의 간격 유지
(9) 저장용기와 집합관을 연결하는 연결배관에는 **체크밸브** 설치

① 반드시 방호구역 내 → 방호구역 외

답 ①

★★★
**11** **질식소화시 공기 중의 산소농도는 일반적으로 약 몇 vol% 이하로 하여야 하는가?**

19.09.문13
18.09.문19
17.05.문06
16.03.문08
15.03.문17
14.03.문19
11.10.문19
03.08.문11

① 25
② 21
③ 19
④ 15

해설 **소화**의 **형태**

| 구 분 | 설 명 |
|---|---|
| **냉**각소화 | ① **점화원**을 냉각하여 소화하는 방법<br>② **증**발잠열을 이용하여 열을 빼앗아 가연물의 온도를 떨어뜨려 화재를 진압하는 소화방법<br>③ **다량**의 **물**을 뿌려 소화하는 방법<br>④ 가연성 물질을 **발화점 이하**로 **냉각**하여 소화하는 방법<br>⑤ **식용유화재**에 신선한 **야채**를 넣어 소화하는 방법<br>⑥ 용융잠열에 의한 **냉각효과**를 이용하여 소화하는 방법<br>기억법 **냉점증발** |
| **질**식소화 | ① 공기 중의 **산소농도**를 **16%(10~15%)** 이하로 희박하게 하여 소화하는 방법<br>② 산화제의 농도를 낮추어 연소가 지속될 수 없도록 소화하는 방법<br>③ 산소공급을 차단하여 소화하는 방법<br>④ 산소의 농도를 낮추어 소화하는 방법<br>⑤ 화학반응으로 발생한 **탄산가스**에 의한 소화방법<br>기억법 **질산** |
| 제거소화 | **가연물**을 **제거**하여 소화하는 방법 |
| **부**촉매 소화 (억제소화, 화학소화) | ① **연쇄반응**을 **차단**하여 소화하는 방법<br>② 화학적인 방법으로 화재를 억제하여 소화하는 방법<br>③ **활성기**(free radical, 자유라디칼)의 **생성**을 **억제**하여 소화하는 방법<br>④ 할론계 소화약제<br>기억법 **부억(부엌)** |
| 희석소화 | ① 기체·고체·액체에서 나오는 분해가스나 증기의 농도를 낮춰 소화하는 방법<br>② 불연성 가스의 **공기** 중 **농도**를 높여 소화하는 방법<br>③ 불활성기체를 방출하여 연소범위 이하로 낮추어 소화하는 방법 |

중요

**화재**의 **소화원리**에 따른 **소화방법**

| 소화원리 | 소화설비 |
|---|---|
| 냉각소화 | ① 스프링클러설비<br>② 옥내 · 외소화전설비 |
| 질식소화 | ① 이산화탄소 소화설비<br>② 포소화설비<br>③ 분말소화설비<br>④ 불활성기체 소화약제 |
| 억제소화<br>(부촉매효과) | ① 할론소화약제<br>② 할로겐화합물 소화약제 |

답 ④

★★
**12** 소화효과를 고려하였을 경우 화재시 사용할 수 있는 물질이 아닌 것은?

19.09.문07 17.03.문05 16.10.문08 15.03.문04 14.09.문04 14.03.문02

① 이산화탄소
② 아세틸렌
③ Halon 1211
④ Halon 1301

해설 **소화약제**

(1) **이산화탄소 소화약제**

| 주성분 | 적응화재 |
|---|---|
| 이산화탄소($CO_2$) | BC급 |

(2) **할론소화약제**의 **약칭** 및 **분자식**

| 종 류 | 약 칭 | 분자식 |
|---|---|---|
| 할론 1011 | CB | $CH_2ClBr$ |
| 할론 104 | CTC | $CCl_4$ |
| 할론 1211 | BCF | $CF_2ClBr(CClF_2Br)$ |
| 할론 1301 | BTM | $CF_3Br$ |
| 할론 2402 | FB | $C_2F_4Br_2$ |

② 아세틸렌 : **가연성 가스**로서 화재시 사용불가

답 ②

★★★
**13** 다음 원소 중 전기음성도가 가장 큰 것은?

17.05.문20 15.03.문16 12.03.문04

① F ② Br
③ Cl ④ I

해설 **할론소화약제**

| 부촉매효과(소화능력) 크기 | 전기음성도(친화력, 결합력) 크기 |
|---|---|
| I > Br > Cl > F | F > Cl > Br > I |

• 전기음성도 크기=수소와의 결합력 크기

중요

**할로겐족 원소**
(1) 불소 : F
(2) 염소 : Cl
(3) 브롬(취소) : Br
(4) 요오드(옥소) : I

기억법 FClBrI

답 ①

★★★
**14** 화재하중의 단위로 옳은 것은?

19.07.문20 16.10.문18 15.09.문17 01.06.문06 97.03.문19

① $kg/m^2$
② $℃/m^2$
③ $kg \cdot L/m^3$
④ $℃ \cdot L/m^3$

해설 **화재하중**

(1) 가연물 등의 **연소시 건축물**의 **붕괴** 등을 고려하여 설계하는 하중
(2) 화재실 또는 화재구획의 **단위면적당 가연물**의 **양**
(3) 일반건축물에서 가연성의 건축구조재와 **가연성 수용물**의 **양**으로서 건물화재시 발열량 및 화재위험성을 나타내는 용어
(4) 화재하중이 크면 단위면적당의 발열량이 크다.
(5) 화재하중이 같더라도 물질의 상태에 따라 가혹도는 달라진다.
(6) 화재하중은 화재구획실 내의 가연물 총량을 목재 중량당비로 환산하여 면적으로 나눈 수치이다.
(7) 건물화재에서 가열온도의 정도를 의미한다.
(8) 건물의 내화설계시 고려되어야 할 사항이다.
(9)

$$q = \frac{\Sigma G_t H_t}{HA} = \frac{\Sigma Q}{4500A}$$

여기서, $q$ : 화재하중[$kg/m^2$] 또는 [$N/m^3$]
$G_t$ : 가연물의 양[kg]
$H_t$ : 가연물의 단위발열량[kcal/kg]
$H$ : 목재의 단위발열량[kcal/kg] **(4500kcal/kg)**
$A$ : 바닥면적[$m^2$]
$\Sigma Q$ : 가연물의 전체 발열량[kcal]

비교

**화재가혹도**
화재로 인하여 건물 내에 수납되어 있는 재산 및 건물 자체에 손상을 주는 능력의 정도

답 ①

★★★
**15** 제1종 분말소화약제의 주성분으로 옳은 것은?

19.03.문01 18.04.문06 17.09.문10 16.10.문06 16.05.문15 16.03.문09 15.09.문01 15.05.문08 14.09.문10

① $KHCO_3$
② $NaHCO_3$
③ $NH_4H_2PO_4$
④ $Al_2(SO_4)_3$

해설 (1) **분말소화약제**

| 종 별 | 주성분 | 착 색 | 적응 화재 | 비 고 |
|---|---|---|---|---|
| 제**1**종 | 중탄산나트륨 ($NaHCO_3$) | 백색 | BC급 | **식용유** 및 **지방질유**의 화재에 적합 |
| 제2종 | 중탄산칼륨 ($KHCO_3$) | 담자색 (담회색) | BC급 | – |
| 제**3**종 | 제1인산암모늄 ($NH_4H_2PO_4$) | 담홍색 | ABC급 | **차고**·**주차장**에 적합 |
| 제4종 | 중탄산칼륨 + 요소 ($KHCO_3$ + $(NH_2)_2CO$) | 회(백)색 | BC급 | – |

기억법 **1식분(일식 분식)**
**3분 차주(삼보컴퓨터 차주)**

(2) **이산화탄소 소화약제**

| 주성분 | 적응화재 |
|---|---|
| 이산화탄소($CO_2$) | BC급 |

답 ②

★★★
**16** **탄화칼슘이 물과 반응시 발생하는 가연성 가스는?**

19.03.문17
17.05.문09
11.10.문05
10.09.문12

① 메탄
② 포스핀
③ 아세틸렌
④ 수소

해설 **탄화칼슘**과 **물**의 **반응식**

$CaC_2 + 2H_2O \rightarrow Ca(OH)_2 + C_2H_2 \uparrow$
탄화칼슘 물 수산화칼슘 아세틸렌

답 ③

★★★
**17** **화재의 소화원리에 따른 소화방법의 적용으로 틀린 것은?**

19.09.문13
18.09.문19
17.05.문06
16.03.문08
15.03.문17
14.03.문19
11.10.문19
03.08.문11

① 냉각소화 : 스프링클러설비
② 질식소화 : 이산화탄소 소화설비
③ 제거소화 : 포소화설비
④ 억제소화 : 할로겐화합물 소화설비

해설 **화재**의 **소화원리**에 따른 **소화방법**

| 소화원리 | 소화설비 |
|---|---|
| 냉각소화 | ① 스프링클러설비<br>② 옥내·외소화전설비 |
| 질식소화 | ① 이산화탄소 소화설비<br>② 포소화설비<br>③ 분말소화설비<br>④ 불활성기체 소화약제 |
| 억제소화 (부촉매효과) | ① 할론소화약제<br>② 할로겐화합물 소화약제 |
| 제거소화 | 물(봉상주수) |

③ 포소화설비 → 물(봉상주수)

답 ③

★★★
**18** **공기의 평균 분자량이 29일 때 이산화탄소 기체의 증기비중은 얼마인가?**

19.03.문18
16.03.문01
15.03.문05
14.09.문15
12.09.문18
07.05.문17

① 1.44
② 1.52
③ 2.88
④ 3.24

해설 (1) **분자량**

| 원 소 | 원자량 |
|---|---|
| H | 1 |
| C → | 12 |
| N | 14 |
| O → | 16 |

이산화탄소($CO_2$) : $12+16\times2=44$

(2) **증기비중**

$$증기비중 = \frac{분자량}{29}$$

여기서, 29 : 공기의 평균 분자량[g/mol]

이산화탄소 증기비중 $= \frac{분자량}{29} = \frac{44}{29} \fallingdotseq 1.52$

비교

**증기밀도**

$$증기밀도 = \frac{분자량}{22.4}$$

여기서, 22.4 : 기체 1몰의 부피[L]

중요

**이산화탄소**의 **물성**

| 구 분 | 물 성 |
|---|---|
| 임계압력 | 72.75atm |
| 임계온도 | 31.35℃(약 31.1℃) |
| **3**중점 | –**56**.3℃(약 –56℃) |
| 승화점(**비**점) | –**78**.5℃ |
| 허용농도 | 0.5% |
| **증**기비중 | **1.5**29 |
| 수분 | 0.05% 이하(함량 99.5% 이상) |

기억법 **이356, 이비78, 이증15**

답 ②

★
**19** 12.05.문17

**인화점이 20℃인 액체위험물을 보관하는 창고의 인화 위험성에 대한 설명 중 옳은 것은?**

① 여름철에 창고 안이 더워질수록 인화의 위험성이 커진다.

② 겨울철에 창고 안이 추워질수록 인화의 위험성이 커진다.

③ 20℃에서 가장 안전하고 20℃보다 높아지거나 낮아질수록 인화의 위험성이 커진다.

④ 인화의 위험성은 계절의 온도와는 상관없다.

해설

① 여름철에 창고 안이 더워질수록 액체위험물에 점도가 낮아져서 점화가 쉽게 될 수 있기 때문에 인화의 위험성이 커진다고 판단함이 합리적이다.

답 ①

★★★
**20** 19.03.문06 16.05.문01 09.05.문57

**위험물과 위험물안전관리법령에서 정한 지정수량을 옳게 연결한 것은?**

① 무기과산화물－300kg

② 황화린－500kg

③ 황린－20kg

④ 질산에스테르류－200kg

해설 **위험물**의 **지정수량**

| 위험물 | 지정수량 |
|---|---|
| 질산에스테르류 | 10kg |
| 황린 | 20kg |
| • 무기과산화물<br>• 과산화나트륨 | 50kg |
| • 황화린<br>• 적린 | 100kg |
| 트리니트로톨루엔 | 200kg |
| 탄화알루미늄 | 300kg |

① 300kg → 50kg
② 500kg → 100kg
④ 200kg → 10kg

답 ③

## 제 2 과목 소방전기일반

★★★
**21** 17.03.문35 16.05.문21 15.05.문22 11.06.문24

**개루프 제어와 비교하여 폐루프 제어에서 반드시 필요한 장치는?**

① 안정도를 좋게 하는 장치

② 제어대상을 조작하는 장치

③ 동작신호를 조절하는 장치

④ 기준입력신호와 주궤환신호를 비교하는 장치

해설 **피드백제어**(feedback control=**폐루프제어**)

(1) 출력신호를 입력신호로 되돌려서 **입력**과 **출력**을 **비교**함으로써 **정확한 제어**가 가능하도록 한 제어

(2) 기준입력신호와 주궤환신호를 비교하는 장치가 있는 제어

중요

**피드백제어**의 **특징**

(1) **정확도**(정확성)가 **증가**한다.
(2) **대역폭**이 **크다**(**대역폭**이 **증가**한다).
(3) 계의 특성 변화에 대한 입력 대 출력비의 감도가 감소한다.
(4) 구조가 **복잡**하고 설치비용이 고가이다.
(5) 폐회로로 구성되어 있다.
(6) 입력과 출력을 비교하는 장치가 있다.
(7) 오차를 **자동정정**한다.
(8) **발진**을 일으키고 **불안정한 상태**로 되어가는 경향성이 있다.
(9) 비선형과 왜형에 대한 효과가 **감소**한다.

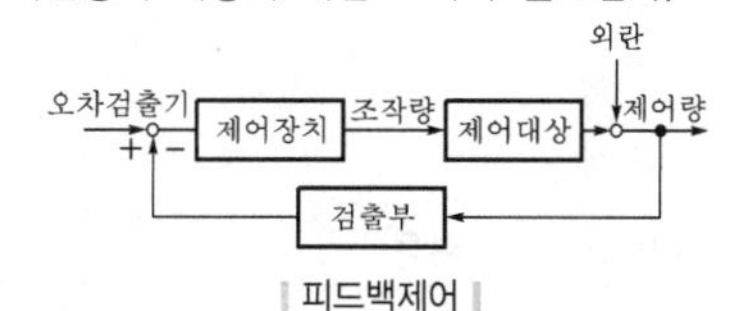


‖ 피드백제어 ‖

답 ④

★★★
**22** 17.09.문34 17.05.문23 06.05.문22 04.09.문30

**3상 농형 유도전동기의 기동법이 아닌 것은?**

① Y－△기동법 ② 기동보상기법

③ 2차 저항기동법 ④ 리액터 기동법

해설 **3상 유도전동기**의 **기동법**

| 농 형 | 권선형 |
|---|---|
| ① 전전압기동법(직입기동법)<br>② Y－△기동법<br>③ 리액터법<br>④ 기동보상기법<br>⑤ 콘도르퍼기동법 | ① 2차 저항법<br>② 게르게스법 |

기억법 권2(권위)

답 ③

## 23 다음 중 강자성체에 속하지 않는 것은?

① 니켈 ② 알루미늄
③ 코발트 ④ 철

해설 **자성체의 종류**

| 자성체 | 종 류 |
|---|---|
| **상**자성체 (paramagnetic material) | ① **알**루미늄(Al)<br>② **백**금(Pt)<br>기억법 **상알백** |
| 반자성체 (diamagnetic material) | ① 금(Au)<br>② 은(Ag)<br>③ 구리(동)(Cu)<br>④ 아연(Zn)<br>⑤ 탄소(C) |
| **강**자성체 (ferromagnetic material) | ① **니**켈(Ni)<br>② **코**발트(Co)<br>③ **망**간(Mn)<br>④ **철**(Fe)<br>기억법 **강니코망철**<br>• **자기차폐**와 관계 깊음 |

② 알루미늄 : 상자성체

답 ②

## 24 프로세스제어의 제어량이 아닌 것은?

19.03.문32 17.09.문22 17.09.문39 17.05.문29 16.10.문35 16.05.문22 16.03.문32 15.05.문23

① 액위
② 유량
③ 온도
④ 자세

해설 **제어량**에 의한 **분류**

| 분 류 | 종 류 |
|---|---|
| **프**로세스제어 | ① **온**도<br>② **압**력<br>③ **유**량<br>④ **액**면(액위)<br>기억법 **프온압유액** |
| **서**보기구 (서보제어, 추종제어) | ① **위**치<br>② **방**위<br>③ **자**세<br>기억법 **서위방자** |
| **자**동조정 | ① 전압<br>② 전류<br>③ 주파수<br>④ 회전속도(**발**전기의 **조**속기)<br>⑤ 장력<br>기억법 **자발조** |

※ **프로세스제어**(공정제어) : 공업공정의 상태량을 제어량으로 하는 제어

④ 자세 : 서보기구

중요

**제어의 종류**

| 종 류 | 설 명 |
|---|---|
| **정치제어** (fixed value control) | • 일정한 **목**표값을 **유**지하는 것으로 **프로세스제어, 자동조정**이 이에 해당된다.<br>예 **연속식 압연기**<br>• **목표값**이 시간에 관계없이 항상 일정한 값을 가지는 제어이다.<br>기억법 **유목정** |
| **추종제어** (follow-up control, 서보제어) | 미지의 시간적 변화를 하는 목표값에 제어량을 추종시키기 위한 제어로 **서보기구**가 이에 해당된다.<br>예 **대공포의 포신** |
| **비율제어** (ratio control) | 둘 이상의 제어량을 소정의 비율로 제어하는 것이다. |
| **프로그램제어** (program control) | 목표값이 **미리 정해진 시간적 변화**를 하는 경우 제어량을 그것에 추종시키기 위한 제어이다.<br>예 **열차 · 산업로봇의 무인운전** |

답 ④

## 25 100V, 500W의 전열선 2개를 같은 전압에서 직렬로 접속한 경우와 병렬로 접속한 경우에 각 전열선에서 소비되는 전력은 각각 몇 W인가?

17.09.문28

① 직렬 : 250, 병렬 : 500
② 직렬 : 250, 병렬 : 1000
③ 직렬 : 500, 병렬 : 500
④ 직렬 : 500, 병렬 : 1000

해설 (1) **기호**

- $V$ : 100V
- $P$ : 500W
- $P_{직렬}$ : ?
- $P_{병렬}$ : ?

(2) **전력**

$$P=\frac{V^2}{R}$$

여기서, $P$ : 전력[W]
$V$ : 전압[V]
$R$ : 저항[Ω]

저항 $R$은

$$R=\frac{V^2}{P}=\frac{100^2}{500}=20\,\Omega$$

(3) **전열선 2개 직렬접속**

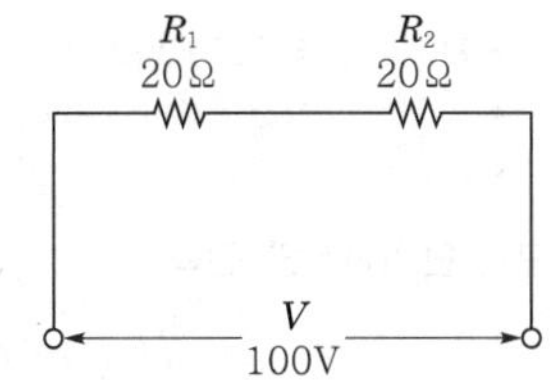


전력 $P=\frac{V^2}{R}=\frac{V^2}{R_1+R_2}=\frac{100^2}{20+20}=250\text{W}$

(4) **전열선 2개 병렬접속**

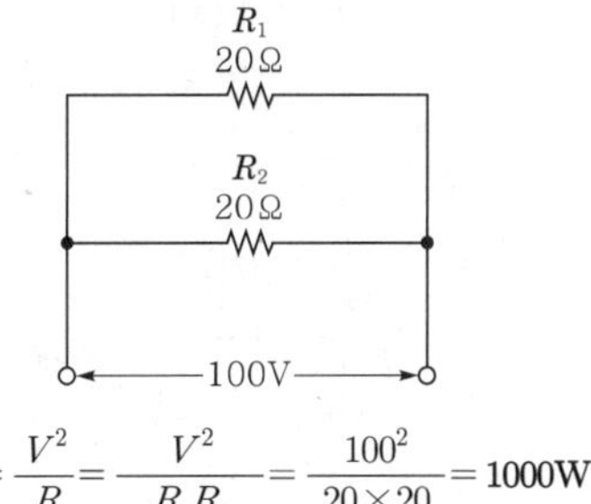


전력 $P=\frac{V^2}{R}=\frac{V^2}{\frac{R_1R_2}{R_1+R_2}}=\frac{100^2}{\frac{20\times20}{20+20}}=1000\text{W}$

답 ②

## 26 열팽창식 온도계가 아닌 것은?

17.03.문39

① 열전대 온도계　② 유리 온도계
③ 바이메탈 온도계　④ 압력식 온도계

해설 **온도계**의 **종류**

| 열팽창식 온도계 | 열전 온도계 |
|---|---|
| • **유**리 온도계<br>• **압**력식 온도계<br>• **바**이메탈 온도계<br>• 알코올 온도계<br>• 수은 온도계<br>기억법 **유압바** | • 열전대 온도계 |

답 ①

## 27 그림과 같은 회로에서 전압계 Ⓥ가 10V일 때 단자 A-B 간의 전압은 몇 V인가?

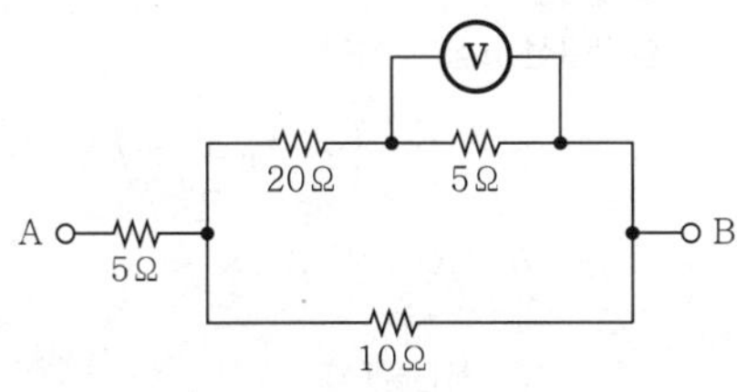


① 50　② 85
③ 100　④ 135

해설 문제 조건에 의해 회로를 일부 수정하면 다음과 같다.

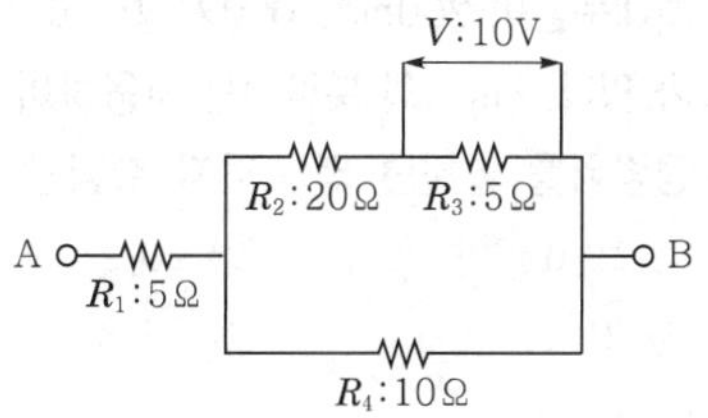


(1) **전류**

$$I=\frac{V}{R}$$

여기서, $I$ : 전류[A]
$V$ : 전압[V]
$R$ : 저항[Ω]

전류 $I_3$는

$I_3=\frac{V}{R_3}=\frac{10}{5}=2\text{A}$

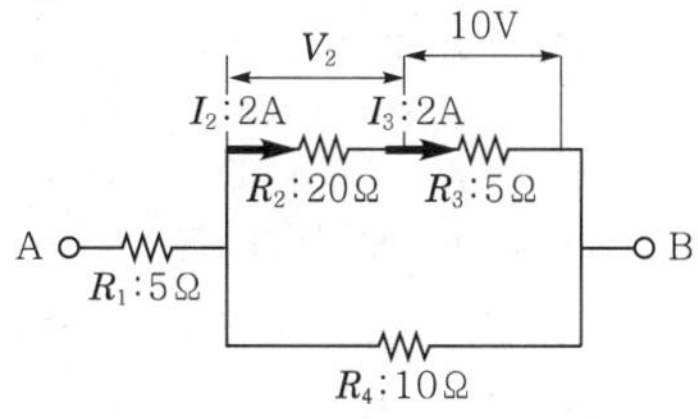

같은 선에 전류가 흐르므로

$$I_2=I_3$$

전압 $V_2$는

$V_2=I_2R_2=2\times20=40\text{V}$

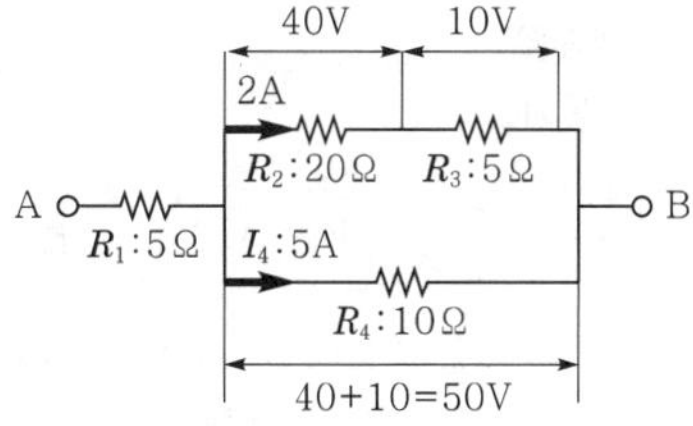


전류 $I_4$는

$I_4=\frac{V}{R_4}=\frac{50}{10}=5\text{A}$

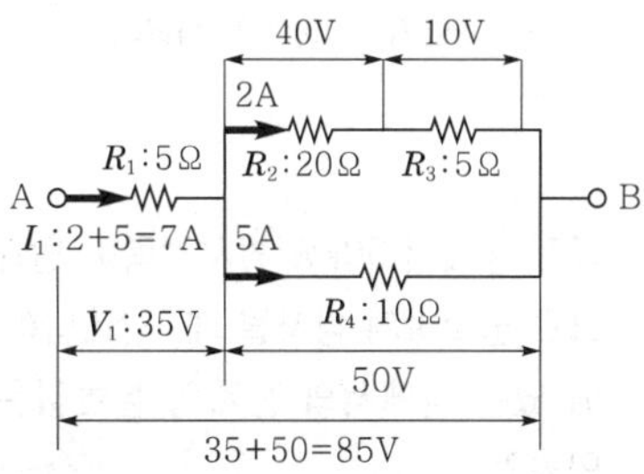


전압 $V_1$은

$V_1=I_1R_1=7\times5=35\text{V}$

단자 A-B 간 전압 $V=35+50=85\text{V}$

답 ②

★★★
**28** 최대눈금이 200mA, 내부저항이 0.8Ω인 전류계가 있다. 8mΩ의 분류기를 사용하여 전류계의 측정범위를 넓히면 몇 A까지 측정할 수 있는가?

19.09.문30
13.09.문31
11.06.문34

① 19.6　　② 20.2
③ 21.4　　④ 22.8

해설 (1) **기호**

- $I$ : 200mA=0.2A(1000mA=1A)
- $R_A$ : 0.8Ω
- $R_S$ : 8mΩ=8×10$^{-3}$Ω(1mΩ=10$^{-3}$Ω)
- $I_0$ : ?

(2) **분류기**

$$I_0 = I\left(1+\frac{R_A}{R_S}\right)$$

여기서, $I_0$ : 측정하고자 하는 전류[A]
$I$ : 전류계의 최대눈금[A]
$R_A$ : 전류계 내부저항[Ω]
$R_S$ : 분류기저항[Ω]

측정하고자 하는 전류 $I_0$는

$$I_0 = I\left(1+\frac{R_A}{R_S}\right) = 0.2\left(1+\frac{0.8}{8\times10^{-3}}\right) = 20.2\text{A}$$

※ **분류기** : 전류계와 **병렬**접속

비교

**배율기**

$$V_0 = V\left(1+\frac{R_m}{R_v}\right)$$

여기서, $V_0$ : 측정하고자 하는 전압[V]
$V$ : 전압계의 최대눈금[V]
$R_v$ : 전압계의 내부저항[Ω]
$R_m$ : 배율기저항[Ω]

※ **배율기** : 전압계와 **직렬**접속

답 ②

★
**29** 공기 중에서 50kW 방사전력이 안테나에서 사방으로 균일하게 방사될 때, 안테나에서 1km 거리에 있는 점에서의 전계의 실효값은 약 몇 V/m인가?

① 0.87　　② 1.22
③ 1.73　　④ 3.98

해설 (1) **기호**

- $P$ : 50kW=50000W(1kW=1000W)
- $r$ : 1km=1000m(1km=1000m)
- $E$ : ?

(2) **구**의 **단위면적당 전력**

$$W = \frac{E^2}{377} = \frac{P}{4\pi r^2}$$

여기서, $W$ : 구의 단위면적당 전력[W/m$^2$]
$E$ : 전계의 실효값[V/m]
$P$ : 전력[W]
$r$ : 거리[m]

$$\frac{E^2}{377} = \frac{P}{4\pi r^2}$$

$$E^2 = \frac{P}{4\pi r^2}\times377$$

$$E = \sqrt{\frac{P}{4\pi r^2}\times377} = \sqrt{\frac{50000}{4\pi\times1000^2}\times377} \fallingdotseq 1.22\text{V/m}$$

답 ②

★
**30** 대칭 $n$상의 환상결선에서 선전류와 상전류(환상전류) 사이의 위상차는?

① $\frac{n}{2}\left(1-\frac{2}{\pi}\right)$　　② $\frac{n}{2}\left(1-\frac{\pi}{2}\right)$
③ $\frac{\pi}{2}\left(1-\frac{2}{n}\right)$　　④ $\frac{\pi}{2}\left(1-\frac{n}{2}\right)$

해설 **환상결선 $n$상**의 **위상차**

$$\theta = \frac{\pi}{2} - \frac{\pi}{n}$$

여기서, $\theta$ : 위상차
$n$ : 상

- 환상결선=△결선

$n$상의 위상차 $\theta$는

$$\theta = \frac{\pi}{2} - \frac{\pi}{n} = \frac{\pi}{2}\left(1-\frac{2}{n}\right)$$

비교

**환상결선 $n$상**의 **선전류**

$$I_l = \left(2\times\sin\frac{\pi}{n}\right)\times I_p$$

여기서, $I_l$ : 선전류[A]
$n$ : 상
$I_p$ : 상전류[A]

답 ③

★★★
**31** 지하 1층, 지상 2층, 연면적이 1500m²인 기숙사에서 지상 2층에 설치된 차동식 스포트형 감지기가 작동하였을 때 전 층의 지구경종이 동작되었다. 각 층 지구경종의 정격전류가 60mA이고, 24V가 인가되고 있을 때 모든 지구경종에서 소비되는 총 전력[W]은?

19.03.문33
11.03.문23
10.05.문35

① 4.23 ② 4.32
③ 5.67 ④ 5.76

해설 (1) **기호**

- $I$ : 60mA×3개=180mA=0.18A(1000mA=1A)
  지구경종은 **지하 1층, 지상 1층, 지상 2층**에 1개씩 총 **3개** 설치
- $V$ : 24V

(2) **전력**

$$P=VI$$

여기서, $P$ : 전력[W]
$V$ : 전압[V]
$I$ : 전류[A]

전력 $P$는
$P=VI$
$=24\times0.18=4.32\text{W}$

답 ②

★★★
**32** 역률 0.8인 전동기에 200V의 교류전압을 가하였더니 10A의 전류가 흘렀다. 피상전력은 몇 VA인가?

19.03.문27
09.08.문31
01.09.문30

① 1000
② 1200
③ 1600
④ 2000

해설 (1) **기호**

- $\cos\theta$ : 0.8
- $V$ : 200V
- $I$ : 10A
- $P_a$ : ?

(2) **피상전력**

$$P_a=VI$$

여기서, $P_a$ : 피상전력[VA]
$V$ : 전압[V]
$I$ : 전류[A]

피상전력 $P_a$는
$P_a=VI=200\times10=2000\text{VA}$

- **역률** $\cos\theta$는 적용하지 않음에 주의! **함정**이다.

답 ④

★★
**33** 50Hz의 3상 전압을 전파정류하였을 때 리플(맥동)주파수[Hz]는?

15.09.문27
09.03.문32

① 50 ② 100
③ 150 ④ 300

해설 **맥동주파수**

| 구 분 | 맥동주파수(60Hz) | 맥동주파수(50Hz) |
|---|---|---|
| 단상 반파 | 60Hz | 50Hz |
| 단상 전파 | 120Hz | 100Hz |
| 3상 반파 | 180Hz | 150Hz |
| 3상 전파 | 360Hz | 300Hz |

- 맥동주파수 = 리플주파수

답 ④

★★
**34** 5Ω의 저항과 2Ω의 유도성 리액턴스를 직렬로 접속한 회로에 5A의 전류를 흘렸을 때 이 회로의 복소전력[VA]은?

14.09.문35
12.09.문37

① $25+j10$ ② $10+j25$
③ $125+j50$ ④ $50+j125$

해설 (1) **기호**

- $R$ : 5Ω
- $X_L$ : 2Ω
- $I$ : 5A
- $P$ : ?

문제 지문을 회로로 바꾸면

$I$ 5A, $R$ 5Ω, $X_L$ 2Ω

(2) **전압**

$$V=IZ=I(R+X_L)$$

여기서, $V$ : 전압[VA]
$I$ : 전류[A]
$Z$ : 임피던스[Ω]
$R$ : 저항[Ω]
$X_L$ : 유도리액턴스[Ω]

전압 $V$는
$V=I(R+X_L)=5(5+j2)=25+10j\text{V}$

(3) **복소전력**

$$P=V\overline{I}$$

여기서, $P$ : 복소전력[VA]
$V$ : 전압[V]
$\overline{I}$ : 허수에 반대부호를 취한 전류[A]

**복소전력** $P=V\overline{I}$
$=(25+10j)\times5$
$=125+50j=125+j50\text{VA}$

답 ③

★★★
**35** 3상 유도전동기를 Y결선으로 기동할 때 전류의 크기($|I_Y|$)와 △결선으로 기동할 때 전류의 크기($|I_\triangle|$)의 관계로 옳은 것은?

17.05.문36
15.05.문40
04.03.문36

① $|I_Y| = \frac{1}{3}|I_\triangle|$

② $|I_Y| = \sqrt{3}|I_\triangle|$

③ $|I_Y| = \frac{1}{\sqrt{3}}|I_\triangle|$

④ $|I_Y| = \frac{\sqrt{3}}{2}|I_\triangle|$

해설 **Y－△기동방식**의 **기동전류**

$$I_Y = \frac{1}{3}I_\triangle$$

여기서, $I_Y$ : Y결선시 전류[A]
$I_\triangle$ : △결선시 전류[A]

중요

| 기동전류 | 소비전력 | 기동토크 |
|---|---|---|
| $\frac{\text{Y－△기동방식}}{\text{직입기동방식}} = \frac{1}{3}$ | | |

※ 3상 유도전동기의 기동시 직입기동방식을 Y－△ 기동방식으로 변경하면 **기동전류**, **소비전력**, **기동토크**가 모두 $\frac{1}{3}$로 감소한다.

답 ①

★★★
**36** 그림의 시퀀스회로와 등가인 논리게이트는?

17.09.문25
16.05.문36
16.03.문39
15.09.문23
13.09.문30
13.06.문35

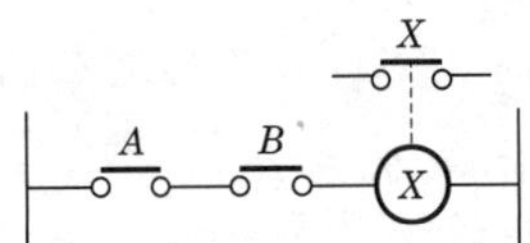


① OR게이트
② AND게이트
③ NOT게이트
④ NOR게이트

해설 **시퀀스회로**와 **논리회로**

| 명 칭 | 시퀀스회로 | 논리회로 |
|---|---|---|
| AND 회로 (**직렬 회로**) | A, B, $X_a$ | $X = A \cdot B$ 입력신호 $A$, $B$가 동시에 1일 때만 출력신호 $X$가 1이 된다. |

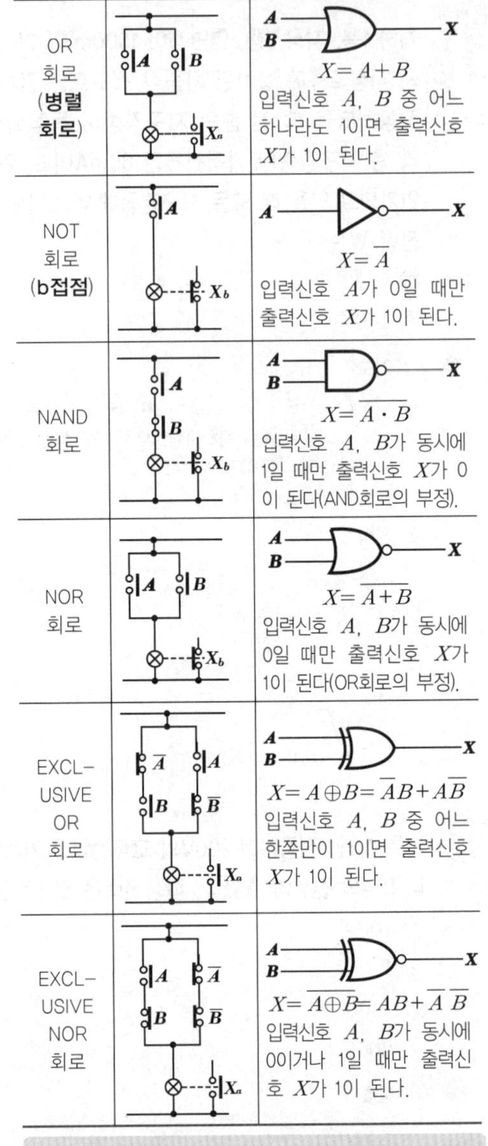

| 명 칭 | 시퀀스회로 | 논리회로 |
|---|---|---|
| OR 회로 (**병렬 회로**) | A, B, $X_a$ | $X = A + B$ 입력신호 $A$, $B$ 중 어느 하나라도 1이면 출력신호 $X$가 1이 된다. |
| NOT 회로 (b접점) | A, $X_b$ | $X = \overline{A}$ 입력신호 $A$가 0일 때만 출력신호 $X$가 1이 된다. |
| NAND 회로 | A, B, $X_b$ | $X = \overline{A \cdot B}$ 입력신호 $A$, $B$가 동시에 1일 때만 출력신호 $X$가 0이 된다(AND회로의 부정). |
| NOR 회로 | A, B, $X_b$ | $X = \overline{A + B}$ 입력신호 $A$, $B$가 동시에 0일 때만 출력신호 $X$가 1이 된다(OR회로의 부정). |
| EXCLUSIVE OR 회로 | $\overline{A}$, A, B, $\overline{B}$, $X_a$ | $X = A \oplus B = \overline{A}B + A\overline{B}$ 입력신호 $A$, $B$ 중 어느 한쪽만이 1이면 출력신호 $X$가 1이 된다. |
| EXCLUSIVE NOR 회로 | A, $\overline{A}$, B, $\overline{B}$, $X_a$ | $X = \overline{A \oplus B} = AB + \overline{A}\,\overline{B}$ 입력신호 $A$, $B$가 동시에 0이거나 1일 때만 출력신호 $X$가 1이 된다. |

• 회로＝게이트

시퀀스회로는 해설과 같이 세로로 그려도 된다.

답 ②

★★★
**37** 진공 중에 놓인 5$\mu$C의 점전하에서 2m되는 점에서의 전계는 몇 V/m인가?

17.09.문32
16.05.문33
07.09.문22

① $11.25 \times 10^3$　② $16.25 \times 10^3$
③ $22.25 \times 10^3$　④ $28.25 \times 10^3$

해설 (1) **기호**

- $Q$ : $5\mu\text{C} = 5 \times 10^{-6}\text{C}(\mu = 10^{-6})$
- $r$ : 2m
- $E$ : ?

(2) **전계**의 **세기**(intensity of electric field)

$$E=\frac{Q}{4\pi\varepsilon r^2}$$

여기서, $E$ : 전계의 세기〔V/m〕
$Q$ : 전하〔C〕
$\varepsilon$ : 유전율〔F/m〕($\varepsilon=\varepsilon_0\cdot\varepsilon_s$)
($\varepsilon_0$ : 진공의 유전율〔F/m〕
$\varepsilon_s$ : 비유전율)
$r$ : 거리〔m〕

**전계의 세기**(전장의 세기) $E$는

$$E=\frac{Q}{4\pi\varepsilon r^2}=\frac{Q}{4\pi\varepsilon_0\varepsilon_s r^2}=\frac{Q}{4\pi\varepsilon_0 r^2}$$
$$=\frac{(5\times10^{-6})}{4\pi\times(8.855\times10^{-12})\times2^2}$$
$$≒11.25\times10^3\text{V/m}$$

- **진공**의 **유전율** : $\varepsilon_0=8.855\times10^{-12}\text{F/m}$
- $\varepsilon_s$(비유전율) : 진공 중 또는 공기 중 $\varepsilon_s≒1$이므로 생략

답 ①

## 38 전압이득이 60dB인 증폭기와 궤환율($\beta$)이 0.01인 궤환회로를 부궤환 증폭기로 구성하였을 때 전체 이득은 약 몇 dB인가?

19.04.문22
13.09.문38

① 20　② 40
③ 60　④ 80

해설 (1) **기호**

- $A_{vg}$ : 60dB
- $\beta$ : 0.01
- $A_f$ : ?

(2) **전압이득**

$$Av_f=20\log A$$

여기서, $Av_f$ : 전압이득〔dB〕
$A$ : 전압이득(증폭기이득)〔dB〕

$Av_f=20\log A$
$60\text{dB}=20\log A$
$60\text{dB}=20\log_{10}A$ ⬅ 상용로그이므로 $\log=\log_{10}$

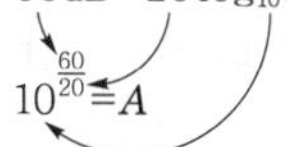

$10^{\frac{60}{20}}=A$

$1000=A$
$A=1000$

※ 수학

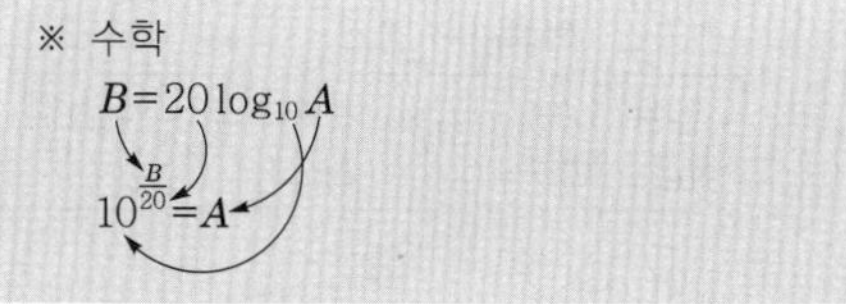

$B=20\log_{10}A$
$10^{\frac{B}{20}}=A$

(3) **부궤환 증폭기이득**

$$A_f=\frac{A}{1+\beta A}$$

여기서, $A_f$ : 부궤환 증폭기이득〔dB〕
$\beta$ : 궤환율
$A$ : 전압이득〔dB〕

**증폭기이득** $A_f$는

$$A_f=\frac{A}{1+\beta A}=\frac{1000}{1+(0.01\times1000)}≒91$$

**부궤환 증폭기이득** $Av_f$는

$$Av_f=20\log A_f=20\log 91≒40\text{dB}$$

중요

**부궤한 증폭기**

| 장 점 | 단 점 |
|---|---|
| • **안**정도 **증**진<br>• 대역폭 확장<br>• 잡음 감소<br>• 왜곡 감소 | • 이득 감소 |

기억법 **부안증**

답 ②

## 39 그림과 같은 논리회로의 출력 $Y$는?

18.09.문33
16.05.문40
13.03.문24
10.05.문21
00.07.문36

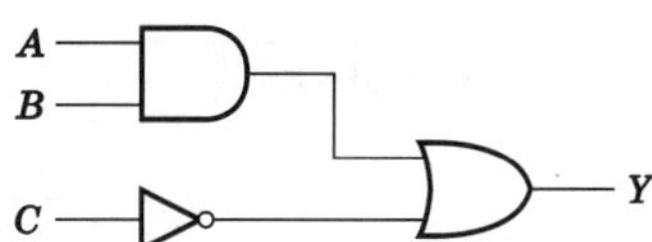


① $AB+\overline{C}$
② $A+B+\overline{C}$
③ $(A+B)\overline{C}$
④ $AB\overline{C}$

해설

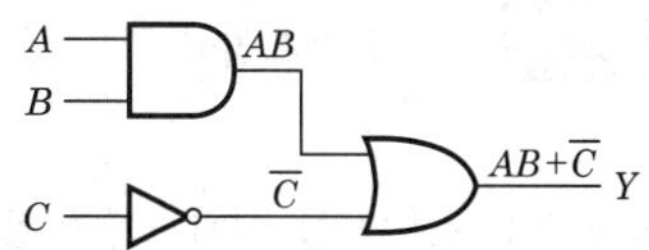


중요

**논리회로**

| 시퀀스 | 논리식 | 논리회로 |
|---|---|---|
| 직렬회로 | $Z=A\cdot B$<br>$Z=AB$ | 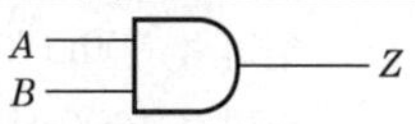 (A, B → AND → Z) |
| 병렬회로 | $Z=A+B$ | 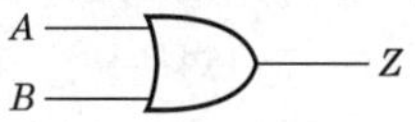 (A, B → OR → Z) |

| a접점 | $Z=A$ | 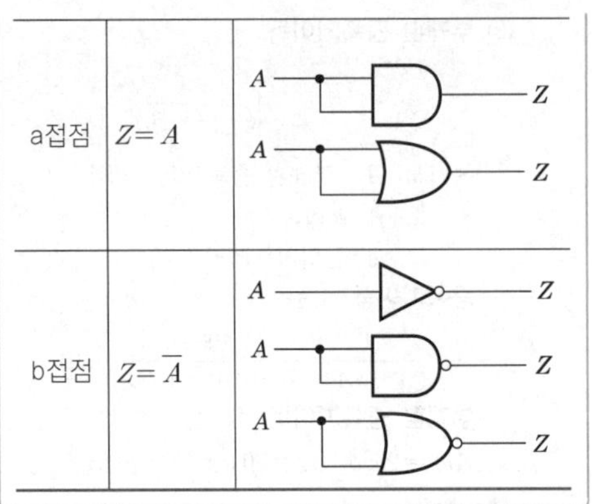 |
|---|---|---|
| b접점 | $Z=\overline{A}$ | |

답 ①

★★
**40** 단상 변압기 3대를 △결선하여 부하에 전력을 공급하고 있는 중 변압기 1대가 고장나서 V결선으로 바꾼 경우에 고장 전과 비교하여 몇 % 출력을 낼 수 있는가?

16.05.문37
13.03.문36

① 50
② 57.7
③ 70.7
④ 86.6

해설 V 결선

| 변압기 1대의 **이용률** | △ → V 결선시의 **출력비** |
|---|---|
| $U=\frac{\sqrt{3}\,VI\cos\theta}{2\,VI\cos\theta}$<br>$=\frac{\sqrt{3}}{2}$<br>$=0.866(86.6\%)$ | $\frac{P_V}{P_\triangle}=\frac{\sqrt{3}\,VI\cos\theta}{3\,VI\cos\theta}$<br>$=\frac{\sqrt{3}}{3}$<br>$=0.577(57.7\%)$ |

답 ②

## 제 3 과목 소방관계법규

★★★
**41** 화재예방, 소방시설 설치·유지 및 안전관리에 관한 법령상 단독경보형 감지기를 설치하여야 하는 특정소방대상물의 기준으로 틀린 것은?

18.03.문49
17.09.문60
10.03.문55
06.09.문61

① 연면적 $600m^2$ 미만의 기숙사
② 연면적 $600m^2$ 미만의 숙박시설
③ 연면적 $1000m^2$ 미만의 아파트 등
④ 교육연구시설 또는 수련시설 내에 있는 합숙소 또는 기숙사로서 연면적 $2000m^2$ 미만인 것

해설 **소방시설법 시행령 〔별표 5〕**
**단독경보형 감지기의 설치대상**

| 연면적 | 설치대상 |
|---|---|
| $400m^2$ 미만 | • 유치원 |
| $600m^2$ 미만 | • 숙박시설 |
| $1000m^2$ 미만 | • 아파트 등<br>• 기숙사 |
| $2000m^2$ 미만 | • 교육연구시설·수련시설 내에 있는 **합숙소** 또는 **기숙사** |
| 모두 적용 | • 100명 미만 수련시설(숙박시설이 있는 것) |

① $600m^2$ → $1000m^2$

※ **단독경보형 감지기**: 화재발생상황을 단독으로 감지하여 자체에 내장된 음향장치로 경보하는 감지기

비교

**단독경보형 감지기**의 **설치기준**(NFSC 201 5조)
(1) 단독경보형 감지기는 소방대상물의 각 실마다 설치하되, 바닥면적이 $150m^2$를 초과하는 경우에는 **$150m^2$**마다 1개 이상 설치할 것
(2) 최상층의 계단실의 **천장**에 설치할 것
(3) 건전지를 주전원으로 사용하는 단독경보형 감지기는 정상적인 작동상태를 유지할 수 있도록 **건전지**를 **교환**할 것

답 ①

★★
**42** 위험물안전관리법령상 위험물취급소의 구분에 해당하지 않는 것은?

15.09.문44
08.09.문45

① 이송취급소 ② 관리취급소
③ 판매취급소 ④ 일반취급소

해설 **위험물령 〔별표 3〕**
**위험물취급소의 구분**

| 구 분 | 설 명 |
|---|---|
| 주유 취급소 | 고정된 주유설비에 의하여 **자동차·항공기** 또는 **선박** 등의 연료탱크에 직접 주유하기 위하여 위험물을 취급하는 장소 |
| 판매 취급소 | **점포**에서 위험물을 용기에 담아 판매하기 위하여 지정수량의 **40배** 이하의 위험물을 취급하는 장소<br>기억법 **판4(판사** 검사) |
| 이송 취급소 | 배관 및 이에 부속된 설비에 의하여 위험물을 **이송**하는 장소 |
| 일반 취급소 | 주유취급소·판매취급소·이송취급소 이외의 장소 |

답 ②

★
**43** 화재예방, 소방시설 설치·유지 및 안전관리에 관한 법률상 주택의 소유자가 설치하여야 하는 소방시설의 설치대상으로 틀린 것은?

① 다세대주택
② 다가구주택
③ 아파트
④ 연립주택

해설 **소방시설법 8조**
**주택의 소유자가 설치하는 소방시설의 설치대상**
(1) 단독주택
(2) 공동주택(아파트 및 기숙사 제외) : 연립주택, 다세대주택, 다가구주택

답 ③

★★★
**44** 화재예방, 소방시설 설치·유지 및 안전관리에 관한 법령상 1급 소방안전관리 대상물에 해당하는 건축물은?

19.03.문60
17.09.문55
16.03.문52
15.03.문60
13.09.문51

① 지하구
② 층수가 15층인 공공업무시설
③ 연면적 15000m² 이상인 동물원
④ 층수가 20층이고, 지상으로부터 높이가 100m인 아파트

해설 **소방시설법 시행령 22조**
**소방안전관리자를 두어야 할 특정소방대상물**
(1) 특급 소방안전관리대상물 : 동식물원, 불연성 물품 저장·취급창고, 지하구, 위험물제조소 등 제외
㉠ **50층** 이상(지하층 제외) 또는 지상 **200m** 이상 **아파트**
㉡ **30층** 이상(지하층 포함) 또는 지상 **120m** 이상(아파트 제외)
㉢ 연면적 **20만m²** 이상(아파트 제외)
(2) 1급 소방안전관리대상물 : 동식물원, 불연성 물품 저장·취급창고, 지하구, 위험물제조소 등 제외
㉠ **30층** 이상(지하층 제외) 또는 지상 **120m** 이상 아파트
㉡ 연면적 **15000m²** 이상인 것(아파트 제외)
㉢ **11층** 이상(아파트 제외)
㉣ 가연성 가스를 **1000t** 이상 저장·취급하는 시설
(3) 2급 소방안전관리대상물
㉠ 지하구
㉡ 가스제조설비를 갖추고 도시가스사업 허가를 받아야 하는 시설 또는 가연성 가스를 **100~1000t** 미만 저장·취급하는 시설
㉢ **스프링클러설비**·간이스프링클러설비 또는 **물분무등소화설비** 설치대상물
㉣ **옥내소화전설비** 설치대상물
㉤ **공동주택**
㉥ **목조건축물**(국보·보물)
(4) 3급 소방안전관리대상물 : **자동화재탐지설비** 설치대상물

답 ②

★★
**45** 위험물안전관리법령상 제조소의 기준에 따라 건축물의 외벽 또는 이에 상당하는 공작물의 외측으로부터 제조소의 외벽 또는 이에 상당하는 공작물의 외측까지의 안전거리기준으로 틀린 것은? (단, 제6류 위험물을 취급하는 제조소를 제외하고, 건축물에 불연재료로 된 방화상 유효한 담 또는 벽을 설치하지 않은 경우이다.)

19.03.문50
08.05.문52

① 의료법에 의한 종합병원에 있어서는 30m 이상
② 도시가스사업법에 의한 가스공급시설에 있어서는 20m 이상
③ 사용전압 35000V를 초과하는 특고압가공전선에 있어서는 5m 이상
④ 문화재보호법에 의한 유형 문화재와 기념물 중 지정 문화재에 있어서는 30m 이상

해설 **위험물규칙 〔별표 4〕**
**위험물제조소의 안전거리**

| 안전거리 | 대 상 |
|---|---|
| 3m 이상 | • **7~35kV** 이하의 특고압가공전선 |
| 5m 이상 | • **35kV**를 초과하는 특고압가공전선 |
| 10m 이상 | • **주거용**으로 사용되는 것 |
| 20m 이상 | • 고압가스 **제조**시설(용기에 충전하는 것 포함)<br>• 고압가스 **사용**시설(1일 **30m³** 이상 용적 취급)<br>• 고압가스 **저장**시설<br>• 액화산소 **소비**시설<br>• 액화석유가스 제조·저장시설<br>• 도시가스 공급시설 |
| 30m 이상 | • 학교<br>• 병원급 의료기관<br>• 공연장, • 영화상영관 ─ **300명** 이상 수용시설<br>• 아동복지시설<br>• 노인복지시설<br>• 장애인복지시설<br>• 한부모가족 복지시설<br>• 어린이집<br>• 성매매 피해자 등을 위한 지원시설<br>• 정신건강증진시설<br>• 가정폭력 피해자 보호시설 ─ **20명** 이상 수용시설 |
| 50m 이상 | • 유형 문화재<br>• 지정 문화재 |

① 30m → 50m

답 ④

**46** 화재예방, 소방시설 설치 · 유지 및 안전관리에 관한 법령상 지하가 중 터널로서 길이가 1000m 일 때 설치하지 않아도 되는 소방시설은?

11.10.문46

① 인명구조기구 ② 옥내소화전설비
③ 연결송수관설비 ④ 무선통신보조설비

해설 **소방시설법 시행령 〔별표 5〕**
지하가 중 터널길이

| 터널길이 | 적용설비 |
|---|---|
| 500m 이상 | • 비상조명등설비<br>• 비상경보설비<br>• 제연설비<br>• 무선통신보조설비<br>• 비상콘센트설비 |
| 1000m 이상 | • 옥내소화전설비<br>• 연결송수관설비<br>• 자동화재탐지설비 |

① 터널에는 설치하지 않음

중요

**소방시설법 시행령 〔별표 5〕**
**인명구조기구의 설치장소**
(1) 지하층을 포함한 **7층** 이상의 **관광호텔**[방열복, 방화복(안전모, 보호장갑, 안전화 포함), 인공소생기, 공기호흡기]
(2) 지하층을 포함한 **5층** 이상의 **병원**[방화복(안전모, 보호장갑, 안전화 포함), 공기호흡기]

기억법 5병(오병이어의 기적)

(3) 공기호흡기를 설치하여야 하는 특정소방대상물
㉠ 수용인원 **100명** 이상인 **영화상영관**
㉡ **대규모점포**
㉢ **지하역사**
㉣ **지하상가**
㉤ **이산화탄소 소화설비**(호스릴 이산화탄소 소화설비 제외)를 설치하여야 하는 특정소방대상물

답 ①

**47** 화재예방, 소방시설 설치 · 유지 및 안전관리에 관한 법령상 스프링클러설비를 설치하여야 하는 특정소방대상물의 기준으로 틀린 것은? (단, 위험물 저장 및 처리 시설 중 가스시설 또는 지하구는 제외한다.)

19.03.문48
15.03.문56
12.05.문51

① 복합건축물로서 연면적 $3500m^2$ 이상인 경우에는 모든 층
② 창고시설(물류터미널은 제외)로서 바닥면적 합계가 $5000m^2$ 이상인 경우에는 모든 층
③ 숙박이 가능한 수련시설 용도로 사용되는 시설의 바닥면적의 합계가 $600m^2$ 이상인 것은 모든 층
④ 판매시설, 운수시설 및 창고시설(물류터미널에 한정)로서 바닥면적의 합계가 $5000m^2$ 이상이거나 수용인원이 500명 이상인 경우에는 모든 층

해설 **스프링클러설비**의 **설치대상**

| 설치대상 | 조 건 |
|---|---|
| ① 문화 및 집회시설, 운동시설<br>② 종교시설 | • 수용인원 : **100명** 이상<br>• 영화상영관 : 지하층 · 무창층 **500m²**(기타 **1000m²**) 이상<br>• 무대부<br>– 지하층 · 무창층 · **4층** 이상 **300m²** 이상<br>– 1~3층 **500m²** 이상 |
| ③ 판매시설<br>④ 운수시설<br>⑤ 물류터미널 | • 수용인원 : **500명** 이상<br>• 바닥면적합계 : **5000m²** 이상 |
| ⑥ 노유자시설<br>⑦ 정신의료기관<br>⑧ 수련시설(숙박 가능한 것)<br>⑨ 종합병원, 병원, 치과병원, 한방병원 및 요양병원(정신병원 제외) | • 바닥면적합계 **600m²** 이상 |
| ⑩ 지하층 · 무창층 · **4층** 이상 | • 바닥면적 **1000m²** 이상 |
| ⑪ **지하가**(터널 제외) | • 연면적 **1000m²** 이상 |
| ⑫ **10m** 넘는 랙크식 창고 | • 연면적 **1500m²** 이상 |
| ⑬ 복합건축물 →<br>⑭ 기숙사 | • 연면적 **5000m²** 이상 : 전층 |
| ⑮ **6층** 이상 | • 전층 |
| ⑯ 보일러실 · 연결통로 | • 전부 |
| ⑰ 특수가연물 저장 · 취급 | • 지정수량 **1000배** 이상 |

① $3500m^2$ → $5000m^2$

답 ①

**48** 화재예방, 소방시설 설치 · 유지 및 안전관리에 관한 법령상 1년 이하의 징역 또는 1천만원 이하의 벌금기준에 해당하는 경우는?

19.03.문42
18.04.문54
13.03.문48
12.05.문55
10.09.문49

① 소방용품의 형식승인을 받지 아니하고 소방용품을 제조하거나 수입한 자
② 형식승인을 받은 소방용품에 대하여 제품검사를 받지 아니한 자
③ 거짓이나 그 밖의 부정한 방법으로 제품검사 전문기관으로 지정을 받은 자
④ 소방용품에 대하여 형상 등의 일부를 변경한 후 형식승인의 변경승인을 받지 아니한 자

해설 1년 이하의 징역 또는 1000만원 이하의 벌금
(1) 소방시설의 **자체점검** 미실시자(소방시설법 49조)
(2) **소방시설관리사증** 대여(소방시설법 49조)
(3) **소방시설관리업**의 등록증 또는 등록수첩 대여(소방시설법 49조)
(4) 제조소 등의 정기점검기록 허위작성(위험물법 35조)
(5) **자체소방대**를 두지 않고 제조소 등의 허가를 받은 자(위험물법 35조)
(6) **위험물 운반용기**의 검사를 받지 않고 유통시킨 자(위험물법 35조)
(7) 소방용품 형상 일부 변경 후 변경 미승인(소방시설법 49조)

비교

**소방시설법 48조 2**
**3년 이하의 징역 또는 3000만원 이하의 벌금**
(1) 소방특별조사 결과에 따른 조치명령 위반
(2) 소방시설관리업 무등록자
(3) 형식승인을 받지 않은 소방용품 제조 · 수입자
(4) 제품검사를 받지 않은 자
(5) 부정한 방법으로 전문기관의 지정을 받은 자

①, ②, ③ : 3년 이하의 징역 또는 3000만원 이하의 벌금

답 ④

## 49 소방기본법령상 소방대장의 권한이 아닌 것은?

19.04.문43
19.03.문56
18.04.문43
17.05.문48
16.03.문44
08.05.문54

① 화재현장에 대통령령으로 정하는 사람 외에는 그 구역에 출입하는 것을 제한할 수 있다.
② 화재진압 등 소방활동을 위하여 필요할 때에는 소방용수 외에 댐 · 저수지 등의 물을 사용할 수 있다.
③ 국민의 안전의식을 높이기 위하여 소방박물관 및 소방체험관을 설립하여 운영할 수 있다.
④ 불이 번지는 것을 막기 위하여 필요할 때에는 불이 번질 우려가 있는 소방대상물 및 토지를 일시적으로 사용할 수 있다.

해설 (1) 소방**대**장 : 소방**활**동**구**역의 설정(기본법 23조)

기억법 대구활(**대구**의 **활**동)

(2) **소**방본부장 · **소**방서장 · 소방**대**장
㉠ 소방활동 **종**사명령(기본법 24조)
㉡ **강**제처분(기본법 25조)
㉢ **피**난명령(기본법 26조)
㉣ 댐 · 저수지 사용 등 위험시설 등에 대한 긴급조치(기본법 27조)

기억법 소대종강피(**소**방**대**의 **종강파**티)

비교

**기본법 5조 ①항**
**살립과 운영**

| 소방박물관 | 소방체험관 |
|---|---|
| 소방청장 | 시 · 도지사 |

답 ③

## 50 위험물안전관리법령상 위험물시설의 설치 및 변경 등에 관한 기준 중 다음 (   ) 안에 들어갈 내용으로 옳은 것은?

19.09.문42
18.04.문49
17.05.문46
15.03.문55
14.05.문44
13.09.문60

> 제조소 등의 위치 · 구조 또는 설비의 변경 없이 당해 제조소 등에서 저장하거나 취급하는 위험물의 품명 · 수량 또는 지정수량의 배수를 변경하고자 하는 자는 변경하고자 하는 날의 ( ㉠ )일 전까지 ( ㉡ )이 정하는 바에 따라 ( ㉢ )에게 신고하여야 한다.

① ㉠ : 1, ㉡ : 대통령령, ㉢ : 소방본부장
② ㉠ : 1, ㉡ : 행정안전부령, ㉢ : 시 · 도지사
③ ㉠ : 14, ㉡ : 대통령령, ㉢ : 소방서장
④ ㉠ : 14, ㉡ : 행정안전부령, ㉢ : 시 · 도지사

해설 **위험물법 6조**
**제조소 등의 설치허가**
(1) **설치허가자** : **시 · 도지사**
(2) **설치허가 제외 장소**
㉠ 주택의 난방시설(공동주택의 중앙난방시설은 제외)을 위한 **저장소** 또는 **취급소**
㉡ 지정수량 **20배** 이하의 **농**예용 · **축**산용 · **수**산용 난방시설 또는 건조시설의 **저장소**
(3) **제조소 등의 변경신고** : 변경하고자 하는 날의 **1일** 전까지 **시 · 도지사**에게 **신고(행정안전부령)**

기억법 농축수2

참고

**시 · 도지사**
(1) 특별시장
(2) 광역시장
(3) 특별자치시장
(4) 도지사
(5) 특별자치도지사

답 ②

★★★
**51** 위험물안전관리법령상 허가를 받지 아니하고 당해 제조소 등을 설치하거나 그 위치 · 구조 또는 설비를 변경할 수 있으며, 신고를 하지 아니하고 위험물의 품명 · 수량 또는 지정수량의 배수를 변경할 수 있는 기준으로 옳은 것은?

19.09.문42
18.04.문49
17.05.문46
15.03.문55
14.05.문44
13.09.문60

① 축산용으로 필요한 건조시설을 위한 지정수량 40배 이하의 저장소
② 수산용으로 필요한 건조시설을 위한 지정수량 30배 이하의 저장소
③ 농예용으로 필요한 난방시설을 위한 지정수량 40배 이하의 저장소
④ 주택의 난방시설(공동주택의 중앙난방시설 제외)을 위한 저장소

해설 **문제 50 참조**

① 40배 → 20배
② 30배 → 20배
③ 40배 → 20배

답 ④

★★
**52** 소방시설공사업법령상 공사감리자 지정대상 특정소방대상물의 범위가 아닌 것은?

18.04.문51
14.09.문50

① 제연설비를 신설 · 개설하거나 제연구역을 증설할 때
② 연소방지설비를 신설 · 개설하거나 살수구역을 증설할 때
③ 캐비닛형 간이스프링클러설비를 신설 · 개설하거나 방호 · 방수 구역을 증설할 때
④ 물분무등소화설비(호스릴방식의 소화설비 제외)를 신설 · 개설하거나 방호 · 방수 구역을 증설할 때

해설 **공사업령 10조**
**소방공사감리자 지정대상 특정소방대상물의 범위**
(1) **옥내소화전설비**를 신설 · 개설 또는 **증설**할 때
(2) **스프링클러설비** 등(캐비닛형 간이스프링클러설비 제외)을 신설 · 개설하거나 방호 · **방수구역**을 **증설**할 때
(3) **물분무등소화설비**(호스릴방식의 소화설비 제외)를 신설 · 개설하거나 방호 · 방수구역을 **증설**할 때
(4) **옥외소화전설비**를 신설 · 개설 또는 **증설**할 때
(5) **자동화재탐지설비**를 신설 · 개설하거나 경계구역을 **증설**할 때
(6) **통합감시시설**을 신설 또는 **개설**할 때
(7) **소화용수설비**를 신설 또는 **개설**할 때
(8) 다음의 **소화활동설비**에 대하여 시공할 때
㉠ 제연설비를 신설 · 개설하거나 제연구역을 증설할 때
㉡ 연결송수관설비를 신설 또는 개설할 때
㉢ 연결살수설비를 신설 · 개설하거나 송수구역을 증설할 때
㉣ 비상콘센트설비를 신설 · 개설하거나 전용회로를 증설할 때
㉤ 무선통신보조설비를 신설 또는 개설할 때
㉥ 연소방지설비를 신설 · 개설하거나 살수구역을 증설할 때

③ 캐비닛형 간이스프링클러설비는 제외

답 ③

★★★
**53** 화재예방, 소방시설 설치 · 유지 및 안전관리에 관한 법령상 소방특별조사 결과 소방대상물의 위치 상황이 화재예방을 위하여 보완될 필요가 있을 것으로 예상되는 때에 소방대상물의 개수 · 이전 · 제거, 그 밖의 필요한 조치를 관계인에게 명령할 수 있는 사람은?

19.03.문56
18.04.문43
17.05.문48

① 소방서장
② 경찰청장
③ 시 · 도지사
④ 해당 구청장

해설 **소방시설법 5조**
**소방특별조사 결과에 따른 조치명령**
(1) **명령권자** : **소방청장, 소방본부장 · 소방서장**
(2) **명령사항**
㉠ **개수**명령
㉡ **이전**명령
㉢ **제거**명령
㉣ **사용**의 **금지** 또는 제한명령, 사용폐쇄
㉤ **공사**의 **정지** 또는 중지명령

중요

**소방본부장 · 소방서장 · 소방대장**
(1) 소방활동 **종**사명령(기본법 24조)
(2) **강**제처분 · 제거(기본법 25조)
(3) **피**난명령(기본법 26조)
(4) 댐 · 저수지 사용 등 위험시설 등에 대한 긴급조치(기본법 27조)

기억법 **소대종강피(소방대의 종강파티)**

용어

**소방활동 종사명령**
화재, 재난 · 재해, 그 밖의 위급한 상황이 발생한 현장에서 소방활동을 위하여 필요할 때에는 그 관할구역에 사는 사람 또는 그 현장에 있는 사람으로 하여금 사람을 구출하는 일 또는 불을 끄거나 불이 번지지 아니하도록 하는 일을 하게 할 수 있는 것

중요

기본법 13조
화재경계지구

| 지 정 | 소방특별조사 |
|---|---|
| 시 · 도지사 | **소방본부장** 또는 **소방서장** |

※ **화재경계지구** : 화재가 발생할 우려가 높거나 화재가 발생하면 피해가 클 것으로 예상되는 구역으로서 대통령령이 정하는 지역

답 ①

★★★
**54** 소방기본법령상 시장지역에서 화재로 오인할 만한 우려가 있는 불을 피우거나 연막소독을 하려는 자가 신고를 하지 아니하여 소방자동차를 출동하게 한 자에 대한 과태료 부과 · 징수권자는?

19.03.문56
18.04.문43
17.05.문48
17.05.문49

① 국무총리
② 시 · 도지사
③ 행정안전부장관
④ 소방본부장 또는 소방서장

해설 기본법 57조
연막소독 과태료 징수
(1) **20만원** 이하 **과태료**
(2) **소방본부장 · 소방서장**이 부과 · 징수

중요

기본법 19조
화재로 오인할 만한 불을 피우거나 연막소독시 신고지역
(1) **시장**지역
(2) **공장 · 창고**가 밀집한 지역
(3) **목조건물**이 밀집한 지역
(4) **위험물**의 **저장** 및 **처리시설**이 **밀집**한 지역
(5) **석유화학제품**을 생산하는 공장이 있는 지역
(6) 그 밖에 **시 · 도**의 **조례**로 정하는 지역 또는 장소

답 ④

★★★
**55** 다음 중 소방기본법령상 특수가연물에 해당하는 품명별 기준수량으로 틀린 것은?

15.09.문47
15.05.문49
14.03.문52
12.05.문60

① 사류 1000kg 이상
② 면화류 200kg 이상
③ 나무껍질 및 대팻밥 400kg 이상
④ 넝마 및 종이부스러기 500kg 이상

해설 기본령 〔별표 2〕
특수가연물

| 품 명 | | 수 량 |
|---|---|---|
| 가연성 액체류 | | 2$m^3$ 이상 |
| 목재가공품 및 나무부스러기 | | 10$m^3$ 이상 |
| 면화류 | | 200kg 이상 |
| 나무껍질 및 대팻밥 | | 400kg 이상 |
| 넝마 및 종이부스러기 | | 1000kg 이상 |
| 사류(絲類) | | 1000kg 이상 |
| 볏짚류 | | 1000kg 이상 |
| 가연성 고체류 | | 3000kg 이상 |
| 합성수지류 | 발포시킨 것 | 20$m^3$ 이상 |
| | 그 밖의 것 | 3000kg 이상 |
| 석탄 · 목탄류 | | 10000kg 이상 |

④ 500kg → 1000kg

※ **특수가연물** : 화재가 발생하면 그 확대가 빠른 물품

기억법 가액목면나 넝사볏가고 합석
2 124 1 3 31

답 ④

★★★
**56** 소방기본법령상 화재피해조사 중 재산피해조사의 조사범위에 해당하지 않는 것은?

19.09.문59
14.05.문57
11.03.문55
07.05.문56

① 소화활동 중 사용된 물로 인한 피해
② 열에 의한 탄화, 용융, 파손 등의 피해
③ 소방활동 중 발생한 사망자 및 부상자
④ 연기, 물품반출, 화재로 인한 폭발 등에 의한 피해

해설 기본규칙 〔별표 5〕
화재피해조사

| 종 류 | 조사범위 |
|---|---|
| 인명피해조사 | • 소방활동 중 발생한 **사망자** 및 **부상자**<br>• 그 밖에 화재로 인한 사망자 및 부상자 |
| 재산피해조사 | • 열에 의한 **탄화**, **용융**, **파손** 등의 피해<br>• 소화활동 중 사용된 물로 인한 피해<br>• 그 밖에 연기, **물품반출**, 화재로 인한 폭발 등에 의한 피해 |

기억법 **피피**

③ 인명피해조사

비교

기본규칙 〔별표 5〕
화재원인조사

| 종 류 | 조사범위 |
|---|---|
| 발화원인조사 | 화재가 발생한 과정, 화재가 **발생**한 **지점** 및 불이 붙기 시작한 물질 |
| 발견 · 통보 및 초기 소화상황조사 | 화재의 **발견** · **통보** 및 **초기 소화** 등 일련의 과정 |

| 연소상황조사 | 화재의 **연소경로** 및 **확대원인** 등의 상황 |
|---|---|
| 피난상황조사 | **피난경로**, 피난상의 장애요인 등의 상황 |
| 소방시설 등 조사 | **소방시설**의 **사용** 또는 작동 등의 상황 |

답 ③

★★★
**57** 15.09.문45 15.03.문41 12.09.문44

**다음 중 화재예방, 소방시설 설치 · 유지 및 안전관리에 관한 법령상 소방시설관리업을 등록할 수 있는 자는?**

① 피성년후견인
② 소방시설관리업의 등록이 취소된 날부터 2년이 경과된 자
③ 금고 이상의 형의 집행유예를 선고받고 그 유예기간 중에 있는 자
④ 금고 이상의 실형을 선고받고 그 집행이 면제된 날부터 2년이 지나지 아니한 자

해설 **소방시설법 30조**
**소방시설관리업의 등록결격사유**
(1) 피성년후견인
(2) 금고 이상의 실형을 선고받고 그 집행이 끝나거나 집행이 면제된 날부터 **2년**이 지나지 아니한 사람
(3) 금고 이상의 형의 집행유예를 선고받고 그 유예기간 중에 있는 사람
(4) 관리업의 등록이 취소된 날부터 **2년**이 지나지 아니한 자

답 ②

★★★
**58** 19.04.문51 18.09.문43 17.03.문57

**화재예방, 소방시설 설치 · 유지 및 안전관리에 관한 법령상 수용인원 산정방법 중 침대가 없는 숙박시설로서 해당 특정소방대상물의 종사자의 수는 5명, 복도, 계단 및 화장실의 바닥면적을 제외한 바닥면적이 158m$^2$인 경우의 수용인원은 약 몇 명인가?**

① 37 ② 45
③ 58 ④ 84

해설 **소방시설법 시행령 [별표 4]**
**수용인원의 산정방법**

| 특정소방대상물 | | 산정방법 |
|---|---|---|
| • 숙박시설 | 침대가 있는 경우 | 종사자수 + 침대수 |
| | 침대가 없는 경우 ⟶ | 종사자수 + $\frac{바닥면적\ 합계}{3m^2}$ |
| • 강의실 • 교무실 • 상담실 • 실습실 • 휴게실 | | $\frac{바닥면적\ 합계}{1.9m^2}$ |
| • 기타 | | $\frac{바닥면적\ 합계}{3m^2}$ |
| • 강당 • 문화 및 집회시설, 운동시설 • 종교시설 | | $\frac{바닥면적\ 합계}{4.6m^2}$ |

• **소수점 이하**는 **반올림**한다.

기억법 수반(수반! 동반!)

숙박시설(침대가 없는 경우)

$$= 종사자수 + \frac{바닥면적\ 합계}{3m^2} = 5명 + \frac{158m^2}{3m^2} = 58명$$

답 ③

★★★
**59** 17.05.문51 16.10.문56 15.05.문59 15.03.문52 12.05.문59

**소방시설공사업법령상 소방시설공사의 하자보수 보증기간이 3년이 아닌 것은?**

① 자동소화장치 ② 무선통신보조설비
③ 자동화재탐지설비 ④ 간이스프링클러설비

해설 **공사업령 6조**
**소방시설공사의 하자보수 보증기간**

| 보증기간 | 소방시설 |
|---|---|
| 2년 | ① **유**도등 · 유도표지 · **피**난기구<br>② **비**상**조**명등 · 비상**경**보설비 · 비상**방**송설비<br>③ **무**선통신보조설비 |
| 3년 | ① 자동소화장치<br>② 옥내 · 외소화전설비<br>③ 스프링클러설비 · 간이스프링클러설비<br>④ 물분무등소화설비 · 상수도소화용수설비<br>⑤ 자동화재탐지설비 · 소화활동설비 |

기억법 유비 조경방무피2

② 2년

답 ②

★
**60**

**국민의 안전의식과 화재에 대한 경각심을 높이고 안전문화를 정착시키기 위한 소방의 날은 몇 월 며칠인가?**

① 1월 19일 ② 10월 9일
③ 11월 9일 ④ 12월 19일

해설 **소방기본법 7조**
**소방의 날 제정과 운영 등**
(1) 소방의 날 : **11월 9일**
(2) 소방의 날 행사에 관하여 필요한 사항 : **소방청장** 또는 **시 · 도지사**

답 ③

## 제 4 과목 소방전기시설의 구조 및 원리

★★★
**61** 비상조명등의 화재안전기준(NFSC 304)에 따라 조도는 비상조명등이 설치된 장소의 각 부분의 바닥에서 몇 lx 이상이 되도록 하여야 하는가?

13.06.문68

① 1 ② 3
③ 5 ④ 10

해설 **조명도**(조도)

| 기 기 | 조명도 |
|---|---|
| 객석유도등 | 0.2 lx 이상 |
| 통로유도등 | 1 lx 이상 |
| 비상조명등 → | 1 lx 이상 |

참고

**통로유도등**의 **조명도**

| 조 건 | 조명도 |
|---|---|
| **지상설치시** | 수평으로 **0.5m** 떨어진 지점에서 **1럭스(lx)** 이상 |
| **바닥매설시** | 직상부 **1m**의 높이에서 **1럭스(lx)** 이상 |

답 ①

★★
**62** 자동화재탐지설비 및 시각경보장치의 화재안전기준(NFSC 203)에 따라 지하층 · 무장층 등으로서 환기가 잘 되지 아니하거나 실내면적이 $40m^2$ 미만인 장소에 설치하여야 하는 적응성이 있는 감지기가 아닌 것은?

17.09.문66
17.03.문79
09.03.문69

① 불꽃감지기
② 광전식 분리형 감지기
③ 정온식 스포트형 감지기
④ 아날로그방식의 감지기

해설 **지하층 · 무창층** 등으로서 환기가 잘 되지 아니하거나 실내면적이 **$40m^2$ 미만**인 장소, 감지기의 부착면과 실내바닥과의 거리가 **2.3m 이하**인 곳으로서 일시적으로 발생한 열 · 연기 또는 먼지 등으로 인하여 화재신호를 발신할 우려가 있는 장소의 적응감지기
(1) **불꽃**감지기
(2) **정온식 감지선형** 감지기
(3) **분포형** 감지기
(4) **복합형** 감지기
(5) **광전식 분리형** 감지기
(6) **아날로그방식**의 감지기
(7) **다신호방식**의 감지기
(8) **축적방식**의 감지기

기억법 **불정감 복분 광아다축**

③ 정온식 스포트형 감지기 → 정온식 감지선형 감지기

답 ③

★★★
**63** 무선통신보조설비의 화재안전기준(NFSC 505)에 따른 옥외안테나의 설치기준으로 옳지 않은 것은?

① 건축물, 지하가, 터널 또는 공동구의 출입구 및 출입구 인근에서 통신이 가능한 장소에 설치할 것
② 다른 용도로 사용되는 안테나로 인한 통신장애가 발생하지 않도록 설치할 것
③ 옥외안테나는 견고하게 설치하며 파손의 우려가 없는 곳에 설치하고 그 가까운 곳의 보기 쉬운 곳에 "옥외안테나"라는 표시와 함께 통신가능거리를 표시한 표지를 설치할 것
④ 수신기가 설치된 장소 등 사람이 상시 근무하는 장소에는 옥외안테나의 위치가 모두 표시된 옥외안테나 위치표시도를 비치할 것

해설 **무선통신보조설비 옥외안테나 설치기준**(NFSC 505 6조)
(1) **건축물**, **지하가**, **터널** 또는 공동구의 출입구 및 출입구 인근에서 통신이 가능한 장소에 설치할 것
(2) 다른 용도로 사용되는 안테나로 인한 **통신장애**가 발생하지 않도록 설치할 것
(3) 옥외안테나는 견고하게 설치하며 파손의 우려가 없는 곳에 설치하고 그 가까운 곳의 보기 쉬운 곳에 **"무선통신보조설비 안테나"**라는 표시와 함께 통신가능거리를 표시한 표지를 설치할 것
(4) 수신기가 설치된 장소 등 사람이 상시 근무하는 장소에는 옥외안테나의 위치가 모두 표시된 옥외안테나 **위치표시도**를 비치할 것

③ 옥외안테나 → 무선통신보조설비 안테나

답 ③

★★★
**64** 비상콘센트설비의 화재안전기준(NFSC 504)에 따라 비상콘센트용의 풀박스 등은 방청도장을 한 것으로서, 두께 몇 mm 이상의 철판으로 하여야 하는가?

19.04.문63 18.04.문61 17.03.문72 16.10.문61 16.05.문76 15.09.문80 14.03.문64 11.10.문67

① 1.2 ② 1.6
③ 2.0 ④ 2.4

해설 **비상콘센트설비**

| 구 분 | 전 압 | 용 량 | 플러그접속기 |
|---|---|---|---|
| 단상 교류 | 220V | 1.5kVA 이상 | 접지형 2극 |

(1) 하나의 전용 회로에 설치하는 비상콘센트는 **10개** 이하로 할 것(전선의 용량은 최대 **3개**)

| 설치하는 비상콘센트 수량 | 전선의 용량산정시 적용하는 비상콘센트 수량 | 단상 전선의 용량 |
|---|---|---|
| 1개 | 1개 이상 | 1.5kVA 이상 |
| 2개 | 2개 이상 | 3.0kVA 이상 |
| 3~10개 | 3개 이상 | 4.5kVA 이상 |

(2) 전원회로는 각 층에 있어서 **2 이상**이 되도록 설치할 것(단, 설치하여야 할 층의 콘센트가 **1개**인 때에는 하나의 회로로 할 수 있다.)
(3) 플러그접속기의 칼받이 접지극에는 **접지공사**를 하여야 한다.
(4) 풀박스는 **1.6mm** 이상의 철판을 사용할 것
(5) 절연저항은 **전원부**와 **외함** 사이를 **직류 500V 절연저항계**로 측정하여 **20MΩ** 이상일 것
(6) 전원으로부터 각 층의 비상콘센트에 분기되는 경우에는 **분기배선용 차단기**를 보호함 안에 설치할 것
(7) 바닥으로부터 **0.8~1.5m** 이하의 높이에 설치할 것
(8) 전원회로는 주배전반에서 **전용 회로**로 하며, 배선의 종류는 **내화배선**이어야 한다.

답 ②

★★★
**65** 무선통신보조설비의 화재안전기준(NFSC 505)에 따라 금속제 지지금구를 사용하여 무선통신 보조설비의 누설동축케이블을 벽에 고정시키고자 하는 경우 몇 m 이내마다 고정시켜야 하는가? (단, 불연재료로 구획된 반자 안에 설치하는 경우는 제외한다.)

19.03.문80 17.05.문68 16.10.문72 15.09.문78 14.05.문78 12.05.문78 10.05.문76 08.09.문70

① 2 ② 3
③ 4 ④ 5

해설 **누설동축케이블**의 **설치기준**
(1) 소방전용 주파수대에서 전파의 **전송** 또는 **복사**에 적합한 것으로서 소방전용의 것
(2) 누설동축케이블과 이에 접속하는 안테나 또는 동축케이블과 이에 접속하는 안테나
(3) 누설동축케이블 및 동축케이블은 화재에 따라 해당 케이블의 피복이 소실된 경우에 케이블 본체가 떨어지지 아니하도록 4m 이내마다 금속제 또는 자기제 등의 지지금구로 벽·천장·기둥 등에 견고하게 고정시킬 것(단, 불연재료로 구획된 반자 안에 설치하는 경우 제외)
(4) **누설동축케이블** 및 **안테나**는 **고**압전로로부터 **1.5m** 이상 떨어진 위치에 설치(단, 해당 전로에 **정전기 차폐장치**를 유효하게 설치한 경우에는 제외)
(5) 누설동축케이블의 끝부분에는 **무반사종단저항**을 설치

기억법 누고15

용어

**무반사종단저항**
전송로로 전송되는 전자파가 전송로의 종단에서 반사되어 **교신**을 **방해**하는 것을 막기 위한 저항

답 ③

★★★
**66** 비상방송설비의 화재안전기준(NFSC 202)에 따른 음향장치의 구조 및 성능에 대한 기준이다. 다음 ( )에 들어갈 내용으로 옳은 것은?

19.03.문77 18.09.문68 18.04.문74 16.05.문63 15.03.문67 14.09.문65 11.03.문72 10.09.문70 09.05.문75

- 정격전압의 ( ㉠ )% 전압에서 음향을 발할 수 있는 것을 할 것
- ( ㉡ )의 작동과 연동하여 작동할 수 있는 것으로 할 것

① ㉠ 65, ㉡ 자동화재탐지설비
② ㉠ 80, ㉡ 자동화재탐지설비
③ ㉠ 65, ㉡ 단독경보형 감지기
④ ㉠ 80, ㉡ 단독경보형 감지기

해설 **비상방송설비 음향장치**의 **구조** 및 **성능기준**(NFSC 202 4조)
(1) 정격전압의 **80%** 전압에서 음향을 발할 것
(2) **자동화재탐지설비**의 작동과 연동하여 작동할 것

비교

**자동화재탐지설비 음향장치**의 **구조** 및 **성능 기준**
(1) 정격전압의 **80%** 전압에서 음향을 발할 것
(2) 음량은 **1m** 떨어진 곳에서 **90dB** 이상일 것
(3) **감지기·발신기**의 작동과 **연동**하여 작동할 것

답 ②

★
**67** 예비전원의 성능인증 및 제품검사의 기술기준에 따른 예비전원의 구조 및 성능에 대한 설명으로 틀린 것은?

① 예비전원을 병렬로 접속하는 경우는 역충전 방지 등의 조치를 강구하여야 한다.
② 배선은 충분한 전류용량을 갖는 것으로서 배선의 접속이 적합하여야 한다.
③ 예비전원에 연결되는 배선의 경우 양극은 청색, 음극은 적색으로 오접속방지 조치를 하여야 한다.
④ 축전지를 직렬 또는 병렬로 사용하는 경우에는 용량(전압, 전류)이 균일한 축전지를 사용하여야 한다.

해설 **예비전원**의 **구조** 및 **성능**

(1) 취급 및 보수점검이 쉽고 내구성이 있을 것
(2) 먼지, 습기 등에 의하여 기능에 이상이 생기지 아니할 것
(3) 배선은 충분한 **전류용량**을 갖는 것으로서 배선의 접속이 적합할 것
(4) 부착방향에 따라 누액이 없고 기능에 이상이 없을 것
(5) 외부에서 쉽게 접촉할 우려가 있는 충전부는 충분히 보호되도록 하고 외함(축전지의 보호커버를 말함)과 단자 사이는 절연물로 보호할 것
(6) 예비전원에 연결되는 배선의 경우 **양극**은 **적색**, **음극**은 **청색** 또는 **흑색**으로 오접속방지 조치할 것

▎예비전원 연결배선▎

| 양 극 | 음 극 |
|---|---|
| **적색** | **청색** 또는 **흑색** |

(7) 충전장치의 이상 등에 의하여 내부가스압이 이상 상승할 우려가 있는 것은 안전조치를 강구할 것
(8) 축전지에 배선 등을 직접 납땜하지 아니하여야 하며 축전지 개개의 연결부분은 **스포트용접** 등으로 확실하고 견고하게 접속할 것
(9) 예비전원을 병렬로 접속하는 경우는 **역충전방지** 등의 조치를 강구할 것
(10) 겉모양은 현저한 오염, 변형 등이 없을 것
(11) 축전지를 **직렬** 또는 **병렬**로 사용하는 경우에는 용량(전압, 전류)이 균일한 축전지를 사용할 것

③ 양극은 청색, 음극은 적색 → 양극은 적색, 음극은 청색 또는 흑색

답 ③

★★★
**68** **비상경보설비 및 단독경보형 감지기의 화재안전기준(NFSC 201)에 따라 비상벨설비의 음향장치의 음량은 부착된 음향장치의 중심으로부터 1m 떨어진 위치에서 몇 dB 이상이 되는 것으로 하여야 하는가?**

19.09.문64 18.04.문74 16.05.문63 15.03.문67 14.09.문65 10.09.문70

① 60 ② 70
③ 80 ④ 90

해설 **음향장치**

(1) **비상경보설비 음향장치**의 **설치기준**

| 구 분 | 설 명 |
|---|---|
| 전원 | 교류전압 옥내간선, **전용** |
| 정격전압 | **80%** 전압에서 음향 발할 것 |
| 음량 | **1m** 위치에서 **90dB** 이상 |
| 지구음향장치 | **층**마다 설치, 수평거리 **25m** 이하 |

(2) **비상방송설비 음향장치**의 **구조** 및 **성능기준**

| 구 분 | 설 명 |
|---|---|
| 정격전압 | **80%** 전압에서 음향을 발할 것 |
| 연동 | **자동화재탐지설비**의 작동과 연동하여 작동 |

(3) **자동화재탐지설비 음향장치**의 **구조** 및 **성능기준**

| 구 분 | 설 명 |
|---|---|
| 정격전압 | **80%** 전압에서 음향을 발할 것 |
| 음량 | **1m 떨어진 곳**에서 **90dB** 이상 |
| 연동 | **감지기 · 발신기**의 작동과 **연동**하여 작동 |

(4) **누전경보기**의 **음향장치**

| 구 분 | 설 명 |
|---|---|
| 정격전압 | **80%** 전압에서 소리를 낼 것 |

중요

**대상**에 **따른 음압**

| 음 압 | 대 상 |
|---|---|
| **4**0dB 이하 | **유**도등 · **비**상조명등의 소음 |
| **6**0dB 이상 | ① **고**장표시장치용<br>② **전**화용 부저<br>③ 단독경보형 감지기(건전지 교체 **음성안내**) |
| 70dB 이상 | ① 가스누설경보기(단독형 · 영업용)<br>② 누전경보기<br>③ 단독경보형 감지기(건전지 교체 **음향경보**) |
| 85dB 이상 | 단족경보형 감지기(화재경보음) |
| **9**0dB 이상 | ① 가스누설경보기(**공**업용)<br>② **자**동화재탐지설비의 음향장치<br>③ 비상벨설비의 음향장치 |

기억법 **유비음4**(**유비**는 **음**식 중 **사**발면을 좋아한다.)
**고전음6**(**고전음**악을 **유**창하게 해.)
**9공자**

답 ④

★
**69** **자동화재탐지설비 및 시각경보장치의 화재안전기준(NFSC 203)에 따른 중계기에 대한 시설기준으로 틀린 것은?**

13.03.문64

① 조작 및 점검에 편리하고 화재 및 침수 등의 재해로 인한 피해를 받을 우려가 없는 장소에 설치할 것
② 수신기에서 직접 감지기회로의 도통시험을 행하지 아니하는 것에 있어서는 수신기와 발신기 사이에 설치할 것
③ 수신기에 따라 감시되지 아니하는 배선을 통하여 전력을 공급받는 것에 있어서는 전원입력측의 배선에 과전류차단기를 설치할 것
④ 수신기에 따라 감시되지 아니하는 배선을 통하여 전력을 공급받는 것에 있어서는 해당 전원의 정전이 즉시 수신기에 표시되는 것으로 할 것

해설 **중계기**의 **설치기준**

(1) 수신기에서 직접 감지기회로의 도통시험을 행하지 않는 경우에는 **수신기**와 **감지기** 사이에 설치할 것

(2) **조작** 및 **점검**이 편리하고 화재 및 침수 등의 재해로 인한 피해를 받을 우려가 없는 장소에 설치할 것
(3) 수신기에 따라 감시되지 아니하는 배선을 통하여 전력을 공급받는 것에 있어서는 **전원입력측**의 배선에 **과전류차단기**를 설치하고 전원의 정전이 즉시 수신기에 표시되는 것으로 하며, **상용전원** 및 **예비전원**의 시험을 할 수 있도록 할 것

기억법 과중

② 발신기 → 감지기

답 ②

★★★
**70** 19.04.문77 14.09.문67 13.03.문75

**비상방송설비의 화재안전기준(NFSC 202)에 따른 용어의 정의에서 소리를 크게 하여 멀리까지 전달될 수 있도록 하는 장치로서 일명 "스피커"를 말하는 것은?**

① 확성기 ② 증폭기
③ 사이렌 ④ 음량조절기

해설 (1) **비상방송설비에 사용되는 용어**

| 용 어 | 설 명 |
|---|---|
| **확성기 (스피커)** | 소리를 크게 하여 멀리까지 전달될 수 있도록 하는 장치 |
| **음량조절기** | **가변저항**을 이용하여 **전류**를 **변화**시켜 음량을 크게 하거나 작게 조절할 수 있는 장치 |
| **증폭기** | 전압전류의 **진폭**을 늘려 감도를 좋게 하고 미약한 **음성전류**를 커다란 음성전류로 변화시켜 **소리**를 **크게** 하는 장치 |

(2) **비상경보설비에 사용되는 용어**

| 용 어 | 설 명 |
|---|---|
| **비상벨설비** | 화재발생상황을 **경종**으로 경보하는 설비 |
| **자동식 사이렌설비** | 화재발생상황을 **사이렌**으로 경보하는 설비 |
| **발신기** | 화재발생신호를 수신기에 **수동**으로 **발신**하는 장치 |
| **수신기** | 발신기에서 발하는 **화재신호**를 **직접 수신**하여 화재의 발생을 **표시** 및 **경보**하여 주는 장치 |

답 ①

★★
**71** 16.10.문71 15.09.문72

**누전경보기의 형식승인 및 제품검사의 기술기준에 따른 누전경보기 수신부의 기능검사항목이 아닌 것은?**

① 충격시험 ② 진공가압시험
③ 과입력 전압시험 ④ 전원전압 변동시험

해설 **시험항목**

| 중계기 | 속보기의 예비전원 | 누전경보기 |
|---|---|---|
| • 주위온도시험<br>• 반복시험<br>• 방수시험<br>• 절연저항시험<br>• 절연내력시험<br>• 충격전압시험<br>• 충격시험<br>• 진동시험<br>• 습도시험<br>• 전자파 내성시험 | • 충·방전시험<br>• 안전장치시험 | • **전**원전압 변동시험<br>• 온도특성시험<br>• **과**입력 전**압**시험<br>• 개폐기의 조작시험<br>• 반복시험<br>• 진동시험<br>• **충**격시험<br>• 방**수**시험<br>• **절**연저항시험<br>• **절**연내력시험<br>• **충**격파 내전압시험<br>• 단락전류 **강**도시험<br>기억법 누수 충수 절충 강전 과압 |

답 ②

★★★
**72** 19.04.문62 18.09.문72 16.05.문71 12.05.문80

**자동화재속보설비의 속보기의 성능인증 및 제품검사의 기술기준에 따라 교류입력측과 외함 간의 절연저항은 직류 500V의 절연저항계로 측정한 값이 몇 MΩ 이상이어야 하는가?**

① 5 ② 10
③ 20 ④ 50

해설 **절연저항시험**

| 절연저항계 | 절연저항 | 대 상 |
|---|---|---|
| 직류 250V | 0.1MΩ 이상 | • 1경계구역의 절연저항 |
| 직류 500V | **5**MΩ 이상 | • **누**전경보기<br>• 가스누설경보기<br>• 수신기<br>• 자동화재속보설비<br>• 비상경보설비<br>• 유도등(교류입력측과 외함 간 포함)<br>• 비상조명등(교류입력측과 외함 간 포함) |
| | 20MΩ 이상 | • 경종<br>• 발신기<br>• 중계기<br>• 비상콘센트<br>• 기기의 절연된 선로 간<br>• 기기의 충전부와 비충전부 간<br>• 기기의 **교류입력측**과 **외함** 간 (유도등·비상조명등 제외) |
| | 50MΩ 이상 | • 감지기(정온식 감지선형 감지기 제외)<br>• 가스누설경보기(10회로 이상)<br>• 수신기(10회로 이상) |
| | 1000MΩ 이상 | • 정온식 감지선형 감지기 |

기억법 5누(오누이)

답 ③

★★
**73** **유도등 및 유도표지의 화재안전기준(NFSC 303)에 따른 피난구유도등의 설치장소로 틀린 것은?**

① 직통계단
② 직통계단의 계단실
③ 안전구획된 거실로 통하는 출입구
④ 옥외로부터 직접 지하로 통하는 출입구

해설 **피난구유도등**의 **설치장소**(NFSC 303)

| 설치장소 | 도 해 |
|---|---|
| **옥내**로부터 직접 지상으로 통하는 출입구 및 그 부속실의 출입구 | 옥외 / 실내 |
| **직**통계단 · 직통계단의 **계단실** 및 그 부속실의 출입구 | 복도 / 계단 |
| **출**입구에 이르는 **복도** 또는 **통로**로 통하는 출입구 | 거실 / 복도 |
| **안전구획**된 거실로 통하는 출입구 | 출구 / 방화문 |

기억법 **피옥직안출**

④ 옥외 → 옥내, 지하 → 지상

비교

**피난구유도등**의 **설치 제외 장소**
(1) 옥내에서 직접 지상으로 통하는 출입구(바닥면적 1000m$^2$ 미만 층)
(2) 거실 각 부분에서 쉽게 도달할 수 있는 출입구
(3) 비상조명등 · 유도표지가 설치된 거실 출입구(거실 각 부분에서 출입구까지의 **보행거리 20m** 이하)
(4) 출입구가 **3 이상**인 거실(거실 각 부분에서 출입구까지의 **보행거리 30m** 이하는 주된 출입구 **2개 외**의 출입구)

답 ④

★★★
**74** **비상경보설비 및 단독경보형 감지기의 화재안전기준(NFSC 201)에 따른 발신기의 시설기준으로 틀린 것은?**

18.03.문77
17.05.문63
16.05.문63
14.03.문71
12.03.문73
10.03.문68

① 발신기의 위치표시등은 함의 하부에 설치한다.
② 조작스위치는 바닥으로부터 0.8m 이상 1.5m 이하의 높이에 설치할 것
③ 복도 또는 별도로 구획된 실로서 보행거리가 40m 이상일 경우에는 추가로 설치하여야 한다.
④ 특정소방대상물의 층마다 설치하되, 해당 특정소방대상물의 각 부분으로부터 하나의 발신기까지의 수평거리가 25m 이하가 되도록 할 것

해설 **비상경보설비**의 **발신기 설치기준**(NFSC 201 4조)
(1) 전원 : **축전지**, **전기저장장치**, **교류전압**의 **옥내 간선**으로 하고 배선은 **전용**
(2) 감시상태 : **60분**, 경보시간 : **10분**
(3) 조작이 **쉬운 장소**에 설치하고, 조작스위치는 바닥으로부터 **0.8~1.5m** 이하의 높이에 설치할 것
(4) 소방대상물의 **층**마다 설치하되, 해당 소방대상물의 각 부분으로부터 하나의 발신기까지의 **수평거리**가 **25m** 이하가 되도록 할 것(단, 복도 또는 별도로 구획된 실로서 **보행거리**가 **40m** 이상일 경우에는 추가로 설치할 것)
(5) 발신기의 **위치표시등**은 **함**의 **상부**에 설치하되, 그 불빛은 부착면으로부터 **15°** 이상의 범위 안에서 부착지점으로부터 **10m** 이내의 어느 곳에서도 쉽게 식별할 수 있는 **적색등**으로 할 것
(6) 발신기 설치제외 : **지하구**

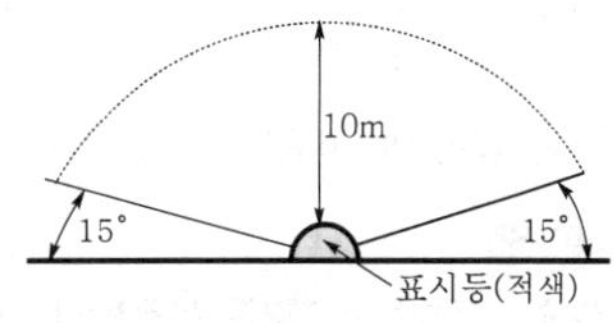


| 위치표시등의 식별 |

① 하부 → 상부

용어

**전기저장장치**
외부 전기에너지를 저장해 두었다가 필요한 때 전기를 공급하는 장치

답 ①

★
**75** **소방시설용 비상전원수전설비의 화재안전기준(NFSC 602)에 따른 제1종 배전반 및 제1종 분전반의 시설기준으로 틀린 것은?**

① 전선의 인입구 및 입출구는 외함에 누출하여 설치하면 아니 된다.

② 외함의 문은 2.3mm 이상의 강판과 이와 동등 이상의 강도와 내화성능이 있는 것으로 제작하여야 한다.

③ 공용배전판 및 공용분전판의 경우 소방회로와 일반회로에 사용하는 배선 및 배선용 기기는 불연재료로 구획되어야 한다.

④ 외함은 금속관 또는 금속제 가요전선관을 쉽게 접속할 수 있도록 하고, 당해 접속부분에는 단열조치를 하여야 한다.

해설 **제1종 배전반** 및 **제1종 분전반**의 **시설기준**

(1) 외함은 두께 **1.6mm**(전면판 및 문은 **2.3mm**) 이상의 강판과 이와 동등 이상의 강도와 내화성능이 있는 것으로 제작할 것
(2) 외함의 내부는 외부의 열에 의해 영향을 받지 않도록 **내열성** 및 **단열성**이 있는 재료를 사용하여 단열할 것. 이 경우 단열부분은 열 또는 진동에 따라 쉽게 변형되지 아니할 것
(3) 다음에 해당하는 것은 외함에 노출하여 설치
 ㉠ **표시등**(불연성 또는 난연성 재료로 덮개를 설치한 것에 한함)
 ㉡ 전선의 **인입구** 및 **입출구**
(4) 외함은 **금속관** 또는 **금속제 가요전선관**을 쉽게 접속할 수 있도록 하고, 당해 접속부분에는 **단열조치**를 할 것
(5) 공용 배전판 및 공용 분전판의 경우 소방회로와 일반회로에 사용하는 배선 및 배선용 기기는 **불연재료**로 구획되어야 할 것

① 설치하면 아니 된다. → 설치할 수 있다.

비교

**제2종 배전반** 및 **제2종 분전반**의 **시설기준**
(1) 외함은 두께 **1mm**(함 전면의 면적이 1000cm$^2$를 초과하고 2000cm$^2$ 이하인 경우에는 **1.2mm**, 2000cm$^2$를 초과하는 경우에는 **1.6mm** 이상의 강판과 이와 동등 이상의 강도와 내화성능이 있는 것으로 제작
(2) **120℃**의 온도를 가했을 때 이상이 없는 **전압계** 및 **전류계**는 외함에 노출하여 설치
(3) 단열을 위해 배선용 **불연전용 실내**에 설치

답 ①

★★★
**76** **자동화재탐지설비 및 시각경보장치의 화재안전기준(NFSC 203)에 따른 배선의 시설기준으로 틀린 것은?**

18.03.문65
17.09.문71
16.10.문74

① 감지기 사이의 회로의 배선은 송배전식으로 할 것

② 자동화재탐지설비의 감지기 회로의 전로저항은 50Ω 이하가 되도록 할 것

③ 수신기의 각 회로별 종단에 설치되는 감지기에 접속되는 배선의 전압은 감지기 정격전압의 80% 이상이어야 할 것

④ 피(P)형 수신기 및 지피(G.P.)형 수신기의 감지기 회로의 배선에 있어서 하나의 공통선에 접속할 수 있는 경계구역은 10개 이하로 할 것

해설 **자동화재탐지설비 배선**의 **설치기준**

(1) 감지기 사이의 회로배선 : **송배전식**
(2) P형 수신기 및 GP형 수신기의 감지기 회로의 배선에 있어서 하나의 공통선에 접속할 수 있는 경계구역은 **7개** 이하
(3) ㉠ 감지기 회로의 전로저항 : **50Ω 이하**
 ㉡ 감지기에 접속하는 배선전압 : 정격전압의 **80% 이상**
(4) 자동화재탐지설비의 배선은 다른 전선과 **별도**의 관·덕트·몰드 또는 풀박스 등에 설치할 것(단, **60V** 미만의 약전류회로에 사용하는 전선으로서 각각의 전압이 같을 때는 제외)

④ 10개 → 7개

답 ④

★
**77** **유도등의 형식승인 및 제품검사의 기술기준에 따른 유도등의 일반구조에 대한 설명으로 틀린 것은?**

① 축전지에 배선 등을 직접 납땜하지 아니하여야 한다.

② 충전부가 노출되지 아니한 것은 300V를 초과할 수 있다.

③ 예비전원을 직렬로 접속하는 경우는 역충전 방지 등의 조치를 강구하여야 한다.

④ 유도등에는 점멸, 음성 또는 이와 유사한 방식 등에 의한 유도장치를 설치할 수 있다.

해설 **유도등**의 **일반구조**

(1) 축전지에 배선 등을 직접 납땜하지 아니할 것
(2) 사용전압은 **300V 이하**이어야 한다(단, 충전부가 노출되지 아니한 것은 **300V** 초과 가능)

(3) 예비전원을 **병렬**로 접속하는 경우는 **역충전방지 등**의 조치를 강구할 것
(4) 유도등에는 **점멸**, **음성** 또는 이와 유사한 방식 등에 의한 **유도장치** 설치 가능

③ 직렬 → 병렬

답 ③

★★
**78** 자동화재탐지설비 및 시각경보장치의 화재안전기준(NFSC 203)에 따라 외기에 면하여 상시 개방된 부분이 있는 차고 · 주차장 · 창고 등에 있어서는 외기에 면하는 각 부분으로부터 몇 m 미만의 범위 안에 있는 부분은 경계구역의 면적에 산입하지 아니 하는가?

16.03.문75
06.03.문70

① 1　② 3
③ 5　④ 10

해설 **5m 미만 경계구역 면적산입 제외**
(1) 차고
(2) 주차장
(3) 창고

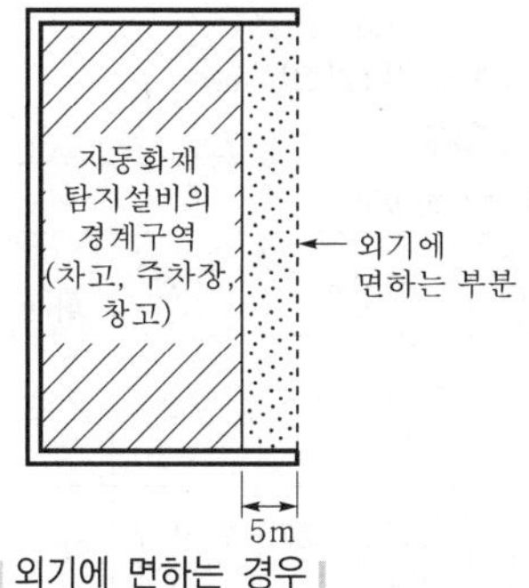


| 외기에 면하는 경우 |

답 ③

★★
**79** 누전경보기의 형식승인 및 제품검사의 기술기준에 따라 누전경보기의 변류기는 경계전로에 정격전류를 흘리는 경우, 그 경계전로의 전압강하는 몇 V 이하이어야 하는가? (단, 경계전로의 전선을 그 변류기에 관통시키는 것은 제외한다.)

16.05.문80
12.03.문76

① 0.3　② 0.5
③ 1.0　④ 3.0

해설 **대상**에 따른 **전압**

| 전 압 | 대 상 |
|---|---|
| **0.5**V 이하 | • 누전경보기의 **경**계전로 **전**압강하 |
| 0.6V 이하 | • 완전방전 |
| **60V** 초과 | • 접지단자 설치 |
| **3**00V 이하 | • 전원**변**압기의 1차 전압<br>• 유도등 · 비상조명등의 사용전압 |
| **6**00V 이하 | • **누**전경보기의 경계전로전압 |

기억법 **05경전(공오경전), 변3(변상해), 누6(누룩)**

답 ②

★
**80** 비상콘센트설비의 성능인증 및 제품검사의 기술기준에 따라 비상콘센트설비에 사용되는 부품에 대한 설명으로 틀린 것은?

① 진공차단기는 KS C 8321(진공차단기)에 적합하여야 한다.
② 접속기는 KS C 8305(배선용 꽂음 접속기)에 적합하여야 한다.
③ 표시등의 소켓은 접속이 확실하여야 하며 쉽게 전구를 교체할 수 있도록 부착하여야 한다.
④ 단자는 충분한 전류용량을 갖는 것으로 하여야 하며 단자의 접속이 정확하고 확실하여야 한다.

해설 **비상콘센트설비 부품**의 **구조** 및 **기능**
(1) 배선용 차단기는 KS C 8321(**배선용 차단기**)에 적합할 것
(2) 접속기는 KS C 8305(**배선용 꽂음 접속기**)에 적합할 것
(3) **표시등**의 **구조** 및 **기능**
㉠ 전구는 사용전압의 **130%**인 교류전압을 **20시간** 연속하여 가하는 경우 **단선**, **현저한 광속변화**, **흑화**, **전류**의 **저하** 등이 발생하지 아니할 것
㉡ 소켓은 접속이 확실하여야 하며 쉽게 전구를 교체할 수 있도록 부착할 것
㉢ 전구에는 적당한 **보호커버**를 설치할 것(단, **발광다이오드** 제외)
㉣ 적색으로 표시되어야 하며 주위의 밝기가 **300 lx** 이상인 장소에서 측정하여 앞면으로부터 **3m** 떨어진 곳에서 켜진 등이 확실히 식별될 것
(4) 단자는 충분한 **전류용량**을 갖는 것으로 하여야 하며 단자의 접속이 정확하고 확실할 것

① 진공차단기 → 배선용 차단기

답 ①

# 2020. 9. 27 시행

**2020년 기사 제4회 필기시험**

| 자격종목 | 종목코드 | 시험시간 | 형별 | 수험번호 | 성명 |
|---|---|---|---|---|---|
| 소방설비기사(전기분야) | | 2시간 | | | |

※ 답안카드 작성시 시험문제지 형별누락, 마킹착오로 인한 불이익은 전적으로 수험자의 귀책사유임을 알려드립니다.
※ 각 문항은 4지택일형으로 질문에 가장 적합한 보기 항을 선택하여 마킹하여야 합니다.

## 제 1 과목 소방원론

★★
**01** 피난시 하나의 수단이 고장 등으로 사용이 불가능하더라도 다른 수단 및 방법을 통해서 피난할 수 있도록 하는 것으로 2방향 이상의 피난통로를 확보하는 피난대책의 일반원칙은?

16.10.문14
14.03.문07

유사문제부터 풀어보세요. 실력이 팍!팍! 올라갑니다.

① Risk－down 원칙
② Feed back 원칙
③ Fool－proof 원칙
④ Fail－safe 원칙

해설 **Fail safe**와 **Fool proof**

| 용 어 | 설 명 |
|---|---|
| **페일 세이프** (fail safe) | • 한 가지 피난기구가 고장이 나도 다른 수단을 이용할 수 있도록 고려하는 것(한 가지가 고장이 나도 다른 수단을 이용하는 원칙)<br>• **두 방향**의 피난동선을 항상 확보하는 원칙 |
| **풀 프루프** (fool proof) | • 피난경로는 **간단명료**하게 한다.<br>• 피난구조설비는 **고정식 설비**를 위주로 설치한다.<br>• 피난수단은 **원시적 방법**에 의한 것을 원칙으로 한다.<br>• 피난통로를 **완전불연화**한다.<br>• 막다른 복도가 없도록 계획한다.<br>• 간단한 **그림**이나 **색채**를 이용하여 표시한다. |

기억법 **풀그색 간고원**

용어
**피드백제어**(feedback control)
출력신호를 입력신호로 되돌려서 **입력**과 **출력**을 **비교**함으로써 **정확한 제어**가 가능하도록 한 제어

답 ④

★
**02** 열분해에 의해 가연물 표면에 유리상의 메타인산 피막을 형성하여 연소에 필요한 산소의 유입을 차단하는 분말약제는?

17.05.문10

① 요소
② 탄산수소칼륨
③ 제1인산암모늄
④ 탄산수소나트륨

해설 **제3종 분말**(제1인산암모늄)의 **열분해 생성물**
(1) $H_2O$(물)
(2) $NH_3$(암모니아)
(3) $P_2O_5$(오산화인)
(4) **$HPO_3$(메타인산)** : 산소 차단

중요

**분말소화약제**

| 종별 | 분자식 | 착 색 | 적응 화재 | 비 고 |
|---|---|---|---|---|
| 제1종 | 중탄산나트륨 ($NaHCO_3$) | 백색 | BC급 | **식용유** 및 **지방질유**의 화재에 적합 |
| 제2종 | 중탄산칼륨 ($KHCO_3$) | 담자색 (담회색) | BC급 | － |
| 제3종 | 제1인산암모늄 ($NH_4H_2PO_4$) | 담홍색 | ABC급 | **차고·주차장**에 적합 |
| 제4종 | 중탄산칼륨＋요소 ($KHCO_3$＋$(NH_2)_2CO$) | 회(백)색 | BC급 | － |

답 ③

★
**03** 공기 중의 산소의 농도는 약 몇 vol%인가?

16.03.문19

① 10
② 13
③ 17
④ 21

해설 **공기**의 **구성 성분**

| 구성성분 | 비 율 |
|---|---|
| 산소 | 21vol% |
| 질소 | 78vol% |
| 아르곤 | 1vol% |

중요

**공기 중 산소농도**

| 구 분 | 산소농도 |
|---|---|
| 체적비(부피백분율, vol%) | 약 21vol% |
| 중량비(중량백분율, wt%) | 약 23wt% |

• 일반적인 산소농도라 함은 '**체적비**'를 말한다.

답 ④

★★★
## 04 일반적인 플라스틱 분류상 열경화성 플라스틱에 해당하는 것은?

18.03.문03 13.06.문15 10.09.문07 06.05.문20

① 폴리에틸렌 ② 폴리염화비닐
③ 페놀수지 ④ 폴리스티렌

해설 **합성수지의 화재성상**

| 열가소성 수지 | 열경화성 수지 |
|---|---|
| • PVC수지<br>• 폴리에틸렌수지<br>• 폴리스티렌수지 | • 페놀수지<br>• 요소수지<br>• 멜라민수지 |

기억법 **열가P폴**

• 수지=플라스틱

용어

| 열가소성 수지 | 열경화성 수지 |
|---|---|
| 열에 의해 변형되는 수지 | 열에 의해 변형되지 않는 수지 |

답 ③

★★★
## 05 자연발화 방지대책에 대한 설명 중 틀린 것은?

18.04.문02 16.10.문05 16.03.문14 15.05.문19 15.03.문09 14.09.문09 14.09.문17 12.03.문09 10.03.문13

① 저장실의 온도를 낮게 유지한다.
② 저장실의 환기를 원활히 시킨다.
③ 촉매물질과의 접촉을 피한다.
④ 저장실의 습도를 높게 유지한다.

해설 (1) **자연발화의 방지법**

㉠ **습**도가 높은 곳을 **피**할 것(건조하게 유지할 것)
㉡ 저장실의 온도를 낮출 것
㉢ 통풍이 잘 되게 할 것(**환기**를 원활히 시킨다)
㉣ 퇴적 및 수납시 열이 쌓이지 않게 할 것(**열축적 방지**)
㉤ 산소와의 접촉을 차단할 것(**촉매물질**과의 접촉을 피한다)
㉥ **열전도성**을 좋게 할 것

기억법 **자습피**

(2) **자연발화 조건**

㉠ 열전도율이 작을 것
㉡ 발열량이 클 것
㉢ 주위의 온도가 높을 것
㉣ 표면적이 넓을 것

④ 높게 → 낮게

답 ④

★★★
## 06 공기 중에서 수소의 연소범위로 옳은 것은?

17.03.문03 16.03.문13 15.09.문14 13.06.문04 09.03.문02

① 0.4~4vol%
② 1~12.5vol%
③ 4~75vol%
④ 67~92vol%

해설 (1) **공기 중의 폭발한계**(익사천지로 나와야 한다.)

| 가 스 | 하한계[vol%] | 상한계[vol%] |
|---|---|---|
| 아세틸렌($C_2H_2$) | 2.5 | 81 |
| **수소($H_2$)** | **4** | **75** |
| 일산화탄소(CO) | 12.5 | 74 |
| 암모니아($NH_3$) | 15 | 28 |
| 메탄($CH_4$) | 5 | 15 |
| 에탄($C_2H_6$) | 3 | 12.4 |
| 프로판($C_3H_8$) | 2.1 | 9.5 |
| 부탄($C_4H_{10}$) | 1.8 | 8.4 |

기억법 **수475(수사 후 치료하세요.)**
**부18(부자의 일반적인 팔자)**

(2) **폭발한계와 같은 의미**

㉠ 폭발범위 ㉡ 연소한계
㉢ 연소범위 ㉣ 가연한계
㉤ 가연범위

답 ③

★★★
## 07 탄산수소나트륨이 주성분인 분말소화약제는?

19.03.문01 18.04.문06 17.09.문10 16.10.문06 16.10.문10 16.05.문15 16.03.문09 16.03.문11 15.05.문08

① 제1종 분말
② 제2종 분말
③ 제3종 분말
④ 제4종 분말

해설 **분말소화약제**

| 종 별 | 분자식 | 착 색 | 적응 화재 | 비 고 |
|---|---|---|---|---|
| 제1종 | **탄산수소나트륨** ($NaHCO_3$) | 백색 | BC급 | **식용유** 및 **지방질유**의 화재에 적합 |
| 제2종 | 탄산수소칼륨 ($KHCO_3$) | 담자색 (담회색) | BC급 | - |
| 제3종 | 제1인산암모늄 ($NH_4H_2PO_4$) | 담홍색 | ABC급 | **차고·주차장**에 적합 |
| 제4종 | 탄산수소칼륨+요소 ($KHCO_3$+ $(NH_2)_2CO$) | 회(백)색 | BC급 | - |

기억법 1식분 (일식 분식)
3분 차주 (삼보컴퓨터 차주)

답 ①

★★★
**08** 불연성 기체나 고체 등으로 연소물을 감싸 산소공급을 차단하는 소화방법은?

19.09.문13 18.09.문19 17.05.문06 16.03.문08 15.03.문17 14.03.문19 11.10.문19 11.03.문02 03.08.문11

① 질식소화
② 냉각소화
③ 연쇄반응차단소화
④ 제거소화

해설 **소화의 형태**

| 구 분 | 설 명 |
|---|---|
| **냉**각소화 | ① **점화원**을 냉각하여 소화하는 방법<br>② **증발잠열**을 **이용**하여 열을 빼앗아 가연물의 온도를 떨어뜨려 화재를 진압하는 소화방법<br>③ **다량**의 **물**을 뿌려 소화하는 방법<br>④ 가연성 물질을 **발화점 이하**로 **냉각**하여 소화하는 방법<br>⑤ **식용유화재**에 신선한 **야채**를 넣어 소화하는 방법<br>⑥ 용융잠열에 의한 **냉각효과**를 이용하여 소화하는 방법<br>기억법 **냉점증발** |
| **질**식소화 | ① 공기 중의 **산소농도**를 **16%(10~15%)** 이하로 희박하게 하여 소화하는 방법<br>② 산화제의 농도를 낮추어 연소가 지속될 수 없도록 소화하는 방법<br>③ **산소공급**을 **차단**하여 소화하는 방법<br>④ 산소의 농도를 낮추어 소화하는 방법<br>⑤ 화학반응으로 발생한 **탄산가스**에 의한 소화방법<br>기억법 **질산** |
| 제거소화 | **가연물**을 **제거**하여 소화하는 방법 |
| **부**촉매 소화 (억제소화, 화학소화) | ① **연쇄반응**을 **차단**하여 소화하는 방법<br>② 화학적인 방법으로 화재를 억제하여 소화하는 방법<br>③ **활성기**(free radical, 자유라디칼)의 **생성**을 **억제**하여 소화하는 방법<br>④ 할론계 소화약제<br>기억법 **부억(부엌)** |
| 희석소화 | ① 기체·고체·액체에서 나오는 분해가스나 증기의 농도를 낮춰 소화하는 방법<br>② 불연성 가스의 **공기** 중 **농도**를 높여 소화하는 방법<br>③ 불활성기체를 방출하여 연소범위 이하로 낮추어 소화하는 방법 |

중요

**화재의 소화원리에 따른 소화방법**

| 소화원리 | 소화설비 |
|---|---|
| 냉각소화 | ① 스프링클러설비<br>② 옥내·외소화전설비 |
| 질식소화 | ① 이산화탄소 소화설비<br>② 포소화설비<br>③ 분말소화설비<br>④ 불활성기체 소화약제 |
| 억제소화 (부촉매효과) | ① 할론소화약제<br>② 할로겐화합물 소화약제 |

답 ①

★★★
**09** 증발잠열을 이용하여 가연물의 온도를 떨어뜨려 화재를 진압하는 소화방법은?

16.05.문13 13.09.문13

① 제거소화 ② 억제소화
③ 질식소화 ④ 냉각소화

해설 **문제 8 참조**

④ 냉각소화 : **증발잠열** 이용

답 ④

★★★
**10** 화재발생시 인간의 피난특성으로 틀린 것은?

18.04.문03 16.05.문03 11.10.문09 12.05.문15 10.09.문11

① 본능적으로 평상시 사용하는 출입구를 사용한다.
② 최초로 행동을 개시한 사람을 따라서 움직인다.
③ 공포감으로 인해서 빛을 피하여 어두운 곳으로 몸을 숨긴다.
④ 무의식 중에 발화장소의 반대쪽으로 이동한다.

해설 **화재발생시 인간의 피난 특성**

| 구 분 | 설 명 |
|---|---|
| **귀소본능** | • **친숙한 피난경로**를 선택하려는 행동<br>• 무의식 중에 평상시 사용하는 출입구나 통로를 사용하려는 행동 |
| **지광본능** | • **밝은 쪽**을 지향하는 행동<br>• 화재의 공포감으로 인하여 **빛**을 따라 외부로 달아나려고 하는 행동 |
| **퇴피본능** | • 화염, 연기에 대한 공포감으로 **발화**의 **반대 방향**으로 이동하려는 행동 |
| **추종본능** | • 많은 사람이 달아나는 방향으로 쫓아가려는 행동<br>• 화재시 최초로 행동을 개시한 사람을 따라 전체가 움직이려는 행동 |

| 좌회본능 | • **좌측통행**을 하고 **시계반대방향**으로 회전하려는 행동 |
|---|---|
| 폐쇄공간 지향본능 | • 가능한 **넓은 공간**을 찾아 **이동**하다가 위험성이 높아지면 의외의 좁은 공간을 찾는 본능 |
| 초능력 본능 | • 비상시 **상상**도 **못할 힘**을 내는 본능 |
| 공격본능 | • **이상심리현상**으로서 구조용 헬리콥터를 부수려고 한다든지 무차별적으로 주변사람과 구조인력 등에게 공격을 가하는 본능 |
| 패닉 (panic) 현상 | • 인간의 비이성적인 또는 부적합한 **공포반응행동**으로서 무모하게 높은 곳에서 뛰어내리는 행위라든지, 몸이 굳어서 움직이지 못하는 행동 |

③ 공포감으로 인해서 빛을 따라 외부로 달아나려는 경향이 있다.

답 ③

**11** 공기와 할론 1301의 혼합기체에서 할론 1301에 비해 공기의 확산속도는 약 몇 배인가? (단, 공기의 평균분자량은 29, 할론 1301의 분자량은 149이다.)

17.05.문16 12.09.문07

① 2.27배 ② 3.85배
③ 5.17배 ④ 6.46배

해설 **그레이엄**의 **확산속도법칙**

$$\frac{V_B}{V_A}=\sqrt{\frac{M_A}{M_B}}$$

여기서, $V_A$, $V_B$ : 확산속도[m/s]
($V_A$ : 공기의 확산속도[m/s], $V_B$ : 할론 1301의 확산속도[m/s])
$M_A$, $M_B$ : 분자량
($M_A$ : 공기의 분자량, $M_B$ : 할론 1301의 분자량)

$\frac{V_B}{V_A}=\sqrt{\frac{M_A}{M_B}}$ 는 $\boxed{\frac{V_A}{V_B}=\sqrt{\frac{M_B}{M_A}}}$ 로 쓸 수 있으므로

$$\therefore \frac{V_A}{V_B}=\sqrt{\frac{M_B}{M_A}}=\sqrt{\frac{149}{29}}=2.27\text{배}$$

답 ①

**12** 다음 원소 중 할로겐족 원소인 것은?

17.09.문15 15.03.문16 12.05.문20 12.03.문04

① Ne
② Ar
③ Cl
④ Xe

해설 **할로겐족 원소**(할로겐원소)
(1) 불소 : F
(2) 염소 : Cl
(3) 브롬(취소) : Br
(4) 요오드(옥소) : I

기억법 FClBrI

답 ③

**13** 건물 내 피난동선의 조건으로 옳지 않은 것은?

17.05.문15 14.09.문02 10.03.문11

① 2개 이상의 방향으로 피난할 수 있어야 한다.
② 가급적 단순한 형태로 한다.
③ 통로의 말단은 안전한 장소이어야 한다.
④ 수직동선은 금하고 수평동선만 고려한다.

해설 **피난동선**의 **특성**
(1) 가급적 **단순형태**가 좋다.
(2) **수평동선**과 **수직동선**으로 구분한다.
(3) 가급적 **상호 반대방향**으로 다수의 출구와 연결되는 것이 좋다.
(4) 어느 곳에서도 2개 이상의 방향으로 피난할 수 있으며, 그 말단은 화재로부터 안전한 장소이어야 한다.

④ 수직동선과 수평동선을 모두 고려해야 한다.

※ **피난동선** : 복도 · 통로 · 계단과 같은 피난전용의 통행구조

답 ④

**14** 실내화재에서 화재의 최성기에 돌입하기 전에 다량의 가연성 가스가 동시에 연소되면서 급격한 온도상승을 유발하는 현상은?

14.05.문18 14.03.문11 13.06.문17 11.06.문11

① 패닉(Panic)현상
② 스택(Stack)현상
③ 파이어볼(Fire Ball)현상
④ 플래쉬오버(Flash Over)현상

해설 **플래시오버**(flash over) : 순발연소
(1) 폭발적인 착화현상
(2) 폭발적인 **화재확대현상**
(3) 건물화재에서 발생한 가연성 가스가 일시에 인화하여 화염이 **충**만하는 단계
(4) 실내의 가연물이 연소됨에 따라 생성되는 가연성 가스가 실내에 누적되어 **폭**발적으로 연소하여 실 전체가 순간적으로 불길에 싸이는 현상
(5) **옥내화재**가 서서히 진행하여 열이 축적되었다가 일시에 화염이 크게 발생하는 상태
(6) **다량**의 **가연성 가스**가 동시에 연소되면서 **급**격한 온도상승을 유발하는 현상
(7) 건축물에서 한순간에 폭발적으로 화재가 확산되는 현상

기억법 **플확충 폭급**

• 플래시오버=플래쉬오버

비교

(1) **패닉(panic)현상**
인간의 비이성적인 또는 부적합한 **공포반응행동**으로서 무모하게 높은 곳에서 뛰어내리는 행위라든지, 몸이 굳어서 움직이지 못하는 행동
(2) **굴뚝효과**(stack effect)
㉠ 건물 내외의 **온도차**에 따른 공기의 흐름현상이다.
㉡ 굴뚝효과는 **고층건물**에서 주로 나타난다.
㉢ 평상시 건물 내의 기류분포를 지배하는 중요 요소이며 화재시 **연기**의 **이동**에 큰 영향을 미친다.
㉣ 건물 외부의 온도가 내부의 온도보다 높은 경우 저층부에서는 내부에서 외부로 공기의 흐름이 생긴다.
(3) **블레비(BLEVE)=블레이브(BLEVE)현상**
과열상태의 탱크에서 내부의 액화가스가 분출하여 기화되어 폭발하는 현상
㉠ 가연성 액체
㉡ 화구(fire ball)의 형성
㉢ 복사열의 대량 방출

답 ④

★★★
## 15 과산화수소와 과염소산의 공통성질이 아닌 것은?

19.09.문44
16.03.문05
15.05.문05
11.10.문03
07.09.문18

① 산화성 액체이다.
② 유기화합물이다.
③ 불연성 물질이다.
④ 비중이 1보다 크다.

해설 **위험물령 [별표 1]**
**위험물**

| 유 별 | 성 질 | 품 명 |
|---|---|---|
| 제1류 | 산화성 고체 | • 아염소산염류<br>• 염소산염류(**염소산나트륨**)<br>• 과염소산염류<br>• 질산염류<br>• 무기과산화물<br>기억법 **1산고염나** |
| 제2류 | 가연성 고체 | • **황화**린<br>• **적**린<br>• **유**황<br>• **마**그네슘<br>기억법 **황화적유마** |
| 제3류 | 자연발화성 물질 및 금수성 물질 | • **황린**<br>• **칼**륨<br>• **나**트륨<br>• **알**칼리토금속<br>• **트**리에틸알루미늄<br>기억법 **황칼나알트** |
| 제4류 | 인화성 액체 | • 특수인화물<br>• 석유류(벤젠)<br>• 알코올류<br>• 동식물유류 |
| 제5류 | 자기반응성 물질 | • 유기과산화물<br>• 니트로화합물<br>• 니트로소화합물<br>• 아조화합물<br>• 질산에스테르류(셀룰로이드) |
| 제6류 | 산화성 액체 | • **과염소산**<br>• **과산화수소**<br>• 질산 |

중요

**제6류 위험물**의 **공통성질**
(1) 대부분 비중이 **1보다 크다.**
(2) **산화성 액체**이다.
(3) **불연성 물질**이다.
(4) 모두 **산소**를 함유하고 있다.
(5) <u>유기화합물과 혼합하면 산화시킨다.</u>

② 모두 제6류 위험물로서 유기화합물과 혼합하면 산화시킨다.

답 ②

★★★
## 16 화재를 소화하는 방법 중 물리적 방법에 의한 소화가 아닌 것은?

17.05.문12
15.09.문15
14.05.문13
13.03.문12
11.03.문16

① 억제소화
② 제거소화
③ 질식소화
④ 냉각소화

해설

| 물리적 방법에 의한 소화 | 화학적 방법에 의한 소화 |
|---|---|
| • 질식소화<br>• 냉각소화<br>• 제거소화 | • 억제소화 |

① 억제소화 : 화학적 방법

중요

**소화방법**

| 소화방법 | 설 명 |
|---|---|
| **냉각소화** | • 다량의 물 등을 이용하여 **점화원**을 **냉각**시켜 소화하는 방법<br>• 다량의 물을 뿌려 소화하는 방법 |
| **질식소화** | • 공기 중의 **산소농도**를 16%(10~15%) 이하로 희박하게 하여 소화하는 방법 |
| **제거소화** | • 가연물을 제거하여 소화하는 방법 |

| 화학소화<br>(부촉매효과) | • 연쇄반응을 차단하여 소화하는 방법<br>(=**억제작용**) |
|---|---|
| 희석소화 | • 고체·기체·액체에서 나오는 **분해가스**나 **증기**의 **농도**를 낮추어 연소를 중지시키는 방법 |
| 유화소화 | • 물을 무상으로 방사하여 유류 표면에 **유화층**의 막을 형성시켜 공기의 접촉을 막아 소화하는 방법 |
| 피복소화 | • 비중이 공기의 **1.5배** 정도로 무거운 소화약제를 방사하여 가연물의 구석구석까지 침투·피복하여 소화하는 방법 |

답 ①

★★★
**17** 물과 반응하여 가연성 기체를 발생하지 않는 것은?

18.04.문13 15.05.문03 13.03.문03 12.09.문17

① 칼륨
② 인화아연
③ 산화칼슘
④ 탄화알루미늄

해설 **분진폭발을 일으키지 않는 물질**
물과 반응하여 가연성 기체를 발생하지 않는 것
(1) **시**멘트
(2) **석**회석
(3) **탄**산칼슘($CaCO_3$)
(4) **생**석회($CaO$)=**산화칼슘**

기억법 **분시석탄생**

답 ③

★★★
**18** 목재건축물의 화재진행과정을 순서대로 나열한 것은?

19.04.문01 11.06.문07 01.09.문02 99.04.문04

① 무염착화-발염착화-발화-최성기
② 무염착화-최성기-발염착화-발화
③ 발염착화-발화-최성기-무염착화
④ 발염착화-최성기-무염착화-발화

해설 **목조건축물**의 **화재진행상황**

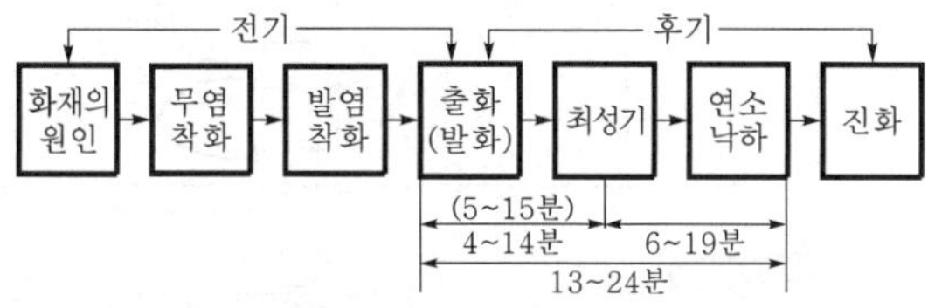


• 최성기=성기=맹화
• 진화=소화

답 ①

★★
**19** 다음 물질을 저장하고 있는 장소에서 화재가 발생하였을 때 주수소화가 적합하지 않은 것은?

16.03.문20 07.09.문05

① 적린　② 마그네슘 분말
③ 과염소산칼륨　④ 유황

해설 **주수소화**(물소화)시 **위험**한 **물질**

| 구 분 | 현 상 |
|---|---|
| • 무기과산화물 | **산소** 발생 |
| • **금**속분<br>• **마**그네슘(마그네슘 분말)<br>• 알루미늄<br>• 칼륨<br>• 나트륨<br>• 수소화리튬 | **수소** 발생 |
| • 가연성 액체의 유류화재 | **연소면**(화재면) 확대 |

기억법 **금마수**

※ **주수소화** : 물을 뿌려 소화하는 방법

답 ②

★★★
**20** 다음 중 가연성 가스가 아닌 것은?

17.03.문07 16.10.문03 16.03.문04 14.05.문10 12.09.문08 11.10.문02

① 일산화탄소
② 프로판
③ 아르곤
④ 메탄

해설 **가연성 가스**와 **지연성 가스**

| **가**연성 가스 | 지연성 가스(**조**연성 가스) |
|---|---|
| • **수**소<br>• **메**탄<br>• **일**산화탄소<br>• **천**연가스<br>• **부**탄<br>• **에**탄<br>• **암**모니아<br>• **프**로판<br>기억법 **가수일천 암부메에프** | • **산**소<br>• **공**기<br>• **염**소<br>• **오**존<br>• **불**소<br>기억법 **조산공 염오불** |

③ 아르곤 : 불연성 가스

용어

**가연성 가스**와 **지연성 가스**

| 가연성 가스 | 지연성 가스(조연성 가스) |
|---|---|
| 물질 자체가 연소하는 것 | 자기 자신은 연소하지 않지만 연소를 도와주는 가스 |

답 ③

## 제 2 과목 소방전기일반

**21** 다음 중 쌍방향성 전력용 반도체 소자인 것은?

16.10.문34
13.06.문39

① SCR ② IGBT
③ TRIAC ④ DIODE

해설

| 구 분 | | 심 벌 |
|---|---|---|
| DIAC | 네온관과 같은 성질을 가진 것으로서 주로 SCR, TRIAC 등의 **트리거소자**로 이용된다. | $T_1$, $T_2$ |
| TRIAC | **양방향성 스위칭소자**로서 SCR 2개를 역병렬로 접속한 것과 같다(**AC전력**의 **제어용**, **쌍방향성 사이리스터**). | $T_1$, $T_2$, $G$ |
| RCT (역도통 사이리스터) | 비대칭 사이리스터와 고속회복 다이오드를 직접화한 단일 실리콘칩으로 만들어져서 직렬공진형 인버터에 대해 이상적이다. | $A$, $K$, $G$ |
| IGBT | 고전력 스위치용 반도체로서 전기흐름을 막거나 통하게 하는 스위칭 기능을 빠르게 수행한다. | $G$, $C$, $E$ |

답 ③

**22** 그림의 시퀀스(계전기 접점) 회로를 논리식으로 표현하면?

18.09.문33
16.05.문40
13.03.문24
10.05.문21
00.07.문36

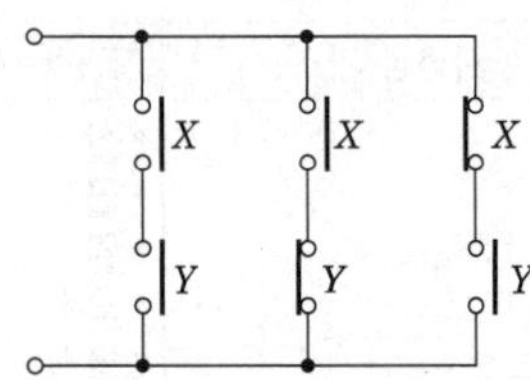


① $X+Y$
② $(XY)+(X\overline{Y})(\overline{X}Y)$
③ $(X+Y)(X+\overline{Y})(\overline{X}+Y)$
④ $(X+Y)+(X+\overline{Y})+(\overline{X}+Y)$

해설 논리식 $= X\cdot Y + X\cdot\overline{Y} + \overline{X}\cdot Y = XY + X\overline{Y} + \overline{X}Y$

$= X(\underbrace{Y+\overline{Y}}_{X+\overline{X}=1}) + \overline{X}Y$

$= \underbrace{X\cdot 1}_{X\cdot 1 = X} + \overline{X}Y$

$= \underbrace{X+\overline{X}Y}_{X+\overline{X}Y=X+Y}$

$= X+Y$

※ 논리식 산정시 **직렬**은 '·', **병렬**은 '+'로 표시하는 것을 기억하라.

중요

(1) **불대수**의 **정리**

| 논리합 | 논리곱 | 비 고 |
|---|---|---|
| $X+0=X$ | $X\cdot 0=0$ | - |
| $X+1=1$ | $X\cdot 1=X$ | - |
| $X+X=X$ | $X\cdot X=X$ | - |
| $X+\overline{X}=1$ | $X\cdot\overline{X}=0$ | - |
| $X+Y=Y+X$ | $X\cdot Y=Y\cdot X$ | 교환법칙 |
| $X+(Y+Z)=(X+Y)+Z$ | $X(YZ)=(XY)Z$ | 결합법칙 |
| $X(Y+Z)=XY+XZ$ | $(X+Y)(Z+W)=XZ+XW+YZ+YW$ | 분배법칙 |
| $X+XY=X$ | $\overline{X}+XY=\overline{X}+Y$<br>$X+\overline{X}Y=X+Y$<br>$X+\overline{X}\,\overline{Y}=X+\overline{Y}$ | 흡수법칙 |
| $(\overline{X+Y})=\overline{X}\cdot\overline{Y}$ | $(\overline{X\cdot Y})=\overline{X}+\overline{Y}$ | 드모르간의 정리 |

(2) **논리회로**

| 시퀀스 | 논리식 | 논리회로 |
|---|---|---|
| 직렬회로 | $Z=A\cdot B$<br>$Z=AB$ | A, B → Z |
| 병렬회로 | $Z=A+B$ | A, B → Z |
| a접점 | $Z=A$ | A → Z<br>A → Z |
| b접점 | $Z=\overline{A}$ | A → Z<br>A → Z<br>A → Z |

용어

**불대수**
여러 가지 조건의 논리적 관계를 논리기호로 나타내고 이것을 수식적으로 표현하는 방법, 논리대수라고도 한다.

답 ①

★★★
## 23 그림의 블록선도와 같이 표현되는 제어시스템의 전달함수 $G(s)$는?

19.09.문22
17.09.문27
16.03.문25
09.05.문32
08.03.문39

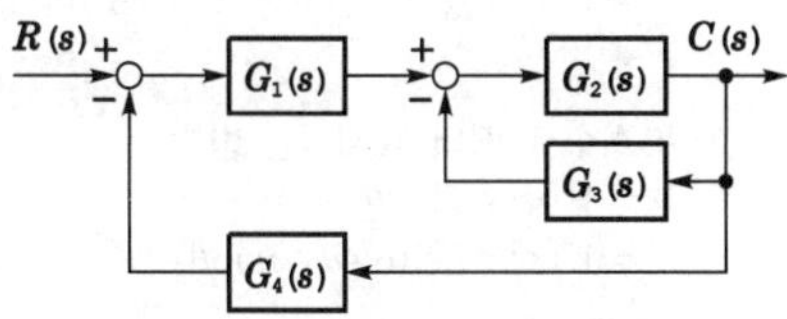


① $\dfrac{G_1(s)G_2(s)}{1+G_2(s)G_3(s)+G_1(s)G_2(s)G_4(s)}$

② $\dfrac{G_3(s)G_4(s)}{1+G_2(s)G_3(s)+G_1(s)G_2(s)G_4(s)}$

③ $\dfrac{G_1(s)G_2(s)}{1+G_1(s)G_2(s)+G_1(s)G_2(s)G_3(s)}$

④ $\dfrac{G_3(s)G_4(s)}{1+G_1(s)G_2(s)+G_1(s)G_2(s)G_3(s)}$

해설 $C=R(s)G_1(s)G_2(s)-CG_1(s)G_2(s)G_4(s)$
$-CG_2(s)G_3(s)$

계산편의를 위해 잠시 $(s)$를 생략하고 계산하면

$C=RG_1G_2-CG_1G_2G_4-CG_2G_3$

$C+CG_1G_2G_4+CG_2G_3=RG_1G_2$

$C(1+G_1G_2G_4+G_2G_3)=RG_1G_2$

$\dfrac{C}{R}=\dfrac{G_1G_2}{1+G_1G_2G_4+G_2G_3}$

$G=\dfrac{C}{R}=\dfrac{G_1G_2}{1+G_2G_3+G_1G_2G_4}$

$G(s)=\dfrac{C(s)}{R(s)}=\dfrac{G_1(s)G_2(s)}{1+G_2(s)G_3(s)+G_1(s)G_2(s)G_4(s)}$

용어

**전달함수**
모든 초기값을 **0**으로 하였을 때 출력신호의 라플라스 변환과 입력신호의 라플라스변환의 **비**

답 ①

★★★
## 24 조작기기는 직접 제어대상에 작용하는 장치이고 빠른 응답이 요구된다. 다음 중 전기식 조작기기가 아닌 것은?

17.09.문35
13.06.문36
11.10.문23

① 서보전동기
② 전동밸브
③ 다이어프램밸브
④ 전자밸브

해설 **조작기기**

| 전기식 조작기기 | 기계식 조작기기 |
|---|---|
| • 전동밸브<br>• 전자밸브(솔레노이드밸브)<br>• 서보전동기 | 다이어프램밸브 |

③ 기계식 조작기기

비교

**증폭기기**

| 구 분 | 종 류 |
|---|---|
| 전기식 | • SCR<br>• 앰플리다인<br>• 다이라트론<br>• 트랜지스터<br>• 자기증폭기 |
| **공**기식 | • **벨**로스<br>• **노**즐플래퍼<br>• **파**일럿밸브 |
| 유압식 | • 분사관<br>• 안내밸브 |

기억법 **공벨노파**

답 ③

★★
## 25 전기자 제어 직류 서보전동기에 대한 설명으로 옳은 것은?

19.03.문31
11.03.문24

① 교류 서보전동기에 비하여 구조가 간단하여 소형이고 출력이 비교적 낮다.
② 제어권선과 콘덴서가 부착된 여자권선으로 구성된다.
③ 전기적 신호를 계자권선의 입력전압으로 한다.
④ 계자권선의 전류가 일정하다.

해설 **전기자 제어 직류 서보전동기**
(1) 교류 서보전동기에 비하여 **구조**가 **간단**하여 **소형**이고 **출력**이 비교적 **높다**.
(2) **계자권선**의 **전류**가 **일정**

중요

**서보전동기**의 **특징**
(1) **직류전동기**와 **교류전동기**가 있다.
(2) **정 · 역회전**이 가능하다.
(3) **급가속, 급감속**이 가능하다.
(4) **저속운전**이 용이하다.

답 ④

★★★
## 26 절연저항을 측정할 때 사용하는 계기는?

19.09.문35
12.05.문34
05.05.문35

① 전류계 ② 전위차계
③ 메거 ④ 휘트스톤브리지

해설 **계측기**

| 구 분 | 용 도 |
|---|---|
| **메거** (megger) | 절연저항 측정 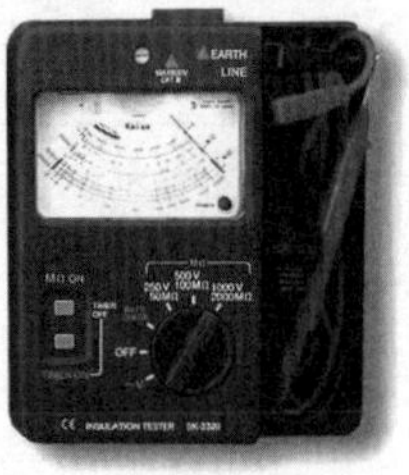 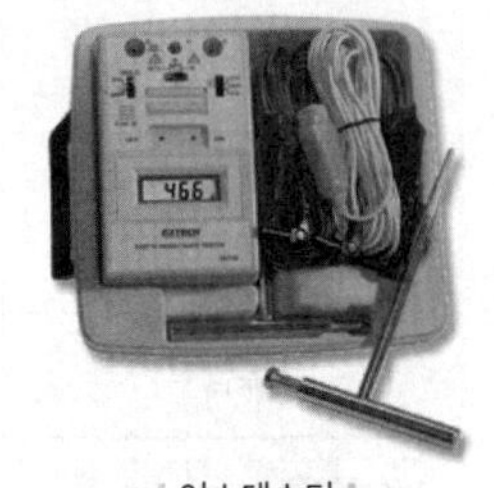 ❙ 메거 ❙ |
| **어스테스터** (earth tester) | 접지저항 측정 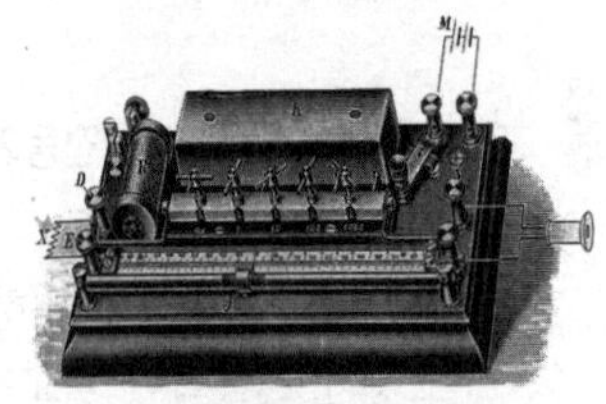 ❙ 어스테스터 ❙ |
| **코올라우시 브리지** (Kohlrausch bridge) | 전지(축전지)의 내부저항 측정 ❙ 코올라우시 브리지 ❙ |
| C.R.O. (Cathode Ray Oscilloscope) | 음극선을 사용한 오실로스코프 |
| **휘트스톤 브리지** (Wheatstone bridge) | 0.5~$10^5$Ω의 중저항 측정 |

비교

**코올라우시 브리지**
(1) 축전지의 내부저항 측정
(2) 전해액의 저항 측정
(3) 접지저항 측정

답 ③

**27** $R$=10Ω, $\omega L$=20Ω**인 직렬회로에** 220$\angle 0°$V**의 교류전압을 가하는 경우 이 회로에 흐르는 전류는 약 몇 A인가?**

① $24.5\angle -26.5°$ ② $9.8\angle -63.4°$
③ $12.2\angle -13.2°$ ④ $73.6\angle -79.6°$

해설 (1) **기호**

- $R$ : 10Ω
- $X_L$ : 20Ω
- $V$ : 220$\angle 0°$V
- $I$ : ?

(2) **복소수**로 **벡터 표시**하는 **방법**

$\nu = V(\text{실효값})\angle\theta$
$= V(\text{실효값})(\cos\theta + i\sin\theta)$

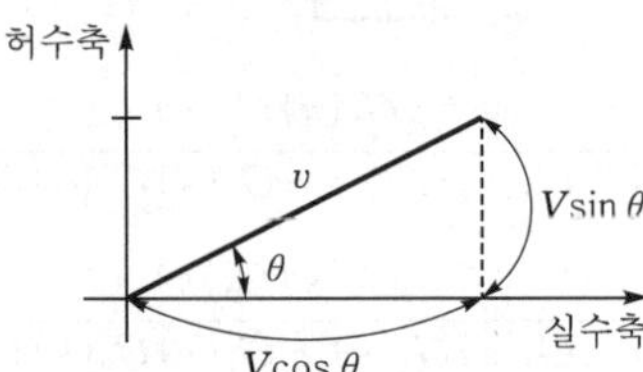


$\nu = 220\angle 0°$
$= 220(\cos 0° + j\sin 0°)$
$= 220 + j0 = 220\text{V}$

(3) **전류**

$$I = \frac{V}{Z} = \frac{V}{R+jX}$$

여기서, $I$ : 전류[A]
$V$ : 전압[V]
$Z$ : 임피던스[Ω]
$X$ : 리액턴스[Ω]

전류 $I$는

$$I = \frac{V}{R+jX}$$
$$= \frac{220}{10+j20}$$
$$= \frac{220(10-j20)}{(10+j20)(10-j20)}$$ ⬅ 분모의 허수를 없애기 위해 분자, 분모에 $10-j20$ 곱함
$$= \frac{2200-j4400}{(100-\cancel{j200})+\cancel{j200}-(j\times j)400}$$ ⬅ $j\times j = -1$
$$= \frac{2200-j4400}{100+400} = \frac{2200-j4400}{500}$$
$$= 4.4 - j8.8$$
$$= \sqrt{4.4^2+8.8^2}$$
$\therefore I = 9.8\angle\theta\,\text{A}$

(4) **위상차**

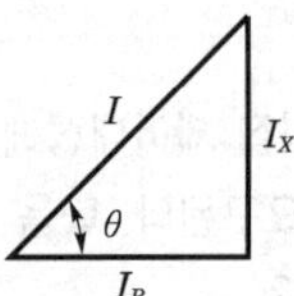


$$\tan\theta = \frac{I_X}{I_R} = \frac{-8.8}{4.4}$$

$$\theta = \tan^{-1}\frac{-8.8}{4.4} ≒ -63.4°$$

$\therefore I = 9.8\angle\theta = 9.8\angle -63.4°\,\text{A}$

답 ②

★★★
**28** 다음의 논리식 중 틀린 것은?

19.09.문21
18.03.문31
17.09.문33
17.03.문23
16.05.문36
16.03.문39
15.09.문23
13.09.문30

① $(\overline{A}+B)\cdot(A+B)=B$
② $(\overline{A}+B)\cdot\overline{B}=\overline{A}\,\overline{B}$
③ $\overline{AB+AC}+\overline{A}=\overline{A}+\overline{B}\,\overline{C}$
④ $\overline{(\overline{A}+B)+CD}=A\overline{B}(C+D)$

해설 **불대수의 정리**

| 논리합 | 논리곱 | 비 고 |
|---|---|---|
| $X+0=X$ | $X\cdot 0=0$ | - |
| $X+1=1$ | $X\cdot 1=X$ | - |
| $X+X=X$ | $X\cdot X=X$ | - |
| $X+\overline{X}=1$ | $X\cdot\overline{X}=0$ | - |
| $X+Y=Y+X$ | $X\cdot Y=Y\cdot X$ | 교환법칙 |
| $X+(Y+Z)=(X+Y)+Z$ | $X(YZ)=(XY)Z$ | 결합법칙 |
| $X(Y+Z)=XY+XZ$ | $(X+Y)(Z+W)=XZ+XW+YZ+YW$ | 분배법칙 |
| $X+XY=X$ | $\overline{X}+XY=\overline{X}+Y$<br>$X+\overline{X}Y=X+Y$<br>$X+\overline{X}\,\overline{Y}=X+\overline{Y}$ | 흡수법칙 |
| $(\overline{X+Y})=\overline{X}\cdot\overline{Y}$ | $(\overline{X\cdot Y})=\overline{X}+\overline{Y}$ | 드모르간의 정리 |

④ $\overline{(\overline{A}+B)+CD}=\overline{\overline{A}}\cdot\overline{B}\cdot(\overline{C}+\overline{D})$
$=A\cdot\overline{B}\cdot(\overline{C}+\overline{D})$
$=A\overline{B}(\overline{C}+\overline{D})$

답 ④

★★★
**29** $R=4\Omega$, $\frac{1}{\omega C}=9\Omega$인 $RC$ 직렬회로에 전압 $e(t)$를 인가할 때, 제3고조파 전류의 실효값 크기는 몇 A인가? (단, $e(t)=50+10\sqrt{2}\sin\omega t++120\sqrt{2}\sin 3\omega t$[V])

19.09.문34
13.03.문28
12.03.문31

① 4.4　② 12.2
③ 24　④ 34

해설 (1) **기호**

- $R$ : 4Ω
- $\frac{1}{\omega C}$ : 9Ω
- $I_3$ : ?

제3고조파 성분만 계산하면 되므로 리액턴스$\left(\frac{1}{\omega C}\right)$의 주파수 부분에 $\omega$대신 $3\omega$ 대입

$$\frac{1}{\omega C}:9=\frac{1}{3\omega C}:X$$

$$X=\frac{9}{3}=3\left(\therefore\ \frac{1}{3\omega C}=3\,\Omega\right)$$

(2) **임피던스**

$$Z=R+jX$$

여기서, $Z$ : 임피던스[Ω]
$R$ : 저항[Ω]
$X$ : 리액턴스[Ω]

제3고조파 임피던스 $Z$는

$Z=R+jX$
$=R+j\frac{1}{3\omega C}$
$=4+j3$

(3) **순시값**

$$v=V_m\sin\omega t$$

여기서, $v$ : 전압의 순시값[V]
$V_m$ : 전압의 최대값[V]
$\omega$ : 각주파수[rad/s]
$t$ : 주기[s]

제3고조파만 고려하면

$v=V_m\sin\omega t$
$=120\sqrt{2}\sin 3\omega t\left(\therefore\ V_m=120\sqrt{2}\right)$

(4) **전압**의 **최대값**

$$V_m=\sqrt{2}\,V$$

여기서, $V_m$ : 전압의 최대값[V]
$V$ : 전압의 실효값[V]

전압의 실효값 $V$는

$$V=\frac{V_m}{\sqrt{2}}=\frac{120\sqrt{2}}{\sqrt{2}}=120\text{V}$$

(5) **전류**

$$I=\frac{V}{Z}=\frac{V}{R+jX}=\frac{V}{\sqrt{R^2+X^2}}$$

여기서, $I$ : 전류[A]
$V$ : 전압[V]
$Z$ : 임피던스[Ω]
$R$ : 저항[Ω]
$X$ : 리액턴스[Ω]

전류 $I$는

$$I=\frac{V}{\sqrt{R^2+X^2}}=\frac{120}{\sqrt{4^2+3^2}}=24\text{A}$$

답 ③

★★★
**30** 분류기를 사용하여 전류를 측정하는 경우에 전류계의 내부저항이 0.28Ω이고 분류기의 저항이 0.07Ω이라면, 이 분류기의 배율은?

19.03.문22 18.04.문25 18.03.문36 17.09.문24 16.03.문26 14.09.문36 08.03.문30 04.09.문28 03.03.문37

① 4
② 5
③ 6
④ 7

해설 (1) **기호**

- $R_A$ : 0.28Ω
- $R_S$ : 0.07Ω
- $M$ : ?

(2) **분류기**의 **배율**

$$M = \frac{I_0}{I} = 1 + \frac{R_A}{R_S}$$

여기서, $M$ : 분류기의 배율
$I_0$ : 측정하고자 하는 전류[A]
$I$ : 전류계 최대 눈금[A]
$R_A$ : 전류계 내부저항[Ω]
$R_S$ : 분류기저항[Ω]

$$M = 1 + \frac{R_A}{R_S} = 1 + \frac{0.28}{0.07} = 5$$

비교

**배율기 배율**

$$M = \frac{V_0}{V} = 1 + \frac{R_m}{R_v}$$

여기서, $M$ : 배율기 배율
$V_0$ : 측정하고자 하는 전압[V]
$V$ : 전압계의 최대 눈금[A]
$R_m$ : 배율기 저항[Ω]
$R_v$ : 전압계 내부저항[Ω]

답 ②

★★★
**31** 옴의 법칙에 대한 설명으로 옳은 것은?

16.05.문32 15.05.문35 14.03.문22 03.05.문33

① 전압은 저항에 반비례한다.
② 전압은 전류에 비례한다.
③ 전압은 전류에 반비례한다.
④ 전압은 전류의 제곱에 비례한다.

해설 (1) **옴의 법칙**(Ohm's law)

$$I = \frac{V(\text{비례})}{R(\text{반비례})} \text{ [A]}$$

여기서, $I$ : 전류[A]
$V$ : 전압[V]
$R$ : 저항[Ω]

(2) **여러 가지 법칙**

| 법 칙 | 설 명 |
|---|---|
| **옴**의 **법칙** | "저항은 전류에 반비례하고, 전압에 비례한다"는 법칙 |
| **플레밍**의 **오른손 법칙** | **도**체운동에 의한 **유**기기전력의 **방**향 결정<br>기억법 **방유도오**(**방**에 우**유**를 **도로** 갔다 놓게!) |
| **플레밍**의 **왼손 법칙** | **전**자력의 방향 결정<br>기억법 **왼전**(**왼** **전**쟁이냐?) |
| **렌츠**의 **법칙** | 자속변화에 의한 **유**도기전력의 **방**향 결정<br>기억법 **렌유방**(오**렌**지가 **유**일한 **방**법이다.) |
| **패러데이**의 **전자유도 법칙** | 자속변화에 의한 **유**기기전력의 **크**기 결정<br>기억법 **패유크**(**패유**를 버리면 **큰**일난다.) |
| **앙페르**의 **오른나사 법칙** | **전**류에 의한 **자**기장의 방향을 결정하는 법칙<br>기억법 **앙전자**(**양전자**) |
| **비오-사바르**의 **법칙** | **전**류에 의해 발생되는 **자**기장의 크기 (전류에 의한 자계의 세기)<br>기억법 **비전자**(**비전**공**자**) |
| **키르히호프**의 **법칙** | 옴의 법칙을 응용한 것으로 복잡한 회로의 전류와 전압계산에 사용 |
| **줄**의 **법칙** | • 어떤 도체에 일정시간 동안 전류를 흘리면 도체에는 열이 발생되는데 이에 관한 법칙<br>• 저항이 있는 도체에 전류를 흘리면 **열**이 발생되는 법칙<br>기억법 **줄열** |
| **쿨롱**의 **법칙** | "두 자극 사이에 작용하는 힘은 두 **자극**의 **세기**의 **곱**에 **비례**하고, 두 자극 사이의 **거리**의 **제곱**에 **반비례**한다."는 법칙 |

① 전압은 저항에 비례
②, ③, ④ 전압은 전류에 비례

답 ②

★
**32** 3상 직권 정류자전동기에서 고정자권선과 회전자권선 사이에 중간변압기를 사용하는 주된 이유가 아닌 것은?

17.03.문26

① 경부하시 속도의 이상 상승 방지
② 철심을 포화시켜 회전자 상수를 감소
③ 중간변압기의 권수비를 바꾸어서 전동기 특성을 조정
④ 전원전압의 크기에 관계없이 정류에 알맞은 회전자전압 선택

해설 **중간변압기**의 **사용이유**(3상 직권 정류자전동기)

(1) 경부하시 **속도**의 **이상** 상승 **방지**
(2) 실효 **권수비** 선정 **조정**(권수비를 바꾸어서 전동기의 특성 조정)
(3) 전원전압의 크기에 관계없이 정류에 알맞은 **회전자전압** 선택
(4) 철심을 포화시켜 회전자상수 **증가**

② 감소 → 증가

답 ②

★★★
**33** 공기 중에 10$\mu$C과 20$\mu$C인 두 개의 점전하를 1m 간격으로 놓았을 때 발생되는 정전기력은 몇 N인가?

19.03.문25
13.06.문34
12.09.문29

① 1.2
② 1.8
③ 2.4
④ 3.0

해설 (1) **기호**

- $\varepsilon_s \fallingdotseq 1$(공기 중이므로)
- $Q_1$ : 10$\mu$C=$10\times10^{-6}$C(1$\mu$C=$10^{-6}$C)
- $Q_2$ : 20$\mu$C=$20\times10^{-6}$C(1$\mu$C=$10^{-6}$C)
- $r$ : 1m
- $F$ : ?

(2) **정전력** : 두 전하 사이에 작용하는 힘

$$F=\frac{Q_1Q_2}{4\pi\varepsilon r^2}=QE$$

여기서, $F$ : 정전력[N]
$Q$, $Q_1$, $Q_2$ : 전하[C]
$\varepsilon$ : 유전율[F/m]($\varepsilon=\varepsilon_0\cdot\varepsilon_s$)
$\varepsilon_0$ : 진공의 유전율($8.855\times10^{-12}$)[F/m]
$r$ : 거리[m]
$E$ : 전계의 세기[V/m]

정전력 $F$는

$$F=\frac{Q_1Q_2}{4\pi\varepsilon_0\varepsilon_s r^2}=\frac{(10\times10^{-6})\times(20\times10^{-6})}{4\pi\times8.855\times10^{-12}\times1\times1^2}$$

$\fallingdotseq 1.8$N

비교

**자기력**
자석이 금속을 끌어당기는 힘

$$F=\frac{m_1m_2}{4\pi\mu r^2}=mH$$

여기서, $F$ : 자기력[N]
$m$, $m_1$, $m_2$ : 자하[Wb]
$\mu$ : 투자율[H/m]($\mu=\mu_0\cdot\mu_s$)
$\mu_0$ : 진공의 투자율($4\pi\times10^{-7}$)[H/m]
$r$ : 거리[m]
$H$ : 자계의 세기[A/m]

답 ②

★★
**34** 교류회로에 연결되어 있는 부하의 역률을 측정하는 경우 필요한 계측기의 구성은?

15.03.문38
12.05.문39

① 전압계, 전력계, 회전계
② 상순계, 전력계, 전류계
③ 전압계, 전류계, 전력계
④ 전류계, 전압계, 주파수계

해설

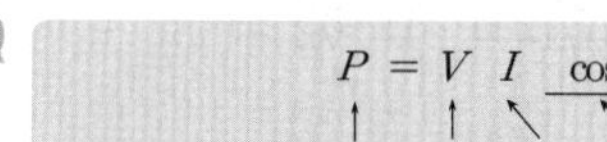


위 식에서 **역률측정계기**는 다음과 같다.

(1) 전압계 : Ⓥ
(2) 전류계 : Ⓐ
(3) 전력계 : Ⓦ

답 ③

★
**35** 평형 3상 회로에서 측정된 선간전압과 전류의 실효값이 각각 28.87V, 10A이고, 역률이 0.8일 때 3상 무효전력의 크기는 약 몇 Var인가?

① 400
② 300
③ 231
④ 173

해설 (1) **기호**

- $V_l$ : 28.87V
- $I_l$ : 10A
- $\cos\theta$ : 0.8
- $P_r$ : ?

(2) **무효율**

$$\sin\theta=\sqrt{1-\cos\theta^2}$$

여기서, $\sin\theta$ : 무효율
$\cos\theta$ : 역률

무효율 $\sin\theta$는

$$\sin\theta = \sqrt{1-\cos\theta^2}$$
$$= \sqrt{1-0.8^2} = 0.6$$

(3) **3상 무효전력**

$$P_r = 3V_p I_p \sin\theta = \sqrt{3}\, V_l I_l \sin\theta = 3{I_p}^2 X \text{[Var]}$$

여기서, $P_r$ : 3상 무효전력[Var]
$V_p$ : 상전압[V]
$I_p$ : 상전류[A]
$\sin\theta$ : 무효율
$V_l$ : 선간전압[V]
$I_l$ : 선전류[A]
$X$ : 리액턴스[Ω]

3상 무효전력 $P_r$는

$$P_r = \sqrt{3}\, V_l I_l \sin\theta$$
$$= \sqrt{3} \times 28.87 \times 10 \times 0.6 ≒ 300\text{Var}$$

**답** ②

★★
## 36 다음 회로에서 a, b 사이의 합성저항은 몇 Ω인가?

17.05.문21
13.03.문34

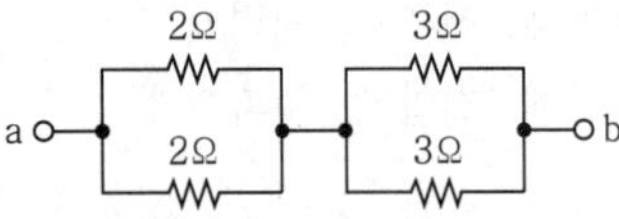


① 2.5 ② 5
③ 7.5 ④ 10

**해설**

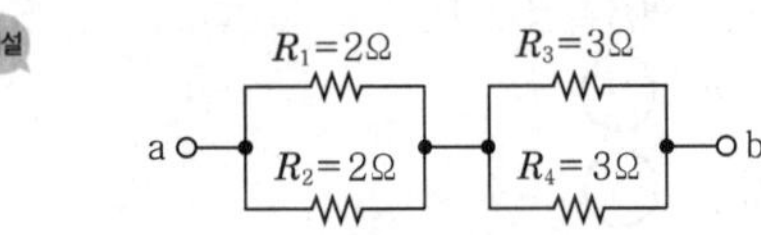


합성저항 $R_{a-b} = \dfrac{R_1 \times R_2}{R_1 + R_2} + \dfrac{R_3 \times R_4}{R_3 + R_4}$

$$= \frac{2\times2}{2+2} + \frac{3\times3}{3+3} = 2.5\,\Omega$$

**답** ①

★★
## 37 60Hz의 3상 전압을 전파정류하였을 때 맥동주파수[Hz]는?

15.09.문27
09.03.문32

① 120 ② 180
③ 360 ④ 720

**해설** **맥동률 · 맥동주파수**(60Hz)

| 구 분 | 맥동률 | 맥동주파수 |
|---|---|---|
| 단상 반파 | 1.21 | 60Hz |
| 단상 전파 | 0.482 | 120Hz |
| 3상 반파 | 0.183 | 180Hz |
| 3상 전파 | 0.042 | 360Hz |

**답** ③

★★★
## 38 두 개의 입력신호 중 한 개의 입력만이 1일 때 출력신호가 1이 되는 논리게이트는?

12.05.문40

① EXCLUSIVE NOR
② NAND
③ EXCLUSIVE OR
④ AND

**해설** **시퀀스회로**와 **논리회로**

| 명칭 | 시퀀스회로 | 논리회로 | 진리표 |
|---|---|---|---|
| AND 회로 (**직렬 회로**) | A, B, $X_a$ | A, B → X<br>$X = A \cdot B$<br>입력신호 $A$, $B$가 동시에 1일 때만 출력신호 $X$가 1이 된다. | A B X<br>0 0 0<br>0 1 0<br>1 0 0<br>1 1 1 |
| OR 회로 (**병렬 회로**) | A, B, $X_a$ | A, B → X<br>$X = A + B$<br>입력신호 $A$, $B$ 중 어느 하나라도 1이면 출력신호 $X$가 1이 된다. | A B X<br>0 0 0<br>0 1 1<br>1 0 1<br>1 1 1 |
| NOT 회로 (b접점) | A, $X_b$ | A → X<br>$X = \overline{A}$<br>입력신호 $A$가 0일 때만 출력신호 $X$가 1이 된다. | A X<br>0 1<br>1 0 |
| NAND 회로 | A, B, $X_b$ | A, B → X<br>$X = \overline{A \cdot B}$<br>입력신호 $A$, $B$가 동시에 1일 때만 출력신호 $X$가 0이 된다(AND회로의 부정). | A B X<br>0 0 1<br>0 1 1<br>1 0 1<br>1 1 0 |
| NOR 회로 | A, B, $X_b$ | A, B → X<br>$X = \overline{A + B}$<br>입력신호 $A$, $B$가 동시에 0일 때만 출력신호 $X$가 1이 된다(OR회로의 부정). | A B X<br>0 0 1<br>0 1 0<br>1 0 0<br>1 1 0 |
| EXCLUSIVE OR 회로 | $\overline{A}$, A, B, $\overline{B}$, $X_a$ | A, B → X<br>$X = A \oplus B$<br>$= \overline{A}B + A\overline{B}$<br>입력신호 $A$, $B$ 중 어느 한쪽만이 1이면 출력신호 $X$가 1이 된다. | A B X<br>0 0 0<br>0 1 1<br>1 0 1<br>1 1 0 |

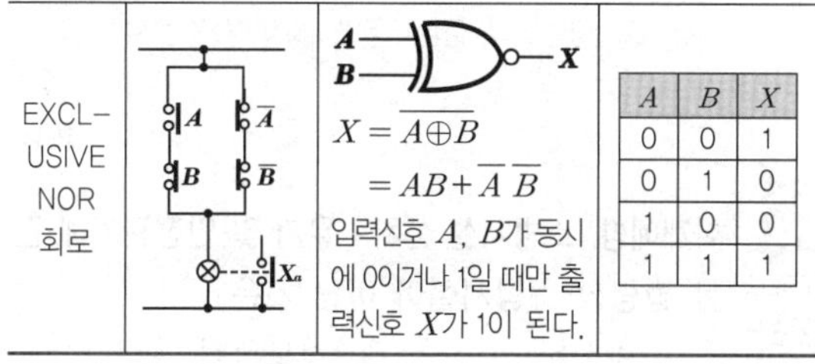

| EXCLUSIVE NOR 회로 | (회로도) | $X=\overline{A \oplus B}$ $=AB+\overline{A}\,\overline{B}$ 입력신호 $A$, $B$가 동시에 0이거나 1일 때만 출력신호 $X$가 1이 된다. | 진리표 |
|---|---|---|---|

| $A$ | $B$ | $X$ |
|---|---|---|
| 0 | 0 | 1 |
| 0 | 1 | 0 |
| 1 | 0 | 0 |
| 1 | 1 | 1 |

답 ③

## 39

진공 중 대전된 도체의 표면에 면전하밀도 $\sigma$ [C/m$^2$]가 균일하게 분포되어 있을 때, 이 도체 표면에서의 전계의 세기 $E$[V/m]는? (단, $\varepsilon_0$는 진공의 유전율이다.)

① $E=\dfrac{\sigma}{\varepsilon_0}$  ② $E=\dfrac{\sigma}{2\varepsilon_0}$

③ $E=\dfrac{\sigma}{2\pi\varepsilon_0}$  ④ $E=\dfrac{\sigma}{4\pi\varepsilon_0}$

해설 **전계의 세기**(intensity of electric field)

$$E=\frac{Q}{4\pi\varepsilon r^2}=\frac{\sigma}{\varepsilon}$$

여기서, $E$ : 전계의 세기[V/m]
$Q$ : 전하[C]
$\varepsilon$ : 유전율[F/m]($\varepsilon=\varepsilon_0 \cdot \varepsilon_s$)
($\varepsilon_0$ : 진공의 유전율[F/m]
$\varepsilon_s$ : 비유전율)
$\sigma$ : 면전하밀도[C/m$^2$]
$r$ : 거리[m]

**전계의 세기**(전장의 세기) $E$는

$$E=\frac{\sigma}{\varepsilon}=\frac{\sigma}{\varepsilon_0\varepsilon_s}=\frac{\sigma}{\varepsilon_0}$$

• 진공 중 $\varepsilon_s \fallingdotseq 1$이므로 $\varepsilon=\varepsilon_0\varepsilon_s=\varepsilon_0$

답 ①

## 40

3상 유도전동기의 출력이 25HP, 전압이 220V, 효율이 85%, 역률이 85%일 때, 이 전동기로 흐르는 전류는 약 몇 A인가? (단, 1HP=0.746kW)

① 40  ② 45
③ 68  ④ 70

해설 (1) **기호**

- $P$ : 25HP=25×0.746=18.65kW
  =18650W(1HP=0.746kW)
- $V$ : 220V
- $\eta$ : 85%=0.85
- $\cos\theta$ : 85%=0.85
- $I$ : ?

(2) **3상 출력(3상 유효전력)**

$$P=\sqrt{3}\,VI\cos\theta\eta$$

여기서, $P$ : 3상 출력[W]
$V$ : 전압[V]
$I$ : 전류[A]
$\cos\theta$ : 역률
$\eta$ : 효율

전류 $I$는

$$I=\frac{P}{\sqrt{3}\,V\cos\theta\eta}=\frac{18650}{\sqrt{3}\times220\times0.85\times0.85}\fallingdotseq 68\text{A}$$

답 ③

# 제 3 과목 소방관계법규

## 41

17.09.문42

위험물안전관리법령상 위험물 중 제1석유류에 속하는 것은?

① 경유  ② 등유
③ 중유  ④ 아세톤

해설 **위험물령 [별표 1]**
**제4류 위험물**

| 성 질 | 품 명 | | 지정수량 | 대표물질 |
|---|---|---|---|---|
| 인화성 액체 | 특수인화물 | | 50L | • 디에틸에테르<br>• 이황화탄소 |
| | 제1 석유류 | 비수용성 | 200L | • 휘발유<br>• 콜로디온 |
| | | **수**용성 | **4**00L | • **아세톤**<br>기억법 수4 |
| | 알코올류 | | 400L | • 변성알코올 |
| | 제2 석유류 | 비수용성 | 1000L | • 등유<br>• 경유 |
| | | 수용성 | 2000L | • 아세트산 |
| | 제3 석유류 | 비수용성 | 2000L | • 중유<br>• 클레오소트유 |
| | | 수용성 | 4000L | • 글리세린 |
| | 제4석유류 | | 6000L | • 기어유<br>• 실린더유 |
| | 동식물유류 | | 10000L | • 아마인유 |

① 제2석유류
② 제2석유류
③ 제3석유류

답 ④

**42** 화재예방, 소방시설 설치 · 유지 및 안전관리에 관한 법령상 소방시설 등의 자체점검 중 종합정밀점검을 받아야 하는 특정소방대상물 대상 기준으로 틀린 것은?

16.05.문55
12.05.문45

① 제연설비가 설치된 터널
② 스프링클러설비가 설치된 특정소방대상물
③ 공공기관 중 연면적이 $1000m^2$ 이상인 것으로서 옥내소화전설비 또는 자동화재탐지설비가 설치된 것(단, 소방대가 근무하는 공공기관은 제외한다.)
④ 호스릴방식의 물분무등소화설비만이 설치된 연면적 $5000m^2$ 이상인 특정소방대상물(단, 위험물제조소 등은 제외한다.)

해설 **소방시설법 시행규칙 〔별표 1〕**
**소방시설 등의 자체점검**

| 구 분 | 작동기능점검 | 종합정밀점검 |
|---|---|---|
| 정의 | 소방시설 등을 인위적으로 조작하여 정상작동 여부를 점검하는 것 | 소방시설 등의 작동기능점검을 포함하여 설비별 주요구성부품의 구조기준이 화재안전기준에 적합한지 여부를 점검하는 것 |
| 대상 | • 특정소방대상물<br>〈제외대상〉<br>① **위험물제조소** 등<br>② **소화기구**만을 설치하는 특정소방대상물<br>③ **특급** 소방안전관리대상물 | • 스프링클러설비가 설치된 특정소방대상물<br>• 물분무등소화설비(호스릴방식의 물분무등소화설비만을 설치한 경우 제외)가 설치된 연면적 **$5000m^2$** 이상인 특정소방대상물(위험물제조소 등 제외)<br>• 제연설비가 설치된 터널<br>• 공공기관 중 연면적이 **$1000m^2$** 이상인 것으로 **옥내소화전설비** 또는 **자동화재탐지설비**가 설치된 것(단, 소방대가 근무하는 공공기관 제외)<br>• 다중이용업의 영업장이 설치된 특정소방대상물로서 연면적이 **$2000m^2$** 이상인 것 |
| 점검자 자격 | • 관계인<br>• 소방안전관리자<br>• 소방시설관리업자 | • 소방안전관리자(소방**시**설관리사 · 소방**기**술사)<br>• 소방시설관리**업**자(소방시설관리사 · 소방기술사)<br>기억법 **시기업** |
| 점검 횟수 | **연 1회** 이상 | **연 1회**(특급 소방안전관리대상물은 **반기별**로 **1회**) 이상 |

소방본부장 또는 소방서장은 소방청장이 소방안전관리가 우수하다고 인정한 특정소방대상물에 대해서는 3년의 범위에서 소방청장이 고시하거나 정한 기간 동안 종합정밀점검을 면제할 수 있다(단, 면제기간 중 화재가 발생한 경우는 제외).

④ 호스릴방식의 물분무등소화설비만을 설치한 경우는 제외

답 ④

**43** 화재예방, 소방시설 설치 · 유지 및 안전관리에 관한 법령상 소방시설이 아닌 것은?

18.03.문55
11.03.문44

① 소방설비 ② 경보설비
③ 방화설비 ④ 소화활동설비

해설 **소방시설법 2조**
**정의**

| 용 어 | 뜻 |
|---|---|
| 소방시설 | **소화설비**, **경보설비**, **피난구조설비**, **소화용수설비**, 그 밖에 **소화활동설비**로서 **대통령령**으로 정하는 것 |
| 소방시설 등 | **소방시설**과 **비상구**, 그 밖에 소방 관련 시설로서 **대통령령**으로 정하는 것 |
| 특정소방대상물 | **소방시설**을 **설치**하여야 하는 소방대상물로서 **대통령령**으로 정하는 것 |
| 소방용품 | 소방시설 등을 구성하거나 소방용으로 사용되는 **제품** 또는 **기기**로서 **대통령령**으로 정하는 것 |

③ 해당 없음

답 ③

**44** 소방기본법상 소방대장의 권한이 아닌 것은?

19.03.문56
18.04.문43
17.05.문48

① 소방활동을 할 때에 긴급한 경우에는 이웃한 소방본부장 또는 소방서장에게 소방업무의 응원을 요청할 수 있다.
② 화재, 재난 · 재해, 그 밖의 위급한 상황이 발생한 현장에서 소방활동을 위하여 필요할 때에는 그 관할구역에 사는 사람 또는 그 현장에 있는 사람으로 하여금 사람을 구출하는 일 또는 불을 끄거나 불이 번지지 아니하도록 하는 일을 하게 할 수 있다.
③ 사람을 구출하거나 불이 번지는 것을 막기 위하여 필요할 때에는 화재가 발생하거나 불이 번질 우려가 있는 소방대상물 및 토지를 일시적으로 사용하거나 그 사용의 제한 또는 소방활동에 필요한 처분을 할 수 있다.
④ 소방활동을 위하여 긴급하게 출동할 때에는 소방자동차의 통행과 소방활동에 방해가 되는 주차 또는 정차된 차량 및 물건 등을 제거하거나 이동시킬 수 있다.

해설 (1) 소방**대**장 : 소방**활**동**구**역의 설정(기본법 23조)

기억법 대구활(대구의 활동)

(2) **소**방본부장 · **소**방서장 · 소방**대**장
㉠ 소방활동 **종**사명령(기본법 24조) ← 보기 ②
㉡ **강**제처분(기본법 25조) ← 보기 ③, ④
㉢ **피**난명령(기본법 26조)
㉣ 댐 · 저수지 사용 등 위험시설 등에 대한 긴급조치(기본법 27조)

기억법 소대종강피(소방대의 종강파티)

비교

**소방본부장 · 소방서장**(기본법 11조)
(1) 소방업무의 응원 요청(기본법 11조)
(2) 화재의 예방조치(기본법 12조)
(3) 방치된 위험물보관(기본법 12조)

① 소방본부장, 소방서장의 권한

답 ①

★★★
**45** 19.09.문43 16.03.문47 07.09.문41

**위험물안전관리법령상 제조소 등이 아닌 장소에서 지정수량 이상의 위험물을 취급할 수 있는 경우에 대한 기준으로 맞는 것은? (단, 시 · 도의 조례가 정하는 바에 따른다.)**

① 관할 소방서장의 승인을 받아 지정수량 이상의 위험물을 60일 이내의 기간 동안 임시로 저장 또는 취급하는 경우
② 관할 소방대장의 승인을 받아 지정수량 이상의 위험물을 60일 이내의 기간 동안 임시로 저장 또는 취급하는 경우
③ 관할 소방서장의 승인을 받아 지정수량 이상의 위험물을 90일 이내의 기간 동안 임시로 저장 또는 취급하는 경우
④ 관할 소방대장의 승인을 받아 지정수량 이상의 위험물을 90일 이내의 기간 동안 임시로 저장 또는 취급하는 경우

해설 **90일**
(1) 소방시설업 **등**록신청 자산평가액 · 기업진단보고서 **유**효기간(공사업규칙 2조)
(2) 위험물 임시저장 · 취급 기준(위험물법 5조)

기억법 등유9(등유 구해와!)

① 60일 → 90일
② 소방대장 → 소방서장, 60일 → 90일
④ 소방대장 → 소방서장

중요

**위험물법 5조**
임시저장 승인 : 관할소방서장

답 ③

★★
**46** 15.05.문41 13.09.문54

**위험물안전관리법령상 제4류 위험물별 지정수량 기준의 연결이 틀린 것은?**

① 특수인화물－50리터
② 알코올류－400리터
③ 동식물류－1000리터
④ 제4석유류－6000리터

해설 **위험물령 [별표 1]**
**제4류 위험물**

| 성 질 | 품 명 | | 지정수량 | 대표물질 |
|---|---|---|---|---|
| 인화성 액체 | 특수인화물 | | 50L | • 디에틸에테르<br>• 이황화탄소 |
| | 제1 석유류 | 비수용성 | 200L | • 휘발유<br>• 콜로디온 |
| | | 수용성 | 400L | • 아세톤 |
| | 알코올류 | | 400L | • 변성알코올 |
| | 제2 석유류 | 비수용성 | 1000L | • 등유<br>• 경유 |
| | | 수용성 | 2000L | • 아세트산 |
| | 제3 석유류 | 비수용성 | 2000L | • 중유<br>• 클레오소트유 |
| | | 수용성 | 4000L | • 글리세린 |
| | 제4석유류 | | 6000L | • 기어유<br>• 실린더유 |
| | 동식물유류 | | 10000L | • 아마인유 |

③ 1000리터 → 10000리터

답 ③

★★★
**47** 19.09.문50 17.09.문49 16.05.문53 13.09.문56

**소방기본법상 화재경계지구의 지정권자는?**

① 소방서장 ② 시 · 도지사
③ 소방본부장 ④ 행정자치부장관

해설 **기본법 13조**
**화재경계지구의 지정**
(1) **지정권자** : **시** · 도지사
(2) **지정지역**
㉠ **시장**지역
㉡ **공장 · 창고** 등이 밀집한 지역
㉢ **목조건물**이 밀집한 지역
㉣ **위험물**의 **저장** 및 **처리시설**이 **밀집**한 지역
㉤ **석유화학제품**을 생산하는 공장이 있는 지역
㉥ **소방시설 · 소방용수시설** 또는 **소방출동로**가 **없는** 지역
㉦ 「**산업입지 및 개발에 관한 법률**」에 따른 산업단지

◎ **소방청장, 소방본부장** 또는 **소방서장**이 화재경계지구로 지정할 필요가 있다고 인정하는 지역

※ **화재경계지구** : 화재가 발생할 우려가 높거나 화재가 발생하면 피해가 클 것으로 예상되는 구역으로서 대통령령이 정하는 지역

기억법 화경시

답 ②

★★★
**48** 위험물안전관리법령상 관계인이 예방규정을 정하여야 하는 위험물을 취급하는 제조소의 지정수량 기준으로 옳은 것은?

19.04.문53 17.03.문41 17.03.문55 15.09.문48 15.03.문58 14.05.문41 12.09.문52

① 지정수량의 10배 이상
② 지정수량의 100배 이상
③ 지정수량의 150배 이상
④ 지정수량의 200배 이상

해설 **위험물령 15조**
예방규정을 정하여야 할 제조소 등

| 배 수 | 제조소 등 |
|---|---|
| **1**0배 이상 | • **제**조소<br>• **일**반취급소 |
| 1**0**0배 이상 | • 옥**외**저장소 |
| 1**5**0배 이상 | • 옥**내**저장소 |
| **2**00배 이상 | • 옥외**탱**크저장소 |
| 모두 해당 | • 이송취급소<br>• 암반탱크저장소 |

기억법 1 제일
0 외
5 내
2 탱

※ **예방규정** : 제조소 등의 화재예방과 화재 등 재해발생시의 비상조치를 위한 규정

답 ①

★
**49** 화재예방, 소방시설 설치 · 유지 및 안전관리에 관한 법령상 주택의 소유자가 소방시설을 설치하여야 하는 대상이 아닌 것은?

17.09.문45 (산업)

① 아파트 ② 연립주택
③ 다세대주택 ④ 다가구주택

해설 **소방시설법 8조**
주택의 소유자가 설치하는 소방시설의 설치대상
(1) **단독주택**
(2) **공동주택**(아파트 및 기숙사 제외) : **연립주택, 다세대주택, 다가구주택**

답 ①

★★
**50** 소방시설공사업법령상 정의된 업종 중 소방시설업의 종류에 해당되지 않는 것은?

15.09.문51 10.09.문48

① 소방시설설계업 ② 소방시설공사업
③ 소방시설정비업 ④ 소방공사감리업

해설 **공사업법 2조**
소방시설업의 종류

| 소방시설 설계업 | 소방시설 공사업 | 소방공사 감리업 | 방염처리업 |
|---|---|---|---|
| 소방시설공사에 기본이 되는 **공사계획 · 설계도면 · 설계설명서 · 기술계산서** 등을 작성하는 영업 | 설계도서에 따라 소방시설을 **신설 · 증설 · 개설 · 이전 · 정비**하는 영업 | 소방시설공사에 관한 발주자의 권한을 대행하여 소방시설공사가 **설계도서**와 관계법령에 따라 **적법**하게 **시공**되는지를 확인하고, 품질 · 시공 관리에 대한 **기술지도**를 하는 영업 | 방염대상물품에 대하여 **방염처리**하는 영업 |

답 ③

★★★
**51** 화재예방, 소방시설 설치 · 유지 및 안전관리에 관한 법령상 특정소방대상물로서 숙박시설에 해당되지 않는 것은?

19.04.문50 17.03.문50 14.09.문54 11.06.문50 09.03.문56

① 오피스텔
② 일반형 숙박시설
③ 생활형 숙박시설
④ 근린생활시설에 해당하지 않는 고시원

해설 **소방시설법 시행령 〔별표 2〕**
**업무시설**
(1) 주민자치센터(동사무소)
(2) 경찰서
(3) 소방서
(4) 우체국
(5) 보건소
(6) 공공도서관
(7) 국민건강보험공단
(8) 금융업소 · 오피스텔 · 신문사
(9) 변전소 · 양수장 · 정수장 · 대피소 · 공중화장실

① 오피스텔 : 업무시설

중요

**숙박시설**
(1) 일반형 숙박시설
(2) 생활형 숙박시설
(3) 고시원

답 ①

## 52 소방기본법령상 특수가연물의 저장 및 취급기준을 2회 위반한 경우 과태료 부과기준은?

11.03.문57

① 50만원
② 100만원
③ 150만원
④ 200만원

해설 **기본령 〔별표 3〕**
**과태료의 부과기준**

| 위반사항 | 과태료금액 |
|---|---|
| ① 소방용수시설 · 소화기구 및 설비 등의 설치명령을 위반한 자 | 1회 위반시 : 50<br>2회 위반시 : 100<br>3회 위반시 : 150<br>4회 이상 위반시 : 200 |
| ② 불의 사용에 있어서 지켜야 하는 사항을 위반한 자 | |
| ㉠ 위반행위로 말미암아 화재가 발생한 경우 | 1회 위반시 : 100<br>2회 위반시 : 150<br>3회 이상 위반시 : 200 |
| ㉡ 위반행위로 말미암아 화재가 발생한 경우 외의 경우 | 1회 위반시 : 50<br>2회 위반시 : 100<br>3회 위반시 : 150<br>4회 이상 위반시 : 200 |
| ③ 특수가연물의 저장 및 취급의 기준을 위반한 자 | 1회 위반시 : 20<br>2회 위반시 : 50<br>3회 이상 위반시 : 100 |
| ④ 화재 또는 구조 · 구급이 필요한 상황을 거짓으로 알린 자 | 1회 위반시 : 200<br>2회 위반시 : 400<br>3회 이상 위반시 : 500 |
| ⑤ 소방활동구역 출입제한을 위반한 자 | 100 |
| ⑥ 한국소방안전원 또는 이와 유사한 명칭을 사용한 경우 | 200 |

답 ①

## 53 화재예방, 소방시설 설치 · 유지 및 안전관리에 관한 법령상 수용인원 산정방법 중 다음과 같은 시설의 수용인원은 몇 명인가?

19.09.문41
19.04.문51
18.09.문43
17.03.문57
15.09.문67

> 숙박시설이 있는 특정소방대상물로서 종사자수는 5명, 숙박시설은 모두 2인용 침대이며 침대수량은 50개이다.

① 55 ② 75
③ 85 ④ 105

해설 **소방시설법 시행령 〔별표 4〕**
**수용인원의 산정방법**

| 특정소방대상물 | | 산정방법 |
|---|---|---|
| • 숙박시설 | 침대가 있는 경우 ⟶ | 종사자수 + 침대수 |
| | 침대가 없는 경우 | 종사자수 + $\frac{\text{바닥면적 합계}}{3\text{m}^2}$ |
| • 강의실 • 교무실<br>• 상담실 • 실습실<br>• 휴게실 | | $\frac{\text{바닥면적 합계}}{1.9\text{m}^2}$ |
| • 기타 | | $\frac{\text{바닥면적 합계}}{3\text{m}^2}$ |
| • 강당<br>• 문화 및 집회시설, 운동시설<br>• 종교시설 | | $\frac{\text{바닥면적 합계}}{4.6\text{m}^2}$ |

• **소수점 이하**는 **반올림**한다.

기억법 **수반(수반! 동반!)**

숙박시설(침대가 있는 경우)
=종사자수 + 침대수 = 5명+(2인용×50개) =105명

답 ④

## 54 화재예방, 소방시설 설치 · 유지 및 안전관리에 관한 법상 소방시설 등에 대한 자체점검을 하지 아니하거나 관리업자 등으로 하여금 정기적으로 점검하게 하지 아니한 자에 대한 벌칙기준으로 옳은 것은?

19.03.문42
18.04.문54
13.03.문48
12.05.문55
10.09.문49

① 6개월 이하의 징역 또는 1000만원 이하의 벌금
② 1년 이하의 징역 또는 1000만원 이하의 벌금
③ 3년 이하의 징역 또는 1500만원 이하의 벌금
④ 3년 이하의 징역 또는 3000만원 이하의 벌금

해설 **1년 이하의 징역 또는 1000만원 이하의 벌금**
(1) 소방시설의 **자체점검** 미실시자(소방시설법 49조)
(2) **소방시설관리사증** 대여(소방시설법 49조)
(3) **소방시설관리업**의 등록증 또는 등록수첩 대여(소방시설법 49조)
(4) 제조소 등의 정기점검기록 허위작성(위험물법 35조)
(5) **자체소방대**를 두지 않고 제조소 등의 허가를 받은 자(위험물법 35조)
(6) **위험물 운반용기**의 검사를 받지 않고 유통시킨 자(위험물법 35조)
(7) 제조소 등의 긴급사용정지 위반자(위험물법 35조)
(8) 영업정지처분 위반자(공사업법 36조)
(9) **거짓 감리자**(공사업법 36조)
(10) 공사감리자 미지정자(공사업법 36조)
(11) 소방시설 설계 · 시공 · 감리 하도급자(공사업법 36조)
(12) 소방시설공사 재하도급자(공사업법 36조)
(13) 소방시설업자가 아닌 자에게 **소방시설공사** 등을 도급한 관계인(공사업법 36조)

답 ②

★★★
**55** 소방기본법상 화재경계지구의 지정대상이 아닌 것은? (단, 소방청장 · 소방본부장 또는 소방서장이 화재경계지구로 지정할 필요가 있다고 인정하는 지역은 제외한다.)

19.09.문50
17.09.문49
16.05.문53
13.09.문56

① 시장지역
② 농촌지역
③ 목조건물이 밀접한 지역
④ 공장 · 창고가 밀집한 지역

해설 **기본법 13조**
화재**경**계지구의 지정
(1) **지정권자** : **시** · 도지사
(2) **지정지역**
㉠ **시장**지역
㉡ **공장** · **창고** 등이 밀집한 지역
㉢ **목조건물**이 밀집한 지역
㉣ **위험물**의 **저장** 및 **처리시설**이 **밀집**한 지역
㉤ **석유화학제품**을 생산하는 공장이 있는 지역
㉥ **소방시설** · **소방용수시설** 또는 **소방출동로**가 **없는** 지역
㉦ 「**산업입지 및 개발에 관한 법률**」에 따른 산업단지
㉧ **소방청장**, **소방본부장** 또는 **소방서장**이 화재경계지구로 지정할 필요가 있다고 인정하는 지역

기억법 **경시(경시대회)**

② 해당 없음

※ **화재경계지구** : 화재가 발생할 우려가 높거나 화재가 발생하면 피해가 클 것으로 예상되는 구역으로서 대통령령이 정하는 지역

답 ②

★★★
**56** 소방기본법령상 특수가연물의 품명과 지정수량 기준의 연결이 틀린 것은?

15.09.문47
15.05.문49
14.03.문52
12.05.문60

① 사류 − 1000kg 이상
② 볏짚류 − 3000kg 이상
③ 석탄 · 목탄류 − 10000kg 이상
④ 합성수지류 중 발포시킨 것 − $20m^3$ 이상

해설 **기본령 〔별표 2〕**
**특수가연물**

| 품 명 | | 수 량 |
|---|---|---|
| 가연성 액체류 | | $2m^3$ 이상 |
| 목재가공품 및 나무부스러기 | | $10m^3$ 이상 |
| 면화류 | | 200kg 이상 |
| 나무껍질 및 대팻밥 | | 400kg 이상 |
| 넝마 및 종이부스러기 | | 1000kg 이상 |
| 사류(絲類) | | 1000kg 이상 |
| 볏짚류 | | 1000kg 이상 |
| 가연성 고체류 | | 3000kg 이상 |
| 합성수지류 | 발포시킨 것 | $20m^3$ 이상 |
| 합성수지류 | 그 밖의 것 | 3000kg 이상 |
| 석탄 · 목탄류 | | 10000kg 이상 |

② 3000kg 이상 → 1000kg 이상

• **특수가연물** : 화재가 발생하면 그 확대가 빠른 물품

기억법 **가액목면나 넝사볏가고 합석**
2 1 2 4 1 3 3 1

답 ②

★
**57** 소방기본법령상 소방안전교육사의 배치대상별 배치기준으로 틀린 것은?

13.09.문46

① 소방청 : 2명 이상 배치
② 소방서 : 1명 이상 배치
③ 소방본부 : 2명 이상 배치
④ 한국소방안전원(본회) : 1명 이상 배치

해설 **기본령 〔별표 2의 3〕**
소방안전교육사의 배치대상별 배치기준

| 배치대상 | 배치기준 |
|---|---|
| 소방서 | • 1명 이상 |
| 한국소방안전원 | • 시 · 도지부 : 1명 이상<br>• 본회 : **2명** 이상 |
| 소방본부 | • 2명 이상 |
| 소방청 | • 2명 이상 |
| 한국소방산업기술원 | • 2명 이상 |

④ 1명 이상 → 2명 이상

답 ④

★★★
**58** 화재예방 · 소방시설 설치 · 유지 및 안전관리에 관한 법령상 공동소방안전관리자를 선임해야 하는 특정소방대상물이 아닌 것은?

18.03.문59
16.03.문42
06.03.문60

① 판매시설 중 도매시장 및 소매시장
② 복합건축물로서 층수가 5층 이상인 것
③ 지하층을 제외한 층수가 7층 이상인 고층 건축물
④ 복합건축물로서 연면적이 $5000m^2$ 이상인 것

**해설** **소방시설법 시행령 25조**
공동소방안전관리자를 선임하여야 할 특정소방대상물
(1) 고층 건축물(지하층을 제외한 **11층** 이상)
(2) 지하가
(3) 복합건축물로서 연면적 **5000m²** 이상
(4) 복합건축물로서 **5층** 이상
(5) **도매시장, 소매시장**
(6) **소방본부장 · 소방서장**이 지정하는 것

③ 7층 → 11층

답 ③

**59** 19.03.문42 18.04.문54 13.03.문48 12.05.문55 10.09.문49

**소방시설공사업법상 도급을 받은 자가 제3자에게 소방시설공사의 시공을 하도급한 경우에 대한 벌칙기준으로 옳은 것은? (단, 대통령령으로 정하는 경우는 제외한다.)**

① 100만원 이하의 벌금
② 300만원 이하의 벌금
③ 1년 이하의 징역 또는 1000만원 이하의 벌금
④ 3년 이하의 징역 또는 1500만원 이하의 벌금

**해설** **1년 이하의 징역 또는 1000만원 이하의 벌금**
(1) 소방시설의 **자체점검** 미실시자(소방시설법 49조)
(2) **소방시설관리사증** 대여(소방시설법 49조)
(3) **소방시설관리업**의 등록증 또는 등록수첩 대여(소방시설법 49조)
(4) 제조소 등의 정기점검기록 허위작성(위험물법 35조)
(5) **자체소방대**를 두지 않고 제조소 등의 허가를 받은 자(위험물법 35조)
(6) **위험물 운반용기**의 검사를 받지 않고 유통시킨 자(위험물법 35조)
(7) 제조소 등의 긴급사용정지 위반자(위험물법 35조)
(8) 영업정지처분 위반자(공사업법 36조)
(9) **거짓 감리자**(공사업법 36조)
(10) 공사감리자 미지정자(공사업법 36조)
(11) 소방시설 설계 · 시공 · 감리 하도급자(공사업법 36조)
(12) 소방시설공사 재하도급자(공사업법 36조)
(13) 소방시설업자가 아닌 자에게 **소방시설공사** 등을 도급한 관계인(공사업법 36조)

답 ③

**60** 11.10.문55

**화재예방 · 소방시설 설치 · 유지 및 안전관리에 관한 법령상 정당한 사유 없이 피난시설 방화구획 및 방화시설의 유지 · 관리에 필요한 조치명령을 위반한 경우 이에 대한 벌칙기준으로 옳은 것은?**

① 200만원 이하의 벌금
② 300만원 이하의 벌금
③ 1년 이하의 징역 또는 1000만원 이하의 벌금
④ 3년 이하의 징역 또는 3000만원 이하의 벌금

**해설** **3년 이하의 징역 또는 3000만원 이하의 벌금**
(1) **소방시설관리업** 무등록자(소방시설법 48조 2)
(2) **형식승인**을 받지 않은 소방용품 제조 · 수입자(소방시설법 48조 2)
(3) **제품검사**를 받지 않은 자(소방시설법 48조 2)
(4) **부정한 방법**으로 전문기관의 지정을 받은 자(소방시설법 48조)
(5) **피난시설, 방화구획** 및 방화시설의 유지 · 관리에 따른 **명령**을 정당한 사유없이 **위반**한 자(소방시설법 48조의 2)

답 ④

## 제 4 과목 소방전기시설의 구조 및 원리

**61**

**비상경보설비 및 단독경보형 감지기의 화재안전기준(NFSC 201)에 따라 화재신호 및 상태신호 등을 송수신하는 방식으로 옳은 것은?**

① 자동식
② 수동식
③ 반자동식
④ 유 · 무선식

**해설** **신호처리방식**(NFSC 201 3조의 2)

| 신호처리방식 | 설 명 |
|---|---|
| 유선식 | 화재신호 등을 **배선**으로 송수신하는 방식의 것 |
| 무선식 | 화재신호 등을 **전파**에 의해 송수신하는 방식의 것 |
| 유 · 무선식 | ① 유선식과 무선식을 **겸용**으로 사용하는 방식의 것<br>② **화재신호** 및 **상태신호** 등을 송수신하는 방식 |

답 ④

**62**

**감지기의 형식승인 및 제품검사의 기술기준에 따른 연기감지기의 종류로 옳은 것은?**

① 연복합형
② 공기흡입형
③ 차동식 스포트형
④ 보상식 스포트형

**해설** **감지기**의 **형식승인** 및 **제품검사**의 **기술기준 3조**
연기감지기의 종류
(1) 이온화식 스포트형
(2) 광전식 스포트형
(3) 광전식 분리형
(4) 공기흡입형

답 ②

★★
**63** 비상콘센트설비의 화재안전기준(NFSC 504)에 따른 비상콘센트설비의 전원회로(비상콘센트에 전력을 공급하는 회로를 말한다)의 시설기준으로 옳은 것은?

14.05.문76

① 하나의 전용회로에 설치하는 비상콘센트는 12개 이하로 할 것
② 전원회로는 단상 교류 220V인 것으로서 그 공급용량은 1.0kVA 이상인 것으로 할 것
③ 비상콘센트용의 풀박스 등은 방청도장을 한 것으로서, 두께 1.2mm 이상의 철판으로 할 것
④ 전원으로부터 각 층의 비상콘센트에 분기되는 경우에는 분기배선용 차단기를 보호함 안에 설치할 것

해설 **비상콘센트설비**

| 구 분 | 전 압 | 용 량 | 플러스접속기 |
|---|---|---|---|
| 단상 교류 | 220V | 1.5kVA 이상 | 접지형 2극 |

← 보기 ②

(1) 하나의 전용회로에 설치하는 비상콘센트는 **10개** 이하로 할 것(전선의 용량은 최대 **3개**) ← 보기 ①
(2) 전원회로는 각 층에 있어서 **2 이상**이 되도록 설치할 것(단, 설치하여야 할 층의 콘센트가 **1개**인 때에는 하나의 회로로 할 수 있다.)
(3) 플러그접속기의 칼받이 접지극에는 **접지공사**를 하여야 한다.
(4) 풀박스는 **1.6mm** 이상의 철판을 사용할 것 ← 보기 ③
(5) 절연저항은 **전원부**와 **외함** 사이를 **직류 500V 절연저항계**로 측정하여 **20MΩ** 이상일 것
(6) 전원으로부터 각 층의 비상콘센트에 분기되는 경우에는 **분기배선용 차단기**를 보호함 안에 설치할 것 ← 보기 ④
(7) 바닥으로부터 **0.8~1.5m** 이하의 높이에 설치할 것
(8) 전원회로는 주배전반에서 **전용회로**로 하며, 배선의 종류는 **내화배선**이어야 한다.

① 12개 → 10개
② 1.0kVA → 1.5kVA
③ 1.2mm → 1.6mm

답 ④

★★★
**64** 비상방송설비의 화재안전기준(NFSC 202)에 따라 기동장치에 따른 화재신고를 수신한 후 필요한 음량으로 화재발생 상황 및 피난에 유효한 방송이 자동으로 개시될 때까지의 소요시간은 몇 초 이하로 하여야 하는가?

12.03.문64

① 3　　② 5
③ 7　　④ 10

해설 소요**시**간

| 기 기 | 시 간 |
|---|---|
| P형 · P형 복합식 · R형 · R형 복합식 · GP형 · GP형 복합식 · GR형 · GR형 복합식 | 5초 이내 (축적형 60초 이내) |
| **중**계기 | **5**초 이내 |
| 비상방송설비 | 10초 이하 |
| **가**스누설경보기 | **6**0초 이내 |

기억법 시중5(**시중**을 드시**오**!)
6가(**육**체미**가** 뛰어나다.)

답 ④

★★★
**65** 비상조명등의 화재안전기준(NFSC 304)에 따른 휴대용 비상조명등의 설치기준이다. 다음 ( )에 들어갈 내용으로 옳은 것은?

19.03.문74
17.05.문67
15.09.문64
15.05.문61
14.09.문75
13.03.문68
12.03.문61
09.05.문76

지하상가 및 지하역사에는 보행거리 ( ㉠ )m 이내마다 ( ㉡ )개 이상 설치할 것

① ㉠ 25, ㉡ 1
② ㉠ 25, ㉡ 3
③ ㉠ 50, ㉡ 1
④ ㉠ 50, ㉡ 3

해설 **휴대용 비상조명등**의 **설치기준**

| 설치개수 | 설치장소 |
|---|---|
| 1개 이상 | • **숙박시설** 또는 **다중이용업소**에는 객실 또는 영업장 안의 구획된 실마다 잘 보이는 곳(외부에 설치시 출입문 손잡이로부터 **1m 이내** 부분) |
| 3개 이상 | • **지하상가** 및 **지하역사**의 **보행거리 25m** 이내마다<br>• **대규모점포(백화점 · 대형점 · 쇼핑센터)** 및 **영화상영관**의 **보행거리 50m** 이내마다 |

(1) 바닥으로부터 **0.8~1.5m** 이하의 높이에 설치할 것
(2) 어둠 속에서 **위치**를 **확인**할 수 있도록 할 것
(3) 사용시 **자동**으로 **점등**되는 구조일 것
(4) 외함은 **난연성능**이 있을 것
(5) 건전지를 사용하는 경우에는 **방전방지조치**를 하여야 하고, **충전식 배터리**의 경우에는 **상시 충전**되도록 할 것
(6) 건전지 및 충전식 배터리의 용량은 **20분** 이상 유효하게 사용할 수 있는 것으로 할 것

답 ②

## 66

12.05.문68

**자동화재탐지설비 및 시각경보장치의 화재안전기준(NFSC 203)에 따른 자동화재탐지설비의 중계기의 시설기준으로 틀린 것은?**

① 조작 및 점검에 편리하고 화재 및 침수 등의 재해로 인한 피해를 받을 우려가 없는 장소에 설치할 것
② 수신기에서 직접 감지기회로의 도통시험을 행하지 아니하는 것에 있어서는 수신기와 감지기 사이에 설치할 것
③ 감지기에 따라 감시되지 아니하는 배선을 통하여 전력을 공급받는 것에 있어서는 전원입력측의 배선에 누전경보기를 설치할 것
④ 수신기에 따라 감시되지 아니하는 배선을 통하여 전력을 공급받는 것에 있어서는 해당 전원의 정전이 즉시 수신기에 표시되는 것으로 할 것

해설 **중계기**의 **설치기준**

(1) 수신기에서 직접 감지기회로의 도통시험을 행하지 않는 경우에는 **수신기**와 **감지기** 사이에 설치할 것

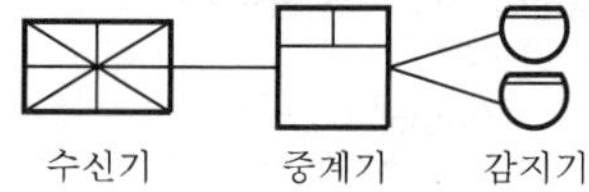

| 중계기의 설치위치 |

(2) **조작** 및 **점검**이 편리하고 화재 및 침수 등의 재해로 인한 피해를 받을 우려가 없는 장소에 설치할 것
(3) **수신기**에 따라 감시되지 아니하는 배선을 통하여 전력을 공급받는 것에 있어서는 **전원입력측**의 배선에 **과전류차단기**를 설치하고 해당 전원의 정전이 즉시 수신기에 표시되는 것으로 하며, **상용전원** 및 **예비전원**의 시험을 할 수 있도록 할 것

③ 감지기 → 수신기, 누전경보기 → 과전류차단기

답 ③

## 67

19.04.문79
16.05.문69
15.09.문69
14.05.문66
14.03.문78
12.09.문61

**자동화재탐지설비 및 시각경보장치의 화재안전기준(NFSC 203)에 따라 부착높이 8m 이상 15m 미만에 설치 가능한 감지기가 아닌 것은?**

① 불꽃감지기
② 보상식 분포형 감지기
③ 차동식 분포형 감지기
④ 광전식 분리형 1종 감지기

해설 **감지기**의 **부착높이**(NFSC 203 7조)

| 부착높이 | 감지기의 종류 |
|---|---|
| **4**m **미**만 | • 차동식(스포트형, 분포형)<br>• 보상식 스포트형<br>• 정온식(스포트형, 감지선형) — **열**감지기<br>• 이온화식 또는 광전식(스포트형, 분리형, 공기흡입형) : **연**기감지기<br>• 열복합형<br>• 연기복합형<br>• 열연기복합형 — **복**합형 감지기<br>• **불**꽃감지기<br>기억법 **열연불복 4미** |
| 4~**8**m **미**만 | • 차동식(스포트형, 분포형)<br>• 보상식 스포트형<br>• **정**온식(스포트형, 감지선형) **특**종 또는 **1**종 — **열**감지기<br>• **이**온화식 **1**종 또는 **2**종<br>• **광**전식(스포트형, 분리형, 공기흡입형) 1종 또는 2종 — 연기감지기<br>• 열복합형<br>• 연기복합형<br>• 열연기복합형 — **복**합형 감지기<br>• **불**꽃감지기<br>기억법 **8미열 정특1 이광12 복불** |
| 8~**15**m 미만 | • 차동식 **분**포형<br>• **이**온화식 **1**종 또는 **2**종<br>• **광**전식(스포트형, 분리형, 공기흡입형) 1종 또는 2종<br>• **연**기**복**합형<br>• **불**꽃감지기<br>기억법 **15분 이광12 연복불** |
| 15~**20**m 미만 | • **이**온화식 1종<br>• **광**전식(스포트형, 분리형, 공기흡입형) 1종<br>• **연**기**복**합형<br>• **불**꽃감지기<br>기억법 **이광불연복2** |
| 20m 이상 | • **불**꽃감지기<br>• **광**전식(분리형, 공기흡입형) 중 **아**날로그방식<br>기억법 **불광아** |

답 ②

## 68

12.09.문72

**예비전원의 성능인증 및 제품검사의 기술기준에서 정의하는 "예비전원"에 해당하지 않는 것은?**

① 리튬계 2차 축전지
② 알칼리계 2차 축전지
③ 용융염 전해질 연료전지
④ 무보수 밀폐형 연축전지

해설 **예비전원**

| 기 기 | 예비전원 |
|---|---|
| • 수신기<br>• 중계기<br>• 자동화재속보기 | • **원통 밀폐형 니켈카드뮴 축전지**<br>• **무보수 밀폐형 연축전지** |
| • 간이형 수신기 | • **원통 밀폐형 니켈카드뮴 축전지** 또는 이와 동등 이상의 **밀폐형 축전지** |
| • 유도등 | • **알칼리계 2차 축전지**<br>• **리튬계 2차 축전지** |
| • 비상조명등 | • **알칼리계 2차 축전지**<br>• **리튬계 2차 축전지**<br>• **무보수 밀폐형 연축전지** |
| • 가스누설경보기 | • 알칼리계 2차 축전지<br>• 리튬계 2차 축전지<br>• 무보수밀폐형 연축전지 |

답 ③

**69** 누전경보기의 형식승인 및 제품검사의 기술기준에 따라 누전경보기에서 사용되는 표시등에 대한 설명으로 틀린 것은?

18.03.문71
17.03.문66

① 지구등은 녹색으로 표시되어야 한다.
② 소켓은 접촉이 확실하여야 하며 쉽게 전구를 교체할 수 있도록 부착하여야 한다.
③ 주위의 밝기가 300 lx인 장소에서 측정하여 앞면으로부터 3m 떨어진 곳에서 켜진 등이 확실히 식별되어야 한다.
④ 전구는 사용전압의 130%인 교류전압을 20시간 연속하여 가하는 경우 단선, 현저한 광속변화, 흑화, 전류의 저하 등이 발생하지 아니하여야 한다.

해설 **누전경보기**의 **형식승인** 및 **제품검사**의 **기술기준 4조 부품의 구조 및 기능**

(1) 전구는 사용전압의 **130%**인 교류전압을 **20시간** 연속하여 가하는 경우 단선, 현저한 광속변화, 흑화, 전류의 저하 등이 발생하지 아니할 것
(2) 전구는 **2개** 이상을 **병렬**로 접속하여야 한다(단, **방전등** 또는 **발광다이오드**는 제외).
(3) 전구에는 적당한 **보호커버**를 설치하여야 한다(단, **발광다이오드**는 제외).
(4) 주위의 밝기가 **300 lx** 이상인 장소에서 측정하여 앞면으로부터 **3m** 떨어진 곳에서 켜진 등이 확실히 식별될 것
(5) 소켓은 접촉이 확실하여야 하며 쉽게 전구를 교체할 수 있도록 부착
(6) 누전화재의 발생을 표시하는 표시등(누전등)이 설치된 것은 등이 켜질 때 **적색**으로 표시되어야 하며, 누전화재가 발생한 경계전로의 위치를 표시하는 표시등(지구등)과 기타의 표시등은 다음과 같아야 한다.

| 종 류 | 색 |
|---|---|
| • 누전등<br>• **지구등** | **적색** |
| 기타 표시등 | 적색 외의 색 |

① 녹색 → 적색

답 ①

**70** 비상콘센트설비의 화재안전기준(NFSC 504)에 따라 아파트 또는 바닥면적이 1000m² 미만인 층은 비상콘센트를 계단의 출입구로부터 몇 m 이내에 설치해야 하는가? (단, 계단의 부속실을 포함하며 계단이 2 이상 있는 경우에는 그 중 1개의 계단을 말한다.)

17.03.문65
16.10.문78
12.05.문63

① 10 ② 8
③ 5 ④ 3

해설 **비상콘센트 설치기준**

(1) **11층** 이상의 각 층마다 설치
(2) 바닥으로부터 **0.8m** 이상 **1.5m** 이하의 위치에 설치
(3) **수평거리 기준**

| 수평거리 25m 이하 | 수평거리 50m 이하 |
|---|---|
| **지하상가** 또는 **지하층**의 바닥면적의 합계가 **3000m²** 이상 | 기타 |

(4) **바닥면적 기준**

| 바닥면적 1000m² 미만 | 바닥면적 1000m² 이상 |
|---|---|
| **계단**의 출입구로부터 **5m** 이내 설치 | **계단부속실**의 출입구로부터 **5m** 이내 설치 |

답 ③

**71** 무선통신보조설비의 화재안전기준(NFSC 505)에 따른 설치제외에 대한 내용이다. 다음 ( )에 들어갈 내용으로 옳은 것은?

19.09.문80
18.03.문70
17.03.문68
16.03.문80
14.09.문64
08.03.문62
06.05.문79

> ( ㉠ )으로서 특정소방대상물의 바닥부분 2면 이상이 지표면과 동일하거나 지표면으로부터의 깊이가 ( ㉡ )m 이하인 경우에는 해당층에 한하여 무선통신보조설비를 설치하지 아니할 수 있다.

① ㉠ 지하층, ㉡ 1
② ㉠ 지하층, ㉡ 2
③ ㉠ 무창층, ㉡ 1
④ ㉠ 무창층, ㉡ 2

해설 **무선통신보조설비**의 **설치 제외**(NFSC 505 4조)

(1) **지하층**으로서 특정소방대상물의 바닥부분 **2면** 이상이 지표면과 동일한 경우의 해당층

(2) 지하층으로서 지표면으로부터의 깊이가 **1m 이하**인 경우의 해당층

기억법 **2면무지(이면 계약의 무지)**

답 ①

★★★

**72** 19.04.문77 14.09.문67 13.03.문75 **비상방송설비의 화재안전기준(NFSC 202)에 따른 정의에서 가변저항을 이용하여 전류를 변화시켜 음량을 크게 하거나 작게 조절할 수 있는 장치를 말하는 것은?**

① 증폭기
② 변류기
③ 중계기
④ 음량조절기

해설 **비상방송설비**에 **사용되는 용어**

| 용 어 | 설 명 |
|---|---|
| **확성기 (스피커)** | 소리를 크게 하여 멀리까지 전달될 수 있도록 하는 장치 |
| **음량조절기** | **가변저항**을 이용하여 **전류**를 **변화**시켜 음량을 크게 하거나 작게 조절할 수 있는 장치 |
| **증폭기** | 전압전류의 **진폭**을 늘려 감도를 좋게 하고 미약한 **음성전류**를 커다란 음성전류로 변화시켜 **소리**를 **크게** 하는 장치 |

비교

(1) **자동화재탐지설비**의 **용어**

| 용 어 | 설 명 |
|---|---|
| 발신기 | 화재발생신호를 수신기에 **수동**으로 **발신**하는 것 |
| 경계구역 | 소방대상물 중 **화재신호**를 **발신**하고 그 **신호**를 **수신** 및 유효하게 제어할 수 있는 구역 |
| 거실 | **거주 · 집무 · 작업 · 집회 · 오락**, 그 밖에 이와 유사한 목적을 위하여 사용하는 방 |
| 중계기 | 감지기 · 발신기 또는 전기적 접점 등의 작동에 따른 **신호**를 받아 이를 수신기의 제어반에 **전송**하는 장치 |
| 시각경보장치 | **자동화재탐지설비**에서 발하는 화재신호를 시각경보기에 전달하여 **청각장애인**에게 **점멸형태**의 **시각경보**를 하는 것 |

(2) **누전경보기**

| 용 어 | 설 명 |
|---|---|
| **수**신부 | 변류기로부터 검출된 **신호**를 **수신**하여 누전의 발생을 해당 소방대상물의 **관계인**에게 **경보**하여 주는 것(**차단기구**를 갖는 것 포함) |
| **변**류기 | 경계전로의 **누설전류**를 자동적으로 **검출**하여 이를 누전경보기의 수신부에 송신하는 것 |

기억법 **수수변누**

답 ④

★

**73** 11.03.문79 **소방시설용 비상전원수전설비의 화재안전기준(NFSC 602)에 따라 큐비클형의 시설기준으로 틀린 것은?**

① 전용큐비클 또는 공용큐비클식으로 설치할 것
② 외함은 건축물의 바닥 등에 견고하게 고정할 것
③ 자연환기구에 따라 충분히 환기할 수 없는 경우에는 환기설비를 설치할 것
④ 공용큐비클식의 소방회로와 일반회로에 사용되는 배선 및 배선용 기기는 난연재료로 구획할 것

해설 **큐비클형**의 **설치기준**(NFSC 602 5조)

(1) **전용큐비클** 또는 **공용큐비클식**으로 설치 ← 보기 ①

(2) 외함은 두께 2.3mm 이상의 **강판**과 이와 동등 이상의 강도와 내화성능이 있는 것으로 제작

(3) 개구부에는 **갑종방화문** 또는 **을종방화문** 설치

(4) 외함은 **건축물**의 **바닥** 등에 견고하게 고정할 것 ← 보기 ②

(5) **환**기장치는 다음에 적합하게 설치할 것

㉠ 내부의 **온**도가 상승하지 않도록 **환기장치**를 할 것

㉡ 자연환기구의 **개**구부 면적의 합계는 외함의 한 면에 대하여 해당 면적의 $\frac{1}{3}$ 이하로 할 것. 이 경우 하나의 통기구의 크기는 직경 **10mm** 이상의 **둥근 막대**가 들어가서는 아니 된다.

㉢ 자연환기구에 따라 충분히 환기할 수 없는 경우에는 **환기설비**를 설치할 것 ← 보기 ③

㉣ 환기구에는 **금속망**, **방화댐퍼** 등으로 방화조치를 하고, 옥외에 설치하는 것은 **빗물** 등이 들어가지 않도록 할 것

기억법 **큐환 온개설 망댐빗**

(6) 공용큐비클식의 소방회로와 일반회로에 사용되는 배선 및 배선용 기기는 **불연재료**로 구획할 것 ← 보기 ④

④ 난연재료 → 불연재료

답 ④

★★★

**74** 비상경보설비 및 단독경보형 감지기의 화재안전기준(NFSC 201)에 따른 발신기의 시설기준에 대한 내용이다. 다음 (  )에 들어갈 내용으로 옳은 것은?

18.03.문77
17.05.문63
16.05.문63
14.03.문71
12.03.문73
10.03.문68

> 조작이 쉬운 장소에 설치하고, 조작스위치는 바닥으로부터 ( ㉠ )m 이상 ( ㉡ )m 이하의 높이에 설치할 것

① ㉠ 0.6, ㉡ 1.2 ② ㉠ 0.8, ㉡ 1.5
③ ㉠ 1.0, ㉡ 1.8 ④ ㉠ 1.2, ㉡ 2.0

해설 **비상경보설비**의 **발신기 설치기준**(NFSC 201 4조)

(1) 전원 : **축전지**, **전기저장장치**, **교류전압**의 **옥내간선**으로 하고 배선은 **전용**
(2) 감시상태 : **60분**, 경보시간 : **10분**
(3) 조작이 **쉬운 장소**에 설치하고, 조작스위치는 바닥으로부터 **0.8~1.5m** 이하의 높이에 설치할 것
(4) 소방대상물의 **층**마다 설치하되, 해당 소방대상물의 각 부분으로부터 하나의 발신기까지의 **수평거리**가 **25m** 이하가 되도록 할 것(단, 복도 또는 별도로 구획된 실로서 **보행거리**가 **40m** 이상일 경우에는 추가로 설치할 것)
(5) 발신기의 **위치표시등**은 **함**의 **상부**에 설치하되, 그 불빛은 부착면으로부터 **15°** 이상의 범위 안에서 부착지점으로부터 **10m** 이내의 어느 곳에서도 쉽게 식별할 수 있는 **적색등**으로 할 것
(6) 발신기 설치 제외 : **지하구**

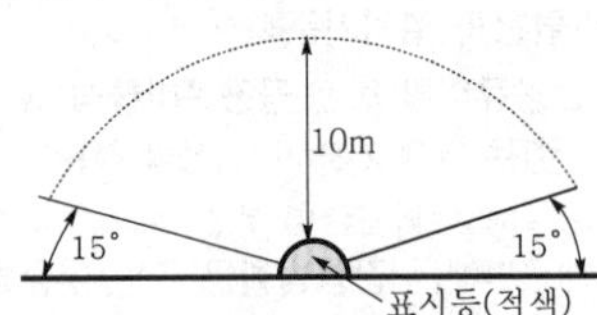


▮ 위치표시등의 식별 ▮

용어

**전기저장장치**
외부 전기에너지를 저장해 두었다가 필요한 때 전기를 공급하는 장치

답 ②

★

**75** 누전경보기의 형식승인 및 제품검사의 기술기준에 따라 누전경보기에 차단기구를 설치하는 경우 차단기구에 대한 설명으로 틀린 것은?

19.04.문73

① 개폐부는 정지점이 명확하여야 한다.
② 개폐부는 원활하고 확실하게 작동하여야 한다.
③ 개폐부는 KS C 8321(배선용 차단기)에 적합한 것이어야 한다.
④ 개폐부는 수동으로 개폐되어야 하며 자동적으로 복귀하지 아니하여야 한다.

해설 **누전경보기**의 **형식승인** 및 **제품검사**의 **기술기준 4조 9호**
누전경보기에 차단기구를 설치하는 경우 적합기준

(1) 개폐부는 원활하고 확실하게 작동하여야 하며 정지점이 명확하여야 한다.
(2) 개폐부는 **수동**으로 **개폐**되어야 하며 **자동적**으로 **복귀**하지 아니하여야 한다.
(3) 개폐부는 KS C 4613(**누전차단기**)에 적합한 것이어야 한다.

> ③ KS C 8321(배선용 차단기) → KS C 4613(누전차단기)

답 ③

★

**76** 감지기의 형식승인 및 제품검사의 기술기준에 따른 단독경보형 감지기(주전원이 교류전원 또는 건전지인 것을 포함한다)의 일반기능에 대한 설명으로 틀린 것은?

① 작동되는 경우 작동표시등에 의하여 화재의 발생을 표시할 수 있는 기능이 있어야 한다.
② 작동되는 경우 내장된 음향장치의 명동에 의하여 화재경보음을 발할 수 있는 기능이 있어야 한다.
③ 전원의 정상상태를 표시하는 전원표시등의 섬광주기는 3초 이내의 점등과 60초 이내의 소등으로 이루어져야 한다.
④ 자동복귀형 스위치(자동적으로 정위치에 복귀될 수 있는 스위치를 말한다)에 의하여 수동으로 작동시험을 할 수 있는 기능이 있어야 한다.

해설 **감지기**의 **형식승인** 및 **제품검사**의 **기술기준 5조**의 2
단독경보형의 감지기(주전원이 교류전원 또는 건전지인 것 포함)의 적합 기준

(1) **자동복귀형 스위치**(자동적으로 정위치에 복귀될 수 있는 스위치)에 의하여 **수동**으로 작동시험을 할 수 있는 기능이 있을 것
(2) 작동되는 경우 **작동표시등**에 의하여 화재의 발생을 표시하고, 내장된 **음향장치**의 명동에 의하여 **화재경보음**을 발할 수 있는 기능이 있을 것
(3) 주기적으로 **섬광**하는 **전원표시등**에 의하여 전원의 **정상 여부**를 **감시**할 수 있는 기능이 있어야 하며, 전원의 정상상태를 표시하는 전원표시등의 섬광주기는 **1초 이내**의 점등과 **30초**에서 **60초** 이내의 소등으로 이루어질 것

> ③ 섬광주기는 3초 이내 → 섬광주기는 1초 이내, 60초 이내의 소등 → 30초에서 60초 이내의 소등

답 ③

★
**77** 자동화재속보설비의 속보기의 성능인증 및 제품검사의 기술기준에 따라 자동화재속보설비의 속보기가 소방관서에 자동적으로 통신망을 통해 통보하는 신호의 내용으로 옳은 것은?

① 당해 소방대상물의 위치 및 규모
② 당해 소방대상물의 위치 및 용도
③ 당해 화재발생 및 당해 소방대상물의 위치
④ 당해 고장발생 및 당해 소방대상물의 위치

해설 **자동화재속보설비**의 **속보기**의 **성능인증** 및 **제품검사**의 **기술기준 2조**
자동화재속보설비의 속보기
**수동작동** 및 자동화재탐지설비 **수신기**의 화재신호와 연동으로 작동하여 **관계인**에게 화재발생을 경보함과 동시에 **소방관서**에 자동적으로 통신망을 통한 **당해 화재발생** 및 **당해 소방대상물의 위치** 등을 음성으로 통보하여 주는 것

답 ③

★
**78** 유도등의 우수품질인증 기술기준에 따른 유도등의 일반구조에 대한 내용이다. 다음 ( )에 들어갈 내용으로 옳은 것은?
13.09.문67

> 전선의 굵기는 인출선인 경우에는 단면적이 ( ㉠ )$mm^2$ 이상, 인출선 외의 경우에는 면적이 ( ㉡ )$mm^2$ 이상이어야 한다.

① ㉠ 0.75, ㉡ 0.5
② ㉠ 0.75, ㉡ 0.75
③ ㉠ 1.5, ㉡ 0.75
④ ㉠ 2.5, ㉡ 1.5

해설 **유도등**의 **일반구조**
(1) 전선의 굵기

| 인출선 | 인출선 외 |
|---|---|
| 0.75$mm^2$ 이상 | 0.5$mm^2$ 이상 |

(2) 인출선의 길이 : **150mm 이상**

기억법 **인75(인(사람) 치료)**

답 ①

★★
**79** 유도등 및 유도표지의 화재안전기준(NFSC 303)에 따라 객석유도등을 설치하여야 하는 장소로 틀린 것은?
19.03.문64 (산업)
12.09.문76 (산업)

① 벽　② 천장
③ 바닥　④ 통로

해설 **객석유도등**의 **설치위치**(NFSC 303 7조)
(1) 객석의 **통로**
(2) 객석의 **바닥**
(3) 객석의 **벽**

기억법 **통바벽**

답 ②

★★
**80** 무선통신보조설비의 화재안전기준(NFSC 505)에 따라 누설동축케이블 또는 동축케이블의 임피던스는 몇 Ω인가?
14.05.문62
13.06.문75

① 5　② 10
③ 30　④ 50

해설 **누설동축케이블 · 동축케이블**의 **임피던스** : 50Ω

참고
**무선통신보조설비**의 **분배기 · 분파기 · 혼합기 설치기준**
(1) 먼지 · 습기 · 부식 등에 이상이 없을 것
(2) 임피던스 **50**Ω의 것
(3) 점검이 편리하고 화재 등의 피해 우려가 없는 장소

답 ④

## 에디슨의 한마디

어느 날, 연구에 몰입해 있는 에디슨에게 한 방문객이 아들을 데리고 찾아와서 말했습니다.

"선생님, 이 아이에게 평생의 좌우명이 될 만한 말씀 한마디만 해 주십시오."

그러나 연구에 몰두해 있던 에디슨은 입을 열 줄 몰랐고, 초조해진 방문객은 자꾸 시계를 들여다보았습니다.

유학을 떠나는 아들의 비행기 탑승시간이 가까웠기 때문입니다.

그때, 에디슨이 말했습니다.

"시계를 보지 말라."

시계를 보지 않는다는 데는 많은 의미가 있습니다. 자신의 일에 즐겨 몰두해 있는 사람이라면 결코 시계를 보지 않을 것입니다.

허리를 펴며 "벌써 시간이 이렇게 됐나?"라고, 아무렇지 않은 듯 말하지 않을까요?

•「지하철 사랑의 편지」 중에서•

과년도기출문제

# 2019년

## 소방설비기사 필기(전기분야)

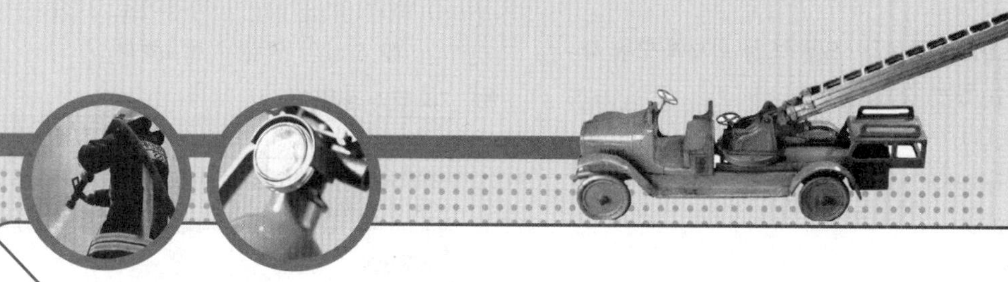



**** 수험자 유의사항 ****

1. 문제지를 받는 즉시 **본인**이 **응시한 종목**이 맞는지 확인하시기 바랍니다.
2. 문제지 표지에 본인의 **수험번호**와 **성명**을 기재하여야 합니다.
3. 문제지의 **총면수**, **문제번호 일련순서**, **인쇄상태**, **중복 및 누락 페이지 유무**를 확인하시기 바랍니다.
4. 답안은 각 문제마다 요구하는 가장 적합하거나 가까운 답 1개만을 선택하여야 합니다.
5. 답안카드는 뒷면의 「수험자 유의사항」에 따라 작성하시고, 답안카드 작성 시 형별누락, 마킹착오로 인한 불이익은 전적으로 수험자에게 책임이 있음을 알려드립니다.
6. 문제지는 시험 종료 후 본인이 가져갈 수 있습니다.

**** 안내사항 ****

- 가답안/최종정답은 큐넷(www.q-net.or.kr)에서 확인하실 수 있습니다. 가답안에 대한 의견은 큐넷의 [가답안 의견 제시]를 통해 제시할 수 있으며, 확정된 답안은 최종정답으로 갈음합니다.
- 공단에서 제공하는 자격검정서비스에 대해 개선할 점이 있으시면 고객참여(http://hrdkorea.or.kr/7/1/1)를 통해 건의하여 주시기 바랍니다.

19년

# 2019. 3. 3 시행

**▌2019년 기사 제1회 필기시험▌**

| | | | | 수험번호 | 성명 |
|---|---|---|---|---|---|
| 자격종목<br>**소방설비기사(전기분야)** | 종목코드 | 시험시간<br>**2시간** | 형별 | | |

※ 답안카드 작성시 시험문제지 형별누락, 마킹착오로 인한 불이익은 전적으로 수험자의 귀책사유임을 알려드립니다.
※ 각 문항은 4지택일형으로 질문에 가장 적합한 보기 항을 선택하여 마킹하여야 합니다.

## 제 1 과목 소방원론

★★★
**01** 분말소화약제 중 A급 · B급 · C급 화재에 모두 사용할 수 있는 것은?

18.04.문06 17.09.문10 16.10.문06 16.05.문15 16.03.문09 15.09.문01 15.05.문08 14.09.문10 14.03.문03 14.03.문14 12.03.문13

① $Na_2CO_3$
② $NH_4H_2PO_4$
③ $KHCO_3$
④ $NaHCO_3$

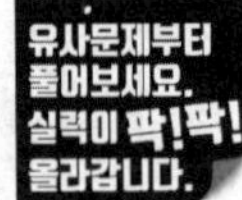
유사문제부터
풀어보세요.
실력이 팍!팍!
올라갑니다.

해설 (1) **분말소화약제**

| 종 별 | 주성분 | 착 색 | 적응화재 | 비 고 |
|---|---|---|---|---|
| 제1종 | 중탄산나트륨 ($NaHCO_3$) | 백색 | BC급 | **식용유** 및 **지방질유**의 화재에 적합 |
| 제2종 | 중탄산칼륨 ($KHCO_3$) | 담자색 (담회색) | BC급 | - |
| 제3종 | 제1인산암모늄 ($NH_4H_2PO_4$) | 담홍색 | ABC급 | **차고 · 주차장**에 적합 |
| 제4종 | 중탄산칼륨 +요소 ($KHCO_3$+ $(NH_2)_2CO$) | 회(백)색 | BC급 | - |

기억법 **1식분(일식 분식)**
**3분 차주(삼보컴퓨터 차주)**

(2) **이산화탄소 소화약제**

| 주성분 | 적응화재 |
|---|---|
| 이산화탄소($CO_2$) | BC급 |

답 ②

★★★
**02** 물의 기화열이 539.6cal/g인 것은 어떤 의미인가?

14.09.문20 10.09.문20

① 0℃의 물 1g이 얼음으로 변화하는 데 539.6cal의 열량이 필요하다.
② 0℃의 얼음 1g이 물로 변화하는 데 539.6cal의 열량이 필요하다.
③ 0℃의 물 1g이 100℃의 물로 변화하는 데 539.6cal의 열량이 필요하다.
④ 100℃의 물 1g이 수증기로 변화하는 데 539.6cal의 열량이 필요하다.

해설 **기화열과 융해열**

| 기화열(증발열) | 융해열 |
|---|---|
| **100℃**의 **물 1g**이 **수증기**로 변화하는 데 필요한 열량 | **0℃**의 **얼음 1g**이 **물**로 변화하는 데 필요한 열량 |

참고

물($H_2O$)

| 기화잠열(증발잠열) | 융해잠열(융해열) |
|---|---|
| 539cal/g | 80cal/g |

기억법 **기53, 융8**

④ 물의 기화열 539.6cal : 100℃의 물 1g이 수증기로 변화하는 데 539.6cal의 열량이 필요하다.

답 ④

★★★
**03** 공기와 접촉되었을 때 위험도($H$)가 가장 큰 것은?

15.09.문08 10.03.문14

① 에테르 ② 수소
③ 에틸렌 ④ 부탄

해설 **위험도**

$$H=\frac{U-L}{L}$$

여기서, $H$ : 위험도
$U$ : 연소상한계
$L$ : 연소하한계

① **에테르** $=\frac{48-1.9}{1.9}=24.26$

② **수소** $=\frac{75-4}{4}=17.75$

③ **에틸렌** $=\frac{36-2.7}{2.7}=12.33$

④ **부탄** $=\frac{8.4-1.8}{1.8}=3.67$

중요

**공기 중**의 **폭발한계**(상온, 1atm)

| 가 스 | 하한계 〔vol%〕 | 상한계 〔vol%〕 |
|---|---|---|
| 보기 ① → 에테르($(C_2H_5)_2O$) → | 1.9 | 48 |
| 보기 ② → 수소($H_2$) → | 4 | 75 |
| 보기 ③ → 에틸렌($C_2H_4$) → | 2.7 | 36 |
| 보기 ④ → 부탄($C_4H_{10}$) → | 1.8 | 8.4 |
| 아세틸렌($C_2H_2$) | 2.5 | 81 |
| 일산화탄소(CO) | 12.5 | 74 |
| 이황화탄소($CS_2$) | 1.2 | 44 |
| 암모니아($NH_3$) | 15 | 28 |
| 메탄($CH_4$) | 5 | 15 |
| 에탄($C_2H_6$) | 3 | 12.4 |
| 프로판($C_3H_8$) | 2.1 | 9.5 |

• 연소한계=연소범위=가연한계=가연범위=폭발한계=폭발범위

답 ①

★★★
## 04 마그네슘의 화재에 주수하였을 때 물과 마그네슘의 반응으로 인하여 생성되는 가스는?

15.09.문06 15.09.문13 14.03.문06 12.09.문16 12.05.문05

① 산소 ② 수소
③ 일산화탄소 ④ 이산화탄소

해설 **주수소화**(물소화)시 위험한 물질

| 위험물 | 발생물질 |
|---|---|
| • **무**기과산화물 | **산소**($O_2$) 발생<br>기억법 무산(무산되다.) |
| • 금속분<br>• **마**그네슘 →<br>• 알루미늄<br>• 칼륨<br>• 나트륨<br>• 수소화리튬 | **수소**($H_2$) 발생<br>기억법 마수 |
| • 가연성 액체의 유류화재(경유) | **연소면**(화재면) 확대 |

답 ②

★
## 05 이산화탄소의 질식 및 냉각 효과에 대한 설명 중 틀린 것은?

① 이산화탄소의 증기비중이 산소보다 크기 때문에 가연물과 산소의 접촉을 방해한다.
② 액체 이산화탄소가 기화되는 과정에서 열을 흡수한다.
③ 이산화탄소는 불연성 가스로서 가연물의 연소반응을 방해한다.
④ 이산화탄소는 산소와 반응하며 이 과정에서 발생한 연소열을 흡수하므로 냉각효과를 나타낸다.

해설 ④ 이산화탄소($CO_2$)는 산소와 더 이상 반응하지 않는다.

중요

(1) **이산화탄소**의 **냉각효과**원리
㉠ 이산화탄소는 방사시 발생하는 미세한 **드라이아이스** 입자에 의해 **냉각효과**를 나타낸다.
㉡ 이산화탄소 방사시 **기화열**을 **흡수**하여 **점화원**을 **냉각**시키므로 **냉각효과**를 나타낸다.

(2) **가연물**이 **될 수 없는 물질**(불연성 물질)

| 특 징 | 불연성 물질 |
|---|---|
| 주기율표의 0족 원소 | • 헬륨(He)<br>• 네온(Ne)<br>• **아르곤**(Ar)<br>• 크립톤(Kr)<br>• 크세논(Xe)<br>• 라돈(Rn)<br>— 불활성 가스 |
| 산소와 더 이상 반응하지 않는 물질 | • 물($H_2O$)<br>• 이산화탄소($CO_2$)<br>• 산화알루미늄($Al_2O_3$)<br>• 오산화인($P_2O_5$) |
| 흡열반응물질 | • 질소($N_2$) |

답 ④

★★
## 06 위험물안전관리법령상 위험물의 지정수량이 틀린 것은?

16.05.문01 09.05.문57

① 과산화나트륨－50kg
② 적린－100kg
③ 트리니트로톨루엔－200kg
④ 탄화알루미늄－400kg

해설 **위험물**의 **지정수량**

| 위험물 | 지정수량 |
|---|---|
| 과산화나트륨 | 50kg |
| 적린 | 100kg |
| 트리니트로톨루엔 | 200kg |
| 탄화알루미늄 → | 300kg |

④ 400kg → 300kg

답 ④

★★★
## 07 제2류 위험물에 해당하지 않는 것은?

15.09.문18 15.05.문42 14.03.문18

① 유황 ② 황화린
③ 적린 ④ 황린

해설 **위험물령 [별표 1]**
**위험물**

| 유 별 | 성 질 | 품 명 |
|---|---|---|
| 제1류 | 산화성 고체 | • 아염소산염류<br>• 염소산염류<br>• 과염소산염류<br>• 질산염류<br>• 무기과산화물<br>기억법 1산고(일산GO) |
| 제2류 | 가연성 고체 | • 황화린<br>• 적린<br>• 유황<br>• 마그네슘<br>• 금속분<br>기억법 2황화적유마 |
| 제3류 | 자연발화성 물질 및 금수성 물질 | • 황린<br>• 칼륨<br>• 나트륨<br>• 트리에틸알루미늄<br>• 금속의 수소화물<br>기억법 황칼나트알 |
| 제4류 | 인화성 액체 | • 특수인화물<br>• 석유류(벤젠)<br>• 알코올류<br>• 동식물유류 |
| 제5류 | 자기반응성 물질 | • 유기과산화물<br>• 니트로화합물<br>• 니트로소화합물<br>• 아조화합물<br>• 질산에스테르류(셀룰로이드) |
| 제6류 | 산화성 액체 | • 과염소산<br>• 과산화수소<br>• 질산 |

④ 황린 : 제3류 위험물

답 ④

★★★
## 08 화재의 분류방법 중 유류화재를 나타낸 것은?
17.09.문07 16.05.문09 15.09.문19 13.09.문07

① A급 화재 ② B급 화재
③ C급 화재 ④ D급 화재

해설 **화재의 종류**

| 구 분 | 표시색 | 적응물질 |
|---|---|---|
| 일반화재(A급) | 백색 | • 일반가연물<br>• 종이류 화재<br>• 목재 · 섬유화재 |
| **유류화재(B급)** | 황색 | • 가연성 액체<br>• 가연성 가스<br>• 액화가스화재<br>• 석유화재 |
| 전기화재(C급) | 청색 | • 전기설비 |
| 금속화재(D급) | 무색 | • 가연성 금속 |
| 주방화재(K급) | - | • 식용유화재 |

※ 요즘은 표시색의 의무규정은 없음

답 ②

★
## 09 주요구조부가 내화구조로 된 건축물에서 거실 각 부분으로부터 하나의 직통계단에 이르는 보행거리는 피난자의 안전상 몇 m 이하이어야 하는가?
99.08.문10

① 50 ② 60
③ 70 ④ 80

해설 **건축령 34조**
**직통계단의 설치거리**
(1) 일반건축물 : 보행거리 **30m** 이하
(2) 16층 이상인 공동주택 : 보행거리 **40m** 이하
(3) 내화구조 또는 불연재료로 된 건축물 : **50m** 이하

답 ①

★★★
## 10 불활성 가스에 해당하는 것은?
16.03.문04 11.10.문02

① 수증기 ② 일산화탄소
③ 아르곤 ④ 아세틸렌

해설 **가연물이 될 수 없는 물질**(불연성 물질)

| 특 징 | 불연성 물질 |
|---|---|
| 주기율표의 0족 원소 | • 헬륨(He)<br>• 네온(Ne)<br>• **아르곤**(Ar)<br>• 크립톤(Kr)<br>• 크세논(Xe)<br>• 라돈(Rn)<br>— **불활성 가스** |
| 산소와 더 이상 반응하지 않는 물질 | • 물($H_2O$)<br>• 이산화탄소($CO_2$)<br>• 산화알루미늄($Al_2O_3$)<br>• 오산화인($P_2O_5$) |
| 흡열반응물질 | • 질소($N_2$) |

답 ③

★★
## 11 이산화탄소 소화약제의 임계온도로 옳은 것은?
16.03.문15 14.05.문08 13.06.문20 11.03.문06

① 24.4℃ ② 31.1℃
③ 56.4℃ ④ 78.2℃

해설 **이산화탄소의 물성**

| 구 분 | 물 성 |
|---|---|
| 임계압력 | 72.75atm |
| 임계온도 → | 31.35℃(약 31.1℃) |
| 3중점 | -56.3℃(약 -56℃) |
| 승화점(비점) | -78.5℃ |
| 허용농도 | 0.5% |
| 증기비중 | 1.529 |
| 수분 | 0.05% 이하(함량 99.5% 이상) |

기억법 이356, 이비78, 이증15

답 ②

★★
**12** 17.09.문17 12.03.문02 97.07.문15

**인화점이 40℃ 이하인 위험물을 저장, 취급하는 장소에 설치하는 전기설비는 방폭구조로 설치하는데, 용기의 내부에 기체를 압입하여 압력을 유지하도록 함으로써 폭발성 가스가 침입하는 것을 방지하는 구조는?**

① 압력방폭구조
② 유입방폭구조
③ 안전증방폭구조
④ 본질안전방폭구조

해설 **방폭구조**의 **종류**

① **내압**(압력)**방폭구조**($P$) : 용기 내부에 질소 등의 보호용 가스를 충전하여 외부에서 폭발성 가스가 침입하지 못하도록 한 구조

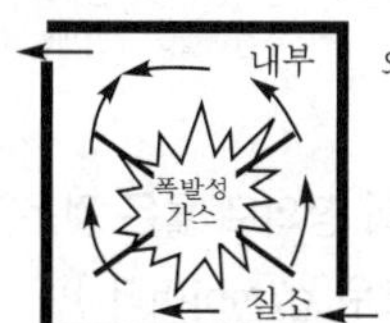


② **유입방폭구조**($o$) : 전기불꽃, 아크 또는 고온이 발생하는 부분을 기름 속에 넣어 폭발성 가스에 의해 인화가 되지 않도록 한 구조

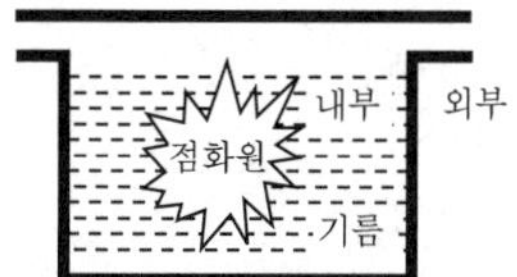


③ **안전증방폭구조**($e$) : 기기의 정상운전 중에 폭발성 가스에 의해 점화원이 될 수 있는 전기불꽃 또는 고온이 되어서는 안 될 부분에 기계적, 전기적으로 특히 안전도를 증가시킨 구조

④ **본질안전방폭구조**($i$) : 폭발성 가스가 단선, 단락, 지락 등에 의해 발생하는 전기불꽃, 아크 또는 고온에 의하여 점화되지 않는 것이 확인된 구조

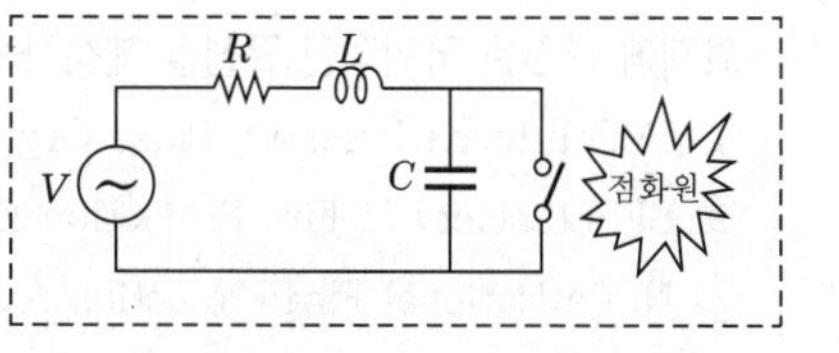


답 ①

★★★
**13** 14.03.문12 07.05.문03

**물질의 취급 또는 위험성에 대한 설명 중 틀린 것은?**

① 융해열은 점화원이다.
② 질산은 물과 반응시 발열반응하므로 주의를 해야 한다.
③ 네온, 이산화탄소, 질소는 불연성 물질로 취급한다.
④ 암모니아를 충전하는 공업용 용기의 색상은 백색이다.

해설 **점화원**이 될 수 없는 것
(1) **기**화열(증발열)
(2) **융**해열
(3) **흡**착열

기억법 **점기융흡**

답 ①

★★★
**14**

**분말소화약제 분말입도의 소화성능에 관한 설명으로 옳은 것은?**

① 미세할수록 소화성능이 우수하다.
② 입도가 클수록 소화성능이 우수하다.
③ 입도와 소화성능과는 관련이 없다.
④ 입도가 너무 미세하거나 너무 커도 소화성능은 저하된다.

해설 **미세도(입도)**
**20~25$\mu$m**의 입자로 미세도의 분포가 골고루 되어 있어야 하며, 입도가 너무 미세하거나 너무 커도 소화성능은 저하된다.

• $\mu$m : '미크론' 또는 '마이크로미터'라고 읽는다.

답 ④

★★
**15** 18.04.문04

**방화구획의 설치기준 중 스프링클러, 기타 이와 유사한 자동식 소화설비를 설치한 10층 이하의 층은 몇 m$^2$ 이내마다 구획하여야 하는가?**

① 1000
② 1500
③ 2000
④ 3000

해설 **건축령 46조, 피난 · 방화구조 14조**

방화구획의 기준

| 대상 건축물 | 대상 규모 | 층 및 구획방법 | | 구획부분의 구조 |
|---|---|---|---|---|
| 주요 구조부가 내화구조 또는 불연재료로 된 건축물 | 연면적 1000m² 넘는 것 | 10층 이하 | • 바닥면적 **1000m²** 이내마다 | • 내화구조로 된 바닥 · 벽<br>• 60분+방화문, 60분 방화문<br>• 자동방화셔터 |
| | | 매 층마다 | • 지하 1층에서 지상으로 직접 연결하는 경사로 부위는 제외 | |
| | | 11층 이상 | • 바닥면적 **200m²** 이내마다(실내마감을 불연재료로 한 경우 **500m²** 이내마다) | |

- **스프링클러**, 기타 이와 유사한 **자동식 소화설비**를 설치한 경우 바닥면적은 위의 **3배** 면적으로 산정한다.
- **필로티**나 그 밖의 비슷한 구조의 부분을 주차장으로 사용하는 경우 그 부분은 건축물의 다른 부분과 구획할 것

④ 스프링클러소화설비를 설치했으므로 1000m² × 3배 = **3000m²**

답 ④

★★
## 16

01.09.문08
98.10.문05

**연면적이 1000m² 이상인 목조건축물은 그 외벽 및 처마 밑의 연소할 우려가 있는 부분을 방화구조로 하여야 하는데 이때 연소우려가 있는 부분은? (단, 동일한 대지 안에 2동 이상의 건물이 있는 경우이며, 공원 · 광장 · 하천의 공지나 수면 또는 내화구조의 벽, 기타 이와 유사한 것에 접하는 부분을 제외한다.)**

① 상호의 외벽 간 중심선으로부터 1층은 3m 이내의 부분
② 상호의 외벽 간 중심선으로부터 2층은 7m 이내의 부분
③ 상호의 외벽 간 중심선으로부터 3층은 11m 이내의 부분
④ 상호의 외벽 간 중심선으로부터 4층은 13m 이내의 부분

해설 **피난 · 방화구조 22조**

**연소할 우려가 있는 부분**

인접대지경계선 · 도로중심선 또는 동일한 대지 안에 있는 2동 이상의 건축물 상호의 외벽 간의 중심선으로부터의 거리

| 1층 | 2층 이상 |
|---|---|
| 3m 이내 | 5m 이내 |

비교

**소방시설법 시행규칙 7조**
**연소 우려가 있는 건축물의 구조**
(1) **1층** : 타건축물 외벽으로부터 **6m** 이하
(2) **2층** : 타건축물 외벽으로부터 **10m** 이하
(3) 대지경계선 안에 2 이상의 건축물이 있는 경우
(4) 개구부가 다른 건축물을 향하여 설치된 구조

답 ①

★★
## 17

17.05.문09
11.10.문05
10.09.문12

**탄화칼슘의 화재시 물을 주수하였을 때 발생하는 가스로 옳은 것은?**

① $C_2H_2$ ② $H_2$
③ $O_2$ ④ $C_2H_6$

해설 **탄화칼슘**과 **물**의 **반응식**

$CaC_2 + 2H_2O \rightarrow Ca(OH)_2 + C_2H_2 \uparrow$

탄화칼슘 물 수산화칼슘 아세틸렌

답 ①

★★★
## 18

16.03.문01
15.03.문05
14.09.문15
12.09.문18
07.05.문17

**증기비중의 정의로 옳은 것은? (단, 분자, 분모의 단위는 모두 g/mol이다.)**

① $\frac{분자량}{22.4}$
② $\frac{분자량}{29}$
③ $\frac{분자량}{44.8}$
④ $\frac{분자량}{100}$

해설 **증기비중**

$$증기비중 = \frac{분자량}{29}$$

여기서, 29 : 공기의 평균 분자량(g/mol)

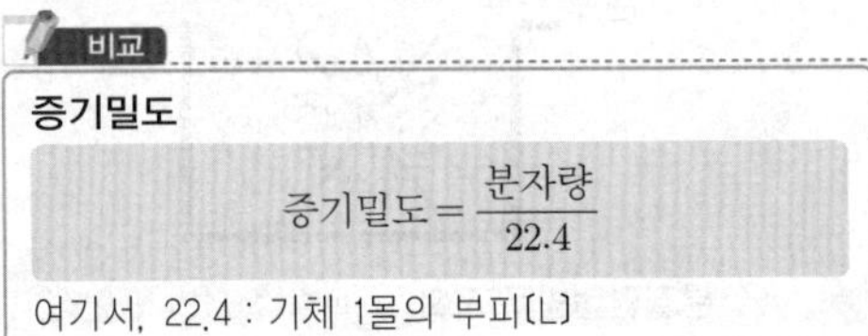
비교

**증기밀도**

$$증기밀도 = \frac{분자량}{22.4}$$

여기서, 22.4 : 기체 1몰의 부피(L)

답 ②

★
## 19

**화재에 관련된 국제적인 규정을 제정하는 단체는?**

① IMO(International Maritime Organization)
② SFPE(Society of Fire Protection Engineers)
③ NFPA(National Fire Protection Association)
④ ISO(International Organization for Standardization) TC 92

해설

| 단체명 | 설 명 |
|---|---|
| IMO(International Maritime Organization) | • 국제해사기구<br>• 선박의 항로, 교통규칙, 항만시설 등을 국제적으로 통일하기 위하여 설치된 유엔전문기구 |
| SFPE(Society of Fire Protection Engineers) | • 미국소방기술사회 |
| NFPA(National Fire Protection Association) | • 미국방화협회<br>• 방화·안전설비 및 산업안전 방지장치 등에 대해 약 270규격을 제정 |
| ISO(International Organization for Standardization) | • 국제표준화기구<br>• 지적 활동이나 과학·기술·경제활동 분야에서 세계 상호간의 협력을 위해 1946년에 설립한 국제기구<br>※ TC 92 : Fire Safety, ISO의 237개 전문기술위원회(TC)의 하나로서, 화재로부터 인명 안전 및 건물 보호, 환경을 보전하기 위하여 건축자재 및 구조물의 화재시험 및 시뮬레이션 개발에 필요한 세부지침을 국제규격으로 제·개정하는 것 |

답 ④

★★★
## 20 화재하중에 대한 설명 중 틀린 것은?

16.10.문18 15.09.문17 01.06.문06 97.03.문19

① 화재하중이 크면 단위면적당의 발열량이 크다.

② 화재하중이 크다는 것은 화재구획의 공간이 넓다는 것이다.

③ 화재하중이 같더라도 물질의 상태에 따라 가혹도는 달라진다.

④ 화재하중은 화재구획실 내의 가연물 총량을 목재 중량당비로 환산하여 면적으로 나눈 수치이다.

해설 **화재하중**

(1) 가연물 등의 **연소시 건축물**의 **붕괴** 등을 고려하여 설계하는 하중

(2) 화재실 또는 화재구획의 **단위면적당 가연물**의 **양**

(3) 일반건축물에서 가연성의 건축구조재와 **가연성 수용물**의 **양**으로서 건물화재시 발열량 및 화재위험성을 나타내는 용어

(4) 화재하중이 크면 단위면적당의 발열량이 크다.

(5) 화재하중이 같더라도 물질의 상태에 따라 가혹도는 달라진다.

(6) 화재하중은 화재구획실 내의 가연물 총량을 목재 중량당비로 환산하여 면적으로 나눈 수치이다.

(7) 건물화재에서 가열온도의 정도를 의미한다.

(8) 건물의 내화설계시 고려되어야 할 사항이다.

(9)

$$q=\frac{\Sigma G_t H_t}{HA}=\frac{\Sigma Q}{4500A}$$

여기서, $q$ : 화재하중[kg/m$^2$] 또는 [N/m$^3$]

$G_t$ : 가연물의 양[kg]

$H_t$ : 가연물의 단위발열량[kcal/kg]

$H$ : 목재의 단위발열량[kcal/kg](**4500kcal/kg**)

$A$ : 바닥면적[m$^2$]

$\Sigma Q$ : 가연물의 전체 발열량[kcal]

비교

**화재가혹도**
화재로 인하여 건물 내에 수납되어 있는 재산 및 건물 자체에 손상을 주는 능력의 정도

답 ②

# 제 2 과목 소방전기일반

★★
## 21 줄의 법칙에 관한 수식으로 틀린 것은?

06.09.문31

① $H=I^2Rt$[J]

② $H=0.24I^2Rt$[cal]

③ $H=0.12\,VIt$[J]

④ $H=\dfrac{1}{4.2}I^2Rt$[cal]

해설 **줄**의 **법칙**(Joule's law)

$$\begin{aligned}H&=0.24Pt\\&=0.24\,VIt=0.24I^2Rt\\&=\frac{1}{4.2}I^2Rt=0.24\frac{V^2}{R}t\end{aligned}$$

여기서, $H$ : 발열량[cal]

$P$ : 전력[W]

$t$ : 시간[s]

$V$ : 전압[V]

$I$ : 전류[A]

$R$ : 저항[Ω]

1J=0.24cal 이므로

①, ② $H=I^2Rt$[J]$=0.24I^2Rt$[cal]

③ $H=0.12\,VIt$[J] → $H=VIt$[J]

중요

전류의 **열**작용(발열작용) = **줄의 법칙**(Joule's law)

답 ③

★★★
## 22 그림과 같은 회로에서 분류기의 배율은? (단, 전류계 $A$의 내부저항은 $R_A$이며 $R_S$는 분류기저항이다.)

18.03.문36 17.09.문24 16.03.문26 14.09.문36 08.03.문30 04.09.문28 03.03.문37

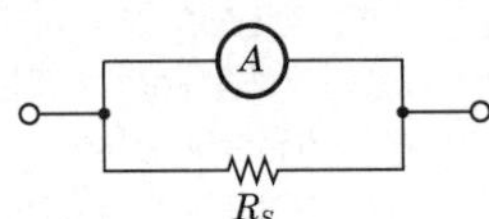


① $\frac{R_A}{R_A+R_S}$ ② $\frac{R_S}{R_A+R_S}$

③ $\frac{R_A+R_S}{R_S}$ ④ $\frac{R_A+R_S}{R_A}$

해설 **분류기의 배율**

$$M=\frac{I_0}{I}=1+\frac{R_A}{R_S}$$

여기서, $M$ : 분류기의 배율
$I_0$ : 측정하고자 하는 전류[A]
$I$ : 전류계 최대 눈금[A]
$R_A$ : 전류계 내부저항[Ω]
$R_S$ : 분류기저항[Ω]

분류기의 배율 $M$은

$$M=1+\frac{R_A}{R_S}=\frac{R_S}{R_S}+\frac{R_A}{R_S}=\frac{R_S+R_A}{R_S}=\frac{R_A+R_S}{R_S}$$

답 ③

★★★
## 23 SCR의 양극 전류가 10A일 때 게이트전류를 반으로 줄이면 양극 전류는 몇 A인가?

16.10.문27 15.05.문30 13.06.문32 10.05.문30

① 20
② 10
③ 5
④ 0.1

해설 **SCR**(Silicon Controlled Rectifier)
처음에는 게이트전류에 의해 양극 전류가 변화되다가 일단 완전 도통상태가 되면 게이트전류에 관계없이 양극 전류는 더 이상 변화하지 않는다. 그러므로 게이트전류를 **반**으로 줄여도 또는 **2배**로 늘려도 양극 전류는 그대로 **10A**가 되는 것이다. (이것을 알라!!)

답 ②

★★★
## 24 논리식 $\overline{X}+XY$를 간략화한 것은?

18.04.문38 17.09.문33 17.03.문23 16.05.문36 16.03.문39 15.09.문23 13.09.문30 13.06.문35

① $\overline{X}+Y$
② $X+\overline{Y}$
③ $\overline{X}\,Y$
④ $X\overline{Y}$

해설 **불대수의 정리**

| 논리합 | 논리곱 | 비 고 |
|---|---|---|
| $X+0=X$ | $X\cdot 0=0$ | − |
| $X+1=1$ | $X\cdot 1=X$ | − |
| $X+X=X$ | $X\cdot X=X$ | − |
| $X+\overline{X}=1$ | $X\cdot\overline{X}=0$ | − |
| $X+Y=Y+X$ | $X\cdot Y=Y\cdot X$ | 교환법칙 |
| $X+(Y+Z)$ $=(X+Y)+Z$ | $X(YZ)=(XY)Z$ | 결합법칙 |
| $X(Y+Z)$ $=XY+XZ$ | $(X+Y)(Z+W)$ $=XZ+XW+YZ+YW$ | 분배법칙 |
| $X+XY=X$ | $\overline{X}+XY=\overline{X}+Y$ <br> $\overline{X}+X\overline{Y}=\overline{X}+\overline{Y}$ <br> $X+\overline{X}Y=X+Y$ <br> $X+\overline{X}\,\overline{Y}=X+\overline{Y}$ | 흡수법칙 |
| $(\overline{X+Y})$ $=\overline{X}\cdot\overline{Y}$ | $(\overline{X\cdot Y})=\overline{X}+\overline{Y}$ | 드모르간의 정리 |

답 ①

★
## 25 공기 중에 2m의 거리에 10$\mu$C, 20$\mu$C의 두 점전하가 존재할 때 이 두 전하 사이에 작용하는 정전력은 약 몇 N인가?

12.09.문29

① 0.45 ② 0.9

③ 1.8 ④ 3.6

해설 (1) **기호**
- $r$ : 2m
- $Q_1$ : 10$\mu$C$=10\times10^{-6}$C($\mu=10^{-6}$)
- $Q_2$ : 20$\mu$C$=20\times10^{-6}$C($\mu=10^{-6}$)
- $F$ : ?

(2) **정전력** : 두 전하 사이에 작용하는 힘

$$F=\frac{Q_1Q_2}{4\pi\varepsilon r^2}=QE$$

여기서, $F$ : 정전력[N], $Q$, $Q_1$, $Q_2$ : 전하[C]
$\varepsilon$ : 유전율[F/m]($\varepsilon=\varepsilon_0\cdot\varepsilon_s$)
$\varepsilon_0$ : 진공의 유전율($8.855\times10^{-12}$)[F/m]
$r$ : 거리[m], $E$ : 전계의 세기[V/m]

정전력 $F$는

$$F=\frac{Q_1Q_2}{4\pi\varepsilon_0\varepsilon_s r^2}=\frac{(10\times10^{-6})\times(20\times10^{-6})}{4\pi\times8.855\times10^{-12}\times1\times2^2}$$

$\fallingdotseq 0.45$N

- 공기 중 $\varepsilon_s\fallingdotseq 1$

**비교**

**자기력**
자석이 금속을 끌어당기는 힘

$$F = \frac{m_1 m_2}{4\pi\mu r^2} = mH$$

여기서, $F$ : 자기력〔N〕
$m$, $m_1$, $m_2$ : 자하〔Wb〕
$\mu$ : 투자율〔H/m〕($\mu = \mu_0 \cdot \mu_s$)
$\mu_0$ : 진공의 투자율($4\pi \times 10^{-7}$)〔H/m〕
$r$ : 거리〔m〕
$H$ : 자계의 세기〔A/m〕

답 ①

★★★
## 26 그림의 논리기호를 표시한 것으로 옳은 식은?

13.09.문32

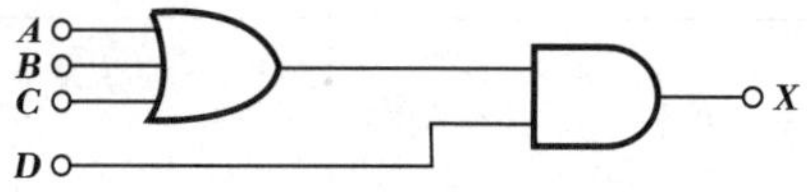


① $X = (A \cdot B \cdot C) \cdot D$
② $X = (A + B + C) \cdot D$
③ $X = (A \cdot B \cdot C) + D$
④ $X = A + B + C + D$

해설 $X = (A+B+C) \cdot D$

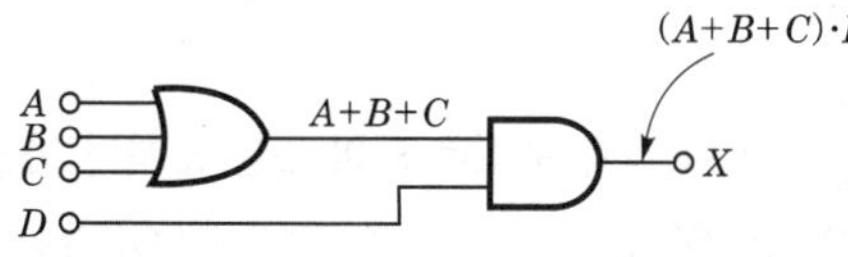


**중요**

| 회 로 | 시퀀스 회로 | 논리식 | 논리회로 |
|---|---|---|---|
| 직렬 회로 | 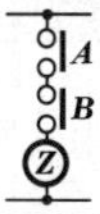 | $Z = A \cdot B$<br>$Z = AB$ |  |
| 병렬 회로 | 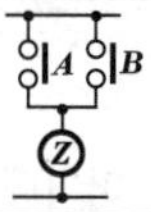 | $Z = A + B$ | 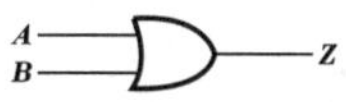 |
| a 접점 | 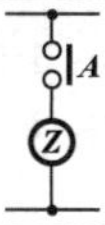 | $Z = A$ | 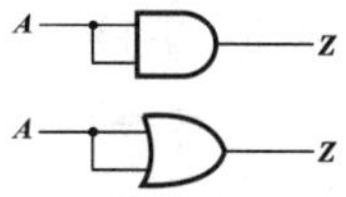 |
| b 접점 | 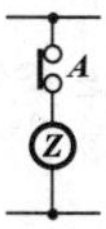 | $Z = \overline{A}$ | 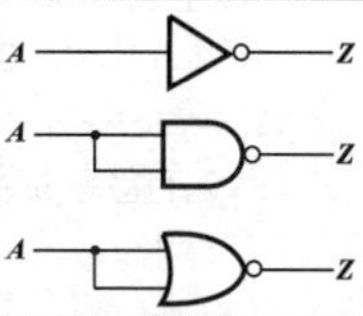 |

답 ②

★★
## 27 역률 80%, 유효전력 80kW일 때, 무효전력〔kVar〕은?

09.08.문31
01.09.문30

① 10
② 16
③ 60
④ 64

해설 (1) **기호**

- $\cos\theta$ : 80%=0.8
- $P$ : 80kW
- $P_r$ : ?

(2) **무효율**

$$\sin\theta = \sqrt{1 - \cos\theta^2}$$

여기서, $\sin\theta$ : 무효율
$\cos\theta$ : 역률

무효율 $\sin\theta$는

$\sin\theta = \sqrt{1-\cos\theta^2} = \sqrt{1-0.8^2} = 0.6$

(3) **역률**

$$\cos\theta = \frac{P}{P_a}$$

여기서, $\cos\theta$ : 역률
$P$ : 유효전력〔kW〕
$P_a$ : 피상전력〔kVA〕

피상전력 $P_a$는

$P_a = \frac{P}{\cos\theta} = \frac{80}{0.8} = 100\text{kVA}$

(4) **무효전력**

$$P_r = VI\sin\theta = P_a\sin\theta$$

여기서, $P_r$ : 무효전력〔kVar〕
$V$ : 전압〔V〕
$I$ : 전류〔A〕
$\sin\theta$ : 무효율
$P_a$ : 피상전력〔kVA〕

무효전력 $P_r$는

$P_r = P_a\sin\theta = 100 \times 0.6 = 60\text{kVar}$

답 ③

★★
## 28 두 콘덴서 $C_1$, $C_2$를 병렬로 접속하고 전압을 인가하였더니 전체 전하량이 $Q$〔C〕이었다. $C_2$에 충전된 전하량은?

① $\frac{C_1}{C_1 + C_2}Q$　② $\frac{C_1 + C_2}{C_1}Q$

③ $\frac{C_1 + C_2}{C_2}Q$　④ $\frac{C_2}{C_1 + C_2}Q$

해설 **각각의 전기량(전하량)**

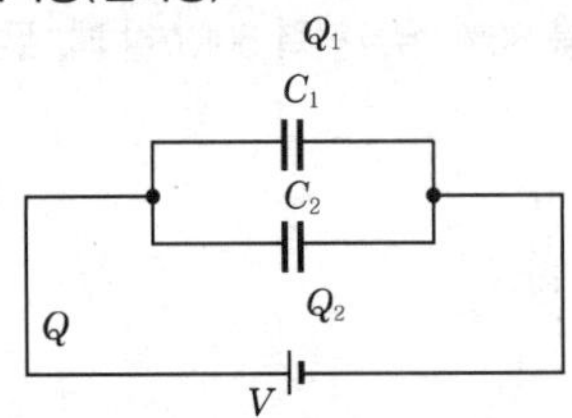


$$Q_1 = \frac{C_1}{C_1 + C_2} Q, \quad Q_2 = \frac{C_2}{C_1 + C_2} Q$$

여기서, $Q_1$ : $C_1$의 전기량(전하량)〔C〕

$Q_2$ : $C_2$의 전기량(전하량)〔C〕

$C_1$, $C_2$ : 각각의 정전용량〔F〕

$Q$ : 전체 전기량(전하량)〔C〕

비교

**각각의 전압**

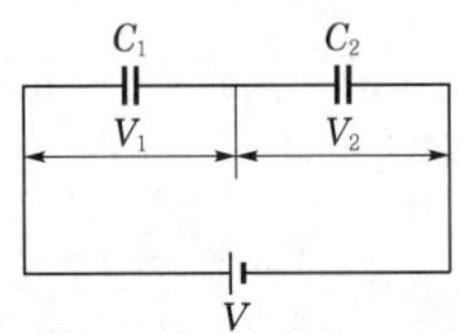


$$V_1 = \frac{C_2}{C_1 + C_2} V, \quad V_2 = \frac{C_1}{C_1 + C_2} V$$

여기서, $V_1$ : $C_1$에 걸리는 전압〔V〕

$V_2$ : $C_2$에 걸리는 전압〔V〕

$C_1$, $C_2$ : 각각의 정전용량〔F〕

$V$ : 전체 전압〔V〕

답 ④

★

## 29 비례＋적분＋미분동작(PID동작) 식을 바르게 나타낸 것은?

① $x_0 = K_p\left(x_i + \frac{1}{T_I}\int x_i dt + T_D \frac{dx_i}{dt}\right)$

② $x_0 = K_p\left(x_i - \frac{1}{T_I}\int x_i dt - T_D \frac{dx_i}{dt}\right)$

③ $x_0 = K_p\left(x_i + \frac{1}{T_I}\int x_i dt + T_D \frac{dt}{dx_i}\right)$

④ $x_0 = K_p\left(x_i - \frac{1}{T_I}\int x_i dt - T_D \frac{dt}{dx_i}\right)$

해설 **동작특성**

| 비례미분동작(PD동작) | 비례적분미분동작(PID동작) |
|---|---|
| $x_0 = K_p\left(x_i + T_D \frac{dx_i}{dt}\right)$<br>여기서,<br>$x_0$ : 비례미분동작 출력신호<br>$K_p$ : 감도<br>$T_D$ : 미분시간<br>$dt$ : 시간의 변화율<br>$dx_i$ : 제어편차 변화율<br>$x_i$ : 제어편차 | $x_0 = K_p\left(x_i + \frac{1}{T_I}\int x_i dt + T_D \frac{dx_i}{dt}\right)$<br>여기서,<br>$x_0$ : 비례적분미분동작 출력신호<br>$K_p$ : 감도<br>$T_I$ : 적분시간<br>$x_i$ : 제어편치<br>$T_D$ : 미분시간<br>$dx_i$ : 제어편차 변화율<br>$dt$ : 시간의 변화율 |
| $x_0 = K_p\left(x_i + \frac{1}{T_I}\int x_i dt\right)$<br>여기서,<br>$x_0$ : 비례적분동작 출력신호<br>$K_p$ : 감도<br>$x_i$ : 제어편차<br>$T_I$ : 적분시간<br>$dt$ : 시간의 변화율 | $x_0 = K_p + x_i$<br>여기서,<br>$x_0$ : 비례동작 출력신호<br>$K_p$ : 감도<br>$x_i$ : 제어편차 |

답 ①

★★

## 30 PNPN 4층 구조로 되어 있는 소자가 아닌 것은?

16.03.문37
00.07.문33

① SCR ② TRIAC

③ Diode ④ GTO

해설

| PN<br>2층 구조 | PNP 또는 NPN<br>3층 구조 | PNPN<br>4층 구조 |
|---|---|---|
| • Diode(다이오드) | • Transistor<br>(트랜지스터) | • SCR<br>• TRIAC(트라이액)<br>• GTO |

답 ③

★★★

## 31 서보전동기는 제어기기의 어디에 속하는가?

14.03.문24
11.03.문24

① 검출부 ② 조절부

③ 증폭부 ④ 조작부

해설 **서보전동기**(servo motor)

(1) 제어기기의 **조작부**에 속한다.

(2) 서보기구의 최종단에 설치되는 **조작기기**(조작부)로서, **직선운동** 또는 **회전운동**을 하며 **정확한 제어**가 가능하다.

기억법 **작서(작심)**

참고

**서보전동기**의 **특징**
(1) **직류전동기**와 **교류전동기**가 있다.
(2) **정 · 역회전**이 가능하다.
(3) **급가속, 급감속**이 가능하다.
(4) **저속운전**이 용이하다.

답 ④

★★★
## 32 자동제어계를 제어목적에 의해 분류한 경우 틀린 것은?

17.09.문22 17.09.문39 17.05.문29 16.10.문35 16.05.문22 16.03.문32 15.05.문23 15.05.문37 14.09.문23 13.09.문27

① 정치제어 : 제어량을 주어진 일정 목표로 유지시키기 위한 제어
② 추종제어 : 목표치가 시간에 따라 변화하는 제어
③ 프로그램제어 : 목표치가 프로그램대로 변하는 제어
④ 서보제어 : 선박의 방향제어계인 서보제어는 정치제어와 같은 성질

해설 **제어**의 **종류**

| 종 류 | 설 명 |
|---|---|
| **정치제어** (fixed value control) | • 일정한 **목**표값을 **유**지하는 것으로 **프로세스제어, 자동조정**이 이에 해당된다. 예 **연속식 압연기** • **목표값**이 시간에 관계없이 항상 일정한 값을 가지는 제어이다. 기억법 **유목정** |
| **추종제어** (follow-up control, 서보제어) | 미지의 시간적 변화를 하는 목표값에 제어량을 추종시키기 위한 제어로 **서보기구**가 이에 해당된다. 예 **대공포의 포신** |
| **비율제어** (ratio control) | 둘 이상의 제어량을 소정의 비율로 제어하는 것이다. |
| **프로그램제어** (program control) | 목표값이 **미리 정해진 시간적 변화**를 하는 경우 제어량을 그것에 추종시키기 위한 제어이다. 예 **열차 · 산업로봇의 무인운전** |

④ 서보제어는 **정치제어** → 서보제어는 **추종제어**

중요

**제어량**에 의한 **분류**

| 분 류 | 종 류 |
|---|---|
| **프**로세스제어 | • **온**도 • **압**력 • **유**량 • **액**면 기억법 **프온압유액** |
| **서**보기구 (서보제어, 추종제어) | • **위**치 • **방**위 • **자**세 기억법 **서위방자** |
| **자**동조정 | • 전압 • 전류 • 주파수 • 회전속도(**발**전기의 **조**속기) • 장력 기억법 **자발조** |

• **프로세스제어**(공정제어) : 공업공정의 상태량을 제어량으로 하는 제어

답 ④

★
## 33 100V, 1kW의 니크롬선을 3/4의 길이로 잘라서 사용할 때 소비전력은 약 몇 W인가?

11.03.문23 10.05.문35

① 1000 ② 1333
③ 1430 ④ 2000

해설 (1) **기호**

• $V$ : 100V
• $P$ : 1kW=1000W
• $l$ : $\frac{3}{4}$
• $P'$ : ?

(2) **전력**

$$P=VI=I^2R=\frac{V^2}{R}$$

여기서 $P$ : 전력〔W〕
$V$ : 전압〔V〕
$I$ : 전류〔A〕
$R$ : 저항〔Ω〕

저항 $R$은

$$R=\frac{V^2}{P}=\frac{100^2}{1000}=10\,\Omega$$

(3) **고유저항**

$$R=\rho\frac{l}{A}=\rho\frac{l}{\pi r^2}$$

여기서, $R$ : 저항〔Ω〕
$\rho$ : 고유저항〔Ω · m〕
$A$ : 도체의 단면적〔$m^2$〕
$l$ : 도체의 길이〔m〕
$r$ : 도체의 반지름〔m〕

$R=\rho\frac{l}{A}\propto l$ 이므로 니크롬선을 $\frac{3}{4}$ 길이로 자르면 저항($R'$)도 $\frac{3}{4}$으로 줄어든다. 이것을 식으로 나타내면 다음과 같다

$$R'=\frac{3}{4}R$$

(4) **전력**

$$P' = \frac{V^2}{R'} = \frac{V^2}{\frac{3}{4}R} = \frac{100^2}{\frac{3}{4}\times 10} \fallingdotseq 1333\text{W}$$

답 ②

**34** 3상 유도전동기가 중부하로 운전되던 중 1선이 절단되면 어떻게 되는가?

① 전류가 감소한 상태에서 회전이 계속된다.
② 전류가 증가한 상태에서 회전이 계속된다.
③ 속도가 증가하고 부하전류가 급상승한다.
④ 속도가 감소하고 부하전류가 급상승한다.

해설 **1선 절단**시의 현상

| 경부하 운전시 | 중부하 운전시 |
|---|---|
| **전류**가 **증가**한 상태에서 **회전**이 **계속**된다. | **속도**가 **감소**하고 부하**전류**가 **급상승**한다. |

답 ④

**35** 전자회로에서 온도보상용으로 많이 사용되고 있는 소자는?

18.09.문31 16.10.문30 15.05.문38 14.09.문40 14.05.문24 14.03.문27 12.03.문34 11.06.문37 00.10.문25

① 저항
② 리액터
③ 콘덴서
④ 서미스터

해설 **반도체소자**

| 명 칭 | 심 벌 |
|---|---|
| **제너다이오드**(zener diode) : 주로 정전압 전원회로에 사용된다. | |
| **서미스터**(thermistor) : 부온도특성을 가진 저항기의 일종으로서 주로 **온**도보정용(온도보상용)으로 쓰인다. 기억법 **서온(서운해)** | Th |
| **SCR**(Silicon Controlled Rectifier) : 단방향 대전류 스위칭소자로서 제어를 할 수 있는 정류소자이다. | A K G |
| **바리스터**(varistor) • 주로 **서**지전압에 대한 회로보호용(과도전압에 대한 회로보호) • **계**전기접점의 불꽃제거 기억법 **바리서계** | |
| **UJT**(Unijunction Transistor, **단일접합 트랜지스터**) : 증폭기로는 사용이 불가능하며 톱니파나 펄스발생기로 작용하며 SCR의 트리거소자로 쓰인다. | E $B_1$ $B_2$ |
| **버랙터**(varactor) : 제너현상을 이용한 다이오드이다. | – |

답 ④

**36** 변류기에 결선된 전류계가 고장이 나서 교체하는 경우 옳은 방법은?

16.05.문30 02.05.문26

① 변류기의 2차를 개방시키고 전류계를 교체한다.
② 변류기의 2차를 단락시키고 전류계를 교체한다.
③ 변류기의 2차를 접지시키고 전류계를 교체한다.
④ 변류기에 피뢰기를 연결하고 전류계를 교체한다.

해설 **변류기**(CT) 교환시 2차측 단자는 반드시 **단락**하여야 한다. 단락하지 않으면 2차측에 **고압**이 **유발**(발생)되어 변류기가 **소손**될 우려가 있다.

중요

**변류기**와 **영상변류기**

| 명 칭 | 기 능 | 그림기호 |
|---|---|---|
| 변류기 (CT) | 일반전류 검출 | |
| 영상변류기 (ZCT) | 누설전류 검출 | |

답 ②

**37** 전기화재의 원인이 되는 누전전류를 검출하기 위해 사용되는 것은?

15.09.문21 14.09.문69 13.03.문62

① 접지계전기 ② 영상변류기
③ 계기용 변압기 ④ 과전류계전기

해설 **누전경보기**의 **구성요소**

| 구성요소 | 설 명 |
|---|---|
| 영상**변**류기(ZCT) | **누설전류**를 **검출**한다. 기억법 **변검(변검술)** |
| **수**신기 | **누설전류**를 **증폭**한다. |
| **음**향장치 | 경보를 발한다. |
| **차**단기 | 차단릴레이를 포함한다. |

기억법 **변수음차**

• 소방에서는 변류기(CT)와 영상변류기(ZCT)를 혼용하여 사용한다.

답 ②

★
**38** 어떤 옥내배선에 380V의 전압을 가하였더니 0.2mA의 누설전류가 흘렀다. 이 배선의 절연저항은 몇 MΩ인가?

18.03.문37
09.08.문26

① 0.2 ② 1.9
③ 3.8 ④ 7.6

해설 (1) **기호**

- $V$ : 380V
- $I$ : 0.2mA=$0.2\times10^{-3}$A(1mA=$10^{-3}$A)
- $R$ : ?

(2) **누설전류**

$$I=\frac{V}{R}$$

여기서, $I$ : 누설전류[A]
$V$ : 전압[V]
$R$ : 절연저항[Ω]

절연저항 $R$은

$$R=\frac{V}{I}=\frac{380}{0.2\times10^{-3}}$$
$$=1900000\,\Omega=1.9\times10^{6}\,\Omega$$
$$=1.9\text{M}\Omega$$

- M : $10^6$이므로 1900000Ω=$1.9\times10^6$Ω=1.9MΩ

답 ②

★★
**39** 20Ω과 40Ω의 병렬회로에서 20Ω에 흐르는 전류가 10A라면, 이 회로에 흐르는 총 전류는 몇 A인가?

① 5 ② 10
③ 15 ④ 20

해설 (1) **기호**

- $R_1$ : 20Ω
- $R_2$ : 40Ω
- $I_1$ : 10A
- $I$ : ?

(2) **병렬회로**

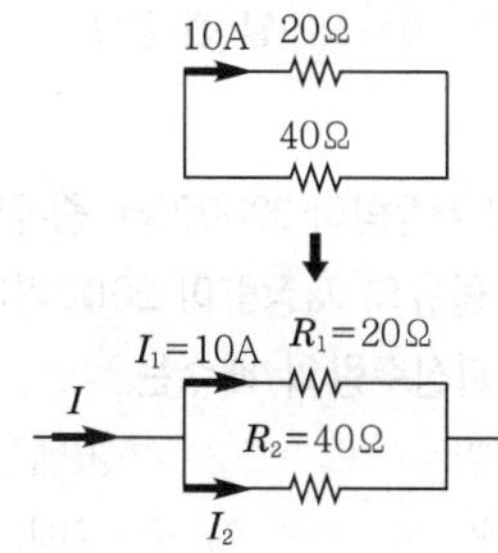


(3) **병렬회로**에서 $I_1$**의 전류**

$$I_1=\frac{R_2}{R_1+R_2}I$$

여기서, $I_1$ : $R_1$에 흐르는 전류[A]
$I_2$ : $R_2$에 흐르는 전류[A]
$R_1$, $R_2$ : 저항[Ω]
$I$ : 전체 전류(전전류)[A]

$$I_1=\frac{R_2}{R_1+R_2}I$$ 에서

$$I_1\frac{R_1+R_2}{R_2}=I$$
$$I=I_1\frac{R_1+R_2}{R_2}$$
$$=10\times\frac{20+40}{40}=15\text{A}$$

답 ③

★★★
**40** $R$=10Ω, $C$=33μF, $L$=20mH인 $RLC$ 직렬회로의 공진주파수는 약 몇 Hz인가?

10.05.문22
08.05.문27

① 169
② 176
③ 196
④ 206

해설 (1) **기호**

- $R$ : 10Ω
- $C$ : 33μF=$33\times10^{-6}$F(1μF=$1\times10^{-6}$)
- $L$ : 20mH=$20\times10^{-3}$H(1mH=$1\times10^{-3}$)
- $f_0$ : ?

(2) **공진주파수**

$$f_0=\frac{1}{2\pi\sqrt{LC}}$$

여기서, $f_0$ : 공진주파수[Hz]
$L$ : 인덕턴스[H]
$C$ : 정전용량[F]

**공진주파수** $f_0$는

$$f_0=\frac{1}{2\pi\sqrt{LC}}$$
$$=\frac{1}{2\pi\sqrt{(20\times10^{-3})\times(33\times10^{-6})}}$$
$$\fallingdotseq 196\text{Hz}$$

- 20mH=0.02H(m=$10^{-3}$)

답 ③

## 제 3 과목 소방관계법규

★★★
**41** 13.03.문53 07.05.문54
**소방기본법상 보일러, 난로, 건조설비, 가스·전기시설, 그 밖에 화재 발생 우려가 있는 설비 또는 기구 등의 위치·구조 및 관리와 화재 예방을 위하여 불을 사용할 때 지켜야 하는 사항은 무엇으로 정하는가?**

① 총리령
② 대통령령
③ 시·도 조례
④ 행정안전부령

해설 **대통령령**
(1) 소방장비 등에 대한 국고보조기준(기본법 9조)
(2) **불**을 **사용**하는 **설비**의 관리사항을 정하는 기준(기본법 15조)
(3) 특수가연물 저장·취급(기본법 15조)
(4) **방염성능**기준(소방시설법 12조)

중요

**불을 사용하는 설비의 관리**
(1) 보일러
(2) 난로
(3) 건조설비
(4) 가스·전기시설

답 ②

★★★
**42** 18.04.문54 13.03.문48 12.05.문55 10.09.문49
**화재예방, 소방시설 설치·유지 및 안전관리에 관한 법상 소방시설 등에 대한 자체점검을 하지 아니하거나 관리업자 등으로 하여금 정기적으로 점검하게 하지 아니한 자에 대한 벌칙기준으로 옳은 것은?**

① 1년 이하의 징역 또는 1000만원 이하의 벌금
② 3년 이하의 징역 또는 1500만원 이하의 벌금
③ 3년 이하의 징역 또는 3000만원 이하의 벌금
④ 6개월 이하의 징역 또는 1000만원 이하의 벌금

해설 **1년 이하의 징역 또는 1000만원 이하의 벌금**
(1) 소방시설의 **자체점검** 미실시자(소방시설법 49조)
(2) **소방시설관리사증** 대여(소방시설법 49조)
(3) **소방시설관리업**의 등록증 또는 등록수첩 대여(소방시설법 49조)
(4) 제조소 등의 정기점검기록 허위작성(위험물법 35조)
(5) **자체소방대**를 두지 않고 제조소 등의 허가를 받은 자(위험물법 35조)
(6) **위험물 운반용기**의 검사를 받지 않고 유통시킨 자(위험물법 35조)

답 ①

★★
**43** 16.10.문60
**화재예방, 소방시설 설치·유지 및 안전관리에 관한 법령상 소방특별조사위원회의 위원에 해당하지 아니하는 사람은?**

① 소방기술사
② 소방시설관리사
③ 소방 관련 분야의 석사학위 이상을 취득한 사람
④ 소방 관련 법인 또는 단체에서 소방 관련 업무에 3년 이상 종사한 사람

해설 **소방시설법 시행령 7조 2**
**소방특별조사위원회의 구성**
(1) **과장급** 직위 이상의 소방공무원
(2) 소방기술사
(3) 소방시설관리사
(4) 소방 관련 분야의 **석사**학위 이상을 취득한 사람
(5) 소방 관련 법인 또는 단체에서 소방 관련 업무에 **5년** 이상 종사한 사람
(6) 소방공무원 교육기관, 학교 또는 연구소에서 소방과 관련한 교육 또는 연구에 **5년** 이상 종사한 사람

④ 3년 → 5년

답 ④

★★★
**44** 13.06.문52
**소방기본법령상 소방본부장 또는 소방서장은 소방상 필요한 훈련 및 교육을 실시하고자 하는 때에는 화재경계지구 안의 관계인에게 훈련 또는 교육 며칠 전까지 그 사실을 통보하여야 하는가?**

① 5 ② 7
③ 10 ④ 14

해설 **기본법 13조, 기본령 4조**
**화재경계지구 안의 소방특별조사·소방훈련 및 교육**
(1) 실시자 : **소방본부장·소방서장**
(2) 횟수 : **연 1회** 이상
(3) 훈련·교육 : **10일 전** 통보

답 ③

★
**45**
**경유의 저장량이 2000리터, 중유의 저장량이 4000리터, 등유의 저장량이 2000리터인 저장소에 있어서 지정수량의 배수는?**

① 동일 ② 6배
③ 3배 ④ 2배

해설 **제4류 위험물의 종류 및 지정수량**

| 성질 | 품 명 | | 지정수량 | 대표물질 |
|---|---|---|---|---|
| 인화성 액체 | 특수인화물 | | 50L | 디에틸에테르 · 이황화탄소 · 아세트알데히드 · 산화프로필렌 · 이소프렌 · 펜탄 · 디비닐에테르 · 트리클로로실란 |
| | 제1석유류 | 비수용성 | 200L | 휘발유 · 벤젠 · 톨루엔 · 크실렌 · 시클로헥산 · 아크롤레인 · 에틸벤젠 · 초산에스테르류 · 의산에스테르류 · 콜로디온 · 메틸에틸케톤 |
| | | 수용성 | 400L | 아세톤 · 피리딘 |
| | 알코올류 | | 400L | 메틸알코올 · 에틸알코올 · 프로필알코올 · 이소프로필알코올 · 퓨젤유 · 변성알코올 |
| | 제2석유류 | 비수용성 | **1000L** | **등유** · **경유** · 테레빈유 · 장뇌유 · 송근유 · 스티렌 · 클로로벤젠 |
| | | 수용성 | 2000L | 의산 · 초산 · 메틸셀로솔브 · 에틸셀로솔브 · 알릴알코올 |
| | 제3석유류 | 비수용성 | **2000L** | **중유** · 클레오소트유 · 니트로벤젠 · 아닐린 · 담금질유 |
| | | 수용성 | 4000L | 에틸렌글리콜 · 글리세린 |
| | 제4석유류 | | 6000L | 기어유 · 실린더유 |
| | 동식물유류 | | 10000L | 아마인유 · 해바라기유 · 들기름 · 대두유 · 야자유 · 올리브유 · 팜유 |

지정수량의 배수

$$= \frac{\text{저장량}}{\text{지정수량(경유)}} + \frac{\text{저장량}}{\text{지정수량(중유)}} + \frac{\text{저장량}}{\text{지정수량(등유)}}$$

$$= \frac{2000\text{L}}{1000\text{L}} + \frac{4000\text{L}}{2000\text{L}} + \frac{2000\text{L}}{1000\text{L}} = 6\text{배}$$

답 ②

★★
**46** 소방시설공사업법령상 상주공사감리 대상기준 중 다음 ㉠, ㉡, ㉢에 알맞은 것은?

18.04.문59
07.05.문49

- 연면적 ( ㉠ )$m^2$ 이상의 특정소방대상물(아파트는 제외)에 대한 소방시설의 공사
- 지하층을 포함한 층수가 ( ㉡ )층 이상으로서 ( ㉢ )세대 이상인 아파트에 대한 소방시설의 공사

① ㉠ 10000, ㉡ 11, ㉢ 600
② ㉠ 10000, ㉡ 16, ㉢ 500
③ ㉠ 30000, ㉡ 11, ㉢ 600
④ ㉠ 30000, ㉡ 16, ㉢ 500

해설 **공사업령 〔별표 3〕**
**소방공사감리 대상**

| 종 류 | 대 상 |
|---|---|
| 상주공사감리 | • 연면적 **30000m²** 이상<br>• **16층** 이상(지하층 포함)이고 **500세대** 이상 **아파트** |
| 일반공사감리 | • 기타 |

답 ④

★★★
**47** 소방기본법령상 소방본부 종합상황실 실장이 소방청의 종합상황실에 서면 · 모사전송 또는 컴퓨터통신 등으로 보고하여야 하는 화재의 기준에 해당하지 않는 것은?

17.05.문53
16.03.문46
05.09.문55

① 항구에 매어둔 총 톤수가 1000톤 이상인 선박에서 발생한 화재
② 연면적 15000$m^2$ 이상인 공장 또는 화재경계지구에서 발생한 화재
③ 지정수량의 1000배 이상의 위험물의 제조소 · 저장소 · 취급소에서 발생한 화재
④ 층수가 5층 이상이거나 병상이 30개 이상인 종합병원 · 정신병원 · 한방병원 · 요양소에서 발생한 화재

해설 **기본규칙 3조**
**종합상황실 실장의 보고화재**

(1) 사망자 **5명** 이상 화재
(2) 사상자 **10명** 이상 화재
(3) 이재민 **100명** 이상 화재
(4) 재산피해액 **50억원** 이상 화재
(5) 관광호텔, 층수가 11층 이상인 건축물, 지하상가, 시장, 백화점
(6) **5층** 이상 또는 객실 **30실** 이상인 **숙박시설**
(7) **5층** 이상 또는 병상 **30개** 이상인 **종합병원** · **정신병원** · **한방병원** · **요양소**
(8) **1000t** 이상인 선박(항구에 매어둔 것), 철도차량, 항공기, 발전소 또는 변전소
(9) 지정수량 **3000배** 이상의 위험물 제조소 · 저장소 · 취급소
(10) 연면적 **15000m²** 이상인 **공장** 또는 **화재경계지구**에서 발생한 화재
(11) **가스** 및 **화약류**의 폭발에 의한 화재
(12) **관공서** · **학교** · **정부미도정공장** · **문화재** · **지하철** 또는 지하구의 **화재**

③ 1000배 → 3000배

**용어**

**종합상황실**
화재·재난·재해·구조·구급 등이 필요한 때에 신속한 소방활동을 위한 정보를 수집·전파하는 소방서 또는 소방본부의 지령관제실

답 ③

★★★
**48** 15.03.문56 12.05.문51
**아파트로 층수가 20층인 특정소방대상물에서 스프링클러설비를 하여야 하는 층수는? (단, 아파트는 신축을 실시하는 경우이다.)**

① 전층 ② 15층 이상
③ 11층 이상 ④ 6층 이상

해설 **스프링클러설비**의 **설치대상**

| 설치대상 | 조 건 |
|---|---|
| ① 문화 및 집회시설, 운동시설<br>② 종교시설 | • 수용인원 : **100명** 이상<br>• 영화상영관 : 지하층·무창층 **500m²**(기타 **1000m²**) 이상<br>• 무대부<br>– 지하층·무창층·**4층** 이상 **300m²** 이상<br>– 1~3층 **500m²** 이상 |
| ③ 판매시설<br>④ 운수시설<br>⑤ 물류터미널 | • 수용인원 : **500명** 이상<br>• 바닥면적합계 : **5000m²** 이상 |
| ⑥ 노유자시설<br>⑦ 정신의료기관<br>⑧ 수련시설(숙박 가능한 것)<br>⑨ 종합병원, 병원, 치과병원, 한방병원 및 요양병원(정신병원 제외) | • 바닥면적합계 **600m²** 이상 |
| ⑩ 지하층·무창층·**4층** 이상 | • 바닥면적 **1000m²** 이상 |
| ⑪ **지하가**(터널 제외) | • 연면적 **1000m²** 이상 |
| ⑫ **10m** 넘는 랙크식 창고 | • 연면적 **1500m²** 이상 |
| ⑬ 복합건축물<br>⑭ 기숙사 | • 연면적 **5000m²** 이상 : 전층 |
| ⑮ **6층** 이상 ⟶ | • 전층 |
| ⑯ 보일러실·연결통로 | • 전부 |
| ⑰ 특수가연물 저장·취급 | • 지정수량 **1000배** 이상 |

답 ①

★★★
**49** 16.03.문45 09.05.문11
**제3류 위험물 중 금수성 물품에 적응성이 있는 소화약제는?**

① 물 ② 강화액
③ 팽창질석 ④ 인산염류분말

해설 **금수성 물품에 적응성이 있는 소화약제**
(1) 마른모래
(2) 팽창질석
(3) 팽창진주암

**참고**

**위험물령 〔별표 1〕**
**금수성 물품(금수성 물질)**
(1) **칼륨**
(2) **나트륨**
(3) **알킬알루미늄**
(4) **알킬리튬**
(5) 알칼리금속(칼륨 및 나트륨 제외) 및 알칼리토금속
(6) 유기금속화합물(알킬알루미늄 및 알킬리튬 제외)
(7) 금속의 수소화물
(8) 금속의 인화물
(9) **칼슘** 또는 **알루미늄**의 **탄화물**

답 ③

★★
**50** 08.05.문52
**문화재보호법의 규정에 의한 유형 문화재와 지정문화재에 있어서는 제조소 등과의 수평거리를 몇 m 이상 유지하여야 하는가?**

① 20 ② 30
③ 50 ④ 70

해설 **위험물규칙 〔별표 4〕**
**위험물제조소의 안전거리**

| 안전거리 | 대 상 |
|---|---|
| 3m 이상 | • **7~35kV** 이하의 특고압가공전선 |
| 5m 이상 | • **35kV**를 초과하는 특고압가공전선 |
| 10m 이상 | • **주거용**으로 사용되는 것 |
| 20m 이상 | • 고압가스 **제조**시설(용기에 충전하는 것 포함)<br>• 고압가스 **사용**시설(1일 **30m³** 이상 용적 취급)<br>• 고압가스 **저장**시설<br>• 액화산소 **소비**시설<br>• 액화석유가스 제조·저장시설<br>• 도시가스 공급시설 |
| 30m 이상 | • 학교<br>• 병원급의료기관<br>• 공연장, 영화상영관 — **300명** 이상 수용시설<br>• 아동복지시설<br>• 노인복지시설<br>• 장애인복지시설<br>• 한부모가족 복지시설<br>• 어린이집<br>• 성매매 피해자 등을 위한 지원시설<br>• 정신건강증진시설<br>• 가정폭력 피해자 보호시설 — (아동복지시설~가정폭력 피해자 보호시설) **20명** 이상 수용시설 |
| 50m 이상 ⟵ | • 유형 문화재<br>• 지정 문화재 |

답 ③

★★★
**51** 화재예방, 소방시설 설치 · 유지 및 안전관리에 관한 법상 소방안전관리대상물의 소방안전관리자 업무가 아닌 것은?

15.03.문12
14.09.문52
14.09.문53
13.06.문48
08.05.문53

① 소방훈련 및 교육
② 피난시설, 방화구획 및 방화시설의 유지 · 관리
③ 자위소방대 및 본격대응체계의 구성 · 운영 · 교육
④ 피난계획에 관한 사항과 대통령령으로 정하는 사항이 포함된 소방계획서의 작성 및 시행

해설 **소방시설법 20조 ⑥항**
**관계인 및 소방안전관리자의 업무**

| 특정소방대상물(관계인) | 소방안전관리대상물(소방안전관리자) |
|---|---|
| • 피난시설 · 방화구획 및 방화시설의 유지 · 관리<br>• 소방시설, 그 밖의 소방관련 시설의 유지 · 관리<br>• **화기취급**의 감독<br>• 소방안전관리에 필요한 업무 | • 피난시설 · 방화구획 및 방화시설의 유지 · 관리<br>• 소방시설, 그 밖의 소방관련 시설의 유지 · 관리<br>• **화기취급**의 감독<br>• 소방안전관리에 필요한 업무<br>• **소방계획서**의 작성 및 시행(대통령령으로 정하는 사항 포함)<br>• **자위소방대** 및 **초기대응체계**의 구성 · 운영 · 교육<br>• 소방훈련 및 교육 |

③ 본격대응체계 → 초기대응체계

용어

| 특정소방대상물 | 소방안전관리대상물 |
|---|---|
| 소방시설을 설치하여야 하는 소방대상물로서 대통령령으로 정하는 것 | 대통령령으로 정하는 특정소방대상물 |

답 ③

★
**52** 다음 중 중급기술자의 학력 · 경력자에 대한 기준으로 옳은 것은? (단, "학력 · 경력자"란 고등학교 · 대학 또는 이와 같은 수준 이상의 교육기관의 소방관련학과의 정해진 교육과정을 이수하고 졸업하거나 그 밖의 관계법령에 따라 국내 또는 외국에서 이와 같은 수준 이상의 학력이 있다고 인정되는 사람을 말한다.)

① 고등학교를 졸업 후 10년 이상 소방관련업무를 수행한 자
② 학사학위를 취득한 후 6년 이상 소방관련업무를 수행한 자
③ 석사학위를 취득한 후 2년 이상 소방관련업무를 수행한 자
④ 박사학위를 취득한 후 1년 이상 소방관련업무를 수행한 자

해설 **엔지니어링산업진흥법 시행령 〔별표 2〕**
**엔지니어링기술자**

| 기술등급 \ 구분 | 국가기술자격자 | 학력자 |
|---|---|---|
| 기술사 | • 기술사 | – |
| 특급 기술자 | • 기사+**10년** 이상<br>• 산업기사+**13년** 이상 | – |
| 고급 기술자 | • 기사+**7년** 이상<br>• 산업기사+**10년** 이상 | – |
| 중급 기술자 | • 기사+**4년** 이상<br>• 산업기사+**7년** 이상 | • 박사<br>• 석사+**3년** 이상<br>• 학사+**6년** 이상<br>• 전문대졸+**9년** 이상 |
| 초급 기술자 | • 기사<br>• 산업기사+**2년** 이상 | • 석사<br>• 학사<br>• 전문대졸+**3년** 이상 |

① 고등학교는 해당 없음
③ 2년 → 3년
④ 박사학위만 소지해도 중급(1년 이상 경력이 필요 없음)기술자

답 ②

★★★
**53** 소방특별조사 결과에 따른 조치명령으로 손실을 입어 손실을 보상하는 경우 그 손실을 입은 자는 누구와 손실보상을 협의하여야 하는가?

05.05.문57

① 소방서장
② 시 · 도지사
③ 소방본부장
④ 행정안전부장관

해설 **소방시설법 6조**
소방특별조사 결과에 따른 조치명령에 따른 손실보상 : **소방청장, 시 · 도지사**

중요

**시 · 도지사**
(1) 특별시장
(2) 광역시장
(3) 도지사
(4) 특별자치도지사
(5) 특별자치시장

답 ②

★★★
**54** 위험물운송자 자격을 취득하지 아니한 자가 위험물 이동탱크저장소 운전시의 벌칙으로 옳은 것은?

14.03.문57

① 100만원 이하의 벌금
② 300만원 이하의 벌금
③ 500만원 이하의 벌금
④ 1000만원 이하의 벌금

해설 **위험물법 37조**
1000만원 이하의 벌금
(1) **위험물취급**에 관한 안전관리와 감독하지 않은 자
(2) **위험물운반**에 관한 중요기준 위반
(3) 위험물운반자 요건을 갖추지 아니한 위험물운반자
(4) 위험물 저장 · 취급장소의 **출입** · **검사**시 관계인의 정당업무 **방해** 또는 **비밀누설**
(5) 위험물 운송규정을 위반한 위험물**운**송자(무면허 위험물운송자)

기억법 천운

답 ④

★★★
**55** 소방기본법령상 특수가연물의 저장 및 취급 기준 중 석탄 · 목탄류를 저장하는 경우 쌓는 부분의 바닥면적은 몇 $m^2$ 이하인가? (단, 살수설비를 설치하거나, 방사능력범위에 해당 특수가연물이 포함되도록 대형 수동식 소화기를 설치하는 경우이다.)

18.03.문60
14.05.문46
14.03.문46
13.03.문60

① 200 ② 250
③ 300 ④ 350

해설 **기본령 7조**
특수가연물의 저장 · 취급기준
(1) **품명별**로 구분하여 쌓을 것
(2) 쌓는 높이는 **10m** 이하가 되도록 할 것
(3) 쌓는 부분의 바닥면적은 **50m²**(석탄 · 목탄류는 **200m²**) 이하가 되도록 할 것(단, 살수설비를 설치하거나 대형 수동식 소화기를 설치하는 경우에는 높이 **15m** 이하, 바닥면적 **200m²**(석탄 · 목탄류는 **300m²**) 이하)
(4) 쌓는 부분의 바닥면적 사이는 **1m** 이상이 되도록 할 것
(5) 취급장소에는 **품명** · **최대수량** 및 **화기취급**의 **금지표지** 설치

답 ③

★★★
**56** 소방기본법상 명령권자가 소방본부장, 소방서장 또는 소방대장에게 있는 사항은?

18.04.문43
17.05.문48

① 소방활동을 할 때에 긴급한 경우에는 이웃한 소방본부장 또는 소방서장에게 소방업무의 응원을 요청할 수 있다.
② 화재, 재난 · 재해, 그 밖의 위급한 상황이 발생한 현장에서 소방활동을 위하여 필요할 때에는 그 관할구역에 사는 사람 또는 그 현장에 있는 사람으로 하여금 사람을 구출하는 일 또는 불을 끄거나 불이 번지지 아니하도록 하는 일을 하게 할 수 있다.
③ 특정소방대상물의 근무자 및 거주자에 대해 관계인이 실시하는 소방훈련을 지도 · 감독할 수 있다.
④ 화재, 재난 · 재해, 그 밖의 위급한 상황이 발생하였을 때에는 소방대를 현장에 신속하게 출동시켜 화재진압과 인명구조 · 구급 등 소방에 필요한 활동을 하게 하여야 한다.

해설 **소방본부장 · 소방서장 · 소방대장**
(1) 소방활동 **종**사명령(기본법 24조) ← 보기 ②
(2) **강**제처분 · 제거(기본법 25조)
(3) **피**난명령(기본법 26조)
(4) 댐 · 저수지 사용 등 위험시설 등에 대한 긴급조치(기본법 27조)

기억법 소대종강피(**소**방**대**의 **종강**파**티**)

① 소방업무의 응원 : **소방본부장**, **소방서장**(기본법 11조)
③ 소방훈련의 지도 · 감독 : 소방본부장, 소방서장(소방시설법 22조)
④ 소방활동 : **소방청장**, **소방본부장**, **소방서장**(기본법 16조)

용어

**소방활동 종사명령**
화재, 재난 · 재해, 그 밖의 위급한 상황이 발생한 현장에서 소방활동을 위하여 필요할 때에는 그 관할구역에 사는 사람 또는 그 현장에 있는 사람으로 하여금 사람을 구출하는 일 또는 불을 끄거나 불이 번지지 아니하도록 하는 일을 하게 할 수 있는 것

답 ②

★★★
**57** 화재가 발생하는 경우 인명 또는 재산의 피해가 클 것으로 예상되는 때 소방대상물의 개수 · 이전 · 제거, 사용금지 등의 필요한 조치를 명할 수 있는 자는?

15.03.문57
05.05.문46

① 시 · 도지사
② 의용소방대장
③ 기초자치단체장
④ 소방본부장 또는 소방서장

해설 **소방시설법 5조**
소방특별조사 결과에 따른 조치명령
(1) **명령권자** : 소방청장 · 소방본부장 · 소방서장
(2) **명령사항**
㉠ 소방특별조사 조치명령
㉡ **개수**명령
㉢ **이전**명령
㉣ **제거**명령
㉤ **사용**의 **금지** 또는 제한명령, 사용폐쇄
㉥ **공사**의 **정지** 또는 중지명령

중요

**기본법 13조**
화재경계지구

| 지 정 | 소방특별조사 |
|---|---|
| 시 · 도지사 | **소방본부장** 또는 **소방서장** |

※ **화재경계지구** : 화재가 발생할 우려가 높거나 화재가 발생하면 피해가 클 것으로 예상되는 구역으로서 대통령령이 정하는 지역

답 ④

★★★
**58** 소방용수시설 중 소화전과 급수탑의 설치기준으로 틀린 것은?

17.03.문54
16.10.문55
09.08.문43

① 급수탑 급수배관의 구경은 100mm 이상으로 할 것
② 소화전은 상수도와 연결하여 지하식 또는 지상식의 구조로 할 것
③ 소방용 호스와 연결하는 소화전의 연결금속구의 구경은 65mm로 할 것
④ 급수탑의 개폐밸브는 지상에서 1.5m 이상 1.8m 이하의 위치에 설치할 것

해설 **기본규칙 〔별표 3〕**
소방용수시설별 설치기준

| 소화전 | 급수탑 |
|---|---|
| • **65mm** : 연결금속구의 구경 | • **100mm** : 급수배관의 구경<br>• **1.5~1.7m** 이하 : 개폐밸브 높이<br>기억법 57탑(57층 탑) |

④ 1.5m 이상 1.8m 이하 → 1.5m 이상 1.7m 이하

답 ④

★★★
**59** 특정소방대상물의 관계인이 소방안전관리자를 해임한 경우 재선임을 해야 하는 기준은? (단, 해임한 날부터를 기준일로 한다.)

16.10.문54
16.03.문55
11.03.문56

① 10일 이내
② 20일 이내
③ 30일 이내
④ 40일 이내

해설 **소방시설법 시행규칙 14조**
소방안전관리자의 재선임
**30일** 이내

답 ③

★★★
**60** 1급 소방안전관리대상물이 아닌 것은?

17.09.문55
16.03.문52
15.03.문60
13.09.문51

① 15층인 특정소방대상물(아파트는 제외)
② 가연성 가스를 2000톤 저장 · 취급하는 시설
③ 21층인 아파트로서 300세대인 것
④ 연면적 $20000m^2$인 문화집회 및 운동시설

해설 **소방시설법 시행령 22조**
소방안전관리자를 두어야 할 특정소방대상물
(1) 특급 소방안전관리대상물 : 동식물원, 불연성 물품 저장 · 취급창고, 지하구, 위험물제조소 등 제외
㉠ **50층** 이상(지하층 제외) 또는 지상 **200m** 이상 **아파트**
㉡ **30층** 이상(지하층 포함) 또는 지상 **120m** 이상(아파트 제외)
㉢ 연면적 **20만**$m^2$ 이상(아파트 제외)
(2) 1급 소방안전관리대상물 : 동식물원, 불연성 물품 저장 · 취급창고, 지하구, 위험물제조소 등 제외
㉠ **30층** 이상(지하층 제외) 또는 지상 **120m** 이상 아파트
㉡ 연면적 **15000**$m^2$ 이상인 것(아파트 제외)
㉢ **11층** 이상(아파트 제외)
㉣ 가연성 가스를 **1000t** 이상 저장 · 취급하는 시설
(3) 2급 소방안전관리대상물
㉠ 지하구
㉡ 가스제조설비를 갖추고 도시가스사업 허가를 받아야 하는 시설 또는 가연성 가스를 **100~1000t** 미만 저장 · 취급하는 시설
㉢ **스프링클러설비** · 간이스프링클러설비 또는 **물분무등소화설비** 설치대상물
㉣ **옥내소화전설비** 설치대상물
㉤ **공동주택**
㉥ **목조건축물**(국보 · 보물)
(4) 3급 소방안전관리대상물 : **자동화재탐지설비** 설치대상물

③ 21층인 아파트로서 300세대인 것 → 30층 이상(지하층 제외) 아파트

답 ③

## 제 4 과목 소방전기시설의 구조 및 원리

★★
**61** 정온식 감지선형 감지기에 관한 설명으로 옳은 것은?

09.05.문66

① 일국소의 주위온도 변화에 따라서 차동 및 정온식의 성능을 갖는 것을 말한다.
② 일국소의 주위온도가 일정한 온도 이상이 되었을 때 작동하는 것으로서 외관이 전선으로 되어 있는 것을 말한다.
③ 그 주위온도가 일정한 온도상승률 이상이 되었을 때 작동하는 것으로서 일국소의 열효과에 의해서 동작하는 것을 말한다.
④ 그 주위온도가 일정한 온도상승률 이상이 되었을 때 작동하는 것으로서 광범위한 열효과의 누적에 의하여 동작하는 것을 말한다.

해설 **감지기**

| 종 류 | 설 명 |
|---|---|
| 차동식 분포형 감지기 | **넓은 범위**에서의 **열효과**의 누적에 의하여 작동 |
| 차동식 스포트형 감지기 | **일국소**에서의 **열효과**에 의하여 작동 |
| 이온화식 연기감지기 | **이온전류**가 **변화**하여 작동 |
| 광전식 연기감지기 | **광량**의 **변화**로 작동 |
| 보상식 스포트형 감지기 | **차동식+정온식**을 겸용한 것으로 **한 가지** 기능이 작동되면 신호를 발함 |
| 열복합형 감지기 | **차동식+정온식**을 겸용한 것으로 **두 가지** 기능이 동시에 작동되면 신호를 발하거나 또는 **두 개**의 화재신호를 각각 발신 |
| 정온식 감지선형 감지기 | 외관이 **전선**으로 되어 있는 것 |
| 단독경보형 감지기 | 감지기에 **음향장치**가 내장되어 **일체**로 되어 있는 것 |

① 보상식 스포트형 감지기 또는 열복합형 감지기
② 정온식 감지선형 감지기
③ 차동식 스포트형 감지기
④ 차동식 분포형 감지기

답 ②

★★★
**62** 비상콘센트설비의 화재안전기준에서 정하고 있는 저압의 정의는?

16.05.문64
13.09.문80
12.09.문77
05.03.문76

① 직류는 750V 이하, 교류는 600V 이하인 것
② 직류는 750V 이하, 교류는 380V 이하인 것
③ 직류는 750V를, 교류는 600V를 넘고 7000V 이하인 것
④ 직류는 750V를, 교류는 380V를 넘고 7000V 이하인 것

해설 **전압**(NFSC 504 3조)

| 구 분 | 설 명 |
|---|---|
| **저압** | **직류 750V** 이하, **교류 600V** 이하 |
| **고압** | 저압의 범위를 초과하고 **7000V** 이하 |
| **특고압** | **7000V**를 초과하는 것 |

비교

**전압**(KEC 111.1)

| 구 분 | 설 명 |
|---|---|
| **저압** | **직류 1500V** 이하, **교류 1000V** 이하 |
| **고압** | 저압의 범위를 초과하고 **7000V** 이하 |
| **특고압** | **7000V**를 초과하는 것 |

답 ①

★★★
**63** 무선통신보조설비의 화재안전기준(NFSC 505)에 따른 옥외안테나의 설치기준으로 옳지 않은 것은?

① 건축물, 지하가, 터널 또는 공동구의 출입구 및 출입구 인근에서 통신이 가능한 장소에 설치할 것
② 다른 용도로 사용되는 안테나로 인한 통신장애가 발생하지 않도록 설치할 것
③ 옥외안테나는 견고하게 설치하며 파손의 우려가 없는 곳에 설치하고 그 가까운 곳의 보기 쉬운 곳에 "옥외안테나"라는 표시와 함께 통신가능거리를 표시한 표지를 설치할 것
④ 수신기가 설치된 장소 등 사람이 상시 근무하는 장소에는 옥외안테나의 위치가 모두 표시된 옥외안테나 위치표시도를 비치할 것

**해설** **무선통신보조설비 옥외안테나 설치기준**(NFSC 505 6조)

(1) **건축물, 지하가, 터널** 또는 공동구의 출입구 및 출입구 인근에서 통신이 가능한 장소에 설치할 것
(2) 다른 용도로 사용되는 안테나로 인한 **통신장애**가 발생하지 않도록 설치할 것
(3) 옥외안테나는 견고하게 설치하며 파손의 우려가 없는 곳에 설치하고 그 가까운 곳의 보기 쉬운 곳에 **"무선통신보조설비 안테나"**라는 표시와 함께 통신 가능거리를 표시한 표지를 설치할 것
(4) 수신기가 설치된 장소 등 사람이 상시 근무하는 장소에는 옥외안테나의 위치가 모두 표시된 옥외안테나 **위치표시도**를 비치할 것

③ 옥외안테나 → 무선통신보조설비 안테나

답 ③

★★★
## 64

16.03.문66 15.09.문67 13.06.문63 10.05.문69

**비상벨설비 또는 자동식 사이렌설비에는 그 설비에 대한 감시상태를 몇 시간 지속한 후 유효하게 10분 이상 경보할 수 있는 축전지설비(수신기에 내장하는 경우를 포함한다.)를 설치하여야 하는가?**

① 1시간　② 2시간
③ 4시간　④ 6시간

**해설** **축전지설비 · 자동식 사이렌설비 · 자동화재탐지설비 · 비상방송설비 · 비상벨설비**

| 감시시간 | 경보시간 |
|---|---|
| 60분(1시간) 이상 | **10분** 이상(30층 이상 : **30분**) |

기억법 6감

답 ①

★★
## 65

16.10.문74 07.03.문80

**자동화재탐지설비의 수신기의 각 회로별 종단에 설치되는 감지기에 접속되는 배선의 전압은 감지기 정격전압의 최소 몇 % 이상이어야 하는가?**

① 50　② 60
③ 70　④ 80

**해설** **자동화재탐지설비**

(1) 감지기 회로의 전로저항 : **50Ω 이하**
(2) 1경계구역의 절연저항 : **0.1MΩ 이상**
(3) 감지기에 접속하는 배선전압 : 정격전압의 **80% 이상**

답 ④

★★
## 66

**불꽃감지기의 설치기준으로 틀린 것은?**

① 수분이 많이 발생할 우려가 있는 장소에는 방수형으로 설치할 것
② 감지기를 천장에 설치하는 경우에는 감지기는 천장을 향하여 설치할 것
③ 감지기는 화재감지를 유효하게 감지할 수 있는 모서리 또는 벽 등에 설치할 것
④ 감지기는 공칭감시거리와 공칭시야각을 기준으로 감시구역이 모두 포용될 수 있도록 설치할 것

**해설** **불꽃감지기**의 **설치기준**(NFSC 203 7조)

(1) 감지기는 **공칭감시거리**와 **공칭시야각**을 기준으로 감시구역이 모두 포용될 수 있도록 설치할 것
(2) 감지기는 화재감지를 유효하게 감지할 수 있는 **모서리** 또는 **벽** 등에 설치할 것
(3) 감지기를 **천장**에 설치하는 경우에는 감지기는 **바닥**을 향하여 설치할 것
(4) 수분이 많이 발생할 우려가 있는 장소에는 **방수형**으로 설치할 것

② 천장 → 바닥

중요

**불꽃감지기**의 **공칭감시거리 · 공칭시야각**(감지기형식 19-2)

| 조 건 | 공칭감시거리 | 공칭시야각 |
|---|---|---|
| **20m 미만**의 장소에 적합한 것 | 1m 간격 | 5° 간격 |
| **20m 이상**의 장소에 적합한 것 | 5m 간격 | |

답 ②

★★★
## 67

15.05.문70 07.05.문70 03.08.문74

**자동화재속보설비의 설치기준으로 틀린 것은?**

① 조작스위치는 바닥으로부터 1m 이상 1.5m 이하의 높이에 설치할 것
② 속보기는 소방관서에 통신망으로 통보하도록 하며, 데이터 또는 코드전송방식을 부가적으로 설치할 수 있다.
③ 자동화재탐지설비와 연동으로 작동하여 자동적으로 화재발생상황을 소방관서에 전달되는 것으로 할 것
④ 속보기는 소방청장이 정하여 고시한 「자동화재속보설비의 속보기의 성능인증 및 제품검사의 기술기준」에 적합한 것으로 설치하여야 한다.

**해설** **자동화재속보설비**의 **설치기준**(NFSC 204 4조)

(1) **자동화재탐지설비**와 연동으로 작동하여 자동적으로 화재발생상황을 **소방관서**에 전달되는 것으로 할 것
(2) 스위치는 바닥으로부터 **0.8~1.5m** 이하의 높이에 설치하고, 보기 쉬운 곳에 스위치임을 표시한 표지를 할 것

중요

**자동화재속보설비**의 **설치제외**
사람이 **24시간** 상시 근무하고 있는 경우

답 ①

★★
**68** 자동화재탐지설비의 화재안전기준에서 사용하는 용어가 아닌 것은?

14.09.문68
09.08.문69
07.09.문64

① 중계기
② 경계구역
③ 시각경보장치
④ 단독경보형 감지기

해설 **자동화재탐지설비의 용어**

| 용 어 | 설 명 |
|---|---|
| 발신기 | 화재발생신호를 수신기에 **수동**으로 **발신**하는 것 |
| 경계구역 | 소방대상물 중 **화재신호**를 **발신**하고 그 **신호**를 **수신** 및 유효하게 제어할 수 있는 구역 |
| 거실 | **거주 · 집무 · 작업 · 집회 · 오락**, 그 밖에 이와 유사한 목적을 위하여 사용하는 방 |
| 중계기 | 감지기 · 발신기 또는 전기적 접점 등의 작동에 따른 **신호**를 받아 이를 수신기의 제어반에 **전송**하는 장치 |
| 시각경보장치 | **자동화재탐지설비**에서 발하는 화재신호를 시각경보기에 전달하여 **청각장애인**에게 **점멸형태**의 **시각경보**를 하는 것 |

④ 비상경보설비 및 단독경보형 감지기의 화재안전기준

답 ④

★★★
**69** 계단통로유도등은 각 층의 경사로참 또는 계단참마다 설치하도록 하고 있는데 1개층에 경사로참 또는 계단참이 2 이상 있는 경우에는 몇 개의 계단참마다 계단통로유도등을 설치하여야 하는가?

16.05.문78
15.05.문80
08.05.문68

① 2개 ② 3개
③ 4개 ④ 5개

해설 **계단통로유도등의 설치기준**

(1) 각 층의 **경사로참** 또는 **계단참**마다(1개층에 경사로참 또는 계단참이 **2 이상** 있는 경우에는 **2개**의 계단참마다) 설치할 것. 1개층에 참이 2 이상인 경우는 다음 식과 같다.

$$\text{계단통로유도등 설치개수} = \frac{\text{경사로참(계단참) 개수}}{2}\text{(절상)}$$

(2) 바닥으로부터 높이 **1m 이하**의 위치에 설치할 것

용어

**계단통로유도등**
피난통로가 되는 계단이나 경사로에 설치하는 통로유도등으로 바닥면 및 디딤바닥면을 비추는 것

답 ①

★★
**70** 비상경보설비를 설치하여야 할 특정소방대상물로 옳은 것은? (단, 지하구, 모래 · 석재 등 불연재료 창고 및 위험물 저장 · 처리 시설 중 가스시설은 제외한다.)

18.04.문63
17.09.문74
15.05.문52
12.05.문56

① 지하가 중 터널로서 길이가 400m 이상인 것
② 30명 이상의 근로자가 작업하는 옥내작업장
③ 지하층 또는 무창층의 바닥면적이 $150m^2$(공연장의 경우 $100m^2$) 이상인 것
④ 연면적 $300m^2$(지하가 중 터널 또는 사람이 거주하지 않거나 벽이 없는 축사 등 동식물 관련시설은 제외) 이상인 것

해설 **소방시설법 시행령 [별표 5]**
**비상경보설비의 설치대상**

| 설치대상 | 조 건 |
|---|---|
| 지하층 · 무창층 | 바닥면적 **$150m^2$**(공연장 **$100m^2$**) 이상 |
| 전부 | 연면적 **$400m^2$** 이상(지하가 중 터널 또는 사람이 거주하지 않거나 **벽**이 **없는 축사** 등 동식물 관련시설은 제외) |
| 지하가 중 터널길이 | 길이 **500m** 이상 |
| 옥내작업장 | **50명** 이상 작업 |

① 400m → 500m
② 30명 → 50명
④ $300m^2$ → $400m^2$

답 ③

★★★
**71** 축전지의 자기방전을 보충함과 동시에 상용부하에 대한 전력공급은 충전기가 부담하도록 하되 충전기가 부담하기 어려운 일시적인 대전류부하는 축전지로 하여금 부담하게 하는 충전방식은?

16.03.문29
15.03.문34
09.03.문78
05.09.문30

① 과충전방식
② 균등충전방식
③ 부동충전방식
④ 세류충전방식

해설 **충전방식**

| 구 분 | 설 명 |
|---|---|
| 보통충전 | • 필요할 때마다 **표준시간율**로 충전하는 방식 |
| 급속충전 | • 보통 충전전류의 **2배**의 **전류**로 충전하는 방식 |

| | |
|---|---|
| 부동충전 | • 축전지의 자기방전을 보충함과 동시에 상용부하에 대한 전력공급은 충전기가 부담하되 부담하기 어려운 일시적인 대전류부하는 축전지가 부담하도록 하는 방식<br>• 축전지와 **부하**를 **충전기**에 **병렬**로 **접속**하여 사용하는 충전방식<br>정류기 / 축전지 / 부하<br>▎부동충전방식▎ |
| 균등충전 | • 1~3개월마다 1회 정전압으로 충전하는 방식 |
| 세류충전<br>(트리클충전) | • 자기방전량만 항상 충전하는 방식 |

① 과충전방식 : 이런 충전방식은 없음

답 ③

★★★
## 72
17.03.문61 15.05.문69 12.05.문66 11.03.문78 01.03.문63 98.07.문75 97.03.문68

정온식 감지기의 설치시 공칭작동온도가 최고주위온도보다 최소 몇 ℃ 이상 높은 것으로 설치하여야 하나?

① 10
② 20
③ 30
④ 40

해설 **감지기 설치기준**(NFSC 203 7조)

(1) 감지기(**차동식 분포형** 및 **특수한 것** 제외)는 실내로의 공기유입구로부터 **1.5m** 이상 떨어진 위치에 설치
(2) 감지기는 천장 또는 반자의 옥내의 면하는 부분에 설치
(3) **보상식 스포트형 감지기**는 정온점이 감지기 주위의 평상시 최고온도보다 **20℃** 이상 높은 것으로 설치
(4) **정온식 감지기는 주방 · 보일러실** 등으로 다량의 화기를 단속적으로 취급하는 장소에 설치하되, 공칭작동온도가 최고주위온도보다 **20℃** 이상 높은 것으로 설치
(5) 스포트형 감지기는 **45°** 이상 경사지지 않도록 부착
(6) **공기관식** 차동식 분포형 감지기 설치시 공기관은 **도중**에서 **분기**하지 않도록 부착
(7) **공기관식** 차동식 분포형 감지기의 검출부는 **5°** 이상 경사되지 않도록 설치

중요

**경사제한각도**

| 공기관식 감지기의 검출부 | 스포트형 감지기 |
|---|---|
| 5° 이상 | 45° 이상 |

답 ②

★
## 73
17.03.문69

누전경보기의 5~10회로까지 사용할 수 있는 집합형 수신기 내부결선도에서 구성요소가 아닌 것은?

① 제어부　　② 증폭부
③ 조작부　　④ 자동입력절환부

해설 **5~10회로 집합형 수신기**의 **내부결선도**

(1) 자동입력절환부
(2) **증**폭부
(3) **제**어부
(4) 회로접합부
(5) 전원부
(6) **도**통시험 및 동작시험부
(7) 동작회로표시부

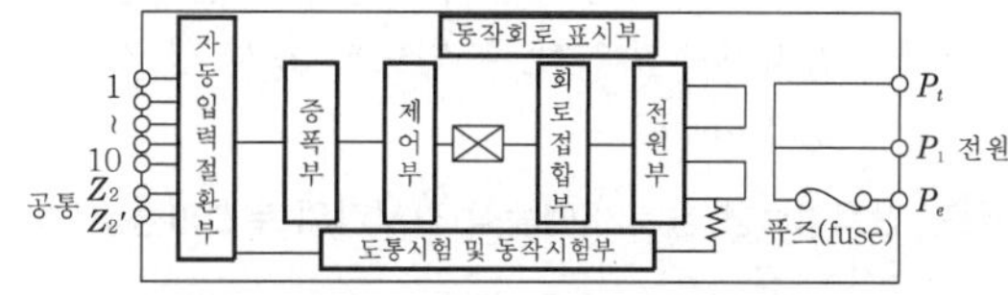


기억법 제도 증5(나쁜 **제도**를 **증오**한다.)

답 ③

★★★
## 74
17.05.문67 15.09.문64 15.05.문61 14.09.문75 13.03.문68 12.03.문61 09.05.문76

휴대용 비상조명등의 설치높이는?

① 0.8~1.0m
② 0.8~1.5m
③ 1.0~1.5m
④ 1.0~1.8m

해설 **휴대용 비상조명등**의 **적합기준**(NFSC 304 4조)

| 설치개수 | 설치장소 |
|---|---|
| **1개** 이상 | • **숙박시설** 또는 **다중이용업소**에는 객실 또는 영업장 안의 구획된 실마다 잘 보이는 곳(외부에 설치시 출입문 손잡이로부터 **1m 이내** 부분) |
| **3개** 이상 | • **지하상가** 및 **지하역사**의 **보행거리 25m** 이내마다<br>• **대규모점포(백화점 · 대형점 · 쇼핑센터)** 및 **영화상영관**의 **보행거리 50m** 이내마다 |

(1) 바닥으로부터 **0.8~1.5m 이하**의 높이에 설치할 것
(2) 어둠 속에서 **위치**를 **확인**할 수 있도록 할 것
(3) 사용시 **자동**으로 **점등**되는 구조일 것
(4) 외함은 **난연성능**이 있을 것
(5) 건전지를 사용하는 경우에는 **방전방지조치**를 하여야 하고, **충전식 배터리**의 경우에는 **상시 충전**되도록 할 것
(6) 건전지 및 충전식 배터리의 용량은 **20분** 이상 유효하게 사용할 수 있는 것으로 할 것

기억법 2휴(이유)

답 ②

## 75 단독경보형 감지기 중 연동식 감지기의 무선기능에 대한 설명으로 옳은 것은?

① 화재신호를 수신한 단독경보형 감지기는 60초 이내에 경보를 발해야 한다.
② 무선통신점검은 단독경보형 감지기가 서로 송수신하는 방식으로 한다.
③ 작동한 단독경보형 감지기는 화재경보가 정지하기 전까지 100초 이내 주기마다 화재신호를 발신해야 한다.
④ 무선통신점검은 168시간 이내에 자동으로 실시하고 이때 통신이상이 발생하는 경우에는 300초 이내에 통신이상 상태의 단독경보형 감지기를 확인할 수 있도록 표시 및 경보를 해야 한다.

해설 **단독경보형 감지기(연동식 감지기의 무선기능)**(감지기 형식 5조 4)
(1) 화재신호를 수신한 단독경보형 감지기는 **10초 이내**에 경보를 발할 것
(2) 무선통신점검은 단독경보형 감지기가 서로 송수신하는 방식으로 할 것
(3) 작동한 단독경보형 감지기는 화재경보가 정지하기 전까지 **60초 이내** 주기마다 화재신호를 발신할 것
(4) 무선통신점검은 **168시간** 이내에 자동으로 실시하고 이때 통신이상이 발생하는 경우에는 **200초** 이내에 통신이상 상태의 단독경보형 감지기를 확인할 수 있도록 표시 및 경보할 것

① 60초 이내 → 10초 이내
③ 100초 이내 → 60초 이내
④ 300초 이내 → 200초 이내

답 ②

## 76 소화활동시 안내방송에 사용하는 증폭기의 종류로 옳은 것은?

① 탁상형 ② 휴대형
③ Desk형 ④ Rack형

해설 **증폭기의 종류**

| 종 류 | | 용 량 | 특 징 |
|---|---|---|---|
| 이동형 | 휴대형 | 5~15W | ① 소화활동시 안내방송에 사용<br>② 마이크, 증폭기, 확성기를 일체화하여 소형 경량 |
| | 탁상형 | 10~60W | ① 소규모 방송설비에 사용<br>② 입력장치 : 마이크, 라디오, 사이렌, 카세트테이프 |
| 고정형 | Desk형 | 30~180W | ① 책상식의 형태<br>② 입력장치 : Rack형과 유사 |
| | Rack형 | 200W 이상 | ① 유닛(unit)화되어 교체, 철거, 신설 용이<br>② 용량 무제한 |

답 ②

## 77 비상방송설비의 음향장치는 정격전압의 몇 % 전압에서 음향을 발할 수 있는 것으로 하여야 하는가?

18.09.문68 18.04.문74 16.05.문63 15.03.문67 14.09.문65 11.03.문72 10.09.문70 09.05.문75

① 80 ② 90
③ 100 ④ 110

해설 **비상방송설비 음향장치**의 **구조** 및 **성능기준**(NFSC 202 4조)
(1) 정격전압의 **80%** 전압에서 음향을 발할 것
(2) **자동화재탐지설비**의 작동과 연동하여 작동할 것

비교

**자동화재탐지설비 음향장치**의 **구조** 및 **성능 기준**
(1) 정격전압의 **80%** 전압에서 음향을 발할 것
(2) 음량은 **1m** 떨어진 곳에서 **90dB** 이상일 것
(3) **감지기 · 발신기**의 작동과 **연동**하여 작동할 것

답 ①

## 78 경계전로의 누설전류를 자동적으로 검출하여 이를 누전경보기의 수신부에 송신하는 것을 무엇이라고 하는가?

15.03.문66 10.09.문67

① 수신부 ② 확성기
③ 변류기 ④ 증폭기

해설 **누전경보기**

| 용 어 | 설 명 |
|---|---|
| **수**신부 | 변류기로부터 검출된 **신호**를 **수신**하여 누전의 발생을 해당 소방대상물의 **관계인**에게 **경보**하여 주는 것(**차단기구**를 갖는 것 포함) |
| **변**류기 | 경계전로의 **누설전류**를 자동적으로 **검출**하여 이를 누전경보기의 수신부에 송신하는 것 |

기억법 **수수변누**

비교

**누전경보기**의 **구성요소(세부적인 구분)**

| 구성요소 | 설 명 |
|---|---|
| 변류기 | **누설전류**를 **검출**한다. |
| 수신기 | **누설전류**를 **증폭**한다. |
| 음향장치 | **경보**한다. |
| 차단기 | 차단릴레이 포함 |

답 ③

**79** 자가발전설비, 비상전원수전설비 또는 전기저장장치(외부 전기에너지를 저장해 두었다가 필요한 때 전기를 공급하는 장치)를 비상콘센트설비의 비상전원으로 설치하여야 하는 특정소방대상물로 옳은 것은?

14.09.문79
12.09.문70

① 지하층을 제외한 층수가 4층 이상으로서 연면적 $600m^2$ 이상인 특정소방대상물
② 지하층을 제외한 층수가 5층 이상으로서 연면적 $1000m^2$ 이상인 특정소방대상물
③ 지하층을 제외한 층수가 6층 이상으로서 연면적 $1500m^2$ 이상인 특정소방대상물
④ 지하층을 제외한 층수가 7층 이상으로서 연면적 $2000m^2$ 이상인 특정소방대상물

해설 **비상콘센트설비의 비상전원 설치대상**
(1) 지하층을 **제**외한 **7층** 이상으로 연면적 **$2000m^2$** 이상
(2) 지하층의 **바**닥면적 합계 **$3000m^2$** 이상

기억법 제72000콘 바3

답 ④

**80** 무선통신보조설비의 누설동축케이블의 설치기준으로 틀린 것은?

17.05.문68
16.10.문72
15.09.문78
14.05.문78
12.05.문78
10.05.문76
08.09.문70

① 끝부분에는 반사종단저항을 견고하게 설치할 것
② 고압의 전로로부터 1.5m 이상 떨어진 위치에 설치할 것
③ 금속판 등에 따라 전파의 복사 또는 특성이 현저하게 저하되지 아니하는 위치에 설치할 것
④ 누설동축케이블 및 동축케이블은 불연 또는 난연성의 것으로서 습기에 따라 전기의 특성이 변질되지 아니하는 것으로 하고, 노출하여 설치한 경우에는 피난 및 통행에 장애가 없도록 할 것

해설 **누설동축케이블의 설치기준**
(1) 소방전용 주파수대에서 전파의 **전송** 또는 **복사**에 적합한 것으로서 소방전용의 것일 것
(2) 누설동축케이블과 이에 접속하는 안테나 또는 동축케이블과 이에 접속하는 안테나일 것
(3) 누설동축케이블 및 동축케이블은 화재에 따라 해당 케이블의 피복이 소실된 경우에 케이블 본체가 떨어지지 아니하도록 4m 이내마다 금속제 또는 자기제 등의 지지금구로 벽·천장·기둥 등에 견고하게 고정시킬 것(단, 불연재료로 구획된 반자 안에 설치하는 경우 제외)
(4) 누설동축케이블 및 안테나는 **고**압전로로부터 **1.5m** 이상 떨어진 위치에 설치할 것(해당 전로에 **정전기 차폐장치**를 유효하게 설치한 경우에는 제외)

기억법 누고15

(5) 누설동축케이블의 끝부분에는 **무반사종단저항**을 설치할 것
(6) 누설동축케이블 및 동축케이블은 불연 또는 난연성의 것으로서 **습기**에 따라 전기의 특성이 변질되지 아니하는 것으로 하고, 노출하여 설치한 경우에는 피난 및 통행에 장애가 없도록 할 것

용어

**무반사종단저항**
전송로로 전송되는 전자파가 전송로의 종단에서 반사되어 교신을 방해하는 것을 막기 위한 저항

답 ①

# 2019. 4. 27 시행

**▌2019년 기사 제2회 필기시험▐**

| 자격종목 | 종목코드 | 시험시간 | 형별 | 수험번호 | 성명 |
|---|---|---|---|---|---|
| 소방설비기사(전기분야) | | 2시간 | | | |

※ 답안카드 작성시 시험문제지 형별누락, 마킹착오로 인한 불이익은 전적으로 수험자의 귀책사유임을 알려드립니다.
※ 각 문항은 4지택일형으로 질문에 가장 적합한 보기 항을 선택하여 마킹하여야 합니다.

## 제 1 과목 소방원론

★★★
**01** 목조건축물의 화재진행상황에 관한 설명으로 옳은 것은?

11.06.문07
01.09.문02
99.04.문04

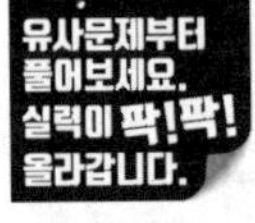


① 화원－발염착화－무염착화－출화－최성기－소화
② 화원－발염착화－무염착화－소화－연소낙하
③ 화원－무염착화－발염착화－출화－최성기－소화
④ 화원－무염착화－출화－발염착화－최성기－소화

해설 **목조건축물**의 **화재진행상황**

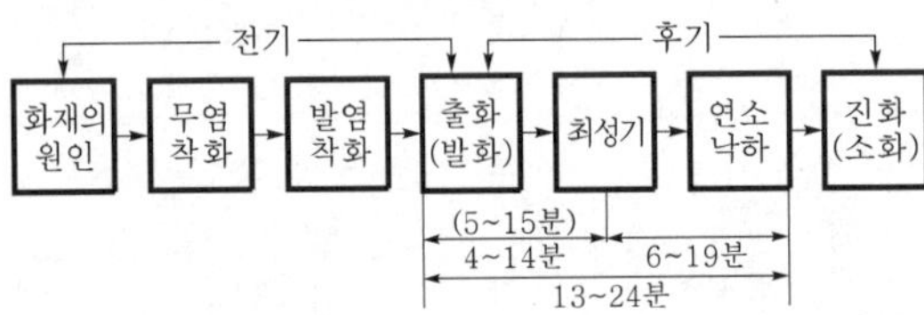


• 최성기＝성기＝맹화

답 ③

★★★
**02** 연면적이 $1000m^2$ 이상인 건축물에 설치하는 방화벽이 갖추어야 할 기준으로 틀린 것은?

18.03.문14
17.09.문16
13.03.문16
12.03.문10
08.09.문05

① 내화구조로서 홀로 설 수 있는 구조일 것
② 방화벽의 양쪽 끝과 위쪽 끝을 건축물의 외벽면 및 지붕면으로부터 0.1m 이상 튀어나오게 할 것
③ 방화벽에 설치하는 출입문의 너비는 2.5m 이하로 할 것
④ 방화벽에 설치하는 출입문의 높이는 2.5m 이하로 할 것

해설 **건축령 57조**
방화벽의 구조

| 대상 건축물 | 주요구조부가 내화구조 또는 불연재료가 아닌 연면적 $1000m^2$ 이상인 건축물 |
|---|---|
| 구획단지 | 연면적 **$1000m^2$** 미만마다 구획 |
| 방화벽의 구조 | ① **내화구조**로서 홀로 설 수 있는 구조일 것<br>② 방화벽의 양쪽 끝과 위쪽 끝을 건축물의 외벽면 및 지붕면으로부터 **0.5m** 이상 튀어나오게 할 것<br>③ 방화벽에 설치하는 **출입문**의 **너비** 및 높이는 각각 2.5m 이하로 하고 해당 출입문에는 60분+방화문 또는 60분 방화문을 설치할 것 |

② 0.1m → 0.5m

답 ②

★★
**03** 화재의 일반적 특성으로 틀린 것은?

15.09.문10
11.03.문17

① 확대성
② 정형성
③ 우발성
④ 불안정성

해설 **화재**의 **특성**
(1) 우발성(화재가 돌발적으로 발생)
(2) 확대성
(3) 불안정성

기억법 우확불

답 ②

★★
**04** 공기의 부피비율이 질소 79%, 산소 21%인 전기실에 화재가 발생하여 이산화탄소 소화약제를 방출하여 소화하였다. 이때 산소의 부피농도가 14%이었다면 이 혼합공기의 분자량은 약 얼마인가? (단, 화재시 발생한 연소가스는 무시한다.)

17.09.문11
15.05.문13
12.05.문12

① 28.9 ② 30.9
③ 33.9 ④ 35.9

해설 (1) **이산화탄소**의 **농도**

$$CO_2 = \frac{21 - O_2}{21} \times 100$$

여기서, $CO_2$ : $CO_2$의 농도[vol%]
$O_2$ : $O_2$의 농도[vol%]

$$CO_2 = \frac{21 - O_2}{21} \times 100 = \frac{21 - 14}{21} \times 100 \fallingdotseq 33.3\text{vol\%}$$

• 원칙적인 단위 vol% = 간략 단위 %

(2) **$CO_2$ 방출시 공기**의 **부피비율 변화**
㉠ 산소($O_2$)=14vol%
㉡ 이산화탄소($CO_2$)=33.3vol%
㉢ 질소($N_2$)=100vol%−($O_2$ 농도+$CO_2$ 농도)[vol%]
=100vol%−(14+33.3)vol%=52.7vol%

(3) **분자량**

| 원 소 | 원자량 |
|---|---|
| H | 1 |
| C → | 12 |
| N → | 14 |
| O → | 16 |

산소($O_2$) : 16×2×0.14(14vol%) =4.48
이산화탄소($CO_2$) : (12+16×2)×0.333(33.3vol%)=14.652
질소($N_2$) : 14×2×0.527(52.7vol%) =14.756
혼합공기의 분자량 =33.9

답 ③

★
**05** **다음 가연성 기체 1몰이 완전 연소하는 데 필요한 이론공기량으로 틀린 것은? (단, 체적비로 계산하며 공기 중 산소의 농도를 21vol%로 한다.)**

① 수소−약 2.38몰
② 메탄−약 9.52몰
③ 아세틸렌−약 16.91몰
④ 프로판−약 23.81몰

해설 (1) **화학반응식**
㉠ 수소 : ②$H_2$+①$O_2$ → $2H_2O$

$$\text{필요한 산소 몰수} = \frac{\text{산소 몰수}}{\text{수소 몰수}} = \frac{1}{2} = 0.5\text{몰}$$

㉡ 메탄 : ①$CH_4$+②$O_2$ → $CO_2$+$2H_2O$

$$\text{필요한 산소 몰수} = \frac{\text{산소 몰수}}{\text{메탄 몰수}} = \frac{2}{1} = 2\text{몰}$$

㉢ 아세틸렌 : ②$C_2H_2$+⑤$O_2$ → $4CO_2$+$2H_2O$

$$\text{필요한 산소 몰수} = \frac{\text{산소 몰수}}{\text{아세틸렌 몰수}} = \frac{5}{2} = 2.5\text{몰}$$

㉣ 프로판 : ①$C_3H_8$+⑤$O_2$ → $3CO_2$+$4H_2O$

$$\text{필요한 산소 몰수} = \frac{\text{산소 몰수}}{\text{프로판 몰수}} = \frac{5}{1} = 5\text{몰}$$

(2) **필요한 이론공기량**

$$\text{필요한 이론공기량} = \frac{\text{몰수}}{\text{공기 중 산소농도}}$$

㉠ $\text{수소} = \frac{0.5\text{몰}}{0.21(21\text{vol\%})} \fallingdotseq 2.38\text{몰}$

㉡ $\text{메탄} = \frac{2\text{몰}}{0.21(21\text{vol\%})} \fallingdotseq 9.52\text{몰}$

㉢ $\text{아세틸렌} = \frac{2.5\text{몰}}{0.21(21\text{vol\%})} \fallingdotseq 11.9\text{몰}$

㉣ $\text{프로판} = \frac{5\text{몰}}{0.21(21\text{vol\%})} \fallingdotseq 23.81\text{몰}$

답 ③

★★★
**06** **물의 소화능력에 관한 설명 중 틀린 것은?**
18.03.문19 15.05.문04 99.08.문06

① 다른 물질보다 비열이 크다.
② 다른 물질보다 융해잠열이 작다.
③ 다른 물질보다 증발잠열이 크다.
④ 밀폐된 장소에서 증발가열되면 산소희석작용을 한다.

해설 물의 **소화능력**
(1) **비열**이 크다.
(2) **증발잠열**(기화잠열)이 크다.
(3) 밀폐된 장소에서 증발가열하면 수증기에 의해서 **산소희석작용**을 한다.
(4) **무상**으로 주수하면 **중질유화재**에도 사용할 수 있다.

② 융해잠열과는 무관

참고

물이 **소화약제**로 많이 쓰이는 이유

| 장 점 | 단 점 |
|---|---|
| • 쉽게 구할 수 있다.<br>• 증발잠열(기화잠열)이 크다.<br>• 취급이 간편하다. | • 가스계 소화약제에 비해 사용 후 **오염**이 **크다.**<br>• 일반적으로 **전기화재**에는 **사용**이 **불가**하다. |

답 ②

★★★
**07** **화재실의 연기를 옥외로 배출시키는 제연방식으로 효과가 가장 적은 것은?**
00.03.문15

① 자연제연방식
② 스모크타워 제연방식
③ 기계식 제연방식
④ 냉난방설비를 이용한 제연방식

해설 **제연방식**의 **종류**
(1) **밀폐제연방식** : 밀폐도가 많은 벽이나 문으로서 화재가 발생하였을 때 밀폐하여 **연기**의 **유출** 및 **공기** 등의 **유입**을 **차단**시켜 제연하는 방식
(2) **자연제연방식** : 건물에 설치된 창

| 자연제연방식 |

(3) **스모크타워 제연방식** : 고층 건물에 적합

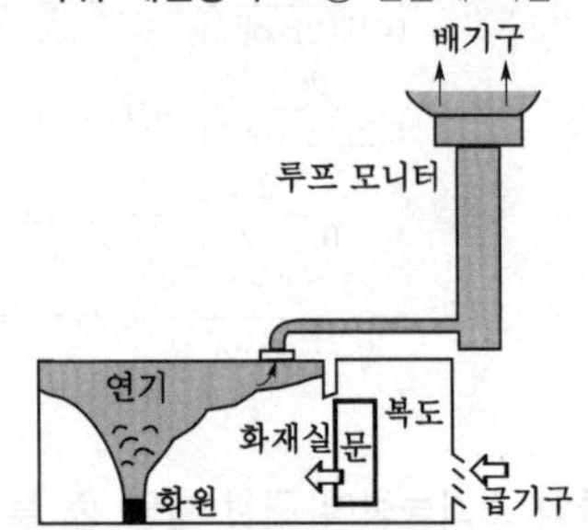


▎스모크타워 제연방식 ▎

(4) **기계제연방식**(기계식 제연방식)

㉠ 제1종 : 송풍기+배연기

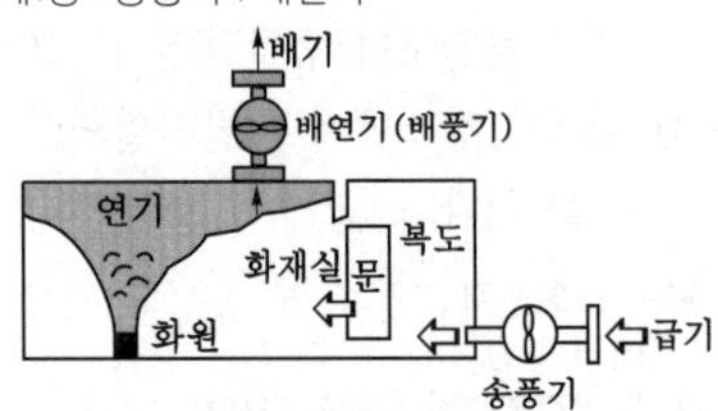


▎제1종 기계제연방식 ▎

㉡ 제2종 : 송풍기

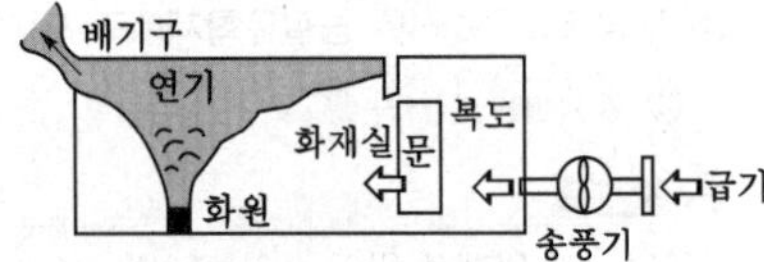


▎제2종 기계제연방식 ▎

㉢ 제3종 : 배연기

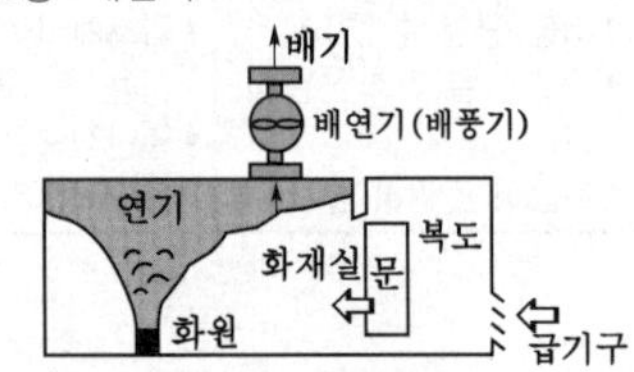


▎제3종 기계제연방식 ▎

④ 이런 제연방식은 없음

답 ④

★★★
**08** 분말소화약제의 취급시 주의사항으로 틀린 것은?

15.05.문09
15.05.문20
13.06.문03

① 습도가 높은 공기 중에 노출되면 고화되므로 항상 주의를 기울인다.
② 충진시 다른 소화약제와 혼합을 피하기 위하여 종별로 각각 다른 색으로 착색되어 있다.
③ 실내에서 다량 방사하는 경우 분말을 흡입하지 않도록 한다.
④ 분말소화약제와 수성막포를 함께 사용할 경우 포의 소포현상을 발생시키므로 병용해서는 안 된다.

해설 **분말소화약제 취급시 주의사항**

(1) 습도가 높은 공기 중에 노출되면 고화되므로 항상 주의를 기울인다.
(2) 충진시 다른 소화약제와 혼합을 피하기 위하여 종별로 각각 다른 색으로 착색되어 있다.
(3) 실내에서 다량 방사하는 경우 분말을 흡입하지 않도록 한다.

중요

**수성막포 소화약제**

(1) 안전성이 좋아 장기보관이 가능하다.
(2) 내약품성이 좋아 **분말소화약제**와 **겸용** 사용이 가능하다.
(3) 석유류 표면에 신속히 피막을 형성하여 유류증발을 억제한다.
(4) 일명 **AFFF**(**A**queous **F**ilm **F**orming **F**oam)라고 한다.
(5) 점성이 작기 때문에 가연성 기름의 표면에서 쉽게 피막을 형성한다.

기억법 **분수**

④ 소포현상도 발생되지 않으므로 병용 가능

답 ④

★★★
**09** 건축물의 화재를 확산시키는 요인이라 볼 수 없는 것은?

16.03.문10
15.03.문06
14.05.문02
09.03.문19
06.05.문18

① 비화(飛火)
② 복사열(輻射熱)
③ 자연발화(自然發火)
④ 접염(接炎)

해설 **목조건축물**의 **화재원인**

| 종 류 | 설 명 |
|---|---|
| **접염**<br>(화염의 접촉) | 화염 또는 열의 **접촉**에 의하여 불이 다른 곳으로 옮겨붙는 것 |
| **비화** | 불티가 **바람**에 **날**리거나 화재현장에서 상승하는 **열기류** 중심에 휩쓸려 원거리 가연물에 착화하는 현상<br>기억법 **비날(비가 날린다!)** |
| **복사열** | 복사파에 의하여 열이 **고온**에서 **저온**으로 이동하는 것 |

비교

**열전달**의 **종류**

| 종 류 | 설 명 |
|---|---|
| **전도**<br>(conduction) | 하나의 물체가 다른 **물체**와 **직접** 접촉하여 열이 이동하는 현상 |
| **대류**<br>(convection) | **유체**의 흐름에 의하여 열이 이동하는 현상 |

| | |
|---|---|
| **복사** (radiation) | ① 화재시 화원과 격리된 인접 가연물에 불이 옮겨붙는 현상<br>② 열전달 **매질**이 **없이** 열이 전달되는 형태<br>③ 열에너지가 **전자파**의 형태로 옮겨지는 현상으로, 가장 크게 작용 |

답 ③

★★★
## 10

11.03.문10
04.09.문14

**석유, 고무, 동물의 털, 가죽 등과 같이 황성분을 함유하고 있는 물질이 불완전연소될 때 발생하는 연소가스로 계란 썩는 듯한 냄새가 나는 기체는?**

① 아황산가스 ② 시안화수소
③ 황화수소 ④ 암모니아

해설 **연소가스**

| 구 분 | 특 징 |
|---|---|
| **일산화탄소** (CO) | 화재시 흡입된 일산화탄소(CO)의 화학적 작용에 의해 **헤모글로빈**(Hb)이 혈액의 산소운반작용을 저해하여 사람을 질식 · 사망하게 한다. |
| **이산화탄소** ($CO_2$) | 연소가스 중 **가장 많은 양**을 차지하고 있으며 가스 그 자체의 독성은 거의 없으나 다량이 존재할 경우 호흡속도를 증가시키고, 이로 인하여 화재가스에 혼합된 유해가스의 혼입을 증가시켜 위험을 가중시키는 가스이다. |
| **암모니아** ($NH_3$) | 나무, 페놀수지, 멜라민수지 등의 **질소 함유물**이 연소할 때 발생하며, 냉동시설의 **냉매**로 쓰인다. |
| **포스겐** ($COCl_2$) | 매우 독성이 강한 가스로서 소화제인 **사염화탄소**($CCl_4$)를 화재시에 사용할 때도 발생한다. |
| **황화수소** ($H_2S$) | **달걀**(계란) **썩는 냄새**가 나는 특성이 있다.<br>기억법 **황달** |
| **아크롤레인** ($CH_2=CHCHO$) | 독성이 매우 높은 가스로서 **석유제품, 유지** 등이 연소할 때 생성되는 가스이다. |

답 ③

★★
## 11

14.03.문09
11.06.문04

**다음 중 동일한 조건에서 증발잠열〔kJ/kg〕이 가장 큰 것은?**

① 질소
② 할론 1301
③ 이산화탄소
④ 물

해설 **증발잠열**

| 약 제 | 증발잠열 |
|---|---|
| 할론 1301 | **119kJ/kg** |
| 아르곤 | **156kJ/kg** |
| 질소 | **199kJ/kg** |
| 이산화탄소 | **574kJ/kg** |
| 물 | **2245kJ/kg(539kcal/kg)** |

중요

**물의 증발잠열**

1J=0.24cal 이므로

1kJ=0.24kcal, 1kJ/kg=0.24kcal/kg

$$539\text{kcal/kg}=\frac{539\text{kcal/kg}}{0.24\text{kcal/kg}}\times 1\text{kJ/kg}$$
$$\fallingdotseq 2245\text{kJ/kg}$$

답 ④

★★★
## 12

**탱크화재시 발생되는 보일오버(Boil Over)의 방지방법으로 틀린 것은?**

① 탱크내용물의 기계적 교반
② 물의 배출
③ 과열방지
④ 위험물탱크 내의 하부에 냉각수 저장

해설 **보일 오버(Boil Over)**

| 구 분 | 설 명 |
|---|---|
| 정의 | ① 중질유의 탱크에서 장시간 조용히 연소하다 **탱크 내**의 **잔존기름**이 갑자기 분출하는 현상<br>② 유류탱크에서 탱크바닥에 물과 기름의 **에멀션**이 섞여 있을 때 이로 인하여 화재가 발생하는 현상<br>③ 연소유면으로부터 100℃ 이상의 열파가 **탱크 저부**에 고여 있는 **물**을 비등하게 하면서 연소유를 탱크 밖으로 비산시키며 연소하는 현상 |
| 방지대책 | ① 탱크내용물의 **기계적 교반**<br>② 탱크하부 **물**의 **배출**<br>③ 탱크 내부 **과열방지** |

답 ④

★★★
## 13

17.05.문01
15.03.문14
14.05.문07
12.05.문14

**화재시 $CO_2$를 방사하여 산소농도를 11vol%로 낮추어 소화하려면 공기 중 $CO_2$의 농도는 약 몇 vol%가 되어야 하는가?**

① 47.6 ② 42.9
③ 37.9 ④ 34.5

해설 $CO_2$의 **농도(이론소화농도)**

$$CO_2 = \frac{21 - O_2}{21} \times 100$$

여기서, $CO_2$ : $CO_2$의 농도[%] 또는 [vol%]
$O_2$ : $O_2$의 농도[%] 또는 [vol%]

$$CO_2 = \frac{21 - O_2}{21} \times 100$$
$$= \frac{21 - 11}{21} \times 100$$
$$\fallingdotseq 47.6\text{vol\%}$$

- 단위가 원래는 vol% 또는 vol.%인데 줄여서 %로 쓰기도 한다.

**중요**

**이산화탄소 소화설비와 관련된 식**

$$CO_2 = \frac{\text{방출가스량}}{\text{방호구역체적} + \text{방출가스량}} \times 100 = \frac{21 - O_2}{21} \times 100$$

여기서, $CO_2$ : $CO_2$의 농도[%]
$O_2$ : $O_2$의 농도[%]

$$\text{방출가스량} = \frac{21 - O_2}{O_2} \times \text{방호구역체적}$$

여기서, $O_2$ : $O_2$의 농도[%]

**용어**

| % | vol% |
|---|---|
| 수를 100의 비로 나타낸 것<br>50%<br>‖50%‖ | 어떤 공간에 차지하는 부피를 백분율로 나타낸 것<br>공기 50vol%<br>50vol%<br>‖50vol%‖ |

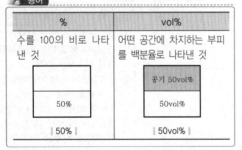

답 ①

### 14 물소화약제를 어떠한 상태로 주수할 경우 전기화재의 진압에서도 소화능력을 발휘할 수 있는가?

① 물에 의한 봉상주수
② 물에 의한 적상주수
③ 물에 의한 무상주수
④ 어떤 상태의 주수에 의해서도 효과가 없다.

해설 **전기화재(변전실화재) 적응방법**
(1) 무상주수
(2) 할론소화약제 방사
(3) 분말소화설비
(4) 이산화탄소 소화설비
(5) 할로겐화합물 및 불활성기체 소화설비

**참고**

**물을 주수하는 방법**

| 주수방법 | 설 명 |
|---|---|
| **봉상주수** | 화점이 멀리 있을 때 또는 고체가연물의 대규모 화재시 사용<br>예 **옥내소화전** |
| **적상주수** | 일반 고체가연물의 화재시 사용<br>예 **스프링클러헤드** |
| **무상주수** | 화점이 가까이 있을 때 또는 질식효과, 에멀션효과를 필요로 할 때 사용<br>예 **물분무헤드** |

답 ③

### 15 도장작업 공정에서의 위험도를 설명한 것으로 틀린 것은?

① 도장작업 그 자체 못지않게 건조공정도 위험하다.
② 도장작업에서는 인화성 용제가 쓰이지 않으므로 폭발의 위험이 없다.
③ 도장작업장은 폭발시를 대비하여 지붕을 시공한다.
④ 도장실의 환기덕트를 주기적으로 청소하여 도료가 덕트 내에 부착되지 않게 한다.

해설 **도장작업 공정에서의 위험도**
(1) 도장작업 그 자체 못지않게 **건조공정**도 **위험**하다.
(2) 도장작업에서는 **인화성** 또는 **가연성 용제**가 쓰이므로 **폭발**의 **위험**이 있다.
(3) 도장작업장은 폭발시를 대비하여 **지붕**을 시공한다.
(4) 도장실의 환기덕트를 주기적으로 청소하여 도료가 덕트 내에 부착되지 않게 한다.

② 인화성 용제가 쓰이지 않으므로 폭발의 위험이 없다. → **인화성** 또는 **가연성 용제**가 쓰이므로 **폭발**의 **위험**이 있다.

답 ②

### 16 방호공간 안에서 화재의 세기를 나타내고 화재가 진행되는 과정에서 온도에 따라 변하는 것으로 온도-시간 곡선으로 표시할 수 있는 것은?

02.03.문19

① 화재저항
② 화재가혹도
③ 화재하중
④ 화재플럼

해설

| 구 분 | 화재하중(fire load) | 화재가혹도(fire severity) |
|---|---|---|
| 정의 | 화재실 또는 화재구획의 단위바닥면적에 대한 등가 가연물량값 | ① 화재의 양과 질을 반영한 화재의 강도<br>② 방호공간 안에서 화재의 세기를 나타냄 |
| 계산식 | 화재하중<br>$q=\frac{\Sigma G_t H_t}{HA} = \frac{\Sigma Q}{4500A}$<br>여기서,<br>$q$ : 화재하중[kg/m$^2$]<br>$G_t$ : 가연물의 양[kg]<br>$H_t$ : 가연물의 단위발열량 [kcal/kg]<br>$H$ : 목재의 단위발열량 [kcal/kg]<br>$A$ : 바닥면적[m$^2$]<br>$\Sigma Q$ : 가연물의 전체 발열량[kcal] | 화재가혹도<br>=지속시간×최고온도<br>화재시 지속시간이 긴 것은 가연물량이 많은 양적 개념이며, 연소시 최고온도는 최성기 때의 온도로서 화재의 질적 개념이다. |
| 비교 | ① 화재의 **규모**를 판단하는 척도<br>② **주수시간**을 결정하는 인자 | ① 화재의 **강도**를 판단하는 척도<br>② **주수율**을 결정하는 인자 |

용어

| 화재플럼 | 화재저항 |
|---|---|
| 상승력이 커진 부력에 의해 연소가스와 유입공기가 상승하면서 화염이 섞인 연기 기둥형태를 나타내는 현상 | 화재시 최고온도의 지속시간을 견디는 내력 |

답 ②

★★
**17** 다음 위험물 중 특수인화물이 아닌 것은?

08.09.문06

① 아세톤 ② 디에틸에테르
③ 산화프로필렌 ④ 아세트알데히드

해설 **특수인화물**
(1) 디에틸에테르
(2) 이황화탄소
(3) 아세트알데히드
(4) 산화프로필렌
(5) 이소프렌
(6) 펜탄
(7) 디비닐에테르
(8) 트리클로로실란

① 아세톤 : 제1석유류

답 ①

★★★
**18** 다음 중 가연물의 제거를 통한 소화방법과 무관한 것은?

16.10.문07
16.03.문12
14.05.문11
13.03.문01
11.03.문04
08.09.문17

① 산불의 확산방지를 위하여 산림의 일부를 벌채한다.
② 화학반응기의 화재시 원료공급관의 밸브를 잠근다.
③ 전기실 화재시 IG-541 약제를 방출한다.
④ 유류탱크 화재시 주변에 있는 유류탱크의 유류를 다른 곳으로 이동시킨다.

해설 **제거소화**의 **예**
(1) **가연성 기체** 화재시 **주밸브**를 **차단**한다(화학반응기의 화재시 원료공급관의 **밸브**를 **잠금**).
(2) **가연성 액체** 화재시 펌프를 이용하여 **연료**를 제거한다.
(3) **연료탱크**를 **냉각**하여 가연성 가스의 발생속도를 작게 하여 연소를 억제한다.
(4) 금속화재시 **불활성 물질**로 가연물을 덮는다.
(5) **목재**를 **방염처리**한다.
(6) 전기화재시 **전원**을 **차단**한다.
(7) 산불이 발생하면 화재의 진행방향을 앞질러 **벌목**한다(산불의 확산방지를 위하여 **산림**의 **일부**를 **벌채**).
(8) 가스화재시 **밸브**를 **잠궈** 가스흐름을 차단한다(가스화재시 중간밸브를 잠금).
(9) 불타고 있는 장작더미 속에서 아직 타지 않은 것을 안전한 곳으로 **운반**한다.
(10) 유류탱크 화재시 주변에 있는 유류탱크의 유류를 다른 곳으로 이동시킨다.
(11) 촛불을 입김으로 불어서 끈다.

③ **질식소화** : IG-541(불활성기체 소화약제)

용어

**제거효과**
가연물을 반응계에서 제거하든지 또는 반응계로의 공급을 정지시켜 소화하는 효과

답 ③

★★★
**19** 화재 표면온도(절대온도)가 2배로 되면 복사에너지는 몇 배로 증가되는가?

14.09.문14
13.09.문01
13.06.문08

① 2 ② 4
③ 8 ④ 16

해설 **스테판-볼츠만**의 **법칙**(Stefan-Boltzman's law)

$$\frac{Q_2}{Q_1} = \frac{(273+T_2)^4}{(273+T_1)^4} = (2\text{배})^4 = 16\text{배}$$

• 열복사량은 복사체의 **절대온도**의 **4제곱**에 **비례**하고, **단면적**에 **비례**한다.

참고

**스테판-볼츠만의 법칙(Stefan-Boltzman's law)**

$$Q = aAF(T_1^{\ 4} - T_2^{\ 4})$$

여기서, $Q$ : 복사열[W]
$a$ : 스테판-볼츠만 상수[W/m$^2$·K$^4$]
$A$ : 단면적[m$^2$]
$F$ : 기하학적 Factor
$T_1$ : 고온[K]
$T_2$ : 저온[K]

답 ④

**20** 산불화재의 형태로 틀린 것은?

02.05.문14
① 지중화형태 ② 수평화형태
③ 지표화형태 ④ 수관화형태

해설 **산림화재**의 **형태**

| 구 분 | 설 명 |
|---|---|
| **지중화** | 나무가 썩어서 그 **유기물**이 타는 것 |
| **지표화** | 나무 주위에 떨어져 있는 **낙엽** 등이 타는 것 |
| **수간화** | 나무**기둥**부터 타는 것 |
| **수관화** | 나뭇**가지**부터 타는 것 |

답 ②

## 제 2 과목 소방전기일반

**21** 그림과 같은 회로에서 A-B 단자에 나타나는 전압은 몇 V인가?

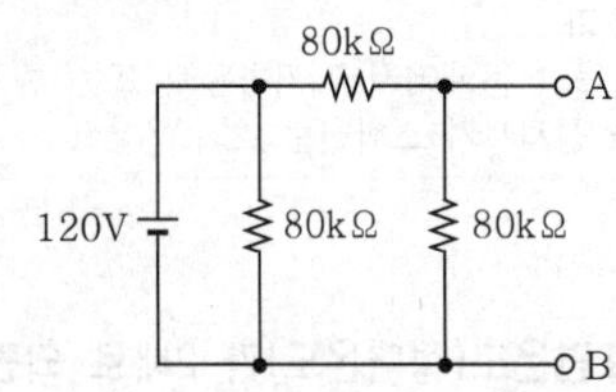


① 20 ② 40
③ 60 ④ 80

해설 (1) 회로를 이해하기 쉽도록 변형

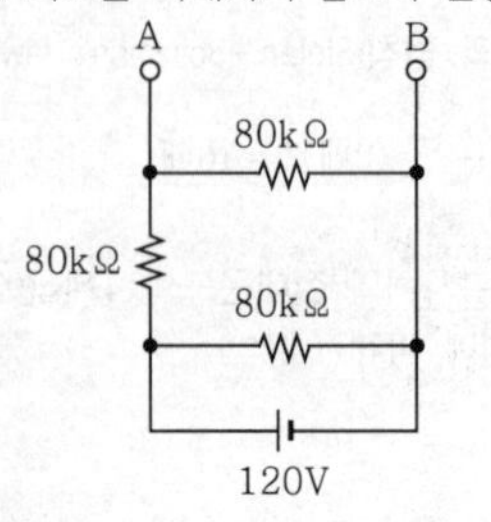


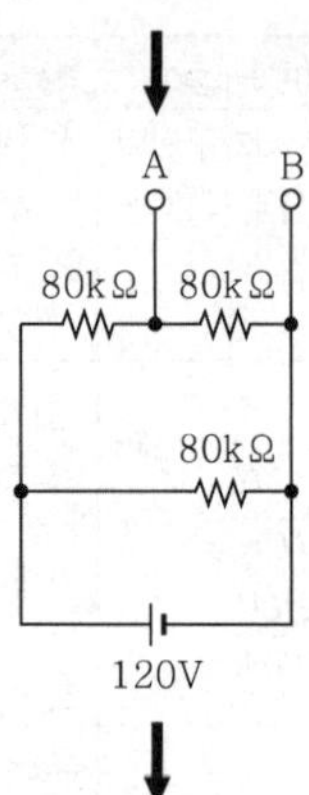


직렬저항값=80+80=160kΩ

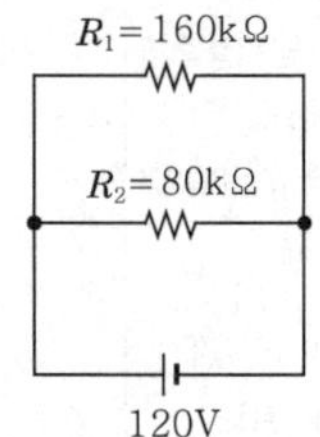


(2) **전체 저항**

$$R = \frac{R_1 \times R_2}{R_1 + R_2}$$

여기서, $R$ : 전체 저항[Ω]
$R_1$, $R_2$ : 각각의 저항[Ω]

**전체 저항** $R$은

$$R = \frac{R_1 \times R_2}{R_1 + R_2} = \frac{160 \times 80}{160 + 80} ≒ 53.3\text{k}\Omega = 53.3 \times 10^3\,\Omega$$

(3) **전체 전류**

$$I = \frac{V}{R}$$

여기서, $I$ : 전체 전류[A]
$V$ : 전압[V]
$R$ : 전체 저항[Ω]

**전체 전류** $I$는

$$I = \frac{V}{R} = \frac{120}{53.3 \times 10^3} ≒ 2.25 \times 10^{-3}\text{A}$$

• 53.3kΩ = 53.3×10$^3$Ω

(4) **각각의 전류**

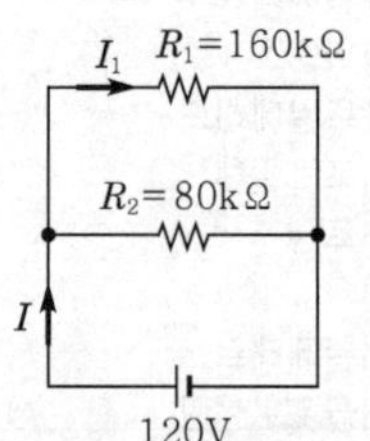


$$I_1 = \frac{R_2}{R_1 + R_2} I$$

여기서, $I_1$ : $R_1$에 흐르는 전류〔A〕

$R_1$, $R_2$ : 각각의 저항〔Ω〕

$I$ : 전체 전류〔A〕

$R_1$에 흐르는 **전류** $I_1$은

$$I_1 = \frac{R_2}{R_1 + R_2} I$$

$$= \frac{80 \times \cancel{10^3}}{(160+80) \times \cancel{10^3}} \times 2.25 \times 10^{-3}$$

$$= 7.5 \times 10^{-4}\text{A}$$

(5) **A－B 단자전압**

$I_1 = 7.5 \times 10^{-4}\text{A}$

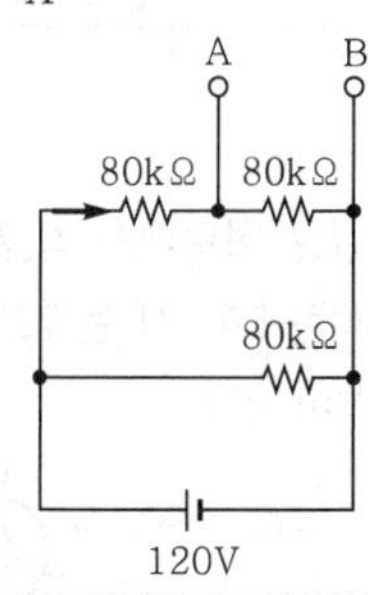


$$V_{A-B} = I_1 R_{A-B}$$

여기서, $V_{A-B}$ : A－B 단자전압〔V〕

$I_1$ : 전류〔A〕

$R_{A-B}$ : A－B 단자저항〔Ω〕

**A－B 단자전압** $V_{A-B}$는

$$V_{A-B} = I_1 R_{A-B}$$

$$= (7.5 \times 10^{-4}) \times (80 \times 10^3)$$

$$= 60\text{V}$$

• 80kΩ＝$80 \times 10^3$Ω

답 ③

★★

## 22 부궤한증폭기의 장점에 해당되는 것은?

13.09.문38

① 전력이 절약된다.

② 안정도가 증진된다.

③ 증폭도가 증가된다.

④ 능률이 증대된다.

해설 **부궤환증폭기**

| 장 점 | 단 점 |
|---|---|
| ① **안**정도 **증**진<br>② 대역폭 확장<br>③ 잡음 감소<br>④ 왜곡 감소 | 이득 감소 |

기억법 **부안증**

답 ②

★★★

## 23 전기기기에서 생기는 손실 중 권선의 저항에 의하여 생기는 손실은?

16.10.문36
14.09.문22
11.10.문24

① 철손 ② 동손

③ 표유부하손 ④ 히스테리시스손

해설

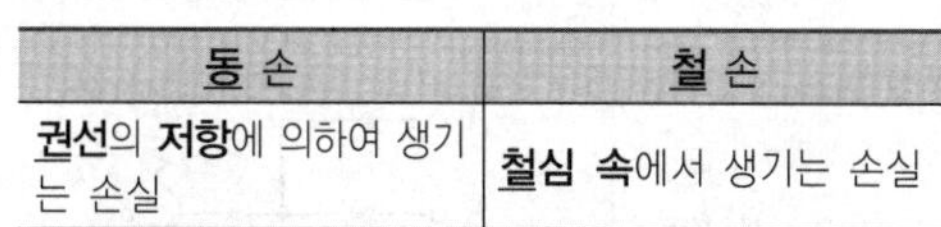

| 동 손 | 철 손 |
|---|---|
| **권선**의 **저항**에 의하여 생기는 손실 | **철심 속**에서 생기는 손실 |

기억법 **권동철철**

중요

**무부하손**

(1) 철손

(2) 저항손

(3) 유전체손

답 ②

★★★

## 24 그림과 같은 무접점회로는 어떤 논리회로인가?

16.10.문28
13.03.문29
11.06.문25

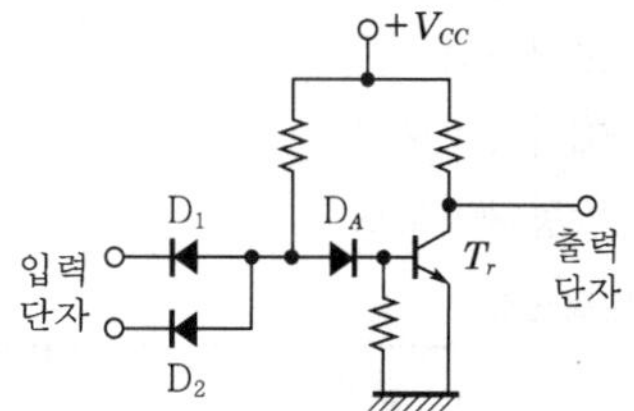


① NOR ② OR

③ NAND ④ AND

해설 **논리회로**와 **전자회로**

| 명 칭 | 회 로 |
|---|---|
| AND 게이트 | +5V(또는 +$V_{CC}$)<br>$A$ ─ $B$ ─ 출력 |
| | $A$ ─ $B$ ─ 출력 |
| OR 게이트 | $A$ ─ $B$ ─ 출력 |
| | +5V(또는 +$V_{CC}$)<br>$A$ ─ 출력<br>$B$ |

| | |
|---|---|
| NOT 게이트 | |
| NOR 게이트 | |
| NAND 게이트 | |

답 ③

★★★
## 25 열감지기의 온도감지용으로 사용하는 소자는?

17.05.문35
16.10.문30
15.05.문38
14.09.문40
14.05.문24
14.03.문27
11.06.문37

① 서미스터
② 바리스터
③ 제너다이오드
④ 발광다이오드

해설 **반도체소자**

| 명 칭 | 심 벌 |
|---|---|
| **제너다이오드**(zener diode) : 주로 정전압 전원회로에 사용된다. | |
| **서미스터**(thermistor) : 부온도 특성을 가진 저항기의 일종으로서 주로 **온**도 보정용(**온도감지용**)으로 쓰인다.<br>기억법 **서온(서운해)** | *Th* |
| **SCR**(Silicon Controlled Rectifier) : 단방향 대전류 스위칭소자로서 제어를 할 수 있는 정류소자이다. | *A* *K* *G* |
| **바리스터**(varistor)<br>• 주로 **서**지전압(과도전압)에 대한 회로보호용<br>• **계**전기접점의 불꽃제거<br>기억법 **바리서계** | |
| **UJT**(Unijunction transistor, **단일접합 트랜지스터**) : 증폭기로는 사용이 불가능하고 톱니파나 펄스발생기로 작용하며 SCR의 트리거소자로 쓰인다. | *E* $B_1$ $B_2$ |
| **버랙터**(varactor) : 제너현상을 이용한 다이오드 | – |

중요

**서미스터의 종류**

| 소 자 | 설 명 |
|---|---|
| NTC | 화재시 온도 상승으로 인해 저항값이 **감소**하는 반도체소자<br>기억법 N감(인감) |
| PTC | 온도 상승으로 인해 저항값이 **증가**하는 반도체소자 |
| CTR | 특정 온도에서 저항값이 **급격히 변하는** 반도체소자 |

답 ①

★★★
## 26 그림과 같은 회로에서 각 계기의 지시값이 Ⓥ는 180V, Ⓐ는 5A, $W$는 720W라면 이 회로의 무효전력[Var]은?

10.09.문27
06.03.문32
98.10.문22
97.10.문35

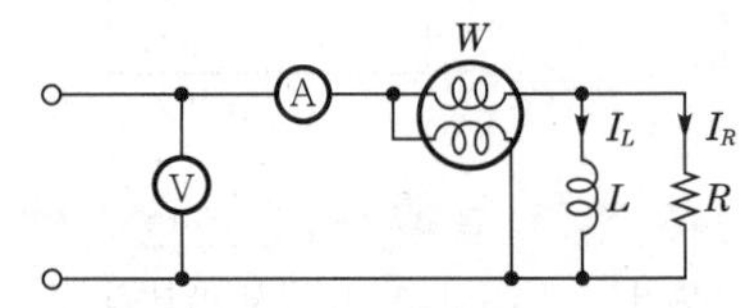


① 480 ② 540
③ 960 ④ 1200

해설 **피상전력**

$$P_a = VI = \sqrt{P^2 + P_r^2} = I^2 Z$$

여기서, $P_a$ : 피상전력[VA]
$V$ : 전압[V]
$I$ : 전류[A]
$P$ : 유효전력[W]
$P_r$ : 무효전력[Var]
$Z$ : 임피던스[Ω]

**피상전력** $P_a$는

$P_a = VI = 180 \times 5 = 900\text{VA}$

$P_a = \sqrt{P^2 + P_r^2}$ 에서

$P_a^2 = (\sqrt{P^2 + P_r^2})^2$

$P_a^2 = P^2 + P_r^2$

$P_a^2 - P^2 = P_r^2$

$P_r^2 = P_a^2 - P^2$

$\sqrt{P_r^2} = \sqrt{P_a^2 - P^2}$

$P_r = \sqrt{P_a^2 - P^2}$

**무효전력** $P_r$은

$P_r = \sqrt{P_a^2 - P^2}$
$= \sqrt{900^2 - 720^2} = 540\text{Var}$

답 ②

## 27 정현파 신호 $\sin t$의 전달함수는?

08.05.문30

① $\frac{1}{s^2+1}$ ② $\frac{1}{s^2-1}$

③ $\frac{s}{s^2+1}$ ④ $\frac{s}{s^2-1}$

해설 **계의 전달함수**

| $\sin t$ | $\cos t$ |
|---|---|
| $\sin t = \frac{1}{s^2+1}$ | $\cos t = \frac{s}{s^2+1}$ |

비교

**계의 전달함수**

| $\sin\omega t$ | $\cos\omega t$ |
|---|---|
| $\sin\omega t = \frac{\omega}{s^2+\omega^2}$ | $\cos\omega t = \frac{s}{s^2+\omega^2}$ |

답 ①

## 28 제어량이 압력, 온도 및 유량 등과 같은 공업량일 경우의 제어는?

16.10.문35 16.05.문22 16.03.문32 15.05.문23 15.03.문22 14.09.문23 13.09.문27 11.03.문30

① 시퀀스제어
② 프로세스제어
③ 추종제어
④ 프로그램제어

해설 **제어량**에 의한 **분류**

| 분류방법 | 제어량 |
|---|---|
| **프**로세스제어 (공정제어) | • **온**도 • **압**력 • **유**량 • **액**면 <br> 기억법 프온압유액 |
| **서**보기구 | • **위**치 • **방**위 • **자**세 <br> 기억법 서위방자 |
| 자동조정 | • **전**압 • **전**류 • **주**파수 • **회**전속도 (발전기의 조속기) • **장**력 <br> 기억법 전전주회장 |

용어

**프로세스제어**(공정제어)
공업공정의 상태량을 제어량으로 하는 제어

답 ②

## 29 SCR를 턴온시킨 후 게이트전류를 0으로 하여도 온(ON)상태를 유지하기 위한 최소의 애노드전류를 무엇이라 하는가?

13.03.문38 08.03.문35

① 래칭전류
② 스텐드온전류
③ 최대전류
④ 순시전류

해설 **래칭전류**(latching current)

(1) **트**리거신호가 제거된 직후에 사이리스터를 **ON상태**로 유지하는 데 필요로 하는 **최소**한의 주전류
(2) SCR를 **턴**온시킨 후 **게이트전류**를 **0**으로 하여도 **온(ON)상태**를 유지하기 위한 **최소**의 애노드전류

기억법 래트턴(편지턴)

답 ①

## 30 인덕턴스가 1H인 코일과 정전용량이 0.2$\mu$F인 콘덴서를 직렬로 접속할 때 이 회로의 공진주파수는 약 몇 Hz인가?

10.05.문22 08.05.문27

① 89 ② 178
③ 267 ④ 356

해설 (1) **기호**

- $L$ : 1H
- $C$ : $0.2\mu F = 0.2\times10^{-6}F(1\mu F = 10^{-6}F)$
- $f_0$ : ?

(2) **공진주파수**

$$f_0 = \frac{1}{2\pi\sqrt{LC}}$$

여기서, $f_0$ : 공진주파수〔Hz〕
$L$ : 인덕턴스〔H〕
$C$ : 정전용량〔F〕

**공진주파수** $f_0$는

$$f_0 = \frac{1}{2\pi\sqrt{LC}} = \frac{1}{2\pi\sqrt{1\times(0.2\times10^{-6})}} \fallingdotseq 356\text{Hz}$$

답 ④

## 31 단상 반파정류회로에서 교류 실효값 220V를 정류하면 직류 평균전압은 약 몇 V인가? (단, 정류기의 전압강하는 무시한다.)

16.05.문27 16.05.문31 13.06.문33 12.03.문35 07.05.문34

① 58 ② 73
③ 88 ④ 99

**해설** **직류 평균전압**

| 단상 반파정류회로 | 단상 전파정류회로 |
|---|---|
| $E_{av}=0.45E$ | $E_{av}=0.9E$ |
| 여기서,<br>$E_{av}$ : 직류 평균전압〔V〕<br>$E$ : 교류 실효값〔V〕 | 여기서,<br>$E_{av}$ : 직류 평균전압〔V〕<br>$E$ : 교류 실효값〔V〕 |

$E_{av}=0.45E=0.45\times 220=99\mathrm{V}$

답 ④

★★★
## 32 논리식 $X+\overline{X}Y$를 간단히 하면?

17.09.문33 17.03.문23 16.05.문36 16.03.문39 15.09.문23 15.03.문39 13.09.문30 13.06.문35

① $X$

② $X\overline{Y}$

③ $\overline{X}Y$

④ $X+Y$

**해설** **불대수의 정리**

| 논리합 | 논리곱 | 비 고 |
|---|---|---|
| $X+0=X$ | $X\cdot 0=0$ | - |
| $X+1=1$ | $X\cdot 1=X$ | - |
| $X+X=X$ | $X\cdot X=X$ | - |
| $X+\overline{X}=1$ | $X\cdot\overline{X}=0$ | - |
| $X+Y=Y+X$ | $X\cdot Y=Y\cdot X$ | 교환법칙 |
| $X+(Y+Z)=(X+Y)+Z$ | $X(YZ)=(XY)Z$ | 결합법칙 |
| $X(Y+Z)=XY+XZ$ | $(X+Y)(Z+W)=XZ+XW+YZ+YW$ | 분배법칙 |
| $X+XY=X$ | $\overline{X}+XY=\overline{X}+Y$<br>$X+\overline{X}Y=X+Y$<br>$X+\overline{X}\,\overline{Y}=X+\overline{Y}$ | 흡수법칙 |
| $(\overline{X+Y})=\overline{X}\cdot\overline{Y}$ | $(\overline{X\cdot Y})=\overline{X}+\overline{Y}$ | 드모르간의 정리 |

답 ④

★
## 33 온도 $t$〔℃〕에서 저항이 $R_1$, $R_2$이고 저항의 온도계수가 각각 $\alpha_1$, $\alpha_2$인 두 개의 저항을 직렬로 접속했을 때 합성저항 온도계수는?

① $\dfrac{R_1\alpha_2+R_2\alpha_1}{R_1+R_2}$

② $\dfrac{R_1\alpha_1+R_2\alpha_2}{R_1R_2}$

③ $\dfrac{R_1\alpha_1+R_2\alpha_2}{R_1+R_2}$

④ $\dfrac{R_1\alpha_2+R_2\alpha_1}{R_1R_2}$

**해설** (1) **도체의 저항**

$$R_2=R_1[1+\alpha_{t_1}(t_2-t_1)]\,[\Omega]$$

여기서, $R_1$ : $t_1$〔℃〕에 있어서의 도체의 저항〔Ω〕
$R_2$ : $t_2$〔℃〕에 있어서의 도체의 저항〔Ω〕
$t_1$ : 상승 전의 온도〔℃〕
$t_2$ : 상승 후의 온도〔℃〕
$\alpha_{t_1}$ : $t_1$〔℃〕에서의 저항온도계수

(2) **변형 식**

$R_1=R_1\alpha_1 t$, $R_2=R_2\alpha_2 t$

합성저항 $R=R_1+R_2=R\alpha t$

$R_1+R_2=R_1\alpha_1 t+R_2\alpha_2 t$

$=(R_1\alpha_1+R_2\alpha_2)t$

$R\alpha t=(R_1\alpha_1+R_2\alpha_2)t$

$\alpha=\dfrac{(R_1\alpha_1+R_2\alpha_2)t}{Rt}$

$=\dfrac{(R_1\alpha_1+R_2\alpha_2)t}{(R_1+R_2)t}$

$=\dfrac{R_1\alpha_1+R_2\alpha_2}{R_1+R_2}$

답 ③

★★★
## 34 단상 전력을 간접적으로 측정하기 위해 3전압계법을 사용하는 경우 단상 교류전력 $P$〔W〕는?

18.09.문23 15.09.문32 15.05.문34 08.09.문39 97.10.문23

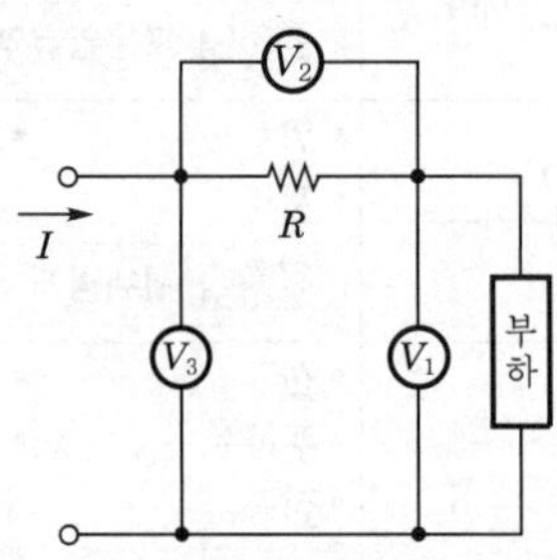


① $P=\dfrac{1}{2R}(V_3-V_2-V_1)^2$

② $P=\dfrac{1}{R}(V_3^{\,2}-V_1^{\,2}-V_2^{\,2})$

③ $P=\dfrac{1}{2R}(V_3^{\,2}-V_1^{\,2}-V_2^{\,2})$

④ $P=V_3I\cos\theta$

**해설** **3전압계법 vs 3전류계법**

| 3전압계법 | 3전류계법 |
|---|---|
| $P=\frac{1}{2R}(V_3^{\,2}-V_1^{\,2}-V_2^{\,2})$ | $P=\frac{R}{2}(I_3^{\,2}-I_1^{\,2}-I_2^{\,2})$ |
| 여기서,<br>$P$ : 교류전력(소비전력)〔kW〕<br>$R$ : 저항〔Ω〕<br>$V_1,\ V_2,\ V_3$ : 전압계의 지시값〔V〕 | 여기서,<br>$P$ : 교류전력(소비전력)〔kW〕<br>$R$ : 저항〔Ω〕<br>$I_1,\ I_2,\ I_3$ : 전류계의 지시값〔A〕 |

답 ③

★★
**35** 그림과 같은 $RL$직렬회로에서 소비되는 전력은 몇 W인가?
06.05.문38

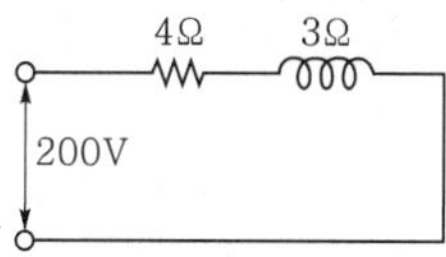


① 6400 ② 8800
③ 10000 ④ 12000

**해설** **$RL$ 직렬회로**

$$P=I^2R$$

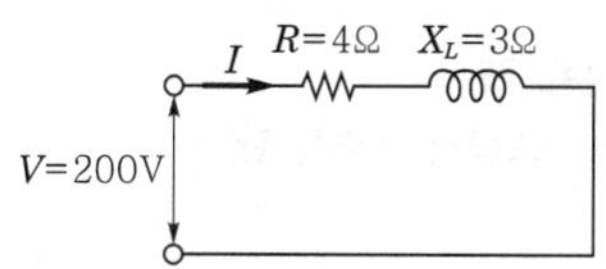


(1) 전류

$$I=\frac{V}{\sqrt{R^2+X_L^{\,2}}}$$

여기서, $I$ : 전류〔A〕
$V$ : 전압〔V〕
$R$ : 저항〔Ω〕
$X_L$ : 유도리액턴스〔Ω〕

**전류** $I$는

$$I=\frac{V}{\sqrt{R^2+X_L^{\,2}}}=\frac{200}{\sqrt{4^2+3^2}}=40\text{A}$$

(2) 전력

$$P=I^2R$$

여기서, $P$ : 전력〔W〕
$I$ : 전류〔A〕
$R$ : 저항〔Ω〕

- **소비**되는 **전력** $P$는
$P=I^2R=40^2\times4=6400\text{W}$

답 ①

★★★
**36** 선간전압 $E$〔V〕의 3상 평형 전원에 대칭 3상 저항 부하 $R$〔Ω〕이 그림과 같이 접속되었을 때 a, b 두 상 간에 접속된 전력계의 지시값이 $W$〔W〕라면 c상의 전류는?
16.05.문34
06.05.문21

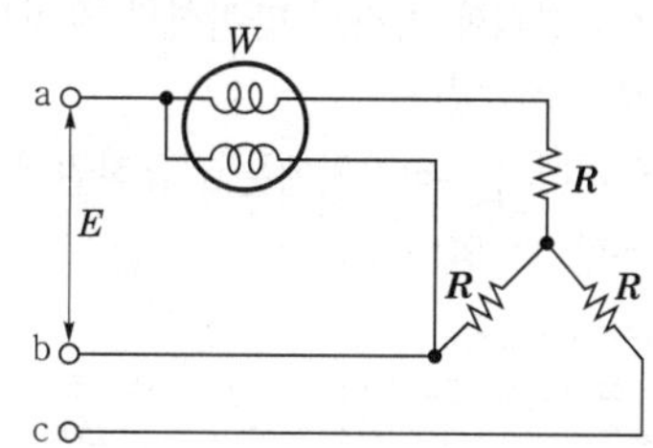


① $\frac{2W}{\sqrt{3}E}$ ② $\frac{3W}{\sqrt{3}E}$
③ $\frac{W}{\sqrt{3}E}$ ④ $\frac{\sqrt{3}W}{\sqrt{E}}$

**해설** **전력계법**

| 구분 | 접속도 | 전 류 |
|---|---|---|
| 1전력계법 | | $I=\frac{2W}{\sqrt{3}E}$<br>여기서,<br>$I$ : 전류〔A〕<br>$W$ : 전력계의 지시값〔W〕<br>$E$ : 선간전압〔V〕 |
| 2전력계법 | | $I=\frac{W_1+W_2}{\sqrt{3}E}$<br>여기서,<br>$I$ : 전류〔A〕<br>$W_1,\ W_2$ : 각 전력계의 지시값〔W〕<br>$E$ : 선간전압〔V〕 |
| 3전력계법 | | $I=\frac{W_1+W_2+W_3}{\sqrt{3}E}$<br>여기서,<br>$I$ : 전류〔A〕<br>$W_1,\ W_2,\ W_3$ : 각 전력계의 지시값〔W〕<br>$E$ : 선간전압〔V〕 |

답 ①

### 37 교류전력변환장치로 사용되는 인버터회로에 대한 설명으로 옳지 않은 것은?

07.03.문38 04.05.문23 00.10.문36

① 직류전력을 교류전력으로 변환하는 장치를 인버터라고 한다.
② 전류형 인버터와 전압형 인버터로 구분할 수 있다.
③ 전류방식에 따라서 타려식과 자려식으로 구분할 수 있다.
④ 인버터의 부하장치에는 직류직권전동기를 사용할 수 있다.

해설 **인버터**(inverter)
(1) 직류전력을 교류전력으로 변환하는 장치
(2) 전류형 인버터와 전압형 인버터로 구분
(3) 전류방식에 따라서 타려식과 자려식으로 구분
(4) 인버터의 부하장치에는 **교류직권전동기** 사용

④ 직류직권전동기 → 교류직권전동기

답 ④

### 38 다이오드를 사용한 정류회로에서 과전압 방지를 위한 대책으로 가장 알맞은 것은?

08.05.문33

① 다이오드를 직렬로 추가한다.
② 다이오드를 병렬로 추가한다.
③ 다이오드의 양단에 적당한 값의 저항을 추가한다.
④ 다이오드의 양단에 적당한 값의 콘덴서를 추가한다.

해설 **다이오드 접속**
(1) **직렬접속** : **과전압**으로부터 보호

기억법 직압(지갑)

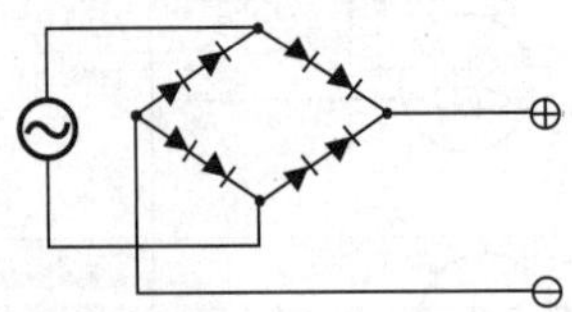

(2) **병렬접속** : **과전류**로부터 보호

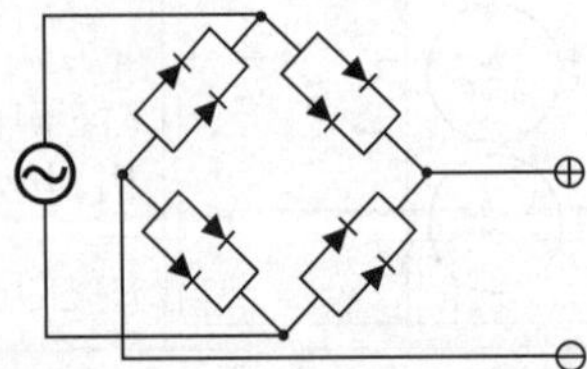

① **과전압 방지** : **다이오드**를 **직렬**로 **추가**한다.

답 ①

### 39 이미터전류를 1mA 증가시켰더니 컬렉터전류는 0.98mA 증가되었다. 이 트랜지스터의 증폭률 $\beta$는?

17.09.문21 10.03.문26

① 4.9 ② 9.8
③ 49.0 ④ 98.0

해설 (1) **기호**
- $I_E$ : 1mA
- $I_C$ : 0.98mA
- $\beta$ : ?

(2) **이미터접지(트랜지스터) 전류증폭률**

$$\beta = \frac{I_C}{I_B} = \frac{I_C}{I_E - I_C}$$

여기서, $\beta$ : 이미터접지 전류증폭률(이미터접지 전류증폭정수)
$I_C$ : 컬렉터전류[mA]
$I_B$ : 베이스전류[mA]
$I_E$ : 이미터전류[mA]

이미터접지 전류증폭률 $\beta$는

$$\beta = \frac{I_C}{I_E - I_C} = \frac{0.98}{1 - 0.98} = 49$$

- 분자, 분모의 단위만 일치시켜 주면 mA → A로 환산하지 않아도 된다. 그래도 의심되면 mA → A로 환산하자. 값은 동일하게 나온다.

$$\beta = \frac{I_C}{I_E - I_C} = \frac{0.98 \times \cancel{10^{-3}}}{(1-0.98) \times \cancel{10^{-3}}} = 49$$

비교

**베이스접지 전류증폭률**

$$\alpha = \frac{\beta}{1+\beta}$$

여기서, $\alpha$ : 베이스접지 전류증폭률
$\beta$ : 이미터접지 전류증폭률

- 이상적인 트랜지스터의 베이스접지 전류증폭률 $\alpha$는 1이다.
- 전류증폭률=전류증폭정수
- 베이스접지=베이스접지 증폭기

답 ③

### 40 저항이 4Ω, 인덕턴스가 8mH인 코일을 직렬로 연결하고 100V, 60Hz인 전압을 공급할 때 유효전력은 약 몇 kW인가?

16.03.문28 07.05.문24

① 0.8 ② 1.2
③ 1.6 ④ 2.0

해설 (1) 기호

- $R$ : 4Ω
- $L$ : 8mH=8×10⁻³H(1mH=10⁻³H)
- $V$ : 100V
- $f$ : 60Hz
- $P$ : ?

(2) 유도리액턴스

$$X_L = 2\pi f L$$

여기서, $X_L$ : 유도리액턴스〔Ω〕
$f$ : 주파수〔Hz〕
$L$ : 인덕턴스〔H〕

유도리액턴스 $X_L$는

$X_L = 2\pi f L = 2\pi \times 60 \times (8 \times 10^{-3}) \fallingdotseq 3\Omega$

(3) 전류

$$I = \frac{V}{Z} = \frac{V}{\sqrt{R^2 + X_L{}^2}}$$

여기서, $I$ : 전류〔A〕
$V$ : 전압〔V〕
$Z$ : 임피던스〔Ω〕
$R$ : 저항〔Ω〕
$X_L$ : 유도리액턴스〔Ω〕

전류 $I$는

$I = \frac{V}{\sqrt{R^2 + X_L{}^2}} = \frac{100}{\sqrt{4^2 + 3^2}} = 20\text{A}$

(4) 유효전력

$$P = I^2 R$$

여기서, $P$ : 유효전력〔W〕
$I$ : 전류〔A〕
$R$ : 저항〔Ω〕

유효전력 $P$는

$P = I^2 R = 20^2 \times 4 = 1600\text{W} = 1.6\text{kW}$

답 ③

## 제 3 과목 소방관계법규

★★★

**41** 소방본부장 또는 소방서장은 건축허가 등의 동의요구서류를 접수한 날부터 최대 며칠 이내에 건축허가 등의 동의 여부를 회신하여야 하는가? (단, 허가 신청한 건축물은 지상으로부터 높이가 200m인 아파트이다.)

17.03.문59
14.03.문60
11.10.문58

① 5일 ② 7일
③ 10일 ④ 15일

해설 **소방시설법 시행규칙 4조**
건축허가 등의 동의 여부 회신

| 날 짜 | 연면적 |
|---|---|
| 5일 이내 | • 기타 |
| 10일 이내 | • 50층 이상(지하층 제외) 또는 지상으로부터 높이 200m 이상인 아파트 ← 보기 ③<br>• 30층 이상(지하층 포함) 또는 지상 120m 이상(아파트 제외)<br>• 연면적 20만m² 이상(아파트 제외) |

답 ③

★★★

**42** 소방기본법령상 소방활동구역의 출입자에 해당되지 않는 자는?

15.03.문43
11.06.문48
06.03.문44

① 소방활동구역 안에 있는 소방대상물의 소유자·관리자 또는 점유자
② 전기·가스·수도·통신·교통의 업무에 종사하는 사람으로서 원활한 소방활동을 위하여 필요한 자
③ 화재건물과 관련 있는 부동산업자
④ 취재인력 등 보도업무에 종사하는 자

해설 **기본령 8조**
소방활동구역 출입자

(1) 소방활동구역 **안**에 있는 소방대상물의 **소유자**·**관리자** 또는 **점유자**
(2) **전기**·**가스**·**수도**·**통신**·**교통**의 업무에 종사하는 자로서 원활한 **소방활동**을 위하여 필요한 자
(3) **의사**·**간호사**, 그 밖의 구조·구급업무에 종사하는 자
(4) **취재인력** 등 보도업무에 종사하는 자
(5) **수사업무**에 종사하는 자
(6) **소방대장**이 소방활동을 위하여 **출입**을 **허가**한 자

③ 부동산업자는 관계인이 아니므로 해당 없음

용어

**소방활동구역**
화재, 재난·재해, 그 밖의 위급한 상황이 발생한 현장에 정하는 구역

답 ③

★★★

**43** 소방기본법상 화재현상에서의 피난 등을 체험할 수 있는 소방체험관의 설립·운영권자는?

16.03.문44
08.05.문54

① 시·도지사
② 행정안전부장관
③ 소방본부장 또는 소방서장
④ 소방청장

해설 **기본법 5조 ①항**
설립과 운영

| 소방박물관 | 소방체험관 |
|---|---|
| 소방청장 | 시·도지사 |

**중요**

**시 · 도지사**

(1) 제조소 등의 설치**허**가(위험물법 6조)
(2) 소방업무의 지휘 · 감독(기본법 3조)
(3) 소방체험관의 설립 · 운영(기본법 5조)
(4) 소방업무에 관한 세부적인 종합계획 수립 및 소방업무 수행(기본법 6조)
(5) **화**재경계지구의 지정(기본법 13조)

**기억법** **시허화**

**용어**

**시 · 도지사**

(1) 특별시장
(2) 광역시장
(3) 도지사
(4) 특별자치시
(5) 특별자치도

**답** ①

## 44

16.05.문46 15.09.문03 15.09.문18 15.05.문10 15.05.문42 15.03.문51 14.09.문18 14.03.문18 11.06.문54

**산화성 고체인 제1류 위험물에 해당되는 것은?**

① 질산염류
② 특수인화물
③ 과염소산
④ 유기과산화물

**해설** **위험물령 [별표 1]**
**위험물**

| 유 별 | 성 질 | 품 명 |
|---|---|---|
| 제**1**류 | **산**화성 **고**체 | • 아염소산**염류**<br>• 염소산**염류**<br>• 과염소산**염류**<br>• 질산**염류**<br>• **무기과산화물**<br>**기억법** 1산고(일산GO), ~염류, 무기과산화물 |
| 제**2**류 | 가연성 고체 | • **황화**린<br>• **적**린<br>• **유**황<br>• **마**그네슘<br>• 금속분<br>**기억법** 2황화적유마 |
| 제3류 | 자연발화성 물질 및 금수성 물질 | • **황**린<br>• **칼**륨<br>• **나**트륨<br>• **트**리에틸**알**루미늄<br>• 금속의 수소화물<br>**기억법** 황칼나트알 |
| 제4류 | 인화성 액체 | • 특수인화물<br>• 석유류(벤젠)<br>• 알코올류<br>• 동식물유류 |
| 제5류 | 자기반응성 물질 | • 유기과산화물<br>• 니트로화합물<br>• 니트로소화합물<br>• 아조화합물<br>• 질산에스테르류(셀룰로이드) |
| 제6류 | 산화성 액체 | • 과염소산<br>• 과산화수소<br>• 질산 |

② 제4류 위험물
③ 제6류 위험물
④ 제5류 위험물

**답** ①

## 45

12.09.문56

**소방시설관리업자가 기술인력을 변경하는 경우, 시 · 도지사에게 제출하여야 하는 서류로 틀린 것은?**

① 소방시설관리업 등록수첩
② 변경된 기술인력의 기술자격증(자격수첩)
③ 기술인력연명부
④ 사업자등록증 사본

**해설** **소방시설법 시행규칙 25조**
**소방시설관리업의 기술인력을 변경하는 경우의 서류**

(1) 소방시설관리업 등록수첩
(2) 변경된 기술인력의 기술자격증(자격수첩)
(3) 기술인력연명부

**답** ④

## 46

13.03.문42 10.03.문45

**소방대라 함은 화재를 진압하고 화재, 재난 · 재해, 그 밖의 위급한 상황에서 구조 · 구급 활동 등을 하기 위하여 구성된 조직체를 말한다. 소방대의 구성원으로 틀린 것은?**

① 소방공무원
② 소방안전관리원
③ 의무소방원
④ 의용소방대원

**해설** **기본법 2조**
**소방대**

(1) 소방공무원
(2) 의무소방원
(3) 의용소방대원

**답** ②

★★
**47** 15.05.문55 11.03.문54

**소방기본법령상 인접하고 있는 시·도 간 소방업무의 상호응원협정을 체결하고자 할 때, 포함되어야 하는 사항으로 틀린 것은?**

① 소방교육·훈련의 종류에 관한 사항
② 화재의 경계·진압활동에 관한 사항
③ 출동대원의 수당·식사 및 의복의 수선의 소요경비의 부담에 관한 사항
④ 화재조사활동에 관한 사항

해설 **기본규칙 8조**
**소방업무의 상호응원협정**
(1) 다음의 **소방활동**에 관한 사항
㉠ 화재의 경계·진압활동
㉡ 구조·구급업무의 지원
㉢ 화재조사활동
(2) **응원출동 대상지역** 및 **규모**
(3) **필요한 경비**의 **부담**에 관한 사항
㉠ 출동대원의 수당·식사 및 의복의 수선
㉡ 소방장비 및 기구의 정비와 연료의 보급
(4) **응원출동**의 **요청방법**
(5) **응원출동 훈련** 및 **평가**

① 소방교육·훈련의 종류는 해당 없음

답 ①

★★★
**48** 18.04.문56 16.05.문49 14.03.문58 11.06.문49

**화재예방, 소방시설 설치·유지 및 안전관리에 관한 법령상 건축허가 등의 동의를 요구한 기관이 그 건축허가 등을 취소하였을 때, 취소한 날부터 최대 며칠 이내에 건축물 등의 시공지 또는 소재지를 관할하는 소방본부장 또는 소방서장에게 그 사실을 통보하여야 하는가?**

① 3일
② 4일
③ 7일
④ 10일

해설 7일
(1) 위험물이나 물건의 보관기간(기본령 3조)
(2) 건축허가 등의 취소통보(소방시설법 시행규칙 4조)
(3) **소방공사 감리원**의 **배치통보일**(공사업규칙 17조)
(4) 소방공사 감리결과 통보·보고일(공사업규칙 19조)
(5) 소방**특**별조사 조사대상·**기**간·사유 **서**면 통지일(소방시설법 4조 3)
(6) 종합정밀점검·작동기능점검 결과보고서 제출일(소방시설법 시행규칙 19조)

기억법 감배7(감 배치), 특기서7(서치하다.)

답 ③

★★★
**49** 15.09.문57 10.03.문57

**다음 중 300만원 이하의 벌금에 해당되지 않는 것은?**

① 등록수첩을 다른 자에게 빌려준 자
② 소방시설공사의 완공검사를 받지 아니한 자
③ 소방기술자가 동시에 둘 이상의 업체에 취업한 사람
④ 소방시설공사 현장에 감리원을 배치하지 아니한 자

해설 **300만원 이하의 벌금**
(1) 소방특별조사를 정당한 사유없이 거부·방해·기피(소방시설법 50조)
(2) 소방기술과 관련된 법인 또는 단체 위탁시 위탁받은 업무종사자의 **비밀누설**(소방시설법 50조)
(3) 방염성능검사 합격표시 위조(소방시설법 50조)
(4) **소방안전관리자** 또는 **소방안전관리보조자 미선임**(소방시설법 50조)
(5) 다른 자에게 자기의 성명이나 상호를 사용하여 소방시설공사 등을 수급 또는 시공하게 하거나 소방시설업의 등록증·**등록수첩을 빌려준 자**(공사업법 37조)
(6) **감리원 미배치자**(공사업법 37조)
(7) 소방기술인정 자격수첩을 빌려준 자(공사업법 37조)
(8) **2 이상의 업체에 취업**한 자(공사업법 37조)
(9) 소방시설업자나 관계인 감독시 관계인의 업무를 방해하거나 비밀누설(공사업법 37조)

기억법 비3(비상)

② 200만원 이하의 과태료

중요

**200만원 이하의 과태료**
(1) 소방용수시설·소화기구 및 설비 등의 설치명령 위반(기본법 56조)
(2) 특수가연물의 저장·취급 기준 위반(기본법 56조)
(3) 한국119청소년단 또는 이와 유사한 명칭을 사용한 자(기본법 56조)
(4) 소방활동구역 출입(기본법 56조)
(5) 소방자동차의 출동에 지장을 준 자(기본법 56조)
(6) 관계인의 소방안전관리 업무 미수행(소방시설법 53조)
(7) **소방훈련** 및 **교육** 미실시자(소방시설법 53조)
(8) 소방시설의 점검결과 미보고(소방시설법 53조)
(9) 관계서류 미보관자(공사업법 40조)
(10) **소방기술자 미배치자**(공사업법 40조)
(11) 하도급 미통지자(공사업법 40조)
(12) **완공검사를 받지 아니한 자**(공사업법 40조)
(13) 방염성능기준 미만으로 방염한 자(공사업법 40조)

답 ②

★★
**50** 17.03.문50 14.09.문54 11.06.문50 09.03.문56

**화재예방, 소방시설 설치·유지 및 안전관리에 관한 법령상 특정소방대상물 중 오피스텔은 어느 시설에 해당하는가?**

① 숙박시설 ② 일반업무시설
③ 공동주택 ④ 근린생활시설

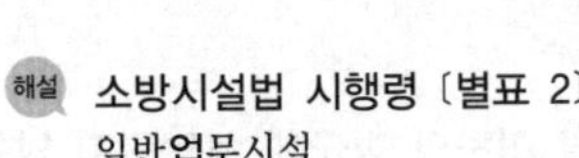



해설 **소방시설법 시행령 〔별표 2〕**
**일반업무시설**
(1) 금융업소
(2) 사무소
(3) 신문사
(4) **오**피스텔

기억법 **업오(업어주세요!)**

답 ②

★★★
**51** 18.09.문43 17.03.문57
**화재예방, 소방시설 설치 · 유지 및 안전관리에 관한 법령상 종사자수가 5명이고, 숙박시설이 모두 2인용 침대이며 침대수량은 50개인 청소년 시설에서 수용인원은 몇 명인가?**

① 55 ② 75
③ 85 ④ 105

해설 **소방시설법 시행령 〔별표 4〕**
**수용인원의 산정방법**

| 특정소방대상물 | | 산정방법 |
|---|---|---|
| • 숙박시설 | 침대가 있는 경우 → | 종사자수 + 침대수 |
| | 침대가 없는 경우 | 종사자수 + $\frac{\text{바닥면적 합계}}{3m^2}$ |
| • 강의실 • 상담실 • 휴게실 • 교무실 • 실습실 | | $\frac{\text{바닥면적 합계}}{1.9m^2}$ |
| • 기타 | | $\frac{\text{바닥면적 합계}}{3m^2}$ |
| • 강당 • 문화 및 집회시설, 운동시설 • 종교시설 | | $\frac{\text{바닥면적 합계}}{4.6m^2}$ |

• **소수점 이하는 반올림**한다.

기억법 **수반(수반! 동반!)**

숙박시설(침대가 있는 경우)
=종사자수 + 침대수 = 5명+(2인용×50개) =105명

답 ④

★
**52** **다음 중 중급기술자에 해당하는 학력 · 경력 기준으로 옳은 것은?**

① 박사학위를 취득한 후 2년 이상 소방관련업무를 수행한 사람
② 석사학위를 취득한 후 3년 이상 소방관련업무를 수행한 사람
③ 학사학위를 취득한 후 8년 이상 소방관련업무를 수행한 사람
④ 고등학교를 졸업 후 10년 이상 소방관련업무를 수행한 사람

해설 **엔지니어링산업진흥법 시행령 〔별표 2〕**
**엔지니어링기술자**

| 구분 / 기술등급 | 국가기술자격자 | 학력자 |
|---|---|---|
| 기술사 | • 기술사 | – |
| 특급 기술자 | • 기사+**10년** 이상<br>• 산업기사+**13년** 이상 | |
| 고급 기술자 | • 기사+**7년** 이상<br>• 산업기사+**10년** 이상 | |
| 중급 기술자 | • 기사+**4년** 이상<br>• 산업기사+**7년** 이상 | • 박사<br>• 석사+**3년** 이상<br>• 학사+**6년** 이상<br>• 전문대졸+**9년** 이상 |
| 초급 기술자 | • 기사<br>• 산업기사+**2년** 이상 | • 석사<br>• 학사<br>• 전문대졸+**3년** 이상 |

① 박사학위를 가진 사람
③ 8년 이상 → 6년 이상
④ 고등학교 졸업자는 해당 안 됨

답 ②

★★★
**53** 17.03.문55 15.09.문48 15.03.문58 14.05.문41 12.09.문52
**지정수량의 최소 몇 배 이상의 위험물을 취급하는 제조소에는 피뢰침을 설치해야 하는가? (단, 제6류 위험물을 취급하는 위험물제조소는 제외하고, 제조소 주위의 상황에 따라 안전상 지장이 없는 경우도 제외한다.)**

① 5배
② 10배
③ 50배
④ 100배

해설 **위험물규칙 〔별표 4〕**
**피뢰침의 설치**
지정수량의 **10배** 이상의 위험물을 취급하는 제조소(제6류 위험물을 취급하는 위험물제조소 제외)에는 **피뢰침**을 설치하여야 한다(단, 제조소 주위의 상황에 따라 안전상 지장이 없는 경우에는 피뢰침을 설치하지 아니할 수 있음).

기억법 **피10(피식 웃다!)**

비교

위험물령 15조
예방규정을 정하여야 할 제조소 등
(1) 10배 이상의 제조소 · 일반취급소
(2) 100배 이상의 옥외저장소
(3) 150배 이상의 옥내저장소
(4) 200배 이상의 옥외탱크저장소
(5) 이송취급소
(6) 암반탱크저장소

기억법 0 제일
0 외
5 내
2 탱

답 ②

54 소방특별조사 결과 소방대상물의 위치 · 구조 · 설비 또는 관리의 상황이 화재나 재난 · 재해 예방을 위하여 보완될 필요가 있거나 화재가 발생하면 인명 또는 재산의 피해가 클 것으로 예상되는 때에 관계인에게 그 소방대상물의 개수 · 이전 · 제거, 사용의 금지 또는 제한, 사용폐쇄, 공사의 정지 또는 중지, 그 밖의 필요한 조치를 명할 수 있는 자로 틀린 것은?

17.03.문47 15.05.문56 15.03.문57 13.06.문42 05.05.문46

① 시 · 도지사　② 소방서장
③ 소방청장　④ 소방본부장

해설 소방시설법 5조
소방특별조사 결과에 따른 조치명령
(1) 명령권자 : 소방청장 · 소방본부장 · 소방서장
(2) 명령사항
㉠ 소방특별조사 조치명령
㉡ 이전명령
㉢ 제거명령
㉣ 개수명령
㉤ 사용의 금지 또는 제한명령, 사용폐쇄
㉥ 공사의 정지 또는 중지명령

기억법 장본서 이제개사공

답 ①

55 다음 중 품질이 우수하다고 인정되는 소방용품에 대하여 우수품질인증을 할 수 있는 자는?

11.10.문41

① 산업통상자원부장관
② 시 · 도지사
③ 소방청장
④ 소방본부장 또는 소방서장

해설 소방청장
(1) 방염성능검사(소방시설법 13조)
(2) 소방박물관의 설립 · 운영(기본법 5조)
(3) 한국소방안전원의 정관 변경(기본법 43조)
(4) 한국소방안전원의 감독(기본법 48조)
(5) 소방대원의 소방교육 · 훈련 정하는 것(기본규칙 9조)
(6) 소방용품의 형식승인(소방시설법 36조)
(7) 우수품질제품 인증(소방시설법 40조)

기억법 검방청(검사는 방청객)

답 ③

56 소방기본법령상 위험물 또는 물건의 보관기간은 소방본부 또는 소방서의 게시판에 공고하는 기간의 종료일 다음 날부터 며칠로 하는가?

18.04.문56 16.05.문49 14.03.문58 11.06.문49

① 3일　② 5일
③ 7일　④ 14일

해설 7일
(1) 위험물이나 물건의 보관기간(기본령 3조)
(2) 건축허가 등의 취소통보(소방시설법 시행규칙 4조)
(3) 소방공사 감리원의 배치통보일(공사업규칙 17조)
(4) 소방공사 감리결과 통보 · 보고일(공사업규칙 19조)
(5) 소방특별조사 조사대상 · 기간 · 사유 서면 통지일(소방시설법 4조 3)
(6) 종합정밀점검 · 작동기능점검 결과보고서 제출일(소방시설법 시행규칙 19조)

기억법 감배7(감 배치), 특기서7(서치하다.)

답 ③

57 화재예방, 소방시설 설치 · 유지 및 안전관리에 관한 법령상 둘 이상의 특정소방대상물이 내화구조로 된 연결통로가 벽이 없는 구조로서 그 길이가 몇 m 이하인 경우 하나의 소방대상물로 보는가?

① 6　② 9
③ 10　④ 12

해설 소방시설법 시행령 〔별표 2〕
하나의 소방대상물로 보는 경우
둘 이상의 특정소방대상물이 내화구조의 복도 또는 통로(연결통로)로 연결된 경우로 하나의 소방대상물로 보는 경우

| 벽이 없는 경우 | 벽이 있는 경우 |
|---|---|
| 길이 6m 이하 | 길이 10m 이하 |

답 ①

58 제4류 위험물을 저장 · 취급하는 제조소에 "화기엄금"이란 주의사항을 표시하는 게시판을 설치할 경우 게시판의 색상은?

16.10.문53 15.03.문44 11.10.문45

① 청색바탕에 백색문자
② 적색바탕에 백색문자
③ 백색바탕에 적색문자
④ 백색바탕에 흑색문자

해설 **위험물규칙 〔별표 4〕**
**위험물제조소의 게시판 설치기준**

| 위험물 | 주의사항 | 비 고 |
|---|---|---|
| • 제1류 위험물(알칼리금속의 과산화물)<br>• 제3류 위험물(금수성 물질) | 물기엄금 | **청색**바탕에 **백색**문자 |
| • 제2류 위험물(인화성 고체 제외) | 화기주의 | **적색**바탕에 **백색**문자 |
| • 제2류 위험물(인화성 고체)<br>• 제3류 위험물(자연발화성 물질)<br>• **제4류 위험물** →<br>• 제5류 위험물 | **화기엄금** | |
| • 제6류 위험물 | 별도의 표시를 하지 않는다. | |

비교

**위험물규칙 〔별표 19〕**
**위험물 운반용기의 주의사항**

| 위험물 | | 주의사항 |
|---|---|---|
| 제1류 위험물 | 알칼리금속의 과산화물 | • 화기·충격주의<br>• 물기엄금<br>• 가연물 접촉주의 |
| | 기타 | • 화기·충격주의<br>• 가연물 접촉주의 |
| 제2류 위험물 | 철분·금속분·마그네슘 | • 화기주의<br>• 물기엄금 |
| | 인화성 고체 | • 화기엄금 |
| | 기타 | • 화기주의 |
| 제3류 위험물 | 자연발화성 물질 | • 화기엄금<br>• 공기접촉엄금 |
| | 금수성 물질 | • 물기엄금 |
| 제4류 위험물 | | • 화기엄금 |
| 제5류 위험물 | | • 화기엄금<br>• 충격주의 |
| 제6류 위험물 | | • 가연물 접촉주의 |

답 ②

★★★
**59** 소방시설을 구분하는 경우 소화설비에 해당되지 않는 것은?

12.09.문60 08.09.문55 08.03.문53

① 스프링클러설비 ② 제연설비
③ 자동확산소화기 ④ 옥외소화전설비

해설 **소방시설법 시행령 〔별표 1〕**
**소화설비**
(1) 소화기구·자동확산소화기(주거용 주방자동소화장치)
(2) 옥내소화전설비·옥외소화전설비
(3) 스프링클러설비·간이스프링클러설비·화재조기진압용 스프링클러설비
(4) 물분무소화설비·강화액소화설비

② 소화활동설비

비교

**소방시설법 시행령 〔별표 1〕**
**소화활동설비**
화재를 진압하거나 인명구조활동을 위하여 사용하는 설비
(1) **연**결송수관설비
(2) **연**결살수설비
(3) **연**소방지설비
(4) **무**선통신보조설비
(5) **제**연설비
(6) **비**상**콘**센트설비

기억법 **3연무제비콘**

답 ②

★★
**60** 위험물안전관리법상 청문을 실시하여 처분해야 하는 것은?

16.10.문41 15.05.문46

① 제조소 등 설치허가의 취소
② 제조소 등 영업정지처분
③ 탱크시험자의 영업정지처분
④ 과징금 부과처분

해설 **위험물법 29조**
**청문실시**
(1) 제조소 등 설치허가의 취소
(2) 탱크시험자의 등록 취소

중요

**위험물법 29조**
**청문실시자**
(1) 시·도지사
(2) 소방본부장
(3) 소방서장

비교

**공사업법 32조·소방시설법 44조**
**청문실시**
(1) 소방시설업 등록취소처분(공사업법 32조)
(2) 소방시설업 영업정지처분(공사업법 32조)
(3) 소방기술인정 자격취소처분(공사업법 32조)
(4) 소방시설관리사 자격의 취소 및 정지(소방시설법 44조)
(5) 소방시설관리업·소방시설업의 등록취소 및 영업정지(소방시설법 44조)
(6) 소방용품의 형식승인 취소 및 제품검사 중지(소방시설법 44조)
(7) 우수품질인증의 취소(소방시설법 44조)
(8) 제품검사전문기관의 지정취소 및 업무정지(소방시설법 44조)
(9) 소방용품의 성능인증 취소(소방시설법 44조)

답 ①

## 제 4 과목 소방전기시설의 구조 및 원리

★★★
**61** 무선통신보조설비의 증폭기에는 비상전원이 부착된 것으로 하고 비상전원의 용량은 무선통신보조설비를 유효하게 몇 분 이상 작동시킬 수 있는 것이어야 하는가?

17.03.문77 13.06.문72 07.09.문80

① 10분 ② 20분
③ 30분 ④ 40분

해설 **비상전원 용량**

| 설비의 종류 | 비상전원 용량 |
|---|---|
| • **자**동화재탐지설비<br>• 비상**경**보설비<br>• **자**동화재속보설비 | **10분** 이상 |
| • 유도등<br>• 비상콘센트설비<br>• 제연설비<br>• 물분무소화설비<br>• 옥내소화전설비(**30층** 미만)<br>• 특별피난계단의 계단실 및 부속실 제연설비(**30층** 미만) | **20분** 이상 |
| • 무선통신보조설비의 **증**폭기 | **30분** 이상 |
| • 옥내소화전설비(30~**49층** 이하)<br>• 특별피난계단의 계단실 및 부속실 제연설비(30~**49층** 이하)<br>• 연결송수관설비(30~**49층** 이하)<br>• 스프링클러설비(30~**49층** 이하) | **40분** 이상 |
| • 유도등 · 비상조명등(지하상가 및 11층 이상)<br>• 옥내소화전설비(**50층** 이상)<br>• 특별피난계단의 계단실 및 부속실 제연설비(**50층** 이상)<br>• 연결송수관설비(**50층** 이상)<br>• 스프링클러설비(**50층** 이상) | **60분** 이상 |

기억법 **경자비1(경자라는 이름은 비일비재하게 많다.)**
**3증(3중고)**

중요

**비상전원의 종류**

| 소방시설 | 비상전원 |
|---|---|
| 유도등 | 축전지 |
| 비상콘센트설비 | ① 자가발전설비<br>② 비상전원수전설비<br>③ 전기저장장치 |
| 옥내소화전설비, 물분무소화설비 | ① 자가발전설비<br>② 축전지설비<br>③ 전기저장장치 |

답 ③

★★★
**62** 비상방송설비의 배선에 대한 설치기준으로 틀린 것은?

18.09.문72 16.05.문71 12.05.문80

① 배선은 다른 용도의 전선과 동일한 관, 덕트, 몰드 또는 풀박스 등에 설치할 것
② 전원회로의 배선은 옥내소화전설비의 화재안전기준에 따른 내화배선으로 설치할 것
③ 화재로 인하여 하나의 층의 확성기 또는 배선이 단락 또는 단선되어도 다른 층의 화재통보에 지장이 없도록 할 것
④ 부속회로의 전로와 대지 사이 및 배선 상호간의 절연저항은 1경계구역마다 직류 250V의 절연저항측정기를 사용하여 측정한 절연저항이 0.1MΩ 이상이 되도록 할 것

해설 **비상방송설비의 배선**(NFSC 202 5조)
비상방송설비의 배선은 다른 전선과 **별도의 관**, 덕트, **몰드** 또는 **풀박스** 등에 설치할 것(단, **60V** 미만의 약전류회로에 사용하는 전선으로서 각각의 전압이 같을 때는 제외)

① 동일한 관 → 별도의 관

중요

**절연저항시험**

| 절연저항계 | 절연저항 | 대 상 |
|---|---|---|
| 직류 250V | 0.1MΩ 이상 | 1경계구역의 절연저항 |
| 직류 500V | **5**MΩ 이상 | ① **누전경보기**<br>② 가스누설경보기<br>③ 수신기<br>④ 자동화재속보설비<br>⑤ 비상경보설비<br>⑥ 유도등(교류입력측과 외함 간 포함)<br>⑦ 비상조명등(교류입력측과 외함 간 포함) |
| | 20MΩ 이상 | ① 경종<br>② 발신기<br>③ 중계기<br>④ 비상콘센트<br>⑤ 기기의 절연된 선로 간<br>⑥ 기기의 충전부와 비충전부 간<br>⑦ 기기의 교류입력측과 외함 간(유도등 · 비상조명등 제외) |
| | 50MΩ 이상 | ① 감지기(정온식 감지선형 감지기 제외)<br>② 가스누설경보기(10회로 이상)<br>③ 수신기(10회로 이상) |
| | 1000MΩ 이상 | 정온식 감지선형 감지기 |

기억법 **5누(오누이)**

답 ①

### 63 비상콘센트설비의 설치기준으로 틀린 것은?

18.04.문61
17.03.문72
16.10.문61
16.05.문76
15.09.문80
14.03.문64
11.10.문67

① 개폐기에는 "비상콘센트"라고 표시한 표지를 할 것
② 하나의 전용 회로에 설치하는 비상콘센트는 10개 이하로 할 것
③ 비상전원을 실내에 설치하는 때에는 그 실내에 비상조명등을 설치할 것
④ 비상전원은 비상콘센트설비를 유효하게 10분 이상 작동시킬 수 있는 용량으로 할 것

해설 **비상전원 용량**

| 설비의 종류 | 비상전원 용량 |
|---|---|
| • 자동화재탐지설비<br>• 비상경보설비<br>• 자동화재속보설비 | 10분 이상 |
| • 유도등<br>• **비상콘센트설비** →<br>• 제연설비<br>• 물분무소화설비<br>• 옥내소화전설비(**30층** 미만)<br>• 특별피난계단의 계단실 및 부속실 제연설비(**30층** 미만) | **20분** 이상 |
| • 무선통신보조설비의 증폭기 | 30분 이상 |
| • 옥내소화전설비(30~**49층** 이하)<br>• 특별피난계단의 계단실 및 부속실 제연설비(30~**49층** 이하)<br>• 연결송수관설비(30~**49층** 이하)<br>• 스프링클러설비(30~**49층** 이하) | **40분** 이상 |
| • 유도등 · 비상조명등(지하상가 및 11층 이상)<br>• 옥내소화전설비(**50층** 이상)<br>• 특별피난계단의 계단실 및 부속실 제연설비(**50층** 이상)<br>• 연결송수관설비(**50층** 이상)<br>• 스프링클러설비(**50층** 이상) | **60분** 이상 |

기억법 **경자비1(경자**라는 이름은 **비일**비재하게 많다.)
**3증(3중**고)

④ 10분 이상 → 20분 이상

중요

**비상콘센트설비**

| 구 분 | 전 압 | 용 량 | 플러그접속기 |
|---|---|---|---|
| 단상 교류 | 220V | 1.5kVA 이상 | 접지형 2극 |

(1) 하나의 전용 회로에 설치하는 비상콘센트는 **10개** 이하로 할 것(전선의 용량은 최대 **3개**)

| 설치하는 비상콘센트 수량 | 전선의 용량산정시 적용하는 비상콘센트 수량 | 단상 전선의 용량 |
|---|---|---|
| 1개 | 1개 이상 | 1.5kVA 이상 |
| 2개 | 2개 이상 | 3.0kVA 이상 |
| 3~10개 | 3개 이상 | 4.5kVA 이상 |

(2) 전원회로는 각 층에 있어서 **2 이상**이 되도록 설치할 것(단, 설치하여야 할 층의 콘센트가 **1개**인 때에는 하나의 회로로 할 수 있다.)
(3) 플러그접속기의 칼받이 접지극에는 **접지공사**를 하여야 한다.
(4) 풀박스는 **1.6mm** 이상의 철판을 사용할 것
(5) 절연저항은 **전원부**와 **외함** 사이를 **직류 500V 절연저항계**로 측정하여 **20MΩ** 이상일 것
(6) 전원으로부터 각 층의 비상콘센트에 분기되는 경우에는 **분기배선용 차단기**를 보호함 안에 설치할 것
(7) 바닥으로부터 **0.8~1.5m** 이하의 높이에 설치할 것
(8) 전원회로는 주배전반에서 **전용 회로**로 하며, 배선의 종류는 **내화배선**이어야 한다.

답 ④

### 64 비상전원이 비상조명등을 60분 이상 유효하게 작동시킬 수 있는 용량으로 하지 않아도 되는 특정소방대상물은?

17.03.문73
16.03.문73
14.05.문65
14.05.문73
08.03.문77

① 지하상가
② 숙박시설
③ 무창층으로서 용도가 소매시장
④ 지하층을 제외한 층수가 11층 이상의 층

해설 **비상조명등의 60분 이상 작동용량**
(1) **11층** 이상(지하층 제외)
(2) 지하층 · 무창층으로서 **도매시장 · 소매시장 · 여객자동차터미널 · 지하역사 · 지하상가**

기억법 **도소여지**

② 해당 없음

중요

**비상전원 용량**

| 설비의 종류 | 비상전원 용량 |
|---|---|
| • 자동화재탐지설비<br>• 비상경보설비<br>• 자동화재속보설비 | 10분 이상 |
| • 유도등<br>• 비상콘센트설비<br>• 제연설비<br>• 물분무소화설비<br>• 옥내소화전설비(**30층** 미만)<br>• 특별피난계단의 계단실 및 부속실 제연설비(**30층** 미만) | **20분** 이상 |

| | |
|---|---|
| • 무선통신보조설비의 증폭기 | 30분 이상 |
| • 옥내소화전설비(30~49층 이하)<br>• 특별피난계단의 계단실 및 부속실 제연설비(30~49층 이하)<br>• 연결송수관설비(30~49층 이하)<br>• 스프링클러설비(30~49층 이하) | 40분 이상 |
| • 유도등 · 비상조명등(지하상가 및 11층 이상)<br>• 옥내소화전설비(50층 이상)<br>• 특별피난계단의 계단실 및 부속실 제연설비(50층 이상)<br>• 연결송수관설비(50층 이상)<br>• 스프링클러설비(50층 이상) | 60분 이상 |

기억법 **경자비1(경자라는 이름은 비일비재하게 많다.) 3증(3중고)**

답 ②

### 65 일국소의 주위온도가 일정한 온도 이상이 되는 경우에 작동하는 것으로서 외관이 전선으로 되어 있는 감지기는 어떤 것인가?

09.05.문66

① 공기흡입형　② 광전식 분리형
③ 차동식 스포트형　④ 정온식 감지선형

해설 **감지기**

| 감지기 종류 | 설 명 |
|---|---|
| 차동식 분포형 감지기 | **넓은 범위**에서의 **열효과**의 누적에 의하여 작동한다. |
| 차동식 스포트형 감지기 | **일국소**에서의 **열효과**에 의하여 작동한다. |
| 이온화식 연기감지기 | **이온전류**가 **변화**하여 작동한다. |
| 광전식 연기감지기 | **광량**의 **변화**로 작동한다. |
| 보상식 스포트형 감지기 | **차동식+정온식**을 겸용한 것으로 **한 가지** 기능이 작동되면 신호를 발한다. |
| 열복합형 감지기 | **차동식+정온식**을 겸용한 것으로 **두 가지** 기능이 동시에 작동되면 신호를 발하거나 또는 **두 개**의 화재신호를 각각 발신한다. |
| 정온식 감지선형 감지기 | ← 외관이 **전선**으로 되어 있는 것 |
| 단독경보형 감지기 | 감지기에 **음향장치**가 내장되어 **일체**로 되어 있는 것 |
| 광전식 분리형 감지기 | **발광부**와 **수광부**로 구성된 구조로 발광부와 수광부 사이의 공간에 일정한 농도의 연기를 포함하게 되는 경우에 작동하는 것 |
| 공기흡입형 감지기 | 감지기 내부에 장착된 **공기흡입장치**로 감지하고자 하는 위치의 공기를 흡입하고 흡입된 공기에 일정한 농도의 연기가 포함된 경우 작동하는 것 |

답 ④

### 66 비상콘센트를 보호하기 위한 비상콘센트 보호함의 설치기준으로 틀린 것은?

15.05.문71
10.09.문76

① 비상콘센트 보호함에는 쉽게 개폐할 수 있는 문을 설치하여야 한다.
② 비상콘센트 보호함 상부에 적색의 표시등을 설치하여야 한다.
③ 비상콘센트 보호함에는 그 내부에 "비상콘센트"라고 표시한 표식을 하여야 한다.
④ 비상콘센트 보호함을 옥내소화전함 등과 접속하여 설치하는 경우에는 옥내소화전함 등의 표시등과 겸용할 수 있다.

해설 **비상콘센트설비의 보호함 설치기준**(NFSC 504 5조)

(1) 보호함에는 **쉽게 개폐**할 수 있는 문을 설치할 것
(2) 보호함 **표면**에 **"비상콘센트"**라고 표시한 표식을 할 것
(3) 보호함 **상부**에 **적색**의 **표시등**을 설치할 것
(4) 보호함을 옥내소화전함 등과 접속하여 설치시 옥내소화전함 등의 표시등과 **겸용**

③ 내부 → 표면

답 ③

### 67 소방회로용의 것으로 수전설비, 변전설비, 그 밖의 기기 및 배선을 금속제 외함에 수납한 것으로 정의되는 것은?

15.09.문61
09.05.문69
08.03.문72

① 전용 분전반　② 공용 분전반
③ 공용 큐비클식　④ 전용 큐비클식

해설 **소방시설용 비상전원수전설비**(NFSC 602 3조)

| 용 어 | 설 명 |
|---|---|
| 소방회로 | 소방부하에 전원을 공급하는 전기회로 |
| 일반회로 | 소방회로 이외의 전기회로 |
| 수전설비 | 전력수급용 **계기용 변성기 · 주차단장치** 및 그 **부속기기** |
| 변전설비 | **전력용 변압기** 및 그 **부속장치** |
| 전용 큐비클식 ← | **소방회로용**의 것으로 **수전설비**, **변전설비**, 그 밖의 기기 및 배선을 **금속제 외함**에 수납한 것<br>기억법 **큐수변** |
| 공용 큐비클식 | **소방회로** 및 **일반회로 겸용**의 것으로서 수전설비, 변전설비, 그 밖의 기기 및 배선을 금속제 외함에 수납한 것 |
| 전용 배전반 | **소방회로 전용**의 것으로서 개폐기, 과전류차단기, 계기, 그 밖의 배선용 기기 및 배선을 금속제 외함에 수납한 것 |

| | |
|---|---|
| 공용 배전반 | **소방회로** 및 **일반회로 겸용**의 것으로서 개폐기, 과전류차단기, 계기, 그 밖의 배선용 기기 및 배선을 금속제 외함에 수납한 것 |
| 전용 분전반 | **소방회로 전용**의 것으로서 분기개폐기, 분기과전류차단기, 그 밖의 배선용 기기 및 배선을 금속제 외함에 수납한 것 |
| 공용 분전반 | **소방회로** 및 **일반회로 겸용**의 것으로서 분기개폐기, 분기과전류차단기, 그 밖의 배선용 기기 및 배선을 금속제 외함에 수납한 것 |

답 ④

### 68 비상방송설비 음향장치에 대한 설치기준으로 옳은 것은?

18.09.문77 18.03.문73 16.10.문69 16.10.문73 16.05.문67 16.03.문68 15.05.문76 15.03.문62 14.05.문63 14.05.문75 14.03.문61 13.09.문70 13.06.문62 13.06.문80

① 다른 전기회로에 따라 유도장애가 생기지 않도록 한다.
② 음량조정기를 설치하는 경우 음량조정기의 배선은 2선식으로 한다.
③ 다른 방송설비와 공용하는 것에 있어서는 화재시 비상경보 외의 방송을 차단되는 구조가 아니어야 한다.
④ 기동장치에 따른 화재신고를 수신한 후 필요한 음량으로 화재발생상황 및 피난에 유효한 방송이 자동으로 개시될 때까지의 소요시간은 60초 이하로 한다.

해설 **비상방송설비**의 **설치기준**
(1) 확성기의 음성입력은 **3**W(**실**내 **1**W) 이상일 것
(2) 확성기는 **각 층**마다 설치하되, 각 부분으로부터의 수평거리는 **25m** 이하일 것
(3) **음**량조정기는 **3선식** 배선일 것
(4) 조작스위치는 바닥으로부터 **0.8~1.5m** 이하의 높이에 설치할 것
(5) 다른 전기회로에 의하여 **유도장애**가 생기지 아니하도록 할 것
(6) 비상방송 **개**시시간은 **10초** 이하일 것
(7) 다른 방송설비와 공용할 경우 화재시 비상경보 외의 방송을 차단할 수 있을 것
(8) 음향장치 : **자동화재탐지설비**의 작동과 연동
(9) 음향장치의 정격전압 : **80%**

기억법 **방3실1, 3음방(삼엄한 방송실), 개10방**

② 2선식 → 3선식
③ 구조가 아니어야 한다. → 구조이어야 한다.
④ 60초 → 10초

답 ①

### 69 객석 내의 통로의 직선부분의 길이가 85m이다. 객석유도등을 몇 개 설치하여야 하는가?

17.05.문74 14.09.문62 14.03.문62 13.03.문76 12.03.문63

① 17개 ② 19개
③ 21개 ④ 22개

해설 **최소 설치개수 산정식**
설치개수 산정시 소수가 발생하면 반드시 **절상**한다.
(1) **객석유도등**

$$\text{설치개수} = \frac{\text{객석통로의 직선부분의 길이[m]}}{4} - 1$$
$$= \frac{85}{4} - 1 = 20.25 \fallingdotseq 21\text{개}$$

기억법 객4

(2) **유도표지**

$$\text{설치개수} = \frac{\text{구부러진 곳이 없는 부분의 보행거리[m]}}{15} - 1$$

기억법 유15

(3) **복도통로유도등, 거실통로유도등**

$$\text{설치개수} = \frac{\text{구부러진 곳이 없는 부분의 보행거리[m]}}{20} - 1$$

기억법 통2

용어
**절상**
'소수점 이하는 무조건 올린다.'는 뜻

답 ③

### 70 자동화재탐지설비의 감지기회로에 설치하는 종단저항의 설치기준으로 틀린 것은?

12.09.문64 11.06.문78 08.09.문71

① 감지기회로 끝부분에 설치한다.
② 점검 및 관리가 쉬운 장소에 설치하여야 한다.
③ 전용함에 설치하는 경우 그 설치높이는 바닥으로부터 0.8m 이내에 설치하여야 한다.
④ 종단감지기에 설치할 경우에는 구별이 쉽도록 해당 감지기의 기판 및 감지기 외부 등에 별도의 표시를 하여야 한다.

해설 **감지기회로**의 **도통시험**을 위한 **종단저항**의 **기준**
(1) 점검 및 관리가 쉬운 장소에 설치할 것
(2) 전용함 설치시 **바닥**에서 **1.5m** 이내의 높이에 설치할 것
(3) 감지기회로의 **끝부분**에 설치하며, 종단감지기에 설치할 경우 구별이 쉽도록 해당 감지기의 기판 및 감지기 외부 등에 별도의 표시를 할 것

용어
**도통시험**
감지기회로의 단선 유무 확인

③ 0.8m 이내 → 1.5m 이내

답 ③

## 71 비상경보설비의 축전지설비의 구조에 대한 설명으로 틀린 것은?

① 예비전원을 병렬로 접속하는 경우에는 역충전 방지 등의 조치를 하여야 한다.
② 내부에 주전원의 양극을 동시에 개폐할 수 있는 전원스위치를 설치하여야 한다.
③ 축전지설비는 접지전극에 교류전류를 통하는 회로방식을 사용하여서는 아니 된다.
④ 예비전원은 축전지설비용 예비전원과 외부부하 공급용 예비전원을 별도로 설치하여야 한다.

해설 **비상경보설비**의 **축전지 구조**(비상경보설비 축전지성능 3조)

(1) 접지전극에 **직류전류**를 통하는 회로방식 사용 금지
(2) 예비전원을 **병렬**로 접속하는 경우에는 **역충전 방지** 등의 조치를 할 것
(3) 예비전원은 축전지설비용 예비전원과 **외부부하 공급용 예비전원** 별도 설치
(4) 외부에서 쉽게 사람이 접촉할 우려가 있는 충전부는 충분히 보호되어야 하며 정격전압이 **60V**를 넘고 금속제 외함을 사용하는 경우에는 외함에 **접지단자** 설치

③ 교류전류 → 직류전류

답 ③

## 72 신호의 전송로가 분기되는 장소에 설치하는 것으로 임피던스 매칭과 신호균등분배를 위해 사용되는 장치는?

16.05.문61 16.03.문65 15.09.문62 11.03.문80

① 혼합기　② 분배기
③ 증폭기　④ 분파기

해설 **무선통신보조설비**

| 용 어 | 설 명 |
|---|---|
| 누설동축케이블 | 동축케이블의 외부도체에 가느다란 홈을 만들어서 **전파**가 **외부**로 **새어나갈 수 있도록** 한 케이블 |
| 분배기 | 신호의 전송로가 분기되는 장소에 설치하는 것으로 **임피던스 매칭**(matching)과 **신호균등분배**를 위해 사용하는 장치<br>기억법 **배임(배임죄)** |
| 분파기 | 서로 다른 **주**파수의 합성된 **신호**를 **분리**하기 위해서 사용하는 장치<br>기억법 **파주** |
| 혼합기 | **두 개 이상**의 **입력신호**를 원하는 비율로 **조합**한 **출력**이 발생하도록 하는 장치 |
| 증폭기 | 신호전송시 신호가 약해져 수신이 불가능해지는 것을 방지하기 위해서 **증폭**하는 장치 |
| 무선중계기 | 안테나를 통하여 수신된 무전기 신호를 증폭한 후 음영지역에 재방사하여 무전기 상호간 송수신이 가능하도록 하는 장치 |
| 옥외안테나 | 감시제어반 등에 설치된 무선중계기의 입력과 출력포트에 연결되어 송수신 신호를 원활하게 방사·수신하기 위해 옥외에 설치하는 장치 |

답 ②

## 73 부착높이 3m, 바닥면적 50m²인 주요구조부를 내화구조로 한 소방대상물에 1종 열반도체식 차동식 분포형 감지기를 설치하고자 할 때 감지부의 최소 설치개수는?

14.09.문77 13.09.문71 05.03.문79

① 1개　② 2개
③ 3개　④ 4개

해설 **열반도체식 감지기**

(단위 : m²)

| 부착높이 및 소방대상물의 구분 | | 감지기의 종류 1종 | 감지기의 종류 2종 |
|---|---|---|---|
| 8m 미만 | 내화구조 → | 65 | 36 |
| | 기타구조 | 40 | 23 |
| 8~15m 미만 | 내화구조 | 50 | 36 |
| | 기타구조 | 30 | 23 |

1종 감지기 1개가 담당하는 바닥면적은 **65m²**이므로

$$\frac{50}{65} = 0.77 \fallingdotseq 1\text{개}$$

- 하나의 검출기에 접속하는 감지부는 **2~15개** 이하이지만 부착높이가 **8m** 미만이고 바닥면적이 **기준면적 이하**인 경우 1개로 할 수 있다. 그러므로 최소 개수는 2개가 아닌 **1개**가 되는 것이다. **주의!**

답 ①

## 74 3선식 배선에 따라 상시 충전되는 유도등의 전기회로에 점멸기를 설치하는 경우 유도등이 점등되어야 할 경우로 관계없는 것은?

14.09.문63 08.03.문67

① 제연설비가 작동한 때
② 자동소화설비가 작동한 때
③ 비상경보설비의 발신기가 작동한 때
④ 자동화재탐지설비의 감지기가 작동한 때

해설 **유도등**의 **3선식 배선**시 **점등**되는 경우**(점멸기 설치시)**

(1) **자동화재탐지설비**의 감지기 또는 발신기가 작동되는 때
(2) **비상경보설비**의 발신기가 작동되는 때
(3) **상**용전원이 정전되거나 전원선이 단선되는 때

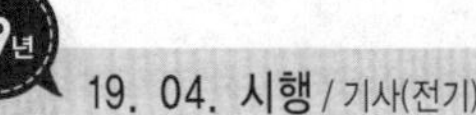


(4) **방**재업무를 통제하는 곳 또는 전기실의 배전반에서 **수**동적으로 점등하는 때
(5) **자**동소화설비가 작동되는 때

기억법 3탐경상 방수자

답 ①

★★★
## 75 누전경보기의 전원은 분전반으로부터 전용 회로로 하고 각 극에 개폐기와 몇 A 이하의 과전류차단기를 설치하여야 하는가?

18.09.문62
17.09.문67
15.09.문76
14.05.문71
14.03.문75
13.06.문67
12.05.문74

① 15 ② 20
③ 25 ④ 30

해설 **누전경보기**의 **설치기준**

| 과전류차단기 | 배선용 차단기 |
|---|---|
| 15A 이하 | 20A 이하<br>기억법 2배(이 배에 탈 사람!) |

(1) 각 극에 개폐기 및 **15A** 이하의 **과전류차단기**를 설치할 것(**배선용 차단기**는 **20A** 이하)
(2) 분전반으로부터 **전용 회로**로 할 것
(3) 개폐기에는 누전경보기임을 표시할 것
(4) 계약전류용량이 **100A**를 초과할 것

중요

**누전경보기**

| 60A 이하 | 60A 초과 |
|---|---|
| • **1급** 누전경보기<br>• **2급** 누전경보기 | • **1급** 누전경보기 |

답 ①

★★★
## 76 자동화재속보설비의 설치기준으로 틀린 것은?

15.05.문70
07.05.문70

① 조작스위치는 바닥으로부터 0.8m 이상 1.5m 이하의 높이에 설치한다.
② 비상경보설비와 연동으로 작동하여 자동적으로 화재발생상황을 소방관서에 전달하도록 한다.
③ 속보기는 소방관서에 통신망으로 통보하도록 하며, 데이터 또는 코드전송방식을 부가적으로 설치할 수 있다.
④ 속보기는 소방청장이 정하여 고시한 '자동화재속보설비의 속보기의 성능인증 및 제품검사의 기술기준'에 적합한 것으로 설치하여야 한다.

해설 **자동화재속보설비**의 **설치기준**(NFSC 204 4조)
(1) **자동화재탐지설비**와 연동으로 작동하여 자동적으로 화재발생상황을 **소방관서**에 전달되는 것으로 할 것
(2) 스위치는 바닥으로부터 **0.8~1.5m** 이하의 높이에 설치하고, 보기 쉬운 곳에 스위치임을 표시한 표지를 할 것

중요

**자동화재속보설비**의 **설치제외**
사람이 24시간 상시 근무하고 있는 경우

② 비상경보설비 → 자동화재탐지설비

답 ②

★★
## 77 다음 비상경보설비 및 비상방송설비에 사용되는 용어 설명 중 틀린 것은?

14.09.문67
13.03.문75

① 비상벨설비라 함은 화재발생상황을 경종으로 경보하는 설비를 말한다.
② 증폭기라 함은 전압전류의 주파수를 늘려 감도를 좋게 하고 소리를 크게 하는 장치를 말한다.
③ 확성기라 함은 소리를 크게 하여 멀리까지 전달될 수 있도록 하는 장치로써 일명 스피커를 말한다.
④ 음량조절기라 함은 가변저항을 이용하여 전류를 변화시켜 음량을 크게 하거나 작게 조절할 수 있는 장치를 말한다.

해설 (1) **비상경보설비에 사용되는 용어**

| 용 어 | 설 명 |
|---|---|
| **비상벨설비** | 화재발생상황을 **경종**으로 경보하는 설비 |
| **자동식 사이렌설비** | 화재발생상황을 **사이렌**으로 경보하는 설비 |
| **발신기** | 화재발생신호를 수신기에 **수동**으로 **발신**하는 장치 |
| **수신기** | 발신기에서 발하는 **화재신호**를 **직접 수신**하여 화재의 발생을 **표시** 및 **경보**하여 주는 장치 |

(2) **비상방송설비에 사용되는 용어**

| 용 어 | 설 명 |
|---|---|
| **확성기 (스피커)** | 소리를 크게 하여 멀리까지 전달될 수 있도록 하는 장치 |
| **음량조절기** | **가변저항**을 이용하여 **전류**를 **변화**시켜 음량을 크게 하거나 작게 조절할 수 있는 장치 |
| **증폭기** | 전압전류의 **진폭**을 늘려 감도를 좋게 하고 미약한 **음성전류**를 커다란 음성전류로 변화시켜 **소리**를 **크게** 하는 장치 |

② 주파수를 → 진폭을

답 ②

★★★
**78** 부착높이가 11m인 장소에 적응성 있는 감지기는?

16.05.문69
15.09.문69
14.05.문66
14.03.문78
12.09.문61

① 차동식 분포형
② 정온식 스포트형
③ 차동식 스포트형
④ 정온식 감지선형

해설 **감지기**의 **부착높이**(NFSC 203 7조)

| 부착높이 | 감지기의 종류 |
|---|---|
| 4m 미만 | • **차동식**(**스포트형**, 분포형)<br>• 보상식 스포트형<br>• **정온식**(**스포트형**, **감지선형**) — **열**감지기<br>• 이온화식 또는 광전식(스포트형, 분리형, 공기흡입형) : **연**기감지기<br>• 열복합형<br>• 연기복합형<br>• 열연기복합형 — **복**합형 감지기<br>• **불**꽃감지기<br>기억법 **열연불복 4미** |
| 4~8m 미만 | • **차동식**(**스포트형**, 분포형)<br>• 보상식 스포트형<br>• **정온식**(**스포트형**, **감지선형**) **특**종 또는 **1**종 — **열**감지기<br>• **이**온화식 **1**종 또는 **2**종<br>• **광**전식(스포트형, 분리형, 공기흡입형) 1종 또는 2종 — 연기감지기<br>• 열복합형<br>• 연기복합형<br>• 열연기복합형 — **복**합형 감지기<br>• **불**꽃감지기<br>기억법 **8미열 정특1 이광12 복불** |
| 8~15m 미만 | • 차동식 **분**포형<br>• **이**온화식 **1**종 또는 **2**종<br>• **광**전식(스포트형, 분리형, 공기흡입형) 1종 또는 2종<br>• **연**기**복**합형<br>• **불**꽃감지기<br>기억법 **15분 이광12 연복불** |
| 15~20m 미만 | • **이**온화식 1종<br>• **광**전식(스포트형, 분리형, 공기흡입형) 1종<br>• **연**기**복**합형<br>• **불**꽃감지기<br>기억법 **이광불연복2** |
| 20m 이상 | • **불**꽃감지기<br>• **광**전식(분리형, 공기흡입형) 중 **아**날로그방식<br>기억법 **불광아** |

②, ③, ④ 4m 미만, 4~8m 미만

답 ①

★★★
**79** 다음 ( ) 안에 들어갈 내용으로 옳은 것은?

16.10.문80
15.05.문68
13.06.문66

> 누전경보기란 ( ) 이하인 경계전로의 누설전류 또는 지락전류를 검출하여 당해 소방대상물의 관계인에게 경보를 발하는 설비로서 변류기와 수신부로 구성된 것을 말한다.

① 사용전압 220V　② 사용전압 380V
③ 사용전압 600V　④ 사용전압 750V

해설 **누전경보기**

사용전압 600V 이하인 경계전로의 누설전류 또는 지락전류를 검출하여 당해 소방대상물의 관계인에게 경보를 발하는 설비로서 변류기와 수신부로 구성된 것을 말한다.

중요

**대상**에 따른 **전압**

| 전 압 | 대 상 |
|---|---|
| **0.5**V 이하 | • 누전경보기 **경계전로**의 **전**압강하<br>기억법 **05경전(공오경전)** |
| 60V 초과 | • 접지단자 설치 |
| **3**00V 이하 | • 전원**변**압기의 1차 전압<br>• 유도등 · 비상조명등의 사용전압<br>기억법 **변3(변상해)** |
| **6**00V 이하 | • **누**전경보기의 **경계전로**전압<br>기억법 **누6(누룩)** |

답 ③

★★
**80** 비상콘센트설비 상용전원회로의 배선이 고압수전 또는 특고압수전인 경우의 설치기준은?

97.10.문64

① 인입개폐기의 직전에서 분기하여 전용 배선으로 할 것
② 인입개폐기의 직후에서 분기하여 전용 배선으로 할 것
③ 전력용 변압기 1차측의 주차단기 2차측에서 분기하여 전용 배선으로 할 것
④ 전력용 변압기 2차측의 주차단기 1차측 또는 2차측에서 분기하여 전용 배선으로 할 것

해설 **비상콘센트설비**의 **전원**

| 저압수전 | 고압수전 또는 특고압수전 |
|---|---|
| 인입개폐기 **직후**에서 분기하여 전용 배선 | 전력용 변압기 2차측의 주차단기 **1차측** 또는 **2차측**에서 분기하여 전용 배선 |

비교

**옥내소화전설비**의 **전원**

| 저압수전 | 고압수전 또는 특고압수전 |
|---|---|
| 인입개폐기 **직후**에서 분기하여 전용 배선 | 전력용 변압기 2차측의 주차단기 **1차측**에서 분기하여 전용 배선 |

답 ④

# 19년 2019. 9. 21 시행

**▌2019년 기사 제4회 필기시험▌**

| 자격종목 | 종목코드 | 시험시간 | 형별 | 수험번호 | 성명 |
|---|---|---|---|---|---|
| 소방설비기사(전기분야) | | 2시간 | | | |

※ 답안카드 작성시 시험문제지 형별누락, 마킹착오로 인한 불이익은 전적으로 수험자의 귀책사유임을 알려드립니다.
※ 각 문항은 4지택일형으로 질문에 가장 적합한 보기 항을 선택하여 마킹하여야 합니다.

## 제 1 과목 소방원론

**01** 특정소방대상물(소방안전관리대상물은 제외)의 관계인과 소방안전관리대상물의 소방안전관리자의 업무가 아닌 것은?

14.09.문52 / 14.09.문53 / 13.06.문48 / 12.03.문54

유사문제부터 풀어보세요. 실력이 팍!팍! 올라갑니다.

① 화기취급의 감독
② 자체소방대의 운용
③ 소방관련시설의 유지 · 관리
④ 피난시설, 방화구획 및 방화시설의 유지 · 관리

해설 **소방시설법 20조 ⑥항**
관계인 및 소방안전관리자의 업무

| 특정소방대상물 (관계인) | 소방안전관리대상물 (소방안전관리자) |
|---|---|
| • 피난시설 · 방화구획 및 방화시설의 유지 · 관리<br>• 소방시설, 그 밖의 소방관련시설의 유지 · 관리<br>• **화기취급**의 감독<br>• 소방안전관리에 필요한 업무 | • 피난시설 · 방화구획 및 방화시설의 유지 · 관리<br>• 소방시설, 그 밖의 소방관련시설의 유지 · 관리<br>• **화기취급**의 감독<br>• 소방안전관리에 필요한 업무<br>• **소방계획서**의 작성 및 시행(대통령령으로 정하는 사항 포함)<br>• **자위소방대** 및 **초기대응체계**의 구성 · 운영 · 교육<br>• 소방훈련 및 교육 |

② 자체소방대의 운용 → 자위소방대의 운영

용어

| 특정소방대상물 | 소방안전관리대상물 |
|---|---|
| 소방시설을 설치하여야 하는 소방대상물로서 대통령령으로 정하는 것 | 대통령령으로 정하는 특정소방대상물 |

답 ②

**02** 다음 중 인화점이 가장 낮은 물질은?

15.09.문02 / 14.05.문05 / 12.03.문01

① 산화프로필렌
② 이황화탄소
③ 메틸알코올
④ 등유

해설 **인화점** vs **착화점**(발화점)

| 물 질 | 인화점 | 착화점 |
|---|---|---|
| • 프로필렌 | −107℃ | 497℃ |
| • 에틸에테르<br>• 디에틸에테르 | −45℃ | 180℃ |
| • 가솔린(휘발유) | −43℃ | 300℃ |
| • **산**화프로필렌 → | **−37℃** | 465℃ |
| • **이황화탄소** → | **−30℃** | 100℃ |
| • 아세틸렌 | −18℃ | 335℃ |
| • 아세톤 | −18℃ | 538℃ |
| • 벤젠 | −11℃ | 562℃ |
| • 톨루엔 | 4.4℃ | 480℃ |
| • **메틸알코올** → | **11℃** | 464℃ |
| • 에틸알코올 | 13℃ | 423℃ |
| • 아세트산 | 40℃ | − |
| • **등유** → | **43~72℃** | 210℃ |
| • **경유** | 50~70℃ | 200℃ |
| • 적린 | − | 260℃ |

기억법 인산 이메등

• 착화점＝발화점＝착화온도＝발화온도
• 인화점＝인화온도

답 ①

**03** 다음 중 인명구조기구에 속하지 않는 것은?

18.09.문20 / 14.09.문59 / 13.09.문50 / 12.03.문52

① 방열복
② 공기안전매트
③ 공기호흡기
④ 인공소생기

해설 **소방시설법 시행령 〔별표 1〕**
**피난구조설비**

(1) 피난기구 ─ 피난사다리
- 구조대
- 완강기
- 소방청장이 정하여 고시하는 화재안전기준으로 정하는 것(미끄럼대, 피난교, 공기안전매트, 피난용 트랩, 다수인 피난장비, 승강식 피난기, 간이완강기, 하향식 피난구용 내림식 사다리)

(2) **인**명구조기구 ─ **방열**복
- 방**화**복(안전모, 보호장갑, 안전화 포함)
- **공**기호흡기
- **인**공소생기

기억법 **방화열공인**

(3) 유도등 ─ 피난유도선
- 피난구유도등
- 통로유도등
- 객석유도등
- 유도표지

(4) 비상조명등 · 휴대용 비상조명등

② 피난기구

답 ②

★★★
## 04

18.04.문12
09.08.문19
06.09.문20

**물의 소화력을 증대시키기 위하여 첨가하는 첨가제 중 물의 유실을 방지하고 건물, 임야 등의 입체면에 오랫동안 잔류하게 하기 위한 것은?**

① 증점제 ② 강화액
③ 침투제 ④ 유화제

해설 물의 **첨가제**

| 첨가제 | 설 명 |
|---|---|
| **강화액** | 알칼리금속염을 주성분으로 한 것으로 **황색** 또는 **무색**의 점성이 있는 수용액 |
| **침투제** | ① 침투성을 높여 주기 위해서 첨가하는 계면활성제의 총칭<br>② 물의 소화력을 보강하기 위해 첨가하는 약제로서 물의 **표면장력**을 **낮추어** 침투효과를 높이기 위한 첨가제 |
| **유화제** | 고비점 유류에 사용을 가능하게 하기 위한 것 |
| **증점제** | ① 물의 점도를 높여 줌<br>② 물의 유실을 방지하고 건물, 임야 등의 입체면에 오랫동안 잔류하게 하기 위한 것 |
| **부동제** | 물이 저온에서 동결되는 단점을 보완하기 위해 첨가하는 액체 |

용어

| wet water | wetting agent |
|---|---|
| 침투제가 첨가된 물 | 주수소화시 물의 표면장력에 의해 연소물의 침투속도를 향상시키기 위해 첨가하는 침투제 |

답 ①

★★★
## 05

17.03.문16
16.10.문07
16.03.문12
14.05.문11
13.03.문01
11.03.문04

**가연물의 제거와 가장 관련이 없는 소화방법은?**

① 유류화재시 유류공급밸브를 잠근다.
② 산불화재시 나무를 잘라 없앤다.
③ 팽창진주암을 사용하여 진화한다.
④ 가스화재시 중간밸브를 잠근다.

해설 **제거소화**의 **예**

(1) **가연성 기체** 화재시 **주밸브**를 **차단**한다(화학반응기의 화재시 원료공급관의 **밸브**를 **잠금**).
(2) **가연성 액체** 화재시 펌프를 이용하여 **연료**를 제거한다.
(3) **연료탱크**를 **냉각**하여 가연성 가스의 발생속도를 작게 하여 연소를 억제한다.
(4) 금속화재시 **불활성 물질**로 가연물을 덮는다.
(5) **목재**를 **방염처리**한다.
(6) 전기화재시 **전원**을 **차단**한다.
(7) 산불이 발생하면 화재의 진행방향을 앞질러 **벌목**한다(산불의 확산 방지를 위하여 **산림**의 **일부**를 **벌채**).
(8) 가스화재시 밸브를 잠궈 가스흐름을 차단한다.
(9) 불타고 있는 장작더미 속에서 아직 타지 않은 것을 안전한 곳으로 **운반**한다.
(10) 유류탱크 화재시 주변에 있는 유류탱크의 유류를 다른 곳으로 이동시킨다.
(11) **양초**를 입으로 불어서 끈다.

③ **질식소화** : 팽창진주암을 사용하여 진화한다.

용어

**제거효과**
**가연물**을 반응계에서 **제거**하든지 또는 반응계로의 공급을 정지시켜 소화하는 효과

답 ③

★★★
## 06

**할로겐화합물 소화약제는 일반적으로 열을 받으면 할로겐족이 분해되어 가연물질의 연소과정에서 발생하는 활성종과 화합하여 연소의 연쇄반응을 차단한다. 연쇄반응의 차단과 가장 거리가 먼 소화약제는?**

① FC-3-1-10 ② HFC-125
③ IG-541 ④ FIC-13I1

해설 **할로겐화합물 및 불활성기체 소화약제**의 **종류**

| 구 분 | 할로겐화합물 소화약제 | 불활성기체 소화약제 |
|---|---|---|
| 정의 | • **불소**, **염소**, **브롬** 또는 **요오드** 중 하나 이상의 원소를 포함하고 있는 유기화합물을 기본성분으로 하는 소화약제 | • **헬륨**, **네온**, **아르곤** 또는 **질소가스** 중 하나 이상의 원소를 기본성분으로 하는 소화약제 |

| | | |
|---|---|---|
| 종류 | • FC-3-1-10<br>• HCFC BLEND A<br>• HCFC-124<br>• HFC-125<br>• HFC-227ea<br>• HFC-23<br>• HFC-236fa<br>• FIC-13I1<br>• FK-5-1-12 | • IG-01<br>• IG-100<br>• IG-541<br>• IG-55 |
| 저장 상태 | 액체 | 기체 |
| 효과 | 부촉매효과<br>(연쇄반응 차단) | 질식효과 |

③ 질식효과

답 ③

### 07 CF₃Br 소화약제의 명칭을 옳게 나타낸 것은?

17.03.문05 16.10.문08 15.03.문04 14.09.문04 14.03.문02

① 할론 1011
② 할론 1211
③ 할론 1301
④ 할론 2402

해설 **할론소화약제**의 **약칭** 및 **분자식**

| 종 류 | 약 칭 | 분자식 |
|---|---|---|
| 할론 1011 | CB | $CH_2ClBr$ |
| 할론 104 | CTC | $CCl_4$ |
| 할론 1211 | BCF | $CF_2ClBr(CClF_2Br)$ |
| 할론 1301 | BTM | **$CF_3Br$** |
| 할론 2402 | FB | $C_2F_4Br_2$ |

답 ③

### 08 불포화섬유지나 석탄에 자연발화를 일으키는 원인은?

18.03.문10 16.10.문05 16.03.문14 15.05.문19 15.03.문09 14.09.문09 14.09.문17 12.03.문09 09.05.문08 03.03.문13 02.09.문01

① 분해열
② 산화열
③ 발효열
④ 중합열

해설 **자연발화**의 **형태**

| 구 분 | 종 류 |
|---|---|
| **분해열** | ① 셀룰로이드<br>② 니트로셀룰로오스 |
| **산화열** | ① **건**성유(정어리유, 아마인유, 해바라기유)<br>② **석**탄<br>③ **원**면<br>④ **고**무분말<br>⑤ 불포화섬유지 |
| **발효열** | ① 퇴비<br>② 먼지<br>③ 곡물 |
| **흡착열** | ① 목탄<br>② 활성탄 |

기억법 **산건석원고**

답 ②

### 09 프로판가스의 연소범위[vol%]에 가장 가까운 것은?

14.09.문16 12.03.문12 10.09.문02

① 9.8~28.4
② 2.5~81
③ 4.0~75
④ 2.1~9.5

해설 (1) **공기 중**의 **폭발한계**

| 가 스 | 하한계 (하한점, [vol%]) | 상한계 (상한점, [vol%]) |
|---|---|---|
| 아세틸렌($C_2H_2$) | 2.5 | 81 |
| 수소($H_2$) | 4 | 75 |
| 일산화탄소(CO) | 12.5 | 74 |
| 에테르($C_2H_5OC_2H_5$) | 1.9 | 48 |
| 이황화탄소($CS_2$) | 1.2 | 44 |
| 에틸렌($C_2H_4$) | 2.7 | 36 |
| 암모니아($NH_3$) | 15 | 28 |
| 메탄($CH_4$) | 5 | 15 |
| 에탄($C_2H_6$) | 3 | 12.4 |
| 프로판($C_3H_8$) → | 2.1 | 9.5 |
| 부탄($C_4H_{10}$) | 1.8 | 8.4 |

(2) **폭발한계**와 **같은 의미**

㉠ 폭발범위
㉡ 연소한계
㉢ 연소범위
㉣ 가연한계
㉤ 가연범위

답 ④

### 10 화재시 이산화탄소를 방출하여 산소농도를 13vol%로 낮추어 소화하기 위한 공기 중 이산화탄소의 농도는 약 몇 vol%인가?

15.05.문13 14.05.문07 13.09.문16 12.05.문14

① 9.5
② 25.8
③ 38.1
④ 61.5

해설 **이산화탄소**의 **농도**

$$CO_2 = \frac{21 - O_2}{21} \times 100$$

여기서, $CO_2$ : $CO_2$의 농도[vol%]
$O_2$ : $O_2$의 농도[vol%]

$$CO_2 = \frac{21 - O_2}{21} \times 100 = \frac{21 - 13}{21} \times 100 ≒ 38.1\text{vol\%}$$

중요

**이산화탄소 소화설비와 관련된 식**

$$CO_2 = \frac{방출가스량}{방호구역체적 + 방출가스량} \times 100$$
$$= \frac{21 - O_2}{21} \times 100$$

여기서, $CO_2$ : $CO_2$의 농도[vol%]
$O_2$ : $O_2$의 농도[vol%]

$$방출가스량 = \frac{21 - O_2}{O_2} \times 방호구역체적$$

여기서, $O_2$ : $O_2$의 농도[vol%]

답 ③

★★★
**11** 화재의 지속시간 및 온도에 따라 목재건물과 내화건물을 비교했을 때, 목재건물의 화재성상으로 가장 적합한 것은?

18.03.문05
16.10.문04
14.05.문01
10.09.문08

① 저온장기형이다. ② 저온단기형이다.
③ 고온장기형이다. ④ 고온단기형이다.

해설 (1) **목조건물**(목재건물)
㉠ 화재성상 : **고**온**단**기형
㉡ 최고온도(최성기온도) : **13**00℃

기억법 목고단 13

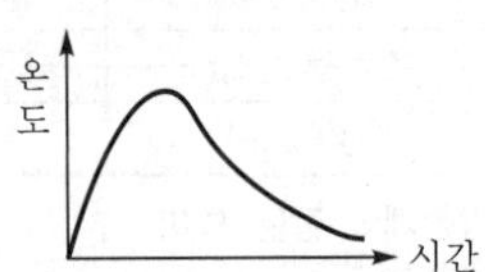


| 목조건물의 표준 화재온도-시간곡선 |

(2) **내화건물**
㉠ 화재성상 : 저온장기형
㉡ 최고온도(최성기온도) : 900~1000℃

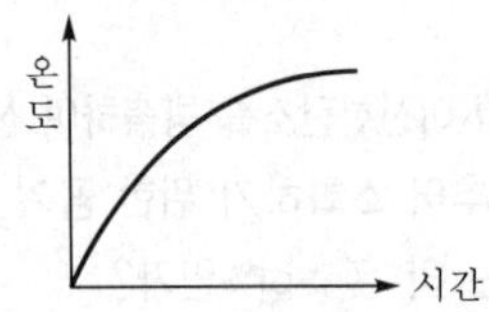


| 내화건물의 표준 화재온도-시간곡선 |

답 ④

★★
**12** 에테르, 케톤, 에스테르, 알데히드, 카르복실산, 아민 등과 같은 가연성인 수용성 용매에 유효한 포소화약제는?

17.05.문05

① 단백포 ② 수성막포
③ 불화단백포 ④ 내알코올포

해설 **내알코올형포**(알코올포)
(1) 알코올류 위험물(**메탄올**)의 소화에 사용
(2) **수용성** 유류화재(**아세트알데히드**, **에스테르류**)에 사용 : 수용성 용매에 사용
(3) **가연성 액체**에 사용

기억법 내알 메아에가

• 메탄올=메틸알코올

참고

**포소화약제의 특징**

| 약제의 종류 | 특 징 |
|---|---|
| 단백포 | ① 흑갈색이다.<br>② 냄새가 지독하다.<br>③ 포안정제로서 **제1철염**을 첨가한다.<br>④ 다른 포약제에 비해 **부식성**이 **크다**. |
| **수**성막포 | ① 안전성이 좋아 장기보관이 가능하다.<br>② 내약품성이 좋아 **분말소화약제**와 **겸용** 사용이 가능하다.<br>③ 석유류 표면에 신속히 피막을 형성하여 유류증발을 억제한다.<br>④ 일명 **AFFF**(**A**queous **F**ilm **F**orming Foam)라고 한다.<br>⑤ 점성이 작기 때문에 가연성 기름의 표면에서 쉽게 피막을 형성한다.<br>기억법 분수 |
| 불화단백포 | ① 소화성능이 가장 우수하다.<br>② 단백포와 수성막포의 결점인 열안정성을 보완시킨다.<br>③ **표면하 주입방식**에도 적합하다. |
| **합**성 계면 활성제포 | ① **저**팽창포와 **고**팽창포 모두 사용이 가능하다.<br>② 유동성이 좋다.<br>③ 카바이트 저장소에는 부적합하다.<br>기억법 합저고 |

• 저팽창포=저발포
• 고팽창포=고발포

답 ④

★★★
**13** 소화원리에 대한 설명으로 틀린 것은?

18.09.문19
17.05.문06
16.03.문08
15.03.문17
14.03.문19
11.10.문19
03.08.문11

① 냉각소화 : 물의 증발잠열에 의해서 가연물의 온도를 저하시키는 소화방법
② 제거소화 : 가연성 가스의 분출화재시 연료공급을 차단시키는 소화방법
③ 질식소화 : 포소화약제 또는 불연성 가스를 이용해서 공기 중의 산소공급을 차단하여 소화하는 방법
④ 억제소화 : 불활성기체를 방출하여 연소범위 이하로 낮추어 소화하는 방법

해설 **소화의 형태**

| 구 분 | 설 명 |
|---|---|
| **냉**각소화 | ① **점화원**을 냉각하여 소화하는 방법<br>② **증**발잠열을 이용하여 열을 빼앗아 가연물의 온도를 떨어뜨려 화재를 진압하는 소화방법<br>③ **다량**의 **물**을 뿌려 소화하는 방법<br>④ 가연성 물질을 **발화점 이하**로 **냉각**하여 소화하는 방법<br>⑤ **식용유화재**에 신선한 **야채**를 넣어 소화하는 방법<br>⑥ 용융잠열에 의한 **냉각효과**를 이용하여 소화하는 방법<br>기억법 **냉점증발** |
| **질**식소화 | ① 공기 중의 **산소농도**를 **16%**(10~15%) 이하로 희박하게 하여 소화하는 방법<br>② 산화제의 농도를 낮추어 연소가 지속될 수 없도록 소화하는 방법<br>③ 산소공급을 차단하여 소화하는 방법<br>④ 산소의 농도를 낮추어 소화하는 방법<br>⑤ 화학반응으로 발생한 **탄산가스**에 의한 소화방법<br>기억법 **질산** |
| 제거소화 | **가연물**을 **제거**하여 소화하는 방법 |
| **부**촉매 소화 (억제소화, 화학소화) | ① **연쇄반응**을 **차단**하여 소화하는 방법<br>② 화학적인 방법으로 화재를 억제하여 소화하는 방법<br>③ **활성기**(free radical, 자유라디칼)의 **생성**을 **억제**하여 소화하는 방법<br>④ 할론계 소화약제<br>기억법 **부억(부엌)** |
| 희석소화 | ① 기체·고체·액체에서 나오는 분해가스나 증기의 농도를 낮춰 소화하는 방법<br>② 불연성 가스의 **공기** 중 **농도**를 높여 소화하는 방법<br>③ 불활성기체를 방출하여 연소범위 이하로 낮추어 소화하는 방법 |

④ 억제소화 → 희석소화

중요

**화재**의 **소화원리**에 따른 **소화방법**

| 소화원리 | 소화설비 |
|---|---|
| 냉각소화 | ① 스프링클러설비<br>② 옥내·외소화전설비 |
| 질식소화 | ① 이산화탄소 소화설비<br>② 포소화설비<br>③ 분말소화설비<br>④ 불활성기체 소화약제 |
| 억제소화 (부촉매효과) | ① 할론소화약제<br>② 할로겐화합물 소화약제 |

답 ④

★★★
**14** 방화벽의 구조 기준 중 다음 (  ) 안에 알맞은 것은?

17.09.문16
13.03.문16
12.03.문10

- 방화벽의 양쪽 끝과 위쪽 끝을 건축물의 외벽면 및 지붕면으로부터 ( ㉠ )m 이상 튀어나오게 할 것
- 방화벽에 설치하는 출입문의 너비 및 높이는 각각 ( ㉡ )m 이하로 하고, 해당 출입문에는 60분+방화문 또는 60분 방화문을 설치할 것

① ㉠ 0.3, ㉡ 2.5
② ㉠ 0.3, ㉡ 3.0
③ ㉠ 0.5, ㉡ 2.5
④ ㉠ 0.5, ㉡ 3.0

해설 **건축령 57조**
**방화벽의 구조**

| 구 분 | 설 명 |
|---|---|
| 대상 건축물 | • 주요 구조부가 내화구조 또는 불연재료가 아닌 연면적 $1000m^2$ 이상인 건축물 |
| 구획단지 | • 연면적 **$1000m^2$** 미만마다 구획 |
| 방화벽의 구조 | • **내화구조**로서 홀로 설 수 있는 구조일 것<br>• 방화벽의 양쪽 끝과 위쪽 끝을 건축물의 외벽면 및 지붕면으로부터 **0.5m** 이상 튀어나오게 할 것<br>• 방화벽에 설치하는 **출입문**의 **너비** 및 높이는 각각 **2.5m** 이하로 하고 해당 출입문에는 60분+방화문 또는 60분 방화문을 설치할 것 |

답 ③

★★★
**15** BLEVE 현상을 설명한 것으로 가장 옳은 것은?

18.09.문08
17.03.문17
16.05.문02
15.03.문01
14.09.문12
14.03.문01
09.05.문10
05.09.문07
05.05.문07
03.03.문11
02.03.문20

① 물이 뜨거운 기름 표면 아래에서 끓을 때 화재를 수반하지 않고 Over flow 되는 현상
② 물이 연소유의 뜨거운 표면에 들어갈 때 발생되는 Over flow 현상
③ 탱크바닥에 물과 기름의 에멀션이 섞여 있을 때 물의 비등으로 인하여 급격하게 Over flow 되는 현상
④ 탱크 주위 화재로 탱크 내 인화성 액체가 비등하고 가스부분의 압력이 상승하여 탱크가 파괴되고 폭발을 일으키는 현상

해설 **가스탱크 · 건축물 내**에서 발생하는 현상

(1) **가스탱크**

| 현 상 | 정 의 |
|---|---|
| **블래비** (BLEVE) | • 과열상태의 탱크에서 내부의 액화가스가 분출하여 기화되어 폭발하는 현상<br>• 탱크 주위 화재로 탱크 내 인화성 액체가 비등하고 가스부분의 압력이 상승하여 탱크가 파괴되고 폭발을 일으키는 현상 |

(2) **건축물 내**

| 현 상 | 정 의 |
|---|---|
| **플래시 오버** (flash over) | • 화재로 인하여 실내의 온도가 급격히 상승하여 화재가 순간적으로 실내 전체에 확산되어 연소되는 현상 |
| **백드래프트** (back draft) | • **통기력**이 좋지 않은 상태에서 연소가 계속되어 산소가 심히 부족한 상태가 되었을 때 **개구부**를 통하여 산소가 공급되면 실내의 가연성 혼합기가 공급되는 **산소**의 **방향**과 **반대**로 흐르며 급격히 연소하는 현상<br>• 소방대가 소화활동을 위하여 화재실의 문을 개방할 때 신선한 공기가 유입되어 실내에 축적되었던 가연성 가스가 **단시간**에 **폭발적**으로 **연소**함으로써 화재가 폭풍을 동반하며 **실외**로 **분출**되는 현상 |

중요

**유류탱크**에서 **발생**하는 **현상**

| 현 상 | 정 의 |
|---|---|
| **보일 오버** (boil over) | • 중질유의 석유탱크에서 장시간 조용히 연소하다 탱크 내의 잔존기름이 갑자기 분출하는 현상<br>• 유류탱크에서 탱크바닥에 물과 기름의 **에멀션**이 섞여 있을 때 이로 인하여 화재가 발생하는 현상<br>• 연소유면으로부터 100℃ 이상의 열파가 탱크 **저부**에 고여 있는 물을 비등하게 하면서 연소유를 탱크 밖으로 비산시키며 연소하는 현상<br>기억법 **보저(보자기)** |
| **오일 오버** (oil over) | • 저장탱크에 저장된 유류저장량이 내용적의 50% 이하로 충전되어 있을 때 화재로 인하여 탱크가 폭발하는 현상 |
| **프로스 오버** (froth over) | • 물이 점성의 뜨거운 기름 표면 아래에서 끓을 때 화재를 수반하지 않고 용기가 넘치는 현상 |
| **슬롭 오버** (slop over) | • 물이 연소유의 뜨거운 표면에 들어갈 때 기름 표면에서 화재가 발생하는 현상<br>• 유화제로 소화하기 위한 물이 수분의 급격한 증발에 의하여 액면이 거품을 일으키면서 열유층 밑의 냉유가 급히 열팽창하여 기름의 일부가 불이 붙은 채 탱크벽을 넘어서 일출하는 현상 |

답 ④

★★★
## 16 화재의 유형별 특성에 관한 설명으로 옳은 것은?

17.09.문07
16.05.문09
15.09.문19
13.09.문07

① A급 화재는 무색으로 표시하며, 감전의 위험이 있으므로 주수소화를 엄금한다.
② B급 화재는 황색으로 표시하며, 질식소화를 통해 화재를 진압한다.
③ C급 화재는 백색으로 표시하며, 가연성이 강한 금속의 화재이다.
④ D급 화재는 청색으로 표시하며, 연소 후에 재를 남긴다.

해설 **화재**의 **종류**

| 구 분 | 표시색 | 적응물질 |
|---|---|---|
| 일반화재(A급) | 백색 | ① 일반가연물<br>② 종이류 화재<br>③ 목재 · 섬유화재 |
| 유류화재(B급) | 황색 | ① 가연성 액체<br>② 가연성 가스<br>③ 액화가스화재<br>④ 석유화재 |
| 전기화재(C급) | 청색 | 전기설비 |
| 금속화재(D급) | 무색 | 가연성 금속 |
| 주방화재(K급) | – | 식용유화재 |

※ 요즘은 표시색의 의무규정은 없음

① 무색 → 백색, 감전의 위험이 있으므로 주수소화를 엄금한다. → 감전의 위험이 없으므로 주수소화를 한다.
③ 백색 → 청색, 가연성이 강한 금속의 화재 → 전기화재
④ 청색 → 무색, 연소 후에 재를 남긴다. → 가연성이 강한 금속의 화재이다.

답 ②

★★★
## 17 독성이 매우 높은 가스로서 석유제품, 유지(油脂) 등이 연소할 때 생성되는 알데히드계통의 가스는?

14.03.문05
00.03.문04

① 시안화수소 ② 암모니아
③ 포스겐 ④ 아크롤레인

해설 연소가스

| 구 분 | 설 명 |
|---|---|
| **일산화탄소 (CO)** | 화재시 흡입된 일산화탄소(CO)의 화학적 작용에 의해 **헤모글로빈**(Hb)이 혈액의 산소운반작용을 저해하여 사람을 질식·사망하게 한다. |
| **이산화탄소 ($CO_2$)** | 연소가스 중 **가장 많은 양**을 차지하고 있으며 가스 그 자체의 독성은 거의 없으나 다량이 존재할 경우 호흡속도를 증가시키고, 이로 인하여 화재가스에 혼합된 유해가스의 혼입을 증가시켜 위험을 가중시키는 가스이다. |
| **암모니아 ($NH_3$)** | 나무, 페놀수지, 멜라민수지 등의 **질소 함유물**이 연소할 때 발생하며, 냉동시설의 **냉매**로 쓰인다. |
| **포스겐 ($COCl_2$)** | 매우 독성이 강한 가스로서 소화제인 **사염화탄소**($CCl_4$)를 화재시에 사용할 때도 발생한다. |
| **황화수소 ($H_2S$)** | 달걀 썩는 냄새가 나는 특성이 있다. |
| **아크롤레인 ($CH_2=CHCHO$)** | 독성이 매우 높은 가스로서 **석유제품**, **유지** 등이 연소할 때 생성되는 가스이다. 기억법 **유아석** |

용어

**유지**(油脂)
들기름 및 지방을 통틀어 일컫는 말

답 ④

★★★
## 18 다음 중 전산실, 통신기기실 등에서의 소화에 가장 적합한 것은?

06.05.문16

① 스프링클러설비
② 옥내소화전설비
③ 분말소화설비
④ 할로겐화합물 및 불활성기체 소화설비

해설 **이산화탄소·할론·할로겐화합물 및 불활성기체 소화기(소화설비) 적용대상**

(1) 주차장
(2) 전산실 ┐
(3) 통신기기실 ┘ 전기설비
(4) 박물관
(5) 석탄창고
(6) 면화류창고
(7) 가솔린
(8) 인화성 고체위험물
(9) 건축물, 기타 공작물
(10) 가연성 고체
(11) 가연성 가스

답 ④

★★
## 19 화재강도(fire intensity)와 관계가 없는 것은?

15.05.문01

① 가연물의 비표면적
② 발화원의 온도
③ 화재실의 구조
④ 가연물의 발열량

해설 **화재강도**(fire intensity)에 영향을 미치는 인자
(1) 가연물의 비표면적
(2) 화재실의 구조
(3) 가연물의 배열상태(발열량)

용어

**화재강도**
열의 집중 및 방출량을 상대적으로 나타낸 것. 즉, **화재의 온도**가 높으면 화재강도는 커진다(발화원의 온도가 아님).

답 ②

★
## 20 화재발생시 인명피해 방지를 위한 건물로 적합한 것은?

① 피난설비가 없는 건물
② 특별피난계단의 구조로 된 건물
③ 피난기구가 관리되고 있지 않은 건물
④ 피난구 폐쇄 및 피난구유도등이 미비되어 있는 건물

해설 **인명피해 방지건물**
(1) 피난설비가 **있는** 건물
(2) 특별피난계단의 구조로 된 건물
(3) 피난기구가 관리되고 **있는** 건물
(4) 피난구 **개방** 및 피난구유도등이 **잘 설치되어 있는** 건물

① 없는 → 있는
③ 있지 않은 → 있는
④ 폐쇄 → 개방, 미비되어 있는 → 잘 설치되어 있는

답 ②

# 제2과목 소방전기일반

★★★
## 21 다음 논리식 중 틀린 것은?

18.03.문31
17.09.문33
17.03.문23
16.05.문36
16.03.문39
15.09.문23
13.09.문30
13.06.문35
11.03.문32

① $X+X=X$
② $X \cdot X=X$
③ $X+\overline{X}=1$
④ $X \cdot \overline{X}=1$

해설 불대수의 정리

| 논리합 | 논리곱 | 비 고 |
|---|---|---|
| $X+0=X$ | $X\cdot 0=0$ | - |
| $X+1=1$ | $X\cdot 1=X$ | - |
| $X+X=X$ ← 보기 ① | $X\cdot X=X$ ← 보기 ② | - |
| $X+\overline{X}=1$ ← 보기 ③ | $X\cdot\overline{X}=0$ | - |
| $X+Y=Y+X$ | $X\cdot Y=Y\cdot X$ | 교환법칙 |
| $X+(Y+Z)=(X+Y)+Z$ | $X(YZ)=(XY)Z$ | 결합법칙 |
| $X(Y+Z)=XY+XZ$ | $(X+Y)(Z+W)=XZ+XW+YZ+YW$ | 분배법칙 |
| $X+XY=X$ | $\overline{X}+XY=\overline{X}+Y$<br>$X+\overline{X}Y=X+Y$<br>$X+\overline{X}\,\overline{Y}=X+\overline{Y}$ | 흡수법칙 |
| $(\overline{X+Y})=\overline{X}\cdot\overline{Y}$ | $(\overline{X\cdot Y})=\overline{X}+\overline{Y}$ | 드모르간의 정리 |

④ $X\cdot\overline{X}=0$

답 ④

★★★
**22** 다음과 같은 블록선도의 전체 전달함수는?

17.09.문27 16.03.문25 09.05.문32 08.03.문39

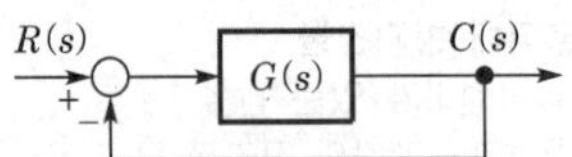


① $\dfrac{C(s)}{R(s)}=\dfrac{G(s)}{1+G(s)}$

② $\dfrac{C(s)}{R(s)}=\dfrac{G(s)}{1-G(s)}$

③ $\dfrac{C(s)}{R(s)}=1+G(s)$

④ $\dfrac{C(s)}{R(s)}=1-G(s)$

해설 $C=RG-CG,\ C+CG=RG$

$R(s)G(s)-C(s)G(s)=C(s)$

$R(s)G(s)=C(s)G(s)+C(s)$

$R(s)G(s)=C(s)(G(s)+1)$

$\dfrac{G(s)}{G(s)+1}=\dfrac{C(s)}{R(s)}$

$\dfrac{C(s)}{R(s)}=\dfrac{G(s)}{G(s)+1}$

용어

**전달함수**
모든 초기값을 **0**으로 하였을 때 출력신호의 라플라스변환과 입력신호의 라플라스변환의 **비**

답 ①

★★★
**23** 바리스터(varistor)의 용도는?

10.03.문34 09.05.문33

① 정전류 제어용
② 정전압 제어용
③ 과도한 전류로부터 회로보호
④ 과도한 진압으로부터 회로보호

해설 **반도체소자**

| 명 칭 | 심 벌 |
|---|---|
| **제너다이오드**(zener diode) : 주로 정전압 전원회로에 사용된다. | (심벌) |
| **서미스터**(thermistor) : 부온도특성을 가진 저항기의 일종으로서 주로 온도보정용으로 쓰인다. | (심벌) Th |
| **SCR**(Silicon Controlled Rectifier) : 단방향 대전류 스위칭소자로서 제어를 할 수 있는 정류소자이다. | (심벌) A K G |
| **바리스터**(varistor)<br>• 주로 **서**지전압(과도전**압**)에 대한 회로보호용<br>• **계**전기접점의 불꽃제거<br>기억법 바리서계압(바로서게) | (심벌) |
| **UJT**(Unijunction transistor, **단일접합 트랜지스터**) : 증폭기로는 사용이 불가능하고 톱니파나 펄스발생기로 작용하며 SCR의 트리거소자로 쓰인다. | (심벌) E B₁ B₂ |
| **버랙터**(varactor) : 제너현상을 이용한 다이오드 | - |

답 ④

★★
**24** SCR(Silicon-Controlled Rectifier)에 대한 설명으로 틀린 것은?

14.05.문21 11.03.문35

① PNPN 소자이다.
② 스위칭 반도체소자이다.
③ 양방향 사이리스터이다.
④ 교류의 전력제어용으로 사용된다.

해설 SCR(**실**리콘제어 정류소자)의 **특징**
(1) **과전압**에 비교적 **약하다.**
(2) 게이트에 신호를 인가한 때부터 도통시까지 시간이 짧다.
(3) **순방향** 전압강하는 **작게** 발생한다.
(4) **역방향** 전압강하는 **크게** 발생한다.
(5) **열**의 발생이 **적은 편**이다.

(6) **PNPN**의 구조를 하고 있다(PNPN 소자).
(7) 특성곡선에 **부저항부분**이 있다.
(8) **게이트전류**에 의하여 방전개시전압을 제어할 수 있다.
(9) 단방향성 사이리스터
(10) 직류 및 교류의 **전력제어용** 또는 **위상제어용**으로 사용한다.
(11) 스위칭소자(스위칭 반도체소자)

기억법 **실순작**

③ 양방향 → 단방향

답 ③

★★★
## 25 변압기의 내부 보호에 사용되는 계전기는?

16.05.문26 16.03.문36 13.09.문28 12.09.문21

① 비율차동계전기
② 부족전압계전기
③ 역전류계전기
④ 온도계전기

해설 **계전기**

| 구 분 | 역 할 |
|---|---|
| • **비**율차동계전기(차동계전기)<br>• 브흐홀츠계전기 | **발**전기나 **변**압기의 내부 고장 보호용<br>기억법 **비발변** |
| • **역**상**과**전류계전기 | 발전기의 부하 **불**평형 방지<br>기억법 **역과불** |
| • 접지계전기 | 지락전류 검출 |

답 ①

★★★
## 26 직류회로에서 도체를 균일한 체적으로 길이를 10배 늘리면 도체의 저항은 몇 배가 되는가? (단, 도체의 전체 체적은 변함이 없다.)

10.05.문35 10.03.문38

① 10 ② 20
③ 100 ④ 1000

해설 **고유저항**

$$R=\rho\frac{l}{A}=\rho\frac{l}{\pi r^2}$$

여기서, $R$ : 저항[Ω]
$\rho$ : 고유저항[Ω · m]
$A$ : 도체의 단면적[m²]
$l$ : 도체의 길이[m]
$r$ : 도체의 반지름[m]

$R=\rho\frac{l}{\pi r^2}$에서 체적이 균일하면 **길이**를 **10배**로 늘리면 **반경**은 $\frac{1}{10}$**배**로 줄어들므로 $R=\rho\frac{l}{\pi r^2}$ 에서

$R'=\rho\frac{10l}{\pi\frac{1}{10}r^2}=\rho\frac{100l}{\pi r^2}=100$배

답 ③

★★★
## 27 1W · s와 같은 것은?

06.05.문03 06.03.문24

① 1J ② 1kg · m
③ 1kWh ④ 860kcal

해설 **단위환산**
(1) 1W=1J/s
(2) 1J=1N · m
(3) 1kg=9.8N
(4) 1Wh=860cal
(5) 1BTU=252cal
(6) 1N=$10^5$dyne

답 ①

★★
## 28 가동철편형 계기의 구조형태가 아닌 것은?

00.10.문35 98.10.문24

① 흡인형
② 회전자장형
③ 반발형
④ 반발흡인형

해설 **가동철편형 계기**의 **구조형태**
(1) **흡**인형(attraction type)
(2) **반**발형(repulsion type)
(3) **반**발흡인형(repulsion attraction type)

기억법 **흡반철**

참고

**유도형 계기의 구조형태**
(1) 회전자장형(revolving field type)
(2) 이동자장형(shifting field type)

답 ②

★★
## 29 교류전압계의 지침이 지시하는 전압은 다음 중 어느 것인가?

12.09.문30

① 실효값
② 평균값
③ 최대값
④ 순시값

해설

| 교류 표시 | 설 명 |
|---|---|
| 실효값 ← | ① 일반적으로 사용되는 값으로 교류의 각 순시값의 제곱에 대한 **1주기**의 **평균**의 **제곱근**을 말함<br>② **교류전압계**의 지침이 지시하는 값 |
| 최대값 | 교류의 순시값 중에서 가장 큰 값 |
| 순시값 | 교류의 임의의 시간에 있어서 전압 또는 전류의 값 |
| 평균값 | 순시값의 반주기에 대하여 평균한 값 |

답 ①

★★★
**30** 13.09.문31 11.06.문34

**내부저항이 200Ω이며 직류 120mA인 전류계를 6A까지 측정할 수 있는 전류계로 사용하고자 한다. 어떻게 하면 되겠는가?**

① 24Ω의 저항을 전류계와 직렬로 연결한다.
② 12Ω의 저항을 전류계와 병렬로 연결한다.
③ 약 6.24Ω의 저항을 전류계와 직렬로 연결한다.
④ 약 4.08Ω의 저항을 전류계와 병렬로 연결한다.

해설 **분류기**

$$I_0 = I\left(1+\frac{R_A}{R_S}\right)$$

여기서, $I_0$ : 측정하고자 하는 전류〔A〕
$I$ : 전류계의 최대눈금〔A〕
$R_A$ : 전류계 내부저항〔Ω〕
$R_S$ : 분류기저항〔Ω〕

$$I_0 = I\left(1+\frac{R_A}{R_S}\right)$$

$$\frac{I_0}{I} = 1+\frac{R_A}{R_S}$$

$$\frac{I_0}{I} - 1 = \frac{R_A}{R_S}$$

$$R_S = \frac{R_A}{\frac{I_0}{I}-1} = \frac{200}{\frac{6}{(120\times10^{-3})}-1} = 4.08\,\Omega$$

• **분류기** : 전류계와 **병렬**접속

비교

**배율기**

$$V_0 = V\left(1+\frac{R_m}{R_v}\right)$$

여기서, $V_0$ : 측정하고자 하는 전압〔V〕
$V$ : 전압계의 최대눈금〔V〕
$R_v$ : 전압계의 내부저항〔Ω〕
$R_m$ : 배율기저항〔Ω〕

• **배율기** : 전압계와 **직렬**접속

답 ④

★
**31** 99.08.문24

**상순이 a, b, c인 경우 $V_a$, $V_b$, $V_c$를 3상 불평형 전압이라 하면 정상분전압은? (단, $\alpha = e^{j2\pi/3} = 1\angle 120°$)**

① $\frac{1}{3}(V_a + V_b + V_c)$
② $\frac{1}{3}(V_a + \alpha V_b + \alpha^2 V_c)$
③ $\frac{1}{3}(V_a + \alpha^2 V_b + \alpha V_c)$
④ $\frac{1}{3}(V_a + \alpha V_b + \alpha V_c)$

해설 **정상분전압**

$$\text{정상분전압} = \frac{1}{3}(V_a + \alpha V_b + \alpha^2 V_c)$$

여기서, $V_a$ : a상의 전압〔V〕
$V_b$ : b상의 전압〔V〕
$V_c$ : c상의 전압〔V〕
$\alpha = e^{j2\pi/3} = 1\angle 120°$

답 ②

★★★
**32** 08.05.문31

**수신기에 내장된 축전지의 용량이 6Ah인 경우 0.4A의 부하전류로는 몇 시간 동안 사용할 수 있는가?**

① 2.4시간
② 15시간
③ 24시간
④ 30시간

해설 **축전지**의 **용량**

$$C = \frac{1}{L}KI = It$$

여기서, $C$ : 축전지용량〔Ah〕
$L$ : 용량저하율(보수율)
$K$ : 용량환산시간〔h〕
$I$ : 방전전류〔A〕
$t$ : 시간〔h〕

시간 $t$는

$$t = \frac{C}{I} = \frac{6}{0.4} = 15\text{h}$$

답 ②

★★
**33** 06.03.문26

**변압기의 임피던스전압을 구하기 위하여 행하는 시험은?**

① 단락시험
② 유도저항시험
③ 무부하 통전시험
④ 무극성 시험

해설 **변압기**의 **시험**

(1) 단락시험 : **임피던스전압**을 구하기 위한 시험
(2) 온도시험 : **등가부하법** 사용
(3) 극성 시험
(4) 무부하시험
(5) 권선저항 측정시험
(6) 내전압시험 ─ 가압시험
  ├ 유도시험
  ├ 충격전압시험
  └ 절연파괴시험

참고

**변압기**의 **온도시험**에는 **등가부하법**을 가장 많이 사용한다.

• 등가부하법=반환부하법

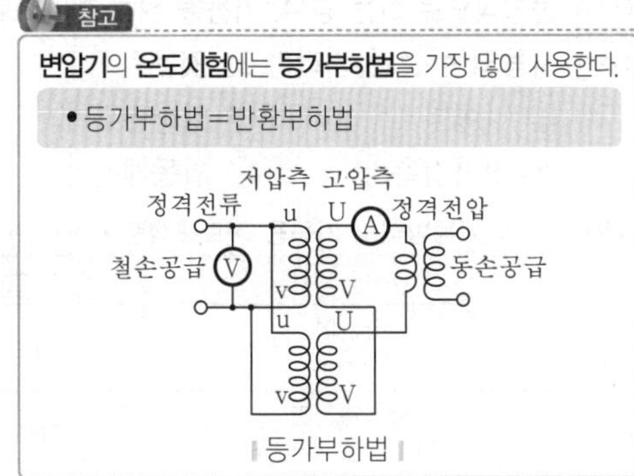

| 등가부하법 |

답 ①

★★
**34** 12.03.문31

**어떤 회로에 $v(t) = 150\sin\omega t$[V]의 전압을 가하니 $i(t) = 6\sin(\omega t - 30°)$[A]의 전류가 흘렀다. 이 회로의 소비전력(유효전력)은 약 몇 W인가?**

① 390 ② 450
③ 780 ④ 900

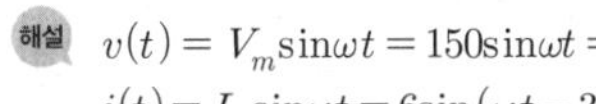

해설 $v(t) = V_m\sin\omega t = 150\sin\omega t = 150\cos(\omega t + 90°)$[V]

$i(t) = I_m\sin\omega t = 6\sin(\omega t - 30°)$

$= 6\cos(\omega t + 90° - 30°) = 6\cos(\omega t + 60°)$[A]

(1) **전압**의 **최대값**

$$V_m = \sqrt{2}\,V$$

여기서, $V_m$ : 전압의 최대값[V]
$V$ : 전압의 실효값[V]

**전압**의 **실효값** $V$는

$$V = \frac{V_m}{\sqrt{2}} = \frac{150}{\sqrt{2}}$$

(2) **전류**의 **최대값**

$$I_m = \sqrt{2}\,I$$

여기서, $I_m$ : 전류의 최대값[A]
$I$ : 전류의 실효값[A]

**전류**의 **실효값** $I$는

$$I = \frac{I_m}{\sqrt{2}} = \frac{6}{\sqrt{2}}$$

(3) **소비전력**

$$P = VI\cos\theta$$

여기서, $P$ : 소비전력[W]
$V$ : 전압의 실효값[V]
$I$ : 전류의 실효값[A]
$\theta$ : 위상차[rad]

**소비전력** $P$는

$$P = VI\cos\theta$$
$$= \frac{150}{\sqrt{2}} \times \frac{6}{\sqrt{2}} \times \cos(90-60)° ≒ 390\text{W}$$

답 ①

★★★
**35** 12.05.문34 05.05.문35

**배선의 절연저항은 어떤 측정기를 사용하여 측정하는가?**

① 전압계 ② 전류계
③ 메거 ④ 서미스터

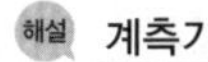

해설 **계측기**

| 구 분 | 용 도 |
|---|---|
| **메거** (megger) | 절연저항 측정<br>\| 메거 \| |
| **어스테스터** (earth tester) | 접지저항 측정<br>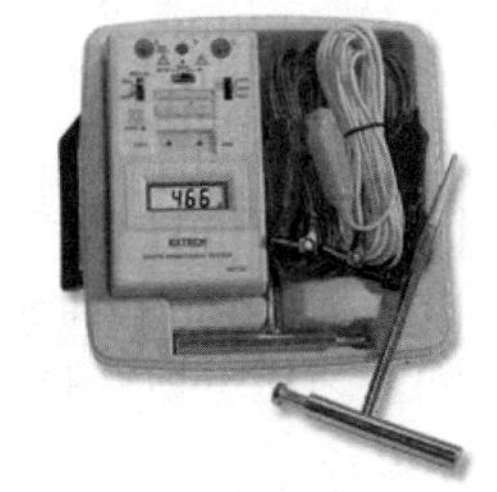<br>\| 어스테스터 \| |
| **코올라우시 브리지** (Kohlrausch bridge) | 전지(축전지)의 내부저항 측정<br>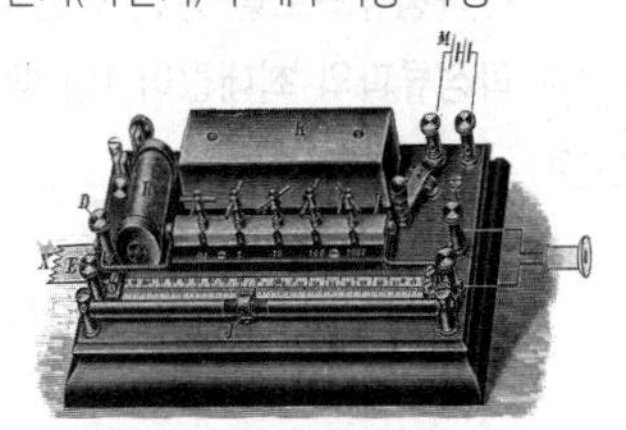<br>\| 코올라우시 브리지 \| |
| **C.R.O** (Cathode Ray Oscilloscope) | 음극선을 사용한 오실로스코프 |
| **휘트스톤 브리지** (Wheatstone bridge) | $0.5 \sim 10^5\Omega$의 중저항 측정 |

비교

**코올라우시 브리지**
(1) 축전지의 내부저항 측정
(2) 전해액의 저항 측정
(3) 접지저항 측정

답 ③

★★
**36** 50F의 콘덴서 2개를 직렬로 연결하면 합성정전용량은 몇 F인가?
10.05.문31

① 25　② 50
③ 100　④ 1000

해설 **콘덴서**의 **직렬접속**

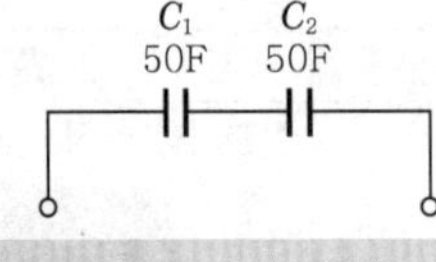


$$C=\frac{1}{\frac{1}{C_1}+\frac{1}{C_2}}=\frac{C_1C_2}{C_1+C_2}$$

여기서, $C$ : 합성정전용량[F]
$C_1$, $C_2$ : 각각의 정전용량[F]

콘덴서의 직렬접속시 합성정전용량 $C$는

$$C=\frac{C_1C_2}{C_1+C_2}=\frac{50\times50}{50+50}=25\text{F}$$

비교

**콘덴서**의 **병렬접속**

$$C=C_1+C_2$$

여기서, $C$ : 합성정전용량[F]
$C_1$, $C_2$ : 각각의 정전용량[F]

답 ①

★★★
**37** 반파정류회로를 통해 정현파를 정류하여 얻은 반파정류파의 최대값이 1일 때, 실효값과 평균값은?
15.05.문28
10.09.문39
98.10.문38

① $\frac{1}{\sqrt{2}}$, $\frac{2}{\pi}$　② $\frac{1}{2}$, $\frac{\pi}{2}$
③ $\frac{1}{\sqrt{2}}$, $\frac{\pi}{2\sqrt{2}}$　④ $\frac{1}{2}$, $\frac{1}{\pi}$

해설 **최대값 · 실효값 · 평균값**

| 파 형 | 최대값 | 실효값 | 평균값 |
|---|---|---|---|
| ① 정현파<br>② 전파정류파 | 1 | $\frac{1}{\sqrt{2}}$ | $\frac{2}{\pi}$ |
| ③ 반구형파 | 1 | $\frac{1}{\sqrt{2}}$ | $\frac{1}{2}$ |
| ④ 삼각파(3각파)<br>⑤ 톱니파 | 1 | $\frac{1}{\sqrt{3}}$ | $\frac{1}{2}$ |
| ⑥ 구형파 | 1 | 1 | 1 |
| ⑦ 반파정류파 | 1 | $\frac{1}{2}$ | $\frac{1}{\pi}$ |

답 ④

★★★
**38** 제연용으로 사용되는 3상 유도전동기를 Y-△ 기동방식으로 하는 경우, 기동을 위해 제어회로에서 사용되는 것과 거리가 먼 것은?
18.03.문32
09.08.문23
99.08.문27

① 타이머　② 영상변류기
③ 전자접촉기　④ 열동계전기

해설 **Y-△ 기동방식**의 **기동용 회로구성품**(제어요소)

| 구성품 | 기 호 |
|---|---|
| 타이머 (Timer) | T |
| 열동계전기 (THermal Relay) | THR |
| 전자접촉기 (Magnetic Contactor starter) | MC |
| 누름버튼스위치 (Push Button switch) | PB |
| 배선용 차단기 (Molded-Case Circuit Breaker) | MCCB |

② 영상변류기(ZCT) : 누전경보기의 누설전류 검출요소

답 ②

★★★
**39** 제어요소의 구성으로 옳은 것은?
15.09.문28
14.03.문30
13.03.문21

① 조절부와 조작부
② 비교부와 검출부
③ 설정부와 검출부
④ 설정부와 비교부

해설 **제어요소**(control element)
동작신호를 조작량으로 변환하는 요소이고, **조절부**와 **조작부**로 이루어진다.

참고

**구성요소**

| 제어요소 | 제어장치 | 조절기 |
|---|---|---|
| • 조절부<br>• 조작부<br>기억법 요절작 | • 조절부<br>• 설정부<br>• 검출부<br>기억법 제장검설절(대장검 설정) | • 조절부<br>• 설정부<br>• 비교부 |

답 ①

★★★
**40** 논리식 $X \cdot (X+Y)$를 간략화하면?

15.03.문39
11.03.문32

① $X$ ② $Y$
③ $X+Y$ ④ $X \cdot Y$

해설 $X \cdot (X+Y) = \underline{XX} + XY$(분배법칙)
$X \cdot X = X$
$= X + XY$(흡수법칙)
$= X\underline{(1+Y)}$
$X+1=1$
$= \underline{X \cdot 1}$
$X \cdot 1 = X$
$= X$

중요

**불대수**

| 논리합 | 논리곱 | 비 고 |
|---|---|---|
| $X+0=X$ | $X \cdot 0=0$ | - |
| $X+1=1$ | $X \cdot 1=X$ | - |
| $X+X=X$ | $X \cdot X=X$ | - |
| $X+\overline{X}=1$ | $X \cdot \overline{X}=0$ | - |
| $X+Y=Y+X$ | $X \cdot Y=Y \cdot X$ | 교환법칙 |
| $X+(Y+Z)=(X+Y)+Z$ | $X(YZ)=(XY)Z$ | 결합법칙 |
| $X(Y+Z)=XY+XZ$ | $(X+Y)(Z+W)=XZ+XW+YZ+YW$ | 분배법칙 |
| $X+XY=X$ | $\overline{X}+XY=\overline{X}+Y$<br>$X+\overline{X}Y=X+Y$<br>$X+\overline{X}\,\overline{Y}=X+\overline{Y}$ | 흡수법칙 |
| $(\overline{X+Y})=\overline{X} \cdot \overline{Y}$ | $(\overline{X \cdot Y})=\overline{X}+\overline{Y}$ | 드모르간의 정리 |

답 ①

## 제 3 과목 소방관계법규

★★★
**41** 다음 조건을 참고하여 숙박시설이 있는 특정소방대상물의 수용인원 산정수로 옳은 것은?

17.03.문57
15.09.문67

> 침대가 있는 숙박시설로서 1인용 침대의 수는 20개이고, 2인용 침대의 수는 10개이며, 종업원의 수는 3명이다.

① 33명 ② 40명
③ 43명 ④ 46명

해설 **소방시설법 시행령 〔별표 4〕**
수용인원의 산정방법

| 특정소방대상물 | | 산정방법 |
|---|---|---|
| • 숙박시설 | 침대가 있는 경우 → | 종사자수 + 침대수 |
| | 침대가 없는 경우 | 종사자수 + $\dfrac{\text{바닥면적 합계}}{3\text{m}^2}$ |
| • 강의실 • 교무실<br>• 상담실 • 실습실<br>• 휴게실 | | $\dfrac{\text{바닥면적 합계}}{1.9\text{m}^2}$ |
| • 기타 | | $\dfrac{\text{바닥면적 합계}}{3\text{m}^2}$ |
| • 강당<br>• 문화 및 집회시설, 운동시설<br>• 종교시설 | | $\dfrac{\text{바닥면적 합계}}{4.6\text{m}^2}$ |

숙박시설(침대가 있는 경우)
=종사자수+침대수
=3명+(1인용×20개+2인용×10개)=43명

• **소수점 이하**는 **반올림**한다.

③ **침대**가 있는 **숙박시설** : 해당 특정소방대상물의 **종사자수**에 **침대의 수**(2인용 침대는 2인으로 산정)를 **합한 수**

답 ③

★★★
**42** 제조소 등의 위치 · 구조 또는 설비의 변경 없이 당해 제조소 등에서 저장하거나 취급하는 위험물의 품명 · 수량 또는 지정수량의 배수를 변경하고자 할 때는 누구에게 신고해야 하는가?

18.04.문49
17.05.문46
15.03.문55
14.05.문44
13.09.문60

① 국무총리 ② 시 · 도지사
③ 관할소방서장 ④ 행정안전부장관

해설 **위험물법 6조**
**제조소 등의 설치허가**
(1) **설치허가자** : **시 · 도지사**
(2) **설치허가 제외 장소**
㉠ 주택의 난방시설(공동주택의 중앙난방시설은 제외)을 위한 **저장소** 또는 **취급소**
㉡ 지정수량 **20배** 이하의 **농**예용 · **축**산용 · **수**산용 난방시설 또는 건조시설의 **저장소**
(3) **제조소 등의 변경신고** : 변경하고자 하는 날의 **1일** 전까지 **시 · 도지사**에게 **신고**(행정안전부령)

기억법 농축수2

참고

**시 · 도지사**
(1) 특별시장
(2) 광역시장
(3) 특별자치시장
(4) 도지사
(5) 특별자치도지사

답 ②

★★★
**43** 위험물안전관리법령상 제조소 등이 아닌 장소에서 지정수량 이상의 위험물을 취급할 수 있는 기준 중 다음 ( ) 안에 알맞은 것은?

16.03.문47
07.09.문41

> 시·도의 조례가 정하는 바에 따라 관할소방서장의 승인을 받아 지정수량 이상의 위험물을 ( )일 이내의 기간 동안 임시로 저장 또는 취급하는 경우

① 15 ② 30
③ 60 ④ 90

해설 **90일**
(1) 소방시설업 **등**록신청 자산평가액·기업진단보고서 **유**효기간(공사업규칙 2조)
(2) 위험물 임시저장·취급 기준(위험물법 5조)

기억법 **등유9(등유 구해와!)**

중요
**위험물법 5조**
임시저장 승인 : 관할소방서장

답 ④

★★★
**44** 제6류 위험물에 속하지 않는 것은?

16.03.문05
15.05.문05
11.10.문03
07.09.문18

① 질산 ② 과산화수소
③ 과염소산 ④ 과염소산염류

해설 **위험물령 [별표 1]**
위험물

| 유 별 | 성 질 | 품 명 |
|---|---|---|
| 제**1**류 | **산**화성 **고**체 | • 아염소산염류<br>• 염소산염류(**염소산나트륨**)<br>• 과염소산염류<br>• 질산염류<br>• 무기과산화물<br>기억법 **1산고염나** |
| 제2류 | 가연성 고체 | • **황화**린<br>• **적**린<br>• **유**황<br>• **마**그네슘<br>기억법 **황화적유마** |
| 제3류 | 자연발화성 물질 및 금수성 물질 | • **황**린<br>• **칼**륨<br>• **나**트륨<br>• **알**칼리토금속<br>• **트**리에틸알루미늄<br>기억법 **황칼나알트** |
| 제4류 | 인화성 액체 | • 특수인화물<br>• 석유류(벤젠)<br>• 알코올류<br>• 동식물유류 |
| 제5류 | 자기반응성 물질 | • 유기과산화물<br>• 니트로화합물<br>• 니트로소화합물<br>• 아조화합물<br>• 질산에스테르류(셀룰로이드) |
| 제6류 | 산화성 액체 | • **과염소산**<br>• 과산화수소<br>• 질산 |

④ 과염소산염류 : 제1류 위험물

중요
**제6류 위험물**의 **공통성질**
(1) 대부분 비중이 **1보다 크다.**
(2) **산화성 액체**이다.
(3) **불연성 물질**이다.
(4) 모두 **산소**를 함유하고 있다.
(5) 유기화합물과 혼합하면 산화시킨다.

답 ④

★★
**45** 항공기격납고는 특정소방대상물 중 어느 시설에 해당하는가?

12.05.문42

① 위험물 저장 및 처리 시설
② 항공기 및 자동차관련 시설
③ 창고시설
④ 업무시설

해설 **소방시설법 시행령 [별표 2]**
**항공기 및 자동차관련 시설**
(1) **항공기격납고**
(2) 주차용 건축물, 차고 및 기계장치에 의한 주차시설
(3) 세차장
(4) 폐차장
(5) 자동차 검사장
(6) 자동차 매매장
(7) 자동차 정비공장
(8) 운전학원·정비학원
(9) 주차장
(10) 차고 및 주기장(駐機場)

중요
**운수시설**
(1) 여객자동차터미널
(2) 철도 및 도시철도시설(정비창 등 관련 시설 포함)
(3) 공항시설(항공관제탑 포함)
(4) 항만시설 및 종합여객시설

답 ②

★★★
**46** 18.09.문55 16.03.문55 13.09.문47 11.03.문56

**위험물안전관리법령상 제조소 등의 관계인은 위험물의 안전관리에 관한 직무를 수행하게 하기 위하여 제조소 등마다 위험물의 취급에 관한 자격이 있는 자를 위험물안전관리자로 선임하여야 한다. 이 경우 제조소 등의 관계인이 지켜야 할 기준으로 틀린 것은?**

① 제조소 등의 관계인은 안전관리자를 해임하거나 안전관리자가 퇴직한 때에는 해임하거나 퇴직한 날로부터 15일 이내에 다시 안전관리자를 선임하여야 한다.

② 제조소 등의 관계인이 안전관리자를 선임한 경우에는 선임한 날부터 14일 이내에 소방본부장 또는 소방서장에게 신고하여야 한다.

③ 제조소 등의 관계인은 안전관리자가 여행·질병, 그 밖의 사유로 인하여 일시적으로 직무를 수행할 수 없는 경우에는 국가기술자격법에 따른 위험물의 취급에 관한 자격취득자 또는 위험물안전에 관한 기본지식과 경험이 있는 자를 대리자로 지정하여 그 직무를 대행하게 하여야 한다. 이 경우 대행하는 기간은 30일을 초과할 수 없다.

④ 안전관리자는 위험물을 취급하는 작업을 하는 때에는 작업자에게 안전관리에 관한 필요한 지시를 하는 등 위험물의 취급에 관한 안전관리와 감독을 하여야 하고, 제조소 등의 관계인은 안전관리자의 위험물 안전관리에 관한 의견을 존중하고 그 권고에 따라야 한다.

해설 **소방시설법 시행규칙 14조**
**소방안전관리자의 재선임**
**30일** 이내

① 15일 이내 → 30일 이내

중요

**30일**
(1) 소방시설업 등록사항 변경신고(공사업규칙 6조)
(2) 위험물안전관리자의 재선임(위험물안전관리법 15조)
(3) 소방안전관리자의 재선임(소방시설법 시행규칙 14조)
(4) 도급계약 해지(공사업법 23조)
(5) 소방시설공사 중요사항 변경시의 신고일(공사업규칙 12조)
(6) 소방기술자 실무교육기관 지정서 발급(공사업규칙 32조)
(7) 소방공사감리자 변경서류 제출(공사업규칙 15조)
(8) 승계(위험물법 10조)
(9) 위험물안전관리자의 직무대행(위험물법 15조)
(10) 탱크시험자의 변경신고일(위험물법 16조)

답 ①

★★★
**47** 14.09.문58 07.09.문58

**화재예방, 소방시설 설치·유지 및 안전관리에 관한 법령상 정당한 사유 없이 소방특별조사 결과에 따른 조치명령을 위반한 자에 대한 벌칙으로 옳은 것은?**

① 100만원 이하의 벌금
② 300만원 이하의 벌금
③ 1년 이하의 징역 또는 1천만원 이하의 벌금
④ 3년 이하의 징역 또는 3천만원 이하의 벌금

해설 **소방시설법 48조 2**
**3년 이하의 징역 또는 3000만원 이하의 벌금**
(1) 소방특별조사 결과에 따른 조치명령 위반
(2) 소방시설관리업 무등록자
(3) 형식승인을 받지 않은 소방용품 제조·수입자
(4) 제품검사를 받지 않은 자
(5) 부정한 방법으로 전문기관의 지정을 받은 자

답 ④

★★
**48** 10.03.문41

**화재예방, 소방시설 설치·유지 및 안전관리에 관한 법령상 간이스프링클러설비를 설치하여야 하는 특정소방대상물의 기준으로 옳은 것은?**

① 근린생활시설로 사용하는 부분의 바닥면적 합계가 1000m$^2$ 이상인 것은 모든 층
② 교육연구시설 내에 있는 합숙소로서 연면적 500m$^2$ 이상인 것
③ 정신병원과 의료재활시설을 제외한 요양병원으로 사용되는 바닥면적의 합계가 300m$^2$ 이상 600m$^2$ 미만인 시설
④ 정신의료기관 또는 의료재활시설로 사용되는 바닥면적의 합계가 600m$^2$ 미만인 시설

해설 **소방시설법 시행령 〔별표 5〕**
**간이스프링클러설비의 설치대상**

| 설치대상 | 조 건 |
|---|---|
| 교육연구시설 내 합숙소 | • 연면적 **100m$^2$** 이상 |
| 노유자시설·정신의료기관·요양병원(정신병원·의료재활시설 제외)·의료재활시설 | • 창살설치 : **300m$^2$** 미만<br>• 기타 : **300m$^2$** 이상 **600m$^2$** 미만 |
| 근린생활시설 | • 바닥면적 합계 **1000m$^2$** 이상은 **전층**<br>• 의원, 치과의원 및 한의원으로서 입원실이 있는 시설 |

② 500m² 이상 → 100m² 이상
③ 300m² 이상 600m² 미만 → 300m² 미만이고 창살이 설치된 시설
④ 600m² 미만 → 300m² 이상 600m² 미만

답 ①

**49** ★★★ 소방본부장 또는 소방서장은 화재경계지구 안의 관계인에 대하여 소방상 필요한 훈련 및 교육은 연 몇 회 이상 실시할 수 있는가?

18.09.문59 13.06.문52

① 1　② 2
③ 3　④ 4

해설 **기본법 13조, 기본령 4조**
**화재경계지구 안의 소방특별조사 · 소방훈련 및 교육**
(1) 실시자 : **소방본부장 · 소방서장**
(2) 횟수 : **연 1회** 이상
(3) 훈련 · 교육 : **10일 전** 통보

중요

**연 1**회 이상
(1) 화재경계지구 안의 소방특별조사 · 훈련 · 교육(기본령 4조)
(2) 특정소방대상물의 소방훈련 · 교육(소방시설법 시행규칙 15조)
(3) 제조소 등의 **정**기점검(위험물규칙 64조)
(4) **종**합정밀점검(소방시설법 시행규칙 〔별표 1〕)
(5) 작동기능점검(소방시설법 시행규칙 〔별표 1〕)

기억법 **연1정종(연일 정종**술을 마셨다.)

답 ①

**50** ★★★ 화재경계지구로 지정할 수 있는 대상이 아닌 것은?

17.09.문49 16.05.문53 13.09.문56

① 시장지역
② 소방출동로가 있는 지역
③ 공장 · 창고가 밀집한 지역
④ 목조건물이 밀집한 지역

해설 **기본법 13조**
**화재경계지구의 지정**
(1) **지정권자** : **시** · 도지사
(2) **지정지역**
㉠ **시장**지역
㉡ **공장** · **창고** 등이 밀집한 지역
㉢ **목조건물**이 밀집한 지역
㉣ **위험물**의 **저장** 및 **처리시설**이 **밀집**한 지역
㉤ **석유화학제품**을 생산하는 공장이 있는 지역
㉥ **소방시설** · **소방용수시설** 또는 **소방출동로**가 **없는** 지역
㉦ 「**산업입지 및 개발에 관한 법률**」에 따른 산업단지
㉧ **소방청장**, **소방본부장** 또는 **소방서장**이 화재경계지구로 지정할 필요가 있다고 인정하는 지역

기억법 **경시(경시**대회)

② 있는 → 없는

용어

**화재경계지구**
화재가 발생할 우려가 높거나 화재가 발생하면 피해가 클 것으로 예상되는 구역으로서 대통령령이 정하는 지역

답 ②

**51** ★★ 화재예방, 소방시설 설치 · 유지 및 안전관리에 관한 법령상 소방시설 등의 자체점검시 점검인력 배치기준 중 종합정밀점검에 대한 점검인력 1단위가 하루 동안 점검할 수 있는 특정소방대상물의 연면적 기준으로 옳은 것은? (단, 보조인력을 추가하는 경우는 제외한다.)

16.03.문43

① 3500m²　② 7000m²
③ 10000m²　④ 12000m²

해설 **소방시설법 시행규칙 〔별표 2〕**
**점검한도면적**

| 종합정밀점검 | 작동기능점검 |
|---|---|
| **10000m²** | 12000m²<br>(소규모 점검의 경우 : 3500m²) |

용어

**점검한도면적**
점검인력 **1단위**가 **하루 동안** 점검할 수 있는 특정소방대상물의 연면적

답 ③

**52** ★★★ 소방기본법상 소방대의 구성원에 속하지 않는 자는?

13.03.문42 05.09.문44 05.03.문57

① 소방공무원법에 따른 소방공무원
② 의용소방대 설치 및 운영에 관한 법률에 따른 의용소방대원
③ 위험물안전관리법에 따른 자체소방대원
④ 의무소방대설치법에 따라 임용된 의무소방원

해설 **기본법 2조**
**소방대**
(1) 소방**공**무원
(2) **의**무소방원
(3) **의**용소방대원

기억법 **소공의**

답 ③

**53** 다음 중 한국소방안전원의 업무에 해당하지 않는 것은?

13.03.문41

① 소방용 기계·기구의 형식승인
② 소방업무에 관하여 행정기관이 위탁하는 업무
③ 화재예방과 안전관리의식 고취를 위한 대국민 홍보
④ 소방기술과 안전관리에 관한 교육, 조사·연구 및 각종 간행물 발간

해설 **기본법 41조**
한국소방안전원의 업무
(1) 소방기술과 안전관리에 관한 **조사**·**연구** 및 **교육**
(2) 소방기술과 안전관리에 관한 각종 **간행물**의 **발간**
(3) 화재예방과 안전관리의식의 고취를 위한 **대국민 홍보**
(4) 소방업무에 관하여 **행정기관**이 위탁하는 **사업**
(5) 소방안전에 관한 **국제협력**
(6) **회원**에 대한 **기술지원** 등 정관이 정하는 사항

① 한국소방산업기술원의 업무

답 ①

**54** 소방기본법령상 국고보조 대상사업의 범위 중 소방활동장비와 설비에 해당하지 않는 것은?

14.09.문46
14.05.문52
14.03.문59
06.05.문60

① 소방자동차
② 소방헬리콥터 및 소방정
③ 소화용수설비 및 피난구조설비
④ 방화복 등 소방활동에 필요한 소방장비

해설 **기본령 2조**
(1) **국고보조의 대상**
㉠ 소방활동장비와 설비의 구입 및 설치
- 소방**자**동차
- 소방**헬**리콥터·소방**정**
- 소방**전**용통신설비·전산설비
- 방**화**복

㉡ 소방관서용 **청**사
(2) **소방활동장비 및 설비의 종류와 규격**: **행정안전부령**
(3) **대상사업의 기준보조율**: 「보조금관리에 관한 법률 시행령」에 따름

기억법 **자헬 정전화 청국**

답 ③

**55** 소방안전관리자 및 소방안전관리보조자에 대한 실무교육의 교육대상, 교육일정 등 실무교육에 필요한 계획을 수립하여 매년 누구의 승인을 얻어 교육을 실시하는가?

① 한국소방안전원장 ② 소방본부장
③ 소방청장 ④ 시·도지사

해설 **공사업법 33조**
권한의 위탁

| 업 무 | 위 탁 | 권 한 |
|---|---|---|
| • 실무교육 | • 한국소방안전원<br>• 실무교육기관 | • 소방청장 |
| • 소방기술과 관련된 자격·학력·경력의 인정<br>• 소방기술자 양성·인정 교육훈련 업무 | • 소방시설업자협회<br>• 소방기술과 관련된 법인 또는 단체 | • 소방청장 |
| • 시공능력평가 | • 소방시설업자협회 | • 소방청장<br>• 시·도지사 |

답 ③

**56** 화재예방, 소방시설 설치·유지 및 안전관리에 관한 법령상 소방청장, 소방본부장 또는 소방서장은 관할구역에 있는 소방대상물에 대하여 소방특별조사를 실시할 수 있다. 소방특별조사 대상과 거리가 먼 것은? (단, 개인 주거에 대하여는 관계인의 승낙을 득한 경우이다.)

14.09.문60
14.03.문41
13.06.문54

① 화재경계지구에 대한 소방특별조사 등 다른 법률에서 소방특별조사를 실시하도록 한 경우
② 관계인이 법령에 따라 실시하는 소방시설 등, 방화시설, 피난시설 등에 대한 자체점검 등이 불성실하거나 불완전하다고 인정되는 경우
③ 화재가 발생할 우려는 없으나 소방대상물의 정기점검이 필요한 경우
④ 국가적 행사 등 주요 행사가 개최되는 장소에 대하여 소방안전관리 실태를 점검할 필요가 있는 경우

해설 **소방시설법 4조**
소방특별조사 실시대상
(1) **관계인**이 이 법 또는 다른 법령에 따라 실시하는 소방시설 등, 방화시설, 피난시설 등에 대한 자체점검 등이 불성실하거나 불완전하다고 인정되는 경우
(2) **화재경계지구**에 대한 소방특별조사 등 다른 법률에서 소방특별조사를 실시하도록 한 경우
(3) **국가적 행사** 등 주요 행사가 개최되는 장소 및 그 주변의 관계지역에 대하여 소방안전관리 실태를 점검할 필요가 있는 경우
(4) 화재가 **자주 발생**하였거나 발생할 우려가 뚜렷한 곳에 대한 점검이 필요한 경우
(5) **재난예측정보**, **기상예보** 등을 분석한 결과 소방대상물에 화재, 재난·재해의 발생 위험이 높다고 판단되는 경우
(6) 화재, 재난·재해, 그 밖의 긴급한 상황이 발생할 경우
(7) 인명 또는 재산 피해의 우려가 현저하다고 판단되는 경우

기억법 **화관국특**

중요

**소방시설법 4조, 4조 3**
**소방특별조사**
소방대상물에 대한 화재예방을 위하여 관계인에게 필요한 자료제출을 명하거나 위치 · 구조 · 설비 또는 관리의 상황을 조사하는 것
(1) 실시자 : 소방청장 · 소방본부장 · 소방서장
(2) 관계인의 승낙이 필요한 곳 : **주거**(주택)
(3) 소방특별조사 서면통지 : **7일** 전

답 ③

★★
**57** **소방대상물의 방염 등과 관련하여 방염성능기준은 무엇으로 정하는가?**

① 대통령령
② 행정안전부령
③ 소방청훈령
④ 소방청예규

해설 **소방시설법 12 · 13조**

| 대통령령 | 행정안전부령 |
|---|---|
| 방염성능기준 | 방염성능검사의 방법과 검사결과에 따른 합격표시 등에 관하여 필요한 사항 |

답 ①

★★
**58** **다음 중 상주공사감리를 하여야 할 대상의 기준으로 옳은 것은?**

18.04.문59
05.03.문44

① 지하층을 포함한 층수가 16층 이상으로서 300세대 이상인 아파트에 대한 소방시설의 공사
② 지하층을 포함한 층수가 16층 이상으로서 500세대 이상인 아파트에 대한 소방시설의 공사
③ 지하층을 포함하지 않은 층수가 16층 이상으로서 300세대 이상인 아파트에 대한 소방시설의 공사
④ 지하층을 포함하지 않은 층수가 16층 이상으로서 500세대 이상인 아파트에 대한 소방시설의 공사

해설 **공사업령 〔별표 3〕**
**소방공사감리 대상**

| 종 류 | 대 상 |
|---|---|
| 상주공사감리 | • 연면적 **30000m²** 이상<br>• **16층** 이상(지하층 포함)이고 **500세대** 이상 **아파트** |
| 일반공사감리 | • 기타 |

답 ②

★★★
**59** **다음 중 화재원인조사의 종류에 해당하지 않는 것은?**

14.05.문57
11.03.문55
07.05.문56

① 발화원인조사
② 피난상황조사
③ 인명피해조사
④ 연소상황조사

해설 **기본규칙 〔별표 5〕**
**화재원인조사**

| 종 류 | 조사범위 |
|---|---|
| 발화원인조사 | 화재가 발생한 과정, 화재가 **발생**한 **지점** 및 불이 붙기 시작한 물질 |
| 발견 · 통보 및 초기 소화상황조사 | 화재의 **발견** · **통보** 및 **초기 소화** 등 일련의 과정 |
| 연소상황조사 | 화재의 **연소경로** 및 **확대원인** 등의 상황 |
| 피난상황조사 | **피난경로**, 피난상의 장애요인 등의 상황 |
| 소방시설 등 조사 | **소방시설**의 **사용** 또는 작동 등의 상황 |

③ 화재피해조사

비교

**기본규칙 〔별표 5〕**
**화재피해조사**

| 종 류 | 조사범위 |
|---|---|
| 인명**피**해조사 | • 소방활동 중 발생한 **사망자** 및 **부상자**<br>• 그 밖에 화재로 인한 사망자 및 부상자 |
| 재산**피**해조사 | • 열에 의한 **탄화**, **용융**, **파손** 등의 피해<br>• 소화활동 중 사용된 물로 인한 피해<br>• 그 밖에 연기, **물품반출**, 화재로 인한 폭발 등에 의한 피해 |

기억법 **피피**

답 ③

★
**60** **화재예방, 소방시설 설치 · 유지 및 안전관리에 관한 법령상 소방대상물의 개수 · 이전 · 제거, 사용의 금지 또는 제한, 사용폐쇄, 공사의 정지 또는 중지, 그 밖의 필요한 조치로 인하여 손실을 받은 자가 손실보상청구서에 첨부하여야 하는 서류로 틀린 것은?**

① 손실보상합의서
② 손실을 증명할 수 있는 사진
③ 손실을 증명할 수 있는 증빙자료
④ 소방대상물의 관계인임을 증명할 수 있는 서류(건축물대장은 제외)

해설 **소방시설법 시행규칙 3조**
**손실보상 청구자가 제출하여야 하는 서류**
(1) 소방대상물의 **관계인**임을 증명할 수 있는 서류(건축물대장 제외)
(2) 손실을 증명할 수 있는 **사진**, 그 밖의 **증빙자료**

기억법 **사증관손(사정관의 손)**

답 ①

## 제 4 과목 소방전기시설의 구조 및 원리

**61** ★★★
18.09.문66 17.03.문75 15.09.문75 15.03.문64 14.05.문80 14.03.문72 13.09.문66 13.03.문67

**자동화재탐지설비 및 시각경보장치의 화재안전기준(NFSC 203)에 따른 경계구역에 관한 기준이다. 다음 (  )에 들어갈 내용으로 옳은 것은?**

> 하나의 경계구역의 면적은 ( ㉠ ) 이하로 하고, 한 변의 길이는 ( ㉡ ) 이하로 하여야 한다.

① ㉠ $600m^2$, ㉡ 50m
② ㉠ $600m^2$, ㉡ 100m
③ ㉠ $1200m^2$, ㉡ 50m
④ ㉠ $1200m^2$, ㉡ 100m

해설 **경계구역**
(1) **정의** : 소방대상물 중 **화재신호**를 **발신**하고 그 **신호**를 **수신** 및 유효하게 **제어**할 수 있는 구역
(2) **경계구역**의 **설정기준**
㉠ 1경계구역이 2개 이상의 **건축물**에 미치지 않을 것
㉡ 1경계구역이 2개 이상의 **층**에 미치지 않을 것(**$500m^2$** 이하는 2개 층을 1경계구역으로 할 수 있음)
㉢ 1경계구역의 면적은 **$600m^2$** 이하로 하고, 1변의 길이는 **50m** 이하로 할 것(내부 전체가 보이면 **$1000m^2$** 이하)
(3) **1경계구역**의 **높이** : **45m** 이하

답 ①

**62** ★★

**차동식 분포형 감지기의 동작방식이 아닌 것은?**

① 공기관식 ② 열전대식
③ 열반도체식 ④ 불꽃자외선식

해설 **차동식 감지기**

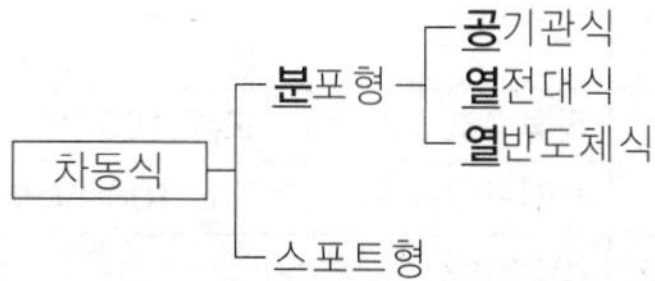


기억법 **분열공**

④ 연기감지기의 종류

답 ④

**63** ★★★
16.03.문66 15.09.문67 13.06.문63

**비상방송설비의 화재안전기준(NFSC 202)에 따라 다음 (  )의 ㉠, ㉡에 들어갈 내용으로 옳은 것은?**

> 비상방송설비에는 그 설비에 대한 감시상태를 ( ㉠ )분간 지속한 후 유효하게 ( ㉡ )분 이상 경보할 수 있는 축전지설비(수신기에 내장하는 경우를 포함)를 설치하여야 한다.

① ㉠ 30, ㉡ 5 ② ㉠ 30, ㉡ 10
③ ㉠ 60, ㉡ 5 ④ ㉠ 60, ㉡ 10

해설 **비상방송설비 · 비상벨설비 · 자동식 사이렌설비**

| 감시시간 | 경보시간 |
|---|---|
| 60분 | **10분** 이상(30층 이상 : **30분**) |

기억법 **6감**

답 ④

**64** ★★★
18.04.문74 16.05.문63 15.03.문67 14.09.문65 10.09.문70

**누전경보기의 형식승인 및 제품검사의 기술기준에 따라 누전경보기의 경보기구에 내장하는 음향장치는 사용전압의 몇 %인 전압에서 소리를 내어야 하는가?**

① 40 ② 60
③ 80 ④ 100

해설 **누전경보기의 음향장치**
**80%** 전압에서 소리를 낼 것

비교

**음향장치**
(1) **비상경보설비 음향장치**의 **설치기준**

| 구 분 | 설 명 |
|---|---|
| 전원 | 교류전압 옥내간선, **전용** |
| 정격전압 | **80%** 전압에서 음향 발할 것 |
| 음량 | **1m** 위치에서 **90dB** 이상 |
| 지구음향장치 | **층**마다 설치, 수평거리 **25m** 이하 |

(2) **비상방송설비 음향장치**의 **구조** 및 **성능기준**
㉠ 정격전압의 **80%** 전압에서 음향을 발할 것
㉡ **자동화재탐지설비**의 작동과 연동하여 작동할 것
(3) **자동화재탐지설비 음향장치**의 **구조** 및 **성능기준**
㉠ 정격전압의 **80%** 전압에서 음향을 발할 것
㉡ 음량은 **1m 떨어진 곳**에서 **90dB** 이상일 것
㉢ **감지기 · 발신기**의 작동과 **연동**하여 작동할 것

답 ③

★★★
**65** 자동화재속보설비의 속보기의 성능인증 및 제품검사의 기술기준에 따라 자동화재속보설비의 속보기의 외함에 합성수지를 사용할 경우 외함의 최소두께〔mm〕는?

17.05.문80

① 1.2　　② 3
③ 6.4　　④ 7

해설 **축전지 외함 · 속보기의 외함두께**

| 강 판 | 합성수지 |
|---|---|
| 1.2mm 이상 | 3mm 이상 |

비교

**발신기의 외함두께**(발신기 형식승인 4조)

| 강 판 | | 합성수지 | |
|---|---|---|---|
| 외함 | 외함<br>(벽 속 매립) | 외함 | 외함<br>(벽 속 매립) |
| 1.2mm 이상 | 1.6mm 이상 | **3mm** 이상 | 4mm 이상 |

답 ②

★★★
**66** 소방시설용 비상전원수전설비의 화재안전기준(NFSC 602)에 따라 일반전기사업자로부터 특고압 또는 고압으로 수전하는 비상전원수전설비의 경우에 있어 소방회로배선과 일반회로배선을 몇 cm 이상 떨어져 설치하는 경우 불연성 벽으로 구획하지 않을 수 있는가?

14.05.문74
13.06.문69
09.08.문62

① 5　　② 10
③ 15　　④ 20

해설 **특고압 또는 고압으로 수전하는 경우**(NFSC 602 5조)

(1) 전용의 **방화구획 내**에 설치할 것
(2) 소방회로배선은 일반회로배선과 **불연성 벽**으로 구획할 것(단, 소방회로배선과 일반회로배선을 **15cm** 이상 떨어져 설치한 경우는 제외)

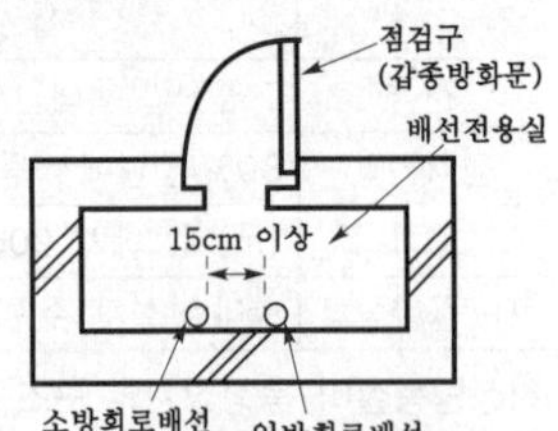


▌불연성 벽으로 구획하지 않아도 되는 경우▐

(3) 일반회로에서 **과부하, 지락사고** 또는 **단락사고**가 발생한 경우에도 이에 영향을 받지 아니하고 계속하여 소방회로에 전원을 공급시켜 줄 수 있어야 할 것
(4) 소방회로용 **개폐기** 및 **과전류차단기**에는 "**소방시설용**"이라 표시할 것

답 ③

★★★
**67** 비상콘센트설비의 화재안전기준(NFSC 504)에 따라 비상콘센트설비의 전원회로(비상콘센트에 전력을 공급하는 회로를 말한다.)에 대한 전압과 공급용량으로 옳은 것은?

09.08.문74
08.05.문71
08.03.문78

① 전압 : 단상 교류 110V, 공급용량 : 1.5kVA 이상
② 전압 : 단상 교류 220V, 공급용량 : 1.5kVA 이상
③ 전압 : 단상 교류 110V, 공급용량 : 3kVA 이상
④ 전압 : 단상 교류 220V, 공급용량 : 3kVA 이상

해설 **비상콘센트 전원회로**의 **설치기준**

| 구 분 | 전 압 | 용 량 | 플러그접속기 |
|---|---|---|---|
| 단상 교류 | 220V | 1.5kVA 이상 | 접지형 2극 |

(1) 1전용회로에 설치하는 비상콘센트는 **10개** 이하로 할 것
(2) 풀박스는 **1.6mm** 이상의 철판을 사용할 것

기억법 **10콘(시큰둥!)**

답 ②

★★★
**68** 비상콘센트설비의 화재안전기준(NFSC 504)에 따른 용어의 정의 중 옳은 것은?

17.05.문65
16.05.문64
14.05.문23
13.09.문80
12.09.문77
05.03.문76

① "저압"이란 직류는 750V 이하, 교류는 600V 이하인 것을 말한다.
② "저압"이란 직류는 700V 이하, 교류는 600V 이하인 것을 말한다.
③ "고압"이란 직류는 700V를, 교류는 600V를 초과하는 것을 말한다.
④ "고압"이란 직류는 750V를, 교류는 600V를 초과하는 것을 말한다.

해설 **전압**(NFSC 504 3조)

| 구 분 | 설 명 |
|---|---|
| **저압** | **직류 750V** 이하, **교류 600V** 이하 |
| **고압** | 저압의 범위를 초과하고 **7000V** 이하 |
| **특고압** | **7000V**를 초과하는 것 |

비교

**전압**(KEC 111.1)

| 구 분 | 설 명 |
|---|---|
| **저압** | **직류 1500V** 이하, **교류 1000V** 이하 |
| **고압** | 저압의 범위를 초과하고 **7000V** 이하 |
| **특고압** | **7000V**를 초과하는 것 |

답 ①

★★★
**69** 유도등 및 유도표지의 화재안전기준(NFSC 303)에 따라 운동시설에 설치하지 아니할 수 있는 유도등은?

16.05.문75
15.03.문77
14.03.문68
12.05.문62
11.03.문64

① 통로유도등
② 객석유도등
③ 대형 피난구유도등
④ 중형 피난구유도등

해설 **유도등** 및 **유도표지**의 **종류**(NFSC 303 4조)

| 설치장소 | 유도등 및 유도표지의 종류 |
|---|---|
| • **공**연장 · **집**회장 · **관**람장 · **운**동시설<br>• 유흥주점 영업시설(카바레, 나이트클럽) | • **대**형 피난구유도등<br>• **통**로유도등<br>• **객**석유도등 |
| • 위락시설 · 판매시설<br>• 관광숙박업 · 의료시설 · 방송통신시설<br>• 전시장 · 지하상가 · 지하역사<br>• 운수시설 · 장례식장 | • 대형 피난구유도등<br>• 통로유도등 |
| • 숙박시설 · 오피스텔<br>• 지하층 · 무창층 및 11층 이상의 부분 | • 중형 피난구유도등<br>• 통로유도등 |

기억법 **공집관운 대통객**

답 ④

★★★
**70** 유도등 및 유도표지의 화재안전기준(NFSC 303)에 따른 통로유도등의 설치기준에 대한 설명으로 틀린 것은?

16.10.문64
14.09.문66
14.05.문67
14.03.문80
11.03.문68
08.05.문69

① 복도 · 거실통로유도등은 구부러진 모퉁이 및 보행거리 20m마다 설치
② 복도 · 계단통로유도등은 바닥으로부터 높이 1m 이하의 위치에 설치
③ 통로유도등은 녹색바탕에 백색으로 피난방향을 표시한 등으로 할 것
④ 거실통로유도등은 바닥으로부터 높이 1.5m 이상의 위치에 설치

해설 **색 표시**

| 피난구유도등 | 통로유도등 |
|---|---|
| **녹색**바탕에 **백색**문자 | **백색**바탕에 **녹색**문자 |

③ 녹색바탕에 백색 → 백색바탕에 녹색

중요

**설치높이 · 설치거리**

(1) **설치높이**

| 구 분 | 설치높이 |
|---|---|
| **계단통로유도등 · 복도통로유도등 · 통로유도표지** | 바닥으로부터 높이 1m 이하<br>기억법 **계복1** |
| **피난구유도등** | 피난구의 바닥으로부터 높이 1.5m 이**상**<br>기억법 **피유15상** |
| **거실통로유도등** | 바닥으로부터 높이 1.5m 이상 |

(2) **설치거리**

| 구 분 | 설치거리 |
|---|---|
| **복도통로유도등** | 구부러진 모퉁이 및 **보행거리 20m**마다 설치 |
| **거실통로유도등** | |
| **계단통로유도등** | 각 층의 **경사로참** 또는 **계단참**마다 설치 |

답 ③

★★★
**71** 자동화재탐지설비 및 시각경보장치의 화재안전기준(NFSC 203)에 따른 감지기의 설치기준으로 틀린 것은?

17.03.문61
11.03.문78
08.03.문76

① 스포트형 감지기는 45° 이상 경사되지 아니하도록 부착할 것
② 감지기(차동식 분포형의 것을 제외)는 실내로의 공기유입구로부터 1.5m 이상 떨어진 위치에 설치할 것
③ 보상식 스포트형 감지기는 정온점이 감지기 주위의 평상시 최고온도보다 10℃ 이상 높은 것으로 설치할 것
④ 정온식 감지기는 주방 · 보일러실 등으로서 다량의 화기를 취급하는 장소에 설치하되 공칭작동온도가 최고주위온도보다 20℃ 이상 높은 것으로 설치할 것

해설 **감지기 설치기준**(NFSC 203 7조)

(1) 감지기(**차동식 분포형** 및 **특수한 것** 제외)는 실내로의 공기유입구로부터 **1.5m** 이상 떨어진 위치에 설치
(2) 감지기는 천장 또는 반자의 옥내의 면하는 부분에 설치
(3) **보상식 스포트형 감지기**는 정온점이 감지기 주위의 평상시 최고온도보다 **20℃** 이상 높은 것으로 설치
(4) **정온식 감지기는 주방 · 보일러실** 등으로 다량의 화기를 단속적으로 취급하는 장소에 설치하되, 공칭작동온도가 최고주위온도보다 20℃ 이상 높은 것으로 설치할 것
(5) 스포트형 감지기는 **45°** 이상 경사지지 않도록 부착
(6) **공기관식** 차동식 분포형 감지기 설치시 공기관은 **도중**에서 **분기**하지 않도록 부착
(7) **공기관식** 차동식 분포형 감지기의 검출부는 **5°** 이상 경사되지 않도록 설치

③ 10℃ 이상 → 20℃ 이상

중요

**경사제한각도**

| 공기관식 감지기의 검출부 | 스포트형 감지기 |
|---|---|
| **5°** 이상 | **45°** 이상 |

답 ③

★★
**72**
12.05.문78
08.09.문70

**무선통신보조설비의 화재안전기준(NFSC 505)에 따라 무선통신보조설비의 누설동축케이블의 설치기준으로 틀린 것은?**

① 누설동축케이블은 불연 또는 난연성으로 할 것
② 누설동축케이블의 중간부분에는 무반사 종단저항을 견고하게 설치할 것
③ 누설동축케이블 및 안테나는 고압의 전로로부터 1.5m 이상 떨어진 위치에 설치할 것
④ 누설동축케이블과 이에 접속하는 안테나 또는 동축케이블과 이에 접속하는 안테나로 구성할 것

해설 **누설동축케이블**의 **설치기준**(NFSC 505 5조)

(1) 소방전용 주파수대에서 전파의 **전송** 또는 **복사**에 적합한 것으로서 소방전용의 것일 것
(2) 누설동축케이블과 이에 접속하는 안테나 또는 동축케이블과 이에 접속하는 안테나일 것
(3) 누설동축케이블 및 동축케이블은 화재에 따라 해당 케이블의 피복이 소실된 경우에 케이블 본체가 떨어지지 아니하도록 4m 이내마다 금속제 또는 자기제 등의 지지금구로 벽·천장·기둥 등에 견고하게 고정시킬 것(단, 불연재료로 구획된 반자 안에 설치하는 경우 제외)
(4) 누설동축케이블 및 안테나는 고압전로로부터 **1.5m** 이상 떨어진 위치에 설치할 것(해당 전로에 **정전기 차폐장치**를 유효하게 설치한 경우에는 제외)
(5) 누설동축케이블의 **끝부분**에는 **무반사 종단저항**을 설치할 것
(6) 누설동축케이블 및 동축케이블은 불연 또는 난연성의 것으로서 **습기**에 따라 전기의 특성이 변질되지 아니하는 것으로 하고, 노출하여 설치한 경우에는 피난 및 통행에 장애가 없도록 할 것

② 중간부분 → 끝부분

용어

**무반사 종단저항**
전송로로 전송되는 전자파가 전송로의 종단에서 반사되어 교신을 방해하는 것을 막기 위한 저항

답 ②

★★★
**73**
15.03.문66
10.09.문67

**누전경보기의 화재안전기준(NFSC 205)의 용어 정의에 따라 변류기로부터 검출된 신호를 수신하여 누전의 발생을 해당 특정소방대상물의 관계인에게 경보하여 주는 것은?**

① 축전지 ② 수신부
③ 경보기 ④ 음향장치

해설 **누전경보기**

| 용 어 | 설 명 |
|---|---|
| **수신부** | 변류기로부터 검출된 **신호**를 **수신**하여 누전의 발생을 해당 특정소방대상물의 **관계인**에게 **경보**하여 주는 것(**차단기구**를 갖는 것 포함)<br>기억법 수신 |
| 변류기 | 경계전로의 **누설전류**를 자동적으로 **검출**하여 이를 누전경보기의 수신부에 송신하는 것 |

답 ②

★★★
**74**
17.03.문73
16.03.문73
14.05.문65
14.05.문73
08.03.문77

**비상조명등의 화재안전기준(NFSC 304)에 따라 비상조명등의 비상전원을 설치하는 데 있어서 어떤 특정소방대상물의 경우에는 그 부분에서 피난층에 이르는 부분의 비상조명등을 60분 이상 유효하게 작동시킬 수 있는 용량으로 하여야 한다. 이 특정소방대상물에 해당하지 않는 것은?**

① 무창층인 지하역사
② 무창층인 소매시장
③ 지하층인 관람시설
④ 지하층을 제외한 층수가 11층 이상의 층

해설 **비상조명등**의 **60분 이상 작동용량**

(1) **11층 이상**(지하층 제외)
(2) 지하층·무창층으로서 **도매시장·소매시장·여객자동차터미널·지하역사·지하상가**

③ 해당 없음

중요

**비상전원 용량**

| 설비의 종류 | 비상전원 용량 |
|---|---|
| • **자**동화재탐지설비<br>• 비상**경**보설비<br>• **자**동화재속보설비 | **1**0분 이상 |
| • 유도등<br>• 비상콘센트설비<br>• 제연설비<br>• 물분무소화설비<br>• 옥내소화전설비(**30층** 미만)<br>• 특별피난계단의 계단실 및 부속실 제연설비(**30층** 미만) | **20분** 이상 |
| • 무선통신보조설비의 **증**폭기 | **3**0분 이상 |
| • 옥내소화전설비(30~**49층** 이하)<br>• 특별피난계단의 계단실 및 부속실 제연설비(30~**49층** 이하)<br>• 연결송수관설비(30~**49층** 이하)<br>• 스프링클러설비(30~**49층** 이하) | **40분** 이상 |

| | |
|---|---|
| • 유도등 · 비상조명등(지하상가 및 11층 이상)<br>• 옥내소화전설비(**50층** 이상)<br>• 특별피난계단의 계단실 및 부속실 제연설비(**50층** 이상)<br>• 연결송수관설비(**50층** 이상)<br>• 스프링클러설비(**50층** 이상) | **60분** 이상 |

기억법 **경자비1(경자**라는 이름은 **비일**비재하게 많다.) **3증(3중고)**

답 ③

★★★
**75** 17.09.문78 16.03.문72 13.06.문65 13.06.문70 11.03.문71

**자동화재탐지설비 및 시각경보장치의 화재안전기준(NFSC 203)에 따른 자동화재탐지설비의 수신기 설치기준에 관한 사항 중 최소 몇 층 이상의 특정소방대상물에는 발신기와 전화통화가 가능한 수신기를 설치하여야 하는가?**

① 3　② 4
③ 5　④ 7

해설 **수신기**의 **적합기준**

| 조 건 | 수신기의 종류 |
|---|---|
| **4층** 이상 | 발신기와 전화통화가 가능한 수신기 |

답 ②

★★★
**76** 18.03.문73 16.10.문69 16.10.문73 16.05.문67 16.03.문68 15.05.문76 15.03.문62 14.05.문63 14.05.문75 14.03.문61 13.09.문70 13.06.문62 13.06.문80

**비상방송설비의 화재안전기준(NFSC 202)에 따라 비상방송설비 음향장치의 정격전압이 220V인 경우 최소 몇 V 이상에서 음향을 발할 수 있어야 하는가?**

① 165
② 176
③ 187
④ 198

해설 **비상방송설비**의 **설치기준**(NFSC 202 4조)

(1) 확성기의 음성입력은 3W(실내 1W) 이상일 것
(2) 확성기는 **각 층**마다 설치하되, 각 부분으로부터의 수평거리는 **25m** 이하일 것
(3) **음**량조정기는 **3선식** 배선일 것
(4) 조작스위치는 바닥으로부터 **0.8~1.5m** 이하의 높이에 설치할 것
(5) 다른 전기회로에 의하여 **유도장애**가 생기지 아니하도록 할 것
(6) 비상방송 **개**시시간은 **10초** 이하일 것
(7) 다른 방송설비와 공용할 경우 화재시 비상경보 외의 방송을 차단할 수 있을 것
(8) 음향장치 : **자동화재탐지설비**의 작동과 연동
(9) 음향장치의 정격전압 : **80%**

기억법 **방3실1, 3음방(삼엄한 방송실), 개10방**

∴ 음향장치 최소전압 = 정격전압 × 80%(0.8)
= 220 × 0.8 = 176V

답 ②

★★
**77** 17.03.문66

**유도등 및 유도표지의 화재안전기준(NFSC 303)에 따라 광원점등방식 피난유도선의 설치기준으로 틀린 것은?**

① 구획된 각 실로부터 주출입구 또는 비상구까지 설치할 것
② 피난유도표시부는 바닥으로부터 높이 1m 이하의 위치 또는 바닥면에 설치할 것
③ 피난유도제어부는 조작 및 관리가 용이하도록 바닥으로부터 0.8m 이상 1.5m 이하의 높이에 설치할 것
④ 피난유도표시부는 50cm 이내의 간격으로 연속되도록 설치하되 실내장식물 등으로 설치가 곤란할 경우 2m 이내로 설치할 것

해설 **광원점등방식**의 **피난유도선 설치기준**

(1) 구획된 각 실로부터 **주출입구** 또는 **비상구**까지 설치
(2) 피난유도표시부는 바닥으로부터 높이 **1m 이하**의 위치 또는 바닥면에 설치
(3) 피난유도표시부는 **50cm 이내**의 간격으로 연속되도록 설치하되 실내장식물 등으로 설치가 곤란할 경우 **1m 이내**로 설치
(4) 수신기로부터의 **화재신호** 및 **수동조작**에 의하여 광원이 점등되도록 설치
(5) 비상전원이 **상시 충전상태**를 유지하도록 설치
(6) 바닥에 설치되는 피난유도표시부는 **매립**하는 방식을 사용
(7) 피난유도제어부는 조작 및 관리가 용이하도록 바닥으로부터 **0.8~1.5m** 이하의 높이에 설치

④ 2m 이내 → 1m 이내

비교

**축광방식**의 **피난유도선 설치기준**
(1) 구획된 각 실로부터 **주출입구** 또는 **비상구**까지 설치
(2) 바닥으로부터 높이 **50cm 이하**의 위치 또는 바닥면에 설치
(3) 피난유도표시부는 **50cm 이내**의 간격으로 연속되도록 설치
(4) 부착대에 의하여 견고하게 설치
(5) **외광** 또는 **조명장치**에 의하여 상시 조명이 제공되거나 비상조명등에 따른 조명이 제공되도록 설치

답 ④

★
**78** 15.09.문70

**예비전원의 성능인증 및 제품검사의 기술기준에 따라 다음의 ( )에 들어갈 내용으로 옳은 것은?**

> 예비전원은 $\frac{1}{5}$C 이상 1C 이하의 전류로 역충전하는 경우 ( )시간 이내에 안전장치가 작동하여야 하며, 외관이 부풀어 오르거나 누액 등이 없어야 한다.

① 1　② 3
③ 5　④ 10

해설 **안전장치시험**(축보기의 성능인증 6조)

예비전원은 $\frac{1}{5}$~1C 이하의 전류로 역충전하는 경우 **5시간** 이내에 안전장치가 작동하여야 하며, 외관이 부풀어 오르거나 누액 등이 생기지 않을 것

답 ③

★★★
**79** 17.05.문63 14.03.문71 12.03.문73 09.05.문79

**비상경보설비 및 단독경보형 감지기의 화재안전기준(NFSC 201)에 따라 비상벨설비 또는 자동식 사이렌설비의 지구음향장치는 특정소방대상물의 층마다 설치하되, 해당 특정소방대상물의 각 부분으로부터 하나의 음향장치까지의 수평거리가 몇 m 이하가 되도록 하여야 하는가?**

① 15　② 25
③ 40　④ 50

해설 **수평거리 · 보행거리 · 수직거리**

(1) **수평거리**

| 구 분 | 기 기 |
|---|---|
| 25m 이하 | • 발신기<br>• **음**향장치(확성기)<br>• 비상콘센트(지하상가 · 지하층 바닥면적 3000$m^2$ 이상)<br>기억법 음25(음이온) |
| 50m 이하 | • 비상콘센트(기타) |

(2) **보행거리**

| 구 분 | 기 기 |
|---|---|
| 15m 이하 | • 유도표지 |
| 20m 이하 | • 복도통로유도등<br>• 거실통로유도등<br>• 3종 연기감지기 |
| 30m 이하 | • 1 · 2종 연기감지기 |

(3) **수직거리**

| 구 분 | 기 기 |
|---|---|
| 15m 이하 | 1 · 2종 연기감지기 |
| 10m 이하 | 3종 연기감지기 |

답 ②

★★★
**80** 18.03.문70 17.03.문68 16.03.문80 14.09.문64 08.03.문62 06.05.문79

**무선통신보조설비의 화재안전기준(NFSC 505)에 따라 지하층으로서 특정소방대상물의 바닥부분 2면 이상이 지표면과 동일하거나 지표면으로부터의 깊이가 몇 m 이하인 경우에는 해당층에 한하여 무선통신보조설비를 설치하지 않을 수 있는가?**

① 0.5　② 1.0
③ 1.5　④ 2.0

해설 **무선통신보조설비의 설치 제외**(NFSC 505 4조)

(1) **지하층**으로서 특정소방대상물의 바닥부분 **2면 이상**이 지표면과 동일한 경우의 해당층

(2) 지하층으로서 지표면으로부터의 깊이가 **1m 이하**인 경우의 해당층

기억법 **2면무지(이면 계약의 무지)**

답 ②

과년도기출문제

# 2018년

## 소방설비기사 필기(전기분야)

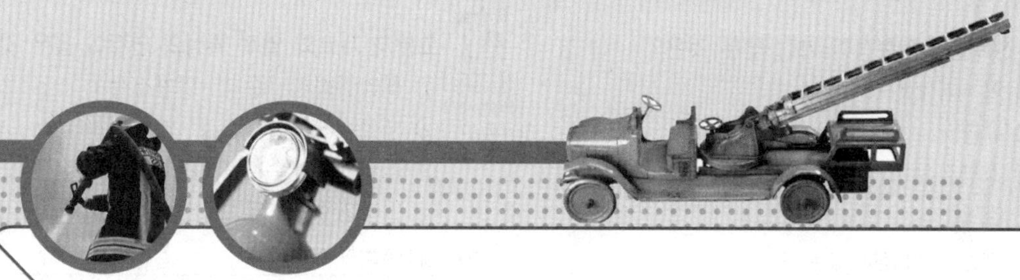



** 수험자 유의사항 **

1. 문제지를 받는 즉시 **본인**이 **응시한 종목**이 맞는지 확인하시기 바랍니다.
2. 문제지 표지에 본인의 **수험번호**와 **성명**을 기재하여야 합니다.
3. 문제지의 **총면수**, **문제번호 일련순서**, **인쇄상태**, **중복 및 누락 페이지 유무**를 확인하시기 바랍니다.
4. 답안은 각 문제마다 요구하는 가장 적합하거나 가까운 답 1개만을 선택하여야 합니다.
5. 답안카드는 뒷면의 「수험자 유의사항」에 따라 작성하시고, 답안카드 작성 시 형별누락, 마킹착오로 인한 불이익은 전적으로 수험자에게 책임이 있음을 알려드립니다.
6. 문제지는 시험 종료 후 본인이 가져갈 수 있습니다.

** 안내사항 **

• 가답안/최종정답은 큐넷(www.q-net.or.kr)에서 확인하실 수 있습니다. 가답안에 대한 의견은 큐넷의 [가답안 의견 제시]를 통해 제시할 수 있으며, 확정된 답안은 최종정답으로 갈음합니다.
• 공단에서 제공하는 자격검정서비스에 대해 개선할 점이 있으시면 고객참여(http://hrdkorea.or.kr/7/1/1)를 통해 건의하여 주시기 바랍니다.

# 18년 2018. 3. 4 시행

**▌2018년 기사 제1회 필기시험▐**

| 자격종목 | 종목코드 | 시험시간 | 형별 | 수험번호 | 성명 |
|---|---|---|---|---|---|
| 소방설비기사(전기분야) | | 2시간 | | | |

※ 답안카드 작성시 시험문제지 형별누락, 마킹착오로 인한 불이익은 전적으로 수험자의 귀책사유임을 알려드립니다.
※ 각 문항은 4지택일형으로 질문에 가장 적합한 보기 항을 선택하여 마킹하여야 합니다.

## 제 1 과목 소방원론

★★★
**01** 분진폭발의 위험성이 가장 낮은 것은?

15.05.문03 13.03.문03 12.09.문17 11.10.문01 10.05.문16 03.05.문08 01.03.문20 00.10.문02 00.07.문15

① 알루미늄분
② 유황
③ 팽창질석
④ 소맥분

유사문제부터 풀어보세요. 실력이 팍!팍! 올라갑니다.

해설 **분진폭발**의 **위험성**이 있는 것
(1) 알루미늄분
(2) 유황
(3) 소맥분

③ **팽창질석** : **소화제**로서 분진폭발의 위험성이 없다.

중요

**분진폭발을 일으키지 않는 물질**
=물과 반응하여 가연성 기체를 발생하지 않는 것
(1) **시**멘트
(2) **석**회석
(3) **탄**산칼슘($CaCO_3$)
(4) **생**석회($CaO$)=산화칼슘

기억법 **분시석탄생**

답 ③

★★
**02** 0℃, 1atm 상태에서 부탄($C_4H_{10}$) 1mol을 완전 연소시키기 위해 필요한 산소의 mol수는?

14.09.문19 07.09.문10

① 2 ② 4
③ 5.5 ④ 6.5

해설 **부탄**과 **산소**의 **화학반응식**

부탄 산소 이산화탄소 물
$(2)C_4H_{10} + (13)O_2 \rightarrow 8CO_2 + 10H_2O$
2mol 13mol
1mol $x$

2mol : 13mol=1mol : $x$

$2x = 13$

$x = \frac{13}{2} = 6.5\text{mol}$

답 ④

★★★
**03** 고분자 재료와 열적 특성의 연결이 옳은 것은?

13.06.문15 10.09.문07 06.05.문20

① 폴리염화비닐수지 – 열가소성
② 페놀수지 – 열가소성
③ 폴리에틸렌수지 – 열경화성
④ 멜라민수지 – 열가소성

해설 **합성수지**의 **화재성상**

| 열가소성 수지 | 열경화성 수지 |
|---|---|
| • PVC수지<br>• 폴리에틸렌수지<br>• 폴리스티렌수지 | • 페놀수지<br>• 요소수지<br>• 멜라민수지 |

기억법 **열가P폴**

수지=플라스틱

② 열가소성 → 열경화성
③ 열경화성 → 열가소성
④ 열가소성 → 열경화성

용어

| 열가소성 수지 | 열경화성 수지 |
|---|---|
| 열에 의해 변형되는 수지 | 열에 의해 변형되지 않는 수지 |

답 ①

★★
**04** 상온 · 상압에서 액체인 물질은?

13.09.문04 12.03.문17

① $CO_2$ ② Halon 1301
③ Halon 1211 ④ Halon 2402

해설

| 상온 · 상압에서 기체상태 | 상온 · 상압에서 액체상태 |
|---|---|
| • Halon 1301<br>• Halon 1211<br>• 이산화탄소($CO_2$) | • Halon 1011<br>• Halon 104<br>• Halon 2402 |

※ **상온 · 상압** : 평상시의 온도 · 평상시의 압력

답 ④

★★★
**05** 다음 그림에서 목조건물의 표준 화재온도-시간 곡선으로 옳은 것은?

19.09.문11
16.10.문04
14.05.문01
10.09.문08

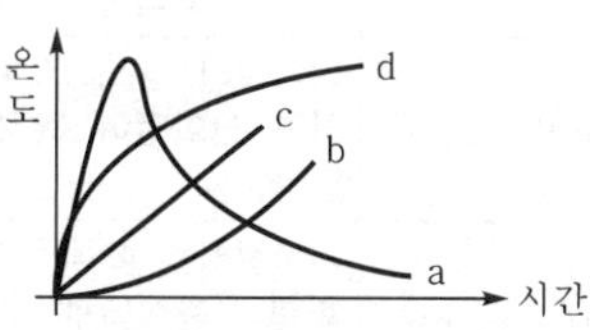


① a ② b
③ c ④ d

해설 (1) **목조건물**
㉠ 화재성상 : **고**온 **단**기형
㉡ 최고온도(최성기온도) : **1300℃**

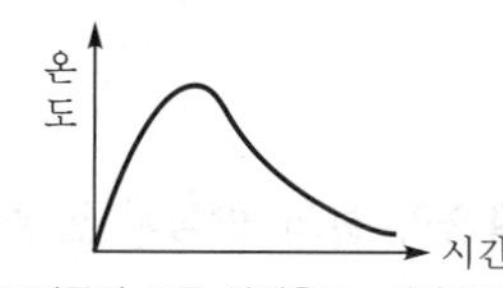

| 목조건물의 표준 화재온도-시간곡선 |

(2) **내화건물**
㉠ 화재성상 : 저온 장기형
㉡ 최고온도(최성기온도) : **900~1000℃**

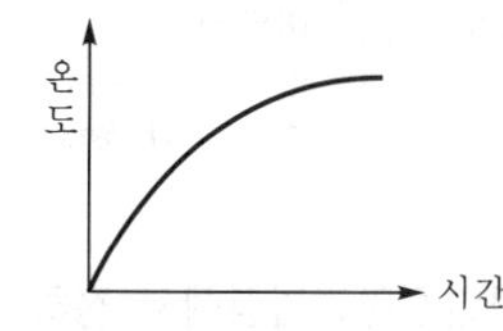

| 내화건물의 표준 화재온도-시간곡선 |

목조건물=목재건물

기억법 **목고단 13**

답 ①

★★★
**06** 1기압상태에서, 100℃ 물 1g이 모두 기체로 변할 때 필요한 열량은 몇 cal인가?

17.03.문08
14.09.문20
13.09.문09
13.06.문18
10.09.문20

① 429 ② 499
③ 539 ④ 639

해설 물($H_2O$)

| **기**화잠열(증발잠열) | **융**해잠열 |
|---|---|
| 539cal/g | 80cal/g |

기억법 **기53, 융8**

③ 물의 기화잠열 539cal : 1기압 100℃의 물 1g이 모두 기체로 변화하는 데 539cal의 열량이 필요

중요

**기화잠열**과 **융해잠열**

| 기화잠열(증발잠열) | 융해잠열 |
|---|---|
| **100℃**의 **물 1g**이 **수증기**로 변화하는 데 필요한 열량 | **0℃**의 **얼음 1g**이 **물**로 변화하는 데 필요한 열량 |

답 ③

★★★
**07** pH 9 정도의 물을 보호액으로 하여 보호액 속에 저장하는 물질은?

14.05.문20
07.09.문12

① 나트륨 ② 탄화칼슘
③ 칼륨 ④ 황린

해설 **저장물질**

| 물질의 종류 | 보관장소 |
|---|---|
| • **황**린<br>• **이**황화탄소($CS_2$) | • **물**속<br>기억법 **황이물** |
| • 니트로셀룰로오스 | • 알코올 속 |
| • 칼륨(K)<br>• 나트륨(Na)<br>• 리튬(Li) | • 석유류(등유) 속 |
| • 아세틸렌($C_2H_2$) | • 디메틸프롬아미드(DMF)<br>• 아세톤 |

참고

**물질의 발화점**

| 물질의 종류 | 발화점 |
|---|---|
| • 황린 | 30~50℃ |
| • 황화린<br>• 이황화탄소 | 100℃ |
| • 니트로셀룰로오스 | 180℃ |

답 ④

★
**08** 포소화약제가 갖추어야 할 조건이 아닌 것은?

① 부착성이 있을 것
② 유동성과 내열성이 있을 것
③ 응집성과 안정성이 있을 것
④ 소포성이 있고 기화가 용이할 것

해설 **포소화약제**의 **구비조건**
(1) **부착성**이 있을 것
(2) **유동성**을 가지고 **내열성**이 있을 것
(3) **응집성**과 **안정성**이 있을 것
(4) 소포성이 **없고** 기화가 용이하지 않을 것
(5) **독성**이 적을 것
(6) 바람에 견디는 힘이 클 것
(7) 수용액의 침전량이 **0.1%** 이하일 것

④ 있고 → 없고, 용이할 것 → 용이하지 않을 것

용어

**수용성**과 **소포성**

| 용 어 | 설 명 |
|---|---|
| 수용성 | 어떤 물질이 물에 녹는 성질 |
| 소포성 | 포가 깨지는 성질 |

답 ④

★★★
**09** 소화의 방법으로 틀린 것은?

16.05.문13
13.09.문13

① 가연성 물질을 제거한다.
② 불연성 가스의 공기 중 농도를 높인다.
③ 산소의 공급을 원활히 한다.
④ 가연성 물질을 냉각시킨다.

해설 **소화**의 **형태**

| 소화형태 | 설 명 |
|---|---|
| **냉**각소화 | • **점화원** 또는 **가연성 물질**을 **냉각**시켜 소화하는 방법<br>• **증**발잠열을 이용하여 열을 빼앗아 가연물의 온도를 떨어뜨려 화재를 진압하는 소화<br>• 다량의 물을 뿌려 소화하는 방법<br>• 가연성 물질을 **발화점 이하**로 **냉각**<br>기억법 **냉점증발** |
| **질**식소화 | • 공기 중의 **산소농도**를 **16%**(10~15%) 이하로 희박하게 하여 소화<br>• 산화제의 농도를 낮추어 연소가 지속될 수 없도록 함<br>• **산소공급**을 **차단**하는 소화방법<br>기억법 **질산** |
| 제거소화 | • **가연물**을 **제거**하여 소화하는 방법 |
| 부촉매소화<br>(=화학소화) | • **연쇄반응**을 **차단**하여 소화하는 방법<br>• 화학적인 방법으로 화재억제 |
| 희석소화 | • 기체·고체·액체에서 나오는 분해가스나 증기의 농도를 낮추어 소화하는 방법<br>• 불연성 가스의 **공기** 중 **농도**를 높임 |

① 제거소화
② 희석소화
③ 원활히 한다 → 차단한다(질식소화)
④ 냉각소화

답 ③

★★★
**10** 대두유가 침적된 기름걸레를 쓰레기통에 장시간 방치한 결과 자연발화에 의하여 화재가 발생한 경우 그 이유로 옳은 것은?

19.09.문08
16.10.문05
16.03.문14
15.05.문19
15.03.문09
14.09.문09
14.09.문17
12.03.문09
09.05.문08
03.03.문13
02.09.문01

① 분해열 축적
② 산화열 축적
③ 흡착열 축적
④ 발효열 축적

해설 **자연발화**

| 구 분 | 설 명 |
|---|---|
| 정의 | 가연물이 공기 중에서 산화되어 **산화열**의 **축적**으로 발화 |
| 일어나는 경우 | 기름걸레를 쓰레기통에 장기간 방치하면 **산화열**이 **축적**되어 자연발화가 일어남 |
| 일어나지 않는 경우 | 기름걸레를 빨랫줄에 걸어 놓으면 **산**화열이 **축적**되지 않아 **자**연발화는 일어나지 않음<br>기억법 **자산축** |

용어

**산화열**
물질이 산소와 화합하여 반응하는 과정에서 생기는 열

답 ②

★★★
**11** 탄화칼슘이 물과 반응시 발생하는 가연성 가스는?

17.05.문09
11.10.문05
10.09.문12

① 메탄　　② 포스핀
③ 아세틸렌　　④ 수소

해설 **탄화칼슘**과 **물**의 **반응식**

$CaC_2 + 2H_2O \rightarrow Ca(OH)_2 + C_2H_2 \uparrow$
탄화칼슘　물　수산화칼슘　**아세틸렌**

답 ③

★★★
**12** 위험물안전관리법령에서 정하는 위험물의 한계에 대한 정의로 틀린 것은?

16.10.문43
15.05.문47
12.09.문49

① 유황은 순도가 60 중량퍼센트 이상인 것
② 인화성 고체는 고형 알코올 그 밖에 1기압에서 인화점이 섭씨 40도 미만인 고체
③ 과산화수소는 그 농도가 35 중량퍼센트 이상인 것
④ 제1석유류는 아세톤, 휘발유 그 밖에 1기압에서 인화점이 섭씨 21도 미만인 것

해설 **위험물령** 〔**별표 1**〕
**위험물**
(1) **과산화수소** : 농도 **36wt%** 이상
(2) **유황** : 순도 **60wt%** 이상
(3) **질산** : 비중 **1.49** 이상

① **유황**은 순도가 **60 중량퍼센트** 이상인 것
② **인화성 고체란** 고형 알코올 그 밖에 1기압에서 인화점이 **40℃ 미만**인 고체
③ 35 중량퍼센트 → 36 중량퍼센트
④ **제1석유류**는 **아세톤**, **휘발유** 그 밖에 1기압에서 인화점이 **섭씨 21도** 미만인 것

• 중량퍼센트 = wt%

답 ③

★★★
## 13 Fourier법칙(전도)에 대한 설명으로 틀린 것은?

17.09.문35
17.05.문33
16.10.문40

① 이동열량은 전열체의 단면적에 비례한다.
② 이동열량은 전열체의 두께에 비례한다.
③ 이동열량은 전열체의 열전도도에 비례한다.
④ 이동열량은 전열체 내·외부의 온도차에 비례한다.

해설 **열전달의 종류**

| 종 류 | 설 명 | 관련 법칙 |
|---|---|---|
| 전도 (conduction) | 하나의 물체가 다른 물체와 직접 **접촉**하여 열이 이동하는 현상 | **푸리에**(Fourier)의 법칙 |
| 대류 (convection) | **유체**의 흐름에 의하여 열이 이동하는 현상 | **뉴턴**의 법칙 |
| 복사 (radiation) | ① 화재시 화원과 **격리**된 인접 가연물에 불이 옮겨 붙는 현상<br>② 열전달 **매질**이 **없이** 열이 전달되는 형태<br>③ 열에너지가 **전자파**의 형태로 옮겨지는 현상으로, **가장 크게 작용**한다. | **스테판-볼츠만**의 법칙 |

중요

**공식**

(1) **전도**

$$Q=\frac{kA(T_2-T_1)}{l}$$

여기서, $Q$ : 전도열[W]
$k$ : 열전도율[W/m·K]
$A$ : 단면적[m$^2$]
$(T_2-T_1)$ : 온도차[K]
$l$ : 벽체 두께[m]

(2) **대류**

$$Q=h(T_2-T_1)$$

여기서, $Q$ : 대류열[W/m$^2$]
$h$ : 열전달률[W/m$^2$·℃]
$(T_2-T_1)$ : 온도차[℃]

(3) **복사**

$$Q=aAF(T_1^{\ 4}-T_2^{\ 4})$$

여기서, $Q$ : 복사열[W]
$a$ : 스테판-볼츠만 상수[W/m$^2$·K$^4$]
$A$ : 단면적[m$^2$]
$F$ : 기하학적 Factor
$T_1$ : 고온[K]
$T_2$ : 저온[K]

답 ②

★★
## 14 건축물 내 방화벽에 설치하는 출입문의 너비 및 높이의 기준은 각각 몇 m 이하인가?

19.04.문02
17.09.문16
13.03.문16
12.03.문10
08.09.문05

① 2.5　　② 3.0
③ 3.5　　④ 4.0

해설 **건축령 57조**
**방화벽의 구조**

| | |
|---|---|
| 대상 건축물 | • 주요구조부가 내화구조 또는 불연재료가 아닌 연면적 1000m$^2$ 이상인 건축물 |
| 구획단지 | • 연면적 1000m$^2$ 미만마다 구획 |
| 방화벽의 구조 | • **내화구조**로서 홀로 설 수 있는 구조일 것<br>• 방화벽의 양쪽 끝과 위쪽 끝을 건축물의 외벽면 및 지붕면으로부터 **0.5m** 이상 튀어나오게 할 것<br>• 방화벽에 설치하는 **출입문**의 **너비** 및 높이는 각각 **2.5m** 이하로 하고 해당 출입문에는 60분+방화문 또는 60분 방화문을 설치할 것 |

답 ①

★★★
## 15 다음 중 발화점이 가장 낮은 물질은?

12.05.문01
11.03.문13
08.09.문04

① 휘발유　　② 이황화탄소
③ 적린　　④ 황린

해설 **물질**의 **발화점**

| 종 류 | 발화점 |
|---|---|
| • 황린 | **30~50℃** |
| • 황화린<br>• 이황화탄소 | 100℃ |
| • 니트로셀룰로오스 | 180℃ |
| • 적린 | 260℃ |
| • 휘발유(가솔린) | 300℃ |

중요

**저장물질**

| 물질의 종류 | 보관장소 |
|---|---|
| • **황**린<br>• **이**황화탄소($CS_2$) | • **물**속<br>기억법 **황이물** |
| • 니트로셀룰로오스 | • 알코올 속 |
| • 칼륨(K)<br>• 나트륨(Na)<br>• 리튬(Li) | • 석유류(등유) 속 |
| • 아세틸렌($C_2H_2$) | • 디메틸프롬아미드(DMF)<br>• 아세톤 |

답 ④

★
## 16 MOC(Minimum Oxygen Concentration : 최소 산소농도)가 가장 작은 물질은?

① 메탄
② 에탄
③ 프로판
④ 부탄

해설

MOC=산소몰수×하한계[vol%]

① **메탄**(하한계 : **5vol%**)

$$CH_4+\textcircled{2}O_2 \rightarrow CO_2+2H_2O$$
메탄 산소

MOC=2몰×5vol%=**10vol%**

② **에탄**(하한계 : **3vol%**)

$$\textcircled{2}C_2H_6+\textcircled{7}O_2 \rightarrow 4CO_2+6H_2O \text{ 또는}$$
$$C_2H_6+\frac{7}{2}O_2 \rightarrow 2CO_2+3H_2O$$
에탄 산소

MOC=$\frac{7}{2}$몰×3vol%=**10.5vol%**

③ **프로판**(하한계 : **2.2vol%**)

$$C_3H_8+\textcircled{5}O_2 \rightarrow 3CO_2+4H_2O$$
프로판 산소

MOC=5몰×2.2vol%=**11vol%**

④ **부탄**(하한계 : **1.8vol%**)

$$C_4H_{10}+\frac{13}{2}O_2 \rightarrow 4CO_2+5H_2O$$
부탄 산소

MOC=$\frac{13}{2}$몰×1.8vol%=**11.7vol%**

용어

**MOC(Minimum Oxygen Concentration : 최소 산소농도)**
화염을 전파하기 위해서 필요한 최소한의 산소농도

답 ①

★★
## 17 수성막포 소화약제의 특성에 대한 설명으로 틀린 것은?

15.05.문09

① 내열성이 우수하여 고온에서 수성막의 형성이 용이하다.
② 기름에 의한 오염이 적다.
③ 다른 소화약제와 병용하여 사용이 가능하다.
④ 불소계 계면활성제가 주성분이다.

해설 (1) **단백포**의 장단점

| 장 점 | 단 점 |
|---|---|
| ① **내열성**이 우수하다.<br>② **유면봉쇄성**이 우수하다. | ① 소화기간이 길다.<br>② 유동성이 좋지 않다.<br>③ 변질에 의한 저장성이 불량하다.<br>④ 유류오염의 문제가 있다. |

(2) **수성막포**의 장단점

| 장 점 | 단 점 |
|---|---|
| ① 석유류 표면에 신속히 **피막**을 **형성**하여 유류증발을 억제한다.<br>② **안전성**이 좋아 장기 보존이 가능하다.<br>③ **내약품성**이 좋아 타약제와 겸용사용도 가능하다.<br>④ **내유염성**이 우수하다(기름에 의한 오염이 적다).<br>⑤ **불소계 계면활성제**가 주성분이다. | ① 가격이 비싸다.<br>② 내열성이 좋지 않다.<br>③ 부식방지용 저장설비가 요구된다. |

(3) **합성계면활성제포**의 장단점

| 장 점 | 단 점 |
|---|---|
| ① **유동성**이 우수하다.<br>② **저장성**이 우수하다. | ① 적열된 기름탱크 주위에는 효과가 적다.<br>② 가연물에 양이온이 있을 경우 발포성능이 저하된다.<br>③ 타약제와 겸용시 소화효과가 좋지 않을 수 있다. |

① 단백포 소화약제의 특성 : 내열성 우수

답 ①

★★★
## 18 다음 가연성 물질 중 위험도가 가장 높은 것은?

15.09.문08
10.03.문14

① 수소 ② 에틸렌
③ 아세틸렌 ④ 이황화탄소

해설 **위험도**

$$H=\frac{U-L}{L}$$

여기서, $H$ : 위험도
$U$ : 연소상한계
$L$ : 연소하한계

① **수소** $=\frac{75-4}{4}=17.75$

② **에틸렌** $=\frac{36-2.7}{2.7}=12.33$

③ **아세틸렌** $=\frac{81-2.5}{2.5}=31.4$

④ **이황화탄소** $=\frac{44-1.2}{1.2}=35.7$

중요

**공기 중**의 **폭발한계**(상온, 1atm)

| 가 스 | 하한계 [vol%] | 상한계 [vol%] |
|---|---|---|
| 아세틸렌($C_2H_2$) | 2.5 | 81 |
| 수소($H_2$) | 4 | 75 |
| 일산화탄소(CO) | 12.5 | 74 |
| 에테르($(C_2H_5)_2O$) | 1.9 | 48 |
| 이황화탄소($CS_2$) | 1.2 | 44 |
| 에틸렌($C_2H_4$) | 2.7 | 36 |
| 암모니아($NH_3$) | 15 | 28 |
| 메탄($CH_4$) | 5 | 15 |
| 에탄($C_2H_6$) | 3 | 12.4 |
| 프로판($C_3H_8$) | 2.1 | 9.5 |
| 부탄($C_4H_{10}$) | 1.8 | 8.4 |

연소한계=연소범위=가연한계=가연범위=폭발한계=폭발범위

답 ④

**19** 소화약제로 물을 사용하는 주된 이유는?

19.04.문04 15.05.문04 99.08.문06

① 촉매역할을 하기 때문에
② 증발잠열이 크기 때문에
③ 연소작용을 하기 때문에
④ 제거작용을 하기 때문에

해설 물의 **소화능력**
(1) **비열**이 크다.
(2) **증발잠열**(기화잠열)이 크다.
(3) 밀폐된 장소에서 증발가열하면 수증기에 의해서 **산소희석작용**을 한다.
(4) **무상**으로 주수하면 **중질유 화재**에도 사용할 수 있다.

참고

**물**이 **소화약제**로 많이 쓰이는 이유

| 장 점 | 단 점 |
|---|---|
| ① 쉽게 구할 수 있다.<br>② 증발잠열(기화잠열)이 크다.<br>③ 취급이 간편하다. | ① 가스계 소화약제에 비해 사용 후 **오염**이 **크다.**<br>② 일반적으로 **전기화재**에는 **사용**이 **불가**하다. |

답 ②

**20** 건축물의 바깥쪽에 설치하는 피난계단의 구조기준 중 계단의 유효너비는 몇 m 이상으로 하여야 하는가?

10.09.문13

① 0.6 ② 0.7
③ 0.8 ④ 0.9

해설 **피난·방화구조 9조**
**건축물의 바깥쪽에 설치하는 피난계단의 구조**
(1) 계단은 그 계단으로 통하는 출입구 외의 창문 등으로부터 **2m** 이상의 거리를 두고 설치
(2) 건축물의 내부에서 계단으로 통하는 출입구에는 60분+방화문 또는 60분 방화문 설치
(3) 계단의 유효너비 : **0.9m** 이상
(4) 계단은 **내화구조**로 하고 지상까지 직접 연결되도록 할 것

답 ④

## 제 2 과목 소방전기일반

**21** 대칭 3상 Y부하에서 각 상의 임피던스는 20Ω이고, 부하전류가 8A일 때 부하의 선간전압은 약 몇 V인가?

10.03.문37 03.05.문35

① 160 ② 226
③ 277 ④ 480

해설

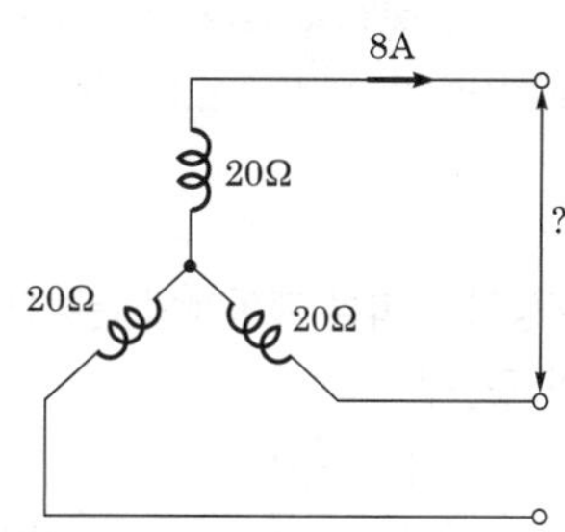


**Y결선 선전류**

$$I_Y = \frac{V_l}{\sqrt{3}\, Z}$$

여기서, $I_Y$ : 선전류[A]
$V_l$ : 선간전압[V]
$Z$ : 임피던스[Ω]

선전류=부하전류

**선간전압** $V_l$은

$V_l = \sqrt{3}\, I_Y Z = \sqrt{3} \times 8 \times 20 ≒ 277V$

- $I_Y$ : 8A(문제에서 주어짐)
- $Z$ : 20Ω(문제에서 주어짐)

비교

**△결선 선전류**

$$I_\triangle = \frac{\sqrt{3}\, V_l}{Z}$$

여기서, $I_\triangle$ : 선전류[A]
$V_l$ : 선간전압[V]
$Z$ : 임피던스[Ω]

답 ③

★★★
## 22 터널 다이오드를 사용하는 목적이 아닌 것은?

15.03.문31 (산업) 01.09.문37 (산업)

① 스위칭작용
② 증폭작용
③ 발진작용
④ 정전압 정류작용

해설 **터널 다이오드**(tunnel diode)의 **작용**
(1) **발**진작용
(2) **증**폭작용
(3) **스**위칭작용(개폐작용)

기억법 **터발증스**

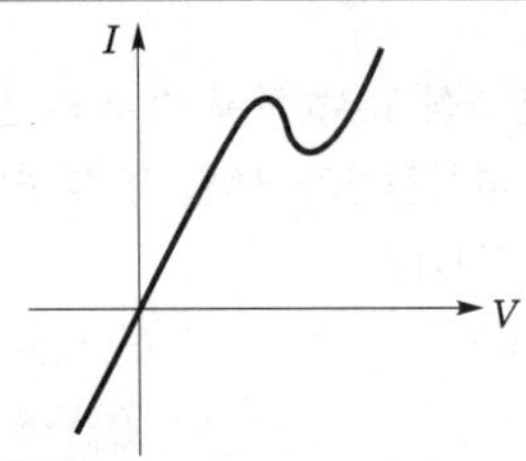


| 터널 다이오드의 $V-I$ 특성곡선 |

④ 정전압 정류작용 : 제너 다이오드

답 ④

★★★
## 23 제어동작에 따른 제어계의 분류에 대한 설명 중 틀린 것은?

16.10.문40 15.03.문37 14.05.문28 11.06.문22

① 미분동작 : D동작 또는 rate동작이라고 부르며, 동작신호의 기울기에 비례한 조작신호를 만든다.
② 적분동작 : I동작 또는 리셋동작이라고 부르며, 적분값의 크기에 비례하여 조절신호를 만든다.
③ 2위치제어 : on/off 동작이라고도 하며, 제어량이 목표값보다 작은지 큰지에 따라 조작량으로 on 또는 off의 두 가지 값의 조절신호를 발생한다.
④ 비례동작 : P동작이라고도 부르며, 제어동작신호에 반비례하는 조절신호를 만드는 제어동작이다.

해설

| 구 분 | 설 명 |
|---|---|
| 비례제어<br>(**P동작**) | ① **잔류편차**가 있는 제어<br>② 제어동작신호에 비례한 **조작신호**를 내는 제어동작 |
| 적분제어<br>(**I동작**) | **잔류편차**를 **제거**하기 위한 제어 |
| **미**분제어<br>(D동작) | ① **지연특성**이 제어에 주는 악영향을 **감소**한다.<br>② **진**동을 억제시키는 데 가장 효과적인 제어동작<br>기억법 **진미(맛의 진미)**<br>③ 동작신호의 **기울기**에 비례한 **조작신호**를 만든다. |
| **비**례**적**분제어<br>(**PI동작**) | ① **간**헐현상이 있는 제어<br>② 이득교점 주파수가 낮아지며, 대역폭은 감소한다.<br>기억법 **비적간** |
| 비례적분미분제어<br>(**PID동작**) | ① **간헐현상**을 **제거**하기 위한 제어<br>② 사이클링과 오프셋이 제거되는 제어<br>③ 정상특성과 응답의 속응성을 동시에 개선시키기 위한 제어 |

미분동작=미분제어
비례동작=비례제어

④ 반비례하는 조절신호를 만드는 → 비례하는 조작신호를 내는

답 ④

★★
## 24 PB₋on 스위치와 병렬로 접속된 보조접점 X₋a의 역할은?

14.09.문29 09.05.문35 01.06.문22

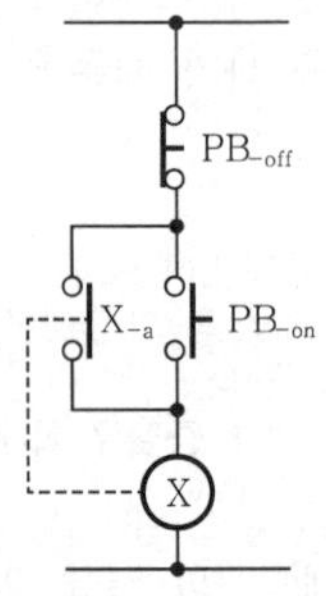


① 인터록회로
② 자기유지회로
③ 전원차단회로
④ 램프점등회로

해설

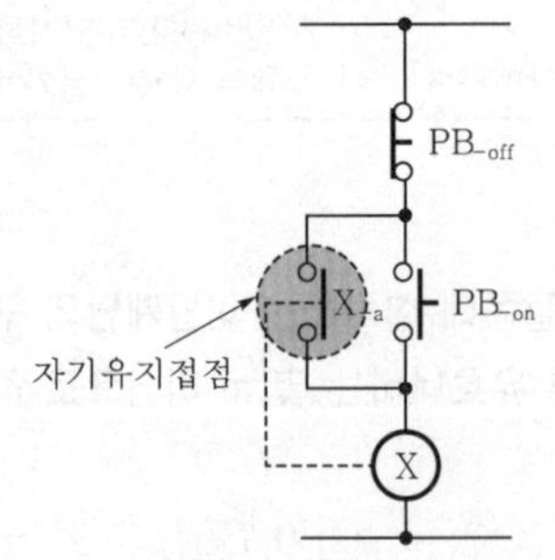


자기유지접점이 있으므로 **자기유지회로**이다.

> ※ **자기유지회로** : 일단 on이 된 것을 기억하는 기능을 가진 회로

답 ②

★★
## 25 집적회로(IC)의 특징으로 옳은 것은?

16.05.문29 06.09.문22

① 시스템이 대형화된다.
② 신뢰성이 높으나, 부품의 교체가 어렵다.
③ 열에 강하다.
④ 마찰에 의한 정전기 영향에 주의해야 한다.

해설 **집적회로(IC)**

| 장 점 | 단 점 |
|---|---|
| ① 시스템의 **소형화**<br>② 신뢰성이 높고, 부품의 **교체**가 간단<br>③ 가격 **저렴**<br>④ 기능 **확대** | ① **열**에 **약함**<br>② **전압 · 전류**에 **약함**<br>③ **발진**이나 **잡음**이 나기 쉬움<br>④ **마찰**에 의한 **정전기** 영향에 주의 |

> ① 대형화 → 소형화
> ② 높으나, 부품의 교체가 어렵다 → 높고, 부품의 교체가 쉽다.
> ③ 강하다 → 약하다

용어

**IC**(Integrated Circuit)
한 조각의 실리콘 속에 여러 개의 **트랜지스터**, **다이오드**, **저항** 등을 넣고 상호 배선을 하여 하나의 회로로서의 기능을 갖게 한 것으로 '집적회로'라고도 부른다.

| IC |

답 ④

★★
## 26 $R=10\Omega$, $\omega L=20\Omega$인 직렬회로에 220V의 전압을 가하는 경우 전류와 전압과 전류의 위상각은 각각 어떻게 되는가?

06.03.문39

① 24.5A, 26.5°　② 9.8A, 63.4°
③ 12.2A, 13.2°　④ 73.6A, 79.6°

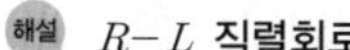
해설 $R-L$ **직렬회로**

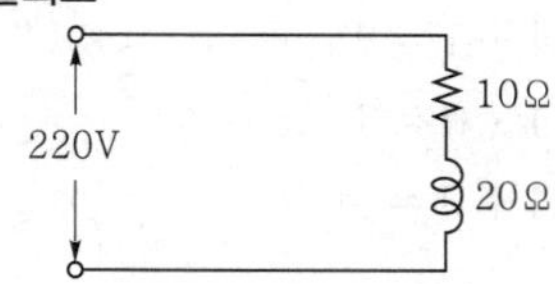


$$I=\frac{V}{Z}=\frac{V}{\sqrt{R^2+X_L^{\ 2}}}$$

여기서, $I$ : 전류〔A〕
$V$ : 전압〔V〕
$Z$ : 임피던스〔Ω〕
$R$ : 저항〔Ω〕
$X_L$ : 유도리액턴스〔Ω〕

**전류** $I$는

$$I=\frac{V}{\sqrt{R^2+X_L^{\ 2}}}=\frac{220}{\sqrt{10^2+20^2}}\fallingdotseq 9.8\text{A}$$

$$\theta=\tan^{-1}\frac{X_L}{R}$$

여기서, $\theta$ : 위상차(위상각)〔rad〕
$X_L$ : 유도리액턴스〔Ω〕
$R$ : 저항〔Ω〕

**위상차** $\theta$는

$$\theta=\tan^{-1}\frac{X_L}{R}=\tan^{-1}\frac{20}{10}\fallingdotseq 63.4°$$

답 ②

★★★
## 27 그림과 같이 전압계 $V_1$, $V_2$, $V_3$ 와 5Ω의 저항 $R$을 접속하였다. 전압계의 지시가 $V_1=20\text{V}$, $V_2=40\text{V}$, $V_3=50\text{V}$라면 부하전력은 몇 W인가?

15.09.문32 08.09.문39 07.05.문39

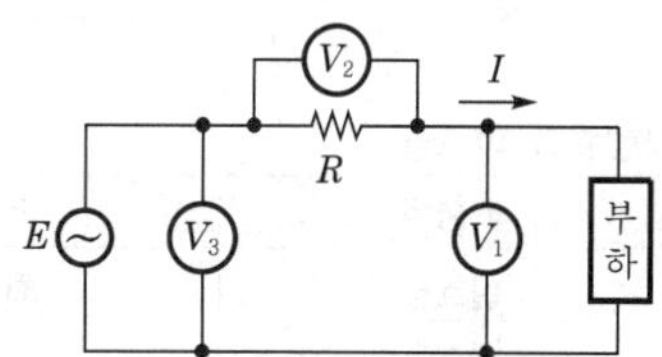


① 50　② 100
③ 150　④ 200

해설 **3전압계법**

$$P=\frac{1}{2R}(V_3^{\ 2}-V_1^{\ 2}-V_2^{\ 2})$$

여기서, $P$ : 유효전력(소비전력)〔kW〕
$R$ : 저항〔Ω〕
$V_1$, $V_2$, $V_3$ : 전압계의 지시값〔V〕

**유효전력** $P$는

$$P=\frac{1}{2R}(V_3^{\ 2}-V_1^{\ 2}-V_2^{\ 2})$$
$$=\frac{1}{2\times5}\times(50^2-20^2-40^2)$$
$$=50\text{W}$$

**비교**

**3전류계법**

$$P=\frac{R}{2}(I_3^{\,2}-I_1^{\,2}-I_2^{\,2})\text{[W]}$$

여기서, $P$ : 유효전력[kW]
$R$ : 저항[Ω]
$I_1$, $I_2$, $I_3$ : 전류계의 지시값[A]

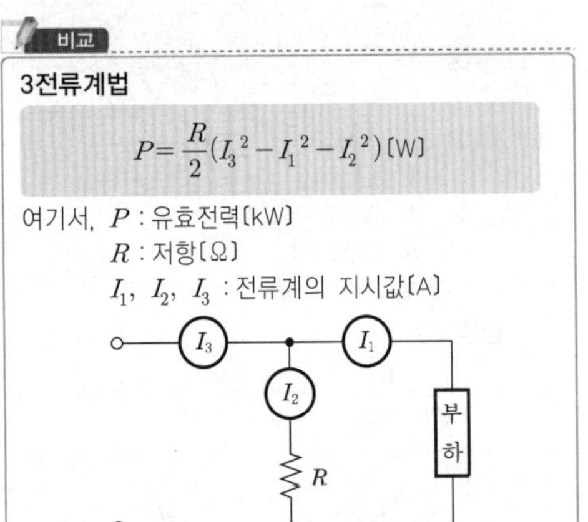


답 ①

★★★
## 28
14.03.문29

교류에서 파형의 개략적인 모습을 알기 위해 사용하는 파고율과 파형률에 대한 설명으로 옳은 것은?

① 파고율= $\frac{실효값}{평균값}$, 파형률= $\frac{평균값}{실효값}$
② 파고율= $\frac{최대값}{실효값}$, 파형률= $\frac{실효값}{평균값}$
③ 파고율= $\frac{실효값}{최대값}$, 파형률= $\frac{평균값}{실효값}$
④ 파고율= $\frac{최대값}{평균값}$, 파형률= $\frac{평균값}{실효값}$

해설 **파형률과 파고율**

| 파형률 | 파고율 |
|---|---|
| $\frac{실효값}{평균값}$ | $\frac{최대값}{실효값}$ |
| 기억법 형실평 | 기억법 고최실 |

답 ②

★★
## 29
08.05.문39 (산업)

단상 유도전동기의 Slip은 5.5%, 회전자의 속도가 1700rpm인 경우 동기속도($N_s$)는?

① 3090rpm ② 9350rpm
③ 1799rpm ④ 1750rpm

해설 (1) **동기속도** …… ①

$$N_s=\frac{120f}{P}$$

여기서, $N_s$ : 동기속도[rpm]
$f$ : 주파수[Hz]
$P$ : 극수

(2) **회전속도** …… ②

$$N=\frac{120f}{P}(1-s)\text{[rpm]}$$

여기서, $N$: 회전속도[rpm]
$P$: 극수
$f$: 주파수[Hz]
$s$: 슬립

①식을 ②식에 대입하면

$$N=N_s(1-s)$$

동기속도 $N_s$는

$$N_s=\frac{N}{(1-s)}=\frac{1700}{(1-0.055)}\fallingdotseq 1799\text{rpm}$$

- $N$ : 1700rpm(문제에서 주어짐)
- $s$ : 5.5%=0.055(문제에서 주어짐)

답 ③

★★★
## 30
14.03.문26
05.03.문26
04.03.문27

다음 그림과 같은 계통의 전달함수는?

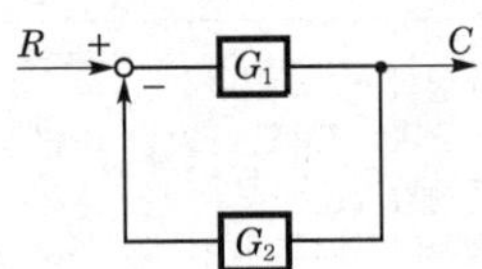


① $\frac{G_1}{1+G_2}$ ② $\frac{G_2}{1+G_1}$
③ $\frac{G_2}{1+G_1G_2}$ ④ $\frac{G_1}{1+G_1G_2}$

해설 **전달함수**

$RG_1-CG_1G_2=C$
$RG_1=C+CG_1G_2$
$RG_1=C(1+G_1G_2)$
$\therefore \frac{C}{R}=\frac{G_1}{1+G_1G_2}$

**용어**

**전달함수**
모든 초기값을 0으로 하였을 때 출력신호의 라플라스 변환과 입력신호의 라플라스 변환의 비

답 ④

★★★
## 31
19.09.문21
17.09.문33
17.03.문23
16.05.문36
16.03.문39
15.09.문23
13.09.문30
13.06.문35
11.03.문32

불대수의 기본정리에 관한 설명으로 틀린 것은?

① $A+A=A$
② $A+1=1$
③ $A\cdot 0=1$
④ $A+0=A$

해설 **불대수**의 **정리**

| 논리합 | 논리곱 | 비 고 |
|---|---|---|
| ④ $X+0=X$ | ③ $X \cdot 0=0$ | - |
| ② $X+1=1$ | $X \cdot 1=X$ | - |
| ① $X+X=X$ | $X \cdot X=X$ | - |
| $X+\overline{X}=1$ | $X \cdot \overline{X}=0$ | - |
| $X+Y=Y+X$ | $X \cdot Y=Y \cdot X$ | 교환법칙 |
| $X+(Y+Z)$ $=(X+Y)+Z$ | $X(YZ)=(XY)Z$ | 결합법칙 |
| $X(Y+Z)$ $=XY+XZ$ | $(X+Y)(Z+W)$ $=XZ+XW+YZ+YW$ | 분배법칙 |
| $X+XY=X$ | $\overline{X}+XY=\overline{X}+Y$ $X+\overline{X}Y=X+Y$ $X+\overline{X}\,\overline{Y}=X+\overline{Y}$ | 흡수법칙 |
| $(\overline{X+Y})$ $=\overline{X} \cdot \overline{Y}$ | $(\overline{X \cdot Y})=\overline{X}+\overline{Y}$ | 드모르간의 정리 |

① $X+X=X$이므로 $A+A=A$
② $X+1=1$이므로 $A+1=1$
③ $X \cdot 0=0$이므로 $A \cdot 0=0$
④ $X+0=X$이므로 $A+0=A$

답 ③

★★
**32** 3상유도전동기 Y－△ 기동회로의 제어요소가 아닌 것은?

19.09.문38
09.08.문23
99.08.문27

① MCCB ② THR
③ MC ④ ZCT

해설 **Y-△ 기동방식**의 **기동용 회로 구성품**(제어요소)
(1) 타이머(Timer) : **T**
(2) 열동계전기(THermal Relay) : **THR**
(3) 전자접촉기(Magnetic Contactor starter) : **MC**
(4) 누름버튼스위치(Push Button switch) : **PB**
(5) 배선용 차단기(Molded-Case Circuit Breaker) : **MCCB**

④ 영상변류기(ZCT) : 누전경보기의 누설전류 검출요소

답 ④

★
**33** 권선수가 100회인 코일을 200회로 늘리면 코일에 유기되는 유도기전력은 어떻게 변화하는가?

14.03.문32

① $\frac{1}{2}$로 감소
② $\frac{1}{4}$로 감소
③ 2배로 증가
④ 4배로 증가

해설 **자기인덕턴스**(self inductance)

$$L=\frac{\mu A N^2}{l}\,[\text{H}]$$

여기서, $L$ : 자기인덕턴스[H]
$\mu$ : 투자율[H/m]
$A$ : 단면적[m²]
$N$ : 코일권수
$l$ : 평균자로의 길이[m]

자기인덕턴스 $L=\frac{\mu A N^2}{l} \propto N^2=\left(\frac{200}{100}\right)^2=4$배

답 ④

★
**34** 용량 0.02$\mu$F 콘덴서 2개와 0.01$\mu$F 콘덴서 1개를 병렬로 접속하여 24V의 전압을 가하였다. 합성용량은 몇 $\mu$F이며, 0.01$\mu$F 콘덴서에 축적되는 전하량은 몇 C인가?

15.03.문33

① 0.05, $0.12 \times 10^{-6}$
② 0.05, $0.24 \times 10^{-6}$
③ 0.03, $0.12 \times 10^{-6}$
④ 0.03, $0.24 \times 10^{-6}$

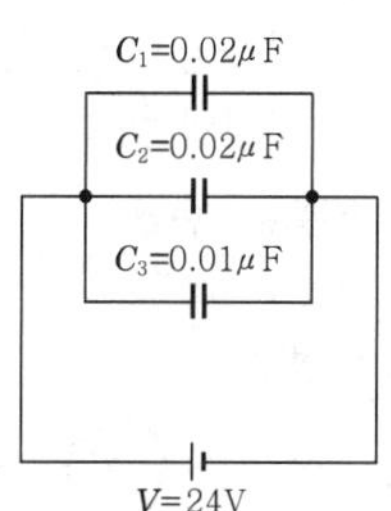


(1) **콘덴서**의 **병렬접속**
$C=C_1+C_2+C_3=0.02+0.02+0.01=0.05\mu$F

(2) **전하량**

$$Q=CV$$

여기서, $Q$ : 전하량[C]
$C$ : 정전용량[F]
$V$ : 전압[V]

$C_3$의 **전하량** $Q_3$는
$Q_3=C_3V=(0.01\times10^{-6})\times24$
$=2.4\times10^{-7}=0.24\times10^{-6}$C

• $1\mu$F$=10^{-6}$F이므로 $C_3=0.01\mu$F$=(0.01\times10^{-6})$F

답 ②

★
**35** 1차 권선수 10회, 2차 권선수 300회인 변압기에서 2차 단자전압 1500V가 유도되기 위한 1차 단자전압은 몇 V인가?

07.09.문26

① 30 ② 50
③ 120 ④ 150

해설 **권수비**

$$a=\frac{N_1}{N_2}=\frac{V_1}{V_2}=\frac{I_2}{I_1}$$

여기서, $a$ : 권수비
$N_1$ : 1차 코일권수
$N_2$ : 2차 코일권수
$V_1$ : 정격 1차 전압(V)
$V_2$ : 정격 2차 전압(V)
$I_1$ : 정격 1차 전류(A)
$I_2$ : 정격 2차 전류(A)

$$\frac{N_1}{N_2}=\frac{V_1}{V_2}$$

**1차전압** $V_1$ **은**

$$V_1=V_2\times\frac{N_1}{N_2}=1500\times\frac{10}{300}=50\text{V}$$

답 ②

★★★
**36** 회로의 전압과 전류를 측정하기 위한 계측기의 연결방법으로 옳은 것은?

19.09.문24 19.03.문22 17.09.문24 16.03.문26 14.09.문36 08.03.문30 04.09.문98 03.03.문37

① 전압계 : 부하와 직렬, 전류계 : 부하와 병렬
② 전압계 : 부하와 직렬, 전류계 : 부하와 직렬
③ 전압계 : 부하와 병렬, 전류계 : 부하와 병렬
④ 전압계 : 부하와 병렬, 전류계 : 부하와 직렬

해설 **전압계**와 **전류계**의 **연결**

| 전압계 | 전류계 |
|---|---|
| 부하와 **병렬**연결 | 부하와 **직렬**연결 |

비교

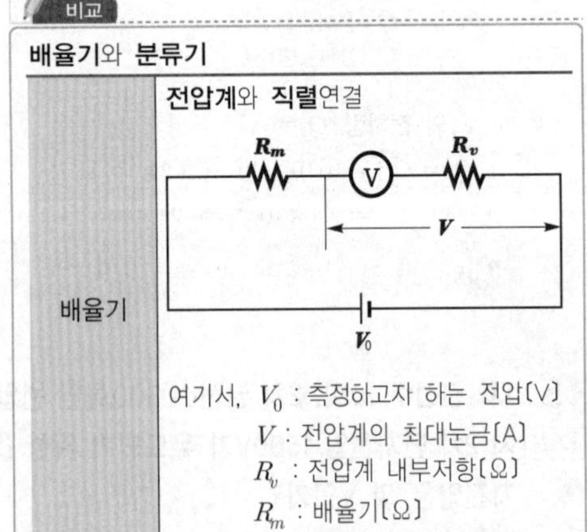

**배율기**와 **분류기**

| | |
|---|---|
| 배율기 | **전압계**와 **직렬**연결<br>여기서, $V_0$ : 측정하고자 하는 전압(V)<br>$V$ : 전압계의 최대눈금(A)<br>$R_v$ : 전압계 내부저항(Ω)<br>$R_m$ : 배율기(Ω) |

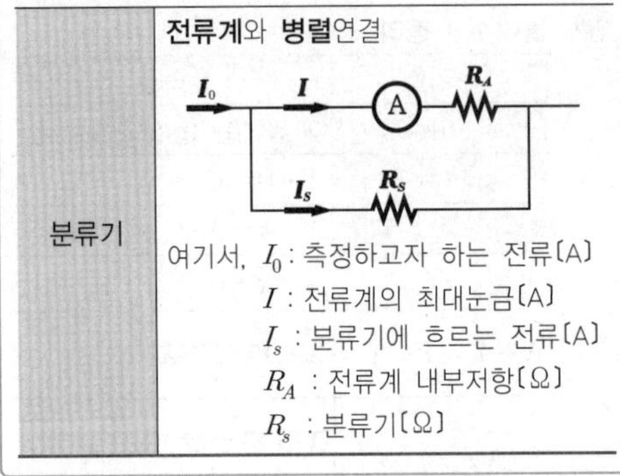

| | |
|---|---|
| 분류기 | **전류계**와 **병렬**연결<br>여기서, $I_0$ : 측정하고자 하는 전류(A)<br>$I$ : 전류계의 최대눈금(A)<br>$I_s$ : 분류기에 흐르는 전류(A)<br>$R_A$ : 전류계 내부저항(Ω)<br>$R_s$ : 분류기(Ω) |

답 ④

★
**37** 배전선에 6000V의 전압을 가하였더니 2mA의 누설전류가 흘렀다. 이 배전선의 절연저항은 몇 MΩ인가?

19.03.문38 09.08.문26

① 3　② 6
③ 8　④ 12

해설 **누설전류**

$$I=\frac{V}{R}$$

여기서, $I$ : 누설전류(A)
$V$ : 전압(V)
$R$ : 절연저항(Ω)

절연저항 $R$은

$$R=\frac{V}{I}=\frac{6000}{2\times10^{-3}}=3\,000\,000\,\Omega=3\text{M}\Omega$$

- m : $10^{-3}$이므로 2mA=$2\times10^{-3}$A
- M : $10^{6}$이므로 3 000 000Ω=3MΩ

답 ①

★★★
**38** $RLC$ 직렬공진회로에서 제$n$고조파의 공진주파수($f_n$)는?

14.09.문30

① $\dfrac{1}{2\pi n\sqrt{LC}}$　② $\dfrac{1}{\pi n\sqrt{LC}}$
③ $\dfrac{1}{2\pi\sqrt{nLC}}$　④ $\dfrac{n}{2\pi\sqrt{LC}}$

해설 **제$n$고조파의 공진주파수**

$$f_n=\frac{1}{2\pi n\sqrt{LC}}\text{(Hz)}$$

여기서, $f_n$ : 제$n$고조파의 공진주파수(Hz)
$n$ : 제$n$고조파
$L$ : 인덕턴스(H)
$C$ : 정전용량(F)

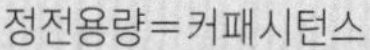

정전용량=커패시턴스

비교

**일반적인 공진주파수**

$$f_0 = \frac{1}{2\pi\sqrt{LC}} \text{[Hz]}$$

여기서, $f_0$ : 공진주파수[Hz]
$L$ : 인덕턴스[H]
$C$ : 정전용량[F]

답 ①

**39** 다음과 같은 결합회로의 합성인덕턴스로 옳은 것은?

06.03.문29
03.08.문26
01.06.문36

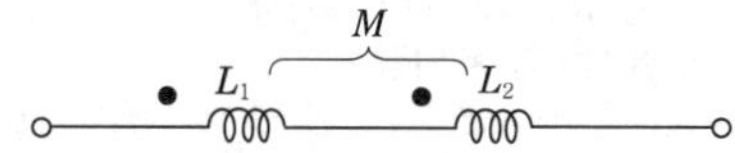


① $L_1 + L_2 + 2M$
② $L_1 + L_2 - 2M$
③ $L_1 + L_2 - M$
④ $L_1 + L_2 + M$

해설 **합성인덕턴스**

(1) 자속이 **같은 방향**

$$L = L_1 + L_2 + 2M \text{[H]}$$

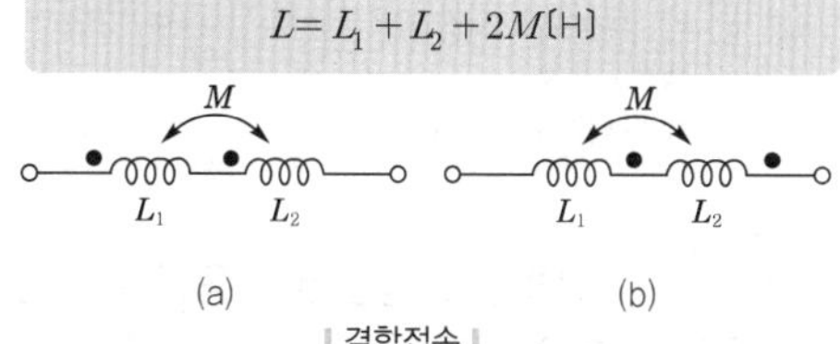


| 결합접속 |

(2) 자속이 **반대방향**

$$L = L_1 + L_2 - 2M \text{[H]}$$

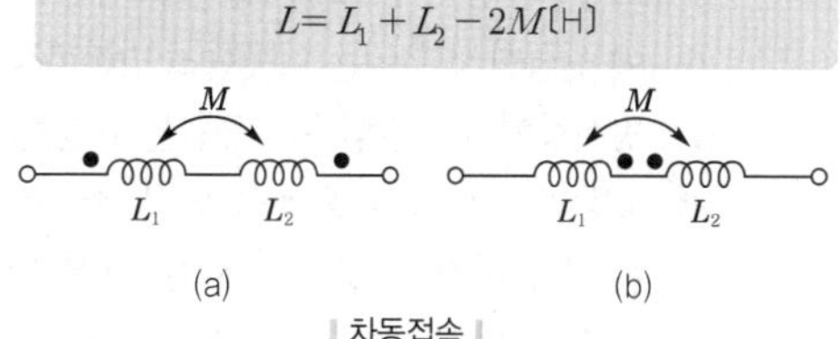


| 차동접속 |

답 ①

**40** 자동화재탐지설비의 수신기에서 교류 220V를 직류 24V로 정류시 필요한 구성요소가 아닌 것은?

① 변압기
② 트랜지스터
③ 정류다이오드
④ 평활콘덴서

해설 **정류회로**

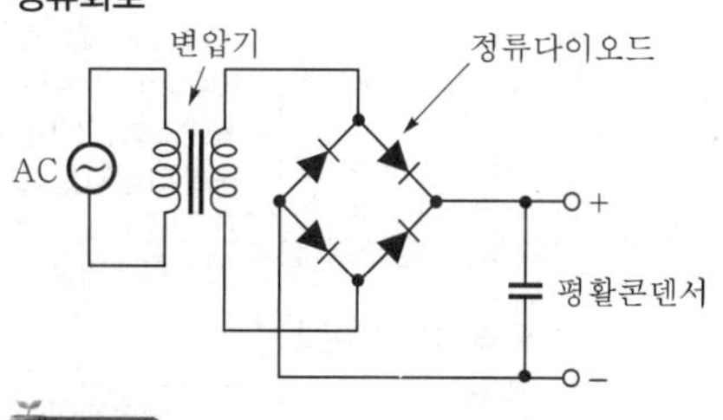


용어

**평활콘덴서**

직류를 더 직류답게 만들어주기 위한 콘덴서

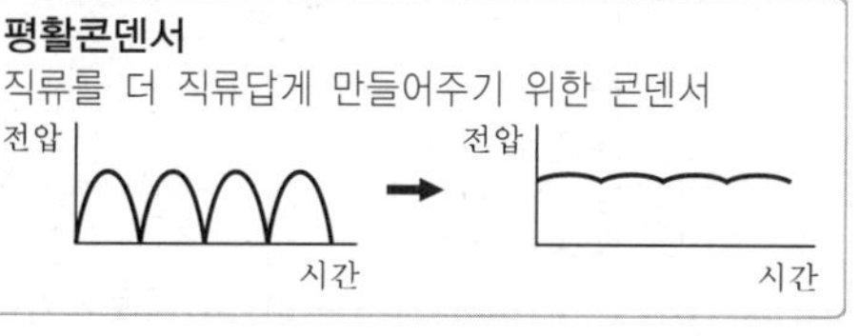


답 ②

## 제 3 과목 소방관계법규

**41** 화재예방, 소방시설 설치·유지 및 안전관리에 관한 법령상 종합정밀점검 실시대상이 되는 특정소방대상물의 기준 중 다음 (    ) 안에 알맞은 것은?

14.05.문51 (산업)

- ( ㉠ )가 설치된 특정소방대상물
- 물분무등소화설비(호스릴방식의 물분무등소화설비만을 설치한 경우는 제외)가 설치된 연면적 ( ㉡ )$m^2$ 이상인 특정소방대상물(위험물제조소 등은 제외)

① ㉠ 스프링클러설비, ㉡ 2000
② ㉠ 스프링클러설비, ㉡ 5000
③ ㉠ 옥내소화전설비, ㉡ 2000
④ ㉠ 옥내소화전설비, ㉡ 5000

해설 **소방시설법 시행규칙 [별표 1]**
**소방시설 등의 자체점검**

| 구 분 | 작동기능점검 | 종합정밀점검 |
|---|---|---|
| 정의 | 소방시설 등을 인위적으로 조작하여 정상작동 여부를 점검하는 것 | 소방시설 등의 작동기능점검을 포함하여 설비별 주요 구성부품의 구조기준이 화재안전기준에 적합한지 여부를 점검하는 것 |
| 대상 | • 특정소방대상물<br>〈제외대상〉<br>① **위험물제조소** 등<br>② **소화기구**만을 설치하는 특정소방대상물<br>③ **특급** 소방안전관리대상물 | • 스프링클러설비가 설치된 특정소방대상물<br>• 물분무등소화설비(호스릴방식의 물분무등소화설비만을 설치한 경우 제외)가 설치된 연면적 **5000m²** 이상인 특정소방대상물(위험물제조소 등 제외) |

| | | |
|---|---|---|
| 대상 | • 특정소방대상물<br>〈제외대상〉<br>① **위험물제조소** 등<br>② **소화기구**만을 설치하는 특정소방대상물<br>③ **특급** 소방안전관리대상물 | • 제연설비가 설치된 터널<br>• 공공기관 중 연면적이 **1000m²** 이상인 것으로 **옥내소화전설비** 또는 **자동화재탐지설비**가 설치된 것(단, 소방대가 근무하는 공공기관 제외)<br>• 다중이용업의 영업장이 설치된 특정소방대상물로서 연면적이 **2000m²** 이상인 것 |
| 점검자 자격 | • 관계인<br>• 소방안전관리자<br>• 소방시설관리업자 | • 소방안전관리자(소방**시**설관리사 · 소방**기**술사)<br>• 소방시설관리**업**자(소방시설관리사 · 소방기술사)<br>기억법 **시기업** |
| 점검 횟수 | **연 1회** 이상 | **연 1회**(특급 소방안전관리대상물은 **반기별**로 **1회**) 이상 |

소방본부장 또는 소방서장은 소방청장이 소방안전관리가 우수하다고 인정한 특정소방대상물에 대해서는 3년의 범위에서 소방청장이 고시하거나 정한 기간 동안 종합정밀점검을 면제할 수 있다(단, 면제기간 중 화재가 발생한 경우는 제외).

답 ②

★

**42** 소방기본법령상 일반음식점에서 조리를 위하여 불을 사용하는 설비를 설치하는 경우 지켜야 하는 사항 중 다음 (  ) 안에 알맞은 것은?

[15.09.문53]

> • 주방설비에 부속된 배기덕트는 ( ㉠ )mm 이상의 아연도금강판 또는 이와 동등 이상의 내식성 불연재료로 설치할 것
> • 열을 발생하는 조리기구로부터 ( ㉡ )m 이내의 거리에 있는 가연성 주요구조부는 석면판 또는 단열성이 있는 불연재료로 덮어 씌울 것

① ㉠ 0.5, ㉡ 0.15 ② ㉠ 0.5, ㉡ 0.6
③ ㉠ 0.6, ㉡ 0.15 ④ ㉠ 0.6, ㉡ 0.5

해설 **기본령 〔별표 1〕**

**음식조리를 위하여 설치하는 설비**

(1) 주방설비에 부속된 배기덕트는 **0.5mm** 이상의 **아연도금강판** 또는 이와 동등 이상의 내식성 **불연재료**로 설치
(2) 열을 발생하는 조리기구로부터 **0.15m** 이내의 거리에 있는 가연성 주요구조부는 **석면판** 또는 **단열성**이 있는 불연재료로 덮어 씌울 것
(3) 주방시설에는 동물 또는 식물의 기름을 제거할 수 있는 **필터** 등을 설치
(4) 열을 발생하는 조리기구는 반자 또는 선반으로부터 **0.6m** 이상 떨어지게 할 것

답 ①

★★★

**43** 위험물안전관리법상 시 · 도지사의 허가를 받지 아니하고 당해 제조소 등을 설치할 수 있는 기준 중 다음 (  ) 안에 알맞은 것은?

[17.05.문46] [14.05.문44] [13.09.문60] [06.03.문58]

> 농예용 · 축산용 또는 수산용으로 필요한 난방시설 또는 건조시설을 위한 지정수량 (  )배 이하의 저장소

① 20 ② 30
③ 40 ④ 50

해설 **위험물법 6조**

**제조소 등의 설치허가**

(1) **설치허가자** : **시 · 도지사**
(2) **설치허가 제외장소**
 ㉠ 주택의 난방시설(공동주택의 중앙난방시설은 제외)을 위한 **저장소** 또는 **취급소**
 ㉡ 지정수량 **20배** 이하의 **농예용 · 축산용 · 수산용** 난방시설 또는 건조시설의 **저장소**
(3) **제조소 등의 변경신고** : 변경하고자 하는 날의 **1일** 전까지

기억법 **농축수2**

참고

**시 · 도지사**
(1) 특별시장
(2) 광역시장
(3) 특별자치시장
(4) 도지사
(5) 특별자치도지사

답 ①

★★

**44** 소방기본법상 소방업무의 응원에 대한 설명 중 틀린 것은?

[15.05.문55] [11.03.문54]

① 소방본부장이나 소방서장은 소방활동을 할 때에 긴급한 경우에는 이웃한 소방본부장 또는 소방서장에게 소방업무의 응원을 요청할 수 있다.
② 소방업무의 응원 요청을 받은 소방본부장 또는 소방서장은 정당한 사유 없이 그 요청을 거절하여서는 아니 된다.
③ 소방업무의 응원을 위하여 파견된 소방대원은 응원을 요청한 소방본부장 또는 소방서장의 지휘에 따라야 한다.
④ 시 · 도지사는 소방업무의 응원을 요청하는 경우를 대비하여 출동 대상지역 및 규모와 필요한 경비의 부담 등에 관하여 필요한 사항을 대통령령으로 정하는 바에 따라 이웃하는 시 · 도지사와 협의하여 미리 규약으로 정하여야 한다.

해설 **기본법 11조**

④ 대통령령 → 행정안전부령

중요

**기본규칙 8조**
**소방업무의 상호응원협정**
(1) 다음의 **소방활동**에 관한 사항
㉠ 화재의 경계·진압활동
㉡ 구조·구급업무의 지원
㉢ 화재조사활동
(2) **응원출동 대상지역** 및 **규모**
(3) 필요한 경비의 **부담**에 관한 사항
㉠ 출동대원의 수당·식사 및 의복의 수선
㉡ 소방장비 및 기구의 정비와 연료의 보급
(4) **응원출동**의 **요청방법**
(5) **응원출동 훈련** 및 **평가**

기억법 조응(조아?)

답 ④

**45** 화재예방, 소방시설 설치·유지 및 안전관리에 관한 법령상 소방안전관리대상물의 소방안전관리자가 소방훈련 및 교육을 하지 않은 경우 1차 위반시 과태료 금액 기준으로 옳은 것은?
15.03.문47

① 200만원
② 100만원
③ 50만원
④ 30만원

해설 **소방시설법 시행령 [별표 10]**
**소방훈련 및 교육을 하지 않은 경우**

| 1차 위반 | 2차 위반 | 3차 이상 위반 |
|---|---|---|
| 50만원 | 100만원 | 200만원 |

비교

**소방시설법 시행령 [별표 10]**
**피난시설, 방화구획 및 방화시설을 폐쇄·훼손·변경 등의 행위**

| 1차 위반 | 2차 위반 | 3차 이상 위반 |
|---|---|---|
| 100만원 | 200만원 | 300만원 |

답 ③

**46** 소방기본법령상 소방용수시설별 설치기준 중 옳은 것은?
17.03.문54 16.10.문52 16.10.문55 16.05.문44 16.03.문41 13.03.문49 09.08.문43

① 저수조는 지면으로부터의 낙차가 4.5m 이상일 것
② 소화전은 상수도와 연결하여 지하식 또는 지상식의 구조로 하고, 소방용 호스와 연결하는 소화전의 연결금속구의 구경은 50mm로 할 것
③ 저수조 흡수관의 투입구가 사각형의 경우에는 한 변의 길이가 60cm 이상일 것
④ 급수탑 급수배관의 구경은 65mm 이상으로 하고, 개폐밸브는 지상에서 0.8m 이상 1.5m 이하의 위치에 설치하도록 할 것

해설 **기본규칙 [별표 3]**
**소방용수시설의 저수조에 대한 설치기준**
(1) 낙차 : **4.5m** 이하
(2) 수심 : **0.5m** 이상
(3) 투입구의 길이 또는 지름 : **60cm** 이상
(4) 소방펌프자동차가 **쉽게 접근**할 수 있도록 할 것
(5) 흡수에 지장이 없도록 **토사** 및 **쓰레기** 등을 제거할 수 있는 설비를 갖출 것
(6) 저수조에 물을 공급하는 방법은 **상수도**에 연결하여 **자동**으로 **급수**되는 구조일 것

기억법 수5(수호천사)

| 소화전 | 급수탑 |
|---|---|
| • 65mm : 연결금속구의 구경 | • 100mm : 급수배관의 구경<br>• 1.5~1.7m 이하 : 개폐밸브 높이<br>기억법 57탑(57층 탑) |

① 4.5m 이상 → 4.5m 이하
② 50mm → 65mm
④ 65mm → 100mm, 0.8m 이상 1.5m 이하 → 1.5m 이상 1.7m 이하

답 ③

**47** 화재예방, 소방시설 설치·유지 및 안전관리에 관한 법상 중앙소방기술심의위원회의 심의사항이 아닌 것은?

① 화재안전기준에 관한 사항
② 소방시설의 설계 및 공사감리의 방법에 관한 사항
③ 소방시설에 하자가 있는지의 판단에 관한 사항
④ 소방시설공사의 하자를 판단하는 기준에 관한 사항

해설 **소방시설법 11조 2**
**소방기술심의위원회의 심의사항**

| 중앙소방기술심의위원회 | 지방소방기술심의위원회 |
|---|---|
| ① 화재안전기준에 관한 사항<br>② 소방시설의 구조 및 원리 등에서 공법이 특수한 설계 및 시공에 관한 사항<br>③ 소방시설의 설계 및 공사감리의 방법에 관한 사항<br>④ **소방시설공사**의 하자를 판단하는 기준에 관한 사항 | **소방시설**에 하자가 있는지의 판단에 관한 사항 |

③ 지방소방기술심의위원회의 심의사항

답 ③

★★★
**48** 소방기본법령상 특수가연물의 품명별 수량기준으로 틀린 것은?

15.09.문47 15.05.문49 14.03.문52 12.05.문60

① 합성수지류(발포시킨 것) : $20m^3$ 이상
② 가연성 액체류 : $2m^3$ 이상
③ 넝마 및 종이부스러기 : 400kg 이상
④ 볏짚류 : 1000kg 이상

해설 **기본령 〔별표 2〕**
**특수가연물**

| 품 명 | | 수 량 |
|---|---|---|
| <u>가</u>연성 <u>액</u>체류 | | <u>2</u>$m^3$ 이상 |
| <u>목</u>재가공품 및 나무부스러기 | | <u>1</u>0$m^3$ 이상 |
| <u>면</u>화류 | | <u>2</u>00kg 이상 |
| <u>나</u>무껍질 및 대팻밥 | | <u>4</u>00kg 이상 |
| <u>넝</u>마 및 종이부스러기 | | <u>1</u>000kg 이상 |
| <u>사</u>류(絲類) | | |
| <u>볏</u>짚류 | | |
| <u>가</u>연성 <u>고</u>체류 | | <u>3</u>000kg 이상 |
| <u>합</u>성수지류 | 발포시킨 것 | 20$m^3$ 이상 |
| | 그 밖의 것 | <u>3</u>000kg 이상 |
| <u>석</u>탄·목탄류 | | <u>1</u>0000kg 이상 |

③ 400kg 이상 → 1000kg 이상

※ **특수가연물** : 화재가 발생하면 그 확대가 빠른 물품

기억법
가액목면나 넝사볏가고 합석
2 1 2 4 1 3 3 1

답 ③

★★★
**49** 화재예방, 소방시설 설치·유지 및 안전관리에 관한 법령상 단독경보형 감지기를 설치하여야 하는 특정소방대상물의 기준 중 옳은 것은?

17.09.문60 10.03.문55 06.09.문61

① 연면적 $600m^2$ 미만의 아파트 등
② 연면적 $1000m^2$ 미만의 기숙사
③ 연면적 $1000m^2$ 미만의 숙박시설
④ 교육연구시설 또는 수련시설 내에 있는 합숙소 또는 기숙사로서 연면적 $1000m^2$ 미만인 것

해설 **소방시설법 시행령 〔별표 5〕**
**단독경보형 감지기의 설치대상**

| 연면적 | 설치대상 |
|---|---|
| $400m^2$ 미만 | • 유치원 |
| $600m^2$ 미만 | • 숙박시설 |
| $1000m^2$ 미만 | • 아파트 등<br>• 기숙사 |
| $2000m^2$ 미만 | • 교육연구시설·수련시설 내에 있는 **합숙소** 또는 **기숙사** |
| 모두 적용 | • 100명 미만 수련시설(숙박시설이 있는 것) |

① $600m^2$ → $1000m^2$
③ $1000m^2$ → $600m^2$
④ $1000m^2$ → $2000m^2$

※ **단독경보형 감지기** : 화재발생상황을 단독으로 감지하여 자체에 내장된 음향장치로 경보하는 감지기

비교

**단독경보형 감지기**의 **설치기준**(NFSC 201 5조)
(1) 단독경보형 감지기는 소방대상물의 각 실마다 설치하되, 바닥면적이 $150m^2$를 초과하는 경우에는 **$150m^2$**마다 1개 이상 설치할 것
(2) 최상층의 계단실의 **천장**에 설치할 것
(3) 건전지를 주전원으로 사용하는 단독경보형 감지기는 정상적인 작동상태를 유지할 수 있도록 **건전지**를 **교환**할 것

답 ②

★★
**50** 화재예방, 소방시설 설치·유지 및 안전관리에 관한 법령상 화재안전기준을 달리 적용하여야 하는 특수한 용도 또는 구조를 가진 특정소방대상물인 원자력발전소에 설치하지 아니할 수 있는 소방시설은?

17.03.문53

① 물분무등소화설비
② 스프링클러설비
③ 상수도소화용수설비
④ 연결살수설비

**해설** **소방시설법 시행령 〔별표 7〕**
**소방시설을 설치하지 아니할 수 있는 특정소방대상물 및 소방시설의 범위**

| 구 분 | 특정소방대상물 | 소방시설 |
|---|---|---|
| **화**재안전**기**준을 달리 적용하여야 하는 특수한 용도 또는 구조를 가진 특정소방대상물 | • 원자력발전소<br>• 핵폐기물처리시설 | • **연**결송수관설비<br>• **연**결살수설비<br>기억법 화기연(화기연구) |
| 자체소방대가 설치된 특정소방대상물 | 자체소방대가 설치된 위험물 제조소 등에 부속된 사무실 | • 옥내소화전설비<br>• 소화용수설비<br>• 연결송수관설비<br>• 연결살수설비 |
| 화재위험도가 낮은 특정소방대상물 | **석**재, **불**연성 **금**속, **불**연성 건축재료 등의 가공공장·기계조립공장·주물공장 또는 불연성 물품을 저장하는 창고 | • 옥**외**소화전설비<br>• 연결살수설비<br>기억법 석불금외 |
| | 「소방기본법」에 따른 소방대가 조직되어 **24시간** 근무하고 있는 청사 및 차고 | • 옥내소화전설비<br>• 스프링클러설비<br>• 물분무등소화설비<br>• 비상방송설비<br>• 피난기구<br>• 소화용수설비<br>• 연결송수관설비<br>• 연결살수설비 |

**중요**

**소방시설법 시행령 〔별표 7〕**
**소방시설을 설치하지 아니할 수 있는 소방시설의 범위**
(1) **화재위험도**가 낮은 특정소방대상물
(2) 화재안전기준을 적용하기가 어려운 특정소방대상물
(3) 화재안전기준을 달리 적용하여야 하는 특수한 **용도·구조**를 가진 특정소방대상물
(4) **자체소방대**가 설치된 특정소방대상물

답 ④

★★★
## 51

17.03.문43
15.03.문59
14.05.문54

**소방시설공사업법령상 소방시설공사 완공검사를 위한 현장확인대상 특정소방대상물의 범위가 아닌 것은?**

① 위락시설 ② 판매시설
③ 운동시설 ④ 창고시설

**해설** **공사업령 5조**
**완공검사를 위한 현장확인 대상 특정소방대상물의 범위**
(1) **문**화 및 집회시설, **종**교시설, **판**매시설, **노**유자시설, **수**련시설, **운**동시설, **숙**박시설, **창**고시설, 지하**상**가 및 다중이용업소
(2) 다음의 어느 하나에 해당하는 설비가 설치되는 특정소방대상물
㉠ 스프링클러설비 등
㉡ 물분무등소화설비(호스릴방식의 소화설비 제외)
(3) 연면적 **10000m²** 이상이거나 **11층** 이상인 특정소방대상물(아파트 제외)
(4) 가연성 가스를 제조·저장 또는 취급하는 시설 중 지상에 노출된 가연성 가스탱크의 저장용량 합계가 **1000t** 이상인 시설

기억법 문종판 노수운 숙창상현

답 ①

★★
## 52

15.09.문50
12.05.문53

**소방기본법상 시·도지사가 화재경계지구로 지정할 필요가 있는 지역을 화재경계지구로 지정하지 아니하는 경우 해당 시·도지사에게 해당 지역의 화재경계지구 지정을 요청할 수 있는 자는?**

① 행정안전부장관 ② 소방청장
③ 소방본부장 ④ 소방서장

**해설** **기본법 13조**
**화재경계지구**

| 지 정 | 지정요청 | 소방특별조사 |
|---|---|---|
| **시·도지사** | **소방청장** | **소방본부장** 또는 **소방서장** |

※ **화재경계지구**: 화재가 발생할 우려가 높거나 화재가 발생하면 피해가 클 것으로 예상되는 구역으로서 대통령령이 정하는 지역

**중요**

**기본법 13조**
**화재경계지구의 지정**
(1) **지정권자**: **시**·도지사
(2) **지정지역**
㉠ **시장**지역
㉡ **공장·창고** 등이 밀집한 지역
㉢ **목조건물**이 밀집한 지역
㉣ **위험물**의 **저장** 및 **처리시설**이 **밀집**한 지역
㉤ **석유화학제품**을 생산하는 공장이 있는 지역
㉥ **소방시설·소방용수시설** 또는 **소방출동로**가 **없는** 지역
㉦ 「**산업입지 및 개발에 관한 법률**」에 따른 산업단지
㉧ **소방청장, 소방본부장** 또는 **소방서장**이 화재경계지구로 지정할 필요가 있다고 인정하는 지역

기억법 화경시

답 ②

★
## 53

08.09.문51

**위험물안전관리법령상 제조소의 위치·구조 및 설비의 기준 중 위험물을 취급하는 건축물 그 밖의 시설의 주위에는 그 취급하는 위험물의 최대수량이 지정수량의 10배 이하인 경우 보유하여야 할 공지의 너비는 몇 m 이상이어야 하는가?**

① 3 ② 5
③ 8 ④ 10

해설 **위험물규칙 [별표 4]**
위험물제조소의 보유공지

| 지정수량의 10배 이하 | 지정수량의 10배 초과 |
|---|---|
| 3m 이상 | 5m 이상 |

답 ①

★★★
## 54 위험물안전관리법령상 인화성 액체위험물(이황화탄소를 제외)의 옥외탱크저장소의 탱크 주위에 설치하여야 하는 방유제의 설치기준 중 틀린 것은?

15.03.문07
14.05.문45
08.09.문58
03.03.문75

① 방유제 내의 면적은 60000$m^2$ 이하로 하여야 한다.
② 방유제는 높이 0.5m 이상 3m 이하, 두께 0.2m 이상, 지하매설깊이 1m 이상으로 할 것. 다만, 방유제와 옥외저장탱크 사이의 지반면 아래에 불침윤성 구조물을 설치하는 경우에는 지하매설깊이를 해당 불침윤성 구조물까지로 할 수 있다.
③ 방유제의 용량은 방유제 안에 설치된 탱크가 하나인 때에는 그 탱크 용량의 110% 이상, 2기 이상인 때에는 그 탱크 중 용량이 최대인 것의 용량의 110% 이상으로 하여야 한다.
④ 방유제는 철근콘크리트로 하고, 방유제와 옥외저장탱크 사이의 지표면은 불연성과 불침윤성이 있는 구조(철근콘크리트 등)로 할 것. 다만, 누출된 위험물을 수용할 수 있는 전용유조 및 펌프 등의 설비를 갖춘 경우에는 방유제와 옥외저장탱크 사이의 지표면을 흙으로 할 수 있다.

해설 **위험물규칙 [별표 6]**
옥외탱크저장소의 방유제

| 구 분 | 설 명 |
|---|---|
| 높이 | **0.5~3m** 이하 |
| 탱크 | **10기**(모든 탱크용량이 **20만L** 이하, 인화점이 70~200℃ 미만은 **20기**) 이하 |
| 면적 | **80000$m^2$** 이하 |
| 용량 | ① 1기 이상 : **탱크용량**의 110% 이상<br>② 2기 이상 : **최대탱크용량**의 110% 이상 |

① 60000$m^2$ 이하 → 80000$m^2$ 이하

답 ①

★
## 55 화재예방, 소방시설 설치·유지 및 안전관리에 관한 법령상 용어의 정의 중 다음 (　　) 안에 알맞은 것은?

> 특정소방대상물이란 소방시설을 설치하여야 하는 소방대상물로서 (　　)으로 정하는 것을 말한다.

① 행정안전부령
② 국토교통부령
③ 고용노동부령
④ 대통령령

해설 **소방시설법 2조**
정의

| 용 어 | 뜻 |
|---|---|
| 소방시설 | **소화설비**, **경보설비**, **피난구조설비**, **소화용수설비**, 그 밖에 **소화활동설비**로서 **대통령령**으로 정하는 것 |
| 소방시설 등 | **소방시설**과 **비상구**, 그 밖에 소방 관련 시설로서 **대통령령**으로 정하는 것 |
| 특정소방대상물 | **소방시설**을 **설치**하여야 하는 소방대상물로서 **대통령령**으로 정하는 것 |
| 소방용품 | 소방시설 등을 구성하거나 소방용으로 사용되는 **제품** 또는 **기기**로서 **대통령령**으로 정하는 것 |

답 ④

★★★
## 56 소방시설공사업법상 특정소방대상물의 관계인 또는 발주자가 해당 도급계약의 수급인을 도급계약 해지할 수 있는 경우의 기준 중 틀린 것은?

① 하도급계약의 적정성 심사 결과 하수급인 또는 하도급계약 내용의 변경 요구에 정당한 사유 없이 따르지 아니하는 경우
② 정당한 사유 없이 15일 이상 소방시설공사를 계속하지 아니하는 경우
③ 소방시설업이 등록취소되거나 영업정지된 경우
④ 소방시설업을 휴업하거나 폐업한 경우

해설 **30일**
(1) 소방시설업 등록사항 변경신고(공사업규칙 6조)
(2) 위험물안전관리자의 재선임(위험물안전관리법 15조)

(3) 소방안전관리자의 재선임(소방시설법 시행규칙 14조)
(4) **도급계약 해지**(공사업법 23조)
(5) 소방시설공사 중요사항 변경시의 신고일(공사업규칙 12조)
(6) 소방기술자 실무교육기관 지정서 발급(공사업규칙 32조)
(7) 소방공사감리자 변경서류 제출(공사업규칙 15조)
(8) 승계(위험물법 10조)
(9) 위험물안전관리자의 직무대행(위험물법 15조)
(10) 탱크시험자의 변경신고일(위험물법 16조)

② 15일 이상 → 30일 이상

답 ②

**57** 17.05.문41

**위험물안전관리법상 업무상 과실로 제조소 등에서 위험물을 유출·방출 또는 확산시켜 사람의 생명·신체 또는 재산에 대하여 위험을 발생시킨 자에 대한 벌칙기준으로 옳은 것은?**

① 10년 이하의 징역 또는 금고나 1억원 이하의 벌금
② 7년 이하의 금고 또는 7천만원 이하의 벌금
③ 5년 이하의 징역 또는 1억원 이하의 벌금
④ 3년 이하의 징역 또는 3천만원 이하의 벌금

해설 **위험물법 34조**

| 벌 칙 | 행 위 |
|---|---|
| **7년** 이하의 금고 또는 **7천만원** 이하의 벌금 | 업무상 과실로 제조소 등에서 위험물을 유출·방출 또는 확산시켜 사람의 생명·신체 또는 재산에 대하여 **위험**을 발생시킨 자 |
| **10년** 이하의 징역 또는 금고나 **1억원** 이하의 벌금 | 업무상 과실로 제조소 등에서 위험물을 유출·방출 또는 확산시켜 사람을 **사상**에 이르게 한 자 |

비교

**소방시설법 48조**

| 벌 칙 | 행 위 |
|---|---|
| **5년 이하**의 징역 또는 **5천만원 이하**의 벌금 | 소방시설에 폐쇄·차단 등의 **행위**를 한 자 |
| **7년 이하**의 징역 또는 **7천만원** 이하의 벌금 | 소방시설에 폐쇄·차단 등의 행위를 하여 사람을 **상해**에 이르게 한 때 |
| **10년 이하**의 징역 또는 **1억원 이하**의 벌금 | 소방시설에 폐쇄·차단 등의 행위를 하여 사람을 **사망**에 이르게 한 때 |

답 ②

**58** 12.05.문42

**화재예방, 소방시설 설치·유지 및 안전관리에 관한 법상 소방안전특별관리시설물의 대상기준 중 틀린 것은?**

① 수련시설
② 항만시설
③ 전력용 및 통신용 지하구
④ 지정문화재인 시설(시설이 아닌 지정문화재를 보호하거나 소장하고 있는 시설을 포함)

해설 **소방시설법 20조 2**
**소방안전특별관리시설물의 안전관리**
(1) 공항시설
(2) 철도시설
(3) 도시철도시설
(4) **항만시설**
(5) **지정문화재인 시설**(시설이 아닌 지정문화재를 보호하거나 소장하고 있는 시설 포함)
(6) 산업기술단지
(7) 산업단지
(8) 고층 건축물 및 지하연계 복합건축물
(9) 영화상영관 중 수용인원 **1000명** 이상인 영화상영관
(10) **전력용 및 통신용 지하구**
(11) 석유비축시설
(12) 천연가스 인수기지 및 공급망
(13) 전통시장(**대통령령**으로 정하는 전통시장)

답 ①

**59** 16.03.문42 06.03.문60

**화재예방, 소방시설 설치·유지 및 안전관리에 관한 법상 공동소방안전관리자 선임대상 특정소방대상물의 기준 중 틀린 것은?**

① 판매시설 중 상점
② 고층 건축물(지하층을 제외한 층수가 11층 이상인 건축물만 해당)
③ 지하가(지하의 인공구조물 안에 설치된 상점 및 사무실, 그 밖에 이와 비슷한 시설이 연속하여 지하도에 접하여 설치된 것과 그 지하도를 합한 것)
④ 복합건축물로서 연면적이 $5000m^2$ 이상인 것 또는 층수가 5층 이상인 것

해설 **소방시설법 시행령 25조**
**공동소방안전관리자를 선임하여야 할 특정소방대상물**
(1) 고층 건축물(지하층을 제외한 11층 이상)
(2) 지하가
(3) 복합건축물로서 연면적 **$5000m^2$** 이상
(4) 복합건축물로서 **5층** 이상
(5) **도매시장, 소매시장**
(6) **소방본부장·소방서장**이 지정하는 것

① 상점 → 도매시장, 소매시장

답 ①

★★★
**60** 소방기본법령상 특수가연물의 저장 및 취급의 기준 중 다음 (  ) 안에 알맞은 것은? (단, 석탄·목탄류를 발전용으로 저장하는 경우는 제외한다.)

19.03.문55
14.05.문46
14.03.문46
13.03.문60

> 살수설비를 설치하거나, 방사능력 범위에 해당 특수가연물이 포함되도록 대형 수동식소화기를 설치하는 경우에는 쌓는 높이를 ( ㉠ )m 이하, 석탄·목탄류의 경우에는 쌓는 부분의 바닥면적을 ( ㉡ )$m^2$ 이하로 할 수 있다.

① ㉠ 10, ㉡ 50
② ㉠ 10, ㉡ 200
③ ㉠ 15, ㉡ 200
④ ㉠ 15, ㉡ 300

해설 **기본령 7조**

**특수가연물의 저장·취급기준**

(1) **품명별**로 구분하여 쌓을 것
(2) 쌓는 높이는 **10m** 이하가 되도록 할 것
(3) 쌓는 부분의 바닥면적은 **50m²**(석탄·목탄류는 **200m²**) 이하가 되도록 할 것[단, 살수설비를 설치하거나 대형 소화기를 설치하는 경우에는 높이 **15m** 이하, 바닥면적 **200m²**(석탄·목탄류는 **300m²** 이하)]
(4) 쌓는 부분의 바닥면적 사이는 **1m** 이상이 되도록 할 것
(5) 취급장소에는 **품명·최대수량** 및 **화기취급**의 **금지표지** 설치

답 ④

## 제 4 과목 소방전기시설의 구조 및 원리

★★★
**61** 복도통로유도등의 식별도 기준 중 다음 (  ) 안에 알맞은 것은?

16.10.문64
14.09.문66
14.05.문67
14.03.문80
04.09.문69

> 복도통로유도등에 있어서 사용전원으로 등을 켜는 경우에는 직선거리 ( ㉠ )m의 위치에서, 비상전원으로 등을 켜는 경우에는 직선거리 ( ㉡ )m의 위치에서 보통시력에 의하여 표시면의 화살표가 쉽게 식별되어야 한다.

① ㉠ 15, ㉡ 20
② ㉠ 20, ㉡ 15
③ ㉠ 30, ㉡ 20
④ ㉠ 20, ㉡ 30

해설 **식별도 시험**

| 유도등의 종류 | 시험방법 |
|---|---|
| • 피난구유도등<br>• 거실통로유도등 | ① **상용전원**: **10~30lx**의 주위조도로 **30m**에서 식별<br>② **비상전원**: **0~1lx**의 주위조도로 **20m**에서 식별 |
| • 복도통로유도등 | ① **상용전원**(사용전원): 직선거리 **20m**에서 식별<br>② **비상전원**: 직선거리 **15m**에서 식별 |

**비교**

(1) **설치높이**

| 구 분 | 설치높이 |
|---|---|
| **계단통로유도등·복도통로유도등·통로유도표지** | 바닥으로부터 높이 **1m** 이하 |
| **피난구유도등** | 피난구의 바닥으로부터 높이 **1.5m** 이**상** |

**기억법** **계복1, 피유15상**

(2) **설치거리**

| 구 분 | 설치거리 |
|---|---|
| **복도통로유도등**<br>**거실통로유도등** | 구부러진 모퉁이 및 **보행거리 20m**마다 설치 |
| **계단통로유도등** | 각 층의 **경사로참** 또는 **계단참**마다 설치 |

**기억법** **복거2**

답 ②

★★★
**62** 누전경보기를 설치하여야 하는 특정소방대상물의 기준 중 다음 (  ) 안에 알맞은 것은? (단, 위험물 저장 및 처리시설 중 가스시설, 지하가 중 터널 또는 지하구의 경우는 제외한다.)

14.05.문71
13.09.문77
13.06.문67

> 누전경보기는 계약전류용량이 (    )A를 초과하는 특정소방대상물(내화구조가 아닌 건축물로서 벽·바닥 또는 반자의 전부나 일부를 불연재료 또는 준불연재료가 아닌 재료에 철망을 넣어 만든 것만 해당)에 설치하여야 한다.

① 60 ② 100
③ 200 ④ 300

해설 **누전경보기의 전원**

| 과전류차단기 | 배선용차단기 |
|---|---|
| **15A** 이하 | **20A** 이하 |

※ 계약전류용량이 **100A**를 초과할 것

중요

**누전경보기**

| 60A 이하 | 60A 초과 |
|---|---|
| • **1급** 누전경보기<br>• **2급** 누전경보기 | • **1급** 누전경보기 |

답 ②

## 63 누전경보기 수신부의 구조기준 중 옳은 것은?

17.05.문79

① 감도조정장치와 감도조정부는 외함의 바깥쪽에 노출되지 아니하여야 한다.

② 2급 수신부는 전원을 표시하는 장치를 설치하여야 한다.

③ 전원입력측의 양선(1회선용은 1선 이상) 및 외부부하에 직접 전원을 송출하도록 구성된 회로에는 퓨즈 또는 브레이커 등을 설치하여야 한다.

④ 2급 수신부에는 전원 입력측의 회로에 단락이 생기는 경우에는 유효하게 보호되는 조치를 강구하여야 한다.

해설 **누전경보기 수신부**의 **구조**(누전경보기 형식승인 23조)

(1) 감도조정장치를 제외하고 감도조정부는 외함의 **바깥쪽**에 노출되지 아니하여야 한다.
(2) 전원을 표시하는 장치 설치(단, **2급**은 제외)
(3) 전원입력측의 양선(**1회선용**은 **1선** 이상) 및 외부부하에 직접 전원을 송출하도록 구성된 회로에는 **퓨즈** 또는 **브레이커** 등 설치
(4) 수신부는 다음 회로에 **단락**이 생기는 경우에는 유효하게 보호되는 조치를 강구하여야 한다.
  ㉠ 전원입력측의 회로(단, **2급 수신부**는 제외)
  ㉡ 수신부에서 외부의 음향장치와 표시등에 대하여 직접 전력을 공급하도록 구성된 외부회로
(5) 주전원의 양극을 동시에 개폐할 수 있는 **전원스위치**를 설치하여야 한다(단, 보수시에 전원공급이 자동적으로 중단되는 방식은 제외).

① 감도조정장치와 → 감도조정장치를 제외하고
② 2급 수신부는 → 2급 수신부를 제외하고
④ 2급 수신부에는 → 2급 수신부를 제외하고

답 ③

## 64 비상콘센트설비의 전원부와 외함 사이의 절연내력기준 중 다음 (  ) 안에 알맞은 것은?

11.06.문73

> 전원부와 외함 사이에 정격전압이 150V 이상인 경우에는 그 정격전압에 ( ㉠ )을/를 곱하여 ( ㉡ )을 더한 실효전압을 가하는 시험에서 1분 이상 견디는 것으로 할 것

① ㉠ 2, ㉡ 1500　② ㉠ 3, ㉡ 1500
③ ㉠ 2, ㉡ 1000　④ ㉠ 3, ㉡ 1000

해설 **비상콘센트설비**의 **절연내력시험**(NFSC 504 4조)

| 구 분 | 150V 이하 | 150V 이상 |
|---|---|---|
| 실효전압 | **1000V** | **(정격전압×2)+1000V**<br>예 220V인 경우<br>(220×2)+1000=1440V |
| 견디는 시간 | **1분** 이상 | **1분** 이상 |

③ 전원부와 외함 사이에 정격전압이 150V 이상인 경우에는 그 **정격전압**에 **2**를 **곱**하여 **1000**을 **더한** 실효전압을 가하는 시험에서 **1분** 이상 견디는 것으로 할 것

비교

**절연저항시험**

| 절연저항계 | 절연저항 | 대 상 |
|---|---|---|
| 직류 250V | 0.1MΩ 이상 | • 1경계구역의 절연저항 |
| 직류 500V | 5MΩ 이상 | • 누전경보기<br>• 가스누설경보기<br>• 수신기<br>• 자동화재속보설비<br>• 비상경보설비<br>• 유도등(교류입력측과 외함간 포함)<br>• 비상조명등(교류입력측과 외함간 포함) |
| | **2**0MΩ 이상 | • 경종<br>• 발신기<br>• 중계기<br>• 비상**콘**센트<br>• 기기의 절연된 선로간<br>• 기기의 충전부와 비충전부간<br>• 기기의 교류입력측과 외함간 (유도등·비상조명등 제외)<br>기억법 **2콘(이크)** |
| | 50MΩ 이상 | • 감지기(정온식 감지선형 감지기 제외)<br>• 가스누설경보기(10회로 이상)<br>• 수신기(10회로 이상) |
| | 1000MΩ 이상 | • 정온식 감지선형 감지기 |

답 ③

★★★
**65** **자동화재탐지설비 배선의 설치기준 중 옳은 것은?**

17.09.문71
16.10.문74

① 감지기 사이의 회로의 배선은 교차회로방식으로 설치하여야 한다.
② 피(P)형 수신기 및 지피(G.P.)형 수신기의 감지기 회로의 배선에 있어서 하나의 공통선에 접속할 수 있는 경계구역은 10개 이하로 설치하여야 한다.
③ 자동화재탐지설비의 감지기회로의 전로저항은 80Ω 이하가 되도록 하여야 하며, 수신기의 각 회로별 종단에 설치되는 감지기에 접속되는 배선의 전압은 감지기 정격전압의 50% 이상이어야 한다.
④ 자동화재탐지설비의 배선은 다른 전선과 별도의 관·덕트·몰드 또는 풀박스 등에 설치할 것. 다만, 60V 미만의 약 전류회로에 사용하는 전선으로서 각각의 전압이 같을 때에는 그러하지 아니하다.

해설 **자동화재탐지설비 배선의 설치기준**
(1) 감지기 사이의 회로배선 : **송배전식**
(2) P형 수신기 및 GP형 수신기의 감지기 회로의 배선에 있어서 하나의 공통선에 접속할 수 있는 경계구역은 **7개** 이하
(3) 감지기 회로의 전로저항 : **50Ω 이하**
감지기에 접속하는 배선전압 : 정격전압의 **80% 이상**
(4) 자동화재탐지설비의 배선은 다른 전선과 **별도**의 관·덕트·몰드 또는 풀박스 등에 설치할 것(단, **60V** 미만의 약전류회로에 사용하는 전선으로서 각각의 전압이 같을 때는 제외)

① 교차회로방식 → 송배전식
② 10개 이하 → 7개 이하
③ 80Ω 이하 → 50Ω 이하
50% 이상 → 80% 이상

답 ④

★★★
**66** **광전식 분리형 감지기의 설치기준 중 틀린 것은?**

16.10.문65
13.03.문65

① 감지기의 수광면은 햇빛을 직접 받지 않도록 설치할 것
② 광축은 나란한 벽으로부터 0.6m 이상 이격하여 설치할 것
③ 감지기의 송광부와 수광부는 설치된 뒷벽으로부터 0.5m 이내 위치에 설치할 것
④ 광축의 높이는 천장 등 높이의 80% 이상일 것

해설 **광전식 분리형 감지기의 설치기준**
(1) 감지기의 광축의 길이는 공칭감시거리 범위 이내이어야 한다.
(2) 감지기의 송광부와 수광부는 설치된 뒷벽으로부터 **1m 이내**의 위치에 설치해야 한다.
(3) 감지기의 수광면은 햇빛을 직접 받지 않도록 설치해야 한다.
(4) 광축은 나란한 벽으로부터 **0.6m 이상** 이격하여야 한다.
(5) 광축의 높이는 천장 등 높이의 **80%** 이상일 것

기억법 **광분8**(**광 분**할해서 **팔**아요.)

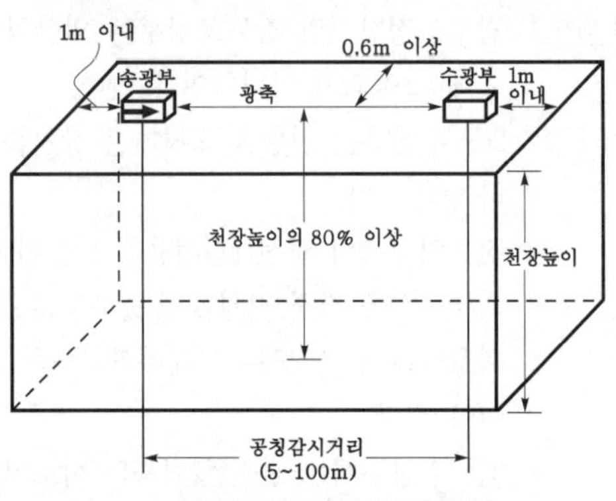


| 광전식 분리형 감지기의 설치 |

③ 0.5m 이내 → 1m 이내

중요

**광전식 분리형 감지기의 동작원리**

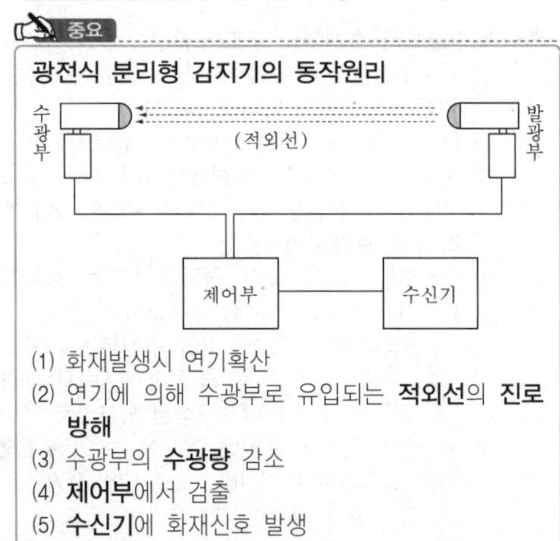


(1) 화재발생시 연기확산
(2) 연기에 의해 수광부로 유입되는 **적외선**의 **진로 방해**
(3) 수광부의 **수광량** 감소
(4) **제어부**에서 검출
(5) **수신기**에 화재신호 발생

답 ③

★★★
**67** **지하층을 제외한 층수가 7층 이상으로서 연면적이 2000m$^2$ 이상이거나 지하층의 바닥면적의 합계가 3000m$^2$ 이상인 특정소방대상물의 비상콘센트설비에 설치하여야 할 비상전원의 종류가 아닌 것은?**

14.09.문79
13.03.문77
12.09.문72

① 비상전원수전설비 ② 자가발전설비
③ 전기저장장치 ④ 축전지설비

해설 각 **설비**의 **비상전원 종류**

| 설 비 | 비상전원 |
|---|---|
| • 자동화재탐지설비 | • 축전지 |
| • 비상경보설비 | • 축전지 |
| • 비상방송설비 | • 축전지 |
| • 유도등 | • 축전지 |
| • 무선통신보조설비 | • 축전지 |
| • 비상콘센트설비 | • 자가발전설비<br>• 비상전원수전설비<br>• 전기저장장치 |
| • 스프링클러설비 | • 자가발전설비<br>• 축전지설비<br>• 전기저장장치<br>• 비상전원수전설비(차고·주차장으로서 스프링클러설비가 설치된 부분의 바닥면적합계가 **1000m²** 미만인 경우) |
| • 간이스프링클러설비 | • 비상전원수전설비 |
| • 옥내소화전설비<br>• 제연설비<br>• 연결송수관설비<br>• 분말소화설비<br>• 포소화설비<br>• 이산화탄소소화설비<br>• 물분무소화설비<br>• 할론소화설비<br>• 할로겐화합물 및 불활성기체 소화설비<br>• 화재조기진압용 스프링클러설비<br>• 비상조명등 | • 자가발전설비<br>• 축전지설비<br>• 전기저장장치 |

중요

**비상콘센트설비의 비상전원 설치대상**

(1) 지하층을 제외한 7층 이상으로 연면적 2000$m^2$ 이상

(2) 지하층의 바닥면적 합계 3000$m^2$ 이상

기억법 **제72000콘 바3**

비교

**예비전원**

| 기 기 | 예비전원 |
|---|---|
| • 수신기<br>• 중계기<br>• 자동화재속보기 | • **원통밀폐형 니켈카드뮴축전지**<br>• **무보수밀폐형 연축전지** |
| • 간이형 수신기 | • **원통밀폐형 니켈카드뮴축전지** 또는 이와 동등 이상의 **밀폐형 축전지** |
| • 유도등 | • **알칼리계 2차 축전지**<br>• **리튬계 2차 축전지** |
| • 비상조명등 | • **알칼리계 2차 축전지**<br>• **리튬계 2차 축전지**<br>• **무보수밀폐형 연축전지** |
| • 가스누설경보기 | • 알칼리계 2차 축전지<br>• 리튬계 2차 축전지<br>• 무보수밀폐형 연축전지 |

답 ④

## 68 승강식 피난기 및 하향식 피난구용 내림식 사다리의 설치기준 중 틀린 것은?

16.10.문76

① 착지점과 하강구는 상호 수평거리 15cm 이상의 간격을 두어야 한다.

② 대피실 출입문이 개방되거나, 피난기구 작동 시 해당층 및 직상층 거실에 설치된 표시등 및 경보장치가 작동되고, 감시제어반에서는 피난기구의 작동을 확인할 수 있어야 한다.

③ 하강구 내측에는 기구의 연결금속구 등이 없어야 하며 전개된 피난기구는 하강구 수평투영면적 공간 내의 범위를 침범하지 않는 구조이어야 할 것. 단, 직경 60cm 크기의 범위를 벗어난 경우이거나, 직하층의 바닥면으로부터 높이 50cm 이하의 범위는 제외한다.

④ 대피실 내에는 비상조명등을 설치하여야 한다.

해설 **승강식 피난기 및 하향식 피난구용 내림식 사다리의 설치기준**(NFSC 301 4조)

(1) 대피실의 면적은 **2$m^2$**(**2세대 이상**일 경우에는 **3$m^2$**) 이상으로 하고, 하강구(개구부) 규격은 직경 **60cm** 이상일 것

(2) 하강구 내측에는 기구의 **연결금속구** 등이 없어야 하며 전개된 피난기구는 하강구 수평투영면적 공간 내의 범위를 침범하지 않는 구조이어야 할 것(단, 직경 **60cm** 크기의 범위를 벗어난 경우이거나, 직하층의 바닥면으로부터 높이 **50cm** 이하의 범위는 제외)

(3) 대피실의 출입문은 **갑종방화문**으로 설치하고, 피난방향에서 식별할 수 있는 위치에 **"대피실"** 표지판을 부착할 것(단, 외기와 개방된 장소 제외)

(4) 착지점과 하강구는 상호 **수평거리 15cm** 이상의 간격을 둘 것

(5) 대피실 내에는 **비상조명등**을 설치할 것

(6) 대피실에는 **층**의 **위치표시**와 **피난기구 사용설명서** 및 **주의사항 표지판**을 부착할 것

(7) 대피실 출입문이 개방되거나, 피난기구 작동 시 해당층 및 **직하층** 거실에 설치된 **표시등** 및 **경보장치**가 작동되고, **감시제어반**에서는 피난기구의 작동을 확인할 수 있어야 할 것

(8) 사용시 기울거나 흔들리지 않도록 설치할 것

② 직상층 → 직하층

비교

**다수인 피난장비의 설치기준**(NFSC 301)

(1) **피난**에 **용이**하고 안전하게 하강할 수 있는 장소에 적재하중을 충분히 견딜 수 있도록 구조안전의 확인을 받아 견고하게 설치할 것
(2) **보관실**은 건물 외측보다 돌출되지 아니하고, 빗물·먼지 등으로부터 장비를 보호할 수 있는 구조일 것
(3) 사용시에 보관실 **외측 문**이 먼저 열리고 **탑승기**가 외측으로 **자동**으로 **전개**될 것
(4) 하강시에 **탑**승기가 건물 외벽이나 돌출물에 충돌하지 않도록 설치할 것
(5) 상·하층에 설치할 경우에는 탑승기의 **하강경로**가 **중첩되지 않도록** 할 것
(6) 하강시에는 안전하고 **일정**한 **속도**를 유지하도록 하고 전복, 흔들림, 경로이탈 방지를 위한 안전조치를 할 것
(7) 보관실의 문에는 **오작동 방지조치**를 하고, 문 개방시에는 해당 소방대상물에 설치된 **경보설비**와 연동하여 유효한 경보음을 발하도록 할 것
(8) 피난층에는 해당층에 설치된 피난기구가 **착**지에 지장이 없도록 충분한 공간을 확보할 것
(9) 한국소방산업기술원 또는 **성**능시험기관으로 지정받은 기관에서 그 성능을 검증받은 것으로 설치할 것

기억법 **다피보 외탑중오 속성착**

답 ②

### ★★★ 69 소방대상물의 설치장소별 피난기구의 적응성기준 중 다음 ( ) 안에 알맞은 것은?

17.05.문73 16.10.문68 16.05.문74 06.03.문65 05.09.문73 05.03.문73

> 간이완강기의 적응성은 숙박시설의 ( ㉠ )층 이상에 있는 객실에, 공기안전매트의 적응성은 ( ㉡ )에 한한다.

① ㉠ 3, ㉡ 공동주택
② ㉠ 4, ㉡ 공동주택
③ ㉠ 3, ㉡ 단독주택
④ ㉠ 4, ㉡ 단독주택

해설 **피난기구**의 **적응성**(NFSC 301 [별표 1])

| 층별 / 설치장소별 구분 | 지하층 | 1층 | 2층 | 3층 | 4층 이상 10층 이하 |
|---|---|---|---|---|---|
| 노유자시설 | • 피난용 트랩 | • 미끄럼대<br>• 구조대<br>• 피난교<br>• 다수인 피난장비<br>• 승강식 피난기 | • 미끄럼대<br>• 구조대<br>• 피난교<br>• 다수인 피난장비<br>• 승강식 피난기 | • 미끄럼대<br>• 구조대<br>• 피난교<br>• 다수인 피난장비<br>• 승강식 피난기 | • 피난교<br>• 다수인 피난장비<br>• 승강식 피난기 |
| 의료시설·입원실이 있는 의원·접골원·조산원 | • 피난용 트랩 | | | • 미끄럼대<br>• 구조대<br>• 피난교<br>• 피난용 트랩<br>• 다수인 피난장비<br>• 승강식 피난기 | • 구조대<br>• 피난교<br>• 피난용 트랩<br>• 다수인 피난장비<br>• 승강식 피난기 |
| 영업장의 위치가 4층 이하인 다중 이용업소 | | | • 미끄럼대<br>• 피난사다리<br>• 구조대<br>• 완강기<br>• 다수인 피난장비<br>• 승강식 피난기 | • 미끄럼대<br>• 피난사다리<br>• 구조대<br>• 완강기<br>• 다수인 피난장비<br>• 승강식 피난기 | • 미끄럼대<br>• 피난사다리<br>• 구조대<br>• 완강기<br>• 다수인 피난장비<br>• 승강식 피난기 |
| 그 밖의 것 | • 피난사다리<br>• 피난용 트랩 | | | • 미끄럼대<br>• 피난사다리<br>• 구조대<br>• 완강기<br>• 피난교<br>• 피난용 트랩<br>• 간이완강기<br>• 공기안전매트<br>• 다수인 피난장비<br>• 승강식 피난기 | • 피난사다리<br>• 구조대<br>• 완강기<br>• 피난교<br>• 간이완강기<br>• 공기안전매트<br>• 다수인 피난장비<br>• 승강식 피난기 |

㈜ **간이완강기**의 적응성은 **숙박시설**의 **3층 이상**에 있는 **객실**에, **공기안전매트**의 적응성은 **공동주택**에 한한다.

답 ①

### ★★★ 70 무선통신보조설비를 설치하지 아니할 수 있는 기준 중 다음 ( ) 안에 알맞은 것은?

19.09.문80 17.03.문68 16.03.문80 14.09.문64 08.03.문62 06.05.문79

> ( ㉠ )으로서 특정소방대상물의 바닥부분 2면 이상이 지표면과 동일하거나 지표면으로부터의 깊이가 ( ㉡ )m 이하인 경우에는 해당층에 한하여 무선통신보조설비를 설치하지 아니할 수 있다.

① ㉠ 지하층, ㉡ 1
② ㉠ 지하층, ㉡ 2
③ ㉠ 무창층, ㉡ 1
④ ㉠ 무창층, ㉡ 2

해설 **무선통신보조설비**의 **설치 제외**(NFSC 505 4조)

(1) **지하층**으로서 특정소방대상물의 바닥부분 **2면 이상**이 지표면과 동일한 경우의 해당층
(2) 지하층으로서 지표면으로부터의 깊이가 **1m 이하**인 경우의 해당층

기억법 **2면무지(이면 계약의 무지)**

답 ①

★★
**71** 피난기구 설치개수의 기준 중 다음 (　　) 안에 알맞은 것은?

17.03.문71
15.09.문68

> 층마다 설치하되, 숙박시설·노유자시설 및 의료시설로 사용되는 층에 있어서는 그 층의 바닥면적 ( ㉠ )$m^2$마다, 위락시설·판매시설로 사용되는 층 또는 복합용도의 층에 있어서는 그 층의 바닥면적 ( ㉡ )$m^2$마다, 계단실형 아파트에 있어서는 각 세대마다, 그 밖의 용도의 층에 있어서는 그 층의 바닥면적 ( ㉢ )$m^2$마다 1개 이상 설치할 것

① ㉠ 300, ㉡ 500, ㉢ 1000
② ㉠ 500, ㉡ 800, ㉢ 1000
③ ㉠ 300, ㉡ 500, ㉢ 1500
④ ㉠ 500, ㉡ 800, ㉢ 1500

해설 **피난기구**의 **설치개수**
(1) **층**마다 설치할 것

| 조 건 | 설치대상 |
|---|---|
| **500$m^2$**마다 | 숙박시설·노유자시설·의료시설 |
| **800$m^2$**마다 | 위락시설·문화 및 집회시설·운동시설·판매시설·전시시설 |
| **1000$m^2$**마다 | 그 밖의 용도의 층 |
| **각 세대**마다 | 계단실형 아파트 |

(2) 피난기구 외에 **숙박시설**(휴양콘도미니엄 제외)의 경우에는 추가로 객실마다 완강기 또는 **둘** 이상의 간이완강기를 설치할 것
(3) 피난기구 외에 **아파트**의 경우에는 하나의 관리주체가 관리하는 아파트 구역마다 **공기안전매트 1개 이상**을 추가로 설치할 것(단, 옥상으로 피난이 가능하거나 인접세대로 피난할 수 있는 구조인 경우는 제외)

답 ②

★
**72** 수신기의 구조 및 일반기능에 대한 설명 중 틀린 것은? (단, 간이형 수신기는 제외한다.)

11.03.문61
99.10.문76

① 수신기(1회선용은 제외한다)는 2회선이 동시에 작동하여도 화재표시가 되어야 하며, 감지기의 감지 또는 발신기의 발신개시로부터 P형, P형 복합식, GP형, GP형 복합식, R형, R형 복합식, GR형 또는 GR형 복합식 수신기의 수신완료까지의 소요시간은 5초(축적형의 경우에는 60초) 이내이어야 한다.
② 수신기의 외부배선 연결용 단자에 있어서 공통신호선용 단자는 10개 회로마다 1개 이상 설치하여야 한다.
③ 화재신호를 수신하는 경우 P형, P형 복합식, GP형, GP형 복합식, R형, R형 복합식, GR형 또는 GR형 복합식의 수신기에 있어서는 2이상의 지구표시장치에 의하여 각각 화재를 표시할 수 있어야 한다.
④ 정격전압이 60V를 넘는 기구의 금속제 외함에는 접지단자를 설치하여야 한다.

해설 **수신기**의 **구조** 및 **일반기능**(수신기 형식 3)
(1) 수신기(**1회선용**은 **제외**)는 2회선이 동시에 작동하여도 화재표시가 되어야 하며, 감지기의 감지 또는 발신기의 발신개시로부터 **P형**, P형 복합식, GP형, GP형 복합식, **R형**, R형 복합식, GR형 또는 GR형 복합식 수신기의 수신완료까지의 소요시간은 **5초**(축적형 **60초**) 이내
(2) 정격전압이 **60V**를 넘는 기구의 금속제 외함에는 **접지단자** 설치
(3) 예비전원회로에는 단락사고 등으로부터 보호하기 위한 **퓨즈** 설치
(4) 극성이 있는 경우에는 오접속방지장치를 하여야 한다.
(5) 내부에는 주전원의 양극을 **동시**에 **개폐**할 수 있는 **전원스위치** 설치
(6) 공통신호용 단자는 **7개 회로**마다 1개씩 설치해야 한다.
(7) 외함은 **불연성** 또는 **난연성 재질**로 만들어져야 한다.
(8) 화재신호 수신시 **복합식 수신기**는 **2 이상**의 **지구표시장치**에 화재표시

② 10개 회로 → 7개 회로

답 ②

★★★
**73** 비상방송설비 음향장치의 설치기준 중 옳은 것은?

19.09.문76
19.04.문68
18.09.문77
16.10.문69
16.10.문73
16.05.문67
16.03.문68
15.05.문76
15.03.문62
14.05.문63
14.05.문75
14.03.문61
13.09.문70
13.06.문62
13.06.문80

① 확성기는 각 층마다 설치하되, 그 층의 각 부분으로부터 하나의 확성기까지의 수평거리가 15m 이하가 되도록 하고, 해당층의 각 부분에 유효하게 경보를 발할 수 있도록 설치할 것
② 층수가 5층 이상으로서 연면적이 3000$m^2$를 초과하는 특정소방대상물의 지하층에서 발화한 때에는 직상층에만 경보를 발할 것
③ 음향장치는 자동화재탐지설비의 작동과 연동하여 작동할 수 있는 것으로 할 것
④ 음향장치는 정격전압의 60% 전압에서 음향을 발할 수 있는 것으로 할 것

해설 **비상방송설비**의 **설치기준**
(1) 확성기의 음성입력은 **3**W(**실**내 **1**W) 이상일 것
(2) 확성기는 **각 층**마다 설치하되, 각 부분으로부터의 수평거리는 **25m** 이하일 것
(3) **음**량조정기는 **3선식** 배선일 것
(4) 조작스위치는 바닥으로부터 **0.8~1.5m** 이하의 높이에 설치할 것
(5) 다른 전기회로에 의하여 **유도장애**가 생기지 아니하도록 할 것
(6) 비상방송 **개**시시간은 **10초** 이하일 것
(7) 다른 방송설비와 공용할 경우 화재시 비상경보 외의 방송을 차단할 수 있을 것

(8) 음향장치 : **자동화재탐지설비**의 작동과 연동
(9) 음향장치의 정격전압 : **80%**

기억법 **방3실1, 3음방(삼업한 방송실), 개10방**

① 15m 이하 → 25m 이하
② 직상층에만 → 발화층, 직상층, 기타의 지하층에
④ 60% → 80%

중요

**우선경보방식**
**5층** 이상으로 연면적 **3000m²**를 초과하는 소방대상물

| 발화층 | 경보층 | |
|---|---|---|
| | 30층 미만 | 30층 이상 |
| **2층** 이상 발화 | • 발화층<br>• 직상층 | • 발화층<br>• 직상 4개층 |
| **1층** 발화 | • 발화층<br>• 직상층<br>• 지하층 | • 발화층<br>• 직상 4개층<br>• 지하층 |
| **지하층** 발화 | • 발화층<br>• 직상층<br>• 기타의 지하층 | • 발화층<br>• 직상층<br>• 기타의 지하층 |

기억법 **5우 3000(오우! 삼천포로 빠졌네!)**

답 ③

★
## 74 비상조명등의 일반구조기준 중 틀린 것은?

13.09.문67
10.09.문68

① 상용전원전압의 130% 범위 안에서는 비상조명등 내부의 온도상승이 그 기능에 지장을 주거나 위해를 발생시킬 염려가 없어야 한다.
② 사용전압은 300V 이하이어야 한다. 다만, 충전부가 노출되지 아니한 것은 300V를 초과할 수 있다.
③ 전선의 굵기가 인출선인 경우에는 단면적이 0.75mm² 이상, 인출선 외의 경우에는 단면적이 0.5mm² 이상이어야 한다.
④ 인출선의 길이는 전선인출 부분으로부터 150mm 이상이어야 한다. 다만, 인출선으로 하지 아니할 경우에는 풀어지지 아니하는 방법으로 전선을 쉽고 확실하게 부착할 수 있도록 접속단자를 설치하여야 한다.

해설 **비상조명등**의 **일반구조기준**(비상조명등 형식승인 3조)
(1) 상용전원전압의 **110%** 범위 안에서는 비상조명등 내부의 온도상승이 그 기능에 지장을 주거나 위해를 발생시킬 염려가 없어야 한다.
(2) 사용전압은 **300V** 이하이어야 한다(단, 충전부가 노출되지 아니한 것은 300V를 초과 가능).
(3) **전선**의 **굵기**

| 인출선 | 인출선 외 |
|---|---|
| 0.75mm² 이상 | 0.5mm² 이상 |

기억법 **인75(인(사람) 치료)**

(4) **인출선**의 **길이** : **150mm 이상**(단, 인출선으로 하지 아니할 경우에는 풀어지지 아니하는 방법으로 전선을 쉽고 확실하게 부착할 수 있도록 **접속단자** 설치)

① 130% → 110%

답 ①

★★★
## 75 비상조명등의 비상전원은 지하층 또는 무창층으로서 용도가 도매시장·소매시장·여객자동차터미널·지하역사 또는 지하상가인 경우 그 부분에서 피난층에 이르는 부분의 비상조명등을 몇 분 이상 유효하게 작동시킬 수 있는 용량으로 하여야 하는가?

17.03.문73
16.03.문73
14.05.문65
14.05.문73
08.03.문77

① 10　② 20
③ 30　④ 60

해설 **비상조명등**의 **설치기준**
(1) 소방대상물의 각 거실과 지상에 이르는 복도·계단·통로에 설치할 것
(2) 조도는 각 부분의 바닥에서 **1lx** 이상일 것
(3) **점검스위치**를 설치하고 **20분** 이상 작동시킬 수 있는 용량의 **축전지**와 **예비전원 충전장치**를 내장할 것

예외규정

**비상조명등**의 **60분 이상 작동용량**
(1) **11층** 이상(지하층 제외)
(2) 지하층·무창층으로서 **도매시장·소매시장·여객자동차터미널·지하역사·지하상가**

중요

**비상전원 용량**

| 설비의 종류 | 비상전원 용량 |
|---|---|
| • 자동화재탐지설비<br>• 비상경보설비<br>• 자동화재속보설비<br>기억법 경자비1(경자라는 이름은 비일비재하게 많다.) | **10분** 이상 |
| • 유도등<br>• 비상콘센트설비<br>• 제연설비<br>• 물분무소화설비<br>• 옥내소화전설비(30층 미만)<br>• 특별피난계단의 계단실 및 부속실 제연설비(30층 미만) | **20분** 이상 |
| • 무선통신보조설비의 증폭기<br>기억법 3증(3중고) | **30분** 이상 |
| • 옥내소화전설비(30~49층 이하)<br>• 특별피난계단의 계단실 및 부속실 제연설비(30~49층 이하)<br>• 연결송수관설비(30~49층 이하)<br>• 스프링클러설비(30~49층 이하) | **40분** 이상 |

| | |
|---|---|
| • 유도등·비상조명등(지하상가 및 11층 이상)<br>• 옥내소화전설비(50층 이상)<br>• 특별피난계단의 계단실 및 부속실 제연설비(50층 이상)<br>• 연결송수관설비(50층 이상)<br>• 스프링클러설비(50층 이상) | **60분** 이상 |

답 ④

★★★
**76** 자동화재속보설비 속보기의 기능에 대한 기준 중 틀린 것은?

17.05.문66
16.10.문77
16.05.문62

① 작동신호를 수신하거나 수동으로 동작시키는 경우 30초 이내에 소방관서에 자동적으로 신호를 발하여 통보하되, 3회 이상 속보할 수 있어야 한다.
② 예비전원을 병렬로 접속하는 경우에는 역충전방지 등의 조치를 하여야 한다.
③ 연동 또는 수동으로 소방관서에 화재발생 음성정보를 속보 중인 경우에도 송수화장치를 이용한 통화가 우선적으로 가능하여야 한다.
④ 속보기의 송수화장치가 정상위치가 아닌 경우에도 연동 또는 수동으로 속보가 가능하여야 한다.

해설 **속보기**의 **적합기능**(자동화재속보설비의 속보기 성능인증 5조)

(1) 작동신호를 수신하거나 수동으로 동작시키는 경우 **20초** 이내에 소방관서에 자동적으로 신호를 발하여 통보하되, **3회** 이상 속보할 수 있을 것
(2) 예비전원은 **감시상태**를 **60분**간 지속한 후 **10분** 이상 **동작**이 지속될 수 있는 용량일 것
(3) 속보기는 연동 또는 수동 작동에 의한 다이얼링 후 소방관서와 전화접속이 이루어지지 않는 경우에는 최초 **다**이얼링을 포함하여 **10회** 이상 반복적으로 접속을 위한 다이얼링이 이루어져야 한다. 이 경우 매회 다이얼링 완료 후 호출은 **30초** 이상 지속될 것

기억법 다10(다 쉽다.)

(4) 예비전원을 **병렬**로 접속하는 경우 **역충전방지** 등의 조치를 할 것
(5) **연동** 또는 **수동**으로 소방관서에 화재발생 음성정보를 속보 중인 경우에도 송수화장치를 이용한 통화가 우선적으로 가능할 것
(6) 속보기의 송수화장치가 정상위치가 아닌 경우에도 **연동** 또는 **수동**으로 속보가 가능할 것

① 30초 → 20초

답 ①

★★★
**77** 비상벨설비 또는 자동식 사이렌설비의 설치기준 중 틀린 것은?

17.05.문63
16.05.문63
14.03.문71
12.03.문73
10.03.문68

① 전원은 전기가 정상적으로 공급되는 축전지, 전기저장장치 또는 교류전압의 옥내 간선으로 하고, 전원까지의 배선은 전용으로 설치하여야 한다.
② 비상벨설비 또는 자동식 사이렌설비에는 그 설비에 대한 감시상태를 60분간 지속한 후 유효하게 10분 이상 경보할 수 있는 축전지설비(수신기에 내장하는 경우를 포함) 또는 전기저장장치를 설치하여야 한다.
③ 특정소방대상물의 층마다 설치하되, 해당 특정소방대상물의 각 부분으로부터 하나의 발신기까지의 수평거리가 25m 이하가 되도록 할 것. 다만, 복도 또는 별도로 구획된 실로서 보행거리가 40m 이상일 경우에는 추가로 설치하여야 한다.
④ 발신기의 위치표시등은 함의 상부에 설치하되, 그 불빛은 부착면으로부터 45° 이상의 범위 안에서 부착지점으로부터 10m 이내의 어느 곳에서도 쉽게 식별할 수 있는 적색등으로 설치하여야 한다.

해설 **비상경보설비**의 **발신기 설치기준**(NFSC 201 4조)

(1) 전원 : **축전지**, **전기저장장치**, **교류전압**의 **옥내 간선**으로 하고 배선은 **전용**
(2) 감시상태 : **60분**, 경보시간 : **10분**
(3) 조작이 **쉬운 장소**에 설치하고, 조작스위치는 바닥으로부터 **0.8~1.5m** 이하의 높이에 설치할 것
(4) 소방대상물의 **층**마다 설치하되, 해당 소방대상물의 각 부분으로부터 하나의 발신기까지의 **수평거리**가 **25m** 이하가 되도록 할 것(단, 복도 또는 별도로 구획된 실로서 **보행거리**가 **40m** 이상일 경우에는 추가로 설치할 것)
(5) 발신기의 **위치표시등**은 **함**의 **상부**에 설치하되, 그 불빛은 부착면으로부터 **15°** 이상의 범위 안에서 부착지점으로부터 **10m** 이내의 어느 곳에서도 쉽게 식별할 수 있는 **적색등**으로 할 것
(6) 발신기 설치제외 : **지하구**

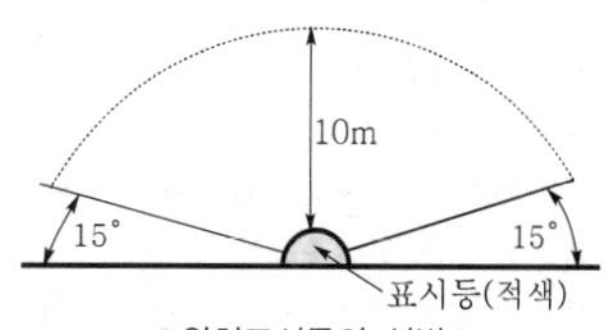


‖ 위치표시등의 식별 ‖

④ 45° 이상 → 15° 이상

용어

**전기저장장치**
외부 전기에너지를 저장해 두었다가 필요한 때 전기를 공급하는 장치

답 ④

★★★
**78** 비상벨설비 음향장치의 음량은 부착된 음향장치의 중심으로부터 1m 떨어진 위치에서 몇 dB 이상이 되는 것으로 하여야 하는가?

16.05.문63
14.03.문71
12.03.문73
11.06.문67
07.03.문78
06.09.문72

① 90 ② 80
③ 70 ④ 60

해설 **비상경보설비**(비상벨 또는 자동식 사이렌설비)의 **설치기준**

(1) 음향장치의 음량은 부착된 음향장치의 중심으로부터 **1m** 떨어진 위치에서 **90dB** 이상이 되는 것으로 할 것

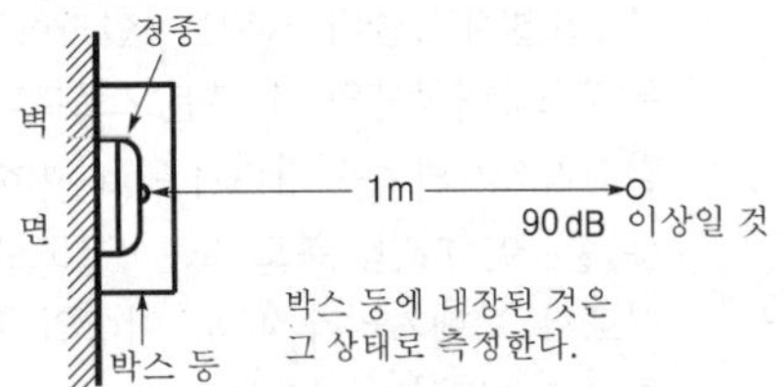


‖ 음향장치의 음량측정 ‖

(2) 발신기의 위치표시등은 바닥으로부터 **0.8m 이상 1.5m 이하**의 높이에 설치할 것
(3) 발신기는 각 소방대상물의 각 부분으로부터 **수평거리 25m 이하**가 되도록 할 것
(4) 지구음향장치는 **수평거리 25m** 이하가 되도록 할 것

답 ①

★★★
**79** 일시적으로 발생한 열·연기 또는 먼지 등으로 인하여 화재신호를 발신할 우려가 있는 장소의 설치장소별 감지기 적응성기준 중 항공기 격납고, 높은 천장의 창고 등 감지기 부착높이가 8m 이상의 장소에 적응성을 갖는 감지기가 아닌 것은? (단, 연기감지기를 설치할 수 있는 장소이며, 설치장소는 넓은 공간으로 천장이 높아 열 및 연기가 확산하는 환경상태이다.)

17.09.문66
17.03.문79
09.03.문69

① 광전식 스포트형 감지기
② 차동식 분포형 감지기
③ 광전식 분리형 감지기
④ 불꽃감지기

**지하층·무창층** 등으로서 환기가 잘 되지 아니하거나 실내면적이 **40m² 미만**인 장소, 감지기의 부착면과 실내바닥과의 거리가 **2.3m 이하**인 곳으로서 일시적으로 발생한 열·연기 또는 먼지 등으로 인하여 화재신호를 발신할 우려가 있는 장소의 적응감지기

(1) **불꽃**감지기
(2) **정온식 감지선형** 감지기
(3) **분포형** 감지기(차동식 분포형 감지기)
(4) **복합형** 감지기
(5) **광전식 분리형** 감지기
(6) **아날로그방식**의 감지기
(7) **다신호방식**의 감지기
(8) **축적방식**의 감지기

기억법 불정감 복분 광아다축

① 해당 없음

답 ①

★★
**80** 특정소방대상물의 비상방송설비 설치의 면제기준 중 다음 (    ) 안에 알맞은 것은?

17.09.문48
14.09.문78
14.03.문53

> 비상방송설비를 설치하여야 하는 특정소방대상물에 (    ) 또는 비상경보설비와 같은 수준 이상의 음향을 발하는 장치를 부설한 방송설비를 화재안전기준에 적합하게 설치한 경우에는 그 설비의 유효범위에서 설치가 면제된다.

① 자동화재속보설비
② 시각경보기
③ 단독경보형 감지기
④ 자동화재탐지설비

해설 **소방시설법 시행령 〔별표 6〕**
**소방시설 면제기준**

| 면제대상 | 대체설비 |
|---|---|
| 스프링클러설비 | • **물분무등소화설비** |
| 물분무등소화설비 | • **스프링클러설비** |
| 간이스프링클러설비 | • 스프링클러설비<br>• **물분무소화설비**<br>• **미분무소화설비** |
| 비상**경**보설비 또는 **단**독경보형 감지기 | • **자동화재탐지설비**<br>기억법 **탐경단** |
| 비상**경**보설비 | • **2개 이상 단독경보형 감지기 연동**<br>기억법 **경단2** |
| 비상방송설비 | • 자동화재탐지설비<br>• 비상경보설비 |
| 연결살수설비 | • 스프링클러설비<br>• 간이스프링클러설비<br>• 물분무소화설비<br>• 미분무소화설비 |
| 제연설비 | • **공기조화설비** |
| 연소방지설비 | • 스프링클러설비<br>• 물분무소화설비<br>• 미분무소화설비 |
| 연결송수관설비 | • 옥내소화전설비<br>• 스프링클러설비<br>• 간이스프링클러설비<br>• 연결살수설비 |
| 자동화재탐지설비 | • 자동화재탐지설비의 기능을 가진 스프링클러설비<br>• 물분무등소화설비 |
| 옥내소화전설비 | • 옥외소화전설비<br>• 미분무소화설비(호스릴방식) |

답 ④

# 2018. 4. 28 시행

**▌2018년 기사 제2회 필기시험▐**

| 자격종목 | 종목코드 | 시험시간 | 형별 | 수험번호 | 성명 |
|---|---|---|---|---|---|
| 소방설비기사(전기분야) | | 2시간 | | | |

※ 답안카드 작성시 시험문제지 형별누락, 마킹착오로 인한 불이익은 전적으로 수험자의 귀책사유임을 알려드립니다.
※ 각 문항은 4지택일형으로 질문에 가장 적합한 보기 항을 선택하여 마킹하여야 합니다.

## 제 1 과목 소방원론

★★★
**01** 다음의 소화약제 중 오존파괴지수(ODP)가 가장 큰 것은?

17.09.문06 (산업)

① 할론 104　② 할론 1301
③ 할론 1211　④ 할론 2402

유사문제부터 풀어보세요. 실력이 팍!팍! 올라갑니다.

해설 **할론 1301**(Halon 1301)
(1) 할론약제 중 **소화효과**가 **가장 좋다.**
(2) 할론약제 중 **독성**이 **가장 약하다.**
(3) 할론약제 중 **오존파괴지수**가 **가장 높다.**

용어

**오존파괴지수(ODP ; Ozone Depletion Potential)**
어떤 물질의 오존파괴능력을 상대적으로 나타내는 지표

$$\text{ODP}=\frac{\text{어떤 물질 1kg이 파괴하는 오존량}}{\text{CFC 11의 1kg이 파괴하는 오존량}}$$

답 ②

★★★
**02** 자연발화 방지대책에 대한 설명 중 틀린 것은?

16.10.문05 16.03.문14 15.05.문19 15.03.문09 14.09.문09 14.09.문17 12.03.문09 10.03.문13

① 저장실의 온도를 낮게 유지한다.
② 저장실의 환기를 원활히 시킨다.
③ 촉매물질과의 접촉을 피한다.
④ 저장실의 습도를 높게 유지한다.

해설 (1) **자연발화**의 **방지법**
㉠ **습**도가 높은 곳을 **피**할 것(건조하게 유지할 것)
㉡ 저장실의 온도를 낮출 것
㉢ 통풍이 잘 되게 할 것(**환기**를 원활히 시킨다)
㉣ 퇴적 및 수납시 열이 쌓이지 않게 할 것(**열축적 방지**)
㉤ 산소와의 접촉을 차단할 것(**촉매물질**과의 접촉을 피한다)
㉥ **열전도성**을 좋게 할 것

기억법 **자습피**

(2) **자연발화 조건**
㉠ 열전도율이 작을 것
㉡ 발열량이 클 것
㉢ 주위의 온도가 높을 것
㉣ 표면적이 넓을 것

④ 높게 → 낮게

답 ④

★★★
**03** 건축물의 화재발생시 인간의 피난 특성으로 틀린 것은?

16.05.문03 11.10.문09 12.05.문15 10.09.문11

① 평상시 사용하는 출입구나 통로를 사용하는 경향이 있다.
② 화재의 공포감으로 인하여 빛을 피해 어두운 곳으로 몸을 숨기는 경향이 있다.
③ 화염, 연기에 대한 공포감으로 발화지점의 반대방향으로 이동하는 경향이 있다.
④ 화재시 최초로 행동을 개시한 사람을 따라 전체가 움직이는 경향이 있다.

해설 **화재발생**시 **인간**의 **피난 특성**

| 구 분 | 설 명 |
|---|---|
| 귀소본능 | • **친숙한 피난경로**를 선택하려는 행동<br>• 무의식 중에 평상시 사용하는 출입구나 통로를 사용하려는 행동 |
| 지광본능 | • **밝은 쪽**을 지향하는 행동<br>• 화재의 공포감으로 인하여 **빛**을 따라 외부로 달아나려고 하는 행동 |
| 퇴피본능 | • 화염, 연기에 대한 공포감으로 **발화**의 **반대방향**으로 이동하려는 행동 |
| 추종본능 | • 많은 사람이 달아나는 방향으로 쫓아가려는 행동<br>• 화재시 최초로 행동을 개시한 사람을 따라 전체가 움직이려는 행동 |
| 좌회본능 | • **좌측통행**을 하고 **시계반대방향**으로 회전하려는 행동 |
| 폐쇄공간 지향본능 | 가능한 **넓은 공간**을 찾아 **이동**하다가 위험성이 높아지면 의외의 좁은 공간을 찾는 본능 |
| 초능력 본능 | 비상시 **상상**도 **못할 힘**을 내는 본능 |

| | |
|---|---|
| 공격본능 | **이상심리현상**으로서 구조용 헬리콥터를 부수려고 한다든지 무차별적으로 주변사람과 구조인력 등에게 공격을 가하는 본능 |
| 패닉(panic) 현상 | 인간의 비이성적인 또는 부적합한 **공포반응행동**으로서 무모하게 높은 곳에서 뛰어내리는 행위라든지, 몸이 굳어서 움직이지 못하는 행동 |

② 공포감으로 인해서 빛을 따라 외부로 달아나려는 경향이 있다.

답 ②

★★
**04** 19.03.문15

**건축물에 설치하는 방화구획의 설치기준 중 스프링클러설비를 설치한 11층 이상의 층은 바닥면적 몇 $m^2$ 이내마다 방화구획을 하여야 하는가? (단, 벽 및 반자의 실내에 접하는 부분의 마감은 불연재료가 아닌 경우이다.)**

① 200 ② 600
③ 1000 ④ 3000

해설 **건축령 46조, 피난·방화구조 14조**
방화구획의 기준

| 대상 건축물 | 대상 규모 | 층 및 구획방법 | | 구획부분의 구조 |
|---|---|---|---|---|
| 주요구조부가 내화구조 또는 불연재료로 된 건축물 | 연면적 1000$m^2$ 넘는 것 | 10층 이하 | 바닥면적 **1000$m^2$** 이내마다 | • 내화구조로 된 바닥·벽<br>• 60분+방화문, 60분 방화문<br>• 자동방화셔터 |
| | | 매 층마다 | 지하 1층에서 지상으로 직접 연결하는 경사로 부위는 제외 | |
| | | 11층 이상 | 바닥면적 200$m^2$ 이내마다(실내마감을 불연재료로 한 경우 **500$m^2$** 이내마다) | |

• **스프링클러**, 기타 이와 유사한 **자동식 소화설비**를 설치한 경우 바닥면적은 위의 **3배** 면적으로 산정한다.
• **필로티**나 그 밖의 비슷한 구조의 부분을 주차장으로 사용하는 경우 그 부분은 건축물의 다른 부분과 구획할 것

② 스프링클러설비를 설치했으므로 200$m^2$×3배=**600$m^2$**

답 ②

★★
**05** 15.09.문02 14.05.문05 14.03.문10 12.03.문01 11.06.문09 11.03.문12 10.05.문11

**인화점이 낮은 것부터 높은 순서로 옳게 나열된 것은?**

① 에틸알코올 < 이황화탄소 < 아세톤
② 이황화탄소 < 에틸알코올 < 아세톤
③ 에틸알코올 < 아세톤 < 이황화탄소
④ 이황화탄소 < 아세톤 < 에틸알코올

해설

| 물 질 | 인화점 | 착화점 |
|---|---|---|
| • 프로필렌 | −107℃ | 497℃ |
| • 에틸에테르<br>• 디에틸에테르 | −45℃ | 180℃ |
| • 가솔린(휘발유) | −43℃ | 300℃ |
| **• 이황화탄소** | −30℃ | **100℃** |
| • 아세틸렌 | −18℃ | 335℃ |
| **• 아세톤** | −18℃ | **538℃** |
| • 벤젠 | −11℃ | 562℃ |
| • 톨루엔 | 4.4℃ | 480℃ |
| **• 에틸알코올** | 13℃ | **423℃** |
| • 아세트산 | 40℃ | − |
| • 등유 | 43~72℃ | 210℃ |
| • 경유 | 50~70℃ | 200℃ |
| • 적린 | − | 260℃ |

답 ④

★★★
**06** 17.09.문10 16.10.문06 16.05.문15 16.03.문09 15.09.문01 15.05.문08 14.09.문10 14.05.문07 14.03.문03 14.03.문14 12.03.문13

**분말소화약제로서 ABC급 화재에 적응성이 있는 소화약제의 종류는?**

① $NH_4H_2PO_4$
② $NaHCO_3$
③ $Na_2CO_3$
④ $KHCO_3$

해설 (1) **분말소화약제**

| 종 별 | 주성분 | 착 색 | 적응 화재 | 비 고 |
|---|---|---|---|---|
| 제1종 | 중탄산나트륨($NaHCO_3$) | 백색 | BC급 | **식용유** 및 **지방질유**의 화재에 적합 |
| 제2종 | 중탄산칼륨($KHCO_3$) | 담자색(담회색) | BC급 | − |
| 제3종 | 제1인산암모늄($NH_4H_2PO_4$) | 담홍색 | ABC급 | **차고·주차장**에 적합 |
| 제4종 | 중탄산칼륨+요소($KHCO_3$+$(NH_2)_2CO$) | 회(백)색 | BC급 | − |

기억법 1식분(일식 분식)
3분 차주(삼보컴퓨터 차주)

(2) **이산화탄소 소화약제**

| 주성분 | 적응화재 |
|---|---|
| 이산화탄소($CO_2$) | BC급 |

답 ①

### 07 조연성 가스에 해당하는 것은?

17.03.문07 16.10.문03 16.03.문04 14.05.문10 12.09.문08 10.05.문18

① 일산화탄소
② 산소
③ 수소
④ 부탄

해설 **가연성 가스**와 **지연성 가스**(조연성 가스)

| 가연성 가스 | 지연성 가스(조연성 가스) |
|---|---|
| • **수**소<br>• **메**탄<br>• **일**산화탄소<br>• **천**연가스<br>• **부**탄<br>• **에**탄<br>• **암**모니아<br>• **프**로판<br>기억법 **가수일천 암부 메에프** | • **산**소<br>• **공**기<br>• **염**소<br>• **오**존<br>• **불**소<br>기억법 **조산공 염오불** |

용어

**가연성 가스**와 **지연성 가스**

| 가연성 가스 | 지연성 가스(조연성 가스) |
|---|---|
| 물질 자체가 연소하는 것 | 자기 자신은 연소하지 않지만 연소를 도와주는 가스 |

답 ②

### 08 액화석유가스(LPG)에 대한 성질로 틀린 것은?

16.05.문18 13.06.문10 12.09.문02 12.03.문16 10.05.문08

① 주성분은 프로판, 부탄이다.
② 천연고무를 잘 녹인다.
③ 물에 녹지 않으나 유기용매에 용해된다.
④ 공기보다 1.5배 가볍다.

해설

| 종 류 | 주성분 | 증기비중 |
|---|---|---|
| **도**시가스 | • **메**탄($CH_4$) | 0.55 |
| 액화천연가스(LNG) | | |
| 액화석유가스(L**P**G) | • **프**로판($C_3H_8$) | 1.51 |
| | • **부**탄($C_4H_{10}$) | 2 |

증기비중이 1보다 작으면 공기보다 가볍다.

기억법 **도메, P프부**

④ 공기보다 **1.5배** 또는 **2배** 무겁다.

중요

**액화석유가스(LPG)**의 **화재성상**

(1) 주성분은 **프로판**($C_3H_8$)과 **부탄**($C_4H_{10}$)이다.
(2) **무색, 무취이다.**
(3) 독성이 없는 가스이다.
(4) 액화하면 물보다 가볍고, 기화하면 **공기보다 무겁다.**
(5) 휘발유 등 **유기용매**에 잘 녹는다.
(6) 천연고무를 잘 녹인다.
(7) 공기 중에서 쉽게 연소, 폭발한다.

답 ④

### 09 과산화칼륨이 물과 접촉하였을 때 발생하는 것은?

① 산소　② 수소
③ 메탄　④ 아세틸렌

해설 **과산화칼륨**과 **물과의 반응식**

$$2K_2O_2 + 2H_2O \rightarrow 4KOH + O_2\uparrow$$

과산화칼륨　물　수산화칼륨　산소

**흡습성**이 있으며 물과 반응하여 발열하고 **산소**를 발생시킨다.

답 ①

### 10 제2류 위험물에 해당하는 것은?

15.09.문18 15.05.문10 15.05.문42 14.03.문18 12.09.문01 10.05.문17

① 유황
② 질산칼륨
③ 칼륨
④ 톨루엔

해설 **위험물령 [별표 1]**

위험물

| 유 별 | 성 질 | 품 명 |
|---|---|---|
| 제**1**류 | **산**화성 **고**체 | • 아염소산염류<br>• 염소산염류<br>• 과염소산염류<br>• 질산염류(질산칼륨)<br>• 무기과산화물<br>기억법 **1산고(일산GO)** |
| 제**2**류 | 가연성 고체 | • **황화**린<br>• **적**린<br>• **유**황<br>• **마**그네슘<br>• 금속분<br>기억법 **2황화적유마** |
| 제3류 | 자연발화성 물질 및 금수성 물질 | • **황**린<br>• **칼**륨<br>• **나**트륨<br>• **트**리에틸**알**루미늄<br>• 금속의 수소화물<br>기억법 **황칼나트알** |
| 제4류 | 인화성 액체 | • 특수인화물<br>• 석유류(벤젠)(제1석유류 : 톨루엔)<br>• 알코올류<br>• 동식물유류 |

| | | |
|---|---|---|
| 제5류 | 자기반응성 물질 | • 유기과산화물<br>• 니트로화합물<br>• 니트로소화합물<br>• 아조화합물<br>• 질산에스테르류(셀룰로이드) |
| 제6류 | 산화성 액체 | • 과염소산<br>• 과산화수소<br>• 질산 |

① 유황 : 제2류위험물
② 질산칼륨 : 제1류위험물
③ 칼륨 : 제3류위험물
④ 톨루엔 : 제4류위험물(제1석유류)

답 ①

★★
**11** 물리적 폭발에 해당하는 것은?

17.09.문04

① 분해폭발　② 분진폭발
③ 증기운폭발　④ 수증기폭발

해설 **폭발의 종류**

| 화학적 폭발 | 물리적 폭발 |
|---|---|
| • 가스폭발<br>• 유증기폭발<br>• 분진폭발<br>• 화약류의 폭발<br>• 산화폭발<br>• 분해폭발<br>• 중합폭발<br>• 증기운폭발 | • 증기폭발(수증기폭발)<br>• 전선폭발<br>• 상전이폭발<br>• 압력방출에 의한 폭발 |

답 ④

★
**12** 산림화재시 소화효과를 증대시키기 위해 물에 첨가하는 증점제로서 적합한 것은?

19.09.문04
09.08.문19
06.09.문20

① Ethylene Glycol
② Potassium Carbonate
③ Ammonium Phosphate
④ Sodium Carboxy Methyl Cellulose

해설 **증점제**

(1) **CMC**(Sodium Carboxy Methyl Cellulose) : **산림화재**에 적합
(2) **Gelgard**(Dow Chemical=상품명)
(3) **Organic-Gel 제품**(무기물을 끈적끈적하게 하는 물품)
(4) **Bentonite Clay**=Short Term fire retardant=물 침투를 막는 재료
(5) **Ammonium phosphate** : **long term**에서 사용 가능(긴 시간 사용 가능)
$(NH_4)_3PO_4$=불연성, 내화성, 난연성의 성능이 있다.

중요

**물의 첨가제**

| 첨가제 | 설 명 |
|---|---|
| **강화액** | 알칼리 금속염을 주성분으로 한 것으로 **황색** 또는 **무색**의 점성이 있는 수용액 |
| **침투제** | ① 침투성을 높여 주기 위해서 첨가하는 **계면활성제**의 총칭<br>② 물의 소화력을 보강하기 위해 첨가하는 약제로서 물의 **표면장력**을 **낮추어** 침투효과를 높이기 위한 첨가제 |
| **유화제** | **고비점 유류**에 사용을 가능하게 하기 위한 것<br>기억법 유유 |
| **증점제** | 물의 **점도**를 높여 줌 |
| **부동제** | 물이 저온에서 **동결**되는 단점을 보완하기 위해 첨가하는 액체 |

답 ④

★★★
**13** 물과 반응하여 가연성 기체를 발생하지 않는 것은?

15.05.문03
13.03.문03
12.09.문17

① 칼륨　② 인화아연
③ 산화칼슘　④ 탄화알루미늄

해설 **분진폭발을 일으키지 않는 물질**
=물과 반응하여 가연성 기체를 발생하지 않는 것

(1) **시**멘트
(2) **석**회석
(3) **탄**산칼슘($CaCO_3$)
(4) **생**석회($CaO$)=산화칼슘

기억법 분시석탄생

답 ③

★★★
**14** 피난계획의 일반원칙 중 Fool proof 원칙에 대한 설명으로 옳은 것은?

16.10.문14
12.05.문16
11.10.문08

① 1가지가 고장이 나도 다른 수단을 이용하는 원칙
② 2방향의 피난동선을 항상 확보하는 원칙
③ 피난수단을 이동식 시설로 하는 원칙
④ 피난수단을 조작이 간편한 원시적 방법으로 하는 원칙

해설 **Fail safe와 Fool proof**

| 용 어 | 설 명 |
|---|---|
| **페일 세이프**<br>(fail safe) | ① 한 가지 피난기구가 고장이 나도 다른 수단을 이용할 수 있도록 고려하는 것<br>② 한 가지가 고장이 나도 다른 수단을 이용하는 원칙<br>③ **두 방향**의 피난동선을 항상 확보하는 원칙 |

| | |
|---|---|
| **풀 프루프** (fool proof) | ① 피난경로는 **간단명료**하게 한다.<br>② 피난구조설비는 **고정식 설비**를 위주로 설치한다.<br>③ 피난수단은 **원시적 방법**에 의한 것을 원칙으로 한다.<br>④ 피난통로를 **완전불연화**한다.<br>⑤ 막다른 복도가 없도록 계획한다.<br>⑥ 간단한 그림이나 색채를 이용하여 표시한다. |

① Fail safe
② Fail safe
③ Fool proof : 피난수단을 고정식 시설로 하는 원칙
④ Fool proof : 피난수단을 조작이 간편한 **원시적 방법**으로 하는 원칙

답 ④

★★★
## 15 물체의 표면온도가 250℃에서 650℃로 상승하면 열복사량은 약 몇 배 정도 상승하는가?

17.05.문11
14.09.문14
13.06.문08

① 2.5　　② 5.7
③ 7.5　　④ 9.7

해설 **스테판-볼츠만**의 **법칙**(Stefan-Boltzman's law)

$$\frac{Q_2}{Q_1}=\frac{(273+t_2)^4}{(273+t_1)^4}=\frac{(273+650)^4}{(273+250)^4}\fallingdotseq 9.7$$

※ 열복사량은 복사체의 **절대온도**의 **4제곱**에 **비례**하고, **단면적**에 **비례**한다.

참고

**스테판-볼츠만의 법칙(Stefan-Boltzman's law)**

$$Q=aAF(T_1^{\ 4}-T_2^{\ 4})$$

여기서, $Q$ : 복사열[W]
$a$ : 스테판-볼츠만 상수[W/m²·K⁴]
$A$ : 단면적[m²]
$F$ : 기하학적 Factor
$T_1$ : 고온$(273+t_1)$[K]
$T_2$ : 저온$(273+t_2)$[K]
$t_1$ : 저온[℃]
$t_2$ : 고온[℃]

답 ④

★★
## 16 화재발생시 발생하는 연기에 대한 설명으로 틀린 것은?

① 연기의 유동속도는 수평방향이 수직방향보다 빠르다.
② 동일한 가연물에 있어 환기지배형 화재가 연료지배형 화재에 비하여 연기발생량이 많다.
③ 고온상태의 연기는 유동확산이 빨라 화재전파의 원인이 되기도 한다.
④ 연기는 일반적으로 불완전 연소시에 발생한 고체, 액체, 기체 생성물의 집합체이다.

해설 **연기**의 **특성**
(1) 연기의 유동속도는 **수평방향**이 수직방향보다 **느리다.**
(2) 동일한 가연물에 있어 **환기지배형 화재**가 연료지배형 화재에 비하여 **연기발생량**이 **많다.**
(3) **고온상태**의 **연기**는 **유동확산**이 빨라 화재전파의 원인이 되기도 한다.
(4) 연기는 일반적으로 **불완전 연소**시에 발생한 **고체, 액체, 기체** 생성물의 집합체이다.

① 빠르다 → 느리다.

중요

**연료지배형 화재**와 **환기지배형 화재**

| 구 분 | 연료지배형 화재 | 환기지배형 화재 |
|---|---|---|
| 지배조건 | • 연료량에 의하여 지배<br>• 가연물이 적음<br>• 개방된 공간에서 발생 | • 환기량에 의하여 지배<br>• 가연물이 많음<br>• 지하 무창층 등에서 발생 |
| 발생장소 | • 목조건물<br>• 큰 개방형 창문이 있는 건물 | • 내화구조건물<br>• 극장이나 밀폐된 소규모 건물 |
| 연소속도 | • 빠르다. | • 느리다. |
| 화재성상 | • 구획화재시 **플래시오버 이전**에서 발생 | • 구획화재시 **플래시오버 이후**에서 발생 |
| 위험성 | • 개구부를 통하여 상층 연소 확대 | • 실내공기 유입시 **백드래프트 발생** |
| 온도 | • 실내온도가 **낮다.** | • 실내온도가 **높다.** |

답 ①

★★★
## 17 소화방법 중 제거소화에 해당되지 않는 것은?

17.03.문16
16.10.문07
16.03.문12
11.03.문04

① 산불이 발생하면 화재의 진행방향을 앞질러 벌목
② 방 안에서 화재가 발생하면 이불이나 담요로 덮음
③ 가스화재시 밸브를 잠궈 가스흐름을 차단
④ 불타고 있는 장작더미 속에서 아직 타지 않은 것을 안전한 곳으로 운반

② **질식소화** : 방 안에서 화재가 발생하면 이불이나 담요로 덮는다.

중요

**제거소화**의 **예**
(1) **가연성 기체**화재시 **주밸브**를 **차단**한다.
(2) **가연성 액체**화재시 펌프를 이용하여 **연료**를 제거한다.
(3) **연료탱크**를 **냉각**하여 가연성 가스의 발생속도를 작게 하여 연소를 억제한다.
(4) 금속화재시 **불활성 물질**로 가연물을 덮는다.

(5) **목재**를 **방염처리**한다.
(6) 전기화재시 **전원**을 **차단**한다.
(7) 산불이 발생하면 화재의 진행방향을 앞질러 **벌목**한다.
(8) 가스화재시 **밸브**를 **잠궈** 가스흐름을 차단한다.
(9) 불타고 있는 장작더미 속에서 아직 타지 않은 것을 안전한 곳으로 **운반**한다.
(10) 유류탱크화재시 주변에 있는 유류탱크의 유류를 다른 곳으로 이동시킨다.
(11) **양초**를 입으로 불어서 끈다.

※ **제거효과** : 가연물을 반응계에서 제거하든지 또는 반응계로의 공급을 정지시켜 소화하는 효과

답 ②

★
## 18 주수소화시 가연물에 따라 발생하는 가연성 가스의 연결이 틀린 것은?

11.10.문05
10.09.문12

① 탄화칼슘－아세틸렌
② 탄화알루미늄－프로판
③ 인화칼슘－포스핀
④ 수소화리튬－수소

해설 (1) **탄화칼슘**과 **물**의 **반응식**

$$CaC_2 + 2H_2O \rightarrow Ca(OH)_2 + C_2H_2 \uparrow$$
탄화칼슘 물 수산화칼슘 아세틸렌

(2) **탄화알루미늄**과 **물**의 **반응식**

$$Al_4C_3 + 12H_2O \rightarrow 4Al(OH)_3 + 3CH_4 \uparrow$$
탄화알루미늄 물 수산화알루미늄 메탄

(3) **인화칼슘**과 **물**의 **반응식**

$$Ca_3P_2 + 6H_2O \rightarrow 3Ca(OH)_2 + 2PH_3 \uparrow$$
인화칼슘 물 수산화칼슘 포스핀

(4) **수소화리튬**과 **물**의 **반응식**

$$LiH + H_2O \rightarrow LiOH + H_2$$
수소화리튬 물 수산화리튬 수소

② 프로판 → 메탄

비교

**주수소화**(물소화)시 **위험**한 **물질**

| 구 분 | 현 상 |
|---|---|
| • 무기과산화물 | **산소** 발생 |
| • **금**속분<br>• **마**그네슘<br>• 알루미늄<br>• 칼륨<br>• 나트륨<br>• **수**소화리튬 | **수소** 발생 |
| • 가연성 액체의 유류화재 | **연소면**(화재면) 확대 |

기억법 **금마수**

※ **주수소화** : 물을 뿌려 소화하는 방법

답 ②

★
## 19 포소화약제의 적응성이 있는 것은?

12.09.문44 (산업)

① 칼륨 화재 ② 알킬리튬 화재
③ 가솔린 화재 ④ 인화알루미늄 화재

해설 **포소화약제** : 제4류위험물 적응소화약제

① 칼륨 : 제3류위험물
② 알킬리튬 : 제3류위험물
③ 가솔린 : 제4류위험물
④ 인화알루미늄 : 제3류위험물

중요

**위험물별 적응소화약제**

| 위험물 | 적응소화약제 |
|---|---|
| 제1류 위험물 | • 물소화약제(단, **무기과산화물**은 **마른모래**) |
| 제2류 위험물 | • 물소화약제(단, **금속분**은 **마른모래**) |
| 제3류 위험물 | • 마른모래 |
| 제4류 위험물 | • 포소화약제<br>• 물분무·미분무 소화설비<br>• 제1~4종 분말소화약제<br>• $CO_2$ 소화약제<br>• 할론소화약제<br>• 할로겐화합물 및 불활성기체 소화설비 |
| 제5류 위험물 | • 물소화약제 |
| 제6류 위험물 | • 마른모래(단, **과산화수소**는 **물소화약제**) |
| 특수가연물 | • 제3종 분말소화약제<br>• 포소화약제 |

답 ③

★★★
## 20 위험물안전관리법령상 지정된 동식물유류의 성질에 대한 설명으로 틀린 것은?

17.03.문07
14.05.문16
11.06.문16

① 요오드가가 작을수록 자연발화의 위험성이 크다.
② 상온에서 모두 액체이다.
③ 물에는 불용성이지만 에테르 및 벤젠 등의 유기용매에는 잘 녹는다.
④ 인화점은 1기압하에서 250℃ 미만이다.

해설 **"요오드값이 크다."라는 의미**

(1) **불포**화도가 높다.
(2) **건성유**이다.
(3) 자연발화성이 크다.
(4) 산소와 결합이 쉽다.

※ **요오드값** : 기름 100g에 첨가되는 요오드의 g수

기억법 **요불포**

요오드값＝요오드가

① 위험성이 크다 → 위험성이 작다.

답 ①

## 제 2 과목 소방전기일반

**21** 다음 그림과 같은 브리지 회로의 평형조건은?

17.05.문21 (산업) 99.10.문21

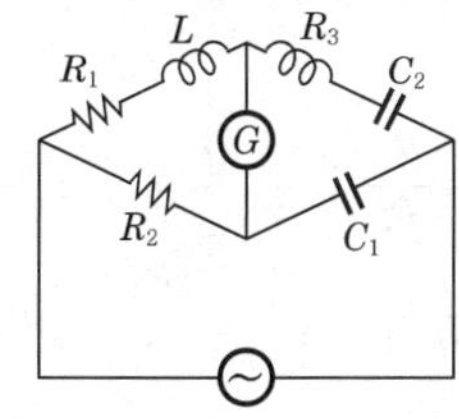


① $R_1C_1 = R_2C_2$, $R_2R_3 = C_1L$
② $R_1C_1 = R_2C_2$, $R_2R_3C_1 = L$
③ $R_1C_2 = R_2C_1$, $R_2R_3 = C_1L$
④ $R_1C_2 = R_2C_1$, $L = R_2R_3C_1$

해설 **교류브리지 평형조건**

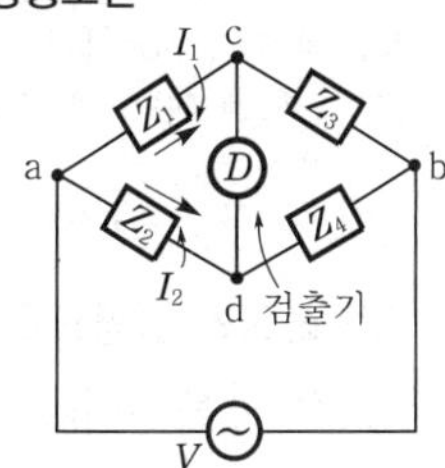


$I_1Z_1 = I_2Z_2$
$I_1Z_3 = I_2Z_4$
$\therefore\ Z_1Z_4 = Z_2Z_3$

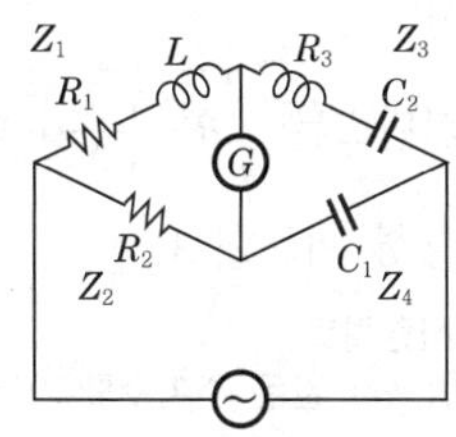


$Z_1 = R_1 + j\omega L$
$Z_2 = R_2$

계산의 편의를 위해 분모, 분자에 $j\omega C_2$ 곱해 줌

$$Z_3 = R_3 + \frac{1}{j\omega C_2} = \frac{j\omega C_2R_3}{j\omega C_2} + \frac{1}{j\omega C_2} = \frac{1+j\omega C_2R_3}{j\omega C_2}$$

$$Z_4 = \frac{1}{j\omega C_1}$$

$Z_1Z_4 = Z_2Z_3$이므로

$$(R_1 + j\omega L)\times\frac{1}{j\omega C_1} = R_2\times\frac{1+j\omega C_2R_3}{j\omega C_2}$$

$$\frac{R_1 + j\omega L}{j\omega C_1} = \frac{R_2 + j\omega C_2R_2R_3}{j\omega C_2}$$

계산 편의를 위해 분모, 분자에 각각 $\frac{1}{R_1}$, $\frac{1}{R_2}$을 곱해 줌

$$\frac{\frac{1}{R_1}(R_1 + j\omega L)}{j\omega C_1\times\frac{1}{R_1}} = \frac{\frac{1}{R_2}(R_2 + j\omega C_2R_2R_3)}{j\omega C_2\times\frac{1}{R_2}}$$

분자에 있는 $\frac{1}{R_1}$, $\frac{1}{R_2}$을 각각 곱해 주고,

분수에 있는 $\frac{1}{R_1}$, $\frac{1}{R_2}$을 서로 이항하면

$$\frac{1+j\omega L\frac{1}{R_1}}{j\omega C_1R_2} = \frac{1+j\omega C_2R_3}{j\omega C_2R_1}$$

$C_1R_2 = C_2R_1$ ⬇ $R_1C_2 = R_2C_1$, $C_2 = \frac{R_2C_1}{R_1}$

$L\frac{1}{R_1} = C_2R_3$

$L = C_2R_3R_1$

$$L = \left(\frac{R_2C_1}{R_1}\right)R_3R_1 = R_2R_3C_1$$

$\therefore$ $L = R_2R_3C_1$

답 ④

**22** $R-C$ 직렬회로에서 저항 $R$을 고정시키고 $X_C$를 0에서 ∞까지 변화시킬 때 어드미턴스 궤적은?

04.09.문38

① 1사분면 내의 반원이다.
② 1사분면 내의 직선이다.
③ 4사분면 내의 반원이다.
④ 4사분면 내의 직선이다.

해설 $R$을 고정시키고 리액턴스 $X_C$를 0에서 ∞까지 변화시키면 지름이 $\frac{1}{R}$로 하는 **제1상한** 내의 **반원**이 된다.

제1상한=1사분면

답 ①

**23** 비투자율 $\mu_s = 500$, 평균 자로의 길이 1m의 환상 철심 자기회로에 2mm의 공극을 내면 전체의 자기저항은 공극이 없을 때의 약 몇 배가 되는가?

17.03.문24

① 5
② 2.5
③ 2
④ 0.5

해설 **자기저항 배수**

$$m = 1 + \frac{l_0}{l}\times\frac{\mu_0\mu_s}{\mu_0}$$

여기서, $m$ : 자기저항 배수
$l_0$ : 공극[m]
$l$ : 길이[m]
$\mu_0$ : 진공의 투자율($4\pi\times10^{-7}$)[H/m]
$\mu_s$ : 비투자율

**자기저항 배수** $m$**은**

$$m = 1+\frac{l_0}{l}\times\frac{\mu_0\mu_s}{\mu_0}$$
$$= 1+\frac{(2\times10^{-3})}{1}\times\frac{\mu_0\times500}{\mu_0}=2$$

- $l_0(2\text{mm})$ : $2\text{mm}=2\times10^{-3}\text{m}$

용어

**공극**
철심과 철심 사이의 간격

비교

**자기저항**

$$R_m = \frac{l}{\mu S}=\frac{F}{\phi}\ \text{[AT/Wb]}$$

여기서, $R_m$ : 자기저항[AT/Wb]
$l$ : 자로의 길이[m]
$\mu$ : 투자율[H/m]($\mu=\mu_0\mu_s$)
$S$ : 단면적[m$^2$]
$F$ : 기자력[AT]
$\phi$ : 자속[Wb]
$\mu_0$ : 진공의 투자율($4\pi\times10^{-7}$H/m)
$\mu_s$ : 비투자율

답 ③

★★
**24** **1개의 용량이 25W인 객석유도등 10개가 연결되어 있다. 이 회로에 흐르는 전류는 약 몇 A인가? (단, 전원 전압은 220V이고, 기타 선로손실 등은 무시한다.)**

① 0.88A ② 1.14A
③ 1.25A ④ 1.36A

해설 **전력**

$$P=VI$$

여기서, $P$ : 전력[W]
$V$ : 전압[V]
$I$ : 전류[A]

**전류** $I$**는**

$$I=\frac{P}{V}=\frac{25\times10\text{개}}{220}\fallingdotseq 1.14\text{A}$$

답 ②

★★★
**25** **분류기를 써서 배율을 9로 하기 위한 분류기의 저항은 전류계 내부저항의 몇 배인가?**

17.03.문35 (산업)

① $\frac{1}{8}$ ② $\frac{1}{9}$
③ 8 ④ 9

해설 **분류기 배율**

$$M=\frac{I_0}{I}=1+\frac{R_A}{R_S}$$

여기서, $M$ : 분류기 배율
$I_0$ : 측정하고자 하는 전류[A]
$I$ : 전류계 최대 눈금[A]
$R_A$ : 전류계 내부저항[Ω]
$R_S$ : 분류기 저항[Ω]

$$M=1+\frac{R_A}{R_S}$$
$$M-1=\frac{R_A}{R_S}$$
$$R_S=\frac{R_A}{M-1}=\frac{R_A}{9-1}=\frac{R_A}{8}=\frac{1}{8}R_A\left(\frac{1}{8}\text{배}\right)$$

비교

**배율기 배율**

$$M=\frac{V_0}{V}=1+\frac{R_m}{R_v}$$

여기서, $M$ : 배율기 배율
$V_0$ : 측정하고자 하는 전압[V]
$V$ : 전압계의 최대 눈금[A]
$R_m$ : 배율기 저항[Ω]
$R_v$ : 전압계 내부저항[Ω]

답 ①

★
**26** **$R-L$ 직렬회로의 설명으로 옳은 것은?**

① $v_i$, $i$는 각 다른 주파수를 가지는 정현파이다.
② $v$는 $i$보다 위상이 $\theta=\tan^{-1}\left(\frac{\omega L}{R}\right)$만큼 앞선다.
③ 임피던스는 $\sqrt{R^2+\left(\frac{1}{X_L}\right)^2}$ 이다.
④ 용량성 회로이다.

해설 **$R-L$ 직렬회로**

(1) $v_i$, $i$는 각 **같은 주파수**를 가지는 **정현파**이다.
(2) $v$는 $i$보다 위상이 $\theta=\tan^{-1}\left(\frac{\omega L}{R}\right)$만큼 앞선다.
(3) 임피던스는 $\sqrt{R^2+X_L^{\ 2}}$ 이다.
(4) **유도성** 회로이다.

① 다른 → 같은
③ $\sqrt{R^2+\left(\frac{1}{X_L}\right)^2}$ → $\sqrt{R^2+X_L^{\ 2}}$
④ 용량성 → 유도성

답 ②

★★
**27** 두 개의 코일 $L_1$과 $L_2$를 동일방향으로 직렬 접속하였을 때 합성인덕턴스가 140mH이고, 반대방향으로 접속하였더니 합성인덕턴스가 20mH이었다. 이때, $L_1$ =40mH이면 결합계수 $K$는?

① 0.38 ② 0.5
③ 0.75 ④ 1.3

해설 (1) **가극성**(코일이 동일방향)

$$L=L_1+L_2+2M$$

여기서, $L$ : 합성인덕턴스[H]
$L_1$, $L_2$ : 자기인덕턴스[H]
$M$ : 상호인덕턴스[H]

(2) **감극성**(코일이 반대방향)

$$L=L_1+L_2-2M$$

여기서, $L$ : 합성인덕턴스[H]
$L_1$, $L_2$ : 자기인덕턴스[H]
$M$ : 상호인덕턴스[H]

동일방향 합성인덕턴스 : **140mH**
반대방향 합성인덕턴스 : **20mH**이므로

$$\begin{array}{r} 140=L_1+L_2+2M \\ -\ \ 20=L_1+L_2-2M \\ \hline 120=4M \end{array}$$

$$\frac{120}{4}=M$$

$$30\text{mH}=M$$

$$\therefore\ M=30\text{mH}$$

(3) **가극성**(코일이 동일방향) 식에서

$$L=L_1+L_2+2M$$

$$140=40+L_2+(2\times 30)$$

$$140-40-(2\times 30)=L_2$$

$$40=L_2$$

$$\therefore\ L_2=40\text{mH}$$

• $L_1$ : 40mH(문제에서 주어짐)

(4) **상호인덕턴스(mutual inductance)**

$$M=K\sqrt{L_1L_2}\ \text{[H]}$$

여기서, $M$ : 상호인덕턴스[H]
$K$ : 결합계수
$L_1$, $L_2$ : 자기인덕턴스[H]

**결합계수** $K$는

$$K=\frac{M}{\sqrt{L_1L_2}}=\frac{30}{\sqrt{40\times 40}}=0.75$$

답 ③

★★★
**28** 삼각파의 파형률 및 파고율은?

15.05.문28 (산업)

① 1.0, 1.0 ② 1.04, 1.226
③ 1.11, 1.414 ④ 1.155, 1.732

해설 **파형률**과 **파고율**

| 파 형 | 최대값 | 실효값 | 평균값 | 파형률 | 파고율 |
|---|---|---|---|---|---|
| • 정현파<br>• 전파정류파 | $V_m$ | $\frac{V_m}{\sqrt{2}}$ | $\frac{2V_m}{\pi}$ | 1.11 | 1.414<br>($\sqrt{2}$) |
| • 반구형파 | $V_m$ | $\frac{V_m}{\sqrt{2}}$ | $\frac{V_m}{2}$ | 1.414 | 1.414 |
| • **삼각파**<br>(3각파)<br>• 톱니파 | $V_m$ | $\frac{V_m}{\sqrt{3}}$ | $\frac{V_m}{2}$ | 1.155 | 1.732<br>($\sqrt{3}$) |
| • 구형파 | $V_m$ | $V_m$ | $V_m$ | 1 | 1 |
| • 반파정류파 | $V_m$ | $\frac{V_m}{2}$ | $\frac{V_m}{\pi}$ | 1.571 | 2 |

중요

**여러 가지 파형**

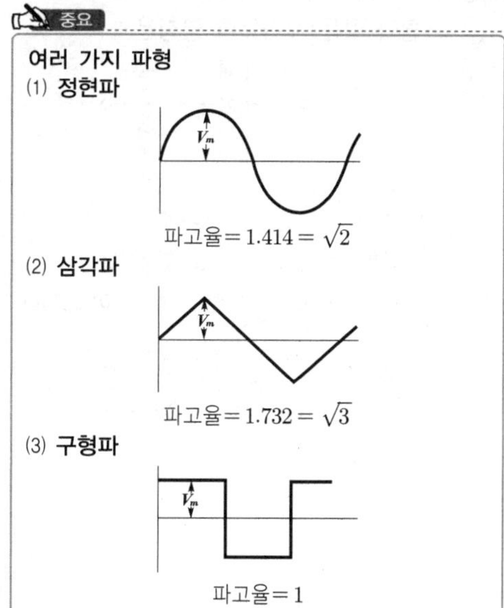

(1) 정현파
$V_m$
파고율 = 1.414 = $\sqrt{2}$
(2) 삼각파
$V_m$
파고율 = 1.732 = $\sqrt{3}$
(3) 구형파
$V_m$
파고율 = 1


답 ④

★★
**29** P형 반도체에 첨가되는 불순물에 관한 설명으로 옳은 것은?

16.10.문38
14.03.문35

① 5개의 가전자를 갖는다.
② 억셉터 불순물이라 한다.
③ 과잉전자를 만든다.
④ 게르마늄에는 첨가할 수 있으나 실리콘에는 첨가가 되지 않는다.

해설 **n형 반도체와 P형 반도체**

| n형 반도체 | P형 반도체 |
|---|---|
| 도너(donor) | 억셉터 |
| **5가**원소 | **3가**원소 |
| 부(⊖, negative) | 정(⊕, positive) |
| **과잉전자** : 가전자가 1개 남는 불순물 | **부족전자** : 가전자가 1개 모자라는 불순물 |
| **게르마늄**, **실리콘**에 모두 첨가 | **게르마늄**, **실리콘**에 모두 첨가 |

① 5개 → 3개
③ 과잉전자 → 부족전자
④ 게르마늄, 실리콘에 모두 첨가됨

**중요**

| n형 반도체 불순물 | P형 반도체 불순물 |
|---|---|
| ① **인**<br>② **비**소<br>③ **안**티몬 | ① 인듐<br>② 붕소<br>③ 알루미늄 |

**기억법** **인비안(인비안** 인디안)

답 ②

★★★

**30** 그림과 같은 게이트의 명칭은?

17.09.문25 (산업)

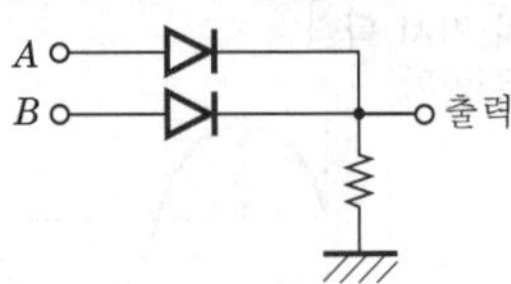


① AND ② OR
③ NOR ④ NAND

**해설** **OR 게이트**이므로 2개의 입력신호 중 **어느 하나**라도 1이면 출력신호가 1이 된다.

| 명 칭 | 회 로 |
|---|---|
| OR 게이트 | +5V, +5V, 0V, 출력, 5V, 전압 0 |
| AND 게이트 | 5V, +5V, +5V, 0V, 출력, 0V |

**중요**

**논리회로**

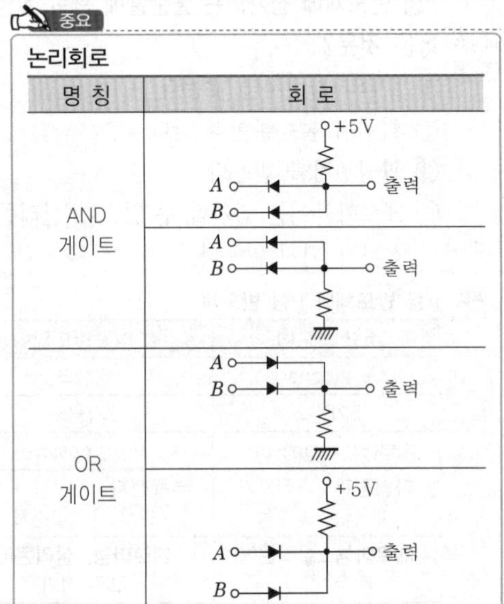


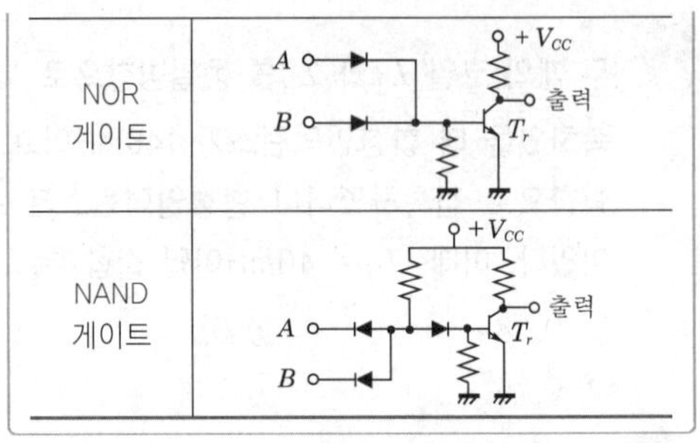


답 ②

★★

**31** 어떤 코일의 임피던스를 측정하고자 직류전압 30V를 가했더니 300W가 소비되고, 교류전압 100V를 가했더니 1200W가 소비되었다. 이 코일의 리액턴스는 몇 Ω인가?

98.07.문33
97.03.문25

① 2
② 4
③ 6
④ 8

**해설** (1) **직류전력**

$$P = VI = \frac{V^2}{R} = I^2 R$$

여기서, $P$ : 직류전력〔W〕
$V$ : 전압〔V〕
$I$ : 전류〔A〕

**직류전압**시 **저항** $R$는

$$R = \frac{V^2}{P} = \frac{30^2}{300} = 3\,\Omega$$

(2) **단상 교류전력**

$$P = VI\cos\theta = I^2 R$$

여기서, $P$ : 단상교류전력〔W〕
$V$ : 전압〔V〕
$I$ : 전류〔A〕
$\cos\theta$ : 역률
$R$ : 저항〔Ω〕

**교류전압**시 **전력** $P$는

$$P = I^2 R = \left(\frac{V}{\sqrt{R^2 + X_L^2}}\right)^2 R\text{〔W〕에서}$$

$$P = \left(\frac{V}{\sqrt{R^2 + {X_L}^2}}\right)^2 R$$

$$P = \left(\frac{V^2}{(\sqrt{R^2 + {X_L}^2})^2}\right) R$$

$$P = \frac{V^2}{R^2 + {X_L}^2} R$$

$$P(R^2 + {X_L}^2) = V^2 R$$

$$R^2 + {X_L}^2 = \frac{V^2 R}{P}$$

$${X_L}^2 = \frac{V^2 R}{P} - R^2$$

$\sqrt{X_L{}^2} = \sqrt{\dfrac{V^2R}{P} - R^2}$

$X_L = \sqrt{\dfrac{V^2R}{P} - R^2}$

**코일**의 **리액턴스** $X_L$은

$X_L = \sqrt{\dfrac{V^2R}{P} - R^2} = \sqrt{\dfrac{100^2 \times 3}{1200} - 3^2} = 4\Omega$

답 ②

## 32 ★★

06.03.문39
97.07.문22

**저항 6Ω과 유도리액턴스 8Ω이 직렬로 접속된 회로에 100V의 교류전압을 가할 때 흐르는 전류의 크기는 몇 A인가?**

① 10 ② 20
③ 50 ④ 80

해설 $R-L$ **직렬회로**

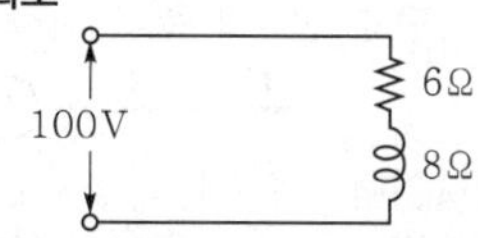


$$I = \frac{V}{Z} = \frac{V}{\sqrt{R^2 + X_L{}^2}}$$

여기서, $I$ : 전류〔A〕
$V$ : 전압〔V〕
$Z$ : 임피던스〔Ω〕
$R$ : 저항〔Ω〕
$X_L$ : 유도리액턴스〔Ω〕

**전류** $I$는

$I = \dfrac{V}{\sqrt{R^2 + X_L{}^2}} = \dfrac{100}{\sqrt{6^2 + 8^2}} = 10\text{A}$

답 ①

## 33 ★

**백열전등의 점등스위치로는 다음 중 어떤 스위치를 사용하는 것이 적합한가?**

① 복귀형 a접점스위치
② 복귀형 b접점스위치
③ 유지형 스위치
④ 전자접촉기

해설 **스위치**

| 구 분 | 복귀형 스위치 | 유지형 스위치 |
|---|---|---|
| 정의 | 조작 중에만 접점 상태가 변하고 조작을 중지하면 **원래 상태**로 **복귀**하는 스위치 | 조작하면 접점의 개폐 상태가 그대로 **유지**되는 스위치 |
| 종류 | ① **푸시버튼스위치**(push button switch)<br>② **풋스위치**(foot switch) | ① **마이크로스위치**<br>② **텀블러스위치**(전등 점등스위치)<br>③ **셀렉터스위치** |

답 ③

## 34 ★

**$L-C$ 직렬회로에서 직류전압 $E$를 $t=0$에서 인가할 때 흐르는 전류는?**

① $\dfrac{E}{\sqrt{L/C}}\cos\dfrac{1}{\sqrt{LC}}t$

② $\dfrac{E}{\sqrt{L/C}}\sin\dfrac{1}{\sqrt{LC}}t$

③ $\dfrac{E}{\sqrt{C/L}}\cos\dfrac{1}{\sqrt{LC}}t$

④ $\dfrac{E}{\sqrt{C/L}}\sin\dfrac{1}{\sqrt{LC}}t$

해설 $L-C$ **직렬회로 과도현상**

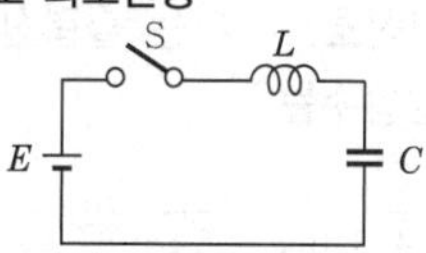


S를 ON하고 $t$**초 후**에 **전류**는

$$i(t) = \frac{E}{\sqrt{\dfrac{L}{C}}}\sin\frac{1}{\sqrt{LC}}t\,\text{〔A〕}$$ : 불변진동 전류

여기서, $i(t)$ : 과도전류〔A〕
$E$ : 직류전압〔V〕
$L$ : 인덕턴스〔H〕
$C$ : 커패시턴스〔F〕

답 ②

## 35 ★★★

13.03.문22 (산업)

**피드백제어계에 대한 설명 중 틀린 것은?**

① 감대역폭이 증가한다.
② 정확성이 있다.
③ 비선형에 대한 효과가 증대된다.
④ 발진을 일으키는 경향이 있다.

해설 **피드백제어**(feedback control)
출력신호를 입력신호로 되돌려서 **입력**과 **출력**을 **비교**함으로써 **정확한 제어**가 가능하도록 한 제어

중요

**피드백제어**의 **특징**
(1) **정확도**(정확성)가 **증가**한다.
(2) **대역폭**이 **크다**.
(3) 계의 특성변화에 대한 입력 대 출력비의 감도가 **감소**한다.
(4) 구조가 **복잡**하고 **설치비용**이 **고가**이다.
(5) **폐회로**로 구성되어 있다.
(6) 입력과 출력을 비교하는 장치가 있다.
(7) 오차를 **자동정정**한다.
(8) **발진**을 일으키고 **불안정한 상태**로 되어가는 경향성이 있다.
(9) **제어장치**, **제어대상**, **검출부** 등으로 구성한다.
(10) 제어결과를 측정, 목표로 하는 동작과 비교 수정동작한다.

(11) **비선형**과 **왜형**에 대한 **효과**는 **감소**한다.

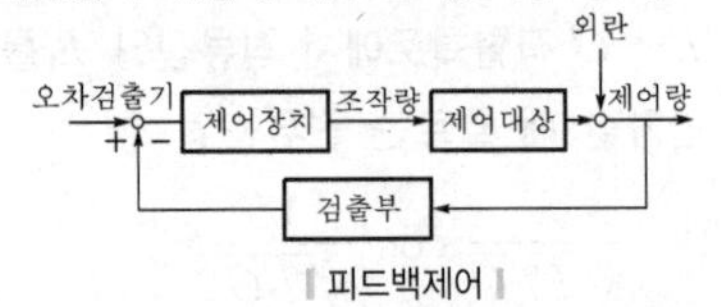


| 피드백제어 |

③ 증대 → 감소

답 ③

## 36

17.09.문22 (산업)

어떤 계를 표시하는 미분방정식이 $5\frac{d^2}{dt^2}y(t)+3\frac{d}{dt}y(t)-2y(t)=x(t)$라고 한다. $x(t)$는 입력신호, $y(t)$는 출력신호라고 하면 이 계의 전달함수는?

① $\frac{1}{(s+1)(s-5)}$ ② $\frac{1}{(s-1)(s+5)}$

③ $\frac{1}{(5s-1)(s+2)}$ ④ $\frac{1}{(5s-2)(s+1)}$

해설 **라플라스 변환**하면

$(5s^2+3s-2)X(s)=Y(s)$

전달함수

$$G(s)=\frac{Y(s)}{X(s)}=\frac{1}{(5s^2+3s-2)}=\frac{1}{(5s-2)(s+1)}$$

용어

**전달함수**
모든 초기값을 0으로 하였을 때 출력신호의 라플라스 변환과 입력신호의 라플라스 변환의 비

답 ④

## 37

18.03.문36
17.09.문24
07.03.문39
04.09.문28
02.05.문36

측정기의 측정범위 확대를 위한 방법의 설명으로 틀린 것은?

① 전류의 측정범위 확대를 위하여 분류기를 사용하고, 전압의 측정범위 확대를 위하여 배율기를 사용한다.

② 분류기는 계기에 직렬로, 배율기는 병렬로 접속한다.

③ 측정기 내부저항을 $R_a$, 분류기저항을 $R_s$라 할 때, 분류기의 배율은 $1+\frac{R_a}{R_s}$로 표시된다.

④ 측정기 내부저항을 $R_v$, 배율기저항을 $R_m$이라 할 때, 배율기의 배율은 $1+\frac{R_m}{R_v}$으로 표시된다.

해설 **배율기**와 **분류기**

| 구분 | 내용 |
|---|---|
| 배율기 | ① **전압계**와 **직렬**접속<br>② 전압의 측정범위 확대<br>$M=1+\frac{R_m}{R_v}$<br>여기서, $M$ : 배율기 배율<br>$V_0$ : 측정하고자 하는 전압〔V〕<br>$V$ : 전압계의 최대눈금〔A〕<br>$R_v$ : 전압계 내부저항〔Ω〕<br>$R_m$ : 배율기〔Ω〕 |
| 분류기 | ① **전류계**와 **병렬**접속<br>② 전류의 측정범위 확대<br>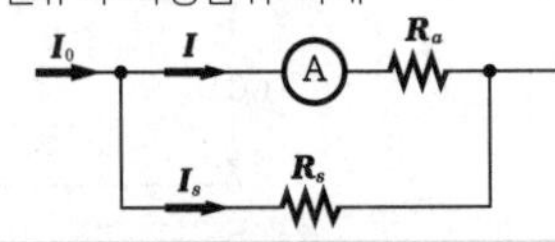<br>$M=1+\frac{R_a}{R_s}$<br>여기서, $M$ : 분류기 배율<br>$I_0$ : 측정하고자 하는 전류〔A〕<br>$I$ : 전류계의 최대눈금〔A〕<br>$I_s$ : 분류기에 흐르는 전류〔A〕<br>$R_a$ : 전류계 내부저항〔Ω〕<br>$R_s$ : 분류기〔Ω〕 |

② 직렬 → 병렬, 병렬 → 직렬

비교

**전압계**와 **전류계**의 **연결**

| 전압계 | 전류계 |
|---|---|
| 부하와 **병렬**연결 | 부하와 **직렬**연결 |

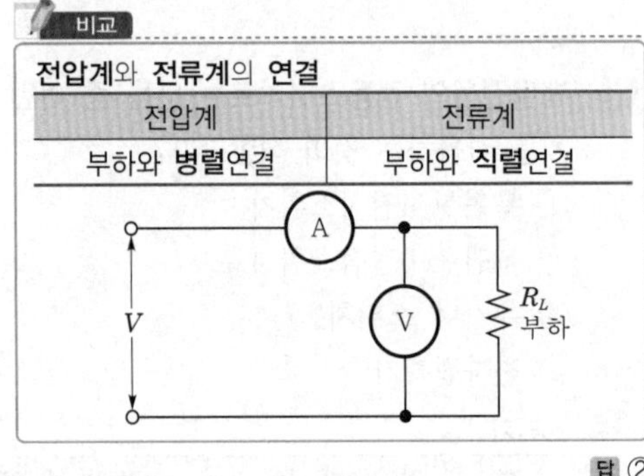


답 ②

## 38

19.03.문24
17.09.문33
17.03.문23
16.05.문36
16.03.문39
15.09.문23
13.09.문30
13.06.문35
09.05.문22 (산업)

논리식 $X=AB\overline{C}+\overline{A}BC+\overline{A}B\overline{C}$를 가장 간소화하면?

① $B(\overline{A}+\overline{C})$

② $B(\overline{A}+A\overline{C})$

③ $B(\overline{A}C+\overline{C})$

④ $B(A+C)$

**해설** **논리식**

$$X = AB\overline{C} + \overline{A}BC + \overline{A}B\overline{C}$$
$$= AB\overline{C} + \overline{A}B\underbrace{(C+\overline{C})}_{X+\overline{X}=1}$$
$$= AB\overline{C} + \underbrace{\overline{A}B1}_{X\cdot 1 = X}$$
$$= AB\overline{C} + \overline{A}B$$
$$= B\underbrace{(A\overline{C} + \overline{A})}_{\overline{X}+X\overline{Y}=\overline{X}+\overline{Y}}$$
$$= B(\overline{A} + \overline{C})$$

**중요**

**불대수의 정리**

| 논리합 | 논리곱 | 비고 |
|---|---|---|
| $X+0=X$ | $X\cdot 0=0$ | - |
| $X+1=1$ | $X\cdot 1=X$ | - |
| $X+X=X$ | $X\cdot X=X$ | - |
| $X+\overline{X}=1$ | $X\cdot\overline{X}=0$ | - |
| $X+Y=Y+X$ | $X\cdot Y=Y\cdot X$ | 교환법칙 |
| $X+(Y+Z)$ $=(X+Y)+Z$ | $X(YZ)=(XY)Z$ | 결합법칙 |
| $X(Y+Z)$ $=XY+XZ$ | $(X+Y)(Z+W)$ $=XZ+XW+YZ+YW$ | 분배법칙 |
| $X+XY=X$ | $\overline{X}+XY=\overline{X}+Y$<br>$\overline{X}+X\overline{Y}=\overline{X}+\overline{Y}$<br>$X+\overline{X}Y=X+Y$<br>$X+\overline{X}\,\overline{Y}=X+\overline{Y}$ | 흡수법칙 |
| $(\overline{X+Y})$ $=\overline{X}\cdot\overline{Y}$ | $(\overline{X\cdot Y})=\overline{X}+\overline{Y}$ | 드모르간의 정리 |

답 ①

★

## 39 원형 단면적이 $S$[m²], 평균자로의 길이가 $l$[m], 1m당 권선수가 $N$회인 공심 환상솔레노이드에 $I$[A]의 전류를 흘릴 때 철심 내의 자속은?

① $\dfrac{NI}{l}$　　② $\dfrac{\mu_0 SNI}{l}$

③ $\mu_0 SNI$　　④ $\dfrac{\mu_0 SN^2 I}{l}$

**해설** **자속**

$$\phi = BS = \mu HS = \frac{\mu SNI}{l} = \frac{NI}{\dfrac{l}{\mu S}} = \frac{NI}{R_m} = \frac{F}{R_m}\,\text{[Wb]}$$

여기서, $\phi$ : 자속[Wb]
$B$ : 자속밀도[Wb/m²]
$H$ : 자계의 세기[AT/m]
$F$ : 기자력[AT]
$l$ : 자로의 길이[m]
$N$ : 권선수
$I$ : 전류[A]
$R_m$ : 자기저항[AT/Wb]
$S$ : 단면적[m²]

$\phi = \dfrac{\mu SNI}{l} = \dfrac{\mu_0\mu_s SNI}{l}$ 에서 공심이므로 $\mu_s \fallingdotseq 1$

$\phi = \dfrac{\mu_0 SNI}{l}$ 에서

1m당 권선수가 $N$회라고 했으므로 자로의 길이 삭제

$\phi = \mu_0 SNI$

답 ③

★★

## 40 무한장 솔레노이드 자계의 세기에 대한 설명으로 틀린 것은?

16.03.문22

① 전류의 세기에 비례한다.

② 코일의 권수에 비례한다.

③ 솔레노이드 내부에서의 자계의 세기는 위치에 관계없이 일정한 평등자계이다.

④ 자계의 방향과 암페어 경로 간에 서로 수직인 경우 자계의 세기가 최고이다.

**해설** **무한장 솔레노이드**

(1) **내부자계**

$$H_i = nI$$

여기서, $H_i$ : 내부자계의 세기[AT/m]
$n$ : 단위길이당 권수(1m당 권수)
$I$ : 전류(전류의 세기)[A]

일반적으로 자계의 세기는 내부자계를 의미하므로 위 식에서

① 전류의 세기에 비례
② 코일의 권수에 비례
③ 내부자계는 평등자계

(2) **외부자계**

$$H_e = 0$$

여기서, $H_e$ : 외부자계의 세기[AT/m]

④ 자계의 방향과 무관

답 ④

# 제 3 과목 소방관계법규

★★★

## 41 소방기본법령상 소방본부 종합상황실 실장이 소방청의 종합상황실에 서면·모사전송 또는 컴퓨터통신 등으로 보고하여야 하는 화재의 기준 중 틀린 것은?

17.05.문53

① 항구에 매어둔 총 톤수가 1000톤 이상인 선박에서 발생한 화재

② 층수가 5층 이상이거나 병상이 30개 이상인 종합병원·정신병원·한방병원·요양소에서 발생한 화재

③ 지정수량의 1000배 이상의 위험물의 제조소·저장소·취급소에서 발생한 화재

④ 연면적 15000m² 이상인 공장 또는 화재경계지구에서 발생한 화재

해설 **기본규칙 3조**
**119 종합상황실 실장의 보고화재**

(1) 사망자 **5명** 이상 화재
(2) 사상자 **10명** 이상 화재
(3) 이재민 **100명** 이상 화재
(4) 재산피해액 **50억원** 이상 화재
(5) 관광호텔, 층수가 11층 이상인 건축물, 지하상가, 시장, 백화점
(6) **5층** 이상 또는 객실 **30실** 이상인 **숙박시설**
(7) **5층** 이상 또는 병상 **30개** 이상인 **종합병원·정신병원·한방병원·요양소**
(8) **1000t** 이상인 선박(항구에 매어둔 것), 철도차량, 항공기, 발전소 또는 변전소
(9) 지정수량 **3000배** 이상의 위험물 제조소·저장소·취급소
(10) 연면적 **15000m²** 이상인 **공장** 또는 **화재경계지구**에서 발생한 화재
(11) **가스** 및 **화약류**의 폭발에 의한 화재
(12) **관공서·학교·정부미도정공장·문화재·지하철** 또는 지하구의 **화재**

③ 1000배 → 3000배

※ **119 종합상황실** : 화재·재난·재해·구조·구급 등이 필요한 때에 신속한 소방활동을 위한 정보를 수집·전파하는 소방서 또는 소방본부의 지령관제실

답 ③

★★★
## 42 소방기본법령상 소방용수시설별 설치기준 중 틀린 것은?

17.03.문54
16.05.문44
16.05.문48

① 급수탑 개폐밸브는 지상에서 1.5m 이상 1.7m 이하의 위치에 설치하도록 할 것
② 소화전은 상수도와 연결하여 지하식 또는 지상식의 구조로 하고, 소방용 호스와 연결하는 소화전의 연결금속구의 구경은 100mm로 할 것
③ 저수조 흡수관의 투입구가 사각형의 경우에는 한 변의 길이가 60cm 이상, 원형의 경우에는 지름이 60cm 이상일 것
④ 저수조는 지면으로부터의 낙차가 4.5m 이하일 것

해설 **기본규칙 〔별표 3〕**
**소방용수시설별 설치기준**

(1) **소화전 및 급수탑**

| 소화전 | 급수탑 |
|---|---|
| • **65mm** : 연결금속구의 구경 | • **100mm** : 급수배관의 구경<br>• **1.5~1.7m** 이하 : 개폐밸브 높이<br>기억법 57탑(57층 탑) |

(2) **투입구** : **60cm** 이상
(3) **낙차** : **4.5m** 이하

② 100mm → 65mm

답 ②

★★
## 43 소방기본법상 소방본부장, 소방서장 또는 소방대장의 권한이 아닌 것은?

19.03.문56
17.05.문48

① 화재, 재난·재해, 그 밖의 위급한 상황이 발생한 현장에서 소방활동을 위하여 필요할 때에는 그 관할구역에 사는 사람 또는 그 현장에 있는 사람으로 하여금 사람을 구출하는 일 또는 불을 끄거나 불이 번지지 아니하도록 하는 일을 하게 할 수 있다.
② 소방활동을 할 때에 긴급한 경우에는 이웃한 소방본부장 또는 소방서장에게 소방업무의 응원을 요청할 수 있다.
③ 사람을 구출하거나 불이 번지는 것을 막기 위하여 필요할 때에는 화재가 발생하거나 불이 번질 우려가 있는 소방대상물 및 토지를 일시적으로 사용하거나 그 사용의 제한 또는 소방활동에 필요한 처분을 할 수 있다.
④ 소방활동을 위하여 긴급하게 출동할 때에는 소방자동차의 통행과 소방활동에 방해가 되는 주차 또는 정차된 차량 및 물건 등을 제거하거나 이동시킬 수 있다.

해설 **소방본부장·소방서장·소방대장**

(1) 소방활동 **종**사명령(기본법 24조) ← 보기 ①
(2) **강**제처분·제거(기본법 25조) ← 보기 ③, ④
(3) **피**난명령(기본법 26조)
(4) 댐·저수지 사용 등 위험시설 등에 대한 긴급조치(기본법 27조)

기억법 **소대종강피(소방대의 종강파티)**

② 소방본부장, 소방서장의 권한(기본법 11조)

답 ②

★
## 44 위험물안전관리법령상 위험물의 안전관리와 관련된 업무를 수행하는 자로서 소방청장이 실시하는 안전교육대상자가 아닌 것은?

① 안전관리자로 선임된 자
② 탱크시험자의 기술인력으로 종사하는 자
③ 위험물운송자로 종사하는 자
④ 제조소 등의 관계인

해설 **위험물령 20조**
**안전교육대상자**

(1) **안전관리자**로 선임된 자
(2) 탱크시험자의 **기술인력**으로 종사하는 자
(3) **위험물운반자**로 종사하는 자
(4) **위험물운송자**로 종사하는 자

답 ④

★★★
**45** 14.09.문52

**화재예방, 소방시설 설치·유지 및 안전관리에 관한 법상 소방안전관리대상물의 소방안전관리자 업무가 아닌 것은?**

① 소방훈련 및 교육
② 자위소방대 및 초기대응체계의 구성·운영·교육
③ 피난시설, 방화구획 및 방화시설의 유지·설치
④ 피난계획에 관한 사항과 대통령령으로 정하는 사항이 포함된 소방계획서의 작성 및 시행

해설 **소방시설법 20조 ⑥항**
**관계인 및 소방안전관리자의 업무**

| 특정소방대상물 (관계인) | 소방안전관리대상물 (소방안전관리자) |
|---|---|
| ① 피난시설·방화구획 및 방화시설의 유지·관리<br>② 소방시설, 그 밖의 소방 관련시설의 유지·관리<br>③ **화기취급**의 감독<br>④ 소방안전관리에 필요한 업무 | ① 피난시설·방화구획 및 방화시설의 유지·관리<br>② 소방시설, 그 밖의 소방 관련시설의 유지·관리<br>③ **화기취급**의 감독<br>④ 소방안전관리에 필요한 업무<br>⑤ **소방계획서**의 작성 및 시행(대통령령으로 정하는 사항 포함)<br>⑥ **자위소방대** 및 **초기대응체계**의 구성·운영·교육<br>⑦ 소방훈련 및 교육 |

③ 설치 → 관리

용어

| 특정소방대상물 | 소방안전관리대상물 |
|---|---|
| 소방시설을 설치하여야 하는 소방대상물로서 대통령령으로 정하는 것 | 대통령령으로 정하는 특정소방대상물 |

답 ③

★★★
**46** 16.05.문58 15.09.문41 15.05.문57 10.05.문56

**화재예방, 소방시설 설치·유지 및 안전관리에 관한 법령상 소방용품이 아닌 것은?**

① 소화약제 외의 것을 이용한 간이소화용구
② 자동소화장치
③ 가스누설경보기
④ 소화용으로 사용하는 방염제

해설 **소방시설법 시행령 6조**
**소방용품 제외 대상**

(1) 주거용 주방자동소화장치용 소화약제
(2) 가스자동소화장치용 소화약제
(3) 분말자동소화장치용 소화약제
(4) 고체에어로졸자동소화장치용 소화약제
(5) 소화약제 외의 것을 이용한 간이소화용구
(6) 휴대용 비상조명등
(7) 유도표지
(8) 벨용 푸시버튼스위치
(9) 피난밧줄
(10) 옥내소화전함
(11) 방수구
(12) 안전매트
(13) 방수복

답 ①

★★★
**47** 15.05.문53 15.03.문56 14.03.문55 13.06.문43 12.05.문51

**화재예방, 소방시설 설치·유지 및 안전관리에 관한 법령상 스프링클러설비를 설치하여야 하는 특정소방대상물의 기준 중 틀린 것은? (단, 위험물 저장 및 처리 시설 중 가스시설 또는 지하구는 제외한다.)**

① 숙박이 가능한 수련시설 용도로 사용되는 시설의 바닥면적의 합계가 600m² 이상인 것은 모든 층
② 창고시설(물류터미널은 제외)로서 바닥면적 합계가 5000m² 이상인 경우에는 모든 층
③ 판매시설, 운수시설 및 창고시설(물류터미널에 한정)로서 바닥면적의 합계가 5000m² 이상이거나 수용인원이 500명 이상인 경우에는 모든 층
④ 복합건축물로서 연면적이 3000m² 이상인 경우에는 모든 층

해설 **소방시설법 시행령 [별표 5]**
**스프링클러설비의 설치대상**

| 설치대상 | 조 건 |
|---|---|
| ① 문화 및 집회시설, 운동시설<br>② 종교시설 | • 수용인원 : **100명** 이상<br>• 영화상영관 : 지하층·무창층 **500m²**(기타 **1000m²**) 이상<br>• 무대부<br>– 지하층·무창층·**4층** 이상 **300m²** 이상<br>– 1~3층 **500m²** 이상 |
| ③ 판매시설<br>④ 운수시설<br>⑤ 물류터미널 | • 수용인원 : **500명** 이상<br>• 바닥면적합계 **5000m²** 이상 |
| ⑥ 창고시설(물류터미널 제외) | • 바닥면적합계 **5000m²** 이상 |

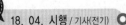

| | |
|---|---|
| ⑦ 노유자시설<br>⑧ 정신의료기관<br>⑨ 수련시설(숙박가능한 것)<br>⑩ 종합병원, 병원, 치과병원, 한방병원 및 요양병원(정신병원 제외) | • 바닥면적합계 $600m^2$ 이상 |
| ⑪ 지하층·무창층·4층 이상 | • 바닥면적 $1000m^2$ 이상 |
| ⑫ 지하가(터널 제외) | • 연면적 $1000m^2$ 이상 |
| ⑬ 10m 넘는 랙크식 창고 | • 연면적 $1500m^2$ 이상 |
| ⑭ 복합건축물<br>⑮ 기숙사 | • 연면적 $5000m^2$ 이상 : 전층 |
| ⑯ 6층 이상 | • 전층 |
| ⑰ 보일러실·연결통로 | • 선부 |
| ⑱ 특수가연물 저장·취급 | • 지정수량 1000배 이상 |

④ $3000m^2$ → $5000m^2$

답 ④

★★
## 48
14.05.문46
13.03.문60

**소방기본법령상 특수가연물의 저장 및 취급기준 중 다음 (　　) 안에 알맞은 것은? (단, 석탄·목탄류를 발전용으로 저장하는 경우는 제외한다.)**

> 살수설비를 설치하거나, 방사능력 범위에 해당 특수가연물이 포함되도록 대형 수동식 소화기를 설치하는 경우에는 쌓는 높이를 ( ㉠ )m 이하, 쌓는 부분의 바닥면적을 ( ㉡ )$m^2$ 이하로 할 수 있다.

① ㉠ 10, ㉡ 30　② ㉠ 10, ㉡ 5
③ ㉠ 15, ㉡ 100　④ ㉠ 15, ㉡ 200

해설 **기본령 7조**
**특수가연물의 저장·취급기준**
(1) **품명별**로 구분하여 쌓을 것
(2) 쌓는 높이는 **10m** 이하가 되도록 할 것
(3) 쌓는 부분의 바닥면적은 **$50m^2$**(석탄·목탄류는 **$200m^2$**) 이하가 되도록 할 것[단, 살수설비를 설치하거나 **대형 수동식 소화기**를 설치시 높이 **15m** 이하, 바닥면적 **$200m^2$**(석탄·목탄류는 **$300m^2$** 이하 가능)]
(4) 쌓는 부분의 바닥면적 사이는 **1m** 이상이 되도록 할 것
(5) 취급장소에는 **품명·최대수량** 및 **화기취급**의 **금지표지** 설치

답 ④

★★★
## 49
19.09.문42
17.05.문46
15.03.문55
14.05.문44
13.09.문60

**위험물안전관리법상 위험물시설의 설치 및 변경 등에 관한 기준 중 다음 (　　) 안에 알맞은 것은?**

> 제조소 등의 위치·구조 또는 설비의 변경 없이 당해 제조소 등에서 저장하거나 취급하는 위험물의 품명·수량 또는 지정수량의 배수를 변경하고자 하는 자는 변경하고자 하는 날의 ( ㉠ )일 전까지 ( ㉡ )이 정하는 바에 따라 ( ㉢ )에게 신고하여야 한다.

① ㉠ 1, ㉡ 행정안전부령, ㉢ 시·도지사
② ㉠ 1, ㉡ 대통령령, ㉢ 소방본부장·소방서장
③ ㉠ 14, ㉡ 행정안전부령, ㉢ 시·도지사
④ ㉠ 14, ㉡ 대통령령, ㉢ 소방본부장·소방서장

해설 **위험물법 6조**
**제조소 등의 설치허가**
(1) **설치허가자**: **시·도지사**
(2) **설치허가 제외 장소**
㉠ 주택의 난방시설(공동주택의 중앙난방시설은 제외)을 위한 **저장소** 또는 **취급소**
㉡ 지정수량 **20배** 이하의 **농예용·축산용·수산용** 난방시설 또는 건조시설의 **저장소**
(3) **제조소 등의 변경신고**: 변경하고자 하는 날의 **1일** 전까지 **시·도지사**에게 **신고**(행정안전부령)

기억법 **농축수2**

참고

**시·도지사**
(1) 특별시장
(2) 광역시장
(3) 특별자치시장
(4) 도지사
(5) 특별자치도지사

답 ①

★
## 50
13.09.문57

**화재예방, 소방시설 설치·유지 및 안전관리에 관한 법령상 소방안전관리대상물의 소방계획서에 포함되어야 하는 사항이 아닌 것은?**

① 예방규정을 정하는 제조소 등의 위험물 저장·취급에 관한 사항
② 소방시설·피난시설 및 방화시설의 점검·정비계획
③ 특정소방대상물의 근무자 및 거주자의 자위소방대 조직과 대원의 임무에 관한 사항
④ 방화구획, 제연구획, 건축물의 내부 마감재료(불연재료·준불연재료 또는 난연재료로 사용된 것) 및 방염물품의 사용현황과 그 밖의 방화구조 및 설비의 유지·관리계획

해설 **소방시설법 시행령 24조**
**소방안전관리대상물의 소방계획서 작성**
(1) 소방안전관리대상물의 위치·구조·연면적·용도 및 수용인원 등의 **일반현황**
(2) 화재예방을 위한 **자체점검계획** 및 **진압대책**
(3) 특정소방대상물의 **근무자** 및 거주자의 **자위소방대** 조직과 대원의 임무에 관한 사항
(4) **소방시설·피난시설** 및 **방화시설**의 점검·정비계획
(5) 방화구획, 제연구획, 건축물의 내부 마감재료(불연재료·준불연재료 또는 난연재료로 사용된 것) 및 방염물품의 사용현황과 그 밖의 방화구조 및 설비의 유지·관리계획

① 해당 없음

답 ①

★

**51** 14.09.문50

**소방공사업법령상 공사감리자 지정대상 특정소방대상물의 범위가 아닌 것은?**

① 캐비닛형 간이스프링클러설비를 신설·개설하거나 방호·방수구역을 증설할 때
② 물분무등소화설비(호스릴방식의 소화설비는 제외)를 신설·개설하거나 방호·방수구역을 증설할 때
③ 제연설비를 신설·개설하거나 제연구역을 증설할 때
④ 연소방지설비를 신설·개설하거나 살수구역을 증설할 때

해설 **공사업령 10조**
소방공사감리자 지정대상 특정소방대상물의 범위
(1) **옥내소화전설비**를 신설·개설 또는 **증설**할 때
(2) **스프링클러설비** 등(캐비닛형 간이스프링클러설비 제외)을 신설·개설하거나 방호·**방수구역**을 **증설**할 때
(3) **물분무등소화설비**(호스릴방식의 소화설비 제외)를 신설·개설하거나 방호·방수구역을 **증설**할 때
(4) **옥외소화전설비**를 신설·개설 또는 **증설**할 때
(5) **자동화재탐지설비**를 신설·개설할 때
(6) 비상방송설비를 신설 또는 개설할 때
(7) **통합감시시설**을 신설 또는 **개설**할 때
(8) 비상조명등을 신설 또는 개설할 때
(9) **소화용수설비**를 신설 또는 **개설**할 때
(10) 다음의 **소화활동설비**에 대하여 시공할 때
㉠ 제연설비를 신설·개설하거나 제연구역을 증설할 때
㉡ 연결송수관설비를 신설 또는 개설할 때
㉢ 연결살수설비를 신설·개설하거나 송수구역을 증설할 때
㉣ 비상콘센트설비를 신설·개설하거나 전용회로를 증설할 때
㉤ 무선통신보조설비를 신설 또는 개설할 때
㉥ 연소방지설비를 신설·개설하거나 살수구역을 증설할 때

① 캐비닛형 간이스프링클러설비는 제외

답 ①

★★★

**52** 13.03.문52 10.09.문52

**화재예방, 소방시설 설치·유지 및 안전관리에 관한 법상 특정소방대상물에 소방시설이 화재안전기준에 따라 설치 또는 유지·관리되어 있지 아니할 때 해당 특정소방대상물의 관계인에게 필요한 조치를 명할 수 있는 자는?**

① 소방본부장 ② 소방청장
③ 시·도지사 ④ 행정안전부장관

해설 **소방시설법 9조**
특정소방대상물에 설치하는 소방시설 등의 유지·관리 명령 : **소방본부장·소방서장**

중요

**소방본부장·소방서장**
(1) 화재의 예방조치(기본법 12조)
(2) 방치된 위험물보관(기본법 12조)
(3) 화재경계지구의 소방특별조사(기본법 13조)
(4) 화재위험경보발령(기본법 14조)

답 ①

★★

**53** 15.03.문50 (산업)

**위험물안전관리법상 업무상 과실로 제조소 등에서 위험물을 유출·방출 또는 확산시켜 사람의 생명·신체 또는 재산에 대하여 위험을 발생시킨 자에 대한 벌칙기준으로 옳은 것은?**

① 5년 이하의 금고 또는 2000만원 이하의 벌금
② 5년 이하의 금고 또는 7000만원 이하의 벌금
③ 7년 이하의 금고 또는 2000만원 이하의 벌금
④ 7년 이하의 금고 또는 7000만원 이하의 벌금

해설 **위험물법 34조**
위험물 유출·방출·확산

| 위험발생 | 사람사상 |
|---|---|
| **7년** 이하의 금고 또는 **7000만원** 이하의 벌금 | **10년** 이하의 징역 또는 금고나 **1억원** 이하의 벌금 |

답 ④

★★★

**54** 19.03.문42 13.03.문48 12.05.문55 10.09.문49

**화재예방, 소방시설 설치·유지 및 안전관리에 관한 법상 소방시설 등에 대한 자체점검을 하지 아니하거나 관리업자 등으로 하여금 정기적으로 점검하게 하지 아니한 자에 대한 벌칙기준으로 옳은 것은?**

① 6개월 이하의 징역 또는 1000만원 이하의 벌금
② 1년 이하의 징역 또는 1000만원 이하의 벌금
③ 3년 이하의 징역 또는 1500만원 이하의 벌금
④ 3년 이하의 징역 또는 3000만원 이하의 벌금

해설 **1년 이하의 징역 또는 1000만원 이하의 벌금**
(1) 소방시설의 **자체점검** 미실시자(소방시설법 49조)
(2) **소방시설관리사증** 대여(소방시설법 49조)
(3) **소방시설관리업**의 등록증 또는 등록수첩 대여(소방시설법 49조)
(4) 제조소 등의 정기점검기록 허위작성(위험물법 35조)
(5) **자체소방대**를 두지 않고 제조소 등의 허가를 받은 자(위험물법 35조)
(6) **위험물 운반용기**의 검사를 받지 않고 유통시킨 자(위험물법 35조)

(7) 제조소 등의 긴급사용정지 위반자(위험물법 35조)
(8) 영업정지처분 위반자(공사업법 36조)
(9) **거짓 감리자**(공사업법 36조)
(10) 공사감리자 미지정자(공사업법 36조)
(11) 소방시설 설계 · 시공 · 감리 하도급자(공사업법 36조)
(12) 소방시설공사 재하도급자(공사업법 36조)
(13) 소방시설업자가 아닌 자에게 소방시설공사 등을 도급한 관계인(공사업법 36조)

답 ②

**55** 소방기본법상 소방활동구역의 설정권자로 옳은 것은?

17.05.문48

① 소방본부장 ② 소방서장
③ 소방대장 ④ 시 · 도지사

해설 (1) 소방**대**장 : 소방**활**동**구**역의 설정(기본법 23조)

기억법 대구활(대구의 활동)

(2) **소**방본부장 · **소**방서장 · 소방**대**장
㉠ 소방활동 **종**사명령(기본법 24조)
㉡ **강**제처분(기본법 25조)
㉢ **피**난명령(기본법 26조)
㉣ 댐 · 저수지 사용 등 위험시설 등에 대한 긴급조치(기본법 27조)

기억법 소대종강피(소방대의 종강파티)

답 ③

**56** 소방기본법령상 위험물 또는 물건의 보관기간은 소방본부 또는 소방서의 게시판에 공고하는 기간의 종료일 다음날부터 며칠로 하는가?

19.04.문48
19.04.문56
16.05.문49
14.03.문58
11.06.문49

① 3 ② 4
③ 5 ④ 7

해설 7일
(1) 위험물이나 물건의 보관기간(기본령 3조)
(2) 건축허가 등의 취소통보(소방시설법 시행규칙 4조)
(3) **소방공사 감리원**의 **배치**통보일(공사업규칙 17조)
(4) 소방공사 감리결과 통보 · 보고일(공사업규칙 19조)
(5) 소방**특**별조사 조사대상 · **기**간 · 사유 **서**면 통지일(소방시설법 4조 3)
(6) 종합정밀점검 · 작동기능점검 결과보고서 제출일(소방시설법 시행규칙 19조)

기억법 감배7(감 배치), 특기서7(서치하다.)

답 ④

**57** 화재예방, 소방시설 설치 · 유지 및 안전관리에 관한 법령상 비상경보설비를 설치하여야 할 특정소방대상물의 기준 중 옳은 것은? (단, 지하구, 모래 · 석재 등 불연재료 창고 및 위험물 저장 · 처리시설 중 가스시설은 제외한다.)

17.09.문74
15.05.문52
12.05.문56

① 지하층 또는 무창층의 바닥면적이 $50m^2$ 이상인 것
② 연면적 $400m^2$ 이상인 것
③ 지하가 중 터널로서 길이가 300m 이상인 것
④ 30명 이상의 근로자가 작업하는 옥내작업장

해설 **소방시설법 시행령 〔별표 5〕**
**비상경보설비의 설치대상**

| 설치대상 | 조 건 |
|---|---|
| 지하층 · 무창층 | • 바닥면적 **$150m^2$**(공연장 **$100m^2$**) 이상 |
| 전부 | • 연면적 **$400m^2$** 이상 |
| 지하가 중 터널길이 | • 길이 **500m** 이상 |
| 옥내작업장 | • **50명** 이상 작업 |

① $50m^2$ → $150m^2$
③ 300m → 500m
④ 30명 → 50명

답 ②

**58** 화재예방, 소방시설 설치 · 유지 및 안전관리에 관한 법상 특정소방대상물의 피난시설, 방화구획 또는 방화시설의 폐쇄 · 훼손 · 변경 등의 행위를 한 자에 대한 과태료 기준으로 옳은 것은?

① 200만원 이하의 과태료
② 300만원 이하의 과태료
③ 500만원 이하의 과태료
④ 600만원 이하의 과태료

해설 **소방시설법 53조**
**300만원 이하의 과태료**
(1) 화재안전기준을 위반하여 **소방시설**을 설치 또는 유지 · 관리한 자
(2) **피난시설 · 방화구획** 또는 **방화시설**의 **폐쇄 · 훼손 · 변경** 등의 행위를 한 자
(3) 임시소방시설을 설치 · 유지 · 관리하지 아니한 자

비교

(1) **300만원 이하**의 **벌금**
㉠ 소방특별조사를 정당한 사유없이 거부 · 방해 · 기피(소방시설법 50조)
㉡ 방염성능검사 합격표시 위조(소방시설법 50조)
㉢ 소방안전관리자 또는 소방안전관리보조자 미선임(소방시설법 50조)
㉣ 소방기술과 관련된 법인 또는 단체 위탁시 위탁받은 업무종사자의 비밀누설(소방시설법 50조)
㉤ 다른 자에게 자기의 성명이나 상호를 사용하여 소방시설공사 등을 수급 또는 시공하게 하거나 소방시설업의 등록증 · 등록수첩을 빌려준 자(공사업법 37조)
㉥ 감리원 미배치자(공사업법 37조)

ⓢ 소방기술인정 자격수첩을 빌려준 자(공사업법 37조)
ⓞ 2 이상의 업체에 취업한 자(공사업법 37조)
ⓩ 소방시설업자나 관계인 감독시 관계인의 업무를 방해하거나 비밀누설(공사업법 37조)

(2) **200만원 이하의 과태료**

㉠ 소방용수시설·소화기구 및 설비 등의 설치명령 위반(기본법 56조)
㉡ **특수가연물의 저장·취급 기준 위반**(기본법 56조)
㉢ 한국119청소년단 또는 이와 유사한 명칭을 사용한 자(기본법 56조)
㉣ **소방활동구역 출입**(기본법 56조)
㉤ 소방자동차의 출동에 지장을 준 자(기본법 56조)
㉥ 관계인의 소방안전관리 업무 미수행(소방시설법 53조)
ⓢ 소방훈련 및 교육 미실시자(소방시설법 53조)
ⓞ 소방시설의 점검결과 미보고(소방시설법 53조)
ⓩ 관계서류 미보관자(공사업법 40조)
ⓒ 소방기술자 미배치자(공사업법 40조)
ⓚ 하도급 미통지자(공사업법 40조)

답 ②

## 59

19.09.문58 19.03.문46 07.05.문49 05.03.문44

**소방시설공사업법령상 상주공사감리 대상기준 중 다음 (    ) 안에 알맞은 것은?**

> • 연면적 ( ㉠ )$m^2$ 이상의 특정소방대상물(아파트는 제외)에 대한 소방시설의 공사
> • 지하층을 포함한 층수가 ( ㉡ )층 이상으로서 ( ㉢ )세대 이상인 아파트에 대한 소방시설의 공사

① ㉠ 10000, ㉡ 11, ㉢ 600
② ㉠ 10000, ㉡ 16, ㉢ 500
③ ㉠ 30000, ㉡ 11, ㉢ 600
④ ㉠ 30000, ㉡ 16, ㉢ 500

해설 **공사업령 〔별표 3〕**
**소방공사감리 대상**

| 종 류 | 대 상 |
|---|---|
| 상주공사감리 | • 연면적 **30000m²** 이상<br>• **16층** 이상(지하층 포함)이고 **500세대** 이상 **아파트** |
| 일반공사감리 | • 기타 |

답 ④

## 60

17.03.문52 10.05.문53

**위험물안전관리법상 지정수량 미만인 위험물의 저장 또는 취급에 관한 기술상의 기준은 무엇으로 정하는가?**

① 대통령령
② 총리령
③ 시·도의 조례
④ 행정안전부령

해설 **시·도의 조례**

(1) 소방**체**험관(기본법 5조)
(2) **의**용소방대의 설치(기본법 37조)
(3) 지정수량 **미**만인 위험물의 저장·취급(위험물법 4조)
(4) 위험물의 **임**시저장 취급기준(위험물법 5조)

기억법 **시체임의미(시체를 임시로 저장하는 것은 의미가 없다.)**

답 ③

# 제 4 과목 소방전기시설의 구조 및 원리

## 61

19.04.문63 17.03.문72 16.10.문61 16.05.문76 15.09.문80 14.03.문64 11.10.문67

**비상콘센트설비 전원회로의 설치기준 중 틀린 것은?**

① 전원회로는 3상 교류 380V인 것으로서, 그 공급용량은 3kVA 이상인 것으로 하여야 한다.
② 전원회로는 각 층에 2 이상이 되도록 설치할 것. 다만, 설치하여야 할 층의 비상콘센트가 1개인 때에는 하나의 회로로 할 수 있다.
③ 비상콘센트용의 풀박스 등은 방청도장을 한 것으로서, 두께 1.6mm 이상의 철판으로 하여야 한다.
④ 하나의 전용회로에 설치하는 비상콘센트는 10개 이하로 할 것. 이 경우 전선의 용량은 각 비상콘센트(비상콘센트가 3개 이상인 경우에는 3개)의 공급용량을 합한 용량 이상의 것으로 하여야 한다.

해설 **비상콘센트설비**

| 구 분 | 전 압 | 용 량 | 플러그접속기 |
|---|---|---|---|
| 단상 교류 | 220V | 1.5kVA 이상 | 접지형 2극 |

(1) 하나의 전용회로에 설치하는 비상콘센트는 **10개** 이하로 할 것(전선의 용량은 최대 **3개**)

| 설치하는 비상콘센트 수량 | 전선의 용량산정시 적용하는 비상콘센트 수량 | 단상전선의 용량 |
|---|---|---|
| 1개 | 1개 이상 | 1.5kVA 이상 |
| 2개 | 2개 이상 | 3.0kVA 이상 |
| 3~10개 | 3개 이상 | 4.5kVA 이상 |

(2) 전원회로는 각 층에 있어서 **2 이상**이 되도록 설치할 것(단, 설치하여야 할 층의 콘센트가 **1개**인 때에는 하나의 회로로 할 수 있다)
(3) 플러그접속기의 칼받이 접지극에는 **제3종 접지공사**($E_3$)를 하여야 한다.
(4) 풀박스는 **1.6mm** 이상의 철판을 사용할 것
(5) 절연저항은 **전원부**와 **외함** 사이를 **직류 500V 절연저항계**로 측정하여 **20MΩ** 이상일 것

(6) 전원으로부터 각 층의 비상콘센트에 분기되는 경우에는 **분기배선용 차단기**를 보호함 안에 설치할 것
(7) 바닥으로부터 **0.8~1.5m** 이하의 높이에 설치할 것
(8) 전원회로는 주배전반에서 **전용회로**로 하며, 배선의 종류는 **내화배선**이어야 한다.

① 3상 교류 380V → 단상 교류 220V,
3kVA 이상 → 1.5kVA 이상

답 ①

**62** 15.03.문72

**불꽃감지기 중 도로형의 최대시야각 기준으로 옳은 것은?**

① 30° 이상 ② 45° 이상
③ 90° 이상 ④ 180° 이상

해설 **불꽃감지기 도로형**의 **최대시야각** : **180°** 이상

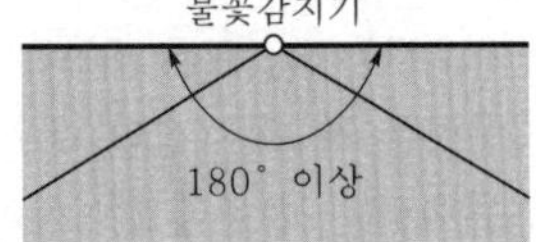


답 ④

**63** 19.05.문70 17.09.문74 15.05.문52 12.05.문56

**비상경보설비를 설치하여야 하는 특정소방대상물의 기준으로 옳은 것은? (단, 지하구, 모래·석재 등 불연재료 창고 및 위험물 저장·처리시설 중 가스시설은 제외한다.)**

① 공연장의 경우 지하층 또는 무창층의 바닥면적이 $100m^2$ 이상인 것
② 지하층을 제외한 층수가 11층 이상인 것
③ 지하층의 층수가 3층 이상인 것
④ 30명 이상의 근로자가 작업하는 옥내작업장

해설 **소방시설법 시행령 [별표 5]**
**비상경보설비의 설치대상**

| 설치대상 | 조 건 |
|---|---|
| ① 지하층·무창층 | • 바닥면적 **$150m^2$**(공연장 **$100m^2$**) 이상 |
| ② 전부 | • 연면적 **$400m^2$** 이상 |
| ③ 지하가 중 터널길이 | • 길이 **500m** 이상 |
| ④ 옥내작업장 | • **50명** 이상 작업 |

②, ③ 비상방송설비의 설치대상
④ 30명 → 50명

답 ①

**64** 17.03.문79 16.05.문74 15.05.문71 14.03.문77 12.03.문61 09.05.문76

**휴대용 비상조명등의 설치기준 중 틀린 것은?**

① 대규모점포(지하상가 및 지하역사는 제외)와 영화상영관에는 보행거리 50m 이내마다 3개 이상 설치할 것
② 사용시 수동으로 점등되는 구조일 것
③ 건전지 및 충전식 배터리의 용량은 20분 이상 유효하게 사용할 수 있는 것으로 할 것
④ 지하상가 및 지하역사에는 보행거리 25m 이내마다 3개 이상 설치할 것

해설 **휴대용 비상조명등**의 **설치기준**

| 설치개수 | 설치장소 |
|---|---|
| 1개 이상 | • **숙박시설** 또는 **다중이용업소**에는 객실 또는 영업장 안의 구획된 실마다 잘 보이는 곳(외부에 설치시 출입문 손잡이로부터 **1m 이내** 부분) |
| 3개 이상 | • **지하상가** 및 **지하역사**의 **보행거리** 25m 이내마다<br>• **대규모점포(백화점·대형점·쇼핑센터)** 및 **영화상영관**의 **보행거리 50m** 이내마다 |

(1) 바닥으로부터 **0.8~1.5m** 이하의 높이에 설치할 것
(2) 어둠 속에서 **위치**를 **확인**할 수 있도록 할 것
(3) 사용시 **자동**으로 **점등**되는 구조일 것
(4) 외함은 **난연성능**이 있을 것
(5) 건전지를 사용하는 경우에는 **방전방지조치**를 하여야 하고, **충전식 배터리**의 경우에는 **상시 충전**되도록 할 것
(5) 건전지 및 충전식 배터리의 용량은 **20분** 이상 유효하게 사용할 수 있는 것으로 할 것

② 수동 → 자동

답 ②

**65** 17.05.문74 14.09.문62 14.03.문62 13.03.문76 12.03.문63

**객석 내의 통로가 경사로 또는 수평로로 되어 있는 부분에 설치하여야 하는 객석유도등의 설치개수 산출공식으로 옳은 것은?**

① $\dfrac{\text{객석통로의 직선부분의 길이[m]}}{3} - 1$

② $\dfrac{\text{객석통로의 직선부분의 길이[m]}}{4} - 1$

③ $\dfrac{\text{객석통로의 넓이}[m^2]}{3} - 1$

④ $\dfrac{\text{객석통로의 넓이}[m^2]}{4} - 1$

해설 **설치개수**
(1) 복도·거실 통로유도등

$$\text{개수} \geq \frac{\text{보행거리}}{20} - 1$$

(2) 유도표지

$$\text{개수} \geq \frac{\text{보행거리}}{15} - 1$$

(3) 객석유도등

$$개수 \geq \frac{직선부분\ 길이}{4} - 1$$

답 ②

★★★

**66** 객석유도등을 설치하지 아니하는 경우의 기준 중 다음 (    ) 안에 알맞은 것은?

17.09.문61 17.03.문76 13.03.문73 11.06.문76

> 거실 등의 각 부분으로부터 하나의 거실 출입구에 이르는 보행거리가 (    )m 이하인 객석의 통로로서 그 통로에 통로유도등이 설치된 객석

① 15　　② 20
③ 30　　④ 50

해설 (1) **휴대용 비상조명등의 설치 제외 장소** : 복도·통로·창문 등을 통해 **피**난이 용이한 경우(**지상 1층·피난층**)

기억법 **휴피(휴지로 피닦아!)**

(2) **통로유도등의 설치 제외 장소**
㉠ 길이 **30m** 미만의 복도·통로(구부러지지 않은 복도·통로)
㉡ 보행거리 **20m** 미만의 복도·통로(출입구에 **피난구유도등**이 설치된 복도·통로)

(3) **객석유도등의 설치 제외 장소**
㉠ **채광**이 충분한 객석(**주간**에만 사용)
㉡ **통**로유도등이 설치된 객석(거실 각 부분에서 거실 출입구까지의 **보행거리 20m** 이하)

기억법 **채객보통(채소는 객관적으로 보통이다.)**

답 ②

★★★

**67** 비상벨설비의 설치기준 중 다음 (    ) 안에 알맞은 것은?

16.03.문66 15.09.문67 13.06.문63

> 비상벨설비에는 그 설비에 대한 감시상태를 ( ㉠ )분간 지속한 후 유효하게 ( ㉡ )분 이상 경보할 수 있는 축전지설비 또는 전기저장장치를 설치하여야 한다.

① ㉠ 30, ㉡ 10　　② ㉠ 10, ㉡ 30
③ ㉠ 60, ㉡ 10　　④ ㉠ 10, ㉡ 60

해설 **비상방송설비·비상벨설비·자동식 사이렌설비**

| 감시시간 | 경보시간 |
|---|---|
| 60분 | **10분** 이상(30층 이상 : **30분**) |

기억법 6감(육감)

답 ③

★★

**68** 누전경보기 변류기의 절연저항시험 부위가 아닌 것은?

13.09.문68

① 절연된 1차 권선과 단자판 사이
② 절연된 1차 권선과 외부금속부 사이
③ 절연된 1차 권선과 2차 권선 사이
④ 절연된 2차 권선과 외부금속부 사이

해설 **누전경보기의 절연저항시험**

| 구 분 | 수신부 | 변류기 |
|---|---|---|
| 측정개소 | • 절연된 충전부와 외함 간<br>• 차단기구의 개폐부(열린 상태에서는 같은 극의 전원단자와 부하측 단자와의 사이, 닫힌 상태에서는 충전부와 손잡이 사이) | • 절연된 1차 권선과 **2**차 권선 간의 절연저항<br>• 절연된 1차 권선과 **외**부금속부 간의 절연저항<br>• 절연된 2차 권선과 **외**부금속부 간의 절연저항 |
| 측정계기 | 직류 500V 절연저항계 | 직류 500V 절연저항계 |
| 절연저항의 적정성 판단의 정도 | **5MΩ** 이상 | **5MΩ** 이상 |

기억법 **변2외**

답 ①

★

**69** 피난기구의 설치기준 중 틀린 것은?

16.10.문76

① 피난기구를 설치하는 개구부는 서로 동일 직선상이 아닌 위치에 있을 것. 다만, 피난교·피난용 트랩·간이완강기·아파트에 설치되는 피난기구(다수인 피난장비는 제외) 기타 피난상 지장이 없는 것에 있어서는 그러하지 아니하다.
② 4층 이상의 층에 하향식 피난구용 내림식 사다리를 설치하는 경우에는 금속성 고정사다리를 설치하고, 당해 고정사다리에는 쉽게 피난할 수 있는 구조의 노대를 설치하여야 한다.
③ 다수인 피난장비 보관실은 건물 외측보다 돌출되지 아니하고, 빗물·먼지 등으로부터 장비를 보호할 수 있는 구조이어야 한다.
④ 승강식 피난기 및 하향식 피난구용 내림식 사다리의 착지점과 하강구는 상호 수평거리 15cm 이상의 간격을 두어야 한다.

해설 **피난기구**의 **설치기준**

(1) 피난기구는 **계단 · 피난구** 기타 피난시설로부터 적당한 거리에 있는 안전한 구조로 된 피난 또는 소화활동상 유효한 **개구부**에 고정하여 설치하거나 필요한 때에 신속하고 유효하게 설치할 수 있는 상태에 둘 것
(2) 피난기구를 설치하는 **개구부**는 서로 **동일직선상**이 **아닌 위치**에 있을 것(단, 피난교 · 피난용 트랩 · 간이완강기 · 아파트에 설치되는 피난기구 기타 피난상 지장이 없는 것은 제외)
(3) 피난기구는 소방대상물의 **기둥 · 바닥 · 보** 기타 구조상 견고한 부분에 **볼트조임 · 매입 · 용접** 기타의 방법으로 견고하게 부착할 것
(4) **4층** 이상의 층에 **피난사다리**를 설치하는 경우에는 **금속성 고정사다리**를 설치하고, 해당 고정사다리에는 쉽게 피난할 수 있는 구조의 **노대**를 설치할 것
(5) 완강기는 강하시 로프가 소방대상물과 접촉하여 손상되지 아니하도록 할 것
(6) **완강기 로프**의 길이는 부착위치에서 지면 기타 피난상 유효한 **착지면**까지의 길이로 할 것
(7) 미끄럼대는 안전한 강하속도를 유지하도록 하고, 전락방지를 위한 안전조치를 할 것
(8) 구조대의 길이는 피난상 지장이 없고 안전한 강하속도를 유지할 수 있는 길이로 할 것
(9) 다수인 피난장비 보관실은 건물 **외측**보다 돌출되지 아니하고, **빗물 · 먼지** 등으로부터 장비를 보호할 수 있는 구조일 것
(10) 승강식 피난기 및 하향식 피난구용 내림식 사다리의 착지점과 하강구는 상호 **수평거리 15cm** 이상의 간격을 둘 것

② 하향식 피난구용 내림식 사다리 → 피난사다리

답 ②

★★★
## 70 소방시설용 비상전원수전설비에서 전력수급용 계기용 변성기 · 주차단장치 및 그 부속기기로 정의되는 것은?

15.09.문61 15.03.문70 12.09.문78 11.06.문72 09.05.문69

① 큐비클설비 ② 배전반설비
③ 수전설비 ④ 변전설비

해설 **소방시설용 비상전원수전설비**

| 용 어 | 설 명 |
|---|---|
| 수전설비 | 전력수급용 **계기용 변성기 · 주차단장치** 및 그 **부속기기**<br>기억법 **수변주** |
| 변전설비 | **전력용 변압기** 및 그 **부속장치** |
| 전용 큐비클식 | **소방회로용**의 것으로 수전설비, 변전설비, 그 밖의 기기 및 배선을 금속제 외함에 수납한 것 |
| 공용 큐비클식 | **소방회로** 및 **일반회로 겸용**의 것으로서 수전설비, 변전설비, 그 밖의 기기 및 배선을 금속제 외함에 수납한 것 |
| 소방회로 | 소방부하에 전원을 공급하는 전기회로 |
| 일반회로 | 소방회로 이외의 전기회로 |
| 전용 배전반 | **소방회로 전용**의 것으로서 **개폐기**, **과전류차단기**, **계기**, 그 밖의 배선용 기기 및 배선을 금속제 외함에 수납한 것 |
| 공용 배전반 | **소방회로** 및 **일반회로 겸용**의 것으로서 개폐기, 과전류차단기, 계기, 그 밖의 배선용 기기 및 배선을 금속제 외함에 수납한 것 |
| 전용 분전반 | **소방회로 전용**의 것으로서 **분기개폐기**, **분기과전류차단기**, 그 밖의 배선용 기기 및 배선을 금속제 외함에 수납한 것 |
| 공용 분전반 | **소방회로** 및 **일반회로 겸용**의 것으로서 분기개폐기, 분기과전류차단기, 그 밖의 배선용 기기 및 배선을 금속제 외함에 수납한 것 |

③ 수전설비 : 전력수급용 **계기용 변성기 · 주차단장치** 및 그 **부속기기**

답 ③

★
## 71 비상콘센트설비의 설치기준 중 다음 ( ) 안에 알맞은 것은?

13.06.문74

> 도로터널의 비상콘센트설비는 주행차로의 우측 측벽에 ( )m 이내의 간격으로 바닥으로부터 0.8m 이상 1.5m 이하의 높이에 설치할 것

① 15 ② 25
③ 30 ④ 50

해설 도로터널의 **비상콘센트 설치기준**(NFSC 603 12조)
주행차로의 우측 측벽에 **50m** 이내의 간격으로 바닥으로부터 **0.8~1.5m** 이하의 높이에 설치할 것

답 ④

★
## 72 자동화재속보설비 속보기 예비전원의 주위온도 충방전시험기준 중 다음 ( ) 안에 알맞은 것은?

14.03.문65

> 무보수 밀폐형 연축전지는 방전종지전압 상태에서 0.1C으로 48시간 충전한 다음 1시간 방치 후 0.05C으로 방전시킬 때 정격용량의 95% 용량을 지속하는 시간이 ( )분 이상이어야 하며, 외관이 부풀어 오르거나 누액 등이 생기지 아니하여야 한다.

① 10 ② 25
③ 30 ④ 40

해설 속보기 인증기준 6조

| 구 분 | 주위온도 충방전시험 |
|---|---|
| **알**칼리계 2차 축전지 | 방전종지전압 상태의 축전지를 주위온도 −10℃ 및 50℃의 조건에서 1/20C의 전류로 **48시간** 충전한 다음 1C으로 방전하는 충·방전을 3회 반복하는 경우 방전종지전압이 되는 시간이 **25분** 이상이어야 하며, 외관이 부풀어 오르거나 누액 등이 생기지 아니할 것 |
| **리**튬계 2차 축전지 | 방전종지전압 상태의 축전지를 주위온도 −10℃ 및 50℃의 조건에서 정격충전전압 및 1/5C의 정전류로 **6시간** 충전한 다음 1C의 전류로 방전하는 충·방전을 3회 반복하는 경우 방전종지전압이 되는 시간이 **40분** 이상이어야 하며, 외관이 부풀어 오르거나 누액 등이 생기지 아니할 것 |
| **무**보수 밀폐형 연축전지 | 방전종지전압 상태에서 0.1C으로 **48시간** 충전한 다음 1시간 방치하여 0.05C으로 방전시킬 때 정격용량의 95% 용량을 지속하는 시간이 **30분** 이상이어야 하며, 외관이 부풀어 오르거나 누액 등이 생기지 아니할 것 |

기억법 알25, 리40, 무30

답 ③

### 73

17.03.문80 15.03.문61 14.03.문73 13.03.문72

**비상방송설비 음향장치 설치기준 중 층수가 5층 이상으로서 연면적 3000$m^2$를 초과하는 특정소방대상물의 1층에서 발화한 때의 경보기준으로 옳은 것은?**

① 발화층에 경보를 발할 것
② 발화층 및 그 직상층에 경보를 발할 것
③ 발화층·그 직상층 및 기타의 지하층에 경보를 발할 것
④ 발화층·그 직상층 및 지하층에 경보를 발할 것

해설 **우선경보방식**
**5층** 이상으로 연면적 **3000$m^2$**를 초과하는 특정소방대상물

| 발화층 | 경보층 | |
|---|---|---|
| | 30층 미만 | 30층 이상 |
| **2층** 이상 발화 | • 발화층<br>• 직상층 | • 발화층<br>• 직상 4개층 |
| **1층** 발화 | • 발화층<br>• 직상층<br>• 지하층 | • 발화층<br>• 직상 4개층<br>• 지하층 |
| **지하층** 발화 | • 발화층<br>• 직상층<br>• 기타의 지하층 | • 발화층<br>• 직상층<br>• 기타의 지하층 |

기억법 5우 3000(오우! 삼천포로 빠졌네!)

※ 특별한 조건이 없으면 30층 미만 적용

답 ④

### 74

19.09.문64 19.03.문77 18.09.문68 16.05.문63 15.03.문67 14.09.문65 11.03.문72 10.09.문70 09.05.문75

**비상방송설비 음향장치의 구조 및 성능기준 중 다음 (    ) 안에 알맞은 것은?**

• 정격전압의 ( ㉠ )% 전압에서 음향을 발할 수 있는 것을 할 것
• ( ㉡ )의 작동과 연동하여 작동할 수 있는 것으로 할 것

① ㉠ 65, ㉡ 자동화재탐지설비
② ㉠ 80, ㉡ 자동화재탐지설비
③ ㉠ 65, ㉡ 단독경보형 감지기
④ ㉠ 80, ㉡ 단독경보형 감지기

해설 **비상방송설비 음향장치**의 **구조** 및 **성능기준**
(1) 정격전압의 **80%** 전압에서 음향을 발할 것
(2) **자동화재탐지설비**의 작동과 연동하여 작동할 것

비교

**자동화재탐지설비 음향장치**의 **구조** 및 **성능기준**
(1) 정격전압의 **80%** 전압에서 음향을 발할 것(단, **건전지**를 **주전원**으로 사용한 음향장치는 제외)
(2) 음량은 **1m 떨**어진 곳에서 **90dB** 이상일 것
(3) **감지기·발신기**의 작동과 **연동**하여 작동할 것

답 ②

### 75

17.09.문79

**무선통신보조설비를 설치하여야 할 특정소방대상물의 기준 중 다음 (    ) 안에 알맞은 것은?**

층수가 30층 이상인 것으로서 (    )층 이상 부분의 모든 층

① 11　② 15
③ 16　④ 20

해설 **소방시설법 시행령 〔별표 5〕**
**무선통신보조설비의 설치대상**

| 설치대상 | 조 건 |
|---|---|
| 지하가(터널 제외) | • 연면적 **1000$m^2$** 이상 |
| 지하층의 모든 층 | • 지하층 바닥면적합계 **3000$m^2$** 이상<br>• 지하 **3층** 이상이고 지하층 바닥면적합계 **1000$m^2$** 이상 |
| 지하가 중 터널길이 | • 길이 **500m** 이상 |
| 모든 층 | • **30층** 이상으로서 **16층** 이상의 부분 |

답 ③

★★★
## 76 자동화재탐지설비 수신기의 설치기준 중 다음 ( ) 안에 알맞은 것은?

17.09.문78
16.03.문72
13.06.문65
11.03.문71

> 4층 이상의 특정소방대상물에는 ( )와 전화통화가 가능한 수신기를 설치할 것

① 감지기 ② 발신기
③ 중계기 ④ 시각경보기

해설 **수신기**의 **적합기준**

| 조 건 | 수신기의 종류 |
|---|---|
| **4층** 이상 | **발신기**와 전화통화가 가능한 수신기 |

기억법 4발(사발면)

답 ②

★★★
## 77 노유자시설 지하층에 적응성을 가진 피난기구는?

17.05.문77
16.10.문68
16.05.문74
06.03.문65
05.03.문73

① 미끄럼대
② 다수인 피난장비
③ 피난교
④ 피난용 트랩

해설 **피난기구**의 **적응성**(NFSC 301 [별표 1])

| 설치장소별 구분 \ 층별 | 지하층 | 1층 | 2층 | 3층 | 4층 이상 10층 이하 |
|---|---|---|---|---|---|
| 노유자시설 | • 피난용 트랩 | • 미끄럼대<br>• 구조대<br>• 피난교<br>• 다수인 피난장비<br>• 승강식 피난기 | • 미끄럼대<br>• 구조대<br>• 피난교<br>• 다수인 피난장비<br>• 승강식 피난기 | • 미끄럼대<br>• 구조대<br>• 피난교<br>• 다수인 피난장비<br>• 승강식 피난기 | • 피난교<br>• 다수인 피난장비<br>• 승강식 피난기 |
| 의료시설·입원실이 있는 의원·접골원·조산원 | • 피난용 트랩 | - | - | • 미끄럼대<br>• 구조대<br>• 피난교<br>• 피난용 트랩<br>• 다수인 피난장비<br>• 승강식 피난기 | • 구조대<br>• 피난교<br>• 피난용 트랩<br>• 다수인 피난장비<br>• 승강식 피난기 |
| 영업장의 위치가 4층 이하인 다중이용업소 | - | - | • 미끄럼대<br>• 피난사다리<br>• 구조대<br>• 완강기<br>• 다수인 피난장비<br>• 승강식 피난기 | • 미끄럼대<br>• 피난사다리<br>• 구조대<br>• 완강기<br>• 다수인 피난장비<br>• 승강식 피난기 | • 미끄럼대<br>• 피난사다리<br>• 구조대<br>• 완강기<br>• 다수인 피난장비<br>• 승강식 피난기 |
| 그 밖의 것 | • 피난사다리<br>• 피난용 트랩 | - | - | • 미끄럼대<br>• 피난사다리<br>• 구조대<br>• 완강기<br>• 피난교<br>• 피난용 트랩<br>• 간이완강기<br>• 공기안전매트<br>• 다수인 피난장비<br>• 승강식 피난기 | • 피난사다리<br>• 구조대<br>• 완강기<br>• 피난교<br>• 간이완강기<br>• 공기안전매트<br>• 다수인 피난장비<br>• 승강식 피난기 |

㈜ **간이완강기**의 적응성은 **숙박시설**의 **3층 이상**에 있는 **객실**에, **공기안전매트**의 적응성은 **공동주택**에 한한다.

답 ④

★
## 78 자동화재탐지설비의 감지기 중 연기를 감지하는 감지기는 감시챔버로 몇 mm 크기의 물체가 침입할 수 없는 구조이어야 하는가?

16.05.문68
10.03.문71

① (1.3±0.05) ② (1.5±0.05)
③ (1.8±0.05) ④ (2.0±0.05)

해설 **감지기형식 5조**

(1) 연기를 감지하는 감지기는 감시챔버로 **1.3±0.05mm** 크기의 물체가 침입할 수 없는 구조
(2) 차동식 분포형 감지기의 검출기 외함 두께

| 두 께 | 구 분 |
|---|---|
| **1.0mm** 이상 | 차동식 분포형 감지기의 검출기 |
| **1.6mm** 이상 | 직접 벽면에 접하여 벽 속에 매립되는 외함의 부분 |

※ **합성수지를 사용하는 경우** : 강판의 **2.5배** 이상 두께

답 ①

★★★
## 79 무선통신보조설비 증폭기의 비상전원 용량은 무선통신보조설비를 유효하게 몇 분 이상 작동시킬 수 있는 것으로 설치하여야 하는가?

17.05.문69
16.10.문63
14.03.문70
13.06.문72
13.03.문80
11.03.문75
07.05.문79

① 10 ② 20
③ 30 ④ 60

해설 **증폭기** 및 **무선중계기**의 **설치기준**(NFSC 505 8조)

(1) 전원은 **축전지**, **전기저장장치** 또는 **교류전압 옥내간선**으로 하고, 전원까지의 배선은 전용으로 할 것
(2) 증폭기의 전면에는 전원확인 **표시등** 및 **전압계**를 설치할 것
(3) **증**폭기의 비상전원 용량은 **30분** 이상일 것
(4) **증폭기** 및 **무선중계기**를 설치하는 경우 전파법 규정에 따른 적합성 평가를 받은 제품으로 설치할 것
(5) 디지털방식의 무전기를 사용하는 데 지장이 없도록 설치할 것

기억법 증표압증3

용어

**전기저장장치**
외부 전기에너지를 저장해 두었다가 필요한 때 전기를 공급하는 장치

중요

**비상전원 용량**

| 설비의 종류 | 비상전원 용량 |
|---|---|
| • **자**동화재탐지설비<br>• 비상**경**보설비<br>• **자**동화재속보설비 | **10분** 이상 |

| | |
|---|---|
| • 유도등<br>• 비상콘센트설비<br>• 제연설비<br>• 물분무소화설비<br>• 옥내소화전설비(30층 미만)<br>• 특별피난계단의 계단실 및 부속실 제연설비(30층 미만) | **20분** 이상 |
| • 무선통신보조설비의 **증**폭기 | **30분** 이상 |
| • 옥내소화전설비(30~49층 이하)<br>• 특별피난계단의 계단실 및 부속실 제연설비(30~49층 이하)<br>• 연결송수관설비(30~49층 이하)<br>• 스프링클러설비(30~49층 이하) | **40분** 이상 |
| • 유도등 · 비상조명등(지하상가 및 11층 이상)<br>• 옥내소화전설비(50층 이상)<br>• 특별피난계단의 계단실 및 부속실 제연설비(50층 이상)<br>• 연결송수관설비(50층 이상)<br>• 스프링클러설비(50층 이상) | **60분** 이상 |

기억법 **경자비1(경자**라는 이름은 **비일**비재하게 많다.)
**3증(3중**고)

답 ③

★★★
**80** **광전식 분리형 감지기의 설치기준 중 옳은 것은?**

17.05.문76
16.10.문65
06.03.문68

① 감지기의 수광면은 햇빛을 직접 받도록 설치할 것
② 광축(송광면과 수광면의 중심을 연결한 선)은 나란한 벽으로부터 1.5m 이상 이격하여 설치할 것
③ 감지기의 송광부와 수광부는 설치된 뒷벽으로부터 0.6m 이내 위치에 설치할 것
④ 광축의 높이는 천장 등(천장의 실내에 면한 부분 또는 상층의 바닥하부면) 높이의 80% 이상일 것

해설 **광전식 분리형 감지기**의 **설치기준**

(1) 감지기의 광축의 길이는 공칭감시거리 범위 이내이어야 한다.
(2) 감지기의 송광부와 수광부는 설치된 뒷벽으로부터 **1m 이내**의 위치에 설치해야 한다.
(3) 감지기의 수광면은 햇빛을 직접 받지 않도록 설치해야 한다.
(4) 광축은 나란한 벽으로부터 **0.6m 이상** 이격하여야 한다.
(5) 광축의 높이는 천장 등 높이의 **80%** 이상일 것

기억법 **광분8(광 분**할해서 **팔**아요.)

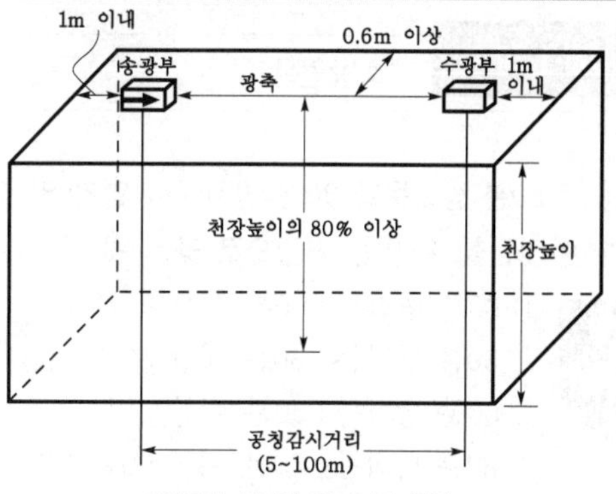


| 광전식 분리형 감지기의 설치 |

① 직접 받도록 → 직접 받지 않도록
② 1.5m 이상 → 0.6m 이상
③ 0.6m 이내 → 1m 이내

답 ④

# 2018. 9. 15 시행

**▌2018년 기사 제4회 필기시험▐**

| 자격종목 | 종목코드 | 시험시간 | 형별 | 수험번호 | 성명 |
|---|---|---|---|---|---|
| 소방설비기사(전기분야) | | 2시간 | | | |

※ 답안카드 작성시 시험문제지 형별누락, 마킹착오로 인한 불이익은 전적으로 수험자의 귀책사유임을 알려드립니다.
※ 각 문항은 4지택일형으로 질문에 가장 적합한 보기 항을 선택하여 마킹하여야 합니다.

## 제 1 과목 소방원론

★★★
**01** 60분 방화문과 30분 방화문이 연기 및 불꽃을 차단할 수 있는 시간으로 옳은 것은?

15.09.문12

유사문제부터
풀어보세요.
실력이 팍!팍!
올라갑니다.

① 60분 방화문 : 60분 이상 90분 미만
30분 방화문 : 30분 이상 60분 미만
② 60분 방화문 : 60분 이상
30분 방화문 : 30분 이상 60분 미만
③ 60분 방화문 : 60분 이상 90분 미만
30분 방화문 : 30분 이상
④ 60분 방화문 : 60분 이상
30분 방화문 : 30분 이상

해설 **건축령 64조**
방화문의 구분

| 60분+방화문 | 60분 방화문 | 30분 방화문 |
|---|---|---|
| 연기 및 불꽃을 차단할 수 있는 시간이 60분 이상이고, 열을 차단할 수 있는 시간이 30분 이상인 방화문 | 연기 및 불꽃을 차단할 수 있는 시간이 60분 이상인 방화문 | 연기 및 불꽃을 차단할 수 있는 시간이 30분 이상 60분 미만인 방화문 |

용어

**방화문**
화재시 상당한 시간 동안 연소를 차단할 수 있도록 하기 위하여 방화구획선상 또는 방화벽에 개구부 부분에 설치하는 것
(1) 직접 손으로 열 수 있을 것
(2) 자동으로 닫히는 구조(자동폐쇄장치)일 것

답 ②

★
**02** 염소산염류, 과염소산염류, 알칼리 금속의 과산화물, 질산염류, 과망간산염류의 특징과 화재시 소화방법에 대한 설명 중 틀린 것은?

① 가열 등에 의해 분해하여 산소를 발생하고 화재시 산소의 공급원 역할을 한다.
② 가연물, 유기물, 기타 산화하기 쉬운 물질과 혼합물은 가열, 충격, 마찰 등에 의해 폭발하는 수도 있다.
③ 알칼리 금속의 과산화물을 제외하고 다량의 물로 냉각소화한다.
④ 그 자체가 가연성이며 폭발성을 지니고 있어 화약류 취급시와 같이 주의를 요한다.

해설 **제1류 위험물의 특징과 화재시 소화방법**
(1) 가열 등에 의해 분해하여 **산소**를 **발생**하고 화재시 **산소**의 **공급원** 역할을 한다.
(2) **가연물**, **유기물**, 기타 산화하기 쉬운 물질과 혼합물은 가열, 충격, 마찰 등에 의해 폭발하는 수도 있다.
(3) **알칼리 금속**의 **과산화물**을 **제외**하고 다량의 물로 **냉각소화**한다.
(4) 일반적으로 **불연성**이며 폭발성을 지니고 있어 화약류 취급시와 같이 주의를 요한다.

④ 그 자체가 가연성이며 → 일반적으로 불연성이며

중요

**제1류 위험물**

| 구 분 | 설 명 |
|---|---|
| 종 류 | ① 염소산염류<br>② 과염소산염류<br>③ 알칼리 금속의 과산화물<br>④ 질산염류<br>⑤ 과망간산염류 |
| 일반성질 | ① 상온에서 **고체상태**이며, 산화위험성·폭발위험성·유해성 등을 지니고 있다.<br>② **반응속도**가 대단히 **빠르다.**<br>③ 가열·충격 및 다른 화학제품과 접촉시 쉽게 분해하여 산소를 방출한다.<br>④ **조연성·조해성** 물질이다.<br>⑤ 일반적으로 불연성이며 강산화성 물질로서 비중은 1보다 크다.<br>⑥ 모두 **무기화합물**이다.<br>⑦ 물보다 **무겁다.** |

답 ④

★
## 03 비열이 가장 큰 물질은?

12.09.문10
08.09.문20

① 구리　　② 수은
③ 물　　④ 철

**해설** **비열**

(1) 어떤 물질 **1kg**의 온도를 1K(1℃) 높이는 데 필요한 열량
(2) 단위 : **J/kg·K** 또는 **kcal/kg·℃**
(3) 고체, 액체 중에서 **물**의 **비열**이 **가장 크다**.

**비교**

**열용량**
(1) 어떤 물질의 온도를 **1K**만큼 높이는 데 필요한 열량
(2) 같은 질량의 물체라도 열용량이 클수록 온도변화가 작고, 가열시간이 많이 걸린다.
(3) 단위 : **J/K** 또는 **kcal/K**

답 ③

★★★
## 04 건축물의 피난·방화구조 등의 기준에 관한 규칙에 따른 철망모르타르로서 그 바름두께가 최소 몇 cm 이상인 것을 방화구조로 규정하는가?

13.06.문14
11.10.문07
00.10.문11

① 2　　② 2.5
③ 3　　④ 3.5

**해설** **피난·방화구조 4조**
방화구조의 기준

| 구조내용 | 기 준 |
|---|---|
| • **철망모르타르** 바르기 | 두께 **2cm** 이상 |
| • 석고판 위에 시멘트모르타르를 바른 것<br>• 회반죽을 바른 것<br>• 시멘트모르타르 위에 타일을 붙인 것 | 두께 **2.5cm** 이상 |
| • 심벽에 흙으로 맞벽치기한 것 | 모두 해당 |

답 ①

★★★
## 05 제3종 분말소화약제에 대한 설명으로 틀린 것은?

12.05.문10

① ABC급 화재에 모두 적응한다.
② 주성분은 탄산수소칼륨과 요소이다.
③ 열분해시 발생되는 불연성 가스에 의한 질식효과가 있다.
④ 분말운무에 의한 열방사를 차단하는 효과가 있다.

**해설** **분말소화약제**

| 종 별 | 분자식 | 착 색 | 적응 화재 | 비 고 |
|---|---|---|---|---|
| 제1종 | 탄산수소나트륨 ($NaHCO_3$) | 백색 | BC급 | **식용유** 및 **지방질유**의 화재에 적합 |
| 제2종 | 탄산수소칼륨 ($KHCO_3$) | 담자색 (담회색) | BC급 | – |
| 제3종 | 인산암모늄 ($NH_4H_2PO_4$) | 담홍색 | ABC급 | **차고·주차장**에 적합 |
| 제4종 | 탄산수소칼륨 + 요소 ($KHCO_3$ + $(NH_2)_2CO$) | 회(백)색 | BC급 | – |

**기억법** 1식분(일식 분식)
3분 차주(삼보컴퓨터 차주)

② 탄산수소칼륨과 요소 → 인산암모늄

답 ②

★
## 06 어떤 유기화합물을 원소 분석한 결과 중량백분율이 C : 39.9%, H : 6.7%, O : 53.4%인 경우 이 화합물의 분자식은? (단, 원자량은 C = 12, O = 16, H = 1이다.)

① $C_3H_8O_2$　　② $C_2H_4O_2$
③ $C_2H_4O$　　④ $C_2H_6O_2$

**해설**

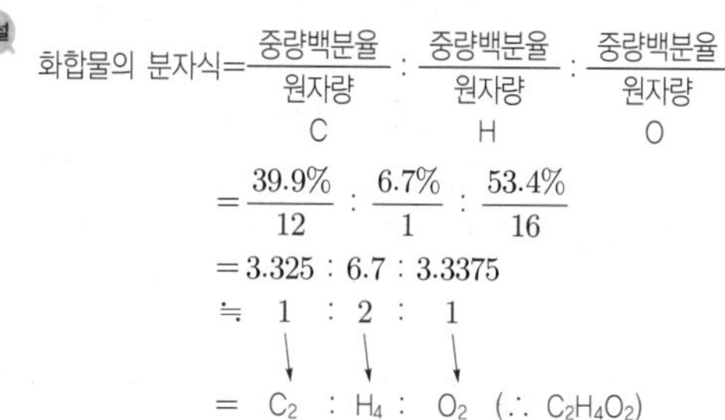

$$\text{화합물의 분자식} = \frac{\text{중량백분율}}{\text{원자량}}(C) : \frac{\text{중량백분율}}{\text{원자량}}(H) : \frac{\text{중량백분율}}{\text{원자량}}(O)$$

$$= \frac{39.9\%}{12} : \frac{6.7\%}{1} : \frac{53.4\%}{16}$$

$$= 3.325 : 6.7 : 3.3375$$

$$\fallingdotseq 1 : 2 : 1$$

$$= C_2 : H_4 : O_2 \quad (\therefore C_2H_4O_2)$$

답 ②

★★
## 07 제4류 위험물의 물리·화학적 특성에 대한 설명으로 틀린 것은?

① 증기비중은 공기보다 크다.
② 정전기에 의한 화재발생위험이 있다.
③ 인화성 액체이다.
④ 인화점이 높을수록 증기발생이 용이하다.

**해설** **제4류 위험물**

(1) 증기비중은 공기보다 크다.
(2) 정전기에 의한 화재발생위험이 있다.
(3) 인화성 액체이다.
(4) 인화점이 낮을수록 증기발생이 용이하다.
(5) 상온에서 **액체상태**이다(**가연성 액체**).
(6) 상온에서 **안정**하다.

④ 인화점이 높을수록 → 인화점이 낮을수록

답 ④

★★★
**08** **유류탱크의 화재시 탱크 저부의 물이 뜨거운 열류층에 의하여 수증기로 변하면서 급작스런 부피팽창을 일으켜 유류가 탱크 외부로 분출하는 현상은?**

19.09.문15
17.03.문17
16.05.문02
15.03.문01
14.09.문12
14.03.문01
09.05.문10
05.09.문07
05.05.문07
03.03.문11
02.03.문20

① 슬롭 오버(slop over)
② 블래비(BLEVE)
③ 보일 오버(boil over)
④ 파이어 볼(fire ball)

해설 **유류탱크**에서 **발생**하는 **현상**

| 현 상 | 정 의 |
|---|---|
| **보일 오버** (boil over) | • 중질유의 석유탱크에서 장시간 조용히 연소하다 탱크 내의 잔존기름이 갑자기 분출하는 현상<br>• 유류탱크에서 탱크 바닥에 물과 기름의 **에멀션**이 섞여 있을 때 이로 인하여 화재가 발생하는 현상<br>• 연소유면으로부터 100℃ 이상의 열파가 탱크 **저부**에 고여 있는 물을 비등하게 하면서 연소유를 탱크 밖으로 비산시키며 연소하는 현상<br>기억법 **보저(보자기)** |
| **오일 오버** (oil over) | • 저장탱크에 저장된 유류저장량이 내용적의 50% 이하로 충전되어 있을 때 화재로 인하여 탱크가 폭발하는 현상 |
| **프로스 오버** (froth over) | • 물이 점성의 뜨거운 기름 표면 아래에서 끓을 때 화재를 수반하지 않고 용기가 넘치는 현상 |
| **슬롭 오버** (slop over) | • 물이 연소유의 뜨거운 표면에 들어갈 때 기름 표면에서 화재가 발생하는 현상<br>• 유화제로 소화하기 위한 물이 수분의 급격한 증발에 의하여 액면이 거품을 일으키면서 열유층 밑의 냉유가 급히 열팽창하여 기름의 일부가 불이 붙은 채 탱크벽을 넘어서 일출하는 현상 |

중요

(1) **가스탱크**에서 발생하는 현상

| 현 상 | 정 의 |
|---|---|
| **블래비** (BLEVE) | 과열상태의 탱크에서 내부의 액화가스가 분출하여 기화되어 폭발하는 현상 |

(2) **건축물 내**에서 발생하는 현상

| 현 상 | 정 의 |
|---|---|
| **플래시 오버** (flash over) | • 화재로 인하여 실내의 온도가 급격히 상승하여 화재가 순간적으로 실내 전체에 확산되어 연소되는 현상 |
| **백드래프트** (back draft) | • **통기력**이 좋지 않은 상태에서 연소가 계속되어 산소가 심히 부족한 상태가 되었을 때 **개구부**를 통하여 산소가 공급되면 실내의 가연성 혼합기가 공급되는 **산소**의 **방향**과 **반대**로 흐르며 급격히 연소하는 현상<br>• 소방대가 소화활동을 위하여 화재실의 문을 개방할 때 신선한 공기가 유입되어 실내에 축적되었던 가연성 가스가 **단시간**에 **폭발적**으로 **연소**함으로써 화재가 폭풍을 동반하며 **실외**로 **분출**되는 현상 |

답 ③

★★
**09** **화재예방, 소방시설 설치 · 유지 및 안전관리에 관한 법령에 따른 개구부의 기준으로 틀린 것은?**

10.05.문52
06.09.문57
05.03.문49

① 해당 층의 바닥면으로부터 개구부 밑부분까지의 높이가 1.5m 이내일 것
② 크기는 지름 50cm 이상의 원이 내접할 수 있는 크기일 것
③ 도로 또는 차량이 진입할 수 있는 빈터를 향할 것
④ 내부 또는 외부에서 쉽게 부수거나 열 수 있을 것

해설 **소방시설법 시행령 2조**
**무창층의 개구부의 기준**
(1) 개구부의 크기는 지름 50cm 이상의 원이 내접할 수 있는 크기일 것
(2) 해당 층의 바닥면으로부터 개구부 밑부분까지의 높이가 **1.2m 이내**일 것
(3) 개구부는 **도로** 또는 **차량**이 진입할 수 있는 **빈터**를 향할 것
(4) 화재시 건축물로부터 **쉽게 피난**할 수 있도록 개구부에 창살, 그 밖의 장애물이 설치되지 아니할 것
(5) 내부 또는 외부에서 **쉽게 부수거나 열 수** 있을 것

① 1.5m 이내 → 1.2m 이내

용어

**소방시설법 시행령 2조**
**무창층**
지상층 중 기준에 의해 개구부의 면적의 합계가 그 층의 바닥면적의 $\frac{1}{30}$ **이하**가 되는 층

답 ①

★★★
**10** 소화약제로 사용할 수 없는 것은?

17.09.문10 16.10.문06 16.10.문10 16.05.문15 16.05.문17 16.03.문09 16.03.문11 15.09.문01 15.05.문08 14.09.문10 14.05.문17

① $KHCO_3$
② $NaHCO_3$
③ $CO_2$
④ $NH_3$

해설 (1) **분말소화약제**

| 종 별 | 주성분 | 착 색 | 적응 화재 | 비 고 |
|---|---|---|---|---|
| 제1종 | 중탄산나트륨 ($NaHCO_3$) | 백색 | BC급 | **식용유** 및 **지방질유**의 화재에 적합 |
| 제2종 | 중탄산칼륨 ($KHCO_3$) | 담자색 (담회색) | BC급 | − |
| 제3종 | 제1인산암모늄 ($NH_4H_2PO_4$) | 담홍색 (황색) | ABC급 | **차고·주차장**에 적합 |
| 제4종 | 중탄산칼륨 +요소 ($KHCO_3$+ $(NH_2)_2CO$) | 회(백)색 | BC급 | − |

기억법 1식분(**일식 분식**)
3분 차주(**삼보**컴퓨터 **차주**)

(2) **이산화탄소소화약제**

| 주성분 | 적응화재 |
|---|---|
| 이산화탄소($CO_2$) | BC급 |

④ 암모니아($NH_3$) : 독성이 있으므로 소화약제로 사용할 수 없음

답 ④

★★
**11** 어떤 기체가 0℃, 1기압에서 부피가 11.2L, 기체질량이 22g이었다면 이 기체의 분자량은? (단, 이상기체로 가정한다.)

14.09.문07 12.03.문19 06.09.문13 97.03.문03

① 22
② 35
③ 44
④ 56

해설 **이상기체상태 방정식**

$$PV = nRT$$

여기서, $P$ : 기압[atm]
$V$ : 부피[$m^3$]
$n$ : 몰수$\left(n=\frac{m(\text{질량})[\text{kg}]}{M(\text{분자량})[\text{kg/kmol}]}\right)$
$R$ : 기체상수 (0.082[atm·m³/kmol·K])
$T$ : 절대온도(273+℃)[K]

$PV=\frac{m}{M}RT$에서

$$M=\frac{mRT}{PV}$$
$$=\frac{22\text{g}\times0.082\text{atm}\cdot\text{m}^3/\text{kmol}\cdot\text{K}\times(273+0)\text{K}}{1\text{atm}\times11.2\text{L}}$$
$$=\frac{22\text{g}\times0.082\text{atm}\cdot1000\text{L}/1000\text{mol}\cdot\text{K}\times273\text{K}}{1\text{atm}\times11.2\text{L}}$$
$$=\frac{22\text{g}\times0.082\text{atm}\cdot\text{L/mol}\cdot\text{K}\times273\text{K}}{1\text{atm}\times11.2\text{L}}$$
$$\fallingdotseq 44\text{kg/kmol}$$

• $1m^3$=1000L, 1kmol=1000mol

답 ③

★★★
**12** 다음 중 분진폭발의 위험성이 가장 낮은 것은?

12.09.문17 11.10.문01 10.05.문16

① 소석회
② 알루미늄분
③ 석탄분말
④ 밀가루

해설 **분진폭발을 일으키지 않는 물질**
=물과 반응하여 가연성 기체를 발생하지 않는 것
(1) **시**멘트
(2) **석**회석
(3) **탄**산칼슘($CaCO_3$)
(4) **생**석회(CaO)=산화칼슘

기억법 **분시석탄생**

답 ①

★
**13** 폭연에서 폭굉으로 전이되기 위한 조건에 대한 설명으로 틀린 것은?

16.05.문14

① 정상연소속도가 작은 가스일수록 폭굉으로 전이가 용이하다.
② 배관 내에 장애물이 존재할 경우 폭굉으로 전이가 용이하다.
③ 배관의 관경이 가늘수록 폭굉으로 전이가 용이하다.
④ 배관 내 압력이 높을수록 전이가 용이하다.

해설 **폭연에서 폭굉으로 전이되기 위한 조건**
(1) 정상연소속도가 **큰 가스일수록**
(2) 배관 내에 장애물이 존재할 경우
(3) 배관의 **관경**이 **가늘수록**
(4) 배관 내 **압력**이 **높을수록**(고압)
(5) 점화원의 **에너지**가 **강할수록**

① 작은 가스 → 큰 가스

중요

**연소반응**(전파형태에 따른 분류)

| 폭연(deflagration) | 폭굉(detonation) |
|---|---|
| 연소속도가 음속보다 느릴 때 발생 | 연소속도가 음속보다 빠를 때 발생 |

※ **음속** : 소리의 속도로서 약 **340m/s**이다.

답 ①

### 14 연소의 4요소 중 자유활성기(free radical)의 생성을 저하시켜 연쇄반응을 중지시키는 소화방법은?

15.09.문05 14.05.문13 13.03.문12 11.03.문16

① 제거소화 ② 냉각소화
③ 질식소화 ④ 억제소화

해설 **소화**의 **방법**

| 소화방법 | 설 명 |
|---|---|
| **냉각소화** | • 다량의 물 등을 이용하여 **점화원**을 **냉각**시켜 소화하는 방법<br>• 다량의 물을 뿌려 소화하는 방법 |
| **질식소화** | • 공기 중의 **산소농도**를 16%(10~15%) 이하로 희박하게 하여 소화하는 방법 |
| **제거소화** | • 가연물을 제거하여 소화하는 방법 |
| **억제소화 (부촉매효과)** | • 연쇄반응을 차단하여 소화하는 방법으로 **'화학소화'**라고도 함<br>• **자유활성기**(free radical ; **자유라디칼**)의 생성을 저하시켜 연쇄반응을 중지시키는 소화방법 |

중요

| 물리적 소화방법 | 화학적 소화방법 |
|---|---|
| • 질식소화(공기와의 접속차단)<br>• 냉각소화(냉각)<br>• 제거소화(가연물 제거) | • **억**제소화(연쇄반응의 억제)<br>기억법 **억화**(**억화**감정) |

답 ④

### 15 내화구조에 해당하지 않는 것은?

17.05.문17 16.05.문05 15.05.문02 14.05.문12 13.03.문07 12.09.문20 07.05.문19

① 철근콘크리트조로 두께가 10cm 이상인 벽
② 철근콘크리트조로 두께가 5cm 이상인 외벽 중 비내력벽
③ 벽돌조로서 두께가 19cm 이상인 벽
④ 철골철근콘크리트조로서 두께가 10cm 이상인 벽

해설 **피난 · 방화구조 3조**
내화구조의 기준

| 모든 벽 | 비내력벽 |
|---|---|
| ① 철골·철근콘크리트조로서 두께가 **10cm** 이상인 것<br>② 골구를 철골조로 하고 그 양면을 두께 **4cm** 이상의 철망모르타르로 덮은 것<br>③ 두께 **5cm** 이상의 콘크리트 블록·벽돌 또는 석재로 덮은 것<br>④ 석조로서 철재에 덮은 콘크리트 블록의 두께가 **5cm** 이상인 것<br>⑤ **벽돌조**로서 두께가 **19cm** 이상인 것 | ① 철골·철근콘크리트조로서 두께가 **7cm** 이상인 것<br>② 골구를 철골조로 하고 그 양면을 두께 **3cm** 이상의 철망모르타르로 덮은 것<br>③ 두께 **4cm** 이상의 콘크리트 블록·벽돌 또는 석재로 덮은 것<br>④ 석조로서 두께가 **7cm** 이상인 것 |

※ 공동주택의 각 세대 간의 경계벽의 구조는 **내화구조**이다.

② 5cm 이상 → 7cm 이상

답 ②

### 16 피난로의 안전구획 중 2차 안전구획에 속하는 것은?

05.05.문18 05.03.문02 04.09.문11 04.05.문12

① 복도
② 계단부속실(계단전실)
③ 계단
④ 피난층에서 외부와 직면한 현관

해설 **피난시설**의 **안전구획**

| 안전구획 | 장 소 |
|---|---|
| 1차 안전구획 | **복도** |
| 2차 안전구획 | **계단부속실**(전실) |
| 3차 안전구획 | **계단** |

※ **계단부속실**(전실) : 계단으로 들어가는 입구부분

기억법 **복부계**

답 ②

### 17 경유화재가 발생했을 때 주수소화가 오히려 위험할 수 있는 이유는?

15.09.문13 15.09.문06 14.03.문06 12.09.문16 04.05.문06 03.03.문15

① 경유는 물과 반응하여 유독가스를 발생하므로
② 경유의 연소열로 인하여 산소가 방출되어 연소를 돕기 때문에
③ 경유는 물보다 비중이 가벼워 화재면의 확대 우려가 있으므로
④ 경유가 연소할 때 수소가스를 발생하여 연소를 돕기 때문에

해설 **경유화재시 주수소화가 부적당한 이유**
물보다 비중이 가벼워 물 위에 떠서 **화재 확대**의 우려가 있기 때문이다.

중요

**주수소화**(물소화)시 위험한 물질

| 위험물 | 발생물질 |
|---|---|
| • 무기과산화물 | **산소**($O_2$) 발생 |
| • 금속분<br>• 마그네슘<br>• 알루미늄<br>• 칼륨<br>• 나트륨<br>• 수소화리튬 | **수소**($H_2$) 발생 |
| • 가연성 액체의 유류화재(경유) | **연소면**(화재면) 확대 |

답 ③

★
**18** TLV(Threshold Limit Value)가 가장 높은 가스는?

① 시안화수소　② 포스겐
③ 일산화탄소　④ 이산화탄소

해설 **독성가스**의 **허용농도**(TLV ; Threshold Limit Value)

| 독성가스 | 허용농도 |
|---|---|
| • 포스겐($COCl_2$)<br>• 아크롤레인($CH_2=CHCHO$) | 0.1ppm |
| • 염소($Cl_2$) | 1ppm |
| • 염화수소(HCl) | 5ppm |
| • 황화수소($H_2S$)<br>• 시안화수소(HCN)<br>• 벤젠($C_6H_6$) | 10ppm |
| • 암모니아($NH_3$)<br>• 일산화질소(NO) | 25ppm |
| • 일산화탄소(CO) | 50ppm |
| • 이산화탄소($CO_2$) | 5000ppm |

답 ④

★★
**19** 할론계 소화약제의 주된 소화효과 및 방법에 대한 설명으로 옳은 것은?

19.09.문13
17.05.문06
16.03.문08
15.03.문17
14.03.문19
11.10.문19
03.08.문11

① 소화약제의 증발잠열에 의한 소화방법이다.
② 산소의 농도를 15% 이하로 낮게 하는 소화방법이다.
③ 소화약제의 열분해에 의해 발생하는 이산화탄소에 의한 소화방법이다.
④ 자유활성기(free radical)의 생성을 억제하는 소화방법이다.

해설 **소화**의 **형태**

| 구 분 | 설 명 |
|---|---|
| **냉**각소화 | ① **점화원**을 냉각하여 소화하는 방법<br>② **증**발잠열을 이용하여 열을 빼앗아 가연물의 온도를 떨어뜨려 화재를 진압하는 소화방법<br>③ **다량**의 **물**을 뿌려 소화하는 방법<br>④ 가연성 물질을 **발화점 이하**로 **냉각**하여 소화하는 방법<br>⑤ **식용유화재**에 신선한 **야채**를 넣어 소화하는 방법<br>⑥ 용융잠열에 의한 **냉각효과**를 이용하여 소화하는 방법<br>기억법 **냉점증발** |
| **질**식소화 | ① 공기 중의 **산소농도**를 **16%(10~15%)** 이하로 희박하게 하여 소화하는 방법<br>② 산화제의 농도를 낮추어 연소가 지속될 수 없도록 소화하는 방법<br>③ 산소공급을 차단하여 소화하는 방법<br>④ 산소의 농도를 낮추어 소화하는 방법<br>⑤ 화학반응으로 발생한 **탄산가스**에 의한 소화방법<br>기억법 **질산** |
| 제거소화 | **가연물**을 **제거**하여 소화하는 방법 |
| **부**촉매 소화 (억제소화, 화학소화) | ① **연쇄반응**을 **차단**하여 소화하는 방법<br>② 화학적인 방법으로 화재를 억제하여 소화하는 방법<br>③ **활성기**(free radical ; 자유라디칼)의 **생성**을 **억제**하여 소화하는 방법<br>④ 할론계 소화약제<br>기억법 **부억(부엌)** |
| 희석소화 | ① 기체·고체·액체에서 나오는 분해가스나 증기의 농도를 낮춰 소화하는 방법<br>② 불연성 가스의 **공기** 중 **농도**를 높여 소화하는 방법 |

중요

**화재**의 **소화원리**에 따른 **소화방법**

| 소화원리 | 소화설비 |
|---|---|
| 냉각소화 | ① 스프링클러설비<br>② 옥내·외소화전설비 |
| 질식소화 | ① 이산화탄소소화설비<br>② 포소화설비<br>③ 분말소화설비<br>④ 불활성기체 소화약제 |
| 억제소화 (부촉매효과) | ① 할론소화약제<br>② 할로겐화합물 소화약제 |

답 ④

## 20 소방시설 중 피난구조설비에 해당하지 않는 것은?

19.09.문03 14.09.문59 13.09.문50 12.03.문52 10.05.문10 10.03.문51

① 무선통신보조설비
② 완강기
③ 구조대
④ 공기안전매트

해설 **소방시설법 시행령 [별표 1]**
**피난구조설비**
(1) 피난기구 ─ 피난사다리
- 구조대
- 완강기
- 소방청장이 정하여 고시하는 화재안전기준으로 정하는 것(미끄럼대, 피난교, 공기안전매트, 피난용 트랩, 다수인 피난장비, 승강식 피난기, 간이완강기, 하향식 피난구용 내림식 사다리)

(2) **인**명구조기구 ─ **방열**복
- 방**화**복(안전모, 보호장갑, 안전화 포함)
- **공**기호흡기
- **인**공소생기

기억법 **방화열공인**

(3) 유도등 ─ 피난유도선
- 피난구유도등
- 통로유도등
- 객석유도등
- 유도표지

(4) 비상조명등 · 휴대용 비상조명등

① 소화활동설비

답 ①

# 제 2 과목 소방전기일반

## 21 전지의 내부저항이나 전해액의 도전율 측정에 사용되는 것은?

15.03.문32 13.09.문22 10.03.문25 06.09.문33

① 접지저항계
② 켈빈 더블 브리지법
③ 콜라우시 브리지법
④ 메거

해설 **계측기**

| 계측기 | 용 도 |
|---|---|
| **메거** (megger) | 절연저항 측정 |
| **어스테스터** (earth tester) | 접지저항 측정 |
| **콜라우시 브리지** (Kohlrausch bridge) | ① 전지(축전지)의 내부저항 측정<br>② **전해액**의 **도전율** 측정 |
| **C.R.O** (Cathode Ray Oscilloscope) | 음극선을 사용한 오실로스코프 |
| **휘트스톤 브리지** (Wheatstone bridge) | $0.5 \sim 10^5 \Omega$의 중저항 측정 |

콜라우시 브리지=코올라우시 브리지

비교

**콜라우시 브리지**
(1) 축전지의 내부저항 측정
(2) 전해액의 저항 측정
(3) 접지저항 측정

답 ③

## 22 입력신호와 출력신호가 모두 직류(DC)로서 출력이 최대 5kW까지로 견고성이 좋고 토크가 에너지원이 되는 전기식 증폭기기는?

17.09.문29 13.03.문30

① 계전기
② SCR
③ 자기증폭기
④ 앰플리다인

해설 **증폭기기**

| 구 분 | 종 류 |
|---|---|
| 전기식 | • SCR<br>• **앰플리다인**<br>• 다이라트론<br>• 트랜지스터<br>• 자기증폭기 |
| 공기식 | • 벨로즈<br>• 노즐플래프<br>• 파일럿밸브 |
| 유압식 | • 분사관<br>• 안내밸브 |

중요

| 전기동력계 | 앰플리다인(amplidyne) |
|---|---|
| **대형 직류전동기**의 **토크** 측정 | 정속도 운전의 **직류발전기**로 작은 전력의 변화를 큰 전력의 변화로 증폭하는 발전기<br>▮ 앰플리다인 ▮ |

답 ④

★★★
## 23 그림과 같은 회로에서 전압계 3개로 단상전력을 측정하고자 할 때의 유효전력은?

19.04.문34
15.09.문32
15.05.문34
08.09.문39
97.10.문23

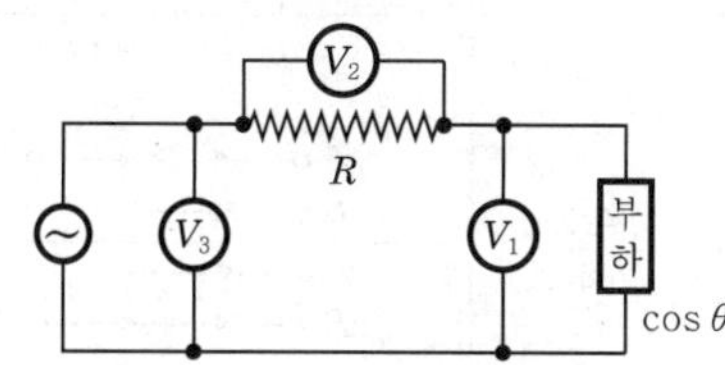


① $P=\dfrac{R}{2}({V_3}^2-{V_1}^2-{V_2}^2)$

② $P=\dfrac{1}{2R}({V_3}^2-{V_1}^2-{V_2}^2)$

③ $P=\dfrac{R}{2}({V_3}^2+{V_1}^2+{V_2}^2)$

④ $P=\dfrac{1}{2R}({V_3}^2+{V_1}^2+{V_2}^2)$

해설 **3전압계법**

$$P=\frac{1}{2R}({V_3}^2-{V_1}^2-{V_2}^2)$$

여기서, $P$ : 유효전력(소비전력)[kW]
$R$ : 저항[Ω]
$V_1$, $V_2$, $V_3$ : 전압계의 지시값[V]

비교

**3전류계법**

$$P=\frac{R}{2}({I_3}^2-{I_1}^2-{I_2}^2)\text{[W]}$$

여기서, $P$ : 유효전력[kW]
$R$ : 저항[Ω]
$I_1$, $I_2$, $I_3$ : 전류계의 지시값[A]

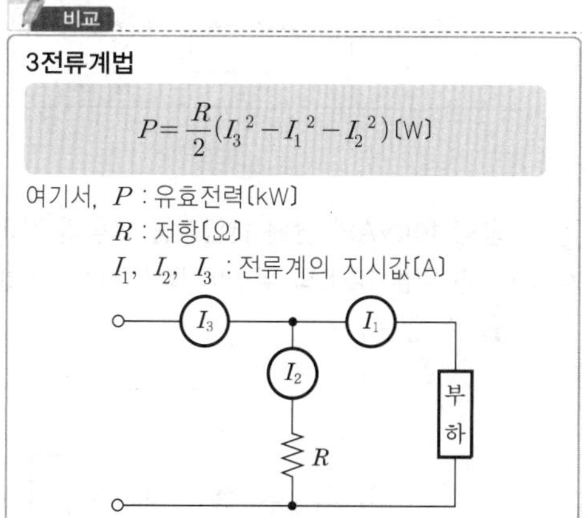


답 ②

★★
## 24 어느 도선의 길이를 2배로 하고 전기저항을 5배로 하려면 도선의 단면적은 몇 배로 되는가?

16.10.문23
02.03.문33

① 10배 ② 0.4배
③ 2배 ④ 2.5배

해설 **저항**

$$R=\rho\frac{l}{A}$$

여기서, $R$: 저항[Ω]
$\rho$ : 고유저항[Ω · mm²/m]
$A$ : 전선의 단면적[mm²]
$l$ : 전선의 길이[m]

**길이 2배**($2l$), **전기저항 5배**($5R$)로 했을 때의 **단면적** $A$는

$A=\rho\dfrac{l}{R}\propto\dfrac{l}{R}=\dfrac{2l}{5R}=0.4\dfrac{l}{R}$ (∵ 0.4배)

중요

**전선의 고유저항**

| 전선의 종류 | 고유저항[Ω·mm²/m] |
|---|---|
| 알루미늄선 | $\frac{1}{35}$ |
| 경동선 | $\frac{1}{55}$ |
| 연동선 | $\frac{1}{58}$ |

답 ②

★★★
## 25 시퀀스제어에 관한 설명 중 틀린 것은?

14.03.문38
13.09.문29
11.10.문33

① 기계적 계전기접점이 사용된다.
② 논리회로가 조합 사용된다.
③ 시간 지연요소가 사용된다.
④ 전체 시스템에 연결된 접점들이 일시에 동작할 수 있다.

해설 ④ 전체 시스템에 연결된 접점들이 **순차적**으로 **동작**한다.

참고

**시퀀스제어**의 **신호전달계통**

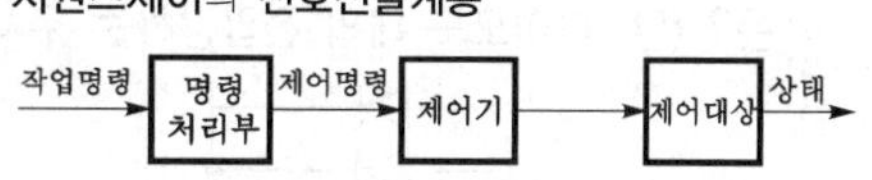


※ **제어대상**(controlled system): 제어의 대상으로 제어하려고 하는 기계의 전체 또는 그 일부분

용어

| **프로그램제어**<br>(프로그래밍 제어, program control) | **시퀀스제어**<br>(sequence control) |
|---|---|
| 목표값이 **미리 정해진 시간적 변화**를 하는 경우 제어량을 그것에 추종시키기 위한 제어<br>예 **열차 · 산업로봇**의 **무인운전** | 미리 정해진 **순**서에 따라 각 단계가 순차적으로 진행되는 제어<br>예 **무인 커피판매기** |

기억법 **프시변, 순시**

답 ④

★★★

**26** 반도체에 빛을 쬐이면 전자가 방출되는 현상은?

12.05.문32

① 홀효과 ② 광전효과
③ 펠티어효과 ④ 압전기효과

해설 **여러 가지 효과**

| 효 과 | 설 명 |
|---|---|
| **핀치효과** (Pinch effect) | 전류가 **도선 중심**으로 흐르려고 하는 현상 |
| **톰슨효과** (Thomson effect) | 균질의 철사에 **온도구배**가 있을 때 여기에 전류가 흐르면 열의 흡수 또는 발생이 일어나는 현상 |
| **홀효과** (Hall effect) | 도체에 **자계**를 가하면 전위차가 발생하는 현상 |
| **제벡효과** (Seebeck effect) | 다른 종류의 금속선으로 된 폐회로의 두 접합점의 온도를 달리하였을 때 열기전력이 발생하는 효과. **열전대식 · 열반도체식** 감지기는 이 원리를 이용하여 만들어졌다. |
| **펠티어효과** (Peltier effect) | 두 종류의 금속으로 폐회로를 만들어 **전류**를 흘리면 양 접속점에서 한쪽은 **온도**가 올라가고, 다른 쪽은 온도가 내려가는 현상 |
| **압전기효과** (piezoelectric effect) | 수정, 전기석, 로셸염 등의 결정에 전압을 가하면 일그러짐이 생기고, 반대로 압력을 가하여 일그러지게 하면 전압을 발생하는 현상 |
| **광전효과** | 반도체에 빛을 쬐이면 전자가 방출되는 현상 |

기억법 온펠

답 ②

★★

**27** 그림과 같은 다이오드 게이트 회로에서 출력전압은? (단, 다이오드 내의 전압강하는 무시한다.)

11.06.문22
09.08.문34
08.03.문24

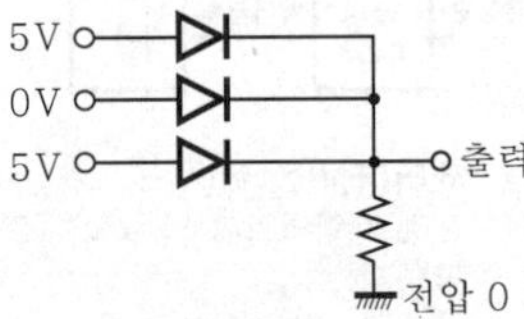


① 10V ② 5V
③ 1V ④ 0V

해설 OR 게이트이므로 입력신호 중 5V, 0V, 5V 중 **어느 하나**라도 1이면 출력신호 $X$가 5가 된다.

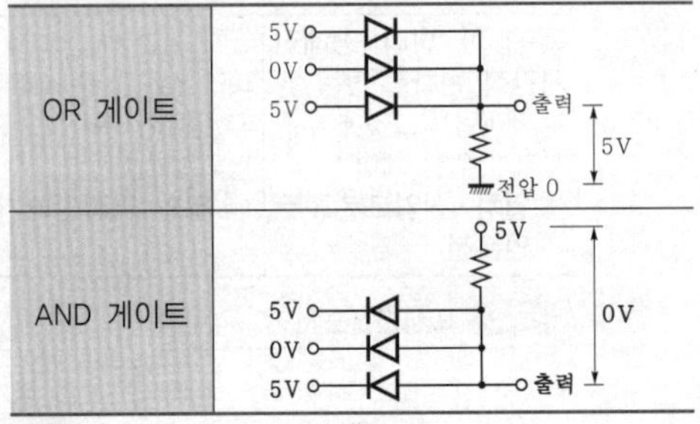


중요

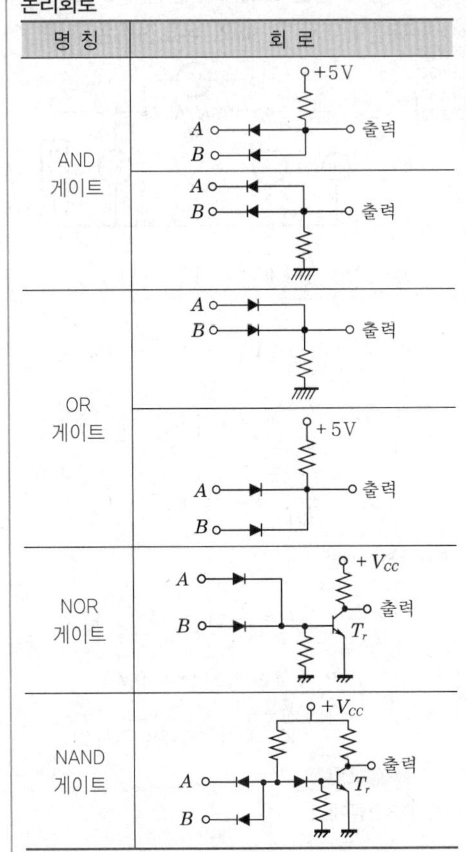

논리회로
명 칭
회 로
AND 게이트
+5V
A
B
출력
OR 게이트
NOR 게이트
+ $V_{CC}$
$T_r$
NAND 게이트


답 ②

★

**28** 용량 10kVA의 단권 변압기를 그림과 같이 접속하면 역률 80%의 부하에 몇 kW의 전력을 공급할 수 있는가?

17.09.문36 (산업)



① 8 ② 54
③ 80 ④ 88

해설

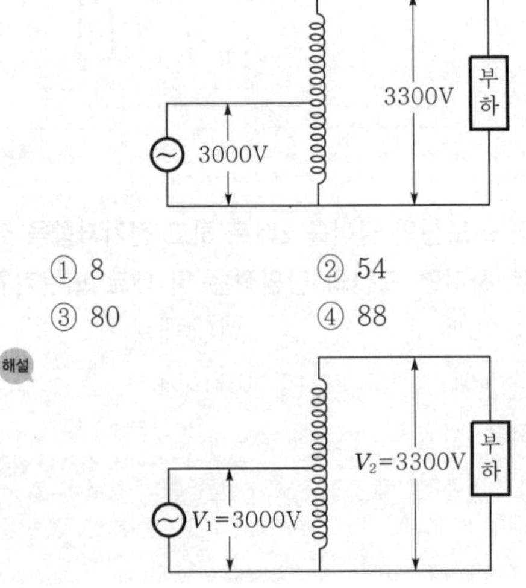

(1) **기호**

- $V_1$ : 3000V
- $V_2$ : 3300V
- $P$ : 10kVA=10000VA
- $\cos\theta$ : 80%=0.8
- $P_L$ : ?

(2) **부하전류**

$$I_2 = \frac{P}{V_2 - V_1}$$

여기서, $I_2$ : 부하전류[A]
$P$ : 자가용량[VA]
$V_2$ : 부하전압[V]
$V_1$ : 입력전압[V]

**부하전류** $I_2$는

$$I_2 = \frac{P}{V_2 - V_1} = \frac{10000}{(3300-3000)} \fallingdotseq 33.33\text{A}$$

(3) **부하측 소비전력**(공급전력)

$$P_L = V_2 I_2 \cos\theta$$

여기서, $P_L$ : 부하측 소비전력[VA]
$V_2$ : 부하전압[V]
$I_2$ : 부하전류[A]
$\cos\theta$ : 역률

부하측 소비전력 $P_L$는

$$P_L = V_2 I_2 \cos\theta$$
$$= 3300 \times 33.33 \times 0.8$$
$$\fallingdotseq 87991\text{W} \fallingdotseq 88000\text{W} = 88\text{kW}$$

답 ④

**29** (★★) 전자유도현상에서 코일에 생기는 유도기전력의 방향을 정의한 법칙은?

12.03.문29
11.10.문29
00.07.문28

① 플레밍의 오른손법칙
② 플레밍의 왼손법칙
③ 렌츠의 법칙
④ 패러데이의 법칙

해설 **여러 가지 법칙**

| 법 칙 | 설 명 |
|---|---|
| 플레밍의 **오**른손법칙 | **도**체운동에 의한 **유**도기전력의 **방**향 결정<br>기억법 **방유도오**(**방**에 우**유**를 **도로** 갖다 놓게!) |
| 플레밍의 **왼**손법칙 | **전**자력의 방향 결정<br>기억법 **왼전**(**왠 전**쟁이냐?) |
| **렌**츠의 법칙<br>(렌쯔의 법칙) | 자속변화에 의한 **유**도기전력의 **방**향 결정<br>기억법 **렌유방**(오**렌**지가 **유**일한 **방**법이다.) |
| **패**러데이의 전자유도법칙<br>(페러데이의 법칙) | ① 자속변화에 의한 **유**기기전력의 **크**기 결정<br>② 전자유도현상에 의하여 생기는 **유도기전력**의 **크기**를 정의하는 법칙<br>기억법 **패유크**(**폐유**를 버리면 **큰**일난다.) |
| **앙**페르의 오른나사법칙<br>(앙페에르의 법칙) | **전**류에 의한 **자**기장의 방향 결정<br>기억법 **앙전자**(**양전자**) |
| **비**오-사바르의 법칙 | **전**류에 의해 발생되는 **자**기장의 크기 결정<br>기억법 **비전자**(**비전**공**자**) |

답 ③

**30** (★) 입력 $r(t)$, 출력 $c(t)$인 제어시스템에서 전달함수 $G(s)$는? (단, 초기값은 0이다.)

17.09.문22 (산업)

$$\frac{d^2c(t)}{dt^2} + 3\frac{dc(t)}{dt} + 2c(t) = \frac{dr(t)}{dt} + 3r(t)$$

① $\dfrac{3s+1}{2s^2+3s+1}$　② $\dfrac{s^2+3s+2}{s+3}$

③ $\dfrac{s+1}{s^2+3s+2}$　④ $\dfrac{s+3}{s^2+3s+2}$

해설 **라플라스 변환**하면

$$\frac{d^2c(t)}{dt^2} + 3\frac{dc(t)}{dt} + 2c(t) = \frac{dr(t)}{dt} + 3r(t)$$

$$(s^2+3s+2)X(s) = (s+3)Y(s)$$

**전달함수** $G(s)$는

$$G(s) = \frac{Y(s)}{X(s)} = \frac{s+3}{s^2+3s+2}$$

용어

**전달함수**
모든 초기값을 0으로 하였을 때 출력신호의 라플라스 변환과 입력신호의 라플라스 변환의 비

답 ④

**31** (★★★) 다음 소자 중에서 온도보상용으로 쓰이는 것은?

19.03.문35
16.10.문30
15.05.문38
14.09.문40
14.05.문24
14.03.문27
12.03.문34
11.06.문37
00.10.문25

① 서미스터
② 바리스터
③ 제너다이오드
④ 터널다이오드

해설 **반도체 소자**

| 명 칭 | 심 벌 |
|---|---|
| ① **제너다이오드**(Zener Diode) : 주로 정전압 전원회로에 사용된다. | |

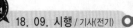

| | |
|---|---|
| ② **서**미스터(Thermistor) : 부**온**도 특성을 가진 저항기의 일종으로서 주로 **온**도보정용(온도보상용)으로 쓰인다. | Th |
| ③ **SCR**(Silicon Controlled Rectifier) : 단방향 대전류 스위칭 소자로서 제어를 할 수 있는 정류 소자이다. | A K G |
| ④ **바리스터**(Varistor)<br>㉠ 주로 **서**지전압에 대한 회로 보호용(과도전압에 대한 회로보호)<br>㉡ **계**전기접점의 불꽃제거 |  |
| ⑤ **UJT**(Unijunction Transistor) = **단일접합 트랜지스터** : 증폭기로는 사용이 불가능하며 톱니파나 펄스발생기로 작용하며 SCR의 트리거 소자로 쓰인다. | 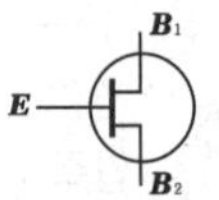 |
| ⑥ **바랙터**(Varactor) : 제너현상을 이용한 다이오드 | − |

기억법 **서온(서운해), 바리서계**

답 ①

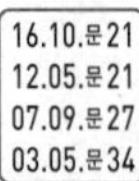

**32** 한 상의 임피던스가 $Z=16+j12\Omega$인 Y결선 부하에 대칭 3상 선간전압 380V를 가할 때 유효전력은 약 몇 kW인가?

16.10.문21 12.05.문21 07.09.문27 03.05.문34

① 5.8　　② 7.2
③ 17.3　　④ 21.6

해설

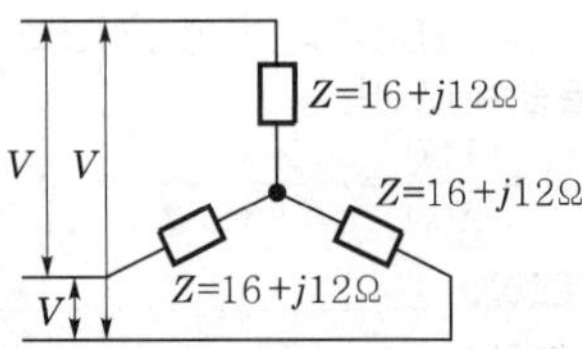



(1) **선전류**

**Y결선** : 선전류 $I_Y=\dfrac{V_l}{\sqrt{3}\,Z}$ [A]

**△결선** : 선전류 $I_\triangle=\dfrac{\sqrt{3}\,V_l}{Z}$ [A]

여기서, $V_l$ : 선간전압[V]
$Z$ : 임피던스[Ω]

Y결선에서는 **선전류 = 상전류**이므로

**상전류** $I_Y=\dfrac{V_l}{\sqrt{3}\,Z}$

$=\dfrac{380}{\sqrt{3}(16+j12)}$

$=\dfrac{380}{\sqrt{3}(\sqrt{16^2+12^2})}$

$=\dfrac{380}{20\sqrt{3}}\fallingdotseq 10.96\text{A}$

(2) **3상 유효전력**

$P=3V_PI_P\cos\theta=\sqrt{3}\,V_lI_l\cos\theta=3{I_P}^2R$ [W]

여기서, $P$ : 3상 유효전력[W]
$V_P$, $I_P$ : 상전압[V], 상전류[A]
$V_l$, $I_l$ : 선간전압[V], 선전류[A]
$R$ : 저항[Ω]

**3상 유효전력** $P$는

$P=3{I_P}^2R$

$=3\times10.96^2\times16=5765\fallingdotseq5800\text{W}=5.8\text{kW}$

• $Z=16+j12$이므로 $R=16\Omega$
($16$ → $R$, $j12$ → $X$)

답 ①

**33** 그림과 같은 계전기 접점회로의 논리식은?

16.05.문40 13.03.문24 10.05.문21 00.07.문36

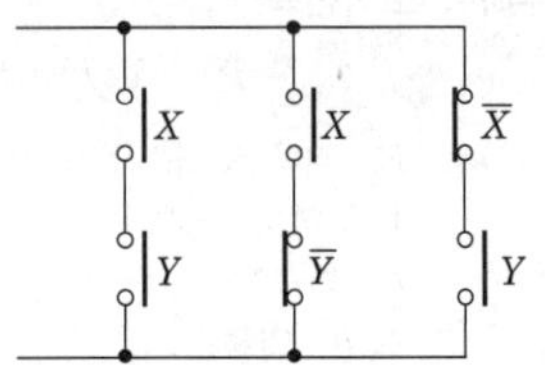



① $(X+Y)(X+\overline{Y})(\overline{X}+Y)$
② $(X+Y)+(X+\overline{Y})+(\overline{X}+Y)$
③ $(XY)+(X\overline{Y})+(\overline{X}Y)$
④ $(XY)(X\overline{Y})(\overline{X}Y)$

해설 논리식 $=X\cdot Y+X\cdot\overline{Y}+\overline{X}\cdot Y=XY+X\overline{Y}+\overline{X}Y$

※ 논리식 산정시 **직렬**은 '·', **병렬**은 '+'로 표시하는 것을 기억하라.

중요

**논리회로**

| 시퀀스 | 논리식 | 논리회로 |
|---|---|---|
| 직렬회로 | $Z=A\cdot B$<br>$Z=AB$ | A, B → Z |
| 병렬회로 | $Z=A+B$ | A, B → Z |
| a접점 | $Z=A$ | A → Z<br>A → Z |
| b접점 | $Z=\overline{A}$ | A → Z<br>A → Z<br>A → Z |

답 ③

★★
**34** 1cm의 간격을 둔 평행 왕복전선에 25A의 전류가 흐른다면 전선 사이에 작용하는 전자력은 몇 N/m이며, 이것은 어떤 힘인가?

14.09.문37

① $2.5 \times 10^{-2}$, 반발력
② $1.25 \times 10^{-2}$, 반발력
③ $2.5 \times 10^{-2}$, 흡인력
④ $1.25 \times 10^{-2}$, 흡인력

해설 **평행도체 사이에 작용하는 힘**

$$F = \frac{\mu_0 I_1 I_2}{2\pi r} \text{ [N/m]}$$

여기서, $F$ : 평행전류의 힘[N/m]
$\mu_0$ : 진공의 투자율($4\pi \times 10^{-7}$)[H/m]
$I_1$, $I_2$ : 전류[A]
$r$ : 거리[m]

평행도체 사이에 작용하는 힘 $F$는

$$F = \frac{\mu_0 I_1 I_2}{2\pi r}$$
$$= \frac{(4\pi \times 10^{-7}) \times 25 \times 25}{2\pi \times 0.01} = 0.0125 = 1.25 \times 10^{-2} \text{N/m}$$

- $r$ : 0.1cm=0.01m(100cm=1m)
- $\mu_0$ : $4\pi \times 10^{-7}$ [H/m]
- $I$ : 25A

힘의 방향은 전류가 **같은 방향**이면 **흡인력**, **다른 방향**이면 **반발력**이 작용한다.

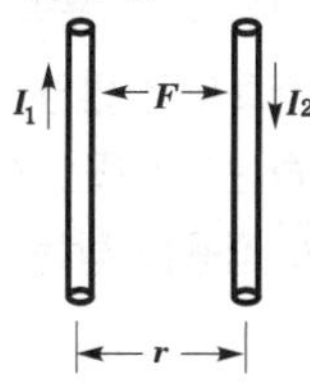

‖ 평행전류의 힘 ‖

**평행 왕복전선**은 두 전선의 전류방향이 다른 방향이므로 **반발력**

답 ②

★★
**35** 다음 단상 유도전동기 중 기동토크가 가장 큰 것은?

14.05.문26
05.03.문25
03.08.문33

① 셰이딩 코일형 ② 콘덴서 기동형
③ 분상 기동형 ④ 반발 기동형

해설 **기동토크**가 **큰 순서**

**반발 기동형** > 반발 유도형 > 콘덴서 기동형 > 분상 기동형 > **셰이딩 코일형**

기억법 **반기큰**

답 ④

★★
**36** 정현파 전압의 평균값이 150V이면 최대값은 약 몇 V인가?

06.09.문30
01.06.문32

① 235.6 ② 212.1
③ 106.1 ④ 95.5

해설 **전압**의 **평균값**

$$V_{av} = 0.637\, V_m$$

여기서, $V_{av}$ : 전압의 평균값[V]
$V_m$ : 전압의 최대값[V]

**전압**의 **최대값** $V_m$은

$$V_m = \frac{V_{av}}{0.637} = \frac{150}{0.637} \fallingdotseq 235.47\text{V} (\therefore \text{ 235.6V 정답})$$

답 ①

★
**37** 각 전류의 대칭분 $I_0$, $I_1$, $I_2$가 모두 같게 되는 고장의 종류는?

① 1선 지락 ② 2선 지락
③ 2선 단락 ④ 3선 단락

해설 **지락**

| 1선 지락 | 2선 지락 |
|---|---|
| $I_0 = I_1 = I_2$ | $V_0 = V_1 = V_2$ |

용어

**지락**
전류가 전선이 아닌 대지로 흐르는 것

답 ①

★★★
**38** 10$\mu$F인 콘덴서를 60Hz 전원에 사용할 때 용량 리액턴스는 약 몇 Ω인가?

02.09.문37

① 250.5 ② 265.3
③ 350.5 ④ 465.3

해설 **용량 리액턴스**

$$X_C = \frac{1}{\omega C} = \frac{1}{2\pi f C} \text{ [Ω]}$$

여기서, $X_C$ : 용량 리액턴스[Ω]
$\omega$ : 각주파수[rad/s]
$C$: 정전용량[F]
$f$ : 주파수[Hz]

**용량 리액턴스** $X_C$는

$$X_C = \frac{1}{2\pi f C} = \frac{1}{2\pi \times 60 \times (10 \times 10^{-6})} \fallingdotseq 265.3\,Ω$$

- $C$ : $10\mu\text{F} = 10 \times 10^{-6}\text{F}$ ($1\mu\text{F} = 1 \times 10^{-6}\text{F}$)

비교

**유도 리액턴스**

$$X_L = \omega L = 2\pi f L\,[\Omega]$$

여기서, $X_L$ : 유도 리액턴스[Ω]
$\omega$ : 각주파수[rad/s]
$L$ : 인덕턴스[H]
$f$ : 주파수[Hz]

답 ②

★★★

**39** $X = A\overline{B}C + \overline{A}BC + \overline{A}\,\overline{B}C + \overline{A}\,\overline{B}\,\overline{C} + A\overline{B}\,\overline{C}$ 를 가장 간소화한 것은?

17.09.문33 17.03.문23 16.05.문36 16.03.문39 15.09.문23 13.09.문30 13.06.문35

① $\overline{A}BC + \overline{B}$ ② $B + \overline{A}C$
③ $\overline{B} + \overline{A}C$ ④ $\overline{A}\,\overline{B}C + B$

해설 논리식 $X = A\overline{B}C + \overline{A}BC + \overline{A}\,\overline{B}C + \overline{A}\,\overline{B}\,\overline{C} + A\overline{B}\,\overline{C}$

$= A\overline{B}C + A\overline{B}\,\overline{C} + \overline{A}\,\overline{B}C + \overline{A}\,\overline{B}\,\overline{C} + \overline{A}BC$

$= A\overline{B}\underbrace{(C+\overline{C})}_{X+\overline{X}=1} + \overline{A}\,\overline{B}\underbrace{(C+\overline{C})}_{X+\overline{X}=1} + \overline{A}BC$

$= \underbrace{A\overline{B}1}_{X\cdot 1=X} + \underbrace{\overline{A}\,\overline{B}1}_{X\cdot 1=X} + \overline{A}BC$

$= A\overline{B} + \overline{A}\,\overline{B} + \overline{A}BC$

$= \overline{B}\underbrace{(A+\overline{A})}_{X+\overline{X}=1} + \overline{A}BC$

$= \underbrace{\overline{B}1}_{X\cdot 1=X} + \overline{A}BC$

$= \underbrace{\overline{B} + \overline{A}BC}_{\overline{X}+XY=\overline{X}+Y}$

$= \overline{B} + \overline{A}C$

중요

**불대수의 정리**

| 논리합 | 논리곱 | 비 고 |
|---|---|---|
| $X+0=X$ | $X\cdot 0=0$ | - |
| $X+1=1$ | $X\cdot 1=X$ | - |
| $X+X=X$ | $X\cdot X=X$ | - |
| $X+\overline{X}=1$ | $X\cdot \overline{X}=0$ | - |
| $X+Y=Y+X$ | $X\cdot Y=Y\cdot X$ | 교환법칙 |
| $X+(Y+Z)$ $=(X+Y)+Z$ | $X(YZ)=(XY)Z$ | 결합법칙 |
| $X(Y+Z)$ $=XY+XZ$ | $(X+Y)(Z+W)$ $=XZ+XW+YZ+YW$ | 분배법칙 |
| $X+XY=X$ | $\overline{X}+XY=\overline{X}+Y$ $X+\overline{X}Y=X+Y$ $X+\overline{X}\,\overline{Y}=X+\overline{Y}$ | 흡수법칙 |
| $(\overline{X+Y})$ $=\overline{X}\cdot\overline{Y}$ | $(\overline{X\cdot Y})=\overline{X}+\overline{Y}$ | 드모르간의 정리 |

답 ③

★★

**40** 변위를 압력으로 변환하는 소자로 옳은 것은?

13.06.문21 12.09.문24 03.08.문22

① 다이어프램 ② 가변 저항기
③ 벨로우즈 ④ 노즐 플래퍼

해설 **변환요소**

| 구 분 | 변 환 |
|---|---|
| • 측온저항 • 정온식 감지선형 감지기 | **온도 → 임피던스** |
| • 광전다이오드 • 열전대식 감지기 • 열반도체식 감지기 | **온도 → 전압** |
| • 광전지 | **빛 → 전압** |
| • 전자 | **전압**(전류) **→ 변위** |
| • 유압분사관 • 노즐 플래퍼 | **변위 → 압력** |
| • 포텐셔미터 • 차동변압기 • 전위차계 | **변위 → 전압** |
| • 가변저항기 | **변위 → 임피던스** |

답 ④

## 제 3 과목 소방관계법규

★

**41** 소방기본법령에 따른 용접 또는 용단 작업장에서 불꽃을 사용하는 용접·용단기구 사용에 있어서 작업자로부터 반경 몇 m 이내에 소화기를 갖추어야 하는가? (단, 산업안전보건법에 따른 안전조치의 적용을 받는 사업장의 경우는 제외한다.)

17.05.문42

① 1 ② 3
③ 5 ④ 7

해설 **기본령 [별표 1]**
**보일러 등의 위치·구조 및 관리와 화재예방을 위하여 불의 사용에 있어서 지켜야 할 사항**

| 구 분 | 기 준 |
|---|---|
| 불꽃을 사용하는 용접·용단기구 | ① 용접 또는 용단작업자로부터 반경 **5m** 이내에 **소화기**를 갖추어 둘 것 ② 용접 또는 용단작업장 주변반경 **10m** 이내에는 **가연물**을 쌓아두거나 놓아두지 말 것(단, 가연물의 제거가 곤란하여 방지포 등으로 방호조치를 한 경우는 제외) 기억법 **5소(오소서)** |

답 ③

★★★
**42** **소방기본법에 따른 벌칙의 기준이 다른 것은?**

17.03.문49
16.05.문57
15.09.문43
15.05.문58
11.10.문51
10.09.문54

① 정당한 사유 없이 불장난, 모닥불, 흡연, 화기취급, 풍등 등 소형 열기구 날리기, 그 밖에 화재예방상 위험하다고 인정되는 행위의 금지 또는 제한에 따른 명령에 따르지 아니하거나 이를 방해한 사람
② 소방활동 종사 명령에 따른 사람을 구출하는 일 또는 불을 끄거나 불이 번지지 아니하도록 하는 일을 방해한 사람
③ 정당한 사유 없이 소방용수시설 또는 비상소화장치를 사용하거나 소방용수시설 또는 비상소화장치의 효용을 해치거나 그 정당한 사용을 방해한 사람
④ 출동한 소방대의 소방장비를 파손하거나 그 효용을 해하여 화재진압·인명구조 또는 구급활동을 방해하는 행위를 한 사람

해설 **기본법 50조**
5년 이하의 징역 또는 5000만원 이하의 벌금
(1) 소방자동차의 **출동 방해**
(2) **사람구출** 방해
(3) **소방용수시설** 또는 **비상소화장치**의 효용 방해
(4) 출동한 소방대의 화재진압·인명구조 또는 구급활동 **방해**
(5) 소방대의 현장출동 **방해**
(6) 출동한 소방대원에게 **폭행·협박** 행사

① **200만원** 이하의 벌금

답 ①

★★
**43** **화재예방, 소방시설 설치·유지 및 안전관리에 관한 법령에 따른 특정소방대상물의 수용인원의 산정방법 기준 중 틀린 것은?**

19.04.문51
17.03.문57

① 침대가 있는 숙박시설의 경우는 해당 특정소방대상물의 종사자수에 침대수(2인용 침대는 2인으로 산정)를 합한 수
② 침대가 없는 숙박시설의 경우는 해당 특정소방대상물의 종사자수에 숙박시설 바닥면적의 합계를 $3m^2$로 나누어 얻은 수를 합한 수
③ 강의실 용도로 쓰이는 특정소방대상물의 경우는 해당 용도로 사용하는 바닥면적의 합계를 $1.9m^2$로 나누어 얻은 수
④ 문화 및 집회시설의 경우는 해당 용도로 사용하는 바닥면적의 합계를 $2.6m^2$로 나누어 얻은 수

해설 **소방시설법 시행령 [별표 4]**
수용인원의 산정방법

| 특정소방대상물 | | 산정방법 |
|---|---|---|
| • 숙박시설 | 침대가 있는 경우 | 종사자수+침대수 |
| | 침대가 없는 경우 | 종사자수+ $\dfrac{\text{바닥면적 합계}}{3m^2}$ |
| • 강의실 • 교무실 • 상담실 • 실습실 • 휴게실 | | $\dfrac{\text{바닥면적 합계}}{1.9m^2}$ |
| • 기타 | | $\dfrac{\text{바닥면적 합계}}{3m^2}$ |
| • 강당 • 문화 및 집회시설, 운동시설 • 종교시설 | | $\dfrac{\text{바닥면적의 합계}}{4.6m^2}$ |

※ **소수점 이하**는 **반올림**한다.

기억법 **수반(수반! 동반!)**

④ $2.6m^2$ → $4.6m^2$

답 ④

★
**44** **소방시설공사업법령에 따른 소방시설공사 중 특정소방대상물에 설치된 소방시설 등을 구성하는 것의 전부 또는 일부를 개설, 이전 또는 정비하는 공사의 착공신고대상이 아닌 것은?**

17.05.문59
11.10.문49

① 수신반
② 소화펌프
③ 동력(감시)제어반
④ 제연설비의 제연구역

해설 **공사업령 4조**
소방시설공사의 착공신고대상
(1) **수**신반
(2) 소화**펌**프
(3) **동**력(감시)제어반

기억법 **동수펌착**

비교
**공사업령 4조**
증설공사 착공신고대상
(1) 옥내·외 소화전설비
(2) 스프링클러설비·간이스프링클러설비
(3) 자동화재탐지설비
(4) 제연설비
(5) 연결살수설비·연결송수관설비·연소방지설비
(6) 비상콘센트설비

답 ④

★★
**45** 소방기본법에 따른 소방력의 기준에 따라 관할 구역의 소방력을 확충하기 위하여 필요한 계획을 수립하여 시행하여야 하는 자는?

15.03.문54

① 소방서장
② 소방본부장
③ 시·도지사
④ 행정안전부장관

해설 **기본법 8조 ②항**
**시·도지사**는 **소방력**의 **기준**에 따라 관할구역 안의 소방력을 확충하기 위하여 필요한 **계획**을 **수립**하여 시행하여야 한다.

중요

**기본법 8조**

| 구 분 | 대 상 |
|---|---|
| 행정안전부령 | **소방력**에 관한 기준 |
| 시·도지사 | **소방력 확충**의 계획·수립·시행 |

답 ③

★★
**46** 화재예방, 소방시설 설치·유지 및 안전관리에 관한 법령에 따른 화재안전기준을 달리 적용하여야 하는 특수한 용도 또는 구조를 가진 특정소방대상물 중 핵폐기물처리시설에 설치하지 아니할 수 있는 소방시설은?

17.03.문42
14.03.문49

① 소화용수설비
② 옥외소화전설비
③ 물분무등소화설비
④ 연결송수관설비 및 연결살수설비

해설 **소방시설법 시행령 〔별표 7〕**
**소방시설을 설치하지 아니할 수 있는 특정소방대상물 및 소방시설의 범위**

| 구 분 | 특정소방대상물 | 소방시설 |
|---|---|---|
| **화**재안전**기**준을 달리 적용하여야 하는 특수한 용도 또는 구조를 가진 특정소방대상물 | • 원자력발전소<br>• **핵폐기물**처리시설 | • **연**결송수관설비<br>• **연**결살수설비<br>기억법 화기연(화기연구) |
| 자체소방대가 설치된 특정소방대상물 | 자체소방대가 설치된 위험물 제조소 등에 부속된 사무실 | • 옥내소화전설비<br>• 소화용수설비<br>• 연결송수관설비<br>• 연결살수설비 |
| 화재위험도가 낮은 특정소방대상물 | **석**재, **불**연성**금**속, **불**연성 건축재료 등의 가공공장·기계조립공장·주물공장 또는 불연성 물품을 저장하는 창고 | • 옥**외**소화전설비<br>• 연결살수설비<br>기억법 석불금외 |
| | 「소방기본법」에 따른 소방대가 조직되어 24시간 근무하고 있는 청사 및 차고 | • 옥내소화전설비<br>• 스프링클러설비<br>• 물분무등소화설비<br>• 비상방송설비<br>• 피난기구<br>• 소화용수설비<br>• 연결송수관설비<br>• 연결살수설비 |

답 ④

★★★
**47** 위험물안전관리법령에 따른 인화성 액체위험물(이황화탄소를 제외)의 옥외탱크저장소의 탱크 주위에 설치하는 방유제의 설치기준 중 옳은 것은?

15.03.문07
14.05.문45
08.09.문58

① 방유제의 높이는 0.5m 이상 2.0m 이하로 할 것
② 방유제 내의 면적은 100000m$^2$ 이하로 할 것
③ 방유제의 용량은 방유제 안에 설치된 탱크가 2기 이상인 때에는 그 탱크 중 용량이 최대인 것의 용량의 120% 이상으로 할 것
④ 높이가 1m를 넘는 방유제 및 간막이 둑의 안팎에는 방유제 내에 출입하기 위한 계단 또는 경사로를 약 50m마다 설치할 것

해설 **위험물규칙 〔별표 6〕**
**옥외탱크저장소의 방유제**
(1) 높이 : **0.5~3m** 이하
(2) 탱크 : 10기(모든 탱크용량이 **20만L** 이하, 인화점이 70~200℃ 미만은 **20**기) 이하
(3) 면적 : **80000m$^2$** 이하
(4) **용량**

| 1기 이상 | 2기 이상 |
|---|---|
| **탱크용량**의 **110%** 이상 | **최대용량**의 **110%** 이상 |

(5) 높이가 **1m**를 넘는 방유제 및 간막이 둑의 안팎에는 방유제 내에 출입하기 위한 계단 또는 경사로를 약 **50m**마다 설치할 것

① 0.5m 이상 2.0m 이하 → 0.5m 이상 3.0m 이하
② 100000m$^2$ 이하 → 80000m$^2$ 이하
③ 120% 이상 → 110% 이상

답 ④

★
**48** 17.09.문54 (산업)
**화재예방, 소방시설 설치·유지 및 안전관리에 관한 법령에 따른 임시소방시설 중 간이소화장치를 설치하여야 하는 공사의 작업현장의 규모의 기준 중 다음 (  ) 안에 알맞은 것은?**

- 연면적 ( ㉠ )$m^2$ 이상
- 지하층, 무창층 또는 ( ㉡ )층 이상의 층이 경우 해당 층의 바닥면적이 ( ㉢ )$m^2$ 이상인 경우만 해당

① ㉠ 1000, ㉡ 6, ㉢ 150
② ㉠ 1000, ㉡ 6, ㉢ 600
③ ㉠ 3000, ㉡ 4, ㉢ 150
④ ㉠ 3000, ㉡ 4, ㉢ 600

해설 **소방시설법 시행령 〔별표 5의 2〕**
임시소방시설을 설치하여야 하는 공사의 종류와 규모

| 공사 종류 | 규 모 |
|---|---|
| 간이소화장치 | • 연면적 **3000$m^2$** 이상<br>• 지하층, 무창층 또는 **4층** 이상의 층. 바닥면적이 **600$m^2$** 이상인 경우만 해당 |
| 비상경보장치 | • 연면적 **400$m^2$** 이상<br>• 지하층 또는 무창층. 바닥면적이 **150$m^2$** 이상인 경우만 해당 |
| 간이피난유도선 | • 바닥면적이 **150$m^2$** 이상인 지하층 또는 무창층의 작업현장에 설치 |

답 ④

★★
**49** 15.03.문47
**피난시설, 방화구획 또는 방화시설을 폐쇄·훼손·변경 등의 행위를 3차 이상 위반한 경우에 대한 과태료 부과기준으로 옳은 것은?**

① 200만원 ② 300만원
③ 500만원 ④ 1000만원

해설 **소방시설법 시행령 〔별표 10〕**
피난시설, 방화구획 및 방화시설을 폐쇄·훼손·변경 등의 행위

| 1차 위반 | 2차 위반 | 3차 이상 위반 |
|---|---|---|
| 100만원 | 200만원 | 300만원 |

중요

**소방시설법 53조**
200만원 이하의 과태료
(1) 관계인의 소방안전관리 업무 미수행
(2) **소방훈련** 및 **교육** 미실시자
(3) 소방시설의 점검결과 미보고
(4) 관계인의 거짓자료제출
(5) 정당한 사유없이 공무원의 출입·조사·검사를 거부·방해·기피한 자

답 ②

★★
**50** 17.03.문58 14.09.문48 12.09.문41
**소방시설공사업법령에 따른 성능위주설계를 할 수 있는 자의 설계범위 기준 중 틀린 것은?**

① 연면적 30000$m^2$ 이상인 특정소방대상물로서 공항시설
② 연면적 100000$m^2$ 이상인 특정소방대상물(단, 아파트 등은 제외)
③ 지하층을 포함한 층수가 30층 이상인 특정소방대상물(단, 아파트 등은 제외)
④ 하나의 건축물에 영화상영관이 10개 이상인 특정소방대상물

해설 **공사업령 2조 2**
**성능위주설계를 하여야 하는 특정소방대상물의 범위**
(1) 연면적 **20만$m^2$** 이상(아파트 등 제외)
(2) 건물높이 **100m** 이상(지하층 포함 층수 **30층** 이상 포함) : 아파트 등 제외
(3) 연면적 **3만$m^2$** 이상 **철도·도시철도시설, 공항시설**
(4) 영화상영관 **10개** 이상

② 100000$m^2$ 이상 → 200000$m^2$ 이상

답 ②

★★★
**51** 16.10.문48 13.06.문45
**화재예방, 소방시설 설치·유지 및 안전관리에 관한 법령에 따른 특정소방대상물 중 의료시설에 해당하지 않는 것은?**

① 요양병원 ② 마약진료소
③ 한방병원 ④ 노인의료복지시설

해설 **소방시설법 시행령 〔별표 2〕**
의료시설

| 구 분 | 종 류 |
|---|---|
| 병원 | • 종합병원 • 병원<br>• 치과병원 • 한방병원<br>• 요양병원 |
| 격리병원 | • 전염병원 • 마약진료소 |
| 정신의료기관 | – |
| 장애인 의료재활시설 | – |

④ 노유자시설

비교

**소방시설법 시행령 〔별표 2〕**
노유자시설

| 구 분 | 종 류 |
|---|---|
| 노인관련시설 | • 노인주거복지시설<br>• 노인의료복지시설<br>• 노인여가복지시설<br>• 재가노인복지시설<br>• 노인보호전문기관<br>• 노인일자리 지원기관<br>• 학대피해노인 전용쉼터 |

| 아동관련시설 | • 아동복지시설<br>• 어린이집<br>• 유치원 |
|---|---|
| 장애인관련시설 | • 장애인거주시설<br>• 장애인지역사회재활시설(장애인 심부름센터, 수화통역센터, 점자도서 및 녹음서 출판시설 제외)<br>• 장애인 직업재활시설 |
| 정신질환자관련시설 | • 정신재활시설<br>• 정신요양시설 |
| 노숙인관련시설 | • 노숙인복지시설<br>• 노숙인종합시원센터 |

답 ④

★★★
**52** 소방기본법령에 따른 소방대원에게 실시할 교육·훈련 횟수 및 기간의 기준 중 다음 ( ) 안에 알맞은 것은?

14.09.문51
13.09.문44

| 횟 수 | 기 간 |
|---|---|
| ( ㉠ )년마다 1회 | ( ㉡ )주 이상 |

① ㉠ 2, ㉡ 2　② ㉠ 2, ㉡ 4
③ ㉠ 1, ㉡ 2　④ ㉠ 1, ㉡ 4

해설 **기본규칙 9조**
**소방대원의 소방교육·훈련**

| 실 시 | **2년**마다 **1회** 이상 실시 |
|---|---|
| 기 간 | **2주** 이상 |
| 정하는 자 | 소방청장 |
| 종 류 | • 화재진압훈련<br>• 인명구조훈련<br>• 응급처치훈련<br>• 인명대피훈련<br>• 현장지휘훈련 |

답 ①

★
**53** 위험물안전관리법령에 따른 정기점검의 대상인 제조소 등의 기준 중 틀린 것은?

17.09.문51
16.10.문45
10.03.문52

① 암반탱크저장소
② 지하탱크저장소
③ 이동탱크저장소
④ 지정수량의 150배 이상의 위험물을 저장하는 옥외탱크저장소

해설 **위험물령 16조**
**정기점검의 대상인 제조소 등**

(1) **제조소** 등(**이**송취급소·**암**반탱크저장소)
(2) **지하탱크**저장소
(3) **이동탱크**저장소
(4) 위험물을 취급하는 탱크로서 지하에 매설된 탱크가 있는 **제조소·주유취급소** 또는 **일반취급소**

기억법 **정이암 지이**

비교

**위험물령 15조**
**예방규정을 정하여야 할 제조소 등**
(1) **10배** 이상의 **제조소·일반취급소**
(2) **100배** 이상의 **옥외저장소**
(3) **150배** 이상의 **옥내저장소**
(4) **200배** 이상의 **옥외탱크저장소**
(5) **이송취급소**
(6) **암반탱크저장소**

답 ④

★
**54** 화재예방, 소방시설 설치·유지 및 안전관리에 관한 법령에 따른 소방안전 특별관리시설물의 안전관리대상 전통시장의 기준 중 다음 ( ) 안에 알맞은 것은?

> 전통시장으로서 대통령령으로 정하는 전통시장
> : 점포가 ( )개 이상인 전통시장

① 100　② 300
③ 500　④ 600

해설 **소방시설법 시행령 24조 2**
**대통령령으로 정하는 전통시장**
**점포**가 **500개** 이상인 전통시장

답 ③

★★★
**55** 화재예방, 소방시설 설치·유지 및 안전관리에 관한 법령에 따른 소방안전관리대상물의 관계인 및 소방안전관리자를 선임하여야 하는 공공기관의 장은 작동기능점검을 실시한 경우 며칠 이내에 소방시설 등 작동기능점검 실시 결과 보고서를 소방본부장 또는 소방서장에게 제출하여야 하는가?

19.09.문45
16.10.문54
16.03.문55
13.09.문47
11.03.문56
10.05.문43

① 7일　② 15일
③ 30일　④ 60일

해설 7일
(1) 위험물이나 물건의 보관기간(기본령 3조)
(2) 건축허가 등의 취소통보(소방시설법 시행규칙 4조)
(3) **소방공사 감리원**의 **배치통보일**(공사업규칙 17조)
(4) 소방공사 감리결과 통보·보고일(공사업규칙 19조)
(5) 소방**특**별조사 조사대상·**기**간·사유 **서**면 통지일(소방시설법 4조 3)

(6) 종합정밀점검 · 작동기능점검 결과보고서 제출일(소방시설법 시행규칙 19조)

기억법 감배7(감 배치), 특기서7(서치하다.)

답 ①

★★★
**56** 08.05.문51
**위험물안전관리법령에 따른 위험물제조소의 옥외에 있는 위험물취급탱크 용량이 $100m^3$ 및 $180m^3$인 2개의 취급탱크 주위에 하나의 방유제를 설치하는 경우 방유제의 최소 용량은 몇 $m^3$이어야 하는가?**

① 100
② 140
③ 180
④ 280

해설 **위험물규칙 〔별표 4〕**
**위험물제조소 방유제의 용량**
2개 이상 탱크이므로
**방유제 용량**
=최대 탱크용량×0.5+기타 탱크용량의 합×0.1
$=180m^3 \times 0.5 + 100m^3 \times 0.1$
$=100m^3$

중요

**위험물제조소의 방유제 용량**

| 1개의 탱크 | 2개 이상의 탱크 |
|---|---|
| 탱크용량×**0.5** | 최대 탱크용량×**0.5**+기타 탱크용량의 합×**0.1** |

비교

**위험물규칙 〔별표 6〕**
**옥외탱크저장소의 방유제 용량**

| 1기 이상 | 2기 이상 |
|---|---|
| 탱크용량×**1.1**(110%) 이상 | 최대 탱크용량×**1.1**(110%) 이상 |

답 ①

★★
**57** 17.09.문41 15.09.문42 11.10.문60
**화재예방, 소방시설 설치 · 유지 및 안전관리에 관한 법령에 따른 방염성능기준 이상의 실내 장식물 등을 설치하여야 하는 특정소방대상물의 기준 중 틀린 것은?**

① 건축물의 옥내에 있는 시설로서 종교시설
② 층수가 11층 이상인 아파트
③ 의료시설 중 종합병원
④ 노유자시설

해설 **소방시설법 시행령 19조**
**방염성능기준 이상 적용 특정소방대상물**
(1) 의원, 체력단련장, 공연장 및 종교집회장
(2) 문화 및 집회시설
(3) 종교시설
(4) 운동시설(수영장은 제외)
(5) 의료시설(종합병원, 정신의료기관)
(6) 교육연구시설 중 합숙소
(7) 노유자시설
(8) 숙박이 가능한 수련시설
(9) 숙박시설
(10) 방송통신시설 중 방송국 및 촬영소
(11) 다중이용업소
(12) 층수가 11층 이상인 것(아파트는 제외)

② 아파트 → 아파트 제외

답 ②

★★
**58** 16.03.문42
**화재예방, 소방시설 설치 · 유지 및 안전관리에 관한 법령에 따른 공동소방안전관리자를 선임하여야 하는 특정소방대상물 중 고층건축물은 지하층을 제외한 층수가 몇 층 이상인 건축물만 해당되는가?**

① 6층 ② 11층
③ 20층 ④ 30층

해설 **소방시설법 시행령 25조**
**공동소방안전관리자를 선임하여야 할 특정소방대상물**
(1) 고층건축물(**지하층**을 **제외**한 **11층** 이상)
(2) 지하가
(3) 복합건축물로서 연면적 **$5000m^2$** 이상
(4) 복합건축물로서 **5층** 이상
(5) **도매시장, 소매시장**
(6) **소방본부장 · 소방서장**이 지정하는 것

답 ②

★★★
**59** 19.09.문49 13.06.문52
**소방기본법령에 따른 화재경계지구의 관리기준 중 다음 ( ) 안에 알맞은 것은?**

- 소방본부장 또는 소방서장은 화재경계지구 안의 소방대상물의 위치 · 구조 및 설비 등에 대한 소방특별조사를 ( ㉠ )회 이상 실시하여야 한다.
- 소방본부장 또는 소방서장은 소방상 필요한 훈련 및 교육을 실시하고자 하는 때에는 화재경계지구 안의 관계인에게 훈련 또는 교육 ( ㉡ )일 전까지 그 사실을 통보하여야 한다.

① ㉠ 월 1, ㉡ 7 ② ㉠ 월 1, ㉡ 10
③ ㉠ 연 1, ㉡ 7 ④ ㉠ 연 1, ㉡ 10

해설 **기본법 13조**
**화재경계지구 안의 소방특별조사·소방훈련 및 교육**
(1) 실시자 : **소방본부장·소방서장**
(2) 횟수 : **연 1회** 이상
(3) 훈련·교육 : **10일 전** 통보

중요

**연 1**회 이상
(1) 화재경계지구 안의 소방특별조사·훈련·교육 (기본령 4조)
(2) 특정소방대상물의 소방훈련·교육(소방시설법 시행규칙 15조)
(3) 제조소 등의 **정**기점검(위험물규칙 64조)
(4) **종**합정밀점검(소방시설법 시행규칙 〔별표 1〕)
(5) 작동기능점검(소방시설법 시행규칙 〔별표 1〕)

기억법 **연1정종(연일 정종술을 마셨다.)**

답 ④

★
## 60 위험물안전관리법령에 따른 소화난이도 등급 I의 옥내탱크저장소에서 유황만을 저장·취급할 경우 설치하여야 하는 소화설비로 옳은 것은?

16.10.문44

① 물분무소화설비
② 스프링클러설비
③ 포소화설비
④ 옥내소화전설비

해설 **위험물규칙 〔별표 17〕**
**유황만을 저장·취급하는 옥내·외탱크저장소·암반탱크저장소에 설치해야 하는 소화설비**
**물분무소화설비**

답 ①

## 제 4 과목 소방전기시설의 구조 및 원리

★★★
## 61 비상콘센트설비의 전원부와 외함 사이의 절연내력기준 중 다음 ( ) 안에 알맞은 것은?

13.09.문73
11.06.문73

> 절연내력은 전원부와 외함 사이에 정격전압이 150V 이하인 경우에는 ( ㉠ )V의 실효전압을, 정격전압이 150V 이상인 경우에는 그 정격전압에 ( ㉡ )를 곱하여 1000을 더한 실효전압을 가하는 시험에서 1분 이상 견디는 것으로 할 것

① ㉠ 500, ㉡ 2 ② ㉠ 500, ㉡ 3
③ ㉠ 1000, ㉡ 2 ④ ㉠ 1000, ㉡ 3

해설 **비상콘센트설비의 절연내력시험**
절연내력은 전원부와 외함 사이에 정격전압이 **150V 이하**인 경우에는 **1000V**의 실효전압을, 정격전압이 **150V 이상**인 경우에는 그 **정격전압**에 **2**를 곱하여 **1000**을 더한 실효전압을 가하는 시험에서 **1분** 이상 견디는 것으로 할 것

중요

**절연내력시험**(NFSC 504 4조)

| 구 분 | 150V 이하 | 150V 이상 |
|---|---|---|
| 실효전압 | **1000V** | **(정격전압×2)+1000V**<br>예 220V인 경우<br>(220×2)+1000=1440V |
| 견디는 시간 | **1분** 이상 | **1분** 이상 |

답 ③

★★★
## 62 누전경보기 전원의 설치기준 중 다음 ( ) 안에 알맞은 것은?

19.04.문75
17.09.문67
15.09.문76
14.05.문71
14.03.문75
13.06.문67
12.05.문74

> 전원은 분전반으로부터 전용회로로 하고, 각 극에 개폐기 및 ( ㉠ )A 이하의 과전류차단기(배선용 차단기에 있어서는 ( ㉡ )A 이하의 것으로 각 극을 개폐할 수 있는 것)를 설치할 것

① ㉠ 15, ㉡ 30
② ㉠ 15, ㉡ 20
③ ㉠ 10, ㉡ 30
④ ㉠ 10, ㉡ 20

해설 **누전경보기의 설치기준**

| 과전류차단기 | 배선용 차단기 |
|---|---|
| 15A 이하 | 20A 이하<br>기억법 2배(이 배에 탈 사람!) |

(1) 각 극에 개폐기 및 **15A** 이하의 **과전류차단기**를 설치할 것(**배선용 차단기**는 **20A** 이하)
(2) 분전반으로부터 **전용회로**로 할 것
(3) 개폐기에는 누전경보기임을 표시할 것
(4) 계약전류용량이 **100A**를 초과할 것

중요

**누전경보기**

| 60A 이하 | 60A 초과 |
|---|---|
| • **1급** 누전경보기<br>• **2급** 누전경보기 | • **1급** 누전경보기 |

답 ②

★★
**63** 비상경보설비를 설치하여야 하는 특정소방대상물의 기준 중 옳은 것은? (단, 지하구, 모래 · 석재 등 불연재료 창고 및 위험물 저장 · 처리 시설 중 가스시설은 제외한다.)

17.09.문74
15.05.문52
12.05.문56

① 지하층 또는 무창층의 바닥면적이 150m$^2$ 이상인 것
② 공연장으로서 지하층 또는 무창층의 바닥면적이 200m$^2$ 이상인 것
③ 지하가 중 터널로서 길이가 400m 이상인 것
④ 30명 이상의 근로자가 작업하는 옥내작업장

해설 **소방시설법 시행령 〔별표 5〕**
비상경보설비의 설치대상

| 설치대상 | 조 건 |
|---|---|
| ① 지하층 · 무창층 | • 바닥면적 **150m$^2$**(공연장 **100m$^2$**) 이상 |
| ② 전부 | • 연면적 **400m$^2$** 이상 |
| ③ 지하가 중 터널길이 | • 길이 **500m** 이상 |
| ④ 옥내작업장 | • **50명** 이상 작업 |

② 200m$^2$ → 100m$^2$
③ 400m → 500m
④ 30명 → 50명

답 ①

★★★
**64** 무선통신보조설비의 화재안전기준(NFSC 505)에 따른 옥외안테나의 설치기준으로 옳지 않은 것은?

① 건축물, 지하가, 터널 또는 공동구의 출입구 및 출입구 인근에서 통신이 가능한 장소에 설치할 것
② 다른 용도로 사용되는 안테나로 인한 통신장애가 발생하지 않도록 설치할 것
③ 옥외안테나는 견고하게 설치하며 파손의 우려가 없는 곳에 설치하고 그 가까운 곳의 보기 쉬운 곳에 "옥외안테나"라는 표시와 함께 통신가능거리를 표시한 표지를 설치할 것
④ 수신기가 설치된 장소 등 사람이 상시 근무하는 장소에는 옥외안테나의 위치가 모두 표시된 옥외안테나 위치표시도를 비치할 것

해설 **무선통신보조설비 옥외안테나 설치기준**(NFSC 505 6조)
(1) **건축물**, **지하가**, **터널** 또는 공동구의 출입구 및 출입구 인근에서 통신이 가능한 장소에 설치할 것
(2) 다른 용도로 사용되는 안테나로 인한 **통신장애**가 발생하지 않도록 설치할 것
(3) 옥외안테나는 견고하게 설치하며 파손의 우려가 없는 곳에 설치하고 그 가까운 곳의 보기 쉬운 곳에 "**무선통신보조설비 안테나**"라는 표시와 함께 통신가능거리를 표시한 표지를 설치할 것
(4) 수신기가 설치된 장소 등 사람이 상시 근무하는 장소에는 옥외안테나의 위치가 모두 표시된 옥외안테나 **위치표시도**를 비치할 것

③ 옥외안테나 → 무선통신보조설비 안테나

답 ③

★★★
**65** 비상조명등의 설치제외기준 중 다음 (  ) 안에 알맞은 것은?

17.09.문61
13.09.문65
08.03.문80
04.09.문79

거실의 각 부분으로부터 하나의 출입구에 이르는 보행거리가 (  )m 이내인 부분

① 2 ② 5
③ 15 ④ 25

해설 **비상조명등**의 **설치제외 장소**(NFSC 304 5조)
(1) **의**원
(2) **경**기장
(3) **공**동주택
(4) **의**료시설
(5) **학**교의 거실
(6) 거실의 각 부분으로부터 하나의 출입구에 이르는 **보행거리**가 **15m** 이내인 부분

기억법 **조공 경의학**

비교

(1) **휴**대용 **비상조명등**의 **설치제외 장소**
㉠ 복도 · 통로 · 창문 등을 통해 **피**난이 용이한 경우(**지상 1층** · **피난층**)
㉡ **숙박시설**로서 **복**도에 비상조명등을 설치한 경우

기억법 **휴피(휴지로 피닦아!), 휴숙복**

(2) **통로유도등**의 **설치제외 장소**
㉠ 길이 **30m** 미만의 복도 · 통로(구부러지지 않은 복도 · 통로)
㉡ 보행거리 **20m** 미만의 복도 · 통로(출입구에 **피난구유도등**이 설치된 복도 · 통로)
(3) **객석유도등**의 **설치제외 장소**
㉠ **채광**이 충분한 객석(**주간**에만 사용)
㉡ **통**로유도등이 설치된 객석(거실 각 부분에서 거실 출입구까지의 **보행거리 20m** 이하)

기억법 **채객보통(채소는 객관적으로 보통이다.)**

답 ③

★★★
**66** 자동화재탐지설비의 경계구역에 대한 설정기준 중 틀린 것은?

19.09.문61
17.03.문75
15.09.문75
15.03.문64
14.05.문80
14.03.문72
13.09.문66
13.03.문67

① 600m$^2$ 이하의 범위 안에서는 2개의 층을 하나의 경계구역으로 할 것
② 하나의 경계구역이 2개 이상의 층에 미치지 아니하도록 할 것
③ 하나의 경계구역의 면적은 600m$^2$ 이하로 하고 한 변의 길이는 50m 이하로 할 것
④ 하나의 경계구역이 2개 이상의 건축물에 미치지 아니하도록 할 것

해설 **경계구역**

(1) **정의**
소방대상물 중 **화재신호**를 **발신**하고 그 **신호**를 **수신** 및 유효하게 **제어**할 수 있는 구역

(2) **경계구역의 설정기준**
㉠ 1경계구역이 2개 이상의 **건축물**에 미치지 않을 것
㉡ 1경계구역이 2개 이상의 **층**에 미치지 않을 것(**500m²** 이하는 2개 층을 1경계구역으로 할 수 있음)
㉢ 1경계구역의 면적은 **600m²** 이하로 하고, 1변의 길이는 **50m** 이하로 할 것(내부 전체가 보이면 **1000m²** 이하)

(3) **1경계구역의 높이** : **45m** 이하

기억법 **경600**

① 600m² → 500m²

답 ①

★★★
## 67 무선통신보조설비의 분배기·분파기 및 혼합기의 설치기준 중 틀린 것은?

17.05.문69 16.03.문61 14.05.문62 13.06.문75 11.10.문74 07.05.문79

① 먼지·습기 및 부식 등에 따라 기능에 이상을 가져오지 아니하도록 할 것
② 임피던스는 50Ω의 것으로 할 것
③ 전원은 전기가 정상적으로 공급되는 축전지, 전기저장장치 또는 교류전압 옥내간선으로 하고, 전원까지의 배선은 전용으로 할 것
④ 점검에 편리하고 화재 등의 재해로 인한 피해의 우려가 없는 장소에 설치할 것

해설 **무선통신보조설비**의 **분배기·분파기·혼합기 설치기준**
(1) 먼지·습기·부식 등에 이상이 없을 것
(2) 임피던스 **50**Ω의 것
(3) 점검이 편리하고 화재 등의 피해 우려가 없는 장소

③ 증폭기 및 무선중계기의 설치기준

비교

**증폭기** 및 **무선중계기**의 **설치기준**(NFSC 505 8조)
(1) 전원은 **축전지**, **전기저장장치** 또는 **교류전압 옥내간선**으로 하고, 전원까지의 배선은 **전용**으로 할 것
(2) 증폭기의 전면에는 전원확인 **표시등** 및 **전압계**를 설치할 것
(3) 증폭기의 비상전원 용량은 **30분** 이상일 것
(4) **증폭기** 및 **무선중계기**를 설치하는 경우 전파법 규정에 따른 적합성 평가를 받은 제품으로 설치할 것
(5) 디지털방식의 무전기를 사용하는 데 지장이 없도록 설치할 것

용어

**전기저장장치**
외부 전기에너지를 저장해 두었다가 필요한 때 전기를 공급하는 장치

답 ③

★★★
## 68 비상방송설비의 음향장치 구조 및 성능기준 중 다음 (　　) 안에 알맞은 것은?

19.03.문77 18.04.문74 16.05.문63 15.03.문67 14.09.문65 11.03.문72 10.09.문70 09.05.문75

- 정격전압의 ( ㉠ )% 전압에서 음향을 발할 수 있는 것을 할 것
- ( ㉡ )의 작동과 연동하여 작동할 수 있는 것으로 할 것

① ㉠ 65, ㉡ 단독경보형감지기
② ㉠ 65, ㉡ 자동화재탐지설비
③ ㉠ 80, ㉡ 단독경보형감지기
④ ㉠ 80, ㉡ 자동화재탐지설비

해설 **비상방송설비 음향장치**의 **구조** 및 **성능기준**
(1) 정격전압의 **80%** 전압에서 음향을 발할 것
(2) **자동화재탐지설비**의 작동과 연동하여 작동할 것

비교

**자동화재탐지설비 음향장치**의 **구조** 및 **성능기준**
① 정격전압의 **80%** 전압에서 음향을 발할 것(단, **건전지**를 **주전원**으로 사용한 음향장치는 제외)
② 음량은 **1m 떨어진** 곳에서 **90dB** 이상일 것
③ **감지기·발신기**의 작동과 **연동**하여 작동할 것

답 ④

★
## 69 축광방식의 피난유도선 설치기준 중 다음 (　) 안에 알맞은 것은?

12.03.문79

- 바닥으로부터 높이 ( ㉠ ) cm 이하의 위치 또는 바닥면에 설치할 것
- 피난유도 표시부는 ( ㉡ ) cm 이내의 간격으로 연속되도록 설치할 것

① ㉠ 50, ㉡ 50
② ㉠ 50, ㉡ 100
③ ㉠ 100, ㉡ 50
④ ㉠ 100, ㉡ 100

해설 **축광방식**의 **피난유도선 설치기준**(NFSC 303 8조 2)
(1) 구획된 각 실로부터 **주출입구** 또는 **비상구**까지 설치
(2) 바닥으로부터 높이 **50cm** 이하의 위치 또는 바닥면에 설치
(3) 피난유도 표시부는 **50cm** 이내의 간격으로 연속되도록 설치
(4) 부착대에 의하여 견고하게 설치
(5) 외광 또는 조명장치에 의하여 상시 조명이 제공되거나 **비상조명등**에 의한 조명이 제공되도록 설치

중요

(1) **축광표지 성능 8조**
축광유도표지 및 축광위치표지는 **200lx** 밝기의 광원으로 **20분**간 조사시킨 상태에서 다시 주위 조도를 0lx로 하여 **60분**간 발광시킨 후 직선거리 **20m**(축광위치표지의 경우 **10m**) 떨어진 위치에서 유도표지 또는 위치표지가 있다는 것이 식별되어야 하고, 유도표지는 직선거리 **3m**의 거리에서 표시면의 표시 중 주체가 되는 문자 또는 주체가 되는 화살표 등이 쉽게 식별되어야 한다.

(2) **휘도시험**
축광유도표지 및 축광위치표지의 표시면을 **0lx** 상태에서 **1시간** 이상 방치한 후 **200lx** 밝기의 광원으로 **20분**간 조사시킨 상태에서 다시 주위 조도를 **0lx**로 하여 휘도시험 실시

| 발광시간 | 휘 도 |
|---|---|
| 5분 | 110mcd/m$^2$ 이상 |
| 10분 | 50mcd/m$^2$ 이상 |
| 20분 | 24mcd/m$^2$ 이상 |
| 60분 | 7mcd/m$^2$ 이상 |

답 ①

★★★
**70** 비상콘센트용의 풀박스 등은 방청도장을 한 것으로서 두께는 최소 몇 mm 이상의 철판으로 하여야 하는가?

17.03.문72 15.09.문80 12.09.문74 11.10.문67

① 1.0 ② 1.2
③ 1.5 ④ 1.6

해설 **비상콘센트설비**

| 구 분 | 전 압 | 용 량 | 플러그접속기 |
|---|---|---|---|
| 단상 교류 | 220V | 1.5kVA 이상 | 접지형 2극 |

(1) 1전용회로에 설치하는 비상콘센트는 **10개** 이하로 할 것(전선의 용량은 최대 **3개**)
(2) 풀박스는 **1.6mm** 이상의 철판을 사용할 것

답 ④

★★
**71** 유도등 예비전원의 종류로 옳은 것은?

12.09.문72

① 알칼리계 2차 축전지
② 리튬계 1차 축전지
③ 리튬-이온계 2차 축전지
④ 수은계 1차 축전지

해설 **예비전원**

| 기 기 | 예비전원 |
|---|---|
| • 수신기<br>• 중계기<br>• 자동화재속보기 | • **원통밀폐형 니켈카드뮴축전지**<br>• **무보수밀폐형 연축전지** |
| • 간이형 수신기 | • **원통밀폐형 니켈카드뮴축전지** 또는 이와 동등 이상의 **밀폐형 축전지** |
| • 유도등 | • **알칼리계 2차 축전지**<br>• **리튬계 2차 축전지** |
| • 비상조명등 | • **알칼리계 2차 축전지**<br>• **리튬계 2차 축전지**<br>• **무보수밀폐형 연축전지** |
| • 가스누설경보기 | • 알칼리계 2차 축전지<br>• 리튬계 2차 축전지<br>• 무보수밀폐형 연축전지 |

답 ①

★★★
**72** 비상방송설비의 배선과 전원에 관한 설치기준 중 옳은 것은?

19.04.문62 16.05.문71 15.09.문67 12.05.문80 11.10.문76 06.09.문68

① 부속회로의 전로와 대지 사이 및 배선 상호간의 절연저항은 1경계구역마다 직류 110V의 절연저항측정기를 사용하여 측정한 절연저항이 1MΩ 이상이 되도록 한다.
② 전원은 전기가 정상적으로 공급되는 축전지 또는 교류전압의 옥내 간선으로 하고, 전원까지의 배선은 전용이 아니어도 무방하다.
③ 비상방송설비에는 그 설비에 대한 감시상태를 30분간 지속한 후 유효하게 10분 이상 경보할 수 있는 축전지설비를 설치하여야 한다.
④ 비상방송설비의 배선은 다른 전선과 별도의 관·덕트 몰드 또는 풀박스 등에 설치하되 60V 미만의 약전류회로에 사용하는 전선으로서 각각의 전압이 같을 때에는 그러하지 아니하다.

해설 ① **절연저항시험**

| 절연저항계 | 절연저항 | 대 상 |
|---|---|---|
| 직류 250V | 0.1MΩ 이상 | • 1경계구역의 절연저항 |
| 직류 500V | 5MΩ 이상 | • **누전경보기**<br>• 가스누설경보기<br>• 수신기<br>• 자동화재속보설비<br>• 비상경보설비<br>• 유도등(교류입력측과 외함 간 포함)<br>• 비상조명등(교류입력측과 외함 간 포함) |

| | | |
|---|---|---|
| 직류 500V | 20MΩ 이상 | • 경종<br>• 발신기<br>• 중계기<br>• 비상콘센트<br>• 기기의 절연된 선로 간<br>• 기기의 충전부와 비충전부 간<br>• 기기의 교류입력측과 외함 간 (유도등 · 비상조명등 제외) |
| | 50MΩ 이상 | • 감지기(정온식 감지선형 감지기 제외)<br>• 가스누설경보기(10회로 이상)<br>• 수신기(10회로 이상) |
| | 1000MΩ 이상 | • 정온식 감지선형 감지기 |

기억법 5누(오누이)

① 직류 110V → 직류 250V

② 전용이 아니어도 무방하다. → 전용으로 할 것

③ **비상방송설비**

| 감시시간 | 경보시간 |
|---|---|
| 60분 | **10분**(30층 이상 : **30분**) 이상 |

기억법 6감(육감)

③ 30분간 → 60분간

④ 비상방송설비의 배선은 다른 전선과 **별도의 관**, 덕트, **몰드** 또는 **풀박스** 등에 설치할 것(단, **60V** 미만의 약전류회로에 사용하는 전선으로서 각각의 전압이 같을 때는 제외)

답 ④

★★★
## 73 자동화재탐지설비의 연기복합형 감지기를 설치할 수 없는 부착높이는?

16.05.문69 15.09.문69 14.05.문66 14.03.문78 12.09.문61

① 4m 이상 8m 미만
② 8m 이상 15m 미만
③ 15m 이상 20m 미만
④ 20m 이상

해설 **감지기**의 **부착높이**(NFSC 203 7조)

| 부착높이 | 감지기의 종류 |
|---|---|
| 4~8m 미만 | • 차동식(스포트형, 분포형)<br>• 보상식 스포트형<br>• 정온식(스포트형, 감지선형) 특종 또는 1종<br>• 이온화식 1종 또는 2종<br>• 광전식(스포트형, 분리형, 공기흡입형) 1종 또는 2종<br>• 열복합형<br>• 연기복합형<br>• 열연기복합형<br>• 불꽃감지기 |
| 8~15m 미만 | • **차동식 분포형**<br>• 이온화식 1종 또는 2종<br>• 광전식(스포트형, 분리형, 공기흡입형) 1종 또는 2종<br>• 연기복합형<br>• 불꽃감지기 |
| 15~20m 미만 | • 이온화식 1종<br>• 광전식(스포트형, 분리형, 공기흡입형) 1종<br>• 연기복합형<br>• 불꽃감지기 |
| 20m 이상 | • 불꽃감지기<br>• 광전식(분리형, 공기흡입형) 중 아날로그 방식 |

답 ④

★★★
## 74 7층인 의료시설에 적응성을 갖는 피난기구가 아닌 것은?

17.05.문77 16.10.문68 16.05.문74 06.03.문65 05.03.문73

① 구조대 ② 피난교
③ 피난용 트랩 ④ 미끄럼대

해설 **피난기구**의 **적응성**(NFSC 301 [별표 1])

| 설치장소별 구분 \ 층별 | 지하층 | 1층 | 2층 | 3층 | 4층 이상 10층 이하 |
|---|---|---|---|---|---|
| 노유자시설 | • 피난용 트랩 | • 미끄럼대<br>• 구조대<br>• 피난교<br>• 다수인 피난장비<br>• 승강식 피난기 | • 미끄럼대<br>• 구조대<br>• 피난교<br>• 다수인 피난장비<br>• 승강식 피난기 | • 미끄럼대<br>• 구조대<br>• 피난교<br>• 다수인 피난장비<br>• 승강식 피난기 | • 피난교<br>• 다수인 피난장비<br>• 승강식 피난기 |
| 의료시설 · 입원실이 있는 의원 · 접골원 · 조산원 | • 피난용 트랩 | – | – | • 미끄럼대<br>• 구조대<br>• 피난교<br>• 피난용 트랩<br>• 다수인 피난장비<br>• 승강식 피난기 | • 구조대<br>• 피난교<br>• 피난용 트랩<br>• 다수인 피난장비<br>• 승강식 피난기 |
| 영업장의 위치가 **4층 이하**인 다중이용업소 | – | – | • 미끄럼대<br>• 피난사다리<br>• 구조대<br>• 완강기<br>• 다수인 피난장비<br>• 승강식 피난기 | • 미끄럼대<br>• 피난사다리<br>• 구조대<br>• 완강기<br>• 다수인 피난장비<br>• 승강식 피난기 | • 미끄럼대<br>• 피난사다리<br>• 구조대<br>• 완강기<br>• 다수인 피난장비<br>• 승강식 피난기 |
| 그 밖의 것 | • 피난사다리<br>• 피난용 트랩 | – | – | • 미끄럼대<br>• 피난사다리<br>• 구조대<br>• 완강기<br>• 피난교<br>• 피난용 트랩<br>• 간이완강기<br>• 공기안전매트<br>• 다수인 피난장비<br>• 승강식 피난기 | • 피난사다리<br>• 구조대<br>• 완강기<br>• 피난교<br>• 간이완강기<br>• 공기안전매트<br>• 다수인 피난장비<br>• 승강식 피난기 |

㈜ **간이완강기**의 적응성은 **숙박시설**의 **3층 이상**에 있는 **객실**에, **공기안전매트**의 적응성은 **공동주택**에 한한다.

답 ④

★★★
## 75 청각장애인용 시각경보장치는 천장의 높이가 2m 이하인 경우에는 천장으로부터 몇 m 이내의 장소에 설치하여야 하는가?

16.03.문79
14.09.문72
12.09.문73
10.09.문77

① 0.1
② 0.15
③ 1.0
④ 1.5

해설 **설치높이**

| 기타 모두 | 시각경보장치 |
|---|---|
| **0.8~1.5m** 이하 | **2~2.5m** 이하 (천장높이 **2m 이하**는 천장에서 **0.15m** 이내) |

답 ②

★★★
## 76 각 소방설비별 비상전원의 종류와 비상전원 최소용량의 연결이 틀린 것은? (단, 소방설비 - 비상전원의 종류 - 비상전원 최소용량 순서이다.)

17.03.문77
15.09.문63

① 자동화재탐지설비 - 축전지설비 - 20분
② 비상조명등설비 - 축전지설비 또는 자가발전설비 - 20분
③ 할로겐화합물 및 불활성기체 소화설비 - 축전지설비 또는 자가발전설비 - 20분
④ 유도등 - 축전지설비 - 20분

해설 각 **설비**의 **비상전원 종류**

| 설 비 | 비상전원 | 비상전원용량 |
|---|---|---|
| • 자동화재**탐**지설비 | • **축**전지 | **10분** 이상(30층 미만) **30분** 이상(30층 이상) |
| • 비상**방**송설비 | • 축전지 | |
| • 비상**경**보설비 | • 축전지 | **10분** 이상 |
| • **유**도등 | • 축전지 | **20분** 이상<br>※ 예외규정 : **60분** 이상<br>(1) **11층** 이상(지하층 제외)<br>(2) 지하층·무창층으로서 **도매시장·소매시장·여객자동차터미널·지하철역사·지하상가** |
| • **무**선통신보조설비 | • 축전지 | **30분** 이상<br>기억법 탐경유방무축 |
| • 비상콘센트설비 | • 자가발전설비<br>• 비상전원수전설비<br>• 전기저장장치 | **20분** 이상 |
| • **스**프링클러설비<br>• **미**분무소화설비 | • **자**가발전설비<br>• **축**전지설비<br>• **전**기저장장치<br>• 비상전원**수**전설비(차고·주차장으로서 스프링클러설비(또는 미분무소화설비)가 설치된 부분의 바닥면적 합계가 1000m² 미만인 경우) | **20분** 이상(30층 미만)<br>**40분** 이상(30~49층 이하)<br>**60분** 이상(50층 이상)<br>기억법 스미자 수전축 |
| • 포소화설비 | • 자가발전설비<br>• 축전지설비<br>• 전기저장장치<br>• 비상전원수전설비<br>– 호스릴포소화설비 또는 포소화전만을 설치한 차고·주차장<br>– 포헤드설비 또는 고정포방출설비가 설치된 부분의 바닥면적(스프링클러설비가 설치된 차고·주차장의 바닥면적 포함)의 합계가 1000m² 미만인 것 | **20분** 이상 |
| • **간**이스프링클러설비 | • 비상전원**수**전설비 | **10분**(생활형 숙박시설 바닥면적 합계 600m² 이상, 근린생활시설 바닥면적 합계 1000m² 이상, 복합건축물 연면적 1000m² 이상은 5개 간이헤드에서 **20분**) 이상<br>기억법 간수 |
| • 옥내소화전설비<br>• 연결송수관설비 | • 자가발전설비<br>• 축전지설비<br>• 전기저장장치 | **20분** 이상(30층 미만)<br>**40분** 이상(30~49층 이하)<br>**60분** 이상(50층 이상) |
| • 제연설비<br>• 분말소화설비<br>• 이산화탄소소화설비<br>• 물분무소화설비<br>• 할론소화설비<br>• 할로겐화합물 및 불활성기체 소화설비<br>• 화재조기진압용 스프링클러설비 | • 자가발전설비<br>• 축전지설비<br>• 전기저장장치 | **20분** 이상 |
| • 비상조명등 | • 자가발전설비<br>• 축전지설비<br>• 전기저장장치 | **20분** 이상<br>※ 예외규정 : **60분** 이상<br>(1) **11층** 이상(지하층 제외)<br>(2) 지하층·무창층으로서 **도매시장·소매시장·여객자동차터미널·지하철역사·지하상가** |

① 20분 → 10분

※ 층수가 주어지지 않은 경우 일반적으로 **30층 미만**으로 판단하므로 자동화재탐지설비의 비상전원용량은 **10분**이다.

답 ①

## 77 비상방송설비 음향장치의 설치기준 중 다음 ( ) 안에 알맞은 것은?

19.04.문68 18.03.문73 16.10.문69 16.05.문67 16.03.문68 15.09.문66 15.05.문76 15.03.문62 14.05.문63 14.05.문75 14.03.문61 13.09.문70 13.06.문62 13.06.문80 11.06.문79

- 음량조정기를 설치하는 경우 음량조정기의 배선은 ( ㉠ )선식으로 할 것
- 확성기는 각 층마다 설치하되, 그 층의 각 부분으로부터 하나의 확성기까지의 수평거리가 ( ㉡ )m 이하가 되도록 하고, 해당 층의 각 부분에 유효하게 경보를 발할 수 있도록 설치할 것

① ㉠ 2, ㉡ 15
② ㉠ 2, ㉡ 25
③ ㉠ 3, ㉡ 15
④ ㉠ 3, ㉡ 25

해설 **비상방송설비**의 **설치기준**
(1) 확성기의 음성입력은 **3**W(**실**내 **1**W) 이상일 것
(2) 확성기는 **각 층**마다 설치하되, 각 부분으로부터의 수평거리는 **25m** 이하일 것
(3) **음**량조정기는 **3선식** 배선일 것
(4) 조작스위치는 바닥으로부터 **0.8~1.5m** 이하의 높이에 설치할 것
(5) 다른 전기회로에 의하여 **유도장애**가 생기지 아니하도록 할 것
(6) 비상방송 **개**시시간은 **10초** 이하일 것
(7) 다른 방송설비와 공용할 경우 화재시 비상경보 외의 방송을 차단할 수 있을 것

기억법 **방3실1, 3음방(삼엄한 방송실), 개10방**

중요
**3선식 배선**의 **종류**
(1) 공통선
(2) 업무용 배선
(3) 긴급용 배선

답 ④

## 78 연기감지기의 설치기준 중 틀린 것은?

16.10.문62 13.03.문79 00.10.문79

① 부착높이 4m 이상 20m 미만에는 3종 감지기를 설치할 수 없다.
② 복도 및 통로에 있어서 2종은 보행거리 30m 마다 설치한다.
③ 계단 및 경사로에 있어서 3종은 수직거리 10m마다 설치한다.
④ 감지기는 벽이나 보로부터 1.5m 이상 떨어진 곳에 설치하여야 한다.

해설 **연기감지기**의 **설치기준**
(1) 연기감지기 1개의 유효바닥면적

(단위 : $m^2$)

| 부착높이 | 감지기의 종류 | |
|---|---|---|
| | 1종 및 2종 | 3종 |
| 4m 미만 | 150 | 50 |
| 4~20m 미만 | 75 | 설치할 수 없다. |

(2) 복도 및 통로는 보행거리 **30m**(3종은 **20m**)마다 1개 이상으로 할 것
(3) 계단 및 경사로는 수직거리 **15m**(3종은 **10m**)마다 1개 이상으로 할 것
(4) 천장 또는 반자가 **낮은 실내** 또는 **좁은 실내**는 **출입구**의 가까운 부분에 설치할 것
(5) 천장 또는 반자 부근에 **배기구**가 있는 경우에는 그 부근에 설치할 것
(6) 감지기는 벽 또는 보로부터 **0.6m** 이상 떨어진 곳에 설치할 것

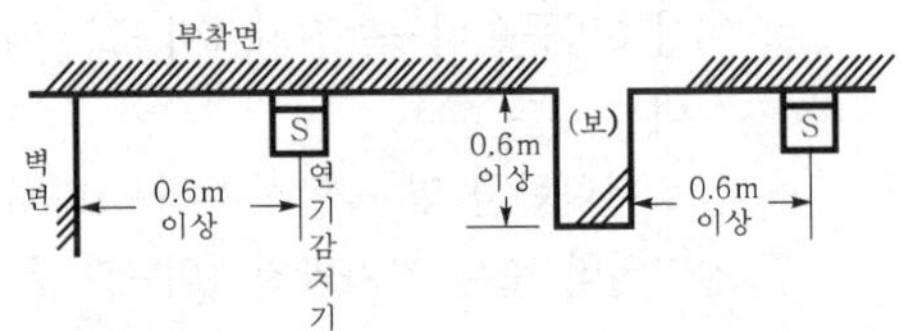


④ 1.5m 이상 → 0.6m 이상

답 ④

## 79 자동화재속보설비를 설치하여야 하는 특정소방대상물의 기준 중 틀린 것은? (단, 사람이 24시간 상시 근무하고 있는 경우는 제외한다.)

17.09.문75 16.03.문63 14.05.문58 12.05.문79

① 판매시설 중 전통시장
② 지하가 중 터널로서 길이가 1000m 이상인 것
③ 수련시설(숙박시설이 있는 건축물만 해당)로서 바닥면적이 500$m^2$ 이상인 층이 있는 것
④ 업무시설, 공장, 창고시설, 교정 및 군사시설 중 국방·군사시설, 발전시설(사람이 근무하지 않는 시간에는 무인경비 시스템으로 관리하는 시설만 해당)로서 바닥면적이 1500$m^2$ 이상인 층이 있는 것

해설 **소방시설법 시행령 〔별표 5〕**
자동화재**속**보설비의 설치대상

| 설치대상 | 조 건 |
|---|---|
| ① **수**련시설(숙박시설이 있는 것)<br>② **노**유자시설<br>③ 요양병원 | 바닥면적 **5**00m$^2$ 이상 |
| ④ 공장 및 창고시설<br>⑤ 업무시설<br>⑥ 국방·군사시설<br>⑦ 발전시설(무인경비 시스템) | 바닥면적 1500m$^2$ 이상 |
| ⑧ 목조건축물 | 국보·보물 |
| ⑨ 노유자 생활시설<br>⑩ 30층 이상 | 전부 |
| ⑪ 전통시장 | 전부 |

기억법 5수노속

② 해당없음

답 ②

★★
**80** 피난기구의 용어의 정의 중 다음 (  ) 안에 알맞은 것은?

17.09.문76
06.09.문77

> (  )란 사용자의 몸무게에 따라 자동적으로 내려올 수 있는 기구 중 사용자가 연속적으로 사용할 수 없는 것을 말한다.

① 구조대 ② 완강기
③ 간이완강기 ④ 다수인 피난장비

**완강기**와 **간이완강기**

| 완강기 | 간이완강기 |
|---|---|
| 사용자의 **몸무게**에 따라 **자동적**으로 내려올 수 있는 기구 중 사용자가 **연속**적으로 **사용**할 수 **있는** 피난기구 | 사용자의 **몸무게**에 따라 **자동적**으로 내려올 수 있는 기구 중 사용자가 **연속**적으로 **사용**할 수 **없는** 피난기구 |

답 ③

# 장수를 위한 10가지 비결

1. 고기는 적게 먹고 야채를 많이 먹으라.
2. 술은 적게 마시고 과일을 많이 먹으라.
3. 차는 적게 타고 걸음을 많이 걸으라.
4. 욕심은 적게 선행을 많이 베풀라.
5. 옷은 얇게 입고 목욕을 자주 하라.
6. 번민은 적게 하고 잠은 충분히 자라.
7. 말은 적게 하고 실행은 많이 하라.
8. 싱겁게 먹고 식초는 많이 먹으라.
9. 적게 먹고 많이 씹으라.
10. 분한 것을 참고 많이 웃으라.

•김형모의 「마음의 고통을 돕기 위한 10가지 충고 1」 중에서•

과년도기출문제

# 2017년

## 소방설비기사 필기(전기분야)

**** 수험자 유의사항 ****

1. 문제지를 받는 즉시 **본인**이 **응시한 종목**이 맞는지 확인하시기 바랍니다.
2. 문제지 표지에 본인의 **수험번호**와 **성명**을 기재하여야 합니다.
3. 문제지의 **총면수, 문제번호 일련순서, 인쇄상태, 중복 및 누락 페이지 유무**를 확인하시기 바랍니다.
4. 답안은 각 문제마다 요구하는 가장 적합하거나 가까운 답 1개만을 선택하여야 합니다.
5. 답안카드는 뒷면의 「수험자 유의사항」에 따라 작성하시고, 답안카드 작성 시 형별누락, 마킹착오로 인한 불이익은 전적으로 수험자에게 책임이 있음을 알려드립니다.
6. 문제지는 시험 종료 후 본인이 가져갈 수 있습니다.

**** 안내사항 ****

- 가답안/최종정답은 큐넷(www.q-net.or.kr)에서 확인하실 수 있습니다. 가답안에 대한 의견은 큐넷의 [가답안 의견 제시]를 통해 제시할 수 있으며, 확정된 답안은 최종정답으로 갈음합니다.
- 공단에서 제공하는 자격검정서비스에 대해 개선할 점이 있으시면 고객참여(http://hrdkorea.or.kr/7/1/1)를 통해 건의하여 주시기 바랍니다.

17년

# 2017. 3. 5 시행

**▌2017년 기사 제1회 필기시험 ▌**

| 자격종목 | 종목코드 | 시험시간 | 형별 | 수험번호 | 성명 |
|---|---|---|---|---|---|
| 소방설비기사(전기분야) | | 2시간 | | | |

※ 답안카드 작성시 시험문제지 형별누락, 마킹착오로 인한 불이익은 전적으로 수험자의 귀책사유임을 알려드립니다.
※ 각 문항은 4지택일형으로 질문에 가장 적합한 보기 항을 선택하여 마킹하여야 합니다.

## 제 1 과목 소방원론

★★★
**01** 고층건축물 내 연기거동 중 굴뚝효과에 영향을 미치는 요소가 아닌 것은?

16.05.문16
04.03.문19
01.06.문11

유사문제부터 풀어보세요. 실력이 팍!팍! 올라갑니다.

① 건물 내외의 온도차
② 화재실의 온도
③ 건물의 높이
④ 층의 면적

해설 연기거동 중 **굴뚝효과**(연돌효과)와 관계있는 것
(1) 건물 내외의 온도차
(2) 화재실의 온도
(3) 건물의 높이

용어

**굴뚝효과**와 같은 의미
(1) 연돌효과
(2) stack effect

중요

**굴뚝효과**(stack effect)
(1) 건물 내외의 **온도차**에 따른 공기의 흐름현상이다.
(2) 굴뚝효과는 **고층건물**에서 주로 나타난다.
(3) 평상시 건물 내의 기류분포를 지배하는 중요 요소이며 화재시 **연기**의 **이동**에 큰 영향을 미친다.
(4) 건물 외부의 온도가 내부의 온도보다 높은 경우 저층부에서는 내부에서 외부로 공기의 흐름이 생긴다.

답 ④

★★
**02** 섭씨 30도는 랭킨(Rankine)온도로 나타내면 몇 도인가?

12.03.문08

① 546도 ② 515도
③ 498도 ④ 463도

해설 (1) **화씨온도**

$$°F = \frac{9}{5}℃ + 32$$

여기서, °F : 화씨온도〔°F〕
℃ : 섭씨온도〔℃〕

화씨온도 $°F = \frac{9}{5}℃ + 32 = \frac{9}{5} \times 30 + 32 = 86°F$

(2) **랭킨온도**

$$R = 460 + °F$$

여기서, R : 랭킨온도〔R〕
°F : 화씨온도〔°F〕

랭킨온도 $R = 460 + °F = 460 + 86 = 546R$

중요

| 화씨온도 | 랭킨온도 |
|---|---|
| $°F = \frac{9}{5}℃ + 32$<br>여기서, °F : 화씨온도〔°F〕<br>℃ : 섭씨온도〔℃〕 | $R = 460 + °F$<br>여기서, R : 랭킨온도〔R〕<br>°F : 화씨온도〔°F〕 |

답 ①

★★★
**03** 물질의 연소범위와 화재위험도에 대한 설명으로 틀린 것은?

16.03.문13
15.09.문14
13.06.문04
09.03.문02

① 연소범위의 폭이 클수록 화재위험이 높다.
② 연소범위의 하한계가 낮을수록 화재위험이 높다.
③ 연소범위의 상한계가 높을수록 화재위험이 높다.
④ 연소범위의 하한계가 높을수록 화재위험이 높다.

해설 **연소범위**와 **화재위험도**
(1) 연소범위의 폭이 클수록 화재위험이 높다.
(2) 연소범위의 하한계가 낮을수록 화재위험이 높다.
(3) 연소범위의 상한계가 높을수록 화재위험이 높다.
(4) 연소범위의 **하한계**가 높을수록 화재위험이 **낮다**.

④ 높다. → 낮다.

- 연소범위=연소한계=가연한계=가연범위=폭발한계=폭발범위
- 하한계=연소하한값
- 상한계=연소상한값

중요

**폭발한계**와 **같은 의미**
(1) 폭발범위
(2) 연소한계
(3) 연소범위
(4) 가연한계
(5) 가연범위

답 ④

★★★
## 04 A급, B급, C급 화재에 사용이 가능한 제3종 분말소화약제의 분자식은?

16.10.문03
16.10.문06
16.10.문10
16.05.문15
16.03.문09
16.03.문11
15.05.문08
14.05.문17
12.03.문13

① $NaHCO_3$
② $KHCO_3$
③ $NH_4H_2PO_4$
④ $Na_2CO_3$

해설 **분말소화기(질식효과)**

| 종별 | 소화약제 | 약제의 착색 | 화학반응식 | 적응 화재 |
|---|---|---|---|---|
| 제1종 | 탄산수소나트륨 ($NaHCO_3$) | 백색 | $2NaHCO_3 \rightarrow Na_2CO_3+\mathbf{CO_2}+H_2O$ | BC급 |
| 제2종 | 탄산수소칼륨 ($KHCO_3$) | 담자색(담회색) | $2KHCO_3 \rightarrow K_2CO_3+CO_2+H_2O$ | BC급 |
| 제3종 | **인산암모늄 ($NH_4H_2PO_4$)** | 담홍색 | $NH_4H_2PO_4 \rightarrow \mathbf{HPO_3+NH_3+H_2O}$ | **ABC급** |
| 제4종 | 탄산수소칼륨+요소 ($KHCO_3$+$(NH_2)_2CO$) | 회(백)색 | $2KHCO_3+(NH_2)_2CO \rightarrow K_2CO_3+2NH_3+2CO_2$ | BC급 |

- 탄산수소나트륨=중탄산나트륨
- 탄산수소칼륨=중탄산칼륨
- 제1인산암모늄=인산암모늄=인산염
- 탄산수소칼륨+요소=중탄산칼륨+요소

답 ③

★★
## 05 할론(Halon) 1301의 분자식은?

19.09.문07
16.10.문08
15.03.문04
14.09.문04
14.03.문02

① $CH_3Cl$
② $CH_3Br$
③ $CF_3Cl$
④ $CF_3Br$

해설 **할론소화약제**의 **약칭** 및 **분자식**

| 종 류 | 약 칭 | 분자식 |
|---|---|---|
| 할론 1011 | CB | $CH_2ClBr$ |
| 할론 104 | CTC | $CCl_4$ |
| 할론 1211 | BCF | $CF_2ClBr(CClF_2Br)$ |
| 할론 1301 | BTM | $CF_3Br$ |
| 할론 2402 | FB | $C_2F_4Br_2$ |

답 ④

★
## 06 소화약제의 방출수단에 대한 설명으로 가장 옳은 것은?

① 액체 화학반응을 이용하여 발생되는 열로 방출한다.
② 기체의 압력으로 폭발, 기화작용 등을 이용하여 방출한다.
③ 외기의 온도, 습도, 기압 등을 이용하여 방출한다.
④ 가스압력, 동력, 사람의 손 등에 의하여 방출한다.

해설 **소화약제**의 **방출수단**
(1) 가스압력($CO_2$, $N_2$ 등)
(2) 동력(전동기 등)
(3) 사람의 손

답 ④

★★★
## 07 다음 중 가연성 가스가 아닌 것은?

16.10.문03
16.03.문04
14.05.문10
12.09.문08
11.10.문02

① 일산화탄소
② 프로판
③ 아르곤
④ 수소

해설 **가연성 가스**와 **지연성 가스**

| 가연성 가스 | 지연성 가스(조연성 가스) |
|---|---|
| • **수**소<br>• **메**탄<br>• **일**산화탄소<br>• **천**연가스<br>• **부**탄<br>• **에**탄<br>• **암**모니아<br>• **프**로판<br>기억법 가수일천 암부 메에프 | • **산**소<br>• **공**기<br>• **염**소<br>• **오**존<br>• **불**소<br>기억법 조산공 염오불 |

용어

**가연성 가스와 지연성 가스**

| 가연성 가스 | 지연성 가스(조연성 가스) |
|---|---|
| 물질 자체가 연소하는 것 | 자기 자신은 연소하지 않지만 연소를 도와주는 가스 |

답 ③

★★
## 08 1기압, 100℃에서의 물 1g의 기화잠열은 약 몇 cal인가?

14.09.문20
13.06.문18
10.09.문20

① 425 ② 539
③ 647 ④ 734

해설 물($H_2O$)

| 기화잠열(증발잠열) | 융해잠열 |
|---|---|
| 539cal/g | 80cal/g |

기억법 기53, 융8

② 물의 기화잠열 539cal : 1기압 100℃의 물 1g이 수증기로 변화하는 데 539cal의 열량이 필요

중요

**기화잠열과 융해잠열**

| 기화잠열(증발잠열) | 융해잠열 |
|---|---|
| 100℃의 **물 1g**이 **수증기**로 변화하는 데 필요한 열량 | 0℃의 **얼음 1g**이 **물**로 변화하는 데 필요한 열량 |

답 ②

★★★
## 09 건축물의 화재시 피난자들의 집중으로 패닉(panic)현상이 일어날 수 있는 피난방향은?

12.03.문06
08.05.문20

①
②
③
④

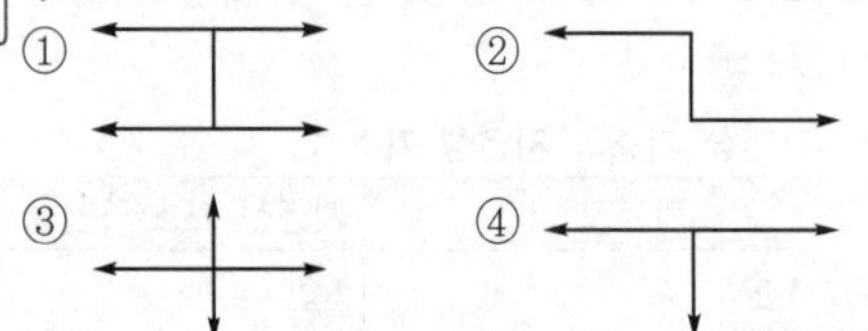

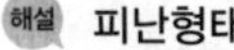

해설 **피난형태**

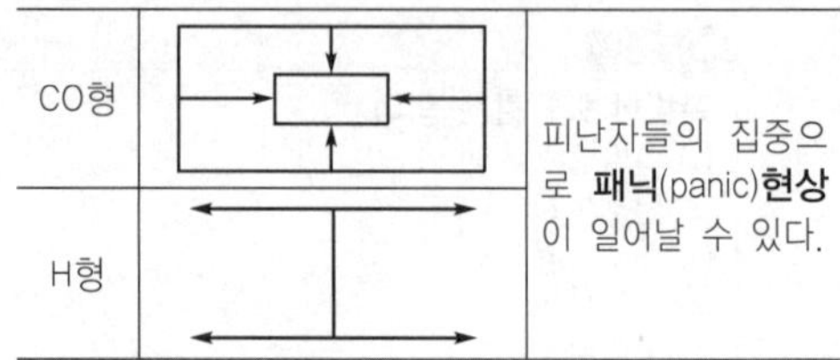

| 형 태 | 피난방향 | 상 황 |
|---|---|---|
| X형 | | **확실한 피난통로**가 보장되어 신속한 피난이 가능하다. |
| Y형 | | |
| CO형 | | 피난자들의 집중으로 **패닉**(panic)**현상**이 일어날 수 있다. |
| H형 | | |

중요

**패닉(panic)의 발생원인**

(1) 연기에 의한 시계제한
(2) 유독가스에 의한 호흡장애
(3) 외부와 단절되어 고립

답 ①

★★★
## 10 연기의 감광계수($m^{-1}$)에 대한 설명으로 옳은 것은?

16.10.문16
14.05.문06
13.09.문11

① 0.5는 거의 앞이 보이지 않을 정도이다.
② 10은 화재 최성기 때의 농도이다.
③ 0.5는 가시거리가 20~30m 정도이다.
④ 10은 연기감지기가 작동하기 직전의 농도이다.

해설

| 감광계수 $[m^{-1}]$ | 가시거리 [m] | 상 황 |
|---|---|---|
| 0.1 | 20~30 | 연기**감**지기가 작동할 때의 농도(연기감지기가 작동하기 직전의 농도) |
| 0.3 | 5 | 건물 내부에 **익**숙한 사람이 피난에 지장을 느낄 정도의 농도 |
| 0.5 | 3 | **어**두운 것을 느낄 정도의 농도 |
| 1 | 1~2 | 앞이 거의 **보**이지 않을 정도의 농도 |
| 10 | 0.2~0.5 | 화재 **최**성기 때의 농도 |
| 30 | - | 출화실에서 연기가 **분**출할 때의 농도 |

기억법
0123 감
035 익
053 어
112 보
100205 최
30 분

① 0.5 → 1
③ 0.5 → 0.1
④ 10 → 0.1

답 ②

★★★
**11** 위험물의 저장방법으로 틀린 것은?

16.05.문19
16.03.문07
10.03.문09
09.03.문16

① 금속나트륨－석유류에 저장
② 이황화탄소－수조 물탱크에 저장
③ 알킬알루미늄－벤젠액에 희석하여 저장
④ 산화프로필렌－구리용기에 넣고 불연성 가스를 봉입하여 저장

해설 **물질**에 따른 **저장장소**

| 물 질 | 저장장소 |
|---|---|
| **황**린, **이**황화탄소($CS_2$) | **물**속 |
| 니트로셀룰로오스 | 알코올 속 |
| 칼륨(K), 나트륨(Na), 리튬(Li) | 석유류(등유) 속 |
| 알킬알루미늄 | 벤젠액 속 |
| 아세틸렌($C_2H_2$) | 디메틸포름아미드(DMF), 아세톤에 용해 |

기억법 **황물이(황토색 물이 나온다.)**

중요

**산화프로필렌, 아세트알데히드**
**구**리, **마**그네슘, **은**, **수**은 및 그 합금과 저장 금지

기억법 **구마은수**

답 ④

★★
**12** 건축방화계획에서 건축구조 및 재료를 불연화하여 화재를 미연에 방지하고자 하는 공간적 대응 방법은?

15.05.문16
03.08.문10

① 회피성 대응
② 도피성 대응
③ 대항성 대응
④ 설비적 대응

해설 **건축방재**의 **계획**(건축방화계획)
(1) **공간적 대응**

| 종 류 | 설 명 |
|---|---|
| **대항성** | 내화성능·방연성능·초기 소화대응 등의 화재사상의 저항능력 |
| **회피성** | **불연화**·난연화·내장제한·구획의 세분화·방화훈련(소방훈련)·불조심 등 출화유발·확대 등을 저감시키는 예방조치 강구<br>기억법 **불회(물회, 불회)** |
| **도피성** | 화재가 발생한 경우 안전하게 피난할 수 있는 시스템 |

기억법 **도대회**

(2) **설비적 대응**: 화재에 대응하여 설치하는 **소화설비**, **경보설비**, **피난구조설비**, **소화활동설비** 등의 제반 소방시설

기억법 **설설**

답 ①

★★
**13** 할론가스 45kg과 함께 기동가스로 질소 2kg을 충전하였다. 이때 질소가스의 몰분율은? (단, 할론가스의 분자량은 149이다.)

12.03.문14

① 0.19
② 0.24
③ 0.31
④ 0.39

해설 (1) **분자량**

| 원 소 | 원자량 |
|---|---|
| H | 1 |
| C | 12 |
| N | 14 |
| O | 16 |

질소($N_2$)의 분자량$=14\times 2=28$kg/kmol

(2) **몰수**

$$\text{몰수}=\frac{\text{질량[kg]}}{\text{분자량[kg/kmol]}}$$

㉠ 할론가스의 몰수

$$=\frac{\text{질량[kg]}}{\text{분자량[kg/kmol]}}=\frac{45\text{kg}}{149\text{kg/kmol}}\fallingdotseq 0.3\text{kmol}$$

㉡ 질소가스의 몰수

$$=\frac{\text{질량[kg]}}{\text{분자량[kg/kmol]}}=\frac{2\text{kg}}{28\text{kg/kmol}}\fallingdotseq 0.07\text{kmol}$$

(3) **몰분율**

$$\text{몰분율}=\frac{\text{어떤 성분의 몰수}}{\text{전체 몰수}}$$

$$\text{질소가스의 몰분율}=\frac{\text{질소의 몰수}}{\text{전체 몰수}}=\frac{0.07\text{kmol}}{(0.3+0.07)\text{kmol}}\fallingdotseq 0.19$$

• **몰분율**: 어떤 성분의 몰수와 전체 성분의 몰수와의 비

답 ①

★★★
**14** 다음 중 착화온도가 가장 낮은 것은?

15.09.문02
14.05.문05
12.09.문04
12.03.문01

① 에틸알코올
② 톨루엔
③ 등유
④ 가솔린

| 물 질 | 인화온도 | 착화온도 |
|---|---|---|
| • 프로필렌 | −107℃ | 497℃ |
| • 에틸에테르<br>• 디에틸에테르 | −45℃ | 180℃ |
| • **가솔린**(휘발유) | −43℃ | **300℃** |
| • 이황화탄소 | −30℃ | 100℃ |
| • 아세틸렌 | −18℃ | 335℃ |
| • 아세톤 | −18℃ | 538℃ |
| • **톨루엔** | 4.4℃ | **480℃** |
| • **에틸알코올** | 13℃ | **423℃** |
| • 아세트산 | 40℃ | − |
| • **등유** | 43~72℃ | **210℃** |
| • 경유 | 50~70℃ | 200℃ |
| • 적린 | − | 260℃ |

※ 착화온도=착화점=발화온도=발화점

답 ③

## 15 B급 화재시 사용할 수 없는 소화방법은?

① $CO_2$ 소화약제로 소화한다.
② 봉상주수로 소화한다.
③ 3종 분말약제로 소화한다.
④ 단백포로 소화한다.

해설 **B급 화재시 소화방법**

(1) $CO_2$ 소화약제(이산화탄소소화약제)
(2) 분말약제(1~4종)
(3) 포(단백포, 수성막포 등 모든 포)
(4) 할론소화약제
(5) 할로겐화합물 및 불활성기체 소화약제

② 봉상주수는 연소면(화재면)이 확대되어 B급 화재에는 오히려 더 위험하다.

용어

**봉상주수**
물줄기 모양으로 물을 방사하는 형태로서 화점이 멀리 있을 때 또는 고체가연물의 대규모 화재시 사용(예 옥내소화전)

중요

**화재의 종류**

| 등 급 / 구 분 | A급 | B급 | C급 | D급 | K급 |
|---|---|---|---|---|---|
| 화재 종류 | 일반 화재 | 유류 화재 | 전기 화재 | 금속 화재 | 주방 화재 |
| 표시색 | 백색 | 황색 | 청색 | 무색 | − |

※ 요즘은 표시색의 의무규정은 없음

• $CO_2$=이산화탄소

답 ②

## 16 가연물의 제거와 가장 관련이 없는 소화방법은?

19.09.문05 16.10.문07 16.03.문12 14.05.문11 13.03.문01 11.03.문04

① 촛불을 입김으로 불어서 끈다.
② 산불 화재시 나무를 잘라 없앤다.
③ 팽창 진주암을 사용하여 진화한다.
④ 가스 화재시 중간밸브를 잠근다.

해설 **제거소화**의 **예**

(1) **가연성 기체** 화재시 **주밸브**를 **차단**한다.(화학반응기의 화재시 원료공급관의 **밸브**를 **잠근다**.)
(2) **가연성 액체** 화재시 펌프를 이용하여 **연료**를 제거한다.
(3) **연료탱크**를 **냉각**하여 가연성 가스의 발생속도를 작게 하여 연소를 억제한다.
(4) 금속 화재시 **불활성 물질**로 가연물을 덮는다.
(5) **목재**를 **방염처리**한다.
(6) 전기 화재시 **전원**을 **차단**한다.
(7) 산불이 발생하면 화재의 진행방향을 앞질러 **벌목**한다.(산불의 확산방지를 위하여 **산림**의 **일부**를 **벌채**한다.)
(8) 가스 화재시 밸브를 잠궈 가스흐름을 차단한다.
(9) 불타고 있는 장작더미 속에서 아직 타지 않은 것을 안전한 곳으로 **운반**한다.
(10) 유류탱크 화재시 주변에 있는 유류탱크의 유류를 다른 곳으로 이동시킨다.
(11) **양초**를 입으로 불어서 끈다.

※ **제거효과** : 가연물을 반응계에서 제거하든지 또는 반응계로의 공급을 정지시켜 소화하는 효과

③ **질식소화** : 팽창 진주암을 사용하여 진화한다.

답 ③

## 17 유류 저장탱크의 화재에서 일어날 수 있는 현상이 아닌 것은?

19.09.문15 18.09.문08 16.05.문02 15.03.문01 14.09.문12 14.03.문01 09.05.문10 05.09.문07 05.05.문07 03.03.문11 02.03.문20

① 플래시 오버(Flash over)
② 보일 오버(Boil over)
③ 슬롭 오버(Slop over)
④ 프로스 오버(Froth over)

해설 **유류탱크**에서 **발생**하는 **현상**

| 현 상 | 정 의 |
|---|---|
| **보일 오버**<br>(Boil over) | • 중질유의 석유탱크에서 장시간 조용히 연소하다 탱크 내의 잔존기름이 갑자기 분출하는 현상<br>• 유류탱크에서 탱크 바닥에 물과 기름의 **에멀션**이 섞여 있을 때 이로 인하여 화재가 발생하는 현상<br>• 연소유면으로부터 100℃ 이상의 열파가 탱크 저부에 고여 있는 물을 비등하게 하면서 연소유를 탱크 밖으로 비산시키며 연소하는 현상 |

| 오일 오버 (Oil over) | • 저장탱크에 저장된 유류저장량이 내용적의 50% 이하로 충전되어 있을 때 화재로 인하여 탱크가 폭발하는 현상 |
|---|---|
| 프로스 오버 (Froth over) | • 물이 점성의 뜨거운 기름 표면 아래에서 끓을 때 화재를 수반하지 않고 용기가 넘치는 현상 |
| 슬롭 오버 (Slop over) | • 물이 연소유의 뜨거운 표면에 들어갈 때 기름 표면에서 화재가 발생하는 현상<br>• 유화제로 소화하기 위한 물이 수분의 급격한 증발에 의하여 액면이 거품을 일으키면서 열유층 밑의 냉유가 급히 열팽창하여 기름의 일부가 불이 붙은 채 탱크벽을 넘어서 일출하는 현상 |

① 건축물 내에서 발생하는 현상

중요

(1) **가스탱크**에서 발생하는 현상

| 현 상 | 정 의 |
|---|---|
| **블래비** (BLEVE) | 과열상태의 탱크에서 내부의 액화가스가 분출하여 기화되어 폭발하는 현상 |

(2) **건축물 내**에서 발생하는 현상

| 현 상 | 정 의 |
|---|---|
| **플래시 오버** (Flash over) | • 화재로 인하여 실내의 온도가 급격히 상승하여 화재가 순간적으로 실내 전체에 확산되어 연소되는 현상 |
| **백드래프트** (Back draft) | • **통기력**이 좋지 않은 상태에서 연소가 계속되어 산소가 심히 부족한 상태가 되었을 때 **개구부**를 통하여 산소가 공급되면 실내의 가연성 혼합기가 공급되는 **산소**의 **방향**과 **반대**로 흐르며 급격히 연소하는 현상<br>• 소방대가 소화활동을 위하여 화재실의 문을 개방할 때 신선한 공기가 유입되어 실내에 축적되었던 가연성 가스가 **단시간**에 **폭발적**으로 **연소**함으로써 화재가 폭풍을 동반하며 **실외**로 **분출**되는 현상 |

답 ①

★★★
**18** 분말소화약제 중 탄산수소칼륨($KHCO_3$)과 요소($CO(NH_2)_2$)와의 반응물을 주성분으로 하는 소화약제는?
12.09.문15
09.03.문01

① 제1종 분말　　② 제2종 분말
③ 제3종 분말　　④ 제4종 분말

해설 **분말소화약제**(질식효과)

| 종 별 | 분자식 | 착 색 | 적응 화재 | 비 고 |
|---|---|---|---|---|
| 제1종 | 탄산수소나트륨 ($NaHCO_3$) | 백색 | BC급 | **식용유** 및 **지방질유**의 화재에 적합 |
| 제2종 | 탄산수소칼륨 ($KHCO_3$) | 담자색 (담회색) | BC급 | – |
| 제3종 | 제1인산암모늄 ($NH_4H_2PO_4$) | 담홍색 | ABC급 | **차고**·**주차장**에 적합 |
| 제4종 | 탄산수소칼륨 + 요소 ($KHCO_3$ + $(NH_2)_2CO$) | 회(백)색 | BC급 | – |

기억법 1식분(일식 분식)
3분 차주(삼보컴퓨터 차주)

• $KHCO_3 + (NH_2)_2CO = KHCO_3 + CO(NH_2)_2$

답 ④

★
**19** 소화효과를 고려하였을 경우 화재시 사용할 수 있는 물질이 아닌 것은?

① 이산화탄소
② 아세틸렌
③ Halon 1211
④ Halon 1301

해설 **소화약제**

(1) 물
(2) 이산화탄소
(3) 할론(Halon 1301, Halon 1211 등)
(4) 할로겐화합물 및 불활성기체 소화약제
(5) 포

② 아세틸렌($C_2H_2$) : **가연성 가스**로서 화재시 사용하면 화재가 더 확대된다.

답 ②

★★
**20** 인화성 액체의 연소점, 인화점, 발화점을 온도가 높은 것부터 옳게 나열한 것은?
06.03.문05

① 발화점 > 연소점 > 인화점
② 연소점 > 인화점 > 발화점
③ 인화점 > 발화점 > 연소점
④ 인화점 > 연소점 > 발화점

해설 **인화성 액체**의 **온도**가 **높은 순서**
발화점 > 연소점 > 인화점

용어

**연소**와 **관계**되는 **용어**

| 용 어 | 설 명 |
|---|---|
| **발화점** | 가연성 물질에 불꽃을 접하지 아니하였을 때 연소가 가능한 **최저온도** |
| **인화점** | 휘발성 물질에 불꽃을 접하여 연소가 가능한 **최저온도** |
| **연소점** | ① 인화점보다 **10℃** 높으며 연소를 **5초** 이상 지속할 수 있는 온도<br>② 어떤 인화성 액체가 공기 중에서 열을 받아 점화원의 존재하에 **지속**적인 연소를 일으킬 수 있는 온도<br>③ 가연성 액체에 점화원을 가져가서 인화된 후에 점화원을 제거하여도 가연물이 **계속** 연소되는 **최저온도** |

답 ①

## 제 2 과목 소방전기일반

**21** 최대눈금이 70V인 직류전압계에 5kΩ의 배율기를 접속하여 전압의 최대측정치가 350V라면 내부저항은 몇 kΩ인가?

14.09.문22 (산업)
11.10.문23 (산업)

① 0.8 ② 1
③ 1.25 ④ 20

해설 **배율기**

$$V_0 = V\left(1+\frac{R_m}{R_v}\right)\text{[V]}$$

여기서, $V_0$ : 측정하고자 하는 전압[V]
$V$ : 전압계의 최대눈금[V]
$R_v$ : 전압계의 내부저항[Ω]
$R_m$ : 배율기 저항[Ω]

$$V_0 = V\left(1+\frac{R_m}{R_v}\right)$$

$$\frac{V_0}{V}=1+\frac{R_m}{R_v}$$

$$\frac{V_0}{V}-1=\frac{R_m}{R_v}$$

$$R_v=\frac{R_m}{\frac{V_0}{V}-1}=\frac{5\times10^3}{\frac{350}{70}-1}=1250\,\Omega=1.25\,\text{k}\Omega$$

• $R_m$(5kΩ) : $\text{k}=10^3$이므로 $5\text{k}\Omega=5\times10^3\,\Omega$

중요

(1) **배율기 배율**

$$M=\frac{V_0}{V}=1+\frac{R_m}{R_v}$$

여기서, $M$ : 배율기 배율
$V_0$ : 측정하고자 하는 전압[V]
$V$ : 전압계의 최대눈금[V]
$R_v$ : 전압계 내부저항[Ω]
$R_m$ : 배율기 저항[Ω]

(2) **접속방법**

| 배율기 | 분류기 |
|---|---|
| 전압계와 **직렬**접속 | 전류계와 **병렬**접속 |

답 ③

**22** 발전기에서 유도기전력의 방향을 나타내는 법칙은?

16.05.문32
15.05.문35
14.03.문22
03.05.문33

① 패러데이의 전자유도법칙
② 플레밍의 오른손법칙
③ 앙페르의 오른나사법칙
④ 플레밍의 왼손법칙

해설

| 플레밍의 오른손법칙 | 플레밍의 왼손법칙 |
|---|---|
| 발전기<br>기억법 **오발(오발탄)** | 전동기<br>기억법 **왼전(운전)** |

중요

**여러 가지 법칙**

| 법 칙 | 설 명 |
|---|---|
| 플레밍의 오른손법칙 | • 도체운동에 의한 유기기전력의 방향 결정<br>기억법 **방유도오(방에 우유를 도로 갖다 놓게!)** |
| 플레밍의 왼손법칙 | • 전자력의 방향 결정<br>기억법 **왼전(왠 전쟁이냐?)** |
| 렌츠의 법칙 | • 자속변화에 의한 유도기전력의 방향 결정<br>기억법 **렌유방(오렌지가 유일한 방법이다.)** |
| 패러데이의 전자유도 법칙 | • 자속변화에 의한 유기기전력의 크기 결정<br>기억법 **패유크(패유를 버리면 큰일난다.)** |
| 앙페르의 오른나사 법칙 | • 전류에 의한 자기장의 방향을 결정하는 법칙<br>기억법 **앙전자(양전자)** |

답 ②

| | |
|---|---|
| **비오-사바르의 법칙** | • **전**류에 의해 발생되는 **자**기장의 크기(전류에 의한 자계의 세기)<br>기억법 비전자(비전공자) |
| **키르히호프의 법칙** | • 옴의 법칙을 응용한 것으로 복잡한 회로의 전류와 전압계산에 사용<br>• 회로망의 임의의 접속점에 유입하는 여러 전류의 **총**합은 0이라고 하는 법칙<br>기억법 키총 |
| **줄의 법칙** | • 어떤 도체에 일정 시간 동안 전류를 흘리면 도체에는 **열**이 발생되는데 이에 관한 법칙<br>• 전류의 **열작용**과 관계있는 법칙<br>기억법 줄열 |
| **쿨롱의 법칙** | • 두 자극 사이에 작용하는 힘은 두 **자극**의 **세기**의 **곱**에 **비례**하고, 두 자극 사이의 **거리**의 **제곱**에 **반비례**한다는 법칙 |

답 ②

## 23 다음의 논리식들 중 틀린 것은?

19.09.문21 19.04.문32 19.03.문24 18.04.문38 18.03.문31 17.09.문33 16.05.문36 16.03.문39 15.09.문23 13.09.문30 13.06.문35 11.03.문32

① $(\overline{A}+B)\cdot(A+B)=B$

② $(A+B)\cdot\overline{B}=A\overline{B}$

③ $\overline{AB+AC}+\overline{A}=\overline{A}+\overline{B}\,\overline{C}$

④ $\overline{(\overline{A}+B)+CD}=A\overline{B}(C+D)$

해설 **불대수**의 **정리**

| 논리합 | 논리곱 | 비 고 |
|---|---|---|
| $X+0=X$ | $X\cdot 0=0$ | - |
| $X+1=1$ | $X\cdot 1=X$ | - |
| $X+X=X$ | $X\cdot X=X$ | - |
| $X+\overline{X}=1$ | $X\cdot\overline{X}=0$ | - |
| $X+Y=Y+X$ | $X\cdot Y=Y\cdot X$ | 교환법칙 |
| $X+(Y+Z)=(X+Y)+Z$ | $X(YZ)=(XY)Z$ | 결합법칙 |
| $X(Y+Z)=XY+XZ$ | $(X+Y)(Z+W)=XZ+XW+YZ+YW$ | 분배법칙 |
| $X+XY=X$ | $\overline{X}+XY=\overline{X}+Y$<br>$X+\overline{X}Y=X+Y$<br>$X+\overline{X}\,\overline{Y}=X+\overline{Y}$ | 흡수법칙 |
| $\overline{(X+Y)}=\overline{X}\cdot\overline{Y}$ | $\overline{(X\cdot Y)}=\overline{X}+\overline{Y}$ | 드모르간의 정리 |

① $(\overline{A}+B)\cdot(A+B)=\underbrace{\overline{A}A}_{X\cdot\overline{X}=0}+\overline{A}B+AB+\underbrace{BB}_{X\cdot X=X}$
$=0+\overline{A}B+AB+B$
$=B(\underbrace{\overline{A}+A+1}_{X+1=1})$
$=\underbrace{B\cdot 1}_{X\cdot 1=X}$
$=B$

② $(A+B)\cdot\overline{B}=A\overline{B}+\underbrace{B\overline{B}}_{X\cdot\overline{X}=0}$
$=A\overline{B}+0$
$=A\overline{B}$

③ $\overline{AB+AC}+\overline{A}=\underbrace{\overline{AB}}_{\overline{X\cdot Y}=\overline{X}+\overline{Y}}\cdot\underbrace{\overline{AC}}_{\overline{X\cdot Y}=\overline{X}+\overline{Y}}+\overline{A}$
$=(\overline{A}+\overline{B})\cdot(\overline{A}+\overline{C})+\overline{A}$
$=\underbrace{\overline{A}\,\overline{A}}_{X\cdot X=X}+\overline{A}\,\overline{C}+\overline{A}\,\overline{B}+\overline{B}\,\overline{C}+\overline{A}$
$=\overline{A}+\overline{A}\,\overline{C}+\overline{A}\,\overline{B}+\overline{B}\,\overline{C}+\overline{A}$
$=\overline{A}(\underbrace{1+\overline{C}+\overline{B}+1}_{X+1=1})+\overline{B}\,\overline{C}$
$=\underbrace{\overline{A}\cdot 1}_{X\cdot 1=X}+\overline{B}\,\overline{C}$
$=\overline{A}+\overline{B}\,\overline{C}$

④ $\overline{(\overline{A}+B)+CD}=\overline{\overline{A}}\cdot\overline{B}\cdot\underbrace{\overline{CD}}_{\overline{X\cdot Y}=\overline{X}+\overline{Y}}$
$=A\cdot\overline{B}\cdot(\overline{C}+\overline{D})$

④ $A\overline{B}(C+D)\rightarrow A\overline{B}(\overline{C}+\overline{D})$

답 ④

## 24 길이 1m의 철심(비투자율 $\mu_s=700$) 자기회로에 2mm의 공극이 생겼다면 자기저항은 몇 배 증가하는가? (단, 각 부의 단면적은 일정하다.)

① 1.4

② 1.7

③ 2.4

④ 2.7

해설 **자기저항 배수**

$$m=1+\frac{l_0}{l}\times\frac{\mu_0\mu_s}{\mu_0}$$

여기서, $m$ : 자기저항 배수
$l_0$ : 공극[m]
$l$ : 길이[m]
$\mu_0$ : 진공의 투자율($4\pi\times10^{-7}$)[H/m]
$\mu_s$ : 비투자율

**자기저항 배수** $m$은

$$m=1+\frac{l_0}{l}\times\frac{\mu_0\mu_s}{\mu_0}$$
$$=1+\frac{(2\times10^{-3})}{1}\times\frac{\cancel{\mu_0}\times700}{\cancel{\mu_0}}$$
$$=2.4$$

• $l_0$(2mm) : $2\text{mm}=2\times10^{-3}\text{m}$

용어

**공극**
철심과 철심 사이의 간격

답 ③

★★★
**25** 빛이 닿으면 전류가 흐르는 다이오드로 광량의 변화를 전류값으로 대치하므로 광센서에 주로 사용하는 다이오드는?

15.05.문39
14.05.문29
11.06.문32

① 제너다이오드 ② 터널다이오드
③ 발광다이오드 ④ 포토다이오드

해설 **다이오드**의 **종류**

| 종 류 | 설 명 |
|---|---|
| 터널다이오드 (tunnel diode) | **부성저항 특성**을 나타내며, **증폭 · 발진 · 개폐작용**에 응용한다. |
| **포토**다이오드 (photo diode) | **빛**이 닿으면 전류가 흐르는 다이오드로 광량의 변화를 전류값으로 대치하므로 광센서에 주로 사용하는 다이오드이다. 기억법 **포토빛** |
| 제너다이오드 (zener diode) | **정전압회로용**으로 사용되는 소자로서 **'정전압다이오드'**라고도 한다. |
| 발광다이오드 (LED ; Light Emitting Diode) | 전류가 통과하면 빛을 발산하는 다이오드이다. |

답 ④

★
**26** 3상 직권 정류자전동기에서 중간변압기를 사용하는 이유 중 틀린 것은?

① 경부하시 속도의 이상 상승 방지
② 실효 권수비 선정 조정
③ 전원전압의 크기에 관계없이 정류에 알맞은 회전자전압 선택
④ 회전자상수의 감소

해설 **중간변압기**의 **사용이유**(3상 직권 정류자전동기)
(1) 경부하시 속도의 이상 상승 방지
(2) 실효 권수비 선정 조정
(3) 전원전압의 크기에 관계없이 정류에 알맞은 회전자전압 선택
(4) 회전자상수 **증가**

④ 감소 → 증가

답 ④

★★★
**27** 피드백제어계에서 제어요소에 대한 설명 중 옳은 것은?

12.05.문29

① 조작부와 검출부로 구성되어 있다.
② 조절부와 변환부로 구성되어 있다.
③ 동작신호를 조작량으로 변환시키는 요소이다.
④ 목표값에 비례하는 신호를 발생하는 요소이다.

해설 **제어요소**(control element)
**동작신호**를 **조작량**으로 변환하는 요소이고, **조절부**와 **조작부**로 이루어진다.

기억법 **제조**

중요

**구성요소**

| 제어요소 | 제어장치 | 조절기 |
|---|---|---|
| ① 조절부<br>② 조작부 | ① 조절부<br>② 설정부<br>③ 검출부 | ① 조절부<br>② 설정부<br>③ 비교부 |

용어

**설정부**
목표값에 비례하는 신호를 발생하는 요소

답 ③

★★
**28** 균등 눈금을 사용하며 소비전력이 적게 소요되고 정확도가 높은 지시계기는?

02.05.문37

① 가동코일형 계기 ② 전류력계형 계기
③ 정전형 계기 ④ 열전형 계기

해설 **가동코일형**
(1) 직류전용으로 눈금이 **균**등하고 감도가 높으며 **정밀용**으로 적합한 계기
(2) **균등 눈금**을 사용하며 소비전력이 적게 소요되고 정확도가 높은 지시계기

기억법 **균정**

중요

**지시전기계기**의 **종류**

| 종 류 | 특 징 | 사용회로 | 사용계기 |
|---|---|---|---|
| 가동 철편형 | • 구조가 간단하다.<br>• 튼튼하게 만들 수 있다.<br>• 가격이 저렴하다. | 교류 | • 전압계<br>• 전류계<br>• 저항계 |
| 정전형 | • 눈금이 균일하다.<br>• 계기 내부의 전력손실이 없다.<br>• 고전압계기로 적합하다.<br>• 외부 정전장의 영향을 받는다. | 교직양용 | • 전압계 |
| 가동 코일형 | • 정확도(accuracy)가 높다.<br>• 사용범위가 넓다.<br>• 외부 자장의 영향이 적다. | 직류 | • 전압계<br>• 전류계<br>• 저항계 |
| 열전 대형 | • 주파수의 변화에 의한 오차가 극히 작다.<br>• 과전류에 약하다.<br>• 지시에 시간적 늦음이 있다. | 교직양용 | • 전압계<br>• 전류계<br>• 전력계 |

답 ①

## 29 그림과 같은 유접점회로의 논리식은?

15.05.문27
14.09.문33
11.10.문21

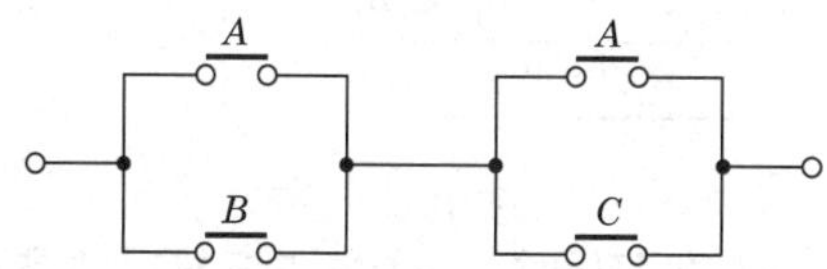


① $A+BC$ ② $AB+C$
③ $B+AC$ ④ $AB+BC$

해설 $(A+B)\cdot(A+C)=\underbrace{AA}_{X\cdot X=X}+AC+AB+BC$

$=A+AC+AB+BC$

$=A\underbrace{(1+C+B)}_{X+1=1}+BC$

$=\underbrace{A\cdot 1}_{X\cdot 1=X}+BC$

$=A+BC$

※ 논리식 산정시 **직렬**은 "·또는 **생략**", **병렬**은 "+"로 표시하는 것을 기억하라.

중요

**불대수의 정리**

| 논리합 | 논리곱 | 비 고 |
|---|---|---|
| $X+0=X$ | $X\cdot 0=0$ | - |
| $X+1=1$ | $X\cdot 1=X$ | - |
| $X+X=X$ | $X\cdot X=X$ | - |
| $X+\overline{X}=1$ | $X\cdot\overline{X}=0$ | - |
| $X+Y=Y+X$ | $X\cdot Y=Y\cdot X$ | 교환법칙 |
| $X+(Y+Z)=(X+Y)+Z$ | $X(YZ)=(XY)Z$ | 결합법칙 |
| $X(Y+Z)=XY+XZ$ | $(X+Y)(Z+W)=XZ+XW+YZ+YW$ | 분배법칙 |
| $X+XY=X$ | $\overline{X}+XY=\overline{X}+Y$<br>$X+\overline{X}Y=X+Y$<br>$X+\overline{X}\,\overline{Y}=X+\overline{Y}$ | 흡수법칙 |
| $(\overline{X+Y})=\overline{X}\cdot\overline{Y}$ | $(\overline{X\cdot Y})=\overline{X}+\overline{Y}$ | 드모르간의 정리 |

답 ①

## 30 50kW의 전력이 안테나에서 사방으로 균일하게 방사될 때, 안테나에서 1km 거리에 있는 점에서의 전계의 실효값은 약 몇 V/m인가?

① 0.87 ② 1.22
③ 1.73 ④ 3.98

해설

$$W=\frac{E^2}{377}=\frac{P}{4\pi r^2}$$

여기서, $W$ : 구의 단위면적당 전력[W/m²]
$E$ : 전계의 실효값[V/m]
$P$ : 전력[W]
$r$ : 거리[m]

$$\frac{E^2}{377}=\frac{P}{4\pi r^2}$$

$$E^2=\frac{P}{4\pi r^2}\times 377$$

$$E=\sqrt{\frac{P}{4\pi r^2}\times 377}=\sqrt{\frac{50\times 10^3}{4\pi\times(1\times 10^3)^2}\times 377}\fallingdotseq 1.22$$

- $P$(50kW) : $k=10^3$이므로 $50kW=50\times 10^3W$
- $r$(1km) : $k=10^3$이므로 $1km=1\times 10^3m$

답 ②

## 31 그림과 같은 반파정류회로에 스위치 A를 사용하여 부하저항 $R_L$을 떼어냈을 경우, 콘덴서 $C$의 충전전압은 몇 V인가?

06.03.문31

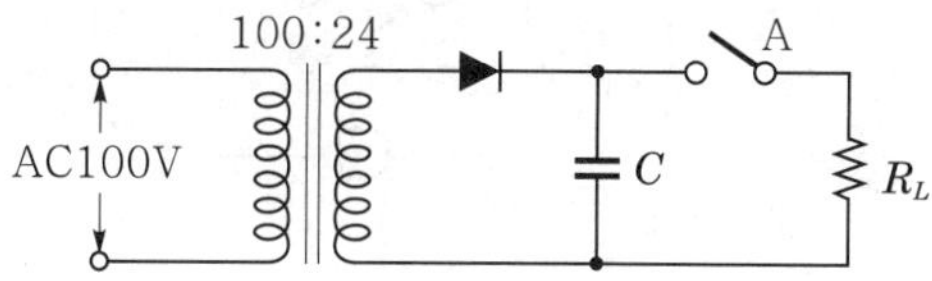


① $12\pi$ ② $24\pi$
③ $12\sqrt{2}$ ④ $24\sqrt{2}$

해설

| 파 형 | 최대값 | 실효값 | 평균값 |
|---|---|---|---|
| 반파정류파 | $V_m$ | $\frac{V_m}{2}$ | $\frac{V_m}{\pi}$ |

콘덴서가 충전할 수 있는 최대값

$V_m=\sqrt{2}\,V=\sqrt{2}\times 24=\mathbf{24\sqrt{2}}$

실효값 $V=\frac{V_m}{2}=\frac{24\sqrt{2}}{2}=12\sqrt{2}$

평균값 $V_{av}=\frac{V_m}{\pi}=\frac{24\sqrt{2}}{\pi}$

여기서, $V_m$ : 최대값[V]
$V$ : 실효값[V]
$V_{av}$ : 평균값[V]

- 그림과 같은 회로에서 콘덴서 $C$의 단자간에는 최대값($V_m$)이 인가되므로 ④가 답이 된다.

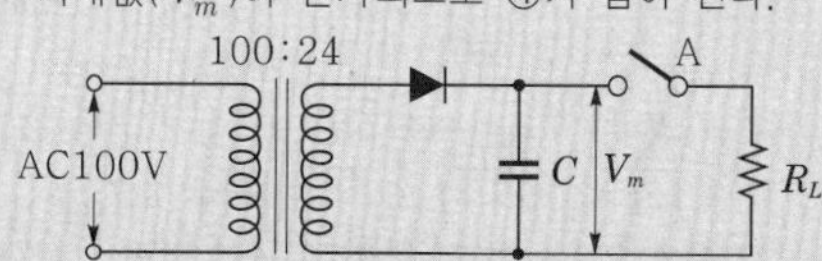


- 일반적으로 반파정류회로의 최대값 $V_m=2V$이지만 위의 회로는 콘덴서가 부착된 반파정류회로로서 콘덴서가 충전할 수 있는 최대값 $V_m=\sqrt{2}\,V$가 된다.

답 ④

★★
## 32 그림과 같은 교류브리지의 평형조건으로 옳은 것은?

16.03.문24
13.06.문23

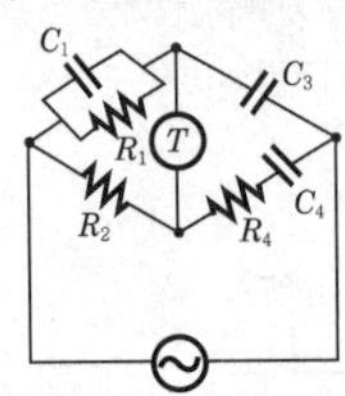


① $R_2C_4 = R_1C_3$, $R_2C_1 = R_4C_3$

② $R_1C_1 = R_4C_4$, $R_2C_3 = R_1C_1$

③ $R_2C_4 = R_4C_3$, $R_1C_3 = R_2C_1$

④ $R_1C_1 = R_4C_4$, $R_2C_3 = R_1C_4$

**해설** **교류브리지 평형조건**은

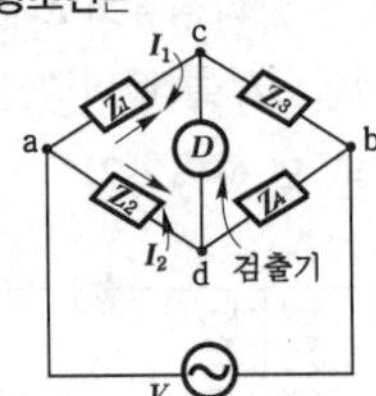


$I_1Z_1 = I_2Z_2$

$I_1Z_3 = I_2Z_4$

$\therefore\ Z_1Z_4 = Z_2Z_3$

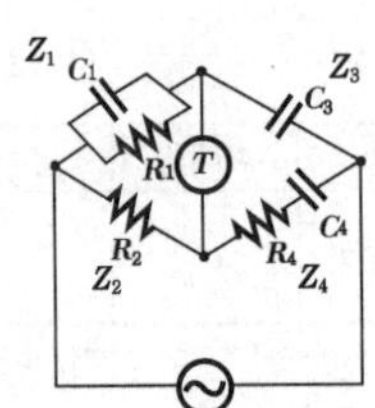


$$Z_1 = \frac{1}{\dfrac{1}{R_1}+\dfrac{1}{\dfrac{1}{j\omega C_1}}} = \frac{1}{\dfrac{1}{R_1}+j\omega C_1} = \frac{R_1}{R_1\left(\dfrac{1}{R_1}+j\omega C_1\right)}$$

$$= \frac{R_1}{\dfrac{R_1}{R_1}+j\omega C_1R_1} = \frac{R_1}{1+j\omega C_1R_1}$$

$Z_2 = R_2$

$$Z_3 = \frac{1}{j\omega C_3}$$

$$Z_4 = R_4+\frac{1}{j\omega C_4} = \frac{j\omega C_4R_4}{j\omega C_4}+\frac{1}{j\omega C_4} = \frac{1+j\omega C_4R_4}{j\omega C_4}$$

$Z_1Z_4 = Z_2Z_3$이므로

$$\frac{R_1}{1+j\omega C_1R_1}\times\frac{1+j\omega C_4R_4}{j\omega C_4} = R_2\times\frac{1}{j\omega C_3}$$

$$\frac{j\omega C_3R_1}{1+j\omega C_1R_1} = \frac{j\omega C_4R_2}{1+j\omega C_4R_4}$$

$C_3R_1 = C_4R_2$, $C_1R_1 = C_4R_4$

⬇

$\boxed{R_2C_4 = R_1C_3}$, $R_1 = \dfrac{C_4R_2}{C_3}$

$$C_1\left(\frac{C_4R_2}{C_3}\right) = C_4R_4$$

$C_1\cancel{C_4}R_2 = \cancel{C_4}C_3R_4$, $C_1R_2 = C_3R_4$

$\therefore\ \boxed{R_2C_1 = R_4C_3}$

답 ①

★
## 33 MOSFET(금속-산화물 반도체 전계효과 트랜지스터)의 특성으로 틀린 것은?

① 2차 항복이 없다.

② 직접도가 낮다.

③ 소전력으로 작동한다.

④ 큰 입력저항으로 게이트전류가 거의 흐르지 않는다.

**해설** MOSFET의 **특성**

(1) 산화절연막을 가지고 있어서 **큰 입력저항**을 가지고 게이트전류가 거의 흐르지 않는다.

(2) **2차 항복**이 없다.

(3) **안정적**이다.

(4) 열폭주현상을 보이지 않는다.

(5) **소전력**으로 작동한다.

(6) **직접도**가 **높다.**

② 낮다. → 높다.

답 ②

★★★
## 34 인덕턴스가 0.5H인 코일의 리액턴스가 753.6Ω일 때 주파수는 약 몇 Hz인가?

02.09.문37

① 120  ② 240

③ 360  ④ 480

**해설** **유도리액턴스**

$$X_L = \omega L = 2\pi f L\,[\Omega]$$

여기서, $X_L$ : 유도리액턴스[Ω]

$\omega$ : 각주파수[rad/s]

$L$ : 인덕턴스[H]

$f$ : 주파수[Hz]

**주파수** $f$는

$$f = \frac{X_L}{2\pi L} = \frac{753.6}{2\pi\times 0.5} \fallingdotseq 240\text{Hz}$$

**비교**

**용량리액턴스**

$$X_C = \frac{1}{\omega C} = \frac{1}{2\pi f C}\,[\Omega]$$

여기서, $X_C$ : 용량리액턴스[Ω]

$\omega$ : 각주파수[rad/s]

$C$ : 정전용량[F]

$V$ : 전압[V]

$f$ : 주파수[Hz]

답 ②

★★★
**35** 페루프제어의 특징에 대한 설명으로 옳은 것은?

16.05.문21
15.05.문22
11.06.문24

① 외부의 변화에 대한 영향을 증가시킬 수 있다.
② 제어기 부품의 성능 차이에 따라 영향을 많이 받는다.
③ 대역폭이 증가한다.
④ 정확도와 전체 이득이 증가한다.

해설 **피드백제어**(feedback control=폐루프제어)
출력신호를 입력신호로 되돌려서 **입력**과 **출력**을 **비교**함으로써 **정확한 제어**가 가능하도록 한 제어

중요

**피드백제어**의 **특징**
(1) **정확도**(정확성)가 **증가**한다.
(2) **대역폭**이 **크다**.(**대역폭**이 **증가**한다.)
(3) 계의 특성 변화에 대한 입력 대 출력비의 감도가 감소한다.
(4) 구조가 **복잡**하고 설치비용이 고가이다.
(5) 폐회로로 구성되어 있다.
(6) 입력과 출력을 비교하는 장치가 있다.
(7) 오차를 **자동정정**한다.
(8) **발진**을 일으키고 **불안정한 상태**로 되어가는 경향성이 있다.
(9) 비선형과 왜형에 대한 효과가 **감소**한다.

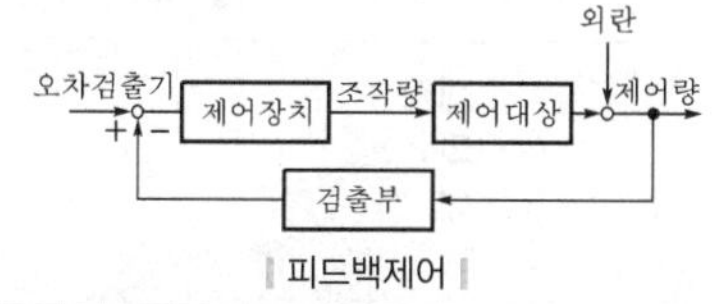

| 피드백제어 |

① 증가 → 감소
② 영향을 많이 받는다. → 영향을 적게 받는다.
④ 정확도와 전체 이득이 증가한다. → 정확도는 증가하지만 전체 이득은 감소한다.

답 ③

★★
**36** 20℃의 물 2L를 64℃가 되도록 가열하기 위해 400W의 온수기를 20분 사용하였을 때 이 온수기의 효율은 약 몇 %인가?

① 27
② 59
③ 77
④ 89

해설 **전열기**의 **용량**

$$860P\eta t = M(T_2 - T_1)$$

여기서, $P$ : 용량〔kW〕
$\eta$ : 효율
$t$ : 소요시간〔h〕
$M$ : 질량〔L〕
$T_2$ : 상승 후 온도〔℃〕
$T_1$ : 상승 전 온도〔℃〕

효율 $\eta$는

$$\eta = \frac{M(T_2 - T_1)}{860Pt} = \frac{2(64-20)}{860 \times 0.4 \times \frac{20}{60}}$$
$$= 0.767 = 76.7\% \fallingdotseq 77\%$$

- $P$(400W) : 400W=0.4kW
- $t$ (20분) : 1h = 60분이고, 1분 $= \frac{1}{60}$ h이므로 20분 $= \frac{20}{60}$h

비교

**열량**

$$H = 0.24Pt = m(T_2 - T_1)$$

여기서, $H$ : 열량〔cal〕
$m$ : 질량〔g〕
$P$ : 전력〔W〕
$T_2$ : 상승 후 온도〔℃〕
$t$ : 시간〔s〕
$T_1$ : 상승 전 온도〔℃〕

답 ③

★★★
**37** PD(비례미분제어)동작의 특징으로 옳은 것은?

16.10.문40
14.09.문25
08.09.문22

① 잔류편차 제거
② 간헐현상 제거
③ 불연속제어
④ 응답 속응성 개선

해설 **연속제어**

| 제어 종류 | 설 명 |
|---|---|
| 비례제어(**P동작**) | **잔류편차**(off-set)가 있는 제어 |
| 미분제어(**D동작**) | 오차가 커지는 것을 **미연에 방지**하고 **진동**을 **억제**하는 제어(=rate 동작) |
| 적분제어(**I동작**) | **잔류편차**를 **제거**하기 위한 제어 |
| **비**례**적**분제어<br>(PI동작) | **간헐현상**이 있는 제어, 잔류편차가 없는 제어<br>기억법 **간비적** |
| 비례미분제어<br>(PD동작) | **응**답 속응성을 개선하는 제어<br>기억법 PD응(PD 좋아? 응!) |
| 비례적분미분제어<br>(PID동작) | 적분제어로 **잔류편차**를 **제거**하고, 미분제어로 **응답**을 **빠르게** 하는 제어 |

용어

| 용 어 | 설 명 |
|---|---|
| **간헐현상** | 제어계에서 동작신호가 연속적으로 변하여도 조작량이 **일정**한 **시간**을 두고 **간헐**적으로 변하는 현상 |
| **잔류편차** | 비례제어에서 급격한 목표값의 변화 또는 외란이 있는 경우 제어계가 정상상태로 된 후에도 **제어량**이 **목표값**과 **차이**가 난 채로 있는 것 |

답 ④

★★★
**38** 정현파전압의 평균값과 최대값과의 관계식 중 옳은 것은?

① $V_{av}=0.707\,V_m$ ② $V_{av}=0.840\,V_m$
③ $V_{av}=0.637\,V_m$ ④ $V_{av}=0.956\,V_m$

해설

| 평균값 | 실효값 |
|---|---|
| $V_{av}=0.637\,V_m$ | $V=0.707\,V_m$ |
| 여기서, $V_{av}$ : 전압의 평균값[V]<br>$V_m$ : 전압의 최대값[V] | 여기서, $V$ : 전압의 실효값[V]<br>$V_m$ : 전압의 최대값[V] |

비교

$$V_m=\sqrt{2}\,V$$

여기서, $V_m$ : 전압의 최대값[V]
$V$ : 전압의 실효값[V]

답 ③

★
**39** 열팽창식 온도계가 아닌 것은?

① 열전대 온도계 ② 유리 온도계
③ 바이메탈 온도계 ④ 압력식 온도계

해설 **온도계의 종류**

| 열팽창식 온도계 | 열전 온도계 |
|---|---|
| • **유**리 온도계<br>• **압**력식 온도계<br>• **바**이메탈 온도계<br>• 알코올 온도계<br>• 수은 온도계<br>기억법 유압바 | • 열전대 온도계 |

답 ①

★★★
**40** 동기발전기의 병렬운전조건으로 틀린 것은?

13.09.문33

① 기전력의 크기가 같을 것
② 기전력의 위상이 같을 것
③ 기전력의 주파수가 같을 것
④ 극수가 같을 것

해설 **병렬운전조건**

| 동기발전기의 병렬운전조건 | 변압기의 병렬운전조건 |
|---|---|
| • 기전력의 **크기**가 같을 것<br>• 기전력의 **위상**이 같을 것<br>• 기전력의 **주파수**가 같을 것<br>• 기전력의 **파형**이 같을 것<br>• 상회전 **방향**이 같을 것<br>기억법 주파위크방 | • **권**수비가 같을 것<br>• **극**성이 같을 것<br>• 1·2차 정격전**압**이 같을 것<br>• %**임**피던스 강하가 같을 것<br>기억법 압임권극 |

답 ④

## 제 3 과목 소방관계법규

★★★
**41** 관계인이 예방규정을 정하여야 하는 제조소 등의 기준이 아닌 것은?

15.09.문48

① 지정수량의 10배 이상의 위험물을 취급하는 제조소
② 지정수량의 50배 이상의 위험물을 저장하는 옥외저장소
③ 지정수량의 150배 이상의 위험물을 저장하는 옥내저장소
④ 지정수량의 200배 이상의 위험물을 저장하는 옥외탱크저장소

해설 **위험물령 15조**
**예방규정을 정하여야 할 제조소 등**

| 배 수 | 제조소 등 |
|---|---|
| 10배 이상 | • **제**조소<br>• **일**반취급소 |
| 100배 이상 | • 옥**외**저장소 |
| 150배 이상 | • 옥**내**저장소 |
| 200배 이상 | • 옥외**탱**크저장소 |
| 모두 해당 | • 이송취급소<br>• 암반탱크저장소 |

기억법 1 제일
0 외
5 내
2 탱

② 50배 → 100배

※ **예방규정** : 제조소 등의 화재예방과 화재 등 재해발생시의 비상조치를 위한 규정

답 ②

★
**42** 특정소방대상물이 증축되는 경우 기존부분에 대해서 증축 당시의 소방시설의 설치에 관한 대통령령 또는 화재안전기준을 적용하지 않는 경우가 아닌 것은?

11.10.문53
11.03.문60

① 증축으로 인하여 천장·바닥·벽 등에 고정되어 있는 가연성 물질의 양이 줄어드는 경우
② 자동차 생산공장 등 화재위험이 낮은 특정소방대상물 내부에 연면적 $33\text{m}^2$ 이하의 직원 휴게실을 증축하는 경우
③ 기존부분과 증축부분이 방화문 또는 자동방화셔터로 구획되어 있는 경우
④ 자동차 생산공장 등 화재위험이 낮은 특정소방대상물에 캐노피(3면 이상에 벽이 없는 구조의 캐노피)를 설치하는 경우

해설 **소방시설법 시행령 17조**
**화재안전기준 적용제외**
(1) 기존부분과 증축부분이 **내화구조**로 된 **바닥**과 **벽**으로 구획된 경우
(2) 기존부분과 증축부분이 **방화문** 또는 **자동방화셔터**로 구획되어 있는 경우
(3) 자동차 생산공장 등 화재위험이 낮은 특정소방대상물 내부에 연면적 **33m²** 이하의 직원휴게실을 증축하는 경우
(4) 자동차 생산공장 등 화재위험이 낮은 특정소방대상물에 **캐노피**(**3면** 이상 벽이 없는 구조)를 설치하는 경우

비교

**소방시설법 시행령 17조 ①항**
**특정소방대상물의 증축 또는 용도변경시의 소방시설기준 적용의 특례**

| 증축되는 경우 | 용도변경되는 경우 |
|---|---|
| 기존부분을 포함한 특정소방대상물의 전체에 대하여 증축 당시의 화재안전기준 적용 | 용도변경되는 부분에 대해서만 용도변경 당시의 소방시설 설치에 관한 대통령령 또는 화재안전기준 적용 |

① 해당사항 없음

답 ①

★
**43** 15.03.문59 14.05.문54
**대통령령으로 정하는 특정소방대상물 소방시설공사의 완공검사를 위하여 소방본부장이나 소방서장의 현장확인 대상범위가 아닌 것은?**
① 문화 및 집회시설
② 수계 소화설비가 설치되는 것
③ 연면적 10000m² 이상이거나 11층 이상인 특정소방대상물(아파트는 제외)
④ 가연성 가스를 제조·저장 또는 취급하는 시설 중 지상에 노출된 가연성 가스탱크의 저장용량 합계가 1000톤 이상인 시설

해설 **공사업령 5조**
**완공검사를 위한 현장확인 대상 특정소방대상물의 범위**
(1) **문**화 및 집회시설, **종**교시설, **판**매시설, **노**유자시설, **수**련시설, **운**동시설, **숙**박시설, **창**고시설, 지하**상**가 및 다중이용업소
(2) 다음의 어느 하나에 해당하는 설비가 설치되는 특정소방대상물
㉠ 스프링클러설비 등
㉡ 물분무등소화설비(호스릴방식의 소화설비 제외)
(3) 연면적 **10000m²** 이상이거나 **11층** 이상인 특정소방대상물(아파트 제외)
(4) 가연성 가스를 제조·저장 또는 취급하는 시설 중 지상에 노출된 가연성 가스탱크의 저장용량 합계가 **1000t** 이상인 시설

기억법 **문종판 노수운 숙창상현가**

답 ②

★★
**44** 05.03.문59 (산업)
**소화난이도 등급 Ⅲ인 지하탱크저장소에 설치하여야 하는 소화설비의 설치기준으로 옳은 것은?**
① 능력단위 수치가 3 이상의 소형 수동식 소화기 등 1개 이상
② 능력단위 수치가 3 이상의 소형 수동식 소화기 등 2개 이상
③ 능력단위 수치가 2 이상의 소형 수동식 소화기 등 1개 이상
④ 능력단위 수치가 2 이상의 소형 수동식 소화기 등 2개 이상

해설 **위험물규칙 〔별표 17〕**
**소화난이도 등급 Ⅲ의 제조소 등에 설치하여야 하는 소화설비**

| 제조소 등의 구분 | 소화 설비 | 설치기준 | |
|---|---|---|---|
| **지**하 **탱**크 저장소 | 소형 수동식 소화기 등 | 능력단위의 수치가 **3** 이상 | **2**개 이상 기억법 **지탱32** |
| 이동 탱크 저장소 | 마른모래, 팽창질석, 팽창진주암 | • 마른모래 **150L** 이상<br>• 팽창질석 · 팽창진주암 **640L** 이상 | |

답 ②

★★★
**45** 11.06.문43 (산업)
**소방특별조사의 연기를 신청하려는 자는 소방특별조사 시작 며칠 전까지 소방청장, 소방본부장 또는 소방서장에게 소방특별조사 연기신청서에 증명서류를 첨부하여 제출해야 하는가? (단, 천재지변 및 그 밖에 대통령령으로 정하는 사유로 소방특별조사를 받기 곤란한 경우이다.)**
① 3 ② 5
③ 7 ④ 10

해설 **소방시설법 4조·4조 3, 소방시설법 시행규칙 1조 2**
**소방특별조사**
(1) 실시자 : **소방청장·소방본부장·소방서장**
(2) 관계인의 승낙이 필요한 곳 : **주거**(주택)
(3) 소방특별조사 서면통지 : **7일 전**
(4) 소방특별조사 연기신청 : **3일 전**

용어

**소방특별조사**
소방대상물에 대한 화재예방을 위하여 관계인에게 필요한 자료제출을 명하거나 **위치 · 구조 · 설비** 또는 **관리**의 **상황**을 조사하는 것

답 ①

★★
**46** 시장지역에서 화재로 오인할 만한 우려가 있는 불을 피우거나 연막소독을 하려는 자가 소방본부장 또는 소방서장에게 신고를 하지 아니하여 소방자동차를 출동하게 한 자에 대한 과태료 부과금액 기준으로 옳은 것은?

12.05.문56 (산업)

① 20만원 이하 ② 50만원 이하
③ 100만원 이하 ④ 200만원 이하

해설 **기본법 57조**
과태료 20만원 이하
연막소독 신고를 하지 아니하여 소방자동차를 출동하게 한 자

기억법 20연(20년)

중요

**기본법 19조**
화재로 오인할 만한 불을 피우거나 연막소독시 신고지역
(1) **시장**지역
(2) **공장 · 창고**가 밀집한 지역
(3) **목조건물**이 밀집한 지역
(4) **위험물**의 **저장** 및 **처리시설**이 **밀집**한 지역
(5) **석유화학제품**을 생산하는 공장이 있는 지역
(6) 그 밖에 **시 · 도**의 **조례**로 정하는 지역 또는 장소

답 ①

★★★
**47** 소방청장, 소방본부장 또는 소방서장이 소방특별조사 조치명령서를 해당 소방대상물의 관계인에게 발급하는 경우가 아닌 것은?

19.04.문54 15.05.문56 15.03.문57 13.06.문42 05.05.문46

① 소방대상물의 신축
② 소방대상물의 개수
③ 소방대상물의 이전
④ 소방대상물의 제거

해설 **소방시설법 5조**
소방특별조사 결과에 따른 조치명령
(1) **명령권자** : **소방청장 · 소방본부장 · 소방서장**
(2) **명령사항**
㉠ 소방특별조사 조치명령
㉡ **이전**명령
㉢ **제거**명령
㉣ **개수**명령
㉤ **사용**의 **금지** 또는 제한명령, 사용폐쇄
㉥ **공사**의 **정지** 또는 중지명령

기억법 장본서 이제개사공

① **신축**은 해당없음

답 ①

★★★
**48** 대통령령 또는 화재안전기준이 변경되어 그 기준이 강화되는 경우에 기존 특정소방대상물의 소방시설에 대하여 변경으로 강화된 기준을 적용하여야 하는 소방시설은?

14.09.문41 12.03.문53

① 비상경보설비
② 비상콘센트설비
③ 비상방송설비
④ 옥내소화전설비

해설 **소방시설법 11조**
변경강화기준 적용설비
(1) 소화기구
(2) **비**상**경**보설비
(3) **자**동화재**속**보설비
(4) **피**난구조설비
(5) 소방시설(지하공동구 설치용, 전력 또는 통신사업용 지하구)
(6) **노**유자시설에 설치하여야 하는 소방시설(대통령령으로 정하는 것)
(7) 의료시설에 설치하여야 하는 소방시설(대통령령으로 정하는 것)

기억법 강비경 자속피노

중요

**소방시설법 시행령 15조 6**
변경강화기준 적용설비

| **노유자시설**에 설치하여야 하는 소방시설 | **의료시설**에 설치하여야 하는 소방시설 |
|---|---|
| • 간이스프링클러설비<br>• 자동화재탐지설비<br>• 단독경보형 감지기 | • 간이스프링클러설비<br>• 스프링클러설비<br>• 자동화재탐지설비<br>• 자동화재속보설비 |

답 ①

★★
**49** 출동한 소방대의 화재진압 및 인명구조 · 구급 등 소방활동 방해에 따른 벌칙이 5년 이하의 징역 또는 5000만원 이하의 벌금에 처하는 행위가 아닌 것은?

16.10.문42 16.05.문57 15.09.문43 15.05.문58 11.10.문51 10.09.문54

① 위력을 사용하여 출동한 소방대의 구급활동을 방해하는 행위
② 화재진압을 마치고 소방서로 복귀 중인 소방자동차의 통행을 고의로 방해하는 행위
③ 출동한 소방대원에게 협박을 행사하여 구급활동을 방해하는 행위
④ 출동한 소방대의 소방장비를 파손하거나 그 효용을 해하여 구급활동을 방해하는 행위

해설 **기본법 50조**
**5년 이하의 징역 또는 5000만원 이하의 벌금**
(1) 소방자동차의 **출동 방해**
(2) **사람구출** 방해
(3) **소방용수시설** 또는 **비상소화장치**의 효용 방해
(4) 출동한 소방대의 화재진압·인명구조 또는 구급활동 **방해**
(5) 소방대의 현장출동 **방해**
(6) 출동한 소방대원에게 **폭행·협박** 행사

② 소방서로 복귀 중인 경우에는 관계없다.

답 ②

★★★
**50** **화재예방, 소방시설 설치·유지 및 안전관리에 관한 법률상 특정소방대상물 중 오피스텔이 해당하는 것은?**
19.04.문50 14.09.문54 11.06.문50 09.03.문56

① 숙박시설　　② 업무시설
③ 공동주택　　④ 근린생활시설

해설 **소방시설법 시행령 〔별표 2〕**
**업무시설**
(1) 주민자치센터(동사무소)　(2) 경찰서
(3) 소방서　(4) 우체국
(5) 보건소　(6) 공공도서관
(7) 국민건강보험공단
(8) 금융업소·**오**피스텔·신문사
(9) 양수장·정수장·대피소·공중화장실

기억법 **업오(업어주세요!)**

답 ②

★
**51** **소방시설업에 대한 행정처분기준 중 1차 처분이 영업정지 3개월이 아닌 경우는?**

① 국가, 지방자치단체 또는 공공기관이 발주하는 소방시설의 설계·감리업자 선정에 따른 사업수행능력 평가에 관한 서류를 위조하거나 변조하는 등 거짓이나 그 밖의 부정한 방법으로 입찰에 참여한 경우
② 소방시설업의 감독을 위하여 필요한 보고나 자료제출 명령을 위반하여 보고 또는 자료제출을 하지 아니하거나 거짓으로 보고 또는 자료제출을 한 경우
③ 정당한 사유 없이 출입·검사업무에 따른 관계공무원의 출입 또는 검사·조사를 거부·방해 또는 기피한 경우
④ 감리업자의 감리시 소방시설공사가 설계도서에 맞지 아니하여 공사업자에게 공사의 시정 또는 보완 등의 요구를 하였으나 따르지 아니한 경우

해설 **공사업규칙 〔별표 1〕**
**1차 영업정지 3개월**
(1) 국가, 지방자치단체 또는 공공기관이 발주하는 소방시설의 설계·감리업자 선정에 따른 사업수행능력 평가에 관한 서류를 위조하거나 변조하는 등 **거짓**이나 그 밖의 **부정한 방법**으로 **입찰**에 참여한 경우
(2) 소방시설업의 감독을 위하여 필요한 보고나 자료제출 명령을 위반하여 보고 또는 자료제출을 하지 아니하거나 **거짓**으로 **보고** 또는 자료제출을 한 경우
(3) 정당한 사유 없이 출입·검사업무에 따른 관계공무원의 출입 또는 검사·조사를 **거부·방해** 또는 **기피**한 경우

④ 1차 영업정지 **1개월**

답 ④

★★★
**52** **지정수량 미만인 위험물의 저장 또는 취급에 관한 기술상의 기준은 무엇으로 정하는가?**
10.05.문53

① 대통령령
② 행정안전부령
③ 소방청장 고시
④ 시·도의 조례

해설 **시·도의 조례**
(1) 소방**체**험관(기본법 5조)
(2) **의**용소방대의 설치(기본법 37조)
(3) 지정수량 **미**만인 위험물의 저장·취급(위험물법 4조)
(4) 위험물의 **임**시저장 취급기준(위험물법 5조)

기억법 **시체임의미(시체를 임시로 저장하는 것은 의미가 없다.)**

답 ④

★
**53** **소방시설기준 적용의 특례 중 특정소방대상물의 관계인이 소방시설을 갖추어야 함에도 불구하고 관련 소방시설을 설치하지 아니할 수 있는 소방시설의 범위로 옳은 것은? (단, 화재위험도가 낮은 특정소방대상물로서 석재, 불연성 금속, 불연성 건축재료 등의 가공공장·기계조립공장·주물공장 또는 불연성 물품을 저장하는 창고이다.)**
15.09.문48 (산업)

① 옥외소화전설비 및 연결살수설비
② 연결송수관설비 및 연결살수설비
③ 자동화재탐지설비, 상수도소화용수설비 및 연결살수설비
④ 스프링클러설비, 상수도소화용수설비 및 연결살수설비

해설 **소방시설법 시행령 〔별표 7〕**
**소방시설을 설치하지 아니할 수 있는 특정소방대상물 및 소방시설의 범위**

| 구 분 | 특정소방대상물 | 소방시설 |
|---|---|---|
| 화재위험도가 낮은 특정소방대상물 | **석**재, **불**연성 **금**속, **불**연성 건축재료 등의 가공공장·기계조립공장·주물공장 또는 불연성 물품을 저장하는 창고 | • 옥**외**소화전설비<br>• 연결살수설비<br>기억법 석불금외 |
| | 「소방기본법」에 따른 소방대가 소직되어 **24시간** 근무하고 있는 청사 및 차고 | • 옥내소화전설비<br>• 스프링클러설비<br>• 물분무등소화설비<br>• 비상방송설비<br>• 피난기구<br>• 소화용수설비<br>• 연결송수관설비<br>• 연결살수설비 |

중요

**소방시설법 시행령 〔별표 7〕**
**소방시설을 설치하지 아니할 수 있는 소방시설의 범위**
(1) **화재위험도**가 낮은 특정소방대상물
(2) 화재안전기준을 적용하기가 어려운 특정소방대상물
(3) 화재안전기준을 달리 적용하여야 하는 특수한 **용도·구조**를 가진 특정소방대상물
(4) **자체소방대**가 설치된 특정소방대상물

답 ①

★★★
**54** 소방용수시설 급수탑 개폐밸브의 설치기준으로 옳은 것은?
19.03.문58 16.10.문55 09.08.문43

① 지상에서 1.0m 이상 1.5m 이하
② 지상에서 1.5m 이상 1.7m 이하
③ 지상에서 1.2m 이상 1.8m 이하
④ 지상에서 1.5m 이상 2.0m 이하

해설 **기본규칙 〔별표 3〕**
**소방용수시설별 설치기준**

| 소화전 | 급수탑 |
|---|---|
| • **65mm** : 연결금속구의 구경 | • **100mm** : 급수배관의 구경<br>• **1.5~1.7m** 이하 : 개폐밸브 높이<br>기억법 57탑(57층 탑) |

답 ②

★★★
**55** 옥내저장소의 위치·구조 및 설비의 기준 중 지정수량의 몇 배 이상의 저장창고(제6류 위험물의 저장창고 제외)에 피뢰침을 설치해야 하는가? (단, 저장창고 주위의 상황이 안전상 지장이 없는 경우는 제외한다.)
19.04.문53 15.09.문48 15.03.문58 14.05.문41 12.09.문52

① 10배 ② 20배
③ 30배 ④ 40배

해설 **위험물규칙 〔별표 4〕**
지정수량의 **10배** 이상의 위험물을 취급하는 제조소(제6류 위험물을 취급하는 위험물제조소 제외)에는 **피뢰침**을 설치하여야 한다.(단, 제조소 주위의 상황에 따라 안전상 지장이 없는 경우에는 피뢰침을 설치하지 아니할 수 있다.)

기억법 피10(피식 웃다!)

비교

**위험물령 15조**
**예방규정을 정하여야 할 제조소 등**
(1) **10배** 이상의 **제조소·일반취급소**
(2) **100배** 이상의 **옥외저장소**
(3) **150배** 이상의 **옥내저장소**
(4) **200배** 이상의 **옥외탱크저장소**
(5) **이송취급소**
(6) **암반탱크저장소**

답 ①

★★
**56** 우수품질인증을 받지 아니한 제품에 우수품질인증 표시를 하거나 우수품질인증 표시를 위조 또는 변조하여 사용한 자에 대한 벌칙기준은?
14.05.문59 12.05.문52

① 100만원 이하의 벌금
② 200만원 이하의 벌금
③ 300만원 이하의 벌금
④ 1000만원 이하의 벌금

해설 **1년 이하의 징역 또는 1000만원 이하의 벌금**
(1) 소방시설의 **자체점검** 미실시자(소방시설법 49조)
(2) **소방시설관리사증** 대여(소방시설법 49조)
(3) **소방시설관리업**의 등록증 또는 등록수첩 대여(소방시설법 49조)
(4) 관계인의 정당업무방해 또는 **비밀누설**(소방시설법 49조)
(5) **제품검사** 합격표시 위조(소방시설법 49조)
(6) **성능인증** 합격표시 위조(소방시설법 49조)
(7) **우수품질 인증표시** 위조(소방시설법 49조)
(8) 제조소 등의 정기점검 기록 허위 작성(위험물법 35조)
(9) **자체소방대**를 두지 않고 제조소 등의 허가를 받은 자(위험물법 35조)
(10) **위험물 운반용기**의 검사를 받지 않고 유통시킨 자(위험물법 35조)
(11) 제조소 등의 긴급 사용정지 위반자(위험물법 35조)
(12) 영업정지처분 위반자(공사업법 36조)
(13) 거짓 감리자(공사업법 36조)
(14) 공사감리자 미지정자(공사업법 36조)
(15) 소방시설 설계·시공·감리 하도급자(공사업법 36조)
(16) 소방시설공사 재하도급자(공사업법 36조)
(17) 소방시설업자가 아닌 자에게 소방시설공사 등을 도급한 관계인(공사업법 36조)
(18) 공사업법의 명령에 따르지 않은 소방기술자(공사업법 36조)

답 ④

★★
**57** 다음 조건을 참고하여 숙박시설이 있는 특정소방대상물의 수용인원 산정수로 옳은 것은?

19.09.문41
19.04.문51
18.09.문43
15.09.문67
13.06.문42
(산업)

> 침대가 있는 숙박시설로서 1인용 침대의 수는 20개이고, 2인용 침대의 수는 10개이며, 종업원의 수는 3명이다.

① 33
② 40
③ 43
④ 46

해설 **소방시설법 시행령 〔별표 4〕**
**수용인원의 산정방법**

| 특정소방대상물 | | 산정방법 |
|---|---|---|
| • 숙박시설 | 침대가 있는 경우 → | 종사자수+침대수 |
| | 침대가 없는 경우 | 종사자수+ $\frac{\text{바닥면적 합계}}{3m^2}$ |
| • 강의실 • 교무실 • 상담실 • 실습실 • 휴게실 | | $\frac{\text{바닥면적 합계}}{1.9m^2}$ |
| • 기타 | | $\frac{\text{바닥면적 합계}}{3m^2}$ |
| • 강당 • 문화 및 집회시설, 운동시설 • 종교시설 | | $\frac{\text{바닥면적의 합계}}{4.6m^2}$ |

※ **소수점 이하**는 **반올림**한다.

기억법 **수반(수반! 동반!)**

숙박시설(침대가 있는 경우)
=종사자수+침대수
=3명+(1인용×20개+2인용×10개)=43명

답 ③

★★★
**58** 성능위주설계를 실시하여야 하는 특정소방대상물의 범위기준으로 틀린 것은?

10.03.문54
(산업)

① 연면적 200000m$^2$ 이상인 특정소방대상물(아파트 등은 제외)
② 지하층을 포함한 층수가 30층 이상인 특정소방대상물(아파트 등은 제외)
③ 건축물의 높이가 100m 이상인 특정소방대상물(아파트 등은 제외)
④ 하나의 건축물에 영화상영관이 5개 이상인 특정소방대상물

해설 **소방시설법 시행령 15조 3**
**성능위주설계를 해야 할 특정소방대상물의 범위**
(1) 연면적 **20만m$^2$** 이상인 특정소방대상물(아파트 등 제외)
(2) 건물높이가 **100m** 이상인 특정소방대상물(아파트 등 제외)
(3) 지하층 포함 **30층** 이상 특정소방대상물(아파트 등 제외)
(4) 연면적 **3만m$^2$** 이상인 **철도역사, 공항시설**
(5) 하나의 건축물에 관련법에 따른 **영화상영관**이 **10개** 이상인 특정소방대상물

답 ④

★★★
**59** 소방본부장 또는 소방서장은 건축허가 등의 동의요구서류를 접수한 날부터 최대 며칠 이내에 건축허가 등의 동의 여부를 회신하여야 하는가? (단, 허가 신청한 건축물은 지상으로부터 높이가 200m인 아파트이다.)

19.04.문41
14.03.문60
11.10.문58

① 5일 ② 7일
③ 10일 ④ 15일

해설 **소방시설법 시행규칙 4조**
**건축허가 등의 동의 여부 회신**

| 날 짜 | 설 명 |
|---|---|
| **5일** 이내 | 기타 |
| **10일** 이내 | • **50층** 이상(지하층 제외) 또는 높이 **200m** 이상인 아파트<br>• **30층** 이상(지하층 포함) 또는 높이 **120m** 이상(아파트 제외)<br>• 연면적 **20만m$^2$** 이상(아파트 제외) |

답 ③

★★
**60** 행정안전부령으로 정하는 고급감리원 이상의 소방공사 감리원의 소방시설공사 배치 현장기준으로 옳은 것은?

13.06.문55

① 연면적 5000m$^2$ 이상 30000m$^2$ 미만인 특정소방대상물의 공사현장
② 연면적 30000m$^2$ 이상 200000m$^2$ 미만인 아파트의 공사현장
③ 연면적 30000m$^2$ 이상 200000m$^2$ 미만인 특정소방대상물(아파트는 제외)의 공사현장
④ 연면적 200000m$^2$ 이상인 특정소방대상물의 공사현장

해설 **공사업령 〔별표 4〕**
**소방공사감리원의 배치기준**

| 공사현장 | 배치기준 | |
|---|---|---|
| | 책임감리원 | 보조감리원 |
| • 연면적 **5천m$^2$** 미만<br>• **지하구** | **초급**감리원 이상 (기계 및 전기) | |
| • 연면적 **5천~3만m$^2$** 미만 | **중급**감리원 이상 (기계 및 전기) | |

| | | |
|---|---|---|
| • **물분무등소화설비**(호스릴 제외) 설치<br>• **제연설비** 설치<br>• 연면적 **3만~20만m²** 미만(아파트) | **고급**감리원 이상 (기계 및 전기) | **초급**감리원 이상 (기계 및 전기) |
| • 연면적 **3만~20만m²** 미만(아파트 제외)<br>• **16~40층** 미만(지하층 포함) | **특급**감리원 이상 (기계 및 전기) | **초급**감리원 이상 (기계 및 전기) |
| • 연면적 **20만m²** 이상<br>• **40층** 이상(지하층 포함) | 특급감리원 중 **소방기술사** | **초급**감리원 이상 (기계 및 전기) |

비교

**공사업령 [별표 2]**
**소방기술자의 배치기준**

| 공사현장 | 배치기준 |
|---|---|
| • 연면적 **1천m²** 미만 | 소방기술인정자격수첩 발급자 |
| • 연면적 **1천~5천m²** 미만(아파트 제외)<br>• 연면적 **1천~1만m²** 미만(아파트)<br>• **지하구** | **초급**기술자 이상 (기계 및 전기분야) |
| • **물분무등소화설비**(호스릴 제외) 또는 **제연설비** 설치<br>• 연면적 **5천~3만m²** 미만(아파트 제외)<br>• 연면적 **1만~20만m²** 미만(아파트) | **중급**기술자 이상 (기계 및 전기분야) |
| • 연면적 **3만~20만m²** 미만(아파트 제외)<br>• **16~40층** 미만(지하층 포함) | **고급**기술자 이상 (기계 및 전기분야) |
| • 연면적 **20만m²** 이상<br>• **40층** 이상(지하층 포함) | **특급**기술자 이상 (기계 및 전기분야) |

답 ②

## 제 4 과목 소방전기시설의 구조 및 원리

★★★
**61** **감지기의 설치기준 중 옳은 것은?**

19.09.문71 19.03.문72 15.05.문69 12.05.문66 11.03.문78 08.03.문76 01.03.문63 98.07.문75 97.03.문68

① 보상식 스포트형 감지기는 정온점이 감지기 주위의 평상시 최고온도보다 20℃ 이상 높은 것으로 설치할 것
② 정온식 감지기는 주방·보일러실 등으로서 다량의 화기를 취급하는 장소에 설치하되, 공칭작동온도가 최고주위온도보다 30℃ 이상 높은 것으로 설치할 것
③ 스포트형 감지기는 15° 이상 경사되지 아니하도록 부착할 것
④ 공기관식 차동식 분포형 감지기의 검출부는 45° 이상 경사되지 아니하도록 부착할 것

해설 **감지기 설치기준**(NFSC 203 7조)
(1) 감지기(**차동식 분포형** 및 **특수한 것** 제외)는 실내로의 공기유입구로부터 **1.5m** 이상 떨어진 위치에 설치
(2) 감지기는 천장 또는 반자의 옥내의 면하는 부분에 설치
(3) **보상식 스포트형 감지기**는 정온점이 감지기 주위의 평상시 최고온도보다 **20℃** 이상 높은 것으로 설치
(4) **정온식 감지기는 주방·보일러실** 등으로 다량의 화기를 단속적으로 취급하는 장소에 설치
(5) 스포트형 감지기는 **45°** 이상 경사지지 않도록 부착
(6) **공기관식** 차동식 분포형 감지기 설치시 공기관은 **도중**에서 **분기**하지 않도록 부착
(7) **공기관식** 차동식 분포형 감지기의 검출부는 **5°** 이상 경사되지 않도록 설치

중요

**경사제한각도**

| 공기관식 감지기의 검출부 | 스포트형 감지기 |
|---|---|
| 5° 이상 | 45° 이상 |

② 30℃ → 20℃
③ 15° → 45°
④ 45° → 5°

답 ①

★★★
**62** **휴대용 비상조명등의 설치기준 중 틀린 것은?**

15.09.문64 15.05.문61 14.09.문75 13.03.문68

① 영화상영관에는 보행거리 50m 이내마다 3개 이상 설치할 것
② 지하상가 및 지하역사에는 보행거리 30m 이내마다 3개 이상 설치할 것
③ 숙박시설 또는 다중이용업소에는 객실 또는 영업장 안의 구획된 실마다 잘 보이는 곳에 1개 이상 설치할 것
④ 건전지 및 충전식 배터리의 용량은 20분 이상 유효하게 사용할 수 있는 것으로 할 것

해설 **휴대용 비상조명등의 적합기준**(NFSC 304 4조)

| 설치개수 | 설치장소 |
|---|---|
| **1개** 이상 | • **숙박시설** 또는 **다중이용업소**에는 객실 또는 영업장 안의 구획된 실마다 잘 보이는 곳(외부에 설치시 출입문 손잡이로부터 **1m 이내** 부분) |
| **3개** 이상 | • **지하상가** 및 **지하역사**의 **보행거리 25m** 이내마다<br>• **대규모점포(백화점·대형점·쇼핑센터)** 및 **영화상영관**의 **보행거리 50m** 이내마다 |

(1) 바닥으로부터 **0.8~1.5m 이하**의 높이에 설치할 것
(2) 어둠 속에서 **위치**를 **확인**할 수 있도록 할 것
(3) 사용시 **자동**으로 **점등**되는 구조일 것
(4) 외함은 **난연성능**이 있을 것
(5) 건전지를 사용하는 경우에는 **방전방지조치**를 하여야 하고, **충전식 배터리**의 경우에는 **상시 충전**되도록 할 것
(6) 건전지 및 충전식 배터리의 용량은 **20분 이상** 유효하게 사용할 수 있는 것으로 할 것

기억법 **2휴(이유)**

② 보행거리 30m → 보행거리 25m

용어

**휴대용 비상조명등**
화재발생 등으로 정전시 안전하고 원활한 피난을 위하여 피난자가 휴대할 수 있는 조명등

답 ②

## 63 경사강하식 구조대의 구조기준 중 틀린 것은?

① 손잡이는 출구 부근에 좌우 각 3개 이상 균일한 간격으로 견고하게 부착하여야 한다.
② 입구틀 및 취부틀의 입구는 지름 30cm 이상의 구체가 통과할 수 있어야 한다.
③ 구조대 본체의 활강부는 낙하방지를 위해 포를 2중구조로 하거나 또는 망목의 변의 길이가 8cm 이하인 망을 설치하여야 한다.
④ 구조대 본체의 끝부분에는 길이 4m 이상, 지름 4mm 이상의 유도선을 부착하여야 하며, 유도선 끝에는 중량 3N(300g) 이상의 모래주머니 등을 설치하여야 한다.

해설 **경사강하식 구조대**의 **구조기준**(구조대 형식승인 3조)
(1) 손잡이는 출구 부근에 좌우 각 **3개** 이상 균일한 간격으로 견고하게 부착하여야 한다.
(2) 입구틀 및 취부틀의 입구는 **지름 50cm 이상**의 구체가 통과할 수 있어야 한다.
(3) 구조대 본체의 활강부는 낙하방지를 위해 포를 **2중구조**로 하거나 또는 망목의 **변의 길이**가 **8cm 이하**인 망을 설치하여야 한다.
(4) 구조대 본체의 끝부분에는 **길이 4m 이상**, **지름 4mm 이상**의 유도선을 부착하여야 하며, 유도선 끝에는 중량 **3N(300g) 이상**의 모래주머니 등을 설치하여야 한다.
(5) 포지는 사용시에 **수직방향**으로 현저하게 늘어나지 아니하여야 한다.
(6) 구조대 본체는 강하방향으로 봉합부가 설치되지 아니하여야 한다.
(7) 본체의 포지는 하부지지장치에 인장력이 균등하게 걸리도록 부착하여야 하며 하부지지장치는 쉽게 조작할 수 있어야 한다.

② 지름 30cm → 지름 50cm

답 ②

## 64 전기사업자로부터 저압으로 수전하는 경우 비상전원설비로 옳은 것은?

15.05.문78
10.09.문73

① 방화구획형
② 전용배전반(1·2종)
③ 큐비클형
④ 옥외개방형

해설 **비상전원수전설비**(NFSC 602 6조)

| 저압수전 | 특고압수전 |
|---|---|
| • 전용**배**전반(1·2종)<br>• 전용**분**전반(1·2종)<br>• 공용분전반(1·2종)<br>기억법 **저배분(저**기 있는 것 **배분**해!) | • 방화구획형<br>• 옥외개방형<br>• 큐비클형 |

답 ②

## 65 비상콘센트의 배치기준 중 바닥면적이 1000m² 미만인 층은 계단의 출입구로부터 몇 m 이내에 설치하여야 하는가?

16.10.문78
12.05.문63

① 1.5 ② 5
③ 7 ④ 10

해설 **비상콘센트 설치기준**
(1) **11층** 이상의 각 층마다 설치
(2) 바닥으로부터 **0.8m** 이상 **1.5m** 이하의 위치에 설치
(3) **수평거리 기준**

| 수평거리 25m 이하 | 수평거리 50m 이하 |
|---|---|
| **지하상가** 또는 **지하층**의 바닥면적의 합계가 **3000m²** 이상 | 기타 |

(4) **바닥면적 기준**

| 바닥면적 1000m² 미만 | 바닥면적 1000m² 이상 |
|---|---|
| **계단**의 출입구로부터 **5m** 이내 설치 | **계단부속실**의 출입구로부터 **5m** 이내 설치 |

답 ②

## 66 광원점등방식 피난유도선의 설치기준 중 틀린 것은?

19.09.문77

① 피난유도 표시부는 50cm 이내의 간격으로 연속되도록 설치하되 실내장식물 등으로 설치가 곤란할 경우 2m 이내로 설치할 것
② 피난유도 표시부는 바닥으로부터 높이 1m 이하의 위치 또는 바닥면에 설치할 것
③ 피난유도 제어부는 조작 및 관리가 용이하도록 바닥으로부터 0.8m 이상 1.5m 이하의 높이에 설치할 것
④ 구획된 각 실로부터 주출입구 또는 비상구까지 설치할 것

해설 **광원점등방식의 피난유도선 설치기준**

(1) 구획된 각 실로부터 **주출입구** 또는 **비상구**까지 설치
(2) 피난유도 표시부는 바닥으로부터 높이 **1m 이하**의 위치 또는 바닥면에 설치
(3) 피난유도 표시부는 **50cm 이내**의 간격으로 연속되도록 설치하되 실내장식물 등으로 설치가 곤란할 경우 **1m 이내**로 설치
(4) 수신기로부터의 **화재신호** 및 **수동조작**에 의하여 광원이 점등되도록 설치
(5) 비상전원이 **상시 충전상태**를 유지하도록 설치
(6) 바닥에 설치되는 피난유도 표시부는 **매립**하는 방식을 사용
(7) 피난유도 제어부는 조작 및 관리가 용이하도록 바닥으로부터 **0.8~1.5m** 이하의 높이에 설치

① 2m 이내 → 1m 이내

비교

**축광방식의 피난유도선 설치기준**
(1) 구획된 각 실로부터 **주출입구** 또는 **비상구**까지 설치
(2) 바닥으로부터 높이 **50cm 이하**의 위치 또는 바닥면에 설치
(3) 피난유도 표시부는 **50cm 이내**의 간격으로 연속되도록 설치
(4) 부착대에 의하여 견고하게 설치
(5) **외광** 또는 **조명장치**에 의하여 상시 조명이 제공되거나 비상조명등에 따른 조명이 제공되도록 설치

답 ①

★★
**67** 14.05.문68 11.03.문77

**자동화재속보설비의 속보기는 연동 또는 수동작동에 의한 다이얼링 후 소방관서와 전화접속이 이루어지지 않는 경우에는 최초 다이얼링을 포함하여 몇 회 이상 반복적으로 접속을 위한 다이얼링이 이루어져야 하는가? (단, 이 경우 매회 다이얼링 완료 후 호출은 30초 이상 지속한다.)**

① 3회　② 5회
③ 10회　④ 20회

해설 **속보기**의 **적합기능**(자동화재속보설비의 속보기 성능인증 5조)
(1) 작동신호를 수신하거나 수동으로 동작시키는 경우 **20초** 이내에 소방관서에 자동적으로 신호를 발하여 통보하되, **3회** 이상 속보할 수 있을 것
(2) 예비전원은 **감시상태**를 **60분**간 지속한 후 **10분** 이상 **동작**(화재속보 후 화재표시 및 경보를 **10분**간 유지하는 것)이 지속될 수 있는 용량이어야 한다.
(3) 속보기는 연동 또는 수동작동에 의한 다이얼링 후 소방관서와 전화접속이 이루어지지 않는 경우에는 최초 다이얼링을 포함하여 **10회** 이상 **반복**적으로 접속을 위한 **다이얼링**이 이루어져야 한다. 이 경우 매회 다이얼링 완료 후 **호출**은 **30초** 이상 지속될 것

기억법 반복10다(반복은 쉽다.)

답 ③

★★★
**68** 19.09.문80 18.03.문70 16.03.문80 14.09.문64 08.03.문62 06.05.문79

**무선통신보조설비의 설치 제외기준 중 다음 ( ) 안에 알맞은 것으로 연결된 것은?**

> 지하층으로서 특정소방대상물의 바닥부분 ( ㉠ )면 이상이 지표면과 동일하거나 지표면으로부터의 깊이가 ( ㉡ )m 이하인 경우에는 해당층에 한하여 무선통신보조설비를 설치하지 아니할 수 있다.

① ㉠ 2, ㉡ 1　② ㉠ 2, ㉡ 2
③ ㉠ 3, ㉡ 1　④ ㉠ 3, ㉡ 2

해설 **무선통신보조설비**의 **설치 제외**(NFSC 505 4조)
(1) **지하층**으로서 특정소방대상물의 바닥부분 **2면** 이상이 지표면과 동일한 경우의 해당층
(2) 지하층으로서 지표면으로부터의 깊이가 **1m 이하**인 경우의 해당층

기억법 2면무지(이면 계약의 무지)

답 ①

★
**69** 19.03.문73 11.03.문75 (산업)

**5~10회로까지 사용할 수 있는 누전경보기의 집합형 수신기 내부결선도에서 그 구성요소가 아닌 것은?**

① 제어부
② 조작부
③ 증폭부
④ 도통시험 및 동작시험부

해설 **5~10회로 집합형 수신기의 내부결선도**
(1) 자동입력 절환부
(2) **증**폭부
(3) **제**어부
(4) 회로접합부
(5) 전원부
(6) **도**통시험 및 동작시험부
(7) 동작회로표시부

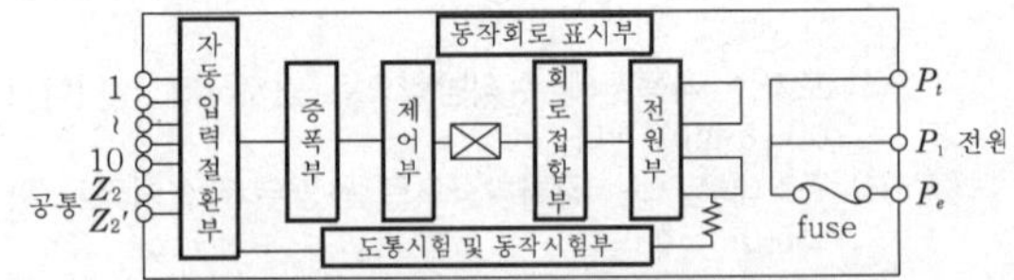


기억법 제도 증5(나쁜 제도를 증오한다.)

답 ②

★★★
**70** 무선통신보조설비의 증폭기 전면에 주회로의 전원이 정상인지의 여부를 표시할 수 있도록 설치하는 것으로 옳은 것은?

08.09.문79 (산업)

① 전력계 및 전류계 ② 전류계 및 전압계
③ 표시등 및 전압계 ④ 표시등 및 전력계

해설 **무선통신보조설비**의 **증폭기** 및 **무선중계기**의 **설치기준** (NFSC 505 8조)

(1) 비상전원용량은 **30분** 이상
(2) **증폭기** 및 **무선중계기** 설치시 적합성 평가를 받은 제품 설치
(3) 증폭기의 전면에 **전압계** · **표시등**을 설치할 것(전원 여부 확인)
(4) 전원은 **축전지**, 전기저장장치 또는 **교류전압 옥내 간선**으로 할 것(**전용**배선)
(5) 디지털방식의 무전기를 사용하는 데 지장이 없도록 설치할 것

기억법 3무증표축전(상무님이 증표로 축전을 보냈다.)

용어

**전기저장장치**
외부 전기에너지를 저장해 두었다가 필요한 때 전기를 공급하는 장치

답 ③

★★
**71** 피난기구의 설치개수기준 중 틀린 것은?

15.09.문68

① 설치한 피난기구 외에 아파트의 경우에는 하나의 관리주체가 관리하는 아파트 구역마다 공기안전매트 1개 이상을 추가로 설치할 것
② 휴양콘도미니엄을 제외한 숙박시설의 경우에는 추가로 객실마다 완강기 또는 1개 이상의 간이완강기를 설치할 것
③ 층마다 설치하되, 숙박시설 · 노유자시설 및 의료시설로 사용되는 층에 있어서는 그 층의 바닥면적 $500m^2$마다 1개 이상 설치할 것
④ 층마다 설치하되, 위락시설, 문화 · 집회 및 운동시설 · 판매시설로 사용되는 층 또는 복합용도의 층에 있어서는 그 층은 바닥면적 $800m^2$마다 1개 이상 설치할 것

해설 **피난기구**의 **설치개수**

(1) **층**마다 설치할 것

| 시 설 | 설치기준 |
|---|---|
| • 숙박시설 · 노유자시설 · 의료시설 | 바닥면적 **500m²**마다 |
| • **위락시설** · 문화 및 집회시설, 운동시설<br>• 종교시설<br>• 판매시설 · 복합용도의 층 | 바닥면적 **800m²**마다 |
| • 기타 | 바닥면적 **1000m²**마다 |
| • 계단실형 아파트 | 각 세대마다 |

(2) 피난기구 외에 **숙박시설**(휴양콘도미니엄 제외)의 경우에는 추가로 객실마다 완강기 또는 **둘** 이상의 간이완강기를 설치할 것
(3) 피난기구 외에 **아파트**의 경우에는 하나의 관리주체가 관리하는 아파트 구역마다 **공기안전매트 1개 이상**을 추가로 설치할 것(단, 옥상으로 피난이 가능하거나 인접세대로 피난할 수 있는 구조인 경우는 제외)

② 1개 → 2개

답 ②

★★★
**72** 비상콘센트설비의 전원회로의 설치기준 중 틀린 것은?

19.04.문63
18.04.문61
16.10.문61
16.05.문76
15.09.문80
14.03.문64
11.10.문67

① 비상콘센트용 풀박스 등은 방청도장을 한 것으로서, 두께 1.6mm 이상의 철판으로 할 것
② 하나의 전용회로에 설치하는 비상콘센트는 10개 이하로 할 것
③ 콘센트마다 배선용 차단기(KS C 8321)를 설치하여야 하며, 충전부가 노출되지 아니하도록 할 것
④ 전원회로는 단상교류 220V인 것으로서, 그 공급용량은 3kVA 이상인 것으로 할 것

해설 **비상콘센트설비 전원회로**의 **설치기준**

| 구 분 | 전 압 | 용 량 | 플러그 접속기 |
|---|---|---|---|
| 단상교류 | 220V | 1.5kVA 이상 | 접지형 2극 |

(1) 1전용회로에 설치하는 비상콘센트는 **10**개 이하로 할 것
(2) 풀박스는 **1.6**mm 이상의 **철**판을 사용할 것

기억법 단2(단위), 10콘(시큰둥!), 16철콘, 접2(접이식)

(3) 전기회로는 주배전반에서 **전용**회로로 할 것
(4) 전원으로부터 각 층의 비상콘센트에 분기되는 경우 **분기배선용 차단기**를 보호함 안에 설치할 것
(5) 콘센트마다 **배선용 차단기**(KS C 8321)를 설치하여야 하며, 충전부는 노출되지 아니할 것

④ 3kVA 이상 → 1.5kVA 이상

답 ④

★★
**73** 특정소방대상물의 그 부분에서 피난층에 이르는 부분의 비상조명등을 60분 이상 유효하게 작동시킬 수 있는 용량으로 하여야 하는 경우가 아닌 것은?

19.09.문74
19.04.문64
16.03.문73
14.05.문65
14.05.문73
08.03.문77

① 지하층을 제외한 층수가 11층 이상의 층
② 지하층 또는 무창층으로서 용도가 도매시장 · 소매시장
③ 지하층 또는 무창층으로서 용도가 여객자동차터미널 · 지하역사 또는 지하상가
④ 지하가 중 터널로서 길이 500m 이상

**해설** **비상조명등**의 **60분 이상 작동용량**
(1) **11층** 이상(지하층 제외)
(2) 지하층 · 무창층으로서 **도매시장 · 소매시장 · 여객자동차터미널 · 지하역사 · 지하상가**

④ 해당없음

**중요**

**비상전원 용량**

| 설비의 종류 | 비상전원 용량 |
|---|---|
| • 자동화재탐지설비<br>• 비상경보설비<br>• 자동화재속보설비 | 10분 이상 |
| • 유도등<br>• 비상콘센트설비<br>• 제연설비<br>• 물분무소화설비<br>• 옥내소화전설비(**30층** 미만)<br>• 특별피난계단의 계단실 및 부속실 제연설비(**30층** 미만) | **20분** 이상 |
| • 무선통신보조설비의 증폭기 | 30분 이상 |
| • 옥내소화전설비(30~**49층** 이하)<br>• 특별피난계단의 계단실 및 부속실 제연설비(30~**49층** 이하)<br>• 연결송수관설비(30~**49층** 이하)<br>• 스프링클러설비(30~**49층** 이하) | **40분** 이상 |
| • 유도등 · 비상조명등(지하상가 및 11층 이상)<br>• 옥내소화전설비(**50층** 이상)<br>• 특별피난계단의 계단실 및 부속실 제연설비(**50층** 이상)<br>• 연결송수관설비(**50층** 이상)<br>• 스프링클러설비(**50층** 이상) | **60분** 이상 |

**기억법** 경자비1(경자라는 이름은 비일비재하게 많다.)
3증(3중고)

답 ④

★★★
**74** 12.09.문63 (산업)

**주요구조부를 내화구조로 한 특정소방대상물의 바닥면적이 370m$^2$인 부분에 설치해야 하는 감지기의 최소수량은? (단, 감지기 부착높이는 바닥으로부터 4.5m이고, 보상식 스포트형 1종을 설치한다.)**

① 6개　② 7개
③ 8개　④ 9개

**해설** **감지기**의 **바닥면적**(m$^2$)

| 부착높이 및 소방대상물의 구분 | | 감지기의 종류 | | | | |
|---|---|---|---|---|---|---|
| | | 차동식 · 보상식 스포트형 | | 정온식 스포트형 | | |
| | | 1종 | 2종 | 특종 | 1종 | 2종 |
| 4m 미만 | 내화구조 | 90 | 70 | 70 | 60 | 20 |
| | 기타구조 | 50 | 40 | 40 | 30 | 15 |
| 4m 이상 8m 미만 | 내화구조 | **45** | 35 | 35 | 30 | – |
| | 기타구조 | 30 | 25 | 25 | 15 | – |

**4m 이상**의 **내화구조**이고 보상식 스포트형 감지기 1종이므로 기준면적 **45m$^2$**

$$\text{설치개수} = \frac{\text{바닥면적}}{\text{기준면적}} = \frac{370\text{m}^2}{45\text{m}^2} = 8.2 \fallingdotseq 9\text{개(절상)}$$

**용어**

**절상**
'소수점 이하는 무조건 올린다'는 뜻

**중요**

| 감지기 · 유도등 개수 | 수용인원 산정 |
|---|---|
| 소수점 이하는 **절상** | 소수점 이하는 **반올림**<br>**기억법** 수반(수반! 동반) |

답 ④

★★★
**75** 19.09.문61 18.09.문66 15.09.문75 15.03.문64 14.05.문80 14.03.문72 13.09.문66 13.03.문67

**자동화재탐지설비의 경계구역 설정 기준으로 옳은 것은?**

① 하나의 경계구역이 3개 이상의 건축물에 미치지 아니하도록 하여야 한다.
② 하나의 경계구역의 면적은 500m$^2$ 이하로 하고 한 변의 길이는 60m 이하로 하여야 한다.
③ 500m$^2$ 이하는 2개 층을 하나의 경계구역으로 할 수 있다.
④ 특정소방대상물의 주된 출입구에서 그 내부 전체가 보이는 것에 있어서는 한 변의 길이가 100m의 범위 내에서 1500m$^2$ 이하로 할 수 있다.

**해설** **경계구역**
(1) **정의** : 소방대상물 중 **화재신호**를 **발신**하고 그 **신호**를 **수신** 및 유효하게 **제어**할 수 있는 구역
(2) **경계구역의 설정기준**
㉠ 1경계구역이 2개 이상의 **건축물**에 미치지 않을 것
㉡ 1경계구역이 2개 이상의 **층**에 미치지 않을 것(단, 500m$^2$ 이하는 2개 층을 하나의 경계구역으로 가능)
㉢ 1경계구역의 면적은 **600m$^2$** 이하로 하고, 1변의 길이는 **50m** 이하로 할 것(내부 전체가 보이면 **50m** 범위 내에서 **1000m$^2$** 이하)
(3) **1경계구역의 높이** : **45m** 이하

① 3개 이상 → 2개 이상
② 500m$^2$ 이하 → 600m$^2$ 이하, 60m 이하 → 50m 이하
④ 100m → 50m, 1500m$^2$ 이하 → 1000m$^2$ 이하

답 ③

**76** 피난구유도등의 설치 제외기준 중 틀린 것은?

11.06.문76

① 거실 각 부분으로부터 하나의 출입구에 이르는 보행거리가 20m 이하이고 비상조명등과 유도표지가 설치된 거실의 출입구
② 바닥면적이 500m$^2$ 미만인 층으로서 옥내로부터 직접 지상으로 통하는 출입구(외부의 식별이 용이하지 않은 경우에 한함)
③ 출입구가 3 이상 있는 거실로서 그 거실 각 부분으로부터 하나의 출입구에 이르는 보행거리가 30m 이하인 경우에는 주된 출입구 2개소 외의 출입구(유도표지가 부착된 출입구)
④ 거실 각 부분으로부터 쉽게 도달할 수 있는 출입구

해설 **피난구유도등**의 **설치 제외 장소**
(1) 옥내에서 직접 지상으로 통하는 출입구(바닥면적 **1000m$^2$** 미만 층)
(2) 거실 각 부분에서 쉽게 도달할 수 있는 출입구
(3) 비상조명등·유도표지가 설치된 거실 출입구(거실 각 부분에서 출입구까지의 **보행거리 20m** 이하)
(4) 출입구가 **3 이상**인 거실(거실 각 부분에서 출입구까지의 **보행거리 30m** 이하는 주된 출입구 **2개소 외**의 출입구)

② 500m$^2$ 미만 → 1000m$^2$ 미만

비교

(1) **휴대용 비상조명등의 설치 제외 장소** : 복도·통로·창문 등을 통해 **피**난이 용이한 경우(**지상 1층·피난층**)

기억법 **휴피(휴지로 피닦아!)**

(2) **통로유도등의 설치 제외 장소**
㉠ 길이 **30m** 미만의 복도·통로(구부러지지 않은 복도·통로)
㉡ 보행거리 **20m** 미만의 복도·통로(출입구에 **피난구유도등**이 설치된 복도·통로)

(3) **객석유도등의 설치 제외 장소**
㉠ **채광**이 충분한 객석(**주간**에만 사용)
㉡ **통**로유도등이 설치된 객석(거실 각 부분에서 거실 출입구까지의 **보행거리 20m** 이하)

기억법 **채객보통(채소는 객관적으로 보통이다.)**

답 ②

**77** 각 설비와 비상전원의 최소용량 연결이 틀린 것은?

19.04.문61
15.03.문79 (산업)
13.06.문72
07.09.문80

① 비상콘센트설비－20분 이상
② 제연설비－20분 이상
③ 비상경보설비－20분 이상
④ 무선통신보조설비의 증폭기－30분 이상

해설 **비상전원 용량**

| 설비의 종류 | 비상전원 용량 |
|---|---|
| • **자**동화재탐지설비<br>• 비상**경**보설비<br>• **자**동화재속보설비 | **10분** 이상 |
| • 유도등<br>• 비상콘센트설비<br>• 제연설비<br>• 물분무소화설비<br>• 옥내소화전설비(**30층** 미만)<br>• 특별피난계단의 계단실 및 부속실 제연설비(**30층** 미만) | **20분** 이상 |
| • 무선통신보조설비의 **증**폭기 | **30분** 이상 |
| • 옥내소화전설비(30~**49층** 이하)<br>• 특별피난계단의 계단실 및 부속실 제연설비(30~**49층** 이하)<br>• 연결송수관설비(30~**49층** 이하)<br>• 스프링클러설비(30~**49층** 이하) | **40분** 이상 |
| • 유도등·비상조명등(지하상가 및 11층 이상)<br>• 옥내소화전설비(**50층** 이상)<br>• 특별피난계단의 계단실 및 부속실 제연설비(**50층** 이상)<br>• 연결송수관설비(**50층** 이상)<br>• 스프링클러설비(**50층** 이상) | **60분** 이상 |

기억법 **경자비1(경자라는 이름은 비일비재하게 많다.)**
**3증(3중고)**

③ 20분 이상 → 10분 이상

중요

**비상전원의 종류**
(1) 유도등－축전지
(2) 비상콘센트설비 ┬ 자가발전설비 ├ 비상전원수전설비 └ 전기저장장치
(3) 옥내소화전설비 ┬ 자가발전설비 ├ 축전지설비 └ 전기저장장치
(4) 물분무소화설비 ┬ 자가발전설비 ├ 축전지설비 └ 전기저장장치
→ **20분 이상**

답 ③

★★★
**78** 비상방송설비의 배선의 설치기준 중 부속회로의 전로와 대지 사이 및 배선 상호간의 절연저항은 1경계구역마다 직류 250V의 절연저항측정기를 사용하여 측정한 절연저항이 몇 MΩ 이상이 되도록 해야 하는가?

16.05.문73 16.03.문69 14.05.문77 11.03.문62

① 0.1 ② 0.2
③ 10 ④ 20

해설 **절연저항시험**

| 절연저항계 | 절연저항 | 대 상 |
|---|---|---|
| 직류 250V | 0.1MΩ 이상 | • 1경계구역의 절연저항<br>기억법 경2501 |
| 직류 500V | 5MΩ 이상 | • 누전경보기<br>• 가스누설경보기<br>• 수신기<br>• 자동화재속보설비<br>• 비상경보설비<br>• 유도등(교류입력측과 외함간 포함)<br>• 비상조명등(교류입력측과 외함간 포함)<br>기억법 5누(오누이) |
| | 20MΩ 이상 | • 경종<br>• 발신기<br>• 중계기<br>• 비상콘센트<br>• 기기의 절연된 선로간<br>• 기기의 충전부와 비충전부간<br>• 기기의 교류입력측과 외함간(유도등·비상조명등 제외) |
| | 50MΩ 이상 | • 감지기(정온식 감지선형 감지기 제외)<br>• 가스누설경보기(10회로 이상)<br>• 수신기(10회로 이상) |
| | 1000MΩ 이상 | • 정온식 감지선형 감지기 |

답 ①

★★
**79** 감지기의 부착면과 실내바닥과의 거리가 2.3m 이하인 곳으로서 일시적으로 발생한 열·연기 또는 먼지 등으로 인하여 화재신호를 발신할 우려가 있는 장소에 적응성이 있는 감지기가 아닌 것은?

05.09.문78 (산업)

① 불꽃감지기
② 축적방식의 감지기
③ 정온식 감지선형 감지기
④ 광전식 스포트형 감지기

해설 바닥에서 부착면까지 **2.3m 이하**에 **설치 가능한 감지기** (NFSC 203 7조)
(1) **불꽃**감지기
(2) **정온식 감지선형** 감지기
(3) **분포형** 감지기
(4) **복합형** 감지기
(5) **광전식 분리형** 감지기
(6) **아날로그방식**의 감지기
(7) **다신호방식**의 감지기
(8) **축적방식**의 감지기

기억법 불정감 복분 광아다축

④ 해당없음

답 ④

★★★
**80** 비상방송설비의 음향장치의 설치기준 중 다음 ( ) 안에 알맞은 것으로 연결된 것은?

15.03.문61 14.03.문73 13.03.문72

> 층수가 5층 이상으로서 연면적이 3000m²를 초과하는 특정소방대상물의 ( ㉠ ) 이상의 층에서 발화한 때에는 발화층 및 그 직상층에, ( ㉡ )에서 발화한 때에는 발화층·그 직상층 및 지하층에, ( ㉢ )에서 발화한 때에는 발화층·그 직상층 및 기타의 지하층에 경보를 발할 것

① ㉠ 2층, ㉡ 1층, ㉢ 지하층
② ㉠ 1층, ㉡ 2층, ㉢ 지하층
③ ㉠ 2층, ㉡ 지하층, ㉢ 1층
④ ㉠ 2층, ㉡ 1층, ㉢ 모든 층

해설 **우선경보방식**
**5층** 이상으로 연면적 **3000m²**를 초과하는 특정소방대상물

| 발화층 | 경보층 | |
|---|---|---|
| | 30층 미만 | 30층 이상 |
| **2층** 이상 발화 | • 발화층<br>• 직상층 | • 발화층<br>• 직상 4개층 |
| **1층** 발화 | • 발화층<br>• 직상층<br>• 지하층 | • 발화층<br>• 직상 4개층<br>• 지하층 |
| **지하층** 발화 | • 발화층<br>• 직상층<br>• 기타의 지하층 | • 발화층<br>• 직상층<br>• 기타의 지하층 |

기억법 5우 3000(오우! 삼천포로 빠졌네!)

※ 특별한 조건이 없으면 30층 미만 적용

답 ①

# 2017. 5. 7 시행

| ▌2017년 기사 제2회 필기시험▐ | | | | 수험번호 | 성명 |
|---|---|---|---|---|---|
| 자격종목<br>**소방설비기사(전기분야)** | 종목코드 | 시험시간<br>**2시간** | 형별 | | |

※ 답안카드 작성시 시험문제지 형별누락, 마킹착오로 인한 불이익은 전적으로 수험자의 귀책사유임을 알려드립니다.
※ 각 문항은 4지택일형으로 질문에 가장 적합한 보기 항을 선택하여 마킹하여야 합니다.

## 제 1 과목 소방원론

★

**01** 화재시 이산화탄소를 사용하여 화재를 진압하려고 할 때 산소의 농도를 13vol%로 낮추어 화재를 진압하려면 공기 중 이산화탄소의 농도는 약 몇 vol%가 되어야 하는가?

19.04.문13
15.05.문13
14.05.문07
13.09.문16
12.05.문14

① 18.1 ② 28.1
③ 38.1 ④ 48.1

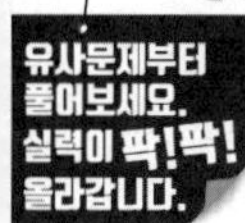

유사문제부터
풀어보세요.
실력이 팍!팍!
올라갑니다.

해설

$$CO_2 = \frac{21 - O_2}{21} \times 100$$

여기서, $CO_2$ : $CO_2$의 농도[vol%]
$O_2$ : $O_2$의 농도[vol%]

$$CO_2 = \frac{21 - O_2}{21} \times 100$$

$$CO_2 = \frac{21 - 13}{21} \times 100$$

$≒ 38.1vol\%$

중요

**이산화탄소소화설비**와 관련된 **식**

$$CO_2 = \frac{방출가스량}{방호구역체적 + 방출가스량} \times 100 = \frac{21 - O_2}{21} \times 100$$

여기서, $CO_2$ : $CO_2$의 농도[vol%]
$O_2$ : $O_2$의 농도[vol%]

$$방출가스량 = \frac{21 - O_2}{O_2} \times 방호구역체적$$

여기서, $O_2$ : $O_2$의 농도[vol%]

• 단위가 원래는 vol% 또는 v%, vol.%인데 줄여서 %로 쓰기도 한다.

용어

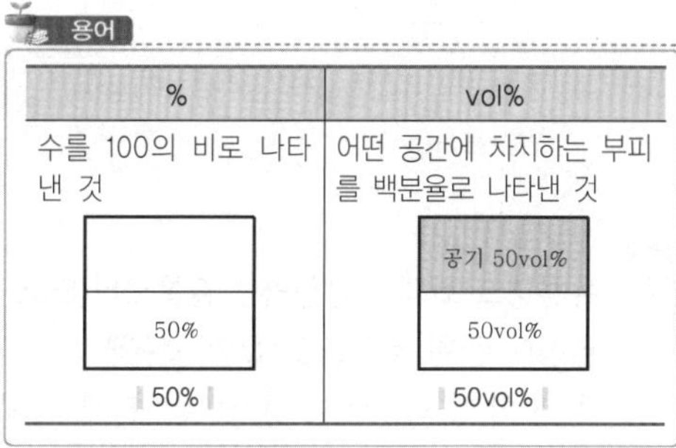

| % | vol% |
|---|---|
| 수를 100의 비로 나타낸 것 | 어떤 공간에 차지하는 부피를 백분율로 나타낸 것 |
| 50% / ▌50%▐ | 공기 50vol% / 50vol% / ▌50vol%▐ |

답 ③

★★★

**02** 건물화재의 표준시간－온도곡선에서 화재발생 후 1시간이 경과할 경우 내부온도는 약 몇 ℃ 정도 되는가?

① 225 ② 625
③ 840 ④ 925

해설 **시간경과시**의 **온도**

| 경과시간 | 온도 |
|---|---|
| 30분 후 | 840℃ |
| **1시**간 후 | 925~**95**0℃ |
| 2시간 후 | 1010℃ |

기억법 **1시 95**

답 ④

★★★

**03** 프로판 50vol.%, 부탄 40vol.%, 프로필렌 10vol.%로 된 혼합가스의 폭발하한계는 약 vol.%인가? (단, 각 가스의 폭발하한계는 프로판은 2.2vol.%, 부탄은 1.9vol.%, 프로필렌은 2.4vol.%이다.)

① 0.83 ② 2.09
③ 5.05 ④ 9.44

해설 **혼합가스**의 **폭발하한계**

$$\frac{100}{L} = \frac{V_1}{L_1} + \frac{V_2}{L_2} + \frac{V_3}{L_3}$$

여기서, $L$ : 혼합가스의 폭발하한계〔vol%〕

$L_1 \sim L_3$ : 가연성 가스의 폭발하한계〔vol%〕

$V_1 \sim V_3$ : 가연성 가스의 용량〔vol%〕

$$\frac{100}{L} = \frac{V_1}{L_1} + \frac{V_2}{L_2} + \frac{V_3}{L_3}$$

$$\frac{100}{L} = \frac{50}{2.2} + \frac{40}{1.9} + \frac{10}{2.4}$$

$$\frac{100}{\frac{50}{2.2} + \frac{40}{1.9} + \frac{10}{2.4}} = L$$

$$L = \frac{100}{\frac{50}{2.2} + \frac{40}{1.9} + \frac{10}{2.4}} \fallingdotseq 2.09\%$$

- 단위가 원래는 vol% 또는 v%, vol.%인데 줄여서 %로 쓰기도 한다.

답 ②

★★★

**04** **유류탱크 화재시 발생하는 슬롭오버(Slop over) 현상에 관한 설명으로 틀린 것은?**

① 소화시 외부에서 방사하는 포에 의해 발생한다.

② 연소유가 비산되어 탱크 외부까지 화재가 확산된다.

③ 탱크의 바닥에 고인물의 비등팽창에 의해 발생한다.

④ 연소면의 온도가 100℃ 이상일 때 물을 주수하면 발생한다.

해설 **유류탱크, 가스탱크**에서 **발생**하는 **현상**

| 구 분 | 설 명 |
|---|---|
| **블래비**<br>(BLEVE) | • 과열상태의 탱크에서 내부의 액화가스가 분출하여 기화되어 폭발하는 현상 |
| **보일오버**<br>(Boil over) | • 중질유의 석유탱크에서 장시간 조용히 연소하다 탱크 내의 잔존기름이 갑자기 분출하는 현상<br>• 유류탱크에서 **탱크바닥**에 **물**과 기름의 **에멀션**이 섞여 있을 때 이로 인하여 화재가 발생하는 현상<br>• 연소유면으로부터 100℃ 이상의 열파가 탱크 저부에 고여 있는 물을 비등하게 하면서 연소유를 탱크 밖으로 비산시키며 연소하는 현상 |
| **오일오버**<br>(Oil over) | • 저장탱크에 저장된 유류저장량이 내용적의 **50%** 이하로 충전되어 있을 때 화재로 인하여 탱크가 폭발하는 현상 |
| **프로스오버**<br>(Froth over) | • 물이 점성의 뜨거운 기름표면 아래에서 끓을 때 화재를 수반하지 않고 용기가 넘치는 현상 |
| **슬롭오버**<br>(Slop over) | • 물이 연소유의 뜨거운 표면에 들어갈 때 기름표면에서 화재가 발생하는 현상<br>• 유화제로 소화하기 위한 물이 수분의 급격한 증발에 의하여 액면이 거품을 일으키면서 열유층 밑의 냉유가 급히 열팽창하여 기름의 일부가 불이 붙은 채 탱크벽을 넘어서 일출하는 현상<br>• 연소면의 온도가 100℃ 이상일 때 물을 주수하면 발생<br>• 소화시 외부에서 방사하는 포에 의해 발생<br>• 연소유가 비산되어 탱크 외부까지 화재가 확산 |

③ 보일오버(Boil over)에 대한 설명

답 ③

★★★

**05** **에테르, 케톤, 에스테르, 알데히드, 카르복실산, 아민 등과 같은 가연성인 수용성 용매에 유효한 포소화약제는?**

19.09.문12

① 단백포　　② 수성막포

③ 불화단백포　　④ 내알콜포

해설 **내알코올형포**(알코올포)

(1) 알코올류 위험물(**메탄올**)의 소화에 사용

(2) **수용성** 유류화재(**아세트알데히드**, **에스테르류**)에 사용 : 수용성 용매에 사용

(3) **가연성 액체**에 사용

- 메탄올=메틸알코올

기억법 **내알 메아에가**

답 ④

★★

**06** **화재의 소화원리에 따른 소화방법의 적용이 틀린 것은?**

19.09.문13
18.09.문19
16.03.문08
15.03.문17
14.03.문19
11.10.문19
03.08.문11

① 냉각소화 : 스프링클러설비

② 질식소화 : 이산화탄소소화설비

③ 제거소화 : 포소화설비

④ 억제소화 : 할론소화설비

해설 **화재**의 **소화원리**에 따른 **소화방법**

| 소화원리 | 소화설비 |
|---|---|
| 냉각소화 | ① 스프링클러설비<br>② 옥내·외소화전설비 |
| 질식소화 | ① 이산화탄소소화설비<br>② 포소화설비<br>③ 분말소화설비<br>④ 불활성기체 소화약제 |
| 억제소화<br>(부촉매효과) | ① 할론소화설비<br>② 할로겐화합물소화약제 |

③ 질식소화 : 포소화설비

답 ③

★★
**07** 동식물유류에서 "요오드값이 크다."라는 의미를 옳게 설명한 것은?

14.05.문16
11.06.문16

① 불포화도가 높다.
② 불건성유이다.
③ 자연발화성이 낮다.
④ 산소와의 결합이 어렵다.

해설 **"요오드값이 크다."**라는 **의미**
(1) **불포**화도가 높다.
(2) **건성유**이다.
(3) 자연발화성이 높다.
(4) 산소와 결합이 쉽다.

※ **요오드값** : 기름 100g에 첨가되는 요오드의 g수

기억법 **요불포**

답 ①

★
**08** 다음 중 연소시 아황산가스를 발생시키는 것은?

07.09.문11

① 적린
② 유황
③ 트리에틸알루미늄
④ 황린

해설 $S + O_2 \rightarrow SO_2$
↑ ↑ ↑
황 산소 아황산가스

• 황=유황

답 ②

★
**09** 탄화칼슘이 물과 반응할 때 발생되는 가스는?

19.03.문17
11.10.문05
10.09.문12

① 일산화탄소 ② 아세틸렌
③ 황화수소 ④ 수소

해설 **탄화칼슘**과 **물**의 **반응식**
$CaC_2 + 2H_2O \rightarrow Ca(OH)_2 + C_2H_2 \uparrow$
탄화칼슘 물 수산화칼슘 아세틸렌

답 ②

★★★
**10** 주성분이 인산염류인 제3종 분말소화약제가 다른 분말소화약제와 다르게 A급 화재에 적용할 수 있는 이유는?

① 열분해 생성물인 $CO_2$가 열을 흡수하므로 냉각에 의하여 소화된다.
② 열분해 생성물인 수증기가 산소를 차단하여 탈수작용을 한다.
③ 열분해 생성물인 메타인산($HPO_3$)이 산소의 차단역할을 하므로 소화가 된다.
④ 열분해 생성물인 암모니아가 부촉매작용을 하므로 소화가 된다.

해설 **제3종 분말**의 **열분해 생성물**
(1) $H_2O$(물)
(2) $NH_3$(암모니아)
(3) $P_2O_5$(오산화인)
(4) **$HPO_3$(메타인산)** : 산소 차단

중요

**분말소화약제**

| 종별 | 분자식 | 착 색 | 적응 화재 | 비 고 |
|---|---|---|---|---|
| 제1종 | 중탄산나트륨 ($NaHCO_3$) | 백색 | BC급 | **식용유** 및 **지방질유**의 화재에 적합 |
| 제2종 | 중탄산칼륨 ($KHCO_3$) | 담자색 (담회색) | BC급 | – |
| 제3종 | 제1인산암모늄 ($NH_4H_2PO_4$) | 담홍색 | ABC급 | **차고·주차장**에 적합 |
| 제4종 | 중탄산칼륨+요소 ($KHCO_3$+$(NH_2)_2CO$) | 회(백)색 | BC급 | – |

답 ③

★★★
**11** 표면온도가 300℃에서 안전하게 작동하도록 설계된 히터의 표면온도가 360℃로 상승하면 300℃에 비하여 약 몇 배의 열을 방출할 수 있는가?

12.05.문09

① 1.1배 ② 1.5배
③ 2.0배 ④ 2.5배

해설 **스테판-볼츠만**의 **법칙**(Stefan-Boltzman's law)

$$\frac{Q_2}{Q_1} = \frac{(273+t_2)^4}{(273+t_1)^4}$$

$$\frac{Q_2}{Q_1} = \frac{(273+360)^4}{(273+300)^4} \fallingdotseq 1.5\text{배}$$

• 열복사량은 복사체의 **절대온도**의 **4제곱**에 **비례**하고, **단면적**에 **비례**한다.

참고

**스테판-볼츠만**의 **법칙**(Stefan-Boltzman's law)

$$Q = aAF(T_1^{\,4} - T_2^{\,4})$$

여기서, $Q$ : 복사열[W]
$a$ : 스테판-볼츠만 상수[W/m²·K⁴]
$A$ : 단면적[m²], $F$ : 기하학적 Factor
$T_1$ : 고온[K], $T_2$ : 저온[K]

답 ②

★★★
**12** 화재를 소화하는 방법 중 물리적 방법에 의한 소화가 아닌 것은?
13.03.문12

① 억제소화 ② 제거소화
③ 질식소화 ④ 냉각소화

해설

| 물리적 방법에 의한 소화 | 화학적 방법에 의한 소화 |
|---|---|
| • 질식소화<br>• 냉각소화<br>• 제거소화 | • 억제소화 |

중요

**소화방법**

| 소화방법 | 설 명 |
|---|---|
| **냉각소화** | • 다량의 물 등을 이용하여 **점화원**을 **냉각**시켜 소화하는 방법<br>• 다량의 물을 뿌려 소화하는 방법 |
| **질식소화** | • 공기 중의 **산소농도**를 16%(10~15%) 이하로 희박하게 하여 소화하는 방법 |
| **제거소화** | • 가연물을 제거하여 소화하는 방법 |
| **화학소화 (부촉매효과)** | • 연쇄반응을 차단하여 소화하는 방법(=**억제작용**) |
| **희석소화** | • 고체·기체·액체에서 나오는 **분해가스**나 **증기**의 **농도**를 낮추어 연소를 중지시키는 방법 |
| **유화소화** | • 물을 무상으로 방사하여 유류표면에 **유화층**의 막을 형성시켜 공기의 접촉을 막아 소화하는 방법 |
| **피복소화** | • 비중이 공기의 **1.5배** 정도로 무거운 소화약제를 방사하여 가연물의 구석구석까지 침투·피복하여 소화하는 방법 |

답 ①

★★★
**13** 위험물의 유별 성질이 자연발화성 및 금수성 물질은 제 몇류 위험물인가?
14.03.문51
13.03.문19

① 제1류 위험물 ② 제2류 위험물
③ 제3류 위험물 ④ 제4류 위험물

해설 **위험물령 [별표 1]**
**위험물**

| 유 별 | 성 질 | 품 명 |
|---|---|---|
| 제1류 | 산화성 고체 | • 아염소산염류<br>• 염소산염류<br>• 과염소산염류<br>• 질산염류<br>• 무기과산화물 |
| 제2류 | 가연성 고체 | • 황화린<br>• **적린**<br>• **유황**<br>• **철분**<br>• 마그네슘 |
| 제3류 | **자연발화성 물질** 및 **금수성 물질** | • 황린<br>• 칼륨<br>• 나트륨 |
| 제4류 | 인화성 액체 | • 특수인화물<br>• 알코올류<br>• 석유류<br>• 동식물유류 |
| 제5류 | 자기반응성 물질 | • 니트로화합물<br>• 유기과산화물<br>• 니트로소화합물<br>• 아조화합물<br>• 질산에스테르류(셀룰로이드) |
| 제6류 | 산화성 액체 | • 과염소산<br>• 과산화수소<br>• 질산 |

답 ③

★
**14** 다음 중 열전도율이 가장 작은 것은?
09.05.문15

① 알루미늄
② 철재
③ 은
④ 암면(광물섬유)

해설 27℃에서 **물질**의 **열전도율**

| 물질 | 열전도율 |
|---|---|
| 암면(광물섬유) | 0.046W/m·℃ |
| 철재 | 80.3W/m·℃ |
| 알루미늄 | 237W/m·℃ |
| 은 | 427W/m·℃ |

중요

**열전도와 관계있는 것**
(1) 열전도율[kcal/m·h·℃, W/m·deg]
(2) 비열[cal/g·℃]
(3) 밀도[kg/m$^3$]
(4) 온도[℃]

답 ④

★★★
**15** 건축물의 피난동선에 대한 설명으로 틀린 것은?
14.09.문02
10.03.문11

① 피난동선은 가급적 단순한 형태가 좋다.
② 피난동선은 가급적 상호 반대방향으로 다수의 출구와 연결되는 것이 좋다.
③ 피난동선은 수평동선과 수직동선으로 구분된다.
④ 피난동선은 복도, 계단을 제외한 엘리베이터와 같은 피난전용의 통행구조를 말한다.

해설 **피난동선**의 **특성**
(1) 가급적 **단순형태**가 좋다.
(2) **수평동선**과 **수직동선**으로 구분한다.
(3) 가급적 **상호 반대방향**으로 다수의 출구와 연결되는 것이 좋다.
(4) 어느 곳에서도 2개 이상의 방향으로 피난할 수 있으며, 그 말단은 화재로부터 안전한 장소이어야 한다.

④ **피난동선** : 복도·통로·계단과 같은 피난전용의 통행구조

답 ④

**16** 12.09.문07 **공기와 할론 1301의 혼합기체에서 할론 1301에 비해 공기의 확산속도는 약 몇 배인가? (단, 공기의 평균분자량은 29, 할론 1301의 분자량은 149이다.)**

① 2.27배 ② 3.85배
③ 5.17배 ④ 6.46배

해설 **그레이엄**의 **확산속도법칙**

$$\frac{V_B}{V_A} = \sqrt{\frac{M_A}{M_B}}$$

여기서, $V_A$, $V_B$ : 확산속도[m/s]
($V_A$ : 공기의 확산속도[m/s], $V_B$ : 할론 1301의 확산속도[m/s])
$M_A$, $M_B$ : 분자량
($M_A$ : 공기의 분자량, $M_B$ : 할론 1301의 분자량)

$\frac{V_B}{V_A} = \sqrt{\frac{M_A}{M_B}}$ 는 $\boxed{\frac{V_A}{V_B} = \sqrt{\frac{M_B}{M_A}}}$ 로 쓸 수 있으므로

$$\therefore \frac{V_A}{V_B} = \sqrt{\frac{M_B}{M_A}} = \sqrt{\frac{149}{29}} = 2.27\text{배}$$

답 ①

**17** **내화구조의 기준 중 벽의 경우 벽돌조로서 두께가 최소 몇 cm 이상이어야 하는가?**

① 5 ② 10
③ 12 ④ 19

해설 **내화구조**의 **기준**(피난·방화구조 3)

| 내화구분 | | 기 준 |
|---|---|---|
| 벽 | 모든 벽 | ① 철골·철근콘크리트조로서 두께가 10cm 이상인 것<br>② 골구를 철골조로 하고 그 양면을 두께 4cm 이상의 철망 모르타르로 덮은 것<br>③ 두께 5cm 이상의 콘크리트 블록·벽돌 또는 석재로 덮은 것<br>④ 석조로서 철재에 덮은 콘크리트 블록의 두께가 5cm 이상인 것<br>⑤ **벽돌조**로서 두께가 19cm 이상인 것 |
| 벽 | 외벽 중 비내력벽 | ① 철골·철근콘크리트조로서 두께가 7cm 이상인 것<br>② 골구를 철골조로 하고 그 양면을 두께 3cm 이상의 철망 모르타르로 덮은 것<br>③ 두께 4cm 이상의 콘크리트 블록·벽돌 또는 석재로 덮은 것<br>④ 석조로서 두께가 7cm 이상인 것 |
| 기둥 (작은 지름이 25cm 이상인 것) | | ① 철골을 두께 6cm 이상의 철망 모르타르로 덮은 것<br>② 두께 7cm 이상의 콘크리트 블록·벽돌 또는 석재로 덮은 것<br>③ 철골을 두께 5cm 이상의 콘크리트로 덮은 것 |
| 바닥 | | ① 철골·철근콘크리트조로서 두께가 10cm 이상인 것<br>② 석조로서 철재에 덮은 콘크리트 블록 등의 두께가 5cm 이상인 것<br>③ 철재의 양면을 두께 5cm 이상의 철망 모르타르로 덮은 것 |
| 보 | | ① 철골을 두께 6cm 이상의 철망 모르타르로 덮은 것<br>② 두께 5cm 이상의 콘크리트로 덮은 것 |

※ 공동주택의 각 세대간의 경계벽의 구조는 **내화구조**이다.

④ 내화구조 벽 : 벽돌조 두께 19cm 이상

답 ④

**18** 08.03.문11 **가연물이 연소가 잘 되기 위한 구비조건으로 틀린 것은?**

① 열전도율이 클 것
② 산소와 화학적으로 친화력이 클 것
③ 표면적이 클 것
④ 활성화에너지가 작을 것

해설 **가연물**이 **연소**하기 쉬운 **조건**
(1) 산소와 **친화력**이 클 것
(2) **발열량**이 클 것
(3) **표면적**이 넓을 것
(4) **열전도율**이 **작을 것**
(5) **활성화에너지**가 **작을 것**
(6) **연쇄반응**을 일으킬 수 있을 것
(7) 산소가 포함된 **유기물**일 것

① 클 것 → 작을 것

※ **활성화에너지** : 가연물이 처음 연소하는 데 필요한 열

답 ①

## 19 질식소화시 공기 중의 산소농도는 일반적으로 약 몇 vol.% 이하로 하여야 하는가?

08.09.문09

① 25 ② 21
③ 19 ④ 15

해설 **소화형태**

| 소화형태 | 설 명 |
|---|---|
| **냉각소화** | • **점화원**을 냉각하여 소화하는 방법<br>• 증발잠열을 이용하여 열을 빼앗아 가연물의 온도를 떨어뜨려 화재를 진압하는 소화<br>• 다량의 물을 뿌려 소화하는 방법 |
| **질식소화** | • 공기 중의 **산소농도**를 **16vol%**(또는 **15vol%**) 이하로 희박하게 하여 소화 |
| **제거소화** | • **가연물**을 **제거**하여 소화하는 방법 |
| **부촉매 소화** (=화학소화) | • **연쇄반응**을 **차단**하여 소화하는 방법 |
| **희석소화** | • 기체·고체·액체에서 나오는 분해가스나 증기의 농도를 낮춰 소화하는 방법 |

용어

**vol% 또는 vol.%**
어떤 공간에 차지하는 부피를 백분율로 나타낸 것

답 ④

## 20 다음 원소 중 수소와의 결합력이 가장 큰 것은?

12.03.문04

① F
② Cl
③ Br
④ I

해설 **할론소화약제**

(1) 부촉매효과(소화능력) 크기 : I > Br > Cl > F
(2) 전기음성도(친화력, 결합력) 크기 : F > Cl > Br > I

※ 전기음성도 크기=수소와의 결합력 크기

중요

**할로겐족 원소**
(1) 불소 : F
(2) 염소 : Cl
(3) 브롬(취소) : Br
(4) 요오드(옥소) : I

기억법 FClBrI

답 ①

# 제 2 과목 소방전기일반

## 21 다음과 같은 회로에서 a－b간의 합성저항은 몇 Ω인가?

13.03.문34

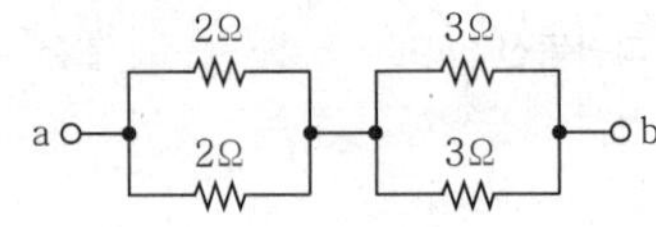


① 2.5 ② 5
③ 7.5 ④ 10

해설

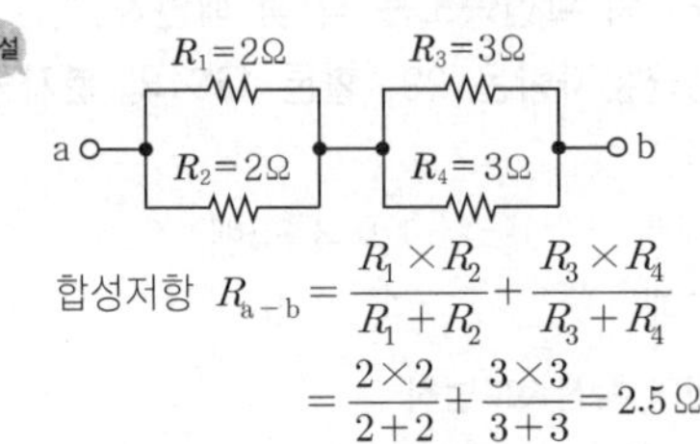


합성저항 $R_{a-b}=\frac{R_1\times R_2}{R_1+R_2}+\frac{R_3\times R_4}{R_3+R_4}$

$=\frac{2\times2}{2+2}+\frac{3\times3}{3+3}=2.5\Omega$

답 ①

## 22 그림은 개루프제어계의 신호전달계통도이다. 다음 ( ) 안에 알맞은 제어계의 동작요소는?

14.09.문32
11.03.문39

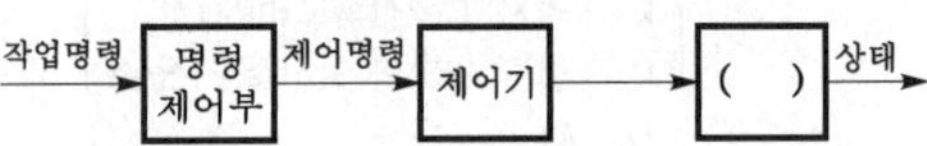


① 제어량 ② 제어대상
③ 제어장치 ④ 제어요소

해설 **개루프제어계**(시퀀스제어)의 **신호전달계통**

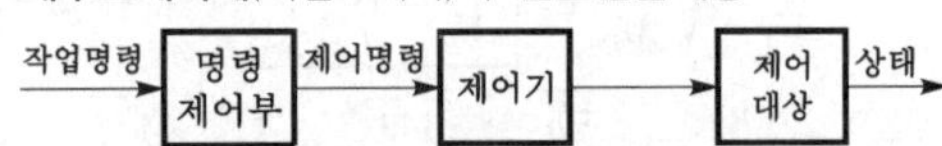


※ **제어대상**(controlled system) : 제어의 대상으로 제어하려고 하는 기계의 전체 또는 그 일부분

답 ②

## 23 3상 농형 유도전동기의 기동방식으로 옳은 것은?

17.09.문34
06.05.문22
04.09.문30

① 분상기동형
② 콘덴서기동형
③ 기동보상기법
④ 셰이딩코일형

해설 **3상 유도전동기의 기동법**

| 농 형 | 권선형 |
|---|---|
| ① 전전압기동법(직입기동법)<br>② Y－△기동법<br>③ 리액터법<br>④ 기동보상기법<br>⑤ 콘도르퍼기동법 | ① 2차 저항법<br>② 게르게스법 |

기억법 권2(권위)

답 ③

★★★
## 24
00.07.문33

제어기기 및 전자회로에서 반도체소자별 용도에 대한 설명 중 틀린 것은?

① 서미스터 : 온도보상용으로 사용
② 사이리스터 : 전기신호를 빛으로 변환
③ 제너다이오드 : 정전압소자(전원전압을 일정하게 유지)
④ 바리스터 : 계전기접점에서 발생하는 불꽃소거에 사용

해설

| 구 분 | 설 명 |
|---|---|
| **서미스터** (thermistor) | **부온도 특성**을 가진 저항기의 일종으로서 주로 **온도보상용**으로 쓰인다. |
| **발광다이오드** (light emitting diode) | 전기신호를 **빛**으로 변환하여 쓰인다. |
| **제너다이오드** (zener diode) | **정전압소자**(전원전압을 일정하게 유지) |
| **바리스터** (varistor) | 계전기접점의 불꽃제거나 **서지전압**에 대한 과입력보호용 반도체소자 |
| **사이리스터** (thyristor) | PNPN 접합의 4층 구조로 제어용으로 주로 쓰인다. |
| **트랜지스터** (transistor) | PNP 접합 또는 NPN 접합의 3층 구조로 **증폭용**으로 주로 쓰인다. |

② 사이리스터 → 발광다이오드

답 ②

★
## 25
14.03.문25

2차계에서 무제동으로 무한 진동이 일어나는 감쇠율(damping ratio) $\delta$는 어떤 경우인가?

① $\delta=0$
② $\delta>1$
③ $\delta=1$
④ $0<\delta<1$

해설 **2차계**에서의 **감쇠율**

| 감쇠율 | 특 성 |
|---|---|
| $\delta=0$ | 무제동 |
| $\delta>1$ | 과제동 |
| $\delta=1$ | 임계제동 |
| $0<\delta<1$ | 감쇠제동 |

답 ①

★★
## 26
11.10.문26

$R-L-C$회로의 전압과 전류 파형의 위상차에 대한 설명으로 틀린 것은?

① $R-L$ 병렬회로 : 전압과 전류는 동상이다.
② $R-L$ 직렬회로 : 전압이 전류보다 $\theta$만큼 앞선다.
③ $R-C$ 병렬회로 : 전류가 전압보다 $\theta$만큼 앞선다.
④ $R-C$ 직렬회로 : 전류가 전압보다 $\theta$만큼 앞선다.

해설 **위상차**

직렬회로, 병렬회로 관계없이 $L$**회로**, $C$**회로**는 위상차가 있다.

‖ 위상차 ‖

| $L$회로 | $C$회로 |
|---|---|
| 전압이 전류보다 **위상**이 **앞선다.** | 전압이 전류보다 **위상**이 **뒤진다.** |

① 전압과 전류가 동상이다. → 전압이 전류보다 $\theta$만큼 앞선다.

답 ①

★★
## 27
16.10.문23
02.03.문33

지름 8mm의 경동선 1km의 저항을 측정하였더니 0.63536Ω이었다. 같은 재료로 지름 2mm, 길이 500m의 경동선의 저항은 약 몇 Ω인가?

① 2.8　　② 5.1
③ 10.2　　④ 20.4

해설 **저항**

$$R=\rho\frac{l}{A}=\rho\frac{l}{\pi r^2}$$

여기서, $R$ : 저항[Ω]
$\rho$ : 고유저항[Ω·m]
$A$ : 전선의 단면적[m²]
$l$ : 전선의 길이[m]
$r$ : 반지름[m]

**고유저항** $\rho$는

$$\rho=\frac{RA}{l}=\frac{R(\pi r^2)}{l}$$

$$=\frac{0.63536\times(\pi\times0.004^2)}{1000}\fallingdotseq3.19\times10^{-8}\,\Omega\cdot\text{m}$$

• $A=\pi r^2=\pi\times(0.004\text{m})^2$
여기서, $r$ : 반지름[m]
1m=1000mm이고, 1mm=0.001m이므로 반지름 4mm=0.004m
• $l=1\text{km}=1000\text{m}$

**경동선**의 **저항** $R$은

$R=\rho\frac{l}{A}=\rho\frac{l}{\pi r^2}=3.19\times10^{-8}\times\frac{500}{\pi\times0.001^2}\fallingdotseq5.1\Omega$

- $A=\pi r^2=\pi\times(0.001\text{m})^2$
  여기서, $r$ : 반지름[m]
  1m=1000mm이고 1mm=0.001m이므로 반지름 1mm=0.001m

중요

**일반적인 전선의 고유저항**

| 전선의 종류 | 고유저항 |
|---|---|
| 알루미늄선 | $\frac{1}{35}\Omega\cdot\text{mm}^2/\text{m}=\frac{1}{35}\times10^{-6}\Omega\cdot\text{m}$ $=2.8571\times10^{-8}\Omega\cdot\text{m}$ |
| 경동선 | $\frac{1}{55}\Omega\cdot\text{mm}^2/\text{m}=\frac{1}{55}\times10^{-6}\Omega\cdot\text{m}$ $=1.8181\times10^{-8}\Omega\cdot\text{m}$ |
| 연동선 | $\frac{1}{58}\Omega\cdot\text{mm}^2/\text{m}=\frac{1}{58}\times10^{-6}\Omega\cdot\text{m}$ $=1.7241\times10^{-8}\Omega\cdot\text{m}$ |

- $1\Omega\cdot\text{m}=10^2\Omega\cdot\text{cm}=10^6\Omega\cdot\text{mm}^2/\text{m}$이므로
  $1\Omega\cdot\text{mm}^2/\text{m}=10^{-6}\Omega\cdot\text{m}$

답 ②

★★★
**28** 정현파교류의 최대값이 100V인 경우 평균값은 몇 V인가?

99.04.문26

① 45.04
② 50.64
③ 63.69
④ 68.34

해설 **평균값**

$$V_{av}=\frac{2}{\pi}V_m\text{[V]}$$

여기서, $V_{av}$ : 평균값[V]
$V_m$ : 최대값[V]

평균값 $V_{av}$는

$V_{av}=\frac{2}{\pi}V_m=\frac{2}{\pi}\times100\fallingdotseq63.69\text{V}$

비교

**실효값**

$$V=\frac{1}{\sqrt{2}}V_m\text{[V]}$$

여기서, $V$ : 실효값[V]
$V_m$ : 최대값[V]

답 ③

★★★
**29** 자동제어 중 플랜트나 생산공정 중의 상태량을 제어량으로 하는 제어방법은?

19.03.문32
17.09.문22
17.09.문39
16.10.문35
16.05.문22
16.03.문32
15.05.문23
15.05.문37
14.09.문23
13.09.문27

① 정치제어
② 추종제어
③ 비율제어
④ 프로세스제어

해설 **제어량**에 의한 **분류**

| 분 류 | 종 류 |
|---|---|
| 프로세스제어 (공정제어) | • 온도 • 압력 • 유량 • 액면 기억법 프온압유액 |
| 서보기구 (서보제어, 추종제어) | • 위치 • 방위 • 자세 기억법 서위방자 |
| 자동조정 | • 전압 • 전류 • 주파수 • 회전속도(발전기의 조속기) • 장력 기억법 자발조 |

※ **프로세스제어**(공정제어) : 공업공정(생산공정)의 상태량을 제어량으로 하는 제어

중요

**제어의 종류**

| 종 류 | 설 명 |
|---|---|
| **정치제어** (fixed value control) | • 일정한 목표값을 유지하는 것으로 **프로세스제어, 자동조정**이 이에 해당된다. 예 **연속식 압연기** • **목표값**이 시간에 관계없이 항상 일정한 값을 가지는 제어이다. 기억법 유목정 |
| **추종제어** (follow-up control) | • 미지의 시간적 변화를 하는 목표값에 제어량을 추종시키기 위한 제어로 **서보기구**가 이에 해당된다. 예 **대공포의 포신** |
| **비율제어** (ratio control) | • 둘 이상의 제어량을 소정의 비율로 제어하는 것이다. |
| **프로그램 제어** (program control) | • 목표값이 **미리 정해진 시간적 변화**를 하는 경우 제어량을 그것에 추종시키기 위한 제어이다. 예 **열차·산업로봇의 무인운전** |

답 ④

★★
**30** 자동화재탐지설비의 감지기회로의 길이가 500m 이고, 종단에 8kΩ의 저항이 연결되어 있는 회로에 24V의 전압이 가해졌을 경우 도통시험시 전류는 약 몇 mA인가? (단, 동선의 저항률은 $1.69 \times 10^{-8}$Ω·m이며, 동선의 단면적은 $2.5mm^2$이고, 접촉저항 등은 없다고 본다.)

97.07.문39

① 2.4
② 3.0
③ 4.8
④ 6.0

해설 (1) **저항**

$$R = \rho \frac{l}{A}$$

여기서, $R$ : 저항〔Ω〕
$\rho$ : 고유저항〔Ω·m〕
$A$ : 전선의 단면적〔$m^2$〕
$l$ : 전선의 길이〔m〕

**배선**의 **저항** $R_1$은

$$R_1 = \rho \frac{l}{A} = 1.69 \times 10^{-8} \times \frac{500}{2.5 \times 10^{-6}} = 3.38\,\Omega$$

- $A = 2.5mm^2$
  $1m = 1000mm = 10^3 mm$이고 $1mm = 10^{-3}m$
  $2.5mm^2 = 2.5 \times (10^{-3}m)^2 = 2.5 \times 10^{-6}m^2$

(2) **도통시험전류** $I$는

$$I = \frac{V}{R_1 + R_2} = \frac{24}{3.38 + (8 \times 10^3)} \fallingdotseq 3 \times 10^{-3}A = 3mA$$

- $1 \times 10^{-3}A = 1mA$이므로 $3 \times 10^{-3}A = 3mA$

※ **도통시험** : 감지기회로의 단선 유무확인

답 ②

★★★
**31** 그림과 같은 회로의 A, B 양단에 전압을 인가하여 서서히 상승시킬 때 제일 먼저 파괴되는 콘덴서는? (단, 유전체의 재질 및 두께는 동일한 것으로 한다.)

02.09.문25

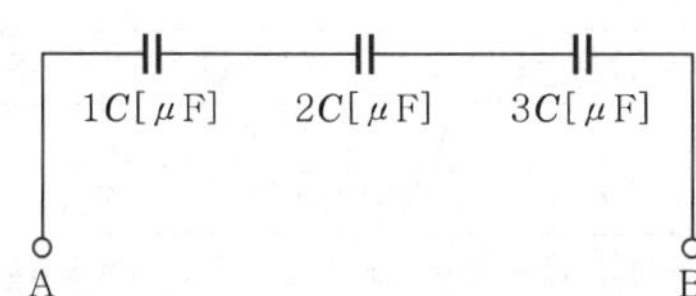


① $1C$　　② $2C$
③ $3C$　　④ 모두

해설

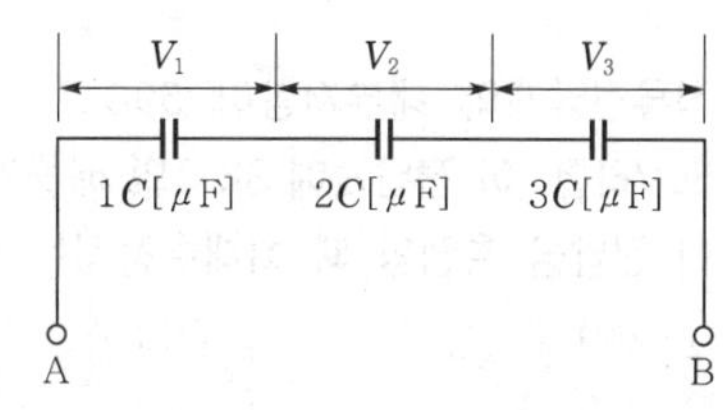


전압

$$V = IX_C = I\frac{1}{2\pi fC} \propto \frac{1}{C}$$

여기서, $V$ : 전압〔V〕
$I$ : 전류〔A〕
$X_C$ : 용량리액턴스〔Ω〕
$f$ : 주파수〔Hz〕
$C$ : 정전용량〔F〕

**전압**($V$)과 **정전용량**($C$)은 **반비례**하므로 각 콘덴서에 걸리는 전압을 $V_1$, $V_2$, $V_3$〔V〕라 하면

$V_1 : V_2 : V_3 = \frac{1}{1} : \frac{1}{2} : \frac{1}{3} = 6 : 3 : 2$

양단에 가한 전압을 1000V라 하면

$V_1 = \frac{6}{6+3+2} V = \frac{6}{11} \times 1000 \fallingdotseq 545.4V$

$V_2 = \frac{3}{6+3+2} V = \frac{3}{11} \times 1000 \fallingdotseq 272.7V$

$V_3 = \frac{2}{6+3+2} V = \frac{2}{11} \times 1000 \fallingdotseq 181.8V$

※ 용량이 제일 작은 $1C$〔μF〕이 제일 먼저 파괴된다.

답 ①

★★★
**32** 정현파 교류회로에서 최대값은 $V_m$, 평균값은 $V_{av}$일 때 실효값($V$)은?

08.05.문24

① $\frac{\pi}{\sqrt{2}} V_m$
② $\frac{\pi}{2\sqrt{2}} V_{av}$
③ $\frac{\pi}{2\sqrt{2}} V_m$
④ $\frac{1}{\pi} V_m$

해설

| 최대값 ↔ 실효값 | 최대값 ↔ 평균값 |
|---|---|
| $V_m = \sqrt{2}\, V$<br>여기서, $V_m$ : 최대값〔V〕<br>$V$ : 실효값〔V〕 | $V_m = \frac{\pi}{2} V_{av}$<br>여기서, $V_m$ : 최대값〔V〕<br>$V_{av}$ : 평균값〔V〕 |

$V_m = \frac{\pi}{2} V_{av}$

$\sqrt{2}\, V = \frac{\pi}{2} V_{av}$

$V = \frac{\pi}{2\sqrt{2}} V_{av}$

답 ②

★★★

**33** 직류전압계의 내부저항이 500Ω, 최대눈금이 50V라면, 이 전압계에 3kΩ의 배율기를 접속하여 전압을 측정할 때 최대측정치는 몇 V인가?

14.05.문28
09.03.문33

① 250 ② 300
③ 350 ④ 500

해설 **배율기**

$$V_0 = V\left(1+\frac{R_m}{R_v}\right)\text{[V]}$$

여기서, $V_0$ : 측정하고자 하는 전압(최대전압)[V]
$V$ : 전압계의 최대눈금[V]
$R_v$ : 전압계 내부저항[Ω]
$R_m$ : 배율기저항[Ω]

**최대전압 $V_0$는**

$$V_0 = V\left(1+\frac{R_m}{R_v}\right) = 50\times\left[1+\frac{(3\times10^3)}{500}\right] = 350\text{V}$$

• 3kΩ : $k=10^3$ 이므로 $3k\Omega = 3\times10^3\Omega$

비교

**분류기**

$$I_0 = I\left(1+\frac{R_A}{R_S}\right)\text{[A]}$$

여기서, $I_0$ : 측정하고자 하는 전류[A]
$I$ : 전류계의 최대눈금[A]
$R_A$ : 전류계 내부저항[Ω]
$R_S$ : 분류기저항[Ω]

답 ③

★★

**34** 저항 $R_1$, $R_2$와 인덕턴스 $L$의 직렬회로가 있다. 이 회로의 시정수는?

16.03.문33
12.09.문31

① $-\dfrac{R_1+R_2}{L}$ ② $\dfrac{R_1+R_2}{L}$

③ $-\dfrac{L}{R_1+R_2}$ ④ $\dfrac{L}{R_1+R_2}$

해설 **시정수**

(1) R L : $\tau = \dfrac{L}{R}$[s]

(2) $R_1$ $R_2$ L : $\tau = \dfrac{L}{R_1+R_2}$[s]

비교

**$RC$ 직렬회로**

$$\tau = RC$$

여기서, $\tau$ : 시정수[s], $R$ : 저항[Ω], $C$ : 정전용량[F]

용어

**시정수**(Time Constant)
과도상태에 대한 변화의 속도를 나타내는 척도가 되는 상수

답 ④

★

**35** 화재시 온도 상승으로 인해 저항값이 감소하는 반도체소자는?

19.04.문25
16.10.문30
15.09.문25
15.05.문38
14.09.문40
14.05.문24
14.03.문27
12.05.문33
11.06.문37

① 서미스터(NTC)
② 서미스터(PTC)
③ 서미스터(CTR)
④ 바리스터

해설 **반도체소자**

| 소 자 | 설 명 |
|---|---|
| 서미스터(NTC) | 화재시 온도 상승으로 인해 저항값이 **감소**하는 반도체소자<br>기억법 N감(인감) |
| 서미스터(PTC) | 온도 상승으로 인해 저항값이 **증가**하는 반도체소자 |
| 서미스터(CTR) | 특정 온도에서 저항값이 **급격히 변하는** 반도체소자 |
| 바리스터 | 주로 **서지전압**에 대한 **회로보호용**으로 사용 |

답 ①

★★★

**36** Y－△ 기동방식으로 운전하는 3상 농형 유도전동기의 Y결선의 기동전류($I_Y$)와 △ 결선의 기동전류($I_\triangle$)의 관계로 옳은 것은?

15.05.문40
04.03.문36

① $I_Y = \dfrac{1}{3}I_\triangle$ ② $I_Y = \sqrt{3}\,I_\triangle$

③ $I_Y = \dfrac{1}{\sqrt{3}}I_\triangle$ ④ $I_Y = \dfrac{\sqrt{3}}{2}I_\triangle$

해설 **Y－△기동방식의 기동전류**

$$I_Y = \frac{1}{3}I_\triangle$$

여기서, $I_Y$ : Y결선시 전류[A]
$I_\triangle$ : △결선시 전류[A]

중요

| 기동전류 | 소비전력 | 기동토크 |
|---|---|---|
| $\dfrac{\text{Y－△기동방식}}{\text{직입기동방식}} = \dfrac{1}{3}$ | | |

※ 3상 유도전동기의 기동시 직입기동방식을 Y－△기동방식으로 변경하면 **기동전류**, **소비전력**, **기동토크**가 모두 $\dfrac{1}{3}$로 감소한다.

답 ①

★★★
**37** 그림과 같은 회로에 전압 $v=\sqrt{2}V\sin\omega t$ [V]를 인가하였을 때 옳은 것은?

03.03.문27

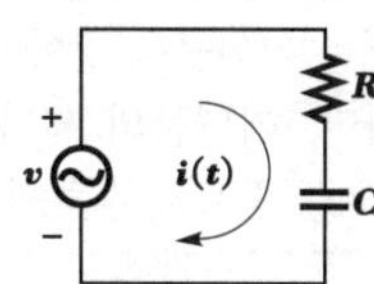


① 역률 : $\cos\theta=\dfrac{R}{\sqrt{R^2+\omega C^2}}$

② $i$의 실효값 : $I=\dfrac{V}{\sqrt{R^2+\omega C^2}}$

③ 전압과 전류의 위상차 : $\theta=\tan^{-1}\dfrac{R}{\omega C}$

④ 전압평형방정식 : $Ri+\dfrac{1}{C}\int i\,dt=\sqrt{2}V\sin\omega t$

**해설**

① 역률 : $\cos\theta=\dfrac{R}{\sqrt{R^2+\left(\dfrac{1}{\omega C}\right)^2}}$

② $i$의 실효값 : $I=\dfrac{V}{\sqrt{R^2+\left(\dfrac{1}{\omega C}\right)^2}}$ [A]

③ 전압과 전류의 위상차 : $\theta=\tan^{-1}\dfrac{1}{\omega CR}$ [rad]

④ 전압평형방정식 : $Ri+\dfrac{1}{C}\int i\,dt=\sqrt{2}V\sin\omega t$

답 ④

★★★
**38** 다음 무접점회로의 논리식($X$)은?

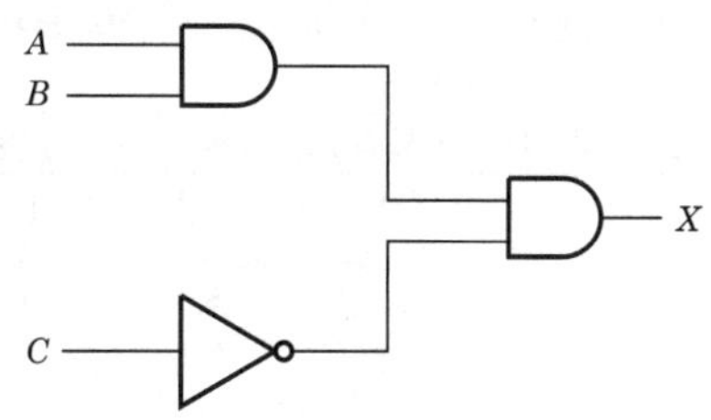


① $A\cdot B+\overline{C}$　　② $A+B+\overline{C}$

③ $(A+B)\cdot\overline{C}$　　④ $A\cdot B\cdot\overline{C}$

**해설**

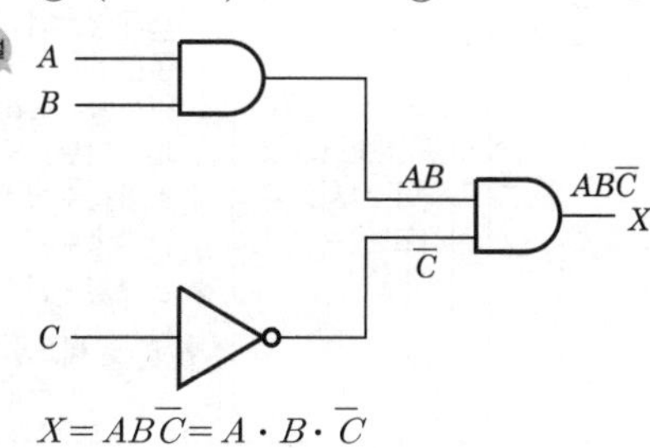


$X=AB\overline{C}=A\cdot B\cdot\overline{C}$

**중요**

**무접점회로**(무접점 논리회로)

| 시퀀스 | 논리식 | 논리회로 |
|---|---|---|
| 직렬회로 | $Z=A\cdot B$<br>$Z=AB$ | A, B → Z |
| 병렬회로 | $Z=A+B$ | A, B → Z |
| a접점 | $Z=A$ | A → Z<br>A → Z |
| b접점 | $Z=\overline{A}$ | A → Z<br>A → Z<br>A → Z |

답 ④

★★
**39** 동선의 저항이 20℃일 때 0.8Ω이라 하면 60℃일 때의 저항은 약 몇 Ω인가? (단, 동선의 20℃의 온도계수는 0.0039이다.)

08.09.문26

① 0.034　　② 0.925

③ 0.644　　④ 2.4

**해설** **저항의 온도계수**

$$R_2=R_1[1+\alpha_{t_1}(t_2-t_1)]\ [\Omega]$$

여기서, $R_2$ : $t_2$의 저항[Ω]

$R_1$ : $t_1$의 저항[Ω]

$\alpha_{t_1}$ : $t_1$의 온도계수

$t_2$ : 상승 후의 온도[℃]

$t_1$ : 상승 전의 온도[℃]

$t_2$의 저항 $R_2$는

$R_2=R_1[1+\alpha_{t_1}(t_2-t_1)]$

$=0.8[1+0.0039(60-20)]$

$\fallingdotseq 0.925\,\Omega$

답 ②

★★
**40** 어떤 전지의 부하로 6Ω을 사용하니 3A의 전류가 흐르고, 이 부하에 직렬로 4Ω을 연결했더니 2A가 흘렀다. 이 전지의 기전력은 몇 V인가?

05.03.문40

① 8　　② 16

③ 24　　④ 32

해설

$$E=V+Ir=IR+Ir=I(R+r)$$

여기서, $E$ : 기전력[V]
$V$ : 단자전압[V]
$I$ : 전류[A]
$r$ : 내부저항[Ω]
$R$ : 외부저항[Ω]

$E=I(R+r)$
$E=3(6+r)=18+3r$ ········ ㉠
$E=2(6+4+r)=2(10+r)=20+2r$ ········ ㉡

$$\begin{array}{r} E=18+3r \\ -\ \ E=20+2r \\ \hline =-2+r \end{array}$$

$r=2$
$\therefore\ r=2\Omega$
㉠식에서 $r=2$를 대입하면
$E=3(6+2)=24\text{V}$

답 ③

## 제 3 과목 소방관계법규

**41** 화재예방, 소방시설 설치 · 유지 및 안전관리에 관한 법상 특정소방대상물의 관계인이 소방시설에 폐쇄(잠금을 포함) · 차단 등의 행위를 하여서 사람을 상해에 이르게 한 때에 대한 벌칙기준으로 옳은 것은?

① 10년 이하의 징역 또는 1억원 이하의 벌금
② 7년 이하의 징역 또는 7000만원 이하의 벌금
③ 5년 이하의 징역 또는 5000만원 이하의 벌금
④ 3년 이하의 징역 또는 3000만원 이하의 벌금

해설 **소방시설법 48조**

| 벌 칙 | 행 위 |
|---|---|
| **5년 이하**의 징역 또는 **5천만원 이하**의 벌금 | 소방시설에 폐쇄 · 차단 등의 **행위**를 한 자 |
| **7년 이하**의 징역 또는 **7천만원** 이하의 벌금 | 소방시설에 폐쇄 · 차단 등의 행위를 하여 사람을 **상해**에 이르게 한 때 |
| **10년 이하**의 징역 또는 **1억 이하**의 벌금 | 소방시설에 폐쇄 · 차단 등의 행위를 하여 사람을 **사망**에 이르게 한 때 |

답 ②

**42** 16.03.문60 (산업) 소방기본법령상 불꽃을 사용하는 용접 · 용단기구의 용접 또는 용단작업장에서 지켜야 하는 사항 중 다음 (   ) 안에 알맞은 것은?

> • 용접 또는 용단작업자로부터 반경 ( ㉠ )m 이내에 소화기를 갖추어 둘 것
> • 용접 또는 용단작업장 주변반경 ( ㉡ )m 이내에는 가연물을 쌓아두거나 놓아두지 말 것. 다만, 가연물의 제거가 곤란하여 방지포 등으로 방호조치를 한 경우는 제외한다.

① ㉠ 3, ㉡ 5　　② ㉠ 5, ㉡ 3
③ ㉠ 5, ㉡ 10　　④ ㉠ 10, ㉡ 5

해설 **기본령 [별표 1]**
**보일러 등의 위치 · 구조 및 관리와 화재예방을 위하여 불의 사용에 있어서 지켜야 할 사항**

| 구 분 | 기 준 |
|---|---|
| 불꽃을 사용하는 용접 · 용단기구 | ① 용접 또는 용단작업자로부터 반경 **5m** 이내에 **소화기**를 갖추어 둘 것<br>② 용접 또는 용단작업장 주변반경 **10m** 이내에는 **가연물**을 쌓아두거나 놓아두지 말 것(단, 가연물의 제거가 곤란하여 방지포 등으로 방호조치를 한 경우는 제외)<br>기억법 5소(오소서) |

답 ③

**43** 15.09.문48 (산업) 화재위험도가 낮은 특정소방대상물 중 소방대가 조직되어 24시간 근무하고 있는 청사 및 차고에 설치하지 아니할 수 있는 소방시설이 아닌 것은?

① 자동화재탐지설비　② 연결송수관설비
③ 피난기구　　　　④ 비상방송설비

해설 **소방시설법 시행령 [별표 7]**
**소방시설을 설치하지 아니할 수 있는 특정소방대상물 및 소방시설의 범위**

| 구 분 | 특정소방대상물 | 소방시설 |
|---|---|---|
| 화재위험도가 낮은 특정 소방대상물 | **석**재, **불**연성 **금**속, **불**연성 건축재료 등의 가공공장 · 기계조립공장 · 주물공장 또는 불연성 물품을 저장하는 창고 | ① 옥**외**소화전설비<br>② 연결살수설비<br>기억법 석불금외 |
| | 「소방기본법」에 따른 소방대가 조직되어 **24시간** 근무하고 있는 청사 및 차고 | ① 옥**내**소화전설비<br>② **스**프링클러설비<br>③ **물**분무등소화설비<br>④ 비상**방**송설비<br>⑤ **피**난기구<br>⑥ 소화용**수**설비<br>⑦ 연결**송**수관설비<br>⑧ 연결**살**수설비<br>기억법 내스물 방피 수송살 |

① 해당없음

중요

**소방시설법 시행령 〔별표 7〕**
**소방시설을 설치하지 아니할 수 있는 소방시설의 범위**
(1) **화재위험도**가 낮은 특정소방대상물
(2) 화재안전기준을 적용하기가 어려운 특정소방대상물
(3) 화재안전기준을 달리 적용하여야 하는 특수한 **용도·구조**를 가진 특정소방대상물
(4) **자체소방대**가 설치된 특정소방대상물

답 ①

★★★
**44** 05.03.문48
**화재예방, 소방시설 설치·유지 및 안전관리에 관한 법령상 시·도지사가 실시하는 방염성능 검사 대상으로 옳은 것은?**

① 설치현장에서 방염처리를 하는 합판·목재
② 제조 또는 가공공정에서 방염처리를 한 카펫
③ 제조 또는 가공공정에서 방염처리를 한 창문에 설치하는 블라인드
④ 설치현장에서 방염처리를 하는 암막·무대막

해설 **소방시설법 시행령 20조 2**
**시·도지사가 실시하는 방염성능검사**
**설치현장**에서 방염처리를 하는 **합판·목재**를 말한다.

중요

**소방시설법 시행령 20조 ①항**
**방염대상물품**
(1) **제조** 또는 **가공**공정에서 방염처리를 한 물품
㉠ 창문에 설치하는 **커튼류**(블라인드 포함)
㉡ 카펫
㉢ 두께 2mm 미만인 **벽지류(종이벽지 제외)**
㉣ **전시용 합판·섬유판**
㉤ **무대용 합판·섬유판**
㉥ **암막·무대막**(영화상영관·가상체험 체육시설업의 **스크린** 포함)
㉦ 섬유류 또는 합성수지류 등을 원료로 하여 제작된 소파·의자(단란주점영업, 유흥주점영업 및 노래연습장업의 영업장에 설치하는 것만 해당)
(2) 건축물 내부의 **천장·벽**에 부착·설치하는 것
㉠ 종이류(두께 **2mm 이상**), **합성수지류** 또는 **섬유류**를 주원료로 한 물품
㉡ **합판**이나 **목재**
㉢ 공간을 구획하기 위하여 설치하는 **간이칸막이**
㉣ 흡음·방음을 위하여 설치하는 **흡음재**(흡음용 커튼 포함) 또는 **방음재**(방음용 커튼 포함)

※ **가구류**(옷장, 찬장, 식탁, 식탁용 의자, 사무용 책상, 사무용 의자 및 계산대)와 너비 **10cm 이하**인 **반자돌림대**, **내부마감재료** 제외

답 ①

★★★
**45** 06.05.문56
**제조소 등의 위치·구조 및 설비의 기준 중 위험물을 취급하는 건축물의 환기설비 설치기준으로 다음 (  ) 안에 알맞은 것은?**

> 급기구는 당해 급기구가 설치된 실의 바닥면적 ( ㉠ )$m^2$마다 1개 이상으로 하되, 급기구의 크기는 ( ㉡ )$cm^2$ 이상으로 할 것

① ㉠ 100, ㉡ 800
② ㉠ 150, ㉡ 800
③ ㉠ 100, ㉡ 1000
④ ㉠ 150, ㉡ 1000

해설 **위험물규칙 〔별표 4〕**
**위험물제조소의 환기설비**
(1) 환기는 **자연배기방식**으로 할 것
(2) 급기구는 바닥면적 **150$m^2$**마다 1개 이상으로 하되, 그 크기는 **800$cm^2$** 이상일 것

| 바닥면적 | 급기구의 면적 |
|---|---|
| 60$m^2$ 미만 | 150$cm^2$ 이상 |
| 60~90$m^2$ 미만 | 300$cm^2$ 이상 |
| 90~120$m^2$ 미만 | 450$cm^2$ 이상 |
| 120~150$m^2$ 미만 | 600$cm^2$ 이상 |

(3) 급기구는 **낮은 곳**에 설치하고, **인화방지망**을 설치할 것
(4) 환기구는 지붕 위 또는 지상 **2m** 이상의 높이에 **회전식 고정 벤틸레이터** 또는 **루프팬방식**으로 설치할 것

답 ②

★★★
**46** 19.09.문42 18.04.문49 15.03.문55 14.05.문44 13.09.문60
**위험물안전관리법상 위험물시설의 변경기준 중 다음 (  ) 안에 알맞은 것은?**

> 제조소 등의 위치·구조 또는 설비의 변경 없이 당해 제조소 등에서 저장하거나 취급하는 위험물의 품명·수량 또는 지정수량의 배수를 변경하고자 하는 자는 변경하고자 하는 날의 ( ㉠ )일 전까지 행정안전부령이 정하는 바에 따라 ( ㉡ )에게 신고하여야 한다.

① ㉠ 1, ㉡ 소방본부장 또는 소방서장
② ㉠ 1, ㉡ 시·도지사
③ ㉠ 7, ㉡ 소방본부장 또는 소방서장
④ ㉠ 7, ㉡ 시·도지사

해설 **위험물법 6조**
**제조소 등의 설치허가**
(1) **설치허가자 : 시·도지사**
(2) **설치허가 제외 장소**

㉠ 주택의 난방시설(공동주택의 중앙난방시설은 제외)을 위한 **저장소** 또는 **취급소**
㉡ 지정수량 **20배** 이하의 **농예용 · 축산용 · 수산용** 난방시설 또는 건조시설의 **저장소**

(3) **제조소 등의 변경신고**: 변경하고자 하는 날의 **1일** 전까지 **시 · 도지사**에게 **신고**

기억법 농축수2

참고

**시 · 도지사**
(1) 특별시장
(2) 광역시장
(3) 특별자치시장
(4) 도지사
(5) 특별자치도지사

답 ②

★★★
**47** 13.09.문42 **소방기본법상 관계인의 소방활동을 위반하여 정당한 사유 없이 소방대가 현장에 도착할 때까지 사람을 구출하는 조치 또는 불을 끄거나 불이 번지지 아니하도록 하는 조치를 하지 아니한 자에 대한 벌칙기준으로 옳은 것은?**

① 100만원 이하의 벌금
② 200만원 이하의 벌금
③ 300만원 이하의 벌금
④ 400만원 이하의 벌금

해설 **기본법 54조**
**100만원 이하의 벌금**
(1) 화재경계지구 안의 소방특별조사 거부 · 방해 · 기피
(2) 피난명령 위반
(3) 위험시설 등에 대한 긴급조치 방해
(4) **소방활동**을 하지 않은 관계인
(5) 정당한 사유없이 **물**의 **사용**이나 **수도**의 **개폐장치**의 사용 또는 조작을 하지 못하게 하거나 **방해**한 자
(6) 소방대의 생활안전활동을 방해한 자

기억법 활1(할일)

용어

**소방활동**
사람을 구출하는 조치 또는 불을 끄거나 불이 번지지 않도록 조치하는 일

답 ①

★★★
**48** 19.03.문56 18.04.문43 **소방기본법상 소방대장의 권한이 아닌 것은?**

① 화재가 발생하였을 때에는 화재의 원인 및 피해 등에 대한 조사
② 화재, 재난 · 재해, 그 밖의 위급한 상황이 발생한 현장에 소방활동구역을 정하여 소방활동에 필요한 사람으로서 대통령령으로 정하는 사람 외에는 그 구역에 출입하는 것을 제한
③ 사람을 구출하거나 불이 번지는 것을 막기 위하여 필요할 때에는 화재가 발생하거나 불이 번질 우려가 있는 소방대상물 및 토지를 일시적으로 사용하거나 그 사용의 제한 또는 소방활동에 필요한 처분
④ 화재진압 등 소방활동을 위하여 필요할 때에는 소방용수 외에 댐 · 저수지 또는 수영장 등의 물을 사용하거나 수도의 개폐장치 등을 조작

해설 (1) 소방**대**장 : 소방**활**동**구**역의 설정(기본법 23조) ← 보기 ②

기억법 대구활(**대구**의 **활**동)

(2) **소**방본부장 · **소**방서장 · 소방**대**장
㉠ 소방활동 **종**사명령(기본법 24조)
㉡ **강**제처분(기본법 25조) ← 보기 ③
㉢ **피**난명령(기본법 26조)
㉣ 댐 · 저수지 사용 등 위험시설 등에 대한 긴급조치(기본법 27조) ← 보기 ④

기억법 소대종강피(**소**방**대**의 **종강파**티)

답 ①

★★★
**49** **시장지역에서 화재로 오인할 만한 우려가 있는 불을 피우거나 연막소독을 하려는 자가 신고를 하지 아니하여 소방자동차를 출동하게 한 자에 대한 과태료 부과 · 징수권자는?**

① 국무총리
② 소방청장
③ 시 · 도지사
④ 소방서장

해설 **기본법 57조**
**연막소독 과태료 징수**
(1) **20만원** 이하 **과태료**
(2) **소방본부장 · 소방서장**이 부과 · 징수

중요

**기본법 19조**
**화재로 오인할 만한 불을 피우거나 연막소독시 신고지역**
(1) **시장**지역
(2) **공장** · 창고가 밀집한 지역
(3) **목조건물**이 밀집한 지역
(4) **위험물**의 **저장** 및 **처리시설**이 **밀집**한 지역
(5) **석유화학제품**을 생산하는 공장이 있는 지역
(6) 그 밖에 **시 · 도**의 **조례**로 정하는 지역 또는 장소

답 ④

**50** 위험물안전관리법령상 제조소 등의 완공검사 신청시기기준으로 틀린 것은?

14.09.문47

① 지하탱크가 있는 제조소 등의 경우에는 해당 지하탱크를 매설하기 전
② 이동탱크저장소의 경우에는 이동저장탱크를 완공하고 상치장소를 확보한 후
③ 이송취급소의 경우에는 이송배관공사의 전체 또는 일부 완료한 후
④ 배관을 지하에 설치하는 경우에는 소방서장이 지정하는 부분을 매몰하고 난 직후

해설 **위험물규칙 20조**
**제조소 등의 완공검사 신청시기**
(1) **지하탱크**가 있는 **제조소** : 해당 지하탱크를 매설하기 전
(2) **이동탱크저장소** : 이동저장탱크를 완공하고 상치장소를 확보한 후
(3) **이송취급소** : 이송배관공사의 전체 또는 일부를 완료한 후(지하·하천 등에 매설하는 것은 이송배관을 매설하기 전)

④ 매몰하고 난 직후 → 매몰하기 전

답 ④

**51** 소방시설공사업법령상 하자를 보수하여야 하는 소방시설과 소방시설별 하자보수 보증기간으로 옳은 것은?

16.10.문56 15.05.문59 15.03.문52 12.05.문59

① 유도등 : 1년
② 자동소화장치 : 3년
③ 자동화재탐지설비 : 2년
④ 상수도소화용수설비 : 2년

해설 **공사업령 6조**
**소방시설공사의 하자보수 보증기간**

| 보증기간 | 소방시설 |
|---|---|
| 2년 | ① **유**도등·유도표지·**피**난기구<br>② **비**상**조**명등·비상**경**보설비·비상**방**송설비<br>③ **무**선통신보조설비 |
| 3년 | ① 자동소화장치<br>② 옥내·외소화전설비<br>③ 스프링클러설비·간이스프링클러설비<br>④ 물분무등소화설비·상수도소화용수설비<br>⑤ 자동화재탐지설비·소화활동설비 |

기억법 유비 조경방무피2

① 2년
③, ④ 3년

답 ②

**52** 위험물안전관리법령상 제조소 또는 일반취급소에서 취급하는 제4류 위험물의 최대수량의 합이 지정수량의 24만배 이상 48만배 미만인 사업소의 관계인이 두어야 하는 화학소방자동차와 자체소방대원의 수의 기준으로 옳은 것은? (단, 화재, 그 밖의 재난발생시 다른 사업소 등과 상호응원에 관한 협정을 체결하고 있는 사업소는 제외한다.)

11.10.문56

① 화학소방자동차-2대, 자체소방대원의 수-10인
② 화학소방자동차-3대, 자체소방대원의 수-10인
③ 화학소방자동차-3대, 자체소방대원의 수-15인
④ 화학소방자동차-4대, 자체소방대원의 수-20인

해설 **위험물령 [별표 8]**
**자체소방대에 두는 화학소방자동차 및 인원**

| 구 분 | 화학소방자동차 | 자체소방대원의 수 |
|---|---|---|
| 지정수량 **3천~12만배** 미만 | 1대 | 5인 |
| 지정수량 **12~24만배** 미만 | 2대 | 10인 |
| 지정수량 **24~48만배** 미만 → | **3대** | **15인** |
| 지정수량 **48만배** 이상 | 4대 | 20인 |
| 옥외탱크저장소에 저장하는 제4류 위험물의 최대수량이 지정수량의 50만배 이상 | 2대 | 10인 |

답 ③

**53** 소방기본법령상 소방서 종합상황실의 실장이 서면·모사전송 또는 컴퓨터통신 등으로 소방본부의 종합상황실에 지체없이 보고하여야 하는 기준으로 틀린 것은?

19.03.문47 16.03.문46 05.09.문55

① 사망자가 5명 이상 발생하거나 사상자가 10명 이상 발생한 화재
② 층수가 11층 이상인 건축물에서 발생한 화재
③ 이재민이 50명 이상 발생한 화재
④ 재산피해액이 50억원 이상 발생한 화재

해설 **기본규칙 3조**
**종합상황실 실장의 보고화재**
(1) 사망자 **5명** 이상 화재
(2) 사상자 **10명** 이상 화재
(3) 이재민 **100명** 이상 화재
(4) 재산피해액 **50억원** 이상 화재

(5) 관광호텔, 층수가 11층 이상인 건축물, 지하상가, 시장, 백화점
(6) **5층** 이상 또는 객실 **30실** 이상인 **숙박시설**
(7) **5층** 이상 또는 병상 **30개** 이상인 **종합병원 · 정신병원 · 한방병원 · 요양소**
(8) **1000t** 이상인 선박(항구에 매어둔 것), 철도차량, 항공기, 발전소 또는 변전소
(9) 지정수량 **3000배** 이상의 위험물 제조소 · 저장소 · 취급소
(10) 연면적 **15000m²** 이상인 **공장** 또는 **화재경계지구**에서 발생한 화재
(11) **가스** 및 **화약류**의 폭발에 의한 화재
(12) **관공서 · 학교 · 정부미도정공장 · 문화재 · 지하철** 또는 지하구의 **화재**

③ 50명 이상 → 100명 이상

※ **종합상황실** : 화재 · 재난 · 재해 · 구조 · 구급 등이 필요한 때에 신속한 소방활동을 위한 정보를 수집 · 전파하는 소방서 또는 소방본부의 지령관제실

답 ③

★★
**54** 08.09.문42

**지하층을 포함한 층수가 16층 이상 40층 미만인 특정소방대상물의 소방시설 공사현장에 배치하여야 할 소방공사 책임감리원의 배치기준으로 옳은 것은?**

① 행정안전부령으로 정하는 특급감리원 중 소방기술사
② 행정안전부령으로 정하는 특급감리원 이상의 소방공사감리원(기계분야 및 전기분야)
③ 행정안전부령으로 정하는 고급감리원 이상의 소방공사감리원(기계분야 및 전기분야)
④ 행정안전부령으로 정하는 중급감리원 이상의 소방공사감리원(기계분야 및 전기분야)

해설 **공사업령 〔별표 4〕**
소방공사감리원의 배치기준

| 공사현장 | 배치기준 | |
|---|---|---|
| | 책임감리원 | 보조감리원 |
| • 연면적 **5천m²** 미만<br>• **지하구** | **초급**감리원 이상 (기계 및 전기) | |
| • 연면적 **5천~3만m²** 미만 | **중급**감리원 이상 (기계 및 전기) | |
| • **물분무등소화설비**(호스릴 제외) 설치<br>• **제연설비** 설치<br>• 연면적 **3만~20만m²** 미만(아파트) | **고급**감리원 이상 (기계 및 전기) | **초급**감리원 이상 (기계 및 전기) |
| • 연면적 **3만~20만m²** 미만(아파트 제외)<br>• **16~40층** 미만(지하층 포함) | **특급**감리원 이상 (기계 및 전기) | **초급**감리원 이상 (기계 및 전기) |
| • 연면적 **20만m²** 이상<br>• **40층** 이상(지하층 포함) | 특급감리원 중 **소방기술사** | **초급**감리원 이상 (기계 및 전기) |

비교

**공사업령 〔별표 2〕**
소방기술자의 배치기준

| 공사현장 | 배치기준 |
|---|---|
| • 연면적 **1천m²** 미만 | 소방기술인정자격수첩 발급자 |
| • 연면적 **1천~5천m²** 미만 (아파트 제외)<br>• 연면적 **1천~1만m²** 미만 (아파트)<br>• **지하구** | **초급**기술자 이상 (기계 및 전기분야) |
| • **물분무등소화설비**(호스릴 제외) 또는 **제연설비** 설치<br>• 연면적 **5천~3만m²** 미만 (아파트 제외)<br>• 연면적 **1만~20만m²** 미만 (아파트) | **중급**기술자 이상 (기계 및 전기분야) |
| • 연면적 **3만~20만m²** 미만(아파트 제외)<br>• **16~40층** 미만(지하층 포함) | **고급**기술자 이상 (기계 및 전기분야) |
| • 연면적 **20만m²** 이상<br>• **40층** 이상(지하층 포함) | **특급**기술자 이상 (기계 및 전기분야) |

답 ②

★
**55**

**특정소방대상물에서 사용하는 방염대상물품의 방염성능검사 방법과 검사 결과에 따른 합격표시 등에 필요한 사항은 무엇으로 정하는가?**

① 대통령령
② 행정안전부령
③ 소방청 고시
④ 시 · 도의 조례

해설 **행정안전부령**
(1) 119 종합상황실의 설치 · 운영에 관하여 필요한 사항(기본법 4조)
(2) 소방**박**물관(기본법 5조)
(3) 소방**력** 기준(기본법 8조)
(4) 소방**용**수시설의 **기**준(기본법 10조)
(5) 소방대원의 소방교육 · 훈련 실시규정(기본법 17조)
(6) 소방신호의 종류와 방법(기본법 18조)
(7) 소방활동장비 및 설비의 종류와 규격(기본령 2조)
(8) **방염성능검사**의 방법과 검사 결과에 따른 합격표시(소방시설법 13조 ③항)

기억법 **행박력 용기**

답 ②

★★
**56** 화재예방, 소방시설 설치·유지 및 안전관리에 관한 법령상 자동화재탐지설비를 설치하여야 하는 특정소방대상물의 기준으로 틀린 것은?

14.03.문79
12.03.문74

① 문화 및 집회시설로서 연면적이 $1000m^2$ 이상인 것
② 지하가(터널은 제외)로서 연면적이 $1000m^2$ 이상인 것
③ 의료시설(정신의료기관 또는 요양병원은 제외)로서 연면적 $1000m^2$ 이상인 것
④ 지하가 중 터널로서 길이가 1000m 이상인 것

해설 **소방시설법 시행령 〔별표 5〕**
**자동화재탐지설비의 설치대상**

| 설치대상 | 조 건 |
|---|---|
| ① 노유자시설 | • 연면적 **$400m^2$** 이상 |
| ② **근**린생활시설·**위**락시설<br>③ **숙**박시설·**의**료시설(정신의료기관 또는 요양병원 제외)<br>④ **복**합건축물·장례시설 | • 연면적 **$600m^2$** 이상 |
| ⑤ 목욕장·문화 및 집회시설, 운동시설<br>⑥ 종교시설<br>⑦ 방송통신시설·관광휴게시설<br>⑧ 업무시설·판매시설<br>⑨ 항공기 및 자동차 관련시설·공장·창고시설<br>⑩ 지하가(터널 제외)·공동주택·운수시설·발전시설·위험물 저장 및 처리시설<br>⑪ 교정 및 군사시설 중 국방·군사시설 | • 연면적 **$1000m^2$** 이상 |
| ⑫ **교**육연구시설·**동**식물관련시설<br>⑬ **분**뇨 및 쓰레기 처리시설·**교**정 및 군사시설(국방·군사시설 제외)<br>⑭ **수**련시설(숙박시설이 있는 것 제외)<br>⑮ 묘지관련시설 | • 연면적 **$2000m^2$** 이상 |
| ⑯ 터널 | • 길이 **1000m** 이상 |
| ⑰ 지하구<br>⑱ 노유자생활시설 | • 전부 |
| ⑲ 특수가연물 저장·취급 | • 지정수량 **500배** 이상 |
| ⑳ 수련시설(숙박시설이 있는 것) | • 수용인원 **100명** 이상 |
| ㉑ 전통시장 | • 전부 |

기억법 **근위숙의복 6, 교동분교수 2**

③ $1000m^2$ 이상 → $600m^2$ 이상

답 ③

★★★
**57** 화재예방, 소방시설 설치·유지 및 안전관리에 관한 법상 시·도지사는 관리업자에게 영업정지를 명하는 경우로서 그 영업정지가 국민에게 심한 불편을 주거나 그 밖에 공익을 해칠 우려가 있을 때에는 영업정지처분을 갈음하여 얼마 이하의 과징금을 부과할 수 있는가?

17.09.문52

① 1000만원 ② 2000만원
③ 3000만원 ④ 5000만원

해설 **소방시설법 35조, 위험물법 13조**
**과징금**

| 3000만원 이하 | 2억원 이하 |
|---|---|
| • **소방시설업** 영업정지처분 갈음<br>• **소방시설관리업** 영업정지처분 갈음 | • **제조소** 사용정지처분 갈음 |

중요
**소방시설업**
(1) 소방시설설계업
(2) 소방시설공사업
(3) 소방공사감리업
(4) 방염처리업

답 ③

★★★
**58** 소방기본법령상 소방용수시설에 대한 설명으로 틀린 것은?

15.03.문48

① 시·도지사는 소방활동에 필요한 소방용수시설을 설치하고 유지·관리하여야 한다.
② 수도법의 규정에 따라 설치된 소화전도 시·도지사가 유지·관리하여야 한다.
③ 소방본부장 또는 소방서장은 원활한 소방활동을 위하여 소방용수시설에 대한 조사를 월 1회 이상 실시하여야 한다.
④ 소방용수시설 조사의 결과는 2년간 보관하여야 한다.

해설 **기본법 10조 ①항**
**소방용수시설**
(1) 종류 : **소화전·급수탑·저수조**
(2) 기준 : **행정안전부령**
(3) 설치·유지·관리 : **시·도**(단, 수도법에 의한 소화전은 일반수도사업자가 관할소방서장과 협의하여 설치)

② 시·도지사 → 일반수도사업자

답 ②

★★
**59** 소방시설공사업법령상 특정소방대상물에 설치된 소방시설 등을 구성하는 것의 전부 또는 일부를 개설, 이전 또는 정비하는 공사의 경우 소방시설공사의 착공신고대상이 아닌 것은? (단, 고장 또는 파손 등으로 인하여 작동시킬 수 없는 소방시설을 긴급히 교체하거나 보수하여야 하는 경우는 제외한다.)

① 수신반 ② 소화펌프
③ 동력(감시)제어반 ④ 압력챔버

해설 **공사업령 4조**
소방시설공사의 착공신고대상
(1) 수신반
(2) 소화펌프
(3) 동력(감시)제어반

답 ④

★
**60** 화재예방, 소방시설 설치·유지 및 안전관리에 관한 법령상 건축허가 등의 동의를 요구하는 때 동의요구서에 첨부하여야 하는 설계도서가 아닌 것은? (단, 소방시설공사 착공신고대상에 해당하는 경우이다.)

06.03.문55

① 창호도
② 실내전개도
③ 건축물의 단면도
④ 건축물의 주단면 상세도(내장재료를 명시한 것)

해설 **소방시설법 시행규칙 4조 ②항**
**건축허가 등의 동의 요청시 첨부서류**(설계도서 종류)
(1) 소방시설의 층별 평면도, 계통도(시설별 계산서 포함)
(2) 창호도
(3) 건축물의 단면도 및 주단면 상세도(내장재료 명시한 것)

② 실내전개도 : 필요없음

비교

**공사업규칙 12조**
소방시설공사 착공신고서류
(1) **설계도서**
(2) 기술관리를 하는 기술인력의 **기술등급을 증명하는 서류 사본**
(3) 소방시설공사업 **등록증 사본 1부**
(4) 소방시설공사업 **등록수첩 사본 1부**
(5) 소방시설공사를 하도급하는 경우의 서류
 ㉠ 소방시설공사 등의 하도급통지서 사본 1부
 ㉡ 하도급대금 지급에 관한 다음의 어느 하나에 해당하는 서류
  • 「하도급거래 공정화에 관한 법률」 제13조의 2에 따라 공사대금 지급을 보증한 경우에는 하도급대금 지급보증서 사본 1부
  • 「하도급거래 공정화에 관한 법률」 제13조의 2 제1항 외의 부분 단서 및 같은 법 시행령 제8조 제1항에 따라 보증이 필요하지 않거나 보증이 적합하지 않다고 인정되는 경우에는 이를 증빙하는 서류 사본 1부

답 ②

## 제 4 과목 소방전기시설의 구조 및 원리

★★★
**61** 비상방송설비는 기동장치에 따른 화재신고를 수신한 후 필요한 음량으로 화재발생상황 및 피난에 유효한 방송이 자동으로 개시될 때까지의 소요시간은 몇 초 이하로 하여야 하는가?

16.10.문69
16.10.문73
16.05.문67
16.03.문68
15.05.문73
15.05.문76
15.03.문62
14.05.문63
14.05.문75
13.06.문62
13.06.문80

① 5
② 10
③ 20
④ 30

해설 **소요시간**

| 기 기 | 시 간 |
|---|---|
| P형·P형 복합식·R형·R형 복합식·GP형·GP형 복합식·GR형·GR형 복합식 | 5초 이내 (축적형 60초 이내) |
| 중계기 | **5**초 이내 |
| 비상방송설비 | **10초** 이하 |
| 가스누설경보기 | **6**0초 이내 |

기억법 **시중5(시중을 드시오!)**
**6가(육체미가 아름답다.)**

중요

**비상방송설비의 설치기준**
(1) 음량조정기를 설치하는 경우 배선은 **3선식**으로 할 것
(2) 확성기의 음성입력은 **실외 3W**, **실내 1W** 이상일 것
(3) 조작부의 조작스위치는 **0.8~1.5m** 이하의 높이에 설치할 것
(4) 기동장치에 의한 화재신고를 수신한 후 필요한 음량으로 방송이 개시될 때까지의 소요시간은 **10초** 이하로 할 것

답 ②

★★★
**62** 비상콘센트설비 전원회로의 설치기준 중 옳은 것은?

16.10.문61
16.05.문76
14.03.문64

① 전원회로는 단상교류 220V인 것으로서, 그 공급용량은 3.0kVA 이상인 것으로 할 것
② 비상콘센트용의 풀박스 등은 방청도장을 한 것으로서, 두께 2.0mm 이상의 철판으로 할 것
③ 하나의 전용회로에 설치하는 비상콘센트는 8개 이하로 할 것
④ 전원으로부터 각 층의 비상콘센트에 분기되는 경우에는 분기배선용 차단기를 보호함 안에 설치할 것

해설 **비상콘센트**의 **규격**

| 구 분 | 전 압 | 용 량 | 플러그접속기 |
|---|---|---|---|
| 단상교류 | 220V | 1.5kVA 이상 | 접지형 2극 |

(1) 하나의 전용회로에 설치하는 비상콘센트는 **10개** 이하로 할 것
(2) 풀박스는 **1.6mm** 이상의 철판을 사용할 것
(3) 전원회로는 각 층에 있어서 **2** 이상이 되도록 설치할 것
(4) 콘센트마다 배선용 차단기를 설치하며, 충전부가 **노출되지 아니하도록** 할 것
(5) 전원으로부터 각 층의 비상콘센트에 분기되는 경우에는 **분기배선용 차단기**를 보호함 안에 설치할 것

① 3.0kVA 이상 → 1.5kVA 이상
② 2.0mm 이상 → 1.6mm 이상
③ 8개 이하 → 10개 이하

답 ④

★★★
**63** 비상벨설비 또는 자동식 사이렌설비의 지구음향장치는 특정소방대상물의 층마다 설치하되, 해당 특정소방대상물의 각 부분으로부터 하나의 음향장치까지의 수평거리가 몇 m 이하가 되도록 하여야 하는가?

19.09.문79
14.03.문71
12.03.문73
09.05.문79

① 15 ② 25
③ 40 ④ 50

해설 (1) **수평거리**

| 구 분 | 기 기 |
|---|---|
| 25m 이하 | • 발신기<br>• 음향장치(확성기) : 비상벨설비, 자동식 사이렌설비 등<br>• 비상콘센트(지하상가 · 지하층 바닥면적 3000m² 이상) |
| 50m 이하 | • 비상콘센트(기타) |

(2) **보행거리**

| 구 분 | 기 기 |
|---|---|
| 15m 이하 | • 유도표지 |
| 20m 이하 | • 복도통로유도등<br>• 거실통로유도등<br>• 3종 연기감지기 |
| 30m 이하 | • 1 · 2종 연기감지기 |

(3) **수직거리**

| 구 분 | 기 기 |
|---|---|
| 15m 이하 | • 1 · 2종 연기감지기 |
| 10m 이하 | • 3종 연기감지기 |

기억법 음25(음이온)

답 ②

★
**64** 자동화재탐지설비 중계기에 예비전원을 사용하는 경우 구조 및 기능 기준 중 다음 (  ) 안에 알맞은 것은?

> 축전지의 충전시험 및 방전시험은 방전종지전압을 기준하여 시작한다. 이 경우 방전종지전압이라 함은 원통형 니켈카드뮴축전지는 셀당 ( ㉠ )V의 상태를, 무보수밀폐형 연축전지는 단전지당 ( ㉡ )V의 상태를 말한다.

① ㉠ 1.0, ㉡ 1.5 ② ㉠ 1.0, ㉡ 1.75
③ ㉠ 1.6, ㉡ 1.5 ④ ㉠ 1.6, ㉡ 1.75

해설 **중계기 예비전원**의 **구조** 및 **기능**(중계기 형식승인 4조)
(1) 중계기의 예비전원은 **원통밀폐형 니켈카드뮴축전지** 또는 **무보수밀폐형 연축전지**로서 그 용량은 **감시상태**를 **60분**간 계속한 후, 자동화재탐지설비용은 **최대소비전류**로 **10분**간 계속 흘릴 수 있는 용량, 가스누설경보기용은 가스누설경보기의 기준에 규정된 용량, GP형, GP형 복합식, GR형, GR형 복합식의 수신기에 사용되는 중계기는 각각 그 용량을 합한 용량일 것
(2) 축전지의 충전시험 및 방전시험은 방전종지전압을 기준하여 시작한다. 이 경우 **방전종지전압**이라 함은 **원통형 니켈카드뮴축전지**는 **셀당 1.0V**의 상태를, **무보수밀폐형 연축전지**는 **단전지당 1.75V**의 상태를 말한다.

중요

**방전종지전압**

| 원통형 니켈카드뮴축전지 | 무보수밀폐형 연축전지 |
|---|---|
| 셀당 1.0V | 단전지당 1.75V<br>기억법 무연75(무연 휘발유를 쓰면 치료된다.) |

답 ②

★★
**65** 비상콘센트설비의 화재안전기준에 따른 용어의 정의 중 옳은 것은?

19.09.문68
16.05.문64
14.05.문23
13.09.문80
12.09.문77
05.03.문76

① "저압"이란 직류는 750V 이하, 교류는 600V 이하인 것을 말한다.
② "저압"이란 직류는 700V 이하, 교류는 600V 이하인 것을 말한다.
③ "고압"이란 직류는 700V를, 교류는 600V를 초과하는 것을 말한다.
④ "특고압"이란 8kV를 초과하는 것을 말한다.

해설 **전압**(NFSC 504 3조)

| 구 분 | 설 명 |
|---|---|
| 저압 | **직류 750V** 이하, **교류 600V** 이하 |
| 고압 | 저압의 범위를 초과하고 **7000V** 이하 |
| 특고압 | **7000V**를 초과하는 것 |

비교

**전압**(KEC 111.1)

| 구 분 | 설 명 |
|---|---|
| 저압 | **직류 1500V** 이하, **교류 1000V** 이하 |
| 고압 | 저압의 범위를 초과하고 **7000V** 이하 |
| 특고압 | **7000V**를 초과하는 것 |

답 ①

★★
**66** 자동화재속보설비 속보기의 기능 기준 중 옳은 것은?

16.05.문62

① 작동신호를 수신하거나 수동으로 동작시키는 경우 10초 이내에 소방관서에 자동적으로 신호를 발하여 통보하되, 3회 이상 속보할 수 있어야 한다.
② 예비전원을 병렬로 접속하는 경우에는 역충전 방지 등의 조치를 하여야 한다.
③ 예비전원은 감시상태를 30분간 지속한 후 10분 이상 동작이 지속될 수 있는 용량이어야 한다.
④ 속보기는 연동 또는 수동 작동에 의한 다이얼링 후 소방관서와 전화접속이 이루어지지 않는 경우에는 최초 다이얼링을 포함하여 20회 이상 반복적으로 접속을 위한 다이얼링이 이루어져야 한다. 이 경우 매회 다이얼링 완료 후 호출은 30초 이상 지속되어야 한다.

해설 **속보기**의 **적합기능**(자동화재속보설비의 속보기 성능인증 5조)
(1) 작동신호를 수신하거나 수동으로 동작시키는 경우 **20초** 이내에 소방관서에 자동적으로 신호를 발하여 통보하되, **3회** 이상 속보할 수 있을 것
(2) 예비전원은 **감시상태**를 **60분**간 지속한 후 **10분** 이상 **동작**이 지속될 수 있는 용량일 것
(3) 속보기는 연동 또는 수동 작동에 의한 다이얼링 후 소방관서와 전화접속이 이루어지지 않는 경우에는 최초 **다**이얼링을 포함하여 **10회** 이상 반복적으로 접속을 위한 다이얼링이 이루어져야 한다. 이 경우 매회 다이얼링 완료 후 호출은 **30초** 이상 지속될 것

기억법 다10(다 쉽다.)

(4) 예비전원을 **병렬**로 접속하는 경우 **역충전 방지** 등의 조치를 할 것

① 10초 → 20초
③ 30분간 → 60분간
④ 20회 → 10회

답 ②

★★★
**67** 휴대용 비상조명등의 설치기준 중 다음 ( ) 안에 알맞은 것은?

19.03.문74
15.09.문64
15.05.문61
14.07.문75
13.03.문68
12.03.문61
09.05.문76

> 지하상가 및 지하역사에는 보행거리 ( ㉠ )m 이내마다 ( ㉡ )개 이상 설치할 것

① ㉠ 25, ㉡ 1 ② ㉠ 25, ㉡ 3
③ ㉠ 50, ㉡ 1 ④ ㉠ 50, ㉡ 3

해설 **휴대용 비상조명등**의 **설치기준**

| 설치개수 | 설치장소 |
|---|---|
| 1개 이상 | • **숙박시설** 또는 **다중이용업소**에는 객실 또는 영업장 안의 구획된 실마다 잘 보이는 곳(외부에 설치시 출입문 손잡이로부터 **1m 이내** 부분) |
| 3개 이상 | • **지하상가** 및 **지하역사**의 **보행거리 25m** 이내마다<br>• **대규모점포(백화점 · 대형점 · 쇼핑센터)** 및 **영화상영관**의 **보행거리 50m** 이내마다 |

(1) 바닥으로부터 **0.8~1.5m** 이하의 높이에 설치할 것
(2) 어둠 속에서 **위치**를 **확인**할 수 있도록 할 것
(3) 사용시 **자동**으로 **점등**되는 구조일 것
(4) 외함은 **난연성능**이 있을 것
(5) 건전지를 사용하는 경우에는 **방전방지조치**를 하여야 하고, **충전식 배터리**의 경우에는 **상시 충전**되도록 할 것
(6) 건전지 및 충전식 배터리의 용량은 **20분** 이상 유효하게 사용할 수 있는 것으로 할 것

답 ②

★★★
**68** 무선통신보조설비의 누설동축케이블 또는 동축케이블의 임피던스는 몇 Ω으로 하여야 하는가?

19.03.문80
16.10.문72
15.09.문78
14.05.문78
12.05.문76
10.05.문76
08.09.문70

① 5Ω
② 10Ω
③ 50Ω
④ 100Ω

해설 **무선통신보조설비**의 **설치기준**(NFSC 505)
(1) 소방전용 주파수대에서 전파의 **전송** 또는 **복사**에 적합한 것으로서 소방전용의 것일 것
(2) 누설동축케이블과 이에 접속하는 안테나 또는 동축케이블과 이에 접속하는 안테나일 것
(3) 누설동축케이블 및 동축케이블은 화재에 따라 해당 케이블의 피복이 소실된 경우에 케이블 본체가 떨어지지 아니하도록 4m 이내마다 금속제 또는 자기제 등의 지지금구로 벽·천장·기둥 등에 견고하게 고정시킬 것(단, 불연재료로 구획된 반자 안에 설치하는 경우 제외)
(4) **누**설동축케이블 및 안테나는 **고**압전로로부터 **1.5m** 이상 떨어진 위치에 설치할 것(해당 전로에 **정전기 차폐장치**를 유효하게 설치한 경우에는 제외)

기억법 누고15

(5) 누설동축케이블의 끝부분에는 **무반사 종단저항**을 설치할 것
(6) 임피던스 : **50Ω**

※ **무반사 종단저항** : 전송로로 전송되는 전자파가 전송로의 종단에서 반사되어 교신을 방해하는 것을 막기 위한 저항

답 ③

★★★
**69** 07.05.문79 **무선통신보조설비 증폭기 무선이동중계기를 설치하는 경우의 설치기준으로 틀린 것은?**

① 전원은 전기가 정상적으로 공급되는 축전지, 전기저장장치 또는 교류전압 옥내간선으로 하고, 전원까지의 배선은 전용으로 할 것
② 증폭기의 전면에는 주회로의 전원이 정상인지의 여부를 표시할 수 있는 표시등 및 전류계를 설치할 것
③ 증폭기에는 비상전원이 부착된 것으로 하고 해당 비상전원 용량은 무선통신보조설비를 유효하게 30분 이상 작동시킬 수 있는 것으로 할 것
④ 증폭기 및 무선중계기를 설치하는 경우에는 전파법의 규정에 따른 적합성 평가를 받은 제품으로 설치할 것

해설 **증폭기** 및 **무선중계기**의 **설치기준**(NFSC 505 8조)
(1) 전원은 **축전지**, **전기저장장치** 또는 **교류전압 옥내간선**으로 하고, 전원까지의 배선은 **전용**으로 할 것
(2) 증폭기의 전면에는 전원확인 **표시등** 및 **전압계**를 설치할 것
(3) 증폭기의 비상전원 용량은 **30분** 이상일 것
(4) **증폭기** 및 **무선중계기**를 설치하는 경우 전파법 규정에 따른 적합성 평가를 받은 제품으로 설치할 것
(5) 디지털방식의 무전기를 사용하는 데 지장이 없도록 설치할 것

② 전류계 → 전압계

용어

**전기저장장치**
외부 전기에너지를 저장해 두었다가 필요한 때 전기를 공급하는 장치

답 ②

★
**70** **피난구조설비의 설치면제요건의 규정에 따라 옥상의 면적이 몇 $m^2$ 이상이어야 그 옥상의 직하층 또는 최상층(관람집회 및 운동시설 또는 판매시설 제외) 그 부분에 피난기구를 설치하지 아니할 수 있는가? (단, 숙박시설(휴양콘도미니엄을 제외)에 설치되는 완강기 및 간이완강기의 경우는 제외한다.)**

① 500 ② 800
③ 1000 ④ 1500

해설 **피난구조설비**의 **설치면제요건**(**옥상**의 **직하층** 또는 **최상층**으로 **관람집회** 및 **운동시설** 또는 **판매시설 제외**)(NFSC 301 5조)
(1) 주요구조부가 **내화구조**로 되어 있어야 할 것
(2) 옥상의 면적이 **1500$m^2$ 이상**이어야 할 것
(3) 옥상으로 쉽게 통할 수 있는 창 또는 출입구가 설치되어 있어야 할 것
(4) 옥상이 소방사다리차가 쉽게 통행할 수 있는 도로(폭 **6m 이상**의 것) 또는 공지에 면하여 설치되어 있거나 옥상으로부터 피난층 또는 지상으로 통하는 **2 이상**의 **피난계단** 또는 **특별피난계단**이 건축법 시행령 제35조의 규정에 적합하게 설치되어 있어야 할 것

답 ④

★★★
**71** 16.03.문79 14.09.문72 12.09.문73 **청각장애인용 시각경보장치의 설치기준 중 천장의 높이가 2m 이하인 경우에는 천장으로부터 몇 m 이내의 장소에 설치하여야 하는가?**

① 0.15 ② 0.3
③ 0.5 ④ 0.7

해설 **청각장애인용 시각경보장치**의 **설치기준**
(1) **복도**·**통로**·**청각장애인용 객실** 및 **공용**으로 사용하는 **거실**에 설치하며, 각 부분으로부터 유효하게 경보를 발할 수 있는 위치에 설치
(2) **공연장**·**집회장**·**관람장** 또는 이와 유사한 장소에 설치하는 경우에는 시선이 집중되는 **무대부 부분** 등에 설치
(3) 설치높이는 바닥으로부터 **2~2.5m 이하**의 장소에 설치(단, 천장의 높이가 **2m 이하**인 경우에는 천장으로부터 **0.15m 이내**의 장소에 설치)
(4) 시각경보장치의 광원은 **전용**의 **축전지설비** 또는 **전기저장장치**에 의하여 점등되도록 할 것
(5) 하나의 소방대상물에 2 이상의 수신기가 설치된 경우 어느 수신기에서도 **지구음향장치** 및 **시각경보장치**를 작동할 수 있도록 할 것

답 ①

★★
**72** 12.03.문71 03.08.문70 **주요구조부가 내화구조인 특정소방대상물에 자동화재탐지설비의 감지기를 열전대식 차동식 분포형으로 설치하려고 한다. 바닥면적이 256$m^2$일 경우 열전대부와 검출부는 각각 최소 몇 개 이상으로 설치하여야 하는가?**

① 열전대부 11개, 검출부 1개
② 열전대부 12개, 검출부 1개
③ 열전대부 11개, 검출부 2개
④ 열전대부 12개, 검출부 2개

해설 **열전대식 감지기**의 **설치기준**(NFSC 203 7조)

(1) **1개**의 **검출부**에 접속하는 열전대부는 **4~20개** 이하로 할 것(단, **주소형 열전대식 감지기**는 제외)
(2) 바닥면적

| 분 류 | 바닥면적 | 설치개수 |
|---|---|---|
| 내화구조 | $22m^2$ | 4~20개 이하 |
| 기타구조 | $18m^2$ | |

$$\text{열전대부 개수} = \frac{\text{바닥면적}}{22m^2} = \frac{256m^2}{22m^2} = 11.6 ≒ 12\text{개}$$

※ 문제에서 **내화구조**라고 명시

중요

**열전대부 개수**

| 기타구조 | 내화구조 |
|---|---|
| $\text{열전대부 개수} = \frac{\text{바닥면적}}{18m^2}$ (최소 4개 이상) | $\text{열전대부 개수} = \frac{\text{바닥면적}}{22m^2}$ (최소 4개 이상) |

답 ②

★
## 73
10.09.문72

**자동화재탐지설비 발신기의 작동기능기준 중 다음 (  ) 안에 알맞은 것은? (단, 이 경우 누름판이 있는 구조로서 손끝으로 눌러 작동하는 방식의 작동스위치는 누름판을 포함한다.)**

> 발신기의 조작부는 작동스위치의 동작방향으로 가하는 힘이 ( ㉠ )kg을 초과하고 ( ㉡ )kg 이하인 범위에서 확실하게 동작되어야 하며, ( ㉠ )kg 힘을 가하는 경우 동작되지 아니하여야 한다.

① ㉠ 2, ㉡ 8　　② ㉠ 3, ㉡ 7
③ ㉠ 2, ㉡ 7　　④ ㉠ 3, ㉡ 8

해설 **발신기**의 **작동기능**(발신기 형식 4조의 2)

② 작동스위치의 동작방향으로 가하는 힘이 **2kg**을 초과하고 **8kg** 이하인 범위에서 확실하게 동작(단, **2kg**의 힘을 가하는 경우 동작하지 않을 것)

답 ①

★★★
## 74
19.04.문69
14.09.문62
14.03.문62
13.03.문76
12.03.문63

**객석통로의 직선부분의 길이가 25m인 영화관의 통로에 객석유도등을 설치하는 경우 최소설치개수는?**

① 5　　② 6
③ 7　　④ 8

해설 **설치개수**

(1) 복도·거실 통로유도등

$$\text{개수} \geq \frac{\text{보행거리}}{20} - 1$$

(2) 유도표지

$$\text{개수} \geq \frac{\text{보행거리}}{15} - 1$$

(3) 객석유도등

$$\text{개수} \geq \frac{\text{직선부분 길이}}{4} - 1$$

$$= \frac{25m}{4} - 1 = 5.25 ≒ 6\text{개(절상)}$$

용어

**절상**
**'소수점 이하는 무조건 올린다.'**는 뜻

답 ②

★★★
## 75
04.05.문80

**공기관식 차동식 분포형 감지기의 구조 및 기능 기준 중 다음 (  ) 안에 알맞은 것은?**

> • 공기관은 하나의 길이(이음매가 없는 것)가 ( ㉠ )m 이상의 것으로 안지름 및 관의 두께가 일정하고 흠, 갈라짐 및 변형이 없어야 하며 부식되지 아니하여야 한다.
> • 공기관의 두께는 ( ㉡ )mm 이상, 바깥지름은 ( ㉢ )mm 이상이어야 한다.

① ㉠ 10, ㉡ 0.5, ㉢ 1.5
② ㉠ 20, ㉡ 0.3, ㉢ 1.9
③ ㉠ 10, ㉡ 0.3, ㉢ 1.9
④ ㉠ 20, ㉡ 0.5, ㉢ 1.5

해설 **공기관식 감지기**의 **구조** 및 **기능**

(1) 공기관은 하나의 길이가 **20m** 이상이어야 한다.
(2) 공기관의 두께는 **0.3mm** 이상, 바깥지름은 **1.9mm** 이상이어야 한다.
(3) 마노미터를 사용하여 공기관의 누설 여부를 시험한다.
(4) **리크저항** 및 **접점수고**를 쉽게 시험할 수 있다.

답 ②

★★★
## 76
06.03.문68

**광전식 분리형 감지기의 설치기준 중 광축은 나란한 벽으로부터 몇 m 이상 이격하여 설치하여야 하는가?**

① 0.6　　② 0.8
③ 1　　④ 1.5

해설 **광전식 분리형 감지기**의 **설치기준**

(1) 감지기의 광축의 길이는 공칭감시거리 범위 이내여야 한다.

(2) 감지기의 송광부와 수광부는 설치된 뒷벽으로부터 **1m 이내**의 위치에 설치해야 한다.
(3) 감지기의 수광면은 햇빛을 직접 받지 않도록 설치해야 한다.
(4) 광축은 나란한 벽으로부터 **0.6m 이상** 이격하여야 한다.
(5) 광축의 높이는 천장 등 높이의 **80%** 이상일 것

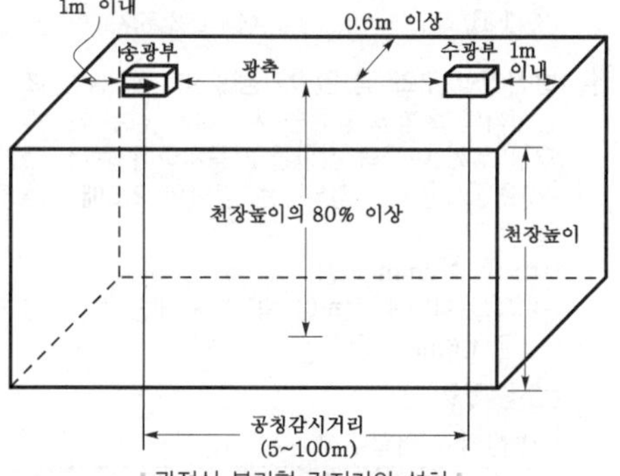


| 광전식 분리형 감지기의 설치 |

중요

**광전식 분리형 감지기의 동작원리**

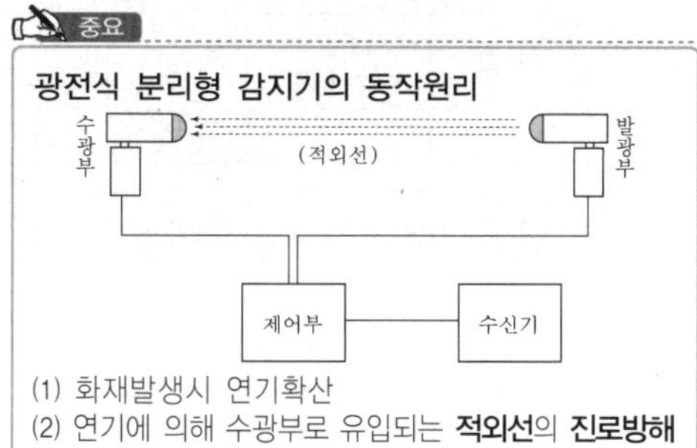


(1) 화재발생시 연기확산
(2) 연기에 의해 수광부로 유입되는 **적외선**의 **진로방해**
(3) 수광부의 **수광량** 감소
(4) **제어부**에서 검출
(5) **수신기**에 화재신호 발생

답 ①

## 77

16.10.문68 16.05.문74 06.03.문65 05.03.문73

**근린생활시설 중 입원실이 있는 의원 지하층에 적응성을 가진 피난기구는?**

① 피난용 트랩 ② 피난사다리
③ 피난교 ④ 구조대

해설 **피난기구**의 **적응성**(NFSC 301 〔별표 1〕)

| 설치장소별 구분 \ 층별 | 지하층 | 1층 | 2층 | 3층 | 4층 이상 10층 이하 |
|---|---|---|---|---|---|
| 노유자시설 | • 피난용 트랩 | • 미끄럼대<br>• 구조대<br>• 피난교<br>• 다수인 피난장비<br>• 승강식 피난기 | • 미끄럼대<br>• 구조대<br>• 피난교<br>• 다수인 피난장비<br>• 승강식 피난기 | • 미끄럼대<br>• 구조대<br>• 피난교<br>• 다수인 피난장비<br>• 승강식 피난기 | • 피난교<br>• 다수인 피난장비<br>• 승강식 피난기 |
| 의료시설·입원실이 있는 의원·접골원·조산원 | • 피난용 트랩 | | | • 미끄럼대<br>• 구조대<br>• 피난교<br>• 피난용 트랩<br>• 다수인 피난장비<br>• 승강식 피난기 | • 구조대<br>• 피난교<br>• 피난용 트랩<br>• 다수인 피난장비<br>• 승강식 피난기 |
| 영업장의 위치가 4층 이하인 다중이용업소 | | | • 미끄럼대<br>• 피난사다리<br>• 구조대<br>• 완강기<br>• 다수인 피난장비<br>• 승강식 피난기 | • 미끄럼대<br>• 피난사다리<br>• 구조대<br>• 완강기<br>• 다수인 피난장비<br>• 승강식 피난기 | • 미끄럼대<br>• 피난사다리<br>• 구조대<br>• 완강기<br>• 다수인 피난장비<br>• 승강식 피난기 |
| 그 밖의 것 | • 피난사다리<br>• 피난용 트랩 | | | • 미끄럼대<br>• 피난사다리<br>• 구조대<br>• 완강기<br>• 피난교<br>• 피난용 트랩<br>• 간이완강기<br>• 공기안전매트<br>• 다수인 피난장비<br>• 승강식 피난기 | • 피난사다리<br>• 구조대<br>• 완강기<br>• 피난교<br>• 간이완강기<br>• 공기안전매트<br>• 다수인 피난장비<br>• 승강식 피난기 |

㈜ **간이완강기**의 적응성은 **숙박시설**의 **3층 이상**에 있는 **객실**에, **공기안전매트**의 적응성은 **공동주택**에 한한다.

답 ①

## 78

99.04.문68

**누전경보기 부품의 구조 및 기능 기준 중 누전경보기에 변압기를 사용하는 경우 변압기의 정격 1차 전압은 몇 V 이하로 하는가?**

① 100 ② 200
③ 300 ④ 400

해설 **누전경보기** 수신기에 설치하는 **변압기**(누전경보기 형식 4)
(1) 정격 1차 전압은 **300V** 이하로 한다.
(2) 외함에는 **접지단자**를 설치하여야 한다.
(3) 용량은 **최대사용전류**에 연속하여 견딜 수 있는 크기 이상일 것

기억법 **3변**

답 ③

## 79

**누전경보기 수신부의 구조기준 중 틀린 것은?**

① 2급 수신부에는 전원입력측의 회로에 단락이 생기는 경우에 유효하게 보호되는 조치를 강구하여야 한다.
② 주전원의 양극을 동시에 개폐할 수 있는 전원스위치를 설치하여야 한다. 다만, 보수시에 전원공급이 자동적으로 중단되는 방식은 그러하지 아니하다.
③ 감도조정장치를 제외하고 감도조정부는 외함의 바깥쪽에 노출되지 아니하여야 한다.
④ 전원입력측의 양선(1회선용은 1선 이상) 및 외부부하에 직접 전원을 송출하도록 구성된 회로에는 퓨즈 또는 브레이커 등을 설치하여야 한다.

해설 **누전경보기 수신부**의 **구조**(누전경보기 형식승인 23조)

(1) 전원을 표시하는 장치 설치(단, **2급**은 제외)
(2) 수신부는 다음 회로에 **단락**이 생기는 경우에는 유효하게 보호되는 조치를 강구하여야 한다.
 ㉠ 전원입력측의 회로(단, **2급 수신부**는 제외)
 ㉡ 수신부에서 외부의 음향장치와 표시등에 대하여 직접 전력을 공급하도록 구성된 외부회로
(3) 감도조정장치를 제외하고 감도조정부는 외함의 **바깥쪽**에 노출되지 아니하여야 한다.
(4) 전원입력측의 양선(**1회선용**은 **1선** 이상) 및 외부부하에 직접 전원을 송출하도록 구성된 회로에는 **퓨즈** 또는 **브레이커** 등 설치
(5) 주전원의 양극을 동시에 개폐할 수 있는 **전원스위치**를 설치하여야 한다.(단, 보수시에 전원공급이 자동적으로 중단되는 방식은 제외)

① 2급 수신부는 제외

답 ①

★★ **80** [19.09.문65]

**발신기의 외함을 합성수지를 사용하는 경우 외함의 최소두께는 몇 mm 이상이어야 하는가?**

① 5 ② 3
③ 1.6 ④ 1.2

해설 **발신기**의 **구조** 및 **일반기능**(발신기 형식승인 4조)

발신기의 외함에 강판을 사용하는 경우에는 다음에 기재된 두께 이상의 강판을 사용하여야 한다. 다만, 합성수지를 사용하는 경우에는 강판의 **2.5배** 이상의 두께일 것

(1) 외함 **1.2mm** 이상
(2) 직접 벽면에 접하여 벽 속에 매립되는 외함의 부분은 **1.6mm** 이상

중요

**발신기**의 **외함두께**

| 강 판 | | 합성수지 | |
|---|---|---|---|
| 외 함 | 외함<br>(벽 속 매립) | 외 함 | 외함<br>(벽 속 매립) |
| 1.2mm 이상 | 1.6mm 이상 | 3mm 이상 | 4mm 이상 |

② 합성수지를 사용하므로 외함두께는 **3mm** 이상

답 ②

# 17년 2017. 9. 23 시행

**▌2017년 기사 제4회 필기시험▐**

| 자격종목 | 종목코드 | 시험시간 | 형별 | 수험번호 | 성명 |
|---|---|---|---|---|---|
| 소방설비기사(전기분야) | | 2시간 | | | |

※ 답안카드 작성시 시험문제지 형별누락, 마킹착오로 인한 불이익은 전적으로 수험자의 귀책사유임을 알려드립니다.
※ 각 문항은 4지택일형으로 질문에 가장 적합한 보기 항을 선택하여 마킹하여야 합니다.

## 제 1 과목 소방원론

★★★
**01** 연소확대 방지를 위한 방화구획과 관계없는 것은?

① 일반 승강기의 승강장구획
② 층 또는 면적별 구획
③ 용도별 구획
④ 방화댐퍼

해설 **연소확대 방지**를 위한 **방화구획**
(1) 층 또는 면적별 구획
(2) 피난용 승강기의 승강로구획
(3) 위험용도별 구획(용도별 구획)
(4) 방화댐퍼 설치

① 일반 승강기 → 피난용 승강기
승강장 → 승강로

※ **방화구획의 종류** : 층단위, 용도단위, 면적단위

답 ①

★★
**02** 공기 중에서 자연발화 위험성이 높은 물질은?

16.05.문46
16.05.문52
15.09.문03
15.05.문10
15.03.문51
14.09.문18
11.06.문54

① 벤젠
② 톨루엔
③ 이황화탄소
④ 트리에틸알루미늄

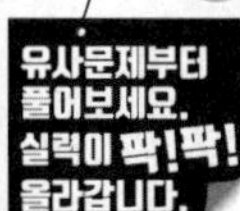
유사문제부터
풀어보세요.
실력이 팍!팍!
올라갑니다.

해설 **위험물령 [별표 1]**
위험물

| 유 별 | 성 질 | 품 명 |
|---|---|---|
| 제1류 | 산화성 고체 | • 아염소산염류<br>• 염소산염류(**염소산나트륨**)<br>• 과염소산염류<br>• 질산염류<br>• 무기과산화물<br>기억법 1산고염나 |
| 제2류 | 가연성 고체 | • **황화**린<br>• **적**린<br>• **유**황<br>• **마**그네슘<br>기억법 황화적유마 |
| 제3류 | **자연발화성 물질** 및 **금수성 물질** | • **황**린<br>• **칼**륨<br>• **나**트륨<br>• **알**칼리토금속<br>• **트**리에틸알루미늄<br>기억법 황칼나알트 |
| 제4류 | 인화성 액체 | • 특수인화물<br>• 석유류(벤젠)<br>• 알코올류<br>• 동식물유류 |
| 제5류 | 자기반응성 물질 | • 유기과산화물<br>• 니트로화합물<br>• 니트로소화합물<br>• 아조화합물<br>• 질산에스테르류(셀룰로이드) |
| 제6류 | 산화성 액체 | • **과염소산**<br>• 과산화수소<br>• 질산 |

※ 자연발화성 물질 : 자연발화 위험성이 높은 물질

답 ④

★★★
**03** 목재화재시 다량의 물을 뿌려 소화할 경우 기대되는 주된 소화효과는?

12.09.문09

① 제거효과
② 냉각효과
③ 부촉매효과
④ 희석효과

해설 **소화**의 **형태**

| 구 분 | 설 명 |
|---|---|
| **냉**각소화 | • **점**화원을 냉각하여 소화하는 방법<br>• **증**발잠열을 이용하여 열을 빼앗아 가연물의 온도를 떨어뜨려 화재를 진압하는 소화방법<br>• **다량의 물을 뿌려 소화하는 방법**<br>• 가연성 물질을 **발화점 이하**로 **냉각**하여 소화하는 방법<br>• **식용유화재**에 신선한 **야채**를 넣어 소화하는 방법<br>• 용융잠열에 의한 **냉각효과**를 이용하여 소화하는 방법<br>기억법 냉점증발 |

| | |
|---|---|
| **질**식소화 | • 공기 중의 **산소농도**를 **16%**(10~15%) 이하로 희박하게 하여 소화하는 방법<br>• 산화제의 농도를 낮추어 연소가 지속될 수 없도록 소화하는 방법<br>• 산소공급을 차단하여 소화하는 방법<br>• 산소의 농도를 낮추어 소화하는 방법<br>• 화학반응으로 발생한 **탄산가스**에 의한 소화방법<br>기억법 질산 |
| 제거소화 | • **가연물**을 **제거**하여 소화하는 방법 |
| **부**촉매 소화 (=화학 소화) | • **연쇄반응**을 **차단**하여 소화하는 방법<br>• 화학적인 방법으로 화재를 억제하여 소화하는 방법<br>• **활성기**(free radical)의 **생성**을 **억제**하여 소화하는 방법<br>기억법 부억(부엌) |
| 희석소화 | • 기체·고체·액체에서 나오는 분해가스나 증기의 농도를 낮춰 소화하는 방법<br>• 불연성 가스의 **공기** 중 **농도**를 높여 소화하는 방법 |

답 ②

★★
## 04 폭발의 형태 중 화학적 폭발이 아닌 것은?

① 분해폭발
② 가스폭발
③ 수증기폭발
④ 분진폭발

해설 **폭발**의 **종류**

| 화학적 폭발 | 물리적 폭발 |
|---|---|
| • 가스폭발<br>• 유증기폭발<br>• 분진폭발<br>• 화약류의 폭발<br>• 산화폭발<br>• 분해폭발<br>• 중합폭발 | • 증기폭발<br>• 전선폭발<br>• 상전이폭발<br>• 압력방출에 의한 폭발 |

③ 수증기폭발 → 유증기폭발

답 ③

★★
## 05 포소화약제 중 고팽창포로 사용할 수 있는 것은?

15.05.문09
15.05.문20
13.06.문03

① 단백포
② 불화단백포
③ 내알코올포
④ 합성계면활성제포

해설 **포소화약제**

| 저팽창포 | 고팽창포 |
|---|---|
| • 단백포소화약제<br>• 수성막포소화약제<br>• 내알코올형포소화약제<br>• 불화단백포소화약제<br>• 합성계면활성제포소화약제 | • **합**성계면활성제포소화약제<br>기억법 고합(고합그룹) |

• 저팽창포=저발포
• 고팽창포=고발포

중요

**포소화약제**의 **특징**

| 약제의 종류 | 특 징 |
|---|---|
| 단백포 | • 흑갈색이다.<br>• 냄새가 지독하다.<br>• 포안정제로서 **제1철염**을 첨가한다.<br>• 다른 포약제에 비해 **부식성**이 **크다**. |
| **수**성막포 | • 안전성이 좋아 장기보관이 가능하다.<br>• 내약품성이 좋아 **분말소화약제**와 **겸용** 사용이 가능하다.<br>• 석유류 표면에 신속히 피막을 형성하여 유류증발을 억제한다.<br>• 일명 **AFFF**(**A**queous **F**ilm **F**orming **F**oam)라고 한다.<br>• 점성이 작기 때문에 가연성 기름의 표면에서 쉽게 피막을 형성한다.<br>기억법 분수 |
| 내알코올형포 (내알코올포) | • 알코올류 위험물(**메탄올**)의 소화에 사용한다.<br>• 수용성 유류화재(**아세트알데히드, 에스테르류**)에 사용한다.<br>• 가연성 액체에 사용한다. |
| 불화단백포 | • 소화성능이 가장 우수하다.<br>• 단백포와 수성막포의 결점인 열안정성을 보완시킨다.<br>• **표면하 주입방식**에도 적합하다. |
| **합**성계면 활성제포 | • **저**팽창포와 **고**팽창포 모두 사용 가능하다.<br>• 유동성이 좋다.<br>• 카바이트 저장소에는 부적합하다.<br>기억법 합저고 |

답 ④

★★
## 06 FM200이라는 상품명을 가지며 오존파괴지수(ODP)가 0인 할론 대체소화약제는 무슨 계열인가?

16.10.문12
15.03.문20
14.03.문15

① HFC계열 ② HCFC계열
③ FC계열 ④ Blend계열

해설 **할로겐화합물 및 불활성기체 소화약제**의 **종류**(NFSC 107A 4조)

| 계 열 | 소화약제 | 상품명 | 화학식 |
|---|---|---|---|
| FC 계열 | 퍼플루오로부탄 (FC-3-1-10) | CEA-410 | $C_4F_{10}$ |
| **HFC 계열** | 트리플루오로메탄 (HFC-23) | FE-13 | $CHF_3$ |
| | 펜타플루오로에탄 (HFC-125) | FE-25 | $CHF_2CF_3$ |
| | 헵타플루오로프로판 (HFC-227ea) | **FM-200** | $CF_3CHFCF_3$ |
| HCFC 계열 | 클로로테트라플루오로에탄 (HCFC-124) | FE-241 | $CHClFCF_3$ |
| | 하이드로클로로플루오로카본 혼화제 (HCFC BLEND A) | NAF S-Ⅲ | • $C_{10}H_{16}$ : 3.75%<br>• HCFC-123 ($CHCl_2CF_3$) : 4.75%<br>• HCFC-124 ($CHClFCF_3$) : 9.5%<br>• HCFC-22 ($CHClF_2$) : 82% |
| IG 계열 | 불연성·불활성 기체혼합가스 (IG-541) | Inergen | • $CO_2$ : 8%<br>• Ar : 40%<br>• $N_2$ : 52% |

답 ①

★★★

**07** 화재의 종류에 따른 분류가 틀린 것은?

19.09.문16
19.03.문08
16.05.문09
15.09.문19
13.09.문07

① A급 : 일반화재
② B급 : 유류화재
③ C급 : 가스화재
④ D급 : 금속화재

해설 **화재**의 **종류**

| 구 분 | 표시색 | 적응물질 |
|---|---|---|
| 일반화재(A급) | 백색 | • 일반가연물<br>• 종이류 화재<br>• 목재·섬유화재 |
| 유류화재(B급) | 황색 | • 가연성 액체<br>• 가연성 가스<br>• 액화가스화재<br>• 석유화재 |
| 전기화재(C급) | 청색 | • 전기설비 |
| 금속화재(D급) | 무색 | • 가연성 금속 |
| 주방화재(K급) | - | • 식용유화재 |

※ 요즘은 표시색의 의무규정은 없음

③ 가스화재 → 전기화재

답 ③

★★★

**08** 고비점 유류의 탱크화재시 열류층에 의해 탱크 아래의 물이 비등·팽창하여 유류를 탱크 외부로 분출시켜 화재를 확대시키는 현상은?

97.03.문04

① 보일오버(Boil over)
② 롤오버(Roll over)
③ 백드래프트(Back draft)
④ 플래시오버(Flash over)

해설 **보일오버**(Boil over)

(1) **중**질유의 탱크에서 장시간 조용히 연소하다 탱크 내의 잔존기름이 갑자기 분출하는 현상
(2) 유류탱크에서 탱크바닥에 물과 기름의 **에멀션**이 섞여 있을 때 이로 인하여 화재가 발생하는 현상
(3) 연소유면으로부터 100℃ 이상의 **열**파가 탱크 저부에 고여 있는 물을 비등하게 하면서 연소유를 탱크 밖으로 비산시키며 연소하는 현상
(4) **고비점 유류**의 탱크화재시 열류층에 의해 **탱크 아래**의 **물**이 비등·팽창하여 유류를 탱크 외부로 분출시켜 화재를 확대시키는 현상

※ **에멀션** : 물의 미립자가 기름과 섞여서 기름의 증발능력을 떨어뜨려 연소를 억제하는 것

기억법 **보중에열**

중요

**유류탱크**, **가스탱크**에서 **발생**하는 현상

| 여러 가지 현상 | 정 의 |
|---|---|
| **블래비** (BLEVE) | • 과열상태의 탱크에서 내부의 액화가스가 분출하여 기화되어 폭발하는 현상 |
| **보일오버** (Boil over) | • 중질유의 탱크에서 장시간 조용히 연소하다 탱크 내의 잔존기름이 갑자기 분출하는 현상<br>• 유류탱크에서 탱크바닥에 물과 기름의 **에멀션**이 섞여 있을 때 이로 인하여 화재가 발생하는 현상<br>• 연소유면으로부터 100℃ 이상의 열파가 탱크 저부에 고여 있는 물을 비등하게 하면서 연소유를 탱크 밖으로 비산시키며 연소하는 현상<br>• 탱크 **저부**의 물이 급격히 증발하여 기름이 탱크 밖으로 화재를 동반하여 방출하는 현상<br>기억법 **보저(보자기)** |
| **오일오버** (Oil over) | • 저장탱크에 저장된 유류저장량이 내용적의 **50%** 이하로 충전되어 있을 때 화재로 인하여 탱크가 폭발하는 현상 |
| **프로스오버** (Froth over) | • **물**이 점성의 뜨거운 **기름표면 아래에서 끓을 때** 화재를 수반하지 않고 용기가 넘치는 현상 |
| **슬롭오버** (Slop over) | • **물**이 연소유의 **뜨거운 표면**에 **들어갈 때** 기름표면에서 화재가 발생하는 현상<br>• 유화제로 소화하기 위한 **물**이 수분의 급격한 증발에 의하여 액면이 거품을 일으키면서 **열유층 밑**의 **냉유**가 급히 열팽창하여 **기름**의 **일부**가 불이 붙은 채 탱크벽을 넘어서 일출하는 현상 |

답 ①

★★★
## 09 제3류 위험물로서 자연발화성만 있고 금수성이 없기 때문에 물속에 보관하는 물질은?

10.03.문09

① 염소산암모늄　② 황린
③ 칼륨　④ 질산

해설 **물질**에 따른 **저장장소**

| 물 질 | 저장장소 |
|---|---|
| **황**린, **이**황화탄소($CS_2$) | **물**속 |
| 니트로셀룰로오스 | 알코올 속 |
| 칼륨(K), 나트륨(Na), 리튬(Li) | 석유류(등유) 속 |
| 아세틸렌($C_2H_2$) | 디메틸포름아미드(DMF), 아세톤에 용해 |

기억법 **황물이(황토색 물이 나온다.)**

중요

**위험물령 〔별표 1〕**
**위험물**

| 유 별 | 성 질 | 품 명 |
|---|---|---|
| 제**1**류 | **산**화성 **고**체 | • 아염소산염류<br>• 염소산염류(**염소산나트륨**)<br>• 과염소산염류<br>• 질산염류<br>• 무기과산화물<br>기억법 1산고염나 |
| 제2류 | 가연성 고체 | • **황화**린<br>• **적**린<br>• **유**황<br>• **마**그네슘<br>기억법 황화적유마 |
| 제3류 | 자연발화성 물질 및 금수성 물질 | • **황린** : 자연발화성 물질<br>• **칼**륨<br>• **나트륨**<br>• **알**칼리토금속<br>• **트**리에틸알루미늄<br>기억법 황칼나알트 |
| 제4류 | 인화성 액체 | • 특수인화물<br>• 석유류(벤젠)<br>• 알코올류<br>• 동식물유류 |
| 제5류 | 자기반응성 물질 | • 유기과산화물<br>• 니트로화합물<br>• 니트로소화합물<br>• 아조화합물<br>• 질산에스테르류(셀룰로이드) |
| 제6류 | 산화성 액체 | • **과염소산**<br>• 과산화수소<br>• 질산 |

답 ②

★★
## 10 분말소화약제에 관한 설명 중 틀린 것은?

19.03.문01 18.04.문06 16.10.문06 16.10.문10 16.05.문15 16.05.문17 16.03.문09 16.03.문11 15.09.문01 15.05.문08 14.09.문10 14.05.문17 14.03.문03 12.03.문13

① 제1종 분말은 담홍색 또는 황색으로 착색되어 있다.
② 분말의 고화를 방지하기 위하여 실리콘수지 등으로 방습 처리한다.
③ 일반화재에도 사용할 수 있는 분말소화약제는 제3종 분말이다.
④ 제2종 분말의 열분해식은 $2KHCO_3 \rightarrow K_2CO_3 + CO_2 + H_2O$이다.

해설 **분말소화약제**

| 종 별 | 주성분 | 착 색 | 적응 화재 | 비 고 |
|---|---|---|---|---|
| 제**1**종 | 중탄산나트륨 ($NaHCO_3$) | 백색 | BC급 | **식용유** 및 **지방질유**의 화재에 적합 |
| 제2종 | 중탄산칼륨 ($KHCO_3$) | 담자색 (담회색) | BC급 | - |
| 제**3**종 | 제1인산암모늄 ($NH_4H_2PO_4$) | 담홍색 (황색) | ABC급 | **차고·주차장**에 적합 |
| 제4종 | 중탄산칼륨 +요소 ($KHCO_3$+ $(NH_2)_2CO$) | 회(백)색 | BC급 | - |

기억법 1식분(**일식 분**식)
3분 차주(**삼보**컴퓨터 **차주**)

① 담홍색 또는 황색 → 백색

답 ①

★★
## 11 질소 79.2vol.%, 산소 20.8vol.%로 이루어진 공기의 평균분자량은?

19.04.문04 16.10.문02(산업) 12.05.문12

① 15.44
② 20.21
③ 28.83
④ 36.00

해설 **분자량**

| 원 소 | 원자량 |
|---|---|
| H | 1 |
| C | 12 |
| N → | 14 |
| O → | 16 |

질소 $N_2$ : $14 \times 2 \times 0.792 = 22.176$
산소 $O_2$ : $16 \times 2 \times 0.208 = 6.656$

공기의 평균분자량 $= 28.832 \fallingdotseq 28.83$

- 질소 79.2vol%=0.792
- 산소 20.8vol%=0.208
- 단위가 원래는 vol% 또는 v%, vol.%인데 줄여서 %로 쓰기도 한다.

답 ③

★
## 12 휘발유의 위험성에 관한 설명으로 틀린 것은?

① 일반적인 고체가연물에 비해 인화점이 낮다.
② 상온에서 가연성 증기가 발생한다.
③ 증기는 공기보다 무거워 낮은 곳에 체류한다.
④ 물보다 무거워 화재발생시 물분무소화는 효과가 없다.

해설 **휘발유의 위험성**
(1) 일반적인 고체가연물에 비해 인화점이 낮다.
(2) 상온에서 **가연성 증기**가 발생한다.
(3) **증기**는 공기보다 **무거워** 낮은 곳에 체류한다.
(4) 물보다 가벼워 화재발생시 물분무소화도 효과가 있다.

④ 무거워 → 가벼워
물분무소화는 효과가 없다. → 물분무소화도 효과가 있다.

답 ④

★★
## 13 피난층에 대한 정의로 옳은 것은?

12.05.문54

① 지상으로 통하는 피난계단이 있는 층
② 비상용 승강기의 승강장이 있는 층
③ 비상용 출입구가 설치되어 있는 층
④ 직접 지상으로 통하는 출입구가 있는 층

해설 **소방시설법 시행령 2조**
**피난층** : 곧바로 지상으로 갈 수 있는 출입구가 있는 층(직접 지상으로 통하는 출입구가 있는 층)

답 ④

★★
## 14 이산화탄소 20g은 몇 mol인가?

① 0.23　② 0.45
③ 2.2　④ 4.4

해설 **원자량**

| 원 소 | 원자량 |
|---|---|
| H | 1 |
| C → | 12 |
| N | 14 |
| O → | 16 |

이산화탄소 $CO_2$=12+16×2=44g/mol
그러므로 이산화탄소는 44g=1mol 이다.

비례식으로 풀면 44g : 1mol=20g : $x$

$$x = \frac{20\text{g}}{44\text{g}} \times 1\text{mol} \fallingdotseq 0.45\text{mol}$$

답 ②

★★★
## 15 할로겐원소의 소화효과가 큰 순서대로 배열된 것은?

15.03.문16
12.03.문04

① I > Br > Cl > F　② Br > I > F > Cl
③ Cl > F > I > Br　④ F > Cl > Br > I

해설 **할론소화약제**

| 부촉매효과(소화효과) 크기 | 전기음성도(친화력) 크기 |
|---|---|
| I > Br > Cl > F | F > Cl > Br > I |

- 소화효과=소화능력
- 전기음성도 크기=수소와의 결합력 크기

중요

**할로겐족 원소**
(1) 불소 : F
(2) 염소 : Cl
(3) 브롬(취소) : Br
(4) 요오드(옥소) : I

기억법 FClBrI

답 ①

★★★
## 16 건축물에 설치하는 방화벽의 구조에 대한 기준 중 틀린 것은?

19.09.문14
19.04.문02
18.03.문14
13.03.문16
12.03.문10
08.09.문05

① 내화구조로서 홀로 설 수 있는 구조이어야 한다.
② 방화벽의 양쪽 끝은 지붕면으로부터 0.2m 이상 튀어나오게 하여야 한다.
③ 방화벽의 위쪽 끝은 지붕면으로부터 0.5m 이상 튀어나오게 하여야 한다.
④ 방화벽에 설치하는 출입문은 너비 및 높이가 각각 2.5m 이하인 해당 출입문에는 60분+방화문 또는 60분 방화문을 설치하여야 한다.

해설 **건축령 제57조**
**방화벽의 구조**

| | |
|---|---|
| 대상 건축물 | • 주요구조부가 내화구조 또는 불연재료가 아닌 연면적 1000m² 이상인 건축물 |
| 구획단지 | • 연면적 1000m² 미만마다 구획 |
| 방화벽의 구조 | • **내화구조**로서 홀로 설 수 있는 구조일 것<br>• 방화벽의 양쪽 끝과 위쪽 끝을 건축물의 외벽면 및 지붕면으로부터 **0.5m** 이상 튀어나오게 할 것<br>• 방화벽에 설치하는 **출입문**의 **너비** 및 높이는 각각 **2.5m** 이하로 하고 해당 출입문에는 60분+방화문 또는 60분 방화문을 설치할 것 |

② 0.2m → 0.5m

답 ②

**17** 전기불꽃, 아크 등이 발생하는 부분을 기름 속에 넣어 폭발을 방지하는 방폭구조는?

19.03.문12
12.03.문02
97.07.문15

① 내압방폭구조 ② 유입방폭구조
③ 안전증방폭구조 ④ 특수방폭구조

해설 **방폭구조의 종류**

(1) **내압(內壓)방폭구조** : $P$

용기 내부에 질소 등의 보호용 가스를 충전하여 외부에서 폭발성 가스가 침입하지 못하도록 한 구조

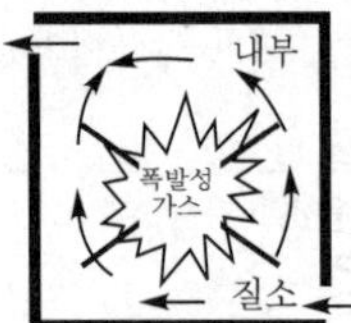


(2) **유입방폭구조** : $o$

전기불꽃, 아크 또는 고온이 발생하는 부분을 **기름** 속에 넣어 폭발성 가스에 의해 인화가 되지 않도록 한 구조

기억법 유기(유기 그릇)

(3) **안전증방폭구조** : $e$

기기의 정상운전 중에 폭발성 가스에 의해 점화원이 될 수 있는 전기불꽃 또는 고온이 되어서는 안 될 부분에 기계적, 전기적으로 특히 안전도를 증가시킨 구조

(4) **본질안전방폭구조** : $i$

폭발성 가스가 단선, 단락, 지락 등에 의해 발생하는 전기불꽃, 아크 또는 고온에 의하여 점화되지 않는 것이 확인된 구조

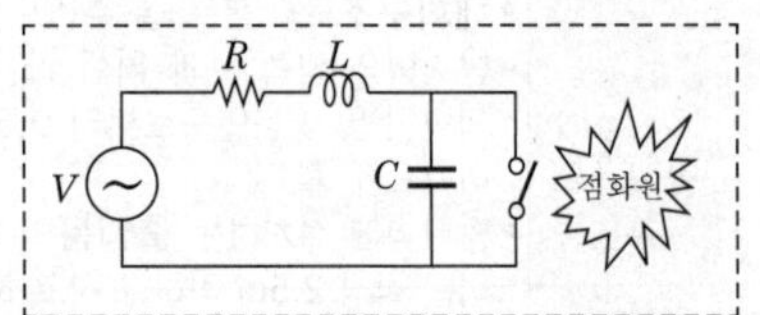


답 ②

**18** 화재시 소화에 관한 설명으로 틀린 것은?

① 내알코올포소화약제는 수용성 용제의 화재에 적합하다.
② 물은 불에 닿을 때 증발하면서 다량의 열을 흡수하여 소화한다.
③ 제3종 분말소화약제는 식용유화재에 적합하다.
④ 할론소화약제는 연쇄반응을 억제하여 소화한다.

해설 **분말소화약제**

| 종 별 | 주성분 | 착 색 | 적응 화재 | 비 고 |
|---|---|---|---|---|
| 제1종 | 중탄산나트륨 ($NaHCO_3$) | 백색 | BC급 | **식용유** 및 **지방질유**의 화재에 적합 |
| 제2종 | 중탄산칼륨 ($KHCO_3$) | 담자색 (담회색) | BC급 | – |
| 제3종 | 제1인산암모늄 ($NH_4H_2PO_4$) | 담홍색 (황색) | ABC급 | **차고 · 주차장**에 적합 |
| 제4종 | 중탄산칼륨 +요소 ($KHCO_3$+ $(NH_2)_2CO$) | 회(백)색 | BC급 | – |

③ 제3종 → 제1종

중요

**소화약제**

| 보 기 | 소화약제 | 특 징 |
|---|---|---|
| ① | 내알코올포 | **수용성** 용제의 화재에 적합 |
| ② | 물 | **다량**의 **열**을 흡수하여 소화 (**냉각소화**) |
| ④ | 할론 | **연쇄반응**을 억제하여 소화 |

답 ③

**19** 건물의 주요구조부에 해당되지 않는 것은?

15.03.문18
13.09.문18

① 바닥 ② 천장
③ 기둥 ④ 주계단

해설 **주요구조부**

(1) 내력**벽**
(2) **보**(작은 보 제외)
(3) **지**붕틀(차양 제외)
(4) **바**닥(최하층 바닥 제외)
(5) **주**계단(옥외계단 제외)
(6) **기**둥(사잇기둥 제외)

기억법 벽보지 바주기

답 ②

★★★
**20** 공기 중에서 연소범위가 가장 넓은 물질은?

① 수소 ② 이황화탄소
③ 아세틸렌 ④ 에테르

해설 **공기 중**의 **폭발한계**(상온, 1atm)

| 가 스 | 하한계[vol%] | 상한계[vol%] |
|---|---|---|
| **아세틸렌**($C_2H_2$) | 2.5 | 81 |
| **수소**($H_2$) | 4 | 75 |
| **일**산화탄소(CO) | 12.5 | 74 |
| **에테르**($(C_2H_5)_2O$) | 1.9 | 48 |
| **이황화탄소**($CS_2$) | 1.2 | 44 |
| 에틸렌($C_2H_4$) | 2.7 | 36 |
| 암모니아($NH_3$) | 15 | 28 |
| 메탄($CH_4$) | 5 | 15 |
| 에탄($C_2H_6$) | 3 | 12.4 |
| 프로판($C_3H_8$) | 2.1 | 9.5 |
| 부탄($C_4H_{10}$) | 1.8 | 8.4 |
| 가솔린($C_5H_{12}$~$C_9G_{20}$) | 1.4 | 7.6 |

기억법 아수일에이

- 연소한계=연소범위=가연한계=가연범위=폭발한계=폭발범위
- 하한계=연소하한값
- 상한계=연소상한값
- 가솔린=휘발유

답 ③

## 제 2 과목 소방전기일반

★
**21** 이상적인 트랜지스터의 $\alpha$ 값은? (단, $\alpha$는 베이스접지 증폭기의 전류증폭률이다.)

19.04.문39
10.03.문26

① 0 ② 1
③ 100 ④ ∞

해설 **베이스접지 전류증폭률**

$$\alpha = \frac{\beta}{1+\beta}$$

여기서, $\alpha$ : 베이스접지 전류증폭률
$\beta$ : 이미터접지 전류증폭률

- 이상적인 트랜지스터의 베이스접지 전류증폭률 $\alpha$는 1이다.
- 전류증폭률=전류증폭정수
- 베이스접지=베이스접지 증폭기

중요

**이미터접지 전류증폭률**

$$\beta = \frac{I_C}{I_B} = \frac{I_C}{I_E - I_C}$$

여기서, $\beta$ : 이미터접지 전류증폭률 (이미터접지 전류증폭정수)
$I_C$ : 컬렉터전류[mA]
$I_B$ : 베이스전류[mA]
$I_E$ : 이미터전류[mA]

답 ②

★★★
**22** 제어목표에 의한 분류 중 미지의 임의 시간적 변화를 하는 목표값에 제어량을 추종시키는 것을 목적으로 하는 제어법은?

19.03.문32
17.09.문39
17.05.문29
16.10.문35
16.05.문22
16.03.문32
15.05.문23
15.05.문37
14.09.문23
13.09.문27

① 정치제어
② 비율제어
③ 추종제어
④ 프로그램제어

해설 **제어**의 **종류**

| 종 류 | 설 명 |
|---|---|
| **정치제어** (fixed value control) | • 일정한 **목**표값을 **유**지하는 것으로 **프로세스제어, 자동조정**이 이에 해당된다.<br>예 **연속식 압연기**<br>• **목표값**이 시간에 관계없이 항상 일정한 값을 가지는 제어이다.<br>기억법 **유목정** |
| **추종제어** (follow-up control) | • 미지의 시간적 변화를 하는 **목표값**에 제어량을 **추종**시키기 위한 제어로 **서보기구**가 이에 해당된다.<br>예 **대공포의 포신** |
| **비율제어** (ratio control) | • 둘 이상의 제어량을 소정의 비율로 제어하는 것이다.<br>• 연료의 유량과 공기의 유량과의 사이의 비율을 연소에 적합한 것으로 유지하고자 하는 제어방식이다. |
| **프로그램제어** (program control) | • 목표값이 **미리 정해진 시간적 변화**를 하는 경우 제어량을 그것에 **추종**시키기 위한 제어이다.<br>예 **열차·산업로봇의 무인운전, 엘리베이터** |

중요

**제어량**에 의한 **분류**

| 분 류 | 종 류 |
|---|---|
| **프**로세스제어 (공정제어) | • **온**도<br>• **압**력<br>• **유**량<br>• **액**면<br>기억법 **프온압유액** |

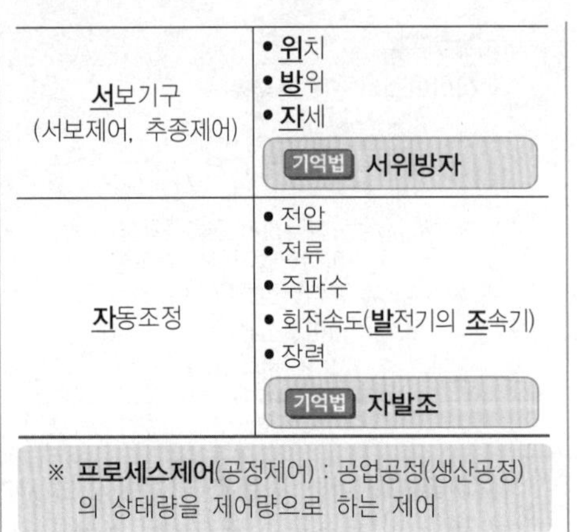

| | |
|---|---|
| **서**보기구<br>(서보제어, 추종제어) | • **위**치<br>• **방**위<br>• **자**세<br>기억법 **서위방자** |
| **자**동조정 | • 전압<br>• 전류<br>• 주파수<br>• 회전속도(**발**전기의 **조**속기)<br>• 장력<br>기억법 **자발조** |

※ **프로세스제어**(공정제어) : 공업공정(생산공정)의 상태량을 제어량으로 하는 제어

답 ③

## ★ 23 공진작용과 관계가 없는 것은?

① C급 증폭회로
② 발진회로
③ $LC$병렬회로
④ 변조회로

해설 **공진작용**과 **관계있는 것**
(1) C급 증폭회로
(2) 발진회로
(3) $LC$병렬회로

답 ④

## ★★★ 24 전류 측정 범위를 확대시키기 위하여 전류계와 병렬로 연결해야만 되는 것은?

19.03.문22 18.03.문36 16.03.문26 14.09.문36 08.03.문30 04.09.문28 03.03.문37

① 배율기
② 분류기
③ 중계기
④ CT

해설

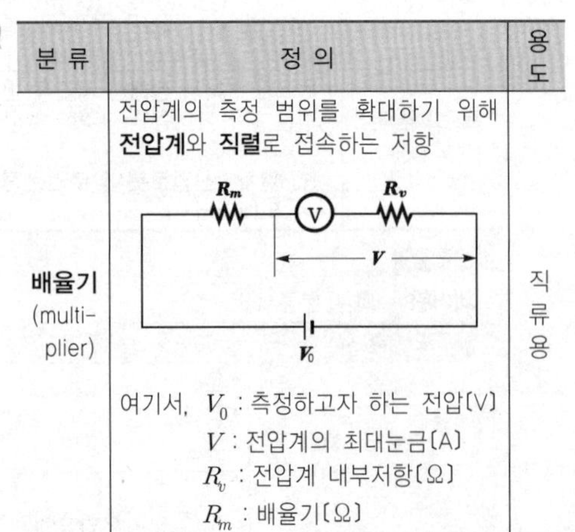

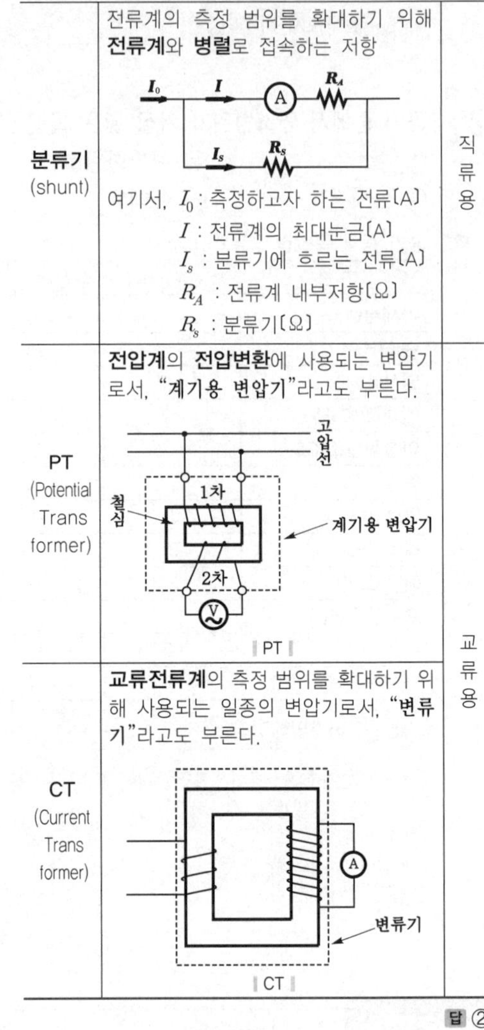

| 분 류 | 정 의 | 용도 |
|---|---|---|
| **배율기**<br>(multi-plier) | 전압계의 측정 범위를 확대하기 위해 **전압계**와 **직렬**로 접속하는 저항<br>(회로도: $R_m$, V, $R_v$, $V$, $V_0$)<br>여기서, $V_0$ : 측정하고자 하는 전압[V]<br>$V$ : 전압계의 최대눈금[A]<br>$R_v$ : 전압계 내부저항[Ω]<br>$R_m$ : 배율기[Ω] | 직류용 |
| **분류기**<br>(shunt) | 전류계의 측정 범위를 확대하기 위해 **전류계**와 **병렬**로 접속하는 저항<br>(회로도: $I_0$, $I$, A, $R_A$, $I_s$, $R_s$)<br>여기서, $I_0$ : 측정하고자 하는 전류[A]<br>$I$ : 전류계의 최대눈금[A]<br>$I_s$ : 분류기에 흐르는 전류[A]<br>$R_A$ : 전류계 내부저항[Ω]<br>$R_s$ : 분류기[Ω] | 직류용 |
| PT<br>(Potential Trans former) | **전압계**의 **전압변환**에 사용되는 변압기로서, "**계기용 변압기**"라고도 부른다.<br>(그림: 고압선, 철심, 1차, 2차, 계기용 변압기, V)<br>▮PT▮ | 교류용 |
| CT<br>(Current Trans former) | **교류전류계**의 측정 범위를 확대하기 위해 사용되는 일종의 변압기로서, "**변류기**"라고도 부른다.<br>(그림: A, 변류기)<br>▮CT▮ | 교류용 |

답 ②

## ★★★ 25 다음 그림과 같은 논리회로로 옳은 것은?

16.05.문36 16.03.문39 15.09.문23 13.09.문30 13.06.문35

① OR회로
② AND회로
③ NOT회로
④ NOR회로

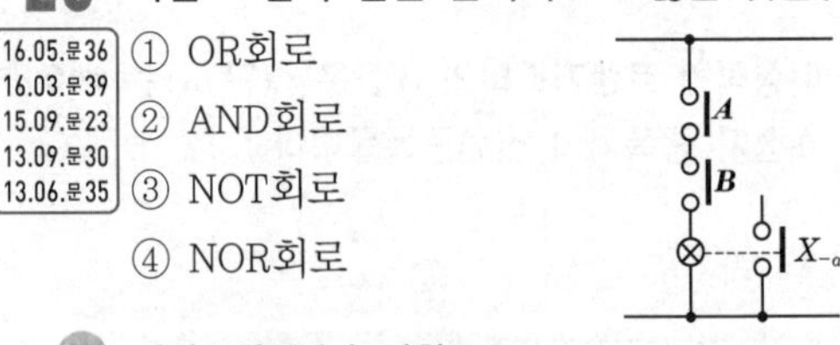


해설 **시퀀스회로**와 **논리회로**

| 명 칭 | 시퀀스회로 | 논리회로 |
|---|---|---|
| AND 회로 (**직렬회로**) | 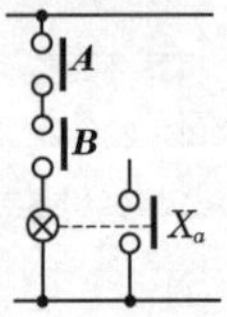 (A, B, $X_a$ 직렬 접점 회로) |  (AND 게이트: A, B → X)<br>$X=A \cdot B$<br>입력신호 $A$, $B$가 동시에 1일 때만 출력신호 $X$가 1이 된다. |

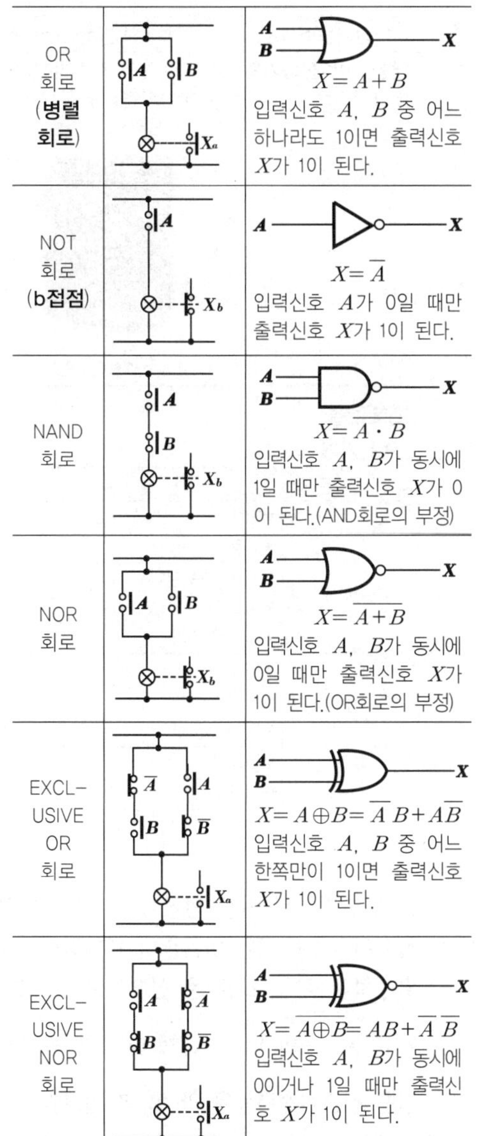

| 회로 | 논리기호 및 설명 |
|---|---|
| OR 회로 (**병렬 회로**) | $X=A+B$ 입력신호 $A$, $B$ 중 어느 하나라도 1이면 출력신호 $X$가 1이 된다. |
| NOT 회로 (b접점) | $X=\overline{A}$ 입력신호 $A$가 0일 때만 출력신호 $X$가 1이 된다. |
| NAND 회로 | $X=\overline{A \cdot B}$ 입력신호 $A$, $B$가 동시에 1일 때만 출력신호 $X$가 0이 된다.(AND회로의 부정) |
| NOR 회로 | $X=\overline{A+B}$ 입력신호 $A$, $B$가 동시에 0일 때만 출력신호 $X$가 1이 된다.(OR회로의 부정) |
| EXCL-USIVE OR 회로 | $X=A \oplus B=\overline{A}B+A\overline{B}$ 입력신호 $A$, $B$ 중 어느 한쪽만이 1이면 출력신호 $X$가 1이 된다. |
| EXCL-USIVE NOR 회로 | $X=\overline{A \oplus B}=AB+\overline{A}\,\overline{B}$ 입력신호 $A$, $B$가 동시에 0이거나 1일 때만 출력신호 $X$가 1이 된다. |

답 ②

★★★

**26** 그림과 같은 회로에서 단자 a, b 사이에 주파수 $f$[Hz]의 정현파전압을 가했을 때 전류계 $A_1$, $A_2$의 값이 같았다. 이 경우 $f$, $L$, $C$ 사이의 관계로 옳은 것은?

14.09.문30

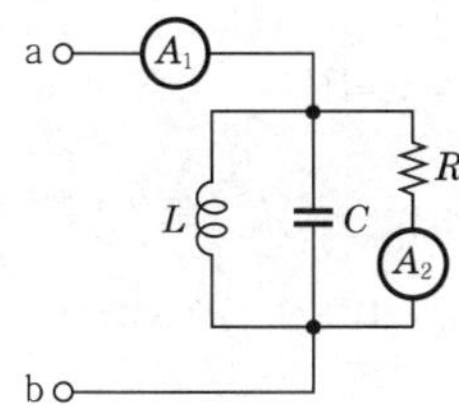


① $f=\dfrac{1}{2\pi^2 LC}$

② $f=\dfrac{1}{4\pi\sqrt{LC}}$

③ $f=\dfrac{1}{\sqrt{2\pi^2 LC}}$

④ $f=\dfrac{1}{2\pi\sqrt{LC}}$

해설 **일반적인 정현파**의 **공진주파수**

전류계 $A_1=A_2$ 이면 공진되었다는 뜻이므로

$$f_0=\frac{1}{2\pi\sqrt{LC}}$$

여기서, $f_0$ : 공진주파수[Hz]

$L$ : 인덕턴스[H]

$C$ : 정전용량[F]

비교

**제**$n$ **고조파**의 **공진주파수** $f_n$은

$$f_n=\frac{1}{2\pi n\sqrt{LC}}$$

여기서, $f_n$ : 제$n$고조파의 공진주파수[Hz]

$n$ : 제$n$고조파

$L$ : 인덕턴스[H]

$C$ : 정전용량[F]

답 ④

★

**27** 다음 그림과 같은 회로에서 전달함수로 옳은 것은?

19.09.문22
16.03.문25
09.05.문32
08.03.문39

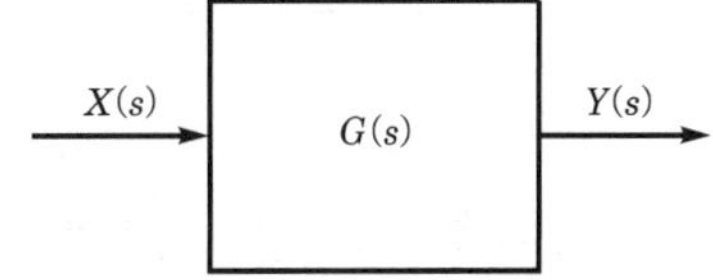


① $X(s)+Y(s)$ ② $X(s)Y(s)$

③ $Y(s)/X(s)$ ④ $X(s)/Y(s)$

해설 $Y(s)=X(s)G(s)$

$\dfrac{Y(s)}{X(s)}=G(s)$

$\therefore Y(s)/X(s)=G(s)$

※ **전달함수** : 모든 초기값을 0으로 했을 때 출력신호의 라플라스 변환과 입력신호의 라플라스 변환의 비

답 ③

★★★
**28** 100V, 500W의 전열선 2개를 같은 전압에서 직렬로 접속한 경우와 병렬로 접속한 경우의 전력은 각각 몇 W인가?

① 직렬 : 250, 병렬 : 500
② 직렬 : 250, 병렬 : 1000
③ 직렬 : 500, 병렬 : 500
④ 직렬 : 500, 병렬 : 1000

해설 (1) **전력**

$$P=\frac{V^2}{R}$$

여기서, $P$ : 전력〔W〕
$V$ : 전압〔V〕
$R$ : 저항〔Ω〕

저항 $R$은

$R=\frac{V^2}{P}=\frac{100^2}{500}=20\Omega$

(2) **전열선 2개 직렬접속**

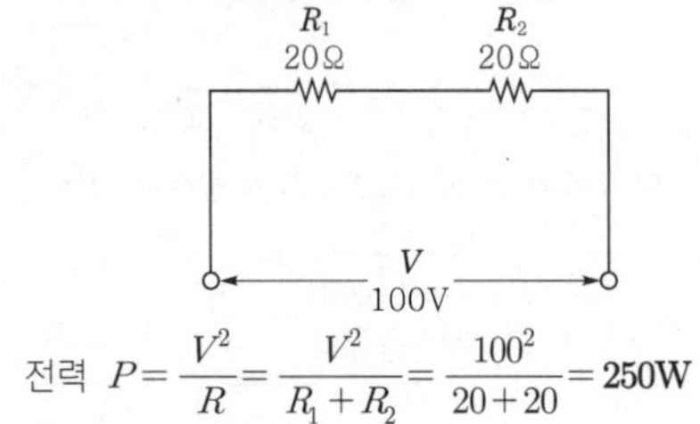


전력 $P=\frac{V^2}{R}=\frac{V^2}{R_1+R_2}=\frac{100^2}{20+20}=250\text{W}$

(3) **전열선 2개 병렬접속**

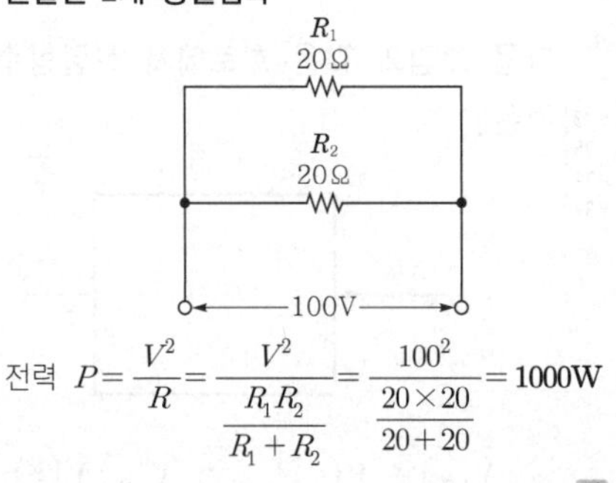


전력 $P=\frac{V^2}{R}=\frac{V^2}{\frac{R_1R_2}{R_1+R_2}}=\frac{100^2}{\frac{20\times20}{20+20}}=1000\text{W}$

답 ②

★★
**29** 정속도운전의 직류발전기로 작은 전력의 변화를 큰 전력의 변화로 증폭하는 발전기는?

13.03.문30

① 앰플리다인
② 로젠베르그발전기
③ 솔레노이드
④ 서보전동기

해설

| 전기동력계 | 앰플리다인(amplidyne) |
|---|---|
| **대형 직류전동기**의 **토크** 측정 | 정속도운전의 **직류발전기**로 작은 전력의 변화를 큰 전력의 변화로 증폭하는 발전기  ▌앰플리다인▐ |

중요

**증폭기기**

| 구 분 | 종 류 |
|---|---|
| 전기식 증폭기기 | • SCR<br>• 앰플리다인<br>• 사이러트론(다이라트론)<br>• 트랜지스터<br>• 자기증폭기 |
| 공기식 증폭기기 | • 벨로즈<br>• 노즐플래프<br>• 파일럿밸브 |
| 유압식 증폭기기 | • 분사관<br>• 안내밸브 |

답 ①

★★
**30** 0.5kVA의 수신기용 변압기가 있다. 변압기의 철손이 7.5W, 전부하동손이 16W이다. 화재가 발생하여 처음 2시간은 전부하운전되고, 다음 2시간은 $\frac{1}{2}$의 부하가 걸렸다고 한다. 4시간에 걸친 전손실전력량은 약 몇 Wh인가?

11.03.문29

① 65　② 70
③ 75　④ 80

해설 (1) **기호**

- $P_i$ : 7.5W
- $P_c$ : 16W
- $t$ : 2h
- $\frac{1}{2}$ 부하가 걸렸으므로 $\frac{1}{n}=\frac{1}{2}$

(2) **전손실전력량**

$$W=[P_i+P_c]t+\left[P_i+\left(\frac{1}{n}\right)^2P_c\right]t$$

여기서, $W$ : 전손실전력량〔Wh〕
$P_i$ : 철손〔W〕

$P_c$ : 동손[W]
$t$ : 시간[h]
$n$ : 부하가 걸리는 비율

$$W=[7.5+16]\times 2+\left[7.5+\left(\frac{1}{2}\right)^2\times 16\right]\times 2$$
$$=70\text{Wh}$$

답 ②

★★
**31** 저항이 $R$, 유도리액턴스가 $X_L$, 용량리액턴스가 $X_C$인 $RLC$ 직렬회로에서의 $\dot{Z}$와 $Z$값으로 옳은 것은?

① $\dot{Z}=R+j(X_L-X_C)$
$Z=\sqrt{R^2+(X_L-X_C)^2}$
② $\dot{Z}=R+j(X_L+X_C)$
$Z=\sqrt{R+(X_L+X_C)^2}$
③ $\dot{Z}=R+j(X_C-X_L)$
$Z=\sqrt{R^2+(X_C-X_L)^2}$
④ $\dot{Z}=R+j(X_C+X_L)$
$Z=\sqrt{R^2+(X_C+X_L)^2}$

해설 **임피던스**

| $RLC$ 직렬회로 | $RLC$ 병렬회로 |
|---|---|
| $\dot{Z}=R+j(X_L-X_C)$<br>$Z=\sqrt{R^2+(X_L-X_C)^2}$ | $\dot{Z}=\frac{1}{R}+j\left(\frac{1}{X_C}-\frac{1}{X_L}\right)$<br>$Z=\sqrt{\left(\frac{1}{R}\right)^2+\left(\frac{1}{X_C}-\frac{1}{X_L}\right)^2}$ |

여기서, $\dot{Z}$ : 임피던스(벡터)[Ω]
$Z$ : 임피던스[Ω]
$R$ : 저항[Ω]
$j$ : 허수($\sqrt{-1}$)
$X_L$ : 유도리액턴스[Ω]
$X_C$ : 용량리액턴스[Ω]

답 ①

★★
**32** 진공 중에 놓인 $5\mu\text{C}$의 점전하에서 2m가 되는 점의 전계는 몇 V/m인가?

16.05.문33
07.09.문22

① $11.25\times 10^3$ ② $16.25\times 10^3$
③ $22.25\times 10^3$ ④ $28.25\times 10^3$

해설 (1) **기호**

- $Q$ : $5\mu\text{C}=5\times 10^{-6}\text{C}(\mu=10^{-6})$
- $r$ : 2m

(2) **전계**의 **세기**(intensity of electric field)

$$E=\frac{Q}{4\pi\varepsilon r^2}$$

여기서, $E$ : 전계의 세기[V/m]
$Q$ : 전하[C]
$\varepsilon$ : 유전율[F/m]($\varepsilon=\varepsilon_0\cdot\varepsilon_s$)
( $\varepsilon_0$ : 진공의 유전율[F/m]
$\varepsilon_s$ : 비유전율 )
$r$ : 거리[m]

**전계의 세기**(전장의 세기) $E$는

$$E=\frac{Q}{4\pi\varepsilon r^2}=\frac{Q}{4\pi\varepsilon_0\varepsilon_s r^2}=\frac{Q}{4\pi\varepsilon_0 r^2}$$
$$=\frac{(5\times 10^{-6})}{4\pi\times(8.855\times 10^{-12})\times 2^2}$$
$$\fallingdotseq 11.25\times 10^3\text{V/m}$$

- **진공**의 **유전율** : $\varepsilon_0=8.855\times 10^{-12}\text{F/m}$
- $\varepsilon_s$(비유전율) : 진공 중 또는 공기 중 $\varepsilon_s\fallingdotseq 1$이므로 생략

답 ①

★★★
**33** 논리식 $X=\overline{A\cdot B}$와 같은 것은?

19.09.문21
19.04.문32
19.03.문24
18.03.문31
17.03.문23
16.05.문36
16.03.문39
15.09.문23
13.09.문30
13.06.문35
11.03.문32

① $X=\overline{A}+\overline{B}$
② $X=A+B$
③ $X=\overline{A}\cdot\overline{B}$
④ $X=A\cdot B$

해설 드모르간의 정리에 의해서
$X=\underbrace{\overline{A\cdot B}}_{(\overline{X\cdot Y})=\overline{X}+\overline{Y}}=\overline{A}+\overline{B}$

중요

**불대수**의 **정리**

| 논리합 | 논리곱 | 비 고 |
|---|---|---|
| $X+0=X$ | $X\cdot 0=0$ | - |
| $X+1=1$ | $X\cdot 1=X$ | - |
| $X+X=X$ | $X\cdot X=X$ | - |
| $X+\overline{X}=1$ | $X\cdot\overline{X}=0$ | - |
| $X+Y=Y+X$ | $X\cdot Y=Y\cdot X$ | 교환법칙 |
| $X+(Y+Z)$<br>$=(X+Y)+Z$ | $X(YZ)=(XY)Z$ | 결합법칙 |
| $X(Y+Z)$<br>$=XY+XZ$ | $(X+Y)(Z+W)$<br>$=XZ+XW+YZ+YW$ | 분배법칙 |
| $X+XY=X$ | $\overline{X}+XY=\overline{X}+Y$<br>$X+\overline{X}Y=X+Y$<br>$X+\overline{X}\,\overline{Y}=X+\overline{Y}$ | 흡수법칙 |
| $(\overline{X+Y})$<br>$=\overline{X}\cdot\overline{Y}$ | $(\overline{X\cdot Y})=\overline{X}+\overline{Y}$ | 드모르간의 정리 |

답 ①

★★
**34** 3상 유도전동기의 기동법이 아닌 것은?

17.05.문23
06.05.문22
04.09.문30

① Y－△ 기동법
② 기동보상기법
③ 1차 저항기동법
④ 전전압기동법

해설 **3상 유도전동기의 기동법**

| 농 형 | 권선형 |
|---|---|
| • 전전압기동법(직입기동법)<br>• Y－△기동법<br>• 리액터법<br>• 기동보상기법<br>• 콘도르퍼기동법 | • 2차 저항법(2차 저항기동법)<br>• 게르게스법 |

기억법 권2(권위)

③ 1차 저항기동법 → 2차 저항기동법

답 ③

★★
**35** 조작기기는 직접 제어대상에 작용하는 장치이고 빠른 응답이 요구된다. 다음 중 전기식 조작기기가 아닌 것은?

13.06.문36

① 서보전동기
② 전동밸브
③ 다이어프램밸브
④ 전자밸브

해설 **조작기기**

| 전기식 조작기기 | 기계식 조작기기 |
|---|---|
| • 전동밸브<br>• 전자밸브(솔레노이드밸브)<br>• 서보전동기 | • 다이어프램밸브 |

비교

**증폭기기**

| 구 분 | 종 류 |
|---|---|
| 전기식 증폭기기 | • SCR<br>• 앰플리다인<br>• 사이러트론(다이라트론)<br>• 트랜지스터<br>• 자기증폭기 |
| 공기식 증폭기기 | • 벨로스<br>• 노즐플래퍼<br>• 파일럿밸브<br>기억법 공벨노파 |
| 유압식 증폭기기 | • 분사관<br>• 안내밸브 |

답 ③

★★
**36** 그림과 같은 회로에서 a, b단자에 흐르는 전류 $I$가 인가전압 $E$와 동위상이 되었다. 이때 $L$ 값은?

14.09.문27

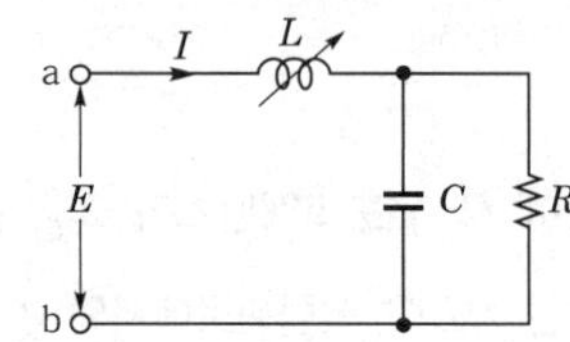


① $\dfrac{R}{1+\omega CR}$ ② $\dfrac{R^2}{1+(\omega CR)^2}$

③ $\dfrac{CR^2}{1+\omega CR}$ ④ $\dfrac{CR^2}{1+(\omega CR)^2}$

해설

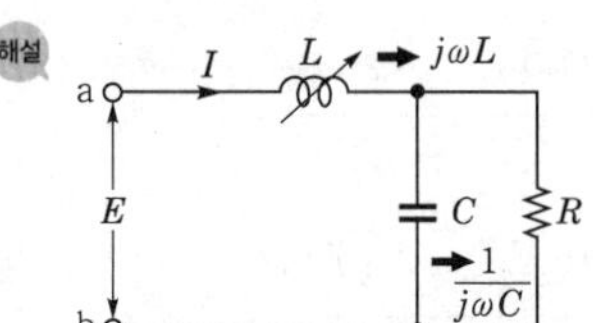


(1) $RC$ 병렬회로의 합성임피던스 $Z$는

$$Z=\frac{X_C\times R}{X_C+R}=\frac{\frac{1}{j\omega C}\times R}{\frac{1}{j\omega C}+R}$$

여기서, $Z$ : 합성임피던스[Ω]
$X_C$ : 용량리액턴스[Ω]
$R$ : 저항[Ω]
$j$ : 허수($\sqrt{-1}$)
$\omega$ : 각속도[rad/s]
$C$ : 정전용량[F]

$$Z=\frac{\frac{1}{j\omega C}\times R}{\frac{1}{j\omega C}+R}=\frac{\frac{j\omega C}{j\omega C}\times R}{\frac{j\omega C}{j\omega C}+j\omega CR}=\frac{R}{1+j\omega CR}$$

$$=\frac{R(1-j\omega CR)}{(1+j\omega CR)(1-j\omega CR)}$$

$$=\frac{R-j\omega CR^2}{1+\omega^2C^2R^2}$$

$$=\frac{R}{1+\omega^2C^2R^2}-j\frac{\omega CR^2}{1+\omega^2C^2R^2}$$

여기서, 허수부분이 $j\omega L$과 같으면 허수가 상쇄되고 $R$만 남는 회로가 되어 $I$와 $E$가 동위상이 된다.

(2) $I$와 $E$의 동위상

$$j\omega L \quad \frac{R}{1+\omega^2C^2R^2}-j\frac{\omega CR^2}{1+\omega^2C^2R^2}$$

$$j\omega L=j\frac{\omega CR^2}{1+\omega^2C^2R^2}$$

$$L=\frac{CR^2}{1+\omega^2C^2R^2}=\frac{CR^2}{1+(\omega CR)^2}$$

답 ④

★★
**37** 지름 1.2m, 저항 7.6Ω의 동선에서 이 동선의 저항률을 0.0172Ω·m라고 하면 동선의 길이는 약 몇 m인가?
07.09.문30

① 200 ② 300
③ 400 ④ 500

해설 (1) **기호**

- $r$ : 지름이 1.2m이므로 반지름은 **0.6m**
- $R$ : 7.6Ω
- $\rho$ : 0.0172Ω·m

(2) **저항**

$$R=\rho\frac{l}{A}=\rho\frac{l}{\pi r^2}$$

여기서, $R$ : 저항(회로저항)〔Ω〕
$\rho$ : 고유저항(저항률)〔Ω·m〕
$A$ : 도체의 단면적〔m$^2$〕
$l$ : 도체의 길이〔m〕
$r$ : 도체의 반지름〔m〕

**길이** $l$은

$$l=\frac{\pi r^2 R}{\rho}=\frac{\pi\times0.6^2\times7.6}{0.0172}\fallingdotseq 500\text{m}$$

답 ④

★★
**38** 전압 및 전류 측정 방법에 대한 설명 중 틀린 것은?
14.09.문36
08.03.문30
03.03.문37

① 전압계를 저항 양단에 병렬로 접속한다.
② 전류계는 저항에 직렬로 접속한다.
③ 전압계의 측정 범위를 확대하기 위하여 배율기는 전압계와 직렬로 접속한다.
④ 전류계의 측정 범위를 확대하기 위하여 저항 분류기는 전류계와 직렬로 접속한다.

해설 (1) **전압계**와 **전류계**

| 전압계 | 전류계 |
|---|---|
| 저항에 **병렬**접속 | 저항에 **직렬**접속 |

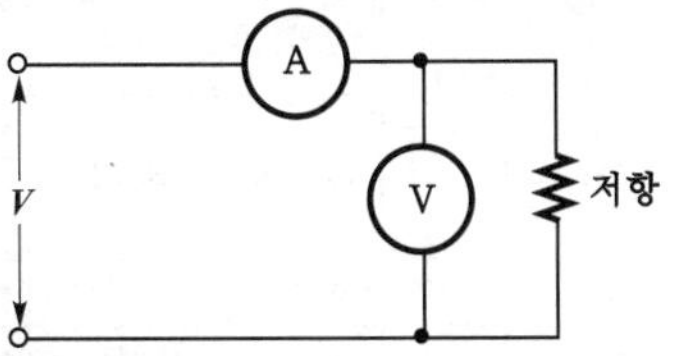


(2) **배율기**와 **분류기**

| **배율기**(multiplier) | **분류기**(shunt) |
|---|---|
| 전압계의 측정 범위를 확대하기 위해 전압계와 **직렬**로 **접속**하는 저항<br>$V_0=V\left(1+\frac{R_m}{R_v}\right)$〔V〕 | 전류계의 측정 범위를 확대하기 위해 전류계와 **병렬**로 **접속**하는 저항<br>$I_0=I\left(1+\frac{R_a}{R_s}\right)$〔A〕 |
| 여기서, $V_0$ : 측정하고자 하는 전압〔V〕<br>$V$ : 전압계의 최대눈금〔V〕<br>$R_v$ : 전압계의 내부저항〔Ω〕<br>$R_m$ : 배율기저항〔Ω〕 | 여기서, $I_0$ : 측정하고자 하는 전류〔A〕<br>$I$ : 전류계의 최대눈금〔A〕<br>$R_a$ : 전류계의 내부저항〔Ω〕<br>$R_s$ : 분류기저항〔Ω〕 |

④ 직렬로 접속 → 병렬로 접속

답 ④

★★★
**39** 추종제어에 대한 설명으로 가장 옳은 것은?
19.03.문32
17.09.문22
17.05.문29
16.10.문35
16.05.문22
16.03.문32
15.05.문23
15.05.문37
14.09.문23
13.09.문27

① 제어량의 종류에 의하여 분류한 자동제어의 일종
② 목표값이 시간에 따라 임의로 변하는 제어
③ 제어량이 공업프로세스의 상태량일 경우의 제어
④ 정치제어의 일종으로 주로 유량, 위치, 주파수, 전압 등을 제어

해설 **제어**의 **종류**

| 종 류 | 설 명 |
|---|---|
| **정치제어**<br>(fixed value control) | • 일정한 **목**표값을 **유**지하는 것으로 **프로세스제어, 자동조정**이 이에 해당된다.<br>예 **연속식 압연기**<br>• **목표값**이 시간에 관계없이 항상 일정한 값을 가지는 제어이다.<br>기억법 **유목정** |
| **추종제어**<br>(follow-up control) | • 미지의 시간적 변화를 하는 **목표값**에 제어량을 **추종**시키기 위한 제어로 **서보기구**가 이에 해당된다.<br>• 목표값이 시간에 따라 임의로 변하는 제어이다.<br>예 **대공포의 포신** |
| **비율제어**<br>(ratio control) | • 둘 이상의 제어량을 소정의 비율로 제어하는 것이다.<br>• 연료의 유량과 공기의 유량과의 사이의 비율을 연소에 적합한 것으로 유지하고자 하는 제어방식이다. |
| **프로그램 제어**<br>(program control) | • 목표값이 **미리 정해진 시간적 변화**를 하는 경우 제어량을 그것에 **추종**시키기 위한 제어이다.<br>예 **열차·산업로봇의 무인운전, 엘리베이터** |

중요

**제어량**에 의한 **분류**

| 분 류 | 종 류 |
|---|---|
| **프**로세스제어<br>(공정제어) | • **온**도<br>• **압**력<br>• **유**량<br>• **액**면<br>기억법 **프온압유액** |
| **서**보기구<br>(서보제어, 추종제어) | • **위**치<br>• **방**위<br>• **자**세<br>기억법 **서위방자** |
| **자**동조정 | • 전압<br>• 전류<br>• 주파수<br>• 회전속도(**발**전기의 **조**속기)<br>• 장력<br>기억법 **자발조** |

※ **프로세스제어**(공정제어) : 공업공정(생산공정)의 상태량을 제어량으로 하는 제어

답 ②

### 40 다이오드를 여러 개 병렬로 접속하는 경우에 대한 설명으로 옳은 것은?

01.06.문37

① 과전류로부터 보호할 수 있다.
② 과전압으로부터 보호할 수 있다.
③ 부하측의 맥동률을 감소시킬 수 있다.
④ 정류기의 역방향전류를 감소시킬 수 있다.

해설 **다이오드**의 **접속**

(1) **직렬접속** : **과전압**으로부터 보호

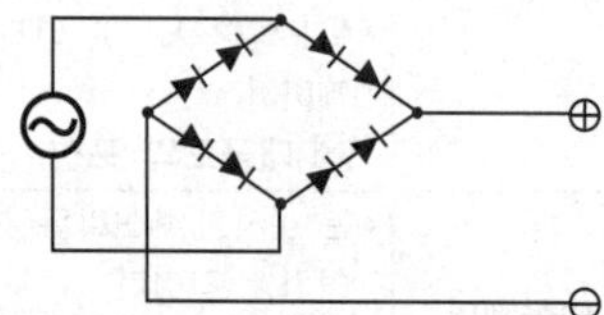

기억법 **직압(지갑)**

(2) **병렬접속** : **과전류**로부터 보호

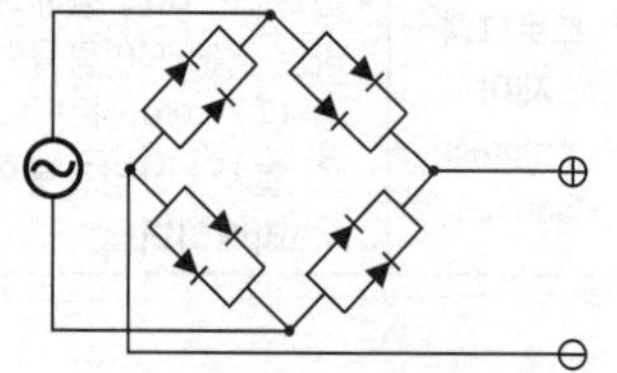

답 ①

## 제 3 과목 소방관계법규

### 41 방염성능기준 이상의 실내장식물 등을 설치해야 하는 특정소방대상물이 아닌 것은?

15.09.문42
11.10.문60

① 건축물 옥내에 있는 종교시설
② 방송통신시설 중 방송국 및 촬영소
③ 층수가 11층 이상인 아파트
④ 숙박이 가능한 수련시설

해설 **소방시설법 시행령 19조**
**방염성능기준 이상 적용 특정소방대상물**
(1) 의원, 체력단련장, 공연장 및 종교집회장
(2) 문화 및 집회시설
(3) 종교시설
(4) 운동시설(수영장은 제외)
(5) 의료시설(종합병원, 정신의료기관)
(6) 교육연구시설 중 합숙소
(7) 노유자시설
(8) 숙박이 가능한 수련시설
(9) 숙박시설
(10) 방송통신시설 중 방송국 및 촬영소
(11) 다중이용업소
(12) 층수가 11층 이상인 것(아파트는 제외)

③ 아파트 제외

답 ③

### 42 위험물로서 제1석유류에 속하는 것은?

① 중유 ② 휘발유
③ 실린더유 ④ 등유

해설 **위험물령 [별표 1]**
**제4류 위험물**

| 성 질 | 품 명 | | 지정수량 | 대표물질 |
|---|---|---|---|---|
| 인화성 액체 | 특수인화물 | | 50L | • 디에틸에테르<br>• 이황화탄소 |
| | **제1 석유류** | 비수용성 | 200L | • **휘발유**<br>• 콜로디온 |
| | | **수**용성 | **4**00L | • 아세톤<br>기억법 **수4** |
| | 알코올류 | | 400L | • 변성알코올 |
| | 제2 석유류 | 비수용성 | 1000L | • 등유<br>• 경유 |
| | | 수용성 | 2000L | • 아세트산 |
| | 제3 석유류 | 비수용성 | 2000L | • 중유<br>• 클레오소트유 |
| | | 수용성 | 4000L | • 글리세린 |
| | 제4석유류 | | 6000L | • 기어유<br>• 실린더유 |
| | 동식물유류 | | 10000L | • 아마인유 |

① 제3석유류
③ 제4석유류
④ 제2석유류

답 ②

★★
## 43 다음 중 과태료 대상이 아닌 것은?

① 소방안전관리대상물의 소방안전관리자를 선임하지 아니한 자
② 소방안전관리 업무를 수행하지 아니한 자
③ 특정소방대상물의 근무자 및 거주자에 대한 소방훈련 및 교육을 하지 아니한 자
④ 특정소방대상물 소방시설 등의 점검결과를 보고하지 아니한 자

해설 **200만원 이하의 과태료**

(1) 소방용수시설·소화기구 및 설비 등의 설치명령 위반(기본법 56조)
(2) 특수가연물의 저장·취급 기준 위반(기본법 56조)
(3) 소방활동구역 출입(기본법 56조)
(4) 소방자동차의 출동에 지장을 준 자(기본법 56조)
(5) 관계인의 **소방안전관리 업무 미수행**(소방시설법 53조)
(6) **소방훈련** 및 **교육** 미실시자(소방시설법 53조)
(7) 소방시설의 **점검결과 미보고**(소방시설법 53조)
(8) 관계서류 미보관자(공사업법 40조)
(9) **소방기술자 미배치자**(공사업법 40조)
(10) 완공검사 받지 아니한 자(공사업법 40조)
(11) 방염성능기준 미만으로 방염한 자(공사업법 40조)
(12) 하도급 미통지자(공사업법 40조)
(13) 관계인에게 지위승계·행정처분·휴업·폐업 사실을 거짓으로 알린 자(공사업법 40조)

① 300만원 이하의 벌금(소방시설법 50조)

답 ①

★
## 44 건축물의 공사현장에 설치하여야 하는 임시소방시설과 기능 및 성능이 유사하여 임시소방시설을 설치한 것으로 보는 소방시설로 연결이 틀린 것은? (단, 임시소방시설-임시소방시설을 설치한 것으로 보는 소방시설 순이다.)

① 간이소화장치-옥내소화전
② 간이피난유도선-유도표지
③ 비상경보장치-비상방송설비
④ 비상경보장치-자동화재탐지설비

해설 **소방시설법 시행령 〔별표 5의 2〕**
임시소방시설을 설치한 것으로 보는 소방시설

| 설치한 것으로 보는 소방시설 | 소방시설 |
|---|---|
| 간이소화장치 | • 옥내소화전<br>• 소방청장이 정하여 고시하는 기준에 맞는 소화기 |
| 비상경보장치 | • 비상방송설비<br>• 자동화재탐지설비 |
| 간이피난유도선 | • 피난유도선<br>• 피난구유도등<br>• 통로유도등<br>• 비상조명등 |

② 간이피난유도선-피난유도선, 피난구유도등, 통로유도등, 비상조명등

답 ②

★★★
## 45 화재의 예방조치 등과 관련하여 불장난, 모닥불, 흡연, 화기취급, 풍등 등 소형 열기구 날리기, 그 밖에 화재예방상 위험하다고 인정되는 행위의 금지 또는 제한의 명령을 할 수 있는 자는?

① 시·도지사　② 국무총리
③ 소방청장　④ 소방본부장

해설 **소방본부장·소방서장**

(1) **화재의 예방조치**(기본법 12조)
(2) 방치된 위험물보관(기본법 12조)
(3) 화재경계지구의 소방특별조사(기본법 13조)
(4) 화재위험경보발령(기본법 14조)
(5) 의용소방대의 설치(기본법 37조, 의용소방대법)
(6) 소방용수시설 및 지리조사(기본규칙 7조)
(7) 화재경계지구 안의 소방특별조사·소방훈련·교육(기본령 4조)

답 ④

★★
## 46 행정안전부령으로 정하는 연소우려가 있는 구조에 대한 기준 중 다음 (　) 안에 알맞은 것은?

16.05.문41
09.08.문59

> 건축물대장의 건축물현황도에 표시된 대지경계선 안에 2 이상의 건축물이 있는 경우로서 각각의 건축물이 다른 건축물의 외벽으로부터 수평거리가 1층의 경우에는 ( ㉠ )m 이하, 2층 이상의 층의 경우에는 ( ㉡ )m 이하이고 개구부가 다른 건축물을 향하여 설치된 구조를 말한다.

① ㉠ 3, ㉡ 5　② ㉠ 5, ㉡ 8
③ ㉠ 6, ㉡ 8　④ ㉠ 6, ㉡ 10

해설 **소방시설법 시행규칙 7조**
**연소우려가 있는 건축물의 구조**
(1) **1층** : 타건축물 외벽으로부터 **6m** 이하
(2) **2층** : 타건축물 외벽으로부터 **10m** 이하
(3) 대지경계선 안에 2 이상의 건축물이 있는 경우
(4) 개구부가 다른 건축물을 향하여 설치된 구조

답 ④

★★★
**47** **2급 소방안전관리대상물의 소방안전관리자 선임기준으로 틀린 것은?**

① 전기공사산업기사 자격을 가진 자
② 소방공무원으로 3년 이상 근무한 경력이 있는 자
③ 의용소방대원으로 2년 이상 근무한 경력이 있는 자로 2급 소방안전관리자 시험 합격자
④ 위험물산업기사 자격을 가진 자

해설 **2급 소방안전관리대상물**의 **소방안전관리자 선임조건**

| 자 격 | 경 력 | 비 고 |
|---|---|---|
| • 군부대·의무소방대원 | 1년 | 2급 소방안전관리자 시험 합격자 |
| • 화재진압·보조업무 | 1년 | |
| • 경호공무원·별정직공무원 | 2년 | |
| • 경찰공무원 | 3년 | |
| • 의용소방대원·자체소방대원 | 3년 | |
| • 2년제 대학 이상(소방안전관리학과·소방안전관련학과) | 경력 필요 없음 | |
| • 2급 강습교육수료자 | | |
| • 소방공무원 | 3년 | 시험 필요없음 |
| • 위험물기능장·위험물산업기사·위험물기능사 | 경력 필요 없음 | |
| • 특급·1급 소방안전관리자 | | |
| • 광산보안(산업)기사 : 광산보안관리직원으로 선임된 사람 | | |
| • 전기(산업)기사·전기공사(산업)기사·전기기능장 | | |
| • 산업안전기사 | | |
| • 건축기사 | | |

③ 2년 → 3년

중요

**2급 소방안전관리대상물**
(1) 지하구
(2) 가연성 가스를 **100~1000t** 미만 저장·취급하는 시설
(3) 스프링클러설비·간이스프링클러설비 또는 물분무등소화설비 설치대상물
(4) 옥내소화전설비 설치대상물
(5) **공동주택**
(6) **목조건축물**(국보·보물)

답 ③

★★★
**48** **특정소방대상물의 소방시설 설치의 면제기준 중 다음 ( ) 안에 알맞은 것은?**

14.09.문78
14.03.문53

> 비상경보설비 또는 단독경보형 감지기를 설치하여야 하는 특정소방대상물에 ( )를 화재안전기준에 적합하게 설치한 경우에는 그 설비의 유효범위에서 설치가 면제된다.

① 자동화재탐지설비 ② 스프링클러설비
③ 비상조명등 ④ 무선통신보조설비

해설 **소방시설법 시행령 〔별표 6〕**
**소방시설 면제기준**

| 면제대상 | 대체설비 |
|---|---|
| 스프링클러설비 | • **물분무등소화설비** |
| 물분무등소화설비 | • **스프링클러설비** |
| 간이스프링클러설비 | • 스프링클러설비<br>• **물분무소화설비**<br>• **미분무소화설비** |
| 비상**경**보설비 또는 **단**독경보형 감지기 | • **자동화재탐지설비**<br>기억법 **탐경단** |
| 비상**경**보설비 | • **2개 이상 단독경보형 감지기 연동**<br>기억법 **경단2** |
| 비상방송설비 | • 자동화재탐지설비<br>• 비상경보설비 |
| 연결살수설비 | • 스프링클러설비<br>• 간이스프링클러설비<br>• 물분무소화설비<br>• 미분무소화설비 |
| 제연설비 | • **공기조화설비** |
| 연소방지설비 | • 스프링클러설비<br>• 물분무소화설비<br>• 미분무소화설비 |
| 연결송수관설비 | • 옥내소화전설비<br>• 스프링클러설비<br>• 간이스프링클러설비<br>• 연결살수설비 |
| 자동화재탐지설비 | • 자동화재탐지설비의 기능을 가진 스프링클러설비<br>• 물분무등소화설비 |
| 옥내소화전설비 | • 옥외소화전설비<br>• 미분무소화설비(호스릴방식) |

답 ①

★★★
**49** **화재경계지구의 지정대상이 아닌 것은?**

19.09.문50
17.05.문58 (산업)
16.05.문53
13.09.문56

① 공장·창고가 밀집한 지역
② 목조건물이 밀집한 지역
③ 농촌지역
④ 시장지역

해설 **기본법 13조**
**화재경계지구의 지정**
(1) **지정권자** : **시** · 도지사
(2) **지정지역**
㉠ **시장**지역
㉡ **공장** · **창고** 등이 밀집한 지역
㉢ **목조건물**이 밀집한 지역
㉣ **위험물**의 **저장** 및 **처리시설**이 **밀집**한 지역
㉤ **석유화학제품**을 생산하는 공장이 있는 지역
㉥ **소방시설** · **소방용수시설** 또는 **소방출동로**가 **없는** 지역
㉦ 「**산업입지 및 개발에 관한 법률**」에 따른 산업단지
㉧ **소방청장**, **소방본부장** 또는 **소방서장**이 화재경계지구로 지정할 필요가 있다고 인정하는 지역

기억법 경시(경시대회)

※ **화재경계지구** : 화재가 발생할 우려가 높거나 화재가 발생하면 피해가 클 것으로 예상되는 구역으로서 대통령령이 정하는 지역

답 ③

★★
**50** 위험물안전관리자로 선임할 수 있는 위험물취급자격자가 취급할 수 있는 위험물기준으로 틀린 것은?

① 위험물기능장 자격취득자 : 모든 위험물
② 안전관리자 교육이수자 : 위험물 중 제4류 위험물
③ 소방공무원으로 근무한 경력이 3년 이상인 자 : 위험물 중 제4류 위험물
④ 위험물산업기사 자격취득자 : 위험물 중 제4류 위험물

해설 **위험물령 [별표 5]**
**위험물취급자격자의 자격**

| 위험물취급자격자의 구분 | 취급할 수 있는 위험물 |
|---|---|
| • 위험물기능장, 위험물산업기사, 위험물기능사의 자격을 취득한 사람 | 모든 위험물 |
| • 소방청장이 실시하는 안전관리자 교육을 이수한 자<br>• 소방공무원으로 근무한 경력이 **3년** 이상인 자 | 제4류 위험물 |

④ 제4류 위험물 → 모든 위험물

답 ④

★★★
**51** 정기점검의 대상이 되는 제조소 등이 아닌 것은?
16.10.문45

① 옥내탱크저장소 ② 지하탱크저장소
③ 이동탱크저장소 ④ 이송취급소

해설 **위험물령 16조**
**정기점검의 대상인 제조소 등**
(1) **제조소** 등(**이**송취급소 · **암**반탱크저장소)
(2) **지하탱크**저장소
(3) **이동탱크**저장소
(4) 위험물을 취급하는 탱크로서 지하에 매설된 탱크가 있는 **제조소** · **주유취급소** 또는 **일반취급소**

기억법 정이암 지이

답 ①

★★★
**52** 시 · 도지사가 소방시설업의 영업정지처분에 갈음하여 부과할 수 있는 최대과징금의 범위로 옳은 것은?
17.05.문57

① 1000만원 이하 ② 2000만원 이하
③ 3000만원 이하 ④ 5000만원 이하

해설 **소방시설법 35조, 위험물법 13조**
**과징금**

| **3000만원** 이하 | **2억원** 이하 |
|---|---|
| • **소방시설업** 영업정지처분 갈음<br>• **소방시설관리업** 영업정지처분 갈음 | • **제조소** 사용정지처분 갈음 |

중요

**소방시설업**
(1) 소방시설설계업
(2) 소방시설공사업
(3) 소방공사감리업
(4) 방염처리업

답 ③

★★★
**53** 건축허가 등을 함에 있어서 미리 소방본부장 또는 소방서장의 동의를 받아야 하는 건축물 등의 범위기준이 아닌 것은?

① 노유자시설 및 수련시설로서 연면적 $100m^2$ 이상인 건축물
② 지하층 또는 무창층이 있는 건축물로서 바닥면적이 $150m^2$ 이상인 층이 있는 것
③ 차고 · 주차장으로 사용되는 바닥면적이 $200m^2$ 이상인 층이 있는 건축물이나 주차시설
④ 장애인 의료재활시설로서 연면적 $300m^2$ 이상인 건축물

해설 **소방시설법 시행령 12조**
**건축허가 등의 동의대상물**
(1) 연면적 **$400m^2$**(학교시설 : **$100m^2$**, 수련시설 · 노유자시설 : **$200m^2$**, 정신의료기관 · 장애인 의료재활시설 : **$300m^2$**) 이상
(2) **6층** 이상인 건축물
(3) 차고 · 주차장으로서 바닥면적 **$200m^2$** 이상(**자**동차 **20대** 이상)

(4) **항공기격납고, 관망탑, 항공관제탑, 방송용 송수신탑**
(5) 지하층 또는 무창층의 바닥면적 **150m²**(공연장은 **100m²**) 이상
(6) **위험물저장** 및 **처리시설**
(7) **결핵환자**나 **한센인**이 24시간 생활하는 **노유자시설**
(8) **지하구**
(9) 요양병원(정신병원, 의료재활시설 제외)
(10) 노인주거복지시설 · 노인의료복지시설 및 재가노인복지시설 · 학대피해노인 전용쉼터 · 아동복지시설 · 장애인거주시설

기억법 **2자(이자)**

① 100m² → 200m²

답 ①

## 54

**자동화재탐지설비의 일반 공사감리기간으로 포함시켜 산정할 수 있는 항목은?**

① 고정금속구를 설치하는 기간
② 전선관의 매립을 하는 공사기간
③ 공기유입구의 설치기간
④ 소화약제 저장용기 설치기간

해설 **공사업규칙 〔별표 3〕**
일반 공사감리기간

| 소방시설 | 일반 공사감리기간 |
|---|---|
| • 자동화재탐지설비<br>• 시각경보기<br>• 비상경보설비<br>• 비상방송설비<br>• 통합감시시설<br>• 유도등<br>• 비상콘센트설비<br>• 무선통신보조설비 | • 전선관의 매립<br>• 감지기 · 유도등 · 조명등 및 비상콘센트의 설치<br>• 증폭기의 접속<br>• 누설동축케이블 등의 부설<br>• 무선기기의 접속단자 · 분배기 · 증폭기의 설치<br>• 동력전원의 접속공사를 하는 기간 |
| • 피난기구 | • 고정금속구를 설치하는 기간 |
| • 비상전원이 설치되는 소방시설 | • 비상전원의 설치 및 소방시설과의 접속을 하는 기간 |

답 ②

## 55

19.03.문60
16.03.문52
15.03.문60
13.09.문51

**1급 소방안전관리대상물에 대한 기준이 아닌 것은? (단, 동식물원, 철강 등 불연성 물품을 저장 · 취급하는 창고, 위험물 저장 및 처리시설 중 위험물제조소 등, 지하구를 제외한 것이다.)**

① 연면적 15000m² 이상인 특정소방대상물(아파트는 제외)
② 150세대 이상으로서 승강기가 설치된 공동주택
③ 가연성 가스를 1000톤 이상 저장 · 취급하는 시설
④ 30층 이상(지하층은 제외)이거나 지상으로부터 높이가 120m 이상인 아파트

해설 **소방시설법 시행령 22조**
**소방안전관리자를 두어야 할 특정소방대상물**
(1) 특급 소방안전관리대상물 (동식물원, 불연성 물품 저장 · 취급창고, 지하구, 위험물제조소 등 제외)
  ㉠ **50층** 이상(지하층 제외) 또는 지상 **200m** 이상 **아파트**
  ㉡ **30층** 이상(지하층 포함) 또는 지상 **120m** 이상(아파트 제외)
  ㉢ 연면적 **20만m²** 이상(아파트 제외)
(2) 1급 소방안전관리대상물 (동식물원, 불연성 물품 저장 · 취급창고, 지하구, 위험물제조소 등 제외)
  ㉠ **30층** 이상(지하층 제외) 또는 지상 **120m** 이상 아파트
  ㉡ 연면적 **15000m²** 이상인 것(아파트 제외)
  ㉢ **11층** 이상(아파트 제외)
  ㉣ 가연성 가스를 **1000t** 이상 저장 · 취급하는 시설
(3) 2급 소방안전관리대상물
  ㉠ 지하구
  ㉡ 가스제조설비를 갖추고 도시가스사업 허가를 받아야 하는 시설 또는 가연성 가스를 **100~1000t** 미만 저장 · 취급하는 시설
  ㉢ **스프링클러설비** · 간이스프링클러설비 또는 **물분무등소화설비** 설치대상물
  ㉣ **옥내소화전설비** 설치대상물
  ㉤ **공동주택**
  ㉥ **목조건축물**(국보 · 보물)
(4) 3급 소방안전관리대상물
  **자동화재탐지설비** 설치대상물

② 2급 소방안전관리대상물

답 ②

## 56

10.05.문41

**소방용수시설의 설치기준 중 주거지역 · 상업지역 및 공업지역에 설치하는 경우 소방대상물과의 수평거리는 최대 몇 m 이하인가?**

① 50 ② 100
③ 150 ④ 200

해설 **기본규칙 〔별표 3〕**
소방용수시설의 설치기준

| 거리기준 | 지 역 |
|---|---|
| 수평거리 **100m** 이하 | • **공**업지역<br>• **상**업지역<br>• **주**거지역<br>기억법 주상공100(**주상공** **백**지에 사인을 하시오.) |
| 수평거리 **140m** 이하 | • 기타지역 |

답 ②

★★
**57** 스프링클러설비가 설치된 소방시설 등의 자체점검에서 종합정밀점검을 받아야 하는 아파트의 기준으로 옳은 것은?

16.05.문55
12.05.문45

① 연면적이 3000$m^2$ 이상이고 층수가 11층 이상인 것만 해당
② 연면적이 3000$m^2$ 이상이고 층수가 16층 이상인 것만 해당
③ 연면적이 5000$m^2$ 이상이고 층수가 11층 이상인 것만 해당
④ 연면적, 층수와 관계없이 모두 해당

해설 **소방시설법 시행규칙 [별표 1]**
**소방시설 등의 자체점검**

| 구 분 | 작동기능점검 | 종합정밀점검 |
|---|---|---|
| 정의 | 소방시설 등을 인위적으로 조작하여 정상작동 여부를 점검하는 것 | 소방시설 등의 작동기능점검을 포함하여 설비별 주요 구성부품의 구조기준이 화재안전기준에 적합한지 여부를 점검하는 것 |
| 대상 | • 특정소방대상물<br>〈제외대상〉<br>① **위험물제조소** 등<br>② **소화기구**만을 설치하는 특정소방대상물<br>③ **특급** 소방안전관리대상물 | • 스프링클러설비가 설치된 특정소방대상물<br>• 물분무등소화설비(호스릴 방식의 물분무등소화설비만을 설치한 경우 제외)가 설치된 연면적 **5000$m^2$** 이상인 특정소방대상물(위험물제조소 등 제외)<br>• 제연설비가 설치된 터널<br>• 공공기관 중 연면적이 **1000$m^2$** 이상인 것으로 **옥내소화전설비** 또는 **자동화재탐지설비**가 설치된 것(단, 소방대가 근무하는 공공기관 제외)<br>• 다중이용업의 영업장이 설치된 특정소방대상물로서 연면적이 **2000$m^2$** 이상인 것 |
| 점검자 자격 | • 관계인<br>• 소방안전관리자<br>• 소방시설관리업자 | • 소방안전관리자(소방**시**설관리사 · 소방**기**술사)<br>• 소방시설관리**업**자(소방시설관리사 · 소방기술사)<br>기억법 **시기업** |
| 점검 횟수 | **연 1회** 이상 | **연 1회**(특급 소방안전관리대상물은 **반기별**로 **1회**) 이상 |

소방본부장 또는 소방서장은 소방청장이 소방안전관리가 우수하다고 인정한 특정소방대상물에 대해서는 3년의 범위에서 소방청장이 고시하거나 정한 기간 동안 종합정밀점검을 면제할 수 있다(단, 면제기간 중 화재가 발생한 경우는 제외).

답 ④

★
**58** 대통령령으로 정하는 특정소방대상물의 소방시설 중 내진설계대상이 아닌 것은?

① 옥내소화전설비 ② 스프링클러설비
③ 미분무소화설비 ④ 연결살수설비

해설 **소방시설법 시행령 15조 2**
**소방시설의 내진설계대상**
(1) 옥**내**소화전설비
(2) **스**프링클러설비
(3) **물**분무등소화설비

기억법 **스물내(스물네살)**

중요

**물분무등소화설비**
(1) 분말소화설비
(2) 포소화설비
(3) 할론소화설비
(4) 이산화탄소 소화설비
(5) 할로겐화합물 및 불활성기체 소화설비
(6) 강화액소화설비
(7) 미분무소화설비
(8) 물분무소화설비
(9) 고체에어로졸 소화설비

답 ④

★★★
**59** 소방시설업의 반드시 등록 취소에 해당하는 경우는?

16.03.문48
09.05.문50
05.05.문42

① 거짓이나 그 밖의 부정한 방법으로 등록한 경우
② 다른 자에게 등록증 또는 등록수첩을 빌려준 경우
③ 소속 소방기술자를 공사현장에 배치하지 아니하거나 거짓으로 한 경우
④ 등록을 한 후 정당한 사유 없이 1년이 지날 때까지 영업을 시작하지 아니하거나 계속하여 1년 이상 휴업한 경우

해설 **공사업법 9조**
**소방시설업 등록의 취소와 영업정지**
(1) **등록의 취소 또는 영업정지**
㉠ 등록기준에 미달하게 된 후 30일 경과
㉡ 등록의 결격사유에 해당하는 경우
㉢ **거짓**, 그 밖의 **부정한 방법**으로 등록을 한 경우
㉣ 계속하여 **1년** 이상 휴업한 때
㉤ 등록을 한 후 정당한 사유 없이 **1년**이 지날 경우
㉥ 등록증 또는 등록수첩을 빌려준 경우
(2) **등록 취소**
㉠ 거짓, 그 밖의 **부정한 방법**으로 등록을 한 경우
㉡ 등록 **결격사유**에 해당된 경우
㉢ 영업정지기간 중에 소방시설공사 등을 한 경우

답 ①

★★
**60** 경보설비 중 단독경보형 감지기를 설치해야 하는 특정소방대상물의 기준으로 틀린 것은?

10.03.문55

① 연면적 600$m^2$ 미만의 숙박시설
② 연면적 1000$m^2$ 미만의 아파트 등
③ 연면적 1000$m^2$ 미만의 기숙사
④ 교육연구시설 내에 있는 연면적 3000$m^2$ 미만의 합숙소

해설 **소방시설법 시행령 〔별표 5〕**
**단독경보형 감지기의 설치대상**

| 연면적 | 설치대상 |
|---|---|
| 400m² 미만 | • 유치원 |
| 600m² 미만 | • 숙박시설 |
| 1000m² 미만 | • 아파트 등<br>• 기숙사 |
| 2000m² 미만 | • 교육연구시설 · 수련시설 내에 있는 **합숙소** 또는 **기숙사** |
| 모두 적용 | • 100명 미만 수련시설(숙박시설이 있는 것) |

④ 3000m² → 2000m²

※ **단독경보형 감지기** : 화재발생상황을 단독으로 감지하여 자체에 내장된 음향장치로 경보하는 감지기

비교

**단독경보형 감지기**의 **설치기준**(NFSC 201 5조)
(1) 단독경보형 감지기는 소방대상물의 각 실마다 설치하되, 바닥면적이 150m²를 초과하는 경우에는 **150m²**마다 1개 이상 설치할 것
(2) 최상층의 계단실의 **천장**에 설치할 것
(3) 건전지를 주전원으로 사용하는 단독경보형 감지기는 정상적인 작동상태를 유지할 수 있도록 **건전지**를 **교환**할 것

답 ④

## 제 4 과목 소방전기시설의 구조 및 원리

★★★
**61** 비상조명등의 설치제외 기준 중 다음 (　) 안에 알맞은 것은?
13.09.문65

> 거실의 각 부분으로부터 하나의 출입구에 이르는 보행거리가 (　)m 이내인 부분

① 2　② 5
③ 15　④ 25

해설 **비상조명등**의 **설치제외 장소**
(1) 거실 각 부분에서 출입구까지의 **보행거리 15m** 이내
(2) **공동주택 · 경기장 · 의원 · 의료시설 · 학교 · 거실**

기억법 **조공 경의학**

비교

(1) **휴대용 비상조명등**의 **설치제외 장소**
㉠ 복도 · 통로 · 창문 등을 통해 **피**난이 용이한 경우(**지상 1층 · 피난층**)
㉡ **숙박시설**로서 **복**도에 비상조명등을 설치한 경우

기억법 **휴피(휴지로 피닦아!), 휴숙복**

(2) **통로유도등**의 **설치제외 장소**
㉠ 길이 **30m** 미만의 복도 · 통로(구부러지지 않은 복도 · 통로)
㉡ 보행거리 **20m** 미만의 복도 · 통로(출입구에 **피난구유도등**이 설치된 복도 · 통로)
(3) **객석유도등**의 **설치제외 장소**
㉠ **채광**이 충분한 객석(**주간**에만 사용)
㉡ **통**로유도등이 설치된 객석(거실 각 부분에서 거실 출입구까지의 **보행거리 20m** 이하)

기억법 **채객보통(채소는 객관적으로 보통이다.)**

답 ③

★★★
**62** 피난기구의 종류가 아닌 것은?

① 미끄럼대　② 공기호흡기
③ 승강식 피난기　④ 공기안전매트

해설 **소방시설법 시행령 〔별표 1〕**
**피난구조설비**
(1) 피난기구
- 피난사다리
- 구조대
- 완강기
- 소방청장이 정하여 고시하는 화재안전기준으로 정하는 것(미끄럼대, 피난교, 공기안전매트, 피난용 트랩, 다수인 피난장비, 승강식 피난기, 간이완강기, 하향식 피난구용 내림식 사다리)

(2) **인**명구조기구
- **방열**복
- 방**화**복(안전모, 보호장갑, 안전화 포함)
- **공**기호흡기
- **인**공소생기

기억법 **방화열공인**

(3) 유도등
- 피난유도선
- 피난구유도등
- 통로유도등
- 객석유도등
- 유도표지

(4) 비상조명등 · 휴대용 비상조명등

② 인명구조기구

답 ②

★★★
**63** 자동화재탐지설비 수신기의 구조기준 중 정격전압이 몇 V를 넘는 기구의 금속제외함에는 접지단자를 설치하여야 하는가?
16.05.문80
12.03.문76

① 30　② 60
③ 100　④ 300

해설 **대상**에 따른 **전압**

| 전 압 | 대 상 |
|---|---|
| 0.5V 이하 | • 누전경보기의 **경**계전로 **전**압강하<br>기억법 05경전(공오경전) |
| 0.6V 이하 | • 완전방전 |

| 60V 초과 | • 접지단자 설치<br>기억법 6접(육즙) |
|---|---|
| 300V 이하 | • 전원변압기의 1차 전압<br>• 유도등 · 비상조명등의 사용전압<br>기억법 변3(변상해!) |
| 600V 이하 | • 누전경보기의 경계전로전압<br>기억법 누6(누룩) |

② 정격전압이 60V를 넘는 기구의 금속제외함에는 **접지단자**를 설치하여야 한다.

답 ②

**64** ★★ 단독경보형 감지기의 설치기준 중 다음 (　　) 안에 알맞은 것은?

[03.08.문62]

> 이웃하는 실내의 바닥면적이 각각 (　)$m^2$ 미만이고 벽체의 상부의 전부 또는 일부가 개방되어 이웃하는 실내와 공기가 상호 유통되는 경우에는 이를 1개의 실로 본다.

① 30　② 50
③ 100　④ 150

해설 **단독경보형 감지기의 각 실을 1개로 보는 경우** : 이웃하는 실내의 바닥면적이 각각 **30**$m^2$ 미만이고 **벽**체의 상부의 전부 또는 일부가 개방되어 이웃하는 실내와 공기가 상호 유통되는 경우

기억법 단3벽(단상의 벽)

※ **단독경보형 감지기** : 화재발생상황을 단독으로 감지하여 자체에 내장된 음향장치로 경보하는 감지기

중요

**단독경보형 감지기**의 **설치기준**(NFSC 201 5조)
(1) 단독경보형 감지기는 소방대상물의 각 실마다 설치하되, 바닥면적이 150$m^2$를 초과하는 경우에는 **150$m^2$**마다 1개 이상 설치할 것
(2) 최상층의 계단실의 **천장**에 설치할 것
(3) 건전지를 주전원으로 사용하는 단독경보형 감지기는 정상적인 작동상태를 유지할 수 있도록 **건전지**를 **교환**할 것

답 ①

**65** ★★★ 비상콘센트설비의 전원부와 외함 사이의 절연저항은 전원부와 외함 사이를 500V 절연저항계로 측정할 때 몇 MΩ 이상이어야 하는가?

[15.03.문74] [09.08.문61]

① 10　② 15
③ 20　④ 25

해설 **절연저항시험**

| 절연 저항계 | 절연저항 | 대 상 |
|---|---|---|
| 직류 250V | 0.1MΩ 이상 | • 1경계구역의 절연저항 |
| 직류 500V | 5MΩ 이상 | • 누전경보기<br>• 가스누설경보기<br>• 수신기<br>• 자동화재속보설비<br>• 비상경보설비<br>• 유도등(교류입력측과 외함간 포함)<br>• 비상조명등(교류입력측과 외함간 포함) |
| | 20MΩ 이상 | • 경종<br>• 발신기<br>• 중계기<br>• 비상콘센트<br>• 기기의 절연된 선로간<br>• 기기의 충전부와 비충전부간<br>• 기기의 교류입력측과 외함간 (유도등 · 비상조명등 제외)<br>기억법 2콘(이크) |
| | 50MΩ 이상 | • 감지기(정온식 감지선형 감지기 제외)<br>• 가스누설경보기(10회로 이상)<br>• 수신기(10회로 이상) |
| | 1000MΩ 이상 | • 정온식 감지선형 감지기 |

답 ③

**66** ★ 지하층 · 무창층 등으로서 환기가 잘 되지 아니하거나 실내면적이 40$m^2$ 미만인 장소에 설치하여야 하는 적응성이 있는 감지기가 아닌 것은?

[09.03.문69]

① 정온식 스포트형 감지기
② 불꽃감지기
③ 광전식 분리형 감지기
④ 아날로그방식의 감지기

해설 **지하층 · 무창층** 등으로서 환기가 잘 되지 아니하거나 실내면적이 **40$m^2$ 미만**인 장소, 감지기의 부착면과 실내바닥과의 거리가 **2.3m 이하**인 곳으로서 일시적으로 발생한 열 · 연기 또는 먼지 등으로 인하여 화재신호를 발신할 우려가 있는 장소의 적응감지기
(1) **불꽃**감지기
(2) **정온식 감지선형** 감지기
(3) **분포형** 감지기
(4) **복합형** 감지기
(5) **광전식 분리형** 감지기
(6) **아날로그방식**의 감지기
(7) **다신호방식**의 감지기
(8) **축적방식**의 감지기

**기억법** 불정감 복분 광아다축

① 정온식 스포트형 감지기 → 정온식 감지선형 감지기

답 ①

★★★
**67** 누전경보기의 전원은 배선용 차단기에 있어서는 몇 A 이하의 것으로 각 극을 개폐할 수 있는 것을 설치하여야 하는가?

19.04.문75 18.09.문62 15.09.문76 14.05.문71 14.03.문75 13.06.문67 12.05.문74

① 10 ② 15
③ 20 ④ 30

해설 **누전경보기**의 **설치기준**

| 과전류차단기 | 배선용 차단기 |
|---|---|
| 15A 이하 | 20A 이하<br>**기억법** 2배(이 배에 탈 사람!) |

(1) 각 극에 개폐기 및 **15A** 이하의 **과전류차단기**를 설치할 것(**배선용 차단기**는 **20A** 이하)
(2) 분전반으로부터 **전용회로**로 할 것
(3) 개폐기에는 누전경보기임을 표시할 것
(4) 계약전류용량이 **100A**를 초과할 것

중요

**누전경보기**

| 60A 이하 | 60A 초과 |
|---|---|
| • **1급** 누전경보기<br>• **2급** 누전경보기 | • **1급** 누전경보기 |

답 ③

★★★
**68** 비상방송설비의 설치기준 중 기동장치에 따른 화재신고를 수신한 후 필요한 음량으로 화재발생상황 및 피난에 유효한 방송이 자동으로 개시될 때까지의 소요시간은 몇 초 이하로 하여야 하는가?

17.05.문61

① 10 ② 15
③ 20 ④ 25

해설 **소요시간**

| 기 기 | 시 간 |
|---|---|
| P형·P형 복합식·R형·R형 복합식·GP형·GP형 복합식·GR형·GR형 복합식 | 5초 이내<br>(축적형 60초 이내) |
| **중**계기 | **5**초 이내 |
| 비상**방**송설비 | **10초** 이하 |
| **가**스누설경보기 | **6**0초 이내 |

**기억법** 시중5(시중을 드시오!)
1방(일본을 방문하다.)
6가(육체미가 아름답다.)

중요

**비상방송설비**의 **설치기준**
(1) 음량조정기를 설치하는 경우 배선은 **3선식**으로 할 것
(2) 확성기의 음성입력은 **실외 3W, 실내 1W** 이상일 것
(3) 조작부의 조작스위치는 **0.8~1.5m** 이하의 높이에 설치할 것
(4) 기동장치에 의한 화재신고를 수신한 후 필요한 음량으로 방송이 개시될 때까지의 소요시간은 **10초** 이하로 할 것

답 ①

★★
**69** 누전경보기의 구성요소에 해당하지 않는 것은?

19.03.문37 15.09.문21 14.09.문69 13.03.문62

① 차단기 ② 영상변류기(ZCT)
③ 음향장치 ④ 발신기

해설 **누전경보기**의 **구성요소**

| 구성요소 | 설 명 |
|---|---|
| 영상**변**류기(ZCT) | **누설전류**를 **검출**한다.<br>**기억법** 변검(변검술) |
| **수**신기 | **누설전류**를 **증폭**한다. |
| **음**향장치 | 경보를 발한다. |
| **차**단기 | 차단릴레이를 포함한다. |

**기억법** 변수음차

④ **자동화재탐지설비**의 **구성요소**

답 ④

★★★
**70** 무선통신보조설비의 화재안전기준(NFSC 505)에 따른 옥외안테나의 설치기준으로 옳지 않은 것은?

① 건축물, 지하가, 터널 또는 공동구의 출입구 및 출입구 인근에서 통신이 가능한 장소에 설치할 것
② 다른 용도로 사용되는 안테나로 인한 통신장애가 발생하지 않도록 설치할 것
③ 옥외안테나는 견고하게 설치하며 파손의 우려가 없는 곳에 설치하고 그 가까운 곳의 보기 쉬운 곳에 "옥외안테나"라는 표시와 함께 통신가능거리를 표시한 표지를 설치할 것
④ 수신기가 설치된 장소 등 사람이 상시 근무하는 장소에는 옥외안테나의 위치가 모두 표시된 옥외안테나 위치표시도를 비치할 것

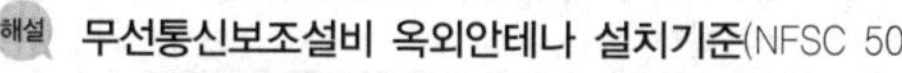


**해설** **무선통신보조설비 옥외안테나 설치기준**(NFSC 505 6조)

(1) **건축물, 지하가, 터널** 또는 공동구의 출입구 및 출입구 인근에서 통신이 가능한 장소에 설치할 것
(2) 다른 용도로 사용되는 안테나로 인한 **통신장애**가 발생하지 않도록 설치할 것
(3) 옥외안테나는 견고하게 설치하며 파손의 우려가 없는 곳에 설치하고 그 가까운 곳의 보기 쉬운 곳에 **"무선통신보조설비 안테나"**라는 표시와 함께 통신가능거리를 표시한 표지를 설치할 것
(4) 수신기가 설치된 장소 등 사람이 상시 근무하는 장소에는 옥외안테나의 위치가 모두 표시된 옥외안테나 **위치표시도**를 비치할 것

③ 옥외안테나 → 무선통신보조설비 안테나

답 ③

★
**71** 자동화재탐지설비 배선의 설치기준 중 틀린 것은?

① 감지기 사이의 회로의 배선은 송배전식으로 할 것
② 감지기회로의 도통시험을 위한 종단저항은 전용함을 설치하는 경우 그 설치높이는 바닥으로부터 1.5m 이내로 할 것
③ 감지기회로 및 부속회로의 전로와 대지 사이 및 배선 상호간의 절연저항은 1경계구역마다 직류 250V의 절연저항측정기를 사용하여 측정한 절연저항이 0.1MΩ 이상이 되도록 할 것
④ 피(P)형 수신기 및 지피(GP)형 수신기의 감지기회로의 배선에 있어서 하나의 공통선에 접속할 수 있는 경계구역은 9개 이하로 할 것

**해설** P형 수신기 및 GP형 수신기의 감지기회로의 배선에 있어서 하나의 공통선에 접속할 수 있는 경계구역은 **7개** 이하로 할 것

④ 9개 → 7개

**다른문제**

**경계구역수가 15개라면 공통선수는?**

**해설** 하나의 공통선에 접속할 수 있는 경계구역은 **7개** 이하이므로

$$공통선수 = \frac{경계구역}{7개}$$

$$공통선수 = \frac{15개}{7개} = 2.1 ≒ 3개(절상한다.)$$

**용어**

**절상**
"**소수점을 올린다.**"는 의미이다.

답 ④

★★
**72** 단독경보형 감지기를 설치하여야 하는 특정소방대상물의 기준 중 옳은 것은?
06.09.문61

① 연면적 $1000m^2$ 미만의 아파트 등
② 연면적 $2000m^2$ 미만의 기숙사
③ 교육연구시설 또는 수련시설 내에 있는 합숙소 또는 기숙사로서 연면적 $1000m^2$ 미만인 것
④ 연면적 $1000m^2$ 미만의 숙박시설

**해설** **소방시설법 시행령 〔별표 5〕**
**단독경보형 감지기의 설치대상**

| 연면적 | 설치대상 |
|---|---|
| $400m^2$ 미만 | • 유치원 |
| $600m^2$ 미만 | • 숙박시설 |
| $1000m^2$ 미만 | • 아파트 등<br>• 기숙사 |
| $2000m^2$ 미만 | • 교육연구시설 · 수련시설 내에 있는 **합숙소** 또는 **기숙사** |
| 모두 적용 | • 100명 미만 수련시설(숙박시설이 있는 것) |

※ **단독경보형 감지기**: 화재발생상황을 단독으로 감지하여 자체에 내장된 음향장치로 경보하는 감지기

② $2000m^2$ → $1000m^2$
③ $1000m^2$ → $2000m^2$
④ $1000m^2$ → $600m^2$

**비교**

**단독경보형 감지기**의 **설치기준**(NFSC 201 5조)
(1) 단독경보형 감지기는 소방대상물의 각 실마다 설치하되, 바닥면적이 $150m^2$를 초과하는 경우에는 **$150m^2$**마다 1개 이상 설치할 것
(2) 최상층의 계단실의 **천장**에 설치할 것
(3) 건전지를 주전원으로 사용하는 단독경보형 감지기는 정상적인 작동상태를 유지할 수 있도록 **건전지**를 **교환**할 것

답 ①

★★★
**73** 객석유도등을 설치하여야 하는 특정소방대상물의 대상으로 옳은 것은?
15.03.문77
11.03.문64

① 운수시설 ② 운동시설
③ 의료시설 ④ 근린생활시설

해설 **유도등** 및 **유도표지**의 **종류**(NFSC 303 4조)

| 설치장소 | 유도등 및 유도표지의 종류 |
|---|---|
| ① **공**연장·**집**회장·**관**람장·**운**동시설 | • 대형피난구유도등<br>• 통로유도등<br>• **객**석유도등<br>기억법 공객관운집 (고객이 관에 운집했다.) |
| ② 위락시설·판매시설<br>③ 관광숙박시설·의료시설·방송통신시설<br>④ 전시장·지하상가·지하역사<br>⑤ 운수시설·장례시설 | • 대형피난구유도등<br>• 통로유도등 |
| ⑥ 일반숙박시설·오피스텔<br>⑦ 지하층·무창층 및 11층 이상의 부분 | • 중형피난구유도등<br>• 통로유도등 |
| ⑧ 근린생활시설·노유자시설·업무시설<br>⑨ 종교시설·교육연구시설·공장<br>⑩ 창고시설·교정 및 군사시설·기숙사<br>⑪ 자동차정비공장·운전학원 및 정비학원<br>⑫ 다중이용업소<br>⑬ 수련시설·발전시설<br>⑭ 복합건축물·아파트 | • 소형피난구유도등<br>• 통로유도등 |
| ⑮ 그 밖의 것 | • 피난구유도표지<br>• 통로유도표지 |

답 ②

★★
**74** 비상경보설비를 설치하여야 할 특정소방대상물의 기준 중 옳은 것은? (단, 지하구, 모래·석재 등 불연재료창고 및 위험물 저장·처리시설 중 가스시설은 제외한다.)

19.03.문70 18.04.문63 15.05.문52 12.05.문56

① 지하층 또는 무창층의 바닥면적이 $150m^2$(공연장의 경우 $100m^2$) 이상인 것
② 연면적 $500m^2$(지하가 중 터널 또는 사람이 거주하지 않거나 벽이 없는 축사 등 동식물 관련시설은 제외) 이상인 것
③ 30명 이상의 근로자가 작업하는 옥내작업장
④ 지하가 중 터널로서 길이가 1000m 이상인 것

해설 **소방시설법 시행령 〔별표 5〕**
비상경보설비의 설치대상

| 설치대상 | 조 건 |
|---|---|
| 지하층·무창층 | • 바닥면적 **150m²**(공연장 **100m²**) 이상 |
| 전부 | • 연면적 **400m²** 이상 |
| 지하가 중 터널길이 | • 길이 **500m** 이상 |
| 옥내작업장 | • **50명** 이상 작업 |

② $500m^2$ → $400m^2$
③ 30명 → 50명
④ 1000m → 500m

답 ①

★★
**75** 자동화재속보설비를 설치하여야 하는 특정소방대상물의 기준 중 다음 (  ) 안에 알맞은 것은?

16.03.문63 14.05.문58 12.05.문79

의료시설 중 요양병원으로서 정신병원과 의료재활시설로 사용되는 바닥면적의 합계가 (  )$m^2$ 이상인 층이 있는 것

① 300 ② 500
③ 1000 ④ 1500

해설 **소방시설법 시행령 〔별표 5〕**
**자동화재속보설비의 설치대상**

| 설치대상 | 조 건 |
|---|---|
| • **수**련시설(숙박시설이 있는 것)<br>• **노**유자시설<br>• 요양병원 | 바닥면적 **500m²** 이상 |
| • 공장 및 창고시설<br>• 업무시설<br>• 국방·군사시설<br>• 발전시설(무인경비시스템) | 바닥면적 **1500m²** 이상 |
| • 목조건축물 | 국보·보물 |
| • 노유자생활시설<br>• 30층 이상 | 전부 |
| • 전통시장 | 전부 |

기억법 **5수노속**

답 ②

★
**76** 피난기구 용어의 정의 중 다음 (  ) 안에 알맞은 것은?

06.09.문77

(  )란 사용자의 몸무게에 따라 자동적으로 내려올 수 있는 기구 중 사용자가 연속적으로 사용할 수 없는 것을 말한다.

① 간이완강기
② 공기안전매트
③ 완강기
④ 승강식 피난기

해설 **완강기**와 **간이완강기**

| 완강기 | 간이완강기 |
|---|---|
| 사용자의 **몸무게**에 따라 **자동적**으로 내려올 수 있는 기구 중 사용자가 **연속**적으로 **사용**할 수 **있는** 피난기구 | 사용자의 **몸무게**에 따라 **자동적**으로 내려올 수 있는 기구 중 사용자가 **연속**적으로 **사용**할 수 **없는** 피난기구 |

답 ①

★★
**77** **비상방송설비를 설치하여야 하는 특정소방대상물의 기준 중 틀린 것은? (단, 위험물 저장 및 처리시설 중 가스시설, 사람이 거주하지 않는 동물 및 식물 관련시설, 지하가 중 터널, 축사 및 지하구는 제외한다.)**

① 연면적 $3500m^2$ 이상인 것
② 지하층을 제외한 층수가 11층 이상인 것
③ 지하층의 층수가 3층 이상인 것
④ 50명 이상의 근로자가 작업하는 옥내작업장

해설 **소방시설법 시행령 〔별표 5〕**
**비상방송설비의 설치대상**
(1) 연면적 **$3500m^2$** 이상
(2) **11층** 이상(지하층 제외)
(3) **지하 3층** 이상

④ 비상경보설비의 설치대상

비교

**소방시설법 시행령 〔별표 5〕**
**비상경보설비의 설치대상**

| 설치대상 | 조 건 |
|---|---|
| 지하층 · 무창층 | 바닥면적 **$150m^2$**(공연장 **$100m^2$**) 이상 |
| 전부 | 연면적 **$400m^2$** 이상 |
| 지하가 중 터널길이 | 길이 **500m** 이상 |
| 옥내작업장 | **50명** 이상 작업 |

중요

| 조 건 | 특정소방대상물 |
|---|---|
| **지하가** 연면적 **$1000m^2$** 이상 | • 자동화재탐지설비<br>• 스프링클러설비<br>• 무선통신보조설비<br>• 제연설비 |
| 목조건축물(국보 · 보물) | • 옥외소화전설비<br>• 자동화재속보설비 |

답 ④

★★★
**78** **자동화재탐지설비 수신기의 설치기준 중 다음 ( ) 안에 알맞은 것은?**

19.09.문75
16.03.문72
13.06.문65
13.06.문70
11.03.문71

> ( )층 이상의 특정소방대상물에는 발신기와 전화통화가 가능한 수신기를 설치할 것

① 2　　② 4
③ 6　　④ 11

해설 **수신기**의 **적합기준**

| 조 건 | 수신기의 종류 |
|---|---|
| **4층** 이상 | **발신기**와 전화통화가 가능한 수신기 |

답 ②

★★
**79** **무선통신보조설비를 설치하여야 하는 특정소방대상물의 기준 중 옳은 것은? (단, 위험물 저장 및 처리시설 중 가스시설은 제외한다.)**

① 지하가(터널은 제외)로서 연면적 $500m^2$ 이상인 것
② 지하가 중 터널로서 길이가 1000m 이상인 것
③ 층수가 30층 이상인 것으로서 15층 이상 부분의 모든 층
④ 지하층의 층수가 3층 이상이고 지하층의 바닥면적의 합계가 $1000m^2$ 이상인 것은 지하층의 모든 층

해설 **소방시설법 시행령 〔별표 5〕**
**무선통신보조설비의 설치대상**

| 설치대상 | 조 건 |
|---|---|
| 지하가(터널 제외) | • 연면적 **$1000m^2$** 이상 |
| 지하층의 모든 층 | • 지하층 바닥면적 합계 **$3000m^2$** 이상<br>• 지하 **3층** 이상이고 지하층 바닥면적 합계 **$1000m^2$** 이상 |
| 지하가 중 터널길이 | • 길이 **500m** 이상 |
| 모든 층 | • 30층 이상으로서 **16층** 이상의 부분 |

① $500m^2$ → $1000m^2$
② 1000m → 500m
③ 15층 → 16층

답 ④

★★★
**80** 비상콘센트설비를 설치하여야 하는 특정소방대상물의 기준으로 옳은 것은? (단, 위험물 저장 및 처리시설 중 가스시설 또는 지하구는 제외한다.)

14.03.문76

① 지하가(터널은 제외)로서 연면적 $1000m^2$ 이상인 것
② 층수가 11층 이상인 특정소방대상물의 경우에는 11층 이상의 층
③ 지하층의 층수가 3층 이상이고 지하층의 바닥면적의 합계가 $1500m^2$ 이상인 것은 지하층의 모든 층
④ 창고시설 중 물류터미널로서 해당 용도로 사용되는 부분의 바닥면적의 합계가 $1000m^2$ 이상인 것

해설 **소방시설법 시행령 〔별표 5〕**
**비상콘센트설비의 설치대상**
(1) **11층** 이상의 층
(2) **지하 3층** 이상이고, 지하층의 바닥면적 합계가 **$1000m^2$** 이상은 **지하 모든 층**

비교

**비상콘센트 설치기준**
(1) 바닥으로부터 **0.8m** 이상 **1.5m** 이하의 위치에 설치
(2) **수평거리 기준**

| 수평거리 25m 이하 | 수평거리 50m 이하 |
|---|---|
| **지하상가** 또는 **지하층**의 바닥면적의 합계가 **$3000m^2$** 이상 | 기타 |

(3) **바닥면적 기준**

| 바닥면적 $1000m^2$ 미만 | 바닥면적 $1000m^2$ 이상 |
|---|---|
| **계단**의 출입구로부터 **5m** 이내 설치 | **계단부속실**의 출입구로부터 **5m** 이내 설치 |

답 ②

과년도기출문제

# 2016년

## 소방설비기사 필기(전기분야)

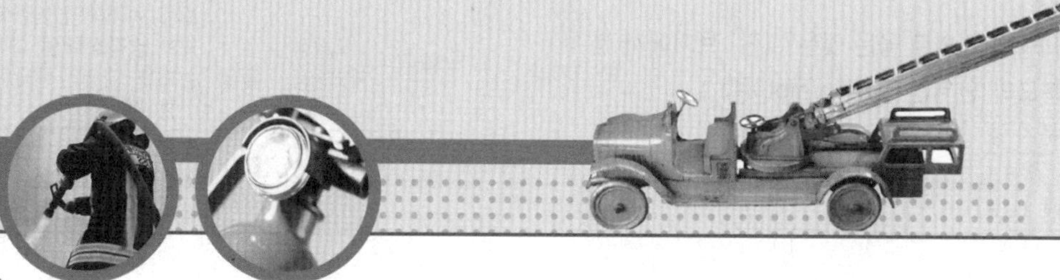



### ** 수험자 유의사항 **

1. 문제지를 받는 즉시 **본인**이 **응시한 종목**이 맞는지 확인하시기 바랍니다.
2. 문제지 표지에 본인의 **수험번호**와 **성명**을 기재하여야 합니다.
3. 문제지의 **총면수**, **문제번호 일련순서**, **인쇄상태**, **중복 및 누락 페이지 유무**를 확인하시기 바랍니다.
4. 답안은 각 문제마다 요구하는 가장 적합하거나 가까운 답 1개만을 선택하여야 합니다.
5. 답안카드는 뒷면의 「수험자 유의사항」에 따라 작성하시고, 답안카드 작성 시 형별누락, 마킹착오로 인한 불이익은 전적으로 수험자에게 책임이 있음을 알려드립니다.
6. 문제지는 시험 종료 후 본인이 가져갈 수 있습니다.

### ** 안내사항 **

- 가답안/최종정답은 큐넷(www.q-net.or.kr)에서 확인하실 수 있습니다. 가답안에 대한 의견은 큐넷의 [가답안 의견제시]를 통해 제시할 수 있으며, 확정된 답안은 최종정답으로 갈음합니다.
- 공단에서 제공하는 자격검정서비스에 대해 개선할 점이 있으시면 고객참여(http://hrdkorea.or.kr/7/1/1)를 통해 건의하여 주시기 바랍니다.

# 16년 2016. 3. 6 시행

**▌2016년 기사 제1회 필기시험▌**

| 자격종목 | 종목코드 | 시험시간 | 형별 | 수험번호 | 성명 |
|---|---|---|---|---|---|
| 소방설비기사(전기분야) | | 2시간 | | | |

※ 답안카드 작성시 시험문제지 형별누락, 마킹착오로 인한 불이익은 전적으로 수험자의 귀책사유임을 알려드립니다.
※ 각 문항은 4지택일형으로 질문에 가장 적합한 보기 항을 선택하여 마킹하여야 합니다.

## 제 1 과목 소방원론

★★★
**01** 증기비중의 정의로 옳은 것은? (단, 보기에서 분자, 분모의 단위는 모두 g/mol이다.)

19.03.문18
15.03.문05
14.09.문15
12.09.문18
07.05.문17

① $\frac{분자량}{22.4}$ ② $\frac{분자량}{29}$
③ $\frac{분자량}{44.8}$ ④ $\frac{분자량}{100}$

유사문제부터
풀어보세요.
실력이 팍!팍!
올라갑니다.

해설 **증기비중**

$$증기비중 = \frac{분자량}{29}$$

여기서, 29 : 공기의 평균 분자량

답 ②

★★
**02** 위험물안전관리법령상 제4류 위험물의 화재에 적응성이 있는 것은?

10.09.문19

① 옥내소화전설비
② 옥외소화전설비
③ 봉상수소화기
④ 물분무소화설비

해설 **위험물**의 **일반사항**

| 종 류 | 성 질 | 소화방법 |
|---|---|---|
| 제1류 | 강산화성 물질<br>(산화성 고체) | 물에 의한 **냉각소화**(단, **무기과산화물**은 **마른모래** 등에 의한 **질식소화**) |
| 제2류 | 환원성 물질<br>(가연성 고체) | 물에 의한 **냉각소화**(단, **황화인 · 철분 · 마그네슘 · 금속분**은 **마른모래** 등에 의한 질식소화) |
| 제3류 | 금수성 물질<br>및 자연발화성 물질 | 마른모래, 팽창질석, 팽창진주암에 의한 **질식소화**(마른모래보다 **팽창질석** 또는 **팽창진주암**이 더 효과적) |
| 제4류 | 인화성 물질<br>(인화성 액체) | 포 · 분말 · 이산화탄소($CO_2$) · 할론 · 물분무 소화약제에 의한 **질식소화** |
| 제5류 | 폭발성 물질<br>(자기반응성 물질) | 화재 초기에만 대량의 물에 의한 **냉각소화**(단, 화재가 진행되면 자연진화되도록 기다릴 것) |
| 제6류 | 산화성 물질<br>(산화성 액체) | 마른모래 등에 의한 **질식소화**(단, **과산화수소**는 다량의 **물**로 **희석소화**) |

답 ④

★★★
**03** 화재 최성기 때의 농도로 유도등이 보이지 않을 정도의 연기농도는? (단, 감광계수로 나타낸다.)

12.03.문07

① $0.1m^{-1}$ ② $1m^{-1}$
③ $10m^{-1}$ ④ $30m^{-1}$

해설

| 감광계수 $[m^{-1}]$ | 가시거리 [m] | 상 황 |
|---|---|---|
| 0.1 | 20~30 | **연기감지기**가 작동할 때의 농도(연기감지기가 작동하기 직전의 농도) |
| 0.3 | 5 | 건물 내부에 **익숙한 사람**이 피난에 지장을 느낄 정도의 농도 |
| 0.5 | 3 | **어두운 것**을 느낄 정도의 농도 |
| 1 | 1~2 | 앞이 거의 보이지 않을 정도의 농도 |
| 10 | 0.2~0.5 | 화재 **최성기** 때의 농도 |
| 30 | - | 출화실에서 **연기**가 **분출**할 때의 농도 |

답 ③

★★★
**04** 가연성 가스가 아닌 것은?

19.03.문10
17.03.문07
16.10.문03
16.03.문04
14.05.문10
12.09.문08
11.10.문02

① 일산화탄소
② 프로판
③ 수소
④ 아르곤

해설 **가연물**이 **될 수 없는 물질**(불연성 물질)

| 특 징 | 불연성 물질 | |
|---|---|---|
| 주기율표의 0족 원소 | • 헬륨(He)<br>• 네온(Ne)<br>• **아르곤**(Ar)<br>• 크립톤(Kr)<br>• 크세논(Xe)<br>• 라돈(Rn) | 불활성 가스 |
| 산소와 더 이상 반응하지 않는 물질 | • 물($H_2O$)<br>• 이산화탄소($CO_2$)<br>• 산화알루미늄($Al_2O_3$)<br>• 오산화인($P_2O_5$) | |
| 흡열반응물질 | • 질소($N_2$) | |

답 ④

★★★
**05** 위험물안전관리법령상 위험물 유별에 따른 성질이 잘못 연결된 것은?

19.09.문44
15.05.문05
11.10.문03
07.09.문18

① 제1류 위험물 – 산화성 고체
② 제2류 위험물 – 가연성 고체
③ 제4류 위험물 – 인화성 액체
④ 제6류 위험물 – 자기반응성 물질

해설 **위험물령 〔별표 1〕**
**위험물**

| 유 별 | 성 질 | 품 명 |
|---|---|---|
| 제1류 | 산화성 고체 | • 아염소산염류<br>• 염소산염류(**염소산나트륨**)<br>• 과염소산염류<br>• 질산염류<br>• 무기과산화물<br>기억법 **1산고염나** |
| 제2류 | 가연성 고체 | • **황화**린<br>• **적**린<br>• **유**황<br>• **마**그네슘<br>기억법 **황화적유마** |
| 제3류 | 자연발화성 물질 및 금수성 물질 | • **황린**<br>• **칼륨**<br>• **나트륨**<br>• **알**칼리토금속<br>• **트**리에틸알루미늄<br>기억법 **황칼나알트** |
| 제4류 | 인화성 액체 | • 특수인화물<br>• 석유류(벤젠)<br>• 알코올류<br>• 동식물유류 |
| 제5류 | 자기반응성 물질 | • 유기과산화물<br>• 니트로화합물<br>• 니트로소화합물<br>• 아조화합물<br>• 질산에스테르류(셀룰로이드) |
| 제6류 | 산화성 액체 | • **과염소산**<br>• 과산화수소<br>• 질산 |

④ 제6류 위험물 – 산화성 액체

답 ④

★★
**06** 무창층 여부를 판단하는 개구부로서 갖추어야 할 조건으로 옳은 것은?

15.03.문46

① 개구부 크기가 지름 30cm의 원이 내접할 수 있는 것
② 해당층의 바닥면으로부터 개구부 밑부분까지의 높이가 1.5m인 것
③ 내부 또는 외부에서 쉽게 부수거나 열 수 있을 것
④ 창에 방범을 위하여 40cm 간격으로 창살을 설치한 것

해설 **소방시설법 시행령 2조**
**개구부**
(1) 개구부의 크기는 지름 **50cm**의 원이 내접할 수 있는 크기일 것
(2) 해당층의 바닥면으로부터 개구부 밑부분까지의 높이가 **1.2m** 이내일 것
(3) 내부 또는 외부에서 쉽게 부수거나 열 수 있을 것
(4) 화재시 건축물로부터 쉽게 피난할 수 있도록 **창살**, 그 밖의 **장애물**이 설치되지 아니할 것
(5) 도로 또는 차량이 진입할 수 있는 **빈터**를 향할 것

① 지름 30cm → 지름 50cm
② 1.5m → 1.2m 이내
④ 창살을 설치한 것 → 창살을 설치하지 아니할 것

용어
**개구부**
화재시 쉽게 피난할 수 있는 출입문, 창문 등을 말한다.

답 ③

★★★
**07** 황린의 보관방법으로 옳은 것은?

17.03.문11
16.05.문19
10.03.문09
09.03.문16

① 물속에 보관
② 이황화탄소 속에 보관
③ 수산화칼륨 속에 보관
④ 통풍이 잘 되는 공기 중에 보관

해설 **물질**에 따른 **저장장소**

| 위험물 | 저장장소 |
|---|---|
| • 황린<br>• 이황화탄소($CS_2$) | 물속 |
| • 니트로셀룰로오스 | 알코올 속 |
| • 칼륨(K)<br>• 나트륨(Na)<br>• 리튬(Li) | 석유류(등유) 속 |
| • 아세틸렌($C_2H_2$) | 디메틸포름아미드(DMF), 아세톤 |

답 ①

★★★

## 08 가연성 가스나 산소의 농도를 낮추어 소화하는 방법은?

19.09.문13 18.09.문19 17.05.문06 15.03.문17 14.03.문19 11.10.문19 03.08.문11

① 질식소화
② 냉각소화
③ 제거소화
④ 억제소화

해설 **소화의 형태**

| 구 분 | 설 명 |
|---|---|
| **냉**각소화 | • **점화원**을 냉각하여 소화하는 방법<br>• **증**발잠열을 이용하여 열을 빼앗아 가연물의 온도를 떨어뜨려 화재를 진압하는 소화방법<br>• **다량**의 **물**을 뿌려 소화하는 방법<br>• 가연성 물질을 **발화점 이하**로 **냉각**하여 소화하는 방법<br>• **식용유화재**에 신선한 **야채**를 넣어 소화하는 방법<br>• 용융잠열에 의한 **냉각효과**를 이용하여 소화하는 방법<br>기억법 냉점증발 |
| **질**식소화 | • 공기 중의 **산소농도**를 **16%**(10~15%) 이하로 희박하게 하여 소화하는 방법<br>• 산화제의 농도를 낮추어 연소가 지속될 수 없도록 소화하는 방법<br>• 산소공급을 차단하여 소화하는 방법<br>• 산소의 농도를 낮추어 소화하는 방법<br>• 화학반응으로 발생한 **탄산가스**에 의한 소화방법<br>기억법 질산 |
| 제거소화 | • **가연물**을 **제거**하여 소화하는 방법 |
| **부**촉매 소화 (=화학소화) | • **연쇄반응**을 **차단**하여 소화하는 방법<br>• 화학적인 방법으로 화재를 억제하여 소화하는 방법<br>• **활성기**(free radical)의 **생성**을 **억제**하여 소화하는 방법<br>기억법 부억(부엌) |
| 희석소화 | • 기체·고체·액체에서 나오는 분해가스나 증기의 농도를 낮춰 소화하는 방법<br>• 불연성 가스의 **공기** 중 **농도**를 높여 소화하는 방법 |

답 ①

★★★

## 09 분말소화약제 중 A급, B급, C급 화재에 모두 사용할 수 있는 것은?

19.03.문01 18.04.문06 17.03.문04 16.10.문06 16.10.문10 16.05.문15 16.03.문09 16.03.문11 15.05.문08 14.05.문17 12.03.문13

① $Na_2CO_3$
② $NH_4H_2PO_4$
③ $KHCO_3$
④ $NaHCO_3$

해설 **분말소화기(질식효과)**

| 종 별 | 소화약제 | 약제의 착색 | 화학반응식 | 적응 화재 |
|---|---|---|---|---|
| 제1종 | 탄산수소나트륨 ($NaHCO_3$) | 백색 | $2NaHCO_3 \rightarrow Na_2CO_3+\mathbf{CO_2}+H_2O$ | BC급 |
| 제2종 | 탄산수소칼륨 ($KHCO_3$) | 담자색 (담회색) | $2KHCO_3 \rightarrow K_2CO_3+CO_2+H_2O$ | BC급 |
| 제3종 | **인산암모늄 ($NH_4H_2PO_4$)** | 담홍색 | $NH_4H_2PO_4 \rightarrow \mathbf{HPO_3+NH_3+H_2O}$ | **AB C급** |
| 제4종 | 탄산수소칼륨+요소 ($KHCO_3$+ $(NH_2)_2CO$) | 회(백)색 | $2KHCO_3+(NH_2)_2CO \rightarrow K_2CO_3+2NH_3+2CO_2$ | BC급 |

• 탄산수소나트륨 = 중탄산나트륨
• 탄산수소칼륨 = 중탄산칼륨
• 제1인산암모늄 = 인산암모늄 = 인산염
• 탄산수소칼륨 + 요소 = 중탄산칼륨 + 요소

답 ②

★★

## 10 화재 발생시 건축물의 화재를 확대시키는 주요인이 아닌 것은?

19.04.문09 15.03.문06 14.05.문02 09.03.문19 06.05.문18

① 비화
② 복사열
③ 화염의 접촉(접염)
④ 흡착열에 의한 발화

해설 **목조건축물**의 **화재원인**

| 종 류 | 설 명 |
|---|---|
| **접염** (화염의 접촉) | 화염 또는 열의 **접촉**에 의하여 불이 다른 곳으로 옮겨붙는 것 |
| **비**화 | 불티가 **바람**에 **날**리거나 화재현장에서 상승하는 **열기류** 중심에 휩쓸려 원거리 가연물에 착화하는 현상<br>기억법 비날(비가 날린다!) |
| 복사열 | 복사파에 의하여 열이 **고온**에서 **저온**으로 이동하는 것 |

비교

**열전달의 종류**

| 종 류 | 설 명 |
|---|---|
| **전도** (conduction) | 하나의 물체가 다른 **물체**와 **직접** 접촉하여 열이 이동하는 현상 |
| **대류** (convection) | **유체**의 흐름에 의하여 열이 이동하는 현상 |
| **복사** (radiation) | • 화재시 화원과 격리된 인접 가연물에 불이 옮겨붙는 현상<br>• 열전달 **매질**이 **없이** 열이 전달되는 형태<br>• 열에너지가 **전자파**의 형태로 옮겨지는 현상으로, 가장 크게 작용 |

답 ④

★★
## 11 제2종 분말소화약제가 열분해되었을 때 생성되는 물질이 아닌 것은?

16.10.문06 16.10.문10 16.05.문15 16.03.문09 15.05.문08 14.05.문17 12.03.문13

① $CO_2$
② $H_2O$
③ $H_3PO_4$
④ $K_2CO_3$

해설 **분말소화약제**

| 종 별 | 열분해 반응식 |
|---|---|
| 제1종 | $2NaHCO_3 \rightarrow Na_2CO_3+H_2O+CO_2$ |
| 제2종 | $2KHCO_3 \rightarrow K_2CO_3+H_2O+CO_2$ |
| 제3종 | 190℃ : $NH_4H_2PO_4 \rightarrow H_3PO_4$(오쏘인산)$+NH_3$<br>215℃ : $2H_3PO_4 \rightarrow H_4P_2O_7$(피로인산)$+H_2O$<br>300℃ : $H_4P_2O_7 \rightarrow 2HPO_3$(메타인산)$+H_2O$<br>250℃ : $2HPO_3 \rightarrow P_2O_5$(오산화인)$+H_2O$ |
| 제4종 | $2KHCO_3+(NH_2)_2CO \rightarrow K_2CO_3+2NH_3+2CO_2$ |

답 ③

★★
## 12 제거소화의 예가 아닌 것은?

19.09.문05 19.04.문18 17.03.문16 16.10.문07 14.05.문11 13.03.문01 11.03.문04 08.09.문17

① 유류화재시 다량의 포를 방사한다.
② 전기화재시 신속하게 전원을 차단한다.
③ 가연성 가스 화재시 가스의 밸브를 닫는다.
④ 산림화재시 확산을 막기 위하여 산림의 일부를 벌목한다.

해설 ① **질식소화** : 유류화재시 가연물을 **포**로 덮는다.

중요

**제거소화**의 **예**

(1) **가연성 기체** 화재시 **주밸브**를 **차단**한다.(화학반응기의 화재시 원료공급관의 **밸브**를 **잠근다**.)
(2) **가연성 액체** 화재시 펌프를 이용하여 **연료**를 제거한다.
(3) **연료탱크**를 **냉각**하여 가연성 가스의 발생속도를 작게 하여 연소를 억제한다.
(4) 금속화재시 **불활성 물질**로 가연물을 덮는다.
(5) **목재**를 **방염처리**한다.
(6) 전기화재시 **전원**을 **차단**한다.
(7) 산불이 발생하면 화재의 진행방향을 앞질러 **벌목**한다.(산불의 확산방지를 위하여 **산림**의 **일부**를 **벌채**한다.)
(8) 가스화재시 **밸브**를 **잠궈** 가스흐름을 차단한다.
(9) 불타고 있는 장작더미 속에서 아직 타지 않은 것을 안전한 곳으로 **운반**한다.
(10) 유류탱크 화재시 주변에 있는 유류탱크의 유류를 다른 곳으로 이동시킨다.
(11) **양초**를 입으로 불어서 끈다.

※ **제거효과** : 가연물을 반응계에서 제거하든지 또는 반응계로의 공급을 정지시켜 소화하는 효과

답 ①

★★★
## 13 공기 중에서 수소의 연소범위로 옳은 것은?

17.03.문03 15.09.문14 13.06.문04 09.03.문02

① 0.4~4vol%
② 1~12.5vol%
③ 4~75vol%
④ 67~92vol%

해설 (1) **공기 중**의 **폭발한계**(암사천리로 나와야 한다.)

| 가 스 | 하한계[vol%] | 상한계[vol%] |
|---|---|---|
| 아세틸렌($C_2H_2$) | 2.5 | 81 |
| **수**소($H_2$) | **4** | **75** |
| 일산화탄소(CO) | 12.5 | 74 |
| 암모니아($NH_3$) | 15 | 28 |
| 메탄($CH_4$) | 5 | 15 |
| 에탄($C_2H_6$) | 3 | 12.4 |
| 프로판($C_3H_8$) | 2.1 | 9.5 |
| **부**탄($C_4H_{10}$) | **1**.8 | **8**.4 |

기억법 수475(**수사**후 **치료**하세요.)
부18(**부**자의 **일**반적인 **팔**자)

(2) **폭발한계**와 **같은 의미**
㉠ 폭발범위 ㉡ 연소한계
㉢ 연소범위 ㉣ 가연한계
㉤ 가연범위

답 ③

★★★
## 14 일반적인 자연발화의 방지법으로 틀린 것은?

19.09.문08 18.03.문10 16.10.문05 15.05.문19 15.03.문09 14.09.문09 14.09.문17 12.03.문09 09.05.문08 03.03.문13 02.09.문01

① 습도를 높일 것
② 저장실의 온도를 낮출 것
③ 정촉매작용을 하는 물질을 피할 것
④ 통풍을 원활하게 하여 열축적을 방지할 것

해설 **자연발화**
가연물이 공기 중에서 산화되어 **산화열**의 **축적**으로 발화

중요

(1) **자연발화**의 **방지법**
㉠ **습**도가 높은 곳을 **피**할 것(건조하게 유지할 것)
㉡ 저장실의 온도를 낮출 것
㉢ 통풍이 잘 되게 할 것
㉣ 퇴적 및 수납시 열이 쌓이지 않게 할 것(**열축적 방지**)
㉤ 산소와의 접촉을 차단할 것
㉥ **열전도성**을 좋게 할 것
㉦ **정촉매작용**을 하는 물질을 피할 것

기억법 자습피

(2) **자연발화 조건**
㉠ 열전도율이 작을 것
㉡ 발열량이 클 것
㉢ 주위의 온도가 높을 것
㉣ 표면적이 넓을 것

답 ①

## 15 이산화탄소($CO_2$)에 대한 설명으로 틀린 것은?

19.03.문11
14.05.문08
13.06.문20
11.03.문06

① 임계온도는 97.5℃이다.
② 고체의 형태로 존재할 수 있다.
③ 불연성 가스로 공기보다 무겁다.
④ 상온, 상압에서 기체상태로 존재한다.

해설 **이산화탄소의 물성**

| 구 분 | 물 성 |
|---|---|
| 임계압력 | 72.75atm |
| 임계온도 | 31℃ |
| 3중점 | -56.3℃(약 -56℃) |
| 승화점(비점) | -78.5℃ |
| 허용농도 | 0.5% |
| 수 분 | 0.05% 이하(함량 99.5% 이상) |

기억법 **이356, 이비78**

① 97.5℃ → 31℃

답 ①

## 16 건물화재시 패닉(panic)의 발생원인과 직접적인 관계가 없는 것은?

11.03.문19

① 연기에 의한 시계제한
② 유독가스에 의한 호흡장애
③ 외부에 단절되어 고립
④ 불연내장재의 사용

해설 **패닉(panic)의 발생원인**
(1) 연기에 의한 시계제한
(2) 유독가스에 의한 호흡장애
(3) 외부와 단절되어 고립

용어

**패닉**(panic)
인간이 극도로 긴장되어 돌출행동을 하는 것

답 ④

## 17 화학적 소화방법에 해당하는 것은?

① 모닥불에 물을 뿌려 소화한다.
② 모닥불을 모래로 덮어 소화한다.
③ 유류화재를 할론 1301로 소화한다.
④ 지하실 화재를 이산화탄소로 소화한다.

해설 **물리적 소화와 화학적 소화**

| 구 분 | 물리적 소화 | 화학적 소화 |
|---|---|---|
| 소화 형태 | ① 질식소화<br>② 냉각소화<br>③ 제거소화<br>④ 희석소화<br>⑤ 피복소화 | 화학소화(억제소화, 부촉매효과) |
| 소화 약제 | ① 물소화약제<br>② 이산화탄소소화약제<br>③ 포소화약제<br>④ 불활성기체소화약제<br>⑤ 마른모래 | ① 할론소화약제<br>② 할로겐화합물소화약제 |

답 ③

## 18 목조건축물에서 발생하는 옥외출화 시기를 나타낸 것으로 옳은 것은?

15.05.문14

① 창, 출입구 등에 발염착화한 때
② 천장 속, 벽 속 등에서 발염착화한 때
③ 가옥구조에서는 천장면에 발염착화한 때
④ 불연천장인 경우 실내의 그 뒷면에 발염착화한 때

해설 **옥외출화와 옥내출화**

| 옥외출화 | 옥내출화 |
|---|---|
| ① **창·출입구** 등에 **발염착화**한 경우<br>② 목재 사용 가옥에서는 **벽·추녀 밑**의 판자나 목재에 **발염착화**한 경우 | ① **천장 속·벽 속** 등에서 **발염착화**한 경우<br>② 가옥구조시에는 천장판에 **발염착화**한 경우<br>③ 불연벽체나 칸막이의 불연천장인 경우 실내에서는 그 뒤판에 **발염착화**한 경우 |

기억법 **외창출**

②, ③, ④ 옥내출화

답 ①

## 19 공기 중의 산소의 농도는 약 몇 vol%인가?

① 10 ② 13
③ 17 ④ 21

해설 **공기의 구성 성분**
(1) 산소 : 21vol%
(2) 질소 : 78vol%
(3) 아르곤 : 1vol%

중요

**공기 중 산소농도**

| 구 분 | 산소농도 |
|---|---|
| 체적비<br>(부피백분율) | 약 21vol% |
| 중량비<br>(중량백분율) | 약 23wt% |

• 일반적인 산소농도라 함은 '**체적비**'를 말한다.

답 ④

★★★
**20** 화재 발생시 주수소화가 적합하지 않은 물질은?

07.09.문05
① 적린　　② 마그네슘 분말
③ 과염소산칼륨　　④ 유황

해설 **주수소화**(물소화)시 **위험**한 **물질**

| 구 분 | 현 상 |
|---|---|
| • 무기과산화물 | **산소** 발생 |
| • **금**속분<br>• **마**그네슘<br>• 알루미늄<br>• 칼륨<br>• 나트륨<br>• 수소화리튬 | **수소** 발생 |
| • 가연성 액체의 유류화재 | **연소면**(화재면) 확대 |

기억법 **금마수**

※ **주수소화** : 물을 뿌려 소화하는 방법

답 ②

## 제 2 과목 소방전기일반

★★
**21** 알칼리축전지의 음극재료는?

03.08.문36
① 수산화니켈　　② 카드뮴
③ 이산화연　　④ 연

| 구 분 | 연축전지 | 알칼리축전지 |
|---|---|---|
| 양극재료 | 이산화연($PbO_2$) | 수산화니켈(NiOOH) |
| 음극재료 | 연(Pb) | 카드뮴(Cd) |

참고

**화학반응식**

**(1) 연축전지**

$$\underset{(+)}{PbO_2} + \underset{(전해액)}{2H_2SO_4} + \underset{(-)}{Pb} \underset{충전}{\overset{방전}{\rightleftarrows}} \underset{(+)}{PbSO_4} + \underset{(물)}{2H_2O} + \underset{(-)}{PbSO_4}$$

**(2) 알칼리축전지**

$$\underset{(+)}{2NiOOH} + \underset{(물)}{2H_2O} + \underset{(-)}{Cd} \underset{충전}{\overset{방전}{\rightleftarrows}} \underset{(+)}{2Ni(OH)_2} + \underset{(-)}{Cd(OH)_2}$$

답 ②

★
**22** 무한장 솔레노이드 자계의 세기에 대한 설명으로 틀린 것은?

① 전류의 세기에 비례한다.
② 코일의 권수에 비례한다.
③ 솔레노이드 내부에서의 자계의 세기는 위치에 관계없이 일정한 평등자계이다.
④ 자계의 방향과 암페어 경로 간에 서로 수직인 경우 자계의 세기가 최고이다.

해설 **무한장 솔레노이드**

(1) **내부자계**

$$H_i = nI$$

여기서, $H_i$ : 내부자계의 세기〔AT/m〕
$n$ : 단위길이당 권수(1m당 권수)
$I$ : 전류〔A〕

(2) **외부자계**

$$H_e = 0$$

여기서, $H_e$ : 외부자계의 세기〔AT/m〕

④ 자계의 방향과 무관

답 ④

★★★
**23** 그림과 같은 $R-C$ 필터회로에서 리플 함유율을 가장 효과적으로 줄일 수 있는 방법은?

11.06.문23

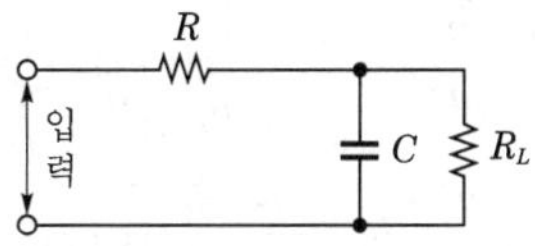


① $C$를 크게 한다.
② $R$을 크게 한다.
③ $C$와 $R$을 크게 한다.
④ $C$와 $R$을 적게 한다.

$R-C$ 필터회로에서 리플 함유율을 가장 효과적으로 줄이기 위해서는 $C$와 $R$을 크게 하면 된다.

중요

**맥동률**

$$\gamma = \frac{V_{AC}}{V_{DC}} \times 100$$

여기서, $\gamma$ : 맥동률
$V_{AC}$ : 직류 출력전압의 교류분〔V〕
$V_{DC}$ : 직류 출력전압〔V〕

• 맥동률 = 리플 함유율 = 리플 백분율

답 ③

★★
**24** 그림과 같은 브리지회로의 평형 조건은?

13.06.문23

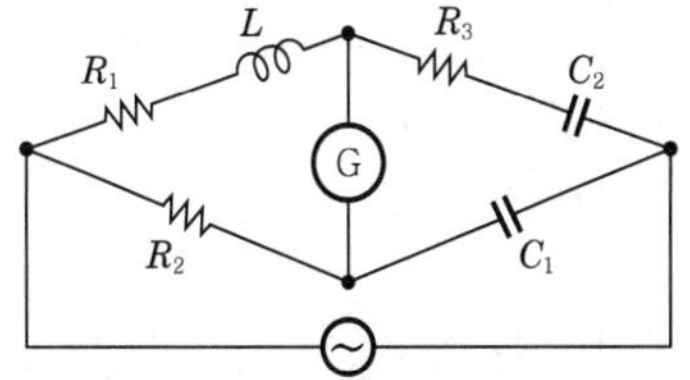


① $R_1C_1 = R_2C_2$, $R_2R_3 = C_1L$
② $R_1C_1 = R_2C_2$, $R_2R_3C_1 = L$
③ $R_1C_2 = R_2C_1$, $R_2R_3 = C_1L$
④ $R_1C_2 = R_2C_1$, $L = R_2R_3C_1$

해설 **교류브리지 평형 조건은**

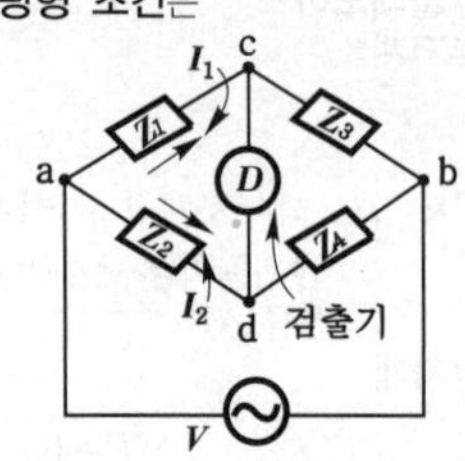


$I_1Z_1 = I_2Z_2$, $I_1Z_3 = I_2Z_4$ $\therefore$ $Z_1Z_4 = Z_2Z_3$

$Z_1 = R_1 + j\omega L$

$Z_2 = R_2$

$Z_3 = R_3 + \frac{1}{j\omega C_2} = \frac{j\omega C_2 R_3}{j\omega C_2} + \frac{1}{j\omega C_2} = \frac{j\omega C_2 R_3 + 1}{j\omega C_2}$

$Z_4 = \frac{1}{j\omega C_1}$

$Z_1Z_4 = Z_2Z_3$

$(R_1 + j\omega L) \times \frac{1}{j\omega C_1} = R_2 \times \left(R_3 + \frac{1}{j\omega C_2}\right)$

$\frac{R_1 + j\omega L}{j\omega C_1} = R_2 \times \frac{j\omega C_2 R_3 + 1}{j\omega C_2}$

$\frac{R_1 + j\omega L}{j\omega C_1} = \frac{j\omega C_2 R_2 R_3 + R_2}{j\omega C_2}$

$\frac{R_1 + j\omega L}{j\omega C_1} = \frac{R_2 + j\omega C_2 R_2 R_3}{j\omega C_2}$

$$L = C_2R_2R_3,\ C_1 = C_2,\ R_1 = R_2$$

$L = C_2R_2R_3 = R_2R_3C_2$

$C_1 = C_2$ 이므로

$L = R_2R_3C_1$

$R_2R_3C_2 = R_2R_3C_1$

$R_1 = R_2$ 이므로

$R_1R_3C_2 = R_2R_3C_1$

$R_1C_2 = R_2C_1$

답 ④

★★
## 25 다음과 같은 블록선도의 전달함수는?

19.09.문22
17.09.문27
09.05.문32
08.03.문39

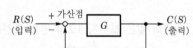

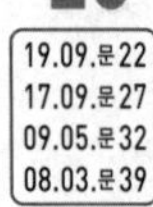

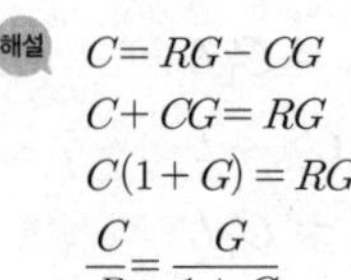


① $G/(1+G)$
② $G/(1-G)$
③ $1+G$
④ $1-G$

해설 $C = RG - CG$

$C + CG = RG$

$C(1+G) = RG$

$\frac{C}{R} = \frac{G}{1+G}$

※ **전달함수**: 모든 초기값을 0으로 했을 때 출력신호의 라플라스 변환과 입력신호의 라플라스 변환의 비

답 ①

★★
## 26 분류기를 써서 배율을 9로 하기 위한 분류기의 저항은 전류계 내부저항의 몇 배인가?

19.03.문22
18.03.문36
17.09.문24
14.09.문36
08.03.문30
04.09.문28
03.03.문37

① $\frac{1}{8}$　　② $\frac{1}{9}$
③ 8　　④ 9

해설 **분류기 배율**

$$M = \frac{I_0}{I} = 1 + \frac{R_A}{R_S}$$

여기서, $M$: 분류기 배율
$I_0$ : 측정하고자 하는 전류[A]
$I$: 전류계 최대 눈금[A]
$R_A$ : 전류계 내부저항[Ω]
$R_S$ : 분류기 저항[Ω]

$M = 1 + \frac{R_A}{R_S}$

$M - 1 = \frac{R_A}{R_S}$

$R_S = \frac{R_A}{M-1} = \frac{R_A}{9-1} = \frac{1}{8}R_A$

비교

**배율기 배율**

$$M = \frac{V_0}{V} = 1 + \frac{R_m}{R_v}$$

여기서, $M$: 배율기 배율
$V_0$ : 측정하고자 하는 전압[V]
$V$: 전압계의 최대 눈금[A]
$R_m$ : 배율기 저항[Ω]
$R_v$ : 전압계 내부저항[Ω]

답 ①

★★★
## 27 저항 6Ω과 유도리액턴스 8Ω이 직렬로 접속된 회로에 100V의 교류전압을 가할 때 흐르는 전류의 크기는 몇 A인가?

① 10　　② 20
③ 50　　④ 80

해설 **직렬회로**

$$I = \frac{V}{\sqrt{R^2 + {X_L}^2}}$$

여기서, $I$ : 전류〔A〕
$V$ : 전압〔V〕
$R$ : 저항〔Ω〕
$X_L$ : 유도리액턴스〔Ω〕

**직렬회로** 전류 $I$는

$$I=\frac{V}{\sqrt{R^2+X_L^{\ 2}}}=\frac{100}{\sqrt{6^2+8^2}}=10\text{A}$$

비교

**병렬회로**

$$I=\sqrt{\left(\frac{1}{R}\right)^2+\left(\frac{1}{X_L}\right)^2}\cdot V$$

여기서, $I$ : 전류〔A〕
$R$ : 저항〔Ω〕
$X_L$ : 유도리액턴스〔Ω〕
$V$ : 전압〔V〕

답 ①

★★
**28** $R=9\,\Omega$, $X_L=10\,\Omega$, $X_C=5\,\Omega$**인 직렬부하회로에 220V의 정현파 전압을 인가시켰을 때의 유효전력은 약 몇 kW인가?**

19.04.문40
07.05.문24

① 1.98 ② 2.41
③ 2.77 ④ 4.1

(1) **전류**

$$I=\frac{V}{Z}=\frac{V}{\sqrt{R^2+(X_L-X_C)^2}}$$

여기서, $I$ : 전류〔A〕
$V$ : 전압〔V〕
$Z$ : 임피던스〔Ω〕
$R$ : 저항〔Ω〕
$X_L$ : 유도리액턴스〔Ω〕
$X_C$ : 용량리액턴스〔Ω〕

**전류** $I$는

$$I=\frac{V}{\sqrt{R^2+(X_L-X_C)^2}}=\frac{220}{\sqrt{9^2+(10-5)^2}}\fallingdotseq 21.36\text{A}$$

(2) **전력**

$$P=I^2R$$

여기서, $P$ : 유효전력〔W〕
$I$ : 전류〔A〕
$R$ : 저항〔Ω〕

**전력** $P$는

$$P=I^2R=21.36^2\times 9\fallingdotseq 4100\text{W}=4.1\text{kW}$$

- 1000W=1kW이므로 4100W=4.1kW

답 ④

★★
**29** **전지의 자기방전을 보충함과 동시에 상용부하에 대한 전력공급은 충전기가 부담하도록 하되, 충전기가 부담하기 어려운 일시적인 대전류부하는 축전지로 하여금 부담하게 하는 충전방식은?**

19.03.문71
15.03.문34
09.03.문78
05.09.문30

① 급속충전 ② 부동충전
③ 균등충전 ④ 세류충전

해설 **충전방식**

| 구 분 | 설 명 |
|---|---|
| 보통충전 | 필요할 때마다 **표준시간율**로 충전하는 방식 |
| 급속충전 | 보통 충전전류의 **2배**의 **전류**로 충전하는 방식 |
| 부동충전 | • 전지의 자기방전을 보충함과 동시에 상용부하에 대한 전력공급은 충전기가 부담하되 부담하기 어려운 일시적인 대전류부하는 축선지가 부담하도록 하는 방식<br>• 축전지와 **부하**를 **충전기**에 **병렬**로 **접속**하여 사용하는 충전방식<br>정류기 / 축전지 / 부하<br>∥부동충전방식∥ |
| 균등충전 | 1~3개월마다 1회 정전압으로 충전하는 방식 |
| 세류충전<br>(트리클 충전) | 자기방전량만 항상 충전하는 방식 |

답 ②

★★★
**30** **그림과 같은 릴레이 시퀀스회로의 출력식을 간략화한 것은?**

08.05.문39

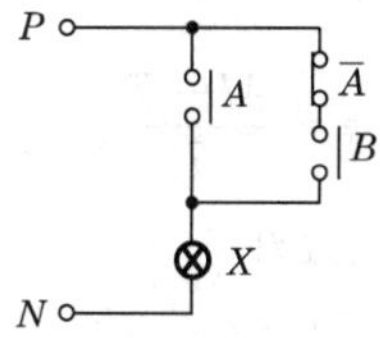


① $\overline{AB}$ ② $\overline{A+B}$
③ $AB$ ④ $A+B$

- 직렬회로 : · 또는 아무 표시도 하지 않음
  예 $\overline{A}\cdot B=\overline{A}B$
- 병렬회로 : +
  예 $\overline{A}+B$

$X = A + (\overline{A} \cdot B)$
$= A + B$

$$X + \overline{X}Y = X + Y$$

중요

**불대수의 정리**

| 논리합 | 논리곱 | 비 고 |
|---|---|---|
| $X+0=X$ | $X \cdot 0=0$ | - |
| $X+1=1$ | $X \cdot 1=X$ | - |
| $X+X=X$ | $X \cdot X=X$ | - |
| $X+\overline{X}=1$ | $X \cdot \overline{X}=0$ | - |
| $X+Y=Y+X$ | $X \cdot Y=Y \cdot X$ | 교환 법칙 |
| $X+(Y+Z) = (X+Y)+Z$ | $X(YZ)=(XY)Z$ | 결합 법칙 |
| $X(Y+Z) = XY+XZ$ | $(X+Y)(Z+W) = XZ+XW+YZ+YW$ | 분배 법칙 |
| $X+XY=X$ | $\overline{X}+XY=\overline{X}+Y$<br>$X+\overline{X}Y=X+Y$<br>$X+\overline{X}\,\overline{Y}=X+\overline{Y}$ | 흡수 법칙 |
| $(\overline{X+Y}) = \overline{X} \cdot \overline{Y}$ | $(\overline{X \cdot Y}) = \overline{X}+\overline{Y}$ | 드모르간의 정리 |

답 ④

★★
**31** 어떤 측정계기의 참값을 $T$, 지시값을 $M$이라 할 때 보정률과 오차율이 옳은 것은?

15.09.문36
14.09.문24
11.06.문21
07.03.문36

① 보정률$=\dfrac{T-M}{T}$, 오차율$=\dfrac{M-T}{M}$

② 보정률$=\dfrac{M-T}{M}$, 오차율$=\dfrac{T-M}{T}$

③ 보정률$=\dfrac{T-M}{M}$, 오차율$=\dfrac{M-T}{T}$

④ 보정률$=\dfrac{M-T}{T}$, 오차율$=\dfrac{T-M}{M}$

해설 **전기계기의 오차**

오차율$=\dfrac{M-T}{T}\times 100\%$

보정률$=\dfrac{T-M}{M}\times 100\%$

여기서, $T$: 참값
$M$: 측정값(지시값)

- 오차율 = 백분율 오차
- 보정률 = 백분율 보정

답 ③

★★★
**32** 미지의 임의 시간적 변화를 하는 목표값에 제어량을 추종시키는 것을 목적으로 하는 제어는?

19.04.문28
19.03.문32
17.09.문22
17.09.문39
17.05.문29
16.10.문35
16.05.문22
15.05.문23
15.05.문37
14.09.문23
13.09.문27
11.03.문30

① 추종제어
② 정치제어
③ 비율제어
④ 프로그래밍제어

해설 **제어의 종류**

| 종 류 | 설 명 |
|---|---|
| **정치제어** (fixed value control) | • 일정한 **목**표값을 **유**지하는 것으로 **프로세스제어, 자동조정**이 이에 해당된다.<br>예 **연속식 압연기**<br>• **목표값**이 시간에 관계없이 항상 일정한 값을 가지는 제어이다.<br>기억법 **유목정** |
| **추종제어** (follow-up control) | 미지의 시간적 변화를 하는 목표값에 제어량을 **추종**시키기 위한 제어로 **서보기구**가 이에 해당된다.<br>예 **대공포의 포신** |
| **비율제어** (ratio control) | 둘 이상의 제어량을 소정의 비율로 제어하는 것이다. |
| **프로그램제어** (program control) | 목표값이 **미리 정해진 시간적 변화**를 하는 경우 제어량을 그것에 추종시키기 위한 제어이다.<br>예 **열차·산업로봇의 무인운전** |

- 프로그램제어 = 프로그래밍제어

중요

**제어량**에 의한 **분류**

| 분 류 | 종 류 |
|---|---|
| **프**로세스제어 | • **온**도<br>• **압**력<br>• **유**량<br>• **액**면<br>기억법 **프온압유액** |
| **서**보기구 (서보제어, 추종제어) | • **위**치<br>• **방**위<br>• **자**세<br>기억법 **서위방자** |
| **자**동조정 | • 전압<br>• 전류<br>• 주파수<br>• 회전속도(**발**전기의 **조**속기)<br>• 장력<br>기억법 **자발조** |

※ **프로세스제어**(공정제어) : 공업공정의 상태량을 제어량으로 하는 제어

답 ①

★★
**33** 저항 $R_1$, $R_2$와 인덕턴스 $L$이 직렬로 연결된 회로에서 시정수[s]는?

17.05.문34
12.09.문31

① $\dfrac{R_1-R_2}{2L}$

② $\dfrac{R_1+R_2}{2L}$

③ $\dfrac{L}{R_1-R_2}$

④ $\dfrac{L}{R_1+R_2}$

해설 **시정수**

(1) R L : $\tau=\dfrac{L}{R}$[s]

(2) $R_1$ $R_2$ L : $\tau=\dfrac{L}{R_1+R_2}$[s]

비교

*RC* **직렬회로**

$$\tau=RC$$

여기서, $\tau$ : 시정수[s]
$R$ : 저항[Ω]
$C$ : 정전용량[F]

답 ④

★
**34** 아날로그와 디지털 통신에서 데시벨의 단위로 나타내는 SN비를 올바르게 풀어쓴 것은?

① SIGN TO NUMBER RATING
② SIGNAL TO NOISE RATIO
③ SOURCE NULL RESISTANCE
④ SOURCE NETWORK RANGE

해설 **SN비 또는 SNR비(Signal-to-Noise Ratio, 신호 대 잡음비)**
아날로그와 디지털 통신에서, 즉 신호 대 잡음의 상대적인 크기를 나타내는 것으로서, 단위는 **데시벨**(dB)이다.

답 ②

★
**35** 콘덴서와 정전유도에 관한 설명으로 틀린 것은?

09.03.문31

① 정전용량이란 콘덴서가 전하를 축적하는 능력을 말한다.
② 콘덴서에서 전압을 가하는 순간 콘덴서는 단락상태가 된다.
③ 정전유도에 의하여 작용하는 힘은 반발력이다.
④ 같은 부호의 전하끼리는 반발력이 생긴다.

해설 **흡인력**
정전유도에 의해 작용하는 힘

용어

**정전유도**
대전체에 대전되지 않은 도체를 가까이하면 대전체에 **가까운 쪽**에는 대전체와 **다른 종류**의 **전하가**, **먼 쪽**에는 **같은 종류**의 **전하**가 나타나는 현상

답 ③

★★★
**36** 변압기의 내부고장 보호에 사용되는 계전기는 다음 중 어느 것인가?

19.09.문25
16.05.문26
13.09.문28
12.09.문21

① 비율차동계전기
② 저전압계전기
③ 고전압계전기
④ 압력계전기

해설 **계전기**

| 구 분 | 역 할 |
|---|---|
| • **비**율차동계전기(차동계전기)<br>• 브흐홀츠계전기 | **발**전기나 **변**압기의 내부고장 보호용 |
| • **역**상**과**전류계전기 | 발전기의 부하 **불**평형 방지 |
| • 접지계전기 | 지락전류 검출 |

기억법 **비발변, 역과불**

답 ①

★★
**37** PNPN 4층 구조로 되어 있는 사이리스터 소자가 아닌 것은?

19.03.문30
00.07.문33

① SCR
② TRIAC
③ Diode
④ GTO

해설

| PN 2층 구조 | PNP 또는 NPN 3층 구조 | PNPN 4층 구조 |
|---|---|---|
| • Diode(다이오드) | • 트랜지스터(transistor) | • SCR<br>• TRIAC(트라이액)<br>• GTO |

답 ③

★★★
**38** 작동신호를 조작량으로 변환하는 요소이며, 조절부와 조작부로 이루어진 것은?

16.05.문25
15.09.문24
12.03.문38

① 제어요소
② 제어대상
③ 피드백요소
④ 기준입력요소

해설 **피드백제어의 용어**

| 용 어 | 설 명 |
|---|---|
| **제어량** (controlled value) | 제어대상에 속하는 양으로, 제어대상을 제어하는 것을 목적으로 하는 물리적인 양이다. |
| **조작량** (manipulated value) | • **제어장치**의 **출력**인 동시에 **제어대상**의 **입력**으로 제어장치가 제어대상에 가해지는 제어신호이다.<br>• **제어요소**에서 **제어대상**에 인가되는 양이다.<br>기억법 **조제대상** |
| **제어요소** (control element) | 동작신호를 조작량으로 변환하는 요소이고, **조절부**와 **조작부**로 이루어진다. |
| **제어장치** (control device) | 제어하기 위해 제어대상에 부착되는 장치이고, **조절부, 설정부, 검출부** 등이 이에 해당된다. |
| **오차검출기** | 제어량을 설정값과 비교하여 오차를 계산하는 장치이다. |

답 ①

★★★

**39** 논리식을 간략화한 것 중 그 값이 다른 것은?

19.09.문21 19.04.문32 19.03.문24 18.04.문38 18.03.문31 17.09.문33 17.03.문23 16.05.문36 15.09.문23 13.09.문30 13.06.문35 11.03.문32

① $AB+A\overline{B}$

② $A(\overline{A}+B)$

③ $A(A+B)$

④ $(A+B)(A+\overline{B})$

해설 ① $AB+A\overline{B}=A(\underline{B+\overline{B}})$ ($X+\overline{X}=1$)

$=\underline{A\cdot 1}$ ($X\cdot 1=X$)

$=A$

② $A(\overline{A}+B)=\underline{A\overline{A}}+AB$ ($X\cdot\overline{X}=0$)

$=\underline{0+AB}$ ($X+0=X$)

$=AB$

③ $A(A+B)=\underline{AA}+AB$ ($X\cdot X=X$)

$=A+AB$

$=A(\underline{1+B})$ ($X+1=1$)

$=\underline{A\cdot 1}$ ($X\cdot 1=X$)

$=A$

④ $(A+B)(A+\overline{B})=\underline{AA}+A\overline{B}+AB+\underline{B\overline{B}}$ ($X\cdot X=X$, $X\cdot\overline{X}=0$)

$=A+A\overline{B}+AB$

$=A(\underline{1+\overline{B}+B})$ ($X+1=1$)

$=\underline{A\cdot 1}$ ($X\cdot 1=X$)

$=A$

중요

**불대수의 정리**

| 논리합 | 논리곱 | 비 고 |
|---|---|---|
| $X+0=X$ | $X\cdot 0=0$ | - |
| $X+1=1$ | $X\cdot 1=X$ | - |
| $X+X=X$ | $X\cdot X=X$ | - |
| $X+\overline{X}=1$ | $X\cdot\overline{X}=0$ | - |
| $X+Y=Y+X$ | $X\cdot Y=Y\cdot X$ | 교환법칙 |
| $X+(Y+Z)=(X+Y)+Z$ | $X(YZ)=(XY)Z$ | 결합법칙 |
| $X(Y+Z)=XY+XZ$ | $(X+Y)(Z+W)=XZ+XW+YZ+YW$ | 분배법칙 |
| $X+XY=X$ | $\overline{X}+XY=\overline{X}+Y$<br>$X+\overline{X}Y=X+Y$<br>$X+\overline{X}\,\overline{Y}=X+\overline{Y}$ | 흡수법칙 |
| $(\overline{X+Y})=\overline{X}\cdot\overline{Y}$ | $(\overline{X\cdot Y})=\overline{X}+\overline{Y}$ | 드모르간의 정리 |

답 ②

★

**40** 금속이나 반도체에 압력이 가해진 경우 전기저항이 변화하는 성질을 이용한 압력센서는?

① 벨로우즈

② 다이어프램

③ 가변저항기

④ 스트레인 게이지

해설

| 용 어 | 설 명 |
|---|---|
| 벨로우즈 | **물**의 **압력**에 의해 늘어났다 줄어들었다 하는 것 |
| 다이어프램 | **공기**의 **압력**에 의해 늘어났다 줄어들었다 하는 것 |
| 가변저항기 | 저항값을 **임의**로 **조정**할 수 있는 저항기 |
| 스트레인 게이지 | **금속**이나 **반도체**에 **압력**이 가해진 경우 전기저항이 변화하는 성질을 이용한 압력센서 |

답 ④

## 제 3 과목 소방관계법규

★★★
**41 소방용수시설 저수조의 설치기준으로 틀린 것은?**

16.10.문52 16.05.문44 13.03.문49

① 지면으로부터의 낙차가 4.5m 이하일 것
② 흡수부분의 수심이 0.3m 이상일 것
③ 흡수관의 투입구가 사각형의 경우에는 한 변의 길이가 60cm 이상일 것
④ 흡수관의 투입구가 원형의 경우에는 지름이 60cm 이상일 것

해설 **기본규칙 〔별표 3〕**
**소방용수시설의 저수조에 대한 설치기준**
(1) 낙차 : **4.5m** 이하
(2) 수심 : **0.5m** 이상
(3) 투입구의 길이 또는 지름 : **60cm** 이상
(4) 소방펌프자동차가 **쉽게 접근**할 수 있도록 할 것
(5) 흡수에 지장이 없도록 **토사** 및 **쓰레기** 등을 제거할 수 있는 설비를 갖출 것
(6) 저수조에 물을 공급하는 방법은 **상수도**에 연결하여 **자동**으로 **급수**되는 구조일 것

② 0.3m 이상 → 0.5m 이상

기억법 수5(수호천사)

답 ②

★★★
**42 공동소방안전관리자를 선임하여야 할 특정소방대상물의 기준으로 틀린 것은?**

06.03.문60

① 지하가
② 지하층을 포함한 층수가 11층 이상의 건축물
③ 복합건축물로서 층수가 5층 이상인 것
④ 판매시설 중 도매시장 또는 소매시장

해설 **소방시설법 시행령 25조**
**공동소방안전관리자를 선임하여야 할 특정소방대상물**
(1) 고층 건축물(지하층을 제외한 11층 이상)
(2) 지하가
(3) 복합건축물로서 연면적 **5000m$^2$** 이상
(4) 복합건축물로서 **5층** 이상
(5) **도매시장, 소매시장**
(6) **소방본부장 · 소방서장**이 지정하는 것

② 지하층을 **포함**한 → 지하층을 **제외**한

답 ②

★
**43 종합정밀점검의 경우 점검인력 1단위가 하루 동안 점검할 수 있는 특정소방대상물의 연면적 기준으로 옳은 것은?**

19.09.문51

① 12000m$^2$
② 10000m$^2$
③ 8000m$^2$
④ 6000m$^2$

해설 **소방시설법 시행규칙 〔별표 2〕**
**점검한도면적**

| 종합정밀점검 | 작동기능점검 |
|---|---|
| 10000m$^2$ | 12000m$^2$ (소규모 점검의 경우 : 3500m$^2$) |

용어
**점검한도면적**
점검인력 1단위가 하루 동안 점검할 수 있는 특정소방대상물의 연면적

답 ②

★★★
**44 화재현장에서의 피난 등을 체험할 수 있는 소방체험관의 설립 · 운영권자는?**

19.04.문43 08.05.문54

① 시 · 도지사
② 소방청장
③ 소방본부장 또는 소방서장
④ 한국소방안전원장

해설 **기본법 5조 ①항**
**설립과 운영**

| 소방박물관 | 소방체험관 |
|---|---|
| 소방청장 | 시 · 도지사 |

중요
**시 · 도지사**
(1) 제조소 등의 설치허가(위험물법 6조)
(2) 소방업무의 지휘 · 감독(기본법 3조)
(3) 소방체험관의 설립 · 운영(기본법 5조)
(4) 소방업무에 관한 세부적인 종합계획 수립 및 소방업무 수행(기본법 6조)
(5) 화재경계지구의 지정(기본법 13조)

기억법 시허화

용어
**시 · 도지사**
(1) 특별시장
(2) 광역시장
(3) 도지사
(4) 특별자치시
(5) 특별자치도

답 ①

★★★
**45** 제3류 위험물 중 금수성 물품에 적응성이 있는 소화약제는?

19.03.문49
09.05.문11

① 물 ② 강화액
③ 팽창질석 ④ 인산염류분말

해설 **위험물**의 **일반사항**

| 종 류 | 성 질 | 소화방법 |
|---|---|---|
| 제1류 | 강산화성 물질(산화성 고체) | 물에 의한 **냉각소화**(단, **무기과산화물**은 **마른모래** 등에 의한 **질식소화**) |
| 제2류 | 환원성 물질(가연성 고체) | 물에 의한 **냉각소화**(단, **황화인**·**철분**·**마그네슘**·**금속분**은 **마른모래** 등에 의한 질식소화) |
| 제3류 | 금수성 물질 및 자연발화성 물질 | 마른모래, 팽창질석, 팽창진주암에 의한 **질식소화**(마른모래보다 **팽창질석** 또는 **팽창진주암**이 더 효과적) |
| 제4류 | 인화성 물질(인화성 액체) | 포·분말·이산화탄소($CO_2$)·할론·물분무 소화약제에 의한 **질식소화** |
| 제5류 | 폭발성 물질(자기반응성 물질) | 화재 초기에만 대량의 물에 의한 **냉각소화**(단, 화재가 진행되면 자연진화되도록 기다릴 것) |
| 제6류 | 산화성 물질(산화성 액체) | 마른모래 등에 의한 **질식소화**(단, **과산화수소**는 다량의 물로 **희석소화**) |

답 ③

★★★
**46** 소방서의 종합상황실 실장이 서면·모사전송 또는 컴퓨터 통신 등으로 소방본부의 종합상황실에 보고하여야 하는 화재가 아닌 것은?

19.03.문47
17.05.문53
05.09.문55

① 사상자가 10명 발생한 화재
② 이재민이 100명 발생한 화재
③ 관공서·학교·정부미도정공장의 화재
④ 재산피해액이 10억원 발생한 일반화재

해설 **기본규칙 3조**
**종합상황실 실장의 보고화재**
(1) 사망자 **5명** 이상 화재
(2) 사상자 **10명** 이상 화재
(3) 이재민 **100명** 이상 화재
(4) 재산피해액 **50억원** 이상 화재
(5) 관광호텔, 층수가 11층 이상인 건축물, 지하상가, 시장, 백화점
(6) **5층** 이상 또는 객실 **30실** 이상인 **숙박시설**
(7) **5층** 이상 또는 병상 **30개** 이상인 **종합병원**·**정신병원**·**한방병원**·**요양소**
(8) **1000t** 이상인 선박(항구에 매어둔 것), 철도차량, 항공기, 발전소 또는 변전소
(9) 지정수량 **3000배** 이상의 위험물 제조소·저장소·취급소
(10) 연면적 **15000m²** 이상인 **공장** 또는 **화재경계지구**에서 발생한 화재
(11) **가스** 및 **화약류**의 폭발에 의한 화재
(12) **관공서**·**학교**·**정부미 도정공장**·**문화재**·**지하철** 또는 지하구의 **화재**

④ 10억원 → 50억원 이상

※ **종합상황실** : 화재·재난·재해·구조·구급 등이 필요한 때에 신속한 소방활동을 위한 정보를 수집·전파하는 소방서 또는 소방본부의 지령관제실

답 ④

★★★
**47** 시·도의 조례가 정하는 바에 따라 지정수량 이상의 위험물을 임시로 저장·취급할 수 있는 기간( ㉠ )과 임시저장 승인권자( ㉡ )는?

19.09.문43
07.09.문41

① ㉠ 30일 이내, ㉡ 시·도지사
② ㉠ 60일 이내, ㉡ 소방본부장
③ ㉠ 90일 이내, ㉡ 관할소방서장
④ ㉠ 120일 이내, ㉡ 소방청장

해설 **90일**
(1) 소방시설업 **등**록신청 자산평가액·기업진단보고서 **유**효기간(공사업규칙 2조)
(2) 위험물 임시저장·취급 기준(위험물법 5조)

기억법 등유9(등유 구해와)

중요

**위험물법 5조**
임시저장 승인 : 관할소방서장

답 ③

★★★
**48** 소방시설관리업의 등록을 반드시 취소해야 하는 사유에 해당하지 않는 것은?

17.09.문59

① 거짓으로 등록을 한 경우
② 등록기준에 미달하게 된 경우
③ 다른 사람에게 등록증을 빌려준 경우
④ 등록의 결격사유에 해당하게 된 경우

해설 **소방시설법 34조**
**소방시설관리업 반드시 등록 취소**
(1) 거짓이나 그 밖의 **부정한 방법**으로 등록한 경우
(2) **등록**의 **결격사유**에 해당하게 된 경우
(3) 다른 자에게 등록증이나 등록수첩을 **빌려준 경우**

② 등록을 취소하거나 6개월 이내의 기간을 정하여 이의 시정이나 그 **영업**의 **정지**를 명할 수 있는 경우

답 ②

★★★
**49** 소방시설업의 등록권자로 옳은 것은?

08.03.문56

① 국무총리 ② 시 · 도지사
③ 소방서장 ④ 한국소방안전원장

해설 **시 · 도지사 등록**
(1) 소방시설관리업(소방시설법 29조)
(2) 소방시설업(공사업법 4조)
(3) 탱크안전성능시험자(위험물법 16조)

답 ②

★
**50** ( ) 안의 내용으로 알맞은 것은?

08.03.문54

> 다량의 위험물을 저장 · 취급하는 제조소 등으로서 ( ) 위험물을 취급하는 제조소 또는 일반취급소가 있는 동일한 사업소에서 지정수량의 3천배 이상의 위험물을 저장 또는 취급하는 경우 해당 사업소의 관계인은 대통령령이 정하는 바에 따라 해당 사업소에 자체소방대를 설치하여야 한다.

① 제1류 ② 제2류
③ 제3류 ④ 제4류

해설 **위험물령 18조**
**자체소방대를 설치하여야 하는 사업소**
(1) **제4류** 위험물을 취급하는 **제조소** 또는 **일반취급소** (대통령령이 정하는 제조소 등)
(2) 제4류 위험물을 저장하는 옥외탱크저장소

중요

**위험물령 18조**
**자체소방대를 설치하여야 하는 사업소**
대통령령이 정하는 수량은 다음과 같다.
(1) 위 (1)에 해당하는 경우 : 제조소 또는 일반취급소에서 취급하는 제4류 위험물의 최대수량의 합이 지정수량의 3천배 이상
(2) 위 (2)에 해당하는 경우 : 옥외탱크저장소에 저장하는 제4류 위험물의 최대수량이 지정수량의 50만배 이상

답 ④

★★★
**51** 소방기본법상 소방용수시설 · 소화기구 및 설비 등의 설치명령을 위반한 자의 과태료는?

16.10.문46
15.09.문57

① 100만원 이하
② 200만원 이하
③ 300만원 이하
④ 500만원 이하

해설 **200만원 이하의 과태료**
(1) 소방용수시설 · 소화기구 및 설비 등의 설치명령 위반(기본법 56조)
(2) 특수가연물의 저장 · 취급 기준 위반(기본법 56조)
(3) 한국119청소년단 또는 이와 유사한 명칭을 사용한 자(기본법 56조)
(4) 소방활동구역 출입(기본법 56조)
(5) **소방자동차**의 **출동**에 **지장**을 준 자(기본법 56조)
(6) 관계인의 소방안전관리 업무 미수행(소방시설법 53조)
(7) **소방훈련** 및 **교육** 미실시자(소방시설법 53조)
(8) 소방시설의 점검결과 미보고(소방시설법 53조)
(9) 관계서류 미보관자(공사업법 40조)
(10) **소방기술자 미배치자**(공사업법 40조)
(11) 하도급 미통지자(공사업법 40조)

답 ②

★★★
**52** 가연성 가스를 저장 · 취급하는 시설로서 1급 소방안전관리대상물의 가연성 가스 저장 · 취급 기준으로 옳은 것은?

19.03.문60
17.09.문55
15.03.문60
13.09.문51

① 100톤 미만
② 100톤 이상~1000톤 미만
③ 500톤 이상~1000톤 미만
④ 1000톤 이상

해설 **소방시설법 시행령 22조**
**소방안전관리자를 두어야 할 특정소방대상물**
(1) 특급 소방안전관리대상물 (동식물원, 불연성 물품 저장 · 취급창고, 지하구, 위험물제조소 등 제외)
- ㉠ **50층** 이상(지하층 제외) 또는 지상 **200m** 이상 **아파트**
- ㉡ **30층** 이상(지하층 포함) 또는 지상 **120m** 이상(아파트 제외)
- ㉢ 연면적 **20만**$m^2$ 이상(아파트 제외)

(2) 1급 소방안전관리대상물 (동식물원, 불연성 물품 저장 · 취급창고, 지하구, 위험물제조소 등 제외)
- ㉠ **30층** 이상(지하층 제외) 또는 지상 **120m** 이상 아파트
- ㉡ 연면적 **15000**$m^2$ 이상인 것(아파트 제외)
- ㉢ **11층** 이상(아파트 제외)
- ㉣ 가연성 가스를 **1000t** 이상 저장 · 취급하는 시설

(3) 2급 소방안전관리대상물
- ㉠ 지하구
- ㉡ 가스제조설비를 갖추고 도시가스사업 허가를 받아야 하는 시설 또는 가연성 가스를 **100~1000t** 미만 저장 · 취급하는 시설
- ㉢ **스프링클러설비** · 간이스프링클러설비 또는 **물분무등소화설비** 설치대상물
- ㉣ **옥내소화전설비** 설치대상물
- ㉤ **공동주택**
- ㉥ **목조건축물**(국보 · 보물)

(4) 3급 소방안전관리대상물
**자동화재탐지설비** 설치대상물

답 ④

★
**53** 연면적이 500$m^2$ 이상인 위험물제조소 및 일반취급소에 설치하여야 하는 경보설비는?

15.05.문44

① 자동화재탐지설비 ② 확성장치
③ 비상경보설비 ④ 비상방송설비

해설 **위험물규칙 〔별표 17〕**
**제조소 등별로 설치하여야 하는 경보설비의 종류**

| 구 분 | 경보설비 |
|---|---|
| ① 연면적 **500m²** 이상인 것<br>② 옥내에서 지정수량의 **100배** 이상을 취급하는 것 | • **자동화재탐지설비** |
| ③ 지정수량의 **10배** 이상을 저장 또는 취급하는 것 | • **자동화재탐지설비**<br>• **비상경보설비**<br>• **확성장치**<br>• **비상방송설비**<br>1종 이상 |

답 ①

**54** 방염처리업의 종류가 아닌 것은?

12.03.문49

① 섬유류 방염업
② 합성수지류 방염업
③ 합판·목재류 방염업
④ 실내장식물류 방염업

해설 **공사업령 〔별표 1〕**
**방염업**

| 종 류 | 설 명 |
|---|---|
| **섬유류 방염업** | 커튼·카펫 등 섬유류를 주된 원료로 하는 방염대상물품을 제조 또는 가공 공정에서 방염처리 |
| **합성수지류 방염업** | 합성수지류를 주된 원료로 하는 방염대상물품을 제조 또는 가공공정에서 방염처리 |
| **합판·목재류 방염업** | 합판 또는 목재를 제조·가공공정 또는 설치현장에서 방염처리 |

답 ④

**55** 특정소방대상물의 관계인이 소방안전관리자를 해임한 경우 재선임을 해야 하는 기준은? (단, 해임한 날부터를 기준일로 한다.)

19.09.문45
19.03.문59
18.09.문55
16.10.문54
13.09.문47
11.03.문56

① 10일 이내
② 20일 이내
③ 30일 이내
④ 40일 이내

해설 **소방시설법 시행규칙 14조**
**소방안전관리자의 재선임**
**30일** 이내

중요

**30일**
(1) 소방시설업 등록사항 변경신고(공사업규칙 6조)
(2) 위험물안전관리자의 재선임(위험물안전관리법 15조)
(3) 소방안전관리자의 재선임(소방시설법 시행규칙 14조)
(4) 도급계약 해지(공사업법 23조)
(5) 소방시설공사 중요사항 변경시의 신고일(공사업규칙 12조)
(6) 소방기술자 실무교육기관 지정서 발급(공사업규칙 32조)
(7) 소방공사감리자 변경서류 제출(공사업규칙 15조)
(8) 승계(위험물법 10조)
(9) 위험물안전관리자의 직무대행(위험물법 15조)
(10) 탱크시험자의 변경신고일(위험물법 16조)

답 ③

**56** 소방시설공사업자의 시공능력평가 방법에 대한 설명 중 틀린 것은?

09.08.문60

① 시공능력평가액은 실적평가액+자본금평가액+기술력평가액+경력평가액±신인도평가액으로 산출한다.
② 신인도평가액 산정시 최근 1년간 국가기관으로부터 우수시공업자로 선정된 경우에는 3% 가산한다.
③ 신인도평가액 산정시 최근 1년간 부도가 발생된 사실이 있는 경우에는 2%를 감산한다.
④ 실적평가액은 최근 5년간의 연평균 공사실적액을 의미한다.

해설 **공사업규칙 〔별표 4〕**
**시공능력평가의 산정식**
(1) **시공능력평가액**=실적평가액+자본금평가액+기술력평가액+**경력평가액**±신인도평가액
(2) **실적평가액**=연평균 공사실적액
(3) **자본금평가액**=(실질자본금×실질자본금의 평점+소방청장이 지정한 금융회사 또는 소방산업공제조합에 출자·예치·담보한 금액)×**70/100**
(4) **기술력평가액**=전년도 공사업계의 기술자 1인당 평균 생산액×보유기술인력 가중치합계×**30/100**+전년도 기술개발투자액
(5) **경력평가액**=실적평가액×공사업경영기간평점×**20/100**
(6) **신인도평가액**=(실적평가액+자본금평가액+기술력평가액+경력평가액)×신인도반영비율 합계

④ 최근 5년간 → 최근 3년간

답 ④

★★
**57** 자동화재탐지설비를 설치하여야 하는 특정소방대상물의 기준으로 틀린 것은?

16.05.문43
14.03.문79
12.03.문74

① 지하구
② 지하가 중 터널로서 길이 700m 이상인 것
③ 교정시설로서 연면적 $2000m^2$ 이상인 것
④ 복합건축물로서 연면적 $600m^2$ 이상인 것

해설 **소방시설법 시행령 〔별표 5〕**
**자동화재탐지설비의 설치대상**

| 설치대상 | 조 건 |
|---|---|
| ① 노유자시설 | • 연면적 **$400m^2$** 이상 |
| ② 근린생활시설 · 위락시설<br>③ 숙박시설 · 의료시설<br>④ 복합건축물 · 장례시설 | • 연면적 **$600m^2$** 이상 |
| ⑤ 목욕장 · 문화 및 집회시설, 운동시설<br>⑥ 종교시설<br>⑦ 방송통신시설 · 관광휴게시설<br>⑧ 업무시설 · 판매시설<br>⑨ 항공기 및 자동차 관련시설 · 공장 · 창고시설<br>⑩ 지하가 · 공동주택 · 운수시설 · 발전시설 · 위험물 저장 및 처리시설<br>⑪ 교정 및 군사시설 중 국방 · 군사시설 | • 연면적 **$1000m^2$** 이상 |
| ⑫ 교육연구시설 · 동식물관련시설<br>⑬ 분뇨 및 쓰레기 처리시설 · 교정 및 군사시설(국방 · 군사시설 제외)<br>⑭ 수련시설(숙박시설이 있는 것 제외)<br>⑮ 묘지관련시설 | • 연면적 **$2000m^2$** 이상 |
| ⑯ 지하가 중 터널 | • 길이 **1000m** 이상 |
| ⑰ 지하구<br>⑱ 노유자생활시설 | • 전부 |
| ⑲ 특수가연물 저장 · 취급 | • 지정수량 **500배** 이상 |
| ⑳ 수련시설(숙박시설이 있는 것) | • 수용인원 **100명** 이상 |
| ㉑ 전통시장 | • 전부 |

기억법 **근위숙의복6, 교동분교수 2**

② 700m 이상 → 1000m 이상

답 ②

★
**58** 소방시설공사의 착공신고시 첨부서류가 아닌 것은?

06.03.문55

① 공사업자의 소방시설공사업 등록증 사본
② 공사업자의 소방시설공사업 등록수첩 사본
③ 해당 소방시설공사의 책임시공 및 기술관리를 하는 기술인력의 기술등급을 증명하는 서류 사본
④ 해당 소방시설을 설계한 기술인력자의 기술자격증 사본

해설 **공사업규칙 12조**
**소방시설공사 착공신고서류**
(1) **설계도서**
(2) 기술관리를 하는 기술인력의 **기술등급을 증명하는 서류 사본**
(3) 소방시설공사업 **등록증 사본 1부**
(4) 소방시설공사업 **등록수첩 사본 1부**
(5) 소방시설공사를 하도급하는 경우의 서류
㉠ 소방시설공사 등의 하도급통지서 사본 1부
㉡ 하도급대금 지급에 관한 다음의 어느 하나에 해당하는 서류
• 「하도급거래 공정화에 관한 법률」 제13조의 2에 따라 공사대금 지급을 보증한 경우에는 하도급대금 지급보증서 사본 1부
• 「하도급거래 공정화에 관한 법률」 제13조의 2 제1항 외의 부분 단서 및 같은 법 시행령 제8조 제1항에 따라 보증이 필요하지 않거나 보증이 적합하지 않다고 인정되는 경우에는 이를 증빙하는 서류 사본 1부

비교

**소방시설법 시행규칙 4조 ②항**
**건축허가 등의 동의 요청시 첨부서류**(설계도서 종류)
(1) 소방시설의 층별 평면도, 계통도(시설별 계산서 포함)
(2) 창호도
(3) 건축물의 단면도 및 주단면 상세도(내장재료 명시한 것)

답 ④

★
**59** 소방시설의 자체점검에 관한 설명으로 옳지 않은 것은?

① 작동기능점검은 소방시설 등을 인위적으로 조작하여 정상적으로 작동하는 것을 점검하는 것이다.
② 종합정밀점검은 설비별 주요 구성 부품의 구조기준이 화재안전기준 및 관련 법령에 적합한지 여부를 점검하는 것이다.
③ 종합정밀점검에는 작동기능점검의 사항이 해당되지 않는다.
④ 종합정밀점검은 소방시설관리사가 참여한 경우 소방시설관리업자 또는 소방안전관리자로 선임된 소방시설관리사 · 소방기술사 1명 이상을 점검자로 한다.

해설 **소방시설법 시행규칙 〔별표 1〕**

| 작동기능점검 | 종합정밀점검 |
|---|---|
| 소방시설 등을 인위적으로 조작하여 정상적으로 작동하는지를 점검하는 것 | ① 소방시설 등의 **작동기능점검을 포함**하여 소방시설 등의 설비별 주요 구성 부품의 구조기준이 **소방청장**이 정하여 고시하는 화재안전기준 및 건축법 등 관련 법령에서 정하는 기준에 적합한지 여부를 점검하는 것<br>② 소방시설관리사가 참여한 경우 **소방시설관리업자** 또는 소방안전관리자로 선임된 **소방시설관리사 · 소방기술사 1명** 이상을 점검자로 한다. |

③ 작동기능점검의 사항이 해당되지 않는다. → **작동기능점검**을 **포함**한다.

답 ③

★★★
**60** 시·도지사가 설치하고 유지·관리하여야 하는 소방용수시설이 아닌 것은?
09.05.문44

① 저수조
② 상수도
③ 소화전
④ 급수탑

해설 **기본법 10조**
**소방용수시설**

| 구 분 | 설 명 |
|---|---|
| 종 류 | **소**화전·**급**수탑·**저**수조 |
| 기 준 | **행정안전부령** |
| 설치·유지·관리 | **시·도**(단, 수도법에 의한 소화전은 일반수도사업자가 관할 소방서장과 협의하여 설치) |

기억법 소용저급소

답 ②

**제 4 과목 소방전기시설의 구조 및 원리**

★★★
**61** 무선통신보조설비에 대한 설명으로 틀린 것은?
11.10.문74

① 소화활동설비이다.
② 증폭기에는 비상전원이 부착된 것으로 하고 비상전원의 용량은 30분 이상이다.
③ 누설동축케이블의 끝부분에는 무반사 종단저항을 부착한다.
④ 누설동축케이블 또는 동축케이블의 임피던스는 100Ω의 것으로 한다.

해설 **누설동축케이블·동축케이블**의 **임피던스**
50Ω

참고

**무선통신보조설비의 분배기·분파기·혼합기 설치기준**
(1) 먼지·습기·부식 등에 이상이 없을 것
(2) 임피던스 **50**Ω의 것
(3) 점검이 편리하고 화재 등의 피해 우려가 없는 장소

답 ④

★★★
**62** 화재안전기준에서 정하고 있는 연기감지기를 설치하지 않아도 되는 장소는?
15.05.문72
09.05.문65

① 에스컬레이터 경사로
② 길이가 15m인 복도
③ 엘리베이터 승강로(권상기실이 있는 것은 권상기실)
④ 천장의 높이가 15m 이상 20m 미만인 장소

해설 **연기감지기**의 **설치장소**
(1) 계단·경사로 및 에스컬레이터 경사로
(2) 복도(**30m** 미만 제외)
(3) 엘리베이터 **승강로**(권상기실이 있는 것은 권상기실)·리넨슈트·파이프피트 및 덕트 기타 이와 유사한 장소
(4) 천장 또는 반자의 높이가 **15~20m** 미만인 장소
(5) 공동주택·오피스텔·숙박시설·노유자시설·수련시설
(6) 합숙소
(7) 의료시설, 입원실이 있는 의원·조산원
(8) 교정 및 군사시설
(9) 고시원

(5)~(9): 취침·숙박·입원 등 이와 유사한 용도로 사용되는 거실

② 30m 미만 복도는 설치 제외

답 ②

★★★
**63** 노유자시설로서 바닥면적이 몇 $m^2$ 이상인 층이 있는 경우에 자동화재속보설비를 설치하는가?
14.05.문58
12.05.문79

① 200
② 300
③ 500
④ 600

해설 **소방시설법 시행령 [별표 5]**
**자동화재속보설비의 설치대상**

| 구 분 | 조 건 |
|---|---|
| ① 수련시설(숙박시설이 있는 것)<br>② 노유자시설<br>③ 요양병원 | • 바닥면적 **500**$m^2$ 이상 |
| ④ 공장 및 창고시설<br>⑤ 업무시설<br>⑥ 국방·군사시설<br>⑦ 발전시설(무인경비시스템) | • 바닥면적 **1500**$m^2$ 이상 |
| ⑧ 목조건축물 | • 국보·보물 |
| ⑨ 노유자 생활시설<br>⑩ 30층 이상 | • 전부 |
| ⑪ 전통시장 | • 전부 |

답 ③

★
**64** 환경상태가 현저하게 고온으로 되어 연기감지기를 설치할 수 없는 건조실 또는 살균실 등에 적응성 있는 열감지기가 아닌 것은?
08.05.문74

① 정온식 1종 ② 정온식 특종
③ 열아날로그식 ④ 보상식 스포트형 1종

해설 **감지기 설치장소**

| 구 분 | | 정온식 | | 열아날로그식 | 불꽃감지기 |
|---|---|---|---|---|---|
| 환경상태 | 적응장소 | 특종 | 1종 | | |
| 주방, 기타 평상시에 연기가 체류하는 장소 | • 주방<br>• 조리실<br>• 용접작업장 | ○ | ○ | ○ | ○ |
| 현저하게 고온으로 되는 장소 | • 건조실<br>• 살균실<br>• 보일러실<br>• 주조실<br>• 영사실<br>• 스튜디오 | ○ | ○ | ○ | × |

• **주방**, **조리실** 등 습도가 많은 장소에는 **방수형** 감지기를 설치할 것
• **불꽃감지기**는 UV/IR형을 설치할 것

답 ④

★★★
**65** 신호의 전송로가 분기되는 장소에 설치하는 것으로 임피던스 매칭과 신호 균등분배를 위해 사용되는 장치는?
19.04.문72 16.05.문61 15.09.문62 11.03.문80

① 분배기 ② 혼합기
③ 증폭기 ④ 분파기

해설 **무선통신보조설비**

| 용 어 | 설 명 |
|---|---|
| 누설동축케이블 | 동축케이블의 외부도체에 가느다란 홈을 만들어서 **전파**가 **외부**로 **새어나갈 수 있도록** 한 케이블 |
| 분배기 | 신호의 전송로가 분기되는 장소에 설치하는 것으로 **임피던스 매칭**(matching)과 **신호 균등분배**를 위해 사용하는 장치<br>기억법 **배임(배임죄)** |
| 분파기 | 서로 다른 **주**파수의 합성된 **신호**를 **분리**하기 위해서 사용하는 장치<br>기억법 **파주** |
| 혼합기 | **두 개 이상**의 **입력신호**를 원하는 비율로 **조합**한 **출력**이 발생하도록 하는 장치 |
| 증폭기 | 신호전송시 신호가 약해져 수신이 불가능해지는 것을 방지하기 위해서 **증폭**하는 장치 |
| 무선중계기 | 안테나를 통하여 수신된 무전기 신호를 증폭한 후 음영지역에 재방사하여 무전기 상호간 송수신이 가능하도록 하는 장치 |
| 옥외안테나 | 감시제어반 등에 설치된 무선중계기의 입력과 출력포트에 연결되어 송수신 신호를 원활하게 방사·수신하기 위해 옥외에 설치하는 장치 |

답 ①

★★★
**66** 비상방송설비의 특징에 대한 설명으로 틀린 것은?
19.09.문63 19.03.문64 15.09.문67 13.06.문63 10.05.문69

① 다른 방송설비와 공용하는 경우에는 화재시 비상경보 외의 방송을 차단할 수 있는 구조로 하여야 한다.
② 비상방송설비의 축전지는 감시상태를 10분간 지속한 후 유효하게 60분 이상 경보할 수 있어야 한다.
③ 확성기의 음성입력은 실외에 설치한 경우 3W 이상이어야 한다.
④ 음량조정기의 배선은 3선식으로 한다.

해설 **비상방송설비 · 비상벨설비 · 자동식 사이렌설비**

| 감시시간 | 경보시간 |
|---|---|
| 60분 | **10분** 이상(30층 이상 : **30분**) |

기억법 **6감**

② 감시상태를 10분간 → 감시상태를 60분간
60분 이상 경보 → 10분 이상 경보

답 ②

★
**67** 축광표지의 식별도시험에 관련한 기준에서 (  ) 안에 알맞은 것은?
12.03.문65

> 축광유도표지는 200lx 밝기의 광원으로 20분간 조사시킨 상태에서 다시 주위조도를 0lx로 하여 60분간 발광시킨 후 직선거리 (  )m 떨어진 위치에서 유도표지가 있다는 것이 식별되어야 한다.

① 20 ② 10
③ 5 ④ 3

해설 **축광표지 성능 8조**
축광유도표지 및 축광위치표지는 **200lx** 밝기의 광원으로 **20분**간 조사시킨 상태에서 다시 주위조도를 0lx로 하여 **60분**간 발광시킨 후 직선거리 **20m**(축광위치표지의 경우 **10m**) 떨어진 위치에서 유도표지 또는 위치표지가 있다는 것이 식별되어야 하고, 유도표지는 직선거리 **3m**의 거리에서 표시면의 표시 중 주체가 되는 문자 또는 주체가 되는 화살표 등이 쉽게 식별되어야 한다.

비교

**휘도시험**
축광유도표지 및 축광위치표지의 표시면을 0lx 상태에서 1시간 이상 방치한 후 200lx 밝기의 광원으로 20분간 조사시킨 상태에서 다시 주위조도를 0lx로 하여 휘도시험 실시

| 발광시간 | 휘 도 |
|---|---|
| 5분 | 110mcd/m² 이상 |
| 10분 | 50mcd/m² 이상 |
| 20분 | 24mcd/m² 이상 |
| 60분 | 7mcd/m² 이상 |

답 ①

**68** 비상방송설비가 기동장치에 의한 화재신고를 수신한 후 필요한 음량으로 화재 발생 상황 및 피난에 유효한 방송이 자동으로 개시될 때까지의 소요시간은 최대 몇 초 이하인가?

19.09.문76 19.04.문68 18.09.문77 18.03.문73 16.10.문69 16.10.문73 16.05.문67 15.05.문73 15.05.문76 15.03.문62 14.05.문63 14.05.문75 14.03.문61 13.09.문70 13.06.문62 13.06.문80

① 5
② 10
③ 20
④ 30

해설 **소요시간**

| 기 기 | 시 간 |
|---|---|
| P형·P형 복합식·R형·R형 복합식·GP형·GP형 복합식·GR형·GR형 복합식 | 5초 이내 (축적형 60초 이내) |
| 중계기 | 5초 이내 |
| 비상방송설비 | 10초 이하 |
| 가스누설경보기 | 60초 이내 |

기억법 시중5(시중을 드시오!)
6가(육체미가 아름답다.)

중요

**비상방송설비의 설치기준**
(1) 확성기의 음성입력은 실내 **1W**, 실외 **3W** 이상일 것
(2) 확성기는 **각 층**마다 설치하되, 각 부분으로부터의 수평거리는 **25m** 이하일 것
(3) 음량조정기는 **3선식** 배선일 것
(4) 조작스위치는 바닥으로부터 **0.8~1.5m** 이하의 높이에 설치할 것
(5) 다른 전기회로에 의하여 **유도장애**가 생기지 아니하도록 할 것
(6) 비상방송 개시시간은 **10초** 이하일 것
(7) 다른 방송설비와 공용할 경우 화재시 비상경보 외의 방송을 차단할 수 있을 것

답 ②

**69** 절연저항시험에 관한 기준에서 (　) 안에 알맞은 것은?

17.03.문78 16.05.문73 14.05.문77 11.03.문62

> 누전경보기 수신부의 절연된 충전부와 외함 간 및 차단기구의 개폐부 절연저항은 직류 500V의 절연저항계로 측정하여 최소 (　)MΩ 이상이어야 한다.

① 0.1　　② 3
③ 5　　④ 10

해설 **절연저항시험**

| 절연 저항계 | 절연 저항 | 대 상 |
|---|---|---|
| 직류 250V | 0.1MΩ 이상 | •1경계구역의 절연저항 |
| 직류 500V | 5MΩ 이상 | •**누전경보기** •가스누설경보기 •수신기 •자동화재속보설비 •비상경보설비 •유도등(교류입력측과 외함 간 포함) •비상조명등(교류입력측과 외함 간 포함) |
| | 20MΩ 이상 | •경종 •발신기 •중계기 •비상콘센트 •기기의 절연된 선로 간 •기기의 충전부와 비충전부 간 •기기의 교류입력측과 외함 간(유도등·비상조명등 제외) |
| | 50MΩ 이상 | •감지기(정온식 감지선형 감지기 제외) •가스누설경보기(10회로 이상) •수신기(10회로 이상) |
| | 1000MΩ 이상 | •정온식 감지선형 감지기 |

기억법 5누(오누이)

답 ③

**70** 자동화재탐지설비의 GP형 수신기에 감지기회로의 배선을 접속하려고 할 때 경계구역이 15개인 경우 필요한 공통선의 최소 개수는?

08.09.문77

① 1　　② 2
③ 3　　④ 4

해설 하나의 공통선에 접속할 수 있는 경계구역은 **7개** 이하이므로

$$공통선\ 수 = \frac{경계구역}{7개}$$

$$공통선\ 수 = \frac{15개}{7개} = 2.1 \fallingdotseq 3개(절상한다.)$$

- P형 수신기 및 GP형 수신기의 감지기회로의 배선에 있어서 하나의 공통선에 접속할 수 있는 경계구역은 **7개** 이하로 할 것

용어

**절상**
"**소수점을 올린다.**"는 의미이다.

답 ③

★
**71** **상용전원이 서로 다른 소방시설은?**

① 옥내소화전설비
② 비상방송설비
③ 비상콘센트설비
④ 스프링클러설비

해설 **상용전원**

| 소방시설 | 상용전원 |
|---|---|
| 비상방송설비 | ① 축전지<br>② 전기저장장치<br>③ 교류전압의 옥내간선 |
| 옥내소화전설비,<br>비상콘센트설비,<br>스프링클러설비 | ① 저압수전<br>② 고압수전<br>③ 특고압수전 |

답 ②

★★★
**72** **자동화재탐지설비의 수신기 설치기준에 관한 사항 중 최소 몇 층 이상의 특정소방대상물에는 발신기와 전화통화가 가능한 수신기를 설치하여야 하는가?**

19.09.문75
17.09.문78
13.06.문65
13.06.문70
11.03.문71

① 3
② 4
③ 5
④ 7

해설 **수신기**의 **적합기준**

| 조 건 | 수신기의 종류 |
|---|---|
| **4층** 이상 | **발신기**와 전화통화가 가능한 수신기 |

답 ②

★★★
**73** **무창층의 도매시장에 설치하는 비상조명등용 비상전원은 해당 비상조명등을 몇 분 이상 유효하게 작동시킬 수 있는 용량으로 하여야 하는가?**

19.09.문74
19.04.문64
17.03.문73
14.05.문65
14.05.문73
08.03.문77

① 10
② 20
③ 40
④ 60

해설 **비상조명등**의 **설치기준**

(1) 소방대상물의 각 거실과 지상에 이르는 복도·계단·통로에 설치할 것
(2) 조도는 각 부분의 바닥에서 **1lx** 이상일 것
(3) **점검스위치**를 설치하고 **20분** 이상 작동시킬 수 있는 용량의 **축전지**와 **예비전원 충전장치**를 내장할 것

예외규정

**비상조명등**의 **60분 이상 작동용량**
(1) **11층** 이상(지하층 제외)
(2) 지하층·무창층으로서 **도매시장·소매시장·여객자동차터미널·지하역사·지하상가**

중요

**비상전원 용량**

| 설비의 종류 | 비상전원 용량 |
|---|---|
| • **자**동화재탐지설비<br>• 비상**경**보설비<br>• **자**동화재속보설비 | **1**0**분** 이상 |
| • 유도등<br>• 비상콘센트설비<br>• 제연설비<br>• 물분무소화설비<br>• 옥내소화전설비(30층 미만)<br>• 특별피난계단의 계단실 및 부속실 제연설비(30층 미만) | **20분** 이상 |
| • 무선통신보조설비의 **증**폭기 | **3**0**분** 이상 |
| • 옥내소화전설비(30~49층 이하)<br>• 특별피난계단의 계단실 및 부속실 제연설비(30~49층 이하)<br>• 연결송수관설비(30~49층 이하)<br>• 스프링클러설비(30~49층 이하) | **40분** 이상 |
| • 유도등·비상조명등(지하상가 및 11층 이상)<br>• 옥내소화전설비(50층 이상)<br>• 특별피난계단의 계단실 및 부속실 제연설비(50층 이상)<br>• 연결송수관설비(50층 이상)<br>• 스프링클러설비(50층 이상) | **60분** 이상 |

기억법 **경자비1**(**경자**라는 이름은 **비일**비재하게 많다.)
3증(3중고)

답 ④

**74** 누전경보기의 화재안전기준에서 규정한 용어, 설치방법, 전원 등에 관한 설명으로 틀린 것은?

11.03.문65

① 경계전로의 정격전류가 60A를 초과하는 전로에 있어서는 1급 누전경보기를 설치한다.

② 변류기는 옥외인입선 제1지점의 전원측에 설치한다.

③ 누전경보기 전원은 분전반으로부터 전용으로 하고, 각 극에 개폐기 및 15A 이하의 과전류차단기를 설치한다.

④ 누전경보기는 변류기와 수신부로 구성되어 있다.

해설 **누전경보기**의 **설치방법**

| 60A 초과 | 60A 이하 |
|---|---|
| **1급** 누전경보기 설치 | **1급** 또는 **2급** 누전경보기 설치 |

(1) 변류기는 옥외인입선의 **제1지점**의 **부하측** 또는 **제2종**의 **접지선측**에 설치할 것
(2) 옥외전로에 설치하는 변류기는 **옥외형**을 사용할 것

② 전원측 → 부하측

답 ②

**75** 경계구역에 관한 다음 내용 중 (  ) 안에 맞는 것은?

06.03.문70

외기에 면하여 상시 개방된 부분이 있는 차고, 주차장, 창고 등에 있어서는 외기에 면하는 각 부분으로부터 최대 (  )m 미만의 범위 안에 있는 부분은 자동화재탐지설비 경계구역의 면적에 산입하지 아니한다.

① 3
② 5
③ 7
④ 10

해설 **5m 미만 경계구역 면적 산입 제외**
(1) 차고
(2) 주차장
(3) 창고

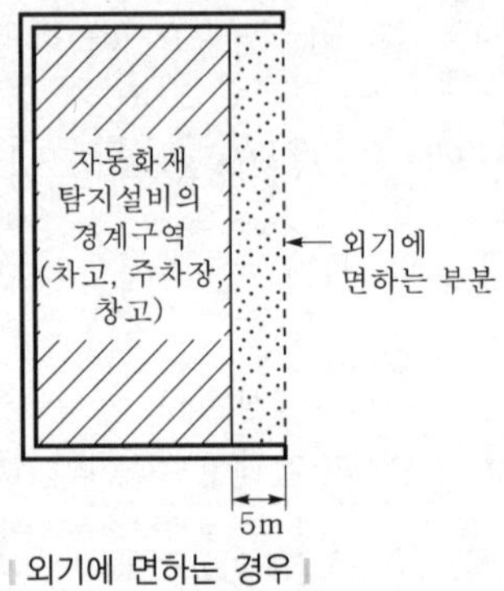


| 외기에 면하는 경우 |

답 ②

**76** 누전경보기의 수신부 설치 제외 장소로서 틀린 것은?

16.05.문66
14.09.문61
12.09.문63

① 습도가 높은 장소
② 온도의 변화가 급격한 장소
③ 고주파 발생회로 등에 따른 영향을 받을 우려가 있는 장소
④ 부식성의 증기·가스 등이 체류하지 않는 장소

해설 **누전경보기**의 **수신기 설치 제외 장소**
(1) **온**도변화가 급격한 장소
(2) **습**도가 높은 장소
(3) **가**연성의 증기, 가스 등 또는 부식성의 증기, 가스 등의 다량 체류장소
(4) **대전류회로, 고주파 발생회로** 등의 영향을 받을 우려가 있는 장소
(5) **화**약류 제조, 저장, 취급 장소

기억법 **온습누가대화**(**온**도·**습**도가 높으면 **누가 대화**하냐?)

비교

**누전경보기 수신부**의 **설치장소**
**옥내**의 점검이 편리한 **건조**한 장소

답 ④

**77** 누전경보기에서 감도조정장치의 조정범위는 최대 몇 mA인가?

15.05.문79
10.03.문76

① 1
② 20
③ 1000
④ 1500

해설 누전경보기

| 공칭작동전류치 | 감도조정장치의 조정범위 |
|---|---|
| 200mA 이하 | 1A(1000mA) 이하 |

기억법 공2

참고

**검출누설전류 설정치** 범위
(1) 경계전로 : **100~400mA**
(2) 제2종 접지선 : **400~700mA**

답 ③

**78** 15.09.문63

**지하층을 제외한 층수가 11층 이상의 층에서 피난층에 이르는 부분의 소방시설에 있어 비상전원을 60분 이상 유효하게 작동시킬 수 있는 용량으로 하여야 하는 설비들로 옳게 나열된 것은?**

① 비상조명등설비, 유도등설비
② 비상조명등설비, 비상경보설비
③ 비상방송설비, 유도등설비
④ 비상방송설비, 비상경보설비

해설 **비상전원 용량**

| 설비의 종류 | 비상전원 용량 |
|---|---|
| • **자**동화재탐지설비<br>• 비상**경**보설비<br>• **자**동화재속보설비 | **10분** 이상 |
| • 유도등<br>• 비상콘센트설비<br>• 제연설비<br>• 물분무소화설비<br>• 옥내소화전설비(30층 미만)<br>• 특별피난계단의 계단실 및 부속실 제연설비(30층 미만) | **20분** 이상 |
| • 무선통신보조설비의 **증**폭기 | **30분** 이상 |
| • 옥내소화전설비(30~49층 이하)<br>• 특별피난계단의 계단실 및 부속실 제연설비(30~49층 이하)<br>• 연결송수관설비(30~49층 이하)<br>• 스프링클러설비(30~49층 이하) | **40분** 이상 |
| • 유도등 · 비상조명등(지하상가 및 11층 이상)<br>• 옥내소화전설비(50층 이상)<br>• 특별피난계단의 계단실 및 부속실 제연설비(50층 이상)<br>• 연결송수관설비(50층 이상)<br>• 스프링클러설비(50층 이상) | **60분** 이상 |

기억법 **경자비1(경자**라는 이름은 **비일**비재하게 많다.)
**3증(3중**고)

답 ①

**79** 14.09.문72 12.09.문73

**청각장애인용 시각경보장치는 천장의 높이가 2m 이하인 경우 천장으로부터 몇 m 이내의 장소에 설치해야 하는가?**

① 0.1 ② 0.15
③ 2.0 ④ 2.5

해설 **청각장애인용 시각경보장치**의 **설치기준**

(1) **복도 · 통로 · 청각장애인용 객실** 및 **공용**으로 사용하는 **거실**에 설치하며, 각 부분으로부터 유효하게 경보를 발할 수 있는 위치에 설치
(2) **공연장 · 집회장 · 관람장** 또는 이와 유사한 장소에 설치하는 경우에는 시선이 집중되는 **무대부 부분** 등에 설치
(3) 설치높이는 바닥으로부터 **2~2.5m 이하**의 장소에 설치(단, 천장의 높이가 **2m 이하**인 경우에는 천장으로부터 **0.15m 이내**의 장소에 설치)
(4) 시각경보장치의 광원은 **전용**의 **축전지설비** 또는 **전기저장장치**에 의하여 점등되도록 할 것
(5) 하나의 소방대상물에 2 이상의 수신기가 설치된 경우 어느 수신기에서도 **지구음향장치** 및 **시각경보장치**를 작동할 수 있도록 할 것

답 ②

**80** 19.09.문80 18.03.문70 17.03.문68 14.09.문64 08.03.문62 06.05.문79

**지하층으로서 특정소방대상물의 바닥부분 중 최소 몇 면이 지표면과 동일한 경우에 무선통신보조설비의 설치를 제외할 수 있는가?**

① 1면 이상 ② 2면 이상
③ 3면 이상 ④ 4면 이상

해설 **무선통신보조설비**의 **설치 제외**(NFSC 505④)

(1) **지**하층으로서 특정소방대상물의 바닥부분 **2면 이상**이 지표면과 동일한 경우의 해당층
(2) 지하층으로서 지표면으로부터의 깊이가 **1m 이하**인 경우의 해당층

기억법 **2면무지(이면** 계약의 **무지)**

답 ②

# 2016. 5. 8 시행

**▌2016년 기사 제2회 필기시험▌**

| 자격종목 | 종목코드 | 시험시간 | 형별 | 수험번호 | 성명 |
|---|---|---|---|---|---|
| 소방설비기사(전기분야) | | 2시간 | | | |

※ 답안카드 작성시 시험문제지 형별누락, 마킹착오로 인한 불이익은 전적으로 수험자의 귀책사유임을 알려드립니다.
※ 각 문항은 4지택일형으로 질문에 가장 적합한 보기 항을 선택하여 마킹하여야 합니다.

## 제 1 과목 소방원론

**01** 위험물안전관리법상 위험물의 지정수량이 틀린 것은?

19.03.문06
09.05.문57

유사문제부터 풀어보세요. 실력이 팍!팍! 올라갑니다.

① 과산화나트륨 - 50kg
② 적린 - 100kg
③ 트리니트로톨루엔 - 200kg
④ 탄화알루미늄 - 400kg

해설 **위험물**의 **지정수량**

| 위험물 | 지정수량 |
|---|---|
| 과산화나트륨 | 50kg |
| 적린 | 100kg |
| 트리니트로톨루엔 | 200kg |
| 탄화알루미늄 | 300kg |

답 ④

**02** 블레비(BLEVE)현상과 관계가 없는 것은?

19.09.문15 18.09.문08 17.03.문17 16.10.문15 15.05.문18 15.03.문01 14.09.문12 14.03.문01 09.05.문10

① 핵분열
② 가연성 액체
③ 화구(fire ball)의 형성
④ 복사열의 대량 방출

해설 **블레비(BLEVE)현상**
(1) 가연성 액체
(2) 화구(fire ball)의 형성
(3) 복사열의 대량 방출

용어

**블레비=블레이브(BLEVE)**
과열상태의 탱크에서 내부의 액화가스가 분출하여 기화되어 폭발하는 현상

답 ①

**03** 화재 발생시 인간의 피난 특성으로 틀린 것은?

12.05.문15

① 본능적으로 평상시 사용하는 출입구를 사용한다.
② 최초로 행동을 개시한 사람을 따라서 움직인다.
③ 공포감으로 인해서 빛을 피하여 어두운 곳으로 몸을 숨긴다.
④ 무의식 중에 발화장소의 반대쪽으로 이동한다.

해설 **화재 발생**시 **인간**의 **피난 특성**

| 구 분 | 설 명 |
|---|---|
| 귀소본능 | • **친숙한 피난경로**를 선택하려는 행동<br>• 무의식 중에 평상시 사용하는 출입구나 통로를 사용하려는 행동 |
| 지광본능 | • **밝은 쪽**을 지향하는 행동<br>• 화재의 공포감으로 인하여 **빛**을 따라 외부로 달아나려고 하는 행동 |
| 퇴피본능 | • 화염, 연기에 대한 공포감으로 **발화**의 **반대방향**으로 이동하려는 행동 |
| 추종본능 | • 많은 사람이 달아나는 방향으로 쫓아가려는 행동<br>• 화재시 최초로 행동을 개시한 사람을 따라 전체가 움직이려는 행동 |
| 좌회본능 | • **좌측통행**을 하고 **시계반대방향**으로 회전하려는 행동 |

③ 공포감으로 인해서 빛을 따라 외부로 달아나려는 경향이 있다.

답 ③

**04** 에스테르가 알칼리의 작용으로 가수분해되어 알코올과 산의 알칼리염이 생성되는 반응은?

11.03.문14

① 수소화 분해반응
② 탄화반응
③ 비누화반응
④ 할로겐화반응

해설 **비누화현상**(saponification phenomenon)

에스테르가 알칼리에 의해 가수분해되어 알코올과 산의 알칼리염이 되는 반응으로 주방의 식용유 화재시에 나트륨이 기름을 둘러싸 외부와 분리시켜 **질식소화** 및 **재발화 억제효과**를 나타낸다.

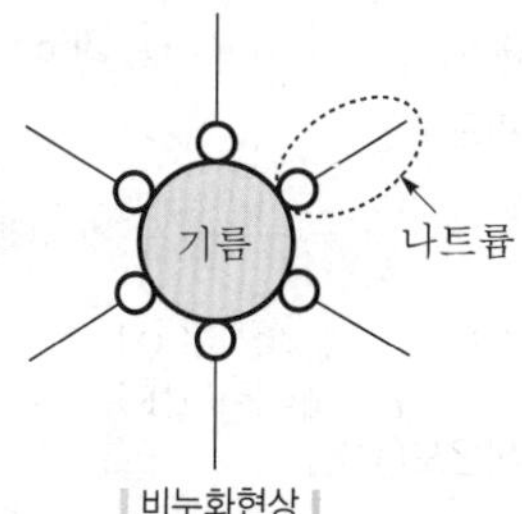


| 비누화현상 |

• 비누화현상=비누화반응

답 ③

**05** 건축물의 내화구조 바닥이 철근콘크리트조 또는 철골·철근콘크리트조인 경우 두께가 몇 cm 이상이어야 하는가?

15.05.문02 14.05.문12 07.05.문19

① 4　② 5
③ 7　④ 10

해설 **내화구조의 기준**

| 구 분 | 기 준 |
|---|---|
| **벽·바닥** | 철골·철근콘크리트조로서 두께가 **10cm** 이상인 것 |
| 기둥 | 철골을 두께 **5cm** 이상의 콘크리트로 덮은 것 |
| 보 | 두께 **5cm** 이상의 콘크리트로 덮은 것 |

기억법 **벽바내1**(**벽**을 **바**라보면 **내일**이 보인다.)

비교

**방화구조의 기준**

| 구조 내용 | 기 준 |
|---|---|
| • **철망모르타르** 바르기 | 두께 **2cm** 이상 |
| • 석고판 위에 시멘트모르타르를 바른 것<br>• 석고판 위에 회반죽을 바른 것<br>• 시멘트모르타르 위에 타일을 붙인 것 | 두께 **2.5cm** 이상 |
| • 심벽에 흙으로 맞벽치기 한 것 | 모두 해당 |

답 ④

**06** 스테판-볼츠만의 법칙에 의해 복사열과 절대온도와의 관계를 옳게 설명한 것은?

14.03.문20

① 복사열은 절대온도의 제곱에 비례한다.
② 복사열은 절대온도의 4제곱에 비례한다.
③ 복사열은 절대온도의 제곱에 반비례한다.
④ 복사열은 절대온도의 4제곱에 반비례한다.

해설 **스테판-볼츠만의 법칙**(Stefan-Boltzman's law)

$$Q = aAF(T_1^{\ 4} - T_2^{\ 4}) \propto T^4$$

여기서, $Q$ : 복사열[W]
$a$ : 스테판-볼츠만 상수[W/m²·K⁴]
$A$ : 단면적[m²]
$F$ : 기하학적 factor
$T_1$ : 고온[K]
$T_2$ : 저온[K]

※ 열복사량은 **복**사체의 **절대온도**의 **4제곱**에 **비례**하고, **단면적**에 **비례**한다.

기억법 **복스(복수)**

답 ②

**07** 물을 사용하여 소화가 가능한 물질은?

① 트리메틸알루미늄
② 나트륨
③ 칼륨
④ 적린

해설 **주수소화**(물소화)시 **위험**한 **물질**

| 구 분 | 현 상 |
|---|---|
| • 무기과산화물 | **산소** 발생 |
| • **금**속분<br>• **마**그네슘<br>• 알루미늄(트리메틸알루미늄 등)<br>• 칼륨<br>• 나트륨<br>• 수소화리튬 | **수소** 발생 |
| • 가연성 액체의 유류화재 | **연소면**(화재면) 확대 |

기억법 **금마수**

※ **주수소화** : 물을 뿌려 소화하는 방법

답 ④

**08** 연쇄반응을 차단하여 소화하는 약제는?

① 물　② 포
③ 할론 1301　④ 이산화탄소

해설 **연쇄반응**을 **차단**하여 소화하는 약제

(1) 할론소화약제(할론 1301 등)
(2) 할로겐화합물소화약제
(3) 분말소화약제

답 ③

★★★
## 09 화재의 종류에 따른 표시색 연결이 틀린 것은?

19.09.문16 19.03.문08 17.09.문07 16.05.문09 15.09.문19 13.09.문07

① 일반화재 – 백색
② 전기화재 – 청색
③ 금속화재 – 흑색
④ 유류화재 – 황색

해설 **화재**의 **종류**

| 구 분 | 표시색 | 적응물질 |
|---|---|---|
| 일반화재(A급) | 백색 | • 일반가연물<br>• 종이류 화재<br>• 목재, 섬유화재 |
| 유류화재(B급) | 황색 | • 가연성 액체<br>• 가연성 가스<br>• 액화가스화재<br>• 석유화재 |
| 전기화재(C급) | 청색 | • 전기설비 |
| 금속화재(D급) | 무색 | • 가연성 금속 |
| 주방화재(K급) | – | • 식용유화재 |

※ 요즘은 표시색의 의무규정은 없음

③ 흑색 → 무색

답 ③

★★★
## 10 제4류 위험물의 화재시 사용되는 주된 소화방법은?

15.09.문58 14.09.문13

① 물을 뿌려 냉각한다.
② 연소물을 제거한다.
③ 포를 사용하여 질식소화한다.
④ 인화점 이하로 냉각한다.

해설 **위험물**의 **소화방법**

| 종 류 | 성 질 | 소화방법 |
|---|---|---|
| 제1류 | 강산화성 물질<br>(산화성 고체) | 물에 의한 **냉각소화**(단, **무기과산화물**은 **마른모래** 등에 의한 **질식소화**) |
| 제2류 | 환원성 물질<br>(가연성 고체) | 물에 의한 **냉각소화**(단, **황화인 · 철분 · 마그네슘 · 금속분**은 **마른모래** 등에 의한 질식소화) |
| 제3류 | 금수성 물질<br>및 자연발화성 물질 | 마른모래, 팽창질석, 팽창진주암에 의한 **질식소화**(마른모래보다 **팽창질석** 또는 **팽창진주암**이 더 효과적) |
| 제4류 | 인화성 물질<br>(인화성 액체) | 포 · 분말 · 이산화탄소($CO_2$) · 할론 · 물분무 소화약제에 의한 **질식소화** |
| 제5류 | 폭발성 물질<br>(자기반응성 물질) | 화재 초기에만 대량의 물에 의한 **냉각소화**(단, 화재가 진행되면 자연진화되도록 기다릴 것) |
| 제6류 | 산화성 물질<br>(산화성 액체) | 마른모래 등에 의한 **질식소화**(단, **과산화수소**는 다량의 물로 **희석소화**) |

답 ③

★★
## 11 화씨 95도를 켈빈(Kelvin)온도로 나타내면 약 몇 K인가?

11.06.문02

① 178 ② 252
③ 308 ④ 368

해설 (1) **섭씨온도**

$$℃ = \frac{5}{9}(°F - 32)$$

여기서, ℃ : 섭씨온도〔℃〕
°F : 화씨온도〔°F〕

**섭씨온도**(℃)는

$℃ = \frac{5}{9}(95 - 32) = 35℃$

(2) **켈빈온도**

$$K = 273 + ℃$$

여기서, K : 켈빈온도〔K〕
℃ : 섭씨온도〔℃〕

**켈빈온도**(K)는

$K = 273 + ℃ = 273 + 35 = 308K$

비교

| 화씨온도 | 랭킨온도 |
|---|---|
| $°F = \frac{9}{5}℃ + 32$<br>여기서, °F : 화씨온도〔°F〕<br>℃ : 섭씨온도〔℃〕 | $R = 460 + °F$<br>여기서, R : 랭킨온도〔R〕<br>°F : 화씨온도〔°F〕 |

답 ③

★★★
## 12 소화기구는 바닥으로부터 높이 몇 m 이하의 곳에 비치하여야 하는가? (단, 자동소화장치를 제외한다.)

11.03.문01

① 0.5 ② 1.0
③ 1.5 ④ 2.0

해설 **설치높이**

| 0.5~1m 이하 | 0.8~1.5m 이하 | 1.5m 이하 |
|---|---|---|
| • **연**결송수관설비의 송수구 · 방수구<br>• **연**결살수설비의 송수구<br>• **소**화**용**수설비의 채수구<br>기억법 연소용 51 (**연소용 오일**은 잘 탄다.) | • **제**어밸브(수동식 개방밸브)<br>• **유**수검지장치<br>• **일**제개방밸브<br>기억법 제유일 85 (**제**가 **유일**하게 **팔**았어**요**.) | • **옥내**소화전설비의 방수구<br>• **호**스릴함<br>• **소**화기구<br>기억법 옥내호소 5 (**옥내**에서 **호소**하시**오**.) |

답 ③

★★★
**13** 13.09.문13 **증발잠열을 이용하여 가연물의 온도를 떨어뜨려 화재를 진압하는 소화방법은?**

① 제거소화 ② 억제소화
③ 질식소화 ④ 냉각소화

해설 **소화의 형태**

| 구 분 | 설 명 |
|---|---|
| **냉**각소화 | • **점화원**을 냉각하여 소화하는 방법<br>• **증**발잠열을 이용하여 열을 빼앗아 가연물의 온도를 떨어뜨려 화재를 진압하는 소화방법<br>• **다량**의 **물**을 뿌려 소화하는 방법<br>• 가연성 물질을 **발화점 이하**로 **냉각**하여 소화하는 방법<br>• **식용유화재**에 신선한 **야채**를 넣어 소화하는 방법<br>• 용융잠열에 의한 **냉각효과**를 이용하여 소화하는 방법<br>기억법 **냉점증발** |
| **질**식소화 | • 공기 중의 **산소농도**를 **16%**(10~15%) 이하로 희박하게 하여 소화하는 방법<br>• 산화제의 농도를 낮추어 연소가 지속될 수 없도록 소화하는 방법<br>• 산소공급을 차단하여 소화하는 방법<br>• 산소의 농도를 낮추어 소화하는 방법<br>• 화학반응으로 발생한 **탄산가스**에 의한 소화방법<br>기억법 **질산** |
| 제거소화 | • **가연물**을 **제거**하여 소화하는 방법 |
| **부**촉매 소화 (=화학소화) | • **연쇄반응**을 **차단**하여 소화하는 방법<br>• 화학적인 방법으로 화재를 억제하여 소화하는 방법<br>• **활성기**(free radical)의 **생성**을 **억제**하여 소화하는 방법<br>기억법 **부억(부엌)** |
| 희석소화 | • 기체·고체·액체에서 나오는 분해가스나 증기의 농도를 낮춰 소화하는 방법<br>• 불연성 가스의 **공기** 중 **농도**를 높여 소화하는 방법 |

답 ④

★★★
**14** 03.05.문10 **폭굉(detonation)에 관한 설명으로 틀린 것은?**

① 연소속도가 음속보다 느릴 때 나타난다.
② 온도의 상승은 충격파의 압력에 기인한다.
③ 압력상승은 폭연의 경우보다 크다.
④ 폭굉의 유도거리는 배관의 지름과 관계가 있다.

해설 **연소반응**(전파형태에 따른 분류)

| **폭연**(deflagration) | **폭굉**(detonation) |
|---|---|
| 연소속도가 음속보다 느릴 때 발생 | 연소속도가 음속보다 빠를 때 발생 |

※ **음속** : 소리의 속도로서 약 **340m/s**이다.

답 ①

★★
**15** 19.03.문01 18.04.문06 17.09.문10 16.10.문06 16.10.문10 16.10.문11 16.05.문17 16.03.문09 15.09.문01 15.05.문08 14.09.문10 14.05.문17 14.03.문03 12.03.문13 **제1종 분말소화약제의 열분해반응식으로 옳은 것은?**

① $2NaHCO_3 \rightarrow Na_2CO_3 + CO_2 + H_2O$
② $2KHCO_3 \rightarrow K_2CO_3 + CO_2 + H_2O$
③ $2NaHCO_3 \rightarrow Na_2CO_3 + 2CO_2 + H_2O$
④ $2KHCO_3 \rightarrow K_2CO_3 + 2CO_2 + H_2O$

해설 **분말소화기(질식효과)**

| 종 별 | 소화약제 | 약제의 착색 | 화학반응식 | 적응 화재 |
|---|---|---|---|---|
| 제1종 | 탄산수소 나트륨 ($NaHCO_3$) | 백색 | $2NaHCO_3 \rightarrow Na_2CO_3 + \mathbf{CO_2} + H_2O$ | BC급 |
| 제2종 | 탄산수소 칼륨 ($KHCO_3$) | 담자색 (담회색) | $2KHCO_3 \rightarrow K_2CO_3 + CO_2 + H_2O$ | |
| 제3종 | 인산암모늄 (**$NH_4H_2PO_4$**) | 담홍색 | $NH_4H_2PO_4 \rightarrow$ **$HPO_3 + NH_3 + H_2O$** | **AB C급** |
| 제4종 | 탄산수소 칼륨+요소 ($KHCO_3$+ $(NH_2)_2CO$) | 회(백)색 | $2KHCO_3 + (NH_2)_2CO \rightarrow K_2CO_3 + 2NH_3 + 2CO_2$ | BC급 |

• 탄산수소나트륨 = 중탄산나트륨
• 탄산수소칼륨 = 중탄산칼륨
• 제1인산암모늄 = 인산암모늄 = 인산염
• 탄산수소칼륨 + 요소 = 중탄산칼륨 + 요소

답 ①

★★
**16** 17.03.문01 04.03.문19 01.06.문11 **굴뚝효과에 관한 설명으로 틀린 것은?**

① 건물 내·외부의 온도차에 따른 공기의 흐름 현상이다.
② 굴뚝효과는 고층건물에서는 잘 나타나지 않고 저층건물에서 주로 나타난다.
③ 평상시 건물 내의 기류분포를 지배하는 중요 요소이며 화재시 연기의 이동에 큰 영향을 미친다.
④ 건물외부의 온도가 내부의 온도보다 높은 경우 저층부에서는 내부에서 외부로 공기의 흐름이 생긴다.

해설 **굴뚝효과**(stack effect)
(1) 건물 내·외부의 **온도차**에 따른 공기의 흐름현상이다.
(2) 굴뚝효과는 **고층건물**에서 주로 나타난다.
(3) 평상시 건물 내의 기류분포를 지배하는 중요 요소이며 화재시 **연기**의 **이동**에 큰 영향을 미친다.
(4) 건물외부의 온도가 내부의 온도보다 높은 경우 저층부에서는 내부에서 외부로 공기의 흐름이 생긴다.

**이상기체 상태방정식**

$$\rho = \frac{P}{RT}$$

여기서, $\rho$ : 밀도[kg/m³], $P$ : 압력[kPa]
$R$ : 기체상수(공기의 기체상수 0.287kJ/kg·K)
$T$ : 절대온도(273+℃)[K]

위 식에서 밀도와 온도는 반비례하므로 건물 외부온도>건물 내부온도인 경우 건물 외부밀도<건물 내부밀도이므로 저층부에서는 내부에서 외부로 공기의 흐름이 생긴다. 건물 내부밀도가 높다는 것은 건물 내부의 공기입자가 빽빽하게 들어 있다는 뜻이므로 공기입자가 빽빽한 내부에서 외부로 공기의 흐름이 생기는 것이다.

중요

연기거동 중 **굴뚝효과**와 관계있는 것
(1) 건물 내외의 온도차
(2) 화재실의 온도
(3) 건물의 높이

답 ②

★★★
**17** **분말소화약제 중 담홍색 또는 황색으로 착색하여 사용하는 것은?**

17.09.문10 16.10.문06 16.10.문10 16.05.문15 16.03.문09 16.03.문11 15.09.문01 15.05.문08 14.09.문10 14.05.문17 14.03.문03 12.03.문13

① 탄산수소나트륨
② 탄산수소칼륨
③ 제1인산암모늄
④ 탄산수소칼륨과 요소와의 반응물

해설 (1) **분말소화약제**

| 종 별 | 주성분 | 착 색 | 적응화재 | 비 고 |
|---|---|---|---|---|
| 제1종 | 중탄산나트륨 ($NaHCO_3$) | 백색 | BC급 | **식용유** 및 **지방질유**의 화재에 적합 |
| 제2종 | 중탄산칼륨 ($KHCO_3$) | 담자색 (담회색) | BC급 | – |
| 제3종 | 제1인산암모늄 ($NH_4H_2PO_4$) | 담홍색 (황색) | ABC급 | **차고·주차장**에 적합 |
| 제4종 | 중탄산칼륨 + 요소 ($KHCO_3$ + $(NH_2)_2CO$) | 회(백)색 | BC급 | – |

기억법 1식분(**일식 분**식)
3분 차주(**삼보**컴퓨터 **차주**)

(2) **이산화탄소소화약제**

| 주성분 | 적응화재 |
|---|---|
| 이산화탄소($CO_2$) | BC급 |

답 ③

★★
**18** **화재 및 폭발에 관한 설명으로 틀린 것은?**

13.06.문10

① 메탄가스는 공기보다 무거우므로 가스탐지부는 가스기구의 직하부에 설치한다.
② 옥외저장탱크의 방유제는 화재시 화재의 확대를 방지하기 위한 것이다.
③ 가연성 분진이 공기 중에 부유하면 폭발할 수도 있다.
④ 마그네슘의 화재시 주수소화는 화재를 확대할 수 있다.

해설 **LPG와 LNG**

| 구 분 | 액화석유가스(LPG) | | 액화천연가스(LNG) |
|---|---|---|---|
| 특 징 | 공기보다 무겁다. | | 공기보다 가볍다. |
| 주성분 | 프로판 ($C_3H_8$) | 부탄 ($C_4H_{10}$) | 메탄($CH_4$) |
| 증기비중 | 1.51 | 2 | 0.55 |

① 메탄가스는 공기보다 **가벼우므로** 가스탐지부는 가스기구의 **직상부**에 설치한다.

답 ①

★★★
**19** **위험물에 관한 설명으로 틀린 것은?**

17.03.문11 16.03.문07 09.03.문16

① 유기금속화합물인 사에틸납은 물로 소화할 수 없다.
② 황린은 자연발화를 막기 위해 통상 물속에 저장한다.
③ 칼륨, 나트륨은 등유 속에 보관한다.
④ 유황은 자연발화를 일으킬 가능성이 없다.

해설

① 물로 소화할 수 없다. → 물로 소화할 수 있다.
④ **유황**은 자연발화를 일으키지 않는다.

중요

**물질**에 따른 **저장장소**

| 물 질 | 저장장소 |
|---|---|
| **황**린, **이**황화탄소($CS_2$) | **물**속 |
| 니트로셀룰로오스 | 알코올 속 |
| 칼륨(K), 나트륨(Na), 리튬(Li) | 석유류(등유) 속 |
| 아세틸렌($C_2H_2$) | 디메틸포름아미드(DMF), 아세톤에 용해 |

기억법 **황물이**(**황**토색 **물이** 나온다.)

답 ①

★★
**20** **알킬알루미늄 화재에 적합한 소화약제는?**

07.09.문03

① 물
② 이산화탄소
③ 팽창질석
④ 할론

해설 **알킬알루미늄 소화약제**

| 위험물 | 소화약제 |
|---|---|
| • 알킬알루미늄 | • 마른모래<br>• 팽창질석<br>• 팽창진주암 |

답 ③

## 제 2 과목 소방전기일반

### 21
15.05.문22
11.06.문24

제어계가 부정확하고 신뢰성은 없으나 출력과 입력이 서로 독립인 제어계는?

① 자동제어계 ② 개회로제어계
③ 폐회로제어계 ④ 피드백제어계

해설 **개회로제어계**와 **피드백제어계**

| 개회로제어계 | 피드백제어계 |
|---|---|
| 제어계가 부정확하고 신뢰성은 없으나 **출력**과 **입력**이 서로 **독립**인 제어계 | 출력신호를 입력신호로 되돌려서 **입력**과 **출력**을 **비교**함으로써 **정확한 제어**가 가능하도록 한 제어 |

답 ②

### 22
19.04.문28
19.03.문32
17.09.문22
17.09.문39
17.05.문29
16.10.문35
16.03.문32
15.05.문23
15.05.문37
14.09.문23
13.09.문27
11.03.문30

제어량을 어떤 일정한 목표값으로 유지하는 것을 목적으로 하는 제어방식은?

① 정치제어
② 추종제어
③ 프로그램제어
④ 비율제어

해설 **제어**의 **종류**

| 종 류 | 설 명 |
|---|---|
| **정치제어**<br>(fixed value control) | • 일정한 **목**표값을 **유**지하는 것으로 **프로세스제어, 자동조정**이 이에 해당된다.<br>예 **연속식 압연기**<br>• **목표값**이 시간에 관계없이 항상 일정한 값을 가지는 제어이다.<br>기억법 **유목정** |
| **추종제어**<br>(follow-up control) | 미지의 시간적 변화를 하는 목표값에 제어량을 **추종**시키기 위한 제어로 **서보기구**가 이에 해당된다.<br>예 **대공포의 포신** |
| **비율제어**<br>(ratio control) | 둘 이상의 제어량을 소정의 비율로 제어하는 것이다. |
| **프로그램제어**<br>(program control) | 목표값이 **미리 정해진 시간적 변화**를 하는 경우 제어량을 그것에 추종시키기 위한 제어이다.<br>예 **열차 · 산업로봇의 무인운전** |

중요

**제어량**에 의한 **분류**

| 분 류 | 종 류 |
|---|---|
| **프**로세스제어 | • **온**도 • **압**력<br>• **유**량 • **액**면<br>기억법 **프온압유액** |
| **서**보기구<br>(서보제어, 추종제어) | • **위**치 • **방**위<br>• **자**세<br>기억법 **서위방자** |
| **자**동조정 | • 전압 • 전류<br>• 주파수 • 장력<br>• 회전속도(**발**전기의 **조**속기)<br>기억법 **자발조** |

※ **프로세스제어**(공정제어) : 공업공정의 상태량을 제어량으로 하는 제어

답 ①

### 23
00.10.문70

서로 다른 두 개의 금속도선 양끝을 연결하여 폐회로를 구성한 후, 양단에 온도차를 주었을 때 두 접점 사이에서 기전력이 발생하는 효과는?

① 톰슨효과 ② 제어벡효과
③ 펠티에효과 ④ 핀치효과

해설 **제어벡효과**(seebeck effect)

2종의 금속을 양단에 결합하여 양단에 **온도차**를 주었을 때 **기**전력이 발생하는 원리

기억법 **제기**

※ **제어벡효과**를 이용한 **감지기**
(1) 열전대식 감지기
(2) 열반도체식 감지기

답 ②

### 24

일정 전압의 직류전원에 저항을 접속하고 전류를 흘릴 때 전류의 값을 20% 감소시키기 위한 저항값은 처음의 몇 배인가?

① 0.05 ② 0.83
③ 1.25 ④ 1.5

해설 (1) **저항**값을 **20% 감소**시키므로
$R_2=(1-0.2)R_1=0.8R_1$이 되어

$$I=\frac{V}{R}$$

여기서, $I$ : 전류[A]
$V$ : 전압[V]
$R$ : 저항[Ω]

(2) $I_2=\dfrac{V}{0.8R_1}=\dfrac{1}{0.8}I_1=1.25I_1$

답 ③

### 25
16.03.문38
15.09.문24
12.03.문38

제어량을 조절하기 위하여 제어대상에 주어지는 양으로 제어부의 출력이 되는 것은?

① 제어량 ② 주피드백신호
③ 기준입력 ④ 조작량

해설 **피드백제어의 용어**

| 용 어 | 설 명 |
|---|---|
| **제어량** (controlled value) | 제어대상에 속하는 양으로, 제어대상을 제어하는 것을 목적으로 하는 물리적인 양이다. |
| **조작량** (manipulated value) | • **제어장치**의 **출력**인 동시에 **제어대상**의 **입력**으로 제어장치가 제어대상에 가해지는 제어신호이다.<br>• **제어요소**에서 **제어대상**에 인가되는 양이다.<br>기억법 **조제대상** |
| **제어요소** (control element) | 동작신호를 조작량으로 변환하는 요소이고, **조절부**와 **조작부**로 이루어진다. |
| **제어장치** (control device) | 제어하기 위해 제어대상에 부착되는 장치이고, **조절부**, **설정부**, **검출부** 등이 이에 해당된다. |
| **오차검출기** | 제어량을 설정값과 비교하여 오차를 계산하는 장치이다. |

답 ④

★★★
**26** 변압기의 내부회로 고장검출용으로 사용되는 계전기는?

19.09.문25 16.03.문36 13.09.문28 12.09.문21

① 비율차동계전기 ② 과전류계전기
③ 온도계전기 ④ 접지계전기

해설

| **비율차동계전기, 브흐홀츠계전기** | **접지계전기** |
|---|---|
| • **발**전기나 **변**압기의 내부고장 보호용(내부회로 고장검출용) | • 지락전류 검출 |

기억법 **비발변**

• 차동계전기=비율차동계전기

답 ①

★
**27** 단상 반파정류회로에서 출력되는 전력은?

19.04.문31 16.05.문31 13.06.문33 12.03.문35 07.05.문34

① 입력전압의 제곱에 비례한다.
② 입력전압에 비례한다.
③ 부하저항에 비례한다.
④ 부하임피던스에 비례한다.

해설 **단상 반파정류회로**
(1) **직류 평균전압**

$$E_{av} = 0.45E$$

여기서, $E_{av}$ : 직류 평균전압[V]
$E$ : 교류 실효값[V]

(2) **출력전력**

$$P = \frac{{E_{av}}^2}{R} = \frac{(0.45E)^2}{R}$$

여기서, $P$ : 출력전력[W]
$E_{av}$ : 직류 평균전압[V]
$E$ : 교류 실효값(입력전압)[V]
$R$ : 저항[Ω]

∴ 출력전력 $P = \frac{(0.45E)^2}{R} \propto E^2$

① 출력전력은 입력전압의 **제곱**에 **비례**

답 ①

★★★
**28** 100Ω인 저항 3개를 같은 전원에 △결선으로 접속할 때와 Y결선으로 접속할 때, 선전류의 크기의 비는?

11.10.문28

① 3 ② $\frac{1}{3}$
③ $\sqrt{3}$ ④ $\frac{1}{\sqrt{3}}$

해설 (1) **Y결선**의 **전류**

$$I_Y = \frac{V}{\sqrt{3}R}$$

여기서, $I_Y$ : Y결선의 전류[A]
$V$ : 전압[V]
$R$ : 저항[Ω]

(2) **△결선**의 **전류**

$$I_\triangle = \frac{\sqrt{3}V}{R}$$

여기서, $I_\triangle$ : △결선의 전류[A]
$V$ : 전압[V]
$R$ : 저항[Ω]

$$\therefore \frac{I_\triangle}{I_Y} = \frac{\frac{\sqrt{3}V}{R}}{\frac{V}{\sqrt{3}R}} = 3\text{배}$$

※ 문제의 지문 중에서 **먼저 나온 말**을 **분자**, **나중에 나온 말**을 **분모**로 하여 계산하면 된다. 쉽지 않은가?

답 ①

★★
**29** 한 조각의 실리콘 속에 많은 트랜지스터, 다이오드, 저항 등을 넣고 상호 배선을 하여 하나의 회로에서의 기능을 갖게 한 것은?

06.09.문22

① 포토 트랜지스터 ② 서미스터
③ 바리스터 ④ IC

해설 **IC**(Integrated Circuit)
한 조각의 실리콘 속에 여러 개의 **트랜지스터**, **다이오드**, **저항** 등을 넣고 상호 배선을 하여 하나의 회로로서의 기능을 갖게 한 것으로 '집적회로'라고도 부른다.

| IC |

답 ④

★★
## 30 변류기에 결선된 전류계가 고장이 나서 교환하는 경우 옳은 방법은?

19.03.문36
02.05.문26

① 변류기의 2차를 개방시키고 한다.
② 변류기의 2차를 단락시키고 한다.
③ 변류기의 2차를 접지시키고 한다.
④ 변류기에 피뢰기를 달고 한다.

해설 **변류기**(CT) 교환시 2차측 단자는 반드시 **단락**하여야 한다. 단락하지 않으면 2차측에 **고압**이 **유발**(발생)되어 변류기가 **소손**될 우려가 있다.

중요

**변류기**와 **영상변류기**

| 명 칭 | 기 능 | 그림기호 |
|---|---|---|
| 변류기(CT) | 일반전류 검출 | |
| 영상변류기(ZCT) | 누설전류 검출 | |

답 ②

★★★
## 31 단상변압기 권수비 $a=8$이고, 1차 교류전압은 110V이다. 변압기 2차 전압을 단상 반파정류회로를 이용하여 정류했을 때 발생하는 직류전압의 평균치는 약 몇 V인가?

19.04.문31
16.05.문27
13.06.문33
12.03.문35
07.05.문34

① 6.19
② 6.29
③ 6.39
④ 6.88

해설 (1) **권수비**

$$a=\frac{N_1}{N_2}=\frac{V_1}{V_2}=\frac{I_2}{I_1}=\sqrt{\frac{R_1}{R_2}}$$

여기서, $a$ : 권수비
$N_1$ : 1차 코일권수
$N_2$ : 2차 코일권수
$V_1$ : 1차 교류전압[V]
$V_2$ : 2차 교류전압[V]
$I_1$ : 1차 전류[A]
$I_2$ : 2차 전류[A]
$R_1$ : 1차 저항[Ω]
$R_2$ : 2차 저항[Ω]

$$a=\frac{V_1}{V_2}$$

2차 교류전압 $V_2$는

$$V_2=\frac{V_1}{a}=\frac{110}{8}=13.75\text{V}$$

(2) **단상 반파정류회로**

$$E_{av}=0.45E$$

여기서, $E_{av}$ : 직류 평균전압[V]
$E$ : 교류 실효값[V]

$E_{av}=0.45E=0.45\times13.75 ≒ 6.19\text{V}$

• 2차 교류전압($V_2$)=교류 실효값($E$)

비교

**단상 전파정류회로**

$$E_{av}=0.9E$$

여기서, $E_{av}$ : 직류 평균전압[V]
$E$ : 교류 실효값[V]

답 ①

★★★
## 32 전류에 의한 자계의 세기를 구하는 법칙은?

17.03.문22
15.05.문35
14.03.문22
03.05.문33

① 쿨롱의 법칙
② 패러데이의 법칙
③ 비오-사바르의 법칙
④ 렌츠의 법칙

해설 **여러 가지 법칙**

| 법 칙 | 설 명 |
|---|---|
| 옴의 **법칙** | '저항은 전류에 반비례하고 전압에 비례한다'는 법칙 |
| **플레밍**의 **오른손 법칙** | **도**체운동에 의한 **유**기기전력의 **방**향 결정<br>기억법 **방유도오**(**방**에 **우유**를 **도로** 갖다 놓게!) |
| **플레밍**의 **왼손 법칙** | **전**자력의 방향 결정<br>기억법 **왼전**(**왠 전**쟁이냐?) |
| **렌츠**의 **법칙** | 자속변화에 의한 **유**도기전력의 **방**향 결정<br>기억법 **렌유방**(오**렌**지가 **유**일한 **방**법이다.) |

| | |
|---|---|
| **패**러데이의 **전자유도법칙** | 자속변화에 의한 **유**기기전력의 **크**기 결정 <br> 기억법 **패유크(패유를 버리면 큰일난다.)** |
| **앙페르**의 **오른나사법칙** | **전**류에 의한 **자**기장의 방향을 결정하는 법칙 <br> 기억법 **앙전자(앙전자)** |
| **비오-사바르**의 **법칙** | **전**류에 의해 발생되는 **자**기장의 크기(전류에 의한 자계의 세기) <br> 기억법 **비전자(비전공자)** |
| **키르히호프**의 **법칙** | 옴의 법칙을 응용한 것으로 복잡한 회로의 전류와 전압계산에 사용 |
| **줄**의 **법칙** | • 어떤 도체에 일정 시간 동안 전류를 흘리면 도체에는 열이 발생되는데 이에 관한 법칙 <br> • 저항이 있는 도체에 전류를 흘리면 **열**이 발생되는 법칙 <br> 기억법 **줄열** |
| **쿨롱**의 **법칙** | "두 자극 사이에 작용하는 힘은 두 **자극**의 **세기**의 **곱**에 **비례**하고, 두 자극 사이의 **거리**의 **제곱**에 **반비례**한다."는 법칙 |

답 ③

## 33

17.09.문32 07.09.문22

**공기 중에 $1\times10^{-7}$C의 (+)전하가 있을 때, 이 전하로부터 15cm의 거리에 있는 점의 전장의 세기는 몇 V/m인가?**

① $1\times10^4$ ② $2\times10^4$

③ $3\times10^4$ ④ $4\times10^4$

**전계**의 **세기**(intensity of electric field)

$$E=\frac{Q}{4\pi\varepsilon r^2}$$

여기서, $E$ : 전계의 세기[V/m]

$Q$ : 전하[C]

$\varepsilon$ : 유전율[F/m]($\varepsilon=\varepsilon_0\cdot\varepsilon_s$)

$r$ : 거리[m]

**전계의 세기**(전장의 세기) $E$는

$$E=\frac{Q}{4\pi\varepsilon r^2}=\frac{Q}{4\pi\varepsilon_0\varepsilon_s r^2}$$

$$=\frac{Q}{4\pi\varepsilon_0 r^2}$$

$$=\frac{(1\times10^{-7})}{4\pi\times(8.855\times10^{-12})\times0.15^2}$$

$$\fallingdotseq 40000$$

$$=4\times10^4\text{V/m}$$

- **진공**의 **유전율** : $\varepsilon_0=8.855\times10^{-12}$F/m
- **거리** : $r=15\text{cm}=0.15\text{m}$
- $\varepsilon_s$(비유전율) : 진공 중 또는 공기 중 $\varepsilon_s\fallingdotseq1$이므로 생략

답 ④

## 34

19.04.문36 06.05.문21

**선간전압 $E$[V]의 3상 평형 전원에 대칭 3상 저항부하 $R$[Ω]이 그림과 같이 접속되었을 때 a, b 두 상간에 접속된 전력계의 지시값이 $W$[W]라면 c상의 전류는 몇 A인가?**

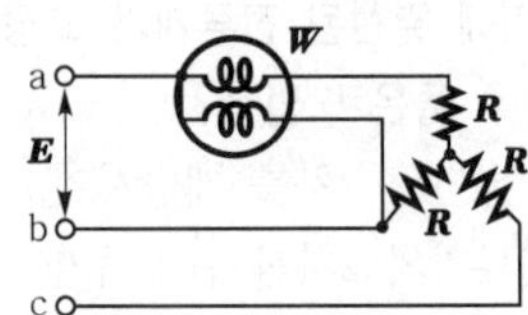


① $\dfrac{2W}{\sqrt{3}\,E}$ ② $\dfrac{3W}{\sqrt{3}\,E}$

③ $\dfrac{W}{\sqrt{3}\,E}$ ④ $\dfrac{\sqrt{3}\,W}{\sqrt{E}}$

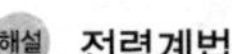

**전력계법**

| 전력계법 | 접속도 | 전 류 |
|---|---|---|
| 1전력계법 | W, E | $I=\dfrac{2W}{\sqrt{3}\,E}$ |
| 2전력계법 | $W_1$, $W_2$, E | $I=\dfrac{W_1+W_2}{\sqrt{3}\,E}$ |
| 3전력계법 | $W_1$, $W_2$, $W_3$, E | $I=\dfrac{W_1+W_2+W_3}{\sqrt{3}\,E}$ |

여기서, $I$ : 전류[A]

$W$ : 전력계의 지시값[W]

$E$ : 선간전압[V]

답 ①

★★

**35** 그림과 같은 회로에서 2Ω에 흐르는 전류는 몇 A 인가? (단, 저항의 단위는 모두 Ω이다.)

07.09.문36

① 0.8
② 1.0
③ 1.2
④ 2.0

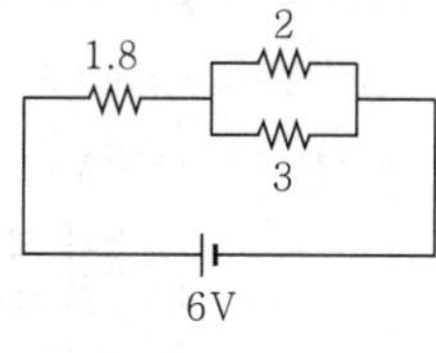

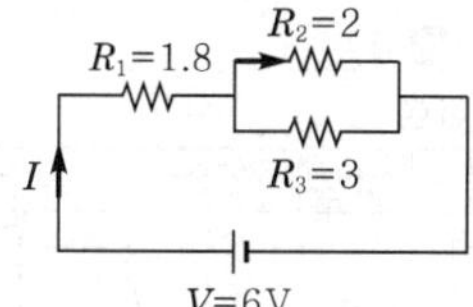


(1) **전체저항**

$$R=R_1+\frac{R_2 R_3}{R_2+R_3}=1.8+\frac{2\times3}{2+3}=3\,\Omega$$

(2) **전체전류**

$$I=\frac{V}{R}$$

여기서, $I$ : 전체전류〔A〕
$V$ : 전압〔V〕
$R$ : 전체저항〔Ω〕

**전체전류** $I$는

$$I=\frac{V}{R}=\frac{6}{3}=2\text{A}$$

(3) **2Ω에 흐르는 전류**

$$I_2=\frac{R_3}{R_2+R_3}I$$

여기서, $I_2$ : 2Ω에 흐르는 전류〔A〕
$R_3$ : $R_3$의 저항〔Ω〕
$R_2$ : $R_2$의 저항〔Ω〕
$I$ : 전체전류〔A〕

**2Ω에 흐르는 전류** $I_2$는

$$I_2=\frac{R_3}{R_2+R_3}I=\frac{3}{2+3}\times2=1.2\text{A}$$

답 ③

★★★

**36** 논리식 $X\cdot(X+Y)$를 간략화하면?

19.09.문21
19.04.문32
19.03.문24
18.04.문38
18.03.문31
17.09.문33
17.03.문23
16.03.문39
15.09.문23
13.09.문30
13.06.문35
11.03.문32


① $X$
② $Y$
③ $X+Y$
④ $X\cdot Y$

해설

$$X\cdot(X+Y)=\underbrace{XX}_{X\cdot X=X}+XY$$
$$=X+XY$$
$$=X\underbrace{(1+Y)}_{X+1=1}$$
$$=\underbrace{X\cdot1}_{X\cdot1=X}$$
$$=X$$

중요

**불대수의 정리**

| 논리합 | 논리곱 | 비 고 |
|---|---|---|
| $X+0=X$ | $X\cdot0=0$ | - |
| $X+1=1$ | $X\cdot1=X$ | - |
| $X+X=X$ | $X\cdot X=X$ | - |
| $X+\overline{X}=1$ | $X\cdot\overline{X}=0$ | - |
| $X+Y=Y+X$ | $X\cdot Y=Y\cdot X$ | 교환법칙 |
| $X+(Y+Z)=(X+Y)+Z$ | $X(YZ)=(XY)Z$ | 결합법칙 |
| $X(Y+Z)=XY+XZ$ | $(X+Y)(Z+W)=XZ+XW+YZ+YW$ | 분배법칙 |
| $X+XY=X$ | $\overline{X}+XY=\overline{X}+Y$<br>$X+\overline{X}Y=X+Y$<br>$X+\overline{X}\,\overline{Y}=X+\overline{Y}$ | 흡수법칙 |
| $(\overline{X+Y})=\overline{X}\cdot\overline{Y}$ | $(\overline{X\cdot Y})=\overline{X}+\overline{Y}$ | 드모르간의 정리 |

답 ①

★★★

**37** 단상변압기 3대를 △결선하여 부하에 전력을 공급하고 있는데 변압기 1대의 고장으로 V결선을 한 경우 고장 전의 몇 % 출력을 낼 수 있는가?

13.03.문36

① 51.6 ② 53.6
③ 55.7 ④ 57.7

해설 **V 결선**

| 변압기 1대의 **이용률** | △ → V 결선시의 **출력비** |
|---|---|
| $U=\frac{\sqrt{3}\,VI\cos\theta}{2\,VI\cos\theta}=\frac{\sqrt{3}}{2}=0.866(86.6\%)$ | $\frac{P_V}{P_\triangle}=\frac{\sqrt{3}\,VI\cos\theta}{3\,VI\cos\theta}=\frac{\sqrt{3}}{3}=0.577(57.7\%)$ |

답 ④

★★★

**38** 그림과 같은 다이오드 논리회로의 명칭은?

10.09.문33

① NOR 회로
② AND 회로
③ OR 회로
④ NAND 회로

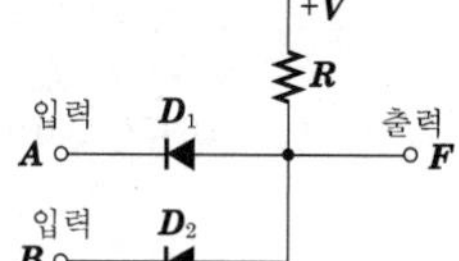


해설 **논리회로**와 **전자회로**

| 명 칭 | 회 로 |
|---|---|
| AND 게이트 | +5V (또는 $+V_{CC}$)<br>A<br>B<br>출력 |

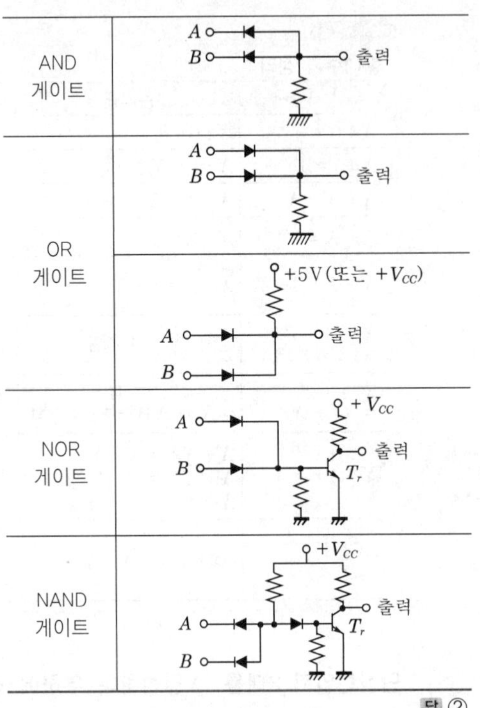


답 ②

**39** $i=50\sin\omega t$ 인 교류전류의 평균값은 약 몇 A 인가?

[04.05.문34]

① 25 ② 31.8

③ 35.9 ④ 50

해설 (1) **교류전류**의 **순시값**

$$i=I_m \sin\omega t$$

여기서, $i$ : 교류전류의 순시값[A]

$I_m$ : 교류전류의 최대값[A]

$i=I_m \sin\omega t=50\sin\omega t$ 이므로

$I_m=50\text{A}$

(2) **교류전류**의 **평균값**

$$I_{av}=0.637 I_m$$

여기서, $I_{av}$ : 전류의 평균값[A]

$I_m$ : 전류의 최대값[A]

전류의 평균값 $I_{av}$ 는

$I_{av}=0.637 I_m=0.637\times 50 \fallingdotseq 31.8\text{A}$

답 ②

**40** 그림과 같은 계전기 접점회로를 논리식으로 나타내면?

[13.03.문24]

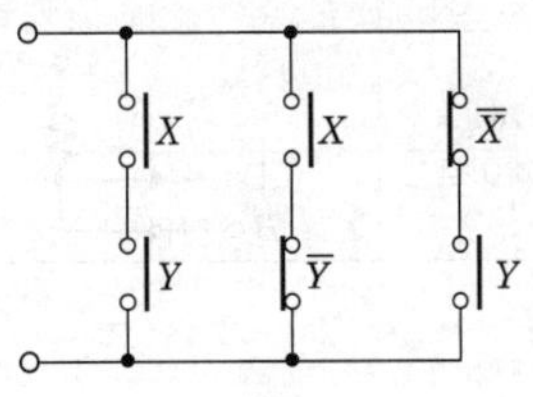


① $XY+X\overline{Y}+\overline{X}Y$

② $(XY)+(X\overline{Y})(\overline{X}Y)$

③ $(X+Y)(X+\overline{Y})(\overline{X}+Y)$

④ $(X+Y)+(X+\overline{Y})+(\overline{X}+Y)$

해설 논리식$=X\cdot Y+X\cdot\overline{Y}+\overline{X}\cdot Y=XY+X\overline{Y}+\overline{X}Y$

※ 논리식 산정시 **직렬**은 '·', **병렬**은 '+'로 표시하는 것을 기억하라.

중요

논리회로

| 시퀀스 | 논리식 | 논리회로 |
|---|---|---|
| 직렬회로 | $Z=A\cdot B$<br>$Z=AB$ | A, B — Z |
| 병렬회로 | $Z=A+B$ | A, B — Z |
| a접점 | $Z=A$ | A — Z<br>A — Z |
| b접점 | $Z=\overline{A}$ | A — Z<br>A — Z<br>A — Z |

답 ①

**제 3 과목 소방관계법규**

**41** 연소 우려가 있는 건축물의 구조에 대한 기준 중 다음 ( ㉠ ), ( ㉡ )에 들어갈 수치로 알맞은 것은?

[17.09.문46]
[09.08.문59]

건축물대장의 건축물현황도에 표시된 대지경계선 안에 2 이상의 건축물이 있는 경우로서 각각의 건축물이 다른 건축물의 외벽으로부터 수평거리가 1층에 있어서는 ( ㉠ )m 이하, 2층 이상의 층에 있어서는 ( ㉡ )m 이하이고 개구부가 다른 건축물을 향하여 설치된 구조를 말한다.

① ㉠ 5, ㉡ 10 ② ㉠ 6, ㉡ 10

③ ㉠ 10, ㉡ 5 ④ ㉠ 10, ㉡ 6

해설 **소방시설법 시행규칙 7조**

**연소우려가 있는 건축물의 구조**

(1) **1층** : 타건축물 외벽으로부터 **6m** 이하

(2) **2층** : 타건축물 외벽으로부터 **10m** 이하
(3) 대지경계선 안에 2 이상의 건축물이 있는 경우
(4) 개구부가 다른 건축물을 향하여 설치된 구조

답 ②

★★★
## 42
10.09.문47

**위험물제조소에서 저장 또는 취급하는 위험물에 따른 주의사항을 표시한 게시판 중 화기엄금을 표시하는 게시판의 바탕색은?**

① 청색 ② 적색
③ 흑색 ④ 백색

해설 **위험물규칙 〔별표 4〕**
**위험물제조소의 게시판 설치기준**

| 위험물 | 주의사항 | 비 고 |
|---|---|---|
| • 제1류 위험물(알칼리금속의 과산화물)<br>• 제3류 위험물(금수성 물질) | 물기엄금 | **청색**바탕에 **백색**문자 |
| • 제2류 위험물(인화성 고체 제외) | 화기주의 | **적색**바탕에 **백색**문자 |
| • 제2류 위험물(인화성 고체)<br>• 제3류 위험물(자연발화성 물질)<br>• 제4류 위험물<br>• 제5류 위험물 | 화기엄금 | |
| • 제6류 위험물 | 별도의 표시를 하지 않는다. | |

② 화기엄금 : 적색바탕에 백색문자

답 ②

★★
## 43
16.03.문57
14.03.문79
12.03.문74

**다음 중 자동화재탐지설비를 설치해야 하는 특정소방대상물은?**

① 길이가 1.3km인 지하가 중 터널
② 연면적 600m²인 볼링장
③ 연면적 500m²인 산후조리원
④ 지정수량 100배의 특수가연물을 저장하는 창고

해설 **소방시설법 시행령 〔별표 5〕**
**자동화재탐지설비의 설치대상**

| 설치대상 | 조 건 |
|---|---|
| ① 노유자시설 | • 연면적 **400m²** 이상 |
| ② <u>근</u>린생활시설(산후조리원)·<u>위</u>락시설<br>③ <u>숙</u>박시설·<u>의</u>료시설<br>④ <u>복</u>합건축물·장례시설 | • 연면적 <u>6</u>00m² 이상 |
| ⑤ 목욕장·문화 및 집회시설, 운동시설<br>⑥ 종교시설<br>⑦ 방송통신시설·관광휴게시설<br>⑧ 업무시설·판매시설<br>⑨ 항공기 및 자동차 관련시설·공장·창고시설<br>⑩ 지하가·공동주택·운수시설·발전시설·위험물 저장 및 처리시설<br>⑪ 교정 및 군사시설 중 국방·군사시설 | • 연면적 **1000m²** 이상 |
| ⑫ <u>교</u>육연구시설·<u>동</u>식물관련시설<br>⑬ <u>분</u>뇨 및 쓰레기 처리시설·<u>교</u>정 및 군사시설(국방·군사시설 제외)<br>⑭ <u>수</u>련시설(숙박시설이 있는 것 제외)<br>⑮ 묘지관련시설 | • 연면적 <u>2</u>000m² 이상 |
| ⑯ 터널 | • 길이 **1000m** 이상 |
| ⑰ 지하구<br>⑱ 노유자생활시설 | • 전부 |
| ⑲ 특수가연물 저장·취급 | • 지정수량 **500배** 이상 |
| ⑳ 수련시설(숙박시설이 있는 것) | • 수용인원 **100명** 이상 |
| ㉑ 전통시장 | • 전부 |

기억법 **근위숙의복 6, 교동분교수 2**

② 600m² → 1000m² 이상
③ 500m² → 600m² 이상
④ 100배 → 500배 이상

답 ①

★★★
## 44
16.10.문52
16.03.문41
13.03.문49

**소방용수시설 중 저수조 설치시 지면으로부터 낙차기준은?**

① 2.5m 이하 ② 3.5m 이하
③ 4.5m 이하 ④ 5.5m 이하

해설 **기본규칙 〔별표 3〕**
**소방용수시설의 저수조에 대한 설치기준**
(1) 낙차 : **4.5m** 이하
(2) <u>수</u>심 : **0.<u>5</u>m** 이상
(3) 투입구의 길이 또는 지름 : **60cm** 이상
(4) 소방펌프자동차가 **쉽게 접근**할 수 있도록 할 것
(5) 흡수에 지장이 없도록 **토사** 및 **쓰레기** 등을 제거할 수 있는 설비를 갖출 것
(6) 저수조에 물을 공급하는 방법은 **상수도**에 연결하여 **자동**으로 **급수**되는 구조일 것

③ 낙차 : 4.5m 이하

기억법 **수5(<u>수호</u>천사)**

답 ③

★
## 45
13.03.문56

**소방시설업 등록사항의 변경신고사항이 아닌 것은?**

① 상호 ② 대표자
③ 보유설비 ④ 기술인력

해설 **공사업규칙 6조**
**등록사항 변경신고사항**
(1) 명칭·**상호** 또는 영업소 소재지를 변경하는 경우 : 소방시설업 **등록증** 및 **등록수첩**

(2) **대표자**를 변경하는 경우
㉠ 소방시설업 **등록증** 및 **등록수첩**
㉡ 변경된 대표자의 성명, 주민등록번호 및 주소지 등의 인적사항이 적힌 서류
(3) **기술인력**이 변경된 경우
㉠ 소방시설업 등록수첩
㉡ 기술인력 증빙서류

답 ③

★★★
## 46 다음 중 그 성질이 자연발화성 물질 및 금수성 물질인 제3류 위험물에 속하지 않는 것은?

19.04.문44 17.09.문02 16.05.문52 15.09.문03 15.09.문18 15.05.문10 15.05.문42 15.03.문51 14.09.문18 14.03.문18 11.06.문54

① 황린
② 황화린
③ 칼륨
④ 나트륨

해설 **위험물령 〔별표 1〕**
**위험물**

| 유 별 | 성 질 | 품 명 |
|---|---|---|
| 제1류 | 산화성 고체 | • 아염소산염류<br>• 염소산염류(**염소산나트륨**)<br>• 과염소산염류<br>• 질산염류<br>• 무기과산화물<br>기억법 1산고염나 |
| 제2류 | 가연성 고체 | • **황화**린 • **적**린<br>• **유**황 • **마**그네슘<br>기억법 황화적유마 |
| 제3류 | 자연발화성 물질 및 금수성 물질 | • **황린** • **칼**륨<br>• **나트륨** • **알**칼리토금속<br>• **트**리에틸알루미늄<br>기억법 황칼나알트 |
| 제4류 | 인화성 액체 | • 특수인화물<br>• 석유류(벤젠)<br>• 알코올류<br>• 동식물유류 |
| 제5류 | 자기반응성 물질 | • 유기과산화물<br>• 니트로화합물<br>• 니트로소화합물<br>• 아조화합물<br>• 질산에스테르류(셀룰로이드) |
| 제6류 | 산화성 액체 | • **과염소산**<br>• 과산화수소<br>• 질산 |

답 ②

★
## 47 옥내주유취급소에 있어서 해당 사무소 등의 출입구 및 피난구와 해당 피난구로 통하는 통로·계단 및 출입구에 설치해야 하는 피난구조설비는?

12.03.문50

① 유도등 ② 구조대
③ 피난사다리 ④ 완강기

해설 **위험물규칙 〔별표 17〕**
**피난구조설비**
(1) 옥내주유취급소에 있어서는 해당 사무소 등의 출입구 및 피난구와 해당 피난구로 통하는 통로·계단 및 출입구에 **유도등** 설치
(2) 유도등에는 **비상전원 설치**

답 ①

★
## 48 완공된 소방시설 등의 성능시험을 수행하는 자는?

① 소방시설공사업자
② 소방공사감리업자
③ 소방시설설계업자
④ 소방기구제조업자

해설 **공사업법 16조**
**소방공사감리업(자)의 업무수행**
(1) 소방시설 등의 설치계획표의 적법성 검토
(2) 소방시설 등 설계도서의 적합성 검토
(3) 소방시설 등 설계변경사항의 적합성 검토
(4) 소방용품 등의 위치·규격 및 사용자재에 대한 적합성 검토
(5) 공사업자의 소방시설 등의 시공이 설계도서 및 화재안전기준에 적합한지에 대한 지도·감독
(6) **완공**된 **소방시설** 등의 **성능시험**
(7) 공사업자가 작성한 시공상세도면의 적합성 검토
(8) 피난·방화시설의 적법성 검토
(9) 실내장식물의 불연화 및 방염물품의 적법성 검토

기억법 감성

답 ②

★★★
## 49 소방본부장 또는 소방서장이 소방특별조사를 하고자 하는 때에는 며칠 전에 관계인에게 서면으로 알려야 하는가?

19.04.문48 19.04.문56 18.04.문56 14.03.문58 11.06.문49

① 1일 ② 3일
③ 5일 ④ 7일

해설 **7일**
(1) 위험물이나 물건의 보관기간(기본령 3조)
(2) 건축허가 등의 취소통보(소방시설법 시행규칙 4조)
(3) **소방공사 감리원**의 **배치**통보일(공사업규칙 17조)
(4) 소방공사 감리결과 통보·보고일(공사업규칙 19조)
(5) 소방**특**별조사 조사대상·**기**간·사유 **서**면 통지일(소방시설법 4조 3)
(6) 종합정밀점검·작동기능점검 결과보고서 제출일(소방시설법 시행규칙 19조)

기억법 감배7(감 배치), 특기서7(서치하다.)

답 ④

★★★
**50** 소방시설공사업자가 소방시설공사를 하고자 하는 경우 소방시설공사 착공신고서를 누구에게 제출해야 하는가?

05.09.문49

① 시·도지사
② 소방청장
③ 한국소방시설협회장
④ 소방본부장 또는 소방서장

해설 **공사업법 13·14·15조**
**착공신고·완공검사 등**
(1) 소방시설공사의 착공신고 ┐
(2) 소방시설공사의 완공검사 ┘ **소방본부장·소방서장**
(3) 하자보수기간 : **3일** 이내

답 ④

★★★
**51** 소방의 역사와 안전문화를 발전시키고 국민의 안전의식을 높이기 위하여 ㉠ 소방박물관과 ㉡ 소방체험관을 설립 및 운영할 수 있는 사람은?

① ㉠ : 소방청장
㉡ : 소방청장
② ㉠ : 소방청장
㉡ : 시·도지사
③ ㉠ : 시·도지사
㉡ : 시·도지사
④ ㉠ : 소방본부장
㉡ : 시·도지사

해설 **기본법 5조 ①항**
**설립과 운영**

| 소방박물관 | 소방체험관 |
|---|---|
| 소방청장 | 시·도지사 |

답 ②

★★★
**52** 다음 중 위험물별 성질로서 틀린 것은?

16.05.문46
15.09.문03
15.05.문10
15.03.문51
14.09.문18
11.06.문54

① 제1류 : 산화성 고체
② 제2류 : 가연성 고체
③ 제4류 : 인화성 액체
④ 제6류 : 인화성 고체

해설 **위험물령 [별표 1]**
**위험물**

| 유 별 | 성 질 | 품 명 |
|---|---|---|
| 제1류 | 산화성 고체 | • 아염소산염류<br>• 염소산염류(**염소산나트륨**)<br>• 과염소산염류<br>• 질산염류<br>• 무기과산화물<br>기억법 1산고염나 |
| 제2류 | 가연성 고체 | • **황화**린<br>• **적**린<br>• **유**황<br>• **마**그네슘<br>기억법 황화적유마 |
| 제3류 | 자연발화성 물질 및 금수성 물질 | • **황**린<br>• **칼**륨<br>• **나**트륨<br>• **알**칼리토금속<br>• **트**리에틸알루미늄<br>기억법 황칼나알트 |
| 제4류 | 인화성 액체 | • 특수인화물<br>• 석유류(벤젠)<br>• 알코올류<br>• 동식물유류 |
| 제5류 | 자기반응성 물질 | • 유기과산화물<br>• 니트로화합물<br>• 니트로소화합물<br>• 아조화합물<br>• 질산에스테르류(셀룰로이드) |
| 제6류 | 산화성 액체 | • **과염소산**<br>• 과산화수소<br>• 질산 |

④ 인화성 고체 → 산화성 액체

답 ④

★★★
**53** 화재가 발생할 우려가 높거나 화재가 발생하는 경우 그로 인하여 피해가 클 것으로 예상되는 일정한 구역을 화재경계지구로 지정할 수 있는 권한을 가진 사람은?

19.09.문50
17.09.문49
13.09.문56

① 시·도지사 ② 소방청장
③ 소방서장 ④ 소방본부장

해설 **기본법 13조**
**화재경계지구의 지정**
(1) **지정권자** : **시**·도지사
(2) **지정지역**
㉠ **시장**지역
㉡ **공장·창고** 등이 밀집한 지역
㉢ **목조건물**이 밀집한 지역
㉣ **위험물**의 **저장** 및 **처리시설**이 **밀집**한 지역
㉤ **석유화학제품**을 생산하는 공장이 있는 지역
㉥ **소방시설·소방용수시설** 또는 **소방출동로**가 없는 지역
㉦ 「**산업입지 및 개발에 관한 법률**」에 따른 산업단지

◎ **소방청장**, **소방본부장** 또는 **소방서장**이 화재경계지구로 지정할 필요가 있다고 인정하는 지역

※ **화재경계지구** : 화재가 발생할 우려가 높거나 화재가 발생하면 피해가 클 것으로 예상되는 구역으로서 대통령령이 정하는 지역

기억법 화경시

답 ①

## 54
소방활동에 종사하여 시 · 도지사로부터 소방활동의 비용을 지급받을 수 있는 자는?

① 소방대상물에 화재, 재난 · 재해, 그 밖의 위급한 상황이 발생한 경우 그 관계인
② 소방대상물에 화재, 재난 · 재해, 그 밖의 위급한 상황이 발생한 경우 구급활동을 한 자
③ 화재 또는 구조 · 구급현장에서 물건을 가져간 자
④ 고의 또는 과실로 인하여 화재 또는 구조 · 구급활동이 필요한 상황을 발생시킨 자

해설 **기본법 24조 ③항**
**소방활동의 비용을 지급받을 수 없는 경우**
(1) 소방대상물에 화재, 재난 · 재해, 그 밖의 위급한 상황이 발생한 경우 그 **관계인**
(2) 고의 또는 과실로 인하여 **화재** 또는 **구조 · 구급활동**이 필요한 **상황**을 **발생시킨 자**
(3) 화재 또는 구조 · 구급 현장에서 **물건**을 **가져간 자**

답 ②

## 55
17.09.문57
12.05.문45

화재예방, 소방시설 설치 · 유지 및 안전관리에 관한 법률상 소방시설 등에 대한 자체점검 중 종합정밀점검 대상기준으로 옳지 않은 것은?

① 제연설비가 설치된 터널
② 노래연습장으로서 연면적이 $2000m^2$ 이상인 것
③ 물분무등소화설비가 설치된 아파트로서 연면적 $3000m^2$이고, 11층 이상인 것
④ 소방대가 근무하지 않는 국공립학교 중 연면적이 $1000m^2$ 이상인 것으로서 자동화재탐지설비가 설치된 것

해설 **소방시설법 시행규칙 〔별표 1〕**
**소방시설 등의 자체점검**

| 구 분 | 작동기능점검 | 종합정밀점검 |
|---|---|---|
| 정의 | 소방시설 등을 인위적으로 조작하여 정상작동 여부를 점검하는 것 | 소방시설 등의 작동기능점검을 포함하여 설비별 주요구성부품의 구조기준이 화재안전기준에 적합한지 여부를 점검하는 것 |
| 대상 | • 특정소방대상물<br>〈제외대상〉<br>① **위험물제조소** 등<br>② **소화기구**만을 설치하는 특정소방대상물<br>③ **특급** 소방안전관리대상물 | • 스프링클러설비가 설치된 특정소방대상물<br>• 물분무등소화설비(호스릴방식의 물분무등소화설비만을 설치한 경우 제외)가 설치된 연면적 **$5000m^2$** 이상인 특정소방대상물(위험물제조소 등 제외)<br>• 제연설비가 설치된 터널<br>• 공공기관(국공립학교 등) 중 연면적이 **$1000m^2$** 이상인 것으로 **옥내소화전설비** 또는 **자동화재탐지설비**가 설치된 것(단, 소방대가 근무하는 공공기관 제외)<br>• 다중이용업의 영업장이 설치된 특정소방대상물로서 연면적이 **$2000m^2$** 이상인 것 |
| 점검자 자격 | • 관계인<br>• 소방안전관리자<br>• 소방시설관리업자 | • 소방안전관리자(소방**시**설관리사 · 소방**기**술사)<br>• 소방시설관리**업**자(소방시설관리사 · 소방기술사)<br>기억법 시기업 |
| 점검 횟수 | **연 1회** 이상 | **연 1회**(특급 소방안전관리대상물은 **반기별**로 **1회**) 이상 |

소방본부장 또는 소방서장은 소방청장이 소방안전관리가 우수하다고 인정한 특정소방대상물에 대해서는 3년의 범위에서 소방청장이 고시하거나 정한 기간 동안 종합정밀점검을 면제할 수 있다(단, 면제기간 중 화재가 발생한 경우는 제외).

③ $3000m^2$ → $5000m^2$ 이상, 층수는 무관

답 ③

## 56
12.03.문57

보일러 등의 위치 · 구조 및 관리와 화재예방을 위하여 불의 사용에 있어서 지켜야 하는 사항 중 보일러에 경유 · 등유 등 액체연료를 사용하는 경우에 연료탱크는 보일러 본체로부터 수평거리 최소 몇 m 이상의 간격을 두어 설치해야 하는가?

① 0.5 ② 0.6
③ 1 ④ 2

해설 **기본령 〔별표 1〕**
**경유 · 등유 등 액체연료를 사용하는 경우**
(1) 연료탱크는 보일러 본체로부터 수평거리 **1m** 이상의 간격을 두어 설치할 것
(2) 연료탱크에는 화재 등 긴급상황이 발생할 때 연료를 차단할 수 있는 개폐밸브를 연료탱크로부터 **0.5m** 이내에 설치할 것

비교

**기본령 〔별표 1〕**
**벽 · 천장 사이의 거리**

| 종 류 | 벽 · 천장 사이의 거리 |
|---|---|
| 건조설비 | **0.5m** 이상 |
| 보일러 | **0.6m** 이상 |
| 보일러(경유 · 등유) | 수평거리 **1m** 이상 |

답 ③

★★★
**57** 위력을 사용하여 출동한 소방대의 화재진압·인명구조 또는 구급활동을 방해하는 행위를 한 자에 대한 벌칙기준은?

16.10.문42
15.09.문43
15.05.문58
11.10.문51
10.09.문54

① 200만원 이하의 벌금
② 300만원 이하의 벌금
③ 3년 이하의 징역 또는 1500만원 이하의 벌금
④ 5년 이하의 징역 또는 5000만원 이하의 벌금

해설 **기본법 50조**
**5년 이하의 징역 또는 5000만원 이하의 벌금**
(1) 소방자동차의 **출동 방해**
(2) **사람구출** 방해
(3) **소방용수시설** 또는 **비상소화장치**의 효용 방해
(4) **위력**을 사용하여 출동한 소방대의 화재진압·인명구조 또는 구급활동을 방해

답 ④

★★★
**58** 형식승인을 얻어야 할 소방용품이 아닌 것은?

15.09.문41
10.05.문56

① 감지기
② 휴대용 비상조명등
③ 소화기
④ 방염액

해설 **소방시설법 시행령 6조**
**소방용품 제외 대상**
(1) 주거용 주방자동소화장치용 소화약제
(2) 가스자동소화장치용 소화약제
(3) 분말자동소화장치용 소화약제
(4) 고체에어로졸자동소화장치용 소화약제
(5) 소화약제 외의 것을 이용한 간이소화용구
(6) 휴대용 비상조명등
(7) 유도표지
(8) 벨용 푸시버튼스위치
(9) 피난밧줄
(10) 옥내소화전함
(11) 방수구
(12) 안전매트
(13) 방수복

답 ②

★★★
**59** 특정소방대상물의 근린생활시설에 해당되는 것은?

14.03.문45

① 전시장
② 기숙사
③ 유치원
④ 의원

해설 **소방시설법 시행령 [별표 2]**

| 구 분 | 설 명 |
|---|---|
| 전시장 | 문화 및 집회시설 |
| 기숙사 | 공동주택 |
| 유치원 | 노유자시설 |
| 의원 | 근린생활시설 |

중요

**근린생활시설**

| 면 적 | 적용장소 |
|---|---|
| $150m^2$ 미만 | • 단란주점<br>• 기원 |
| $300m^2$ 미만 | • 종교시설<br>• 공연장<br>• 비디오물 감상실업<br>• 비디오물 소극장업 |
| $500m^2$ 미만 | • 탁구장 • 서점<br>• 테니스장 • 볼링장<br>• 체육도장 • 금융업소<br>• 사무소 • 부동산 중개사무소<br>• 학원 • 골프연습장<br>• 당구장 |
| $1000m^2$ 미만 | • 자동차영업소 • 슈퍼마켓<br>• 일용품 • 의료기기 판매소<br>• 의약품 판매소 |
| 전부 | • 이용원·미용원·목욕장 및 세탁소<br>• 휴게음식점·일반음식점<br>• 독서실<br>• 안마원(안마시술소 포함)<br>• 조산원(산후조리원 포함)<br>• 의원, 치과의원, 한의원, 침술원, 접골원 |

답 ④

★★★
**60** 신축·증축·개축·재축·대수선 또는 용도변경으로 해당 특정소방대상물의 소방안전관리자를 신규로 선임하는 경우 해당 특정소방대상물의 관계인은 특정소방대상물의 완공일로부터 며칠 이내에 소방안전관리자를 선임하여야 하는가?

09.08.문49

① 7일 ② 14일
③ 30일 ④ 60일

해설 **30일**
(1) 과태료부과 이의 제기기간(기본법 56조)
(2) 소방시설업 등록사항 변경신고(공사업규칙 6조)
(3) 위험물안전관리자의 **신규선임·재선임**(위험물안전관리법 15조)
(4) 소방안전관리자의 **신규선임·재선임**(소방시설법 시행규칙 14조)

기억법 3재

답 ③

## 제 4 과목 소방전기시설의 구조 및 원리

★★★
**61** 무선통신보조설비의 화재안전기준에서 사용하는 용어의 정의로 옳은 것은?

19.04.문72 16.03.문65 15.09.문62 11.03.문80

① 혼합기는 신호의 전송로가 분기되는 장소에 설치하는 장치를 말한다.
② 분배기는 서로 다른 주파수의 합성된 신호를 분리하기 위해서 사용하는 장치를 말한다.
③ 증폭기는 두 개 이상의 입력신호를 원하는 비율로 조합한 출력이 발생되도록 하는 장치를 말한다.
④ 누설동축케이블은 동축케이블의 외부도체에 가느다란 홈을 만들어서 전파가 외부로 새어나갈 수 있도록 한 케이블을 말한다.

해설 **무선통신보조설비**

| 용 어 | 설 명 |
|---|---|
| 누설동축케이블 | 동축케이블의 외부도체에 가느다란 홈을 만들어서 **전파**가 **외부**로 **새어나갈 수 있도록** 한 케이블 |
| 분배기 | 신호의 전송로가 분기되는 장소에 설치하는 것으로 **임피던스 매칭**(matching)과 **신호 균등분배**를 위해 사용하는 장치<br>기억법 배임(배임죄) |
| 분파기 | 서로 다른 **주**파수의 합성된 **신호**를 **분리**하기 위해서 사용하는 장치<br>기억법 파주 |
| 혼합기 | **두 개 이상**의 **입력신호**를 원하는 비율로 **조합**한 **출력**이 발생하도록 하는 장치 |
| 증폭기 | 신호전송시 신호가 약해져 수신이 불가능해지는 것을 방지하기 위해서 **증폭**하는 장치 |
| 무선중계기 | 안테나를 통하여 수신된 무전기 신호를 증폭한 후 음영지역에 재방사하여 무전기 상호간 송수신이 가능하도록 하는 장치 |
| 옥외안테나 | 감시제어반 등에 설치된 무선중계기의 입력과 출력포트에 연결되어 송수신 신호를 원활하게 방사·수신하기 위해 옥외에 설치하는 장치 |

답 ④

★
**62** 자동화재속보설비 속보기의 예비전원을 병렬로 접속하는 경우 필요한 조치는?

17.05.문66

① 역충전 방지 조치
② 자동직류 전환 조치
③ 계속충전 유지 조치
④ 접지 조치

해설 **속보기 성능인증 5조**
(1) 예비전원을 병렬로 접속하는 경우에는 **역충전 방지** 등의 조치를 할 것
(2) 예비전원은 **감시상태**를 **60분**간 지속한 후 **10분** 이상 **동작**이 지속될 수 있는 용량일 것

답 ①

★
**63** 비상벨설비 또는 자동식 사이렌설비에 사용하는 벨 등의 음향장치의 설치기준이 틀린 것은?

19.09.문64 19.03.문77 18.09.문68 18.04.문74 15.03.문67 14.09.문65 11.03.문72 10.09.문70 09.05.문75

① 음향장치용 전원은 교류전압의 옥내간선으로 하고 배선은 다른 설비와 겸용으로 할 것
② 음향장치는 정격전압의 80% 전압에서 음향을 발할 수 있도록 할 것
③ 음향장치의 음량은 부착된 음향장치의 중심으로부터 1m 떨어진 위치에서 90dB 이상일 것
④ 지구음향장치는 특정소방대상물의 층마다 설치하되, 해당 특정소방대상물의 각 부분으로부터 하나의 음향장치까지의 수평거리가 25m 이하가 되도록 할 것

해설 **음향장치**의 **설치기준**

| 구 분 | 설 명 |
|---|---|
| 전 원 | 교류전압 옥내간선, **전용** |
| 정격전압 | **80%** 전압에서 음향 발할 것 |
| 음 량 | **1m** 위치에서 **90dB** 이상 |
| 지구음향장치 | **층**마다 설치, 수평거리 **25m** 이하 |

① 겸용 → 전용

답 ①

★★★
**64** 비상콘센트설비의 화재안전기준에서 정하고 있는 저압의 정의는?

19.09.문68 19.03.문62 17.05.문65 14.05.문23 13.09.문80 12.09.문77 05.03.문76

① 직류는 750V 이하, 교류는 600V 이하인 것
② 직류는 750V 이하, 교류는 380V 이하인 것
③ 직류는 750V를, 교류는 600V를 넘고 7000V 이하인 것
④ 직류는 750V를, 교류는 380V를 넘고 7000V 이하인 것

해설 **전압**(NFSC 504③)

| 구 분 | 설 명 |
|---|---|
| **저압** | **직류 750V** 이하, **교류 600V** 이하 |
| **고압** | 저압의 범위를 초과하고 **7000V** 이하 |
| **특고압** | **7000V**를 초과하는 것 |

비교

**전압**(KEC 111.1)

| 구 분 | 설 명 |
|---|---|
| **저압** | **직류 1500V** 이하, **교류 1000V** 이하 |
| **고압** | 저압의 범위를 초과하고 **7000V** 이하 |
| **특고압** | **7000V**를 초과하는 것 |

답 ①

★★★
## 65
07.09.문70

**부착높이가 6m이고 주요구조부를 내화구조로 한 특정소방대상물 또는 그 부분에 정온식 스포트형 감지기 특종을 설치하고자 하는 경우 바닥면적 몇 $m^2$마다 1개 이상 설치해야 하는가?**

① 15 ② 25
③ 35 ④ 45

해설 **바닥면적**

(단위 : $m^2$)

| 부착높이 및 특정소방대상물의 구분 | | 감지기의 종류 | | | | |
|---|---|---|---|---|---|---|
| | | 차동식·보상식 스포트형 | | 정온식 스포트형 | | |
| | | 1종 | 2종 | 특종 | 1종 | 2종 |
| 4m 미만 | 내화구조 | 90 | 70 | 70 | 60 | 20 |
| | 기타구조 | 50 | 40 | 40 | 30 | 15 |
| 4m 이상 8m 미만 | 내화구조 | 45 | 35 | 35 | 30 | – |
| | 기타구조 | 30 | 25 | 25 | 15 | – |

답 ③

★★★
## 66
16.03.문76
14.09.문61
12.09.문63

**누전경보기의 수신부의 설치장소로서 옳은 것은?**

① 습도가 높은 장소
② 온도의 변화가 급격한 장소
③ 고주파 발생회로 등에 따른 영향을 받을 우려가 있는 장소
④ 부식성의 증기·가스 등이 체류하지 않는 장소

해설 **누전경보기의 수신기 설치 제외 장소**
(1) **온**도변화가 급격한 장소
(2) **습**도가 높은 장소
(3) **가**연성의 증기, 가스 등 또는 부식성의 증기, 가스 등의 다량 체류장소
(4) **대전류회로**, **고주파 발생회로** 등의 영향을 받을 우려가 있는 장소
(5) **화**약류 제조, 저장, 취급 장소

기억법 **온습누가대화**(**온**도·**습**도가 높으면 **누가 대화**하나?)

비교

**누전경보기 수신부**의 **설치장소**
**옥내**의 점검이 편리한 **건조**한 장소

답 ④

★★★
## 67
19.09.문76
19.04.문68
18.07.문77
18.03.문73
16.10.문69
16.10.문73
16.03.문68
15.05.문73
15.05.문76
15.03.문62
14.05.문63
14.05.문75
14.03.문61
13.09.문70
13.06.문62
13.06.문80

**비상방송설비는 기동장치에 의한 화재신고를 수신한 후 필요한 음량으로 화재 발생 상황 및 피난에 유효한 방송이 자동으로 개시될 때까지의 소요시간은 몇 초 이하가 되도록 하여야 하는가?**

① 5
② 10
③ 20
④ 30

해설 **비상방송설비**의 **설치기준**
(1) 확성기의 음성입력은 실외 **3W**(**실내 1W**) 이상일 것
(2) 확성기는 **각 층**마다 설치하되, 각 부분으로부터의 수평거리는 **25m** 이하일 것
(3) 음량조정기는 **3선식** 배선일 것
(4) 조작스위치는 바닥으로부터 **0.8~1.5m** 이하의 높이에 설치할 것
(5) 다른 전기회로에 의하여 **유도장애**가 생기지 아니하도록 할 것
(6) 비상방송 개시시간은 **10초** 이하일 것
(7) 다른 방송설비와 공용할 경우 화재시 비상경보 외의 방송을 차단할 수 있을 것

중요

**소요시간**

| 기 기 | 시 간 |
|---|---|
| P형·P형 복합식·R형·R형 복합식·GP형·GP형 복합식·GR형·GR형 복합식 | 5초 이내<br>(축적형 60초 이내) |
| **중**계기 | **5**초 이내 |
| 비상방송설비 | 10초 이하 |
| **가**스누설경보기 | **6**0초 이내 |

기억법 **시중5**(**시중**을 드시**오**!)
**6가**(**육**체미**가** 아름답다.)

답 ②

★★★
**68** 자동화재탐지설비 감지기의 구조 및 기능에 대한 설명으로 틀린 것은?

15.03.문76
10.05.문70
09.08.문76

① 차동식 분포형 감지기는 그 기판면을 부착한 정위치로부터 45°를 경사시킨 경우 그 기능에 이상이 생기지 않아야 한다.
② 연기를 감지하는 감지기는 감시챔버로 1.3±0.05mm 크기의 물체가 침입할 수 없는 구조이어야 한다.
③ 방사성 물질을 사용하는 감지기는 그 방사성 물질을 밀봉선원으로 하여 외부에서 직접 접촉할 수 없도록 하여야 한다.
④ 차동식 분포형 감지기로서 공기관식 공기관의 두께는 0.3mm 이상, 바깥지름은 1.9mm 이상이어야 한다.

해설 **경사제한각도**

| 공기관식 차동식 분포형 감지기 | 스포트형 감지기 |
|---|---|
| 5° 이상 | 45° 이상 |

기억법 5공(손오공)

중요

**공기관식 감지기의 설치기준**
(1) 노출부분은 감지구역마다 **20m** 이상이 되도록 할 것
(2) 각 변과의 **수평거리**는 **1.5m 이하**가 되도록 하고, 공기관 상호간의 거리는 **6m**(**내화구조**는 **9m**) 이하가 되도록 할 것
(3) 공기관은 도중에서 **분기**하지 아니하도록 할 것
(4) 하나의 검출부분에 접속하는 공기관의 길이는 **100m** 이하로 할 것
(5) 검출부는 **5°** 이상 경사되지 아니하도록 부착할 것
(6) 검출부는 바닥으로부터 **0.8~1.5m** 이하의 위치에 설치할 것

답 ①

★★★
**69** 자동화재탐지설비의 연기복합형 감지기를 설치할 수 없는 부착높이는?

19.04.문79
15.09.문69
14.05.문66
14.03.문78
12.09.문61

① 4m 이상 8m 미만
② 8m 이상 15m 미만
③ 15m 이상 20m 미만
④ 20m 이상

해설 **감지기**의 **부착높이**(NFSC 203⑦)

| 부착높이 | 감지기의 종류 |
|---|---|
| 4~8m 미만 | • 차동식(스포트형, 분포형)<br>• 보상식 스포트형<br>• 정온식(스포트형, 감지선형) 특종 또는 1종<br>• 이온화식 1종 또는 2종<br>• 광전식(스포트형, 분리형, 공기흡입형) 1종 또는 2종<br>• 열복합형<br>• 연기복합형<br>• 열연기복합형<br>• 불꽃감지기 |
| 8~15m 미만 | • **차동식 분포형**<br>• 이온화식 1종 또는 2종<br>• 광전식(스포트형, 분리형, 공기흡입형) 1종 또는 2종<br>• 연기복합형<br>• 불꽃감지기 |
| 15~20m 미만 | • 이온화식 1종<br>• 광전식(스포트형, 분리형, 공기흡입형) 1종<br>• 연기복합형<br>• 불꽃감지기 |
| 20m 이상 | • 불꽃감지기<br>• 광전식(분리형, 공기흡입형) 중 아날로그방식 |

답 ④

★★★
**70** 3종 연기감지기의 설치기준 중 다음 (   ) 안에 알맞은 것으로 연결된 것은?

15.09.문74
14.05.문70
11.03.문76

> 3종 연기감지기는 복도 및 통로에 있어서 보행거리 ( ㉠ )m마다, 계단 및 경사로에 있어서는 수직거리 ( ㉡ )m마다 1개 이상으로 설치해야 한다.

① ㉠ 15, ㉡ 10　② ㉠ 20, ㉡ 10
③ ㉠ 30, ㉡ 15　④ ㉠ 30, ㉡ 20

해설 **수평 · 보행 · 수직거리**

(1) **수평거리**

| 구 분 | 적용대상 |
|---|---|
| 수평거리 25m 이하 | • 발신기<br>• 음향장치(확성기)<br>• 비상콘센트(지하상가 · 바닥면적 3000m² 이상) |
| 수평거리 50m 이하 | • 비상콘센트(기타) |

(2) **보행거리**

| 구 분 | 적용대상 |
|---|---|
| 보행거리 15m 이하 | • **유도표지** |
| 보행거리 20m 이하 | • 복도통로유도등<br>• 거실통로유도등<br>• 3종 연기감지기 |
| 보행거리 30m 이하 | • 1 · 2종 연기감지기 |
| 보행거리 40m 이상 | • 복도 또는 별도로 구획된 실 |

(3) **수직거리**

| 구 분 | 적용대상 |
|---|---|
| **10m** 이하 ← | • 3종 연기감지기 |
| **15m** 이하 | • 1·2종 연기감지기 |

답 ②

★
**71** 비상방송설비의 배선에 대한 설치기준으로 옳지 않은 것은?

19.04.문62 18.09.문72 12.05.문80

① 배선은 다른 전선과 동일한 관, 덕트, 몰드 또는 풀박스 등에 설치할 것
② 전원회로의 배선은 화재안전기준에 따른 내화배선을 설치할 것
③ 화재로 인하여 하나의 층의 확성기 또는 배선이 단락 또는 단선되어도 다른 층의 화재통보에 지장이 없도록 할 것
④ 부속회로의 전로와 대지 사이 및 배선 상호 간의 절연저항은 1경계구역마다 직류 250V의 절연저항측정기를 사용하여 측정한 절연저항이 0.1MΩ 이상이 되도록 할 것

해설 **NFSC 202 5조**
비상방송설비의 배선은 다른 전선과 **별도의 관**, 덕트, **몰드** 또는 **풀박스** 등에 설치할 것(단, **60V** 미만의 약전류회로에 사용하는 전선으로서 각각의 전압이 같을 때는 제외)

① 동일한 관 → 별도의 관

답 ①

★★
**72** 무선통신보조설비의 설치기준으로 틀린 것은?

① 누설동축케이블 또는 동축케이블의 임피던스는 50Ω으로 한다.
② 누설동축케이블 및 안테나는 고압의 전로로부터 0.5m 이상 떨어진 위치에 설치한다.
③ 옥외안테나는 다른 용도로 사용되는 안테나로 인한 통신장애가 발생하지 않도록 설치한다.
④ 누설동축케이블의 끝부분에는 무반사 종단저항을 견고하게 설치한다.

해설 **무선통신보조설비**의 **설치기준**(NFSC 505)
(1) 소방전용 주파수대에서 전파의 **전송** 또는 **복사**에 적합한 것으로서 소방 전용의 것일 것
(2) 누설동축케이블과 이에 접속하는 안테나 또는 동축케이블과 이에 접속하는 안테나일 것
(3) 누설동축케이블 및 동축케이블은 화재에 따라 해당 케이블의 피복이 소실된 경우에 케이블 본체가 떨어지지 아니하도록 4m 이내마다 금속제 또는 자기제 등의 지지금구로 벽·천장·기둥 등에 견고하게 고정시킬 것(단, 불연재료로 구획된 반자 안에 설치하는 경우 제외)
(4) **누**설동축케이블 및 안테나는 **고**압전로로부터 **1.5m** 이상 떨어진 위치에 설치할 것(해당 전로에 **정전기 차폐장치**를 유효하게 설치한 경우에는 제외)

기억법 **누고15**

(5) 누설동축케이블의 끝부분에는 **무반사 종단저항**을 설치할 것
(6) 임피던스 : **50**Ω
(7) 옥외안테나는 다른 용도로 사용되는 안테나로 인한 통신장애가 발생하지 않도록 설치한다.

② 0.5m 이상 → 1.5m 이상

※ **무반사 종단저항** : 전송로로 전송되는 전자파가 전송로의 종단에서 반사되어 교신을 방해하는 것을 막기 위한 저항

답 ②

★★★
**73** 누전경보기의 수신부의 절연된 충전부와 외함 간의 절연저항은 DC 500V의 절연저항계로 측정하는 경우 몇 MΩ 이상이어야 하는가?

16.03.문69 14.05.문77 11.03.문62

① 0.5 ② 5
③ 10 ④ 20

해설 **절연저항시험**

| 절연저항계 | 절연저항 | 대 상 |
|---|---|---|
| 직류 250V | 0.1MΩ 이상 | • 1경계구역의 절연저항 |
| 직류 500V | **5**MΩ 이상 | • **누전경보기**<br>• 가스누설경보기<br>• 수신기<br>• 자동화재속보설비<br>• 비상경보설비<br>• 유도등(교류입력측과 외함 간 포함)<br>• 비상조명등(교류입력측과 외함 간 포함) |
| | 20MΩ 이상 | • 경종<br>• 발신기<br>• 중계기<br>• 비상콘센트<br>• 기기의 절연된 선로 간<br>• 기기의 충전부와 비충전부 간<br>• 기기의 교류입력측과 외함 간(유도등·비상조명등 제외) |
| | 50MΩ 이상 | • 감지기(정온식 감지선형 감지기 제외)<br>• 가스누설경보기(10회로 이상)<br>• 수신기(10회로 이상) |
| | 1000MΩ 이상 | • 정온식 감지선형 감지기 |

기억법 5누(오누이)

답 ②

★★★

## 74 지상 4층인 교육연구시설에 적응성이 없는 피난 기구는?

17.05.문77
16.10.문68
06.03.문65
05.03.문73

① 완강기　　② 구조대
③ 피난교　　④ 미끄럼대

해설 **피난기구**의 **적응성**(NFSC 301 [별표 1])

| 층별 / 설치 장소별 구분 | 지하층 | 1층 | 2층 | 3층 | 4층 이상 10층 이하 |
|---|---|---|---|---|---|
| 노유자시설 | • 피난용 트랩 | • 미끄럼대<br>• 구조대<br>• 피난교<br>• 다수인 피난장비<br>• 승강식 피난기 | • 미끄럼대<br>• 구조대<br>• 피난교<br>• 다수인 피난장비<br>• 승강식 피난기 | • 미끄럼대<br>• 구조대<br>• 피난교<br>• 다수인 피난장비<br>• 승강식 피난기 | • 피난교<br>• 다수인 피난장비<br>• 승강식 피난기 |
| 의료시설·입원실이 있는 의원·접골원·조산원 | • 피난용 트랩 | | | • 미끄럼대<br>• 구조대<br>• 피난교<br>• 피난용 트랩<br>• 다수인 피난장비<br>• 승강식 피난기 | • 구조대<br>• 피난교<br>• 피난용 트랩<br>• 다수인 피난장비<br>• 승강식 피난기 |
| 영업장의 위치가 **4층** 이하인 다중 이용업소 | | | • 미끄럼대<br>• 피난사다리<br>• 구조대<br>• 완강기<br>• 다수인 피난장비<br>• 승강식 피난기 | • 미끄럼대<br>• 피난사다리<br>• 구조대<br>• 완강기<br>• 다수인 피난장비<br>• 승강식 피난기 | • 미끄럼대<br>• 피난사다리<br>• 구조대<br>• 완강기<br>• 다수인 피난장비<br>• 승강식 피난기 |
| 그 밖의 것 | • 피난사다리<br>• 피난용 트랩 | | | • 미끄럼대<br>• 피난사다리<br>• 구조대<br>• 완강기<br>• 피난교<br>• 피난용 트랩<br>• 간이완강기<br>• 공기안전매트<br>• 다수인 피난장비<br>• 승강식 피난기 | • 피난사다리<br>• 구조대<br>• 완강기<br>• 피난교<br>• 간이완강기<br>• 공기안전매트<br>• 다수인 피난장비<br>• 승강식 피난기 |

㈜ **간이완강기**의 적응성은 **숙박시설**의 **3층 이상**에 있는 **객실**에, **공기안전매트**의 적응성은 **공동주택**에 한한다.

답 ④

★★★

## 75 대형 피난구유도등의 설치장소가 아닌 것은?

19.09.문70
15.03.문77
14.03.문68
12.05.문62
11.03.문64

① 위락시설
② 판매시설
③ 지하역사
④ 아파트

해설 **유도등** 및 **유도표지**의 **종류**(NFSC 303④)

| 설치장소 | 유도등 및 유도표지의 종류 |
|---|---|
| • **공**연장·**집**회장·**관**람장·**운**동시설<br>• 유흥주점 영업시설(카바레, 나이트클럽) | • **대**형 피난구유도등<br>• **통**로유도등<br>• **객**석유도등 |
| • 위락시설·판매시설<br>• 관광숙박업·의료시설·방송통신시설<br>• 전시장·지하상가·지하역사<br>• 운수시설·장례시설 | • 대형 피난구유도등<br>• 통로유도등 |
| • 숙박시설·오피스텔<br>• 지하층·무창층 및 11층 이상의 부분 | • 중형 피난구유도등<br>• 통로유도등 |

기억법 공집관운 대통객

답 ④

★★★

## 76 비상콘센트설비의 전원회로에서 하나의 전용 회로에 설치하는 비상콘센트는 최대 몇 개 이하로 하여야 하는가?

19.04.문63
18.04.문61
17.03.문72
16.10.문61
15.09.문80
14.03.문64
11.10.문67

① 2　　② 3
③ 10　　④ 20

해설 **비상콘센트설비**

(1) 하나의 전용 회로에 설치하는 비상콘센트는 **10개** 이하로 할 것(전선의 용량은 최대 **3개**)

| 설치하는 비상콘센트 수량 | 전선의 용량산정시 적용하는 비상콘센트 수량 | 단상전선의 용량 |
|---|---|---|
| 1개 | 1개 이상 | 1.5kVA 이상 |
| 2개 | 2개 이상 | 3.0kVA 이상 |
| 3~10개 | 3개 이상 | 4.5kVA 이상 |

(2) 전원회로는 각 층에 있어서 **2 이상**이 되도록 설치할 것(단, 설치하여야 할 층의 콘센트가 **1개**인 때에는 하나의 회로로 할 수 있다.)
(3) 플러그접속기의 칼받이 접지극에는 **제3종 접지공사**($E_3$)를 하여야 한다.
(4) 풀박스는 **1.6mm** 이상의 철판을 사용할 것
(5) 절연저항은 **전원부**와 **외함** 사이를 **직류 500V 절연저항계**로 측정하여 **20MΩ** 이상일 것
(6) 전원으로부터 각 층의 비상콘센트에 분기되는 경우에는 **분기배선용 차단기**를 보호함 안에 설치할 것
(7) 바닥으로부터 **0.8~1.5m** 이하의 높이에 설치할 것
(8) 전원회로는 주배전반에서 **전용 회로**로 하며, 배선의 종류는 **내화배선**이어야 한다.

답 ③

★★

## 77 비상조명등의 설치 제외 장소가 아닌 것은?

13.03.문73

① 의원의 거실　　② 경기장의 거실
③ 의료시설의 거실　　④ 종교시설의 거실

해설 **비상조명등**의 **설치 제외 장소**

(1) 거실 각 부분에서 출입구까지의 **보행거리 15m** 이내
(2) **공**동주택·**경**기장·**의**원·**의**료시설·**학**교·거실

기억법 조공 경의학

비교

(1) **휴대용 비상조명등**의 **설치 제외 장소**
㉠ 복도·통로·창문 등을 통해 **피**난이 용이한 경우(**지상 1층·피난층**)
㉡ **숙박시설**로서 복도에 비상조명등을 설치할 경우

기억법 **휴피(휴**지로 **피**닦아.)

(2) **통로유도등**의 **설치 제외 장소**
㉠ 길이 **30m** 미만의 복도·통로(구부러지지 않은 복도·통로)
㉡ 보행거리 **20m** 미만의 복도·통로(출입구에 **피난구유도등**이 설치된 복도·통로)

(3) **객석유도등**의 **설치 제외 장소**
㉠ **채광**이 충분한 객석(**주간**에만 사용)
㉡ **통**로유도등이 설치된 객석(거실 각 부분에서 거실 출입구까지의 **보행거리 20m** 이하)

기억법 **채객보통(채**소는 **객**관적으로 **보통**이다.)

답 ④

★★
**78** 1개층에 계단참이 4개 있을 경우 계단통로유도등은 최소 몇 개 이상 설치해야 하는가?
15.05.문80
08.05.문68

① 1
② 2
③ 3
④ 4

해설 **계단통로유도등**의 **설치기준**

(1) 각 층의 **경사로참** 또는 **계단참**마다(1개층에 경사로참 또는 계단참이 2 이상 있는 경우에는 2개의 계단참마다) 설치할 것
1개층에 참이 2 이상인 경우

$$\text{계단통로유도등 설치개수} = \frac{\text{경사로참(계단참) 개수}}{2} \text{(절상)}$$

$$= \frac{4\text{개}}{2} = 2\text{개}$$

(2) 바닥으로부터 높이 **1m 이하**의 위치에 설치할 것

용어

**계단통로유도등**
피난통로가 되는 계단이나 경사로에 설치하는 통로유도등으로 바닥면 및 디딤 바닥면을 비추는 것

답 ②

★★★
**79** 바닥면적이 450m²일 경우 단독경보형 감지기의 최소 설치개수는?
08.03.문74

① 1개
② 2개
③ 3개
④ 4개

해설 단독경보형 감지기는 바닥면적 **150m²**마다 1개 이상 설치하므로

$$\text{단독경보형 감지기 수} = \frac{\text{바닥면적}}{150\text{m}^2}$$

$$= \frac{450\text{m}^2}{150\text{m}^2} = 3\text{개}$$

중요

**단독경보형 감지기**의 **설치기준**
(1) **각 실**마다 설치할 것
(2) 최상층 계단실의 **천장**에 설치할 것
(3) 바닥면적이 **150m²**를 초과하는 경우에는 150m²마다 1개 이상 설치할 것
(4) 건전지를 주전원으로 사용하는 경우에는 정상적인 작동상태를 유지할 수 있도록 **건전지**를 교환할 것

답 ③

★★★
**80** 누전경보기의 정격전압이 몇 V를 넘는 기구의 금속제 외함에는 접지단자를 설치해야 하는가?
12.03.문76

① 30V ② 60V
③ 70V ④ 100V

해설 **대상**에 따른 **전압**

| 전 압 | 대 상 |
|---|---|
| **0.5**V 이하 | • 누전경보기의 **경**계전로 **전**압강하 |
| 0.6V 이하 | • 완전방전 |
| **60V** 초과 | • 접지단자 설치 |
| **300V** 이하 | • 전원**변**압기의 1차전압<br>• 유도등·비상조명등의 사용전압 |
| **600V** 이하 | • **누**전경보기의 경계전로전압 |

기억법 05경전(**공오경전**), 변3(**변상**해), 누6(**누룩**)

② 정격전압이 **60V**를 넘는 기구의 금속제 외함에는 **접지단자**를 설치하여야 한다.

답 ②

# 2016. 10. 1 시행

**▌2016년 기사 제4회 필기시험▌**

| 자격종목 | 종목코드 | 시험시간 | 형별 | 수험번호 | 성명 |
|---|---|---|---|---|---|
| 소방설비기사(전기분야) | | 2시간 | | | |

※ 답안카드 작성시 시험문제지 형별누락, 마킹착오로 인한 불이익은 전적으로 수험자의 귀책사유임을 알려드립니다.
※ 각 문항은 4지택일형으로 질문에 가장 적합한 보기 항을 선택하여 마킹하여야 합니다.

## 제 1 과목 소방원론

★

**01** 물의 물리·화학적 성질로 틀린 것은?

① 증발잠열은 539.6cal/g으로 다른 물질에 비해 매우 큰 편이다.
② 대기압하에서 100℃의 물이 액체에서 수증기로 바뀌면 체적은 약 1603배 정도 증가한다.
③ 수소 1분자와 산소 1/2분자로 이루어져 있으며 이들 사이의 화학결합은 극성 공유결합이다.
④ 분자 간의 결합은 쌍극자-쌍극자 상호작용의 일종인 산소결합에 의해 이루어진다.

해설 **물 분자의 결합**
(1) 물 분자 간 결합은 분자 간 인력인 **수소결합**이다.
(2) 물 분자 내의 결합은 수소원자와 산소원자 사이의 결합인 **공유결합**이다.
(3) **공유결합**은 수소결합보다 **강한 결합**이다.

④ 산소결합 → 수소결합

답 ④

★★★

**02** 니트로셀룰로오스에 대한 설명으로 틀린 것은?

13.09.문08

① 질화도가 낮을수록 위험성이 크다.
② 물을 첨가하여 습윤시켜 운반한다.
③ 화약의 원료로 쓰인다.
④ 고체이다.

유사문제부터
풀어보세요.
실력이 팍!팍!
올라갑니다.

해설 **니트로셀룰로오스**
질화도가 클수록 위험성이 크다.

※ **질화도** : 니트로셀룰로오스의 질소함유율

답 ①

★★★

**03** 조연성 가스로만 나열되어 있는 것은?

17.03.문07
16.03.문04
14.05.문10
12.09.문08

① 질소, 불소, 수증기
② 산소, 불소, 염소
③ 산소, 이산화탄소, 오존
④ 질소, 이산화탄소, 염소

해설 **가연성 가스와 지연성 가스**

| 가연성 가스 | 지연성 가스(조연성 가스) |
|---|---|
| • 수소<br>• 메탄<br>• 일산화탄소<br>• 천연가스<br>• 부탄<br>• 에탄 | • **산**소<br>• **공**기<br>• **염**소<br>• **오**존<br>• **불**소 |

기억법 조산공 염오불

용어

**가연성 가스와 지연성 가스**

| 가연성 가스 | 지연성 가스(조연성 가스) |
|---|---|
| 물질 자체가 연소하는 것 | 자기 자신은 연소하지 않지만 연소를 도와주는 가스 |

답 ②

★★★

**04** 건축물의 화재성상 중 내화건축물의 화재성상으로 옳은 것은?

19.09.문11
18.03.문05
14.05.문01
10.09.문08

① 저온 장기형 ② 고온 단기형
③ 고온 장기형 ④ 저온 단기형

해설 (1) **목조건물**의 화재온도 표준곡선
㉠ 화재성상 : 고온 단기형
㉡ 최고온도(최성기 온도) : 1300℃

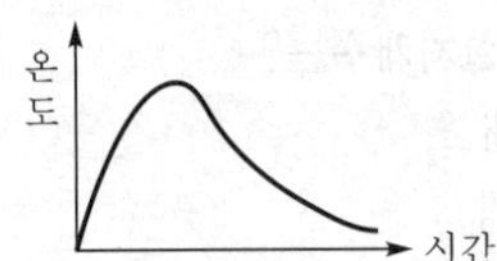
온도
시간

(2) **내화건물**의 화재온도 표준곡선
㉠ 화재성상 : 저온 장기형
㉡ 최고온도(최성기 온도) : 900~1000℃

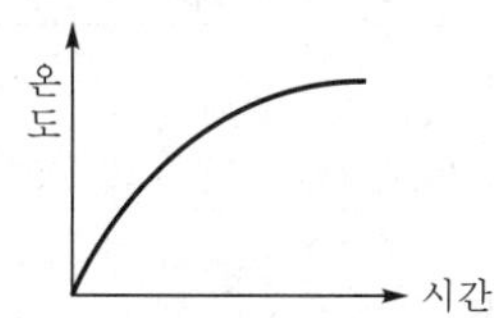


• 목조건물=목재건물

기억법 **목고단 13**

답 ①

★★★
## 05 자연발화의 예방을 위한 대책이 아닌 것은?

19.09.문08 18.03.문10 16.03.문14 15.05.문19 15.03.문09 14.09.문09 14.09.문17 12.03.문09 09.05.문08 03.03.문13 02.09.문01

① 열의 축적을 방지한다.
② 주위 온도를 낮게 유지한다.
③ 열전도성을 나쁘게 한다.
④ 산소와의 접촉을 차단한다.

해설 (1) **자연발화**의 **방지법**
㉠ **습**도가 높은 곳을 **피**할 것(건조하게 유지할 것)
㉡ 저장실의 온도를 낮출 것
㉢ 통풍이 잘 되게 할 것
㉣ 퇴적 및 수납시 열이 쌓이지 않게 할 것 (**열축적방지**)
㉤ 산소와의 접촉을 차단할 것
㉥ **열전도성**을 좋게 할 것

기억법 **자습피**

(2) **자연발화 조건**
㉠ 열전도율이 작을 것
㉡ 발열량이 클 것
㉢ 주위의 온도가 높을 것
㉣ 표면적이 넓을 것

답 ③

★★★
## 06 제1종 분말소화약제인 탄산수소나트륨은 어떤 색으로 착색되어 있는가?

19.03.문01 18.04.문06 17.09.문10 16.10.문10 16.05.문15 16.03.문09 16.03.문11 15.05.문08 14.05.문17 12.03.문13

① 담회색
② 담홍색
③ 회색
④ 백색

해설 **분말소화기(질식효과)**

| 종 별 | 소화약제 | 약제의 착색 | 화학반응식 | 적응 화재 |
|---|---|---|---|---|
| 제1종 | 탄산수소나트륨 ($NaHCO_3$) | **백색** | $2NaHCO_3 \rightarrow Na_2CO_3+CO_2+H_2O$ | BC급 |
| 제2종 | 탄산수소칼륨 ($KHCO_3$) | 담자색(담회색) | $2KHCO_3 \rightarrow K_2CO_3+CO_2+H_2O$ | BC급 |
| 제3종 | 인산암모늄 ($NH_4H_2PO_4$) | 담홍색 | $NH_4H_2PO_4 \rightarrow HPO_3+NH_3+H_2O$ | ABC급 |
| 제4종 | 탄산수소칼륨+요소 ($KHCO_3+(NH_2)_2CO$) | 회(백)색 | $2KHCO_3+(NH_2)_2CO \rightarrow K_2CO_3+2NH_3+2CO_2$ | BC급 |

• 탄산수소나트륨=중탄산나트륨
• 탄산수소칼륨=중탄산칼륨
• 제1인산암모늄=인산암모늄=인산염
• 탄산수소칼륨+요소=중탄산칼륨+요소

답 ④

★★
## 07 다음 중 제거소화방법과 무관한 것은?

19.09.문05 19.04.문18 17.03.문16 16.03.문12 14.05.문11 13.03.문01 11.03.문04 08.09.문17

① 산불의 확산방지를 위하여 산림의 일부를 벌채한다.
② 화학반응기의 화재시 원료공급관의 밸브를 잠근다.
③ 유류화재시 가연물을 포로 덮는다.
④ 유류탱크 화재시 주변에 있는 유류탱크의 유류를 다른 곳으로 이동시킨다.

해설 ③ **질식소화** : 유류화재시 가연물을 포로 덮는다.

 중요

**제거소화**의 **예**
(1) **가연성 기체** 화재시 **주밸브**를 **차단**한다.
(2) **가연성 액체** 화재시 펌프를 이용하여 **연료**를 제거한다.
(3) **연료탱크**를 **냉각**하여 가연성 가스의 발생속도를 작게 하여 연소를 억제한다.
(4) 금속화재시 **불활성 물질**로 가연물을 덮는다.
(5) **목재**를 **방염처리**한다.
(6) 전기화재시 **전원**을 **차단**한다.
(7) 산불이 발생하면 화재의 진행방향을 앞질러 **벌목**한다.
(8) 가스화재시 **밸브**를 **잠궈** 가스흐름을 차단한다.
(9) 불타고 있는 장작더미 속에서 아직 타지 않은 것을 안전한 곳으로 **운반**한다.

※ **제거효과** : 가연물을 반응계에서 제거하든지 또는 반응계로의 공급을 정지시켜 소화하는 효과

답 ③

★★
## 08 할론소화설비에서 Halon 1211 약제의 분자식은?

19.09.문07 17.03.문05 15.03.문04 14.09.문04 14.03.문02

① $CBr_2ClF$
② $CF_2BrCl$
③ $CCl_2BrF$
④ $BrC_2ClF$

해설 **할론소화약제**의 **약칭** 및 **분자식**

| 종 류 | 약 칭 | 분자식 |
|---|---|---|
| 할론 1011 | CB | $CH_2ClBr$ |
| 할론 104 | CTC | $CCl_4$ |
| 할론 1211 | BCF | **$CF_2ClBr(CClF_2Br)$** |
| 할론 1301 | BTM | $CF_3Br$ |
| 할론 2402 | FB | $C_2F_4Br_2$ |

② 할론 1211 : $CF_2BrCl$

답 ②

★
## 09 위험물안전관리법상 위험물의 적재시 혼재기준 중 혼재가 가능한 위험물로 짝지어진 것은? (단, 각 위험물은 지정수량의 10배로 가정한다.)

13.06.문01

① 질산칼륨과 가솔린
② 과산화수소와 황린
③ 철분과 유기과산화물
④ 등유와 과염소산

해설 **위험물규칙 〔별표 19〕**
**위험물의 혼재기준**
(1) 제1류＋제6류
(2) 제2류＋제4류
(3) 제2류＋제5류
(4) 제3류＋제4류
(5) 제4류＋제5류

① 질산칼륨(**제1류**)과 가솔린(**제4류**)
② 과산화수소(**제6류**)와 황린(**제3류**)
③ 철분(**제2류**)과 유기과산화물(**제5류**)
④ 등유(**제4류**)와 과염소산(**제6류**)

답 ③

★★★
## 10 분말소화약제의 열분해 반응식 중 다음 (   ) 안에 알맞은 화학식은?

16.10.문06 16.05.문15 16.03.문09 16.03.문11 15.05.문08 14.05.문17 12.03.문13

$$2NaHCO_3 \rightarrow Na_2CO_3 + H_2O + (\quad)$$

① CO ② $CO_2$
③ Na ④ $Na_2$

해설 **분말소화기(질식효과)**

| 종 별 | 소화약제 | 약제의 착색 | 화학반응식 | 적응 화재 |
|---|---|---|---|---|
| 제1종 | 탄산수소 나트륨 ($NaHCO_3$) | 백색 | $2NaHCO_3 \rightarrow Na_2CO_3 + \mathbf{CO_2} + H_2O$ | BC급 |
| 제2종 | 탄산수소 칼륨 ($KHCO_3$) | 담자색 (담회색) | $2KHCO_3 \rightarrow K_2CO_3 + CO_2 + H_2O$ | BC급 |
| 제3종 | 인산암모늄 ($NH_4H_2PO_4$) | 담홍색 | $NH_4H_2PO_4 \rightarrow HPO_3 + NH_3 + H_2O$ | AB C급 |
| 제4종 | 탄산수소 칼륨＋요소 ($KHCO_3$＋ $(NH_2)_2CO$) | 회(백)색 | $2KHCO_3 + (NH_2)_2CO \rightarrow K_2CO_3 + 2NH_3 + 2CO_2$ | BC급 |

• 탄산수소나트륨＝중탄산나트륨
• 탄산수소칼륨＝중탄산칼륨
• 제1인산암모늄＝인산암모늄＝인산염
• 탄산수소칼륨＋요소＝중탄산칼륨＋요소

답 ②

★
## 11 정전기에 의한 발화과정으로 옳은 것은?

① 방전 → 전하의 축적 → 전하의 발생 → 발화
② 전하의 발생 → 전하의 축적 → 방전 → 발화
③ 전하의 발생 → 방전 → 전하의 축적 → 발화
④ 전하의 축적 → 방전 → 전하의 발생 → 발화

해설 **정전기**의 **발화과정**

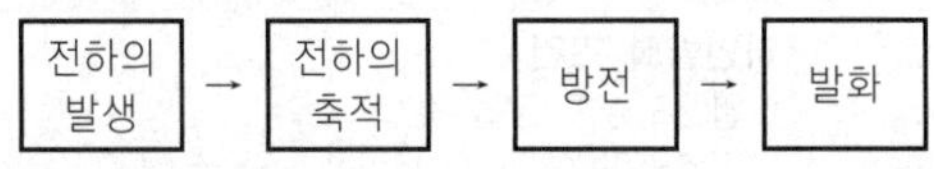


답 ②

★★
## 12 할로겐화합물 및 불활성기체 소화약제 중 HCFC-22를 82% 포함하고 있는 것은?

15.03.문20 14.03.문15

① IG-541
② HFC-227ea
③ IG-55
④ HCFC BLEND A

해설 **할로겐화합물 및 불활성기체 소화약제**

| 구 분 | 소화약제 | 화학식 |
|---|---|---|
| 할로겐 화합물 소화 약제 | FC-3-1-10<br>기억법 FC31(FC 서울의 3.1절) | $C_4F_{10}$ |

| | | |
|---|---|---|
| 할로겐 화합물 소화 약제 | HCFC BLEND A | HCFC-123($CHCl_2CF_3$) : 4.75%<br>HCFC-22($CHClF_2$) : 82%<br>HCFC-124($CHClFCF_3$) : 9.5%<br>$C_{10}H_{16}$ : 3.75%<br>기억법 475 82 95 375 (사시오, 빨리 그래서 구어 삼키시오!) |
| | HCFC-124 | $CHClFCF_3$ |
| | HFC-125<br>기억법 125(이리온) | $CHF_2CF_3$ |
| | HFC-227ea<br>기억법 227e(둘둘치킨이 맛있다.) | $CF_3CHFCF_3$ |
| | HFC-23 | $CHF_3$ |
| | HFC-236fa | $CF_3CH_2CF_3$ |
| | FIC-13I1 | $CF_3I$ |
| 불활성 기체 소화 약제 | IG-01 | Ar |
| | IG-100 | $N_2$ |
| | IG-541 | • $N_2$(질소) : 52%<br>• Ar(아르곤): 40%<br>• $CO_2$(이산화탄소) : 8%<br>기억법 NACO(내코) 52408 |
| | IG-55 | $N_2$ : 50%, Ar : 50% |
| | FK-5-1-12 | $CF_3CF_2C(O)CF(CF_3)_2$ |

답 ④

★★
**13** 13.03.문06
**실내에서 화재가 발생하여 실내의 온도가 21℃에서 650℃로 되었다면, 공기의 팽창은 처음의 약 몇 배가 되는가? (단, 대기압은 공기가 유동하여 화재 전후가 같다고 가정한다.)**

① 3.14 ② 4.27
③ 5.69 ④ 6.01

해설 **샤를의 법칙**

$$\frac{V_1}{T_1} = \frac{V_2}{T_2}$$

여기서, $V_1$, $V_2$ : 부피[$m^3$]
$T_1$, $T_2$ : 절대온도(273+℃)[K]

팽창된 공기의 부피 $V_2$는

$$V_2 = \frac{V_1}{T_1} \times T_2 = \frac{T_2}{T_1} \times V_1$$
$$= \frac{(273+650)}{(273+21)} \times V_1 \fallingdotseq 3.14 V_1$$

답 ①

★★★
**14** 14.03.문07
**피난계획의 일반원칙 중 fool proof 원칙에 해당하는 것은?**

① 저지능인 상태에서도 쉽게 식별이 가능하도록 그림이나 색채를 이용하는 원칙
② 피난구조설비를 반드시 이동식으로 하는 원칙
③ 한 가지 피난기구가 고장이 나도 다른 수단을 이용할 수 있도록 고려하는 원칙
④ 피난구조설비를 첨단화된 전자식으로 하는 원칙

해설 fail safe와 fool proof

| 용 어 | 설 명 |
|---|---|
| **페일 세이프** (fail safe) | • 한 가지 피난기구가 고장이 나도 다른 수단을 이용할 수 있도록 고려하는 것<br>• 한 가지가 고장이 나도 다른 수단을 이용하는 원칙<br>• **두 방향**의 피난동선을 항상 확보하는 원칙 |
| **풀 프루프** (fool proof) | • 피난경로는 **간단명료**하게 한다.<br>• 피난구조설비는 **고정식 설비**를 위주로 설치한다.<br>• 피난수단은 **원시적 방법**에 의한 것을 원칙으로 한다.<br>• 피난통로를 **완전불연화**한다.<br>• 막다른 복도가 없도록 계획한다.<br>• 간단한 **그림**이나 **색채**를 이용하여 표시한다. |

기억법 풀그색 간고원

① fool proof
② fool proof : 이동식 → 고정식
③ fail safe
④ fool proof : 피난수단을 조작이 간편한 **원시적 방법**으로 하는 원칙

답 ①

★★★
**15** 16.05.문02 15.05.문18 15.03.문01 14.09.문12 14.03.문01
**보일오버(boil over)현상에 대한 설명으로 옳은 것은?**

① 아래층에서 발생한 화재가 위층으로 급격히 옮겨 가는 현상
② 연소유의 표면이 급격히 증발하는 현상
③ 기름이 뜨거운 물 표면 아래에서 끓는 현상
④ 탱크 저부의 물이 급격히 증발하여 기름이 탱크 밖으로 화재를 동반하여 방출하는 현상

해설 **유류탱크**, **가스탱크**에서 **발생**하는 현상

| 여러 가지 현상 | 정 의 |
|---|---|
| **블래비** (BLEVE) | 과열상태의 탱크에서 내부의 액화가스가 분출하여 기화되어 폭발하는 현상 |
| **보일오버** (boil over) | • 중질유의 석유탱크에서 장시간 조용히 연소하다 탱크 내의 잔존기름이 갑자기 분출하는 현상<br>• 유류탱크에서 탱크 바닥에 물과 기름의 **에멀션**이 섞여 있을 때 이로 인하여 화재가 발생하는 현상<br>• 연소유면으로부터 100℃ 이상의 열파가 탱크 저부에 고여 있는 물을 비등하게 하면서 연소유를 탱크 밖으로 비산시키며 연소하는 현상<br>• 탱크 **저부**의 물이 급격히 증발하여 기름이 탱크 밖으로 화재를 동반하여 방출하는 현상<br>기억법 **보저(보자기)** |
| **오일오버** (oil over) | 저장탱크에 저장된 유류저장량이 내용적의 **50%** 이하로 충전되어 있을 때 화재로 인하여 탱크가 폭발하는 현상 |
| **프로스오버** (froth over) | **물**이 점성의 뜨거운 **기름표면 아래서 끓을 때** 화재를 수반하지 않고 용기가 넘치는 현상 |
| **슬롭오버** (slop over) | • **물**이 연소유의 **뜨거운 표면**에 **들어갈 때** 기름표면에서 화재가 발생하는 현상<br>• 유화제로 소화하기 위한 **물**이 수분의 급격한 증발에 의하여 액면이 거품을 일으키면서 **열유층 밑**의 **냉유**가 급히 열팽창하여 **기름**의 **일부**가 불이 붙은 채 탱크벽을 넘어서 일출하는 현상 |

답 ④

★★★
**16** 연기에 의한 감광계수가 $0.1\text{m}^{-1}$, 가시거리가 20~30m일 때의 상황을 옳게 설명한 것은?

17.03.문10 14.05.문06 13.09.문11

① 건물 내부에 익숙한 사람이 피난에 지장을 느낄 정도
② 연기감지기가 작동할 정도
③ 어두운 것을 느낄 정도
④ 앞이 거의 보이지 않을 정도

해설

| 감광계수 [$\text{m}^{-1}$] | 가시거리 [m] | 상 황 |
|---|---|---|
| 0.1 | 20~30 | 연기감지기가 작동할 때의 농도 (연기감지기가 작동하기 직전의 농도) |
| 0.3 | 5 | 건물 내부에 익숙한 사람이 피난에 지장을 느낄 정도의 농도 |
| 0.5 | 3 | 어두운 것을 느낄 정도의 농도 |
| 1 | 1~2 | 앞이 거의 보이지 않을 정도의 농도 |
| 10 | 0.2~0.5 | 화재 최성기 때의 농도 |
| 30 | – | 출화실에서 연기가 분출할 때의 농도 |

답 ②

★
**17** 밀폐된 내화건물의 실내에 화재가 발생했을 때 그 실내의 환경변화에 대한 설명 중 틀린 것은?

01.03.문03

① 기압이 강하한다.
② 산소가 감소된다.
③ 일산화탄소가 증가한다.
④ 이산화탄소가 증가한다.

해설

① 밀폐된 내화건물의 실내에 화재가 발생하면 **기압**이 **상승**한다.

답 ①

★★★
**18** 화재실 혹은 화재공간의 단위바닥면적에 대한 등가가연물량의 값을 화재하중이라 하며, 식으로 표시할 경우에는 $Q=\Sigma(G_t \cdot H_t)/H \cdot A$와 같이 표현할 수 있다. 여기에서 $H$는 무엇을 나타내는가?

19.03.문20 15.09.문17 01.06.문06 97.03.문19

① 목재의 단위발열량
② 가연물의 단위발열량
③ 화재실 내 가연물의 전체 발열량
④ 목재의 단위발열량과 가연물의 단위발열량을 합한 것

해설

$$q=\frac{\Sigma G_t H_t}{HA}=\frac{\Sigma Q}{4500A}$$

여기서, $q$ : 화재하중[$\text{kg/m}^2$]
$G_t$ : 가연물의 양[kg]
$H_t$ : 가연물의 단위발열량[kcal/kg]
$H$ : 목재의 단위발열량[kcal/kg]
$A$ : 바닥면적[$\text{m}^2$]
$\Sigma Q$ : 가연물의 전체 발열량[kcal]

• 목재의 단위발열량 : 4500kcal/kg

답 ①

★★★
**19** 칼륨에 화재가 발생할 경우에 주수를 하면 안 되는 이유로 가장 옳은 것은?
13.06.문19

① 산소가 발생하기 때문에
② 질소가 발생하기 때문에
③ 수소가 발생하기 때문에
④ 수증기가 발생하기 때문에

해설 **주수소화**(물소화)시 **위험**한 **물질**

| 구 분 | 현 상 |
|---|---|
| • 무기과산화물 | **산소** 발생 |
| • **금**속분<br>• **마**그네슘<br>• 알루미늄<br>• 칼륨<br>• 나트륨<br>• 수소화리튬 | **수소** 발생 |
| • 가연성 액체의 유류화재 | **연소면**(화재면) 확대 |

기억법 금마수

※ **주수소화** : 물을 뿌려 소화하는 방법

답 ③

★★★
**20** 다음 중 증기비중이 가장 큰 것은?
11.06.문06

① 이산화탄소　② 할론 1301
③ 할론 1211　④ 할론 2402

해설 **증기비중**이 큰 순서
Halon 2402>Halon 1211>Halon 104>Halon 1301

중요

**증기비중**

$$증기비중 = \frac{분자량}{29}$$

여기서, 29 : 공기의 평균분자량

답 ④

## 제 2 과목 소방전기일반

★★★
**21** 전원과 부하가 다같이 △ 결선된 3상 평형 회로가 있다. 전원전압이 200V, 부하 1상의 임피던스가 $4+j3\,\Omega$인 경우 선전류는 몇 A인가?
03.05.문34

① $\frac{40}{\sqrt{3}}$　② $\frac{40}{3}$
③ 40　④ $40\sqrt{3}$

해설 △결선

$$I_\triangle = \frac{\sqrt{3}\,V}{Z}$$

여기서, $I_\triangle$ : 선전류〔A〕
$V$ : 선간전압(상전압)〔V〕
$Z$ : 임피던스〔Ω〕

△결선 선전류 $I_\triangle$는

$$I_\triangle = \frac{\sqrt{3}\,V}{Z} = \frac{\sqrt{3}\times 200}{4+j3} = \frac{\sqrt{3}\times 200}{\sqrt{4^2+3^2}} = 40\sqrt{3}$$

비교

**Y결선**

$$I_Y = \frac{V}{\sqrt{3}\,Z}$$

여기서, $I_Y$ : 선전류(상전류=부하전류)〔A〕
$V$ : 선간전압〔V〕
$Z$ : 임피던스〔Ω〕

답 ④

★★
**22** $v=141\sin 377t$〔V〕인 정현파 전압의 주파수는 몇 Hz인가?
00.03.문22

① 50　② 55
③ 60　④ 65

해설 **순시값**(instantaneous value)

$$v = V_m \sin\omega t$$

여기서, $v$ : 전압의 순시값〔V〕
$V_m$ : 전압의 최대값〔V〕
$\omega$ : 각주파수〔rad/s〕($\omega=2\pi f$)
$t$ : 주기〔s〕
$f$ : 주파수〔Hz〕

$v = V_m\sin\omega t = V_m\sin(2\pi f)t$에서
문제에서
$2\pi f = 377$이므로
**주파수** $f$는

$$f = \frac{377}{2\pi} \fallingdotseq 60\text{Hz}$$

답 ③

★
**23** 국제 표준 연동 고유저항은 몇 Ω·m인가?
17.05.문27
02.03.문33

① $1.7241\times10^{-9}$　② $1.7241\times10^{-8}$
③ $1.7241\times10^{-7}$　④ $1.7241\times10^{-6}$

해설 **전선의 고유저항**

| 전선의 종류 | 고유저항 |
|---|---|
| 알루미늄선 | $\frac{1}{35}\Omega\cdot mm^2/m=\frac{1}{35}\times10^{-6}\Omega\cdot m$ $=2.8571\times10^{-8}\Omega\cdot m$ |
| 경동선 | $\frac{1}{55}\Omega\cdot mm^2/m=\frac{1}{55}\times10^{-6}\Omega\cdot m$ $=1.8181\times10^{-8}\Omega\cdot m$ |
| 연동선 | $\frac{1}{58}\Omega\cdot mm^2/m=\frac{1}{58}\times10^{-6}\Omega\cdot m$ $=1.7241\times10^{-8}\Omega\cdot m$ |

$1\Omega\cdot m=10^2\Omega\cdot cm=10^6\Omega\cdot mm^2/m$이므로

$1\Omega\cdot mm^2/m=10^{-6}\Omega\cdot m$

답 ②

## 24

4단자 정수 $A=\frac{5}{3}$, $B=800$, $C=\frac{1}{450}$, $D=\frac{5}{3}$일 때 영상임피던스 $Z_{01}$과 $Z_{02}$는 각각 몇 Ω인가?

① $Z_{01}=300$, $Z_{02}=300$
② $Z_{01}=600$, $Z_{02}=600$
③ $Z_{01}=800$, $Z_{02}=800$
④ $Z_{01}=1000$, $Z_{02}=1000$

해설 **영상임피던스**

(1) **입력단**에서 본 임피던스 $Z_{01}$

$$Z_{01}=\sqrt{\frac{AB}{CD}}=\sqrt{\frac{\frac{5}{3}\times800}{\frac{1}{450}\times\frac{5}{3}}}=600\,\Omega$$

(2) **출력단**에서 본 임피던스 $Z_{02}$

$$Z_{02}=\sqrt{\frac{BD}{AC}}=\sqrt{\frac{800\times\frac{5}{3}}{\frac{5}{3}\times\frac{1}{450}}}=600\,\Omega$$

용어

**영상임피던스**
**4단자망**의 입출력 단자에 임피던스를 접속하는 경우 좌우에서 본 임피던스 값이 **거울**의 **영상**과 같은 관계에 있는 임피던스

답 ②

## 25

14.05.문36
13.03.문40

자기인덕턴스 $L_1$, $L_2$가 각각 4mH, 9mH인 두 코일이 이상적인 결합이 되었다면 상호인덕턴스는 몇 mH인가? (단, 결합계수는 1이다.)

① 6　② 12
③ 24　④ 36

해설 **상호인덕턴스**(mutual inductance)

$$M=K\sqrt{L_1L_2}$$

여기서, $M$: 상호인덕턴스[H]
$K$: 결합계수
$L_1$, $L_2$: 자기인덕턴스[H]

**상호인덕턴스 $M$은**

$M=K\sqrt{L_1L_2}=1\sqrt{4\times9}=6\text{mH}$

중요

**결합계수**

| $K=0$ | $K=1$ |
|---|---|
| 두 코일 직교시 | 이상결합 · 완전결합시 |

답 ①

## 26

200Ω의 저항을 가진 경종 10개와 50Ω의 저항을 가진 표시등 3개가 있다. 이들을 모두 직렬로 접속할 때의 합성저항은 몇 Ω인가?

① 250　② 1250
③ 1750　④ 2150

해설 **저항 $n$개의 직렬접속**

$$R_0=n_1R_1+n_2R_2+\cdots$$

여기서, $R_0$ : 합성저항[Ω]
$n_1$, $n_2$ : 저항의 개수
$R_1$, $R_2$ : 1개의 저항[Ω]

합성저항 $R_0$는

$R_0=n_1R_1+n_2R_2=10\times200+3\times50=2150\,\Omega$

비교

**저항 $n$개의 병렬접속**

$$R_0=\frac{R_1}{n_1}+\frac{R_2}{n_2}+\cdots$$

여기서, $R_0$ : 합성저항[Ω]
$n_1$, $n_2$ : 저항의 개수
$R_1$, $R_2$ : 1개의 저항[Ω]

답 ④

## 27

19.03.문23
15.05.문30
13.06.문32
10.05.문30

SCR의 양극전류가 10A일 때 게이트전류를 반으로 줄이면 양극전류는 몇 A인가?

① 20　② 10
③ 5　④ 0.1

해설 SCR(Silicon Controlled Rectifier) : 처음에는 게이트전류에 의해 양극전류가 변화되다가 일단 완전도통상태가 되면 게이트전류에 관계없이 양극전류는 더 이상 변화하지 않는다. 그러므로 게이트전류를 **반**으로 줄여도 또는 **2배**로 늘려도 양극전류는 그대로 **10A**가 되는 것이다. (이것을 알라!!)

답 ②

★★★
**28** 그림과 같은 무접점회로로는 어떤 논리회로인가?

19.04.문24
13.03.문29
11.06.문25

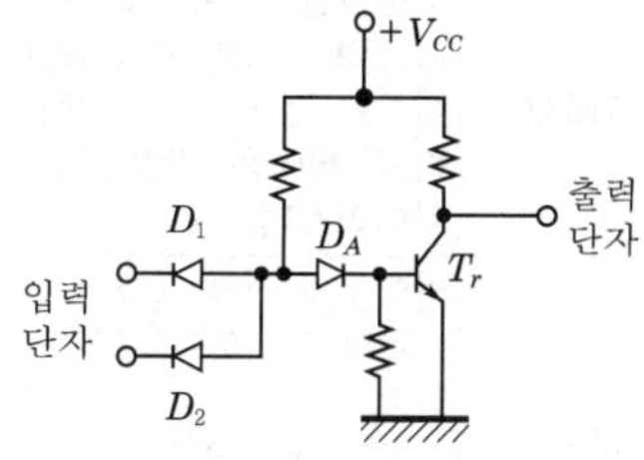


① NOR ② OR
③ NAND ④ AND

해설 **논리회로**와 **전자회로**

| 명 칭 | 회 로 |
|---|---|
| AND 게이트 | +5V(또는 +$V_{CC}$) A, B, 출력 (다이오드 회로) |
| | A, B, 출력 (다이오드·저항 접지 회로) |
| OR 게이트 | A, B, 출력 (다이오드·저항 접지 회로) |
| | +5V(또는 +$V_{CC}$) A, B, 출력 |
| NOR 게이트 | + $V_{CC}$, A, B, 출력, $T_r$ |
| NAND 게이트 | +$V_{CC}$, A, B, 출력, $T_r$ |

답 ③

★★★
**29** 어떤 측정계기의 지시값을 $M$, 참값을 $T$라 할 때 보정률은?

13.06.문38

① $\dfrac{T-M}{M}\times 100\%$ ② $\dfrac{M}{M-T}\times 100\%$
③ $\dfrac{T-M}{T}\times 100\%$ ④ $\dfrac{T}{M-T}\times 100\%$

해설 **전기계기**의 **오차**

백분율 오차 : $\dfrac{M-T}{T}\times 100\%$

백분율 보정 : $\dfrac{T-M}{M}\times 100\%$

여기서, $T$ : 참값
$M$ : 측정값(지시값)

- 백분율 오차=오차율
- 백분율 보정=보정률

답 ①

★★★
**30** 온도 측정을 위하여 사용하는 소자로서 온도-저항 부특성을 가지는 일반적인 소자는?

19.04.문25
19.03.문35
17.05.문35
15.05.문38
14.09.문40
14.05.문24
14.03.문27
12.03.문34
11.06.문37
00.10.문25

① 노즐플래퍼
② 서미스터
③ 앰플리다인
④ 트랜지스터

해설 **반도체소자**

| 명 칭 | 심 벌 |
|---|---|
| • **제너 다이오드**(zener diode) : 주로 정전압 전원회로에 사용된다. | |
| • **서미스터**(thermistor) : 부온도특성을 가진 저항기의 일종으로서 주로 **온**도보정용으로 쓰인다. | Th |
| • **SCR**(Silicon Controlled Rectifier) : 단방향 대전류 스위칭 소자로서 제어를 할 수 있는 정류소자이다. | A K G |
| • **바리스터**(varistor)<br>- 주로 **서**지전압에 대한 회로보호용(과도전압에 대한 회로보호)<br>- **계**전기 접점의 불꽃 제거 | |
| • **UJT**(UniJunction Transistor)= **단일접합 트랜지스터** : 증폭기로는 사용이 불가능하며 톱니파나 펄스발생기로 작용하며 SCR의 트리거 소자로 쓰인다. | $B_1$ E $B_2$ |
| • **바랙터**(varactor) : 제너현상을 이용한 다이오드이다. | - |

기억법 **서온(서운해), 바리서계**

② 서미스터 : '부온도특성', '온도-저항 부특성'을 가짐

답 ②

## 31 그림과 같은 트랜지스터를 사용한 정전압회로에서 $Q_1$의 역할로서 옳은 것은?

13.06.문22

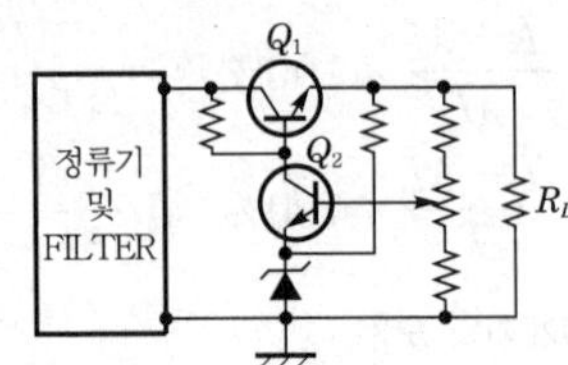


① 증폭용 ② 비교부용
③ 제어용 ④ 기준부용

해설

$Q_1$ : 제어용, $Q_2$ : 증폭용

답 ③

## 32 히스테리시스곡선의 종축과 횡축은?

07.03.문21

① 종축 : 자속밀도, 횡축 : 투자율
② 종축 : 자계의 세기, 횡축 : 투자율
③ 종축 : 자계의 세기, 횡축 : 자속밀도
④ 종축 : 자속밀도, 횡축 : 자계의 세기

해설 **히스테리시스곡선**

| 구 분 | 설 명 |
|---|---|
| 횡축 | 자계의 세기($H$) |
| 종축 | 자속밀도($B$) |
| 횡축과 만나는 점 | 보자력 |
| 종축과 만나는 점 | 잔류자기 |

- 히스테리시스곡선 $= B-H$ 곡선
- 자계의 세기 = 자장의 세기

답 ④

## 33 자기장 내에 있는 도체에 전류를 흘리면 힘이 작용한다. 이 힘을 무엇이라고 하는가?

① 자속력 ② 기전력
③ 전기력 ④ 전자력

해설

| 용 어 | 설 명 |
|---|---|
| 자속 | 자극에서 나오는 전체의 **자기력선**의 **수** |
| 기전력 | 전류를 연속해서 흘리기 위해 **전압**을 **연속적**으로 만들어 주는 힘 |
| 전기력 | **전하**를 갖고 있는 물체 사이에 작용하는 **힘** |
| 전자력 | **자기장** 내에 있는 도체에 **전류**를 흘릴 때 작용하는 **힘** |

답 ④

## 34 다음 중 쌍방향성 사이리스터인 것은?

13.06.문39

① 브리지 정류기 ② SCR
③ IGBT ④ TRIAC

해설

| 구 분 | | 심 벌 |
|---|---|---|
| DIAC | 네온관과 같은 성질을 가진 것으로서 주로 SCR, TRIAC 등의 **트리거소자**로 이용된다. | $T_1$ $T_2$ |
| TRIAC | **양방향성 스위칭소자**로서 SCR 2개를 역병렬로 접속한 것과 같다.(**AC전력**의 **제어용**, **쌍방향성 사이리스터**) | $T_1$ $T_2$ $G$ |
| RCT (역도통 사이리스터) | 비대칭 사이리스터와 고속회복 다이오드를 직접화한 단일실리콘 칩으로 만들어져서 직렬공진형 인버터에 대해 이상적이다. | $G$ $A$ $K$ |
| IGBT | 고전력 스위치용 반도체로서 전기흐름을 막거나 통하게 하는 스위칭 기능을 빠르게 수행한다. | $C$ $G$ $E$ |

답 ④

## 35 자동제어계를 제어목적에 의해 분류한 경우를 설명한 것 중 틀린 것은?

19.04.문28
19.03.문32
17.09.문22
17.09.문39
17.05.문29
16.05.문22
16.03.문32
15.05.문23
15.05.문37
14.09.문23
13.09.문27
11.03.문30

① 정치제어 : 제어량을 주어진 일정 목표로 유지시키기 위한 제어
② 추종제어 : 목표치가 시간에 따라 일정한 변화를 하는 제어
③ 프로그램제어 : 목표치가 프로그램대로 변하는 제어
④ 서보제어 : 선박의 방향제어계인 서보제어는 정치제어와 같은 성질

해설 **제어**의 **종류**

| 종 류 | 설 명 |
|---|---|
| **정치제어** (fixed value control) | • 일정한 **목**표값을 **유**지하는 것으로 **프로세스제어, 자동조정**이 이에 해당된다.<br>예 **연속식 압연기**<br>• **목표값**이 시간에 관계없이 항상 일정한 값을 가지는 제어이다.<br>기억법 **유목정** |

| **추종제어**<br>(follow-up control) | 미지의 시간적 변화를 하는 목표값에 제어량을 추종시키기 위한 제어로 **서보기구**가 이에 해당된다.<br>예 **대공포의 포신** |
|---|---|
| **비율제어**<br>(ratio control) | 둘 이상의 제어량을 소정의 비율로 제어하는 것이다. |
| **프로그램제어**<br>(program control) | 목표값이 **미리 정해진 시간적 변화**를 하는 경우 제어량을 그것에 추종시키기 위한 제어이다.<br>예 **열차·산업로봇의 무인운전** |

④ 서보제어는 **정치제어** → 서보제어는 **추종제어**

중요

**제어량**에 의한 **분류**

| 분 류 | 종 류 |
|---|---|
| 프로세스제어 | • **온**도<br>• **압**력<br>• **유**량<br>• **액**면<br>기억법 **프온압유액** |
| 서보기구<br>(서보제어, 추종제어) | • **위**치<br>• **방**위<br>• **자**세<br>기억법 **서위방자** |
| 자동조정 | • 전압<br>• 전류<br>• 주파수<br>• 회전속도(**발**전기의 **조**속기)<br>• 장력<br>기억법 **자발조** |

※ **프로세스제어**(공정제어) : 공업공정의 상태량을 제어량으로 하는 제어

답 ④

**36** 변압기의 철심구조를 여러 겹으로 성층시켜 사용하는 이유는 무엇인가?

19.04.문23 14.09.문22 11.10.문24 03.05.문33(산업)

① 와전류로 인한 전력손실을 감소시키기 위해
② 전력공급 능력을 높이기 위해
③ 변압비를 크게 하기 위해
④ 변압기의 중량을 적게 하기 위해

해설 **철심**의 **손실**

| 이 유 | 설 명 |
|---|---|
| 규소강판 사용 이유 | 히스테리시스손의 감소 |
| 성층 이유 | 와류손의 감소(와전류로 인한 전력손실 감소) |
| 규소강판 성층 이유 | **철손**의 감소 |

• **철손**= 히스테리시스손 + 와류손

용어

**철손**과 **동손**

| 철 손 | 동 손 |
|---|---|
| **철심** 속에서 생기는 손실 | **권선**의 저항에 의하여 생기는 손실 |

답 ①

**37** 그림과 같은 정류회로에서 부하 $R$에 흐르는 직류전류의 크기는 약 몇 A인가? (단, $V$=200V, $R=20\sqrt{2}\ \Omega$이며, 이상적인 다이오드이다.)

11.03.문31

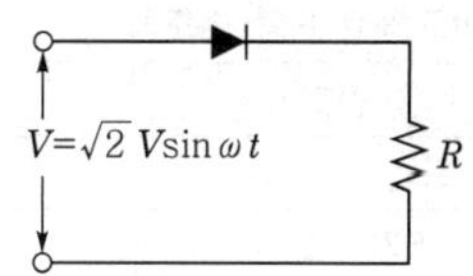


① 3.2
② 3.8
③ 4.4
④ 5.2

해설 (1) **일반전류**

$$I=\frac{V}{R}$$

여기서, $I$ : 일반전류[A]
$V$ : 전압[V]
$R$ : 저항[Ω]

**일반전류** $I$는

$$I=\frac{V}{R}=\frac{200}{20\sqrt{2}}=7.07\text{A}$$

(2) **직류전류**(단상반파정류회로)

그림은 다이오드(diode) 1개를 사용한 **단상반파정류회로**이므로

$$I_0=0.45I$$

여기서, $I_0$ : 직류전류[A], $I$ : 일반전류[A]

**직류전류** $I_0$는

$$I_0=0.45I=0.45\times 7.07 \fallingdotseq 3.2\text{A}$$

참고

**정류방식**에 따른 **전류**

(1) 단상반파정류 : $I_0=0.45I$
(2) 단상전파정류 : $I_0=0.9I$
(3) 3상반파정류 : $I_0=1.17I$
(4) 3상전파정류 : $I_0=1.35I$

답 ①

**38** 도너(donor)와 억셉터(acceptor)의 설명 중 틀린 것은?

[14.03.문35]

① 반도체 결정에서 Ge이나 Si에 넣는 5가의 불순물을 도너라고 한다.

② 반도체 결정에서 Ge이나 Si에 넣는 3가의 불순물에는 In, Ga, B 등이 있다.

③ 진성반도체는 불순물이 전혀 섞이지 않은 반도체이다.

④ N형 반도체의 불순물이 억셉터이고, P형 반도체의 불순물이 도너이다.

해설 **N형 반도체**와 **P형 반도체**

| N형 반도체 | P형 반도체 |
|---|---|
| 도너(donor) | 억셉터 |
| **5가**원소 | **3가**원소 |
| 부(⊖, negative) | 정(⊕, positive) |
| 가전자가 1개 남는 불순물 | 가전자가 1개 모자라는 불순물 |

④ N형 반도체의 불순물이 **도너**이고, P형 반도체의 불순물이 **억셉터**이다.

답 ④

**39** 지시계기에 대한 동작원리가 틀린 것은?

[14.03.문31] [11.03.문40]

① 열전형 계기 – 대전된 도체 사이에 작용하는 정전력을 이용

② 가동철편형 계기 – 전류에 의한 자기장이 연철편에 작용하는 힘을 이용

③ 전류력계형 계기 – 전류 상호간에 작용하는 힘을 이용

④ 유도형 계기 – 회전 자기장 또는 이동 자기장과 이것에 의한 유도전류와의 상호작용을 이용

해설 **지시계기**의 **동작원리**

| 계기명 | 동작원리 |
|---|---|
| 열**전**대형 계기(열전형 계기) | **금**속선의 팽창 |
| 유도형 계기 | 회전자장 및 이동자장 |
| 전류력계형 계기 | 코일의 자계(전류 상호간에 작용하는 힘) |
| 열선형 계기 | 열선의 팽창 |
| 가동철편형 계기 | 연철편의 작용 |
| 정전형 계기 | 정전력 이용 |

기억법 **금전**

중요

**지시전기계기**의 **종류**

| 계기의 종류 | 기 호 | 사용회로 |
|---|---|---|
| 가동코일형 | (기호) | 직류 |
| 가동철편형 | (기호) | 교류 |
| 정류형 | (기호) | 교류 |
| 유도형 | (기호) | 교류 |
| 전류력계형 | (기호) | 교직양용 |
| 열선형 | (기호) | 교직양용 |
| 정전형 | (기호) | 교직양용 |

• 정류기형 계기＝정류형 계기

답 ①

**40** 계단변화에 대하여 잔류편차가 없는 것이 장점이며, 간헐현상이 있는 제어계는?

[17.03.문37] [14.09.문25] [08.09.문22]

① 비례제어계 ② 비례미분제어계

③ 비례적분제어계 ④ 비례적분미분제어계

해설 **연속제어**

| 제어 종류 | 설 명 |
|---|---|
| 비례제어(**P동작**) | • **잔류편차**(off-set)가 있는 제어 |
| 미분제어(**D동작**) | • 오차가 커지는 것을 **미연에 방지**하고 **진동**을 **억제**하는 제어로 rate **동작**이라고도 한다. |
| 적분제어(**I동작**) | • **잔류편차**를 **제거**하기 위한 제어 |
| **비**례**적**분제어 (**PI동작**) | • **간헐현상**이 있는 제어, 잔류편차가 없는 제어<br>기억법 **간비적** |
| 비례적분미분제어 (**PID동작**) | • 적분제어로 **잔류편차**를 **제거**하고, 미분제어로 **응답**을 **빠르게** 하는 제어 |

용어

| 용 어 | 설 명 |
|---|---|
| **간헐현상** | 제어계에서 동작신호가 연속적으로 변하여도 조작량이 **일정**한 **시간**을 두고 **간헐**적으로 변하는 현상 |
| **잔류편차** | 비례제어에서 급격한 목표값의 변화 또는 외란이 있는 경우 제어계가 정상상태로 된 후에도 **제어량**이 **목표값**과 **차이**가 난 채로 있는 것 |

답 ③

## 제 3 과목 소방관계법규

★
**41** 위험물안전관리법상 행정처분을 하고자 하는 경우 청문을 실시해야 하는 것은?

19.04.문60 15.05.문46

① 제조소 등 설치허가의 취소
② 제조소 등 영업정지 처분
③ 탱크시험자의 영업정지
④ 과징금 부과처분

해설 **위험물법 29조**
**청문실시**
(1) 제조소 등 설치허가의 취소
(2) 탱크시험자의 등록 취소

중요

**위험물법 29조**
**청문실시자**
(1) 시·도지사
(2) 소방본부장
(3) 소방서장

답 ①

★★★
**42** 소방기본법상의 벌칙으로 5년 이하의 징역 또는 5000만원 이하의 벌금에 해당하지 않는 것은?

17.03.문49 16.05.문57 15.09.문43 15.05.문58 11.10.문51 10.09.문54

① 소방자동차가 화재진압 및 구조·구급활동을 위하여 출동할 때 그 출동을 방해한 자
② 사람을 구출하거나 불이 번지는 것을 막기 위하여 불이 번질 우려가 있는 소방대상물의 사용제한의 강제처분을 방해한 자
③ 출동한 소방대의 소방장비를 파손하거나 그 효용을 해하여 화재진압·인명구조 또는 구급활동을 방해한 자
④ 정당한 사유 없이 소방용수시설 또는 비상소화장치의 효용을 해치거나 그 정당한 사용을 방해한 자

해설 **기본법 50조**
**5년 이하의 징역 또는 5000만원 이하의 벌금**
(1) 소방자동차의 **출동 방해**
(2) **사람구출** 방해
(3) **소방용수시설** 또는 **비상소화장치**의 효용 방해
(4) 출동한 소방대의 화재진압·인명구조 또는 구급활동 **방해**
(5) 소방대의 현장출동 **방해**
(6) 출동한 소방대원에게 **폭행·협박** 행사

② **3년** 이하의 징역 또는 **3000만원** 이하의 벌금

답 ②

★
**43** 고형 알코올 그 밖에 1기압 상태에서 인화점이 40℃ 미만인 고체에 해당하는 것은?

15.05.문47 12.09.문49

① 가연성 고체 ② 산화성 고체
③ 인화성 고체 ④ 자연발화성 물질

해설 **위험물령 〔별표 1〕**
**위험물**

| 구 분 | 설 명 |
|---|---|
| 가연성 고체 | **고체**로서 화염에 의한 발화의 위험성 또는 인화의 위험성을 판단하기 위하여 고시로 정하는 시험에서 고시로 정하는 성질과 상태를 나타내는 것 |
| 산화성 고체 | **고체** 또는 **기체**로서 산화력의 잠재적인 위험성 또는 충격에 대한 민감성을 판단하기 위하여 소방청장이 정하여 고시하는 시험에서 고시로 정하는 성질과 상태를 나타내는 것 |
| 인화성 고체 | **고형 알코올** 그 밖에 1기압에서 인화점이 **40℃ 미만**인 고체 |
| 자연발화성 물질 및 금수성 물질 | **고체** 또는 **액체**로서 공기 중에서 발화의 위험성이 있거나 **물**과 **접촉**하여 발화하거나 가연성 가스를 발생하는 위험성이 있는 것 |

답 ③

★
**44** 소화난이도등급 Ⅰ의 제조소 등에 설치해야 하는 소화설비기준 중 유황만을 저장·취급하는 옥내탱크저장소에 설치해야 하는 소화설비는?

① 옥내소화전설비
② 옥외소화전설비
③ 물분무소화설비
④ 고정식 포소화설비

해설 **위험물규칙 〔별표 17〕**
**유황만을 저장·취급하는 옥내·외탱크저장소·암반탱크저장소에 설치해야 하는 소화설비**
물분무소화설비

답 ③

★★
**45** 정기점검의 대상인 제조소 등에 해당하지 않는 것은?

17.09.문51

① 이송취급소
② 이동탱크저장소
③ 암반탱크저장소
④ 판매취급소

해설 **위험물령 16조**

정기점검의 대상인 제조소 등

(1) **제조소** 등(이송취급소 · 암반탱크저장소)
(2) **지하탱크**저장소
(3) **이동탱크**저장소
(4) 위험물을 취급하는 탱크로서 지하에 매설된 탱크가 있는 **제조소 · 주유취급소** 또는 **일반취급소**

답 ④

**46** 화재예방, 소방시설 설치 · 유지 및 안전관리에 관한 법률에 따른 소방안전관리 업무를 하지 아니한 특정소방대상물의 관계인에게는 몇 만원 이하의 과태료를 부과하는가?

16.03.문51
15.09.문57

① 100 ② 200
③ 300 ④ 500

해설 **200만원 이하의 과태료**

(1) 소방용수시설 · 소화기구 및 설비 등의 설치명령 위반(기본법 56조)
(2) 특수가연물의 저장 · 취급 기준 위반(기본법 56조)
(3) 한국119청소년단 또는 이와 유사한 명칭을 사용한 자(기본법 56조)
(4) 소방활동구역 출입(기본법 56조)
(5) **소방자동차**의 **출동**에 **지장**을 준 자(기본법 56조)
(6) 관계인의 소방안전관리 업무 미수행(소방시설법 53조)
(7) **소방훈련** 및 **교육** 미실시자(소방시설법 53조)
(8) 소방시설의 점검결과 미보고(소방시설법 53조)
(9) 관계서류 미보관자(공사업법 40조)
(10) **소방기술자 미배치자**(공사업법 40조)
(11) 하도급 미통지자(공사업법 40조)

답 ②

**47** 소방체험관의 설립 · 운영권자는?

① 국무총리
② 소방청장
③ 시 · 도지사
④ 소방본부장 및 소방서장

해설 **시 · 도지사**

(1) 제조소 등의 설치**허**가(위험물법 6조)
(2) 소방업무의 지휘 · 감독(기본법 3조)
(3) 소방**체**험관의 설립 · 운영(기본법 5조)
(4) 소방업무에 관한 세부적인 종합계획 수립 및 소방업무 수행(기본법 6조)
(5) **화**재경계지구의 지정(기본법 13조)

중요

**시 · 도지사**
(1) 특별시장
(2) 광역시장
(3) 도지사
(4) 특별자치시
(5) 특별자치도

기억법 시체허화

답 ③

**48** 특정소방대상물 중 의료시설에 해당되지 않는 것은?

13.06.문45

① 노숙인 재활시설 ② 장애인 의료재활시설
③ 정신의료기관 ④ 마약진료소

해설 **소방시설법 시행령 [별표 2]**

의료시설

| 구 분 | 종 류 |
|---|---|
| 병원 | • 종합병원 • 병원<br>• 치과병원 • 한방병원<br>• 요양병원 |
| 격리병원 | • 전염병원 • 마약진료소 |
| 정신의료기관 | – |
| 장애인 의료재활시설 | – |

① 노유자시설

답 ①

**49** 교육연구시설 중 학교 지하층은 바닥면적의 합계가 몇 $m^2$ 이상인 경우 연결살수설비를 설치해야 하는가?

① 500 ② 600
③ 700 ④ 1000

해설 **소방시설법 시행령 [별표 5]**

연결살수설비의 설치대상

| 설치대상 | 조 건 |
|---|---|
| ① 지하층 | • 바닥면적 합계 **150m²**(학교 **700m²**) 이상 |
| ② 판매시설<br>③ 운수시설<br>④ 물류터미널 | • 바닥면적 합계 **1000m²** 이상 |
| ⑤ 가스시설 | • **30t** 이상 탱크시설 |
| ⑥ 전부 | • 연결통로 |

답 ③

**50** 소방장비 등에 대한 국고보조 대상사업의 범위와 기준보조율은 무엇으로 정하는가?

06.03.문59

① 행정안전부령 ② 대통령령
③ 시 · 도의 조례 ④ 국토교통부령

해설 **기본법 8 · 9조**

소방력 및 소방장비

(1) 소방력의 기준 : **행정안전부령**
(2) 소방장비 등에 대한 국고보조 기준 : **대통령령**

• **소방력**: 소방기관이 소방업무를 수행하는 데 필요한 **인력과 장비**

답 ②

★
**51** 제2류 위험물의 품명에 따른 지정수량의 연결이 틀린 것은?

① 황화린 – 100kg ② 유황 – 300kg
③ 철분 – 500kg ④ 인화성 고체 – 1000kg

해설 **위험물령 〔별표 1〕**
제2류 위험물

| 성 질 | 품 명 | 지정수량 |
|---|---|---|
| 가연성 고체 | 황화린 | 100kg |
| | 적린 | |
| | 유황 | |
| | 철분 | 500kg |
| | 금속분 | |
| | 마그네슘 | |
| | 인화성 고체 | 1000kg |

② 유황 – 100kg

답 ②

★★★
**52** 소방기본법상 소방용수시설의 저수조는 지면으로부터 낙차가 몇 m 이하가 되어야 하는가?
16.05.문44
16.03.문41
13.03.문49

① 3.5 ② 4
③ 4.5 ④ 6

해설 **기본규칙 〔별표 3〕**
소방용수시설의 저수조에 대한 설치기준
(1) 낙차: **4.5m** 이하
(2) 수심: **0.5m** 이상
(3) 투입구의 길이 또는 지름: **60cm** 이상
(4) 소방펌프 자동차가 **쉽게 접근**할 수 있도록 할 것
(5) 흡수에 지장이 없도록 **토사** 및 **쓰레기** 등을 제거할 수 있는 설비를 갖출 것
(6) 저수조에 물을 공급하는 방법은 **상수도**에 연결하여 **자동**으로 **급수**되는 구조일 것

기억법 낙45(낙산사로 오세요!), 수5(수호천사)

답 ③

★★★
**53** 위험물제조소 게시판의 바탕 및 문자의 색으로 올바르게 연결된 것은?
19.04.문58
15.03.문44
11.10.문45

① 바탕 – 백색, 문자 – 청색
② 바탕 – 청색, 문자 – 흑색
③ 바탕 – 흑색, 문자 – 백색
④ 바탕 – 백색, 문자 – 흑색

해설 **위험물규칙 〔별표 4〕**
위험물제조소의 표지
(1) 한 변의 길이가 **0.3m 이상**, 다른 한 변의 길이가 **0.6m 이상**인 **직사각형**일 것
(2) 바탕은 **백색**으로, 문자는 **흑색**일 것

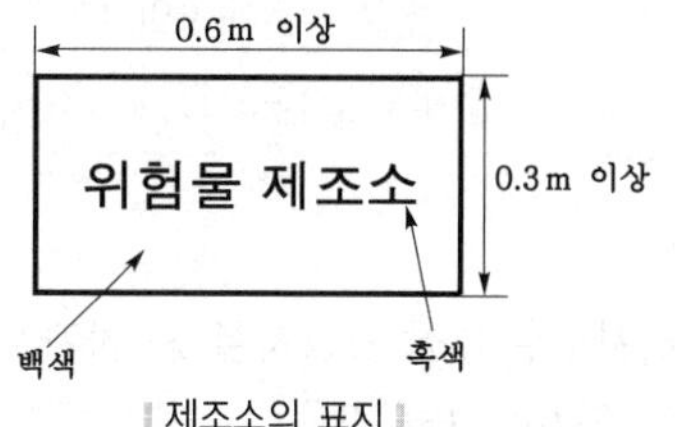

▌제조소의 표지▐

기억법 표바백036

답 ④

★★★
**54** 작동기능점검을 실시한 자는 작동기능점검 실시 결과보고서를 며칠 이내에 소방본부장 또는 소방서장에게 제출해야 하는가?
19.03.문59
16.03.문55
11.03.문56

① 7
② 10
③ 20
④ 30

해설 7일
(1) 위험물이나 물건의 보관기간(기본령 3조)
(2) 건축허가 등의 취소통보(소방시설법 시행규칙 4조)
(3) **소방공사 감리원**의 **배치**통보일(공사업규칙 17조)
(4) 소방공사 감리결과 통보 · 보고일(공사업규칙 19조)
(5) 소방**특**별조사 조사대상 · **기**간 · 사유 **서**면 통지일(소방시설법 4조 3)
(6) 종합정밀점검 · 작동기능점검 결과보고서 제출일(소방시설법 시행규칙 19조)

기억법 감배7(감 배치), 특기서7(서치하다.)

답 ①

★★
**55** 소방용수시설 중 소화전과 급수탑의 설치기준으로 틀린 것은?
19.03.문58
17.03.문54
09.08.문43

① 소화전은 상수도와 연결하여 지하식 또는 지상식의 구조로 할 것
② 소방용 호스와 연결하는 소화전의 연결금속구의 구경은 65mm로 할 것
③ 급수탑 급수배관의 구경은 100mm 이상으로 할 것
④ 급수탑의 개폐밸브는 지상에서 1.5m 이상 1.8m 이하의 위치에 설치할 것

해설 **기본규칙 〔별표 3〕**
**소방용수시설별 설치기준**

| 소화전 | 급수탑 |
|---|---|
| • **65mm** : 연결금속구의 구경 | • **100mm** : 급수배관의 구경<br>• **1.5~1.7m** 이하 : 개폐밸브 높이 |

④ 1.5m 이상 1.8m 이하 → 1.5m 이상 1.7m 이하

답 ④

★★★
**56** 하자보수 대상 소방시설 중 하자보수 보증기간이 2년이 아닌 것은?

15.05.문59
15.03.문52
12.05.문59

① 유도표지 ② 비상경보설비
③ 무선통신보조설비 ④ 자동화재탐지설비

해설 **공사업령 6조**
**소방시설공사의 하자보수 보증기간**

| 보증기간 | 소방시설 |
|---|---|
| **2년** | ① **유**도등 · 유도표지 · **피**난기구<br>② **비**상**조**명등 · 비상**경**보설비 · 비상**방**송설비<br>③ **무**선통신보조설비 |
| **3년** | ① 자동소화장치<br>② 옥내 · 외소화전설비<br>③ 스프링클러설비 · 간이스프링클러설비<br>④ 물분무등소화설비 · 상수도 소화용수설비<br>⑤ 자동화재탐지설비 · 소화활동설비 |

기억법 유비조경방무피2

④ 3년

답 ④

★★
**57** 소방시설공사업법상 소방시설업 등록신청서 및 첨부서류에 기재되어야 할 내용이 명확하지 아니한 경우 서류의 보완기간은 며칠 이내인가?

① 14 ② 10
③ 7 ④ 5

해설 **공사업규칙 2조 2**
**10일 이내**
(1) 소방시설업 등록신청 첨부서류 보완
(2) 소방시설업 등록신청서 및 첨부서류 기재사항 보완

답 ②

★★★
**58** 일반 소방시설설계업(기계분야)의 영업범위는 공장의 경우 연면적 몇 $m^2$ 미만의 특정소방대상물에 설치되는 기계분야 소방시설의 설계에 한하는가? (단, 제연설비가 설치되는 특정소방대상물은 제외한다.)

05.05.문44

① $10000m^2$ ② $20000m^2$
③ $30000m^2$ ④ $40000m^2$

해설 **공사업령 〔별표 1〕**
**소방시설설계업**

| 종류 | 기술인력 | 영업범위 |
|---|---|---|
| 전문 | • 주된기술인력 : **1명** 이상<br>• 보조기술인력 : **1명** 이상 | • 모든 특정소방대상물 |
| 일반 | • 주된기술인력 : **1명** 이상<br>• 보조기술인력 : **1명** 이상 | • **아파트**(기계분야 제연설비 제외)<br>• 연면적 **30000m²**(공장 **10000m²**) 미만(기계분야 제연설비 제외)<br>• **위험물제조소** 등 |

답 ①

★★★
**59** 소방용품의 형식승인을 반드시 취소하여야 하는 경우가 아닌 것은?

① 거짓 또는 부정한 방법으로 형식승인을 받은 경우
② 시험시설의 시설기준에 미달되는 경우
③ 거짓 또는 부정한 방법으로 제품검사를 받은 경우
④ 변경승인을 받지 아니한 경우

해설 **소방시설법 38조**
**소방용품 형식승인 취소**
(1) **거짓**이나 그 밖의 **부정한 방법**으로 **형식승인**을 받은 경우
(2) **거짓**이나 그 밖의 **부정한 방법**으로 **제품검사**를 받은 경우
(3) 변경승인을 받지 아니하거나 **거짓**이나 그 밖의 **부정한 방법**으로 **변경승인**을 받은 경우

② 6개월 이내의 기간을 정하여 제품검사 중지

답 ②

★
**60** 소방본부장이 소방특별조사위원회 위원으로 임명하거나 위촉할 수 있는 사람이 아닌 것은?

19.03.문43

① 소방시설관리사
② 과장급 직위 이상의 소방공무원
③ 소방 관련 분야의 석사학위 이상을 취득한 사람
④ 소방 관련 법인 또는 단체에서 소방 관련 업무에 3년 이상 종사한 사람

해설 **소방시설법 시행령 7조 2**
**소방특별조사위원회의 구성**
(1) **과장급** 직위 이상의 소방공무원
(2) 소방기술사

(3) 소방시설관리사
(4) 소방 관련 분야의 **석사**학위 이상을 취득한 사람
(5) 소방 관련 법인 또는 단체에서 소방 관련 업무에 **5년** 이상 종사한 사람
(6) 소방공무원 교육기관, 학교 또는 연구소에서 소방과 관련한 교육 또는 연구에 **5년** 이상 종사한 사람

④ 3년 → 5년

답 ④

## 제 4 과목 소방전기시설의 구조 및 원리

★★★
**61** 비상콘센트설비의 전원회로의 공급용량은 최소 몇 kVA 이상인 것으로 설치해야 하는가?

19.04.문63 18.04.문61 17.03.문72 16.05.문76 15.09.문65 15.09.문80 15.03.문73 14.03.문64 13.06.문77 11.10.문67

① 1.5
② 2
③ 2.5
④ 3

해설 **비상콘센트**의 **규격**

| 구 분 | 전 압 | 용 량 | 플러그접속기 |
|---|---|---|---|
| 단상교류 | 220V | 1.5kVA 이상 | 접지형 2극 |

(1) 하나의 전용회로에 설치하는 비상콘센트는 **10개** 이하로 할 것
(2) 풀박스는 **1.6mm** 이상의 철판을 사용할 것
(3) 전원회로는 각 층에 있어서 **2** 이상이 되도록 설치할 것
(4) 콘센트마다 배선용 차단기를 설치하며, 충전부가 **노출되지 아니하도록** 할 것

답 ①

★★
**62** 연기감지기 설치시 천장 또는 반자 부근에 배기구가 있는 경우에 감지기의 설치위치로 옳은 것은?

13.03.문79

① 배기구가 있는 그 부근
② 배기구로부터 가장 먼 곳
③ 배기구로부터 0.6m 이상 떨어진 곳
④ 배기구로부터 1.5m 이상 떨어진 곳

해설 **연기감지기**의 **설치기준**
(1) 복도 및 통로는 보행거리 **30m**(3종은 **20m**)마다 1개 이상으로 할 것
(2) 계단 및 경사로는 수직거리 **15m**(3종은 **10m**)마다 1개 이상으로 할 것
(3) 천장 또는 반자가 **낮은 실내** 또는 **좁은 실내**는 **출입구**의 가까운 부분에 설치할 것
(4) 천장 또는 반자 부근에 **배기구**가 있는 경우에는 **그 부근**에 설치할 것
(5) 감지기는 벽 또는 보로부터 **0.6m** 이상 떨어진 곳에 설치할 것

중요

**연기감지기**의 **설치**

| 배기구 | 공기유입구 |
|---|---|
| 그 부근 | **1.5m** 이상 떨어진 곳 |

답 ①

★★★
**63** 무선통신보조설비 증폭기의 설치기준으로 틀린 것은?

11.03.문75

① 증폭기는 비상전원이 부착된 것으로 한다.
② 증폭기의 전면에는 표시등 및 전류계를 설치한다.
③ 전원은 전기가 정상적으로 공급되는 축전지, 전기저장장치 또는 교류전압 옥내간선으로 하고 전원까지의 배선은 전용으로 한다.
④ 증폭기의 비상전원용량은 무선통신보조설비가 유효하게 30분 이상 작동시킬 수 있는 것으로 한다.

해설 **무선통신보조설비**의 **증폭기** 및 **무선중계기**의 **설치기준**(NFSC 505⑧)
(1) 전원은 **축전지**, 전기저장장치 또는 **교류전압 옥내간선**으로 하고, 전원까지의 배선은 **전용**으로 할 것
(2) 증폭기의 전면에는 전원확인 **표시등** 및 **전압계** 설치
(3) 증폭기의 비상전원용량은 **30분** 이상
(4) **증폭기** 및 **무선중계기**를 설치하는 경우 전파법 규정에 따른 적합성 평가를 받은 제품으로 설치
(5) 디지털방식의 무전기를 사용하는 데 지장이 없도록 설치할 것

② 전류계 → 전압계

용어

**전기저장장치**
외부 전기에너지를 저장해 두었다가 필요한 때 전기를 공급하는 장치

답 ②

★★
**64** 통로유도등의 설치기준 중 틀린 것은?

19.09.문69 14.09.문66 14.05.문67 14.03.문80 11.03.문68 08.05.문69

① 거실의 통로가 벽체 등으로 구획된 경우에는 거실통로유도등을 설치한다.
② 거실통로유도등은 거실통로에 기둥이 설치된 경우에는 기둥부분의 바닥으로부터 높이 1.5m 이하의 위치에 설치할 수 있다.
③ 복도통로유도등은 구부러진 모퉁이 및 보행거리 20m마다 설치한다.
④ 계단통로유도등은 바닥으로부터 높이 1m 이하의 위치에 설치한다.

해설 **거실통로유도등**의 **설치기준**

(1) **거실**의 **통로**에 설치할 것(단, 거실의 통로가 **벽체** 등으로 **구획**된 경우에는 **복도통로유도등** 설치)
(2) 구부러진 **모**퉁이 및 **보**행**거**리 20m마다 설치할 것
(3) 바닥으로부터 **높**이 1.5m 이상의 위치에 설치할 것(단, **거실통로**에 **기둥**이 설치된 경우에는 기둥부분의 바닥으로부터 높이 1.5m **이하**의 위치에 설치 가능)

기억법 거통복 모거높

① 거실통로유도등 → 복도통로유도등

중요

(1) **설치높이**

| 구 분 | 설치높이 |
|---|---|
| 계단통로유도등 · 복도통로유도등 · 통로유도표지 | 바닥으로부터 높이 1m 이하 |
| 피난구유도등 | 피난구의 바닥으로부터 높이 1.5m 이상 |

기억법 계복1, 피유15상

(2) **설치거리**

| 구 분 | 설치거리 |
|---|---|
| 복도통로유도등 | 구부러진 모퉁이 및 **보행거리** 20m마다 설치 |
| 거실통로유도등 | |
| 계단통로유도등 | 각 층의 **경사로참** 또는 **계단참**마다 설치 |

답 ①

★★★
**65** 광전식 분리형 감지기의 설치기준 중 틀린 것은?

13.09.문78

① 감지기의 광축의 길이는 공칭감시거리 범위 이내일 것
② 감지기의 송광부와 수광부는 설치된 뒷벽으로부터 1m 이내 위치에 설치할 것
③ 광축의 높이는 천장 등(천장의 실내에 면한 부분 또는 상층의 바닥하부면) 높이의 80% 이상일 것
④ 광축은 나란한 벽으로부터 0.5m 이상 이격하여 설치할 것

해설 **광전식 분리형 감지기**의 **설치기준**

(1) 감지기의 광축의 길이는 공칭감시거리 범위 이내이어야 한다.
(2) 감지기의 송광부와 수광부는 설치된 뒷벽으로부터 **1m 이내**의 위치에 설치해야 한다.
(3) 감지기의 수광면은 햇빛을 직접 받지 않도록 설치해야 한다.
(4) 광축은 나란한 벽으로부터 **0.6m 이상** 이격하여야 한다.
(5) 광축의 높이는 천장 등 높이의 **80%** 이상일 것

기억법 광분8(**광 분**할해서 **팔**아요.)

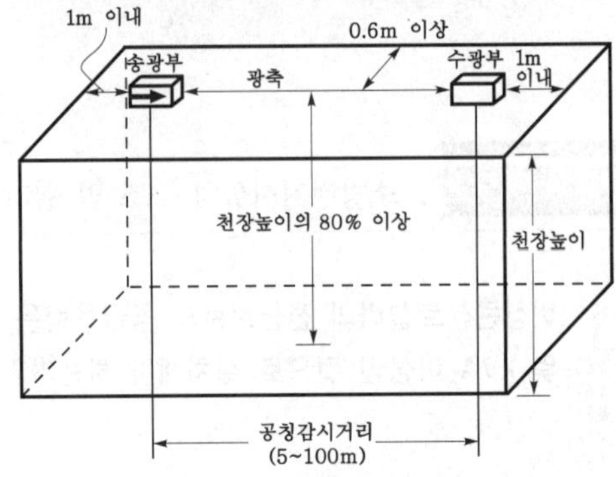


| 광전식 분리형 감지기의 설치 |

④ 0.5m 이상 → 0.6m 이상

답 ④

★★★
**66** 감지기의 설치기준 중 부착높이 20m 이상에 설치되는 광전식 중 아날로그방식의 감지기는 공칭감지농도 하한값이 감광률 몇 %/m 미만인 것으로 하는가?

15.05.문74
08.03.문75

① 3
② 5
③ 7
④ 10

해설 **감지기**의 **부착높이**(NFSC 203⑦)

| 부착높이 | 감지기의 종류 |
|---|---|
| 8~15m 미만 | • 차동식 분포형<br>• 이온화식 1종 또는 2종<br>• 광전식(스포트형, 분리형, 공기흡입형) 1종 또는 2종<br>• 연기복합형<br>• 불꽃감지기 |
| 15~20m 미만 | • 이온화식 1종<br>• 광전식(스포트형, 분리형, 공기흡입형) 1종<br>• 연기복합형<br>• 불꽃감지기 |
| 20m 이상 | • 불꽃감지기<br>• 광전식(분리형, 공기흡입형) 중 아날로그방식 |

② 부착높이 **20m** 이상에 설치되는 광전식 중 아날로그방식의 감지기는 공칭감지농도 하한값이 감광률 **5%/m** 미만인 것으로 한다.

답 ②

☆☆
**67** 12.05.문61

**각 실별 실내의 바닥면적이 25m²인 4개의 실에 단독경보형 감지기를 설치시 몇 개의 실로 보아야 하는가? (단, 각 실은 이웃하고 있으며, 벽체 상부가 일부 개방되어 이웃하는 실내와 공기가 상호유통되는 경우이다.)**

① 1　　② 2
③ 3　　④ 4

해설 **단독경보형 감지기**의 **설치기준**

(1) **각 실**마다 설치할 것(단, **30m²** 미만이고 벽체 상부가 개방되어 있으면 **1개실**로 본다.)
(2) 최상층 계단실의 **천장**에 설치할 것
(3) 바닥면적이 **150m²**를 초과하는 경우에는 150m²마다 1개 이상 설치할 것
(4) 건전지를 주전원으로 사용하는 경우에는 정상적인 작동상태를 유지할 수 있도록 **건전지**를 교환할 것

중요

**단독경보형 감지기 수**
단독경보형 감지기는 바닥면적 **150m²**마다 1개 이상 설치하므로

$$\text{단독경보형 감지기 수} = \frac{\text{바닥면적}}{150\text{m}^2}(\text{절상})$$

※ **절상** : '소수점 이하는 무조건 올린다.'는 뜻

답 ①

☆☆☆
**68** 16.05.문74 06.03.문65 05.03.문73

**공동주택에 적응성이 있는 피난기구는? (단, 공동주택은 공동주택관리법 시행령 제2조의 규정에 해당하는 공동주택이다.)**

① 간이완강기　　② 피난용 트랩
③ 미끄럼대　　④ 공기안전매트

해설 **피난기구**의 **적응성**(NFSC 301 [별표 1])

| 층별 / 설치장소별 구분 | 지하층 | 1층 | 2층 | 3층 | 4층 이상 10층 이하 |
|---|---|---|---|---|---|
| 노유자시설 | • 피난용 트랩 | • 미끄럼대<br>• 구조대<br>• 피난교<br>• 다수인 피난장비<br>• 승강식 피난기 | • 미끄럼대<br>• 구조대<br>• 피난교<br>• 다수인 피난장비<br>• 승강식 피난기 | • 미끄럼대<br>• 구조대<br>• 피난교<br>• 다수인 피난장비<br>• 승강식 피난기 | • 피난교<br>• 다수인 피난장비<br>• 승강식 피난기 |
| 의료시설 · 입원실이 있는 의원 · 접골원 · 조산원 | • 피난용 트랩 | | | • 미끄럼대<br>• 구조대<br>• 피난교<br>• 피난용 트랩<br>• 다수인 피난장비<br>• 승강식 피난기 | • 구조대<br>• 피난교<br>• 피난용 트랩<br>• 다수인 피난장비<br>• 승강식 피난기 |
| 영업장의 위치가 4층 이하인 다중 이용업소 | | | • 미끄럼대<br>• 피난사다리<br>• 구조대<br>• 완강기<br>• 다수인 피난장비<br>• 승강식 피난기 | • 미끄럼대<br>• 피난사다리<br>• 구조대<br>• 완강기<br>• 다수인 피난장비<br>• 승강식 피난기 | • 미끄럼대<br>• 피난사다리<br>• 구조대<br>• 완강기<br>• 다수인 피난장비<br>• 승강식 피난기 |
| 그 밖의 것 | • 피난사다리<br>• 피난용 트랩 | | | • 미끄럼대<br>• 피난사다리<br>• 구조대<br>• 완강기<br>• 피난교<br>• 피난용 트랩<br>• 간이완강기<br>• 공기안전매트<br>• 다수인 피난장비<br>• 승강식 피난기 | • 피난사다리<br>• 구조대<br>• 완강기<br>• 피난교<br>• 간이완강기<br>• 공기안전매트<br>• 다수인 피난장비<br>• 승강식 피난기 |

㈜ **간이완강기**의 적응성은 **숙박시설**의 **3층 이상**에 있는 **객실**에, **공기안전매트**의 적응성은 **공동주택**에 한한다.

④ **공**기안전매트 : **공동주택**에 설치

기억법 **공공**

답 ④

☆☆☆
**69** 19.09.문76 19.04.문68 18.09.문77 18.03.문73 17.05.문61 16.10.문73 16.05.문67 16.03.문68 15.05.문73 15.05.문76 15.03.문62 14.05.문63 14.05.문75 14.03.문61 13.06.문62 13.06.문80

**비상방송설비는 기동장치에 따른 화재신고를 수신한 후 필요한 음량으로 화재발생 상황 및 피난에 유효한 방송이 자동으로 개시될 때까지의 소요시간은 몇 초 이하여야 하는가?**

① 5
② 10
③ 30
④ 60

해설 **소요시간**

| 기 기 | 시 간 |
|---|---|
| P형 · P형 복합식 · R형 · R형 복합식 · GP형 · GP형 복합식 · GR형 · GR형 복합식 | 5초 이내<br>(축적형 60초 이내) |
| **중**계기 | **5**초 이내 |
| 비상방송설비 | 10초 이하 |
| **가**스누설경보기 | **6**0초 이내 |

기억법 **시중5(시중을 드시오!)**
**6가(육체미가 아름답다.)**

답 ②

☆☆☆
**70** 11.10.문73

**누전경보기 음향장치의 설치위치로 옳은 것은?**

① 옥내의 점검에 편리한 장소
② 옥외인입선의 제1지점의 부하측의 점검이 쉬운 위치
③ 수위실 등 상시 사람이 근무하는 장소
④ 옥외인입선의 제2종 접지선측의 점검이 쉬운 위치

해설 **누전경보기**의 **음향장치**(NFSC 205⑤)

(1) **수위실** 등 상시 사람이 근무하는 장소에 설치
(2) 음량 및 음색은 다른 기기의 소음 등과 명확히 **구별**할 수 있는 것

비교

(1) **변류기**의 **설치위치**
㉠ 옥외인입선의 **제1지점**의 부하측
㉡ **제2종** 접지선측
(2) **누전경보기**의 **수신기**

| 구 분 | 설 명 |
|---|---|
| 설치 장소 | 옥내의 점검에 편리한 장소 |
| 설치 제외 장소 | ① 습도가 높은 장소<br>② 온도의 변화가 급격한 장소<br>③ 화약류 제조·저장·취급 장소<br>④ 대전류회로·고주파 발생회로 등의 영향을 받을 우려가 있는 장소<br>⑤ 가연성의 증기·먼지·가스·부식성의 증기·가스 다량체류장소 |

답 ③

**71** 누전경보기 수신부의 기능검사 항목이 아닌 것은?

15.09.문72 14.05.문69(산업) 06.09.문80(산업)

① 충격시험
② 절연저항시험
③ 내식성 시험
④ 전원전압 변동시험

해설 **시험항목**

| 중계기 | 속보기의 예비전원 | 누전경보기 |
|---|---|---|
| • 주위온도시험<br>• 반복시험<br>• 방수시험<br>• 절연저항시험<br>• 절연내력시험<br>• 충격전압시험<br>• 충격시험<br>• 진동시험<br>• 습도시험<br>• 전자파 내성시험 | • 충·방전시험<br>• 안전장치시험 | • **전**원전압 변동시험<br>• 온도특성시험<br>• 과입력 전압시험<br>• 개폐기의 조작시험<br>• 반복시험<br>• 진동시험<br>• **충**격시험<br>• 방**수**시험<br>• **절**연저항시험<br>• **절**연내력시험<br>• **충**격파 내전압시험<br>• 단락전류 **강**도시험<br>기억법 누수 충수 절충 강전 |

답 ③

**72** 무선통신보조설비의 누설동축케이블 및 안테나는 고압의 전로로부터 1.5m 이상 떨어진 위치에 설치해야 하나 그렇게 하지 않아도 되는 경우는?

19.03.문80 17.05.문68 15.09.문78 14.05.문78 12.05.문78 10.05.문76 08.09.문70

① 해당 전로에 정전기 차폐장치를 유효하게 설치한 경우
② 금속제 등의 지지금구로 일정한 간격으로 고정한 경우
③ 끝부분에 무반사 종단저항을 설치한 경우
④ 불연재료로 구획된 반자 안에 설치한 경우

해설 **무선통신보조설비**의 **설치기준**(NFSC 505)
(1) 소방전용 주파수대에서 전파의 **전송** 또는 **복사**에 적합한 것으로서 소방 전용의 것일 것
(2) 누설동축케이블과 이에 접속하는 안테나 또는 동축케이블과 이에 접속하는 안테나일 것
(3) 누설동축케이블 및 동축케이블은 화재에 따라 해당 케이블의 피복이 소실된 경우에 케이블 본체가 떨어지지 아니하도록 4m 이내마다 금속제 또는 자기제 등의 지지금구로 벽·천장·기둥 등에 견고하게 고정시킬 것(단, 불연재료로 구획된 반자 안에 설치하는 경우 제외)
(4) **누**설동축케이블 및 안테나는 **고**압전로로부터 **1.5**m 이상 떨어진 위치에 설치할 것(해당 전로에 **정전기 차폐장치**를 유효하게 설치한 경우에는 제외)

기억법 누고15

(5) 누설동축케이블의 끝부분에는 **무반사 종단저항**을 설치할 것
(6) 임피던스 : **50Ω**

※ **무반사 종단저항** : 전송로로 전송되는 전자파가 전송로의 종단에서 반사되어 교신을 방해하는 것을 막기 위한 저항

답 ①

**73** 아파트형 공장의 지하 주차장에 설치된 비상방송용 스피커의 음량조정기 배선방식은?

19.09.문76 19.04.문68 18.09.문77 18.03.문73 16.10.문69 16.05.문67 16.03.문68 15.05.문73 15.05.문76 15.03.문62 14.05.문63 14.05.문75 14.03.문61

① 단선식
② 2선식
③ 3선식
④ 복합식

해설 **비상방송설비**의 **설치기준**
(1) 확성기의 음성입력은 실외 **3W**(**실내 1W**) 이상일 것
(2) 확성기는 **각 층**마다 설치하되, 각 부분으로부터의 수평거리는 **25m** 이하일 것
(3) 음량조정기는 **3선식** 배선일 것
(4) 조작스위치는 바닥으로부터 **0.8~1.5m** 이하의 높이에 설치할 것
(5) 다른 전기회로에 의하여 **유도장애**가 생기지 아니하도록 할 것
(6) 비상방송 개시시간은 **10초** 이하일 것
(7) 다른 방송설비와 공용할 경우 화재시 비상경보 외의 방송을 차단할 수 있을 것

중요

**비상방송설비 3선식 배선 종류**
(1) 공통선
(2) 업무용 배선
(3) 긴급용 배선

답 ③

**74** 자동화재탐지설비 배선의 설치기준 중 다음 ( ) 안에 알맞은 것은?

19.03.문65
07.03.문80

자동화재탐지설비 감지기 회로의 전로저항은 ( ㉠ )이(가) 되도록 하여야 하며, 수신기 각 회로별 종단에 설치되는 감지기에 접속되는 배선의 전압은 감지기 정격전압의 ( ㉡ )% 이상이어야 한다.

① ㉠ 50Ω 이상, ㉡ 70
② ㉠ 50Ω 이하, ㉡ 80
③ ㉠ 40Ω 이상, ㉡ 70
④ ㉠ 40Ω 이하, ㉡ 80

해설 (1) 감지기 회로의 전로저항 : **50Ω 이하**
(2) 1 경계구역의 절연저항 : **0.1MΩ 이상**
(3) 감지기에 접속하는 배선전압 : 정격전압의 **80% 이상**

답 ②

**75** 비상조명등 비상점등회로의 보호를 위한 기준 중 다음 ( ) 안에 알맞은 것은?

12.03.문77

비상조명등은 비상점등을 위하여 비상전원으로 전환되는 경우 비상점등회로로 정격전류의 ( ㉠ )배 이상의 전류가 흐르거나 램프가 없는 경우에는 ( ㉡ )초 이내에 예비전원으로부터 비상전원 공급을 차단해야 한다.

① ㉠ 2, ㉡ 1　② ㉠ 1.2, ㉡ 3
③ ㉠ 3, ㉡ 1　④ ㉠ 2.1, ㉡ 5

해설 **비상점등회로**의 **보호**(비상조명등 형식 5조 2)
비상조명등은 비상점등을 위하여 비상전원으로 전환되는 경우 비상점등회로로 정격전류의 **1.2배** 이상의 전류가 흐르거나 램프가 없는 경우에는 **3초** 이내에 예비전원으로부터 비상전원 공급을 차단할 것

답 ②

**76** 피난기구 중 다수인 피난장비의 설치기준으로 틀린 것은?

① 사용시에 보관실 외측 문이 먼저 열리고 탑승기가 외측으로 자동으로 전개될 것
② 하강시에 탑승기가 건물 외벽이나 돌출물에 충돌하지 않도록 설치할 것
③ 상·하층에 설치할 경우에는 탑승기의 하강경로가 중첩되도록 할 것
④ 보관실은 건물 외측보다 돌출되지 아니하고, 빗물·먼지 등으로부터 장비를 보호할 수 있는 구조일 것

해설 **다수인 피난장비**의 **설치기준**(NFSC 301)
(1) **피난**에 **용이**하고 안전하게 하강할 수 있는 장소에 적재하중을 충분히 견딜 수 있도록 구조안전의 확인을 받아 견고하게 설치할 것
(2) **보관실**은 건물 외측보다 돌출되지 아니하고, 빗물·먼지 등으로부터 장비를 보호할 수 있는 구조일 것
(3) 사용시에 보관실 **외측 문**이 먼저 열리고 **탑승기**가 외측으로 **자동**으로 **전개**될 것
(4) 하강시에 **탑**승기가 건물 외벽이나 돌출물에 충돌하지 않도록 설치할 것
(5) 상·하층에 설치할 경우에는 탑승기의 **하강경로**가 **중첩되지 않도록** 할 것
(6) 하강시에는 안전하고 **일정**한 **속도**를 유지하도록 하고 전복, 흔들림, 경로이탈 방지를 위한 안전조치를 할 것
(7) 보관실의 문에는 **오작동 방지조치**를 하고, 문 개방시에는 해당 소방대상물에 설치된 **경보설비**와 연동하여 유효한 경보음을 발하도록 할 것
(8) 피난층에는 해당 층에 설치된 피난기구가 **착**지에 지장이 없도록 충분한 공간을 확보할 것
(9) 한국소방산업기술원 또는 **성**능시험기관으로 지정받은 기관에서 그 성능을 검증받은 것으로 설치할 것

기억법 다피보 외탑중오 속성착

③ 중첩되도록 할 것 → 중첩되지 않도록 할 것

답 ③

**77** 자동화재속보설비 속보기의 구조에 대한 설명 중 틀린 것은?

① 수동통화용 송수화장치를 설치하여야 한다.
② 접지전극에 직류전류를 통하는 회로방식을 사용하여야 한다.
③ 작동시 그 작동시간과 작동횟수를 표시할 수 있는 장치를 하여야 한다.
④ 부식에 의한 기계적 기능에 영향을 초래할 우려가 있는 부분은 기계식 내식가공을 하거나 방청가공을 하여야 한다.

해설 **자동화재속보설비**의 **속보기**에 **적용할 수 없는 회로방식**(속보기 인증기준 3조)
(1) **접지전극**에 **직류전류**를 통하는 회로방식
(2) 수신기에 접속되는 외부배선과 다른 설비(화재신호의 전달에 영향을 미치지 아니하는 것 제외)의 외부배선을 **공용**으로 하는 회로방식

답 ②

★★
**78** 비상콘센트의 배치는 아파트 또는 바닥면적이 $1000m^2$ 미만인 층은 계단의 출입구로부터 몇 m 이내에 설치해야 하는가? (단, 계단의 부속실을 포함하며 계단이 2 이상 있는 경우에는 그중 1개의 계단을 말한다.)

17.03.문65
12.05.문63

① 10
② 8
③ 5
④ 3

해설 **비상콘센트 설치기준**

(1) **11층** 이상의 각 층마다 설치
(2) 바닥으로부터 **0.8m** 이상 **1.5m** 이하의 위치에 설치
(3) **수평거리 기준**

| 수평거리 25m 이하 | 수평거리 50m 이하 |
|---|---|
| **지하상가** 또는 **지하층**의 바닥면적의 합계가 **3000m²** 이상 | 기타 |

(4) **바닥면적 기준**

| 바닥면적 1000m² 미만 | 바닥면적 1000m² 이상 |
|---|---|
| **계단**의 출입구로부터 **5m** 이내 설치 | **계단부속실**의 출입구로부터 **5m** 이내 설치 |

답 ③

★★★
**79** 유도등의 전기회로에 점멸기를 설치할 수 있는 장소에 해당되지 않는 것은? (단, 유도등은 3선식 배선에 따라 상시 충전되는 구조이다.)

12.05.문76

① 공연장으로서 어두워야 할 필요가 있는 장소
② 특정소방대상물의 관계인이 주로 사용하는 장소
③ 외부광에 따라 피난구 또는 피난방향을 쉽게 식별할 수 있는 장소
④ 지하층을 제외한 층수가 11층 이상의 장소

해설 다음의 장소로서 3선식 배선에 따라 상시 **충**전되는 구조인 경우

(1) **외**부광(光)에 따라 **피난구** 또는 **피난방향**을 쉽게 식별할 수 있는 장소
(2) **공연장**, **암실**(暗室) 등으로서 어두워야 할 필요가 있는 장소
(3) 특정소방대상물의 **관계인** 또는 **종사원**이 주로 사용하는 장소

기억법 외충관공(**외**부**충**격을 받아도 **관공**서는 끄떡 없음)

답 ④

★★★
**80** 누전경보기의 변류기는 경계전로에 정격전류를 흘리는 경우 그 경계전로의 전압강하는 몇 V 이하여야 하는가? (단, 경계전로의 전선을 그 변류기에 관통시키는 것은 제외한다.)

19.04.문78
15.05.문68
13.06.문66

① 0.3
② 0.5
③ 1.0
④ 3.0

해설 **대상**에 따른 **전압**

| 전 압 | 대 상 |
|---|---|
| **0.5**V 이하 | • 누전경보기의 **경**계전로 **전**압강하 |
| 0.6V 이하 | • 완전방전 |
| 60V 초과 | • 접지단자 설치 |
| 300V 이하 | • 전원**변**압기의 1차전압<br>• 유도등 · 비상조명등의 사용전압 |
| 600V 이하 | • **누**전경보기의 경계전로전압 |

기억법 05경전(**공오경전**), 변3(**변상**해), 누6(**누룩**)

답 ②

과년도기출문제

# 2015년

## 소방설비기사 필기(전기분야)

### ** 수험자 유의사항 **

1. 문제지를 받는 즉시 **본인**이 **응시한 종목**이 맞는지 확인하시기 바랍니다.
2. 문제지 표지에 본인의 **수험번호**와 **성명**을 기재하여야 합니다.
3. 문제지의 **총면수, 문제번호 일련순서, 인쇄상태, 중복 및 누락 페이지 유무**를 확인하시기 바랍니다.
4. 답안은 각 문제마다 요구하는 가장 적합하거나 가까운 답 1개만을 선택하여야 합니다.
5. 답안카드는 뒷면의 「수험자 유의사항」에 따라 작성하시고, 답안카드 작성 시 형별누락, 마킹착오로 인한 불이익은 전적으로 수험자에게 책임이 있음을 알려드립니다.
6. 문제지는 시험 종료 후 본인이 가져갈 수 있습니다.

### ** 안내사항 **

- 가답안/최종정답은 큐넷(www.q-net.or.kr)에서 확인하실 수 있습니다. 가답안에 대한 의견은 큐넷의 [가답안 의견 제시]를 통해 제시할 수 있으며, 확정된 답안은 최종정답으로 갈음합니다.
- 공단에서 제공하는 자격검정서비스에 대해 개선할 점이 있으시면 고객참여(http://hrdkorea.or.kr/7/1/1)를 통해 건의하여 주시기 바랍니다.

# 2015. 3. 8 시행

**▌2015년 기사 제1회 필기시험▐**

| | | | | 수험번호 | 성명 |
|---|---|---|---|---|---|
| 자격종목<br>소방설비기사(전기분야) | 종목코드 | 시험시간<br>2시간 | 형별 | | |

※ 답안카드 작성시 시험문제지 형별누락, 마킹착오로 인한 불이익은 전적으로 수험자의 귀책사유임을 알려드립니다.
※ 각 문항은 4지택일형으로 질문에 가장 적합한 보기 항을 선택하여 마킹하여야 합니다.

## 제 1 과목 소방원론

★★★
**01** 유류탱크 화재시 발생하는 슬롭오버(slop over) 현상에 관한 설명으로 틀린 것은?

19.09.문15 18.09.문08 17.03.문17 16.10.문15 16.05.문02 15.05.문18 14.09.문12 14.03.문01 09.05.문10 05.09.문07 05.05.문07 03.03.문11 02.03.문20

① 소화시 외부에서 방사하는 포에 의해 발생한다.
② 연소유가 비산되어 탱크외부까지 화재가 확산된다.
③ 탱크의 바닥에 고인 물의 비등 팽창에 의해 발생한다.
④ 연소면의 온도가 100℃ 이상일 때 물을 주수하면 발생한다.

유사문제부터 풀어보세요. 실력이 팍!팍! 올라갑니다.

해설 **유류탱크**, **가스탱크**에서 **발생**하는 현상

| 여러 가지 현상 | 정 의 |
|---|---|
| **블래비=블레이브**(BLEVE) | 과열상태의 탱크에서 내부의 액화가스가 분출하여 기화되어 폭발하는 현상 |
| **보일오버**(boil over) | • 중질유의 석유탱크에서 장시간 조용히 연소하다 탱크 내의 잔존기름이 갑자기 분출하는 현상<br>• 유류탱크에서 탱크바닥에 물과 기름의 **에멀션**이 섞여 있을 때 이로 인하여 화재가 발생하는 현상<br>• 연소유면으로부터 100℃ 이상의 열파가 탱크저부에 고여 있는 물을 비등하게 하면서 연소유를 탱크 밖으로 비산시키며 연소하는 현상<br>• 탱크**저부**(바닥)의 물이 급격히 증발하여 기름이 탱크 밖으로 화재를 동반하여 방출하는 현상<br>기억법 보저(보자기) |
| **오일오버**(oil over) | 저장탱크에 저장된 유류저장량이 내용적의 **50%** 이하로 충전되어 있을 때 화재로 인하여 탱크가 폭발하는 현상 |
| **프로스오버**(froth over) | **물**이 점성의 뜨거운 **기름표면 아래서 끓을 때** 화재를 수반하지 않고 용기가 넘치는 현상 |
| **슬롭오버**(slop over) | • **물**이 연소유의 **뜨거운 표면**에 **들어갈 때** 기름표면에서 화재가 발생하는 현상<br>• 유화제로 소화하기 위한 **물**이 수분의 급격한 증발에 의하여 액면이 거품을 일으키면서 **열유층 밑**의 **냉유**가 급히 열팽창하여 **기름**의 **일부**가 불이 붙은 채 탱크벽을 넘어서 일출하는 현상 |

③ 보일오버

답 ③

★
**02** 간이소화용구에 해당되지 않는 것은?

① 이산화탄소소화기
② 마른모래
③ 팽창질석
④ 팽창진주암

해설 **간이소화용구**
(1) **마**른모래
(2) **팽**창질석
(3) **팽**창진주암

기억법 마팽간

답 ①

★
**03** 축압식 분말소화기의 충진압력이 정상인 것은?

① 지시압력계의 지침이 노란색부분을 가리키면 정상이다.
② 지시압력계의 지침이 흰색부분을 가리키면 정상이다.
③ 지시압력계의 지침이 빨간색부분을 가리키면 정상이다.
④ 지시압력계의 지침이 녹색부분을 가리키면 정상이다.

**해설** **축압식 분말소화기**

압력계의 지침이 **녹색**부분을 가리키고 있으면 **정상**, 그 외의 부분을 가리키고 있으면 **비정상**상태임

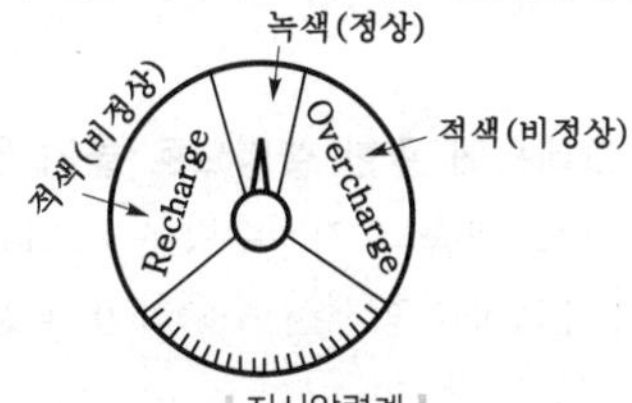


| 지시압력계 |

**기억법** 정녹(정로환)

※ 축압식 분말소화기 충진압력 : 0.7~0.98MPa

답 ④

**04** 할론소화약제의 분자식이 틀린 것은?

19.09.문07 17.03.문05 16.10.문08 14.09.문04 14.03.문02

① 할론 2402 : $C_2F_4Br_2$
② 할론 1211 : $CCl_2FBr$
③ 할론 1301 : $CF_3Br$
④ 할론 104 : $CCl_4$

**해설** **할론소화약제**의 **약칭** 및 **분자식**

| 종 류 | 약 칭 | 분자식 |
|---|---|---|
| 할론 1011 | CB | $CH_2ClBr$ |
| 할론 104 | CTC | $CCl_4$ |
| 할론 1211 | BCF | $CF_2ClBr(CClF_2Br)$ |
| 할론 1301 | BTM | $CF_3Br$ |
| 할론 2402 | FB | $C_2F_4Br_2$ |

② 할론 1211 : $CClF_2Br$

답 ②

**05** 이산화탄소의 증기비중은 약 얼마인가?

19.03.문18 16.03.문01 14.09.문15 12.09.문18 07.05.문17

① 0.81
② 1.52
③ 2.02
④ 2.51

**해설** (1) **증기비중**

$$증기비중 = \frac{분자량}{29}$$

여기서, 29 : 공기의 평균분자량

(2) **분자량**

| 원 소 | 원자량 |
|---|---|
| H | 1 |
| C | 12 |
| N | 14 |
| O | 16 |

이산화탄소($CO_2$) 분자량 $= 12 + 16 \times 2 = 44$

$$증기비중 = \frac{44}{29} \fallingdotseq 1.52$$

• 증기비중 = 가스비중

답 ②

**06** 화재시 불티가 바람에 날리거나 상승하는 열기류에 휩쓸려 멀리 있는 가연물에 착화되는 현상은?

19.04.문09 16.03.문10 14.05.문02 09.03.문19 06.05.문18

① 비화 ② 전도
③ 대류 ④ 복사

**해설** **목조건축물**의 **화재원인**

| 종 류 | 설 명 |
|---|---|
| **접염**<br>(화염의 접촉) | 화염 또는 열의 **접촉**에 의하여 불이 다른 곳으로 옮겨 붙는 것 |
| **비화** | 불티가 **바람**에 **날**리거나 화재현장에서 상승하는 **열기류** 중심에 휩쓸려 원거리 가연물에 착화하는 현상<br>**기억법** 비날(비가 날린다!) |
| **복사열** | 복사파에 의하여 열이 **고온**에서 **저온**으로 이동하는 것 |

**비교**

**열전달**의 **종류**

| 종 류 | 설 명 |
|---|---|
| **전도**<br>(conduction) | 하나의 물체가 다른 **물체**와 **직접** 접촉하여 열이 이동하는 현상 |
| **대류**<br>(convection) | **유체**의 흐름에 의하여 열이 이동하는 현상 |
| **복사**<br>(radiation) | • 화재시 화원과 격리된 인접 가연물에 불이 옮겨 붙는 현상<br>• 열전달 **매질**이 **없이** 열이 전달되는 형태<br>• 열에너지가 **전자파**의 형태로 옮겨지는 현상으로, 가장 크게 작용 |

답 ①

**07** 위험물안전관리법령상 옥외 탱크저장소에 설치하는 방유제의 면적기준으로 옳은 것은?

14.05.문45 08.09.문58

① 30000$m^2$ 이하
② 50000$m^2$ 이하
③ 80000$m^2$ 이하
④ 100000$m^2$ 이하

**해설** **위험물규칙** [**별표 6**]

**옥외탱크저장소의 방유제**

(1) 높이 : **0.5~3m** 이하
(2) 탱크 : **10기**(모든 탱크용량이 **20만**$l$ 이하, 인화점이 70~200℃ 미만은 **20**기) 이하
(3) 면적 : **80000$m^2$** 이하
(4) 용량 ┌ 1기 이상 : **탱크용량**의 110% 이상
└ 2기 이상 : **최대용량**의 110% 이상

답 ③

**08** 위험물안전관리법령상 제4류 위험물인 알코올류에 속하지 않는 것은?

① $C_2H_5OH$ ② $C_4H_9OH$
③ $CH_3OH$ ④ $C_3H_7OH$

해설 **위험물령 〔별표 1〕**
**위험물안전관리법령상 알코올류**
(1) 메틸알코올($CH_3OH$)
(2) 에틸알코올($C_2H_5OH$)
(3) 프로필알코올($C_3H_7OH$)
(4) 변성알코올
(5) 퓨젤유

② 부틸알코올($C_4H_9OH$)은 해당없음

중요
**위험물령 〔별표 1〕**
**알코올류의 필수조건**
(1) 1기압, 20℃에서 **액체**상태일 것
(2) 1분자 내의 탄소원자수가 **5개** 이하일 것
(3) 포화 **1가** 알코올일 것
(4) 수용액의 농도가 **60vol%** 이상일 것

답 ②

**09** 가연물이 되기 쉬운 조건이 아닌 것은?

19.09.문08
18.03.문10
16.10.문05
16.03.문14
15.05.문19
14.09.문09
14.09.문17
12.03.문09
09.05.문08
03.03.문13
02.09.문01

① 발열량이 커야 한다.
② 열전도율이 커야 한다.
③ 산소와 친화력이 좋아야 한다.
④ 활성화에너지가 작아야 한다.

해설 **가연물이 연소하기 쉬운 조건**
(1) 산소와 **친화력**이 클 것(좋을 것)
(2) **발열량**이 클 것
(3) **표면적**이 넓을 것
(4) **열**전도율이 **작**을 것
(5) **활**성화에너지가 **작**을 것
(6) **연쇄반응**을 일으킬 수 있을 것
(7) 산소가 포함된 **유기물**일 것
(8) 연소시 **발열반응**을 할 것

기억법 가열작 활작(가열작품)

※ **활성화에너지**: 가연물이 처음 연소하는 데 필요한 열

비교
(1) **자연발화**의 **방지법**
㉠ 습도가 높은 곳을 피할 것(건조하게 유지할 것)
㉡ 저장실의 온도를 낮출 것
㉢ 통풍이 잘 되게 할 것
㉣ 퇴적 및 수납시 열이 쌓이지 않게 할 것 (**열축적 방지**)
㉤ 산소와의 접촉을 차단할 것
㉥ **열전도성**을 좋게 할 것
(2) **자연발화 조건**
㉠ 열전도율이 작을 것
㉡ 발열량이 클 것
㉢ 주위의 온도가 높을 것
㉣ 표면적이 넓을 것

답 ②

**10** 마그네슘에 관한 설명으로 옳지 않은 것은?

① 마그네슘의 지정수량은 500kg이다.
② 마그네슘 화재시 주수하면 폭발이 일어날 수도 있다.
③ 마그네슘 화재시 이산화탄소 소화약제를 사용하여 소화한다.
④ 마그네슘의 저장·취급시 산화제와의 접촉을 피한다.

해설 **마그네슘(Mg) 소화방법**
(1) 화재초기에는 **마른모래·석회분** 등으로 소화한다.
(2) **물·포·이산화탄소·할론소화약제**는 소화적응성이 없다.

③ 이산화탄소 소화약제 → **마른모래·석회분**

답 ③

**11** 가연성 물질별 소화에 필요한 이산화탄소 소화약제의 설계농도로 틀린 것은?

① 메탄 : 34vol% ② 천연가스 : 37vol%
③ 에틸렌 : 49vol% ④ 아세틸렌 : 53vol%

해설 **설계농도**

| 방호대상물 | 설계농도〔vol%〕 |
|---|---|
| ① 부탄 | 34 |
| ② 메탄 | |
| ③ 프로판 | 36 |
| ④ 이소부탄 | |
| ⑤ 사이크로 프로판 | 37 |
| ⑥ 석탄가스, 천연가스 | |
| ⑦ 에탄 | 40 |
| ⑧ 에틸렌 | 49 |
| ⑨ 산화에틸렌 | 53 |
| ⑩ 일산화탄소 | 64 |
| ⑪ 아세틸렌 | 66 |
| ⑫ 수소 | 75 |

기억법 아66

④ 아세틸렌 : 66vol%

※ **설계농도**: 소화농도에 20%의 여유분을 더한 값

답 ④

**12** 소방안전관리대상물에 대한 소방안전관리자의 업무가 아닌 것은?

19.03.문51
14.09.문52
14.09.문53
13.06.문48
08.05.문53

① 소방계획서의 작성
② 자위소방대의 구성

③ 소방훈련 및 교육
④ 소방용수시설의 지정

**해설** **소방시설법 20조 ⑥항**
**관계인 및 소방안전관리자의 업무**

| 특정소방대상물 (관계인) | 소방안전관리대상물 (소방안전관리자) |
|---|---|
| ① 피난시설 · 방화구획 및 방화시설의 유지 · 관리<br>② 소방시설, 그 밖의 소방 관련시설의 유지 · 관리<br>③ **화기취급**의 감독<br>④ 소방안전관리에 필요한 업무 | ① 피난시설 · 방화구획 및 방화시설의 유지 · 관리<br>② 소방시설, 그 밖의 소방 관련시설의 유지 · 관리<br>③ **화기취급**의 감독<br>④ 소방안전관리에 필요한 업무<br>⑤ **소방계획서**의 작성 및 시행(대통령령으로 정하는 사항 포함)<br>⑥ **자위소방대** 및 **초기대응체계**의 구성 · 운영 · 교육<br>⑦ 소방훈련 및 교육 |

**용어**

| 특정소방대상물 | 소방안전관리대상물 |
|---|---|
| 소방시설을 설치하여야 하는 소방대상물로서 대통령령으로 정하는 것 | 대통령령으로 정하는 특정소방대상물 |

④ 시 · 도지사의 업무

**답** ④

★★★
**13** 그림에서 내화조건물의 표준화재온도-시간곡선은?
[05.03.문16]

① a

② b
③ c
④ d

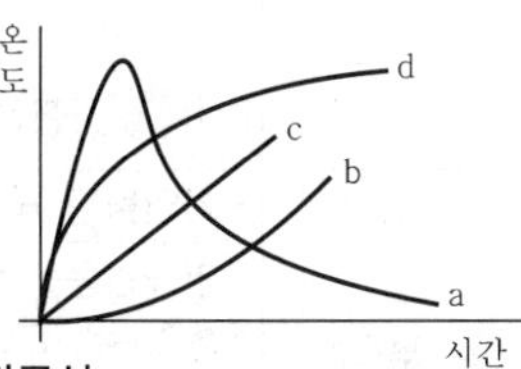


**해설** **표준화재온도 - 시간곡선**

| 내화조건물 | 목조건물 |
|---|---|

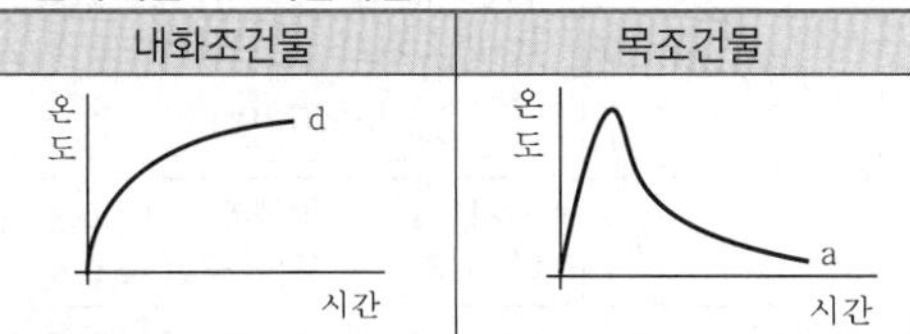


**중요**

**내화건축물의 내부온도**

| 경과 시간 | 내부온도 |
|---|---|
| 30분 경과 후 | 840℃ |
| 1시간 경과 후 | 925~950℃ |
| 2시간 경과 후 | 1010℃ |

**답** ④

★
**14** 벤젠의 소화에 필요한 $CO_2$의 이론소화농도가 공기 중에서 37vol%일 때 한계산소농도는 약 몇 vol%인가?
[19.04.문13 17.03.문14 14.05.문07 12.05.문14]

① 13.2 ② 14.5
③ 15.5 ④ 16.5

**해설** **$CO_2$의 농도**(이론소화농도)

$$CO_2 = \frac{21 - O_2}{21} \times 100$$

여기서, $CO_2$ : $CO_2$의 이론소화농도〔vol%〕
$O_2$ : 한계산소농도〔vol%〕

$$CO_2 = \frac{21 - O_2}{21} \times 100$$

$$37 = \frac{21 - O_2}{21} \times 100, \quad \frac{37}{100} = \frac{21 - O_2}{21}$$

$$0.37 = \frac{21 - O_2}{21}, \quad 0.37 \times 21 = 21 - O_2$$

$$O_2 + (0.37 \times 21) = 21$$

$$O_2 = 21 - (0.37 \times 21) \fallingdotseq 13.2\text{vol\%}$$

**용어**

**vol%**
어떤 공간에 차지하는 부피를 백분율로 나타낸 것

**답** ①

★★★
**15** 가연성 액화가스의 용기가 과열로 파손되어 가스가 분출된 후 불이 붙어 폭발하는 현상은?

① 블래비(BLEVE)
② 보일오버(boil over)
③ 슬롭오버(slop over)
④ 플래시오버(flash over)

**해설** **유류탱크, 가스탱크에서 발생하는 현상**

| 여러 가지 현상 | 정 의 |
|---|---|
| **블**래비 (BLEVE) | 과열상태의 탱크에서 내부의 **액화가스**가 분출하여 기화되어 폭발하는 현상<br>**기억법** 블액 |
| **보일오버** (boil over) | ① **중**질유의 석유탱크에서 장시간 조용히 연소하다 탱크 내의 잔존기름이 갑자기 분출하는 현상<br>② 유류탱크에서 탱크바닥에 물과 기름의 **에멀션**이 섞여 있을 때 이로 인하여 화재가 발생하는 현상<br>③ 연소유면으로부터 100℃ 이상의 열파가 탱크저부에 고여 있는 물을 비등하게 하고 연소유를 탱크 밖으로 비산시키며 연소하는 현상<br>④ 유류탱크의 화재시 탱크저부의 물이 뜨거운 열류층에 의하여 수증기로 변하면서 급작스런 부피팽창을 일으켜 유류가 탱크외부로 분출하는 현상<br>⑤ **탱크저부**의 물이 급격히 증발하여 탱크 밖으로 화재를 동반하며 방출하는 현상<br>**기억법** 보중에탱저 |

| 오일오버 (oil over) | 저장탱크에 저장된 유류저장량이 내용적의 **50%** 이하로 충전되어 있을 때 화재로 인하여 탱크가 폭발하는 현상<br>기억법 오5 |
|---|---|
| **프로스오버** (froth over) | **물**이 점성의 뜨거운 **기름표면 아래서 끓을 때** 화재를 수반하지 않고 용기가 넘치는 현상<br>기억법 프기아 |
| **슬롭오버** (slop over) | ① **물**이 연소유의 **뜨거운 표면**에 **들어갈 때** 기름표면에서 화재가 발생하는 현상<br>② 유화제로 소화하기 위한 물이 수분의 급격한 증발에 의하여 액면이 거품을 일으키면서 열유층 밑의 냉유가 급히 열팽창하여 기름의 일부가 불이 붙은 채 탱크벽을 넘어서 일출하는 현상<br>기억법 슬물소 |

답 ①

★★★
**16** 할론소화약제에 관한 설명으로 틀린 것은?

17.09.문15 12.03.문04

① 비열, 기화열이 작기 때문에 냉각효과는 물보다 작다.

② 할로겐 원자는 활성기의 생성을 억제하여 연쇄반응을 차단한다.

③ 사용 후에도 화재현장을 오염시키지 않기 때문에 통신기기실 등에 적합하다.

④ 약제의 분자 중에 포함되어 있는 할로겐 원자의 소화효과는 F>Cl>Br>I의 순이다.

해설 **할론소화약제**

(1) 부촉매효과(소화능력) 크기
I > Br > Cl > F

(2) 전기음성도(친화력) 크기
F > Cl > Br > I

- 소화능력=소화효과
- 전기음성도 크기=수소와의 결합력 크기

중요

**할로겐족 원소**

(1) 불소 : F
(2) 염소 : Cl
(3) 브롬(취소) : Br
(4) 요오드(옥소) : I

기억법 FClBrI

답 ④

★★★
**17** 부촉매소화에 관한 설명으로 옳은 것은?

19.09.문13 18.09.문19 17.05.문06 16.03.문08 14.03.문19 11.10.문19 03.08.문11

① 산소의 농도를 낮추어 소화하는 방법이다.

② 화학반응으로 발생한 탄산가스에 의한 소화방법이다.

③ 활성기(free radical)의 생성을 억제하는 소화방법이다.

④ 용융잠열에 의한 냉각효과를 이용하여 소화하는 방법이다.

해설 **소화의 형태**

| 소화형태 | 설 명 |
|---|---|
| **냉**각소화 | • **점화원**을 냉각하여 소화하는 방법<br>• **증**발잠열을 이용하여 열을 빼앗아 가연물의 온도를 떨어뜨려 화재를 진압하는 소화 방법<br>• **다량**의 **물**을 뿌려 소화하는 방법<br>• 가연성 물질을 **발화점 이하**로 **냉각**<br>• **식용유화재**에 신선한 **야채**를 넣어 소화<br>• 용융잠열에 의한 **냉각효과**를 이용하여 소화하는 방법<br>기억법 냉점증발 |
| **질**식소화 | • 공기 중의 **산소농도**를 **16%**(10~15%) 이하로 희박하게 하여 소화하는 방법<br>• 산화제의 농도를 낮추어 연소가 지속될 수 없도록 하는 방법<br>• 산소공급을 차단하는 소화방법<br>• 산소의 농도를 낮추어 소화하는 방법<br>• 화학반응으로 발생한 **탄산가스**에 의한 소화방법<br>기억법 질산 |
| 제거소화 | • **가연물**을 **제거**하여 소화하는 방법 |
| **부**촉매 소화 (=화학소화) | • **연쇄반응**을 **차단**하여 소화하는 방법<br>• 화학적인 방법으로 화재억제<br>• **활성기**(free radical)의 **생성**을 **억제**하는 소화방법<br>기억법 부억(부엌) |
| 희석소화 | • 기체·고체·액체에서 나오는 분해가스나 증기의 농도를 낮춰 소화하는 방법 |

답 ③

★★★
**18** 건축물의 주요 구조부에 해당되지 않는 것은?

13.09.문18

① 기둥 ② 작은 보
③ 지붕틀 ④ 바닥

해설 **주요 구조부**

(1) 내력**벽**
(2) **보**(작은 보 제외)

(3) **지**붕틀(차양 제외)
(4) **바**닥(최하층바닥 제외)
(5) **주**계단(옥외계단 제외)
(6) **기**둥(사잇기둥 제외)

기억법 **벽보지 바주기**

답 ②

★
## 19 착화에너지가 충분하지 않아 가연물이 발화되지 못하고 다량의 연기가 발생되는 연소형태는?

15.09.문15
14.03.문13

① 훈소 ② 표면연소
③ 분해연소 ④ 증발연소

해설 **훈소와 훈소흔**

| 구 분 | 설 명 |
|---|---|
| **훈**소 | • 착화에너지가 충분하지 않아 가연물이 발화되지 못하고 **다량**의 **연기**가 발생되는 연소형태<br>• 불꽃없이 연기만 내면서 타다가 어느 정도 시간이 경과 후 발열될 때의 연소상태<br>기억법 **훈연** |
| 훈소흔 | 목재에 남겨진 흔적 |

중요

**연소의 형태**

| 연소형태 | 설 명 |
|---|---|
| **증발연소** | • 가열하면 **고체**에서 **액체**로, **액체**에서 **기체**로 상태가 변하여 그 기체가 연소하는 현상 |
| **자기연소** | • 열분해에 의해 **산소**를 발생하면서 연소하는 현상<br>• 분자 자체 내에 포함하고 있는 **산소**를 이용하여 연소하는 형태 |
| **분해연소** | • 연소시 **열분해**에 의하여 발생된 가스와 산소가 혼합하여 연소하는 현상 |
| **표면연소** | • 열분해에 의하여 가연성 가스를 발생하지 않고 그 **물질 자체**가 **연소**하는 현상 |

기억법 **자산**

답 ①

★★
## 20 불활성기체소화약제인 IG-541의 성분이 아닌 것은?

16.10.문12
14.03.문15

① 질소
② 아르곤
③ 헬륨
④ 이산화탄소

해설 **할로겐화합물 및 불활성기체 소화약제**

| 구 분 | 소화약제 | 화학식 |
|---|---|---|
| 할로겐화합물 소화약제 | FC-3-1-10<br>기억법 FC31(FC 서울의 3.1절) | $C_4F_{10}$ |
| | HCFC BLEND A | HCFC-123($CHCl_2CF_3$) : 4.75%<br>HCFC-22($CHClF_2$) : 82%<br>HCFC-124($CHClFCF_3$) : 9.5%<br>$C_{10}H_{16}$ : 3.75%<br>기억법 475 82 95 375(사시오 빨리 그래서 구어 삼키시오!) |
| | HCFC-124 | $CHClFCF_3$ |
| | HFC-125<br>기억법 125(이리온) | $CHF_2CF_3$ |
| | HFC-227ea<br>기억법 227e(둘둘치킨이 맛있다) | $CF_3CHFCF_3$ |
| | HFC-23 | $CHF_3$ |
| | HFC-236fa | $CF_3CH_2CF_3$ |
| | FIC-13I1 | $CF_3I$ |
| 불활성기체 소화약제 | IG-01 | Ar |
| | IG-100 | $N_2$ |
| | IG-541 | • $N_2$(질소) : 52%<br>• Ar(아르곤): 40%<br>• $CO_2$(이산화탄소) : 8%<br>기억법 NACO(내코) 52408 |
| | IG-55 | $N_2$ : 50%, Ar : 50% |
| | FK-5-1-12 | $CF_3CF_2C(O)CF(CF_3)_2$ |

답 ③

# 제 2 과목 소방전기일반

★
## 21 다음 중 회로의 단락과 같이 이상상태에서 자동적으로 회로를 차단하여 피해를 최소화하는 기능을 가진 것은?

① 나이프스위치 ② 금속함개폐기
③ 컷아웃스위치 ④ 서킷브레이커

해설 **서킷브레이커**(circuit breaker) : **배선용 차단기**로 회로의 부하상태에 의해 자동적으로 작동한 후 원상태로 복귀가 가능한 개폐기

서킷브레이커(배선용 차단기)

| 구 분 | 설 명 |
|---|---|
| **퓨즈**<br>(fuse) | 과전류가 흐를 때 자동적으로 회로를 끊어서 보호하는 것으로서 **재차 사용**이 **불가능**하다. |
| **노퓨즈브레이커**<br>(Mcd) | 과전류가 흐를 때 자동적으로 회로를 끊어서 보호하는 것으로서 재차 사용이 가능하다. |
| **계전기**<br>(relay) | **전자력**에 의해 접점을 개폐하는 장치 |
| **나이프스위치**<br>(KS) | 전압전로의 개폐에 사용하는 **노출형 스위치** |
| **컷아웃스위치**<br>(COS) | 주로 변압기 1차측에 각상마다 설치하여 변압기 보호와 개폐를 위한 스위치 |
| **금속함개폐기** | 개폐기를 금속함 안에 넣어 보관해 놓은 것 |

답 ④

★★★
## 22

19.04.문28 16.10.문35 16.05.문22 16.03.문32 15.05.문23 15.03.문22 14.09.문23 13.09.문27 11.03.문30

**제어량이 온도, 압력, 유량 및 액면 등과 같은 일반 공업량일 때의 제어방식은?**

① 추종제어
② 공정제어
③ 프로그램제어
④ 시퀀스제어

해설 **제어량**에 의한 **분류**

| 분류방법 | 제어량 |
|---|---|
| 프로세스제어<br>(공정제어) | • **온**도 • **압**력<br>• **유**량 • **액**면<br>기억법 **프온압유액** |
| 서보기구 | • **위**치 • **방**위<br>• **자**세<br>기억법 **서위방자** |
| 자동조정 | • **전**압 • **전**류<br>• **주**파수 • **회**전속도<br>• **장**력<br>기억법 **전전주회장** |

답 ②

★★★
## 23

12.05.문25

**그림과 같은 1kΩ의 저항과 실리콘다이오드의 직렬회로에서 양단간의 전압 $V_D$는 약 몇 V인가?**

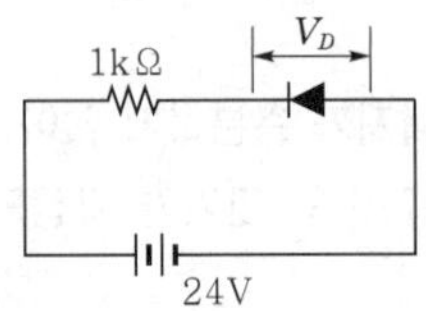


① 0　② 0.2
③ 12　④ 24

해설 다이오드(Diode)의 방향이 전지와 역방향으로 연결되어 있으므로 다이오드 양단전압 $V_D$는 거의 **24V**에 가까운 전압이 걸린다.

중요

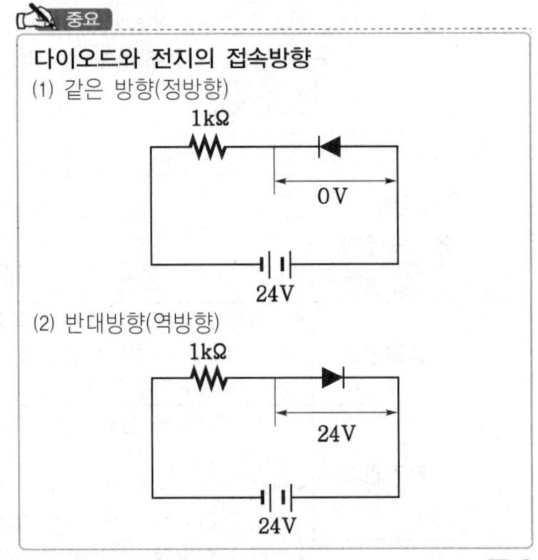
**다이오드와 전지의 접속방향**

(1) 같은 방향(정방향)



(2) 반대방향(역방향)



답 ④

★★
## 24

11.10.문40

**제3고조파 전류가 나타나는 결선방식은?**

① Y−Y　② Y−△
③ △−△　④ △−Y

해설 **제3고조파**
(1) 변압기 **여자전류**에 가장 많이 포함된 고조파
(2) 변압기 1, 2차 결선 중 △**결선**이 **없는 경우**에만 발생

답 ①

★
## 25

**3상 전원에서 6상 전압을 얻을 수 있는 변압기의 결선방법은?**

① 우드브리지 결선
② 메이어 결선
③ 스코트 결선
④ 환상결선

해설 **변압기**의 **결선방법**

| 결선방법 | 설 명 |
|---|---|
| 우드브리지(Woodbridge's) 결선 | • 1차측에 **3상 전압**을 공급하여 2차측에서 **2상 4선식 전압**을 얻는 결선방법 |
| 메이어(Meyer) 결선 | • 1차측에 **3상 전압**을 공급하여 2차측에서 **2상 전압**을 얻는 결선 방법 |
| 스코트(Scott) 결선 | • **3상**에서 **2상**으로 **변환**하기 위한 결선으로, 3상측 회로의 선로에 접속되는 권선의 다른 2상 권선에 접속되는 권선의 중간지점에서 접속되어, 양권선 유기전압이 서로 직각위상으로 되는 것을 말함 |
| **환**상결선 | • **3**상 **전원**에서 **6**상 **전압**을 얻을 수 있는 변압기의 결선방법<br>기억법 36환 |

답 ④

★★
**26** 04.05.문40 **그림과 같은 회로에서 $R_1$과 $R_2$가 각각 2Ω 및 3Ω이었다. 합성저항이 4Ω이면 $R_3$는 몇 Ω인가?**

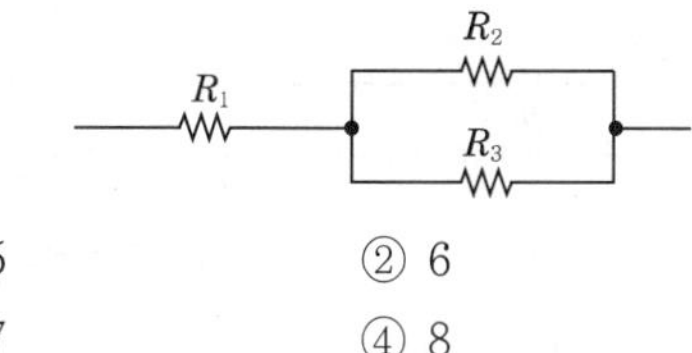

① 5 ② 6
③ 7 ④ 8

해설 **합성저항** $R_o = 4\Omega$

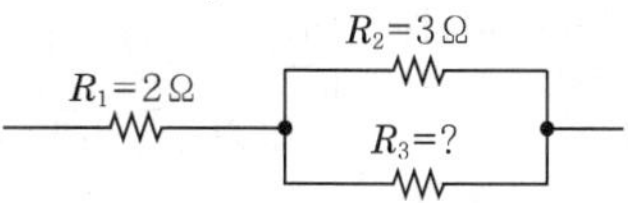

합성저항 $R_o$는

$$R_o = R_1 + \frac{R_2 R_3}{R_2 + R_3}$$

$$4 = 2 + \frac{3R_3}{3+R_3}$$

$$4 - 2 = \frac{3R_3}{3+R_3}$$

$$2 = \frac{3R_3}{3+R_3}$$

$$\frac{3R_3}{3+R_3} = 2$$

$$3R_3 = 2(3+R_3)$$

$$3R_3 = 6 + 2R_3$$

$$3R_3 - 2R_3 = 6$$

$$\therefore R_3 = 6$$

답 ②

★★★
**27** 05.05.문26 **소형이면서 대전력용 정류기로 사용하는 데 적당한 것은?**

① 게르마늄 정류기
② CdS
③ 셀렌정류기
④ SCR

해설 **대전력용** 정류기 : **SCR**(실리콘정류기)
SCR(Silicon Controlled Rectifier)은 단방향 대전류스위칭 소자로서 제어를 할 수 있는 정류소자이다.
(1) **소**형
(2) **대**전력용 정류기

기억법 소대S(소대스)

중요

**동작최고온도**

| 게르마늄 정류기 | 실리콘정류기(SCR) |
|---|---|
| 80℃ | 약 140~200℃ |

※ 실리콘정류기 : **고전압 대전류용**

답 ④

★★★
**28** 12.03.문22 **다음 중 피드백제어계에서 반드시 필요한 장치는?**

① 증폭도를 향상시키는 장치
② 응답속도를 개선시키는 장치
③ 기어장치
④ 입력과 출력을 비교하는 장치

해설 **피드백제어**(feedback control)
출력신호를 입력신호로 되돌려서 **입력**과 **출력**을 **비교**함으로써 **정확한 제어**가 가능하도록 한 제어

중요

**피드백제어의 특징**
(1) **정확도**가 증가한다.
(2) **대역폭**이 **크다.**
(3) 계의 특성변화에 대한 입력 대 출력비의 감도가 감소한다.
(4) 구조가 **복잡**하고 설치비용이 **고가**이다.

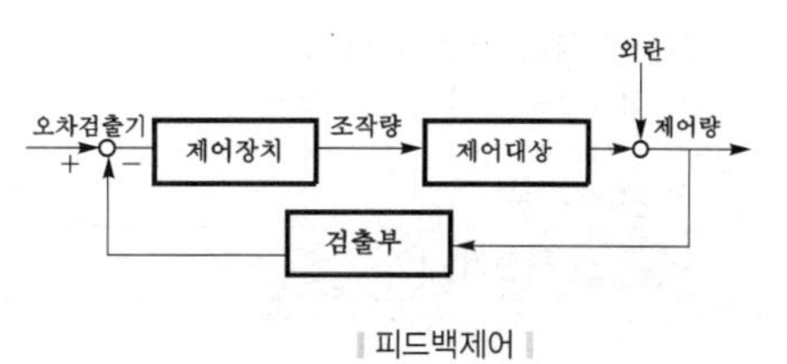


| 피드백제어 |

답 ④

★★
**29** 그림과 같은 논리회로의 출력 Y를 간략화한 것은?

14.03.문39
07.05.문36

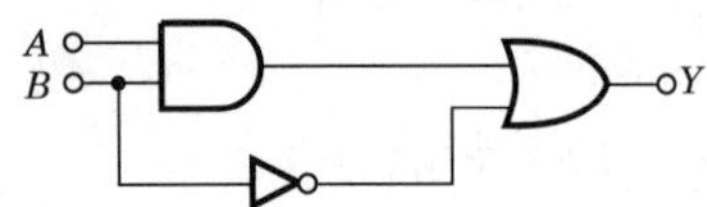


① $\overline{A}B$　　② $A \cdot B + \overline{B}$
③ $\overline{A \cdot B} + B$　　④ $\overline{A + B} \cdot B$

해설

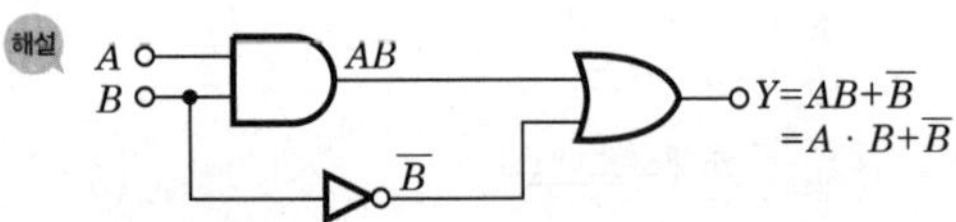


중요

**무접점 논리회로**

| 시퀀스 | 논리식 | 논리회로 |
|---|---|---|
| 직렬 회로 | $Z = A \cdot B$<br>$Z = AB$ | |
| 병렬 회로 | $Z = A + B$ | |
| a접점 | $Z = A$ | |
| b접점 | $Z = \overline{A}$ | |

답 ②

★★
**30** 옥내배선의 굵기를 결정하는 요소가 아닌 것은?

04.09.문23

① 기계적 강도
② 허용전류
③ 전압강하
④ 역률

해설 **전선의 굵기 결정 3요소**
(1) **허**용전류(가장 중요한 요소)
(2) **전**압강하
(3) **기**계적 강도

기억법 **허전기**

답 ④

★
**31** 다음 중 등전위면의 성질로 적당치 않은 것은?

① 전위가 같은 점들을 연결해 형성된 면이다.
② 등전위면간의 밀도가 크면 전기장의 세기는 커진다.
③ 항상 전기력선과 수평을 이룬다.
④ 유전체의 유전률이 일정하면 등전위면은 동심원을 이룬다.

해설 **등전위면의 성질**
(1) **전위**가 **같은 점**들을 연결해 형성된 면이다.
(2) 등전위면간의 **밀도**가 크면 **전기장**의 세기는 커진다.
(3) 전기력선과 **수직**을 이룬다.
(4) 유전체의 **유전률**이 **일정**하면 등전위면은 **동심원**을 이룬다.

답 ③

★★
**32** 계측방법이 잘못된 것은?

06.09.문33

① 훅크온 메타에 의한 전류 측정
② 회로시험기에 의한 저항 측정
③ 메거에 의한 접지저항 측정
④ 전류계, 전압계, 전력계에 의한 역률 측정

해설 **계측기**

| 계측기 | 용 도 |
|---|---|
| **메거**(Megger) | **절**연저항 측정<br>기억법 **메절** |
| **어스테스트**<br>(Earth tester) | 접지저항 측정 |
| **코올라우시브리지**<br>(Kohlrausch bridge) | 전지의 내부저항 측정 |
| **C.R.O**<br>(Cathode Ray Oscilloscope) | 음극선을 사용한 오실로스코프 |
| **휘트스톤브리지**<br>(Wheatstone bridge) | $0.5 \sim 10^5$[Ω]의 중저항 측정 |

③ 접지저항 측정 → 절연저항 측정

답 ③

★★
**33** 용량 0.02$\mu$F 콘덴서 2개와 0.01$\mu$F의 콘덴서 1개를 병렬로 접속하여 24V의 전압을 가하였다. 합성용량은 몇 $\mu$F이며, 0.01$\mu$F의 콘덴서에 축적되는 전하량은 몇 C인가?

① 0.05, $0.12 \times 10^{-6}$
② 0.05, $0.24 \times 10^{-6}$
③ 0.03, $0.12 \times 10^{-6}$
④ 0.03, $0.24 \times 10^{-6}$

해설

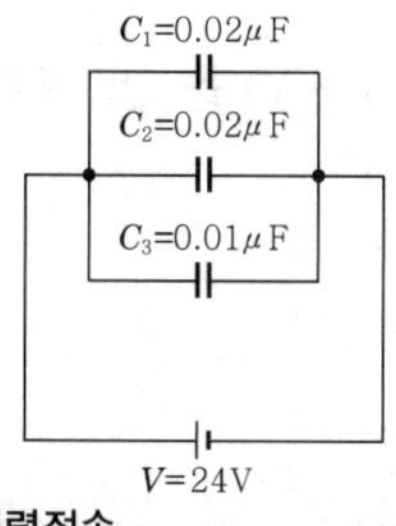


(1) **콘덴서**의 **병렬접속**

$C = C_1 + C_2 + C_3 = 0.02 + 0.02 + 0.01 = 0.05\mu\text{F}$

(2) **전하량**

$$Q = CV$$

여기서, $Q$ : 전하량[C]
$C$ : 정전용량[F]
$V$ : 전압[V]

$C_3$의 **전하량** $Q_3$는

$Q_3 = C_3 V = (0.01\times10^{-6})\times24$
$= 2.4\times10^{-7} = 0.24\times10^{-6}$C

• $1\mu\text{F}=10^{-6}\text{F}$이므로 $C_3 = 0.01\mu\text{F} = (0.01\times10^{-6})\text{F}$

답 ②

★
## 34 축전지의 부동충전방식에 대한 일반적인 회로계통은?

19.03.문71 16.03.문29 09.03.문78 05.09.문30

① 교류 → 필터 → 변압기 → 정류회로 → 부하보상 → 부하 (정류회로 ↓ 전지)
② 교류 → 변압기 → 정류회로 → 필터 → 부하보상 → 부하 (정류회로 ↓ 전지)
③ 교류 → 변압기 → 필터 → 정류회로 → 전지 → 부하 (정류회로 ↓ 부하보상)
④ 교류 → 변압기 → 부하부상 → 정류회로 → 필터 → 부하 (정류회로 ↓ 전지)

해설 부동충전방식의 일반회로 시스템은 ②와 같다.

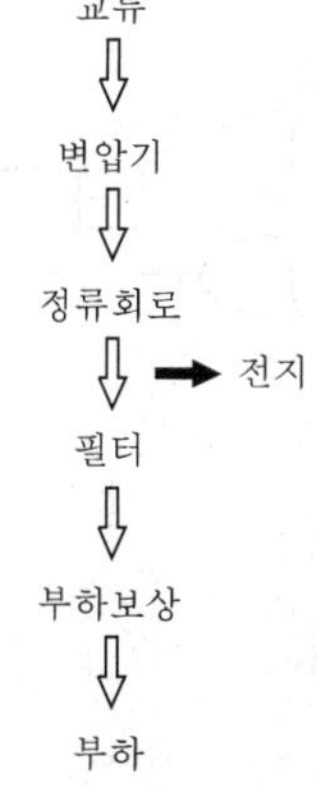


| 부동충전방식 |

※ **부동충전방식** : 전지의 자기방전을 보충함과 동시에 상용부하에 대한 전력공급은 충전기가 부담하되 부담하기 어려운 일시적인 대전류부하는 축전지가 부담하도록 하는 방식으로 **가장 많이 사용**된다.

답 ②

★★★
## 35 그림의 회로에서 공진상태의 임피던스는 몇 Ω인가?

12.05.문35

① $\dfrac{R}{CL}$
② $\dfrac{L}{CR}$
③ $\dfrac{1}{LR}$
④ $\dfrac{1}{RC}$

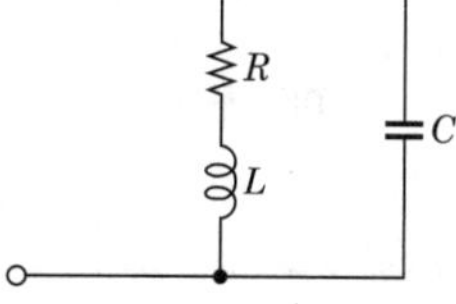


해설 **공진임피던스**

$$Z_o = \frac{L}{CR}[\Omega]$$

여기서, $Z_o$ : 공진임피던스[Ω]
$L$ : 인덕턴스[H]
$C$ : 정전용량[F]
$R$ : 저항[Ω]

답 ②

★★
## 36 3상 3선식 전원으로부터 80m 떨어진 장소에 50A 전류가 필요해서 14mm² 전선으로 배선하였을 경우 전압강하는 몇 V인가? (단, 리액턴스 및 역률은 무시한다.)

06.05.문75

① 10.17 ② 9.6
③ 8.8 ④ 5.08

해설 **전선**의 **단면적** 계산

| 전기방식 | 전선단면적 |
|---|---|
| 단상 2선식 | $A = \dfrac{35.6LI}{1000e}$ |
| 3상 3선식 → | $A = \dfrac{30.8LI}{1000e}$ |

여기서, $L$ : 선로길이[m]
$I$ : 전부하전류(정격전류)[A]
$e$ : 각 선간의 전압강하[V]
A : 전선의 단면적(전선의 굵기)[mm²]

소방펌프 · 제연팬 : **3상 3선식**, 기타 : **단상 2선식**

**전압강하** $e$는

$e = \dfrac{30.8LI}{1000A} = \dfrac{30.8\times80\times50}{1000\times14} \fallingdotseq 8.8\text{V}$

답 ③

**37** 진동이 발생되는 장치의 진동을 억제시키는 데 가장 효과적인 제어동작은?

① 온 · 오프동작 ② 미분동작
③ 적분동작 ④ 비례동작

해설

| 구 분 | 설 명 |
|---|---|
| 비례제어(**P동작**) | • **잔류편차**가 있는 제어 |
| 적분제어(**I동작**) | • **잔류편차**를 **제거**하기 위한 제어 |
| **미**분제어(D동작) | • 지연특성이 제어에 주는 악영향을 감소한다.<br>• **진**동을 억제시키는 데 가장 효과적인 제어동작<br>기억법 **진미**(맛의 **진미**) |
| **비**례**적**분제어(**PI동작**) | • **간헐현상**이 있는 제어<br>• 이득교점 주파수가 낮아지며, 대역폭은 감소한다.<br>기억법 **비적간** |
| 비례적분미분제어(**PID동작**) | • **간헐현상**을 **제거**하기 위한 제어<br>• 사이클링과 오프셋이 제거되는 제어<br>• 정상특성과 응답의 속응성을 동시에 개선시키기 위한 제어 |

• 미분동작=미분제어

답 ②

**38** 단상교류회로에 연결되어 있는 부하의 역률을 측정하는 경우 필요한 계측기의 구성은?

12.05.문39

① 전압계, 전력계, 회전계
② 상순계, 전력계, 전류계
③ 전압계, 전류계, 전력계
④ 전류계, 전압계, 주파수계

해설

$$P = V I \cos\theta$$

↑전력 ↑전압 ↖전류 ↖역률

위 식에서 **역률측정계기**는 다음과 같다.

(1) 전압계 : Ⓥ
(2) 전류계 : Ⓐ
(3) 전력계 : Ⓦ

답 ③

**39** 논리식 $\overline{X}+XY$를 간략화한 것은?

19.09.문40 19.04.문32 17.09.문33 17.03.문23 16.05.문36 16.03.문39 15.09.문23 13.09.문30 13.06.문35 11.03.문32

① $\overline{X}+Y$
② $X+\overline{Y}$
③ $\overline{X}Y$
④ $X\overline{Y}$

해설

| 논리합 | 논리곱 | 비 고 |
|---|---|---|
| $X+0=X$ | $X\cdot 0=0$ | – |
| $X+1=1$ | $X\cdot 1=X$ | – |
| $X+X=X$ | $X\cdot X=X$ | – |
| $X+\overline{X}=1$ | $X\cdot \overline{X}=0$ | – |
| $X+Y=Y+X$ | $X\cdot Y=Y\cdot X$ | 교환법칙 |
| $X+(Y+Z)=(X+Y)+Z$ | $X(YZ)=(XY)Z$ | 결합법칙 |
| $X(Y+Z)=XY+XZ$ | $(X+Y)(Z+W)=XZ+XW+YZ+YW$ | 분배법칙 |
| $X+XY=X$ | $\overline{X}+XY=\overline{X}+Y$<br>$X+\overline{X}Y=X+Y$<br>$X+\overline{X}\,\overline{Y}=X+\overline{Y}$ | 흡수법칙 |
| $(\overline{X+Y})=\overline{X}\cdot\overline{Y}$ | $(\overline{X\cdot Y})=\overline{X}+\overline{Y}$ | 드모르간의 정리 |

답 ①

**40** 그림과 같은 논리회로의 출력 $L$을 간략화한 것은?

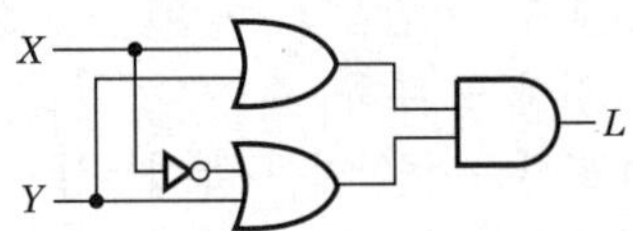


① $L=X$ ② $L=Y$
③ $L=\overline{X}$ ④ $L=\overline{Y}$

해설 문제 39 참조

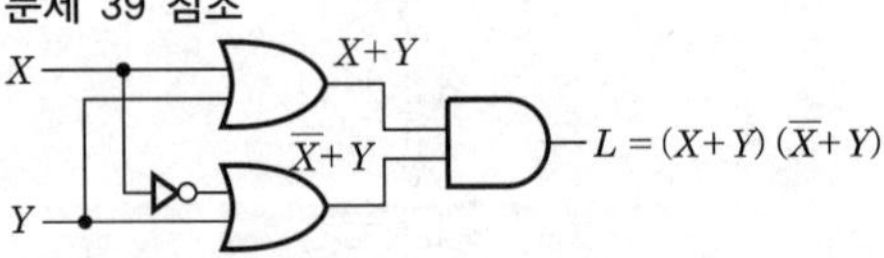


$$\begin{aligned}L&=(X+Y)(\overline{X}+Y)\\&=\underbrace{X\overline{X}}_{X\cdot\overline{X}=0}+XY+\overline{X}Y+\underbrace{YY}_{X\cdot X=X\text{이므로 }YY=Y}\\&=XY+\overline{X}Y+Y\\&=Y(\underbrace{X+\overline{X}}_{X+\overline{X}=1})\\&=\underbrace{Y\cdot 1}_{X\cdot 1=X\text{이므로 }Y\cdot 1=Y}\\&=Y\end{aligned}$$

답 ②

## 제 3 과목 소방관계법규

★★
**41** 소방시설업을 등록할 수 있는 사람은?

15.09.문45
12.09.문44

① 피성년후견인
② 소방기본법에 따른 금고 이상의 실형을 선고받고 그 집행이 종료된 후 1년이 경과한 사람
③ 위험물안전관리법에 따른 금고 이상의 형의 집행유예를 선고받고 그 유예기간 중에 있는 사람
④ 등록하려는 소방시설업 등록이 취소된 날부터 2년이 경과된 사람

해설 **소방시설법 30조**
소방시설관리업의 등록결격사유
(1) 피성년후견인
(2) 금고 이상의 실형을 선고받고 그 집행이 끝나거나 집행이 면제된 날부터 **2년**이 지나지 아니한 사람
(3) 금고 이상의 형의 집행유예를 선고받고 그 유예기간 중에 있는 사람
(4) 관리업의 등록이 취소된 날부터 **2년**이 지나지 아니한 자

중요

**소방시설법 시행령 〔별표 9〕**
소방시설관리업의 등록기준

| 기술인력 | 기 준 | |
|---|---|---|
| 주된 기술인력 | • 소방시설관리사 **1명** 이상 | |
| 보조 기술인력 | • 소방설비기사 또는 소방설비산업기사<br>• 소방공무원 **3년** 이상 경력자<br>• 소방관련학과 **학사학위** 취득자<br>• **행정안전부령**으로 정하는 소방기술과 관련된 자격 · 경력 및 학력이 있는 사람 | 2명 이상 |

답 ④

★★
**42** 다음의 위험물 중에서 위험물안전관리법령에서 정하고 있는 지정수량이 가장 적은 것은?

07.03.문52

① 브롬산염류　② 유황
③ 알칼리토금속　④ 과염소산

해설 **위험물령 〔별표 1〕**
지정수량

| 위험물 | 지정수량 |
|---|---|
| • **알**칼리**토**금속(제3류) | 50kg<br>기억법 **알토**(소프라노, **알토**) |
| • 유황(제2류) | 100kg |
| • 브롬산염류(제1류)<br>• 과염소산(제6류) | 300kg |

답 ③

★★★
**43** 소방대장은 화재, 재난, 재해, 그 밖의 위급한 상황이 발생한 현장에 소방활동구역을 정하여 지정한 사람 외에는 그 구역에 출입하는 것을 제한할 수 있다. 소방활동구역을 출입할 수 없는 사람은?

19.04.문42
11.06.문48
06.03.문44

① 의사 · 간호사 그 밖의 구조 · 구급업무에 종사하는 사람
② 수사업무에 종사하는 사람
③ 소방활동구역 밖의 소방대상물을 소유한 사람
④ 전기 · 가스 등의 업무에 종사하는 사람으로서 원활한 소방활동을 위하여 필요한 사람

해설 **기본령 8조**
소방활동구역 출입자
(1) 소방활동구역 **안**에 있는 소방대상물의 **소유자 · 관리자** 또는 **점유자**
(2) **전기 · 가스 · 수도 · 통신 · 교통**의 업무에 종사하는 자로서 원활한 **소방활동**을 위하여 필요한 자
(3) **의사 · 간호사** 그 밖의 구조 · 구급업무에 종사하는 자
(4) **취재인력** 등 보도업무에 종사하는 자
(5) **수사업무**에 종사하는 자
(6) **소방대장**이 소방활동을 위하여 **출입**을 **허가**한 자

③ 소방활동구역 밖 → 소방활동구역 **안**

※ **소방활동구역** : 화재, 재난 · 재해 그 밖의 위급한 상황이 발생한 현장에 정하는 구역

답 ③

★★★
**44** 제4류 위험물을 저장하는 위험물 제조소의 주의사항을 표시한 게시판의 내용으로 적합한 것은?

19.04.문58
16.10.문53
11.10.문45

① 화기엄금　② 물기엄금
③ 화기주의　④ 물기주의

해설 **위험물규칙 〔별표 4〕**
위험물 제조소의 **표**지
(1) 한 변의 길이가 **0.3m 이상**, 다른 한 변의 길이가 **0.6m 이상**인 **직사각형**일 것
(2) **바**탕은 **백색**으로, 문자는 **흑색**일 것

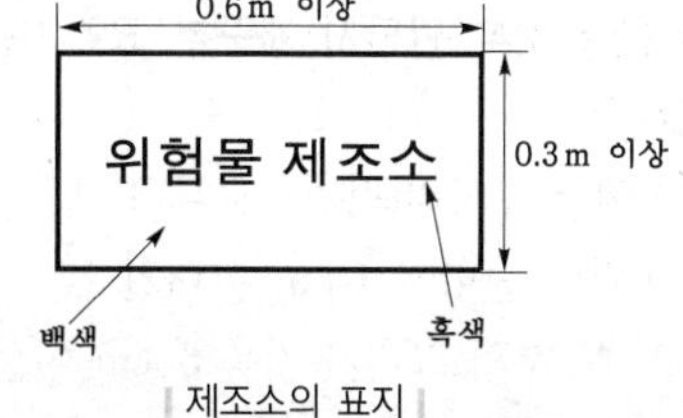


| 제조소의 표지 |

기억법 **표바백036**

비교

**위험물규칙 〔별표 4〕**
**위험물 제조소의 게시판 설치기준**

| 위험물 | 주의사항 | 비 고 |
|---|---|---|
| ① 제1류 위험물(알칼리금속의 과산화물)<br>② 제3류 위험물(금수성 물질) | 물기엄금 | 청색바탕에 백색문자 |
| ③ 제2류 위험물(인화성 고체 제외) | 화기주의 | 적색바탕에 백색문자 |
| ④ 제2류 위험물(인화성 고체)<br>⑤ 제3류 위험물(자연발화성 물질)<br>⑥ 제4류 위험물<br>⑦ 제5류 위험물 | 화기엄금 | 적색바탕에 백색문자 |
| ⑧ 제6류 위험물 | 별도의 표시를 하지 않는다. | |

답 ①

★★★
## 45 소방시설관리사 시험을 시행하고자 하는 때에는 응시자격 등 필요한 사항을 시험시행일 며칠 전까지 일간신문에 공고하여야 하는가?

① 15
② 30
③ 60
④ 90

해설 **소방시설법 시행령 32조**
**소방시설관리사 시험**
(1) 시행 : **1년**마다 **1회**
(2) 시험공고 : 시행일 **90일** 전

중요

90일
(1) 소방시설업 등록신청 자산평가액 · 기업진단보고서 유효기간(공사업규칙 2조)
(2) 위험물 임시저장기간(위험물법 5조)
(3) 소방시설관리사 시험공고일(소방시설법 시행령 32조)

기억법 등유9(등유 구해와)

답 ④

★★★
## 46 무창층 여부 판단시 개구부 요건기준으로 옳은 것?
16.03.문06

① 해당 층의 바닥면으로부터 개구부 밑부분까지의 높이가 1.5m 이내일 것
② 개구부의 크기가 지름 50cm 이상의 원이 내접할 수 있을 것
③ 개구부는 도로 또는 차량이 진입할 수 없는 빈터를 향할 것
④ 내부 또는 외부에서 쉽게 파괴 또는 개방할 수 없을 것

해설 **소방시설법 시행령 2조**
**개구부**
(1) 개구부의 크기는 지름 **50cm**의 원이 내접할 수 있는 크기일 것
(2) 해당 층의 바닥면으로부터 개구부 밑부분까지의 높이가 **1.2m** 이내일 것
(3) 내부 또는 외부에서 **쉽게 부수거나 열 수** 있을 것
(4) 화재시 건축물로부터 쉽게 피난할 수 있도록 **창살**, 그 밖의 **장애물**이 설치되지 아니할 것
(5) 도로 또는 차량이 진입할 수 있는 **빈터**를 향할 것

① 1.5m 이내 → 1.2m 이내
③ 차량이 진입할 수 없는 → 차량이 진입할 수 있는
④ 개방할 수 없을 것 → 개방이 가능할 것

용어

**개구부**
화재시 쉽게 피난할 수 있는 출입문, 창문 등을 말한다.

답 ②

★
## 47 피난시설, 방화구획 및 방화시설을 폐쇄 · 훼손 · 변경 등의 행위를 3차 이상 위반한 자에 대한 과태료는?

① 2백만원
② 3백만원
③ 5백만원
④ 1천만원

해설 **소방시설법 시행령 〔별표 10〕**
**피난시설, 방화구획 및 방화시설을 폐쇄 · 훼손 · 변경 등의 행위**

| 1차 위반 | 2차 위반 | 3차 이상 위반 |
|---|---|---|
| 100만원 | 200만원 | 300만원 |

중요

**소방시설법 53조**
**200만원 이하의 과태료**
(1) 관계인의 소방안전관리 업무 미수행
(2) **소방훈련** 및 **교육** 미실시자
(3) 소방시설의 점검결과 미보고
(4) 관계인의 거짓자료제출
(5) 정당한 사유없이 공무원의 출입 · 조사 · 검사를 거부 · 방해 · 기피한 자

답 ②

★
**48** 17.05.문58
**소방기본법에서 규정하는 소방용수시설에 대한 설명으로 틀린 것은?**

① 시·도지사는 소방활동에 필요한 소화전·급수탑·저수조를 설치하고 유지·관리하여야 한다.
② 소방본부장 또는 소방서장은 원활한 소방활동을 위하여 소방용수시설에 대한 조사를 월 1회 이상 실시하여야 한다.
③ 소방용수시설 조사의 결과는 2년간 보관하여야 한다.
④ 수도법의 규정에 따라 설치된 소화전도 시·도지사가 유지·관리해야 한다.

해설 **기본법 10조 ①항**
**소방용수시설**
(1) 종류 : **소화전·급수탑·저수조**
(2) 기준 : **행정안전부령**
(3) 설치·유지·관리 : **시·도**(단, 수도법에 의한 소화전은 일반수도사업자가 관할소방서장과 협의하여 설치)

④ 시·도지사 → 일반수도사업자

답 ④

★
**49** 14.09.문42
**소방시설 설치·유지 및 안전관리에 관한 법률에서 규정하는 소방용품 중 경보설비를 구성하는 제품 또는 기기에 해당하지 않는 것은?**

① 비상조명등 ② 누전경보기
③ 발신기 ④ 감지기

해설 **소방시설법 시행령 〔별표 3〕**
**소방용품**

| 구 분 | 설 명 |
|---|---|
| **소화설비**를 구성하는 제품 또는 기기 | • 소화기구<br>• 소화전<br>• 송수구<br>• 관창(菅槍)<br>• 소방호스<br>• 스프링클러헤드<br>• 기동용 수압개폐장치<br>• 유수제어밸브<br>• 가스관선택밸브 |
| **경보설비**를 구성하는 제품 또는 기기 | • 누전경보기<br>• 가스누설경보기<br>• 발신기<br>• 수신기<br>• 중계기<br>• 감지기<br>• 음향장치(경종만 해당) |
| **피난구조설비**를 구성하는 제품 또는 기기 | • 피난사다리<br>• 구조대<br>• 완강기<br>• 공기호흡기<br>• 유도등<br>• 예비전원이 내장된 **비**상**조**명등<br>기억법 **비피조(비피**더스 **조**명받다) |
| **소화용**으로 사용하는 제품 또는 기기 | • 소화약제<br>• 방염제 |

① 피난구조설비를 구성하는 제품 또는 기기

답 ①

★★★
**50** 15.09.문60 13.09.문49
**다음 소방시설 중 소화활동설비가 아닌 것은?**

① 제연설비 ② 연결송수관설비
③ 무선통신보조설비 ④ 자동화재탐지설비

해설 **소방시설법 시행령 〔별표 1〕**
**소화활동설비**
(1) **연**결송수관설비
(2) **연**결살수설비
(3) **연**소방지설비
(4) **무**선통신보조설비
(5) **제**연설비
(6) **비**상**콘**센트설비

④ 경보설비

기억법 **3연무제비콘**

답 ④

★★★
**51** 19.04.문44 16.05.문46 16.05.문52 15.09.문03 15.09.문18 15.05.문10 15.05.문42 14.09.문18 14.03.문18 11.06.문54
**위험물안전관리법령에서 규정하는 제3류 위험물의 품명에 속하는 것은?**

① 나트륨
② 염소산염류
③ 무기과산화물
④ 유기과산화물

해설 **위험물령 〔별표 1〕**
**위험물**

| 유 별 | 성 질 | 품 명 |
|---|---|---|
| 제**1**류 | **산**화성 **고**체 | • 아염소산염류<br>• 염소산염류(**염소산나트륨**)<br>• 과염소산염류<br>• 질산염류<br>• 무기과산화물<br>기억법 **1산고염나** |

| | | |
|---|---|---|
| 제2류 | 가연성 고체 | • **황화**린<br>• **적**린<br>• **유**황<br>• **마**그네슘<br>기억법 **황화적유마** |
| 제3류 | 자연발화성 물질 및 금수성 물질 | • **황린**<br>• **칼륨**<br>• **나트륨**<br>• **알**칼리토금속<br>• **트**리에틸알루미늄<br>기억법 **황칼나알트** |
| 제4류 | 인화성 액체 | • 특수인화물<br>• 석유류(벤젠)<br>• 알코올류<br>• 동식물유류 |
| 제5류 | 자기반응성 물질 | • 유기과산화물<br>• 니트로화합물<br>• 니트로소화합물<br>• 아조화합물<br>• 질산에스테르류(셀룰로이드) |
| 제6류 | 산화성 액체 | • **과염소산**<br>• 과산화수소<br>• 질산 |

답 ①

★★★
## 52

17.05.문51
16.10.문56
15.05.문59
12.05.문59

**하자를 보수하여야 하는 소방시설에 따른 하자보수 보증기간의 연결이 옳은 것은?**

① 무선통신보조설비 : 3년
② 상수도소화용수설비 : 3년
③ 피난기구 : 3년
④ 자동화재탐지설비 : 2년

해설 **공사업령 6조**
**소방시설공사의 하자보수 보증기간**

| 보증기간 | 소방시설 |
|---|---|
| **2년** | ① **유**도등 · 유도표지 · **피**난기구<br>② **비**상조명등 · 비상경보설비 · 비상방송설비<br>③ **무**선통신보조설비 |
| **3년** | ① 자동소화장치<br>② 옥내 · 외소화전설비<br>③ 스프링클러설비 · 간이스프링클러설비<br>④ 물분무 등 소화설비 · 상수도 소화용수설비<br>⑤ 자동화재탐지설비 · 소화활동설비 |

기억법 유비무피2

①, ③ 2년
④ 3년

답 ②

★★
## 53

14.09.문43
13.03.문50

**위험물안전관리법령에 의하여 자체 소방대에 배치해야 하는 화학소방자동차의 구분에 속하지 않는 것은?**

① 포수용액 방사차　② 고가 사다리차
③ 제독차　④ 할론 방사차

해설 **위험물규칙 〔별표 23〕**
**화학소방자동차의 방사능력**

| 구 분 | 방사능력 |
|---|---|
| ① **분**말방사차 | **35**kg/s 이상<br>(1400kg 이상 비치) |
| ② **할**론 방사차<br>③ **이**산화탄소 방사차 | **4**0kg/s 이상<br>(3000kg 이상 비치) |
| ④ **제**독차 | **5**0kg 이상 비치 |
| ⑤ **포**수용액 방사차 | **2**000$l$/min 이상<br>(10만$l$ 이상 비치) |

기억법 **분할이포 3542, 제5(재워줘)**

답 ②

★
## 54

**소방력의 기준에 따라 관할구역 안의 소방력을 확충하기 위한 필요 계획을 수립하여 시행하는 사람은?**

① 소방서장　② 소방본부장
③ 시 · 도지사　④ 자치소방대장

해설 **기본법 8조 ②항**
**시 · 도지사**는 소방력의 기준에 따라 관할구역 안의 소방력을 확충하기 위하여 필요한 계획을 수립하여 시행하여야 한다.

중요

**기본법 8조**

| 구 분 | 대 상 |
|---|---|
| 행정안전부령 | **소방력**에 관한 기준 |
| 시 · 도지사 | **소방력 확충**의 계획 · 수립 · 시행 |

답 ③

★★
## 55

19.09.문42
18.04.문49
17.05.문46
14.05.문44
13.09.문60

**제조소 등의 위치 · 구조 또는 설비의 변경 없이 해당 제조소 등에서 저장하거나 취급하는 위험물의 품명 · 수량 또는 지정수량의 배수를 변경하고자 할 때는 누구에게 신고해야 하는가?**

① 국무총리　② 시 · 도지사
③ 소방청장　④ 관할소방서장

해설 위험물법 6조
제조소 등의 설치허가
(1) **설치허가자 : 시 · 도지사**
(2) **설치허가 제외장소**
㉠ 주택의 난방시설(공동주택의 중앙난방시설은 제외)을 위한 **저장소** 또는 **취급소**
㉡ 지정수량 **20배** 이하의 농예용 · 축산용 · 수산용 난방시설 또는 건조시설의 **저장소**
(3) **제조소 등의 변경신고** : 변경하고자 하는 날의 **1일** 전까지

답 ②

★★★
**56** 아파트로서 층수가 20층인 특정소방대상물에는 몇 층 이상의 층에 스프링클러설비를 설치해야 하는가?
19.03.문48
12.05.문51

① 6층　　② 11층
③ 16층　　④ 전층

해설 소방시설법 시행령 〔별표 5〕
스프링클러설비의 설치대상

| 설치대상 | 조 건 |
|---|---|
| ① 문화 및 집회시설, 운동시설<br>② 종교시설 | • 수용인원 : **100명** 이상<br>• 영화상영관 : 지하층 · 무창층 **500m²**(기타 **1000m²**) 이상<br>• 무대부<br>– 지하층 · 무창층 · **4층** 이상 **300m²** 이상<br>– 1~3층 **500m²** 이상 |
| ③ 판매시설<br>④ 운수시설<br>⑤ 물류터미널 | • 수용인원 : **500명** 이상<br>• 바닥면적합계 : **5000m²** 이상 |
| ⑥ 노유자시설<br>⑦ 정신의료기관<br>⑧ 수련시설(숙박시설이 있는 것)<br>⑨ 종합병원, 병원, 치과병원, 한방병원 및 요양병원(정신병원 제외) | • 바닥면적합계 **600m²** 이상 |
| ⑩ 지하층 · 무창층 · 4층 이상 | • 바닥면적 **1000m²** 이상 |
| ⑪ **지하가**(터널 제외) | • 연면적 **1000m²** 이상 |
| ⑫ **10m** 넘는 랙크식 창고 | • 연면적 **1500m²** 이상 |
| ⑬ 복합건축물<br>⑭ 기숙사 | • 연면적 **5000m²** 이상 : 전층 |
| ⑮ **6층** 이상 | • 전층 |
| ⑯ 보일러실 · 연결통로 | • 전부 |
| ⑰ 특수가연물 저장 · 취급 | • 지정수량 **1000배** 이상 |

답 ④

★★★
**57** 소방특별조사 결과 화재예방을 위하여 필요한 때 관계인에게 소방대상물의 개수 · 이전 · 제거, 사용의 금지 또는 제한 등의 필요한 조치를 명할 수 있는 사람이 아닌 것은?
19.04.문54
19.03.문57
15.05.문56
13.06.문42
05.05.문46

① 소방서장　　② 소방본부장
③ 소방청장　　④ 시 · 도지사

해설 소방시설법 5조
소방특별조사 결과에 따른 조치명령
(1) **명령권자** : 소방청장 · 소방본부장 · 소방서장
(2) **명령사항**
㉠ 소방특별조사 조치명령
㉡ **개수**명령
㉢ **이전**명령
㉣ **제거**명령
㉤ **사용**의 **금지** 또는 제한명령, 사용폐쇄
㉥ **공사**의 **정지** 또는 중지명령

답 ④

★★★
**58** 관계인이 예방규정을 정하여야 하는 옥외저장소는 지정수량의 몇 배 이상의 위험물을 저장하는 것을 말하는가?
19.04.문53
17.03.문55
15.09.문48
14.05.문41
12.09.문52

① 10　　② 100
③ 150　　④ 200

해설 위험물령 15조
예방규정을 정하여야 할 제조소 등
(1) **10배** 이상의 **제조소 · 일반취급소**
(2) **100배** 이상의 **옥외저장소**
(3) **150배** 이상의 **옥내저장소**
(4) **200배** 이상의 **옥외탱크저장소**
(5) **이송취급소**
(6) **암반탱크저장소**

기억법 052
외내탱

비교
**위험물규칙 〔별표 4〕**
지정수량의 **10배** 이상의 위험물을 취급하는 제조소(제6류 위험물을 취급하는 위험물제조소 제외)에는 **피뢰침**을 설치하여야 한다. (단, 제조소 주위의 상황에 따라 안전상 지장이 없는 경우에는 피뢰침을 설치하지 아니할 수 있다.)

기억법 피10(피식 웃다!)

답 ②

★
**59** 소방공사업자가 소방시설공사를 마친 때에는 완공검사를 받아야 하는데 완공검사를 위한 현장확인을 할 수 있는 특정소방대상물의 범위에 속하지 않은 것은?
17.03.문43
14.05.문54

① 문화 및 집회시설　② 노유자시설
③ 지하상가　　④ 의료시설

해설 **공사업령 5조**

**완공검사를 위한 현장확인 대상 특정소방대상물의 범위**

(1) **문**화 및 집회시설, **종**교시설, **판**매시설, **노**유자시설, **수**련시설, **운**동시설, **숙**박시설, **창**고시설, 지하**상**가 및 다중이용업소
(2) 다음의 어느 하나에 해당하는 설비가 설치되는 특정소방대상물
 ㉠ 스프링클러설비 등
 ㉡ 물분무등소화설비(호스릴방식의 소화설비 제외)
(3) 연면적 $10000m^2$ 이상이거나 11층 이상인 특정소방대상물(아파트 제외)
(4) 가연성 가스를 제조·저장 또는 취급하는 시설 중 지상에 노출된 가연성 가스탱크의 저장용량 합계가 1000t 이상인 시설

기억법 **문종판 노수운 숙창상현**

답 ④

★★★

**60** **1급 소방안전관리대상물에 해당하는 건축물은?**

19.03.문60 17.09.문55 16.03.문52 13.09.문51

① 연면적 $15000m^2$ 이상인 동물원
② 층수가 15층인 업무시설
③ 층수가 20층인 아파트
④ 지하구

해설 **소방시설법 시행령 22조**

**소방안전관리자를 두어야 할 특정소방대상물**

(1) 특급 소방안전관리대상물 (동식물원, 불연성 물품 저장·취급창고, 지하구, 위험물제조소 등 제외)
 ㉠ **50층** 이상(지하층 제외) 또는 지상 **200m** 이상 **아파트**
 ㉡ **30층** 이상(지하층 포함) 또는 지상 **120m** 이상(아파트 제외)
 ㉢ 연면적 **20만$m^2$** 이상(아파트 제외)
(2) 1급 소방안전관리대상물 (동식물원, 불연성 물품 저장·취급창고, 지하구, 위험물제조소 등 제외)
 ㉠ **30층** 이상(지하층 제외) 또는 지상 **120m** 이상 아파트
 ㉡ 연면적 **15000$m^2$** 이상인 것(아파트 제외)
 ㉢ **11층** 이상(아파트 제외)
 ㉣ 가연성 가스를 **1000t** 이상 저장·취급하는 시설
(3) 2급 소방안전관리대상물
 ㉠ 지하구
 ㉡ 가스제조설비를 갖추고 도시가스사업 허가를 받아야 하는 시설 또는 가연성 가스를 **100~1000t** 미만 저장·취급하는 시설
 ㉢ **스프링클러설비**·간이스프링클러설비 또는 **물분무등소화설비** 설치대상물
 ㉣ **옥내소화전설비** 설치대상물
 ㉤ **공동주택**
 ㉥ **목조건축물**(국보·보물)
(4) 3급 소방안전관리대상물
 **자동화재탐지설비** 설치대상물

①, ③, ④ **2급** 소방안전관리대상물

답 ②

## 제 4 과목 소방전기시설의 구조 및 원리

★★★

**61** **연면적 15000$m^2$, 지하 3층 지상 20층인 소방대상물의 1층에서 화재가 발생한 경우 비상방송설비에서 경보를 발하여야 하는 층은?**

14.03.문73 13.03.문72

① 지상 1층
② 지하 전층, 지상 1층, 지상 2층
③ 지상 1층, 지상 2층
④ 지하 전층, 지상 1층

해설 **우선경보방식**

**5층** 이상으로 연면적 **3000$m^2$**를 초과하는 소방대상물

| 발화층 | 경보층 | |
|---|---|---|
| | 30층 미만 | 30층 이상 |
| **2층** 이상 발화 | • 발화층<br>• 직상층 | • 발화층<br>• 직상 4개층 |
| **1층** 발화 | • 발화층<br>• 직상층<br>• 지하층 | • 발화층<br>• 직상 4개층<br>• 지하층 |
| **지하층** 발화 | • 발화층<br>• 직상층<br>• 기타의 지하층 | • 발화층<br>• 직상층<br>• 기타의 지하층 |

② 우선경보방식으로 1층에서 발화하였으므로 발화층(지상 1층), 직상층(지상 2층), 지하층(지하 전층) 즉, **지하 전층, 지상 1층, 지상 2층**에서 경보를 발한다.

답 ②

★★★

**62** **다음 중 비상방송설비의 설치기준에서 기동장치에 따른 화재신고를 수신한 후 필요한 음량으로 화재발생 상황 및 피난에 유효한 방송이 자동으로 개시될 때까지의 소요시간은 몇 초 이하인가?**

19.09.문76 19.04.문68 18.09.문77 18.03.문73 17.05.문61 16.10.문69 16.10.문73 16.05.문67 16.03.문68 15.05.문73 15.05.문76 14.05.문63 14.05.문75 14.03.문61 13.09.문70 13.06.문62 13.06.문80

① 10
② 20
③ 30
④ 40

해설 **소요시간**

| 기 기 | 시 간 |
|---|---|
| P형·P형 복합식·R형·R형 복합식·GP형·GP형 복합식·GR형·GR형 복합식 | 5초 이내<br>(축적형 60초 이내) |
| 중계기 | 5초 이내 |
| 비상방송설비 | 10초 이하 |
| 가스누설경보기 | 60초 이내 |

기억법 시중5(시중을 드시오!)
6가(육체미가 아름답다.)

중요

**비상방송설비의 설치기준**

(1) 확성기의 음성입력은 실내 **1W**, 실외 **3W** 이상일 것
(2) 확성기는 **각 층**마다 설치하되, 각 부분으로부터의 수평거리는 **25m** 이하일 것
(3) 음량조정기는 **3선식** 배선일 것
(4) 조작스위치는 바닥으로부터 **0.8~1.5m** 이하의 높이에 설치할 것
(5) 다른 전기회로에 의하여 **유도장애**가 생기지 아니하도록 할 것
(6) 비상방송 개시시간은 **10초** 이하일 것
(7) 다른 방송설비와 공용할 경우 화재시 비상경보 외의 방송을 차단할 수 있을 것

답 ①

★ **63** 포지 등을 사용하여 자루형태로 만든 것으로서 화재시 사용자가 그 내부에 들어가서 내려옴으로써 대피할 수 있는 피난기구는?

05.05.문73

① 피난사다리 ② 완강기
③ 간이완강기 ④ 구조대

해설 **구조대**

포지 등을 사용하여 **자루형태**로 만든 것으로서 화재시 사용자가 그 내부에 들어가서 내려옴으로써 대피할 수 있는 피난기구

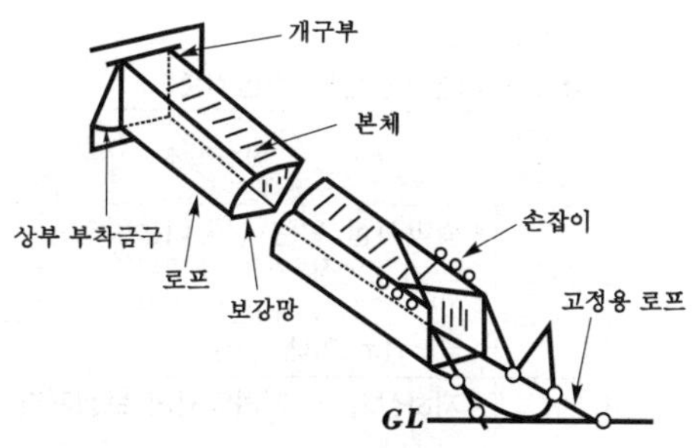


| 구조대 |

용어

| 용 어 | 설 명 |
|---|---|
| 피난사다리 | 화재시 긴급대피를 위해 사용하는 사다리 |
| 완강기 | 사용자의 **몸무게**에 따라 **자동적**으로 내려올 수 있는 기구 중 사용자가 교대하여 **연속적**으로 **사용**할 수 있는 것 |
| 간이완강기 | 사용자의 **몸무게**에 따라 **자동적**으로 내려올 수 있는 기구 중 사용자가 **연속적**으로 **사용**할 수 **없는 것** |

답 ④

★★★ **64** 자동화재탐지설비의 경계구역에 대한 설명 중 옳은 것은?

19.09.문61 18.09.문66 15.09.문75 14.05.문80 14.03.문72 13.09.문66 13.03.문67

① 하나의 경계구역이 2개 이상의 건축물에 미치지 아니하도록 하여야 한다.
② $600m^2$ 이하의 범위 안에서는 2개의 층을 하나의 경계구역으로 할 수 있다.
③ 하나의 경계구역의 면적은 $600m^2$, 한 변의 길이는 최대 30m 이하로 한다.
④ 하나의 경계구역이 2개 이상의 층에 미치지 아니한다.(단, 지하층과 지상층은 하나의 경계구역으로 할 수 있다.)

해설 **경계구역**

(1) **정의**

소방대상물 중 **화재신호**를 **발신**하고 그 **신호**를 **수신** 및 유효하게 **제어**할 수 있는 구역

(2) **경계구역의 설정기준**

㉠ 1경계구역이 2개 이상의 **건축물**에 미치지 않을 것
㉡ 1경계구역이 2개 이상의 **층**에 미치지 않을 것
㉢ 1경계구역의 면적은 **$600m^2$** 이하로 하고, 1변의 길이는 **50m** 이하로 할 것(내부 전체가 보이면 **$1000m^2$** 이하)

(3) **1경계구역의 높이** : **45m** 이하

② $600m^2$ 이하 → $500m^2$ 이하
③ 최대 30m 이하 → 50m 이하
④ 단서 삭제해야 함

답 ①

★★★ **65** 경계전류의 정격전류는 최대 몇 A를 초과할 때 1급 누전경보기를 설치해야 하는가?

① 30 ② 60
③ 90 ④ 120

해설 **누전경보기**의 **설치방법**(NFSC 205 4조 · 6조)

| 정격전류 | 종 별 |
|---|---|
| 60A 초과 | 1급 |
| 60A 이하 | 1급 또는 2급 |

답 ②

★ **66** 경계전로의 누설전류를 자동적으로 검출하여 이를 누전경보기의 수신부에 송신하는 것은?

19.09.문73 19.03.문78 10.09.문67

① 변류기
② 중계기
③ 검지기
④ 발신기

해설 **누전경보기**

| 용 어 | 설 명 |
|---|---|
| **수**신부 | 변류기로부터 검출된 **신호**를 **수신**하여 누전의 발생을 해당 소방대상물의 **관계인**에게 **경보**하여 주는 것(**차단기구**를 갖는 것 포함) |
| **변**류기 | 경계전로의 **누설전류**를 자동적으로 **검출**하여 이를 누전경보기의 수신부에 송신하는 것 |

기억법 **수수변누**

답 ①

★★
**67** **자동화재탐지설비의 음향장치 설치기준 중 옳은 것은?**

19.09.문64 19.03.문77 18.09.문68 18.04.문74 16.05.문63 14.09.문65 11.03.문72 10.09.문70 09.05.문75

① 지구음향장치는 해당 소방대상물의 각 부분으로부터 하나의 음향장치까지의 수평거리가 30m 이하가 되도록 한다.
② 정격전압의 80% 전압에서 음향을 발할 수 있어야 한다.
③ 음량은 부착된 음향장치의 중심으로부터 1m 떨어진 위치에서 80dB 이상이 되도록 하여야 한다.
④ 8층으로서 연면적이 $3000m^2$를 초과하는 소방대상물에 있어서는 2층 이상의 층에서 발화시 발화층 및 직하층에 경보를 발하여야 한다.

해설 **음향장치**의 **구조** 및 **성능기준**
(1) 정격전압의 **80%** 전압에서 음향을 발할 것(단, **건전지**를 **주전원**으로 사용한 음향장치는 제외)
(2) 음량은 **1m** 떨어진 곳에서 **90dB** 이상일 것
(3) **감지기·발신기**의 작동과 **연동**하여 작동할 것
(4) 5층(지하층 제외) 이상 연면적 $3000m^2$ 초과 2층이상 발화 : **발화층** 및 **직상층** 경보
(5) 지구음향장치는 수평거리 25m 이하가 되도록 설치

① 수평거리 30m 이하 → 수평거리 25m 이하
③ 80dB 이상 → 90dB 이상
④ 직하층 → 직상층

답 ②

★★★
**68** **누전경보기에 사용하는 변압기의 정격 1차 전압은 몇 V 이하인가?**

99.04.문68

① 100 ② 200
③ 300 ④ 400

해설 **누전경보기** 수신기에 설치하는 **변압기**(누전경보기 형식 4)
(1) 정격 1차 전압은 **300V** 이하로 한다.
(2) 외함에는 **접지단자**를 설치하여야 한다.
(3) 용량은 **최대사용전류**에 연속하여 견딜 수 있는 크기 이상이어야 한다.

중요

**대상**에 따른 **전압**

| 전 압 | 대 상 |
|---|---|
| 0.5V 이하 | 누전경보기 경계전로의 전압강하 |
| 0.6V 이하 | 완전방전 |
| **60V** 초과 | 접지단자 설치 |
| 300V 이하 | • 유도등·비상조명등의 사용전압<br>• **변**압기 정격 1차 전압<br>기억법 **변3(변상해)** |
| 600V 이하 | **누**전경보기의 경계전로 전압<br>기억법 **누6(누룩)** |

답 ③

★
**69** **휴대용 비상조명등을 설치하여야 하는 특정소방대상물에 해당하는 것은?**

① 종합병원 ② 숙박시설
③ 노유자시설 ④ 집회장

해설 **소방시설법 시행령 〔별표 5〕**
**휴**대용 비상조명등의 설치대상
(1) **숙**박시설
(2) 수용인원 **100명** 이상의 영화상영관, 대규모점포, 지하역사, 지하상가

기억법 **휴숙(휴식)**

중요

**휴대용 비상조명등의 적합기준**(NFSC 303④)

| 설치개수 | 설치장소 |
|---|---|
| 1개 이상 | • **숙박시설** 또는 **다중이용업소**에는 객실 또는 영업장 안의 구획된 실마다 잘 보이는 곳(외부에 설치시 출입문 손잡이로부터 **1m 이내** 부분) |
| 3개 이상 | • **지하상가** 및 **지하역사**의 **보행거리 25m** 이내마다<br>• **대규모점포(백화점·대형점·쇼핑센터)** 및 **영화상영관**의 **보행거리 50m** 이내마다 |

(1) 바닥으로부터 **0.8~1.5m 이하**의 높이에 설치할 것
(2) 어둠 속에서 위치를 확인할 수 있도록 할 것
(3) 사용시 **자동**으로 **점등**되는 구조일 것
(4) 외함은 **난연성능**이 있을 것
(5) 건전지를 사용하는 경우에는 **방전방지조치**를 하여야 하고, **충전식 배터리**의 경우에는 **상시 충전**되도록 할 것
(6) 건전지 및 충전식 배터리의 용량은 **20분 이상** 유효하게 사용할 수 있는 것으로 할 것

답 ②

★★
**70** 소방시설용 비상전원수전설비에서 전력수급용 계기용 변성기·주차단장치 및 그 부속기기로 정의되는 것은?

12.09.문78

① 큐비클설비　② 배전반설비
③ 수전설비　④ 변전설비

해설 **소방시설용 비상전원수전설비**

| 용 어 | 설 명 |
|---|---|
| **수**전설비 | 전력수급용 **계기용 변성기·주차단장치** 및 그 **부속기기** 기억법 수변주 |
| **변전설비** | **전력용 변압기** 및 그 **부속장치** |
| **전용 큐비클식** | **소방회로용**의 것으로 수전설비, 변전설비, 그 밖의 기기 및 배선을 금속제 외함에 수납한 것 |
| **공용 큐비클식** | **소방회로** 및 **일반회로 겸용**의 것으로서 수전설비, 변전설비, 그 밖의 기기 및 배선을 금속제 외함에 수납한 것 |
| **소방회로** | 소방부하에 전원을 공급하는 전기회로 |
| **일반회로** | 소방회로 이외의 전기회로 |
| **전용 배전반** | **소방회로 전용**의 것으로서 **개폐기, 과전류차단기, 계기**, 그 밖의 배선용 기기 및 배선을 금속제 외함에 수납한 것 |
| **공용 배전반** | **소방회로** 및 **일반회로 겸용**의 것으로서 개폐기, 과전류차단기, 계기, 그 밖의 배선용 기기 및 배선을 금속제 외함에 수납한 것 |
| **전용 분전반** | **소방회로 전용**의 것으로서 **분기개폐기, 분기과전류차단기**, 그 밖의 배선용 기기 및 배선을 금속제 외함에 수납한 것 |
| **공용 분전반** | **소방회로** 및 **일반회로 겸용**의 것으로서 분기개폐기, 분기과전류차단기, 그 밖의 배선용 기기 및 배선을 금속제 외함에 수납한 것 |

답 ③

★★★
**71** 차동식 감지기에 리크구멍을 이용하는 목적으로 가장 적합한 것은?

97.03.문65

① 비화재보를 방지하기 위하여
② 완만한 온도상승을 감지하기 위해서
③ 감지기의 감도를 예민하게 하기 위해서
④ 급격한 전류변화를 방지하기 위해서

해설 **리크구멍**(leak hole) : **비**화재보(**오**동작)를 방지하기 위한 장치

기억법 리오비

답 ①

★★
**72** 불꽃감지기 중 도로형의 최대시야각은?

① 30° 이상
② 45° 이상
③ 90° 이상
④ 180° 이상

해설 불꽃감지기 **도로형**의 최대시야각 : **180°** 이상

답 ④

★★★
**73** 비상콘센트의 플러그접속기는 접지형 몇 극 플러그접속기를 사용해야 하는가?

16.10.문61
15.09.문65
13.06.문77

① 1극　② 2극
③ 3극　④ 4극

해설 **비상콘센트**의 **규격**

| 구 분 | 전 압 | 용 량 | 플러그접속기 |
|---|---|---|---|
| 단상교류 | 220V | 1.5kVA 이상 | 접지형 2극 |

(1) 하나의 전용회로에 설치하는 비상콘센트는 **10개** 이하로 할 것
(2) 풀박스는 **1.6mm** 이상의 철판을 사용할 것
(3) 전원회로는 각 층에 있어서 **2** 이상이 되도록 설치할 것
(4) 콘센트마다 배선용 차단기를 설치하며, 충전부가 **노출되지 아니하도록** 할 것

답 ②

★★★
**74** 비상콘센트설비의 전원부와 외함 사이의 절연저항은 전원부와 외함 사이를 500V 절연저항계로 측정할 때 몇 MΩ 이상이어야 하는가?

17.09.문65
09.08.문61

① 50　② 40
③ 30　④ 20

해설 **절연저항시험**

| 절연 저항계 | 절연 저항 | 대 상 |
|---|---|---|
| 직류 250V | 0.1MΩ 이상 | • 1경계구역의 절연저항 |
| 직류 500V | 5MΩ 이상 | • 누전경보기<br>• 가스누설경보기<br>• 수신기<br>• 자동화재속보설비<br>• 비상경보설비<br>• 유도등(교류입력측과 외함간 포함)<br>• 비상조명등(교류입력측과 외함간 포함) |

| | | |
|---|---|---|
| 직류 500V | 20MΩ 이상 | • 경종<br>• 발신기<br>• 중계기<br>• 비상콘센트<br>• 기기의 절연된 선로간<br>• 기기의 충전부와 비충전부간<br>• 기기의 교류입력측과 외함간 (유도등·비상조명등 제외)<br>기억법 2콘(이크) |
| | 50MΩ 이상 | • 감지기(정온식 감지선형 감지기 제외)<br>• 가스누설경보기(10회로 이상)<br>• 수신기(10회로 이상) |
| | 1000MΩ 이상 | • 정온식 감지선형 감지기 |

답 ④

★★
## 75 열반도체감지기의 구성부분이 아닌 것은?

15.09.문71

① 수열판　② 미터릴레이
③ 열반도체소자　④ 열전대

해설 **감지기의 구성부분**

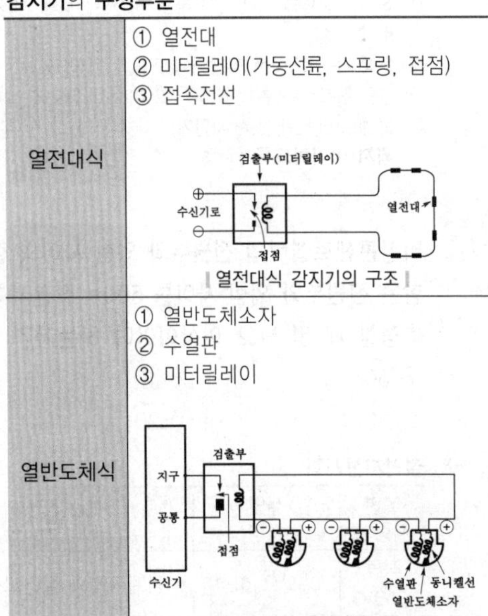

| | |
|---|---|
| 열전대식 | ① 열전대<br>② 미터릴레이(가동선륜, 스프링, 접점)<br>③ 접속전선<br>‖열전대식 감지기의 구조‖ |
| 열반도체식 | ① 열반도체소자<br>② 수열판<br>③ 미터릴레이<br>‖열반도체식 감지기의 구조‖ |



④ 열전대식 감지기의 구성부분

답 ④

★★★
## 76 공기관식 차동식 분포형 감지기의 설치기준으로 틀린 것은?

12.03.문80
10.05.문70

① 공기관의 노출부분은 감지구역마다 20m 이상이 되도록 할 것
② 하나의 검출부분에 접속하는 공기관의 길이는 100m 이하로 할 것
③ 검출부는 15° 이상 경사되지 아니하도록 부착할 것
④ 검출부는 바닥으로부터 0.8m 이상 1.5m 이하의 위치에 설치할 것

해설 **공기관식 감지기의 설치기준**

(1) 노출부분은 감지구역마다 **20m** 이상이 되도록 할 것
(2) 각 변과의 **수평거리**는 **1.5m 이하**가 되도록 하고, 공기관 상호간의 거리는 **6m**(**내화구조**는 **9m**) 이하가 되도록 할 것
(3) 공기관은 도중에서 **분기**하지 아니하도록 할 것
(4) 하나의 검출부분에 접속하는 공기관의 길이는 **100m** 이하로 할 것
(5) 검출부는 **5°** 이상 경사되지 아니하도록 부착할 것
(6) 검출부는 바닥으로부터 **0.8~1.5m** 이하의 위치에 설치할 것

③ 15° 이상 → 5° 이상

중요

**경사제한각도**

| 공기관식 감지기 | 스포트형 감지기 |
|---|---|
| 5° 이상 | 45° 이상 |

기억법 오공(손오공)

답 ③

★★
## 77 다음 중 객석유도등을 설치하여야 할 장소는?

19.09.문70
17.09.문73
16.05.문75
14.03.문68
12.05.문62
11.03.문64

① 위락시설
② 근린생활시설
③ 의료시설
④ 운동시설

해설 **유도등 및 유도표지의 종류**(NFSC 303④)

| 설치장소 | 유도등 및 유도표지의 종류 |
|---|---|
| ① 공연장·집회장·관람장·운동시설 | • 대형피난구유도등<br>• 통로유도등<br>• 객석유도등<br>기억법 공객관운집 (고객이 관에 운집했다.) |
| ② 위락시설·판매시설<br>③ 관광숙박시설·의료시설·방송통신시설<br>④ 전시장·지하상가·지하역사<br>⑤ 운수시설·장례시설 | • 대형피난구유도등<br>• 통로유도등 |

| | |
|---|---|
| ⑥ 일반숙박시설 · 오피스텔<br>⑦ 지하층 · 무창층 및 11층 이상의 부분 | • 중형피난구유도등<br>• 통로유도등 |
| ⑧ 근린생활시설 · 노유자시설 · 업무시설<br>⑨ 종교시설 · 교육연구시설 · 공장<br>⑩ 창고시설 · 교정 및 군사시설 · 기숙사<br>⑪ 자동차정비공장 · 운전학원 및 정비학원<br>⑫ 다중이용업소<br>⑬ 수련시설 · 발전시설<br>⑭ 복합건축물 · 아파트 | • 소형피난구유도등<br>• 통로유도등 |
| ⑮ 그 밖의 것 | • 피난구유도표지<br>• 통로유도표지 |

답 ④

★★

**78** 무선통신보조설비의 주요 구성요소가 아닌 것은?

12.09.문68

① 누설동축케이블 ② 증폭기

③ 음향장치 ④ 분배기

해설 **무선통신보조설비**의 **구성요소**

(1) 누설동축케이블, 동축케이블
(2) 분배기
(3) 증폭기
(4) 옥외안테나
(5) 혼합기
(6) 분파기
(7) 무선중계기

③ 음향장치 : **자동화재탐지설비** 등의 주요구성요소

답 ③

★

**79** 연면적 2000$m^2$ 미만의 교육연구시설 내에 있는 합숙소 또는 기숙사에 설치하는 단독경보형 감지기 설치기준으로 틀린 것은?

07.05.문65

① 각 실마다 설치하되, 바닥면적이 150$m^2$를 초과하는 경우에는 150$m^2$마다 1개 이상 설치할 것

② 외기가 상통하는 최상층의 계단실의 천장에 설치할 것

③ 건전지를 주전원으로 사용하는 단독경보형 감지기는 정상적인 작동상태를 유지할 수 있도록 건전지를 교환할 것

④ 상용전원을 주전원으로 사용하는 단독경보형 감지기의 2차 전지는 제품검사에 합격한 것을 사용할 것

해설 **단독경보형 감지기**의 **설치기준**(NFSC 201⑤)

(1) 각 실마다 설치하되, 바닥면적이 **150$m^2$**를 초과하는 경우에는 **150$m^2$**마다 1개 이상 설치할 것
(2) 최상층의 계단실의 **천장**(외기가 상통하는 계단실 제외)에 설치할 것
(3) 건전지를 주전원으로 사용하는 단독경보형 감지기는 정상적인 작동상태를 유지할 수 있도록 **건전지**를 **교환**할 것
(4) 상용전원을 주전원으로 사용하는 단독경보형 감지기의 2차 전지는 성능시험에 합격한 것을 사용할 것

답 ②

★★★

**80** 무선통신보조설비의 화재안전기준(NFSC 505)에 따른 옥외안테나의 설치기준으로 옳지 않은 것은?

① 건축물, 지하가, 터널 또는 공동구의 출입구 및 출입구 인근에서 통신이 가능한 장소에 설치할 것

② 다른 용도로 사용되는 안테나로 인한 통신장애가 발생하지 않도록 설치할 것

③ 옥외안테나는 견고하게 설치하며 파손의 우려가 없는 곳에 설치하고 그 가까운 곳의 보기 쉬운 곳에 "옥외안테나"라는 표시와 함께 통신가능거리를 표시한 표지를 설치할 것

④ 수신기가 설치된 장소 등 사람이 상시 근무하는 장소에는 옥외안테나의 위치가 모두 표시된 옥외안테나 위치표시도를 비치할 것

해설 **무선통신보조설비 옥외안테나 설치기준**(NFSC 505⑥)

(1) **건축물**, **지하가**, **터널** 또는 공동구의 출입구 및 출입구 인근에서 통신이 가능한 장소에 설치할 것
(2) 다른 용도로 사용되는 안테나로 인한 **통신장애**가 발생하지 않도록 설치할 것
(3) 옥외안테나는 견고하게 설치하며 파손의 우려가 없는 곳에 설치하고 그 가까운 곳의 보기 쉬운 곳에 **"무선통신보조설비 안테나"**라는 표시와 함께 통신가능거리를 표시한 표지를 설치할 것
(4) 수신기가 설치된 장소 등 사람이 상시 근무하는 장소에는 옥외안테나의 위치가 모두 표시된 옥외안테나 **위치표시도**를 비치할 것

③ 옥외안테나 → 무선통신보조설비 안테나

답 ③

**2015년 기사 제2회 필기시험**

| 자격종목 | 종목코드 | 시험시간 | 형별 | 수험번호 | 성명 |
|---|---|---|---|---|---|
| 소방설비기사(전기분야) | | 2시간 | | | |

※ 답안카드 작성시 시험문제지 형별누락, 마킹착오로 인한 불이익은 전적으로 수험자의 귀책사유임을 알려드립니다.
※ 각 문항은 4지택일형으로 질문에 가장 적합한 보기 항을 선택하여 마킹하여야 합니다.

## 제 1 과목 소방원론

★ **01** 화재강도(fire intensity)와 관계가 없는 것은?

19.09.문19

① 가연물의 비표면적 ② 발화원의 온도
③ 화재실의 구조 ④ 가연물의 발열량

유사문제부터 풀어보세요. 실력이 팍!팍! 올라갑니다.

해설 **화재강도**(fire intensity)에 영향을 미치는 인자
(1) 가연물의 비표면적
(2) 화재실의 구조
(3) 가연물의 배열상태(발열량)

용어

**화재강도**
열의 집중 및 방출량을 상대적으로 나타낸 것. 즉, **화재**의 **온도**가 높으면 화재강도는 커진다.(발화원의 온도가 아님)

답 ②

★★★ **02** 방화구조의 기준으로 틀린 것은?

16.05.문05
14.05.문12
07.05.문19

① 심벽에 흙으로 맞벽치기한 것
② 철망모르타르로서 그 바름 두께가 2cm 이상인 것
③ 시멘트모르타르 위에 타일을 붙인 것으로서 그 두께의 합계가 1.5cm 이상인 것
④ 석고판 위에 시멘트모르타르 또는 회반죽을 바른 것으로서 그 두께의 합계가 2.5cm 이상인 것

해설 **방화구조**의 기준

| 구조 내용 | 기 준 |
|---|---|
| ① **철망모르타르** 바르기 | 두께 2cm 이상 |
| ② 석고판 위에 시멘트모르타르를 바른 것<br>③ 석고판 위에 회반죽을 바른 것<br>④ 시멘트모르타르 위에 타일을 붙인 것 | 두께 2.5cm 이상 |
| ⑤ 심벽에 흙으로 맞벽치기 한 것 | 모두 해당 |

③ 1.5cm 이상 → 2.5cm 이상

비교

**내화구조**의 기준

| 내화 구분 | 기 준 |
|---|---|
| **벽** · **바**닥 | 철골 · 철근 콘크리트조로서 두께가 10cm 이상인 것 |
| 기둥 | 철골을 두께 5cm 이상의 콘크리트로 덮은 것 |
| 보 | 두께 5cm 이상의 콘크리트로 덮은 것 |

기억법 **벽바내1**(**벽**을 **바**라보면 **내일**이 보인다.)

답 ③

★★★ **03** 분진폭발을 일으키는 물질이 아닌 것은?

13.03.문03

① 시멘트 분말
② 마그네슘 분말
③ 석탄 분말
④ 알루미늄 분말

해설 **분진폭발을 일으키지 않는 물질**
=물과 반응하여 가연성 기체를 발생하지 않는 것
(1) **시**멘트
(2) **석**회석
(3) **탄**산칼슘($CaCO_3$)
(4) **생**석회($CaO$)=산화칼슘

기억법 **분시석탄생**

답 ①

★★ **04** 소화약제로서 물에 관한 설명으로 틀린 것은?

19.04.문06
18.03.문19
99.08.문06

① 수소결합을 하므로 증발잠열이 작다.
② 가스계 소화약제에 비해 사용 후 오염이 크다.
③ 무상으로 주수하면 중질유 화재에도 사용할 수 있다.
④ 타소화약제에 비해 비열이 크기 때문에 냉각효과가 우수하다.

해설 **물**의 **소화능력**

(1) **비열**이 크다.
(2) **증발잠열**(기화잠열)이 크다.
(3) 밀폐된 장소에서 증발가열하면 수증기에 의해서 **산소희석작용**을 한다.
(4) **무상**으로 주수하면 **중질유 화재**에도 사용할 수 있다.

참고

**물**이 **소화약제**로 많이 쓰이는 이유

| 장 점 | 단 점 |
|---|---|
| ① 쉽게 구할 수 있다.<br>② 증발잠열(기화잠열)이 크다.<br>③ 취급이 간편하다. | ① 가스계 소화약제에 비해 사용 후 **오염**이 **크다.**<br>② 일반적으로 **전기화재**에는 **사용**이 **불가**하다. |

답 ①

**05** 제6류 위험물의 공통성질이 아닌 것은?

19.09.문44 16.03.문05 11.10.문03 07.09.문18

① 산화성 액체이다.
② 모두 유기화합물이다.
③ 불연성 물질이다.
④ 대부분 비중이 1보다 크다.

해설 **제6류 위험물**의 **공통성질**

(1) 대부분 비중이 **1보다 크다.**
(2) **산화성 액체**이다.
(3) **불연성 물질**이다.
(4) 모두 **산소**를 함유하고 있다.
(5) 유기화합물과 혼합하면 산화시킨다.

답 ②

**06** 이산화탄소 소화설비의 적용대상이 아닌 것은?

19.03.문04 97.07.문03

① 가솔린
② 전기설비
③ 인화성 고체 위험물
④ 니트로셀룰로오스

해설 **이산화탄소 소화설비**의 **적용 대상**

(1) 가연성 기체와 액체류를 취급하는 장소(**가솔린** 등)
(2) 발전기, 변압기 등의 **전기설비**
(3) 박물관, 문서고 등 소화약제로 인한 오손이 문제되는 대상
(4) **인화성 고체** 위험물

④ 니트로셀룰로오스 : 다량의 **물**로 **냉각소화**

답 ④

**07** 표준상태에서 메탄가스의 밀도는 몇 g/$l$ 인가?

10.09.문16

① 0.21 ② 0.41
③ 0.71 ④ 0.91

해설 1mol의 기체는 1기압 0℃에서 **22.4$l$**를 가진다.

| 원 소 | 원자량 |
|---|---|
| H | 1 |
| C | 12 |
| N | 14 |
| O | 16 |

**메탄**($CH_4$)$=12+1\times4=16$

메탄가스의 분자량은 16이므로 1g의 분자는 16g이 된다.

**밀도**[g/$l$]$=16g/22.4l \fallingdotseq 0.714 \fallingdotseq 0.71g/l$

• 단위를 보고 계산하면 쉽다.

답 ③

**08** 분말소화약제의 열분해 반응식 중 옳은 것은?

19.03.문01 17.03.문04 16.10.문03 16.10.문06 16.10.문10 16.05.문15 16.03.문09 16.03.문11 14.05.문17 12.03.문13

① $2KHCO_3 \rightarrow KCO_3+2CO_2+H_2O$
② $2NaHCO_3 \rightarrow NaCO_3+2CO_2+H_2O$
③ $NH_4H_2PO_4 \rightarrow HPO_3+NH_3+H_2O$
④ $2KHCO_3+(NH_2)_2CO \rightarrow K_2CO_3+NH_2+CO_2$

해설 **분말소화기 : 질식효과**

| 종 별 | 소화약제 | 약제의 착색 | 화학반응식 | 적응 화재 |
|---|---|---|---|---|
| 제1종 | 탄산수소 나트륨 ($NaHCO_3$) | 백색 | $2NaHCO_3 \rightarrow Na_2CO_3+\mathbf{CO_2}+H_2O$ | BC급 |
| 제2종 | 탄산수소 칼륨 ($KHCO_3$) | 담자색 (담회색) | $2KHCO_3 \rightarrow K_2CO_3+CO_2+H_2O$ | |
| 제3종 | 인산암모늄 **($NH_4H_2PO_4$)** | 담홍색 | $NH_4H_2PO_4 \rightarrow$ **$HPO_3+NH_3+H_2O$** | **ABC급** |
| 제4종 | 탄산수소 칼륨+요소 ($KHCO_3+(NH_2)_2CO$) | 회(백)색 | $2KHCO_3+(NH_2)_2CO \rightarrow K_2CO_3+2NH_3+2CO_2$ | BC급 |

• 탄산수소나트륨＝중탄산나트륨
• 탄산수소칼륨＝중탄산칼륨
• 제1인산암모늄＝인산암모늄＝인산염
• 탄산수소칼륨＋요소＝중탄산칼륨＋요소

답 ③

**09** 화재시 분말소화약제와 병용하여 사용할 수 있는 포 소화약제는?

19.04.문08 15.05.문20 13.06.문03

① 수성막포 소화약제
② 단백포 소화약제
③ 알코올형포 소화약제
④ 합성계면활성제포 소화약제

해설 **포 소화약제의 특징**

| 약제의 종류 | 특 징 |
|---|---|
| 단백포 | • 흑갈색이다.<br>• 냄새가 지독하다.<br>• 포안정제로서 **제1철염**을 첨가한다.<br>• 다른 포약제에 비해 **부식성**이 **크다**. |
| **수**성막포 | • 안전성이 좋아 장기보관이 가능하다.<br>• 내약품성이 좋아 **분말소화약제**와 **겸용** 사용이 가능하다.<br>• 석유류 표면에 신속히 피막을 형성하여 유류증발을 억제한다.<br>• 일명 **AFFF**(**A**queous **F**ilm **F**orming Foam)라고 한다.<br>• 점성이 작기 때문에 가연성 기름의 표면에서 쉽게 피막을 형성한다.<br>기억법 **분수** |
| 내알코올형포<br>(내알코올포) | • 알코올류 위험물(**메탄올**)의 소화에 사용한다.<br>• 수용성 유류화재(**아세트알데히드, 에스테르류**)에 사용한다.<br>• 가연성 액체에 사용한다. |
| 불화단백포 | • 소화성능이 가장 우수하다.<br>• 단백포와 수성막포의 결점인 열안정성을 보완시킨다.<br>• **표면하 주입방식**에도 적합하다. |
| **합**성<br>계면<br>활성제포 | • **저**팽창포와 **고**팽창포 모두 사용 가능하다.<br>• 유동성이 좋다.<br>• 카바이트 저장소에는 부적합하다.<br>기억법 **합저고** |

답 ①

★★★
## 10 위험물안전관리법령상 가연성 고체는 제 몇 류 위험물인가?

19.04.문44 16.05.문46 16.05.문52 15.09.문03 15.09.문18 15.05.문42 15.03.문51 14.09.문18 14.03.문18 11.06.문54

① 제1류
② 제2류
③ 제3류
④ 제4류

해설 **위험물령 〔별표 1〕**
**위험물**

| 유 별 | 성 질 | 품 명 |
|---|---|---|
| 제**1**류 | **산**화성 **고**체 | • 아염소산염류<br>• 염소산염류(**염소산나트륨**)<br>• 과염소산염류<br>• 질산염류<br>• 무기과산화물<br>기억법 **1산고염나** |
| 제2류 | 가연성 고체 | • **황화**린<br>• **적**린<br>• **유**황<br>• **마**그네슘<br>기억법 **황화적유마** |
| 제3류 | 자연발화성 물질 및 금수성 물질 | • **황**린<br>• **칼**륨<br>• **나**트륨<br>• **알**칼리토금속<br>• **트**리에틸알루미늄<br>기억법 **황칼나알트** |
| 제4류 | 인화성 액체 | • 특수인화물<br>• 석유류(벤젠)<br>• 알코올류<br>• 동식물유류 |
| 제5류 | 자기반응성 물질 | • 유기과산화물<br>• 니트로화합물<br>• 니트로소화합물<br>• 아조화합물<br>• 질산에스테르류(셀룰로이드) |
| 제6류 | 산화성 액체 | • **과염소산**<br>• 과산화수소<br>• 질산 |

답 ②

★★
## 11 버너의 불꽃을 제거한 때부터 불꽃을 올리며 연소하는 상태가 끝날 때까지의 시간은?

11.06.문12

① 10초 이내 ② 20초 이내
③ 30초 이내 ④ 40초 이내

해설

| 구 분 | 잔**신**시간 | 잔염시간 |
|---|---|---|
| 정의 | 버너의 **불꽃**을 제거한 때부터 **불꽃을 올리지 아니하고** 연소하는 상태가 그칠 때까지의 경과시간 | 버너의 **불꽃**을 제거한 때부터 **불꽃을 올리며** 연소하는 상태가 그칠 때까지의 경과시간 |
| 시간 | **30초** 이내 | **20초** 이내 |

• 잔신시간 = 잔진시간

기억법 3신(**삼신** 할머니)

답 ②

★★★
## 12 이산화탄소 소화약제의 주된 소화효과는?

14.03.문04

① 제거소화 ② 억제소화
③ 질식소화 ④ 냉각소화

해설 **소화약제의 소화작용**

| 소화약제 | 소화효과 | 주된 소화효과 |
|---|---|---|
| ① 물(스프링클러) | • 냉각효과<br>• 희석효과 | • 냉각효과<br>(냉각소화) |
| ② 물(무상) | • 냉각효과<br>• 질식효과<br>• 유화효과<br>• 희석효과 | • **질**식효과<br>(질식소화) |
| ③ 포 | • 냉각효과<br>• 질식효과 | |
| ④ 분말 | • 질식효과<br>• 부촉매효과<br>(억제효과)<br>• 방사열 차단<br>효과 | |
| ⑤ **이**산화탄소 | • 냉각효과<br>• 질식효과<br>• 피복효과 | |
| ⑥ **할**론 | • 질식효과<br>• 부촉매효과<br>(억제효과) | • **부**촉매효과<br>(연쇄반응차단 소화) |

기억법 **할부(할아버지)**
**이질(이질적이다)**

답 ③

★★
**13** 화재시 이산화탄소를 방출하여 산소농도를 13vol%로 낮추어 소화하기 위한 공기 중의 이산화탄소의 농도는 약 몇 vol%인가?

19.09.문08 17.05.문01 14.05.문07 13.09.문16 12.05.문14

① 9.5　　② 25.8
③ 38.1　　④ 61.5

$$CO_2 = \frac{21 - O_2}{21} \times 100$$

여기서, $CO_2$ : $CO_2$의 농도〔vol%〕
$O_2$ : $O_2$의 농도〔vol%〕

$$CO_2 = \frac{21 - O_2}{21} \times 100 = \frac{21 - 13}{21} \times 100 ≒ 38.1\text{vol\%}$$

**이산화탄소 소화설비와 관련된 식**

$$CO_2 = \frac{\text{방출가스량}}{\text{방호구역체적} + \text{방출가스량}} \times 100 = \frac{21 - O_2}{21} \times 100$$

여기서, $CO_2$ : $CO_2$의 농도〔vol%〕
$O_2$ : $O_2$의 농도〔vol%〕

$$\text{방출가스량} = \frac{21 - O_2}{O_2} \times \text{방호구역체적}$$

여기서, $O_2$ : $O_2$의 농도〔vol%〕

• 단위가 원래는 vol% 또는 vol.%인데 줄여서 %로 쓰기도 한다.

용어

| % | vol% |
|---|---|
| 수를 100의 비로 나타낸 것<br>50%<br>50% | 어떤 공간에 차지하는 부피를 백분율로 나타낸 것<br>공기 50vol%<br>50vol%<br>50vol% |

답 ③

★★★
**14** 목조건축물에서 발생하는 옥내출화시기를 나타낸 것으로 옳지 않은 것은?

16.03.문18

① 천장 속, 벽 속 등에서 발염착화할 때
② 창, 출입구 등에 발염착화할 때
③ 가옥의 구조에는 천장면에 발염착화할 때
④ 불연 벽체나 불연천장인 경우 실내의 그 뒷면에 발염착화할 때

해설

| 옥외출화 | 옥내출화 |
|---|---|
| ① **창·출입구** 등에 **발염착화**한 경우<br>② 목재사용 가옥에서는 **벽·추녀밑**의 판자나 목재에 **발염착화**한 경우 | ① **천장 속·벽 속** 등에서 **발염착화**한 경우<br>② 가옥구조시에는 천장판에 **발염착화**한 경우<br>③ 불연벽체나 칸막이의 불연천장인 경우 실내에서는 그 뒤판에 **발염착화**한 경우 |

기억법 **외창출**

② 옥외출화

답 ②

★★
**15** 전기에너지에 의하여 발생되는 열원이 아닌 것은?

13.03.문10

① 저항가열　　② 마찰 스파크
③ 유도가열　　④ 유전가열

해설 **열에너지원의 종류**

| **기**계열<br>(기계적 에너지) | 전기열<br>(전기적 에너지) | **화**학열<br>(화학적 에너지) |
|---|---|---|
| **압**축열, **마**찰열,<br>마찰 스파크<br>기억법 **기압마** | 유도열, 유전열,<br>저항열, 아크열,<br>정전기열, 낙뢰<br>에 의한 열 | **연**소열, **용**해열,<br>**분**해열, **생**성열,<br>**자**연발화열<br>기억법 **화연용분생자** |

② 기계적 에너지

- 기계열=기계적 에너지=기계에너지
- 전기열=전기적 에너지=전기에너지
- 화학열=화학적 에너지=화학에너지
- 유도열=유도가열
- 유전열=유전가열

답 ②

★★★
**16** 건축물의 방재계획 중에서 공간적 대응계획에 해당되지 않는 것은?

17.03.문12 03.08.문10

① 도피성 대응　② 대항성 대응
③ 회피성 대응　④ 소방시설방재 대응

해설 **건축방재**의 **계획**

(1) **공간적 대응**

| 종 류 | 설 명 |
|---|---|
| **대항성** | 내화성능·방연성능·초기 소화대응 등의 화재사상의 저항능력 |
| **회피성** | 불연화·난연화·내장제한·구획의 세분화·방화훈련(소방훈련)·불조심 등 출화유발·확대 등을 저감시키는 예방조치강구 |
| **도피성** | 화재가 발생한 경우 안전하게 피난할 수 있는 시스템 |

기억법 **도대회**

(2) **설비적 대응** : 화재에 대응하여 설치하는 **소화설비, 경보설비, 피난구조설비, 소화활동설비** 등의 제반 소방시설

기억법 **설설**

④ 설비적 대응

답 ④

★★★
**17** 플래시오버(flash over)현상에 대한 설명으로 틀린 것은?

① 산소의 농도와 무관하다.
② 화재공간의 개구율과 관계가 있다.
③ 화재공간 내의 가연물의 양과 관계가 있다.
④ 화재실 내의 가연물의 종류와 관계가 있다.

해설 **플래시오버**에 **영향**을 미치는 것

(1) **개구율**
(2) **내장재료**(내장재료의 제성상, 실내의 내장재료)
(3) **화원**의 크기
(4) 실의 **내표면적**(실의 넓이·모양)
(5) 가연물의 **양**·**종류**
(6) **산소**의 **농도**

중요

**플래시오버**(flash over)

| 구 분 | 설 명 |
|---|---|
| 정의 | 화재로 인하여 실내의 온도가 급격히 상승하여 화재가 순간적으로 실내 전체에 확산되어 연소되는 현상 |
| 발생시간 | 화재발생 후 **5~6분**경 |
| 발생시점 | **성장기~최성기**(성장기에서 최성기로 넘어가는 분기점) |
| 실내온도 | 약 **800~900℃** |

답 ①

★★★
**18** 유류탱크 화재시 기름표면에 물을 살수하면 기름이 탱크 밖으로 비산하여 화재가 확대되는 현상은?

16.10.문15 16.05.문02 15.03.문01 14.09.문12 14.03.문01

① 슬롭오버(slop over)
② 보일오버(boil over)
③ 프로스오버(froth over)
④ 블래비(BLEVE)

해설 **유류탱크**, **가스탱크**에서 **발생**하는 현상

| 여러 가지 현상 | 정 의 |
|---|---|
| **블래비=블레이브**(BLEVE) | 과열상태의 탱크에서 내부의 액화가스가 분출하여 기화되어 폭발하는 현상 |
| **보일오버**(boil over) | • 중질유의 석유탱크에서 장시간 조용히 연소하다 탱크 내의 잔존기름이 갑자기 분출하는 현상<br>• 유류탱크에서 탱크바닥에 물과 기름의 **에멀션**이 섞여 있을 때 이로 인하여 화재가 발생하는 현상<br>• 연소유면으로부터 100℃ 이상의 열파가 탱크저부에 고여 있는 물을 비등하게 하면서 연소유를 탱크 밖으로 비산시키며 연소하는 현상<br>• 탱크**저부**의 물이 급격히 증발하여 기름이 탱크 밖으로 화재를 동반하여 방출하는 현상<br>기억법 **보저**(**보자**기) |
| **오일오버**(oil over) | 저장탱크에 저장된 유류저장량이 내용적의 **50%** 이하로 충전되어 있을 때 화재로 인하여 탱크가 폭발하는 현상 |
| **프로스오버**(froth over) | **물**이 점성의 뜨거운 **기름표면 아래서 끓을 때** 화재를 수반하지 않고 용기가 넘치는 현상 |

| | |
|---|---|
| **슬롭오버** (slop over) | • 물이 연소유의 **뜨거운 표면**에 들어갈 때 기름표면에서 화재가 발생하는 현상<br>• 유화제로 소화하기 위한 **물**이 수분의 급격한 증발에 의하여 액면이 거품을 일으키면서 **열유층 밑**의 **냉유**가 급히 열팽창하여 **기름**의 **일부**가 불이 붙은 채 탱크벽을 넘어서 일출하는 현상<br>기억법 **슬표**(**슬퍼**하지 말아요! 슬픔 뒤엔 곧 기쁨이 와요) |

답 ①

★★★
**19** 가연물이 공기 중에서 산화되어 산화열의 축적으로 발화되는 현상은?

19.09.문08 18.03.문10 16.10.문05 16.03.문14 15.03.문09 14.09.문09 14.09.문17 12.03.문09 09.05.문08 03.03.문13 02.09.문01

① 분해연소
② 자기연소
③ 자연발화
④ 폭굉

해설 **자연발화**
가연물이 공기 중에서 산화되어 **산화열**의 **축적**으로 발화

중요

(1) **자연발화**의 **방지법**
㉠ **습**도가 높은 곳을 **피**할 것(건조하게 유지할 것)
㉡ 저장실의 온도를 낮출 것
㉢ 통풍이 잘 되게 할 것
㉣ 퇴적 및 수납시 열이 쌓이지 않게 할 것 (**열축적 방지**)
㉤ 산소와의 접촉을 차단할 것
㉥ **열전도성**을 좋게 할 것

기억법 **자습피**

(2) **자연발화 조건**
㉠ 열전도율이 작을 것
㉡ 발열량이 클 것
㉢ 주위의 온도가 높을 것
㉣ 표면적이 넓을 것

답 ③

★★
**20** 저팽창포와 고팽창포에 모두 사용할 수 있는 포소화약제는?

19.04.문08 17.09.문05 15.05.문09 13.06.문03

① 단백포 소화약제
② 수성막포 소화약제
③ 불화단백포 소화약제
④ 합성계면활성제포 소화약제

해설 **포 소화약제**의 **특징**

| 약제의 종류 | 특 징 |
|---|---|
| 단백포 | • 흑갈색이다.<br>• 냄새가 지독하다.<br>• 포안정제로서 **제1철염**을 첨가한다.<br>• 다른 포약제에 비해 **부식성**이 **크다**. |
| **수**성막포 | • 안전성이 좋아 장기보관이 가능하다.<br>• 내약품성이 좋아 **분말소화약제**와 **겸용** 사용이 가능하다.<br>• 석유류 표면에 신속히 피막을 형성하여 유류증발을 억제한다.<br>• 일명 AFFF(Aqueous Film Forming Foam)라고 한다.<br>• 점성이 작기 때문에 가연성 기름의 표면에서 쉽게 피막을 형성한다.<br>기억법 **분수** |
| 내알코올형포 (내알코올포) | • 알코올류 위험물(**메탄올**)의 소화에 사용한다.<br>• 수용성 유류화재(**아세트알데히드, 에스테르류**)에 사용한다.<br>• 가연성 액체에 사용한다. |
| 불화단백포 | • 소화성능이 가장 우수하다.<br>• 단백포와 수성막포의 결점인 열안정성을 보완시킨다.<br>• **표면하 주입방식**에도 적합하다. |
| **합**성 계면 활성제포 | • **저**팽창포와 **고**팽창포 모두 사용 가능<br>• 유동성이 좋다.<br>• 카바이트 저장소에는 부적합하다.<br>기억법 **합저고** |

• 저팽창포=저발포
• 고팽창포=고발포

답 ④

## 제 2 과목 소방전기일반

★★
**21** 선간전압이 일정한 경우 △결선된 부하를 Y결선으로 바꾸면 소비전력은 어떻게 되는가?

14.03.문37

① $\frac{1}{3}$로 감소한다. ② $\frac{1}{9}$로 감소한다.
③ 3배로 증가한다. ④ 9배로 증가한다.

해설 (1) **전력**

$$P = V_l I_l \cos\theta = 9.8\omega\tau$$

여기서, $P$ : 전력(소비전력)[W]
$V_l$ : 선간전압[V]

$I_l$ : 선전류[A]
$\cos\theta$ : 역률
$\omega$ : 각속도[rad/s]
$\tau$ : 토크[kg·m]

(2) **Y결선, △결선의 선전류**

$$I_l \propto P$$

$$I_Y = -\frac{V}{\sqrt{3}R},\ I_\triangle = \frac{\sqrt{3}V}{R}$$

여기서, $I_Y$ : Y결선의 선전류[A]
$V$ : 선간전압[V]
$R$ : 저항[Ω]
$I_\triangle$ : △결선의 선진류[A]

$$\frac{I_Y}{I_\triangle} = \frac{\frac{V}{\sqrt{3}R}}{\frac{\sqrt{3}V}{R}} = \frac{1}{3}$$

선전류($I_l$)와 소비전력($P$)에 비례하므로 △결선에서 Y결선으로 바꾸면 소비전력은 $\frac{1}{3}$로 감소한다.

답 ①

★★★
**22** 피드백제어계의 일반적인 특성으로 옳은 것은?

17.03.문35
16.05.문21
11.06.문24

① 계의 정확성이 떨어진다.
② 계의 특성변화에 대한 입력 대 출력비의 감도가 감소된다.
③ 비선형과 왜형에 대한 효과가 증대된다.
④ 대역폭이 감소된다.

해설 **피드백제어**(feedback control)
출력신호를 입력신호로 되돌려서 **입력**과 **출력**을 **비교**함으로써 **정확한 제어**가 가능하도록 한 제어

중요

**피드백제어**의 **특징**
(1) **정확도**(정확성)가 **증가**한다.
(2) **대역폭**이 **크다**.
(3) 계의 특성변화에 대한 입력 대 출력비의 감도가 감소한다.
(4) 구조가 **복잡**하고 설치비용이 고가이다.
(5) 폐회로로 구성되어 있다.
(6) 입력과 출력을 비교하는 장치가 있다.
(7) 오차를 **자동정정**한다.
(8) **발진**을 일으키고 **불안정한 상태**로 되어가는 경향성이 있다.
(9) 비선형과 왜형에 대한 효과가 **감소**한다.

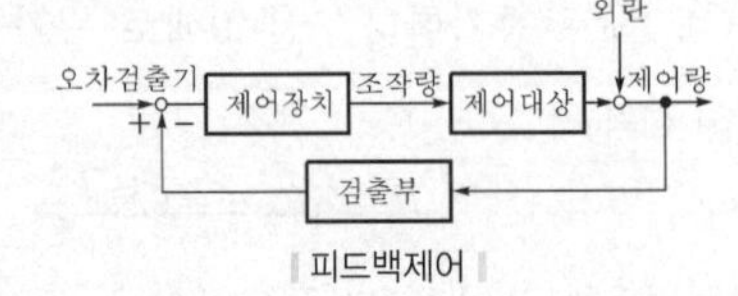

▌피드백제어▐

① 정확성 **증가**
③ 비선형과 왜형에 대한 효과의 **감소**
④ 대역폭 **증가**

답 ②

★★★
**23** 서보기구에 있어서의 제어량은?

19.04.문28
19.03.문32
17.09.문22
17.09.문39
17.05.문29
16.10.문35
16.05.문22
16.03.문32
15.05.문37
14.09.문23
13.09.문27
11.03.문30

① 유량
② 위치
③ 주파수
④ 전압

해설 **제어량**에 의한 **분류**

| 분 류 | 종 류 |
|---|---|
| **프**로세스제어 | • **온**도<br>• **압**력<br>• **유**량<br>• **액**면<br>기억법 **프온압유액** |
| **서**보기구<br>(서보제어, 추종제어) | • **위**치<br>• **방**위<br>• **자**세<br>기억법 **서위방자** |
| **자**동조정 | • 전압<br>• 전류<br>• 주파수<br>• 회전속도(**발**전기의 **조**속기)<br>• 장력<br>기억법 **자발조** |

중요

**제어의 종류**

| 종 류 | 설 명 |
|---|---|
| **정치제어**<br>(fixed value control) | • 일정한 목표값을 유지하는 것으로 **프로세스제어, 자동조정**이 이에 해당된다.<br>예 **연속식 압연기**<br>• **목표값**이 시간에 관계없이 항상 일정한 값을 가지는 제어 |
| **추종제어**<br>(follow-up control) | 미지의 시간적 변화를 하는 목표값에 제어량을 추종시키기 위한 제어로 **서보기구**가 이에 해당된다.<br>예 **대공포의 포신** |
| **비율제어**<br>(ratio control) | 둘 이상의 제어량을 소정의 비율로 제어하는 것 |
| **프로그램제어**<br>(program control) | 목표값이 **미리 정해진 시간적 변화**를 하는 경우 제어량을 그것에 추종시키기 위한 제어<br>예 **열차·산업로봇의 무인운전** |

답 ②

★★
**24** **개루프 제어계를 동작시키는 기준으로 직접 제어계에 가해지는 신호는?**
08.05.문29

① 기준입력신호
② 피드백신호
③ 제어편차신호
④ 동작신호

해설

| 제어량 | 제어대상의 출력 |
|---|---|
| **동작신호** | 기준입력신호와 주피드백신호와의 차로서 제어동작을 시키는 주된 신호 |
| **주피드백신호** (궤환신호) | 출력을 기준입력과 비교할 수 있게 피드백되는 신호 |
| **기준입력** | 기준입력요소의 출력으로 실제 제어계의 입력 |
| **기준입력신호** | 개루프 제어계를 동작시키는 기준으로 직접 제어계에 가해지는 신호 기억법 기기 |

답 ①

★★
**25** **한 코일의 전류가 매초 150A의 비율로 변화할 때 다른 코일에 10V의 기전력이 발생하였다면 두 코일의 상호인덕턴스(H)는?**

① $\frac{1}{3}$  ② $\frac{1}{5}$

③ $\frac{1}{10}$  ④ $\frac{1}{15}$

해설 **유도기전력**

$$e=M\frac{di}{dt}\text{[V]}$$

여기서, $e$ : 유도기전력[V]
$M$ : 상호인덕턴스[H]
$di$ : 전류의 변화량[A]
$dt$ : 시간의 변화량[s]

**상호인덕턴스** $M$은

$$M=e\frac{dt}{di}$$

$$=10\times\frac{1}{150}=\frac{1}{15}\text{H}$$

답 ④

★★
**26** **반도체의 특징을 설명한 것 중 틀린 것은?**
10.09.문21

① 진성 반도체의 경우 온도가 올라 갈수록 양(+)의 온도계수를 나타낸다.
② 열전현상, 광전현상, 홀효과 등이 심하다.
③ 반도체와 금속의 접촉면 또는 P형, N형 반도체의 접합면에서 정류작용을 한다.
④ 전류와 전압의 관계는 비직선형이다.

해설 **반도체**는 **저항온도계수**가 **(−)**로서 저항값은 온도에 **반비례**한다.

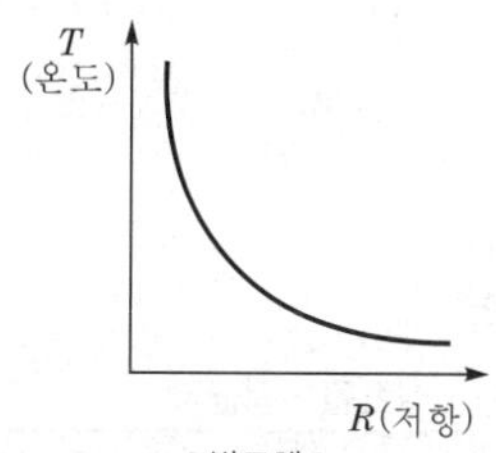

| 반도체 |

※ **저항온도계수** : 온도의 변화에 따라 저항값을 나타내는 수치

① **양(+)**의 온도계수 → **음(−)**의 온도계수

답 ①

★★★
**27** **논리식 $(\overline{A \cdot A})$를 간략화한 것은?**
14.09.문33
11.10.문21

① $\overline{A}$
② $A$
③ 0
④ $\Phi$

해설 논리식 $(\overline{A\cdot A})=\overline{A}+\overline{A}=\overline{A}$

중요

**불대수**의 **정리**

| 논리합 | 논리곱 | 비 고 |
|---|---|---|
| $X+0=X$ | $X\cdot 0=0$ | − |
| $X+1=1$ | $X\cdot 1=X$ | − |
| $X+X=X$ | $X\cdot X=X$ | − |
| $X+\overline{X}=1$ | $X\cdot\overline{X}=0$ | − |
| $X+Y=Y+X$ | $X\cdot Y=Y\cdot X$ | 교환법칙 |
| $X+(Y+Z)$ $=(X+Y)+Z$ | $X(YZ)=(XY)Z$ | 결합법칙 |
| $X(Y+Z)$ $=XY+XZ$ | $(X+Y)(Z+W)$ $=XZ+XW+YZ+YW$ | 분배법칙 |
| $X+XY=X$ | $\overline{X}+XY=\overline{X}+Y$ <br> $X+\overline{X}Y=X+Y$ <br> $X+\overline{X}\,\overline{Y}=X+\overline{Y}$ | 흡수법칙 |
| $(\overline{X+Y})$ $=\overline{X}\cdot\overline{Y}$ | $(\overline{X\cdot Y})=\overline{X}+\overline{Y}$ | 드모르간의 정리 |

답 ①

★★★

**28** 반파정류 정현파의 최대값이 1일 때, 실효값과 평균값은?

19.09.문37
10.09.문39
98.10.문38

① $\frac{1}{\sqrt{2}}$, $\frac{2}{\pi}$

② $\frac{1}{2}$, $\frac{\pi}{2}$

③ $\frac{1}{\sqrt{2}}$, $\frac{\pi}{2\sqrt{2}}$

④ $\frac{1}{2}$, $\frac{1}{\pi}$

해설 **최대값·실효값·평균값**

| 파 형 | 최대값 | 실효값 | 평균값 |
|---|---|---|---|
| ① 정현파<br>② 전파정류파 | 1 | $\frac{1}{\sqrt{2}}$ | $\frac{2}{\pi}$ |
| ③ 반구형파 | 1 | $\frac{1}{\sqrt{2}}$ | $\frac{1}{2}$ |
| ④ 삼각파(3각파)<br>⑤ 톱니파 | 1 | $\frac{1}{\sqrt{3}}$ | $\frac{1}{2}$ |
| ⑥ 구형파 | 1 | 1 | 1 |
| ⑦ 반파정류파 | 1 | $\frac{1}{2}$ | $\frac{1}{\pi}$ |

• 최대치＝최대값

답 ④

★★★

**29** 주파수 60Hz, 인덕턴스 50mH인 코일의 유도리액턴스는 몇 Ω인가?

14.03.문23
11.03.문22

① 14.14　② 18.85
③ 22.12　④ 26.86

해설 **유도리액턴스**

$$X_L = \omega L = 2\pi f L[\Omega]$$

여기서, $X_L$ : 유도리액턴스[Ω]
$\omega$ : 각주파수[rad/s]
$f$ : 주파수[Hz]
$L$ : 인덕턴스[H]

**유도리액턴스 $X_L$은**

$X_L = 2\pi f L = 2\times\pi\times 60\times(50\times 10^{-3}) ≒ 18.85\Omega$

1mH＝$10^{-3}$H이므로 50mH＝$50\times10^{-3}$H

용어

**유도리액턴스**(inductive reactance)
인덕턴스의 유도작용에 의한 리액턴스. 간단히 말하면 **코일**의 **저항**이다.

답 ②

★★★

**30** 실리콘정류기(SCR)의 애노드전류가 5A일 때 게이트전류를 2배로 증가시키면 애노드전류 A는?

19.03.문23
16.10.문27
13.06.문32
10.05.문30

① 2.5　② 5
③ 10　④ 20

해설 SCR(silicon controlled rectifier) : 처음에는 게이트전류에 의해 양극전류가 변화되다가 일단 완전 도통상태가 되면 게이트전류에 관계없이 양극전류는 더 이상 변화하지 않는다. 그러므로 게이트전류를 2배로 늘려도 양극선류는 그대로 **5A**가 되는 것이다. (이것을 알라!!)

답 ②

★★

**31** 2Ω의 저항 5개를 직렬로 연결하면 병렬연결 때의 몇 배가 되는가?

① 2　② 5
③ 10　④ 25

해설 (1) 저항 $n$개의 **직렬접속**

$$R_0 = nR$$

여기서, $R_0$ : 합성저항[Ω]
$n$ : 저항의 개수
$R$ : 1개의 저항[Ω]

**직렬연결** $R_0 = nR = 5\times 2 = 10\Omega$

(2) 저항 $n$개의 **병렬접속**

$$R_0 = \frac{R}{n}$$

여기서, $R_0$ : 합성저항[Ω]
$n$ : 저항의 개수
$R$ : 1개의 저항[Ω]

**병렬연결** $R_0 = \frac{R}{n} = \frac{2}{5} = 0.4\Omega$

(3) $\frac{직렬연결}{병렬연결} = \frac{10}{0.4} = 25$배

※ 문제의 지문 중에서 **먼저 나온 말**을 **분자**, 나중에 **나온 말**을 **분모**로 하여 계산하면 된다.

답 ④

★

**32** 3상 유도전동기의 회전자 철손이 작은 이유는?

04.03.문35

① 효율, 역률이 나쁘다.
② 성층 철심을 사용한다.
③ 주파수가 낮다.
④ 2차가 권선형이다.

해설 3상 유도전동기에서 주파수가 낮아지면 회전자 철손이 작아진다.

용어

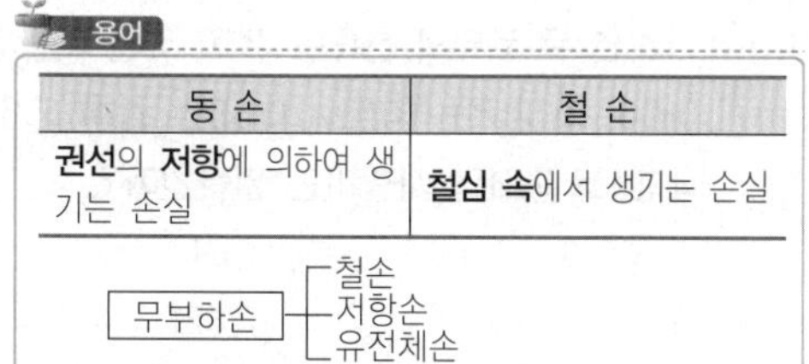

| 동 손 | 철 손 |
|---|---|
| **권선**의 **저항**에 의하여 생기는 손실 | **철심 속**에서 생기는 손실 |



답 ③

★★★
## 33 그림과 같은 게이트의 명칭은?

10.03.문22

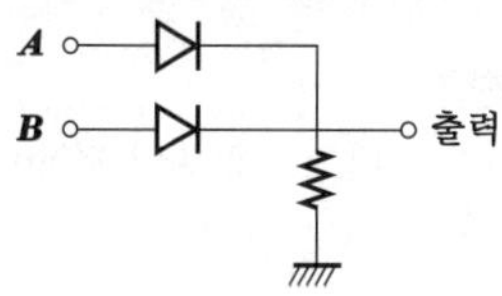


① AND ② OR
③ NOR ④ NAND

해설 **OR gate** : 입력신호 $A$, $B$ 중 어느 하나라도 1이면 출력신호 $X$가 1이 된다.

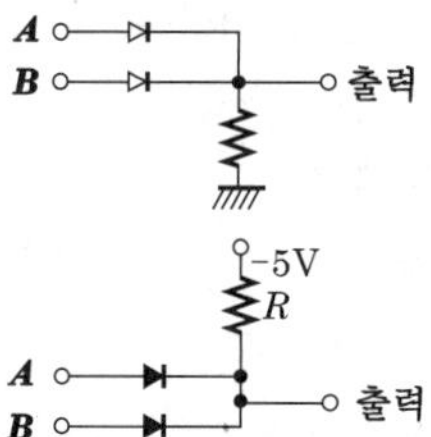


중요

**논리회로**

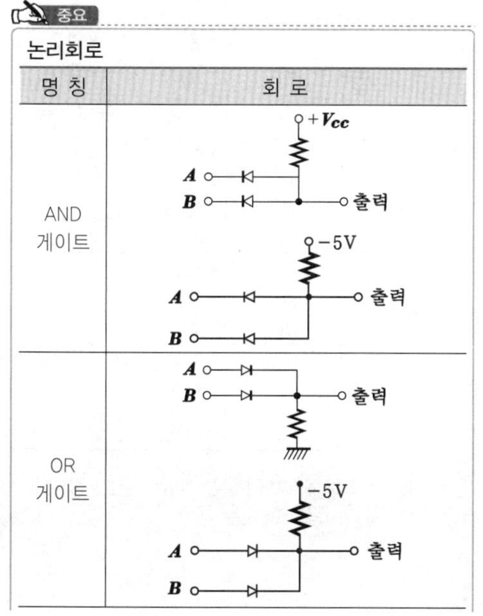

| 명 칭 | 회 로 |
|---|---|
| AND 게이트 | (회로도) |
| OR 게이트 | (회로도) |



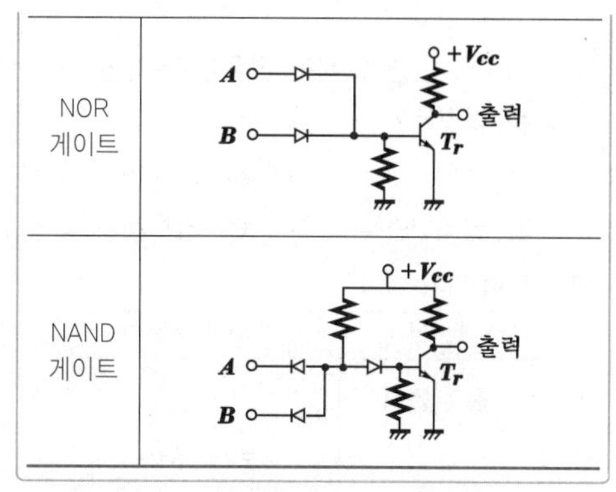

| 명 칭 | 회 로 |
|---|---|
| NOR 게이트 | (회로도) |
| NAND 게이트 | (회로도) |



답 ②

★★★
## 34 다음 중 단상전력을 간접적으로 측정하기 위해 3전압계법을 사용하는 경우 단상교류전력 $P$[W]는?

19.04.문34
18.09.문23
15.09.문32
08.09.문39
97.10.문23

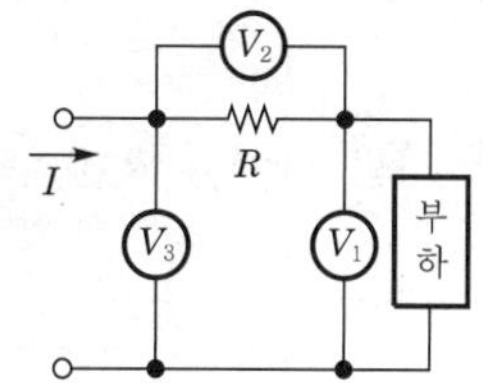


① $P=\frac{1}{2R}(V_3-V_2-V_1)^2$

② $P=\frac{1}{R}(V_3^2-V_1^2-V_2^2)$

③ $P=\frac{1}{2R}(V_3^2-V_1^2-V_2^2)$

④ $P=V_3 I\cos\theta$

해설 **3전압계법**에서의 유효전력 $P$는

$P=\frac{1}{2R}(V_3^2-V_1^2-V_2^2)$[W]

참고

**3전류계법**

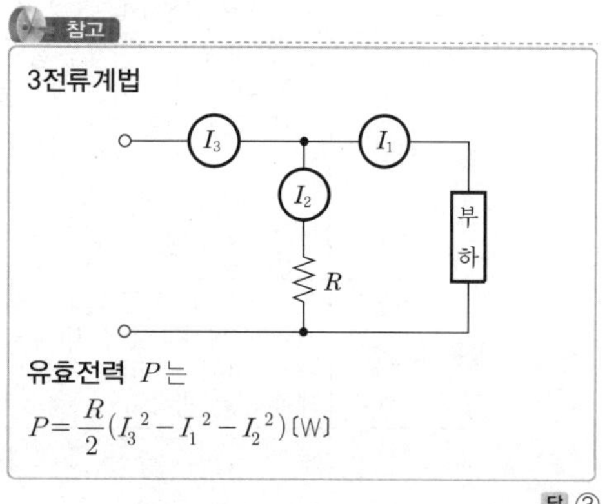


**유효전력** $P$는

$P=\frac{R}{2}(I_3^2-I_1^2-I_2^2)$[W]

답 ③

**35** 저항이 있는 도체에 전류를 흘리면 열이 발생되는 법칙은?

16.05.문32 14.03.문22 03.05.문33

① 옴의 법칙 ② 플레밍의 법칙
③ 줄의 법칙 ④ 키르히호프의 법칙

해설 **여러 가지 법칙**

| 법 칙 | 설 명 |
|---|---|
| **옴의 법칙** | '저항은 전류에 반비례하고, 전압에 비례한다'는 법칙 |
| **플레밍의 오른손 법칙** | 도체운동에 의한 유기기전력의 방향 결정<br>기억법 **방유도오(방에 우유를 도로 갔다 놓게!)** |
| **플레밍의 왼손 법칙** | 전자력의 방향 결정<br>기억법 **왼전(왼 전쟁이냐?)** |
| **렌츠의 법칙** | 자속변화에 의한 유도기전력의 방향 결정<br>기억법 **렌유방(오렌지가 유일한 방법이다.)** |
| **패러데이의 전자유도 법칙** | 자속변화에 의한 유기기전력의 크기 결정<br>기억법 **패유크(패유를 버리면 큰일난다.)** |
| **앙페르의 오른나사 법칙** | 전류에 의한 자기장의 방향을 결정하는 법칙<br>기억법 **앙전자(앙전자)** |
| **비오-사바르의 법칙** | 전류에 의해 발생되는 자기장의 크기(전류에 의한 자계의 세기)<br>기억법 **비전자(비전공자)** |
| **키르히호프의 법칙** | 옴의 법칙을 응용한 것으로 복잡한 회로의 전류와 전압계산에 사용 |
| **줄의 법칙** | • 어떤 도체에 일정시간 동안 전류를 흘리면 도체에는 열이 발생되는데 이에 관한 법칙<br>• 저항이 있는 도체에 전류를 흘리면 **열**이 발생되는 법칙<br>기억법 **줄열** |
| **쿨롱의 법칙** | "두 자극 사이에 작용하는 힘은 두 **자극**의 **세기**의 **곱**에 **비례**하고, 두 자극 사이의 **거리**의 **제곱**에 **반비례**한다."는 법칙 |

답 ③

**36** A, B 두 개의 코일에 동일 주파수, 동일 전압을 가하면 두 코일의 전류는 같고, 코일 A는 역률이 0.96, 코일 B는 역률이 0.80인 경우 코일 A에 대한 코일 B의 저항비는 얼마인가?

03.03.문22

① 0.833 ② 1.544
③ 3.211 ④ 7.621

해설 코일 A에 대한 코일 B의 저항비 $\left(\frac{R_B}{R_A}\right) = \frac{0.8}{0.96} \fallingdotseq 0.833$

• 코일의 저항은 역률(power factor)에 비례한다.

비교

**코일 B에 대한 코일 A의 저항비**

$\left(\frac{R_A}{R_B}\right) = \frac{0.96}{0.8} \fallingdotseq 1.2$

답 ①

**37** 온도, 유량, 압력 등의 공업프로세스 상태량을 제어량으로 하는 제어계로서 외란의 억제를 주된 목적으로 하는 제어방식은?

19.03.문32 17.09.문22 17.09.문39 16.10.문35 16.05.문22 16.03.문32 15.05.문23 14.09.문23 13.09.문27

① 서보기구
② 자동제어
③ 정치제어
④ 프로세스제어

해설 **제어량**에 의한 **분류**

| 분 류 | 종 류 |
|---|---|
| 프로세스제어 | • **온**도 • **압**력<br>• **유**량 • **액**면<br>기억법 **프온압유액** |
| 서보기구<br>(서보제어, 추종제어) | • **위**치 • **방**위<br>• **자**세<br>기억법 **서위방자** |
| 자동조정 | • 전압<br>• 전류<br>• 주파수<br>• 회전속도(발전기의 조속기)<br>• 장력<br>기억법 **자발조** |

※ **프로세스제어**(공정제어) : 공업공정의 상태량을 제어량으로 하는 제어

중요

**제어의 종류**

| 종 류 | 설 명 |
|---|---|
| **정치제어** (fixed value control) | • 일정한 목표값을 유지하는 것으로 **프로세스제어, 자동조정**이 이에 해당된다. 예 **연속식 압연기** • **목표값**이 시간에 관계없이 항상 일정한 값을 가지는 제어 |
| **추종제어** (follow-up control) | 미지의 시간적 변화를 하는 목표값에 제어량을 추종시키기 위한 제어로 **서보기구**가 이에 해당된다. 예 **대공포의 포신** |
| **비율제어** (ratio control) | 둘 이상의 제어량을 소정의 비율로 제어하는 것 |
| **프로그램제어** (program control) | 목표값이 **미리 정해진 시간적 변화**를 하는 경우 제어량을 그것에 추종시키기 위한 제어 예 **열차 · 산업로봇의 무인운전** |

답 ④

★★★
**38** 반도체를 사용한 화재감지기 중 서미스터(Thermistor)는 무엇을 측정, 제어하기 위한 반도체 소자인가?

19.04.문25 19.03.문35 18.09.문31 17.05.문35 16.10.문30 14.09.문40 14.05.문24 14.03.문27 12.03.문34 11.06.문37 00.10.문25

① 온도
② 연기농도
③ 가스농도
④ 불꽃의 스펙트럼 강도

해설 **반도체 소자**

| 명 칭 | 심 벌 |
|---|---|
| ① **제너다이오드**(zener diode) : 주로 **정**전압 전원회로에 사용된다. 기억법 **제정(재정이 풍부)** | |
| ② **서미스터**(thermistor) : 부온도특성을 가진 저항기의 일종으로서 주로 **온**도보정용으로 쓰인다. 기억법 **서온(서운해)** | Th |
| ③ **SCR**(Silicon Controlled Rectifier) : 단방향 대전류 스위칭소자로서 제어를 할 수 있는 정류 소자이다. | A K G |
| ④ **배리스터**(varistor) • 주로 **서**지전압에 대한 회로보호용(과도전압에 대한 회로보호) • **계**전기 접점의 불꽃제거 기억법 **배리서계** | |
| ⑤ **UJT**(UniJunction Transistor) = **단일접합 트랜지스터** : 증폭기로는 사용이 불가능하고 톱니파나 펄스발생기로 작용하며 SCR의 트리거소자로 쓰인다. | 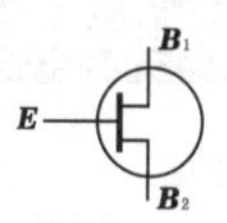 |
| ⑥ **바랙터**(varactor) : 제너현상을 이용한 다이오드 | – |

답 ①

★★★
**39** 주로 정전압회로용으로 사용되는 소자는?

17.03.문25 14.05.문29 11.06.문32

① 터널다이오드 ② 포토다이오드
③ 제너다이오드 ④ 매트릭스다이오드

해설 **문제 38 참조**

중요

**다이오드의 종류**

| 종 류 | 설 명 |
|---|---|
| **터널다이오드** (tunnel diode) | **부성저항특성**을 나타내며, **증폭 · 발진 · 개폐작용**에 응용한다. |
| **포토다이오드** (photo diode) | 빛이 닿으면 전류가 흐르는 다이오드로 광량의 변화를 전류값으로 대치하므로 광센서에 주로 사용하는 다이오드이다. |
| **제너다이오드** (zener diode) | **정전압회로용**으로 사용되는 소자로서, "**정전압다이오드**"라고도 한다. |
| **발광다이오드** (LED : Light Emitting Diode) | 전류가 통과하면 빛을 발산하는 다이오드이다. |

답 ③

★★
**40** Y-△ 기동방식인 3상 농형 유도전동기는 직입기동방식에 비해 기동전류는 어떻게 되는가?

17.05.문36 04.03.문36

① $\frac{1}{\sqrt{3}}$ 로 줄어든다.
② $\frac{1}{3}$ 로 줄어든다.
③ $\sqrt{3}$ 배로 증가한다.
④ 3배로 증가한다.

해설

| 기동전류 | 소비전력 | 기동토크 |
|---|---|---|
| $\frac{Y-\triangle 기동방식}{직입기동방식}=\frac{1}{3}$ | $\frac{Y-\triangle 기동방식}{직입기동방식}=\frac{1}{3}$ | $\frac{Y-\triangle 기동방식}{직입기동방식}=\frac{1}{3}$ |

답 ②

## 제 3 과목 소방관계법규

★★★
**41** 제4류 위험물로서 제1석유류인 수용성 액체의 지정수량은 몇 리터인가?

13.09.문54

① 100 ② 200
③ 300 ④ 400

해설 **위험물령 〔별표 1〕**
**제4류 위험물**

| 성 질 | 품 명 | | 지정수량 | 대표물질 |
|---|---|---|---|---|
| 인화성 액체 | 특수인화물 | | 50$l$ | • 디에틸에테르<br>• 이황화탄소 |
| | 제1 석유류 | 비수용성 | 200$l$ | • 휘발유<br>• 콜로디온 |
| | | **수**용성 | **4**00$l$ | • 아세톤<br>기억법 수4 |
| | 알코올류 | | 400$l$ | • 변성알코올 |
| | 제2 석유류 | 비수용성 | 1000$l$ | • 등유<br>• 경유 |
| | | 수용성 | 2000$l$ | • 아세트산 |
| | 제3 석유류 | 비수용성 | 2000$l$ | • 중유<br>• 클레오소트유 |
| | | 수용성 | 4000$l$ | • 글리세린 |
| | 제4석유류 | | 6000$l$ | • 기어유<br>• 실린더유 |
| | 동식물유류 | | 10000$l$ | • 아마인유 |

답 ④

★★★
**42** 제1류 위험물 산화성 고체에 해당하는 것은?

19.04.문44 19.03.문07 16.05.문46 15.09.문03 15.09.문18 15.05.문10 15.03.문51 14.09.문18 14.03.문18 11.06.문54

① 질산염류
② 특수인화물
③ 과염소산
④ 유기과산화물

해설 **위험물령 〔별표 1〕**
**위험물**

| 유 별 | 성 질 | 품 명 |
|---|---|---|
| 제**1**류 | **산**화성 **고**체 | • 아염소산염류<br>• 염소산염류<br>• 과염소산염류<br>• 질산염류<br>• 무기과산화물<br>기억법 ~염류, 무기과산화물<br>기억법 1산고(일산GO) |
| 제**2**류 | 가연성 고체 | • **황화**린 • **적**린<br>• **유**황 • **마**그네슘<br>• 금속분<br>기억법 2황화적유마 |
| 제3류 | 자연발화성 물질 및 금수성 물질 | • **황**린 • **칼**륨<br>• **나**트륨<br>• **트**리에틸**알**루미늄<br>• 금속의 수소화물<br>기억법 황칼나트알 |
| 제4류 | 인화성 액체 | • 특수인화물<br>• 석유류(벤젠)<br>• 알코올류<br>• 동식물유류 |
| 제5류 | 자기반응성 물질 | • 유기과산화물<br>• 니트로화합물<br>• 니트로소화합물<br>• 아조화합물<br>• 질산에스테르류(셀룰로이드) |
| 제6류 | 산화성 액체 | • 과염소산<br>• 과산화수소<br>• 질산 |

② 제4류위험물
③ 제6류위험물
④ 제5류위험물

답 ①

★★
**43** 특정소방대상물 중 노유자시설에 해당되지 않는 것은?

10.09.문60

① 요양병원
② 아동복지시설
③ 장애인 직업재활시설
④ 노인의료복지시설

해설 **소방시설법 시행령 〔별표 2〕**
**노유자시설**

| 구 분 | 종 류 |
|---|---|
| 노인관련시설 | • 노인주거복지시설<br>• 노인의료복지시설<br>• 노인여가복지시설<br>• 재가노인복지시설<br>• 노인보호전문기관<br>• 노인일자리 지원기관<br>• 학대피해노인 전용쉼터 |
| 아동관련시설 | • 아동복지시설<br>• 어린이집<br>• 유치원 |
| 장애인관련시설 | • 장애인거주시설<br>• 장애인지역사회재활시설(장애인 심부름센터, 수화통역센터, 점자도서 및 녹음서 출판시설 제외)<br>• 장애인 직업재활시설 |
| 정신질환자관련시설 | • 정신재활시설<br>• 정신요양시설 |
| 노숙인관련시설 | • 노숙인복지시설<br>• 노숙인종합지원센터 |

① 요양병원 : 의료시설

답 ①

## 44 ★ 위험물 제조소 등에 자동화재탐지설비를 설치하여야 할 대상은?

16.03.문53

① 옥내에서 지정수량 50배의 위험물을 저장 · 취급하고 있는 일반취급소
② 하루에 지정수량 50배의 위험물을 제조하고 있는 제조소
③ 지정수량의 100배의 위험물을 저장 · 취급하고 있는 옥내저장소
④ 연면적 $100m^2$ 이상의 제조소

해설 **위험물규칙 〔별표 17〕**
**제조소 등별로 설치하여야 하는 경보설비의 종류**

| 구 분 | 경보설비 |
|---|---|
| ① 연면적 **$500m^2$** 이상인 것<br>② 옥내에서 지정수량의 **100배** 이상을 취급하는 것 | • **자동화재탐지설비** |
| ③ 지정수량의 **10배** 이상을 저장 또는 취급하는 것 | • **자동화재탐지설비**<br>• **비상경보설비**<br>• **확성장치**<br>• **비상방송설비**<br>(1종 이상) |

① **50배** → **100배** 이상
② 하루에 지정수량 **50배** → 옥내에서 지정수량 **100배** 이상
④ 연면적 **$100m^2$** 이상 → 연면적 **$500m^2$** 이상

답 ③

## 45 ★★★ "무창층"이라 함은 지상층 중 개구부 면적의 합계가 해당 층의 바닥면적의 얼마 이하가 되는 층을 말하는가?

08.09.문18

① $\frac{1}{3}$　　② $\frac{1}{10}$
③ $\frac{1}{30}$　　④ $\frac{1}{300}$

해설 **지하층 · 무창층**

| 지하층 | 무창층 |
|---|---|
| 건축물의 바닥이 지표면 아래에 있는 층으로서 바닥에서 지표면까지의 평균높이가 해당 층 높이의 $\frac{1}{2}$ **이상**인 것 | 지상층 중 개구부의 면적의 합계가 해당 층의 바닥면적의 $\frac{1}{30}$ **이하**가 되는 층 |

답 ③

## 46 ★ 시 · 도지사가 소방시설의 등록취소처분이나 영업정지처분을 하고자 할 경우 실시하여야 하는 것은?

19.04.문60
16.10.문41

① 청문을 실시하여야 한다.
② 징계위원회의 개최를 요구하여야 한다.
③ 직권으로 취소처분을 결정하여야 한다.
④ 소방기술심의위원회의 개최를 요구하여야 한다.

해설 **공사업법 32조**
소방시설업 등록취소처분이나 영업정지처분, 소방기술 인정 자격취소처분을 하려면 **청문**을 하여야 한다.

중요

**소방시설법 44조**
**청문실시**
(1) 소방시설관리사 자격의 취소 및 정지
(2) 소방시설관리업 · 소방시설업의 등록취소 및 영업정지
(3) 소방용품의 형식승인 취소 및 제품검사 중지
(4) 우수품질인증의 취소
(5) 제품검사전문기관의 지정취소 및 업무정지
(6) 소방용품의 성능인증 취소

답 ①

## 47 ★★★ 고형 알코올 그 밖에 1기압상태에서 인화점이 40℃ 미만인 고체에 해당하는 것은?

16.10.문43
12.09.문49

① 가연성 고체　　② 산화성 고체
③ 인화성 고체　　④ 자연발화성 물질

해설 **위험물령 〔별표 1〕**

(1) **철분** : 철의 분말로서 $53\mu m$의 표준체를 통과하는 것이 **50중량퍼센트 미만**인 것은 제외한다.
(2) **인화성 고체** : 고형 알코올 그 밖에 1기압에서 인화점이 **40℃ 미만**인 고체를 말한다.
(3) **유황** : 순도가 **60중량퍼센트 이상**인 것을 말한다.
(4) **과산화수소** : 그 농도가 **36중량퍼센트 이상**인 것에 한한다.

중량퍼센트 = wt%

중요

**위험물**
(1) **과산화수소** : 농도 **36wt%** 이상
(2) **유황** : 순도 **60wt%** 이상
(3) **질산** : 비중 **1.49** 이상

답 ③

★★
**48** 소방시설업자가 특정소방대상물의 관계인에 대한 통보 의무사항이 아닌 것은?

10.09.문53

① 지위를 승계한 때
② 등록취소 또는 영업정지처분을 받은 때
③ 휴업 또는 폐업한 때
④ 주소지가 변경된 때

해설 **공사업법 8조**
**소방시설업자의 관계인 통지사항**
(1) **소방시설업자**의 **지위**를 **승계**한 때
(2) 소방시설업의 **등록취소** 또는 **영업정지**의 처분을 받은 때
(3) **휴업** 또는 **폐업**을 한 때

답 ④

★★★
**49** 다음 중 특수가연물에 해당되지 않는 것은 어느 것인가?

15.09.문47
14.03.문52
12.05.문60

① 나무껍질 500kg
② 가연성 고체류 2000kg
③ 목재가공품 $15m^3$
④ 가연성 액체류 $3m^3$

해설 **기본령 〔별표 2〕**
**특수가연물**

| 품 명 | | 수 량 |
|---|---|---|
| 가연성 액체류 | | $2m^3$ 이상 |
| 목재가공품 및 나무부스러기 | | $10m^3$ 이상 |
| 면화류 | | 200kg 이상 |
| 나무껍질 및 대팻밥 | | 400kg 이상 |
| 넝마 및 종이부스러기 | | 1000kg 이상 |
| 사류(絲類) | | 1000kg 이상 |
| 볏짚류 | | 1000kg 이상 |
| 가연성 고체류 | | 3000kg 이상 |
| 합성수지류 | 발포시킨 것 | $20m^3$ 이상 |
| | 그 밖의 것 | 3000kg 이상 |
| 석탄 · 목탄류 | | 10000kg 이상 |

② 가연성 고체류 3000kg 이상

※ **특수가연물** : 화재가 발생하면 그 확대가 빠른 물품

기억법 가액목면나 넝사볏가고 합석
2 1 2 4 1 3 3 1

답 ②

★★★
**50** 다음은 소방기본법의 목적을 기술한 것이다. ( ㉮ ), ( ㉯ ), ( ㉰ )에 들어갈 내용으로 알맞은 것은?

"화재를 ( ㉮ ) · ( ㉯ )하거나 ( ㉰ )하고 화재, 재난 · 재해 그 밖의 위급한 상황에서의 구조 · 구급활동 등을 통하여 국민의 생명 · 신체 및 재산을 보호함으로써 공공의 안녕질서유지와 복리증진에 이바지함을 목적으로 한다."

① ㉮ 예방, ㉯ 경계, ㉰ 복구
② ㉮ 경보, ㉯ 소화, ㉰ 복구
③ ㉮ 예방, ㉯ 경계, ㉰ 진압
④ ㉮ 경계, ㉯ 통제, ㉰ 진압

해설 **기본법 1조**
**소방기본법의 목적**
(1) 화재의 **예방** · **경계** · **진압**
(2) 국민의 **생명** · **신체** 및 **재산보호**
(3) 공공의 안녕질서유지와 **복리증진**
(4) **구조** · **구급**활동

기억법 **예경진**(**경진**이한테 **예**를 갖춰라!)

답 ③

★★★
**51** 소방시설 중 화재를 진압하거나 인명구조활동을 위하여 사용하는 설비로 나열된 것은?

13.03.문55

① 상수도소화용수설비, 연결송수관설비
② 연결살수설비, 제연설비
③ 연소방지설비, 피난구조설비
④ 무선통신보조설비, 통합감시시설

해설 **소방시설법 시행령 〔별표 1〕**
**소화활동설비**
(1) **연**결송수관설비
(2) **연**결살수설비
(3) **연**소방지설비
(4) **무**선통신보조설비
(5) **제**연설비
(6) **비상콘**센트설비

④ 경보설비

기억법 **3연무제비콘**

용어

**소화활동설비**
화재를 진압하거나 인명구조활동을 위하여 사용하는 설비

① 상수도소화용수설비 : 소화용수설비
③ 피난구조설비 : 피난구조설비 그 자체
④ 통합감시시설 : 경보설비

답 ②

★★
**52** 비상경보설비를 설치하여야 할 특정소방대상물이 아닌 것은?

19.03.문70 18.04.문63 17.09.문74 12.05.문56

① 지하가 중 터널로서 길이가 1000m 이상인 것
② 사람이 거주하고 있는 연면적 $400m^2$ 이상인 건축물
③ 지하층의 바닥면적이 $100m^2$ 이상으로 공연장인 건축물
④ 35명의 근로자가 작업하는 옥내작업장

해설 **소방시설법 시행령 [별표 5]**
비상경보설비의 설치대상

| 설치대상 | 조 건 |
|---|---|
| ① 지하층 · 무창층 | • 바닥면적 **150m²**(공연장 **100m²**) 이상 |
| ② 전부 | • 연면적 **400m²** 이상 |
| ③ 지하가 중 터널길이 | • 길이 **500m** 이상 |
| ④ 옥내작업장 | • **50명** 이상 작업 |

• 원칙적으로 기준은 지하가 중 터널길이는 500m 이상이지만 1000m 이상도 설치대상에 해당되므로 ①번도 틀린 답은 아니다. 혼동하지 마라!

④ 35명 → 50명 이상

답 ④

★★★
**53** 다음 중 스프링클러설비를 의무적으로 설치하여야 하는 기준으로 틀린 것은?

14.03.문55 13.06.문43

① 숙박시설로 6층 이상인 것
② 지하가로 연면적이 $1000m^2$ 이상인 것
③ 판매시설로 수용인원이 300인 이상인 것
④ 복합건축물로 연면적 $5000m^2$ 이상인 것

해설 **스프링클러설비**의 **설치대상**

| 설치대상 | 조 건 |
|---|---|
| ① 문화 및 집회시설, 운동시설<br>② 종교시설 | • 수용인원 : **100명** 이상<br>• 영화상영관 : 지하층 · 무창층 500m²(기타 1000m²) 이상<br>• 무대부<br>– 지하층 · 무창층 · **4층** 이상 300m² 이상<br>– 1~3층 **500m²** 이상 |
| ③ 판매시설<br>④ 운수시설<br>⑤ 물류터미널 | • 수용인원 : **500명** 이상<br>• 바닥면적합계 **5000m²** 이상 |
| ⑥ 노유자시설<br>⑦ 정신의료기관<br>⑧ 수련시설(숙박가능한 것)<br>⑨ 종합병원, 병원, 치과병원, 한방병원 및 요양병원(정신병원 제외) | • 바닥면적합계 **600m²** 이상 |
| ⑩ 지하층 · 무창층 · 4층 이상 | • 바닥면적 **1000m²** 이상 |
| ⑪ **지하가**(터널 제외) | • 연면적 **1000m²** 이상 |
| ⑫ 10m 넘는 랙크식 창고 | • 연면적 **1500m²** 이상 |
| ⑬ 복합건축물<br>⑭ 기숙사 | • 연면적 **5000m²** 이상 : 전층 |
| ⑮ **6층** 이상 | • 전층 |
| ⑯ 보일러실 · 연결통로 | • 전부 |
| ⑰ 특수가연물 저장 · 취급 | • 지정수량 **1000배** 이상 |

③ 300인 이상 → 500인 이상

답 ③

★★★
**54** 소방대상물이 아닌 것은?

12.05.문48

① 산림 ② 항해 중인 선박
③ 건축물 ④ 차량

해설 **기본법 2조 1호**
**소방대상물**
(1) **건**축물
(2) **차**량
(3) **선**박(매어둔 것)
(4) 선박건조구조물
(5) **산**림
(6) **인**공구조물
(7) **물**건

기억법 건차선 산인물

비교
**위험물의 저장 · 운반 · 취급에 대한 적용 제외**
(위험물법 3조)
(1) 항공기
(2) 선박
(3) 철도
(4) 궤도

답 ②

★
**55** 인접하고 있는 시 · 도간 소방업무의 상호응원협정사항이 아닌 것은?

19.04.문47 11.03.문54

① 화재조사활동
② 응원출동의 요청방법
③ 소방교육 및 응원출동훈련
④ 응원출동대상지역 및 규모

해설 **기본규칙 8조**
**소방업무의 상호응원협정**
(1) 다음의 **소방활동**에 관한 사항
㉠ 화재의 경계 · 진압활동
㉡ 구조 · 구급업무의 지원
㉢ 화재**조**사활동
(2) **응원출동 대상지역** 및 **규모**
(3) **필요한 경비**의 **부담**에 관한 사항
㉠ 출동대원의 수당 · 식사 및 의복의 수선
㉡ 소방장비 및 기구의 정비와 연료의 보급
(4) **응원출동**의 **요청방법**
(5) **응원출동 훈련** 및 **평가**

기억법 조응(조아?)

③ 소방교육은 해당없음

답 ③

★★★
### 56 소방대상물의 소방특별조사에 따른 조치명령권자는?

19.04.문54 17.03.문47 15.03.문57 13.06.문42 05.05.문46

① 소방본부장 또는 소방서장
② 한국소방안전원장
③ 시 · 도지사
④ 국무총리

해설 **소방시설법 5조**
**소방특별조사 결과에 따른 조치명령**
(1) 명령권자 : **소방청장** · **소방본부장** · **소방서장**
(2) 명령사항
㉠ 소방특별조사 조치명령
㉡ **개수**명령
㉢ **이전**명령
㉣ **제거**명령
㉤ **사용**의 **금지** 또는 제한명령, 사용폐쇄
㉥ **공사**의 **정지** 또는 중지명령

기억법 특장본서

답 ①

★★★
### 57 다음 중 소방용품에 해당되지 않는 것은?

10.09.문44

① 방염도료 ② 소방호스
③ 공기호흡기 ④ 휴대용 비상조명등

해설 **소방시설법 시행령 6조**
**소방용품 제외대상**
(1) 주거용 주방자동소화장치용 소화약제
(2) 가스자동소화장치용 소화약제
(3) 분말자동소화장치용 소화약제
(4) 고체에어로졸자동소화장치용 소화약제
(5) 소화약제 외의 것을 이용한 간이소화용구
(6) 휴대용 비상조명등
(7) 유도표지
(8) 벨용 푸시버튼스위치
(9) 피난밧줄
(10) 옥내소화전함
(11) 방수구
(12) 안전매트
(13) 방수복

답 ④

★★★
### 58 소방자동차의 출동을 방해한 자는 5년 이하의 징역 또는 얼마 이하의 벌금에 처하는가?

16.10.문42 16.05.문57 15.09.문43 11.10.문52 10.09.문54

① 1천 5백만원 ② 2천만원
③ 3천만원 ④ 5천만원

해설 **기본법 50조**
**5년 이하의 징역 또는 5000만원 이하의 벌금**
(1) 소방자동차의 **출**동 방해
(2) 사람**구**출 방해
(3) **소방용수시설** 또는 **비상소화장치**의 효용 방해

기억법 출구용55

답 ④

★★★
### 59 다음 소방시설 중 하자보수 보증기간이 다른 것은?

16.10.문56 15.03.문52 12.05.문59

① 옥내소화전설비 ② 비상방송설비
③ 자동화재탐지설비 ④ 상수도소화용수설비

해설 **공사업령 6조**
**소방시설공사의 하자보수 보증기간**

| 보증기간 | 소방시설 |
|---|---|
| 2년 | ① **유**도등 · 유도표지 · **피**난기구<br>② **비**상**조**명등 · 비상**경**보설비 · 비상**방**송설비<br>③ **무**선통신보조설비 |
| 3년 | ① 자동소화장치<br>② 옥내 · 외소화전설비<br>③ 스프링클러설비 · 간이 스프링클러설비<br>④ 물분무 등 소화설비 · 상수도 소화용수설비<br>⑤ 자동화재탐지설비 · 소화활동설비 |

기억법 유비조경방무피2

①, ③, ④ 3년 / ② 2년

답 ②

★★★
### 60 소화활동을 위한 소방용수시설 및 지리조사의 실시 횟수는?

13.06.문51

① 주 1회 이상 ② 주 2회 이상
③ 월 1회 이상 ④ 분기별 1회 이상

해설 **기본규칙 7조**
**소방용수시설 및 지리조사**
(1) 조사자 : **소방본부장** · **소방서장**
(2) 조사일시 : **월 1회** 이상
(3) 조사내용
㉠ 소방용수시설

ⓛ 도로의 **폭 · 교통상황**
ⓒ 도로주변의 **토지고저**
ⓔ 건축물의 **개황**
(4) 조사결과 : **2년**간 보관

중요

**횟수**
(1) **월 1**회 이상 : 소방용수시설 및 **지**리조사(기본규칙 7조)

기억법 **월1지**(**월**요일이 **지**났다.)

(2) **연 1**회 이상
㉠ 화재경계지구 안의 소방특별조사 · 훈련 · 교육(기본령 4조)
㉡ 특정소방대상물의 소방훈련 · 교육(소방시설법 시행규칙 15조)
㉢ 제조소 등의 **정**기점검(위험물규칙 64조)
㉣ **종**합정밀점검(소방시설법 시행규칙 [별표 1])
㉤ 작동기능점검(소방시설법 시행규칙 [별표 1])

기억법 **연1정종**(**연일 정종**술을 마셨다.)

(3) **2**년마다 1회 이상
㉠ 소방대원의 소방교육 · 훈련(기본규칙 9조)
㉡ **실**무교육(소방시설법 시행규칙 36조)

기억법 **실2**(**실리**)

답 ③

## 제 4 과목 소방전기시설의 구조 및 원리

★★
**61** 휴대용 비상조명등의 적합한 기준이 아닌 것은?

19.03.문74
17.05.문67
17.03.문62
15.09.문64
14.09.문75
13.03.문68
12.03.문61
09.05.문76

① 설치높이는 바닥으로부터 0.8m 이상 1.5m 이하의 높이에 설치할 것
② 사용시 자동으로 점등되는 구조일 것
③ 외함은 난연성능이 있을 것
④ 충전식 배터리의 용량은 10분 이상 유효하게 사용할 수 있는 것으로 할 것

해설 **휴대용 비상조명등의 적합기준**(NFSC 304④)

| 설치개수 | 설치장소 |
|---|---|
| **1개** 이상 | • **숙박시설** 또는 **다중이용업소**에는 객실 또는 영업장 안의 구획된 실마다 잘 보이는 곳(외부에 설치시 출입문 손잡이로부터 **1m 이내** 부분) |
| **3개** 이상 | • **지하상가** 및 **지하역사**의 **보행거리 25m** 이내마다<br>• **대규모점포(백화점 · 대형점 · 쇼핑센터)** 및 **영화상영관**의 **보행거리 50m** 이내마다 |

(1) 바닥으로부터 **0.8~1.5m 이하**의 높이에 설치할 것
(2) 어둠 속에서 **위치**를 **확인**할 수 있도록 할 것
(3) 사용시 **자동**으로 **점등**되는 구조일 것
(4) 외함은 **난연성능**이 있을 것
(5) 건전지를 사용하는 경우에는 **방전방지조치**를 하여야 하고, **충전식 배터리**의 경우에는 **상시 충전**되도록 할 것
(6) 건전지 및 충전식 배터리의 용량은 **20분** 이상 유효하게 사용할 수 있는 것으로 할 것

기억법 **2휴**(**이유**)

④ 10분 이상 → 20분 이상

답 ④

★★
**62** 다음 ( ) 안에 들어갈 내용으로 옳은 것은?

"고압이라 함은 직류는 ( ㉮ )V를, 교류는 ( ㉯ )V를 초과하고 ( ㉰ )kV 이하인 것을 말한다."

① ㉮ 750 ㉯ 600 ㉰ 7
② ㉮ 600 ㉯ 750 ㉰ 7
③ ㉮ 600 ㉯ 700 ㉰ 10
④ ㉮ 700 ㉯ 600 ㉰ 10

해설 **전압**(NFSC 504③)

| 구 분 | 설 명 |
|---|---|
| **저압** | **직류 750V** 이하, **교류 600V** 이하 |
| **고압** | 저압의 범위를 초과하고 **7000V** 이하 |
| **특고압** | **7000V**를 초과하는 것 |

비교

**전압**(KEC 111.1)

| 구 분 | 설 명 |
|---|---|
| **저압** | **직류 1500V** 이하, **교류 1000V** 이하 |
| **고압** | 저압의 범위를 초과하고 **7000V** 이하 |
| **특고압** | **7000V**를 초과하는 것 |

① 고압이라 함은 **직류**는 **750V**를, **교류**는 **600V**를 초과하고 **7kV** 이하인 것을 말한다.

답 ①

★
**63** 비상콘센트설비에 자가발전설비를 비상전원으로 설치할 때 기준으로 틀린 것은?

① 상용전원으로부터 전력의 공급이 중단된 때에는 자동으로 비상전원으로부터 전력을 공급받도록 할 것
② 비상콘센트설비를 유효하게 10분 이상 작동시킬 수 있는 용량으로 할 것
③ 점검이 편리하고 화재 및 침수 등의 재해로 인한 피해를 받을 우려가 없는 곳에 설치할 것
④ 비상전원을 실내에 설치하는 때에는 그 실내에 비상조명등을 설치할 것

해설 **여러 가지 설비의 비상전원 용량**

| 설비의 종류 | 비상전원 용량 |
|---|---|
| • 자동화재탐지설비<br>• 비상경보설비<br>• 자동화재속보설비 | 10분 이상 |
| • 유도등<br>• 비상콘센트설비<br>• 제연설비<br>• 물분무소화설비<br>• 옥내소화전설비(30층 미만)<br>• 특별피난계단의 계단실 및 부속실 제연설비(30층 미만) | 20분 이상 |
| • 무선통신보조설비의 증폭기 | 30분 이상 |
| • 옥내소화전설비(30~49층 이하)<br>• 특별피난계단의 계단실 및 부속실 제연설비(30~49층 이하)<br>• 연결송수관설비(30~49층 이하)<br>• 스프링클러설비(30~49층 이하) | 40분 이상 |
| • 유도등 · 비상조명등(지하상가 및 11층 이상)<br>• 옥내소화전설비(50층 이상)<br>• 특별피난계단의 계단실 및 부속실 제연설비(50층 이상)<br>• 연결송수관설비(50층 이상)<br>• 스프링클러설비(50층 이상) | 60분 이상 |

기억법 경자비1(경자라는 이름은 비일비재하게 많다).
3증(3중고)

② 10분 → 20분

답 ②

★★
**64** 누전경보기의 화재안전기준에서 변류기의 설치 위치 기준으로 옳은 것은?

14.03.문67 11.10.문68

① 제1종 접지선측의 점검이 쉬운 위치에 설치
② 옥외인입선의 제1지점의 부하측에 설치
③ 인입구에 근접한 옥외에 설치
④ 제3종 접지선측의 점검이 쉬운 위치에 설치

해설 **변류기의 설치위치**

| 옥외인입선의 제1지점의 부하측 | 제2종 접지선측 |
|---|---|
| 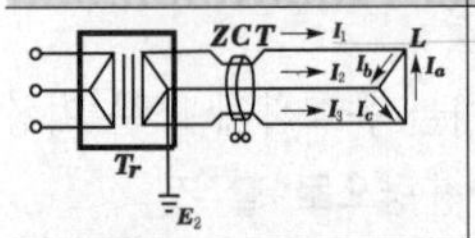 $ZCT$, $I_1$, $I_2$, $I_3$, $I_b$, $I_c$, $I_a$, $L$, $T_r$, $E_2$ | 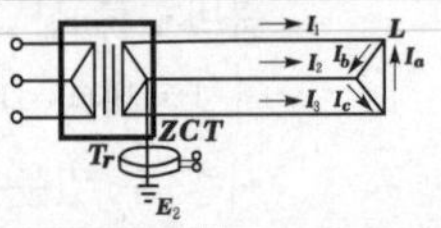 $I_1$, $I_2$, $I_3$, $I_b$, $I_c$, $I_a$, $L$, $ZCT$, $T_r$, $E_2$ |

② 변류기는 **옥외인입선 제1지점의 부하측** 또는 **제2종 접지선측**에 설치

기억법 옥외1(옥외에는 일본이 있다.)
접2(접이식 의자)

답 ②

★★
**65** 축광유도표지의 표지면의 휘도는 주위조도 0lx에서 몇 분간 발광 후 몇 mcd/m² 이상이어야 하는가?

11.10.문63

① 30분, 20mcd/m²
② 30분, 7mcd/m²
③ 60분, 20mcd/m²
④ 60분, 7mcd/m²

해설 (1) 축광표지 성능 8조
축광유도표지 및 축광위치표지는 **200 lx** 밝기의 광원으로 **20분**간 조사시킨 상태에서 다시 주위조도를 **0 lx**로 하여 **60분**간 발광시킨 후 직선거리 **20m**(축광위치표지의 경우 **10m**) 떨어진 위치에서 유도표지 또는 위치표지가 있다는 것이 식별되어야 하고, 유도표지는 직선거리 **3m**의 거리에서 표시면의 표시 중 주체가 되는 문자 또는 주체가 되는 화살표 등이 쉽게 식별되어야 한다.

(2) 휘도시험
축광유도표지 및 축광위치표지의 표시면을 **0 lx** 상태에서 **1시간** 이상 방치한 후 **200 lx** 밝기의 광원으로 **20분**간 조사시킨 상태에서 다시 주위조도를 **0 lx**로 하여 휘도시험 실시

| 발광시간 | 휘 도 |
|---|---|
| 5분 | 110mcd/m² 이상 |
| 10분 | 50mcd/m² 이상 |
| 20분 | 24mcd/m² 이상 |
| 60분 → | 7mcd/m² 이상 |

답 ④

★★
**66** 정온식 스포트형 감지기의 구조 및 작동원리에 대한 형식이 아닌 것은?

07.03.문33

① 가용절연물을 이용한 방식
② 줄열을 이용한 방식
③ 바이메탈의 반전을 이용한 방식
④ 금속의 팽창계수차를 이용한 방식

해설 **정온식 스포트형 감지기**
(1) **바이메탈**의 활곡 · 반전을 이용한 것
(2) **금속**의 **팽창계수차**를 이용한 것
(3) **액체**(기체)의 **팽창**을 이용한 것
(4) **가용절연물**을 이용한 것

답 ②

★★
## 67 유도표지의 설치기준 중 틀린 것은?

10.05.문64

① 계단에 설치하는 것을 제외하고는 각 층마다 복도 및 통로의 각 부분으로부터 하나의 유도표지까지의 보행거리가 15m 이하가 되는 곳에 설치한다.
② 피난구유도표지는 출입구 상단에 설치한다.
③ 통로유도표지는 바닥으로부터 높이 1.5m 이하의 위치에 설치한다.
④ 주위에는 이와 유사한 등화 · 광고물 · 게시물 등을 설치하지 않는다.

해설 **유도표지**의 **설치기준**(NFSC 303⑧)
(1) 각 층 복도의 각 부분에서 유도표지까지의 보행거리 **15m** 이하(계단에 설치하는 것 제외)
(2) 구부러진 모퉁이의 벽에 설치
(3) 통로유도표지는 높이 **1m** 이하에 설치
(4) 주위에 광고물, 게시물 등을 설치하지 아니할 것

중요

**설치높이**

| 통로유도표지 | 피난구유도표지 |
|---|---|
| 1m 이하 | 출입구 상단에 설치 |

③ 1.5m 이하 → 1m 이하

답 ③

★★★
## 68 다음 ( ) 안에 들어갈 내용을 옳은 것은?

19.04.문78
16.10.문80
13.06.문66

누전경보기란 ( ) 이하인 경계전로의 누설전류 또는 지락전류를 검출하여 해당 소방대상물의 관계인에게 경보를 발하는 설비로서 변류기와 수신부로 구성된 것을 말한다.

① 사용전압 220V ② 사용전압 380V
③ 사용전압 600V ④ 사용전압 750V

해설 **대상**에 따른 **전압**

| 전 압 | 대 상 |
|---|---|
| **0.5**V 이하 | • 누전경보기 **전**압강하의 **최**대치<br>기억법 **05전최** |
| **60V** 미만 | • 약전류회로 |
| **60V** 초과 | • 접지단자 설치 |
| **300V** 이하 | • 전원**변**압기의 1차 전압<br>• 유도등 · 비상조명등의 사용전압<br>기억법 **변3(변상해)** |
| **600V** 이하 | • **누**전경보기의 경계전로전압<br>기억법 **누6(누룩)** |

답 ③

★★
## 69 감지기의 설치기준 중 틀린 것은?

19.03.문72
17.03.문61
12.05.문66
11.03.문78
01.03.문63
98.07.문75
97.03.문68

① 감지기는 천장 또는 반자의 옥내에 면하는 부분에 설치할 것
② 차동식 분포형의 것을 제외하고 감지기는 실내로의 공기유입구로부터 1.5m 이상 떨어진 위치에 설치할 것
③ 정온식 감지기는 주방 · 보일러실 등으로서 다량의 화기를 취급하는 장소에 설치하되, 공칭작동온도가 주위온도보다 10℃ 이상 높은 것으로 설치할 것
④ 스포트형 감지기는 45° 이상 경사되지 아니하도록 부착할 것

해설 **감지기**의 **설치기준**
(1) 감지기(**차동식 분포형 제외**)는 실내로의 공기유입구로부터 **1.5m** 이상 떨어진 위치에 설치
(2) 감지기는 **천장** 또는 **반자**의 옥내에 면하는 부분에 설치
(3) **보상식 스포트형 감지기**는 정온점이 감지기 주위의 평상시 최고온도보다 **20℃** 이상 높은 것으로 설치
(4) 정온식 감지기는 **주방 · 보일러실** 등으로 다량의 화기를 단속적으로 취급하는 장소에 설치하되 **공칭작동온도**가 **최고주위온도**보다 **20℃** 이상 높은 것으로 설치
(5) 스포트형 감지기는 **45°** 이상 경사되지 아니하도록 부착

③ 10℃ 이상 → 20℃ 이상

답 ③

★★★
## 70 자동화재속보설비 설치기준으로 틀린 것은?

19.04.문76
19.03.문67
07.05.문70
03.08.문74

① 화재시 자동으로 소방관서에 연락되는 설비어야 한다.
② 자동화재탐지설비와 연동되어야 한다.
③ 스위치는 바닥으로부터 0.8m 이상 1.5m 이하의 높이에 설치한다.
④ 관계인이 24시간 상주하고 있는 경우에는 설치하지 않을 수 있다.

해설 **자동화재속보설비**의 **설치기준**(NFSC 204 4조)
(1) **자동화재탐지설비**와 연동으로 작동하여 자동적으로 화재발생상황을 **소방관서**에 전달되는 것으로 할 것
(2) 스위치는 바닥으로부터 **0.8~1.5m** 이하의 높이에 설치하고, 그 보기 쉬운 곳에 스위치임을 표시한 표지를 할 것

중요

**자동화재속보설비의 설치제외**
사람이 24시간 상시 근무하고 있는 경우

④ 관계인 → **사람**
상주하고 있는 경우 → **상시 근무**하고 있는 경우

답 ④

★★
## 71 비상콘센트보호함의 설치기준으로 틀린 것은?

19.04.문66
10.09.문76

① 보호함 상부에 적색의 표시등을 설치하여야 한다.
② 보호함에는 쉽게 개폐할 수 있는 문을 설치하여야 한다.
③ 보호함 표면에 "비상콘센트"라고 표시한 표지를 하여야 한다.
④ 비상콘센트의 보호함을 옥내소화전함 등과 접속하여 설치하는 경우에는 옥내소화전함의 표시등과 분리하여야 한다.

해설 **비상콘센트설비**의 **보호함 설치기준**(NFSC 504⑤)
(1) 보호함에는 **쉽게 개폐**할 수 있는 문을 설치할 것
(2) 보호함 표면에 **"비상콘센트"**라고 표시한 표지를 할 것
(3) 보호함 상부에 **적색**의 **표시등**을 설치할 것
(4) 보호함을 옥내소화전함 등과 접속하여 설치시 옥내소화전함 등과 표시등 **겸용**

④ **분리**하여야 한다. → **겸용**할 수 있다.

답 ④

★★★
## 72 연기감지기를 설치하지 않아도 되는 장소는?

16.03.문62
09.05.문65

① 계단 및 경사로
② 엘리베이터 승강로(권상기실이 있는 것은 권상기실)
③ 파이프피트 및 덕트
④ 20m인 복도

해설 **연기감지기의 설치장소**
(1) 계단 · 경사로 및 에스컬레이터 경사로
(2) 복도(**30m** 미만 제외)
(3) 엘리베이터 승강로(**권상기실이 있는 것은 권상기실**) · 린넨슈트 · 파이프피트 및 덕트 기타 이와 유사한 장소
(4) 천장 또는 반자의 높이가 **15~20m** 미만인 장소
(5) 공동주택 · 오피스텔 · 숙박시설 · 노유자시설 · 수련시설
(6) 합숙소
(7) 의료시설, 입원실이 있는 의원 · 조산원
(8) 교정 및 군사시설
(9) 고시원

(5)~(9): 취침 · 숙박 · 입원 등 이와 유사한 용도로 사용되는 거실

④ 30m 미만 복도는 설치제외

답 ④

★★
## 73 비상방송설비의 음향장치 설치기준으로 옳은 것은?

16.10.문69
16.10.문73
16.05.문67
16.03.문68
15.05.문76
15.03.문62
14.05.문63
14.05.문75
13.06.문62
13.06.문80

① 음량조정기의 배선은 2선식으로 할 것
② 5층 건물 중 2층에서 화재발생시 1층, 2층, 3층에서 경보를 발할 수 있을 것
③ 기동장치에 의한 화재신고 수신 후 피난에 유효한 방송이 자동으로 개시될 때까지의 소요시간은 10초 이하로 할 것
④ 음향장치는 자동화재탐지설비의 작동과 별도로 작동하는 방식의 성능으로 할 것

해설 **비상방송설비**의 **설치기준**
(1) 확성기의 음성입력은 **3W**(**실내 1W**) 이상일 것
(2) 확성기는 **각 층**마다 설치하되, 각 부분으로부터의 수평거리는 **25m** 이하일 것
(3) 음량조정기는 **3선식** 배선일 것
(4) 조작스위치는 바닥으로부터 **0.8~1.5m** 이하의 높이에 설치할 것
(5) 다른 전기회로에 의하여 **유도장애**가 생기지 아니하도록 할 것
(6) 비상방송 개시시간은 **10초** 이하일 것
(7) 다른 방송설비와 공용할 경우 화재시 비상경보 외의 방송을 차단할 수 있을 것
(8) 음향장치는 자동화재탐지설비의 작동과 연동하여 작동할 수 있는 것으로 할 것

① 2선식 → 3선식
② 1층, 2층, 3층 → 2층, 3층
④ 별도로 작동 → 연동하여 작동

답 ③

★★
## 74 부착높이 20m 이상에 설치되는 광전식 중 아날로그방식의 감지기 공칭감지농도 하한값의 기준은?

16.10.문66
08.03.문75

① 감광률 5%/m 미만
② 감광률 10%/m 미만
③ 감광률 15%/m 미만
④ 감광률 20%/m 미만

해설 **감지기**의 **부착높이**(NFSC 203⑦)

| 부착높이 | 감지기의 종류 |
|---|---|
| 8~15m 미만 | • 차동식 분포형<br>• 이온화식 1종 또는 2종<br>• 광전식(스포트형, 분리형, 공기흡입형) 1종 또는 2종<br>• 연기복합형<br>• 불꽃감지기 |

| | |
|---|---|
| 15~20m 미만 | • 이온화식 1종<br>• 광전식(스포트형, 분리형, 공기흡입형) 1종<br>• 연기복합형<br>• 불꽃감지기 |
| 20m 이상 | • 불꽃감지기<br>• 광전식(분리형, 공기흡입형) 중 아날로그방식 |

① 부착높이 **20m** 이상에 설치되는 광전식 중 아날로그방식의 감지기는 공칭감지농도 하한값이 감광률 **5%/m** 미만인 것으로 한다.

답 ①

**75** 수신기를 나타내는 소방시설 도시기호로 옳은 것은?

①

② 

③

④ 

해설 **도시기호**

| 명 칭 | 그림기호 | 적 요 |
|---|---|---|
| 수신기 | | • 가스누설경보설비와 일체인 것 :<br>• 가스누설경보설비 및 방배연 연동과 일체인 것 : |
| 부수신기 (표시기) | | |
| 중계기 | | |
| 제어반 | | |
| 표시반 | | • 창이 3개인 표시반 : |

② 소방시설 도시기호가 아님

답 ①

**76** 비상방송설비에 사용되는 확성기는 각 층마다 설치하되, 그 층의 각 부분으로부터 하나의 확성기까지의 수평거리는 최대 몇 m인가?

19.09.문76
19.04.문68
18.09.문77
18.03.문73
16.10.문69
16.10.문73
16.05.문67
16.03.문68
15.05.문73
15.03.문62
14.05.문63
14.05.문75
14.03.문61
13.09.문70
13.06.문62
13.06.문80

① 15

② 20

③ 25

④ 30

해설 **비상방송설비**의 **설치기준**

(1) 확성기의 음성입력은 **3W(실내 1W)** 이상일 것
(2) 확성기는 **각 층**마다 설치하되, 각 부분으로부터의 수평거리는 **25m** 이하일 것
(3) 음량조정기는 **3선식** 배선일 것
(4) 조작스위치는 바닥으로부터 **0.8~1.5m** 이하의 높이에 설치할 것
(5) 다른 전기회로에 의하여 **유도장애**가 생기지 아니하도록 할 것
(6) 비상방송 개시시간은 **10초** 이하일 것
(7) 다른 방송설비와 공용할 경우 화재시 비상경보 외의 방송을 차단할 수 있을 것
(8) 음향장치는 **자동화재탐지설비**의 작동과 연동하여 작동할 수 있는 것으로 할 것

중요

**수평거리**와 **보행거리**

(1) **수평거리**

| 수평거리 | 적용대상 |
|---|---|
| 수평거리 **25m** 이하 | • 발신기<br>• 음향장치(확성기)<br>• 비상콘센트(지하상가 · 바닥면적 **3000m²** 이상) |
| 수평거리 **50m** 이하 | • 비상콘센트(기타) |

(2) **보행거리**

| 보행거리 | 적용대상 |
|---|---|
| 보행거리 **15m** 이하 | • **유도표지** |
| 보행거리 **20m** 이하 | • 복도통로유도등<br>• 거실통로유도등<br>• 3종 연기감지기 |
| 보행거리 **30m** 이하 | • 1 · 2종 연기감지기 |
| 보행거리 **40m** 이상 | • 복도 또는 별도로 구획된 실 |

(3) **수직거리**

| 수직거리 | 적용대상 |
|---|---|
| **10m** 이하 | • 3종 연기감지기 |
| **15m** 이하 | • 1 · 2종 연기감지기 |

답 ③

**77** 무선통신보조설비의 화재안전기준(NFSC 505)에 따른 옥외안테나의 설치기준으로 옳지 않은 것은?

① 건축물, 지하가, 터널 또는 공동구의 출입구 및 출입구 인근에서 통신이 가능한 장소에 설치할 것

② 다른 용도로 사용되는 안테나로 인한 통신장애가 발생하지 않도록 설치할 것

③ 옥외안테나는 견고하게 설치하며 파손의 우려가 없는 곳에 설치하고 그 가까운 곳의 보기 쉬운 곳에 "옥외안테나"라는 표시와 함께 통신가능거리를 표시한 표지를 설치할 것

④ 수신기가 설치된 장소 등 사람이 상시 근무하는 장소에는 옥외안테나의 위치가 모두 표시된 옥외안테나 위치표시도를 비치할 것

해설 **무선통신보조설비 옥외안테나 설치기준**(NFSC 505⑥)

(1) **건축물, 지하가, 터널** 또는 공동구의 출입구 및 출입구 인근에서 통신이 가능한 장소에 설치할 것
(2) 다른 용도로 사용되는 안테나로 인한 **통신장애**가 발생하지 않도록 설치할 것
(3) 옥외안테나는 견고하게 설치하며 파손의 우려가 없는 곳에 설치하고 그 가까운 곳의 보기 쉬운 곳에 **"무선통신보조설비 안테나"**라는 표시와 함께 통신 가능거리를 표시한 표지를 설치할 것
(4) 수신기가 설치된 장소 등 사람이 상시 근무하는 장소에는 옥외안테나의 위치가 모두 표시된 옥외안테나 **위치표시도**를 비치할 것

③ 옥외안테나 → 무선통신보조설비 안테나

답 ③

## 78

17.03.문64
10.09.문73

**일반전기사업자로부터 특고압 또는 고압으로 수전하는 비상전원수전설비의 형식 중 틀린 것은?**

① 큐비클(Cubicle)형
② 옥내개방형
③ 옥외개방형
④ 방화구획형

해설 **비상전원수전설비**(NFSC 602⑥)

| 저압수전 | 특고압수전 |
|---|---|
| ① 전용배전반(1·2종)<br>② 전용분전반(1·2종)<br>③ 공용분전반(1·2종) | ① 방화구획형<br>② 옥외개방형<br>③ 큐비클형 |

답 ②

## 79

16.03.문77
10.03.문76

**감도조정장치를 갖는 누전경보기에 있어서 감도조정장치의 조정범위는 최대치가 몇 A이어야 하는가?**

① 0.2 ② 1.0
③ 1.5 ④ 2.0

해설 **누전경보기**

| 공칭작동전류치 | 감도조정장치의 조정범위 |
|---|---|
| 200mA 이하 | 1A(1000mA) 이하 |

기억법 공2

참고

**검출누설전류 설정치** 범위
(1) 경계전로 : **100~400mA**
(2) 제2종 접지선 : **400~700mA**

답 ②

## 80

16.05.문78
08.05.문68

**피난통로가 되는 계단이나 경사로에 설치하는 통로유도등으로 바닥면 및 디딤바닥면을 비추어 주는 유도등은?**

① 계단통로유도등
② 피난통로유도등
③ 복도통로유도등
④ 바닥통로유도등

해설 **계단통로유도등**의 **설치기준**

(1) 각 층의 **경사로참** 또는 **계단참**마다(1개층에 경사로참 또는 계단참이 2 이상 있는 경우에는 2개의 계단참마다) 설치할 것
(2) 바닥으로부터 높이 **1m 이하**의 위치에 설치할 것

중요

**통로유도등**의 **종류**

| 종 류 | 정 의 |
|---|---|
| 복도통로유도등 | 피난통로가 되는 복도에 설치하는 통로유도등으로서 피난구의 방향을 명시하는 것 |
| 거실통로유도등 | **거주, 집무, 작업, 집회, 오락** 그 밖에 이와 유사한 목적을 위하여 계속적으로 사용하는 **거실, 주차장** 등 **개방**된 **통로**에 설치하는 유도등으로 피난의 방향을 명시하는 것 |
| 계단통로유도등 | 피난통로가 되는 **계단**이나 **경사로**에 설치하는 통로유도등으로 **바닥면** 및 **디딤바닥면**을 비추는 것 |

②, ④와 같은 명칭은 없다.

답 ①

# 15년 2015. 9. 19 시행

**2015년 기사 제4회 필기시험**

| 자격종목 | 종목코드 | 시험시간 | 형별 | 수험번호 | 성명 |
|---|---|---|---|---|---|
| 소방설비기사(전기분야) | | 2시간 | | | |

※ 답안카드 작성시 시험문제지 형별누락, 마킹착오로 인한 불이익은 전적으로 수험자의 귀책사유임을 알려드립니다.
※ 각 문항은 4지택일형으로 질문에 가장 적합한 보기 항을 선택하여 마킹하여야 합니다.

## 제 1 과목 소방원론

**01** 제1인산암모늄이 주성분인 분말소화약제는?

19.03.문01 18.04.문06 17.09.문10 16.10.문06 16.05.문17 16.03.문09 15.05.문08 14.09.문10 14.03.문03

① 1종 분말소화약제
② 2종 분말소화약제
③ 3종 분말소화약제
④ 4종 분말소화약제

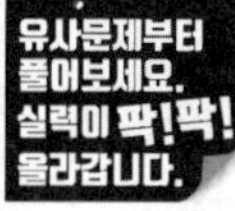
유사문제부터 풀어보세요. 실력이 팍!팍! 올라갑니다.

해설 (1) **분말소화약제**

| 종 별 | 주성분 | 착 색 | 적응 화재 | 비 고 |
|---|---|---|---|---|
| 제1종 | 중탄산나트륨 ($NaHCO_3$) | 백색 | BC급 | **식용유** 및 **지방질유**의 화재에 적합 |
| 제2종 | 중탄산칼륨 ($KHCO_3$) | 담자색 (담회색) | BC급 | – |
| 제3종 | 제1인산암모늄 ($NH_4H_2PO_4$) | 담홍색 | ABC급 | **차고 · 주차장**에 적합 |
| 제4종 | 중탄산칼륨 + 요소 ($KHCO_3$ + $(NH_2)_2CO$) | 회(백)색 | BC급 | – |

기억법 1식분(일식 분식)
3분 차주(삼보컴퓨터 차주), 인3(인삼)

(2) **이산화탄소 소화약제**

| 주성분 | 적응화재 |
|---|---|
| 이산화탄소($CO_2$) | BC급 |

답 ③

**02** 다음 중 인화점이 가장 낮은 물질은?

19.09.문02 14.05.문05 12.03.문01

① 경유
② 메틸알코올
③ 이황화탄소
④ 등유

해설

| 물 질 | 인화점 | 착화점 |
|---|---|---|
| • 프로필렌 | –107℃ | 497℃ |
| • 에틸에테르<br>• 디에틸에테르 | –45℃ | 180℃ |
| • 가솔린(휘발유) | –43℃ | 300℃ |
| • 산화프로필렌 | –37℃ | 465℃ |
| • **이황화탄소** | **–30℃** | 100℃ |
| • 아세틸렌 | –18℃ | 335℃ |
| • 아세톤 | –18℃ | 538℃ |
| • 벤젠 | –11℃ | 562℃ |
| • 톨루엔 | 4.4℃ | 480℃ |
| • **메틸알코올** | **11℃** | 464℃ |
| • 에틸알코올 | 13℃ | 423℃ |
| • 아세트산 | 40℃ | – |
| • **등유** | **43~72℃** | 210℃ |
| • **경유** | **50~70℃** | 200℃ |
| • 적린 | – | 260℃ |

기억법 인산 이메등

• 착화점 = 발화점 = 착화온도 = 발화온도
• 인화점 = 인화온도

답 ③

**03** 위험물의 유별에 따른 대표적인 성질의 연결이 옳지 않은 것은?

19.04.문44 16.05.문46 16.05.문52 15.09.문18 15.05.문10 15.05.문42 15.03.문51 14.09.문18 14.03.문18 11.06.문54

① 제1류 : 산화성 고체
② 제2류 : 가연성 고체
③ 제4류 : 인화성 액체
④ 제5류 : 산화성 액체

해설 **위험물령 [별표 1]**
위험물

| 유 별 | 성 질 | 품 명 |
|---|---|---|
| 제1류 | 산화성 고체 | • 아염소산염류<br>• 염소산염류(**염소산나트륨**)<br>• 과염소산염류<br>• 질산염류<br>• 무기과산화물<br>기억법 1산고염나 |

| 제2류 | 가연성 고체 | • 황화린 • 적린<br>• 유황 • 마그네슘 |
|---|---|---|
| 제3류 | 자연발화성 물질 및 금수성 물질 | • **황**린 • **칼**륨<br>• **나**트륨 • **알**칼리토금속<br>• **트**리에틸알루미늄<br>기억법 **황칼나알트** |
| 제4류 | 인화성 액체 | • 특수인화물<br>• 석유류(벤젠)<br>• 알코올류<br>• 동식물유류 |
| 제**5**류 | **자**기반응성 물질 | • 유기과산화물<br>• 니트로화합물<br>• 니트로소화합물<br>• 아조화합물<br>• 질산에스테르류(셀룰로이드)<br>기억법 **5자(오자**탈자) |
| 제6류 | 산화성 액체 | • 과염소산<br>• 과산화수소<br>• 질산 |

④ 제5류 : 자기반응성 물질

답 ④

**04** 건물 내에서 화재가 발생하여 실내온도가 20℃에서 600℃까지 상승했다면 온도상승만으로 건물 내의 공기부피는 처음의 약 몇 배 정도 팽창하는가? (단, 화재로 인한 압력의 변화는 없다고 가정한다.)

07.09.문13

① 3 ② 9
③ 15 ④ 30

해설 (1) **샤를**의 **법칙**(Charl's law)

$$\frac{V_1}{T_1} = \frac{V_2}{T_2}$$

여기서, $V_1$, $V_2$ : 부피[m³]

$T_1$, $T_2$ : 절대온도(273+℃)[K]

(2) **기호**

- $T_1$ : (273+20)K
- $T_2$ : (273+600)K

**기체**의 **부피** $V_2$는

$$V_2 = \frac{V_1}{T_1} \times T_2$$

$$= \frac{V_1}{(273+20)\text{K}} \times (273+600)\text{K} \fallingdotseq 3V_1 = 3\text{배}$$

답 ①

**05** 물리적 소화방법이 아닌 것은?

14.05.문13
13.03.문12
11.03.문16

① 연쇄반응의 억제에 의한 방법
② 냉각에 의한 방법
③ 공기와의 접촉 차단에 의한 방법
④ 가연물 제거에 의한 방법

해설

| 물리적 소화방법 | **화**학적 소화방법 |
|---|---|
| • 질식소화(공기와의 접속차단)<br>• 냉각소화(냉각)<br>• 제거소화(가연물 제거) | • **억**제소화(연쇄반응의 억제)<br>기억법 **억화(억화**감정) |

① 화학적 소화방법

중요

**소화**의 **방법**

| 소화방법 | 설 명 |
|---|---|
| **냉각소화** | • 다량의 물 등을 이용하여 **점화원**을 **냉각**시켜 소화하는 방법<br>• 다량의 물을 뿌려 소화하는 방법 |
| **질식소화** | • 공기 중의 **산소농도**를 16%(10~15%) 이하로 희박하게 하여 소화하는 방법 |
| **제거소화** | • 가연물을 제거하여 소화하는 방법 |
| **억제소화(부촉매효과)** | • 연쇄반응을 차단하여 소화하는 방법으로 '**화학소화**'라고도 함 |

답 ①

**06** 비수용성 유류의 화재시 물로 소화할 수 없는 이유는?

19.03.문04
15.09.문13
14.03.문06
12.09.문16
12.05.문05

① 인화점이 변하기 때문
② 발화점이 변하기 때문
③ 연소면이 확대되기 때문
④ 수용성으로 변하여 인화점이 상승하기 때문

해설 **경유화재시 주수소화가 부적당한 이유**
물보다 비중이 가벼워 물 위에 떠서 **화재면 확대**의 우려가 있기 때문이다.(연소면 확대)

중요

**주수소화**(물소화)시 위험한 물질

| 위험물 | 발생물질 |
|---|---|
| • 무기과산화물 | **산소**($O_2$) 발생 |
| • 금속분<br>• 마그네슘<br>• 알루미늄<br>• 칼륨<br>• 나트륨<br>• 수소화리튬 | **수소**($H_2$) 발생 |
| • 가연성 액체의 유류화재(경유) | **연소면**(화재면) 확대 |

답 ③

★★★
**07** 건축물 화재에서 플래시 오버(flash over) 현상이 일어나는 시기는?
11.06.문11

① 초기에서 성장기로 넘어가는 시기
② 성장기에서 최성기로 넘어가는 시기
③ 최성기에서 감쇠기로 넘어가는 시기
④ 감쇠기에서 종기로 넘어가는 시기

해설 **플래시 오버**(flash over)

| 구 분 | 설 명 |
|---|---|
| 발생시간 | 화재발생 후 **5~6분경** |
| 발생시점 | **성장기~최성기**(성장기에서 최성기로 넘어가는 분기점)<br>기억법 **플성최** |
| 실내온도 | 약 **800~900℃** |

답 ②

★★
**08** 다음 물질 중 공기에서 위험도($H$)가 가장 큰 것은?
19.03.문03
10.03.문14

① 에테르 ② 수소
③ 에틸렌 ④ 프로판

해설 **위험도**

$$H=\frac{U-L}{L}$$

여기서, $H$ : 위험도
$U$ : 연소상한계
$L$ : 연소하한계

① **에테르** $=\frac{48-1.9}{1.9}=24.26$

② **수소** $=\frac{75-4}{4}=17.75$

③ **에틸렌** $=\frac{36-2.7}{2.7}=12.33$

④ **프로판** $=\frac{9.5-2.1}{2.1}=3.52$

중요

**공기 중**의 **폭발한계**(상온, 1atm)

| 가 스 | 하한계〔vol%〕 | 상한계〔vol%〕 |
|---|---|---|
| 아세틸렌($C_2H_2$) | 2.5 | 81 |
| 수소($H_2$) | 4 | 75 |
| 일산화탄소(CO) | 12.5 | 74 |
| 에테르($(C_2H_5)_2O$) | 1.9 | 48 |
| 이황화탄소($CS_2$) | 1.2 | 44 |
| 에틸렌($C_2H_4$) | 2.7 | 36 |
| 암모니아($NH_3$) | 15 | 28 |
| 메탄($CH_4$) | 5 | 15 |
| 에탄($C_2H_6$) | 3 | 12.4 |
| 프로판($C_3H_8$) | 2.1 | 9.5 |
| 부탄($C_4H_{10}$) | 1.8 | 8.4 |

• 연소한계=연소범위=가연한계=가연범위=폭발한계=폭발범위

답 ①

★★★
**09** 다음 중 방염대상물품이 아닌 것은? (단, 제조 또는 가공 공정에서 방염처리한 물품이다.)
13.09.문52

① 카펫
② 무대용 합판
③ 창문에 설치하는 커튼
④ 두께 2mm 미만의 종이벽지

해설 **소방시설법 시행령 20조 ①항**
**방염대상물품**
(1) **제조** 또는 **가공** 공정에서 방염처리를 한 물품
㉠ 창문에 설치하는 **커튼류**(블라인드 포함)
㉡ 카펫
㉢ 두께 2mm 미만인 **벽지류(종이벽지 제외)**
㉣ **전시용 합판 · 섬유판**
㉤ **무대용 합판 · 섬유판**
㉥ **암막 · 무대막**(영화상영관 · 가상체험 체육시설업의 **스크린** 포함)
㉦ 섬유류 또는 합성수지류 등을 원료로 하여 제작된 소파 · 의자(단란주점영업, 유흥주점영업 및 노래연습장업의 영업장에 설치하는 것만 해당)
(2) 건축물 내부의 **천장 · 벽**에 부착 · 설치하는 것
㉠ 종이류(두께 **2mm 이상**), **합성수지류** 또는 **섬유류**를 주원료로 한 물품
㉡ **합판**이나 **목재**
㉢ 공간을 구획하기 위하여 설치하는 **간이칸막이**
㉣ 흡음 · 방음을 위하여 설치하는 **흡음재**(흡음용 커튼 포함) 또는 **방음재**(방음용 커튼 포함)

※ **가구류**(옷장, 찬장, 식탁, 식탁용 의자, 사무용 책상, 사무용 의자 및 계산대)와 너비 **10cm 이하**인 **반자돌림대, 내부마감재료** 제외

답 ④

★
**10** 화재의 일반적 특성이 아닌 것은?
19.04.문03
11.03.문17

① 확대성 ② 정형성
③ 우발성 ④ 불안정성

해설 **화재**의 **특성**
(1) **우**발성(화재가 돌발적으로 발생)
(2) **확**대성
(3) **불**안정성

기억법 **우확불**

답 ②

★★
## 11 할론소화약제의 구성원소가 아닌 것은?

13.06.문07 12.09.문05

① 염소 ② 브롬
③ 네온 ④ 탄소

해설 **할론소화약제 구성원소**
(1) 탄소 : C
(2) 불소 : F
(3) 염소 : Cl
(4) 브롬 : Br

답 ③

★★★
## 12 60분 방화문과 30분 방화문이 연기 및 불꽃을 차단할 수 있는 시간으로 옳은 것은?

18.09.문01

① 60분 방화문 : 60분 이상 90분 미만
30분 방화문 : 30분 이상 60분 미만
② 60분 방화문 : 60분 이상
30분 방화문 : 30분 이상 60분 미만
③ 60분 방화문 : 60분 이상 90분 미만
30분 방화문 : 30분 이상
④ 60분 방화문 : 60분 이상
30분 방화문 : 30분 이상

해설 **건축령 64조**
방화문의 구분

| 60분+방화문 | 60분 방화문 | 30분 방화문 |
|---|---|---|
| 연기 및 불꽃을 차단할 수 있는 시간이 60분 이상이고, 열을 차단할 수 있는 시간이 30분 이상인 방화문 | 연기 및 불꽃을 차단할 수 있는 시간이 60분 이상인 방화문 | 연기 및 불꽃을 차단할 수 있는 시간이 30분 이상 60분 미만인 방화문 |

용어

**방화문**
화재시 상당한 시간 동안 연소를 차단할 수 있도록 하기 위하여 방화구획선상 또는 방화벽에 개구부 부분에 설치하는 것
(1) 직접 손으로 열 수 있을 것
(2) 자동으로 닫히는 구조(자동폐쇄장치)일 것

답 ②

★★★
## 13 마그네슘의 화재에 주수하였을 때 물과 마그네슘의 반응으로 인하여 생성되는 가스는?

19.03.문04 15.09.문06 15.09.문13 14.03.문06 12.09.문16 12.05.문05

① 산소 ② 수소
③ 일산화탄소 ④ 이산화탄소

해설 **주수소화**(물소화)시 위험한 물질

| 위험물 | 발생물질 |
|---|---|
| • **무**기과산화물 | **산소**($O_2$) 발생<br>기억법 **무산(무산되다)** |
| • 금속분<br>• **마**그네슘<br>• 알루미늄<br>• 칼륨<br>• 나트륨<br>• 수소화리튬 | **수소**($H_2$) 발생<br>기억법 **마수** |
| • 가연성 액체의 유류화재(경유) | **연소면**(화재면) 확대 |

답 ②

★★
## 14 공기 중에서 연소상한값이 가장 큰 물질은?

17.03.문03 16.03.문13 13.06.문04

① 아세틸렌 ② 수소
③ 가솔린 ④ 프로판

해설 **공기 중**의 **폭발한계**(상온, 1atm)

| 가 스 | 하한계〔vol%〕 | 상한계〔vol%〕 |
|---|---|---|
| **아**세틸렌($C_2H_2$) | 2.5 | 81 |
| **수**소($H_2$) | 4 | 75 |
| **일**산화탄소(CO) | 12.5 | 74 |
| **에**테르($(C_2H_5)_2O$) | 1.9 | 48 |
| **이**황화탄소($CS_2$) | 1.2 | 44 |
| 에틸렌($C_2H_4$) | 2.7 | 36 |
| 암모니아($NH_3$) | 15 | 28 |
| 메탄($CH_4$) | 5 | 15 |
| 에탄($C_2H_6$) | 3 | 12.4 |
| 프로판($C_3H_8$) | 2.1 | 9.5 |
| 부탄($C_4H_{10}$) | 1.8 | 8.4 |
| 가솔린($C_5H_{12}$~$C_9G_{20}$) | 1.4 | 7.6 |

기억법 **아수일에이**

• 연소한계=연소범위=가연한계=가연범위=폭발한계=폭발범위
• 하한계=연소하한값
• 상한계=연소상한값
• 가솔린=휘발유

답 ①

★
## 15 화재에 대한 건축물의 소실 정도에 따른 화재형태를 설명한 것으로 옳지 않은 것은?

15.03.문19 14.03.문13

① 부분소화재란 전소화재, 반소화재에 해당하지 않는 것을 말한다.
② 반소화재란 건축물에 화재가 발생하여 건축물의 30% 이상 70% 미만 소실된 상태를 말한다.
③ 전소화재란 건축물에 화재가 발생하여 건축물의 70% 이상이 소실된 상태를 말한다.
④ 훈소화재란 건축물에 화재가 발생하여 건축물의 10% 이하가 소실된 상태를 말한다.

해설 **건축물**의 **소실 정도**에 따른 **화재형태**

| 화재형태 | 설 명 |
|---|---|
| 전소화재 | 건축물에 화재가 발생하여 건축물의 **70%** 이상이 소실된 상태 |
| 반소화재 | 건축물에 화재가 발생하여 건축물의 **30~70%** 미만이 소실된 상태 |
| 부분소화재 | 전소화재, 반소화재에 해당하지 않는 것 |

비교

**훈소와 훈소흔**

| 구 분 | 설 명 |
|---|---|
| **훈**소 | • 착화에너지가 충분하지 않아 가연물이 발화되지 못하고 **다량**의 **연기**가 발생되는 연소형태<br>• 불꽃없이 연기만 내면서 타다가 어느 정도 시간이 경과 후 발열될 때의 연소상태<br>기억법 **훈연** |
| 훈소흔 | 목재에 남겨진 흔적 |

답 ④

★
**16** 같은 원액으로 만들어진 포의 특성에 관한 설명으로 옳지 않은 것은?

① 발포배율이 커지면 환원시간은 짧아진다.
② 환원시간이 길면 내열성이 떨어진다.
③ 유동성이 좋으면 내열성이 떨어진다.
④ 발포배율이 작으면 유동성이 떨어진다.

해설 **포**의 **특성**

(1) 발포배율이 커지면 환원시간은 짧아진다.
(2) 환원시간이 길면 내열성이 **좋아진다.**
(3) 유동성이 좋으면 내열성이 떨어진다.
(4) 발포배율이 작으면 유동성이 떨어진다.

• 발포배율=팽창비

용어

| 용 어 | 설 명 |
|---|---|
| 발포배율 | 수용액의 포가 팽창하는 비율 |
| 환원시간 | 발포된 포가 원래의 포수용액으로 되돌아가는 데 걸리는 시간 |
| 유동성 | 포가 잘 움직이는 성질 |

답 ②

★★
**17** 화재하중 계산시 목재의 단위 발열량은 약 몇 kcal/kg인가?

19.03.문20
16.10.문18
01.06.문06
97.03.문19

① 3000　　② 4500
③ 9000　　④ 12000

해설

$$q=\frac{\Sigma G_t H_t}{HA}=\frac{\Sigma Q}{4{,}500A}$$

여기서, $q$ : 화재하중[kg/m$^2$]
$G_t$ : 가연물의 양[kg]
$H_t$ : 가연물의 단위 발열량[kcal/kg]
$H$ : 목재의 단위 발열량[kcal/kg]
$A$ : 바닥면적[m$^2$]
$\Sigma Q$ : 가연물의 전체 발열량[kcal]

• 목재의 단위발열량 : **4500kcal/kg**

답 ②

★★★
**18** 제2류 위험물에 해당하지 않는 것은?

19.04.문44
19.03.문07
16.05.문46
15.09.문03
15.05.문10
15.05.문42
15.03.문51
14.09.문18
14.03.문18
11.06.문54

① 유황
② 황화린
③ 적린
④ 황린

해설 **위험물령 [별표 1]**
위험물

| 유 별 | 성 질 | 품 명 |
|---|---|---|
| 제**1**류 | **산**화성 **고**체 | • 아염소산염류<br>• 염소산염류<br>• 과염소산염류<br>• 질산염류<br>• 무기과산화물<br>기억법 1산고(일산GO) |
| 제**2**류 | 가연성 고체 | • **황화**린<br>• **적**린<br>• **유**황<br>• **마**그네슘<br>• 금속분<br>기억법 2황화적유마 |
| 제3류 | 자연발화성 물질 및 금수성 물질 | • **황**린<br>• **칼**륨<br>• **나**트륨<br>• **트**리에틸**알**루미늄<br>• 금속의 수소화물<br>기억법 황칼나트알 |
| 제4류 | 인화성 액체 | • 특수인화물<br>• 석유류(벤젠)<br>• 알코올류<br>• 동식물유류 |
| 제5류 | 자기반응성 물질 | • 유기과산화물<br>• 니트로화합물<br>• 니트로소화합물<br>• 아조화합물<br>• 질산에스테르류(셀룰로이드) |
| 제6류 | 산화성 액체 | • 과염소산<br>• 과산화수소<br>• 질산 |

④ 황린 : 제3류 위험물

답 ④

★★★
**19** 가연물의 종류에 따른 화재의 분류방법 중 유류화재를 나타내는 것은?

19.09.문16 19.03.문08 17.09.문07 16.05.문09 13.09.문07

① A급 화재 ② B급 화재
③ C급 화재 ④ D급 화재

해설

| 화재의 종류 | 표시색 | 적응물질 |
|---|---|---|
| 일반화재(A급) | 백색 | • 일반가연물<br>• 종이류 화재<br>• 목재, 섬유화재 |
| 유류화재(B급) | 황색 | • 가연성 액체<br>• 가연성 가스<br>• 액화가스화재<br>• 석유화재 |
| 전기화재(C급) | 청색 | • 전기설비 |
| 금속화재(D급) | 무색 | • 가연성 금속 |
| 주방화재(K급) | – | • 식용유화재 |

※ 요즘은 표시색의 의무규정은 없음

답 ②

★★
**20** 고비점유 화재시 무상주수하여 가연성 증기의 발생을 억제함으로써 기름의 연소성을 상실시키는 소화효과는?

13.09.문06

① 억제효과 ② 제거효과
③ 유화효과 ④ 파괴효과

해설 **소화효과**의 **방법**

| 소화방법 | 설 명 |
|---|---|
| **냉각효과** | ① 다량의 물 등을 이용하여 **점화원**을 **냉각**시켜 소화하는 방법<br>② 다량의 물을 뿌려 소화하는 방법 |
| **질식효과** | 공기 중의 **산소농도**를 16%(10~15%) 이하로 희박하게 하여 소화하는 방법 |
| **제거효과** | 가연물을 제거하여 소화하는 방법 |
| **억제효과** | 연쇄반응을 차단하여 소화하는 방법, **부촉매효과**라고도 함 |
| **파괴효과** | 연소하는 물질을 **부수어서** 소화하는 방법 |
| **유화효과** | ① 물의 미립자가 **기름**과 섞여서 기름의 증발능력을 떨어뜨려 연소를 억제하는 것<br>② **고비점유 화재**시 무상주수하여 가연성 증기의 발생을 억제함으로써 기름의 연소성을 상실시키는 소화효과<br>기억법 **유고(유고슬라비아)** |

답 ③

## 제 2 과목 소방전기일반

★★
**21** 전기화재의 원인이 되는 누전전류를 검출하기 위해 사용되는 것은?

19.03.문37 14.09.문69 13.03.문62

① 접지계전기 ② 영상변류기
③ 계기용 변압기 ④ 과전류계전기

해설 **누전경보기**의 **구성요소**

| 구성요소 | 설 명 |
|---|---|
| 영상**변**류기(ZCT) | **누설전류**를 **검출**한다.<br>기억법 **변검(변검술)** |
| **수**신기 | **누설전류**를 **증폭**한다. |
| **음**향장치 | 경보를 발한다. |
| **차**단기 | 차단릴레이를 포함한다. |

기억법 **변수음차**

※ 소방에서는 변류기(CT)와 영상변류기(ZCT)를 혼용하여 사용한다.

답 ②

★★
**22** $i = I_m \sin \omega t$의 정현파에서 순시값과 실효값이 같아지는 위상은 몇 도인가?

06.05.문34

① 30° ② 45°
③ 50° ④ 60°

해설

순시값과 실효값은 $\frac{1}{\sqrt{2}}$의 차이가 있으므로

$\sin \omega t = \frac{1}{\sqrt{2}}$

$\omega t = \sin^{-1}\left(\frac{1}{\sqrt{2}}\right) = 45°$

답 ②

★★★
**23** 다음 그림을 논리식으로 표현한 것은?

19.09.문21 19.04.문32 19.03.문24 18.04.문38 18.03.문31 17.09.문25 17.03.문23 16.05.문36 16.03.문39 13.09.문30 13.06.문35 11.03.문32

① $X(Y+Z)$
② $XYZ$
③ $XY+ZY$
④ $(X+Y)(X+Z)$

해설

$X+(Y \cdot Z)$

역으로 계산해보면 쉽다.

④ $(X+Y)(X+Z) = \underline{XX} + XZ + XY + YZ$ ($X \cdot X = X$)

$= X + XZ + XY + YZ$

$= \underline{X(1+Z+Y)} + YZ$ ($X \cdot 1 = X$)

$= X + YZ$

$= X + (Y \cdot Z)$

• 직렬 : ·(·은 생략도 가능)
• 병렬 : +

중요

(1) **시퀀스회로와 논리회로**

| 명 칭 | 시퀀스회로 | 논리회로 |
|---|---|---|
| AND 회로 (**직렬 회로**) | 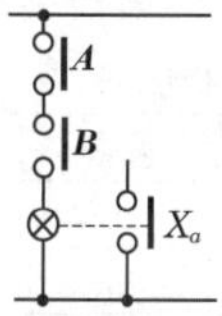 | 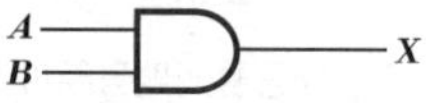 $X=A\cdot B$<br>입력신호 $A$, $B$가 동시에 1일 때만 출력신호 $X$가 1이 된다. |
| OR 회로 (**병렬 회로**) | 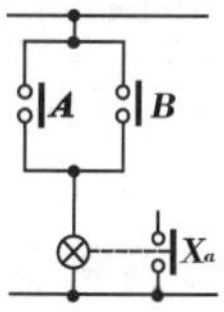 |  $X=A+B$<br>입력신호 $A$, $B$ 중 어느 하나라도 1이면 출력신호 $X$가 1이 된다. |
| NOT 회로 (b접점) | 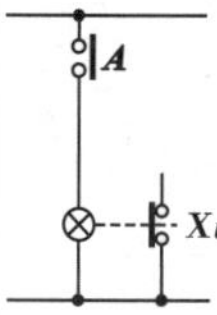 | 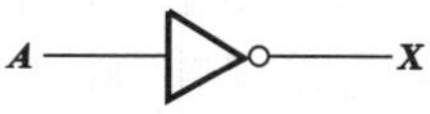 $X=\overline{A}$<br>입력신호 $A$가 0일 때만 출력신호 $X$가 1이 된다. |
| NAND 회로 | 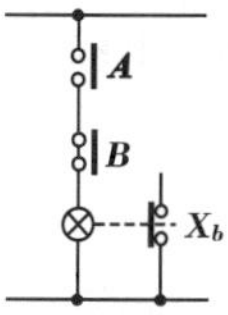 | 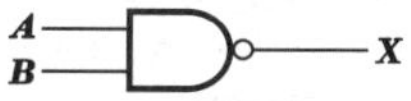 $X=\overline{A\cdot B}$<br>입력신호 $A$, $B$가 동시에 1일 때만 출력신호 $X$가 0이 된다.(AND회로의 부정) |
| NOR 회로 | 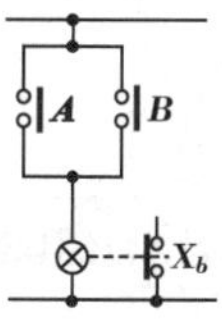 | 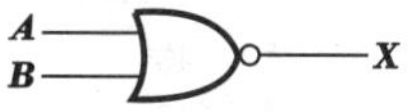 $X=\overline{A+B}$<br>입력신호 $A$, $B$가 동시에 0일 때만 출력신호 $X$가 1이 된다.(OR회로의 부정) |
| EXCL-USIVE OR 회로 | 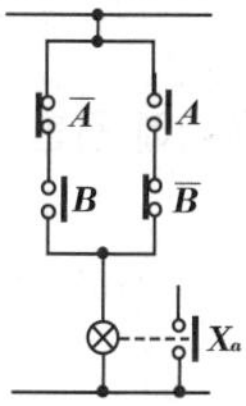 |  $X=A\oplus B=\overline{A}B+A\overline{B}$<br>입력신호 $A$, $B$ 중 어느 한쪽만이 1이면 출력신호 $X$가 1이 된다. |
| EXCL-USIVE NOR 회로 | 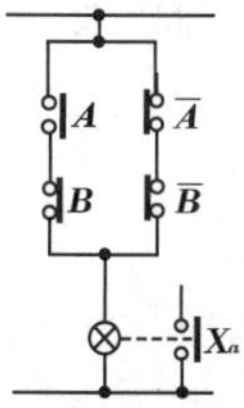 | 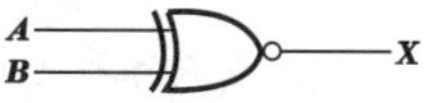 $X=\overline{A\oplus B}=AB+\overline{A}\,\overline{B}$<br>입력신호 $A$, $B$가 동시에 0이거나 1일 때만 출력신호 $X$가 1이 된다. |

(2) **불대수의 정리**

| 논리합 | 논리곱 | 비 고 |
|---|---|---|
| $X+0=X$ | $X\cdot 0=0$ | - |
| $X+1=1$ | $X\cdot 1=X$ | - |
| $X+X=X$ | $X\cdot X=X$ | - |
| $X+\overline{X}=1$ | $X\cdot\overline{X}=0$ | - |
| $X+Y=Y+X$ | $X\cdot Y=Y\cdot X$ | 교환법칙 |
| $X+(Y+Z)=(X+Y)+Z$ | $X(YZ)=(XY)Z$ | 결합법칙 |
| $X(Y+Z)=XY+XZ$ | $(X+Y)(Z+W)=XZ+XW+YZ+YW$ | 분배법칙 |
| $X+XY=X$ | $\overline{X}+XY=\overline{X}+Y$<br>$X+\overline{X}Y=X+Y$<br>$X+\overline{X}\,\overline{Y}=X+\overline{Y}$ | 흡수법칙 |
| $\overline{(X+Y)}=\overline{X}\cdot\overline{Y}$ | $\overline{(X\cdot Y)}=\overline{X}+\overline{Y}$ | 드모르간의 정리 |

답 ④

**24** 조작량(manipulated variable)은 제어요소에서 무엇에 인가되는 양인가?

16.05.문24
16.03.문38
12.03.문38

① 조작대상　② 제어대상
③ 측정대상　④ 입력대상

해설 **피드백제어의 용어**

| 용 어 | 설 명 |
|---|---|
| **제어량** (controlled value) | 제어대상에 속하는 양으로, 제어대상을 제어하는 것을 목적으로 하는 물리적인 양 |
| **조작량** (manipulated value) | ① **제어장치**의 **출력**인 동시에 **제어대상**의 **입력**으로 제어장치가 제어대상에 가해지는 제어신호<br>② **제어요소**에서 **제어대상**에 인가되는 양<br>기억법 조제대상 |
| **제어요소** (control element) | 동작신호를 조작량으로 변환하는 요소이고, **조절부**와 **조작부**로 이루어진다. |
| **제어장치** (control device) | 제어를 하기 위해 제어대상에 부착되는 장치이고, **조절부, 설정부, 검출부** 등이 이에 해당된다. |
| **오차검출기** | 제어량을 설정값과 비교하여 오차를 계산하는 장치 |

답 ②

★

**25** 온도보상장치에 사용되는 소자인 NTC형 서미스터의 저항값과 온도의 관계를 옳게 설명한 것은?

17.05.문35
12.05.문33

① 저항값은 온도에 비례한다.

② 저항값은 온도에 반비례한다.

③ 저항값은 온도의 제곱에 비례한다.

④ 저항값은 온도의 제곱에 반비례한다.

해설 **서미스터**

(1) 열을 감지하는 **감열 저항체** 소자이다.

(2) 일반적으로 온도상승에 따라 저항값이 **감소**한다.(**저**항값은 **온**도에 **반**비례)

기억법 **서저온반**

(3) 구성은 **망간, 코발트, 니켈, 철** 등을 혼합한 것이다.

(4) 화학적으로는 **금속산화물**에 해당된다.

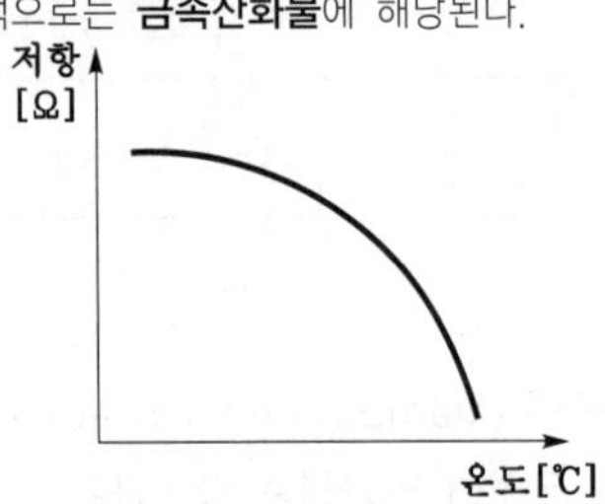


‖서미스터의 온도-저항곡선‖

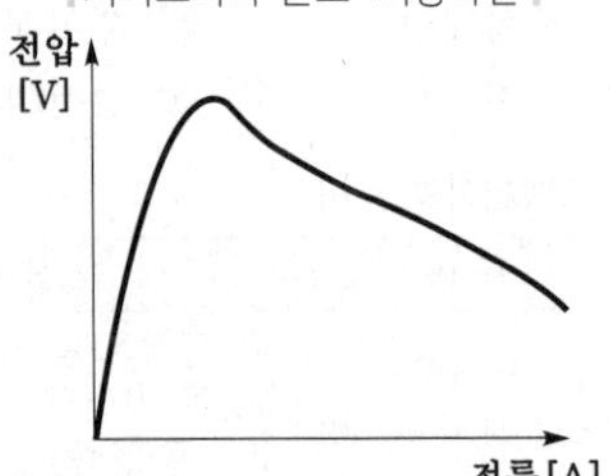


‖서미스터의 전압-전류 특성‖

답 ②

★★

**26** 반지름이 1m인 원형 코일에서 중심점에서의 자계의 세기가 1AT/m라면 흐르는 전류는 몇 A인가?

09.03.문27

① 1 ② 2

③ 3 ④ 4

해설 **원형 코일 중심**의 **자계**

$$H = \frac{NI}{2a} \text{[AT/m]}$$

여기서, $H$ : 자계의 세기[AT/m]

$N$ : 코일권수

$I$ : 전류[A]

$a$ : 반지름[m]

**전류** $I$는

$$I = \frac{2aH}{N} = 2 \times 1 \times 1 = 2\text{A}$$

※ $N$(코일권수)는 주어지지 않았으므로 무시한다.

답 ②

★★★

**27** 60Hz의 3상 전압을 전파정류하면 맥동주파수는?

09.03.문32

① 120Hz ② 240Hz

③ 360Hz ④ 720Hz

해설 **맥동률 · 맥동주파수**(60Hz)

| 구 분 | 맥동률 | 맥동주파수 |
|---|---|---|
| 단상반파 | 1.21 | 60Hz |
| 단상전파 | 0.482 | 120Hz |
| 3상 반파 | 0.183 | 180Hz |
| 3상 전파 | 0.042 | 360Hz |

답 ③

★★

**28** 제어요소의 구성으로 옳은 것은?

19.09.문39
14.03.문30
13.03.문21

① 검출부와 비교부

② 조작부와 검출부

③ 검출부와 조절부

④ 조작부와 조절부

해설 **제어요소**(control element)

동작신호를 조작량으로 변환하는 요소이고, **조절부**와 **조작부**로 이루어진다.

참고

**구성요소**

| 제어요소 | 제어장치 | 조절기 |
|---|---|---|
| • 조절부<br>• 조작부 | • 조절부<br>• 설정부<br>• 검출부 | • 조절부<br>• 설정부<br>• 비교부 |

기억법 **요절작, 제장검설절(대장검 설정)**

답 ④

★

**29** A급 싱글 전력증폭기에 관한 설명으로 옳지 않은 것은?

① 바이어스점은 부하선이 거의 가운데인 중앙점에 취한다.

② 회로의 구성이 매우 복잡하다.

③ 출력용의 트랜지스터가 1개이다.

④ 찌그러짐이 적다.

해설 **A급 싱글 전력증폭기**

(1) 바이어스점은 부하선이 거의 가운데인 **중앙점**에 취한다.

(2) 회로구성이 비교적 **단순**하다.

(3) 출력용의 트랜지스터가 **1개**이다.

(4) **찌그러짐**이 **적다**.

답 ②

**30** 다음 중 3상 유도전동기에 속하는 것은?

09.03.문23

① 권선형 유도전동기
② 셰이딩코일형 전동기
③ 분상기동형 전동기
④ 콘덴서기동형 전동기

해설

| 3상 유도전동기 | 단상 전동기 |
|---|---|
| • **농형** 유도전동기<br>• **권선형** 유도전동기<br>기억법 3농권 | • **셰이딩코일형** 전동기<br>• **분상기동형** 전동기<br>• **콘덴서기동형** 전동기<br>• **반발기동형** 전동기<br>• **반발유도형** 전동기 |

답 ①

**31** 다음 중 직류전동기의 제동법이 아닌 것은?

11.10.문25

① 회생제동
② 정상제동
③ 발전제동
④ 역전제동

해설 **직류전동기**의 **제동법**

| 제동법 | 설 명 |
|---|---|
| **발전제동** | 직류전동기를 **발전기**로 하고 운동에너지를 저항기 속에서 **열**로 바꾸어 제동하는 방법 |
| **역전제동** | 운전 중에 전동기의 **전기자**를 **반대**로 전환하여 **역방향**의 **토크**를 발생시켜 급속히 제동하는 방법 |
| **회생제동** | 전동기를 **발전기**로 하고 그 발생전력을 **전원**으로 **회수**하여 효율 좋게 제어하는 방법 |

기억법 역발회

답 ②

**32** 그림과 같이 전압계 $V_1$, $V_2$, $V_3$와 5Ω의 저항 $R$를 접속하였다. 전압계의 지시가 $V_1$=20V, $V_2$=40V, $V_3$=50V라면 부하전력은 몇 W인가?

19.04.문34
18.09.문23
15.05.문34
08.09.문39
97.10.문23

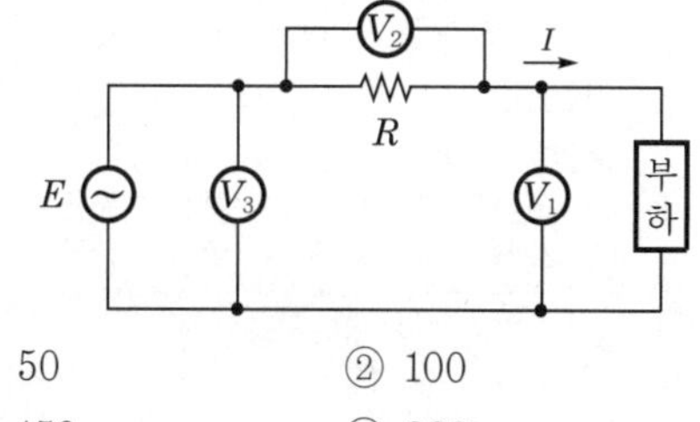


① 50　② 100
③ 150　④ 200

해설 3전압계법

$$P=\frac{1}{2R}(V_3^{\ 2}-V_1^{\ 2}-V_2^{\ 2})$$

여기서, $P$ : 유효전력(소비전력)〔kW〕
$R$ : 저항〔Ω〕
$V_1$, $V_2$, $V_3$ : 전압계의 지시값〔V〕

**유효전력** $P$는

$$P=\frac{1}{2R}(V_3^{\ 2}-V_1^{\ 2}-V_2^{\ 2})$$
$$=\frac{1}{2\times5}\times(50^2-20^2-40^2)=50\text{W}$$

비교

**3전류계법**

$$P=\frac{R}{2}(I_3^{\ 2}-I_1^{\ 2}-I_2^{\ 2})\text{〔W〕}$$

여기서, $P$ : 유효전력〔kW〕
$R$ : 저항〔Ω〕
$I_1$, $I_2$, $I_3$ : 전류계의 지시값〔A〕

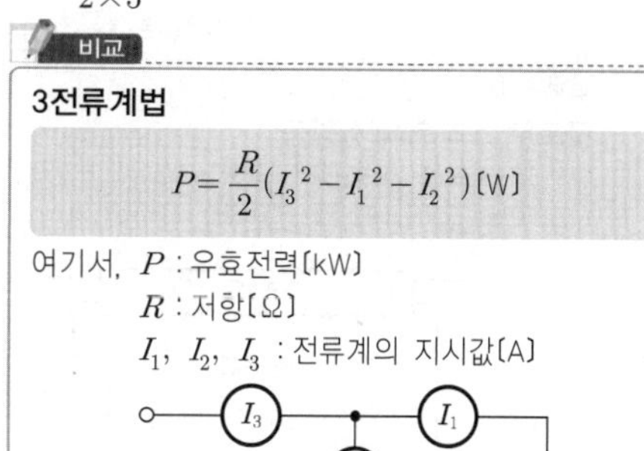


답 ①

**33** 확산형 트랜지스터에 관한 설명으로 옳지 않은 것은?

11.06.문28

① 불활성 가스 속에서 확산시킨다.
② 단일 확산형과 2중 확산형이 있다.
③ 이미터, 베이스의 순으로 확산시킨다.
④ 기체반도체가 용해하는 것보다 낮은 온도에서 불순물을 확산시킨다.

해설 **확산형 트랜지스터**

(1) 불활성 가스 속에서 확산시킨다.
(2) 단일 확산형과 2중 확산형이 있다.
(3) **베이스 내**에서 확산시킨다.
(4) 기체반도체가 용해하는 것보다 낮은 온도에서 불순물을 확산시킨다.

답 ③

**34** 전원을 넣자마자 곧바로 점등되는 형광등용의 안정기는?

03.08.문80 (산업)

① 글로우 스타트식
② 필라멘트 단락식
③ 래피드 스타트식
④ 점등관식

해설 **래피드 스타트식 형광등**

전원을 넣자마자 곧바로 점등되는 형광등

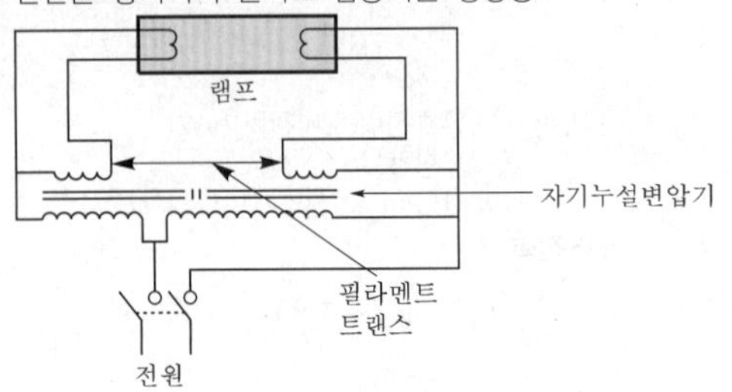


❙래피드 스타트식 형광등❙

비교

**글로우 스타트식 형광등**

전원을 넣으면 점등관에 의해 글로우 방전이 발생하고 이로 인해 비로소 점등되는 형광등

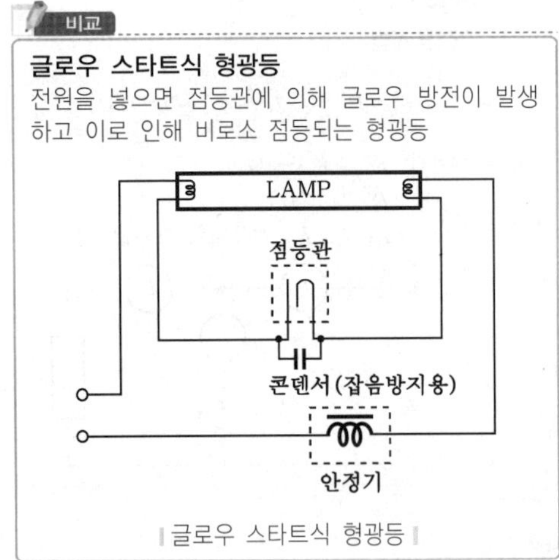


❙글로우 스타트식 형광등❙

답 ③

★★★
**35** 제어량에 따라 분류되는 자동제어로 옳은 것은?

13.03.문33

① 정치(fixed value)제어
② 비율(ratio)제어
③ 프로세스(process)제어
④ 시퀀스(sequence)제어

해설 **제어량**에 의한 **분류**

| 분 류 | 종 류 |
|---|---|
| **프**로세스제어 (공정제어) | • **온**도 • **압**력 • **유**량 • **액**면 기억법 프온압유액 |
| **서**보기구 (서보제어, 추종제어) | • **위**치 • **방**위 • **자**세 기억법 서위방자 |
| 자동조정 | • 전압 • 전류 • 주파수 • 회전속도 • 장력 |

①, ②, ④ 목표값에 의한 분류

중요

**제어의 종류**

| 종 류 | 설 명 |
|---|---|
| 정치제어 (fixed value control) | • 일정한 목표값을 유지하는 것으로 **프로세스제어, 자동조정**이 이에 해당된다. 예 **연속식 압연기** • **목표값**이 시간에 관계없이 항상 일정한 값을 가지는 제어 |
| 추종제어 (follow-up control) | 미지의 시간적 변화를 하는 목표값에 제어량을 추종시키기 위한 제어로 **서보기구**가 이에 해당된다. 예 **대공포의 포신** |
| 비율제어 (ratio control) | 둘 이상의 제어량을 소정의 비율로 제어하는 것 |
| 프로그램제어 (program control) | 목표값이 **미리 정해진 시간적 변화**를 하는 경우 제어량을 그것에 추종시키기 위한 제어 예 **열차 · 산업로보트의 무인운전** |

※ **시퀀스제어** : 미리 **정해진 순서**에 따라서 제어의 각 단계를 **순차적**으로 진행해 나가는 제어

답 ③

★
**36** 전류계의 오차율 ±2%, 전압계의 오차율 ±1%인 계기로 저항을 측정하면 저항의 오차율은 몇 %인가?

16.03.문31
14.09.문24
11.06.문21
07.03.문36

① ±0.5%　② ±1%
③ ±3%　④ ±7%

해설 **저항**의 **오차율**

저항의 오차율=전류계의 오차율+전압계의 오차율
=(±2%)+(±1%)
=±3%

비교

$$\text{보정률}=\frac{T-M}{M}\times 100\%$$

$$\text{오차율}=\frac{M-T}{T}\times 100\%$$

여기서, $T$: 참값(True)
$M$: 측정값(Measure)

참고

**동일한 용어**

(1) 보정률=백분율 보정=보정 백분율
(2) 오차율=백분율 오차=오차 백분율

답 ③

★★
**37** 전압변동률이 20%인 정류회로에서 무부하전압이 24V인 경우 부하전압은 몇 V인가?
11.10.문34

① 20 ② 20.3
③ 21.6 ④ 22.6

해설 **전압변동률**

$$\delta = \frac{V_{R0} - V_R}{V_R} \times 100\%$$

여기서, $V_{R0}$ : 무부하시 전압[V]
$V_R$ : (전)부하시 전압[V]

$20 = \frac{24 - V_R}{V_R} \times 100$, $20V_R = (24 - V_R) \times 100$

$\frac{20V_R}{100} = 24 - V_R$, $\frac{20V_R}{100} + V_R = 24$

$0.2V_R + V_R = 24$, $1.2V_R = 24$

$V_R = \frac{24}{1.2} = 20\text{V}$

비교

**전압강하율**

$$\varepsilon = \frac{V_S - V_R}{V_R} \times 100\%$$

여기서, $V_S$ : 입력전압[V]
$V_R$ : 출력전압[V]

답 ①

★★
**38** 두 종류의 금속으로 폐회로를 만들어 전류를 흘리면 양 접속점에서 한쪽은 온도가 올라가고 다른 쪽은 온도가 내려가는 현상은?
06.09.문24

① 펠티에효과 ② 제벡효과
③ 톰슨효과 ④ 홀효과

해설

| 제벡효과 (Seebeck effect) | 펠티에효과 (Peltier effect) |
|---|---|
| 다른 종류의 금속선으로 된 폐회로의 두 접합점의 온도를 달리하였을 때 **열기전력**이 발생하는 효과<br>기억법 **제기** | 두 종류의 금속으로 폐회로를 만들어 전류를 흘리면 양 접속점에서 한쪽은 **온**도가 올라가고 다른 쪽은 **온**도가 내려가는 현상<br>기억법 **펠온↑온↓** |

참고

**용어**

| 효 과 | 설 명 |
|---|---|
| 톰슨효과 | **같은 금속**에 있어서도 **온도차**가 있는 부분에는 **전위차**가 생기는 효과 |
| 홀효과 | 자기장 속의 도체에서 **자기장**의 **직각** 방향으로 전류가 흐르면, 자기장과 전류 모두에 직각방향으로 **전기장**이 나타나는 현상 |

답 ①

★★
**39** 그림과 같은 정현파에서 $v = V_m \sin(\omega t + \theta)$의 주기 $T$로 옳은 것은?
98.07.문23

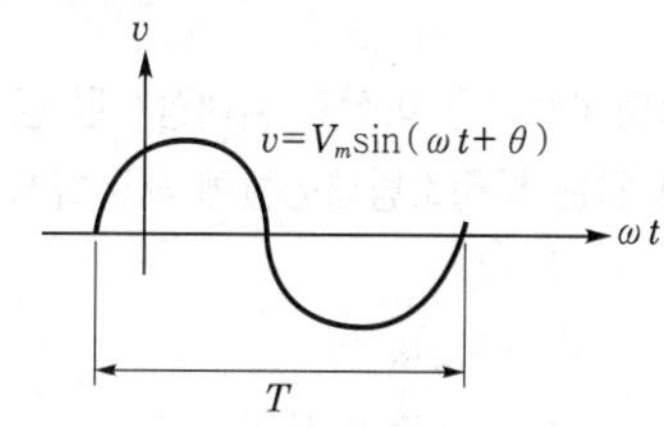


① $\frac{4\pi}{3}$ ② $\frac{2\pi}{\omega}$
③ $\frac{\omega^2}{2\pi}$ ④ $4\pi f^2$

해설 $\omega = \frac{2\pi}{T} = 2\pi f$[rad/s]에서

$\therefore T = \frac{2\pi}{\omega}$[s]

여기서, $T$ : 주기[s]
$\omega$ : 각주파수[rad/s]

답 ②

★★★
**40** 지멘스(Siemens)는 무엇의 단위인가?
07.05.문38

① 비저항 ② 도전율
③ 컨덕턴스 ④ 자속

해설 **컨덕턴스**(conductance)의 **단위**
(1) ℧(mho)
(2) S(Siemens) : 지멘스
(3) $\Omega^{-1}$

답 ③

## 제 3 과목 소방관계법규

★★★
**41** 형식승인대상 소방용품에 해당하지 않는 것은?
16.05.문58
10.05.문56

① 관창 ② 안전매트
③ 피난사다리 ④ 가스누설경보기

해설 **소방시설법 시행령 6조**
**소방용품 제외 대상**
(1) 주거용 주방자동소화장치용 소화약제
(2) 가스자동소화장치용 소화약제
(3) 분말자동소화장치용 소화약제
(4) 고체에어로졸자동소화장치용 소화약제

(5) 소화약제 외의 것을 이용한 간이소화용구
(6) 휴대용 비상조명등
(7) 유도표지
(8) 벨용 푸시버튼스위치
(9) 피난밧줄
(10) 옥내소화전함
(11) 방수구
(12) 안전매트
(13) 방수복

답 ②

**42** ★★★ 17.09.문41 11.10.문60

**방염성능기준 이상의 실내장식물 등을 설치하여야 하는 특정소방대상물에 해당하지 않는 것은?**

① 숙박시설
② 노유자시설
③ 층수가 11층 이상의 아파트
④ 건축물의 옥내에 있는 종교시설

해설 **소방시설법 시행령 19조**
**방염성능기준 이상 적용 특정소방대상물**
(1) 의원, 체력단련장, 공연장 및 종교집회장
(2) 문화 및 집회시설
(3) 종교시설
(4) 운동시설(수영장은 제외)
(5) 의료시설(종합병원, 정신의료기관)
(6) 교육연구시설 중 합숙소
(7) 노유자시설
(8) 숙박이 가능한 수련시설
(9) 숙박시설
(10) 방송통신시설 중 방송국 및 촬영소
(11) 다중이용업소
(12) 층수가 11층 이상인 것(아파트는 제외)

③ 아파트 제외

답 ③

**43** ★★★ 16.10.문42 16.05.문57 15.05.문58 11.10.문51 10.09.문54

**소방기본법상 5년 이하의 징역 또는 5천만원 이하의 벌금에 해당하는 위반사항이 아닌 것은?**

① 정당한 사유 없이 소방용수시설 또는 비상소화장치를 사용하거나 소방용수시설 또는 비상소화장치의 효용을 해하거나 그 정당한 사용을 방해한 자
② 화재현장에서 사람을 구출하는 일 또는 불을 끄거나 불이 번지지 아니하도록 하는 일을 방해한 자
③ 불이 번질 우려가 있는 소방대상물 및 토지를 일시적으로 사용하거나 그 사용의 제한 또는 소방활동에 필요한 처분을 방해한 자
④ 화재진압을 위하여 출동하는 소방자동차의 출동을 방해한 자

해설 **기본법 50조**
**5년 이하의 징역 또는 5000만원 이하의 벌금**
(1) 소방자동차의 **출동 방해**
(2) **사람구출** 방해
(3) **소방용수시설** 또는 **비상소화장치**의 효용 방해

③ **3년** 이하의 징역 또는 **3000만원** 이하의 벌금

답 ③

**44** ★★ 08.09.문45

**점포에서 위험물을 용기에 담아 판매하기 위하여 위험물을 취급하는 판매취급소는 위험물안전관리법상 지정수량의 몇 배 이하의 위험물까지 취급할 수 있는가?**

① 지정수량의 5배 이하
② 지정수량의 10배 이하
③ 지정수량의 20배 이하
④ 지정수량의 40배 이하

해설 **위험물령 [별표 3]**
**위험물취급소의 구분**

| 구 분 | 설 명 |
|---|---|
| 주유 취급소 | 고정된 주유설비에 의하여 **자동차 · 항공기** 또는 **선박** 등의 연료탱크에 직접 주유하기 위하여 위험물을 취급하는 장소 |
| 판매 취급소 | **점포**에서 위험물을 용기에 담아 판매하기 위하여 지정수량의 **40배** 이하의 위험물을 취급하는 장소<br>기억법 **판4(판사** 검사) |
| 이송 취급소 | 배관 및 이에 부속된 설비에 의하여 위험물을 **이송**하는 장소 |
| 일반 취급소 | 주유취급소 · 판매취급소 · 이송취급소 이외의 장소 |

답 ④

**45** ★★ 15.03.문41 12.09.문44

**소방시설관리업 등록의 결격사유에 해당되지 않는 것은?**

① 피성년후견인
② 금고 이상의 실형을 선고받고 그 집행이 끝나거나 집행이 면제된 날부터 2년이 지나지 아니한 사람
③ 소방시설관리업의 등록이 취소된 날로부터 2년이 지난 자
④ 금고 이상의 형의 집행유예를 선고받고 그 유예기간 중에 있는 자

해설 **소방시설법 30조**
**소방시설관리업의 등록결격사유**
(1) 피성년후견인
(2) 금고 이상의 실형을 선고받고 그 집행이 끝나거나 집행이 면제된 날부터 **2년**이 지나지 아니한 사람

(3) 금고 이상의 형의 집행유예를 선고받고 그 유예기간 중에 있는 사람
(4) 관리업의 등록이 취소된 날부터 **2년**이 지나지 아니한 자

③ 2년이 지난 자 → 2년이 지나지 아니한 자

답 ③

★

**46** **소방시설공사업의 상호·영업소 소재지가 변경된 경우 제출하여야 하는 서류는?**

① 소방기술인력의 자격증 및 자격수첩
② 소방시설업 등록증 및 등록수첩
③ 법인등기부등본 및 소방기술인력 연명부
④ 사업자등록증 및 소방기술인력의 자격증

해설 **공사업규칙 6조**
(1) 명칭·상호 또는 영업소 소재지를 변경하는 경우 : 소방시설업 **등록증** 및 **등록수첩**
(2) 대표자를 변경하는 경우 : 소방시설업 **등록증** 및 **등록수첩**

답 ②

★★★

**47** **다음 중 특수가연물에 해당되지 않는 것은?**

15.05.문49
14.03.문52
12.05.문60

① 사류 1000kg
② 면화류 200kg
③ 나무껍질 및 대팻밥 400kg
④ 넝마 및 종이부스러기 500kg

해설 **기본령 [별표 2]**
특수가연물

| 품 명 | | 수 량 |
|---|---|---|
| 가연성 액체류 | | 2m³ 이상 |
| 목재가공품 및 나무부스러기 | | 10m³ 이상 |
| 면화류 | | 200kg 이상 |
| 나무껍질 및 대팻밥 | | 400kg 이상 |
| 넝마 및 종이부스러기 | | 1000kg 이상 |
| 사류(絲類) | | |
| 볏짚류 | | |
| 가연성 고체류 | | 3000kg 이상 |
| 합성수지류 | 발포시킨 것 | 20m³ 이상 |
| | 그 밖의 것 | 3000kg 이상 |
| 석탄·목탄류 | | 10000kg 이상 |

④ 넝마 및 종이부스러기 1000kg 이상

※ **특수가연물** : 화재가 발생하면 그 확대가 빠른 물품

기억법
가액목면나 넝사볏가고 합석
2 124 1 3 31

답 ④

★★★

**48** **지정수량의 몇 배 이상의 위험물을 취급하는 제조소에는 화재예방을 위한 예방규정을 정하여야 하는가?**

19.04.문53
17.03.문41
15.03.문58
14.05.문41
12.09.문52

① 10배
② 20배
③ 30배
④ 50배

해설 **위험물령 15조**
예방규정을 정하여야 할 제조소 등
(1) **10배** 이상의 **제조소·일반취급소**
(2) **100배** 이상의 **옥외저장소**
(3) **150배** 이상의 **옥내저장소**
(4) **200배** 이상의 **옥외탱크저장소**
(5) **이송취급소**
(6) **암반탱크저장소**

기억법 052
외내탱

답 ①

★★

**49** **소방본부장 또는 소방서장이 원활한 소방활동을 위하여 행하는 지리조사의 내용에 속하지 않는 것은?**

11.06.문43

① 소방대상물에 인접한 도로의 폭
② 소방대상물에 인접한 도로의 교통상황
③ 소방대상물에 인접한 도로주변의 토지의 고저
④ 소방대상물에 인접한 지역에 대한 유동인원의 현황

해설 **기본규칙 7조**
소방용수시설 및 지리조사
(1) 조사자 : **소방본부장·소방서장**
(2) 조사일시 : **월 1회** 이상
(3) 조사내용
  ㉠ 소방용수시설
  ㉡ 도로의 **폭·교통상황**
  ㉢ 도로주변의 **토지 고저**
  ㉣ 건축물의 **개황**
(4) 조사결과 : **2년**간 보관

중요

**횟수**
(1) **월 1**회 이상 : 소방용수시설 및 **지**리조사(기본규칙 7조)

기억법 **월1지(월요일이 지났다.)**

(2) **연 1**회 이상
  ㉠ 화재경계지구 안의 소방특별조사·훈련·교육(기본령 4조)
  ㉡ 특정소방대상물의 소방 훈련·교육(소방시설법 시행규칙 15조)
  ㉢ 제조소 등의 **정**기점검(위험물규칙 64조)
  ㉣ **종**합정밀점검(소방시설법 시행규칙 [별표 1])
  ㉤ 작동기능점검(소방시설법 시행규칙 [별표 1])

기억법 **연1정종(연일 정종술을 마셨다.)**

(3) 2년마다 1회 이상
㉠ 소방대원의 소방교육 · 훈련(기본규칙 9조)
㉡ 실무교육(소방시설법 시행규칙 36조)

기억법 실2 (실리)

답 ④

★★★
**50** 소방기본법상 화재경계지구에 대한 소방특별조사권자는 누구인가?
12.05.문53

① 시 · 도지사
② 소방본부장 · 소방서장
③ 한국소방안전원장
④ 소방청장

해설 **기본법 13조**
화재경계지구

| 지 정 | 소방특별조사 |
|---|---|
| **시 · 도지사** | **소방본부장** 또는 **소방서장** |

※ **화재경계지구** : 화재가 발생할 우려가 높거나 화재가 발생하면 피해가 클 것으로 예상되는 구역으로서 대통령령이 정하는 지역

답 ②

★★
**51** 소방시설공사업법상 소방시설공사에 관한 발주자의 권한을 대행하여 소방시설공사가 설계도서 및 관계법령에 따라 적법하게 시공되는지 여부의 확인과 품질 · 시공관리에 대한 기술지도를 수행하는 영업은 무엇인가?
10.09.문48

① 소방시설유지업 ② 소방시설설계업
③ 소방시설공사업 ④ 소방공사감리업

해설 **공사업법 2조**
소방시설업의 종류

| 소방시설 설계업 | 소방시설 공사업 | 소방공사 감리업 | 방염처리업 |
|---|---|---|---|
| 소방시설공사에 기본이 되는 **공사계획 · 설계도면 · 설계설명서 · 기술계산서** 등을 작성하는 영업 | 설계도서에 따라 소방시설을 **신설 · 증설 · 개설 · 이전 · 정비**하는 영업 | 소방시설공사에 관한 발주자의 권한을 대행하여 소방시설공사가 **설계도서**와 관계법령에 따라 **적법**하게 **시공**되는지를 확인하고, 품질 · 시공 관리에 대한 **기술지도**를 하는 영업 | 방염대상물품에 대하여 **방염처리**하는 영업 |

답 ④

★★★
**52** 소방시설 중 화재를 진압하거나 인명구조활동을 위하여 사용하는 설비로 정의되는 것은?
12.05.문50

① 소화활동설비 ② 피난구조설비
③ 소화용수설비 ④ 소화설비

해설 **소방시설법 시행령 〔별표 1〕**
**소화활동설비**
(1) **연**결송수관설비
(2) **연**결살수설비
(3) **연**소방지설비
(4) **무**선통신보조설비
(5) **제**연설비
(6) **비**상**콘**센트설비

기억법 3연무제비콘

용어

**소화활동설비**
화재를 진압하거나 인명구조활동을 위하여 사용하는 설비

답 ①

★★
**53** 일반음식점에서 조리를 위해 불을 사용하는 설비를 설치할 때 지켜야 할 사항의 기준으로 옳지 않은 것은?
12.09.문57 (산업)

① 주방시설에는 동물 또는 식물의 기름을 제거할 수 있는 필터 등을 설치할 것
② 열을 발생하는 조리기구는 반자 또는 선반에서 50cm 이상 떨어지게 할 것
③ 주방설비에 부속된 배기덕트는 0.5mm 이상의 아연도금강판 또는 이와 동등 이상의 내식성 불연재료로 설치할 것
④ 열을 발생하는 조리기구로부터 15cm 이내의 거리에 있는 가연성 주요 구조부는 석면판 또는 단열성이 있는 불연재료로 덮어씌울 것

해설 **기본령 〔별표 1〕**
음식조리를 위하여 설치하는 설비
(1) 주방설비에 부속된 배기덕트는 **0.5mm** 이상의 **아연도금강판** 또는 이와 동등 이상의 내식성 **불연재료**로 설치
(2) 주방시설에는 동물 또는 식물의 기름을 제거할 수 있는 **필터** 등을 설치
(3) 열을 발생하는 조리기구는 반자 또는 선반으로부터 **0.6m** 이상 떨어지게 할 것

(4) 열을 발생하는 조리기구로부터 **0.15m** 이내의 거리에 있는 가연성 주요 구조부는 **석면판** 또는 **단열성**이 있는 불연재료로 덮어씌울 것

② 50cm → 60cm(0.6m) 이상

답 ②

## 54

12.09.문43

**소방기본법상 화재의 예방조치 명령이 아닌 것은?**

① 불장난 · 모닥불 · 흡연 및 화기취급, 풍등 등 소형 열기구 날리기의 금지 또는 제한

② 타고 남은 불 또는 화기의 우려가 있는 재의 처리

③ 함부로 버려두거나 그냥 둔 위험물 그 밖에 탈 수 있는 물건을 옮기거나 치우게 하는 등의 조치

④ 불이 번지는 것을 막기 위하여 불이 번질 우려가 있는 소방대상물의 사용 제한

해설 **기본법 12조**

화재의 예방조치사항으로 소방본부장 · 소방서장이 지시하는 조치

(1) 불장난, 모닥불, 흡연 및 **화기취급, 풍등 등 소형 열기구 날리기** 그 밖에 화재예방상 위험하다고 인정되는 행위의 금지 또는 제한

(2) **타고 남은 불** 또는 화기가 있을 우려가 있는 재의 처리

(3) **함부로** 버려두거나 그냥 둔 위험물 그 밖에 불에 탈 수 있는 물건을 옮기거나 치우게 하는 등의 조치

답 ④

## 55

11.10.문59

**제4류 위험물제조소의 경우 사용전압이 22kV인 특고압가공전선이 지나갈 때 제조소의 외벽과 가공전선 사이의 수평거리(안전거리)는 몇 m 이상이어야 하는가?**

① 2

② 3

③ 5

④ 10

해설 **위험물규칙 〔별표 4〕**

위험물제조소의 안전거리

| 안전거리 | 대 상 |
|---|---|
| 3m 이상 | • **7~35kV** 이하의 특고압가공전선 |
| 5m 이상 | • **35kV**를 초과하는 특고압가공전선 |
| 10m 이상 | • **주거용**으로 사용되는 것 |
| 20m 이상 | • 고압가스 **제조**시설(용기에 충전하는 것 포함)<br>• 고압가스 **사용**시설(1일 **30m³** 이상 용적 취급)<br>• 고압가스 **저장**시설<br>• 액화산소 **소비**시설<br>• 액화석유가스 제조 · 저장시설<br>• 도시가스 공급시설 |
| 30m 이상 | • 학교<br>• 병원급 의료기관<br>• 공연장<br>• 영화상영관 ┘ **300명** 이상 수용시설<br>• 아동복지시설<br>• 노인복지시설<br>• 장애인복지시설<br>• 한부모가족 복지시설<br>• 어린이집<br>• 성매매 피해자 등을 위한 지원시설<br>• 정신건강증진시설<br>• 가정폭력 피해자 보호시설 ┘ **20명** 이상 수용시설 |
| 50m 이상 | • 유형 문화재<br>• 지정 문화재 |

답 ②

## 56

**소방기술자의 자격의 정지 및 취소에 관한 기준 중 1차 행정처분기준이 자격정지 1년에 해당되는 경우는?**

① 자격수첩을 다른 자에게 빌려준 경우

② 동시에 둘 이상의 업체에 취업한 경우

③ 거짓이나 그 밖의 부정한 방법으로 자격수첩을 발급받는 경우

④ 업무수행 중 해당 자격과 관련하여 중대한 과실로 다른 자에게 손해를 입히고 형의 선고를 받은 경우

해설 **공사업법 시행규칙 〔별표 5〕**

소방기술자의 자격의 정지 및 취소에 관한 기준

| 행정처분기준 1차 (자격취소) | 행정처분기준 1차 (자격정지 1년) |
|---|---|
| ① 거짓이나 그 밖의 **부정한 방법**으로 자격수첩 또는 경력수첩을 발급받은 경우<br>② 자격수첩 또는 경력수첩을 다른 자에게 **빌려준** 경우<br>③ 업무수행 중 해당 자격과 관련하여 고의 또는 중대한 과실로 다른 자에게 **손해**를 입히고 **형의 선고**를 받은 경우 | ① 동시에 **둘 이상**의 **업체**에 취업한 경우<br>② 자격정지처분을 받고도 같은 기간 내에 자격증을 사용한 경우 |

답 ②

## 57 특수가연물의 저장 · 취급 기준을 위반했을 때 과태료 처분으로 옳은 것은?

16.10.문46
16.03.문51

① 100만원 이하 ② 200만원 이하
③ 300만원 이하 ④ 500만원 이하

해설 **200만원 이하의 과태료**

(1) 소방용수시설 · 소화기구 및 설비 등의 설치명령 위반(기본법 56조)
(2) 특수가연물의 저장 · 취급 기준 위반(기본법 56조)
(3) 한국119청소년단 또는 이와 유사한 명칭을 사용한 자(기본법 56조)
(4) 소방활동구역 출입(기본법 56조)
(5) 소방자동차의 출동에 지장을 준 자(기본법 56조)
(6) 관계인의 소방안전관리 업무 미수행(소방시설법 53조)
(7) **소방훈련** 및 **교육** 미실시자(소방시설법 53조)
(8) 소방시설의 점검결과 미보고(소방시설법 53조)
(9) 관계서류 미보관자(공사업법 40조)
(10) **소방기술자 미배치자**(공사업법 40조)
(11) 하도급 미통지자(공사업법 40조)
(12) 완공검사를 받지 아니한 자(공사업법 40조)
(13) 방염성능기준 미만으로 방염한 자(공사업법 40조)

답 ②

## 58 다음 중 위험물의 성질이 자기반응성 물질에 속하지 않는 것은?

19.04.문49
16.05.문10
14.09.문13
10.03.문57

① 유기과산화물 ② 무기과산화물
③ 히드라진유도체 ④ 니트로화합물

해설 **제5류 위험물** : **자**기반응성 물질(자기연소성 물질)

| 구 분 | 설 명 |
|---|---|
| 소화방법 | 대량의 물에 의한 **냉각소화**가 효과적이다. |
| 종류 | • 유기과산화물 · 니트로화합물 · 니트로소화합물<br>• 질산에스테르류(**셀**룰로이드) · 히드라진유도체<br>• 아조화합물 · 디아조화합물<br>기억법 **5자셀** |

비교

| 무기과산화물 | 유기과산화물 |
|---|---|
| 제1류 위험물 | 제5류 위험물 |

답 ②

## 59 소방안전관리자가 작성하는 소방계획서의 내용에 포함되지 않은 것은?

① 소방시설공사 하자의 판단기준에 관한 사항
② 소방시설 · 피난시설 및 방화시설의 점검 · 정비 계획
③ 공동 및 분임 소방안전관리에 관한 사항
④ 소화 및 연소 방지에 관한 사항

해설 **소방시설법 시행령 24조**
**소방계획서의 내용**

(1) 화재 예방을 위한 **자체점검계획** 및 진압대책
(2) 소방시설 · 피난시설 및 **방화시설**의 점검 · 정비계획
(3) **공동** 및 **분임** 소방안전관리에 관한 사항
(4) **소화**와 **연소** 방지에 관한 사항

답 ①

## 60 소방시설 중 연결살수설비는 어떤 설비에 속하는가?

15.03.문50
13.09.문49

① 소화설비 ② 구조설비
③ 피난구조설비 ④ 소화활동설비

해설 **소방시설법 시행령 〔별표 1〕**
**소화활동설비**

(1) **연**결송수관설비
(2) **연**결살수설비
(3) **연**소방지설비
(4) **무**선통신보조설비
(5) **제**연설비
(6) **비**상**콘**센트설비

기억법 **3연무제비콘**

답 ④

# 제 4 과목 소방전기시설의 구조 및 원리

## 61 소방회로용으로 수전설비, 변전설비 그 밖의 기기 및 배선을 금속제 외함에 수납한 것은?

19.04.문67
09.05.문69
08.03.문72

① 전용분전반 ② 공용분전반
③ 전용큐비클식 ④ 공용큐비클식

해설 **NFSC 602 제3조**

| 용 어 | 설 명 |
|---|---|
| 소방회로 | 소방부하에 전원을 공급하는 전기회로 |
| 일반회로 | 소방회로 이외의 전기회로 |
| 수전설비 | 전력수급용 **계기용 변성기 · 주차단장치** 및 그 **부속기기** |
| 변전설비 | **전력용 변압기** 및 그 **부속장치** |
| **전**용 **큐**비클식 | **소방회로용**의 것으로 **수**전설비, **변**전설비 그 밖의 기기 및 배선을 금속제 외함에 수납한 것<br>기억법 **전큐회수변** |

| 공용 큐비클식 | **소방회로** 및 **일반회로 겸용**의 것으로서 수전설비, 변전설비 그 밖의 기기 및 배선을 금속제 외함에 수납한 것 |
|---|---|
| **전**용**배**전반 | **소방회로 전용**의 것으로서 **개**폐기, 과전류차단기, 계기 그 밖의 배선용 기기 및 배선을 금속제 외함에 수납한 것<br>기억법 **전배전개** |
| 공용배전반 | **소방회로** 및 **일반회로 겸용**의 것으로서 개폐기, 과전류차단기, 계기 그 밖의 배선용 기기 및 배선을 금속제 외함에 수납한 것 |
| 전용분전반 | **소방회로 전용**의 것으로서 분기개폐기, 분기과전류차단기 그 밖의 배선용 기기 및 배선을 금속제 외함에 수납한 것 |
| 공용분전반 | **소방회로** 및 **일반회로 겸용**의 것으로서 분기개폐기, 분기과전류차단기 그 밖의 배선용 기기 및 배선을 금속제 외함에 수납한 것 |

③ **전용큐비클식** : 소방회로용의 것으로 수전설비, 변전설비 그 밖의 기기 및 배선을 금속제 외함에 수납한 것

답 ③

**62** 무선통신보조설비에 사용되는 용어의 설명이 틀린 것은?

19.04.문72 16.05.문61 16.03.문65 11.03.문80

① 분파기 : 임피던스 매칭과 신호 균등분배를 위해 사용하는 장치
② 혼합기 : 두 개 이상의 입력신호를 원하는 비율로 조합한 출력이 발생하도록 하는 장치
③ 증폭기 : 신호전송시 신호가 약해져 수신이 불가능해지는 것을 방지하기 위해서 증폭하는 장치
④ 누설동축케이블 : 동축케이블의 외부도체에 가느다란 홈을 만들어서 전파가 외부로 새어나갈 수 있도록 한 케이블

해설 **무선통신보조설비**

| 용 어 | 설 명 |
|---|---|
| 누설동축 케이블 | 동축케이블의 외부도체에 가느다란 홈을 만들어서 **전파**가 **외부**로 **새어나갈 수 있도록** 한 케이블 |
| 분**배**기 | 신호의 전송로가 분기되는 장소에 설치하는 것으로 **임피던스 매칭**(matching)과 **신호 균등분배**를 위해 사용하는 장치<br>기억법 **배임(배임죄)** |
| 분**파**기 | 서로 다른 **주**파수의 합성된 **신호**를 **분리**하기 위해서 사용하는 장치<br>기억법 **파주** |
| 혼합기 | **두 개 이상**의 **입력신호**를 원하는 비율로 **조합**한 **출력**이 발생하도록 하는 장치 |
| 증폭기 | 신호전송시 신호가 약해져 수신이 불가능해지는 것을 방지하기 위해서 **증폭**하는 장치 |
| 무선중계기 | 안테나를 통하여 수신된 무전기 신호를 증폭한 후 음영지역에 재방사하여 무전기 상호간 송수신이 가능하도록 하는 장치 |
| 옥외안테나 | 감시제어반 등에 설치된 무선중계기의 입력과 출력포트에 연결되어 송수신 신호를 원활하게 방사·수신하기 위해 옥외에 설치하는 장치 |

답 ①

**63** 다음 비상전원 및 배터리 중 최소용량이 가장 큰 것은?

16.03.문78

① 지하층을 제외한 11층 미만의 유도등 비상전원
② 비상조명등의 비상전원
③ 휴대용 비상조명등의 충전식 배터리용량
④ 무선통신보조설비 증폭기의 비상전원

해설 **비상전원 용량**

| 설비의 종류 | 비상전원 용량 |
|---|---|
| • **자**동화재탐지설비<br>• 비상**경**보설비<br>• **자**동화재속보설비 | **10분** 이상 |
| • 유도등<br>• 비상콘센트설비<br>• 제연설비<br>• 물분무소화설비<br>• 옥내소화전설비(30층 미만)<br>• 특별피난계단의 계단실 및 부속실 제연설비(30층 미만) | **20분** 이상 |
| • 무선통신보조설비의 **증**폭기 | **30분** 이상 |
| • 옥내소화전설비(30~49층 이하)<br>• 특별피난계단의 계단실 및 부속실 제연설비(30~49층 이하)<br>• 연결송수관설비(30~49층 이하)<br>• 스프링클러설비(30~49층 이하) | **40분** 이상 |
| • 유도등·비상조명등(지하상가 및 11층 이상)<br>• 옥내소화전설비(50층 이상)<br>• 특별피난계단의 계단실 및 부속실 제연설비(50층 이상)<br>• 연결송수관설비(50층 이상)<br>• 스프링클러설비(50층 이상) | **60분** 이상 |

기억법 **경자비1(경자라는 이름은 비일비재하게 많다.)**
**3증(3중고)**

①, ②, ③ 20분 이상
④ 30분 이상

답 ④

★★★
**64** 휴대용 비상조명등의 설치기준으로 옳지 않은 것은?

19.03.문74 17.05.문67 15.05.문61 14.09.문75 13.03.문68 12.03.문61 09.05.문76

① 숙박시설 또는 다중이용업소에는 객실 또는 영업장 안의 구획된 실마다 잘 보이는 곳에 1개 이상 설치
② 대규모점포에는 보행거리 30m 이내마다 2개 이상 설치
③ 영화상영관에는 보행거리 50m 이내마다 3개 이상 설치
④ 지하역사에는 보행거리 25m 이내마다 3개 이상 설치

해설 **휴대용 비상조명등**의 **적합기준**(NFSC 304④)

| 설치개수 | 설치장소 |
|---|---|
| 1개 이상 | • **숙박시설** 또는 **다중이용업소**에는 객실 또는 영업장 안의 구획된 실마다 잘 보이는 곳(외부에 설치시 출입문 손잡이로부터 **1m 이내** 부분) |
| 3개 이상 | • **지하상가** 및 **지하역사**의 **보행거리 25m** 이내마다<br>• **대규모점포** 및 **영화상영관**의 **보행거리 50m** 이내마다 |

(1) 바닥으로부터 **0.8~1.5m 이하**의 높이에 설치할 것
(2) 어둠 속에서 **위치**를 **확인**할 수 있도록 할 것
(3) 사용시 **자동**으로 **점등**되는 구조일 것
(4) 외함은 **난연성능**이 있을 것
(5) 건전지를 사용하는 경우에는 **방전 방지조치**를 하여야 하고, **충전식 배터리**의 경우에는 **상시 충전**되도록 할 것
(6) 건전지 및 충전식 배터리의 용량은 **20분** 이상 유효하게 사용할 수 있는 것으로 할 것

기억법 2휴(이유)

② 보행거리 50m 이내마다 3개 이상

답 ②

★★★
**65** 비상콘센트 풀박스 등의 두께는 최소 몇 mm 이상의 철판을 사용하여야 하는가?

16.10.문61 15.03.문73 13.06.문77

① 1.2mm ② 1.5mm
③ 1.6mm ④ 2.0mm

해설 **비상콘센트**의 **규격**

| 구 분 | 전 압 | 용 량 | 플러그 접속기 |
|---|---|---|---|
| 단상교류 | 220V | 1.5kVA 이상 | 접지형 2극 |

(1) 하나의 전용회로에 설치하는 비상콘센트는 **10개** 이하로 할 것
(2) 풀박스는 **1.6mm** 이상의 철판을 사용할 것
(3) 전원회로는 각 층에 있어서 **2** 이상이 되도록 설치할 것
(4) 콘센트마다 배선용 차단기를 설치하며, 충전부가 **노출되지 아니하도록** 할 것

답 ③

★★★
**66** 비상방송설비의 설치기준으로 옳지 않은 것은?

14.03.문61 13.09.문70

① 음량조정기의 배선은 3선식으로 할 것
② 확성기 음성입력은 5W 이상일 것
③ 다른 전기회로에 따라 유도장애가 생기지 아니하도록 할 것
④ 조작스위치는 바닥으로부터 0.8m 이상 1.5m 이하의 높이에 설치할 것

해설 **비상방송설비**의 **설치기준**
(1) 확성기의 음성입력은 **3**W(**실**내 **1**W) 이상일 것
(2) 확성기는 **각 층**마다 설치하되, 각 부분으로부터의 수평거리는 **25m** 이하일 것
(3) **음**량조정기는 **3선식** 배선일 것
(4) 조작스위치는 바닥으로부터 **0.8~1.5m** 이하의 높이에 설치할 것
(5) 다른 전기회로에 의하여 **유도장애**가 생기지 아니하도록 할 것
(6) 비상방송 **개**시시간은 **10초** 이하일 것
(7) 다른 방송설비와 공용할 경우 화재시 비상경보 외의 방송을 차단할 수 있을 것

기억법 방3실1, 3음방(삼엄한 방송실), 개10방

② 5W 이상 → 3W 이상

답 ②

★★★
**67** 다음 ( ㉠ ), ( ㉡ )에 들어갈 내용으로 옳은 것은?

19.09.문41 19.09.문63 19.03.문64 17.03.문57 16.03.문66 13.06.문63 10.05.문69

> 비상경보설비의 비상벨설비는 그 설비에 대한 감시상태를 ( ㉠ ) 간 지속한 후 유효하게 ( ㉡ ) 이상 경보할 수 있는 축전지설비를 설치하여야 한다.

① ㉠ 30분, ㉡ 30분
② ㉠ 30분, ㉡ 10분
③ ㉠ 60분, ㉡ 60분
④ ㉠ 60분, ㉡ 10분

해설 **비상방송설비 · 비상벨설비 · 자동식 사이렌설비**

| 감시시간 | 경보시간 |
|---|---|
| 60분 | 10분 이상(30층 이상 : 30분) |

기억법 6감

답 ④

★★
## 68 피난기구의 설치기준으로 옳지 않은 것은?

17.03.문71

① 숙박시설 · 노유자시설 및 의료시설은 그 층의 바닥면적 $500m^2$마다 1개 이상 설치
② 계단실형 아파트의 경우는 각 층마다 1개 이상 설치
③ 복합용도의 층은 그 층의 바닥면적 $800m^2$마다 1개 이상 설치
④ 주택법 시행령 제48조의 따른 아파트의 경우 하나의 관리주체가 관리하는 아파트 구역마다 공기안전매트 1개 이상 설치

해설 **피난기구**의 **설치대상**(NFSC 301④)

| 조 건 | 설치대상 |
|---|---|
| $500m^2$마다 | 숙박시설 · 노유자시설 · 의료시설 |
| $800m^2$마다 | 위락시설 · 문화 및 집회시설 · 운동시설 · 판매시설 · 전시시설 |
| $1000m^2$마다 | 그 밖의 용도의 층 |
| **각 세대**마다 | 계단실형 아파트 |

② 각 층마다 → 각 세대마다

답 ②

★★★
## 69 부착높이가 15m 이상 20m 미만에 적응성이 있는 감지기가 아닌 것은?

19.04.문79
16.05.문69
14.05.문66
14.03.문78
12.09.문61

① 이온화식 1종 감지기
② 연기복합형 감지기
③ 불꽃감지기
④ 차동식 분포형 감지기

해설 **감지기**의 **부착높이**(NFSC 203⑦)

| 부착높이 | 감지기의 종류 |
|---|---|
| 4~8m 미만 | • 차동식(스포트형, 분포형)<br>• 보상식 스포트형<br>• 정온식(스포트형, 감지선형) 특종 또는 1종<br>• 이온화식 1종 또는 2종<br>• 광전식(스포트형, 분리형, 공기흡입형) 1종 또는 2종<br>• 열복합형<br>• 연기복합형<br>• 열연기복합형<br>• 불꽃감지기 |
| 8~15m 미만 | • **차동식 분포형**<br>• 이온화식 1종 또는 2종<br>• 광전식(스포트형, 분리형, 공기흡입형) 1종 또는 2종<br>• 연기복합형<br>• 불꽃감지기 |
| 15~20m 미만 | • 이온화식 1종<br>• 광전식(스포트형, 분리형, 공기흡입형) 1종<br>• 연기복합형<br>• 불꽃감지기 |
| 20m 이상 | • 불꽃감지기<br>• 광전식(분리형, 공기흡입형) 중 아날로그방식 |

④ 차동식 분포형 감지기 : 8~15m 미만에 설치

답 ④

★
## 70 자동화재속보설비 속보기의 예비전원에 대한 안전장치시험을 할 경우 1/5C 이상 1C 이하의 전류로 역충전하는 경우 안전장치가 작동해야 하는 시간의 기준은?

19.09.문78

① 1시간 이내 ② 2시간 이내
③ 3시간 이내 ④ 5시간 이내

해설 **속보기**의 **성능인증 6조**
**안전장치시험**

예비전원은 $\frac{1}{5}$~1C 이하의 전류로 역충전하는 경우 **5시간** 이내에 안전장치가 작동하여야 하며, 외관이 부풀어 오르거나 누액 등이 생기지 않을 것

답 ④

★★
## 71 열전대식 감지기의 구성요소가 아닌 것은?

15.03.문75

① 열전대 ② 미터릴레이
③ 접속전선 ④ 공기관

해설 **감지기**의 **구성부분**

| 감지기의 종류 | 구 성 |
|---|---|
| 열**전**대식 | ① **열**전대<br>② **미**터릴레이(가동선륜, 스프링, 접점)<br>③ **접**속전선<br>기억법 **전열미접**<br>검출부(미터릴레이) / 수신기로 / 열전대 / 접점<br>▌열전대식 감지기의 구조▐ |
| 열반도체식 | ① 열반도체소자<br>② 수열판<br>③ 미터릴레이<br>검출부 / 지구 / 공통 / 접점 / 수신기 / 수열판 / 동니켈선 / 열반도체소자<br>▌열반도체식 감지기의 구조▐ |

④ 공기관식 감지기의 구성요소

답 ④

★
## 72 누전경보기의 기능검사 항목이 아닌 것은?

16.10.문71 14.05.문69 (산업) 06.09.문80 (산업)

① 단락전압시험
② 절연저항시험
③ 온도특성시험
④ 단락전류 강도시험

해설 **시험항목**

| 중계기 | 속보기의 예비전원 | 누전경보기 |
|---|---|---|
| • 주위온도시험<br>• 반복시험<br>• 방수시험<br>• 절연저항시험<br>• 절연내력시험<br>• 충격전압시험<br>• 충격시험<br>• 진동시험<br>• 습도시험<br>• 전자파 내성시험 | • 충·방전시험<br>• 안전장치시험 | • 전원전압 변동시험<br>• 온도특성시험<br>• 과입력 전압시험<br>• 개폐기의 조작시험<br>• 반복시험<br>• 진동시험<br>• **충**격시험<br>• 방**수**시험<br>• **절**연저항시험<br>• **절**연내력시험<br>• **충**격파 내전압시험<br>• 단락전류 **강**도시험<br>기억법 누수 충수 절충 강 |

답 ①

★★★
## 73 누전경보기의 수신부는 그 정격전압에서 최소 몇 회의 누전작동 반복시험을 실시하는 경우 구조 및 기능에 이상이 생기지 않아야 하는가?

10.05.문63

① 1만회
② 2만회
③ 3만회
④ 5만회

해설 **반복시험 횟수**

| 횟 수 | 기 기 |
|---|---|
| 1000회 | 감지기·속보기<br>기억법 감속1(감속하면 한참 먼저 간다.) |
| 2000회 | 중계기<br>기억법 중2(중이염) |
| 2500회 | 유도등 |
| 5000회 | 전원스위치·발신기<br>기억법 5발전(5개 발에 전을 부치자.) |
| 10000회 | 비상조명등, 스위치접점, 기타의 설비 및 기기(누전경보기) |

답 ①

★★★
## 74 자동화재탐지설비의 발신기는 건축물의 각 부분으로부터 하나의 발신기까지 수평거리는 최대 몇 m 이하인가?

16.05.문70 15.05.문76 14.05.문70 11.03.문76

① 25m ② 50m
③ 100m ④ 150m

해설 **수평거리**와 **보행거리**

(1) **수평거리**

| 수평거리 | 적용대상 |
|---|---|
| 수평거리 25m 이하 | • 발신기<br>• 음향장치(확성기)<br>• 비상콘센트(지하상가·바닥면적 3000m² 이상) |
| 수평거리 50m 이하 | • 비상콘센트(기타) |

(2) **보행거리**

| 보행거리 | 적용대상 |
|---|---|
| 보행거리 15m 이하 | • **유도표지** |
| 보행거리 20m 이하 | • 복도통로유도등<br>• 거실통로유도등<br>• 3종 연기감지기 |
| 보행거리 30m 이하 | • 1·2종 연기감지기 |
| 보행거리 40m 이상 | • 복도 또는 별도로 구획된 실 |

(3) **수직거리**

| 수직거리 | 적용대상 |
|---|---|
| 10m 이하 | • 3종 연기감지기 |
| 15m 이하 | • 1·2종 연기감지기 |

답 ①

★★
## 75 특정소방대상물의 주된 출입구에서 그 내부 전체가 보이는 것을 제외하고 자동화재탐지설비의 하나의 경계구역은 몇 $m^2$ 이하여야 하는가?

19.09.문61 18.09.문66 15.03.문64 14.05.문80 14.03.문72 13.09.문66 13.03.문67

① $50m^2$ 이하
② $500m^2$ 이하
③ $600m^2$ 이하
④ $1000m^2$ 이하

해설 **경계구역**

(1) **정의**
소방대상물 중 **화재신호**를 **발신**하고 그 **신호**를 **수신** 및 유효하게 **제어**할 수 있는 구역

(2) **경계구역의 설정기준**
㉠ 1경계구역이 2개 이상의 **건축물**에 미치지 않을 것
㉡ 1경계구역이 2개 이상의 **층**에 미치지 않을 것(**500m²** 이하는 2개 층을 1경계구역으로 할 수 있음)
㉢ 1경계구역의 면적은 **600m²** 이하로 하고, 1변의 길이는 **50m** 이하로 할 것(내부 전체가 보이면 **1000m²** 이하)

(3) **1경계구역의 높이**: 45m 이하

기억법 경600

답 ③

★★★
**76** 누전경보기의 전원은 분전반으로부터 전용회로로 하고 각 극에는 최대 몇 A 이하의 과전류차단기를 설치해야 하는가?

19.04.문75 18.09.문62 17.09.문67 14.05.문71 14.03.문75 13.06.문67 12.05.문74

① 5 ② 15
③ 25 ④ 35

해설 **누전경보기**의 **설치기준**

| 과전류차단기 | 배선용 차단기 |
|---|---|
| 15A 이하 | 20A 이하 |

(1) 각 극에 개폐기 및 **15A** 이하의 **과전류차단기**를 설치할 것(**배선용 차단기**는 **20A** 이하)
(2) 분전반으로부터 **전용회로**로 할 것
(3) 개폐기에는 누전경보기임을 표시할 것
(4) 계약전류용량이 **100A**를 초과할 것

중요

**누전경보기**

| 60A 이하 | 60A 초과 |
|---|---|
| • **1급** 누전경보기<br>• **2급** 누전경보기 | • **1급** 누전경보기 |

답 ②

★★
**77** P형 발신기에 연결해야 하는 회선은?

12.09.문80

① 지구선, 공통선, 소화선, 전화선
② 지구선, 공통선, 응답선, 전화선
③ 지구선, 공통선, 발신기선, 응답선
④ 신호선, 공통선, 발신기선, 응답선

해설 **P형 발신기**
(1) **지**구선(회로선)
(2) **공**통선
(3) **응**답선(발신기선)
(4) **전**화선

기억법 **지공응전**

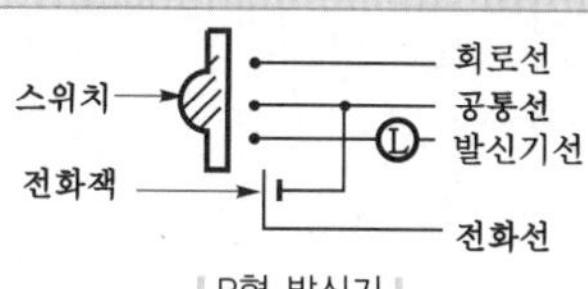

‖ P형 발신기 ‖

답 ②

★★★
**78** 무선통신보조설비의 누설동축케이블 및 안테나는 고압의 전로로부터 몇 m 이상 떨어진 위치에 설치해야 하는가?

19.03.문80 17.05.문68 16.10.문72 14.05.문78 12.05.문78 10.05.문76 08.09.문70

① 1.5 ② 4.0
③ 100 ④ 300

해설 **누설동축케이블**의 **설치기준**
(1) 소방전용 주파수대에서 전파의 **전송** 또는 **복사**에 적합한 것으로서 소방전용의 것일 것
(2) 누설동축케이블과 이에 접속하는 안테나 또는 동축케이블과 이에 접속하는 안테나일 것
(3) 누설동축케이블 및 동축케이블은 화재에 따라 해당 케이블의 피복이 소실된 경우에 케이블 본체가 떨어지지 아니하도록 4m 이내마다 금속제 또는 자기제 등의 지지금구로 벽·천장·기둥 등에 견고하게 고정시킬 것(단, 불연재료로 구획된 반자 안에 설치하는 경우 제외)
(4) 누설동축케이블 및 안테나는 **고**압전로로부터 **1.5m** 이상 떨어진 위치에 설치할 것(해당 전로에 **정전기 차폐장치**를 유효하게 설치한 경우에는 제외)

기억법 **누고15**

(5) 누설동축케이블의 끝부분에는 **무반사종단저항**을 설치할 것

※ **무반사종단저항**: 전송로로 전송되는 전자파가 전송로의 종단에서 반사되어 교신을 방해하는 것을 막기 위한 저항

답 ①

★★★
**79** 비상경보설비함 상부에 설치하는 발신기 위치표시등의 불빛은 부착지점으로부터 몇 m 이내 떨어진 위치에서도 쉽게 식별할 수 있어야 하는가?

06.09.문74 (산업)

① 5 ② 10
③ 15 ④ 20

해설 **비상경보설비**의 **발신기 설치기준**(NFSC 201④)
(1) 조작이 **쉬운 장소**에 설치하고, 조작스위치는 바닥으로부터 **0.8~1.5m** 이하의 높이에 설치할 것
(2) 소방대상물의 **층**마다 설치하되, 해당 소방대상물의 각 부분으로부터 하나의 발신기까지의 **수평거리**가 **25m** 이하가 되도록 할 것. 다만, 복도 또는 별도로 구획된 실로서 **보행거리**가 **40m** 이상일 경우에는 추가로 설치할 것
(3) 발신기의 **위치표시등**은 **함**의 **상부**에 설치하되, 그 불빛은 부착면으로부터 **15°** 이상의 범위 안에서 부착지점으로부터 **10m** 이내의 어느 곳에서도 쉽게 식별할 수 있는 **적색등**으로 할 것
(4) 발신기 설치제외: **지하구**

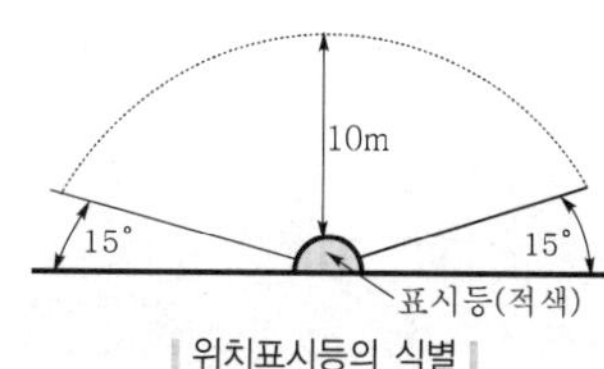

‖ 위치표시등의 식별 ‖

답 ②

★★★
**80** 비상콘센트설비의 전원공급회로의 설치기준으로 옳지 않은 것은?

19.04.문63
18.04.문61
17.03.문72
16.10.문61
16.05.문76
14.03.문64
11.10.문67

① 전원회로는 단상교류 220V인 것으로 한다.
② 전원회로의 공급용량은 1.5kVA 이상의 것으로 한다.
③ 전원회로는 주배전반에서 전용회로로 한다.
④ 하나의 전용회로에 설치하는 비상콘센트는 10개 이상으로 한다.

해설 **비상콘센트설비**

| 구 분 | 전 압 | 용 량 | 플러그 접속기 |
|---|---|---|---|
| 단상교류 | 220V | 1.5kVA 이상 | 접지형 2극 |

(1) 1전용회로에 설치하는 비상콘센트는 **10개 이하**로 할 것(전선의 용량은 최대 **3개**)
(2) 풀박스는 **1.6mm** 이상의 철판을 사용할 것
(3) 전원회로는 주배전반에서 전용회로로 할 것
(4) 전원으로부터 각 층의 비상콘센트에 분기되는 경우 **분기배선용 차단기**를 **보호함 안**에 설치할 것

④ 10개 이상 → 10개 이하

답 ④

과년도기출문제

# 2014년

## 소방설비기사 필기(전기분야)

### ** 수험자 유의사항 **

1. 문제지를 받는 즉시 **본인**이 **응시한 종목**이 맞는지 확인하시기 바랍니다.
2. 문제지 표지에 본인의 **수험번호**와 **성명**을 기재하여야 합니다.
3. 문제지의 **총면수**, **문제번호 일련순서**, **인쇄상태**, **중복 및 누락 페이지 유무**를 확인하시기 바랍니다.
4. 답안은 각 문제마다 요구하는 가장 적합하거나 가까운 답 1개만을 선택하여야 합니다.
5. 답안카드는 뒷면의 「수험자 유의사항」에 따라 작성하시고, 답안카드 작성 시 형별누락, 마킹착오로 인한 불이익은 전적으로 수험자에게 책임이 있음을 알려드립니다.
6. 문제지는 시험 종료 후 본인이 가져갈 수 있습니다.

### ** 안내사항 **

- 가답안/최종정답은 큐넷(www.q-net.or.kr)에서 확인하실 수 있습니다. 가답안에 대한 의견은 큐넷의 [가답안 의견 제시]를 통해 제시할 수 있으며, 확정된 답안은 최종정답으로 갈음합니다.
- 공단에서 제공하는 자격검정서비스에 대해 개선할 점이 있으시면 고객참여(http://hrdkorea.or.kr/7/1/1)를 통해 건의하여 주시기 바랍니다.

# 2014. 3. 2 시행

## 2014년 기사 제1회 필기시험

| 자격종목 | 종목코드 | 시험시간 | 형별 | 수험번호 | 성명 |
|---|---|---|---|---|---|
| 소방설비기사(전기분야) | | 2시간 | | | |

※ 답안카드 작성시 시험문제지 형별누락, 마킹착오로 인한 불이익은 전적으로 수험자의 귀책사유임을 알려드립니다.
※ 각 문항은 4지택일형으로 질문에 가장 적합한 보기 항을 선택하여 마킹하여야 합니다.

## 제 1 과목 소방원론

★★★

**01** 보일오버(boil over)현상에 대한 설명으로 옳은 것은?

19.09.문15 18.09.문08 17.03.문17 16.10.문15 16.05.문02 15.05.문18 15.03.문01 14.09.문12 09.05.문10 05.09.문07 05.05.문07 03.03.문11 02.03.문20

① 아래층에서 발생한 화재가 위층으로 급격히 옮겨 가는 현상
② 연소유의 표면이 급격히 증발하는 현상
③ 탱크 저부의 물이 급격히 증발하여 기름이 탱크 밖으로 화재를 동반하여 방출하는 현상
④ 기름이 뜨거운 물 표면 아래에서 끓는 현상

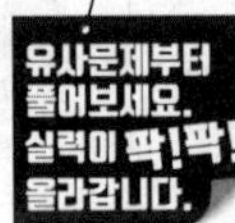
유사문제부터 풀어보세요. 실력이 팍!팍! 올라갑니다.

해설 **유류탱크, 가스탱크**에서 **발생**하는 현상

| 여러 가지 현상 | 정 의 |
|---|---|
| **블래비** (BLEVE) | 과열상태의 탱크에서 내부의 액화가스가 분출하여 기화되어 폭발하는 현상 |
| **보일오버** (boil over) | • 중질유의 석유탱크에서 장시간 조용히 연소하다 탱크 내의 잔존기름이 갑자기 분출하는 현상<br>• 유류탱크에서 탱크 바닥에 물과 기름의 **에멀션**이 섞여 있을 때 이로 인하여 화재가 발생하는 현상<br>• 연소유면으로부터 100℃ 이상의 열파가 탱크 저부에 고여 있는 물을 비등하게 하면서 연소유를 탱크 밖으로 비산시키며 연소하는 현상<br>• 탱크 **저부**의 물이 급격히 증발하여 기름이 탱크 밖으로 화재를 동반하여 방출하는 현상<br>기억법 **보저(보자기)** |
| **오일오버** (oil over) | 저장탱크에 저장된 유류저장량이 내용적의 **50%** 이하로 충전되어 있을 때 화재로 인하여 탱크가 폭발하는 현상 |
| **프로스오버** (froth over) | **물**이 점성의 뜨거운 **기름표면 아래서 끓을 때** 화재를 수반하지 않고 용기가 넘치는 현상 |
| **슬롭오버** (slop over) | • **물**이 연소유의 **뜨거운 표면**에 **들어갈 때** 기름표면에서 화재가 발생하는 현상<br>• 유화제로 소화하기 위한 **물**이 수분의 급격한 증발에 의하여 액면이 거품을 일으키면서 **열유층 밑**의 **냉유**가 급히 열팽창하여 **기름**의 **일부**가 불이 붙은 채 탱크벽을 넘어서 일출하는 현상 |

답 ③

★★★

**02** Halon 1301의 분자식에 해당하는 것은?

19.09.문07 17.03.문05 16.10.문08 15.03.문04 14.09.문04

① $CCl_3H$　② $CH_3Cl$
③ $CF_3Br$　④ $C_2F_2Br_2$

해설 **할론소화약제**의 **약칭** 및 **분자식**

| 종 류 | 약 칭 | 분자식 |
|---|---|---|
| 할론 1011 | CB | $CH_2ClBr$ |
| 할론 104 | CTC | $CCl_4$ |
| 할론 1211 | BCF | $CF_2ClBr$ |
| 할론 1301 | BTM | $CF_3Br$ |
| 할론 2402 | FB | $C_2F_4Br_2$ |

답 ③

★

**03** 다음 중 소화약제로 사용할 수 없는 것은?

19.03.문01 18.04.문06 16.05.문17 15.09.문01 14.09.문10

① $KHCO_3$　② $NaHCO_3$
③ $CO_2$　④ $NH_3$

해설 (1) **분말소화약제**

| 종 별 | 주성분 | 착 색 | 적응 화재 | 비 고 |
|---|---|---|---|---|
| 제1종 | 중탄산나트륨 ($NaHCO_3$) | 백색 | BC급 | **식용유** 및 **지방질유**의 화재에 적합 |
| 제2종 | 중탄산칼륨 ($KHCO_3$) | 담자색 (담회색) | BC급 | − |
| 제3종 | 제1인산암모늄 ($NH_4H_2PO_4$) | 담홍색 | ABC급 | **차고 · 주차장**에 적합 |
| 제4종 | 중탄산칼륨 + 요소 ($KHCO_3$ + $(NH_2)_2CO$) | 회(백)색 | BC급 | − |

기억법 1식분(일식 분식)
3분 차주(삼보컴퓨터 차주)

(2) **이산화탄소 소화약제**

| 주성분 | 적응화재 |
|---|---|
| 이산화탄소($CO_2$) | BC급 |

④ 암모니아($NH_3$) : 독성이 있으므로 소화약제로 사용할 수 없음

답 ④

**04** 다음 중 할론소화약제의 가장 주된 소화효과에 해당하는 것은?

15.05.문12

① 냉각효과 ② 제거효과
③ 부촉매효과 ④ 분해효과

해설 **소화약제**의 **소화작용**

| 소화약제 | 소화효과 | 주된 소화효과 |
|---|---|---|
| • 물(스프링클러) | • 냉각효과<br>• 희석효과 | • 냉각효과<br>(냉각소화) |
| • 물(무상) | • 냉각효과<br>• 질식효과<br>• 유화효과<br>• 희석효과 | • 질식효과<br>(질식소화) |
| • 포 | • 냉각효과<br>• 질식효과 | |
| • 분말 | • 질식효과<br>• 부촉매효과<br>(억제효과)<br>• 방사열 차단<br>효과 | |
| • 이산화탄소 | • 냉각효과<br>• 질식효과<br>• 피복효과 | |
| • **할**론 | • 질식효과<br>• 부촉매효과<br>(억제효과) | • **부**촉매효과<br>(연쇄반응차단 소화) |

기억법 할부(할아버지)

답 ③

**05** 화재시 발생하는 연소가스에 대한 설명으로 가장 옳은 것은?

19.09.문17
00.03.문04

① 물체가 열분해 또는 연소할 때 발생할 수 있다.
② 주로 산소를 발생한다.
③ 완전연소할 때만 발생할 수 있다.
④ 대부분 유독성이 없다.

해설 **연소가스**

(1) 물체의 **열분해** 혹은 **연소**할 때 발생한다.
(2) 주로 **이산화탄소**($CO_2$) · **일산화탄소**(CO) 등이 발생한다.
(3) 완전연소 · 불완전연소시에 모두 발생한다.
(4) 대부분 **유독성**이다.

중요

**연소가스**

| 연소가스 | 설 명 |
|---|---|
| **일산화탄소 (CO)** | 화재시 흡입된 일산화탄소(CO)의 화학적 작용에 의해 **헤모글로빈**(Hb)이 혈액의 산소운반작용을 저해하여 사람을 질식 · 사망하게 한다. |
| **이산화탄소 ($CO_2$)** | 연소가스 중 **가장 많은 양**을 차지하고 있으며 가스 그 자체의 독성은 거의 없으나 다량이 존재할 경우 호흡속도를 증가시키고, 이로 인하여 화재가스에 혼합된 유해가스의 혼입을 증가시켜 위험을 가중시키는 가스이다. |
| **암모니아 ($NH_3$)** | 나무, 페놀수지, 멜라민수지 등의 **질소함유물**이 연소할 때 발생하며, 냉동시설의 **냉매**로 쓰인다. |
| **포스겐 ($COCl_2$)** | 매우 독성이 강한 가스로서 소화제인 **사염화탄소**($CCl_4$)를 화재시에 사용할 때도 발생한다. |
| **황화수소 ($H_2S$)** | **달걀 썩는 냄새**가 나는 특성이 있다. |
| **아크롤레인 ($CH_2=CHCHO$)** | 독성이 매우 높은 가스로서 **석유 제품, 유지** 등이 연소할 때 생성되는 가스이다. |

답 ①

**06** 경유화재가 발생했을 때 주수소화가 오히려 위험할 수 있는 이유는?

19.03.문04
15.09.문06
15.09.문13
12.09.문16
12.05.문05

① 경유는 물보다 비중이 가벼워 화재면의 확대 우려가 있으므로
② 경유는 물과 반응하여 유독가스를 발생하므로
③ 경유의 연소열로 인하여 산소가 방출되어 연소를 돕기 때문에
④ 경유가 연소할 때 수소가스를 발생하여 연소를 돕기 때문에

해설 **경유화재시 주수소화가 부적당한 이유**

물보다 비중이 가벼워 물 위에 떠서 **화재 확대**의 우려가 있기 때문이다.

중요

**주수소화**(물소화)시 위험한 물질

| 위험물 | 발생물질 |
|---|---|
| • 무기과산화물 | **산소**($O_2$) 발생 |
| • 금속분<br>• 마그네슘<br>• 알루미늄<br>• 칼륨<br>• 나트륨<br>• 수소화리튬 | **수소**($H_2$) 발생 |
| • 가연성 액체의 유류화재(경유) | **연소면**(화재면) 확대 |

답 ①

★★★
## 07 피난계획의 일반원칙 중 fool proof 원칙에 해당하는 것은?
16.10.문14

① 저지능인 상태에서도 쉽게 식별이 가능하도록 그림이나 색채를 이용하는 원칙
② 피난구조설비를 반드시 이동식으로 하는 원칙
③ 한 가지 피난기구가 고장이 나도 다른 수단을 이용할 수 있도록 고려하는 원칙
④ 피난구조설비를 첨단화된 전자식으로 하는 원칙

해설 **fail safe와 fool proof**

| 용 어 | 설 명 |
|---|---|
| **페일 세이프** (fail safe) | • 한 가지 피난기구가 고장이 나도 다른 수단을 이용할 수 있도록 고려하는 것<br>• 한 가지가 고장이 나도 다른 수단을 이용하는 원칙<br>• **두 방향**의 피난동선을 항상 확보하는 원칙 |
| **풀 프루프** (fool proof) | • 피난경로는 **간단명료**하게 한다.<br>• 피난구조설비는 **고정식 설비**를 위주로 설치한다.<br>• 피난수단은 **원시적 방법**에 의한 것을 원칙으로 한다.<br>• 피난통로를 **완전불연화**한다.<br>• 막다른 복도가 없도록 계획한다.<br>• 간단한 **그림**이나 **색채**를 이용하여 표시한다. |

기억법 **풀그색 간고원**

① fool proof
② fool proof : 이동식 → 고정식
③ fail safe
④ fool proof : 피난수단을 조작이 간편한 **원시적 방법**으로 하는 원칙

답 ①

★★
## 08 다음 중 가연성 물질에 해당하는 것은?

① 질소 ② 이산화탄소
③ 아황산가스 ④ 일산화탄소

해설 **가연성 물질과 지연성 물질**

| 가연성 물질 | 지연성 물질(조연성 물질) |
|---|---|
| • **수**소<br>• **메**탄<br>• **일**산화탄소<br>• **천**연가스<br>• **부**탄<br>• **에**탄 | • 산소<br>• 공기<br>• 염소<br>• 오존<br>• 불소 |

기억법 **가수메 일천부에**

용어

**가연성 물질과 지연성 물질**

| 가연성 물질 | 지연성 물질(조연성 물질) |
|---|---|
| 물질 자체가 연소하는 것 | 자기 자신은 연소하지 않지만 연소를 도와주는 것 |

답 ④

★★
## 09 다음 중 증발잠열(kJ/kg)이 가장 큰 것은?
19.04.문11
11.06.문04

① 질소 ② 할론 1301
③ 이산화탄소 ④ 물

해설 **증발잠열**

| 약 제 | 증발잠열 |
|---|---|
| 할론 1301 | **119kJ/kg** |
| 아르곤 | **156kJ/kg** |
| 질소 | **199kJ/kg** |
| 이산화탄소 | **574kJ/kg** |
| 물 | **2245kJ/kg(539kcal/kg)** |

중요

**물의 증발잠열**

1J=0.24cal 이므로

1kJ=0.24kcal, 1kJ/kg=0.24kcal/kg

$$539\text{kcal/kg}=\frac{539\text{kcal/kg}}{0.24\text{kcal/kg}}\times 1\text{kJ/kg} \fallingdotseq 2245\text{kJ/kg}$$

답 ④

★★
## 10 인화점이 낮은 것부터 높은 순서로 옳게 나열된 것은?

① 에틸알코올<이황화탄소<아세톤
② 이황화탄소<에틸알코올<아세톤
③ 에틸알코올<아세톤<이황화탄소
④ 이황화탄소<아세톤<에틸알코올

해설

| 물 질 | 인화점 | 착화점 |
|---|---|---|
| • 프로필렌 | -107℃ | 497℃ |
| • 에틸에테르<br>• 디에틸에테르 | -45℃ | 180℃ |
| • 가솔린(휘발유) | -43℃ | 300℃ |
| • **이황화탄소** | -30℃ | **100℃** |
| • 아세틸렌 | -18℃ | 335℃ |
| • **아세톤** | -18℃ | **538℃** |
| • 벤젠 | -11℃ | 562℃ |
| • 톨루엔 | 4.4℃ | 480℃ |
| • **에틸알코올** | 13℃ | 423℃ |
| • 아세트산 | 40℃ | – |
| • 등유 | 43~72℃ | 210℃ |
| • 경유 | 50~70℃ | 200℃ |
| • 적린 | – | 260℃ |

• 인화점=인화온도

답 ④

★★★
**11** 실내화재에서 화재의 최성기에 돌입하기 전에 다량의 가연성 가스가 동시에 연소되면서 급격한 온도상승을 유발하는 현상은?

① 패닉(panic)현상
② 스택(stack)현상
③ 파이어볼(fire ball)현상
④ 플래시오버(flash over)현상

해설 **플래시오버**(flash over) : 순발연소
(1) 폭발적인 착화현상
(2) 폭발적인 **화재확대현상**
(3) 건물화재에서 발생한 가연성 가스가 일시에 인화하여 화염이 **충**만하는 단계
(4) 실내의 가연물이 연소됨에 따라 생성되는 가연성 가스가 실내에 누적되어 **폭**발적으로 연소하여 실 전체가 순간적으로 불길에 싸이는 현상
(5) **옥내화재**가 서서히 진행하여 열이 축적되었다가 일시에 화염이 크게 발생하는 상태
(6) 다량의 가연성 가스가 동시에 연소되면서 **급**격한 온도상승을 유발하는 현상
(7) 건축물에서 한순간에 폭발적으로 화재가 확산되는 현상

기억법 **플확충 폭급**

• 플래시오버=플래쉬오버현상

답 ④

★★★
**12** 점화원이 될 수 없는 것은?

19.03.문13
07.05.문03

① 정전기
② 기화열
③ 금속성 불꽃
④ 전기 스파크

해설 **점화원**이 될 수 없는 것
(1) **기**화열(증발열)
(2) **융**해열
(3) **흡**착열

기억법 **점기융흡**

답 ②

★★★
**13** 주된 연소의 형태가 표면연소에 해당하는 물질이 아닌 것은?

15.03.문19

① 숯
② 나프탈렌
③ 목탄
④ 금속분

해설 **연소**의 **형태**

| 연소 형태 | 종 류 |
|---|---|
| **표면연소** | • **숯**, **코**크스<br>• **목탄**, **금**속분 |
| **분해연소** | • 석탄, 종이<br>• 플라스틱, 목재<br>• 고무, 중유, 아스팔트 |
| **증발연소** | • 황, 왁스<br>• 파라핀, 나프탈렌<br>• 가솔린, 등유<br>• 경유, 알코올, 아세톤 |
| **자기연소** | • 니트로글리세린, 니트로셀룰로오스(질화면)<br>• TNT, 피크린산 |
| **액적연소** | • 벙커C유 |
| **확산연소** | • 메탄($CH_4$), 암모니아($NH_3$)<br>• 아세틸렌($C_2H_2$), 일산화탄소(CO)<br>• 수소($H_2$) |

기억법 **표숯코목탄금**

② 나프탈렌 : 증발연소

중요

| 연소 형태 | 설 명 |
|---|---|
| **증발연소** | • 가열하면 **고체**에서 **액체**로, **액체**에서 **기체**로 상태가 변하여 그 기체가 연소하는 현상 |
| **자기연소** | • 열분해에 의해 **산소**를 발생하면서 연소하는 현상<br>• 분자 자체 내에 포함하고 있는 **산소**를 이용하여 연소하는 형태 |
| **분해연소** | • 연소시 **열분해**에 의하여 발생된 가스와 산소가 혼합하여 연소하는 현상 |
| **표면연소** | • 열분해에 의하여 가연성 가스를 발생하지 않고 그 **물질 자체**가 **연소**하는 현상 |

기억법 **자산**

답 ②

★★★
**14** $NH_4H_2PO_4$를 주성분으로 한 분말소화약제는 제 몇 종 분말소화약제인가?

① 제1종
② 제2종
③ 제3종
④ 제4종

해설 **분말소화약제**

| 종 별 | 주성분 | 착 색 | 적응 화재 | 비 고 |
|---|---|---|---|---|
| 제**1**종 | 중탄산나트륨 ($NaHCO_3$) | 백색 | BC급 | **식용유** 및 **지방질유**의 화재에 적합 |
| 제2종 | 중탄산칼륨 ($KHCO_3$) | 담자색 (담회색) | BC급 | – |
| 제**3**종 | 제1인산암모늄 ($NH_4H_2PO_4$) | 담홍색 | ABC급 | **차고 · 주차장**에 적합 |
| 제4종 | 중탄산칼륨 +요소 ($KHCO_3$+ $(NH_2)_2CO$) | 회(백)색 | BC급 | – |

기억법 1식분(일식 분식)
3분 차주(삼보컴퓨터 차주)

답 ③

## 15
17.09.문06 16.10.문12 15.03.문20

"FM200"이라는 상품명을 가지며 오존파괴지수(ODP)가 0인 할론 대체 소화약제는 어느 계열인가?

① HFC 계열 ② HCFC 계열
③ FC 계열 ④ Blend 계열

해설 **할로겐화합물 및 불활성기체 소화약제**의 **종류**(NFSC 107A④)

| 계 열 | 소화약제 | 상품명 | 화학식 |
|---|---|---|---|
| FC 계열 | 퍼플루오로부탄 (FC-3-1-10) | CEA-410 | $C_4F_{10}$ |
| HFC 계열 | 트리플루오로메탄 (HFC-23) | FE-13 | $CHF_3$ |
| | 펜타플루오로에탄 (HFC-125) | FE-25 | $CHF_2CF_3$ |
| | 헵타플루오로프로판 (HFC-227ea) | **FM-200** | $CF_3CHFCF_3$ |
| HCFC 계열 | 클로로테트라플루오로에탄 (HCFC-124) | FE-241 | $CHClFCF_3$ |
| | 하이드로클로로플루오로카본 혼화제 (HCFC BLEND A) | NAF S-Ⅲ | • $C_{10}H_{16}$ : 3.75% • HCFC-123 ($CHCl_2CF_3$) : 4.75% • HCFC-124 ($CHClFCF_3$) : 9.5% • HCFC-22 ($CHClF_2$) : 82% |
| IG 계열 | 불연성 · 불활성 기체 혼합가스 (IG-541) | Inergen | • $CO_2$ : 8% • Ar : 40% • $N_2$ : 52% |

답 ①

## 16
10.09.문14

탄산가스에 대한 일반적인 설명으로 옳은 것은?

① 산소와 반응시 흡열반응을 일으킨다.
② 산소와 반응하여 불연성 물질을 발생시킨다.
③ 산화하지 않으나 산소와는 반응한다.
④ 산소와 반응하지 않는다.

해설 **가연물이 될 수 없는 물질**(불연성 물질)

| 특 징 | 불연성 물질 |
|---|---|
| 주기율표의 0족 원소 | • 헬륨(He) • 네온(Ne) • 아르곤(Ar) • 크립톤(Kr) • 크세논(Xe) • 라돈(Rn) |
| **산소와 더 이상 반응하지 않는 물질** | • 물($H_2O$) • **이산화탄소($CO_2$)** • 산화알루미늄($Al_2O_3$) • 오산화인($P_2O_5$) |
| 흡열반응 물질 | 질소($N_2$) |

• 탄산가스=이산화탄소($CO_2$)

답 ④

## 17

화재하중의 단위로 옳은 것은?

① $kg/m^2$ ② $℃/m^2$
③ $kg \cdot l/m^3$ ④ $℃ \cdot l/m^3$

해설 ① 화재하중 단위 : **$kg/m^2$** 또는 $N/m^2$

중요

**화재하중**

$$q = \frac{\Sigma G_t H_t}{HA} = \frac{\Sigma Q}{4500A}$$

여기서, $q$ : 화재하중(kg/m²)
$G_t$ : 가연물의 양(kg)
$H_t$ : 가연물의 단위중량당 발열량(kcal/kg)
$H$ : 목재의 단위중량당 발열량(kcal/kg)
$A$ : 바닥면적(m²)
$\Sigma Q$ : 가연물의 전체발열량(kcal)

답 ①

## 18
19.04.문44 19.03.문07 16.05.문46 15.09.문03 15.09.문18 15.05.문10 15.05.문42 15.03.문51 14.09.문18 11.06.문54

위험물안전관리법령에 따른 위험물의 유별 분류가 나머지 셋과 다른 것은?

① 트리에틸알루미늄
② 황린
③ 칼륨
④ 벤젠

해설 **위험물**(위험물령 [별표 1])

| 유별 | 성질 | 품명 |
|---|---|---|
| 제1류 | 산화성 고체 | • 아염소산염류<br>• 염소산염류<br>• 과염소산염류<br>• 질산염류<br>• 무기과산화물 |
| 제2류 | 가연성 고체 | • 황화린 • 적린<br>• 유황 • 마그네슘<br>• 금속분 |
| 제3류 | 자연발화성 물질 및 금수성 물질 | • 황린 • 칼륨<br>• 나트륨<br>• 트리에틸알루미늄<br>• 금속의 수소화물 |
| 제4류 | 인화성 액체 | • 특수인화물<br>• 석유류(벤젠)<br>• 알코올류<br>• 동식물유류 |
| 제5류 | 자기반응성 물질 | • 유기과산화물<br>• 니트로화합물<br>• 니트로소화합물<br>• 아조화합물<br>• 질산에스테르류(셀룰로이드) |
| 제6류 | 산화성 액체 | • 과염소산<br>• 과산화수소<br>• 질산 |

기억법 1산고(일산GO), 2황화적유마, 황칼나트알

①~③ 제3류, ④ 제4류

답 ④

★★★

**19** 일반적으로 공기 중 산소농도를 몇 vol% 이하로 감소시키면 연소상태의 중지 및 질식소화가 가능하겠는가?

19.09.문13 18.09.문19 17.05.문06 16.03.문08 15.03.문17 11.10.문19 03.08.문11

① 15 ② 21
③ 25 ④ 31

해설 **소화의 방법**

| 소화방법 | 설명 |
|---|---|
| **냉각소화** | 다량의 물 등을 이용하여 **점화원**을 **냉각**시켜 소화하는 방법 |
| **질식소화** | 공기 중의 **산소농도**를 **16%** 또는 **15%**(10~15%) 이하로 희박하게 하여 소화하는 방법 |
| **제거소화** | 가연물을 제거하여 소화하는 방법 |
| **화학소화 (부촉매효과)** | 연쇄반응을 차단하여 소화하는 방법, **억제작용**이라고도 함 |
| **희석소화** | 고체·기체·액체에서 나오는 **분해가스**나 **증기**의 **농도**를 낮추어 연소를 중지시키는 방법 |
| **유화소화** | 물을 무상으로 방사하여 유류표면에 **유화층**의 막을 형성시켜 공기의 접촉을 막아 소화하는 방법 |
| **피복소화** | 비중이 공기의 **1.5배** 정도로 무거운 소화약제를 방사하여 가연물의 구석구석까지 침투·피복하여 소화하는 방법 |

답 ①

★

**20** 열의 전달현상 중 복사현상과 가장 관계가 깊은 것은?

16.05.문06

① 푸리에 법칙
② 스테판-볼츠만의 법칙
③ 뉴턴의 법칙
④ 옴의 법칙

해설 **스테판-볼츠만**의 **법칙**(Stefan-Boltzman's law)

※ 열복사량은 **복**사체의 **절대온도**의 **4제곱**에 **비례**하고, **단면적**에 **비례**한다.

기억법 복스(복수)

참고

**스테판-볼츠만의 법칙(Stefan-Boltzman's law)**

$$Q = aAF(T_1^4 - T_2^4)$$

여기서, $Q$ : 복사열[W]
$a$ : 스테판-볼츠만 상수[W/m²·K⁴]
$A$ : 단면적[m²]
$F$ : 기하학적 factor
$T_1$ : 고온[K]
$T_2$ : 저온[K]

답 ②

## 제 2 과목 소방전기일반

★★

**21** 부하저항 $R$에 5A의 전류가 흐를 때 소비전력이 500W였다. 부하저항 $R$은?

01.09.문29

① 5Ω
② 10Ω
③ 20Ω
④ 100Ω

해설 **전력**

$$P = VI = I^2R = \frac{V^2}{R}$$

여기서, $P$ : 전력[W]
$V$ : 전압[V]
$I$ : 전류[A]
$R$ : 저항(부하저항)[Ω]

부하저항 $R = \frac{P}{I^2} = \frac{500}{5^2} = 20\,\Omega$

답 ③

★

## 22 3상 유도전동기의 기동법 중에서 2차 저항제어법은 무엇을 이용하는가?

16.05.문32
15.05.문35
03.05.문33

① 전자유도작용 ② 플레밍의 법칙
③ 비례추이 ④ 게르게스현상

해설 **비례추이**(proportional shifting)
**2차 저항제어법**을 이용한 것으로 유도전동기의 **토크**는 2차 저항과 **슬립**의 **함수**로 나타내는데 이 비를 일정하게 유지하면 임의의 슬립에 대하여 동일한 토크를 발생하는 현상

기억법 비저(비주얼)

비교

여러 가지 법칙

| 법 칙 | 설 명 |
|---|---|
| 플레밍의 오른손 법칙 | 도체운동에 의한 유기기전력의 방향 결정 |
| 플레밍의 왼손 법칙 | 전자력의 방향 결정 |
| 렌츠의 법칙 | 자속변화에 의한 유도기전력의 방향 결정 |
| 패러데이의 전자유도 법칙 | 자속변화에 의한 유기기전력의 크기 결정 |
| 앙페르의 오른나사 법칙 | 전류에 의한 자기장의 방향을 결정하는 법칙 |
| 비오-사바르의 법칙 | 전류에 의해 발생되는 자기장의 크기(전류에 의한 자계의 세기) |
| 키르히호프의 법칙 | 옴의 법칙을 응용한 것으로 복잡한 회로의 전류와 전압계산에 사용 |
| 줄의 법칙 | 어떤 도체에 일정시간 동안 전류를 흘리면 도체에는 열이 발생되는데 이에 관한 법칙 |
| 쿨롱의 법칙 | "두 자극 사이에 작용하는 힘은 두 **자극**의 **세기**의 **곱**에 **비례**하고, 두 자극 사이의 **거리**의 **제곱**에 **반비례**한다."는 법칙 |

기억법 방유도오(방에 우유를 도로 갔다 놓게!)
왼전(왼 전쟁이냐?)
렌유방(오렌지가 유일한 방법이다.)
패유크(패유를 버리면 큰일난다.)
앙전자(양전자)
비전자(비전공자)

답 ③

★★★

## 23 42.5mH의 코일에 60Hz, 220V의 교류를 가할 때 유도리액턴스는 몇 Ω인가?

15.05.문29
11.03.문22

① 16Ω ② 20Ω
③ 32Ω ④ 43Ω

해설 **유도리액턴스**

$$X_L = \omega L = 2\pi f L[\Omega]$$

여기서, $X_L$ : 유도리액턴스[Ω]
$\omega$ : 각주파수[rad/s]
$f$ : 주파수[Hz]
$L$ : 인덕턴스[H]

**유도리액턴스 $X_L$은**

$X_L = 2\pi f L = 2\times\pi\times60\times(42.5\times10^{-3}) ≒ 16\Omega$

• $1\text{mH} = 10^{-3}\text{H}$

용어

**유도리액턴스**(inductive reactance)
인덕턴스의 유도작용에 의한 리액턴스로 간단히 말하면 **코일**의 **저항**이다.

답 ①

★★

## 24 서보전동기는 제어기기의 어디에 속하는가?

19.03.문31

① 검출부 ② 조절부
③ 증폭부 ④ 조작부

해설 **서보전동기**(servo motor)
서보기구의 최종단에 설치되는 **조작기기**로서, **직선운동** 또는 **회전운동**을 하며 **정확한 제어**가 가능하다.

• 조작부=조작기기

기억법 작서(작심)

참고

**서보전동기의 특징**
(1) **직류전동기**와 **교류전동기**가 있다.
(2) **정 · 역회전**이 가능하다.
(3) **급가속, 급감속**이 가능하다.
(4) **저속운전**이 용이하다.

답 ④

★

## 25 2차계에서 무제동으로 무한 진동이 일어나는 감쇠율(damping ratio) δ는 어떤 경우인가?

17.05.문25

① $\delta=0$
② $\delta>1$
③ $\delta=1$
④ $0<\delta<1$

해설 **2차계**에서의 **감쇠율**

| 감쇠율 | 특 성 |
|---|---|
| $\delta=0$ | 무제동 |
| $\delta>1$ | 과제동 |
| $\delta=1$ | 임계제동 |
| $0<\delta<1$ | 감쇠제동 |

용어

**감쇠율**(damping ratio)
미분방정식의 주파수응답특성을 나타내는 값
- 감쇠율 = 감쇠비

답 ①

★★
**26** 그림과 같은 계통의 전달함수는?

04.03.문27

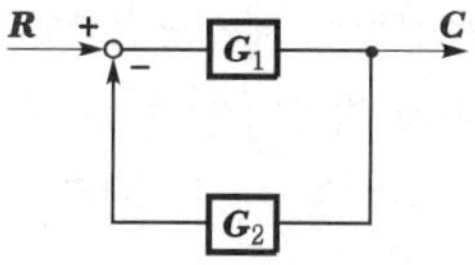


① $\dfrac{G_1}{1+G_2}$　　② $\dfrac{G_2}{1+G_1}$

③ $\dfrac{G_1}{1+G_1G_2}$　　④ $\dfrac{G_2}{1+G_1G_2}$

해설
$RG_1 - CG_1G_2 = C$

$RG_1 = C + CG_1G_2$

$RG_1 = C(1+G_1G_2)$

$\therefore \dfrac{C}{R} = \dfrac{G_1}{1+G_1G_2}$

용어

**전달함수**
모든 초기값을 **0**으로 하였을 때 출력신호의 라플라스 변환과 입력신호의 라플라스 변환의 비

답 ③

★★★
**27** 계측기 접점의 불꽃 제거나 서지전압에 대한 과입력 보호용으로 사용되는 것은?

19.04.문25
19.03.문35
18.09.문31
17.05.문35
16.10.문30
15.05.문38
14.09.문24
14.05.문24
12.03.문34
11.06.문37
00.10.문25

① 바리스터
② 사이리스터
③ 서미스터
④ 트랜지스터

해설 반도체 소자

| 명 칭 | 심 벌 |
|---|---|
| • **제너 다이오드**(zener diode) : 주로 정전압 전원회로에 사용된다. | 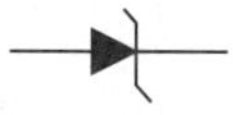 |
| • **서미스터**(thermistor) : 부온도특성을 가진 저항기의 일종으로서 주로 **온**도보정용으로 쓰인다. | 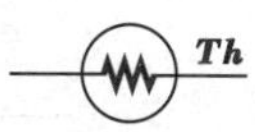 |
| • **SCR**(Silicon Controlled Rectifier) : 단방향 대전류 스위칭 소자로서 제어를 할 수 있는 정류 소자이다. | 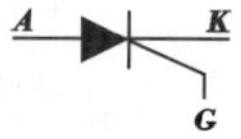 |
| • **바리스터**(varistor)<br>– 주로 **서**지전압에 대한 회로보호용(과도전압에 대한 회로보호)<br>– **계**전기 접점의 불꽃 제거 |  |
| • **UJT**(UniJunction Transistor) = **단일접합 트랜지스터** : 증폭기로는 사용이 불가능하며, 톱니파나 펄스발생기로 작용하고 SCR의 트리거 소자로 쓰인다. | 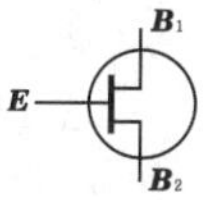 |
| • **바랙터**(Varactor) : 제너현상을 이용한 다이오드이다. | – |

기억법 **서온(서운해), 바리서계**

답 ①

★★
**28** 그림과 같은 변압기 철심의 단면적 $A$=5cm$^2$, 길이 $l$=50cm, 비투자율 $\mu_s$=1000, 코일의 감은 횟수 $N$=200이라 하고 1A의 전류를 흘렸을 때 자계에 축적되는 에너지는 몇 J인가? (단, 누설자속은 무시한다.)

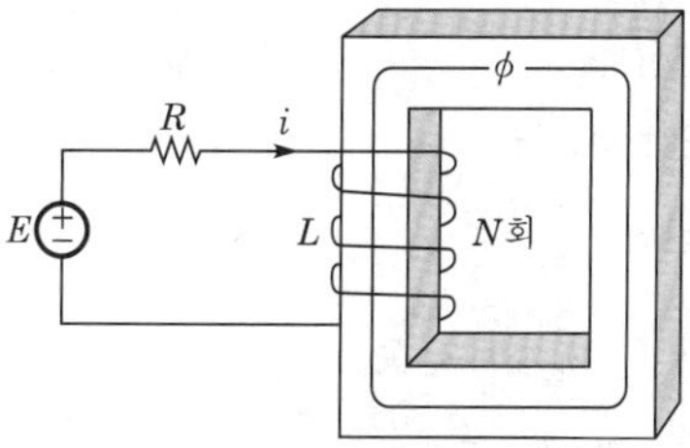


① $2\pi\times10^{-3}$　　② $4\pi\times10^{-3}$

③ $6\pi\times10^{-3}$　　④ $8\pi\times10^{-3}$

해설 **코일에 축적되는 에너지**

$$W = \frac{1}{2}LI^2$$

(1) **자기인덕턴스**(self inductance)

$$L = \frac{\mu AN^2}{l} = \frac{\mu_0\mu_s AN^2}{l} \text{[H]}$$

여기서, $L$ : 자기인덕턴스[H]
$\mu$ : 투자율($\mu=\mu_0\mu_s$)[H/m]
$\mu_0$ : 진공의 투자율($4\pi\times10^{-7}$)[H/m]
$\mu_s$ : 비투자율
$A$ : 단면적[m$^2$]
$N$ : 코일권수
$l$ : 평균자로의 길이[m]

$$L = \frac{\mu AN^2}{l} = \frac{\mu_0 \mu_s AN^2}{l}$$
$$= \frac{(4\pi \times 10^{-7}) \times 1000 \times (5 \times 10^{-4}) \times 200^2}{0.5}$$
$$\fallingdotseq 0.05\text{H}$$

- $l = 50\text{cm} = 0.5\text{m}(100\text{cm} = 1\text{m})$
- $A = 5\text{cm}^2 = 5 \times 10^{-4}\text{m}^2$

$1\text{cm} = 10^{-2}\text{m}$이므로

$1\text{cm}^2 = (10^{-2}\text{m})^2 = 10^{-4}\text{m}^2$

$\therefore\ 5\text{cm}^2 = 5 \times 10^{-4}\text{m}^2$

(2) **코일에 축적되는 에너지**

$$W = \frac{1}{2}LI^2 = \frac{1}{2}IN\phi\text{[J]}$$

여기서, $W$ : 코일의 축적에너지[J]
$L$ : 자기인덕턴스[H]
$N$ : 코일권수
$\phi$ : 자속[Wb]
$I$ : 전류[A]

$$W = \frac{1}{2}LI^2 = \frac{1}{2} \times 0.05 \times 1^2 = 0.025\text{J} = 8\pi \times 10^{-3}\text{J}$$

답 ④

★★★
## 29 교류의 파고율은?

① $\frac{\text{실효값}}{\text{평균값}}$ ② $\frac{\text{최대값}}{\text{실효값}}$
③ $\frac{\text{최대값}}{\text{평균값}}$ ④ $\frac{\text{실효값}}{\text{최대값}}$

해설 **파형률과 파고율**

(1) 파**형**률 $= \frac{\textbf{실}\text{효값}}{\textbf{평}\text{균값}}$

(2) 파**고**율 $= \frac{\textbf{최}\text{대값}}{\textbf{실}\text{효값}}$

기억법 **형실평, 고최실**

답 ②

★★★
## 30 제어요소의 구성이 올바른 것은?

19.09.문39
15.09.문28
13.03.문21

① 조절부와 조작부 ② 비교부와 검출부
③ 설정부와 검출부 ④ 설정부와 비교부

해설 **제어요소**(control element)
동작신호를 조작량으로 변환하는 요소이고, **조절부**와 **조작부**로 이루어진다.

참고

**구성요소**

| 제어요소 | 제어장치 | 조절기 |
|---|---|---|
| • 조절부<br>• 조작부 | • 조절부<br>• 설정부<br>• 검출부 | • 조절부<br>• 설정부<br>• 비교부 |

기억법 **요절작, 제장검설절(대장검 설정)**

답 ①

★
## 31 다음 중 지시계기에 대한 동작원리로 옳지 않은 것은?

16.10.문39
11.03.문40

① 열전형 계기－대전된 도체 사이에 작용하는 정전력을 이용
② 가동철편형 계기－전류에 의한 자기장이 연철편에 작용하는 힘을 이용
③ 전류력계형 계기－전류 상호간에 작용하는 힘을 이용
④ 유도형 계기－회전자기장 또는 이동자기장과 이것에 의한 유도전류와의 상호작용을 이용

해설 **지시계기의 동작원리**

| 계기명 | 동작원리 |
|---|---|
| 열**전**대형 계기(열전형 계기) | **금**속선의 팽창 |
| 유도형 계기 | 회전자장 및 이동자장 |
| 전류력계형 계기 | 코일의 자계(전류 상호간에 작용하는 힘) |
| 열선형 계기 | 열선의 팽창 |
| 가동철편형 계기 | 연철편의 작용 |
| 정전형 계기 | 정전력 이용 |

기억법 **금전**

중요

**지시전기계기의 종류**

| 계기의 종류 | 기 호 | 사용회로 |
|---|---|---|
| 가동코일형 | | 직류 |
| 가동철편형 | | 교류 |
| 정류형 | | 교류 |
| 유도형 | | 교류 |
| 전류력계형 | | 교직양용 |
| 열선형 | | 교직양용 |
| 정전형 | | 교직양용 |

- 정류기형 계기＝정류형 계기

답 ①

★★★
**32** 권선수가 100회인 코일을 200회로 늘리면 인덕턴스는 어떻게 변화하는가?

① $\frac{1}{2}$배로 감소　　② $\frac{1}{4}$배로 감소

③ 2배로 증가　　④ 4배로 증가

해설 **자기인덕턴스**(self inductance)

$$L = \frac{\mu A N^2}{l} \text{[H]}$$

여기서, $L$ : 자기인덕턴스[H]
$\mu$ : 투자율[H/m]
$A$ : 단면적[m$^2$]
$N$ : 코일권수
$l$ : 평균자로의 길이[m]

자기인덕턴스 $L = \frac{\mu A N^2}{l} \propto N^2 = \left(\frac{200}{100}\right)^2 = 4$배

답 ④

★★★
**33** 1개의 용량이 25W인 객석유도등 10개가 연결되어 있다. 이 회로에 흐르는 전류는 약 몇 A인가? (단, 전원 전압은 220V이고, 기타 선로손실 등은 무시한다.)

① 0.88A　　② 1.14A

③ 1.25A　　④ 1.36A

해설 **전력**

$$P = VI = I^2 R = \frac{V^2}{R}$$

여기서, $P$ : 전력[W]
$V$ : 전압[V]
$I$ : 전류[A]
$R$ : 저항[Ω]

전류 $I = \frac{P}{V} = \frac{25\text{W} \times 10\text{개}}{220\text{V}} ≒ 1.14\text{A}$

답 ②

★
**34** 정전용량이 0.5F인 커패시터 양단에 $V = 10\angle -60°$V인 전압을 가하였을 때 흐르는 전류의 순시값은 몇 A인가? (단, $\omega = 30$rad/s이다.)

14.05.문31
11.10.문35

① $i = 150\sqrt{2}\sin(30t + 30°)$

② $i = 150\sin(30t - 30°)$

③ $i = 150\sqrt{2}\sin(30t + 60°)$

④ $i = 150\sin(30t - 60°)$

해설 (1) **각주파수**

$$\omega = \frac{2\pi}{T} = 2\pi f \text{[rad/s]}$$

여기서, $\omega$ : 각주파수[rad/s]
$T$ : 주기[s]
$f$ : 주파수[Hz]

주파수 $f = \frac{\omega}{2\pi} = \frac{30}{2\pi} ≒ 4.77\text{Hz}$

(2) **용량리액턴스**

$$X_C = \frac{1}{2\pi f C}$$

여기서, $X_C$ : 용량리액턴스[Ω]
$f$ : 주파수[Hz]
$C$ : 정전용량[F]

**용량리액턴스** $X_C$는

$X_C = \frac{1}{2\pi f C} = \frac{1}{2\pi \times 4.77 \times 0.5} ≒ 0.0667\,\Omega$

(3) **극형식 → 순시값 변환**

$V = 10\angle -60° = 10\sqrt{2}\sin\left(\omega t - \frac{\pi}{3}\right)$
$= 10\sqrt{2}\sin(\omega t - 60°)$

- $\pi = 180°$이므로 $\frac{\pi}{3} = 60°$, $\frac{\pi}{6} = 30°$

(4) **전류의 순시값**

$$i = \frac{v}{X_C}$$

여기서, $i$ : 전류의 순시값[A]
$v$ : 전압의 순시값[V]
$X_C$ : 용량리액턴스[Ω]

전류의 순시값 $i = \frac{v}{X_C} = \frac{10\sqrt{2}}{0.0667}\sin(\omega t - 60° + 90°)$
$= 150\sqrt{2}\sin(30t + 30°)$

- $\omega$ : 30rad/s(단서에서 주어짐)
- 90° : 커패시터(콘덴서)는 전류가 전압보다 90° 앞서므로 90°를 더함

중요

(1) **순시값**

$$e = V_m \sin\omega t$$

여기서, $e$ : 전압의 순시값[V], $V_m$ : 전압의 최대값[V]
$\omega$ : 각주파수[rad/s], $t$ : 주기[s]

(2) **최대값**

$$V_m = \sqrt{2}\,V$$

여기서, $V_m$ : 전압의 최대값[V], $V$ : 전압의 실효값[V]

(3) **극형식**

$$V\angle\theta$$

여기서, $V$ : 전압의 실효값[V], $\theta$ : 위상차[rad]

답 ①

★
**35** P형 반도체에 첨가되는 불순물에 관한 설명으로 옳은 것은?
16.10.문38

① 5개의 가전자를 갖는다.
② 억셉터 불순물이라 한다.
③ 과잉전자를 만든다.
④ 게르마늄에는 첨가할 수 있으나 실리콘에는 첨가가 되지 않는다.

해설 **n형 반도체와 P형 반도체**

| n형 반도체 | P형 반도체 |
|---|---|
| 도너(donor) | 억셉터 |
| **5가**원소 | **3가**원소 |
| 부(⊖, negative) | 정(⊕, positive) |
| 가전자가 1개 남는 불순물 | 가전자가 1개 모자라는 불순물 |

① 5개 → 3개
③ 과잉전자 → 부족전자
④ 게르마늄, 실리콘 모두 첨가 가능

답 ②

★★
**36** 1C/sec는 다음 중 어느 것과 같은가?

① 1J ② 1V
③ 1A ④ 1W

해설 **전기량**

$$Q = It$$

여기서, $Q$ : 전기량(C)
$I$ : 전류(A)
$t$ : 시간(sec) 또는 (s)

전류 $I = \frac{Q\text{(C)}}{t\text{(sec)}}$ (A)

$\therefore$ 1A = 1C/sec

• 전기량 = 전하

답 ③

★★★
**37** 3상 유도전동기를 기동하기 위하여 권선을 Y결선하면 △ 결선하였을 때 보다 토크는 어떻게 되는가?
15.05.문21

① $\frac{1}{\sqrt{3}}$로 감소 ② $\frac{1}{3}$로 감소
③ 3배로 증가 ④ $\sqrt{3}$ 배로 증가

해설 (1) **3상 전력**

$$P = \sqrt{3}\, V_l I_l \cos\theta = 9.8\omega\tau$$

여기서, $P$ : 3상 전력(W)
$V_l$ : 선간전압(V)
$I_l$ : 선전류(A)
$\cos\theta$ : 역률
$\omega$ : 각속도(rad/s)
$\tau$ : 토크(kg · m)

(2) **Y결선, △결선의 선전류**

$$I_l \propto \tau$$

$$I_Y = \frac{V}{\sqrt{3}R},\quad I_\triangle = \frac{\sqrt{3}\,V}{R}$$

여기서, $I_Y$ : Y결선의 선전류(A)
$V$ : 선간전압(V)
$R$ : 저항(Ω)
$I_\triangle$ : △결선의 선전류(A)

$$\frac{I_Y}{I_\triangle} = \frac{\frac{V}{\sqrt{3}R}}{\frac{\sqrt{3}\,V}{R}} = \frac{1}{3}$$

선전류($I_l$)와 토크($\tau$)에 비례하므로 △결선에서 Y결선으로 바꾸면 기동토크는 $\frac{1}{3}$로 감소한다.

답 ②

★★★
**38** 자동제어에서 미리 정해 놓은 순서에 따라 각 단계가 순차적으로 진행되는 제어방식은?
13.09.문29

① 피드백제어 ② 서보제어
③ 프로그램제어 ④ 시퀀스제어

해설

| **프로그램제어** (프로그래밍 제어, program control) | **시퀀스제어** (sequence control) |
|---|---|
| 목표값이 **미리 정해진 시간적 변화**를 하는 경우 제어량을 그것에 추종시키기 위한 제어<br>예 **열차 · 산업로봇**의 **무인운전** | 미리 정해진 **순**서에 따라 각 단계가 순차적으로 진행되는 제어<br>예 **무인 커피판매기** |

기억법 **프시변, 순시**

답 ④

★★
**39** 다음 무접점 논리회로의 출력 $X$는?
15.03.문29
07.05.문36

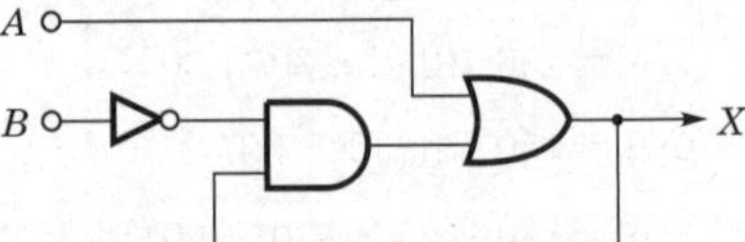


① $A(\overline{B}+X)$ ② $B(\overline{A}+X)$
③ $A+\overline{B}X$ ④ $\overline{B}+AX$

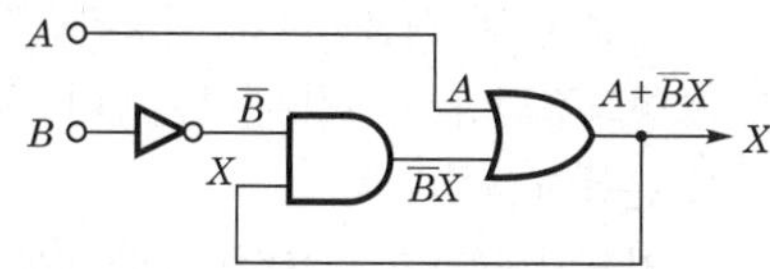


**중요**

**무접점 논리회로**

| 시퀀스 | 논리식 | 논리회로 |
|---|---|---|
| 직렬 회로 | $Z=A \cdot B$<br>$Z=AB$ | A, B — Z |
| 병렬 회로 | $Z=A+B$ | A, B — Z |
| a접점 | $Z=A$ | A — Z<br>A — Z |
| b접점 | $Z=\overline{A}$ | A — Z<br>A — Z<br>A — Z |

답 ③

### 40
08.09.문30

**최대눈금 100mV, 내부저항 20Ω의 직류전압계에 10kΩ의 배율기를 접속하면 약 몇 V까지 측정할 수 있는가?**

① 50V
② 80V
③ 100V
④ 200V

해설 **배율기**

$$V_o = V\left(1+\frac{R_m}{R_v}\right) \text{[V]}$$

여기서, $V_o$ : 측정하고자 하는 전압[V]
$V$ : 전압계의 최대눈금[V]
$R_v$ : 전압계의 내부저항[Ω]
$R_m$ : 배율기저항[Ω]

**측정하고자 하는 전압** $V_o$는

$$V_o = V\left(1+\frac{R_m}{R_v}\right)$$
$$= 100 \times 10^{-3}\left(1+\frac{10\times 10^3}{20}\right)$$
$$\fallingdotseq 50\text{V}$$

※ **배율기** : 전압계와 **직렬**접속

**비교**

**분류기**

$$I_o = I\left(1+\frac{R_A}{R_S}\right) \text{[A]}$$

여기서, $I_o$ : 측정하고자 하는 전류[A]
$I$ : 전류계의 최대눈금[A]
$R_A$ : 전류계의 내부저항[Ω]
$R_S$ : 분류기저항[Ω]

※ **분류기** : 전류계와 **병렬**접속

답 ①

## 제 3 과목 소방관계법규

### 41
19.09.문56
14.09.문60
13.06.문54

**소방특별조사에 관한 설명이다. 틀린 것은?**

① 소방특별조사 업무를 수행하는 관계 공무원 및 관계 전문가는 그 권한을 표시하는 증표를 지니고 이를 관계인에게 내보여야 한다.
② 소방특별조사시 관계인의 업무에 지장을 주지 아니 하여야 하나 조사업무를 위해 필요하다고 인정되는 경우 일정부분 관계인의 업무를 중지시킬 수 있다.
③ 조사업무를 수행하면서 취득한 자료나 알게 된 비밀을 다른 사람에게 제공 또는 누설하거나 목적 외의 용도로 사용하여서는 아니 된다.
④ 소방특별조사 업무를 수행하는 관계 공무원 및 관계 전문가는 관계인의 정당한 업무를 방해하여서는 아니 된다.

해설 **소방시설법 4조 4**
**소방특별조사**
(1) **증표**를 관계인에게 제시
(2) 관계인의 **업무방해** 금지
(3) **비밀**유지

답 ②

### 42

**제조소 중 위험물을 취급하는 건축물은 특수한 경우를 제외하고 어떤 구조로 하여야 하는가?**

① 지하층이 없는 구조이어야 한다.
② 지하층이 있는 구조이어야 한다.
③ 지하층이 있는 1층 이내의 건축물이어야 한다.
④ 지하층이 있는 2층 이내의 건축물이어야 한다.

해설 **위험물규칙 [별표 4]**

**제조소 중 위험물을 취급하는 건축물의 구조**

(1) **지하층**이 없는 **구조**이어야 한다.
(2) **벽·기둥·바닥·보·서까래** 및 **계단**을 **불연재료**로 하고, 연소의 우려가 있는 외벽은 개구부가 없는 **내화구조**의 벽으로 하여야 한다.
(3) 지붕은 폭발력이 위로 방출될 정도의 **가벼운 불연재료**로 덮어야 한다.

답 ①

★
**43** **소방시설공사가 설계도서나 화재안전기준에 맞지 아니할 경우 감리업자가 가장 우선하여 조치하여야 할 사항은?**

① 공사업자에게 공사의 시정 또는 보완을 요구하여야 한다.
② 공사업자의 규정위반 사실을 관계인에게 알리고 관계인으로 하여금 시정 요구토록 조치한다.
③ 공사업자의 규정위반 사실을 발견 즉시 소방본부장 또는 소방서장에게 보고한다.
④ 공사업자의 규정위반 사실을 시·도지사에게 신고한다.

해설 **공사업법 19조**

**위반사항에 대한 조치**

(1) 감리업자는 공사업자에게 **공사**의 **시정** 또는 **보완요구**
(2) 공사업자가 요구불이행시 행정안전부령이 정하는 바에 따라 **소방본부장**이나 **소방서장**에게 보고

답 ①

★★★
**44** **소방시설의 하자가 발생한 경우 통보를 받은 공사업자는 며칠 이내에 이를 보수하거나 보수일정을 기록한 하자보수계획을 관계인에게 서면으로 알려야 하는가?**

① 3일 ② 7일
③ 14일 ④ 30일

해설 3일

(1) **하**자보수기간(공사업법 15조)
(2) 소방시설업 등록증 **분**실 등의 **재발급**(공사업규칙 4조)

기억법 3하분재(상하이에서 분재를 가져왔다.)

답 ①

★
**45** **다음 특정소방대상물에 대한 설명으로 옳은 것은?**

16.05.문59

① 의원은 근린생활시설이다.
② 동물원 및 식물원은 동식물관련시설이다.
③ 종교집회장은 면적에 상관없이 문화집회 및 운동시설이다.
④ 철도시설(정비창 포함)은 항공기 및 자동차 관련시설이다.

해설 **소방시설법 시행령 [별표 2]**

| 구 분 | 설 명 |
|---|---|
| 의원 | • 근린생활시설 |
| 동물원 및 식물원 | • 문화 및 집회시설 |
| 종교집회장 | • 300$m^2$ 미만 : 근린생활시설<br>• 300$m^2$ 이상 : 종교시설 |
| 철도시설 | • 운수시설 |

중요

**근린생활시설**

| 면 적 | 적용장소 | |
|---|---|---|
| 150$m^2$ 미만 | • 단란주점<br>• 기원 | |
| 300$m^2$ 미만 | • 종교시설<br>• 공연장<br>• 비디오물 감상실업<br>• 비디오물 소극장업 | |
| 500$m^2$ 미만 | • 탁구장<br>• 테니스장<br>• 체육도장<br>• 사무소<br>• 학원<br>• 당구장 | • 서점<br>• 볼링장<br>• 금융업소<br>• 부동산 중개사무소<br>• 골프연습장 |
| 1000$m^2$ 미만 | • 자동차영업소<br>• 일용품<br>• 의약품 판매소 | • 슈퍼마켓<br>• 의료기기 판매소 |
| 전부 | • 이용원·미용원·목욕장 및 세탁소<br>• 휴게음식점·일반음식점<br>• 독서실<br>• 안마원(안마시술소 포함)<br>• 조산원(산후조리원 포함)<br>• 의원, 치과의원, 한의원, 침술원, 접골원 | |

답 ①

★★
**46** **특수가연물의 저장 및 취급의 기준으로서 옳지 않은 것은?**

19.03.문55
18.03.문60
14.05.문46
13.03.문60

① 특수가연물을 저장 또는 취급하는 장소에는 품명·최대수량 및 화기취급의 금지표지를 설치하여야 한다.
② 품명별로 구분하여 쌓아야 한다.
③ 석탄이나 목탄류를 쌓는 경우에는 쌓는 부분의 바닥면적은 50$m^2$ 이하가 되도록 하여야 한다.
④ 쌓는 높이는 10m 이하가 되도록 하여야 한다.

해설 **기본령 7조**

특수가연물의 저장·취급기준

(1) **품명별**로 구분하여 쌓을 것
(2) 쌓는 높이는 **10m** 이하가 되도록 할 것
(3) 쌓는 부분의 바닥면적은 **$50m^2$**(석탄·목탄류는 **$200m^2$**) 이하가 되도록 할 것
(4) 쌓는 부분의 바닥면적 사이는 **1m** 이상이 되도록 할 것
(5) 취급장소에는 **품명**·**최대수량** 및 **화기취급**의 **금지표지** 설치

③ $50m^2 \rightarrow 200m^2$

답 ③

★★
**47** 소방청장은 방염대상물품의 방염성능검사 업무를 어디에 위탁할 수 있는가?

① 소방시설업자협회 ② 한국소방안전원
③ 소방산업공제조합 ④ 한국소방산업기술원

해설 **소방시설법 시행령 39조**

권한의 위탁

| 한국소방산업기술원 | 한국소방안전원 |
|---|---|
| • **방**염성능검사업무(대통령령이 정하는 검사)<br>• 소방용품의 **형**식승인<br>• 소방용품 형식승인의 변경승인<br>• 소방용품의 **성**능인증 및 취소<br>• 소방용품의 **우**수품질 인증 및 취소<br>• 소방용품의 성능인증 변경인증 | 소방안전관리에 대한 교육업무 |

기억법 기방 우성형

답 ④

★★★
**48** 공동소방안전관리자를 선임하여야 하는 특정소방대상물의 기준으로 옳지 않은 것은?

① 소매시장
② 도매시장
③ 3층 이상인 학원
④ 연면적이 $5000m^2$ 이상인 복합건축물

해설 **소방시설법 시행령 25조**

공동소방안전관리자를 선임하여야 할 특정소방대상물

(1) 고층건축물(지하층을 제외한 11층 이상)
(2) 지하가
(3) **복**합건축물로서 연면적 **5000$m^2$** 이상
(4) **복**합건축물로서 **5층** 이상
(5) **도매시장, 소매시장**
(6) **소방본부장·소방서장**이 지정하는 것

기억법 5복

답 ③

★
**49** 소방기본법에 규정된 화재조사에 대한 내용이다. 틀린 것은?

① 화재조사 전담부서에는 발굴용구, 기록용기기, 감식용 기기, 조명기기, 그 밖의 장비를 갖추어야 한다.
② 소방청장은 화재조사에 관한 시험에 합격한 자에게 3년마다 전문보수교육을 실시하여야 한다.
③ 화재의 원인과 피해조사를 위하여 소방청, 시·도의 소방본부와 소방서에 화재조사를 전담하는 부서를 설치·운영한다.
④ 화재조사에는 장비를 활용하여 화재사실을 인지하는 즉시 실시한다.

해설 **기본규칙 11~13조**

화재조사

(1) 화재사실을 인지하는 **즉시** 실시
(2) 화재조사 전담부서 설치 : **소방청, 소방본부, 소방서**
(3) **2년**마다 **전문보수교육** 실시 : **소방청장**

② 3년 → 2년

답 ②

★
**50** 소방시설업자가 영업정지기간 중에 소방시설공사 등을 한 경우 1차 행정처분으로 옳은 것은?

13.03.문58

① 1차 - 등록취소
② 1차 - 경고(시정명령), 2차 - 영업정지 6개월
③ 1차 - 영업정지 3개월, 2차 - 등록취소
④ 1차 - 경고(시정명령), 2차 - 등록취소

해설 **공사업규칙 [별표 1]**

소방시설업에 대한 행정처분기준

| 행정처분 | 위반사항 |
|---|---|
| 1차<br>등록취소 | • 영업정지기간 중에 소방시설공사 등을 한 경우<br>• **거짓** 또는 **부정한 방법**으로 등록한 경우<br>• **등록결격사유**에 해당된 경우 |

답 ①

★★
**51** 다음 위험물 중 자기반응성 물질은 어느 것인가?

13.03.문19

① 황린
② 염소산염류
③ 알칼리토금속
④ 질산에스테르류

해설 **위험물령 〔별표 1〕**
**위험물**

| 유 별 | 성 질 | 품 명 |
|---|---|---|
| 제1류 | 산화성 고체 | • 아염소산염류<br>• 염소산염류<br>• 과염소산염류<br>• 질산염류<br>• 무기과산화물 |
| 제2류 | 가연성 고체 | • 황화린<br>• **적린**<br>• **유황**<br>• **철분**<br>• 마그네슘 |
| 제3류 | 자연발화성 물질 및 금수성 물질 | • 황린<br>• 칼륨<br>• 나트륨 |
| 제4류 | **인화성 액체** | • 특수인화물<br>• 알코올류<br>• 석유류<br>• 동식물유류 |
| 제5류 | 자기반응성 물질 | • 니트로화합물<br>• 유기과산화물<br>• 니트로소화합물<br>• 아조화합물<br>• 질산에스테르류(셀룰로이드) |
| 제6류 | 산화성 액체 | • 과염소산<br>• 과산화수소<br>• 질산 |

답 ④

## 52 다음 중 특수가연물에 해당되지 않는 것은?

15.09.문47
15.05.문49
12.05.문60

① 800kg 이상의 종이부스러기
② 1000kg 이상의 볏짚류
③ 1000kg 이상의 사류(絲類)
④ 400kg 이상의 나무껍질

해설 **기본령 〔별표 2〕**
**특수가연물**

| 품 명 | | 수 량 |
|---|---|---|
| 가연성 액체류 | | $2m^3$ 이상 |
| 목재가공품 및 나무부스러기 | | $10m^3$ 이상 |
| 면화류 | | 200kg 이상 |
| 나무껍질 및 대팻밥 | | 400kg 이상 |
| 넝마 및 종이부스러기 | | 1000kg 이상 |
| 사류(絲類) | | 1000kg 이상 |
| 볏짚류 | | 1000kg 이상 |
| 가연성 고체류 | | 3000kg 이상 |
| 합성수지류 | 발포시킨 것 | $20m^3$ 이상 |
| 합성수지류 | 그 밖의 것 | 3000kg 이상 |
| 석탄 · 목탄류 | | 10000kg 이상 |

① 1000kg 이상의 종이부스러기

※ **특수가연물**: 화재가 발생하면 그 확대가 빠른 물품

기억법
가액목면나 넝사볏가고 합석
2 124 1 3 31

답 ①

## 53 자동화재탐지설비를 화재안전기준에 적합하게 설치한 경우에 그 설비의 유효범위 내에서 설치가 면제되는 소방시설로서 옳은 것은?

14.09.문78

① 비상경보설비 ② 누전경보기
③ 비상조명등 ④ 무선통신보조설비

해설 **소방시설법 시행령 〔별표 6〕**
**소방시설 면제기준**

| 면제대상 | 대체설비 |
|---|---|
| 스프링클러설비 | • **물분무등소화설비** |
| 물분무등소화설비 | • **스프링클러설비** |
| 간이스프링클러설비 | • 스프링클러설비<br>• **물분무소화설비**<br>• **미분무소화설비** |
| 비상경보설비 또는 단독경보형 감지기 | • 자동화재탐지설비 |
| 비상경보설비 | • **2개 이상 단독경보형 감지기 연동** |
| 비상방송설비 | • 자동화재탐지설비<br>• 비상경보설비 |
| 연결살수설비 | • 스프링클러설비<br>• 간이스프링클러설비<br>• 물분무소화설비<br>• 미분무소화설비 |
| 제연설비 | • **공기조화설비** |
| 연소방지설비 | • 스프링클러설비<br>• 물분무소화설비<br>• 미분무소화설비 |
| 연결송수관설비 | • 옥내소화전설비<br>• 스프링클러설비<br>• 간이스프링클러설비<br>• 연결살수설비 |
| 자동화재탐지설비 | • 자동화재탐지설비의 기능을 가진 스프링클러설비<br>• 물분무등소화설비 |
| 옥내소화전설비 | • 옥외소화전설비<br>• 미분무소화설비(호스릴방식) |

답 ①

★
**54** 소방시설업의 지위를 승계한 자는 그 지위를 승계한 날부터 30일 이내에 상속인, 영업을 양수한 자와 시설의 전부를 인수한 자의 경우에는 소방시설업 지위승계신고서에, 합병 후 존속하는 법인 또는 합병에 의하여 설립되는 법인의 경우에는 소방시설업 합병신고서에 서류를 첨부하여 시·도지사에게 제출하여야 한다. 제출서류에 포함하지 않아도 되는 것은?

① 소방시설업 등록증 및 등록수첩
② 영업소 위치, 면적 등이 기록된 등기부 등본
③ 계약서 사본 등 지위승계를 증명하는 서류
④ 소방기술인력 연명부 및 기술자격증·자격수첩

해설 **공사업규칙 7조**
소방시설업의 지위승계 서류
(1) 소방시설업 **등록증** 및 **등록수첩**
(2) **계약서 사본** 등 지위승계를 증명하는 서류(전자문서 포함)
(3) 소방기술인력 **연명부** 및 **기술자격증 자격수첩**
(4) 계약일을 기준으로 하여 작성한 지위승계인의 **자산평가액** 또는 **기업진단보고서**(소방시설공사업만 해당)
(5) **출자·예치·담보** 금액 확인서(소방시설공사업만 해당)

기억법 **등계연자출승**

답 ②

★★★
**55** 아파트로서 층수가 몇 층 이상인 것은 모든 층에 스프링클러를 설치하여야 하는가?
15.05.문53
13.06.문43

① 6층 ② 11층
③ 15층 ④ 20층

해설 **스프링클러설비의 설치대상**

| 설치대상 | 조 건 |
|---|---|
| • 문화 및 집회시설, 운동시설<br>• 종교시설 | • 수용인원 : **100명** 이상<br>• 영화상영관 : 지하층·무창층 **500m²**(기타 **1000m²**) 이상<br>• 무대부<br>– 지하층·무창층·**4층** 이상 **300m²** 이상<br>– 1~3층 **500m²** 이상 |
| • 판매시설<br>• 운수시설<br>• 물류터미널 | • 수용인원 : **500명** 이상<br>• 3층 이하 : 바닥면적 합계 **6000m²** 이상<br>• 4층 이상 : 바닥면적 합계 **5000m²** 이상 |
| • 노유자시설<br>• 정신의료기관<br>• 수련시설(숙박시설이 있는 것)<br>• 종합병원, 병원, 치과병원, 한방병원 및 요양병원(정신병원 제외) | • 연면적 **600m²** 이상 |
| • 지하층·무창층·4층 이상 | • 바닥면적 **1000m²** 이상 |
| • **지하가**(터널 제외) | • 연면적 **1000m²** 이상 |
| • **10m** 넘는 랙크식 창고 | • 연면적 **1500m²** 이상 |
| • 복합건축물<br>• 기숙사 | • 연면적 **5000m²** 이상 : 전층 |
| • **6층** 이상 | • 전층 |
| • 보일러실·연결통로 | • 전부 |
| • 특수가연물 저장·취급 | • 지정수량 **1000배** 이상 |

답 ①

★★★
**56** 소방본부장 또는 소방서장은 함부로 버려두거나 그냥 둔 위험물 또는 물건을 옮겨 보관하는 경우 소방본부 또는 소방서 게시판에 보관한 날부터 며칠 동안 공고하여야 하는가?
12.03.문59

① 7일 동안 ② 14일 동안
③ 21일 동안 ④ 28일 동안

해설 **14일**
(1) 방치된 **위험물 공고**기간(기본법 12조)
(2) 소방기술자 실무교육기관 휴폐업 신고일(공사업규칙 34조)
(3) **제**조소 등의 용도**폐**지 신고일(위험물법 11조)
(4) 위험물안전관리자의 **선**임신고일(위험물법 15조)
(5) 소방안전관리자의 **선**임신고일(소방시설법 20조)

기억법 **14제폐선**

답 ②

★★
**57** 위험물운송자 자격을 취득하지 아니한 자가 위험물 이동탱크저장소 운전시의 벌칙으로 옳은 것은?
19.03.문54

① 50만원 이하의 벌금
② 100만원 이하의 벌금
③ 200만원 이하의 벌금
④ 1000만원 이하의 벌금

해설 **위험물법 37조**
**1000만원 이하의 벌금**
(1) **위험물 취급**에 관한 안전관리와 감독하지 않은 자
(2) **위험물 운반**에 관한 중요기준 위반
(3) 위험물운반자 요건을 갖추지 아니한 위험물운반자
(4) 위험물 저장·취급장소의 출입·검사시 관계인의 정당업무 방해 또는 비밀누설
(5) 위험물 운송규정을 위반한 위험물**운**송자(무면허 위험물운송자)

기억법 **천운**

답 ④

★★★
**58** 소방공사 감리원 배치시 배치일로부터 며칠 이내에 관련 서류를 첨부하여 소방본부장 또는 소방서장에게 알려야 하는가?

19.04.문48 19.04.문56 18.04.문56 16.05.문49 13.03.문46 11.06.문49 09.04.문56

① 3일 ② 7일
③ 14일 ④ 30일

해설 7일
(1) 위험물이나 물건의 보관기간(기본령 3조)
(2) 건축허가 등의 취소통보(소방시설법 시행규칙 4조)
(3) **소방공사 감리원**의 **배치**통보일(공사업규칙 17조)
(4) 소방공사 감리결과 통보 · 보고일(공사업규칙 19조)
(5) 소방특별조사 조사대상 · 기간 · 사유 서면 통지일(소방시설법 4조 3)
(6) 종합정밀점검 · 작동기능점검 결과보고서 제출일(소방시설법 시행규칙 19조)

기억법 감배7(감배치)

답 ②

★★★
**59** 국가는 소방업무에 필요한 경비의 일부를 국고에서 보조한다. 국고보조 대상 소방활동장비와 설비의 구입 및 설치로서 옳지 않은 것은?

19.09.문54 14.09.문46 14.05.문52 06.05.문60

① 소방헬리콥터 및 소방정 구입
② 소방전용 통신설비 설치
③ 소방관서 직원숙소 건립
④ 소방자동차 구입

해설 기본령 2조
국고보조의 대상 및 기준
(1) **국고보조의 대상**
㉠ 소방**활**동장비와 설비의 구입 및 설치
- 소방**자**동차
- 소방**헬**리콥터 · 소방정
- 소방**전**용통신설비 · 전산설비
- 방**화복**

㉡ 소방관서용 **청**사
(2) **소방활동장비 및 설비의 종류와 규격 : 행정안전부령**
(3) **대상사업의 기준보조율** : 「보조금관리에 관한 법률 시행령」에 따름

기억법 국화복 활자 전헬청

답 ③

★★★
**60** 건축물 등의 신축 · 증축 동의요구를 소재지 관할 소방본부장 또는 소방서장에게 한 경우 소방본부장 또는 소방서장은 건축허가 등의 동의요구서류를 접수한 날부터 며칠 이내에 건축허가 등의 동의여부를 회신하여야 하는가? (단, 허가 신청한 건축물 연면적이 20만m$^2$ 이상의 특정소방대상물인 경우이다.)

19.04.문41 17.03.문59 11.10.문58

① 5일 ② 7일
③ 10일 ④ 30일

해설 소방시설법 시행규칙 4조
건축허가 등의 동의 여부 회신

| 날 짜 | 연면적 |
|---|---|
| 5일 이내 | • 기타 |
| 10일 이내 | • **50층** 이상(지하층 제외) 또는 지상으로부터 높이 **200m** 이상인 **아파트**<br>• **30층** 이상(지하층 포함) 또는 지상 **120m** 이상(아파트 제외)<br>• 연면적 **20만m$^2$** 이상(아파트 제외) |

답 ③

## 제 4 과목 소방전기시설의 구조 및 원리

★★★
**61** 비상방송설비의 음향장치 설치기준으로 옳지 않은 것은?

19.09.문76 19.04.문68 18.09.문77 18.03.문73 16.10.문69 16.10.문73 16.05.문67 16.03.문68 15.09.문66 15.05.문76 15.03.문62 14.05.문63 14.05.문75 13.09.문70 13.06.문62 13.06.문80

① 음량조정기를 설치하는 경우 음량조정기의 배선은 3선식으로 할 것
② 다른 방송설비와 공용하는 것에 있어서는 화재시 비상경보 외의 방송을 차단할 수 있는 구조로 할 것
③ 기동장치에 따른 화재신고를 수신한 후 필요한 음량으로 화재발생상황 및 피난에 유효한 방송이 자동으로 개시될 때까지의 소요시간은 20초 이하로 할 것
④ 조작부는 기동장치의 작동과 연동하여 해당 기동장치가 작동한 층 또는 구역을 표시할 수 있는 것으로 할 것

해설 비상**방**송설비의 **설치기준**
(1) 확성기의 음성입력은 **3**W(**실**내 **1**W) 이상일 것
(2) 확성기는 **각 층**마다 설치하되, 각 부분으로부터의 수평거리는 **25m** 이하일 것
(3) **음**량조정기는 **3선식** 배선일 것
(4) 조작스위치는 바닥으로부터 **0.8~1.5m** 이하의 높이에 설치할 것
(5) 다른 전기회로에 의하여 **유도장애**가 생기지 아니하도록 할 것
(6) 비상방송 **개**시시간은 **10초** 이하일 것
(7) 다른 방송설비와 공용할 경우 화재시 비상경보 외의 방송을 차단할 수 있을 것

기억법 방3실1, 3음방(삼엄한 방송실), 개10방

③ 20초 이하 → 10초 이하

답 ③

★★★
**62** 객석통로에서 직선부분의 길이가 20m인 경우 객석유도등의 설치개수는?

19.04.문69 17.05.문74 14.03.문62 13.03.문76 12.03.문63

① 3개 ② 4개
③ 5개 ④ 6개

해설 **최소 설치개수 산정식**

설치개수 산정시 소수가 발생하면 반드시 **절상**한다.

(1) **객석유도등**

$$설치개수 = \frac{객석통로의\ 직선부분의\ 길이[m]}{4} - 1$$

$$= \frac{20}{4} - 1 = 4개$$

기억법 객4

(2) **유도표지**

$$설치개수 = \frac{구부러진\ 곳이\ 없는\ 부분의\ 보행거리[m]}{15} - 1$$

기억법 유15

(3) **복도통로유도등, 거실통로유도등**

$$설치개수 = \frac{구부러진\ 곳이\ 없는\ 부분의\ 보행거리[m]}{20} - 1$$

기억법 통2

답 ②

★

**63** 다음 (  ) 안에 공통으로 들어갈 내용으로 옳은 것은?

P형 수신기의 비상전원시험은 (   )이(가) 정전되었을 때 자동적으로 예비전원(비상전원 전용수전설비 제외)으로 절환되며, 정전복구시에는 자동적으로 (   )(으)로 절환 되는지 확인하는 시험이다.

① 감지기 ② 표시기전원
③ 충전전원 ④ 상용전원

해설

| 비상전원시험 | 예비전원시험 |
|---|---|
| **상용전원**이 정전되었을 때 자동적으로 예비전원(비상전원 전용수전설비 제외)으로 절환되며, 정전복구시에는 자동적으로 **상용전원**으로 절환되는지 확인하는 시험 | **상용전원** 및 **비상전원**이 사고 등으로 정전된 경우, 자동적으로 예비전원으로 절환되며, 또한 정전복구시에 자동적으로 **상용전원**으로 절환되는지의 여부를 확인하는 시험 |

답 ④

★★

**64** 하나의 전용회로에 단상교류 비상콘센트 6개를 연결하는 경우 전선의 용량은?

19.04.문63
18.04.문61
17.03.문72
16.10.문61
16.05.문76
15.09.문80
14.03.문64
11.10.문67

① 1.5kVA 이상
② 3kVA 이상
③ 4.5kVA 이상
④ 9kVA 이상

해설 **비상콘센트설비**

(1) 하나의 전용회로에 설치하는 비상콘센트는 **10개** 이하로 할 것(전선의 용량은 최대 **3개**)

| 설치하는 비상콘센트 수량 | 전선의 용량산정시 적용하는 비상콘센트 수량 | 단상전선의 용량 |
|---|---|---|
| 1 | 1개 이상 | 1.5kVA 이상 |
| 2 | 2개 이상 | 3.0kVA 이상 |
| 3~10 | 3개 이상 | 4.5kVA 이상 |

(2) 전원회로는 각 층에 있어서 **2 이상**이 되도록 설치할 것(단, 설치하여야 할 층의 콘센트가 **1개**인 때에는 하나의 회로로 할 수 있다.)

(3) 플러그접속기의 칼받이 접지극에는 **제3종 접지공사**($E_3$)를 하여야 한다.

(4) 풀박스는 **1.6mm** 이상의 철판을 사용할 것

(5) 절연저항은 **전원부**와 **외함** 사이를 **직류 500V 절연저항계**로 측정하여 **20MΩ** 이상일 것

(6) 전원으로부터 각 층의 비상콘센트에 분기되는 경우에는 **분기배선용 차단기**를 보호함 안에 설치할 것

(7) 바닥으로부터 **0.8~1.5m** 이하의 높이에 설치할 것

(8) 전원회로는 주배전반에서 **전용회로**로 하며, 배선의 종류는 **내화배선**이어야 한다.

답 ③

★

**65** 다음은 자동화재속보설비의 속보기 예비전원용 연축전지의 주위온도 충 · 방전시험에 관한 설명이다. (   ) 안의 알맞은 내용은?

무보수 밀폐형 연축전지는 방전종지전압 상태에서 0.1C로 48시간 충전한 다음 1시간 방치 후 0.05C로 방전시킬 때 정격용량의 95% 용량을 지속하는 시간은 (    ) 이상이어야 한다.

① 20분 ② 30분
③ 50분 ④ 60분

해설 **속보기 인증기준 6조**

| 구 분 | 주위온도 충 · 방전시험 |
|---|---|
| **알**칼리계 2차 축전지 | 방전종지전압 상태의 축전지를 주위온도 −10℃ 및 50℃의 조건에서 1/20C의 전류로 **48시간** 충전한 다음 1C로 방전하는 충 · 방전을 3회 반복하는 경우 방전종지전압이 되는 시간이 **25분** 이상이어야 하며, 외관이 부풀어 오르거나 누액 등이 생기지 아니할 것 |
| **리**튬계 2차 축전지 | 방전종지전압 상태의 축전지를 주위온도 −10℃ 및 50℃의 조건에서 정격충전전압 및 1/5C의 정전류로 **6시간** 충전한 다음 1C의 전류로 방전하는 충 · 방전을 3회 반복하는 경우 방전종지전압이 되는 시간이 **40분** 이상이어야 하며, 외관이 부풀어 오르거나 누액 등이 생기지 아니할 것 |
| **무**보수 밀폐형 연축전지 | 방전종지전압 상태에서 0.1C로 **48시간** 충전한 다음 1시간 방치하여 0.05C로 방전시킬 때 정격용량의 95% 용량을 지속하는 시간이 **30분** 이상이어야 하며, 외관이 부풀어 오르거나 누액 등이 생기지 아니할 것 |

기억법 알25, 리40, 무30

답 ②

### 66

06.09.문79

자동화재탐지설비에서 특정배선은 전자파방해를 방지하기 위하여 쉴드선을 사용해야 한다. 그 대상이 아닌 것은?

① R형 수신기
② 복합형 감지기
③ 다신호식 감지기
④ 아날로그식 감지기

해설 **쉴드선**을 사용해야 하는 **감지기**
(1) 아날로그식 감지기
(2) 다신호식 감지기
(3) R형 수신기용으로 사용되는 감지기

기억법 **쉴아다R**

답 ②

### 67

15.05.문64
11.10.문68

누전경보기의 변류기의 설치위치는?

① 옥외인입선 제1지점 부하측의 점검이 쉬운 위치
② 옥내인입선 제1지점 부하측의 점검이 쉬운 위치
③ 옥외인입선 제1종 접지선측의 점검이 쉬운 위치
④ 옥내인입선 제1종 접지선측의 점검이 쉬운 위치

해설 **변류기**의 **설치위치**

| 옥외인입선의 제1지점의 부하측 | 제2종 접지선측 |
|---|---|
| ZCT, $I_1$, $I_2$, $I_3$, $I_b$, $I_c$, $I_a$, L, Tr, $E_2$ | ZCT, $I_1$, $I_2$, $I_3$, $I_b$, $I_c$, $I_a$, L, Tr, $E_2$ |

① 변류기는 **옥외인입선 제1지점**의 **부하측** 또는 **제2종 접지선측**에 설치한다.

기억법 **옥외1**(옥외에는 일본이 있다.)
**접2**(접이식 의자)

답 ①

### 68

19.09.문70
16.05.문75
15.03.문77
12.05.문62
11.03.문64

공연장 및 집회장에 설치하여야 할 유도등의 종류로 옳은 것은?

① 대형피난구유도등, 통로유도등, 객석유도등
② 중형피난구유도등, 통로유도등
③ 소형피난구유도등, 통로유도등
④ 피난구유도표지, 통로유도표지

해설 **유도등** 및 **유도표지**의 **종류**(NFSC 303④)

| 설치장소 | 유도등 및 유도표지의 종류 |
|---|---|
| • **공**연장 · **집**회장 · **관**람장 · **운**동시설<br>• 유흥주점 영업시설(카바레, 나이트클럽) | • **대**형피난구유도등<br>• **통**로유도등<br>• **객**석유도등 |
| • 위락시설 · 판매시설<br>• 관광숙박업 · 의료시설 · 방송통신시설<br>• 전시장 · 지하상가 · 지하역사<br>• 운수시설 · 장례시설 | • 대형피난구유도등<br>• 통로유도등 |
| • 숙박시설 · 오피스텔<br>• 지하층 · 무창층 및 11층 이상의 부분 | • 중형피난구유도등<br>• 통로유도등 |

기억법 **공집관운 대통객**

답 ①

### 69

가스누설경보기의 예비전원 설치와 관련한 설명으로 옳지 않은 것은?

① 앞면에는 예비전원의 상태를 감시할 수 있는 장치를 하여야 한다.
② 예비전원을 경보기의 주전원으로 사용한다.
③ 축전지를 병렬로 접속하는 경우에는 역충전 방지 등의 조치를 강구하여야 한다.
④ 예비전원을 단락사고 등으로부터 보호하기 위한 퓨즈 또는 과전류보호장치를 설치하여야 한다.

해설 **가스누설경보기의 예비전원**
(1) **앞면**에는 예비전원의 상태를 감시할 수 있는 장치를 할 것
(2) 예비전원을 경보기의 주전원으로 **사용금지**
(3) 축전지를 **병렬**로 접속하는 경우에는 **역충전방지** 등의 조치 강구
(4) 예비전원을 **단락사고** 등으로부터 보호하기 위한 **퓨즈** 또는 **과전류보호장치 설치**

답 ②

### 70

13.03.문80

무선통신보조설비의 주회로 전원이 정상인지 여부를 확인하기 위해 증폭기 전면에 설치하는 것은?

① 전압계 및 전류계
② 전압계 및 표시등
③ 상순계
④ 전류계

해설 **증폭기** 및 **무선중계기**의 **설치기준**(NFSC 505⑧)

(1) 전원은 **축전지**, **전기저장장치** 또는 **교류전압 옥내간선**으로 하고, 전원까지의 배선은 **전용**으로 할 것
(2) 증폭기의 전면에는 전원확인 **표시등** 및 **전압계**를 설치할 것
(3) 증폭기의 비상전원용량은 **30분** 이상일 것
(4) **증폭기** 및 **무선중계기**를 설치하는 경우 전파법 규정에 따른 적합성평가를 받은 제품으로 설치할 것
(5) 디지털방식의 무전기를 사용하는 데 지장이 없도록 설치할 것

기억법 증표압

용어

**전기저장장치**
외부 전기에너지를 저장해 두었다가 필요한 때 전기를 공급하는 장치

답 ②

★★★
**71** 19.09.문79 17.05.문63 12.03.문73 09.05.문79

**비상벨설비 또는 자동사이렌설비의 지구음향장치는 특정소방대상물의 층마다 설치하되, 해당 특정소방대상물의 각 부분으로부터 하나의 음향장치까지의 수평거리가 몇 m 이하가 되도록 하여야 하는가?**

① 25m 이하　② 30m 이하
③ 40m 이하　④ 50m 이하

해설 (1) **수평거리**

| 수평거리 | 기 기 |
|---|---|
| 25m 이하 | • 발신기<br>• 음향장치(확성기)<br>• 비상콘센트(지하상가 또는 지하층 바닥면적 **3000m²** 이상) |
| **50m** 이하 | • 비상콘센트(기타) |

(2) **보행거리**

| 보행거리 | 기 기 |
|---|---|
| **15m** 이하 | • 유도표지 |
| **20m** 이하 | • 복도통로유도등<br>• 거실통로유도등<br>• 3종 연기감지기 |
| **30m** 이하 | • 1 · 2종 연기감지기 |

(3) **수직거리**

| 수직거리 | 기 기 |
|---|---|
| **15m** 이하 | • 1 · 2종 연기감지기 |
| **10m** 이하 | • 3종 연기감지기 |

기억법 음25(음이온)

답 ①

★★★
**72** 19.09.문61 18.09.문66 17.03.문75 15.09.문75 14.05.문80 13.09.문66 13.03.문67

**자동화재탐지설비의 경계구역 설정기준으로 옳은 것은?**

① 하나의 경계구역이 3개 이상의 건축물에 미치지 아니하도록 할 것
② 하나의 경계구역의 면적은 $500m^2$ 이하로 하고 한 변의 길이는 60m 이하로 할 것
③ 특정소방대상물의 주된 출입구에서 그 내부 전체가 보이는 것에서는 한변의 길이가 50m의 범위 내에서 $1000m^2$ 이하로 할 것
④ $800m^2$ 이하의 범위 안에서는 2개 층을 하나의 경계구역으로 할 것

해설 **경계구역**

(1) **정의**
소방대상물 중 **화재신호**를 **발신**하고 그 **신호**를 **수신** 및 유효하게 **제어**할 수 있는 구역

(2) **경계구역의 설정기준**
㉠ 1경계구역이 2개 이상의 **건축물**에 미치지 않을 것
㉡ 1경계구역이 2개 이상의 **층**에 미치지 않을 것(단 $500m^2$ 이하는 2개 층을 하나의 경계구역으로 가능)
㉢ 1경계구역의 면적은 **600m²** 이하로 하고, 1변의 길이는 **50m** 이하로 할 것(내부 전체가 보이면 **1000m²** 이하)

(3) **1경계구역의 높이** : **45m** 이하

① 3개 이상 → 2개 이상
② $500m^2$ 이하 → $600m^2$ 이하, 60m 이하 → 50m 이하
④ $800m^2$ 이하 → $500m^2$ 이하

답 ③

★★★
**73** 17.03.문80 15.03.문61 13.03.문72

**비상방송설비에서 연면적은 $3000m^2$을 초과하는 특정소방대상물로 몇 층 이상인 경우 우선경보방식을 적용할 수 있는가?**

① 2층　② 3층
③ 4층　④ 5층

해설 **우선경보방식**
**5층** 이상으로 연면적 **3000m²**를 초과하는 소방대상물

| 발화층 | 경보층 | |
|---|---|---|
| | 30층 미만 | 30층 이상 |
| **2층** 이상 발화 | • 발화층<br>• 직상층 | • 발화층<br>• 직상 4개층 |
| **1층** 발화 | • 발화층<br>• 직상층<br>• 지하층 | • 발화층<br>• 직상 4개층<br>• 지하층 |
| **지하층** 발화 | • 발화층<br>• 직상층<br>• 기타의 지하층 | • 발화층<br>• 직상층<br>• 기타의 지하층 |

기억법 5우 3000(오우! 삼천포로 빠졌네)

답 ④

★★★

**74** 자동화재탐지설비 전원회로의 전로와 대지 사이 및 배선 상호간의 절연저항기준은?

① DC 250V, 0.1MΩ 이상
② DC 250V, 0.2MΩ 이상
③ DC 500V, 0.1MΩ 이상
④ DC 500V, 0.2MΩ 이상

해설 **절연저항시험**

| 절연저항계 | 절연저항 | 대 상 |
|---|---|---|
| DC 250V | 0.1MΩ 이상 | •1경계구역의 절연저항<br>•자동화재탐지설비 전원회로의 전로와 대지 사이 |
| DC 500V | 5MΩ 이상 | •누전경보기<br>•가스누설경보기<br>•수신기<br>•자동화재속보설비<br>•비상경보설비<br>•유도등(교류입력측과 외함간 포함)<br>•비상조명등(교류입력측과 외함간 포함) |
| | 20MΩ 이상 | •경종<br>•발신기<br>•중계기<br>•비상콘센트<br>•기기의 절연된 선로간<br>•기기의 충전부와 비충전부간<br>•기기의 교류입력측과 외함간(유도등 · 비상조명등 제외) |
| | 50MΩ 이상 | •감지기(정온식 감지선형 감지기 제외)<br>•가스누설경보기(10회로 이상)<br>•수신기(10회로 이상) |
| | 1000MΩ 이상 | •정온식 감지선형 감지기 |

기억법 01경 탐전

답 ①

★★★

**75** 누전경보기의 전원의 기준으로 틀린 것은?

19.04.문75 18.09.문62 17.09.문67 15.09.문76 14.05.문71 13.06.문67 12.05.문74

① 전원은 분전반으로부터 전용회로로 할 것
② 전원의 개폐기에는 누전경보기용임을 표시한 표지를 할 것
③ 전원을 분기할 때에는 다른 차단기에 따라 전원이 차단되지 아니하도록 할 것
④ 각 극에 개폐기 또는 15A 이하의 배선용차단기를 설치할 것

해설 **누전경보기**의 **설치기준**

| 과전류차단기 | 배선용차단기 |
|---|---|
| 15A 이하 | 20A 이하 |

(1) 각 극에 개폐기 및 **15A** 이하의 **과전류차단기**를 설치할 것(**배선용차단기**는 **20A** 이하)
(2) 분전반으로부터 **전용회로**로 할 것
(3) 개폐기에는 누전경보기임을 표시할 것

※ 계약전류용량이 **100A**를 초과할 것

중요

**누전경보기**

| 60A 이하 | 60A 초과 |
|---|---|
| •**1급** 누전경보기<br>•**2급** 누전경보기 | •**1급** 누전경보기 |

답 ④

★★

**76** 비상콘센트설비의 설치기준으로 옳지 않은 것은?

17.09.문80

① 비상콘센트는 지하층 및 지상 8층 이상의 전층에 설치할 것
② 비상콘센트는 바닥으로부터 높이 0.8m 이상 1.5m 이하의 위치에 설치할 것
③ 비상콘센트설비의 전원부와 외함 사이의 절연저항은 500V 절연저항계로 측정할 때 20MΩ 이상일 것
④ 전원으로부터 각 층의 비상콘센트에 분기되는 경우에는 분기 배선용 차단기를 보호함 안에 설치할 것

해설 **소방시설법 시행령 〔별표 5〕**
**비상콘센트 설치대상**

| 설치대상 | 조 건 |
|---|---|
| 지상층 | **11층 이상**(지하층 제외) |
| 지하 전층 | **지하 3층 이상**이고, 지하층 바닥면적 합계가 **1000m²** 이상 |
| 지하가 중 터널 | 길이 **500m** 이상 |

① 지하층 및 지상 8층 이상의 전층 → 지하층을 제외한 11층 이상

답 ①

★★★

**77** 비상방송설비의 설치기준으로 틀린 것은?

① 확성기의 음성입력은 1W(실내에 설치하는 것에 있어서는 3W) 이상일 것
② 확성기는 각 층마다 설치하되, 그 층의 각 부분으로부터 하나의 확성기까지의 수평거리가 25m 이하가 되도록 하고, 해당층의 각 부분에 유효하게 경보를 발할 수 있도록 설치할 것
③ 음량조정기를 설치하는 경우 음량조정기의 배선은 3선식으로 할 것
④ 기동장치에 의한 화재신고를 수신한 후 필요한 음량으로 피난에 유효한 방송이 자동으로 개시될 때까지의 소요시간은 10초 이하로 할 것

해설 **비상방송설비**의 **설치기준**

(1) 확성기의 음성입력은 **3W**(**실**내 **1**W) 이상일 것
(2) 확성기는 **각 층**마다 설치하되, 각 부분으로부터의 수평거리는 **25m** 이하일 것
(3) **음**량조정기는 **3선식** 배선일 것
(4) 조작스위치는 바닥으로부터 **0.8~1.5m** 이하의 높이에 설치할 것
(5) 다른 전기회로에 의하여 **유도장애**가 생기지 아니하도록 할 것
(6) 비상방송 **개**시시간은 **10초** 이하일 것
(7) 다른 방송설비와 공용할 경우 화재시 비상경보 외의 방송을 차단할 수 있을 것

기억법 **방3실1, 3음방(삼엄한 방송실), 개10**

답 ①

★★
**78** 19.04.문79 16.05.문69 15.09.문69 14.05.문66 12.09.문61

**부착높이가 15m 이상 20m 미만일 경우 적응성이 없는 감지기는?**

① 차동식 분포형
② 이온화식 1종
③ 광전식(스포트형) 1종
④ 불꽃감지기

해설 **감지기**의 **부착높이**(NFSC 203⑦)

| 부착높이 | 감지기의 종류 |
|---|---|
| 4~8m 미만 | • 차동식(스포트형, 분포형)<br>• 보상식 스포트형<br>• 정온식(스포트형, 감지선형) 특종 또는 1종<br>• 이온화식 1종 또는 2종<br>• 광전식(스포트형, 분리형, 공기흡입형) 1종 또는 2종<br>• 열복합형<br>• 연기복합형<br>• 열연기복합형<br>• 불꽃감지기 |
| 8~15m 미만 | • 차동식 분포형<br>• 이온화식 1종 또는 2종<br>• 광전식(스포트형, 분리형, 공기흡입형) 1종 또는 2종<br>• 연기복합형<br>• 불꽃감지기 |
| **15~20m** 미만 | • 이온화식 **1**종<br>• 광전식(스포트형, 분리형, 공기흡입형) **1**종<br>• 연기복합형<br>• **불**꽃감지기 |
| 20m 이상 | • 불꽃감지기<br>• 광전식(분리형, 공기흡입형) 중 아날로그 방식 |

기억법 **1520 1불**

① 차동식 분포형 : **8~15m** 미만 설치

답 ①

★★
**79** 17.05.문56 16.05.문43 16.03.문57 12.03.문74

**자동화재탐지설비를 설치하여야 하는 특정소방대상물에 대한 설명 중 옳은 것은?**

① 위락시설, 숙박시설, 의료시설로서 연면적 $500m^2$ 이상인 것
② 근린생활시설 중 목욕장, 문화집회 및 운동시설, 통신촬영시설로 연면적 $600m^2$ 이상인 것
③ 지하구
④ 길이 500m 이상의 터널

해설 **소방시설법 시행령 〔별표 5〕**
**자동화재탐지설비의 설치대상**

| 설치대상 | 조 건 |
|---|---|
| ① 노유자시설 | • 연면적 **400m²** 이상 |
| ② **근**린생활시설 · **위**락시설<br>③ **숙**박시설 · **의**료시설<br>④ **복**합건축물 · 장례시설 | • 연면적 **600m²** 이상 |
| ⑤ 목욕장 · 문화 및 집회시설, 운동시설<br>⑥ 종교시설<br>⑦ 방송통신시설 · 관광휴게시설<br>⑧ 업무시설 · 판매시설<br>⑨ 항공기 및 자동차 관련시설 · 공장 · 창고시설<br>⑩ 지하가 · 공동주택 · 운수시설 · 발전시설 · 위험물 저장 및 처리시설<br>⑪ 교정 및 군사시설 중 국방 · 군사시설 | • 연면적 **1000m²** 이상 |
| ⑫ **교**육연구시설 · **동**식물관련시설<br>⑬ **분**뇨 및 쓰레기 처리시설 · **교**정 및 군사시설(국방 · 군사시설 제외)<br>⑭ **수**련시설(숙박시설이 있는 것 제외)<br>⑮ 묘지관련시설 | • 연면적 **2000m²** 이상 |
| ⑯ 터널 | • 길이 **1000m** 이상 |
| ⑰ 지하구<br>⑱ 노유자생활시설 | • 전부 |
| ⑲ 특수가연물 저장 · 취급 | • 지정수량 **500배** 이상 |
| ⑳ 수련시설(숙박시설이 있는 것) | • 수용인원 **100명** 이상 |
| ㉑ 전통시장 | • 전부 |

기억법 **근위숙의복 6, 교동분교수 2**

① $500m^2 \rightarrow 600m^2$
② $600m^2 \rightarrow 1000m^2$
④ $500m \rightarrow 1000m$

답 ③

★★
**80** 복도통로유도등의 설치기준으로 옳지 않은 것은?

19.09.문69
16.10.문64
14.09.문66
14.05.문67
11.03.문68
08.05.문69

① 복도에 설치할 것
② 구부러진 모퉁이 및 보행거리 15m마다 설치할 것
③ 바닥으로부터 높이 1m 이하의 위치에 설치할 것
④ 바닥에 설치하는 통로유도등은 하중에 따라 파괴되지 아니하는 강도의 것으로 할 것

해설 (1) **설치거리**

| 구 분 | 설치거리 |
|---|---|
| 복도통로유도등 | 구부러진 모퉁이 및 **보행거리 20m**마다 설치 |
| 거실통로유도등 | |
| 계단통로유도등 | 각 층의 **경사로참** 또는 **계단참**마다 설치 |

기억법 복거2

(2) **설치높이**

| 구 분 | 설치높이 |
|---|---|
| 계단통로유도등 · 복도통로유도등 · 통로유도표지 | 바닥으로부터 높이 **1m** 이하<br>기억법 계복1 |
| 피난구유도등 | 피난구의 바닥으로부터 높이 1.5m 이상<br>기억법 피유15상 |

② 15m → 20m

답 ②

# 2014. 5. 25 시행

**▌2014년 기사 제2회 필기시험▐**

| 자격종목 | 종목코드 | 시험시간 | 형별 | 수험번호 | 성명 |
|---|---|---|---|---|---|
| 소방설비기사(전기분야) | | 2시간 | | | |

※ 답안카드 작성시 시험문제지 형별누락, 마킹착오로 인한 불이익은 전적으로 수험자의 귀책사유임을 알려드립니다.
※ 각 문항은 4지택일형으로 질문에 가장 적합한 보기 항을 선택하여 마킹하여야 합니다.

## 제 1 과목 소방원론

☆☆☆
**01** 내화건축물과 비교한 목조건축물 화재의 일반적인 특징을 옳게 나타낸 것은?

19.09.문11
18.03.문05
16.10.문04
10.09.문08

유사문제부터 풀어보세요. 실력이 팍!팍! 올라갑니다.

① 고온, 단시간형
② 저온, 단시간형
③ 고온, 장시간형
④ 저온, 장시간형

해설 (1) **목조건물**의 화재온도 표준곡선
㉠ 화재성상 : **고**온 **단**기형
㉡ 최고온도(최성기 온도) : **13**00℃

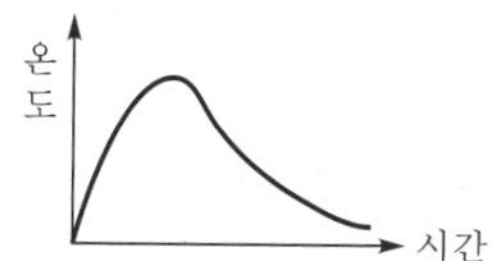


(2) **내화건물**의 화재온도 표준곡선
㉠ 화재성상 : 저온 장기형
㉡ 최고온도(최성기 온도) : 900~1000℃

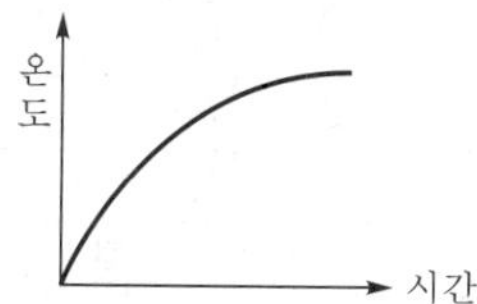


• 목조건물=목재건물

기억법 목고단 13

답 ①

☆☆☆
**02** 열전달의 대표적인 3가지 방법에 해당하지 않는 것은?

19.04.문09
16.03.문10
15.03.문06
09.03.문19
06.05.문18

① 전도
② 복사
③ 대류
④ 대전

해설 **열전달**의 **종류**

| 종 류 | 설 명 |
|---|---|
| **전도** (conduction) | 하나의 물체가 다른 물체와 직접 접촉하여 열이 이동하는 현상 |
| **대류** (convection) | 유체의 흐름에 의하여 열이 이동하는 현상 |
| **복사** (radiation) | • 화재시 화원과 격리된 인접 가연물에 불이 옮겨 붙는 현상<br>• 열전달 매질이 없이 열이 전달되는 형태<br>• 열에너지가 전자파의 형태로 옮겨지는 현상으로, 가장 크게 작용 |

비교

**목조건축물**의 **화재원인**

| 종 류 | 설 명 |
|---|---|
| **접염** (화염의 접촉) | 화염 또는 열의 **접촉**에 의하여 불이 다른 곳으로 옮겨 붙는 것 |
| **비화** | 불티가 **바람**에 날리거나 화재 현장에서 상승하는 **열기류** 중심에 휩쓸려 원거리 가연물에 착화하는 현상 |
| **복사열** | 복사파에 의하여 열이 **고온**에서 **저온**으로 이동하는 것 |

답 ④

☆☆
**03** 가연성 가스의 화재 위험성에 대한 설명으로 가장 옳지 않은 것은?

13.03.문14

① 연소하한계가 낮을수록 위험하다.
② 온도가 높을수록 위험하다.
③ 인화점이 높을수록 위험하다.
④ 연소범위가 넓을수록 위험하다.

해설 **화재 위험성**
(1) **비**점 및 **융**점이 낮을수록 위험하다.
(2) **발**화점 및 **인**화점이 **낮**을수록 **위**험하다.
(3) 연소하한계가 낮을수록 위험하다.
(4) 연소범위가 넓을수록 위험하다.
(5) 증기압이 클수록 위험하다.

**기억법** 비융발인 낮위

- 연소한계=연소범위=폭발한계=폭발범위=가연한계=가연범위

답 ③

## 04 화재에 대한 설명으로 옳지 않은 것은?

11.06.문18

① 인간이 제어하여 인류의 문화, 문명의 발달을 가져오게 한 근본적인 존재를 말한다.
② 불을 사용하는 사람의 부주의와 불안정한 상태에서 발생되는 것을 말한다.
③ 불로 인하여 사람의 신체, 생명 및 재산상의 손실을 가져다주는 재앙을 말한다.
④ 실화, 방화로 발생하는 연소현상을 말하며 사람에게 유익하지 못한 해로운 불을 말한다.

해설 **화재의 정의**

(1) 자연 또는 인위적인 원인에 의하여 불이 물체를 연소시키고, **인명**과 **재산**에 손해를 주는 현상
(2) 불이 그 사용목적을 넘어 다른 곳으로 연소하여 사람들에게 예기치 않은 경제상의 손해를 발생시키는 현상
(3) 사람의 의도에 **반**(反)하여 출화 또는 방화에 의해 불이 발생하고 확대하는 현상
(4) 불을 사용하는 사람의 부주의와 불안정한 상태에서 발생되는 것
(5) 실화, 방화로 발생하는 연소현상을 말하며 사람에게 유익하지 못한 **해로운 불**
(6) 사람의 의사에 반한, 즉 대부분의 사람이 원치 않는 상태의 불
(7) 소화의 필요성이 있는 불
(8) 소화에 효과가 있는 어떤 물건(소화시설)을 사용할 필요가 있다고 판단되는 불

**기억법** 화인 재반해

답 ①

## 05 다음 중 인화점이 가장 낮은 물질은?

19.09.문02
15.09.문02
12.03.문01

① 산화프로필렌 ② 이황화탄소
③ 메틸알코올 ④ 등유

해설

| 물 질 | 인화점 | 착화점 |
|---|---|---|
| • 프로필렌 | -107℃ | 497℃ |
| • 에틸에테르<br>• 디에틸에테르 | -45℃ | 180℃ |
| • **가솔린(휘발유)** | -43℃ | **300℃** |
| • **산**화프로필렌 | -37℃ | **465℃** |
| • **이황화탄소** | -30℃ | **100℃** |
| • 아세틸렌 | -18℃ | 335℃ |
| • **아세톤** | -18℃ | **538℃** |
| • **벤젠** | -11℃ | **562℃** |
| • 톨루엔 | 4.4℃ | 480℃ |
| • **메**틸알코올 | 11℃ | 464℃ |
| • 에틸알코올 | 13℃ | 423℃ |
| • 아세트산 | 40℃ | - |
| • **등**유 | 43~72℃ | 210℃ |
| • 경유 | 50~70℃ | 200℃ |
| • 적린 | - | 260℃ |

**기억법** 인산 이메등

- 착화점=발화점=착화온도=발화온도
- 인화점=인화온도

답 ①

## 06 연기의 감광계수($m^{-1}$)에 대한 설명으로 옳은 것은?

17.03.문10
16.10.문16
13.09.문11

① 0.5는 거의 앞이 보이지 않을 정도이다.
② 10은 화재 최성기 때의 농도이다.
③ 0.5는 가시거리가 20~30m 정도이다.
④ 10은 연기감지기가 작동하기 직전의 농도이다.

해설

| 감광계수 $[m^{-1}]$ | 가시거리 [m] | 상 황 |
|---|---|---|
| **0.1** | **20~30** | 연기**감**지기가 작동할 때의 농도 (연기감지기가 작동하기 직전의 농도) |
| **0.3** | **5** | 건물 내부에 **익**숙한 사람이 피난에 지장을 느낄 정도의 농도 |
| **0.5** | **3** | **어**두운 것을 느낄 정도의 농도 |
| **1** | **1~2** | 앞이 거의 **보**이지 않을 정도의 농도 |
| **10** | **0.2~0.5** | 화재 **최**성기 때의 농도 |
| **30** | - | 출화실에서 연기가 **분**출할 때의 농도 |

**기억법**

0123 감
035 익
053 어
112 보
100205 최
30 분

① 0.5 → 1
③ 0.5 → 0.1
④ 10 → 0.1

답 ②

★★
## 07 소화를 하기 위한 산소농도를 알 수 있다면 $CO_2$ 소화약제 사용시 최소 소화농도를 구하는 식은?

19.09.문10 19.04.문13 17.05.문01 15.05.문13 15.03.문14 13.09.문16 12.05.문14

① $CO_2[\%] = 21 \times \left(\frac{100 - O_2[\%]}{100}\right)$

② $CO_2[\%] = \left(\frac{21 - O_2[\%]}{21}\right) \times 100$

③ $CO_2[\%] = 21 \times \left(\frac{O_2[\%]}{100} - 1\right)$

④ $CO_2[\%] = \left(\frac{21 \times O_2[\%]}{100} - 1\right)$

해설

$$CO_2[\%] = \left(\frac{21 - O_2[\%]}{21}\right) \times 100$$

여기서, $CO_2$ : $CO_2$의 농도[%]
$O_2$ : $O_2$의 농도[%]

 중요

**이산화탄소 소화설비와 관련된 식**

$$CO_2 = \frac{\text{방출가스량}}{\text{방호구역체적} + \text{방출가스량}} \times 100 = \frac{21 - O_2}{21} \times 100$$

여기서, $CO_2$ : $CO_2$의 농도[%]
$O_2$ : $O_2$의 농도[%]

$$\text{방출가스량} = \frac{21 - O_2}{O_2} \times \text{방호구역체적}$$

여기서, $O_2$ : $O_2$의 농도[%]

답 ②

★★
## 08 다음 중 이산화탄소의 3중점에 가장 가까운 온도는?

19.03.문11 16.03.문15 13.06.문20 11.03.문06

① −48℃ ② −57℃
③ −62℃ ④ −75℃

해설 **이산화탄소의 물성**

| 구 분 | 물 성 |
|---|---|
| 임계압력 | 72.75atm |
| 임계온도 | 31.35℃ |
| **3**중점 | −**56**.3℃(약 −57℃) |
| 승화점(**비**점) | −**78**.5℃ |
| 허용농도 | 0.5% |
| **증**기비중 | **1.5**29 |
| 수분 | 0.05% 이하(함량 99.5% 이상) |

기억법 이356, 이비78, 이증15

답 ②

★★★
## 09 화재시 발생하는 연소가스 중 인체에서 혈액의 산소운반을 저해하고 두통, 근육조절의 장애를 일으키는 것은?

07.05.문11

① $CO_2$ ② CO
③ HCN ④ $H_2S$

해설 **일산화탄소(CO)**

(1) 화재시 흡입된 일산화탄소(CO)의 화학적 작용에 의해 **헤모글로빈**(Hb)이 혈액의 **산**소**운**반작용을 저해하여 사람을 질식·사망하게 한다.
(2) 화재시 발생하는 연소가스에 포함되어 인체에서 혈액의 **산소운반**을 저해하고 두통, 근육조절의 장애를 일으킨다.

기억법 **일산운(일산에 운전해서 가자!)**

답 ②

★★★
## 10 다음 중 조연성 가스에 해당하는 것은?

16.10.문03 12.09.문08

① 일산화탄소
② 산소
③ 수소
④ 부탄

해설 **가연성 가스와 지연성 가스**

| 가연성 가스 | 지연성 가스(조연성 가스) |
|---|---|
| • 수소<br>• 메탄<br>• 일산화탄소<br>• 천연가스<br>• 부탄<br>• 에탄 | • **산**소<br>• **공**기<br>• **염**소<br>• **오**존<br>• **불**소 |

기억법 조산공 염오불

용어

**가연성 가스와 지연성 가스**

| 가연성 가스 | 지연성 가스(조연성 가스) |
|---|---|
| 물질 자체가 연소하는 것 | 자기 자신은 연소하지 않지만 연소를 도와주는 가스 |

답 ②

★
## 11 다음 중 가연물의 제거와 가장 관련이 없는 소화방법은?

19.09.문05 19.04.문18 17.03.문16 16.10.문07 16.03.문12 13.03.문01 11.03.문04 08.09.문17

① 촛불을 입김으로 불어서 끈다.
② 산불화재시 나무를 잘라 없앤다.
③ 팽창진주암을 사용하여 진화한다.
④ 가스화재시 중간밸브를 잠근다.

해설 ③ **질식소화** : 팽창진주암 사용

중요

**제거소화의 예**

(1) **가연성 기체** 화재시 **주밸브**를 **차단**한다.(화학 반응기의 화재시 원료공급관의 **밸브**를 **잠근다.**)
(2) **가연성 액체** 화재시 펌프를 이용하여 **연료**를 제거한다.
(3) **연료탱크**를 **냉각**하여 가연성 가스의 발생속도를 작게 하여 연소를 억제한다.
(4) 금속화재시 **불활성 물질**로 가연물을 덮는다.
(5) **목재**를 **방염처리**한다.
(6) 전기화재시 **전원**을 **차단**한다.
(7) 산불이 발생하면 화재의 진행방향을 앞질러 **벌목**한다.(산불의 확산방지를 위하여 **산림**의 **일부**를 **벌채**한다.)
(8) 가스화재시 **밸브**를 **잠궈** 가스흐름을 차단한다.(가스화재시 중간밸브를 잠근다.)
(9) 불타고 있는 장작더미 속에서 아직 타지 않은 것을 안전한 곳으로 **운반**한다.
(10) 유류탱크 화재시 주변에 있는 유류탱크의 유류를 다른 곳으로 이동시킨다.
(11) 촛불을 입김으로 불어서 끈다.

※ **제거효과** : 가연물을 반응계에서 제거하든지 또는 반응계로의 공급을 정지시켜 소화하는 효과

답 ③

★★★
## 12 다음 중 내화구조에 해당하는 것은?

16.05.문05 15.05.문02 07.05.문19

① 두께 1.2cm 이상의 석고판 위에 석면 시멘트판을 붙인 것
② 철근콘크리트조의 벽으로서 두께가 10cm 이상인 것
③ 철망모르타르로서 그 바름 두께가 2cm 이상인 것
④ 심벽에 흙으로 맞벽치기 한 것

해설 **내화구조의 기준**

| 내화 구분 | 기 준 |
|---|---|
| **벽 · 바닥** | 철골 · 철근 콘크리트조로서 두께가 10cm 이상인 것 |
| 기둥 | 철골을 두께 **5cm** 이상의 콘크리트로 덮은 것 |
| 보 | 두께 **5cm** 이상의 콘크리트로 덮은 것 |

기억법 **벽바내1(벽을 바라보면 내일이 보인다.)**

비교

**방화구조의 기준**

| 구조 내용 | 기 준 |
|---|---|
| • **철망모르타르** 바르기 | 두께 **2cm** 이상 |
| • 석고판 위에 시멘트모르타르를 바른 것<br>• 석고판 위에 회반죽을 바른 것<br>• 시멘트모르타르 위에 타일을 붙인 것 | 두께 **2.5cm** 이상 |
| • 심벽에 흙으로 맞벽치기 한 것 | 모두 해당 |

답 ②

★★
## 13 소화작용을 크게 4가지로 구분할 때 이에 해당하지 않는 것은?

15.09.문05 13.03.문12 11.03.문16

① 질식소화 ② 제거소화
③ 가압소화 ④ 냉각소화

해설

| 물리적 방법에 의한 소화 | 화학적 방법에 의한 소화 |
|---|---|
| • 질식소화<br>• 냉각소화<br>• 제거소화 | • 억제소화 |

③ 가압소화 → 억제소화

중요

**소화의 방법**

| 소화 방법 | 설 명 |
|---|---|
| **냉각소화** | • 다량의 물 등을 이용하여 **점화원**을 **냉각**시켜 소화하는 방법<br>• 다량의 물을 뿌려 소화하는 방법 |
| **질식소화** | • 공기 중의 **산소농도**를 16%(10~15%) 이하로 희박하게 하여 소화하는 방법 |
| **제거소화** | • 가연물을 제거하여 소화하는 방법 |
| **억제소화 (부촉매효과)** | • 연쇄반응을 차단하여 소화하는 방법으로 '**화학소화**'라고도 함 |

답 ③

★
## 14 Halon 1211의 성질에 관한 설명으로 틀린 것은?

① 상온, 상압에서 기체이다.
② 전기의 전도성이 없다.
③ 공기보다 무겁다.
④ 짙은 갈색을 나타낸다.

해설 Halon 1211

(1) 약간 달콤한 냄새가 있다.
(2) 전기전도성이 없다.
(3) 공기보다 무겁다.
(4) 알루미늄(Al)이 부식성이 크다.
(5) 상온, 상압에서 기체이다.
(6) **무**색

기억법 1211무

④ 짙은 갈색 → 무색

답 ④

★★★
## 15 가연성 액체에서 발생하는 증기와 공기의 혼합 기체에 불꽃을 대었을 때 연소가 일어나는 최저 온도를 무엇이라고 하는가?

14.09.문05
11.06.문05

① 발화점 ② 인화점
③ 연소점 ④ 착화점

해설 **발화점, 인화점, 연소점**

| 구 분 | 설 명 |
|---|---|
| **발화점** (Ignition point) | • 가연성 물질에 불꽃을 접하지 아니하였을 때 연소가 가능한 **최저온도**<br>• **점화원 없이** 스스로 불이 붙는 **최저온도** |
| **인화점** (flash point) | • 휘발성 물질에 **불**꽃을 접하여 연소가 가능한 **최저온도**<br>• 가연성 증기를 발생하는 액체가 공기와 혼합하여 기상부에 다른 불꽃이 닿았을 때 연소가 일어나는 **최저온도**<br>• **점화원**에 의해 불이 붙는 **최저온도**<br>기억법 불인(불임) |
| **연소점** (fire point) | • 인화점보다 **10**℃ 높으며 연소를 **5초** 이상 지속할 수 있는 온도<br>• 어떤 인화성 액체가 공기 중에서 열을 받아 점화원의 존재하에 **지**속적인 연소를 일으킬 수 있는 온도<br>• 가연성 액체에 점화원이 가져가서 인화된 후에 점화원을 제거하여도 가연물이 **계속** 연소되는 **최저온도**<br>기억법 연105초지계 |

답 ②

★★
## 16 동식물유류에서 "요오드값이 크다."라는 의미를 옳게 설명한 것은?

11.06.문16

① 불포화도가 높다.
② 불건성유이다.
③ 자연발화성이 낮다.
④ 산소와의 결합이 어렵다.

해설 "요오드값이 크다."라는 의미

(1) **불포**화도가 높다.
(2) **건성유**이다.
(3) 자연발화성이 높다.
(4) 산소와 결합이 쉽다.

기억법 요불포

용어

**요오드값**
(1) 기름 100g에 첨가되는 요오드의 g수
(2) 기름에 염화요오드를 작용시킬 때 기름 100g에 흡수되는 염화요오드의 양에서 요오드의 양을 환산하여 그램수로 나타낸 값

답 ①

★★★
## 17 제3종 분말소화약제의 열분해시 생성되는 물질과 관계없는 것은?

16.10.문10
16.05.문15
16.03.문09
16.03.문11
15.05.문08
12.03.문13

① $NH_3$ ② $HPO_3$
③ $H_2O$ ④ $CO_2$

해설 **분말소화기 : 질식효과**

| 종 별 | 소화약제 | 약제의 착색 | 화학반응식 | 적응 화재 |
|---|---|---|---|---|
| 제1종 | 탄산수소나트륨 ($NaHCO_3$) | 백색 | $2NaHCO_3 \rightarrow Na_2CO_3+\mathbf{CO_2}+H_2O$ | BC급 |
| 제2종 | 탄산수소칼륨 ($KHCO_3$) | 담자색(담회색) | $2KHCO_3 \rightarrow K_2CO_3+CO_2+H_2O$ | BC급 |
| 제3종 | 인산암모늄 **($NH_4H_2PO_4$)** | 담홍색 | $NH_4H_2PO_4 \rightarrow \mathbf{HPO_3+NH_3+H_2O}$ | **ABC급** |
| 제4종 | 탄산수소칼륨+요소 ($KHCO_3+(NH_2)_2CO$) | 회(백)색 | $2KHCO_3+(NH_2)_2CO \rightarrow K_2CO_3+2NH_3+2CO_2$ | BC급 |

• 탄산수소나트륨 = 중탄산나트륨
• 탄산수소칼륨 = 중탄산칼륨
• 제1인산암모늄 = 인산암모늄 = 인산염
• 탄산수소칼륨 + 요소 = 중탄산칼륨 + 요소

① $NH_3$(암모니아)
② $HPO_3$(메탄인산)
③ $H_2O$(물)
④ 이산화탄소($CO_2$) 미발생

답 ④

★★★
## 18 다음 중 flash over를 가장 옳게 표현한 것은?

13.03.문11

① 소화현상의 일종이다.
② 건물 외부에서 연소가스의 소멸현상이다.
③ 실내에서 폭발적인 화재의 확대현상이다.
④ 폭발로 인한 건물의 붕괴현상이다.

해설 **플래시오버**(flash over) : 순발연소

(1) 폭발적인 착화현상
(2) 폭발적인 **화재확대현상**
(3) 건물화재에서 발생한 가연성 가스가 일시에 인화하여 화염이 **충**만하는 단계
(4) 실내의 가연물이 연소됨에 따라 생성되는 가연성 가스가 실내에 누적되어 **폭**발적으로 연소하여 실 전체가 순간적으로 불길에 싸이는 현상
(5) **옥내화재**가 서서히 진행하여 열이 축적되었다가 일시에 화염이 크게 발생하는 상태
(6) 다량의 가연성 가스가 동시에 연소되면서 **급**격한 온도상승을 유발하는 현상
(7) 건축물에서 한순간에 폭발적으로 화재가 확산되는 현상

기억법 **플확충 폭급**

• 플래시오버=플래쉬오버현상

답 ③

**19** 위험물 탱크에 압력이 0.3MPa이고, 온도가 0℃인 가스가 들어 있을 때 화재로 인하여 100℃까지 가열되었다면 압력은 약 몇 MPa인가? (단, 이상기체로 가정하다.)

07.05.문13

① 0.41 ② 0.52
③ 0.63 ④ 0.74

해설 **보일-샤를**의 **법칙**(Boyle-Charl's law)

$$\frac{P_1 V_1}{T_1} = \frac{P_2 V_2}{T_2}$$

여기서, $P_1$, $P_2$ : 기압[MPa]
$V_1$, $V_2$ : 부피[m$^3$]
$T_1$, $T_2$ : 절대온도(273+℃)[K]

기압 $P_2$ 는

$$P_2 = P_1 \times \frac{V_1}{V_2} \times \frac{T_2}{T_1}$$
$$= 0.3\text{MPa} \times \frac{(100+273)\text{K}}{(0+273)\text{K}}$$
$$\fallingdotseq 0.41\text{MPa}$$

이상기체이므로 **부피**는 **일정**하여 무시한다.

답 ①

**20** 다음 중 pH 9 정도의 물을 보호액으로 하여 보호액 속에 저장하는 물질은?

07.09.문12

① 나트륨
② 탄화칼슘
③ 칼륨
④ 황린

해설 **저장물질**

| 물질의 종류 | 보관장소 |
|---|---|
| • **황**린<br>• **이**황화탄소($CS_2$) | • **물**속<br>기억법 **황이물** |
| • 니트로셀룰로오스 | • 알코올 속 |
| • 칼륨(K)<br>• 나트륨(Na)<br>• 리튬(Li) | • 석유류(등유) 속 |
| • 아세틸렌($C_2H_2$) | • 디메틸프롬아미드(DMF)<br>• 아세톤 |

참고

**물질의 발화점**

| 물질의 종류 | 발화점 |
|---|---|
| • 황린 | 30~50℃ |
| • 황화린<br>• 이황화탄소 | 100℃ |
| • 니트로셀룰로오스 | 180℃ |

답 ④

## 제 2 과목 소방전기일반

**21** 실리콘제어정류 소자인 SCR의 특징을 잘못 나타낸 것은?

19.09.문24
11.03.문35

① 게이트에 신호를 인가한 때부터 도통시까지 시간이 짧다.
② 과전압에 비교적 약하다.
③ 열의 발생이 적은 편이다.
④ 순방향 전압강하는 크게 발생한다.

해설 SCR(**실**리콘제어정류 소자)의 **특징**

(1) **과전압**에 비교적 **약하다.**
(2) 게이트에 신호를 인가한 때부터 도통시까지 시간이 짧다.
(3) **순방향** 전압강하는 **작게** 발생한다.
(4) **역방향** 전압강하는 **크게** 발생한다.
(5) **열**의 발생이 **적은 편**이다.
(6) pnpn의 구조를 하고 있다.
(7) 특성곡선에 **부저항부분**이 있다.
(8) **게이트전류**에 의하여 방전개시전압을 제어할 수 있다.

기억법 **실순작**

※ SCR은 게이트가 통과전류의 제어작용을 하지만 일단 게이트전류에 의해 도통상태(ON상태)가 되면 게이트전류에는 무관해진다.

답 ④

★
**22** 그림과 같은 블록선도에서 $C$는?

10.05.문24

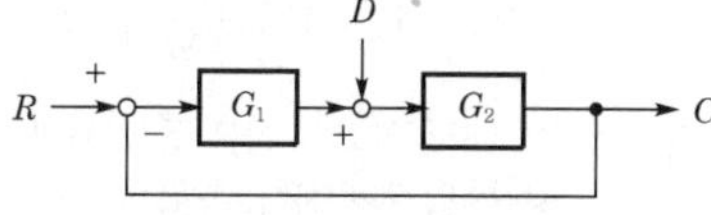


① $C = \dfrac{G_1G_2}{1+G_1G_2}R + \dfrac{G_1}{1+G_1G_2}D$

② $C = \dfrac{G_1G_2}{1+G_1G_2}R + \dfrac{G_1G_2}{1-G_1G_2}D$

③ $C = \dfrac{G_1G_2}{1+G_1G_2}R + \dfrac{G_1G_2}{1+G_1G_2}D$

④ $C = \dfrac{G_1G_2}{1+G_1G_2}R + \dfrac{G_2}{1+G_1G_2}D$

해설

$RG_1G_2 - CG_1G_2 + DG_2 = C$

$RG_1G_2 + DG_2 = C + CG_1G_2$

$C + CG_1G_2 = RG_1G_2 + DG_2$

$C(1+G_1G_2) = RG_1G_2 + DG_2$

$C = \dfrac{RG_1G_2 + DG_2}{1+G_1G_2}$

$= \dfrac{RG_1G_2}{1+G_1G_2} + \dfrac{DG_2}{1+G_1G_2}$

$= \dfrac{G_1G_2}{1+G_1G_2}R + \dfrac{G_2}{1+G_1G_2}D$

용어

**블록선도(block diagram)**
(1) 제어계에서 신호가 전달되는 모양을 표시하는 선도
(2) 제어계의 신호전송상태를 나타내는 계통도

답 ④

★★★
**23** 전압의 구분으로 잘못된 것은?

19.09.문68 17.05.문65 16.05.문64 13.09.문80 12.09.문77 05.03.문76

① 직류 650V 이상은 고압이다.
② 교류 600V 이하는 저압이다.
③ 교류 600V를 초과하고, 7000V 이하는 고압이다.
④ 7000V를 초과하면 특고압이다.

해설 **전압**(NFSC 504③)

| 구 분 | 설 명 |
|---|---|
| **저압** | **직류 750V** 이하, **교류 600V** 이하 |
| **고압** | 저압의 범위를 초과하고 **7000V** 이하 |
| **특고압** | **7000V**를 초과하는 것 |

비교

**전압**(KEC 111.1)

| 구 분 | 설 명 |
|---|---|
| **저압** | **직류 1500V** 이하, **교류 1000V** 이하 |
| **고압** | 저압의 범위를 초과하고 **7000V** 이하 |
| **특고압** | **7000V**를 초과하는 것 |

① 직류 750V 초과는 고압이다.

답 ①

★★★
**24** 온도 측정을 위하여 사용하는 소자로서 온도-저항 부특성을 가지는 일반적인 소자는?

19.04.문25 19.03.문35 18.09.문31 17.05.문35 16.10.문30 15.05.문38 14.09.문40 14.03.문27 12.03.문34 11.06.문37 00.10.문25

① 노즐플래퍼
② 서미스터
③ 앰플리다인
④ 트랜지스터

해설 **반도체 소자**

| 명 칭 | 심 벌 |
|---|---|
| • **제너 다이오드**(zener diode) : 주로 정전압 전원회로에 사용된다. | |
| • **서미스터**(thermistor) : 부온도특성을 가진 저항기의 일종으로서 주로 **온**도보정용으로 쓰인다. | Th |
| • **SCR**(Silicon Controlled Rectifier) : 단방향 대전류 스위칭 소자로서 제어를 할 수 있는 정류 소자이다. | A K G |
| • **바리스터**(varistor)<br>– 주로 **서**지전압에 대한 회로보호용(과도전압에 대한 회로보호)<br>– **계**전기 접점의 불꽃 제거 | |
| • **UJT**(UniJunction Transistor) = **단일접합 트랜지스터** : 증폭기로는 사용이 불가능하며 톱니파나 펄스발생기로 작용하며 SCR의 트리거 소자로 쓰인다. | E B₁ B₂ |
| • **바랙터**(varactor) : 제너현상을 이용한 다이오드이다. | – |

기억법 **서온(서운해), 바리서계**

답 ②

★
**25** 제어계의 안정도를 판별하는 가장 보편적인 방법으로 볼 수 없는 것은?

① 루쓰의 안정판별법
② 후르비츠의 안정판별법
③ 나이퀴스트의 안정판별법
④ 볼츠만의 안정판별법

해설 **제어계**의 **안정도**를 **판별**하는 방법
(1) **루**쓰의 안정판별법
(2) **후**르비츠의 안정판별법
(3) **나**이퀴스트의 안정판별법

기억법 **후루나안**

답 ④

★★
**26** 다음 단상 유도전동기 중 기동토크가 가장 큰 것은?
05.03.문25

① 셰이딩 코일형 ② 콘덴서 기동형
③ 분상 기동형 ④ 반발 기동형

해설 **기동토크**가 **큰 순서**
**반발 기동형** > 반발 유도형 > 콘덴서 기동형 > 분상 기동형 > **셰이딩 코일형**

기억법 **반기큰**

답 ④

★★
**27** 공기 중에서 $3\times10^{-4}$Wb와 $5\times10^{-3}$Wb의 두 극 사이에 작용하는 힘이 13N이었다. 두 극 사이의 거리는 약 몇 cm인가?
13.06.문30

① 4.3 ② 8.5
③ 13 ④ 17

해설 **두 자극** 사이에 **작용**하는 **힘**

$$F=\frac{m_1m_2}{4\pi\mu r^2}$$

여기서, $F$: 두 자극 사이에 작용하는 힘[N]
$\mu$ : 투자율[H/m]($\mu=\mu_0\cdot\mu_s$)
$\mu_0$ : 진공의 투자율[H/m]
$\mu_s$ : 비투자율(단위 없음)
$r$ : 두 자극 간의 거리[m]
$m_1, m_2$: 자극의 세기

**두 자극** 사이에 **작용**하는 **힘** $F$는

$$F=\frac{m_1m_2}{4\pi\mu r^2}=\frac{m_1m_2}{4\pi\mu_0 r^2}$$

$$r^2=\frac{m_1m_2}{4\pi\mu_0F}$$

$$\sqrt{r^2}=\sqrt{\frac{m_1m_2}{4\pi\mu_0F}}$$

$$r=\sqrt{\frac{m_1m_2}{4\pi\mu_0F}}=\sqrt{\frac{(3\times10^{-4})\times(5\times10^{-3})}{4\pi\times(4\pi\times10^{-7})\times13}}\fallingdotseq0.085\text{m}=8.5\text{cm}$$

• 공기 중 $\mu_s=1$이므로 $\mu=\mu_0\mu_s=\mu_0$
• $\mu_0$(진공의 투자율)$=4\pi\times10^{-7}$H/m
• 1m=100cm이므로 0.085m=8.5cm

답 ②

★★★
**28** 직류전압계의 내부저항이 500Ω, 최대 눈금이 50V라면 이 전압계에 3kΩ의 배율기를 접속하여 전압을 측정할 때 최대 측정치는 몇 V인가?
17.05.문33
09.03.문33

① 250 ② 300
③ 350 ④ 500

해설 **배율기**

$$V_o=V\left(1+\frac{R_m}{R_v}\right)\text{[V]}$$

여기서, $V_o$ : 측정하고자 하는 전압(최대전압)[V]
$V$: 전압계의 최대눈금[V]
$R_v$ : 전압계 내부저항[Ω]
$R_m$ : 배율기저항[Ω]

**최대 전압** $V_o$는

$$V_o=V\left(1+\frac{R_m}{R_v}\right)=50\times\left[1+\frac{(3\times10^3)}{500}\right]=350\text{V}$$

비교

**분류기**

$$I_o=I\left(1+\frac{R_A}{R_S}\right)\text{[A]}$$

여기서, $I_o$ : 측정하고자 하는 전류[A]
$I$ : 전류계의 최대눈금[A]
$R_A$ : 전류계 내부저항[Ω]
$R_S$ : 분류기저항[Ω]

답 ③

★
**29** 빛이 닿으면 전류가 흐르는 다이오드로서, 광량의 변화를 전류값으로 대치하므로 광센서에 주로 사용하는 다이오드는?
15.05.문39
11.06.문32

① 제너 다이오드 ② 터널 다이오드
③ 발광 다이오드 ④ 포토 다이오드

해설 **다이오드**의 **종류**

(1) **터널 다이오드**(tunnel diode) : **부성저항 특성**을 나타내며, **증폭 · 발진 · 개폐작용**에 응용한다.

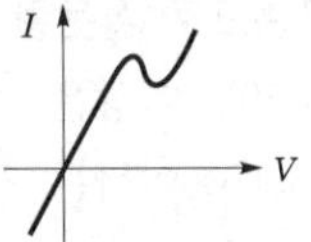

| 터널 다이오드의 특성 |

기억법 **터부**

(2) **포토 다이오드**(photo diode) : **빛**이 닿으면 **전류**가 흐르는 다이오드로서 광량의 변화를 전류값으로 대치하므로 광센서에 주로 사용하는 다이오드이다.

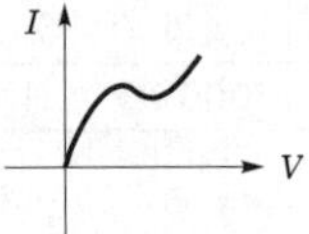

| 포토 다이오드의 특성 |

기억법 **포빛전**

(3) **제너 다이오드**(zener diode) : **정전압 회로용**으로 사용되는 소자로서, "**정전압 다이오드**"라고도 한다.

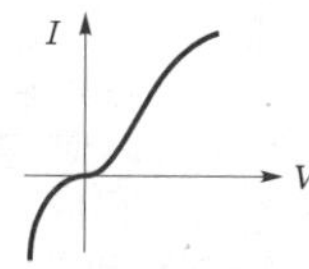


| 제너 다이오드의 특성 |

**기억법** 정제

(4) **발광 다이오드**(LED ; Light Emitting Diode) : **전류**가 통과하면 **빛**을 **발산**하는 다이오드이다.

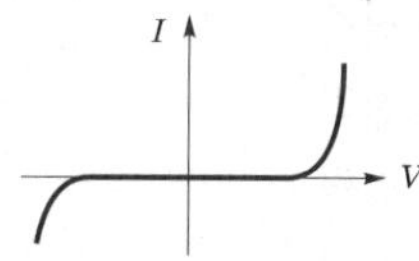


| 발광 다이오드의 특성 |

**기억법** **발전빛**(포토 다이오드와 발광 다이오드는 서로 반대 개념)

답 ④

★★★
**30** 다이오드를 여러 개 병렬로 접속하는 경우에 대한 설명으로 옳은 것은?

11.03.문34

① 과전류로부터 보호할 수 있다.
② 과전압으로부터 보호할 수 있다.
③ 부하측의 맥동률을 감소시킬 수 있다.
④ 정류기의 역방향 전류를 감소시킬 수 있다.

해설 **다이오드 접속**

(1) **직렬접속** : **과전압**으로부터 보호

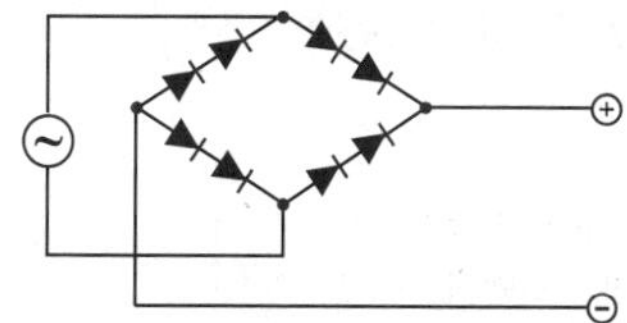

**기억법** 직압(지갑)

(2) **병렬접속** : **과전류**로부터 보호

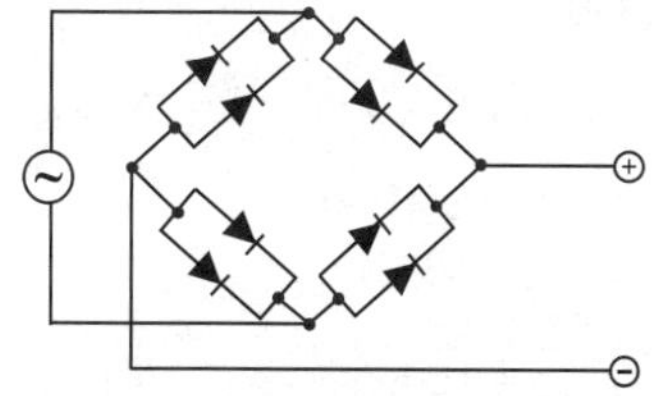

※ 과전류 : 과대한 부하전류

답 ①

★
**31** $e_1 = 10\sqrt{2}\sin\left(\omega t + \frac{\pi}{3}\right)$[V]와 $e_2 = 20\sqrt{2}\sin\left(\omega t + \frac{\pi}{6}\right)$[V]의 두 정현파의 합성전압 $e$는 약 몇 V인가?

14.03.문34
11.10.문35

① $29.1\sin(\omega t + 60°)$
② $29.1\sin(\omega t - 60°)$
③ $29.1\sin(\omega t + 40°)$
④ $29.1\sin(\omega t - 40°)$

해설 (1) **순시값 → 극형식** 변환

$$e_1 = 10\sqrt{2}\sin\left(\omega t + \frac{\pi}{3}\right) = 10\underline{/60°}$$

$$e_2 = 20\sqrt{2}\sin\left(\omega t + \frac{\pi}{6}\right) = 20\underline{/30°}$$

(2) **극형식 → 복소수** 변환

$e_1 = 10\underline{/60°} = 10(\cos 60° + j\sin 60°) = 5 + j8.66$

$e_2 = 20\underline{/30°} = 10(\cos 30° + j\sin 30°) = 17.32 + j10$

(3) **합산크기 계산**

$e = e_1 + e_2 = 5 + j8.66 + 17.32 + j10$

$= 5 + 17.32 + j8.66 + j10 = 22.32 + j18.66$

∴ **최대값** $V_m = \sqrt{\text{실수}^2 + \text{허수}^2}$

$= \sqrt{22.32^2 + 18.66^2} ≒ 29.1$

**위상차** $\theta = \tan^{-1}\frac{\text{허수}}{\text{실수}} = \tan^{-1}\frac{18.66}{22.32} ≒ 40°$

$$e = 29.1\sin(\omega t + 40°)$$

**중요**

(1) **순시값**

$$e = V_m \sin\omega t$$

여기서, $e$ : 전압의 순시값[V]
$V_m$ : 전압의 최대값[V]
$\omega$ : 각주파수[rad/s]
$t$ : 주기[s]

(2) **최대값**

$$V_m = \sqrt{2}\,V$$

여기서, $V_m$ : 전압의 최대값[V]
$V$ : 전압의 실효값[V]

(3) **극형식**

$$V\underline{/\theta}$$

여기서, $V$ : 전압의 실효값[V]
$\theta$ : 위상차[rad]

$\pi = 180°$이므로 $\frac{\pi}{3} = 60°$, $\frac{\pi}{6} = 30°$

답 ③

**32** 그림과 같은 회로에서 단자 a, b 사이에 주파수 $f$[Hz]의 정현파 전압을 가했을 때 전류계 $A_1$, $A_2$의 값이 같았다. 이 경우 $f$, $L$, $C$ 사이의 관계로 옳은 것은?

13.03.문32

① $f=\dfrac{1}{2\pi^2 LC}$

② $f=\dfrac{1}{4\pi\sqrt{LC}}$

③ $f=\dfrac{1}{\sqrt{2\pi^2 LC}}$

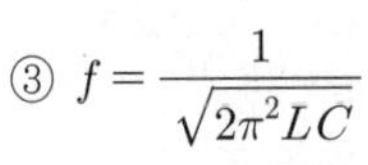

④ $f=\dfrac{1}{2\pi\sqrt{LC}}$

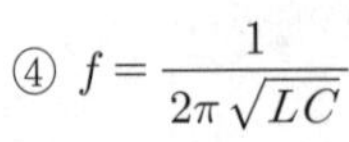

해설 전류계 $A_1$, $A_2$의 값이 같다는 것은 $L$과 $C$가 서로 공진되었다는 의미이므로

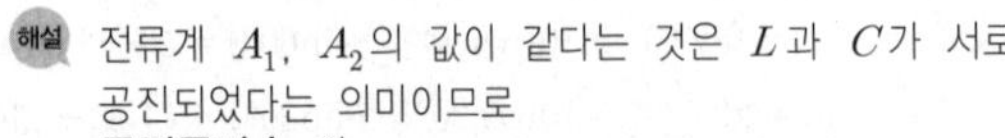

**공진주파수** $f$는

$$f=\frac{1}{2\pi\sqrt{LC}}\text{[Hz]}$$

여기서, $f$ : 공진주파수[Hz]
$L$ : 인덕턴스[H]
$C$ : 정전용량[F]

답 ④

**33** 기전력 3.6V, 용량 600mAh인 축전지 5개를 직렬연결할 때의 기전력 V와 용량은?

06.05.문32

① 3.6V, 3Ah ② 18V, 3Ah
③ 3.6V, 600mAh ④ 18V, 600mAh

해설

| 병렬연결 | 직렬연결 |
|---|---|
| 전압(기전력)은 **불변**하고 용량은 $n$**배**가 된다.<br>(전압(기전력)은 **1개**일 때와 같고 용량은 $n$**배**가 된다.)<br>여기서, $n$ : 축전지 개수 | 전압(기전력)은 $n$**배**가 되고 용량은 **불변**이다.<br>(전압(기전력)은 $n$**배**가 되고 용량은 **1개**일 때와 같다.)<br>여기서, $n$ : 축전지 개수 |

(1) 기전력=3.6V×5개=18V
(2) 용량=600mAh

답 ④

**34** 변압기와 관련된 설명으로 옳지 않은 것은?

① 2개의 코일 사이에 작용하는 전자유도작용에 의해 변압하는 기능이다.
② 1차측과 2차측의 전압비를 변압비라 한다.
③ 자속을 발생시키기 위해 필요한 전류를 유도기전력이라 한다.
④ 변류비는 권수비와 반비례한다.

해설 **변압기**와 관련된 설명
(1) 2개의 코일 사이에 작용하는 전자유도작용에 의해 변압하는 기능이다.
(2) 1차측과 2차측의 전압비를 **변압비**라 한다.
(3) 자속을 발생시키기 위해 필요한 전류를 **자화전류**라 한다.
(4) 변류비는 권수비와 **반비례**한다.

③ 유도기전력 → 자화전류

답 ③

**35** 교류전압과 전류의 곱 형태로 된 전력값은?

① 유효전력
② 무효전력
③ 소비전력
④ 피상전력

해설 **교류전력**
(1) **유효전력**(평균전력, 소비전력)

$$P=VI\cos\theta=I^2R\text{[W]}$$

여기서, $P$ : 유효전력[W]
$V$ : 전압[V]
$I$ : 전류[A]
$\cos\theta$ : 역률
$R$ : 저항[Ω]

※ **유효전력** : **교류전압**($V$)과 **전류**($I$) 그리고 **역률**($\cos\theta$)의 곱형태

(2) **무효전력**

$$P_r=VI\sin\theta=I^2X\text{[Var]}$$

여기서, $P_r$ : 무효전력[Var]
$V$ : 전압[V]
$I$ : 전류[A]
$\sin\theta$ : 무효율
$X$ : 리액턴스[Ω]

※ **무효전력** : **교류전압**($V$)과 **전류**($I$) 그리고 **무효율**($\sin\theta$)의 곱형태

(3) **피상전력**

$$P_a=VI=\sqrt{P^2+P_r^{\,2}}=I^2Z\text{[VA]}$$

여기서, $P_a$ : 피상전력[VA]
$V$ : 전압[V]
$I$ : 전류[A]
$P$ : 유효전력[W]
$P_r$ : 무효전력[Var]
$Z$ : 임피던스[Ω]

※ **피상전력** : **교류전압**($V$)과 **전류**($I$)의 곱형태

답 ④

★★★
**36** 자기인덕턴스 $L_1$, $L_2$가 각각 4mH, 9mH인 두 코일이 이상적인 결합이 되었다면 상호인덕턴스 $M$은? (단, 결합계수 $K=1$이다.)

16.10.문25
13.03.문40

① 6mH ② 12mH
③ 24mH ④ 36mH

해설 **상호인덕턴스**(mutual inductance)

$$M=K\sqrt{L_1 L_2}\ \text{[H]}$$

여기서, $M$ : 상호인덕턴스[H]
$K$ : 결합계수
$L_1$, $L_2$ : 자기인덕턴스[H]

**상호인덕턴스** $M$은

$M=K\sqrt{L_1 L_2}=1\sqrt{4\times 9}=6\text{mH}$

중요

**결합계수**

| $K=0$ | $K=1$ |
|---|---|
| 두 코일 직교시 | 이상결합 · 완전결합시 |

답 ①

★★★
**37** 10kΩ 저항의 허용전력은 10kW라 한다. 이때의 허용전류는 몇 A인가?

① 100A
② 10A
③ 1A
④ 0.1A

해설 **전력**

$$P=VI=\frac{V^2}{R}=I^2 R$$

여기서, $P$ : 전력[W]
$V$ : 전압[V]
$I$ : 전류[A]
$R$ : 저항[Ω]

$P=I^2 R$

$I^2 R=P$

$I^2=\frac{P}{R}$

$\sqrt{I^2}=\sqrt{\frac{P}{R}}$

$I=\sqrt{\frac{P}{R}}=\sqrt{\frac{10\times 10^3}{10\times 10^3}}=1\text{A}$

- $10\text{k}\Omega=10\times 10^3\Omega$
- $10\text{kW}=10\times 10^3\text{W}$

답 ③

★★
**38** 그림과 같은 시퀀스 제어회로에서 자기유지접점은?

07.05.문37

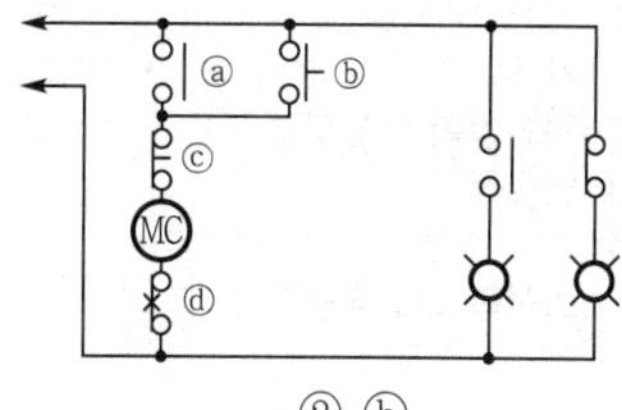


① ⓐ ② ⓑ
③ ⓒ ④ ⓓ

해설 ⓐ 자기유지접점
ⓑ 기동용 스위치
ⓒ 정지용 스위치
ⓓ 열동계전기접점

답 ①

★★
**39** $Q$[C]의 전하에서 나오는 전기력선의 총수는? (단, $\varepsilon$ 및 $E$는 유전율 및 전계의 세기를 나타낸다.)

02.05.문33

① $\frac{\varepsilon}{Q}$ ② $\frac{Q}{\varepsilon}$
③ $EQ$ ④ $Q$

해설 (1)

$$\textbf{전기력선}\text{의 총수}=\frac{Q}{\varepsilon}$$

여기서, $\varepsilon$ : 유전율, $Q$ : 전하[C]

(2)

$$\textbf{자기력선}\text{의 총수}=\frac{m}{\mu}$$

여기서, $\mu$ : 투자율, $m$ : 자극의 세기[Wb]

답 ②

★
**40** 바이폴라 트랜지스터(BJT)와 비교할 때 전계효과 트랜지스터(FET)의 일반적인 특성을 잘못 설명한 것은?

① 소자특성은 단극성 소자이다.
② 입력저항은 매우 크다.
③ 이득대역폭은 작다.
④ 집적도는 낮다.

해설 **FET(전계효과 트랜지스터)의 특성**

(1) **집**적도가 **높**다.
(2) **입**력저항이 매우 **크**다.
(3) 이득대역폭이 작다.
(4) 소비전력이 작다.
(5) 동작속도가 느리다.
(6) 소자특성이 단극성 소자이다.

기억법 **전집 높입크**

비교

MOSFET(금속산화막 반도체 전계효과 트랜지스터)의 **특성**

(1) 산화절연막을 가지고 있어서 **큰 입력저항**으로 게이트 전류가 거의 흐르지 않는다.
(2) **2차 항복**이 없다.
(3) **안정적**이다.
(4) 열 폭주현상을 보이지 않는다.
(5) **소전력**으로 작동한다.

답 ④

## 제 3 과목 소방관계법규

★★

**41** 지정수량의 몇 배 이상의 위험물을 취급하는 제조소에는 피뢰침을 설치하여야 하는가? (단, 제6류 위험물을 취급하는 위험물제조소는 제외)

19.04.문53
17.03.문55
15.09.문48
15.03.문58
12.09.문52

① 5배
② 10배
③ 50배
④ 100배

해설 **위험물규칙 〔별표 4〕**

지정수량의 **10배** 이상의 위험물을 취급하는 제조소(제6류 위험물을 취급하는 위험물제조소 제외)에는 **피뢰침**을 설치하여야 한다. (단, 제조소 주위의 상황에 따라 안전상 지장이 없는 경우에는 피뢰침을 설치하지 아니할 수 있다.)

기억법 피10(피식 웃다!)

비교

**위험물령 15조**
**예방규정을 정하여야 할 제조소 등**
(1) **10배** 이상의 **제조소 · 일반취급소**
(2) **100배** 이상의 **옥외저장소**
(3) **150배** 이상의 **옥내저장소**
(4) **200배** 이상의 **옥외탱크저장소**
(5) **이송취급소**
(6) **암반탱크저장소**

답 ②

★

**42** 1급 소방안전관리대상물의 소방안전관리자에 대한 강습교육의 과목으로 옳지 않은 것은?

① 건축관계법령
② 소방관계법령
③ 소방학개론
④ 소방실무

해설 **소방시설법 시행규칙 〔별표 5〕**
**1급 소방안전관리업무 강습교육과목 및 교육시간**

| 구 분 | 교육과목 | 교육시간 |
|---|---|---|
| 1급 | • 소방관계법령<br>• 건축관계법령<br>• 소방학개론<br>• 화기취급감독(위험물 · 전기 · 가스 안전관리 등)<br>• 종합방재실 운영<br>• 소방시설(소화설비, 경보설비, 피난구조설비, 소화용수설비, 소화활동설비)의 구조 · 점검 · 실습 · 평가<br>• 소방계획수립 이론 · 실습 · 평가<br>• 작동기능점검표 작성 실습 · 평가<br>• 구조 및 응급처치 이론 · 실습 · 평가<br>• 소방안전 교육 및 훈련 이론 · 실습 · 평가<br>• 화재대응 및 피난 실습 · 평가<br>• 형성평가(시험) | 40시간 |

답 ④

★

**43** 소방특별조사의 세부 항목에 대한 사항으로 옳지 않은 것은?

① 소방대상물 및 관계지역에 대한 강제처분 · 피난명령에 관한 사항
② 소방안전관리 업무 수행에 관한 사항
③ 자체점검 및 정기적 점검 등에 관한 사항
④ 소방계획서의 이행에 관한 사항

해설 **소방시설법 시행령 7조**
**소방특별조사의 항목**
(1) 소방안전관리 **업**무 수행에 관한 사항
(2) 소방**계**획서의 이행에 관한 사항
(3) **자**체점검 및 정기적 점검 등에 관한 사항
(4) 화재의 **예**방조치 등에 관한 사항
(5) 불을 사용하는 설비 등의 관리와 특수가연물의 저장 · 취급에 관한 사항
(6) 다중이용업소 안전관리에 관한 사항
(7) 위험물 안전관리에 관한 사항

기억법 특업 자계예

답 ①

★★
## 44 위험물시설의 설치 및 변경에 있어서 허가를 받지 아니하고 제조소 등을 설치하거나 그 위치, 구조 또는 설비를 변경할 수 없는 경우는?

19.09.문42
18.04.문49
15.03.문55
17.05.문46
13.09.문60

① 주택의 난방시설(공동주택의 중앙난방시설은 제외)을 위한 저장소 또는 취급소
② 농예용으로 필요한 난방시설 또는 건조시설을 위한 20배 이하의 저장소
③ 공업용으로 필요한 난방시설 또는 건조시설을 위한 20배 이하의 저장소
④ 수산용으로 필요한 난방시설 또는 건조시설을 위한 20배 이하의 저장소

해설 **위험물법 6조**
제조소 등의 설치허가
(1) **설치허가자** : **시 · 도지사**
(2) **설치허가 제외장소**
① 주택의 난방시설(공동주택의 중앙난방시설은 제외)을 위한 **저장소** 또는 **취급소**
② 지정수량 **20배** 이하의 **농예용** · **축산용** · **수산용** 난방시설 또는 건조시설의 **저장소**
(3) **제조소 등의 변경신고** : 변경하고자 하는 날의 **1일** 전까지

기억법 농축수2

참고

**시 · 도지사**
(1) 특별시장
(2) 광역시장
(3) 특별자치시장
(4) 도지사
(5) 특별자치도지사

답 ③

★★★
## 45 옥외탱크저장소에 설치하는 방유제의 설치기준으로 옳지 않은 것은?

15.03.문07
08.09.문58

① 방유제 내의 면적은 $60000m^2$ 이하로 할 것
② 방유제의 높이는 0.5m 이상 3m 이하로 할 것
③ 방유제 내의 옥외저장탱크의 수는 10 이하로 할 것
④ 방유제는 철근콘크리트 또는 흙으로 만들 것

해설 **위험물규칙 〔별표 6〕**
옥외탱크저장소의 방유제
(1) 높이 : **0.5~3m** 이하
(2) 탱크 : 10기(모든 탱크용량이 **20만** $l$ 이하, 인화점이 70~200℃ 미만은 **20**기) 이하
(3) 면적 : **80000m²** 이하
(4) 용량 ┌ 1기 이상 : **탱크용량**의 110% 이상
└ 2기 이상 : **최대용량**의 110% 이상

① $60000m^2 \rightarrow 80000m^2$

답 ①

★★
## 46 특수가연물의 저장 및 취급기준으로 옳지 않은 것은?

19.03.문55
18.03.문60
14.03.문46
13.03.문60

① 품명별로 구분하여 쌓을 것
② 쌓는 높이는 10m 이하로 할 것
③ 쌓는 부분의 바닥면적은 $300m^2$ 이하가 되도록 할 것
④ 쌓는 부분의 바닥면적 사이는 1m 이상이 되도록 할 것

해설 **기본령 7조**
특수가연물의 저장 · 취급기준
(1) **품명별**로 구분하여 쌓을 것
(2) 쌓는 높이는 **10m** 이하가 되도록 할 것
(3) 쌓는 부분의 바닥면적은 **50m²**(석탄 · 목탄류는 **200m²**) 이하가 되도록 할 것
(4) 쌓는 부분의 바닥면적 사이는 **1m** 이상이 되도록 할 것
(5) 취급장소에는 **품명** · **최대수량** 및 **화기취급**의 **금지표지** 설치

③ $300m^2 \rightarrow 50m^2$

답 ③

★★★
## 47 소방시설의 하자가 발생한 경우 소방시설공사업자는 관계인으로부터 그 사실을 통보받은 날로부터 며칠 이내에 이를 보수하거나 보수일정을 기록한 하자보수계획을 관계인에게 알려야 하는가?

11.06.문59

① 3일 이내 ② 5일 이내
③ 7일 이내 ④ 14일 이내

해설 **공사업법 15조**
소방시설의 하자보수기간 : **3일** 이내

중요

**3일**
(1) **하**자보수기간(공사업법 15조)
(2) 소방시설업 **등**록증 **분**실 등의 **재발급**(공사업규칙 4조)

기억법 3하등분재(상하이에서 동생이 분재를 가져왔다.)

답 ①

★★★
**48 소방대상물의 관계인에 해당하지 않는 사람은?**

10.03.문60
① 소방대상물의 소유자
② 소방대상물의 점유자
③ 소방대상물의 관리자
④ 소방대상물을 검사 중인 소방공무원

해설 **기본법 제2조**
**관계인**
(1) **소**유자
(2) **관**리자
(3) **점**유자

기억법 **소관점**

답 ④

★
**49 건축허가 등의 동의대상물로서 건축허가 등의 동의를 요구하는 때 동의요구서에 첨부하여야 하는 서류로서 옳지 않은 것은?**

① 건축허가신청서 및 건축허가서
② 소방시설설계업 등록증과 자본금 내역서
③ 소방시설 설치계획표
④ 소방시설(기계 · 전기분야)의 층별 단면도 및 층별 계통도

해설 **소방시설법 시행규칙 4조**
**건축허가 동의시 첨부서류**
(1) 건축허가신청서 및 건축허가서 사본
(2) 설계도서 및 소방시설 설치계획표
(3) 소방시설설계업 등록증
(4) 건축 · 대수선 · 용도변경신고서 사본
(5) 건축물의 단면도 및 주단면 상세도
(6) 소방시설의 층별 단면도 및 층별 계통도
(7) 창호도

② 자본금 내역서는 해당 없음

답 ②

★★★
**50 위험물 제조소에는 보기 쉬운 곳에 "위험물 제조소"라는 표시를 한 표지를 기준에 따라 설치하여야 하는데 다음 중 표지의 기준으로 적합한 것은?**

06.09.문50
① 표지의 한 변의 길이는 0.3m 이상, 다른 한 변의 길이는 0.6m 이상인 직사각형으로 하며, 표지의 바탕은 백색으로 문자는 흑색으로 한다.
② 표지의 한 변의 길이는 0.2m 이상, 다른 한 변의 길이는 0.4m 이상인 직사각형으로 하며, 표지의 바탕은 백색으로 문자는 흑색으로 한다.
③ 표지의 한 변의 길이는 0.2m 이상, 다른 한 변의 길이는 0.4m 이상인 직사각형으로 하며, 표지의 바탕은 흑색으로 문자는 백색으로 한다.
④ 표지의 한 변의 길이는 0.3m 이상, 다른 한 변의 길이는 0.6m 이상인 직사각형으로 하며, 표지의 바탕은 흑색으로 문자는 백색으로 한다.

해설 **위험물규칙 〔별표 4〕**
**위험물 제조소의 표지**
(1) 한 변의 길이가 **0.3m 이상**, 다른 한 변의 길이가 **0.6m 이상**인 **직사각형**일 것
(2) **바**탕은 **백색**으로, 문자는 **흑색**일 것

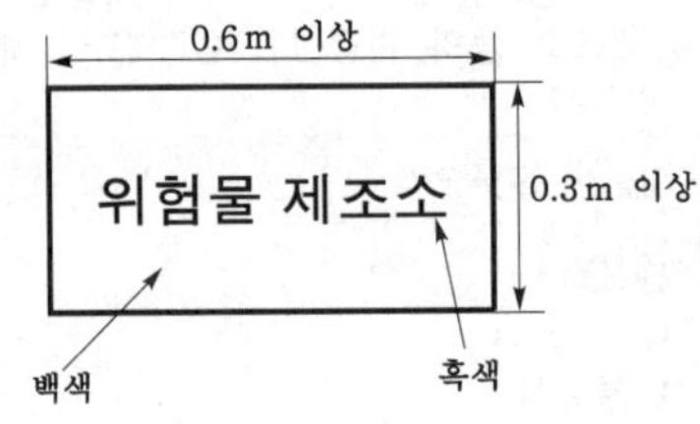

| 제조소의 표지 |

기억법 **표바백036**

비교

**위험물규칙 〔별표 4〕**
**위험물 제조소의 게시판 설치기준**

| 위험물 | 주의사항 | 비 고 |
|---|---|---|
| • 제1류위험물(알칼리금속의 과산화물)<br>• 제3류위험물(금수성 물질) | 물기엄금 | 청색바탕에 백색문자 |
| • 제2류위험물(인화성 고체 제외) | 화기주의 | 적색바탕에 백색문자 |
| • 제2류위험물(인화성 고체)<br>• 제3류위험물(자연발화성 물질)<br>• 제4류위험물<br>• 제5류위험물 | 화기엄금 | 적색바탕에 백색문자 |
| • 제6류위험물 | 별도의 표시를 하지 않는다. | |

답 ①

★★★
**51** 승강기 등 기계장치에 의한 주차시설로서 자동
13.09.문53 차 몇 대 이상 주차할 수 있는 시설을 할 경우, 소방본부장 또는 소방서장의 건축허가 등의 동의를 받아야 하는가?

① 10대 ② 20대
③ 30대 ④ 50대

해설 **소방시설법 시행령 12조**
건축허가 등의 동의대상물
(1) 연면적 **400m²**(학교시설 : **100m²**, 수련시설·노유자시설 : **200m²**, 정신의료기관·장애인 의료재활시설 : **300m²**) 이상
(2) **6층** 이상인 건축물
(3) 차고·주차장으로서 바닥면적 **200m²** 이상(**자**동차 **20대** 이상)
(4) **항공기 격납고, 관망탑, 항공관제탑, 방송용 송수신탑**
(5) 지하층 또는 무창층의 바닥면적 **150m²**(공연장은 **100m²**) 이상
(6) **위험물저장** 및 **처리시설**
(7) **결핵환자**나 **한센인**이 24시간 생활하는 **노유자시설**
(8) **지하구**
(9) 요양병원(정신병원, 의료재활시설 제외)
(10) 노인주거복지시설·노인의료복지시설 및 재가노인복지시설·학대피해노인 전용쉼터·아동복지시설·장애인거주시설

기억법 2자(이자)

답 ②

★★★
**52** 각 시·도의 소방업무에 필요한 경비의 일부를
19.09.문54
14.09.문46
14.03.문59
06.05.문60
국가가 보조하는 대상이 아닌 것은?

① 전산설비
② 소방헬리콥터
③ 소방관서용 청사 건축
④ 소방용수시설장비

해설 **기본령 2조**
(1) **국고보조의 대상**
㉠ 소방활동장비와 설비의 구입 및 설치
- 소방**자**동차
- 소방**헬**리콥터·소방**정**
- 소방**전**용통신설비·전산설비
- 방**화**복
㉡ 소방관서용 **청**사
(2) **소방활동장비 및 설비의 종류와 규격** : **행정안전부령**
(3) **대상사업의 기준보조율** : 「보조금관리에 관한 법률 시행령」에 따름

기억법 자헬 정전화 청국

답 ④

★
**53** 주유취급소의 고정주유설비의 주위에는 주유를 받으려는 자동차 등이 출입할 수 있도록 너비와 길이는 몇 m 이상의 콘크리트 등으로 포장한 공지를 보유하여야 하는가?

① 너비 10m 이상, 길이 5m 이상
② 너비 10m 이상, 길이 10m 이상
③ 너비 15m 이상, 길이 6m 이상
④ 너비 20m 이상, 길이 8m 이상

해설 **위험물규칙 [별표 13]**
주유공지와 급유공지
(1) **주유공지**
주유를 받으려는 자동차 등이 출입할 수 있도록 너비 **15m** 이상, 길이 **6m** 이상의 콘크리트 등으로 포장한 공지

기억법 주156

(2) **급유공지**
고정급유설비의 호스기기의 주위에 필요한 공지

참고

**고정주입설비와 고정급유설비**(위험물규칙 [별표 13])
(1) **고정주입설비**
펌프기기 및 호스기기로 되어 위험물을 자동차 등에 직접 주유하기 위한 설비로서 현수식 포함
(2) **고정급유설비**
펌프기기 및 호스기기로 되어 위험물을 용기에 옮겨 담거나 이동저장탱크에 주입하기 위한 설비로서 현수식 포함

답 ③

★
**54** 소방본부장이나 소방서장이 소방시설공사가 공
15.03.문59 사감리 결과보고서대로 완공되었는지 완공검사를 위한 현장확인할 수 있는, 대통령령으로 정하는 특정소방대상물이 아닌 것은?

① 노유자시설
② 문화 및 집회시설
③ 1000m² 미만의 공동주택
④ 지하상가

해설 **공사업령 5조**
완공검사를 위한 **현**장확인 대상 특정소방대상물의 범위
(1) **문**화 및 집회시설, **종**교시설, **판**매시설, **노**유자시설, **수**련시설, **운**동시설, **숙**박시설, **창**고시설, 지하**상**가 및 다중이용업소
(2) 다음의 어느 하나에 해당하는 설비가 설치되는 특정소방대상물
㉠ 스프링클러설비 등
㉡ 물분무등소화설비(호스릴방식의 소화설비 제외)
(3) 연면적 10000m² 이상이거나 11층 이상인 특정소방대상물(아파트 제외)
(4) 가연성 가스를 제조·저장 또는 취급하는 시설 중 지상에 노출된 가연성 가스탱크의 저장용량 합계가 1000t 이상인 시설

기억법 문종판 노수운 숙창상현

답 ③

☆☆☆
**55** 공동소방안전관리자 선임대상 특정소방대상물의 기준으로서 옳은 것은?

07.03.문50

① 복합건축물로서 연면적이 1000m$^2$ 이상인 것 또는 층수가 10층 이상인 것
② 복합건축물로서 연면적이 2000m$^2$ 이상인 것 또는 층수가 10층 이상인 것
③ 복합건축물로서 연면적이 3000m$^2$ 이상인 것 또는 층수가 5층 이상인 것
④ 복합건축물로서 연면적이 5000m$^2$ 이상인 것 또는 층수가 5층 이상인 것

해설 **소방시설법 시행령 25조**

**공동소방안전관리자를 선임하여야 할 특정소방대상물**

(1) 고층건축물(지하층을 제외한 11층 이상)
(2) 지하가
(3) **복**합건축물로서 연면적 **5000m$^2$** 이상
(4) 복합건축물로서 **5층** 이상
(5) **도매시장, 소매시장**
(6) **소방본부장 · 소방서장**이 지정하는 것

기억법 5복(오복)

답 ④

☆
**56** 위험물을 취급하는 건축물에 설치하는 채광 및 조명설비설치의 원칙적인 기준으로 적합하지 않은 것은?

① 모든 조명등은 방폭등으로 할 것
② 전선은 내화 · 내열전선으로 할 것
③ 점멸스위치는 출입구 바깥부분에 설치할 것
④ 채광설비는 불연재료로 할 것

해설 **위험물규칙 〔별표 4〕**

(1) **채광설비**
㉠ **불연재료**로 할 것
㉡ 연소의 우려가 없는 장소에 설치하되 채광면적을 최소로 할 것

(2) **조명설비**
㉠ 가연성 가스 등이 체류할 우려가 있는 장소의 조명등은 **방폭등**으로 할 것
㉡ 전선은 **내화 · 내열전선**으로 할 것
㉢ 점멸스위치는 출입구 **바깥부분**에 설치할 것

비교

**위험물규칙 〔별표 4〕**
**환기설비**

(1) 환기구는 지붕 위 또는 **지상 2m** 이상의 높이에 회전식 **고정벤틸레이터** 또는 **루프팬 방식**으로 설치할 것
(2) 환기는 **자연배기방식**으로 할 것
(3) 급기구는 낮은 곳에 설치할 것

답 ①

☆☆
**57** 다음 중 화재원인조사의 종류가 아닌 것은?

19.09.문59
11.03.문55
07.05.문56

① 발화원인조사
② 재산피해조사
③ 연소상황조사
④ 피난상황조사

해설 **기본규칙 〔별표 5〕**
**화재원인조사**

| 종 류 | 조사범위 |
|---|---|
| 발화원인조사 | 화재가 발생한 과정, 화재가 발생한 지점 및 불이 붙기 시작한 물질 |
| 발견 · 통보 및 초기소화상황조사 | 화재의 발견 · 통보 및 초기소화 등 일련의 과정 |
| 연소상황조사 | 화재의 연소경로 및 확대원인 등의 상황 |
| 피난상황조사 | 피난경로, 피난상의 장애요인 등의 상황 |
| 소방시설 등 조사 | 소방시설의 사용 또는 작동 등의 상황 |

② 화재피해조사

비교

**기본규칙 〔별표 5〕**
**화재피해조사**

| 종 류 | 조사범위 |
|---|---|
| 인명**피**해조사 | • 소방활동 중 발생한 사망자 및 부상자<br>• 그 밖에 화재로 인한 사망자 및 부상자 |
| 재산**피**해조사 | • 열에 의한 탄화, 용융, 파손 등의 피해<br>• 소화활동 중 사용된 물로 인한 피해<br>• 그 밖에 연기, 물품반출, 화재로 인한 폭발 등에 의한 피해 |

기억법 피피

답 ②

☆☆
**58** 자동화재속보설비를 설치하여야 하는 특정소방대상물은?

17.09.문75
16.03.문63
12.05.문79

① 연면적 800m$^2$인 아파트
② 연면적 800m$^2$인 기숙사
③ 바닥면적이 1000m$^2$인 층이 있는 발전시설
④ 바닥면적이 500m$^2$인 층이 있는 노유자시설

해설 **소방시설법 시행령 [별표 5]**
자동화재속보설비의 설치대상

| 설치대상 | 조 건 |
|---|---|
| • **수**련시설(숙박시설이 있는 것)<br>• **노**유자시설<br>• 요양병원 | 바닥면적 **500m²** 이상 |
| • 공장 및 창고시설<br>• 업무시설<br>• 국방 · 군사시설<br>• 발전시설(무인경비 시스템) | 바닥면적 **1500m²** 이상 |
| • 목조건축물 | 국보 · 보물 |
| • 노유자 생활시설<br>• 30층 이상 | 전부 |
| • 전통시장 | 전부 |

기억법 5수노속

답 ④

★★★
**59** 12.05.문52 **제품검사에 합격하지 않은 제품에 합격표시를 하거나 합격표시를 위조 또는 변조하여 사용한 사람에 대한 벌칙은?**

① 300만원 이하의 벌금
② 500만원 이하의 벌금
③ 1000만원 이하의 벌금
④ 1500만원 이하의 벌금

해설 **1년 이하의 징역 또는 1000만원 이하의 벌금**
(1) 소방시설의 **자체점검** 미실시자(소방시설법 49조)
(2) **소방시설관리사증** 대여(소방시설법 49조)
(3) **소방시설관리업**의 등록증 또는 등록수첩 대여(소방시설법 49조)
(4) 관계인의 정당업무방해 또는 **비밀누설**(소방시설법 49조)
(5) **제품검사** 합격표시 위조(소방시설법 49조)
(6) **성능인증** 합격표시 위조(소방시설법 49조)
(7) **우수품질 인증표시** 위조(소방시설법 49조)
(8) 제조소 등의 정기점검 기록 허위 작성(위험물법 35조)
(9) **자체소방대**를 두지 않고 제조소 등의 허가를 받은 자(위험물법 35조)
(10) **위험물 운반용기**의 검사를 받지 않고 유통시킨 자(위험물법 35조)
(11) 제조소 등의 긴급 사용정지 위반자(위험물법 35조)
(12) 영업정지처분 위반자(공사업법 36조)
(13) 거짓 감리자(공사업법 36조)
(14) 공사감리자 미지정자(공사업법 36조)
(15) 소방시설 설계 · 시공 · 감리 하도급자(공사업법 36조)
(16) 소방시설공사 재하도급자(공사업법 36조)
(17) 소방시설업자가 아닌 자에게 소방시설공사 등을 도급한 관계인(공사업법 36조)
(18) 공사업법의 명령에 따르지 않은 소방기술자(공사업법 36조)

답 ③

★★★
**60** 13.06.문50 **소방시설관리업의 기술인력으로 등록된 소방기술자는 실무교육을 몇 년마다 1회 이상 받아야 하며, 실무교육기관의 장은 교육일정 며칠 전까지 교육대상자에게 알려야 하는가?**

① 2년, 7일 전 ② 3년, 7일 전
③ 2년, 10일 전 ④ 3년, 10일 전

해설 **2년마다 1회 이상**
(1) 소방대원의 소방교육 · 훈련(기본규칙 9조)
(2) **실**무교육(소방시설법 시행규칙 36조)

기억법 실2(실리)

중요

**공사업규칙 26조, 소방시설법 시행규칙 36조**
실무교육통지

| 소방기술자의 실무교육 | 소방안전관리자의 실무교육 |
|---|---|
| 10일 전 | 30일 전 |

답 ③

## 제 4 과목 소방전기시설의 구조 및 원리

★
**61** **배기가스가 다량으로 체류하는 장소인 차고에 적응성이 없는 감지기는?**

① 차동식 스포트형 1종 감지기
② 차동식 스포트형 2종 감지기
③ 차동식 분포형 1종 감지기
④ 정온식 1종 감지기

해설

| 설치장소 | | 적응열감지기 | | | | | | | | | 불꽃감지기 |
|---|---|---|---|---|---|---|---|---|---|---|---|
| 환경상태 | 적응장소 | 차동식 스포트형 | | 차동식 분포형 | | 보상식 스포트형 | | 정온식 | | 열아날로그식 | |
| | | 1종 | 2종 | 1종 | 2종 | 1종 | 2종 | 특종 | 1종 | | |
| **배**기가스가 다량으로 체류하는 장소 | • 주차장, 차고<br>• 화물취급소 차로<br>• 자가발전실<br>• 트럭 터미널<br>• 엔진 시험실 | ○ | ○ | ○ | ○ | ○ | ○ | × | × | ○ | ○ |

기억법 배정(어디로 배정되었니?)

답 ④

★★★
**62** 13.06.문75 **무선통신보조설비의 누설동축케이블 또는 동축케이블의 임피던스는 몇 Ω으로 하여야 하는가?**

① 5Ω ② 10Ω
③ 50Ω ④ 100Ω

해설 **누설동축케이블 · 동축케이블**의 **임피던스** : 50Ω

참고

**무선통신보조설비의 분배기 · 분파기 · 혼합기 설치 기준**
(1) 먼지 · 습기 · 부식 등에 이상이 없을 것
(2) 임피던스 **50Ω**의 것
(3) 점검이 편리하고 화재 등의 피해 우려가 없는 장소

답 ③

★★★
**63** **비상방송설비의 음향장치 설치기준으로 틀린 것은?**

19.09.문76 19.04.문68 18.09.문77 18.03.문73 16.10.문69 16.10.문77 16.05.문67 16.03.문68 15.05.문73 15.05.문76 15.03.문62 14.03.문61 14.05.문75 13.09.문70 13.06.문62 13.06.문80

① 실내에 설치하지 않는 확성기의 음성입력은 3W(실내는 1W) 이상일 것
② 음량조정기를 설치하는 경우 음량조정기의 배선은 3선식으로 할 것
③ 조작부의 조작스위치는 바닥으로부터 0.5m 이상 1.0m 이하로 할 것
④ 확성기는 각 층마다 설치하되 그 층의 각 부분으로부터 하나의 확성기까지의 수평거리가 25m 이하가 되도록 할 것

해설 **비상방송설비**의 **설치기준**
(1) 확성기의 음성입력은 **3W**(**실내 1**W) 이상일 것
(2) 확성기는 **각 층**마다 설치하되, 각 부분으로부터의 수평거리는 **25m** 이하일 것
(3) 음량조정기는 **3선식** 배선일 것
(4) 조작스위치는 바닥으로부터 **0.8~1.5m** 이하의 높이에 설치할 것
(5) 다른 전기회로에 의하여 **유도장애**가 생기지 아니하도록 할 것
(6) 비상방송 개시시간은 **10초** 이하일 것
(7) 다른 방송설비와 공용할 경우 화재시 비상경보 외의 방송을 차단할 수 있을 것

③ 0.5m 이상 1.0m 이하 → 0.8m 이상 1.5m 이하

답 ③

★★★
**64** **부착높이가 4m 미만으로 연기감지기 3종을 설치할 때, 바닥면적 몇 $m^2$마다 1개 이상 설치하여야 하는가?**

① $150m^2$
② $100m^2$
③ $75m^2$
④ $50m^2$

해설 **연기감지기**의 **바닥면적**

| 부착높이 | 감지기의 종류 | |
|---|---|---|
| | 1종 및 2종 | 3종 |
| 4m 미만 | $150m^2$ | $50m^2$ |
| 4~20m 미만 | $75m^2$ | 설치할 수 없다. |

기억법 123
155
75

답 ④

★★★
**65** **비상조명등을 60분 이상 유효하게 작동시킬 수 있는 용량의 비상전원을 확보하여야 하는 장소가 아닌 것은?**

19.09.문74 19.04.문64 17.03.문73 16.03.문73 14.05.문73 08.03.문77

① 지하층을 제외한 층수가 11층 이상의 층
② 지하층으로 용도가 도매시장 · 소매시장인 경우
③ 무창층으로 용도가 무도장인 경우
④ 지하층으로 용도가 지하역사 또는 지하상가인 경우

해설 **비상조명등**의 **설치기준**
(1) 소방대상물의 각 거실과 지상에 이르는 복도 · 계단 · 통로에 설치할 것
(2) 조도는 각 부분의 바닥에서 **1 lx** 이상일 것
(3) **점검스위치**를 설치하고 **20분** 이상 작동시킬 수 있는 용량의 **축전지**와 **예비전원 충전장치**를 내장할 것

예외규정

**비상조명등의 60분 이상 작동용량**
(1) **11층** 이상(지하층 제외)
(2) 지하층 · 무창층으로서 **도매시장 · 소매시장 · 여객자동차터미널 · 지하역사 · 지하상가**

중요

**비상전원 용량**

| 설비의 종류 | 비상전원 용량 |
|---|---|
| • **자**동화재탐지설비<br>• 비상**경**보설비<br>• **자**동화재속보설비 | **10분** 이상 |
| • 유도등<br>• 비상콘센트설비<br>• 제연설비<br>• 물분무소화설비<br>• 옥내소화전설비(30층 미만)<br>• 특별피난계단의 계단실 및 부속실 제연설비(30층 미만) | **20분** 이상 |
| • 무선통신보조설비의 **증**폭기 | **30분** 이상 |
| • 옥내소화전설비(30~49층 이하)<br>• 특별피난계단의 계단실 및 부속실 제연설비(30~49층 이하)<br>• 연결송수관설비(30~49층 이하)<br>• 스프링클러설비(30~49층 이하) | **40분** 이상 |

| | |
|---|---|
| • 유도등 · 비상조명등(지하상가 및 11층 이상)<br>• 옥내소화전설비(50층 이상)<br>• 특별피난계단의 계단실 및 부속실 제연설비(50층 이상)<br>• 연결송수관설비(50층 이상)<br>• 스프링클러설비(50층 이상) | 60분 이상 |

기억법 경자비1(경자라는 이름은 비일비재하게 많다.) 3증(3중고)

답 ③

★★
**66** 부착높이에 따른 감지기의 종류로서 옳지 않은 것은?

19.04.문79 16.05.문69 15.09.문69 14.03.문78 12.09.문61

① 4m 미만 : 차동식 스포트형
② 4m 이상 8m 미만 : 보상식 스포트형
③ 8m 이상 15m 미만 : 열복합형
④ 15m 이상 20m 미만 : 연기복합형

해설 **감지기**의 **부착높이**(NFSC 203⑦)

| 부착높이 | 감지기의 종류 |
|---|---|
| 4m 미만 | • 차동식 스포트형 |
| 4~8m 미만 | • 차동식(스포트형, 분포형)<br>• 보상식 스포트형<br>• 정온식(스포트형, 감지선형) 특종 또는 1종<br>• 이온화식 1종 또는 2종<br>• 광전식(스포트형, 분리형, 공기흡입형) 1종 또는 2종<br>• 열복합형<br>• 연기복합형<br>• 열연기복합형<br>• 불꽃감지기 |
| 8~15m 미만 | • 차동식 분포형<br>• 이온화식 1종 또는 2종<br>• 광전식(스포트형, 분리형, 공기흡입형) 1종 또는 2종<br>• 연기복합형<br>• 불꽃감지기 |
| 15~20m 미만 | • 이온화식 1종<br>• 광전식(스포트형, 분리형, 공기흡입형) 1종<br>• 연기복합형<br>• 불꽃감지기 |
| 20m 이상 | • 불꽃감지기<br>• 광전식(분리형, 공기흡입형) 중 아날로그 방식 |

③ 4m 이상 8m 미만 : 열복합형

답 ③

★★★
**67** 복도통로유도등의 설치기준으로 틀린 것은?

19.09.문69 16.10.문64 14.09.문66 14.03.문80 11.03.문68 08.05.문69

① 바닥으로부터 높이 1.5m 이하의 위치에 설치할 것
② 구부러진 모퉁이 및 보행거리 20m마다 설치할 것
③ 지하역사, 지하상가인 경우에는 복도 · 통로 중앙부분의 바닥에 설치할 것
④ 바닥에 설치하는 통로유도등은 하중에 따라 파괴되지 아니하는 강도의 것으로 할 것

해설 (1) **설치높이**

| 구 분 | 설치높이 |
|---|---|
| **계단통로유도등 · 복도통로유도등 · 통로유도표지** | 바닥으로부터 높이 **1m** 이하 |
| **피난구유도등** | 피난구의 바닥으로부터 높이 **1.5m** 이상 |

기억법 계복1, 피유15상

(2) **설치거리**

| 구 분 | 설치거리 |
|---|---|
| **복도통로유도등** | 구부러진 모퉁이 및 **보행거리 20m**마다 설치 |
| **거실통로유도등** | |
| **계단통로유도등** | 각 층의 **경사로참** 또는 **계단참**마다 설치 |

① 1.5m 이하 → 1m 이하

답 ①

★★★
**68** 자동화재속보설비의 속보기는 자동화재탐지설비로부터 작동신호를 수신하거나 수동으로 동작시키는 경우 20초 이내에 소방관서에 자동적으로 신호를 발하여 통보하되, 몇 회 이상 속보할 수 있어야 하는가?

17.03.문67 11.03.문77

① 2회 ② 3회
③ 4회 ④ 5회

해설 **속보기**의 **기준**
(1) **수동통화**용 송수화기를 설치
(2) **20초** 이내에 **3회** 이상 **소방관서**에 자동속보
(3) 예비전원은 감시상태를 **60분**간 지속한 후 **10분** 이상 동작이 지속될 수 있는 용량일 것
(4) 다이얼링 : **10회** 이상

기억법 속203

답 ②

★★
**69** 09.05.문72 자동화재탐지설비에는 그 설비에 대한 감시상태를 위하여 축전지설비를 설치하여야 한다. 다음 중 그 기준으로 옳은 것은? (단, 지상 15층인 소방대상물로서 상용전원이 축전지설비가 아닌 경우이다.)

① 자동화재탐지설비에는 그 설비에 대한 감시상태를 20분간 지속한 후 유효하게 5분 이상 경보할 수 있는 축전지설비를 설치하여야 한다.
② 자동화재탐지설비에는 그 설비에 대한 감시상태를 30분간 지속한 후 유효하게 15분 이상 경보할 수 있는 축전지설비를 설치하여야 한다.
③ 자동화재탐지설비에는 그 설비에 대한 감시상태를 50분간 지속한 후 유효하게 20분 이상 경보할 수 있는 축전지설비를 설치하여야 한다.
④ 자동화재탐지설비에는 그 설비에 대한 감시상태를 60분간 지속한 후 유효하게 10분 이상 경보할 수 있는 축전지설비를 설치하여야 한다.

해설 **비상경보설비 · 자동화재탐지설비**

| 감시시간 | 경보시간 |
|---|---|
| 60분 | 10분(30층 이상 : 30분) 이상 |

기억법 6감

답 ④

★★★
**70** 16.05.문70 15.09.문74 15.05.문76 11.03.문76 소방대상물 각 부분에서 하나의 발신기까지의 수평거리는 몇 m이며, 복도 또는 별도로 구획된 실에 발신기를 설치하는 경우에는 보행거리를 몇 m로 해야 하는가?

① 수평거리 15m 이하, 보행거리 30m 이상
② 수평거리 25m 이하, 보행거리 30m 이상
③ 수평거리 15m 이하, 보행거리 40m 이상
④ 수평거리 25m 이하, 보행거리 40m 이상

해설 **수평거리와 보행거리**

(1) **수평거리**

| 수평거리 | 적용대상 |
|---|---|
| 수평거리 25m 이하 | • 발신기<br>• 음향장치(확성기)<br>• 비상콘센트(지하상가 · 바닥면적 3000m$^2$ 이상) |
| 수평거리 50m 이하 | • 비상콘센트(기타) |

(2) **보행거리**

| 보행거리 | 적용대상 |
|---|---|
| 보행거리 15m 이하 | • **유도표지** |
| 보행거리 20m 이하 | • 복도통로유도등<br>• 거실통로유도등<br>• 3종 연기감지기 |
| 보행거리 30m 이하 | • 1 · 2종 연기감지기 |
| 보행거리 40m 이상 | • 복도 또는 별도로 구획된 실 |

(3) **수직거리**

| 수직거리 | 적용대상 |
|---|---|
| 10m 이하 | • 3종 연기감지기 |
| 15m 이하 | • 1 · 2종 연기감지기 |

답 ④

★★★
**71** 19.04.문75 18.09.문62 17.09.문67 15.09.문76 14.03.문75 13.06.문67 12.05.문74 누전경보기의 전원은 배선용차단기에 있어서는 몇 A 이하의 것으로 각 극을 개폐할 수 있어야 하는가?

① 10A ② 20A
③ 30A ④ 40A

해설 **누전경보기의 전원**

| 과전류차단기 | 배선용차단기 |
|---|---|
| 15A 이하 | 20A 이하 |

기억법 배2(칼에 배이다.)

※ 계약전류용량이 100A를 초과할 것

중요

**누전경보기**

| 60A 이하 | 60A 초과 |
|---|---|
| • **1급** 누전경보기<br>• **2급** 누전경보기 | • **1급** 누전경보기 |

답 ②

★★
**72** 누전경보기의 수신부 설치 제외 장소가 아닌 것은?

12.05.문75

① 온도의 변화가 급격한 장소
② 대전류회로 · 고주파 발생회로 등에 의한 영향을 받을 우려가 있는 장소
③ 가연성의 증기, 가스, 먼지 등이나 부식성의 증기, 가스 등이 다량으로 체류하는 장소
④ 방폭, 방온, 방습, 방진 및 정전기차폐 등의 방호조치를 한 장소

해설 **누전경보기의 수신부**

| 설치장소 | 설치 제외 장소 |
|---|---|
| 옥내의 점검에 편리한 장소 | • **습**도가 높은 장소<br>• **온**도의 변화가 급격한 장소<br>• **화**약류 제조 · 저장 · 취급장소<br>• **대전류회로 · 고주파발생회로** 등의 영향을 받을 우려가 있는 장소<br>• **가**연성의 증기 · 먼지 · 가스 · 부식성의 증기 · 가스 다량 체류 장소 |

기억법 **습온 화대가누**

답 ④

★
**73** 비상조명등의 설치기준에 대한 설명으로 틀린 것은?

19.04.문64
17.03.문73
16.03.문73
14.05.문65
08.03.문77

① 지하층을 제외한 층수가 11층 이상의 층의 비상전원은 30분 이상의 용량으로 할 것
② 예비전원 비내장 비상조명등의 비상전원은 자가발전설비 또는 축전지설비를 설치할 것
③ 비상전원을 실내에 설치하는 때에는 그 실내에 비상조명등을 설치할 것
④ 비상조명등의 조도는 설치된 장소의 각 부분 바닥에서 1lx 이상이 되도록 할 것

해설 문제 65 참조
**비상조명등의 60분 이상 작동용량**
(1) **11층** 이상(지하층 제외)
(2) 지하층 · 무창층으로서 도매시장 · 소매시장 · 여객자동차터미널 · 지하역사 · 지하상가

① 30분 이상 → 60분 이상

답 ①

★★
**74** 일반전기사업자로부터 특고압 또는 고압으로 수전하는 비상전원수전설비의 경우에 있어 소방회로배선과 일반회로배선을 몇 cm 이상 떨어져 설치하는 경우 불연성 벽으로 구획하지 않을 수 있는가?

19.09.문66
13.06.문69
09.08.문62

① 5cm ② 10cm
③ 15cm ④ 20cm

해설 **특고압 또는 고압으로 수전하는 경우**(NFSC 602⑤)
(1) 전용의 **방화구획 내**에 설치할 것
(2) 소방회로배선은 일반회로배선과 **불연성 벽**으로 구획할 것(단, 소방회로배선과 일반회로배선을 **15cm** 이상 떨어져 설치한 경우는 제외)

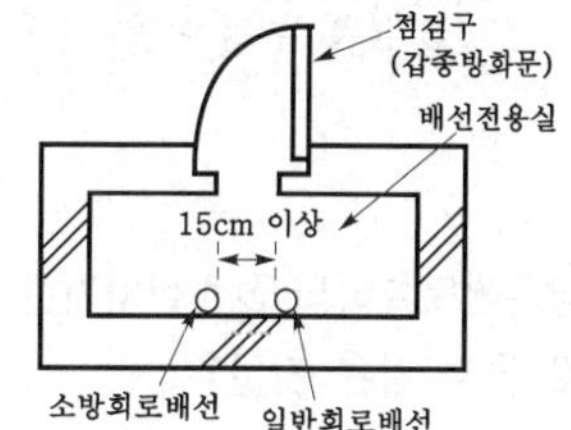


▌불연성벽으로 구획하지 않아도 되는 경우▐

(3) 일반회로에서 **과부하, 지락사고** 또는 **단락사고**가 발생한 경우에도 이에 영향을 받지 아니하고 계속하여 소방회로에 전원을 공급시켜 줄 수 있어야 할 것
(4) 소방회로용 **개폐기** 및 **과전류차단기**에는 "소방시설용"이라 표시할 것

답 ③

★★★
**75** 비상방송설비의 음향장치에 있어서 기동장치에 따른 화재신고를 수신한 후 필요한 음량으로 화재발생상황 및 피난에 유효한 방송이 자동으로 개시될 때까지의 소요시간의 기준으로 옳은 것은?

19.09.문76
19.04.문68
18.09.문77
18.03.문73
16.10.문69
16.10.문73
16.05.문67
16.03.문68
15.05.문73
15.05.문76
15.03.문62
14.05.문63
14.03.문61
13.09.문70
13.06.문62
13.06.문80

① 30초 이하
② 20초 이하
③ 10초 이하
④ 5초 이하

해설 **비상방송설비의 설치기준**
(1) 확성기의 음성입력은 **3W**(**실내** 1W) 이상일 것
(2) 확성기는 **각 층**마다 설치하되, 각 부분으로부터의 수평거리는 **25m** 이하일 것
(3) 음량조정기는 **3선식** 배선일 것
(4) 조작스위치는 바닥으로부터 **0.8~1.5m** 이하의 높이에 설치할 것
(5) 다른 전기회로에 의하여 **유도장애**가 생기지 아니하도록 할 것
(6) 비상방송 개시시간은 **10초** 이하일 것
(7) 다른 방송설비와 공용할 경우 화재시 비상경보 외의 방송을 차단할 수 있을 것

중요

**소요시간**

| 기 기 | 시 간 |
|---|---|
| P형·P형 복합식·R형·R형 복합식·GP형·GP형 복합식·GR형·GR형 복합식 | 5초 이내 (축적형 60초 이내) |
| **중**계기 | **5**초 이내 |
| 비상방송설비 | 10초 이하 |
| **가**스누설경보기 | **6**0초 이내 |

기억법 시중5(시중을 드시오!)
6가(육체미가 아름답다.)

답 ③

★★
## 76 비상콘센트설비의 전원설치기준 등에 대한 설명으로 옳지 않은 것은?

① 상용전원으로부터 전력의 공급이 중단된 때에는 자동으로 비상전원으로부터 전력을 공급받을 수 있도록 할 것
② 전원회로는 각 층에 있어서 하나의 회로만 설치할 것
③ 비상콘센트설비의 비상전원의 용량은 20분 이상으로 할 것
④ 비상전원의 설치장소는 다른 장소와 방화구획 할 것

해설 **비상콘센트설비**

| 구 분 | 전 압 | 용 량 | 플러스접속기 |
|---|---|---|---|
| 단상 교류 | 220V | 1.5kVA 이상 | 접지형 2극 |

(1) 하나의 전용회로에 설치하는 비상콘센트는 **10개** 이하로 할 것(전선의 용량은 최대 **3개**)
(2) 전원회로는 각 층에 있어서 **2 이상**이 되도록 설치할 것(단, 설치하여야 할 층의 콘센트가 **1개**인 때에는 하나의 회로로 할 수 있다.)
(3) 플러그접속기의 칼받이 접지극에는 **제3종 접지공사**($E_3$)를 하여야 한다.
(4) 풀박스는 **1.6mm** 이상의 철판을 사용할 것
(5) 절연저항은 **전원부**와 **외함** 사이를 **직류 500V 절연저항계**로 측정하여 **20MΩ** 이상일 것
(6) 전원으로부터 각 층의 비상콘센트에 분기되는 경우에는 **분기배선용 차단기**를 보호함 안에 설치할 것
(7) 바닥으로부터 **0.8~1.5m** 이하의 높이에 설치할 것
(8) 전원회로는 주배전반에서 **전용회로**로 하며, 배선의 종류는 **내화배선**이어야 한다.

② 하나의 회로만 → 2 이상이 되도록

답 ②

★★★
## 77 누전경보기 수신부의 절연된 충전부와 외함 간의 절연저항은 최소 몇 MΩ 이상이어야 하는가?

16.05.문73
16.03.문69
11.03.문62

① 5MΩ ② 3MΩ
③ 1MΩ ④ 0.2MΩ

해설 **절연저항시험**

| 절연저항계 | 절연저항 | 대 상 |
|---|---|---|
| 직류 250V | 0.1MΩ 이상 | • 1경계구역의 절연저항 |
| 직류 500V | **5**MΩ 이상 | • **누전경보기**<br>• 가스누설경보기<br>• 수신기<br>• 자동화재속보설비<br>• 비상경보설비<br>• 유도등(교류입력측과 외함 간 포함)<br>• 비상조명등(교류입력측과 외함 간 포함) |
| | 20MΩ 이상 | • 경종<br>• 발신기<br>• 중계기<br>• 비상콘센트<br>• 기기의 절연된 선로 간<br>• 기기의 충전부와 비충전부 간<br>• 기기의 교류입력측과 외함 간(유도등·비상조명등 제외) |
| | 50MΩ 이상 | • 감지기(정온식 감지선형 감지기 제외)<br>• 가스누설경보기(10회로 이상)<br>• 수신기(10회로 이상) |
| | 1000MΩ 이상 | • 정온식 감지선형 감지기 |

기억법 5누(오누이)

답 ①

★★★
## 78 무선통신보조설비의 누설동축케이블 및 안테나는 고압의 전로로부터 일정한 간격을 유지하여야 하나 그렇게 하지 않아도 되는 경우는?

19.03.문80
17.05.문68
16.10.문72
15.09.문78
12.05.문78
10.50.문76
08.09.문70

① 정전기 차폐장치를 유효하게 설치한 경우
② 금속제 등의 지지금구로 일정한 간격으로 고정한 경우
③ 끝부분에 무반사 종단저항을 설치한 경우
④ 불연재료로 구획된 반자 안에 설치한 경우

해설 **누설동축케이블**의 **설치기준**

(1) 소방전용 주파수대에서 전파의 **전송** 또는 **복사**에 적합한 것으로서 소방전용의 것일 것
(2) 누설동축케이블과 이에 접속하는 안테나 또는 동축케이블과 이에 접속하는 안테나일 것

(3) 누설동축케이블 및 동축케이블은 화재에 따라 해당 케이블의 피복이 소실된 경우에 케이블 본체가 떨어지지 아니하도록 4m 이내마다 금속제 또는 자기제 등의 지지금구로 벽·천장·기둥 등에 견고하게 고정시킬 것(단, 불연재료로 구획된 반자 안에 설치하는 경우 제외)

(4) 누설동축케이블 및 안테나는 **고압**전로로부터 **1.5m** 이상 떨어진 위치에 설치할 것(해당 전로에 **정전기 차폐장치**를 유효하게 설치한 경우에는 제외)

(5) 누설동축케이블의 끝부분에는 **무반사종단저항**을 설치할 것

기억법 **정고압**

※ **무반사종단저항**: 전송로로 전송되는 전자파가 전송로의 종단에서 반사되어 교신을 방해하는 것을 막기 위한 저항

답 ①

★★★
**79** **통로유도등은 어떤 색상으로 표시하여야 하는가? (단, 계단에 설치하는 것은 제외한다.)**

12.05.문77

① 백색바탕에 녹색으로 피난방향 표시
② 백색바탕에 적색으로 피난방향 표시
③ 녹색바탕에 백색으로 피난방향 표시
④ 적색바탕에 백색으로 피난방향 표시

해설 **유도등**의 **표시색**

| 통로유도등 | 피난구유도등 |
|---|---|
| **백색바탕**에 **녹색문자** | **녹색바탕**에 **백색문자** |

기억법 **피녹바**

답 ①

★★
**80** **자동화재탐지설비의 경계구역에 대한 설명 중 옳은 것은?**

19.09.문61
18.09.문66
17.03.문75
15.09.문75
15.03.문64
14.03.문72
13.09.문66
13.03.문67

① $1000m^2$ 이하의 범위 내에서는 2개의 층을 하나의 경계구역으로 할 수 있다.
② 하나의 경계구역의 면적은 $600m^2$ 이하로 하고 한 변의 길이는 50m 이하로 한다.
③ 해당 소방대상물의 주된 출입구에서 그 내부 전체가 보이는 경우에는 경계구역의 면적은 $1200m^2$ 이하로 할 수 있다.
④ 하나의 경계구역은 2개 이상의 건축물에 미치지 않을 것(다만, $500m^2$ 이하는 2개 건축물을 하나의 경계구역으로 할 수 있음)

해설 **경계구역**

(1) **정의**
소방대상물 중 **화재신호**를 **발신**하고 그 **신호**를 **수신** 및 유효하게 **제어**할 수 있는 구역

(2) **경계구역의 설정기준**
㉠ 1경계구역이 2개 이상의 **건축물**에 미치지 않을 것
㉡ 1경계구역이 2개 이상의 **층**에 미치지 않을 것(**$500m^2$** 이하는 2개 층을 1경계구역으로 할 수 있음)
㉢ 1경계구역의 면적은 **$600m^2$** 이하로 하고, 1변의 길이는 **50m** 이하로 할 것(내부 전체가 보이면 **$1000m^2$** 이하)

(3) **1경계구역의 높이**: **45m** 이하

기억법 **경600**

① $1000m^2$ 이하 → $500m^2$ 이하
③ $1200m^2$ 이하 → $1000m^2$ 이하
④ 단서 삭제해야 함

답 ②

# 2014. 9. 20 시행

**2014년 기사 제4회 필기시험**

| 자격종목 | 종목코드 | 시험시간 | 형별 | 수험번호 | 성명 |
|---|---|---|---|---|---|
| 소방설비기사(전기분야) | | 2시간 | | | |

※ 답안카드 작성시 시험문제지 형별누락, 마킹착오로 인한 불이익은 전적으로 수험자의 귀책사유임을 알려드립니다.
※ 각 문항은 4지택일형으로 질문에 가장 적합한 보기 항을 선택하여 마킹하여야 합니다.

## 제 1 과목 소방원론

★★★
**01** 촛불의 주된 연소 형태에 해당하는 것은?

10.03.문17

유사문제부터
풀어보세요.
실력이 팍!팍!
올라갑니다.

① 표면연소
② 분해연소
③ 증발연소
④ 자기연소

해설 **연소의 형태**

| 연소 형태 | 종 류 |
|---|---|
| **표**면연소 | • **숯** • **코**크스 • **목탄** • **금**속분 |
| **분**해연소 | • **석**탄 • **종**이 • **플**라스틱 • **목**재 • **고**무 • **중**유 • **아**스팔트 |
| **증**발연소 | • **황** • **왁**스 • **파**라핀(**양**초) • **나**프탈렌 • **가**솔린(휘발유) • **등**유 • **경**유 • **알**코올 • **아**세톤 |
| 자기연소 | • 니트로글리세린 • 니트로셀룰로오스(질화면) • TNT • 피크린산 |
| 액적연소 | • 벙커C유 |
| 확산연소 | • 메탄($CH_4$) • 암모니아($NH_3$) • 아세틸렌($C_2H_2$) • 일산화탄소(CO) • 수소($H_2$) |

기억법 표숯코 목탄금, 분석종플 목고중아, 증황왁파양 나가등경알아

※ **파라핀** : 양초(초)의 주성분

답 ③

★★★
**02** 건물 내 피난동선의 조건으로 옳지 않은 것은?

17.05.문15
10.03.문11

① 2개 이상의 방향으로 피난할 수 있어야 한다.
② 가급적 단순한 형태로 한다.
③ 통로의 말단은 안전한 장소이어야 한다.
④ 수직동선은 금하고 수평동선만 고려한다.

해설 **피난동선의 특성**

(1) 가급적 **단순형태**가 좋다.
(2) **수평동선**과 **수직동선**으로 구분한다.
(3) 가급적 상호 반대방향으로 다수의 출구와 연결되는 것이 좋다.
(4) 어느 곳에서도 2개 이상의 방향으로 피난할 수 있으며, 그 말단은 화재로부터 안전한 장소이어야 한다.

※ **피난동선** : 복도 · 통로 · 계단과 같은 피난전용의 통행구조

답 ④

★
**03** 이산화탄소 소화기의 일반적인 성질에서 단점이 아닌 것은?

03.03.문08

① 인체의 질식이 우려된다.
② 소화약제의 방출시 인체에 닿으면 동상이 우려된다.
③ 소화약제의 방사시 소음이 크다.
④ 전기가 잘 통하기 때문에 전기설비에 사용할 수 없다.

해설 **이산화탄소 소화설비**

| 구 분 | 설 명 |
|---|---|
| 장점 | • 화재진화 후 깨끗하다. • **심부화재**에 적합하다. • **증거보존**이 **양호**하여 화재원인조사가 쉽다. • 전기의 **부도체**로서 전기절연성이 높다.(**전기설비**에 사용가능) |
| 단점 | • 인체의 **질식**이 **우려**된다. • 소화약제의 방출시 인체에 닿으면 **동상**이 **우려**된다. • 소화약제의 방사시 **소리**가 **요란**하다. |

답 ④

★★★

## 04 할론(Halon) 1301의 분자식은?

19.09.문07 17.03.문05 16.10.문08 15.03.문04 14.03.문02

① $CH_3Cl$
② $CH_3Br$
③ $CF_3Cl$
④ $CF_3Br$

해설 **할론소화약제**의 **약칭** 및 **분자식**

| 종 류 | 약 칭 | 분자식 |
|---|---|---|
| 할론 1011 | CB | $CH_2ClBr$ |
| 할론 104 | CTC | $CCl_4$ |
| 할론 1211 | BCF | $CF_2ClBr$ |
| 할론 1301 | BTM | $CF_3Br$ |
| 할론 2402 | FB | $C_2F_4Br_2$ |

답 ④

★★★

## 05 가연성 액체로부터 발생한 증기가 액체표면에서 연소범위의 하한계에 도달할 수 있는 최저온도를 의미하는 것은?

14.05.문15 11.06.문05

① 비점 ② 연소점
③ 발화점 ④ 인화점

해설 **발화점, 인화점, 연소점**

| 구 분 | 설 명 |
|---|---|
| **발화점** (ignition point) | • 가연성 물질에 불꽃을 접하지 아니하였을 때 연소가 가능한 **최저온도**<br>• **점화원 없이** 스스로 불이 붙는 **최저온도** |
| **인화점** (flash point) | • 휘발성 물질에 **불**꽃을 접하여 연소가 가능한 **최저온도**<br>• 가연성 증기를 발생하는 액체가 공기와 혼합하여 기상부에 다른 불꽃이 닿았을 때 연소가 일어나는 **최저온도**<br>• **점화원**에 의해 불이 붙는 **최저온도**<br>• 연소범위의 **하**한계<br>기억법 **불인하(불임하**면 안돼!) |
| **연소점** (fire point) | • 인화점보다 **10**℃ 높으며 연소를 **5초** 이상 지속할 수 있는 온도<br>• 어떤 인화성 액체가 공기 중에서 열을 받아 점화원의 존재하에 **지**속적인 연소를 일으킬 수 있는 온도<br>• 가연성 액체에 점화원을 가져가서 인화된 후에 점화원을 제거하여도 가연물이 **계속** 연소되는 **최저온도**<br>기억법 **연105초지계** |

답 ④

★

## 06 위험물안전관리법령상 인화성 액체인 클로로벤젠은 몇 석유류에 해당되는가?

07.05.문09

① 제1석유류 ② 제2석유류
③ 제3석유류 ④ 제4석유류

해설 **제4류 위험물**

| 품 명 | 대표물질 |
|---|---|
| 제1석유류 | • 아세톤 · 휘발유 · 벤젠<br>• 톨루엔 · 크실렌 · 시클로헥산<br>• 아크롤레인 · 초산에스테르류<br>• 의산에스테르류<br>• 메틸에틸케톤 · 에틸벤젠 · 피리딘 |
| 제**2**석유류 | • 등유 · 경유 · 의산<br>• 초산 · 테레빈유 · 장뇌유<br>• 송근유 · 스티렌 · 메틸셀로솔브<br>• 에틸셀로솔브 · **클로로벤젠** · 알릴알코올<br>기억법 **2클(이크!)** |
| 제3석유류 | • 중유 · 클레오소트유 · 에틸렌글리콜<br>• 글리세린 · 니트로벤젠 · 아닐린<br>• 담금질유 |
| 제4석유류 | • 기어유 · 실린더유 |

답 ②

★★

## 07 0℃, 1기압에서 11.2$l$의 기체질량이 22g 이었다면 이 기체의 분자량은 얼마인가? (단, 이상기체를 가정한다.)

12.03.문19

① 22 ② 35
③ 44 ④ 56

해설 **증기밀도**

$$\text{증기밀도}[g/l] = \frac{\text{분자량}}{22.4}$$

여기서, 22.4 : 공기의 부피[$l$]

$$\text{증기밀도}[g/l] = \frac{\text{분자량}}{22.4}$$

$$\frac{22g}{11.2l} = \frac{\text{분자량}}{22.4}$$

$$\frac{22g}{11.2l} \times 22.4 = \text{분자량}$$

$$\text{분자량} = \frac{22g}{11.2l} \times 22.4 = 44$$

※ 단위를 보고 계산하면 쉽다.

답 ③

★★

## 08 인화칼슘과 물이 반응할 때 생성되는 가스는?

04.03.문02

① 아세틸렌
② 황화수소
③ 황산
④ 포스핀

해설 물과 **제3류 위험물**과의 **반응생성물**

| 품 명 | 반응생성물 |
|---|---|
| 탄화칼슘($CaC_2$) | • 소석회[$Ca(OH)_2$]<br>• 아세틸렌($C_2H_2$) |
| **인**화칼슘($Ca_3P_2$) | • **소**석회[$Ca(OH)_2$]<br>• **포**스핀($PH_3$) |

기억법 **소포인**

참고

**반응식**
$CaC_2 + 2H_2O \rightarrow Ca(OH)_2 + C_2H_2$
$Ca_3P_2 + 6H_2O \rightarrow 3Ca(OH)_2 + 2PH_3$

답 ④

★★★
**09** 가연물이 되기 위한 조건으로 가장 거리가 먼 것은?

19.09.문08 18.03.문10 16.10.문05 16.03.문14 15.05.문19 15.03.문09 14.09.문17 12.03.문09 09.05.문08 03.03.문13 02.09.문01

① 열전도율이 클 것
② 산소와 친화력이 좋을 것
③ 비표면적이 넓을 것
④ 활성화에너지가 작을 것

해설 **가연물**이 **연소**하기 쉬운 **조건**
(1) 산소와 **친화력**이 클 것
(2) **발열량**이 클 것
(3) **표면적**이 넓을 것
(4) **열**전도율이 **작**을 것
(5) **활**성화에너지가 **작**을 것
(6) **연쇄반응**을 일으킬 수 있을 것
(7) 산소가 포함된 **유기물**일 것
(8) 연소시 **발열반응**을 할 것

기억법 가열작 활작(**가열작**품)

※ **활성화에너지**: 가연물이 처음 연소하는 데 필요한 열

비교

(1) **자연발화**의 **방지법**
㉠ 습도가 높은 곳을 피할 것(건조하게 유지할 것)
㉡ 저장실의 온도를 낮출 것
㉢ 통풍이 잘 되게 할 것
㉣ 퇴적 및 수납시 열이 쌓이지 않게 할 것(**열축적방지**)
㉤ 산소와의 접촉을 차단할 것
㉥ **열전도성**을 좋게 할 것
(2) **자연발화 조건**
㉠ 열전도율이 작을 것
㉡ 발열량이 클 것
㉢ 주위의 온도가 높을 것
㉣ 표면적이 넓을 것

답 ①

★★★
**10** A급, B급, C급의 어떤 화재에도 사용할 수 있기 때문에 일명 ABC 소화약제라고도 부르는 제3종 분말소화약제 분자식은?

19.03.문01 18.04.문06 17.09.문10 16.10.문06 16.10.문10 16.05.문15 16.05.문17 16.03.문09 16.03.문11 15.09.문01 15.05.문08 14.05.문07 14.03.문03 12.03.문13

① $NaHCO_3$
② $KHCO_3$
③ $NH_4H_2PO_4$
④ $Na_2CO_3$

해설 (1) **분말소화약제**

| 종 별 | 수성분 | 착 색 | 적응 화재 | 비 고 |
|---|---|---|---|---|
| 제**1**종 | 중탄산나트륨 ($NaHCO_3$) | 백색 | BC급 | **식용유** 및 **지방질유**의 화재에 적합 |
| 제2종 | 중탄산칼륨 ($KHCO_3$) | 담자색 (담회색) | BC급 | – |
| 제**3**종 | 제1인산암모늄 ($NH_4H_2PO_4$) | 담홍색 | ABC급 | **차고 · 주차장**에 적합 |
| 제4종 | 중탄산칼륨 + 요소 ($KHCO_3$ + $(NH_2)_2CO$) | 회(백)색 | BC급 | – |

기억법 1식분(**일식 분**식)
3분 차주(**삼보**컴퓨터 **차주**)

(2) **이산화탄소 소화약제**

| 주성분 | 적응화재 |
|---|---|
| 이산화탄소($CO_2$) | BC급 |

답 ③

★★
**11** 다음 점화원 중 기계적인 원인으로만 구성된 것은?

06.03.문11

① 산화, 중합
② 산화, 분해
③ 중합, 화합
④ 충격, 마찰

해설 **점화원**

| **기**계적인 원인 | 전기적인 원인 | 화학적인 원인 |
|---|---|---|
| • **단**열압축<br>• **충**격<br>• **마**찰 | • 전기불꽃<br>• 정전기불꽃 | • 화합<br>• 분해<br>• 혼합<br>• 부가 |

기억법 **기단충마**

답 ④

★★★
**12** 유류탱크의 화재시 탱크 저부의 물이 뜨거운 열에 의하여 수증기로 변하면서 급작스런 부피팽창을 하면서 유류가 탱크 외부로 분출하는 현상을 무엇이라고 하는가?

19.09.문15 18.09.문08 17.03.문17 16.10.문15 16.05.문02 15.05.문18 15.03.문01 14.03.문01 09.05.문10 05.09.문07 05.05.문07 03.03.문11 02.03.문20

① 보일오버
② 슬롭오버
③ 블레이브
④ 파이어볼

해설 **유류탱크, 가스탱크**에서 **발생**하는 현상

| 여러 가지 현상 | 정 의 |
|---|---|
| **블래비=블레이브**(BLEVE) | 과열상태의 탱크에서 내부의 액화가스가 분출하여 기화되어 폭발하는 현상 |
| **보일오버**(boil over) | • 중질유의 석유탱크에서 장시간 조용히 연소하다 탱크 내의 잔존기름이 갑자기 분출하는 현상<br>• 유류탱크에서 탱크 바닥에 물과 기름의 **에멀션**이 섞여 있을 때 이로 인하여 화재가 발생하는 현상<br>• 연소유면으로부터 100℃ 이상의 열파가 탱크 저부에 고여 있는 물을 비등하게 하면서 연소유를 탱크 밖으로 비산시키며 연소하는 현상<br>• 탱크 **저부**의 물이 급격히 증발하여 기름이 탱크 밖으로 화재를 동반하여 방출하는 현상<br>기억법 **보저(보자기)** |
| **오일오버**(oil over) | 저장탱크에 저장된 유류저장량이 내용적의 **50%** 이하로 충전되어 있을 때 화재로 인하여 탱크가 폭발하는 현상 |
| **프로스오버**(froth over) | **물**이 점성의 뜨거운 **기름표면 아래서 끓을 때** 화재를 수반하지 않고 용기가 넘치는 현상 |
| **슬롭오버**(slop over) | • **물**이 연소유의 **뜨거운 표면**에 **들어갈 때** 기름표면에서 화재가 발생하는 현상<br>• 유화제로 소화하기 위한 **물**이 수분의 급격한 증발에 의하여 액면이 거품을 일으키면서 **열유층 밑**의 **냉유**가 급히 열팽창하여 **기름**의 **일부**가 불이 붙은 채 탱크벽을 넘어서 일출하는 현상 |

답 ①

★ **13** 제5류 위험물인 자기반응성 물질의 성질 및 소화에 대한 사항으로 가장 거리가 먼 것은?

16.05.문10 15.09.문58

① 대부분 산소를 함유하고 있어 자기연소 또는 내부연소를 일으키기 쉽다.

② 연소속도가 빨라 폭발적인 경우가 많다.

③ 질식소화가 효과적이며, 냉각소화는 불가능하다.

④ 가열, 충격, 마찰에 의해 폭발의 위험이 있는 것이다.

해설 **제5류 위험물** : **자**기반응성 물질(자기연소성 물질)

| 구 분 | 설 명 |
|---|---|
| 소화방법 | 대량의 물에 의한 **냉각소화**가 효과적이다. |
| 종류 | • 유기과산화물 · 니트로화합물 · 니트로소화합물<br>• 질산에스테르류(**셀**룰로이드) · 히드라진유도체<br>• 아조화합물 · 디아조화합물<br>기억법 **5자셀** |

중요

**위험물의 소화방법**

| 종 류 | 소화방법 |
|---|---|
| 제1류 | 물에 의한 **냉각소화**(단, **무기과산화물**은 **마른모래** 등에 의한 질식소화) |
| 제2류 | 물에 의한 **냉각소화**(단, **금속분**은 **마른모래** 등에 의한 질식소화) |
| 제3류 | 마른모래, 팽창질석, 팽창진주암에 의한 소화(마른모래보다 **팽창질석** 또는 **팽창진주암**이 더 효과적) |
| 제4류 | 포 · 분말 · $CO_2$ · 할론소화약제에 의한 **질식소화** |
| 제5류 | 화재 초기에만 대량의 물에 의한 **냉각소화**(단, 화재가 진행되면 자연진화되도록 기다릴 것) |
| 제6류 | 마른모래 등에 의한 **질식소화** |

답 ③

★★★ **14** 전열기의 표면온도가 250℃에서 650℃로 상승되면 복사열은 약 몇 배 정도로 상승하는가?

19.04.문19 13.09.문01 13.06.문08

① 2.5 ② 9.7

③ 17.2 ④ 45.1

해설 **스테판-볼츠만**의 **법칙**(Stefan-Boltzman's law)

$$\frac{Q_2}{Q_1}=\frac{(273+t_2)^4}{(273+t_1)^4}=\frac{(273+650)^4}{(273+250)^4}\fallingdotseq 9.7$$

※ 열복사량은 복사체의 **절대온도**의 **4제곱**에 **비례**하고, **단면적**에 **비례**한다.

참고

**스테판-볼츠만의 법칙(Stefan-Boltzman's law)**

$$Q=aAF(T_1^{\ 4}-T_2^{\ 4})$$

여기서, $Q$ : 복사열[W]

$a$ : 스테판-볼츠만 상수[W/m$^2$ · K$^4$]

$A$ : 단면적[m$^2$]

$F$ : 기하학적 Factor

$T_1$ : 고온[K]

$T_2$ : 저온[K]

답 ②

★★★
**15** 공기의 평균 분자량이 29일 때 이산화탄소 기체의 증기비중은 얼마인가?

19.03.문18 16.03.문01 15.03.문05 12.09.문18 07.05.문17

① 1.44　② 1.52
③ 2.88　④ 3.24

해설 (1) **증기비중**

$$증기비중 = \frac{분자량}{29}$$

여기서, 29 : 공기의 평균 분자량

(2) **분자량**

| 원 소 | 원자량 |
|---|---|
| H | 1 |
| C | 12 |
| N | 14 |
| O | 16 |

이산화탄소($CO_2$) 분자량 $=12+16\times2=44$

증기비중 $= \frac{44}{29} \fallingdotseq 1.52$

• 증기비중 = 가스비중

답 ②

★★★
**16** 에테르의 공기 중 연소범위를 1.9~48vol%라고 할 때 이에 대한 설명으로 틀린 것은?

19.09.문09 12.03.문12 10.09.문02

① 공기 중 에테르 증기가 48vol%를 넘으면 연소한다.
② 연소범위의 상한점이 48vol%이다.
③ 공기 중 에테르 증기가 1.9~48vol% 범위에 있을 때 연소한다.
④ 연소범위의 하한점이 1.9vol%이다.

해설 (1) **공기 중**의 **폭발한계**

| 가 스 | 하한계 (하한점) [vol%] | 상한계 (상한점) [vol%] |
|---|---|---|
| 아세틸렌($C_2H_2$) | 2.5 | 81 |
| 수소($H_2$) | 4 | 75 |
| 일산화탄소(CO) | 12.5 | 74 |
| 에테르($C_2H_5OC_2H_5$) | 1.9 | 48 |
| 이황화탄소($CS_2$) | 1.2 | 44 |
| 에틸렌($C_2H_4$) | 2.7 | 36 |
| 암모니아($NH_3$) | 15 | 28 |
| 메탄($CH_4$) | 5 | 15 |
| 에탄($C_2H_6$) | 3 | 12.4 |
| 프로판($C_3H_8$) | 2.1 | 9.5 |
| 부탄($C_4H_{10}$) | 1.8 | 8.4 |

(2) **폭발한계**와 **같은 의미**
㉠ 폭발범위
㉡ 연소한계
㉢ 연소범위
㉣ 가연한계
㉤ 가연범위

① 연소범위 내에 있어야 연소한다.

답 ①

★★★
**17** 일반적인 자연발화 예방대책으로 옳지 않은 것은?

19.09.문08 18.03.문10 16.10.문05 16.03.문14 15.05.문19 15.03.문09 14.09.문09 12.03.문09 09.05.문08 03.03.문13 02.09.문01

① 습도를 높게 유지한다.
② 통풍을 양호하게 한다.
③ 열의 축적을 방지한다.
④ 주위온도를 낮게 한다.

해설 (1) **자연발화**의 **방지법**
㉠ **습**도가 높은 곳을 **피**할 것(건조하게 유지할 것)
㉡ 저장실의 온도를 낮출 것
㉢ 통풍이 잘 되게 할 것
㉣ 퇴적 및 수납시 열이 쌓이지 않게 할 것 (**열축적방지**)
㉤ 산소와의 접촉을 차단할 것
㉥ **열전도성**을 좋게 할 것

기억법 **자습피**

(2) **자연발화 조건**
㉠ 열전도율이 작을 것
㉡ 발열량이 클 것
㉢ 주위의 온도가 높을 것
㉣ 표면적이 넓을 것

답 ①

★★
**18** 다음 중 위험물안전관리법령상 제1류 위험물에 해당하는 것은?

19.04.문44 16.05.문46 16.05.문52 15.09.문03 15.09.문18 15.05.문10 15.05.문42 15.03.문51 14.03.문18 11.06.문54

① 염소산나트륨
② 과염소산
③ 나트륨
④ 황린

해설 **위험물령 [별표 1]**
**위험물**

| 유 별 | 성 질 | 품 명 |
|---|---|---|
| 제1류 | **산**화성 **고**체 | • 아염소산염류<br>• 염소산염류(**염소산나트륨**)<br>• 과염소산염류<br>• 질산염류<br>• 무기과산화물<br>기억법 **1산고염나** |
| 제2류 | 가연성 고체 | • 황화린 • 적린<br>• 유황 • 마그네슘 |

| 제3류 | 자연발화성 물질 및 금수성 물질 | • **황린** • 칼륨<br>• **나트륨** • 알칼리토금속<br>• 트리에틸알루미늄 |
|---|---|---|
| 제4류 | 인화성 액체 | • 특수인화물<br>• 석유류(벤젠)<br>• 알코올류<br>• 동식물유류 |
| 제5류 | 자기반응성 물질 | • 유기과산화물<br>• 니트로화합물<br>• 니트로소화합물<br>• 아조화합물<br>• 질산에스테르류(셀룰로이드) |
| 제6류 | 산화성 액체 | • **과염소산**<br>• 과산화수소<br>• 질산 |

답 ①

★
**19** 수소 1kg이 완전연소할 때 필요한 산소량은 몇 kg인가?
07.09.문10

① 4 ② 8
③ 16 ④ 32

해설 (1) **분자량**

| 원 소 | 원자량 |
|---|---|
| H | 1 |
| C | 12 |
| N | 14 |
| O | 16 |

(2) **수소**와 **산소**의 **화학반응식**

$$2H_2 + O_2 \rightarrow 2H_2O$$

$2H_2 = 2\times1\times2 = 4\text{kg/kmol}$
$O_2 = 16\times2 = 32\text{kg/kmol}$

수소 산소 수소 산소
4kg/kmol : 32kg/kmol = 1kg : $x$
$4\text{kg/kmol}\times x = 32\text{kg/kmol}\times1\text{kg}$

$$x = \frac{32\text{kg/kmol}\times1\text{kg}}{4\text{kg/kmol}} = 8\text{kg}$$

답 ②

★★★
**20** 물의 기화열이 539cal인 것은 어떤 의미인가?
19.03.문02
10.09.문20

① 0℃의 물 1g이 얼음으로 변화하는 데 539cal의 열량이 필요하다.
② 0℃의 얼음 1g이 물로 변화하는 데 539cal의 열량이 필요하다.
③ 0℃의 물 1g이 100℃의 물로 변화하는 데 539cal의 열량이 필요하다.
④ 100℃의 물 1g이 수증기로 변화하는 데 539cal의 열량이 필요하다.

해설 **기화열**과 **융해열**

| 기화열(증발열) | 융해열 |
|---|---|
| **100℃**의 **물 1g**이 **수증기**로 변화하는 데 필요한 열량 | **0℃**의 **얼음 1g**이 **물**로 변화하는 데 필요한 열량 |

참고

물($H_2O$)

| 기화잠열(증발잠열) | 융해잠열(융해열) |
|---|---|
| 539cal/g | 80cal/g |

기억법 기53, 융8

④ 물의 기화열 539cal : 100℃의 물 1g이 수증기로 변화하는 데 539cal의 열량 필요

답 ④

## 제 2 과목 소방전기일반

★
**21** 전동기가 동력원으로 많이 사용되는 이유는?
97.10.문32

① 종류가 많고 설치가 용이하며, 개별운전이 편리하고 제어가 쉽다.
② 종류가 많고 전압이 쉽게 변동되며, 개별운전이 편리하고 제어가 쉽다.
③ 단락 등의 고장처리가 간단하며, 무공해 동력원으로 제어가 쉽다.
④ 단락 등의 고장처리가 간단하며, 이동용 동력으로 적당하고 설치가 쉽다.

해설 **전**동기(motor) : 전자유도작용에 의하여 회전하는 장치로서, 종류가 많고 **설치**가 **용이**하며, 개별운전이 편리하고 제어가 쉽다.

기억법 전설용

답 ①

★★
**22** 전기기기에서 생기는 손실 중 권선의 저항에 의하여 생기는 손실은?
19.04.문23
16.10.문36
11.10.문24

① 철손 ② 동손
③ 표유부하손 ④ 유전체손

해설

| 동 손 | 철 손 |
|---|---|
| **권선**의 **저항**에 의하여 생기는 손실 | **철심 속**에서 생기는 손실 |

기억법 권동철철

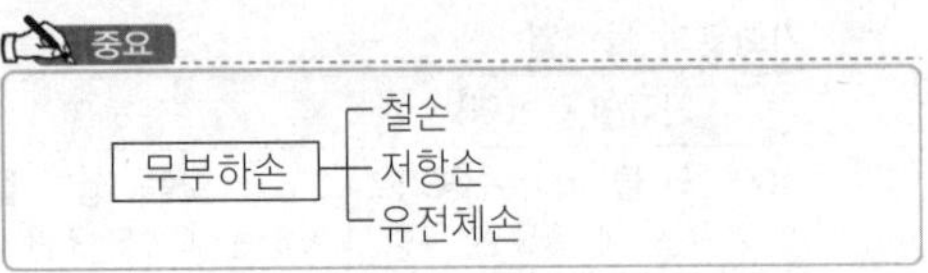



중요

무부하손 ─ 철손 / 저항손 / 유전체손

답 ②

★★
**23** 제어량을 어떤 일정한 목표값으로 유지하는 것을 목적으로 하는 제어법은?

19.03.문32 19.04.문28 17.09.문22 17.09.문39 17.05.문29 16.10.문35 16.05.문22 16.03.문32 15.05.문23 15.05.문37 13.09.문27 11.03.문30

① 추종제어
② 비례제어
③ 정치제어
④ 프로그래밍제어

해설 **제어의 종류**

| 종 류 | 설 명 |
|---|---|
| **정치제어** (fixed value control) | • 일정한 **목**표값을 **유**지하는 것으로 **프로세스제어, 자동조정**이 이에 해당된다. 예 **연속식 압연기** • **목표값**이 시간에 관계없이 항상 일정한 값을 가지는 제어이다. 기억법 **유목정** |
| **추종제어** (follow-up control) | 미지의 시간적 변화를 하는 목표값에 제어량을 추종시키기 위한 제어로 **서보기구**가 이에 해당된다. 예 **대공포의 포신** |
| **비율제어** (ratio control) | 둘 이상의 제어량을 소정의 비율로 제어하는 것이다. |
| **프로그램제어** (program control) | 목표값이 **미리 정해진 시간적 변화**를 하는 경우 제어량을 그것에 추종시키기 위한 제어이다. 예 **열차 · 산업로봇의 무인운전** |

중요

**제어량**에 의한 **분류**

| 분 류 | 종 류 |
|---|---|
| **프**로세스제어 | • **온**도 • **압**력 • **유**량 • **액**면 기억법 **프온압유액** |
| **서**보기구 (서보제어, 추종제어) | • **위**치 • **방**위 • **자**세 기억법 **서위방자** |
| **자**동조정 | • 전압 • 전류 • 주파수 • 회전속도(**발**전기의 **조**속기) • 장력 기억법 **자발조** |

※ **프로세스제어**(공정제어) : 공업공정의 상태량을 제어량으로 하는 제어

답 ③

★★★
**24** 참값이 4.8A인 전류를 측정하였더니 4.65A이었다. 이때 보정 백분율(%)은 약 얼마인가?

16.03.문31 15.09.문36 11.06.문21 07.03.문36

① +1.6
② −1.6
③ +3.2
④ −3.2

해설

$$\text{보정률} = \frac{T-M}{M} \times 100\%$$

$$\text{오차율} = \frac{M-T}{T} \times 100\%$$

여기서, $T$: 참값(true)
$M$: 측정값(measure)

$$\text{보정률} = \frac{T-M}{M} \times 100 = \frac{4.8-4.65}{4.65} \times 100$$
$$= +3.225 \fallingdotseq +3.2\%$$

참고

**동일한 용어**
(1) 보정률=백분율 보정=보정 백분율
(2) 오차율=백분율 오차=오차 백분율

답 ③

★
**25** PI제어동작은 프로세스 제어계의 정상 특성 개선에 많이 사용되는데, 이것에 대응하는 보상요소는?

16.10.문40 08.09.문22

① 지상보상요소
② 진상보상요소
③ 동상보상요소
④ 지상 및 진상보상요소

해설 **연속제어**

| 제어 종류 | 설 명 |
|---|---|
| 비례제어(**P동작**) | • **잔류편차**(off−set)가 있는 제어 |
| 미분제어(**D동작**) | • 오차가 커지는 것을 **미연에 방지**하고 **진동**을 **억제**하는 제어로 **rate동작**이라고도 한다. |
| 적분제어(**I동작**) | • **잔류편차**를 **제거**하기 위한 제어 |
| 비례적분제어 (**PI동작**) | • **간헐현상**이 있는 제어 • 잔류편차가 없는 제어 • **지상보상요소**에 대응 |
| 비례적분미분제어 (**PID동작**) | • 적분제어로 **잔류편차**를 **제거**하고, 미분제어로 **응답**을 **빠르게** 하는 제어 |

용어

| 용 어 | 설 명 |
|---|---|
| **간헐현상** | 제어계에서 동작신호가 연속적으로 변하여도 조작량이 **일정**한 **시간**을 두고 **간헐**적으로 변하는 현상 |
| **잔류편차** | 비례제어에서 급격한 목표값의 변화 또는 외란이 있는 경우 제어계가 정상상태로 된 후에도 **제어량**이 **목표값**과 **차이**가 난 채로 있는 것 |

답 ①

★★★
**26** [03.08.문23] **다이오드를 사용한 정류회로에서 과대한 부하전류에 의하여 다이오드가 파손될 우려가 있을 경우의 적당한 대책은?**

① 다이오드를 직렬로 추가한다.
② 다이오드를 병렬로 추가한다.
③ 다이오드의 양단에 적당한 값의 저항을 추가한다.
④ 다이오드의 양단에 적당한 값의 콘덴서를 추가한다.

해설 **다이오드 접속**

(1) **직**렬 접속 : **과전압**으로부터 보호

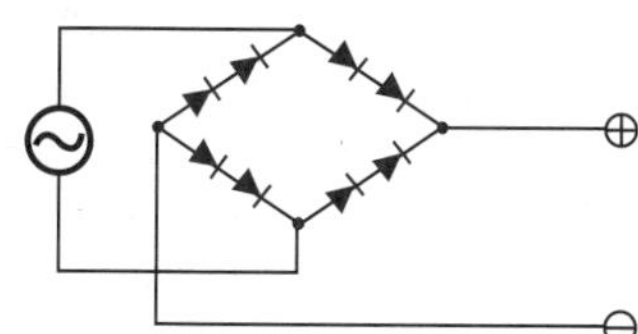

기억법 직압(지갑)

(2) 병렬 접속 : **과전류**로부터 보호

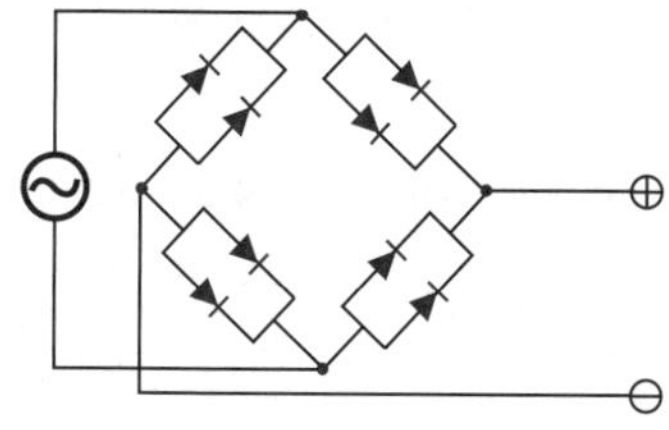

답 ②

★
**27** [17.09.문36] **그림과 같은 회로에서 a, b단자에 흐르는 전류 $I$가 인가전압 $E$와 동위상이 되었다. 이때 $L$값은?**

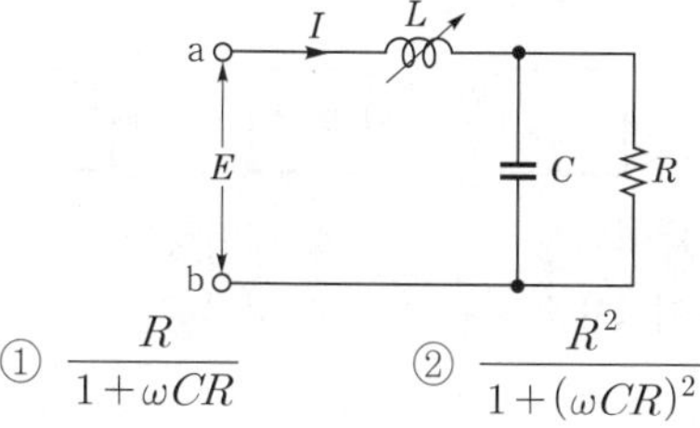


① $\dfrac{R}{1+\omega CR}$　② $\dfrac{R^2}{1+(\omega CR)^2}$

③ $\dfrac{CR^2}{1+\omega CR}$　④ $\dfrac{CR^2}{1+(\omega CR)^2}$

해설

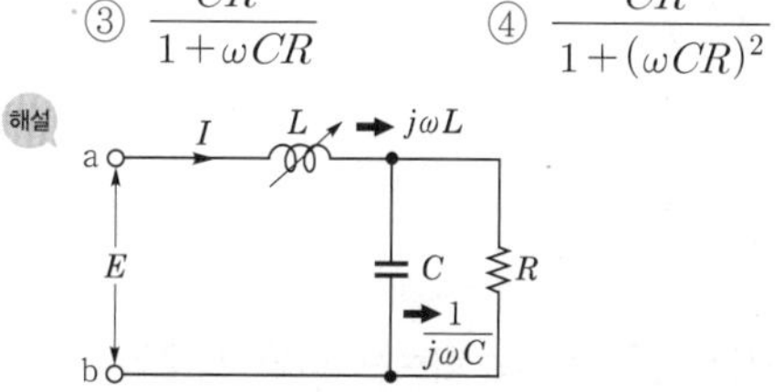


(1) $RC$ 병렬회로의 합성임피던스 $Z$는

$$Z=\frac{X_C\times R}{X_C+R}=\frac{\frac{1}{j\omega C}\times R}{\frac{1}{j\omega C}+R}$$

여기서, $Z$ : 합성임피던스[Ω]
$X_C$ : 용량 리액턴스[Ω]
$R$ : 저항[Ω]
$\omega$ : 각속도[rad/s]
$C$ : 정전용량[F]

$$Z=\frac{\frac{1}{j\omega C}\times R}{\frac{1}{j\omega C}+R}=\frac{\frac{j\omega C}{j\omega C}\times R}{\frac{j\omega C}{j\omega C}+j\omega CR}=\frac{R}{1+j\omega CR}$$

$$=\frac{R(1-j\omega CR)}{(1+j\omega CR)(1-j\omega CR)}$$

$$=\frac{R-j\omega CR^2}{1+\omega^2C^2R^2}$$

$$=\frac{R}{1+\omega^2C^2R^2}-j\frac{\omega CR^2}{1+\omega^2C^2R^2}$$

여기서, 허수부분이 $j\omega L$과 같으면 허수가 상쇄되고 $R$만 남는 회로가 되어 $I$와 $E$가 동위상이 된다.

(2) $I$와 $E$의 동위상

$j\omega L$　$\dfrac{R}{1+\omega^2C^2R^2}-j\dfrac{\omega CR^2}{1+\omega^2C^2R^2}$

$$j\omega L=j\frac{\omega CR^2}{1+\omega^2C^2R^2}$$

$$L=\frac{CR^2}{1+\omega^2C^2R^2}=\frac{CR^2}{1+(\omega CR)^2}$$

답 ④

★
**28** **일정 전압의 직류전원에 저항 $R$을 접속하면 전류가 흐른다. 이때 저항 $R$을 변화시켜 전류값을 20% 증가시키려면 저항값을 어떻게 하면 되는가?**

① 64%로 줄인다.
② 83%로 줄인다.
③ 120%로 증가시킨다.
④ 125%로 증가시킨다.

해설 (1) **전류**값을 **20% 증가**시키므로
$I_2=(1+0.2)I_1=1.2I_1$이 되어

$$I=\frac{V}{R}\text{[A]}$$

여기서, $I$ : 전류[A]
$V$ : 전압[V]
$R$ : 저항[Ω]

$R_2 = \frac{V}{I_2}$, $R_1 = \frac{V}{I_1}$

(2) $R_2 = \frac{V}{I_2} = \frac{V}{1.2I_1} = \frac{1}{1.2}R_1 \fallingdotseq 0.83R_1$

∴ 83%로 줄인다.

답 ②

★★
**29** 그림과 같은 시퀀스회로는 어떤 회로인가?

01.06.문22

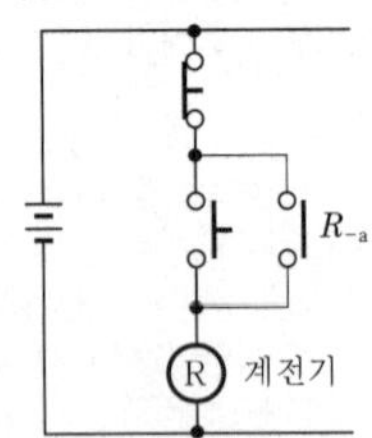


① 자기유지회로　　② 인터록회로
③ 타이머회로　　④ 수동복귀회로

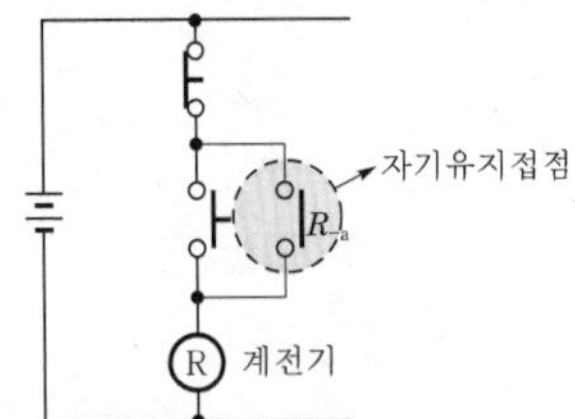


자기유지접점이 있으므로 **자기유지회로**이다.

※ **자기유지회로** : 일단 on이 된 것을 기억하는 기능을 가진 회로

답 ①

★★
**30** $RLC$ 직렬공진회로에서 제$n$고조파의 공진주파수($f_n$)는?

17.09.문26

① $\frac{1}{\pi n\sqrt{LC}}$　　② $\frac{1}{2\pi\sqrt{nLC}}$
③ $\frac{n}{2\pi\sqrt{LC}}$　　④ $\frac{1}{2\pi n\sqrt{LC}}$

해설 **제$n$고조파의 공진주파수** $f_n$은

$$f_n = \frac{1}{2\pi n\sqrt{LC}} \text{[Hz]}$$

비교

**일반적인 공진주파수**

$$f_0 = \frac{1}{2\pi\sqrt{LC}} \text{[Hz]}$$

여기서, $f_0$ : 공진주파수[Hz]
$L$ : 인덕턴스[H]
$C$ : 정전용량[F]

답 ④

★★★
**31** 그림과 같은 브리지 회로가 평형이 되기 위한 $Z$의 값은 몇 Ω인가? (단, 그림의 임피던스 단위는 모두 Ω이다.)

11.10.문27

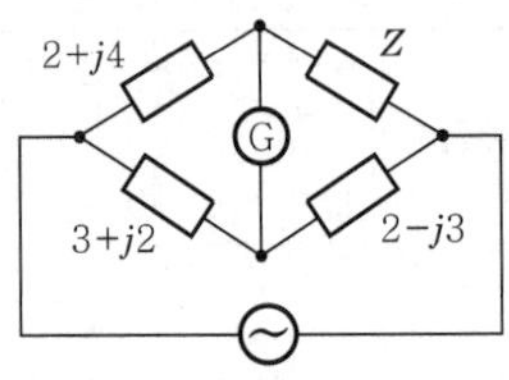


① $-3+j4$　　② $2-j4$
③ $4-j2$　　④ $3+j2$

해설 **브리지 평형조건**에 의해 대각선의 곱이 같으므로

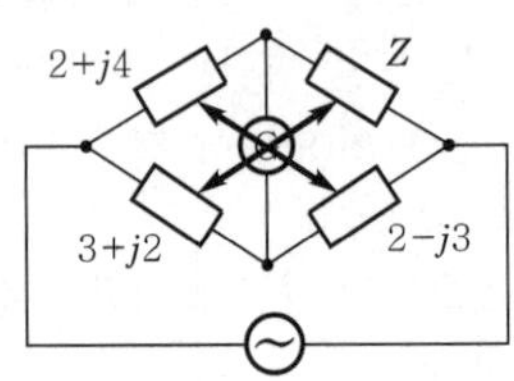


$(2+j4)(2-j3) = Z(3+j2)$

$Z = \frac{(2+j4)(2-j3)}{(3+j2)} = \frac{(4-j6+j8+12)}{(3+j2)}$

$= \frac{(16+j2)}{(3+j2)} = \frac{(16+j2)(3-j2)}{(3+j2)(3-j2)}$

$= \frac{48-j32+j6+4}{9+4} = \frac{52-j26}{13}$

$= 4-j2$

중요

**휘트스톤 브리지(Wheatstone bridge)**

$QR = XP$(마주 보는 변의 곱은 서로 같다.)

∴ $X = \frac{Q}{P}R$

※ **휘트스톤 브리지 : 0.5~10^5Ω의 중저항 측정**

• $j \times j = -1$
• $j \times (-j) = 1$

답 ③

★★
**32** 시퀀스제어계의 신호전달계통도이다. 빈칸에 들어갈 알맞은 내용은?

17.05.문22
11.03.문39

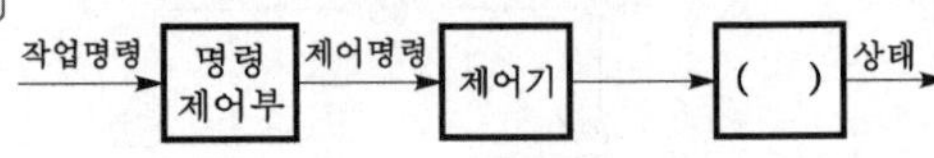


① 제어대상　　② 제어장치
③ 제어요소　　④ 제어량

해설 **시퀀스제어의 신호전달계통**

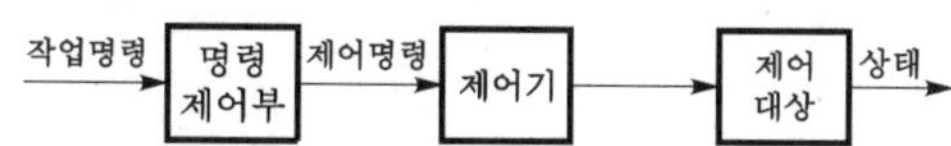


※ **제어대상**(controlled system) : 제어의 대상으로 제어하려고 하는 기계의 전체 또는 그 일부분

답 ①

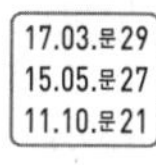

## 33 그림과 같은 유접점회로의 논리식은?

17.03.문29
15.05.문27
11.10.문21

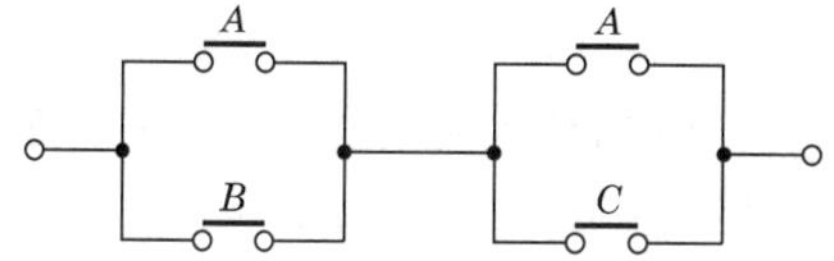


① $A+BC$  ② $AB+C$
③ $B+AC$  ④ $AB+BC$

해설

$$(A+B)\cdot(A+C)=\underbrace{AA}_{x\cdot x=x}+AC+AB+BC$$
$$=A+AC+AB+BC$$
$$=A\underbrace{(1+C+B)}_{x+1=1}+BC$$
$$=\underbrace{A\cdot 1}_{x\cdot 1=x}+BC$$
$$=A+BC$$

※ 논리식 산정시 **직렬**은 "· 또는 **생략**", **병렬**은 "+"로 표시하는 것을 기억하라.

**중요**

**불대수의 정리**

| 논리합 | 논리곱 | 비 고 |
|---|---|---|
| $X+0=X$ | $X\cdot 0=0$ | - |
| $X+1=1$ | $X\cdot 1=X$ | - |
| $X+X=X$ | $X\cdot X=X$ | - |
| $X+\overline{X}=1$ | $X\cdot\overline{X}=0$ | - |
| $X+Y=Y+X$ | $X\cdot Y=Y\cdot X$ | 교환법칙 |
| $X+(Y+Z)=(X+Y)+Z$ | $X(YZ)=(XY)Z$ | 결합법칙 |
| $X(Y+Z)=XY+XZ$ | $(X+Y)(Z+W)=XZ+XW+YZ+YW$ | 분배법칙 |
| $X+XY=X$ | $\overline{X}+XY=\overline{X}+Y$<br>$X+\overline{X}Y=X+Y$<br>$X+\overline{X}\,\overline{Y}=X+\overline{Y}$ | 흡수법칙 |
| $(\overline{X+Y})=\overline{X}\cdot\overline{Y}$ | $(\overline{X\cdot Y})=\overline{X}+\overline{Y}$ | 드모르간의 정리 |

답 ①

## 34 그림과 같은 블록선도에서 $C$는?

10.03.문28

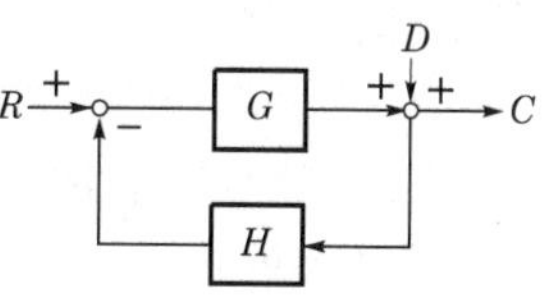


① $\dfrac{G}{1+HG}R+\dfrac{G}{1+HG}D$

② $\dfrac{1}{1+HG}R+\dfrac{1}{1+HG}D$

③ $\dfrac{G}{1+HG}R+\dfrac{1}{1+HG}D$

④ $\dfrac{1}{1+HG}R+\dfrac{G}{1+HG}D$

해설

$$RG+D-CHG=C$$
$$RG+D=C+CHG$$
$$C+CHG=RG+D$$
$$C(1+HG)=RG+D$$
$$C=\frac{RG+D}{1+HG}=\frac{RG}{1+HG}+\frac{D}{1+HG}$$
$$=\frac{G}{1+HG}R+\frac{1}{1+HG}D$$

**용어**

**블록선도(block diagram)**
제어계에서 신호가 전달되는 모양을 표시하는 선도

답 ③

## 35 교류전압 $V$=100V와 전류 $I=3+j4$(A)가 주어졌을 때 유효전력은 몇 W인가?

12.09.문37

① 300  ② 400
③ 500  ④ 600

해설 **전력**

$$P=VI$$

여기서, $P$ : 전력[VA]
$V$ : 전압[V]
$I$ : 전류[A]

$P=VI$
$=100(3+j4)$
$=300+j400$

↑ 소비전력[W] (유효전력) ↑ 무효전력[Var]

∴ 유효전력 300W, 무효전력 400Var

답 ①

## 36 측정기의 측정범위 확대를 위한 방법의 설명으로 옳지 않은 것은?

19.03.문22 18.03.문36 17.09.문24 16.03.문26 08.03.문30 04.09.문28 03.03.문37

① 전류의 측정범위 확대를 위하여 분류기를 사용하고, 전압의 측정범위 확대를 위하여 배율기를 사용한다.

② 분류기는 계기에 직렬로, 배율기는 병렬로 접속한다.

③ 측정기 내부저항을 $R_a$, 분류기저항을 $R_s$라 할 때, 분류기의 배율은 $1+\frac{R_a}{R_s}$로 표시된다.

④ 측정기 내부저항을 $R_v$, 배율기저항을 $R_m$이라 할 때, 배율기의 배율은 $1+\frac{R_m}{R_v}$로 표시된다.

해설 **분류기(shunt)**

전류계의 측정범위를 확대하기 위해 전류계와 병렬로 접속하는 저항

$$I_0 = I\left(1+\frac{R_a}{R_s}\right) \text{[A]}$$

여기서, $I_0$ : 측정하고자 하는 전류[A]
$I$ : 전류계의 최대눈금[A]
$R_a$ : 전류계의 내부저항[Ω]
$R_s$ : 분류기저항[Ω]

② **분류기**는 계기에 **병렬**로, **배율기**는 **직렬**로 접속한다.

**배율기**(multiplier)
전압계의 측정범위를 확대하기 위해 전압계와 **직렬**로 **접속**하는 저항

$$V_0 = V\left(1+\frac{R_m}{R_v}\right) \text{[V]}$$

여기서, $V_0$ : 측정하고자 하는 전압[V]
$V$ : 전압계의 최대눈금[V]
$R_v$ : 전압계의 내부저항[Ω]
$R_m$ : 배율기저항[Ω]

답 ②

## 37 평행한 두 도체 사이의 거리가 2배로 되면 그 작용력은 어떻게 되는가?

12.09.문33

① $\frac{1}{4}$ ② $\frac{1}{2}$

③ 2 ④ 4

해설 **평행도체 사이에 작용하는 힘**

$$F=\frac{\mu_0 I_1 I_2}{2\pi r} \text{[N/m]}$$

여기서, $F$ : 평행전류의 힘[N/m]
$\mu_0$ : 진공의 투자율[H/m]
$I_1$, $I_2$ : 전류[A]
$r$ : 거리[m]

평행도체 사이에 작용하는 힘 $F$는

$F=\frac{\mu_0 I_1 I_2}{2\pi r} \propto \frac{1}{r}=\frac{1}{2}=\frac{1}{2}$배

답 ②

## 38 A-B 양단에서 본 합성인덕턴스는? (단, 코일 간의 상호유도는 없다고 본다.)

97.03.문33

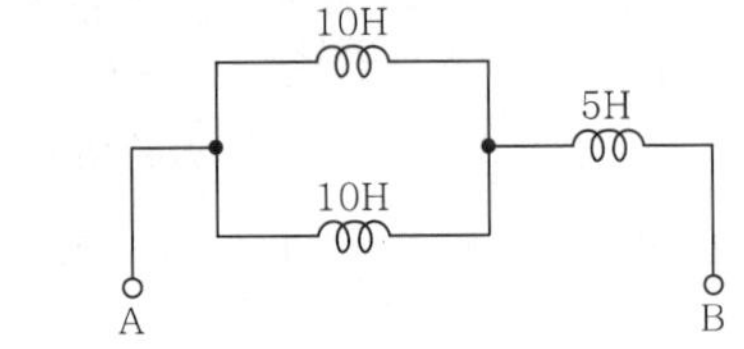


① 2.5H ② 5H

③ 10H ④ 15H

해설

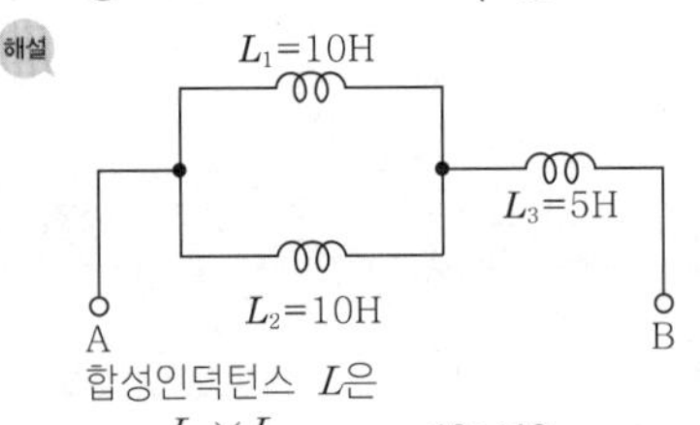


합성인덕턴스 $L$은

$$L=\frac{L_1\times L_2}{L_1+L_2}+L_3=\frac{10\times10}{10+10}+5=10\text{H}$$

※ **인덕턴스**는 **저항**과 같이 취급하여 계산하면 된다.

답 ③

## 39 그림에서 저항 20Ω에 흐르는 전류는 몇 A인가?

08.03.문21

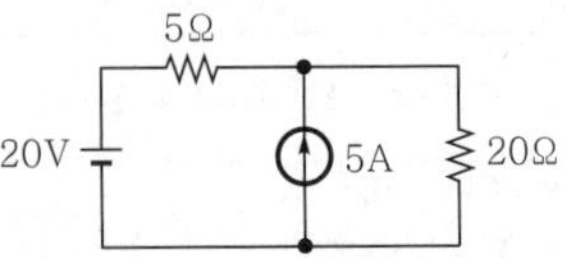


① 0.8A ② 1.0A

③ 1.8A ④ 2.8A

해설 **중첩의 원리**

(1) **전압원 단락시**

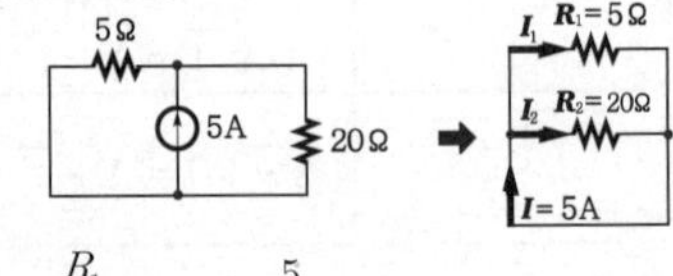


$$I_2=\frac{R_1}{R_1+R_2}I=\frac{5}{5+20}\times5=1\text{A}$$

(2) 전류원 개방시

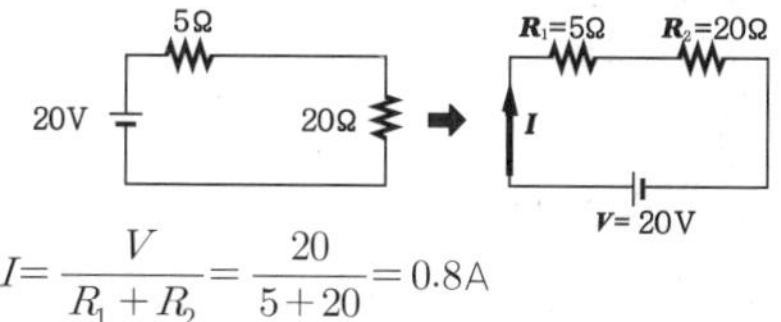


$$I=\frac{V}{R_1+R_2}=\frac{20}{5+20}=0.8\text{A}$$

∴ 20Ω에 흐르는 전류$=I_2+I=1+0.8=1.8$A

※ 중첩의 원리=전압원 단락시 값+전류원 개방시 값

답 ③

★★★
**40** 전자회로에서 온도보상용으로 가장 많이 사용되는 것은?

19.04.문25 19.03.문35 18.09.문31 17.05.문35 16.10.문30 15.05.문38 14.05.문24 14.03.문27 12.03.문34 11.06.문37 00.10.문25

① 코일
② 저항
③ 서미스터
④ 콘덴서

해설 **반도체 소자**

| 명 칭 | 심 벌 |
|---|---|
| • **제너 다이오드**(zener diode) : 주로 정전압 전원회로에 사용된다. | |
| • **서미스터**(thermistor) : 부온도특성을 가진 저항기의 일종으로서 주로 **온**도보정용으로 쓰인다.<br>기억법 서온(서운해) | Th |
| • **SCR**(Silicon Controlled Rectifier) : 단방향 대전류 스위칭 소자로서 제어를 할 수 있는 정류 소자이다. | A K G |
| • **바리스터**(varistor)<br>– 주로 **서**지전압에 대한 회로보호용(과도전압에 대한 회로보호)<br>– **계**전기접점의 불꽃제거<br>기억법 바리서계 | |
| • **UJT**(UniJunction Transistor)=**단일접합 트랜지스터** : 증폭기로는 사용이 불가능하고 톱니파나 펄스발생기로 작용하며 SCR의 트리거 소자로 쓰인다. | $B_1$ E $B_2$ |
| • **바랙터**(varactor) : 제너현상을 이용한 다이오드 | – |

답 ③

## 제 3 과목 소방관계법규

★★★
**41** 대통령령 또는 화재안전기준의 변경으로 그 기준이 강화되는 경우 기존의 특정소방대상물의 소방시설 등에 강화된 기준을 적용해야 하는 소방시설로서 옳은 것은? (단, 대통령령으로 정하는 노유자시설과 의료시설은 제외한다.)

17.03.문48 12.03.문53

① 비상경보설비 ② 옥내소화전설비
③ 스프링클러설비 ④ 자동화재탐지설비

해설 **소방시설법 11조**
**변경강화기준 적용설비**
(1) 소화기구
(2) **비**상**경**보설비
(3) **자**동화재**속**보설비
(4) **피**난구조설비
(5) 소방시설(지하공동구 설치용, 전력 또는 통신사업용 지하구)
(6) **노**유자시설에 설치하여야 할 소방시설(대통령령으로 정하는 것)
(7) **의료시설**에 설치하여야 하는 소방시설(대통령령으로 정하는 것)

기억법 강비경 자속피노

중요

**소방시설법 시행령 15조 6**
**변경강화기준 적용설비**

| **노유자시설**에 설치하여야 하는 소방시설 | **의료시설**에 설치하여야 하는 소방시설 |
|---|---|
| • 간이스프링클러설비<br>• 자동화재탐지설비<br>• 단독경보형 감지기 | • 간이스프링클러설비<br>• 스프링클러설비<br>• 자동화재탐지설비<br>• 자동화재속보설비 |

답 ①

★
**42** 화재예방, 소방시설 설치유지 및 안전관리에 관한 법률에서 정의하는 소방용품 중 소화설비를 구성하는 제품 및 기기가 아닌 것은?

15.03.문49

① 소화전 ② 방염제
③ 유수제어밸브 ④ 기동용 수압개폐장치

해설 **소방시설법 시행령 〔별표 3〕**
**소방용품**

| 구 분 | 설 명 |
|---|---|
| 소화설비를 구성하는 제품 또는 기기 | • 소화기구<br>• 소화전<br>• 송수구<br>• 관창(菅槍)<br>• 소방호스<br>• 스프링클러헤드<br>• 기동용 수압개폐장치<br>• 유수제어밸브<br>• 가스관선택밸브 |
| 피난구조설비를 구성하는 제품 또는 기기 | • 피난사다리<br>• 구조대<br>• 완강기<br>• 공기호흡기<br>• 유도등<br>• 예비전원이 내장된 비상조명등 |
| 소화용으로 사용하는 제품 또는 기기 | • 소화약제<br>• 방염제 |

답 ②

★★
**43** 위험물제조소 등의 자체소방대가 갖추어야 하는 화학소방차의 소화능력 및 설비기준으로 틀린 것은?

15.03.문53
13.03.문50

① 포수용액을 방사하는 화학소방자동차는 방사능력이 2000$l$/min 이상이어야 한다.
② 이산화탄소를 방사하는 화학소방차는 방사능력이 40kg/s 이상이어야 한다.
③ 할론 방사차의 경우 할론 탱크 및 가압용 가스설비를 비치하여야 한다.
④ 제독차를 갖추는 경우 가성소다 및 규조토를 각각 30kg 이상 비치하여야 한다.

해설 **위험물규칙 [별표 23]**
화학소방자동차의 방사능력

| 구 분 | 방사능력 |
|---|---|
| • **분**말 방사차 | **3**5kg/s 이상 (1400kg 이상 비치) |
| • **할**론 방사차<br>• **이**산화탄소 방사차 | **4**0kg/s 이상 (3000kg 이상 비치) |
| • **제**독차 | **5**0kg 이상 비치 |
| • **포**수용액 방사차 | **2**000$l$/min 이상 (10만$l$ 이상 비치) |

기억법 분할이제포 35452

답 ④

★★★
**44** 소방기본법에서 정의하는 용어에 대한 설명으로 틀린 것은?

① "소방대상물"이란 건축물, 차량, 항해 중인 모든 선박과 산림 그 밖의 인공구조물 또는 물건을 말한다.
② "관계지역"이란 소방대상물이 있는 장소 및 그 이웃지역으로서 화재의 예방·경계·진압, 구조·구급 등의 활동에 필요한 지역을 말한다.
③ "소방본부장"이란 특별시·광역시·도 또는 특별자치도에서 화재의 예방·경계·진압·조사 및 구조·구급 등의 업무를 담당하는 부서의 장을 말한다.
④ "소방대장"이란 소방본부장 또는 소방서장 등 화재, 재난·재해 그 밖의 위급한 상황이 발생한 현장에서 소방대를 지휘하는 사람을 말한다.

해설 **기본법 2조**
소방대상물
(1) 건축물
(2) 차량
(3) 선박(항구에 매어둔 것)
(4) 선박건조구조물
(5) 산림
(6) 인공구조물
(7) 물건

답 ①

★★
**45** 소방시설공사업자의 시공능력을 평가하여 공시할 수 있는 사람은?

① 관계인 또는 발주자
② 소방본부장 또는 소방서장
③ 시·도지사
④ 소방청장

해설 **소방청장**
(1) **방**염성능 **검**사(소방시설법 13조)
(2) 소방박물관의 설립·운영(기본법 5조)
(3) 한국소방안전원의 정관 변경(기본법 43조)
(4) 한국소방안전원의 감독(기본법 48조)
(5) 소방대원의 소방교육·훈련 정하는 것(기본규칙 9조)
(6) 소방박물관의 설립·운영(기본규칙 4조)
(7) 소방용품의 형식승인(소방시설법 36조)
(8) 우수품질제품 인증(소방시설법 40조)
(9) 소방특별조사의 계획수립(소방시설법 시행령 9조)
(10) **시**공능력평가의 공시(공사업법 26조)
(11) 실무교육기관의 지정(공사업법 29조)
(12) 소방기술자의 실무교육 필요사항 제정(공사업규칙 26조)

기억법 시청방검(**시청**에 **방금** 도착!)

답 ④

★★
**46** 국고보조의 대상이 되는 소방활동장비와 설비의 구입 또는 설치에 해당하지 않는 것은?

19.09.문54
14.05.문52
14.03.문59
06.05.문60

① 소방자동차
② 소방헬리콥터 및 소방정
③ 사무용 집기
④ 전산설비

해설 **기본령 2조**
국고보조의 대상 및 기준
(1) **국고보조의 대상**
㉠ 소방**활**동장비와 설비의 구입 및 설치
• 소방**자**동차
• 소방**헬**리콥터·소방정
• 소방**전**용통신설비·**전**산설비
• 방**화복**
㉡ 소방관서용 **청**사
(2) **소방활동장비 및 설비의 종류와 규격**: 행정안전부령
(3) **대상사업의 기준보조율**: 「보조금관리에 관한 법률 시행령」에 따름

기억법 국화복 활자전헬청

답 ③

★

**47** 다음 중 제조소 등의 완공검사 신청시기로서 틀린 것은?

17.05.문50

① 지하탱크가 있는 제조소 등의 경우에는 해당 지하탱크를 매설하기 전
② 이동탱크저장소의 경우에는 이동저장탱크를 완공하고 상치장소를 확보한 후
③ 이송취급소의 경우에는 이송배관공사의 전체 또는 일부 완료 후
④ 배관을 지하에 설치하는 경우에는 소방서장이 지정하는 부분을 매몰하고 난 직후

해설 **위험물규칙 20조**
**제조소 등의 완공검사 신청시기**
(1) **지하탱크**가 있는 **제조소**
해당 지하탱크를 매설하기 전
(2) **이동탱크저장소**
이동저장탱크를 완공하고 상치장소를 확보한 후
(3) **이송취급소**
이송배관공사의 전체 또는 일부를 완료한 후(지하·하천 등에 매설하는 것은 이송배관을 매설하기 전)

④ 매몰하고 난 직후 → 매몰하기 전

답 ④

★★

**48** 성능위주설계를 하여야 하는 특정소방대상물의 범위의 기준으로 옳지 않은 것은?

12.09.문41

① 연면적 3만$m^2$ 이상인 철도 및 도시철도시설
② 연면적 20만$m^2$ 이상인 특정소방대상물(아파트 등 제외)
③ 아파트를 포함한 건축물의 높이가 100m 이상인 특정소방대상물
④ 하나의 건축물에 영화 및 비디오물의 진흥에 관한 법률에 따른 영화상영관이 10개 이상인 특정소방대상물

해설 **소방시설법 시행령 15조 3**
**성능위주설계를 하여야 하는 특정소방대상물의 범위**
(1) 연면적 **20만$m^2$** 이상(아파트 등 제외)
(2) 다음 어느 하나에 해당하는 특정소방대상물(아파트 등 제외)
㉠ 건축물의 높이가 **100m 이상**인 특정소방대상물
㉡ **지하층을 포함**한 층수가 **30층** 이상인 특정소방대상물
(3) 연면적 **3만$m^2$** 이상 **철도·도시철도시설, 공항시설**
(4) 영화상영관 **10개** 이상

중요

**공사업령 [별표 1의 2]**
**기술인력**
**소방기술사 2명** 이상

③ 아파트를 포함한 → 아파트를 제외한

답 ③

★

**49** 특수가연물 중 가연성 고체류의 기준으로 옳지 않은 것은?

① 인화점이 40℃ 이상 100℃ 미만인 것
② 인화점이 100℃ 이상 200℃ 미만이고, 연소열량이 8kcal/g 이상인 것
③ 인화점이 200℃ 이상이고, 연소열량이 8kcal/g 이상인 것으로서 융점이 100℃ 미만인 것
④ 인화점이 70℃ 이상 250℃ 미만이고, 연소열량이 10kcal/g 이상인 것

해설 **기본령 [별표 2]**
**가연성 고체류**
(1) 인화점이 **40~100℃** 미만인 고체
(2) 인화점이 **100~200℃** 미만이고, 연소열량이 **8kcal/g** 이상인 고체
(3) 인화점이 **200℃** 이상이고 연소열량이 **8kcal/g** 이상인 것으로서 융점이 **100℃** 미만인 고체
(4) 1기압과 20℃ 초과 **40℃** 이하에서 액상인 것으로서 인화점이 **70~200℃** 미만인 고체

④ 해당 없음

답 ④

★

**50** 관계인이 특정소방대상물에 대한 소방시설공사를 하고자 할 때 소방공사감리자를 지정하지 않아도 되는 경우는?

① 옥내소화전설비를 신설하는 특정소방대상물
② 자동화재속보설비를 신설하는 특정소방대상물
③ 스프링클러설비를 신설하는 특정소방대상물
④ 통합감시시설을 신설하는 특정소방대상물

해설 **공사업령 10조**
**소방공사감리자 지정대상 특정소방대상물의 범위**
(1) **옥내소화전설비**를 신설·개설 또는 **증설**할 때
(2) **스프링클러설비 등**(캐비닛형 간이스프링클러설비 제외)을 신설·개설하거나 방호·방수 구역을 **증설**할 때
(3) **물분무등소화설비**(호스릴방식의 소화설비 제외)를 신설·개설하거나 방호·방수 구역을 **증설**할 때
(4) **옥외소화전설비**를 신설·개설 또는 **증설**할 때
(5) **자동화재탐지설비**를 신설·개설할 때
(6) 비상방송설비를 신설 또는 개설할 때
(7) 통합감시시설을 신설 또는 개설할 때
(8) 비상조명등을 신설 또는 개설할 때
(9) 소화용수설비를 신설 또는 개설할 때
(10) 다음의 소화활동설비에 대하여 시공을 할 때
㉠ 제연설비를 신설·개설하거나 제연구역을 증설할 때
㉡ 연결송수관설비를 신설 또는 개설할 때
㉢ 연결살수설비를 신설·개설하거나 송수구역을 증설할 때
㉣ 비상콘센트설비를 신설·개설하거나 전용회로를 증설할 때
㉤ 무선통신보조설비를 신설 또는 개설할 때
㉥ 연소방지설비를 신설·개설하거나 살수구역을 증설할 때

답 ②

★★★
## 51 소방업무를 전문적이고 효과적으로 수행하기 위하여 소방대원에게 필요한 소방교육 · 훈련의 횟수와 기간은?

① 2년마다 1회 이상 실시하되, 기간은 1주 이상
② 3년마다 1회 이상 실시하되, 기간은 1주 이상
③ 2년마다 1회 이상 실시하되, 기간은 2주 이상
④ 3년마다 1회 이상 실시하되, 기간은 2주 이상

해설 **기본규칙 9조**
**소방교육 · 훈련**

| 실 시 | **2년**마다 **1회** 이상 실시 |
|---|---|
| 기 간 | **2주** 이상 |
| 정하는 자 | 소방청장 |
| 종 류 | • 화재진압훈련<br>• 인명구조훈련<br>• 응급처치훈련<br>• 인명대피훈련<br>• 현장지휘훈련 |

답 ③

★★
## 52 소방안전관리대상물에 대한 소방안전관리자의 업무가 아닌 것은?

19.09.문01
19.03.문51
15.03.문12
14.09.문53
13.06.문48
12.03.문54
08.05.문53

① 소방계획서의 작성
② 소방훈련 및 교육
③ 소방시설의 공사발주
④ 자위소방대 및 초기대응체계의 구성

해설 **소방시설법 20조 ⑥항**
**관계인 및 소방안전관리자의 업무**

| 특정소방대상물 (관계인) | 소방안전관리대상물 (소방안전관리자) |
|---|---|
| ① 피난시설 · 방화구획 및 방화시설의 유지 · 관리<br>② 소방시설, 그 밖의 소방관련시설의 유지 · 관리<br>③ **화기취급**의 감독<br>④ 소방안전관리에 필요한 업무 | ① 피난시설 · 방화구획 및 방화시설의 유지 · 관리<br>② 소방시설, 그 밖의 소방관련시설의 유지 · 관리<br>③ **화기취급**의 감독<br>④ 소방안전관리에 필요한 업무<br>⑤ **소방계획서**의 작성 및 시행(대통령령으로 정하는 사항 포함)<br>⑥ **자위소방대** 및 **초기대응체계**의 구성 · 운영 · 교육<br>⑦ 소방훈련 및 교육 |

용어

| 특정소방대상물 | 소방안전관리대상물 |
|---|---|
| 소방시설을 설치하여야 하는 소방대상물로서 대통령령으로 정하는 것 | 대통령령으로 정하는 특정소방대상물 |

③ 발주자의 업무

답 ③

★★
## 53 소방안전관리대상물의 소방안전관리자 업무에 해당하지 않는 것은?

19.09.문01
19.03.문51
15.03.문12
14.09.문52
13.06.문48
12.03.문54
08.05.문53

① 소방계획서의 작성 및 시행
② 화기취급의 감독
③ 소방용품의 형식승인
④ 피난시설, 방화구역 및 방화시설의 유지 · 관리

해설 **문제 52 참조**

③ 한국소방산업기술원의 업무

답 ③

★★★
## 54 화재예방, 소방시설 설치유지 및 안전관리에 관한 법률상의 특정소방대상물 중 오피스텔은 어디에 속하는가?

19.04.문50
17.03.문50
11.06.문50
09.03.문56

① 병원시설 ② 업무시설
③ 공동주택시설 ④ 근린생활시설

해설 **소방시설법 시행령 〔별표 2〕**
**업무시설**
(1) 주민자치센터(동사무소) (2) 경찰서
(3) 소방서 (4) 우체국
(5) 보건소 (6) 공공도서관
(7) 국민건강보험공단
(8) 금융업소 · **오**피스텔 · 신문사
(9) 양수장 · 정수장 · 대피소 · 공중화장실

기억법 **업오(업어주세요!)**

답 ②

★
## 55 제조소 또는 일반취급소의 변경허가를 받아야 하는 경우에 해당하지 않는 것은?

① 배출설비를 신설하는 경우
② 소화기의 종류를 변경하는 경우
③ 불활성 기체의 봉입장치를 신설하는 경우
④ 위험물취급탱크의 탱크전용실을 증설하는 경우

해설 **위험물규칙 〔별표 1의 2〕**
**위험물제조소의 변경허가를 받아야 하는 경우**
(1) **제조소**의 위치를 이전하는 경우
(2) **배출설비**를 신설하는 경우
(3) 위험물취급탱크의 **탱크전용실**을 증설 또는 교체하는 경우
(4) 위험물취급탱크의 **방유제**의 **높이** 또는 방유제 내의 **면적**을 변경하는 경우
(5) **불활성 기체**의 봉입장치를 신설하는 경우

(6) 300m(지상에 설치하지 아니하는 배관의 경우는 30m)를 초과하는 **위험물배관**을 **신설 · 교체 · 철거** 또는 보수하는 경우

답 ②

★★★
**56** 시 · 도지사는 화재가 발생할 우려가 있는 경우 화재경계지구로 지정할 수 있는데 지정대상지역으로 옳지 않은 것은?

① 석유화학제품을 생산하는 공장이 있는 지역
② 공장이 밀집한 지역
③ 목조건물이 밀집한 지역
④ 소방출동로가 확보된 지역

해설 **기본법 13조**
**화재경계지구의 지정**
(1) **지정권자** : 시 · 도지사
(2) **지정지역**
㉠ **시장**지역
㉡ **공장 · 창고** 등이 밀집한 지역
㉢ **목조건물**이 밀집한 지역
㉣ **위험물**의 **저장** 및 **처리시설**이 **밀집**한 지역
㉤ **석유화학제품**을 생산하는 공장이 있는 지역
㉥ **소방시설 · 소방용수시설** 또는 **소방출동로**가 **없는** 지역
㉦ 「**산업입지 및 개발에 관한 법률**」에 따른 산업단지
㉧ **소방청장**, **소방본부장** 또는 **소방서장**이 화재경계지구로 지정할 필요가 있다고 인정하는 지역

기억법 화경시

④ 확보된 지역 → 없는 지역

※ **화재경계지구** : 화재가 발생할 우려가 높거나 화재가 발생하면 피해가 클 것으로 예상되는 구역으로서 대통령령이 정하는 지역

답 ④

★★★
**57** 07.05.문58
특정소방대상물의 관계인은 근무자 및 거주자에 대한 소방훈련과 교육은 연 몇 회 이상 실시하여야 하는가?

① 연 1회 이상
② 연 2회 이상
③ 연 3회 이상
④ 연 4회 이상

해설 **연 1회 이상**
(1) **화재경계지구** 안의 소방특별조사 · 훈련 · 교육(기본령 4조)
(2) 특정소방대상물의 소방훈련 · 교육(소방시설법 시행규칙 15조)
(3) 제조소 등의 **정**기점검(위험물규칙 64조)
(4) **종합정밀점검**(소방시설법 시행규칙 〔별표 1〕)
(5) **작동기능점검**(소방시설법 시행규칙 〔별표 1〕)

기억법 연1정종 (연일 정종술을 마셨다.)

답 ①

★★★
**58** 19.09.문47 07.09.문58
형식승인을 받지 아니한 소방용품을 판매의 목적으로 진열했을 때의 벌칙으로 옳은 것은?

① 3년 이하의 징역 또는 3000만원 이하의 벌금
② 2년 이하의 징역 또는 1500만원 이하의 벌금
③ 1년 이하의 징역 또는 1000만원 이하의 벌금
④ 1년 이하의 징역 또는 500만원 이하의 벌금

해설 **3년 이하의 징역** 또는 **3000만원 이하**의 **벌금**
(1) 소방시설관리업 무등록자(소방시설법 48조 2)
(2) 형식승인을 받지 않은 소방용품 제조 · 수입자(소방시설법 48조 2)
(3) 제품검사를 받지 않은 자(소방시설법 48조 2)
(4) 부정한 방법으로 전문기관의 지정을 받은 자(소방시설법 48조 2)

답 ①

★★★
**59** 19.09.문03 18.09.문20 13.09.문50 12.03.문52
다음 소방시설 중 피난구조설비에 속하는 것은?

① 제연설비, 휴대용 비상조명등
② 자동화재속보설비, 유도등
③ 비상방송설비, 비상벨설비
④ 비상조명등, 유도등

해설 **소방시설법 시행령 〔별표 1〕**
**피난구조설비**
(1) 피난기구
- 피난사다리
- 구조대
- 완강기
- 소방청장이 정하여 고시하는 화재안전기준으로 정하는 것(미끄럼대, 피난교, 공기안전매트, 피난용 트랩, 다수인 피난장비, 승강식 피난기, 간이완강기, 하향식 피난구용 내림식 사다리)

(2) **인**명구조기구
- **방열**복
- 방**화**복(안전모, 보호장갑, 안전화 포함)
- **공**기호흡기
- **인**공소생기

기억법 방화열공인

(3) 유도등
- 피난유도선
- 피난구유도등
- 통로유도등
- 객석유도등
- 유도표지

(4) 비상조명등 · 휴대용 비상조명등

① 제연설비 : 소화활동설비
② 자동화재속보설비 : 경보설비
③ 비상방송설비, 비상벨설비 : 경보설비

답 ④

★
**60** 소방특별조사를 실시할 수 있는 경우가 아닌 것은?

19.09.문56
14.03.문41
13.06.문54

① 화재가 자주 발생하였거나 발생할 우려가 뚜렷한 곳에 대한 점검이 필요한 경우
② 재난예측정보, 기상예보 등을 분석한 결과 소방대상물에 화재, 재난·재해의 발생 위험이 높다고 판단되는 경우
③ 화재, 재난·재해 등이 발생할 경우 인명 또는 재산피해의 우려가 낮다고 판단되는 경우
④ 관계인이 실시하는 소방시설 등에 대한 자체점검 등이 불성실하거나 불완전하다고 인정되는 경우

해설 **소방시설법 4조**
**소방특별조사의 실시**
(1) 관계인이 이 법 또는 다른 법령에 따라 실시하는 소방시설 등, 방화시설, 피난시설 등에 대한 자체점검 등이 **불성실**하거나 불완전하다고 인정되는 경우
(2) 화재경계지구에 대한 소방특별조사 등 **다른 법률**에서 소방특별조사를 실시하도록 한 경우
(3) **국가적 행사** 등 주요 행사가 개최되는 장소 및 그 주변의 관계지역에 대하여 소방안전관리 실태를 점검할 필요가 있는 경우
(4) **화재**가 **자주 발생**하였거나 발생할 우려가 뚜렷한 곳에 대한 점검이 필요한 경우
(5) **재난예측정보**, 기상예보 등을 분석한 결과 소방대상물에 화재, 재난·재해의 발생 위험이 높다고 판단되는 경우
(6) 화재, 재난·재해, 그 밖의 긴급한 상황이 발생할 경우 인명 또는 재산피해의 우려가 **현저하다고** 판단되는 경우

③ 낮다고 판단되는 경우 → 현저하다고 판단되는 경우

중요

**소방시설법 4조, 4조 3**
**소방특별조사**
(1) 실시자 : 소방청장·소방본부장·소방서장
(2) 관계인의 승낙이 필요한 곳 : **주거**(주택)
(3) 소방특별조사 서면통지 : **7일** 전

용어

**소방특별조사**
소방대상물에 대한 화재예방을 위하여 관계인에게 필요한 자료제출을 명하거나 위치·구조·설비 또는 관리의 상황을 조사하는 것

답 ③

**제 4 과목** 소방전기시설의 구조 및 원리

★★★
**61** 누전경보기 수신부의 설치로 적당한 곳은?

16.05.문66
16.03.문76
12.09.문63

① 옥내에 점검이 편리한 건조한 장소
② 부식성의 증기 등이 다량 체류하는 장소
③ 습도가 높은 장소
④ 온도의 변화가 급격한 장소

해설 **누전경보기 수신부의 설치장소**
**옥내**의 점검이 편리한 **건조**한 장소

비교

**누전경보기의 수신기 설치 제외 장소**
(1) **온**도변화가 급격한 장소
(2) **습**도가 높은 장소
(3) **가**연성의 증기, 가스 등 또는 부식성의 증기, 가스 등의 다량 체류 장소
(4) **대전류회로, 고주파발생회로** 등의 영향을 받을 우려가 있는 장소
(5) **화**약류 제조, 저장, 취급 장소

기억법 온습누가대화(**온**도·**습**도가 높으면 **누가 대화**하냐?)

답 ①

★★
**62** 객석유도등의 설치개수를 산출하는 공식으로 옳은 것은?

19.04.문69
17.05.문74
14.03.문62
13.03.문76
12.03.문63

① $\dfrac{\text{객석통로의 직선부분의 길이[m]}}{3}-1$

② $\dfrac{\text{객석통로의 직선부분의 길이[m]}}{4}-1$

③ $\dfrac{\text{객석통로의 넓이}[m^2]}{3}-1$

④ $\dfrac{\text{객석통로의 넓이}[m^2]}{4}-1$

해설 **설치개수**
(1) 복도·거실 통로유도등

$$\text{개수} \geq \frac{\text{보행거리}}{20}-1$$

(2) 유도표지

$$\text{개수} \geq \frac{\text{보행거리}}{15}-1$$

(3) 객석유도등

$$\text{개수} \geq \frac{\text{직선부분 길이}}{4}-1$$

답 ②

**63** 3선식 배선으로 상시 충전되는 유도등의 전기회로에 점멸기를 설치하는 경우 점등되어야 하는 조건으로 틀린 것은?

19.04.문74
08.03.문67

① 옥외소화전설비의 펌프가 작동되는 때
② 자동화재탐지설비의 감지기 또는 발신기가 작동되는 때
③ 방재업무를 통제하는 곳에서 수동으로 점등하는 때
④ 상용전원이 정전되거나 전원선이 단선되는 때

해설 **유도등**의 **3선식 배선**시 **점등**되는 경우 **(점멸기 설치시)**
(1) **자동화재탐지설비**의 감지기 또는 발신기가 작동되는 때
(2) **비상경보설비**의 발신기가 작동되는 때
(3) **상**용전원이 정전되거나 전원선이 단선되는 때
(4) **방**재업무를 통제하는 곳 또는 전기실의 배전반에서 **수**동적으로 점등하는 때
(5) **자동소화설비**가 작동되는 때

기억법 3탐경상 방수자

답 ①

**64** 다음 ( ) 안에 알맞은 내용으로 옳은 것은?

19.09.문80
18.03.문70
17.03.문68
16.03.문80
08.03.문62
06.05.문79

> 지하층으로서 특정소방대상물의 바닥부분 ( ㉮ )면 이상이 지표면과 동일하거나 지표면으로부터 깊이가 ( ㉯ )m 이하인 경우에는 해당 층에 한하여 무선통신보조설비를 설치하지 아니할 수 있다.

① ㉮ 1, ㉯ 1 ② ㉮ 1, ㉯ 2
③ ㉮ 2, ㉯ 1 ④ ㉮ 2, ㉯ 2

해설 **무선통신보조설비의 설치 제외**(NFSC 505④)
(1) **지**하층으로서 특정소방대상물의 바닥부분 **2면 이상**이 지표면과 동일한 경우의 해당 층
(2) 지하층으로서 지표면으로부터의 깊이가 **1m 이하**인 경우의 해당 층

기억법 2면무지(이면 계약의 무지)

답 ③

**65** 자동화재탐지설비 수신기의 각 회로별 종단에 설치되는 감지기에 접속되는 배선의 전압은 감지기 정격전압의 몇 % 이상이어야 하는가?

19.09.문64
19.03.문77
18.09.문68
18.04.문74
16.05.문63
15.03.문67
11.03.문72
10.09.문70
09.05.문75

① 50 ② 60
③ 70 ④ 80

해설 **음향장치**
정격전압의 **80%** 전압에서 음향을 발할 것

중요

**비상방송설비 음향장치**의 **구조** 및 **성능기준**
(1) 정격전압의 **80%** 전압에서 음향을 발할 것(단, 건전지를 주전원으로 사용하는 음향장치는 제외)
(2) **자동화재탐지설비**의 작동과 연동하여 작동할 것

비교

**자동화재탐지설비 음향장치**의 **구조** 및 **성능기준**
(1) 정격전압의 **80%** 전압에서 음향을 발할 것(단, **건전지**를 **주전원**으로 사용한 음향장치는 제외)
(2) 음량은 **1m 떨**어진 곳에서 **90dB** 이상일 것
(3) **감지기 · 발신기**의 작동과 **연동**하여 작동할 것

답 ④

**66** 복도통로유도등의 설치기준으로 틀린 것은?

19.09.문69
16.10.문64
14.05.문67
14.03.문80
11.03.문68
08.05.문69

① 구부러진 모퉁이 및 보행거리 20m마다 설치할 것
② 바닥으로부터 높이 1.5m 이하의 위치에 설치할 것
③ 지하역사 및 지하상가인 경우에는 복도 · 통로 중앙부분의 바닥에 설치할 것
④ 바닥에 설치하는 통로유도등은 하중에 따라 파괴되지 아니하는 강도의 것으로 할 것

해설 (1) **설치높이**

| 구 분 | 설치높이 |
|---|---|
| **계**단통로유도등 · **복**도통로유도등 · 통로유도표지 | 바닥으로부터 높이 **1m** 이하 |
| **피**난구**유**도등 | 피난구의 바닥으로부터 높이 **1.5m** 이**상** |

기억법 계복1, 피유15상

(2) **설치거리**

| 구 분 | 설치거리 |
|---|---|
| 복도통로유도등 | 구부러진 모퉁이 및 **보행거리 20m**마다 설치 |
| 거실통로유도등 | |
| 계단통로유도등 | 각 층의 **경사로참** 또는 **계단참**마다 설치 |

② 1.5m 이하 → 1m 이하

답 ②

★
**67** **화재발생 상황을 경종으로 경보하는 설비는?**

19.04.문77
13.03.문75

① 비상벨설비
② 자동식 사이렌설비
③ 비상방송설비
④ 자동화재속보설비

해설

| 용 어 | 설 명 |
|---|---|
| **발신기** | 화재발생 신호를 수신기에 **수동**으로 **발신**하는 장치 |
| **비상벨설비** | 화재발생 상황을 **경종**으로 경보하는 설비 |
| **자동식 사이렌설비** | 화재발생 상황을 **사이렌**으로 경보하는 설비 |
| **단독경보형 감지기** | 화재발생 상황을 **단독**으로 감지하여 자체에 **내장**된 **음향장치**로 경보하는 감지기 |

기억법 **수발**(**수발**을 드시오!), **경벨**(**경**보**벨**)

답 ①

★
**68** **자동화재탐지설비의 화재안전기준에서 사용하는 용어의 정의를 설명한 것이다. 다음 중 옳지 않은 것은?**

19.03.문68
09.08.문69
07.09.문64

① "경계구역"이란 소방대상물 중 화재신호를 발신하고 그 신호를 수신 및 유효하게 제어할 수 있는 구역을 말한다.
② "중계기"란 감지기 · 발신기 또는 전기적 접점 등의 작동에 따른 신호를 받아 이를 수신기의 제어반에 전송하는 장치를 말한다.
③ "감지기"란 화재시 발생하는 열, 연기, 불꽃 또는 연소생성물을 자동적으로 감지하여 수신기에 발신하는 장치를 말한다.
④ "시각경보장치"란 자동화재탐지설비에서 발하는 화재신호를 시각경보기에 전달하여 시각장애인에게 경보를 하는 것을 말한다.

해설 **시각경보장치**
**자동화재탐지설비**에서 발하는 화재신호를 시각경보기에 전달하여 **청각장애인**에게 점멸형태의 시각경보를 하는 것

기억법 **시청**

답 ④

★★★
**69** **다음 중 누전경보기의 주요 구성요소로 옳은 것은 어느 것인가?**

19.03.문37
15.09.문21
13.03.문62

① 변류기, 감지기, 수신기, 차단기
② 수신기, 음향장치, 변류기, 차단기
③ 발신기, 변류기, 수신기, 음향장치
④ 수신기, 감지기, 증폭기, 음향장치

해설 **누전경보기**의 **구성요소**

| 구성요소 | 설 명 |
|---|---|
| 영상**변**류기(ZCT) | **누설전류**를 **검출**한다. |
| **수**신기 | **누설전류**를 **증폭**한다. |
| **음**향장치 | 경보를 발한다. |
| **차**단기 | 차단릴레이 포함 |

기억법 **변수음차**

※ 소방에서는 변류기(CT)와 영상변류기(ZCT)를 혼용하여 사용한다.

답 ②

★★
**70** **지상 1층 1000m², 지상 2층 500m²인 곳에 자동화재탐지설비를 설치하고자 한다. 최소 경계구역수는?**

① 1 ② 2
③ 3 ④ 4

해설

$$\text{지상 1층 경계구역수} = \frac{\text{바닥면적}}{600\text{m}^2} = \frac{1000\text{m}^2}{600\text{m}^2} = 1.6 \fallingdotseq 2\text{개(절상)}$$

$$\text{지상 2층 경계구역수} = \frac{\text{바닥면적}}{600\text{m}^2} = \frac{500\text{m}^2}{600\text{m}^2} = 0.8 \fallingdotseq 1\text{개(절상)}$$

∴ 2개+1개=3개

**경계구역**의 **설정기준**
(1) 1경계구역이 2개 이상의 **건축물**에 미치지 않을 것
(2) 1경계구역이 2개 이상의 **층**에 미치지 않을 것(단, **500m²** 이하는 2개층을 1경계구역으로 할 수 있다.)
(3) 1경계구역의 면적은 **600m²**(내부가 보이면 **1000m²**) 이하로 하고, 1변의 길이는 **50m** 이하로 할 것

※ **경계구역** : 소방대상물 중 화재신호를 발신하고 그 신호를 수신 및 유효하게 제어할 수 있는 구역

답 ③

☆☆☆

**71** 비상콘센트설비에서 사용되는 용어의 정의 중 "특고압"이라 함은?

07.09.문79

① 직류 750V 이하, 교류 600V 이하인 것
② 교류 600V를 초과하고 10000V 이하인 것
③ 7000V를 초과하는 것
④ 10000V를 초과하는 것

해설 **전압**(NFSC 504③)

| 구 분 | 설 명 |
|---|---|
| **저압** | **직류 750V** 이하, **교류 600V** 이하 |
| **고압** | 저압의 범위를 초과하고 **7000V** 이하 |
| **특고압** | **7000V**를 초과하는 것 |

비교

**전압**(KEC 111.1)

| 구 분 | 설 명 |
|---|---|
| **저압** | **직류 1500V** 이하, **교류 1000V** 이하 |
| **고압** | 저압의 범위를 초과하고 **7000V** 이하 |
| **특고압** | **7000V**를 초과하는 것 |

답 ③

☆

**72** 청각장애인용 시각경보장치의 설치기준으로 옳지 않은 것은?

16.03.문79
12.09.문73

① 공연장·집회장·관람장의 경우 시선이 집중되는 무대부 부분 등에 설치할 것
② 복도·통로·청각장애인용 객실 및 공용으로 사용하는 거실에 설치하며, 각 부분으로부터 유효하게 경보를 발할 수 있는 위치에 설치할 것
③ 시각경보장치의 광원은 상용전원에 의하여 점등되도록 할 것
④ 설치높이는 바닥으로부터 2m 이상 2.5m 이하의 장소에 설치할 것

해설 **청각장애인용 시각경보장치**의 **설치기준**

(1) **복도·통로·청각장애인용 객실** 및 **공용**으로 사용하는 **거실**에 설치하며, 각 부분으로부터 유효하게 경보를 발할 수 있는 위치에 설치
(2) **공연장·집회장·관람장** 또는 이와 유사한 장소에 설치하는 경우에는 시선이 집중되는 **무대부 부분** 등에 설치
(3) 설치높이는 바닥으로부터 **2~2.5m 이하**의 장소에 설치 (단, 천장의 높이가 **2m 이하**인 경우에는 천장으로부터 **0.15m 이내**의 장소에 설치)
(4) 시각경보장치의 광원은 **전용**의 **축전지설비** 또는 **전기저장장치**에 의하여 점등되도록 할 것
(5) 하나의 소방대상물에 2 이상의 수신기가 설치된 경우 어느 수신기에서도 **지구음향장치** 및 **시각경보장치**를 작동할 수 있도록 할 것

③ 상용전원 → 전용의 축전지설비

답 ③

☆☆☆

**73** 자동화재탐지설비의 음향장치는 층수가 5층인 소방대상물로서 연면적이 3000m²를 초과하는 특정소방대상물에 있어서 지하층에서 발화한 경우 경보를 발할 수 있도록 하여야 하는 층은?

12.09.문69

① 발화층·그 직상층 및 기타의 지하층
② 발화층 및 최상층
③ 발화층 및 그 직상층
④ 발화층·그 직상층 및 최상층

해설 **우선경보방식**

**5층** 이상으로 연면적 **3000m²**를 초과하는 소방대상물

| 발화층 | 경보층 | |
|---|---|---|
| | 30층 미만 | 30층 이상 |
| **2층** 이상 발화 | • 발화층<br>• 직상층 | • 발화층<br>• 직상 4개층 |
| **1층** 발화 | • 발화층<br>• 직상층<br>• 지하층 | • 발화층<br>• 직상 4개층<br>• 지하층 |
| **지하층** 발화 | • 발화층<br>• 직상층<br>• 기타의 지하층 | • 발화층<br>• 직상층<br>• 기타의 지하층 |

답 ①

☆

**74** 자동화재속보설비 속보기의 표시사항이 아닌 것은?

① 품명 및 제품승인번호
② 제조자의 상호·주소·전화번호
③ 주전원의 정격전류용량
④ 예비전원의 종류·정격전류용량·정격전압

해설 **자동화재속보설비 속보기의 표시사항**

(1) 품명 및 성능인증번호
(2) 제조연도 및 제조번호
(3) 제조자 상호·주소·전화번호
(4) **주**전원의 **정격전압**
(5) 예비전원의 종류·정격전류용량·정격전압

기억법 **속주압**

답 ③

★★★
**75** 휴대용 비상조명등의 설치높이는 바닥으로부터 몇 m 이상 몇 m 이하인가?

19.03.문74
17.05.문67
15.09.문64
15.05.문61
13.03.문68
12.03.문61
09.05.문76

① 0.5m 이상 1.0m 이하
② 0.8m 이상 1.5m 이하
③ 0.8m 이상 2.0m 이하
④ 1.0m 이상 2.5m 이하

해설 **휴대용 비상조명등의 적합기준**(NFSC 304④)

| 설치개수 | 설치장소 |
|---|---|
| 1개 이상 | • **숙박시설** 또는 **다중이용업소**에는 객실 또는 영업장 안의 구획된 실마다 잘 보이는 곳(외부에 설치시 출입문 손잡이로부터 **1m 이내** 부분) |
| 3개 이상 | • **지하상가** 및 **지하역사**의 **보행거리 25m** 이내마다<br>• **대규모점포(백화점 · 대형점 · 쇼핑센터)** 및 **영화상영관**의 **보행거리 50m** 이내마다 |

(1) 바닥으로부터 **0.8~1.5m 이하**의 높이에 설치할 것
(2) 어둠 속에서 **위치**를 **확인**할 수 있도록 할 것
(3) 사용시 **자동**으로 **점등**되는 구조일 것
(4) 외함은 **난연성능**이 있을 것
(5) 건전지를 사용하는 경우에는 **방전방지조치**를 하여야 하고, **충전식 배터리**의 경우에는 **상시 충전**되도록 할 것
(6) 건전지 및 충전식 배터리의 용량은 **20분** 이상 유효하게 사용할 수 있는 것으로 할 것

기억법 2휴(이유)

답 ②

★
**76** 감지기 중 주위의 온도 또는 연기 양의 변화에 따라 각각 다른 전류치 또는 전압치 등의 출력을 발하는 방식은?

12.03.문75

① 다신호식 ② 아날로그식
③ 2신호식 ④ 디지털식

해설 **감지기**의 **형식**

| 다신호식 감지기 | 아날로그식 감지기 |
|---|---|
| 일정 시간 간격을 두고 각각 다른 **2개 이상**의 화재신호를 발한다. | 주위의 **온도** 또는 **연기**의 **양**의 변화에 따라 각각 다른 전류치 또는 전압치 등의 출력을 발한다.<br>기억법 아연온(아연온도) |

답 ②

★★★
**77** 열반도체식 차동식분포형 감지기의 설치개수를 결정하는 기준 바닥면적으로 적합한 것은?

19.04.문73
13.09.문71
05.03.문79

① 부착높이가 8m 미만인 장소로 주요 구조부가 내화구조로 된 소방대상물인 경우 감지기 1종은 $40m^2$, 2종은 $23m^2$이다.
② 부착높이가 8m 미만인 장소로 주요 구조부가 내화구조가 아닌 소방대상물인 경우 감지기 1종은 $30m^2$, 2종은 $23m^2$이다.
③ 부착높이가 8m 이상 15m 미만인 장소로 주요 구조부가 내화구조로 된 소방대상물인 경우 감지기 1종은 $50m^2$, 2종은 $36m^2$이다.
④ 부착높이가 8m 이상 15m 미만인 장소로 주요 구조부가 내화구조가 아닌 소방대상물인 경우 감지기 1종은 $40m^2$, 2종은 $18m^2$이다.

해설 **열반도체식 감지기**

| 부착높이 및 소방대상물의 구분 | | 감지기의 종류 | |
|---|---|---|---|
| | | 1종 | 2종 |
| 8m 미만 | 내화구조 | 65 | 36 |
| | 기타 구조 | 40 | 23 |
| 8~15m 미만 | 내화구조 | 50 | 36 |
| | 기타 구조 | 30 | 23 |

※ 하나의 검출기에 접속하는 감지부는 **2~15개**이다.

답 ③

★★
**78** 다음 중 특정소방대상물에서 비상경보설비의 설치 면제 기준으로 옳은 것은 어느 것인가?

17.09.문48
14.03.문53

① 물분무소화설비 또는 미분무소화설비를 화재안전기준에 적합하게 설치한 경우
② 음향을 발하는 장치를 부설한 방송설비를 화재안전기준에 적합하게 설치한 경우
③ 단독경보형 감지기를 2개 이상의 단독경보형 감지기와 연동하여 설치하는 경우
④ 피난구유도등 또는 통로유도등을 화재안전기준에 적합하게 설치한 경우

해설 **소방시설법 시행령 〔별표 6〕**
**소방시설 면제기준**

| 면제대상 | 대체설비 |
|---|---|
| 스프링클러설비 | • **물분무등소화설비** |
| 물분무등소화설비 | • **스프링클러설비** |

| | |
|---|---|
| 간이스프링클러설비 | • 스프링클러설비<br>• **물분무소화설비**<br>• **미분무소화설비** |
| 비상경보설비 또는 단독경보형 감지기 | • 자동화재탐지설비 |
| 비상**경**보설비 → | • **2개 이상 단독경보형 감지기 연동**<br>기억법 경단2 |
| 비상방송설비 | • 자동화재탐지설비<br>• 비상경보설비 |
| 연결살수설비 | • 스프링클러설비<br>• 간이스프링클러설비<br>• 물분무소화설비<br>• 미분무소화설비 |
| 제연설비 | • **공기조화설비** |
| 연소방지설비 | • 스프링클러설비<br>• 물분무소화설비<br>• 미분무소화설비 |
| 연결송수관설비 | • 옥내소화전설비<br>• 스프링클러설비<br>• 간이스프링클러설비<br>• 연결살수설비 |
| 자동화재탐지설비 | • 자동화재탐지설비의 기능을 가진 스프링클러설비<br>• 물분무등소화설비 |
| 옥내소화전설비 | • 옥외소화전설비<br>• 미분무소화설비(호스릴방식) |

답 ③

## 79

19.03.문79
12.09.문70

**비상콘센트설비 설치시 자가발전기설비 또는 비상전원수전설비를 비상전원으로 설치하여야 하는 것은?**

① 지하층을 포함한 층수가 7층인 특정소방대상물

② 지하층의 바닥면적의 합계가 3000m$^2$인 특정소방대상물

③ 지하층의 층수가 3층인 특정소방대상물

④ 지하층을 제외한 층수가 5층으로 연면적이 1000m$^2$인 특정소방대상물

해설 **비상콘센트설비의 비상전원 설치대상**

(1) 지하층을 **제**외한 **7**층 이상으로 연면적 **2000**m$^2$ 이상

(2) 지하층의 **바**닥면적 합계 **3**000m$^2$ 이상

기억법 제72000콘 바3

답 ②

## 80

**누전경보기에서 옥내형과 옥외형의 차이점은?**

① 증폭기의 설치장소

② 정전압회로

③ 방수구조

④ 변류기의 절연저항

해설 누전경보기를 구조에 의하여 분류하면 **방수**유무에 따라 **옥내형**과 **옥외형**으로 구분한다.

답 ③

## 발건강에 좋은 신발 고르기

1 신발을 신은 뒤 엄지손가락을 엄지발가락 끝에 놓고 눌러본다. (엄지손가락으로 가볍게 약간 눌려지는 것이 적당)

2 신발을 신어본 뒤 볼이 조이지 않는지 확인한다. (신발의 볼이 여유가 있어야 발이 편하다)

3 신발 구입은 저녁 무렵에 한다. (발은 아침 기상시 가장 작고 저녁 무렵에는 0.5~1cm 커지기 때문)

4 선 상태에서 신발을 신어본다. (서면 의자에 앉았을 때보다 발길이가 1cm까지 커지기 때문

5 양 발 중 큰 발의 크기에 따라 맞춘다.

6 신발 모양보다 기능에 초점을 맞춘다.

7 외국인 평균치에 맞춘 신발을 살 때는 발등 높이・발너비를 잘 살핀다. (한국인은 발등이 높고 발너비가 상대적으로 넓다)

8 앞쪽이 뾰족하고 굽이 3cm 이상인 하이힐은 가능한 한 피한다.

9 통굽・뽀빠이 구두는 피한다. (보행이 불안해지고 보행시 척추・뇌에 충격)

자료 : 을지병원 족부클리닉

# 찾아보기

## ㄱ



## ㄴ



## ㄷ



## ㄹ



## ㅁ



## ㅂ



## ㅅ

MEMO

# 국가기술자격검정 답안카드

| 성 명 |
|---|
| |

| 종목 및 등급 |
|---|
| |

| 수험자가 기재 | |
|---|---|
| ◈문제지 형별 ( )형 | Ⓐ |
| ※우측 문제지 형별은 마킹 | Ⓑ |

| 수험번호 | | | | | | | |
|---|---|---|---|---|---|---|---|
| | | | | | | | |
| ⓪ | ⓪ | ⓪ | ⓪ | ⓪ | ⓪ | ⓪ | ⓪ |
| ① | ① | ① | ① | ① | ① | ① | ① |
| ② | ② | ② | ② | ② | ② | ② | ② |
| ③ | ③ | ③ | ③ | ③ | ③ | ③ | ③ |
| ④ | ④ | ④ | ④ | ④ | ④ | ④ | ④ |
| ⑤ | ⑤ | ⑤ | ⑤ | ⑤ | ⑤ | ⑤ | ⑤ |
| ⑥ | ⑥ | ⑥ | ⑥ | ⑥ | ⑥ | ⑥ | ⑥ |
| ⑦ | ⑦ | ⑦ | ⑦ | ⑦ | ⑦ | ⑦ | ⑦ |
| ⑧ | ⑧ | ⑧ | ⑧ | ⑧ | ⑧ | ⑧ | ⑧ |
| ⑨ | ⑨ | ⑨ | ⑨ | ⑨ | ⑨ | ⑨ | ⑨ |

| 감독위원 확인 |
|---|
| ㊞ |

| 번호 | 답 | 번호 | 답 | 번호 | 답 | 번호 | 답 | 번호 | 답 | 번호 | 답 |
|---|---|---|---|---|---|---|---|---|---|---|---|
| 1 | ① ② ③ ④ | 21 | ① ② ③ ④ | 41 | ① ② ③ ④ | 61 | ① ② ③ ④ | 81 | ① ② ③ ④ | 101 | ① ② ③ ④ |
| 2 | ① ② ③ ④ | 22 | ① ② ③ ④ | 42 | ① ② ③ ④ | 62 | ① ② ③ ④ | 82 | ① ② ③ ④ | 102 | ① ② ③ ④ |
| 3 | ① ② ③ ④ | 23 | ① ② ③ ④ | 43 | ① ② ③ ④ | 63 | ① ② ③ ④ | 83 | ① ② ③ ④ | 103 | ① ② ③ ④ |
| 4 | ① ② ③ ④ | 24 | ① ② ③ ④ | 44 | ① ② ③ ④ | 64 | ① ② ③ ④ | 84 | ① ② ③ ④ | 104 | ① ② ③ ④ |
| 5 | ① ② ③ ④ | 25 | ① ② ③ ④ | 45 | ① ② ③ ④ | 65 | ① ② ③ ④ | 85 | ① ② ③ ④ | 105 | ① ② ③ ④ |
| 6 | ① ② ③ ④ | 26 | ① ② ③ ④ | 46 | ① ② ③ ④ | 66 | ① ② ③ ④ | 86 | ① ② ③ ④ | 106 | ① ② ③ ④ |
| 7 | ① ② ③ ④ | 27 | ① ② ③ ④ | 47 | ① ② ③ ④ | 67 | ① ② ③ ④ | 87 | ① ② ③ ④ | 107 | ① ② ③ ④ |
| 8 | ① ② ③ ④ | 28 | ① ② ③ ④ | 48 | ① ② ③ ④ | 68 | ① ② ③ ④ | 88 | ① ② ③ ④ | 108 | ① ② ③ ④ |
| 9 | ① ② ③ ④ | 29 | ① ② ③ ④ | 49 | ① ② ③ ④ | 69 | ① ② ③ ④ | 89 | ① ② ③ ④ | 109 | ① ② ③ ④ |
| 10 | ① ② ③ ④ | 30 | ① ② ③ ④ | 50 | ① ② ③ ④ | 70 | ① ② ③ ④ | 90 | ① ② ③ ④ | 110 | ① ② ③ ④ |
| 11 | ① ② ③ ④ | 31 | ① ② ③ ④ | 51 | ① ② ③ ④ | 71 | ① ② ③ ④ | 91 | ① ② ③ ④ | 111 | ① ② ③ ④ |
| 12 | ① ② ③ ④ | 32 | ① ② ③ ④ | 52 | ① ② ③ ④ | 72 | ① ② ③ ④ | 92 | ① ② ③ ④ | 112 | ① ② ③ ④ |
| 13 | ① ② ③ ④ | 33 | ① ② ③ ④ | 53 | ① ② ③ ④ | 73 | ① ② ③ ④ | 93 | ① ② ③ ④ | 113 | ① ② ③ ④ |
| 14 | ① ② ③ ④ | 34 | ① ② ③ ④ | 54 | ① ② ③ ④ | 74 | ① ② ③ ④ | 94 | ① ② ③ ④ | 114 | ① ② ③ ④ |
| 15 | ① ② ③ ④ | 35 | ① ② ③ ④ | 55 | ① ② ③ ④ | 75 | ① ② ③ ④ | 95 | ① ② ③ ④ | 115 | ① ② ③ ④ |
| 16 | ① ② ③ ④ | 36 | ① ② ③ ④ | 56 | ① ② ③ ④ | 76 | ① ② ③ ④ | 96 | ① ② ③ ④ | 116 | ① ② ③ ④ |
| 17 | ① ② ③ ④ | 37 | ① ② ③ ④ | 57 | ① ② ③ ④ | 77 | ① ② ③ ④ | 97 | ① ② ③ ④ | 117 | ① ② ③ ④ |
| 18 | ① ② ③ ④ | 38 | ① ② ③ ④ | 58 | ① ② ③ ④ | 78 | ① ② ③ ④ | 98 | ① ② ③ ④ | 118 | ① ② ③ ④ |
| 19 | ① ② ③ ④ | 39 | ① ② ③ ④ | 59 | ① ② ③ ④ | 79 | ① ② ③ ④ | 99 | ① ② ③ ④ | 119 | ① ② ③ ④ |
| 20 | ① ② ③ ④ | 40 | ① ② ③ ④ | 60 | ① ② ③ ④ | 80 | ① ② ③ ④ | 100 | ① ② ③ ④ | 120 | ① ② ③ ④ |

# 답안카드 작성요령 및 수험자 유의사항

〈 예 시 〉

주의 바르게 마킹한 것… ● 잘못 마킹한것…

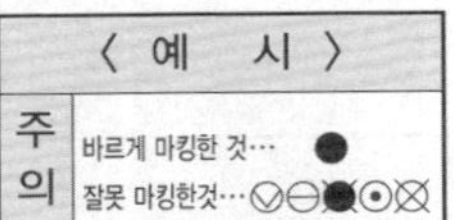

성 명

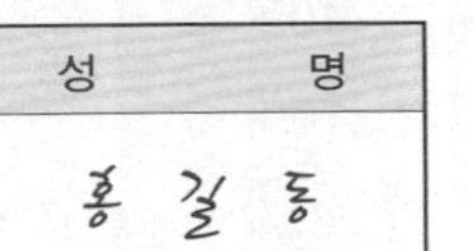

종목 및 등급

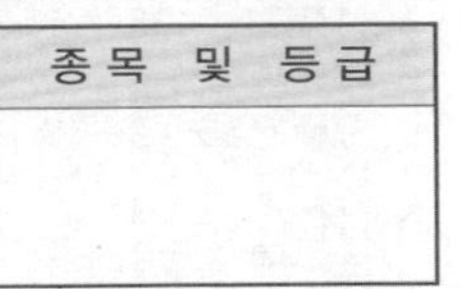

수험자가 기재

◈ 문제지 형별

( A 형) Ⓑ

■우측 문제지 형별은 마킹

수 험 번 호

0 1 0 1 7 5 6 7

감독위원 확인

## 수험자 유의사항

1. 답안카드는 반드시 검정색 사인펜으로 기재하고 마킹하여야 합니다.
2. 답안카드의 채점은 전산 판독결과에 따르며 문제지 형별 및 답안 란의 마킹누락, 마킹착오로 인한 불이익은 전적으로 수험자의 귀책사유임을 알려드립니다.
3. 답안카드를 잘못 작성하였을 시에는 카드를 새로 교체하거나 수정테이프를 사용하여 수정할 수 있으나 불완전한 수정처리로 인해 발생하는 채점결과는 수험자의 책임이므로 주의하시기 바랍니다.
   - 수정테이프 이외의 수정액, 스티커 등은 사용불가
   - 답안카드 왼쪽(성명, 수험번호 등) 마킹란을 제외한 '답안마킹란' 만 수정 가능
4. 감독위원 확인이 없는 답안카드는 무효 처리됩니다.
5. 부정행위 방지를 위하여 시험 문제지에도 수험번호와 성명을 기재하여야 합니다.
6. 시험시간이 종료되면 즉시 답안작성을 멈춰야 하며, 종료시간 이후 계속 답안을 작성하거나 감독위원의 답안제출 지시에 불응할 때에는 채점대상에서 제외될 수 있습니다.
7. 국가기술자격법시행령 제12조의2 및 동법 시행규칙 제14조에 따라 응시자격이 제한된 기술사, 기능장, 기사, 산업기사, 전문사무(일부종목) 필기시험 합격예정자는 응시자격을 증빙하는 서류를 지정된 기일 내에 제출하여야 하며, 제출하지 않을 경우 필기시험 합격 예정이 무효 처리됩니다.
8. 시험 중에는 통신기기 및 전자기기(휴대용 전화기 등)를 소지하거나 사용할 수 없습니다.

## 부정행위자 처리규정

시험 중 다음과 같은 행위를 하는 자는 국가기술자격법 제10조 제4항의 규정에 따라 당해 검정을 중지 또는 무효로 하고 3년간 국가기술자격법에 의한 검정을 받을 자격이 정지됩니다.

· 시험과 관련된 대화, 답안카드 교환, 다른 수험자의 답안카드 및 문제지를 보고 답안을 작성, 대리시험을 치르거나 치르게 하는 행위

· 시험문제 내용과 관련된 물건을 휴대하여 사용하거나 이를 주고받는 행위

· 통신기기 및 전자기기(휴대용 전화기 등)를 사용하여 답안카드를 작성하거나 다른 수험자를 위하여 답안을 송신하는 행위

· 기타 부정 또는 불공정한 방법으로 시험을 치르는 행위

**2022 최신개정판**

단원별 과년도 **소방설비기사** 전기 ② **필기**

2001. 7. 20. 초 판 1쇄 발행
2017. 1. 10. 4차 개정증보 24판 1쇄(통산 32쇄) 발행
2017. 4. 20. 4차 개정증보 24판 2쇄(통산 33쇄) 발행
2017. 9. 8. 4차 개정증보 24판 3쇄(통산 34쇄) 발행
2018. 1. 5. 5차 개정증보 25판 1쇄(통산 35쇄) 발행
2018. 2. 23. 5차 개정증보 25판 2쇄(통산 36쇄) 발행
2019. 1. 7. 6차 개정증보 26판 1쇄(통산 37쇄) 발행
2020. 1. 6. 7차 개정증보 27판 1쇄(통산 38쇄) 발행
2021. 1. 5. 8차 개정증보 28판 1쇄(통산 39쇄) 발행
**2022. 1. 5. 9차 개정증보 29판 1쇄(통산 40쇄) 발행**

지은이 | 공하성
펴낸이 | 이종춘
펴낸곳 | BM ㈜도서출판 성안당
주소 | 04032 서울시 마포구 양화로 127 첨단빌딩 3층(출판기획 R&D 센터)
10881 경기도 파주시 문발로 112 파주 출판 문화도시(제작 및 물류)
전화 | 02) 3142-0036
031) 950-6300
팩스 | 031) 955-0510
등록 | 1973. 2. 1. 제406-2005-000046호
출판사 홈페이지 | **www.cyber.co.kr**
ISBN | 978-89-315-2722-3 (13530)
**정가** | **36,000원**(별책부록, 해설가리개 포함)

**이 책을 만든 사람들**
기획 | 최옥현
진행 | 박경희
교정·교열 | 김혜린
전산편집 | 이지연
표지 디자인 | 박현정
홍보 | 김계향, 이보람, 유미나, 서세원
국제부 | 이선민, 조혜란, 권수경
마케팅 | 구본철, 차정욱, 나진호, 이동후, 강호묵
마케팅 지원 | 장상범, 박지연
제작 | 김유석

# "교재 및 인강을 통한 합격 수기"

### 소방설비기사 합격했습니다!!

공하성 교수님 강의가 제일 좋다는 이야기를 듣고 공부를 시작했습니다. 관련학과도 아닌 고졸 인문계 출신인 저도 제대로 이해할 수 있을 정도로 정말 정리가 잘 되어 있더군요. 문제 하나 하나 풀어가면서 설명해주시는데 머릿속에 쏙쏙 들어왔고, 시험 결과는 실기점수 74점으로 최종 합격하게 되었습니다. _ 김○건님의 글

### 단 한번에 합격!

먼저 공부를 시작한 친구로부터 공하성 교수님 인강과 교재를 추천받았습니다. 이것이 단 한번에 필기와 실기를 합격한 지름길이었다고 생각합니다. 공하성 교수님 특유의 기억법과 유사항목에 대한 정리가 암기에 큰 도움이 되었습니다. 그래서 필기 · 실기시험을 한번에 합격을 할 수 있었습니다. _ 최○수님의 글

### 시간 단축 및 이해도 높은 강의!

동영상강의를 집중적으로 듣고 공부하는 것이 혼자 공부하는 것보다 엄청난 시간적 이점이 있고 이해도도 훨씬 높은 것 같습니다. 공하성 교수님 실기강의를 반복 수강하고 남는 시간은 노트정리 및 암기로 공부하여 실기 역시 높은 점수로 합격을 하였습니다. _ 김○규님의 글

### 공하성 교수의 열강!

실기는 정말 인강을 듣지 않을 수 없더라고요. 그래서 공하성 교수님의 강의를 신청하였습니다. 특히 교수님이 강의 도중에 책에는 없는 추가 예제를 풀이해줄 때 이해가 잘 되었습니다. 교수님의 열강 덕분에 시험은 한 문제 제외하고 모두 풀었고, 합격 통보를 받았을 때는 정말 보람이 있고 뿌듯했습니다. _ 이○현님의 글

### 59세 소방 쌍기사 성공기!

늦은 나이에 인강은 무엇을 들을까 하고 고민하다가 공하성 교수님의 샘플 인강을 듣고 신청했습니다. 필기 및 실기시험 모두 우수한 성적으로 합격하였습니다. 전기 실기시험에서는 가닥수 구하기가 많이 어려웠는데, 공하성 교수님의 인강을 자주 듣고 그림을 수십 번 그리며 가닥수를 공부하였더니 가닥수는 너무 쉽더라고요. _ 오○훈님의 글

### 이해하기 쉽고, 암기하기 쉬운 강의!

직장인이다 보니 시간에 쫓겨 필기부터 공하성 교수님의 인터넷강의를 듣기 시작하였습니다. 공하성 교수님의 강의를 들을 때 가장 큰 장점은 공부에 대해 아주 많은 시간을 쏟지 않아도 되는 것입니다. 순서대로 이해하기 쉽고, 암기하기 쉽게 강의를 구성해 놓아서 정말 도움이 되었습니다. _ 엄○지님의 글

# 책갈피 겸용 해설가리개

※ 독자의 세심한 부분까지 신경 쓴 책갈피 겸용 해설가리개!
절취선을 따라 오린 후 본 지면으로 해설을 가리고 학습하며 실전 감각을 길러보세요!

책갈피 겸용 해설가리개
★ 동 영 상 강 좌 ★
성안당 e러닝 bm.cyber.co.kr(031-950-6332) | 예스미디어 www.ymg.kr(010-3182-1190)
검증된 실력의 저자직강! 절대합격 필수 코스!
▷소방설비기사
• [쌍기사 평생연장반] 소방설비기사 전기 x 기계 패키지
• 필기+실기+과년도 문제풀이 패키지
• 필기+실기 패키지
• 필기 전과목 패키지
• 실기+과년도 문제풀이 패키지
▷소방설비산업기사
• 필기+실기 패키지
• 필기 전과목 패키지
• 실기 전과목 패키지
▷소방시설관리사
• 1차-소방안전관리론 및 화재역학
• 1차-소방수리학·약제화학 및 소방전기
• 1차-소방시설의 구조 원리
• 1차-위험물의 성질·상태 및 시설기준
※강좌구성은 사정에 따라 변동될 수 있음.
공하성 교수의 차원이 다른 강의
■ 한 번에 합격시켜 주는 핵심 강의
■ 최근 국가화재안전기준(NFSC) 내용 수록
■ 언제 어디서나 모바일 스마트러닝

절취선

절취선

책갈피 겸용 해설가리개

**★ 동 영 상 강 좌 ★**

성안당 e러닝 bm.cyber.co.kr(031-950-6332) | Yes Media Group 예스미디어 www.ymg.kr(010-3182-1190)

## 검증된 실력의 저자직강! 절대합격 필수 코스!

### ▷소방설비기사

- [쌍기사 평생연장반] 소방설비기사 전기 x 기계 패키지
- 필기+실기+과년도 문제풀이 패키지
- 필기+실기 패키지
- 필기 전과목 패키지
- 실기+과년도 문제풀이 패키지

### ▷소방설비산업기사

- 필기+실기 패키지
- 필기 전과목 패키지
- 실기 전과목 패키지

### ▷소방시설관리사

- 1차-소방안전관리론 및 화재역학
- 1차-소방수리학·약제화학 및 소방전기
- 1차-소방시설의 구조 원리
- 1차-위험물의 성질 · 상태 및 시설기준

※강좌구성은 사정에 따라 변동될 수 있음.

**공하성 교수의 차원이 다른 강의**

- ■ 한 번에 합격시켜 주는 핵심 강의
- ■ 최근 국가화재안전기준(NFSC) 내용 수록
- ■ 언제 어디서나 모바일 스마트러닝

"원큌으로 기출문제를 보내고
원큌으로 소방책을 받자!!"

2022 소방설비산업기사, 소방설비기사(CBT시험에 한함) 시험을 보신 후 기출문제를 재구성하여 성안당 출판사에 10문제 이상 보내주신 분에게 공하성 교수님의 소방시리즈 책 중 한 권을 무료로 보내드립니다(단, 5문제 이상 보내주신 분은 정가 35,000원 이하 책 증정).

**독자 여러분들이 보내주신 재구성한 기출문제는 보다 더 나은 책을 만드는 데 큰 도움이 됩니다.**

coh@cyber.co.kr(최옥현)

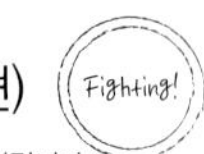


※ 메일을 보내실 때 성함, 연락처, 주소를 꼭 기재해 주시기 바랍니다.

★ 무료로 제공되는 책은 독자분께서 보내주신 기출문제를 공하성 교수님이 검토 후 보내드립니다.
★ 책 무료 증정은 조기에 마감될 수 있습니다.